U0235122

《机械设计手册》（第六版）单行本卷目

●常用设计资料	第 1 篇　一般设计资料
●机械制图·精度设计	第 2 篇　机械制图、极限与配合、形状和位置公差及表面结构
●常用机械工程材料	第 3 篇　常用机械工程材料
●机构·结构设计	第 4 篇　机构 第 5 篇　机械产品结构设计
●连接与紧固	第 6 篇　连接与紧固
●轴及其连接	第 7 篇　轴及其连接
●轴承	第 8 篇　轴承
●起重运输件·五金件	第 9 篇　起重运输机械零部件 第 10 篇　操作件、五金件及管件
●润滑与密封	第 11 篇　润滑与密封
●弹簧	第 12 篇　弹簧
●机械传动	第 14 篇　带、链传动 第 15 篇　齿轮传动
●减（变）速器·电机与电器	第 17 篇　减速器、变速器 第 18 篇　常用电机、电器及电动（液）推杆与升降机
●机械振动·机架设计	第 19 篇　机械振动的控制及应用 第 20 篇　机架设计
●液压传动	第 21 篇　液压传动
●液压控制	第 22 篇　液压控制
●气压传动	第 23 篇　气压传动

HANDBOOK OF MECHANICAL DESIGN

机械设计手册

第六版

单行本

机械传动

主编单位　中国有色工程设计研究总院
主　　编　成大先
副 主 编　王德夫　姬奎生　韩学铨
　　　　　姜　勇　李长顺　王雄耀
　　　　　虞培清　成　杰　谢京耀

化学工业出版社
·北 京·

《机械设计手册》第六版单行本共16分册，涵盖了机械常规设计的所有内容。各分册分别为《常用设计资料》《机械制图·精度设计》《常用机械工程材料》《机构·结构设计》《连接与紧固》《轴及其连接》《轴承》《起重运输件·五金件》《润滑与密封》《弹簧》《机械传动》《减（变）速器·电机与电器》《机械振动·机架设计》《液压传动》《液压控制》《气压传动》。

本书为《机械传动》，包括带、链传动和齿轮传动。带、链传动主要介绍了带传动（V带传动、多楔带传动、平带传动、同步带传动）的结构参数、设计计算、选型，带传动的张紧和安装，滚子链和齿形链的基本参数、尺寸和设计计算，链传动的布置、张紧及润滑；齿轮传动则包括了渐开线圆柱齿轮传动、圆弧圆柱齿轮传动、锥齿轮传动、蜗杆传动、渐开线圆柱齿轮行星传动、渐开线少齿差行星齿轮传动、销齿传动、活齿传动、点线啮合圆柱齿轮传动、塑料齿轮的结构类型、特点、参数选择、设计计算、精度及相关实例等。

本书可作为机械设计人员和有关工程技术人员的工具书，也可供高等院校有关专业师生参考使用。

图书在版编目（CIP）数据

机械设计手册：单行本．机械传动/成大先主编．—6版．—北京：化学工业出版社，2017.1（2019.11重印）
ISBN 978-7-122-28713-7

Ⅰ.①机… Ⅱ.①成… Ⅲ.①机械设计-技术手册②机械传动-技术手册 Ⅳ.①TH122-62②TH132-62

中国版本图书馆CIP数据核字（2016）第309032号

责任编辑：周国庆 张兴辉 贾 娜 曾 越
装帧设计：尹琳琳
责任校对：吴 静

出版发行：化学工业出版社（北京市东城区青年湖南街13号 邮政编码100011）
印 装：北京虎彩文化传播有限公司
787mm×1092mm 1/16 印张53¾ 字数1932千字 2019年11月北京第1版第2次印刷

购书咨询：010-64518888
售后服务：010-64518899
网 址：http://www.cip.com.cn
凡购买本书，如有缺损质量问题，本社销售中心负责调换。

定 价：138.00元

撰稿人员

成大先　中国有色工程设计研究总院

王德夫　中国有色工程设计研究总院

刘世参　《中国表面工程》杂志、装甲兵工程学院

姬奎生　中国有色工程设计研究总院

韩学铨　北京石油化工工程公司

余梦生　北京科技大学

高淑之　北京化工大学

柯蕊珍　中国有色工程设计研究总院

杨　青　西北农林科技大学

刘志杰　西北农林科技大学

王欣玲　机械科学研究院

陶兆荣　中国有色工程设计研究总院

孙东辉　中国有色工程设计研究总院

李福君　中国有色工程设计研究总院

阮忠唐　西安理工大学

熊绮华　西安理工大学

雷淑存　西安理工大学

田惠民　西安理工大学

殷鸿樑　上海工业大学

齐维浩　西安理工大学

曹惟庆　西安理工大学

吴宗泽　清华大学

关天池　中国有色工程设计研究总院

房庆久　中国有色工程设计研究总院

李建平　北京航空航天大学

李安民　机械科学研究院

李维荣　机械科学研究院

丁宝平　机械科学研究院

梁全贵　中国有色工程设计研究总院

王淑兰　中国有色工程设计研究总院

林基明　中国有色工程设计研究总院

王孝先　中国有色工程设计研究总院

童祖楹　上海交通大学

刘清廉　中国有色工程设计研究总院

许文元　天津工程机械研究所

孙永旭　北京古德机电技术研究所

丘大谋　西安交通大学

诸文俊　西安交通大学

徐　华　西安交通大学

谢振宇　南京航空航天大学

陈应斗　中国有色工程设计研究总院

张奇芳　沈阳铝镁设计研究院

安　剑　大连华锐重工集团股份有限公司

迟国东　大连华锐重工集团股份有限公司

杨明亮　太原科技大学

邹舜卿　中国有色工程设计研究总院

邓述慈　西安理工大学

周凤香　中国有色工程设计研究总院

朴树寰　中国有色工程设计研究总院

杜子英　中国有色工程设计研究总院

汪德涛　广州机床研究所

朱　炎　中国航宇救生装置公司

王鸿翔　中国有色工程设计研究总院

郭　永　山西省自动化研究所

厉海祥　武汉理工大学

欧阳志喜　宁波双林汽车部件股份有限公司

段慧文　中国有色工程设计研究总院

姜　勇　中国有色工程设计研究总院

徐永年　郑州机械研究所

梁桂明　河南科技大学

张光辉　重庆大学

罗文军　重庆大学

沙树明　中国有色工程设计研究总院

谢佩娟　太原理工大学

余　铭　无锡市万向联轴器有限公司

陈祖元　广东工业大学

陈仕贤　北京航空航天大学

郑自求　四川理工学院

贺元成　泸州职业技术学院

季泉生　济南钢铁集团

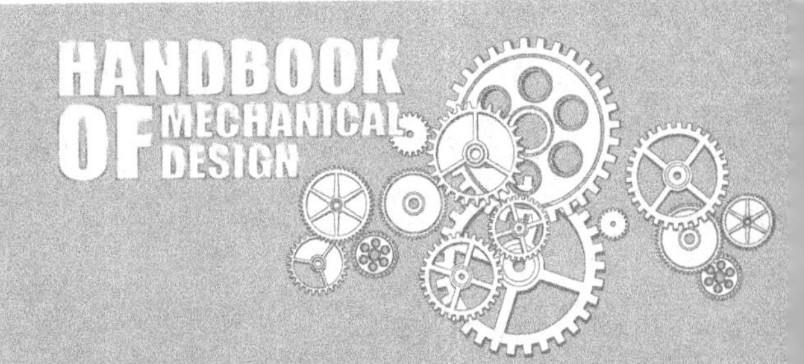

方 正 中国重型机械研究院
马敬勋 济南钢铁集团
冯彦宾 四川理工学院
袁 林 四川理工学院
孙夏明 北方工业大学
黄吉平 宁波市镇海减变速机制造有限公司
陈宗源 中冶集团重庆钢铁设计研究院
张 翌 北京太富力传动机器有限责任公司
陈 涛 大连华锐重工集团股份有限公司
于天龙 大连华锐重工集团股份有限公司
李志雄 大连华锐重工集团股份有限公司
刘 军 大连华锐重工集团股份有限公司
蔡学熙 连云港化工矿山设计研究院
姚光义 连云港化工矿山设计研究院
沈益新 连云港化工矿山设计研究院
钱亦清 连云港化工矿山设计研究院
于 琴 连云港化工矿山设计研究院
蔡学坚 邢台地区经济委员会
虞培清 浙江长城减速机有限公司
项建忠 浙江通力减速机有限公司
阮劲松 宝鸡市广环机床责任有限公司
纪盛青 东北大学
黄效国 北京科技大学
陈新华 北京科技大学
李长顺 中国有色工程设计研究总院
申连生 中冶迈克液压有限责任公司
刘秀利 中国有色工程设计研究总院
宋天民 北京钢铁设计研究总院
周 堉 中冶京城工程技术有限公司
崔桂芝 北方工业大学
佟 新 中国有色工程设计研究总院
禤有雄 天津大学
林少芬 集美大学
卢长耿 厦门海德科液压机械设备有限公司
容同生 厦门海德科液压机械设备有限公司
张 伟 厦门海德科液压机械设备有限公司
吴根茂 浙江大学
魏建华 浙江大学
吴晓雷 浙江大学
钟荣龙 厦门厦顺铝箔有限公司
黄 畲 北京科技大学
王雄耀 费斯托（FESTO）（中国）有限公司
彭光正 北京理工大学
张百海 北京理工大学
王 涛 北京理工大学
陈金兵 北京理工大学
包 钢 哈尔滨工业大学
蒋友谅 北京理工大学
史习先 中国有色工程设计研究总院

审稿人员

刘世参 成大先 王德夫 郭可谦 汪德涛 方 正 朱 炎 李钊刚
姜 勇 陈谌闻 饶振纲 季泉生 洪允楣 王 正 詹茂盛 姬奎生
张红兵 卢长耿 郭长生 徐文灿

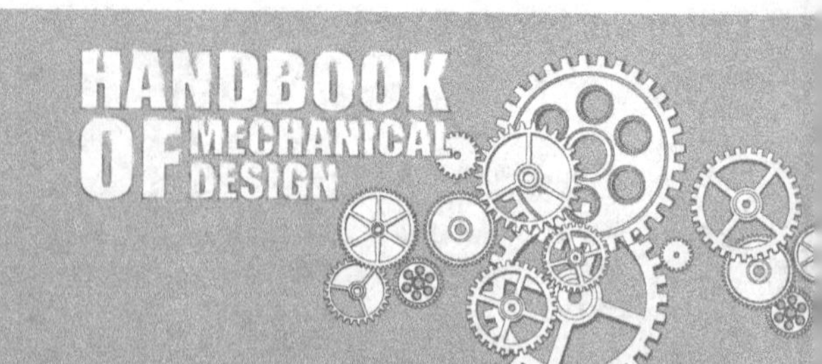

《机械设计手册》(第六版)单行本

出版说明

重点科技图书《机械设计手册》自1969年出版发行以来，已经修订至第六版，累计销售量超过130万套，成为新中国成立以来，在国内影响力最大的机械设计工具书，多次获得国家和省部级奖励。

《机械设计手册》以其技术性和实用性强、标准和数据可靠、便于使用和查询等特点，赢得了广大机械设计工作者和工程技术人员的首肯和好评。自出版以来，收到读者来信数千封。广大读者在对《机械设计手册》给予充分肯定的同时，也指出了《机械设计手册》装帧太厚、太重，不便携带和翻阅，希望出版篇幅小些的单行本，诸多读者建议将《机械设计手册》以篇为单位改编为多卷本。

根据广大读者的反映和建议，化学工业出版社组织编辑人员深入设计科研院所、大中专院校、制造企业和有一定影响的新华书店进行调研，广泛征求和听取各方面的意见，在与主编单位协商一致的基础上，于2004年以《机械设计手册》第四版为基础，编辑出版了《机械设计手册》单行本，并在出版后很快得到了读者的认可。2011年，《机械设计手册》第五版单行本出版发行。

《机械设计手册》第六版（5卷本）于2016年初面市发行，在提高产品开发、创新设计方面，在促进新产品设计和加工制造的新工艺设计方面，在为新产品开发、老产品改造创新提供新型元器件和新材料方面，在贯彻推广标准化工作等方面，都较第五版有很大改进。为更加贴合读者需求，便于读者有针对性地选用《机械设计手册》第六版中的部分内容，化学工业出版社在汲取《机械设计手册》前两版单行本出版经验的基础上，推出了《机械设计手册》第六版单行本。

《机械设计手册》第六版单行本，保留了《机械设计手册》第六版（5卷本）的优势和特色，从设计工作的实际出发，结合机械设计专业具体情况，将原来的5卷23篇调整为16分册21篇，分别为《常用设计资料》《机械制图·精度设计》《常用机械工程材料》《机构·结构设计》《连接与紧固》《轴及其连接》《轴承》《起重运输件·五金件》《润滑与密封》《弹簧》《机械传动》《减（变）速器·电机与电器》《机械振动·机架设计》《液压传动》《液压控制》《气压传动》。这样，各分册篇幅适中，查阅和携带更加方便，有利于设计人员和广大读者根据各自需要

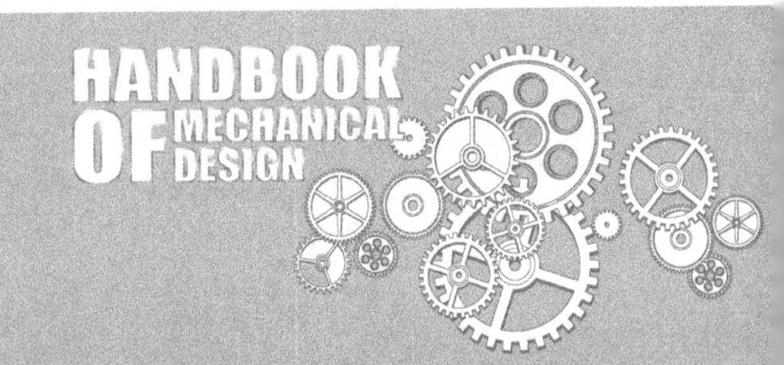

灵活选购。

《机械设计手册》第六版单行本将与《机械设计手册》第六版（5 卷本）一起，成为机械设计工作者、工程技术人员和广大读者的良师益友。

借《机械设计手册》第六版单行本出版之际，再次向热情支持和积极参加编写工作的单位和个人表示诚挚的敬意！向长期关心、支持《机械设计手册》的广大热心读者表示衷心感谢！

由于编辑出版单行本的工作量较大，时间较紧，难免存在疏漏，恳请广大读者给予批评指正。

化学工业出版社

2017 年 1 月

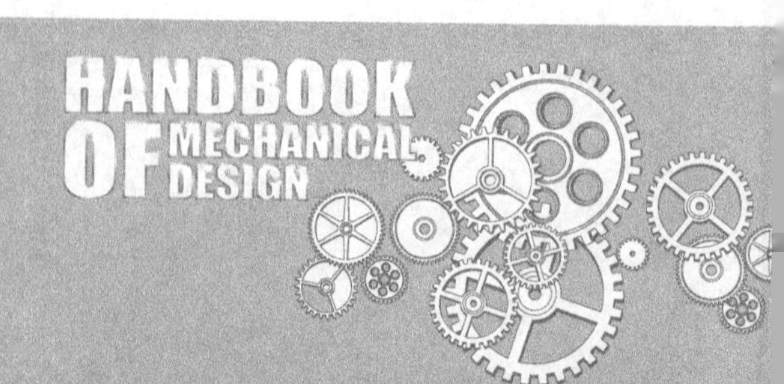

第六版前言

Sixth Edition Preface

《机械设计手册》自1969年第一版出版发行以来，已经修订了五次，累计销售量130万套，成为新中国成立以来，在国内影响力强、销售量大的机械设计工具书。作为国家级的重点科技图书，《机械设计手册》多次获得国家和省部级奖励。其中，1978年获全国科学大会科技成果奖，1983年获化工部优秀科技图书奖，1995年获全国优秀科技图书二等奖，1999年获全国化工科技进步二等奖，2002年获石油和化学工业优秀科技图书一等奖，2003年获中国石油和化学工业科技进步二等奖。1986~2015年，多次被评为全国优秀畅销书。

与时俱进、开拓创新，实现实用性、可靠性和创新性的最佳结合，协助广大机械设计人员开发出更好更新的产品，适应市场和生产需要，提高市场竞争力和国际竞争力，这是《机械设计手册》一贯坚持、不懈努力的最高宗旨。

《机械设计手册》(以下简称《手册》)第五版出版发行至今已有8年的时间，在这期间，我们进行了广泛的调查研究，多次邀请机械方面的专家、学者座谈，倾听他们对第六版修订的建议，并深入设计院所、工厂和矿山的第一线，向广大设计工作者了解《手册》的应用情况和意见，及时发现、收集生产实践中出现的新经验和新问题，多方位、多渠道跟踪、收集国内外涌现出来的新技术、新产品，改进和丰富《手册》的内容，使《手册》更具鲜活力，以最大限度地提高广大机械设计人员自主创新的能力，适应建设创新型国家的需要。

《手册》第六版的具体修订情况如下。

一、在提高产品开发、创新设计方面

1. 新增第5篇“机械产品结构设计”，提出了常用机械产品结构设计的12条常用准则，供产品设计人员参考。

2. 第1篇“一般设计资料”增加了机械产品设计的巧（新）例与错例等内容。

3. 第11篇“润滑与密封”增加了稀有润滑装置的设计计算内容，以适应润滑新产品开发、设计的需要。

4. 第15篇“齿轮传动”进一步完善了符合ISO国际标准的渐开线圆柱齿轮设计，非零变位锥齿轮设计，点线啮合传动设计，多点啮合柔性传动设计等内容，例如增加了符合ISO标准的渐开线齿轮几何计算及算例，更新了齿轮精度等。

5. 第23篇“气压传动”增加了模块化电/气混合驱动技术、气动系统节能等内容。

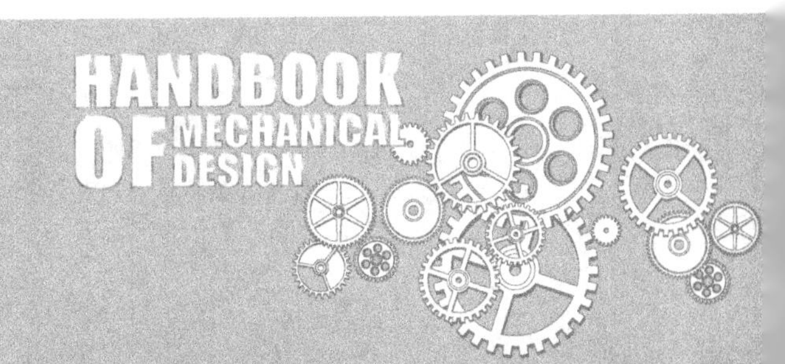

二、在为新产品开发、老产品改造创新，提供新型元器件和新材料方面

1. 介绍了相关节能技术及产品，例如增加了气动系统的节能技术和产品、节能电机等。

2. 各篇介绍了许多新型的机械零部件，包括一些新型的联轴器、离合器、制动器、带减速器的电机、起重运输零部件、液压元件和辅件、气动元件等，这些产品均具有技术先进、节能等特点。

3. 新材料方面，增加或完善了铜及铜合金、铝及铝合金、钛及钛合金、镁及镁合金等内容，这些合金材料由于具有优良的力学性能、物理性能以及材料回收率高等优点，目前广泛应用于航天、航空、高铁、计算机、通信元件、电子产品、纺织和印刷等行业。

三、在贯彻推广标准化工作方面

1. 所有产品、材料和工艺均采用新标准资料，如材料、各种机械零部件、液压和气动元件等全部更新了技术标准和产品。

2. 为满足机械产品通用化、国际化的需要，遵照立足国家标准、面向国际标准的原则来收录内容，如第15篇“齿轮传动”更新并完善了符合ISO标准的渐开线齿轮设计等。

《机械设计手册》第六版是在前几版的基础上编写而成的。借《机械设计手册》第六版出版之际，再次向参加每版编写的单位和个人表示衷心的感谢！同时也感谢给我们提供大力支持和热忱帮助的单位和各界朋友们！

由于编者水平有限，调研工作不够全面，修订中难免存在疏漏和缺点，恳请广大读者继续给予批评指正。

主　编

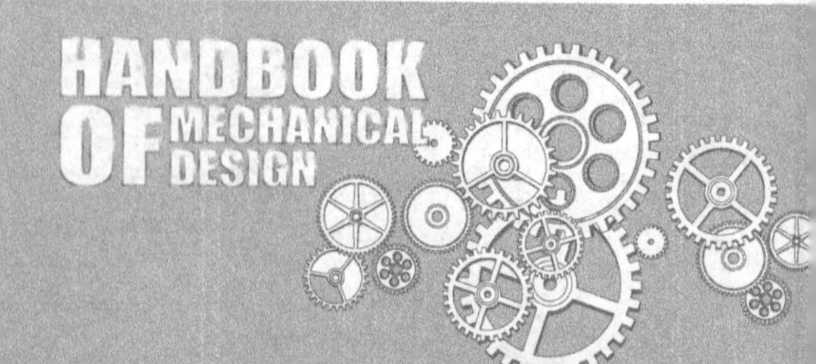

目录
CONTENTS

第14篇 带、链传动

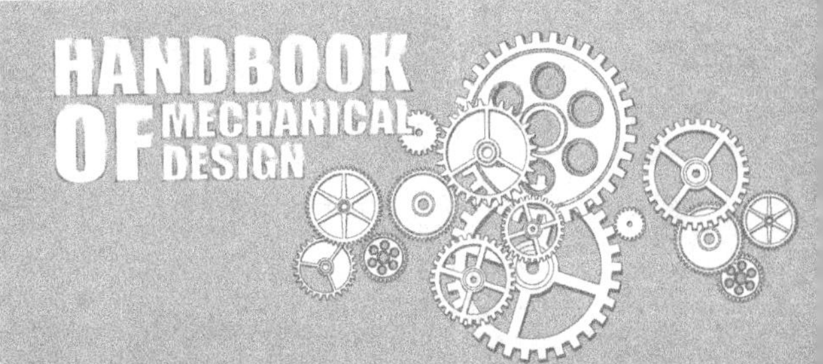

第15篇　齿轮传动

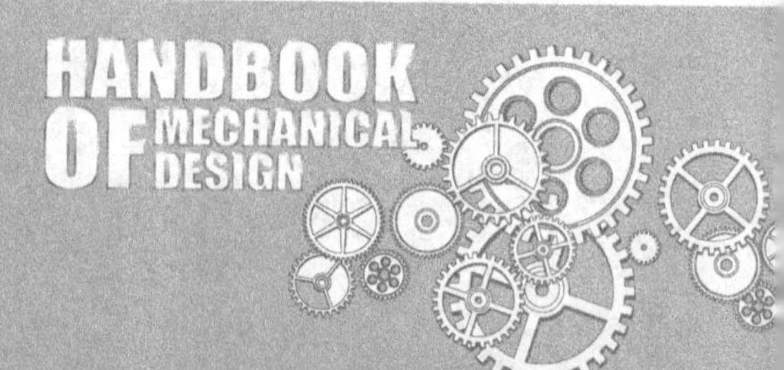

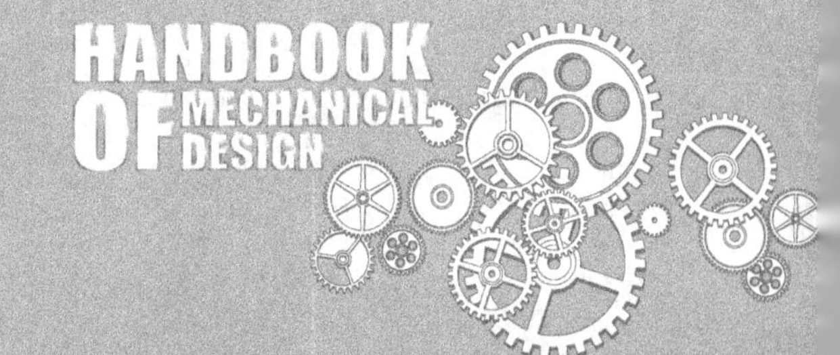
HANDBOOK
OF MECHANICAL
DESIGN

第3章 锥齿轮传动 …………………… 15-268

第4章 蜗杆传动 …………………… 15-355

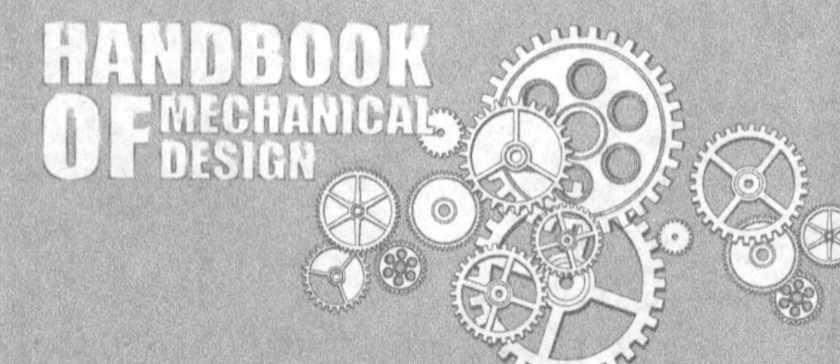

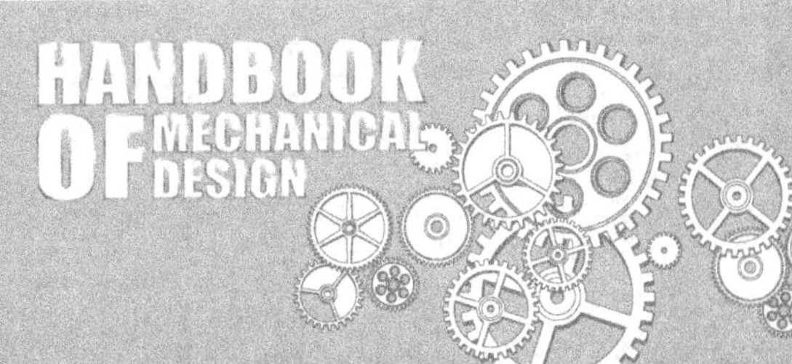
HANDBOOK
OF MECHANICAL DESIGN

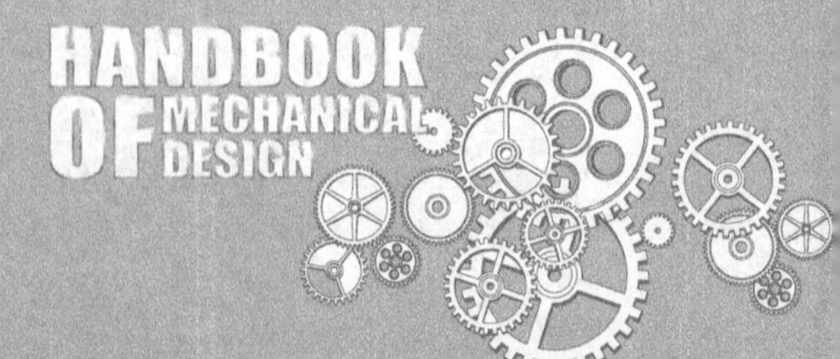
HANDBOOK
OF MECHANICAL
DESIGN

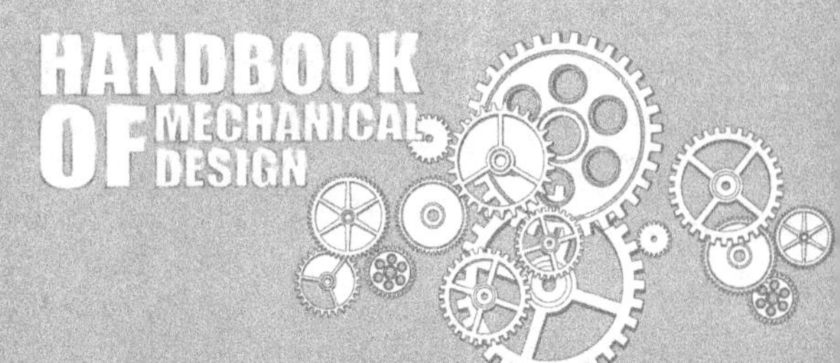
HANDBOOK
OF MECHANICAL
DESIGN

HANDBOOK OF MECHANICAL DESIGN

机械设计手册

第六版

HANDBOOK OF MECHANICAL DESIGN

第14篇 带、链传动

主要撰稿 房庆久 王淑兰

审 稿 王德夫

14

1 带传动的类型、特点与应用

表 14-1-1

类型	带简图	传动比	带速 /m·s^{-1}	传动效率 /%	特点与应用
普通V带		≤10	20~30 最佳 20	85~95	带两侧与轮槽附着较好，当量摩擦因数较大，允许包角小，传动比较大，中心距较小，预紧力较小，传动功率可达 700kW
窄V带			最佳 20~25 极限 40~50		带顶呈弓形，两侧呈内凹形，与轮槽接触面积增大，柔性增加，强力层上移，受力后仍保持整齐排列，除具有普通 V 带的特点外，能承受较大预紧力，速度和可挠曲次数提高，寿命延长，传动功率增大，单根可达 75kW；带轮宽度和直径可减小，费用比普通 V 带降低 20%~40%。可以完全代替普通V带
联组窄V带			20~30		窄 V 带的延伸产品。各 V 带长度一致，整体性好；各带受力均匀，横向刚度大，运转平稳，消除了单根带的振动；承载能力较高，寿命较长；适用于脉动载荷和有冲击振动的场合，特别是适用于垂直地面的平行轴传动。要求带轮尺寸加工精度高。目前只有 2~5 根的联组
多楔带			20~40		在平带内表面纵向布有等间距 40°三角楔的环形带。兼有平带与联组 V 带的特点，但比联组带传递功率大，效率高，速度快，传动比大，带体薄，比较柔软，小带轮直径可很小，机床中应用较多
普通平带		不得大于 5，一般不大于 3	15~30	83~95，有张紧轮 80~92	抗拉强度较大，耐湿性好，中心距大，价格便宜，但传动比小，效率较低，可呈交叉、半交叉及有导轮的角度传动，传动功率可达 500kW
梯形齿同步带		≤10	<1~40	98~99.5	靠齿啮合传动，传动比准确，传动效率高，初张紧力最小，轴承承受压力最小，瞬时速度均匀，单位质量传递的功率最大；与链和齿轮传动相比，噪声小，不需润滑，传动比、线速度范围大，传递功率大；耐冲击振动较好，维修简便、经济。广泛用于各种机械传动中
圆弧齿同步带					同梯形齿同步带，且齿根应力集中小，寿命更长，传递功率比梯形齿高 1.2~2 倍

注：本表仅介绍了几种常用带的类型。

2 V带传动

2.1 带

表 14-1-2 **带的截面尺寸**（摘自 GB/T 11544—2012） mm

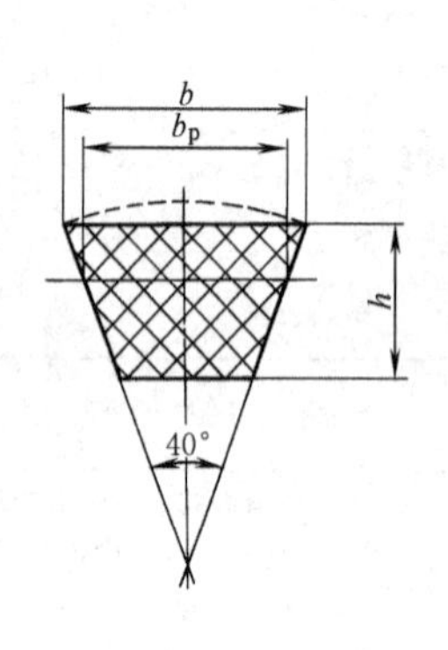

项目		普通V带型号						
		Y	Z	A	B	C	D	E
截面尺寸	b_p	5.3	8.5	11	14	19	27	32
	b	6.0	10.0	13.0	17.0	22.0	32.0	38.0
	h	4.0	6.0	8.0	11.0	14.0	19.0	23.0
项目		基准宽度制窄V带型号				有效宽度制窄V带型号		
		SPZ	SPA	SPB	SPC	9N	15N	25N
截面尺寸	b_p	8.5	11	14	19	—	—	—
	b	10.0	13.0	17.0	22.0	9.5	16.0	25.5
	h	8.0	10.0	14.0	18.0	8.0	13.5	23.0

表 14-1-3 **联组窄V带的截面尺寸**（摘自 GB/T 13575.2—2008） mm

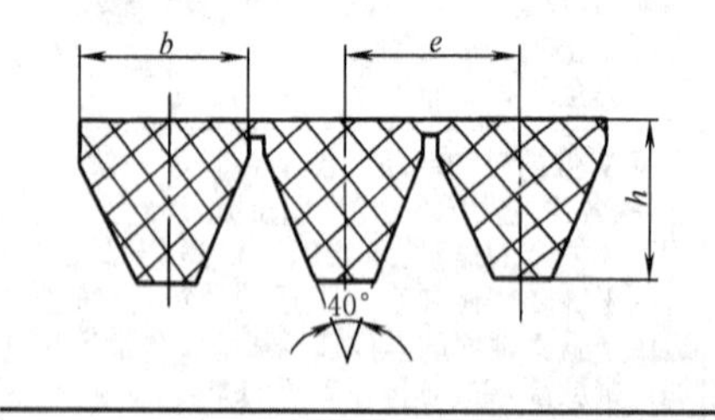

型号	b	h	e	联组数
9J	9.5	10	10.3	2~5
15J	15.5	16	17.5	
25J	25.5	26.5	28.6	

表 14-1-4 **普通V带的基准长度 L_d**（摘自 GB/T 11544—2012） mm

型号							型号							型号			
Y	Z	A	B	C	D	E	Y	Z	A	B	C	D	E	A	B	C	D
基准长度 L_d							基准长度 L_d							基准长度 L_d			
200	406	630	930	1565	2740	4660	450	1080	1430	1950	3080	6100	12230	2300	3600	7600	15200
224	475	700	1000	1760	3100	5040	500	1330	1550	2180	3520	6840	13750	2480	4060	9100	
250	530	790	1100	1950	3330	5420		1420	1640	2300	4060	7620	15280	2700	4430	10700	
280	625	890	1210	2195	3730	6100		1540	1750	2500	4600	9140	16800		4820		
315	700	990	1370	2420	4080	6850			1940	2700	5380	10700			5370		
355	780	1100	1560	2715	4620	7650			2050	2870	6100	12200			6070		
400	920	1250	1760	2880	5400	9150			2200	3200	6815	13700					

注：标记示例：

A　1430　GB/T 11544—2012

型号　基准长度，mm　标准号

表 14-1-5　　基准宽度制窄 V 带的基准长度 L_d（摘自 GB/T 11544—2012）　　mm

基准长度 L_d	型号			基准长度 L_d	型号				基准长度 L_d	型号				基准长度 L_d	型号	
	SPZ	SPA	SPB		SPZ	SPA	SPB	SPC		SPZ	SPA	SPB	SPC		SPB	SPC
630	+			1400	+	+	+		3150	+	+	+	+	7100	+	+
710	+			1600	+	+	+		3550	+	+	+	+	8000	+	+
800	+	+		1800	+	+	+		4000		+	+	+	9000		+
900	+	+		2000	+	+	+	+	4500		+	+	+	10000		+
1000	+	+		2240	+	+	+	+	5000			+	+	11200		+
1120	+	+		2500	+	+	+	+	5600			+	+	12500		+
1250	+	+	+	2800	+	+	+	+	6300			+	+			

注：1. 标记示例：SPA（型号）　1250（基准长度，mm）　GB/T 11544—1997（标准号）

2. 生产厂为江苏扬中市东海电器有限公司。

表 14-1-6　　V 带基准长度的极限偏差及配组差（摘自 GB/T 11544—2012）　　mm

基准长度 L_d	型号		型号		基准长度 L_d	型号		型号	
	Y、Z、A、B C、D、E	SPZ、SPA SPB、SPC	Y、Z、A、B C、D、E	SPZ、SPA SPB、SPC		Y、Z、A、B C、D、E	SPZ、SPA SPB、SPC	Y、Z、A、B C、D、E	SPZ、SPA SPB、SPC
	极限偏差		配组差			极限偏差		配组差	
$L_d \leqslant 250$	+8 -4		2	2	$2000<L_d \leqslant 2500$	+31 -16	±25	8	4
$250<L_d \leqslant 315$	+9 -4				$2500<L_d \leqslant 3150$	+37 -18	±32		
$315<L_d \leqslant 400$	+10 -5				$3150<L_d \leqslant 4000$	+44 -22	±40	12	6
$400<L_d \leqslant 500$	+11 -6				$4000<L_d \leqslant 5000$	+52 -26	±50		
$500<L_d \leqslant 630$	+13 -6	±6			$5000<L_d \leqslant 6300$	+63 -32	±63	20	10
$630<L_d \leqslant 800$	+15 -7	±8			$6300<L_d \leqslant 8000$	+77 -38	±80		
$800<L_d \leqslant 1000$	+17 -8	±10			$8000<L_d \leqslant 10000$	+93 -46	±100	32	16
$1000<L_d \leqslant 1250$	+19 -10	±13			$10000<L_d \leqslant 12500$	+112 -66	±125		
$1250<L_d \leqslant 1600$	+23 -11	±16	4		$12500<L_d \leqslant 16000$	+140 -70		48	—
$1600<L_d \leqslant 2000$	+27 -13	±20			$16000<L_d \leqslant 20000$	+170 -85			

注：也可按供需双方协商的配组差。

表 14-1-7 有效宽度制窄 V 带的有效长度 L_e、极限偏差及配组差（摘自 GB/T 11544—1997） mm

有效长度 L_e		型号		配组差	有效长度 L_e		型号			配组差	有效长度 L_e		型号		配组差
基本尺寸	极限偏差	9N	15N		基本尺寸	极限偏差	9N	15N	25N		基本尺寸	极限偏差	15N	25N	
630	±8	+		4	1800	±10	+	+		6	5080	±20	+	+	10
670		+			1900		+	+			5380		+	+	
710		+			2030		+	+			5690		+	+	
760		+			2160	±13	+	+			6000		+	+	
800		+			2290		+	+			6350		+	+	16
850		+			2410		+	+			6730		+	+	
900		+			2540	±15	+	+	+		7100		+	+	
950		+			2690		+	+	+		7620		+	+	
1015		+			2840		+	+	+	10	8000	±25	+	+	
1080		+			3000		+	+	+		8500		+	+	
1145		+			3180		+	+	+		9000		+	+	
1205		+			3350		+	+	+		9500			+	
1270		+	+		3550		+	+	+		10160			+	
1345	±10	+	+		3810	±20		+	+		10800	±30		+	
1420		+	+	6	4060			+	+		11430			+	
1525		+	+		4320			+	+		12060			+	24
1600		+	+		4570			+	+		12700			+	
1700		+	+		4830			+	+						

注：此表在 GB/T 11544—2012 中未列入，保留原标准供参考。

表 14-1-8 有效宽度制联组窄 V 带的有效长度 L_e、极限偏差及配组差（摘自 GB/T 13575.2—1992） mm

有效长度 L_e		型号		配组差	有效长度 L_e		型号			配组差	有效长度 L_e		型号		配组差
基本尺寸	极限偏差	9J	15J		基本尺寸	极限偏差	9J	15J	25J		基本尺寸	极限偏差	15J	25J	
630	±8	+		2.5	1800	±10	+	+		5.0	5080	±20	+	+	7.5
670		+			1900		+	+			5380		+	+	10.0
710		+			2030		+	+			5690		+	+	
760		+			2160	±13	+	+			6000		+	+	
800		+			2290		+	+			6350		+	+	
850		+			2410		+	+			6730		+	+	
900		+			2540	±15	+	+	+		7100		+	+	
950		+			2690		+	+	+	7.5	7620		+	+	
1015		+			2840		+	+	+		8000	±25	+	+	12.5
1080		+			3000		+	+	+		8500		+	+	
1145		+			3180		+	+	+		9000		+	+	
1205		+			3350		+	+	+		9500			+	
1270		+	+		3550		+	+	+		10160			+	
1345	±10	+	+		3810	±20		+	+		10800	±30		+	15.0
1420		+	+		4060			+	+		11430			+	
1525		+	+		4320			+	+		12060			+	
1600		+	+	5.0	4570			+	+		12700			+	
1700		+	+		4830			+	+						

注：此表在 GB/T 13575.2—2008 中未列入保留原标准供参考。

第 14 篇

2.2 带轮

表 14-1-9　　**轮槽截面尺寸**　　mm

$r_1=0.2\sim0.5$

$d_a=d_d+2h_a$

$B=(z-1)e+2f$

z——轮槽数

类别	槽型 普通V带轮	槽型 窄V带轮	基准宽度 b_d	h_a min	h_f min	槽间距 e 基本值	槽间距 e 极限偏差	槽间距 e 累积极限偏差	f min	δ min	r_2	d_d min	带轮槽角 $\varphi/(°)\pm0.5°$ 32 基准直径 d_d	34	36	38
普通V带轮和窄V带轮（基准宽度制）（摘自GB/T 10412—2002）	Y	—	5.3	1.6	4.7	8	±0.3	±0.6	6	5	0.5~1.0	20	≤60	—	>60	—
	Z	SPZ	8.5	2	7 9	12	±0.3	±0.6	7	5.5		50 63	—	≤80	—	>80
	A	SPA	11	2.75	8.7 11	15	±0.3	±0.6	9	6		75 90	—	≤118	—	>118
	B	SPB	14	3.5	10.8 14	19	±0.4	±0.8	11.5	7.5		125 140	—	≤190	—	>190
	C	SPC	19	4.8	14.3 19	25.5	±0.5	±1	16	10	1.0~1.6	200 224	—	≤315	—	>315
	D	—	27	8.1	19.9	37	±0.6	±1.2	23	12	1.6~2.0	355	—	—	≤475	>475
	E	—	32	9.6	23.4	44.5	±0.7	±1.4	28	15		500	—	—	≤600	>600

类别	槽型	有效宽度 b_e	槽顶最大增量 g	槽顶弧最大深度 q	有效线差 Δ_e	槽深 h_c min	槽间距 e 基本值	槽间距 e 极限偏差	槽间距 e 累积极限偏差	轮槽与端面距离 f min	r_3	d_e min	带轮槽角 $\varphi/(°)\pm0.5°$ 36 有效直径 d_e	38	40	42
窄V带轮（有效宽度制）（摘自GB/T 10413—2002）	9N/J	8.9	0.2	0.3	0.6	8.9	10.3	±0.25	±0.5	9	1~2	67	$d_e\le90$	$90<d_e\le150$	$150<d_e\le300$	$d_e>300$
	15N/J	15.2	0.25	0.4	1.3	15.2	17.5	±0.25	±0.5	13	2~3	180	—	$d_e\le250$	$250<d_e\le400$	$d_e>400$
	25N/J	25.4	0.3	0.5	2.5	25.4	28.6	±0.4	±0.8	19	3~5	315	—	$d_e\le400$	$400<d_e\le560$	$d_e>560$

注：1. 表中 δ、r_1、r_2 及 r_3 尺寸标准中未作规定，仅供设计参考。
2. Δ_e 能够趋近于零。
3. 轮槽截面直边尺寸应不小于 d_e-2q。

表 14-1-10　　普通和窄 V 带轮（基准宽度制）直径系列　　mm

d_d	槽型						
	Y	Z SPZ	A SPA	B SPB	C SPC	D	E
20	+						
22.4	+						
25	+						
28	+						
31.5	+						
35.5	+						
40	+						
45	+						
50	+	+					
56	+	+					
63		·					
71		·					
75		·	+				
80	+	·	+				
85			+				
90	+	·	·				
95			·				
100	+	·	·				
106			·				
112	+	·	·				
118			·				
125	+	·	·	+			
132		·	·	+			
140		·	·	·			
150		·	·	·			
160		·	·	·			
170				·			
180		·	·	·			
200		·	·	·	+		
212					+		
224		·	·	·	·		
236					·		
250		·	·	·	·		
265					·		
280		·	·	·	·		
300					·		
315		·	·	·	·		
335					·		
355		·	·	·	·	+	
375						+	
400		·	·	·	·	+	
425						+	
450			·	·	·	+	
475						+	
500		·	·	·	·	+	+
530							+
560			·	·	·	+	+
600				·	·	+	+
630		·	·	·	·	+	+
670							+
710			·	·	·	+	+
750				·	·	+	
800			·	·	·	+	+
900				·	·	+	+
1000				·	·	+	+
1060						+	
1120				·	·	+	+
1250					·	+	+
1350							
1400					·	+	+
1500						+	+
1600					·	+	+
1700							
1800						+	+
2000					·	+	+
2120							
2240							+
2360							
2500							+

注：1. 表中带“+”符号的尺寸只适用于普通 V 带。
2. 表中带“·”符号的尺寸同时适用于普通 V 带和窄 V 带。
3. 不推荐使用表中未注符号的尺寸。

表 14-1-11　窄 V 带轮（有效宽度制）直径系列（摘自 GB/T 10413—2002） mm

有效直径 d_e 基本值	min	9N/J 选用情况	9N/J d_{emax}	15N/J 选用情况	15N/J d_{emax}
67	67	×	71		
71	71	××	75		
75	75	×	79		
80	80	××	84		
85	85	×	89		
90	90	××	94		
95	95	×	99		
100	100	××	104		
106	106	×	110		
112	112	××	116		
118	118	×	122		
125	125	××	129		
132	132	×	136		
140	140	××	144		
150	150	×	154		
160	160	××	164		
180	180	×	184	××	187
190	190	—	—	×	197
200	200	××	204	××	207
212	212	—	—	×	219
224	224	×	228	××	231
236	236	—	—	×	243
250	250	××	254	××	257
265	265	—	—	×	272
280	280	×	284.5	××	287
300	300	—	—	×	307

有效直径 d_e 基本值	min	9N/J 选用情况	9N/J d_{emax}	15N/J 选用情况	15N/J d_{emax}	25N/J 选用情况	25N/J d_{emax}
315	315	××	320	××	322	××	320
335	335	—	—	—	—	×	340.4
355	355	×	360.7	×	362	××	360.7
375	375	—	—	—	—	×	381
400	400	××	406.4	××	407	××	406.4
425	425	—	—	—	—	×	431.8
450	450	×	457.2	×	457.2	××	457.2
475	475	—	—	—	—	×	482.6
500	500	××	508	××	508	××	508
530	530	—	—	—	—	×	538.5
560	560	×	569	×	569	××	569
600	600	—	—	—	—	×	609.6
630	630	×	640.1	××	640.1	××	640.1
710	710	×	721.4	×	721.4	×	721.4
800	800	×	812.8	××	812.8	××	812.8
900	900			×	914.4	×	914.4
1000	1000			××	1016	××	1016
1120	1120			×	1137.9	×	1137.9
1250	1250			××	1270	××	1270
1400	1400			×	1422.4	×	1422.4
1600	1600			×	1625.6	××	1625.6
1800	1800			×	1828.8	×	1828.8
2000	2000					××	2032
2240	2240					×	2275.8
2500	2500					××	2540

注：1. 表中××表示优先选用；×表示可以选用；—表示不选用。

2. 带轮有效直径是带轮的基本直径。由于仅需要正偏差，故最小有效直径等于基本有效直径。

3. 由于米制和英制的差别，需要有+1.6%的公差，为使所有使用要求能够通过选择得到满足，最大有效直径在基本直径基础上增加以下尺寸：

槽型	9N/J	15N/J	25N/J
d_{emax}	$d_{emin}+4$	$d_{emin}+7$	$d_{emin}+d_{emin}\times 1.6\%$

表 14-1-12　带轮结构型式和辐板厚度 mm

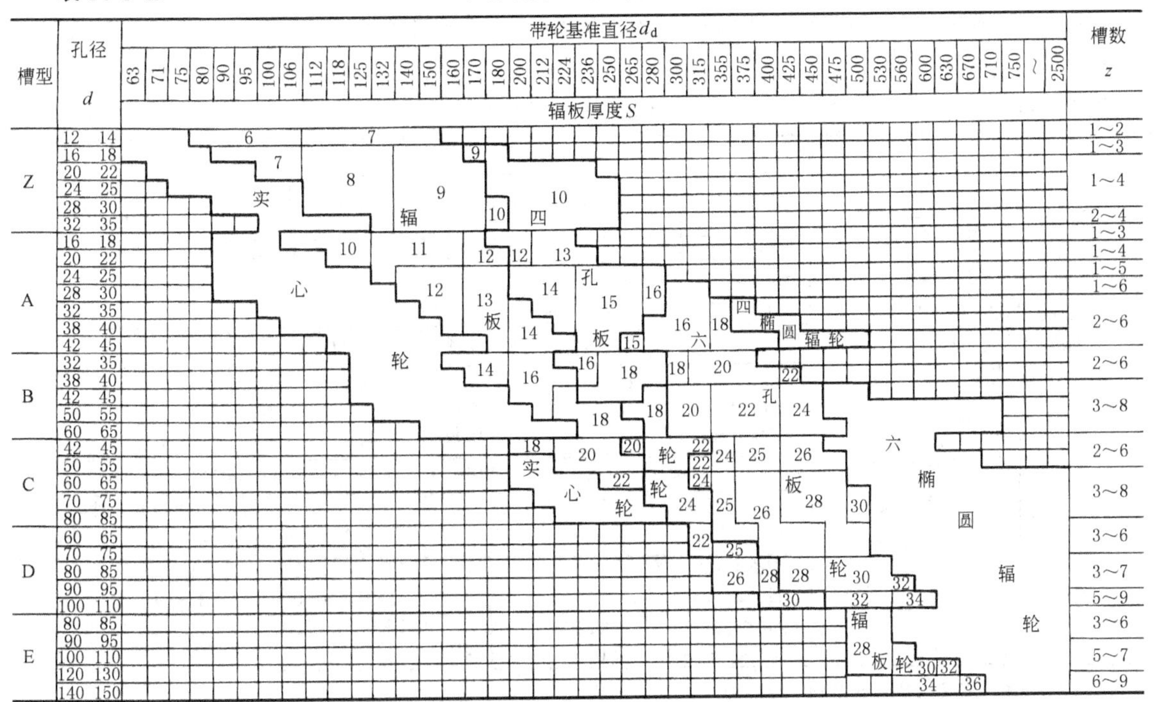

带轮结构图例

结构型式和辐板厚度 S 见表 14-1-12。

轮槽截面尺寸见表 14-1-9。

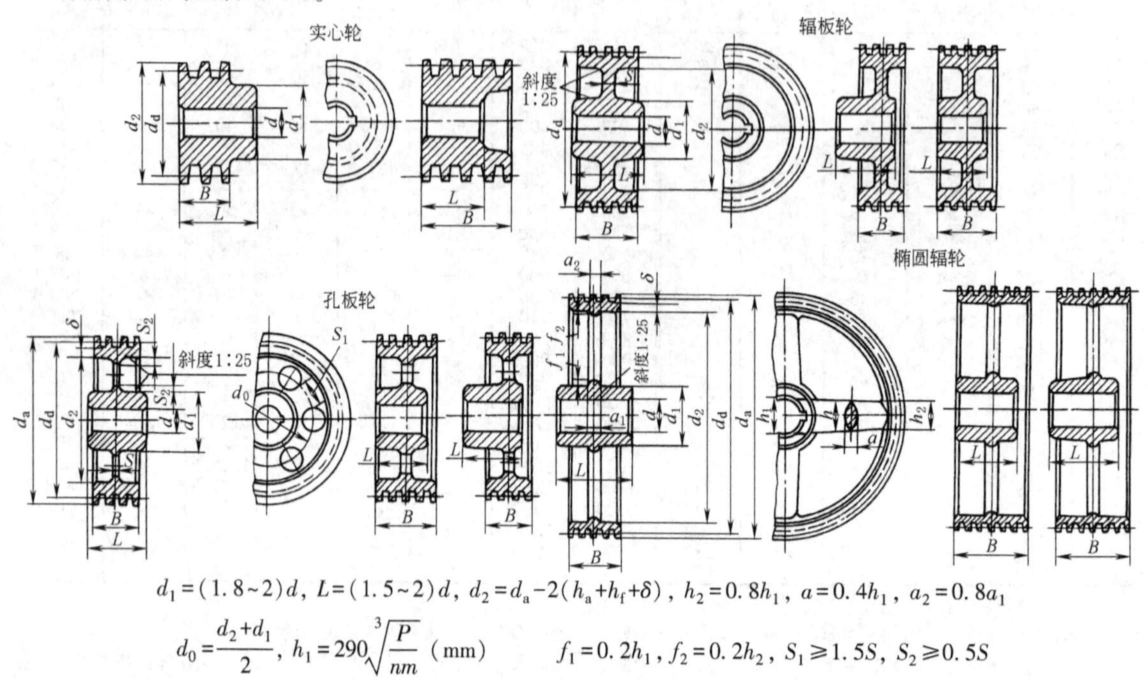

$$d_1=(1.8\sim2)d,\ L=(1.5\sim2)d,\ d_2=d_a-2(h_a+h_f+\delta),\ h_2=0.8h_1,\ a=0.4h_1,\ a_2=0.8a_1$$

$$d_0=\frac{d_2+d_1}{2},\ h_1=290\sqrt[3]{\frac{P}{nm}}\ (\mathrm{mm})\qquad f_1=0.2h_1,\ f_2=0.2h_2,\ S_1\geqslant1.5S,\ S_2\geqslant0.5S$$

式中 P——设计功率，kW；n——带轮转速，r/min；m——轮辐数。

带 轮 材 质

v<20m/s 时，可用 HT150；v>25~30m/s 时，可用 HT200；v>35m/s，直径较大、功率较大时，用 35 钢或 40 钢；高速、小功率时，可用工程塑料，批量大时，可用压铸铝合金或其他合金。

铸造带轮不允许有砂眼、裂纹、缩孔及气泡。

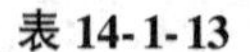

表 14-1-13　　带轮的圆跳动公差 t　　mm

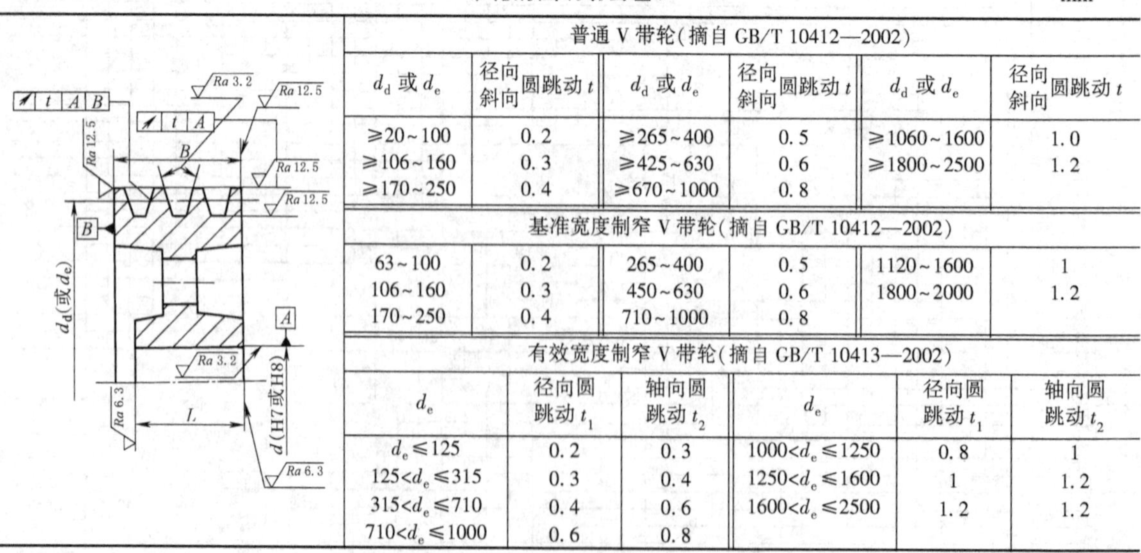

普通 V 带轮（摘自 GB/T 10412—2002）

d_d 或 d_e	径向斜向圆跳动 t	d_d 或 d_e	径向斜向圆跳动 t	d_d 或 d_e	径向斜向圆跳动 t
≥20~100	0.2	≥265~400	0.5	≥1060~1600	1.0
≥106~160	0.3	≥425~630	0.6	≥1800~2500	1.2
≥170~250	0.4	≥670~1000	0.8		

基准宽度制窄 V 带轮（摘自 GB/T 10412—2002）

d_d 或 d_e	径向斜向圆跳动 t	d_d 或 d_e	径向斜向圆跳动 t	d_d 或 d_e	径向斜向圆跳动 t
63~100	0.2	265~400	0.5	1120~1600	1
106~160	0.3	450~630	0.6	1800~2000	1.2
170~250	0.4	710~1000	0.8		

有效宽度制窄 V 带轮（摘自 GB/T 10413—2002）

d_e	径向圆跳动 t_1	轴向圆跳动 t_2	d_e	径向圆跳动 t_1	轴向圆跳动 t_2
$d_e\leqslant125$	0.2	0.3	$1000<d_e\leqslant1250$	0.8	1
$125<d_e\leqslant315$	0.3	0.4	$1250<d_e\leqslant1600$	1	1.2
$315<d_e\leqslant710$	0.4	0.6	$1600<d_e\leqslant2500$	1.2	1.2
$710<d_e\leqslant1000$	0.6	0.8			

注：轴向圆跳动的测量位置见表 14-1-9 图中的 Δ_e 处。

表 14-1-14　**普通和窄 V 带轮（基准宽度制）轮槽尺寸公差**（摘自 GB/T 10412—2002）　mm

槽型	任意两个轮槽基准直径间的最大偏差	基准直径极限偏差
Y	0.3	$\pm 0.8\% d_d$
Z、A、B、SPZ、SPA、SPB	0.4	
C、D、E、SPC	0.6	

2.3　设计计算（摘自 GB/T 13575.1—2008、JB/ZQ 4175—2006、GB/T 13575.2—2008、GB/T 15531—2008）

已知条件：① 传递的功率（原动机的额定功率或从动机的实际功率）；
② 小带轮和大带轮转速；
③ 传动用途、载荷性质、原动机种类及工作制度。

表 14-1-15　**计算内容和步骤**

计算项目	单位	公式及数据	说明
设计功率 P_d	kW	$P_d = K_A P$	K_A——工况系数，见表 14-1-16 P——传递的功率，kW
带型		根据 P_d 和 n_1，普通 V 带由图 14-1-1 选取 基准宽度制窄 V 带由图 14-1-2 选取 有效宽度制窄 V 带由图 14-1-3 选取	n_1——小带轮转速，r/min 必要时可选两种带型比较
传动比 i		$i=\frac{n_1}{n_2}=\frac{d_{p2}}{(1-\varepsilon)d_{p1}}$ $\varepsilon = 0.01 \sim 0.02$ 基准宽度制带轮：节圆直径 d_p 可视为基准直径 d_d 有效宽度制窄 V 带轮：$d_p = d_e - 2\Delta_e$	n_2——大带轮转速，r/min d_{p1}——小带轮节圆直径，mm d_{p2}——大带轮节圆直径，mm ε——弹性滑动系数 d_e——见表 14-1-11 Δ_e——见表 14-1-9
小带轮基准直径 d_{d1} 或小带轮有效直径 d_{e1}	mm	由表 14-1-9、表 14-1-10 和表 14-1-11 选取	为提高 V 带寿命，条件允许时，d_{d1}（或 d_{e1}）尽量取较大值
大带轮基准直径 d_{d2} 大带轮有效直径 d_{e2}	mm	$d_{d2} = i d_{d1}(1-\varepsilon)$ 或　$d_{e2} = i d_{e1}(1-\varepsilon)$	由表 14-1-10 或表 14-1-11 选取
带速 v	m/s	$v=\frac{\pi d_{p1} n_1}{60\times1000} \leqslant v_{max}$ 普通 V 带：$v_{max} = 25 \sim 30$ 窄 V 带：$v_{max} = 35$	$v \approx 20$m/s 时，可以充分发挥带的传动能力，一般 v 不低于 5m/s
初定中心距 a_0	mm	$0.7(d_{d1}+d_{d2}) \leqslant a_0 < 2(d_{d1}+d_{d2})$ 或　$0.7(d_{e1}+d_{e2}) < a_0 < 2(d_{e1}+d_{e2})$	可根据结构要求定
基准长度 L_{d0} 或有效长度 L_{e0}	mm	$L_{d0} = 2a_0 + \frac{\pi}{2}(d_{d1}+d_{d2}) + \frac{(d_{d2}-d_{d1})^2}{4a_0}$ 或　$L_{e0} = 2a_0 + \frac{\pi}{2}(d_{e1}+d_{e2}) + \frac{(d_{e2}-d_{e1})^2}{4a_0}$	普通 V 带按表 14-1-4，基准宽度制窄 V 带按表 14-1-5，有效宽度制窄 V 带按表 14-1-7 分别选取相近的 L_d 或 L_e

续表

计算项目	单位	公式及数据	说明
实际中心距 a	mm	$a \approx a_0 + \frac{L_d - L_{d0}}{2}$ 或 $a \approx a_0 + \frac{L_e - L_{e0}}{2}$	普通V带和基准宽度制窄V带,安装时所需最小中心距:$a_{min}=a-(2b_d+0.009L_d)$ 补偿带伸长时,所需最大中心距:$a_{max}=a+0.02L_d$ 有效宽度制窄V带中心距调整范围见表14-1-17,b_d见表14-1-9
小带轮包角 α_1	(°)	$\alpha_1 = 180° - \frac{d_{d2} - d_{d1}}{a} \times 57.3°$ 或 $\alpha_1 = 180° - \frac{d_{e2} - d_{e1}}{a} \times 57.3°$	一般$\alpha_1 \geqslant 120°$,最小不低于90°。如α_1较小,应增大a或采用张紧轮
单根V带额定功率 P_1	kW	普通V带,根据带型、d_{d1}及n_1由表14-1-18选取 基准宽度制窄V带,根据带型、d_{d1}、n_1及i由表14-1-19选取 有效宽度制窄V带,根据带型、d_{e1}及n_1由表14-1-20选取	特定条件: $i=1,\alpha_1=\alpha_2=180°$,特定基准(或有效)长度,平稳载荷
$i \neq 1$时单根V带额定功率增量 ΔP_1	kW	普通V带,根据带型、n_1及i由表14-1-18选取 有效宽度制窄V带,根据带型、n_1及i由表14-1-20选取	
V带根数 Z		普通V带及有效宽度制窄V带: $Z = \frac{P_d}{(P_1 + \Delta P_1) K_\alpha K_L}$ 基准宽度制窄V带: $Z = \frac{P_d}{P_1 K_\alpha K_L}$	K_α——包角修正系数,见表14-1-21 K_L——带长修正系数,见表14-1-22
单根V带初张紧力 F_0	N	普通V带及基准宽度制窄V带: $F_0 = 500\left(\frac{2.5}{K_\alpha} - 1\right)\frac{P_d}{Zv} + mv^2$ 有效宽度制窄V带: $F_0 = 0.9\left[500\left(\frac{2.5}{K_\alpha} - 1\right)\frac{P_d}{Zv} + mv^2\right]$	m——V带单位长度质量,kg/m,见表14-1-23
作用在轴上的力 F_r	N	$F_r = 2F_0 Z \sin\frac{\alpha_1}{2}$ $F_{rmax} = 3F_0 Z \sin\frac{\alpha_1}{2}$	F_{rmax}——考虑新带的初张紧力为正常张紧力的1.5倍

表 14-1-16　　工况系数 K_A

<table>
<tr><th colspan="3" rowspan="4">工　　况</th><th colspan="6">K_A</th></tr>
<tr><th colspan="3">空、轻载启动</th><th colspan="3">重载启动</th></tr>
<tr><th colspan="6">每天工作小时数/h</th></tr>
<tr><th><10</th><th>10~16</th><th>>16</th><th><10</th><th>10~16</th><th>>16</th></tr>
<tr><td rowspan="4">普通 V 带</td><td>载荷变动最小</td><td>液体搅拌机、通风机和鼓风机(≤7.5kW)、离心式水泵和压缩机、轻载荷输送机</td><td>1.0</td><td>1.1</td><td>1.2</td><td>1.1</td><td>1.2</td><td>1.3</td></tr>
<tr><td>载荷变动小</td><td>带式输送机(不均匀载荷)、通风机(>7.5kW)、旋转式水泵和压缩机(非离心式)、发电机、金属切削机床、印刷机、旋转筛、锯木机和木工机械</td><td>1.1</td><td>1.2</td><td>1.3</td><td>1.2</td><td>1.3</td><td>1.4</td></tr>
<tr><td>载荷变动较大</td><td>制砖机、斗式提升机、往复式水泵和压缩机、起重机、磨粉机、冲剪机床、橡胶机械、振动筛、纺织机械、重载输送机</td><td>1.2</td><td>1.3</td><td>1.4</td><td>1.4</td><td>1.5</td><td>1.6</td></tr>
<tr><td>载荷变动很大</td><td>破碎机(旋转式、颚式等)、磨碎机(球磨、棒磨、管磨)</td><td>1.3</td><td>1.4</td><td>1.5</td><td>1.5</td><td>1.6</td><td>1.8</td></tr>
<tr><td rowspan="4">窄 V 带</td><td>载荷变动微小</td><td>液体搅拌机、通风机或鼓风机(≤7.5kW)、离心机与压缩机、风扇轻载荷输送机</td><td>1.0</td><td>1.1</td><td>1.2</td><td>1.1</td><td>1.2</td><td>1.3</td></tr>
<tr><td>载荷变动小</td><td>带式输送机(不均匀载荷)、通风机(>7.5kW)、发电机、天轴、洗涤机械、机床、冲床、压力机、剪床、印刷机械、正位移旋转泵、旋转筛与振动筛</td><td>1.1</td><td>1.2</td><td>1.3</td><td>1.2</td><td>1.3</td><td>1.4</td></tr>
<tr><td>载荷变动较大</td><td>制砖机、励磁机、斗式提升机、活塞压缩机、输送机、锤磨机、纸厂打浆机、活塞泵、正位移鼓风机、磨粉机、锯木机等木材加工机械、纺织机械</td><td>1.2</td><td>1.3</td><td>1.4</td><td>1.4</td><td>1.5</td><td>1.6</td></tr>
<tr><td>载荷变动很大</td><td>破碎机、研磨机、卷扬机、橡胶压延机、压出机、炼胶机</td><td>1.3</td><td>1.4</td><td>1.5</td><td>1.5</td><td>1.6</td><td>1.8</td></tr>
</table>

注：1. 空、轻载启动——电动机（交流启动、三角启动、直流并励），四缸以上的内燃机，装有离心式离合器、液力联轴器的动力机。

2. 重载启动——电动机（联机交流启动、直流复励或串励），四缸以下的内燃机。

3. 启动频繁，经常正反转，工作条件恶劣时，普通 V 带 K_A 应乘以 1.2，窄 V 带 K_A 应乘以 1.1。

4. 增速传动时，K_A 应乘下列系数：

i	≥1.25~1.74	≥1.75~2.49	≥2.5~3.49	≥3.5
系数	1.05	1.11	1.18	1.25

表 14-1-17　　有效宽度制窄 V 带传动中心距调整范围　　mm

S_1 内侧调整量

a

外侧调整量

S_2

<table>
<tr><th rowspan="3">有效长度
L_e</th><th colspan="6">带　　型</th><th rowspan="3">S_2</th><th rowspan="3">有效长度
L_e</th><th colspan="4">带　　型</th><th rowspan="3">S_2</th></tr>
<tr><th>9N</th><th>9J</th><th>15N</th><th>15J</th><th>25N</th><th>25J</th><th>15N</th><th>15J</th><th>25N</th><th>25J</th></tr>
<tr><th colspan="6">S_1</th><th colspan="4">S_1</th></tr>
<tr><td>≤1205</td><td>15</td><td>30</td><td></td><td></td><td rowspan="2"></td><td rowspan="2"></td><td>25</td><td>>5080~6000</td><td rowspan="4">30</td><td rowspan="4">60</td><td rowspan="3">45</td><td rowspan="3">90</td><td>75</td></tr>
<tr><td>>1205~1800</td><td rowspan="4">20</td><td rowspan="4">35</td><td rowspan="5">25</td><td rowspan="5">55</td><td>30</td><td>>6000~6730</td><td>80</td></tr>
<tr><td>>1800~2690</td><td rowspan="3">40</td><td rowspan="3">85</td><td>40</td><td>>6730~7620</td><td>90</td></tr>
<tr><td>>2690~3180</td><td>45</td><td>>7620~9000</td><td rowspan="3">50</td><td rowspan="3">100</td><td>100</td></tr>
<tr><td>>3180~4320</td><td>55</td><td>>9000~9500</td><td rowspan="2"></td><td rowspan="2"></td><td>115</td></tr>
<tr><td>>4320~5080</td><td></td><td></td><td>45</td><td>90</td><td>65</td><td>>9500~12700</td><td>140</td></tr>
</table>

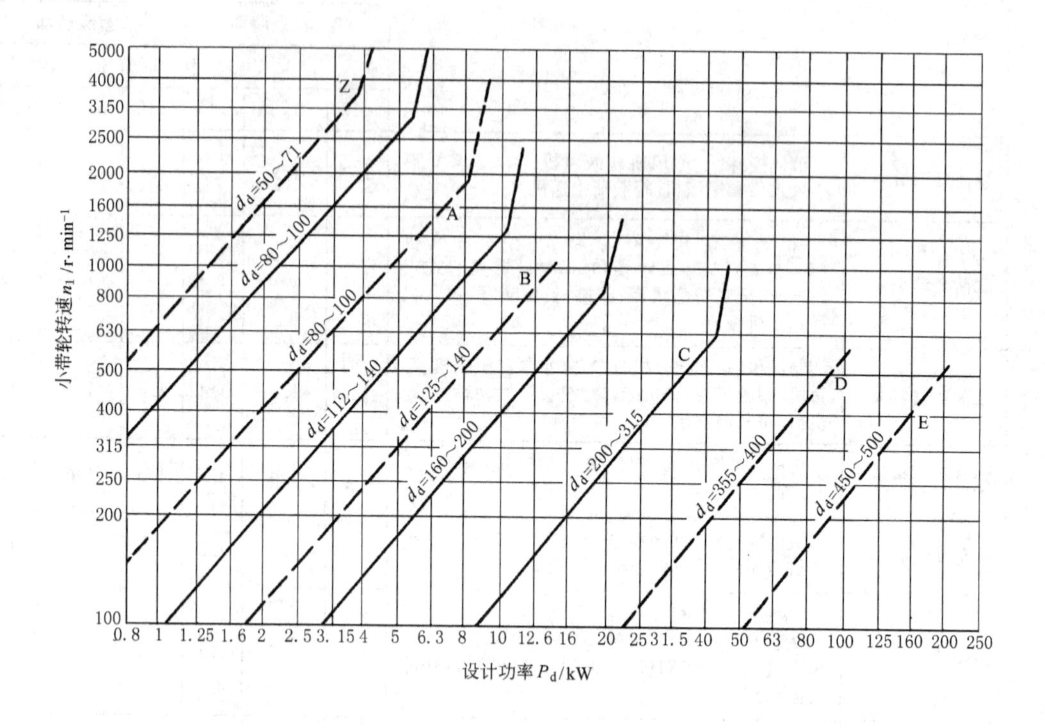

图 14-1-1　普通 V 带选型图

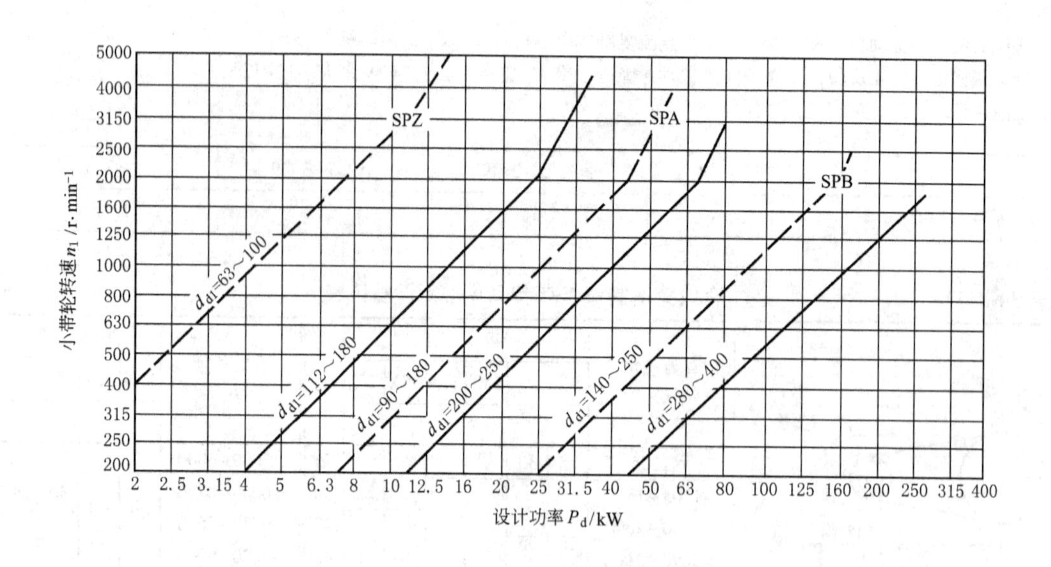

图 14-1-2　基准宽度制窄 V 带选型图

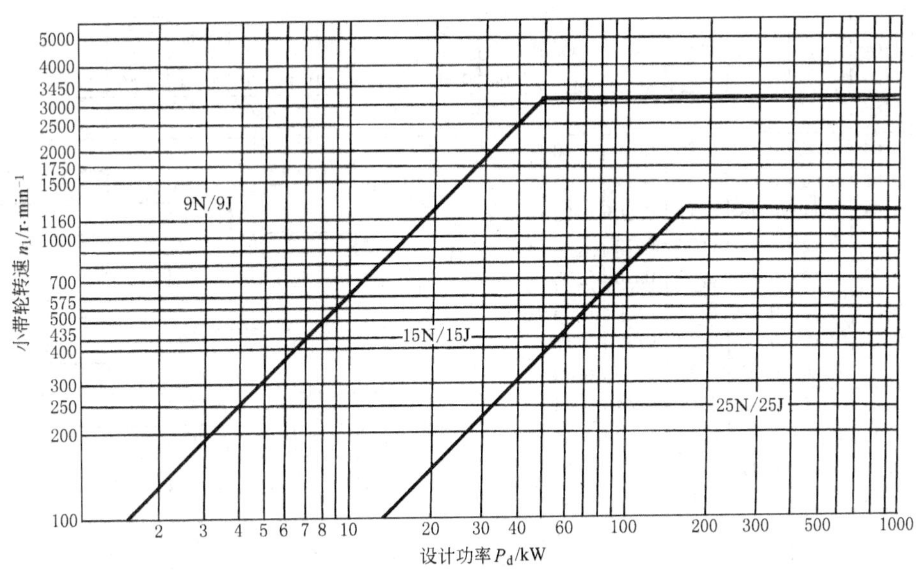

图 14-1-3　有效宽度制窄 V 带选型图

表 14-1-18　　**普通 V 带额定功率**　　kW

型号	n_1 /r·min^{-1}	d_{d1}/mm								i									v /m·s^{-1} ≈
		20	25	28	31.5	35.5	40	45	50	1.03~1.04	1.05~1.08	1.09~1.12	1.13~1.18	1.19~1.24	1.25~1.34	1.35~1.50	1.51~1.99	≥2.00	
		P_1								ΔP_1									
Y型	200	—	—	—	—	—	—	—	0.04	0.00	0.00	0.00	0.00	0.00	0.00	0.00	0.00	0.00	
	400	—	—	—	—	—	—	0.04	0.05	0.00	0.00	0.00	0.00	0.00	0.00	0.00	0.00	0.00	
	700	—	—	—	0.03	0.04	0.04	0.05	0.06	0.00	0.00	0.00	0.00	0.00	0.00	0.00	0.00	0.00	
	800	—	0.03	0.03	0.04	0.05	0.05	0.06	0.07	0.00	0.00	0.00	0.00	0.00	0.00	0.00	0.00	0.00	
	950	0.01	0.03	0.04	0.04	0.05	0.06	0.07	0.08	0.00	0.00	0.00	0.00	0.00	0.01	0.01	0.01	0.01	
	1200	0.02	0.03	0.04	0.05	0.06	0.07	0.08	0.09	0.00	0.00	0.00	0.00	0.00	0.01	0.01	0.01	0.01	
	1450	0.02	0.04	0.05	0.06	0.06	0.08	0.09	0.11	0.00	0.00	0.00	0.00	0.01	0.01	0.01	0.01	0.01	
	1600	0.03	0.05	0.05	0.06	0.07	0.09	0.11	0.12	0.00	0.00	0.00	0.00	0.01	0.01	0.01	0.01	0.01	5
	2000	0.03	0.05	0.06	0.07	0.08	0.11	0.12	0.14	0.00	0.00	0.00	0.00	0.01	0.01	0.01	0.01	0.02	
	2400	0.04	0.06	0.07	0.09	0.09	0.12	0.14	0.16	0.00	0.00	0.00	0.01	0.01	0.01	0.01	0.02	0.02	
	2800	0.04	0.07	0.08	0.10	0.11	0.14	0.16	0.18	0.00	0.00	0.01	0.01	0.01	0.01	0.02	0.02	0.02	
	3200	0.05	0.08	0.09	0.11	0.12	0.15	0.17	0.20	0.00	0.00	0.01	0.01	0.01	0.02	0.02	0.02	0.02	
	3600	0.06	0.08	0.10	0.12	0.13	0.16	0.19	0.22	0.00	0.01	0.01	0.01	0.02	0.02	0.02	0.02	0.03	10
	4000	0.06	0.09	0.11	0.13	0.14	0.18	0.20	0.23	0.00	0.01	0.01	0.01	0.02	0.02	0.02	0.03	0.03	
	4500	0.07	0.10	0.12	0.14	0.16	0.19	0.21	0.24	0.00	0.01	0.01	0.01	0.02	0.02	0.02	0.03	0.03	
	5000	0.08	0.11	0.13	0.15	0.18	0.20	0.23	0.25	0.01	0.01	0.01	0.01	0.02	0.02	0.02	0.03	0.03	
	5500	0.09	0.12	0.14	0.16	0.19	0.22	0.24	0.26	0.01	0.01	0.01	0.01	0.02	0.02	0.02	0.03	0.03	
	6000	0.10	0.13	0.15	0.17	0.20	0.24	0.26	0.27	0.01	0.01	0.01	0.01	0.02	0.02	0.02	0.03	0.03	

续表

型号	n_1 /r·min^{-1}	d_{d1}/mm						i									v /m·s^{-1} ≈
		50	56	63	71	80	90	1.02~1.04	1.05~1.08	1.09~1.12	1.13~1.18	1.19~1.24	1.25~1.34	1.35~1.50	1.51~1.99	≥2.00	
		P_1						ΔP_1									
Z型	200	0.04	0.04	0.05	0.06	0.10	0.10	0.00	0.00	0.00	0.00	0.00	0.00	0.00	0.00	0.00	
	400	0.06	0.06	0.08	0.09	0.14	0.14	0.00	0.00	0.00	0.00	0.00	0.00	0.00	0.01	0.01	
	700	0.09	0.11	0.13	0.17	0.20	0.22	0.00	0.00	0.00	0.00	0.00	0.01	0.01	0.01	0.02	
	800	0.10	0.12	0.15	0.20	0.22	0.24	0.00	0.00	0.00	0.01	0.01	0.01	0.01	0.02	0.02	
	960	0.12	0.14	0.18	0.23	0.26	0.28	0.00	0.00	0.01	0.01	0.01	0.01	0.02	0.02	0.02	
	1200	0.14	0.17	0.22	0.27	0.30	0.33	0.00	0.01	0.01	0.01	0.01	0.02	0.02	0.02	0.03	5
	1450	0.16	0.19	0.25	0.30	0.35	0.36	0.00	0.01	0.01	0.01	0.02	0.02	0.02	0.02	0.03	
	1600	0.17	0.20	0.27	0.33	0.39	0.40	0.01	0.01	0.01	0.01	0.02	0.02	0.02	0.03	0.03	
	2000	0.20	0.25	0.32	0.39	0.44	0.48	0.01	0.01	0.02	0.02	0.02	0.02	0.03	0.03	0.04	10
	2400	0.22	0.30	0.37	0.46	0.50	0.54	0.01	0.02	0.02	0.02	0.03	0.03	0.03	0.04	0.04	
	2800	0.26	0.33	0.41	0.50	0.56	0.60	0.01	0.02	0.02	0.03	0.03	0.03	0.04	0.04	0.04	
	3200	0.28	0.35	0.45	0.54	0.61	0.64	0.01	0.03	0.03	0.03	0.03	0.03	0.04	0.04	0.05	15
	3600	0.30	0.37	0.47	0.58	0.64	0.68	0.02	0.03	0.03	0.03	0.04	0.04	0.04	0.05	0.05	
	4000	0.32	0.39	0.49	0.61	0.67	0.72	0.02	0.03	0.04	0.04	0.04	0.04	0.05	0.05	0.06	
	4500	0.33	0.40	0.50	0.62	0.67	0.73	0.02	0.03	0.04	0.04	0.04	0.05	0.05	0.06	0.06	20
	5000	0.34	0.41	0.50	0.62	0.66	0.73	0.02	0.03	0.04	0.04	0.04	0.05	0.05	0.06	0.06	
	5500	0.33	0.41	0.49	0.61	0.64	0.65	0.02	0.03	0.04	0.04	0.04	0.05	0.05	0.06	0.06	
	6000	0.31	0.40	0.48	0.56	0.61	0.56	0.02	0.03	0.04	0.04	0.04	0.05	0.05	0.06	0.06	

型号	n_1 /r·min^{-1}	d_{d1}/mm								i									v /m·s^{-1} ≈
		75	90	100	112	125	140	160	180	1.02~1.04	1.05~1.08	1.09~1.12	1.13~1.18	1.19~1.24	1.25~1.34	1.35~1.51	1.52~1.99	≥2.00	
		P_1								ΔP_1									
A型	200	0.15	0.22	0.26	0.31	0.37	0.43	0.51	0.59	0.00	0.01	0.01	0.01	0.01	0.02	0.02	0.02	0.03	
	400	0.26	0.39	0.47	0.56	0.67	0.78	0.94	1.09	0.01	0.01	0.02	0.02	0.03	0.03	0.04	0.04	0.05	
	700	0.40	0.61	0.74	0.90	1.07	1.26	1.51	1.76	0.01	0.02	0.03	0.04	0.05	0.06	0.07	0.08	0.09	5
	800	0.45	0.68	0.83	1.00	1.19	1.41	1.69	1.97	0.01	0.02	0.03	0.04	0.05	0.06	0.08	0.09	0.10	
	950	0.51	0.77	0.95	1.15	1.37	1.62	1.95	2.27	0.01	0.03	0.04	0.05	0.06	0.07	0.08	0.10	0.11	
	1200	0.60	0.93	1.14	1.39	1.66	1.96	2.36	2.74	0.02	0.03	0.05	0.07	0.08	0.10	0.11	0.13	0.15	10
	1450	0.68	1.07	1.32	1.61	1.92	2.28	2.73	3.16	0.02	0.04	0.06	0.08	0.09	0.11	0.13	0.15	0.17	
	1600	0.73	1.15	1.42	1.74	2.07	2.45	2.54	3.40	0.02	0.04	0.06	0.09	0.11	0.13	0.15	0.17	0.19	15
	2000	0.84	1.34	1.66	2.04	2.44	2.87	3.42	3.93	0.03	0.06	0.08	0.11	0.13	0.16	0.19	0.22	0.24	
	2400	0.92	1.50	1.87	2.30	2.74	3.22	3.80	4.32	0.03	0.07	0.10	0.13	0.16	0.19	0.23	0.26	0.29	20
	2800	1.00	1.64	2.05	2.51	2.98	3.48	4.06	4.58	0.04	0.08	0.11	0.15	0.19	0.23	0.26	0.30	0.34	25
	3200	1.04	1.75	2.19	2.68	3.16	3.65	4.19	4.50	0.04	0.09	0.13	0.17	0.22	0.26	0.30	0.34	0.39	30
	3600	1.08	1.83	2.28	2.78	3.26	3.72	4.17	4.40	0.05	0.10	0.15	0.19	0.24	0.29	0.34	0.39	0.44	
	4000	1.09	1.87	2.34	2.83	3.28	3.67	3.98	4.00	0.05	0.11	0.16	0.22	0.27	0.32	0.38	0.43	0.48	35
	4500	1.07	1.83	2.33	2.79	3.17	3.44	3.48	3.13	0.06	0.12	0.18	0.24	0.30	0.36	0.42	0.48	0.54	40
	5000	1.02	1.82	2.25	2.64	2.91	2.99	2.67	1.81	0.07	0.14	0.20	0.27	0.34	0.40	0.47	0.54	0.60	
	5500	0.96	1.70	2.07	2.37	2.48	2.31	1.51	—	0.08	0.15	0.23	0.30	0.38	0.46	0.52	0.60	0.68	
	6000	0.80	1.50	1.80	1.96	1.87	1.37	—	—	0.08	0.16	0.24	0.32	0.40	0.49	0.57	0.65	0.73	

续表

型号	n_1 /r·min^{-1}	d_{d1}/mm								i									v /m·s^{-1} ≈
		125	140	160	180	200	224	250	280	1.02~1.04	1.05~1.08	1.09~1.12	1.13~1.18	1.19~1.24	1.25~1.34	1.35~1.51	1.52~1.99	≥2.00	
		P_1								ΔP_1									
B型	200	0.48	0.59	0.74	0.88	1.02	1.19	1.37	1.58	0.01	0.01	0.02	0.03	0.04	0.04	0.05	0.06	0.06	5
	400	0.84	1.05	1.32	1.59	1.85	2.17	2.50	2.89	0.01	0.03	0.04	0.06	0.07	0.08	0.10	0.11	0.13	10
	700	1.30	1.64	2.09	2.53	2.96	3.47	4.00	4.61	0.02	0.05	0.07	0.10	0.12	0.15	0.17	0.20	0.22	
	800	1.44	1.82	2.32	2.81	3.30	3.86	4.46	5.13	0.03	0.06	0.08	0.11	0.14	0.17	0.20	0.23	0.25	
	950	1.64	2.08	2.66	3.22	3.77	4.42	5.10	5.85	0.03	0.07	0.10	0.13	0.17	0.20	0.23	0.26	0.30	15
	1200	1.93	2.47	3.17	3.85	4.50	5.26	6.04	6.90	0.04	0.08	0.13	0.17	0.21	0.25	0.30	0.34	0.38	20
	1450	2.19	2.82	3.62	4.39	5.13	5.97	6.82	7.76	0.05	0.10	0.15	0.20	0.25	0.31	0.36	0.40	0.46	
	1600	2.33	3.00	3.86	4.68	5.46	6.33	7.20	8.13	0.06	0.11	0.17	0.23	0.28	0.34	0.39	0.45	0.51	25
	1800	2.50	3.23	4.15	5.02	5.83	6.73	7.63	8.46	0.06	0.13	0.19	0.25	0.32	0.38	0.44	0.51	0.57	
	2000	2.64	3.42	4.40	5.30	6.13	7.02	7.87	8.60	0.07	0.14	0.21	0.28	0.35	0.42	0.49	0.56	0.63	30
	2200	2.76	3.58	4.60	5.52	6.35	7.19	7.97	8.53	0.08	0.16	0.23	0.31	0.39	0.46	0.54	0.62	0.70	35
	2400	2.85	3.70	4.75	5.67	6.47	7.25	7.89	8.22	0.08	0.17	0.25	0.34	0.42	0.51	0.59	0.68	0.76	40
	2800	2.96	3.85	4.89	5.76	6.43	6.95	7.14	6.80	0.10	0.20	0.29	0.39	0.49	0.59	0.69	0.79	0.89	
	3200	2.94	3.83	4.80	5.52	5.95	6.05	5.60	4.26	0.11	0.23	0.34	0.45	0.56	0.68	0.79	0.90	1.01	
	3600	2.80	3.63	4.46	4.92	4.98	4.47	5.12	—	0.13	0.25	0.38	0.51	0.63	0.76	0.89	1.01	1.14	
	4000	2.51	3.24	3.82	3.92	3.47	2.14	—	—	0.14	0.28	0.42	0.56	0.70	0.84	0.99	1.13	1.27	
	4500	1.93	2.45	2.59	2.04	0.73	—	—	—	0.16	0.32	0.48	0.63	0.79	0.95	1.11	1.27	1.43	
	5000	1.09	1.29	0.81	—	—	—	—	—	0.18	0.36	0.53	0.71	0.89	1.07	1.24	1.42	1.60	

型号	n_1 /r·min^{-1}	d_{d1}/mm								i									v /m·s^{-1} ≈
		200	224	250	280	315	355	400	450	1.02~1.04	1.05~1.08	1.09~1.12	1.13~1.18	1.19~1.24	1.25~1.34	1.35~1.51	1.52~1.99	≥2.00	
		P_1								ΔP_1									
C型	200	1.39	1.70	2.03	2.42	2.84	3.36	3.91	4.51	0.02	0.04	0.06	0.08	0.10	0.12	0.14	0.16	0.18	5
	300	1.92	2.37	2.85	3.40	4.04	4.75	5.54	6.40	0.03	0.06	0.09	0.12	0.15	0.18	0.21	0.24	0.26	
	400	2.41	2.99	3.62	4.32	5.14	6.05	7.06	8.20	0.04	0.08	0.12	0.16	0.20	0.23	0.27	0.31	0.35	10
	500	2.87	3.58	4.33	5.19	6.17	7.27	8.52	9.81	0.05	0.10	0.15	0.20	0.24	0.29	0.34	0.39	0.44	
	600	3.30	4.12	5.00	6.00	7.14	8.45	9.82	11.29	0.06	0.12	0.18	0.24	0.29	0.35	0.41	0.47	0.53	15
	700	3.69	4.64	5.64	6.76	8.09	9.50	11.02	12.63	0.07	0.14	0.21	0.27	0.34	0.41	0.48	0.55	0.62	
	800	4.07	5.12	6.23	7.52	8.92	10.46	12.10	13.80	0.08	0.16	0.23	0.31	0.39	0.47	0.55	0.63	0.71	20
	950	4.58	5.78	7.04	8.49	10.05	11.73	13.48	15.23	0.09	0.19	0.27	0.37	0.47	0.56	0.65	0.74	0.83	25
	1200	5.29	6.71	8.21	9.81	11.53	13.31	15.04	16.59	0.12	0.24	0.35	0.47	0.59	0.70	0.82	0.94	1.06	30
	1450	5.84	7.45	9.04	10.72	12.46	14.12	15.53	16.47	0.14	0.28	0.42	0.58	0.71	0.85	0.99	1.14	1.27	35
	1600	6.07	7.75	9.38	11.06	12.72	14.19	15.24	15.57	0.16	0.31	0.47	0.63	0.78	0.94	1.10	1.25	1.41	40
	1800	6.28	8.00	9.63	11.22	12.67	13.73	14.08	13.29	0.18	0.35	0.53	0.71	0.88	1.06	1.23	1.41	1.59	
	2000	6.34	8.06	9.62	11.04	12.14	12.59	11.95	9.64	0.20	0.39	0.59	0.78	0.98	1.17	1.37	1.57	1.76	
	2200	6.26	7.92	9.34	10.48	11.08	10.70	8.75	4.44	0.22	0.43	0.65	0.86	1.08	1.29	1.51	1.72	1.94	
	2400	6.02	7.57	8.75	9.50	9.43	7.98	4.34	—	0.23	0.47	0.70	0.94	1.18	1.41	1.65	1.88	2.12	
	2600	5.61	6.93	7.85	8.08	7.11	4.32	—	—	0.25	0.51	0.76	1.02	1.27	1.53	1.78	2.04	2.29	
	2800	5.01	6.08	6.56	6.13	4.16	—	—	—	0.27	0.55	0.82	1.10	1.37	1.64	1.92	2.19	2.47	
	3200	3.23	3.57	2.93	—	—		—	—	0.31	0.61	0.91	1.22	1.53	1.85	2.14	2.44	2.75	

续表

型号	n_1 /r·min^{-1}	d_{d1}/mm								i									v /m·s^{-1} ≈
		355	400	450	500	560	630	710	800	1.02~1.04	1.05~1.08	1.09~1.12	1.13~1.18	1.19~1.24	1.25~1.34	1.35~1.51	1.52~1.99	≥2.00	
		P_1								ΔP_1									
D型	100	3.01	3.66	4.37	5.08	5.91	6.88	8.01	9.22	0.03	0.07	0.10	0.14	0.17	0.21	0.24	0.28	0.31	
	150	4.20	5.14	6.17	7.18	8.43	9.82	11.38	13.11	0.05	0.11	0.15	0.21	0.26	0.31	0.36	0.42	0.47	5
	200	5.31	6.52	7.90	9.21	10.76	12.54	14.55	16.76	0.07	0.14	0.21	0.28	0.35	0.42	0.49	0.56	0.63	
	250	6.36	7.88	9.50	11.09	12.97	15.13	17.54	20.18	0.09	0.18	0.26	0.35	0.44	0.57	0.61	0.70	0.78	10
	300	7.35	9.13	11.02	12.88	15.07	17.57	20.35	23.39	0.10	0.21	0.31	0.42	0.52	0.62	0.73	0.83	0.94	
	400	9.24	11.45	13.85	16.20	18.95	22.05	25.45	29.08	0.14	0.28	0.42	0.56	0.70	0.83	0.97	1.11	1.25	15
	500	10.90	13.55	16.40	19.17	22.38	25.94	29.76	33.72	0.17	0.35	0.52	0.70	0.87	1.04	1.22	1.39	1.56	20
	600	12.39	15.42	18.67	21.78	25.32	29.18	33.18	37.13	0.21	0.42	0.62	0.83	1.04	1.25	1.46	1.67	1.88	25
	700	13.70	17.07	20.63	23.99	27.73	31.68	35.59	39.14	0.24	0.49	0.73	0.97	1.22	1.46	1.70	1.95	2.19	
	800	14.83	18.46	22.25	25.76	29.55	33.38	36.87	39.55	0.28	0.56	0.83	1.11	1.39	1.67	1.95	2.22	2.50	30
	950	16.15	20.06	24.01	27.50	31.04	34.19	36.35	36.76	0.33	0.66	0.99	1.32	1.60	1.92	2.31	2.64	2.97	35
	1100	16.98	20.99	24.84	28.02	30.85	32.65	32.52	29.26	0.38	0.77	1.15	1.53	1.91	2.29	2.68	3.06	3.44	40
	1200	17.25	21.20	24.84	26.71	29.67	30.15	27.88	21.32	0.42	0.84	1.25	1.67	2.09	2.50	2.92	3.34	3.75	
	1300	17.26	21.06	24.35	26.54	27.58	26.37	21.42	10.73	0.45	0.91	1.35	1.81	2.26	2.71	3.16	3.61	4.06	
	1450	16.77	20.15	22.02	23.59	22.58	18.06	7.99	—	0.51	1.01	1.51	2.02	2.52	3.02	3.52	4.03	4.53	
	1600	15.63	18.31	19.59	18.88	15.13	6.25	—	—	0.56	1.11	1.67	2.23	2.78	3.33	3.89	4.45	5.00	
	1800	12.97	14.28	13.34	9.59	—	—	—	—	0.63	1.24	1.88	2.51	3.13	3.74	4.38	5.01	5.62	

型号	n_1 /r·min^{-1}	d_{d1}/mm								i									v /m·s^{-1} ≈
		500	560	630	710	800	900	1000	1120	1.02~1.04	1.05~1.08	1.09~1.12	1.13~1.18	1.19~1.24	1.25~1.34	1.35~1.51	1.52~1.99	≥2.00	
		P_1								ΔP_1									
E型	100	6.21	7.32	8.75	10.31	12.05	13.96	15.64	18.07	0.07	0.14	0.21	0.28	0.34	0.41	0.48	0.55	0.62	5
	150	8.60	10.33	12.32	14.56	17.05	19.76	22.14	25.58	0.10	0.20	0.31	0.41	0.52	0.62	0.72	0.83	0.93	
	200	10.86	13.09	15.65	18.52	21.70	25.15	28.52	32.47	0.14	0.28	0.41	0.55	0.69	0.83	0.96	1.10	1.24	10
	250	12.97	15.67	18.77	22.23	26.03	30.14	34.11	38.71	0.17	0.34	0.52	0.69	0.86	1.03	1.20	1.37	1.55	
	300	14.96	18.10	21.69	25.69	30.05	34.71	39.17	44.26	0.21	0.41	0.62	0.83	1.03	1.24	1.45	1.65	1.86	15
	350	16.81	20.38	24.42	28.89	33.73	38.64	43.66	49.04	0.24	0.48	0.72	0.96	1.20	1.45	1.69	1.92	2.17	20
	400	18.55	22.49	26.95	31.83	37.05	42.49	47.52	52.98	0.28	0.55	0.83	1.00	1.38	1.65	1.93	2.20	2.48	
	500	21.65	26.25	31.36	36.85	42.53	48.20	53.12	57.94	0.34	0.64	1.03	1.38	1.72	2.07	2.41	2.75	3.10	25
	600	24.21	29.30	34.83	40.58	46.26	51.48	55.45	58.42	0.41	0.83	1.24	1.65	2.07	2.48	2.89	3.31	3.72	30
	700	26.21	31.59	37.26	42.87	47.96	51.95	54.00	53.62	0.48	0.97	1.45	1.93	2.41	2.89	3.38	3.86	4.34	35
	800	27.57	33.03	38.52	43.52	47.38	49.21	48.19	42.77	0.55	1.10	1.65	2.21	2.76	3.31	3.86	4.41	4.96	40
	950	28.32	33.40	37.92	41.02	41.59	38.19	30.08	—	0.65	1.29	1.95	2.62	3.27	3.92	4.58	5.23	5.89	
	1100	27.30	31.35	33.94	33.74	29.06	17.65	—	—	0.76	1.52	2.27	3.03	3.79	4.40	5.30	6.06	6.82	
	1200	25.53	28.49	29.17	25.91	16.46	—	—	—										
	1300	22.82	24.31	22.56	15.44	—	—	—	—										
	1450	16.82	15.35	8.85	—	—	—	—	—										

注：1. Y型，$i=1\sim1.02$，$\Delta P_1=0$；其他型号，$i=1\sim1.01$，$\Delta P_1=0$。

2. P_1 为包角180°（$i=1$）、特定基准长度、载荷平稳时，单根普通V带基本额定功率的推荐值；ΔP_1 为 $i\neq1$ 时单根普通V带额定功率的增量。

3. 增速转动时，基本额定功率增量按传动比的倒数从表中选取。

4. 表中 d_{d1} 栏内的黑粗线表示与右边速度的对应关系。

表 14-1-19　　基准宽度制窄 V 带额定功率

型号	d_{d1} /mm	i 或 $\frac{1}{i}$	200	400	700	800	950	1200	1450	1600	2000	2400	2800	3200	3600	4000	4500	5000	5500	6000
			n_1/r·min^{-1}																	
			P_1/kW																	
SPZ	63	1	0.20	0.35	0.54	0.60	0.68	0.81	0.93	1.00	1.17	1.32	1.45	1.56	1.66	1.74	1.81	1.85	1.87	1.85
		1.5	0.23	0.41	0.65	0.72	0.83	1.00	1.16	1.25	1.48	1.69	1.88	2.06	2.21	2.35	2.50	2.63	2.72	2.77
		≥3	0.24	0.43	0.68	0.76	0.88	1.06	1.23	1.33	1.58	1.81	2.03	2.22	2.40	2.56	2.74	2.88	3.00	3.08
	71	1	0.25	0.44	0.70	0.78	0.90	1.08	1.25	1.35	1.59	1.81	2.00	2.18	2.33	2.46	2.59	2.68	2.73	2.74
		1.5	0.28	0.51	0.81	0.91	1.04	1.26	1.47	1.59	1.90	2.18	2.43	2.67	2.88	3.08	3.28	3.45	3.58	3.67
		≥3	0.29	0.53	0.85	0.95	1.09	1.33	1.55	1.68	2.00	2.30	2.58	2.83	3.07	3.28	3.51	3.71	3.86	3.98
	80	1	0.31	0.55	0.88	0.99	1.14	1.38	1.60	1.73	2.05	2.34	2.61	2.85	3.06	3.24	3.42	3.56	3.64	3.66
		1.5	0.34	0.61	0.99	1.11	1.28	1.56	1.82	1.97	2.36	2.71	3.04	3.34	3.61	3.86	4.12	4.33	4.48	4.58
		≥3	0.35	0.64	1.03	1.15	1.33	1.62	1.90	2.06	2.46	2.84	3.18	3.51	3.80	4.06	4.35	4.58	4.77	4.89
	90	1	0.37	0.67	1.09	1.21	1.40	1.70	1.98	2.14	2.55	2.93	3.26	3.57	3.84	4.07	4.30	4.46	4.55	4.56
		1.5	0.40	0.74	1.19	1.34	1.55	1.88	2.20	2.39	2.86	3.30	3.70	4.06	4.39	4.68	4.99	5.23	5.39	5.48
		≥3	0.41	0.76	1.23	1.38	1.60	1.95	2.28	2.47	2.96	3.42	3.84	4.23	4.58	4.89	5.22	5.48	5.68	5.79
	100	1	0.43	0.79	1.28	1.44	1.66	2.02	2.36	2.55	3.05	3.49	3.90	4.26	4.58	4.85	5.10	5.27	5.35	5.32
		1.5	0.46	0.85	1.39	1.56	1.81	2.20	2.58	2.80	3.35	3.86	4.33	4.76	5.13	5.46	5.80	6.05	6.20	6.25
		≥3	0.47	0.87	1.43	1.60	1.86	2.27	2.66	2.88	3.46	3.99	4.48	4.92	5.32	5.67	6.03	6.30	6.48	6.56
	112	1	0.51	0.93	1.52	1.70	1.97	2.40	2.80	3.04	3.62	4.16	4.64	5.06	5.42	5.72	5.99	6.14	6.16	6.05
		1.5	0.54	1.00	1.63	1.83	2.12	2.58	3.03	3.28	3.93	4.53	5.07	5.55	5.98	6.33	6.68	6.91	7.01	6.97
		≥3	0.55	1.02	1.66	1.87	2.17	2.65	3.10	3.37	4.04	4.65	5.21	5.72	6.16	6.54	6.91	7.17	7.29	7.28
	125	1	0.59	1.09	1.77	1.99	2.30	2.80	3.28	3.55	4.24	4.85	5.40	5.88	6.27	6.58	6.83	6.92	6.84	6.57
		1.5	0.62	1.15	1.88	2.11	2.45	2.99	3.50	3.80	4.54	5.22	5.83	6.37	6.83	7.19	7.52	7.69	7.69	7.50
		≥3	0.63	1.17	1.91	2.15	2.50	3.05	3.58	3.88	4.65	5.35	5.98	6.53	7.01	7.40	7.75	7.95	7.97	7.81
	140	1	0.68	1.26	2.06	2.31	2.68	3.26	3.82	4.13	4.92	5.63	6.24	6.75	7.16	7.45	7.64	7.60	7.34	6.81
		1.5	0.71	1.32	2.17	2.43	2.82	3.45	4.04	4.38	5.23	6.00	6.67	7.25	7.72	8.07	8.33	8.37	8.18	7.74
		≥3	0.72	1.34	2.20	2.47	2.87	3.51	4.11	4.46	5.33	6.12	6.81	7.41	7.90	8.27	8.56	8.63	8.47	8.04
	160	1	0.80	1.49	2.44	2.73	3.17	3.86	4.51	4.88	5.80	6.60	7.27	7.81	8.19	8.40	8.41	8.11	7.47	6.45
		1.5	0.83	1.55	2.54	2.86	3.32	4.05	4.74	5.13	6.11	6.97	7.70	8.30	8.74	9.02	9.11	8.88	8.31	7.37
		≥3	0.84	1.57	2.58	2.90	3.37	4.11	4.81	5.21	6.21	7.09	7.85	8.46	8.93	9.22	9.34	9.14	8.60	7.68
	180	1	0.92	1.71	2.81	3.15	3.65	4.45	5.19	5.61	6.63	7.50	8.20	8.71	9.01	9.08	8.81	8.11	6.93	5.22
		1.5	0.95	1.78	2.92	3.28	3.80	4.63	5.41	5.86	6.94	7.87	8.63	9.21	9.57	9.70	9.51	8.88	7.77	6.15
		≥3	0.96	1.80	2.95	3.32	3.85	4.69	5.49	5.94	7.04	8.00	8.78	9.37	9.75	9.90	9.74	9.14	8.06	6.45
	v/m·s^{-1}≈				5			10		15		20	25	30		35	40			

续表

型号	d_{d1}/mm	i 或 $\frac{1}{i}$	n_1/r·min^{-1} 200	400	700	800	950	1200	1450	1600	2000	2400	2800	3200	3600	4000	4500	5000	5500	6000
			P_1/kW																	
SPA	90	1	0.43	0.75	1.17	1.30	1.48	1.76	2.02	2.16	2.49	2.77	3.00	3.16	3.26	3.29	3.24	3.07	2.77	2.34
		1.5	0.50	0.89	1.42	1.58	1.81	2.18	2.52	2.71	3.19	3.60	3.96	4.27	4.50	4.68	4.80	4.80	4.67	4.41
		≥3	0.52	0.94	1.50	1.61	1.92	2.32	2.69	2.90	3.42	3.88	4.29	4.63	4.92	5.14	5.32	5.37	5.31	5.10
	100	1	0.53	0.94	1.49	1.65	1.89	2.27	2.61	2.80	3.27	3.67	3.99	4.25	4.42	4.50	4.48	4.31	3.97	3.46
		1.5	0.60	1.08	1.73	1.93	2.22	2.68	3.11	3.36	3.96	4.50	4.96	5.35	5.66	5.89	6.04	6.04	5.88	5.53
		≥3	0.62	1.13	1.81	2.02	2.33	2.82	3.28	3.54	4.19	4.78	5.29	5.72	6.08	6.35	6.56	6.62	6.51	6.22
	112	1	0.64	1.16	1.86	2.07	2.38	2.86	3.31	3.57	4.18	4.71	5.15	5.49	5.72	5.85	5.83	5.61	5.16	4.47
		1.5	0.71	1.30	2.10	2.35	2.71	3.28	3.82	4.12	4.87	5.54	6.12	6.60	6.97	7.23	7.39	7.34	7.06	6.55
		≥3	0.74	1.35	2.18	2.44	2.82	3.42	3.98	4.30	5.11	5.82	6.44	6.96	7.38	7.69	7.91	7.91	7.70	7.24
	125	1	0.77	1.40	2.25	2.52	2.90	3.50	4.06	4.38	5.15	5.80	6.34	6.76	7.03	7.16	7.09	6.75	6.11	5.14
		1.5	0.84	1.54	2.50	2.80	3.23	3.92	4.56	4.93	5.84	6.63	7.31	7.86	8.28	8.54	8.65	8.48	8.01	7.21
		≥3	0.86	1.59	2.58	2.89	3.34	4.06	4.73	5.12	6.07	6.91	7.63	8.23	8.69	9.01	9.17	9.06	8.64	7.91
	140	1	0.92	1.66	2.71	3.03	3.49	4.23	4.91	5.29	6.22	7.01	7.64	8.11	8.39	8.48	8.27	7.69	6.71	5.28
		1.5	0.99	1.82	2.95	3.31	3.82	4.64	5.41	5.84	6.91	7.84	8.61	9.22	9.64	9.85	9.83	9.42	8.61	7.35
		≥3	1.01	1.86	3.03	3.40	3.93	4.78	5.58	6.03	7.14	8.12	8.94	9.59	10.05	10.32	10.35	10.00	9.25	8.05
	160	1	1.11	2.04	3.30	3.70	4.27	5.17	6.01	6.47	7.60	8.53	9.24	9.72	9.94	9.87	9.34	8.28	6.62	4.31
		1.5	1.18	2.18	3.55	3.98	4.60	5.59	6.51	7.03	8.29	9.36	10.21	10.83	11.18	11.25	10.90	10.01	8.52	6.39
		≥3	1.20	2.22	3.63	4.07	4.71	5.73	6.68	7.21	8.52	9.63	10.53	11.20	11.60	11.72	11.42	10.58	9.15	7.08
	180	1	1.30	2.39	3.89	4.36	5.04	6.10	7.07	7.62	8.90	9.93	10.67	11.09	11.15	10.81	9.78	7.99	6.38	1.88
		1.5	1.37	2.53	4.13	4.64	5.36	6.51	7.57	8.17	9.60	10.76	11.64	12.20	12.39	12.19	11.33	9.72	7.29	3.95
		≥3	1.39	2.58	4.21	4.73	5.47	6.65	7.74	8.35	9.83	11.04	11.96	12.56	12.81	12.65	11.85	10.30	7.92	4.64
	200	1	1.49	2.75	4.47	5.01	5.79	7.00	8.10	8.72	10.13	11.22	11.92	12.19	11.98	11.25	9.50	6.75	2.89	
		1.5	1.55	2.89	4.71	5.29	6.11	7.41	8.61	9.27	10.83	12.05	12.89	13.30	13.23	12.63	11.06	8.43	4.79	
		≥3	1.58	2.93	4.79	5.38	6.22	7.55	8.77	9.45	11.06	12.32	13.21	13.67	13.64	13.09	11.58	9.06	5.43	
	224	1	1.71	3.17	5.16	5.77	6.67	8.05	9.30	9.97	11.51	12.59	13.15	13.13	12.45	11.04	8.15	3.87		
		1.5	1.78	3.30	5.40	6.05	6.99	8.46	9.80	10.53	12.20	13.42	14.12	14.23	13.69	12.42	9.71	5.60		
		≥3	1.80	3.35	5.48	6.14	7.10	8.60	9.96	10.71	12.43	13.69	14.44	14.60	14.11	12.89	10.23	6.17		
	250	1	1.95	3.62	5.88	6.59	7.60	9.15	10.53	11.26	12.85	13.84	14.13	13.62	12.22	9.83	5.29			
		1.5	2.02	3.75	6.13	6.87	7.93	9.56	11.03	11.81	13.54	14.67	15.10	14.73	13.47	11.21	6.85			
		≥3	2.04	3.80	6.21	6.96	8.04	9.70	11.19	12.00	13.77	14.95	15.42	15.10	13.88	11.67	7.36			
	v/m·s^{-1}≈		5		10		15		20	25	30	35	40							

续表

型号	d_{d1}/mm	i或$\frac{1}{i}$	200	400	700	800	950	1200	1450	1600	1800	2000	2200	2400	2800	3200	3600	4000	4500
			n_1/r·min^{-1}																
			P_1/kW																
SPB	140	1 1.5 ≥3	1.08 1.22 1.27	1.92 2.21 2.31	3.02 3.53 3.70	3.35 3.94 4.13	3.83 4.52 4.76	4.55 5.43 5.72	5.19 6.25 6.61	5.54 6.71 7.40	5.95 7.27 7.71	6.31 7.70 8.26	6.62 8.23 8.76	6.86 8.61 9.20	7.15 9.20 9.89	7.17 9.51 10.29	6.89 9.52 10.40	6.23 9.20 10.18	5.00 8.30 9.39
	160	1 1.5 ≥3	1.37 1.51 1.56	2.47 2.76 2.86	3.92 4.44 4.61	4.37 4.96 5.15	5.01 5.70 5.93	5.98 6.86 7.15	6.86 7.92 8.27	7.33 8.50 8.89	7.89 9.21 9.65	8.38 9.85 10.33	8.80 10.41 10.94	9.13 10.88 11.47	9.52 11.57 12.25	9.53 11.87 12.65	9.10 11.74 12.61	8.21 11.13 12.11	6.36 9.65 10.75
	180	1 1.5 ≥3	1.65 1.80 1.85	3.01 3.30 3.40	4.82 5.33 5.50	5.37 5.96 6.15	6.16 6.86 7.09	7.38 8.26 8.55	8.46 9.53 9.88	9.05 10.22 10.61	9.74 11.06 11.50	10.34 11.80 12.29	10.83 12.44 12.98	11.21 12.97 13.56	11.62 13.66 14.35	11.49 13.83 14.61	10.77 13.40 14.28	9.40 12.32 13.30	6.68 9.97 11.07
	200	1 1.5 ≥3	1.94 2.08 2.13	3.54 3.84 3.93	5.69 6.21 6.38	6.35 6.94 7.14	7.30 7.99 8.23	8.74 9.62 9.91	10.02 11.03 11.43	10.70 11.87 12.26	11.50 12.82 13.26	12.18 13.64 14.13	12.72 14.33 14.86	13.11 14.86 15.45	13.41 15.46 16.14	13.01 15.36 16.14	11.83 14.46 15.34	9.77 12.70 13.68	5.85 9.14 10.24
	224	1 1.5 ≥3	2.28 2.42 2.47	4.18 4.47 4.57	6.73 7.24 7.41	7.52 8.10 8.30	8.63 9.33 9.56	10.33 11.21 11.50	11.81 12.87 13.23	12.59 13.76 14.15	13.49 14.80 15.24	14.21 15.68 16.16	14.76 16.37 16.90	15.10 16.86 17.44	15.14 17.19 17.87	14.22 16.57 17.35	12.23 14.86 15.74	9.04 11.96 12.94	3.18 6.47 7.57
	250	1 1.5 ≥3	2.64 2.79 2.83	4.86 5.15 5.25	7.84 8.35 8.52	8.75 9.33 9.53	10.04 10.74 10.97	11.99 12.87 13.16	13.66 14.72 15.07	14.51 15.68 16.07	15.47 16.78 17.22	16.19 17.66 18.15	16.68 18.28 18.82	16.89 18.65 19.23	16.44 18.49 19.17	14.69 17.03 17.81	11.48 14.11 14.99	6.63 9.56 10.53	
	280	1 1.5 ≥3	3.05 3.20 3.25	5.63 5.93 6.02	9.09 9.60 9.77	10.14 10.72 10.92	11.62 12.32 12.55	13.82 14.70 14.99	15.65 16.72 17.07	16.56 17.73 18.12	17.52 18.83 19.27	18.17 19.63 20.12	18.48 20.09 20.62	18.43 20.18 20.77	17.13 19.18 19.86	14.04 16.38 17.16	8.92 11.56 12.43	1.55 4.48 5.45	
	315	1 1.5 ≥3	3.53 3.68 3.73	6.53 6.82 6.92	10.51 11.02 11.19	11.71 12.30 12.50	13.40 14.09 14.32	15.84 16.72 17.01	17.79 18.85 19.21	18.70 19.87 20.26	19.55 20.88 21.32	20.00 21.46 21.95	19.97 21.58 22.12	19.44 21.20 21.78	16.71 18.76 19.44	11.47 13.81 14.59	3.40 6.04 6.91		
	355	1 1.5 ≥3	4.08 4.22 4.27	7.53 7.82 7.92	12.10 12.61 12.78	13.46 14.04 14.24	15.33 16.03 16.26	17.99 18.86 19.16	19.96 21.02 21.37	20.78 21.95 22.34	21.39 22.71 23.15	21.42 22.88 23.37	20.79 22.40 22.94	19.46 21.22 21.80	14.45 16.50 17.18	5.91 8.25 9.03			
	400	1 1.5 ≥3	4.68 4.83 4.87	8.64 8.94 9.03	13.82 14.33 14.50	15.34 15.92 16.12	17.39 18.09 18.32	20.17 21.05 21.34	22.02 23.08 23.43	22.62 23.79 24.18	22.76 24.07 24.51	22.07 23.53 24.02	20.46 22.07 22.61	17.87 19.63 20.21	9.37 11.42 12.10				
	v/m·s^{-1}≈			5	10	15		20	25	30	35	40							

续表

型号	d_{d1} /mm	i 或 $\frac{1}{i}$	n_1/r·min^{-1}																
			200	300	400	500	600	700	800	950	1200	1450	1600	1800	2000	2200	2400	2800	3200
			P_1/kW																
SPC	224	1 1.5 ≥3	2.90 3.26 3.38	4.08 4.62 4.80	5.19 5.91 6.15	6.23 7.13 7.43	7.21 8.28 8.64	8.13 9.39 9.81	8.99 10.43 10.91	10.19 11.90 12.47	11.89 14.05 14.77	13.22 15.82 16.69	13.81 16.69 17.65	14.35 17.59 18.66	14.58 18.17 19.37	14.47 18.43 19.75	14.01 18.32 19.75	11.89 16.92 18.60	8.01 13.77 15.68
	250	1 1.5 ≥3	3.50 3.86 3.98	4.95 5.49 5.67	6.31 7.03 7.27	7.60 8.49 8.79	8.81 9.89 10.25	9.95 11.21 11.63	11.02 12.46 12.94	12.51 14.21 14.78	14.61 16.77 17.49	16.21 18.82 19.69	16.52 19.79 20.75	17.52 20.75 21.83	17.70 21.30 22.50	17.44 21.40 22.72	16.69 21.01 22.45	13.60 18.64 20.32	8.12 13.88 15.80
	280	1 1.5 ≥3	4.18 4.54 4.66	5.94 6.48 6.66	7.59 8.31 8.55	9.15 10.05 10.35	10.62 11.70 12.06	12.01 13.27 13.69	13.31 14.75 15.23	15.10 16.81 17.38	17.60 19.76 20.48	19.44 22.05 22.92	20.20 23.07 24.03	20.75 23.99 25.07	20.75 24.34 25.54	20.13 24.09 25.41	18.86 23.17 24.61	14.11 19.15 20.83	6.10 11.85 13.77
	315	1 1.5 ≥3	4.97 5.33 5.45	7.08 7.62 7.80	9.07 9.79 10.03	10.94 11.84 12.14	12.70 13.78 14.14	14.36 15.62 16.04	15.90 17.34 17.82	18.01 19.72 20.29	20.88 23.04 23.76	22.87 25.47 26.34	23.58 26.46 27.42	23.91 27.15 28.23	23.47 27.07 28.26	22.18 26.14 27.46	19.98 24.30 25.74	12.53 17.56 19.24	
	355	1 1.5 ≥3	5.87 6.23 6.35	8.37 8.91 9.09	10.72 11.44 11.68	12.94 13.84 14.14	15.02 16.10 16.46	16.96 18.22 18.64	18.76 20.20 20.68	21.17 22.88 23.45	24.34 26.50 27.22	26.29 28.90 29.77	26.80 29.68 30.64	26.62 29.86 30.94	25.37 28.97 30.17	22.94 26.90 28.22	19.22 23.54 24.98		
	400	1 1.5 ≥3	6.86 7.22 7.34	9.80 10.34 10.52	12.56 13.28 13.52	15.15 16.04 16.34	17.56 18.64 19.00	19.79 21.05 21.47	21.84 23.28 23.76	24.52 26.23 26.80	27.83 29.99 30.70	29.46 32.07 32.94	29.53 32.41 33.37	28.42 31.66 32.74	25.81 29.41 30.60	21.54 25.50 26.82	15.48 19.79 21.23		
	450	1 1.5 ≥3	7.96 8.32 8.44	11.37 11.91 12.09	14.56 15.28 15.52	17.54 18.43 18.73	20.29 21.37 21.73	22.81 24.07 24.48	25.07 26.51 26.99	27.94 29.65 30.22	31.15 33.31 34.03	32.06 34.67 35.54	31.33 34.21 35.16	28.69 31.92 33.00	23.95 27.54 28.74	16.89 20.85 22.17			
	500	1 1.5 ≥3	9.04 9.40 9.52	12.91 13.45 13.63	16.52 17.24 17.48	19.86 20.76 21.06	22.92 24.00 24.35	25.67 26.93 27.35	28.09 29.53 30.01	31.04 32.75 33.32	33.85 36.01 36.73	33.58 36.18 37.05	31.70 34.57 35.53	26.94 30.18 31.26	19.35 22.94 24.14				
	560	1 1.5 ≥3	10.32 10.68 10.80	14.74 15.27 15.45	18.82 19.54 19.78	22.56 23.46 23.76	25.93 27.01 27.37	28.90 30.16 30.58	31.43 32.87 33.35	34.29 36.00 36.57	36.18 38.34 39.06	33.83 36.44 37.31	30.05 32.93 33.89	21.90 25.14 26.22					
	630	1 1.5 ≥3	11.80 12.16 12.28	16.82 17.36 17.54	21.42 22.14 22.38	25.58 26.48 26.78	29.25 30.32 30.68	32.37 33.63 34.04	34.88 36.32 36.80	37.37 39.07 39.64	37.52 39.68 40.40	31.74 34.35 35.22	24.96 27.84 28.79						
	v/m·s^{-1}≈			10	15		20	25	30	35	40								

表 14-1-20　有效宽度制窄 V 带额定功率

型号	n_1 /r·min^{-1}	d_{e1}/mm														i								
		67	71	75	80	90	100	112	125	140	160	180	200	250	315	1.02~1.05	1.06~1.11	1.12~1.18	1.19~1.26	1.27~1.38	1.39~1.57	1.58~1.94	1.95~3.38	3.39以上
		P_1/kW														ΔP_1/kW								
9N、9J型	200	0.21	0.24	0.27	0.31	0.38	0.46	0.54	0.64	0.74	0.88	1.02	1.16	1.50	1.94	0.00	0.01	0.01	0.02	0.02	0.03	0.03	0.03	0.03
	400	0.38	0.44	0.50	0.57	0.71	0.85	1.01	1.19	1.39	1.66	1.92	2.18	2.83	3.65	0.01	0.02	0.03	0.04	0.05	0.05	0.06	0.07	0.07
	600	0.54	0.62	0.70	0.80	1.01	1.21	1.45	1.71	2.00	2.39	2.77	3.15	4.08	5.25	0.01	0.02	0.04	0.06	0.07	0.08	0.09	0.10	0.10
	800	0.68	0.79	0.89	1.03	1.29	1.55	1.87	2.20	2.58	3.08	3.58	4.07	5.26	6.76	0.01	0.03	0.06	0.08	0.09	0.11	0.12	0.13	0.14
	1000	0.81	0.94	1.08	1.24	1.56	1.89	2.27	2.68	3.14	3.75	4.36	4.95	6.39	8.17	0.01	0.04	0.07	0.09	0.11	0.13	0.15	0.16	0.17
	1200	0.94	1.09	1.25	1.44	1.83	2.21	2.66	3.14	3.68	4.40	5.10	5.79	7.46	9.48	0.02	0.05	0.08	0.11	0.14	0.16	0.18	0.20	0.21
	1400	1.06	1.24	1.42	1.64	2.08	2.51	3.03	3.58	4.21	5.02	5.82	6.60	8.46	10.67	0.02	0.06	0.10	0.13	0.16	0.19	0.21	0.23	0.24
	1600	1.17	1.38	1.58	1.83	2.32	2.81	3.39	4.01	4.71	5.62	6.50	7.36	9.39	11.74	0.02	0.06	0.11	0.15	0.18	0.21	0.24	0.26	0.28
	1800	1.28	1.51	1.73	2.01	2.56	3.10	3.74	4.42	5.19	6.19	7.16	8.09	10.25	12.67	0.03	0.07	0.12	0.17	0.21	0.24	0.27	0.30	0.31
	2000	1.39	1.63	1.88	2.19	2.79	3.38	4.08	4.82	5.66	6.74	7.77	8.77	11.03	13.45	0.03	0.08	0.14	0.19	0.23	0.27	0.30	0.33	0.35
	2200	1.49	1.76	2.02	2.35	3.01	3.65	4.41	5.21	6.11	7.26	8.36	9.40	11.73	14.07	0.03	0.09	0.15	0.21	0.25	0.29	0.33	0.36	0.38
	2400	1.58	1.87	2.16	2.52	3.22	3.91	4.72	5.58	6.53	7.75	8.90	9.98	12.33	14.52	0.03	0.10	0.17	0.23	0.27	0.32	0.36	0.39	0.42
	2600	1.67	1.98	2.29	2.68	3.43	4.16	5.03	5.93	6.94	8.21	9.41	10.51	12.84		0.04	0.10	0.18	0.25	0.30	0.35	0.39	0.43	0.45
	2800	1.76	2.09	2.42	2.83	3.63	4.41	5.32	6.27	7.32	8.64	9.87	10.98	13.24		0.04	0.11	0.19	0.26	0.32	0.37	0.42	0.46	0.49
	3000	1.84	2.19	2.54	2.97	3.82	4.64	5.59	6.59	7.68	9.04	10.29	11.40	13.53		0.04	0.12	0.21	0.28	0.34	0.40	0.45	0.49	0.52
	3200	1.92	2.29	2.66	3.11	4.00	4.86	5.86	6.89	8.02	9.41	10.66	11.75			0.05	0.13	0.22	0.30	0.37	0.43	0.48	0.52	0.56
	3400	2.00	2.39	2.77	3.25	4.17	5.07	6.11	7.18	8.33	9.74	10.98	12.04			0.05	0.14	0.24	0.32	0.39	0.45	0.51	0.56	0.59
	3600	2.07	2.47	2.88	3.37	4.34	5.27	6.34	7.44	8.62	10.04	11.25	12.25			0.05	0.14	0.25	0.34	0.41	0.48	0.54	0.59	0.63
	3800	2.13	2.56	2.98	3.49	4.50	5.46	6.57	7.69	8.88	10.29	11.47	12.40			0.06	0.15	0.26	0.36	0.43	0.51	0.57	0.62	0.66
	4000	2.19	2.64	3.07	3.61	4.65	5.64	6.77	7.91	9.12	10.51	11.63				0.06	0.16	0.28	0.38	0.46	0.54	0.60	0.66	0.69
	4200	2.25	2.71	3.16	3.72	4.79	5.81	6.96	8.12	9.32	10.68	11.74				0.06	0.17	0.29	0.40	0.48	0.56	0.63	0.69	0.73
	4400	2.31	2.78	3.25	3.82	4.92	5.96	7.14	8.30	9.50	10.81					0.06	0.17	0.30	0.41	0.50	0.59	0.66	0.72	0.76
	4600	2.35	2.84	3.32	3.91	5.04	6.11	7.30	8.46	9.64	10.90					0.07	0.18	0.32	0.43	0.53	0.62	0.69	0.75	0.80
	4800	2.40	2.90	3.40	4.00	5.15	6.24	7.44	8.60	9.75	10.93					0.07	0.19	0.33	0.45	0.55	0.64	0.72	0.79	0.83
	5000	2.44	2.96	3.46	4.08	5.26	6.36	7.56	8.71	9.83						0.07	0.20	0.35	0.47	0.57	0.67	0.75	0.82	0.87

续表

型号	n_1 /r·min^{-1}	d_{e1}/mm													i								
		180	190	200	212	224	236	250	280	315	355	400	450	500	1.02~1.05	1.06~1.11	1.12~1.18	1.19~1.26	1.27~1.38	1.39~1.57	1.58~1.94	1.95~3.38	3.39以上
		P_1/kW													ΔP_1/kW								
15N、15J型	60	0.73	0.79	0.86	0.94	1.02	1.09	1.19	1.38	1.60	1.86	2.14	2.46	2.77	0.00	0.01	0.02	0.03	0.04	0.05	0.05	0.06	0.06
	80	0.94	1.03	1.11	1.22	1.32	1.42	1.54	1.80	2.09	2.42	2.79	3.20	3.61	0.01	0.02	0.03	0.04	0.05	0.06	0.07	0.07	0.08
	100	1.15	1.26	1.36	1.49	1.62	1.74	1.89	2.20	2.56	2.97	3.43	3.93	4.44	0.01	0.02	0.04	0.05	0.06	0.08	0.09	0.09	0.10
	200	2.13	2.33	2.54	2.78	3.02	3.26	3.54	4.14	4.83	5.61	6.47	7.43	8.38	0.02	0.04	0.08	0.11	0.13	0.15	0.17	0.19	0.20
	300	3.05	3.34	3.64	3.99	4.34	4.69	5.10	5.97	6.97	8.10	9.35	10.73	12.10	0.02	0.07	0.12	0.16	0.19	0.23	0.26	0.28	0.30
	400	3.92	4.30	4.69	5.15	5.61	6.06	6.59	7.72	9.02	10.48	12.11	13.89	15.64	0.03	0.09	0.16	0.21	0.26	0.30	0.34	0.37	0.39
	500	4.75	5.23	5.70	6.26	6.83	7.38	8.03	9.41	10.99	12.77	14.75	16.89	19.00	0.04	0.11	0.20	0.27	0.32	0.38	0.43	0.46	0.49
	600	5.56	6.12	6.68	7.34	8.00	8.66	9.42	11.04	12.90	14.98	17.27	19.76	22.18	0.05	0.13	0.24	0.32	0.39	0.45	0.51	0.56	0.59
	700	6.34	6.98	7.62	8.39	9.15	9.90	10.77	12.62	14.73	17.10	19.69	22.48	25.18	0.06	0.16	0.27	0.37	0.45	0.53	0.60	0.65	0.69
	800	7.10	7.82	8.54	9.40	10.25	11.10	12.07	14.14	16.50	19.12	21.98	25.04	27.96	0.07	0.18	0.31	0.43	0.52	0.61	0.68	0.74	0.79
	900	7.83	8.63	9.43	10.38	11.32	12.26	13.33	15.61	18.19	21.05	24.15	27.43	30.53	0.07	0.20	0.35	0.48	0.58	0.68	0.77	0.84	0.89
	1000	8.54	9.42	10.29	11.33	12.36	13.38	14.55	17.02	19.81	22.89	26.19	29.65	32.86	0.08	0.22	0.39	0.53	0.65	0.76	0.85	0.93	0.98
	1200	9.89	10.92	11.93	13.14	14.33	15.50	16.85	19.67	22.82	26.24	29.83	33.48	36.73	0.10	0.27	0.47	0.64	0.78	0.91	1.02	1.11	1.18
	1400	11.16	12.32	13.46	14.82	16.15	17.46	18.96	22.07	25.50	29.14	32.84	36.43	39.41	0.12	0.31	0.55	0.75	0.91	1.06	1.19	1.30	1.38
	1600	12.33	13.61	14.88	16.36	17.82	19.25	20.87	24.20	27.80	31.52	35.13	38.38		0.13	0.36	0.63	0.85	1.03	1.21	1.36	1.49	1.57
	1800	13.41	14.80	16.17	17.77	19.33	20.85	22.56	26.03	29.70	33.33	36.63			0.15	0.40	0.71	0.96	1.16	1.36	1.53	1.67	1.77
	2000	14.39	15.88	17.33	19.02	20.66	22.24	24.02	27.55	31.15	34.52				0.17	0.45	0.78	1.07	1.29	1.51	1.70	1.86	1.97
	2200	15.27	16.83	18.35	20.11	21.80	23.42	25.22	28.71	32.11					0.18	0.49	0.86	1.17	1.42	1.67	1.88	2.04	2.16
	2400	16.03	17.65	19.22	21.03	22.74	24.37	26.15	29.51	32.56					0.20	0.54	0.94	1.28	1.55	1.82	2.05	2.23	2.36
	2600	16.67	18.34	19.94	21.76	23.47	25.07	26.79	29.89						0.21	0.58	1.02	1.39	1.68	1.97	2.22	2.41	2.56
	2800	17.19	18.88	20.49	22.30	23.97	25.51	27.12							0.23	0.63	1.10	1.49	1.81	2.12	2.39	2.60	2.75
	3000	17.59	19.28	20.87	22.63	24.23	25.67	27.11							0.25	0.67	1.18	1.60	1.94	2.27	2.56	2.79	2.95
	3200	17.84	19.51	21.06	22.74	24.24	25.52								0.26	0.72	1.25	1.71	2.07	2.42	2.73	2.97	3.15
	3400	17.95	19.57	21.05	22.63	23.97									0.28	0.76	1.33	1.81	2.20	2.57	2.90	3.16	3.34
	3600	17.90	19.46	20.84	22.26										0.30	0.81	1.41	1.92	2.33	2.73	3.07	3.34	3.54
	3800	17.70	19.16	20.42											0.31	0.85	1.49	2.03	2.46	2.88	3.24	3.53	3.74

续表

型号	n_1 /r·min^{-1}	d_{e1}/mm													i								
		315	335	355	375	400	425	450	475	500	560	630	710	800	1.02~1.05	1.06~1.11	1.12~1.18	1.19~1.26	1.27~1.38	1.39~1.57	1.58~1.94	1.95~3.38	3.39以上
		P_1/kW													ΔP_1/kW								
25N、25J型	20	1.16	1.28	1.41	1.53	1.68	1.84	1.99	2.14	2.29	2.66	3.08	3.55	4.08	0.01	0.02	0.04	0.05	0.07	0.08	0.09	0.09	0.10
	40	2.16	2.40	2.64	2.88	3.17	3.47	3.76	4.05	4.34	5.04	5.84	6.75	7.77	0.02	0.05	0.08	0.11	0.13	0.15	0.17	0.19	0.20
	60	3.11	3.46	3.81	4.15	4.59	5.02	5.44	5.87	6.30	7.31	8.49	9.82	11.31	0.03	0.07	0.12	0.16	0.20	0.23	0.26	0.28	0.30
	80	4.02	4.48	4.93	5.39	5.95	6.51	7.08	7.63	8.19	9.52	11.06	12.80	14.74	0.03	0.09	0.16	0.22	0.26	0.31	0.35	0.38	0.40
	100	4.90	5.46	6.02	6.58	7.28	7.97	8.66	9.35	10.04	11.67	13.57	15.71	18.10	0.04	0.11	0.20	0.27	0.33	0.39	0.43	0.47	0.50
	120	5.76	6.43	7.09	7.75	8.58	9.40	10.22	11.03	11.85	13.78	16.02	18.56	21.39	0.05	0.14	0.24	0.33	0.39	0.46	0.52	0.57	0.60
	140	6.60	7.37	8.14	8.90	9.85	10.80	11.75	12.69	13.62	15.86	18.44	21.36	24.61	0.06	0.16	0.28	0.38	0.46	0.54	0.61	0.66	0.70
	160	7.42	8.29	9.16	10.03	11.11	12.18	13.25	14.31	15.37	17.90	20.82	24.12	27.79	0.07	0.18	0.32	0.43	0.53	0.62	0.69	0.76	0.80
	180	8.22	9.20	10.17	11.14	12.34	13.54	14.73	15.91	17.09	19.91	23.16	26.83	30.91	0.08	0.21	0.36	0.49	0.59	0.69	0.78	0.85	0.90
	200	9.02	10.09	11.16	12.23	13.55	14.87	16.18	17.49	18.79	21.89	25.46	29.50	33.98	0.08	0.23	0.40	0.54	0.66	0.77	0.87	0.94	1.00
	300	12.82	14.38	15.93	17.48	19.40	21.30	23.20	25.09	26.96	31.42	36.53	42.28	48.62	0.13	0.34	0.60	0.81	0.99	1.16	1.30	1.42	1.50
	400	16.38	18.41	20.42	22.42	24.91	27.37	29.82	32.24	34.65	40.35	46.86	54.12	62.03	0.17	0.46	0.80	1.09	1.32	1.54	1.73	1.89	2.00
	500	19.75	22.22	24.67	27.10	30.12	33.10	36.06	38.98	41.88	48.70	56.43	64.94	74.08	0.21	0.57	1.00	1.36	1.64	1.93	2.17	2.36	2.50
	600	22.93	25.82	28.69	31.53	35.03	38.50	41.92	45.29	48.62	56.42	65.16	74.64	84.61	0.25	0.69	1.20	1.63	1.97	2.31	2.60	2.83	3.00
	700	25.93	29.22	32.47	35.69	39.65	43.55	47.38	51.15	54.86	63.47	72.98	83.08	93.40	0.29	0.80	1.40	1.90	2.30	2.70	3.03	3.30	3.50
	800	28.75	32.41	36.02	39.58	43.95	48.23	52.43	56.54	60.55	69.78	79.79	90.13	100.24	0.34	0.91	1.59	2.17	2.63	3.08	3.47	3.78	4.00
	900	31.38	35.38	39.32	43.18	47.91	52.53	57.03	61.40	65.65	75.29	85.49	95.63		0.38	1.03	1.79	2.44	2.96	3.47	3.90	4.25	4.50
	1000	33.82	38.13	42.35	46.49	51.52	56.41	61.14	65.71	70.10	79.93	89.98	99.42		0.42	1.14	1.99	2.71	3.29	3.85	4.33	4.72	5.00
	1100	36.05	40.64	45.11	49.48	54.76	59.85	64.74	69.41	73.87	83.61	93.14			0.46	1.26	2.19	2.98	3.62	4.24	4.77	5.19	5.50
	1200	38.07	42.90	47.59	52.13	57.60	62.82	67.78	72.48	76.90	86.28	94.87			0.50	1.37	2.39	3.26	3.95	4.62	5.20	5.67	6.00
	1300	39.87	44.89	49.75	54.42	60.01	65.28	70.24	74.86	79.12	87.84				0.55	1.49	2.59	3.53	4.27	5.01	5.63	6.14	6.50
	1400	41.43	46.61	51.59	56.34	61.96	67.21	72.06	76.50	80.50					0.59	1.60	2.79	3.80	4.60	5.39	6.07	6.61	7.00
	1500	42.74	48.04	53.08	57.86	63.44	68.57	73.22	77.36	80.98					0.63	1.72	2.99	4.07	4.93	5.78	6.50	7.08	7.50
	1600	43.80	49.16	54.22	58.96	64.42	69.33	73.66	77.39						0.67	1.83	3.19	4.34	5.26	6.16	6.93	7.55	8.00
	1700	44.58	49.96	54.97	59.61	64.86	69.45	73.36							0.71	1.94	3.39	4.61	5.59	6.55	7.37	8.03	8.50
	1800	45.08	50.42	55.33	59.80	64.74	68.91								0.76	2.06	3.59	4.88	5.92	6.93	7.80	8.50	9.00
	1900	45.29	50.52	55.27	59.50	64.03									0.80	2.17	3.79	5.15	6.25	7.32	8.23	8.97	9.50
	2000	45.18	50.26	54.77	58.69										0.84	2.29	3.99	5.43	6.53	7.70	8.67	9.44	10.00

注：$i=1\sim1.01$，$\Delta P_1=0$。

表 14-1-21　　包角修正系数 K_α

包角 α_1/(°)	180	175	170	165	160	155	150	145	140
K_α	1.00	0.99	0.98	0.96	0.95	0.93	0.92	0.91	0.89

包角 α_1/(°)	135	130	125	120	115	110	105	100	95	90
K_α	0.88	0.86	0.84	0.82	0.80	0.78	0.76	0.74	0.72	0.69

表 14-1-22　　带长修正系数 K_L

普通V带

基准长度 L_d/mm	型号 Y (K_L)	型号 Z (K_L)
200	0.81	
224	0.82	
250	0.84	
280	0.87	
315	0.89	
355	0.92	
400	0.96	0.87
450	1.00	0.89
500	1.02	0.91
560		0.94

基准长度 L_d/mm	Z	A	B	C
630	0.96	0.81		
710	0.99	0.83		
800	1.00	0.85		
900	1.03	0.87	0.82	
1000	1.06	0.89	0.84	
1120	1.08	0.91	0.86	
1250	1.11	0.93	0.88	
1400	1.14	0.96	0.90	
1600	1.16	0.99	0.92	0.83
1800	1.18	1.01	0.95	0.86

基准长度 L_d/mm	A	B	C	D	E
2000	1.03	0.98	0.88		
2240	1.06	1.00	0.91		
2500	1.09	1.03	0.93		
2800	1.11	1.05	0.95	0.83	
3150	1.13	1.07	0.97	0.86	
3550	1.17	1.09	0.99	0.89	
4000	1.19	1.13	1.02	0.91	
4500		1.15	1.04	0.93	0.90
5000		1.18	1.07	0.96	0.92
5600			1.09	0.98	0.95

基准长度 L_d/mm	C	D	E
6300	1.12	1.00	0.97
7100	1.15	1.03	1.00
8000	1.18	1.06	1.02
9000	1.21	1.08	1.05
10000	1.23	1.11	1.07
11200		1.14	1.10
12500		1.17	1.12
14000		1.20	1.15
16000		1.22	1.18

基准宽度制窄V带

基准长度 L_d/mm	SPZ	SPA
630	0.82	
710	0.84	
800	0.86	0.81
900	0.88	0.83
1000	0.90	0.85
1120	0.93	0.87

基准长度 L_d/mm	SPZ	SPA	SPB	SPC
1250	0.94	0.89	0.82	
1400	0.96	0.91	0.84	
1600	1.00	0.93	0.86	
1800	1.01	0.95	0.88	
2000	1.02	0.96	0.90	0.81
2240	1.05	0.98	0.92	0.83
2500	1.07	1.00	0.94	0.86

基准长度 L_d/mm	SPZ	SPA	SPB	SPC
2800	1.09	1.02	0.96	0.88
3150	1.11	1.04	0.98	0.90
3550	1.13	1.06	1.00	0.92
4000		1.08	1.02	0.94
4500		1.09	1.04	0.96
5000			1.06	0.98
5600			1.08	1.00

基准长度 L_d/mm	SPB	SPC
6300	1.10	1.02
7100	1.12	1.04
8000	1.14	1.06
9000		1.08
10000		1.10
11200		1.12
12500		1.14

有效宽度制窄V带

有效长度 L_e/mm	9N、9J
630	0.83
670	0.84
710	0.85
760	0.86
800	0.87
850	0.88
900	0.89
950	0.90
1050	0.92
1080	0.93
1145	0.94
1205	0.95

有效长度 L_e/mm	9N、9J	15N、15J	25N、25J
1270	0.96	0.85	
1345	0.97	0.86	
1420	0.98	0.87	
1525	0.99	0.88	
1600	1.00	0.89	
1700	1.01	0.90	
1800	1.02	0.91	
1900	1.03	0.92	
2030	1.04	0.93	
2160	1.06	0.94	
2290	1.07	0.95	
2410	1.08	0.96	
2540	1.09	0.96	0.87
2690	1.10	0.97	0.88

有效长度 L_e/mm	9N、9J	15N、15J	25N、25J
2840	1.11	0.98	0.88
3000	1.12	0.99	0.89
3180	1.13	1.00	0.90
3350	1.14	1.01	0.91
3550	1.15	1.02	0.92
3810		1.03	0.93
4060		1.04	0.94
4320		1.05	0.94
4570		1.06	0.95
4830		1.07	0.96
5080		1.08	0.97
5380		1.09	0.98
5690		1.09	0.98
6000		1.10	0.99

有效长度 L_e/mm	15N、15J	25N、25J
6350	1.11	1.00
6730	1.12	1.01
7100	1.13	1.02
7620	1.14	1.03
8000	1.15	1.03
8500	1.16	1.04
9000	1.17	1.05
9500		1.06
10160		1.07
10800		1.08
11430		1.09
12060		1.09
12700		1.10

表 14-1-23　　　　V 带单位长度质量

类别	型号	每米长度质量 /kg · m^{-1}	类别	型号	每米长度质量 /kg · m^{-1}	类别	型号	每米长度质量 /kg · m^{-1}
普通 V 带	Y	0.02	基准宽度制窄 V 带	SPZ	0.07	有效宽度制窄 V 带	9N	0.08
	Z	0.06		SPA	0.12		15N	0.20
	A	0.10		SPB	0.20		25N	0.57
	B	0.17		SPC	0.37		9J	0.122
	C	0.30					15J	0.252
	D	0.62					25J	0.693
	E	0.90						

3　多楔带传动

3.1　带

表 14-1-24　　　　带的截面尺寸（摘自 GB/T 16588—2009）　　　　mm

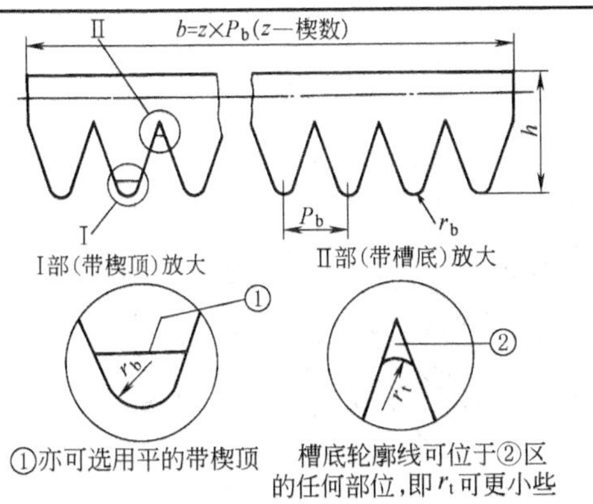

$b=z\times P_b$（z—楔数）

Ⅰ部(带楔顶)放大　　Ⅱ部(带槽底)放大

①亦可选用平的带楔顶

槽底轮廓线可位于②区的任何部位，即 r_t 可更小些

型号	楔距 P_b	带高 $h\approx$	楔顶圆弧半径 r_{bmin}	楔底圆弧半径 r_{tmax}	楔数 z
PH	1.6	3	0.3	0.15	4、6、8、10、12、16、20
PJ	2. 34	4	0. 4	0. 2	
PK	3.56	6	0.5	0.25	6、8、10、12、14、16、18、20
PL	4. 7	10	0.4	0. 4	
PM	9. 4	17	0. 75		4、6、8、10、12、14、16、18、20

注：楔距与带高的值仅为参考尺寸，楔距累积误差是一个重要参数，但受带的工作张力和抗拉体弹性模量的影响。

表 14-1-25　　带的有效长度 L_e（摘自 JB/T 5983—1992）及极限偏差（摘自 GB/T 16588—2009）　　mm

有效长度 L_e	极限偏差				
	PH	PJ	PK	PL	PM
$200<L_e\leqslant500$	+4 -8	+4 -8	+4 -8		
$500<L_e\leqslant750$	+5 -10	+5 -10	+5 -10		
$750<L_e\leqslant1000$	+6 -12	+6 -12	+6 -12	+6 -12	
$1000<L_e\leqslant1500$	+8 -16	+8 -16	+8 -16	+8 -16	
$1500<L_e\leqslant2000$	+10 -20	+10 -20	+10 -20	+10 -20	
$2000<L_e\leqslant3000$	+12 -24	+12 -24	+12 -24	+12 -24	+12 -24
$3000<L_e\leqslant4000$				+15 -30	+15 -30
$4000<L_e\leqslant6000$				+20 -40	+20 -40
$6000<L_e\leqslant8000$				+30 -60	+30 -60

续表

有效长度 L_e	极限偏差				
	PH	PJ	PK	PL	PM
$8000<L_e\leqslant12500$					+45 −90
$12500<L_e\leqslant17000$					+60 −120

注：1. 有效长度的极限偏差可按以下方法粗略计算，上偏差为$+0.3\sqrt[3]{L_e}+0.003L_e$，下偏差为$-2\times(0.3\sqrt[3]{L_e}+0.003L_e)$，$L_e$为有效长度。

2. 标记示例　10（楔数）　PM（型号）　3350（有效长度）

3.2 带轮

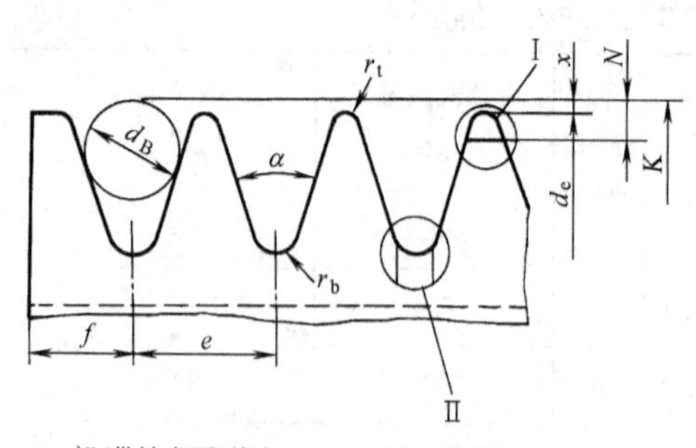

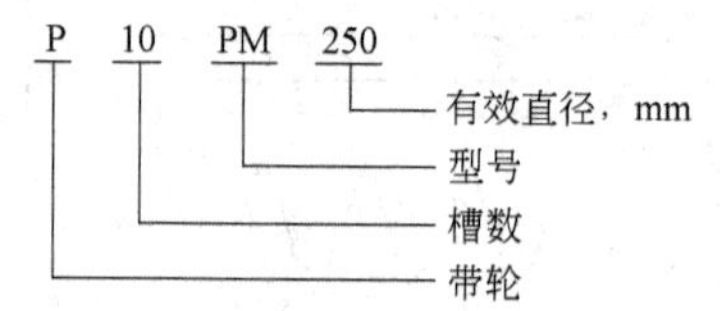

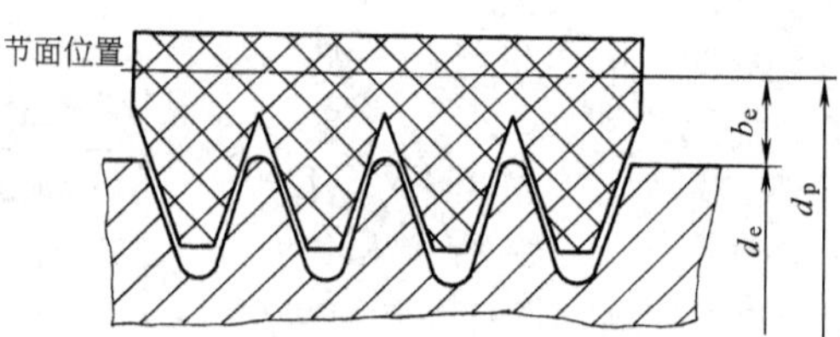

I部（带轮齿顶）放大　　II部（带轮槽底）放大

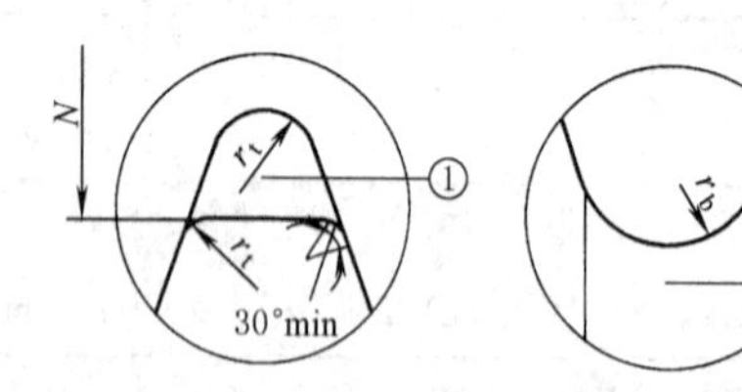

d_e—有效直径　d_p—节径　b_e—有效线差

① 轮槽楔顶轮廓线可位于该区域的任何部位，该轮廓线的两端应有一个与轮槽两侧面相切的圆角（最小30°）；

② 轮槽槽底轮廓线可位于 r_b 弧线以下。

表 14-1-26　轮槽截面尺寸（摘自 GB/T 16588—2009）　mm

型　号	PH	PJ	PK	PL	PM
槽距 e①,②	1.6±0.03	2.34±0.03	3.56±0.05	4.7±0.05	9.4±0.08
槽角 α③	40°±0.5°	40°±0.5°	40°±0.5°	40°±0.5°	40°±0.5°
楔顶圆弧半径 r_t(最小值)	0.15	0.2	0.25	0.4	0.75
槽底圆弧半径 r_b(最大值)	0.3	0.4	0.5	0.4	0.75
检验用圆球或圆柱直径 d_B	1±0.01	1.5±0.01	2.5±0.01	3.5±0.01	7±0.01
$2X$(公称值)	0.11	0.23	0.99	2.36	4.53
$2N$④(最大值)	0.69	0.81	1.68	3.5	5.92
f(最小值)	1.3	1.8	2.5	3.3	6.4

① 表中所列 e 值极限偏差仅用于两邻槽中心线的间距；

② 槽距的累积偏差不得超过±0.3mm；

③ 槽的中心线应对带轮轴线呈90°±0.5°；

④ N 值与带轮公称直径无关，它是指从置于轮槽中的测量用球（或柱）与轮槽的接触点到测量用球（或柱）外缘之间的径向距离。

表 14-1-27　带轮最小有效直径（摘自 GB/T 16588—2009）　mm

型　号	PH	PJ	PK	PL	PM
最小有效直径 d_e	13	20	45	75	180

表 14-1-28　　带轮尺寸公差、形位公差及表面粗糙度（摘自 GB/T 16588—2009）　　mm

有效直径 d_e	轮槽数 z	有效直径偏差 Δd_e	径向圆跳动	轴向圆跳动	轮槽工作面粗糙度 Ra	直径 K 的极限偏差	
$d_e \leqslant 74$	≤6	0.1	0.13	$0.002d_e$	3.2μm	$K \leqslant 75$	±0.3
	>6	$0.1+0.003(z-6)$					
$74<d_e \leqslant 500$	≤10	0.15	0.25			$75<K \leqslant 200$	±0.6
	>10	$0.15+0.005(z-10)$	$0.25+0.0004(d_e-250)$				
$d_e>500$	≤10	0.25				$K>200$ 后每增加 25	增加±0.1
	>10	$0.25+0.01(z-10)$					

3.3 设计计算（摘自 JB/T 5983—1992）

已知条件：①传递的功率；②小带轮和大带轮转速；③传动用途、载荷性质、原动机种类以及工作制度。

表 14-1-29　　计算内容和步骤

计算项目	单位	公式及数据	说明
设计功率 P_d	kW	$P_d = K_A P$	K_A——工况系数，见表 14-1-30 P——传递的功率，kW
带型		根据 P_d 和 n_1 由图 13-1-4 选取	n_1——小带轮转速，r/min
传动比 i		若不考虑弹性滑动 $i=\dfrac{n_1}{n_2}=\dfrac{d_{p2}}{d_{p1}}$ $d_{p1}=d_{e1}+2\delta_e$ $d_{p2}=d_{e2}+2\delta_e$	n_2——大带轮转速，r/min d_{p1}——小带轮节圆直径，mm d_{p2}——大带轮节圆直径，mm d_{e1}——小带轮有效直径，mm d_{e2}——大带轮有效直径，mm δ_e——有效线差，见表 14-1-26
小带轮有效直径 d_{e1}	mm	由表 14-1-26 和表 14-1-27 选取	为提高带的寿命，条件允许时，d_{e1} 尽量取较大值
大带轮有效直径 d_{e2}	mm	$d_{e2}=i(d_{e1}+2\delta_e)-2\delta_e$	按表 14-1-27 选取
带速 v	m/s	$v=\dfrac{\pi d_{p1} n_1}{60\times1000} \leqslant v_{max}$ $v_{max} \leqslant 30\text{m/s}$	若 v 过高，则应取较小的 d_{p1} 或选用较小的多楔带型号
初定中心距 a_0	mm	$0.7(d_{e1}+d_{e2})<a_0<2(d_{e1}+d_{e2})$	可根据结构要求定
带的有效长度 L_{e0}	mm	$L_{e0}=2a_0+\dfrac{\pi}{2}(d_{e1}+d_{e2})+\dfrac{(d_{e2}-d_{e1})^2}{4a_0}$	按表 14-1-25 选取相近的 L_e 值
实际中心距 a	mm	$a=a_0+\dfrac{L_e-L_{e0}}{2}$	为了安装方便以及补偿带的张紧力，中心距内、外侧调整量，见表14-1-31
小带轮包角 α_1	(°)	$\alpha_1=180°-\dfrac{d_{e2}-d_{e1}}{a}\times57.3°$	一般 $\alpha_1 \geqslant 120°$，如 α_1 较小，应增大 a 或采用张紧轮
带每楔所传递的基本额定功率 P_1	kW	根据带型、d_{e1} 和 n_1 由表 14-1-32 ~ 表 14-1-34选取	特定条件：$i=1$，$\alpha_1=\alpha_2=180°$ 特定有效长度，平稳载荷
$i \neq 1$ 时，带每楔所传递的基本额定功率增量 ΔP_1	kW	根据带型、n_1 和 i 由表 14-1-32 ~ 表 14-1-34选取	

续表

计算项目	单位	公式及数据	说明
带的楔数 z		$z=\frac{P_d}{(P_1+\Delta P_1)K_\alpha K_L}$ z 按表 14-1-24 取整数	K_α——包角修正系数,见表 14-1-35 K_L——带长修正系数,见表 14-1-36
有效圆周力 F_t	N	$F_t=\frac{P_d}{v}10^3$	
带的紧边拉力 F_1	N	$F_1=F_t\left(\frac{K_r}{K_r-1}\right)$	K_r——带与带轮的楔合系数,见表 14-1-37
带的松边拉力 F_2	N	$F_2=F_1-F_t$	
作用在轴上的力 F_r	N	$F_r=(F_1+F_2)\sin\frac{\alpha_1}{2}$	

表 14-1-30　　工况系数 K_A

工况	原动机类型					
	交流电动机（普通转矩、鼠笼式、同步、分相式）、直流电动机（并励）、内燃机			交流电动机（大转矩、大滑差率、单相、滑环式、串励）、直流电动机（复励）		
	每天连续运转小时数/h					
	≤6	>6~16	>16~24	≤6	>6~16	>16~24
	K_A					
液体搅拌器、鼓风机和排气装置、离心泵和压缩机、风扇（≤7.5kW）、轻型输送机	1.0	1.1	1.2	1.1	1.2	1.3
带式输送机（沙子、尘物等）、和面机、风扇（>7.5kW）、发电机、洗衣机、机床、冲床、压力机、剪床、印刷机、往复式振动筛、正排量旋转泵	1.1	1.2	1.3	1.2	1.3	1.4
制砖机、斗式提升机、励磁机、活塞式压缩机、输送机（链板式、盘式、螺旋式）、锻压机床、造纸用打浆机、柱塞泵、正排量鼓风机、粉碎机、锯床和木工机械	1.2	1.3	1.4	1.4	1.5	1.6
破碎机（旋转式、颚式、滚动式）、研磨机（球式、棒式、圆筒式）、起重机、橡胶机械（压光机、模压机、轧制机）	1.3	1.4	1.5	1.5	1.6	1.8
节流机械	2.0					

注：使用张紧轮时，K_A 值应视张紧轮位置的不同增加下列数值：位于松边内侧为 0；松边外侧为 0.1；紧边内侧为 0.1；紧边外侧为 0.2。

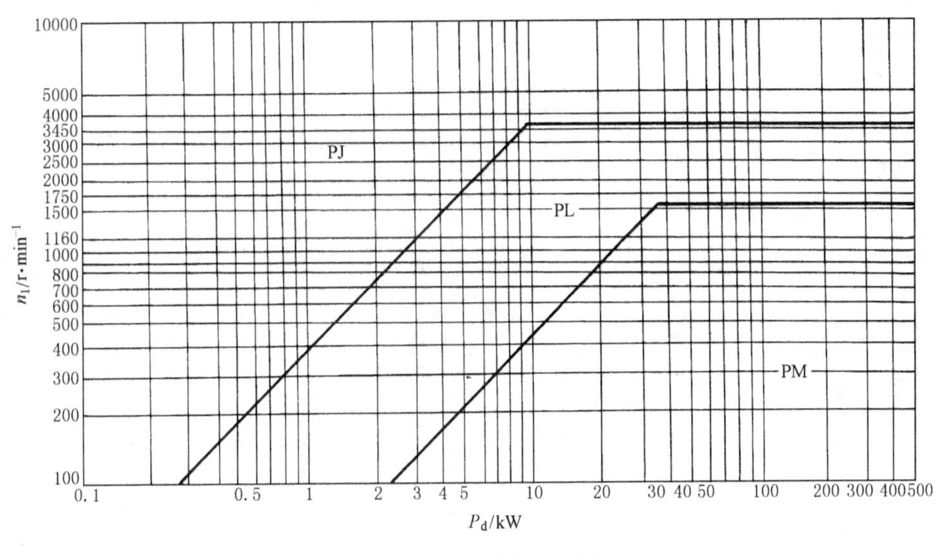

图 14-1-4　多楔带选型图

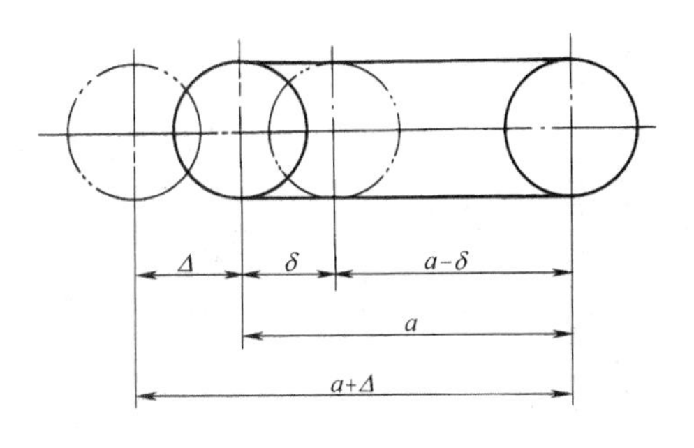

表 14-1-31　　**中心距调整量**　　mm

带型								
PJ			PL			PM		
有效长度 L_e	Δ_{min}	δ_{min}	有效长度 L_e	Δ_{min}	δ_{min}	有效长度 L_e	Δ_{min}	δ_{min}
450～500	5	8	1250～1500	16	22	2240～2500	29	38
>500～750	8	10	>1500～1800	19		>2500～3000	34	40
>750～1000	10	11	>1800～2000	22	24	>3000～4000	40	42
>1000～1250	11	13	>2000～2240	25		>4000～5000	51	46
>1250～1500	13	14	>2240～2500	29	25	>5000～6000	60	48
>1500～1800	16		>2500～3000	34	27	>6000～6700	76	54
>1800～2000	18		>3000～4000	40	29	>6700～8500	92	60
>2000～2500	19		>4000～5000	51	34	>8500～10000	106	67
			>5000～6000	60	35	>10000～11800	134	73
						>11800～16000	168	86

表 14-1-32 **PJ 型多楔带每楔传递的额定功率**

n_1 /r·min^{-1}	d_{e1}/mm																					i						
	20	25	28	31.5	35.5	40	45	50	53	56	60	63	71	75	80	95	100	112	125	140	150	1.12~1.18	1.19~1.26	1.27~1.38	1.39~1.57	1.58~1.94	1.95~3.38	≥3.39
	P_1/kW																					ΔP_1/kW						
200	0.01	0.01	0.01	0.01	0.01	0.02	0.02	0.03	0.03	0.03	0.04	0.04	0.04	0.04	0.04	0.06	0.06	0.07	0.08	0.09	0.10							
400	0.01	0.01	0.02	0.02	0.03	0.04	0.04	0.05	0.05	0.06	0.06	0.07	0.07	0.08	0.09	0.10	0.12	0.13	0.15	0.16	0.18			0.00	0.00	0.00	0.00	0.00
600	0.01	0.02	0.02	0.03	0.04	0.05	0.06	0.07	0.07	0.08	0.09	0.10	0.11	0.12	0.13	0.16	0.16	0.19	0.21	0.24	0.25		0.00					
800	0.01	0.02	0.03	0.04	0.05	0.07	0.07	0.09	0.10	0.10	0.11	0.12	0.14	0.16	0.16	0.20	0.22	0.25	0.28	0.31	0.33	0.00						
1000	0.01	0.03	0.04	0.05	0.06	0.07	0.09	0.11	0.12	0.13	0.13	0.15	0.17	0.19	0.19	0.25	0.26	0.30	0.34	0.37	0.40							
1200	0.01	0.03	0.04	0.06	0.07	0.09	0.11	0.13	0.14	0.15	0.16	0.17	0.20	0.22	0.23	0.28	0.31	0.35	0.39	0.44	0.47							
1400	0.01	0.04	0.05	0.06	0.08	0.10	0.13	0.14	0.16	0.17	0.19	0.20	0.23	0.25	0.27	0.33	0.35	0.40	0.45	0.51	0.54						0.01	0.01
1500	0.01	0.04	0.05	0.07	0.08	0.10	0.13	0.16	0.16	0.18	0.19	0.21	0.23	0.27	0.28	0.34	0.37	0.43	0.48	0.54	0.57					0.01		
1700	0.01	0.04	0.06	0.07	0.10	0.12	0.15	0.17	0.19	0.20	0.22	0.23	0.27	0.30	0.31	0.39	0.42	0.47	0.53	0.60	0.63				0.01			
1800	0.01	0.04	0.06	0.07	0.10	0.13	0.15	0.18	0.19	0.21	0.22	0.25	0.28	0.31	0.33	0.40	0.43	0.49	0.55	0.63	0.67			0.01				
2000	0.01	0.04	0.06	0.08	0.10	0.14	0.16	0.19	0.22	0.23	0.25	0.27	0.31	0.34	0.36	0.44	0.48	0.54	0.61	0.68	0.73		0.01					
2400	0.01	0.05	0.07	0.10	0.12	0.16	0.19	0.23	0.25	0.27	0.29	0.31	0.37	0.40	0.42	0.51	0.55	0.63	0.70	0.78	0.84							
2800	0.01	0.05	0.08	0.10	0.14	0.18	0.22	0.26	0.28	0.31	0.33	0.36	0.41	0.45	0.48	0.58	0.63	0.71	0.79	0.89	0.94	0.01						
3000	0.01	0.06	0.08	0.11	0.15	0.19	0.23	0.28	0.30	0.33	0.35	0.38	0.44	0.48	0.51	0.62	0.66	0.75	0.84	0.93	0.99							0.02
3400	0.01	0.06	0.09	0.13	0.16	0.21	0.25	0.31	0.34	0.36	0.39	0.42	0.48	0.53	0.56	0.68	0.73	0.83	0.92	1.01	1.07						0.02	
3600	0.01	0.06	0.10	0.13	0.17	0.22	0.27	0.32	0.35	0.37	0.40	0.44	0.51	0.55	0.58	0.72	0.76	0.86	0.95	1.05	1.11①				0.02	0.02		
4000	0.01	0.07	0.10	0.14	0.18	0.24	0.29	0.34	0.38	0.41	0.44	0.48	0.55	0.60	0.63	0.81	0.82	0.93	1.01	1.11①	1.17①			0.02			0.03	0.03
5000	—	0.07	0.12	0.16	0.22	0.28	0.35	0.41	0.45	0.48	0.52	0.57	0.65	0.71	0.75	0.90	0.95	1.09①	1.14①	1.22①	1.25①				0.03	0.03		
6000	—	0.08	0.13	0.19	0.25	0.32	0.40	0.47	0.51	0.55	0.60	0.64	0.74	0.80	0.84	0.98①	1.04①	1.13①	1.19①	1.22①	1.25①		0.02	0.03			0.04	0.04
7000	—	0.08	0.14	0.20	0.27	0.36	0.44	0.52	0.57	0.61	0.66	0.71	0.84①	0.87①	0.90①	1.04①	1.09①	1.14①	1.16①						0.04	0.04		0.05
8000	—	0.09	0.15	0.22	0.29	0.39	0.48	0.57	0.61	0.66	0.71	0.76	0.89①	0.91①	0.95①	1.06①	1.08①	1.09①				0.02	0.03			0.05	0.05	0.06
9000	—	0.09	0.16	0.23	0.31	0.42	0.51	0.60	0.65	0.70	0.75①	0.79①	0.92①	0.93①	0.96①	1.03①	1.02①							0.04	0.05	0.06	0.06	
10000	—	0.09	0.16	0.24	0.33	0.43	0.54	0.63	0.68①	0.72①	0.77①	0.81①	0.92①	0.93①	0.95①	0.95①						0.03	0.04		0.06	0.07	0.07	0.07

① v>27m/s，此时带轮材料不宜使用铸铁，可用铸钢。

注：P_1 为传动平稳、$\alpha_1=180°$，使用特定长度时的多楔带每楔传递的基本额定功率；ΔP_1 为由传动比 i 引起的功率增量。

表 14-1-33 **PL 型多楔带每楔传递的额定功率**

n_1 /r·min^{-1}	d_{e1}/mm																				i							
	75	80	90	95	100	106	112	118	125	132	140	150	160	170	180	200	212	224	236	250	280	300	315	355	1.06~1.11	1.12~1.18	1.19~1.26	1.27~1.38	1.39~1.57	1.58~1.94	1.95~3.38	≥3.39
	P_1/kW																								ΔP_1/kW							
200	0.11	0.15	0.19	0.20	0.22	0.23	0.25	0.26	0.30	0.31	0.34	0.37	0.40	0.43	0.46	0.52	0.55	0.58	0.61	0.67	0.75	0.82	0.89	0.96	0.00	0.01	0.01	0.01	0.01	0.01	0.01	0.01
400	0.24	0.27	0.33	0.36	0.39	0.42	0.45	0.48	0.54	0.57	0.63	0.67	0.74	0.80	0.86	0.97	1.02	1.08	1.13	1.25	1.38	1.51	1.65	1.78	0.01	0.01	0.01	0.02	0.02	0.03	0.03	0.03
600	0.33	0.37	0.46	0.51	0.55	0.60	0.63	0.68	0.76	0.81	0.89	0.97	1.05	1.13	1.22	1.38	1.46	1.54	1.62	1.78	1.97	2.16	2.35	2.54	0.01	0.01	0.02	0.03	0.04	0.04	0.04	0.04
800	0.42	0.47	0.59	0.64	0.70	0.75	0.81	0.87	0.98	1.03	1.14	1.25	1.35	1.46	1.57	1.77	1.87	1.98	2.07	2.28	2.52	2.76	3.00	3.23	0.01	0.02	0.03	0.04	0.04	0.05	0.06	0.06
1000	0.49	0.57	0.70	0.78	0.84	0.91	0.98	1.04	1.18	1.25	1.38	1.51	1.63	1.77	1.89	2.14	2.27	2.39	2.51	2.75	3.04	3.32	3.60	3.86	0.01	0.03	0.04	0.05	0.06	0.07	0.07	0.07
1200	0.57	0.66	0.82	0.90	0.98	1.06	1.14	1.22	1.37	1.45	1.60	1.76	1.91	2.06	2.21	2.49	2.63	2.78	2.92	3.19	3.63	3.83	4.14	4.44	0.02	0.04	0.05	0.06	0.07	0.08	0.09	0.09
1400	0.64	0.74	0.93	1.01	1.11	1.20	1.29	1.38	1.56	1.65	1.83	2.00	2.17	2.33	2.50	2.83	2.98	3.14	3.30	3.60	3.96	4.30	4.63	4.93	0.02	0.04	0.06	0.07	0.08	0.09	0.10	0.10
1600	0.71	0.81	1.03	1.13	1.23	1.34	1.44	1.54	1.74	1.84	2.04	2.22	2.42	2.60	2.78	3.14	3.31	3.48	3.65	3.98	4.36	4.71	5.05①	5.35①	0.03	0.04	0.07	0.08	0.10	0.10	0.11	0.12
1800	0.78	0.90	1.13	1.24	1.36	1.47	1.58	1.69	1.91	2.02	2.23	2.42	2.65	2.85	3.05	3.43	3.62	3.80	3.98	4.31	4.71	5.07①	5.39①	5.68①	0.03	0.05	0.07	0.09	0.10	0.12	0.13	0.13
2000	0.84	0.97	1.22	1.35	1.47	1.60	1.72	1.84	2.07	2.19	2.42	2.65	2.87	3.09	3.30	3.71	3.90	4.05	4.27	4.62	5.01①	5.36①	5.66①		0.04	0.06	0.08	0.10	0.12	0.13	0.14	0.15
2200	0.90	1.04	1.31	1.45	1.58	1.72	1.85	1.98	2.23	2.36	2.60	2.85	3.08	3.31	3.54	3.95	4.16	4.35	4.53	4.88①	5.26①	5.58①			0.04	0.07	0.09	0.11	0.13	0.14	0.16	0.16
2400	0.95	1.10	1.40	1.54	1.69	1.84	1.97	2.11	2.39	2.51	2.78	3.03	3.27	3.51	3.74	4.18	4.38	4.57①	4.75①	5.09①	5.45①				0.04	0.07	0.10	0.12	0.14	0.16	0.17	0.18
2600	1.01	1.17	1.48	1.64	1.79	1.94	2.09	2.24	2.53	2.66	2.94	3.21	3.46	3.71	3.94	4.38	4.58①	4.77①	4.95①	5.28①					0.04	0.08	0.10	0.13	0.15	0.17	0.19	0.19
2800	1.06	1.23	1.57	1.73	1.89	2.05	2.21	2.36	2.66	2.80	3.09	3.36	3.63	3.88	4.11	4.54①	4.74①	4.92①	5.09①						0.05	0.08	0.11	0.14	0.16	0.19	0.20	0.22
3000	1.10	1.29	1.64	1.81	1.98	2.15	2.31	2.47	2.78	2.94	3.23	3.51	3.71	4.03	4.27①	4.68①	4.87①	5.04①							0.05	0.09	0.13	0.15	0.18	0.19	0.22	0.23
3200	1.16	1.34	1.75	1.89	2.07	2.25	2.41	2.58	2.90	3.06	3.36	3.60	3.91	4.16①	4.39①	4.80①									0.05	0.10	0.13	0.16	0.19	0.21	0.23	0.25
3400	1.19	1.40	1.78	1.95	2.15	2.33	2.51	2.68	3.01	3.17	3.48	3.76	4.03①	4.27①	4.50①										0.06	0.10	0.14	0.17	0.20	0.22	0.25	0.26
3500	1.22	1.42	1.81	2.01	2.19	2.37	2.55	2.72	3.06	3.22	3.53	3.81①	4.08①	4.31①	4.54①										0.06	0.10	0.14	0.17	0.20	0.23	0.25	0.27
3700	1.25	1.47	1.87	2.07	2.27	2.45	2.63	2.81	3.16	3.31	3.63	3.91①	4.15①	4.40①	4.60①										0.07	0.11	0.15	0.19	0.22	0.25	0.27	0.28
4000	1.31	1.53	1.96	2.16	2.36	2.56	2.75	2.93	3.27	3.44①	3.74①	4.02①	4.26①												0.07	0.12	0.16	0.20	0.23	0.26	0.28	0.31
4200	1.34	1.57	2.01	2.22	2.42	2.63	2.81	3.00	3.34①	3.51①	3.80①	4.07①													0.07	0.13	0.17	0.21	0.25	0.28	0.30	0.32
4500	1.39	1.63	2.08	2.30	2.51	2.71	2.90	3.08	3.42①	3.58①	3.87①														0.07	0.13	0.19	0.22	0.26	0.30	0.32	0.34
4800	1.41	1.67	2.13	2.36	2.57	2.78	2.96①	3.15①	3.47①	3.63①															0.08	0.14	0.20	0.24	0.28	0.31	0.34	0.37
5000	1.45	1.69	2.17	2.39	2.60	2.80①	3.00①	3.18①	3.51①	3.65①															0.09	0.15	0.21	0.25	0.29	0.33	0.36	0.38

① 同表 14-1-32。

注：同表 14-1-32。

表 14-1-34　　PM 型多楔带每楔传递的额定功率

n_1 /r·min^{-1}	d_{e1}/mm																	i								
	180	200	212	236	250	265	280	300	315	355	375	400	450	500	560	600	710	1.02~1.05	1.06~1.11	1.12~1.18	1.19~1.26	1.27~1.38	1.39~1.57	1.58~1.94	1.95~3.38	≥3.39
	P_1/kW																	ΔP_1/kW								
100	0.58	0.72	0.79	0.85	0.99	1.06	1.13	1.26	1.33	1.53	1.60	1.79	2.05	2.31	2.56	2.81	3.05		0.01	0.02	0.03	0.04	0.04	0.05	0.05	0.06
200	1.03	1.20	1.42	1.55	1.81	1.93	2.06	2.31	2.44	2.80	2.93	3.30	3.78	4.26	4.73	5.19	5.60	0.01	0.02	0.04	0.06	0.07	0.09	0.10	0.10	0.11
300	1.43	1.81	2.00	2.19	2.55	2.74	2.92	3.28	3.46	3.99	4.17	4.69	5.39	6.06	6.74	7.39	8.04		0.04	0.07	0.09	0.11	0.13	0.15	0.16	0.17
400	1.81	2.30	2.54	2.78	3.26	3.50	3.73	4.20	4.43	5.12	5.34	6.01	6.39	7.76	8.61	9.44	10.25	0.02	0.05	0.09	0.12	0.15	0.17	0.19	0.22	0.22
500	2.16	2.76	3.06	3.55	3.93	4.21	4.50	5.07	5.35	6.18	6.45	7.26	8.32	9.35	10.35	11.32	12.26		0.07	0.11	0.16	0.19	0.22	0.25	0.27	0.28
600	2.50	3.20	3.54	3.89	4.57	4.91	5.24	5.90	6.22	7.19	7.50	8.44	9.65	10.82	11.95	13.04	14.08	0.03		0.13	0.19	0.22	0.26	0.29	0.32	0.34
700	2.81	3.62	4.01	4.41	5.18	5.57	5.95	6.69	7.06	8.15	8.50	9.55	10.89	12.18	13.41	14.56	15.65		0.09	0.16	0.22	0.26	0.31	0.34	0.37	0.40
800	3.12	4.02	4.16	4.90	5.77	6.19	6.62	7.45	7.86	9.05	9.44	10.59	12.04	13.41	14.70	15.89	16.98①		0.10	0.18	0.25	0.30	0.35	0.40	0.43	0.46
900	3.41	4.40	4.89	5.37	6.33	6.79	7.25	8.15	8.60	9.90	10.32	11.54	13.08	14.50	15.81	16.99①	18.02①	0.04	0.12	0.20	0.28	0.34	0.40	0.44	0.48	0.51
1000	3.69	4.77	5.30	5.83	6.86	7.36	7.86	8.83	9.30	10.68	11.13	12.41	14.01	15.45	16.73①	17.84①	18.70①		0.13	0.22	0.31	0.37	0.43	0.49	0.54	0.57
1100	3.95	5.12	5.69	6.25	7.36	7.89	8.43	9.46	9.96	11.41	11.88	13.20	14.82	16.23①	17.44①	18.42①		0.05	0.14	0.25	0.34	0.41	0.48	0.54	0.59	0.62
1200	4.20	5.45	6.06	6.66	7.83	8.40	8.96	10.04	10.57	12.07	12.54	13.89	15.49①	16.84①	17.95①			0.06	0.16	0.27	0.37	0.45	0.52	0.59	0.64	0.68
1300	4.43	5.76	6.41	7.04	8.27	8.87	9.46	10.59	11.12	12.66	13.14	14.49①	16.03①	17.26①					0.17	0.29	0.40	0.48	0.57	0.63	0.69	0.73
1500	4.86	6.33	7.04	7.74	9.07	9.71	10.33	11.51	12.07	13.01①	14.08①	15.34①						0.07	0.19	0.34	0.46	0.56	0.66	0.73	0.80	0.85
1700	5.24	6.83	7.59	8.33	9.74	10.40	11.04	12.22	12.78①	14.24①	14.66①							0.08	0.22	0.38	0.52	0.63	0.74	0.84	0.91	0.96
1800	5.41	7.05	7.83	8.59	10.02	10.63	11.32	12.50①	13.03①	14.43①	14.81①								0.23	0.40	0.55	0.67	0.78	0.89	0.96	1.01
2000	5.70	7.43	8.24	9.02	10.46	11.12①	11.74①	12.85①	13.34①									0.10	0.26	0.45	0.61	0.75	0.87	0.98	1.07	1.13
2200	5.92	7.71	8.54	9.33	10.74①	11.38①	11.95①	12.94①										0.10	0.28	0.49	0.67	0.82	0.95	1.07	1.17	1.25
2400	6.09	7.91	8.74	9.50①	10.85①	11.43①	11.94①											0.11	0.31	0.54	0.74	0.90	1.04	1.18	1.28	1.36
2600	6.18	8.00①	8.81①	9.54①	10.78①													0.13	0.34	0.59	0.80	0.97	1.13	1.28	1.39	1.47
2800	6.20	7.99①	8.76①	9.44①															0.37	0.63	0.86	1.04	1.22	1.37	1.49	1.58
3000	6.13①	7.86①	8.57①															0.14	0.39	0.68	0.92	1.11	1.31	1.47	1.60	1.69
3200	5.99①	7.62①																0.15	0.41	0.72	0.98	1.19	1.40	1.57	1.71	1.81
3400	5.76①																	0.16	0.44	0.77	1.04	1.26	1.48	1.66	1.81	1.92
3500	5.62①																		0.46	0.79	1.07	1.30	1.52	1.72	1.87	1.98
3700	5.25①																	0.18	0.48	0.84	1.37	1.37	1.61	1.81	1.98	2.09

① 同表 14-1-32。

注：同表 14-1-32。

表 14-1-35　　包角修正系数 K_α

包角 α_1/(°)	180	177	174	171	169	166	163	160	157	154	151	148	145	142	139	136
K_α	1.00	0.99	0.98	0.97	0.97	0.96	0.95	0.94	0.93	0.92	0.91	0.90	0.89	0.88	0.87	0.86
包角 α_1/(°)	133	130	127	125	120	117	113	110	106	103	99	95	91	87	83	
K_α	0.85	0.84	0.83	0.81	0.80	0.79	0.77	0.76	0.75	0.73	0.72	0.70	0.68	0.66	0.64	

表 14-1-36　　带长修正系数 K_L

有效长度 L_e /mm	型号 PJ	有效长度 L_e /mm	型号 PJ	PL	PM	有效长度 L_e /mm	型号 PL	PM	有效长度 L_e /mm	型号 PL	PM	有效长度 L_e /mm	型号 PM
	K_L		K_L				K_L			K_L			K_L
450	0.78	1250	0.96	0.85		2800	0.98	0.88	5600	1.08	0.99	12500	1.10
500	0.79	1400	0.98	0.87		3000	0.99	0.89	6300	1.11	1.01	13200	1.12
630	0.83	1600	1.01	0.89		3150	1.0	0.90	6700		1.01	15000	1.14
710	0.85	1800	1.02	0.91		3350	1.01	0.91	7500		1.03	16000	1.15
800	0.87	2000	1.04	0.93	0.85	3750	1.03	0.93	8500		1.04		
900	0.89	2360	1.08	0.96	0.86	4000	1.04	0.94	9000		1.05		
1000	0.91	2500	1.09	0.96	0.87	4500	1.06	0.95	10000		1.07		
1120	0.93	2650		0.98	0.88	5000	1.07	0.97	10600		1.08		

表 14-1-37　　带与带轮的楔合系数 K_r

小轮包角 α_1/(°)	180	170	160	150	140	130	120	110	100	90	80	70	60
K_r	5.00	4.57	4.18	3.82	3.50	3.20	2.92	2.67	2.45	2.24	2.04	1.87	1.71

4　平带传动

4.1　普通平带

表 14-1-38　　带宽和相应带轮宽度及其环形带内周长度
（摘自 GB/T 11358—1999、GB/T 524—2007）　　mm

带宽 b 尺寸	带宽 b 偏差	带轮宽 B 尺寸	带轮宽 B 偏差	带宽 b 尺寸	带宽 b 偏差	带轮宽 B 尺寸	带轮宽 B 偏差	带宽 b 尺寸	带宽 b 偏差	带轮宽 B 尺寸	带轮宽 B 偏差	带宽 b 尺寸	带宽 b 偏差	带轮宽 B 尺寸	带轮宽 B 偏差	带宽 b 尺寸	带宽 b 偏差	带轮宽 B 尺寸	带轮宽 B 偏差
16	±2	20	±1	50	±2	63	±1	100	±3	112	±1.5	180	±4	200	±2	315	±5	355	±3
20		25		63		71		112		125		200		224		355		400	
25		32		70	±3	80	±1.5	125		140		224		250		400		450	
32		40		80		90		140	±4	160	±2	250		280		450		500	
40		50		90		100		160		180		280	±5	315	±3	500		560	

环形带内周长度 L_i		
	优选系列	500、560、630、710、800、900、1000、1120、1250、1400、1600、1800、2000、2240、2500、2800、3150、3550、4000、4500、5000
	第二系列	530、600、670、750、850、950、1060、1180、1320、1500、1700、1900

注：1. 表中所列长度值如不够用，可在系列两端以外按 GB/T 321—2005 选用 R20 优选数系中的其他数；长度在 2000~5000mm 之间选用 R40 数系中的数。

2. 表中所列长度系列是指在规定预紧力下的内周长度。

3. 有端带（非环形带）最小长度：

平带宽度 b	b≤90	90<b≤250	b>250
最小长度	8	15	20

表 14-1-39　　全厚度拉伸强度（摘自 GB/T 524—2007）

拉伸强度规格/kN	全厚度拉伸强度/kN·m⁻¹ 纵向最小值	全厚度拉伸强度/kN·m⁻¹ 横向最小值	棉帆布参考层数 n	拉伸强度规格/kN	全厚度拉伸强度/kN·m⁻¹ 纵向最小值	全厚度拉伸强度/kN·m⁻¹ 横向最小值	棉帆布参考层数 n
190	190	75	3	425	425	250	8
240	240	95	4	450	450	不作规定	9
290	290	115	5	500	500		10
340	340	130	6	560	560		12
385	385	225	7				

注：1. 宽度小于 400mm 的带不作横向全厚度拉伸强度试验。

2. 标记示例有端平带　　　　环形平带

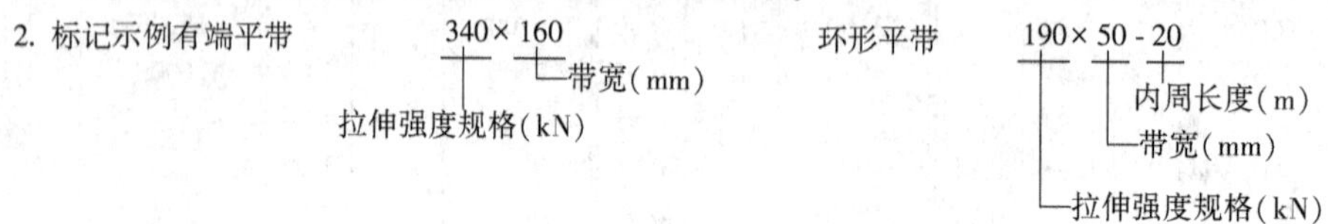

4.2　带轮

表 14-1-40　　带轮直径 d 及其轮冠高度 h（摘自 GB/T 11358—1999）　　mm

直径 d 尺寸	偏差 Δ	h	直径 d 尺寸	偏差 Δ	h	直径 d 尺寸	偏差 Δ	h	直径 d 尺寸	偏差 Δ	h	直径 d 尺寸	偏差 Δ	h 轮宽 B ≤250	h 轮宽 B ≥250
20 25	±0.4	0.3	63	±0.8	0.3	160 180	±2.0	0.5	315 355	±3.2	1.0	800 900 1000	±6.3	1.2	1.5
32 40	±0.5		71 80	±1.0		200		0.6	400 450 500	±4.0	1.0	1120 1250 1400	±8.0	1.5	2.0
45 50	±0.6		90 100 112	±1.2		224	±2.5								
						250		0.8							
56	±0.8		125 140	±1.6	0.4	280	±3.2		560 630 710	±5.0	1.2	1600 1800 2000	±10.0	1.8	2.5

注：带轮轮冠截面形状是规则对称曲线，中部带有一段直线部分且与曲线相切。

表 14-1-41　　带轮结构型式和辐板厚度　　mm

孔径 D		带轮直径 d 50	56	63	71	80	90	100	112	125	140	160	180	200	224	250	280	315	355	400	450	500	560	~	2000	轮缘宽度 B
		辐板厚度 S																								
12	14					8		9		10	10															20~32
16	18						10					12		四												20~50
20	22					实				12																20~56
24	25									辐				14	孔											
28	30										14					16		18	20							40~80
32	35											16		16	18	板		20	22	四						40~125
38	40								心			板		18	六	20		22			椭			六		
42	45												18		20				轮		圆			椭		60~160
50	55															孔			24			辐		圆		
60	65												轮	轮	20		22	板			26	轮		辐		
70	75																	24								90~200
80	85																22				轮			轮		
90	95																	24			26					150~250

带轮结构图例

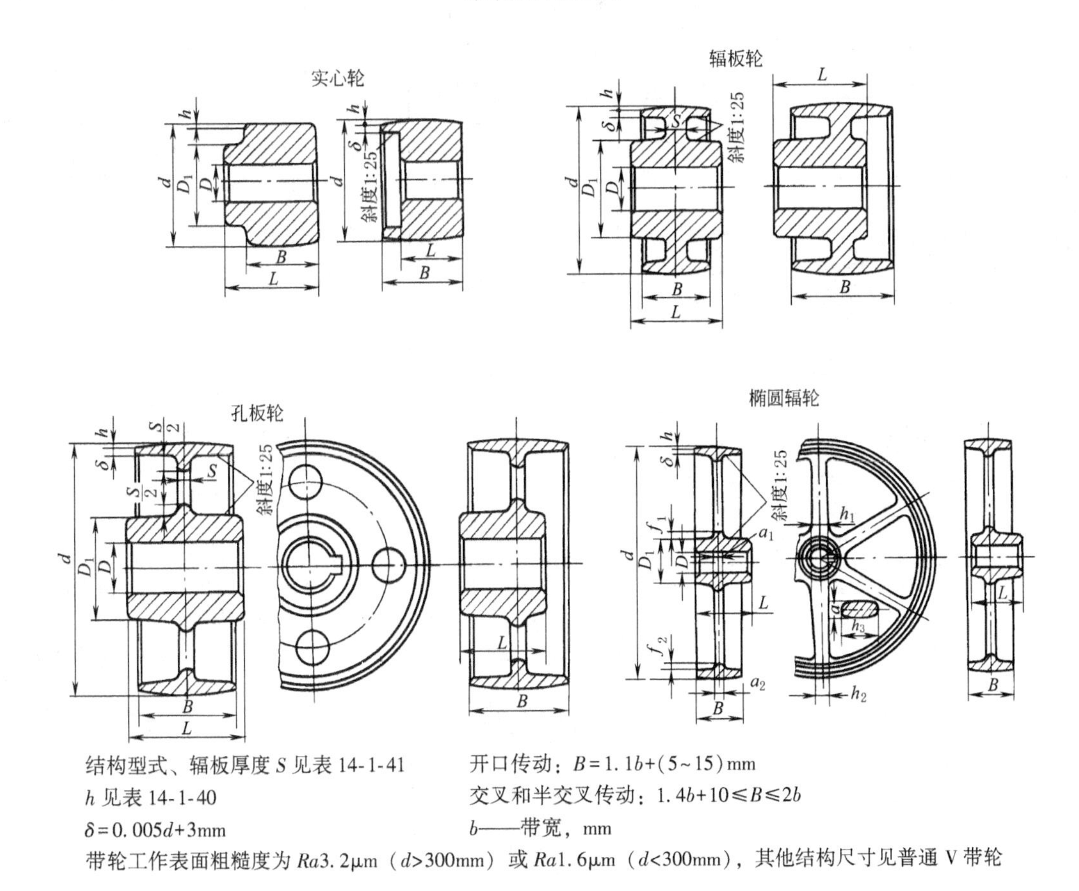

结构型式、辐板厚度 S 见表 14-1-41　　开口传动：$B=1.1b+(5\sim15)$ mm

h 见表 14-1-40　　交叉和半交叉传动：$1.4b+10\leqslant B\leqslant 2b$

$\delta=0.005d+3$mm　　b——带宽，mm

带轮工作表面粗糙度为 $Ra3.2\mu m$（$d>300$mm）或 $Ra1.6\mu m$（$d<300$mm），其他结构尺寸见普通 V 带轮

4.3 设计计算

表 14-1-42　　**传动型式及主要性能**

传动型式	简　图	最大带速 v_{max} /m·s^{-1}	最大传动比 i_{max}	最小中心距 a_{min}	相对传递功率 /%	安装条件	工作特点
开口传动		20~30	5	$1.5(d_1+d_2)$	100	两带轮轮宽的对称面应重合，且尽可能使紧边在下面	两轴平行，转向相同，可双向传动 带只受单向弯曲，寿命长
交叉传动		15	6	$20b$ （b 为带宽）	70~80	两带轮轮宽的对称面应重合	两轴平行，转向相反，可双向传动 带受附加扭转，且在交叉处磨损严重
半交叉传动		15	3	$5.5(d_2+b)$	70~80	一带轮轮宽的对称面，通过另一带轮带的绕出点	两轴交错，只能单向传动 带受附加扭转 带轮要有足够的宽度 $B=1.4b+10$（B—轮宽，mm）

续表

传动型式	简图	最大带速 v_{max} /m·s^{-1}	最大传动比 i_{max}	最小中心距 a_{min}	相对传递功率 /%	安装条件	工作特点
有导轮的角度传动	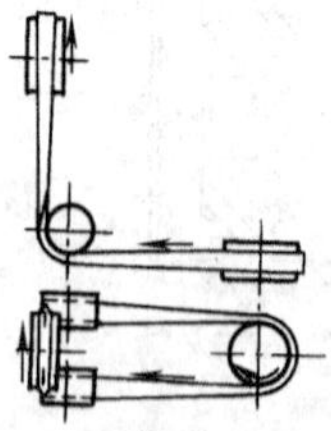	15	4		70~80	两带轮轮宽的对称面应与导轮圆柱面相切	两轴垂直或交错,可双向传动 带受附加扭转
拉紧惰轮传动	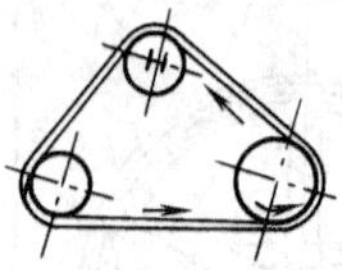	25	6			各带轮轮宽的对称面相重合,拉紧惰轮配置在松边,并定期调整其位置	可双向传动 当主、从动轮之间有障碍物时,可采用此法
张紧惰轮传动	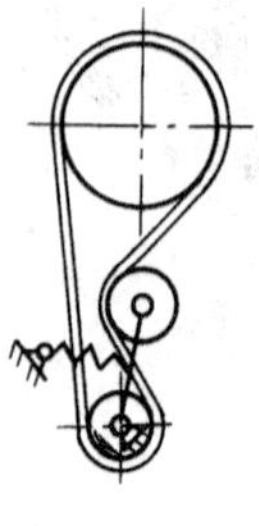	25	10	d_1+d_2		各带轮轮宽的对称面相重合,张紧轮配置在松边	只能单向传动。可增大小轮包角,自动调节带的初拉力。可用于中心距小,传动比大的情况下
多从动轮传动	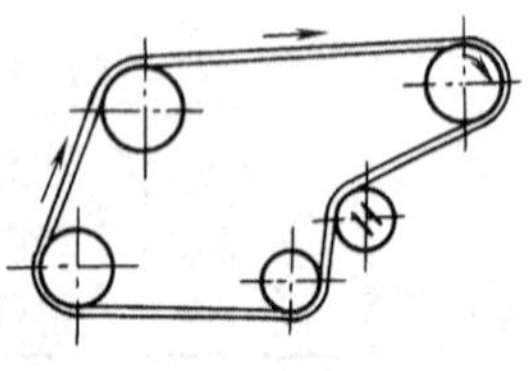					各带轮轮宽的对称面相重合,应使主动轮和传递功率较大的从动轮有较大的包角,其余从动轮的包角应大于70°	在复杂的传动系统中简化传动机构,但胶带的挠曲次数增加,降低带的寿命

表 14-1-43　　平带的接头型式、特点及应用

接头种类	接头型式	特点及应用	接头种类	接头型式	特点及应用
粘接接头	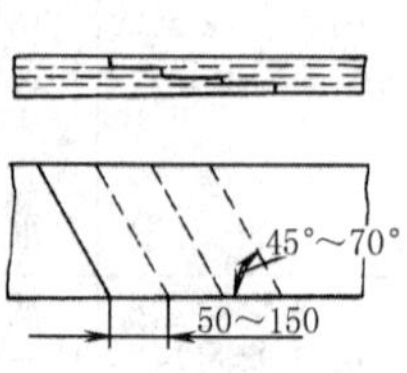 45°~70° 50~150	接头平滑、可靠、连接强度高,但粘接技术要求也高。可用于高速(v<30m/s)、大功率及有张紧轮的双面传动中 接头效率80%~90%	带扣接头	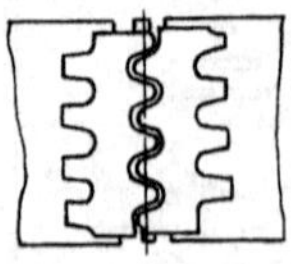	连接迅速方便,但接头强度及工作平稳性较差。可用于 v<20m/s、经常改接的中、小功率的双面传动中 接头效率80%~90%
			铁丝钩接头	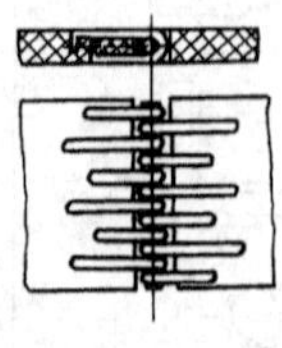	

续表

接头种类	接头型式	特点及应用
螺栓接头		连接方便，接头强度高，但冲击力大，可用于低速（$v<10\mathrm{m/s}$）、大功率的单面传动中 接头效率 30%～65%

注：使用粘接或螺栓接头时，其运行方向应如图 14-1-5 所示。

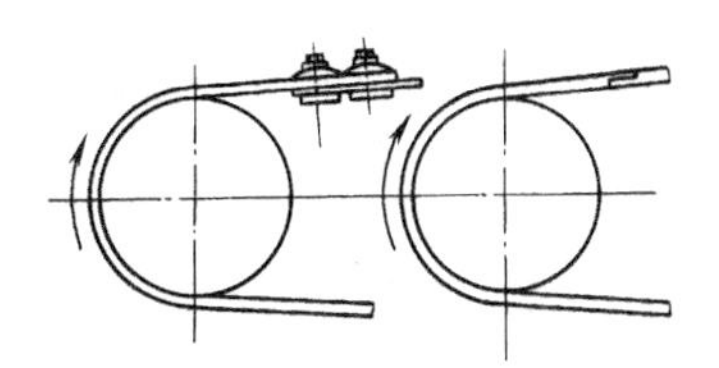

图 14-1-5　运行方向

计算内容和步骤

已知条件：①传递的功率；②小带轮和大带轮转速；③传动型式、载荷性质、原动机种类以及工作制度。

表 14-1-44

计算项目	单位	公式及数据	说明
小带轮直径 d_1	mm	$d_1=(1100\sim1300)\sqrt[3]{\frac{P}{n_1}}$ 或 $d_1=\frac{60\times1000v}{\pi n_1}$	P——传递的功率，kW n_1——小带轮转速，r/min v——带速，适宜的 $v=10\sim20\mathrm{m/s}$ d_1 按表 14-1-40 选取相近的值
传动比 i		$i=\frac{n_1}{n_2}\leqslant i_{max}$	n_2——大带轮转速，r/min i_{max} 见表 14-1-42
大带轮直径 d_2	mm	$d_2=id_1(1-\varepsilon)$	ε——弹性滑动系数，$\varepsilon=0.01\sim0.02$ d_2 按表 14-1-40 选取相近的值
带速 v	m/s	$v=\frac{\pi d_1 n_1}{60\times1000}\leqslant v_{max}$	一般 $v=10\sim20\mathrm{m/s}$ $v_{max}=30\mathrm{m/s}$
有端带中心距 a	mm	i：1～2 → a：$(1.5\sim2)(d_1+d_2)$ i：3～5 → a：$(2\sim5)(d_1+d_2)$	仅用于开口传动型式，其他传动型式的 a_{min} 见表 14-1-42 可根据结构需要而定

续表

计算项目	单位	公式及数据	说明
有端带长度 L	mm	开口传动 $L=2a+\frac{\pi}{2}(d_1+d_2)+\frac{(d_2-d_1)^2}{4a}$ 交叉传动 $L=2a+\frac{\pi}{2}(d_1+d_2)+\frac{(d_1+d_2)^2}{4a}$ 半交叉传动 $L=2a+\frac{\pi}{2}(d_1+d_2)+\frac{d_1^2+d_2^2}{2a}$	末考虑接头长度
带厚 δ	mm	$\delta=1.2\times n$	n——带的层数，见表 14-1-39
环形带 初定中心距 a_0	mm	$1.5(d_1+d_2)<a_0<5(d_1+d_2)$	可根据结构需要而定
环形带 带的节线长度 L_{0p}	mm	$L_{0p}=2a_0+\frac{\pi}{2}(d_1+d_2)+\frac{(d_2-d_1)^2}{4a_0}$	
环形带 带的内周长度 L_i	mm	$L_i=L_p-\pi\delta$	按表 14-1-38 选取相近的 L_i 值
环形带 实际中心距 a	mm	$a\approx a_0+\frac{L_p-L_{0p}}{2}$	由标准的 L_i 值再计算出 L_p 值 安装带时所需最小中心距： $a_{min}=a-[2(\Delta_1+\Delta_2)+0.01L_p]$ 补偿带伸长时所需最大中心距： $a_{max}=a+[1.5(\Delta_1+\Delta_2)+0.01L_p+0.003(d_1+d_2)+S]$ Δ_1——小带轮直径偏差，mm，见表 14-1-40 Δ_2——大带轮直径偏差，mm，见表 14-1-40 S——带的不同承载层材料的值，见表 14-1-46
小带轮包角 α_1	(°)	开口传动 $\alpha_1=180°-\frac{d_2-d_1}{a}\times57.3°\geqslant150°$ 交叉传动 $\alpha_1\approx180°+\frac{d_1+d_2}{a}\times57.3°$ 半交叉传动 $\alpha_1\approx180°+\frac{d_1}{a}\times57.3°$	若 $\alpha_1<150°$，应增大 a 或降低 i 或采用张紧轮
挠曲次数 u	次/s	$u=\frac{1000mv}{L}\leqslant u_{max}$ $u_{max}=6\sim10$	m——带轮数
设计功率 P_d	kW	$P_d=K_AP$	K_A——工况系数，见表 14-1-16
带的截面积 A	cm^2	$A=\frac{P_d}{K_\alpha K_\beta P_0}$	K_α——包角修正系数，见表 14-1-47 K_β——传动布置系数，见表 14-1-48 P_0——平带单位截面积所能传递的额定功率，kW/cm^2，见表 14-1-49
带宽 b	mm	$b=\frac{100A}{\delta}$	按表 14-1-38 选取
带的正常张紧应力 σ_0	N/mm^2	短距离的普通传动或接近垂直的传动 $\sigma_0=1.6$ 中心距可调且采用定期张紧或中心距固定，但中心距较大时 $\sigma_0=1.8$ 自动调节张紧力的传动 $\sigma_0=2.0$	新带安装调整时的张紧应力应为正常张紧应力的 1.5 倍

续表

计算项目	单位	公式及数据	说明
有效圆周力 F_t	N	$F_t=\frac{1000P_d}{v}$	
作用在轴上的力 F_r	N	$F_r=2\sigma_0 A\sin\frac{\alpha_1}{2}$ $F_{rmax}=3\sigma_0 A\sin\frac{\alpha_1}{2}$	F_{rmax}——考虑新带的最初张紧力为正常张紧力的1.5倍时作用在轴上的力

表 14-1-45　包边式平带带轮最小直径 d_{min}（摘自 GB/T 524—1989）　mm

拉伸强度/kN	v/m·s^{-1} 5	10	15	20	25	30	棉帆布参考层数 n	拉伸强度/kN	v/m·s^{-1} 5	10	15	20	25	30	棉帆布参考层数 n
	d_{1min}								d_{1min}						
190	80	112	125	140	160	180	3	425	500	560	710	710	800	900	8
240	140	160	180	200	224	250	4	450	630	710	800	900	1000	1120	9
290	200	224	250	280	315	355	5	500	800	900	1000	1000	1120	1250	10
340	315	355	400	450	500	560	6	560	1000	1000	1120	1250	1400	1600	12
385	450	500	560	630	710	710	7								

注：

(a)切边式　(b)包边式

切边式平带柔软，用切边式平带其带轮直径比包边式小20%，但不能用于交叉传动和塔轮上。

表 14-1-46　带的不同承载层材料的 S 值（摘自 GB/T 15531—2008）

带承载层、材料	S
低弹性模量材料，如尼龙	$0.016L_p$
中弹性模量材料，如涤纶	$0.011L_p$
高弹性模量材料，如芳纶、玻纤、金属丝等	$0.005L_p$

表 14-1-47　包角修正系数 K_α

包角 α_1/(°)	220	210	200	190	180	170	160	150	140	130	120
K_α	1.20	1.15	1.10	1.05	1.00	0.97	0.94	0.91	0.88	0.85	0.82

表 14-1-48　传动布置系数 K_β

传动型式	两带轮中心连线与水平线间的夹角 0°~60°	60°~80°	80°~90°	传动型式	两带轮中心连线与水平线间的夹角 0°~60°	60°~80°	80°~90°
自动张紧传动	1.0	1.0	1.0	交叉传动	0.9	0.8	0.7
简单开口传动(定期张紧或改缝)	1.0	0.9	0.8	半交叉传动和有导轮的角度传动	0.8	0.7	0.6

表 14-1-49　　覆胶帆布平带单位截面积传递的额定功率 P_0

（$\alpha=180°$，$\sigma_0=1.8\mathrm{N/mm^2}$，平稳载荷）　　kW/cm²

<table>
<tr><th rowspan="2">$\frac{d_1}{\delta}$</th><th colspan="26">v/m · s^{-1}</th></tr>
<tr><th>5</th><th>6</th><th>7</th><th>8</th><th>9</th><th>10</th><th>11</th><th>12</th><th>13</th><th>14</th><th>15</th><th>16</th><th>17</th><th>18</th><th>19</th><th>20</th><th>21</th><th>22</th><th>23</th><th>24</th><th>25</th><th>26</th><th>27</th><th>28</th><th>29</th><th>30</th></tr>
<tr><td>30</td><td rowspan="3">1.1</td><td rowspan="3">1.3</td><td rowspan="2">1.5</td><td rowspan="2">1.7</td><td>1.9</td><td>2.1</td><td>2.3</td><td rowspan="2">2.5</td><td rowspan="2">2.7</td><td rowspan="4">2.9</td><td>3.0</td><td rowspan="2">3.2</td><td>3.3</td><td>3.5</td><td>3.6</td><td>3.7</td><td>3.8</td><td rowspan="2">4.0</td><td>4.0</td><td rowspan="2">4.1</td><td>4.2</td><td rowspan="2">4.3</td><td>4.3</td><td>4.3</td><td>4.3</td><td>4.3</td></tr>
<tr><td>35</td><td rowspan="3">2.0</td><td rowspan="3">2.2</td><td rowspan="3">2.4</td><td rowspan="3">3.1</td><td rowspan="3">3.4</td><td rowspan="3">3.6</td><td rowspan="3">3.7</td><td>3.8</td><td>3.9</td><td>4.1</td><td rowspan="2">4.3</td><td rowspan="2">4.4</td><td rowspan="2">4.4</td><td>4.4</td><td>4.4</td></tr>
<tr><td>40</td><td rowspan="3">1.6</td><td rowspan="3">1.8</td><td rowspan="3">2.6</td><td rowspan="3">2.8</td><td rowspan="2">3.3</td><td rowspan="2">3.9</td><td rowspan="3">4.0</td><td rowspan="2">4.1</td><td rowspan="2">4.2</td><td rowspan="2">4.3</td><td>4.4</td><td rowspan="2">4.5</td><td>4.5</td></tr>
<tr><td>45</td><td rowspan="5">1.4</td><td rowspan="2">4.4</td><td rowspan="2">4.5</td><td rowspan="2">4.5</td><td rowspan="2">4.5</td><td rowspan="2">4.6</td></tr>
<tr><td>50</td><td rowspan="4">1.2</td><td rowspan="4">2.1</td><td rowspan="2">2.3</td><td rowspan="2">2.5</td><td>3.0</td><td>3.2</td><td rowspan="2">3.4</td><td>3.5</td><td rowspan="2">3.7</td><td>3.8</td><td rowspan="2">4.0</td><td rowspan="2">4.2</td><td rowspan="2">4.3</td><td rowspan="2">4.4</td><td rowspan="2">4.6</td></tr>
<tr><td>60</td><td rowspan="2">2.7</td><td rowspan="3">2.9</td><td rowspan="2">3.1</td><td rowspan="2">3.3</td><td rowspan="2">3.6</td><td rowspan="2">3.9</td><td>4.1</td><td>4.5</td><td rowspan="2">4.6</td><td>4.6</td><td>4.6</td><td rowspan="2">4.7</td></tr>
<tr><td>75</td><td rowspan="2">1.7</td><td rowspan="2">1.9</td><td rowspan="2">3.5</td><td>3.8</td><td rowspan="2">4.1</td><td rowspan="2">4.2</td><td>4.3</td><td>4.4</td><td>4.5</td><td rowspan="2">4.6</td><td rowspan="2">4.7</td><td rowspan="2">4.7</td><td>4.7</td></tr>
<tr><td>100</td><td>2.4</td><td>2.6</td><td>2.8</td><td>3.2</td><td>3.4</td><td>3.7</td><td>3.9</td><td>4.0</td><td>4.4</td><td>4.5</td><td>4.6</td><td>4.7</td><td>4.8</td><td>4.8</td></tr>
</table>

注：1. 平带单位截面积所能传递的功率 P_0：当 $\sigma_0=1.6\mathrm{N/mm^2}$ 时，比表内数值约小 7.8%；$\sigma_0=2\mathrm{N/mm^2}$ 时，比表内数值约大 7.8%。

2. 自动张紧时，P_0 值仅使用功率表中 $v=10\mathrm{m/s}$ 一项，并必须乘以$\frac{v}{10}$。

5　同步带传动

5.1　同步带主要参数

表 14-1-50

<table>
<tr><th>齿形</th><th>齿距制式</th><th>型号或模数</th><th>节距
/mm</th><th>基准带宽所传递功率范围
/kW</th><th>基准带宽
/mm</th><th>说　明</th></tr>
<tr><td rowspan="20">梯形</td><td rowspan="7">周节制</td><td>MXL</td><td>2.032</td><td>0.0009~0.15</td><td>6.4</td><td rowspan="7">GB/T 11616—2013
GB/T 11362—2008</td></tr>
<tr><td>XXL</td><td>3.175</td><td>0.002~0.25</td><td>6.4</td></tr>
<tr><td>XL</td><td>5.080</td><td>0.004~0.573</td><td>9.5</td></tr>
<tr><td>L</td><td>9.525</td><td>0.05~4.76</td><td>25.4</td></tr>
<tr><td>H</td><td>12.700</td><td>0.6~55</td><td>76.2</td></tr>
<tr><td>XH</td><td>22.225</td><td>3~81</td><td>101.6</td></tr>
<tr><td>XXH</td><td>31.750</td><td>7~125</td><td>127</td></tr>
<tr><td rowspan="9">模数制</td><td>$m1$</td><td>3.142</td><td>0.1~2</td><td rowspan="9"></td><td rowspan="13">考虑大量引进设备配套设计需要</td></tr>
<tr><td>$m1.5$</td><td>4.712</td><td>0.1~2</td></tr>
<tr><td>$m2$</td><td>6.283</td><td>0.1~4</td></tr>
<tr><td>$m2.5$</td><td>7.854</td><td>0.1~9</td></tr>
<tr><td>$m3$</td><td>9.425</td><td>0.1~9</td></tr>
<tr><td>$m4$</td><td>12.566</td><td>0.15~25</td></tr>
<tr><td>$m5$</td><td>15.708</td><td>0.3~40</td></tr>
<tr><td>$m7$</td><td>21.991</td><td>0.5~60</td></tr>
<tr><td>$m10$</td><td>31.416</td><td>1.5~80</td></tr>
<tr><td rowspan="4">特殊节距制</td><td>T2.5</td><td>2.5</td><td>0.002~0.062</td><td rowspan="4">10</td></tr>
<tr><td>T5</td><td>5</td><td>0.001~0.6</td></tr>
<tr><td>T10</td><td>10</td><td>0.007~1</td></tr>
<tr><td>T20</td><td>20</td><td>0.036~1.9</td></tr>
<tr><td rowspan="5" colspan="2">圆弧形</td><td>3M</td><td>3</td><td>0.001~0.9</td><td>6</td><td rowspan="5">JB/T 7512.1—1994
JB/T 7512.3—1994</td></tr>
<tr><td>5M</td><td>5</td><td>0.004~2.6</td><td>9</td></tr>
<tr><td>8M</td><td>8</td><td>0.02~14.8</td><td>20</td></tr>
<tr><td>14M</td><td>14</td><td>0.18~42</td><td>40</td></tr>
<tr><td>20M</td><td>20</td><td>2~267</td><td>115</td></tr>
</table>

注：生产厂为上海四通胶带厂。

5.2 带

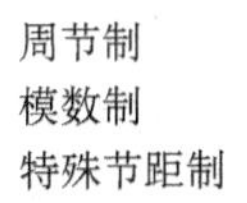

周节制
模数制
特殊节距制

圆弧齿

表 14-1-51　　带的齿形与齿宽　　mm

	型号	节距 p_b	齿形角 2β /(°)	齿根厚 s	齿高 h_t	齿根圆角半径 r_r	齿顶圆角半径 r_a	带高 h_s	带宽 b_s					
周节制（摘自 GB/T 11616—2013）	MXL	2.032	40	1.14	0.51	0.13		1.14	公称尺寸	3.2	4.8	6.4		
									代　号	012	019	025		
	XXL	3.175	50	1.73	0.76	0.2	0.3	1.52	公称尺寸	3.2	4.8	6.4		
									代　号	012	019	025		
	XL	5.080		2.57	1.27	0.38		2.3	公称尺寸	6.4	7.9	9.5		
									代　号	025	031	037		
	L	9.525	40	4.65	1.91	0.51		3.60	公称尺寸	12.7	19.1	25.4		
									代　号	050	075	100		
	H	12.700		6.12	2.29	1.02		4.30	公称尺寸	19.1	25.4	38.1	50.8	76.2
									代　号	075	100	150	200	300
	XH	22.225		12.57	6.35	1.57	1.19	11.20	公称尺寸	50.8	76.2	101.6		
									代　号	200	300	400		
	XXH	31.750		19.05	9.53	2.29	1.52	15.7	公称尺寸	50.8	76.2	101.6	127	
									代　号	200	300	400	500	

	模数 m	节距 p_b	齿形角 2β /(°)	齿根厚 s	齿高 h_t	齿根圆角半径 r_r	齿顶圆角半径 r_a	带高 h_s	齿顶厚 s_t	节顶距 δ	带宽 b_s
模数制	1	3.142	40	1.44	0.6	0.10		1.2	1	0.250	4、8、10
	1.5	4.712		2.16	0.9	0.15		1.65	1.5	0.375	8、10、12、16、20
	2	6.283		2.87	1.2	0.20		2.2	2	0.500	10、12、16、20、25、30
	2.5	7.854		3.59	1.5	0.25		2.75	2.5	0.625	10、12、16、20、25、30、40
	3	9.425		4.31	1.8	0.30		3.3	3	0.750	12、16、20、25、30、40、50
	4	12.566		5.75	2.4	0.40		4.4	4	1.000	16、20、25、30、40、50、60
	5	15.708		7.18	3.0	0.50		5.5	5	1.250	20、25、30、40、50、60、80
	7	21.991		10.06	4.2	0.70		7.7	7	1.750	25、30、40、50、60、80、100
	10	31.416		14.37	6.0	1.00		11.0	10	2.500	40、50、60、80、100、120

续表

	型号	节距 p_b	齿形角 2β /(°)	齿根厚 s	齿高 h_t	齿根圆角半径 r_r	齿顶圆角半径 r_a	带高 h_s	齿顶厚 s_t	节顶距 δ	带宽 b_s
特殊节距制	T2.5	2.5	40±2	1.5±0.05	0.7±0.05	0.2		1.3±0.15	1.0	0.3	4、6、10
	T5	5		2.65±0.05	1.2±0.05	0.4		2.2±0.15	1.8	0.5	6、10、16、25
	T10	10		5.30±0.1	2.5±0.1	0.6		4.5±0.3	3.5	1.0	16、25、32、50
	T20	20		10.15±0.15	5.0±0.15	0.8		8.0±0.45	6.5	1.5	32、50、75、100

	型号	节距 p_b	齿形角 2β /(°)	齿根厚 s	齿高 h_t	齿根圆角半径 r_r	齿顶圆角半径 r_a	带高 h_s	带宽 b_s										
圆弧齿（摘自 JB/T 7512.1—1994）	3M	3	14	1.78	1.22	0.24~0.30	0.87	2.40	公称尺寸	6	9	15							
									代号	6	9	15							
	5M	5		3.05	2.06	0.40~0.44	1.49	3.80	公称尺寸	9	15	20	25	30	40				
									代号	9	15	20	25	30	40				
	8M	8		5.15	3.38	0.64~0.76	2.46	6.00	公称尺寸	20	25	30	40	50	60	70	85		
									代号	20	25	30	40	50	60	70	85		
	14M	14		9.40	6.02	1.20~1.35	4.50	10.00	公称尺寸	30	40	55	85	100	115	130	150	170	
									代号	30	40	55	85	100	115	130	150	170	
	20M	20		14	8.40	1.77~2.01	6.50	13.20	公称尺寸	70	85	100	115	130	150	170	230	290	340
									代号	70	85	100	115	130	150	170	230	290	340

注：1. 周节制同步带有单面齿、双面齿之分，双面齿同步带又分为对称齿（代号为 DA 型）、交错齿（代号为 DB 型），见图14-1-6。

2. 本表的 h_s 为单面齿的带高。

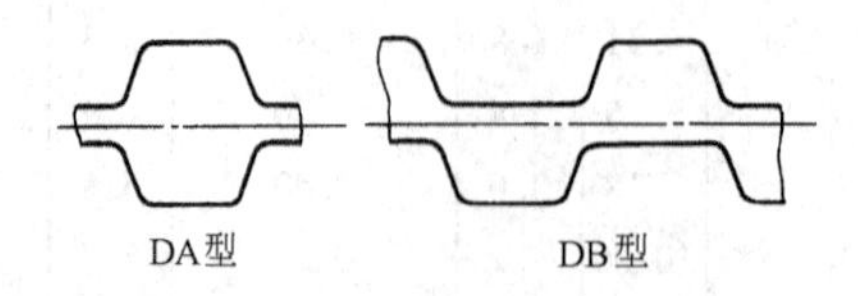

图 14-1-6

表 14-1-52　周节制带的节线长度（MXL、XXL、XL、L、H、XH、XXH）（摘自 GB/T 11616—2013）

长度代号	节线长 L_p/mm 公称尺寸	节线长 L_p/mm 极限偏差	型号 MXL	型号 XXL	型号 XL	型号 L	型号 H
			齿数 z_b				
36.0	91.44	±0.41	45				
40.0	101.6		50				
44.0	111.76		55				
48.0	121.92		60				
50	127		70	40			
56.0	142.24		75		30		
60.0	152.4		80	48	—		
64.0	162.56		—		35		
70	177.8		90	56	—		
72.0	182.88		100		40		
80.0	203.2		110	64	—		
88.0	223.52		—		45		
90	228.6		125	72	50		
100.0	254	±0.46	—	80	55		
110	279.4		140	88	—		
112.0	284.48		—		60		
120	304.8		—	96	—	33	
124	314.33		155		—	—	
124.0	314.96		—		65	—	
130	330.2		175	104	70	—	
140.0	355.6		—	112	75	40	
150	381		200	120	80	—	
160.0	406.4	±0.51	—	128	85	—	
170	431.8		—		90	—	
180.0	457.2		—	144	—	50	
187	476.25		—		95	—	
190	482.6		225		100	—	
200.0	508		—	160	105	56	
210	533.4	±0.61	250		110	—	
220	558.8			176	—	60	
225	571.5				115	—	
230	584.2				120	64	48
240	609.6				125	—	—
250	635				—	68	—
255	647.7				130	—	—
260	660.4					72	54
270	685.8					76	—
285	723.9					80	60
300	762						

长度代号	节线长 L_p/mm 公称尺寸	节线长 L_p/mm 极限偏差	型号 L	型号 H	型号 XH	型号 XXH
			齿数 z_b			
322	819.15	±0.66	86	—		
330	838.2		—	66		
345	876.3		92	—		
360	914.4		—	72		
367	933.45		98	—		
390	990.6		104	78		
420	1066.8	±0.76	112	84		
450	1143		120	90		
480	1219.2		128	96		
507	1289.05	±0.81	—	—	58	
510	1295.4		136	102	—	
540	1371.6		144	108	—	
560	1422.4		—	—	64	
570	1447.8		—	114	—	
600	1524		160	120	—	
630	1600.2	±0.86		126	72	
660	1676.4			132	—	
700	1778			140	80	56
750	1905	±0.91		150	—	—
770	1955.8			—	88	—
800	2032			160	—	64
840	2133.6	±0.97		—	96	—
850	2159			170	—	—
900	2286			180	—	72
980	2489.2	±1.02		—	112	—
1000	2540			200	—	80
1100	2794	±1.07		220	—	—
1120	2844.8	±1.12		—	128	—
1200	3048			—	—	96
1250	3175	±1.17		250	—	—
1260	3200.4			—	144	—
1400	3556	±1.22		280	160	112
1540	3911.6	±1.32		—	176	—
1600	4064			—	—	128
1700	4318	±1.37		340	—	—
1750	4445	±1.42			200	—
1800	4572					144

注：标记示例　420　L　050

420——长度代号，表示节线长为 1066.8mm

L——型号，表示节距为 9.525mm

050——宽度代号，表示带宽 12.7mm

第 14 篇

表 14-1-53　　模数制带的节线长度和齿数

同步带齿数 z_b	模数 m/mm								
	1	1.5	2	2.5	3	4	5	7	10
	节线长 L_p/mm								
32	100.53	150.80	201.06						
35	109.96	164.94	219.91	274.89	329.87				
40	125.66	188.50	251.33	314.16	376.99	502.65	628.32		
45	141.37	212.06	282.74	353.43	424.12	565.49	706.86	989.60	
50	157.08	235.62	314.16	392.70	471.24	628.32	785.40	1099.56	1570.80
55	172.79	259.18	345.58	431.97	518.36	691.15	863.94	1209.51	1727.88
60	188.50	282.74	376.99	471.24	565.49	753.98	942.48	1319.47	1884.96
65	204.20	306.31	408.41	510.51	612.61	816.81	1021.02	1429.42	2042.04
70	219.91	329.87	439.82	549.78	659.73	879.65	1099.56	1539.38	2199.11
75	235.62	353.43	471.24	589.05	706.86	942.48	1178.10	1649.34	2356.19
80	251.33	376.99	502.65	628.32	753.98	1005.31	1256.64	1759.29	2513.27
85	267.04	400.55	534.07	667.59	801.11	1068.14	1335.18	1869.25	2670.35
90	282.74	424.12	565.49	706.86	848.23	1130.97	1413.72	1979.20	2827.43
95	298.45	447.68	596.90	746.13	895.35	1193.81	1492.26	2089.16	2948.51
100	314.16	471.24	628.32	785.40	942.48	1256.84	1570.80	2199.11	3141.59
110	345.58	518.36	691.15	863.94	1036.73	1382.30	1727.88	2419.03	3455.75
120	376.99	565.49	753.98	942.48	1130.97	1507.96	1884.96	2638.94	3769.91
140	439.82	659.73	879.65	1099.56	1319.47	1759.29	2199.11	3078.76	4398.23
160	502.65	753.98	1005.31	1256.64	1507.96	2010.62	2513.27	3518.58	5026.55
180	565.49	848.23	1130.97	1413.72	1696.46	2261.95	2827.43	3958.41	5654.87
200	628.32	942.48	1256.63	1570.80	1884.96	2513.27	3141.59	4398.23	6283.19

表 14-1-54　　模数制同步带产品

模数×齿数×宽度 $m×z_b×b_s$	节线长 L_p/mm	模数×齿数×宽度 $m×z_b×b_s$	节线长 L_p/mm	模数×齿数×宽度 $m×z_b×b_s$	节线长 L_p/mm	模数×齿数×宽度 $m×z_b×b_s$	节线长 L_p/mm
1×51×75	160.22	1.5×195×105	918.92	3×50×105	471.24	4×94×190	1181.24
1×80×50	251.33	1.5×208×140	980.18	3×55×140	518.36	4×100×100	1256.64
1×93×95	292.17	1.5×240×150	1130.97	3×56×80	527.79	4×110×100	1382.30
1×96×80	301.59	1.5×255×100	1201.66	3×60×145	565.49	4×113×180	1420.00
1×160×90	502.65	1.5×288×105	1357.17	3×64×140	603.19	4×114×190	1432.57
1×266×125	835.66	2×35×85	219.91	3×70×125	659.73	4×127×190	1595.93
1.5×32×90	150.90	2×45×110	282.74	3×75×110	706.86	4×133×140	1671.33
1.5×39×80	183.78	2×47×130	295.31	3×80×90	753.98	4×140×190	1759.29
1.5×47×90	221.48	2×52×110	326.73	3×81×135	763.41	4×145×140	1822.12
1.5×48×90	226.19	2×55×85	345.58	3×85×75	801.11	4×160×185	2010.62
1.5×56×90	263.89	2×60×90	376.99	3×91×180	857.65	4×182×195	2287.08
1.5×57×65	268.61	2×65×115	408.41	3×100×155	942.48	4×190×130	2387.61
1.5×59×100	278.03	2×70×130	439.82	3×104×180	980.18	4×290×175	3644.25
1.5×64×80	301.59	2×71×100	446.11	3×110×190	1036.73	5×35×55	549.78
1.5×65×85	306.31	2×75×100	471.24	3×120×135	1130.97	5×54×100	848.23
1.5×67×90	315.73	2×84×150	527.79	3×129×135	1215.80	5×54×190	848.23
1.5×68×90	320.44	2×90×100	565.49	3×138×185	1300.62	5×55×100	863.94
1.5×70×90	329.87	2×93×140	584.34	3×138×190	1300.62	5×55×185	863.94
1.5×78×90	367.57	2×98×150	615.75	3×140×100	1319.47	5×90×100	1413.72
1.5×80×80	376.99	2×100×160	628.32	3×160×180	1507.96	5×100×180	1570.80
1.5×81×90	381.70	2×104×140	653.45	3×170×190	1602.21	5×140×90	2199.11
1.5×83×100	391.13	2×114×145	716.28	3×186×140	1753.01	5×140×150	2199.11
1.5×85×100	400.55	2×120×145	753.98	3×202×190	1903.81	5×175×110	2748.89
1.5×90×85	424.12	2×127×135	797.96	4×41×100	515.22	7×70×145	1539.38
1.5×94×90	442.96	2×214×150	1344.60	4×45×90	565.49	7×72×185	1583.36
1.5×100×90	471.24	2.5×33×90	259.18	4×50×130	628.32	7×80×130	1759.29
1.5×105×115	494.80	2.5×58×115	455.53	4×54×130	678.58	7×85×155	1869.25
1.5×118×90	556.06	2.5×70×100	549.78	4×55×180	691.15	7×88×180	1935.22
1.5×124×90	584.34	2.5×82×135	644.03	4×60×140	753.98	7×90×90	1979.20
1.5×128×110	603.19	2.5×104×125	816.81	4×63×190	791.68	7×102×125	2243.10
1.5×130×85	612.61	2.5×160×120	1256.64	4×66×190	829.38	7×110×90	2419.03
1.5×134×80	631.46	2.5×230×190	1806.42	4×70×100	879.65	7×125×170	2748.89
1.5×144×70	678.58	3×32×110	301.59	4×73×165	917.35		
1.5×163×80	768.12	3×35×95	329.87	4×81×85	1017.88		
1.5×182×180	857.65	3×40×90	376.99	4×90×150	1130.97		

注：1. m=10，目前国内尚无产品。

2. 标记示例　2 × 45 × 110

模数（mm）　齿数　宽度（mm）

3. 表中宽度为最大值，厂方可按用户要求进行切割。

4. 生产厂为上海胶带股份有限公司（材质为聚氨酯）、江苏扬中市东海电器有限公司。

第14篇

表 14-1-55　　特殊节距制带的节线长度及其偏差

节线长 L_p	极限偏差	型号			节线长 L_p	极限偏差	型号			节线长 L_p	极限偏差	型号	
		T2.5	T5	T10			T5	T10	T20			T10	T20
/mm		齿数 z_b			/mm		齿数 z_b			/mm		齿数 z_b	
120	±0.28	48	—		560	±0.42	112	56		1150	±0.64	115	—
150		—	30		610		122	61		1210		121	—
160		64	—		630		126	63		1250		125	—
200		80	40		660	±0.48	—	66		1320	±0.76	132	66
245		98	49		700		—	70		1390		139	—
270		—	54		720		144	72		1460		146	73
285		114	—		780		156	78		1560		156	—
305		—	61		840	±0.56	168	84		1610	±0.88	161	—
330	±0.32	132	66		880		—	88		1780		178	89
390		—	78		900		180	—		1880		188	94
420	±0.36	168	84		920		—	92		1960		196	—
455		—	91		960		—	96		2250	±1.04	225	—
480		192	—		990		198	—		2600	±1.22		130
500		200	100	50	1010	±0.64		101		3100			155
530	±0.42		—	53	1080			108	54	3620	±1.46		181

注：见表 14-1-52 注 2。

表 14-1-56　　圆弧齿带的节线长度（摘自 JB/T 7512.1—1994）

长度代号	节线长 L_p/mm	齿数 z_b	长度代号	节线长 L_p/mm	齿数 z_b	长度代号	节线长 L_p/mm	齿数 z_b	长度代号	节线长 L_p/mm	齿数 z_b	长度代号	节线长 L_p/mm	齿数 z_b
3M														
120	120	40	201	201	67	276	276	92	459	459	153	633	633	211
144	144	48	207	207	69	300	300	100	486	486	162	750	750	250
150	150	50	225	225	75	339	339	113	501	501	167	936	936	312
177	177	59	252	252	84	384	384	128	537	537	179	1800	1800	600
192	192	64	264	264	88	420	420	140	564	564	188			
5M														
295	295	59	520	520	104	710	710	142	930	930	186	1295	1295	259
300	300	60	550	550	110	740	740	148	940	940	188	1350	1350	270
320	320	64	560	560	112	800	800	160	950	950	190	1380	1380	276
350	350	70	565	565	113	830	830	166	975	975	195	1420	1420	284
375	375	75	600	600	120	845	845	169	1000	1000	200	1595	1595	319
400	400	80	615	615	123	860	860	172	1025	1025	205	1800	1800	360
420	420	84	635	635	127	870	870	174	1050	1050	210	1870	1870	374
450	450	90	645	645	129	890	890	178	1125	1125	225	2000	2000	400
475	475	95	670	670	134	900	900	180	1145	1145	229	2350	2350	470
500	500	100	695	695	139	920	920	184	1270	1270	254			
8M														
416	416	52	800	800	100	1056	1056	132	1424	1424	178	2400	2400	300
424	424	53	840	840	105	1080	1080	135	1440	1440	180	2600	2600	325
480	480	60	856	856	107	1120	1120	140	1600	1600	200	2800	2800	350
560	560	70	880	880	110	1200	1200	150	1760	1760	220	3048	3048	381
600	600	75	920	920	115	1248	1248	156	1800	1800	225	3200	3200	400
640	640	80	960	960	120	1280	1280	160	2000	2000	250	3280	3280	410
720	720	90	1000	1000	125	1393	1393	174	2240	2240	280	3600	3600	450
760	760	95	1040	1040	130	1400	1400	175	2272	2272	284	4400	4400	550

续表

长度代号	节线长 L_p/mm	齿数 z_b	长度代号	节线长 L_p/mm	齿数 z_b	长度代号	节线长 L_p/mm	齿数 z_b	长度代号	节线长 L_p/mm	齿数 z_b	长度代号	节线长 L_p/mm	齿数 z_b
14M														
966	966	69	1778	1778	127	2310	2310	165	3360	3360	240	4956	4956	354
1196	1196	85	1890	1890	135	2450	2450	175	3500	3500	250	5320	5320	380
1400	1400	100	2002	2002	143	2590	2590	185	3850	3850	275			
1540	1540	110	2100	2100	150	2800	2800	200	4326	4326	309			
1610	1610	115	2198	2198	157	3150	3150	225	4578	4578	327			
20M														
2000	2000	100	3800	3800	190	5000	5000	250	5600	5600	280	6200	6200	310
2500	2500	125	4200	4200	210	5200	5200	260	5800	5800	290	6400	6400	320
3400	3400	170	4600	4600	230	5400	5400	270	6000	6000	300	6600	6600	330

注：1. 标记示例

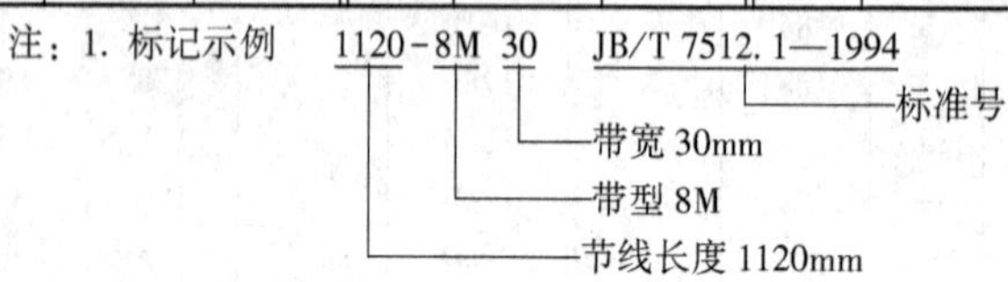

2. 见表 14-1-52 注 2。

5.3 带轮

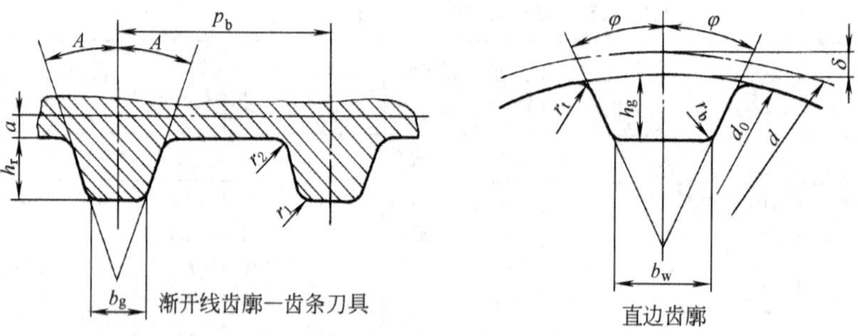

渐开线齿廓—齿条刀具　　直边齿廓

表 14-1-57　　周节制带轮渐开线齿廓的齿条刀具及直边齿廓的尺寸及偏差

（摘自 GB/T 11361—2008）

mm

	型号	MXL		XXL	XL	L	H		XH	XXH
渐开线齿廓—齿条刀具	带轮齿数 z	10~23	≥24	≥10	≥10	≥10	14~19	≥20	≥18	≥18
	节距 p_b±0.003	2.032		3.175	5.080	9.525	12.700		22.225	31.750
	齿半角 A±0.12°	28°	20°	25°		20°				
	齿高 $h_r{}^{+0.05}_{0}$	0.64		0.84	1.40	2.13	2.59		6.88	10.29
	齿顶厚 $b_g{}^{+0.50}_{0}$	0.61	0.67	0.96	1.27	3.10	4.24		7.59	11.61
	齿顶圆角半径 r_1±0.03	0.30			0.61	0.86	1.47		2.01	2.69
	齿根圆角半径 r_2±0.03	0.23		0.28	0.61	0.53	1.04	1.42	1.93	2.82
	两倍节根距 $2a$	0.508				0.762	1.372		2.794	3.048

	型号	MXL	XXL	XL	L	H	XH	XXH
直边齿廓	齿槽底宽 b_w	0.84±0.05	$0.96^{+0.05}_{0}$	1.32±0.05	3.05±0.10	4.19±0.13	7.90±0.15	12.17±0.18
	齿槽深 h_g	$0.69^{0}_{-0.05}$	$0.84^{0}_{-0.05}$	$1.65^{0}_{-0.08}$	$2.67^{0}_{-0.10}$	$3.05^{0}_{-0.13}$	$7.14^{0}_{-0.13}$	$10.31^{0}_{-0.13}$
	齿槽半角 φ±1.5°	20°	25°		20°			
	齿根圆角半径 r_b	0.25	0.35	0.41	1.19	1.60	1.98	3.96
	齿顶圆角半径 r_t	$0.13^{+0.05}_{0}$	$0.30^{+0.05}_{0}$	$0.64^{+0.05}_{0}$	$1.17^{+0.13}_{0}$	$1.6^{+0.13}_{0}$	$2.39^{+0.13}_{0}$	$3.18^{+0.13}_{0}$
	两倍节顶距 2δ	0.508			0.762	1.372	2.794	3.048
	节圆直径 d	$d=zp_b/\pi$						
	外圆直径 d_0	$d_0=d-2\delta$						

表 14-1-58　模数制、特殊节距制、圆弧齿（摘自 JB/T 7512.2—1994）的齿形尺寸及偏差　mm

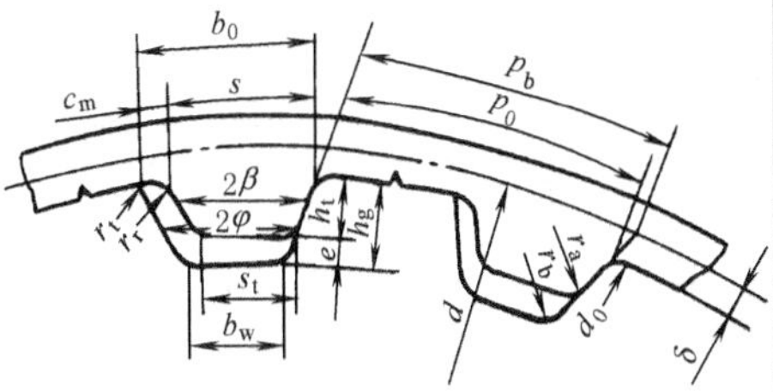

<table>
<tr><td rowspan="18">模数制</td><td colspan="2" rowspan="3">计算项目</td><td colspan="9">计 算 公 式
切削带轮齿形的刀具类型</td><td rowspan="3">说明</td></tr>
<tr><td colspan="3">切出直线齿廓的特制刀具</td><td colspan="3">标准 8 号渐开线盘形齿轮铣刀</td><td colspan="3">标准齿轮滚刀</td></tr>
<tr></tr>
<tr><td>齿槽角</td><td>2φ</td><td colspan="3">$2\varphi=2\beta=40°$</td><td colspan="3">$2\varphi\approx40°$</td><td colspan="3">滚刀基准齿条的压力角 $\alpha=20°$</td><td></td></tr>
<tr><td>节距</td><td>p_b</td><td colspan="9">$p_b=\pi m$</td><td></td></tr>
<tr><td>节圆直径</td><td>d</td><td colspan="9">$d=mz$</td><td></td></tr>
<tr><td>模数</td><td>m</td><td>1</td><td>1.5</td><td>2</td><td>2.5</td><td>3</td><td>4</td><td>5</td><td>7</td><td>10</td><td></td></tr>
<tr><td>齿侧间隙</td><td>c_m</td><td>0.3</td><td>0.4</td><td>0.5</td><td>0.55</td><td>0.6</td><td>0.8</td><td colspan="3">1</td><td></td></tr>
<tr><td>名义径向间隙</td><td>e_0</td><td>0.41</td><td>0.55</td><td>0.69</td><td>0.75</td><td>0.82</td><td>1.1</td><td colspan="3">1.37</td><td></td></tr>
<tr><td>径向间隙</td><td>e</td><td colspan="3">$e=e_0$</td><td colspan="6">$e\approx e_0+0.4m$</td><td></td></tr>
<tr><td>外圆直径</td><td>d_0</td><td colspan="9">$d_0=d-2\delta$</td><td>δ 见表 14-1-51</td></tr>
<tr><td>外圆齿距</td><td>p_0</td><td colspan="9">$p_0=(\pi d_0)/z=\pi(m-2\delta/z)$</td><td></td></tr>
<tr><td>外圆齿槽宽</td><td>b_0</td><td colspan="9">$b_0=s+c_m$</td><td rowspan="2">s、h_t 见表 14-1-51</td></tr>
<tr><td>齿槽深</td><td>h_g</td><td colspan="9">$h_g=h_t+e$</td></tr>
<tr><td>齿槽底宽</td><td>b_w</td><td colspan="3">$b_w=s_t$</td><td colspan="3">b_w = 铣刀的齿顶厚</td><td colspan="3">b_w 按滚刀的齿顶范成</td><td>s_t 见表 14-1-51</td></tr>
<tr><td>齿根圆角半径</td><td>r_b</td><td colspan="9">$r_b=0.25m$</td><td></td></tr>
<tr><td>齿顶圆角半径</td><td>r_t</td><td colspan="9">$r_t=0.25m$</td><td></td></tr>
</table>

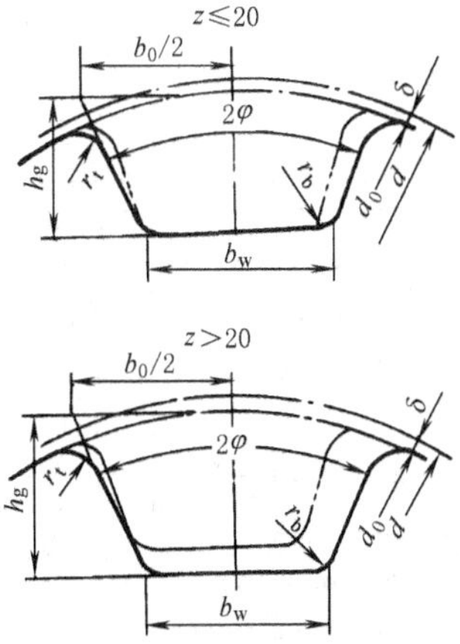

特殊节距制

槽型	节距 p_b	齿数 z	外圆齿槽宽 b_0	齿根圆齿槽底宽 b_w	齿槽深 h_g	齿槽角 2φ /(°)	齿根圆角半径 r_{bmax}	齿顶圆角半径 r_t	节顶距 δ
T2.5	2.5	≤20	$1.75^{+0.05}_{0}$	1.0	$0.75^{+0.05}_{0}$	50±1.5	0.2	$0.3^{+0.05}_{0}$	0.3
		>20	$1.83^{+0.05}_{0}$	0.9	1				
T5	5	≤20	$2.96^{+0.05}_{0}$	1.8	$1.25^{+0.05}_{0}$		0.4	$0.6^{+0.05}_{0}$	0.5
		>20	$3.32^{+0.05}_{0}$	1.5	1.95				
T10	10	≤20	$6.02^{+0.1}_{0}$	3.6	$2.6^{+0.1}_{0}$		0.6	$0.8^{+0.01}_{0}$	1
		>20	$6.57^{+0.1}_{0}$	3.4	3.4				
T20	20	≤20	$11.65^{+0.15}_{0}$	7.0	$5.2^{+0.13}_{0}$		0.8	$1.2^{+0.01}_{0}$	1.5
		>20	$12.60^{+0.15}_{0}$		6				

续表

齿形	类别	槽型	节距 p_b	齿槽深 h_g	齿槽圆弧半径 R	齿顶圆角半径 r_t	齿槽宽 s	两倍节顶距 2δ	齿形角 2β/(°)
	圆弧齿（摘自 JB/T 7512.2—1994）	3M	3	1.28	0.91	0.26～0.35	1.90	0.762	约 14°
		5M	5	2.16	1.56	0.48～0.52	3.25	1.144	
		8M	8	3.54	2.57	0.78～0.84	5.35	1.372	
		14M	14	6.20	4.65	1.36～1.50	9.80	2.794	
		20M	20	8.60	6.84	1.95～2.25	14.80	4.320	

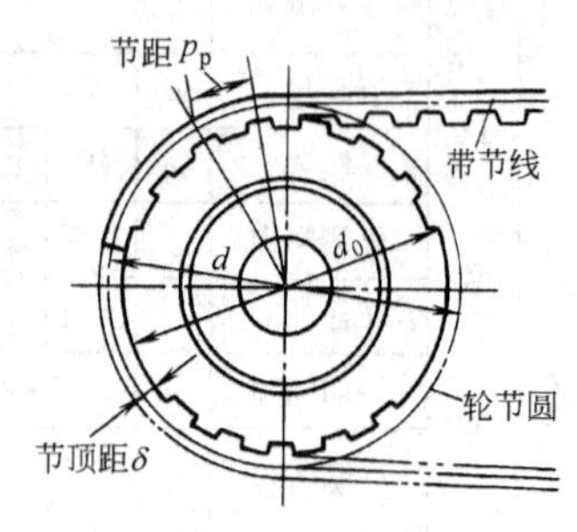

表 14-1-59　　周节制带轮直径（摘自 GB/T 11361—2008）　　mm

带轮齿数	型号													
	MXL		XXL		XL		L		H		XH		XXH	
	节径 d	外径 d_0	节径 d	外径 d_0	节径 d	外径 d_0	节径 d	外径 d_0	节径 d	外径 d_0	节径 d	外径 d_0	节径 d	外径 d_0
10	6.47	5.96	10.11	9.60	16.17	15.66								
11	7.11	6.61	11.12	10.61	17.79	17.28								
12	7.76	7.25	12.13	11.62	19.40	18.90	36.38	35.62						
13	8.41	7.90	13.14	12.63	21.02	20.51	39.41	38.65						
14	9.06	8.55	14.15	13.64	22.64	22.13	42.45	41.69	56.60	55.23				
15	9.70	9.19	15.16	14.65	24.26	23.75	45.48	44.72	60.64	59.27				
16	10.35	9.84	16.17	15.66	25.87	25.36	48.51	47.75	64.68	63.31				
17	11.00	10.49	17.18	16.67	27.49	26.98	51.54	50.78	68.72	67.35				
18	11.64	11.13	18.19	17.68	29.11	28.60	54.57	53.81	72.77	71.39	127.34	124.55	181.91	178.86
19	12.29	11.78	19.20	18.69	30.72	30.22	57.61	56.84	76.81	75.44	134.41	131.62	192.02	188.97
20	12.94	12.43	20.21	19.70	32.34	31.83	60.64	59.88	80.85	79.48	141.49	138.69	202.13	199.08
(21)	13.58	13.07	21.22	20.72	33.96	33.45	63.67	62.91	84.89	83.52	148.56	145.77	212.23	209.18
22	14.23	13.72	22.23	21.73	35.57	35.07	66.70	65.94	88.94	87.56	155.64	152.84	222.34	219.29
(23)	14.88	14.37	23.24	22.74	37.19	36.68	69.73	68.97	92.98	91.61	162.71	159.92	232.45	229.40
(24)	15.52	15.02	24.26	23.75	38.81	38.30	72.77	72.00	97.02	95.65	169.79	166.99	242.55	239.50
25	16.17	15.66	25.27	24.76	40.43	39.92	75.80	75.04	101.06	99.69	176.86	174.07	252.66	249.61
(26)	16.82	16.31	26.28	25.77	42.04	41.53	78.83	78.07	105.11	103.73	183.94	181.14	262.76	259.72
(27)	17.46	16.96	27.29	26.78	43.66	43.15	81.86	81.10	109.15	107.78	191.01	188.22	272.87	269.82
28	18.11	17.60	28.30	27.79	45.28	44.77	84.89	84.13	113.19	111.82	198.08	195.29	282.98	279.93
(30)	19.40	18.90	30.32	29.81	48.51	48.00	90.96	90.20	121.28	119.90	212.23	209.44	303.19	300.14
32	20.70	20.19	32.34	31.83	51.74	51.24	97.02	96.26	129.36	127.99	226.38	223.59	323.40	320.35
36	23.29	22.78	36.38	35.87	58.21	57.70	109.15	108.39	145.53	144.16	254.68	251.89	363.83	360.78
40	25.37	25.36	40.43	39.92	64.68	64.17	121.28	120.51	161.70	160.33	282.98	280.18	404.25	401.21
48	31.05	30.54	48.51	48.00	77.62	77.11	145.53	144.77	194.04	192.67	339.57	336.78	485.10	482.06
60	38.81	38.30	60.64	60.13	97.02	96.51	181.91	181.15	242.55	241.18	424.47	421.67	606.38	603.33

续表

带轮齿数	型号													
	MXL		XXL		XL		L		H		XH		XXH	
	节径 d	外径 d_0	节径 d	外径 d_0	节径 d	外径 d_0	节径 d	外径 d_0	节径 d	外径 d_0	节径 d	外径 d_0	节径 d	外径 d_0
72	46.57	46.06	72.77	72.26	116.43	115.92	218.30	217.53	291.06	289.69	509.36	506.57	727.66	724.61
84							254.68	253.92	339.57	338.20	594.25	591.46	848.93	845.88
96							291.06	290.30	388.08	386.71	679.15	676.35	970.21	967.16
120							363.83	363.07	485.10	483.73	848.93	846.14	1212.76	1209.71
156									630.64	629.26				

注：1. 括号内的尺寸尽量不采用。

2. 生产厂为宁波慈溪汇鑫同步带有限公司。

表 14-1-60　　圆弧齿带轮直径（摘自 JB/T 7512.2—1994）　　mm

齿数	节径 d	外径 d_0	齿数	节径 d	外径 d_0	齿数	节径 d	外径 d_0	齿数	节径 d	外径 d_0	齿数	节径 d	外径 d_0
3M														
10	9.55	8.79	39	37.24	36.48	68	64.94	64.17	97	92.63	91.87	126	120.32	119.56
11	10.50	9.74	40	38.20	37.44	69	65.89	65.13	98	93.58	92.82	127	121.28	120.51
12	11.46	10.70	41	39.15	38.39	70	66.85	66.08	99	94.54	93.78	128	122.23	121.47
13	12.41	11.65	42	40.11	39.35	71	67.80	67.04	100	95.49	94.73	129	123.19	122.42
14	13.37	12.61	43	41.06	40.30	72	68.75	67.99	101	96.45	95.69	130	124.14	123.38
15	14.32	13.56	44	42.02	41.25	73	69.71	68.95	102	97.40	96.64	131	125.10	124.33
16	15.28	14.52	45	42.97	42.21	74	70.66	69.90	103	98.36	97.60	132	126.05	125.29
17	16.23	15.47	46	43.93	43.16	75	71.62	70.86	104	99.51	98.55	133	127.01	126.24
18	17.19	16.43	47	44.88	44.12	76	72.57	71.81	105	100.27	99.51	134	127.96	127.20
19	18.14	17.38	48	45.84	45.07	77	73.53	72.77	106	101.22	100.46	135	128.92	128.15
20	19.10	18.34	49	46.79	46.03	78	74.48	73.72	107	102.18	101.42	136	129.87	129.11
21	20.05	19.29	50	47.75	46.98	79	75.44	74.68	108	103.13	102.37	137	130.83	130.06
22	21.01	20.25	51	48.70	47.94	80	76.39	75.63	109	104.09	103.33	138	131.78	131.02
23	21.96	21.20	52	49.66	48.89	81	77.35	76.59	110	105.04	104.28	139	132.74	131.97
24	22.92	22.16	53	50.61	49.85	82	78.30	77.54	111	106.00	105.24	140	133.69	132.93
25	23.87	23.11	54	51.57	50.80	83	79.26	78.50	112	106.95	106.19	141	134.65	133.88
26	24.83	24.07	55	52.52	51.76	84	80.21	79.45	113	107.91	107.15	142	135.60	134.84
27	25.78	25.02	56	53.48	52.71	85	81.17	80.41	114	108.86	108.10	143	136.55	135.79
28	26.74	25.98	57	54.43	53.67	86	82.12	81.36	115	109.82	109.05	144	137.51	136.75
29	27.69	26.93	58	55.39	54.62	87	83.08	82.32	116	110.77	110.01	145	138.46	137.70
30	28.65	27.89	59	56.34	55.58	88	84.03	83.27	117	111.73	110.96	146	139.42	138.66
31	29.60	28.84	60	57.30	56.53	89	84.99	84.23	118	112.68	111.92	147	140.37	139.61
32	30.56	29.80	61	58.25	57.49	90	85.94	85.18	119	113.64	112.87	148	141.33	140.57
33	31.51	30.75	62	59.21	58.44	91	86.90	86.14	120	114.59	113.83	149	142.28	141.52
34	32.47	31.71	63	60.16	59.40	92	87.85	87.09	121	115.55	114.78	150	143.24	142.48
35	33.42	32.66	64	61.12	60.35	93	88.81	88.05	122	116.50	115.74			
36	34.38	33.62	65	62.07	61.31	94	89.76	89.00	123	117.46	116.69			
37	35.33	34.57	66	63.03	62.26	95	90.72	89.96	124	118.41	117.65			
38	36.29	35.53	67	63.98	63.22	96	91.67	90.91	125	119.37	118.60			

续表

齿数	节径 d	外径 d_0	齿数	节径 d	外径 d_0	齿数	节径 d	外径 d_0	齿数	节径 d	外径 d_0	齿数	节径 d	外径 d_0
5M														
13	20.69	19.55	43	68.44	67.30	73	116.18	115.04	103	163.93	162.79	133	211.68	210.54
14	22.28	21.14	44	70.03	68.89	74	117.77	116.63	104	165.52	164.38	134	213.27	212.13
15	23.87	22.73	45	71.62	70.48	75	119.37	118.23	105	167.11	165.97	135	214.86	213.72
16	25.46	24.32	46	73.21	72.07	76	120.96	119.82	106	168.70	167.56	136	216.45	215.31
17	27.06	25.92	47	74.80	73.66	77	122.55	121.41	107	170.30	169.16	137	218.04	216.90
18	28.65	27.51	48	76.39	75.25	78	124.14	123.00	108	171.89	170.75	138	219.63	218.49
19	30.24	29.10	49	77.99	76.85	79	125.73	124.59	109	173.49	172.34	139	221.23	220.09
20	31.83	30.69	50	79.58	78.94	80	127.32	126.18	110	175.07	173.93	140	222.82	221.66
21	33.42	32.28	51	81.17	80.03	81	128.92	127.78	111	176.66	175.52	141	224.41	223.27
22	35.01	33.87	52	82.76	81.62	82	130.51	129.37	112	178.25	177.11	142	226.00	224.86
23	36.61	35.47	53	84.35	83.21	83	132.10	130.96	113	179.85	178.71	143	227.59	226.45
24	38.20	37.06	54	85.94	84.80	84	133.69	132.55	114	181.44	180.30	144	229.18	228.04
25	39.79	38.65	55	87.54	86.40	85	135.28	134.14	115	183.03	181.89	145	230.77	229.63
26	41.38	40.24	56	89.13	87.99	86	136.87	135.73	116	184.62	183.48	146	232.37	231.23
27	42.97	41.83	57	90.72	89.58	87	138.46	137.32	117	186.21	185.07	147	233.96	232.62
28	44.56	43.42	58	92.31	91.17	88	140.06	138.92	118	187.80	186.66	148	235.55	234.41
29	46.15	45.01	59	93.90	92.76	89	141.65	140.51	119	189.39	188.25	149	237.14	236.00
30	47.75	46.61	60	95.49	94.35	90	143.24	142.10	120	190.99	189.85	150	238.73	237.59
31	49.34	48.20	61	97.08	95.94	91	144.83	143.69	121	192.58	191.44	151	240.32	239.18
32	50.93	49.79	62	98.68	97.54	92	146.42	145.28	122	194.17	193.03	152	241.92	240.78
33	52.52	51.38	63	100.27	99.13	93	148.01	146.87	123	195.76	194.62	153	243.51	242.37
34	54.11	52.97	64	101.86	100.72	94	149.61	148.47	124	197.35	196.21	154	245.10	243.96
35	55.70	54.56	65	103.45	102.31	95	151.20	150.06	125	198.94	197.80	155	246.69	245.55
36	57.30	56.16	66	105.04	103.90	96	152.79	151.65	126	200.54	199.40	156	248.28	247.14
37	58.89	57.75	67	106.63	105.49	97	154.38	153.24	127	202.13	200.99	157	249.87	248.73
38	60.48	59.34	68	108.23	107.09	98	155.97	154.83	128	203.72	202.58	158	251.46	250.32
39	62.07	60.93	69	109.82	108.68	99	157.56	156.42	129	205.31	204.17	159	253.06	251.92
40	63.66	62.52	70	111.41	110.27	100	159.15	158.01	130	206.90	205.76	160	254.65	253.51
41	65.25	64.11	71	113.00	111.86	101	160.75	159.61	131	208.49	207.35			
42	66.85	65.71	72	114.59	113.45	102	162.34	161.20	132	210.08	208.94			

续表

齿数	节径 d	外径 d_0	齿数	节径 d	外径 d_0	齿数	节径 d	外径 d_0	齿数	节径 d	外径 d_0	齿数	节径 d	外径 d_0
8M														
22	56.02	54.65	57	145.15	143.78	92	234.28	232.90	127	323.44	322.03	162	412.58	411.18
23	58.57	57.20	58	147.70	146.32	93	236.82	235.45	128	325.95	324.55	163	415.08	413.70
24	61.12	59.74	59	150.24	148.87	94	239.37	238.00	129	328.50	327.12	164	417.62	416.25
25	63.66	62.28	60	152.79	151.42	95	241.92	240.54	130	331.04	329.67	165	420.17	418.80
26	66.21	64.85	61	155.34	153.96	96	244.46	243.09	131	333.59	332.22	166	422.72	421.34
27	68.75	67.39	62	157.88	156.51	97	247.01	245.64	132	336.14	334.76	167	425.26	423.89
28	71.30	70.08	63	160.43	159.06	98	249.55	248.18	133	338.68	337.31	168	427.81	426.44
29	73.85	72.62	64	162.97	161.60	99	252.10	250.73	134	341.23	339.86	169	430.35	428.98
30	76.39	75.13	65	165.52	164.15	100	254.65	253.28	135	343.77	342.40	170	432.90	431.53
31	78.94	77.65	66	168.07	166.70	101	257.19	255.82	136	346.32	344.95	171	435.45	434.08
32	81.49	80.16	67	170.61	169.24	102	259.74	258.37	137	348.87	347.50	172	437.99	436.62
33	84.03	82.68	68	173.16	171.79	103	262.29	260.92	138	351.41	350.04	173	440.54	439.17
34	86.53	85.22	69	175.71	174.34	104	264.83	263.46	139	353.96	352.59	174	443.09	441.72
35	89.13	87.76	70	178.25	176.88	105	267.38	266.01	140	356.51	355.14	175	445.63	444.26
36	91.67	90.30	71	180.80	179.43	106	269.93	268.56	141	359.05	357.68	176	448.18	446.81
37	94.22	92.85	72	183.35	181.97	107	272.47	271.10	142	361.60	360.23	177	450.73	449.36
38	96.77	95.39	73	185.89	184.52	108	275.02	273.65	143	364.15	362.77	178	453.27	451.90
39	99.31	97.94	74	188.44	187.07	109	277.57	276.19	144	366.69	365.32	179	455.82	454.45
40	101.86	100.49	75	190.99	189.61	110	280.11	278.74	145	369.24	367.87	180	458.37	456.99
41	104.41	103.03	76	193.53	192.16	111	282.66	281.29	146	371.79	370.41	181	460.91	459.54
42	106.95	105.58	77	196.08	194.71	112	285.21	283.83	147	374.33	372.96	182	463.46	462.09
43	109.50	108.13	78	198.63	197.25	113	287.75	286.38	148	376.88	375.51	183	466.01	464.63
44	112.05	110.07	79	201.17	199.01	114	290.30	288.94	149	379.43	377.05	184	468.55	467.18
45	114.59	113.22	80	203.72	202.35	115	292.85	291.47	150	381.97	380.60	185	471.10	469.73
46	117.14	115.77	81	206.26	204.89	116	295.39	294.02	151	384.52	383.45	186	473.65	472.27
47	119.68	118.31	82	208.81	207.44	117	297.94	296.57	152	387.06	385.70	187	476.19	474.62
48	122.23	120.86	83	211.36	209.99	118	300.48	299.11	153	389.61	388.24	188	478.74	477.37
49	124.78	123.41	84	213.90	212.53	119	303.03	301.66	154	392.16	390.79	189	481.28	479.91
50	127.32	125.95	85	216.45	215.08	120	305.58	304.21	155	394.70	393.33	190	483.83	482.46
51	129.87	128.50	86	219.00	217.63	121	308.12	306.75	156	397.25	395.88	191	486.38	485.01
52	132.42	131.05	87	221.54	220.17	122	310.67	309.30	157	399.80	398.43	192	488.92	487.55
53	134.96	133.59	88	224.09	222.72	123	313.22	311.85	158	402.34	400.97			
54	137.51	136.14	89	226.64	225.27	124	315.76	314.39	159	404.89	403.52			
55	140.06	138.68	90	229.18	227.81	125	318.31	316.94	160	407.44	406.07			
56	142.60	141.23	91	231.73	230.36	126	320.86	319.48	161	409.98	408.61			

续表

齿数	节径 d	外径 d_0	齿数	节径 d	外径 d_0	齿数	节径 d	外径 d_0	齿数	节径 d	外径 d_0	齿数	节径 d	外径 d_0
14M														
28	124.78	122.12	66	294.12	291.32	104	463.46	460.66	142	632.80	630.01	180	802.14	799.35
29	129.23	126.57	67	298.57	295.78	105	467.92	465.12	143	637.26	634.46	181	806.60	803.80
30	133.69	130.99	68	303.03	300.24	106	472.37	469.58	144	641.71	638.92	182	811.05	808.26
31	138.15	135.46	69	307.49	304.69	107	476.83	474.03	145	646.17	643.37	183	815.51	812.72
32	142.60	139.88	70	311.94	309.15	108	481.28	478.49	146	650.63	647.83	184	819.97	817.17
33	147.06	144.36	71	316.40	313.61	109	485.74	482.95	147	655.08	652.29	185	824.42	821.63
34	151.52	148.79	72	320.86	318.06	110	490.20	487.40	148	659.54	656.74	186	828.88	826.08
35	155.98	153.24	73	325.31	322.52	111	494.65	491.86	149	663.99	661.20	187	833.33	830.54
36	160.43	157.68	74	329.77	326.97	112	499.11	496.32	150	668.45	665.66	188	837.79	835.00
37	164.88	162.13	75	334.22	331.43	113	503.57	500.77	151	672.91	670.11	189	842.25	839.45
38	169.34	166.60	76	338.68	335.89	114	508.20	505.23	152	677.36	674.57	190	846.70	843.91
39	173.80	171.02	77	343.14	340.34	115	512.48	509.68	153	681.82	679.03	191	851.16	848.37
40	178.25	175.49	78	347.59	344.80	116	516.93	514.14	154	686.28	683.48	192	855.62	852.82
41	182.71	179.92	79	352.05	349.26	117	521.39	518.60	155	690.73	687.94	193	860.07	857.28
42	187.17	184.37	80	356.51	353.71	118	525.85	523.05	156	695.19	692.39	194	864.53	861.75
43	191.62	188.83	81	360.96	358.17	119	530.30	527.51	157	699.64	696.85	195	868.98	866.44
44	196.08	193.28	82	365.42	362.63	120	534.76	531.97	158	704.10	701.31	196	873.44	870.64
45	200.53	197.74	83	369.88	367.08	121	539.22	536.42	159	708.56	705.76	197	877.90	875.11
46	204.99	202.20	84	374.33	371.54	122	543.67	540.88	160	713.01	710.22	198	882.35	879.55
47	209.45	206.65	85	378.79	375.99	123	548.13	545.34	161	717.47	714.68	199	886.81	884.02
48	213.90	211.11	86	383.24	380.45	124	552.59	549.79	162	721.93	719.13	200	891.27	888.47
49	218.36	215.57	87	387.70	384.91	125	557.04	554.25	163	726.38	723.59	201	895.72	892.94
50	222.82	220.02	88	392.16	389.36	126	561.50	558.70	164	730.84	728.05	202	900.18	897.38
51	227.27	224.48	89	396.61	393.82	127	565.95	563.16	165	735.30	732.50	203	904.64	901.85
52	231.73	228.94	90	401.07	398.28	128	570.41	567.62	166	739.75	736.96	204	909.09	906.30
53	236.19	233.39	91	405.53	402.73	129	574.87	572.07	167	744.21	741.41	205	913.55	910.74
54	240.64	237.85	92	409.98	407.19	130	579.32	576.53	168	748.66	745.87	206	918.00	915.21
55	245.10	242.30	93	414.44	411.64	131	583.78	580.99	169	752.12	750.33	207	922.46	919.66
56	249.55	246.76	94	418.90	416.10	132	588.24	585.44	170	757.58	754.78	208	926.92	924.13
57	254.01	251.22	95	423.35	420.56	133	592.09	589.90	171	762.03	759.24	209	931.37	928.57
58	258.47	255.67	96	427.81	425.01	134	597.15	594.35	172	766.49	763.70	210	935.83	933.04
59	262.92	260.13	97	432.26	429.47	135	601.61	598.81	173	770.95	768.15	211	940.29	937.49
60	267.38	264.59	98	436.72	433.93	136	606.06	603.27	174	775.40	772.61	212	944.74	941.96
61	271.84	269.04	99	441.18	438.38	137	610.52	607.72	175	779.86	777.06	213	949.20	946.40
62	276.29	273.50	100	445.63	442.84	138	614.97	612.18	176	784.32	781.52	214	953.65	950.85
63	280.75	277.95	101	450.09	447.30	139	619.43	616.64	177	788.77	785.98	215	958.11	955.32
64	285.21	282.41	102	454.55	451.75	140	623.88	621.09	178	793.29	790.43	216	962.57	959.76
65	289.66	286.87	103	459.00	456.21	141	628.34	625.55	179	797.68	794.89			

续表

齿数	节径 d	外径 d_0	齿数	节径 d	外径 d_0	齿数	节径 d	外径 d_0	齿数	节径 d	外径 d_0	齿数	节径 d	外径 d_0
20M														
34	216.45	212.13	71	452.00	447.68	108	687.55	683.23	145	923.10	918.78	182	1158.65	1154.33
35	222.82	218.50	72	458.37	454.05	109	693.92	689.60	146	929.46	925.15	183	1165.01	1160.70
36	229.18	224.87	73	464.73	460.41	110	700.28	695.96	147	935.83	931.51	184	1171.38	1167.06
37	235.55	231.23	74	471.10	466.78	111	706.65	702.33	148	942.20	937.88	185	1177.75	1173.43
38	241.92	237.60	75	477.46	473.15	112	713.01	708.70	149	948.56	944.25	186	1184.11	1179.79
39	248.28	243.96	76	483.83	479.51	113	719.38	715.06	150	954.93	950.61	187	1190.48	1186.16
40	254.65	250.33	77	490.20	485.88	114	725.75	721.43	151	961.30	956.98	188	1196.85	1192.53
41	261.01	256.70	78	496.56	492.25	115	732.11	727.79	152	967.66	963.34	189	1203.21	1198.89
42	267.38	263.06	79	502.93	498.61	116	738.49	734.16	153	974.03	969.71	190	1209.58	1205.26
43	273.75	269.43	80	509.30	504.98	117	744.85	740.53	154	980.39	976.08	191	1215.94	1211.63
44	280.11	275.79	81	515.66	511.34	118	751.21	746.89	155	986.76	982.44	192	1222.31	1217.99
45	286.48	282.16	82	522.03	517.71	119	757.58	753.26	156	993.13	988.81	193	1228.68	1224.36
46	292.85	288.53	83	528.39	524.08	120	763.94	759.63	157	999.49	995.18	194	1235.04	1230.72
47	299.21	294.89	84	534.76	530.44	121	770.31	765.99	158	1005.86	1001.54	195	1241.41	1237.09
48	305.58	301.26	85	541.13	536.81	122	776.68	772.36	159	1012.23	1007.91	196	1247.77	1243.46
49	311.94	307.63	86	547.49	543.18	123	783.04	778.72	160	1018.59	1014.27	197	1254.14	1249.82
50	318.31	313.99	87	553.86	549.54	124	789.41	785.09	161	1024.96	1020.64	198	1260.51	1256.19
51	324.68	320.36	88	560.23	555.91	125	795.77	791.46	162	1031.32	1027.01	199	1266.87	1262.56
52	331.04	326.72	89	566.59	562.27	126	805.14	797.82	163	1037.69	1033.37	200	1273.24	1268.92
53	337.41	333.09	90	572.96	568.64	127	808.51	804.19	164	1044.06	1039.74	201	1279.61	1275.29
54	343.77	339.46	91	579.32	575.01	128	814.87	810.56	165	1050.42	1046.10	202	1285.97	1281.65
55	350.14	345.82	92	585.69	581.37	129	821.24	816.92	166	1056.79	1052.47	203	1292.34	1288.02
56	356.51	352.19	93	592.06	587.74	130	827.61	823.29	167	1063.16	1058.34	204	1298.70	1294.39
57	362.87	358.56	94	598.42	594.10	131	833.97	829.65	168	1069.52	1065.20	205	1305.07	1300.75
58	369.24	364.92	95	604.72	600.47	132	840.34	836.02	169	1075.89	1071.57	206	1311.44	1307.12
59	375.61	371.29	96	611.15	606.84	133	846.70	842.39	170	1082.25	1077.94	207	1317.80	1313.48
60	381.97	377.65	97	617.52	613.20	134	853.07	848.75	171	1088.62	1084.30	208	1324.17	1319.85
61	388.34	384.02	98	623.89	619.57	135	859.44	855.12	172	1094.99	1090.67	209	1330.54	1326.22
62	394.70	390.39	99	630.25	625.94	136	865.80	861.48	173	1101.35	1097.03	210	1336.90	1332.58
63	401.07	396.75	100	636.62	632.30	137	872.17	867.85	174	1107.72	1103.40	211	1343.27	1335.95
64	407.44	403.12	101	642.99	638.67	138	878.54	874.22	175	1114.08	1109.77	212	1349.63	1345.33
65	413.80	409.48	102	649.35	645.03	139	884.90	880.58	176	1120.45	1116.13	213	1356.00	1351.68
66	420.17	415.85	103	655.72	651.40	140	891.27	886.95	177	1126.82	1122.50	214	1362.37	1358.05
67	426.54	422.22	104	662.03	657.77	141	897.63	893.32	178	1133.18	1128.67	215	1368.73	1364.41
68	432.90	428.58	105	668.45	664.13	142	904.00	899.68	179	1139.55	1135.23	216	1375.10	1370.79
69	439.27	434.95	106	674.82	670.50	143	910.37	906.05	180	1145.92	1144.60			
70	445.63	441.32	107	681.18	676.87	144	916.73	912.41	181	1152.28	1147.96			

注：生产厂为宁波慈溪汇鑫同步带有限公司，目前该厂仅有表中部分产品。

表 14-1-61 **带轮宽度** mm

周节制（摘自 GB/T 11361—2008）

槽型	轮宽代号	轮宽基本尺寸	b_f	b''_f	b'_f	槽型	轮宽代号	轮宽基本尺寸	b_f	b''_f	b'_f
MXL	012	3.2	3.8	5.6	4.7	H	075	19.1	20.3	24.8	22.6
	019	4.8	5.3	7.1	6.2		100	25.4	26.7	31.2	29.0
	025	6.4	7.1	8.9	8.0		150	38.1	39.4	43.9	41.7
XXL	012	3.2	3.8	5.6	4.7		200	50.8	52.8	57.3	55.1
	019	4.8	5.3	7.1	6.2		300	76.2	79.0	83.5	81.3
	025	6.4	7.1	8.9	8.0	XH	200	50.8	56.6	62.6	59.6
XL	025	6.4	7.1	8.9	8.0		300	76.2	83.8	89.8	86.9
	031	7.9	8.6	10.4	9.5		400	101.6	110.7	116.7	113.7
	037	9.5	10.4	12.2	11.1	XXH	200	50.8	56.6	64.1	60.4
L	050	12.7	14.0	17.0	15.5		300	76.2	83.8	91.3	87.3
	075	19.1	20.3	23.3	21.8		400	101.6	110.7	118.2	114.5
	100	25.4	26.7	29.7	28.2		500	127.0	137.7	145.2	141.5

模数制

模数	b_f	b''_f	b'_f	模数	b_f	b''_f	b'_f
1,1.5	b_s+1	b_s+(2~3)	b_s+(1~2)	5	b_s+(3~5)	b_s+(8~10)	b_s+(6~8)
2,2.5	b_s+(1~1.5)	b_s+(3~4)	b_s+(2~3)	7	b_s+(6~9)	b_s+(12~15)	b_s+(9~12)
3	b_s+1.5	b_s+(4~5)	b_s+(3~4)	10	b_s+(6~11)	b_s+(13~18)	b_s+(12~15)
4	b_s+(1.5~3)	b_s+(6~7)	b_s+(3~5)				

特殊节距制

槽型	带宽 b_s	b'_f 或 b_f	b''_f	槽型	带宽 b_s	b'_f 或 b_f	b''_f
T2.5	4	5.5	8	T10	16	18	21
	6	7.5	10		25	27	30
	10	11.5	14		32	34	37
					50	52	55
T5	6	7.5	10	T20	32	34	38
	10	11.5	14		50	52	56
	16	17.5	20		75	77	81
	25	26.5	29		100	102	106

圆弧齿（摘自 JB/T 7512.2—1994）

槽型	轮宽代号	b_f	b''_f	槽型	轮宽代号	b_f	b''_f
3M	6	7.3	11.0	14M	30	32	40
	9	10.3	14.0		40	42	50
	15	16.3	20.0		55	58	66
5M	9	10.3	14.0		70	73	81
	15	16.3	20.0		85	89	97
	20	21.3	25.0		100	104	112
	25	26.3	30.0		115	120	128
	30	31.3	35.0		130	135	143
	40	41.3	45.0		150	155	163
8M	20	21.7	28.0		170	175	183
	25	26.7	33.0	20M	70	78.5	85
	30	31.7	38.0		85	89.5	102
	40	41.7	48.0		100	104.5	117
	50	52.7	59.0		115	120.5	134
	60	62.7	69.0		130	136	150
	70	72.7	79.0		150	158	172
	85	88.7	95.0		170	178	192
					230	238	254
					290	298	314
					340	348	364

注：b_f—双边挡圈带轮最小宽度；b''_f—无挡圈带轮最小宽度；b'_f—单边挡圈带轮最小宽度；b_s—带宽。

表 14-1-62 **带轮挡圈尺寸** mm

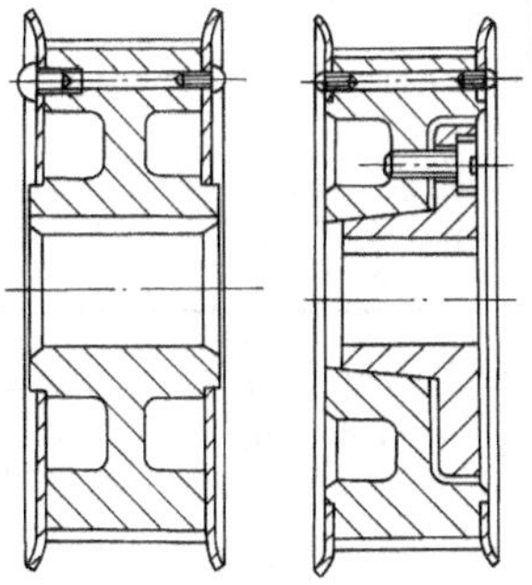

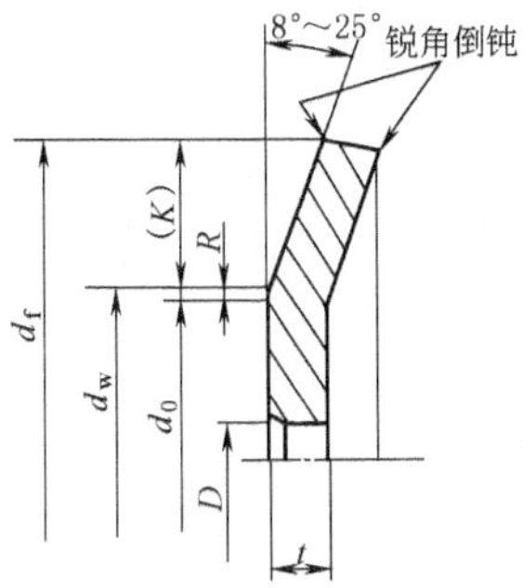

周节制（摘自 GB/T 11361—2008）

槽型	MXL	XXL	XL	L	H	XH	XXH
挡圈最小高度 K	0.5	0.8	1.0	1.5	2.0	4.8	6.1
挡圈厚度 t	0.5~1.0	0.5~1.5	1.0~1.5	1.0~2.0	1.5~2.5	4.0~5.0	5.0~6.5
带轮外径 d_0	见表 14-1-59						
挡圈弯曲处直径 d_w	$d_w=d_0+(0.38\pm0.25)$						
挡圈外径 d_f	$d_f=d_w+2K$						

模数制

模数	1	1.5	2	2.5	3	4	5	7	10
K_{min}	0.5	1	1.5			2	3	5	6
t	0.5~1	1.0~1.5		1.0~2.0		1.5~2.5	2.5~4	4~5	5~6.5

特殊节距制

槽型	T2.5	T5	T10	T20
挡圈最小高度 K	0.8	1.2	2.2	3.2
挡圈弯曲处直径 d_w	$d_w=d_0+(0.38\pm0.25)$			
挡圈外径 d_f	$d_f=d_w+2K$			

圆弧齿（摘自 JB/T 7512.2—1994）

槽型	3M	5M	8M	14M	20M
挡圈最小高度 K	2.0~2.5	2.5~3.5	4.0~5.5	7.0~7.5	8.0~8.5
$R=(d_w-d_0)/2$	1	1.5	2	2.5	3
挡圈厚度 t	1.5~2.0		1.5~2.5	2.5~3.0	3.0~3.5
带轮外径 d_0	见表 14-1-60				
挡圈弯曲处直径 d_w	$d_w=d_0+2R$				
挡圈外径 d_f	$d_f=d_w+2K$				

表 14-1-63 **挡圈的设置**

两轴传动	(1)一般推荐小带轮两侧均设挡圈，大带轮两侧不设，如图 a (2)也可在大小带轮的不同侧面各装单侧挡圈，如图 b	
	(3)当 $a>8d_1$	大小轮两侧均设挡圈
	(4)带轮轴线垂直水平面时	大小轮两侧均设挡圈，或至少主动轮两侧与从动轮下侧设挡圈，如图 c
多轴传动	(1)每隔一个轮两侧设挡圈，被隔的不设 (2)或每个轮的不同侧设挡圈	

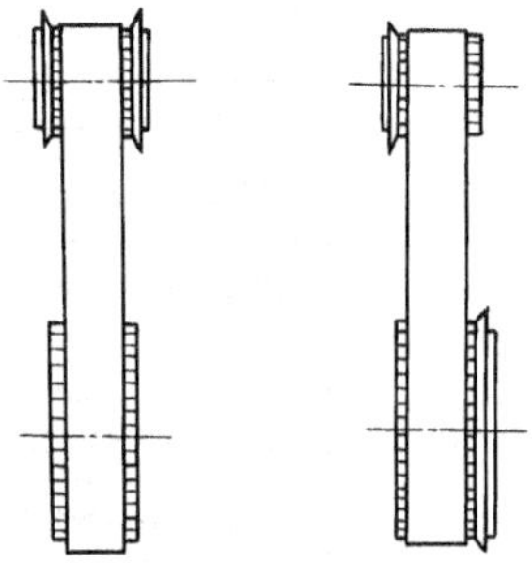

(a) (b)

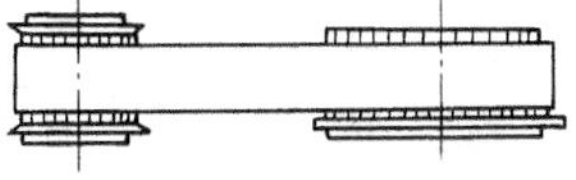

(c)

表 14-1-64　　带轮尺寸偏差、形位公差及表面粗糙度　　mm

周节制(摘自 GB/T 11361—2008)	项目		带轮外径 d_0								
			≤25.40	>25.40~50.80	>50.80~101.60	>101.60~177.80	>177.80~203.20	>203.20~254.00	>254.00~304.80	>304.80~508.00	>508.00
	外径偏差		+0.05 0	+0.08 0	+0.10 0	+0.13 0	+0.15 0			+0.18 0	+0.20 0
	节距偏差	任意两相邻齿	±0.03								
		90°弧内的累积	±0.05	±0.08	±0.10	±0.13	±0.15			±0.18	±0.20
	外圆径向圆跳动 t_2		0.13					0.13+(d_0-203.20)×0.0005			
	端面圆跳动 t_1		0.1			d_0×0.001			0.25+(d_0-254.00)×0.0005		
	轮齿与轴线平行度 t_3		<0.001×轮宽(轮宽<10mm 时,以 10mm 计)								
	齿顶圆柱面的圆柱度 t_4										
	轴孔直径偏差 d_1		H7 或 H8								
	外圆及两齿侧表面粗糙度 Ra		3.2μm								

模数制	项目		带轮外径 d_0									
			≤30	>30~50	>50~80	>80~120	>120~180	>180~250	>250~315	>315~400	>400~500	>500
	节距偏差	任意两相邻齿	0.03									
		90°弧内的累积	0.05	0.08	0.10		0.13	0.15		0.18		0.20
	外圆径向圆跳动 t_2		0.13				0.13+0.0005(d_0-180)					
	端面圆跳动 t_1		0.10			0.001d_0			0.25+0.0005(d_0-250)			
	齿顶圆柱面的圆柱度 t_4		0.001b_f(或 b'_f、b''_f),但不得超过带轮外径偏差									
	轮齿与轴线平行度 t_3		0.001b_f(或 b'_f、b''_f)									
	轴孔直径偏差 d_1		H7									
	两齿侧表面粗糙度 Ra		范成法加工(滚齿、插齿等)1.6μm 或 3.2μm;成形法加工(铣齿)6.3μm									
	外圆、端面、轴孔表面粗糙度 Ra		1.6μm 或 3.2μm									
	齿槽角偏差		±1.5°									

续表

	项目		带轮外径 d_0								
			≤25	>25~50	>50~100	>100~175	>175~200	>200~250	>250~300	>300~500	>500
特殊节距制	外径偏差		0 −0.05		0 −0.08		0 −0.1				0 −0.15
	节距偏差	任意两相邻齿	0.03								
		90°弧内的累积	0.05	0.08	0.10	0.13	0.15				
	外圆径向圆跳动 t_2		0.05					$0.05+(d_0-200)\times0.0005$			
	端面圆跳动 t_1		0.1			$d_0\times0.001$			$0.25+(d_0-250)\times0.0005$		
	轮齿与轴线平行度 t_3		$0.001b_f$(或 b'_f、b''_f)								
	齿顶圆柱面的圆柱度 t_4		$0.001b_f$(或 b'_f、b''_f),但不得超过带轮外径偏差								
	轴孔直径偏差 d_1		H7 或 H8								
	外圆及两齿侧表面粗糙度 Ra		3.2μm								

	项目		带轮外径 d_0								
			≤25.40	>25.40~50.80	>50.80~101.60	>101.60~177.80	>177.80~203.20	>203.20~254.00	>254.00~304.80	>304.80~508.00	>508.00
圆弧齿(摘自 JB/T 7512.2—1994)	外径偏差		+0.05 0	+0.08 0	+0.10 0	+0.13 0	+0.15 0			+0.18 0	+0.20 0
	节距偏差	任意两相邻齿	±0.03								
		90°弧内的累积	±0.05	±0.08	±0.10	±0.13	±0.15			±0.18	±0.20
	端面圆跳动 t_1		0.1			$d_0\times0.001$			$0.25+(d_0-254.00)\times0.0005$		
	外圆径向圆跳动 t_2	滚切法	0.13					$0.13+(d_0-203.20)\times0.0005$			
		成形刀铣切法	0.05					$0.05+(d_0-203.20)\times0.0005$			
	轮齿与轴线平行度	带轮宽度 $b_f(b''_f)$				≤10	>10				
		t_3				<0.01	$<b_f(b''_f)\times0.001$				
	齿顶圆柱面的圆柱度公差	带轮宽度 b''_f	≤12.7	>12.7~38.1	>38.1~76.2	>76.2~127	>127				
		t_4	0.01	0.02	0.04	0.05	0.06				

5.4 设计计算

已知条件：①传递的功率；②小带轮、大带轮转速；③传动用途、载荷性质、原动机种类以及工作制度。

表 14-1-65　　设计内容和步骤

计算项目	单位	公式及数据	说明
设计功率 P_d	kW	$P_d=K_AP$	K_A——工况系数,见表 14-1-66 P——传递的功率,kW
带型 节距 p_b 或模数 m	mm	根据 P_d 和 n_1,周节制、特殊节距制(图 14-1-7 中括号部分)由图 14-1-7 选取;模数制由图 14-1-8 选取;圆弧齿由图 14-1-9 选取	n_1——小带轮转速,r/min 为使传动平稳,提高带的柔性以及增加啮合齿数,节距应尽可能选取较小值;对模数制的 m 也尽可能选取较小值,特别是在高速时

续表

<table>
<tr><th>计算项目</th><th>单位</th><th>公 式 及 数 据</th><th>说 明</th></tr>
<tr><td>小带轮齿数 z_1</td><td></td><td>$z_1 \geqslant z_{min}$ z_{min}见表 14-1-67</td><td>带速 v 和安装尺寸允许时,z_1 尽可能选用较大值</td></tr>
<tr><td>小带轮节圆直径 d_1</td><td>mm</td><td>周节制、特殊节距制及圆弧齿
$$d_1=\frac{p_b z_1}{\pi}$$
模数制 $d_1=mz_1$</td><td>周节制见表 14-1-59
圆弧齿见表 14-1-60</td></tr>
<tr><td>带速 v</td><td>m/s</td><td>$$v=\frac{\pi d_1 n_1}{60\times1000}\leqslant v_{max}$$</td><td><table>
<tr><td>型号</td><td>MXL、XXL、XL
T2.5,T5
3M、5M</td><td>L、H
T10
8M,14M</td><td>XH、XXH
T20
20M</td></tr>
<tr><td>模数</td><td>1,1.5,2,2.5</td><td>3,4,5</td><td>7,10</td></tr>
<tr><td>v_{max}</td><td>40~50</td><td>35~40</td><td>25~30</td></tr>
</table>若 v 过大,则应减少 z_1 或选用较小的 p_b 或 m</td></tr>
<tr><td>传动比 i</td><td></td><td>$$i=\frac{n_1}{n_2}\leqslant10$$</td><td>n_2——大带轮转速,r/min</td></tr>
<tr><td>大带轮齿数 z_2</td><td></td><td>$z_2=iz_1$</td><td></td></tr>
<tr><td>大带轮节圆直径 d_2</td><td>mm</td><td>周节制、特殊节距制及圆弧齿
$$d_2=\frac{p_b z_2}{\pi}=id_1$$
模数制 $d_2=mz_2$</td><td>周节制见表 14-1-59
圆弧齿见表 14-1-60</td></tr>
<tr><td>初定中心距 a_0</td><td>mm</td><td>$0.7(d_1+d_2)<a_0<2(d_1+d_2)$</td><td>可根据结构要求定</td></tr>
<tr><td>初定带的节线长度 L_{0p} 及其齿数 z_b</td><td>mm</td><td>$$L_{0p}\approx2a_0+\frac{\pi}{2}(d_2+d_1)+\frac{(d_2-d_1)^2}{4a_0}$$</td><td>周节制按表 14-1-52、模数制按表 14-1-53、表 14-1-54、特殊节距制按表 14-1-55、圆弧齿按表 14-1-56 选取接近的 L_p 值及其齿数 z_b</td></tr>
<tr><td>实际中心距 a</td><td>mm</td><td>中心距可调整 $a\approx a_0+\frac{L_p-L_{0p}}{2}$
中心距不可调整 $a=\frac{d_2-d_1}{2\cos\frac{\alpha_1}{2}}$
$$\text{inv}\frac{\alpha_1}{2}=\frac{L_p-\pi d_2}{d_2-d_1}=\tan\frac{\alpha_1}{2}-\frac{\alpha_1}{2}$$</td><td>最好采用中心距可调的结构,其调整范围见表 14-1-68
对于中心距不可调的结构,周节制中心距极限偏差见表 14-1-69
α_1——小带轮包角
$\text{inv}\frac{\alpha_1}{2}$——角$\frac{\alpha_1}{2}$的渐开线函数,根据算出的 $\text{inv}\frac{\alpha_1}{2}$值,由表 14-1-70 查得$\frac{\alpha_1}{2}$,即可得精确的 a 值</td></tr>
<tr><td>小带轮啮合齿数 z_m</td><td></td><td>周节制、特殊节距制及圆弧齿
$$z_m=\text{ent}\left[\frac{z_1}{2}-\frac{p_b z_1}{2\pi^2 a}(z_2-z_1)\right]$$
模数制,上式中 p_b 用 πm 代之
特殊节距制还可由图 14-1-10 和图 14-1-11 确定</td><td>对于 MXL、XXL 和 XL 型或对于 $m=1,1.5$,一般 $z_m\geqslant z_{mmin}=6$,对于 T2.5、T5 或对于圆弧齿 3M,5M,必要时 $z_{mmin}=4$
对于特殊节距制首先在图 14-1-10 中纵横坐标的交点求出 α_1;然后在图 14-1-11 中由纵横坐标的交点求出,并圆整到最接近的那条 z_m 曲线
若 $z_m<z_{mmin}$ 时,可增大 a 或 d_1 不变时,采用较小的 p_b(或 m)</td></tr>
</table>

续表

<table>
<tr><th>计算项目</th><th>单位</th><th>公 式 及 数 据</th><th>说 明</th></tr>
<tr><td>基准额定功率 P_0
（模数制无此项计算）</td><td>kW</td><td>周节制
$$P_0=\frac{(T_a-mv^2)v}{1000}$$
或根据带型号、n_1 和 z_1 由表 14-1-71 选取
特殊节距制带由表 14-1-72 选取
圆弧齿带由表 14-1-73 选取</td><td>T_a——带宽为 b_{s0} 的许用工作拉力，N，见表 14-1-74
m——带宽为 b_{s0} 的单位长度的质量，kg/m，见表 14-1-74
表 14-1-72 为每 10mm 带宽、每啮合 1 个齿的值。该表不适用于 $z_m>15$</td></tr>
<tr><td rowspan="4">带宽 b_s</td><td rowspan="4">mm</td><td>周节制
$$b_s \geqslant b_{s0}\sqrt[1.14]{\frac{P_d}{K_z P_0}}$$
按表 14-1-51 选定 b_s</td><td rowspan="4">b_{s0}——选定型号的基准宽度，mm，周节制见表 14-1-74
<table><tr><td>型号</td><td>3M</td><td>5M</td><td>8M</td><td>14M</td><td>20M</td></tr><tr><td>b_{s0}</td><td>6</td><td>9</td><td>20</td><td>40</td><td>115</td></tr></table>K_z——小带轮啮合齿数系数
<table><tr><td>z_m</td><td>≥6</td><td>5</td><td>4</td><td>3</td><td>2</td></tr><tr><td>K_z</td><td>1.00</td><td>0.80</td><td>0.60</td><td>0.40</td><td>0.20</td></tr></table>F_a——单位带宽的许用拉力，N/mm，见表 14-1-75
F_c——单位带宽的离心拉力，N/mm
m_b——带的单位宽度、单位长度的质量，kg/(mm·m)，见表 14-1-75
K_L——圆弧齿带长系数，见表 14-1-76
一般 $b_s<d_1$</td></tr>
<tr><td>模数制
$$b_s \geqslant \frac{P_d}{K_z(F_a^{①}-F_c)v}\times 10^3$$
$$F_c=m_b v^2$$
按表 14-1-51 选定 b_s</td></tr>
<tr><td>特殊节距制
$$b_s \geqslant \frac{10P_d}{z_m P_0}$$
按表 14-1-51 选定 b_s</td></tr>
<tr><td>圆弧齿
$$b_s \geqslant b_{s0}\sqrt[1.14]{\frac{P_d}{K_L K_z P_0}}$$
按表 14-1-51 选定 b_s</td></tr>
<tr><td>剪切应力验算 τ（模数制计算用）</td><td>N/mm²</td><td>$$\tau=\frac{P_d}{1.44mb_s z_m^{②} v}\times 10^3 \leqslant \tau_p$$</td><td>τ_p——许用剪切应力，N/mm²，见表 14-1-77</td></tr>
<tr><td>压强验算 p（模数制计算用）</td><td>N/mm²</td><td>$$p=\frac{P_d}{0.6mb_s z_m^{②} v}\times 10^3 \leqslant p_p$$</td><td>p_p——许用压强，N/mm²，见表 14-1-77</td></tr>
<tr><td>作用在轴上的力 F_r</td><td>N</td><td>周节制、模数制、特殊节距制
$$F_r=\frac{P_d}{v}\times 10^3$$
圆弧齿
$$F_r=K_F\frac{P_d}{v}\times 1500$$
当 $K_A \geqslant 1.3$ 时
$$F_r=K_F\frac{P_d}{v}\times 1155$$</td><td>K_F——矢量相加修正系数，见图 14-1-12</td></tr>
</table>

① $v \leqslant 0.1 \sim 0.3$m/s 且 $n_1 \leqslant 10$r/min 时，带所受载荷接近静拉力，F_a 可为表中数值的 2~4 倍（速度愈低，提高愈多）。
② 若 $z_m>6$，计算时按 $z_m=6$ 代入，其 τ_p、p_p 可取较大值，z_m 愈大，τ_p、p_p 值愈大。

表 14-1-66　　工况系数 K_A（摘自 GB/T 11362—2008）

工作机	原动机					
	交流电动机(普通转矩鼠笼式、同步电动机),直流电动机(并励),多缸内燃机			交流电动机(大转矩、大滑差率、单相、滑环),直流电动机(复励、串励),单缸内燃机		
	每天运转时间/h					
	断续使用 3~5	普通使用 8~10	连续使用 16~24	断续使用 3~5	普通使用 8~10	连续使用 16~24
计算机、复印机、医疗器械、放映机、测量仪表、配油装置	1.0	1.2	1.4	1.2	1.4	1.6
清扫机械、办公机械、缝纫机	1.2	1.4	1.6	1.4	1.6	1.8
带式输送机、轻型包装机、烘干箱、筛选机、绕线机、圆锥成形机、木工车床、带锯	1.3	1.5	1.7	1.5	1.7	1.9
液体搅拌机、混面机、钻床、车床、冲床、接缝机、龙门刨床、洗衣机、造纸机、印刷机、螺纹加工机、圆盘锯床	1.4	1.6	1.8	1.6	1.8	2.0
半液体搅拌机、带式输送机(矿石、煤、砂)、天轴、磨床、牛头刨床、铣床、钻镗床、离心泵、齿轮泵、旋转式供给系统、凸轮式振动筛、纺织机械(整经机)、离心压缩机、往复式发动机	1.5	1.7	1.9	1.7	1.9	2.1
制砖机(除混泥机)、输送机(平板式、盘式)、斗式提升机、悬挂式输送机、升降机、脱水机、清洗机、离心式排风扇、离心式鼓风机、吸风机、发电机、励磁机、起重机、重型升降机、发动机、卷扬机、橡胶机械、(压延、滚轧压出机)、纺织机械(纺纱、精纺、捻纱机、绕纱机)	1.6	1.8	2.0	1.8	2.0	2.2
离心机、刮板输送机、螺旋输送机、锤式粉碎机、造纸制浆机	1.7	1.9	2.1	1.9	2.1	2.3
黏土搅拌机、矿山用风扇、鼓风机、强制送风机	1.8	2.0	2.2	2.0	2.2	2.4
往复式压缩机、球磨机、棒磨机、往复式泵	1.9	2.1	2.3	2.1	2.3	2.5

注：1. 对增速传动，应将下列数值加进本表的 K_A 中

增速比	1.00~1.24	1.25~1.74	1.75~2.49	2.50~3.49	≥3.50
数值	0	0.10	0.20	0.30	0.40

2. 使用张紧轮时,应将下列数值加进本表的 K_A 中

张紧轮的安装位置	松边内侧	松边外侧	紧边内侧	紧边外侧
数值	0	0.1		0.2

3. 对频繁正反转、严重冲击、紧急停机等非正常传动,需视具体情况修正工况系数。

4. 圆弧齿同步带中型号为 14M 和 20M 的传动,当 $n_1 \leqslant 600r/min$ 时,应将下列数值加进 K_A 中

$n_1/r \cdot min^{-1}$	≤200	201~400	401~600
数值	0.3	0.2	0.1

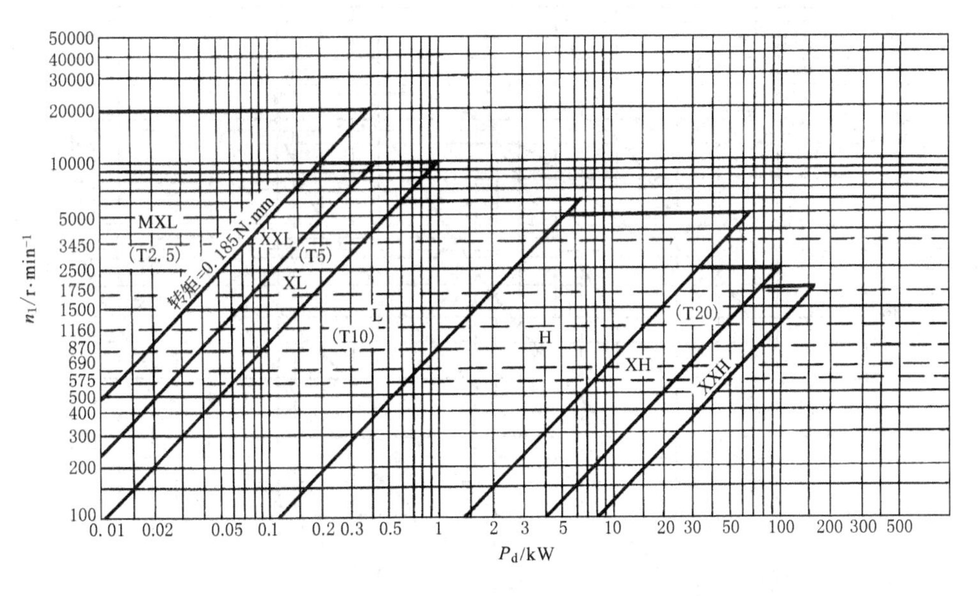

图 14-1-7 周节制、特殊节距制同步带选型图

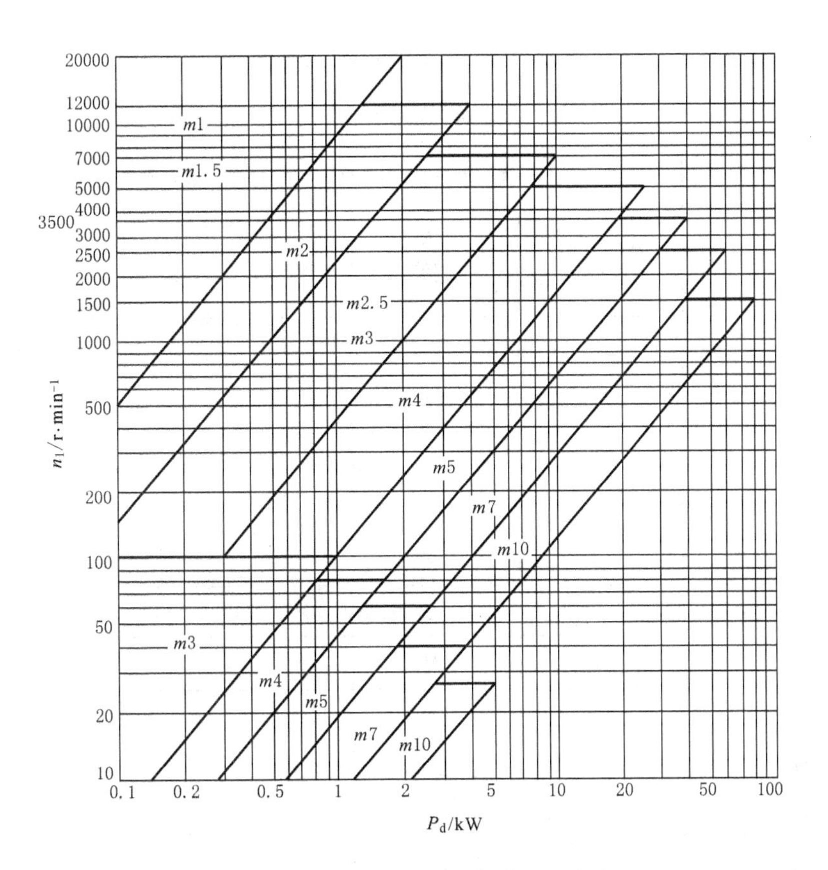

图 14-1-8 模数制同步带选型图

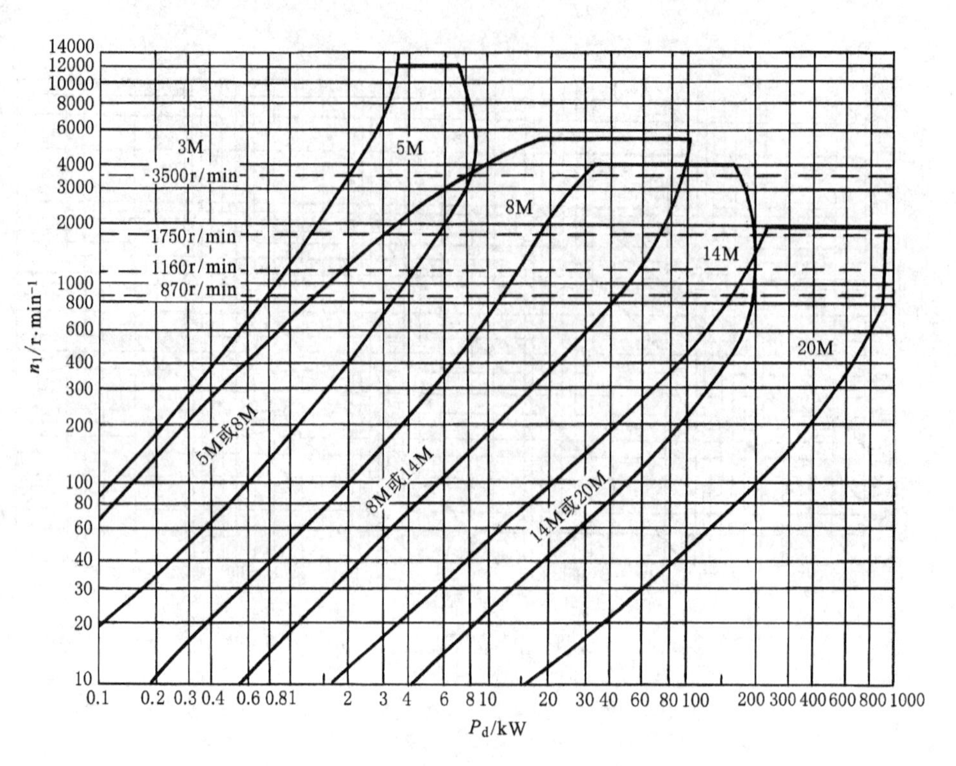

图 14-1-9　圆弧齿同步带选型图

表 14-1-67　**小带轮最少齿数 z_{min}**

小带轮转速 n_1 /r·min^{-1}	型号或模数(周节制摘自 GB/T 11362—2008、模数制、特殊节距制)						
	MXL、XXL T2.5	XL $m1$、$m1.5$、$m2$ T5	L $m2.5$、$m3$ T10	H $m4$	$m5$	XH $m7$ T20	XXH $m10$
<900	—	10	12	14	16	22	22
900~<1200	12	10	12	16	18	24	24
1200~<1800	14	12	14	18	20	26	26
1800~<3600	16	12	16	20	22	30	—
3600~<4800	18	15	18	22	24	—	—

小带轮转速 n_1 /r·min^{-1}	型　号(圆弧齿)(摘自 JB/T 7512.2—1994)				
	3M	5M	8M	14M	20M
≤900	10	14	22	28	34
>900~1200	14	20	28	28	34
>1200~1800	16	24	32	32	38
>1800~3600	20	28	36	—	—
>3600~4800	22	30	—	—	—

表 14-1-68　中心距调整范围　mm

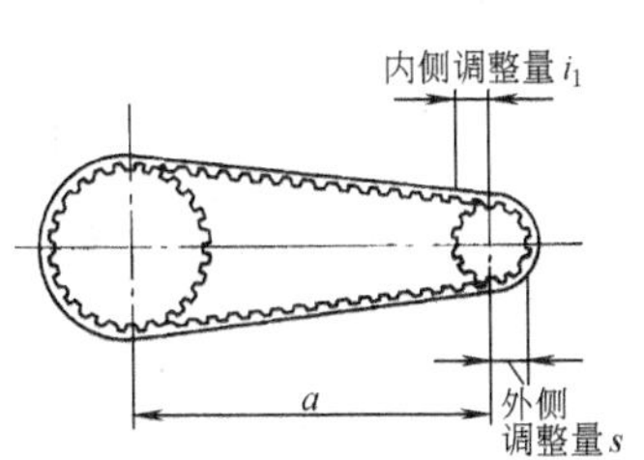

周节制（摘自 GB/T 15531—2008）								
型　号		MXL	XXL	XL	L	H	XH	XXH
节距 p_b		2.032	3.175	5.080	9.525	12.700	22.225	31.750
内侧调整量 i_1	两带轮或大带轮有挡圈	$2.5p_b$		$1.8p_b$	$1.5p_b$		$2.0p_b$	
	小带轮有挡圈	$1.3p_b$						
	无挡圈	$0.9p_b$						
	外侧调整量 s	$0.005L_p$						

模数制、特殊节距制							
模数 m	1、1.5	2、2.5	3	4	5	7	10
型号	T2.5、T5	—	T10	—		T20	—
内侧调整量 i_1	5	8	10	15	20	40	50
节线长 L_p	≤500	>500~1000	>1000~2000	>2000~3000	>3000		
外侧调整量 s	3	5	10	15	22		

圆弧齿（摘自 JB/T 7512.3—1994）								
节线长 L_p	≤500	>500~1000	>1000~1500	>1500~2260	>2260~3020	>3020~4020	>4020~4780	>4780~6860
外侧调整量 s	0.76		1.02	1.27				
内侧调整量 i_1	1.02	1.27	1.78	2.29	2.79	3.56	4.32	5.33
当带轮加挡圈时，内侧调整量 i_1 还应加下列数值								
型号	3M	5M	8M	14M	20M			
单轮加挡圈	3.0	13.5	21.6	35.6	47.0			
两轮加挡圈	6.0	19.1	32.8	58.2	77.5			

注：中心距范围为 $(a-i_1)\sim(a+s)$。

表 14-1-69　周节制带的中心距偏差 Δa　mm

节线长 L_p	≤250	>250~500	>500~750	>750~1000	>1000~1500	>1500~2000	>2000~2500	>2500~3000	>3000~4000	>4000
Δa	±0.20	±0.25	±0.30	±0.35	±0.40	±0.45	±0.50	±0.55	±0.60	±0.70

表 14-1-70 渐开线函数表（$inv\alpha=\tan\alpha-\alpha$）

度＼分	0	5′	10′	15′	20′	25′	30′	35′	40′	45′	50′	55′
61°	0. 73940	0. 74415	0. 74893	0. 75375	0. 75859	0. 76348	0. 76839	0. 77334	0. 77833	0. 78335	0. 78840	0. 79350
62°	0. 79862	0. 80378	0. 80898	0. 81422	0. 81949	0. 82480	0. 83015	0. 83554	0. 84096	0. 84643	0. 85193	0. 85747
63°	0. 86305	0. 86868	0. 87434	0. 88004	0. 88579	0. 89158	0. 89741	0. 90328	0. 90919	0. 91515	0. 92115	0. 92720
64°	0. 93329	0. 93943	0. 94561	0. 95184	0. 95812	0. 96444	0. 97081	0. 97722	0. 98369	0. 99020	0. 99677	1. 00338
65°	1. 01004	1. 01676	1. 02352	1. 03034	1. 03721	1. 04413	1. 05111	1. 05814	1. 06522	1. 07236	1. 07956	1. 08681
66°	1. 09412	1. 10149	1. 10891	1. 11639	1. 12393	1. 13154	1. 13920	1. 14692	1. 15471	1. 16256	1. 17047	1. 17844
67°	1. 18648	1. 19459	1. 20276	1. 21100	1. 21930	1. 22767	1. 23612	1. 24463	1. 25321	1. 26187	1. 27059	1. 27939
68°	1. 28826	1. 29721	1. 30623	1. 31533	1. 32451	1. 33376	1. 34310	1. 35251	1. 36201	1. 37158	1. 38124	1. 39098
69°	1. 40081	1. 41073	1. 42073	1. 43081	1. 44099	1. 45126	1. 46162	1. 47207	1. 48261	1. 49325	1. 50399	1. 51488
70°	1. 52575	1. 53678	1. 54791	1. 55914	1. 57047	1. 58191	1. 59346	1. 60511	1. 61687	1. 62874	1. 64072	1. 65282
71°	1. 66503	1. 67735	1. 68980	1. 70236	1. 71504	1. 72785	1. 74077	1. 75383	1. 76701	1. 78032	1. 79376	1. 80734
72°	1. 82105	1. 83489	1. 84888	1. 86300	1. 87726	1. 89167	1. 90623	1. 92094	1. 93579	1. 95080	1. 96596	1. 98128
73°	1. 99676	2. 01240	2. 02821	2. 04418	2. 06032	2. 07664	2. 09313	2. 10979	2. 12664	2. 14366	2. 16088	2. 17828
74°	2. 19587	2. 21366	2. 23164	2. 24981	2. 26821	2. 28681	2. 30561	2. 32463	2. 34387	2. 36332	2. 38301	2. 40291
75°	2. 42305	2. 44343	2. 46405	2. 48491	2. 50601	2. 52737	2. 54899	2. 57087	2. 59301	2. 61542	2. 63811	2. 66108
76°	2. 68433	2. 70787	2. 73171	2. 75585	2. 78029	2. 80505	2. 83012	2. 85552	2. 88125	2. 90731	2. 93371	2. 96046
77°	2. 98757	3. 01504	3. 04288	3. 07110	3. 09970	3. 12869	3. 15808	3. 18788	3. 21809	3. 24873	3. 27980	3. 31131
78°	3. 34327	3. 37570	3. 40859	3. 44197	3. 47583	3. 51020	3. 54507	3. 58047	3. 61641	3. 65289	3. 68993	3. 72755
79°	3. 76574	3. 80454	3. 84395	3. 88398	3. 92465	3. 96598	4. 00798	4. 05067	4. 09406	4. 13817	4. 18302	4. 22863
80°	4. 27502	4. 32220	4. 37020	4. 41903	4. 46872	4. 51930	4. 57077	4. 62318	4. 67654	4. 73088	4. 87622	4. 84260
81°	4. 90003	4. 95856	5. 01822	5. 07902	5. 14102	5. 20424	5. 26871	5. 33448	5. 40159	5. 47007	5. 53997	5. 61133
82°	5. 68420	5. 75862	5. 83465	5. 91233	5. 99172	6. 07288	6. 15586	6. 24073	6. 32754	6. 41638	6. 50731	6. 60040
83°	6. 69572	6. 79337	6. 89342	6. 99597	7. 10111	7. 20893	7. 31954	7. 43305	7. 54957	7. 66922	7. 79214	7. 91844
84°	8. 04829	8. 18182	8. 31919	8. 46057	8. 60614	8. 75608	8. 91059	9. 06989	9. 23420	9. 40375	9. 57881	9. 75964
85°	9. 94652	10. 13978	10. 33973	10. 54673	10. 76116	10. 98342	11. 21395	11. 45321	11. 70172	11. 96001	12. 22866	12. 50833
86°	12. 79968	13. 10348	13. 42052	13. 75170	14. 09798	14. 46041	14. 84015	15. 23845	15. 65672	16. 09649	16. 55945	17. 04749
87°	17. 56270	18. 10740	18. 68421	19. 29603	19. 94615	20. 63827	21. 37660	22. 16592	23. 01168	23. 92017	24. 89862	25. 95542
88°	27. 10036	28. 34495	29. 70278	31. 19001	32. 82606	34. 63443	36. 64384	38. 88976	41. 41655	44. 28037	47. 55344	51. 33022
89°	55. 73661	60. 94435	67. 19383	74. 83229	84. 38062	96. 65731	113. 02656	135. 94389	170. 32037	227. 61514	342. 20561	685. 97868

注：$\alpha\leqslant60°$时，参见齿轮传动部分的相应表，其表中的θ与本表的α等效。

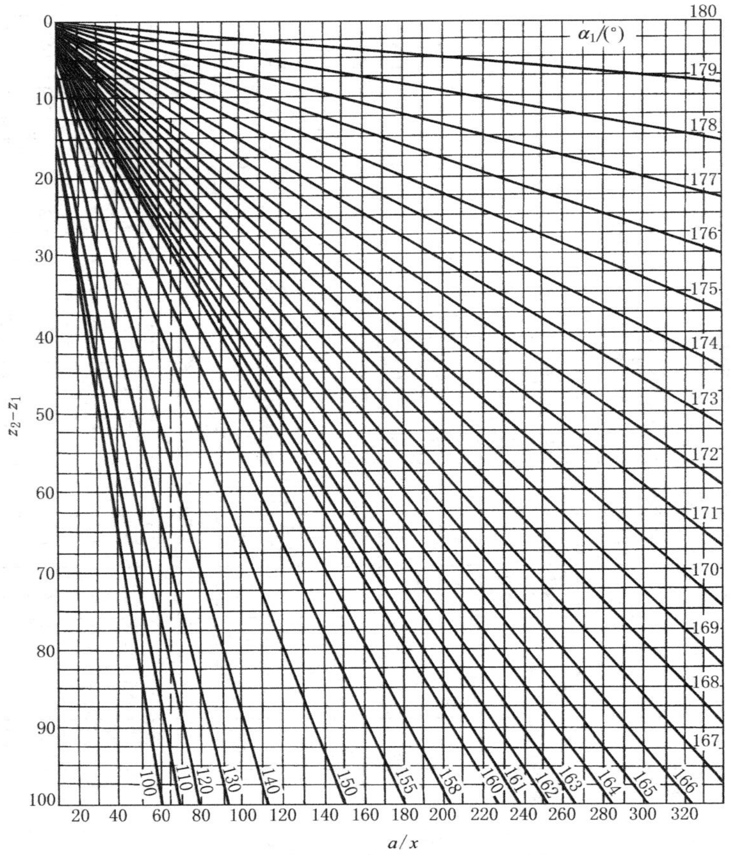

图 14-1-10　啮合齿数 z_m 线图（a—中心距，x—比例常数）

型号	T2.5	T5	T10	T20
x	1	2	4	8

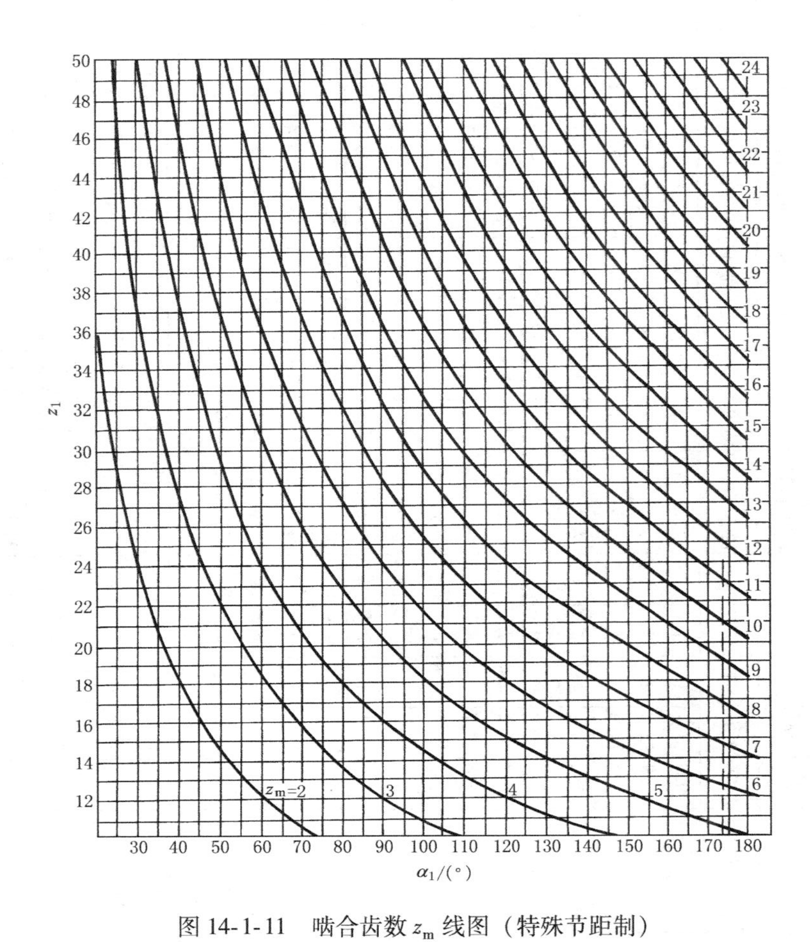

图 14-1-11　啮合齿数 z_m 线图（特殊节距制）

表 14-1-71　　周节制带的基准额定功率

型　号	n_1 /r·min^{-1}	z_1	12	14	15	16	18	20	22	24	25	26	28	30	32	36	40
		d_1/mm	7.76	9.06	9.70	10.35	11.64	12.94	14.23	15.52	16.17	16.82	18.11	19.40	20.70	23.29	25.87
MXL 型 (p_b2.032mm、b_{s0}6.4mm)	100	P_0/W	0.9	1.1	1.1	1.2	1.4	1.5	1.7	1.9	1.9	2.0	2.2	2.3	2.5	2.8	3.1
	200		1.9	2.2	2.3	2.5	2.8	3.1	3.4	3.8	3.9	4.1	4.4	4.7	5.0	5.7	6.3
	300		2.8	3.3	3.5	3.8	4.2	4.7	5.2	5.7	5.9	6.1	6.6	7.1	7.6	8.5	9.5
	400		3.8	4.4	4.7	5.0	5.7	6.3	6.9	7.6	7.9	8.2	8.8	9.5	10.1	11.4	12.6
	500		4.7	5.5	5.9	6.3	7.1	7.9	8.7	9.5	9.9	10.3	11.1	11.9	12.6	14.2	15.8
	600		5.7	6.6	7.1	7.6	8.5	9.5	10.4	11.4	11.9	12.3	13.3	14.2	15.2	17.1	19.0
	700		6.6	7.7	8.3	8.8	10.0	11.1	12.2	13.3	13.8	14.4	15.5	16.6	17.7	19.9	22.2
	800		7.6	8.8	9.5	10.1	11.4	12.6	13.9	15.2	15.8	16.5	17.7	19.0	20.3	22.8	25.3
	900		8.5	10.0	10.7	11.4	12.8	14.2	15.7	17.1	17.8	18.5	19.9	21.4	22.8	25.7	28.5
	1000		9.5	11.1	11.9	12.6	14.2	15.8	17.4	19.0	19.8	20.6	22.2	23.8	25.3	28.5	31.7
	1100		10.4	12.2	13.0	13.9	15.7	17.4	19.2	20.9	21.8	22.6	24.4	26.1	27.9	31.4	34.8
	1200		11.4	13.3	14.2	15.2	17.1	19.0	20.9	22.8	23.8	24.7	26.6	28.5	30.4	34.2	38.0
	1300			14.4	15.4	16.5	18.5	20.6	22.6	24.7	25.7	26.8	28.8	30.9	32.9	37.1	41.2
	1400			15.5	16.6	17.7	19.9	22.2	24.4	26.6	27.7	28.8	31.0	33.3	35.5	39.9	44.3
	1500			16.6	17.8	19.0	21.4	23.8	26.1	28.5	29.7	30.9	33.3	35.6	38.0	42.8	47.5
	1600			17.7	19.0	20.3	22.8	25.3	27.9	30.4	31.7	32.9	35.5	38.0	40.5	45.6	50.7
	1700			18.8	20.2	21.5	24.2	26.9	29.6	32.3	33.7	35.0	37.7	40.4	43.1	48.5	53.8
	1800			19.9	21.4	22.8	25.7	28.5	31.4	34.2	35.6	37.1	39.9	42.8	45.6	51.3	57.0
	2000				23.8	25.3	28.5	31.7	34.6	38.0	39.6	41.2	44.3	47.5	50.7	57.0	63.3
	2200				26.1	27.9	31.4	34.8	38.3	41.8	43.6	45.3	48.8	52.2	55.7	62.7	69.6
	2400				28.5	30.4	34.2	38.0	41.8	45.6	47.5	49.4	53.2	57.0	60.8	68.3	75.9
	2600				30.9	32.9	37.1	41.2	45.3	49.4	51.5	53.5	57.6	61.7	65.8	74.0	82.1
	2800					35.5	39.9	44.3	48.8	53.2	55.4	57.6	62.0	66.4	70.8	79.6	88.4
	3000					38.0	42.8	47.5	52.2	57.0	59.3	61.7	66.4	71.2	75.9	85.3	94.6
	3200					40.5	45.6	50.7	55.7	60.8	63.3	65.8	70.8	75.9	80.9	90.9	100.9
	3400					43.1	48.5	53.8	59.2	64.5	67.2	69.9	75.2	80.6	85.9	96.5	107.1
	3600					45.6	51.3	57.0	62.7	68.3	71.2	74.0	79.6	85.3	90.9	102.1	113.3
	3800						54.1	60.1	66.1	72.1	75.1	78.1	84.0	90.0	95.9	107.7	119.5
	4000						57.0	63.3	69.6	75.9	79.0	82.1	88.4	94.6	100.9	113.3	125.6
	4200						59.8	66.4	73.0	79.6	82.9	86.2	92.8	99.3	105.8	118.8	131.8
	4400						62.7	69.6	76.5	83.4	86.8	90.3	97.1	104.0	110.8	124.4	137.9
	4600						65.5	72.7	79.9	87.1	90.7	94.3	101.5	108.6	115.8	129.9	144.0
	4800						68.3	75.9	83.4	90.9	94.6	98.4	105.8	113.3	120.7	135.4	150.0

型　号	n_1 /r·min^{-1}	z_1	12	14	15	16	18	20	22	24	25	26	28	30	32	36	40
		d_1/mm	12.13	14.15	15.16	16.17	18.19	20.21	22.23	24.26	25.27	26.28	28.30	30.32	32.34	36.38	40.43
XXL 型 (p_b3.175mm、b_{s0}6.4mm)	100	P_0/W	1.6	1.8	2.0	2.1	2.4	2.6	2.9	3.2	3.3	3.4	3.7	4.0	4.3	4.8	5.3
	200		3.2	3.7	4.0	4.3	4.8	5.3	5.9	6.4	6.7	6.9	7.5	8.0	8.6	9.6	10.7
	300		4.8	5.6	6.0	6.4	7.2	8.0	8.8	9.6	10.0	10.4	11.2	12.0	12.9	14.5	16.1
	400		6.4	7.5	8.0	8.6	9.6	10.7	11.8	12.9	13.4	13.9	15.0	16.1	17.2	19.3	21.5
	500		8.0	9.4	10.0	10.7	12.0	13.4	14.7	16.1	16.7	17.4	18.8	20.1	21.5	24.1	26.8

续表

型号	n_1 /r·min^{-1}	z_1	12	14	15	16	18	20	22	24	25	26	28	30	32	36	40
		d_1/mm	12.13	14.15	15.16	16.17	18.19	20.21	22.23	24.26	25.27	26.28	28.30	30.32	32.34	36.38	40.43
XXL 型 (p_b3.175mm、b_{s0}6.4mm)	600	P_0/W	9.6	11.2	12.0	12.9	14.5	16.1	17.7	19.3	20.1	20.9	22.5	24.1	25.7	29.0	32.2
	700		11.2	13.1	14.1	15.0	16.9	18.8	20.6	22.5	23.5	24.4	26.3	28.2	30.0	33.8	37.6
	800		12.9	15.0	16.1	17.2	19.3	21.5	23.6	25.7	26.8	27.9	30.0	32.2	34.3	38.6	42.9
	900		14.5	16.9	18.1	19.3	21.7	24.1	26.6	29.0	30.2	31.4	33.8	36.2	38.6	43.5	48.3
	1000		16.1	18.8	20.1	21.5	24.1	26.8	29.5	32.2	33.5	34.9	37.6	40.2	42.9	48.3	53.6
	1100		17.7	20.6	22.1	23.6	26.6	29.5	32.5	35.4	36.9	38.4	41.3	44.3	47.2	53.1	59.0
	1200		19.3	22.5	24.1	25.7	29.0	32.2	35.4	38.6	40.2	41.8	45.1	48.3	51.5	57.9	64.3
	1300			24.4	26.1	27.9	31.4	34.9	38.4	41.8	43.6	45.3	48.8	52.3	55.8	62.7	69.6
	1400			26.3	28.2	30.0	33.8	37.6	41.3	45.1	46.9	48.8	52.6	56.3	60.0	67.5	75.0
	1500			28.2	30.2	32.2	36.2	40.2	44.3	48.3	50.3	52.3	56.3	60.3	64.3	72.3	80.3
	1600			30.0	32.2	34.3	38.6	42.9	47.2	51.5	53.6	55.8	60.0	64.3	68.6	77.1	85.6
	1700			31.9	34.2	36.5	41.0	45.6	50.1	54.7	57.0	59.2	63.8	68.3	72.8	81.9	90.9
	1800			33.8	36.2	38.6	43.5	48.3	53.1	57.9	60.3	62.7	67.5	72.3	77.1	86.7	96.2
	2000				40.2	42.9	48.3	53.6	59.0	64.3	67.0	69.6	75.0	80.3	85.6	96.2	106.6
	2200				44.3	47.2	53.1	59.0	64.8	70.7	73.6	76.6	82.4	88.3	94.1	105.7	117.3
	2400				48.3	51.5	57.9	64.3	70.7	77.1	80.3	83.5	89.9	96.2	102.6	115.2	127.8
	2600				52.3	55.8	62.7	69.6	76.6	83.5	86.9	90.4	97.3	104.1	111.0	124.6	138.2
	2800					60.0	67.5	75.0	82.4	89.9	93.6	97.3	104.7	112.0	119.4	134.0	148.6
	3000					64.3	72.3	80.3	88.3	96.2	100.2	104.1	112.0	119.9	127.8	143.4	158.9
	3200					68.6	77.1	85.6	94.1	102.6	106.8	111.0	119.4	127.8	136.1	152.7	169.1
	3400					72.8	81.9	90.9	99.9	108.9	113.4	117.8	126.7	135.6	144.4	161.9	179.3
	3600					77.1	86.7	96.2	105.7	115.2	119.9	124.6	134.0	143.4	152.7	171.1	189.4
	3800						91.4	101.5	111.5	121.5	126.5	131.4	141.3	151.1	160.9	180.2	199.4
	4000						96.2	106.8	117.3	127.8	133.0	138.2	148.6	158.9	169.1	189.4	209.4
	4200						101.0	112.0	123.1	134.0	139.5	144.9	155.8	166.5	177.3	198.4	219.2
	4400						105.7	117.3	128.8	140.3	146.0	151.7	163.0	174.2	185.4	207.4	229.0
	4600						110.5	122.5	134.5	146.5	152.4	158.3	170.1	181.8	193.4	216.3	238.7
	4800						115.2	127.8	140.3	152.7	158.9	165.0	177.3	189.4	201.4	225.1	248.3

型号	n_1 /r·min^{-1}	z_1	10	12	14	16	18	20	22	24	28	30
		d_1/mm	16.17	19.40	22.64	25.87	29.11	32.34	35.57	38.81	45.28	48.51
XL 型 (p_b5.080mm、b_{s0}9.5mm)	100	P_0/kW	0.004	0.005	0.006	0.007	0.008	0.009	0.009	0.010	0.012	0.013
	200		0.009	0.010	0.012	0.014	0.015	0.017	0.019	0.020	0.024	0.026
	300		0.013	0.015	0.018	0.020	0.023	0.026	0.028	0.031	0.036	0.038
	400		0.017	0.020	0.024	0.027	0.031	0.034	0.037	0.041	0.048	0.051
	500		0.021	0.026	0.030	0.034	0.038	0.043	0.047	0.051	0.060	0.064
	600		0.026	0.031	0.036	0.041	0.046	0.051	0.056	0.061	0.071	0.076
	700		0.030	0.036	0.042	0.048	0.054	0.060	0.065	0.071	0.083	0.089
	800		0.034	0.041	0.048	0.054	0.061	0.068	0.075	0.082	0.095	0.102
	900		0.038	0.046	0.054	0.061	0.069	0.076	0.084	0.092	0.107	0.115

续表

型号	n_1 /r·min^{-1}	z_1	10	12	14	16	18	20	22	24	28	30
		d_1/mm	16.17	19.40	22.64	25.87	29.11	32.34	35.57	38.81	45.28	48.51
XL型（p_b5.080mm、b_{s0}9.5mm）	1000	P_0/kW	0.043	0.051	0.060	0.068	0.076	0.085	0.093	0.102	0.119	0.127
	1100		0.047	0.056	0.065	0.075	0.084	0.093	0.103	0.112	0.131	0.140
	1200			0.061	0.071	0.082	0.092	0.102	0.112	0.122	0.142	0.152
	1300			0.066	0.077	0.088	0.099	0.110	0.121	0.132	0.154	0.165
	1400			0.071	0.083	0.095	0.107	0.119	0.131	0.142	0.166	0.178
	1500			0.076	0.089	0.102	0.115	0.127	0.140	0.152	0.178	0.190
	1600			0.082	0.095	0.109	0.122	0.136	0.149	0.163	0.189	0.203
	1700			0.087	0.101	0.115	0.130	0.144	0.158	0.173	0.201	0.215
	1800			0.092	0.107	0.122	0.137	0.152	0.168	0.183	0.213	0.228
	2000			0.102	0.119	0.136	0.152	0.169	0.186	0.203	0.236	0.252
	2200			0.112	0.131	0.149	0.168	0.186	0.204	0.223	0.259	0.277
	2400			0.122	0.142	0.163	0.183	0.203	0.223	0.242	0.282	0.301
	2600			0.132	0.154	0.176	0.198	0.219	0.241	0.262	0.304	0.325
	2800			0.142	0.166	0.189	0.213	0.236	0.259	0.282	0.327	0.349
	3000			0.152	0.178	0.203	0.228	0.252	0.277	0.301	0.349	0.373
	3200			0.163	0.189	0.216	0.242	0.269	0.295	0.321	0.371	0.396
	3400			0.173	0.201	0.229	0.257	0.285	0.312	0.340	0.393	0.420
	3600			0.183	0.213	0.242	0.272	0.301	0.330	0.359	0.415	0.443
	3800					0.256	0.287	0.317	0.348	0.378	0.436	0.465
	4000					0.269	0.301	0.333	0.365	0.396	0.458	0.487
	4200					0.282	0.316	0.349	0.382	0.415	0.478	0.509
	4400					0.295	0.330	0.365	0.400	0.433	0.499	0.531
	4600					0.308	0.345	0.381	0.417	0.452	0.519	0.552
	4800					0.321	0.359	0.396	0.433	0.470	0.539	0.573

型号	n_1 /r·min^{-1}	z_1	12	14	16	18	20	22	24	26	28	30	32	36	40	44	48
		d_1/mm	36.38	42.45	48.51	54.57	60.64	66.70	72.77	78.83	84.89	90.96	97.02	109.15	121.28	133.40	145.53
L型（p_b9.525mm、b_{s0}25.4mm）	100	P_0/kW	0.05	0.05	0.06	0.07	0.08	0.09	0.09	0.10	0.11	0.12	0.12	0.14	0.16	0.17	0.19
	200		0.09	0.11	0.12	0.14	0.16	0.17	0.19	0.20	0.22	0.23	0.25	0.28	0.31	0.34	0.37
	300		0.14	0.16	0.19	0.21	0.23	0.26	0.28	0.30	0.33	0.35	0.37	0.42	0.47	0.51	0.56
	400		0.19	0.22	0.25	0.28	0.31	0.34	0.37	0.40	0.43	0.47	0.50	0.56	0.62	0.68	0.74
	500		0.23	0.27	0.31	0.35	0.39	0.43	0.47	0.50	0.54	0.58	0.62	0.70	0.77	0.85	0.93
	600		0.28	0.33	0.37	0.42	0.47	0.51	0.56	0.60	0.65	0.70	0.74	0.83	0.93	1.02	1.11
	700		0.33	0.38	0.43	0.49	0.54	0.60	0.65	0.70	0.76	0.81	0.87	0.97	1.08	1.18	1.29
	800		0.37	0.43	0.50	0.56	0.62	0.68	0.74	0.80	0.86	0.93	0.99	1.11	1.23	1.35	1.47
	900		0.42	0.49	0.56	0.63	0.70	0.77	0.83	0.90	0.97	1.04	1.11	1.24	1.38	1.51	1.65
	1000		0.47	0.54	0.62	0.70	0.77	0.85	0.93	1.00	1.08	1.15	1.23	1.38	1.53	1.67	1.82
	1100		0.51	0.60	0.68	0.77	0.85	0.93	1.02	1.10	1.18	1.27	1.35	1.51	1.68	1.83	1.99
	1200		0.56	0.65	0.74	0.83	0.93	1.02	1.11	1.20	1.29	1.38	1.47	1.65	1.82	1.99	2.16
	1300		0.60	0.70	0.80	0.90	1.00	1.10	1.20	1.30	1.39	1.49	1.59	1.78	1.96	2.15	2.33
	1400		0.65	0.76	0.87	0.97	1.08	1.18	1.29	1.39	1.50	1.60	1.70	1.91	2.11	2.30	2.49
	1500		0.70	0.81	0.93	1.04	1.15	1.27	1.38	1.49	1.60	1.71	1.82	2.04	2.25	2.45	2.65
	1600		0.74	0.87	0.99	1.11	1.23	1.35	1.47	1.59	1.70	1.82	1.94	2.16	2.38	2.60	2.81
	1700		0.79	0.92	1.05	1.18	1.30	1.43	1.56	1.68	1.81	1.93	2.05	2.29	2.52	2.74	2.96

续表

型　号	n_1 /r·min^{-1}	z_1	12	14	16	18	20	22	24	26	28	30	32	36	40	44	48
		d_1/mm	36.38	42.45	48.51	54.57	60.64	66.70	72.77	78.83	84.89	90.96	97.02	109.15	121.28	133.40	145.53
L型（p_b9.525mm、b_{s0}25.4mm）	1800	P_0/kW	0.83	0.97	1.11	1.24	1.38	1.51	1.65	1.78	1.91	2.04	2.16	2.41	2.65	2.88	3.11
	1900		0.88	1.03	1.17	1.31	1.45	1.59	1.73	1.87	2.01	2.14	2.27	2.53	2.78	3.02	3.25
	2000		0.93	1.08	1.23	1.38	1.53	1.67	1.82	1.96	2.11	2.25	2.38	2.65	2.91	3.15	3.39
	2200		1.02	1.18	1.35	1.51	1.68	1.83	1.99	2.15	2.30	2.45	2.60	2.88	3.16	3.41	3.65
	2400		1.11	1.29	1.47	1.65	1.82	1.99	2.16	2.33	2.49	2.65	2.81	3.11	3.39	3.65	3.89
	2600		1.20	1.39	1.59	1.78	1.96	2.15	2.33	2.51	2.68	2.85	3.01	3.32	3.61	3.87	4.10
	2800		1.29	1.50	1.70	1.91	2.11	2.30	2.49	2.68	2.86	3.03	3.20	3.52	3.81	4.07	4.29
	3000		1.38	1.60	1.82	2.04	2.25	2.45	2.65	2.85	3.03	3.21	3.39	3.71	4.00	4.24	4.45
	3200			1.70	1.94	2.16	2.38	2.60	2.81	3.01	3.20	3.39	3.56	3.89	4.17	4.40	4.58
	3400			1.81	2.05	2.29	2.52	2.74	2.96	3.17	3.37	3.55	3.73	4.05	4.32	4.53	4.67
	3600			1.91	2.16	2.41	2.65	2.88	3.11	3.32	3.52	3.71	3.89	4.20	4.45	4.63	4.74
	3800			2.01	2.27	2.53	2.78	3.02	3.25	3.47	3.67	3.86	4.03	4.33	4.56	4.70	4.76
	4000			2.11	2.38	2.65	2.91	3.15	3.39	3.61	3.81	4.00	4.17	4.45	4.65	4.75	4.75
	4200				2.49	2.77	3.03	3.28	3.52	3.74	3.94	4.13	4.29	4.55	4.71	4.76	4.70
	4400				2.60	2.88	3.16	3.41	3.65	3.87	4.07	4.24	4.40	4.63	4.75	4.74	4.60
	4600				2.70	3.00	3.27	3.53	3.77	3.99	4.18	4.35	4.49	4.69	4.76	4.69	4.46
	4800				2.81	3.11	3.39	3.65	3.89	4.10	4.29	4.45	4.58	4.74	4.75	4.60	4.27

型　号	n_1 /r·min^{-1}	z_1	14	16	18	20	22	24	26	28	30	32	36	40	44	48
		d_1/mm	56.60	64.68	72.77	80.85	88.94	97.02	105.11	113.19	121.28	129.36	145.53	161.70	177.87	194.04
H型（p_b12.7mm、b_{s0}76.2mm）	100	P_0/kW	0.62	0.71	0.80	0.89	0.98	1.07	1.16	1.24	1.33	1.42	1.60	1.78	1.96	2.13
	200		1.25	1.42	1.60	1.78	1.96	2.13	2.31	2.49	2.67	2.84	3.20	3.56	3.91	4.27
	300		1.87	2.13	2.40	2.67	2.93	3.20	3.47	3.73	4.00	4.27	4.80	5.33	5.86	6.39
	400		2.49	2.84	3.20	3.56	3.91	4.27	4.62	4.97	5.33	5.68	6.39	7.10	7.80	8.51
	500		3.11	3.56	4.00	4.44	4.89	5.33	5.77	6.21	6.66	7.10	7.98	8.86	9.74	10.61
	600		3.73	4.27	4.80	5.33	5.86	6.39	6.92	7.45	7.98	8.51	9.56	10.61	11.66	12.71
	700		4.35	4.97	5.59	6.21	6.83	7.45	8.07	8.68	9.30	9.91	11.14	12.36	13.57	14.78
	800		4.97	5.68	6.39	7.10	7.80	8.51	9.21	9.91	10.61	11.31	12.71	14.09	15.47	16.83
	900			6.39	7.19	7.98	8.77	9.56	10.35	11.14	11.92	12.71	14.26	15.81	17.35	18.87
	1000			7.10	7.98	8.86	9.74	10.61	11.49	12.36	13.23	14.09	15.81	17.52	19.20	20.87
	1100			7.80	8.77	9.74	10.70	11.66	12.62	13.57	14.52	15.47	17.35	19.20	21.04	22.85
	1200			8.51	9.56	10.61	11.66	12.71	13.75	14.78	15.81	16.83	18.87	20.87	22.85	24.80
	1300			9.21	10.35	11.49	12.62	13.74	14.87	15.98	17.09	18.19	20.38	22.53	24.64	26.72
	1400			9.91	11.14	12.36	13.57	14.78	15.98	17.18	18.36	19.54	21.87	24.16	26.40	28.59
	1500			10.61	11.92	13.23	14.52	15.81	17.09	18.36	19.62	20.87	23.34	25.76	28.13	30.43
	1600			11.31	12.71	14.09	15.47	16.83	18.19	19.54	20.88	22.20	24.80	27.35	29.82	32.23
	1700			12.01	13.49	14.95	16.41	17.85	19.29	20.71	22.12	23.51	26.24	28.90	31.48	33.98
	1800			12.71	14.26	15.81	17.35	18.87	20.38	21.87	23.34	24.80	27.66	30.43	33.11	35.68
	1900			13.40	15.04	16.66	18.28	19.87	21.46	23.02	24.56	26.08	29.06	31.93	34.69	37.33
	2000			14.09	15.81	17.52	19.20	20.87	22.53	24.16	25.76	27.35	30.43	33.40	36.24	38.93
	2200				17.35	19.20	21.04	22.85	24.64	26.40	28.13	29.82	33.11	36.24	39.19	41.96
	2400				18.87	20.87	22.85	24.80	26.72	28.59	30.43	32.23	35.68	38.93	41.96	44.73
	2600				20.38	22.53	24.64	26.72	28.75	30.73	32.67	34.55	38.14	41.47	44.51	47.24
	2800				21.87	24.16	26.40	28.59	30.73	32.82	34.84	36.79	40.47	43.84	46.84	49.45
	3000				23.35	25.76	28.13	30.43	32.67	34.84	36.93	38.93	42.67	46.02	48.93	51.35
	3200				24.80	27.35	29.82	32.23	34.55	36.79	38.93	40.97	44.73	48.01	50.75	52.91
	3400				26.24	28.90	31.49	33.98	36.38	38.67	40.85	42.91	46.64	49.79	52.30	54.11
	3600					30.43	33.11	35.68	38.14	40.47	42.68	44.73	48.38	51.35	53.55	54.92
	3800					31.93	34.69	37.33	39.84	42.20	44.40	46.43	49.96	52.67	54.49	55.33
	4000					33.40	36.24	38.93	41.47	43.84	46.02	48.01	51.35	53.75	55.10	55.31
	4200					34.84	37.74	40.47	43.03	45.39	47.53	49.45	52.55	54.56	55.37	54.84
	4400					36.24	39.19	41.96	44.51	46.84	48.93	50.75	53.55	55.10	55.27	53.90
	4600					37.60	40.60	43.38	45.92	48.20	50.20	51.91	54.35	55.36	54.78	52.46
	4800					38.93	41.96	44.73	47.24	49.45	51.35	52.91	54.92	55.31	53.90	50.50

续表

型号	n_1 /r·min^{-1}	z_1	22	24	26	28	30	32	40
		d_1/mm	155.64	169.79	183.94	198.08	212.23	226.38	282.98
XH型 （p_b22.225mm、b_{s0}101.6mm）	100	P_0/kW	3.30	3.60	3.90	4.20	4.50	4.80	5.99
	200		6.59	7.19	7.79	8.39	8.98	9.58	11.96
	300		9.88	10.77	11.66	12.55	13.44	14.33	17.87
	400		13.15	14.33	15.51	16.69	17.87	19.04	23.69
	500		16.40	17.87	19.33	20.79	22.24	23.69	29.39
	600		19.62	21.37	23.11	24.84	26.56	28.26	34.95
	700		22.82	24.84	26.84	28.83	30.80	32.75	40.34
	800		25.99	28.26	30.52	32.75	34.95	37.13	45.52
	900		29.11	31.64	34.13	36.59	39.01	41.39	50.47
	1000		32.19	34.95	37.67	40.34	42.96	45.52	55.17
	1100		35.23	38.21	41.13	43.99	46.78	49.50	59.57
	1200		38.21	41.39	44.50	47.53	50.47	53.32	63.65
	1300		41.13	44.50	47.78	50.95	54.02	56.96	67.39
	1400		43.99	47.53	50.96	54.25	57.40	60.41	70.74
	1500		46.78	50.47	54.02	57.40	60.62	63.65	73.70
	1600		49.50	53.32	56.96	60.41	63.65	66.67	76.22
	1700		52.15	56.07	59.78	63.26	66.48	69.45	78.27
	1800		54.71	58.71	62.46	65.93	69.11	71.98	79.84
	1900		57.18	61.24	65.00	68.43	71.52	74.24	80.88
	2000		59.57	63.65	67.39	70.74	73.70	76.22	81.37
	2100		61.85	65.94	69.61	72.85	75.63	77.90	81.28
	2200		64.04	68.09	71.67	74.76	77.30	79.27	80.59
	2300		66.12	70.10	73.56	76.44	78.71	80.32	79.26
	2400		68.09	71.98	75.26	77.90	79.84	81.02	77.26
	2500			73.70	76.78	79.12	80.67	81.37	74.56
	2600			75.26	78.09	80.09	81.19	81.35	71.15
	2800			77.90	80.09	81.24	81.28	80.13	
	3000			79.84	81.19	81.28	80.00	77.26	
	3200			81.02	81.35	80.13	77.26	72.60	
	3400			81.41	80.48	77.11	72.95	66.05	
	3600			80.94	78.24	73.94	66.98		

型号	n_1 /r·min^{-1}	z_1	22	24	26	30	34	40
		d_1/mm	222.34	242.55	262.76	303.19	343.62	404.25
XXH型 （p_b31.75mm、b_{s0}127mm）	100	P_0/kW	7.44	8.122	8.80	10.15	11.50	13.52
	200		14.87	16.21	17.55	20.23	22.91	26.90
	300		22.24	24.24	26.23	30.20	34.14	39.99
	400		29.54	32.18	34.80	39.99	45.12	52.67
	500		36.75	39.99	43.21	49.55	55.76	64.78
	600		43.85	47.66	51.42	58.80	65.96	76.19
	700		50.80	55.14	59.41	67.70	75.64	86.75
	800		57.59	62.41	67.12	76.19	84.72	96.33
	900		64.19	69.44	74.53	84.20	93.10	104.78
	1000		70.58	76.19	81.58	91.67	100.71	111.97
	1100		76.74	82.64	88.26	98.56	107.45	117.75
	1200		82.64	88.75	94.50	104.79	113.25	121.98
	1300		88.26	94.50	100.28	110.30	118.00	124.53
	1400		93.57	99.86	105.56	115.05	121.63	125.24
	1500		98.56	104.78	110.30	118.96	124.06	123.99
	1600		103.19	109.26	114.46	121.98	125.18	120.62
	1700		107.45	113.24	118.00	124.06	124.93	115.00
	1800		111.31	116.71	120.88	125.12	123.20	106.99

注：[虚线框]为带轮圆周速度在33m/s以上时的功率值，设计时带轮用碳素钢或铸钢。

第14篇

表 14-1-72　　特殊节距制带的基准额定功率

型号	T2.5(b_{s0}10mm)																			
n_1 /r·min^{-1}	z_1																			
	11	12	13	14	15	16	17	18	19	20	22	24	26	28	30	32	34	36	38	40
	P_0/W																			
600	2.1	2.3	2.5	2.7	2.9	3.1	3.3	3.5	3.8	4.1	4.4	4.8	5.2	5.6	6.0	6.4	6.8	7.2	7.6	8.0
800	2.8	3.0	3.3	3.6	3.9	4.2	4.4	4.7	5.0	5.4	5.8	6.3	6.8	7.4	8.0	8.5	9.0	9.5	10.0	10.5
1000	3.2	3.5	3.8	4.2	4.5	4.8	5.2	5.5	5.8	6.2	6.7	7.3	7.8	8.4	9.0	9.6	10.2	11.0	11.7	12.5
1200	3.8	4.3	4.7	5.0	5.4	5.8	6.2	6.6	7.1	7.6	8.1	8.8	9.6	10.4	11.0	11.8	12.6	13.4	14.2	15.0
1400	4.5	5.0	5.4	5.9	6.4	6.9	7.3	7.7	8.2	8.9	9.5	10.4	11.3	12.2	13.0	13.8	14.7	15.6	16.6	17.5
1600	5.1	5.6	6.1	6.7	7.2	7.7	8.2	8.8	9.4	10.1	10.8	11.8	12.9	14.0	15.0	16.0	17.0	18.0	19.0	20.0
1800	5.8	6.4	7.0	7.6	8.0	8.5	9.0	9.5	10.4	11.3	12.2	13.3	14.5	15.6	16.8	17.9	19.0	20.2	21.3	22.5
2000	6.4	7.0	7.7	8.4	8.9	9.5	10.0	10.5	11.5	12.5	13.5	14.8	16.1	17.3	18.6	19.9	21.2	22.5	23.8	25.0
2200	6.5	7.2	7.9	8.7	9.2	9.8	10.4	11.0	11.9	12.8	13.8	15.2	16.6	18.0	19.5	21.1	22.6	24.1	25.2	26.3
2400	7.0	7.7	8.5	9.3	9.9	10.7	11.3	12.0	12.8	13.5	14.3	15.8	17.3	18.9	20.5	21.9	23.4	24.8	26.3	27.5
2600	7.2	8.0	8.8	9.7	10.2	11.0	11.7	12.4	13.2	14.0	14.7	16.1	17.8	19.5	21.2	22.8	24.5	25.9	27.6	28.3
2800	7.6	8.4	9.2	10.1	10.6	11.4	12.1	12.8	13.7	14.6	15.6	17.1	18.6	20.2	21.8	23.3	24.7	26.3	28.1	29.0
3000	7.9	8.8	9.7	10.6	11.4	12.1	12.9	13.7	14.6	15.5	16.3	18.0	19.9	21.7	23.3	24.6	26.0	27.4	28.7	30.0
3200	8.1	9.0	9.9	10.9	11.5	12.2	13.1	14.1	15.0	15.8	16.7	18.5	20.3	22.2	24.0	25.6	27.2	28.9	30.0	31.0
3400	8.4	9.3	10.2	11.1	11.8	12.7	13.6	14.5	15.4	16.3	17.3	19.1	20.9	22.7	24.6	26.1	27.6	29.1	30.5	32.0
3600	8.8	9.6	10.5	11.4	12.1	13.0	13.9	14.8	15.9	16.9	18.3	20.0	21.8	23.6	25.2	27.0	28.8	30.6	31.9	33.5
3800	9.2	10.1	11.1	12.1	12.8	13.7	14.6	15.5	16.7	18.1	19.3	21.1	23.0	24.8	26.6	28.4	30.2	32.0	33.8	35.5
4000	9.8	10.7	11.7	12.7	13.6	14.5	15.5	16.5	17.7	19.0	20.3	22.2	24.1	26.0	28.0	29.9	31.8	33.7	35.6	37.5
4200	10.3	11.3	12.3	13.3	14.3	15.3	16.3	17.3	18.7	20.1	21.4	23.4	25.4	27.4	29.4	31.4	33.4	35.4	37.4	39.4
4400	10.7	11.8	12.9	14.0	15.0	16.0	17.1	18.2	19.4	20.6	21.8	23.9	26.0	28.1	30.2	32.4	34.7	37.0	39.1	41.3
4600	10.9	12.0	13.1	14.2	15.2	16.2	17.3	18.4	19.8	21.0	22.2	24.2	26.3	28.4	30.5	32.7	35.0	37.3	39.5	41.7
4800	11.2	12.2	13.3	14.4	15.4	16.4	17.5	18.6	20.0	21.3	22.7	24.6	26.6	28.7	30.8	33.0	35.3	37.6	39.8	42.2
5000	11.5	12.5	13.5	14.5	15.5	16.6	17.7	18.8	20.3	21.8	23.2	25.2	27.2	29.2	31.1	33.5	35.8	38.2	40.4	42.8
5200	11.7	12.7	13.7	14.7	15.7	16.8	17.9	19.1	20.6	22.1	23.5	25.6	27.8	30.0	32.3	34.5	36.7	38.9	41.1	43.3
5400	12.0	12.9	13.8	14.8	15.9	17.1	18.2	19.4	20.9	22.5	23.9	26.0	28.2	30.4	32.7	35.3	37.9	40.5	43.0	45.5
5600	12.3	13.2	14.1	15.0	16.2	17.4	18.6	19.8	21.5	23.1	24.7	26.3	28.5	30.8	33.1	35.8	38.6	41.4	44.0	46.7
5800	12.6	13.5	14.3	15.2	16.4	17.7	18.9	20.1	21.8	23.5	25.1	26.7	28.9	31.2	33.5	36.5	39.4	42.4	45.4	48.4
6000	12.8	13.7	14.5	15.4	16.6	17.9	19.1	20.4	22.1	23.9	25.5	27.1	29.3	31.7	34.0	37.2	40.4	43.6	46.8	50.0
6200	12.9	13.8	14.7	15.6	16.8	18.1	19.4	20.8	22.5	24.3	25.8	27.4	29.6	32.1	34.4	37.6	40.9	44.1	47.3	50.7
6400	13.0	13.9	14.8	15.8	17.1	18.5	19.9	21.3	22.9	24.7	26.2	27.7	30.0	32.4	34.9	38.2	41.5	44.7	48.0	51.5
6600	13.1	14.0	15.0	16.0	17.3	18.8	20.2	21.7	23.3	25.0	26.6	28.0	30.4	32.8	35.3	38.7	42.2	45.5	48.9	52.2
6800	13.2	14.2	15.2	16.2	17.5	19.1	20.5	22.1	23.7	25.4	27.0	28.4	30.9	33.3	35.8	39.2	42.6	46.0	49.5	53.0
7000	13.4	14.5	15.5	16.5	17.8	19.4	20.9	22.5	24.1	25.8	27.4	28.8	31.3	33.7	36.2	39.7	43.2	46.6	50.1	53.7
7500	13.5	14.6	15.7	16.7	18.0	19.7	21.3	22.9	24.5	26.2	27.8	29.2	31.8	34.1	36.8	40.3	43.9	47.5	51.0	54.5
8000	13.7	14.8	15.9	17.0	18.3	20.1	21.7	23.4	25.0	26.7	28.3	29.7	32.3	34.6	37.3	40.9	44.5	48.1	51.7	55.3

续表

型号	T2. 5(b_{s0} 10mm)																			
n_1 /r · min^{-1}	z_1																			
	11	12	13	14	15	16	17	18	19	20	22	24	26	28	30	32	34	36	38	40
	P_0/W																			
8500	14.1	15.4	16.7	18.0	19.4	20.9	22.4	23.8	25.4	27.2	28.9	30.5	33.2	35.6	38.3	41.8	45.4	48.9	52.5	56.0
9000	14.5	16.0	17.5	19.1	20.4	21.7	23.1	24.3	26.0	27.9	29.6	31.3	34.1	36.8	39.4	43.0	46.6	50.2	53.8	57.3
9500	14.7	16.3	17.8	19.4	20.7	22.1	23.4	24.8	26.6	28.6	30.3	32.1	35.0	37.7	40.4	43.9	47.5	51.1	54.6	58.0
10000	15.0	16.6	18.2	19.8	21.1	22.6	23.8	25.3	27.4	29.6	31.7	33.9	36.4	38.9	41.4	44.3	48.0	51.6	55.1	58.6
11000	15.3	17.0	18.6	20.2	21.6	23.1	24.3	25.8	28.0	30.2	32.4	34.7	37.3	39.5	42.4	45.8	49.2	52.6	55.8	59.1
12000	15.5	17.1	18.8	20.5	21.9	23.5	24.8	26.3	28.6	30.8	33.1	35.5	38.5	40.7	43.5	46.8	50.1	53.3	56.5	59.8
13000	15.8	17.4	19.1	20.7	22.1	23.8	25.2	26.7	29.1	31.3	33.8	36.1	39.2	41.9	44.5	47.8	51.0	54.2	57.4	60.7
14000	16.1	17.7	19.3	20.9	22.3	24.1	25.4	27.2	29.6	31.8	34.7	36.5	39.5	42.5	45.5	48.8	52.0	55.2	58.4	61.6
15000	16.4	18.0	19.6	21.2	22.8	24.3	26.0	27.6	30.0	32.3	35.1	37.1	40.2	43.3	46.6	49.8	53.1	56.2	59.3	62.5

型号	T5(b_{s0} 10mm)																
n_1 /r · min^{-1}	z_1																
	11	12	13	14	15	16	17	18	19	20	21	22	23	24	25	26	27
	P_0/kW																
100	0.002	0.002	0.002	0.002	0.002	0.002	0.003	0.003	0.003	0.003	0.003	0.003	0.003	0.004	0.004	0.004	0.004
200	0.003	0.003	0.004	0.004	0.004	0.005	0.005	0.005	0.006	0.006	0.006	0.007	0.007	0.007	0.007	0.008	0.008
300	0.005	0.005	0.005	0.006	0.006	0.007	0.007	0.008	0.008	0.009	0.009	0.009	0.010	0.010	0.011	0.011	0.012
400	0.006	0.007	0.007	0.008	0.008	0.009	0.010	0.010	0.011	0.011	0.012	0.012	0.013	0.014	0.014	0.015	0.015
500	0.007	0.008	0.009	0.010	0.010	0.011	0.012	0.012	0.013	0.014	0.015	0.015	0.016	0.017	0.017	0.018	0.019
600	0.009	0.010	0.010	0.011	0.012	0.013	0.014	0.015	0.016	0.016	0.017	0.018	0.019	0.020	0.021	0.021	0.022
700	0.010	0.011	0.012	0.013	0.014	0.015	0.016	0.017	0.018	0.019	0.020	0.021	0.022	0.023	0.024	0.024	0.025
800	0.011	0.012	0.013	0.015	0.016	0.017	0.018	0.019	0.020	0.021	0.022	0.023	0.024	0.025	0.026	0.028	0.029
900	0.013	0.014	0.015	0.016	0.017	0.019	0.020	0.021	0.022	0.023	0.025	0.026	0.027	0.028	0.029	0.031	0.032
1000	0.014	0.015	0.016	0.018	0.019	0.020	0.022	0.023	0.024	0.026	0.027	0.028	0.030	0.031	0.032	0.033	0.035
1100	0.015	0.016	0.018	0.019	0.021	0.022	0.023	0.025	0.026	0.028	0.029	0.031	0.032	0.033	0.035	0.036	0.038
1200	0.016	0.018	0.019	0.021	0.022	0.024	0.025	0.027	0.028	0.030	0.032	0.033	0.035	0.036	0.038	0.039	0.041
1300	0.017	0.019	0.021	0.022	0.024	0.026	0.027	0.029	0.031	0.032	0.034	0.036	0.037	0.039	0.041	0.042	0.044
1400	0.019	0.020	0.022	0.024	0.026	0.027	0.029	0.031	0.033	0.034	0.036	0.038	0.040	0.042	0.043	0.045	0.047
1500	0.020	0.022	0.023	0.025	0.027	0.029	0.031	0.033	0.035	0.037	0.039	0.040	0.042	0.044	0.046	0.048	0.050
1700	0.022	0.024	0.026	0.028	0.030	0.032	0.034	0.036	0.038	0.041	0.043	0.045	0.047	0.049	0.051	0.053	0.055
1800	0.023	0.025	0.027	0.029	0.031	0.034	0.036	0.038	0.040	0.042	0.045	0.047	0.049	0.051	0.053	0.055	0.057
1900	0.024	0.026	0.028	0.031	0.033	0.035	0.037	0.040	0.042	0.044	0.047	0.049	0.051	0.053	0.056	0.058	0.060
2000	0.025	0.027	0.030	0.032	0.034	0.037	0.039	0.041	0.044	0.046	0.049	0.051	0.053	0.056	0.058	0.060	0.063
2200	0.027	0.030	0.032	0.035	0.037	0.040	0.043	0.045	0.048	0.050	0.053	0.056	0.058	0.061	0.063	0.066	0.069
2400	0.029	0.032	0.035	0.037	0.040	0.043	0.046	0.048	0.051	0.054	0.057	0.060	0.062	0.065	0.068	0.071	0.074
2600	0.031	0.034	0.037	0.040	0.043	0.046	0.049	0.052	0.055	0.058	0.061	0.064	0.067	0.069	0.072	0.075	0.078
2800	0.033	0.036	0.039	0.042	0.045	0.048	0.051	0.055	0.058	0.061	0.064	0.067	0.070	0.073	0.077	0.080	0.083
3000	0.034	0.038	0.041	0.044	0.048	0.051	0.054	0.057	0.061	0.064	0.068	0.071	0.074	0.077	0.081	0.084	0.087

续表

型号	T5(b_{s0}10mm)																
n_1 /r·min^{-1}	z_1																
	11	12	13	14	15	16	17	18	19	20	21	22	23	24	25	26	27
	P_0/kW																
3200	0.036	0.040	0.043	0.046	0.050	0.053	0.057	0.060	0.064	0.067	0.071	0.074	0.078	0.081	0.084	0.088	0.091
3400	0.038	0.041	0.045	0.048	0.052	0.056	0.059	0.063	0.066	0.070	0.074	0.077	0.081	0.085	0.088	0.092	0.095
3600	0.039	0.043	0.047	0.050	0.054	0.058	0.062	0.065	0.069	0.073	0.077	0.080	0.084	0.088	0.092	0.095	0.099
3800	0.041	0.045	0.049	0.053	0.057	0.060	0.064	0.068	0.072	0.076	0.080	0.084	0.086	0.092	0.096	0.100	0.104
4000	0.043	0.047	0.051	0.055	0.059	0.063	0.067	0.071	0.075	0.079	0.084	0.088	0.092	0.096	0.100	0.104	0.108
4200	0.044	0.048	0.052	0.057	0.061	0.065	0.069	0.073	0.078	0.082	0.086	0.090	0.095	0.099	0.103	0.107	0.111
4400	0.045	0.049	0.054	0.058	0.062	0.067	0.071	0.075	0.080	0.084	0.089	0.093	0.097	0.101	0.106	0.110	0.114
4600	0.046	0.051	0.055	0.060	0.064	0.068	0.073	0.077	0.082	0.086	0.091	0.095	0.099	0.104	0.108	0.113	0.117
4800	0.048	0.052	0.057	0.061	0.066	0.070	0.075	0.080	0.084	0.089	0.094	0.098	0.103	0.107	0.112	0.116	0.121
5000	0.049	0.054	0.059	0.063	0.068	0.073	0.077	0.082	0.087	0.092	0.097	0.101	0.106	0.110	0.115	0.120	0.125
5200	0.051	0.055	0.060	0.065	0.070	0.075	0.080	0.085	0.089	0.094	0.099	0.104	0.109	0.114	0.119	0.123	0.128
5400	0.052	0.057	0.062	0.067	0.072	0.077	0.082	0.087	0.092	0.097	0.102	0.107	0.112	0.117	0.122	0.127	0.132
5600	0.054	0.059	0.064	0.069	0.075	0.080	0.085	0.090	0.095	0.100	0.106	0.111	0.116	0.121	0.126	0.132	0.137
5800	0.055	0.061	0.066	0.071	0.077	0.082	0.087	0.092	0.098	0.103	0.109	0.114	0.119	0.124	0.129	0.135	0.140
6000	0.057	0.062	0.067	0.073	0.078	0.084	0.089	0.094	0.100	0.105	0.111	0.116	0.122	0.127	0.132	0.138	0.143
6200	0.058	0.063	0.069	0.074	0.080	0.085	0.091	0.097	0.102	0.108	0.114	0.119	0.124	0.130	0.135	0.141	0.147
6400	0.059	0.065	0.070	0.076	0.082	0.087	0.093	0.099	0.104	0.110	0.116	0.121	0.127	0.133	0.138	0.144	0.150
6600	0.060	0.066	0.072	0.078	0.083	0.089	0.095	0.100	0.106	0.112	0.118	0.124	0.130	0.135	0.141	0.147	0.153
6800	0.061	0.067	0.073	0.079	0.085	0.091	0.096	0.102	0.108	0.114	0.120	0.126	0.132	0.138	0.144	0.150	0.155
7000	0.063	0.069	0.075	0.081	0.087	0.093	0.099	0.105	0.111	0.118	0.124	0.130	0.136	0.142	0.148	0.154	0.160
7500	0.066	0.072	0.079	0.085	0.091	0.098	0.104	0.110	0.117	0.123	0.130	0.136	0.142	0.148	0.155	0.161	0.168
8000	0.070	0.076	0.083	0.090	0.096	0.103	0.110	0.116	0.123	0.130	0.137	0.143	0.150	0.157	0.163	0.170	0.177
8500	0.072	0.079	0.086	0.093	0.100	0.107	0.114	0.121	0.128	0.135	0.142	0.149	0.156	0.162	0.169	0.176	0.183
9000	0.076	0.083	0.090	0.097	0.105	0.112	0.119	0.126	0.134	0.141	0.149	0.156	0.163	0.170	0.177	0.184	0.192
9500	0.079	0.086	0.094	0.102	0.109	0.116	0.124	0.132	0.139	0.147	0.155	0.162	0.170	0.177	0.185	0.192	0.200
10000	0.082	0.090	0.098	0.106	0.113	0.121	0.129	0.137	0.145	0.153	0.161	0.169	0.176	0.184	0.192	0.200	0.208
11000	0.088	0.096	0.105	0.113	0.122	0.130	0.138	0.147	0.155	0.164	0.173	0.181	0.189	0.197	0.206	0.214	0.223
12000	0.092	0.101	0.110	0.119	0.128	0.136	0.145	0.154	0.163	0.172	0.181	0.190	0.199	0.207	0.216	0.225	0.234
13000	0.096	0.105	0.114	0.124	0.133	0.142	0.151	0.160	0.169	0.179	0.188	0.197	0.206	0.215	0.225	0.234	0.243
14000	0.100	0.110	0.120	0.129	0.139	0.148	0.158	0.168	0.177	0.187	0.197	0.207	0.216	0.226	0.235	0.245	0.254
15000	0.105	0.115	0.125	0.135	0.145	0.154	0.164	0.174	0.185	0.195	0.205	0.215	0.225	0.235	0.245	0.255	0.265

型号	T5(b_{s0}10mm)																
n_1 /r·min^{-1}	z_1																
	28	29	30	31	32	33	34	35	36	37	38	39	40	41	42	43	44
	P_0/kW																
100	0.004	0.004	0.005	0.005	0.005	0.005	0.005	0.005	0.005	0.006	0.006	0.006	0.006	0.006	0.006	0.007	0.007
200	0.008	0.009	0.009	0.009	0.010	0.010	0.010	0.010	0.011	0.011	0.011	0.012	0.012	0.012	0.013	0.013	0.013
300	0.012	0.013	0.013	0.013	0.014	0.014	0.015	0.015	0.016	0.016	0.017	0.017	0.017	0.018	0.018	0.019	0.019
400	0.016	0.017	0.017	0.018	0.018	0.019	0.019	0.020	0.021	0.021	0.022	0.022	0.023	0.023	0.024	0.025	0.025
500	0.020	0.020	0.021	0.022	0.022	0.023	0.024	0.024	0.025	0.026	0.027	0.027	0.028	0.029	0.029	0.030	0.031

续表

型号	T5(b_{s0}10mm)																
n_1 /r·min^{-1}	z_1																
	28	29	30	31	32	33	34	35	36	37	38	39	40	41	42	43	44
	P_0/kW																
600	0.023	0.024	0.025	0.026	0.026	0.027	0.028	0.029	0.030	0.031	0.031	0.032	0.033	0.034	0.035	0.036	0.037
700	0.026	0.027	0.028	0.029	0.030	0.031	0.032	0.033	0.034	0.035	0.036	0.037	0.038	0.039	0.040	0.041	0.042
800	0.030	0.031	0.032	0.033	0.034	0.035	0.036	0.037	0.038	0.039	0.041	0.042	0.043	0.044	0.045	0.046	0.047
900	0.033	0.034	0.035	0.037	0.038	0.039	0.040	0.041	0.043	0.044	0.045	0.046	0.047	0.049	0.050	0.051	0.052
1000	0.036	0.037	0.039	0.040	0.041	0.043	0.044	0.045	0.047	0.048	0.049	0.051	0.052	0.053	0.054	0.056	0.057
1100	0.039	0.041	0.042	0.043	0.045	0.046	0.048	0.049	0.050	0.052	0.053	0.055	0.056	0.058	0.059	0.060	0.062
1200	0.042	0.044	0.045	0.047	0.048	0.050	0.052	0.053	0.055	0.056	0.058	0.059	0.061	0.062	0.064	0.065	0.067
1300	0.046	0.047	0.049	0.050	0.052	0.054	0.055	0.057	0.059	0.060	0.062	0.064	0.065	0.067	0.069	0.070	0.072
1400	0.049	0.050	0.052	0.054	0.056	0.057	0.059	0.061	0.063	0.065	0.066	0.068	0.070	0.072	0.073	0.075	0.077
1500	0.052	0.054	0.055	0.057	0.059	0.061	0.063	0.065	0.067	0.069	0.070	0.072	0.074	0.076	0.078	0.080	0.082
1700	0.057	0.059	0.061	0.063	0.066	0.068	0.070	0.072	0.074	0.076	0.078	0.080	0.082	0.084	0.086	0.088	0.090
1800	0.060	0.062	0.064	0.066	0.068	0.070	0.073	0.075	0.077	0.079	0.081	0.083	0.086	0.088	0.090	0.092	0.094
1900	0.062	0.065	0.067	0.069	0.071	0.074	0.076	0.078	0.081	0.083	0.085	0.087	0.090	0.092	0.094	0.096	0.099
2000	0.065	0.068	0.070	0.072	0.075	0.077	0.079	0.082	0.084	0.086	0.089	0.091	0.094	0.096	0.098	0.101	0.103
2200	0.071	0.074	0.076	0.079	0.081	0.084	0.087	0.089	0.092	0.094	0.097	0.100	0.102	0.105	0.107	0.110	0.112
2400	0.076	0.079	0.082	0.085	0.087	0.090	0.093	0.096	0.098	0.101	0.104	0.107	0.110	0.112	0.115	0.118	0.121
2600	0.081	0.084	0.087	0.090	0.093	0.096	0.099	0.102	0.105	0.108	0.111	0.114	0.117	0.120	0.122	0.125	0.128
2800	0.086	0.089	0.092	0.095	0.098	0.102	0.105	0.108	0.111	0.114	0.117	0.120	0.123	0.127	0.130	0.133	0.136
3000	0.090	0.094	0.097	0.100	0.104	0.107	0.110	0.113	0.117	0.120	0.123	0.127	0.130	0.133	0.136	0.140	0.143
3200	0.095	0.098	0.102	0.105	0.109	0.112	0.115	0.119	0.122	0.126	0.129	0.133	0.136	0.140	0.143	0.146	0.150
3400	0.099	0.102	0.106	0.110	0.113	0.117	0.120	0.124	0.128	0.131	0.135	0.138	0.142	0.146	0.149	0.153	0.156
3600	0.103	0.106	0.110	0.114	0.118	0.121	0.125	0.129	0.133	0.136	0.140	0.144	0.148	0.151	0.155	0.159	0.163
3800	0.107	0.111	0.115	0.119	0.123	0.127	0.131	0.135	0.139	0.143	0.146	0.150	0.154	0.158	0.162	0.166	0.170
4000	0.112	0.116	0.120	0.124	0.128	0.132	0.136	0.140	0.145	0.149	0.153	0.157	0.161	0.165	0.169	0.173	0.177
4200	0.115	0.120	0.124	0.128	0.132	0.136	0.140	0.145	0.149	0.153	0.157	0.161	0.166	0.170	0.174	0.178	0.182
4400	0.118	0.123	0.127	0.131	0.136	0.140	0.144	0.149	0.153	0.157	0.162	0.166	0.170	0.174	0.179	0.183	0.187
4600	0.121	0.126	0.130	0.135	0.139	0.143	0.148	0.152	0.157	0.161	0.165	0.170	0.174	0.179	0.183	0.188	0.192
4800	0.125	0.130	0.135	0.139	0.144	0.148	0.153	0.157	0.162	0.166	0.171	0.175	0.180	0.185	0.189	0.194	0.198
5000	0.129	0.134	0.139	0.143	0.148	0.153	0.157	0.162	0.167	0.171	0.176	0.181	0.186	0.190	0.195	0.200	0.204
5200	0.133	0.138	0.143	0.148	0.152	0.157	0.162	0.167	0.172	0.176	0.181	0.186	0.191	0.196	0.201	0.206	0.210
5400	0.137	0.142	0.147	0.152	0.156	0.161	0.166	0.171	0.176	0.181	0.186	0.191	0.196	0.201	0.206	0.211	0.216
5600	0.142	0.147	0.152	0.157	0.162	0.167	0.172	0.178	0.183	0.188	0.193	0.198	0.204	0.209	0.214	0.219	0.224
5800	0.145	0.151	0.156	0.161	0.166	0.172	0.177	0.182	0.187	0.193	0.198	0.203	0.209	0.214	0.219	0.224	0.230
6000	0.149	0.154	0.159	0.165	0.170	0.176	0.181	0.186	0.192	0.197	0.203	0.208	0.213	0.219	0.224	0.230	0.235
6200	0.152	0.157	0.163	0.169	0.174	0.180	0.185	0.190	0.196	0.202	0.207	0.213	0.218	0.224	0.229	0.235	0.240
6400	0.155	0.161	0.166	0.172	0.178	0.183	0.189	0.194	0.200	0.206	0.211	0.217	0.223	0.228	0.234	0.240	0.245

续表

型号	T5(b_{s0} 10mm)																
n_1 /r · min^{-1}	z_1																
	28	29	30	31	32	33	34	35	36	37	38	39	40	41	42	43	44
	P_0/kW																
6600	0.158	0.164	0.170	0.175	0.181	0.187	0.192	0.198	0.204	0.210	0.216	0.221	0.227	0.233	0.239	0.244	0.250
6800	0.161	0.167	0.173	0.179	0.184	0.190	0.196	0.202	0.208	0.214	0.220	0.226	0.231	0.237	0.243	0.249	0.255
7000	0.166	0.172	0.178	0.184	0.190	0.196	0.202	0.208	0.214	0.220	0.226	0.232	0.238	0.244	0.250	0.256	0.262
7500	0.174	0.180	0.186	0.193	0.199	0.205	0.211	0.218	0.224	0.230	0.237	0.243	0.249	0.256	0.262	0.268	0.275
8000	0.183	0.190	0.196	0.203	0.210	0.216	0.223	0.230	0.236	0.243	0.250	0.256	0.263	0.269	0.276	0.283	0.290
8500	0.190	0.197	0.204	0.211	0.218	0.224	0.231	0.238	0.245	0.252	0.259	0.266	0.273	0.280	0.287	0.293	0.300
9000	0.199	0.206	0.213	0.220	0.228	0.235	0.242	0.249	0.256	0.264	0.271	0.278	0.285	0.292	0.300	0.307	0.314
9500	0.207	0.215	0.222	0.230	0.237	0.245	0.252	0.260	0.267	0.275	0.282	0.290	0.298	0.305	0.313	0.320	0.328
10000	0.215	0.223	0.231	0.239	0.247	0.255	0.262	0.270	0.278	0.286	0.294	0.302	0.309	0.317	0.325	0.333	0.341
11000	0.231	0.239	0.248	0.256	0.265	0.273	0.281	0.290	0.298	0.307	0.315	0.323	0.332	0.340	0.348	0.357	0.365
12000	0.242	0.251	0.260	0.269	0.277	0.286	0.295	0.304	0.313	0.322	0.330	0.339	0.348	0.357	0.366	0.374	0.383
13000	0.252	0.261	0.270	0.280	0.289	0.298	0.307	0.316	0.325	0.334	0.344	0.353	0.362	0.371	0.380	0.389	0.399
14000	0.264	0.273	0.283	0.293	0.302	0.312	0.321	0.331	0.340	0.350	0.360	0.369	0.379	0.388	0.398	0.408	0.417
15000	0.275	0.285	0.295	0.305	0.314	0.325	0.334	0.344	0.354	0.364	0.374	0.384	0.395	0.404	0.414	0.424	0.434

型号	T5(b_{s0} 10mm)																
n_1 /r · min^{-1}	z_1																
	45	46	47	48	49	50	51	52	53	54	55	56	57	58	59	60	61
	P_0/kW																
100	0.007	0.007	0.007	0.007	0.007	0.008	0.008	0.008	0.008	0.008	0.008	0.009	0.009	0.009	0.009	0.009	0.009
200	0.014	0.014	0.014	0.014	0.015	0.015	0.015	0.016	0.016	0.016	0.017	0.017	0.017	0.017	0.018	0.018	0.018
300	0.020	0.020	0.020	0.021	0.021	0.022	0.022	0.023	0.023	0.024	0.024	0.024	0.025	0.025	0.026	0.026	0.027
400	0.026	0.026	0.027	0.028	0.028	0.029	0.029	0.030	0.030	0.031	0.032	0.032	0.033	0.033	0.034	0.034	0.035
500	0.032	0.032	0.033	0.034	0.034	0.035	0.036	0.037	0.037	0.038	0.039	0.039	0.040	0.041	0.042	0.042	0.043
600	0.037	0.038	0.039	0.040	0.041	0.042	0.042	0.043	0.044	0.045	0.046	0.047	0.047	0.048	0.049	0.050	0.051
700	0.043	0.044	0.045	0.046	0.047	0.047	0.048	0.049	0.050	0.051	0.052	0.053	0.054	0.055	0.056	0.057	0.058
800	0.048	0.049	0.050	0.051	0.052	0.054	0.055	0.056	0.057	0.058	0.059	0.060	0.061	0.062	0.063	0.064	0.065
900	0.053	0.055	0.056	0.057	0.058	0.059	0.061	0.062	0.063	0.064	0.065	0.067	0.068	0.069	0.070	0.071	0.072
1000	0.058	0.060	0.061	0.062	0.064	0.065	0.066	0.068	0.069	0.070	0.071	0.073	0.074	0.075	0.077	0.078	0.079
1100	0.063	0.065	0.066	0.068	0.069	0.070	0.072	0.073	0.075	0.076	0.077	0.079	0.080	0.082	0.083	0.085	0.086
1200	0.068	0.070	0.072	0.073	0.075	0.076	0.078	0.079	0.081	0.082	0.084	0.085	0.087	0.089	0.090	0.092	0.093
1300	0.074	0.075	0.077	0.079	0.080	0.082	0.084	0.085	0.087	0.089	0.090	0.092	0.093	0.095	0.097	0.098	0.100
1400	0.079	0.080	0.082	0.084	0.086	0.088	0.089	0.091	0.093	0.095	0.096	0.098	0.100	0.102	0.103	0.105	0.107
1500	0.084	0.086	0.087	0.089	0.091	0.093	0.095	0.097	0.099	0.101	0.102	0.104	0.106	0.108	0.110	0.112	0.114
1700	0.093	0.095	0.097	0.099	0.101	0.103	0.105	0.107	0.109	0.111	0.113	0.115	0.118	0.120	0.122	0.124	0.126
1800	0.096	0.099	0.101	0.103	0.105	0.107	0.109	0.112	0.114	0.116	0.118	0.120	0.122	0.125	0.127	0.129	0.131
1900	0.101	0.103	0.105	0.108	0.110	0.112	0.115	0.117	0.119	0.121	0.124	0.126	0.128	0.131	0.133	0.135	0.137

续表

型号	T5(b_{s0} 10mm)																
n_1 /r·min^{-1}	z_1																
	45	46	47	48	49	50	51	52	53	54	55	56	57	58	59	60	61
	P_0/kW																
2000	0.105	0.108	0.110	0.113	0.115	0.117	0.120	0.122	0.124	0.127	0.129	0.131	0.134	0.136	0.139	0.141	0.143
2200	0.115	0.118	0.120	0.123	0.125	0.128	0.131	0.133	0.136	0.138	0.141	0.143	0.146	0.149	0.151	0.154	0.156
2400	0.123	0.126	0.129	0.132	0.134	0.137	0.140	0.143	0.146	0.148	0.151	0.154	0.157	0.159	0.162	0.165	0.168
2600	0.131	0.134	0.137	0.140	0.143	0.146	0.149	0.152	0.155	0.158	0.161	0.164	0.167	0.170	0.173	0.176	0.179
2800	0.139	0.142	0.145	0.148	0.152	0.155	0.158	0.161	0.164	0.167	0.170	0.173	0.177	0.180	0.183	0.186	0.189
3000	0.146	0.150	0.153	0.156	0.160	0.163	0.166	0.169	0.173	0.176	0.179	0.183	0.186	0.189	0.192	0.196	0.199
3200	0.153	0.157	0.160	0.164	0.167	0.171	0.174	0.178	0.181	0.184	0.188	0.191	0.195	0.198	0.202	0.205	0.208
3400	0.160	0.164	0.167	0.171	0.174	0.178	0.182	0.185	0.189	0.192	0.196	0.200	0.203	0.207	0.210	0.214	0.217
3600	0.166	0.170	0.174	0.177	0.181	0.185	0.189	0.192	0.196	0.200	0.204	0.207	0.211	0.215	0.219	0.222	0.226
3800	0.174	0.178	0.182	0.186	0.189	0.193	0.197	0.201	0.205	0.209	0.213	0.217	0.221	0.225	0.228	0.232	0.236
4000	0.181	0.185	0.189	0.193	0.198	0.202	0.206	0.210	0.214	0.218	0.222	0.226	0.230	0.234	0.238	0.242	0.246
4200	0.187	0.191	0.195	0.199	0.203	0.208	0.212	0.216	0.220	0.224	0.229	0.233	0.237	0.241	0.245	0.250	0.254
4400	0.192	0.196	0.200	0.205	0.209	0.213	0.218	0.222	0.226	0.230	0.235	0.239	0.243	0.248	0.252	0.256	0.261
4600	0.196	0.201	0.205	0.210	0.214	0.218	0.223	0.227	0.232	0.236	0.241	0.245	0.249	0.254	0.258	0.263	0.267
4800	0.203	0.207	0.212	0.216	0.221	0.226	0.230	0.235	0.239	0.244	0.248	0.253	0.258	0.262	0.267	0.271	0.276
5000	0.209	0.214	0.218	0.223	0.228	0.233	0.237	0.242	0.247	0.251	0.256	0.261	0.266	0.270	0.275	0.280	0.284
5200	0.215	0.220	0.225	0.230	0.235	0.239	0.244	0.249	0.254	0.259	0.264	0.268	0.273	0.278	0.283	0.288	0.293
5400	0.221	0.226	0.231	0.236	0.241	0.246	0.251	0.256	0.261	0.266	0.271	0.276	0.281	0.286	0.291	0.296	0.301
5600	0.229	0.235	0.240	0.245	0.250	0.255	0.260	0.265	0.270	0.276	0.281	0.286	0.291	0.296	0.301	0.307	0.312
5800	0.235	0.240	0.245	0.251	0.256	0.261	0.267	0.272	0.277	0.282	0.288	0.293	0.298	0.304	0.309	0.314	0.319
6000	0.241	0.246	0.251	0.257	0.262	0.268	0.273	0.278	0.284	0.289	0.295	0.300	0.305	0.311	0.316	0.322	0.327
6200	0.246	0.251	0.257	0.262	0.268	0.273	0.279	0.285	0.290	0.295	0.301	0.307	0.312	0.318	0.323	0.329	0.334
6400	0.251	0.257	0.262	0.268	0.273	0.279	0.285	0.290	0.296	0.302	0.307	0.313	0.319	0.324	0.330	0.335	0.341
6600	0.256	0.262	0.267	0.273	0.279	0.285	0.290	0.296	0.302	0.308	0.313	0.319	0.325	0.331	0.336	0.342	0.348
6800	0.261	0.267	0.272	0.278	0.284	0.290	0.296	0.302	0.307	0.313	0.319	0.325	0.331	0.337	0.343	0.349	0.354
7000	0.268	0.274	0.280	0.286	0.292	0.299	0.305	0.311	0.317	0.323	0.329	0.335	0.341	0.347	0.353	0.359	0.365
7500	0.281	0.287	0.294	0.300	0.306	0.313	0.319	0.325	0.331	0.338	0.344	0.350	0.357	0.363	0.369	0.376	0.382
8000	0.296	0.303	0.309	0.316	0.323	0.330	0.336	0.343	0.349	0.356	0.363	0.370	0.376	0.383	0.389	0.396	0.403
8500	0.307	0.314	0.321	0.328	0.335	0.342	0.349	0.356	0.363	0.369	0.376	0.383	0.390	0.397	0.404	0.411	0.418
9000	0.322	0.329	0.336	0.343	0.350	0.358	0.365	0.372	0.379	0.386	0.394	0.401	0.408	0.416	0.423	0.430	0.437
9500	0.335	0.343	0.350	0.358	0.365	0.373	0.380	0.388	0.395	0.403	0.411	0.418	0.426	0.433	0.441	0.448	0.456
10000	0.349	0.356	0.364	0.372	0.380	0.388	0.396	0.403	0.411	0.419	0.427	0.435	0.443	0.450	0.458	0.466	0.474
11000	0.374	0.382	0.390	0.399	0.407	0.416	0.424	0.433	0.441	0.449	0.458	0.466	0.475	0.483	0.491	0.500	0.508
12000	0.392	0.401	0.410	0.418	0.427	0.436	0.445	0.454	0.462	0.471	0.480	0.489	0.498	0.507	0.515	0.524	0.533
13000	0.408	0.417	0.426	0.435	0.444	0.454	0.463	0.472	0.481	0.490	0.499	0.509	0.518	0.527	0.536	0.545	0.554
14000	0.427	0.437	0.446	0.456	0.465	0.475	0.485	0.494	0.504	0.513	0.523	0.533	0.542	0.552	0.561	0.571	0.580
15000	0.444	0.454	0.464	0.474	0.484	0.494	0.504	0.514	0.524	0.534	0.544	0.554	0.564	0.574	0.584	0.594	0.604

续表

型号	T10(b_{s0}10mm)														
n_1/r·min^{-1}	z_1														
	12	13	14	15	16	17	18	19	20	21	22	23	24	25	26
	P_0/kW														
100	0.007	0.008	0.008	0.009	0.010	0.010	0.011	0.012	0.012	0.013	0.014	0.014	0.014	0.015	0.016
200	0.014	0.015	0.016	0.018	0.019	0.020	0.021	0.023	0.024	0.025	0.026	0.027	0.028	0.030	0.031
300	0.020	0.022	0.024	0.026	0.027	0.029	0.031	0.033	0.034	0.036	0.038	0.040	0.041	0.043	0.045
400	0.026	0.028	0.031	0.033	0.035	0.038	0.040	0.042	0.044	0.047	0.049	0.051	0.053	0.056	0.058
500	0.032	0.035	0.037	0.040	0.043	0.046	0.049	0.051	0.054	0.057	0.060	0.063	0.065	0.068	0.071
600	0.037	0.041	0.044	0.047	0.051	0.054	0.057	0.060	0.064	0.067	0.070	0.074	0.076	0.080	0.083
700	0.042	0.046	0.050	0.054	0.057	0.061	0.065	0.068	0.072	0.076	0.080	0.083	0.087	0.091	0.094
800	0.048	0.052	0.056	0.060	0.064	0.069	0.073	0.077	0.081	0.085	0.089	0.094	0.097	0.102	0.106
900	0.052	0.057	0.062	0.066	0.071	0.075	0.080	0.085	0.089	0.094	0.098	0.103	0.105	0.112	0.117
1000	0.057	0.062	0.067	0.072	0.077	0.082	0.087	0.092	0.097	0.102	0.107	0.112	0.116	0.122	0.127
1100	0.062	0.067	0.073	0.078	0.084	0.089	0.095	0.100	0.105	0.111	0.116	0.122	0.127	0.133	0.138
1200	0.067	0.073	0.079	0.085	0.091	0.096	0.102	0.108	0.114	0.120	0.126	0.132	0.137	0.143	0.149
1300	0.071	0.078	0.084	0.090	0.096	0.103	0.109	0.115	0.122	0.128	0.134	0.140	0.146	0.153	0.159
1400	0.076	0.082	0.089	0.096	0.102	0.109	0.115	0.122	0.129	0.135	0.142	0.149	0.155	0.162	0.168
1500	0.080	0.087	0.094	0.101	0.108	0.116	0.122	0.128	0.135	0.143	0.149	0.156	0.163	0.170	0.177
1600	0.084	0.091	0.098	0.105	0.113	0.120	0.127	0.135	0.142	0.149	0.157	0.164	0.171	0.179	0.186
1700	0.087	0.095	0.102	0.110	0.118	0.125	0.133	0.140	0.148	0.156	0.163	0.171	0.178	0.186	0.194
1800	0.091	0.099	0.107	0.115	0.123	0.131	0.139	0.147	0.155	0.164	0.171	0.179	0.187	0.195	0.203
1900	0.095	0.103	0.111	0.120	0.128	0.136	0.145	0.153	0.161	0.169	0.178	0.186	0.194	0.203	0.211
2000	0.099	0.107	0.116	0.125	0.133	0.142	0.151	0.159	0.168	0.177	0.185	0.194	0.202	0.211	0.220
2100	0.103	0.112	0.121	0.130	0.139	0.148	0.157	0.166	0.175	0.184	0.193	0.202	0.210	0.220	0.229
2200	0.107	0.116	0.125	0.135	0.144	0.153	0.163	0.172	0.181	0.191	0.200	0.209	0.218	0.228	0.237
2300	0.109	0.119	0.128	0.138	0.148	0.157	0.167	0.176	0.186	0.196	0.205	0.215	0.224	0.234	0.243
2400	0.113	0.123	0.133	0.143	0.152	0.162	0.172	0.182	0.192	0.202	0.212	0.222	0.231	0.241	0.251
2500	0.117	0.127	0.137	0.147	0.157	0.167	0.178	0.188	0.198	0.208	0.218	0.229	0.239	0.249	0.259
2600	0.120	0.130	0.141	0.151	0.162	0.172	0.183	0.193	0.204	0.215	0.225	0.235	0.246	0.256	0.267
2700	0.123	0.134	0.145	0.156	0.166	0.177	0.188	0.199	0.210	0.221	0.231	0.242	0.252	0.264	0.274
2800	0.127	0.138	0.149	0.160	0.171	0.182	0.193	0.204	0.215	0.226	0.237	0.248	0.259	0.271	0.282
2900	0.130	0.141	0.152	0.164	0.175	0.186	0.198	0.209	0.221	0.232	0.243	0.255	0.266	0.277	0.289
3000	0.133	0.144	0.156	0.168	0.179	0.191	0.203	0.214	0.226	0.238	0.249	0.261	0.272	0.284	0.296
3100	0.136	0.148	0.160	0.171	0.183	0.195	0.207	0.219	0.231	0.243	0.255	0.267	0.278	0.290	0.302
3200	0.139	0.151	0.163	0.175	0.187	0.199	0.212	0.224	0.236	0.248	0.260	0.272	0.284	0.296	0.309
3300	0.143	0.155	0.168	0.181	0.193	0.206	0.218	0.231	0.243	0.256	0.268	0.281	0.293	0.306	0.318
3400	0.146	0.158	0.171	0.184	0.197	0.210	0.222	0.235	0.248	0.261	0.273	0.286	0.299	0.312	0.324
3500	0.148	0.161	0.174	0.187	0.200	0.213	0.226	0.239	0.252	0.265	0.278	0.291	0.304	0.317	0.330

续表

型号	T10(b_{s0}10mm)														
n_1/r·min^{-1}	z_1														
	12	13	14	15	16	17	18	19	20	21	22	23	24	25	26
	P_0/kW														
3600	0.151	0.164	0.177	0.191	0.204	0.217	0.230	0.243	0.257	0.270	0.283	0.296	0.309	0.323	0.336
3700	0.153	0.167	0.180	0.194	0.207	0.221	0.234	0.247	0.261	0.274	0.288	0.301	0.314	0.328	0.342
3800	0.156	0.169	0.183	0.197	0.210	0.224	0.238	0.251	0.265	0.279	0.292	0.306	0.319	0.338	0.347
3900	0.158	0.172	0.186	0.200	0.213	0.227	0.241	0.255	0.269	0.283	0.296	0.310	0.324	0.338	0.352
4000	0.160	0.174	0.188	0.202	0.216	0.230	0.245	0.258	0.273	0.287	0.301	0.315	0.328	0.343	0.357
4200	0.166	0.181	0.195	0.210	0.224	0.239	0.254	0.268	0.283	0.298	0.312	0.327	0.341	0.356	0.370
4400	0.170	0.185	0.200	0.215	0.230	0.245	0.260	0.274	0.289	0.304	0.319	0.334	0.349	0.364	0.379
4600	0.176	0.191	0.206	0.222	0.237	0.253	0.268	0.283	0.299	0.314	0.330	0.345	0.360	0.376	0.391
4800	0.181	0.197	0.213	0.229	0.244	0.260	0.276	0.292	0.308	0.324	0.340	0.356	0.371	0.387	0.403
5000	0.186	0.203	0.219	0.235	0.252	0.268	0.284	0.301	0.317	0.333	0.349	0.366	0.382	0.398	0.415
5200	0.191	0.208	0.225	0.242	0.258	0.275	0.292	0.309	0.325	0.342	0.359	0.376	0.392	0.409	0.426
5400	0.196	0.213	0.231	0.248	0.265	0.282	0.299	0.316	0.334	0.351	0.368	0.385	0.402	0.420	0.437
5600	0.201	0.218	0.236	0.254	0.271	0.289	0.307	0.324	0.342	0.359	0.377	0.394	0.412	0.430	0.447
5800	0.205	0.223	0.241	0.259	0.277	0.295	0.313	0.331	0.349	0.367	0.385	0.403	0.421	0.439	0.457
6000	0.210	0.228	0.246	0.265	0.283	0.301	0.320	0.338	0.357	0.375	0.393	0.412	0.430	0.448	0.467
6200	0.214	0.232	0.251	0.270	0.289	0.307	0.326	0.345	0.364	0.382	0.401	0.420	0.438	0.457	0.476
6400	0.218	0.237	0.256	0.275	0.294	0.313	0.332	0.351	0.370	0.389	0.408	0.427	0.446	0.465	0.485
6600	0.218	0.237	0.257	0.276	0.295	0.314	0.333	0.352	0.371	0.391	0.409	0.429	0.447	0.467	0.486
6800	0.222	0.241	0.261	0.280	0.299	0.319	0.338	0.358	0.377	0.397	0.416	0.435	0.455	0.474	0.494
7000	0.225	0.245	0.264	0.284	0.304	0.324	0.343	0.363	0.383	0.403	0.422	0.442	0.461	0.481	0.501
7500	0.234	0.254	0.275	0.296	0.316	0.337	0.257	0.378	0.398	0.419	0.439	0.460	0.480	0.501	0.521
8000	0.242	0.263	0.285	0.306	0.327	0.348	0.370	0.391	0.412	0.433	0.454	0.476	0.497	0.518	0.539
8500	0.250	0.271	0.293	0.315	0.337	0.359	0.381	0.402	0.424	0.446	0.468	0.490	0.511	0.533	0.555
9000	0.256	0.278	0.301	0.323	0.345	0.368	0.390	0.412	0.435	0.458	0.480	0.502	0.524	0.547	0.569
9500	0.261	0.284	0.307	0.330	0.352	0.375	0.398	0.421	0.444	0.467	0.490	0.513	0.535	0.558	0.581
10000	0.270	0.294	0.318	0.341	0.365	0.389	0.412	0.436	0.460	0.483	0.507	0.531	0.554	0.578	0.602
11000	0.287	0.312	0.337	0.362	0.387	0.413	0.438	0.463	0.488	0.513	0.538	0.563	0.588	0.614	0.639
12000	0.302	0.328	0.355	0.381	0.407	0.434	0.461	0.487	0.513	0.540	0.566	0.593	0.619	0.646	0.672
13000	0.315	0.342	0.370	0.398	0.425	0.453	0.481	0.508	0.536	0.563	0.591	0.618	0.646	0.673	0.701
14000	0.326	0.354	0.383	0.412	0.440	0.469	0.498	0.526	0.555	0.583	0.612	0.640	0.669	0.697	
15000	0.329	0.357	0.386	0.415	0.443	0.472	0.501	0.530	0.559	0.588	0.616	0.645			

型号	T10(b_{s0}10mm)														
n_1/r·min^{-1}	z_1														
	27	28	29	30	31	32	33	34	35	36	37	38	39	40	41
	P_0/kW														
100	0.017	0.017	0.018	0.019	0.019	0.020	0.021	0.021	0.022	0.022	0.023	0.024	0.024	0.025	0.026
200	0.032	0.034	0.035	0.036	0.037	0.038	0.040	0.041	0.042	0.043	0.045	0.046	0.047	0.048	0.049

续表

型号	T10(b_{s0} 10mm)														
n_1 /r · min^{-1}	z_1														
	27	28	29	30	31	32	33	34	35	36	37	38	39	40	41
	P_0/kW														
300	0.047	0.049	0.050	0.052	0.054	0.056	0.058	0.059	0.061	0.063	0.065	0.066	0.068	0.070	0.072
400	0.060	0.063	0.065	0.067	0.069	0.072	0.074	0.076	0.079	0.081	0.083	0.086	0.088	0.090	0.092
500	0.074	0.077	0.079	0.082	0.085	0.088	0.091	0.093	0.096	0.099	0.102	0.105	0.107	0.110	0.113
600	0.087	0.090	0.093	0.097	0.100	0.103	0.106	0.110	0.113	0.116	0.119	0.123	0.126	0.129	0.133
700	0.098	0.102	0.106	0.109	0.113	0.117	0.120	0.124	0.128	0.132	0.135	0.139	0.143	0.146	0.150
800	0.110	0.115	0.119	0.123	0.127	0.131	0.135	0.140	0.144	0.148	0.152	0.156	0.161	0.165	0.169
900	0.121	0.126	0.130	0.135	0.140	0.144	0.149	0.153	0.158	0.163	0.167	0.172	0.176	0.181	0.186
1000	0.132	0.136	0.141	0.146	0.151	0.156	0.161	0.166	0.171	0.176	0.181	0.186	0.191	0.196	0.201
1100	0.144	0.149	0.154	0.160	0.165	0.171	0.176	0.182	0.187	0.192	0.198	0.203	0.209	0.214	0.220
1200	0.155	0.161	0.167	0.173	0.179	0.185	0.191	0.196	0.202	0.208	0.214	0.220	0.226	0.232	0.238
1300	0.165	0.172	0.178	0.184	0.190	0.197	0.203	0.209	0.215	0.222	0.228	0.234	0.241	0.247	0.253
1400	0.175	0.182	0.188	0.195	0.202	0.208	0.215	0.222	0.228	0.235	0.241	0.248	0.255	0.261	0.268
1500	0.184	0.191	0.198	0.205	0.212	0.219	0.226	0.233	0.240	0.247	0.254	0.261	0.268	0.275	0.282
1600	0.193	0.200	0.208	0.215	0.222	0.230	0.237	0.244	0.252	0.259	0.266	0.274	0.281	0.288	0.296
1700	0.202	0.209	0.217	0.225	0.232	0.240	0.247	0.255	0.263	0.270	0.278	0.286	0.293	0.301	0.308
1800	0.212	0.219	0.228	0.236	0.243	0.252	0.260	0.268	0.276	0.284	0.292	0.300	0.308	0.316	0.324
1900	0.219	0.227	0.236	0.244	0.252	0.261	0.269	0.277	0.286	0.294	0.302	0.310	0.319	0.327	0.335
2000	0.229	0.237	0.246	0.255	0.263	0.272	0.280	0.289	0.298	0.306	0.315	0.324	0.332	0.341	0.350
2100	0.238	0.247	0.256	0.265	0.274	0.283	0.292	0.301	0.310	0.319	0.328	0.337	0.346	0.355	0.364
2200	0.247	0.256	0.265	0.275	0.284	0.293	0.303	0.312	0.321	0.331	0.340	0.349	0.359	0.368	0.377
2300	0.253	0.262	0.272	0.282	0.291	0.301	0.310	0.320	0.329	0.339	0.349	0.358	0.368	0.377	0.387
2400	0.261	0.271	0.281	0.291	0.301	0.311	0.321	0.331	0.340	0.350	0.360	0.370	0.380	0.390	0.400
2500	0.270	0.280	0.290	0.300	0.310	0.321	0.331	0.341	0.351	0.361	0.371	0.382	0.392	0.402	0.412
2600	0.278	0.288	0.298	0.309	0.319	0.330	0.341	0.351	0.362	0.372	0.382	0.393	0.404	0.414	0.425
2700	0.285	0.296	0.307	0.318	0.328	0.339	0.350	0.361	0.372	0.382	0.393	0.404	0.415	0.426	0.436
2800	0.293	0.304	0.315	0.326	0.337	0.348	0.359	0.370	0.381	0.393	0.404	0.415	0.426	0.437	0.448
2900	0.300	0.311	0.323	0.334	0.346	0.357	0.368	0.380	0.391	0.402	0.414	0.425	0.437	0.448	0.459
3000	0.307	0.319	0.330	0.342	0.354	0.365	0.377	0.389	0.400	0.412	0.423	0.435	0.447	0.458	0.470
3100	0.314	0.326	0.338	0.350	0.362	0.374	0.386	0.397	0.409	0.421	0.433	0.445	0.457	0.469	0.481
3200	0.321	0.333	0.345	0.357	0.369	0.382	0.394	0.406	0.418	0.430	0.442	0.454	0.467	0.479	0.491
3300	0.331	0.343	0.356	0.368	0.381	0.393	0.406	0.419	0.431	0.444	0.456	0.469	0.481	0.494	0.506
3400	0.337	0.350	0.363	0.376	0.388	0.401	0.414	0.427	0.439	0.452	0.465	0.478	0.490	0.503	0.516
3500	0.343	0.356	0.369	0.382	0.395	0.408	0.421	0.434	0.447	0.460	0.473	0.486	0.499	0.512	0.525
3600	0.349	0.362	0.376	0.389	0.402	0.415	0.429	0.442	0.455	0.468	0.481	0.495	0.508	0.521	0.534
3700	0.355	0.368	0.382	0.395	0.409	0.422	0.436	0.449	0.462	0.476	0.489	0.503	0.516	0.530	0.543

续表

型号	T10(b_{s0}10mm)														
n_1 /r·min^{-1}	z_1														
	27	28	29	30	31	32	33	34	35	36	37	38	39	40	41
	P_0/kW														
3800	0.361	0.374	0.388	0.401	0.415	0.429	0.442	0.456	0.470	0.483	0.497	0.511	0.524	0.538	0.552
3900	0.366	0.380	0.393	0.407	0.421	0.435	0.449	0.463	0.477	0.490	0.504	0.518	0.532	0.546	0.560
4000	0.371	0.385	0.399	0.413	0.427	0.441	0.455	0.469	0.483	0.497	0.511	0.525	0.539	0.553	0.567
4200	0.385	0.399	0.414	0.429	0.443	0.458	0.472	0.487	0.501	0.516	0.530	0.545	0.560	0.574	0.589
4400	0.394	0.409	0.423	0.438	0.453	0.468	0.483	0.498	0.513	0.528	0.543	0.558	0.573	0.587	0.602
4600	0.407	0.422	0.437	0.453	0.468	0.484	0.499	0.515	0.530	0.545	0.560	0.576	0.591	0.607	0.622
4800	0.419	0.435	0.451	0.467	0.483	0.498	0.514	0.530	0.546	0.562	0.578	0.594	0.610	0.625	0.641
5000	0.431	0.447	0.464	0.480	0.496	0.513	0.529	0.546	0.562	0.578	0.594	0.611	0.637	0.643	0.660
5200	0.443	0.460	0.476	0.493	0.510	0.527	0.544	0.560	0.577	0.594	0.610	0.627	0.644	0.661	0.678
5400	0.454	0.471	0.488	0.506	0.523	0.540	0.557	0.575	0.592	0.609	0.626	0.643	0.660	0.677	0.695
5600	0.465	0.482	0.500	0.518	0.535	0.553	0.571	0.588	0.606	0.623	0.641	0.658	0.676	0.694	0.711
5800	0.475	0.493	0.511	0.529	0.547	0.565	0.588	0.601	0.619	0.637	0.655	0.673	0.691	0.709	0.727
6000	0.485	0.503	0.522	0.540	0.558	0.577	0.595	0.614	0.632	0.650	0.669	0.687	0.706	0.724	0.742
6200	0.495	0.513	0.532	0.551	0.569	0.588	0.607	0.626	0.644	0.663	0.682	0.701	0.719	0.738	0.757
6400	0.504	0.523	0.542	0.561	0.580	0.599	0.618	0.637	0.656	0.675	0.694	0.713	0.733	0.751	0.771
6600	0.505	0.524	0.543	0.563	0.582	0.601	0.620	0.639	0.658	0.677	0.696	0.716	0.735	0.754	0.773
6800	0.513	0.532	0.552	0.572	0.591	0.610	0.630	0.649	0.669	0.688	0.707	0.727	0.746	0.766	0.785
7000	0.521	0.540	0.560	0.580	0.599	0.619	0.639	0.659	0.678	0.698	0.718	0.738	0.757	0.777	0.797
7500	0.542	0.562	0.583	0.603	0.624	0.644	0.665	0.685	0.706	0.726	0.747	0.767	0.788	0.808	0.829
8000	0.561	0.582	0.603	0.624	0.645	0.667	0.688	0.709	0.730	0.752	0.773	0.794	0.815	0.836	0.858
8500	0.577	0.599	0.621	0.643	0.665	0.687	0.709	0.730	0.752	0.774	0.796	0.818	0.840	0.861	0.883
9000	0.592	0.614	0.637	0.659	0.681	0.704	0.726	0.749	0.771	0.794	0.816	0.838	0.861	0.883	
9500	0.604	0.627	0.650	0.673	0.696	0.719	0.742	0.765	0.787	0.810	0.833				
10000	0.635	0.649	0.673	0.696	0.720	0.744	0.767	0.791	0.815	0.838					
11000	0.664	0.689	0.714	0.740	0.764	0.790									
12000	0.699	0.725	0.751	0.778											
13000	0.719														

型号	T10(b_{s0}10mm)														
n_1 /r·min^{-1}	z_1														
	42	43	44	45	46	47	48	49	50	51	52	53	54	55	56
	P_0/kW														
100	0.026	0.027	0.027	0.028	0.029	0.029	0.030	0.031	0.031	0.032	0.033	0.033	0.034	0.034	0.035
200	0.051	0.052	0.053	0.054	0.056	0.057	0.058	0.059	0.061	0.062	0.063	0.064	0.065	0.067	0.068
300	0.074	0.075	0.077	0.079	0.081	0.082	0.084	0.086	0.088	0.090	0.091	0.093	0.095	0.097	0.098
400	0.095	0.097	0.099	0.102	0.104	0.106	0.108	0.111	0.113	0.115	0.117	0.120	0.122	0.124	0.127
500	0.116	0.119	0.121	0.124	0.127	0.130	0.133	0.135	0.138	0.141	0.144	0.147	0.149	0.152	0.155
600	0.136	0.139	0.142	0.146	0.149	0.152	0.156	0.159	0.162	0.165	0.169	0.172	0.175	0.179	0.182

续表

型号	T10(b_{s0}10mm)														
n_1/r·min^{-1}	z_1														
	42	43	44	45	46	47	48	49	50	51	52	53	54	55	56
	P_0/kW														
700	0.154	0.158	0.161	0.165	0.169	0.172	0.176	0.180	0.184	0.187	0.191	0.195	0.198	0.202	0.206
800	0.173	0.177	0.181	0.186	0.190	0.194	0.198	0.202	0.207	0.211	0.215	0.219	0.223	0.227	0.232
900	0.190	0.195	0.199	0.204	0.208	0.213	0.218	0.222	0.227	0.231	0.236	0.241	0.245	0.250	0.254
1000	0.206	0.211	0.216	0.221	0.226	0.231	0.236	0.241	0.246	0.251	0.256	0.261	0.266	0.271	0.276
1100	0.225	0.230	0.236	0.241	0.247	0.252	0.258	0.263	0.268	0.274	0.279	0.285	0.290	0.296	0.301
1200	0.243	0.249	0.255	0.261	0.267	0.273	0.279	0.284	0.290	0.296	0.302	0.308	0.314	0.320	0.326
1300	0.259	0.266	0.272	0.278	0.284	0.291	0.297	0.303	0.309	0.316	0.322	0.328	0.334	0.341	0.347
1400	0.275	0.282	0.288	0.294	0.301	0.308	0.314	0.321	0.328	0.334	0.341	0.347	0.354	0.361	0.367
1500	0.289	0.296	0.303	0.310	0.317	0.324	0.331	0.338	0.345	0.352	0.359	0.366	0.373	0.380	0.387
1600	0.303	0.310	0.318	0.325	0.332	0.339	0.347	0.354	0.361	0.369	0.376	0.383	0.391	0.398	0.405
1700	0.316	0.324	0.331	0.339	0.347	0.354	0.362	0.369	0.377	0.385	0.392	0.400	0.408	0.415	0.423
1800	0.332	0.340	0.348	0.356	0.364	0.372	0.380	0.388	0.396	0.404	0.412	0.420	0.428	0.436	0.444
1900	0.344	0.352	0.360	0.369	0.377	0.385	0.393	0.402	0.410	0.418	0.427	0.435	0.443	0.451	0.460
2000	0.358	0.367	0.376	0.384	0.393	0.402	0.410	0.419	0.428	0.436	0.445	0.453	0.462	0.471	0.479
2100	0.373	0.382	0.391	0.400	0.409	0.418	0.427	0.436	0.445	0.454	0.463	0.472	0.481	0.490	0.499
2200	0.387	0.396	0.405	0.415	0.424	0.433	0.443	0.452	0.461	0.471	0.480	0.489	0.499	0.508	0.517
2300	0.397	0.406	0.416	0.425	0.435	0.444	0.454	0.463	0.473	0.483	0.492	0.502	0.511	0.521	0.531
2400	0.410	0.420	0.429	0.439	0.449	0.459	0.469	0.479	0.489	0.499	0.509	0.519	0.528	0.538	0.548
2500	0.423	0.433	0.443	0.453	0.463	0.474	0.484	0.494	0.504	0.514	0.525	0.535	0.545	0.555	0.565
2600	0.435	0.446	0.456	0.467	0.477	0.488	0.498	0.509	0.519	0.530	0.540	0.551	0.561	0.572	0.582
2700	0.447	0.458	0.469	0.480	0.490	0.501	0.512	0.523	0.534	0.544	0.555	0.566	0.577	0.588	0.598
2800	0.459	0.470	0.481	0.492	0.503	0.514	0.526	0.537	0.548	0.559	0.570	0.581	0.592	0.603	0.614
2900	0.471	0.482	0.493	0.505	0.516	0.527	0.539	0.550	0.561	0.573	0.584	0.596	0.607	0.618	0.630
3000	0.482	0.493	0.505	0.517	0.528	0.540	0.552	0.563	0.575	0.586	0.598	0.610	0.621	0.633	0.645
3100	0.493	0.504	0.516	0.528	0.540	0.552	0.564	0.576	0.588	0.600	0.611	0.623	0.635	0.647	0.659
3200	0.503	0.515	0.527	0.539	0.552	0.564	0.576	0.588	0.600	0.612	0.624	0.637	0.649	0.661	0.673
3300	0.519	0.531	0.544	0.556	0.569	0.581	0.594	0.606	0.619	0.632	0.644	0.656	0.669	0.681	0.694
3400	0.529	0.541	0.554	0.567	0.580	0.593	0.605	0.618	0.631	0.644	0.656	0.669	0.682	0.695	0.707
3500	0.538	0.551	0.564	0.577	0.590	0.603	0.616	0.629	0.642	0.655	0.668	0.681	0.694	0.707	0.720
3600	0.548	0.561	0.574	0.587	0.600	0.614	0.627	0.640	0.653	0.667	0.680	0.693	0.706	0.719	0.733
3700	0.557	0.570	0.583	0.597	0.610	0.624	0.637	0.651	0.664	0.678	0.691	0.704	0.718	0.731	0.745
3800	0.565	0.579	0.592	0.606	0.620	0.633	0.647	0.661	0.674	0.688	0.702	0.715	0.729	0.743	0.756
3900	0.574	0.587	0.601	0.615	0.629	0.643	0.657	0.670	0.684	0.698	0.712	0.726	0.740	0.753	0.767
4000	0.581	0.595	0.609	0.624	0.638	0.652	0.666	0.680	0.694	0.708	0.722	0.736	0.750	0.764	0.778
4100	0.589	0.603	0.617	0.632	0.646	0.660	0.674	0.689	0.703	0.717	0.731	0.745	0.760	0.774	0.788
4200	0.603	0.618	0.633	0.647	0.662	0.676	0.691	0.705	0.720	0.735	0.749	0.764	0.778	0.793	0.807

续表

型号	T10(b_{s0}10mm)														
n_1 /r · min^{-1}	z_1														
	42	43	44	45	46	47	48	49	50	51	52	53	54	55	56
	P_0/kW														
4300	0.611	0.625	0.640	0.655	0.669	0.684	0.699	0.714	0.726	0.743	0.756	0.773	0.787	0.802	0.817
4400	0.617	0.632	0.647	0.662	0.677	0.692	0.707	0.722	0.738	0.751	0.768	0.781	0.796	0.811	0.826
4500	0.631	0.646	0.662	0.677	0.692	0.707	0.723	0.738	0.753	0.769	0.784	0.799	0.814	0.829	0.845
4600	0.638	0.653	0.668	0.684	0.699	0.715	0.730	0.745	0.761	0.776	0.791	0.807	0.822	0.838	0.853
4800	0.657	0.673	0.689	0.705	0.721	0.736	0.752	0.768	0.784	0.800	0.816	0.832	0.848	0.863	0.879
5000	0.676	0.692	0.709	0.725	0.741	0.758	0.774	0.790	0.807	0.823	0.839	0.856	0.872	0.888	0.905
5200	0.694	0.711	0.728	0.745	0.761	0.778	0.795	0.812	0.828	0.845	0.862	0.879	0.896	0.912	0.929
5400	0.712	0.729	0.746	0.764	0.781	0.798	0.815	0.832	0.849	0.867	0.884	0.901	0.918	0.935	0.953
5600	0.729	0.746	0.764	0.782	0.799	0.817	0.834	0.852	0.870	0.887	0.905	0.922	0.940	0.957	0.975
5800	0.745	0.763	0.781	0.799	0.817	0.835	0.853	0.871	0.889	0.907	0.925	0.943	0.961	0.979	0.997
6000	0.761	0.779	0.797	0.816	0.834	0.852	0.871	0.889	0.908	0.926	0.944	0.963	0.981	0.999	1.018
6200	0.776	0.794	0.813	0.832	0.850	0.869	0.888	0.906	0.925	0.944	0.963	0.981	1.000	1.019	1.038
6400	0.790	0.809	0.828	0.847	0.866	0.885	0.904	0.923	0.942	0.961	0.980	0.999	1.019	1.037	1.057
6600	0.792	0.811	0.830	0.849	0.868	0.888	0.907	0.926	0.945	0.964	0.983	1.002	1.022		
6800	0.805	0.824	0.843	0.863	0.882	0.902	0.921	0.940	0.960	0.979	0.999				
7000	0.816	0.836	0.856	0.876	0.895	0.915	0.935	0.954	0.974	0.994					
7500	0.849	0.870	0.890	0.911	0.931	0.952									
8000	0.879	0.900	0.921	0.943											
8500	0.905														

型号	T20(b_{s0}10mm)																
n_1 /r · min^{-1}	z_1																
	16	17	18	19	20	21	22	23	24	25	26	27	28	29	30	31	32
	P_0/kW																
100	0.039	0.041	0.044	0.046	0.049	0.051	0.053	0.056	0.058	0.061	0.063	0.066	0.068	0.071	0.073	0.076	0.078
200	0.072	0.077	0.081	0.086	0.091	0.095	0.100	0.105	0.109	0.114	0.118	0.123	0.128	0.132	0.137	0.142	0.146
300	0.103	0.109	0.116	0.123	0.129	0.136	0.142	0.149	0.156	0.162	0.169	0.176	0.182	0.189	0.195	0.202	0.209
400	0.130	0.138	0.147	0.155	0.163	0.172	0.180	0.188	0.197	0.205	0.214	0.222	0.230	0.239	0.247	0.255	0.264
500	0.156	0.166	0.176	0.186	0.196	0.206	0.216	0.226	0.236	0.246	0.256	0.267	0.277	0.287	0.297	0.307	0.317
600	0.183	0.195	0.206	0.218	0.230	0.241	0.253	0.265	0.277	0.289	0.300	0.312	0.324	0.336	0.347	0.359	0.371
700	0.204	0.218	0.231	0.244	0.257	0.270	0.283	0.296	0.310	0.323	0.336	0.349	0.362	0.375	0.388	0.401	0.415
800	0.223	0.238	0.252	0.266	0.281	0.295	0.310	0.324	0.338	0.353	0.367	0.381	0.396	0.410	0.425	0.439	0.453
900	0.240	0.255	0.271	0.286	0.302	0.317	0.332	0.348	0.363	0.379	0.394	0.410	0.425	0.440	0.456	0.471	0.487
1000	0.254	0.270	0.287	0.303	0.319	0.335	0.352	0.368	0.384	0.401	0.417	0.433	0.450	0.466	0.482	0.499	0.515

续表

型号	T20(b_{s0}10mm)																
n_1 /r·min^{-1}	z_1																
	16	17	18	19	20	21	22	23	24	25	26	27	28	29	30	31	32
	P_0/kW																
1100	0.276	0.294	0.312	0.330	0.348	0.365	0.383	0.401	0.419	0.436	0.454	0.472	0.490	0.508	0.525	0.543	0.561
1200	0.295	0.315	0.334	0.352	0.372	0.390	0.409	0.428	0.448	0.466	0.485	0.505	0.524	0.542	0.562	0.581	0.599
1300	0.317	0.337	0.358	0.378	0.398	0.418	0.439	0.459	0.480	0.500	0.520	0.541	0.561	0.582	0.602	0.622	0.643
1400	0.334	0.356	0.377	0.399	0.420	0.441	0.463	0.484	0.506	0.527	0.549	0.570	0.592	0.613	0.635	0.656	0.678
1500	0.350	0.373	0.395	0.418	0.441	0.463	0.485	0.508	0.531	0.553	0.576	0.598	0.621	0.643	0.666	0.688	0.711
1600	0.366	0.389	0.413	0.436	0.460	0.483	0.507	0.530	0.554	0.577	0.601	0.624	0.648	0.671	0.695	0.718	0.742
1700	0.384	0.409	0.434	0.458	0.483	0.507	0.532	0.557	0.582	0.606	0.631	0.656	0.680	0.705	0.730	0.755	0.779
1800	0.402	0.428	0.454	0.480	0.506	0.531	0.557	0.583	0.609	0.635	0.661	0.687	0.712	0.738	0.764	0.790	0.816
1900	0.415	0.442	0.468	0.495	0.522	0.548	0.575	0.601	0.628	0.655	0.681	0.708	0.735	0.761	0.788	0.815	0.842
2000	0.432	0.459	0.487	0.515	0.543	0.570	0.598	0.626	0.654	0.681	0.709	0.737	0.765	0.792	0.820	0.848	0.876
2200	0.464	0.493	0.523	0.553	0.583	0.612	0.642	0.672	0.702	0.732	0.762	0.792	0.821	0.851	0.881	0.911	0.940
2400	0.493	0.525	0.557	0.589	0.621	0.652	0.684	0.716	0.747	0.779	0.811	0.843	0.874	0.906	0.938	0.970	1.001
2600	0.521	0.555	0.589	0.622	0.656	0.689	0.723	0.756	0.790	0.823	0.857	0.890	0.924	0.957	0.991	1.024	1.058
2800	0.540	0.575	0.610	0.644	0.679	0.713	0.749	0.783	0.818	0.853	0.887	0.922	0.957	0.992	1.037	1.061	1.096
3000	0.564	0.600	0.636	0.672	0.709	0.744	0.781	0.817	0.854	0.890	0.926	0.962	0.998	1.035	1.071	1.107	1.143
3200	0.585	0.623	0.660	0.698	0.736	0.772	0.811	0.848	0.886	0.923	0.961	0.999	1.036	1.074	1.112	1.149	1.187
3400	0.604	0.643	0.682	0.721	0.760	0.798	0.837	0.876	0.915	0.954	0.993	1.032	1.070	1.109	1.148	1.187	1.226
3600	0.621	0.662	0.701	0.741	0.781	0.821	0.861	0.901	0.941	0.981	1.021	1.061	1.101	1.141	1.181	1.221	1.261
3800	0.637	0.678	0.719	0.759	0.801	0.841	0.882	0.923	0.964	1.005	1.046	1.087	1.128	1.169	1.210	1.251	1.292
4000	0.650	0.692	0.734	0.775	0.817	0.858	0.901	0.942	0.984	1.026	1.068	1.110	1.151	1.193	1.235	1.277	1.318
4200	0.661	0.704	0.746	0.789	0.831	0.873	0.916	0.958	1.001	1.044	1.086	1.129	1.171	1.214	1.256	1.299	1.341
4400	0.681	0.725	0.769	0.813	0.857	0.900	0.944	0.988	1.032	1.076	1.119	1.163	1.207	1.251	1.295	1.339	
4600	0.701	0.746	0.791	0.836	0.881	0.925	0.971	1.016	1.061	1.106	1.151	1.196	1.241	1.286			
4800	0.719	0.765	0.811	0.858	0.904	0.949	0.996	1.042	1.089	1.135	1.181	1.228					
5000	0.736	0.784	0.831	0.878	0.926	0.972	1.020	1.067	1.115	1.162							
5200	0.739	0.787	0.834	0.882	0.930	0.976	1.024	1.072									
5400	0.753	0.802	0.850	0.899	0.947	0.995											
5600	0.754	0.803	0.851	0.899													
5800	0.766	0.815															

型号	T20(b_{s0}10mm)																
n_1 /r·min^{-1}	z_1																
	33	34	35	36	37	38	39	40	41	42	43	44	45	46	47	48	49
	P_0/kW																
100	0.081	0.083	0.086	0.088	0.091	0.093	0.096	0.098	0.101	0.103	0.106	0.108	0.111	0.113	0.116	0.118	0.120
200	0.151	0.156	0.160	0.165	0.169	0.174	0.179	0.183	0.188	0.193	0.197	0.202	0.207	0.211	0.216	0.220	0.225
300	0.215	0.222	0.228	0.235	0.242	0.248	0.255	0.261	0.268	0.275	0.281	0.288	0.295	0.301	0.308	0.314	0.321

续表

型号	T20(b_{s0}10mm)																
n_1 /r·min^{-1}	z_1																
	33	34	35	36	37	38	39	40	41	42	43	44	45	46	47	48	49
	P_0/kW																
400	0.272	0.280	0.289	0.297	0.305	0.314	0.322	0.331	0.339	0.347	0.356	0.364	0.372	0.381	0.389	0.397	0.406
500	0.327	0.337	0.347	0.357	0.367	0.377	0.387	0.397	0.407	0.417	0.427	0.437	0.447	0.457	0.467	0.477	0.487
600	0.383	0.394	0.406	0.418	0.430	0.441	0.453	0.465	0.477	0.488	0.500	0.512	0.524	0.535	0.547	0.559	0.571
700	0.428	0.441	0.454	0.467	0.480	0.493	0.507	0.520	0.533	0.546	0.559	0.572	0.585	0.599	0.612	0.625	0.638
800	0.468	0.482	0.496	0.511	0.525	0.539	0.554	0.568	0.582	0.597	0.611	0.626	0.640	0.654	0.669	0.683	0.697
900	0.502	0.518	0.533	0.548	0.564	0.579	0.592	0.610	0.626	0.641	0.656	0.672	0.687	0.703	0.718	0.733	0.749
1000	0.531	0.548	0.564	0.580	0.597	0.613	0.629	0.646	0.662	0.678	0.695	0.711	0.727	0.744	0.760	0.776	0.793
1100	0.579	0.596	0.614	0.632	0.650	0.668	0.685	0.703	0.721	0.749	0.756	0.774	0.792	0.810	0.828	0.845	0.863
1200	0.618	0.638	0.656	0.676	0.695	0.713	0.733	0.752	0.770	0.789	0.809	0.827	0.846	0.866	0.884	0.903	0.923
1300	0.663	0.684	0.704	0.724	0.745	0.765	0.785	0.806	0.826	0.846	0.867	0.887	0.908	0.928	0.948	0.969	0.989
1400	0.699	0.721	0.742	0.764	0.785	0.807	0.828	0.850	0.871	0.893	0.914	0.936	0.957	0.979	1.000	1.021	1.043
1500	0.733	0.756	0.778	0.801	0.823	0.846	0.869	0.891	0.913	0.936	0.959	0.981	1.004	1.026	1.049	1.071	1.094
1600	0.765	0.789	0.812	0.836	0.859	0.883	0.906	0.930	0.953	0.977	1.000	1.024	1.047	1.071	1.094	1.118	1.141
1700	0.804	0.829	0.853	0.878	0.903	0.927	0.952	0.977	1.001	1.026	1.051	1.076	1.100	1.125	1.150	1.174	1.199
1800	0.842	0.868	0.893	0.919	0.945	0.971	0.997	1.023	1.048	1.074	1.100	1.126	1.152	1.178	1.204	1.229	1.255
1900	0.868	0.895	0.922	0.948	0.975	1.002	1.028	1.055	1.082	1.108	1.135	1.162	1.188	1.215	1.242	1.268	1.295
2000	0.903	0.931	0.959	0.987	1.014	1.042	1.070	1.098	1.125	1.153	1.181	1.209	1.236	1.264	1.292	1.319	1.347
2200	0.970	1.000	1.030	1.060	1.090	1.119	1.149	1.179	1.209	1.238	1.268	1.298	1.328	1.358	1.388	1.417	1.447
2400	1.033	1.065	1.096	1.128	1.160	1.192	1.223	1.255	1.287	1.318	1.350	1.382	1.414	1.446	1.477	1.509	1.541
2600	1.091	1.125	1.158	1.192	1.226	1.259	1.293	1.326	1.360	1.393	1.427	1.460	1.494	1.527	1.561	1.594	1.628
2800	1.131	1.165	1.200	1.235	1.270	1.304	1.339	1.374	1.409	1.443	1.478	1.513	1.547	1.582	1.617		
3000	1.179	1.216	1.252	1.288	1.325	1.361	1.397	1.433	1.469	1.506	1.542	1.578	1.614				
3200	1.224	1.262	1.299	1.337	1.375	1.412	1.450	1.488	1.525	1.563	1.600						
3400	1.264	1.304	1.342	1.381	1.420	1.459	1.498	1.537	1.575								
3600	1.301	1.341	1.381	1.421	1.461	1.500	1.541										
3800	1.332	1.374	1.414	1.456	1.496												
4000	1.360	1.402	1.444														
4200	1.383																

型号	T20(b_{s0}10mm)																
n_1 /r·min^{-1}	z_1																
	50	51	52	53	54	55	56	57	58	59	60	61	62	63	64	65	66
	P_0/kW																
100	0.123	0.125	0.128	0.130	0.133	0.135	0.138	0.140	0.145	0.145	0.148	0.150	0.153	0.155	0.158	0.160	0.163
200	0.230	0.234	0.239	0.244	0.248	0.253	0.258	0.262	0.267	0.271	0.276	0.281	0.285	0.290	0.294	0.298	0.303
300	0.328	0.334	0.341	0.347	0.354	0.361	0.367	0.374	0.380	0.387	0.394	0.400	0.406	0.413	0.419	0.425	0.431
400	0.414	0.422	0.431	0.439	0.448	0.456	0.464	0.473	0.481	0.489	0.498	0.506	0.516	0.525	0.533	0.542	0.550
500	0.497	0.507	0.518	0.528	0.538	0.548	0.558	0.568	0.578	0.588	0.598	0.608	0.618	0.627	0.637	0.647	0.657
600	0.582	0.594	0.606	0.618	0.659	0.641	0.653	0.665	0.676	0.688	0.700	0.712	0.723	0.735	0.747	0.758	0.770
700	0.651	0.664	0.677	0.691	0.704	0.717	0.730	0.743	0.756	0.769	0.783	0.796	0.809	0.822	0.834	0.847	0.860
800	0.712	0.726	0.741	0.755	0.769	0.784	0.798	0.812	0.827	0.841	0.855	0.870	0.885	0.899	0.914	0.929	0.943
900	0.764	0.780	0.795	0.811	0.826	0.842	0.857	0.872	0.888	0.903	0.919	0.934	0.950	0.965	0.981	0.996	1.012
1000	0.809	0.825	0.842	0.858	0.874	0.891	0.907	0.923	0.939	0.956	0.972	0.988	1.004	1.020	1.036	1.053	1.069

续表

型号	T20(b_{s0} 10mm)																
n_1 /r · min^{-1}	z_1																
	50	51	52	53	54	55	56	57	58	59	60	61	62	63	64	65	66
	P_0/kW																
1100	0.881	0.899	0.916	0.934	0.952	0.970	0.987	1.005	1.023	1.041	1.059	1.076	1.094	1.111	1.129	1.147	1.165
1200	0.941	0.960	0.980	0.999	1.017	1.037	1.056	1.074	1.094	1.113	1.131	1.150	1.169	1.187	1.207	1.226	1.244
1300	1.009	1.030	1.050	1.071	1.091	1.111	1.132	1.152	1.172	1.193	1.213	1.233	1.253	1.273	1.293	1.314	1.334
1400	1.064	1.086	1.107	1.129	1.150	1.172	1.193	1.215	1.236	1.258	1.279	1.301	1.322	1.344	1.365	1.387	1.408
1500	1.116	1.139	1.161	1.184	1.206	1.229	1.251	1.274	1.296	1.319	1.341	1.364	1.386	1.408	1.431	1.454	1.476
1600	1.165	1.188	1.212	1.235	1.259	1.282	1.306	1.329	1.353	1.376	1.400	1.423	1.447	1.470	1.494	1.517	1.541
1700	1.224	1.248	1.273	1.298	1.323	1.347	1.372	1.397	1.421	1.446	1.471	1.495	1.519	1.544	1.569	1.593	1.618
1800	1.281	1.307	1.333	1.359	1.385	1.411	1.436	1.462	1.488	1.514	1.540	1.566	1.592	1.618	1.643	1.668	
1900	1.322	1.348	1.375	1.402	1.428	1.455	1.482	1.508	1.535	1.562	1.588	1.615					
2000	1.375	1.403	1.431	1.458	1.486	1.514	1.542	1.569	1.597	1.625	1.652	1.680					
2200	1.477	1.507	1.537	1.566	1.596	1.626	1.656	1.686									
2400	1.572	1.604	1.636	1.668													

型号	T20(b_{s0} 10mm)																
n_1 /r · min^{-1}	z_1																
	67	68	69	70	71	72	73	74	75	76	77	78	79	80	81	82	83
	P_0/kW																
100	0.165	0.168	0.170	0.173	0.175	0.177	0.180	0.182	0.185	0.187	0.189	0.193	0.195	0.198	0.200	0.203	0.205
200	0.308	0.314	0.319	0.323	0.327	0.332	0.337	0.341	0.346	0.351	0.355	0.360	0.365	0.369	0.373	0.378	0.383
300	0.438	0.445	0.451	0.457	0.464	0.470	0.477	0.483	0.490	0.496	0.503	0.509	0.516	0.522	0.529	0.535	0.542
400	0.558	0.567	0.575	0.583	0.591	0.599	0.607	0.615	0.623	0.631	0.639	0.647	0.653	0.662	0.670	0.679	0.687
500	0.667	0.687	0.698	0.697	0.707	0.717	0.727	0.737	0.747	0.757	0.767	0.777	0.787	0.797	0.807	0.817	0.827
600	0.782	0.794	0.806	0.817	0.829	0.841	0.853	0.864	0.876	0.888	0.899	0.911	0.923	0.935	0.946	0.958	0.970
700	0.872	0.885	0.898	0.911	0.924	0.937	0.949	0.962	0.975	0.988	1.001	1.014	1.027	1.040	1.053	1.066	1.079
800	0.958	0.973	0.987	1.002	1.016	1.030	1.044	1.058	1.072	1.086	1.100	1.114	1.128	1.142	1.156	1.170	1.184
900	1.027	1.042	1.057	1.072	1.087	1.102	1.118	1.133	1.148	1.163	1.178	1.193	1.208	1.225	1.240	1.254	1.268
1000	1.085	1.101	1.118	1.134	1.150	1.167	1.183	1.199	1.215	1.231	1.247	1.254	1.270	1.286	1.302	1.319	1.335
1100	1.183	1.200	1.218	1.236	1.253	1.271	1.289	1.307	1.324	1.342	1.360	1.377	1.395	1.412	1.430	1.448	1.466
1200	1.264	1.283	1.301	1.321	1.340	1.359	1.378	1.397	1.416	1.435	1.454	1.473	1.492	1.509	1.528	1.547	1.566
1300	1.354	1.374	1.395	1.415	1.435	1.456	1.476	1.496	1.516	1.537	1.557	1.577	1.597	1.617	1.637	1.658	1.678
1400	1.430	1.451	1.473	1.494	1.516	1.537	1.559	1.580	1.602	1.624	1.645	1.667	1.688	1.709	1.731	1.753	1.774
1500	1.499	1.521	1.544	1.566	1.589	1.611	1.634	1.656	1.679	1.701	1.724	1.746	1.769	1.791			
1600	1.564	1.588	1.611	1.635	1.658	1.682	1.705	1.729	1.753								
1700	1.642	1.666	1.691	1.715													

型号	T20(b_{s0} 10mm)																
n_1 /r · min^{-1}	z_1																
	84	85	86	87	88	89	90	91	92	93	94	95	96	97	98	99	100
	P_0/kW																
100	0.208	0.210	0.213	0.215	0.218	0.220	0.223	0.225	0.228	0.230	0.233	0.235	0.238	0.240	0.243	0.245	0.248
200	0.387	0.391	0.396	0.401	0.406	0.410	0.415	0.420	0.424	0.429	0.434	0.439	0.443	0.448	0.452	0.457	0.462
300	0.548	0.555	0.561	0.568	0.574	0.580	0.586	0.593	0.599	0.606	0.612	0.619	0.626	0.633	0.639	0.646	0.650
400	0.695	0.703	0.711	0.720	0.729	0.738	0.746	0.754	0.762	0.770	0.778	0.786	0.794	0.802	0.810	0.818	0.826
500	0.837	0.847	0.857	0.867	0.877	0.887	0.897	0.907	0.917	0.927	0.937	0.947	0.957	0.967	0.977	0.987	0.997

续表

型号	T20(b_{s0}10mm)																
n_1 /r·min^{-1}	z_1																
	84	85	86	87	88	89	90	91	92	93	94	95	96	97	98	99	100
	P_0/kW																
600	0.981	0.993	1.005	1.016	1.027	1.038	1.050	1.062	1.073	1.084	1.096	1.107	1.118	1.129	1.140	1.151	1.162
700	1.092	1.105	1.118	1.131	1.154	1.167	1.170	1.183	1.196	1.209	1.222	1.235	1.248	1.261	1.274	1.287	1.300
800	1.198	1.212	1.226	1.240	1.254	1.268	1.282	1.296	1.310	1.324	1.338	1.352	1.366	1.380	1.394	1.408	1.422
900	1.282	1.297	1.311	1.326	1.340	1.355	1.369	1.383	1.397	1.412	1.427	1.442	1.456	1.471	1.496	1.510	1.525
1000	1.351	1.367	1.383	1.399	1.416	1.432	1.448	1.464	1.480	1.496	1.512	1.528	1.544	1.560	1.576	1.592	1.608
1100	1.484	1.502	1.520	1.537	1.555	1.573	1.591	1.608	1.626	1.644	1.661	1.679	1.697	1.715	1.732	1.749	1.767
1200	1.585	1.604	1.623	1.642	1.661	1.680	1.699	1.718	1.737	1.756	1.775	1.794	1.813	1.832	1.851	1.870	1.889
1300	1.698	1.718	1.738	1.758	1.778	1.798	1.818	1.838	1.858								
1400	1.796	1.818															

表 14-1-73　圆弧齿带的基准额定功率（摘自 JB/T 7512.3—1994）

型　号	n_1 /r·min^{-1}	z_1	10	12	14	16	18	20	24	28	32	40	48	56	64	72	80
		d_1/mm	9.55	11.46	13.37	15.28	17.19	19.10	22.92	26.74	30.56	38.20	45.48	53.48	61.12	68.75	76.39
	20		0.001	0.001	0.001	0.001	0.002	0.002	0.002	0.003	0.003	0.004	0.006	0.007	0.008	0.008	0.008
	40		0.002	0.002	0.002	0.003	0.003	0.003	0.004	0.005	0.006	0.009	0.011	0.013	0.015	0.017	0.019
	60		0.002	0.003	0.003	0.004	0.005	0.005	0.007	0.008	0.010	0.013	0.017	0.020	0.023	0.025	0.028
	100		0.004	0.005	0.006	0.007	0.008	0.009	0.011	0.013	0.016	0.021	0.028	0.033	0.038	0.042	0.047
	200		0.008	0.010	0.011	0.013	0.015	0.017	0.022	0.027	0.032	0.043	0.055	0.066	0.075	0.084	0.094
	300		0.011	0.013	0.016	0.018	0.021	0.024	0.030	0.036	0.043	0.058	0.074	0.087	0.100	0.112	0.125
	400		0.013	0.016	0.019	0.023	0.026	0.030	0.037	0.045	0.053	0.071	0.090	0.107	0.122	0.138	0.153
	500		0.016	0.019	0.023	0.027	0.031	0.035	0.044	0.053	0.062	0.083	0.106	0.125	0.143	0.161	0.179
	600		0.018	0.022	0.027	0.031	0.035	0.040	0.050	0.060	0.071	0.095	0.120	0.142	0.163	0.183	0.203
	700		0.020	0.025	0.030	0.035	0.040	0.045	0.056	0.068	0.080	0.106	0.134	0.159	0.181	0.204	0.227
	800		0.023	0.028	0.033	0.039	0.044	0.050	0.062	0.075	0.088	0.117	0.148	0.174	0.199	0.224	0.249
	870		0.024	0.030	0.035	0.041	0.047	0.053	0.066	0.080	0.094	0.124	0.157	0.185	0.211	0.238	0.264
	900		0.025	0.030	0.036	0.042	0.048	0.055	0.068	0.082	0.096	0.127	0.160	0.189	0.216	0.243	0.270
	1000		0.027	0.033	0.039	0.046	0.052	0.059	0.073	0.088	0.104	0.137	0.173	0.204	0.233	0.262	0.291
	1160		0.030	0.037	0.044	0.051	0.059	0.066	0.082	0.099	0.116	0.153	0.192	0.226	0.258	0.291	0.323
	1200		0.031	0.038	0.045	0.052	0.060	0.068	0.084	0.101	0.119	0.156	0.197	0.232	0.265	0.298	0.330
3M(b_{s0} 6mm)	1400	P_0/kW	0.035	0.043	0.051	0.059	0.068	0.076	0.094	0.113	0.133	0.175	0.219	0.258	0.295	0.331	0.368
	1450		0.036	0.044	0.052	0.061	0.069	0.078	0.097	0.116	0.137	0.179	0.225	0.264	0.302	0.339	0.377
	1600		0.039	0.047	0.056	0.065	0.075	0.084	0.104	0.125	0.147	0.192	0.241	0.283	0.323	0.363	0.403
	1750		0.042	0.051	0.060	0.070	0.080	0.090	0.112	0.134	0.157	0.205	0.256	0.301	0.344	0.386	0.429
	1800		0.042	0.052	0.062	0.072	0.082	0.092	0.114	0.136	0.160	0.209	0.261	0.307	0.351	0.394	0.437
	2000		0.046	0.056	0.067	0.077	0.089	0.100	0.123	0.148	0.173	0.226	0.281	0.331	0.377	0.423	0.469
	2400		0.053	0.065	0.077	0.089	0.102	0.115	0.141	0.169	0.197	0.257	0.319	0.375	0.427	0.479	0.530
	2800		0.060	0.073	0.086	0.100	0.114	0.129	0.158	0.189	0.221	0.287	0.355	0.416	0.474	0.530	0.586
	3200		0.066	0.081	0.096	0.111	0.126	0.142	0.175	0.209	0.243	0.315	0.389	0.455	0.517	0.578	0.638
	3600		0.073	0.088	0.105	0.121	0.138	0.155	0.191	0.227	0.265	0.342	0.421	0.492	0.558	0.622	0.685
	4000		0.079	0.096	0.113	0.131	0.150	0.168	0.206	0.245	0.285	0.368	0.451	0.526	0.596	0.663	0.727
	5000		0.094	0.114	0.134	0.155	0.177	0.198	0.243	0.288	0.334	0.427	0.521	0.603	0.678	0.749	0.814
	6000		0.108	0.131	0.154	0.178	0.202	0.227	0.277	0.327	0.378	0.481	0.581	0.667	0.743	0.812	0.871
	7000		0.121	0.147	0.173	0.200	0.227	0.254	0.309	0.364	0.419	0.528	0.631	0.718	0.790	0.850	0.896
	8000		0.134	0.163	0.191	0.221	0.250	0.279	0.339	0.398	0.456	0.569	0.673	0.754	0.816	0.861	0.885
	10000		0.159	0.192	0.226	0.259	0.293	0.326	0.393	0.457	0.519	0.631	0.724	0.781	0.804	0.792	0.729
	12000		0.182	0.220	0.257	0.295	0.332	0.368	0.438	0.505	0.566	0.666	0.729	0.739	0.691	0.582	
	14000		0.204	0.245	0.286	0.327	0.366	0.404	0.476	0.541	0.596	0.670	0.683	0.616			

续表

型号	n_1 /r·min^{-1}	z_1	14	16	18	20	24	28	32	36	40	44	48	56	64	72	80
		d_1 /mm	22.28	25.46	28.65	31.83	38.20	44.56	50.93	57.30	63.66	70.03	76.39	89.13	101.86	114.59	127.32
	20		0.004	0.005	0.006	0.007	0.009	0.011	0.013	0.015	0.017	0.020	0.023	0.027	0.031	0.034	0.038
	40		0.009	0.011	0.012	0.014	0.018	0.021	0.026	0.030	0.035	0.040	0.045	0.054	0.061	0.069	0.077
	60		0.013	0.016	0.018	0.021	0.026	0.032	0.038	0.045	0.052	0.060	0.068	0.080	0.092	0.103	0.115
	100		0.022	0.026	0.030	0.035	0.044	0.054	0.064	0.075	0.087	0.100	0.113	0.134	0.153	0.172	0.192
	200		0.045	0.053	0.061	0.069	0.088	0.107	0.128	0.150	0.174	0.199	0.226	0.268	0.306	0.345	0.383
	300		0.061	0.072	0.083	0.094	0.119	0.145	0.172	0.202	0.233	0.266	0.300	0.356	0.407	0.458	0.509
	400		0.076	0.090	0.103	0.117	0.147	0.179	0.213	0.249	0.286	0.326	0.368	0.436	0.498	0.561	0.623
	500		0.091	0.106	0.122	0.139	0.174	0.211	0.251	0.292	0.336	0.382	0.430	0.510	0.583	0.656	0.728
	600		0.104	0.122	0.140	0.159	0.199	0.241	0.286	0.334	0.383	0.435	0.489	0.580	0.662	0.745	0.827
	700		0.117	0.137	0.158	0.179	0.223	0.271	0.321	0.373	0.428	0.485	0.545	0.646	0.738	0.829	0.921
	800		0.130	0.152	0.174	0.198	0.247	0.299	0.353	0.411	0.471	0.533	0.598	0.709	0.809	0.910	1.010
	870		0.139	0.162	0.186	0.211	0.263	0.318	0.376	0.437	0.500	0.566	0.634	0.751	0.858	0.965	1.071
	900		0.142	0.166	0.191	0.216	0.269	0.326	0.385	0.447	0.512	0.580	0.650	0.769	0.879	0.987	1.096
	1000		0.154	0.180	0.206	0.234	0.291	0.352	0.416	0.483	0.552	0.625	0.699	0.828	0.945	1.062	1.178
	1160		0.173	0.201	0.231	0.262	0.326	0.393	0.464	0.537	0.614	0.694	0.776	0.918	1.047	1.176	1.304
	1200		0.177	0.207	0.237	0.268	0.334	0.403	0.475	0.551	0.629	0.710	0.794	0.939	1.072	1.204	1.334
	1400		0.199	0.232	0.266	0.301	0.375	0.451	0.532	0.615	0.702	0.791	0.884	1.044	1.191	1.336	1.480
5M(b_{s0} 9mm)	1450	P_0 /kW	0.205	0.239	0.274	0.309	0.384	0.463	0.545	0.631	0.720	0.811	0.905	1.071	1.220	1.368	1.515
	1600		0.221	0.257	0.295	0.333	0.414	0.498	0.586	0.677	0.771	0.869	0.969	1.144	1.303	1.461	1.617
	1750		0.236	0.275	0.315	0.356	0.442	0.532	0.625	0.722	0.822	0.925	1.030	1.215	1.384	1.550	1.713
	1800		0.242	0.281	0.322	0.364	0.451	0.543	0.638	0.736	0.838	0.943	1.050	1.239	1.410	1.578	1.745
	2000		0.262	0.305	0.349	0.394	0.488	0.586	0.688	0.794	0.902	1.014	1.128	1.329	1.511	1.689	1.864
	2400		0.301	0.350	0.400	0.451	0.558	0.669	0.784	0.902	1.024	1.148	1.274	1.479	1.697	1.891	2.079
	2800		0.338	0.393	0.449	0.506	0.625	0.748	0.874	1.004	1.137	1.272	1.408	1.649	1.863	2.067	2.262
	3200		0.374	0.434	0.496	0.559	0.688	0.822	0.960	1.100	1.242	1.386	1.531	1.786	2.008	2.217	2.411
	3600		0.409	0.474	0.541	0.609	0.749	0.893	1.040	1.190	1.340	1.492	1.644	1.908	2.134	2.340	2.526
	4000		0.443	0.513	0.585	0.658	0.808	0.961	1.116	1.274	1.431	1.589	1.745	2.015	2.238	2.436	2.604
	5000		0.523	0.605	0.688	0.772	0.943	1.115	1.288	1.459	1.628	1.792	1.951	2.212	2.402	2.541	2.623
	6000		0.598	0.690	0.783	0.877	1.064	1.250	1.433	1.610	1.778	1.973	2.084	2.301	2.411	2.434	2.358
	7000		0.669	0.769	0.870	0.971	1.171	1.365	1.550	1.722	1.880	2.019	2.137	2.268	2.245	2.084	1.766
	8000		0.735	0.843	0.950	1.057	1.264	1.459	1.637	1.794	1.927	2.031	2.101	2.100	1.882		
	10000		0.854	0.972	1.088	1.199	1.403	1.577	1.714	1.804	1.842	1.819	1.729				
	12000		0.956	1.078	1.193	1.299	1.476	1.594	1.643	1.609							
	14000		1.039	1.158	1.354	1.473	1.495	1.403									

续表

型号	n_1 /r·min^{-1}	z_1	22	24	26	28	30	32	34	36	38	40	44	48	56	64	72	80
		d_1 /mm	56.02	61.12	66.21	71.30	76.38	81.49	86.58	91.67	96.77	101.86	112.05	122.23	142.60	162.97	183.35	203.72
8M(b_{s0} 20mm)	10	P_0 /kW	0.02	0.02	0.02	0.03	0.04	0.04	0.07	0.08	0.08	0.09	0.10	0.10	0.12	0.14	0.16	0.18
	20		0.04	0.04	0.05	0.06	0.07	0.08	0.14	0.14	0.16	0.17	0.19	0.19	0.22	0.26	0.30	0.33
	40		0.07	0.09	0.10	0.12	0.14	0.16	0.25	0.27	0.29	0.31	0.34	0.37	0.42	0.48	0.54	0.60
	60		0.12	0.13	0.15	0.17	0.21	0.25	0.36	0.38	0.41	0.44	0.48	0.51	0.59	0.68	0.76	0.85
	100		0.19	0.22	0.25	0.28	0.34	0.41	0.54	0.58	0.63	0.68	0.74	0.79	0.92	1.04	1.18	1.31
	200		0.37	0.41	0.47	0.55	0.66	0.78	0.96	1.04	1.12	1.21	1.31	1.42	1.63	1.86	2.08	2.31
	300		0.53	0.59	0.67	0.79	0.94	1.13	1.33	1.44	1.56	1.67	1.82	1.96	2.28	2.57	2.87	3.18
	400		0.69	0.76	0.87	1.01	1.20	1.45	1.66	1.81	1.95	2.10	2.28	2.47	2.86	3.22	3.59	3.96
	500		0.83	0.92	1.04	1.20	1.43	1.73	1.96	2.15	2.33	2.50	2.72	2.94	3.39	3.82	4.24	4.67
	600		0.98	1.07	1.20	1.38	1.64	1.99	2.25	2.47	2.68	2.87	3.13	3.37	3.90	4.37	4.85	5.32
	700		1.14	1.25	1.35	1.54	1.83	2.22	2.51	2.77	3.01	3.23	3.51	3.79	4.37	4.89	5.41	5.92
	800		1.31	1.42	1.54	1.69	1.99	2.41	2.75	3.05	3.32	3.56	3.86	4.18	4.82	5.38	5.92	6.46
	900		1.42	1.54	1.68	1.81	2.10	2.54	2.92	3.24	3.54	3.78	4.11	4.44	5.12	5.70	6.27	6.81
	1000		1.63	1.78	1.92	2.07	2.26	2.73	3.21	3.57	3.90	4.18	4.54	4.89	5.63	6.25	6.85	7.42
	1160		1.89	2.06	2.23	2.40	2.57	2.95	3.54	3.95	4.33	4.63	5.03	5.42	6.22	6.87	7.48	8.04
	1200		1.95	2.13	2.31	2.48	2.66	3.02	3.61	4.04	4.43	4.74	5.14	5.54	6.36	7.01	7.62	8.18
	1400		2.28	2.48	2.69	2.89	3.10	3.23	3.97	4.46	4.92	5.26	5.69	6.12	7.00	7.66	8.25	8.76
	1600		2.60	2.83	3.07	3.30	3.54	3.77	4.28	4.83	5.36	5.72	6.18	6.65	7.56	8.20	8.72	9.06
	1750		2.84	3.10	3.36	3.61	3.86	4.11	4.48	5.09	5.65	6.05	6.53	7.00	7.92	8.51	8.89	9.71
	2000		3.25	3.54	3.83	4.11	4.40	4.68	4.97	5.43	6.11	6.53	7.02	7.50	8.39	8.97	9.94	10.85
	2400		3.88	4.23	4.57	4.91	5.25	5.59	5.92	6.25	6.68	7.15	7.62	8.17	9.37	10.50	11.53	12.48
	2800		4.51	4.91	5.30	5.70	6.09	6.47	6.85	7.23	7.59	7.96	8.68	9.37	10.68	11.86	12.91	13.82
	3200				6.03	6.47	6.90	7.33	7.75	8.17	8.58	8.97	9.75	10.50	11.86	13.05	14.05	14.81
	3500						7.50	7.96	8.41	8.86	9.28	9.71	10.52	11.29	12.67	13.82		
	4000							8.97	9.47	9.94	10.41	10.85	11.70	12.48	13.82			
	4500								10.46	10.96	11.44	11.91	12.76	13.51				
	5000									11.91	12.39	12.85						
	5500										13.23	13.67						

型号	n_1 /r·min^{-1}	z_1	28	29	30	32	34	36	38	40	44	48	56	64	72	80
		d_1 /mm	124.78	129.23	133.69	142.60	151.52	160.43	169.34	178.25	196.08	213.90	249.55	285.21	320.86	365.51
14M(b_{s0} 40mm)	10	P_0 /kW	0.18	0.19	0.19	0.21	0.23	0.27	0.32	0.377	0.41	0.45	0.52	0.60	0.68	0.78
	20		0.37	0.38	0.39	0.42	0.46	0.53	0.63	0.75	0.83	0.90	1.05	1.20	1.35	1.57
	40		0.73	0.75	0.78	0.84	0.93	1.06	1.27	1.50	1.65	1.81	2.10	2.40	2.70	3.13
	60		1.10	1.13	1.17	1.25	1.39	1.59	1.91	2.25	2.48	2.70	3.16	3.60	4.05	4.70

续表

型号	n_1/r·min^{-1}	z_1	28	29	30	32	34	36	38	40	44	48	56	64	72	80
		d_1/mm	124.78	129.23	133.69	142.60	151.52	160.43	169.34	178.25	196.08	213.90	249.55	285.21	320.86	365.51
14M(b_{s0}40mm)	100	P_0/kW	1.83	1.89	1.95	2.08	2.31	2.65	3.18	3.75	4.13	4.51	5.25	6.01	6.75	7.83
	200		3.65	3.77	3.91	4.12	4.63	5.30	6.36	7.34	8.25	9.00	10.50	12.00	13.50	15.64
	300		5.01	5.25	5.54	5.74	6.87	7.94	9.12	9.86	11.28	13.07	15.73	17.97	20.21	22.89
	400		6.14	6.51	6.90	7.24	8.57	10.44	11.21	12.09	13.71	15.73	19.36	22.29	24.63	27.04
	500		7.19	7.67	8.17	8.65	10.15	12.23	13.11	14.10	15.88	18.05	22.13	25.24	27.83	30.50
	600		8.16	8.76	9.36	9.98	11.63	13.89	14.85	15.94	17.84	20.13	24.56	27.76	30.54	33.40
	700		9.08	9.78	10.48	11.25	13.02	15.43	16.46	17.64	19.64	22.01	26.71	29.93	32.85	35.83
	800		9.95	10.75	11.56	12.46	14.33	16.85	17.97	19.22	21.29	23.71	28.60	31.79	34.79	37.84
	870		10.54	11.41	12.27	13.27	15.21	17.80	18.96	20.25	22.37	24.80	29.80	32.94	35.96	39.16
	1000		11.59	12.57	13.55	14.72	16.76	19.64	20.69	22.05	24.21	26.65	31.76	34.73	37.73	40.72
	1160		12.81	13.92	15.02	16.40	18.54	21.31	22.63	24.06	26.23	28.63	33.75	36.37	39.25	42.01
	1200		13.11	14.25	15.37	16.80	21.75	23.08	24.53	26.69	29.08	34.17	36.73	39.52	42.19	
	1400		14.53	15.79	17.05	18.70	20.94	23.77	25.17	26.67	28.79	31.06	35.90	37.87	40.21	42.28
	1600		15.78	17.24	18.59	20.45	22.72	25.54	26.98	28.51	30.53	32.60	37.00	38.20	39.84	
	1750		16.84	18.25	19.66	21.65	23.92	26.71	28.17	26.70	31.60	33.49	37.40	37.91		
	2000		18.40	19.84	21.29	23.46	25.69	28.38	29.83	31.32	32.97	34.47	37.31	36.44		
	2400		20.82	22.08	23.52	25.83	27.91	30.30	31.66	33.00	34.72	35.14				
	2800		23.48	24.11	25.30	27.52	29.34	31.31	32.47	33.53	33.72	33.33				
	3200			26.36	26.91	28.51	29.97	31.41	32.24	32.88						
	3500				28.25	29.07	29.94	30.92	31.40							
	4000					30.17	29.27									

型号	n_1/r·min^{-1}	z_1	34	36	38	40	44	48	52	56	60	64	68	72	80	90
		d_1/mm	216.45	229.18	241.92	254.65	280.11	305.58	331.04	356.51	381.97	407.44	432.90	458.37	509.30	572.96
20M(b_{s0}115mm)	10	P_0/kW	2.01	2.16	2.31	2.46	2.69	2.98	3.21	3.43	3.66	3.80	4.03	4.18	4.55	5.00
	20		4.03	4.33	4.55	4.85	5.45	5.89	6.42	6.86	7.31	7.68	8.06	8.18	9.17	10.00
	30		6.04	6.49	6.86	7.31	8.13	8.88	9.62	10.29	10.97	11.49	12.09	12.61	13.73	15.07
	40		7.98	8.58	9.18	9.77	10.82	11.79	12.70	13.80	14.55	15.37	16.11	16.86	18.28	20.07
	50		10.00	10.74	11.41	12.16	13.50	14.77	15.96	17.23	18.20	19.17	20.14	21.04	22.90	25.06
	60		12.01	12.91	13.73	14.62	16.26	17.68	19.17	20.14	21.86	22.97	24.17	25.29	27.45	30.06
	80		16.04	17.23	18.28	19.47	21.63	23.57	25.59	27.53	29.17	30.66	32.15	33.64	36.55	40.06
	100		19.99	21.48	22.90	24.32	27.08	29.54	31.93	34.39	36.40	38.34	40.21	42.07	45.73	50.06
	150		30.06	32.23	34.32	36.48	40.58	44.24	47.89	51.62	54.61	57.44	60.28	63.04	68.48	74.97
	200		40.06	41.78	45.73	48.64	54.01	58.93	63.80	68.71	72.66	76.47	80.20	83.93	91.09	99.67
	300		57.96	62.29	66.17	70.35	78.93	87.80	93.53	99.14	104.66	110.04	115.26	120.40	130.40	142.34

续表

型号	n_1 /r·min^{-1}	z_1	34	36	38	40	44	48	52	56	60	64	68	72	80	90
		d_1 /mm	216.45	229.18	241.92	254.65	280.11	305.58	331.04	356.51	381.97	407.44	432.90	458.37	509.30	572.96
20M(b_{s0}115mm)	400	P_0 /kW	73.03	78.33	78.18	88.40	98.99	110.04	116.97	123.76	130.40	136.82	143.08	149.20	160.99	174.79
	500		87.06	93.25	98.99	105.11	117.57	130.40	138.35	146.14	153.68	160.99	168.00	174.79	187.69	190.39
	600		100.19	107.27	113.77	120.70	134.73	149.20		166.58	174.79	182.62	190.16	197.32	210.75	225.67
	730		116.15	124.21	131.59	139.43	155.32	171.58		190.38	199.11	207.31	215.00	222.23	235.21	248.57
	800		124.28	132.86	140.62	148.83	165.54	182.62	192.62	201.94	210.75	218.95	226.56	233.57	245.73	257.37
	870		132.04	141.07	149.20	157.85	175.31	193.06	203.21	212.61	221.26	229.40	236.78	243.35	254.31	263.64
	970		142.64	152.18	160.76	169.94	188.29	206.87		226.34	234.77	242.30	248.94	254.61	263.04	
	1170		161.88	172.33	181.58	191.42	210.97	230.51		248.27	255.13	260.58	264.61	267.07	267.44	
	1200		164.57	175.09	184.49	194.33	214.03	233.57		250.88	257.37	262.37	265.87	267.74	266.47	
	1460		185.46	196.57	206.19	216.27	235.96	254.98	261.55	265.95	267.96	267.52	264.46			
	1600		194.93	206.12	215.59	225.52	244.54	262.37	266.70	268.04	266.47					
	1750		203.66	214.70	223.60	233.27	251.03	266.99	267.96	265.35						
	2000		214.92	225.14	233.13	241.26	225.36	266.47								

注：表中粗线以下部分带的寿命要降低。

表 14-1-74　　周节制带的基准宽度 b_{s0}、许用工作拉力 T_a 及质量 m

型号	MXL	XXL	XL	L	H	XH	XXH
基准宽度 b_{s0}/mm	6.4		9.5	25.4	76.2	101.6	127.0
许用工作拉力 T_a/N	27	31	50.17	244.46	2100.85	4048.90	6398.03
带的质量 m/kg·m^{-1}	0.007	0.01	0.022	0.095	0.448	1.484	2.473

表 14-1-75　　模数制聚氨酯同步带（抗拉层为钢丝绳）的许用拉力和质量

模数 m/mm	1	1.5	2	2.5	3	4	5	7	10
单位带宽、单位长度的质量 m_b/kg·mm^{-1}·m^{-1}	1.5×10^{-3}	1.8×10^{-3}	2.4×10^{-3}	3×10^{-3}	3.5×10^{-3}	4.8×10^{-3}	6×10^{-3}	8.2×10^{-3}	11.8×10^{-3}
单位带宽的许用拉力 F_a/N·mm^{-1}	4	5	6	8	10	20	25	30	40

表 14-1-76　　圆弧齿带长系数 K_L

项目		节线长 L_p/mm							
型号	3M	≤190	—	191～260	—	261～400	—	401～600	>600
	5M	≤440	—	441～550	—	551～800	—	801～1100	>1100
	8M	≤600	—	601～900	—	901～1250	—	1251～1800	>1800
	14M	≤1400	—	1401～1700	1701～2000	2001～2500	2501～3400	>3400	—
	20M	≤2000	2001～2500	—	2501～3400	3401～4600	4601～5600	>5600	—
K_L		0.8	0.85	0.90	0.95	1.00	1.05	1.10	1.20

表 14-1-77　　模数制聚氨酯同步带的许用压强 p_p 和许用剪切应力 τ_p

小带轮转速 n_1/r·min^{-1}	≤100	≤750	≤1000	≤3000	≤10000	≤20000
许用压强 p_p/N·mm^{-2}	2～2.5	1.5～2	1.2～1.6	1.0～1.4	0.6～1.0	0.4～0.6
许用剪切应力 τ_p/N·mm^{-2}	0.5～0.8					

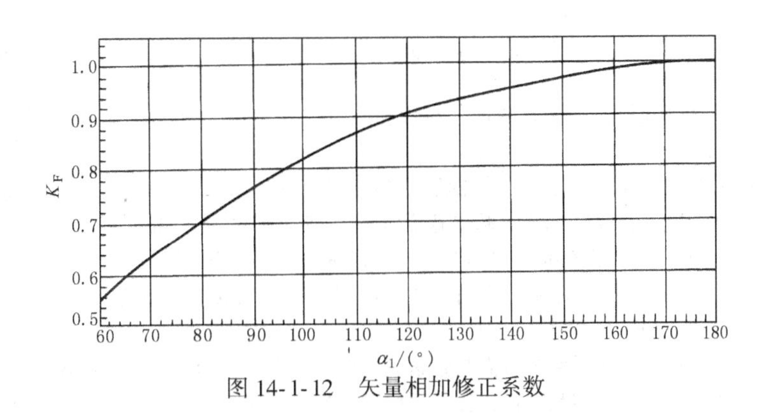

图 14-1-12　矢量相加修正系数

6　带传动的张紧及安装

6.1　张紧方法及安装要求

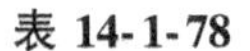

表 14-1-78　　**带传动的张紧方法**

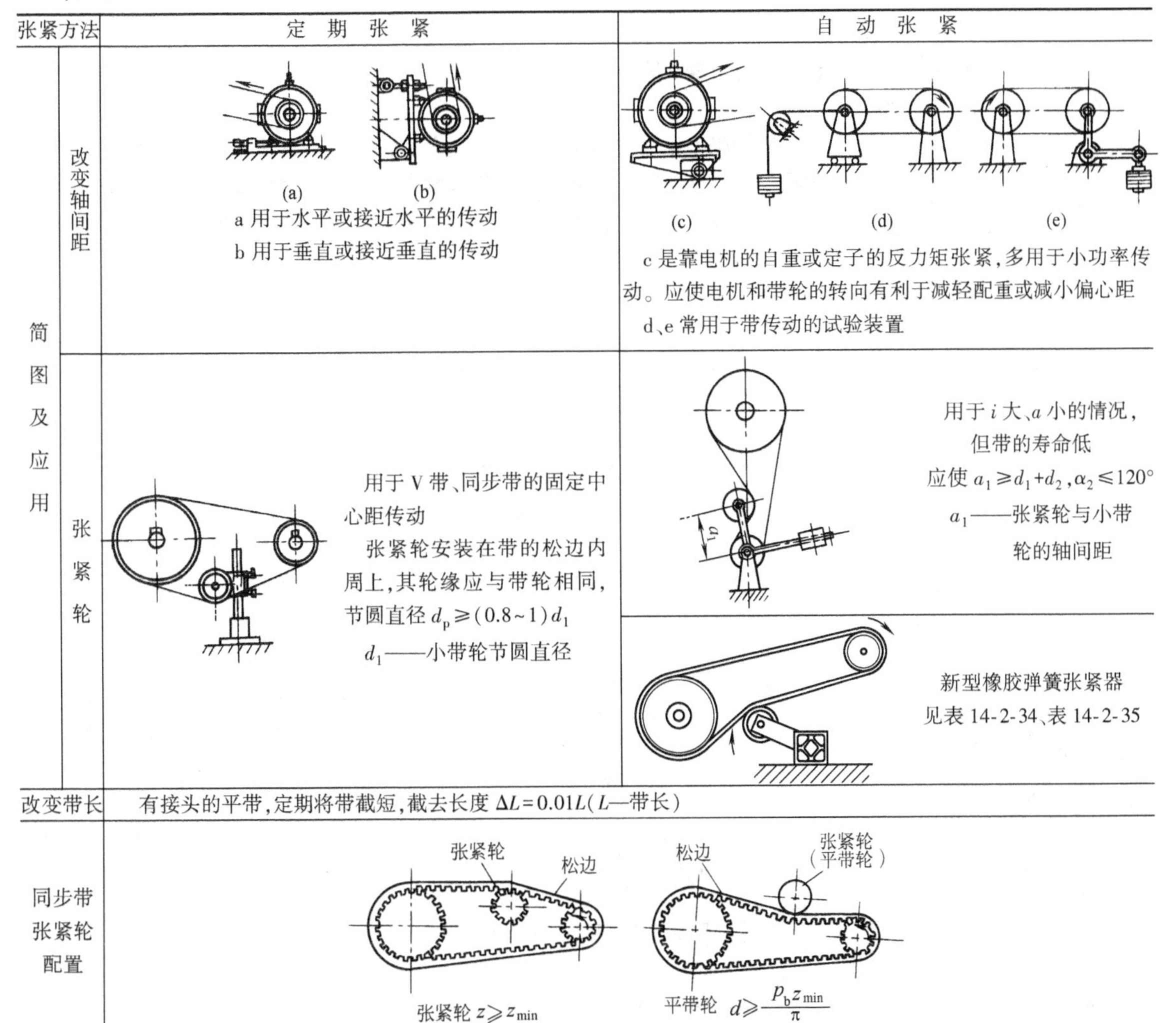

张紧方法		定期张紧	自动张紧
简图及应用	改变轴间距	(a) (b) a 用于水平或接近水平的传动 b 用于垂直或接近垂直的传动	(c) (d) (e) c 是靠电机的自重或定子的反力矩张紧，多用于小功率传动。应使电机和带轮的转向有利于减轻配重或减小偏心距 d、e 常用于带传动的试验装置
	张紧轮	用于 V 带、同步带的固定中心距传动 张紧轮安装在带的松边内周上，其轮缘应与带轮相同，节圆直径 $d_p \geqslant (0.8\sim1)d_1$ d_1——小带轮节圆直径	用于 i 大、a 小的情况，但带的寿命低 应使 $a_1 \geqslant d_1+d_2$，$\alpha_2 \leqslant 120°$ a_1——张紧轮与小带轮的轴间距 新型橡胶弹簧张紧器 见表 14-2-34、表 14-2-35
改变带长		有接头的平带，定期将带截短，截去长度 $\Delta L=0.01L$（L—带长）	
同步带张紧轮配置		张紧轮　松边 张紧轮 $z \geqslant z_{min}$	松边　张紧轮（平带轮） 平带轮　$d \geqslant \dfrac{p_b z_{min}}{\pi}$

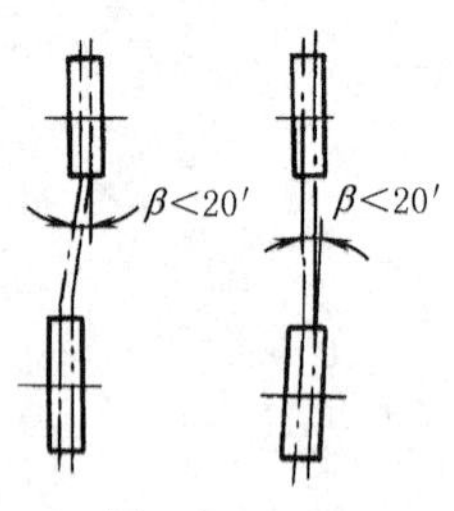

图 14-1-13

安 装 要 求

1）安装前应检查带是否配组，不配组的带、新带和旧带、普通 V 带和窄 V 带不能同组混装使用。

2）联组带在安装前必须检查各轮槽尺寸和槽距，对超过规定偏差的带轮应更换。

3）安装带时不得强行撬入，普通 V 带、基准宽度制窄 V 带应按表 14-1-15、有效宽度制窄 V 带应按表 14-1-17、多楔带应按表 14-1-31、胶帆布平带（环形）应按表 14-1-44、同步带应按表 14-1-68 的有关规定范围将中心距离缩小，待带进入轮槽后，再进行张紧。

4）中心距的调整应使带的张紧适度，所需初张紧力可按下述方法控制，详见本章 6.2。

5）传动装置中，各带轮轴线应相互平行，各带轮相对应的槽型对称平面应重合；V 带误差不得超过 20′，见图 14-1-13，同步带其带轮的共面偏差见表 14-1-79。

6）带传动装置应加防护罩，并应保证通风。

表 14-1-79　　**带轮共面偏差**（摘自 GB/T 11361—2008）

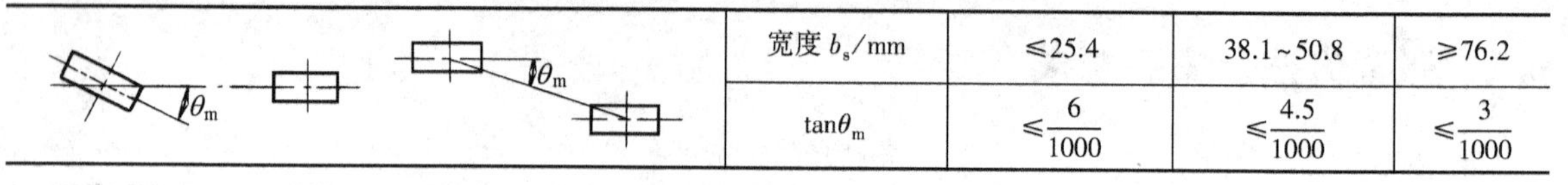

	宽度 b_s/mm	≤25.4	38.1~50.8	≥76.2
	$\tan\theta_m$	$\leqslant\frac{6}{1000}$	$\leqslant\frac{4.5}{1000}$	$\leqslant\frac{3}{1000}$

6.2　初张紧力的检测

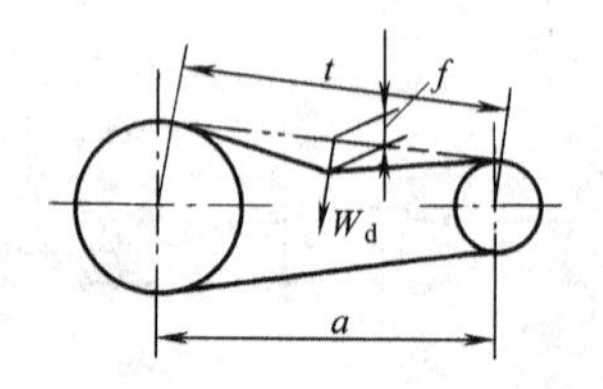

图 14-1-14　初张紧力检测

带的张紧程度对其传动能力、寿命和轴压力都有很大影响，为了使带的张紧适度，应有一定的初张紧力。初张紧力通常是在带与带轮的两切点中心，加一垂直于带的载荷 W_d，使其产生规定的挠度 f 来控制的（见图 14-1-14）。

6.2.1　V 带的初张紧力（摘自 GB/T 13575.1—2008、GB/T 13575.2—2008）

表 14-1-80

项　目		普通 V 带及基准宽度制窄 V 带	有效宽度制窄 V 带	单位	说　　明
挠度 f		$f=\frac{1.6t}{100}$		mm	a——中心距，mm d_{a1}——小带轮外径，mm d_{a2}——大带轮外径，mm d_{e1}——小带轮有效直径，mm d_{e2}——大带轮有效直径，mm F_0——单根 V 带的初张紧力，N 普通 V 带、基准宽度制窄 V 带和有效宽度制窄 V 带分别见表 14-1-15 中的公式 ΔF_0——初张紧力的增量，N，见表14-1-81 L_e——带的有效长度，m
切边长 t		$t=\sqrt{a^2-\frac{(d_{a2}-d_{a1})^2}{4}}$ 或实测	$t=\sqrt{a^2-\frac{(d_{e2}-d_{e1})^2}{4}}$	mm	
载荷 W_d	新安装的带	$W_d=\frac{1.5F_0+\Delta F_0}{16}$	$W_d=\frac{1.5F_0+\frac{\Delta F_0 t}{L_e}}{16}$	N	
	运转后的带	$W_d=\frac{1.3F_0+\Delta F_0}{16}$	$W_d=\frac{1.3F_0+\frac{\Delta F_0 t}{L_e}}{16}$		
	最小极限值	$W_{dmin}=\frac{F_0+\Delta F_0}{16}$	$W_d=\frac{F_0+\frac{\Delta F_0 t}{L_e}}{16}$ 联组带的载荷 W_d 以 $\frac{t}{L_e}=1$ 代入式中		

注：W_d 可直接查表 14-1-81。

表 14-1-81　　载荷 W_d 及初张紧力增量 ΔF_0

类型	带型	小带轮直径 d_{d1}/mm	带速 v/m·s^{-1} 0~10	10~20	20~30	初张紧力的增量 ΔF_0/N	带型	小带轮直径 d_{d1}/mm	带速 v/m·s^{-1} 0~10	10~20	20~30	初张紧力的增量 ΔF_0/N
			W_d/N·根$^{-1}$						W_d/N·根$^{-1}$			
普通V带	Z	50~100 >100	5~7 7~10	4.2~6 6~8.5	3.5~5.5 5.5~7	10	C	200~400 >400	36~54 54~85	30~45 45~70	25~38 38~56	29.4
	A	75~140 >140	9.5~14 14~21	8~12 12~18	6.5~10 10~15	15	D	355~600 >600	74~108 108~162	62~94 94~140	50~75 75~108	58.8
	B	125~200 >200	18.5~28 28~42	15~22 22~33	12.5~18 18~27	20	E	500~800 >800	145~217 217~325	124~186 186~280	100~150 150~225	108
基准宽度制窄V带	SPZ	67~95 >95	9.5~14 14~21	8~13 13~19	6.5~11 11~18	12	SPB	160~265 >265	30~45 45~58	26~40 40~52	22~34 34~47	32
	SPA	100~140 >140	18~26 26~38	15~21 21~32	12~18 18~27	19	SPC	224~355 >355	58~82 82~106	48~72 72~96	40~64 64~90	55

类型	带型	小带轮有效直径 d_{e1}/mm	最小极限值	新安装的带	运转后的带	初张紧力的增量 ΔF_0/N
			W_d/N·根$^{-1}$			
有效宽度制窄V带联组窄V带	9N,9J	67~90	17.65	24.52	21.57	20
		91~115	19.61	28.44	25.50	
		116~150	22.56	33.34	29.42	
		151~300	25.5	38.25	33.34	
	15N,15J	180~230	57.86	85.32	74.53	40
		231~310	69.63	103.95	90.22	
		311~400	82.38	121.60	105.91	
	25N,25J	315~420	152.98	226.53	197.11	100
		421~520	171.62	253.99	221.63	
		521~630	184.37	272.62	237.32	

注：1. Y型带初张紧力的增量 $\Delta F_0=6$N。

2. 普通V带及基准宽度制窄V带部分，表中大值用于新安装的带或要求张紧力较大的传动（如高带速、小包角、超载启动以及频繁的大转矩启动）。

3. 联组窄V带所需初张紧力通常是在最小组合数的联组带上进行测定。测定方法同上，只是所需总载荷 W_d 值应等于单根窄V带所需的 W_d 值乘以联组的单根数。

6.2.2　多楔带的初张紧力（摘自 JB/T 5983—1992）

检测初张紧力的载荷 W_d 见表 14-1-82，使其每 100mm 带长产生 1.5mm 的挠度，即总挠度 $f=\frac{1.5t}{100}$。

表 14-1-82　　载荷 W_d

带型	PJ			PL			PM		
小带轮有效直径 d_{e1}/mm	20~42.5	45~56	60~75	76~95	100~125	132~170	180~236	250~300	315~400
每楔带施加的力 W_d/N·楔$^{-1}$	1.78	2.22	2.67	7.56	9.34	11.11	28.45	34.23	39.12

6.2.3　平带的初张紧力

检测初张紧力的载荷 W_d 见表 14-1-83，使其每 100mm 带长产生 1mm 的挠度，即总挠度 $f=\frac{t}{100}$。

表 14-1-83　　**载荷 W_d 值**　　N

带宽 b /mm	参考层数																	
	3		4		5		6		7		8		9		10		12	
	W_d																	
	Ⅰ	Ⅱ	Ⅰ	Ⅱ	Ⅰ	Ⅱ	Ⅰ	Ⅱ	Ⅰ	Ⅱ	Ⅰ	Ⅱ	Ⅰ	Ⅱ	Ⅰ	Ⅱ	Ⅰ	Ⅱ
16	4	6	6	9	7	11	8	13	10	15	11	17	13	19	14	21	17	25
20	5	8	7	11	9	13	11	16	12	19	14	21	16	24	18	26	21	32
25	7	10	9	13	11	16	13	20	16	23	18	26	20	30	22	33	26	40
32	8	13	11	17	14	21	17	25	20	30	23	34	25	38	28	42	34	51
40	11	16	14	21	18	26	21	32	25	37	28	42	32	48	35	53	42	64
50	13	20	18	26	22	33	26	40	31	46	35	53	40	60	44	66	53	79
63	17	25	22	33	28	42	33	50	39	58	44	67	50	75	56	83	67	100
71	19	28	25	38	31	47	38	56	44	66	50	75	56	85	63	94	75	113
80	21	32	28	42	35	53	42	64	49	74	56	85	64	95	71	106	85	127
90	24	36	32	48	40	60	48	71	56	83	64	95	71	107	79	119	95	143
100	26	40	35	53	44	66	53	79	62	93	71	106	79	119	88	132	106	159
112	30	44	40	59	49	74	59	89	69	104	79	119	89	133	99	148	119	178
125	33	50	44	66	55	83	66	99	77	116	88	132	99	149	110	166	132	199
140	37	56	49	74	62	93	74	111	87	130	99	148	111	167	124	185	148	222
160	42	64	56	85	71	106	85	127	99	148	113	169	127	191	141	212	169	254
180	48	71	64	95	79	119	95	143	111	167	127	191	143	214	159	238	191	286
200	53	79	71	106	88	132	106	159	124	185	141	212	159	238	177	265	212	318
225	60	89	79	119	99	149	119	179	139	209	159	238	179	268	199	298	238	357
250	66	99	88	132	110	166	132	199	154	232	177	265	199	298	221	331	265	397
280	74	111	99	148	124	185	148	222	173	259	198	297	222	334	247	368	297	445
315	83	125	111	167	139	209	167	250	195	292	222	334	250	375	278	417	334	500
355	94	141	125	188	157	235	188	282	219	329	251	376	282	423	313	470	376	564
400	106	159	141	212	177	265	212	318	247	371	282	424	318	477	353	530	424	636
450	119	179	159	238	199	298	238	357	278	417	318	477	357	536	397	596	477	715
500	132	199	177	265	221	331	265	397	309	463	353	530	397	596	441	662	530	794
560	148	222	198	297	247	371	297	445	346	519	395	593	445	667	494	741	593	890

注：表中的Ⅰ栏为正常张紧应力 $\sigma_0=1.8\text{N/mm}^2$ 下所需的 W_d 值；Ⅱ为考虑新带的最初张紧应力下所需的 W_d 值。

6.2.4　同步带的初张紧力（摘自 GB/T 11361—2008、JB/T 7512.3—1994）

表 14-1-84

项　目	周　节　制	圆弧齿	单位	说　明
切边长 t	$t=\sqrt{a^2-\dfrac{(d_2-d_1)^2}{4}}$		mm	a——中心距，mm d_1——小带轮节圆直径，mm d_2——大带轮节圆直径，mm L_p——带长，mm Y——修正系数，见表 14-1-85 F_0——初张紧力，N，见表 14-1-85
挠度 f	$f=\dfrac{1.6t}{100}$	$f=\dfrac{t}{64}$	mm	
载荷 W_d	$W_d=\left(F_0+\dfrac{tY}{L_p}\right)\Big/16$	见表 14-1-88	N	

表 14-1-85　周节制带的 F_0 与 Y 值　N

型号			3.2	4.8	6.4	7.9	9.5
MXL	F_0	①	6.4	9.8	13.7		
		②	2.9	5.1	7.6		
	Y		0.6	1.0	1.4		
XXL	F_0	①	6.9	10.8	15.7		
		②	3.2	5.6	8.8		
	Y		0.7	1.1	1.6		
XL	F_0	①			29.42	37.27	44.71
		②			13.73	19.61	25.52
	Y				0.39	0.55	0.77

带宽/mm	12.7	19.1	25.4	38.1	50.8	76.2	101.6	127.0	带宽/mm		
	76.50	124.55	174.57						①	F_0	L
	51.98	87.28	122.59						②		
	4.5	7.7	10.9						Y		
		293.23	420.72	646.28	889.50	1391.62			①	F_0	H
		221.64	311.87	486.43	667.86	1047.39			②		
		14.5	20.9	32.2	43.1	69.0			Y		
					1009.14	1582.85	2241.88		①	F_0	XH
					909.11	1426.92	2021.22		②		
					86.3	138.5	199.8		Y		
					2471.36	3883.57	5506.63	7110.08	①	F_0	XXH
					1114.08	1749.57	2479.21	3202.97	②		
					140.7	227.0	322.3	417.7	Y		

注：1. 表中①表示最大值，②表示推荐值。

2. 小节距，高带速，启动力矩大以及有冲击载荷时，初张紧力应大些，但一般不宜过大，其余情况宜选用推荐值。

表 14-1-86　圆弧齿的载荷 W_d 值

型　号	带宽 b_s/mm	载荷 W_d/N	型　号	带宽 b_s/mm	载荷 W_d/N
3M	6	2.0	14M	40	49.0
	9	2.9		55	71.5
	15	4.9		85	117.6
5M	9	3.9		115	166.6
	15	6.9		170	254.8
	20	9.8	20M	115	242.7
	25	12.7		170	376.1
	30	15.7		230	521.7
8M	20	17.6		290	655.1
	30	26.5		340	788.6
	50	49.0			
	85	84.3			

模数制同步带的初张紧力 $F_0=\dfrac{aW_d}{4f}$，式中符号同前。

表 14-1-87　模数制聚氨酯同步带的 f 值

模数 m/mm	1,1.5	2,2.5	3	4	5	7	10
挠度 f/mm	$(0.05\sim0.08)a$	$(0.04\sim0.06)a$	$(0.03\sim0.05)a$	$(0.02\sim0.03)a$	$(0.015\sim0.025)a$	$(0.01\sim0.015)a$	$(0.007\sim0.01)a$
载荷 W_d/N	$1\times b_s$（b_s—同步带宽度，mm）						

注：检测时一般应控制 $f=10\sim20$mm 左右，否则误差较大，如 a 特别大或特别小时，可相应增减 W_d 值。

第2章 链传动

1 短节距传动用精密滚子链

1.1 滚子链的基本参数与尺寸（摘自 GB/T 1243—2006）

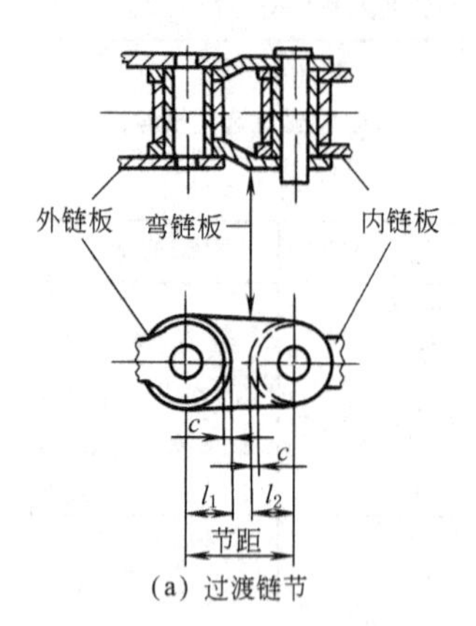

(a) 过渡链节

尺寸 c 表示弯链板与直链板之间回转间隙。

链条通道高度 h_1 是装配好的链条要通过的通道最小高度。

用止锁零件接头的链条全宽是：当一端有带止锁件的接头时，对端部铆头销轴长度为 b_4、b_5 或 b_6 再加上 b_7（或带头锁轴的加 $1.6b_7$），当两端都有止锁件时加 $2b_7$。

对三排以上的链条，其链条全宽为 b_4+p_t（链条排数-1）。

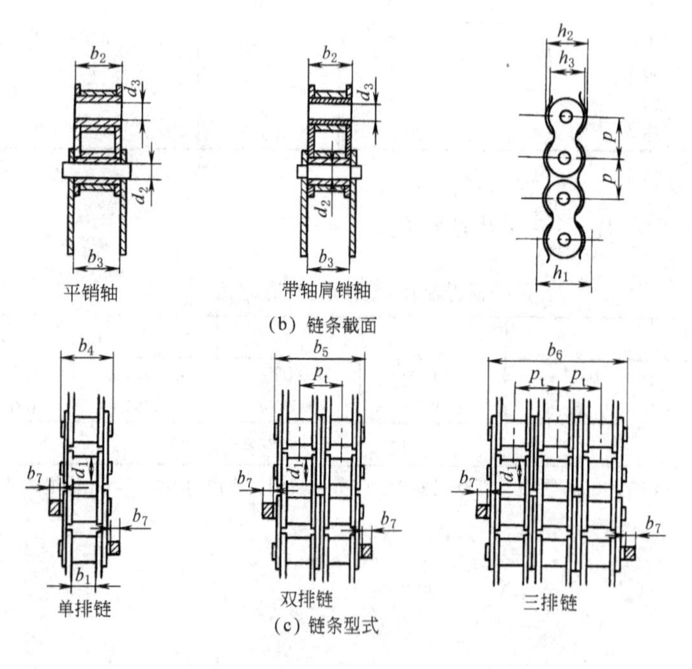

(b) 链条截面

(c) 链条型式

表 14-2-1

ISO 链号	节距 p	滚子 直径 d_1 max	内链节 内宽 b_1 min	销轴 直径 d_2 max	套筒 孔径 d_3 min	链条通 道高度 h_1 min	内链板 高度 h_2 max	外或中 链板 高度 h_3 max	过渡链节尺寸 l_1 min	 l_2 min	 c	排距 p_t
	/mm											
05B	8	5	3	2.31	2.36	7.37	7.11	7.11	3.71	3.71	0.08	5.64
06B	9.525	6.35	5.72	3.28	3.33	8.52	8.26	8.26	4.32	4.32	0.08	10.24
08A	12.7	7.92	7.85	3.98	4	12.33	12.07	10.41	5.28	6.1	0.08	14.38
08B	12.7	8.51	7.75	4.45	4.5	12.07	11.81	10.92	5.66	6.12	0.08	13.92
081	12.7	7.75	3.3	3.66	3.71	10.17	9.91	9.91	5.36	5.36	0.08	—
083	12.7	7.75	4.88	4.09	4.14	10.56	10.3	10.3	5.36	5.36	0.08	—
084	12.7	7.75	4.88	4.09	4.14	11.41	11.15	11.15	5.77	5.77	0.08	—
085	12.7	7.77	6.25	3.58	3.63	10.17	9.91	9.91	5.28	6.1	0.08	—
10A	15.875	10.16	9.4	5.09	5.12	15.35	15.09	13.03	6.6	7.62	0.1	18.11
10B	15.875	10.16	9.65	5.08	5.13	14.99	14.73	13.72	7.11	7.62	0.1	16.59
12A	19.05	11.91	12.57	5.96	5.98	18.34	18.08	15.62	7.9	9.14	0.1	22.78
12B	19.05	12.07	11.68	5.72	5.77	16.39	16.13	16.13	8.33	8.33	0.1	19.46
16A	25.4	15.88	15.75	7.94	7.96	24.39	24.13	20.83	10.54	12.19	0.13	29.29
16B	25.4	15.88	17.02	8.28	8.33	21.34	21.08	21.08	11.15	11.15	0.13	31.88
20A	31.75	19.05	18.9	9.54	9.56	30.48	30.18	26.04	13.16	15.24	0.15	35.76
20B	31.75	19.05	19.56	10.19	10.24	26.68	26.42	26.42	13.89	13.89	0.15	36.45
24A	38.1	22.23	25.22	11.11	11.14	36.55	36.2	31.24	15.8	18.26	0.18	45.44
24B	38.1	25.4	25.4	14.63	14.68	33.73	33.4	33.4	17.55	17.55	0.18	48.36
28A	44.45	25.4	25.22	12.71	12.74	42.67	42.24	36.45	18.42	21.31	0.2	48.87
28B	44.45	27.94	30.99	15.9	15.95	37.46	37.08	37.08	19.51	19.51	0.2	59.56
32A	50.8	28.58	31.55	14.29	14.31	48.74	48.26	41.66	21.03	24.33	0.2	58.55
32B	50.8	29.21	30.99	17.81	17.86	42.72	42.29	42.29	22.2	22.2	0.2	58.55
36A	57.15	35.71	35.48	17.46	17.49	54.86	54.31	46.86	23.65	27.36	0.2	65.84
40A	63.5	39.68	37.85	19.85	19.87	60.93	60.33	52.07	26.24	30.35	0.2	71.55
40B	63.5	39.37	38.1	22.89	22.94	53.49	52.96	52.96	27.76	27.76	0.2	72.29
48A	76.2	47.63	47.35	23.81	23.84	73.13	72.39	62.48	31.45	36.4	0.2	87.83
48B	76.2	48.26	45.72	29.24	29.29	64.52	63.88	63.88	33.45	33.45	0.2	91.21
56B	88.9	53.98	53.34	34.32	34.37	78.64	77.85	77.85	40.61	40.61	0.2	106.6
64B	101.6	63.5	60.96	39.4	39.45	91.08	90.17	90.17	47.07	47.07	0.2	119.89
72B	114.3	72.39	68.58	44.48	44.53	104.67	103.63	103.63	53.37	53.37	0.2	136.27

续表

ISO链号	内链节外宽 b_2 max	外链节内宽 b_3 min	销轴全宽 单排 b_4 max	销轴全宽 双排 b_5 max	销轴全宽 三排 b_6 max	止锁件附加宽度 b_7 max	测量力 单排	测量力 双排	测量力 三排	抗拉载荷 Q 单排 min	抗拉载荷 Q 双排 min	抗拉载荷 Q 三排 min
	/mm						/N			/kN		
05B	4.77	4.9	8.6	14.3	19.9	3.1	50	100	150	4.4	7.8	11.1
06B	8.53	8.66	13.5	23.8	34	3.3	70	140	210	8.9	16.9	24.9
08A	11.18	11.23	17.8	32.3	46.7	3.9	120	250	370	13.8	27.6	41.4
08B	11.3	11.43	17	31	44.9	3.9	120	250	370	17.8	31.1	44.5
081	5.8	5.93	10.2	—	—	1.5	125	—	—	8	—	—
083	7.9	8.03	12.9	—	—	1.5	125	—	—	11.6	—	—
084	8.8	8.93	14.8	—	—	1.5	125	—	—	15.6	—	—
085	9.07	9.2	14	—	—	2	125	—	—	6.7	—	—
10A	13.84	13.89	21.8	39.9	57.9	4.1	200	390	590	21.8	43.6	65.4
10B	13.28	13.41	19.6	36.2	52.8	4.1	200	390	590	22.2	44.5	66.7
12A	17.75	17.81	26.9	49.8	72.6	4.6	280	560	840	31.1	62.3	93.4
12B	15.62	15.75	22.7	42.2	61.7	4.6	280	560	840	28.9	57.8	86.7
16A	22.61	22.66	33.5	62.7	91.9	5.4	500	1000	1490	55.6	111.2	166.8
16B	25.45	25.58	86.1	68	99.9	5.4	500	1000	1490	60	106	160
20A	27.46	27.51	41.1	77	113	6.1	780	1560	2340	86.7	173.5	260.2
20B	29.01	29.14	43.2	79.7	116.1	6.1	780	1560	2340	95	170	250
24A	35.46	35.51	50.8	96.3	141.7	6.6	1110	2220	3340	124.6	249.1	373.7
24B	37.92	38.05	53.4	101.8	150.2	6.6	1110	2220	3340	160	280	425
28A	37.19	37.24	54.9	103.6	152.4	7.4	1510	3020	4540	169	338.1	507.1
28B	46.58	46.71	65.1	124.7	184.3	7.4	1510	3020	4540	200	360	530
32A	45.21	45.26	65.5	124.2	182.9	7.9	2000	4000	6010	222.4	444.8	667.2
32B	45.57	45.7	67.4	126	184.5	7.9	2000	4000	6010	250	450	670
36A	50.85	50.98	73.9	140	206	9.1	2670	5340	8010	280.2	560.5	840.7
40A	54.89	54.94	80.3	151.9	223.5	10.2	3110	6230	9340	347	693.9	1040.9
40B	55.75	55.88	82.6	154.9	227.2	10.2	3110	6230	9340	355	630	950
48A	67.82	67.87	95.5	183.4	271.3	10.5	4450	8900	13340	500.4	1000.8	1501.3
48B	70.56	70.69	99.1	190.4	281.6	10.5	4450	8900	13340	560	1000	1500
56B	81.33	81.46	114.6	221.2	—	11.7	6090	12190	—	850	1600	2240
64B	92.02	92.15	130.9	250.8	—	13	7960	15920	—	1120	2000	3000
72B	103.81	103.94	147.4	283.7	—	14.3	10100	20190	—	1400	2500	3750

注：1. 链号是用英制单位表示的节距，它是以 1in/16 为 1 个单位，而米制节距 p=链号数×25.4mm/16。

2. 链号中 A、B 表示两个系列：A 系列源于美国，流行于全世界；B 系列源于英国，主要流行于欧洲。两系列互为补充，我国均生产、使用。

3. 对繁重的工况不推荐使用过渡链节。

4. 表中 b_7 的实际尺寸取决于止锁件的型式，但不得超过表中所给尺寸，详细资料应从链条制造厂得到。

5. 链条最小抗拉载荷应超过标准中规定的试验方法所施加到试样上发生破坏的抗拉载荷的数值。最小抗拉载荷并不是链条的工作载荷，只是不同结构链条之间的比较数据。关于链条应用方面的资料（包括单位长度质量），应向制造厂咨询或查阅公布的数据。

6. 081、083、084、085 链条仅有单排型式，故标记中的排数可省略。

7. 标记方法：链号-排数-整链链节数 标准号。

1.2 滚子链传动设计计算

1.2.1 滚子链传动的一般设计计算内容和步骤（摘自 GB/T 18150—2006）

计算的基本依据是滚子链的额定功率曲线（图 14-2-2、图 14-2-3），如图中所述它是在特定条件下制定的。它提供的是以磨损失效为基础并综合考虑其他失效形式而制定的许用传动功率。故表 14-2-2 的计算为常见的一般用途的滚子链传动。其他情况计算见 1.2.2~1.2.5 节。

已知条件：①传递功率；②主动、从动机械类型、载荷性质；③小链轮和大链轮转速；④ 中心距要求其布置；⑤环境条件。

表 14-2-2

项　目	单　位	公式及数据	说　　明
传动比 i		$i=\dfrac{n_1}{n_2}=\dfrac{z_2}{z_1}$	n_1——小链轮转速，r/min n_2——大链轮转速，r/min
小链轮齿数 z_1		$z_1 \geqslant z_{min}=17$	为使转动平稳，对高速或承受冲击载荷的链传动：$z_1 \geqslant 25$，且链轮齿应淬硬 z_1、z_2 取奇数、链条节数 L_p 为偶数时，可使链条和链轮轮齿磨损均匀 优先选用齿数：17，19，21，23，25，38，57，76，95 和 114
大链轮齿数 z_2		$z_2=iz_1 \leqslant 114$	
修正功率 P_c	kW	$P_c=Pf_1f_2$	P——传递功率，kW f_1——工况系数，见表 14-2-3 f_2——小链轮齿数系数，见图 14-2-1
链条节距 p	mm	根据修正功率 P_c（取 P_c 等于额定功率 P_c）和小链轮转速 n_1，由图 14-2-2 或图 14-2-3选用合适的节距 p	为使传动平稳，结构紧凑，宜选用小节距单排链；当速度高、功率大时，则选用小节距多排链，此时应注意安装误差对其传动准确性的影响
初定中心距 a_0	mm	推荐 $a_0=(30\sim50)p$ 脉动载荷、无张紧装置时，$a_0<25p$ i：<4 时，$a_{0min}=0.2z_1(i+1)p$；$\geqslant$4 时，$a_{0min}=0.33z_1(i-1)p$ $a_{0max}=80p$	有张紧装置或托板时，a_0 可大于 $80p$。对中心距不能调整的传动，$a_{0max} \approx 30p$
以节距计的初定中心距 a_{0p}	节	$a_{0p}=\dfrac{a_0}{p}$	
链长节数 X	节	$X=\dfrac{z_1+z_2}{2}+2a_{0p}+\dfrac{f_3}{a_{0p}}$ $f_3=\left(\dfrac{z_2-z_1}{2\pi}\right)^2$ 见表 14-2-4	计算得到的 X 值，应圆整为偶数，以避免使用过渡链节，否则其极限拉伸载荷为正常值的 80% f_3——用齿数计算链条节数的系数

续表

项目	单位	公式及数据	说明
链条长度 L	m	$L=\frac{pX}{1000}$	
计算中心距 a_c	mm	$z_1 \neq z_2$ 时，$a_c=p(2X-z_1-z_2)f_4$ $z_1=z_2=z$ 时，$a_c=\frac{p}{2}(L_p-z_1)$	f_4——用齿数计算中心距的系数，见表14-2-5
实际中心距 a	mm	$a=a_c-\Delta a$ 一般 $\Delta a=(0.002\sim0.004)a_c$	为使链条松边有合适的垂度，需将计算中心距减小 Δa，其垂度 $f=(0.01\sim0.03)a_c$ 对中心距可调的 Δa 取大值，对中心距不可调或无张紧装置的或有冲击振动的传动取小值
链条速度 v	m/s	$v=\frac{z_1 n_1 p}{60\times1000}$	$v\leqslant0.6$m/s，为低速链传动 $v>0.6\sim8$m/s，为中速链传动 $v>8$m/s，为高速链传动
有效圆周力 F_t	N	$F_t=\frac{1000P}{v}$	
作用在轴上的力 F	N	水平或倾斜传动：$F\approx(1.15\sim1.20)f_1F_t$ 接近垂直的传动：$F\approx1.05f_1F_t$	
润滑		见图 14-2-9 和表 14-2-37	在链传动使用中，必须给以保证的最低润滑要求
验算小链轮包角 α_1	(°)	$\alpha_1=180°-\frac{(z_2-z_1)p}{\pi a}\times57.3°$	$\alpha_1\geqslant120°$

表 14-2-3　工况系数 f_1（摘自 GB/T 18150—2006）

载荷种类	从动机械	主动机械		
		电动机、汽轮机、燃气轮机、带有液力偶合器的内燃机	带机械式联轴器的内燃机（≥6 缸）频繁启动的电动机（>2 次/日）	带机械式联轴器的内燃机（<6 缸）
平稳运转	离心式泵和压缩机、印刷机械、均匀加料带式输送机、纸张压光机、自动扶梯、液体搅拌机和混料机、回转干燥炉、风机	1.0	1.1	1.3
中等冲击	泵和压缩机（≥3 缸）、混凝土搅拌机、载荷非恒定的输送机、固体搅拌机和混料机	1.4	1.5	1.7
严重冲击	刨煤机、电铲、轧机、球磨机、橡胶加工机械、压力机、剪床、单缸或双缸泵和压缩机、石油钻机	1.8	1.9	2.1

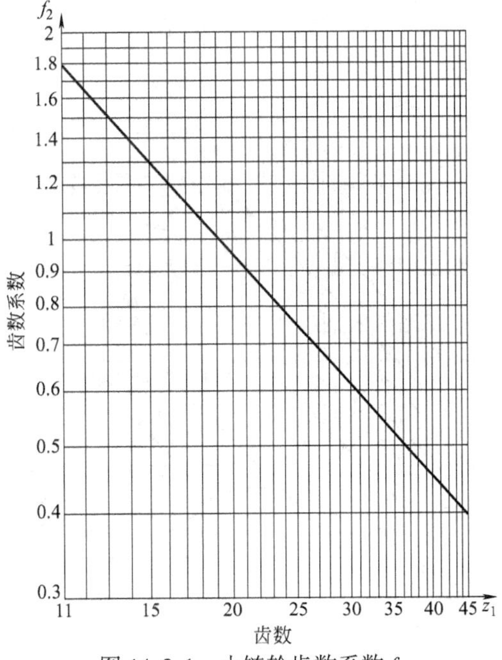

图 14-2-1　小链轮齿数系数f_2

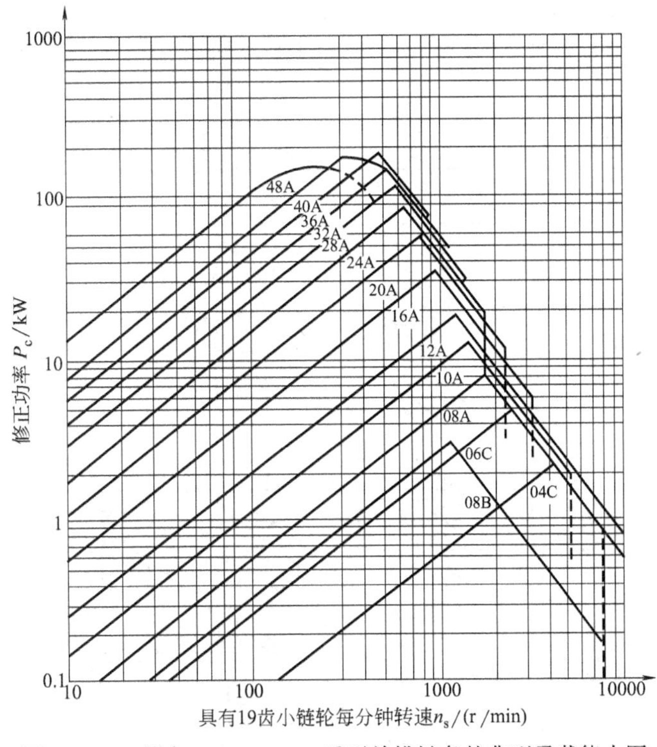

图 14-2-2　符合 GB/T 1243A 系列单排链条的典型承载能力图

注：1. 双排链的额定功率 P_c=单排链的 P_c×1.7；三排链的额定功率 P_c=单排链的 P_c×2.5。

2. 本图的制定条件为安装在水平平行轴上的两链轮传动；小链轮齿数 z_1=19，无过渡链节的单排链，链条节数 X=120 节；链传动比从 1∶3 到 3∶1；链条预期使用寿命 15000h；工作环境温度−5～70℃；链轮正确对中，链条调节保持正确；平稳运转，无过载、冲击或频繁启动；清洁和合适的润滑。

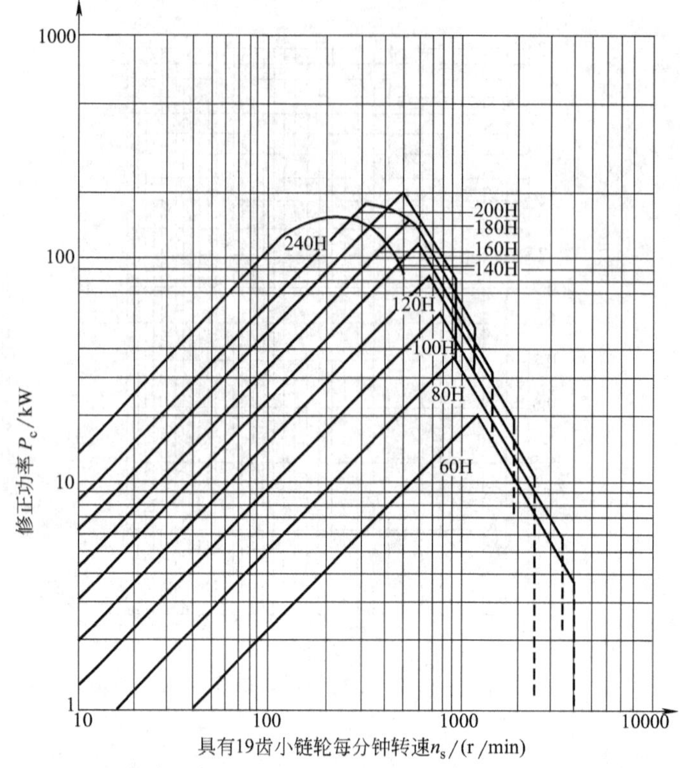

图 14-2-3　符合 GB/T 1243 A 系列重载单排链条的典型承载能力图

注：见图 14-2-2。

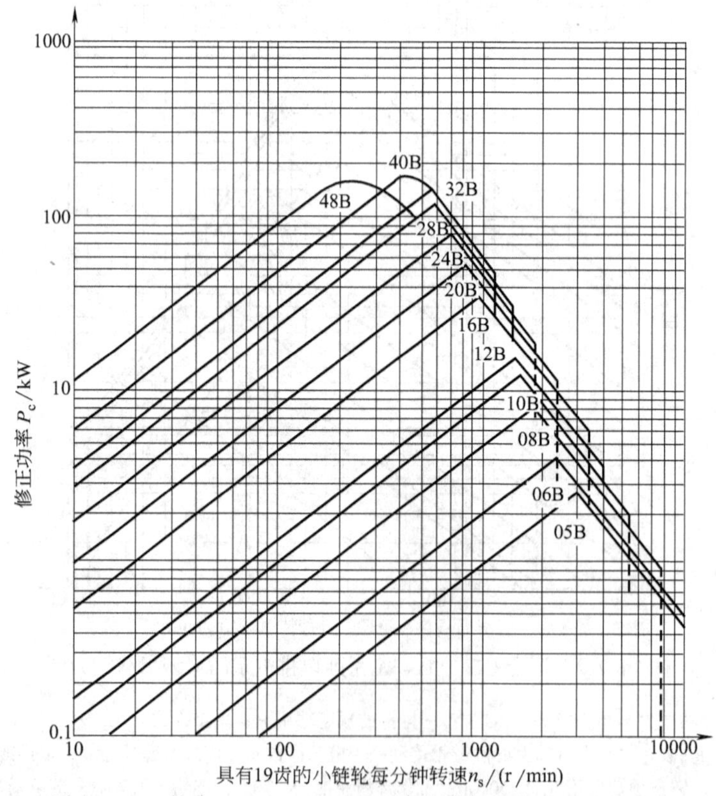

图 14-2-4　符合 GB/T 1243B 系列单排链条的典型承载能力图

注：见图 14-2-2。

表 14-2-4　　$f_3=\left(\dfrac{z_2-z_1}{2\pi}\right)^2$ 的计算值（摘自 GB/T 18150—2006）

z_2-z_1	f_3	z_2-z_1	f_3	z_2-z_1	f_3	z_2-z_1	f_3	z_2-z_1	f_3
1	0.0253	21	11.171	41	42.580	61	94.254	81	166.191
2	0.1013	22	12.260	42	44.683	62	97.370	82	170.320
3	0.2280	23	13.400	43	46.836	63	100.536	83	174.500
4	0.4053	24	14.590	44	49.040	64	103.753	84	178.730
5	0.6333	25	15.831	45	51.294	65	107.021	85	183.011
6	0.912	26	17.123	46	53.599	66	110.339	86	187.342
7	1.241	27	18.466	47	55.955	67	113.708	87	191.724
8	1.621	28	19.859	48	58.361	68	117.128	88	196.157
9	2.052	29	21.303	49	60.818	69	120.598	89	200.640
10	2.533	30	22.797	50	63.326	70	124.119	90	205.174
11	3.065	31	24.342	51	62.884	71	127.690	91	209.759
12	3.648	32	25.938	52	68.493	72	131.313	92	214.395
13	4.281	33	27.585	53	71.153	73	134.986	93	219.081
14	4.965	34	29.282	54	73.863	74	138.709	94	223.817
15	5.699	35	31.030	55	76.624	75	142.483	95	228.605
16	6.485	36	32.828	56	79.436	76	146.308	96	233.443
17	7.320	37	34.677	57	82.298	77	150.184	97	238.333
18	8.207	38	36.577	58	85.211	78	154.110	98	243.271
19	9.144	39	38.527	59	88.175	79	158.087	99	248.261
20	10.132	40	40.529	60	91.189	80	162.115	100	253.302

表 14-2-5　　f_4 的计算值

$\dfrac{X-z_s}{z_2-z_1}$	f_4	$\dfrac{X-z_s}{z_2-z_1}$	f_4	$\dfrac{X-z_s}{z_2-z_1}$	f_4	$\dfrac{X-z_s}{z_2-z_1}$	f_4
13	0.24991	2.7	0.24735	1.54	0.23758	1.26	0.22520
12	0.24990	2.6	0.24708	1.52	0.23705	1.25	0.22443
11	0.24988	2.5	0.24678	1.50	0.23648	1.24	0.22361
10	0.24986	2.4	0.24643	1.48	0.23588	1.23	0.22275
9	0.24983	2.3	024602	1.46	0.23524	1.22	0.22185
8	0.24978	2.2	0.24552	1.44	0.23455	1.21	0.22090
7	0.24970	2.1	0.24493	1.42	0.23381	1.20	0.21990
6	0.24958	2.0	0.24421	1.40	0.23301	1.19	0.21884
5	0.24937	1.95	0.24380	1.39	0.23259	1.18	0.21771
4.8	0.24931	4.90	0.24333	1.38	0.23215	1.17	0.21652
4.6	0.24925	1.85	0.24281	1.37	0.23170	1.16	0.21526
4.4	0.24917	1.80	0.24222	1.36	0.23123	1.15	0.21390
4.2	0.24907	1.75	0.24156	1.35	0.23073	1.14	0.21245
4.0	0.24896	1.70	0.24081	1.34	0.23022	1.13	0.21090
3.8	0.24883	1.68	0.24048	1.33	0.22968	1.12	0.20923
3.6	0.24868	1.66	0.24013	1.32	0.22912	1.11	0.20744
3.4	0.24849	1.65	0.23977	1.31	0.22854	1.10	0.20549
3.2	0.24825	1.62	0.23938	1.30	0.22793	1.09	0.20336
3.0	0.24795	1.60	0.23897	1.29	0.22729	1.08	0.20104
2.9	0.24778	1.58	0.23854	1.28	0.22662	1.07	0.19848
2.8	0.24758	1.56	0.23807	1.27	0.22593	1.06	0.19564

注：$f_4=\dfrac{1}{2\pi\cos\theta\left(2\dfrac{X-z_s}{z_2-z_1}-1\right)}$；$\mathrm{inv}\theta=\pi\left(\dfrac{X-z_s}{z_2-z_1}-1\right)$。

1.2.2　滚子链的静强度计算

在低速（$v\leqslant0.6\mathrm{m/s}$）重载链传动中，链条的静强度占主要地位。如果仍用典型承载能力图进行计算，结果

第 14 篇

不经济，因为承载能力图上的安全系数远比静强度安全系数大。当进行有限寿命计算时，若要求使用寿命过短，传动功率过大，也需进行链条的静强度验算。

链条静强度计算式：

$$n=\frac{Q}{f_1F_t+F_c+F_f}\geqslant n_p \qquad (14\text{-}2\text{-}1)$$

式中 n——静强度安全系数；

Q——链条极限拉伸载荷（抗拉载荷），N，见表 14-2-1；

f_1——工况系数，见表 14-2-3；

F_t——有效圆周力，N，见表 14-2-2；

F_c——离心力引起的拉力，N，$F_c=qv^2$；

q——链条质量，kg/m，见表 14-2-6；

v——链条速度，m/s；

F_f——悬垂拉力，N，在 F_f' 和 F_f'' 二者中取大值，

$$F_f'=\frac{K_fqa}{100}$$

$$F_f''=\frac{(K_f+\sin\theta)qa}{100}$$

K_f——系数，见图 14-2-5；

a——链传动中心距，mm；

θ——两轮中心连线对水平面倾角；

n_p——许用安全系数，$n_p=4\sim8$。

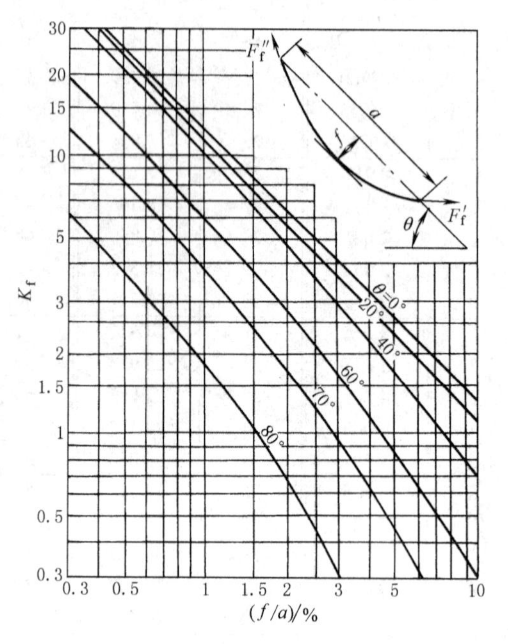

图 14-2-5 确定悬垂拉力的系数 K_f

若以最大尖峰载荷代替 f_1F_t 时，则 $n_p=3\sim6$；若速度较低，从动系统惯性小，不太重要的传动或作用力的确定比较准确时，n_p 可取较小值。

表 14-2-6 单排滚子链质量

节距 p/mm	8.00	9.525	12.7	15.875	19.05	25.40	31.75	38.10	44.45	50.80	63.50	76.20
质量 q/kg·m^{-1}	0.18	0.40	0.60	1.00	1.50	2.60	3.80	5.60	7.50	10.10	16.10	22.60

1.2.3 滚子链的耐疲劳工作能力计算

当链条传递功率超过额定功率、链条的使用寿命要求小于 15000h 时，其疲劳寿命的近似计算法如下。本计算法仅适用于 A 系列标准滚子链，对 B 系列可作为参考。

设 P_0'——链板疲劳强度限定的额定功率；

P_0''——滚子套筒冲击疲劳强度限定的额定功率；

P——要求传递的功率。

铰链不发生胶合的前提下，链传动疲劳寿命计算如下：

当 $\dfrac{f_1P}{K_p}\geqslant P_0'$ 时

$$T=\frac{10^7}{z_1n_1}\left(\frac{K_pP_0'}{f_1P}\right)^{3.71}\frac{X}{100} \quad (\text{h}) \qquad (14\text{-}2\text{-}2)$$

当 $P_0''\leqslant\dfrac{f_1P}{K_p}<P_0'$ 时

$$T=15000\left(\frac{K_pP_0''}{f_1P}\right)^2\frac{X}{100} \quad (\text{h}) \qquad (14\text{-}2\text{-}3)$$

式中 T——使用寿命，h；

z_1——小链轮齿数；

n_1——小链轮转速，r/min；

K_p——多排链排数系数，见表 14-2-7；

f_1——工况系数，见表 14-2-3；

X——链条节数，节。

额定功率

$$P_0'=0.003z_1^{1.08}n_1^{0.9}\left(\frac{p}{25.4}\right)^{3-0.0028p}\quad(\text{kW})\tag{14-2-4}$$

$$P_0''=\frac{950z_1^{1.5}p^{0.8}}{n_1^{1.5}}\quad(\text{kW})\tag{14-2-5}$$

表 14-2-7 **多排链排数系数 K_p**

排数 n	1	2	3	4	5	6
K_p	1	1.7	2.5	3.3	4	4.6

1.2.4 滚子链的耐磨损工作能力计算

当工作条件要求链条的磨损伸长率（即相对伸长量）$\frac{\Delta p}{p}$明显小于 3%或润滑条件不符合图 14-2-6 的规定要求方式而有所恶化时，可按下列公式进行滚子链的磨损寿命计算：

$$T=91500\left(\frac{c_1c_2c_3}{p_r}\right)^3\frac{X}{v}\times\frac{z_1i}{i+1}\left(\frac{\Delta p}{p}\right)\frac{p}{3.2d_2}\quad(\text{h})\tag{14-2-6}$$

式中 T——磨损使用寿命，h；

X——链条节数，节；

v——链条速度，m/s；

z_1——小链轮齿数；

i——传动比；

p——链条节距，mm；

$\left(\frac{\Delta p}{p}\right)$——许用磨损伸长率，按具体条件确定，一般取 3%；

d_2——滚子链销轴直径，mm，见表 14-2-1；

c_1——磨损系数，见图 14-2-6；

c_2——节距系数，见表 14-2-8；

c_3——齿数-速度系数，见图 14-2-7；

p_r——铰链的压强，MPa。

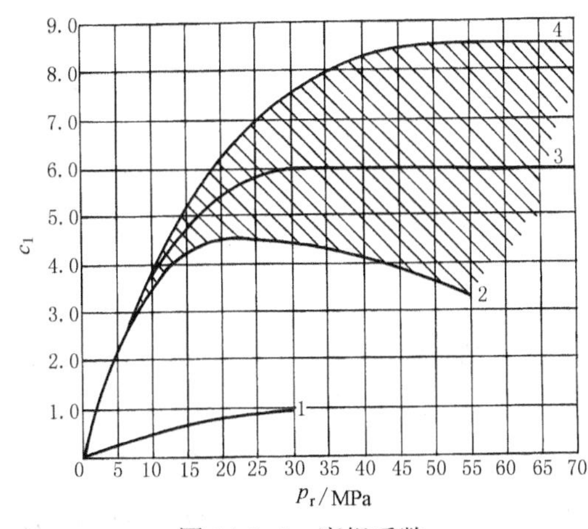

图 14-2-6 磨损系数 c_1

1—干运转，工作温度<140℃，链速 v<7m/s（干运转使磨损寿命大大下降，应尽可能使润滑条件位于图中的阴影区）；2—润滑不充分，工作温度<70℃，v<7m/s；3—采用规定的润滑方式（图 14-2-10）；4—良好的润滑条件

表 14-2-8 **节距系数 c_2**

节距 p /mm	9.525	12.7	15.875	19.05	25.4
系数 c_2	1.48	1.44	1.39	1.34	1.27
节距 p /mm	31.75	38.1	44.45	50.8	63.5
系数 c_2	1.23	1.19	1.15	1.11	1.03

铰链的压强 p_r 按下式计算：

$$p_r=\frac{f_1F_t+F_c+F_f}{A}\quad(\text{MPa})\tag{14-2-7}$$

式中 f_1——工况系数，见表 14-2-3；

F_t——有效拉力（即有效圆周力），N，见表14-2-2；

F_c——离心力引起的拉力，N，见式（14-2-1）；

F_f——悬垂拉力，N，见式（14-2-1）；

A——铰链承压面积，mm²，$A=d_2\cdot b_2$；

d_2——滚子链销轴直径，mm，见表 14-2-1；

b_2——套筒长度（即内链节外宽），mm，见表 14-2-1。

当使用寿命 T 已定时，可由式（14-2-6）确定许用压强 p_{rp}，用式（14-2-7）进行铰链的压强验算，即

$$p_r \leqslant p_{rp} \quad (\text{MPa})$$

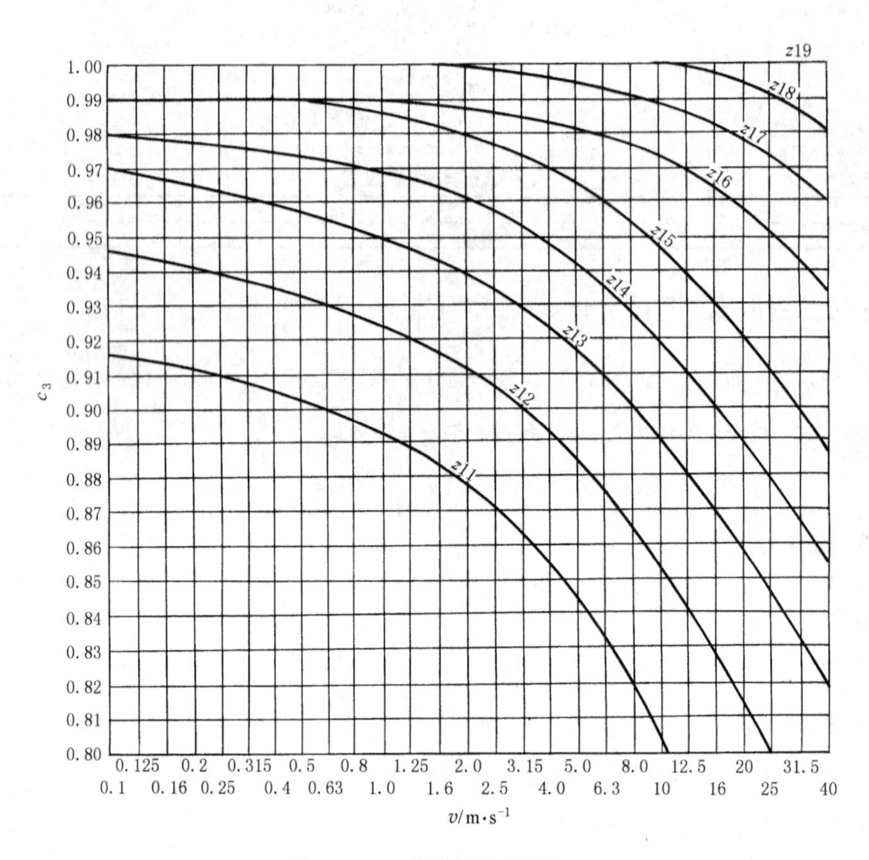

图 14-2-7　齿数-速度系数 c_3

1.2.5　滚子链的抗胶合工作能力计算

由销轴与套筒间的胶合限定的滚子链工作能力（通常为计算小链轮的极限转速）可由下式确定。本公式仅适用于 A 系列标准滚子链。

$$\left(\frac{n_{max}}{1000}\right)^{1.59\lg\frac{p}{25.4}+1.873}=\frac{82.5}{(7.95)^{\frac{p}{25.4}}(1.0278)^{z_1}(1.323)^{\frac{F_t}{4450}}} \tag{14-2-8}$$

式中　n_{max}——小链轮不发生胶合的极限转速，r/min；

p——节距，mm；

z_1——小链轮齿数；

F_t——单排链的有效圆周力，N。

本计算式是按规定润滑方式（图 14-2-10）在大量试验基础上建立的。高速运转时，特别要注意润滑条件。

1.3　滚子链链轮

滚子链与链轮的啮合属非共轭啮合传动，故链轮齿形的设计有较大的灵活性。在 GB/T 1243—2006 中，规定了最大和最小齿槽形状，见表 14-2-9。而实际齿槽形状取决于刀具和加工方法，并需处于最小和最大齿侧圆弧半径之间。三圆弧-直线齿形符合上述规定的齿槽形状范围，其齿槽形状见表 14-2-10，链轮基本参数和主要尺寸见表 14-2-11，轴面齿廓尺寸见表 14-2-12，链轮结构尺寸见表 14-2-13。

链轮也可用渐开线齿廓，其链轮滚刀法向齿形尺寸见 GB/T 1243—2006 附录 B。

齿槽形状（摘自 GB/T 1243—2006）

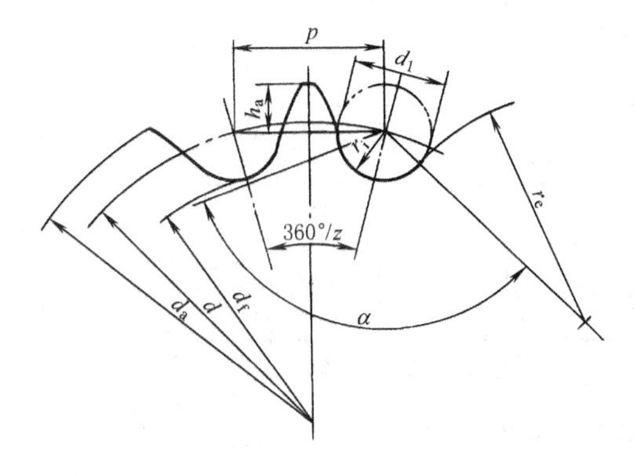

表 14-2-9

名　称	单位	计算公式	
		最大齿槽形状	最小齿槽形状
齿侧圆弧半径 r_e	mm	$r_{emin}=0.008d_1(z^2+180)$	$r_{emax}=0.12d_1(z+2)$
滚子定位圆弧半径 r_i		$r_{imax}=0.505d_1+0.069\sqrt[3]{d_1}$	$r_{imin}=0.505d_1$
滚子定位角 α	(°)	$\alpha_{min}=120°-\frac{90°}{z}$	$\alpha_{max}=140°-\frac{90°}{z}$

注：链轮的实际齿槽形状，应在最大齿槽形状和最小齿槽形状的范围内。

三圆弧-直线齿槽形状

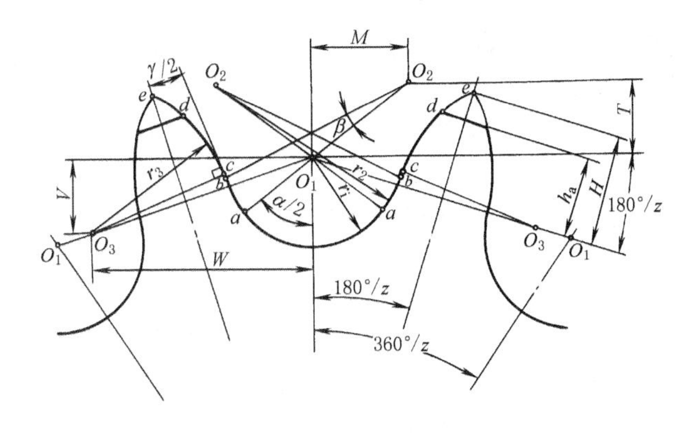

表 14-2-10

名　称		单位	计算公式
齿沟圆弧半径 r_i		mm	$r_i=0.5025d_1+0.05$
齿沟半角 $\alpha/2$		(°)	$\alpha/2=55°-\frac{60°}{z}$
工作段圆弧中心 O_2 的坐标	M	mm	$M=0.8d_1(\sin\alpha/2)$
	T		$T=0.8d_1(\cos\alpha/2)$
工作段圆弧半径 r_2			$r_2=1.3025d_1+0.05$
工作段圆弧中心角 β		(°)	$\beta=18°-\frac{56°}{z}$
齿顶圆弧中心 O_3 的坐标	W	mm	$W=1.3d_1\cos\frac{180°}{z}$
	V		$V=1.3d_1\sin\frac{180°}{z}$

续表

名称	单位	计算公式
齿形半角 $\gamma/2$	(°)	$\gamma/2=17°-\dfrac{64°}{z}$
齿顶圆弧半径 r_3	mm	$r_3=d_1\left(1.3\cos\dfrac{\gamma}{2}+0.8\cos\beta-1.3025\right)-0.05$
工作段直线部分长度 bc		$\overline{bc}=d_1\left(1.3\sin\dfrac{\gamma}{2}-0.8\sin\beta\right)$
e 点至齿沟圆弧中心连线的距离 H		$H=\sqrt{r_3^2-\left(1.3d_1-\dfrac{p_0}{2}\right)^2}$，$p_0=p\left(1+\dfrac{2r_i-d_1}{d}\right)$

注：齿沟圆弧半径 r_i，允许比上式计算的大 $0.0015d_1+0.06$mm。

链轮基本参数和主要尺寸（摘自 GB/T 1243—2006）

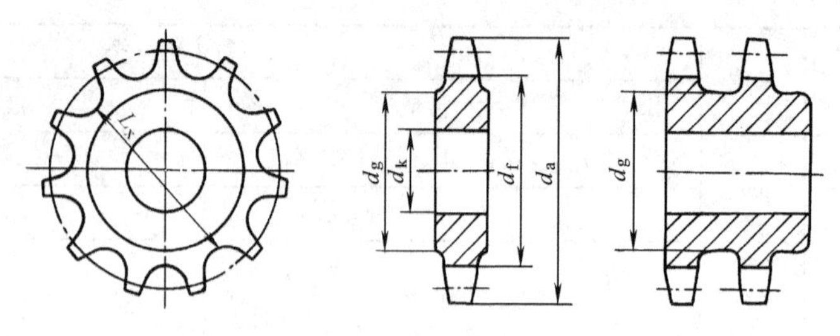

表 14-2-11

mm

名称		计算公式	说明
基本参数	链轮齿数 z		由表 14-2-2 确定
	配用链条的节距 p		见表 14-2-1
	配用链条的滚子外径 d_1		
	配用链条的排距 p_t		
主要尺寸	分度圆直径 d	$d=\dfrac{p}{\sin\dfrac{180°}{z}}$	
	齿顶圆直径 d_a	$d_{amax}=d+1.25p-d_1$ $d_{amin}=d+\left(1-\dfrac{1.6}{z}\right)p-d_1$ 三圆弧-直线齿形 $d_a=p\left(0.54+\cot\dfrac{180°}{z}\right)$	可在 d_{amax}、d_{amin} 范围内任意选取，但选用 d_{amax} 时，应考虑采用展成法加工，有发生顶切的可能性
	齿根圆直径 d_f	$d_f=d-d_1$	
	分度圆弦齿高 h_a	$h_{amax}=\left(0.625+\dfrac{0.8}{z}\right)p-0.5d_1$ $h_{amin}=0.5(p-d_1)$ 三圆弧-直线齿形 $h_a=0.27p$	h_a 是为简化放大齿形图绘制而引入的辅助尺寸，h_{amax} 对应 d_{amax}；h_{amin} 对应 d_{amin}
	最大齿根距离 L_x	奇数齿 $L_x=d\cos\dfrac{90°}{z}-d_1$ 偶数齿 $L_x=d_f=d-d_1$	
	齿侧凸缘（或排间槽）直径 d_g	$d_g<p\cot\dfrac{180°}{z}-1.04h_2-0.76$	h_2——内链板高度，见表 14-2-1

注：d_a、d_g 计算值取整数舍小数，其他尺寸精确到 0.01mm。

轴面齿廓尺寸（摘自 GB/T 1243—2006）

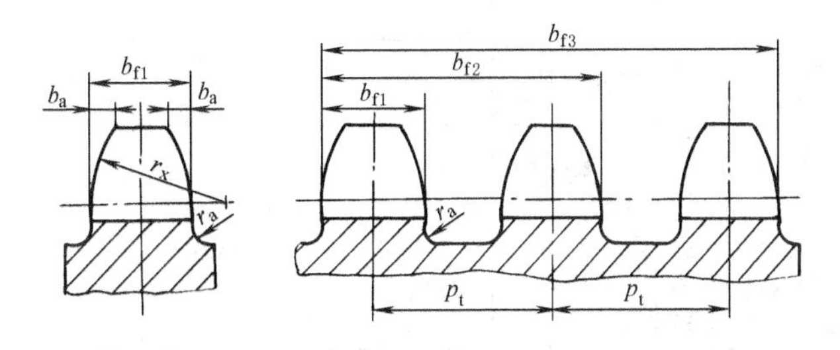

表 14-2-12 mm

名　　称		计算公式		说　　明
		$p\leqslant12.7$	$p>12.7$	
齿宽 b_{f1}	单排	$0.93b_1$	$0.95b_1$	当 $p>12.7$ 时，经制造厂同意，亦可使用 $p\leqslant12.7$ 时的齿宽。b_1 见表 14-2-1
	双排、三排	$0.91b_1$	$0.93b_1$	
	四排以上	$0.88b_1$		
链轮齿总宽 b_{fn}		$b_{fn}=(n-1)p_t+b_{f1}$		n——排数
齿侧半径 r_x		$r_{x公称}=p$		
齿侧倒角 b_a		链号为 081、083、084 及 085 时，$b_{a公称}=0.06p$ 其他链号时，$b_{a公称}=0.13p$		
齿侧凸缘（或排间槽）圆角半径 r_a		$r_a\approx0.04p$		

注：齿宽 b_{f1} 的偏差为 $h/4$。

表 14-2-13 　　　　链轮结构尺寸

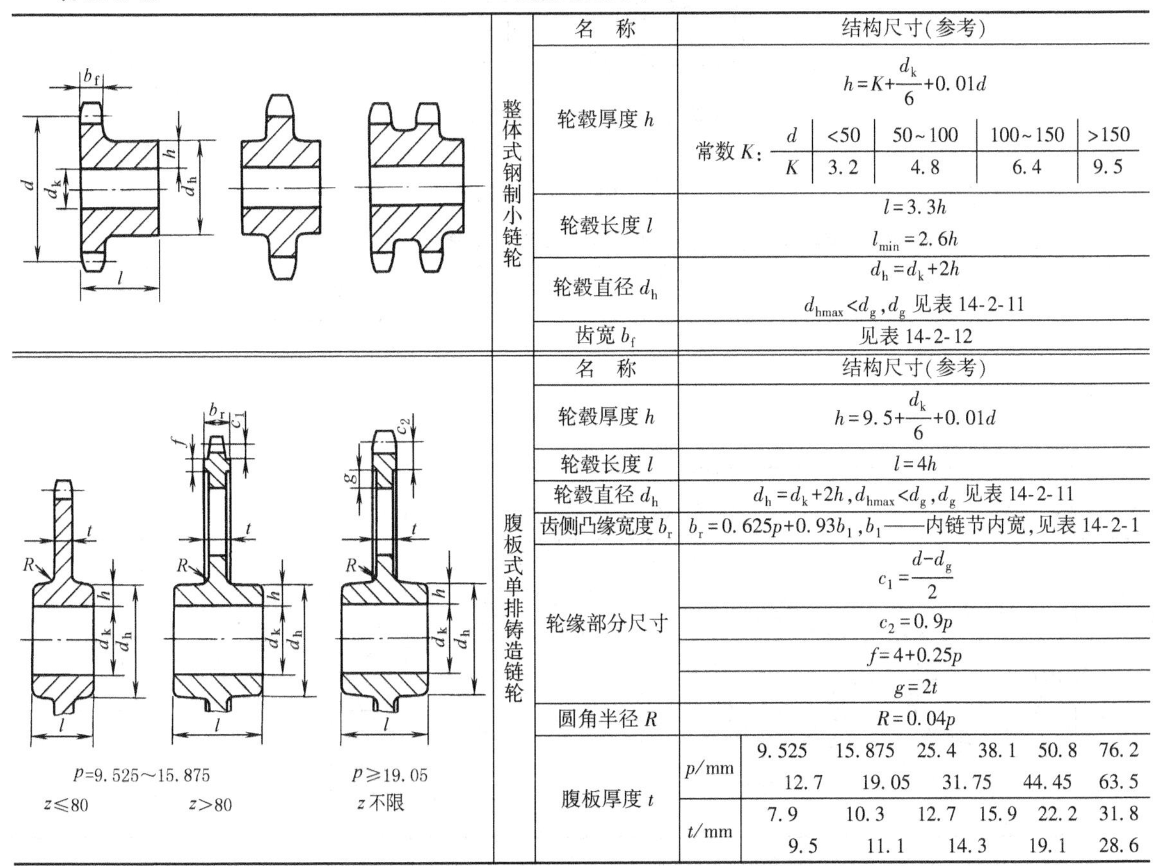

整体式钢制小链轮

名　称	结构尺寸（参考）
轮毂厚度 h	$h=K+\dfrac{d_k}{6}+0.01d$ 常数 K：d ＜50，50～100，100～150，＞150；K 3.2，4.8，6.4，9.5
轮毂长度 l	$l=3.3h$ $l_{min}=2.6h$
轮毂直径 d_h	$d_h=d_k+2h$ $d_{hmax}<d_g$，d_g 见表 14-2-11
齿宽 b_f	见表 14-2-12

腹板式单排铸造链轮

名　称	结构尺寸（参考）
轮毂厚度 h	$h=9.5+\dfrac{d_k}{6}+0.01d$
轮毂长度 l	$l=4h$
轮毂直径 d_h	$d_h=d_k+2h$，$d_{hmax}<d_g$，d_g 见表 14-2-11
齿侧凸缘宽度 b_r	$b_r=0.625p+0.93b_1$，b_1——内链节内宽，见表 14-2-1
轮缘部分尺寸	$c_1=\dfrac{d-d_g}{2}$ $c_2=0.9p$ $f=4+0.25p$ $g=2t$
圆角半径 R	$R=0.04p$

腹板厚度 t：

p/mm	9.525	12.7	15.875	19.05	25.4	31.75	38.1	44.45	50.8	63.5	76.2
t/mm	7.9	9.5	10.3	11.1	12.7	14.3	15.9	19.1	22.2	28.6	31.8

续表

类型	名　称												
腹板式多排铸造链轮	名　称	结构尺寸(参考)											
	圆角半径 R	$R=0.5t$											
	轮毂长度 l	$l=4h$											
	腹板厚度 t	p/mm	9.525	12.7	15.875	19.05	25.4	31.75	38.1	44.45	50.8	63.5	76.2
		t/mm	9.5	10.3	11.1	12.7	14.3	15.9	19.1	22.2	25.4	31.8	38.1
	其余结构尺寸	见腹板式单排铸造链轮											

注：轴孔偏差为 H8。

链轮其他结构

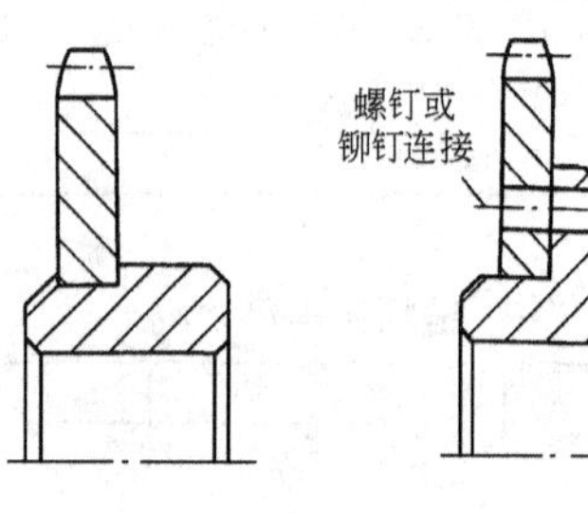

图 14-2-8　链轮结构

表 14-2-14　　齿根圆直径极限偏差及量柱测量距极限偏差（摘自 GB/T 1243—2006）　　mm

项　　目	尺寸段	上偏差	下偏差
齿根圆直径极限偏差、量柱测量距极限偏差	$d_f \leqslant 127$	0	−0.25
	$127<d_f \leqslant 250$	0	−0.30
	$250<d_f$	0	h11

表 14-2-15　　量柱测量距 M_R（摘自 GB/T 1243—2006）

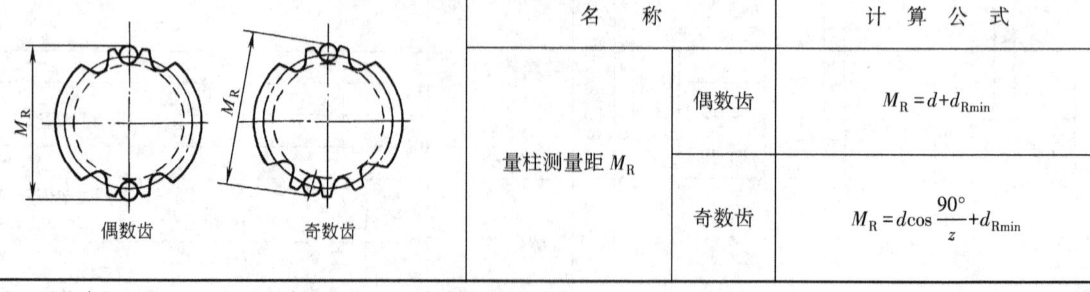

名　称		计 算 公 式
量柱测量距 M_R	偶数齿	$M_R=d+d_{Rmin}$
	奇数齿	$M_R=d\cos\frac{90°}{z}+d_{Rmin}$

注：量柱直径 $d_R=d_1$（d_1—滚子直径最大值），极限偏差为 $^{+0.01}_{0}$ mm。

表 14-2-16　　齿根圆的圆跳动（摘自 GB/T 1243—2006）

项　　目	要　　求
链轮孔和根圆直径之间的径向圆跳动	不应超过下列两数值中的较大值 $(0.0008d_f+0.08)$mm 或 0.15mm 最大到 0.76mm
轴孔到链轮齿侧平直部分的端面圆跳动	不应超过下列计算值$(0.0009d_f+0.08)$mm 最大到 1.14mm

表 14-2-17　　链轮材料及热处理

材　料	热 处 理	齿面硬度	应　用　范　围
15、20	渗碳、淬火、回火	50～60HRC	$z\leqslant25$ 有冲击载荷的链轮
35	正火	160～200HBS	正常工作条件下 $z>25$ 的链轮
45、50 ZG310-570	淬火、回火	40～50HRC	无剧烈冲击振动且在易磨损条件下工作的链轮
15Cr、20Cr	渗碳、淬火、回火	55～60HRC	$z<30$、有动载荷及传递功率较大的链轮
40Cr、35SiMn 35CrMo	淬火、回火	40～50HRC	重要的、要求强度较高、轮齿耐磨的链轮
Q235、Q275	焊接后退火	约 140HBS	中等速度、传递中等功率的链轮
不低于 HT200 的灰铸铁	淬火、回火	260～280HBS	外形复杂、强度要求一般的 $z>50$ 的从动链轮
夹布胶木			$P<6$kW、速度较高、传动要求平稳和无噪声的链轮

2　齿形链传动

2.1　齿形链的分类

表 14-2-18

导向型式	简　　图	结　　构	特　　点
外导式	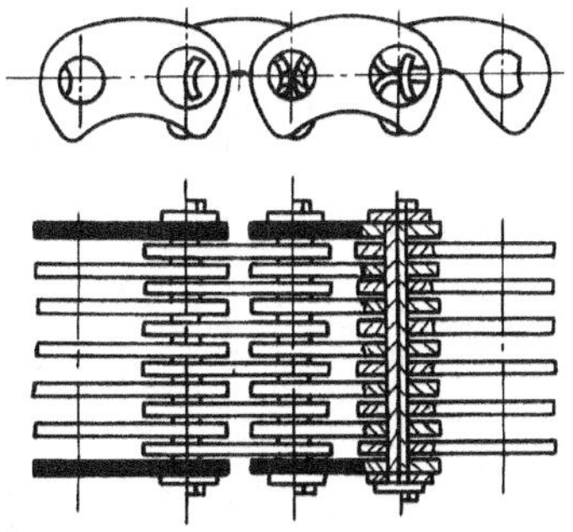	导片安装在链条的两侧	用于节距小、链宽窄的链条
内导式	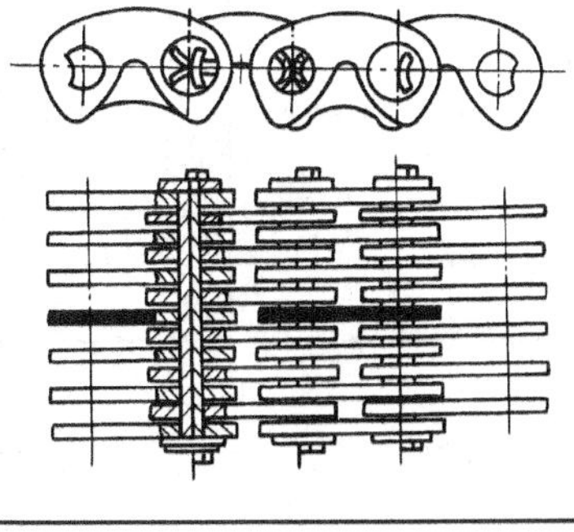	导片安装在链宽的$\frac{1}{2}$处，链轮开导槽	对销轴端部连接所受的横向冲击有缓冲作用，并可使各链节接近等强度 一般用于链宽 $b>25$～30mm

2.2 齿形链的基本参数与尺寸（摘自 GB/T 10855—1989）❶

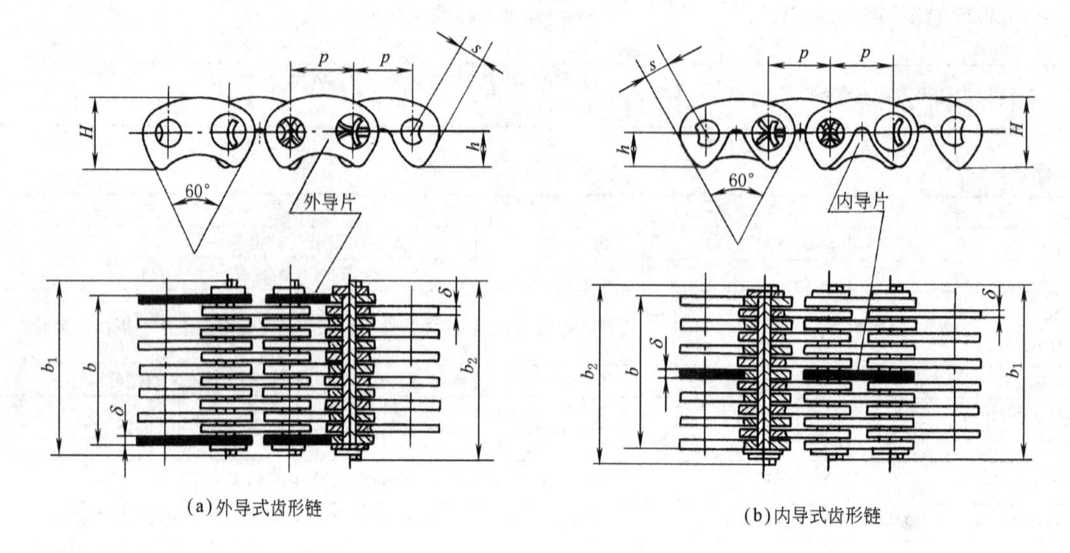

(a)外导式齿形链　　(b)内导式齿形链

表 14-2-19

链号	节距 p	链宽 b min	s	H min	h	δ	b_1 max	b_2 max	导向型式	片数 n	极限拉伸载荷 Q min	每米质量 q ≈
	/mm										/N	/kg·m^{-1}
		13.5					18.5	20	外导式	9	10000	0.60
		16.5					21.5	23		11	12500	0.73
		19.5					24.5	26		13	15000	0.85
		22.5					27.5	29		15	17500	1.00
CL06	9.525	28.5	3.57	10.1	5.3	1.5	33.5	35	内导式	19	22500	1.26
		34.5					39.5	41		23	27500	1.53
		40.5					45.5	47		27	32500	1.79
		46.5					51.5	53		31	37500	2.06
		52.5					57.5	59		35	42500	2.33
		19.5					24.5	26	外导式	13	23400	1.15
		22.5					27.5	29		15	27400	1.33
		25.5					30.5	32		17	31300	1.50
		28.5					33.5	35	内导式	19	35200	1.68
		34.5					39.5	41		23	43000	2.04
CL08	12.70	40.5	4.76	13.4	7.0	1.5	45.5	47		27	50800	2.39
		46.5					51.5	53		31	58600	2.74
		52.5					57.5	59		35	66400	3.10
		58.5					63.5	65		39	74300	3.45
		64.5					69.5	71		43	82100	3.81
		70.5					75.5	77		47	89900	4.16

❶ 由于“齿形链和链轮（GB/T 10855—2003）”标准中没有标出链宽 b 等具体参数，选用不方便，本节仍摘录当前国内制造厂沿用的旧标准（GB/T 10855—1989）的产品样本资料。

第 14 篇

续表

链号	节距 p	链宽 b min	s	H min	h	δ	b_1 max	b_2 max	导向型式	片数 n	极限拉伸载荷 Q min	每米质量 q ≈
	/mm										/N	/kg·m^{-1}
CL10	15.875	30 38 46 54 62 70 78	5.95	16.7	8.7	2.0	37 45 53 61 69 77 85	39 47 55 63 71 79 87	内导式	15 19 23 27 31 35 39	45600 58600 71700 84700 97700 111000 124000	2.21 2.80 3.39 3.99 4.58 5.17 5.76
CL12	19.05	38 46 54 62 70 78 86 94	7.14	20.1	10.5	2.0	45 53 61 69 77 85 93 101	47 55 63 71 79 87 95 103	内导式	19 23 27 31 35 39 43 47	70400 86000 102000 117000 133000 149000 164000 180000	3.37 4.08 4.78 5.50 6.20 6.91 7.62 8.33
CL16	25.40	45 51 57 69 81 93 105 117	9.52	26.7	14.0	3.0	53 59 65 77 89 101 113 125	56 62 68 80 92 104 116 128	内导式	15 17 19 23 27 31 35 39	111000 125000 141000 172000 203000 235000 266000 297000	5.31 6.02 6.73 8.15 9.57 10.98 12.41 13.82
CL20	31.75	57 69 81 93 105 117	11.91	33.4	17.5	3.0	67 79 91 103 115 127	70 82 94 106 118 130	内导式	19 23 27 31 35 39	165000 201000 237000 273000 310000 346000	8.42 10.19 11.96 13.73 15.50 17.27
CL24	38.10	69 81 93 105 117 129 141	14.29	40.1	21.0	3.0	81 93 105 117 129 141 153	84 96 108 120 132 144 156	内导式	23 27 31 35 39 43 47	241000 285000 328000 371000 415000 458000 502000	12.22 14.35 16.48 18.61 20.73 22.86 24.99

注：1. 尺寸 s 的偏差为 h10。

2. 标记示例： CL08-22.5 W-60 GB/T 10855—1989

链号　链宽　链节数

导向型式：N(内导式)；W(外导式)

2.3 齿形链传动设计计算

已知条件：①传动功率；②小链轮、大链轮转速；③传动用途以及原动机种类。

表 14-2-20　　　　齿形链传动计算内容和步骤

<table>
<tr><th>计算项目</th><th>单位</th><th>公 式 及 数 据</th><th>说 明</th></tr>
<tr><td>传动比 i</td><td></td><td>$i=\frac{n_1}{n_2}=\frac{z_2}{z_1}$
一般 $i\leqslant 7$，推荐 $i=2\sim3.5$，$i_{max}=10$</td><td>n_1——小链轮转速，r/min
n_2——大链轮转速，r/min</td></tr>
<tr><td>小链轮齿数 z_1</td><td></td><td>$z_1\geqslant z_{min}$，$z_{min}=15\sim17$
通常 $z\geqslant21$，取奇数齿</td><td>若传动空间允许，z_1 宜取较大值</td></tr>
<tr><td>大链轮齿数 z_2</td><td></td><td>$z_2=iz_1$
$z_{2max}=150$</td><td></td></tr>
<tr><td>链条节距 p</td><td>mm</td><td>可参考小链轮转速 n_1 选择
<table><tr><td>n_1 /r·min^{-1}</td><td>2000~5000</td><td>1500~3000</td><td>1200~2500</td><td>1000~2000</td><td>800~1500</td><td>600~1200</td><td>500~900</td></tr><tr><td>p</td><td>9.525</td><td>12.7</td><td>15.875</td><td>19.05</td><td>25.4</td><td>31.75</td><td>38.1</td></tr></table></td><td>应综合考虑传动功率、小链轮转速和传动空间的要求</td></tr>
<tr><td>设计功率 P_d</td><td>kW</td><td>$P_d=\frac{K_AP}{K_z}$</td><td rowspan="2">K_A——工况系数，见表 14-2-21
K_z——小链轮齿数系数，见表 14-2-21
P——传动功率，kW</td></tr>
<tr><td>链宽每 1mm 所能传递的额定功率 P_0</td><td>kW</td><td>根据 $p\cdot n_1$ 和 z_1 查表 14-2-22</td></tr>
<tr><td>链宽 b</td><td>mm</td><td>$b\geqslant\frac{P_d}{P_0}=\frac{K_AP}{K_zP_0}$</td><td>$b$ 值应按表 14-2-19 选取，若不合适应重定 p 和 z_1</td></tr>
</table>

注：其余计算见表 14-2-2。

表 14-2-21　　　　工况系数 K_A（摘自 GB/T 10855—2003）及小链轮齿数系数 K_{z1}

	应用设备	电动机或液力偶合器连接的发动机		用机械传动直接连接的发动机		液力变矩器传动	
		10h	24h	10h	24h	10h	24h
工况系数 K_A	液体、半液体搅拌器（叶片式、螺旋桨式）	1.1	1.4	1.3	1.6	1.5	1.8
	面包厂的面团搅拌器	1.2	1.5	—	—	—	—
	酿造和蒸馏设备：装瓶机、气锅、炊具、捣磨槽、漏斗秤	1.0	1.3	—	—	—	—
	制砖和黏土器具机械：						
	挤泥机、螺旋土钻、切割台、排风机	1.3	1.6	1.5	1.8	1.7	2.0
	制砖机、干压机、粉碎机、制粒机、混合机、拌土机、碾压机、离心机	1.4	1.7	1.6	1.9	1.8	2.1
	压缩机：离心式、循环式、旋转式	1.1	1.4	1.3	1.6	1.5	1.8

续表

		应用设备	电动机或液力偶合器连接的发动机		用机械传动直接连接的发动机		液力变矩器传动	
			10h	24h	10h	24h	10h	24h
工况系数 K_A		活塞往复式：3缸或大于3缸	1.3	1.6	1.5	1.8	1.7	2.0
		单缸或双缸	1.6	1.9	1.8	2.1	2.0	2.3
	输送机	带式输送（轻物料）、烘箱、干燥箱、恒温箱	1.0	1.3	1.2	1.5	1.4	1.7
		带式输送（矿石、煤、砂子）	1.2	1.5	1.4	1.7	1.6	1.9
		裙板式、挡边式、料斗式、料槽式、提升式	1.4	1.7	1.6	1.9	1.8	2.1
		螺旋式、刮板、链传动式	1.6	1.9	1.8	2.1	2.0	2.3
		棉油厂设备：棉绒去除器、剥绒毛机、蒸煮器	1.4	1.7	1.6	1.9	1.8	2.1
		起重机、卷扬机：主井提升机——正常载荷	1.1	1.4	1.3	1.6	1.5	1.8
		主井提升机——重载荷、倒卸式起重机、料箱起重机	1.4	1.7	1.6	1.9	1.8	2.1
	粉碎机 压碎机	碎煤机、煤炭粉碎机、亚麻粉碎机	1.4	1.7	1.6	1.9	1.8	2.1
		球磨、圆锥破碎、圆锥轧碎、破碎、旋转破碎、环动碎石、哈丁球磨、棒磨、磨管、腭式粉碎	1.6	1.9	1.8	2.1	2.0	2.3
		挖泥机、挖土机、疏浚机：输送式、泵式、码垛式	1.4	1.7	1.6	1.9	1.8	2.1
		矿筛式、筛分式	1.6	1.9	1.8	2.1	2.0	2.3
		斗式提升机：均匀送料	1.2	1.5	1.4	1.7	1.6	1.9
		重载用工况	1.4	1.7	1.6	1.9	1.8	2.1
		通风机和鼓风机：通风机、吸风机、引风机	1.2	1.5	1.4	1.7	1.6	1.9
		离心式、排风机、螺旋桨式通风机	1.3	1.6	1.5	1.8	1.7	2.0
		矿用通风机	1.4	1.7	1.6	1.9	1.8	2.1
		增压鼓风机	1.5	1.8	1.7	2.0	1.9	2.2
	面粉、谷物加工机械	送料机构	1.0	1.3	1.2	1.5	1.4	1.7
		筛面粉机、筛子机、净化器、滚筒机	1.1	1.4	1.3	1.6	1.5	1.8
		谷物分选机、分离机	1.1	1.4	—	—	—	—
		磨碎机、锤磨机、发电机、励磁机	1.2	1.5	1.4	1.7	1.6	1.9
		滚磨机	1.3	1.6	1.5	1.8	1.7	2.0
		主轴驱动装置	1.4	1.7	1.6	1.9	1.8	2.1
		制冰机械	1.5	1.8	1.7	2.0	1.9	2.2
		洗衣机械：湿调器、脱水机、烫布机、洗涤机、洗选机	1.1	1.4	1.3	1.6	1.5	1.8
		转筒式洗衣机	1.2	1.5	1.4	1.7	1.6	1.9
	主传动轴、动力轴	谷物提升机	1.0	1.3	1.2	1.5	1.4	1.7
		轧棉机、轧花机、棉油设备	1.1	1.4	1.3	1.6	1.5	1.8
		煤装卸设备、相似其他设备	1.2	1.5	1.4	1.7	1.6	1.9
		造纸机	1.3	1.6	1.5	1.8	1.7	2.1
		橡胶设备、轧钢设备、炼钢设备	1.4	1.7	1.6	1.9	1.8	2.1
		制砖厂	1.6	1.9	1.8	2.1	2.0	2.3

续表

	应用设备	电动机或液力偶合器连接的发动机		用机械传动直接连接的发动机		液力变矩器传动	
		10h	24h	10h	24h	10h	24h
工况系数 K_A	机床：钻床、磨床、车床	1.0	1.3	—	—	—	—
	镗磨、凸轮加工机床	1.1	1.3	—	—	—	—
	落锤、吊锤、铣床	1.1	1.4	—	—	—	—
	冲床、剪切机	1.4	1.7	—	—	—	—
	碾磨机：球磨、侧磨、研磨、棒磨、混砂碾、管磨、哈丁圆锥球磨	1.5	1.8	1.7	2.0	—	—
	滚磨机	1.6	1.9	1.8	2.1	—	—
	混凝土搅拌机	1.6	1.9	1.8	2.1	2.0	2.3
	油田机械：复合搅拌装置	1.0	1.3	1.2	1.5	1.4	1.7
	管状泵	1.2	1.5	1.4	1.7	1.6	1.9
	抽泥机、吸泥机	1.3	1.6	1.5	1.8	1.7	2.0
	提升装置	1.6	1.9	1.8	2.1	2.0	2.3
	炼油装置：冷却器、过滤器、烘干炉	1.5	1.8	1.7	2.0	1.9	2.2
	造纸机械：打浆机	1.1	1.4	1.3	1.6	1.5	1.8
	压光机、干燥机、约当发动机、造纸机	1.2	1.5	1.4	1.7	1.6	1.9
	搅拌器	1.3	1.6	1.5	1.8	1.7	2.0
	美式干燥机	1.3	1.6	1.5	1.8	—	—
	纳升发动机	1.4	1.7	1.6	1.9	1.8	2.1
	洗涤机	1.4	1.7	—	—	—	—
	切碎机	1.5	1.8	1.7	2.0	1.9	2.2
	卷筒式升降机	1.5	1.8	1.7	2.0	—	—
	印刷机械：铸造排字机、切纸机、转轮印刷机	1.1	1.4	1.3	1.6	1.5	1.8
	压纹机、印花机、平台印刷机、折页机、折叠机	1.2	1.5	1.4	1.7	1.6	1.9
	杂志印刷机、报纸印刷机	1.5	2.0	—	—	—	—
	泵：旋转泵	1.1	1.4	1.3	1.6	1.5	1.8
	离心泵、齿轮泵	1.2	1.5	1.4	1.7	1.6	1.9
	活塞泵——3缸或3缸以上	1.3	1.6	1.5	1.8	1.7	2.0
	管道泵	1.4	1.7	1.6	1.9	1.8	2.1
	其他类泵	1.5	1.8	1.7	2.0	1.9	2.2
	泥浆泵、活塞泵——单缸或双缸	1.6	1.9	1.8	2.1	2.0	2.3
	橡胶厂机械：密封式混炼机、压光机、混合器、脱料机、碾压机	1.5	1.8	1.7	2.0	1.9	2.2
	橡胶厂设备：压光机、制内胎机、硫化塔	1.5	1.8	1.7	2.0	1.9	2.2
	混合器、压片机、研磨机	1.6	1.9	1.8	2.1	2.0	2.3
	筛分机：空气洗涤器、移动式网筛机	1.0	1.3	1.2	1.5	1.4	1.7
	加煤机	1.1	1.4	—	—	—	—
	多边筛、滚筒筛、移动式	1.2	1.5	1.4	1.7	1.6	1.9
	旋转式、筛砂砾式、筛石子式、振动式	1.5	1.8	1.7	2.0	1.9	2.2
	钢厂：金属拉丝机	1.2	1.5	1.4	1.7	1.6	1.9
	轧机	1.3	1.6	1.5	1.8	1.7	2.0
	纺织机械：细纱机、绞结器、整经机、手纺车、卷轴	1.0	1.3	—	—	—	—
	进料斗、压光机、织布机	1.1	1.4	—	—	—	—

小链轮齿数系数 K_z												
	z	17	19	21	23	25	27	29	31	33	35	37
	K_z	0.77	0.89	1.00	1.11	1.22	1.34	1.45	1.56	1.66	1.77	1.88

表 14-2-22　　链宽每 1mm 的额定功率表（摘自 GB/T 10855—2003）

节距 p	4.76mm											
	n_1/r·min^{-1}											
z_1	500	600	700	800	900	1200	1800	2000	3500	5000	7000	9000
	P_0/kW											
15	0.00822	0.00969	0.01116	0.01262	0.01380	0.01761	0.02349	0.02642	0.03905	0.04873	0.05695	0.05754
17	0.00969	0.01145	0.01292	0.01468	0.01615	0.02055	0.02818	0.03083	0.04697	0.05872	0.07046	0.07398
19	0.01086	0.01262	0.01468	0.01615	0.01791	0.02349	0.03229	0.03523	0.05284	0.06752	0.08103	0.08573
21	0.01204	0.01409	0.01615	0.01820	0.01996	0.02554	0.03582	0.03905	0.05960	0.07574	0.09160	0.09835
23	0.01321	0.01556	0.01761	0.01996	0.02202	0.02818	0.03963	0.04316	0.06606	0.08455	0.10275	0.11097
25	0.01439	0.01703	0.01938	0.02173	0.02407	0.03083	0.04316	0.04697	0.07193	0.09189	0.11156	0.12037
27	0.01556	0.01820	0.02084	0.02349	0.02584	0.03376	0.4639	0.05050	0.07721	0.09835	0.11919	0.12830
29	0.01673	0.01967	0.02231	0.02525	0.02789	0.03552	0.04991	0.05431	0.08308	0.10598	0.12918	0.13857
31	0.01761	0.02114	0.02378	0.02672	0.02965	0.03817	0.05314	0.05784	0.08866	0.11274	0.13681	0.14679
33	0.01879	0.2202	0.02525	0.02848	0.03141	0.04022	0.05578	0.06107	0.09307	0.11802	0.14239	—
35	0.01996	0.02349	0.02701	0.03024	0.03347	0.04257	0.05960	0.06488	0.10011	0.12536	0.15149	—
37	0.02084	0.02466	0.02818	0.03171	0.03494	0.04462	0.06195	0.06752	0.10217	0.12888	0.15384	—
40	0.02055	0.02672	0.03053	0.03406	0.03787	0.04815	0.06694	0.07340	0.11068	0.13975	—	—
45	0.02525	0.02995	0.03376	0.03817	0.04198	0.05373	0.07428	0.08074	0.12184	0.15296	—	—
50	0.02789	0.03288	0.03728	0.04022	0.04639	0.05872	0.08162	0.08866	0.13270	0.16587	—	—
润滑方式	Ⅰ						Ⅱ			Ⅲ		

节距 p	9.525mm												
	n_1/r·min^{-1}												
z_1	100	500	1000	1200	1500	1800	2000	2500	3000	3500	4000	5000	6000
	P_0/kW												
17①	0.01350	0.06165	0.13505	0.14386	0.15560	0.19083	0.20257	0.23193	0.24954	0.25835	0.25835	—	—
19①	0.01556	0.07340	0.14092	0.15853	0.19083	0.21725	0.23193	0.26716	0.29065	0.29358	0.32294	0.28771	—
21	0. 01703	0. 08220	0. 14973	0. 17615	0. 21432	0. 24367	0. 26422	0. 29358	0. 32294	0. 35230	0. 35230	0. 35230	0. 29358
23	0.01850	0.08807	0.16441	0.19376	0.23487	0.27303	0.29358	0.35230	0.38166	0.41102	0.41102	0.41102	0.35230
25	0.02026	0.09688	0.17909	0.21432	0.25835	0.29358	0.32294	0.38166	0.41102	0.44037	0.44037	0.44037	0.41102
27	0.02173	0.10275	0.19964	0.23193	0.27890	0.32294	0.35230	0.41102	0.44037	0.46973	0.52845	0.52845	0.46973
29	0.02349	0.11156	0.021432	0.24954	0.29358	0.35230	0.38166	0.44037	0.46973	0.52845	0.55781	0.55781	0.52845
31	0.2495	0.12037	0.22899	0.26716	0.32294	0.38166	0.41102	0.46973	0.52845	0.55781	0.58716	0.58716	0.55781
33	0.02642	0.12918	0.24367	0.28771	0.35230	0.41102	0.44037	0.52845	0.55781	0.61652	0.61652	0.61652	0.58716
35	0.02818	0.13505	0.25835	0.29358	0.38166	0.44037	0.46973	0.55781	0.58716	0.67524	0.67524	0.67524	0.61652
37	0.02936	0.14386	0.26716	0.32294	0.41102	0.44037	0.46973	0.58716	0.61652	0.70460	0.70460	0.70460	—
40	0.03229	0.15560	0.29358	0.35230	0.44037	0.46973	0.52845	0.61652	0.70460	0.73396	0.76331	0.76231	—
45	0.03817	0.17615	0.32294	0.38166	0.46973	0.55781	0.58716	0.70460	0.76331	0.82203	0.85139	—	—
50	0.04110	0.19376	0.38166	0.44037	0.52845	0.58716	0.67524	0.76331	0.85139	0.88075	—	—	—
润滑方式	Ⅰ			Ⅱ				Ⅲ					

续表

节距 p	12.7mm										
	n_1/r·min^{-1}										
z_1	100	500	700	1000	1200	1800	2000	2500	3000	3500	4000
	P_0/kW										
17①	0.02437	0.11156	0.14679	0.18496	0.22019	0.29358	0.32294	0.32294	0.32294	0.32294	—
19①	0.02730	0.11156	0.14679	0.22019	0.25835	0.32294	0.38166	0.41102	0.41102	0.41102	—
21	0.02936	0.014679	0.18496	0.25835	0.29358	0.41102	0.41102	0.44037	0.46973	0.46973	—
23	0.3229	0.14679	0.22019	0.29358	0.32294	0.44037	0.46973	0.55781	0.55781	0.55781	0.52845
25	0.03523	0.14679	0.22019	0.29358	0.38166	0.46973	0.52845	0.58716	0.61652	0.61652	0.58716
27	0.03817	0.18496	0.25835	0.32294	0.38166	0.52845	0.55781	0.61652	0.70460	0.70460	0.67524
29	0.04110	0.18496	0.25835	0.38166	0.41102	0.55781	0.61652	0.70460	0.73396	0.73396	0.73396
31	0.04404	0.22019	0.29358	0.38166	0.44037	0.61652	0.67524	0.73396	0.82203	0.82203	0.82203
33	0.04697	0.22019	0.29658	0.41102	0.46973	0.67524	0.70460	0.82203	0.85139	0.88075	0.85139
35	0.05284	0.22019	0.32294	0.44037	0.52845	0.70460	0.73396	0.85139	0.91011	0.91011	0.88075
37	0.05578	0.25835	0.32294	0.46973	0.55781	0.73396	0.76331	0.88075	0.96882	0.86882	—
40	0.05872	0.25835	0.38166	0.52845	0.58716	0.82203	0.85139	0.96882	1.02754	1.02754	—
45	0.07340	0.29358	0.41102	0.55781	0.67524	0.88075	0.88075	1.05690	1.14497	—	—
50	0.07340	0.32294	0.44037	0.61652	0.73396	0.99818	1.05690	1.17433	—	—	—
润滑方式	Ⅰ		Ⅱ				Ⅲ				

节距 p	15.875mm									
	n_1/r·min^{-1}									
z_1	100	500	700	1000	1200	1800	2000	2500	3000	3500
	P_0/kW									
17①	0.03817	0.18496	0.22019	0.29358	0.32294	0.41102	0.44037	0.41102	—	—
19①	0.04110	0.18496	0.25835	0.38166	0.41102	0.46973	0.52845	0.52845	—	—
21	0.04697	0.22019	0.29658	0.38166	0.44037	0.55181	0.58716	0.58716	0.58716	—
23	0.05284	0.22019	0.32294	0.44037	0.46973	0.61652	0.67524	0.70460	0.67524	—
25	0.05578	0.25835	0.32294	0.46973	0.55781	0.70460	0.73396	0.76331	0.76331	0.70460
27	0.05872	0.29358	0.38166	0.52845	0.58716	0.76331	0.82203	0.85139	0.85139	0.76331
29	0.06165	0.29358	0.41102	0.55781	0.61652	0.82203	0.88075	0.91011	0.91011	0.85139
31	0.07046	0.32294	0.44037	0.58716	0.67524	0.88075	0.91011	0.99818	0.99818	0.91011
33	0.07340	0.32294	0.46973	0.61652	0.73396	0.96882	0.99818	1.05690	1.05690	0.99818
35	0.7633	0.38166	0.46973	0.67524	0.76331	0.99818	1.05690	1.14497	1.14497	1.02754
37	0.08220	0.38166	0.52845	0.70460	0.82203	1.05690	1.14497	1.26240	1.20369	—
40	0.08807	0.41102	0.55781	0.76331	0.88075	1.14497	1.20369	1.29176	—	—
45	0.09982	0.46973	0.61652	0.85139	0.99818	1.29176	1.35048	—	—	—
50	0.11156	0.52845	0.70460	0.96882	1.11561	1.40919	1.46791	—	—	—
润滑方式	Ⅰ		Ⅱ		Ⅲ					

续表

节距 p	19.05mm								
z_1	n_1/r · min^{-1}								
	100	500	700	1000	1200	1500	1800	2000	2500
	P_0/kW								
17①	0.05578	0.23780	0.32294	0.41102	0.44037	0.46973	0.52845	0.52845	—
19①	0.05872	0.27303	0.38166	0.44037	0.52845	0.58716	0.61652	0.61652	—
21	0.06752	0.29358	0.41102	0.52845	0.58716	0.67524	0.70460	0.73396	0.70460
23	0.07340	0.32294	0.44037	0.58716	0.67524	0.78396	0.82203	0.82203	0.82203
25	0.08220	0.38166	0.46973	0.61652	0.73396	0.85139	0.91011	0.91011	0.88075
27	0.08514	0.41102	0.52845	0.70460	0.82203	0.91011	0.99818	1.02754	1.02754
29	0.09101	0.44037	0.58716	0.76331	0.88075	0.99818	1.05690	1.11561	1.11561
31	0.09982	0.44037	0.61652	0.82203	0.91011	1.05690	1.17433	1.20369	1.20369
33	0.10569	0.46973	0.67524	0.88075	0.99818	1.14497	1.26240	1.29176	1.29176
35	0.11156	0.52845	0.70460	0.91011	1.05690	1.20369	1.32112	1.35048	1.35048
37	0.11743	0.55781	0.73396	0.99818	1.14497	1.29176	1.40919	1.43855	1.43855
40	0.12918	0.58716	0.82203	1.05690	1.20369	1.40919	1.49727	1.55599	1.55599
45	0.14386	0.67524	0.88075	1.17433	1.35048	1.55599	1.64406	1.70278	—
50	0.15853	0.73396	0.99818	1.32112	1.49727	1.70278	1.79085	—	—
润滑方式	Ⅰ		Ⅱ		Ⅲ				

节距 p	25.4mm										
z_1	n_1/r · min^{-1}										
	100	200	300	400	500	700	1000	1200	1500	1800	2000
	P_0/kW										
17①	0.11156	0.18496	0.25835	0.32294	0.41102	0.52845	0.61652	0.67524	—	—	—
19①	0.11156	0.22019	0.29358	0.38166	0.44037	0.58716	0.73396	0.76331	0.82203	—	—
21	0.11156	0.22019	0.32294	0.44037	0.52845	0.67524	0.85139	0.91011	0.96882	0.96882	—
23	0.11156	0.25835	0.38166	0.46973	0.55781	0.73396	0.91011	1.02754	1.11561	1.11561	—
25	0.14679	0.25835	0.41102	0.52845	0.61652	0.82203	1.02754	1.14497	1.20369	1.20369	1.20369
27	0.14679	0.29358	0.44037	0.55781	0.70460	0.88075	1.14497	1.26240	1.35048	1.35048	1.32112
29	0.14679	0.32294	0.46973	0.56716	0.73396	0.96882	1.20369	1.35048	1.46791	1.49727	1.46791
31	0.18496	0.32294	0.46973	0.67524	0.82203	1.02754	1.32112	1.46791	1.58534	1.61470	1.58534
33	0.18496	0.38166	0.52845	0.70460	0.85139	1.11561	1.43855	1.58534	1.73214	1.73214	1.70278
35	0.18496	0.38166	0.55781	0.73396	0.88075	1.17433	1.49727	1.64406	1.79085	1.84957	1.79085
37	0.19964	0.41102	0.58716	0.76331	0.96882	1.26240	1.58534	1.76149	1.90828	1.93764	—
40	0.22019	0.44037	0.67524	0.85139	1.02754	1.32112	1.73214	1.90828	2.05508	—	—
45	0.25835	0.46973	0.73396	0.91011	1.14497	1.49727	1.90828	2.08443	2.23123	—	—
50	0.29358	0.55781	0.82203	1.02754	1.26240	1.64406	2.08443	2.28994	—	—	—
润滑方式	Ⅰ			Ⅱ				Ⅲ			

续表

节距 p	31.75mm										
	n_1/r·min^{-1}										
z_1	100	200	300	400	500	600	700	800	1000	1200	1500
	P_0/kW										
19①	0.16441	0.29358	0.44037	0.58716	0.70460	0.76331	0.85139	0.91011	0.99818	1.02754	—
21	0.18496	0.32294	0.52845	0.67524	0.76331	0.88075	0.86882	1.05690	1.17433	1.20369	—
23	0.20257	0.38166	0.55781	0.70460	0.85139	0.99818	1.05690	1.17433	1.32112	1.35048	1.35048
25	0.22019	0.41102	0.58716	0.76331	0.91011	1.05690	1.17433	1.29176	1.46791	1.55599	1.55599
27	0.23487	0.44037	0.67524	0.85139	1.02754	1.17433	1.29176	1.43855	1.58534	1.70278	1.70278
29	0.25248	0.46973	0.70460	0.91011	1.11561	1.26240	1.40919	1.55599	1.73214	1.84957	1.87893
31	0. 27303	0.52845	0.76331	0.99818	1.17433	1.35048	1.49727	1.64406	1.87893	1.99636	2.02572
33	0.29065	0.55781	0.82203	1.02754	1.26240	1.43855	1.61470	1.76149	2.02572	2.14315	2.17251
35	0.32294	0.58716	0.85139	1.11561	1.32112	1.55599	1.73214	1.87893	2.14315	2.28994	2.28994
37	0.32294	0.61652	0.88075	1.17433	1.40919	1.61470	1.84957	1.99636	2.23123	2.37802	—
40	0.35230	0.70460	0.99818	1.29176	1.55599	1.76149	1.99636	2.17251	2.43673	2.58352	—
45	0.38166	0.76331	1.11561	1.43855	1.73214	1.99636	2.20187	2.37802	2.67160	—	—
50	0.44037	0.85139	1.26240	1.58534	1.90828	2.17251	2.43673	2.64224	2.93582	—	—
润滑方式	Ⅰ			Ⅱ			Ⅲ				

节距 p	38. 1mm										
	n_1/r·min^{-1}										
z_1	100	200	300	400	500	600	700	800	900	1000	1200
	P_0/kW										
19①	0.23487	0.44037	0.61652	0.82203	0.91011	1.02754	1.14497	1.17433	1.20369	1.26240	—
21	0.25835	0.46973	0.70460	0.88075	1.05690	1.17433	1.29176	1.35048	1.43855	1.43855	—
23	0.29358	0.55781	0.76331	0.99818	1.17433	1.32112	1.43855	1.55599	1.61470	1.64406	1.61470
25	0.29358	0.58716	0.85139	1.11561	1.29176	1.46791	1.61470	1.73214	1.79085	1.90828	1.87893
27	0.32294	0.67524	0.91011	1.17433	1.40919	1.58534	1.76149	1.87893	1.99636	2.05508	2.05508
29	0.38166	0.70460	0.99818	1.29176	1.49727	1.73214	1.90828	2.05508	2.17251	2.20187	2.23123
31	0.41102	0.73396	1.05690	1.35048	1.61470	1.87893	2.05508	2.20187	2.31930	2.37802	2.43673
33	0.41102	0.82203	1.14497	1.46791	1.73214	1.99636	2.20187	2.34866	2.49545	2.58352	2.61288
35	0.44037	0.85139	1.20369	1.55599	1.84957	2.08443	2.31930	2.49545	2.64224	2.73032	2.75967
37	0.46973	0.88075	1.29176	1.73214	1.93764	2.23123	2.46609	2.64224	2.81839	2.90646	—
40	0.52845	0.96882	1.40919	1.93764	2.14315	2.43673	2.64224	2.87711	3.08261	—	—
45	0.55781	1.11561	1.58534	1.99636	2.37802	2.73032	2.96518	3.17069	3.31748	—	—
50	0.61652	1.20369	1.73214	2.20187	2.61288	2.96518	3.25876	3.46427	—	—	—
润滑方式	Ⅰ		Ⅱ		Ⅲ						

节距 p	50. 8mm								
	n_1/r·min^{-1}								
z_1	100	200	300	400	500	600	700	800	900
	P_0/kW								
19①	0.41102	0.76331	1.05690	1.29176	1.46791	1.58534	1.64406	—	—
21	0.46973	0.85139	1.17433	1.46791	1.55599	1.84957	1.90828	—	—
23	0.49909	0.96882	1.32112	1.61470	1.87893	2.05508	2.17251	2.20187	—
25	0.52845	1.02754	1.43855	1.79085	2.05508	2.28994	2.43673	2.49545	2.49545
27	0.58716	1.11561	1.58534	1.93764	2.28994	2.49545	2.67160	2.75967	2.75967
29	0.61652	1.20369	1.70278	2.14315	2.46609	2.73032	2.90646	3.02890	3.02390

续表

节距 p	50.8mm								
	n_1/r·min^{-1}								
z_1	100	200	300	400	500	600	700	800	900
	P_0/kW								
31	0.67524	1.29176	1.84957	2.28994	2.64224	2.93582	3.11197	3.22941	3.22941
33	0.73396	1.35048	1.93764	2.43673	2.81839	3.11197	3.34684	3.46427	3.46427
35	0.76331	1.46791	2.08443	2.58352	3.02390	3.34684	3.55235	3.66978	3.66978
37	0.82203	1.55599	2.20187	2.73032	3.22941	3.64042	3.75785	3.84593	—
40	0.88075	1.70278	2.37802	2.96518	3.46427	3.78721	4.05144	4.13951	—
45	0.99818	1.87893	2.64224	3.31748	3.84593	4.22758	4.43309	—	—
50	1.11561	2.08443	2.93582	3.66978	4.22758	4.57988	—	—	—
润滑方式	Ⅰ	Ⅱ		Ⅲ					

① 不推荐使用（为获得较好使用效果，小链轮至少应有 21 齿）。

注：1. 本表制订条件：工况系数 $K_A=1$，链条节数 $X\approx100$ 节，按推荐润滑方式润滑，两个链轮共面安装在平行的两个水平轴上，满载荷运转，使用寿命约为 15000h。

2. 在实际使用中，若满载工作仅占其中一部分时，则可提高其额定速度。对于有惰轮、多于两个链轮的链传动、复杂工作载荷以及其他特殊工况时，请向链条制造厂咨询。

3. 润滑方式，请见图 14-2-10。

2.4 齿形链链轮（摘自 GB/T 10855—2003）

表 14-2-23　　节距 $p\geqslant$9.52mm 链轮的齿形尺寸以及直径尺寸、测量尺寸

图　　例	名　　称	单位	计算公式
	链轮节距 p	mm	与配用链条同
	链轮齿数 z		由表 14-2-20 确定
	齿顶圆弧中心圆直径 d_E	mm	$d_E=p\left(\cot\dfrac{180°}{z}-0.22\right)$
	工作面的基圆直径 d_B	mm	$d_B=p\sqrt{1.515213+\left(\cot\dfrac{180°}{z}-1.1\right)^2}$
	分度圆直径 d	mm	$d=\dfrac{p}{\sin\dfrac{180°}{z}}$
	跨柱测量距 M_R	mm	偶数齿 $M_R=d-0.125p\csc\left(30°-\dfrac{180°}{z}\right)+0.625p$ 奇数齿 $M_R=\cos\dfrac{90°}{z}\left[d-0.125p\csc\left(30°-\dfrac{180°}{z}\right)\right]+0.625p$
	跨柱直径 d_R	mm	$d_R=0.625p$
	齿顶圆直径 d_a	mm	圆弧齿 $d_a=p\left(\cot\dfrac{90°}{z}+0.08\right)$ 矩形齿 $d_a=2\sqrt{x^2+L^2+2xL\cos\alpha}$ 其中：$x=Y\cos\alpha-\sqrt{(0.15p)^2-(Y\sin\alpha)^2}$ $Y=p(0.500-0.375\sec\alpha)\cot\alpha+0.11p$ $L=Y+\dfrac{d_E}{2}$
	导槽圆的最大直径 d_{gmax}	mm	$d_{gmax}=p\left(\cot\dfrac{180°}{z}-1.16\right)$
	齿形角 α	(°)	$\alpha=30°-\dfrac{360°}{z}$

注：1. 链轮齿顶可以是圆弧形或者是矩形（车制）。

2. 工作面以下的齿根部形状可随刀具形状有所不同。

3. 表中主要公式数值由表 14-2-25（表中数据为 p=1mm 的数据）换算。

表 14-2-24　　节距 $p=4.76$mm 链轮的齿形尺寸以及直径尺寸、测量尺寸

图例	名称	单位	计算公式
	链轮节距 p 链轮齿数 z	mm	与配用链条相同 由表 14-2-20 确定
	分度圆直径 d	mm	$d=\dfrac{p}{\sin\dfrac{180°}{z}}$
	齿顶圆直径 d_a		$d_a=p\left(\cot\dfrac{180°}{z}-0.032\right)$
	导槽圆的最大直径 d_{gmax}		$d_{gmax}=p\left(\cot\dfrac{180°}{z}-1.20\right)$
	跨柱测量距 M_R		偶数齿 $M_R=d-0.160p\csc\left(35°-\dfrac{180°}{z}\right)+0.667p$ 奇数齿 $M_R=\cos\dfrac{90°}{z}\left[d-0.160p\csc\left(35°-\dfrac{180°}{z}\right)\right]+0.667p$
	跨柱直径 d_R		$d_R=0.667p$

注：表中公式数值见表 14-2-26。

表 14-2-25　　节距 $p=1$mm 链轮的数表

mm

齿数 z	分度圆直径 d	齿顶圆直径 d_a		跨柱测量距[①] M_R	导槽最大直径[①] d_g
		圆弧齿顶	矩形齿顶[①]		
17	5.442	5.429	5.298	5.669	4.189
18	5.759	5.751	5.623	6.018	4.511
19	6.076	6.072	5.947	6.324	4.832
20	6.393	6.393	6.271	6.669	5.153
21	6.710	6.714	6.595	6.974	5.474
22	7.027	7.036	6.919	7.315	5.769
23	7.344	7.356	7.243	7.621	6.116
24	7.661	7.675	7.568	7.960	6.435
25	7.979	7.996	7.890	8.266	6.756
26	8.296	8.315	8.213	8.602	7.075
27	8.614	8.636	8.536	8.909	7.396
28	8.932	8.956	8.859	9.244	7.716
29	9.249	9.275	9.181	9.551	8.035
30	9.567	9.595	9.504	9.884	8.355
31	9.885	9.913	9.828	10.192	8.673
32	10.202	10.233	10.150	10.524	8.993
33	10.520	10.553	10.471	10.833	9.313
34	10.838	10.872	10.793	11.164	9.632
35	11.156	11.191	11.115	11.472	9.951
36	11.474	11.510	11.437	11.803	10.270
37	11.792	11.829	11.757	12.112	10.589
38	12.110	12.149	12.077	12.442	10.909
39	12.428	12.468	12.397	12.751	11.228

续表

齿数 z	分度圆直径 d	齿顶圆直径 d_a		跨柱测量距[①] M_R	导槽最大直径[①] d_g
		圆弧齿顶	矩形齿顶[①]		
40	12.746	12.787	12.717	13.080	11.547
41	13.064	13.106	13.037	13.390	11.866
42	13.382	13.425	13.357	13.718	12.185
43	13.700	13.743	13.677	14.028	12.503
44	14.018	14.062	13.997	14.356	12.822
45	14.336	14.381	14.317	14.667	13.141
46	14.654	14.700	14.637	14.994	13.460
47	14.972	15.018	14.957	15.305	13.778
48	15.290	15.337	15.277	15.632	14.097
49	15.608	15.656	15.597	15.943	14.416
50	15.926	15.975	15.917	16.270	14.735
51	16.244	16.293	16.236	16.581	15.053
52	16.562	16.612	16.556	16.907	15.372
53	16.880	16.930	16.876	17.218	15.690
54	17.198	17.249	17.196	17.544	16.009
55	17.517	17.568	17.515	17.857	16.328
56	17.835	17.887	17.834	18.183	16.647
57	18.153	18.205	18.154	18.494	16.965
58	18.471	18.524	18.473	18.820	17.284
59	18.789	18.842	18.793	19.131	17.602
60	19.107	19.161	19.112	19.457	17.921
61	19.426	19.480	19.431	19.769	18.240
62	19.744	19.799	19.750	20.095	18.559
63	20.062	20.117	20.070	20.407	18.877
64	20.380	20.435	20.388	20.731	19.195
65	20.698	20.754	20.708	21.044	19.514
66	21.016	21.072	21.027	21.368	19.832
67	21.335	21.391	21.346	21.682	20.151
68	21.653	21.710	21.665	22.006	20.470
69	21.971	22.028	21.984	22.319	20788
70	22.289	22.347	22.303	22.643	21.107

齿数 z	分度圆直径 d	齿顶圆直径 d_a		跨柱测量距[①] M_R	导槽最大直径[①] d_g
		圆弧齿顶	矩形齿顶[①]		
71	22.607	22.665	22.622	22.955	21.425
72	22.926	22.984	22.941	23.280	21.744
73	23.244	23.302	23.259	23.593	22.062
74	23.562	23.621	23.578	23.917	22.381
75	23.880	23.939	23.897	24.230	22.699
76	24.198	24.257	24.216	24.553	23.017
77	24.517	24.577	24.535	24.868	23.337
78	24.835	24.895	24.853	25.191	23.655
79	25.153	25.213	25.172	25.504	23.973
80	25.471	25.531	25.491	25.828	24.291
81	25.790	25.851	25.809	26.141	24.611
82	26.108	26.169	26.128	26.465	24.929
83	26.426	26.487	26.447	26778	25.247
84	26.744	26.805	26.766	27.101	25.565
85	27.063	27.125	27.084	27.415	25.885
86	27.381	27.443	27.403	27.739	26.203
87	27.699	27.761	27.722	28.052	26.521
88	28.017	28.079	28.040	28.375	26.839
89	28.335	28.397	28.359	28.689	27.157
90	28.654	28.716	28.678	29.013	27.476
91	28.972	29.035	28.997	29.327	29.795
92	29.290	29.353	29.315	29.649	28.113
93	29.608	29.671	29.634	29.963	28.431
94	29.926	29.989	29.953	30.285	28.749
95	30.245	30.308	30.271	30.601	29.068
96	30.563	30.627	30.590	30.923	29.387
97	30.881	30.945	30.909	31.237	29.705
98	31.199	31.263	31.228	31.559	30.023
99	31.518	31.582	31.546	31.874	30.342
100	31.836	31.900	31.865	32.196	30.660
101	32.154	32.218	32.183	32.511	30.978

续表

齿数 z	分度圆直径 d	齿顶圆直径 d_a		跨柱测量距①M_R	导槽最大直径①d_g	齿数 z	分度圆直径 d	齿顶圆直径 d_a		跨柱测量距①M_R	导槽最大直径①d_g
		圆弧齿顶	矩形齿顶①					圆弧齿顶	矩形齿顶①		
102	32.473	32.537	32.502	32.834	31.297	127	40.430	40.497	40.464	40.790	39.257
103	32.791	32.856	32.820	33.148	31.616	128	40.748	40.816	40.782	41.112	39.576
104	33.109	33.174	33.139	33.470	31.934	129	41.066	41.134	41.100	41.427	39.894
105	33.427	33.492	33.457	33.784	32.252	130	41.384	41.452	41.419	41.748	40.212
106	33.746	33.811	33.776	34.107	32.571	131	41.702	41.770	41.738	42.063	40.530
107	34.064	34.129	34.094	34.422	32.889	132	42.020	42.088	42.056	42.384	40.848
108	34.382	34.447	34.413	34.744	33.207	133	42.338	42.406	42.374	42.699	41.166
109	34.701	34.767	34.731	35.059	33.527	134	42.656	42.724	42.693	43.020	41.484
110	35.019	35.084	35.050	35.381	33.844	135	42.975	43.043	43.011	43.336	41.803
111	35.237	35.403	35.368	35.695	34.163	136	43.293	43.362	43.320	43.657	42.122
112	35.655	35.721	35.687	36.017	34.481	137	43.611	43.679	43.647	43.972	42.439
113	35.974	36.040	36.005	36.333	34.800	138	43.930	43.998	43.966	44.295	42.758
114	36.292	36.358	36.324	36.654	35.118	139	44.249	44.317	44.284	44.611	43.077
115	36.610	36.676	36.642	36.969	35.436	140	44.567	44.636	44.603	44.932	43.396
116	36.929	36.995	36.961	37.292	35.755	141	44.885	44.954	44.922	45.247	43.714
117	37.247	37.313	37.270	37.606	36.073	142	45.203	45.271	45.240	45.568	44.031
118	37.565	37.632	37.598	37.928	36.392	143	45.521	45.590	45.558	45.883	44.350
119	37.883	37.950	37.916	38.243	36.710	144	45.840	45.909	45.877	46.205	44.669
120	38.201	38.268	38.235	38.564	37.028	145	46.158	46.227	46.195	46.520	44.987
121	38.519	38.586	38.553	38.879	37.346	146	46.477	46.546	46.514	46.842	45.306
122	38.837	38.904	38.872	39.200	37.664	147	46.796	46.865	46.832	47.159	45.625
123	39.156	39.223	39.190	39.516	37.983	148	47.114	47.183	47.151	47.479	45.943
124	39.475	39.542	39.508	39.839	38.302	149	47.432	47.501	47.469	47.795	46.261
125	39.794	39.861	39.827	40.154	38.621	150	47.750	47.819	47.787	48.116	46.579
126	40.112	40.180	40.145	40.476	38.940						

① 均为最大值。

注：1. 其他节距（$p \geqslant 9.52$mm）为该节距乘以表列数值。

2. 跨柱直径 $d_R = 0.625$mm。

表 14-2-26　　节距 $p=4.76$mm 链轮的数表　　mm

齿数 z	分度圆直径 d	齿顶圆直径 d_a①	跨柱测量距 M_R①	导槽最大直径 d_g①	齿数 z	分度圆直径 d	齿顶圆直径 d_a①	跨柱测量距 M_R①	导槽最大直径 d_g①
11	16.89	16.05	17.55	10.50	51	77.37	77.04	79.02	71.50
12	18.39	17.63	19.33	10.89	52	78.87	78.54	80.59	73.03
13	19.89	19.18	20.85	13.61	53	80.39	80.06	82.07	74.52
14	21.41	20.70	22.56	15.15	54	81.92	81.61	83.64	76.02
15	22.91	22.25	24.03	16.69	55	83.41	83.11	85.12	77.57
16	24.41	23.80	25.70	18.23	56	84.94	84.63	86.66	79.10
17	25.91	25.30	27.15	19.76	57	86.46	86.16	88.16	80.59
18	27.43	26.85	28.80	21.29	58	87.96	87.66	89.69	82.12
19	28.93	28.35	30.25	22.82	59	89.48	89.18	91.19	83.64
20	30.45	29.90	31.90	24.35	60	91.01	90.70	92.74	85.17
21	31.95	31.42	33.32	25.88	61	92.51	92.20	94.21	86.69
22	33.48	32.97	34.98	27.41	62	94.03	93.73	95.78	88.19
23	34.98	34.47	36.40	28.94	63	95.55	95.25	97.28	89.71
24	36.47	35.99	38.02	30.36	64	97.05	96.75	98.81	91.24
25	38.00	37.52	39.47	31.98	65	98.58	98.27	100.30	92.74
26	39.52	39.07	41.07	33.50	66	100.10	99.82	101.85	94.26
27	41.02	40.56	42.52	35.03	67	101.60	101.32	103.33	95.78
28	42.54	42.09	44.12	36.55	68	103.12	102.84	104.88	97.31
29	44.04	43.61	45.59	38.01	69	104.65	104.37	106.38	98.81
30	45.57	45.14	47.17	39.60	70	106.15	105.87	107.90	100.33
31	47.07	46.63	48.62	41.12	71	107.67	107.39	109.40	101.85
32	48.59	48.18	50.22	42.56	72	109.19	108.92	110.95	103.38
33	50.11	49.71	51.69	44.17	73	110.69	110.41	112.42	104.88
34	51.61	51.21	53.24	45.69	74	112.22	111.94	113.97	106.40
35	53.14	52.76	54.74	47.19	75	113.74	113.46	115.47	107.92
36	54.64	54.25	56.29	48.72	76	115.24	114.96	116.99	109.42
37	56.16	55.78	57.76	50.24	77	116.76	116.48	118.49	110.95
38	57.68	57.30	59.33	51.77	78	118.29	118.01	120.04	112.47
39	59.18	58.80	60.81	53.29	79	119.79	119.51	121.54	113.97
40	60.71	60.35	62.38	54.81	80	121.31	121.03	123.09	115.49
41	62.20	61.85	63.83	56.31	81	122.83	122.56	124.59	117.02
42	63.73	63.37	65.40	57.84	82	124.33	124.05	126.11	118.54
43	65.25	64.90	66.88	59.36	83	125.86	125.58	127.61	120.04
44	66.75	66.40	68.45	60.88	84	127.38	127.10	129.16	121.56
45	68.28	67.92	69.93	62.38	85	128.88	128.60	130.63	123.09
46	69.80	69.47	71.50	63.91	86	130.40	130.15	132.18	124.61
47	71.30	70.97	72.95	65.43	87	131.93	131.67	133.68	126.11
48	72.82	72.49	74.52	66.95	88	133.43	133.17	135.20	128.14
49	74.32	73.99	76.00	68.48	89	134.95	134.70	136.70	129.13
50	75.84	75.51	77.55	69.98	90	136.47	136.22	138.25	130.66

续表

齿数 z	分度圆直径 d	齿顶圆直径 d_a①	跨柱测量距 M_R①	导槽最大直径 d_g①	齿数 z	分度圆直径 d	齿顶圆直径 d_a①	跨柱测量距 M_R①	导槽最大直径 d_g①
91	137.97	137.72	139.73	132.18	106	160.73	160.48	162.51	154.94
92	139.50	139.24	141.27	133.71	107	162.26	162.00	164.01	156.44
93	141.02	140.77	142.77	135.20	108	163.75	163.50	165.56	157.96
94	142.52	142.27	144.30	136.73	109	165.30	165.05	167.03	159.49
95	144.04	143.79	145.80	138.25	110	166.78	166.52	168.58	160.99
96	145.57	145.31	147.35	139.78	111	168.28	168.02	170.05	162.50
97	147.07	146.81	148.82	141.27	112	169.80	169.54	171.58	164.03
98	148.59	148.34	150.37	142.80	113	171.32	171.07	173.10	165.56
99	150.11	149.86	151.87	144.32	114	172.85	172.59	174.65	167.06
100	151.61	151.36	153.39	145.82	115	174.40	174.14	176.15	168.58
101	153.14	152.88	154.89	147.35	116	175.87	175.62	177.67	170.10
102	154.66	154.41	156.44	148.87	117	177.39	177.14	179.17	171.60
103	156.15	155.91	157.91	150.39	118	178.92	178.66	180.70	173.13
104	157.66	157.40	159.44	151.89	119	180.42	180.19	182.22	174.65
105	159.21	158.95	160.96	153.42	120	181.91	181.69	183.72	176.15

① 均为最大值。

注：1. d_a 为圆弧齿顶链轮的齿顶圆直径。

2. 跨柱直径 d_R = 3. 175mm。

节距 $p \geqslant 9.52$mm 链条的链宽和链轮齿廓尺寸

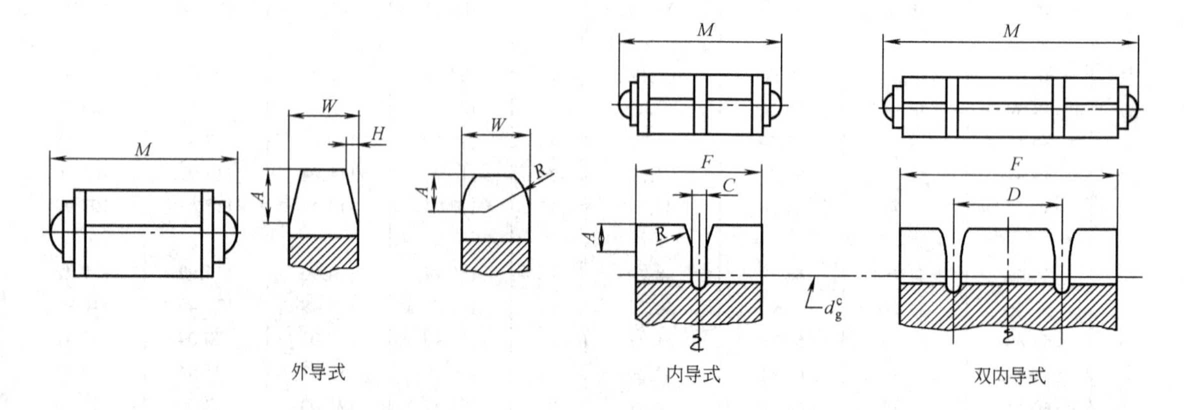

表 14-2-27

mm

链号	链条节距 p	类型	M max	A	C ±0. 13	D ±0. 25	F $^{+3.18}_{0}$	H ±0. 08	R ±0. 08	W $^{+0.25}_{0}$
SC302	9.525	外导	15.09	3.38	—	—	—	1.30	5.08	10.41
SC303	9.525	内导	21.44	3.38	2.54	—	19.05	—	5.08	—
SC304	9.525		27.79	3.38	2.54	—	25.40	—	5.08	—
SC305	9.525		34.14	3.38	2.54	—	31.75	—	5.08	—
SC306	9.525		40.49	3.38	2.54	—	38.10	—	5.08	—
SC307	9.525		46.84	3.38	2.54	—	44.45	—	5.08	—
SC308	9.525		53.19	3.38	2.54	—	50.80	—	5.08	—
SC309	9.525		59.54	3.38	2.54	—	57.15	—	5.08	—
SC310	9.525		65.89	3.38	2.54	—	63.50	—	5.08	—

续表

链号	链条节距 p	类型	M max	A	C ±0. 13	D ±0. 25	F $^{+3.18}_{0}$	H ±0. 08	R ±0. 08	W $^{+0.25}_{0}$
SC312	9.525	双内导	78.59	3.38	2.54	25.40	76.20	—	5.08	—
SC316	9.525		103.99	3.38	2.54	25.40	101.60	—	5.08	—
SC320	9.525		129.39	3.38	2.54	25.40	127.00	—	5.08	—
SC324	9.525		154.79	3.38	2.54	25.40	152.40	—	5.08	—
SC402	12.70	外导	19.05	3.33	—	—	—	1.30	5.08	10.41
SC403	12.70	内导	22.22	3.38	2.54	—	19.05	—	5.08	—
SC404	12.70		28.58	3.38	2.54	—	25.40	—	5.08	—
SC405	12.70		34.92	3.38	2.54	—	31.75	—	5.08	—
SC406	12.70		41.28	3.38	2.54	—	38.10	—	5.08	—
SC407	12.70		47.62	3.38	2.54	—	44.45	—	5.08	—
SC408	12.70		53.98	3.38	2.54	—	50.80	—	5.08	—
SC409	12.70		60.32	3.38	2.54	—	57.15	—	5.08	—
SC410	12.70		66.68	3.38	2.54	—	63.50	—	5.08	—
SC411	12.70		73.02	3.38	2.54	—	69.85	—	5.08	—
SC412	12.70		79.38	3.38	2.54	—	76.20	—	5.08	—
SC414	12.70		92.08	3.38	2.54	—	88.90	—	5.08	—
SC416	12.70	双内导	104.78	3.38	2.54	25.40	101.60	—	5.08	—
SC420	12.70		130.18	3.38	2.54	25.40	127.00	—	5.08	—
SC424	12.70		155.58	3.38	2.54	25.40	152.40	—	5.08	—
SC432	12.70		206.38	3.38	2.54	25.40	203.20	—	5.08	—
SC504	15.875	内导	29.36	4.50	3.18	—	25.40	—	6.35	—
SC505	15.875		35.71	4.50	3.18	—	31.75	—	6.35	—
SC506	15.875		42.06	4.50	3.18	—	38.10	—	6.35	—
SC507	15.875		48.41	4.50	3.18	—	44.45	—	6.35	—
SC508	15.875		54.76	4.50	3.18	—	50.80	—	6.35	—
SC510	15.875		67.46	4.50	3.18	—	63.50	—	6.35	—
SC512	15.875		80.16	4.50	3.18	—	76.20	—	6.35	—
SC516	15.875		105.56	4.50	3.18	—	101.60	—	6.35	—
SC520	15.875	双内导	130.96	4.50	3.18	50.80	127.00	—	6.35	—
SC524	15.875		156.36	4.50	3.18	50.80	152.40	—	6.35	—
SC528	15.875		181.76	4.50	3.18	50.80	177.80	—	6.35	—
SC532	15.875		207.16	4.50	3.18	50.80	203.20	—	6.35	—
SC540	15.875		257.96	4.50	3.18	50.80	254.00	—	6.35	—
SC604	19.05	内导	30.15	6.96	4.57	—	25.40	—	9.14	—
SC605	19.05		36.50	6.96	4.57	—	31.75	—	9.14	—
SC606	19.05		42.85	6.96	4.57	—	38.10	—	9.14	—
SC608	19. 05		55. 55	6. 96	4. 57	—	50. 80	—	9. 14	—
SC610	19. 05		68. 25	6. 96	4. 57	—	63. 50	—	9. 14	—
SC612	19. 05		80. 95	6. 96	4. 57	—	76. 20	—	9. 14	—
SC614	19. 05		93. 65	6. 96	4. 57	—	88. 90	—	9. 14	—
SC616	19. 05		106. 35	6. 96	4. 57	—	101. 60	—	9. 14	—
SC620	19. 05		131. 75	6. 96	4. 57	—	127. 00	—	9. 14	—
SC624	19. 05		157. 15	6. 96	4. 57	—	152. 40	—	9. 14	—
SC628	19. 05	双内导	182. 55	6. 96	4. 57	101. 60	177. 80	—	9. 14	—
SC632	19. 05		207. 95	6. 96	4. 57	101. 60	203. 20	—	9. 14	—
SC636	19. 05		233. 35	6. 96	4. 57	101. 60	228. 60	—	9. 14	—
SC640	19. 05		258. 75	6. 96	4. 57	101. 60	254. 00	—	9. 14	—
SC648	19. 05		309. 55	6. 96	4. 57	101. 60	304. 80	—	9. 14	—

续表

链号	链条节距 p	类型	M max	A	C ±0.13	D ±0.25	F $^{+3.18}_{0}$	H ±0.08	R ±0.08	W $^{+0.25}_{0}$
SC808	25.40	内导	57.15	6.96	4.57	—	50.80	—	9.14	—
SC810	25.40		69.85	6.96	4.57	—	63.50	—	9.14	—
SC812	25.40		82.55	6.96	4.57	—	76.20	—	9.14	—
SC816	25.40		107.95	6.96	4.57	—	101.60	—	9.14	—
SC820	25.40		133.35	6.96	4.57	—	127.00	—	9.14	—
SC824	25.40		158.75	6.96	4.57	—	152.40	—	9.14	—
SC828	25.40	双内导	184.15	6.96	4.57	101.60	177.80	—	9.14	—
SC832	25.40		209.55	6.96	4.57	101.60	203.20	—	9.14	—
SC836	25.40		234.95	6.96	4.57	101.60	228.60	—	9.14	—
SC840	25.40		260.35	6.96	4.57	101.60	254.00	—	9.14	—
SC848	25.40		311.15	6.96	4.57	101.60	304.80	—	9.14	—
SC856	25.40		361.95	6.96	4.57	101.60	355.60	—	9.14	—
SC864	25.40		412.75	6.96	4.57	101.60	406.40	—	9.14	—
SC1010	31.75	内导	71.42	6.96	4.57	—	63.50	—	9.14	—
SC1012	31.75		84.12	6.96	4.57	—	76.20	—	9.14	—
SC1016	31.75		109.52	6.96	4.57	—	101.60	—	9.14	—
SC1020	31.75		134.92	6.96	4.57	—	127.00	—	9.14	—
SC1024	31.75		160.32	6.96	4.57	—	152.40	—	9.14	—
SC1028	31.75		185.72	6.96	4.57	—	177.80	—	9.14	—
SC1032	31.75	双内导	211.12	6.96	4.57	101.60	203.20	—	9.14	—
SC1036	31.75		236.52	6.96	4.57	101.60	228.60	—	9.14	—
SC1040	31.75		261.92	6.96	4.57	101.60	254.00	—	9.14	—
SC1048	31.75		312.72	6.96	4.57	101.60	304.80	—	9.14	—
SC1056	31.75		363.52	6.96	4.57	101.60	355.60	—	9.14	—
SC1064	31.75		414.32	6.96	4.57	101.60	406.40	—	9.14	—
SC1072	31.75		465.12	6.96	4.57	101.60	457.20	—	9.14	—
SC1080	31.75		515.92	6.96	4.57	101.60	508.00	—	9.14	—
SC1212	38.10	内导	85.72	6.96	4.57	—	76.20	—	9.14	—
SC1216	38.10		111.12	6.96	4.57	—	101.60	—	9.14	—
SC1220	38.10		136.52	6.96	4.57	—	127.00	—	9.14	—
SC1224	38.10		161.92	6.96	4.57	—	152.40	—	9.14	—
SC1228	38.10		187.32	6.96	4.57	—	177.80	—	9.14	—
SC1232	38.10	双内导	212.72	6.96	4.57	101.60	203.20	—	9.14	—
SC1236	38.10		238.12	6.96	4.57	101.60	228.60	—	9.14	—
SC1240	38.10		263.52	6.96	4.57	101.60	254.00	—	9.14	—
SC1248	38.10		314.32	6.96	4.57	101.60	304.80	—	9.14	—
SC1256	38.10		365.12	6.96	4.57	101.60	355.60	—	9.14	—
SC1264	38.10		415.92	6.96	4.57	101.60	406.40	—	9.14	—
SC1272	38.10		466.72	6.96	4.57	101.60	457.20	—	9.14	—
SC1280	38.10		517.52	6.96	4.57	101.60	508.00	—	9.14	—
SC1288	38.10		568.32	6.96	4.57	101.60	558.80	—	9.14	—
SC1296	38.10		619.12	6.96	4.57	101.60	609.60	—	9.14	—
SC1616	50.80	内导	114.30	6.96	5.54	—	101.60	—	9.14	—
SC1620	50.80		139.70	6.96	5.54	—	127.00	—	9.14	—
SC1624	50.80		165.10	6.96	5.54	—	152.40	—	9.14	—
SC1628	50.80		190.50	6.96	5.54	—	177.80	—	9.14	—
SC1632	50.80	双内导	215.90	6.96	5.54	101.60	203.20	—	9.14	—
SC1640	50.80		266.70	6.96	5.54	101.60	254.00	—	9.14	—
SC1648	50.80		317.50	6.96	5.54	101.60	304.80	—	9.14	—

续表

链号	链条节距 p	类型	M max	A	C ±0.13	D ±0.25	F $^{+3.18}_{0}$	H ±0.08	R ±0.08	W $^{+0.25}_{0}$
SC1656	50.80	双内导	368.30	6.96	5.54	101.60	355.60	—	9.14	—
SC1664	50.80		419.10	6.96	5.54	101.60	406.40	—	9.14	—
SC1672	50.80		469.90	6.96	5.54	101.60	457.20	—	9.14	—
SC1680	50.80		520.70	6.96	5.54	101.60	508.00	—	9.14	—
SC1688	50.80		571.50	6.96	5.54	101.60	558.80	—	9.14	—
SC1696	50.80		571.50	6.96	5.54	101.60	609.60	—	9.14	—
SC16120	50.80		571.50	6.96	5.54	101.60	762.00	—	9.14	—

注：1. 链号由字母 SC 与表示链条节距和链条公称宽度的数字组成。节距 p≥9.52mm 的链条链号数字的前一位或前二位乘以 3.175mm（1/8in）为链条的节距值，最后二位或三位数乘以 6.35mm（1/4in）为齿形链的公称宽度。

2. M 为链条最大宽度。

3. 外导式链条的导板与齿链板的厚度相同。

4. 切槽刀的端头可以是圆弧形或矩形，d_g 值见表 14-2-25。

节距 p=4.76mm 链条的链宽和链轮齿廓尺寸

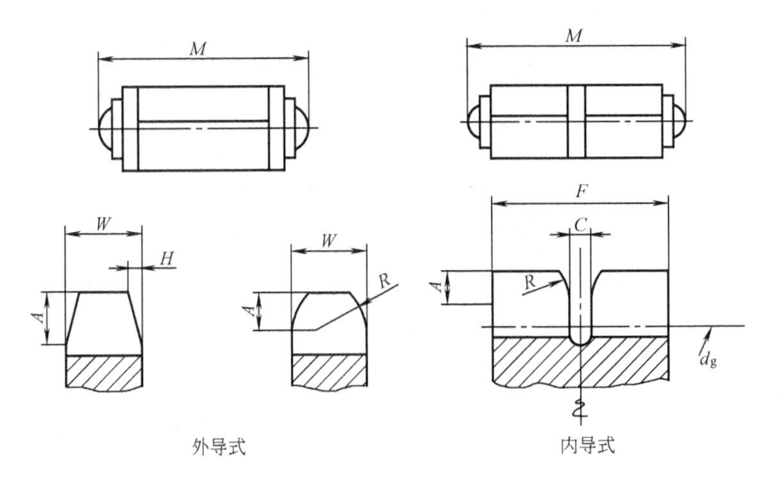

表 14-2-28

mm

链号	链条节距 p	类型	M max	A	C max	F min	H	R	W ±0.08
SC0305	4.76	外导	5.49	1.5	—	—	0.64	2.3	1.91
SC0307	4.76		7.06	1.5	—	—	0.64	2.3	3.51
SC0309	4.76		8.66	1.5	—	—	0.64	2.3	5.11
SC0311[b]	4.76	外导/内导	10.24	1.5	1.27	8.48	0.64	2.3	6.71
SC0313[b]	4.76	外导/内导	11.84	1.5	1.27	10.06	0.64	2.3	8.31
SC0315[b]	4.76	外导/内导	13.41	1.5	1.27	11.66	0.64	2.3	9.91
SC0317	4.76	内导	15.01	1.5	1.27	13.23	—	2.3	—
SC0319	4.76		16.59	1.5	1.27	14.83	—	2.3	—
SC0321	4.76		18.19	1.5	1.27	16.41	—	2.3	—
SC0323	4.76		19.76	1.5	1.27	18.01	—	2.3	—
SC0325	4.76		21.59	1.5	1.27	19.58	—	2.3	—
SC0327	4.76		22.94	1.5	1.27	21.18	—	2.3	—
SC0329	4.76		24.54	1.5	1.27	22.76	—	2.3	—
SC0331	4.76		26.11	1.5	1.27	24.36	—	2.3	—

注：1. 链号由字母 SC 与表示链条节距和链条公称宽度的数字组成。节距 p=4.76mm 的链条链号中 0 后面的第一位数字乘以 1.5875mm（1/16in）为链条节距，最后一位或二位数乘以 0.79375mm（1/32in）为齿形链的公称宽度。

2. 节距 p=4.76mm 齿形链条的链板厚度均为 0.76mm，故链号中的宽度数值也就是链条宽度方向的链板数量。

3. M 为链条最大宽度。

4. 切槽刀的端头可以是圆弧形或矩形，d_g 见表 14-2-26。

节距 $p \geqslant 9.52$mm 链轮的轮毂直径见表 14-2-29。

最大轮毂直径（MHD）滚齿 $MHD=p\left(\cot\dfrac{180}{z}-1.33\right)$

铣齿 $MHD=p\left(\cot\dfrac{180}{z}-1.25\right)$

用其他方法加工链轮齿的最大轮毂直径可以与上式不同。

当 $z \leqslant 31$ 时，链轮的齿面硬度不小于 50HRC。

表 14-2-29　节距 $p=1$mm 时链轮的最大轮毂直径　mm

齿数	滚刀加工	铣刀加工	齿数	滚刀加工	铣刀加工	齿数	滚刀加工	铣刀加工
17	4.019	4.099	22	5.626	5.706	27	7.226	7.306
18	4.341	4.421	23	5.946	6.026	28	7.546	7.626
19	4.662	4.742	24	6.265	6.345	29	7.865	7.945
20	4.983	5.063	25	6.586	6.666	30	8.185	8.265
21	5.304	5.384	26	6.905	6.985	31	8.503	8.583

注：其他节距（$p \geqslant 9.52$mm）为该节距乘以表列数值。

表 14-2-30　链轮主要尺寸的公差及圆跳动公差　mm

项目		公差或要求		
		$p=4.76$		$p>9.52$
齿顶圆直径 d_a 公差	矩形齿顶	—		$^{0}_{-0.05p}$
	圆弧齿顶			$d_a=M_R$，见表 14-2-31
导槽圆的最大直径 d_g 公差		$^{0}_{-0.38}$		$^{0}_{-0.76}$
分度圆径向圆跳动公差		d	公差	$0.001d_a$ 但公差 $\geqslant 0.15$ $\leqslant 0.81$
		$\leqslant 101.6$	0.101	
		>101.6	0.203	

表 14-2-31　跨柱测量距 M_R 公差　mm

节距 p	齿数 z									
	至 15	16~24	25~35	36~48	49~63	64~80	81~99	100~120	121~143	144 以上
4.76	-0.1	-0.1	-0.1	-0.1	-0.1	-0.13	-0.13	-0.13	-0.13	-0.13
9.525	-0.13	-0.13	-0.13	-0.15	-0.15	-0.18	-0.18	-0.18	-0.20	-0.20
12.700	-0.13	-0.15	-0.15	-0.18	-0.18	-0.20	-0.20	-0.23	-0.23	-0.25
15.875	-0.15	-0.15	-0.18	-0.20	-0.23	-0.25	-0.25	-0.25	-0.28	-0.30
19.050	-0.15	-0.18	-0.20	-0.23	-0.25	-0.28	-0.28	-0.30	-0.33	-0.36
25.400	-0.18	-0.20	-0.23	-0.25	-0.28	-0.30	-0.33	-0.36	-0.38	-0.40
31.750	-0.20	-0.23	-0.25	-0.28	-0.33	-0.36	-0.38	-0.43	-0.46	-0.48
38.100	-0.20	-0.25	-0.28	-0.33	-0.36	-0.40	-0.43	-0.48	-0.51	-0.56
50.800	-0.25	-0.30	-0.36	-0.40	-0.46	-0.51	-0.56	-0.61	-0.66	-0.71

3　链传动的布置、张紧及润滑

3.1　链传动的布置

表 14-2-32

传动参数	传动布置		说明
	正确	不正确	
$i=2\sim3$ $a=(30\sim50)p$	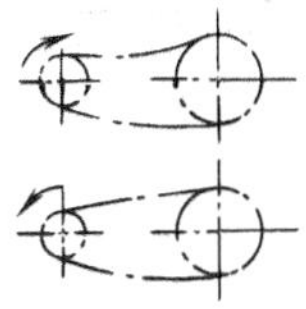		两轮轴线在同一水平面上，链条的紧边在上、在下都不影响工作，但紧边在上较好
$i>2$ $a<30p$	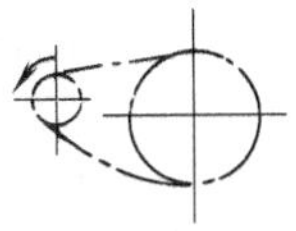	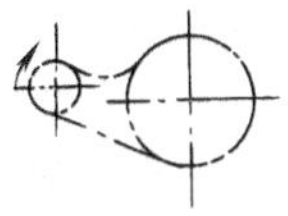	两轮轴线不在同一水平面上，链条的松边不应在上面，否则由于松边垂度增大，导致链条与链轮齿相干扰，破坏正常啮合
$i<1.5$ $a>60p$	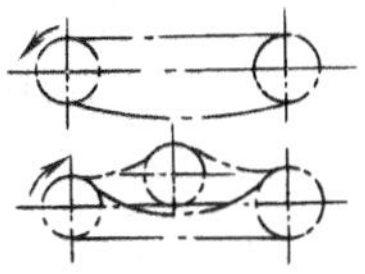	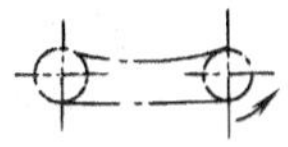	两轮轴线在同一水平面上，链条的松边不应在上面，否则由于链条垂度逐渐增大，引起松边和紧边相碰
i、a 为任意值	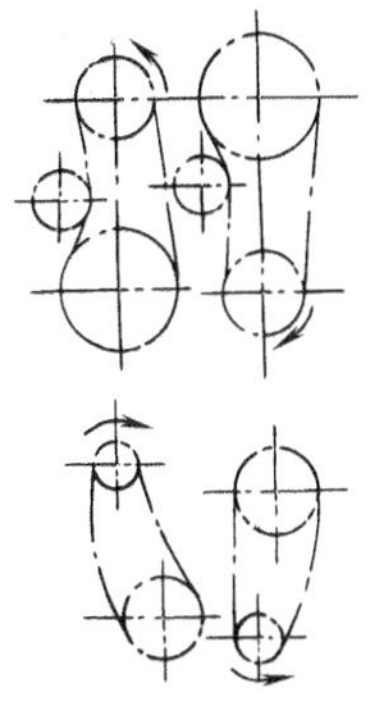	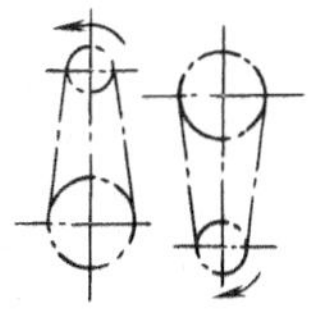	两轮轴线在同一铅垂面内时，链条因磨损垂度逐渐增大，因而减少与下面链轮的有效啮合齿数，导致传动能力降低。为此采用以下措施：中心距可调；张紧装置；上下两轮错开，使其不在同一铅垂面内；尽量将小链轮布置在上方

3.2　链传动的张紧与安装

3.2.1　链传动的张紧与安装误差

单向链传动的张紧程度可用测量松边垂度 f 的大小来表示，图 14-2-9a 为近似的测量 f 的方法，即近似认为两轮公切线与松边最远点的距离为垂度 f。图 14-2-9b 为双侧测量，其松边相当垂度 f 为：

$$f=\sqrt{f_1^2+f_2^2}$$

合适的松边垂度推荐为

$$f=(0.01\sim0.02)a\quad(\text{mm})$$

或

$$f_{\min} \leqslant f \leqslant f_{\max}$$

$$f_{\min} = \frac{0.00036\sqrt{a^3}}{k_v}\cos\alpha$$

$$f_{\max} = 3f_{\min}$$

式中　a——链传动中心距，mm；

$f_{\min}$——最小垂度，mm；

$f_{\max}$——最大垂度，mm；

α——松边对水平面的倾角；

k_v——速度系数，当 $v \leqslant 10\text{m/s}$ 时，$k_v = 1.0$；当 $v > 10\text{m/s}$ 时，$k_v = 0.1v$。

对于重载、经常启动、制动和反转的链传动以及接近垂直的链传动，其松边垂度应适当减小。

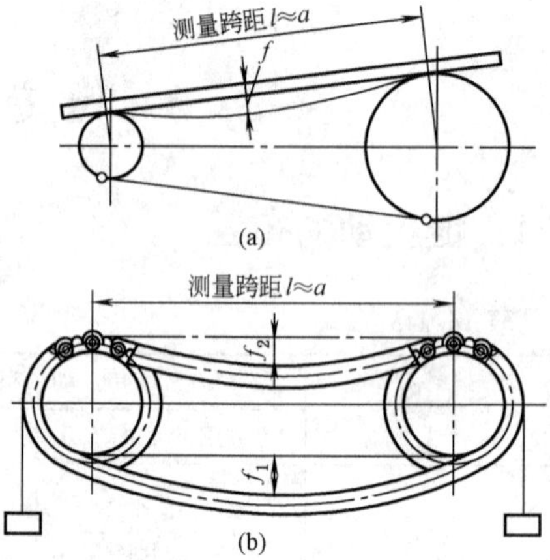

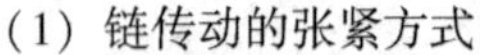

(1) 链传动的张紧方式

测量跨距 $l \approx a$　f

(a)

测量跨距 $l \approx a$　f_2　f_1

(b)

图 14-2-9　垂度测量

1) 用调整链轮中心距的方法张紧。对于滚子链传动，其中心距调整量可取为 $2p$；对于齿形链传动，可取为 $1.5p$，p 为链条节距。

2) 用缩短链长方法张紧。当传动没有张紧装置而中心距又不可能调整时，可采用拆去链节、缩短链长的方法，对因磨损而伸长的链条重新张紧。偶数节链条可用缩短一节的方法，如采用过渡链节使抗拉强度有所降低；若缩短两节虽可避免使用过渡链节，有时又会过分张紧，可根据具体设计条件和工况而定。如是奇数节链条，可采取缩短一节的方法，即把过渡链节去掉，比较简单。

3) 用张紧器张紧。下列情况应增设张紧装置：①两轴中心距较大（$a > 50p$ 和脉动载荷下 $a > 25p$）；②两轴中心距过小，松边在上面；③两轴布置使倾角 α 接近 90°；④需要严格控制张紧力；⑤多链轮传动或反向传动；⑥要求减小冲击振动，避免共振；⑦需要增大链轮啮合包角；⑧采用调整中心距或缩短链长的方法有困难。

各种链传动张紧方式见表 14-2-33。

表 14-2-33　　链传动张紧方式

类型	张紧型式	简　图	特　点
定期张紧	螺纹调节张紧	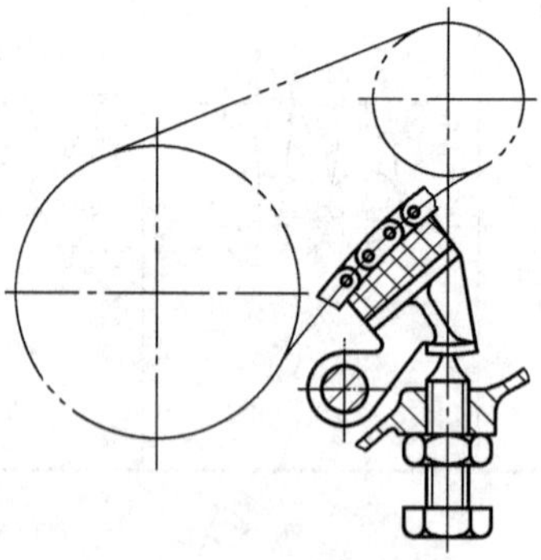	可采用细牙螺纹并带锁紧螺母
	偏心调节张紧	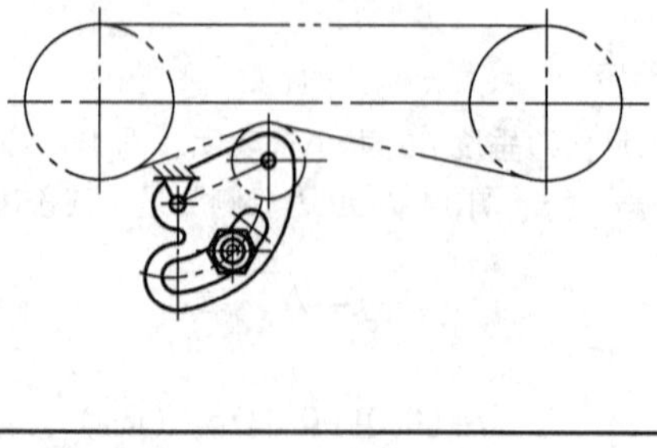	张紧轮一般布置在链条松边，根据需要可以靠近小链轮或大链轮，或者布置在中间位置。张紧轮可以是链轮或辊轮。张紧链轮的齿数常等于小链轮齿数，张紧辊轮常用于垂直或接近于垂直的链传动，其直径可取为 $(0.6 \sim 0.7)d$，d 为小链轮直径

第 14 篇

续表

类型	张紧型式	简　　图	特　　点
自动张紧	弹簧调节张紧	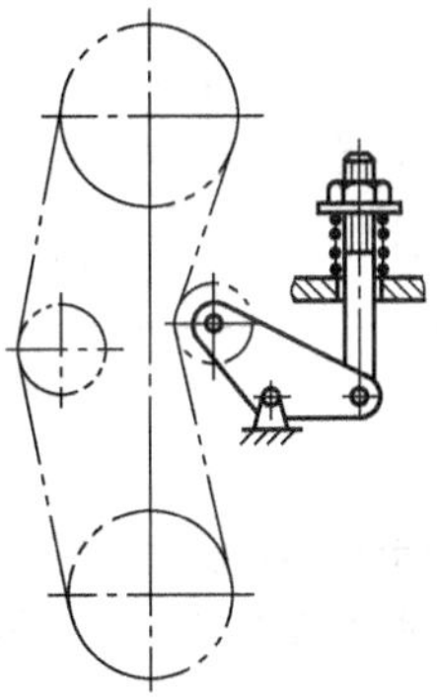	张紧轮一般布置在链条松边，根据需要可以靠近小链轮或大链轮，或者布置在中间位置。张紧轮可以是链轮或辊轮。张紧链轮的齿数常等于小链轮齿数。张紧辊轮常用于垂直或接近于垂直的链传动，其直径可取为(0.6~0.7)d，d 为小链轮直径
	挂重调节张紧	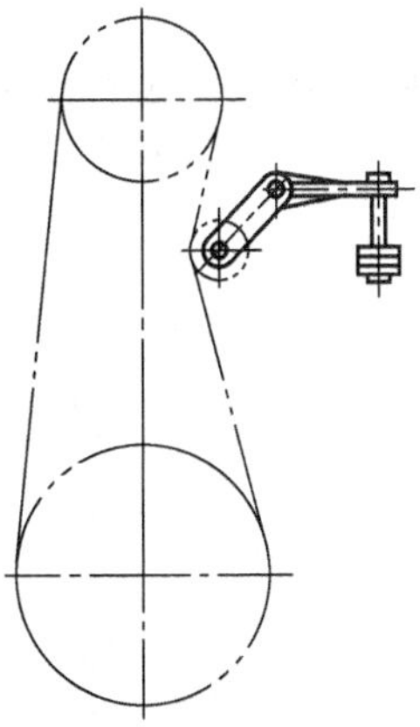	
	液压调节张紧	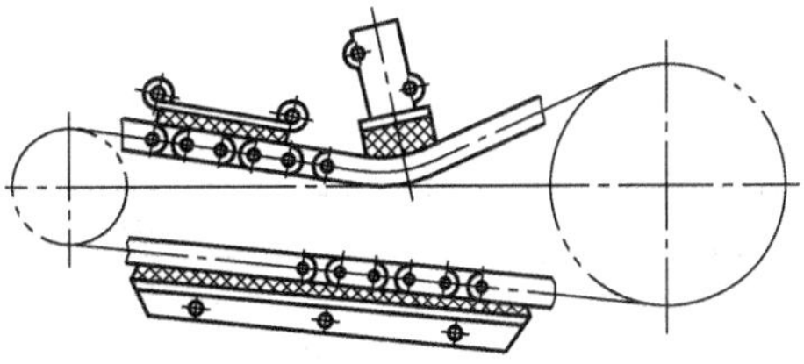	采用液压块与导板相结合的型式，减振效果好，适用于高速场合，如发动机的正时链传动
	新型橡胶弹簧张紧器自动张紧	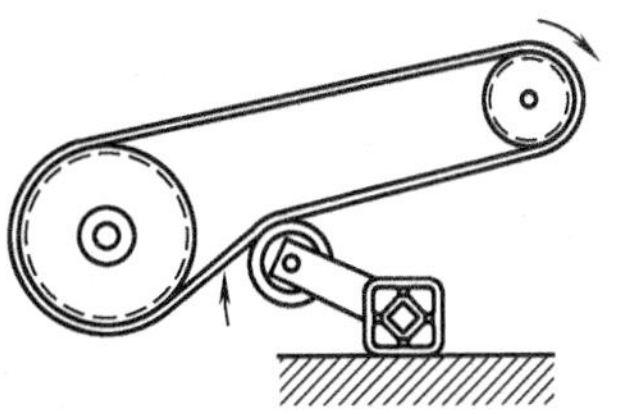	用张紧链轮置于松边，可实现自动张紧。见表 14-2-36
压板或托板		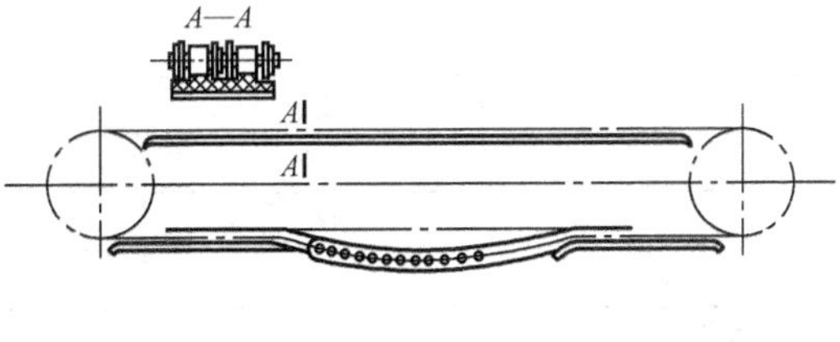	在压板或托板上衬以软钢、塑料或耐油橡胶。在 v 小、i 大时，托板可两边配置，借中间链条的自重下垂张紧，用于中心距 a 较大的传动

（2）链传动的安装误差

表 14-2-34　　链传动的安装误差

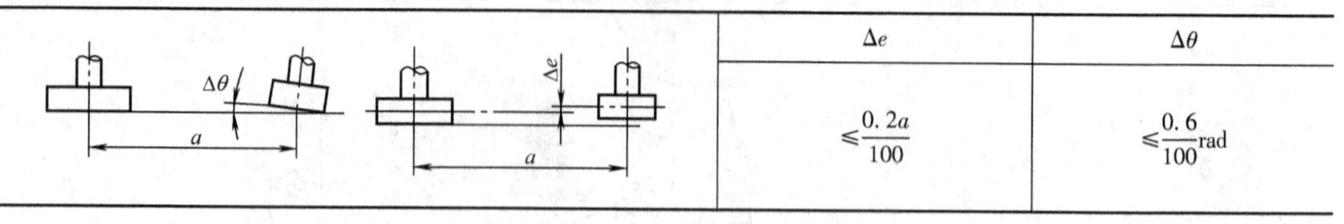

	Δe	$\Delta\theta$
	$\leqslant\frac{0.2a}{100}$	$\leqslant\frac{0.6}{100}\text{rad}$

3.2.2　新型橡胶弹簧张紧器

新型橡胶弹簧张紧器是将链轮或带轮固定在具有摇摆和转动的缓冲器上，在链或带传动中，链或带愈松动，弹性缓冲器的弹性反力愈增加，从而实现链或带传动中链条或传动带的自动张紧。缓冲器基本结构和工作原理是利用内外方管相对角位移挤压内外方管中预压的橡胶棒产生弹性缓冲力。该型产品的型号、规格尺寸及性能参数见表 14-2-35 及表 14-2-36。

表 14-2-35　　ZJD 型带轮橡胶弹簧张紧器规格尺寸及性能参数

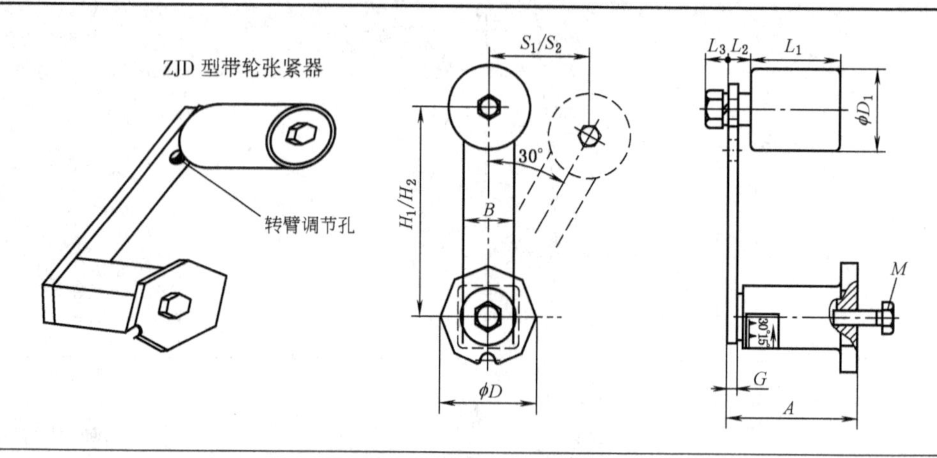

规格尺寸/mm											
型号	A	B	D	D_1	G	H_1	H_2	L_1	L_2	L_3	M
ZJD-11	$51^{+1}_{-0.5}$	20	35	30	5	80	60	35	8	13	M8×50
ZJD-15	$64^{+1}_{-0.5}$	25	45	40	5	100	80	45	11	11	M10×60
ZJD-18	$78^{+1}_{-0.5}$	30	58	40	7	100	80	45	13	14	M10×65
ZJD-27	$107^{+2}_{-0.5}$	50	78	60	7	130	100	60	14	16	M12×80
ZJD-38	$140^{+2}_{-0.5}$	60	95	80	10	175	140	90	13	26	M20×110
ZJD-45	200^{+3}_{-1}	70	115	90	12	220	175	135	18	25	M20×145
ZJD-50	212^{+3}_{-1}	80	130	90	20	250	200	135	26	27	M20×150

性　能　参　数					
型号	载荷范围 F/N	最大变位 S_1/mm	最大变位 S_2/mm	皮带张紧	最高转速/r·min^{-1}
ZJD-11	0～100	40	30	A	8000
ZJD-15	0～150	50	40	B	8000
ZJD-18	0～300	50	40	B	8000
ZJD-27	0～900	65	50	C	6000
ZJD-38	0～1400	87	70	—	5000
ZJD-45	0～2300	100	87.5	—	4500
ZJD-50	0～3000	125	100	—	4000

注：生产厂为北京古德高机电技术有限公司。

表 14-2-36　　ZJL 型链轮橡胶弹簧张紧器的规格尺寸及性能参数

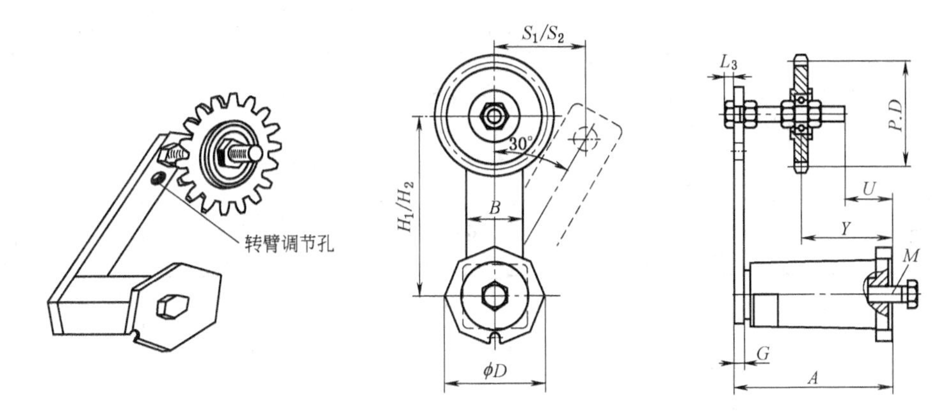

规格尺寸/mm

型号		A	B	D	G	H_1	H_2	L_3	U	$P.D$	Y 调整范围	M
ZJL-15	06B-1 06B-2	$64^{+1}_{-0.5}$	25	45	5	100	80	7	9	45.81	19~41 24~37	M10×60
ZJL-18	06B-1 06B-2	$78^{+1.5}_{-0.5}$	30	58	6	100	80	7	23	45.81	34~54 38~50	M10×60
	08B-1 08B-2									61.08	34~54 38~50	
ZJL-27	10A-1 10A-2	$107^{+2}_{-0.5}$	50	78	7	130	100	8	27	76.36	40~79 46~73	M12×80
	12A-1 12A-2									91.63	40~79 46~73	
ZJL-38	16A-1 16A-2	$140^{+2}_{-0.5}$	60	95	10	175	140	13	40	106.14	60~97 67~90	M20×120
ZJL-45	20A-1 20A-2	200^{+3}_{-1}	70	115	12	220	175	13	70	132.67	90~155 108~136	M20×140
	24A-1 24A-2									135.23	90~155 116~129	M20×160
ZJL-50	20A-1 20A-2	212^{+3}_{-1}	80	130	20	250	200	13	70	132.67	90~155 108~136	M20×140
	24A-1 24A-2									135.23	90~155 116~129	M20×160

性　能　参　数

型号		载荷范围 F/N	最大变位 S_1/mm	最大变位 S_2/mm
ZJL-15	06B-1 06B-2	0~150	50	40
ZJL-18	06B-1 06B-2	0~300	50	40
	08B-1 08B-2			

续表

性能参数				
型号		载荷范围 F/N	最大变位 S_1/mm	最大变位 S_2/mm
ZJL-27	10A-1 10A-2	0~900	65	50
	12A-1 12A-2			
ZJL-38	16A-1 16A-2	0~1400	87	70
ZJL-45	20A-1 20A-2	0~2300	100	87.5
	24A-1 24A-2			
ZJL-50	20A-1 20A-2	0~3000	125	100
	24A-1 24A-2			

注：1. 06B-1中06B表示链轮型号，1表示单排链轮；06B-2中2表示双排链轮。其他依此类推。

2. 生产厂为北京古德高机电技术有限公司。

3.3 链传动的润滑

润滑对于链传动是十分重要的，合理的润滑能大大减轻链条铰链的磨损，延长其使用寿命。润滑方式的选择见图14-2-10，润滑方式及其说明见表14-2-37，链传动用润滑油见表14-2-38，往链条上给油时应按图14-2-11所示。对工作条件恶劣的开式和重载、低速链传动，当难以采用油润滑时，可采用脂润滑。

表14-2-37　　链传动润滑方式及说明

润滑方式	简图	说明	供油
人工定期润滑		定期在链条的从动边的内外链板间隙处加油	每班加油一次
滴油润滑	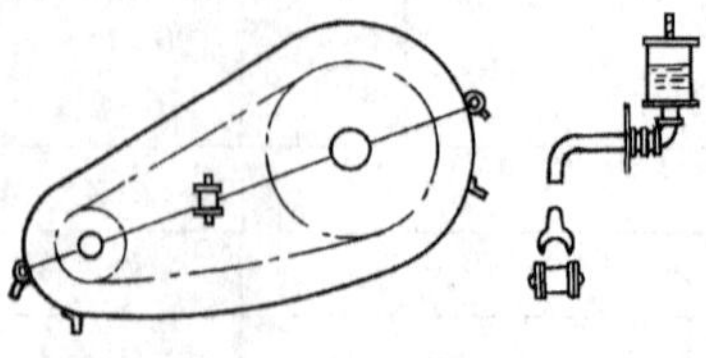	用滴油壶或滴油器在从动边的内外链板间隙处滴油	单排链5~20滴/min，速度高时取大值
油浴润滑	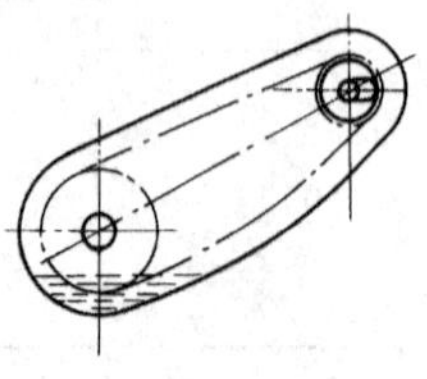	具有密封的外壳，链条浸入油中	链条浸油深度为6~12mm，过浅润滑不可靠；过深油易发热变质，且损失大

续表

<table>
<tr><th>润滑方式</th><th>简　　图</th><th>说　　明</th><th colspan="5">供　　油</th></tr>
<tr><td>飞溅润滑</td><td></td><td>具有密封的外壳，回转时甩油盘将油甩起，经壳体上的集油装置，将油导流到链条上。甩油盘的圆周速度 $v>3\mathrm{m/s}$。当链宽 $b>125\mathrm{mm}$ 时，应在链轮两侧装甩油盘</td><td colspan="5">链条不浸入油中。甩油盘浸油深度为12~25mm</td></tr>
<tr><td rowspan="6">油泵润滑</td><td rowspan="6"></td><td rowspan="6">具有密封的外壳，对于高速、重载的链传动采用压力润滑是非常必要的。用油泵强制润滑起到循环冷却作用。喷油嘴应配置在链条的啮入处，其个数应比链条排数多一个</td><td colspan="5">每个喷油嘴供油量/$\mathrm{L\cdot min^{-1}}$</td></tr>
<tr><td rowspan="2">链速 v /$\mathrm{m\cdot s^{-1}}$</td><td colspan="4">节距 p/mm</td></tr>
<tr><td>≤19.05</td><td>25.4~31.75</td><td>38.1~44.45</td><td>≥50.8</td></tr>
<tr><td>8~13</td><td>1.0</td><td>1.5</td><td>2.0</td><td>2.5</td></tr>
<tr><td>>13~18</td><td>2.0</td><td>2.5</td><td>3.0</td><td>3.5</td></tr>
<tr><td>>18~24</td><td>3.0</td><td>3.5</td><td>4.0</td><td>4.5</td></tr>
</table>

注：开式传动和不易润滑的链传动，可定期采用煤油清洗，干燥后浸入70~80℃的润滑油中，使铰链间隙充油后安装使用。

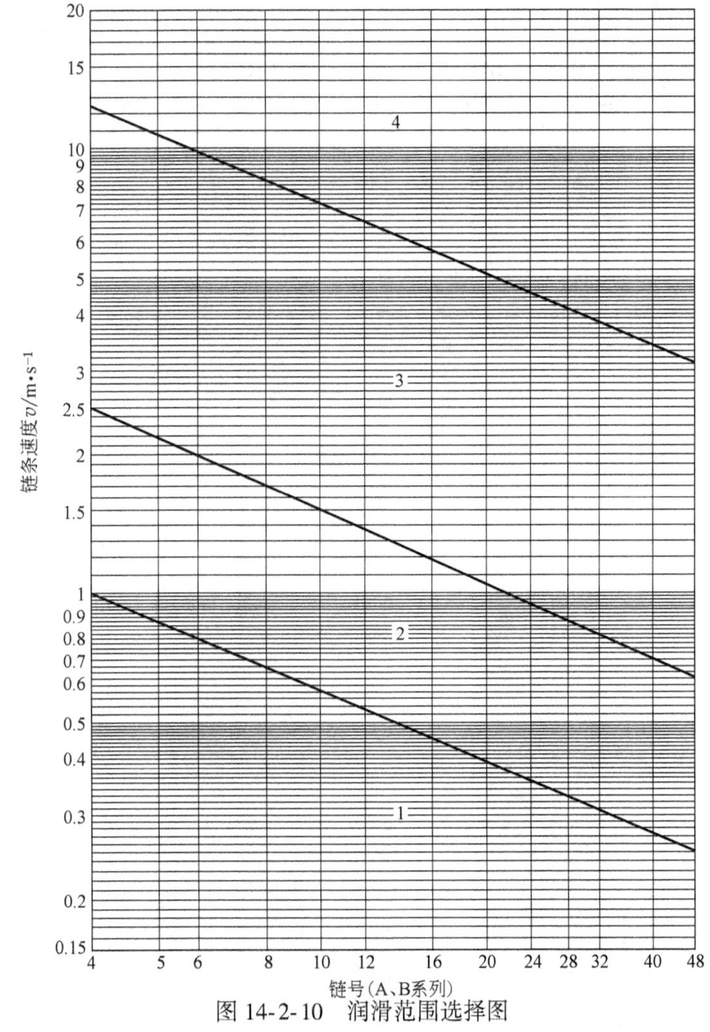

图 14-2-10　润滑范围选择图

范围 1—用油壶或油刷定期人工润滑；范围 2—滴油润滑；范围 3—油池润滑或油盘飞溅润滑；范围 4—油泵压力供油润滑，带过滤器；必要时带油冷却器（当链传动的空间狭小，并作高速、大功率传动时）

注：齿形链传动有三种基本润滑方式。方式Ⅰ为图中范围 1~2；方式Ⅱ为范围 3；方式Ⅲ为范围 4。

第 14 篇

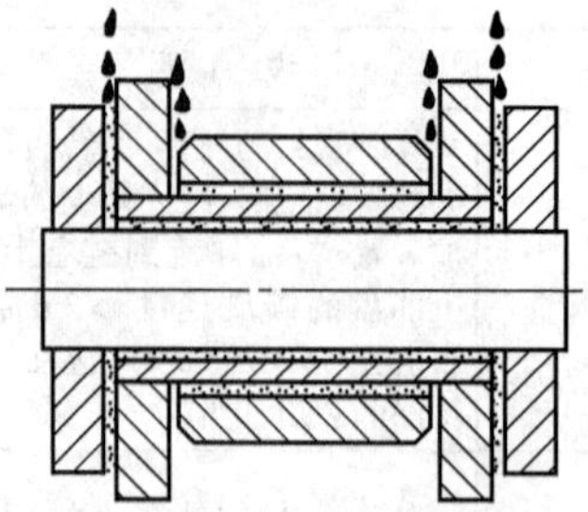

图 14-2-11　链条的正确给油

表 14-2-38　　　　链传动用润滑油黏度等级

滚子链	摘自 GB/T 18150—2006	环境温度/℃		≥-5 ≤+5	>+5 ≤+25	>+25 ≤+45	>+45 ≤+70
		润滑油的黏度级别		VG68 （SAE20）	VG100 （SAE30）	VG150 （SAE40）	VG220 （SAE50）
齿形链	摘自 GB/T 10855—2003	环境温度/℃		-5～5	5～40	40～50	50～60
		润滑油的黏度级别	p=4.76mm p=9.52mm	VG32（SAE10）	VG68（SAE20）	VG100（SAE30）	VG150（SAE40）
			p≥12.7mm	VG68（SAE20）	VG100（SAE30）	VG150（SAE40）	VG220（SAE50）

参 考 文 献

[1] 张静菊，王桂华，殷鸿梁编. 特种胶带传动的设计与使用手册. 北京：化学工业出版社，1990.
[2] 电机工程手册编辑委员会编. 机械工程手册·传动设计卷. 第二版. 北京：机械工业出版社，1997.
[3] 郑志峰等编. 链传动. 北京：机械工业出版社，1984.
[4] Neale M J. Chains for Power Transmission and Material Handling：Design and Applications Handbook. American Chain Association，1982.

机械设计手册

第六版

HANDBOOK OF MECHANICAL DESIGN

第15篇 齿轮传动

主要撰稿 郭　永 厉始忠 段慧文 徐永年 梁桂明 张光辉 罗文军 余　铭 陈祖元 陈仁贤 厉海洋 欧阳志喜

审　　稿 李钊钢 厉始忠 房庆久 姜　勇 陈湛闻 饶振纲

1　本篇主要代号表

代　　号	意　　　义	单　　　位
A	锥齿轮安装距	mm
A_k	外锥高	mm
A_a	冠顶距	mm
a	中心距,标准齿轮及高度变位齿轮的中心距	mm
$a_w(a')$	角度变位齿轮的中心距	mm
b	齿宽	mm
b_{cal}	计算齿宽	mm
b_{eH}	锥齿轮接触强度计算的有效齿宽	mm
b_{eF}	锥齿轮弯曲强度计算的有效齿宽	mm
C	节点;传动精度系数;系数	
C_B	基本齿廓系数	
C_Q	轮坯结构系数	
C_a	齿顶修缘量	μm
C_{ay}	由跑合产生的齿顶修缘量	μm
c	顶隙	mm
c_γ	轮齿单位齿宽总刚度平均值(啮合刚度)	N/(mm·μm)
c'	一对轮齿的单位齿宽的最大刚度(单对齿刚度)	N/(mm·μm)
c^*	顶隙系数	
d	直径、分度圆直径	mm
d_1,d_2	小轮、大轮的分度圆直径	mm
d_{a1},d_{a2}	小轮、大轮的齿顶圆直径	mm
d_{b1},d_{b2}	小轮、大轮的基圆直径	mm
d_{f1},d_{f2}	小轮、大轮的齿根圆直径	mm
$d_w(d')$	节圆直径	mm
$D_M(d_p)$	量柱(球)直径	mm
E	弹性模量(杨氏模量)	N/mm^2
e	辅助量	
F_{bn}	法面基圆周上的名义切向力	N
F_{bt}	端面基圆周上的名义切向力	N
F_t	端面分度圆周上的名义切向力	N
F_{tm}	齿宽中点处分度圆上切向力	N
F_{tH}	计算 $K_{H\alpha}$ 时的切向力	N
F_n	法向力	N
F_r	径向力	N
F_x	轴向力	N
F_β	螺旋线总偏差的允许值	μm
$F_{\beta x}$	初始啮合螺旋线总偏差的允许值	μm
$F_{\beta y}$	跑合后的啮合螺旋线总偏差的允许值	μm
$f_{f\alpha}$	齿廓形状偏差的允许值	μm
f_{ma}	制造安装误差产生的啮合螺旋线总偏差的允许值分量	
f_{pb}	基节极限偏差(可用 GB/T 10095. 1f_{pt}值)	μm
G	切变模量	N/mm^2

续表

代　号	意　义	单　位
g_{va}	锥齿轮啮合线当量长度	
HB	布氏硬度	
HRC	洛氏硬度	
HV1	F=9.8N 时的维氏硬度	
HV10	F=98.1N 时的维氏硬度	
h	齿高	mm
$h_w(h')$	工作齿高	mm
h'_a	锥齿轮节圆齿顶高	mm
h'_f	锥齿轮节圆点根高	mm
h_{Fa}	载荷作用于齿顶时的弯曲力臂	mm
h_{Fe}	载荷作用于单对齿啮合区外界点时的弯曲力臂	mm
h_a	齿顶高	mm
$\bar{h}_{anm}$	锥齿轮中点法向弦齿高	mm
h_{aP}, h_{fP}	刀具基本齿廓齿顶高和齿根高	mm
h_a^*	齿顶高系数	
h_{an}^*	法面齿顶高系数	
h_{at}^*	端面齿顶高系数	
$\bar{h}_{cn}$	斜齿轮固定弦齿高	mm
$\bar{h}_n$	斜齿轮分度圆弦齿高	mm
h_{a0}	刀具齿顶高	mm
h_{a0}^*	刀具齿顶高系数	
h_f	齿根高	mm
$\bar{h}$	分度圆弦齿高	mm
$\bar{h}_c$	固定弦齿高	mm
h_{f0}	刀具齿根高	mm
i	传动比	
invα	α 角的渐开线函数	
j	侧隙	mm
K	载荷系数	
K_A	使用系数	
$K_{F\alpha}$	弯曲强度计算的齿间载荷分配系数	
$K_{F\beta}$	弯曲强度计算的螺旋线载荷分布系数	
$K_{H\alpha}$	接触强度计算的齿间载荷分配系数	
$K_{H\beta}$	接触强度计算的螺旋线载荷分布系数	
K_m	开式齿轮传动磨损系数	
K_V	动载系数	
k	跨越齿数,跨越槽数(用于内齿轮)	
L	长度	mm
M	弯矩、量柱测量距	N·m
m	模数;当量质量	mm;kg/mm
m_{nm}	锥齿轮中点法向模数	mm
m_n	法向模数	mm
m_p	行星轮的当量质量	
m_{red}	诱导质量	kg/mm
m_s	太阳轮的当量质量	
m_t	端面模数	mm
N	临界转速比;指数	
N_c	持久寿命时循环次数	
N_L	应力循环次数	
N_0	静强度最大循环次数	
N_L	应力循环次数	
n	转速	r/min
n_1, n_2	小轮、大轮的转速	r/min

续表

代　号	意　义	单　位
n_E	临界转速	r/min
n_{E1}	小轮的临界转速	r/min
n_p	轮系的行星轮数	
P	功率	kW
p	齿距,分度圆齿距	mm
p_b	基圆齿距	mm
p_{ba}	法向基圆齿距(法向基节)	mm
p_{bt}	端面基圆齿距(端面基节,基节)	mm
p_n	法向齿距	mm
p_t	端面齿距	mm
q	辅助系数,蜗杆直径系数 单位齿宽柔度	 μm · mm/N
q_s	齿根圆角参数	
R	锥距	mm
R_a	轮廓表面算术平均偏差	μm
R'	节锥距	mm
R_i	小端锥距	mm
R_m	中心锥距	mm
R_x	任意点锥	
R_z	表面微观不平度 10 点高度	μm
r	半径,分度圆半径	mm
r_a	齿顶圆弧半径	mm
r_b	基圆半径	mm
r_f	齿根圆半径	mm
S_F	弯曲强度的计算安全系数	
S_{Fmin}	弯曲强度的最小安全系数	
S_H	接触强度的计算安全系数	
S_{Hmin}	接触强度的最小安全系数	
s	齿厚;分度圆齿厚	mm
s_a	齿顶厚	mm
s_f	齿根厚	mm
s_n	法向齿厚	mm
s_t	端面齿厚	mm
$\bar{s}_n$	斜齿轮分度圆弦齿厚	mm
$\bar{s}_{nm}$	锥齿轮中点法向弦齿厚	mm
$\bar{s}_{cn}$	斜齿轮固定弦齿厚	mm
s_0	刀具齿厚	mm
$\bar{s}$	弦齿厚,分度圆弦齿厚	mm
$\bar{s}_c$	固定弦齿厚	mm
s_{Fn}	危险截面上的齿厚	mm
T_1,T_2	小轮、大轮的名义转矩	N · m
u	齿数比 $u=z_2/z_1>1$	
v	线速度,分度圆圆周速度	m/s
W、W_k	公法线长度(跨距)	mm
W^*	$m=1$ 时公法线长度(跨距)	mm
w_m	单位齿宽平均载荷	N/mm
w_{max}	单位齿宽最大载荷	N/mm
x	径向变位系数	

续表

代　号	意　义	单　位
x_1, x_2	小轮、大轮变位系数	
x_Σ	总变位系数	
x_t	齿厚变动系数,端面变位系数(切向变位系数)	
x_n	法向变位系数	
x_β	齿向跑合系数	
Y_F	载荷作用于单对齿啮合区外界点时的齿廓系数	
Y_{Fa}	载荷作用于齿顶时的齿廓系数	
Y_{Fs}	复合齿廓系数	
Y_K	弯曲强度计算的锥齿轮系数	
Y_{NT}	弯曲强度计算的寿命系数	
Y_{RrelT}	相对齿根表面状况系数	
Y_S	载荷作用于单对齿啮合区外界点时的应力修正系数	
Y_{Sa}	载荷作用于齿顶时的应力修正系数	
Y_{ST}	试验齿轮的应力修正系数	
Y_X	弯曲强度计算的尺寸系数	
Y_β	弯曲强度计算的螺旋角系数	
$Y_{\delta relT}$	相对齿根圆角敏感系数	
Y_ε	弯曲强度计算的重合度系数	
y	中心距变动系数	
y_0	切齿时中心距变动系数	
y_α	齿廓跑合量	μm
y_β	螺旋线跑合量	μm
Δy	齿顶高变动系数	
Z_B, Z_D	小轮、大轮单对齿啮合系数	
Z_E	弹性系数	$\sqrt{N/mm^2}$
Z_H	节点区域系数	
Z_K	接触强度计算的锥齿轮系数	
Z_L	润滑剂系数	
Z_{NT}	接触强度计算的寿命系数	
Z_R	粗糙度系数	
Z_v	速度系数	
Z_W	齿面工作硬化系数	
Z_X	接触强度计算的尺寸系数	
Z_β	接触强度计算的螺旋角系数	
Z_ε	接触强度计算的重合度系数	
z	齿数	
z_1, z_2	小轮、大轮的齿数	
z_n, z_v	斜齿轮的当量齿数	
z_{vm}	锥齿轮副的平均当量齿数	
z_p	平面齿轮齿数	
z_0	刀具齿数	
z_v	当量齿数	
α	压力角,齿廓角	(°),rad
α_{Fan}	齿顶法向载荷作用角	(°),rad
α_{Fat}	齿顶端面载荷作用角	(°),rad
α_{Fen}	单对齿啮合区外界点处法向载荷作用角	(°),rad
α_{Fet}	单对齿啮合区外界点处端面载荷作用角	(°),rad
α_M	量柱(球)中心在渐开线上的压力角	(°),rad
α_A	齿顶圆压力角	(°),rad
α_{an}	齿顶法向压力角	(°),rad

续表

代　号	意　义	单　位
α_{at}	齿顶端面压力角	(°),rad
α_{en}	单对齿啮合区外界点处的法向压力角	(°),rad
α_{et}	单对齿啮合区外界点处的端面压力角	(°),rad
α_{m}	锥齿轮中点当量齿轮分圆压力角	(°),rad
α'_{m}	中点当量齿轮啮合角	(°),rad
α_{n}	法向分度圆压力角	(°),rad
α_{t}	端面分度圆压力角	(°),rad
α'	啮合角	(°),rad
α'_{t}	端面分度圆啮合角	(°),rad
α_{y}	任意点 y 的压力角	(°)
α_{0}	刀具齿廓角,锥齿轮的齿廓角	(°)
α'_{0}	切齿时啮合角	(°),rad
β	分度圆螺旋角,端面齿廓角	(°),rad
β_{b}	基圆螺旋角	(°),rad
β_{e}	单对齿啮合区外界点处螺旋角	(°),rad
γ	辅助角	(°),rad
δ	节(分)锥角	(°),rad
δ_{a}	顶锥角	(°),rad
δ_{f}	根锥角	(°),rad
ε_{α}	端面重合度	
ε_{β}	纵向重合度,齿线重合度	
ε_{γ}	总重合度	
η	滑动率,效率	
$\Theta_{1,2}$	小轮、大轮的转动惯量	$kg \cdot mm^2$
θ_{a}	齿顶角	(°),rad
θ_{f}	齿根角	(°),rad
θ'_{f}	锥齿轮节锥齿根高	
ν	润滑油运动黏度	mm^2/s(cSt)
	泊松比	
ρ	密度,曲率半径	kg/mm^3,mm
ρ_{fp}	基本齿条齿根过渡圆角半径	mm
ρ_{F}	危险截面处齿根圆角半径	mm
ρ_{f}	齿根圆角半径	mm
Σ	轴交角	
σ_{b}	抗拉伸强度	N/mm^2
σ_{F}	计算齿根应力	N/mm^2
σ_{F0}	计算齿根应力基本值	N/mm^2
σ_{FE}	齿轮材料弯曲疲劳强度的基本值	N/mm^2
σ_{FG}	计算齿轮的弯曲极限应力	N/mm^2
σ_{FP}	许用齿根应力	N/mm^2
σ_{Flim}	试验齿轮的弯曲疲劳极限	N/mm^2
σ_{H}	计算接触应力	N/mm^2
σ_{HG}	计算齿轮的接触极限应力	N/mm^2
σ_{H0}	计算接触应力基本值	N/mm^2
σ_{Hp}	许用接触应力	N/mm^2
σ_{Hlim}	试验齿轮的接触疲劳极限	N/mm^2
ψ	几何压力系数,齿厚半径	
ψ_{a}	对中心距的齿宽系数	
ψ_{d}	对分度圆直径的齿宽系数	

续表

代　　号	意　　义	单　　位
角标		
A	太阳轮的	
B	内齿轮的	
C	行星轮的	
v,n	当量的	
X	行星架的	
0	刀具的	
1	小齿轮的，蜗杆的	
2	大齿轮的，蜗轮的	
Ⅰ	高速级的	
Ⅱ	低速级的	

注：1. 本表中齿轮几何要素代号是根据 GB/T 2821—2003 和 ISO 701：1998 标准而确定的。

2. 有关齿轮精度的代号基本上未编入。

3. 蜗杆传动、销齿传动及活齿传动等章的代号未编入。

2　齿轮传动总览表

名　　称		主 要 特 点	适　用　范　围			
			传 动 比	传动功率	速　　度	应 用 举 例
渐开线圆柱齿轮		传动的速度和功率范围很大；传动效率高，一对齿轮可达 0.98～0.995；精度愈高，润滑愈好，效率愈高；对中心距的敏感性小，互换性好；装配和维修方便；可以进行变位切削及各种修形、修缘，从而提高传动质量；易于进行精密加工，是齿轮传动中应用最广的传动	单级： 7.1（软齿面） 6.3（硬齿面） 两级： 50（软齿面） 28（硬齿面） 三级： 315（软齿面） 180（硬齿面）	低速重载可达5000kW以上 高速传动可达 40000kW 以上	线速度可达200m/s以上	高速船用透平齿轮，大型轧机齿轮，矿山、轻工、化工和建材机械齿轮等
摆线针轮传动		有外啮合（外摆线）、内啮合（内摆线）和齿条啮合（渐开线）三种型式。适用于低速、重载的机械传动和粉尘多、润滑条件差等工作环境恶劣的场合，传动效率 η=0.9～0.93（无润滑油时）或 η=0.93～0.95（有润滑油时）。与一般齿轮相比，结构简单、加工容易、造价低、拆修方便	一般 5～30		0.05～0.5 m/s	起重机的回转机构，球磨机的传动机构，磷肥工业用的回转化成室，翻盘式真空过滤机的底部传动机构，工业加热炉用的台车拖曳机构。化工行业广为应用
圆弧圆柱齿轮传动	单圆弧齿轮传动	接触强度比渐开线齿轮高；弯曲强度比渐开线齿轮低；跑合性能好；没有根切现象；只有做成斜齿，不能作成直齿；中心距的敏感性比渐开线齿轮大；互换性比渐开线齿轮差；噪声稍大	同渐开线圆柱齿轮	低速重载传动可达3700kW以上；高速传动可达6000kW	>100m/s	3700kW 初轧机，输出轴转矩 $T=14\times10^5$N·m 轧机主减速器，矿井卷扬机减速齿轮，鼓风机、制氧机、压缩机减速器，3000～6000kW 汽轮发电机齿轮等
	双圆弧齿轮传动	除具有单圆弧齿轮的优点外，弯曲强度比单圆弧齿轮高（一般高 40%～60%），可用同一把滚刀加工一对互相啮合的齿轮，比单圆弧齿轮传动平稳，噪声和振动比单圆弧齿轮小				

续表

名称		主要特点	适用范围			
			传动比	传动功率	速度	应用举例
非圆齿轮传动		非圆齿轮可以实现特殊的运动和实现函数运算，对机构的运动特性很有利，可以提高机构的性能，改善机构的运动条件 如应用在自动机器中，可使机器的工作机构和控制机构具有变速运动可以协调平行工作的机构的循环时间，用非圆齿轮带动铰链连杆机构的主动件时，使铰链连杆机构的运动特性具有所需的形式	瞬时传动比是变化的，平均传动比是整数，大多情况下为1			广泛用于自动机器仪器仪表及解算装置中，辊筒式平板印刷机的自动送纸装置，双色印刷机中的非圆—圆的扇形齿轮，纺织机械中绕线托架机构偏心圆齿轮和卵形齿轮，纸板机的横切机构中的椭圆齿轮，链传送带传动装置中的非圆齿轮，带有椭圆齿轮传动机构的摆动式传送机，连续线绕函数电位计中的非圆齿轮，仪器中的卵形齿轮流量计，大转矩液压马达
锥齿轮传动	直齿锥齿轮传动	比曲线齿锥齿轮的轴向力小，制造也比曲线齿锥齿轮容易	1~8	<370kW	<5m/s	用于机床、汽车、拖拉机及其他机械中轴线相交的传动
	斜齿锥齿轮传动	比直齿锥齿轮总重合度大，噪声较低	1~8	较直齿锥齿轮高	较直齿锥齿轮高，经磨齿后 $v<50$m/s	用于机床、汽车行业的机械设备中
	曲线齿锥齿轮传动	比直齿锥齿轮传动平稳，噪声小，承载能力大，但由于螺旋角而产生轴向力较大	1~8	<750kW	一般 $v>5$m/s；磨齿后可达 $v>40$m/s	用于汽车驱动桥传动，以及拖拉机和机床等传动
准双曲面齿轮传动		比曲线齿锥齿轮传动更平稳，利用偏置距增大小轮直径，因而可以增加小轮刚性，实现两端支承，沿齿长方向有滑动，传动效率比直齿锥齿轮低，需用准双曲面齿轮油	一般1~10；用于代替蜗杆传动时，可达50~100	一般<750 kW	>5m/s	最广泛用于越野及小客车，也用于卡车，可用以代替蜗杆传动
交错轴斜齿轮传动		是由两个螺旋角不等（或螺旋角相等，旋向也相同）的斜齿齿轮组成的齿轮副，两齿轮的轴线可以成任意角度，缺点是齿面为点接触，齿面间的滑动速度大，所以承载能力和传动效率比较低，故只能用于轻载或传递运动的场合				用于空间（在任意方向转向）传动机构
蜗杆传动	普通圆柱蜗杆传动（阿基米德螺旋线蜗杆、渐开线蜗杆及延长渐开线蜗杆）	传动比大，工作平稳，噪声较小，结构紧凑，在一定条件下有自锁性，效率低	8~80	<200kW	<15~35m/s	多用于中、小负荷间歇工作的情况下，如轧钢机压下装置、小型转炉倾动机构等
	圆弧圆柱蜗杆传动（ZC蜗杆）	接触线形状有利于形成油膜，主平面共轭齿面为凸凹齿啮合，传动效率及承载能力均高于普通圆柱蜗杆传动	8~80	<200kW	<15~35m/s	用于中、小负荷间歇工作的情况，如轧钢机压下装置

续表

名称		主要特点	适用范围			
			传动比	传动功率	速度	应用举例
蜗杆传动	环面蜗杆传动(平面齿包络环面蜗杆、直廓环面蜗杆、锥面包络环面蜗杆、渐开面包络环面蜗杆等)	接触线和相对速度夹角接近于90°,有利于形成油膜;同时接触齿数多,当量曲率半径大,因而承载能力大,一般比普通圆柱蜗杆传动大2~3倍。但制造工艺一般比普通圆柱蜗杆要复杂	5~100	<4500kW	<15~35m/s	轧机压下装置,各种绞车、冷挤压机、转炉、军工产品以及其他冶金矿山设备等
锥面蜗杆传动		同时接触齿数多,齿面可得到比较充分的润滑和冷却,易于形成油膜,传动比较平稳,效率比普通圆柱蜗杆传动高,设计计算和制造比较麻烦	10~358			适用于结构要求比较紧凑的场合
普通渐开线齿轮行星传动		体积小,重量轻,承载能力大,效率高,工作平稳,NGW型行星齿轮减速器与普通圆柱齿轮减速器比较,体积和重量可减小30%~50%,效率可稍提高,但结构比较复杂,制造成本比较高	NGW型 单级: 2.8~12.5 两级: 14~160 三级: 100~2000	NGW型达6500kW	高低速均可	NGW型主要用于冶金、矿山、起重运输等低速重载机械设备;也用于压缩机制氧机,船舶等高速大功率传动
少齿差传动	渐开线少齿差传动	内外圆柱齿轮的齿廓皆采用渐开线,因而可用普通的齿轮机床加工,结构较简单,生产价格也较低,但转臂轴承受径向力较大,这种传动与通用渐开线圆柱齿轮传动(或蜗杆传动)相比较,具有传动比大、体积小、重量轻、结构紧凑等特点 其承受过载荷冲击能力较强,寿命较长,传动效率一般为$\eta=0.8\sim0.9$,但也有达到0.9以上的实例。由于内齿轮采用软齿面,故承载能力略低于摆线针轮行星传动	单级: 10~100,可多级串联,取得更大的传动比	最大: 100kW 常用: ≤55kW	一般高速轴转速小于1500~1800r/min	电工、机械、起重、运输、轻工、化工、食品、粮油、农机、仪表、机床与附件及工程机械等
	摆线少齿差传动(亦称摆线针轮行星传动)	它以外摆线作为行星轮齿的齿廓曲线,在少齿差传动中应用最广,其效率达到$\eta=0.9\sim0.98$(单级传动时);多齿啮合承载能力高,运转平稳,故障少,寿命长;与电动机直联的减速器,结构紧凑,但制造成本较高,主要零部件加工精度要求高,齿形检测困难,大直径摆线轮加工困难	单级: 11~87 两级: 121~5133	常用: <100kW 最大: <220kW		广泛用于冶金、石油、化工、轻工、食品、纺织、印染、国防、工程、起重、运输等各类机械中

续表

名称		主要特点	适用范围			
			传动比	传动功率	速度	应用举例
少齿差传动	圆弧少齿差传动(又称圆弧针齿行星传动,或冕轮减速器)	其结构型式与摆线少齿差传动基本相同,其特点在于:行星轮的齿廓曲线改用凹圆弧代替摆线,轮齿与针齿形成凹凸两圆的内啮合,且曲率半径相差很小,从而提高了接触强度	单级:11~71	0.2~30kW	高速轴转速<1500~1800r/min	用于矿山运输机械、轻工、纺织印染机械中
	活齿少齿差传动(又称"活齿传动"、"滑齿传动"、"滚道传动"、"密切圆传动")	其特点是固定齿圈上的齿形制成圆弧或其他曲线,行星轮上的各轮齿改用单个的活动构件(如滚珠)代替,当主动偏心盘驱动时,它们将在输出轴盘上的径向槽孔中活动,故称为"活齿"。其效率为 $\eta=0.86\sim0.87$	单级:20~80	<18kW	高速轴转速<1500~1800r/min	用于矿山、冶金机械中
	锥齿少齿差传动(又称"锥齿轮谐波传动"、"章动传动")	它采用一对少齿差的锥齿轮,以轴线运动的锥轮与另一固定锥轮啮合产生摆转运动代替了原来行星轮的平面运动	单级:≤200			用于矿山机械中
谐波齿轮传动		传动比大、范围宽;元件少、体积小、重量轻;在相同的条件下可比一般减速器的元件少一半,体积和重量可减少20%~50%;同时啮合的齿数多,双波传动在受载情况下同时啮合齿数可达总数的20%~40%,故承载能力高;且误差可相互补偿,故运动精度高。可采用调整波发生器达到无侧隙啮合;运转平稳、噪声低、可通过密封壁传递运动,传动效率也比较高,$i=100$ 时,$\eta=0.69\sim0.90$,$i=400$ 时,$\eta=0.80$,且传动比大时,效率并不显著下降,但主要零件——柔轮的制造工艺比较复杂	单级1.002~1.02(波发生器固定,柔轮主动时)。50~500(柔轮或刚轮固定,波发生器主动时)150~4000m用行星波发生器 2×10^3(采用复波)	几瓦到几十千瓦		主要用于航空、航天飞行器原子能、雷达系统等,也用于造船、汽车、坦克、机床、仪表、纺织、冶金、起重运输、医疗器械等,如机床进给分度机构,自动控制系统中的执行机构和数据传递装置,光学机械中的精密传动;用于化工设备、大型绞盘;用于高压、高真空的密封式传动;工业机器人、武器系统和无线电跟踪系统

第 1 章 渐开线圆柱齿轮传动

在过去的几年里，国际上的齿轮标准和国内齿轮标准都进行了不同程度的更新，除了体现最新的研究成果，标准也朝着更国际化、统一化、精细化和人性化的方向发展。

ISO 于 2007 年发布了标准 ISO 21771:2007 渐开线圆柱齿轮与齿轮副——概念与几何学，该标准大量借鉴了德国国家标准 DIN 3960—1987，主要解决了 DIN 体系中内齿轮直径等参数均为负数的问题，发挥了其外齿轮和内齿轮采用一套公式的优势，体现了标准的人性化。ISO 21771 在齿轮啮合与齿厚系统等方面也体现了新的研究成果，一些公式考虑的情况也更加细致，DIN 标准里的近似公式也更改为精确公式。ISO 21771 标准发布不久，英国即将该标准确定为国家标准 BS ISO 21771:2007。德国也于 2012 年 8 月发布了 DIN ISO 21771—2012 草案，同一时期发布的标准还有 DIN 21772—2012 和 DIN 21773—2012。这三个标准一起替代使用了二十多年的 DIN 3960—1987。齿轮概念与几何学标准朝着国际化、统一化的方向迈进了一步。ISO 21771 在借鉴 DIN 3960 的同时，也采用了与之相同的变位系数符号规定。追本溯源，ISO 早在 1999 年 ISO 1122-1:1998 齿轮　术语和定义　第一部分:几何学定义的技术勘误里就更改变位系数符号的规定与 DIN 系统统一。在运用不同计算系统下的公式计算齿轮参数时，务必先弄清变位系数符号的规定。

ISO 于 2011 年发布了 ISO 1328-1 标准的讨论稿，正式标准也于 2013 年发布，该标准对各种指标规定的更细致了，评定参数也增加了很多。上一版本的齿轮精度标准 1995 年颁布后，中国、英国、法国、日本等众多国家都等同采用。美国等同采用了 ISO 1328-1:1995 和 ISO 1328-2:1997 后，又根据本国特点制订了 ANSI/AGMA 2015-1-A01 和 ANSI/AGMA 2015-2-A06 替代了上述两个标准。这次美国作为新的齿轮标准的主要起草者国之一，大量吸收了 AGMA 2015 标准中的经验，国际齿轮精度标准也朝着国际化、统一化的方向迈进了一步。

齿轮强度标准 ISO 6336 系列也在 2006 年进行了重大更新，淘汰了很多近似和简化算法，随着计算机技术的发展，计算的准确性需求越来越强烈，近似算法和简化算法已无优势。ISO 还发布了 ISO/TR 15144-1:2010 和 ISO/TR 18792:2008 等标准，更完善的齿轮强度评估体系正在建成。

我国近年来发布的关于渐开线圆柱齿轮标准有:GB/T 1357—2008 通用机械和重型机械用圆柱齿轮模数，GB/T 3374.1/.2—2010 齿轮　术语和定义，GB/T 3480.5—2008 直齿轮和斜齿轮承载能力计算　第 5 部分:材料的强度和质量，GB/T 6467—2010 齿轮渐开线样板，GB/T 6468—2010 齿轮螺旋线样板。2008 年我国对 2001 版齿轮精度标准进行了全面更新，共涉及 7 份标准。

1 渐开线圆柱齿轮的基本齿廓和模数系列(摘自 GB/T 1356—2001)

1.1 渐开线圆柱齿轮的基本齿廓(摘自 GB/T 1356—2001)

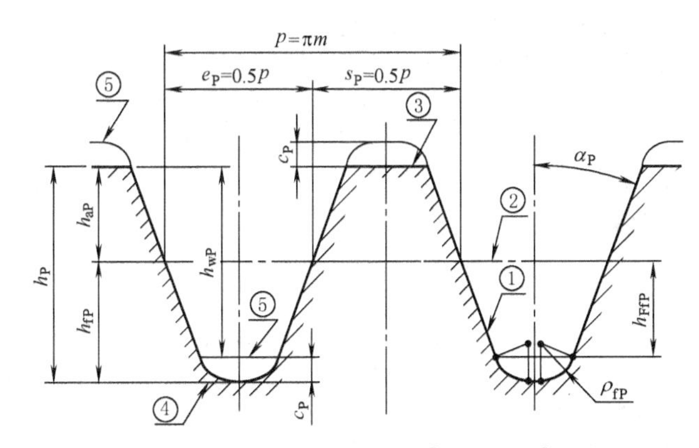

图 15-1-1 标准基本齿条齿廓和相啮标准基本齿条齿廓

表 15-1-1 代号和单位

符 号	意 义	单 位
c_P	标准基本齿条轮齿与相啮标准基本齿条轮齿之间的顶隙	mm
e_P	标准基本齿条轮齿齿槽宽	mm
h_{aP}	标准基本齿条轮齿齿顶高	mm
h_{fP}	标准基本齿条轮齿齿根高	mm
h_{FfP}	标准基本齿条轮齿齿根直线部分的高度	mm
h_P	标准基本齿条的齿高	mm
h_{wP}	标准基本齿条和相啮标准基本齿条轮齿的有效齿高	mm
m	模数	mm
p	齿距	mm
s_P	标准基本齿条轮齿的齿厚	mm
u_{FP}	挖根量	mm
α_{FP}	挖根角	(°)
α_P	压力角	(°)
ρ_{fP}	基本齿条的齿根圆角半径	mm

表 15-1-2 标准基本齿条齿廓的几何参数

项 目	标准基本齿条齿廓的几何参数值	项 目	标准基本齿条齿廓的几何参数值
α_P	20°	h_{fP}	1.25m
h_{aP}	1m	ρ_{fP}	0.38m
c_P	0.25m		

1.1.1 范围

规定了通用机械和重型机械用渐开线圆柱齿轮（外齿或内齿）的标准基本齿条齿廓的几何参数。

适用于 GB/T 1357 规定的标准模数。

规定的齿廓没有考虑内齿轮齿高可能进行的修正，内齿轮对不同的情况应分别计算。

为了确定渐开线类齿轮的轮齿尺寸，在本标准中，标准基本齿条的齿廓仅给出了渐开线类齿轮齿廓的几何参数。它不包括对刀具的定义，但为了获得合适的齿廓，可以根据本标准基本齿条的齿廓规定刀具的参数。

1.1.2 标准基本齿条齿廓

1）标准基本齿条齿廓的几何参数见图 15-1-1 和表 15-1-2，对于不同使用场合所推荐的基本齿条见 1.1.3 节。

2）标准基本齿条齿廓的齿距为 $p=\pi m$。

3）在 h_{aP} 加 h_{FfP} 高度上，标准基本齿廓的齿侧面为直线。

4）$P—P$ 线上的齿厚等于齿槽宽，即齿距的一半。

$$s_P=e_P=\frac{p}{2}=\frac{\pi m}{2} \tag{15-1-1}$$

式中 s_P——标准基本齿条轮齿的齿厚；

e_P——标准基本齿条轮齿的齿槽宽；

p——齿距；

m——模数。

5）标准基本齿条齿廓的齿侧面与基准线的垂线之间的夹角为压力角 α_P。

6）齿顶线和齿根线分别平行于基准线 $P—P$，且距 $P—P$ 线之间的距离分别为 h_{aP} 和 h_{fP}。

7）标准基本齿条齿廓和相啮标准基本齿条齿廓的有效齿高 h_{wP} 等于 $2h_{aP}$。

8）标准基本齿条齿廓的参数用 $P—P$ 线作为基准。

9）标准基本齿条的齿根圆角半径 ρ_{fP} 由标准顶隙 c_P 确定。

对于 $\alpha_P=20°$、$c_P \leqslant 0.295m$、$h_{FfP}=1m$ 的基本齿条

$$\rho_{fPmax}=\frac{c_P}{1-\sin\alpha_P} \tag{15-1-2}$$

式中 ρ_{fPmax}——基本齿条的最大齿根圆角半径；

c_P——标准基本齿条轮齿和相啮标准基本齿条轮齿的顶隙；

α_P——压力角。

对于 $\alpha_P=20°$、$0.295m<c_P \leqslant 0.396m$ 的基本齿条

$$\rho_{fPmax}=\frac{\pi m/4-h_{fP}\tan\alpha_P}{\tan[(90°-\alpha_P)/2]} \tag{15-1-3}$$

式中 h_{fP}——基本齿条轮齿的齿根高。

ρ_{fPmax}的中心在齿条齿槽的中心线上。

应该注意，实际齿根圆角（在有效齿廓以外）会随一些影响因素的不同而变化，如制造方法、齿廓修形、齿数。

10）标准基本齿条齿廓的参数 c_P、h_{aP}、h_{fP}和 h_{wP}也可以表示为模数 m 的倍数，即相对于 $m=1$mm 时的值可加一个星号表明，例如：

$$h_{fP}=h_{fP}{}^{*}m$$

1.1.3 不同使用场合下推荐的基本齿条

（1）基本齿条型式的应用

A 型标准基本齿条齿廓推荐用于传递大转矩的齿轮。

根据不同的使用要求可以使用替代的基本齿条齿廓：B 型和 C 型基本齿条齿廓推荐用于通常的使用场合。用一些标准滚刀加工时，可以用 C 型。

D 型基本齿条齿廓的齿根圆角为单圆弧齿根圆角。当保持最大齿根圆角半径时，增大的齿根高（$h_{fP}=1.4m$，齿根圆角半径 $\rho_{fP}=0.39m$）使得精加工刀具能在没有干涉的情况下工作。这种齿廓推荐用于高精度、传递大转矩的齿轮，因此，齿廓精加工用磨齿或剃齿。在精加工时，要小心避免齿根圆角处产生凹痕，凹痕会导致应力集中。

几种类型基本齿条齿廓的几何参数见表 15-1-3。

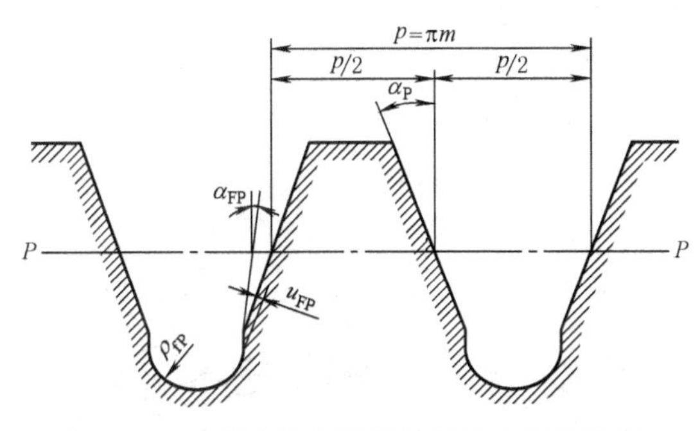

图 15-1-2　具有给定挖根量的基本齿条齿廓

（2）具有挖根的基本齿条齿廓

使用具有给定的挖根量 u_{FP} 和挖根角 α_{FP} 的基本齿条齿廓时，用带凸台的刀具切齿并用磨齿或剃齿精加工齿轮，见图 15-1-2。u_{FP} 和 α_{FP} 的具体值取决于一些影响因素，如加工方法，在该标准中没有说明加工方法。

表 15-1-3　　**基本齿条齿廓**

项　　目	基本齿条齿廓类型			
	A	B	C	D
α_P	20°	20°	20°	20°
h_{aP}	$1m$	$1m$	$1m$	$1m$
c_P	$0.25m$	$0.25m$	$0.25m$	$0.4m$
h_{fP}	$1.25m$	$1.25m$	$1.25m$	$1.4m$
ρ_{fP}	$0.38m$	$0.3m$	$0.25m$	$0.39m$

1.1.4　GB 1356 所作的修改

1）标准基本齿条齿廓：standard basic rack tooth profile。

这是 ISO 1122-1：1998 中新出现的术语，现在正式译为“标准基本齿条齿廓”。

原标准术语是“基本齿廓”。

2）ρ_{fP}——基本齿条的齿根圆角半径与齿轮的齿根圆半径的关系，原标准只有一个圆角半径 $\rho_{fP}\approx 0.38$mm。

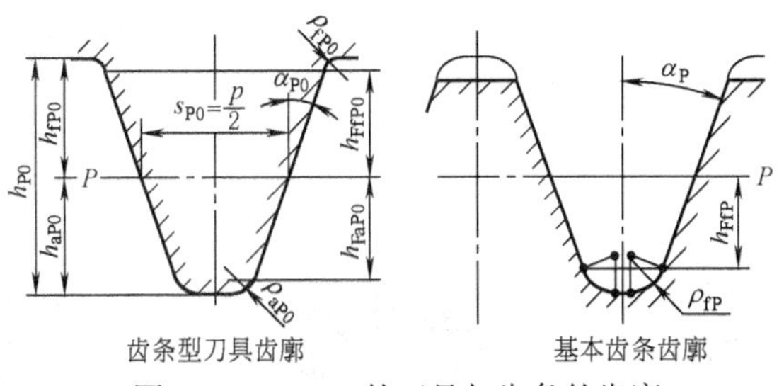

图 15-1-3　DIN 的刀具与齿条的齿廓

在 DIN 867—1986 中的说明如下（见图 15-1-3）：基本齿廓的齿根倒圆半径 ρ_{fP} 确定了刀具基本齿廓的齿顶倒圆半径 ρ_{aP0}，圆柱齿轮上加工的齿根圆的曲率半径等于或者大于刀具的齿顶倒圆半径，这取决于齿数和齿廓变位。

3）新代号 h_{FfP} 最早出现在 DIN 867—1986 中。

$$h_{FfP}=h_{fP}-\rho_{fP}\ (1-\sin\alpha_P)$$

大多数情况下，将基本齿条齿廓的齿槽作为齿条型刀具的齿廓。h_{FfP} 与齿条型刀具 h_{FfP0} 是对应关系，即 $h_{FfP}=h_{FfP0}$。不根切的最少变位系数 x_{min}、展成切削的渐开线起始点的直径 d_{Ff} 计算公式都是采用 h_{FfP0}。

德国的 DIN 3960—1987、美国的 AGMA 913-A98 标准，都采用了这个公式计算不根切的最小变位和渐开线起始圆直径。图 15-1-4 是 DIN 3960—1987 相关部分。对于零侧隙计算，$x_{\mathrm{Emin}}=x_{\min}$。

$$x_{\mathrm{Emin}}=\frac{h_{\mathrm{FaP0}}}{m_{\mathrm{n}}}-\frac{z\sin^2\alpha_{\mathrm{t}}}{2\cos\beta}\qquad \text{(DIN 3960—1987 3.6.06)}$$

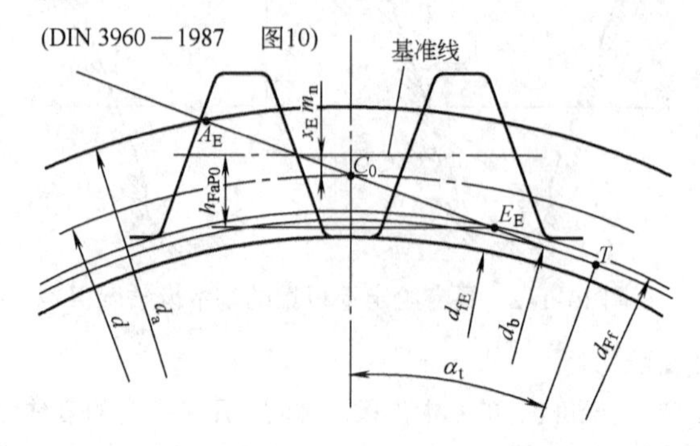

$$d_{\mathrm{Ff1}}=\sqrt{\left[d_1\sin\alpha_{\mathrm{t}}-\frac{2(h_{\mathrm{FaP0}}-x_{\mathrm{E}}m_{\mathrm{n}})}{\sin\alpha_{\mathrm{t}}}\right]^2+d_{\mathrm{b1}}^2}$$

$$=\sqrt{[d_1-2(h_{\mathrm{FaP0}}-x_{\mathrm{E}}m_{\mathrm{n}})]^2+4(h_{\mathrm{FaP0}}-x_{\mathrm{E}}m_{\mathrm{n}})^2\cot^2\alpha_{\mathrm{t}}}$$

(DIN 3960—1987 3.6.08)

图 15-1-4 DIN 齿廓图

传统的计算公式都将 h_{FaP0}这个数值用了 h_{a}（h_{aP}），这样替代只有在标准基本齿条齿廓下是正确的，即 $h_{\mathrm{aP}}^*=1$、$h_{\mathrm{fP}}^*=1.25$、$\rho_{\mathrm{fP}}^*\approx0.38$（较为精确的近似值为 0.379951）、$\alpha=20°$，这时 $h_{\mathrm{aP}}^*=h_{\mathrm{FaP0}}^*$。

前苏联李特文的《齿轮啮合原理》和日本仙波正庄的《变位齿轮》（用了一个章节）讲解了变模数、变压力角的啮合。

必要条件是：$m_1\cos\alpha_1=m_2\cos\alpha_2$。就是正确啮合的基本条件是基节相等。这个原理已应用到齿轮刀具。变模数变压力角的滚刀设计已经较为广泛地应用在一些特定的专业领域。

图 15-1-5 是一个例子，用不同齿形角的齿条刀具可以加工出来一样渐开线齿廓。在齿条刀具相同的齿顶圆弧情况下，可以得到不同的渐开线起始圆。这时变位系数也需要计算，较小的压力角对应较大变位系数。目前应用的大变位齿轮实质就是大压力角、较短的齿顶高的传动。问题是齿轮承载能力计算中，例如轮齿刚度 C_{γ} 的计算，标准中明确规定，该公式的适用范围是：$-0.5\leqslant(x_1+x_2)\leqslant2$（GB/T 19406—2003，GB/T 3480—1997）。标准中多个公式用到这个参数，超过这个范围就等于没有了计算依据。

当 $\alpha_{\mathrm{P}}=20°$，h_{fP}^*-ρ_{fP}^*-h_{FfP}^*的相互关系。DIN 867—1987 给出了一个附图，论述了 $\alpha_{\mathrm{P}}=20°$、$h_{\mathrm{aP}}^*=1$ 时，ρ_{fP}^* 的计

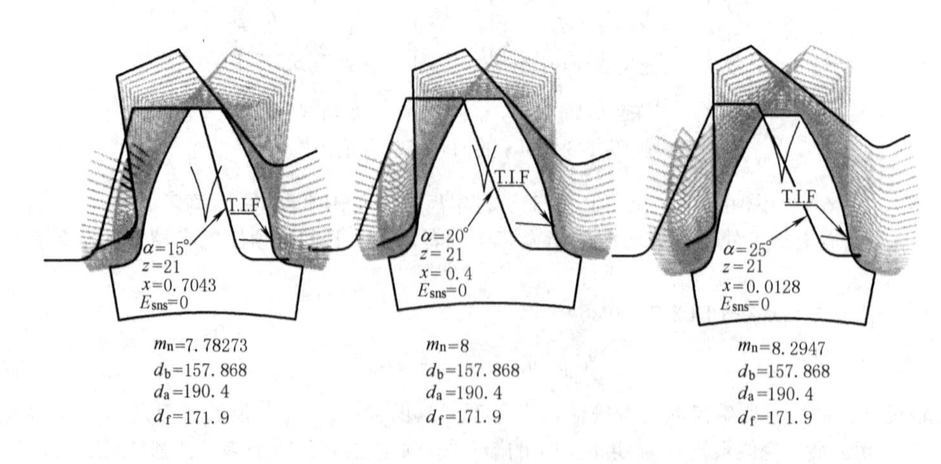

图 15-1-5 用变压力角、变模数的齿条刀具加工同一个齿轮的模拟

算公式就是 GB/T 1356—2001（2）、（3）两个式子［即式（15-1-2）和式（15-1-3）］。两条直线方程相交于 $h_{fP}^{*}=1.295$（准确的近似值）。ρ_{fP}^{*} 必须在阴影区域内。图 15-1-6 补充了 $h_{aP}^{*}=0.8$ 和 $h_{aP}^{*}=1.2$ 的对应关系，同时增加了对应的 h_{FfP}^{*}，表 15-1-4 列出 13 种常见的基本齿条齿廓对应数值。

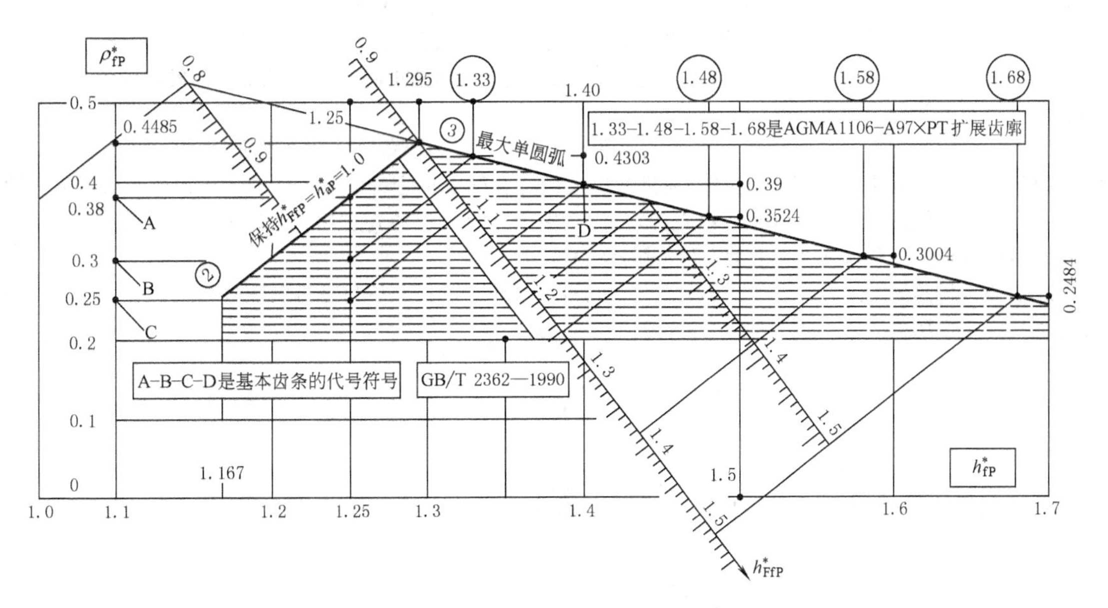

图 15-1-6 $\alpha_P=20°$ 时 h_{fP}^{*}-ρ_{fP}^{*}-h_{FfP}^{*} 关系

表 15-1-4 **GB、AGMA、ISO 齿廓参数**

齿廓参数 / 齿廓标准	α_P	h_{aP}^{*}	h_{fP}^{*}	c_P^{*}	ρ_{fP}^{*}	h_{FfP}^{*}	不根切的最少齿数 z_{min}
GB/T 1356-A	20°	1	1.25	0.25	0.38	1.0	17.09
GB/T 1356-B	20°	1	1.25	0.25	0.3	1.0526	17.997
GB/T 1356-C	20°	1	1.25	0.25	0.25	1.0855	18.559
GB/T 1356-D	20°	1	1.4	0.40	0.39	1.1434	19.549
GB 2362—1990	20°	1	1.35	0.35	0.2	1.2184	20.831
AGMA 1106 PT	20°	1	1.33	0.33	0.4303	1.0469	17.899
AGMA XPT-2	20°	1.15	1.48	0.33	0.3524	1.248	21.337
AGMA XPT-3	20°	1.25	1.58	0.33	0.3004	1.382	23.628
AGMA XPT-4	20°	1.35	1.68	0.33	0.2484	1.517	25.937
----------	14.5°	1	1.25	0.25	0.30	1.025	32.704
ISO 6336-3.5	20°	1.20	1.50	0.30	0.30	1.3026	22.271
ISO 6336-3.7	22.5°	1	1.25	0.25	0.40	1.0	13.696
ISO 6336-3.8	25°	1	1.25	0.25	0.318	1.0	11.198

注：1. AGMA PT & XPT 是 AGMA 1106-A97 塑料齿轮扩展齿廓（PGT TOOTH FORM）。

2. GB/T 1356-A（B/C/D）是该标准提供的数据。

3. ISO 6336-3.5（.7/.8）是该标准图 13（图 15/16）提供的数据。

对于大多数应用场合，利用 GB/T 1356—2001 标准基本齿条齿廓和有目的地选择变位。就可以得到合适的、能经受使用考验的啮合。

在特殊情况下，可以不执行标准，当需要较大的端面重合度时，可以选择较小的齿廓角 α_P，例如在印刷机械中常常是 $\alpha_P=15°$。

对于重载齿轮传动，有时优先采用 $\alpha_P=22.5°$ 或 $\alpha_P=25°$。这样虽然提高了齿轮的承载能力，但是会使端面重合度变小，齿顶圆齿厚变得更尖一些，在渗碳淬火处理时，可能产生齿顶淬透，在受载时产生崩齿的危险。

通常的啮合 $h_{wP}=2$，现在有的 $h_{wP}=2.25$ 或 $h_{wP}=2.5$ 的所谓“高齿啮合”，这样可以得到特别平稳的传动。但是由于啮合时齿面滑动速度较高，胶合危险增加，齿顶变得更尖也需要注意。这种高齿啮合似乎有扩大的趋势。例如 AGMA 1106-A97 中已经采用 $h_{wP}=2.3$、2.5、2.7 的齿廓（见 AGMA 1106-A97）。

如果将基本齿廓做得与直边梯形不尽一样，就可以达到齿廓修形（也就是说，有意识地与渐开线有所差异）的目的。但是，图 15-1-7a 所示的这类刀具的应用范围是有限的，这是因为，在齿轮上所作的修形的位置及大小还与齿轮的齿数及端面变位量有关。

齿根圆角（对应刀具齿顶上的 ρ_{a0}）较丰满的基本齿廓可以得到较高的齿根疲劳强度。带突起的刀具基本齿廓（图 15-1-7b）使齿根受到过切。这样，在进行后续的符合啮合原理的磨削工序时，可以避免在齿根产生缺口。但是，在用于较大的齿数范围时，必须检验一下，由于（有意识的）过切，齿轮齿根部分的有效齿廓将被缩短了多少，在齿数少和齿顶高变位量小时尤其要注意！

能进行齿顶棱角倒钝的刀具齿廓，在滚切时，它可以将轮齿的齿顶棱角进行倒钝（即可以省去手工倒钝）。由于它是为专用齿廓设计的，因此只适用于件数较多的场合。

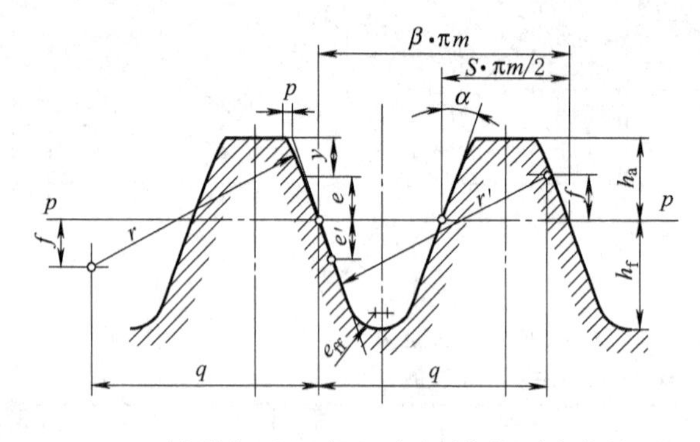

(a) 引自ISO 53/1974，有齿顶修形与齿根修形

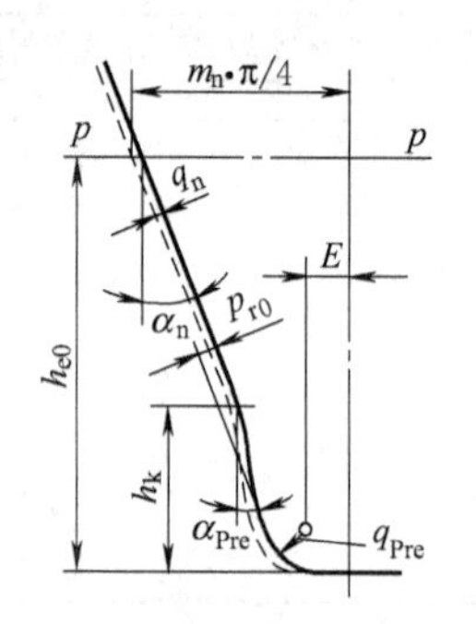

(b) 带剥前突起量的刀具基本齿廓，q_0 为每侧齿廓的刀具余量

图 15-1-7　特种基本齿廓

1.2　渐开线圆柱齿轮模数

1.2.1　模数（摘自 GB/T 1357—2008）

GB/T 1357—2008 等同采用了 ISO 54：1996，规定了通用机械和重型机械用直齿和斜齿渐开线圆柱齿轮的法向模数。

模数是齿距（mm）除以圆周率 π 所得的商，或分度圆直径（mm）除以齿数所得的商。

法向模数定义在基本齿条（见 1.1 节）的法截面上。

优先采用表 15-1-5 中给出的第Ⅰ系列法向模数，应避免采用第Ⅱ系列中的法向模数 6.5。

表 15-1-5　　　渐开线圆柱齿轮模数

系列		系列		系列	
Ⅰ	Ⅱ	Ⅰ	Ⅱ	Ⅰ	Ⅱ
1 1.25 1.5 2 2.5 3 4	1.125 1.375 1.75 2.25 2.75 3.5	5 6 8 10 12	4.5 5.5 (6.5) 7 9 11	16 20 25 32 40 50	14 18 22 28 36 45

GB/T 1357—2008 与 GB/T 1357—1987 相比：

① 取消了 GB/T 1357—1987 中 1 以下的模数值，其中第Ⅰ系列有 0.1、0.12、0.15、0.2、0.25、0.3、0.4、

0.5、0.6、0.8，第Ⅱ系列有0.35、0.7和0.9；

② 第Ⅱ系列中，增加了1.125和1.375；

③ 第Ⅱ系列中，取消了3.25和3.75。

1.2.2 径节

以径节P为齿轮几何尺寸量度单位的齿轮称“径节制齿轮”。径节制齿轮多用于采用英制单位的国家中。这些国家把径节定义为：齿轮齿数除以分度圆直径（in）所得的商。这时模数和径节的关系为$P=25.4/m$。

1.2.3 双模数制齿轮与双径节齿轮

用两种模数作为齿轮几何尺寸的计算单位，这种齿轮称双模数制齿轮。

在某种场合下，为了获得较短的轮齿，又不使中心距过小，在采用短齿时不能满足要求的条件下，需要采用双模数制齿轮。亦即采用差值不大的两种模数计算齿轮几何尺寸，一般情况下，用小模数计算齿高，用大模数计算分度圆直径与齿厚等，其他尺寸可相应求得。

双径节齿轮，其概念与齿轮几何尺寸的计算方法与双模数制齿轮相同。

2 渐开线圆柱齿轮传动的参数选择

通过合理的齿轮参数设计，可以降低齿轮噪声，提高齿轮的强度和寿命，也可以减小齿轮箱的体积，从而达到理想的经济效益。合理的参数选择，还可以改善齿轮加工的可行性和经济性。因此，齿轮参数的选择对齿轮的生产与使用都显得尤为重要。需要设计的主要齿轮参数包括：中心距、齿数比、基本齿条齿廓（包括压力角）、模数、齿数、分度圆螺旋角、变位系数和齿宽等。除此以外，对齿轮性能有重要影响的因素还有：齿轮精度、齿轮材料、热处理和加工方法。设计时，也会根据期望的齿轮性能评价参数来设计齿轮参数，如：根据重合度设计齿顶高系数，根据滑动率来分配变位系数等。

为了更经济，设计时期望齿轮更小一点；为了安全性，又期望轮齿更强壮一些，尺寸也会更大一些。直齿轮便于制造，对于高速齿轮，噪声会大一些；斜齿轮在相同的情况下，噪声会比直齿轮更小，但制造可能会麻烦些，产生轴向力，也使轴承更加贵一些。

“当发生疑问时，压力角应取为20°。”这个公理，在齿轮制造者和使用者之间是熟知的，但由此也不会把你引入歧途。可是，对于特定的齿轮设计来说，它不是最佳的解。

由此可见，齿轮的各个参数是密切相关和相互制约的，很难说某一个参数取一个定值就是最佳值。通常选取参数时，都是在寻找一种经过平衡的、能够满足使用和经济性需求的齿轮参数的组合。渐开线圆柱齿轮传动的参数选择如表15-1-6所示。

表15-1-6

项目	代号	选择原则和数值
中心距	a	1. 较大的中心距,可以获得更大的模数、更多的齿数,齿轮啮合性能可以得到提升,但同时也增加了体积,提高了成本。因此,在设计中,在能满足使用要求的前提下,应尽可能取较小的中心距 2. 中心距的初选可参照8.3.1齿面接触强度
齿数比与传动比	u	1. $u=\frac{z_2}{z_1}=\frac{n_1}{n_2}$,按转速比的要求选取 2. 一般的齿数比范围是 外啮合:直齿轮1~10,斜齿轮(或人字齿轮)1~15;硬齿面1~6.3;内啮合:直齿轮1.5~10,斜齿轮(或人字齿轮)2~15;常用1.5~5;螺旋齿轮:1~10 3. 总传动比在传动装置各级的分配,在高速级(转矩较小)选择较大的传动比通常比较经济。对于常用的传动装置 单级:总传动比i至6(有时至8,极限达18); 双级:总传动比i至35(有时至45,极限达60); 三级:总传动比i至150(有时至200,极限达300) 4. 对于增速传动则大致为i的倒数值

续表

项目		代号	选择原则和数值
基本齿条齿廓	压力角	α_P	1. 一般取标准值 $\alpha_P=20°$,当发生疑问时,压力角取为 20° 2. 对于重载齿轮传动,有时优先采用 $\alpha_P=22.5°$或 25°,国外,也有采用 $\alpha_P=24°$;对于航空齿轮,可以取 $\alpha_P=28°$或 30° 3. 为获得较大的端面重合度,可取较小的压力角,14.5°或 15°,可以配合“高齿啮合”一同使用 4. 对于 $\alpha_P>20°$的齿轮特性: 1)齿根厚度和渐开线部分的曲率半径较大,过渡曲线的长度、过渡曲线的曲率半径和齿顶圆的齿厚较小。而且应力集中系数较大,但其齿根强度大,齿面强度也增大 2)齿数越少则齿根强度越大 3)齿形曲线在节点处的综合曲率半径随齿数比的增大而显著地增大 4)增大齿数比,则啮合角就能增大,因此,可使齿面应力和齿根应力减小 5)法向压力角在 18°~24°之间,如果在此范围内取大的压力角,则端面重合度就急剧地减小 6)不根切的标准齿轮的最小齿数随压力角的增大而减少,$h_{FfP}=1$,当 α_P 从 14.5°变到 30°时,其最小不根切齿数从 32 变到 8,为原来的四分之一 7)齿轮装置的尺寸和传递的扭矩相同时,加于齿轮上的径向载荷与轮齿上的法向载荷将增加 8)因为齿面的滑动速度减小,所以不易发生胶合 9)齿槽振摆相同时,由于齿的侧隙增大,所以在要求高精度转角的齿轮中,推荐采用 $\alpha_P<20°$(例如齿轮机床分度机构的齿轮) 10)齿圈的刚度对承载能力的影响较大。压力角增大,则齿的刚度也增大,所以,有必要通过减小齿圈的刚度来补偿 11)在斜齿轮中,由于接触线总长度减小,所以为了不降低承载能力,不推荐采用 $\alpha_P>25°$ 12)因为齿顶厚减小,故正变位的范围缩小了 13)啮合角相等时,大压力角的标准齿轮也比 $\alpha_P=20°$而啮合角相等的正变位齿轮的传动装置尺寸(中心距)要小 5. 对于 $\alpha_P<20°$的齿轮特性: 1)如果减小压力角,则轮齿的刚度减小,啮合开始和终止时的动载荷亦减小,因此,一般认为如果减小压力角,则由误差引起的载荷变动就可能减小。可以达到减小噪声的效果 2)如果精度高,压力角小的齿轮,其齿根强度也未必小 6. 端面压力角和法向压力角换算关系为:$\tan\alpha_t=\dfrac{\tan\alpha_n}{\cos\beta}$
基本齿条齿廓	齿顶高系数	h_{aP}^*	1. 一般取标准值 $h_{aP}^*=1$,可以根据渐开线圆柱齿轮的基本齿廓标准选取 2. 对于期望得到较大端面重合度的齿轮(高齿啮合),可取 1.2,甚至更高,需注意齿顶变尖与齿面滑动速度较高产生的胶合风险 3. 为避免齿顶干涉或其他原因,可以采用短齿高 0.8(或 0.9) 4. 近年来,高齿啮合使用范围越来越广,短齿制使用较少 5. 端面齿顶高系数和法向齿顶高系数的换算关系为:$h_{at}^*=h_{an}^*\cos\beta$
	顶隙系数	c_P^*	1. 一般取标准值 $c_P^*=0.25$,可以根据渐开线圆柱齿轮的基本齿廓标准选取 2. 对渗碳淬火磨齿的齿轮取 0.4($\alpha_P=20°$),0.35($\alpha_P=25°$) 3. 端面顶隙系数和法向顶隙系数的换算关系为:$c_t^*=c_n^*\cos\beta$
	齿根圆角系数	ρ_{fP}^*	1. 一般取标准值 $\rho_{fP}^*=0.38$ 或 0.25 等值,可以根据渐开线圆柱齿轮的基本齿廓标准选取 2. 齿根圆角对应于刀具的齿顶圆角,刀具齿顶加工齿轮时将产生齿根过渡曲线,齿根过渡曲线对齿轮的弯曲强度有着重要的影响,为取得更好的弯曲强度,通常尽可能地取较大的齿根圆角系数,甚至是齿根为全圆弧 3. 过大的齿根圆角系数会导致有效的渐开线段减少,造成重合度降低,甚至是产生啮合干涉,此时应适当减小齿根圆角系数

续表

项目	代号	选择原则和数值
模数	m	1. 模数 m（或 m_n）由强度计算或结构设计确定，并应按表 15-1-5 选取标准值 2. 在强度和结构允许的条件下，应选取较小的模数 3. 对软齿面（HB≤350）外啮合的闭式传动，可按下式初选模数 m（或 m_n）： $$m=(0.007\sim0.02)a$$ 当中心距较大、载荷平稳、转速较高时，可取小值；否则取大值 对硬齿面（HB>350）的外啮合闭式传动，可按下式初选模数 m（或 m_n）： $$m=(0.016\sim0.0315)a$$ 高速、连续运转、过载较小时，取小值；中速、过载大、短时间歇运转时，取大值 4. 在一般动力传动中，模数 m（或 m_n）不应小于 2mm 5. 在分度圆直径相同的情况下，对于高精度齿轮，模数越大，噪声越小。但是，在低精度齿轮或载荷较大时，由于轮齿变形使有效误差增大，则得出相反的结果。这是因为模数大的齿轮，啮合开始时从动齿轮齿顶的尖角冲击主动齿轮齿根的速度大的缘故 6. 当中心距和传动比给定后，模数和齿数成反比关系，具体影响可查看齿数第 6 条 7. 端面模数和法向模数的换算关系为：$m_t=\dfrac{m_n}{\cos\beta}$
齿数	z	1. 当中心距（或分度圆直径）一定时，应选用较多的齿数，可以提高重合度，使传动平稳，减小噪声；模数的减小，还可以减小齿轮重量和切削量，提高抗胶合性能 2. 选择齿数时，应保证齿数 z 大于发生根切的最少齿数 z_{min}，对内啮合齿轮传动还要避免干涉（见表 15-1-17） 3. 当中心距 a（或分度圆直径 d_1）、模数 m、螺旋角 β 确定之后，可以按 $z_1=\dfrac{2\alpha\cos\beta}{m_n(u\pm1)}$（外啮合用+，内啮合用-）计算齿数，若算得的值为小数，应予圆整，并按 $\cos\beta=\dfrac{z_1m_n(u\pm1)}{2a}$ 最终确定 β 4. 在满足传动要求的前提下，应尽量使 z_1、z_2 互质，以便分散和消除齿轮制造误差对传动的影响 5. 当齿数 $z_2>100$ 时，为便于加工，应尽量使 z_2 不是质数 6. 当中心距和传动比给定后，传动装置的承载能力和工作特性将随齿数的增长作如下的变化： 1）齿根承载能力下降（模数及齿厚变小） 2）点蚀承载能力（赫兹压力）大致保持不变（啮合角变化很小） 3）抗胶合承载能力增加（齿顶与齿根处的滑动速度变小） 4）噪声与振动特性改善（从总体上看）
分度圆螺旋角	β	1. 增大螺旋角 β，可以增大纵向重合度 ε_β，使传动平稳，但轴向力随之增大（指斜齿轮），一般斜齿轮：$\beta=8°\sim20°$；人字齿轮：$\beta=20°\sim40°$ 小功率、高速取小值；大功率、低速取大值 2. 可适当选取 β，使中心距 a 具有圆整的数值 3. 外啮合：$\beta_1=\beta_2$，旋向相反 内啮合：$\beta_1=\beta_2$，旋向相同 4. 用插齿刀切制的斜齿轮应选用标准刀具的螺旋角 螺旋齿轮：可根据需要确定 β_1 和 β_2 5. 在多级工业用传动装置中经常如下选择 第一级（高速级）：螺旋角 β 为 $10°\sim15°$（高速级对噪声级有决定性的影响，但圆周力小，因此轴承的轴向力也小） 第二级：螺旋角 β 为 $8°\sim12°$ 第三级（低速级）：采用直齿（噪声成分减小，轮齿啮合频率低，但圆周力变大，若用斜齿将产生较大的轴向力） 6. 在轿车齿轮中，经常取螺旋角 β 为 30°左右 7. 界限：$v\approx20$m/s 以下时，纵向重合度 $\varepsilon_\beta>1.0(0.9)$，总重合度 $\varepsilon_\gamma=\varepsilon_\alpha+\varepsilon_\beta\geqslant2.2$，这里要注意齿顶倒棱对 ε_α 的影响；当 $v\approx40$m/s 以上时，重合系数 $\varepsilon_\beta>1.2$，$\varepsilon_\gamma>2.6$；当圆周速度较高时，较小的螺旋角将导致润滑油从齿间的挤出速度加剧（这意味着发热加剧！） 8. 螺旋方向应选择使受径向力较小的轴承来承受轴向力。当一根轴上有 2 个齿轮时，有可能使轴向力平衡

续表

项目	代号	选择原则和数值
变位系数	x	可参照第3节变位齿轮传动和变位系数的选择
齿宽	b	1. 为取得比较合理的经济性，总是尽量采用较大的 b/d_1 值（d_1 为小齿轮的分度圆直径）。但是和窄齿轮相比，齰轮（小齿轮）越宽，b/d_1 愈大，沿齿宽方向的载荷分布受啮合误差和变形的影响就愈大 2. 在功率传动装置中应给定一最小齿宽，以保证齿轮在轴向具有足够的刚度，在斜齿啮合时则具有所需要的纵向重合度（见表15-1-9）； 3. b/d_1 概略值可见表15-1-7 4. 参数 b/a 用于具有给定中心距的标准组合传动装置。表15-1-8列出了有关的概略值，并给出了与 b/d_1 的关系。如果规定表15-1-7中列出的 b/d_1 值不得超过，则将某一传动级里的传动比压缩得愈小，该级的 b/a 值也就可能愈大。因此在一定的情况下，可以在具有较小分传动比的第二级中选用比第一级大的 b/a 值

表15-1-6提供的推荐意见很多是通过实验获得的，在某一个实验条件改变的情况下，往往会得到截然相反的结论，故上述推荐经验需结合具体的齿轮设计因素，进行综合权衡使用。

表15-1-7　　固定于刚性基础的圆柱齿轮传动 b/d_1 的最大值

两侧对称支承	正火（HB≤180）	$b/d_1 \leq 1.6$
	调质（HB≥200）	$b/d_1 \leq 1.4$
	渗碳或表面淬火	$b/d_1 \leq 1.1$
	氮化	$b/d_1 \leq 0.8$
	双斜齿啮合	$b/d_1 \leq$ 上述 b/d_1 值的1.8倍
两侧非对称支承	齰轮与大齿轮尺寸相差较大	对称支承的80%
	齰轮与大齿轮尺寸相同	对称支承的120%
自由支承，悬臂支承		对称支承的50%

注：钢制轻型结构取上述值的约60%，齿向修形齿轮齿宽可取较大值。

表15-1-8　　标准组合传动装置的 b/a 的最大值及其相应的 b/d_1

固定的传动装置在刚性地基上
调质：$b/a=0.5$（极限0.7）
渗碳或表面淬火：$b/a=0.4$（极限0.5）
氮化：$b/a=0.3$（极限0.45）
在钢架基础上的轻型结构
约该 b/a 值的60%

b/a 及齿数比[①] u 对 b/d_1 的影响
$b/d_1=(b/a)(u+1)/2$

u	b/a				
	0.3	0.4	0.5	0.6	0.7
1	0.3	0.4	0.5	0.6	0.7
2				0.9	1.05
2.5					1.22 例：最大 $b/d_1 \approx 1.2$
3	0.6	0.8	1.0	1.2	1.4
4			1.25	1.5	
5	0.9	1.2	1.5		每一级可能接受的最大传动比
6	1.05	1.4			
7	1.2	1.6			

① 在减速传动中：齿数比 u = 传动比 i。

第 15 篇

表 15-1-9 最小齿轮 b

啮合方式	直齿啮合	斜齿啮合
轮齿轴向刚度 齿轮轴向刚度	$b>6m$ $b>d_{a2}/12$	$b>6m_n$ $b>d_{a2}(1+\tan\beta)/12$

3 变位齿轮传动和变位系数的选择

3.1 齿轮变位的定义

（1）我国现行标准

我国于 2010 年颁布 GB/T 3374.1—2010《齿轮 术语和定义 第 1 部分：几何学定义》，等同采用 ISO 1122-1：1998，部分替代 GB/T 3374—1992。

以下两条定义摘自 GB/T 3374.1—2010：

① 3.1.8.6 齿廓变位量（profile shift）

当齿轮与齿条紧密贴合，即齿轮的一个轮齿的两侧齿面与基本齿条齿槽的两侧齿面相切时，齿轮的分度圆柱面与基本齿条的基准平面之间沿公垂线度量的距离（图 15-1-8）。

注 1：通常，当基准平面与分度圆柱面分离时，变位量取正值；基准平面与分度圆柱面相割时，取负值。

注 2：这个定义对内、外齿轮均适用。对于内齿轮齿廓是指齿槽的两侧齿廓。

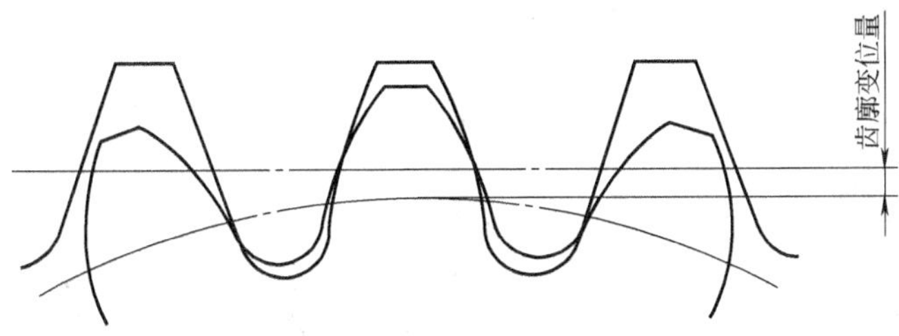

图 15-1-8 齿廓变位量

② 3.1.8.8 齿廓变位系数（profile shift coefficient）

齿廓变位量（mm）除以法向模数所得到的商为齿廓变位系数。

GB/T 3374.1—2010 对比 GB/T 3374—1992 有以下变化：

a. 变位系数（modification coefficients）改为齿廓变位系数（profile shift coefficient）；

b. 变位量（径向变位量）［addendum modification（for external gears），dedendum modification（for internal gears）］统一改为齿廓变位量（profile shift）。

（2）各标准齿廓变位系数的符号规定

在此处，以我国现行标准为基准，来说明各标准在齿廓变位系数符号定义的不同，详见表 15-1-10。

表 15-1-10

标准代号	外齿	内齿	齿廓变位系数符号规定摘录
ISO 1122-1:1998	相同	相同	2.1.8.6 profile shift distance measured along a common normal Between the reference cylinder of the gear and the datum plane of the basic rack, when the rack and the gear are superposed so that the flanks of a tooth of one are tangent to those of the other. NOTES 1 By convention, the profile shift is positive when the datum plane is external to the cylinder and negative when it cuts it. 2 This definition is valid for both external and internal gears. For internal gears, tooth profiles are considered to be those of the tooth spaces.

续表

标准代号	外齿	内齿	齿廓变位系数符号规定摘录
ISO 1122-1:1998 /Cor. 1:1999 技术勘误 1	相同	相反	Page 40, definition 2.1.8.6 Replace notes 1 and 2 with the following: NOTES 1　For external gears, the profile shift is positive if the datum line of the basic rack is shifted away from the axis of the gear. For internal gears, the profile shift is positive if the datum line of the basic rack is shifted towards the axis of the gear. Consequently, the nominal tooth thickness increases in both cases. 2　For internal gears, tooth profiles are considered as being those of the tooth spaces.
ISO 21771：2007	相同	相反	4.2.9 Profile shift, profile shift coefficient and sign of profile shift Positive profile shift increases the tooth thickness on the reference cylinder.
DIN 3960—1987	相同	相反	3. 5. 4 An addendum modification is positive: if the datum line is displaced from the reference circle towards the tip circle; as a result, the tooth thickness in the reference circle is greater than for zero addendum modification. negative: if the datum line is displaced from the reference circle towards the root circle; as a result, the tooth thickness in the reference circle is smaller than with zero addendum modification.
AGMA 913-A98	相同	相同	3.6 Profile shift Profile shift, y, can be either plus or minus depending on whether the profile shift is to the outside or to the inside of the reference diameter.

通过表 15-1-10 可以清楚地了解到世界主要标准对于变位系数符号的规定，值得注意的是 ISO 1122-1：1998/Cor. 1：1999 技术勘误 1 修改了 ISO 1122-1：1998 规定的变位系数的符号。用户在采用不同的标准进行计算时，需注意变位系数符号规定的不同。

ISO 21771：2007 及 DIN 3960—1987 外齿轮和内齿轮变位系数如图 15-1-9 和图 15-1-10 所示。

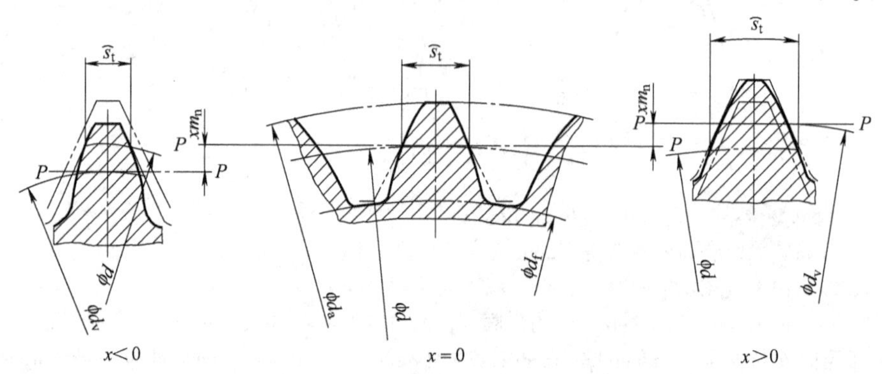

(a) 外齿轮（⌒代表弧长，P — P为基本齿条基准线）

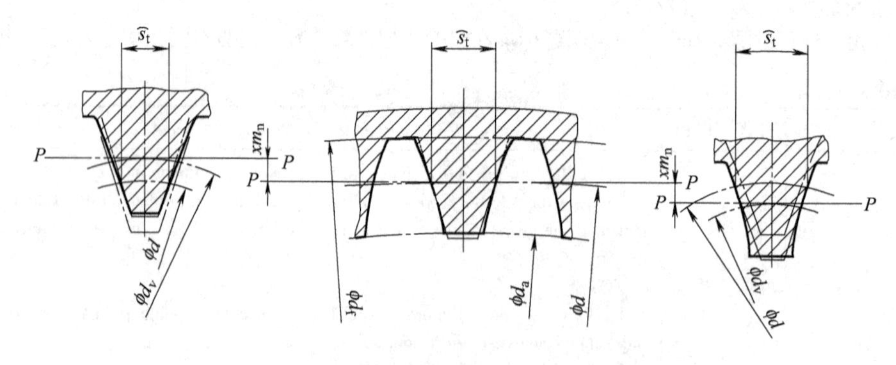

(b) 内齿轮（⌒代表弧长，P — P为基本齿条基准线）

图 15-1-9　ISO 21771：2007 外齿轮和内齿轮变位系数

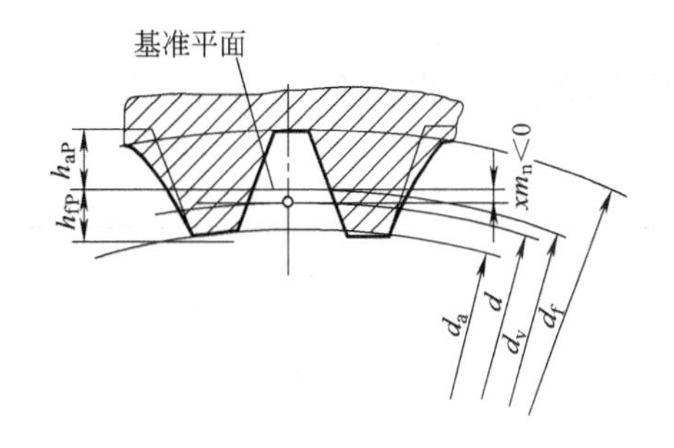

DIN外齿轮，正负变位的规定　　DIN内齿轮，正负变位的规定

图 15-1-10　DIN 3960—1987 外齿轮和内齿轮变位系数

3.2　变位齿轮原理

用展成法加工渐开线齿轮时，当齿条刀的基准线与齿轮坯的分度圆相切时，则加工出来的齿轮为标准齿轮；当齿条刀的基准线与轮坯的分度圆不相切时，则加工出来的齿轮为变位齿轮，如图 15-1-11 和图 15-1-12 所示。刀具的基准线和轮坯的分度圆之间的距离称为变位量，用 xm 表示，x 称为变位系数。当刀具离开轮坯中心时（如图 15-1-11），x 取正值（称为正变位）；反之（如图 15-1-12）x 取负值（称为负变位）。

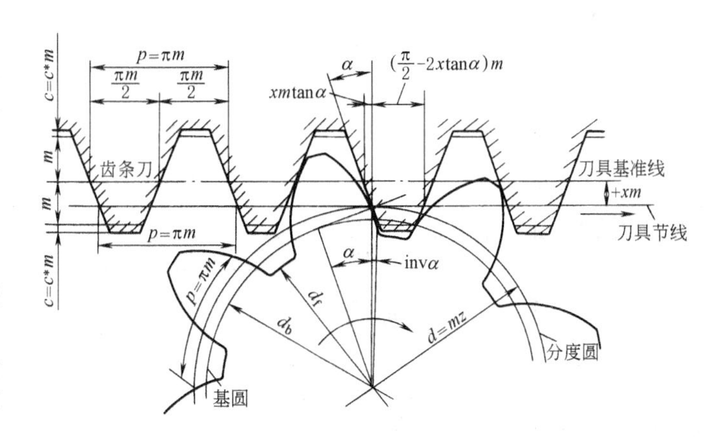

图 15-1-11　用齿条型刀具滚切变位外齿轮

对斜齿轮，端面变位系数和法向变位系数之间的关系为：$x_t=x_n\cos\beta$。

齿轮经变位后，其齿形与标准齿轮同属一条渐开线，但其应用的区段却不相同（见图 15-1-13）。利用这一特点，通过选择变位系数 x，可以得到有利的渐开线区段，使齿轮传动性能得到改善。应用变位齿轮可以避免根切，提高齿面接触强度和齿根弯曲强度，提高齿面的抗胶合能力和耐磨损性能，此外变位齿轮还可用于配凑中心距和修复被磨损的旧齿轮。

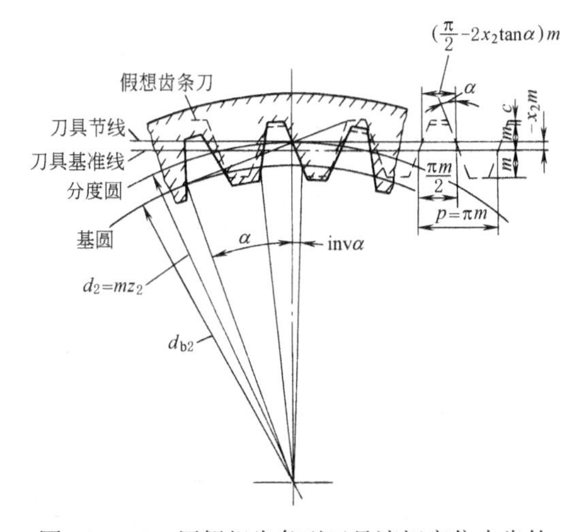

图 15-1-12　用假想齿条型刀具滚切变位内齿轮

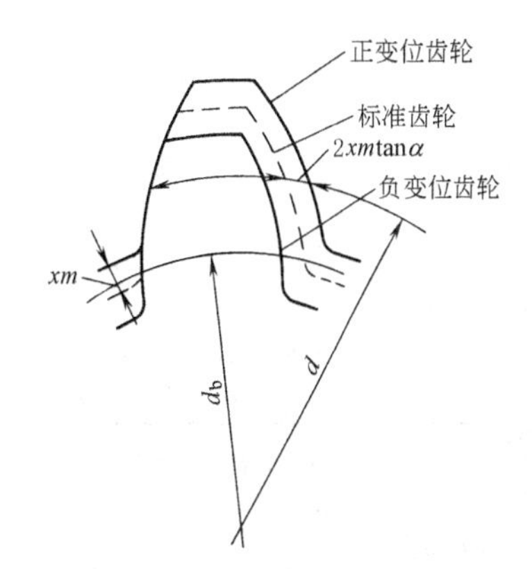

图 15-1-13　变位齿轮的齿廓

3.3　变位齿轮传动的分类和特点

表 15-1-11

名称 \ 传动类型		标准齿轮传动 $x_{n1}=x_{n2}=0$	变位齿轮传动：高变位 $x_{n2}\pm x_{n1}=0$ （$x_{n1}\neq 0$）	变位齿轮传动：角变位 $x_{n2}\pm x_{n1}\neq 0$：正传动 $x_{n2}\pm x_{n1}>0$	变位齿轮传动：角变位 $x_{n2}\pm x_{n1}\neq 0$：负传动 $x_{n2}\pm x_{n1}<0$
		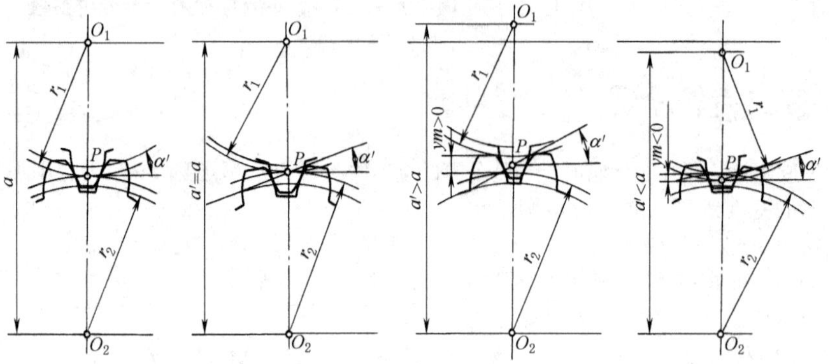 (a) $x_{n1}=x_{n2}=0$	(b) $x_{n1}\pm x_{n2}=0$	(c) $x_{n2}\pm x_{n1}>0$	(d) $x_{n2}\pm x_{n1}<0$
主要几何尺寸	分度圆直径	$d=m_tz$	不　变		
	基圆直径	$d_b=d\cos\alpha_t$	不　变		
	齿距	$p_t=\pi m_t$	不　变		
	啮合角	$\alpha_t'=\alpha_t$	不　变	增　大	减　小
	节圆直径	$d'=d$	不　变	增　大	减　小
	中心距	$a=\frac{1}{2}m_t(z_2\pm z_1)$	不　变	增　大	减　小
	分度圆齿厚	$s_t=\frac{1}{2}\pi m_t$	外齿轮：正变位，增大；负变位，减小 内齿轮：正变位，减小；负变位，增大		
	齿顶圆齿厚	$s_{at}=d_a\left(\frac{\pi}{2z}\pm\text{inv}\alpha_t\mp\text{inv}\alpha_{at}\right)$	正变位，减小；负变位，增大		
	齿根圆齿厚	$s_{ft}=d_f\left(\frac{\pi}{2z}\pm\text{inv}\alpha_t\mp\text{inv}\alpha_{ft}\right)$	正变位，增大；负变位，减小		
	齿顶高	$h_a=h_{an}^*m_n$ （内齿轮应减去 $\Delta h_{an}^*m_n$）	外齿轮：正变位，增大（一般情况）；负变位，减小 内齿轮：正变位，减小（一般情况）；负变位，增大		
	齿根高	$h_f=(h_{an}^*+c_n^*)m_n$	外齿轮：正变位，减小；负变位，增大 内齿轮：正变位，增大；负变位，减小		
	齿高	$h=h_a+h_f$	不变(不计入内齿轮为避免过渡曲线干涉而将齿顶高减小的部分变化)	外啮合：略减 内啮合：略增}（保证和标准齿轮传动同样顶隙时）	
传动质量指标	端面重合度 ε_α	对 $\alpha=20°$，$h_a^*=1$ 的直齿轮： 外啮合：$1.4<\varepsilon_\alpha<2$ 内啮合：$1.7<\varepsilon_\alpha<2.2$ 对斜齿轮 ε_α 低于上述值	略　减	减　少	增　加
	滑动率 η	小齿轮齿根有较大的 $\eta_{1\max}$	$\eta_{1\max}$减小，且可使 $\eta_{1\max}=\eta_{2\max}$		$\eta_{1\max}$和$\eta_{2\max}$都增大
	几何压力系数 ψ	小齿轮齿根有较大的 $\psi_{1\max}$	$\psi_{1\max}$减小，且可使 $\psi_{1\max}=\psi_{2\max}$		$\psi_{1\max}$和$\psi_{2\max}$都增大

续表

名称 \ 传动类型	标准齿轮传动 $x_{n1}=x_{n2}=0$	变位齿轮传动		
		高变位 $x_{n2}\pm x_{n1}=0$ ($x_{n1}\neq 0$)	角变位 $x_{n2}\pm x_{n1}\neq 0$	
			正传动 $x_{n2}\pm x_{n1}>0$	负传动 $x_{n2}\pm x_{n1}<0$
名称	(a) $x_{n1}=x_{n2}=0$	(b) $x_{n1}\pm x_{n2}=0$	(c) $x_{n2}\pm x_{n1}>0$	(d) $x_{n2}\pm x_{n1}<0$
对强度的影响 接触强度		只有当节点处于双齿对啮合区时，才能提高接触强度	对直齿轮，承载能力近似与 $\sin 2\alpha'/\sin 2\alpha$ 成正比，因此接触强度随着 x_Σ 的增加而提高；当节点位于双齿对啮合区时，对接触强度更为有利。但是增加 x_Σ 对接触强度的有益影响将因 ε_α 的降低而有所抵消，这对斜齿轮更为显著	
对强度的影响 弯曲强度		对外齿轮，当齿数少时，弯曲强度随变位系数的增加而提高；当齿数多时，变位对强度的影响不显著；对高精度齿轮，当增大变位系数时，由于重合度的降低，削弱了变位对提高强度的作用		
齿数限制	$z_1>z_{min}$，$z_2>z_{min}$	$z_1+z_2\geqslant 2z_{min}$	z_1+z_2 可以 $<2z_{min}$	$z_1+z_2>2z_{min}$
效率		提　高		降　低
互换性	较　大	较　小		
应用	广泛用于各种传动中	1. 用于结构紧凑，要求与标准齿轮的中心距相同的传动中 2. 为不过多地降低大齿轮（负变位）的强度和避免根切，多用于 $z_2\pm z_1$ 较大的场合 3. 用于希望提高齿轮强度，均衡大小齿轮的弯曲强度和滑动率，而又不希望 ε_α 下降很多的场合	1. 多用于结构紧凑，$z_2\pm z_1$ 比较小的场合 2. 用于希望提高并均衡大小齿轮的强度和滑动率，而又允许 ε_α 降低的传动 3. 用于配凑中心距 4. 对斜齿轮一般仅用于配凑中心距	应用较少，一般仅用于配凑中心距或要求具有较大的 ε_α 的场合

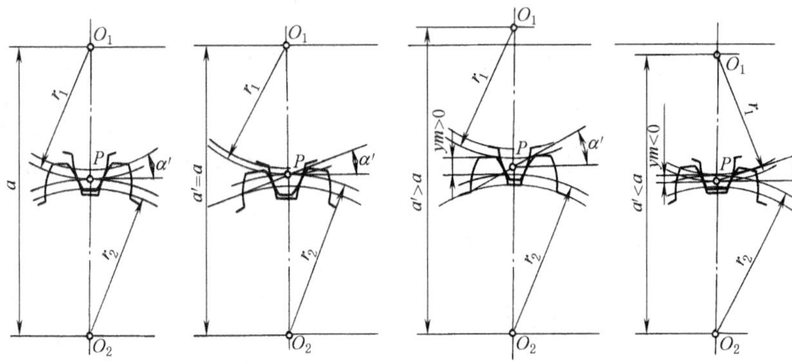

注：1. 有“±”或“∓”号处，上面的符号用于外啮合；下面的符号用于内啮合。

2. 对直齿轮，应将表中的代号去掉下角 t 或 n。

3.4 选择外啮合齿轮变位系数的限制条件

表 15-1-12

限制条件	校验公式	说明
加工时不根切	1. 用齿条型刀具加工时 $z_{min}=2h_a^*/\sin^2\alpha$ （见表 15-1-13） $x_{min}=h_a^*\dfrac{z_{min}-z}{z_{min}}=h_a^*-\dfrac{z\sin^2\alpha}{2}$ （见表 15-1-13） 2. 用插齿刀加工时 $z'_{min}=\sqrt{z_0^2+\dfrac{4h_{a0}^*}{\sin^2\alpha}(z_0+h_{a0}^*)}-z_0$ （见表 15-1-14） $x_{min}=\dfrac{1}{2}\left[\sqrt{(z_0+2h_{a0}^*)^2+(z^2+2zz_0)\cos^2\alpha}-(z_0+z)\right]$ （见表 15-1-13）	齿数太少（$z<z_{min}$）或变位系数太小（$x<x_{min}$）或负变位系数过大时，都会产生根切 h_a^*——齿轮的齿顶高系数 z——被加工齿轮的齿数 α——插齿刀或齿轮的分度圆压力角 z_0——插齿刀齿数 h_{a0}^*——插齿刀的齿顶高系数
加工时不顶切	用插齿刀加工标准齿轮时 $z_{max}=\dfrac{z_0^2\sin^2\alpha-4h_a^{*2}}{4h_a^*-2z_0\sin^2\alpha}$ （见表 15-1-15）	当被加工齿轮的齿顶圆超过刀具的极限啮合点时，将产生"顶切"
齿顶不过薄	$s_a=d_a\left(\dfrac{\pi}{2z}+\dfrac{2x\tan\alpha}{z}+\text{inv}\alpha-\text{inv}\alpha_a\right)\geqslant(0.25\sim0.4)m$ 一般要求齿顶厚 $s_a\geqslant0.25m$ 对于表面淬火的齿轮，要求 $s_a>0.4m$	正变位的变位系数过大（特别是齿数较少）时，就可能发生齿顶过薄 d_a——齿轮的齿顶圆直径 α——齿轮的分度圆压力角 α_a——齿轮的齿顶压力角 $\alpha_a=\arccos(d_b/d_a)$
保证一定的重合度	$\varepsilon_\alpha=\dfrac{1}{2\pi}[z_1(\tan\alpha_{a1}-\tan\alpha')+z_2(\tan\alpha_{a2}-\tan\alpha')]\geqslant1.2$ （$\alpha=20°$时，可用图 15-1-5 校验）	变位齿轮传动的重合度 ε，却随着啮合角 α' 的增大而减小 α'——齿轮传动的啮合角 α_{a1},α_{a2}——齿轮 z_1 和齿轮 z_2 的齿顶压力角
不产生过渡曲线干涉	1. 用齿条型刀具加工的齿轮啮合时 (1)小齿轮齿根与大齿轮齿顶不产生干涉的条件 $\tan\alpha'-\dfrac{z_2}{z_1}(\tan\alpha_{a2}-\tan\alpha')\geqslant\tan\alpha-\dfrac{4(h_a^*-x_1)}{z_1\sin2\alpha}$ (2)大齿轮齿根与小齿轮齿顶不产生干涉的条件 $\tan\alpha'-\dfrac{z_1}{z_2}(\tan\alpha_{a1}-\tan\alpha')\geqslant\tan\alpha-\dfrac{4(h_a^*-x_2)}{z_2\sin2\alpha}$ 2. 用插齿刀加工的齿轮啮合时 (1)小齿轮齿根与大齿轮齿顶不产生干涉的条件 $\tan\alpha'-\dfrac{z_2}{z_1}(\tan\alpha_{a2}-\tan\alpha')\geqslant\tan\alpha'_{01}-\dfrac{z_0}{z_1}(\tan\alpha_{a0}-\tan\alpha'_{01})$ (2)大齿轮齿根与小齿轮齿顶不产生干涉的条件 $\tan\alpha'-\dfrac{z_1}{z_2}(\tan\alpha_{a1}-\tan\alpha')\geqslant\tan\alpha'_{02}-\dfrac{z_0}{z_2}(\tan\alpha_{a0}-\tan\alpha'_{02})$	当一齿轮的齿顶与另一齿轮根部的过渡曲线接触时，不能保证其传动比为常数，此种情况称为过渡曲线干涉 当所选的变位系数的绝对值过大时，就可能发生这种干涉 用插齿刀加工的齿轮比用齿条型刀具加工的齿轮容易产生这种干涉 α——齿轮 z_1、z_2 的分度圆压力角 α'——该对齿轮的啮合角 α_{a1},α_{a2}——齿轮 z_1、z_2 的齿顶压力角 x_1,x_2——齿轮 z_1、z_2 的变位系数

注：本表给出的是直齿轮的公式，对斜齿轮，可用其端面参数按本表计算。

表 15-1-13　　最少齿数 z_{min} 及最小变位系数 x_{min}

α	20°	20°	14.5°	15°	25°
h_a^*	1	0.8	1	1	1
z_{min}	17	14	32	30	12
x_{min}	$\dfrac{17-z}{17}$	$\dfrac{14-z}{17.5}$	$\dfrac{32-z}{32}$	$\dfrac{30-z}{30}$	$\dfrac{12-z}{12}$

表 15-1-14　加工标准外齿直齿轮不根切的最少齿数

z_0	12~16	17~22	24~30	31~38	40~60	68~100
h_{a0}^*	1.3	1.3	1.3	1.25	1.25	1.25
z'_{min}	16	17	18	18	19	20

注：本表中数值是按 $\alpha=20°$，刀具变位系数 $x_0=0$ 时算出的，若 $x_0>0$，z'_{min} 将略小于表中数值，若 $x_0<0$，z'_{min} 将略大于表中值。

表 15-1-15　不产生顶切的最多齿数

z_0	10	11	12	13	14	15	16	17
z_{max}	5	7	11	16	26	45	101	∞

3.5 外啮合齿轮变位系数的选择

3.5.1 变位系数的选择方法

表 15-1-16

齿轮种类	变位的目的	应用条件	选择变位系数的原则	选择变位系数的方法
直齿轮	避免根切	用于齿数少的齿轮	对不允许削弱齿根强度的齿轮,不能产生根切;对允许削弱齿根强度的齿轮,可以产生少量根切	按选择外啮合齿轮变位系数的限制条件表 15-1-12 中的公式或表 15-1-13和表 15-1-14 进行校验 对可以产生少量根切的齿轮,用下式校验 $x_{min}=\frac{14-z}{17}$
	提高接触强度	多用于软齿面(≤350HB)的齿轮	应适当选择较大的总变位系数 x_Σ,以增大啮合角,加大齿面当量曲率半径,减小齿面接触应力 还可以通过变位,使节点位于双齿对啮合区,以降低节点处的单齿载荷。这种方法对精度为7级以上的重载齿轮尤为适宜	可以根据使用条件按图 15-1-14 选择变位系数
	提高弯曲强度	多用于硬齿面(>350HB)齿轮	应尽量减小齿形系数和齿根应力集中,并尽量使两齿轮的弯曲强度趋于均衡	可以根据使用条件按图 15-1-14 选择变位系数
	提高抗胶合能力	多用于高速、重载齿轮	应选择较大的总变位系数 x_Σ,以减小齿面接触应力,并应使两齿根的最大滑动率相等	可以根据使用条件按图 15-1-14 选择变位系数
	提高耐磨损性能	多用于低速、重载、软齿面齿轮或开式齿轮		
	配凑中心距	中心距给定时	按给定中心距计算总变位系数 x_Σ,然后进行分配	一般情况可按图 15-1-14 分配总变位系数 x_Σ
斜齿轮	斜齿轮的变位系数基本上可以参照直齿轮的选择原则和方法,但使用图表时要用当量齿数 $z_v=z/\cos^3\beta$ 代替 z,所求出的是法向变位系数 x_n。对角变位的斜齿轮传动,当总变位系数增加时,虽然可以增加齿面的当量曲率半径和齿根圆齿厚,但其接触线长度将缩短,故对承载能力的提高没有显著的效果,一般不推荐 $x_{n\Sigma}>0.4$ 的变位			

3.5.2 选择变位系数的线图

图 15-1-14 是由哈尔滨工业大学提出的变位系数选择线图，本线图用于小齿轮齿数 $z_1\geqslant12$。其右侧部分线图的

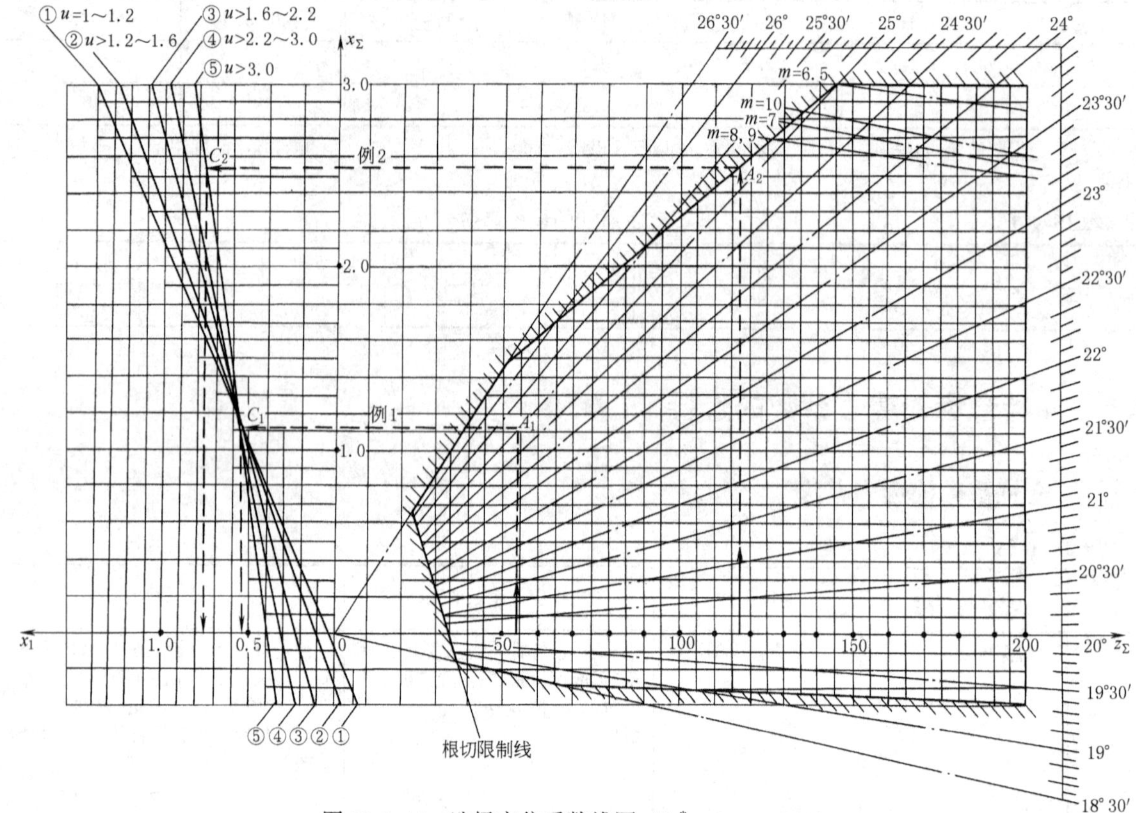

图 15-1-14　选择变位系数线图（$h_a^*=1$，$\alpha=20°$）

横坐标表示一对啮合齿轮的齿数和 z_Σ，纵坐标表示总变位系数 x_Σ，图中阴影线以内为许用区，许用区内各射线为同一啮合角（如 19°，20°，…，24°，25°等）时总变位系数 x_Σ 与齿数和 z_Σ 的函数关系。应用时，可根据所设计的一对齿轮的齿数和 z_Σ 的大小及其他具体要求，在该线图的许用区内选择总变位系数 x_Σ。对于同一 z_Σ，当所选的 x_Σ 越大（即啮合角 α'越大）时，其传动的重合度 ε 就越小（即越接近于 $\varepsilon=1.2$）。

在确定总变位系数 x_Σ 之后，再按照该线图左侧的五条斜线分配变位系数 x_1 和 x_2。该部分线图的纵坐标仍表示总变位系数 x_Σ，而其横坐标则表示小齿轮 z_1 的变位系数 x_1（从坐标原点 0 向左 x_1 为正值，反之 x_1 为负值）。根据 x_Σ 及齿数比 $u=(z_2/z_1)$，即可确定 x_1，从而得 $x_2=x_\Sigma-x_1$。

按此线图选取并分配变位系数，可以保证：

1）齿轮加工时不根切（在根切限制线上选取 x_Σ，也能保证齿廓工作段不根切）；

2）齿顶厚 $s_a>0.4m$（个别情况下 $s_a<0.4m$ 但大于 $0.25m$）；

3）重合度 $\varepsilon\geqslant1.2$（在线图上方边界线上选取 x_Σ，也只有少数情况 $\varepsilon=1.1\sim1.2$）；

4）齿轮啮合不干涉；

5）两齿轮最大滑动率接近或相等（$\eta_1\approx\eta_2$）；

6）在模数限制线（图中 $m=6.5$，$m=7$，…，$m=10$ 等线）下方选取变位系数时，用标准滚刀加工该模数的齿轮不会产生不完全切削现象。该模数限制线是按齿轮刀具“机标（草案）”规定的滚刀长度计算的，若使用旧厂标的滚刀时，可按下式核算滚刀螺纹部分长度 l 是否够用。

$$l\geqslant d_a\sin(\alpha_a-\alpha)+\frac{1}{2}\pi m$$

式中　d_a——被加工齿轮的齿顶圆直径；

α_a——被加工齿轮的齿顶压力角；

α——被加工齿轮的分度圆压力角。

例 1　已知某机床变速箱中的一对齿轮，$z_1=21$，$z_2=33$，$m=2.5$mm，$\alpha=20°$，$h_a^*=1$，中心距 $a'=70$mm，试确定变位系数。

解 （1）根据给定的中心距 a' 求啮合角 α'

$$\cos\alpha'=\frac{m}{2a'}(z_1+z_2)\cos\alpha=\frac{2.5}{2\times70}(21+33)\times0.93969=0.90613$$

∴ $$\alpha'=25°1'25''$$

（2）在图 15-1-14 中，由 0 点按 $\alpha'=25°1'25''$ 作射线，与 $z_\Sigma=z_1+z_2=21+33=54$ 处向上引的垂线相交于 A_1 点，A_1 点的纵坐标值即为所求的总变位系数 x_Σ（见图中例 1，$x_\Sigma=1.125$），A_1 点在线图的许用区内，故可用。

（3）根据齿数比 $u=\frac{z_2}{z_1}=\frac{33}{21}=1.57$，故应按线图左侧的斜线②分配变位系数 x_1。自 A_1 点作水平线与斜线②交于 C_1 点，C_1 点的横坐标 x_1 即为所求的 x_1 值，图中的 $x_1=0.55$。故 $x_2=x_\Sigma-x_1=1.125-0.55=0.575$。

例 2 一对齿轮的齿数 $z_1=17$，$z_2=100$，$\alpha=20°$，$h_a^*=1$，要求尽可能地提高接触强度，试选择变位系数。

解 为提高接触强度，应按最大啮合角选取总变位系数 x_Σ。在图 15-1-14 中，自 $z_\Sigma=z_1+z_2=17+100=117$ 处向上引垂线，与线图的上边界交于 A_2 点，A_2 点处的啮合角值，即为 $z_\Sigma=117$ 时的最大许用啮合角。

A_2 点的纵坐标值即为所求的总变位系数 $x_\Sigma=2.54$（若需圆整中心距，可以适当调整总变位系数）。

由于齿数比 $u=z_2/z_1=100/17=5.9>3.0$，故应按斜线⑤分配变位系数。自 A_2 点作水平线与斜线⑤交于 C_2 点，则 C_2 点的横坐标值即为 x_1，得 $x_1=0.77$。

故 $x_2=x_\Sigma-x_1=2.54-0.77=1.77$。

例 3 已知齿轮的齿数 $z_1=15$，$z_2=28$，$\alpha=20°$，$h_a^*=1$，试确定高度变位系数。

解 高度变位时，啮合角 $\alpha'=\alpha=20°$，总变位系数 $x_\Sigma=x_1+x_2=0$，变位系数 x_1 可按齿数比 u 的大小，由图 15-1-14 左侧的五条斜线与 $x_\Sigma=0$ 的水平线（即横坐标轴）的交点来确定。

齿数比 $u=z_2/z_1=\frac{28}{15}=1.87$，故应按斜线③与横坐标轴的交点来确定 x_1，得

$$x_1=0.23$$

故 $$x_2=x_\Sigma-x_1=0-0.23=-0.23$$

3.5.3 选择变位系数的线图（摘自 DIN 3992 德国标准）

利用图 15-1-15 可以按对承载能力和传动平稳性的不同要求选取变位系数。图 15-1-15 适用于 $z>10$ 的外啮合齿轮。当所选的变位系数落在图 b 或图 c 的阴影区内时，要校验过渡曲线干涉；除此之外，干涉条件已满足，不需要验算。图 b 中的 $L1\sim L17$ 线和图 c 中的 $S1\sim S13$ 线是按两齿轮的齿根强度相等、主动轮齿顶的滑动速度稍大于从动轮齿顶的滑动速度、滑动率不太大的条件，综合考虑做出的。

图 15-1-15 的使用方法如下。

1）按照变位的目的，根据齿数和（z_1+z_2），在图 a 中选出适宜的总变位系数 x_Σ。

2）利用图 b（减速齿轮）或图 c（增速齿轮）分配 x_Σ；按 $\frac{z_1+z_2}{2}$（可直接由图 a 垂直引下）和 $\frac{x_\Sigma}{2}$ 决定坐标点；过该点引与它相邻的 L 线或 S 线相应的射线；过 z_1 和 z_2 做垂线，与所引射线交点的纵坐标即为 x_1 和 x_2。

3）当大齿轮的齿数 $z_2>150$ 时，可按 $z_2=150$ 查线图。

4）斜齿轮按 $z_v=z/\cos^3\beta$ 查线图，求出的是 x_n。

例 1 已知齿轮减速装置，$z_1=32$、$z_2=64$、$m=3$，该装置传递动力较小，要求运转平稳，求其变位系数。

由图 a，按运转平稳的要求，选用重合度较大的 $P2$，按 $z_1+z_2=96$，得出 $x_\Sigma=-0.20$（图中 A 点）。按表 15-1-17 算得 $a=143.39$mm，若把中心距圆整为 $a=143.5$mm，则按表 15-1-17 可算得 $x_\Sigma=-0.164$。由 A 点向下引垂线，在图 b 上找出 $\frac{x_\Sigma}{2}=-0.082$ 的点 B。过 B 点引与 $L9$ 和 $L10$ 相应的射线，由 $z_1=32$，得出 $x_1=0.06$，则 $x_2=x_\Sigma-x_1=-0.224$。由图 15-1-16 查出 $\varepsilon_\alpha=1.79$，可以满足要求。

例 2 已知增速齿轮装置，$z_1=14$、$z_2=37$、$m_n=5$、$\beta=12°$，要求小齿轮不产生根切，且具有良好的综合性能，求其变位系数。

由表 15-1-17 算出 $z_{v1}=15$、$z_{v2}=39.5$。因为要求综合性能比较好，因此选用图 a 中的 $P4$，按 $z_{v1}+z_{v2}=54.5$，求出 $x_{n\Sigma}=0.3$（图中 D 点）。按表 15-1-17 算得 $a=131.79$mm，若把中心距圆整为 $a=132$mm，则按表 15-1-16 可算得 $x_{n\Sigma}=0.345$。过 D 点向下引垂线，在图 c 中找出 $\frac{x_{n\Sigma}}{2}=0.173$ 的点 E。过 E 点引与 $S6$、$S7$ 相应的射线，由 $z_{v2}=39.5$ 得出 $x_{n2}=0.19$，则 $x_{n1}=x_{n\Sigma}-x_{n2}=0.155$。因为由 z_{v1} 和 x_{n1} 确定的点落在不根切线的右侧，所以不产生根切，可以满足要求。

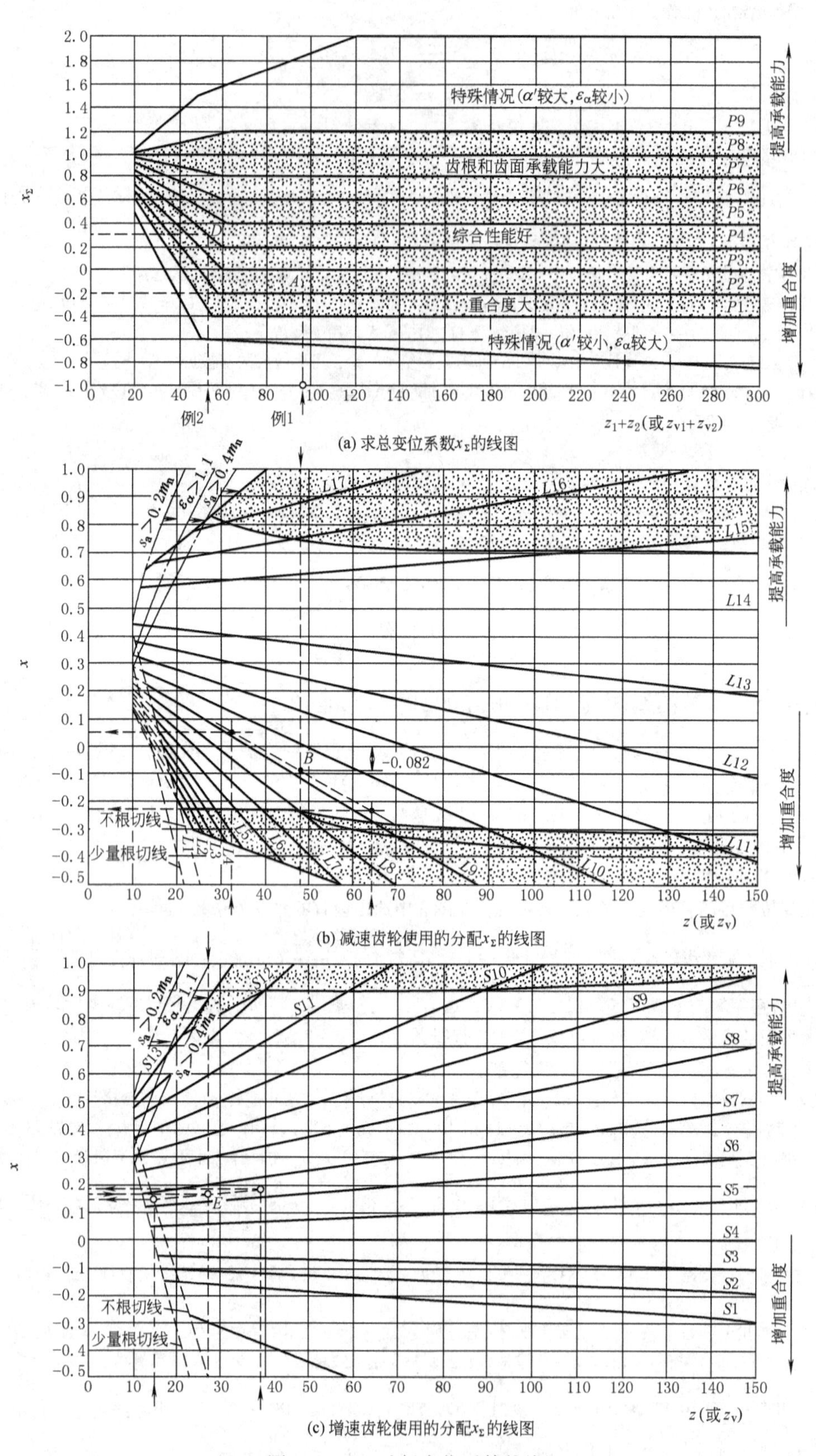

(a) 求总变位系数x_Σ的线图

(b) 减速齿轮使用的分配x_Σ的线图

(c) 增速齿轮使用的分配x_Σ的线图

图 15-1-15 选择变位系数的线图

3.5.4 等滑动率的计算

G. Nimann & H. Winter 在《机械零件》一书中指出，在啮合几何参数中，最重要的影响量为相对滑动速度。因此，在有胶合危险时，应当把齿形选择得使啮合线上的啮出段与啮入段的长度差不多一样长（由于有不利的啮入冲击——推滑，啮合线上啮入段要稍微短一些）。

大部分有关齿轮的手册都有滑动率计算公式，大小齿轮齿顶与对应齿轮啮合位置是滑动率最大的地方，对于高速传动，基本都计算最大滑动率大致相等去分配总变位系数。外啮合的最大滑动率的计算公式如下：

$$\eta_{1\max}=\frac{(z_1+z_2)(\tan\alpha_{\mathrm{at2}}-\tan\alpha_{\mathrm{wt}})}{(z_1+z_2)\tan\alpha_{\mathrm{wt}}-z_2\tan\alpha_{\mathrm{at2}}}$$

$$\eta_{2\max}=\frac{(z_1+z_2)(\tan\alpha_{\mathrm{at1}}-\tan\alpha_{\mathrm{wt}})}{(z_1+z_2)\tan\alpha_{\mathrm{wt}}-z_1\tan\alpha_{\mathrm{at1}}}$$

这组公式只是在现有参数下计算出 $\eta_{1\max}$ 和 $\eta_{2\max}$，想要 $\eta_{1\max}\approx\eta_{2\max}$ 还需要在控制一定需要精度下迭代运算（见等滑动率变位系数分配程序）。美国标准 ANSI/AGMA 913-A98 中，不仅有外啮合的等滑动率的计算，也有内啮合的计算，这样就弥补了内啮合变位分配问题。

这里有几个重要代号，SAP-LPSTC-HPSTC-EAP。

SAP（start of the active profile）——齿廓啮合起始点；

EAP（end of the active profile）——齿廓啮合终止点；

LPSTC（HPSTC）（The lowest and highest point of single-tooth-pair contact）——单对齿啮合的内（外）界点。

AGMA 913-A98 给出了内、外齿轮副等滑动的条件，下面是外啮合的计算（参见图 15-1-16）。

$$\left(\frac{C_6}{C_1}-1\right)\left(\frac{C_6}{C_5}-1\right)=u^2$$

$$C_6=(r_{\mathrm{b1}}+r_{\mathrm{b2}})\tan\alpha_{\mathrm{wt}}=a_{\mathrm{w}}\sin\alpha_{\mathrm{wt}}$$

$$C_1=C_6-\sqrt{r_{\mathrm{a2}}^2-r_{\mathrm{b2}}^2}$$

$$C_5=\sqrt{r_{\mathrm{a1}}^2-r_{\mathrm{b1}}^2}$$

$$C_2=C_5-p_{\mathrm{bt}}$$

$$C_3=r_{\mathrm{b1}}\tan\alpha_{\mathrm{wt}}$$

$$C_4=C_1+p_{\mathrm{bt}}$$

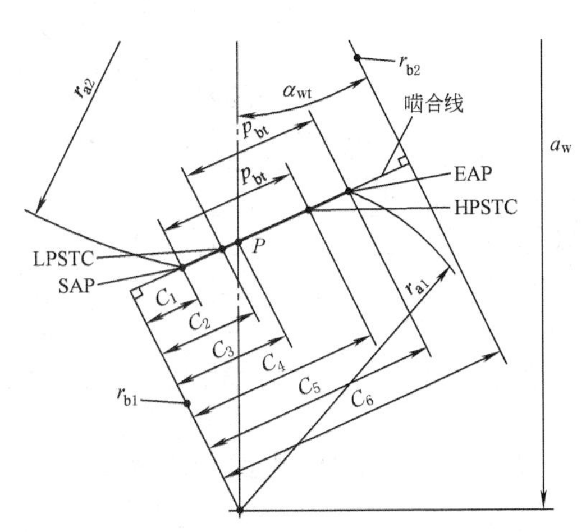

图 15-1-16 AGMA 913-A97 外齿轮副沿啮合线的几个特征点的距离

对 AGMA 913-A98 的算法与本手册增加的等滑动率方法，进行反复对比。结果两者在相同控制精度内是完全一样的（见图 15-1-19）。外啮合确认了就扩展到内啮合。这就补充了国内没有等滑动的内啮合计算方法。

下面就是内啮合的情况（见图 15-1-17）。

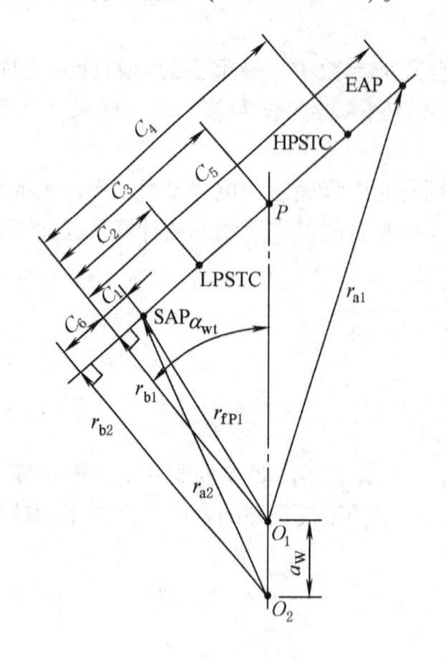

$$\left(\frac{C_6}{C_1}+1\right)\left(\frac{C_6}{C_5}+1\right)=u^2$$

$$C_6=(r_{b2}-r_{b1})\tan\alpha_{wt}=a_w\sin\alpha_{wt}$$

$$C_1=\sqrt{r_{a2}^2-r_{b2}^2}-C_6$$

$$C_5=\sqrt{r_{a1}^2-r_{b1}^2}$$

$$C_2=C_5-p_{bt}$$

$$C_3=r_{b1}\tan\alpha_{wt}$$

$$C_4=C_1+p_{bt}$$

图 15-1-17 AGMA 913-A98 内齿轮副沿啮合线的几个特征点间的距离

经过大量运算，作出图 15-1-18。

每一个 u（z_2/z_1），从总变位−0.4 开始到总变位 3，每次按照 0.05 增量，计算出等滑动率的 x_1，用（$\sum x$，x_1）在图中描绘出一个点，每个 u 由 70 个点连接。连续作出全部规定的数值。

同图 15-1-14 左侧图形比较，图 15-1-18 考虑了如下情况。

1）同样的齿数比 u（z_2/z_1），对于不同的小齿数 z_1，左面曲线密集区位置（如图 15-1-18 中$\sum x$0.8～$\sum x$1.0 之间）有很大变化。图 15-1-18 是按 $z_1=21$ 计算的。

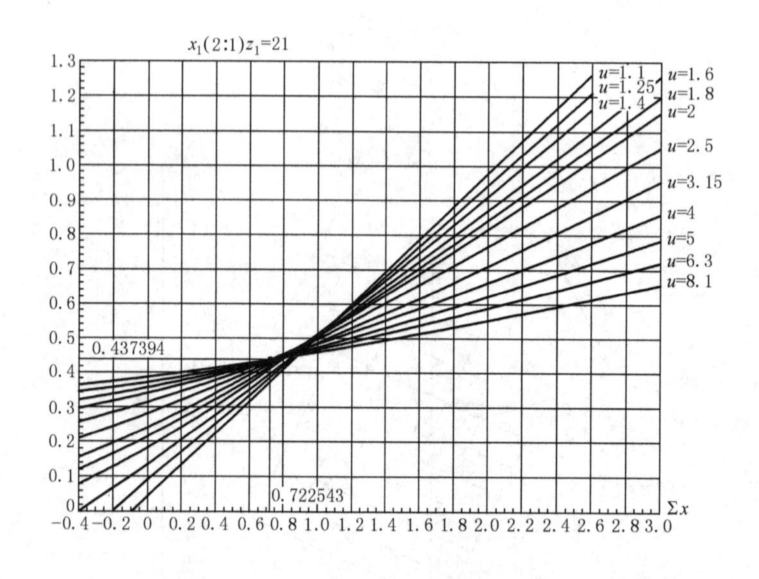

图 15-1-18 小齿轮 $z_1=21$ 对应各种齿数比等滑动率曲线，对于 $z\pm2$ 也适用

2）对于一级（多级也是单个的组合）的 u，规定如下：1.25、1.4、1.6、1.8、2.0、2.24、2.5、2.8、3.15、3.55、4.0、4.5、5.0、5.6、6.3、7.1。

计算过程可以采用全部 u，为了图形清晰有的 u 被忽略了。

按照这个比值，$u\geqslant3$，还有多个组别，图上的 $u=3.15$ 为界限的图形。

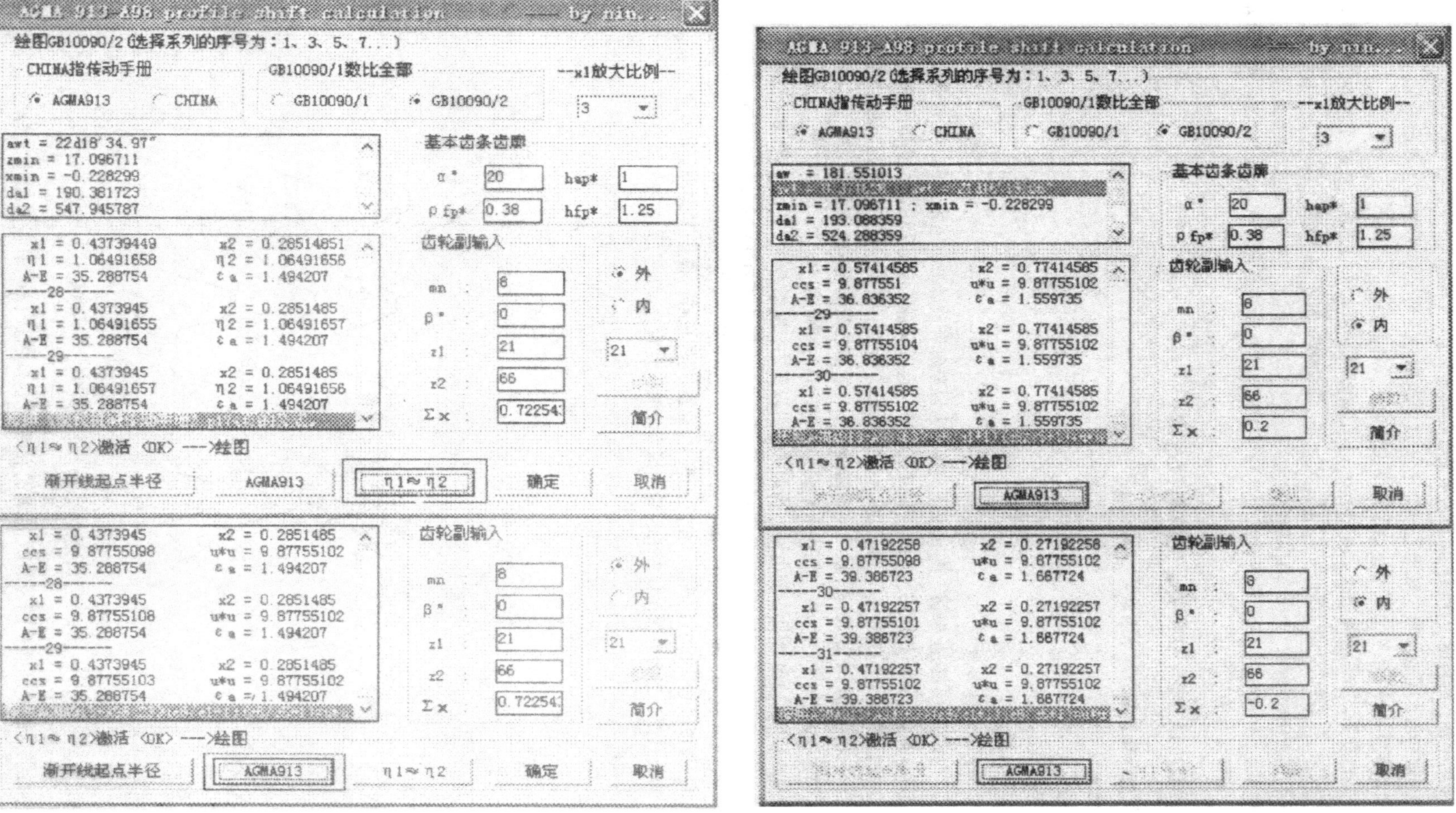

图 15-1-19　外啮合的等滑动率计算与ANSI/AGMA 913-A98 的比较

图 15-1-20　ANSI/AGMA 913-A98 内啮合等滑动率的计算

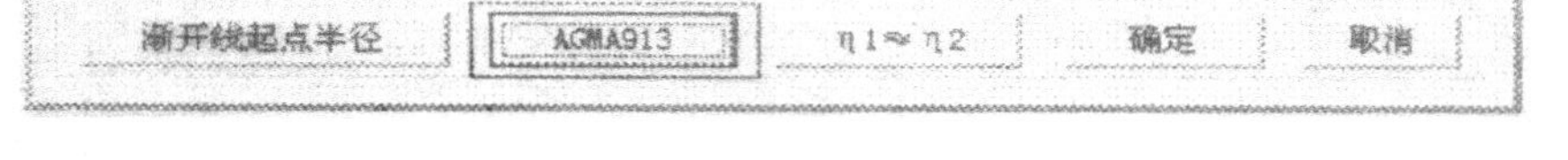

3）x_1 的比例，适当增大比例，可以看得清楚一些。

即便是这样放大了的图形，对于$\sum x=0.5\sim1$ 这个范围，还是很难获得准确的选择点，大多数情况又是这个范围（例如德国西马克就明文规定，这个范围就是他的设计规范）。

为了等滑动系数分配，可以按 $z_1=15\sim40$，每个齿绘制一张上述的图片，这样才是等滑动系数分配。每张按照间隔齿数 3，即 $z_1=15$、18、21、24、27、30、33、36、39、42 做成 10 张上述图形，基本上也可以得到近似的分配，就如同封闭图那样，不过这个数量很少。

美国 ANSI/AGMA 913-A98 将等滑动率计算和等闪温计算并列，说明两者对胶合计算还是有差别的。更详细的计算，请参阅有关标准。

3.5.5 AGMA 913-A98 关于变位系数选取

变位的选择要考虑以下因素：

① 避免根切；

② 避免齿顶过窄；

③ 平衡滑动率；

④ 平衡闪温；

⑤ 平衡弯曲疲劳寿命。

变位不应该太小以防止根切，同时也不应该太大以避免齿顶过窄。通常来说，平衡滑动率、平衡闪温和平衡弯曲疲劳寿命的变位是不相同的。因此，变位系数的值应该根据具体应用中最重要的因素来选择。

图 15-1-21 展示了不同齿数和不同变位系数对齿形的影响。任何一列可以看出齿数对齿形的影响。对于齿数较少的齿轮，轮齿的曲率较大，并且齿顶的齿厚较小，随着齿数的增加，齿顶厚增大，齿廓的曲率减小。对于具有直线齿廓和理论上齿数为无穷大的齿条来说，齿顶齿厚达到最大。

图中每一行显示了不同变位的齿形，顶部几行可以看出，齿数较少的齿轮，齿形受变位系数的影响比较大。对于齿数少的齿轮来说，变位的敏感性限制了变位系数的选择，因为变位太小将导致根切，相反变位系数太大，将导致齿顶过窄。例如，对于 12 个齿的齿轮来说，可接受的变位系数范围为 0.4 到 0.44，$x=0.4$ 时，接近根切，$x=0.44$ 时，齿顶厚等于 0.3 个模数。相反，图 15-1-21 底部几行，显示了多齿数齿轮的齿形受变位影响的敏感性降低。也就是说，当为齿数比较多的齿轮选择变位时，齿轮的设计人员有较大的空间。

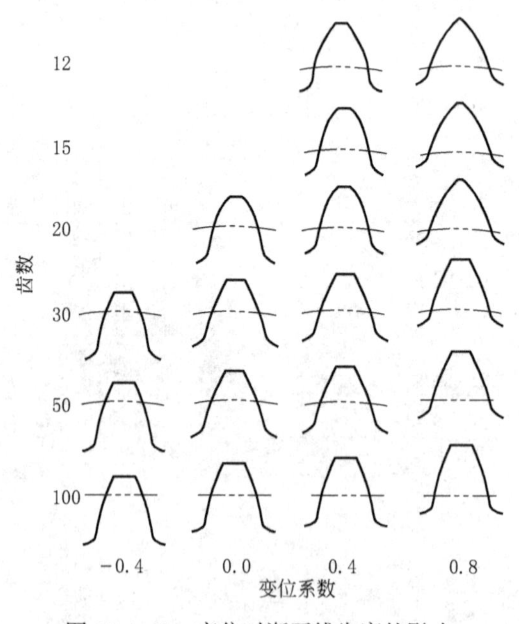

图 15-1-21　变位对渐开线齿廓的影响

通常来说，齿轮的性能随着齿数的增加和最佳变位的选择而增强。对于已经确定了直径的齿轮来说，除了弯曲强度外，承载能力随齿数的增加和恰当的变位而提高。抗点蚀、胶合和划伤能力得到改进，通常齿轮运转也会更加平稳。另外，最大齿数受弯曲强度的限制，因为齿数越多，轮齿越小，弯曲应力越高。因此，为了保证足够的弯曲强度，齿轮设计人员必须限制小齿轮的齿数。在平衡点蚀和齿轮副弯曲强度的情况下，承载能力可能达到最大（见 AGMA 901-A92）。一个平衡的设计，小齿轮有相对较多的齿。这使得齿轮副对变位相对不敏感，从而允许设计人员为小齿轮和大齿轮选择能实现最小滑动率、最小闪温或平衡弯曲疲劳寿命的变位。

3.5.6 齿根过渡曲线

对于展成加工的齿轮，过渡曲线是加工中自动形成的。由于塑料齿轮、粉末冶金齿轮应用的扩展，这类齿轮是由模具形成的，齿根过渡曲线如果处理得不好，会影响啮合性能。

（1）过渡曲线的类型

用齿条型刀具加工的时候，齿根过渡曲线，随变位系数、刀具齿顶圆弧的变化而变化。图 15-1-22 是在刀具齿顶圆弧固定时，不同变位系数的情况。图 15-1-22a 是齿条刀具参数。

刀具齿顶圆弧中心轨迹如下：

① 当 $x<(h_{fP}-\rho_{fP})$ 时，齿根过渡曲线是延伸渐开线的等距线，见图 15-1-22b、c；

② 当 $x=(h_{fP}-\rho_{fP})$ 时，齿根过渡曲线的曲率半径恰好等于齿条刀具齿顶圆弧半径，见图 15-1-22d；

③ 当 $x>(h_{fP}-\rho_{fP})$ 时，齿根过渡曲线是缩短渐开线的等距线，见图 15-1-22e。

将齿条刀具变成齿轮型刀具，延伸渐开线变成延伸外摆线。

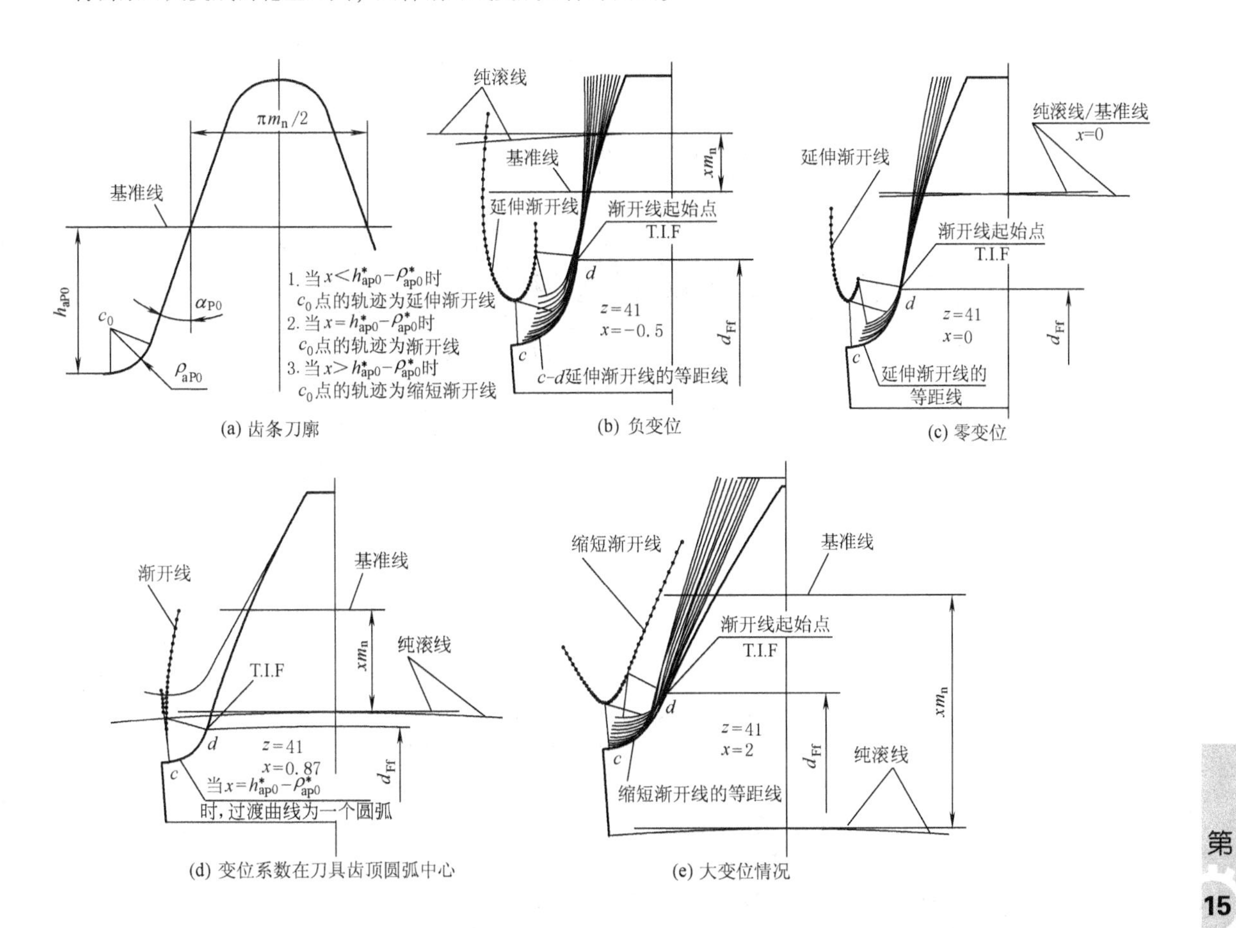

图 15-1-22　齿根过渡曲线与变位系数的关系

图 15-1-22d 的过渡曲线，在理论上是一个与刀具齿顶圆弧一样的圆弧，但是由于刀具是有限齿槽，不可能正好在那个位置有刀刃切削，可能由 1~2 个刀刃切出来。

(2) 过渡曲线与啮合干涉

在 AGMA 相关标准和 DIN 3960 标准中，都十分注意一对齿轮啮合状况的图形。在 ISO 1328-1：1995 和我国 GB/T 10095.1—2008 和 GB/Z 18620—2008 中，也引入了这方面的概念。图 15-1-23 中 *A-B-C-D-E* 的符号已经规范，T_1、T_2 分别表示啮合线与小齿轮和大齿轮的基圆的切点，DIN 3960—1987 又增加了 F_1 和 F_2 两个点，表示小齿轮与大齿轮渐开线的起点，这个起始点直径在 DIN 3960—1987 中用 d_{Ff} 表示（与基本齿条齿廓中的 h_{FfP} 符号的表示有关）。在一些国外图纸中，用“T. I. F”表示这个点。

F_1、F_2 点的位置与加工刀具有关，用滚刀、插齿刀最后加工为成品与磨齿是有差异的。对齿轮 1，进啮点 *A* 是磨齿时的最大极限直径位置。对于没有根切的齿轮，用各点在啮合线上的位置表示，可以清楚看出啮合关系。

在 DIN 标准中，重视各点的直径大小；在 AGMA 中，重视 T_1 点到各点的距离和各点的“滚动角”。按照 AGMA 2101-C95 的定义，滚动角（Roll Angles）就是该点到切点 T_1 的距离（C_i）与基圆半径（R_{b}）的关系：$\varepsilon_i = C_i/R_{\mathrm{b}}$。

将图 15-1-23 转化到真实齿轮的啮合关系得图 15-1-24，图中将 $d_{\mathrm{Fa1(2)}}$ 与 $d_{\mathrm{Na1(2)}}$ 都按 $d_{\mathrm{a1(2)}}$ 处理。图中给出了原始参数，齿轮相关参数用对应公式算出。着重分析啮合线上各点，国际上已经通用了的 T_1-F_1-*A*-*B*-*C*-*D*-*E*-F_2。在 GB/T 10095.1 中，将 AF_2 定义为“可用长度”，*AE* 定义为“有效长度”，这些参数在齿轮精度和齿轮修形都是不可少的。

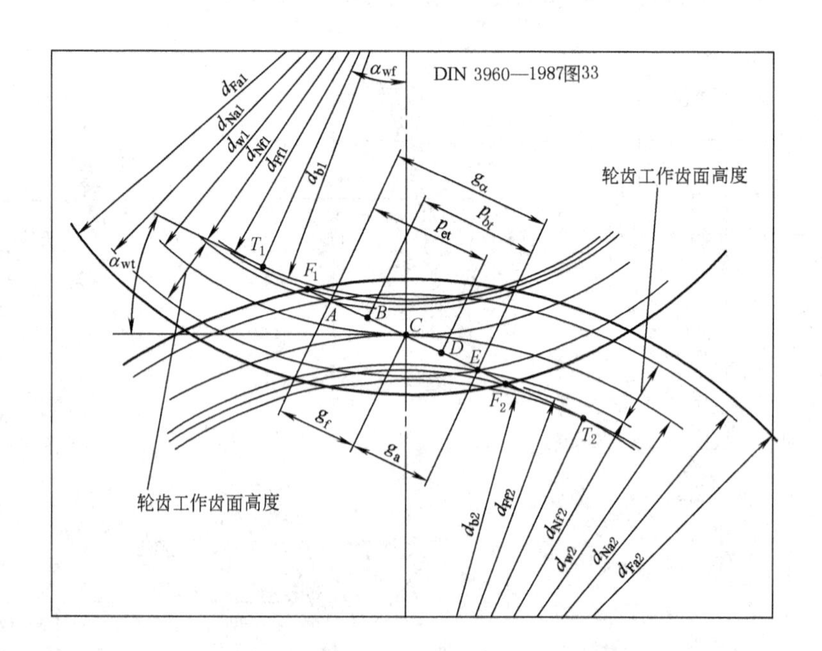

图 15-1-23　齿轮的啮合线

$T_{1(2)}$——小（大）齿轮基圆与啮合线的切点，对应 $d_{\mathrm{b1(2)}}$；

$F_{1(2)}$——小（大）齿轮渐开线起始点与啮合线的交点，对应 $d_{\mathrm{Ff1(2)}}$；

A——进啮点，大齿轮有效齿顶圆 d_{Na2} 与啮合线的切点，对应小齿 d_{Nf1}；

E——出啮点，小齿轮有效齿顶圆 d_{Na1} 与啮合线的切点，对应小齿 d_{Nf2}；

AE——啮合线长度，符号 g_{a}。$\varepsilon_\alpha = g_{\mathrm{a}}/p_{\mathrm{bt}}$；

$AD = BE = p_{\mathrm{et}} = p_{\mathrm{bt}}$ [DIN 3960—1987 (3.4.12)]；

AC——进啮点到节点的长度；*CE*——节点到出啮点的长度；

$d_{\mathrm{Fa1(2)}}$——小（大）齿轮与啮合线上的点 $F_{2(1)}$ 的直径

(3) 齿条刀具齿根过渡曲线的图解与计算

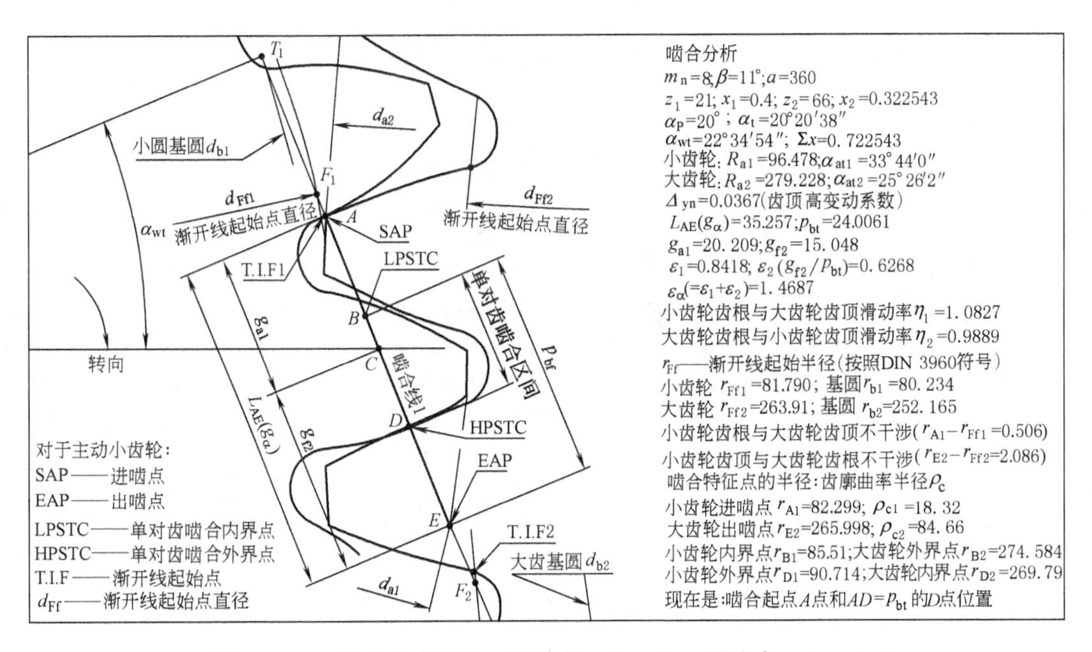

图 15-1-24 齿轮啮合干涉（啮入点，$d_{Ff1}<d_{A1}$；啮出点，$d_{Ff2}<d_{E2}$）

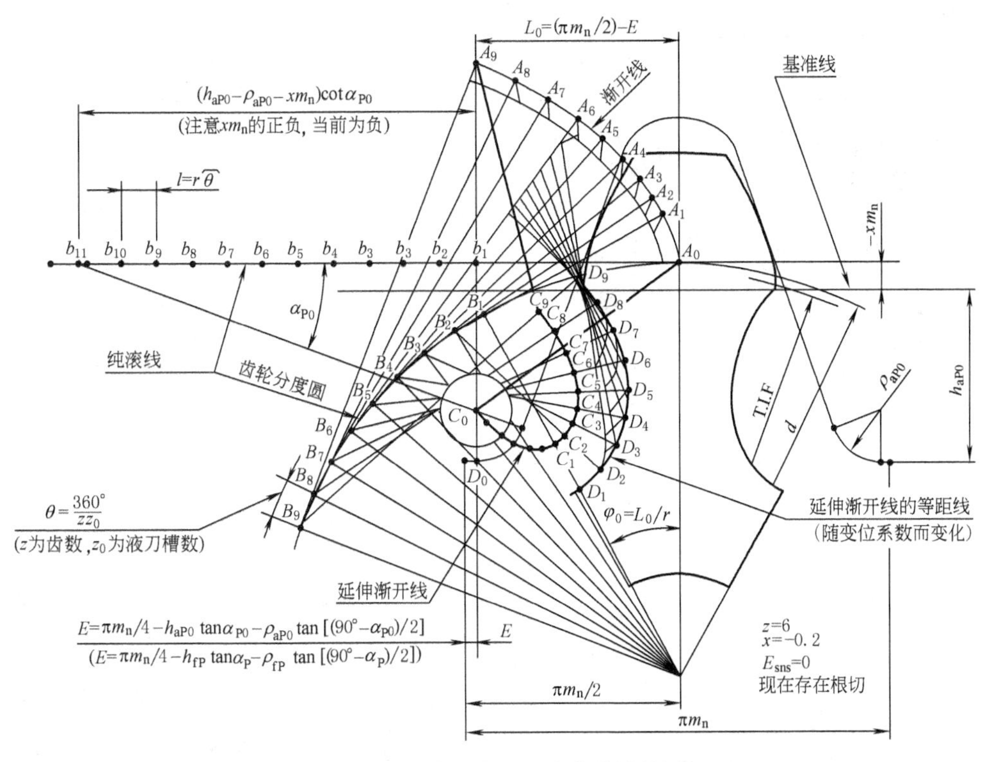

图 15-1-25 齿轮齿根过渡曲线计算图解

图 15-1-25 的解释如下。

1）$D_1 \sim D_n$ 是齿根过渡曲线，它是 $C_1 \sim C_n$ 的等距线；

2）$B_1 \sim B_n$ 与 $b_1 \sim b_n$ 是对应的纯滚关系，即 B_1B_2 的弧长等于 b_1b_2 直线长度；

3）A_0C_0 是刀槽纯滚点到滚刀齿顶圆弧中心的距离，这个距离随变位系数而改变，但是对确定了 x 后，这个数值就是确定的了；

4）$A_1C_1=A_2C_2=A_3C_3=\cdots=A_0C_0$，这个可以视作是刚体连接；

5）$B_1C_1\rightarrow D_1$、$B_2C_2\rightarrow D_2$、$B_3C_3\rightarrow D_3$、…、$B_nC_n\rightarrow D_n$，这个是图解法的核心，就是啮合基本定理，即共轭齿廓接触点的法线应当通过啮合节点；

6）以展开角 φ_0 作自变量，按照纯滚动关系，很容易求得上述各点。

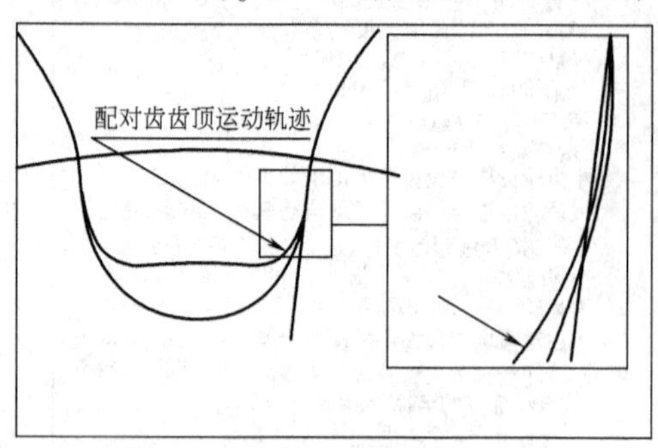

图 15-1-26　齿根过渡曲线用直线、圆弧替代的干涉问题

上面过程看起来很复杂，掌握了要领用程序实现起来是很容易的。

（4）对于塑料模具齿根圆弧替代注意事项

齿轮齿根圆角对于齿廓系数 Y_F（Y_{Fa}）、齿廓修正系数 Y_S（Y_{Sa}）有重要影响，对于传动载荷的传动中，在允许条件下，尽量将刀具齿顶圆弧做大。塑料齿轮也逐渐从运动传递到传递载荷发展，加大齿轮齿根圆角还便于注塑过程液体的流畅，有利于成型。

好多齿数少的齿轮，流行的处理方法是从渐开线基圆生成点作向心线，如图 15-1-26 所示，配对齿轮与替代直线产生了干涉。产生这种情况后，噪声增大。好多靠适当加大中心距，从设计角度是不合适的。

3.6　内啮合齿轮的干涉

表 15-1-17　　内啮合齿轮的干涉现象和防止干涉的条件

名称	简图	定义	不产生干涉的条件	防止干涉的措施	说明
渐开线干涉		当实际啮合线的端点 B_2 落在理论啮合线的极限点 N_1 的左侧时，便发生渐开线干涉	$\frac{z_{02}}{z_2}\geqslant1-\frac{\tan\alpha_{a2}}{\tan\alpha'_{02}}$ 对标准齿轮（$x_1=x_2=0$） $z_2\geqslant\frac{z_1^2\sin^2\alpha-4(h_{a2}/m)^2}{2z_1\sin^2\alpha-4(h_{a2}/m)}$	1. 加大齿廓角 2. 加大内齿轮和小齿轮的变位系数	用插齿刀加工内齿轮时，在这种干涉下，内齿轮产生范成顶切。不产生顶切的插齿刀最少齿数见表 15-1-18、表 15-1-19 和表 15-1-20
齿廓重叠干涉		结束啮合的小齿轮的齿顶在退出内齿轮齿槽时，与内齿轮齿顶发生的重叠干涉称为齿廓重叠干涉	$z_1(\mathrm{inv}\alpha_{a1}+\delta_1)-z_2(\mathrm{inv}\alpha_{a2}+\delta_2)+(z_2-z_1)\mathrm{inv}\alpha'\geqslant0$ 式中 $\delta_1=\arccos\frac{r_{a2}^2-r_{a1}^2-a'^2}{2r_{a1}a'}$ $\delta_2=\arccos\frac{a'^2+r_{a2}^2-r_{a1}^2}{2r_{a2}a'}$	1. 增大齿廓角 2. 减小齿顶高 3. 加大内齿轮和小齿轮的齿数差 4. 加大内齿轮的变位系数（增大小齿轮的变位系数时，容易引起干涉）	用插齿刀加工内齿轮时，在这种干涉下，内齿轮的齿顶渐开线部分将遭到顶切，不产生重叠干涉时的 $(z_2-z_1)\min$ 值见表 15-1-22 α_{a1}、α_{a2}——齿轮 1、2 的齿顶压力角 α'——啮合角

续表

名称	简图	定义	不产生干涉的条件	防止干涉的措施	说明
过渡曲线干涉	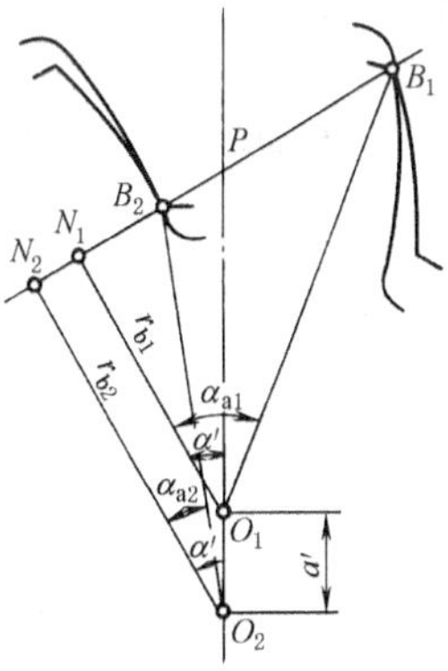	当小齿轮的齿顶与内齿轮的齿根过渡曲线部分接触，或者内齿轮的齿顶与小齿轮的齿根过渡曲线部分接触时，便引起过渡曲线干涉	1. 不产生内齿轮齿根过渡曲线干涉的条件： $(z_2-z_1)\tan\alpha'+z_1\tan\alpha_{a1}$ $\leqslant(z_2-z_{02})\tan\alpha'_{02}+z_{02}\tan\alpha_{a02}$ 2. 不产生小齿轮齿根过渡曲线干涉的条件： 小齿轮用齿条型刀具加工时 $z_2\tan\alpha_{a2}-(z_2-z_1)\tan\alpha'$ $\geqslant z_1\tan\alpha-\dfrac{4(h_a^*-x_1)}{\sin2\alpha}$ 小齿轮用插齿刀加工时 $z_2\tan\alpha_{a2}-(z_2-z_1)\tan\alpha'$ $\geqslant(z_1+z_{01})\tan\alpha'_{01}-z_{01}\tan\alpha_{a01}$	1. 增大内齿轮的变位系数 2. 减少齿顶高	小齿轮齿根过渡曲线干涉容易发生，尤其是标准、高变位及啮合角小的角变位齿轮。相反，内齿轮齿根过渡曲线干涉较不易发生，只有当 $z_1\gg z_0$、$x_1\gg x_0$ 时才会发生 z_{01}、z_{02}——加工齿轮1、齿轮2时，插齿刀齿数 α'_{01}、α'_{02}——加工齿轮1、齿轮2时的啮合角 α_{a01}、α_{a02}——加工齿轮1、齿轮2时的插齿刀的齿顶压力角
径向干涉	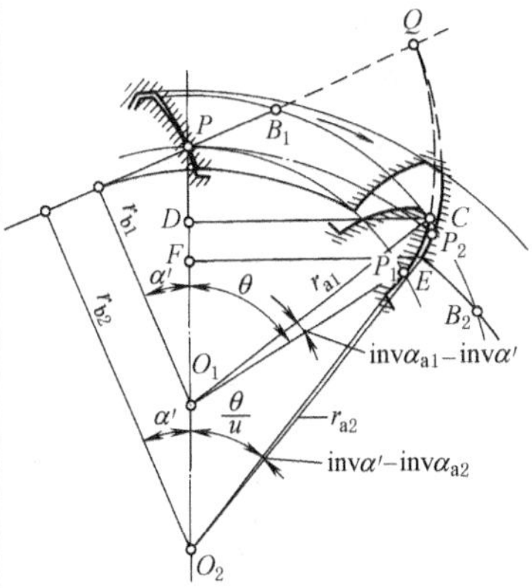	当把小齿轮从内齿轮的中心位置沿径向装入啮合位置时，若 $CD>EF$，则引起径向干涉	$\arcsin\sqrt{\dfrac{1-\left(\dfrac{\cos\alpha_{a1}}{\cos\alpha_{a2}}\right)^2}{1-\left(\dfrac{z_1}{z_2}\right)^2}}+\text{inv}\alpha_{a1}-\text{inv}\alpha'-\dfrac{z_2}{z_1}\left[\arcsin\sqrt{\dfrac{\left(\dfrac{\cos\alpha_{a2}}{\cos\alpha_{a1}}\right)^2-1}{\left(\dfrac{z_2}{z_1}\right)^2-1}}+\text{inv}\alpha_{a2}-\text{inv}\alpha'\right]\geqslant0$ 对标准齿轮（$x_1=x_2=0$）可用以下近似式计算 $\begin{cases}z_2-z_1\geqslant\dfrac{2(h_{a1}+h_{a2})}{m\sin^2\delta}\\\dfrac{2\delta-\sin2\delta}{1-\cos2\delta}=\tan\alpha\end{cases}$	1. 增大齿廓角 2. 减小齿顶高 3. 加大内齿轮和小齿轮的齿数差 4. 加大内齿轮的变位系数（增大小齿轮的变位系数时，容易引起干涉）	1. 用插齿刀加工内齿轮时，在这种干涉下，内齿轮将产生径向进刀顶切 2. 满足径向干涉条件，自然满足齿廓重叠干涉条件 不产生径向干涉的内齿轮最少齿数见表15-1-21

表 15-1-18　　加工标准内齿轮时，不产生展成顶切的插齿刀最少齿数 $z_{0\min}$

（$x_2=0$，$x_{02}=0$，$\alpha=20°$）

插齿刀最少齿数 $z_{0\min}$			29	28	27	26	25	24	23	22	21	20	19	18	17	16	15	14
齿顶高系数	$h_a^*=1$	内齿轮齿数 z_2	34	35	36	37	38、39	40、41	42~45	46~52	53~63	64~85	86~160	≥160				
	$h_a^*=0.8$							27	—	28	29	30、31	32~34	35~40	41~50	51~76	77~269	≥270

表 15-1-19　　加工内齿轮不产生展成顶切的插齿刀最少齿数 $z_{0\min}$

$(x_2-x_{02}\geqslant 0,\ h_a^*=0.8,\ \alpha=20°)$

x_{02}	0								−0.105							
x_2	0	0.2	0.4	0.6	0.8	1.0	1.2	1.4	0	0.2	0.4	0.6	0.8	1.0	1.2	1.4
$z_{0\min}$	内齿轮齿数 z_2															
10					20~35	20~53	20~74	20~97					20~27	20~39	20~53	20~69
11				20~28	36~52	54~79	75~100	98~100				20、21	28~36	40~52	54~71	70~100
12				29~48	53~89	80~100						22~30	37~50	53~73	72~98	
13			20~27	49~100	90~100							31~44	51~75	74~100	99、100	
14			28~100								20~28	45~78	76~100			
15	≥77	≥39									29~94	79~100				
16	51~76	28~38								≥57	≥95					
17	41~50	24~27							≥67	29~56						
18	35~40	22、23							47~66	23~28						
19	32~34	21							39~46	21、22						
20	30、31								34~38							
21	29								31~33							
22	28								30							
23	—								29							
24	27								28							
25									27							
x_{02}	−0.263								−0.315							
x_2	0	0.2	0.4	0.6	0.8	1.0	1.2	1.4	0	0.2	0.4	0.6	0.8	1.0	1.2	1.4
$z_{0\min}$	内齿轮齿数 z_2															
10					20、21	20~30	20~39	20~49					20	20~28	20~36	20~46
11					22~27	31~37	40~48	50~60					21~25	29~34	37~44	47~56
12				20~22	28~34	38~47	49~61	61~77				20、21	26~31	35~42	45~55	57~69
13				23~28	35~43	48~60	62~78	78~98				22~26	32~39	43~53	56~69	70~86
14				29~37	44~57	61~79	79~100	99、100				27~33	40~50	54~68	70~88	87~100
15			20~26	38~52	58~79	80~100					20~23	34~44	51~66	69~90	89~100	
16			27~40	53~79	80~100						24~33	45~61	67~92	91~100		
17			41~77	80~100							34~51	62~95	93~100			
18			78~100								52~100	96~100				
19	≥94	≥22								≥23						
20	51~93								≥77	22						
21	39~50								46~76							
22	34~38								36~45							
23	31~33								32~35							
24	29、30								29~31							
25	28								28							

注：1. 此表是按内齿轮齿顶圆公式，$d_{a2}=m(z_2-2h_a^*+2x_2)$ 作出的。

2. 当设计内齿轮齿顶圆直径应用 $d_{a2}=m(z_2-2h_a^*+2x_2-2\Delta y)$ 计算时，内齿轮齿顶高比用注 1. 公式计算的高 Δym。即内齿轮的实际齿顶高系数应为 $(h_a^*+\Delta y)$，则查此表时所采用的齿顶高系数应等于或略大于内齿轮的实际齿顶高系数。例如：一内齿轮 $h_a^*=0.8$，计算得 $\Delta y=0.1316$，其实际齿顶高系数 $h_a^*+\Delta y=0.9316$，则应按 $h_a^*=1$ 查表 15-1-20 有关数值。

表 15-1-20　　加工内齿轮不产生展成顶切的插齿刀最少齿数 $z_{0\min}$

$(x_2-x_{02}\geqslant 0,\ h_a^*=1,\ \alpha=20°)$

x_{02}	0								−0.105							
x_2	0	0.2	0.4	0.6	0.8	1.0	1.2	1.4	0	0.2	0.4	0.6	0.8	1.0	1.2	1.4
$z_{0\min}$	内齿轮齿数 z_2															
10						20~23	20~33	20~43						20	20~28	20~37
11						24~29	34~41	44~55						21~25	29~35	38~45
12					20~24	30~38	42~54	56~71					20、21	26~31	36~43	46~56
13					25~32	39~51	55~72	72~95					22~26	32~39	44~54	57~70
14				20	33~45	52~71	73~100	96~100					27~34	40~51	55~70	71~90
15				21~32	46~70	72~100						20~23	35~45	52~66	71~93	91~100
16				33~64	71~100							24~34	46~64	69~96	94~100	
17				65~100								35~54	65~100	97~100		
18		≥95	≥27									55~100				
19	≥86	53~94	22~26								≥23					

续表

x_{02}	0								−0.105							
x_2	0	0.2	0.4	0.6	0.8	1.0	1.2	1.4	0	0.2	0.4	0.6	0.8	1.0	1.2	1.4
$z_{0\min}$	内齿轮齿数 z_2															
20	64~85	41~52								≥69	22					
21	53~63	35~40							≥79	44~68						
22	46~52	32~34							60~78	36~43						
23	42~45	30、31							50~59	32~35						
24	40、41	28、29							45~49	29~31						
25	38、39								41~44	28						
26	37								39、40							
27	36								37、38							
28	35								36							
29	34								35							
30									—							
31									34							

x_{02}	−0.263								−0.315							
x_2	0	0.2	0.4	0.6	0.8	1.0	1.2	1.4	0	0.2	0.4	0.6	0.8	1.0	1.2	1.4
$z_{0\min}$	内齿轮齿数 z_2															
10							20~24	20~30							20~23	20~29
11						20~22	25~29	31~37						20、21	24~27	30~35
12						23~26	30~34	38~44						22~25	28~33	36~41
13					20~22	27~31	35~41	45~53					20、21	26~30	34~39	42~49
14					23~27	32~38	42~50	54~64					22~25	31~36	40~46	50~58
15					28~33	39~47	51~62	65~78					26~31	37~43	47~56	59~70
16				20~25	34~41	48~58	63~77	79~97				20~23	32~38	44~52	57~69	71~86
17				26~32	42~52	59~75	78~98	98~100				24~29	39~47	53~65	70~86	87~100
18				33~43	53~70	76~100	99、100					30~38	48~60	66~84	87~100	
19				44~62	71~100							39~51	61~81	85~100		
20			22~38	63~100							20~30	52~74	82~100			
21			39~100								31~55	75~100				
22		≥89									56~100					
23	≥98	40~88								≥56						
24	65~97	32~39							≥87	34~55						
25	52~64	29~31							61~86	29~33						
26	45~51	28							49~60	28						
27	41~44								43~48							
28	39、40								40~42							
29	37、38								37~39							
30	36								36							
31	35								35							
32	34								34							

注：与表 15-1-19 同。

表 15-1-21　新直齿插齿刀的基本参数和被加工内齿轮不产生径向切入顶切的最少齿数 $z_{2\min}$

插齿刀形式	插齿刀分度圆直径 d_0/mm	模数 m/mm	插齿刀齿数 z_0	插齿刀变位系数 x_0	插齿刀齿顶圆直径 d_{a0}/mm	插齿刀齿高系数 h_{a0}^*	x_2								
							0	0.2	0.4	0.6	0.8	1.0	1.2	1.5	2.0
							$z_{2\min}$								
盘形直齿插齿刀 碗形直齿插齿刀	76	1	76	0.630	79.76	1.25	115	107	101	96	91	87	84	81	79
	75	1.25	60	0.582	79.58		96	89	83	78	74	70	67	65	62
	75	1.5	50	0.503	80.26		83	76	71	66	62	59	57	54	52
	75.25	1.75	43	0.464	81.24		74	68	62	58	54	51	49	47	45
	76	2	38	0.420	82.68		68	61	56	52	49	46	44	42	40
	76.5	2.25	34	0.261	83.30		59	54	49	45	43	40	39	37	36
	75	2.5	30	0.230	82.41		54	49	44	41	38	34	34	33	31
	77	2.75	28	0.224	85.37	1.3	52	47	42	39	36	34	33	31	30
	75	3	25	0.167	83.81		48	43	38	35	33	31	29	28	26
	78	3.25	24	0.149	87.42		46	41	37	34	31	29	28	27	25
	77	3.5	22	0.126	86.98		44	39	35	31	29	27	26	25	23

续表

插齿刀形式	插齿刀分度圆直径 d_0/mm	模数 m/mm	插齿刀齿数 z_0	插齿刀变位系数 x_0	插齿刀齿顶圆直径 d_{a0}/mm	插齿刀齿高系数 h_{a0}^*	x_2								
							0	0.2	0.4	0.6	0.8	1.0	1.2	1.5	2.0
							$z_{2\min}$								
盘形直齿插齿刀	75	3.75	20	0.105	85.55	1.3	41	36	32	29	27	25	24	22	21
	76	4	19	0.105	87.24		40	35	31	28	26	24	23	21	20
	76.5	4.25	18	0.107	88.46		39	34	30	27	25	23	22	20	19
	76.5	4.5	17	0.104	89.15		38	33	29	26	24	22	21	19	18
盘形直齿插齿刀 碗形直齿插齿刀	100	1	100	1.060	104.6	1.25	156	147	139	132	125	118	114	110	105
	100	1.25	80	0.842	105.22		126	118	111	105	99	94	91	87	83
	102	1.5	68	0.736	107.96		110	102	95	89	85	80	77	74	71
	101.5	1.75	58	0.661	108.19		96	89	83	77	73	69	66	63	61
	100	2	50	0.578	107.31		85	78	72	67	63	60	57	55	52
	101.25	2.25	45	0.528	109.29		78	71	66	61	57	54	52	49	47
	100	2.5	40	0.442	108.46		70	64	59	54	51	48	46	44	42
	99	2.75	36	0.401	108.36	1.3	65	58	53	49	47	44	42	40	38
	102	3	34	0.337	111.28		60	54	50	46	44	41	39	37	35
	100.75	3.25	31	0.275	110.99		56	50	46	42	40	37	36	34	33
	98	3.5	28	0.231	108.72		54	46	42	39	37	34	33	31	30
	101.25	3.75	27	0.180	112.34		49	44	40	37	35	33	31	30	28
	100	4	25	0.168	111.74		47	42	38	35	33	31	29	28	26
	99	4.5	22	0.105	111.65		42	38	34	31	29	27	26	24	23
盘形直齿插齿刀 碗形直齿插齿刀	100	5	20	0.105	114.05	1.3	40	36	32	29	27	25	24	22	21
	104.5	5.5	19	0.105	119.96		39	35	31	28	26	24	23	21	20
	102	6	17	0.105	118.86		37	33	29	26	24	22	21	20	18
	104	6.5	16	0.105	122.27		36	32	28	25	23	21	20	18	17
锥柄直齿插齿刀	25	1.25	20	0.106	28.39	1.25	40	35	32	29	26	25	24	22	21
	27	1.5	18	0.103	31.06		38	33	30	27	24	23	22	20	19
	26.25	1.75	15	0.104	30.99		35	30	26	23	21	20	19	17	16
	26	2	13	0.085	31.34		34	28	24	21	19	17	17	15	14
	27	2.25	12	0.083	33.0		32	27	23	20	18	16	16	14	13
	25	2.5	10	0.042	31.46		30	25	21	18	16	14	14	12	11
	27.5	2.75	10	0.037	34.58		30	25	21	18	16	14	14	12	11

注：表中数值是按新插齿刀和内齿轮齿顶圆直径 $d_{a2}=d_2-2m(h_a^*-x_2)$ 计算而得。若用旧插齿刀或内齿轮齿顶圆直径加大 $\Delta d_a=\frac{15.1}{z_2}m$ 时，表中数值是更安全的。

表 15-1-22　　不产生重叠干涉的条件

z_2	34~77	78~200	z_2	22~32	33~200
$(z_2-z_1)_{\min}$ 当 $d_{a2}=d_2-2m_n$ 时	9	8	$(z_2-z_1)_{\min}$ 当 $d_{a2}=d_2-2m_n+\frac{15.1m_n}{z_2}\cos^3\beta$ 时	7	8

3.7　内啮合齿轮变位系数的选择

内齿轮采用正变位（$x_2>0$）有利于避免渐开线干涉和径向干涉。采用正传动［$(x_2-x_1)>0$］有利于避免过渡曲线干涉、重叠干涉和提高齿面接触强度（由于内啮合是凸齿面和凹齿面的接触，齿面接触强度高，往往不需要再通过变位来提高接触强度），但重合度随之降低。

内啮合齿轮推荐采用高变位，也可以采用角变位。

选择内啮合齿轮的变位系数以不使齿顶过薄、重合度不过小、不产生任何形式的干涉为限制条件。

对高变位齿轮，一般可选取

$$x_1=x_2=0.5\sim0.65$$

行星齿轮传动内啮合齿轮副的变位系数的选择见本篇第 5 章。

4 渐开线圆柱齿轮传动的几何计算

4.1 标准齿轮传动的几何计算

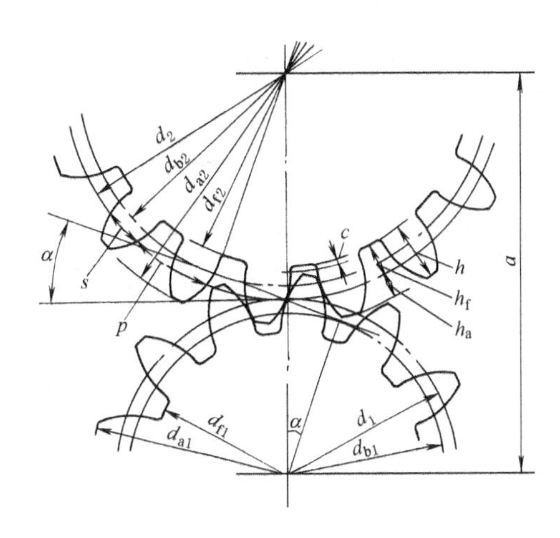

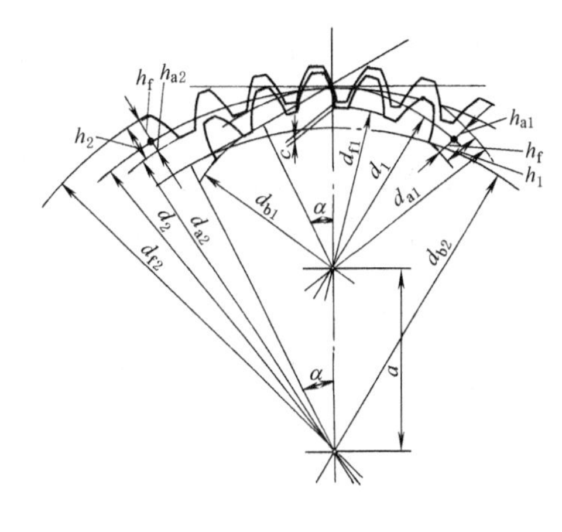

表 15-1-23

项目		代号	计算公式及说明	
			直齿轮(外啮合、内啮合)	斜齿轮(外啮合、内啮合)
分度圆直径		d	$d_1=mz_1$ $d_2=mz_2$	$d_1=m_tz_1=\frac{m_nz_1}{\cos\beta}$ $d_2=m_tz_2=\frac{m_nz_2}{\cos\beta}$
齿顶高	外啮合	h_a	$h_a=h_a^*m$	$h_a=h_{an}^*m_n$
	内啮合		$h_{a1}=h_a^*m$ $h_{a2}=(h_a^*-\Delta h_a^*)m$ 式中,$\Delta h_a^*=\frac{h_a^{*2}}{z_2\tan^2\alpha}$是为避免过渡曲线干涉而将齿顶高系数减小的量。当 $h_a^*=1$、$\alpha=20°$时,$\Delta h_a^*=\frac{7.55}{z_2}$	$h_{a1}=h_{an}^*m_n$ $h_{a2}=(h_{an}^*-\Delta h_{an}^*)m_n$ 式中,$\Delta h_{an}^*=\frac{h_{an}^{*2}\cos^3\beta}{z_2\tan^2\alpha_n}$是为避免过渡曲线干涉而将齿顶高系数减小的量。当 $h_{an}^*=1$、$\alpha_n=20°$时,$\Delta h_{an}^*=\frac{7.55\cos^3\beta}{z_2}$
齿根高		h_f	$h_f=(h_a^*+c^*)m$	$h_f=(h_{an}^*+c_n^*)m_n$
齿高	外啮合	h	$h=h_a+h_f$	$h=h_a+h_f$
	内啮合		$h_1=h_{a1}+h_f$ $h_2=h_{a2}+h_f$	$h_1=h_{a1}+h_f$ $h_2=h_{a2}+h_f$
齿顶圆直径	外啮合	d_a	$d_{a1}=d_1+2h_a$ $d_{a2}=d_2+2h_a$	$d_{a1}=d_1+2h_a$ $d_{a2}=d_2+2h_a$
	内啮合		$d_{a1}=d_1+2h_{a1}$ $d_{a2}=d_2-2h_{a2}$	$d_{a1}=d_1+2h_{a1}$ $d_{a2}=d_2-2h_{a2}$
齿根圆直径		d_f	$d_{f1}=d_1-2h_f$ $d_{f2}=d_2\mp 2h_f$	$d_{f1}=d_1-2h_f$ $d_{f2}=d_2\mp 2h_f$

续表

项目		代号	计算公式及说明 直齿轮(外啮合、内啮合)	计算公式及说明 斜齿轮(外啮合、内啮合)
中心距		a	$a=\frac{1}{2}(d_2 \pm d_1)=\frac{m}{2}(z_2 \pm z_1)$	$a=\frac{1}{2}(d_2 \pm d_1)=\frac{m_n}{2\cos\beta}(z_2 \pm z_1)$
			一般希望 a 为圆整的数值	
基圆直径		d_b	$d_{b1}=d_1\cos\alpha$ $d_{b2}=d_2\cos\alpha$	$d_{b1}=d_1\cos\alpha_t$ $d_{b2}=d_2\cos\alpha_t$
齿顶圆压力角		α_a	$\alpha_{a1}=\arccos\frac{d_{b1}}{d_{a1}}$ $\alpha_{a2}=\arccos\frac{d_{b2}}{d_{a2}}$	$\alpha_{at1}=\arccos\frac{d_{b1}}{d_{a1}}$ $\alpha_{at2}=\arccos\frac{d_{b2}}{d_{a2}}$
重合度	端面重合度	ε_α	$\varepsilon_\alpha=\frac{1}{2\pi}[z_1(\tan\alpha_{a1}-\tan\alpha') \pm z_2(\tan\alpha_{a2}-\tan\alpha')]$	$\varepsilon_\alpha=\frac{1}{2\pi}[z_1(\tan\alpha_{at1}-\tan\alpha_t') \pm z_2(\tan\alpha_{at2}-\tan\alpha_t')]$
			α(或 α_n)$=20°$的 ε_α 可由图 15-1-29 或图 15-1-27 查出	
	纵向重合度	ε_β	$\varepsilon_\beta=0$	$\varepsilon_\beta=\frac{b\sin\beta}{\pi m_n}$
	总重合度	ε_γ	$\varepsilon_\gamma=\varepsilon_\alpha$	$\varepsilon_\gamma=\varepsilon_\alpha+\varepsilon_\beta$
当量齿数		z_v		$z_{v1}=\frac{z_1}{\cos^2\beta_b\cos\beta}\approx\frac{z_1}{\cos^3\beta}$ $z_{v2}=\frac{z_2}{\cos^2\beta_b\cos\beta}\approx\frac{z_2}{\cos^3\beta}$

注：有“±”或“∓”号处，上面的符号用于外啮合，下面的符号用于内啮合。

4.2 高变位齿轮传动的几何计算

表 15-1-24

项目		代号	计算公式及说明 直齿轮(外啮合、内啮合)	计算公式及说明 斜齿轮(外啮合、内啮合)
分度圆直径		d	$d_1=mz_1$ $d_2=mz_2$	$d_1=m_tz_1=\frac{m_nz_1}{\cos\beta}$ $d_2=m_tz_2=\frac{m_nz_2}{\cos\beta}$
齿顶高	外啮合	h_a	$h_{a1}=(h_a^*+x_1)m$ $h_{a2}=(h_a^*+x_2)m$	$h_{a1}=(h_{an}^*+x_{n1})m_n$ $h_{a2}=(h_{an}^*+x_{n2})m_n$
	内啮合		$h_{a1}=(h_a^*+x_1)m$ $h_{a2}=(h_a^*-\Delta h_a^*-x_2)m$ 式中，$\Delta h_a^*=\frac{(h_a^*-x_2)^2}{z_2\tan^2\alpha}$是为避免过渡曲线干涉而将齿顶高系数减小的量。当 $h_a^*=1$、$\alpha=20°$时 $\Delta h_a^*=\frac{7.55(1-x_2)^2}{z_2}$	$h_{a1}=(h_{an}^*+x_{n1})m_n$ $h_{a2}=(h_{an}^*-\Delta h_{an}^*-x_{n2})m_n$ 式中，$\Delta h_{an}^*=\frac{(h_{an}^*-x_{n2})^2\cos^3\beta}{z_2\tan^2\alpha_n}$是为避免过渡曲线干涉而将齿顶高系数减小的量。当 $h_{an}^*=1$、$\alpha_n=20°$时 $\Delta h_{an}^*=\frac{7.55(1-x_{n2})^2\cos^3\beta}{z_2}$
齿根高		h_f	$h_{f1}=(h_a^*+c^*-x_1)m$ $h_{f2}=(h_a^*+c^*\mp x_2)m$	$h_{f1}=(h_{an}^*+c_n^*-x_{n1})m_n$ $h_{f2}=(h_{an}^*+c_n^*\mp x_{n2})m_n$
齿高		h	$h_1=h_{a1}+h_{f1}$ $h_2=h_{a2}+h_{f2}$	$h_1=h_{a1}+h_{f1}$ $h_2=h_{a2}+h_{f2}$

续表

项目		代号	计算公式及说明	
			直齿轮(外啮合、内啮合)	斜齿轮(外啮合、内啮合)
齿顶圆直径		d_a	$d_{a1}=d_1+2h_{a1}$ $d_{a2}=d_2\pm 2h_{a2}$	$d_{a1}=d_1+2h_{a1}$ $d_{a2}=d_2\pm 2h_{a2}$
齿根圆直径		d_f	$d_{f1}=d_1-2h_{f1}$ $d_{f2}=d_2\mp 2h_{f2}$	$d_{f1}=d_1-2h_{f1}$ $d_{f2}=d_2\mp 2h_{f2}$
中心距		a	$a=\frac{1}{2}(d_2\pm d_1)=\frac{m}{2}(z_2\pm z_1)$	$a=\frac{1}{2}(d_2\pm d_1)=\frac{m_n}{2\cos\beta}(z_2\pm z_1)$
			一般希望 a 为圆整的数值	
基圆直径		d_b	$d_{b1}=d_1\cos\alpha$ $d_{b2}=d_2\cos\alpha$	$d_{b1}=d_1\cos\alpha_t$ $d_{b2}=d_2\cos\alpha_t$
齿顶圆压力角		α_a	$\alpha_{a1}=\arccos\frac{d_{b1}}{d_{a1}}$ $\alpha_{a2}=\arccos\frac{d_{b2}}{d_{a2}}$	$\alpha_{at1}=\arccos\frac{d_{b1}}{d_{a1}}$ $\alpha_{at2}=\arccos\frac{d_{b2}}{d_{a2}}$
重合度	端面重合度	ε_α	$\varepsilon_\alpha=\frac{1}{2\pi}[z_1(\tan\alpha_{a1}-\tan\alpha)\pm z_2(\tan\alpha_{a2}-\tan\alpha)]$	$\varepsilon_\alpha=\frac{1}{2\pi}[z_1(\tan\alpha_{at1}-\tan\alpha_t)\pm z_2(\tan\alpha_{at2}-\tan\alpha_t)]$
			α(或 α_n)= 20°的 ε_α 可由图 15-1-29 或图 15-1-27 查出	
	纵向重合度	ε_β	$\varepsilon_\beta=0$	$\varepsilon_\beta=\frac{b\sin\beta}{\pi m_n}$
	总重合度	ε_γ	$\varepsilon_\gamma=\varepsilon_\alpha$	$\varepsilon_\gamma=\varepsilon_\alpha+\varepsilon_\beta$
当量齿数		z_v		$z_{v1}=\frac{z_1}{\cos^2\beta_b\cos\beta}\approx\frac{z_1}{\cos^3\beta}$ $z_{v2}=\frac{z_2}{\cos^2\beta_b\cos\beta}\approx\frac{z_2}{\cos^3\beta}$

注：1. 有"±"或"∓"号处，上面的符号用于外啮合，下面的符号用于内啮合。

2. 对插齿加工的齿轮，当要求准确保证标准的顶隙时，d_a 和 d_f 应按表 15-1-25 计算。

4.3 角变位齿轮传动的几何计算

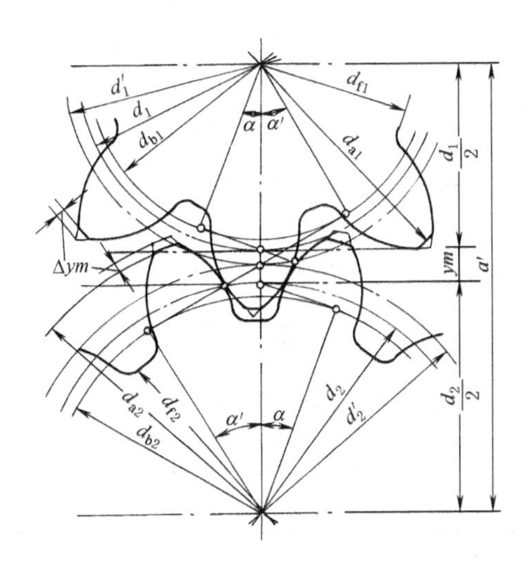

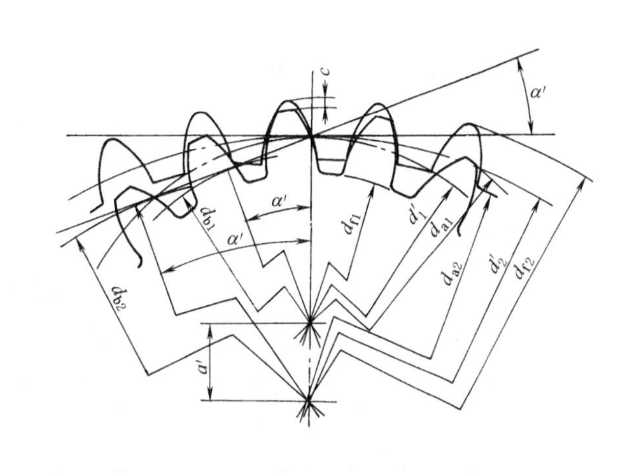

表 15-1-25

	项　目		代　号	计算公式及说明	
				直齿轮(外啮合、内啮合)	斜齿轮(外啮合、内啮合)
	分度圆直径		d	$d_1=mz_1$ $d_2=mz_2$	$d_1=m_tz_1=\dfrac{m_nz_1}{\cos\beta}$ $d_2=m_tz_2=\dfrac{m_nz_2}{\cos\beta}$
已知 x 求 a'	啮合角		α'	$\mathrm{inv}\alpha'=\dfrac{2(x_2\pm x_1)\tan\alpha}{z_2\pm z_1}+\mathrm{inv}\alpha$	$\mathrm{inv}\alpha'_t=\dfrac{2(x_{n2}\pm x_{n1})\tan\alpha_n}{z_2\pm z_1}+\mathrm{inv}\alpha_t$
				invα 可由表 15-1-28 查出	
	中心距变动系数		y	$y=\dfrac{z_2\pm z_1}{2}\left(\dfrac{\cos\alpha}{\cos\alpha'}-1\right)$	$y_t=\dfrac{z_2\pm z_1}{2}\left(\dfrac{\cos\alpha_t}{\cos\alpha'_t}-1\right)$ $y_n=\dfrac{y_t}{\cos\beta}$
	中心距		a'	$a'=\dfrac{1}{2}(d_2\pm d_1)+ym=m\left(\dfrac{z_2\pm z_1}{2}+y\right)$	$a'=\dfrac{1}{2}(d_2\pm d_1)+y_tm_t=\dfrac{m_n}{\cos\beta}\left(\dfrac{z_2\pm z_1}{2}+y_t\right)$
已知 a' 求 x	未变位时的中心距		a	$a=\dfrac{m}{2}(z_2\pm z_1)$	$a=\dfrac{m_n}{2\cos\beta}(z_2\pm z_1)$
	中心距变动系数		y	$y=\dfrac{a'-a}{m}$	$y_t=\dfrac{a'-a}{m_t}$ $y_n=\dfrac{a'-a}{m_n}$
	啮合角		α'	$\cos\alpha'=\dfrac{a}{a'}\cos\alpha$	$\cos\alpha'_t=\dfrac{a}{a'}\cos\alpha_t$
	总变位系数		x_Σ	$x_\Sigma=(z_2\pm z_1)\dfrac{\mathrm{inv}\alpha'-\mathrm{inv}\alpha}{2\tan\alpha}$	$x_{n\Sigma}=(z_2\pm z_1)\dfrac{\mathrm{inv}\alpha'_t-\mathrm{inv}\alpha_t}{2\tan\alpha_n}$
				invα 可由表 15-1-28 查出	
	变位系数		x	$x_\Sigma=x_2\pm x_1$	$x_{n\Sigma}=x_{n2}\pm x_{n1}$
				外啮合齿轮变位系数的分配见表 15-1-16	
滚齿	齿顶高变动系数		Δy	$\Delta y=(x_2\pm x_1)-y$	$\Delta y_n=(x_{n2}\pm x_{n1})-y_n$
	齿顶高		h_a	$h_{a1}=(h_a^*+x_1\mp\Delta y)m$ $h_{a2}=(h_a^*\pm x_2\mp\Delta y)m$	$h_{a1}=(h_{an}^*+x_{n1}\mp\Delta y_n)m_n$ $h_{a2}=(h_{an}^*\pm x_{n2}\mp\Delta y_n)m_n$
	齿根高		h_f	$h_{f1}=(h_a^*+c^*-x_1)m$ $h_{f2}=(h_a^*+c^*\mp x_2)m$	$h_{f1}=(h_{an}^*+c_n^*-x_{n1})m_n$ $h_{f2}=(h_{an}^*+c_n^*\mp x_{n2})m_n$
	齿高		h	$h_1=h_{a1}+h_{f1}$ $h_2=h_{a2}+h_{f2}$	$h_1=h_{a1}+h_{f1}$ $h_2=h_{a2}+h_{f2}$
	齿顶圆直径	外啮合	d_a	$d_{a1}=d_1+2h_{a1}$ $d_{a2}=d_2+2h_{a2}$	$d_{a1}=d_1+2h_{a1}$ $d_{a2}=d_2+2h_{a2}$
		内啮合		$d_{a1}=d_1+2h_{a1}$ $d_{a2}=d_2-2h_{a2}$ 为避免小齿轮齿根过渡曲线干涉,d_{a2}应满足下式 $d_{a2}\geqslant\sqrt{d_{b2}^2+(2a'\sin\alpha'+2\rho)^2}$ 式中　$\rho=m\left(\dfrac{z_1\sin\alpha}{2}-\dfrac{h_a^*-x_1}{\sin\alpha}\right)$	$d_{a1}=d_1+2h_{a1}$ $d_{a2}=d_2-2h_{a2}$ 为避免小齿轮齿根过渡曲线干涉,d_{a2}应满足下式 $d_{a2}\geqslant\sqrt{d_{b2}^2+(2a'\sin\alpha'_t+2\rho)^2}$ 式中　$\rho=m_t\left(\dfrac{z_1\sin\alpha_t}{2}-\dfrac{h_{at}^*-x_{t1}}{\sin\alpha_t}\right)$
	齿根圆直径		d_f	$d_{f1}=d_1-2h_{f1}$ $d_{f2}=d_2\mp 2h_{f2}$	$d_{f1}=d_1-2h_{f1}$ $d_{f2}=d_2\mp 2h_{f2}$

续表

项目		代号	计算公式及说明	
			直齿轮（外啮合、内啮合）	斜齿轮（外啮合、内啮合）
插齿	插齿刀参数	z_0 x_0 d_{a0}	按表15-1-29或根据现场情况选用插齿刀，并确定其参数 z_0、x_0（或 x_{n0}）、d_{a0}，设计时可按中等磨损程度考虑，即可取 x_0（或 x_{n0}）$=0$，$d_{a0}=m(z_0+2h_{a0}^*)$	
	切齿时的啮合角	α'_0	$\text{inv}\alpha'_{01}=\dfrac{2(x_1+x_0)\tan\alpha}{z_1+z_0}+\text{inv}\alpha$ $\text{inv}\alpha'_{02}=\dfrac{2(x_2\pm x_0)\tan\alpha}{z_2\pm z_0}+\text{inv}\alpha$	$\text{inv}\alpha'_{t01}=\dfrac{2(x_{n1}+x_{n0})\tan\alpha_n}{z_1+z_0}+\text{inv}\alpha_t$ $\text{inv}\alpha'_{t02}=\dfrac{2(x_{n2}\pm x_{n0})\tan\alpha_n}{z_2\pm z_0}+\text{inv}\alpha_t$
	切齿时的中心距变动系数	y_0	$y_{01}=\dfrac{z_1+z_0}{2}\left(\dfrac{\cos\alpha}{\cos\alpha'_{01}}-1\right)$ $y_{02}=\dfrac{z_2\pm z_0}{2}\left(\dfrac{\cos\alpha}{\cos\alpha'_{02}}-1\right)$	$y_{t01}=\dfrac{z_1+z_0}{2}\left(\dfrac{\cos\alpha_t}{\cos\alpha'_{t01}}-1\right)$ $y_{t02}=\dfrac{z_2\pm z_1}{2}\left(\dfrac{\cos\alpha_t}{\cos\alpha'_{t02}}-1\right)$
	切齿时的中心距	a'_0	$a'_{01}=m\left(\dfrac{z_1+z_0}{2}+y_{01}\right)$ $a'_{02}=m\left(\dfrac{z_2\pm z_0}{2}+y_{02}\right)$	$a'_{01}=\dfrac{m_n}{\cos\beta}\left(\dfrac{z_1+z_0}{2}+y_{t01}\right)$ $a'_{02}=\dfrac{m_n}{\cos\beta}\left(\dfrac{z_2\pm z_0}{2}+y_{t02}\right)$
	齿根圆直径	d_f	$d_{f1}=2a'_{01}-d_{a0}$ $d_{f2}=2a'_{02}\mp d_{a0}$	$d_{f1}=2a'_{01}-d_{a0}$ $d_{f2}=2a'_{02}\mp d_{a0}$
	齿顶圆直径 外啮合	d_a	$d_{a1}=2a'-d_{f2}-2c^*m$ $d_{a2}=2a'-d_{f1}-2c^*m$	$d_{a1}=2a'-d_{f2}-2c_n^*m_n$ $d_{a2}=2a'-d_{f1}-2c_n^*m_n$
	齿顶圆直径 内啮合	d_a	$d_{a1}=d_{f2}-2a'-2c^*m$ $d_{a2}=2a'+d_{f1}+2c^*m$ 为避免小齿轮齿根过渡曲线干涉，d_{a2} 应满足下式 $d_{a2}\geqslant\sqrt{d_{b2}^2+(2a'\sin\alpha'+2\rho_{01\min})^2}$ 式中 $\rho_{01\min}=a'_{01}\sin\alpha'_{01}-\dfrac{1}{2}\sqrt{d_{a0}^2-d_{b0}^2}$	$d_{a1}=d_{f2}-2a'-2c_n^*m_n$ $d_{a2}=2a'+d_{f1}+2c_n^*m_n$ 为避免小齿轮齿根过渡曲线干涉，d_{a2} 应满足下式 $d_{a2}\geqslant\sqrt{d_{b2}^2+(2a'\sin\alpha'_t+2\rho_{01\min})^2}$ 式中 $\rho_{01\min}=a'_{01}\sin\alpha'_{t01}-\dfrac{1}{2}\sqrt{d_{a0}^2-d_{b0}^2}$
节圆直径		d'	$d'_1=2a'\dfrac{z_1}{z_2\pm z_1}$ $d'_2=2a'\dfrac{z_2}{z_2\pm z_1}$	$d'_1=2a'\dfrac{z_1}{z_2\pm z_1}$ $d'_2=2a'\dfrac{z_2}{z_2\pm z_1}$
基圆直径		d_b	$d_{b1}=d_1\cos\alpha$ $d_{b2}=d_2\cos\alpha$	$d_{b1}=d_1\cos\alpha_t$ $d_{b2}=d_2\cos\alpha_t$
齿顶圆压力角		α_a	$\alpha_{a1}=\arccos\dfrac{d_{b1}}{d_{a1}}$ $\alpha_{a2}=\arccos\dfrac{d_{b2}}{d_{a2}}$	$\alpha_{at1}=\arccos\dfrac{d_{b1}}{d_{a1}}$ $\alpha_{at2}=\arccos\dfrac{d_{b2}}{d_{a2}}$
重合度	端面重合度	ε_α	$\varepsilon_\alpha=\dfrac{1}{2\pi}[z_1(\tan\alpha_{a1}-\tan\alpha')\pm z_2(\tan\alpha_{a2}-\tan\alpha')]$	$\varepsilon_\alpha=\dfrac{1}{2\pi}[z_1(\tan\alpha_{at1}-\tan\alpha'_t)\pm z_2(\tan\alpha_{at2}-\tan\alpha'_t)]$
			α（或 α_n）$=20°$ 的 ε_α 可由图15-1-27查出	
	纵向重合度	ε_β	$\varepsilon_\beta=0$	$\varepsilon_\beta=\dfrac{b\sin\beta}{\pi m_n}$
	总重合度	ε_γ	$\varepsilon_\gamma=\varepsilon_\alpha$	$\varepsilon_\gamma=\varepsilon_\alpha+\varepsilon_\beta$
当量齿数		z_v		$z_{v1}=\dfrac{z_1}{\cos^2\beta_b\cos\beta}\approx\dfrac{z_1}{\cos^3\beta}$ $z_{v2}=\dfrac{z_2}{\cos^2\beta_b\cos\beta}\approx\dfrac{z_2}{\cos^3\beta}$

注：1. 有“±”或“∓”号处，上面的符号用于外啮合，下面的符号用于内啮合。
2. 对插齿加工的齿轮，当不要求准确保证标准的顶隙时，可以近似按滚齿加工的方法计算，这对于 $x<1.5$ 的齿轮，一般并不会产生很大的误差。

例 1 已知外啮合直齿轮，$\alpha=20°$、$h_a^*=1$、$z_1=22$、$z_2=65$、$m=4\text{mm}$、$x_1=0.57$、$x_2=0.63$，用滚齿法加工，求其中心距和齿顶圆直径。

（1）中心距

$$\text{inv}\alpha'=\frac{2(x_2+x_1)\tan\alpha}{z_2+z_1}+\text{inv}\alpha=\frac{2\times(0.63+0.57)\tan20°}{65+22}+\text{inv}20°=0.024945$$

由表 15-1-28 查得 $\alpha'=23°35'$。

$$y=\frac{z_2+z_1}{2}\left(\frac{\cos\alpha}{\cos\alpha'}-1\right)=\frac{65+22}{2}\times\left(\frac{\cos20°}{\cos23°35'}-1\right)=1.1018$$

$$\alpha'=m\left(\frac{z_2+z_1}{2}+y\right)=4\times\left(\frac{65+22}{2}+1.1018\right)=178.41\text{mm}$$

（2）齿顶圆直径

$$\Delta y=(x_2+x_1)-y=(0.63+0.57)-1.1018=0.0982$$

$$d_{a1}=mz_1+2(h_a^*+x_1-\Delta y)m=4\times22+2\times(1+0.57-0.0982)\times4=99.77\text{mm}$$

$$d_{a2}=mz_2+2(h_a^*+x_2-\Delta y)m=4\times65+2\times(1+0.63-0.0982)\times4=272.25\text{mm}$$

例 2 例 1的齿轮用 $z_0=25$、$h_{a0}^*=1.25$ 的插齿刀加工，求齿顶圆直径。

插齿刀按中等磨损程度考虑，$x_0=0$，$d_{a0}=m(z_0+2h_{a0}^*)=4\times(25+2\times1.25)=110\text{mm}$

$$\text{inv}\alpha'_{01}=\frac{2(x_1+x_0)\tan\alpha}{z_1+z_0}+\text{inv}\alpha=\frac{2\times0.57\tan20°}{22+25}+\text{inv}20°=0.0237326$$

由表 15-1-28 查得 $\alpha'_{01}=23°13'$。

$$\text{inv}\alpha'_{02}=\frac{2(x_2+x_0)\tan\alpha}{z_2+z_0}+\text{inv}\alpha=\frac{2\times0.63\tan20°}{65+25}+\text{inv}20°=0.0200000$$

由表 15-1-28 查得 $\alpha'_{02}=21°59'$。

$$y_{01}=\frac{z_1+z_0}{2}\left(\frac{\cos\alpha}{\cos\alpha'_{01}}-1\right)=\frac{22+25}{2}\left(\frac{\cos20°}{\cos23°13'}-1\right)=0.5286$$

$$y_{02}=\frac{z_2+z_0}{2}\left(\frac{\cos\alpha}{\cos\alpha'_{02}}-1\right)=\frac{65+25}{2}\left(\frac{\cos20°}{\cos21°59'}-1\right)=0.6017$$

$$a'_{01}=m\left(\frac{z_1+z_0}{2}+y_{01}\right)=4\times\left(\frac{22+25}{2}+0.5286\right)=96.11\text{mm}$$

$$a'_{02}=m\left(\frac{z_2+z_0}{2}+y_{02}\right)=4\times\left(\frac{65+25}{2}+0.6017\right)=182.41\text{mm}$$

$$d_{f1}=2a'_{01}-d_{a0}=2\times96.11-110=82.22\text{mm}$$

$$d_{f2}=2a'_{02}-d_{a0}=2\times182.41-110=254.82\text{mm}$$

$$d_{a1}=2a'-d_{f2}-2c^*m=2\times178.41-254.82-2\times0.25\times4=100\text{mm}$$

$$d_{a2}=2a'-d_{f1}-2c^*m=2\times178.41-82.22-2\times0.25\times4=272.6\text{mm}$$

4.4 齿轮与齿条传动的几何计算

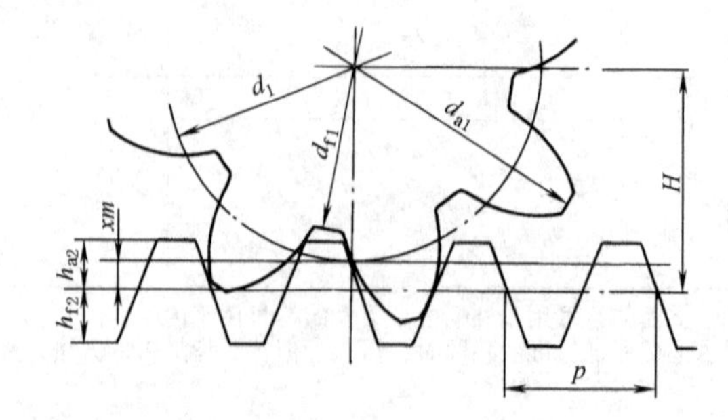

表 15-1-26

项目			代号	计算公式及说明	
				直齿	斜齿
分度圆直径与齿条运动速度的关系				$d_1=\dfrac{60000v}{\pi n_1}$	
分度圆直径			d	$d_1=mz_1$	$d_1=\dfrac{m_n z_1}{\cos\beta}$
齿顶高			h_a	$h_{a1}=(h_a^*+x_1)m$ $h_{a2}=h_a^* m$	$h_{a1}=(h_{an}^*+x_{n1})m_n$ $h_{a2}=h_{an}^* m_n$
齿根高			h_f	$h_{f1}=(h_a^*+c^*-x_1)m$ $h_{f2}=(h_a^*+c^*)m$	$h_{f1}=(h_{an}^*+c_n^*-x_{n1})m_n$ $h_{f2}=(h_{an}^*+c_n^*)m_n$
齿高			h	$h_1=h_{a1}+h_{f1}$ $h_2=h_{a2}+h_{f2}$	$h_1=h_{a1}+h_{f1}$ $h_2=h_{a2}+h_{f2}$
齿顶圆直径			d_a	$d_{a1}=d_1+2h_{a1}$	$d_{a1}=d_1+2h_{a1}$
齿根圆直径			d_f	$d_{f1}=d_1-2h_{f1}$	$d_{f1}=d_1-2h_{f1}$
齿距			p	$p=\pi m$	$p_n=\pi m_n$ $p_t=\pi m_t$
齿轮中心到齿条基准线距离			H	$H=\dfrac{d_1}{2}+xm$	$H=\dfrac{d_1}{2}+x_n m_n$
基圆直径			d_b	$d_{b1}=d_1\cos\alpha$	$d_{b1}=d_1\cos\alpha_t$
齿顶圆压力角			α_a	$\alpha_{a1}=\arccos\dfrac{d_{b1}}{d_{a1}}$	$\alpha_{at1}=\arccos\dfrac{d_{b1}}{d_{a1}}$
重合度	端面重合度	计算法	ε_α	$\varepsilon_\alpha=\dfrac{1}{2\pi}\left[z_1(\tan\alpha_{a1}-\tan\alpha)+\dfrac{4(h_a^*-x_1)}{\sin2\alpha}\right]$	$\varepsilon_\alpha=\dfrac{1}{2\pi}\left[z_1(\tan\alpha_{at1}-\tan\alpha_t)+\dfrac{4(h_{an}^*-x_{n1})\cos\beta}{\sin2\alpha_t}\right]$
		查图法		$\varepsilon_\alpha=(1+x_1)\varepsilon_{\alpha1}+\varepsilon_{\alpha2}$	$\varepsilon_\alpha=(1+x_{n1})\varepsilon_{\alpha1}+\varepsilon_{\alpha2}$
				$\varepsilon_{\alpha1}$按$\dfrac{z_1}{1+x_{n1}}$和β查图 15-1-29，$\varepsilon_{\alpha2}$按x_{n1}和β查图 15-1-30	
	纵向重合度		ε_β	$\varepsilon_\beta=0$	$\varepsilon_\beta=\dfrac{b\sin\beta}{\pi m_n}$
	总重合度		ε_γ	$\varepsilon_\gamma=\varepsilon_\alpha$	$\varepsilon_\gamma=\varepsilon_\alpha+\varepsilon_\beta$
当量齿数			z_v		$z_{v1}\approx\dfrac{z_1}{\cos^3\beta}$ $z_{v2}=\infty$

注：1. 表中的公式是按变位齿轮给出的，对标准齿轮，将 x_1（或 x_{n1}）= 0 代入即可。

2. n_1—齿轮转速，r/min；v—齿条速度，m/s。

4.5 交错轴斜齿轮传动的几何计算

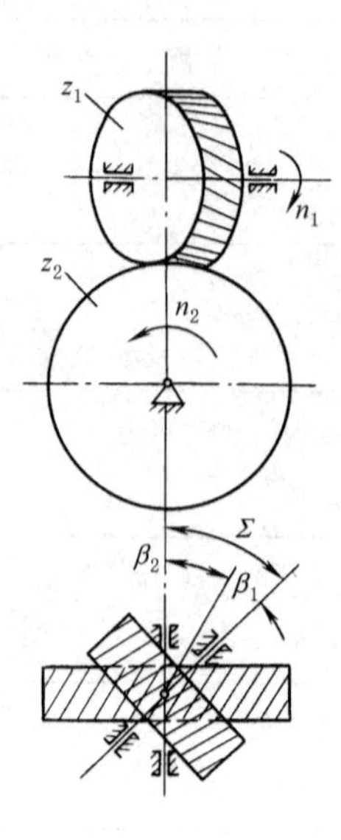

表 15-1-27

名　　称	代　号	计　算　公　式	说　　明
轴交角	Σ	由结构设计确定，一般 $\Sigma=90°$	
螺旋角	β	旋向相同：$\beta_1+\beta_2=\Sigma$	一般采用较多
		旋向相反：$\beta_1-\beta_2=\Sigma$ （或 $\beta_2-\beta_1=\Sigma$）	多用于 Σ 较小时
中心距	a	$a=\frac{1}{2}(d_1+d_2)$ $=\frac{m_n}{2}\left(\frac{z_1}{\cos\beta_1}+\frac{z_2}{\cos\beta_2}\right)$	
齿数比	u	$u=\frac{z_2}{z_1}=\frac{d_2\cos\beta_2}{d_1\cos\beta_1}$	齿数比不等于分度圆直径比
当 $\Sigma=90°$ 时			
中心距	a	$a=\frac{m_n z_1}{2}\left(\frac{1}{\sin\beta_2}+\frac{u}{\cos\beta_2}\right)$	
中心距最小的条件		$\cot\beta_2=\sqrt[3]{u}$	当 m_n、z_1、u 给定时，按此条件可得出最紧凑的结构

注：交错轴斜齿轮实际上是两个螺旋角不相等（或螺旋角相等，但旋向相同）的斜齿轮，因此其他尺寸的计算与斜齿轮相同，可按表 15-1-23 进行。

4.6 几何计算中使用的数表和线图

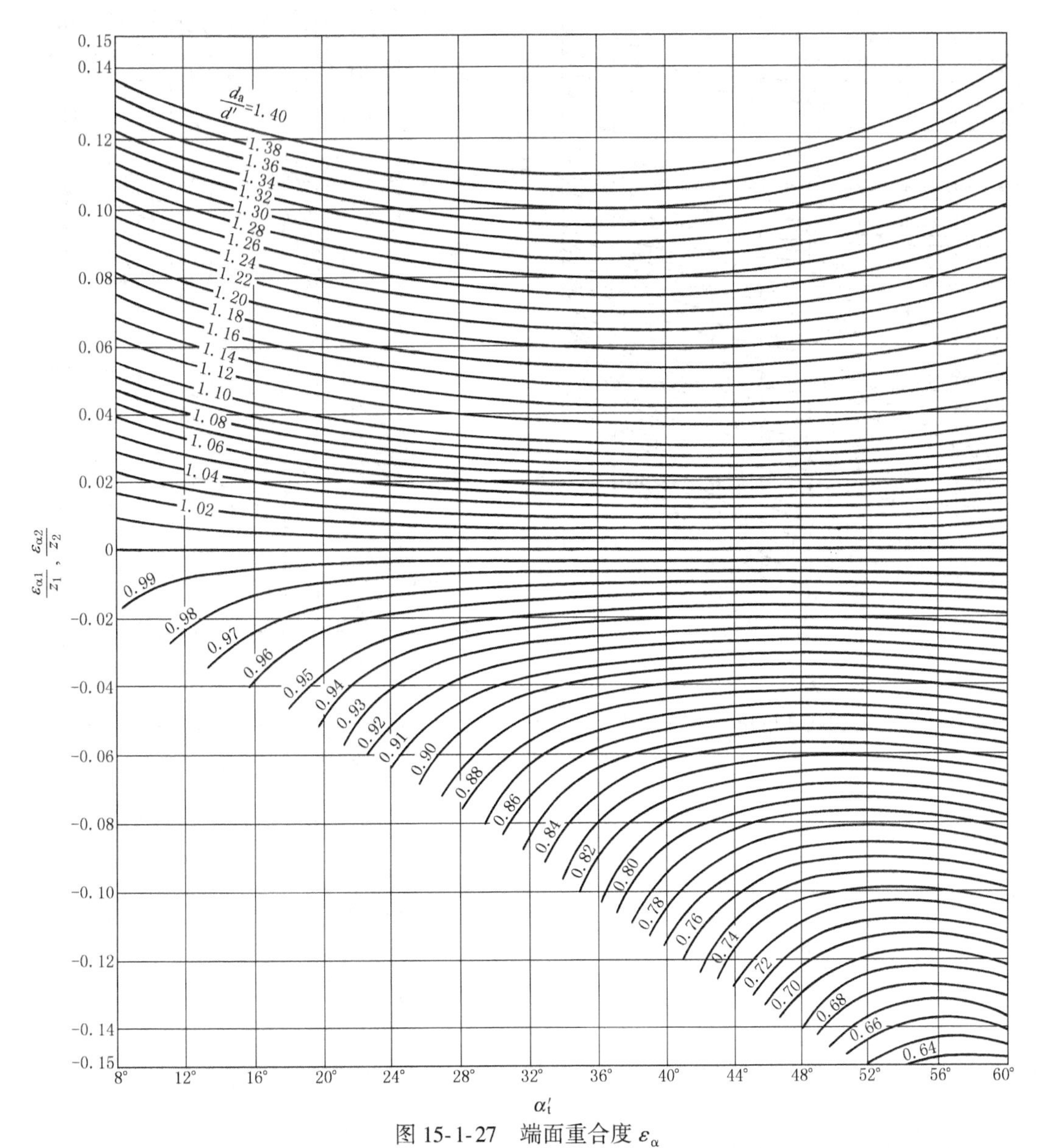

图 15-1-27　端面重合度 ε_α

注：1. 本图适用于 α(或 α_n)= 20°的各种平行轴齿轮传动。对于外啮合的标准齿轮和高变位齿轮传动，使用图 15-1-29 则更为方便。

2. 使用方法：按 α_t' 和 $\frac{d_{a1}}{d_1'}$ 查出 $\frac{\varepsilon_{\alpha1}}{z_1}$，按 α_t' 和 $\frac{d_{a2}}{d_2'}$ 查出 $\frac{\varepsilon_{\alpha2}}{z_2}$，则 $\varepsilon_\alpha = z_1\left(\frac{\varepsilon_{\alpha1}}{z_1}\right) \pm z_2\left(\frac{\varepsilon_{\alpha2}}{z_2}\right)$，式中“+”用于外啮合，“-”用于内啮合。

3. α_t' 可由图 15-1-28 查得。

例 1　已知外啮合齿轮传动，$z_1=18$、$z_2=80$、节圆直径 $d_1'=91.84$mm、$d_2'=408.16$mm、齿顶圆直径 $d_{a1}=101.73$mm、$d_{a2}=418.13$mm、啮合角 $\alpha_t'=22°57'$。

根据 $\alpha_t'=22°57'$，按 $\frac{d_{a1}}{d_1'}=\frac{101.73}{91.84}=1.108$，$\frac{d_{a2}}{d_2'}=\frac{418.13}{408.16}=1.024$，分别由图 15-1-27 查得 $\frac{\varepsilon_{\alpha1}}{z_1}=0.039$，$\frac{\varepsilon_{\alpha2}}{z_2}=0.0105$，则

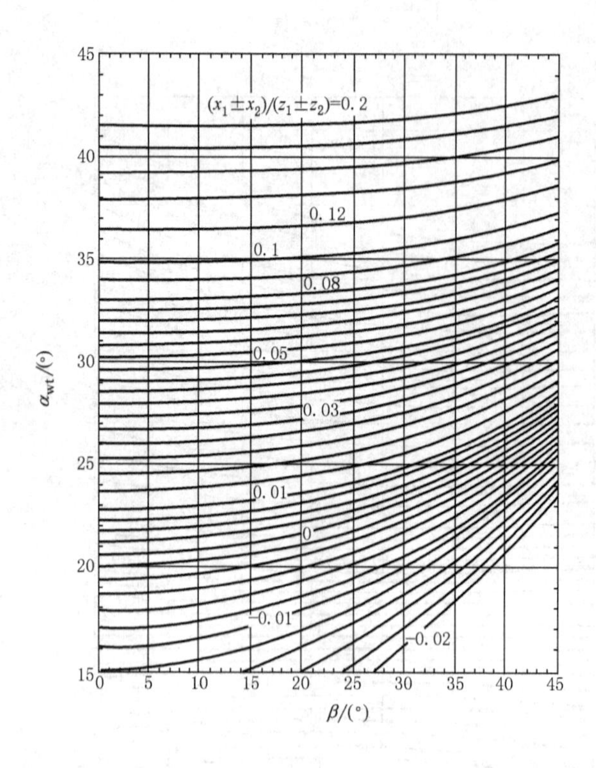

图 15-1-28　端面啮合角 α_{wt}（$\alpha_P=20°$）

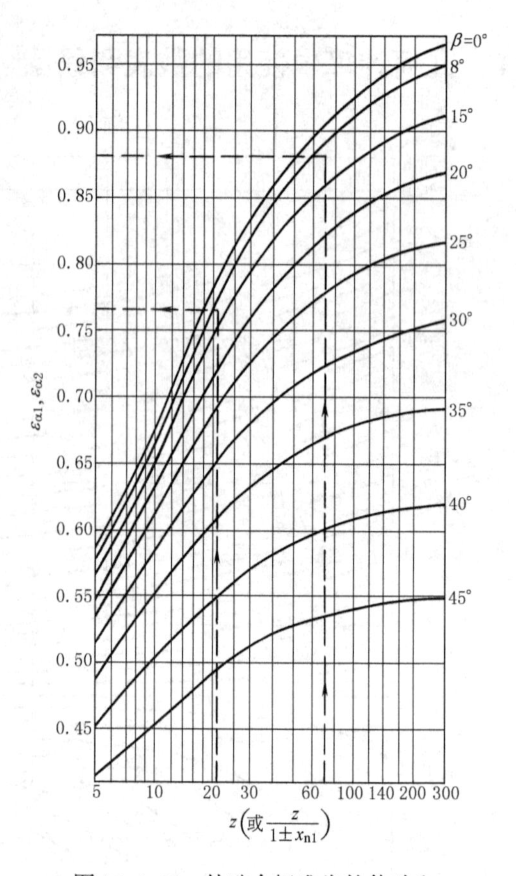

图 15-1-29　外啮合标准齿轮传动和高变位齿轮传动的端面重合度 ε_α（$\alpha=\alpha_n=20°$、$h_a^*=h_{an}^*=1$）

注：使用方法如下。

1. 标准齿轮（$h_{a1}=h_{a2}=m_n$）：按 z_1 和 β 查出 $\varepsilon_{\alpha1}$，按 z_2 和 β 查出 $\varepsilon_{\alpha2}$，$\varepsilon_\alpha=\varepsilon_{\alpha1}+\varepsilon_{\alpha2}$。
2. 高变位齿轮[$h_{a1}=(1+x_{n1})m_n$、$h_{a2}=(1-x_{n1})m_n$]：按 $\frac{z_1}{1+x_{n1}}$ 和 β 查出 $\varepsilon_{\alpha1}$，按 $\frac{z_2}{1-x_{n1}}$ 和 β 查出 $\varepsilon_{\alpha2}$，$\varepsilon_\alpha=(1+x_{n1})\varepsilon_{\alpha1}+(1-x_{n1})\varepsilon_{\alpha2}$

$\varepsilon_\alpha=z_1\left(\frac{\varepsilon_{\alpha1}}{z_1}\right)+z_2\left(\frac{\varepsilon_{\alpha2}}{z_2}\right)=18\times0.039+80\times0.0105=1.54$。

例 2　1. 外啮合斜齿标准齿轮传动，$z_1=21$、$z_2=74$、$\beta=12°$。根据 z_1 和 β 及 z_2 和 β 由图 15-1-29 分别查出 $\varepsilon_{\alpha1}=0.765$，$\varepsilon_{\alpha2}=0.88$（图中虚线），则 $\varepsilon_\alpha=\varepsilon_{\alpha1}+\varepsilon_{\alpha2}=0.765+0.88=1.65$。

2. 外啮合斜齿高变位齿轮传动，$z_1=21$、$z_2=74$、$\beta=12°$、$x_{n1}=0.5$、$x_{n2}=-0.5$。

根据 $\frac{z_1}{1+x_{n1}}=\frac{21}{1+0.5}=14$ 和 $\frac{z_2}{1-x_{n1}}=\frac{74}{1-0.5}=148$ 由图 15-1-29 分别查出 $\varepsilon_{\alpha1}=0.705$，$\varepsilon_{\alpha2}=0.915$，则 $\varepsilon_\alpha=(1+x_{n1})\varepsilon_{\alpha1}+(1-x_{n1})\varepsilon_{\alpha2}=(1+0.5)\times0.705+(1-0.5)\times0.915=1.52$。

例 3　已知直齿齿轮齿条传动，$z_1=18$、$x_1=0.4$。

按 $\frac{z_1}{1+x_1}=\frac{18}{1+0.4}=12.86$，$\beta=0°$ 由图 15-1-29 查出 $\varepsilon_{\alpha1}=0.72$；按 $x_{n1}=0.4$，$\beta=0°$ 由图 15-1-30 查出 $\varepsilon_{\alpha2}=0.586$；则 $\varepsilon_\alpha=(1+x_1)\times\varepsilon_{\alpha1}+\varepsilon_{\alpha2}=(1+0.4)\times0.72+0.586=1.59$。

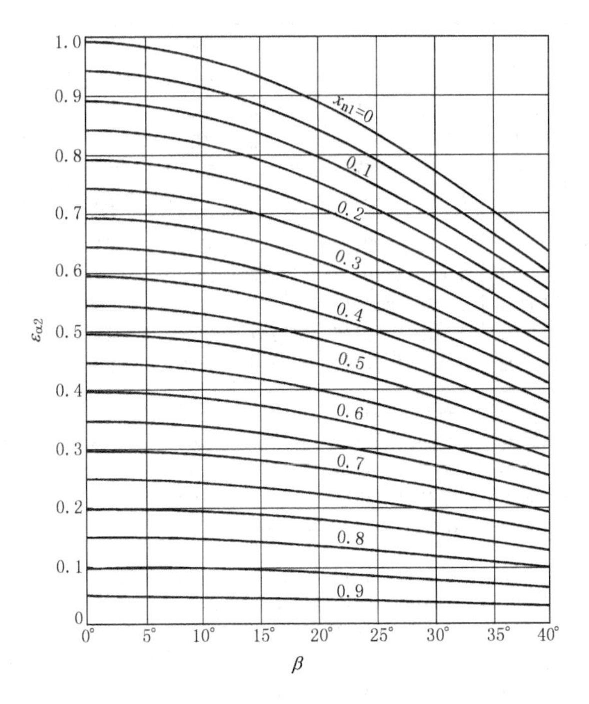

图 15-1-30　齿轮齿条传动的部分端面重合度 $\varepsilon_{\alpha 2}$（$\alpha=\alpha_n=20°$、$h_a^*=h_{an}^*=1$）

表 15-1-28　　**渐开线函数　$inv\alpha=\tan\alpha-\alpha$**

α/(°)		0′	5′	10′	15′	20′	25′	30′	35′	40′	45′	50′	55′
10	0.00	17941	18397	18860	19332	19812	20299	20795	21299	21810	22330	22859	23396
11	0.00	23941	24495	25057	25628	26208	26797	27394	28001	28616	29241	29875	30518
12	0.00	31171	31832	32504	33185	33875	34575	35285	36005	36735	37474	38224	38984
13	0.00	39754	40534	41325	42126	42938	43760	44593	45437	46291	47157	48033	48921
14	0.00	49819	50729	51650	52582	53526	54482	55448	56427	57417	58420	59434	60460
15	0.00	61498	62548	63611	64686	65773	66873	67985	69110	70248	71398	72561	73738
16	0.0	07493	07613	07735	07857	07982	08107	08234	08362	08492	08623	08756	08889
17	0.0	09025	09161	09299	09439	09580	09722	09866	10012	10158	10307	10456	10608
18	0.0	10760	10915	11071	11228	11387	11547	11709	11873	12038	12205	12373	12543
19	0.0	12715	12888	13063	13240	13418	13598	13779	13963	14148	14334	14523	14713
20	0.0	14904	15098	15293	15490	15689	15890	16092	16296	16502	16710	16920	17132
21	0.0	17345	17560	17777	17996	18217	18440	18665	18891	19120	19350	19583	19817
22	0.0	20054	20292	20533	20775	21019	21266	21514	21765	22018	22272	22529	22788
23	0.0	23049	23312	23577	23845	24114	24386	24660	24936	25214	25495	25778	26062
24	0.0	26350	26639	26931	27225	27521	27820	28121	28424	28729	29037	29348	29660
25	0.0	29975	30293	30613	30935	31260	31587	31917	32249	32583	32920	33260	33602
26	0.0	33947	34294	34644	34997	35352	35709	36069	36432	36798	37166	37537	37910
27	0.0	38287	38666	39047	39432	39819	40209	40602	40997	41395	41797	42201	42607
28	0.0	43017	43430	43845	44264	44685	45110	45537	45967	46400	46837	47276	47718
29	0.0	48164	48612	49064	49518	49976	50437	50901	51368	51838	52312	52788	53268

续表

α/(°)		0′	5′	10′	15′	20′	25′	30′	35′	40′	45′	50′	55′
30	0.0	53751	54238	54728	55221	55717	56217	56720	57226	57736	58249	58765	59285
31	0.0	59809	60336	60866	61400	61937	62478	63022	63570	64122	64677	65236	65799
32	0.0	66364	66934	67507	68084	68665	69250	69838	70430	71026	71626	72230	72838
33	0.0	73449	74064	74684	75307	75934	76565	77200	77839	78483	79130	79781	80437
34	0.0	81097	81760	82428	83100	83777	84457	85142	85832	86525	87223	87925	88631
35	0.0	89342	90058	90777	91502	92230	92963	93701	94443	95190	95942	96698	97459
36	0.	09822	09899	09977	10055	10133	10212	10292	10371	10452	10533	10614	10696
37	0.	10778	10861	10944	11028	11113	11197	11283	11369	11455	11542	11630	11718
38	0.	11806	11895	11985	12075	12165	12257	12348	12441	12534	12627	12721	12815
39	0.	12911	13006	13102	13199	13297	13395	13493	13592	13692	13792	13893	13995
40	0.	14097	14200	14303	14407	14511	14616	14722	14829	14936	15043	15152	15261
41	0.	15370	15480	15591	15703	15815	15928	16041	16156	16270	16386	16502	16619
42	0.	16737	16855	16974	17093	17214	17336	17457	17579	17702	17826	17951	18076
43	0.	18202	18329	18457	18585	18714	18844	18975	19106	19238	19371	19505	19639
44	0.	19774	19910	20047	20185	20323	20463	20603	20743	20885	21028	21171	21315
45	0.	21460	21606	21753	21900	22049	22198	22348	22499	22651	22804	22958	23112
46	0.	23268	23424	23582	23740	23899	24059	24220	24382	24545	24709	24874	25040
47	0.	25206	25374	25543	25713	25883	26055	26228	26401	26576	26752	26929	27107
48	0.	27285	27465	27646	27828	28012	28196	28381	28567	28755	28943	29133	29324
49	0.	29516	29709	29903	30098	30295	30492	30691	30891	31092	31295	31498	31703
50	0.	31909	32116	32324	32534	32745	32957	33171	33385	33601	33818	34037	34257
51	0.	34478	34700	34924	35149	35376	35604	35833	36063	36295	36529	36763	36999
52	0.	37237	37476	37716	37958	38202	38446	38693	38941	39190	39441	39693	39947
53	0.	40202	40459	40717	40977	41239	41502	41767	42034	42302	42571	42843	43116
54	0.	43390	43667	43945	44225	44506	44789	45074	45361	45650	45940	46232	46526
55	0.	46822	47119	47419	47720	48023	48328	48635	48944	49255	49568	49882	50199
56	0.	50518	50838	51161	51486	51813	52141	52472	52805	53141	53478	53817	54159
57	0.	54503	54849	55197	55547	55900	56255	56612	56972	57333	57698	58064	58433
58	0.	58804	59178	59554	59933	60314	60697	61083	61472	61863	62257	62653	63052
59	0.	63454	63858	64265	64674	65086	65501	65919	66340	66763	67189	67618	68050

例 1. inv27°15′=0.039432;

$\text{inv}27°17' = 0.039432 + \frac{2}{5} \times (0.039819 - 0.039432) = 0.039587$。

2. $\text{inv}\alpha = 0.0060460$，由表查得 $\alpha = 14°55'$。

表 15-1-29 **直齿插齿刀的基本参数**（GB/T 6081—2001）

形式	m/mm	z_0	d_0/mm	d_{a0}/mm	h_{a0}^*	形式	m/mm	z_0	d_0/mm	d_{a0}/mm	h_{a0}^*
锥柄直齿插齿刀	公称分度圆直径 25mm					锥柄直齿插齿刀	公称分度圆直径 38mm				
	1.00	26	26.00	28.72	1.25		1.00	38	38.0	40.72	1.25
	1.25	20	25.00	28.38			1.25	30	37.5	40.88	
	1.50	18	27.00	31.04			1.50	25	37.5	41.54	
	1.75	15	26.25	30.89			1.75	22	38.5	43.24	
	2.00	13	26.00	31.24			2.00	19	38.0	43.40	
	2.25	12	27.00	32.90			2.25	16	36.0	41.98	
	2.50	10	25.00	31.26			2.50	15	37.5	44.26	
	2.75	10	27.50	34.48			2.75	14	38.5	45.88	
							3.00	12	36.0	43.74	
							3.50	11	38.5	47.52	

续表

形式	m/mm	z_0	d_0/mm	d_{a0}/mm	h_{a0}^*
碗形直齿插齿刀	公称分度圆直径 50mm				
	1.00	50	50.00	52.72	1.25
	1.25	40	50.00	53.38	
	1.50	34	51.00	55.04	
	1.75	29	50.75	55.49	
	2.00	25	50.00	55.40	
	2.25	22	49.50	55.56	
	2.50	20	50.00	56.76	
	2.75	18	49.50	56.92	
	3.00	17	51.00	59.10	
	3.50	14	49.00	58.44	
	公称分度圆直径 75mm				
	1.00	76	76.00	78.72	1.25
	1.25	60	75.00	78.38	
	1.50	50	75.00	79.04	
	1.75	43	75.25	79.99	
	2.00	38	76.00	81.40	
	2.25	34	76.50	82.56	
	2.50	30	75.00	81.76	
	2.75	28	77.00	84.42	
	3.00	25	75.00	83.10	
	3.50	22	77.00	86.44	
	4.00	19	76.00	86.80	
盘形直齿插齿刀	公称分度圆直径 75mm				
	1.00	76	76.00	78.50	1.25
	1.25	60	75.00	78.56	
	1.50	50	75.00	79.56	
	1.75	43	75.25	80.67	
	2.00	38	76.00	82.24	
	2.25	34	76.50	83.48	
	2.50	30	75.00	82.34	
	2.75	28	77.00	84.92	
	3.00	25	75.00	83.34	
	3.50	22	77.00	86.44	
	4.00	19	76.00	86.32	
盘形直齿插齿刀、碗形直齿插齿刀	公称分度圆直径 100mm				
	1.00	100	100.00	102.62	1.25
	1.25	80	100.00	103.94	
	1.50	68	102.00	107.14	
	1.75	58	101.50	107.62	
	2.00	50	100.00	107.00	
	2.25	45	101.25	109.09	
	2.50	40	100.00	108.36	
	2.75	36	99.00	107.86	
	3.00	34	102.00	111.54	
	3.50	29	101.50	112.08	
	4.00	25	100.00	111.46	
	4.50	22	99.00	111.78	1.3
	5.00	20	100.00	113.90	
	5.50	19	104.50	119.68	
	6.00	18	108.00	124.56	
	公称分度圆直径 125mm				
	4.0	31	124.00	136.80	1.3
	4.5	28	126.00	140.14	
	5.0	25	125.00	140.20	
	5.5	23	126.50	143.00	
	6.0	21	126.00	143.52	
	7.0	18	126.00	145.74	
	8.0	16	128.00	149.92	
盘形直齿插齿刀	公称分度圆直径 160mm				
	6.0	27	162.00	178.20	1.25
	7.0	23	161.00	179.90	
	8.0	20	160.00	181.60	
	9.0	18	162.00	186.30	
	10.0	16	160.00	187.00	
	公称分度圆直径 200mm				
	8	25	200.00	221.60	1.25
	9	22	198.00	222.30	
	10	20	200.00	227.00	
	11	18	198.00	227.70	
	12	17	204.00	236.40	

注：1. 分度圆压力角皆为$\alpha=20°$。

2. 表中h_{a0}^*是在插齿刀的原始截面中的值。

4.7 ISO 21771：2007 几何计算公式

渐开线圆柱齿轮传动的几何计算从理论上来说已经没有多少难度，但是本节前述的公式，对于外齿和内齿采用两套公式，对于现在流行的计算机编程略显麻烦。对于 DIN 3960—1987 几何计算体系，其内齿轮齿数采用负值，将外齿和内齿公式合并为一套，使用起来较为方便。但其内齿轮的直径参数和一些与齿数有关的参数，计算结果为负值，让人感觉多少有些不习惯。为此 ISO 于 2007 年颁布 ISO 21771：2007 渐开线圆柱齿轮与齿轮副——概念与几何学（取代标准 ISO/TR 4467：1982）主要解决了 DIN 体系中内齿轮直径等参数均为负数的问题，发挥了其外齿轮和内齿轮采用一套公式的优势，体现了标准的人性化。德国也于 2012 年 8 月发布了 DIN ISO 21771—2012 草案，也体现出 DIN 对几何计算标准发展趋势的认同。

新的计算系统与 DIN 3960—1987 和中国计算公式对比主要有以下几个特点：

① 内齿轮齿数代入公式计算时采用负值；

② 内齿变位系数符号以增大分度圆齿厚方向为正；

③ 外齿轮和内齿轮采用相同的公式，便于计算机编程；

④ 使用$\frac{z}{|z|}$符号以区别内、外齿在计算时的不同，比国内传统的±或∓符号更加简洁，减少出错的可能性；

⑤ 内齿轮参数均为正值，符合人们的习惯。DIN 标准中与齿数相关的参数多为负值。

本节摘录部分 ISO 21771 公式，见表 15-1-30。为方便学习使用，每一个项目的术语都翻译成中文。因为其中部分术语在 GB/T 3374.1—2010 中没有相应的中文术语，故无权威术语可用。如对表格中翻译的术语有疑问可具体查询 ISO 21771：2007。每一个计算公式后都带有原标准的序号。

表 15-1-30

项目	代号	计算公式
分度圆直径	d	$d=\|z\|m_t=\frac{\|z\|m_n}{\cos\beta}$(1)
端面模数	m_t	$m_t=\frac{m_n}{\cos\beta}$(2) 对于直齿轮 $m=m_t=m_n$
轴向模数	m_x	$m_x=\frac{m_n}{\sin\beta}=\frac{m_n}{\cos\gamma}=\frac{m_t}{\tan\beta}$(仅对斜齿轮)(3)
导程	p_z	$p_z=\frac{\|z\|m_n\pi}{\sin\beta}=\frac{\|z\|m_t\pi}{\tan\beta}=\|z\|p_x$(4)
基圆螺旋角	β_b	$\tan\beta_b=\tan\beta\cos\alpha_t$(5) $\sin\beta_b=\sin\beta\cos\alpha_n$(6) $\cos\beta_b=\cos\beta\frac{\cos\alpha_n}{\cos\alpha_t}=\frac{\sin\alpha_n}{\sin\alpha_t}=\frac{\sin\alpha_{yn}}{\sin\alpha_{yt}}=\cos\alpha_n\sqrt{\tan^2\alpha_n+\cos^2\beta}$(7)
Y 圆螺旋角	β_y	$\tan\beta_y=\tan\beta\frac{d_y}{d}=\tan\beta\frac{\cos\alpha_t}{\cos\alpha_{yt}}=\tan\beta_b\frac{d_y}{d_b}=\frac{\tan\beta_b}{\cos\alpha_{yt}}$(8) $\sin\beta_y=\sin\beta\frac{\cos\alpha_n}{\cos\alpha_{yn}}=\frac{\sin\beta_b}{\cos\alpha_{yn}}$(9) $\cos\beta_y=\frac{\tan\alpha_{yn}}{\tan\alpha_{yt}}=\frac{\cos\alpha_{yt}\cos\beta_b}{\cos\alpha_{yn}}$(10)
Y 圆导程角	γ_y	$\gamma_y=90°-\beta_y$(11) 对于直齿轮 $\beta=0,\gamma=90°$
Y 圆端面压力角	α_{yt}	$\cos\alpha_{yt}=\frac{d_b}{d_y}=\frac{d}{d_y}\cos\alpha_t$(12)

续表

项目	代号	计算公式
端面压力角	α_t	$\cos\alpha_t=\frac{d_b}{d}$(13)
法向压力角	α_n	$\tan\alpha_n=\tan\alpha_t\cos\beta$(14)
Y 圆法向压力角	α_{yn}	$\tan\alpha_{yn}=\tan\alpha_{yt}\cos\beta_y$(15) 对于直齿轮，$\alpha_n=\alpha_t$，$\alpha_{yn}=\alpha_{yt}$
渐开线上 Y 点滚动角	ξ_y	$\xi_y=\tan\alpha_{yt}$(16)
渐开线曲率半径	L_y	$L_y=\rho_y=\frac{z}{\lvert z\rvert}\frac{d_b}{2}\xi_y=\frac{z}{\lvert z\rvert}\frac{d_b}{2}\tan\alpha_{yt}=\frac{z}{\lvert z\rvert}\frac{\sqrt{d_y^2-d_b^2}}{2}$(17)
渐开线函数	$\mathrm{inv}\alpha_{yt}$	$\mathrm{inv}\alpha_{yt}=\xi_y-\alpha_{yt}=\tan\alpha_{yt}-\alpha_{yt}$(18)
基圆直径	d_b	$d_b=d\cos\alpha_t=\lvert z\rvert m_t\cos\alpha_t=\frac{\lvert z\rvert m_n\cos\alpha_t}{\cos\beta}=\frac{\lvert z\rvert m_n}{\sqrt{\tan^2\alpha_n+\cos^2\beta}}$(19) $d_b=\lvert z\rvert m_n\frac{\cos\alpha_n}{\cos\beta_b}$(20)
齿距角	τ	$\tau=\frac{2\pi}{\lvert z\rvert}=\frac{2p_{yt}}{d_y}$　弧度(21) $\tau=\frac{360}{z}$　角度(22)
端面齿距	p_t	$p_t=\frac{\pi m_n}{\cos\beta}=\frac{d}{2}\tau=\frac{\pi d}{\lvert z\rvert}=\pi m_t$(23)
法向齿距	p_n	$p_n=\pi m_n=p_t\cos\beta$(24)
Y 圆端面齿距	p_{yt}	$p_{yt}=\frac{d_y}{2}\tau=\frac{\pi d_y}{\lvert z\rvert}=\frac{d_y}{d}p_t$(25)
Y 圆法向齿距	p_{yn}	$p_{yn}=p_{yt}\cos\beta_y$(26)
轴向齿距	p_x	$p_x=\frac{\pi m_n}{\sin\beta}=\pi m_x=\frac{p_z}{\lvert z\rvert}=\frac{\pi m_t}{\tan\beta}=\frac{p_{yt}}{\tan\beta_y}=\frac{p_{yn}}{\sin\beta_y}$(27)
基圆端面齿距	p_{bt}	$p_{bt}=\frac{d_b}{2}\tau=p_t\cos\alpha_t=p_{yt}\cos\alpha_{yt}=\frac{\pi d_b}{\lvert z\rvert}=\frac{d_b}{d}p_t$(28)
基圆法向齿距	p_{bn}	$p_{bn}=p_n\cos\alpha_n=p_{bt}\cos\beta_b$(29)
端面啮合齿距	p_{et}	$p_{et}=p_{bt}$(30)
法向啮合齿距	p_{en}	$p_{en}=p_{bn}$(31)
V 圆直径	d_v	$d_v=d+2\frac{z}{\lvert z\rvert}xm_n$(32)
齿顶圆直径	d_a	$d_a=d+2\frac{z}{\lvert z\rvert}(xm_n+h_{aP}+km_n)$(33)
齿根圆直径	d_f	$d_f=d-2\frac{z}{\lvert z\rvert}(h_{fP}-xm_n)$(34)

续表

项目	代号	计算公式
全齿高	h	$h=\dfrac{\lvert d_a-d_f\rvert}{2}=h_{aP}+km_n+h_{fP}$ (35)
齿顶高	h_a	$h_a=\dfrac{\lvert d_a-d\rvert}{2}=h_{aP}+xm_n+km_n$ (36)
齿根高	h_f	$h_f=\dfrac{\lvert d-d_f\rvert}{2}=h_{fP}-xm_n$ (37)
Y 圆端面齿厚	s_{yt}	$s_{yt}=d_y\psi_y=d_y\left[\psi+\dfrac{z}{\lvert z\rvert}(\mathrm{inv}\alpha_t-\mathrm{inv}\alpha_{yt})\right]=d_y\left[\dfrac{\pi+4x\tan\alpha_n}{2\lvert z\rvert}+\dfrac{z}{\lvert z\rvert}(\mathrm{inv}\alpha_t-\mathrm{inv}\alpha_{yt})\right]$ (38)
分度圆端面齿厚	s_t	$s_t=d\psi=d\left(\dfrac{\pi+4x\tan\alpha_n}{2\lvert z\rvert}\right)=\dfrac{m_n}{\cos\beta}\left(\dfrac{\pi}{2}+2x\tan\alpha_n\right)$ (39)
Y 圆齿厚半角	ψ_y	$\psi_y=\dfrac{s_{yt}}{d_y}=\psi+\dfrac{z}{\lvert z\rvert}(\mathrm{inv}\alpha_t-\mathrm{inv}\alpha_{yt})$ (40)
分度圆齿厚半角	ψ	$\psi=\dfrac{\pi+4x\tan\alpha_n}{2\lvert z\rvert}$ (41)
基圆齿厚半角	ψ_b	$\psi_b=\psi+\dfrac{z}{\lvert z\rvert}\mathrm{inv}\alpha_t$ (42)
Y 圆齿槽宽	e_{yt}	$e_{yt}=d_y\eta_y=d_y\left[\eta-\dfrac{z}{\lvert z\rvert}(\mathrm{inv}\alpha_t-\mathrm{inv}\alpha_{yt})\right]=d_y\left[\dfrac{\pi-4x\tan\alpha_n}{2\lvert z\rvert}-\dfrac{z}{\lvert z\rvert}(\mathrm{inv}\alpha_t-\mathrm{inv}\alpha_{yt})\right]$ (43)
分度圆齿槽宽	e_t	$e_t=d\eta=d\left(\dfrac{\pi-4x\tan\alpha_n}{2\lvert z\rvert}\right)=\dfrac{m_n}{\cos\beta}\left(\dfrac{\pi}{2}-2x\tan\alpha_n\right)$ (44)
Y 圆齿槽宽半角	η_y	$\eta_y=\dfrac{e_{yt}}{d_y}=\eta-\dfrac{z}{\lvert z\rvert}(\mathrm{inv}\alpha_t-\mathrm{inv}\alpha_{yt})$ (45)
分度圆齿槽宽半角	η	$\eta=\dfrac{\pi-4x\tan\alpha_n}{2\lvert z\rvert}$ (46)
基圆齿槽宽半角	η_b	$\eta_b=\eta-\dfrac{z}{\lvert z\rvert}\mathrm{inv}\alpha_t$ (47)
Y 圆法向齿厚	s_{yn}	$s_{yn}=s_{yt}\cos\beta_y$ (48)
分度圆法向齿厚	s_n	$s_n=s_t\cos\beta=m_n\left(\dfrac{\pi}{2}+2x\tan\alpha_n\right)$ (49)
Y 圆法向齿槽宽	e_{yn}	$e_{yn}=e_{yt}\cos\beta_y$ (50)
分度圆法向齿槽宽	e_n	$e_n=e_t\cos\beta=m_n\left(\dfrac{\pi}{2}-2x\tan\alpha_n\right)$ (51)
齿数比	u	$u=\dfrac{z_2}{z_1}$, $\lvert u\rvert\geqslant1$ (52)
传动比	i	$i=\dfrac{\omega_a}{\omega_b}=\dfrac{n_a}{n_b}=-\dfrac{z_b}{z_a}$ (53)

续表

项目	代号	计算公式
端面啮合角	α_{wt}	$\alpha_{wt}=\arccos\left[\lvert z_1+z_2\rvert\left(\dfrac{m_n\cos\alpha_t}{2a_w\cos\beta}\right)\right]$(54) $\mathrm{inv}\alpha_{wt}=\mathrm{inv}\alpha_t+\dfrac{2\tan\alpha_n}{z_1+z_2}(x_1+x_2)$(55)
节圆	d_w	$d_{w1}=\dfrac{z_2}{\lvert z_2\rvert}\dfrac{2a_w}{\dfrac{z_2}{z_1}+1}=d_1\dfrac{\cos\alpha_t}{\cos\alpha_{wt}}=\dfrac{d_{b1}}{\cos\alpha_{wt}}$(56)（经修订，与原标准不同） $d_{w2}=\dfrac{2a_w}{\dfrac{z_1}{z_2}+1}=d_2\dfrac{\cos\alpha_t}{\cos\alpha_{wt}}=\dfrac{d_{b2}}{\cos\alpha_{wt}}$(57)
中心距	a_w	$a_w=\dfrac{1}{2}\left(d_{w2}+\dfrac{z_2}{\lvert z_2\rvert}d_{w1}\right)$(58)
工作齿高	h_w	$h_w=\dfrac{d_{a1}+\dfrac{z_2}{\lvert z_2\rvert}d_{a2}}{2}-\dfrac{z_2}{\lvert z_2\rvert}a_w$(59)
顶隙	c	$c_1=\dfrac{z_2}{\lvert z_2\rvert}\left(a_w-\dfrac{d_{fE2}}{2}\right)-\dfrac{d_{a1}}{2}$(60) $c_2=\dfrac{z_2}{\lvert z_2\rvert}\left(a_w-\dfrac{d_{a2}}{2}\right)-\dfrac{d_{fE1}}{2}$(61)
总变位系数	$\sum x$	$\sum x=x_1+x_2=\dfrac{(z_1+z_2)(\mathrm{inv}\ \alpha_{wt}-\mathrm{inv}\ \alpha_t)}{2\tan\alpha_n}$(62)
非零侧隙总变位系数	$\sum x_E$	$\sum x_E=x_{E1}+x_{E2}=\dfrac{(z_1+z_2)(\mathrm{inv}\ \alpha_{wt}-\mathrm{inv}\ \alpha_t)}{2\tan\alpha_n}-\dfrac{j_{bn}}{2m_n\sin\alpha_n}$(63)
有效齿廓起始点	d_{Nf}	当 $d_{Na}=d_{Fa}$ 时，由齿顶形状直径决定的有效齿廓起始点为 $d_{Nf1}=\sqrt{\left(2a_w\sin\alpha_{wt}-\dfrac{z_2}{\lvert z_2\rvert}\sqrt{d_{Fa2}^2-d_{b2}^2}\right)^2+d_{b1}^2}$(64) $d_{Nf2}=\sqrt{\left(2a_w\sin\alpha_{wt}-\sqrt{d_{Fa1}^2-d_{b1}^2}\right)^2+d_{b2}^2}$(65) 如果 d_{Ff} 大于上述公式计算出来的值时， $d_{Nf1}=d_{Ff1}$(66) $d_{Nf2}=d_{Ff2}$(67)
有效齿顶圆直径	d_{Na}	如果 $d_{Nf1}=d_{Ff1}$，那么 $d_{Na2}=\sqrt{\left(2a_w\sin\alpha_{wt}-\sqrt{d_{Ff1}^2-d_{b1}^2}\right)^2+d_{b2}^2}$(68) 否则，$d_{Na2}=d_{Fa2}$。 如果 $d_{Nf2}=d_{Ff2}$，那么 $d_{Na1}=\sqrt{\left(2a_w\sin\alpha_{wt}-\dfrac{z_2}{\lvert z_2\rvert}\sqrt{d_{Ff2}^2-d_{b2}^2}\right)^2+d_{b1}^2}$(69) 否则，$d_{Na1}=d_{Fa1}$
有效齿廓起始点	d_{Nf}	$d_{Nf1}=\dfrac{d_{b1}}{\cos\alpha_{Nf1}}$(70) 其中 α_{Nf1} 从下列公式计算： $\xi_{Nf}=\tan\alpha_{Nf}$ $\xi_{Nf1}=\dfrac{z_2}{z_1}(\xi_{wt}-\xi_{Na2})+\xi_{wt}$(71) $\xi_{Na2}=\tan\ \mathrm{arc}\ \cos\dfrac{d_{b2}}{d_{Na2}}$(72) $d_{Nf2}=\dfrac{d_{b2}}{\cos\alpha_{Nf2}}$(73) 其中 α_{Nf2} 从下列公式计算： $\xi_{Nf}=\tan\alpha_{Nf}$ $\xi_{Nf2}=\dfrac{z_1}{z_2}(\xi_{wt}-\xi_{Na1})+\xi_{wt}$(74) $\xi_{Na1}=\tan\ \mathrm{arc}\ \cos\dfrac{d_{b1}}{d_{Na1}}$(75)

续表

项目	代号	计算公式
形状超越量	c_F	$c_F=\frac{1}{2}\frac{z_2}{\|z_2\|}(d_{Nf}-d_{Ff})$ (76)
啮合长度	g_α	两齿轮啮合 $g_\alpha=\frac{1}{2}\left[\sqrt{d_{Na1}^2-d_{b1}^2}+\frac{z_2}{\|z_2\|}\left(\sqrt{d_{Na2}^2-d_{b2}^2}-2a_w\sin\alpha_{wt}\right)\right]$ (77) 齿轮与齿条啮合 $g_\alpha=\frac{1}{2}\left(\sqrt{d_{Na1}^2-d_{b1}^2}-d_{b1}\tan\alpha_t\right)+\frac{h_{aP}-x_1m_n}{\sin\alpha_t}$ (78)
啮入轨迹长度	g_f	$g_{f1}=\overline{AC}=\frac{1}{2}\frac{z_2}{\|z_2\|}\left(\sqrt{d_{Na2}^2-d_{b2}^2}-d_{b2}\tan\alpha_{wt}\right)=g_{a2}$ (79)
啮出轨迹长度	g_a	$g_{a1}=\overline{CE}=\frac{1}{2}\left(\sqrt{d_{Na1}^2-d_{b1}^2}-d_{b1}\tan\alpha_{wt}\right)=g_{f2}$ (80)
齿面曲率半径	$\overline{T_1C}$	$\overline{T_1C}=\rho_{C1}=\frac{1}{2}\sqrt{d_{w1}^2-d_{b1}^2}=\frac{1}{2}d_{b1}\tan\alpha_{wt}$ (81)
	$\overline{T_2C}$	$\overline{T_2C}=\rho_{C2}=\frac{1}{2}\frac{z_2}{\|z_2\|}\sqrt{d_{w2}^2-d_{b2}^2}=\frac{1}{2}\frac{z_2}{\|z_2\|}d_{b2}\tan\alpha_{wt}$ (82)
	$\overline{T_2A}$	$\overline{T_2A}=\rho_{A2}=\frac{1}{2}\frac{z_2}{\|z_2\|}\sqrt{d_{Na2}^2-d_{b2}^2}$ (83)
	$\overline{T_1E}$	$\overline{T_1E}=\rho_{E1}=\frac{1}{2}\sqrt{d_{Na1}^2-d_{b1}^2}$ (84)
	$\overline{T_1B}$	$\overline{T_1B}=\rho_{B1}=\rho_{E1}-p_{et}$ (85)
	$\overline{T_2D}$	$\overline{T_2D}=\rho_{D2}=\rho_{A2}-p_{et}$ (86)
	$\overline{T_1T_2}$	$\overline{T_1T_2}=\rho_{C1}+\rho_{C2}=\frac{z_2}{\|z_2\|}a_w\sin\alpha_{wt}=\rho_{A1}+\rho_{A2}=\rho_{E1}+\rho_{E2}$ (87)
端面作用角	φ_α	$\varphi_{\alpha1}=\frac{2g_\alpha}{d_{b1}}=\|u\|\varphi_{\alpha2}$ (88) $\varphi_{\alpha2}=\frac{2g_\alpha}{d_{b2}}=\frac{\varphi_{\alpha1}}{\|u\|}$ (89)
端面重合度	ε_α	$\varepsilon_\alpha=\frac{\varphi_{\alpha1}}{\tau_1}=\frac{\varphi_{\alpha2}}{\tau_2}=\frac{g_\alpha}{p_{et}}=\frac{g_f+g_a}{\rho_{et}}$ (90)
纵向作用角	φ_β	$\varphi_{\beta1}=\frac{2b_w\tan\beta}{d_1}=\frac{2b_w\sin\beta}{m_nz_1}=\|u\|\varphi_{\beta2}$ (91) $\varphi_{\beta2}=\frac{2b_w\sin\beta}{m_nz_2}=\frac{\varphi_{\beta1}}{\|u\|}$ (92)
纵向重合度	ε_β	$\varepsilon_\beta=\frac{\varphi_{\beta1}}{\tau_1}=\frac{\varphi_{\beta2}}{\tau_2}=\frac{b}{p_x}=\frac{b\sin\beta}{m_n\pi}=\frac{b\tan\beta}{p_t}=\frac{b\tan\beta_b}{p_{et}}$ (93)
纵向重合弧长度	g_β	$g_\beta=r\varphi_\beta=b_w\tan\beta$ (94)
总作用角	φ_γ	$\varphi_{\gamma1}=\varphi_{\alpha1}+\varphi_{\beta1}=\|u\|\varphi_{\gamma2}$ (95) $\varphi_{\gamma2}=\varphi_{\alpha2}+\varphi_{\beta2}=\frac{\varphi_{\gamma1}}{\|u\|}$ (96)
总重合度	ε_γ	$\varepsilon_\gamma=\frac{\varphi_{\gamma1}}{\tau_1}=\frac{\varphi_{\gamma2}}{\tau_2}=\varepsilon_\alpha+\varepsilon_\beta$ (97)

续表

项目	代号	计算公式
最大接触线长度	l_{max}	$l_{max}=\dfrac{g_\alpha}{\sin\beta_b}$(98)或 $l_{max}=\dfrac{b_w}{\cos\beta_b}$(99)两者之间最小值
侧隙角	φ_j	$\varphi_{j1}=\dfrac{2}{m_n z_1\cos\alpha_n}j_{bn}$(100) $\varphi_{j2}=\dfrac{2}{m_n\mid z_2\mid\cos\alpha_n}j_{bn}$(101)
节圆上的圆周侧隙	j_{wt}	$j_{wt}=\dfrac{1}{\cos\alpha_{wt}\cos\beta_b}j_{bn}$(102)
分度圆上的圆周侧隙	j_t	$j_t=\dfrac{1}{\cos\beta\cos\alpha_n}j_{bn}$(103)
径向侧隙	j_r	$j_r=\dfrac{1}{2\tan\alpha_{wt}}j_{wt}$(104)
正常速度	v_n	$v_n=\dfrac{1}{2}\omega_1 d_{b1}$(105)
滑动速度	v_g	$v_g=\pm\omega_1\left(\dfrac{\rho_{y2}}{u}-\rho_{y1}\right)$(106)
点 Y 到点 C 的距离	$g_{\alpha y}$	$g_{\alpha y}=\mid\rho_{C1}-\rho_{y1}\mid=\mid\rho_{C2}-\rho_{y2}\mid$(107)
滑动速度	v_g	$v_g=\left\|\omega_1 g_{\alpha y}\left(1+\dfrac{1}{u}\right)\right\|$(108)
齿根滑动速度	v_{gf}	$v_{gf}=\left\|\omega_1 g_f\left(1+\dfrac{1}{u}\right)\right\|$(109)
齿顶滑动速度	v_{ga}	$v_{ga}=\left\|\omega_1 g_a\left(1+\dfrac{1}{u}\right)\right\|$(110)
滑动系数	K_g	$K_g=\dfrac{v_g}{v_t}=\dfrac{2g_{\alpha y}}{d_{w1}}\left(1+\dfrac{1}{u}\right)$(111)
齿根滑动系数	K_{gf}	$K_{gf}=\dfrac{2g_f}{d_{w1}}\left(1+\dfrac{1}{u}\right)$(112)
齿顶滑动系数	K_{ga}	$K_{ga}=\dfrac{2g_a}{d_{w1}}\left(1+\dfrac{1}{u}\right)$(113)
滑动率	ζ	$\zeta_1=1-\dfrac{\rho_{y2}}{u\rho_{y1}}$(114) $\zeta_2=1-\dfrac{u\rho_{y1}}{\rho_{y2}}$(115)
滑动率	ζ_f	A 点滑动率 $\zeta_{f1}=1-\dfrac{\rho_{A2}}{u\rho_{A1}}$(116) E 点滑动率 $\zeta_{f2}=1-\dfrac{u\rho_{E1}}{\rho_{E2}}$(117)
最大分度圆法向齿厚	s_{ns}	$s_{ns}=s_n+E_{sns}$(118)
最小分度圆法向齿厚	s_{ni}	$s_{ni}=s_n+E_{sni}$(119)

续表

项目	代号	计算公式
展成变位系数	x_E	带齿厚偏差的预加工展成变位系数 $x_{EsV}m_n=x_{Ei}m_n+\frac{q_{max}}{\sin\alpha_n}$(120) $x_{EiV}m_n=x_{Es}m_n+\frac{q_{min}}{\sin\alpha_n}$(121) 终加工展成变位系数($q=0$) $x_{Es}m_n=xm_n+\frac{E_{sns}}{2\tan\alpha_n}$(123) $x_{Ei}m_n=xm_n+\frac{E_{sni}}{2\tan\alpha_n}$(124)
机械加工余量	q	$q_{max}=q_{min}+(T_{sn}+T_{snv})\frac{\cos\alpha_n}{2}$(122)
实际生成齿根圆直径	d_{fE}	齿条刀加工:$d_{fE}=d+2x_E m_n-2h_{aP0}$(125) 插齿刀加工:$d_{fE}=2a_0-\frac{z}{\lvert z\rvert}d_{a0}$(126)
齿顶形状直径	d_{Fa}	$d_{Fa}=d_a-2\frac{z}{\lvert z\rvert}h_K$(127)
齿根形状直径	d_{Ff}	终加工采用展成法,并且使用刀具齿顶与基准线平行的滚刀或梳形刨齿刀加工,在不产生根切和无预加工余量时,外齿轮齿根形状直径用下式计算: $d_{Ff}=\sqrt{\left\{d\sin\alpha_t-\frac{2[h_{aP0}-x_E m_n-\rho_{aP0}(1-\sin\alpha_t)]}{\sin\alpha_t}\right\}^2+d_b^2}$ $=\sqrt{\{d-2[h_{aP0}-x_E m_n-\rho_{aP0}(1-\sin\alpha_t)]\}^2+4[h_{aP0}-x_E m_n-\rho_{aP0}(1-\sin\alpha_t)]^2\cot^2\alpha_t}$(128) 或,使用滚动角 $\tan\alpha_{Ff}=\xi_{Ff}$,可用下式计算 $d_{Ff}=\frac{d_b}{\cos\alpha_{Ff}}$(129) 其中 $\tan\alpha_{Ff}=\xi_{Ff}=\xi_t-\frac{4[h_{aP0}-\rho_{aP0}(1-\sin\alpha_t)/m_n-x_E]\cos\beta}{z\sin2\alpha_t}$(130) 对于外齿轮和内齿轮,使用插齿刀(插齿刀齿数 z_0,基圆直径 d_{b0},齿顶形状直径 d_{Fa0},加工中心距 a_0)加工,在不产生根切和无预加工余量时,齿轮齿根形状直径用下式计算: $d_{Ff}=\sqrt{\left(2a_0\sin\alpha_{wt0}-\frac{z}{\lvert z\rvert}\sqrt{d_{Fa0}^2-d_{b0}^2}\right)^2+d_b^2}$(131) 或,使用滚动角 $\tan\alpha_{Ff}=\xi_{Ff}$,可用下式计算 $d_{Ff}=\frac{d_b}{\cos\alpha_{Ff}}$(132) 其中 $\xi_{Ff}=\frac{z_0}{z}(\xi_{wt0}-\xi_{Fa0})+\xi_{wt0}$(123) $\xi_{Fa0}=\tan\left(\arccos\frac{d_{b0}}{d_{Fa0}}\right)$(134)
不根切最小变位系数	$x_{E\,min}$	$x_{E\,min}=\frac{d_{FaP0}}{m_n}-\frac{z\sin^2\alpha_t}{2\cos\beta}$(135)

5 渐开线圆柱齿轮齿厚的测量计算

5.1 齿厚测量方法的比较和应用

表 15-1-31

测量方法	简图	优点	缺点	应用
公法线长度（跨距）	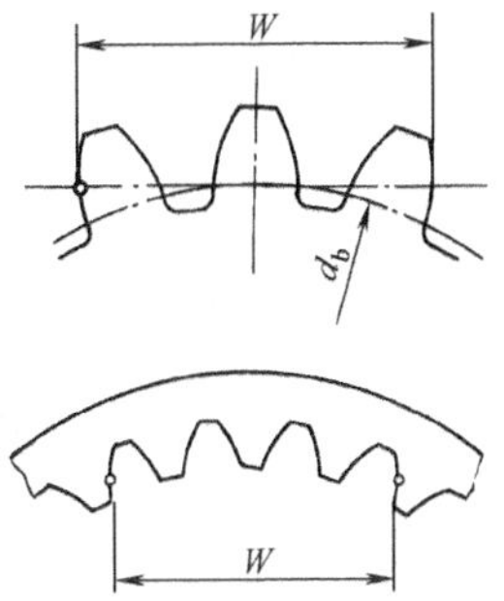	1. 测量时不以齿顶圆为基准，因此不受齿顶圆误差的影响，测量精度较高并可放宽对齿顶圆的精度要求 2. 测量方便 3. 与量具接触的齿廓曲率半径较大，量具的磨损较轻	1. 对斜齿轮，当 $b<W_n\sin\beta$ 时不能测量 2. 当用于斜齿轮时，计算比较麻烦 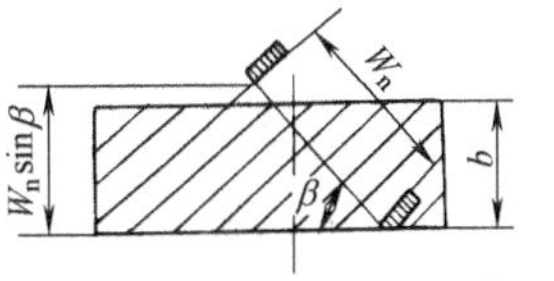	广泛用于各种齿轮的测量，但是对大型齿轮因受量具限制使用不多
分度圆弦齿厚	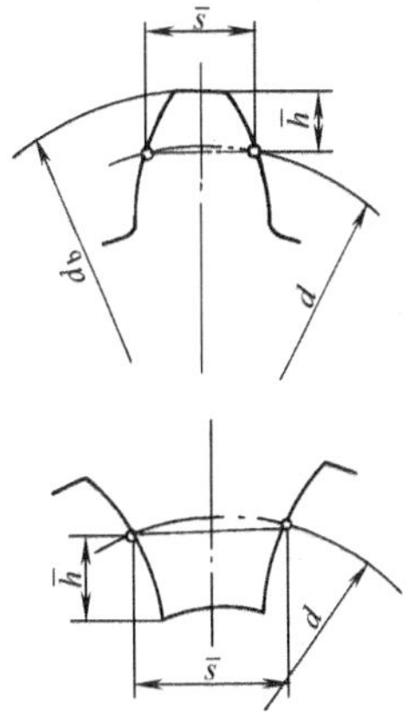	与固定弦齿厚相比，当齿轮的模数较小，或齿数较少时，测量比较方便	1. 测量时以齿顶圆为基准，因此对齿顶圆的尺寸偏差及径向圆跳动有严格的要求 2. 测量结果受齿顶圆误差的影响，精度不高 3. 当变位系数较大（$x>0.5$）时，可能不便于测量 4. 对斜齿轮，计算时要换算成当量齿数，增加了计算工作量 5. 齿轮卡尺的卡爪尖部容易磨损	适用于大型齿轮的测量。也常用于精度要求不高的小型齿轮的测量
固定弦齿厚	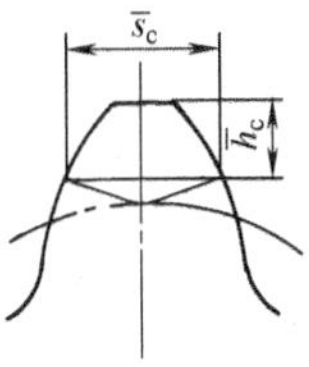 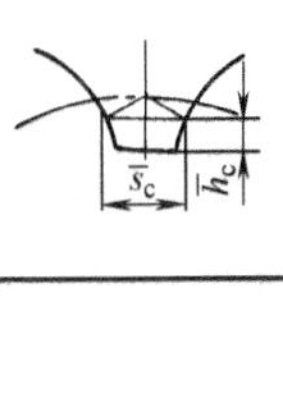	计算比较简单，特别是用于斜齿轮时，可省去当量齿数 z_v 的换算	1. 测量时以齿顶圆为基准，因此对齿顶圆的尺寸偏差及径向圆跳动有严格的要求 2. 测量结果受齿顶圆误差的影响，精度不高 3. 齿轮卡尺的卡爪尖部容易磨损 4. 对模数较小的齿轮，测量不够方便	适用于大型齿轮的测量

续表

测量方法	简图	优点	缺点	应用
量柱(球)测量距	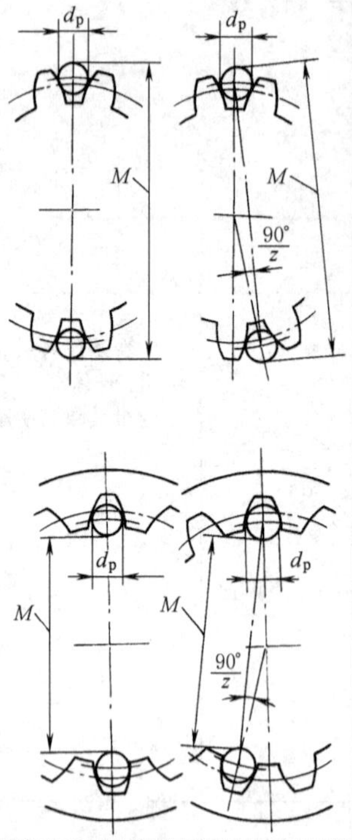	测量时不以齿顶圆为基准,因此不受齿顶圆误差的影响,并可放宽对齿顶圆的加工要求	1. 对大型齿轮测量不方便 2. 计算麻烦	多用于内齿轮和小模数齿轮的测量

5.2 公法线长度(跨距)

表 15-1-32　　公法线长度的计算公式

项目		代号	直齿轮(外啮合、内啮合)	斜齿轮(外啮合、内啮合)
标准齿轮	跨测齿数(对内齿轮为跨测齿槽数)	k	$k=\frac{\alpha z}{180°}+0.5$ 4 舍 5 入成整数	$k=\frac{\alpha_n z'}{180°}+0.5$ 式中　$z'=z\frac{\mathrm{inv}\alpha_t}{\mathrm{inv}\alpha_n}$ k 值应 4 舍 5 入成整数
			α(或 α_n)= 20°时的 k 可由表 15-1-34 中的黑体字查出	
	公法线长度	W	$W=W^* m$ $W^*=\cos\alpha[\pi(k-0.5)+z\mathrm{inv}\alpha]$	$W_n=W^* m_n$ $W^*=\cos\alpha_n[\pi(k-0.5)+z'\mathrm{inv}\alpha_n]$ 式中　$z'=z\frac{\mathrm{inv}\alpha_t}{\mathrm{inv}\alpha_n}$
			α(或 α_n)= 20°时的 W(或 W_n)可按表 15-1-33 的方法求出	
变位齿轮	跨测齿数(对内齿轮为跨测齿槽数)	k	$k=\frac{z}{\pi}\left[\frac{1}{\cos\alpha}\sqrt{\left(1+\frac{2x}{z}\right)^2-\cos^2\alpha}-\frac{2x}{z}\tan\alpha-\mathrm{inv}\alpha\right]+0.5$ 4 舍 5 入成整数	$k=\frac{z'}{\pi}\left[\frac{1}{\cos\alpha_n}\times\sqrt{\left(1+\frac{2x_n}{z'}\right)^2-\cos^2\alpha_n}-\frac{2x_n}{z'}\tan\alpha_n-\mathrm{inv}\alpha_n\right]+0.5$ 式中　$z'=z\frac{\mathrm{inv}\alpha_t}{\mathrm{inv}\alpha_n}$ k 值应 4 舍 5 入成整数
			α(或 α_n)= 20°时的 k 可由图 15-1-31 查出	

第 15 篇

续表

<table>
<tr><th colspan="2">项　目</th><th>代号</th><th>直齿轮(外啮合、内啮合)</th><th>斜齿轮(外啮合、内啮合)</th></tr>
<tr><td rowspan="2">变位齿轮</td><td rowspan="2">公法线长度</td><td rowspan="2">W</td><td>$W=(W^*+\Delta W^*)m$
$W^*=\cos\alpha[\pi(k-0.5)+z\mathrm{inv}\alpha]$
$\Delta W^*=2x\sin\alpha$</td><td>$W_n=(W^*+\Delta W^*)m_n$
$W^*=\cos\alpha_n[\pi(k-0.5)+z'\mathrm{inv}\alpha_n]$
$z'=z\dfrac{\mathrm{inv}\alpha_t}{\mathrm{inv}\alpha_n}$
$\Delta W^*=2x_n\sin\alpha_n$</td></tr>
<tr><td colspan="2">α(或α_n)=20°时的W(或W_n)可按表15-1-33的方法求出</td></tr>
</table>

表 15-1-33　　使用图表法查公法线长度(跨距)

<table>
<tr><th>类别</th><th>直齿轮(外啮合、内啮合)</th><th>斜齿轮(外啮合、内啮合)</th></tr>
<tr><td>标准齿轮</td><td>1. 按$z'=z$由表15-1-34查出黑体字的k和W^*
2. $W=W^*m$
例　已知$z=33$、$m=3$、$\alpha=20°$
由表15-1-34查出$k=4$
$W^*=10.7946$,则
$W=3\times10.7946=32.384$mm</td><td>1. 按β由表15-1-35查出$\dfrac{\mathrm{inv}\alpha_t}{\mathrm{inv}\alpha_n}$的值,并按$z'=z\dfrac{\mathrm{inv}\alpha_t}{\mathrm{inv}\alpha_n}$求出$z'$(取到小数点后两位)
2. 按z'的整数部分由表15-1-34查出黑体字的k和整数部分的公法线长度
3. 按z'的小数部分由表15-1-36查出小数部分的公法线长度
4. 将整数部分的公法线长度和小数部分的公法线长度相加,即得W^*
5. $W_n=W^*m_n$
例　已知$z=27$、$m_n=4$、$\beta=12°34'$、$\alpha_n=20°$
由表15-1-35查出$\dfrac{\mathrm{inv}\alpha_t}{\mathrm{inv}\alpha_n}=1.0689+0.0039\times\dfrac{14}{20}=1.0716$,
$z'=1.0716\times27=28.93$
由表15-1-34查出$k=4$和$z'=28$时的$W^*=10.7246$,
由表15-1-36查出$z'=0.93$时的$W^*=0.013$,
$W^*=10.7246+0.013=10.7376$,
$W_n=10.7376\times4=42.950$mm</td></tr>
<tr><td>变位齿轮</td><td>1. 按$z'=z$和x由图15-1-31查出k
2. 按$z'=z$和k由表15-1-34查出W^*
3. 按x由表15-1-37查出ΔW^*
4. $W=(W^*+\Delta W^*)m$
例　已知$z=33$、$m=3$、$x=0.32$、$\alpha=20°$
由图15-1-31查出$k=5$
由表15-1-34查出$W^*=13.7468$
由表15-1-37查出$\Delta W^*=0.2189$
$W=(13.7468+0.2189)\times3=41.897$mm</td><td>1. 按$\beta$由表15-1-35查出$\dfrac{\mathrm{inv}\alpha_t}{\mathrm{inv}\alpha_n}$的值,并按$z'=z\dfrac{\mathrm{inv}\alpha_t}{\mathrm{inv}\alpha_n}$求出$z'$(取到小数点后两位)
2. 按z'和x_n由图15-1-31查出k
3. 按z'的整数部分和k由表15-1-34查出整数部分的公法线长度
4. 按z'的小数部分由表15-1-36查出小数部分的公法线长度
5. 将整数部分的公法线长度和小数部分的公法线长度相加,即得W^*
6. 按x_n由表15-1-37查出ΔW^*
7. $W_n=(W^*+\Delta W^*)m_n$
例　已知$z=27$、$m_n=4$、$x_n=0.2$、$\beta=12°34'$、$\alpha_n=20°$
由表15-1-35查出$\dfrac{\mathrm{inv}\alpha_t}{\mathrm{inv}\alpha_n}=1.0689+0.0039\times\dfrac{14}{20}=1.0716$,
$z'=1.0716\times27=28.93$
由图15-1-31查出$k=4$,
由表15-1-34查出$z'=28$时的$W^*=10.7246$,
由表15-1-36查出$z'=0.93$时的$W^*=0.013$,
$W^*=10.7246+0.013=10.7376$
由表15-1-37查出$\Delta W^*=0.1368$,
$W_n=(10.7376+0.1368)\times4=43.498$mm</td></tr>
</table>

表 15-1-34　　公法线长度（跨距）W^*（$m=m_n=1$、$\alpha=\alpha_n=20°$）　　mm

假想齿数 z'	跨测齿数 k	公法线长度 W^*
8	2	4.5402
9	2	4.5542
10	2	4.5683
11	2	4.5823
12	2	4.5963
13	2	4.6103
	3	7.5624
14	**2**	**4.6243**
	3	7.5764
15	**2**	**4.6383**
	3	7.5904
16	**2**	**4.6523**
	3	7.6044
17	**2**	**4.6663**
	3	7.6184
	4	10.5706
18	2	4.6803
	3	**7.6324**
	4	10.5846
19	2	4.6943
	3	**7.6464**
	4	10.5986
20	2	4.7083
	3	**7.6604**
	4	10.6126
21	2	4.7223
	3	**7.6744**
	4	10.6266
22	2	4.7364
	3	**7.6885**
	4	10.6406
23	2	4.7504
	3	**7.7025**
	4	10.6546
	5	13.6067
24	2	4.7644
	3	**7.7165**
	4	10.6686
	5	13.6207
25	2	4.7784
	3	**7.7305**
	4	10.6826
	5	13.6347
26	2	4.7924
	3	**7.7445**
	4	10.6966
	5	13.6487

假想齿数 z'	跨测齿数 k	公法线长度 W^*
27	2	4.8064
	3	7.7585
	4	**10.7106**
	5	13.6627
28	2	4.8204
	3	7.7725
	4	**10.7246**
	5	13.6767
29	2	4.8344
	3	7.7865
	4	**10.7386**
	5	13.6908
30	2	4.8484
	3	7.8005
	4	**10.7526**
	5	13.7048
	6	16.6569
31	2	4.8623
	3	7.8145
	4	**10.7666**
	5	13.7188
	6	16.6709
32	2	4.8763
	3	7.8285
	4	**10.7806**
	5	13.7328
	6	16.6849
33	2	4.8903
	3	7.8425
	4	**10.7946**
	5	13.7468
	6	16.6989
34	2	4.9043
	3	7.8565
	4	**10.8086**
	5	13.7608
	6	16.7129
35	2	4.9184
	3	7.8705
	4	**10.8227**
	5	13.7748
	6	16.7269
36	2	4.9324
	3	7.8845
	4	10.8367
	5	**13.7888**
	6	16.7409
	7	19.6931

假想齿数 z'	跨测齿数 k	公法线长度 W^*
37	2	4.9464
	3	7.8985
	4	10.8507
	5	**13.8028**
	6	16.7549
	7	19.7071
38	2	4.9604
	3	7.9125
	4	10.8647
	5	**13.8168**
	6	16.7689
	7	19.7211
39	2	4.9744
	3	7.9265
	4	10.8787
	5	**13.8308**
	6	16.7829
	7	19.7351
40	2	4.9884
	3	7.9406
	4	10.8927
	5	**13.8448**
	6	16.7969
	7	19.7491
41	3	7.9546
	4	10.9067
	5	**13.8588**
	6	16.8110
	7	19.7631
	8	22.7152
42	3	7.9686
	4	10.9207
	5	**13.8728**
	6	16.8250
	7	19.7771
43	3	7.9826
	4	10.9347
	5	**13.8868**
	6	16.8390
	7	19.7911
	8	22.7432
44	3	7.9966
	4	10.9487
	5	**13.9008**
	6	16.8530
	7	19.8051
	8	22.7572

假想齿数 z'	跨测齿数 k	公法线长度 W^*
45	3	8.0106
	4	10.9627
	5	13.9148
	6	**16.8670**
	7	19.8191
	8	22.7712
46	3	8.0246
	4	10.9767
	5	13.9288
	6	**16.8810**
	7	19.8331
	8	22.7852
47	3	8.0386
	4	10.9907
	5	13.9429
	6	**16.8950**
	7	19.8471
	8	22.7992
48	4	11.0047
	5	13.9569
	6	**16.9090**
	7	19.8611
	8	22.8133
49	4	11.0187
	5	13.9709
	6	**16.9230**
	7	19.8751
	8	22.8273
	9	25.7794
50	4	11.0327
	5	13.9849
	6	**16.9370**
	7	19.8891
	8	22.8413
	9	25.7934
51	4	11.0467
	5	13.9989
	6	**16.9510**
	7	19.9031
	8	22.8553
	9	25.8074
52	4	11.0607
	5	14.0129
	6	**16.9660**
	7	19.9171
	8	22.8693
	9	25.8214

续表

假想齿数 z'	跨测齿数 k	公法线长度 W^*	假想齿数 z'	跨测齿数 k	公法线长度 W^*	假想齿数 z'	跨测齿数 k	公法线长度 W^*	假想齿数 z'	跨测齿数 k	公法线长度 W^*
53	4	11.0748	61	5	14.1389	69	6	17.2031	77	7	20.2673
	5	14.0269		6	17.0911		7	20.1552		8	23.2194
	6	**16.9790**		**7**	**20.0432**		**8**	**23.1074**		**9**	**26.1715**
	7	19.9311		8	22.9953		9	26.0595		10	29.1237
	8	22.8833		9	25.9475		10	29.0116		11	32.0758
	9	25.8354		10	28.8996		11	31.9638		12	35.0279
54	4	11.0888	62	5	14.1529	70	6	17.2171	78	7	20.2813
	5	14.0409		6	17.1051		7	20.1692		8	23.2334
	6	16.9930		**7**	**20.0572**		**8**	**23.1214**		**9**	**26.1855**
	7	**19.9452**		8	23.0093		9	26.0735		10	29.1377
	8	22.8973		9	25.9615		10	29.0256		11	32.0898
	9	25.8494		10	28.9136		11	31.9778		12	35.0419
55	4	11.1028	63	5	14.1669	71	6	17.2311	79	7	20.2953
	5	14.0549		6	17.1191		7	20.1832		8	23.2474
	6	17.0070		7	20.0712		**8**	**23.1354**		**9**	**26.1996**
	7	**19.9592**		**8**	**23.0233**		9	26.0875		10	29.1517
	8	22.9113		9	25.9755		10	29.0396		11	32.1038
	9	25.8634		10	28.9276		11	31.9918		12	35.0559
56	5	14.0689	64	6	17.1331	72	6	17.2451	80	7	20.3093
	6	17.0210		7	20.0852		7	20.1973		8	23.2614
	7	**19.9732**		**8**	**23.0373**		8	23.1494		**9**	**26.2136**
	8	22.9253		9	25.9895		**9**	**26.1015**		10	29.1657
	9	25.8774		10	28.9416		10	29.0536		11	32.1178
	10	28.8296		11	31.8937		11	32.0058		12	35.0700
57	5	14.0829	65	6	17.1471	73	7	20.2113	81	8	23.2754
	6	17.0350		7	20.0992		8	23.1634		9	26.2276
	7	**19.9872**		**8**	**23.0513**		**9**	**26.1155**		**10**	**29.1797**
	8	22.9393		9	26.0035		10	29.0677		11	32.1318
	9	25.8914		10	28.9556		11	32.0198		12	35.0840
	10	28.8436		11	31.9077		12	34.9719		13	38.0361
58	5	14.0969	66	6	17.1611	74	7	20.2253	82	8	23.2894
	6	17.0490		7	20.1132		8	23.1774		9	26.2416
	7	**20.0012**		**8**	**23.0654**		**9**	**26.1295**		**10**	**29.1937**
	8	22.9533		9	26.0175		10	29.0817		11	32.1458
	9	25.9054		10	28.9696		11	32.0338		12	35.0980
	10	28.8576		11	31.9217		12	34.9859		13	38.0501
59	5	14.1109	67	6	17.1751	75	7	20.2393	83	8	23.3034
	6	17.0630		7	20.1272		8	23.1914		9	26.2556
	7	**20.0152**		**8**	**23.0794**		**9**	**26.1435**		**10**	**29.2077**
	8	22.9673		9	26.0315		10	29.0957		11	32.1598
	9	25.9194		10	28.9836		11	32.0478		12	35.1120
	10	28.8716		11	31.9358		12	34.9999		13	38.0641
60	5	14.1249	68	6	17.1891	76	7	20.2533	84	8	23.3175
	6	17.0771		7	20.1412		8	23.2054		9	26.2696
	7	**20.0292**		**8**	**23.0934**		**9**	**26.1575**		**10**	**29.2217**
	8	22.9813		9	26.0455		10	29.1097		11	32.1738
	9	25.9334		10	28.9976		11	32.0618		12	35.1260
	10	28.8856		11	31.9498		12	35.0139		13	38.0781

续表

假想齿数 z'	跨测齿数 k	公法线长度 W^*	假想齿数 z'	跨测齿数 k	公法线长度 W^*	假想齿数 z'	跨测齿数 k	公法线长度 W^*	假想齿数 z'	跨测齿数 k	公法线长度 W^*
85	8	23.3315	93	9	26.3956	101	10	29.4598	109	11	32.5240
	9	26.2836		10	29.3478		11	32.4119		12	35.4761
	10	**29.2357**		**11**	**32.2999**		**12**	**35.3641**		**13**	**38.4282**
	11	32.1879		12	35.2520		13	38.3162		14	41.3804
	12	35.1400		13	38.2042		14	41.2683		15	44.3325
	13	38.0921		14	41.1563		15	44.2205		16	47.2846
86	8	23.3455	94	9	26.4096	102	10	29.4738	110	11	32.5380
	9	26.2976		10	29.3618		11	32.4259		12	35.4901
	10	**29.2497**		**11**	**32.3139**		**12**	**35.3781**		**13**	**38.4423**
	11	32.2019		12	35.2660		13	38.3302		14	41.3944
	12	35.1540		13	38.2182		14	41.2823		15	44.3465
	13	38.1061		14	41.1703		15	44.2345		16	47.2986
87	8	23.3595	95	9	26.4236	103	10	29.4878	111	11	32.5520
	9	26.3116		10	29.3758		11	32.4400		12	35.5041
	10	**29.2637**		**11**	**32.3279**		**12**	**35.3921**		**13**	**38.4563**
	11	32.2159		12	35.2800		13	38.3442		14	41.4084
	12	35.1680		13	38.2322		14	41.2963		15	44.3605
	13	38.1201		14	41.1843		15	44.2485		16	47.3127
88	8	23.3735	96	9	26.4376	104	10	29.5018	112	11	32.5660
	9	26.3256		10	29.3898		11	32.4540		12	35.5181
	10	**29.2777**		**11**	**32.3419**		**12**	**35.4061**		**13**	**38.4703**
	11	32.2299		12	35.2940		13	38.3582		14	41.4224
	12	35.1820		13	38.2462		14	41.3104		15	44.3745
	13	38.1341		14	41.1983		15	44.2625		16	47.3267
89	8	23.3875	97	9	26.4517	105	10	29.5158	113	11	32.5800
	9	26.3396		10	29.4038		11	32.4680		12	35.5321
	10	**29.2917**		**11**	**32.3559**		**12**	**35.4201**		**13**	**38.4843**
	11	32.2439		12	35.3080		13	38.3722		14	41.4364
	12	35.1960		13	38.2602		14	41.3244		15	44.3885
	13	38.1481		14	41.2123		15	44.2765		16	47.3407
90	9	26.3536	98	9	26.4657	106	10	29.5298	114	11	32.5940
	10	29.3057		10	29.4178		11	32.4820		12	35.5461
	11	**32.2579**		**11**	**32.3699**		**12**	**35.4341**		**13**	**38.4983**
	12	35.2100		12	35.3221		13	38.3862		14	41.4504
	13	38.1621		13	38.2742		14	41.3384		15	44.4025
	14	41.1143		14	41.2263		15	44.2905		16	47.3547
91	9	26.3676	99	10	29.4318	107	10	29.5438	115	11	32.6080
	10	29.3198		11	32.3839		11	32.4960		12	35.5601
	11	**32.2719**		**12**	**35.3361**		**12**	**35.4481**		**13**	**38.5123**
	12	35.2240		13	38.2882		13	38.4002		14	41.4644
	13	38.1761		14	41.2403		14	41.3524		15	44.4165
	14	41.1283		15	44.1925		15	44.3045		16	47.3687
92	9	26.3816	100	10	29.4458	108	11	32.5100	116	11	32.6220
	10	29.3338		11	32.3979		12	35.4621		12	35.5742
	11	**32.2859**		**12**	**35.3501**		**13**	**38.4142**		**13**	**38.5263**
	12	35.2380		13	38.3022		14	41.3664		14	41.4784
	13	38.1902		14	41.2543		15	44.3185		15	44.4305
	14	41.1423		15	44.2065		16	47.2706		16	47.3827

续表

假想齿数 z'	跨测齿数 k	公法线长度 W^*	假想齿数 z'	跨测齿数 k	公法线长度 W^*	假想齿数 z'	跨测齿数 k	公法线长度 W^*	假想齿数 z'	跨测齿数 k	公法线长度 W^*
117	12	35.5882	125	13	38.6523	133	13	38.7644	141	14	41.8286
	13	38.5403		**14**	**41.6045**		14	41.7165		15	44.7807
	14	**41.4924**		15	44.5566		**15**	**44.6686**		**16**	**47.7328**
	15	44.4446		16	47.5087		16	47.6208		17	50.6849
	16	47.3967		17	50.4609		17	50.5729		18	53.6371
	17	50.3488		18	53.4130		18	53.5250		19	56.5892
118	12	35.6022	126	13	38.6663	134	14	41.7305	142	14	41.8426
	13	38.5543		14	41.6185		**15**	**44.6826**		15	44.7947
	14	**41.5064**		**15**	**44.5706**		16	47.6348		**16**	**47.7468**
	15	44.4586		16	47.5227		17	50.5869		17	50.6990
	16	47.4107		17	50.4749		18	53.5390		18	53.6511
	17	50.3628		18	53.4270		19	56.4912		19	56.6032
119	12	35.6162	127	13	38.6803	135	14	41.7445	143	15	44.8087
	13	38.5683		14	41.6325		15	44.6967		**16**	**47.7608**
	14	**41.5204**		**15**	**44.5846**		**16**	**47.6488**		17	50.7130
	15	44.4726		16	47.5367		17	50.6009		18	53.6651
	16	47.4247		17	50.4889		18	53.5530		19	56.6172
	17	50.3768		18	53.4410		19	56.5052		20	59.5694
120	12	35.6302	128	13	38.6944	136	14	41.7585	144	15	44.8227
	13	38.5823		14	41.6465		15	44.7107		16	47.7748
	14	**41.5344**		**15**	**44.5986**		**16**	**47.6628**		**17**	**50.7270**
	15	44.4866		16	47.5507		17	50.6149		18	53.6791
	16	47.4387		17	50.5029		18	53.5671		19	56.6312
	17	50.3908		18	53.4550		19	56.5192		20	59.5834
121	12	35.6442	129	13	38.7084	137	14	41.7725	145	15	44.8367
	13	38.5963		14	41.6605		15	44.7247		16	47.7888
	14	**41.5484**		**15**	**44.6126**		**16**	**47.6768**		**17**	**50.7410**
	15	44.5006		16	47.5648		17	50.6289		18	53.6931
	16	47.4527		17	50.5169		18	53.5811		19	56.6452
	17	50.4048		18	53.4690		19	56.5332		20	59.5974
122	12	35.6582	130	13	38.7224	138	14	41.7865	146	15	44.8507
	13	38.6103		14	41.6745		15	44.7387		16	47.8028
	14	**41.5625**		**15**	**44.6266**		**16**	**47.6908**		**17**	**50.7550**
	15	44.5146		16	47.5788		17	50.6429		18	53.7071
	16	47.4667		17	50.5309		18	53.5951		19	56.6592
	17	50.4188		18	53.4830		19	56.5472		20	59.6114
123	12	35.6722	131	13	38.7364	139	14	41.8005	147	15	44.8647
	13	38.6243		14	41.6885		15	44.7527		16	47.8169
	14	**41.5765**		**15**	**44.6406**		**16**	**47.7048**		**17**	**50.7690**
	15	44.5286		16	47.5928		17	50.6569		18	53.7211
	16	47.4807		17	50.5449		18	53.6091		19	56.6732
	17	50.4329		18	53.4970		19	56.5612		20	59.6254
124	12	35.6862	132	13	38.7504	140	14	41.8145	148	15	44.8787
	13	38.6383		14	41.7025		15	44.7667		16	47.8309
	14	**41.5905**		**15**	**44.6546**		**16**	**47.7188**		**17**	**50.7830**
	15	44.5426		16	47.6068		17	50.6709		18	53.7351
	16	47.4947		17	50.5589		18	53.6231		19	56.6873
	17	50.4469		18	53.5110		19	56.5752		20	59.6394

续表

假想齿数 z'	跨测齿数 k	公法线长度 W^*	假想齿数 z'	跨测齿数 k	公法线长度 W^*	假想齿数 z'	跨测齿数 k	公法线长度 W^*	假想齿数 z'	跨测齿数 k	公法线长度 W^*
149	15	44.8927	157	16	47.9569	165	17	51.0211	173	18	54.0853
	16	47.8449		17	50.9090		18	53.9732		19	57.0374
	17	**50.7970**		**18**	**53.8612**		**19**	**56.9253**		**20**	**59.9895**
	18	53.7491		19	56.8133		20	59.8775		21	62.9417
	19	56.7013		20	59.7654		21	62.8296		22	65.8938
	20	59.6534		21	62.7176		22	65.7817		23	68.8459
150	15	44.9067	158	16	47.9709	166	17	51.0351	174	18	54.0993
	16	47.8589		17	50.9230		18	53.9872		19	57.0514
	17	**50.8110**		**18**	**53.8752**		**19**	**56.9394**		**20**	**60.0035**
	18	53.7631		19	56.8273		20	59.8915		21	62.9557
	19	56.7153		20	59.7794		21	62.8436		22	65.9078
	20	59.6674		21	62.7316		22	65.7957		23	68.8599
151	15	44.9207	159	16	47.9849	167	17	51.0491	175	18	54.1133
	16	47.8729		17	50.9370		18	54.0012		19	57.0654
	17	**50.8250**		**18**	**53.8892**		**19**	**56.9534**		**20**	**60.0175**
	18	53.7771		19	56.8413		20	59.9055		21	62.9697
	19	56.7293		20	59.7934		21	62.8576		22	65.9218
	20	59.6814		21	62.7456		22	65.8098		23	68.8739
152	16	47.8869	160	16	47.9989	168	17	51.0631	176	18	54.1273
	17	**50.8390**		17	50.9511		18	54.0152		19	57.0794
	18	53.7911		**18**	**53.9032**		**19**	**56.9674**		**20**	**60.0315**
	19	56.7433		19	56.8553		20	59.9195		21	62.9837
	20	59.6954		20	59.8074		21	62.8716		22	65.9358
	21	62.6475		21	62.7596		22	65.8238		23	68.8879
153	16	47.9009	161	17	50.9651	169	17	51.0771	177	18	54.1413
	17	50.8530		**18**	**53.9172**		18	54.0292		19	57.0934
	18	**53.8051**		19	56.8693		**19**	**56.9814**		**20**	**60.0455**
	19	56.7573		20	59.8215		20	59.9335		21	62.9977
	20	59.7094		21	62.7736		21	62.8856		22	65.9498
	21	62.6615		22	65.7257		22	65.8378		23	68.9019
154	16	47.9149	162	17	50.9791	170	18	54.0432	178	18	54.1553
	17	50.8670		18	53.9312		**19**	**56.9954**		19	57.1074
	18	**53.8192**		**19**	**56.8833**		20	59.9475		**20**	**60.0595**
	19	56.7713		20	59.8355		21	62.8996		21	63.0117
	20	59.7234		21	62.7876		22	65.8518		22	65.9638
	21	62.6755		22	65.7397		23	68.8039		23	68.9159
155	16	47.9289	163	17	50.9931	171	18	54.0572	179	19	57.1214
	17	50.8810		18	53.9452		19	57.0094		**20**	**60.0736**
	18	**53.8332**		**19**	**56.8973**		**20**	**59.9615**		21	63.0257
	19	56.7853		20	59.8495		21	62.9136		22	65.9778
	20	59.7374		21	62.8016		22	65.8658		23	68.9299
	21	62.6896		22	65.7537		23	68.8179		24	71.8821
156	16	47.9429	164	17	51.0071	172	18	54.0713	180	19	57.1354
	17	50.8950		18	53.9592		19	57.0234		20	60.0876
	18	**53.8472**		**19**	**56.9113**		**20**	**59.9755**		**21**	**63.0397**
	19	56.7993		20	59.8635		21	62.9276		22	65.9918
	20	59.7514		21	62.8156		22	65.8798		23	68.9440
	21	62.7036		22	65.7677		23	68.8319		24	71.8961

续表

假想齿数 z'	跨测齿数 k	公法线长度 W^*	假想齿数 z'	跨测齿数 k	公法线长度 W^*	假想齿数 z'	跨测齿数 k	公法线长度 W^*	假想齿数 z'	跨测齿数 k	公法线长度 W^*
181	19	57.1494	186	19	57.2195	191	20	60.2416	196	20	60.3116
	20	60.1016		20	60.1716		21	63.1938		21	63.2638
	21	**63.0537**		**21**	**63.1237**		**22**	**66.1459**		**22**	**66.2159**
	22	66.0058		22	66.0759		23	69.0980		23	69.1680
	23	68.9580		23	69.0280		24	72.0501		24	72.1202
	24	71.9101		24	71.9801		25	75.0023		25	75.0723
182	19	57.1634	187	19	57.2335	192	20	60.2556	197	21	63.2778
	20	60.1156		20	60.1856		21	63.2078		**22**	**66.2299**
	21	**63.0677**		**21**	**63.1377**		**22**	**66.1599**		23	69.1820
	22	66.0198		22	66.0899		23	69.1120		24	72.1342
	23	68.9720		23	69.0420		24	72.0642		25	75.0863
	24	71.9241		24	71.9941		25	75.0163		26	78.0384
183	19	57.1774	188	20	60.1996	193	20	60.2696	198	21	63.2918
	20	60.1296		**21**	**63.1517**		21	63.2218		22	66.2439
	21	**63.0817**		22	66.1039		**22**	**66.1739**		**23**	**69.1961**
	22	66.0338		23	69.0560		23	69.1260		24	72.1482
	23	68.9860		24	72.0081		24	72.0782		25	75.1003
	24	71.9381		25	74.9603		25	75.0303		26	78.0524
184	19	57.1915	189	20	60.2186	194	20	60.2836	199	21	63.3058
	20	60.1436		21	63.1657		21	63.2358		22	66.2579
	21	**63.0957**		**22**	**66.1179**		**22**	**66.1879**		**23**	**69.2101**
	22	66.0478		23	69.0700		23	69.1400		24	72.1622
	23	69.0000		24	72.0221		24	72.0922		25	75.1143
	24	71.9521		25	74.9743		25	75.0443		26	78.0665
185	19	57.2055	190	20	60.2276	195	20	60.2976	200	21	63.3198
	20	60.1576		21	63.1797		21	63.2498		22	66.2719
	21	**63.1097**		**22**	**66.1319**		**22**	**66.2019**		**23**	**69.2241**
	22	66.0619		23	69.0840		23	69.1540		24	72.1762
	23	69.0140		24	72.0361		24	72.1062		25	75.1283
	24	71.9661		25	74.9883		25	75.0583		26	78.0805

注：1. 本表可用于外啮合和内啮合的直齿轮和斜齿轮，使用方法见表 15-1-33。

2. 对直齿轮 $z'=z$，对斜齿轮 $z'=z\dfrac{\mathrm{inv}\alpha_t}{\mathrm{inv}\alpha_n}$。

3. 对内齿轮 k 为跨测齿槽数。

4. 黑体字是标准齿轮（$x=x_n=0$）的跨测齿数 k 和公法线长度 W^*。

表 15-1-35 $\frac{\mathrm{inv}\alpha_t}{\mathrm{inv}\alpha_n}$值（$\alpha_n=20°$）

β	$\frac{\mathrm{inv}\alpha_t}{\mathrm{inv}20°}$	差值	β	$\frac{\mathrm{inv}\alpha_t}{\mathrm{inv}20°}$	差值	β	$\frac{\mathrm{inv}\alpha_t}{\mathrm{inv}20°}$	差值	β	$\frac{\mathrm{inv}\alpha_t}{\mathrm{inv}20°}$	差值
8°	1.0283	0.0025	17°	1.1358	0.0059	25°	1.3227	0.0103	32°	1.5952	0.0164
8°20′	1.0308	0.0025	17°20′	1.1417	0.0059	25°20′	1.3330	0.0105	32°20′	1.6116	0.0169
8°40′	1.0333	0.0027	17°40′	1.1476	0.0061	25°40′	1.3435	0.0107	32°40′	1.6285	0.0172
9°	1.0360	0.0028	18°	1.1537	0.0063	26°	1.3542	0.0110	33°	1.6457	0.0177
9°20′	1.0388	0.0029	18°20′	1.1600	0.0065	26°20′	1.3652	0.0113	33°20′	1.6634	0.0180
9°40′	1.0417	0.0030	18°40′	1.1665	0.0066	26°40′	1.3765	0.0115	33°40′	1.6814	0.0185
10°	1.0447	0.0031	19°	1.1731	0.0067	27°	1.3880	0.0117	34°	1.6999	0.0189
10°20′	1.0478	0.0032	19°20′	1.1798	0.0069	27°20′	1.3997	0.0120	34°20′	1.7188	0.0193
10°40′	1.0510	0.0034	19°40′	1.1867	0.0071	27°40′	1.4117	0.0123	34°40′	1.7381	0.0198
11°	1.0544	0.0034	20°	1.1938	0.0073	28°	1.4240	0.0126	35°	1.7579	0.0203
11°20′	1.0578	0.0036	20°20′	1.2011	0.0074	28°20′	1.4366	0.0128	35°20′	1.7782	0.0207
11°40′	1.0614	0.0037	20°40′	1.2085	0.0077	28°40′	1.4494	0.0132	35°40′	1.7989	0.0212
12°	1.0651	0.0038	21°	1.2162	0.0078	29°	1.4626	0.0134	36°	1.8201	0.0218
12°20′	1.0689	0.0039	21°20′	1.2240	0.0079	29°20′	1.4760	0.0138	36°20′	1.8419	0.0222
12°40′	1.0728	0.0041	21°40′	1.2319	0.0082	29°40′	1.4898	0.0140	36°40′	1.8641	0.0228
13°	1.0769	0.0042	22°	1.2401	0.0084	30°	1.5038	0.0144	37°	1.8869	0.0233
13°20′	1.0811	0.0043	22°20′	1.2485	0.0085	30°20′	1.5182	0.0147	37°20′	1.9102	0.0239
13°40′	1.0854	0.0044	22°40′	1.2570	0.0088	30°40′	1.5329	0.0150	37°40′	1.9341	0.0245
14°	1.0898	0.0046	23°	1.2658	0.0089	31°	1.5479	0.0154	38°	1.9586	0.0251
14°20′	1.0944	0.0047	23°20′	1.2747	0.0092	31°20′	1.5633	0.0158	38°20′	1.9837	0.0256
14°40′	1.0991	0.0048	23°40′	1.2839	0.0094	31°40′	1.5791	0.0161	38°40′	2.0093	0.0263
15°	1.1039	0.0050	24°	1.2933	0.0096	32°	1.5952		39°	2.0356	
15°20′	1.1089	0.0051	24°20′	1.3029	0.0098						
15°40′	1.1140	0.0052	24°40′	1.3127	0.0100						
16°	1.1192	0.0054	25°	1.3227							
16°20′	1.1246	0.0056									
16°40′	1.1302	0.0056									
17°	1.1358										

表 15-1-36 假想齿数的小数部分的公法线长度（跨距）

（$m_n=1$、$\alpha_n=20°$）　　mm

z'	0.00	0.01	0.02	0.03	0.04	0.05	0.06	0.07	0.08	0.09
0.0	0.0000	0.0001	0.0003	0.0004	0.0006	0.0007	0.0008	0.0010	0.0011	0.0013
0.1	0.0014	0.0015	0.0017	0.0018	0.0020	0.0021	0.0022	0.0024	0.0025	0.0027
0.2	0.0028	0.0029	0.0031	0.0032	0.0034	0.0035	0.0036	0.0038	0.0039	0.0041
0.3	0.0042	0.0043	0.0045	0.0046	0.0048	0.0049	0.0050	0.0052	0.0053	0.0055
0.4	0.0056	0.0057	0.0059	0.0060	0.0062	0.0063	0.0064	0.0066	0.0067	0.0069
0.5	0.0070	0.0071	0.0073	0.0074	0.0076	0.0077	0.0078	0.0080	0.0081	0.0083
0.6	0.0084	0.0085	0.0087	0.0088	0.0090	0.0091	0.0092	0.0094	0.0095	0.0097
0.7	0.0098	0.0099	0.0101	0.0102	0.0104	0.0105	0.0106	0.0108	0.0109	0.0111
0.8	0.0112	0.0113	0.0115	0.0116	0.0118	0.0119	0.0120	0.0122	0.0123	0.0125
0.9	0.0126	0.0127	0.0129	0.0130	0.0132	0.0133	0.0134	0.0136	0.0137	0.0139

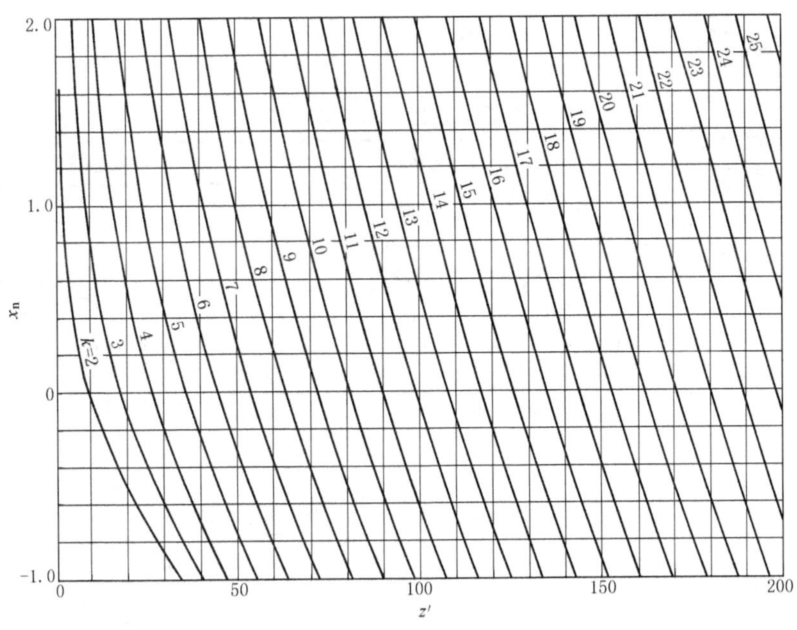

图 15-1-31 跨测齿数 k（$\alpha=\alpha_n=20°$）

表 15-1-37 变位齿轮的公法线长度跨距附加量 ΔW^*（$m=m_n=1$、$\alpha=\alpha_n=20°$） mm

x（或 x_n）	0.00	0.01	0.02	0.03	0.04	0.05	0.06	0.07	0.08	0.09
0.0	0.0000	0.0068	0.0137	0.0205	0.0274	0.0342	0.0410	0.0479	0.0547	0.0616
0.1	0.0684	0.0752	0.0821	0.0889	0.0958	0.1026	0.1094	0.1163	0.1231	0.1300
0.2	0.1368	0.1436	0.1505	0.1573	0.1642	0.1710	0.1779	0.1847	0.1915	0.1984
0.3	0.2052	0.2121	0.2189	0.2257	0.2326	0.2394	0.2463	0.2531	0.2599	0.2668
0.4	0.2736	0.2805	0.2873	0.2941	0.3010	0.3078	0.3147	0.3215	0.3283	0.3352
0.5	0.3420	0.3489	0.3557	0.3625	0.3694	0.3762	0.3831	0.3899	0.3967	0.4036
0.6	0.4104	0.4173	0.4241	0.4309	0.4378	0.4446	0.4515	0.4583	0.4651	0.4720
0.7	0.4788	0.4857	0.4925	0.4993	0.5062	0.5130	0.5199	0.5267	0.5336	0.5404
0.8	0.5472	0.5541	0.5609	0.5678	0.5746	0.5814	0.5883	0.5951	0.6020	0.6088
0.9	0.6156	0.6225	0.6293	0.6362	0.6430	0.6498	0.6567	0.6635	0.6704	0.6772
1.0	0.6840	0.6909	0.6977	0.7046	0.7114	0.7182	0.7251	0.7319	0.7388	0.7456
1.1	0.7524	0.7593	0.7661	0.7730	0.7798	0.7866	0.7935	0.8003	0.8072	0.8140
1.2	0.8208	0.8277	0.8345	0.8414	0.8482	0.8551	0.8619	0.8687	0.8756	0.8824
1.3	0.8893	0.8961	0.9029	0.9098	0.9166	0.9235	0.9303	0.9371	0.9440	0.9508
1.4	0.9577	0.9645	0.9713	0.9782	0.9850	0.9919	0.9987	1.0055	1.0124	1.0192
1.5	1.0261	1.0329	1.0397	1.0466	1.0534	1.0603	1.0671	1.0739	1.0808	1.0876
1.6	1.0945	1.1013	1.1081	1.1150	1.1218	1.1287	1.1355	1.1423	1.1492	1.1560
1.7	1.1629	1.1697	1.1765	1.1834	1.1902	1.1971	1.2039	1.2108	1.2176	1.2244
1.8	1.2313	1.2381	1.2450	1.2518	1.2586	1.2655	1.2723	1.2792	1.2860	1.2928
1.9	1.2997	1.3065	1.3134	1.3202	1.3270	1.3339	1.3407	1.3476	1.3544	1.3612

5.3 分度圆弦齿厚

表 15-1-38　　　　分度圆弦齿厚的计算公式

名称			直齿轮(外啮合、内啮合)	斜齿轮(外啮合、内啮合)
标准齿轮	分度圆弦齿高 $\bar{h}$	外齿轮	$\bar{h}=h_a+\frac{mz}{2}\left(1-\cos\frac{\pi}{2z}\right)$	$\bar{h}_n=h_a+\frac{m_n z_v}{2}\left(1-\cos\frac{\pi}{2z_v}\right)$
		内齿轮	$\bar{h}_2=h_{a2}-\frac{mz_2}{2}\left(1-\cos\frac{\pi}{2z_2}\right)+\Delta\bar{h}_2$ 式中　$\Delta\bar{h}_2=\frac{d_{a2}}{2}(1-\cos\delta_{a2})$ $\delta_{a2}=\frac{\pi}{2z_2}-\mathrm{inv}\alpha+\mathrm{inv}\alpha_{a2}$	$\bar{h}_{n2}=h_{a2}+\frac{m_n z_{v2}}{2}\left(1-\cos\frac{\pi}{2z_{v2}}\right)+\Delta\bar{h}_2$ 式中　$\Delta\bar{h}_2=\frac{d_{a2}}{2}(1-\cos\delta_{a2})$ $\delta_{a2}=\frac{\pi}{2z_2}-\mathrm{inv}\alpha_t+\mathrm{inv}\alpha_{at2}$
	分度圆弦齿厚 $\bar{s}$		$\bar{s}=mz\sin\frac{\pi}{2z}$	$\bar{s}_n=m_n z_v\sin\frac{\pi}{2z_v}$
	外齿轮的 $\bar{s}$(或 $\bar{s}_n$)和 $\bar{h}$(或 $\bar{h}_n$)可由表 15-1-39 查出			
变位齿轮	分度圆弦齿高 $\bar{h}$	外齿轮	$\bar{h}=h_a+\frac{mz}{2}\left[1-\cos\left(\frac{\pi}{2z}+\frac{2x\tan\alpha}{z}\right)\right]$	$\bar{h}_n=h_a+\frac{m_n z_v}{2}\left[1-\cos\left(\frac{\pi}{2z_v}+\frac{2x_n\tan\alpha_n}{z_v}\right)\right]$
		内齿轮	$\bar{h}_2=h_{a2}-\frac{mz_2}{2}\left[1-\cos\left(\frac{\pi}{2z_2}-\frac{2x_2\tan\alpha}{z_2}\right)\right]+\Delta\bar{h}_2$ 式中　$\Delta\bar{h}_2=\frac{d_{a2}}{2}(1-\cos\delta_{a2})$ $\delta_{a2}=\frac{\pi}{2z_2}-\mathrm{inv}\alpha-\frac{2x_2\tan\alpha}{z_2}+\mathrm{inv}\alpha_{a2}$	$\bar{h}_{n2}=h_{a2}-\frac{m_n z_{v2}}{2}\left[1-\cos\left(\frac{\pi}{2z_{v2}}-\frac{2x_{n2}\tan\alpha_n}{z_{v2}}\right)\right]+\Delta\bar{h}_2$ 式中　$\Delta\bar{h}_2=\frac{d_{a2}}{2}(1-\cos\delta_{a2})$ $\delta_{a2}=\frac{\pi}{2z_2}-\mathrm{inv}\alpha_t-\frac{2x_n\tan\alpha_t}{z_2}+\mathrm{inv}\alpha_{at2}$
	分度圆弦齿厚 $\bar{s}$		$\bar{s}=mz\sin\left(\frac{\pi}{2z}\pm\frac{2x\tan\alpha}{z}\right)$	$\bar{s}_n=m_n z_v\sin\left(\frac{\pi}{2z_v}\pm\frac{2x_n\tan\alpha_n}{z_v}\right)$
	外齿轮的 $\bar{s}$(或 $\bar{s}_n$)和 $\bar{h}$(或 $\bar{h}_n$)可由表 15-1-40 查出			

注：有"±"号处，正号用于外齿轮，负号用于内齿轮。

表 15-1-39　　标准外齿轮的分度圆弦齿厚 $\bar{s}$（或 $\bar{s}_n$）和分度圆弦齿高 $\bar{h}$（或 $\bar{h}_n$）

($m=m_n=1$、$h_a^*=h_{an}^*=1$)　　mm

z（或 z_v）	$\bar{s}$（或 $\bar{s}_n$）	$\bar{h}$（或 $\bar{h}_n$）	z（或 z_v）	$\bar{s}$（或 $\bar{s}_n$）	$\bar{h}$（或 $\bar{h}_n$）	z（或 z_v）	$\bar{s}$（或 $\bar{s}_n$）	$\bar{h}$（或 $\bar{h}_n$）	z（或 z_v）	$\bar{s}$（或 $\bar{s}_n$）	$\bar{h}$（或 $\bar{h}_n$）
8	1.5607	1.0769	23	1.5696	1.0268	38	1.5703	1.0162	53	1.5706	1.0116
9	1.5628	1.0684	24	1.5697	1.0257	39	1.5704	1.0158	54	1.5706	1.0114
10	1.5643	1.0616	25	1.5698	1.0247	40	1.5704	1.0154	55	1.5706	1.0112
11	1.5655	1.0560	26	1.5698	1.0237	41	1.5704	1.0150	56	1.5706	1.0110
12	1.5663	1.0513	27	1.5699	1.0228	42	1.5704	1.0147	57	1.5706	1.0108
13	1.5670	1.0474	28	1.5700	1.0220	43	1.5704	1.0143	58	1.5706	1.0106
14	1.5675	1.0440	29	1.5700	1.0213	44	1.5705	1.0140	59	1.5706	1.0105
15	1.5679	1.0411	30	1.5701	1.0206	45	1.5705	1.0137	60	1.5706	1.0103
16	1.5683	1.0385	31	1.5701	1.0199	46	1.5705	1.0134	61	1.5706	1.0101
17	1.5686	1.0363	32	1.5702	1.0193	47	1.5705	1.0131	62	1.5706	1.0099
18	1.5688	1.0342	33	1.5702	1.0187	48	1.5705	1.0128	63	1.5706	1.0098
19	1.5690	1.0324	34	1.5702	1.0181	49	1.5705	1.0126	64	1.5706	1.0096
20	1.5692	1.0308	35	1.5703	1.0176	50	1.5705	1.0123	65	1.5706	1.0095
21	1.5693	1.0294	36	1.5703	1.0171	51	1.5705	1.0121	66	1.5706	1.0093
22	1.5695	1.0280	37	1.5703	1.0167	52	1.5706	1.0119	67	1.5707	1.0092

续表

z (或 z_v)	$\bar{s}$ (或 $\bar{s}_n$)	$\bar{h}$ (或 $\bar{h}_n$)	z (或 z_v)	$\bar{s}$ (或 $\bar{s}_n$)	$\bar{h}$ (或 $\bar{h}_n$)	z (或 z_v)	$\bar{s}$ (或 $\bar{s}_n$)	$\bar{h}$ (或 $\bar{h}_n$)	z (或 z_v)	$\bar{s}$ (或 $\bar{s}_n$)	$\bar{h}$ (或 $\bar{h}_n$)
68	1.5707	1.0091	87	1.5707	1.0071	106	1.5707	1.0058	125	1.5708	1.0049
69	1.5707	1.0089	88	1.5707	1.0070	107	1.5707	1.0058	126	1.5708	1.0049
70	1.5707	1.0088	89	1.5707	1.0069	108	1.5707	1.0057	127	1.5708	1.0049
71	1.5707	1.0087	90	1.5707	1.0069	109	1.5707	1.0057	128	1.5708	1.0048
72	1.5707	1.0086	91	1.5707	1.0068	110	1.5707	1.0056	129	1.5708	1.0048
73	1.5707	1.0084	92	1.5707	1.0067	111	1.5707	1.0056	130	1.5708	1.0047
74	1.5707	1.0083	93	1.5707	1.0066	112	1.5707	1.0055	131	1.5708	1.0047
75	1.5707	1.0082	94	1.5707	1.0066	113	1.5707	1.0055	132	1.5708	1.0047
76	1.5707	1.0081	95	1.5707	1.0065	114	1.5707	1.0054	133	1.5708	1.0046
77	1.5707	1.0080	96	1.5707	1.0064	115	1.5707	1.0054	134	1.5708	1.0046
78	1.5707	1.0079	97	1.5707	1.0064	116	1.5707	1.0053	135	1.5708	1.0046
79	1.5707	1.0078	98	1.5707	1.0063	117	1.5707	1.0053	140	1.5708	1.0044
80	1.5707	1.0077	99	1.5707	1.0062	118	1.5707	1.0052	145	1.5708	1.0043
81	1.5707	1.0076	100	1.5707	1.0062	119	1.5708	1.0052	150	1.5708	1.0041
82	1.5707	1.0075	101	1.5707	1.0061	120	1.5708	1.0051	200	1.5708	1.0031
83	1.5707	1.0074	102	1.5707	1.0060	121	1.5708	1.0051	∞	1.5708	1.0000
84	1.5707	1.0073	103	1.5707	1.0060	122	1.5708	1.0051			
85	1.5707	1.0073	104	1.5707	1.0059	123	1.5708	1.0050			
86	1.5707	1.0072	105	1.5707	1.0059	124	1.5708	1.0050			

注：1. 当模数 m(或 m_n)≠1 时，应将查得的结果乘以 m（或 m_n）。

2. 当 h_a^*(或 h_{an}^*)≠1 时，应将查得的弦齿高减去（$1-h_a^*$）或（$1-h_{an}^*$），弦齿厚不变。

3. 对斜齿轮，用 z_v 查表，z_v 有小数时，按插入法计算。

表 15-1-40　变位外齿轮的分度圆弦齿厚 $\bar{s}$（或 $\bar{s}_n$）和分度圆弦齿高 $\bar{h}$（或 $\bar{h}_n$）

（$\alpha=\alpha_n=20°$、$m=m_n=1$、$h_a^*=h_{an}^*=1$）　mm

z(或 z_v)	10		11		12		13		14		15		16		17	
x (或 x_n)	$\bar{s}$ (或 $\bar{s}_n$)	$\bar{h}$ (或 $\bar{h}_n$)	$\bar{s}$ (或 $\bar{s}_n$)	$\bar{h}$ (或 $\bar{h}_n$)	$\bar{s}$ (或 $\bar{s}_n$)	$\bar{h}$ (或 $\bar{h}_n$)	$\bar{s}$ (或 $\bar{s}_n$)	$\bar{h}$ (或 $\bar{h}_n$)	$\bar{s}$ (或 $\bar{s}_n$)	$\bar{h}$ (或 $\bar{h}_n$)	$\bar{s}$ (或 $\bar{s}_n$)	$\bar{h}$ (或 $\bar{h}_n$)	$\bar{s}$ (或 $\bar{s}_n$)	$\bar{h}$ (或 $\bar{h}_n$)	$\bar{s}$ (或 $\bar{s}_n$)	$\bar{h}$ (或 $\bar{h}_n$)
0.02															1.583	1.057
0.05											1.604	1.093	1.604	1.090	1.605	1.088
0.08											1.626	1.124	1.626	1.121	1.626	1.119
0.10									1.639	1.148	1.640	1.145	1.641	1.142	1.641	1.140
0.12									1.654	1.169	1.655	1.166	1.655	1.163	1.655	1.160
0.15							1.675	1.204	1.676	1.200	1.677	1.197	1.677	1.194	1.677	1.192
0.18							1.697	1.236	1.698	1.232	1.698	1.228	1.699	1.225	1.699	1.223
0.20					1.710	1.261	1.711	1.257	1.712	1.253	1.713	1.249	1.713	1.246	1.713	1.243
0.22					1.725	1.282	1.726	1.278	1.726	1.273	1.727	1.270	1.728	1.267	1.728	1.264
0.25	1.744	1.327	1.745	1.320	1.746	1.314	1.747	1.309	1.748	1.305	1.749	1.301	1.749	1.298	1.750	1.295
0.28	1.765	1.359	1.767	1.351	1.768	1.346	1.769	1.341	1.770	1.336	1.770	1.332	1.771	1.329	1.771	1.326
0.30	1.780	1.380	1.781	1.373	1.782	1.367	1.783	1.362	1.784	1.357	1.785	1.353	1.785	1.350	1.786	1.347
0.32	1.794	1.401	1.796	1.394	1.797	1.388	1.798	1.383	1.798	1.378	1.799	1.374	1.800	1.371	1.800	1.368
0.35	1.815	1.433	1.817	1.426	1.819	1.419	1.820	1.414	1.820	1.410	1.821	1.405	1.822	1.402	1.822	1.399
0.38	1.837	1.465	1.839	1.457	1.841	1.451	1.841	1.446	1.842	1.441	1.843	1.437	1.843	1.433	1.844	1.430
0.40	1.851	1.486	1.853	1.479	1.855	1.472	1.856	1.467	1.857	1.462	1.857	1.458	1.858	1.454	1.858	1.451

续表

z(或z_v)	10		11		12		13		14		15		16		17	
x (或x_n)	$\bar{s}$ (或$\bar{s}_n$)	$\bar{h}$ (或$\bar{h}_n$)	$\bar{s}$ (或$\bar{s}_n$)	$\bar{h}$ (或$\bar{h}_n$)	$\bar{s}$ (或$\bar{s}_n$)	$\bar{h}$ (或$\bar{h}_n$)	$\bar{s}$ (或$\bar{s}_n$)	$\bar{h}$ (或$\bar{h}_n$)	$\bar{s}$ (或$\bar{s}_n$)	$\bar{h}$ (或$\bar{h}_n$)	$\bar{s}$ (或$\bar{s}_n$)	$\bar{h}$ (或$\bar{h}_n$)	$\bar{s}$ (或$\bar{s}_n$)	$\bar{h}$ (或$\bar{h}_n$)	$\bar{s}$ (或$\bar{s}_n$)	$\bar{h}$ (或$\bar{h}_n$)
0.42	1.866	1.508	1.867	1.500	1.870	1.493	1.870	1.488	1.871	1.483	1.872	1.479	1.872	1.475	1.873	1.472
0.45	1.887	1.540	1.889	1.532	1.891	1.525	1.892	1.519	1.893	1.514	1.893	1.510	1.894	1.506	1.895	1.503
0.48	1.908	1.572	1.910	1.564	1.917	1.557	1.913	1.551	1.914	1.546	1.915	1.541	1.916	1.538	1.916	1.534
0.50	1.923	1.593	1.925	1.585	1.926	1.578	1.928	1.572	1.929	1.567	1.929	1.562	1.930	1.558	1.931	1.555
0.52	1.937	1.615	1.939	1.606	1.941	1.599	1.942	1.593	1.943	1.588	1.944	1.583	1.945	1.579	1.945	1.576
0.55	1.959	1.647	1.961	1.638	1.962	1.631	1.964	1.625	1.965	1.620	1.966	1.615	1.966	1.611	1.967	1.607
0.58	1.980	1.679	1.982	1.670	1.984	1.663	1.985	1.656	1.986	1.651	1.987	1.646	1.988	1.642	1.988	1.638
0.60	1.994	1.700	1.996	1.691	1.998	1.684	1.999	1.677	2.001	1.673	2.002	1.667	2.002	1.663	2.003	1.659

z(或z_v)	18		19		20		21		22		23		24		25	
x (或x_n)	$\bar{s}$ (或$\bar{s}_n$)	$\bar{h}$ (或$\bar{h}_n$)	$\bar{s}$ (或$\bar{s}_n$)	$\bar{h}$ (或$\bar{h}_n$)	$\bar{s}$ (或$\bar{s}_n$)	$\bar{h}$ (或$\bar{h}_n$)	$\bar{s}$ (或$\bar{s}_n$)	$\bar{h}$ (或$\bar{h}_n$)	$\bar{s}$ (或$\bar{s}_n$)	$\bar{h}$ (或$\bar{h}_n$)	$\bar{s}$ (或$\bar{s}_n$)	$\bar{h}$ (或$\bar{h}_n$)	$\bar{s}$ (或$\bar{s}_n$)	$\bar{h}$ (或$\bar{h}_n$)	$\bar{s}$ (或$\bar{s}_n$)	$\bar{h}$ (或$\bar{h}_n$)
-0.12					1.482	0.908	1.482	0.906	1.482	0.905	1.482	0.904	1.483	0.903	1.483	0.902
-0.10			1.496	0.930	1.497	0.928	1.497	0.927	1.497	0.925	1.497	0.924	1.497	0.923	1.497	0.922
-0.08			1.511	0.950	1.511	0.949	1.511	0.947	1.511	0.946	1.511	0.945	1.511	0.944	1.512	0.943
-0.05	1.533	0.983	1.533	0.981	1.533	0.979	1.533	0.978	1.533	0.977	1.533	0.976	1.534	0.975	1.534	0.974
-0.02	1.554	1.014	1.554	1.012	1.555	1.010	1.555	1.009	1.555	1.008	1.555	1.006	1.555	1.005	1.555	1.004
0.00	1.569	1.034	1.569	1.032	1.569	1.031	1.569	1.029	1.569	1.028	1.569	1.027	1.570	1.026	1.570	1.025
0.02	1.583	1.055	1.584	1.053	1.584	1.051	1.584	1.050	1.584	1.049	1.584	1.047	1.584	1.046	1.584	1.045
0.05	1.605	1.086	1.605	1.084	1.605	1.082	1.606	1.081	1.606	1.079	1.606	1.078	1.606	1.077	1.606	1.076
0.08	1.627	1.117	1.627	1.115	1.627	1.113	1.627	1.112	1.628	1.110	1.628	1.109	1.628	1.108	1.628	1.107
0.10	1.641	1.138	1.642	1.136	1.642	1.134	1.642	1.132	1.642	1.131	1.642	1.130	1.642	1.128	1.642	1.127
0.12	1.656	1.158	1.656	1.156	1.656	1.154	1.656	1.153	1.657	1.151	1.657	1.150	1.657	1.149	1.657	1.147
0.15	1.678	1.189	1.678	1.187	1.678	1.185	1.678	1.184	1.678	1.182	1.678	1.181	1.679	1.179	1.679	1.178
0.18	1.699	1.220	1.700	1.218	1.700	1.216	1.700	1.215	1.700	1.213	1.700	1.212	1.700	1.210	1.701	1.209
0.20	1.714	1.241	1.714	1.239	1.714	1.237	1.714	1.235	1.715	1.234	1.715	1.232	1.715	1.231	1.715	1.229
0.22	1.728	1.262	1.729	1.259	1.729	1.257	1.729	1.256	1.729	1.254	1.729	1.253	1.729	1.251	1.730	1.250
0.25	1.750	1.293	1.750	1.290	1.750	1.288	1.751	1.287	1.751	1.285	1.751	1.283	1.751	1.281	1.751	1.280
0.28	1.772	1.324	1.772	1.321	1.772	1.319	1.773	1.318	1.773	1.316	1.773	1.314	1.773	1.313	1.773	1.311
0.30	1.786	1.344	1.787	1.342	1.787	1.340	1.787	1.338	1.787	1.336	1.787	1.335	1.788	1.333	1.788	1.332
0.32	1.801	1.365	1.801	1.363	1.801	1.361	1.802	1.359	1.802	1.357	1.802	1.355	1.802	1.354	1.802	1.353
0.35	1.822	1.396	1.823	1.394	1.823	1.392	1.823	1.390	1.824	1.388	1.824	1.386	1.824	1.385	1.824	1.383
0.38	1.844	1.427	1.844	1.425	1.845	1.423	1.845	1.421	1.845	1.419	1.845	1.417	1.846	1.415	1.846	1.414
0.40	1.858	1.448	1.859	1.446	1.859	1.443	1.859	1.441	1.860	1.439	1.860	1.438	1.860	1.436	1.860	1.435
0.42	1.873	1.469	1.873	1.466	1.874	1.464	1.874	1.462	1.874	1.460	1.874	1.458	1.875	1.457	1.875	1.455
0.45	1.895	1.500	1.895	1.497	1.896	1.495	1.896	1.493	1.896	1.491	1.896	1.489	1.896	1.488	1.897	1.486
0.48	1.916	1.531	1.917	1.529	1.917	1.526	1.918	1.524	1.918	1.522	1.918	1.520	1.918	1.518	1.918	1.517
0.50	1.931	1.552	1.931	1.549	1.932	1.547	1.932	1.545	1.932	1.543	1.933	1.541	1.933	1.539	1.933	1.537
0.52	1.945	1.573	1.946	1.570	1.946	1.568	1.947	1.565	1.947	1.563	1.947	1.562	1.947	1.560	1.947	1.558
0.55	1.967	1.604	1.968	1.601	1.968	1.599	1.968	1.596	1.969	1.594	1.969	1.593	1.969	1.591	1.969	1.589
0.58	1.989	1.635	1.989	1.632	1.990	1.630	1.990	1.627	1.990	1.625	1.991	1.624	1.991	1.621	1.991	1.620
0.60	2.003	1.656	2.004	1.653	2.004	1.650	2.005	1.648	2.005	1.646	2.005	1.645	2.005	1.642	2.005	1.641

续表

z(或z_v)	26~30	31~69	70~200	26	28	30	40	50	60	70	80	90	100	150	200
x (或x_n)	$\bar{s}$ (或$\bar{s}_n$)	$\bar{s}$ (或$\bar{s}_n$)	$\bar{s}$ (或$\bar{s}_n$)	$\bar{h}$ (或$\bar{h}_n$)	$\bar{h}$ (或$\bar{h}_n$)	$\bar{h}$ (或$\bar{h}_n$)	$\bar{h}$ (或$\bar{h}_n$)	$\bar{h}$ (或$\bar{h}_n$)	$\bar{h}$ (或$\bar{h}_n$)	$\bar{h}$ (或$\bar{h}_n$)	$\bar{h}$ (或$\bar{h}_n$)	$\bar{h}$ (或$\bar{h}_n$)	$\bar{h}$ (或$\bar{h}_n$)	$\bar{h}$ (或$\bar{h}_n$)	$\bar{h}$ (或$\bar{h}_n$)
−0.60	1.134	1.134	1.134	0.413	0.412	0.411	0.408	0.406	0.405	0.405	0.404	0.404	0.403	0.403	0.402
−0.58	1.148	1.149	1.149	0.433	0.432	0.431	0.428	0.427	0.426	0.425	0.424	0.424	0.423	0.423	0.422
−0.55	1.170	1.170	1.170	0.463	0.462	0.461	0.459	0.457	0.456	0.455	0.454	0.454	0.454	0.453	0.452
−0.52	1.192	1.192	1.192	0.494	0.493	0.492	0.489	0.487	0.486	0.485	0.485	0.484	0.484	0.483	0.482
−0.50	1.206	1.207	1.207	0.514	0.513	0.512	0.509	0.507	0.506	0.505	0.505	0.504	0.504	0.503	0.502
−0.48	1.221	1.221	1.221	0.534	0.533	0.532	0.529	0.528	0.526	0.525	0.525	0.524	0.524	0.523	0.522
−0.45	1.243	1.243	1.243	0.565	0.564	0.563	0.560	0.558	0.557	0.556	0.555	0.554	0.554	0.553	0.552
−0.42	1.265	1.265	1.266	0.595	0.594	0.593	0.590	0.588	0.587	0.586	0.585	0.584	0.584	0.583	0.582
−0.40	1.279	1.280	1.280	0.616	0.615	0.614	0.610	0.608	0.607	0.606	0.605	0.605	0.604	0.603	0.602
−0.38	1.294	1.294	1.294	0.636	0.635	0.634	0.630	0.628	0.627	0.626	0.625	0.625	0.624	0.623	0.622
−0.35	1.316	1.316	1.316	0.667	0.665	0.664	0.661	0.659	0.657	0.656	0.655	0.655	0.654	0.653	0.652
−0.32	1.337	1.338	1.338	0.697	0.696	0.695	0.691	0.689	0.687	0.686	0.686	0.685	0.685	0.683	0.682
−0.30	1.352	1.352	1.352	0.718	0.716	0.715	0.711	0.709	0.708	0.707	0.706	0.705	0.705	0.703	0.702
−0.28	1.366	1.367	1.367	0.738	0.737	0.736	0.732	0.729	0.728	0.727	0.726	0.725	0.725	0.723	0.722
−0.25	1.388	1.389	1.389	0.769	0.767	0.766	0.762	0.760	0.758	0.757	0.756	0.755	0.755	0.753	0.752
−0.22	1.410	1.411	1.411	0.799	0.798	0.797	0.792	0.790	0.788	0.787	0.786	0.786	0.785	0.784	0.783
−0.20	1.425	1.425	1.425	0.819	0.818	0.817	0.813	0.810	0.809	0.807	0.806	0.806	0.805	0.804	0.803
−0.18	1.439	1.440	1.440	0.840	0.838	0.837	0.833	0.830	0.829	0.827	0.826	0.826	0.825	0.824	0.823
−0.15	1.461	1.462	1.462	0.871	0.869	0.868	0.863	0.861	0.859	0.858	0.857	0.856	0.855	0.854	0.853
−0.12	1.483	1.483	1.483	0.901	0.899	0.898	0.894	0.891	0.889	0.888	0.887	0.886	0.886	0.884	0.883
−0.10	1.497	1.497	1.498	0.922	0.920	0.919	0.914	0.911	0.909	0.908	0.907	0.906	0.906	0.904	0.903
−0.08	1.512	1.512	1.513	0.942	0.940	0.939	0.934	0.931	0.929	0.928	0.927	0.926	0.926	0.924	0.923
−0.05	1.534	1.534	1.534	0.973	0.971	0.970	0.965	0.962	0.960	0.959	0.957	0.957	0.956	0.954	0.953
−0.02	1.555	1.555	1.556	1.003	1.001	1.000	0.995	0.992	0.990	0.989	0.988	0.987	0.986	0.984	0.983
0.00	1.570	1.571	1.571	1.024	1.022	1.021	1.015	1.012	1.010	1.009	1.008	1.007	1.006	1.004	1.003
0.02	1.585	1.585	1.585	1.044	1.042	1.041	1.036	1.033	1.031	1.029	1.028	1.027	1.026	1.025	1.023
0.05	1.606	1.607	1.607	1.075	1.073	1.072	1.066	1.063	1.061	1.059	1.058	1.057	1.057	1.055	1.053
0.08	1.628	1.629	1.629	1.106	1.104	1.102	1.097	1.093	1.091	1.089	1.088	1.088	1.087	1.085	1.083
0.10	1.643	1.643	1.644	1.126	1.124	1.122	1.117	1.114	1.111	1.110	1.108	1.108	1.107	1.105	1.103
0.12	1.657	1.658	1.658	1.147	1.145	1.143	1.137	1.134	1.132	1.130	1.129	1.128	1.127	1.125	1.124
0.15	1.679	1.679	1.680	1.177	1.175	1.173	1.168	1.164	1.162	1.160	1.159	1.158	1.157	1.155	1.154
0.18	1.701	1.702	1.702	1.208	1.206	1.204	1.198	1.195	1.192	1.190	1.189	1.188	1.187	1.186	1.184
0.20	1.715	1.716	1.716	1.228	1.226	1.224	1.218	1.215	1.212	1.210	1.209	1.208	1.207	1.206	1.204
0.22	1.730	1.731	1.731	1.249	1.247	1.245	1.239	1.235	1.233	1.231	1.229	1.228	1.228	1.226	1.224
0.25	1.752	1.753	1.753	1.280	1.278	1.276	1.269	1.265	1.263	1.261	1.260	1.259	1.258	1.256	1.254
0.28	1.774	1.774	1.775	1.310	1.308	1.306	1.300	1.296	1.293	1.291	1.290	1.289	1.288	1.286	1.284
0.30	1.788	1.789	1.789	1.331	1.329	1.327	1.320	1.316	1.313	1.311	1.310	1.309	1.308	1.306	1.304
0.32	1.803	1.804	1.804	1.351	1.349	1.347	1.340	1.336	1.334	1.332	1.330	1.329	1.328	1.326	1.324
0.35	1.824	1.825	1.826	1.382	1.380	1.378	1.371	1.367	1.364	1.362	1.360	1.359	1.358	1.356	1.354
0.38	1.846	1.847	1.847	1.413	1.410	1.408	1.401	1.397	1.394	1.392	1.391	1.389	1.389	1.386	1.384
0.40	1.861	1.862	1.862	1.433	1.431	1.429	1.422	1.417	1.414	1.412	1.411	1.410	1.409	1.407	1.404

续表

z(或z_v)	26~30	31~69	70~200	26	28	30	40	50	60	70	80	90	100	150	200
x (或x_n)	$\bar{s}$ (或$\bar{s}_n$)	$\bar{s}$ (或$\bar{s}_n$)	$\bar{s}$ (或$\bar{s}_n$)	$\bar{h}$ (或$\bar{h}_n$)	$\bar{h}$ (或$\bar{h}_n$)	$\bar{h}$ (或$\bar{h}_n$)	$\bar{h}$ (或$\bar{h}_n$)	$\bar{h}$ (或$\bar{h}_n$)	$\bar{h}$ (或$\bar{h}_n$)	$\bar{h}$ (或$\bar{h}_n$)	$\bar{h}$ (或$\bar{h}_n$)	$\bar{h}$ (或$\bar{h}_n$)	$\bar{h}$ (或$\bar{h}_n$)	$\bar{h}$ (或$\bar{h}_n$)	$\bar{h}$ (或$\bar{h}_n$)
0.42	1.875	1.876	1.877	1.454	1.451	1.449	1.442	1.438	1.435	1.433	1.431	1.430	1.429	1.427	1.424
0.45	1.897	1.898	1.898	1.485	1.482	1.480	1.473	1.468	1.465	1.463	1.461	1.460	1.459	1.457	1.455
0.48	1.919	1.920	1.920	1.516	1.513	1.511	1.503	1.498	1.495	1.493	1.492	1.490	1.489	1.487	1.485
0.50	1.933	1.934	1.935	1.536	1.533	1.531	1.523	1.519	1.516	1.513	1.512	1.510	1.509	1.507	1.505
0.52	1.948	1.949	1.949	1.557	1.554	1.552	1.544	1.539	1.536	1.534	1.532	1.531	1.530	1.527	1.525
0.55	1.970	1.970	1.971	1.587	1.585	1.582	1.574	1.569	1.566	1.564	1.562	1.561	1.560	1.557	1.555
0.58	1.992	1.993	1.993	1.618	1.615	1.613	1.605	1.600	1.597	1.594	1.592	1.591	1.590	1.587	1.585
0.60	2.006	2.007	2.008	1.639	1.636	1.634	1.625	1.620	1.617	1.614	1.613	1.611	1.610	1.608	1.605

注：1. 本表可直接用于高变位齿轮，对角变位齿轮，应将表中查出的$\bar{h}$（或$\bar{h}_n$）减去齿顶高变动系数Δy（或Δy_n）。

2. 当模数m（或m_n）$\neq 1$时，应将查得的$\bar{s}$（或$\bar{s}_n$）和$\bar{h}$（或$\bar{h}_n$）乘以m（或m_n）。

3. 对斜齿轮，用z_v查表，z_v有小数时，按插入法计算。

5.4 固定弦齿厚

表 15-1-41　　固定弦齿厚的计算公式

<table>
<tr><th colspan="3">名　　称</th><th>直齿轮(外啮合、内啮合)</th><th>斜齿轮(外啮合、内啮合)</th></tr>
<tr><td rowspan="4">标准齿轮</td><td rowspan="2">固定弦齿高 $\bar{h}_c$</td><td>外齿轮</td><td>$\bar{h}_c=h_a-\frac{\pi m}{8}\sin2\alpha$</td><td>$\bar{h}_{cn}=h_a-\frac{\pi m_n}{8}\sin2\alpha_n$</td></tr>
<tr><td>内齿轮</td><td>$\bar{h}_{c2}=h_{a2}-\frac{\pi m}{8}\sin2\alpha+\Delta\bar{h}_2$
式中　$\Delta\bar{h}_2=\frac{d_{a2}}{2}(1-\cos\delta_{a2})$
$\delta_{a2}=\frac{\pi}{2z_2}-\mathrm{inv}\alpha+\mathrm{inv}\alpha_{a2}$</td><td>$\bar{h}_{cn2}=h_{a2}-\frac{\pi m_n}{2}\sin2\alpha_n+\Delta\bar{h}_2$
式中　$\Delta\bar{h}_2=\frac{d_{a2}}{2}(1-\cos\delta_{a2})$
$\delta_{a2}=\frac{\pi}{2z_2}-\mathrm{inv}\alpha_t+\mathrm{inv}\alpha_{at2}$</td></tr>
<tr><td colspan="2">固定弦齿厚 $\bar{s}_c$</td><td>$\bar{s}_c=\frac{\pi m}{2}\cos^2\alpha$</td><td>$\bar{s}_{cn}=\frac{\pi m_n}{2}\cos^2\alpha_n$</td></tr>
<tr><td colspan="4">$\alpha=20°$、$h_a^*=1$(或$\alpha_n=20°$、$h_{an}^*=1$)的$\bar{h}_c$、$\bar{s}_c$(或$\bar{h}_{cn}$、$\bar{s}_{cn}$)可由表15-1-42查出</td></tr>
<tr><td rowspan="4">变位齿轮</td><td rowspan="2">固定弦齿高 $\bar{h}_c$</td><td>外齿轮</td><td>$\bar{h}_c=h_a-m\left(\frac{\pi}{8}\sin2\alpha+x\sin^2\alpha\right)$</td><td>$\bar{h}_{cn}=h_a-m_n\left(\frac{\pi}{8}\sin2\alpha_n+x_n\sin^2\alpha_n\right)$</td></tr>
<tr><td>内齿轮</td><td>$\bar{h}_{c2}=h_{a2}-m\left(\frac{\pi}{8}\sin2\alpha-x_2\sin^2\alpha\right)+\Delta\bar{h}_2$
式中　$\Delta\bar{h}_2=\frac{d_{a2}}{2}(1-\cos\delta_{a2})$
$\delta_{a2}=\frac{\pi}{2z_2}-\mathrm{inv}\alpha+\mathrm{inv}\alpha_{a2}-\frac{2x_2\tan\alpha}{z_2}$</td><td>$\bar{h}_{cn2}=h_{a2}-m_n\left(\frac{\pi}{8}\sin2\alpha_n-x_{n2}\sin^2\alpha_n\right)+\Delta\bar{h}_2$
式中　$\Delta\bar{h}_2=\frac{d_{a2}}{2}(1-\cos\delta_{a2})$
$\delta_{a2}=\frac{\pi}{2z_2}-\mathrm{inv}\alpha_t+\mathrm{inv}\alpha_{at2}-\frac{2x_{n2}\tan\alpha_t}{z_2}$</td></tr>
<tr><td colspan="2">固定弦齿厚 $\bar{s}_c$</td><td>$\bar{s}_c=m\left(\frac{\pi}{2}\cos^2\alpha\pm x\sin2\alpha\right)$</td><td>$\bar{s}_{cn}=m_n\left(\frac{\pi}{2}\cos^2\alpha_n\pm x_n\sin2\alpha_n\right)$</td></tr>
<tr><td colspan="4">$\alpha=20°$、$h_a^*=1$(或$\alpha_n=20°$、$h_{an}^*=1$)的外齿轮的$\bar{h}_c$、$\bar{s}_c$(或$\bar{h}_{cn}$、$\bar{s}_{cn}$)可由表15-1-43查出</td></tr>
</table>

注：有“±”号处，+号用于外齿轮，−号用于内齿轮。

表 15-1-42　　标准外齿轮的固定弦齿厚 $\bar{s}_c$（或 $\bar{s}_{cn}$）和固定弦齿高 $\bar{h}_c$（或 $\bar{h}_{cn}$）

（$\alpha=\alpha_n=20°$、$h_a^*=h_{an}^*=1$）　　mm

m（或 m_n）	$\bar{s}_c$（或 $\bar{s}_{cn}$）	$\bar{h}_c$（或 $\bar{h}_{cn}$）	m（或 m_n）	$\bar{s}_c$（或 $\bar{s}_{cn}$）	$\bar{h}_c$（或 $\bar{h}_{cn}$）	m（或 m_n）	$\bar{s}_c$（或 $\bar{s}_{cn}$）	$\bar{h}_c$（或 $\bar{h}_{cn}$）
1.25	1.734	0.934	4.5	6.242	3.364	16	22.193	11.961
1.5	2.081	1.121	5	6.935	3.738	18	24.967	13.456
1.75	2.427	1.308	5.5	7.629	4.112	20	27.741	14.952
2	2.774	1.495	6	8.322	4.485	22	30.515	16.447
2.25	3.121	1.682	6.5	9.016	4.859	25	34.676	18.690
2.5	3.468	1.869	7	9.709	5.233	28	38.837	20.932
2.75	3.814	2.056	8	11.096	5.981	30	41.612	22.427
3	4.161	2.243	9	12.483	6.728	32	44.386	23.922
3.25	4.508	2.430	10	13.871	7.476	36	49.934	26.913
3.5	4.855	2.617	11	15.258	8.224	40	55.482	29.903
3.75	5.202	2.803	12	16.645	8.971	45	62.417	33.641
4	5.548	2.990	14	19.419	10.466	50	69.353	37.379

注：本表也可以用于内齿轮，对于齿顶圆直径按表 15-1-23 计算的内齿轮，应将本表中的 $\bar{h}_c$（或 $\bar{h}_{cn}$）加上 $\left(\Delta\bar{h}_2-\frac{7.54}{z_2}\right)$（$\Delta\bar{h}_2$ 的计算方法见表 15-1-41）。

表 15-1-43　　变位外齿轮的固定弦齿厚 $\bar{s}_c$（或 $\bar{s}_{cn}$）和固定弦齿高 $\bar{h}_c$（或 $\bar{h}_{cn}$）

（$\alpha=\alpha_n=20°$、$m=m_n=1$、$h_a^*=h_{an}^*=1$）　　mm

x（或 x_n）	$\bar{s}_c$（或 $\bar{s}_{cn}$）	$\bar{h}_c$（或 $\bar{h}_{cn}$）	x（或 x_n）	$\bar{s}_c$（或 $\bar{s}_{cn}$）	$\bar{h}_c$（或 $\bar{h}_{cn}$）	x（或 x_n）	$\bar{s}_c$（或 $\bar{s}_{cn}$）	$\bar{h}_c$（或 $\bar{h}_{cn}$）	x（或 x_n）	$\bar{s}_c$（或 $\bar{s}_{cn}$）	$\bar{h}_c$（或 $\bar{h}_{cn}$）
-0.40	1.1299	0.3944	-0.11	1.3163	0.6504	0.18	1.5027	0.9065	0.47	1.6892	1.1626
-0.39	1.1364	0.4032	-0.10	1.3228	0.6593	0.19	1.5092	0.9154	0.48	1.6956	1.1714
-0.38	1.1428	0.4120	-0.09	1.3292	0.6681	0.20	1.5156	0.9242	0.49	1.7020	1.1803
-0.37	1.1492	0.4209	-0.08	1.3356	0.6769	0.21	1.5220	0.9330	0.50	1.7084	1.1891
-0.36	1.1556	0.4297	-0.07	1.3421	0.6858	0.22	1.5285	0.9418	0.51	1.7149	1.1979
-0.35	1.1621	0.4385	-0.06	1.3485	0.6946	0.23	1.5349	0.9507	0.52	1.7213	1.2068
-0.34	1.1685	0.4474	-0.05	1.3549	0.7034	0.24	1.5413	0.9595	0.53	1.7277	1.2156
-0.33	1.1749	0.4562	-0.04	1.3613	0.7123	0.25	1.5477	0.9683	0.54	1.7342	1.2244
-0.32	1.1814	0.4650	-0.03	1.3678	0.7211	0.26	1.5542	0.9772	0.55	1.7406	1.2332
-0.31	1.1878	0.4738	-0.02	1.3742	0.7299	0.27	1.5606	0.9860	0.56	1.7470	1.2421
-0.30	1.1942	0.4827	-0.01	1.3806	0.7387	0.28	1.5670	0.9948	0.57	1.7534	1.2509
-0.29	1.2006	0.4915	0.00	1.3870	0.7476	0.29	1.5735	1.0037	0.58	1.7599	1.2597
-0.28	1.2071	0.5003	0.01	1.3935	0.7564	0.30	1.5799	1.0125	0.59	1.7663	1.2686
-0.27	1.2135	0.5092	0.02	1.3999	0.7652	0.31	1.5863	1.0213	0.60	1.7727	1.2774
-0.26	1.2199	0.5180	0.03	1.4063	0.7741	0.32	1.5927	1.0301	0.61	1.7791	1.2862
-0.25	1.2263	0.5268	0.04	1.4128	0.7829	0.33	1.5992	1.0390	0.62	1.7856	1.2951
-0.24	1.2328	0.5357	0.05	1.4192	0.7917	0.34	1.6056	1.0478	0.63	1.7920	1.3039
-0.23	1.2392	0.5445	0.06	1.4256	0.8006	0.35	1.6120	1.0566	0.64	1.7984	1.3127
-0.22	1.2456	0.5533	0.07	1.4320	0.8094	0.36	1.6185	1.0655	0.65	1.8049	1.3215
-0.21	1.2521	0.5621	0.08	1.4385	0.8182	0.37	1.6249	1.0743	0.66	1.8113	1.3304
-0.20	1.2585	0.5710	0.09	1.4449	0.8271	0.38	1.6313	1.0831	0.67	1.8177	1.3392
-0.19	1.2649	0.5798	0.10	1.4513	0.8359	0.39	1.6377	1.0920	0.68	1.8241	1.3480
-0.18	1.2713	0.5886	0.11	1.4578	0.8447	0.40	1.6442	1.1008	0.69	1.8306	1.3569
-0.17	1.2778	0.5975	0.12	1.4642	0.8535	0.41	1.6506	1.1096	0.70	1.8370	1.3657
-0.16	1.2842	0.6063	0.13	1.4706	0.8624	0.42	1.6570	1.1184	0.71	1.8434	1.3745
-0.15	1.2906	0.6151	0.14	1.4770	0.8712	0.43	1.6634	1.1273	0.72	1.8499	1.3834
-0.14	1.2971	0.6240	0.15	1.4835	0.8800	0.44	1.6699	1.1361	0.73	1.8563	1.3922
-0.13	1.3035	0.6328	0.16	1.4899	0.8889	0.45	1.6763	1.1449	0.74	1.8627	1.4010
-0.12	1.3099	0.6416	0.17	1.4963	0.8977	0.46	1.6827	1.1538	0.75	1.8691	1.4098

注：1. 本表可直接用于高变位齿轮[$h_a=(1+x)m$ 或 $h_{an}=(1+x_n)m_n$]，对于角变位齿轮，应将表中查出的 $\bar{h}_c$（或 $\bar{h}_{cn}$）减去齿顶高变动系数 Δy（或 Δy_n）。

2. 当模数 m(或 m_n)$\neq1$ 时，应将查得的 $\bar{s}_c$（或 $\bar{s}_{cn}$）和 $\bar{h}_c$（或 $\bar{h}_{cn}$）乘以 m（或 m_n）。

5.5 量柱（球）测量距

表 15-1-44　　圆棒（球）跨距的计算公式

名称			直齿轮（外啮合、内啮合）	斜齿轮（外啮合、内啮合）
标准齿轮	量柱（球）直径 d_p	外齿轮	对 α（或 α_n）= 20° 的齿轮，按 z（斜齿轮用 z_v）和 $x_n=0$ 查图 15-1-32	
		内齿轮	$d_p=1.65m$	$d_p=1.65m_n$
	量柱（球）中心所在圆的压力角 α_M		$\text{inv}\alpha_M=\text{inv}\alpha\pm\frac{d_p}{mz\cos\alpha}\mp\frac{\pi}{2z}$	$\text{inv}\alpha_{Mt}=\text{inv}\alpha_t\pm\frac{d_p}{m_nz\cos\alpha_n}\mp\frac{\pi}{2z}$
	量柱（球）测量距 M	偶数齿	$M=\frac{mz\cos\alpha}{\cos\alpha_M}\pm d_p$	$M=\frac{m_tz\cos\alpha_t}{\cos\alpha_{Mt}}\pm d_p$
		奇数齿	$M=\frac{mz\cos\alpha}{\cos\alpha_M}\cos\frac{90°}{z}\pm d_p$	$M=\frac{m_tz\cos\alpha_t}{\cos\alpha_{Mt}}\cos\frac{90°}{z}\pm d_p$
变位齿轮	量柱（球）直径 d_p	外齿轮	对 α（或 α_n）= 20° 的齿轮，按 z（斜齿轮用 z_v）和 x_n 查图 15-1-32	
		内齿轮	$d_p=1.65m$	$d_p=1.65m_n$
	量柱（球）中心所在圆的压力角 α_M		$\text{inv}\alpha_M=\text{inv}\alpha\pm\frac{d_p}{mz\cos\alpha}\mp\frac{\pi}{2z}+\frac{2x\tan\alpha}{z}$	$\text{inv}\alpha_{Mt}=\text{inv}\alpha_t\pm\frac{d_p}{m_nz\cos\alpha_n}\mp\frac{\pi}{2z}+\frac{2x_n\tan\alpha_n}{z}$
	量柱（球）测量距 M	偶数齿	$M=\frac{mz\cos\alpha}{\cos\alpha_M}\pm d_p$	$M=\frac{m_tz\cos\alpha_t}{\cos\alpha_{Mt}}\pm d_p$
		奇数齿	$M=\frac{mz\cos\alpha}{\cos\alpha_M}\cos\frac{90°}{z}\pm d_p$	$M=\frac{m_tz\cos\alpha_t}{\cos\alpha_{Mt}}\cos\frac{90°}{z}\pm d_p$

注：1. 有“±”或“∓”号处，上面的符号用于外齿轮，下面的符号用于内齿轮。

2. 量柱（球）直径 d_p 按本表的方法确定后，推荐圆整成接近的标准钢球的直径（以便用标准钢球测量）。

3. 直齿轮可以使用圆棒或圆球，斜齿轮使用圆球。

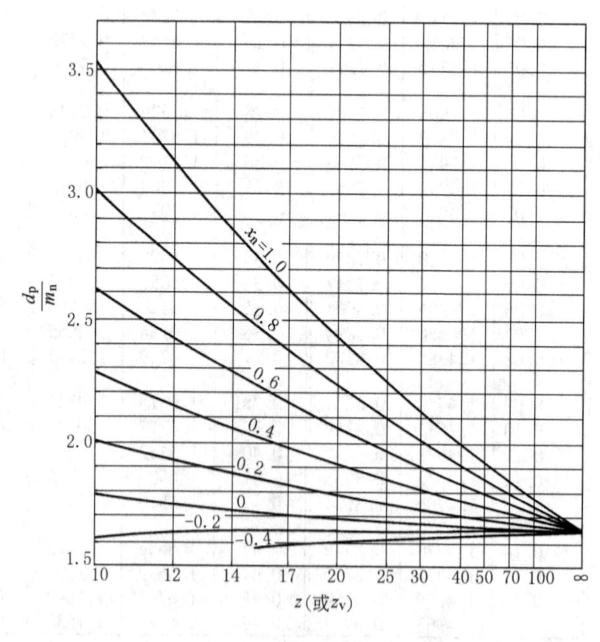

图 15-1-32　测量外齿轮用的圆棒（球）直径 $\frac{d_p}{m_n}$（$\alpha=\alpha_n=20°$）

5.6 ISO 21771：2007 齿厚相关计算公式

齿厚定义为一条圆弧线或螺旋弧线，是很难进行直接测量的。因此诸如量球测量、跨齿距测量和弧齿厚测量等非直接测量方法被广泛使用。ISO 21771：2007 标准提供了比较详细的齿厚计算公式，本小节节选其中齿厚计算方面的内容，供大家计算时使用，其中增补了关于奇数齿斜齿外齿轮跨棒距的计算与测量，不属于 ISO 21771：2007。本节公式符号和变位系数符号均采用 ISO 21771：2007 标准规定，本节公式内、外齿通用（内齿齿数 z 用负值代入公式）。本节涉及到变位系数的公式，当采用名义变位系数 x 代入公式即可得到名义的齿厚参数，当采用实际生成的变位系数 x_E 代入公式即得实际的齿厚参数。详尽基本参数公式均可查询表 15-1-30。

5.6.1 齿厚与齿槽宽

（1）端面齿厚

任意圆端面齿厚 s_{yt} 是指某一个齿两齿面间在 Y 圆柱面上的弧线长度，见图 15-1-33。

$$s_{yt}=d_y\psi_y=d_y\left[\psi+\frac{z}{|z|}(\text{inv}\alpha_t-\text{inv}\alpha_{yt})\right]=d_y\left[\frac{\pi+4x\tan\alpha_n}{2|z|}+\frac{z}{|z|}(\text{inv}\alpha_t-\text{inv}\alpha_{yt})\right]$$

分度圆端面齿厚可用下式计算

$$s_t=d\psi=d\left(\frac{\pi+4x\tan\alpha_n}{2|z|}\right)=\frac{m_n}{\cos\beta}\left(\frac{\pi}{2}+2x\tan\alpha_n\right)$$

（2）齿厚半角

齿厚半角，是指位于端截面的由齿厚 s_{yt}、s_t 或 s_{bt} 所对应的圆心角，相应的齿厚半角如下

$$\psi_y=\frac{s_{yt}}{d_y}=\psi+\frac{z}{|z|}(\text{inv}\alpha_t-\text{inv}\alpha_{yt})$$

$$\psi=\frac{\pi+4x\tan\alpha_n}{2|z|}$$

$$\psi_b=\psi+\frac{z}{|z|}\text{inv}\alpha_t$$

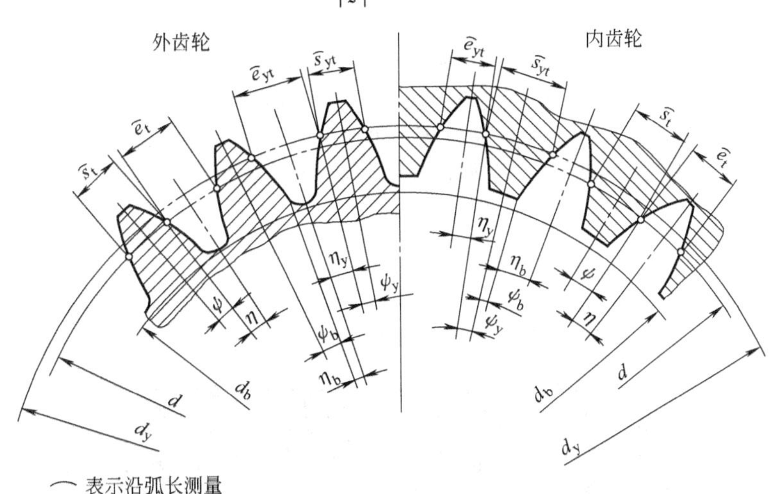

图 15-1-33 齿厚和齿槽宽（外齿轮和内齿轮轮齿）

（3）齿槽宽

齿槽宽 e_{yt}，是指位于端截面的包容某一齿槽的两个齿面间在 Y 圆柱面上的弧线长度。齿厚 s_{yt} 和齿槽宽 e_{yt} 之和就是 Y 圆齿距 p_{yt}（见图 15-1-33）。

$$e_{yt}=d_y\eta_y=d_y\left[\eta-\frac{z}{|z|}(\text{inv}\alpha_t-\text{inv}\alpha_{yt})\right]=d_y\left[\frac{\pi-4x\tan\alpha_n}{2|z|}-\frac{z}{|z|}(\text{inv}\alpha_t-\text{inv}\alpha_{yt})\right]$$

分度圆齿槽宽

$$e_t = d\eta = d\left(\frac{\pi - 4x\tan\alpha_n}{2|z|}\right) = \frac{m_n}{\cos\beta}\left(\frac{\pi}{2} - 2x\tan\alpha_n\right)$$

(4) 齿槽宽半角

齿槽宽半角，是指位于端截面的由齿槽宽 e_{yt}、e_t 或 e_{bt} 所对应的圆心角，相应的齿槽宽半角如下

$$\eta_y = \frac{e_{yt}}{d_y} = \eta - \frac{z}{|z|}(\mathrm{inv}\alpha_t - \mathrm{inv}\alpha_{yt})$$

$$\eta = \frac{\pi - 4x\tan\alpha_n}{2|z|}$$

$$\eta_b = \psi - \frac{z}{|z|}\mathrm{inv}\alpha_t$$

(5) 法向齿厚

法向齿厚，是指轮齿某一法截面内的齿厚，是一个齿的两个齿面间相应圆柱面的螺旋线弧线的长度。任意圆法向齿厚 s_{yn} 公式

$$s_{yn} = s_{yt}\cos\beta_y$$

分度圆法向齿厚公式

$$s_n = s_t\cos\beta = m_n\left(\frac{\pi}{2} + 2x\tan\alpha_n\right)$$

(6) 法向齿槽宽

法向齿槽宽，是指轮齿某一法截面的齿槽宽，是包容某一齿槽的两个齿面间在相应圆柱面上的螺旋线弧线长度。

任意圆法向齿槽宽 e_{yn} 公式

$$e_{yn} = e_{yt}\cos\beta_y$$

分度圆法向齿槽宽 e_n 公式

$$e_n = e_t\cos\beta = m_n\left(\frac{\pi}{2} - 2x\tan\alpha_n\right)$$

5.6.2 跨齿距

跨齿距 W_k，对于外斜齿轮和直齿轮，是指跨越 k 个齿的两个平行平面间的距离；对于内直齿轮，是指跨越 k 个齿槽的两个平行平面间的距离，两个平行平面是基圆切平面的法向平面。接触点位于基圆切平面上。内斜齿轮不能测量。这两个平行平面必须一个接触在左侧齿面的渐开线部分，一个接触在右侧齿面的渐开线部分（见图 15-1-34）。对于内直齿轮，必须使用测量圆柱或测量球替代测量平面。

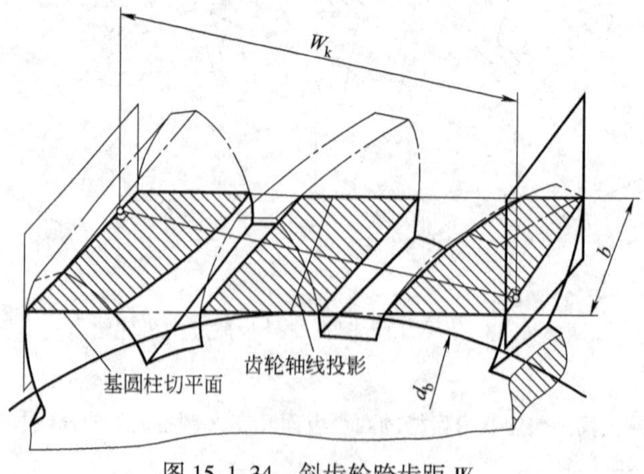

图 15-1-34 斜齿轮跨齿距 W_k

跨齿距是与轮齿齿侧相关的测量数据，因此与轮齿的偏心无关（指名义跨齿距，非功能跨齿距）。

在许多情况下，对于同一个齿轮可以通过跨不同的齿数（或齿槽数）进行跨齿距测量。齿廓修形、根切、

齿顶圆的变化和标准基本齿条齿廓参数的改变会导致可用测量区域的减少。这就限制了可能的跨齿数（齿槽数）k。很多时候，特别是低宽径比的斜齿轮，无法测量跨齿距。

在下列公式中，取整符号 INT 意味着 k 等于将括号里的十进制数圆整到小于或等于最接近的整数。

（1）外齿轮，跨齿数

跨齿数（齿槽数）可用下列公式之一计算：

$$k=\mathrm{INT}\left[\frac{z}{\pi}\left(\frac{\tan\alpha_{\mathrm{vt}}}{\cos^2\beta_{\mathrm{b}}}-\mathrm{inv}\alpha_{\mathrm{t}}-\frac{2x}{z}\tan\alpha_{\mathrm{n}}\right)+1\right]$$

或者，

$$k=\mathrm{INT}\left(\frac{\dfrac{\sqrt{d_{\mathrm{v}}^2-d_{\mathrm{b}}^2}}{\cos\beta_{\mathrm{b}}}-s_{\mathrm{bn}}}{p_{\mathrm{bn}}}+1\right)$$

或近似计算，在许多情况下是满足需要的

$$k=\mathrm{INT}\left(z\frac{\mathrm{inv}\alpha_{\mathrm{t}}}{\mathrm{inv}\alpha_{\mathrm{n}}}\frac{\alpha_{\mathrm{vn}}}{\pi}+1\right)$$

α_{vn}根据表 15-1-30 公式（15）在 V 圆上计算。

在齿廓不修形，齿廓范围由齿根形状直径 d_{Ff}和齿顶形状直径 d_{Fa}限定时，可用跨齿数（齿槽数）k 的范围可用下列公式计算：

$$k_{\min}=\mathrm{INT}\left[\frac{z}{\pi}\left(\frac{\tan\alpha_{\mathrm{Ff}}}{\cos^2\beta_{\mathrm{b}}}-\mathrm{inv}\alpha_{\mathrm{t}}-\frac{2x}{z}\tan\alpha_{\mathrm{n}}\right)+1.5\right]=\mathrm{INT}\left(\frac{\dfrac{\sqrt{d_{\mathrm{Ff}}^2-d_{\mathrm{b}}^2}}{\cos\beta_{\mathrm{b}}}-s_{\mathrm{bn}}}{p_{\mathrm{bn}}}+1.5\right)$$

$$k_{\max}=\mathrm{INT}\left[\frac{z}{\pi}\left(\frac{\tan\alpha_{\mathrm{Fa}}}{\cos^2\beta_{\mathrm{b}}}-\mathrm{inv}\alpha_{\mathrm{t}}-\frac{2x}{z}\tan\alpha_{\mathrm{n}}\right)+0.5\right]=\mathrm{INT}\left(\frac{\dfrac{\sqrt{d_{\mathrm{Fa}}^2-d_{\mathrm{b}}^2}}{\cos\beta_{\mathrm{b}}}-s_{\mathrm{bn}}}{p_{\mathrm{bn}}}+0.5\right)$$

如果齿廓进行修形，采用不修形部分的齿廓限制直径替代齿根和齿顶形状直径。

对于用户选定整数 k（$k_{\min}\leqslant k\leqslant k_{\min}$），跨齿距用下列公式计算：

$$W_{\mathrm{k}}=m_{\mathrm{n}}\cos\alpha_{\mathrm{n}}[\pi(k-1)+z\mathrm{inv}\alpha_{\mathrm{t}}+z\psi]=m_{\mathrm{n}}\cos\alpha_{\mathrm{n}}[\pi(k-0.5)+z\mathrm{inv}\alpha_{\mathrm{t}}]+2xm_{\mathrm{n}}\sin\alpha_{\mathrm{n}}=(k-1)p_{\mathrm{bn}}+s_{\mathrm{bn}}$$

公式里的齿厚半角 ψ 采用表 15-1-30 公式（41）。

对于外斜齿轮，总是需要验算计算或选取的 k 是否合适。为了确定可用齿宽 b_{F}（齿宽 b 减去齿端倒角或倒圆）可以满足跨齿距 W_{k} 的可靠测量，可用齿宽 b_{F} 必须等于或大于最小可用齿宽 b_{Fmin}，b_{Fmin}需保证测量面和两齿廓（渐开螺旋面）的直线接触线有足够的长度。因此，必须保证一个安全的测量面接触并且使测量设备（由图 15-1-34 到图 15-1-36 中跨齿距尺寸指明的直线接触线上的点表示）的假想轴和齿廓发生线垂直。可用齿宽 b_{F}

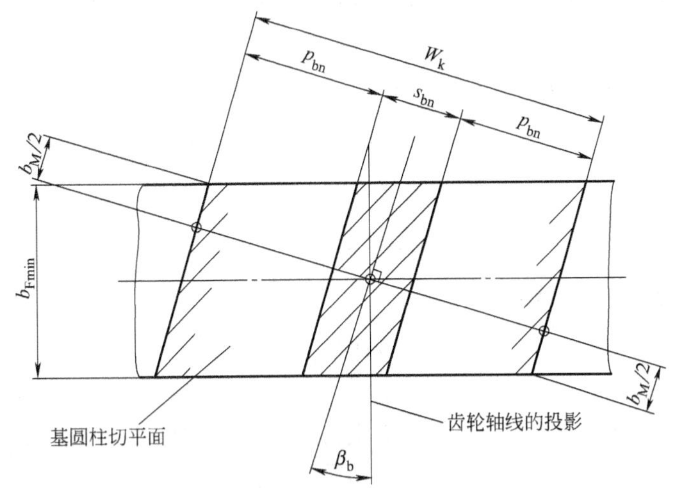

图 15-1-35　跨齿距测量所需的齿宽

第 15 篇

（见图 15-1-35）不小于下式计算的 b_{Fmin}

$$b_F \geqslant b_{Fmin} = W_k \sin\beta_b + b_M \cos\beta_b$$

其中

$$b_M = 1.2 + 0.018 W_k$$

对于直齿轮，选择的整数跨齿数（齿槽数）k，测量面与齿侧面（在测量平面的对称位置，见图 15-1-36）在直径为 d_M 的测量圆接触：

$$d_M = \sqrt{d_b^2 + W_k^2}$$

尽可能晃动测量设备使对称的测量面（晃动角度，δ_W）介于齿顶形状直径 d_{Fa} 和齿根形状直径 d_{Ff} 之间，它们是由轮齿参数决定的。

当 $W_k - \dfrac{d_b}{2}\tan\alpha_{Fa} > \dfrac{d_b}{2}\tan\alpha_{Ff}$ 时，采用下式

$$\delta_W = 2\left(\tan\alpha_{Fa} - \frac{W_k}{d_b}\right)$$

当 $W_k - \dfrac{d_b}{2}\tan\alpha_{Fa} \leqslant \dfrac{d_b}{2}\tan\alpha_{Ff}$ 时，见图 15-1-36，采用下式

$$\delta_W = 2\left(\frac{W_k}{d_b} - \tan\alpha_{Ff}\right)$$

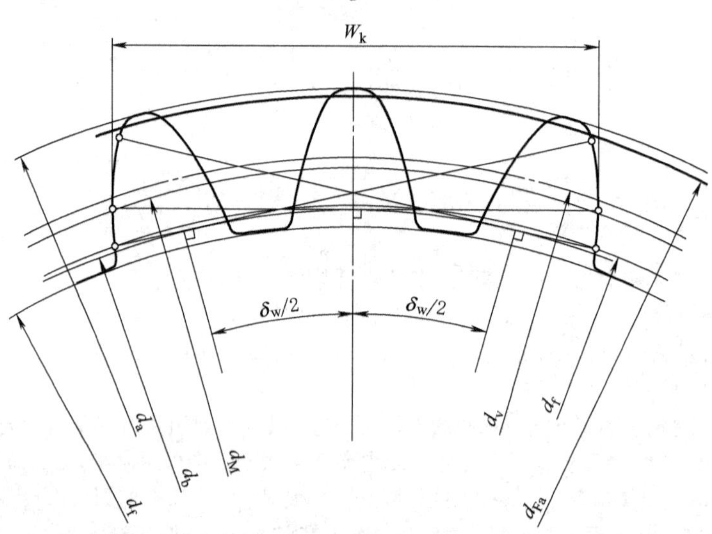

图 15-1-36　外直齿轮，跨齿数 $k=3$ 安全测量面接触的跨齿距测量可用端截面区域图

（2）内直齿轮，跨齿槽数

跨齿槽数 k 可用下列公式之一计算：

$$k = \text{INT}\left[\frac{|z|}{\pi}\left(\tan\alpha_v - \text{inv}\alpha - \frac{2x}{z}\tan\alpha\right) - 1\right]$$

或者，

$$k = \text{INT}\left(\frac{\sqrt{d_v^2 - d_b^2} + s_b}{p_b} - 1\right)$$

或近似计算，在许多情况下是满足需要的

$$k = \text{INT}\left(|z|\frac{\alpha_v}{\pi} - 1\right)$$

α_v 根据表 15-1-30 公式（15）在 V 圆上计算。

齿根形状直径限制最大可跨齿槽数，齿顶圆直径限制最小可跨齿槽数：

$$k_{max} = \text{INT}\left(\frac{\sqrt{d_{Ff}^2 - d_b^2} + s_{bn}}{p_{bn}} - 0.5\right)$$

$$k_{\min}=\text{INT}\left(\frac{\sqrt{d_a^2-d_b^2}+s_{bn}}{p_{bn}}+0.5\right)$$

如果齿廓进行修形，采用不修形部分的齿廓限制直径替代齿根和齿顶形状直径。

对于用户选定整数 k（$k_{\min}\leqslant k\leqslant k_{\min}$），跨齿距用下列公式计算：

$$W_k=m_n\cos\alpha_n(\pi k+|z|\text{inv}\alpha_t+z\psi)=m_n\cos\alpha_n[\pi(k-0.5)+|z|\text{inv}\alpha_t]-2xm_n\sin\alpha_n=kp_{bn}-s_{bn}$$

公式里的齿厚半角 ψ 采用表 15-1-30 公式（41）。

5.6.3 法向弦齿厚和弦齿高

法向弦齿厚 s_{cy}，是任意圆柱（Y 圆柱）上一个齿两齿侧线间最短直线距离（见图 15-1-37）。在计算和测量弦齿厚时，经常采用（d_a-2m_n）作为 Y 圆直径。

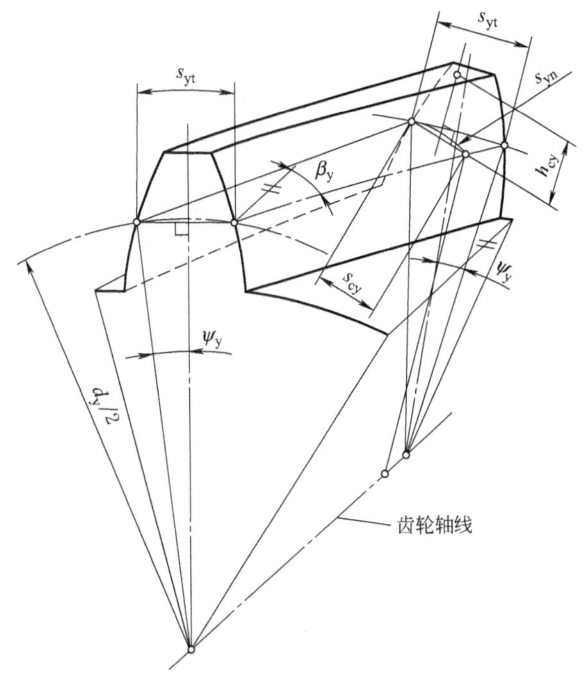

图 15-1-37　右旋斜齿轮 Y 圆柱上齿厚，法向弦齿厚和法向弦齿高

在 Y 圆柱上，用下列公式：

$$s_{cy}=d_y\sqrt{(\psi_y\cos\beta_y\sin\beta_y)^2+\sin^2(\psi_y\cos^2\beta_y)}$$

或

$$s_{cy}=\sqrt{(s_{yn}\sin\beta_y)^2+\left[d_y\sin\left(\frac{s_{yn}\cos\beta_y}{d_y}\right)\right]^2}$$

分度圆上的法向弦齿厚为

$$s_c=d\sqrt{(\psi\cos\beta\sin\beta)^2+\sin^2(\psi\cos^2\beta)}$$

或

$$s_c=\sqrt{(s_n\sin\beta)^2+\left[d\sin\left(\frac{s_n\cos\beta}{d}\right)\right]^2}$$

弦 s_{cy} 到外圆 d_a 的高度 h_{cy}

$$h_{cy}=\left|\frac{d_a}{2}-\frac{d_y}{2}\cos\left(\frac{s_{yn}\cos\beta_y}{d_y}\right)\right|$$

注意：h_{cy} 也被称为弦齿高，在端平面上计算，绝对值是用在内齿轮上。

对于分度圆弦齿厚 s_c 上的弦齿高 h_c

$$h_c = \left| \frac{d_a}{2} - \frac{d}{2}\cos\left(\frac{s_n\cos\beta}{d}\right) \right|$$

5.6.4 固定弦

固定弦齿厚 s_{cc}，是齿廓上两点间直线长度，此两点是两条成 $2\alpha_t$ 角的切线对称放置在一个齿的两侧齿廓上的切点。见图 15-1-38。值得注意的是 ISO 21771：2007 规定固定弦齿厚适用于斜齿轮，并定义在端平面上的，与以往定义不同。

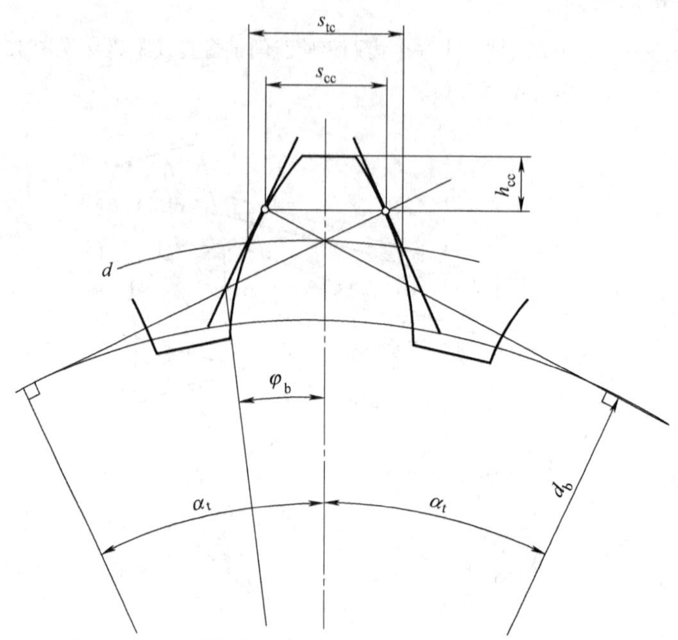

图 15-1-38　外斜齿轮端截面固定弦 s_{cc} 和固定弦齿高 h_{cc}

固定弦齿厚 s_{cc} 和固定弦齿高 h_{cc} 的表达式为：

$$s_{cc} = s_n \frac{\cos^2\alpha_t}{\cos\beta} = m_n\left(\frac{\pi}{2} + 2x\tan\alpha_n\right)\frac{\cos^2\alpha_t}{\cos\beta}$$

$$h_{cc} = h_a - \frac{s_t}{2}\sin\alpha_t\cos\alpha_t = h_a - \frac{m_n}{2}\left(\frac{\pi}{2} + 2x\tan\alpha_n\right)\frac{\sin\alpha_t\cos\alpha_t}{\cos\beta}$$

相同标准基本齿条齿廓，相同变位系数的直齿圆柱齿轮，具有相同的（固定）弦齿厚 s_{cc}，与齿数无关。因此，s_{cc} 被称为固定弦。

5.6.5 量球（棒）测量

（1）单球径向测量尺寸

单球径向测量尺寸 M_{rk}，对于外齿是齿轮轴线与量球最远点距离，对于内齿是齿轮轴线与量球最近点距离，量球位于两齿廓的齿槽中，见图 15-1-39 和图 15-1-40。

量球与左右齿廓的接触点 P_R 和 P_L 应位于或接近于 V 圆柱。为了让接触点位于 V 圆柱，在斜齿轮情况下，D_M 应用下式的值（该公式经修订，与 ISO 21771：2007 不同）：

$$D_M = zm_n\cos\alpha_n \frac{\tan\alpha_{Kt} - \tan\alpha_{vt}}{\cos^2\beta_b}$$

α_{Kt} 根据下式计算，公式不能直接求解。

$$\alpha_{Kt} + \text{inv}\alpha_{Kt}\sin^2\beta_b = \tan\alpha_{vt} + \frac{z}{|z|}\eta_b\cos^2\beta_b$$

对于 $\alpha_n = 20°$ 的齿轮，要求在 V 圆柱接触的量球直径 D_M 可以使用图 15-1-41 中的图表查询，其精度是足够

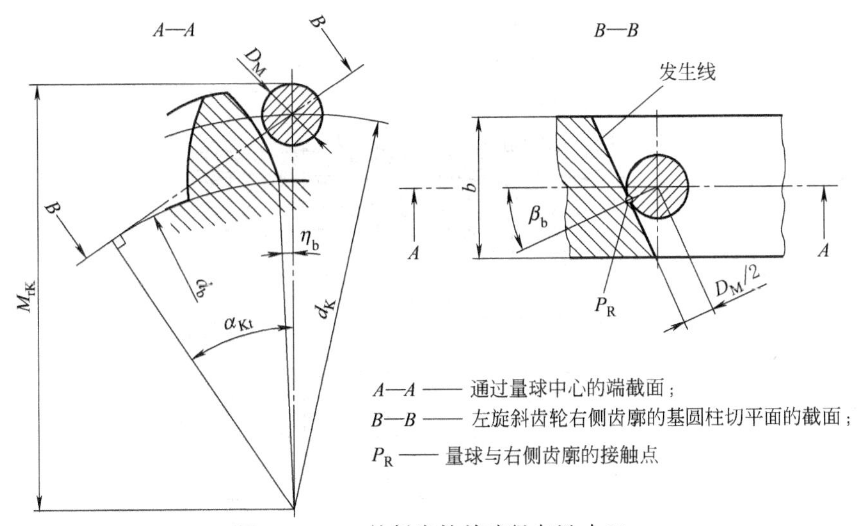

图 15-1-39　外斜齿轮单球径向尺寸 M_{rk}

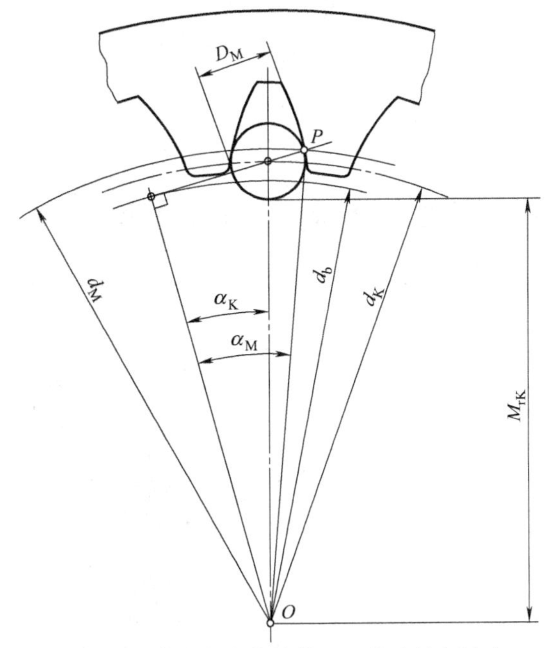

图 15-1-40　直齿内齿轮端截面上单球径向尺寸 M_{rk}

的。量球直径可用系数 D_M^* 计算。

$$D_M = m_n D_M^*$$

对于直齿轮，α_K 可用下式直接准确地计算：

$$\alpha_K = \tan\alpha_v + \eta_b$$

当量球仅需要在 V 圆柱附近接触，量球直径可以与计算值有细微的不同。

如果量球直径已知，量球中心点所在圆端面压力角 α_{Kt} 用下式计算（该公式经修订，与 ISO 21771：2007 不同）：

$$\text{inv}\alpha_{Kt} = \frac{D_M}{zm_n\cos\alpha_n} - \frac{z}{|z|}\eta + \text{inv}\alpha_t = \frac{z}{|z|}\left(\frac{D_M}{d_b\cos\beta_b} - \eta_b\right)$$

量球中心点所在圆直径 d_K 用下式计算

$$d_K = d\frac{\cos\alpha_t}{\cos\alpha_{Kt}} = \frac{d_b}{\cos\alpha_{Kt}}$$

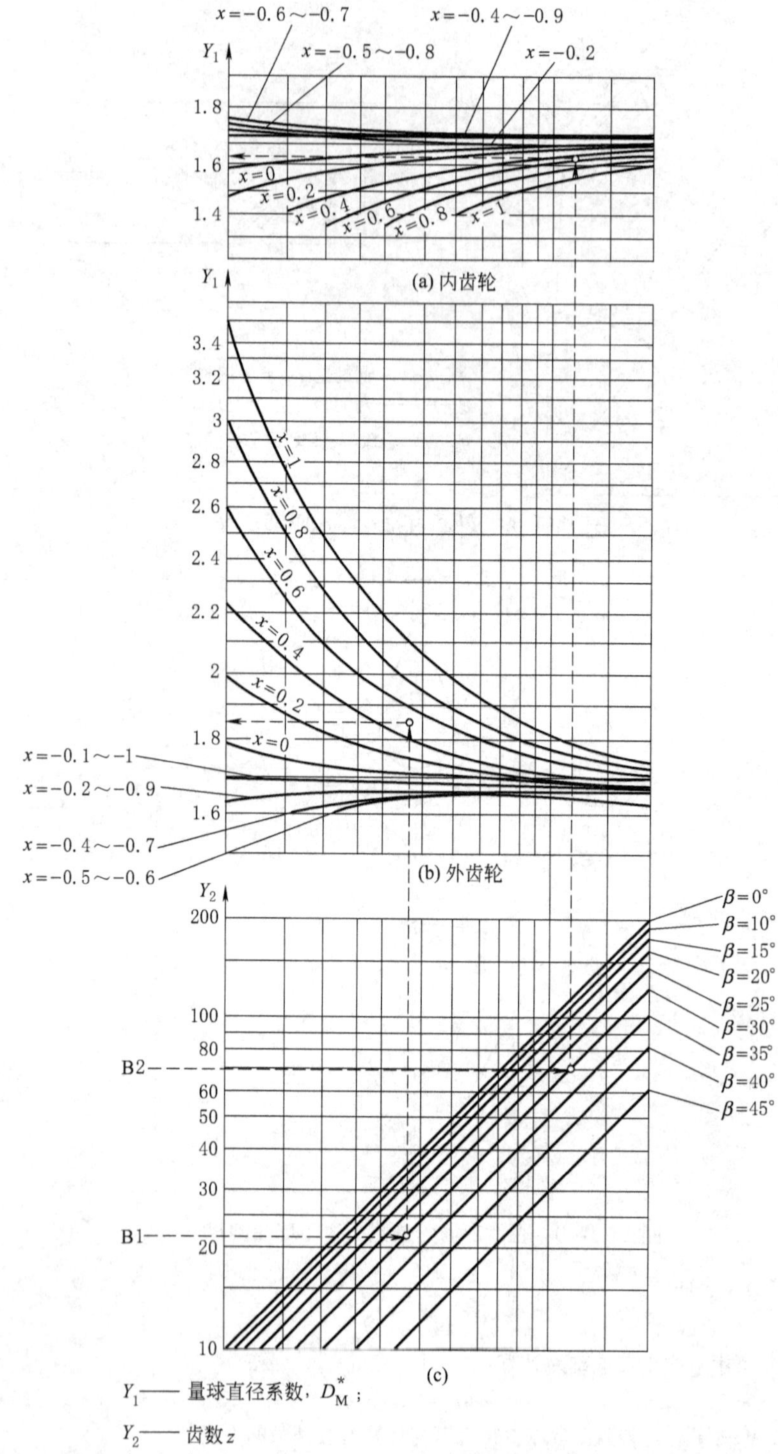

Y_1—— 量球直径系数，D_M^*；

Y_2—— 齿数 z

图 15-1-41　$\alpha_n=20°$，单球径向尺寸或双球径向尺寸用量球系数 D_M^* 算图

圆柱齿轮齿厚为制造齿厚或实际齿厚时，使用 x_E 替代 x。例 B1（外齿轮）：$z=22$，$\beta=30°$，$x=0.5$；例 B2（内齿轮）：$z=70$，$\beta=30°$，$x=0.5$

单球径向尺寸为

$$M_{rK}=\frac{1}{2}\left(d_K+\frac{z}{|z|}D_M\right)$$

当计算测量尺寸和决定 d_M 圆时，为了检查量球或量棒与齿廓接触点是否在可用区域，需使用选择的量球和量棒的真实值。量球和两齿廓接触点 P_L 和 P_R 所在圆 d_M，可用下式计算：

$$d_M=\frac{d_b}{\cos\alpha_{Mt}}=\frac{zm_n\cos\alpha_t}{\cos\beta\cos\alpha_{Mt}}$$

d_M 圆压力角 α_{Mt} 按下式计算（该公式经修订，与 ISO 21771：2007 不同）：

$$\tan\alpha_{Mt}=\tan\alpha_{Kt}-\frac{z}{|z|}\frac{D_M}{d_b}\cos\beta_b$$

（2）单棒径向尺寸

对于外齿轮和内直齿轮，可以用直径为 D_M 的量棒替代量球。单球径向尺寸公式可用于计算单棒径向尺寸，M_{rZ}。

（3）双球径向尺寸

对于外齿轮，双球径向尺寸是跨两球最大外尺寸；对于内齿轮，是两球间最小内尺寸。直径为 D_M 的两球贴靠在两个齿槽的齿面上，这两个齿槽是齿轮上相隔最远的两个齿槽。两个量球中心必须位于齿轮的同一端截面上。

对于偶数齿齿轮，见图 15-1-42；双球径向尺寸 M_{dK} 可用下式计算：

$$M_{dK}=d_K+\frac{z}{|z|}D_M$$

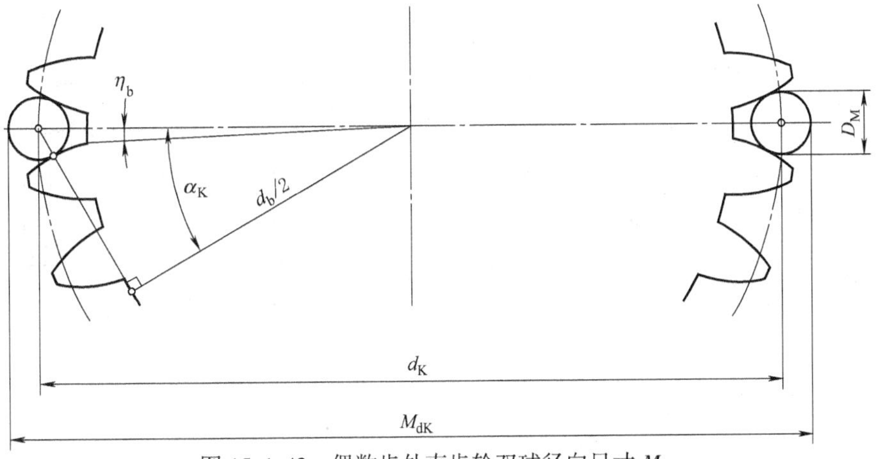

图 15-1-42 偶数齿外直齿轮双球径向尺寸 M_{dK}

对于奇数齿齿轮，见图 15-1-43 和图 15-1-44；双球径向尺寸 M_{dK} 用下式计算：

$$M_{dK}=d_K\cos\frac{\pi}{2z}+\frac{z}{|z|}D_M$$

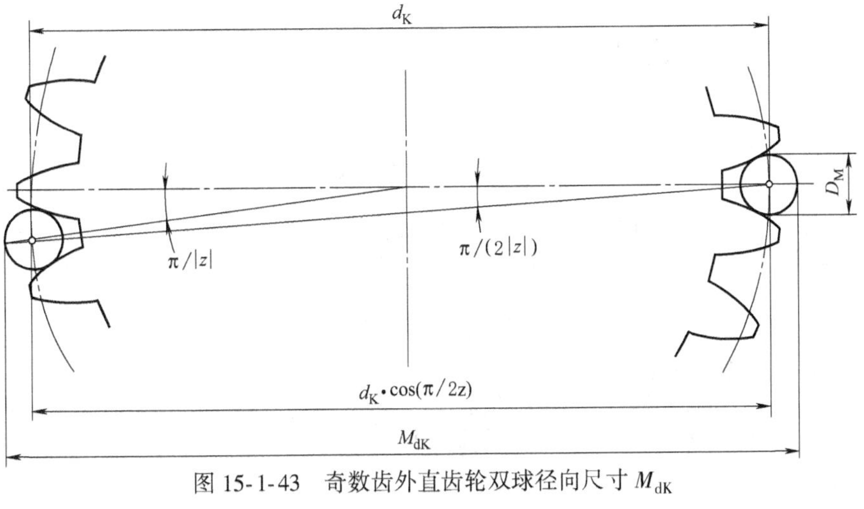

图 15-1-43 奇数齿外直齿轮双球径向尺寸 M_{dK}

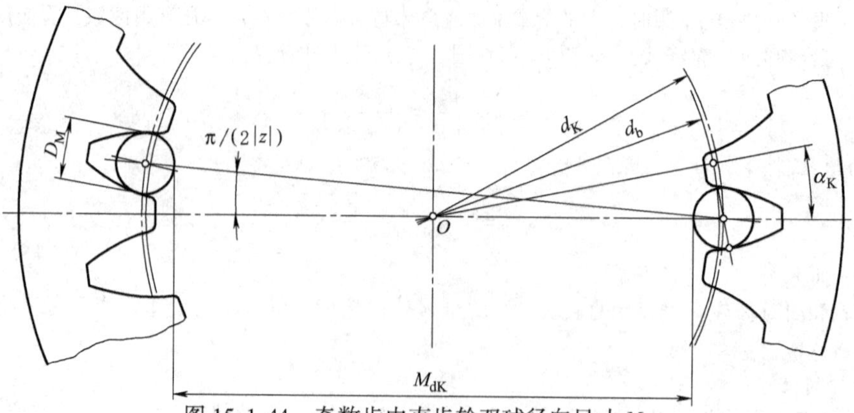

图 15-1-44　奇数齿内直齿轮双球径向尺寸 M_{dK}

（4）双量柱径向尺寸

对于外齿轮和内直齿轮，可以用直径为 D_M 的量棒替代量球。双球径向尺寸公式适用于计算偶数齿齿轮或直齿轮的双量棒径向尺寸 M_{dZ}。奇数齿斜齿内齿轮不能用量棒替代量球，奇数齿斜齿外齿轮双棒径向尺寸可用下式计算，三棒也适用。

$$M_{dZ}=d_K+D_M$$

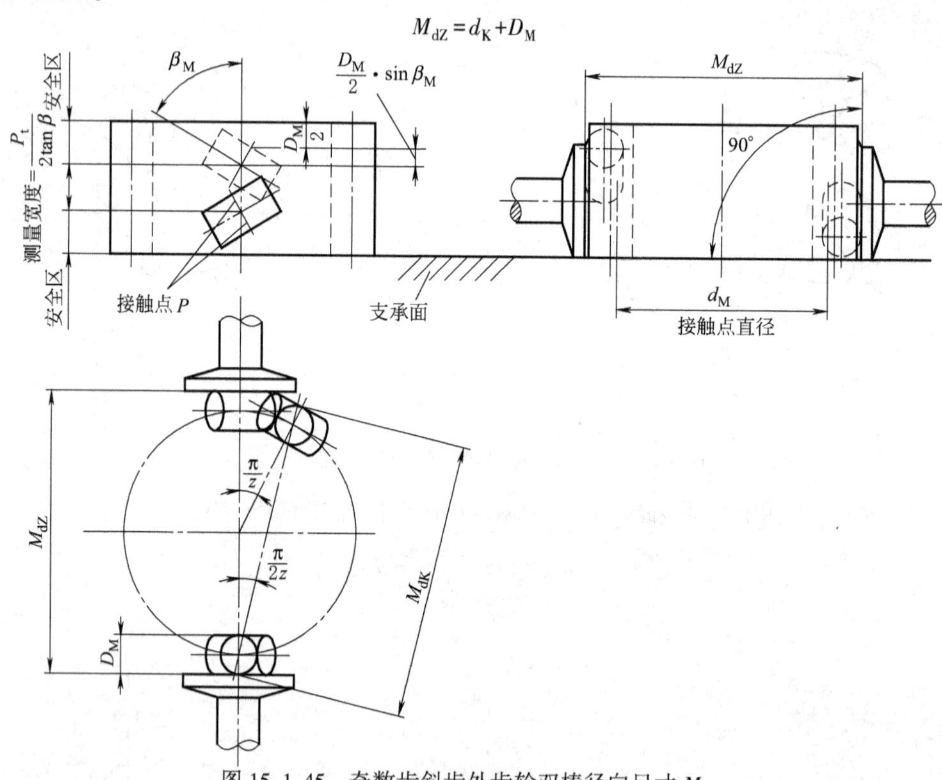

图 15-1-45　奇数齿斜齿外齿轮双棒径向尺寸 M_{dZ}

在进行奇数齿斜齿外齿轮跨棒距测量时，被测齿轮与量具均需要满足测量宽度要求，并且量具的两个接触面必须平行于齿轮轴线，如图 15-1-45 所示。双棒测量时两者的宽度可按照下式计算：

$$b_{\min}=\frac{p_t}{2\tan\beta}+D_M\sin\beta_M+D_M$$

三棒测量时两者的宽度可按照下式计算：

$$b_{\min}=\frac{p_t}{\tan\beta}+D_M\sin\beta_M+D_M$$

其中

$$\cot\beta_{M} = \frac{p_{Z}}{2\pi d_{K}}$$

因为奇数齿斜齿外齿轮跨棒距的测量对齿宽和量具宽度均有要求，并且量具接触面必须平行于齿轮轴线，因此此种测量方法的难度要大于其他量球（棒）测量，使用时需注意。在实际应用中，常会出现计算公式应用不正确，测量条件不满足，和测量方法不正确，造成奇数齿斜齿外齿轮跨棒距的测量无法得到正确结果。

5.6.6 双啮中心距

双啮中心距 a_{L}，是圆柱齿轮用标准齿轮测试零侧隙啮合时的中心距。当检查测试对象的齿厚时，它可以作为测试尺寸。对于由齿数为 z 的齿轮和齿数为 z_{L}、变位系数为 x_{L} 和实际齿厚偏差 E_{snL} 为已知的测量齿轮组成的测试齿轮副，相关测试尺寸的值可用下式计算：

$$a_{L} = \left(|z| + \frac{z}{|z|} z_{L} \right) \frac{m_{n}\cos\alpha_{t}}{2\cos\beta\cos\alpha_{L}}$$

式中，啮合角 α_{L} 用下式计算：

$$\mathrm{inv}\alpha_{L} = \mathrm{inv}\alpha_{t} + \frac{z}{|z|} \frac{2\tan\alpha_{n}}{|z| + \frac{z}{|z|} z_{L}} \left(x + x_{L} + \frac{E_{snL}}{2m_{n}\tan\alpha_{n}} \right)$$

6 圆柱齿轮精度

在齿轮精度标准发展史上，1995 年是个转折点。“ISO 1328-1：1995”标准的发布，让世界齿轮行业拥有同一精度标准成为现实。2011 年 ISO 发布了 ISO 1328-1 标准的讨论稿 ISO/DIS 1328-1：2011，正式标准也即将发布，世界齿轮精度标准统一进程将更进一步。

（1）ISO 齿轮精度体系的构成：

① ISO 1328-1：1995 Cylindrical gears—ISO system of accuracy—Part 1：Definitions and allowable values of deviations relevant to corresponding flanks of gear teeth（圆柱齿轮 ISO 精度制 第 1 部分：轮齿同侧齿面偏差的定义和允许值）

② ISO 1328-2：1997 Cylindrical gears—ISO system of accuracy—Part 2：Definitions and allowable values of deviations relevant to radial composite deviations and runout information（圆柱齿轮 ISO 精度制 第 2 部分：径向综合偏差与径向跳动的定义和允许值）

③ ISO/TR 10064-1：1992 Cylindrical gears—Code of inspection practice—Part 1：Inspection of corresponding flanks of gear teeth（圆柱齿轮 检验实施规范 第 1 部分：轮齿同侧齿面的检验）

④ ISO/TR 10064-2：1996 Cylindrical gears—Code of inspection practice—Part 2：Inspection related to radial composite deviations，runout，tooth thickness and backlash（圆柱齿轮 检验实施规范 第 2 部分：径向综合偏差、径向跳动、齿厚和侧隙的检验）

⑤ ISO/TR 10064-3：1996 Cylindrical gears—Code of inspection practice—Part 3：Recommendations relative to gear blanks，shaft centre distance and parallelism of axes（圆柱齿轮 检验实施规范 第 3 部分：齿轮坯、轴中心距和轴线平行度的推荐文件）

⑥ ISO/TR 10064-4：1998 Cylindrical gears—Code of inspection practice—Part 4：Recommendations relative to surface texture and tooth contact pattern checking（圆柱齿轮 检验实施规范 第 4 部分：表面结构和轮齿接触斑点检验的推荐文件）

⑦ ISO/TR 10064-5：2005 Cylindrical gears—Code of inspection practice—Part 5：Recommendations relative to evaluation of gear measuring instruments（圆柱齿轮 检验实施规范 第 5 部分：齿轮测量仪器评定的推荐文件）

⑧ ISO/TR 10064-6：2009 Code of inspection practice—Part 6：Bevel gear measurement methods（检验实施规范 第 6 部分：锥齿轮测量方法）

⑨ ISO 18653：2003 Gears—Evaluation of instruments for the measurement of individual gears（齿轮 单个齿轮测量仪器的评定）

ISO 1328-1：1995 和 ISO 1328-2：1997 颁布以后，世界各国都等同或等效采用：

法国等同采用，为 NF ISO 1328. 1/2；

英国在 BS436 的第 4、5 部分等效采用 ISO 1328-1/2；

日本等同采用，为 JIS 11702；

美国等效采用，为 ANSI/AGMA 2015-1-A01，2015-2-A06；

挪威等同采用，为 NEN ISO 1328；

波兰等同采用，为 PN ISO 1328；

中国等同采用，为 GB/T 10095.1/2。

值得指出，德国并没有采用 ISO 1328-1：1995 系列标准，DIN 标准与 ISO 标准的差别在于：在 DIN 标准中，形状偏差和斜率偏差是强制性的，而 ISO 不是。

（2）ANSI/AGMA　齿轮精度体系的构成

① ANSI/AGMA 2015-1-A01 Accuracy Classification System-Tangential Measurements for Cylindrical Gears（精度分级制-圆柱齿轮的切向测量方法），与 ISO 1328-1 等效

② ANSI/AGMA 2015-2-A06 Accuracy Classification System-Radial Measurements for Cylindrical Gears（精度分级制-圆柱齿轮的径向测量方法），与 ISO 1328-2 等效

③ Supplemental Tables for AGMA 2015/9155-1-A02 Accuracy Classification System-Tangential Measurement Tolerance Tables for Cylindrical Gears（精度分级制-圆柱齿轮的切向测量公差表）

④ AGMA 915-1-A02 Inspection Practices-Part 1：Cylindrical Gears-Tangential Measurements（检验实施-第 1 部分：圆柱齿轮-切向测量方法），与 ISO/TR 10064-1：1992 类同

⑤ AGMA 915-2-A05 Inspection Practices-Part 2：Cylindrical Gears-Radial Measurements（检验实施-第 2 部分：圆柱齿轮-径向测量方法），与 ISO/TR 10064-2：1996 类同

⑥ AGMA 915-3-A99 Inspection Practices-Gear Blanks，Shaft Center Distance and Parallelism（检验实施-齿轮坯、轴中心距和轴线平行度），与 ISO/TR 10064-3：1996 类同

美国精度体系从 ANSI/AGMA 2000-A88 过渡到 ANSI/AGMA 2015 系列，中间短暂地采用 ISO 1328-1：1995 系列标准。ANSI/AGMA 2015 系列与 ANSI/AGMA 2000-A88 的差异是非常大的，尤其值得注意的是精度等级序号颠倒。ANSI/AGMA 2000-A88 规定齿轮精度等级为 Q3-Q15，共 13 个精度等级，3 级精度最低，15 级精度最高；ANSI/AGMA 2015-1-A01 规定齿轮精度等级为 A2-A11，共 10 个精度等级，2 级精度最高，11 级精度最低，高低顺序与世界其他国家规定相一致。ANSI/AGMA 2015-2-A06 共分为 9 个精度等级，从高到低分别为 C4 到 C12。

（3）DIN 齿轮精度体系的构成

① DIN 3961-1978 Tolerances for Cylindrical Gear Teeth-Bases

② DIN 3962-1-1978 Tolerances for Cylindrical Gear Teeth-Tolerances for Deviations of Individual Parameters

③ DIN 3962-2-1978 Tolerances for Cylindrical Gear Teeth-Tolerances for Tooth Trace Deviations

④ DIN 3962-3-1978 Tolerances for Cylindrical Gear Teeth-Tolerances for Pitch-Span Deviations

⑤ DIN 3963-1978 Tolerances for Cylindrical Gear Teeth-Tolerance for Working Deviations

⑥ DIN 3964-1980 Deviations of Shaft Centre Distances and Shaft Position Tolerances of Castings for Cylindrical Gears

⑦ DIN 3967-1987 System of Gear Fits-Backlash Tooth Thickness Allowances Tooth Thickness Tolerances-Principles

（4）我国齿轮精度体系的构成

① GB/T 10095.1—2008　圆柱齿轮　精度制　第 1 部分：轮齿同侧齿面偏差的定义和允许值

② GB/T 10095.2—2008　圆柱齿轮　精度制　第 2 部分：径向综合偏差与径向跳动的定义和允许值

③ GB/Z 18620.1—2008　圆柱齿轮　检验实施规范　第 1 部分：轮齿同侧齿面的检验

④ GB/Z 18620.2—2008　圆柱齿轮　检验实施规范　第 2 部分：径向综合偏差、径向跳动、齿厚和侧隙的检验

⑤ GB/Z 18620.3—2008　圆柱齿轮　检验实施规范　第 3 部分：齿轮坯、轴中心距和轴线平行度的检验

⑥ GB/Z 18620.4—2008　圆柱齿轮　检验实施规范　第 4 部分：表面结构和轮齿接触斑点的检验

⑦ GB/T 13924—2008　渐开线圆柱齿轮精度　检验细则

⑧ GB/T 10096—1988　齿条精度

1988 年，我国首次制定和颁布了 GB/T 10095—1988《渐开线圆柱齿轮精度》国家标准。通过贯彻执行，有力地促进了齿轮制造质量水平的提高。2001 年我国根据 ISO 1328 标准，颁布了 GB/T 10095.1—2001 与 GB/T 10095.2—2001。在此基础上，2008 年对标准进行了修订，颁布了新的渐开线圆柱齿轮精度的标准：GB/T 10095.1—2008 和 GB/T 10095.2—2008。本节将主要叙述其规定内容，并对与其相关的四份指导性技术文件（检验实施规范）做简要介绍，以便设计时使用。

6.1　适用范围

1）GB/T 10095.1—2008 适用于基本齿廓符合 GB/T 1356《通用机械和重型机械用圆柱齿轮　标准基本齿条

齿廓》规定的单个渐开线圆柱齿轮。齿距偏差、齿廓偏差、螺旋线偏差、切向综合偏差等各参数的范围和分段的上、下界限值如表 15-1-45 所示。

表 15-1-45

mm

分度圆直径 d	5/20/50/125/280/560/1000/1600/2500/4000/6000/8000/10000
模数(法向模数) m	0. 5/2/3. 5/6/10/16/25/40/70
齿宽 b	4/10/20/40/80/160/250/400/650/1000

标准的这一部分仅适用于单个齿轮的每个要素，不包括齿轮副。并强调指出：本部分的每个使用者，都应该非常熟悉 GB/Z 18620. 1《圆柱齿轮　检验实施规范　第 1 部分：轮齿同侧齿面的检验》所叙述的检验方法和步骤。在本部分的限制范围内，使用GB/Z 18620. 1以外的技术是不适宜的。

2）GB/T 10095. 2—2008 适用于基本齿廓符合 GB/T 1356《通用机械和重型机械用圆柱齿轮　标准基本齿条齿廓》规定的单个渐开线圆柱齿轮。如表 15-1-46 所示。

表 15-1-46

径向综合偏差的参数范围和分段的上、下界限值/mm	分度圆直径　d	5/20/50/125/280/560/1000
	法向模数　m	0. 2/0. 5/0. 8/1. 0/1. 5/2. 5/4/6/10
径向跳动公差的参数范围和分段的上、下界限值/mm	分度圆直径　d	5/20/50/125/280/560/1000/1600/2500/4000/6000/8000/10000
	模数(法向模数)　m	0. 5/2. 0/3. 5/6/10/16/25/40/70

6. 2　齿轮偏差的代号及定义

表 15-1-47　　**齿轮各项偏差的代号及定义**（GB/T 10095—2008）

序号	名称及代号	定　义	备　注
1	齿距偏差		
1.1	单个齿距偏差 $\pm f_{pt}$	在端面平面上,在接近齿高中部的一个与齿轮轴线同心的圆上,实际齿距与理论齿距的代数差(见图 15-1-46)	—
1.2	齿距累积偏差 F_{pk}	任意 k 个齿距的实际弧长与理论弧长的代数差(见图 15-1-46)。理论上它等于这 k 个齿距的各单个齿距偏差的代数和	F_{pk} 的计值仅限于不超过圆周 1/8 的弧段内，偏差 F_{pk} 的允许值适用于齿距数 k 为 2 至 z/8 的弧段内
1.3	齿距累积总偏差 F_{p}	齿轮同侧齿面任意弧段($k=1$ 至 $k=z$)内的最大齿距累积偏差。它表现为齿距累积偏差曲线的总幅值	—
2	齿廓偏差	实际齿廓偏离设计齿廓的量,在端面内且垂直于渐开线齿廓的方向计值	设计齿廓是指符合设计规定的齿廓,当无其他限定时,是指端面齿廓。在齿廓曲线图中,未经修形的渐开线齿廓曲线一般为直线
2. 1	齿廓总偏差 F_{α}	在计值范围 L_{α} 内,包容实际齿廓迹线的两条设计齿廓迹线间的距离(见图 15-1-47a)	齿廓迹线是指由齿轮齿廓检验设备在纸上或其他适当的介质上画出来的齿廓偏差曲线。齿廓迹线如偏离了直线,其偏离量即表示与被检齿轮的基圆所展成的渐开线齿廓的偏差
2. 2	齿廓形状偏差 $f_{f\alpha}$	在计值范围 L_{α} 内,包容实际齿廓迹线的两条与平均齿廓迹线完全相同的曲线间的距离,且两条曲线与平均齿廓迹线的距离为常数(见图 15-1-47b)	平均齿廓是指设计齿廓迹线的纵坐标减去一条斜直线的相应纵坐标后得到的一条迹线,使得在计值范围内实际齿廓迹线偏离平均齿廓迹线之偏差的平方和最小
2. 3	齿廓倾斜偏差 $\pm f_{H\alpha}$	在计值范围 L_{α} 内,两端与平均齿廓迹线相交的两条设计齿廓迹线间的距离(见图 15-1-47c)	—
3	螺旋线偏差	在端面基圆切线方向上测得的实际螺旋线偏离设计螺旋线的量	设计螺线旋线是指符合设计规定的螺旋线。在螺旋线曲线图中,未经修形的螺旋线的迹线一般为直线
3. 1	螺旋线总偏差 F_{β}	在计值范围 L_{β} 内,包容实际螺旋线迹线的两条设计螺旋线迹线间的距离(见图 15-1-48a)	螺旋线迹线是指由螺旋线检验设备在纸上或其他适当的介质上画出来的曲线。此曲线如偏离了直线,其偏离量即表示实际的螺旋线与不修形螺旋线的偏差
3. 2	螺旋线形状偏差 $f_{f\beta}$	在计值范围 L_{β} 内,包容实际螺旋线迹线的,与平均螺旋线迹线完全相同的两条曲线间的距离,且两条曲线与平均螺旋线迹线的距离为常数(见图 15-1-48b)	平均螺旋线是指设计螺旋线迹线的纵坐标减去一条斜直线的相应纵坐标后得到的一条迹线,使得在计值范围内实际螺旋线迹线对平均螺旋线迹线偏差的平方和最小

续表

序号	名称及代号	定　义	备　注
3.3	螺旋线倾斜偏差$\pm f_{H\beta}$	在计值范围L_β的两端与平均螺旋线迹线相交的两条设计螺旋线迹线间的距离(见图15-1-48c)	—
4	切向综合偏差		
4.1	切向综合总偏差F_i'	被测齿轮与测量齿轮单面啮合检验时，被测齿轮一转内，齿轮分度圆上实际圆周位移与理论圆周位移的最大差值(见图15-1-49)	在检验过程中只有同侧齿面单面接触
4.2	一齿切向综合偏差f_i'	在一个齿距内的切向综合偏差值(见图15-1-49)	—
5	径向综合偏差		
5.1	径向综合总偏差F_i''	在径向(双面)综合检验时，产品齿轮的左右齿面同时与测量的齿轮接触，并转过一整圈时出现的中心距最大值和最小值之差(见图15-1-50)	"产品齿轮"是指正在被测量或评定的齿轮
5.2	一齿径向综合偏差f_i''	当产品齿轮啮合一整圈时，对应一个齿距(360°/z)的径向综合偏差值(见图15-1-50)	产品齿轮所有轮齿最大值f_i''不应超过规定的允许值
6	径向跳动公差F_r	测头(球形、圆柱形、砧形)相继置于每个齿槽内时，从它到齿轮轴线的最大和最小径向距离之差(见图15-1-51)	检查中，测头在近似齿高中部与左右齿面接触

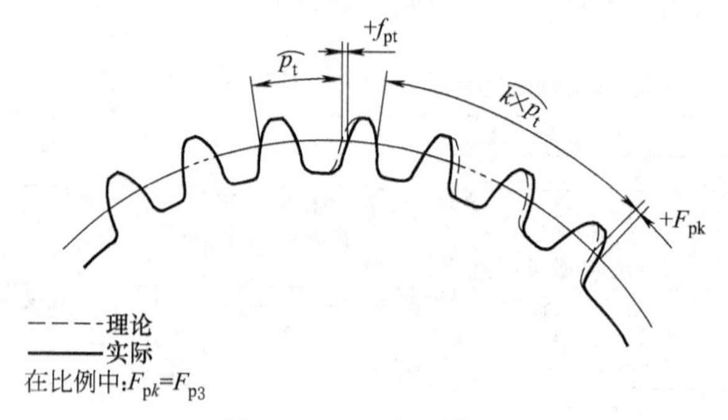

图15-1-46　齿距偏差

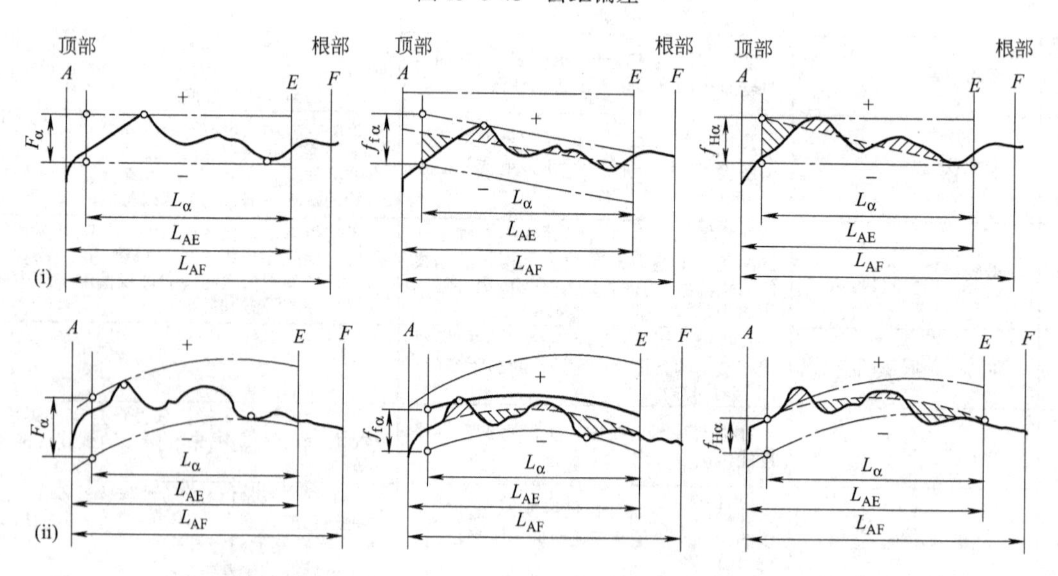

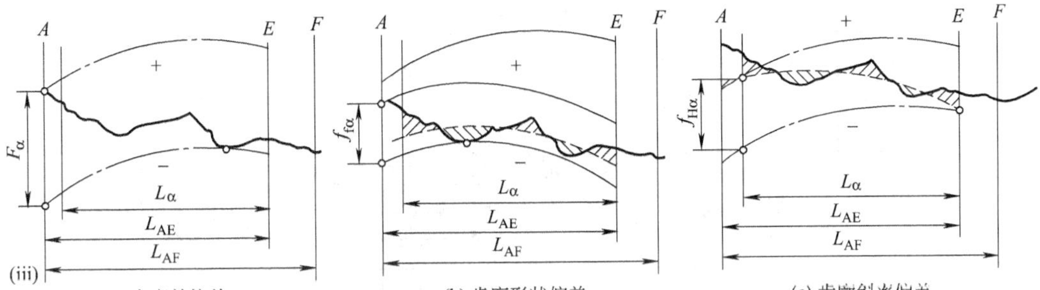

(iii)

(a) 齿廓总偏差　　(b) 齿廓形状偏差　　(c) 齿廓斜率偏差

1. ——·——·——：设计齿廓　　实际齿廓　------：平均齿廓

（ⅲ）设计齿廓：修形的渐开线（举例）　　实际齿廓：在减薄区偏向体外。

2. L_{AF}——可用长度，等于两条端面基圆切线长之差。其中一条从基圆伸展到可用齿廓的外界限点，另一条从基圆伸展到可用齿廓的内界限点。依据设计，可用长度被齿顶、齿顶倒棱或齿顶倒圆的起始点（A 点）限定；对于齿根，可用长度被齿根圆角或挖根的起始点（F 点）所限定。

3. L_{AE}——有效长度，可用长度中对应于有效齿廓的那部分。对于齿顶，有效长度界限点与可用长度的界限点（A 点）相同。对于齿根，有效长度伸展到与之配对齿轮有效啮合的终点 E（即有效齿廓的起始点）。如果配对齿轮未知，则 E 点为与基本齿条相啮合的有效齿廓的起始点。

4. L_α——齿廓计值范围，可用长度中的一部分，在 L_α 内应遵照规定精度等级的公差。除另有规定外，其长度等于从 E 点开始的有效长度 L_{AE} 的 92%。

图 15-1-47　齿廓偏差

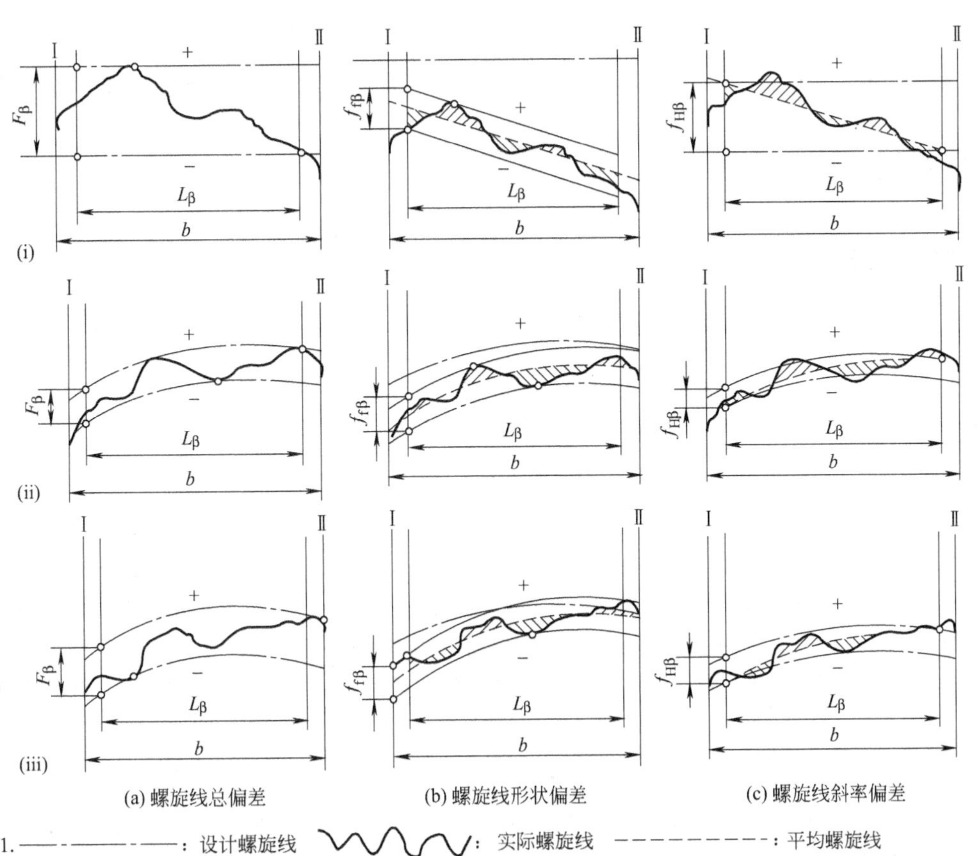

1. ——·——·——：设计螺旋线　　实际螺旋线　------：平均螺旋线

（ⅰ）设计螺旋线：不修形的螺旋线　　实际螺旋线：在减薄区偏向体内；

（ⅱ）设计螺旋线：修形的螺旋线（举例）　　实际螺旋线：在减薄区偏向体内；

（ⅲ）设计螺旋线：修形的螺旋线（举例）　　实际螺旋线：在减薄区偏向体外。

2. b——齿宽。

3. L_β——螺旋线计值范围。除非另有规定，L_β 等于在轮齿两端处各减去下面两个数值中较小的一个后的“迹线长度”，即 5%齿宽或等于一个模数的长度。

图 15-1-48　螺旋线偏差

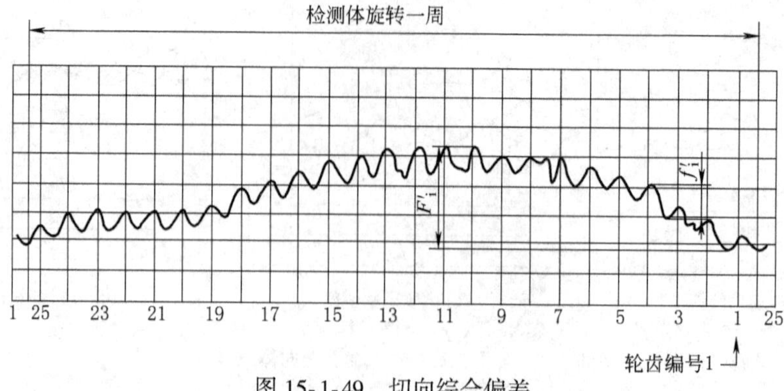

图 15-1-49　切向综合偏差

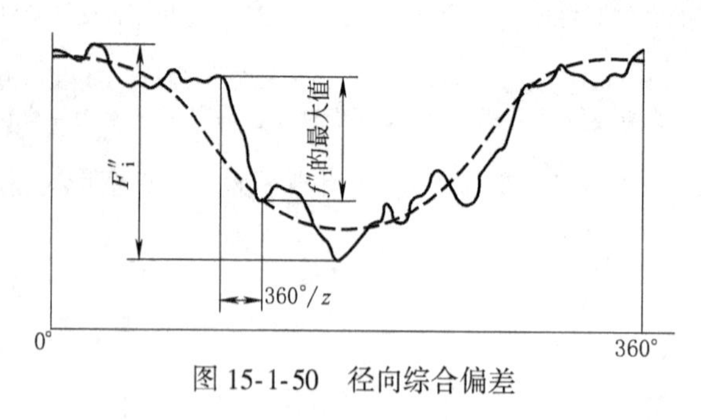

图 15-1-50　径向综合偏差

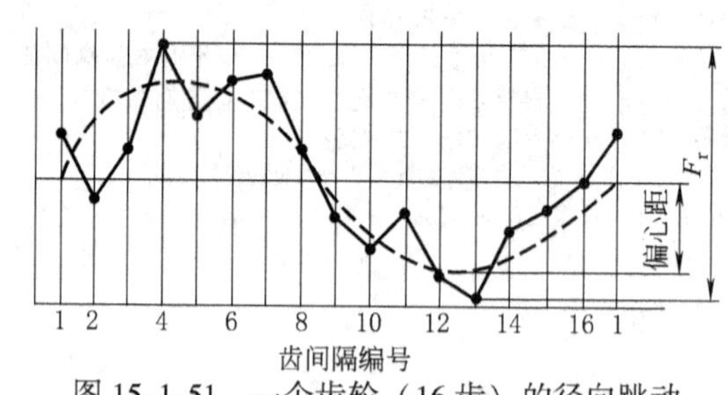

图 15-1-51　一个齿轮（16 齿）的径向跳动

6.3　齿轮精度等级及其选择

6.3.1　精度等级

1）GB/T 10095.1—2008 对轮齿同侧齿面偏差规定了 13 个精度等级，用数字 0~12 由高到低的顺序排列，0 级精度最高，12 级精度最低。

2）GB/T 10095.2—2008 对径向综合偏差规定了 9 个精度等级，其中 4 级精度最高，12 级精度最低；对径向跳动规定了 13 个精度等级，其中 0 级精度最高，12 级精度最低。

6.3.2　精度等级的选择

1）一般情况下，在给定的技术文件中，如所要求的齿轮精度为 GB/T 10095.1（或 GB/T 10095.2）的某个精度等级，则齿距偏差、齿廓偏差、螺旋线偏差（或径向综合偏差、径向跳动）的公差均按该精度等级。然而，按协议对工作齿面和非工作齿面可规定不同的精度等级，或对于不同的偏差项目可规定不同的精度等级。

2）径向综合偏差不一定与 GB/T 10095.1 中的偏差项目选用相同的精度等级。

3）选择齿轮精度时，必须根据其用途及工作条件（圆周速度、传递功率、工作时间、性能指标等）来确定。

齿轮精度等级的选择，通常有下述两种方法。

（1）计算法

① 如果已知传动链末端元件的传动精度要求，可按传动链误差的传递规律，分配各级齿轮副的传动精度要求，确定齿轮的精度等级。

② 根据传动装置所允许的机械振动，用“机械动力学”理论在确定装置的动态特性过程中确定齿轮的精度要求。

③ 根据齿轮承载能力的要求，适当确定齿轮精度的要求。

（2）经验法（表格法）

当原有的传动装置设计具有成熟经验时，新设计的齿轮传动可以参照采用相似的精度等级。目前采用的最主要的是表格法。常用齿轮的精度等级，其使用范围、加工方法见表 15-1-48、表 15-1-49、表 15-1-50，供选择齿轮精度等级时参考。

表 15-1-48　　各类机械传动中所应用的齿轮精度等级

类型	精度等级	类型	精度等级	类型	精度等级	类型	精度等级
测量齿轮	2~5	汽车底盘	5~8	拖拉机	6~9	矿用绞车	8~10
透平齿轮	3~6	轻型汽车	5~8	通用减速器	6~9	起重机械	6~10
金属切削机床	3~8	载货汽车	6~9	轧钢机	5~9	农用机械	8~11
内燃机车	5~7	航空发动机	4~8				

表 15-1-49　　圆柱齿轮各级精度的应用范围

要素		精度等级					
		4	5	6	7	8	9
工作条件及应用范围	机床	高精度和精密的分度链末端齿轮	一般精度的分度链末端齿轮，高精度和精密的分度链的中间齿轮	V级精度机床主传动的重要齿轮，一般精度的分度链的中间齿轮，油泵齿轮	Ⅳ级和Ⅲ级以上精度等级机床的进给齿轮	一般精度的机床齿轮	没有传动精度要求的手动齿轮
圆周速度/m·s^{-1}	直齿轮	>30	>15~30	>10~15	>6~10	<6	—
	斜齿轮	>50	>30~50	>15~30	>8~15	<8	—
工作条件及应用范围	航空船舶车辆	需要很高平稳性、低噪声的船用和航空齿轮	需要高平稳性、低噪声的船用和舰空齿轮，需要很高平稳性、低噪声的机车和轿车的齿轮	用于高速传动有高平稳性、低噪声要求的机车、航空、船舶和轿车的齿轮	用于有平稳性和低噪声要求的航空、船舶和轿车的齿轮	用于中等速度较平稳传动的载货汽车和拖拉机的齿轮	用于较低速和噪声要求不高的载货汽车第一挡与倒挡拖拉机和联合收割机齿轮
圆周速度/m·s^{-1}	直齿轮	>35	>20	≤20	≤15	≤10	≤4
	斜齿轮	>70	>35	≤35	≤25	≤15	≤6
工作条件及应用范围	动力齿轮	用于很高速度的透平传动齿轮	用于高速的透平传动齿轮，重型机械进给机构和高速轻载齿轮	用于高速传动的齿轮，工业机器有高可靠性要求的齿轮，重型机械的功率传动齿轮，作业率很高的起重运输机械齿轮	用于高速和适度功率或大功率和适度速度条件下的齿轮，冶金、矿山、石油、林业、轻工、工程机械和小型工业齿轮箱（普通减速器）有可靠性要求的齿轮	用于中等速度、较平稳传动的齿轮，冶金、矿山、石油，林业、轻工、化工、工程机械、起重运输机械和小型工业齿轮箱（普通减速器）的齿轮	用于一般性工作和噪声要求不高的齿轮，受载低于计算载荷的传动齿轮，速度大于1m/s的开式齿轮传动和转盘的齿轮
圆周速度/m·s^{-1}	直齿轮	>70	>30	<30	<15	<10	≤4
	斜齿轮				<25	<15	≤6
工作条件及应用范围	其他	检验7~8级精度齿轮，其他的测量齿轮	检验8~9级精度齿轮的测量齿轮，印刷机械印刷辊子用的齿轮	读数装置中特别精密传动的齿轮	读数装置的传动及具有非直齿的速度传动齿轮，印刷机械传动齿轮	普通印刷机传动齿轮	
单级传动效率		不低于0.99（包括轴承不低于0.982）			不低于0.98（包括轴承不低于0.975）	不低于0.97（包括轴承不低于0.965）	不低于0.96（包括轴承不低于0.95）

表 15-1-50　　精度等级与加工方法的关系

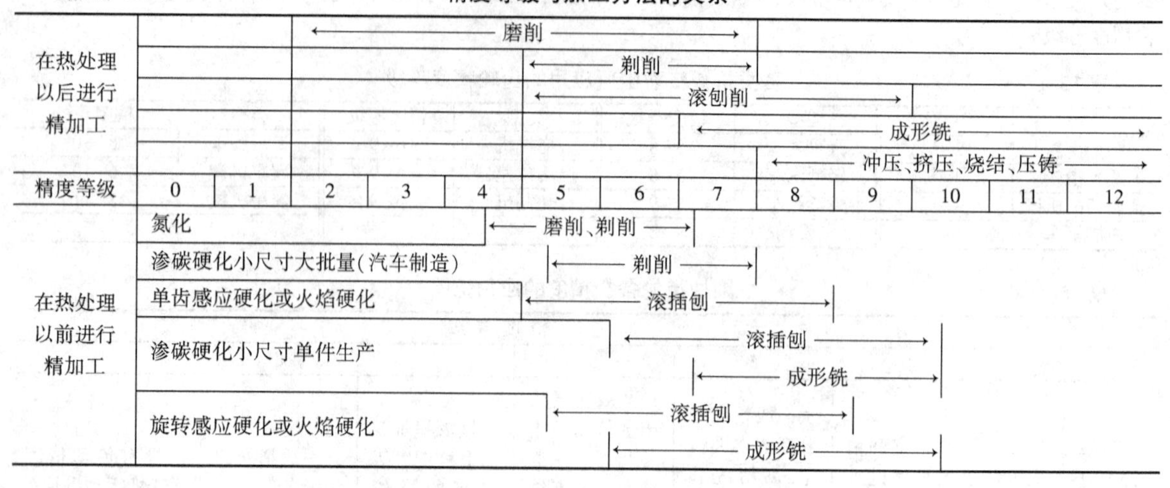

6.4　齿轮检验

6.4.1　齿轮的检验项目

GB/Z 18620. 1—2008 和 GB/Z 18620. 2—2008 分别给出了圆柱齿轮轮齿同侧齿面的检验实施规范和径向综合偏差、径向跳动、齿厚和侧隙的检验实施规范，作为 GB/T 10095. 1—2008 和 GB/T 10095. 2—2008 的补充，它提供了齿轮检测方法和测量结果分析方面的建议。

各种轮齿要素的检验，需要多种测量仪器。首先必须保证在涉及齿轮旋转的所有测量过程中，齿轮实际工作的轴线应与测量过程中旋转轴线相重合。

在检验中，没有必要测量全部轮齿要素的偏差，因为其中有些要素对于特定齿轮的功能并没有明显的影响；另外，有些测量项目可以代替另一些项目。例如切向综合偏差检验能代替齿距偏差的检验，径向综合偏差能代替径向跳动检验。然而应注意的是测量项目的增减，必须由供需双方协商确定。

齿轮的齿距偏差、齿廓偏差、螺旋线偏差、切向综合偏差、径向综合偏差及径向跳动公差的检验要求见表 15-1-51。

表 15-1-51　　齿轮偏差的检验要求

序号	名称及代号	检验要求
1	齿距偏差	
1.1	单个齿距偏差　$\pm f_{pt}$	①除另有规定外，齿距偏差均在接近齿高和齿宽中部的位置测量。单个齿距偏差 f_{pt} 需对每个轮齿的两侧面都进行测量 ②除非另有规定，齿距累积偏差 F_{pk} 的计值仅限于不超过圆周 1/8 的弧段内。因此，偏差 F_{pk} 的允许值适用于齿距数 k 为 2 到 $z/8$ 的弧段内，通常 F_{pk} 取 $k\approx z/8$ 就足够了。如果对于特殊的应用(例如高速齿轮)，还需检验较小弧段，并规定相应的 k 值
1.2	齿距累积偏差　F_{pk}	
1.3	齿距累积总偏差　F_p	
2	齿廓偏差	
2.1	齿廓总偏差　F_α	①除另有规定外，齿廓偏差应在齿宽中部位置测量。如果齿宽大于 250mm，则应增加两个测量部位，即在距齿宽每侧约 15% 的齿宽处测量。齿廓偏差应至少测三个齿的两侧齿面，这三个齿应取在沿齿轮圆周近似三等分位置处 ②齿廓形状偏差 $f_{f\alpha}$ 和齿廓倾斜偏差 $f_{H\alpha}$ 不是强制性的单项检验项目，在 GB/T 10095. 1—2008 中不作为标准要素。然而，由于形状偏差和倾斜偏差对齿轮的性能有重要影响，故在标准附录中给出了偏差值及计算公式。需要时，应在供需协议中予以规定
2.2	齿廓形状偏差　$f_{f\alpha}$	
2.3	齿廓倾斜偏差　$\pm f_{H\alpha}$	
3	螺旋线偏差	
3.1	螺旋线总偏差　F_β	①除另有规定外，螺旋线偏差应至少测三个齿的两侧齿面，这三个齿应取在沿齿轮圆周近似三等分位置处 ②螺旋线形状偏差 $f_{f\beta}$ 和倾斜偏差 $f_{H\beta}$ 不是强制性的单项检验项目，然而他们对齿轮性能有重要影响，故在标准附录中给出了偏差值及计算公式。需要时，应在供需协议中予以规定
3.2	螺旋线形状偏差　$f_{f\beta}$	
3.3	螺旋线倾斜偏差　$\pm f_{H\beta}$	

续表

序号	名称及代号	检验要求
4	切向综合偏差	
4.1	切向综合总偏差 F_i'	①除另有规定外,切向综合偏差不是强制性检验项目 ②测量齿轮的精度将影响检验的结果,如测量齿轮的精度比被检验的产品齿轮的精度至少高4级时,测量齿轮的不精确性可忽略不计;如果测量齿轮的质量达不到比被检齿轮高4个等级时,则测量齿轮的不精确性必须考虑进去 ③检验时,需施加很轻的载荷和很低的角速度,以保证齿面间的接触所产生的记录曲线,反映出一对齿轮轮齿要素偏差的综合影响(即齿距、齿廓和螺旋线) ④检验时,产品齿轮与测量齿轮以适当的中心距相啮合并旋转,在只有一组同侧齿面相接触的情况下使之旋转直到获得一整圈的偏差曲线图 ⑤总重合度 ε_γ 影响f_i'的测量。当产品齿轮和测量齿轮的齿宽不同时,按较小的齿宽计算 ε_γ。 如果对轮齿的齿廓和螺旋线进行了较大的修正,检验时 ε_γ 和系数 K 会受到较大的影响,在评定测量结果时,这些因素必须考虑在内。在这种情况下,须对检验条件和记录曲线的评定应另订专门的协议
4.2	一齿切向综合偏差 f_i'	
5	径向综合偏差	
5.1	径向综合总偏差 F_i''	①检验时,测量齿轮应在"有效长度 L_{AE}"上与产品齿轮啮合。应十分重视测量齿轮的精度和设计,特别是它与产品齿轮啮合的压力角,会影响测量的结果,测量齿轮应该有足够的啮合深度,使其与产品齿轮的整个实际有效齿廓接触,但不应与非有效部分或根部接触 ②当检验精密齿轮时,对所用测量齿轮的精度和测量步骤,应由供需双方协商一致 ③对于直齿轮,可按规定的公差值确定其精度等级。对于斜齿轮,因为纵向重合度 ε_β 会影响其径向测量的结果,应按供需双方的协议来使用。当用于斜齿轮时,其测量齿轮的齿宽应使与产品齿轮啮合时的 ε_β 小于或等于0.5
5.2	一齿径向综合偏差 f_i''	
6	径向跳动公差 F_r	①检验时,应按定义将测头(球、砧、圆柱或棱柱体)在齿轮旋转时逐齿放置在齿槽中,并与齿的两侧接触 ②测量时,球侧头的直径应选择得使其能接触到齿槽的中间部位,并应置于齿宽的中央;砧形测头的尺寸应选择得使其在齿槽中大致在分度圆的位置接触齿面

标准没有规定齿轮的公差组和检验组。对产品齿轮可采用两种不同的检验形式来评定和验收其制造质量。一种检验形式是综合检验，另一种是单项检验，但两种检验形式不能同时采用。

① 综合检验　其检验项目有：F_i''与f_i''。

② 单项检验　按照齿轮的使用要求，可选择下列检验组中的一组来评定和验收齿轮精度：

a. f_{pt}、F_p、F_α、F_β、F_r；

b. f_{pt}、f_{pk}、F_p、F_α、F_β、F_r；

c. f_{pt}、F_r（仅用于10~12级）；

d. F_i'、f_i'(有协议要求时)。

6.4.2　5级精度的齿轮公差的计算公式

5级精度齿轮的齿距偏差、齿廓偏差、螺旋线偏差、切向综合偏差、径向综合偏差及径向跳动公差计算式及使用说明见表15-1-52。

6.4.3　齿轮的公差

齿轮的单个齿距偏差$\pm f_{pt}$、齿距累积总偏差 F_p 分别见表15-1-53和表15-1-54；齿廓总偏差 F_α、齿廓形状偏差$f_{f\alpha}$、齿廓倾斜偏差$\pm f_{H\alpha}$分别见表15-1-55~表15-1-57；螺旋线总偏差 F_β、螺旋线形状偏差$f_{f\beta}$及螺旋线倾斜偏差$\pm f_{H\beta}$见表15-1-58和表15-1-59；一齿切向综合偏差f_i'(测量一齿切向综合偏差f_i'时，其值受总重合度 ε_γ 影响，故标准给出了f_i'/K值）见表15-1-60；径向综合偏差 F_i''、一齿径向综合偏差f_i''见表15-1-61和表15-1-62；径向跳动公差 F_r见表15-1-63。

表 15-1-52　　齿轮精度公差计算及使用说明

<table>
<tr><th>名称及代号</th><th>5 级精度的齿轮公差计算式</th><th>使 用 说 明</th></tr>
<tr><td>单个齿距偏差 f_{pt}</td><td>$f_{pt}=0.3(m+0.4\sqrt{d})+4$</td><td rowspan="11">①5 级精度的未圆整的计算值乘以 $2^{0.5(Q-5)}$，即可得到任意精度等级的待求值，Q 为待求值的精度等级数
②应用公式时，参数 m、d 和 b 应取该分段界限值的几何平均值代入。例如：如果实际模数是 7mm，分段界限值为 $m=6$mm 和 $m=10$mm，允许偏差用 $m=\sqrt{6\times10}=7.746$ mm 代入计算。如果计算值大于 10μm，圆整到最接近的整数；如果计算值小于 10μm，圆整到最接近的相差小于 0.5μm 的小数或整数；如果计算值小于 5μm，圆整到最接近的相差小于 0.1μm 的一位小数或整数
③将实测的齿轮偏差值与表 15-1-53～表 15-1-62 中的值比较，以评定齿轮的精度等级
④当齿轮参数不在给定的范围内或供需双方同意时，可以在公式中代入实际的齿轮参数</td></tr>
<tr><td>齿距累积偏差 F_{pk}</td><td>$F_{pk}=f_{pt}+1.6\sqrt{(k-1)m}$</td></tr>
<tr><td>齿距累积总偏差 F_p</td><td>$F_p=0.3m+1.25\sqrt{d}+7$</td></tr>
<tr><td>齿廓总偏差 F_α</td><td>$F_\alpha=3.2\sqrt{m}+0.22\sqrt{d}+0.7$</td></tr>
<tr><td>齿廓形状偏差 $f_{f\alpha}$</td><td>$f_{f\alpha}=2.5\sqrt{m}+0.17\sqrt{d}+0.5$</td></tr>
<tr><td>齿廓倾斜偏差 $f_{H\alpha}$</td><td>$f_{H\alpha}=2\sqrt{m}+0.14\sqrt{d}+0.5$</td></tr>
<tr><td>螺旋线总偏差 F_β</td><td>$F_\beta=0.1\sqrt{d}+0.63\sqrt{b}+4.2$</td></tr>
<tr><td>螺旋线形状偏差 $f_{f\beta}$</td><td>$f_{f\beta}=0.07\sqrt{d}+0.45\sqrt{b}+3$</td></tr>
<tr><td>螺旋线倾斜偏差 $f_{H\beta}$</td><td>$f_{H\beta}=0.07\sqrt{d}+0.45\sqrt{b}+3$</td></tr>
<tr><td>切向综合总偏差 F_i'</td><td>$F_i'=F_P+f_i'$</td></tr>
<tr><td>一齿切向综合偏差 f_i'</td><td>$f_i'=K(4.3+f_{pt}+F_\alpha)$
$=K(9+0.3m+3.2\sqrt{m}+0.34\sqrt{d})$
式中，当 $\varepsilon_\gamma<4$ 时，$K=0.2\left(\frac{\varepsilon_\gamma+4}{\varepsilon_\gamma}\right)$；当 $\varepsilon_\gamma\geqslant4$ 时，$K=0.4$
如果产品齿轮与测量齿轮的齿宽不同，则按较小的齿宽进行 ε_γ 计算
如果对轮齿的齿廓或螺旋线进行了较大的修形，检验时 ε_γ 和 K 会受到较大的影响，因而在评定测量结果时，这些因素必须考虑在内，在这种情况下，对检验条件和记录曲线的评定另订专门的协议</td></tr>
<tr><td>径向综合偏差 F_i''</td><td>$F_i''=3.2m_n+1.01\sqrt{d}+6.4$</td><td rowspan="3">①5 级精度的未圆整的计算值乘以 $2^{0.5(Q-5)}$，即可得到任意精度等级的待求值，Q 为待求值的精度等级数
②应用公式时，参数 m_n、d 和 b 应取该分段界限值的几何平均值代入。如果计算值大于 10μm，圆整到最接近的整数；如果计算值小于 10μm，圆整到最接近的相差小于 0.5μm 的小数或整数
③采用表 15-1-63～表 15-1-65 中的值评定齿轮精度，仅用于供需双方有协议时。无协议时，用模数 m_n 和直径 d 的实际值代入公式计算公差值，评定齿轮的精度等级
④当齿轮参数不在给定的范围内，使用公式时，须供需双方协商一致</td></tr>
<tr><td>一齿径向综合偏差 f_i''</td><td>$f_i''=2.96m_n+0.01\sqrt{d}+0.8$</td></tr>
<tr><td>径向跳动公差 F_r</td><td>$F_r=0.8F_P=0.24m_n+1.0\sqrt{d}+5.6$</td></tr>
</table>

表 15-1-53　　单个齿距偏差 $\pm f_{pt}$

分度圆直径 d/mm	模数 m/mm	精度等级												
		0	1	2	3	4	5	6	7	8	9	10	11	12
		$\pm f_{pt}$/μm												
$5\leqslant d\leqslant20$	$0.5\leqslant m\leqslant2$	0.8	1.2	1.7	2.3	3.3	4.7	6.5	9.5	13.0	19.0	26.0	37.0	53.0
	$2<m\leqslant3.5$	0.9	1.3	1.8	2.6	3.7	5.0	7.5	10.0	15.0	21.0	29.0	41.0	59.0
$20<d\leqslant50$	$0.5\leqslant m\leqslant2$	0.9	1.2	1.8	2.5	3.5	5.0	7.0	10.0	14.0	20.0	28.0	40.0	56.0
	$2<m\leqslant3.5$	1.0	1.4	1.9	2.7	3.9	5.5	7.5	11.0	15.0	22.0	31.0	44.0	62.0
	$3.5<m\leqslant6$	1.1	1.5	2.1	3.0	4.3	6.0	8.5	12.0	17.0	24.0	34.0	48.0	68.0
	$6<m\leqslant10$	1.2	1.7	2.5	3.5	4.9	7.0	10.0	14.0	20.0	28.0	40.0	56.0	79.0

续表

分度圆直径 d/mm	模数 m/mm	精度等级												
		0	1	2	3	4	5	6	7	8	9	10	11	12
		$\pm f_{pt}$/μm												
50<d≤125	0.5≤m≤2	0.9	1.3	1.9	2.7	3.8	5.5	7.5	11.0	15.0	21.0	30.0	43.0	61.0
	2<m≤3.5	1.0	1.5	2.1	2.9	4.1	6.0	8.5	12.0	17.0	23.0	33.0	47.0	66.0
	3.5<m≤6	1.1	1.6	2.3	3.2	4.6	6.5	9.0	13.0	18.0	26.0	36.0	52.0	73.0
	6<m≤10	1.3	1.8	2.6	3.7	5.0	7.5	10.0	15.0	21.0	30.0	42.0	59.0	84.0
	10<m≤16	1.6	2.2	3.1	4.4	6.5	9.0	13.0	18.0	25.0	35.0	50.0	71.0	100.0
	16<m≤25	2.0	2.8	3.9	5.5	8.0	11.0	16.0	22.0	31.0	44.0	63.0	89.0	125.0
125<d≤280	0.5≤m≤2	1.1	1.5	2.1	3.0	4.2	6.0	8.5	12.0	17.0	24.0	34.0	48.0	67.0
	2<m≤3.5	1.1	1.6	2.3	3.2	4.6	6.5	9.0	13.0	18.0	26.0	36.0	51.0	73.0
	3.5<m≤6	1.2	1.8	2.5	3.5	5.0	7.0	10.0	14.0	20.0	28.0	40.0	56.0	79.0
	6<m≤10	1.4	2.0	2.8	4.0	5.5	8.0	11.0	16.0	23.0	32.0	45.0	64.0	90.0
	10<m≤16	1.7	2.4	3.3	4.7	6.5	9.5	13.0	19.0	27.0	38.0	53.0	75.0	107.0
	16<m≤25	2.1	2.9	4.1	6.0	8.0	12.0	16.0	23.0	33.0	47.0	66.0	93.0	132.0
	25<m≤40	2.7	3.8	5.5	7.5	11.0	15.0	21.0	30.0	43.0	61.0	86.0	121.0	171.0
280<d≤560	0.5≤m≤2	1.2	1.7	2.4	3.3	4.7	6.5	9.5	13.0	19.0	27.0	38.0	54.0	76.0
	2<m≤3.5	1.3	1.8	2.5	3.6	5.0	7.0	10.0	14.0	20.0	29.0	41.0	57.0	81.0
	3.5<m≤6	1.4	1.9	2.7	3.9	5.5	8.0	11.0	16.0	22.0	31.0	44.0	62.0	88.0
	6<m≤10	1.5	2.2	3.1	4.4	6.0	8.5	12.0	17.0	25.0	35.0	49.0	70.0	99.0
	10<m≤16	1.8	2.5	3.6	5.0	7.0	10.0	14.0	20.0	29.0	41.0	58.0	81.0	115.0
	16<m≤25	2.2	3.1	4.4	6.0	9.0	12.0	18.0	25.0	35.0	50.0	70.0	99.0	140.0
	25<m≤40	2.8	4.0	5.5	8.0	11.0	16.0	22.0	32.0	45.0	63.0	90.0	127.0	180.0
	40<m≤70	3.9	5.5	8.0	11.0	16.0	22.0	31.0	45.0	63.0	89.0	126.0	178.0	252.0
560<d≤1000	0.5≤m≤2	1.3	1.9	2.7	3.8	5.5	7.5	11.0	15.0	21.0	30.0	43.0	61.0	86.0
	2<m≤3.5	1.4	2.0	2.9	4.0	5.5	8.0	11.0	16.0	23.0	32.0	46.0	65.0	91.0
	3.5<m≤6	1.5	2.2	3.1	4.3	6.0	8.5	12.0	17.0	24.0	35.0	49.0	69.0	98.0
	6<m≤10	1.7	2.4	3.4	4.8	7.0	9.5	14.0	19.0	27.0	38.0	54.0	77.0	109.0
	10<m≤16	2.0	2.8	3.9	5.5	8.0	11.0	16.0	22.0	31.0	44.0	63.0	89.0	125.0
	16<m≤25	2.3	3.3	4.7	6.5	9.5	13.0	19.0	27.0	38.0	53.0	75.0	106.0	150.0
	25<m≤40	3.0	4.2	6.0	8.5	12.0	17.0	24.0	34.0	47.0	67.0	95.0	134.0	190.0
	40<m≤70	4.1	6.0	8.0	12.0	16.0	23.0	33.0	46.0	65.0	93.0	131.0	185.0	262.0
1000<d≤1600	2≤m≤3.5	1.6	2.3	3.2	4.5	6.5	9.0	13.0	18.0	26.0	36.0	51.0	72.0	103.0
	3.5<m≤6	1.7	2.4	3.4	4.8	7.0	9.5	14.0	19.0	27.0	39.0	55.0	77.0	109.0
	6<m≤10	1.9	2.6	3.7	5.5	7.5	11.0	15.0	21.0	30.0	42.0	60.0	85.0	120.0
	10<m≤16	2.1	3.0	4.3	6.0	8.5	12.0	17.0	24.0	34.0	48.0	68.0	97.0	136.0
	16<m≤25	2.5	3.6	5.0	7.0	10.0	14.0	20.0	29.0	40.0	57.0	81.0	114.0	161.0
	25<m≤40	3.1	4.4	6.5	9.0	13.0	18.0	25.0	36.0	50.0	71.0	100.0	142.0	201.0
	40<m≤70	4.3	6.0	8.5	12.0	17.0	24.0	34.0	48.0	68.0	97.0	137.0	193.0	273.0
1600<d≤2500	3.5≤m≤6	1.9	2.7	3.8	5.5	7.5	11.0	15.0	21.0	30.0	43.0	61.0	86.0	122.0
	6<m≤10	2.1	2.9	4.1	6.0	8.5	12.0	17.0	23.0	33.0	47.0	66.0	94.0	132.0
	10<m≤16	2.3	3.3	4.7	6.5	9.5	13.0	19.0	26.0	37.0	53.0	74.0	105.0	149.0
	16<m≤25	2.7	3.8	5.5	7.5	11.0	15.0	22.0	31.0	43.0	61.0	87.0	123.0	174.0
	25<m≤40	3.3	4.7	6.5	9.5	13.0	19.0	27.0	38.0	53.0	75.0	107.0	151.0	213.0
	40<m≤70	4.5	6.5	9.0	13.0	18.0	25.0	36.0	50.0	71.0	101.0	143.0	202.0	286.0
2500<d≤4000	6≤m≤10	2.3	3.3	4.6	6.5	9.0	13.0	18.0	26.0	37.0	52.0	74.0	105.0	148.0
	10<m≤16	2.6	3.6	5.0	7.5	10.0	15.0	21.0	29.0	41.0	58.0	82.0	116.0	165.0
	16<m≤25	3.0	4.2	6.0	8.5	12.0	17.0	24.0	33.0	47.0	67.0	95.0	134.0	189.0
	25<m≤40	3.6	5.0	7.0	10.0	14.0	20.0	29.0	40.0	57.0	81.0	114.0	162.0	229.0
	40<m≤70	4.7	6.5	9.5	13.0	19.0	27.0	38.0	53.0	75.0	106.0	151.0	213.0	301.0

续表

分度圆直径 d/mm	模数 m/mm	精度等级												
		0	1	2	3	4	5	6	7	8	9	10	11	12
		$\pm f_{pt}$/μm												
$4000<d\le6000$	$6\le m\le10$	2.6	3.7	5.0	7.5	10.0	15.0	21.0	29.0	42.0	59.0	83.0	118.0	167.0
	$10<m\le16$	2.9	4.0	5.5	8.0	11.0	16.0	23.0	32.0	46.0	65.0	92.0	130.0	183.0
	$16<m\le25$	3.3	4.6	6.5	9.0	13.0	18.0	26.0	37.0	52.0	74.0	104.0	147.0	208.0
	$25<m\le40$	3.9	5.5	7.5	11.0	15.0	22.0	31.0	44.0	62.0	88.0	124.0	175.0	248.0
	$40<m\le70$	5.0	7.0	10.0	14.0	20.0	28.0	40.0	57.0	80.0	113.0	160.0	226.0	320.0
$6000<d\le8000$	$10\le m\le16$	3.1	4.4	6.5	9.0	13.0	18.0	25.0	36.0	50.0	71.0	101.0	142.0	201.0
	$16<m\le25$	3.5	5.0	7.0	10.0	14.0	20.0	28.0	40.0	57.0	80.0	113.0	160.0	226.0
	$25<m\le40$	4.1	6.0	8.5	12.0	17.0	23.0	33.0	47.0	66.0	94.0	133.0	188.0	266.0
	$40<m\le70$	5.5	7.5	11.0	15.0	21.0	30.0	42.0	60.0	84.0	119.0	169.0	239.0	338.0
$8000<d\le10000$	$10\le m\le16$	3.4	4.8	7.0	9.5	14.0	19.0	27.0	38.0	54.0	77.0	108.0	153.0	217.0
	$16<m\le25$	3.8	5.5	7.5	11.0	15.0	21.0	30.0	43.0	60.0	85.0	121.0	171.0	242.0
	$25<m\le40$	4.4	6.0	9.0	12.0	18.0	25.0	35.0	50.0	70.0	99.0	140.0	199.0	281.0
	$40<m\le70$	5.5	8.0	11.0	16.0	22.0	31.0	44.0	62.0	88.0	125.0	177.0	250.0	353.0

表 15-1-54　　齿距累积总偏差 F_p

分度圆直径 d/mm	模数 m/mm	精度等级												
		0	1	2	3	4	5	6	7	8	9	10	11	12
		F_p/μm												
$5\le d\le20$	$0.5\le m\le2$	2.0	2.8	4.0	5.5	8.0	11.0	16.0	23.0	32.0	45.0	64.0	90.0	127.0
	$2<m\le3.5$	2.1	2.9	4.2	6.0	8.5	12.0	17.0	23.0	33.0	47.0	66.0	94.0	133.0
$20<d\le50$	$0.5\le m\le2$	2.5	3.6	5.0	7.0	10.0	14.0	20.0	29.0	41.0	57.0	81.0	115.0	162.0
	$2<m\le3.5$	2.6	3.7	5.0	7.5	10.0	15.0	21.0	30.0	42.0	59.0	84.0	119.0	168.0
	$3.5<m\le6$	2.7	3.9	5.5	7.5	11.0	15.0	22.0	31.0	44.0	62.0	87.0	123.0	174.0
	$6<m\le10$	2.9	4.1	6.0	8.0	12.0	16.0	23.0	33.0	46.0	65.0	93.0	131.0	185.0
$50<d\le125$	$0.5\le m\le2$	3.3	4.6	6.5	9.0	13.0	18.0	26.0	37.0	52.0	74.0	104.0	147.0	208.0
	$2<m\le3.5$	3.3	4.7	6.5	9.5	13.0	19.0	27.0	38.0	53.0	76.0	107.0	151.0	214.0
	$3.5<m\le6$	3.4	4.9	7.0	9.5	14.0	19.0	28.0	39.0	55.0	78.0	110.0	156.0	220.0
	$6<m\le10$	3.6	5.0	7.0	10.0	14.0	20.0	29.0	41.0	58.0	82.0	116.0	164.0	231.0
	$10<m\le16$	3.9	5.5	7.5	11.0	15.0	22.0	31.0	44.0	62.0	88.0	124.0	175.0	248.0
	$16<m\le25$	4.3	6.0	8.5	12.0	17.0	24.0	34.0	48.0	68.0	96.0	136.0	193.0	273.0
$125<d\le280$	$0.5\le m\le2$	4.3	6.0	8.5	12.0	17.0	24.0	35.0	49.0	69.0	98.0	138.0	195.0	276.0
	$2<m\le3.5$	4.4	6.0	9.0	12.0	18.0	25.0	35.0	50.0	70.0	100.0	141.0	199.0	282.0
	$3.5<m\le6$	4.5	6.5	9.0	13.0	18.0	25.0	36.0	51.0	72.0	102.0	144.0	204.0	288.0
	$6<m\le10$	4.7	6.5	9.5	13.0	19.0	26.0	37.0	53.0	75.0	106.0	149.0	211.0	299.0
	$10<m\le16$	4.9	7.0	10.0	14.0	20.0	28.0	39.0	56.0	79.0	112.0	158.0	223.0	316.0
	$16<m\le25$	5.5	7.5	11.0	15.0	21.0	30.0	43.0	60.0	85.0	120.0	170.0	241.0	341.0
	$25<m\le40$	6.0	8.5	12.0	17.0	24.0	34.0	47.0	67.0	95.0	134.0	190.0	269.0	380.0
$280<d\le560$	$0.5\le m\le2$	5.5	8.0	11.0	16.0	23.0	32.0	46.0	64.0	91.0	129.0	182.0	257.0	364.0
	$2<m\le3.5$	6.0	8.0	12.0	16.0	23.0	33.0	46.0	65.0	92.0	131.0	185.0	261.0	370.0
	$3.5<m\le6$	6.0	8.5	12.0	17.0	24.0	33.0	47.0	66.0	94.0	133.0	188.0	266.0	376.0
	$6<m\le10$	6.0	8.5	12.0	17.0	24.0	34.0	48.0	68.0	97.0	137.0	193.0	274.0	387.0
	$10<m\le16$	6.5	9.0	13.0	18.0	25.0	36.0	50.0	71.0	101.0	143.0	202.0	285.0	404.0
	$16<m\le25$	6.5	9.5	13.0	19.0	27.0	38.0	54.0	76.0	107.0	151.0	214.0	303.0	428.0
	$25<m\le40$	7.5	10.0	15.0	21.0	29.0	41.0	58.0	83.0	117.0	165.0	234.0	331.0	468.0
	$40<m\le70$	8.5	12.0	17.0	24.0	34.0	48.0	68.0	95.0	135.0	191.0	270.0	382.0	540.0

续表

分度圆直径 d/mm	模数 m/mm	精度等级												
		0	1	2	3	4	5	6	7	8	9	10	11	12
		F_p/μm												
560<d≤1000	0.5≤m≤2	7.5	10.0	15.0	21.0	29.0	41.0	59.0	83.0	117.0	166.0	235.0	332.0	469.0
	2<m≤3.5	7.5	10.0	15.0	21.0	30.0	42.0	59.0	84.0	119.0	168.0	238.0	336.0	475.0
	3.5<m≤6	7.5	11.0	15.0	21.0	30.0	43.0	60.0	85.0	120.0	170.0	241.0	341.0	482.0
	6<m≤10	7.5	11.0	15.0	22.0	31.0	44.0	62.0	87.0	123.0	174.0	246.0	348.0	492.0
	10<m≤16	8.0	11.0	16.0	22.0	32.0	45.0	64.0	90.0	127.0	180.0	254.0	360.0	509.0
	16<m≤25	8.5	12.0	17.0	24.0	33.0	47.0	67.0	94.0	133.0	189.0	267.0	378.0	534.0
	25<m≤40	9.0	13.0	18.0	25.0	36.0	51.0	72.0	101.0	143.0	203.0	287.0	405.0	573.0
	40<m≤70	10.0	14.0	20.0	29.0	40.0	57.0	81.0	114.0	161.0	228.0	323.0	457.0	646.0
1000<d≤1600	2≤m≤3.5	9.0	13.0	18.0	26.0	37.0	52.0	74.0	105.0	148.0	209.0	296.0	418.0	591.0
	3.5<m≤6	9.5	13.0	19.0	26.0	37.0	53.0	75.0	106.0	149.0	211.0	299.0	423.0	598.0
	6<m≤10	9.5	13.0	19.0	27.0	38.0	54.0	76.0	108.0	152.0	215.0	304.0	430.0	608.0
	10<m≤16	10.0	14.0	20.0	28.0	39.0	55.0	78.0	111.0	156.0	221.0	313.0	442.0	625.0
	16<m≤25	10.0	14.0	20.0	29.0	41.0	57.0	81.0	115.0	163.0	230.0	325.0	460.0	650.0
	25<m≤40	11.0	15.0	22.0	30.0	43.0	61.0	86.0	122.0	172.0	244.0	345.0	488.0	690.0
	40<m≤70	12.0	17.0	24.0	34.0	48.0	67.0	95.0	135.0	190.0	269.0	381.0	539.0	762.0
1600<d≤2500	3.5≤m≤6	11.0	16.0	23.0	32.0	45.0	64.0	91.0	129.0	182.0	257.0	364.0	514.0	727.0
	6<m≤10	12.0	16.0	23.0	33.0	46.0	65.0	92.0	130.0	184.0	261.0	369.0	522.0	738.0
	10<m≤16	12.0	17.0	24.0	33.0	47.0	67.0	94.0	133.0	189.0	267.0	377.0	534.0	755.0
	16<m≤25	12.0	17.0	24.0	34.0	49.0	69.0	97.0	138.0	195.0	276.0	390.0	551.0	780.0
	25<m≤40	13.0	18.0	26.0	36.0	51.0	72.0	102.0	145.0	205.0	290.0	409.0	579.0	819.0
	40<m≤70	14.0	20.0	28.0	39.0	56.0	79.0	111.0	158.0	223.0	315.0	446.0	603.0	891.0
2500<d≤4000	6≤m≤10	14.0	20.0	28.0	40.0	56.0	80.0	113.0	159.0	225.0	318.0	450.0	637.0	901.0
	10<m≤16	14.0	20.0	29.0	41.0	57.0	81.0	115.0	162.0	229.0	324.0	459.0	649.0	917.0
	16<m≤25	15.0	21.0	29.0	42.0	59.0	83.0	118.0	167.0	236.0	333.0	471.0	666.0	942.0
	25<m≤40	15.0	22.0	31.0	43.0	61.0	87.0	123.0	174.0	245.0	347.0	491.0	694.0	982.0
	40<m≤70	16.0	23.0	33.0	47.0	66.0	93.0	132.0	186.0	264.0	373.0	525.0	745.0	1054.0
4000<d≤6000	6≤m≤10	17.0	24.0	34.0	48.0	68.0	97.0	137.0	194.0	274.0	387.0	548.0	775.0	1095.0
	10<m≤16	17.0	25.0	35.0	49.0	69.0	98.0	139.0	197.0	278.0	393.0	556.0	786.0	1112.0
	16<m≤25	18.0	25.0	36.0	50.0	71.0	100.0	142.0	201.0	284.0	402.0	568.0	804.0	1137.0
	25<m≤40	18.0	26.0	37.0	52.0	74.0	104.0	147.0	208.0	294.0	416.0	588.0	832.0	1176.0
	40<m≤70	20.0	28.0	39.0	55.0	78.0	110.0	156.0	221.0	312.0	441.0	624.0	883.0	1249.0
6000<d≤8000	10≤m≤16	20.0	29.0	41.0	57.0	81.0	115.0	162.0	230.0	325.0	459.0	650.0	919.0	1299.0
	16<m≤25	21.0	29.0	41.0	59.0	83.0	117.0	166.0	234.0	331.0	468.0	662.0	936.0	1324.0
	25<m≤40	21.0	30.0	43.0	60.0	85.0	121.0	170.0	241.0	341.0	482.0	682.0	964.0	1364.0
	40<m≤70	22.0	32.0	45.0	63.0	90.0	127.0	179.0	254.0	359.0	508.0	718.0	1015.0	1436.0
8000<d≤10000	10≤m≤16	23.0	32.0	46.0	65.0	91.0	129.0	182.0	258.0	365.0	516.0	730.0	1032.0	1460.0
	16<m≤25	23.0	33.0	46.0	66.0	93.0	131.0	186.0	262.0	371.0	525.0	742.0	1050.0	1485.0
	25<m≤40	24.0	34.0	48.0	67.0	95.0	135.0	191.0	269.0	381.0	539.0	762.0	1078.0	1524.0
	40<m≤70	25.0	35.0	50.0	71.0	100.0	141.0	200.0	282.0	399.0	564.0	798.0	1129.0	1596.0

表 15-1-55　齿廓总偏差 F_α

分度圆直径 d/mm	模数 m/mm	精度等级												
		0	1	2	3	4	5	6	7	8	9	10	11	12
		F_α/μm												
5≤d≤20	0.5≤m≤2	0.8	1.1	1.6	2.3	3.2	4.6	6.5	9.0	13.0	18.0	26.0	37.0	52.0
	2<m≤3.5	1.2	1.7	2.3	3.3	4.7	6.5	9.5	13.0	19.0	26.0	37.0	53.0	75.0

续表

分度圆直径 d/mm	模数 m/mm	精度等级												
		0	1	2	3	4	5	6	7	8	9	10	11	12
		F_α/μm												
$20<d\leqslant50$	$0.5\leqslant m\leqslant2$	0.9	1.3	1.8	2.6	3.6	5.0	7.5	10.0	15.0	21.0	29.0	41.0	58.0
	$2<m\leqslant3.5$	1.3	1.8	2.5	3.6	5.0	7.0	10.0	14.0	20.0	29.0	40.0	57.0	81.0
	$3.5<m\leqslant6$	1.6	2.2	3.1	4.4	6.0	9.0	12.0	18.0	25.0	35.0	50.0	70.0	99.0
	$6<m\leqslant10$	1.9	2.7	3.8	5.5	7.5	11.0	15.0	22.0	31.0	43.0	61.0	87.0	123.0
$50<d\leqslant125$	$0.5\leqslant m\leqslant2$	1.0	1.5	2.1	2.9	4.1	6.0	8.5	12.0	17.0	23.0	33.0	47.0	66.0
	$2<m\leqslant3.5$	1.4	2.0	2.8	3.9	5.5	8.0	11.0	16.0	22.0	31.0	44.0	63.0	89.0
	$3.5<m\leqslant6$	1.7	2.4	3.4	4.8	6.5	9.5	13.0	19.0	27.0	38.0	54.0	76.0	108.0
	$6<m\leqslant10$	2.0	2.9	4.1	6.0	8.0	12.0	16.0	23.0	33.0	46.0	65.0	92.0	131.0
	$10<m\leqslant16$	2.5	3.5	5.0	7.0	10.0	14.0	20.0	28.0	40.0	56.0	79.0	112.0	159.0
	$16<m\leqslant25$	3.0	4.2	6.0	8.5	12.0	17.0	24.0	34.0	48.0	68.0	96.0	136.0	192.0
$125<d\leqslant280$	$0.5\leqslant m\leqslant2$	1.2	1.7	2.4	3.5	4.9	7.0	10.0	14.0	20.0	28.0	39.0	55.0	78.0
	$2<m\leqslant3.5$	1.6	2.2	3.2	4.5	6.5	9.0	13.0	18.0	25.0	36.0	50.0	71.0	101.0
	$3.5<m\leqslant6$	1.9	2.6	3.7	5.5	7.5	11.0	15.0	21.0	30.0	42.0	60.0	84.0	119.0
	$6<m\leqslant10$	2.2	3.2	4.5	6.5	9.0	13.0	18.0	25.0	36.0	50.0	71.0	101.0	143.0
	$10<m\leqslant16$	2.7	3.8	5.5	7.5	11.0	15.0	21.0	30.0	43.0	60.0	85.0	121.0	171.0
	$16<m\leqslant25$	3.2	4.5	6.5	9.0	13.0	18.0	25.0	36.0	51.0	72.0	102.0	144.0	204.0
	$25<m\leqslant40$	3.8	5.5	7.5	11.0	15.0	22.0	31.0	43.0	61.0	87.0	123.0	174.0	246.0
$280<d\leqslant560$	$0.5\leqslant m\leqslant2$	1.5	2.1	2.9	4.1	6.0	8.5	12.0	17.0	23.0	33.0	47.0	66.0	94.0
	$2<m\leqslant3.5$	1.8	2.6	3.6	5.0	7.5	10.0	15.0	21.0	29.0	41.0	58.0	82.0	116.0
	$3.5<m\leqslant6$	2.1	3.0	4.2	6.0	8.5	12.0	17.0	24.0	34.0	48.0	67.0	95.0	135.0
	$6<m\leqslant10$	2.5	3.5	4.9	7.0	10.0	14.0	20.0	28.0	40.0	56.0	79.0	112.0	158.0
	$10<m\leqslant16$	2.9	4.1	6.0	8.0	12.0	16.0	23.0	33.0	47.0	66.0	93.0	132.0	186.0
	$16<m\leqslant25$	3.4	4.8	7.0	9.5	14.0	19.0	27.0	39.0	55.0	78.0	110.0	155.0	219.0
	$25<m\leqslant40$	4.1	6.0	8.0	12.0	16.0	23.0	33.0	46.0	65.0	92.0	131.0	185.0	261.0
	$40<m\leqslant70$	5.0	7.0	10.0	14.0	20.0	28.0	40.0	57.0	80.0	113.0	160.0	227.0	321.0
$560<d\leqslant1000$	$0.5\leqslant m\leqslant2$	1.8	2.5	3.5	5.0	7.0	10.0	14.0	20.0	28.0	40.0	56.0	79.0	112.0
	$2<m\leqslant3.5$	2.1	3.0	4.2	6.0	8.5	12.0	17.0	24.0	34.0	48.0	67.0	95.0	135.0
	$3.5<m\leqslant6$	2.4	3.4	4.8	7.0	9.5	14.0	19.0	27.0	38.0	54.0	77.0	109.0	154.0
	$6<m\leqslant10$	2.8	3.9	5.5	8.0	11.0	16.0	22.0	31.0	44.0	62.0	88.0	125.0	177.0
	$10<m\leqslant16$	3.2	4.5	6.5	9.0	13.0	18.0	26.0	36.0	51.0	72.0	102.0	145.0	205.0
	$16<m\leqslant25$	3.7	5.5	7.5	11.0	15.0	21.0	30.0	42.0	59.0	84.0	119.0	168.0	238.0
	$25<m\leqslant40$	4.4	6.0	8.5	12.0	17.0	25.0	35.0	49.0	70.0	99.0	140.0	198.0	280.0
	$40<m\leqslant70$	5.5	7.5	11.0	15.0	21.0	30.0	42.0	60.0	85.0	120.0	170.0	240.0	339.0
$1000<d\leqslant1600$	$2\leqslant m\leqslant3.5$	2.4	3.4	4.9	7.0	9.5	14.0	19.0	27.0	39.0	55.0	78.0	110.0	155.0
	$3.5<m\leqslant6$	2.7	3.8	5.5	7.5	11.0	15.0	22.0	31.0	43.0	61.0	87.0	123.0	174.0
	$6<m\leqslant10$	3.1	4.4	6.0	8.5	12.0	17.0	25.0	35.0	49.0	70.0	99.0	139.0	197.0
	$10<m\leqslant16$	3.5	5.0	7.0	10.0	14.0	20.0	28.0	40.0	56.0	80.0	113.0	159.0	225.0
	$16<m\leqslant25$	4.0	5.5	8.0	11.0	16.0	23.0	32.0	46.0	65.0	91.0	129.0	183.0	258.0
	$25<m\leqslant40$	4.7	6.5	9.5	13.0	19.0	27.0	38.0	53.0	75.0	106.0	150.0	212.0	300.0
	$40<m\leqslant70$	5.5	8.0	11.0	16.0	22.0	32.0	45.0	64.0	90.0	127.0	180.0	254.0	360.0
$1600<d\leqslant2500$	$3.5\leqslant m\leqslant6$	3.1	4.3	6.0	8.5	12.0	17.0	25.0	35.0	49.0	70.0	98.0	139.0	197.0
	$6<m\leqslant10$	3.4	4.9	7.0	9.5	14.0	19.0	27.0	39.0	55.0	78.0	110.0	156.0	220.0
	$10<m\leqslant16$	3.9	5.5	7.5	11.0	15.0	22.0	31.0	44.0	62.0	88.0	124.0	175.0	248.0
	$16<m\leqslant25$	4.4	6.0	9.0	12.0	18.0	25.0	35.0	50.0	70.0	99.0	141.0	199.0	281.0
	$25<m\leqslant40$	5.0	7.0	10.0	14.0	20.0	29.0	40.0	57.0	81.0	114.0	161.0	228.0	323.0
	$40<m\leqslant70$	6.0	8.5	12.0	17.0	24.0	34.0	48.0	68.0	96.0	135.0	191.0	271.0	383.0

续表

分度圆直径 d/mm	模数 m/mm	精度等级												
		0	1	2	3	4	5	6	7	8	9	10	11	12
		F_{α}/μm												
2500<d≤4000	6≤m≤10	3.9	5.5	8.0	11.0	16.0	22.0	31.0	44.0	62.0	88.0	124.0	176.0	249.0
	10<m≤16	4.3	6.0	8.5	12.0	17.0	24.0	35.0	49.0	69.0	98.0	138.0	196.0	277.0
	16<m≤25	4.8	7.0	9.5	14.0	19.0	27.0	39.0	55.0	77.0	110.0	155.0	219.0	310.0
	25<m≤40	5.5	8.0	11.0	16.0	22.0	31.0	44.0	62.0	88.0	124.0	176.0	249.0	351.0
	40<m≤70	6.5	9.0	13.0	18.0	26.0	36.0	51.0	73.0	103.0	145.0	206.0	291.0	411.0
4000<d≤6000	6≤m≤10	4.4	6.5	9.0	13.0	18.0	25.0	35.0	50.0	71.0	100.0	141.0	200.0	283.0
	10<m≤16	4.9	7.0	9.5	14.0	19.0	27.0	39.0	55.0	78.0	110.0	155.0	220.0	311.0
	16<m≤25	5.5	7.5	11.0	15.0	22.0	30.0	43.0	61.0	86.0	122.0	172.0	243.0	344.0
	25<m≤40	6.0	8.5	12.0	17.0	24.0	34.0	48.0	68.0	96.0	136.0	193.0	273.0	386.0
	40<m≤70	7.0	10.0	14.0	20.0	28.0	39.0	56.0	79.0	111.0	158.0	223.0	315.0	445.0
6000<d≤8000	10≤m≤16	5.5	7.5	11.0	15.0	21.0	30.0	43.0	61.0	86.0	122.0	172.0	243.0	344.0
	16<m≤25	6.0	8.5	12.0	17.0	24.0	33.0	47.0	67.0	94.0	113.0	189.0	267.0	377.0
	25<m≤40	6.5	9.5	13.0	19.0	26.0	37.0	52.0	74.0	105.0	148.0	209.0	296.0	419.0
	40<m≤70	7.5	11.0	15.0	21.0	30.0	42.0	60.0	85.0	120.0	169.0	239.0	338.0	478.0
8000<d≤10000	10≤m≤16	6.0	8.0	12.0	16.0	23.0	33.0	47.0	66.0	93.0	132.0	186.0	263.0	372.0
	16<m≤25	6.5	9.0	13.0	18.0	25.0	36.0	51.0	72.0	101.0	143.0	203.0	287.0	405.0
	25<m≤40	7.0	10.0	14.0	20.0	28.0	40.0	56.0	79.0	112.0	158.0	223.0	316.0	447.0
	40<m≤70	8.0	11.0	16.0	22.0	32.0	45.0	63.0	90.0	127.0	179.0	253.0	358.0	507.0

表 15-1-56　　齿廓形状偏差 $f_{f\alpha}$

分度圆直径 d/mm	法向模数 m/mm	精度等级												
		0	1	2	3	4	5	6	7	8	9	10	11	12
		$f_{f\alpha}$/μm												
5≤d≤20	0.5≤m≤2	0.6	0.9	1.3	1.8	2.5	3.5	5.0	7.0	10.0	14.0	20.0	28.0	40.0
	2<m≤3.5	0.9	1.3	1.8	2.6	3.6	5.0	7.0	10.0	14.0	20.0	29.0	41.0	58.0
20<d≤50	0.5≤m≤2	0.7	1.0	1.4	2.0	2.8	4.0	5.5	8.0	11.0	16.0	22.0	32.0	45.0
	2<m≤3.5	1.0	1.4	2.0	2.8	3.9	5.5	8.0	11.0	16.0	22.0	31.0	44.0	62.0
	3.5<m≤6	1.2	1.7	2.4	3.4	4.8	7.0	9.5	14.0	19.0	27.0	39.0	54.0	77.0
	6<m≤10	1.5	2.1	3.0	4.2	6.0	8.5	12.0	17.0	24.0	34.0	48.0	67.0	95.0
50<d≤125	0.5≤m≤2	0.8	1.1	1.6	2.3	3.2	4.5	6.5	9.0	13.0	18.0	26.0	36.0	51.0
	2<m≤3.5	1.1	1.5	2.1	3.0	4.3	6.0	8.5	12.0	17.0	24.0	34.0	49.0	69.0
	3.5<m≤6	1.3	1.8	2.6	3.7	5.0	7.5	10.0	15.0	21.0	29.0	42.0	59.0	83.0
	6<m≤10	1.6	2.2	3.2	4.5	6.5	9.0	13.0	18.0	25.0	36.0	51.0	72.0	101.0
	10<m≤16	1.9	2.7	3.9	5.5	7.5	11.0	15.0	22.0	31.0	44.0	62.0	87.0	123.0
	16<m≤25	2.3	3.3	4.7	6.5	9.5	13.0	19.0	26.0	37.0	53.0	75.0	106.0	149.0
125<d≤280	0.5≤m≤2	0.9	1.3	1.9	2.7	3.8	5.5	7.5	11.0	15.0	21.0	30.0	43.0	60.0
	2<m≤3.5	1.2	1.7	2.4	3.4	4.9	7.0	9.5	14.0	19.0	28.0	39.0	55.0	78.0
	3.5<m≤6	1.4	2.0	2.9	4.1	6.0	8.0	12.0	16.0	23.0	33.0	46.0	65.0	93.0
	6<m≤10	1.7	2.4	3.5	4.9	7.0	10.0	14.0	20.0	28.0	39.0	55.0	78.0	111.0
	10<m≤16	2.1	2.9	4.0	6.0	8.5	12.0	17.0	23.0	33.0	47.0	66.0	94.0	133.0
	16<m≤25	2.5	3.5	5.0	7.0	10.0	14.0	20.0	28.0	40.0	56.0	79.0	112.0	158.0
	25<m≤40	3.0	4.2	6.0	8.5	12.0	17.0	24.0	34.0	48.0	68.0	96.0	135.0	191.0

续表

分度圆直径 d/mm	法向模数 m/mm	精度等级												
		0	1	2	3	4	5	6	7	8	9	10	11	12
		$f_{f\alpha}$/μm												
280<d≤560	0.5≤m≤2	1.1	1.6	2.3	3.2	4.5	6.5	9.0	13.0	18.0	26.0	36.0	51.0	72.0
	2<m≤3.5	1.4	2.0	2.8	4.0	5.5	8.0	11.0	16.0	22.0	32.0	45.0	64.0	90.0
	3.5<m≤6	1.6	2.3	3.3	4.6	6.5	9.0	13.0	18.0	26.0	37.0	52.0	74.0	104.0
	6<m≤10	1.9	2.7	3.8	5.5	7.5	11.0	15.0	22.0	31.0	43.0	61.0	87.0	123.0
	10<m≤16	2.3	3.2	4.5	6.5	9.0	13.0	18.0	26.0	36.0	51.0	72.0	102.0	145.0
	16<m≤25	2.7	3.8	5.5	7.5	11.0	15.0	21.0	30.0	43.0	60.0	85.0	121.0	170.0
	25<m≤40	3.2	4.5	6.5	9.0	13.0	18.0	25.0	36.0	51.0	72.0	101.0	144.0	203.0
	40<m≤70	3.9	5.5	8.0	11.0	16.0	22.0	31.0	44.0	62.0	88.0	125.0	177.0	250.0
560<d≤1000	0.5≤m≤2	1.4	1.9	2.7	3.8	5.5	7.5	11.0	15.0	22.0	31.0	43.0	61.0	87.0
	2<m≤3.5	1.6	2.3	3.3	4.6	6.5	9.0	13.0	18.0	26.0	37.0	52.0	74.0	104.0
	3.5<m≤6	1.9	2.6	3.7	5.5	7.5	11.0	15.0	21.0	30.0	42.0	59.0	84.0	119.0
	6<m≤10	2.1	3.0	4.3	6.0	8.5	12.0	17.0	24.0	34.0	48.0	68.0	97.0	137.0
	10<m≤16	2.5	3.5	5.0	7.0	10.0	14.0	20.0	28.0	40.0	56.0	79.0	112.0	159.0
	16<m≤25	2.9	4.1	6.0	8.0	12.0	16.0	23.0	33.0	46.0	65.0	92.0	131.0	185.0
	25<m≤40	3.4	4.8	7.0	9.5	14.0	19.0	27.0	38.0	54.0	77.0	109.0	154.0	217.0
	40<m≤70	4.1	6.0	8.5	12.0	17.0	23.0	33.0	47.0	66.0	93.0	132.0	187.0	264.0
1000<d≤1600	2≤m≤3.5	1.9	2.7	3.8	5.5	7.5	11.0	15.5	21.0	30.0	42.0	60.0	85.0	120.0
	3.5<m≤6	2.1	3.0	4.2	6.0	8.5	12.0	17.0	24.0	34.0	48.0	67.0	95.0	135.0
	6<m≤10	2.4	3.4	4.8	7.0	9.5	14.0	19.0	27.0	38.0	54.0	76.0	108.0	153.0
	10<m≤16	2.7	3.9	5.5	7.5	11.0	15.0	22.0	31.0	44.0	62.0	87.0	124.0	175.0
	16<m≤25	3.1	4.4	6.5	9.0	13.0	18.0	25.0	35.0	50.0	71.0	100.0	142.0	201.0
	25<m≤40	3.6	5.0	7.5	10.0	15.0	21.0	29.0	41.0	58.0	82.0	117.0	165.0	233.0
	40<m≤70	4.4	6.0	8.5	12.0	17.0	25.0	35.0	49.0	70.0	99.0	140.0	198.0	280.0
1600<d≤2500	3.5≤m≤6	2.4	3.4	4.8	6.5	9.5	13.0	19.0	27.0	38.0	54.0	76.0	108.0	152.0
	6<m≤10	2.7	3.8	5.5	7.5	11.0	15.0	21.0	30.0	43.0	60.0	85.0	120.0	170.0
	10<m≤16	3.0	4.2	6.0	8.5	12.0	17.0	24.0	34.0	48.0	68.0	96.0	136.0	192.0
	16<m≤25	3.4	4.8	7.0	9.5	14.0	19.0	27.0	39.0	55.0	77.0	109.0	154.0	218.0
	25<m≤40	3.9	5.5	8.0	11.0	16.0	22.0	31.0	44.0	63.0	89.0	125.0	177.0	251.0
	40<m≤70	4.6	6.5	9.5	13.0	19.0	26.0	37.0	53.0	74.0	105.0	149.0	210.0	297.0
2500<d≤4000	6≤m≤10	3.0	4.3	6.0	8.5	12.0	17.0	24.0	34.0	48.0	68.0	96.0	136.0	193.0
	10<m≤16	3.4	4.7	6.5	9.5	13.0	19.0	27.0	38.0	54.0	76.0	107.0	152.0	214.0
	16<m≤25	3.8	5.5	7.5	11.0	15.0	21.0	30.0	42.0	60.0	85.0	120.0	170.0	240.0
	25<m≤40	4.3	6.0	8.5	12.0	17.0	24.0	34.0	48.0	68.0	96.0	136.0	193.0	273.0
	40<m≤70	5.0	7.0	10.0	14.0	20.0	28.0	40.0	56.0	80.0	113.0	160.0	226.0	320.0
4000<d≤6000	6≤m≤10	3.4	4.8	7.0	9.5	14.0	19.0	27.0	39.0	55.0	77.0	109.0	155.0	219.0
	10<m≤16	3.8	5.5	7.5	11.0	15.0	21.0	30.0	43.0	60.0	85.0	120.0	170.0	241.0
	16<m≤25	4.2	6.0	8.5	12.0	17.0	24.0	33.0	47.0	67.0	94.0	133.0	189.0	267.0
	25<m≤40	4.7	6.5	9.5	13.0	19.0	26.0	37.0	53.0	75.0	106.0	150.0	212.0	299.0
	40<m≤70	5.5	7.5	11.0	15.0	22.0	31.0	43.0	61.0	87.0	122.0	173.0	245.0	346.0
6000<d≤8000	10≤m≤16	4.2	6.0	8.5	12.0	17.0	24.0	33.0	47.0	67.0	94.0	133.0	188.0	266.0
	16<m≤25	4.6	6.5	9.0	13.0	18.0	26.0	37.0	52.0	73.0	103.0	146.0	207.0	292.0
	25<m≤40	5.0	7.0	10.0	14.0	20.0	29.0	41.0	57.0	81.0	115.0	162.0	230.0	325.0
	40<m≤70	6.0	8.0	12.0	16.0	23.0	33.0	46.0	66.0	93.0	131.0	186.0	263.0	371.0
8000<d≤10000	10≤m≤16	4.5	6.5	9.0	13.0	18.0	25.0	36.0	51.0	72.0	102.0	144.0	204.0	288.0
	16<m≤25	4.9	7.0	10.0	14.0	20.0	28.0	39.0	56.0	79.0	111.0	157.0	222.0	314.0
	25<m≤40	5.5	7.5	11.0	15.0	22.0	31.0	43.0	61.0	87.0	123.0	173.0	245.0	347.0
	40<m≤70	6.0	8.5	12.0	17.0	25.0	35.0	49.0	70.0	98.0	139.0	197.0	278.0	393.0

表 15-1-57 齿廓倾斜偏差$\pm f_{H\alpha}$

分度圆直径 d/mm	法向模数 m/mm	精度等级												
		0	1	2	3	4	5	6	7	8	9	10	11	12
		$f_{H\alpha}$/μm												
5≤d≤20	0.5≤m≤2	0.5	0.7	1.0	1.5	2.1	2.9	4.2	6.0	8.5	12.0	17.0	24.0	33.0
	2<m≤3.5	0.7	1.0	1.5	2.1	3.0	4.2	6.0	8.5	12.0	17.0	24.0	34.0	47.0
20<d≤50	0.5≤m≤2	0.6	0.8	1.2	1.6	2.3	3.3	4.6	6.5	9.5	13.0	19.0	26.0	37.0
	2<m≤3.5	0.8	1.1	1.6	2.3	3.2	4.5	6.5	9.0	13.0	18.0	26.0	36.0	51.0
	3.5<m≤6	1.0	1.4	2.0	2.8	3.9	5.5	8.0	11.0	16.0	22.0	32.0	45.0	63.0
	6<m≤10	1.2	1.7	2.4	3.4	4.8	7.0	9.5	14.0	19.0	27.0	39.0	55.0	78.0
50<d≤125	0.5≤m≤2	0.7	0.9	1.3	1.9	2.6	3.7	5.5	7.5	11.0	15.0	21.0	30.0	42.0
	2<m≤3.5	0.9	1.2	1.8	2.5	3.5	5.0	7.0	10.0	14.0	20.0	28.0	40.0	57.0
	3.5<m≤6	1.1	1.5	2.1	3.0	4.3	6.0	8.5	12.0	17.0	24.0	34.0	48.0	68.0
	6<m≤10	1.3	1.8	2.6	3.7	5.0	7.5	10.0	15.0	21.0	29.0	41.0	58.0	83.0
	10<m≤16	1.6	2.2	3.1	4.4	6.5	9.0	13.0	18.0	25.0	35.0	50.0	71.0	100.0
	16<m≤25	1.9	2.7	3.8	5.5	7.5	11.0	15.0	21.0	30.0	43.0	60.0	86.0	121.0
125<d≤280	0.5≤m≤2	0.8	1.1	1.6	2.2	3.1	4.4	6.0	9.0	12.0	18.0	25.0	35.0	50.0
	2<m≤3.5	1.0	1.4	2.0	2.8	4.0	5.5	8.0	11.0	16.0	23.0	32.0	45.0	64.0
	3.5<m≤6	1.2	1.7	2.4	3.3	4.7	6.5	9.5	13.0	19.0	27.0	38.0	54.0	76.0
	6<m≤10	1.4	2.0	2.8	4.0	5.5	8.0	11.0	16.0	23.0	32.0	45.0	64.0	90.0
	10<m≤16	1.7	2.4	3.4	4.8	6.5	9.5	13.0	19.0	27.0	38.0	54.0	76.0	108.0
	16<m≤25	2.0	2.8	4.0	5.5	8.0	11.0	16.0	23.0	32.0	45.0	64.0	91.0	129.0
	25<m≤40	2.4	3.4	4.8	7.0	9.5	14.0	19.0	27.0	39.0	55.0	77.0	109.0	155.0
280<d≤560	0.5≤m≤2	0.9	1.3	1.9	2.6	3.7	5.5	7.5	11.0	15.0	21.0	30.0	42.0	60.0
	2<m≤3.5	1.2	1.6	2.3	3.3	4.6	6.5	9.0	13.0	18.0	26.0	37.0	52.0	74.0
	3.5<m≤6	1.3	1.9	2.7	3.8	5.5	7.5	11.0	15.0	21.0	30.0	43.0	61.0	86.0
	6<m≤10	1.6	2.2	3.1	4.4	6.5	9.0	13.0	18.0	25.0	35.0	50.0	71.0	100.0
	10<m≤16	1.8	2.6	3.7	5.0	7.5	10.0	15.0	21.0	29.0	42.0	59.0	83.0	118.0
	16<m≤25	2.2	3.1	4.3	6.0	8.5	12.0	17.0	24.0	35.0	49.0	69.0	98.0	138.0
	25<m≤40	2.6	3.6	5.0	7.5	10.0	15.0	21.0	29.0	41.0	58.0	82.0	116.0	164.0
	40<m≤70	3.2	4.5	6.5	9.0	13.0	18.0	25.0	36.0	50.0	71.0	101.0	143.0	202.0
560<d≤1000	0.5≤m≤2	1.1	1.6	2.2	3.2	4.5	6.5	9.0	13.0	18.0	25.0	36.0	51.0	72.0
	2<m≤3.5	1.3	1.9	2.7	3.8	5.5	7.5	11.0	15.0	21.0	30.0	43.0	61.0	86.0
	3.5<m≤6	1.5	2.2	3.0	4.3	6.0	8.5	12.0	17.0	24.0	34.0	49.0	69.0	97.0
	6<m≤10	1.7	2.5	3.5	4.9	7.0	10.0	14.0	20.0	28.0	40.0	56.0	79.0	112.0
	10<m≤16	2.0	2.9	4.0	5.5	8.0	11.0	16.0	23.0	32.0	46.0	65.0	92.0	129.0
	16<m≤25	2.3	3.3	4.7	6.5	9.5	13.0	19.0	27.0	38.0	53.0	75.0	106.0	150.0
	25<m≤40	2.8	3.9	5.5	8.0	11.0	16.0	22.0	31.0	44.0	62.0	88.0	125.0	176.0
	40<m≤70	3.3	4.7	6.5	9.5	13.0	19.0	27.0	38.0	53.0	76.0	107.0	151.0	214.0
1000<d≤1600	2≤m≤3.5	1.5	2.2	3.1	4.4	6.0	8.5	12.0	17.0	25.0	35.0	49.0	70.0	99.0
	3.5<m≤6	1.7	2.4	3.5	4.9	7.0	10.0	14.0	20.0	28.0	39.0	55.0	78.0	110.0
	6<m≤10	2.0	2.8	3.9	5.5	8.0	11.0	16.0	22.0	31.0	44.0	62.0	88.0	125.0
	10<m≤16	2.2	3.1	4.5	6.5	9.0	13.0	18.0	25.0	36.0	50.0	71.0	101.0	142.0
	16<m≤25	2.5	3.6	5.0	7.0	10.0	14.0	20.0	29.0	41.0	58.0	82.0	115.0	163.0
	25<m≤40	3.0	4.2	6.0	8.5	12.0	17.0	24.0	33.0	47.0	67.0	95.0	134.0	189.0
	40<m≤70	3.5	5.0	7.0	10.0	14.0	20.0	28.0	40.0	57.0	80.0	113.0	160.0	227.0
1600<d≤2500	3.5≤m≤6	2.0	2.8	3.9	5.5	8.0	11.0	16.0	22.0	31.0	44.0	62.0	88.0	125.0
	6<m≤10	2.2	3.1	4.4	6.0	8.5	12.0	17.0	25.0	35.0	49.0	70.0	99.0	139.0
	10<m≤16	2.5	3.5	4.9	7.0	10.0	14.0	20.0	28.0	39.0	55.0	78.0	111.0	157.0
	16<m≤25	2.8	3.9	5.5	8.0	11.0	16.0	22.0	31.0	44.0	63.0	89.0	126.0	178.0
	25<m≤40	3.2	4.5	6.5	9.0	13.0	18.0	25.0	36.0	51.0	72.0	102.0	144.0	204.0
	40<m≤70	3.8	5.5	7.5	11.0	15.0	21.0	30.0	43.0	60.0	85.0	121.0	170.0	241.0

续表

分度圆直径 d/mm	法向模数 m/mm	精度等级												
		0	1	2	3	4	5	6	7	8	9	10	11	12
		$f_{H\alpha}$/μm												
$2500<d\le4000$	$6\le m\le10$	2.5	3.5	4.9	7.0	10.0	14.0	20.0	28.0	39.0	56.0	79.0	112.0	158.0
	$10<m\le16$	2.7	3.9	5.5	7.5	11.0	15.0	22.0	31.0	44.0	62.0	88.0	124.0	175.0
	$16<m\le25$	3.1	4.3	6.0	8.5	12.0	17.0	24.0	35.0	49.0	69.0	98.0	139.0	196.0
	$25<m\le40$	3.5	4.9	7.0	10.0	14.0	20.0	28.0	39.0	55.0	78.0	111.0	157.0	222.0
	$40<m\le70$	4.1	5.5	8.0	11.0	16.0	23.0	32.0	46.0	65.0	92.0	130.0	183.0	259.0
$4000<d\le6000$	$6\le m\le10$	2.8	4.0	5.5	8.0	11.0	16.0	22.0	32.0	45.0	63.0	90.0	127.0	179.0
	$10<m\le16$	3.1	4.4	6.0	8.5	12.0	17.0	25.0	35.0	49.0	70.0	98.0	139.0	197.0
	$16<m\le25$	3.4	4.8	7.0	9.5	14.0	19.0	27.0	38.0	54.0	77.0	109.0	154.0	218.0
	$25<m\le40$	3.8	5.5	7.5	11.0	15.0	22.0	30.0	43.0	61.0	86.0	122.0	172.0	244.0
	$40<m\le70$	4.4	6.0	9.0	12.0	18.0	25.0	35.0	50.0	70.0	99.0	141.0	199.0	281.0
$6000<d\le8000$	$10\le m\le16$	3.4	4.8	7.0	9.5	14.0	19.0	27.0	39.0	54.0	77.0	109.0	154.0	218.0
	$16<m\le25$	3.7	5.5	7.5	11.0	15.0	21.0	30.0	42.0	60.0	84.0	119.0	169.0	239.0
	$25<m\le40$	4.1	6.0	8.5	12.0	17.0	23.0	33.0	47.0	66.0	94.0	132.0	187.0	265.0
	$40<m\le70$	4.7	6.5	9.5	13.0	19.0	27.0	38.0	53.0	76.0	107.0	151.0	214.0	302.0
$8000<d\le10000$	$10\le m\le16$	3.7	5.0	7.5	10.0	15.0	21.0	29.0	42.0	59.0	83.0	118.0	167.0	236.0
	$16<m\le25$	4.0	5.5	8.0	11.0	16.0	23.0	32.0	45.0	64.0	91.0	128.0	181.0	257.0
	$25<m\le40$	4.4	6.0	9.0	12.0	18.0	25.0	35.0	50.0	71.0	100.0	141.0	200.0	283.0
	$40<m\le70$	5.0	7.0	10.0	14.0	20.0	28.0	40.0	57.0	80.0	113.0	160.0	226.0	320.0

表 15-1-58　　螺旋线总偏差 F_β

分度圆直径 d/mm	齿宽 b/mm	精度等级												
		0	1	2	3	4	5	6	7	8	9	10	11	12
		F_β/μm												
$5\le d\le20$	$4\le b\le10$	1.1	1.5	2.2	3.1	4.3	6.0	8.5	12.0	17.0	24.0	35.0	49.0	69.0
	$10<b\le20$	1.2	1.7	2.4	3.4	4.9	7.0	9.5	14.0	19.0	28.0	39.0	55.0	78.0
	$20<b\le40$	1.4	2.0	2.8	3.9	5.5	8.0	11.0	16.0	22.0	31.0	45.0	63.0	89.0
	$40<b\le80$	1.6	2.3	3.3	4.6	6.5	9.5	13.0	19.0	26.0	37.0	52.0	74.0	105.0
$20<d\le50$	$4\le b\le10$	1.1	1.6	2.2	3.2	4.5	6.5	9.0	13.0	18.0	25.0	36.0	51.0	72.0
	$10<b\le20$	1.3	1.8	2.5	3.6	5.0	7.0	10.0	14.0	20.0	29.0	40.0	57.0	81.0
	$20<b\le40$	1.4	2.0	2.9	4.1	5.5	8.0	11.0	16.0	23.0	32.0	46.0	65.0	92.0
	$40<b\le80$	1.7	2.4	3.4	4.8	6.5	9.5	13.0	19.0	27.0	38.0	54.0	76.0	107.0
	$80<b\le160$	2.0	2.9	4.1	5.5	8.0	11.0	16.0	23.0	32.0	46.0	65.0	92.0	130.0
$50<d\le125$	$4\le b\le10$	1.2	1.7	2.4	3.3	4.7	6.5	9.5	13.0	19.0	27.0	38.0	53.0	76.0
	$10<b\le20$	1.3	1.9	2.6	3.7	5.5	7.5	11.0	15.0	21.0	30.0	42.0	60.0	84.0
	$20<b\le40$	1.5	2.1	3.0	4.2	6.0	8.5	12.0	17.0	24.0	34.0	48.0	68.0	95.0
	$40<b\le80$	1.7	2.5	3.5	4.9	7.0	10.0	14.0	20.0	28.0	39.0	56.0	79.0	111.0
	$80<b\le160$	2.1	2.9	4.2	6.0	8.5	12.0	17.0	24.0	33.0	47.0	67.0	94.0	133.0
	$160<b\le250$	2.5	3.5	4.9	7.0	10.0	14.0	20.0	28.0	40.0	56.0	79.0	112.0	158.0
	$250<b\le400$	2.9	4.1	6.0	8.0	12.0	16.0	23.0	33.0	46.0	65.0	92.0	130.0	184.0
$125<d\le280$	$4\le b\le10$	1.3	1.8	2.5	3.6	5.0	7.0	10.0	14.0	20.0	29.0	40.0	57.0	81.0
	$10<b\le20$	1.4	2.0	2.8	4.0	5.5	8.0	11.0	16.0	22.0	32.0	45.0	63.0	90.0
	$20<b\le40$	1.6	2.2	3.2	4.5	6.5	9.0	13.0	18.0	25.0	36.0	50.0	71.0	101.0
	$40<b\le80$	1.8	2.6	3.6	5.0	7.5	10.0	15.0	21.0	29.0	41.0	58.0	82.0	117.0
	$80<b\le160$	2.2	3.1	4.3	6.0	8.5	12.0	17.0	25.0	35.0	49.0	69.0	98.0	139.0
	$160<b\le250$	2.6	3.6	5.0	7.0	10.0	14.0	20.0	29.0	41.0	58.0	82.0	116.0	164.0
	$250<b\le400$	3.0	4.2	6.0	8.5	12.0	17.0	24.0	34.0	47.0	67.0	95.0	134.0	190.0
	$400<b\le650$	3.5	4.9	7.0	10.0	14.0	20.0	28.0	40.0	56.0	79.0	112.0	158.0	224.0

续表

分度圆直径 d/mm	齿宽 b/mm	精度等级												
		0	1	2	3	4	5	6	7	8	9	10	11	12
		F_{β}/μm												
$280<d\leq560$	$10\leq b\leq20$	1.5	2.1	3.0	4.3	6.0	8.5	12.0	17.0	24.0	34.0	48.0	68.0	97.0
	$20<b\leq40$	1.7	2.4	3.4	4.8	6.5	9.5	13.0	19.0	27.0	38.0	54.0	76.0	108.0
	$40<b\leq80$	1.9	2.7	3.9	5.5	7.5	11.0	15.0	22.0	31.0	44.0	62.0	87.0	124.0
	$80<b\leq160$	2.3	3.2	4.6	6.5	9.0	13.0	18.0	26.0	36.0	52.0	73.0	103.0	146.0
	$160<b\leq250$	2.7	3.8	5.5	7.5	11.0	15.0	21.0	30.0	43.0	60.0	85.0	121.0	171.0
	$250<b\leq400$	3.1	4.3	6.0	8.5	12.0	17.0	25.0	35.0	49.0	70.0	98.0	139.0	197.0
	$400<b\leq650$	3.6	5.0	7.0	10.0	14.0	20.0	29.0	41.0	58.0	82.0	115.0	163.0	231.0
	$650<b\leq1000$	4.3	6.0	8.5	12.0	17.0	24.0	34.0	48.0	68.0	96.0	136.0	193.0	272.0
$560<d\leq1000$	$10\leq b\leq20$	1.6	2.3	3.3	4.7	6.5	9.5	13.0	19.0	26.0	37.0	53.0	74.0	105.0
	$20<b\leq40$	1.8	2.6	3.6	5.0	7.5	10.0	15.0	21.0	29.0	41.0	58.0	82.0	116.0
	$40<b\leq80$	2.1	2.9	4.1	6.0	8.5	12.0	17.0	23.0	33.0	47.0	66.0	93.0	132.0
	$80<b\leq160$	2.4	3.4	4.8	7.0	9.5	14.0	19.0	27.0	39.0	55.0	77.0	109.0	154.0
	$160<b\leq250$	2.8	4.0	5.5	8.0	11.0	16.0	22.0	32.0	45.0	63.0	90.0	127.0	179.0
	$250<b\leq400$	3.2	4.5	6.5	9.0	13.0	18.0	26.0	36.0	51.0	73.0	103.0	145.0	205.0
	$400<b\leq650$	3.7	5.5	7.5	11.0	15.0	21.0	30.0	42.0	60.0	85.0	120.0	169.0	239.0
	$650<b\leq1000$	4.4	6.0	9.0	12.0	18.0	25.0	35.0	50.0	70.0	99.0	140.0	199.0	281.0
$1000<d\leq1600$	$20\leq b\leq40$	2.0	2.8	3.9	5.5	8.0	11.0	16.0	22.0	31.0	44.0	63.0	89.0	126.0
	$40<b\leq80$	2.2	3.1	4.4	6.0	9.0	12.0	18.0	25.0	35.0	50.0	71.0	100.0	141.0
	$80<b\leq160$	2.6	3.6	5.0	7.0	10.0	14.0	20.0	29.0	41.0	58.0	82.0	116.0	164.0
	$160<b\leq250$	2.9	4.2	6.0	8.5	12.0	17.0	24.0	33.0	47.0	67.0	94.0	133.0	189.0
	$250<b\leq400$	3.4	4.7	6.5	9.5	13.0	19.0	27.0	38.0	54.0	76.0	107.0	152.0	215.0
	$400<b\leq650$	3.9	5.5	8.0	11.0	16.0	22.0	31.0	44.0	62.0	88.0	124.0	176.0	249.0
	$650<b\leq1000$	4.5	6.5	9.0	13.0	18.0	26.0	36.0	51.0	73.0	103.0	145.0	205.0	290.0
$1600<d\leq2500$	$20\leq b\leq40$	2.1	3.0	4.3	6.0	8.5	12.0	17.0	24.0	34.0	48.0	68.0	96.0	136.0
	$40<b\leq80$	2.4	3.4	4.7	6.5	9.5	13.0	19.0	27.0	38.0	54.0	76.0	107.0	152.0
	$80<b\leq160$	2.7	3.8	5.5	7.5	11.0	15.0	22.0	31.0	43.0	61.0	87.0	123.0	174.0
	$160<b\leq250$	3.1	4.4	6.0	9.0	12.0	18.0	25.0	35.0	50.0	70.0	99.0	141.0	199.0
	$250<b\leq400$	3.5	5.0	7.0	10.0	14.0	20.0	28.0	40.0	56.0	80.0	112.0	159.0	225.0
	$400<b\leq650$	4.0	5.5	8.0	11.0	16.0	23.0	32.0	46.0	65.0	92.0	130.0	183.0	259.0
	$650<b\leq1000$	4.7	6.5	9.5	13.0	19.0	27.0	38.0	53.0	75.0	106.0	150.0	212.0	300.0
$2500<d\leq4000$	$40\leq b\leq80$	2.6	3.6	5.0	7.5	10.0	15.0	21.0	29.0	41.0	58.0	82.0	116.0	165.0
	$80<b\leq160$	2.9	4.1	6.0	8.5	12.0	17.0	23.0	33.0	47.0	66.0	93.0	132.0	187.0
	$160<b\leq250$	3.3	4.7	6.5	9.5	13.0	19.0	26.0	37.0	53.0	75.0	106.0	150.0	212.0
	$250<b\leq400$	3.7	5.5	7.5	11.0	15.0	21.0	30.0	42.0	59.0	84.0	119.0	168.0	238.0
	$400<b\leq650$	4.3	6.0	8.5	12.0	17.0	24.0	34.0	48.0	68.0	96.0	136.0	192.0	272.0
	$650<b\leq1000$	4.9	7.0	10.0	14.0	20.0	28.0	39.0	55.0	78.0	111.0	157.0	222.0	314.0
$4000<d\leq6000$	$80\leq b\leq160$	3.2	4.5	6.5	9.0	13.0	18.0	25.0	36.0	51.0	72.0	101.0	143.0	203.0
	$160<b\leq250$	3.6	5.0	7.0	10.0	14.0	20.0	28.0	40.0	57.0	80.0	114.0	161.0	228.0
	$250<b\leq400$	4.0	5.5	8.0	11.0	16.0	22.0	32.0	45.0	63.0	90.0	127.0	179.0	253.0
	$400<b\leq650$	4.5	6.5	9.0	13.0	18.0	25.0	36.0	51.0	72.0	102.0	144.0	203.0	288.0
	$650<b\leq1000$	5.0	7.5	10.0	15.0	21.0	29.0	41.0	58.0	82.0	116.0	165.0	233.0	329.0
$6000<d\leq8000$	$80\leq b\leq160$	3.4	4.8	7.0	9.5	14.0	19.0	27.0	38.0	54.0	77.0	109.0	154.0	218.0
	$160<b\leq250$	3.8	5.5	7.5	11.0	15.0	21.0	30.0	43.0	61.0	86.0	121.0	171.0	242.0
	$250<b\leq400$	4.2	6.0	8.5	12.0	17.0	24.0	34.0	47.0	67.0	95.0	134.0	190.0	268.0
	$400<b\leq650$	4.7	6.5	9.5	13.0	19.0	27.0	38.0	53.0	76.0	107.0	151.0	214.0	303.0
	$650<b\leq1000$	5.5	7.5	11.0	15.0	22.0	30.0	43.0	61.0	86.0	122.0	172.0	243.0	344.0

续表

分度圆直径 d/mm	齿宽 b/mm	精度等级												
		0	1	2	3	4	5	6	7	8	9	10	11	12
		F_β/μm												
$8000<d\leqslant10000$	$80\leqslant b\leqslant160$	3.6	5.0	7.0	10.0	14.0	20.0	29.0	41.0	58.0	81.0	115.0	163.0	230.0
	$160<b\leqslant250$	4.0	5.5	8.0	11.0	16.0	23.0	32.0	45.0	64.0	90.0	128.0	181.0	255.0
	$250<b\leqslant400$	4.4	6.0	9.0	12.0	18.0	25.0	35.0	50.0	70.0	99.0	141.0	199.0	281.0
	$400<b\leqslant650$	4.9	7.0	10.0	14.0	20.0	28.0	39.0	56.0	79.0	112.0	158.0	223.0	315.0
	$650<b\leqslant1000$	5.5	8.0	11.0	16.0	22.0	32.0	45.0	63.0	89.0	126.0	178.0	252.0	357.0

表 15-1-59　　螺旋线形状偏差 $f_{f\beta}$和螺旋线倾斜偏差 $\pm f_{H\beta}$

分度圆直径 d/mm	齿宽 b/mm	精度等级												
		0	1	2	3	4	5	6	7	8	9	10	11	12
		$f_{f\beta}$和$\pm f_{H\beta}$/μm												
$5\leqslant d\leqslant20$	$4\leqslant b\leqslant10$	0.8	1.1	1.5	2.2	3.1	4.4	6.0	8.5	12.0	17.0	25.0	35.0	49.0
	$10<b\leqslant20$	0.9	1.2	1.7	2.5	3.5	4.9	7.0	10.0	14.0	20.0	28.0	39.0	56.0
	$20<b\leqslant40$	1.0	1.4	2.0	2.8	4.0	5.5	8.0	11.0	16.0	22.0	32.0	45.0	64.0
	$40<b\leqslant80$	1.2	1.7	2.3	3.3	4.7	6.5	9.5	13.0	19.0	26.0	37.0	53.0	75.0
$20<d\leqslant50$	$4\leqslant b\leqslant10$	0.8	1.1	1.6	2.3	3.2	4.5	6.5	9.0	13.0	18.0	26.0	36.0	51.0
	$10<b\leqslant20$	0.9	1.3	1.8	2.5	3.6	5.0	7.0	10.0	14.0	20.0	29.0	41.0	58.0
	$20<b\leqslant40$	1.0	1.4	2.0	2.9	4.1	6.0	8.0	12.0	16.0	23.0	33.0	46.0	65.0
	$40<b\leqslant80$	1.2	1.7	2.4	3.4	4.8	7.0	9.5	14.0	19.0	27.0	38.0	54.0	77.0
	$80<b\leqslant160$	1.4	2.0	2.9	4.1	6.0	8.0	12.0	16.0	23.0	33.0	46.0	65.0	93.0
$50<d\leqslant125$	$4\leqslant b\leqslant10$	0.8	1.2	1.7	2.4	3.4	4.8	6.5	9.5	13.0	19.0	27.0	38.0	54.0
	$10<b\leqslant20$	0.9	1.3	1.9	2.7	3.8	5.0	7.5	11.0	15.0	21.0	30.0	43.0	60.0
	$20<b\leqslant40$	1.1	1.5	2.1	3.0	4.3	6.0	8.5	12.0	17.0	24.0	34.0	48.0	68.0
	$40<b\leqslant80$	1.2	1.8	2.5	3.5	5.0	7.0	10.0	14.0	20.0	28.0	40.0	56.0	79.0
	$80<b\leqslant160$	1.5	2.1	3.0	4.2	6.0	8.5	12.0	17.0	24.0	34.0	48.0	67.0	95.0
	$160<b\leqslant250$	1.8	2.5	3.5	5.0	7.0	10.0	14.0	20.0	28.0	40.0	56.0	80.0	113.0
	$250<b\leqslant400$	2.1	2.9	4.1	6.0	8.0	12.0	16.0	23.0	33.0	46.0	66.0	93.0	132.0
$125<d\leqslant280$	$4\leqslant b\leqslant10$	0.9	1.3	1.8	2.5	3.6	5.0	7.0	10.0	14.0	20.0	29.0	41.0	58.0
	$10<b\leqslant20$	1.0	1.4	2.0	2.8	4.0	5.5	8.0	11.0	16.0	23.0	32.0	45.0	64.0
	$20<b\leqslant40$	1.1	1.6	2.2	3.2	4.5	6.5	9.0	13.0	18.0	25.0	36.0	51.0	72.0
	$40<b\leqslant80$	1.3	1.8	2.6	3.7	5.0	7.5	10.0	15.0	21.0	29.0	42.0	59.0	83.0
	$80<b\leqslant160$	1.5	2.2	3.1	4.4	6.0	8.5	12.0	17.0	25.0	35.0	49.0	70.0	99.0
	$160<b\leqslant250$	1.8	2.6	3.6	5.0	7.5	10.0	15.0	21.0	29.0	41.0	58.0	83.0	117.0
	$250<b\leqslant400$	2.1	3.0	4.2	6.0	8.5	12.0	17.0	24.0	34.0	48.0	68.0	96.0	135.0
	$400<b\leqslant650$	2.5	3.5	5.0	7.0	10.0	14.0	20.0	28.0	40.0	56.0	80.0	113.0	160.0
$280<d\leqslant560$	$10\leqslant b\leqslant20$	1.1	1.5	2.2	3.0	4.3	6.0	8.5	12.0	17.0	24.0	34.0	49.0	69.0
	$20<b\leqslant40$	1.2	1.7	2.4	3.4	4.8	7.0	9.5	14.0	19.0	27.0	38.0	54.0	77.0
	$40<b\leqslant80$	1.4	1.9	2.7	3.9	5.5	8.0	11.0	16.0	22.0	31.0	44.0	62.0	88.0
	$80<b\leqslant160$	1.6	2.3	3.2	4.6	6.5	9.0	13.0	18.0	26.0	37.0	52.0	73.0	104.0
	$160<b\leqslant250$	1.9	2.7	3.8	5.5	7.5	11.0	15.0	22.0	30.0	43.0	61.0	86.0	122.0
	$250<b\leqslant400$	2.2	3.1	4.4	6.0	9.0	12.0	18.0	25.0	35.0	50.0	70.0	99.0	140.0
	$400<b\leqslant650$	2.6	3.6	5.0	7.5	10.0	15.0	21.0	29.0	41.0	58.0	82.0	116.0	165.0
	$650<b\leqslant1000$	3.0	4.3	6.0	8.5	12.0	17.0	24.0	34.0	49.0	69.0	97.0	137.0	194.0

续表

分度圆直径 d/mm	齿宽 b/mm	精度等级												
		0	1	2	3	4	5	6	7	8	9	10	11	12
		$f_{f\beta}$和$\pm f_{H\beta}$/μm												
$560<d\leq 1000$	$10\leq b\leq 20$	1.2	1.7	2.3	3.3	4.7	6.5	9.5	13.0	19.0	26.0	37.0	53.0	75.0
	$20<b\leq 40$	1.3	1.8	2.6	3.7	5.0	7.5	10.0	15.0	21.0	29.0	41.0	58.0	83.0
	$40<b\leq 80$	1.5	2.1	2.9	4.1	6.0	8.5	12.0	17.0	23.0	33.0	47.0	66.0	94.0
	$80<b\leq 160$	1.7	2.4	3.4	4.9	7.0	9.5	14.0	19.0	27.0	39.0	55.0	78.0	110.0
	$160<b\leq 250$	2.0	2.8	4.0	5.5	8.0	11.0	16.0	23.0	32.0	45.0	64.0	90.0	128.0
	$250<b\leq 400$	2.3	3.2	4.6	6.5	9.0	13.0	18.0	26.0	37.0	52.0	73.0	103.0	146.0
	$400<b\leq 650$	2.7	3.8	5.5	7.5	11.0	15.0	21.0	30.0	43.0	60.0	85.0	121.0	171.0
	$650<b\leq 1000$	3.1	4.4	6.5	9.0	13.0	18.0	25.0	35.0	50.0	71.0	100.0	142.0	200.0
$1000<d\leq 1600$	$20\leq b\leq 40$	1.4	2.0	2.8	3.9	5.5	8.0	11.0	16.0	22.0	32.0	45.0	63.0	89.0
	$40<b\leq 80$	1.6	2.2	3.1	4.4	6.5	9.0	13.0	18.0	25.0	35.0	50.0	71.0	100.0
	$80<b\leq 160$	1.8	2.6	3.6	5.0	7.5	10.0	15.0	21.0	29.0	41.0	58.0	82.0	116.0
	$160<b\leq 250$	2.1	3.0	4.2	6.0	8.5	12.0	17.0	24.0	34.0	47.0	67.0	95.0	134.0
	$250<b\leq 400$	2.4	3.4	4.8	6.5	9.5	13.0	19.0	27.0	38.0	54.0	76.0	108.0	153.0
	$400<b\leq 650$	2.8	3.9	5.5	8.0	11.0	16.0	22.0	31.0	44.0	63.0	89.0	125.0	177.0
	$650<b\leq 1000$	3.2	4.6	6.5	9.0	13.0	18.0	26.0	37.0	52.0	73.0	103.0	146.0	207.0
$1600<d\leq 2500$	$20\leq b\leq 40$	1.5	2.1	3.0	4.3	6.0	8.5	12.0	17.0	24.0	34.0	48.0	68.0	96.0
	$40<b\leq 80$	1.7	2.4	3.4	4.8	6.5	9.5	13.0	19.0	27.0	38.0	54.0	76.0	108.0
	$80<b\leq 160$	1.9	2.7	3.9	5.5	7.5	11.0	15.0	22.0	31.0	44.0	62.0	87.0	124.0
	$160<b\leq 250$	2.2	3.1	4.4	6.0	9.0	12.0	18.0	25.0	35.0	50.0	71.0	100.0	141.0
	$250<b\leq 400$	2.5	3.5	5.0	7.0	10.0	14.0	20.0	28.0	40.0	57.0	80.0	113.0	160.0
	$400<b\leq 650$	2.9	4.1	6.0	8.0	12.0	16.0	23.0	33.0	46.0	65.0	92.0	130.0	184.0
	$650<b\leq 1000$	3.3	4.7	6.5	9.5	13.0	19.0	27.0	38.0	53.0	76.0	107.0	151.0	214.0
$2500<d\leq 4000$	$40\leq b\leq 80$	1.8	2.6	3.6	5.0	7.5	10.0	15.0	21.0	29.0	41.0	58.0	83.0	117.0
	$80<b\leq 160$	2.1	2.9	4.1	6.0	8.5	12.0	17.0	23.0	33.0	47.0	66.0	94.0	133.0
	$160<b\leq 250$	2.4	3.3	4.7	6.5	9.5	13.0	19.0	27.0	38.0	53.0	75.0	106.0	150.0
	$250<b\leq 400$	2.6	3.7	5.5	7.5	11.0	15.0	21.0	30.0	42.0	60.0	85.0	120.0	169.0
	$400<b\leq 650$	3.0	4.3	6.0	8.5	12.0	17.0	24.0	34.0	48.0	68.0	97.0	137.0	193.0
	$650<b\leq 1000$	3.5	4.9	7.0	10.0	14.0	20.0	28.0	39.0	56.0	79.0	112.0	158.0	223.0
$4000<d\leq 6000$	$80\leq b\leq 160$	2.2	3.2	4.5	6.5	9.0	13.0	18.0	25.0	36.0	51.0	72.0	101.0	144.0
	$160<b\leq 250$	2.5	3.6	5.0	7.0	10.0	14.0	20.0	29.0	40.0	57.0	81.0	114.0	161.0
	$250<b\leq 400$	2.8	4.0	5.5	8.0	11.0	16.0	22.0	32.0	45.0	64.0	90.0	127.0	180.0
	$400<b\leq 650$	3.2	4.5	6.5	9.0	13.0	18.0	26.0	36.0	51.0	72.0	102.0	144.0	204.0
	$650<b\leq 1000$	3.7	5.0	7.5	10.0	15.0	21.0	29.0	41.0	58.0	83.0	117.0	165.0	234.0
$6000<d\leq 8000$	$80\leq b\leq 160$	2.4	3.4	4.8	7.0	9.5	14.0	19.0	27.0	39.0	54.0	77.0	109.0	154.0
	$160<b\leq 250$	2.7	3.8	5.5	7.5	11.0	15.0	21.0	30.0	43.0	61.0	86.0	122.0	172.0
	$250<b\leq 400$	3.0	4.2	6.0	8.5	12.0	17.0	24.0	34.0	48.0	67.0	95.0	135.0	190.0
	$400<b\leq 650$	3.4	4.7	6.5	9.5	13.0	19.0	27.0	38.0	54.0	76.0	107.0	152.0	215.0
	$650<b\leq 1000$	3.8	5.5	7.5	11.0	15.0	22.0	31.0	43.0	61.0	86.0	122.0	173.0	244.0
$8000<d\leq 10000$	$80\leq b\leq 160$	2.5	3.6	5.0	7.0	10.0	14.0	20.0	29.0	41.0	58.0	81.0	115.0	163.0
	$160<b\leq 250$	2.8	4.0	5.5	8.0	11.0	16.0	23.0	32.0	45.0	64.0	90.0	128.0	181.0
	$250<b\leq 400$	3.1	4.4	6.0	9.0	12.0	18.0	25.0	35.0	50.0	70.0	100.0	141.0	199.0
	$400<b\leq 650$	3.5	4.9	7.0	10.0	14.0	20.0	28.0	40.0	56.0	79.0	112.0	158.0	224.0
	$650<b\leq 1000$	4.0	5.5	8.0	11.0	16.0	22.0	32.0	45.0	63.0	90.0	127.0	179.0	253.0

表 15-1-60　　f_i'/K 的比值

分度圆直径 d/mm	法向模数 m/mm	精度等级 0	1	2	3	4	5	6	7	8	9	10	11	12
		(f_i'/K)/μm												
5≤d≤20	0.5≤m≤2	2.4	3.4	4.8	7.0	9.5	14.0	19.0	27.0	38.0	54.0	77.0	109.0	154.0
	2<m≤3.5	2.8	4.0	5.5	8.0	11.0	16.0	23.0	32.0	45.0	64.0	91.0	129.0	182.0
20<d≤50	0.5≤m≤2	2.5	3.6	5.0	7.0	10.0	14.0	20.0	29.0	41.0	58.0	82.0	115.0	163.0
	2<m≤3.5	3.0	4.2	6.0	8.5	12.0	17.0	24.0	34.0	48.0	68.0	96.0	135.0	191.0
	3.5<m≤6	3.4	4.8	7.0	9.5	14.0	19.0	27.0	38.0	54.0	77.0	108.0	153.0	217.0
	6<m≤10	3.9	5.5	8.0	11.0	16.0	22.0	31.0	44.0	63.0	89.0	125.0	177.0	251.0
50<d≤125	0.5≤m≤2	2.7	3.9	5.5	8.0	11.0	16.0	22.0	31.0	44.0	62.0	88.0	124.0	176.0
	2<m≤3.5	3.2	4.5	6.5	9.0	13.0	18.0	25.0	36.0	51.0	72.0	102.0	144.0	204.0
	3.5<m≤6	3.6	5.0	7.0	10.0	14.0	20.0	29.0	40.0	57.0	81.0	115.0	162.0	229.0
	6<m≤10	4.1	6.0	8.0	12.0	16.0	23.0	33.0	47.0	66.0	93.0	132.0	186.0	263.0
	10<m≤16	4.8	7.0	9.5	14.0	19.0	27.0	38.0	54.0	77.0	109.0	154.0	218.0	308.0
	16<m≤25	5.5	8.0	11.0	16.0	23.0	32.0	46.0	65.0	91.0	129.0	183.0	259.0	366.0
125<d≤280	0.5≤m≤2	3.0	4.3	6.0	8.5	12.0	17.0	24.0	34.0	49.0	69.0	97.0	137.0	194.0
	2<m≤3.5	3.5	4.9	7.0	10.0	14.0	20.0	28.0	39.0	56.0	79.0	111.0	157.0	222.0
	3.5<m≤6	3.9	5.5	7.5	11.0	15.0	22.0	31.0	44.0	62.0	88.0	124.0	175.0	247.0
	6<m≤10	4.4	6.0	9.0	12.0	18.0	25.0	35.0	50.0	70.0	100.0	141.0	199.0	281.0
	10<m≤16	5.0	7.0	10.0	14.0	20.0	29.0	41.0	58.0	82.0	115.0	163.0	231.0	326.0
	16<m≤25	6.0	8.5	12.0	17.0	24.0	34.0	48.0	68.0	96.0	136.0	192.0	272.0	384.0
	25<m≤40	7.5	10.0	15.0	21.0	29.0	41.0	58.0	82.0	116.0	165.0	233.0	329.0	465.0
280<d≤560	0.5≤m≤2	3.4	4.8	7.0	9.5	14.0	19.0	27.0	39.0	54.0	77.0	109.0	154.0	218.0
	2<m≤3.5	3.8	5.5	7.5	11.0	15.0	22.0	31.0	44.0	62.0	87.0	123.0	174.0	246.0
	3.5<m≤6	4.2	6.0	8.5	12.0	17.0	24.0	34.0	48.0	68.0	96.0	136.0	192.0	271.0
	6<m≤10	4.8	6.5	9.5	13.0	19.0	27.0	38.0	54.0	76.0	108.0	153.0	216.0	305.0
	10<m≤16	5.5	7.5	11.0	15.0	22.0	31.0	44.0	62.0	88.0	124.0	175.0	248.0	350.0
	16<m≤25	6.5	9.0	13.0	18.0	26.0	36.0	51.0	72.0	102.0	144.0	204.0	289.0	408.0
	25<m≤40	7.5	11.0	15.0	22.0	31.0	43.0	61.0	86.0	122.0	173.0	245.0	346.0	489.0
	40<m≤70	9.5	14.0	19.0	27.0	39.0	55.0	78.0	110.0	155.0	220.0	311.0	439.0	621.0
560<d≤1000	0.5≤m≤2	3.9	5.5	7.5	11.0	15.0	22.0	31.0	44.0	62.0	87.0	123.0	174.0	247.0
	2<m≤3.5	4.3	6.0	8.5	12.0	17.0	24.0	34.0	49.0	69.0	97.0	137.0	194.0	275.0
	3.5<m≤6	4.7	6.5	9.5	13.0	19.0	27.0	38.0	53.0	75.0	106.0	150.0	212.0	300.0
	6<m≤10	5.0	7.5	10.0	15.0	21.0	30.0	42.0	59.0	84.0	118.0	167.0	236.0	334.0
	10<m≤16	6.0	8.5	12.0	17.0	24.0	33.0	47.0	67.0	95.0	134.0	189.0	268.0	379.0
	16<m≤25	7.0	9.5	14.0	19.0	27.0	39.0	55.0	77.0	109.0	154.0	218.0	309.0	437.0
	25<m≤40	8.0	11.0	16.0	23.0	32.0	46.0	65.0	92.0	129.0	183.0	259.0	366.0	518.0
	40<m≤70	10.0	14.0	20.0	29.0	41.0	57.0	81.0	115.0	163.0	230.0	325.0	460.0	650.0
1000<d≤1600	2≤m≤3.5	4.8	7.0	9.5	14.0	19.0	27.0	38.0	54.0	77.0	108.0	153.0	217.0	307.0
	3.5<m≤6	5.0	7.5	10.0	15.0	21.0	29.0	41.0	59.0	83.0	117.0	166.0	235.0	332.0
	6<m≤10	5.5	8.0	11.0	16.0	23.0	32.0	46.0	65.0	91.0	129.0	183.0	259.0	366.0
	10<m≤16	6.5	9.0	13.0	18.0	26.0	36.0	51.0	73.0	103.0	145.0	205.0	290.0	410.0
	16<m≤25	7.5	10.0	15.0	21.0	29.0	41.0	59.0	83.0	117.0	166.0	234.0	331.0	468.0
	25<m≤40	8.5	12.0	17.0	24.0	34.0	49.0	69.0	97.0	137.0	194.0	275.0	389.0	550.0
	40<m≤70	11.0	15.0	21.0	30.0	43.0	60.0	85.0	120.0	170.0	241.0	341.0	482.0	682.0
1600<d≤2500	3.5≤m≤6	5.5	8.0	11.0	16.0	23.0	32.0	46.0	65.0	92.0	130.0	183.0	259.0	367.0
	6<m≤10	6.5	9.0	13.0	18.0	25.0	35.0	50.0	71.0	100.0	142.0	200.0	283.0	401.0
	10<m≤16	7.0	10.0	14.0	20.0	28.0	39.0	56.0	79.0	111.0	158.0	223.0	315.0	446.0
	16<m≤25	8.0	11.0	16.0	22.0	31.0	45.0	63.0	89.0	126.0	178.0	252.0	356.0	504.0
	25<m≤40	9.0	13.0	18.0	26.0	37.0	52.0	73.0	103.0	146.0	207.0	292.0	413.0	585.0
	40<m≤70	11.0	16.0	22.0	32.0	45.0	63.0	90.0	127.0	179.0	253.0	358.0	507.0	717.0

续表

分度圆直径 d/mm	法向模数 m/mm	精度等级												
		0	1	2	3	4	5	6	7	8	9	10	11	12
		(f'_i/K)/μm												
$2500<d\leqslant4000$	$6\leqslant m\leqslant10$	7.0	10.0	14.0	20.0	28.0	39.0	56.0	79.0	111.0	157.0	223.0	315.0	445.0
	$10<m\leqslant16$	7.5	11.0	15.0	22.0	31.0	43.0	61.0	87.0	122.0	173.0	245.0	346.0	490.0
	$16<m\leqslant25$	8.5	12.0	17.0	24.0	34.0	48.0	68.0	97.0	137.0	194.0	274.0	387.0	548.0
	$25<m\leqslant40$	10.0	14.0	20.0	28.0	39.0	56.0	79.0	111.0	157.0	222.0	315.0	445.0	629.0
	$40<m\leqslant70$	12.0	17.0	24.0	34.0	48.0	67.0	95.0	135.0	190.0	269.0	381.0	538.0	761.0
$4000<d\leqslant6000$	$6\leqslant m\leqslant10$	8.0	11.0	16.0	22.0	31.0	44.0	62.0	88.0	125.0	176.0	249.0	352.0	498.0
	$10<m\leqslant16$	8.5	12.0	17.0	24.0	34.0	48.0	68.0	96.0	136.0	192.0	271.0	384.0	543.0
	$16<m\leqslant25$	9.5	13.0	19.0	27.0	38.0	53.0	75.0	106.0	150.0	212.0	300.0	425.0	601.0
	$25<m\leqslant40$	11.0	15.0	21.0	30.0	43.0	60.0	85.0	121.0	170.0	241.0	341.0	482.0	682.0
	$40<m\leqslant70$	13.0	18.0	25.0	36.0	51.0	72.0	102.0	144.0	204.0	288.0	407.0	576.0	814.0
$6000<d\leqslant8000$	$10\leqslant m\leqslant16$	9.5	13.0	19.0	26.0	37.0	52.0	74.0	105.0	148.0	210.0	297.0	420.0	594.0
	$16<m\leqslant25$	10.0	14.0	20.0	29.0	41.0	58.0	81.0	115.0	163.0	230.0	326.0	461.0	652.0
	$25<m\leqslant40$	11.0	16.0	23.0	32.0	46.0	65.0	92.0	130.0	183.0	259.0	366.0	518.0	733.0
	$40<m\leqslant70$	14.0	19.0	27.0	38.0	54.0	76.0	108.0	153.0	216.0	306.0	432.0	612.0	865.0
$8000<d\leqslant10000$	$10\leqslant m\leqslant16$	10.0	14.0	20.0	28.0	40.0	56.0	80.0	113.0	159.0	225.0	319.0	451.0	637.0
	$16<m\leqslant25$	11.0	15.0	22.0	31.0	43.0	61.0	87.0	123.0	174.0	246.0	348.0	492.0	695.0
	$25<m\leqslant40$	12.0	17.0	24.0	34.0	49.0	69.0	97.0	137.0	194.0	275.0	388.0	549.0	777.0
	$40<m\leqslant70$	14.0	20.0	28.0	40.0	57.0	80.0	114.0	161.0	227.0	321.0	454.0	642.0	909.0

注：f_i的公差值，由表中的值乘以K计算得出。

表 15-1-61　径向综合偏差 F''_i

分度圆直径 d/mm	法向模数 m_n/mm	精度等级								
		4	5	6	7	8	9	10	11	12
		F''_i/μm								
$5\leqslant d\leqslant20$	$0.2\leqslant m_n\leqslant0.5$	7.5	11	15	21	30	42	60	85	120
	$0.5<m_n\leqslant0.8$	8.0	12	16	23	33	46	66	93	131
	$0.8<m_n\leqslant1.0$	9.0	12	18	25	35	50	70	100	141
	$1.0<m_n\leqslant1.5$	10	14	19	27	38	54	76	108	153
	$1.5<m_n\leqslant2.5$	11	16	22	32	45	63	89	126	179
	$2.5<m_n\leqslant4.0$	14	20	28	39	56	79	112	158	223
$20<d\leqslant50$	$0.2\leqslant m_n\leqslant0.5$	9.0	13	19	26	37	52	74	105	148
	$0.5<m_n\leqslant0.8$	10	14	20	28	40	56	80	113	160
	$0.8<m_n\leqslant1.0$	11	15	21	30	42	60	85	120	169
	$1.0<m_n\leqslant1.5$	11	16	23	32	45	64	91	128	181
	$1.5<m_n\leqslant2.5$	13	18	26	37	52	73	103	146	207
	$2.5<m_n\leqslant4.0$	16	22	31	44	63	89	126	178	251
	$4.0<m_n\leqslant6.0$	20	28	39	56	79	111	157	222	314
	$6.0<m_n\leqslant10$	26	37	52	74	104	147	209	295	417
$50<d\leqslant125$	$0.2\leqslant m_n\leqslant0.5$	12	16	23	33	46	66	93	131	185
	$0.5<m_n\leqslant0.8$	12	17	25	35	49	70	98	139	197
	$0.8<m_n\leqslant1.0$	13	18	26	36	52	73	103	146	206
	$1.0<m_n\leqslant1.5$	14	19	27	39	55	77	109	154	218
	$1.5<m_n\leqslant2.5$	15	22	31	43	61	86	122	173	244
	$2.5<m_n\leqslant4.0$	18	25	36	51	72	102	144	204	288
	$4.0<m_n\leqslant6.0$	22	31	44	62	88	124	176	248	351
	$6.0<m_n\leqslant10$	28	40	57	80	114	161	227	321	454

续表

分度圆直径 d/mm	法向模数 m_n/mm	精度等级								
		4	5	6	7	8	9	10	11	12
		F''_i/μm								
$125<d\leqslant280$	$0.2\leqslant m_n\leqslant0.5$	15	21	30	42	60	85	120	170	240
	$0.5<m_n\leqslant0.8$	16	22	31	44	63	89	126	178	252
	$0.8<m_n\leqslant1.0$	16	23	33	46	65	92	131	185	261
	$1.0<m_n\leqslant1.5$	17	24	34	48	68	97	137	193	273
	$1.5<m_n\leqslant2.5$	19	26	37	53	75	106	149	211	299
	$2.5<m_n\leqslant4.0$	21	30	43	61	86	121	172	243	343
	$4.0<m_n\leqslant6.0$	25	36	51	72	102	144	203	287	406
	$6.0<m_n\leqslant10$	32	45	64	90	127	180	255	360	509
$280<d\leqslant560$	$0.2\leqslant m_n\leqslant0.5$	19	28	39	55	78	110	156	220	311
	$0.5<m_n\leqslant0.8$	20	29	40	57	81	114	161	228	323
	$0.8<m_n\leqslant1.0$	21	29	42	59	83	117	166	235	332
	$1.0<m_n\leqslant1.5$	22	30	43	61	86	122	172	243	344
	$1.5<m_n\leqslant2.5$	23	33	46	65	92	131	185	262	370
	$2.5<m_n\leqslant4.0$	26	37	52	73	104	146	207	293	414
	$4.0<m_n\leqslant6.0$	30	42	60	84	119	169	239	337	477
	$6.0<m_n\leqslant10$	36	51	73	103	145	205	290	410	580
$560<d\leqslant1000$	$0.2\leqslant m_n\leqslant0.5$	25	35	50	70	99	140	198	280	396
	$0.5<m_n\leqslant0.8$	25	36	51	72	102	144	204	288	408
	$0.8<m_n\leqslant1.0$	26	37	52	74	104	148	209	295	417
	$1.0<m_n\leqslant1.5$	27	38	54	76	107	152	215	304	429
	$1.5<m_n\leqslant2.5$	28	40	57	80	114	161	228	322	455
	$2.5<m_n\leqslant4.0$	31	44	62	88	125	177	250	353	499
	$4.0<m_n\leqslant6.0$	35	50	70	99	141	199	281	398	562
	$6.0<m_n\leqslant10$	42	59	83	118	166	235	333	471	665

表 15-1-62　一齿径向综合偏差 f''_i

分度圆直径 d/mm	法向模数 m_n/mm	精度等级								
		4	5	6	7	8	9	10	11	12
		f''_i/μm								
$5\leqslant d\leqslant20$	$0.2\leqslant m_n\leqslant0.5$	1.0	2.0	2.5	3.5	5.0	7.0	10	14	20
	$0.5<m_n\leqslant0.8$	2.0	2.5	4.0	5.5	7.5	11	15	22	31
	$0.8<m_n\leqslant1.0$	2.5	3.5	5.0	7.0	10	14	20	28	39
	$1.0<m_n\leqslant1.5$	3.0	4.5	6.5	9.0	13	18	25	36	50
	$1.5<m_n\leqslant2.5$	4.5	6.5	9.5	13	19	26	37	53	74
	$2.5<m_n\leqslant4.0$	7.0	10	14	20	29	41	58	82	115
$20<d\leqslant50$	$0.2\leqslant m_n\leqslant0.5$	1.5	2.0	2.5	3.5	5.0	7.0	10	14	20
	$0.5<m_n\leqslant0.8$	2.0	2.5	4.0	5.5	7.5	11	15	22	31
	$0.8<m_n\leqslant1.0$	2.5	3.5	5.0	7.0	10	14	20	28	40
	$1.0<m_n\leqslant1.5$	3.0	4.5	6.5	9.0	13	18	25	36	51
	$1.5<m_n\leqslant2.5$	4.5	6.5	9.5	13	19	26	37	53	75
	$2.5<m_n\leqslant4.0$	7.0	10	14	20	29	41	58	82	116
	$4.0<m_n\leqslant6.0$	11	15	22	31	43	61	87	123	174
	$6.0<m_n\leqslant10$	17	24	34	48	67	95	135	190	269

续表

分度圆直径 d/mm	法向模数 m_n/mm	精度等级								
		4	5	6	7	8	9	10	11	12
		f_i''/μm								
50<d≤125	0.2≤m_n≤0.5	1.5	2.0	2.5	3.5	5.0	7.5	10	15	21
	0.5<m_n≤0.8	2.0	3.0	4.0	5.5	8.0	11	16	22	31
	0.8<m_n≤1.0	2.5	3.5	5.0	7.0	10	14	20	28	40
	1.0<m_n≤1.5	3.0	4.5	6.5	9.0	13	18	26	36	51
	1.5<m_n≤2.5	4.5	6.5	9.5	13	19	26	37	53	75
	2.5<m_n≤4.0	7.0	10	14	20	29	41	58	82	116
	4.0<m_n≤6.0	11	15	22	31	44	62	87	123	174
	6.0<m_n≤10	17	24	34	48	67	95	135	191	269
125<d≤280	0.2≤m_n≤0.5	1.5	2.0	2.5	3.5	5.5	7.5	11	15	21
	0.5<m_n≤0.8	2.0	3.0	4.0	5.5	8.0	11	16	22	32
	0.8<m_n≤1.0	2.5	3.5	5.0	7.0	10	14	20	29	41
	1.0<m_n≤1.5	3.0	4.5	6.5	9.0	13	18	26	36	52
	1.5<m_n≤2.5	4.5	6.5	9.5	13	19	27	38	53	75
	2.5<m_n≤4.0	7.5	10	15	21	29	41	58	82	116
	4.0<m_n≤6.0	11	15	22	31	44	62	87	124	175
	6.0<m_n≤10	17	24	34	48	67	95	135	191	270
280<d≤560	0.2≤m_n≤0.5	1.5	2.0	2.5	4.0	5.5	7.5	11	15	22
	0.5<m_n≤0.8	2.0	3.0	4.0	5.5	8.0	11	16	23	32
	0.8<m_n≤1.0	2.5	3.5	5.0	7.5	10	15	21	29	41
	1.0<m_n≤1.5	3.5	4.5	6.5	9.0	13	18	26	37	52
	1.5<m_n≤2.5	5.0	6.5	9.5	13	19	27	38	54	76
	2.5<m_n≤4.0	7.5	10	15	21	29	41	59	83	117
	4.0<m_n≤6.0	11	15	22	31	44	62	88	124	175
	6.0<m_n≤10	17	24	34	48	68	96	135	191	271
560<d≤1000	0.2≤m_n≤0.5	1.5	2.0	3.0	4.0	5.5	8.0	11	16	23
	0.5<m_n≤0.8	2.0	3.0	4.0	6.0	8.5	12	17	24	33
	0.8<m_n≤1.0	2.5	3.5	5.5	7.5	11	15	21	30	42
	1.0<m_n≤1.5	3.5	4.5	6.5	9.5	13	19	27	38	53
	1.5<m_n≤2.5	5.0	7.0	9.5	14	19	27	38	54	77
	2.5<m_n≤4.0	7.5	10	15	21	30	42	59	83	118
	4.0<m_n≤6.0	11	16	22	31	44	62	88	125	176
	6.0<m_n≤10	17	24	34	48	68	96	136	192	272

表 15-1-63　　径向跳动公差 F_r

分度圆直径 d/mm	法向模数 m_n/mm	精度等级												
		0	1	2	3	4	5	6	7	8	9	10	11	12
		F_r/μm												
5≤d≤20	0.5≤m_n≤2.0	1.5	2.5	3.0	4.5	6.5	9.0	13	18	25	36	51	72	102
	2.0<m_n≤3.5	1.5	2.5	3.5	4.5	6.5	9.5	13	19	27	38	53	75	106
20<d≤50	0.5≤m_n≤2.0	2.0	3.0	4.0	5.5	8.0	11	16	23	32	46	65	92	130
	2.0<m_n≤3.5	2.0	3.0	4.0	6.0	8.5	12	17	24	34	47	67	95	134
	3.5<m_n≤6.0	2.0	3.0	4.5	6.0	8.5	12	17	25	35	49	70	99	139
	6.0<m_n≤10	2.5	3.5	4.5	6.5	9.5	13	19	26	37	52	74	105	148

续表

分度圆直径 d/mm	法向模数 m_n/mm	精度等级												
		0	1	2	3	4	5	6	7	8	9	10	11	12
		F_r/μm												
$50<d\leq125$	$0.5\leq m_n\leq2.0$	2.5	3.5	5.0	7.5	10	15	21	29	42	59	83	118	167
	$2.0<m_n\leq3.5$	2.5	4.0	5.5	7.5	11	15	21	30	43	61	86	121	171
	$3.5<m_n\leq6.0$	3.0	4.0	5.5	8.0	11	16	22	31	44	62	88	125	176
	$6.0<m_n\leq10$	3.0	4.0	6.0	8.0	12	16	23	33	46	65	92	131	185
	$10<m_n\leq16$	3.0	4.5	6.0	9.0	12	18	25	35	50	70	99	140	198
	$16<m_n\leq25$	3.5	5.0	7.0	9.5	14	19	27	39	55	77	109	154	218
$125<d\leq280$	$0.5\leq m_n\leq2.0$	3.5	5.0	7.0	10	14	20	28	39	55	78	110	156	221
	$2.0<m_n\leq3.5$	3.5	5.0	7.0	10	14	20	28	40	56	80	113	159	225
	$3.5<m_n\leq6.0$	3.5	5.0	7.0	10	14	20	29	41	58	82	115	163	231
	$6.0<m_n\leq10$	3.5	5.5	7.5	11	15	21	30	42	60	85	120	169	239
	$10<m_n\leq16$	4.0	5.5	8.0	11	16	22	32	45	63	89	126	179	252
	$16<m_n\leq25$	4.5	6.0	8.5	12	17	24	34	48	68	96	136	193	272
	$25<m_n\leq40$	4.5	6.5	9.5	13	19	27	38	54	76	107	152	215	304
$280<d\leq560$	$0.5\leq m_n\leq2.0$	4.5	6.5	9.0	13	18	26	36	51	73	103	146	206	291
	$2.0<m_n\leq3.5$	4.5	6.5	9.0	13	18	26	37	52	74	105	148	209	269
	$3.5<m_n\leq6.0$	4.5	6.5	9.5	13	19	27	38	53	75	106	150	213	301
	$6.0<m_n\leq10$	5.0	7.0	9.5	14	19	27	39	55	77	109	155	219	310
	$10<m_n\leq16$	5.0	7.0	10	14	20	29	40	57	81	114	161	228	323
	$16<m_n\leq25$	5.5	7.5	11	15	21	30	43	61	86	121	171	242	343
	$25<m_n\leq40$	6.0	8.5	12	17	23	33	47	66	94	132	187	265	374
	$40<m_n\leq70$	7.0	9.5	14	19	27	38	54	76	108	153	216	306	432
$560<d\leq1000$	$0.5\leq m_n\leq2.0$	6.0	8.5	12	17	23	33	47	66	94	133	188	266	376
	$2.0<m_n\leq3.5$	6.0	8.5	12	17	24	34	48	67	95	134	190	269	380
	$3.5<m_n\leq6.0$	6.0	8.5	12	17	24	34	48	68	96	136	193	272	385
	$6.0<m_n\leq10$	6.0	8.5	12	17	25	35	49	70	98	139	197	279	394
	$10<m_n\leq16$	6.5	9.0	13	18	25	36	51	72	102	144	204	288	407
	$16<m_n\leq25$	6.5	9.5	13	19	27	38	53	76	107	151	214	302	427
	$25<m_n\leq40$	7.0	10	14	20	29	41	57	81	115	162	229	324	459
	$40<m_n\leq70$	8.0	11	16	23	32	46	65	91	129	183	258	365	517
$1000<d\leq1600$	$2.0\leq m_n\leq3.5$	7.5	10	15	21	30	42	59	84	118	167	236	334	473
	$3.5<m_n\leq6.0$	7.5	11	15	21	30	42	60	85	120	169	239	338	478
	$6.0<m_n\leq10$	7.5	11	15	22	30	43	61	86	122	172	243	344	487
	$10<m_n\leq16$	8.0	11	16	22	31	44	63	88	125	177	250	354	500
	$16<m_n\leq25$	8.0	11	16	23	33	46	65	92	130	184	260	368	520
	$25<m_n\leq40$	8.5	12	17	24	34	49	69	98	138	195	276	390	552
	$40<m_n\leq70$	9.5	13	19	27	38	54	76	108	152	215	305	431	609
$1600<d\leq2500$	$3.5\leq m_n\leq6.0$	9.0	13	18	26	36	51	73	103	145	206	291	411	582
	$6.0<m_n\leq10$	9.0	13	18	26	37	52	74	104	148	209	295	417	590
	$10<m_n\leq16$	9.5	13	19	27	38	53	75	107	151	213	302	427	604
	$16<m_n\leq25$	9.5	14	19	28	39	55	78	110	156	220	312	441	624
	$25<m_n\leq40$	10	14	20	29	41	58	82	116	164	232	328	463	655
	$40<m_n\leq70$	11	16	22	32	45	63	89	126	178	252	357	504	713

续表

分度圆直径 d/mm	法向模数 m_n/mm	精度等级												
		0	1	2	3	4	5	6	7	8	9	10	11	12
		F_r/μm												
$2500<d\leqslant4000$	$6.0\leqslant m_n\leqslant10$	11	16	23	32	45	64	90	127	180	255	360	510	721
	$10<m_n\leqslant16$	11	16	23	32	46	65	92	130	183	259	367	519	734
	$16<m_n\leqslant25$	12	17	24	33	47	67	94	133	188	267	377	533	754
	$25<m_n\leqslant40$	12	17	25	35	49	69	98	139	196	278	393	555	785
	$40<m_n\leqslant70$	13	19	26	37	53	75	105	149	211	298	422	596	843
$4000<d\leqslant6000$	$6.0\leqslant m_n\leqslant10$	14	19	27	39	55	77	110	155	219	310	438	620	876
	$10<m_n\leqslant16$	14	20	28	39	56	79	111	157	222	315	445	629	890
	$16<m_n\leqslant25$	14	20	28	40	57	80	114	161	227	322	455	643	910
	$25<m_n\leqslant40$	15	21	29	42	59	83	118	166	235	333	471	665	941
	$40<m_n\leqslant70$	16	22	31	44	62	88	125	177	250	353	499	706	999
$6000<d\leqslant8000$	$6.0\leqslant m_n\leqslant10$	16	23	32	45	64	91	128	181	257	363	513	726	1026
	$10<m_n\leqslant16$	16	23	32	46	65	92	130	184	260	367	520	735	1039
	$16<m_n\leqslant25$	17	23	33	47	66	94	132	187	265	375	530	749	1059
	$25<m_n\leqslant40$	17	24	34	48	68	96	136	193	273	386	545	771	1091
	$40<m_n\leqslant70$	18	25	36	51	72	102	144	203	287	406	574	812	1149
$8000<d\leqslant10000$	$6.0\leqslant m_n\leqslant10$	18	26	36	51	72	102	144	204	289	408	577	816	1154
	$10<m_n\leqslant16$	18	26	36	52	73	103	146	206	292	413	584	826	1168
	$16<m_n\leqslant25$	19	26	37	52	74	105	148	210	297	420	594	840	1188
	$25<m_n\leqslant40$	19	27	38	54	76	108	152	216	305	431	610	862	1219
	$40<m_n\leqslant70$	20	28	40	56	80	113	160	226	319	451	639	903	1277

6.5 齿轮坯的精度

有关齿轮轮齿精度（齿廓偏差、相邻齿距偏差等）的参数的数值，只有明确其特定的旋转轴线时才有意义。当测量时齿轮围绕其旋转的轴如有改变，则这些参数测量值也将改变。因此在齿轮的图纸上必须把规定轮齿公差的基准轴线明确表示出来，事实上所有整个齿轮的几何形状均以其为准。

齿轮坯的尺寸偏差和齿轮箱体的尺寸偏差对于齿轮副的接触条件和运行状况有着极大的影响。由于在加工齿轮坯和箱体时保持较紧的公差，比加工高精度的轮齿要经济得多，因此应首先根据拥有的制造设备的条件，尽量使齿轮坯和箱体的制造公差保持最小值。这种办法，可使加工的齿轮有较松的公差，从而获得更为经济的整体设计。

6.5.1 基准轴线与工作轴线之间的关系

基准轴线是制造者（和检验者）用来对单个零件确定轮齿几何形状的轴线，设计者应确保其精确的确定，保证齿轮相应于工作轴线的技术要求得以满足。通常，满足此要求的最常用的方法是确定基准轴线使其与工作轴线重合，即将安装面作为基准面。

在一般情况下首先需确定一个基准轴线，然后将其他所有的轴线（包括工作轴线及可能还有一些制造轴线）用适当的公差与之相联系，在此情况下，公差链中所增加的链节的影响应该考虑进去。

6.5.2 确定基准轴线的方法

一个零件的基准轴线一般是用基准面来确定的，有三种基本方法实现。对与轴做成一体的小齿轮可将该零件安置于两端的顶尖上，由两个中心孔确定它的基准轴线。表 15-1-56 给出了确定基准轴线的方法。

6.5.3 基准面与安装面的形状公差

基准面的要求精度取决于：

① 规定的齿轮精度，基准面的极限值应确定规定得比单个轮齿的极限值紧得多；

② 基准面的相对位置，一般地说，跨距占齿轮分度圆直径的比例越大，给定的公差可以越松。

基准面的精度要求，必须在零件图上规定。所有基准面的形状公差不应大于表 15-1-65 中所规定的数值，公差应减至最小。

表 15-1-64　　　　确定基准轴线方法

方法	说　明	图　示	适用范围
用基准面确定	1. 用两个"短的"圆柱或圆锥形基准面上设定的两个圆的圆心来确定轴线上的两点	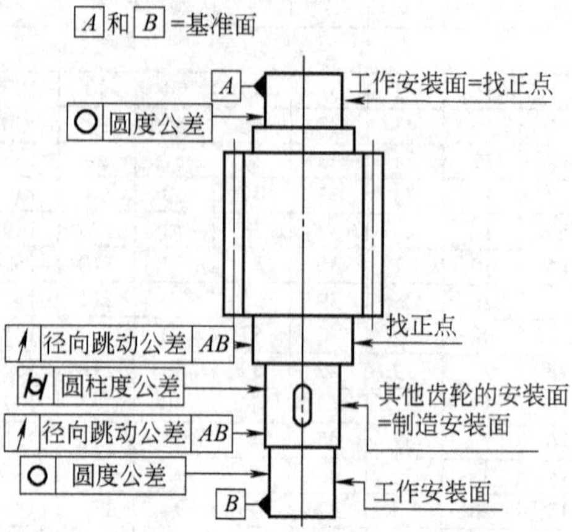 A和B=基准面 A 工作安装面=找正点 圆度公差 找正点 径向跳动公差 AB 圆柱度公差 其他齿轮的安装面=制造安装面 径向跳动公差 AB 圆度公差 B 工作安装面	圆柱或圆锥形基准面必须是轴向很短的，以保证他们自己不会单独确定另一条轴线
	2. 用一个"长的"圆柱或圆锥形的面来同时确定轴线的位置和方向。孔的轴线可以用与之相匹配正确地装配的工作芯轴的轴线来代表	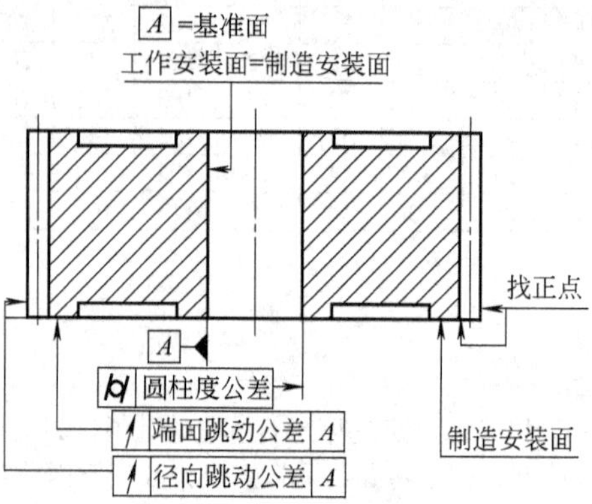 A=基准面 工作安装面=制造安装面 找正点 A 圆柱度公差 端面跳动公差 A 径向跳动公差 A 制造安装面	圆柱或圆锥形基准面必须是轴向很长的
	3. 轴线的位置用一个"短的"圆柱形基准面上的一个圆的圆心来确定，而其方向则用垂直于此轴线的一基准端面来确定	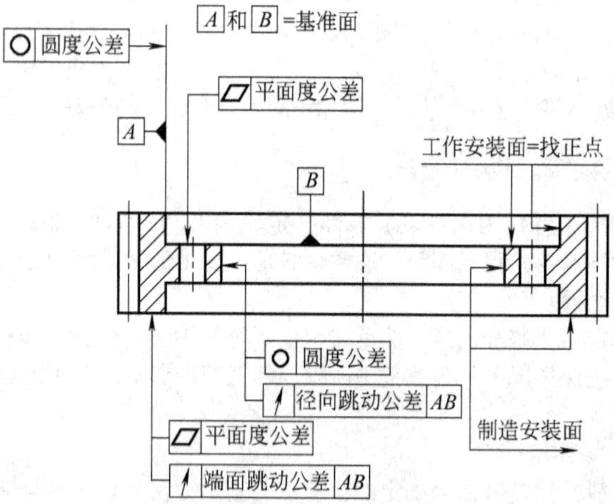 A和B=基准面 圆度公差 平面度公差 A 工作安装面=找正点 B 圆度公差 径向跳动公差 AB 制造安装面 平面度公差 端面跳动公差 AB	圆柱或圆锥形基准面必须是轴向很短的，以保证它们自己不会单独确定另一条轴线；基准端面的直径应该越大越好
用中心孔确定	将零件安置于两端的顶尖上，用两个中心孔确定它的基准轴线，齿轮公差及(轴承)安装面的公差均需相对于此轴线来规定	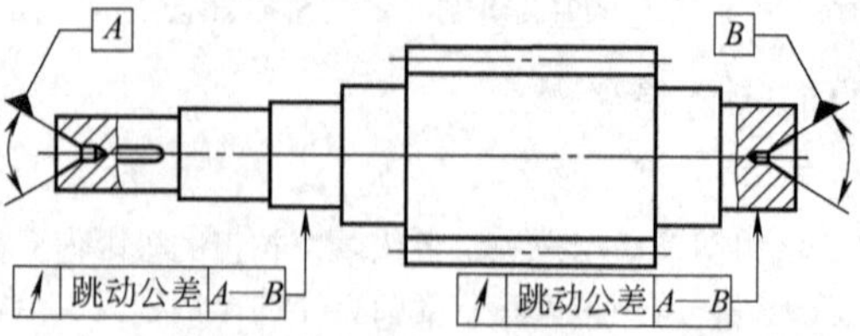 A B 跳动公差 A—B 跳动公差 A—B	是与轴做成一体的小齿轮制造和检验时最常用也是最满意的方法。安装面相对于中心孔的跳动公差必须规定很紧的公差值，中心孔 60°接触角范围内应对准成一直线

注：在与小齿轮做成一体的轴上常常有一段需安装大齿轮的地方，此安装面的公差值必须选择得与大齿轮的质量要求相适应。

表 15-1-65　　基准面与安装面的形状公差

确定轴线的基准面	公差项目		
	圆度	圆柱度	平面度
两个“短的”圆柱或圆锥形基准面	$0.04(L/b)F_\beta$或$0.1F_p$ 取两者中之小值	—	—
一个“长的”圆柱或圆锥形基准面	—	$0.04(L/b)F_\beta$或$0.1F_p$ 取两者中之小值	—
一个短的圆柱面和一个端面	$0.06F_p$	—	$0.06(D_d/b)F_\beta$

注：1. 齿轮坯的公差应减至能经济地制造的最小值。
2. L——较大的轴承跨距；D_d——基准面直径；b——齿宽。

工作安装面的形状公差，不应大于表 15-1-65 中所给定的数值。如果用其他的制造安装面时，应采用同样的限制。

6.5.4　工作轴线的跳动公差

如果工作安装面被选择为基准面，直接用表 15-1-65 中所规定的数值。当基准轴线与工作轴线并不重合时，工作安装面相对于基准轴线的跳动必须在图纸上予以控制。跳动公差不大于表 15-1-66 中规定的数值。

表 15-1-66　　安装面的跳动公差

确定轴线的基准面	跳动量(总的指示幅度)	
	径向	轴向
仅指圆柱或圆锥形基准面	$0.15(L/b)F_\beta$或$0.3F_p$取两者中之大值	
一圆柱基准面和一端面基准面	$0.3F_p$	$0.2(D_d/b)F_\beta$

注：齿轮坯的公差应减至能经济地制造的最小值。

6.6　中心距和轴线的平行度

设计者应对中心距 a 和轴线的平行度两项偏差选择适当的公差。公差值的选择应按其使用要求能保证相啮合轮齿间的侧隙和齿长方向正确接触。

6.6.1　中心距允许偏差

中心距公差是指设计者规定的允许偏差，公称中心距是在考虑了最小侧隙及两齿轮的齿顶和其相啮的非渐开线齿廓齿根部分的干涉后确定的。GB/Z 18620.3—2008 中没有推荐偏差允许值。

在齿轮只是单向承载运转而不经常反转的情况下，最大侧隙的控制不是一个重要的考虑因素，此时中心距允许偏差主要取决于重合度的考虑。

在控制运动用的齿轮中，其侧隙必须控制。当轮齿上的负载常常反向时，对中心距的公差必须很仔细地考虑下列因素。

① 轴、箱体和轴承的偏斜。
② 由于箱体的偏差和轴承的间隙导致齿轮轴线的不一致。
③ 由于箱体的偏差和轴承的间隙导致齿轮轴线的错斜。
④ 安装误差。
⑤ 轴承跳动。
⑥ 温度的影响（随箱体和齿轮零件间的温差、中心距和材料不同而变化）。
⑦ 旋转件的离心伸胀。
⑧ 其他因素，例如润滑剂污染的允许程度及非金属齿轮材料的溶胀。

当确定影响侧隙偏差的所有尺寸的公差时，应该遵照 GB/Z 18620.2 中关于齿厚公差和侧隙的推荐内容。

6.6.2　轴线平行度偏差

由于轴线平行度偏差的影响与其向量的方向有关，对“轴线平面内的偏差”$f_{\Sigma\delta}$和“垂直平面上的偏差”$f_{\Sigma\beta}$作了不同的规定（见图 15-1-52 和表 15-1-67）。每项平行度偏差是以与有关轴轴承间距离 L（“轴承中间距”

L）相关联的值来表示的。

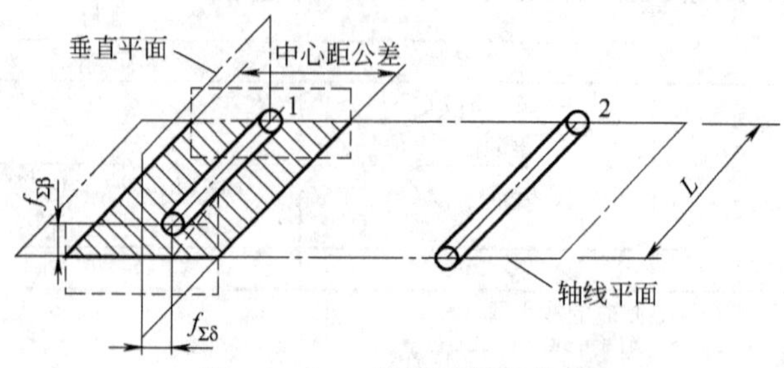

图 15-1-52　轴线平行度偏差

表 15-1-67　　　轴线平行度偏差

名称及代号	推荐最大值计算式	备　注
轴线平面内的偏差 $f_{\Sigma\delta}$	$f_{\Sigma\delta}=\left(\frac{L}{b}\right)F_\beta$	$f_{\Sigma\delta}$是在两轴线的公共平面上测量的，这公共平面是用两轴承跨距中较长的一个 L 和另一根轴上的一个轴承来确定的，如果两个轴承的跨距相同，则用小齿轮轴和大齿轮轴的一个轴承 轴线平面内的轴线偏差影响螺旋线啮合偏差，它的影响是工作压力角的正弦函数
垂直平面上的偏差 $f_{\Sigma\beta}$	$f_{\Sigma\beta}=0.5\left(\frac{L}{b}\right)F_\beta$	$f_{\Sigma\beta}$是在与轴线公共平面相垂直的“交错轴平面”上测量的垂直平面上的轴线偏差影响工作压力角的余弦函数

注：一定量的垂直平面上偏差导致的啮合偏差将比同样大小的平面内偏差导致的啮合偏差要大 2~3 倍，对这两种偏差要素要规定不同的最大推荐值。

6.7　齿厚和侧隙

GB/Z 18620.3—2008 给出了渐开线圆柱齿轮齿厚和侧隙的检验实施规范，并在附录中提供了选择齿轮的齿厚公差和最小侧隙的合理方法。齿厚和侧隙相关项目的定义见表 15-1-68。

表 15-1-68　　　齿厚和侧隙的定义

名称及代号	定　义	备　注
法向齿厚 s_n	分度圆柱上法向平面的法向齿厚。即齿厚的理论值，该齿厚与具有理论齿厚的相配合齿轮在理论中心距之下无侧隙啮合 对斜齿轮，s_n 值应在法向平面内测量	外齿轮 $s_n=m_n\left(\frac{\pi}{2}+2x\tan\alpha_n\right)$ 内齿轮 $s_n=m_n\left(\frac{\pi}{2}+2x\tan\alpha_n\right)$
齿厚的最大和最小极限 s_{ns} 和 s_{ni}	齿厚的两个极端的允许尺寸，齿厚的实际尺寸应该位于这两个极端尺寸之间（见图 15-1-53）	—
齿厚的极限偏差 E_{sns} 和 E_{sni}	齿厚上偏差 E_{sns} 和下偏差 E_{sni} 统称齿厚的极限偏差	$E_{sns}=s_{sns}-s_n$ $E_{sni}=s_{sni}-s_n$
齿厚公差 T_{sn}	齿厚上偏差和下偏差之差	$T_{sn}=E_{sns}-E_{sni}$
实际齿厚 $s_{nactual}$	通过测量确定的齿厚	—
实效齿厚 s_{wt}	测量所得的齿厚加上轮齿各要素偏差及安装所产生的综合影响的量	—
侧隙 j	两个相配齿轮的工作齿面相接触时，在两个非工作齿面之间所形成的间隙（见图 15-1-54）。通常，在稳定的工作状态下的侧隙（工作侧隙）与齿轮在静态条件下安装于箱体内所测得的侧隙（装配侧隙）是不同的（小于装配侧隙）	—
圆周侧隙 j_{wt}	当固定两相啮合齿轮中的一个，另一个齿轮所能转过的节圆弧长的最大值（见图 15-1-55）	—

续表

名称及代号	定　　义	备　　注
法向侧隙 j_{bn}	当两个齿轮的工作齿面互相接触时,其非工作齿面之间的最短距离(见图 15-1-55)	$j_{bn}=j_{wt}\cos\alpha_{wt}\cos\beta_b$
径向侧隙 j_r	将两个相配齿轮的中心距缩小,直到左侧和右侧齿面都接触时,这个缩小量为径向间隙(见图 15-1-55)	$j_r=\dfrac{j_{wt}}{2\tan\alpha_{wt}}$
最小侧隙 j_{wtmin}	节圆上的最小圆周侧隙。即具有最大允许实效齿厚的轮齿与也具有最大允许实效齿厚相配轮齿相啮合时,在静态条件下,在最紧允许中心距时的圆周侧隙(见图 15-1-55)	最紧中心距,对于外齿轮是指最小的工作中心距,对于内齿轮是指最大的工作中心距
最大侧隙 j_{wtmax}	节圆上的最大圆周侧隙。即具有最小允许实效齿厚的轮齿与也具有最小允许实效齿厚相配轮齿相啮合时,在静态条件下,在最松允许中心距时的圆周侧隙(见图 15-1-55)	最松中心距,对于外齿轮是指最大的工作中心距,对于内齿轮是指最小的工作中心距

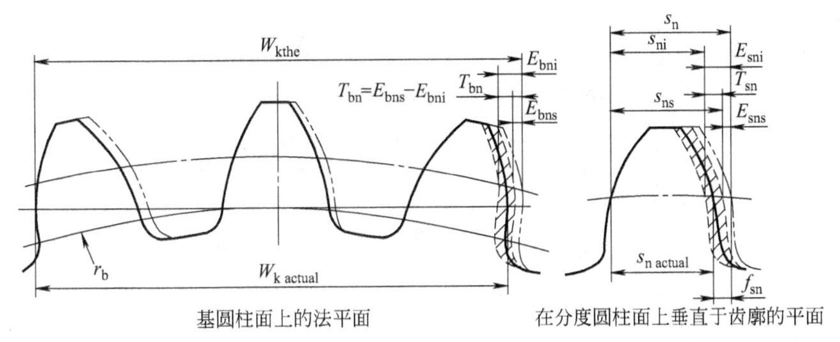

E_{bni}—公法线长度下偏差；E_{bns}—公法线长度上偏差；s_n—法向齿厚；s_{ni}—齿厚的最小极限；s_{ns}—齿厚的最大极限；$s_{n\ actual}$—实际齿厚；E_{sni}—齿厚允许的下偏差；E_{sns}—齿厚允许的上偏差；f_{sn}—齿厚偏差；T_{sn}—齿厚公差，$T_{sn}=E_{sns}-E_{sni}$

图 15-1-53　公法线长度与齿厚的允许偏差

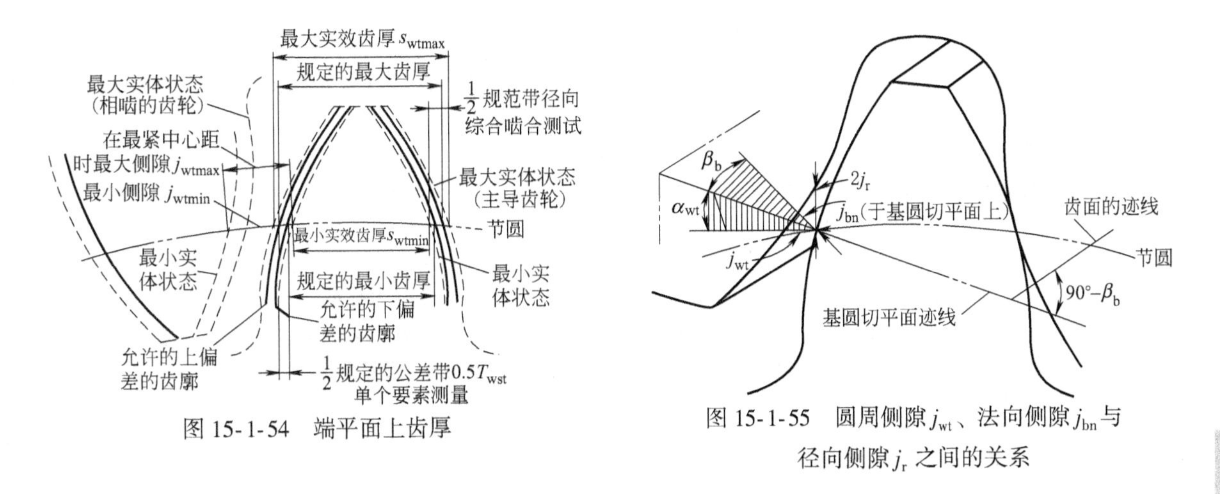

图 15-1-54　端平面上齿厚

图 15-1-55　圆周侧隙 j_{wt}、法向侧隙 j_{bn} 与径向侧隙 j_r 之间的关系

6.7.1　侧隙

在一对装配好的齿轮副中，侧隙 j 是相啮齿轮齿间的间隙，它是在节圆上齿槽宽度超过相啮合的轮齿齿厚的量。侧隙可以在法向平面上或沿啮合线（见图 15-1-56）测量，但它是在端平面上或啮合平面（基圆切平面）上计算和规定的。

相啮齿的侧隙是由一对齿轮运行时的中心距以及每个齿轮的实效齿厚所控制的。所有相啮的齿轮必定要有些侧隙，以保证非工作齿面不会相互接触。运行时侧隙还随速度、温度、负载等的变动而变化。在静态可测量的条件下，必须有足够的侧隙，以保证在带负载运行于最不利的工作条件下仍有足够的侧隙。侧隙的要求量与齿轮的

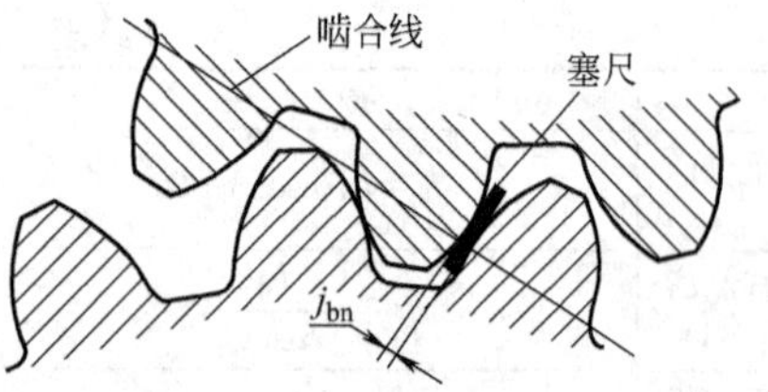

图 15-1-56 用塞尺测量侧隙（法向平面）

大小、精度、安装和应用情况有关。

（1）最小侧隙

最小侧隙 j_{bnmin}（或 j_{wtmin}）受下列因素影响。

① 箱体、轴和轴承的偏斜。

② 由于箱体的偏差和轴承的间隙导致齿轮轴线的不对准。

③ 由于箱体的偏差和轴承的间隙导致齿轮轴线的歪斜。

④ 安装误差，例如轴的偏心。

⑤ 轴承径向跳动。

⑥ 温度影响（箱体与齿轮零件的温度差、中心距和材料差异所致）。

⑦ 旋转零件的离心胀大。

⑧ 其他因素，例如由于润滑剂的允许污染以及非金属齿轮材料的溶胀。

如果上述因素均能很好的控制，则最小侧隙值可以很小，每一个因素均可用分析其公差来进行估计，然后可计算出最小的要求量，在估计最小期望要求值时，也需要用判断和经验，因为在最坏情况时的公差，不大可能都叠加起来。

表 15-1-69 列出了对工业传动装置推荐的最小侧隙，这些传动装置是用黑色金属齿轮和黑色金属的箱体制造的，工作时节圆线速度小于 15m/s，其箱体、轴和轴承都采用常用的商业制造公差。

表 15-1-69　　对于中、大模数齿轮最小侧隙 j_{bnmin} 的推荐数据　　mm

m_n	最小中心距 a_i						m_n	最小中心距 a_i					
	50	100	200	400	800	1600		50	100	200	400	800	1600
1.5	0.09	0.11	—	—	—	—	8	—	0.24	0.27	0.34	0.47	—
2	0.10	0.12	0.15	—	—	—	12	—	—	0.35	0.42	0.55	—
3	0.12	0.14	0.17	0.24	—	—	18	—	—	—	0.54	0.67	0.94
5	—	0.18	0.21	0.28	—	—							

表 15-1-69 中的数值，也可用下式进行计算，式中 a_i 必须是一个绝对值。

$$j_{bnmax}=\frac{2}{3}\times(0.06+0.0005a_i+0.03m_n)$$

$$j_{bn}=|(E_{sns1}+E_{sns2})|\cos\alpha_n$$

如果 E_{sns1} 和 E_{sns2} 相等，则 $j_{bn}=2E_{sns}\cos\alpha_n$，小齿轮和大齿轮的切削深度和根部间隙相等，并且重合度为最大。

（2）最大侧隙

一对齿轮副中的最大侧隙 j_{bnmax}（或 j_{wtmax}），是齿厚公差、中心距变动和轮齿几何形状变异的影响之和。理论的最大侧隙发生于两个理想的齿轮按最小齿厚的规定制成，且在最松的允许中心距条件下啮合。

通常，最大侧隙并不影响传递运动的性能和平稳性，同时，实效齿厚偏差也不是在选择齿轮的精度等级时的主要考虑的因素。在这些情况下，选择齿厚及其测量方法并非关键，可以用最方便的方法。在很多应用场合，允许用较宽的齿厚公差或工作侧隙，这样做不会影响齿轮的性能和承载能力，却可以获得较经济的制造成本。当最大侧隙必须严格控制的情况下，对各影响因素必须仔细地研究，有关齿轮的精度等级、中心距公差和测量方法，必须仔细地予以规定。

6.7.2 齿厚公差

（1）齿厚上偏差 E_{sns}

齿厚上偏差取决于分度圆直径和允许差，其选择大体上与轮齿精度无关。

（2）齿厚下偏差 E_{sni}

齿厚下偏差是综合了齿厚上偏差及齿厚公差后获得的，由于上、下偏差都使齿厚减薄，从齿厚上偏差中应减去公差值。

$$E_{sni}=E_{sns}-T_{sn}$$

（3）法向齿厚公差 T_{sn}

法向齿厚公差的选择，基本上与轮齿的精度无关，它主要应由制造设备来控制。齿厚公差的选择要适当，太小的齿厚公差对制造成本和保持轮齿的精度方面是不利的。

6.7.3 齿厚偏差的测量

测得的齿厚常被用来评价整个齿的尺寸或一个给定齿轮的全部齿尺寸。它可根据测头接触点间或两条很短的接触线间距离的少数几次测量来计值，这些接触点的状态和位置是由测量法的类型（公法线、球、圆柱或轮齿卡尺）以及单个要素偏差的影响来确定的。习惯上常假设整个齿轮依靠一次或两次测量来表明其特性。

用齿厚游标卡尺测量弦齿厚的优点是可以用一个手持的量具进行测量。但测量弦齿厚也有其局限性，由于齿厚卡尺的两个测量腿与齿面只是在其顶尖角处接触而不是在其平面接触，故测量必须要由有经验的操作者进行。另一点是，由于齿顶圆柱面的精确度和同轴度的不确定性，以及测量标尺分辨率很差，使测量不甚可靠。如有可能，应采用更可靠的轮齿跨距（公法线长度）、圆柱销或球测量法来代替。

（1）公法线长度测量

当齿厚有减薄量时，公法线长度也变小。因此，齿厚偏差也可用公法线长度偏差 E_{bn} 代替。

公法线长度偏差是指公法线的实际长度与公称长度之差。GB/Z 18620.2 给出了齿厚偏差与公法线长度偏差的关系式。

公法线长度上偏差

$$E_{bns}=E_{sns}\cos\alpha_n$$

公法线长度下偏差

$$E_{bni}=E_{sni}\cos\alpha_n$$

公法线测量对内齿轮是不适用的。另外对斜齿轮而言，公法线测量受齿轮齿宽的限制，只有满足下式条件时才可能。

$$b>1.015W_k\sin\beta_b$$

式中，W_k 是指在基圆柱切平面上跨 k 个齿（对外齿轮）或 k 个齿槽（对内齿轮）在接触到一个齿的右齿面和另一个齿的左齿面的两个平行平面之间测得的距离。

（2）跨球（圆柱）尺寸的测量

当斜齿轮的齿宽太窄，不允许作公法线测量时，可以用间接地检验齿厚的方法，即把两个球或圆柱（销子）置于尽可能在直径上相对的齿槽内，然后测量跨球（圆柱）尺寸。

GB/Z 18620.2 给出了齿厚偏差与跨距（圆柱）尺寸偏差的关系式。

偶数齿时：

跨球（圆柱）尺寸上偏差

$$E_{yns}\approx E_{sns}\frac{\cos\alpha_t}{\sin\alpha_{Mt}\cos\beta_b}$$

跨球（圆柱）尺寸下偏差

$$E_{yni}\approx E_{sni}\frac{\cos\alpha_t}{\sin\alpha_{Mt}\cos\beta_b}$$

奇数齿时：

跨球（圆柱）尺寸上偏差

$$E_{yns}\approx E_{sns}\frac{\cos\alpha_t}{\sin\alpha_{Mt}\cos\beta_b}\cos\left(\frac{90}{z}\right)$$

跨球（圆柱）尺寸下偏差

$$E_{yni}\approx E_{sni}\frac{\cos\alpha_t}{\sin\alpha_{Mt}\cos\beta_b}\cos\left(\frac{90}{z}\right)$$

式中 α_{Mt}——工作端面压力角。

6.8 轮齿齿面粗糙度

轮齿齿面粗糙度对齿轮的传动精度（噪声和振动）、表面承载能力（点蚀、胶合和磨损）、弯曲强度（齿根过渡曲面状况）都有一定的影响。GB/Z 18620.4—2008 中给出了表面粗糙度的检验方法。

6.8.1 图样上应标注的数据

设计者应按照齿轮加工要求，在图样上应标出完工状态的齿轮表面粗糙度的适当数据，如图 15-1-57 所示。

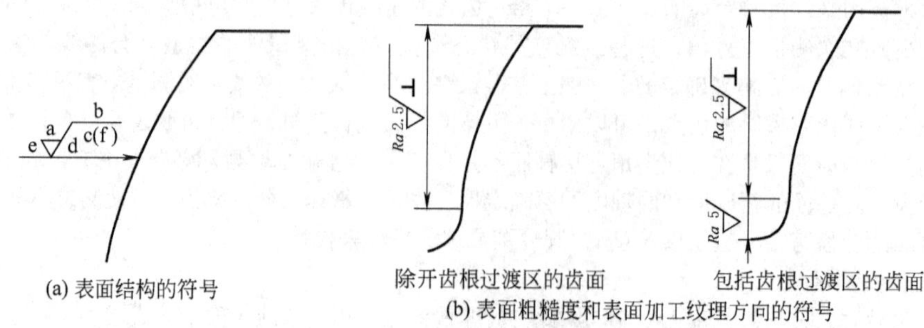

(a) 表面结构的符号

(b) 表面粗糙度和表面加工纹理方向的符号

a—*Ra* 或 *Rz*，μm；b—加工方法、表面处理等；c—取样长度；d—加工纹理方向；e—加工余量；f—粗糙度的具体数值（括号内）

图 15-1-57 表面粗糙度的符号

6.8.2 测量仪器

触针式测量仪器通常用来测量表面粗糙度。可采用以下几种类型的仪器来进行测量，不同的测量方法对测量不确定度的影响有不同的特性（见图15-1-58）。

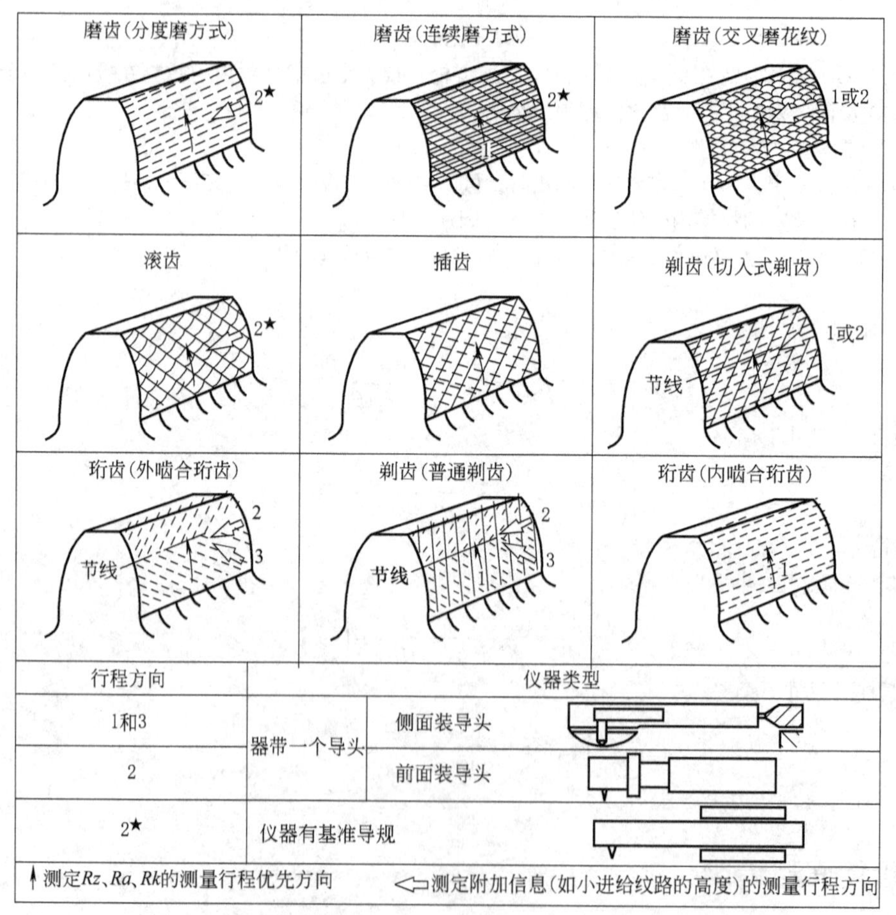

图 15-1-58 仪器特性以及与制造方法相关的测量行程方向

① 在被测表面上滑行的一个或一对导头的仪器（仪器有一平直的基准平面）。

② 一个在具有名义表面形状的基准平面上滑行的导头。

③ 一个具有可调整的或可编程的与导头组合一起的基准线生成器，例如，可由一个坐标测量机来实现基准线。

④ 用一个无导头的传感器和一个具有较大测量范围的平直基准对形状、波纹度和表面粗糙度进行评定。

根据国家标准，触针的针尖半径应为 2μm 或 5μm 或 10μm，触针的圆锥角可为 60°或 90°。在表面测量的报告中应注明针尖半径和触针角度。

在对表面粗糙度或波纹度进行测量时，需要用无导头传感器和一个被限定截止的滤波器，它压缩表面轮廓的长波成分或短波成分。测量仪器仅适用于某些特定的截止波长，表 15-1-70 给出了适当的截止波长的参考值。必须要认真选择合适的触针针尖半径、取样长度和截止滤波器，见 GB/T 6052、GB/T 10610 和 ISO 11562，否则测量中就会出现系统误差。

根据波纹度、加工纹理方向和测量仪器的影响的考虑，可能要选择一种不同的截止值。

表 15-1-70　　滤波和截止波长

模数/mm	标准工作齿高/mm	标准截止波长/mm	工作齿高内的截止波数	模数/mm	标准工作齿高/mm	标准截止波长/mm	工作齿高内的截止波数
1.5	3.0	0.2500	12	9.0	18.0	0.8000	22
2.0	4.0	0.2500	16	10.0	20.0	0.8000	25
2.5	5.0	0.2500	20	11.0	22.0	0.8000	27
3.0	6.0	0.2500	24	12.0	24.0	0.8000	30
4.0	8.0	0.8000	10	16.0	32.0	2.5000	13
5.0	10.0	0.8000	12	20.0	40.0	2.5000	16
6.0	12.0	0.8000	15	25.0	50.0	2.5000	20
7.0	14.0	0.8000	17	50.0	100.0	8.0000	12
8.0	16.0	0.8000	20				

6.8.3　齿轮齿面表面粗糙度的测量

在测量表面粗糙度时，触针的轨迹应与表面加工纹理的方向相垂直，见图 15-1-58 和图 15-1-59 中所示方向，测量还应垂直于表面，因此，触针应尽可能紧跟齿面的弯曲的变化。

在对轮齿齿根的过渡区表面粗糙度测量时，整个方向应与螺旋线正交，因此，需要使用一些特殊的方法。图 15-1-59 中表示了一种适用的测量方法，在触针前面的传感器头部有一半径为 r（小于齿根过渡曲线的半径 R）的导头，安装在一根可旋转的轴上，当该轴转过角度约 100°时，触针的针尖描绘出一条同齿根过渡区接近的圆弧。当齿根过渡区足够大，并且该装置仔细的定位时方可进行表面粗糙度测量。导头直接作用于表面，应使半径 r 大于 $50\lambda_c$（截止波长），以避免因导头引起的测量不确定度。

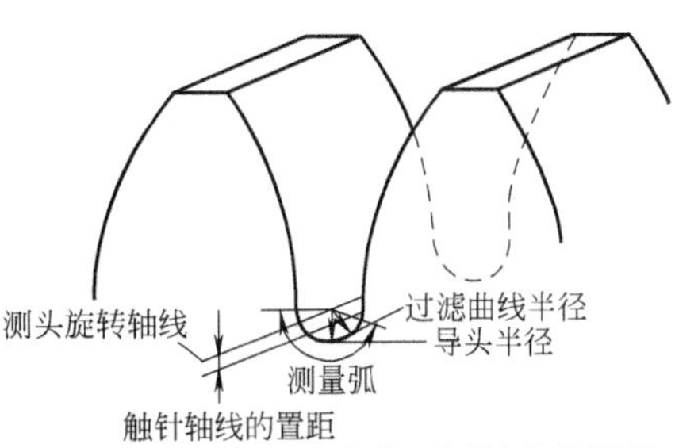

图 15-1-59　齿根过渡曲面粗糙度的测量

使用导头形式的测量仪器进行测量还有另一种办法，选择一种适当的铸塑材料（如树脂等）制作一个相反的复制品。当对较小模数齿轮的齿根过渡部分的表面粗糙度进行测量时，这种方法是特别有用的。在使用这种方法时，应记住在评定过程中齿廓的记录曲线的凸凹是相反的。

（1）评定测量结果

直接测得的表面粗糙度参数值，可直接与规定的允许值比较。

参数值通常是按沿齿廓取的几个接连的取样长度上的平均值确定的，但是应考虑到表面粗糙度会沿测量行程有规律地变化，因此，确定单个取样长度的表面粗糙度值，可能是有益的。为了改进测量数值统计上的准确性，可从几个平行的测量迹线计算其算术平均值。

为了避免使用滤波器时评定长度的部分损失，可以在没有标准滤波过程的情况下，在单个取样长度上评定粗糙度。图 15-1-60 为消除形状成分等，将（没有滤波器）轨迹轮廓细分为短的取样长度 l_1、l_2、l_3 等所产生的滤波效果。为了同标准方法的滤波结果相比较，取样长度应与截止值 λ_c 为同样的值。

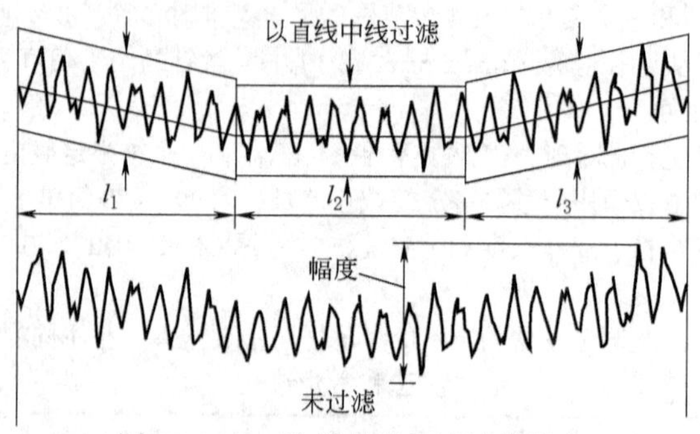

图 15-1-60　取样长度和滤波的影响

（2）参数值

规定的参数值应优先从表 15-1-71 和表 15-1-72 中所给出的范围中选择，无论是 *Ra* 还是 *Rz* 都可作为一种判断依据，但两者不应在同一部分使用。

表 15-1-71　　算术平均偏差 *Ra* 的推荐极限值　　μm

等级	*Ra*			等级	*Ra*		
	模数/mm				模数/mm		
	m<6	6≤*m*≤25	*m*>25		*m*<6	6≤*m*≤25	*m*>25
1	—	0.04	—	7	1.25	1.6	2.0
2	—	0.08	—	8	2.0	2.5	3.2
3	—	0.16	—	9	3.2	4.0	5.0
4	—	0.32	—	10	5.0	6.3	8.0
5	0.5	0.63	0.80	11	10.0	12.5	16
6	0.8	1.00	1.25	12	20	25	32

表 15-1-72　　微观不平度十点高度 *Rz* 的推荐极限值　　μm

等级	*Rz*			等级	*Rz*		
	模数/mm				模数/mm		
	m<6	6≤*m*≤25	*m*>25		*m*<6	6≤*m*≤25	*m*>25
1	—	0.25	—	7	8.0	10.0	12.5
2	—	0.50	—	8	12.5	16	20
3	—	1.0	—	9	20	25	32
4	—	2.0	—	10	32	40	50
5	3.2	4.0	5.0	11	63	80	100
6	5.0	6.3	8.0	12	125	160	200

注：表 15-1-71 和表 15-1-72 中关于 *Ra* 和 *Rz* 相当的表面状况等级并不与特定的制造工艺相应，这一点特别对于表中 1 级到 4 级的表列值。

6.9　轮齿接触斑点

检验产品齿轮副在其箱体内所产生的接触斑点，可用于评估轮齿间载荷分布。产品齿轮和测量齿轮的接触斑点，可用于评估装配后齿轮的螺旋线和齿廓精度。

6.9.1 检测条件

① 精度　产品齿轮和测量齿轮副轻载下接触斑点，可以从安装在机架上的齿轮相啮合得到。为此，齿轮轴线的不平行度，在等于产品齿轮齿宽的长度上的数值不得超过 0.005mm。同时也要保证测量齿轮的齿宽不小于产品齿轮的齿宽，通常这意味着对于斜齿轮需要一个专用的测量齿轮。相配的产品齿轮副的接触斑点也可以在相啮合的机架上获得。

② 载荷分布　产品齿轮副在其箱体内的轻载接触斑点，有助于评估载荷的可能分布，在其检验过程中，齿轮的轴颈应当位于它们的工作位置，这可以通过对轴承轴颈加垫片调整来达到。

③ 印痕涂料　适用的印痕涂料有装配工的蓝色印痕涂料和其他专用涂料，油膜层厚度为 0.006～0.012mm。

④ 印痕涂料层厚度的标定　在垂直于切平面的方向上以一个已知小角度移动齿轮的轴线，即在轴承座上加垫片并观察接触斑点的变化，标定工作应该有规范地进行，以确保印痕涂料、测试载荷和操作工人的技术都不改变。

⑤ 测试载荷　用于获得轻载齿轮接触斑点所施加的载荷，应恰好够保证被测齿面保持稳定地接触。

⑥ 记录测试结果　接触斑点通常以画草图、照片、录像记录下来，或用透明胶带覆盖接触斑点上，再把粘住接触斑点的涂料的胶带撕下来，贴在优质的白卡片上。

要完成以上操作的人员，应训练正确地操作，并定期检查他们的效果，以确保操作效能的一致性。

6.9.2 接触斑点的判断

接触斑点可以给出齿长方向配合不准确的程度，包括齿长方向的不准确配合和波纹度，也可以给出齿廓不准确性的程度，必须强调的是，做出的任何结论都带有主观性，只能是近似的并且依赖于有关人员的经验。

(1) 与测量齿轮相啮的接触斑点

图 15-1-61～图 15-1-64 所示的是产品齿轮与测量齿轮对滚产生的典型的接触斑点示意图。

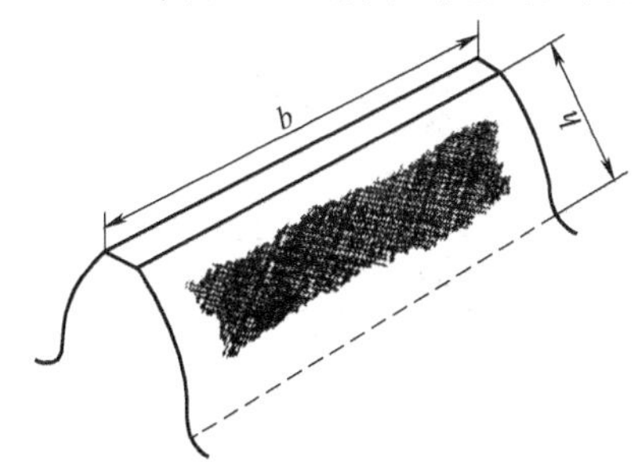

图 15-1-61　典型的规范，接触近似为：齿宽 b 的 80%，有效齿面高度 h 的 70%，齿端修薄

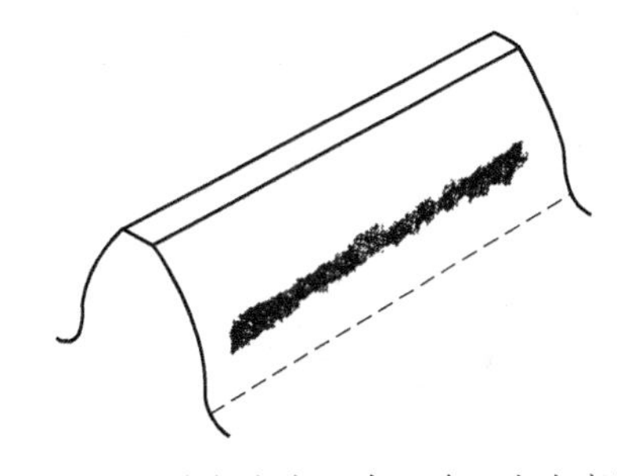

图 15-1-62　齿长方向配合正确，有齿廓偏差

图 15-1-63　波纹度

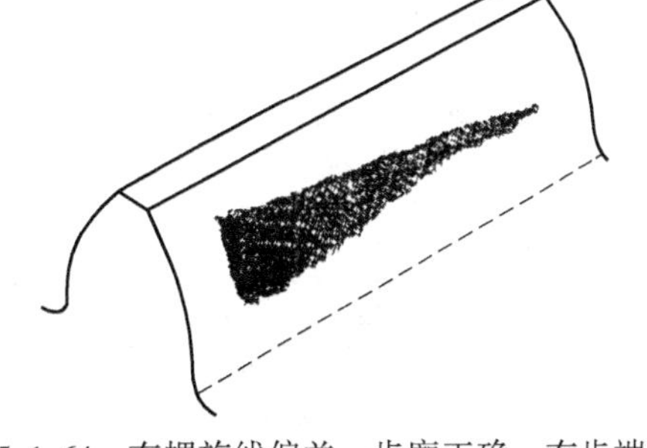

图 15-1-64　有螺旋线偏差、齿廓正确，有齿端修薄

(2) 齿轮精度和接触斑点

图 15-1-65 和表 15-1-73、表 15-1-74 给出了在齿轮装配后（空载）检测时，所预计的在齿轮精度等级和接

触斑点分布之间关系的一般指示，但不能理解为证明齿轮精度等级的可替代方法。实际的接触斑点不一定同图15-1-65中所示的一致，在啮合机架上所获得的齿轮检查结果应当是相似的。图 15-1-65 和表 15-1-73、表15-1-74对齿廓和螺旋线修形的齿面是不适用的。

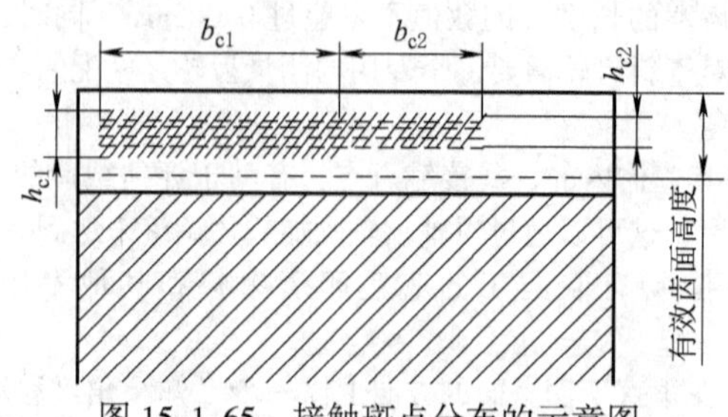

图 15-1-65　接触斑点分布的示意图

表 15-1-73　　斜齿轮装配后的接触斑点

精度等级 GB/T 10095	b_{c1}占齿宽的百分比	h_{c1}占有效齿面高度的百分比	b_{c2}占齿宽的百分比	h_{c2}占有效齿面高度的百分比
4 级及更高	50%	50%	40%	30%
5 和 6	45%	40%	35%	20%
7 和 8	35%	40%	35%	20%
9~12	25%	40%	25%	20%

表 15-1-74　　直齿轮装配后的接触斑点

精度等级 GB/T10095	b_{c1}占齿宽的百分比	h_{c1}占有效齿面高度的百分比	b_{c2}占齿宽的百分比	h_{c2}占有效齿面高度的百分比
4 级及更高	50%	70%	40%	50%
5 和 6	45%	50%	35%	30%
7 和 8	35%	50%	35%	30%
9~12	25%	50%	25%	30%

6.10　新旧标准对照

表 15-1-75　　新旧标准对照

序号	新　标　准	旧　标　准
1	组成	
	GB/T 10095. 1—2008 GB/T 10095. 2—2008 GB/Z 18620. 1—2008 GB/Z 18620. 2—2008 GB/Z 18620. 3—2008 GB/Z 18620. 4—2008	GB/T 10095—1988
2	采用 ISO 标准程度	
	等同采用　ISO 1328-1:1995 ISO 1328-2:1997 ISO/TR 10064-1:1992 ISO/TR 10064-2:1996 ISO/TR 10064-3:1996 ISO/TR 10064-4:1998	等效采用 ISO 1328:1975

第15篇

续表

序号	新　标　准	旧　标　准
3	适用范围	
	基本齿廓符合 GB/T 1356—2001 规定的单个渐开线圆柱齿轮,不适用于齿轮副; 对 $m_n \geqslant 0.5 \sim 70mm$,$d \geqslant 5 \sim 10000mm$,$b \geqslant 4 \sim 1000mm$ 的齿轮规定了偏差的允许值(F_i''、f_i''为 $m_n \geqslant 0.2 \sim 10mm$,$d \geqslant 5 \sim 1000mm$ 时的偏差允许值)	基本齿廓按 GB/T 1356—1988 规定的平行传动的渐开线圆柱齿轮及其齿轮副; 对 $m_n \geqslant 1 \sim 40mm$、$d$ 至 4000mm,b 至 630mm 的齿轮规定了公差
4	偏差项目	
4.1	齿距偏差	
4.1.1	单个齿距偏差　$\pm f_{pt}$	齿距偏差　Δf_{pt} 齿距极限偏差　$\pm f_{pt}$
4.1.2	齿距累积偏差　F_{pk}	k 个齿距累积误差　ΔF_{pk} k 个齿距累积公差　F_{pk}
4.1.3	齿距累积总偏差　F_p	齿距累积误差　ΔF_p 齿距累积公差　F_p
4.1.4	基圆齿距偏差　f_{pb} (见 GB/Z 18620.1,未给出公差数值)	基节偏差　Δf_{pb} 基节极限偏差　$\pm f_{pb}$
4.2	齿廓偏差	
4.2.1	齿廓形状偏差　$f_{f\alpha}$	
4.2.2	齿廓倾斜偏差　$\pm f_{H\alpha}$	
4.2.3	齿廓总偏差　F_α (规定了偏差计值范围)	齿形误差　Δf_f 齿形公差　f_f
4.3	螺旋线偏差	
4.3.1	螺旋线形状偏差　$f_{f\beta}$	
4.3.2	螺旋线倾斜偏差　$\pm f_{H\beta}$	
4.3.3	螺旋线总偏差　F_β (规定了偏差计值范围,公差不但与 b 有关,而且也与 d 有关)	齿向误差　ΔF_β 齿向公差　F_β
4.4	切向综合偏差	
4.4.1	切向综合总偏差　F_i'	切向综合误差　$\Delta F_i'$ 切向综合公差　F_i'
4.4.2	一齿切向综合偏差　f_i'	一齿切向综合偏差　$\Delta f_i'$ 一齿切向综合公差　f_i'
4.5	径向综合偏差	
4.5.1	径向综合总偏差　F_i''	径向综合误差　$\Delta F_i''$ 径向综合公差　F''_i
4.5.2	一齿径向综合偏差　f_i''	一齿径向综合误差　$\Delta f_i''$ 一齿径向综合公差　f_i''
4.6	径向跳动公差　F_r	齿圈径向跳动　ΔF_r 齿圈径向跳动公差　F_r
4.7	—	公法线长度变动　ΔF_w 公法线长度变动公差　F_w
4.8	—	接触线误差　ΔF_b 接触线公差　F_b

续表

序号	新 标 准	旧 标 准
4.9	—	轴向齿距偏差 ΔF_{px} 轴向齿距极限偏差 $\pm F_{px}$
4.10	—	螺旋线波度误差 $\Delta f_{f\beta}$ 螺旋线波度公差 $f_{f\beta}$
4.11	齿厚偏差(见 GB/Z 18620.2,未推荐数值) 齿厚上偏差 E_{sns} 齿厚下偏差 E_{sni} 齿厚公差 T_{sn}	齿厚偏差 ΔE_s(规定了 14 个字母代号) 齿厚上偏差 E_{ss} 齿厚下偏差 E_{si} 齿厚公差 T_s
4.12	公法线长度偏差(见 GB/Z 18620.2) 公法线长度上偏差 E_{bns} 公法线长度下偏差 E_{bni}	公法线平均长度偏差 ΔE_{wm} 公法线平均长度上偏差 E_{wms} 公法线平均长度下偏差 E_{wmi}
5	齿轮副的检验与公差	
5.1	齿轮副传动偏差	
5.1.1	传动总偏差(产品齿轮副)F' (见 GB/Z 18620.1,仅给出符号)	齿轮副的切向综合误差 $\Delta F'_{ic}$ 齿轮副的切向综合公差 F'_{ic}
5.1.2	一齿传动偏差(产品齿轮副)f' (见 GB/Z 18620.1,仅给出符号)	齿轮副的一齿切向综合误差 $\Delta f'_{ic}$ 齿轮副的一齿切向综合公差 f'_{ic}
5.2	侧隙 j	
5.2.1	圆周侧隙 j_{wt} 最小圆周侧隙 j_{wtmin} 最大圆周侧隙 j_{wtmax}	圆周侧隙 j_t 最小圆周极限侧隙 j_{tmin} 最大圆周极限侧隙 j_{tmax}
5.2.2	法向侧隙 j_{bn} 最小法向侧隙 j_{bnmin} 最大法向侧隙 j_{bnmax} (见 GB/Z 18620.2,推荐了 j_{bnmin} 计算式及数值表)	法向侧隙 j_n 最小法向极限侧隙 j_{nmin} 最大法向极限侧隙 j_{nmax} (j_{nmin} 由设计者确定)
5.2.3	径向侧隙 j_r	
5.3	轮齿接触斑点 (见 GB/Z 18620.4,推荐了直、斜齿轮装配后的接触斑点)	齿轮副的接触斑点
5.4	中心距偏差 (见 GB/Z 18620.3,没有推荐偏差允许值,仅有说明)	齿轮副中心距偏差 Δf_a 齿轮副中心距极限偏差 $\pm f_a$
5.5	轴线平行度	
5.5.1	轴线平面内的轴线平行度偏差 $f_{\Sigma\delta}$ 推荐的最大值:$f_{\Sigma\delta}=\left(\frac{L}{b}\right)F_\beta$	x 方向的轴线平行度误差 Δf_x x 方向的轴线平行度公差 $f_x=F_\beta$
5.5.2	垂直平面上的轴线平行度偏差 $f_{\Sigma\beta}$ 推荐的最大值:$f_{\Sigma\beta}=0.5\left(\frac{L}{b}\right)F_\beta$	y 方向的轴线平行度误差 Δf_y y 方向的轴线平行度公差 $f_y=0.5F_\beta$
6	精度等级与公差组	
6.1	GB/T 10095.1 规定了从 0~12 级共 13 个等级 GB/T 10095.2 对 F''_i、f''_i 规定了从 4~12 级共 9 个等级;对 F_r 则规定了 13 个等级	规定了从 1~12 级共 12 个等级

续表

序号	新　标　准	旧　标　准
6.2		将齿轮各项公差和极限偏差分成3个公差组
7	齿坯要求 在GB/Z 18620.3对齿轮坯推荐了基准与安装面的形状公差,安装面的跳动公差	在附录中,补充规定了齿坯公差;轴、孔的尺寸、形状公差;基准面的跳动
8	齿轮检验与公差	
8.1	齿轮检验	
	GB/T 10095.1规定了F'_i、f'_i、$f_{f\alpha}$、$f_{H\alpha}$、$f_{f\beta}$、$f_{H\beta}$不是必检项目; GB/Z 18620.1规定:在检验中,测量全部轮齿要素的偏差既不经济也没有必要	根据齿轮副的使用要求和生产规模,在各公差组中,选定检验组来检定和验收齿轮精度
8.2	尺寸参数分段 模数m_n: 0.5/2/3.5/6/10/16/25/40/70 (F''_i、f''_i为0.2/0.5/0.8/1.0/1.5/2.5/4/6/10) 分度圆直径d: 5/20/50/125/280/560/1000/1600/2500/4000/6000/8000/10000 (F''_i、f''_i为5/20/50/125/280/560/1000) 齿宽b: 4/10/20/40/80/160/250/400/650/1000	模数m_n: 1/3.5/6.3/10/16/25/40 分度圆直径d: ≤125/400/800/1600/2500/4000 齿宽b: ≤40/100/160/250/400/630
8.3	公差与分级公比	
8.3.1	公差 F'_i、f'_i、F_{pk}按关系式或计算式求出,其他项目均给出公差表;注意F''_i、f''_i、F_r公差表的使用要求	F'_i、f'_i、$f_{f\beta}$、F_{px}、F_b按公差关系式或计算式求出公差,其他项目均有公差表
8.3.2	分级公比φ 各精度等级采用相同的分级公比	高精度等级间采用较大的分级公比φ 低精度等级间采用较小的分级公比φ
9	表面结构 GB/Z 18620.4对轮齿表面粗糙度推荐了Ra、Rz数表	—

6.11　ISO/DIS 1328-1：2011

距离发布ISO 1328-1：1995已经有十几年了，齿轮精度标准已经进入修订期，在ISO的官网上已经发布了新的齿轮精度标准的讨论稿ISO/FDIS 1328-1：2013。对于1328-2和相关技术报告并未给出新的版本。本节根据ISO/DIS 1328-1：2011版本的标准与ISO 1328-1：1995进行对比，了解一下齿轮精度发展的新动向。本节内以新标准代指ISO/DIS 1328-1：2011，旧标准代指ISO 1328-1：1995。

1. 标准名称

ISO 1328-1：1995 Cylindrical gears-ISO system of accuracy-Part 1：Definitions and allowable values of deviations relevant to corresponding flanks of gear teeth

ISO/DIS 1328-1：2011 Cylindrical gears-ISO system of flank tolerance classification-Part 1：Definitions and allowable values of deviations relevant to flanks of gear teeth

对比标准的名称可以看出有两点变化：第一，accuracy（精度）改为flank tolerance classification（齿廓公差分类）；第二，取消了corresponding（同侧）。

2. 精度等级

新标准精度等级划分为10个精度等级，2-11级；

旧标准精度等级划分为13个精度等级，0-12级。

3. 使用范围

新标准

齿数：5≤z≤1000 或 15000/m_n 两者之间最小值

分度圆：5mm≤d≤15000mm

模数：0.5mm≤m_n≤70mm

齿宽：4mm≤b≤1200mm

螺旋角：β≤45°

旧标准

分度圆：5mm≤d≤10000mm

模数：0.5mm≤m_n≤70mm

齿宽：4mm≤b≤1000mm

4. 检验项目与计算公式

新标准对比老标准在检验项目上有以下不同：

1）将径向跳动 F_r 从原 1328-2 调整到 1328-1 部分；

2）新增检验项目 Adjacent pitch difference（相邻齿距差）f_u；

3）部分检验项目术语改变，如 Total profile deviation 改为 Profile deviation，total，其余详见表 15-1-76；

4）对于不同精度的齿轮，给出了测量时最少可接受参数，详见表 15-1-77。

表 15-1-76　　检验项目对比

新标准		旧标准	
符号	检验项目	符号	检验项目
F_p	Cumulative pitch deviation(index deviation),total	F_p	Total cumulative pitch deviation
f_p	Single pitch deviation	f_{pt}	Single pitch deviation
F_α	Profile deviation,total	F_α	Total profile deviation
$f_{f\alpha}$	Profile form deviation	$f_{f\alpha}$	Profile form deviation
$f_{H\alpha}$	Profile slope deviation	$f_{H\alpha}$	Profile slope deviation
F_β	Helix deviation,total	F_β	Total helix deviation
$f_{f\beta}$	Helix form deviation	$f_{f\beta}$	Helix form deviation
$f_{H\beta}$	Helix slope deviation	$f_{H\beta}$	Helix slope deviation
F_r	Runout	F_r	Runont(原 1328-2 部分内容)
F_{pk}	Sector pitch deviation	F_{pk}	Cumulative pitch deviation
f_u	Adjacent pitch difference	/	无对应项
Composite: F_{is} f_{is} c_p	Single flank composite deviation,total Single flank composite deviation,tooth-to-tooth Contact pattern(see ISO/TR 10064-4)	F'_i f'_i c_p	Total tangential composite deviation tooth-to-tooth tangential composite deviation Contact pattern(see ISO/TR 10064-4)
Size: s	Tooth thickness	Size: s	Tooth thickness

表 15-1-77　　ISO/DIS 1328-1：2011 被测量参数表

项目	公差组	精度等级	最少可接受参数	
			方案 1:默认参数表	方案 2:参数表
d≤4000	低(L)	10~11	$F_p,f_p,s,F_\alpha,F_\beta$	s,c_p,F''_i,f''_i
	中(M)	7~9	$F_p,f_p,s,F_\alpha,F_\beta$	c_p,F_{is},f_{is},s
	高(H)	2~6	F_p,f_p,s $F_\alpha,f_{f\alpha},f_{H\alpha}$ $F_\beta,f_{f\beta},f_{H\beta}$	c_p,F_{is},f_{is},s
d>4000		7~11	$F_p,f_p,s,F_\alpha,F_\beta$	F_p,f_p,s,c_p

表 15-1-78　　ISO/DIS 1328-1：2011 最小测量齿数

检查项目	精度测量方法	最小测量齿数
Elemental： F_p：Cumulative pitch deviation(index deviation),total 齿距累积总偏差	Two probe 双测头 Single probe 单测头	All teeth 全齿 All teeth 全齿
f_p：Single pitch deviation 单个齿距偏差	Two probe 双测头 Single probe 单测头	All teeth 全齿 All teeth 全齿
F_α：Profile deviation,total 齿廓总偏差 $f_{f\alpha}$：Profile form deviation 齿廓形状偏差 $f_{H\alpha}$：Profile slope deviation 齿廓斜率偏差	Profile test 齿廓测量	3teeth 3 齿
F_β：Helix deviation,total 螺旋线总偏差 $f_{f\beta}$：Helix form deviation 螺旋线形状偏差 $f_{H\beta}$：Helix slope deviation 螺旋线斜率偏差	Helix test 螺旋线测量	3teeth 3 齿
Composite： F_{is}：Single flank composite deviation,total 单侧齿面综合总偏差		All teeth 全齿
f_{is}：Single flank composite deviation,tooth-to-tooth 一齿单侧齿面综合偏差		All teeth 全齿
c_p：Contact pattern 接触斑点		3places 3 处
Sizes： s：Tooth thickness 齿厚	Tooth caliper 齿厚卡尺 Measurement over or between pins 跨棒距或棒间距 Span measurement 跨齿测量距 Composite action test 综合测量	3 teeth3 齿 2 places 2 处 2 places2 处 All teeth 全齿

在表 15-1-79 中给出了 ISO/DIS 1328-1：2011、AGMA 2015 和 ISO 1328-1：1995 标准 5 级精度计算公式，其中 F_r 取自各标准的相应部分。新标准为各检验项目设计了全新的计算公式，计算参数也未分段，无需用几何平均值代入。

表 15-1-79　　精度计算公式对比

符号	新标准 5 级计算公式	AGMA 2015 5 级计算公式	旧标准 5 级计算公式
F_{pT}	$F_{pT}=0.002d+0.55\sqrt{d}+0.7m_n+12$	当 $5\leqslant d_T\leqslant 400$mm $F_{pT}=0.3m_n+0.03d_T+20$ 当 $400<d_T\leqslant 10000$mm $F_{pT}=0.3m_n+1.25\sqrt{d_T}+7$	$F_p=0.3m+1.25\sqrt{d}+7$
f_{pT}	$f_{pT}=0.001d+0.4m_n+5$	当 $5\leqslant d_T\leqslant 400$mm $f_{ptT}=0.3m_n+0.003d_T+5.2$ 当 $400<d_T\leqslant 10000$mm $f_{ptT}=0.3m_n+0.12\sqrt{d_T}+4$	$f_{pt}=0.3(m+0.4\sqrt{d})+4$
$F_{\alpha T}$	$F_{\alpha T}=\sqrt{f_{H\alpha T}^2+f_{f\alpha T}^2}$	$F_{\alpha T}=3.2\sqrt{m_n}+0.22\sqrt{d_T}+0.7$	$F_\alpha=3.2m+0.22\sqrt{d}+0.7$
$f_{f\alpha T}$	$f_{f\alpha T}=0.55m_n+5$	$f_{f\alpha T}=2.5\sqrt{m}_n+0.17\sqrt{d_T}+0.5$	$f_{f\alpha}=2.5\sqrt{m}+0.17\sqrt{d}+0.5$

续表

符号	新标准5级计算公式	AGMA 2015 5级计算公式	旧标准5级计算公式
$f_{H\alpha T}$	$f_{H\alpha T}=0.4m_n+0.001d+4$	$f_{H\alpha T}=2\sqrt{m_n}+0.14\sqrt{d_T}+0.5$	$f_{H\alpha}=2\sqrt{m}+0.14\sqrt{d}+0.5$
$F_{\beta T}$	$F_{\beta T}=\sqrt{f_{H\beta T}^2+f_{f\beta T}^2}$	$F_{\beta T}=0.1\sqrt{d_T}+0.63\sqrt{b}+4.2$	$F_{\beta}=0.1\sqrt{d}+0.63\sqrt{b}+4.2$
$f_{f\beta T}$	$f_{f\beta T}=0.07\sqrt{d}+0.45\sqrt{b}+4$	$f_{f\beta T}=0.07\sqrt{d}+0.45\sqrt{b}+3$	$f_{f\beta}=0.07\sqrt{d}+0.45\sqrt{b}+3$
$f_{H\beta T}$	$f_{H\beta T}=0.05\sqrt{d}+0.35\sqrt{b}+4$	$f_{H\beta T}=0.07\sqrt{d}+0.45\sqrt{b}+3$	$f_{H\beta}=0.07\sqrt{d}+0.45\sqrt{b}+3$
F_{rT}	$F_{rT}=0.9F_{pT}$ $=0.9(0.002d+0.55\sqrt{d}+0.7m_n+12)$	$F_{rT}=0.8(0.025d+0.3m_n+19)$	$F_r=0.8F_p=0.24m_n+1.0\sqrt{d}+5.6$
F_{pkT}	$F_{pkT}=f_{pT}+\frac{4k}{z}(0.001d+0.55\sqrt{d}+0.3m_n+7)$	$F_{psT}=0.5\times F_{pT}$	$F_{pk}=f_{pt}+1.6\sqrt{(k-1)m}$
f_{uT}	$f_{uT}=\sqrt{2}f_{pT}$	无对应项	无对应项
F_{isT}	$F_{isT}=F_{pT}+f_{isTmax}$	$F_{isT}=0.33m_n+0.033d_T+22$	$F_i'=F_p+F_i'$
f_{isT}	$f_{isTmax}=f_{is(design)}+(0.375m_n+5.0)$ f_{isTmin}取下列两公式较大值 $f_{isTmin}=f_{is(design)}-(0.375m_n+5.0)$或 $f_{isTmin}=0$ 其中 $f_{is(design)}=qm_n+1.5$	$f_{isT}=0.03m_n+0.003d_T+2$	$f_i'=K(4.3+f_{pt}+F_\alpha)$ $=K(9+0.3m+3.2\sqrt{m}+0.34\sqrt{d})$ 当$\varepsilon_\gamma<4$时,$K=0.2\left(\frac{\varepsilon_\gamma+4}{\varepsilon_\gamma}\right)$; 当$\varepsilon_\gamma\geqslant4$时,$K=0.4$

注：1. 对于新标准，公差值加下标“T”。

2. 关于公式的适用范围及f_{isT}中参数q等因素请参照具体标准规定。

新标准中也有几处规定明显与DIN 3961标准规定类似，举例说明。

① 增加相邻齿距差f_u，此项偏差DIN 3961中有定义。

② 齿廓总偏差的公差$F_{\alpha T}$的公式与DIN 3961中的公式相同。

③ 螺旋线总偏差的公差$F_{\beta T}$的公式与DIN 3961中的公式相同。

④ 齿廓形状偏差$f_{f\alpha}$只与模数有关，与分度圆直径大小无关，齿廓斜率偏差$f_{H\alpha}$和齿廓总偏差F_α受分度圆大小的影响非常小。在DIN 3961中，这三项偏差都只与模数有关，与分离圆直径大小无关。

通过绘制齿轮精度对比曲线，可以大致得出新标准与旧标准对照在精度数值上有以下趋势。

① 齿距偏差：对于直径较小的齿轮，公差放松；对于直径较大的齿轮，公差收紧，直径越大趋势越明显。

② 齿廓偏差：对于直径较小的齿轮，公差放松；对于直径较大的齿轮，公差收紧，直径越大趋势越明显。

③ 螺旋线偏差：对于螺旋线偏差总体上都只是略微放松。

④ 径向跳动：对于直径较小的齿轮，公差放松；对于直径较大的齿轮，公差收紧，直径越大趋势明显。

图15-1-66~图15-1-70显示了新旧标准不同等级的精度数值的变化。

5. 标准重要更新

对标准中出现的概念定义更加详细准确是新标准的又一大特点，新标准的一些重要更新如下。

① 引入测量直径d_M（measurement diameter）的概念，齿距偏差的定义里都引入了该概念，定义更加清晰准确。

② 标准中增加了对齿廓修形和螺旋线修形的评价。

③ 对于齿轮精度测量的数据，提供了测量数据的去噪方法。

④ 齿廓的形状公差和斜率公差、螺旋线的形状公差和斜率公差增加到标准的正文中。

⑤ 新标准中齿廓总偏差与齿廓形状公差、齿廓斜率偏差成三角关系，螺旋线总偏差也是如此。

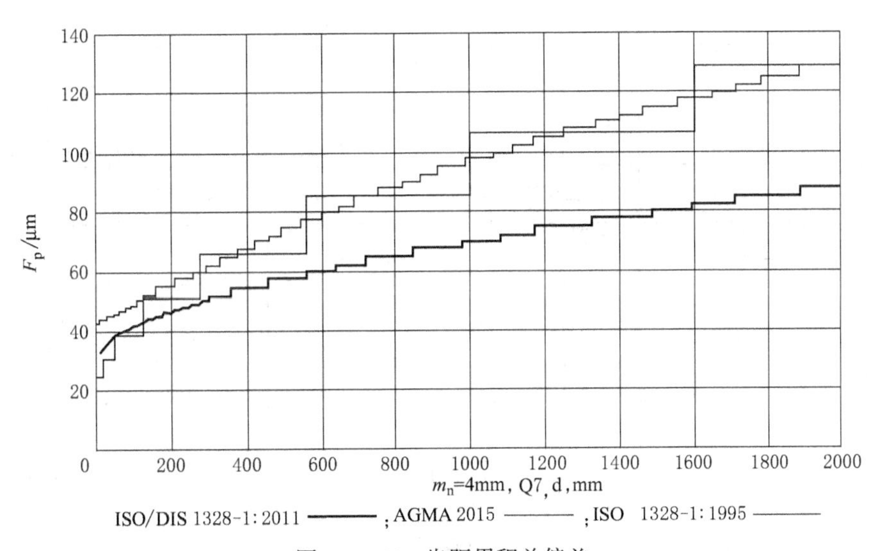

图 15-1-66 齿距累积总偏差

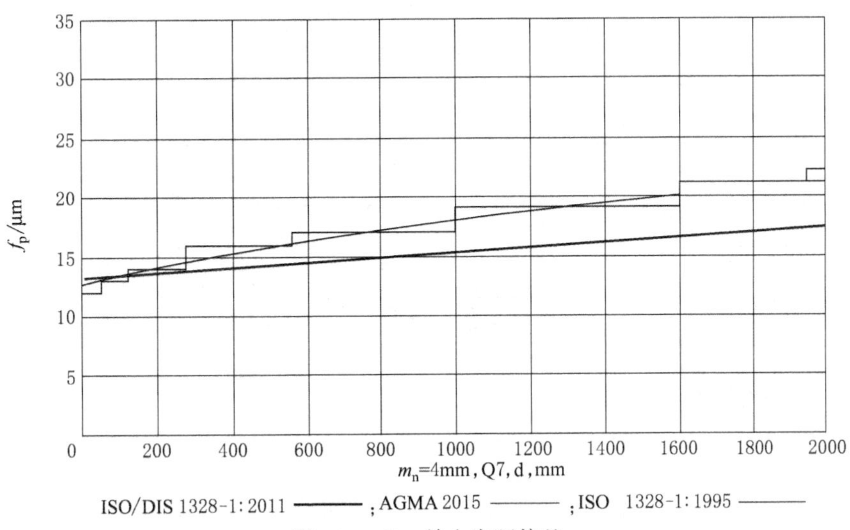

图 15-1-67 单个齿距偏差

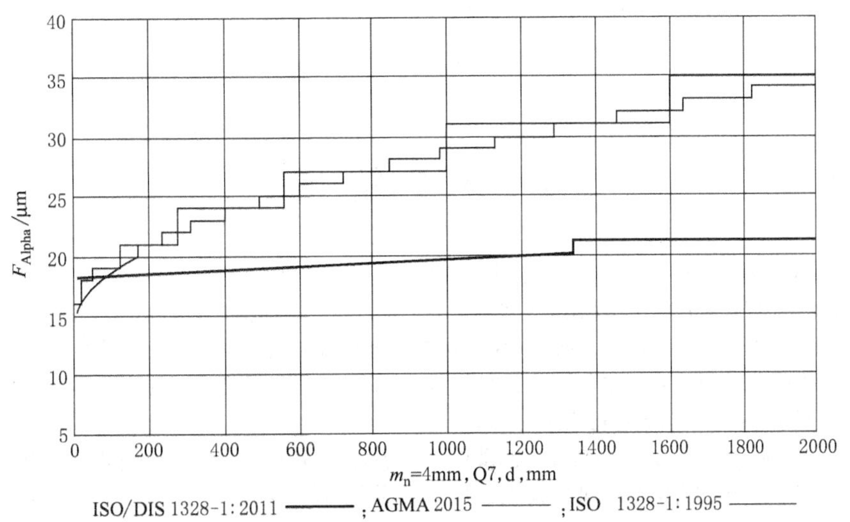

图 15-1-68 齿廓总偏差

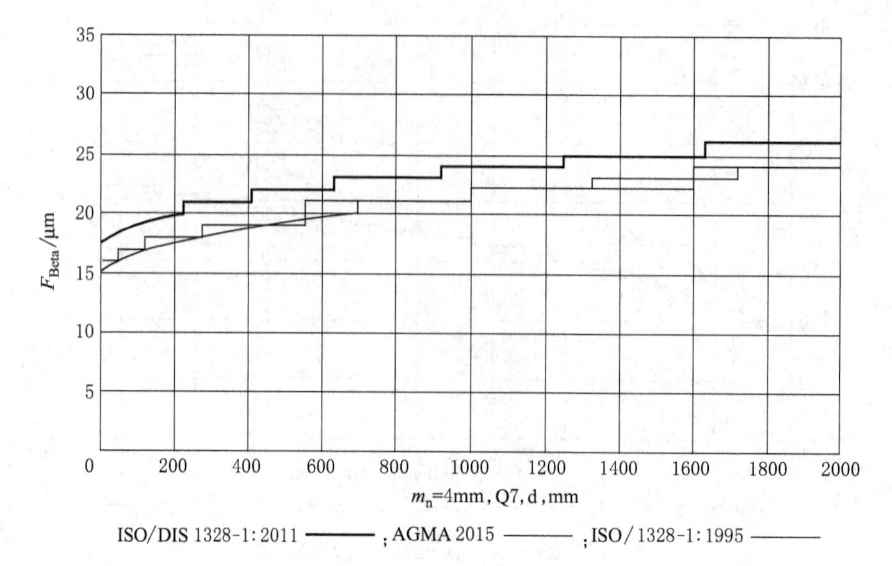

图 15-1-69　螺旋线总偏差

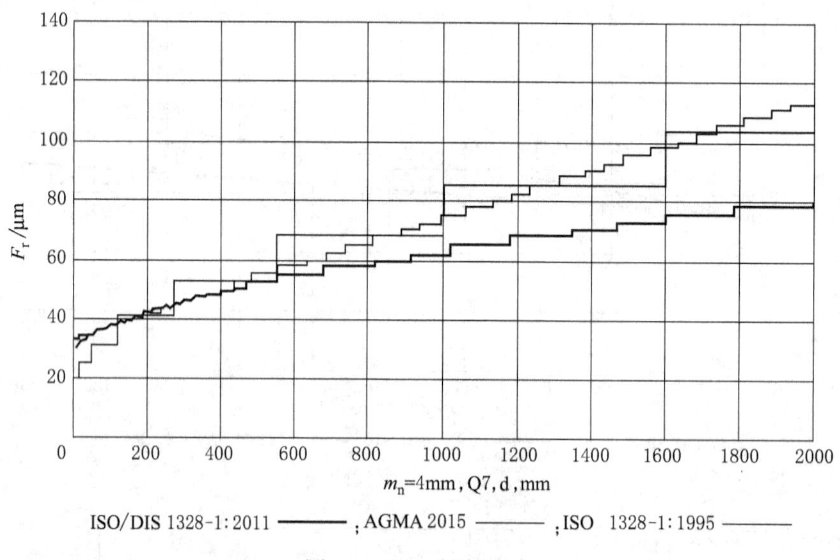

图 15-1-70　径向跳动

7　齿条精度

齿条是圆柱齿轮分度圆直径为无限大的一部分，端面齿廓和螺旋线均为直线。齿条副是圆柱齿轮和齿条的啮合，形成圆周运动与直线运动的转换。GB/T 10096—1988 齿条精度国家标准是由 GB/T 10095—1988 渐开线圆柱齿轮精度国家标准派生配套而形成的。目前因 GB/T 10095—1988 标准是等效采用已被作废的 ISO 1328—1975 国际标准，被等同采用 ISO 1328-1：1995 和 ISO 1328-2：1997 国际圆柱齿轮精度标准的国家标准替代，因此 GB/T 10096—1988 齿条精度国家标准失去现行实用的意义。

国际 ISO 和德国 DIN、美国 INSI/AGMA 等都没有专门的齿条精度标准，它们的齿条精度由圆柱齿轮精度标准体现。齿条副的圆柱齿轮和齿条是相同的偏差允许值，若圆柱齿轮的参数为未知，则齿条的精度等级以齿条长度折算为分度圆的圆周值进行计值。

8　渐开线圆柱齿轮承载能力计算

渐开线圆柱齿轮承载能力计算，目前国际上有 DIN、ANSI/AGMA 和 ISO 三大标准体系。

（1）DIN 渐开线圆柱齿轮承载能力计算体系主要有以下标准

① DIN 3990-1-1987　圆柱齿轮承载能力的计算，引言和一般影响因素

② DIN 3990-2-1987　圆柱齿轮承载能力的计算，点蚀计算

③ DIN 3990-3-1987　圆柱齿轮承载能力的计算，轮齿弯曲强度计算

④ DIN 3990-4-1987　圆柱齿轮承载能力的计算，胶合承载能力计算

⑤ DIN 3990-5-1987　圆柱齿轮承载能力的计算，疲劳极限和材料质量

⑥ DIN 3990-6-1994　圆柱齿轮承载能力的计算，使用强度的计算

⑦ DIN 3990-11-1989　圆柱齿轮承载能力的计算，工业齿轮的应用标准；详细方法

⑧ DIN 3990-21-1989　圆柱齿轮承载能力的计算，高速齿轮和类似要求齿轮的应用标准

⑨ DIN 3990-31-1990　圆柱齿轮承载能力的计算，船用齿轮的应用标准

⑩ DIN 3990-41-1990　圆柱齿轮承载能力的计算，车辆齿轮的应用标准

（2）ANSI/AGMA 渐开线圆柱齿轮承载能力计算体系主要有以下标准

① AGMA 908-B89 Information Sheet—Geometry Factors for Determining the Pitting Resistance and Bending Strength of Spur，Helical and Herringbone Gear Teeth

② AGMA925-A03 Effect of Lubricaton on Gear Surface Distress

③ AGMA 927-A01 Load Distribution Factors—Analytical Methods for Cylindrical Gears

④ ANSI/AGMA 2001-D04 Fundamental Rating Factors and Calculation Methods for Involute Spur and Helical Gear Teeth

⑤ ANSI/AGMA 2101-D04 Fundamental Rating Factors and Calculation Methods for Involute Spur and Helical Gear Teeth（Metric Edition）

⑥ ANSI/AGMA 6032-A94 Standard for Marine Gear Units：Rating

⑦ ANSI/AGMA ISO 6336-6-A08 Calculation of Load Capacity of Spur and Helical Gears—Part 6：Calculation of Service Life Under Variable Load

（3）ISO 渐开线圆柱齿轮承载能力计算体系以 ISO 6336 为主，在此基础上衍生出如下标准

ISO 9083：2001（……）　　船舶齿轮承载能力计算

ISO 9084：1998（JB/T 8830—2001）　　高速齿轮承载能力计算

ISO 9085：2002（GB/T 19406—2003）　　工业齿轮承载能力计算

ISO 在 1996 年发布一系列 ISO 6336 标准，2006 年又对其进行了重大的更新，新旧标准对照及标准体系可见表 15-1-80。

表 15-1-80

ISO 渐开线圆柱齿轮承载能力计算体系主要标准 1996 年~2006 年	ISO 渐开线圆柱齿轮承载能力计算体系主要标准 2006 年至今
ISO 6336-1:1996 ISO 6336-1:1996/Cor 1:1998 ISO 6336-1:1996/Cor 2:1999	ISO 6336-1:2006 ISO 6336-1:2006/Cor 1:2008
ISO 6336-2:1996 ISO 6336-2:1996/Cor 1:1998 ISO 6336-2:1996/Cor 2:1999	ISO 6336-2:2006 ISO 6336-2:2006/Cor 1:2008
ISO 6336-3:1996 ISO 6336-3:1996/Cor 1:1999	ISO 6336-3:2006 ISO 6336-3:2006/Cor 1:2008
ISO 6336-5:1996/ISO 6336-5:2003	ISO 6336-5:2003 ISO/CD 6336-5(正在制定)

续表

ISO 渐开线圆柱齿轮承载能力计算体系主要标准 1996 年~2006 年	ISO 渐开线圆柱齿轮承载能力计算体系主要标准 2006 年至今
ISO/TR 10495:1997	ISO 6336-6:2006 ISO 6336-6:2006/Cor 1:2007
/	ISO/TR 15144-1:2010
/	ISO/AWI TR 15144-2(正在制定)
ISO 9083:2001	ISO 9083:2001
ISO 9084:2000(已撤销)	/
ISO 9085:2002	ISO 9085:2002
ISO/TR 13989-1:2000	ISO/TR 13989-1:2000
ISO/TR 13989-2:2000	ISO/TR 13989-2:2000
ISO/TR 14179-1:2001	ISO/TR 14179-1:2001
ISO/TR 14179-2:2001	ISO/TR 14179-2:2001
/	ISO/TR 18792:2008

(4) 中国渐开线圆柱齿轮承载能力计算体系

我国在 1997 年依据 ISO 6336-1996 系列标准制定发布了 GB/T 3480—1997 渐开线圆柱齿轮承载能力计算方法。GB/T 3480. 5—2008 直齿轮和斜齿轮承载能力计算　第 5 部分：材料的强度和质量，等同采用 ISO 6336-5：2003，替代 GB/T 8539—2000。JB/T 8830、GB/T 19406 都是等同采用了相应的 ISO 标准。齿轮胶合承载能力计算标准 GB/Z 6413. 1—2003 和 GB/Z 6413. 2—2003 也等同采用了 ISO 标准，对应的 ISO 标准为 ISO/TR 13989. 1：2000 和 ISO/TR 13989. 2：2000。

多年来，对于圆柱齿轮、锥齿轮和准双曲面齿轮胶合承载能力计算，国际上一直并存着两种计算方法，即闪温法和积分温度法。2000 年 ISO 以 ISO/TR（ISO/TR 13989-1，2）的形式将两种计算方法同时发布。闪温法是基于沿啮合线的接触温度变化，积分温度法是基于沿啮合线的接触温度的加权均值。GB/Z 6413. 1（闪温法）与 GB/Z 6413. 2（积分温度法）对齿轮胶合危险性的评价结果大致相同。这两种方法相比较，积分温度法对存在局部温度峰值的情况不太敏感。在齿轮装置中，局部温度峰值通常存在于重合度较小或在基圆附近接触或其他有敏感的几何参数的情况下。

我国渐开线圆柱齿轮承载能力计算体系主要标准有：

① GB/T 3480—1997 渐开线圆柱齿轮承载能力计算方法

② GB/T 3480. 5—2008 直齿轮和斜齿轮承载能力计算　第 5 部分：材料的强度和质量

③ GB/T 10063—1988 通用机械渐开线圆柱齿轮承载能力简化计算方法

④ GB/T 19406—2003 渐开线直齿和斜齿圆柱齿轮承载能力计算方法　工业齿轮应用

⑤ GB/Z 6413. 1—2003 圆柱齿轮、锥齿轮和双曲面齿轮胶合承载能力计算方法　第 1 部分：闪温法

⑥ GB/Z 6413. 2—2003 圆柱齿轮、锥齿轮和双曲面齿轮胶合承载能力计算方法　第 2 部分：积分温度法

⑦ JB/T 8830—2001 高速渐开线圆柱齿轮和类似要求齿轮承载能力计算方法

⑧ JB/T 9837—1999 拖拉机圆柱齿轮承载能力计算方法

本手册以下部分取材于 GB/T 3480—1997。各专业领域请参照各自专业标准。

本节主要根据 GB/T 3480—1997 和 GB/T 10063—1988 通用机械渐开线圆柱齿轮承载能力简化计算方法，初步确定渐开线圆柱齿轮尺寸。齿面接触强度核算和轮齿弯曲强度核算的方法，适合于钢和铸铁制造的、基本齿廓符合 GB/T 1356 的内、外啮合直齿、斜齿和人字齿（双斜齿）圆柱齿轮传动，基本齿廓 GB/T 1356 相类似但个别齿形参数值略有差异的齿轮，也可参照本法计算其承载能力。

8.1　可靠性与安全系数

不同的使用场合对齿轮有不同的可靠度要求。齿轮工作的可靠性要求是根据其重要程度、工作要求和维修难易等方面的因素综合考虑决定的。一般可分为下述几类情况。

① 低可靠度要求　齿轮设计寿命不长，对可靠度要求不高的易于更换的不重要齿轮，或齿轮设计寿命虽不短，但对可靠性要求不高。这类齿轮可靠度可取为 90%。

② 一般可靠度要求　通用齿轮和多数的工业应用齿轮，其设计寿命和可靠性均有一定要求。这类齿轮工作

可靠度一般不大于 99%。

③ 较高可靠度要求　要求长期连续运转和较长的维修间隔，或设计寿命虽不很长但可靠性要求较高的高参数齿轮，一旦失效可能造成较严重的经济损失或安全事故，其可靠度要求高达 99.9%。

④ 高可靠度要求　特殊工作条件下要求可靠度很高的齿轮，其可靠度要求甚至高达 99.99%以上。

目前，可靠性理论虽已开始用于一些机械设计，且已表明只用强度安全系数并不能完全反映可靠性水平，但是在齿轮设计中将各参数作为随机变量处理尚缺乏足够数据。所以，标准 GB/T 3480 仍将设计参数作为确定值处理，仍然用强度安全系数或许用应力作为判据，而通过选取适当的安全系数来近似控制传动装置的工作可靠度要求。考虑到计算结果和实际情况有一定偏差，为保证所要求的可靠性，必须使计算允许的承载能力有必要的安全裕量。显然，所取的原始数据越准确，计算方法越精确，计算结果与实际情况偏差就越小，所需的安全裕量就可以越小，经济性和可靠性就更加统一。

具体选择安全系数时，需注意以下几点。

① 本节所推荐的齿轮材料疲劳极限是在失效概率为 1%时得到的。可靠度要求高时，安全系数应取大些；反之，则可取小些。

② 一般情况下弯曲安全系数应大于接触安全系数，同时断齿比点蚀的后果更为严重，也要求弯曲强度的安全裕量应大于接触强度安全裕量。

③ 不同的设计方法推荐的最小安全系数不尽相同，设计者应根据实际使用经验或适合的资料选定。如无可用资料时，可参考表 15-1-118 选取。

④ 对特定工作条件下可靠度要求较高的齿轮安全系数取值，设计者应做详细分析，并且通常应由设计制造部门与用户商定。

8.2　轮齿受力分析

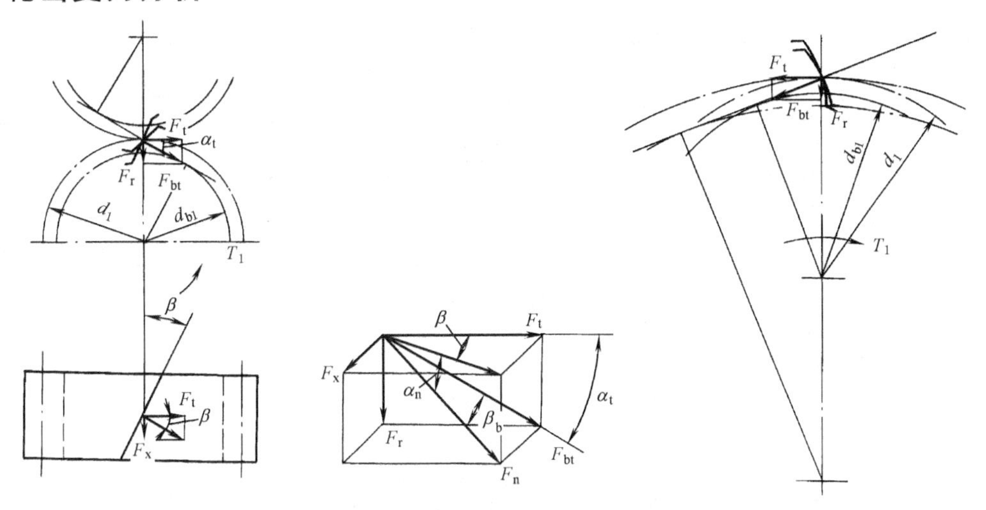

表 15-1-81

作用力	单位	计算公式		
		直齿轮	斜齿轮	人字齿轮
切向力 F_t	N	$F_t=\dfrac{2000T_{1(或2)}}{d_{1(或2)}}$	$T_{1(或2)}=\dfrac{9549P_{kW}}{n_{1(或2)}}=\dfrac{7024P_{PS}}{n_{1(或2)}}$	
径向力 F_r		$F_r=F_t\tan\alpha$	$F_r=F_t\tan\alpha_t=F_t\dfrac{\tan\alpha_n}{\cos\beta}$	
轴向力 F_x		0	$F_x=F_t\tan\beta$	0
法向力 F_n		$F_n=\dfrac{F_t}{\cos\alpha}$	$F_n=\dfrac{F_t}{\cos\beta\cos\alpha_n}$	

注：代号意义及单位：

$T_{1(或2)}$—小齿轮（或大齿轮）的额定转矩，N · m；

P_{kW}—额定功率，kW；

P_{PS}—额定功率，马力（PS）；

其余代号和单位同前。

8.3 齿轮主要尺寸的初步确定

齿轮传动的主要尺寸可按下述任何一种方法初步确定。

① 参照已有的相同或类似机械的齿轮传动，用类比法确定。

② 根据具体工作条件、结构、安装及其他要求确定。

③ 按齿面接触强度的计算公式确定中心距 a 或小齿轮的直径 d_1，根据弯曲强度计算确定模数 m。对闭式传动，应同时满足接触强度和弯曲强度的要求；对开式传动，一般只按弯曲强度计算，并将由公式算得的 m（或 m_n）值增大 10%~20%。

主要尺寸初步确定之后，原则上应进行强度校核，并根据校核计算的结果酌情调整初定尺寸。对于低精度的、不重要的齿轮，也可以不进行强度校核计算。

8.3.1 齿面接触强度❶

在初步设计齿轮时，根据齿面接触强度，可按下列公式之一估算齿轮传动的尺寸

$$a \geqslant A_a(u \pm 1)\sqrt[3]{\frac{KT_1}{\psi_a u \sigma_{HP}^2}} \quad (mm)$$

$$d_1 \geqslant A_d\sqrt[3]{\frac{KT_1}{\psi_d \sigma_{HP}^2} \cdot \frac{u \pm 1}{u}} \quad (mm)$$

对于钢对钢配对的齿轮副，常系数值 A_a、A_d 见表 15-1-82，对于非钢对钢配对的齿轮副，需将表中值乘以修正系数，修正系数列于表 15-1-83。以上二式中的“+”用于外啮合，“−”用于内啮合。

表 15-1-82　钢对钢配对齿轮副的 A_a、A_d 值

螺旋角 β	直齿轮 $\beta=0°$	斜齿轮 $\beta=8°\sim15°$	斜齿轮 $\beta=25°\sim35°$
A_a	483	476	447
A_d	766	756	709

表 15-1-83　修正系数

小齿轮	钢			铸　钢			球墨铸铁		灰铸铁
大齿轮	铸　钢	球墨铸铁	灰铸铁	铸　钢	球墨铸铁	灰铸铁	球墨铸铁	灰铸铁	灰铸铁
修正系数	0.997	0.970	0.906	0.994	0.967	0.898	0.943	0.880	0.836

齿宽系数 $\psi_a=\dfrac{\psi_d}{0.5(u\pm1)}$按表 15-1-84 圆整。“+”号用于外啮合，“−”号用于内啮合。ψ_d 的推荐值见表 15-1-86。

载荷系数 K，常用值 $K=1.2\sim2$，当载荷平稳，齿宽系数较小，轴承对称布置，轴的刚性较大，齿轮精度较高（6 级以上），以及齿的螺旋角较大时取较小值；反之取较大值。

许用接触应力 σ_{HP}，推荐按下式确定

$$\sigma_{HP} \approx 0.9\sigma_{Hlim} \quad (N/mm^2)$$

式中　σ_{Hlim}——试验齿轮的接触疲劳极限，见 8.4.1（13）。取 σ_{Hlim1} 和 σ_{Hlim2} 中的较小值。

表 15-1-84　齿宽系数 ψ_a

0.2	0.25	0.3	0.35	0.4	0.45	0.5	0.6

注：对人字齿轮应为表中值的 2 倍。

8.3.2 齿根弯曲强度

在初步设计齿轮时，根据齿根弯曲强度，可按下列公式估算齿轮的法向模数

$$m_n \geqslant A_m\sqrt[3]{\frac{KT_1Y_{Fs}}{\psi_d z_1^2 \sigma_{FP}}} \quad (mm)$$

系数 A_m 列于表 15-1-85。

❶ 初步设计时齿面接触强度与齿根弯曲强度的计算公式摘自 GB/T 10063。

表 15-1-85　　　　　　　　　　　　　　　**系数 A_m 值**

螺旋角 β	直齿轮 $\beta=0°$	斜齿轮 $\beta=8°\sim15°$	斜齿轮 $\beta=25°\sim35°$
A_m	12.6	12.4	11.5

许用齿根应力 σ_{FP}，推荐按下式确定。

轮齿单向受力　　　　　　　　$\sigma_{FP}\approx0.7\sigma_{FE}$　（N/mm²）

轮齿双向受力或开式齿轮　　　$\sigma_{FP}\approx0.5\sigma_{FE}=\sigma_{Flim}$　（N/mm²）

σ_{Flim}——试验齿轮的弯曲疲劳极限，见 8.4.2 节中的（8）；

Y_{Fs}——复合齿廓系数，$Y_{Fs}=Y_{Fa}Y_{sa}$；

σ_{FE}——齿轮材料的弯曲疲劳强度的基本值，见 8.4.2 节中的（8）。

表 15-1-86　　　　　　　　　　　　**齿宽系数 ψ_d 的推荐范围**

支承对齿轮的配置	载荷特性	ψ_d 的最大值		ψ_d 的推荐值	
		工作齿面硬度			
		一对或一个齿轮 ≤350HB	两个齿轮都是 >350HB	一对或一个齿轮 ≤350HB	两个齿轮都是 >350HB
对称配置并靠近齿轮	变动较小	1.8(2.4)	1.0(1.4)	0.8~1.4	0.4~0.9
	变动较大	1.4(1.9)	0.9(1.2)		
非对称配置	变动较小	1.4(1.9)	0.9(1.2)	结构刚性较大时（如两级减速器的低速级）0.6~1.2	0.3~0.6
	变动较大	1.15(1.65)	0.7(1.1)	结构刚性较小时 0.4~0.8	0.2~0.4
悬臂配置	变动较小	0.8	0.55		
	变动较大	0.6	0.4		

注：1. 括号内的数值用于人字齿轮，其齿宽是两个半人字齿轮齿宽之和。

2. 齿宽与承载能力成正比，当载荷一定时，增大齿宽可以减小中心距，但螺旋线载荷分布的不均匀性随之增大。在必须增大齿宽的时候，为避免严重的偏载，齿轮和齿轮箱应具有较高的精度和足够的刚度。

3. $\psi_d=\frac{b}{d_1}$，$\psi_a=\frac{b}{a}$，$\psi_d=0.5(u+1)\psi_a$，对中间有退刀槽（宽度为 l）的人字齿轮：$\psi_d=0.5(u+1)\left(\psi_a-\frac{l}{a}\right)$。

4. 螺旋线修形的齿轮，ψ_d 值可大于表列的推荐范围。

8.4　疲劳强度校核计算（摘自 GB/T 3480—1997）

本节介绍 GB/T 3480—1997 渐开线圆柱齿轮承载能力计算方法的主要内容。标准适用于钢、铸铁制造的，基本齿廓符合 GB/T 1356 的内、外啮合直齿，斜齿和人字齿（双斜齿）圆柱齿轮传动。

8.4.1　齿面接触强度核算

（1）齿面接触强度核算的公式（表 15-1-87）

标准把赫兹应力作为齿面接触应力的计算基础，并用来评价接触强度。赫兹应力是齿面间应力的主要指标，但不是产生点蚀的惟一原因。例如在应力计算中未考虑滑动的大小和方向、摩擦因数及润滑状态等，这些都会影响齿面的实际接触应力。

齿面接触强度核算时，取节点和单对齿啮合区内界点的接触应力中的较大值，小轮和大轮的许用接触应力 σ_{Hp} 要分别计算。下列公式适用于端面重合度 $\varepsilon_\alpha<2.5$ 的齿轮副。

在任何啮合瞬间，大、小齿轮的接触应力总是相等的。齿面最大接触应力一般出现在小齿轮单对齿啮合区内界点 B、节点 C 及大齿轮单对齿啮合区内界点 D 这三个特征点之一处上，见图 15-1-89。产生点蚀危险的实际接触应力通常出现在 C、D 点或其间（对大齿轮），或在 C、B 点或其间（对小齿轮）。接触应力基本值 σ_{H0} 是基于节点区域系数 Z_H 计算得节点 C 处接触应力基本值 σ_{H0}，当单对齿啮合区内界点处的应力超过节点处的应力时，即 Z_B 或 Z_D 大于 1.0 时，在确定大、小齿轮计算应力 σ_H 时应乘以 Z_D，Z_B 予以修正；当 Z_B 或 Z_D 不大于 1.0 时，取其值为 1.0。

对于斜齿轮，当纵向重合度 $\varepsilon_\beta \geqslant 1$ 时，一般节点接触应力较大；当纵向重合度 $\varepsilon_\beta < 1$ 时，接触应力由与斜齿轮齿数相同的直齿轮的 σ_H 和 $\varepsilon_\beta = 1$ 的斜齿轮的 σ_H 按 ε_β 作线性插值确定。

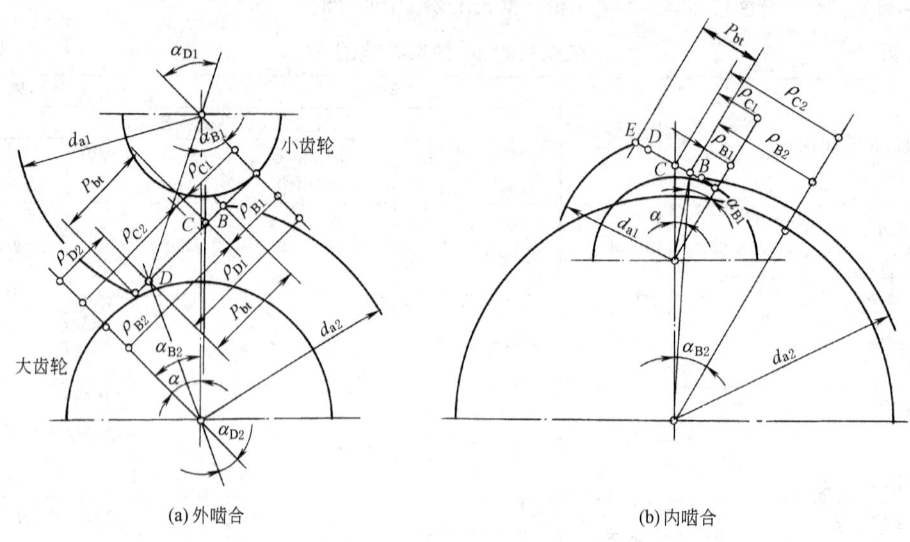

图 15-1-71　节点 C 及单对齿啮区 B、D 处的曲率半径

表 15-1-87　　齿面接触强度核算的公式

项目	公式	符号说明
强度条件	$\sigma_H \leqslant \sigma_{HP}$ 或 $S_H \geqslant S_{Hmin}$	σ_H——齿轮的计算接触应力，N/mm² σ_{HP}——齿轮的许用接触应力，N/mm² S_H——接触强度的计算安全系数 S_{Hmin}——接触强度的最小安全系数
计算接触应力　小轮	$\sigma_{H1} = Z_B \sigma_{H0} \sqrt{K_A K_V K_{H\beta} K_{H\alpha}}$	K_A——使用系数，见本节(3) K_V——动载系数，见本节(4) $K_{H\beta}$——接触强度计算的齿向载荷分布系数，见本节(5) $K_{H\alpha}$——接触强度计算的齿间载荷分配系数，见本节(6) Z_B，Z_D——小轮及大轮单对齿啮合系数，见本节(8) σ_{H0}——节点处计算接触应力的基本值，N/mm²
计算接触应力　大轮	$\sigma_{H2} = Z_D \sigma_{H0} \sqrt{K_A K_V K_{H\beta} K_{H\alpha}}$	
计算接触应力的基本值	$\sigma_{H0} = Z_H Z_E Z_\varepsilon Z_\beta \sqrt{\frac{F_t}{d_1 b} \frac{u \pm 1}{u}}$ "+"号用于外啮合， "-"号用于内啮合	F_t——端面内分度圆上的名义切向力，N，见表 15-1-81 b——工作齿宽，mm，指一对齿轮中的较小齿宽 d_1——小齿轮分度圆直径，mm u——齿数比，$u = z_2/z_1$，z_1，z_2 分别为小轮和大轮的齿数 Z_H——节点区域系数，见本节(9) Z_E——弹性系数，$\sqrt{N/mm^2}$，见本节(10) Z_ε——重合度系数，见本节(11) Z_β——螺旋角系数，见本节(12)
许用接触应力	$\sigma_{Hp} = \frac{\sigma_{HG}}{S_{Hmin}}$ $\sigma_{HG} = \sigma_{Hlim} Z_{NT} Z_L Z_v Z_R Z_W Z_x$	σ_{HG}——计算齿轮的接触极限应力，N/mm² σ_{Hlim}——试验齿轮的接触疲劳极限，N/mm²，见本节(13) Z_{NT}——接触强度计算的寿命系数，见本节(14) Z_L——润滑剂系数，见本节(15) Z_v——速度系数，见本节(15) Z_R——粗糙度系数，见本节(15) Z_W——工作硬化系数，见本节(16) Z_x——接触强度计算的尺寸系数，见本节(17)
计算安全系数	$S_H = \frac{\sigma_{HG}}{\sigma_H} = \frac{\sigma_{Hlim} Z_{NT} Z_L Z_v Z_R Z_W Z_x}{\sigma_H}$	

（2）名义切向力 F_t

可按齿轮传递的额定转矩或额定功率按表 15-1-81 中公式计算。变动载荷时，如果已经确定了齿轮传动的载荷图谱，则应按当量转矩计算分度圆上的切向力，见 8.4.4。

（3）使用系数 K_A

使用系数 K_A 是考虑由于齿轮啮合外部因素引起附加动载荷影响的系数。这种外部附加动载荷取决于原动机和从动机的特性、轴和联轴器系统的质量和刚度以及运行状态。使用系数应通过精密测量或对传动系统的全面分析来确定。当不能实现时，可参考表 15-1-88 查取。该表适用于在非共振区运行的工业齿轮和高速齿轮，采用表荐值时其最小弯曲强度安全系数 $S_{Fmin}=1.25$。某些应用场合的使用系数 K_A 值可能远高于表中值（甚至高达 10），选用时应认真、全面地分析工况和连接结构。如在运行中存在非正常的重载、大的启动转矩、重复的中等或严重冲击，应当核算其有限寿命下承载能力和静强度。

表 15-1-88　　使用系数 K_A

原动机工作特性	工作机工作特性			
	均匀平稳	轻微冲击	中等冲击	严重冲击
均匀平稳	1.00	1.25	1.50	1.75
轻微冲击	1.10	1.35	1.60	1.85
中等冲击	1.25	1.50	1.75	2.0
严重冲击	1.50	1.75	2.0	2.25 或更大

注：1. 对于增速传动，根据经验建议取上表值的 1.1 倍。

2. 当外部机械与齿轮装置之间挠性连接时，通常 K_A 值可适当减小。

3. 数据主要适用于在非共振区运行的工业齿轮和高速齿轮，采用推荐值时，至少应取最小弯曲强度安全系数 $S_{Fmin}=1.25$。

4. 选用时应全面分析工况和连接结构，如在运行中存在非正常的重载、大的启动转矩、重复的中等或严重冲击，应当核算其有限寿命下承载能力和静强度。

原动机工作特性及工作机工作特性示例分别见表 15-1-89 和表 15-1-90。

表 15-1-89　　原动机工作特性示例

工作特性	原　动　机
均匀平稳	电动机（例如直流电动机）、均匀运转的蒸气轮机、燃气轮机（小的，启动转矩很小）
轻微冲击	蒸汽轮机、燃气轮机、液压装置、电动机（经常启动，启动转矩较大）
中等冲击	多缸内燃机
强烈冲击	单缸内燃机

表 15-1-90　　工作机工作特性示例

工作特性	工　作　机
均匀平稳	发电机、均匀传送的带式运输机或板式运输机、螺旋输送机、轻型升降机、包装机、机床进刀传动装置、通风机、轻型离心机、离心泵、轻质液体拌和机或均匀密度材料拌和机、剪切机、冲压机①、回转齿轮传动装置、往复移动齿轮装置②
轻微冲击	不均匀传动（例如包装件）的带式运输机或板式运输机、机床的主驱动装置、重型升降机、起重机中回转齿轮装置、工业与矿用风机、重型离心机、离心泵、黏稠液体或变密度材料的拌和机、多缸活塞泵、给水泵、挤压机（普通型）、压延机、转炉、轧机③（连续锌条、铝条以及线材和棒料轧机）
中等冲击	橡胶挤压机、橡胶和塑料作间断工作的拌和机、球磨机（轻型）、木工机械（锯片、木车床）、钢坯初轧机③④、提升装置、单缸活塞泵
强烈冲击	挖掘机（铲斗传动装置、多斗传动装置、筛分传动装置、动力铲）、球磨机（重型）、橡胶揉合机、破碎机（石料，矿石）、重型给水泵、旋转式钻探装置、压砖机、剥皮滚筒、落砂机、带材冷轧机③⑤、压坯机、轮碾机

①额定转矩=最大切削、压制、冲击转矩。②额定载荷为最大启动转矩。③额定载荷为最大轧制转矩。④转矩受限流器限制。⑤带钢的频繁破碎会导致 K_A 上升到 2.0。

（4）动载系数 K_V

动载系数 K_V 是考虑齿轮制造精度、运转速度对轮齿内部附加动载荷影响的系数，定义为

$$K_V = \frac{\text{传递的切向载荷+内部附加动载荷}}{\text{传递的切向载荷}}$$

影响动载系数的主要因素有：由基节和齿廓偏差产生的传动误差；节线速度；转动件的惯量和刚度；轮齿载荷；轮齿啮合刚度在啮合循环中的变化。其他的影响因素还有：跑合效果、润滑油特性、轴承及箱体支承刚度及动平衡精度等。

在通过实测或对所有影响因素作全面的动力学分析来确定包括内部动载荷在内的最大切向载荷时，可取 K_V 等于1。不能实现时，可用下述方法之一计算动载系数。

① 一般方法　K_V 的计算公式见表 15-1-91。

表 15-1-91　运行转速区间及其动载系数 K_V 的计算公式

运行转速区间	临界转速比 N	对运行的齿轮装置的要求	K_V 计算公式	备　注
亚临界区	$N \leqslant N_s$	多数通用齿轮在此区工作	$K_V = NK+1 = N(C_{V1}B_p+C_{V2}B_f+C_{V3}B_k)+1$　(1)	在 N=1/2 或 2/3 时可能出现共振现象，K_V 大大超过计算值，直齿轮尤甚。此时应修改设计。在 N=1/4 或 1/5 时共振影响很小
主共振区	$N_s < N \leqslant 1.15$	一般精度不高的齿轮（尤其是未修缘的直齿轮）不宜在此区运行。$\varepsilon_\gamma > 2$ 的高精度斜齿轮可在此区工作	$K_V = C_{V1}B_p+C_{V2}B_f+C_{V4}B_k+1$　(2)	在此区内 K_V 受阻尼影响极大，实际动载与按式(2)计算所得值相差可达40%，尤其是对未修缘的直齿轮
过渡区	$1.15 < N < 1.5$		$K_V = K_{V(N=1.5)} + \frac{K_{V(N=1.15)} - K_{V(N=1.5)}}{0.35}(1.5-N)$　(3)	$K_{V(N=1.5)}$ 按式(4)计算 $K_{V(N=1.15)}$ 按式(2)计算
超临界区	$N \geqslant 1.5$	绝大多数透平齿轮及其他高速齿轮在此区工作	$K_V = C_{V5}B_p+C_{V6}B_f+C_{V7}$　(4)	1. 可能在 N=2 或 3 时出现共振，但影响不大 2. 当轴齿轮系统的横向振动固有频率与运行的啮合频率接近或相等时，实际动载与按式（4）计算所得值可相差 100%，应避免此情况

注：1. 表中各式均将每一齿轮副按单级传动处理，略去多级传动的其他各级的影响。非刚性连接的同轴齿轮，可以这样简化，否则应按表 15-1-94 中第 2 类型情况处理。

2. 亚临界区中当 $(F_tK_A)/b < 100\text{N/mm}$ 时，$N_s = 0.5+0.35\sqrt{\frac{F_tK_A}{100b}}$；其他情况时，$N_s = 0.85$。

3. 表内各式中：

N—临界转速比，见表 15-1-92；

C_{V1}—考虑齿距偏差的影响系数；

C_{V2}—考虑齿廓偏差的影响系数；

C_{V3}—考虑啮合刚度周期变化的影响系数；

C_{V4}—考虑啮合刚度周期性变化引起齿轮副扭转共振的影响系数；

C_{V5}—在超临界区内考虑齿距偏差的影响系数；

C_{V6}—在超临界区内考虑齿廓偏差的影响系数；

C_{V7}—考虑因啮合刚度的变动，在恒速运行时与轮齿弯曲变形产生的分力有关的系数；

B_p、B_f、B_k—分别考虑齿距偏差、齿廓偏差和轮齿修缘对动载荷影响的无量纲参数。其计算公式见表 15-1-96。

$C_{V1} \sim C_{V7}$ 按表15-1-95 的相应公式计算或由图 15-1-72 查取。

表 15-1-92　　　　临界转速比 N

项　目	单位	计　算　公　式
临界转速比		$N=\dfrac{n_1}{n_{E1}}$
临界转速	r/min	$n_{E1}=\dfrac{30\times10^3}{\pi z_1}\sqrt{\dfrac{c_\gamma}{m_{red}}}$ c_γ——齿轮啮合刚度，N/(mm · μm)，见本节（7）
诱导质量	kg/mm	$m_{red}=\dfrac{m_1m_2}{m_1+m_2}$ 对一般外啮合传动 $m_{red}=\dfrac{\pi}{8}\left(\dfrac{d_{m1}}{d_{b1}}\right)^2\times\dfrac{d_{m1}^2}{\dfrac{1}{(1-q_1^4)\rho_1}+\dfrac{1}{(1-q_2^4)\rho_2u^2}}$ ρ_1、ρ_2——齿轮材料密度，kg/mm³ 对行星传动和其他较特殊的齿轮，其 m_{red} 见表 15-1-93 和表 15-1-94
小、大轮转化到啮合线上的单位齿宽当量质量	kg/mm	$m_1=\dfrac{\Theta_1}{br_{b1}^2}$ $m_2=\dfrac{\Theta_2}{br_{b2}^2}$
转动惯量	kg · mm²	$\Theta_1=\dfrac{\pi}{32}\rho_1b_1(1-q_1^4)d_{m1}^4$ $\Theta_2=\dfrac{\pi}{32}\rho_2b_2(1-q_2^4)d_{m2}^4$
平均直径	mm	$d_m=\dfrac{1}{2}(d_a+d_f)$ （图：d_a，d_f，D_i，d_b）
轮缘内腔直径与平均直径比		$q=\dfrac{D_i}{d_m}$（对整体结构的齿轮，$q=0$）

表 15-1-93　　　　行星传动齿轮的诱导质量 m_{red}

齿轮组合	m_{red}计算公式或提示	备　　注
太阳轮(S)｜行星轮(P)	$m_{red}=\dfrac{m_Pm_S}{n_Pm_P+m_S}$	n_P——轮系的行星轮数 m_S，m_P——太阳轮、行星轮的当量质量，可用表 15-1-92 中求小、大齿轮当量质量的公式计算
行星轮(P)｜固定内齿圈	$m_{red}=m_P=\dfrac{\pi}{8}\dfrac{d_{mP}^4}{d_{bP}^2}(1-q_P^4)\rho_P$	把内齿圈质量视为无穷大处理 ρ_P——行星轮材料密度 d_m，d_b，q 定义及计算参见表 15-1-92 及表中图
行星轮（P）｜转动内齿圈	m_{red}按表 15-1-92 中一般外啮合的公式计算，有若干个行星轮时可按单个行星轮分别计算	内齿圈的当量质量可当作外齿轮处理

表 15-1-94　　较特殊结构形式的齿轮的诱导质量 m_{red}

齿轮结构形式		计算公式或提示	备　注
1	小轮的平均直径与轴颈相近	采用表 15-1-92 一般外啮合的计算公式 因为结构引起的小轮当量质量增大和扭转刚度增大(使实际啮合刚度 c_γ 增大)对计算临界转速 n_{E1} 的影响大体上相互抵消	
2	两刚性连接的同轴齿轮	较大的齿轮质量必须计入,而较小的齿轮质量可以略去	若两个齿轮直径无显著差别时,一起计入
3	两个小轮驱动一个大轮	可分别按小轮 1-大轮 小轮 2-大轮 两个独立齿轮副分别计算	此时的大轮质量总是比小轮质量大得多
4	中间轮	$m_{red}=\dfrac{2}{\left(\dfrac{1}{m_1}+\dfrac{2}{m_2}+\dfrac{1}{m_3}\right)}$ 等效刚度 $c_\gamma=\dfrac{1}{2}(c_{\gamma1-2}+c_{\gamma2-3})$	m_1, m_2, m_3 为主动轮、中间轮、从动轮的当量质量 $c_{\gamma1-2}$——主动轮、中间轮啮合刚度 $c_{\gamma2-3}$——中间轮、从动轮啮合刚度

表 15-1-95　　C_V 系数值

系数代号 \ 总重合度	$1<\varepsilon_\gamma\leqslant2$	$\varepsilon_\gamma>2$
C_{V1}	0.32	0.32
C_{V2}	0.34	$\dfrac{0.57}{\varepsilon_\gamma-0.3}$
C_{V3}	0.23	$\dfrac{0.096}{\varepsilon_\gamma-1.56}$
C_{V4}	0.90	$\dfrac{0.57-0.05\varepsilon_\gamma}{\varepsilon_\gamma-1.44}$
C_{V5}	0.47	0.47
C_{V6}	0.47	$\dfrac{0.12}{\varepsilon_\gamma-1.74}$

系数代号 \ 总重合度	$1<\varepsilon_\gamma\leqslant1.5$	$1.5<\varepsilon_\gamma\leqslant2.5$	$\varepsilon_\gamma>2.5$
C_{V7}	0.75	$0.125\sin[\pi(\varepsilon_\gamma-2)]+0.875$	1.0

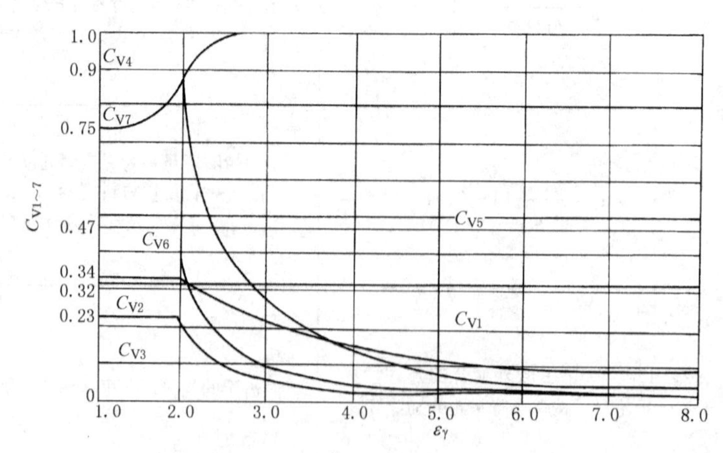

图 15-1-72　系数 C_{V1}，…，C_{V7}的数值

表 15-1-96

B_p	$B_p=\dfrac{c'f_{pbeff}}{\dfrac{F_tK_A}{b}}$	c'——单对齿轮刚度，见 8.4.1(7) C_a——沿齿廓法线方向计量的修缘量，μm，无修缘时，用由跑合产生的齿顶磨合量 C_{ay}(μm)值代替 f_{pbeff}、f_{feff}——分别为有效基节偏差和有效齿廓公差，μm，与相应的跑合量 y_p，y_f 有关。齿轮精度低于 5 级者，取 $B_k=1$	C_{ay}	当大、小轮材料相同时 $C_{ay}=\dfrac{1}{18}\left(\dfrac{\sigma_{Hlim}}{97}-18.45\right)^2+1.5$	
B_f	$B_f=\dfrac{c'f_{feff}}{\dfrac{F_tK_A}{b}}$			当大、小轮材料不同时 $C_{ay}=0.5(C_{ay1}+C_{ay2})$	C_{ay1}、C_{ay2} 分别按上式计算
			f_{pbeff}	$f_{pbeff}=f_{pb}-y_p$	如无 y_p，y_f 的可靠数据，可近似取 $y_p=y_f=y_\alpha$
B_k	$B_k=\left\lvert 1-\dfrac{c'C_a}{\dfrac{F_tK_A}{b}}\right\rvert$		f_{feff}	$f_{feff}=f_f-y_f$	y_α 见表 15-1-108 f_{pb}，f_f 通常按大齿轮查取

② 简化方法　K_V 的简化法基于经验数，主要考虑齿轮制造精度和节线速度的影响。K_V 值可由图 15-1-73 选取。该法适用于缺乏详细资料的初步设计阶段时 K_V 的取值。

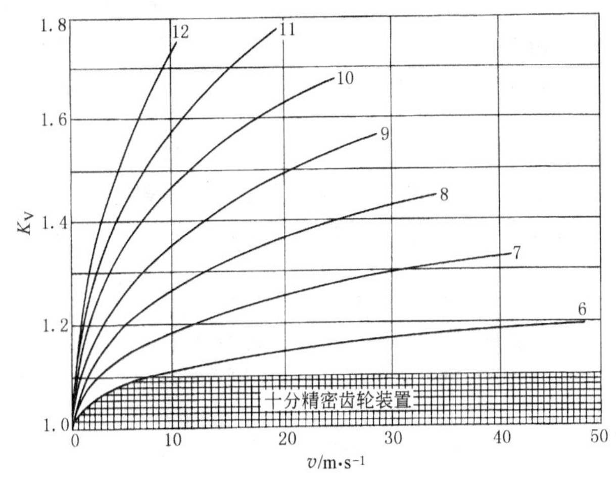

图 15-1-73　动载系数 K_V

注：6~12 为齿轮传动精度系数。

对传动精度系数 $C\leqslant5$ 的高精度齿轮，在良好的安装和对中精度以及合适的润滑条件下，K_V 为 1.0~1.1。C 值可按表 15-1-97 中的公式计算。

对其他齿轮，K_V 值可按图 15-1-73 选取，也可由表 15-1-97 的公式计算。

表 15-1-97

项　目	计 算 公 式	备　　注
传动精度系数 C	$C=-0.5048\ln(z)-1.144\ln(m_n)+2.852\ln(f_{pt})+3.32$	分别以 z_1 f_{pt1} 和 z_2 f_{pt2} 代入计算，取大值，并将 C 值圆整，$C=6\sim12$
动载系数 K_V	$K_V=\left[\dfrac{A}{A+\sqrt{200v}}\right]^{-B}$ $A=50+56(1.0-B)$ $B=0.25(C-5.0)^{0.667}$	适用的条件 a. 法向模数 $m_n=1.25\sim50$mm； b. 齿数 $z=6\sim1200$ $\left(当\ m_n>8.33\text{mm}\ 时，z=6\sim\dfrac{10000}{m_n}\right)$ c. 传动精度系数 $C=6\sim12$ d. 齿轮节圆线速度 $v_{max}\leqslant\dfrac{[A+(14-C)]^2}{200}$

(5) 螺旋线载荷分布系数 $K_{H\beta}$

螺旋线载荷分布系数 $K_{H\beta}$ 是考虑沿齿宽方向载荷分布不均匀对齿面接触应力影响的系数

$$K_{H\beta}=\frac{w_{max}}{w_m}=\frac{(F/b)_{max}}{F_m/b}$$

式中 w_{max}——单位齿宽最大载荷，N/mm；

w_m——单位齿宽平均载荷，N/mm；

F_m——分度圆上平均计算切向力，N。

影响齿向载荷分布的主要因素有：

a. 齿轮副的接触精度它主要取决于齿轮加工误差、箱体镗孔偏差、轴承的间隙和误差、大小轮轴的平行度、跑合情况等；

b. 轮齿啮合刚度、齿轮的尺寸结构及支承形式及轮缘、轴、箱体及机座的刚度；

c. 轮齿、轴、轴承的变形，热膨胀和热变形（这对高速宽齿轮尤其重要）；

d. 切向、轴向载荷及轴上的附加载荷（例如带或链传动）；

e. 设计中有无元件变形补偿措施（例如齿向修形）。

由于影响因素众多，确切的载荷分布系数应通过实际的精密测量和全面分析已知的各影响因素的量值综合确定。如果通过测量和检查能确切掌握轮齿的接触情况，并作相应地修形，经螺旋线修形补偿的高精度齿轮副，在给定的运行条件下，其螺旋线载荷接近均匀分布，$K_{H\beta}$ 接近于 1。在无法实现时，可按下述两种方法之一确定。

① 一般方法　按基本假定和适用范围计算 $K_{H\beta}$。基本假定和适用范围：

a. 沿齿宽将轮齿视为具有啮合刚度 c_γ 的弹性体，载荷和变形都呈线性分布；

b. 轴齿轮的扭转变形按载荷沿齿宽均布计算，弯曲变形按载荷集中作用于齿宽中点计算，没有其他额外的附加载荷；

c. 箱体、轴承、大齿轮及其轴的刚度足够大，其变形可忽略；

d. 等直径轴或阶梯轴，d_{sh} 为与实际轴产生同样弯曲变形量的当量轴径；

e. 轴和小齿轮的材料都为钢；小齿轮轴可以是实心轴或空心轴（其内径应 $<0.5d_{sh}$），齿轮的结构支承形式见图 15-1-74，偏心距 $s/l\leq0.3$。

$K_{H\beta}$ 的计算公式见表 15-1-98，当 $K_{H\beta}>1.5$ 时，通常应采取措施降低 $K_{H\beta}$ 值。

表 15-1-98

项目		计算公式
齿向载荷分布系数 $K_{H\beta}$	当 $\sqrt{\frac{2w_m}{F_{\beta y}c_\gamma}}\leq1$ 时	$K_{H\beta}=2(b/b_{cal})=\sqrt{\frac{2F_{\beta y}c_\gamma}{w_m}}$
	当 $\sqrt{\frac{2w_m}{F_{\beta y}c_\gamma}}>1$ 时	$K_{H\beta}=\frac{2(b_{cal}/b)}{2(b_{cal}/b)-1}=1+0.5\frac{F_{\beta y}c_\gamma}{w_m}$
单位齿宽平均载荷 w_m /N·mm^{-1}		$w_m=\frac{F_tK_AK_V}{b}=\frac{F_m}{b}$
轮齿啮合刚度 c_γ		见 8.4.1(7)
计算齿宽 b_{cal}		按实际情况定

项目		计算公式
跑合后啮合螺旋线偏差 $F_{\beta y}$/μm		$F_{\beta y}=F_{\beta x}-y_\beta=F_{\beta x}x_\beta$①
初始啮合螺旋线偏差 $F_{\beta x}$/μm	受载时接触不良	$F_{\beta x}=1.33f_{sh}+f_{ma}$②；$F_{\beta x}\geq F_{\beta xmin}$
	受载时接触良好	$F_{\beta x}=\lvert 1.33f_{sh}-f_{\beta6}\rvert$③；$F_{\beta x}\geq F_{\beta xmin}$
	受载时接触理想	$F_{\beta x}=F_{\beta xmin}$
	$F_{\beta xmin}$	$F_{\beta xmin}$ 取 $0.005w_m$ 和 $0.5F_\beta$ 之大值
综合变形产生的啮合螺旋线偏差分量 f_{sh}/μm		$f_{sh}=w_mf_{sh0}=(F_m/b)f_{sh0}$
单位载荷作用下的啮合螺旋线偏差 f_{sh0}/μm·mm·N^{-1}	一般齿轮	0.023γ④
	齿端修薄的齿轮	0.016γ
	修形或鼓形修整的齿轮	0.012γ

① y_β、x_β 分别为螺旋线跑合量（μm）和螺旋线跑合系数，用表 15-1-99 公式计算。

② f_{ma} 为制造、安装误差产生的啮合螺旋线偏差分量（μm），用表 15-1-100 公式计算。

③ $f_{\beta6}$ 为 GB/T 10095.1 或 ISO 1328-1：1995 规定的 6 级精度的螺旋线总偏差的允许值 F_β（μm）。

④ γ 为小齿轮结构尺寸系数，用表 15-1-101 公式计算。

表 15-1-99 y_β、x_β 计算公式

齿轮材料	螺旋线跑合量 y_β(μm),跑合系数 x_β	适用范围及限制条件
结构钢、调质钢、珠光体或贝氏体球墨铸铁	$y_\beta=\dfrac{320}{\sigma_{Hlim}}F_{\beta x}$ $x_\beta=1-\dfrac{320}{\sigma_{Hlim}}$	$v>10$m/s 时,$y_\beta\leqslant 12800/\sigma_{Hlim}$,$F_{\beta x}\leqslant 40\mu m$; $5<v\leqslant 10$m/s 时,$y_\beta\leqslant 25600/\sigma_{Hlim}$,$F_{\beta x}\leqslant 80\mu m$; $v\leqslant 5$m/s 时,y_β 无限制
灰铸铁、铁素体球墨铸铁	$y_\beta=0.55F_{\beta x}$ $x_\beta=0.45$	$v>10$m/s 时,$y_\beta\leqslant 22\mu m$,$F_{\beta x}\leqslant 40\mu m$; $5<v\leqslant 10$m/s 时,$y_\beta\leqslant 45\mu m$,$F_{\beta x}\leqslant 80\mu m$; $v\leqslant 5$m/s 时,y_β 无限制
渗碳淬火钢、表面硬化钢、氮化钢、氮碳共渗钢、表面硬化球墨铸铁	$y_\beta=0.15F_{\beta x}$ $x_\beta=0.85$	$y_\beta\leqslant 6\mu m$,$F_{\beta x}\leqslant 40\mu m$

注:1. σ_{Hlim}—齿轮接触疲劳极限值,N/mm^2,见本节(13)。
2. 当大小齿轮材料不同时,$y_\beta=(y_{\beta1}+y_{\beta2})/2$,$x_\beta=(x_{\beta1}+x_{\beta2})/2$,式中下标 1,2 分别表示小、大齿轮。

表 15-1-100 f_{ma} 计算公式 μm

类别		确定方法或公式
粗略数值	某些高精度的高速齿轮	$f_{ma}=0$
	一般工业齿轮	$f_{ma}=15$
给定精度等级	装配时无检验调整	$f_{ma}=1.0F_\beta$
	装配时进行检验调整(对研,轻载跑合,调整轴承,螺旋线修形,鼓形齿等)	$f_{ma}=0.5F_\beta$
	齿端修薄	$f_{ma}=0.7F_\beta$
给定空载下接触斑点长度 b_{c0}		$f_{ma}=\dfrac{b}{b_{c0}}S_c$ S_c——涂色层厚度,一般为 2~20μm,计算时可取 $S_c=6\mu m$ 如按最小接触斑点长度 b_{c0min} 计算 $f_{ma}=\dfrac{2}{3}\times\dfrac{b}{b_{c0min}}S_c$ 如测得最长和最短的接触斑点长度 $f_{ma}=\dfrac{1}{2}\left(\dfrac{b}{b_{c0min}}+\dfrac{b}{b_{c0max}}\right)S_c$

表 15-1-101 小齿轮结构尺寸系数 γ

齿轮形式	γ 的计算公式	B^*	
		功率不分流	功率分流,通过该对齿轮 $k\%$ 的功率
直齿轮及单斜齿轮	$\left[\left\vert B^*+k'\dfrac{ls}{d_1^2}\left(\dfrac{d_1}{d_{sh}}\right)^4-0.3\right\vert+0.3\right]\left(\dfrac{b}{d_1}\right)^2$	$B^*=1$	$B^*=1+2(100-k)/k$
人字齿轮或双斜齿轮	$2\left[\left\vert B^*+k'\dfrac{ls}{d_1^2}\left(\dfrac{d_1}{d_{sh}}\right)^4-0.3\right\vert+0.3\right]\left(\dfrac{b_B}{d_1}\right)^2$	$B^*=1.5$	$B^*=0.5+(200-k)/k$

注:l—轴承跨距,mm;s—小轮齿宽中点至轴承跨距中点的距离,mm;d_1—小轮分度圆直径,mm;d_{sh}—小轮轴弯曲变形当量直径,mm;k'—结构系数,见图 15-1-74;b_B—单斜齿轮宽度,mm。

k'		图号	结构示图
刚性	非刚性		
0.48	0.8	(a)	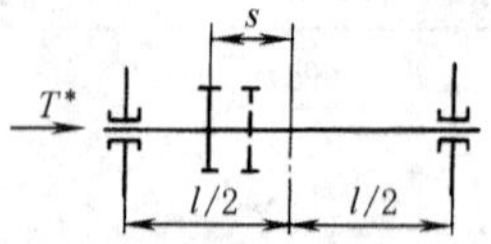 $s/l<0.3$
−0.48	−0.8	(b)	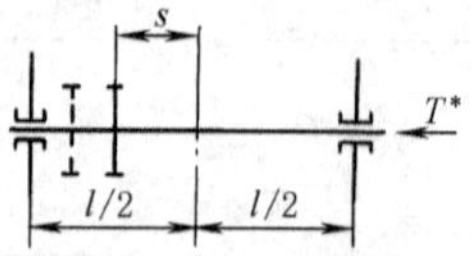 $s/l<0.3$
1.33	1.33	(c)	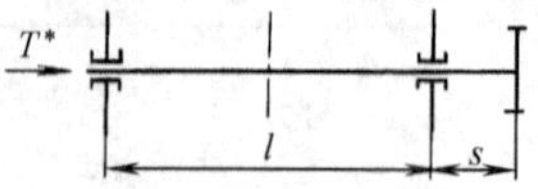 $s/l<0.5$
−0.36	−0.6	(d)	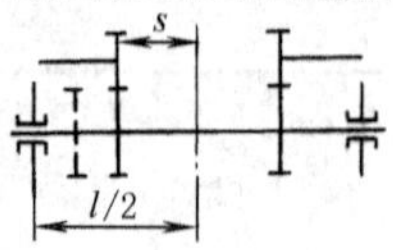 $s/l<0.3$
−0.6	−1.0	(e)	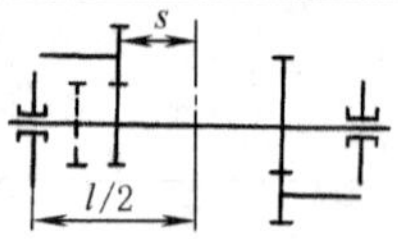 $s/l<0.3$

图 15-1-74　小齿轮结构系数 k'

注：1. 对人字齿轮或双斜齿轮，图中实、虚线各代表半边斜齿轮中点的位置，s 按用实线表示的变形大的半边斜齿轮的位置计算，b 取单个斜齿轮宽度。

2. 图中，$d_1/d_{sh}\geqslant 1.15$ 为刚性轴，$d_1/d_{sh}<1.15$ 为非刚性轴。通常采用键连接的套装齿轮都属非刚性轴。

3. 齿轮位于轴承跨距中心时（$s\approx 0$），最好按下面典型结构齿轮的公式计算 $K_{H\beta}$。

4. 当采用本图以外的结构布置形式或 s/l 超过本图规定的范围，或轴上作用有带轮或链轮之类的附加载荷时，推荐做进一步的分析。

② 典型结构齿轮的 $K_{H\beta}$

适用条件：符合①中 a、b、c，并且小齿轮直径和轴径相近，轴齿轮为实心或空心轴（内孔径应小于 $0.5d_{sh}$），对称布置在两轴承之间，（$s/l\approx 0$）；非对称布置时，应把估算出的附加弯曲变形量加到 f_{ma} 上。

符合上述条件的单对齿轮、轧机齿轮和简单行星传动的 $K_{H\beta}$ 值可按表 15-1-102、表 15-1-103 和表 15-1-104 中的公式计算。

表 15-1-102　　单对齿轮的 $K_{H\beta}$ 计算公式

齿轮类型	修形情况	$K_{H\beta}$ 计算公式	
直齿轮、斜齿轮	不修形	$K_{H\beta}=1+\dfrac{4000}{3\pi}x_\beta\dfrac{c_\gamma}{E}\left(\dfrac{b}{d_1}\right)^2\left[5.12+\left(\dfrac{b}{d_1}\right)^2\left(\dfrac{l}{b}-\dfrac{7}{12}\right)\right]+\dfrac{x_\beta c_\gamma f_{ma}}{2F_m/b}$	(1)
	部分修形	$K_{H\beta}=1+\dfrac{4000}{3\pi}x_\beta\dfrac{c_\gamma}{E}\left(\dfrac{b}{d_1}\right)^4\left(\dfrac{l}{b}-\dfrac{7}{12}\right)+\dfrac{x_\beta c_\gamma f_{ma}}{2F_m/b}$	(2)
	完全修形	$K_{H\beta}=1+\dfrac{x_\beta c_\gamma f_{ma}}{2F_m/b}$，且 $K_{H\beta}\geqslant 1.05$	(3)
人字齿轮或双斜齿轮	不修形	$K_{H\beta}=1+\dfrac{4000}{3\pi}x_\beta\dfrac{c_\gamma}{E}\left[3.2\left(\dfrac{2b_B}{d_1}\right)^2+\left(\dfrac{B}{d_1}\right)^4\left(\dfrac{l}{B}-\dfrac{7}{12}\right)\right]+\dfrac{x_\beta c_\gamma f_{ma}}{F_m/b_B}$	(4)
	完全修形	$K_{H\beta}=1+\dfrac{x_\beta c_\gamma f_{ma}}{F_m/b_B}$，且 $K_{H\beta}\geqslant 1.05$	(5)

注：1. 本表各公式适用于全部转矩从轴的一端输入的情况，如同时从轴的两端输入或双斜齿轮从两半边斜齿轮的中间输入，则应做更详细的分析。

2. 部分修形指只补偿扭转变形的螺旋线修形；完全修形指同时可补偿弯曲、扭转变形的螺旋线修形。

3. B—包括空刀槽在内的双斜齿全齿宽，mm；b_B—单斜齿轮宽度，mm，对因结构要求而采用超过一般工艺需要的大齿槽宽度的双斜齿轮，应采用一般方法计算；F_m—分度圆上平均计算切向力，N。

表 15-1-103　　轧机齿轮的 $K_{H\beta}$ 计算公式

是否修形	齿轮类型	$K_{H\beta}$ 计算公式
不修形	直齿轮、斜齿轮	$1+\frac{4000}{3\pi}x_\beta\frac{c_\gamma}{E}\left(\frac{b}{d_1}\right)^2\left[5.12+7.68\frac{100-k}{k}+\left(\frac{b}{d_1}\right)^2\left(\frac{l}{b}-\frac{7}{12}\right)\right]+\frac{x_\beta c_\gamma f_{ma}}{2F_m/b}$
	双斜齿轮或人字齿轮	$1+\frac{4000}{3\pi}x_\beta\frac{c_\gamma}{E}\left[\left(\frac{2b_B}{d_1}\right)^2\left(1.28+1.92\frac{100-k/2}{k/2}\right)+\left(\frac{B}{d_1}\right)^4\left(\frac{l}{B}-\frac{7}{12}\right)\right]+\frac{x_\beta c_\gamma f_{ma}}{F_m/b_B}$
完全修形	直齿轮、斜齿轮	按表 15-1-102 式(3)
	双斜齿轮或人字齿轮	按表 15-1-102 式(5)

注：1. 如不修形按双斜齿或人字齿轮公式计算的 $K_{H\beta}>2$，应核查设计，最好用更精确的方法重新计算。

2. B 为包括空刀槽在内的双斜齿宽度，mm；b_B 为单斜齿轮宽度，mm。

3. k 表示当采用一对轴齿轮，$u=1$，功率分流，被动齿轮传递 $k\%$ 的转矩，$(100-k)\%$ 的转矩由主动齿轮的轴端输出，两齿轮皆对称布置在两端轴承之间。

表 15-1-104　　行星传动齿轮的 $K_{H\beta}$ 计算公式

	齿轮副	轴承形式	修形情况	$K_{H\beta}$ 计算公式
直齿轮、单斜齿轮	太阳轮(S)|行星轮(P)	Ⅰ	不修形	$1+\frac{4000}{3\pi}n_P x_\beta\frac{c_\gamma}{E}\times5.12\left(\frac{b}{d_S}\right)^2+\frac{x_\beta c_\gamma f_{ma}}{2F_m/b}$
			修形（仅补偿扭转变形）	按表 15-1-102 式(3)
		Ⅱ	不修形	$1+\frac{4000}{3\pi}x_\beta\frac{c_\gamma}{E}\left[5.12n_P\left(\frac{b}{d_S}\right)^2+2\left(\frac{b}{d_P}\right)^4\left(\frac{l_P}{b}-\frac{7}{12}\right)\right]+\frac{x_\beta c_\gamma f_{ma}}{2F_m/b}$
			完全修形（弯曲和扭转变形完全补偿）	按表 15-1-102 式(3)
	内齿轮(H)|行星轮(P)	Ⅰ	修形或不修形	按表 15-1-102 式(3)
		Ⅱ	不修形	$1+\frac{8000}{3\pi}x_\beta\frac{c_\gamma}{E}\left(\frac{b}{d_P}\right)^4\left(\frac{l_P}{b}-\frac{7}{12}\right)+\frac{x_\beta c_\gamma f_{ma}}{2F_m/b}$
			修形（仅补偿弯曲变形）	按表 15-1-102 式(3)
人字齿轮或双斜齿轮	太阳轮(S)|行星轮(P)	Ⅰ	不修形	$1+\frac{4000}{3\pi}n_P x_\beta\frac{c_\gamma}{E}\times3.2\left(\frac{2b_B}{d_S}\right)^2+\frac{x_\beta c_\gamma f_{ma}}{F_m/b_B}$
			修形（仅补偿扭转变形）	按表 15-1-102 式(5)
		Ⅱ	不修形	$1+\frac{4000}{3\pi}x_\beta\frac{c_\gamma}{E}\left[3.2n_P\left(\frac{2b_B}{d_S}\right)^2+2\left(\frac{B}{d_P}\right)^4\left(\frac{l_P}{B}-\frac{7}{12}\right)\right]+\frac{x_\beta c_\gamma f_{ma}}{F_m/b_B}$
			完全修形（弯曲和扭转变形完全补偿）	按表 15-1-102 式(5)
	内齿轮(H)|行星轮(P)	Ⅰ	修形或不修形	按表 15-1-102 式(5)
		Ⅱ	不修形	$1+\frac{8000}{3\pi}x_\beta\frac{c_\gamma}{E}\left(\frac{B}{d_P}\right)^4\left(\frac{l_P}{B}-\frac{7}{12}\right)+\frac{x_\beta c_\gamma f_{ma}}{F_m/b_B}$
			修形（仅补偿弯曲变形）	按表 15-1-102 式(5)

注：1. Ⅰ，Ⅱ表示行星轮及其轴承在行星架上的安装形式：Ⅰ—轴承装在行星轮上，转轴刚性固定在行星架上；Ⅱ—行星轮两端带轴颈的轴齿轮，轴承装在转架上。

2. d_S—太阳轮分度圆直径，mm；d_P—行星轮分度圆直径，mm；l_P—行星轮轴承跨距，mm；B—包括空刀槽在内的双斜齿宽度，mm；b_B—单斜齿轮宽度，mm；B、b_B 见表 15-1-103。

3. $F_m=F_tK_AK_VK_r/n_P$

K_r—行星传动不均载系数；

n_P—行星轮个数。

③ 简化方法　适用范围如下。

a. 中等或较重载荷工况：对调质齿轮，单位齿宽载荷 F_m/b 为 400~1000N/mm；对硬齿面齿轮，F_m/b 为 800~1500N/mm。

b. 刚性结构和刚性支承，受载时两轴承变形较小可忽略；齿宽偏置度 s/l（见图 15-1-74）较小，符合表 15-1-105、表 15-1-106 限定范围。

c. 齿宽 b 为 50~400mm，齿宽与齿高比 b/h 为 3~12，小齿轮宽径比 b/d_1 对调质的应小于 2.0，对硬齿面的应小于 1.5。

d. 轮齿啮合刚度 c_γ 为 15~25N/(mm·μm)。

e. 齿轮制造精度对调质齿轮为 5~8 级，对硬齿面齿轮为 5~6 级；满载时齿宽全长或接近全长接触（一般情况下未经螺旋线修形）。

f. 矿物油润滑。

符合上述范围齿轮的 $K_{H\beta}$ 值可按表 15-1-105 和表 15-1-106 中的公式计算。

表 15-1-105　　调质齿轮 $K_{H\beta}$ 的简化计算公式

$$K_{H\beta}=a_1+a_2\left[1+a_3\left(\frac{b}{d_1}\right)^2\right]\left(\frac{b}{d_1}\right)^2+a_4 b$$

精度等级		a_1	a_2	a_3(支撑方式)			a_4
				对称	非对称	悬臂	
装配时不作检验调整	5	1.14	0.18	0	0.6	6.7	2.3×10^{-4}
	6	1.15	0.18	0	0.6	6.7	3.0×10^{-4}
	7	1.17	0.18	0	0.6	6.7	4.7×10^{-4}
	8	1.23	0.18	0	0.6	6.7	6.1×10^{-4}
装配时检验调整或对研跑合	5	1.10	0.18	0	0.6	6.7	1.2×10^{-4}
	6	1.11	0.18	0	0.6	6.7	1.5×10^{-4}
	7	1.12	0.18	0	0.6	6.7	2.3×10^{-4}
	8	1.15	0.18	0	0.6	6.7	3.1×10^{-4}

表 15-1-106　　硬齿面齿轮 $K_{H\beta}$ 的简化计算公式

$$K_{H\beta}=a_1+a_2\left[1+a_3\left(\frac{b}{d_1}\right)^2\right]\left(\frac{b}{d_1}\right)^2+a_4 b$$

精度等级		a_1	a_2	a_3(支撑方式)			a_4
				对称	非对称	悬臂	
装配时不作检验调整;首先用 $K_{H\beta}\leqslant1.34$ 计算							
$K_{H\beta}\leqslant1.34$	5	1.09	0.26	0	0.6	6.7	2.0×10^{-4}
$K_{H\beta}>1.34$		1.05	0.31	0	0.6	6.7	2.3×10^{-4}
$K_{H\beta}\leqslant1.34$	6	1.09	0.26	0	0.6	6.7	3.3×10^{-4}①
$K_{H\beta}>1.34$		1.05	0.31	0	0.6	6.7	3.8×10^{-4}
装配时检验调整或跑合;首先用 $K_{H\beta}\leqslant1.34$ 计算							
$K_{H\beta}\leqslant1.34$	5	1.05	0.26	0	0.6	6.7	1.0×10^{-4}
$K_{H\beta}>1.34$		0.99	0.31	0	0.6	6.7	1.2×10^{-4}
$K_{H\beta}\leqslant1.34$	6	1.05	0.26	0	0.6	6.7	1.6×10^{-4}
$K_{H\beta}>1.34$		1.00	0.31	0	0.6	6.7	1.9×10^{-4}

① GB/T 3480—1997 误为 0.47×10^{-3}。

（6）齿间载荷分配系数 $K_{H\alpha}$、$K_{F\alpha}$

齿间载荷分配系数是考虑同时啮合的各对轮齿间载荷分配不均匀影响的系数。影响齿间载荷分配系数的主要因素有：受载后轮齿变形；轮齿制造误差，特别是基节偏差；齿廓修形；跑合效果等。

应优先采用经精密实测或对所有影响因素精确分析得到的齿间载荷分配系数。一般情况下，可按下述方法确定。

① 一般方法　$K_{H\alpha}$、$K_{F\alpha}$ 按表 15-1-107 中的公式计算。

② 简化方法　简化方法适用于满足下列条件的工业齿轮传动和类似的齿轮传动：钢制的基本齿廓符合 GB/T 1356 的外啮合和内啮合齿轮；直齿轮和 $\beta\leqslant30°$ 的斜齿轮；单位齿宽载荷 $F_{tH}/b\geqslant350$N/mm（当 $F_{tH}/b\geqslant350$N/mm

时，计算结果偏于安全；当 $F_{tH}/b<350\text{N/mm}$ 时，因 $K_{H\alpha}$、$K_{F\alpha}$ 的实际值较表值大，计算结果偏于不安全）。

$K_{H\alpha}$ 可按表 15-1-109 查取。

表 15-1-107　$K_{H\alpha}$、$K_{F\alpha}$ 计算公式

项　目	公式或说明
齿间载荷分配系数 $K_{H\alpha}$①	当总重合度 $\varepsilon_\gamma \leqslant 2$ $K_{H\alpha}=K_{F\alpha}=\dfrac{\varepsilon_\gamma}{2}\left[0.9+0.4\dfrac{c_\gamma(f_{pb}-y_\alpha)}{F_{tH}/b}\right]$ 当总重合度 $\varepsilon_\gamma>2$ $K_{H\alpha}=K_{F\alpha}=0.9+0.4\sqrt{\dfrac{2(\varepsilon_\gamma-1)}{\varepsilon_\gamma}}\times\dfrac{c_\gamma(f_{pb}-y_\alpha)}{F_{tH}/b}$ 若 $K_{H\alpha}>\dfrac{\varepsilon_\gamma}{\varepsilon_\alpha Z_\varepsilon^2}$，则取 $K_{H\alpha}=\dfrac{\varepsilon_\gamma}{\varepsilon_\alpha Z_\varepsilon^2}$ 若 $K_{F\alpha}>\dfrac{\varepsilon_\gamma}{\varepsilon_\alpha Y_\varepsilon}$，则取 $K_{F\alpha}=\dfrac{\varepsilon_\gamma}{\varepsilon_\alpha Y_\varepsilon}$ 若 $K_{H\alpha}<1.0$，则取 $K_{H\alpha}=1.0$ 若 $K_{F\alpha}<1.0$，则取 $K_{F\alpha}=1.0$
啮合刚度 c_γ	见 8.4.1(7)
基节极限偏差 f_{pb}	通常以大轮的基节极限偏差计算；当有适宜的修缘时，按此值的一半计算
计算 $K_{H\alpha}$ 时的切向力 F_{tH}	$F_{tH}=F_tK_AK_VK_{H\beta}$，各符号见本节(2)～(5)
总重合度 ε_γ	$\varepsilon_\gamma=\varepsilon_\alpha+\varepsilon_\beta$
端面重合度 ε_α	$\varepsilon_\alpha=\dfrac{0.5\left(\sqrt{d_{a1}^2-d_{b1}^2}\pm\sqrt{d_{a2}^2-d_{b2}^2}\right)+a'\sin\alpha_t'}{\pi m_t\cos\alpha_t}$
纵向重合度 ε_β	$\varepsilon_\beta=\dfrac{b\sin\beta}{\pi m_n}$
齿廓跑合量 y_α	见表 15-1-108
重合度系数 Z_ε	见本节(11)
弯曲强度计算的重合度系数 Y_ε	见 8.4.2(6)

① 对于斜齿轮，如计算得到的 $K_{H\alpha}$ 值过大，则应调整设计参数，使得 $K_{H\alpha}$ 及 $K_{F\alpha}$ 不大于 ε_α。同时，公式 $K_{H\alpha}$、$K_{F\alpha}$ 仅适用于齿轮基节偏差在圆周方向呈正常分布的情况。

表 15-1-108　齿廓跑合量 y_α

齿轮材料	齿廓跑合量 y_α/μm	限　制　条　件
结构钢、调质钢、珠光体和贝氏体球墨铸铁	$y_\alpha=\dfrac{160}{\sigma_{Hlim}}f_{pb}$	$v>10\text{m/s}$ 时，$y_\alpha\leqslant\dfrac{6400}{\sigma_{Hlim}}\mu\text{m}$，$f_{pb}\leqslant 40\mu\text{m}$； $5<v\leqslant10\text{m/s}$ 时，$y_\alpha\leqslant\dfrac{12800}{\sigma_{Hlim}}\mu\text{m}$，$f_{pb}\leqslant80\mu\text{m}$； $v\leqslant5\text{m/s}$ 时，y_α 无限制
铸铁、素体球墨铸铁	$y_\alpha=0.275f_{pb}$	$v>10\text{m/s}$ 时，$y_\alpha\leqslant11\mu\text{m}$，$f_{pb}\leqslant40\mu\text{m}$； $5<v\leqslant10\text{m/s}$ 时，$y_\alpha\leqslant22\mu\text{m}$，$f_{pb}\leqslant80\mu\text{m}$； $v\leqslant5\text{m/s}$ 时，y_α 无限制
渗碳淬火钢或氮化钢、氮碳共渗钢	$y_\alpha=0.075f_{pb}$	$y_\alpha\leqslant3\mu\text{m}$

注：1. f_{pb}—齿轮基节极限偏差，μm；σ_{Hlim}—齿轮接触疲劳极限，N/mm^2，见本节（13）。

2. 当大、小齿轮的材料和热处理不同时，其齿廓跑合量可取为相应两种材料齿轮副跑合量的算术平均值。

表 15-1-109　齿间载荷分配系数 $K_{H\alpha}$，$K_{F\alpha}$

K_AF_t/b		≥100N/mm							<100N/mm
精度等级		5	6	7	8	9	10	11～12	5 级及更低
硬齿面直齿轮	$K_{H\alpha}$	1.0		1.1	1.2	$1/Z_\varepsilon^2\geqslant1.2$			
	$K_{F\alpha}$					$1/Y_\varepsilon\geqslant1.2$			
硬齿面斜齿轮	$K_{H\alpha}$	1.0	1.1	1.2	1.4	$\varepsilon_\alpha/\cos^2\beta_b\geqslant1.4$			
	$K_{F\alpha}$								
非硬齿面直齿轮	$K_{H\alpha}$	1.0			1.1	1.2	$1/Z_\varepsilon^2\geqslant1.2$		
	$K_{F\alpha}$						$1/Y_\varepsilon\geqslant1.2$		
非硬齿面斜齿轮	$K_{H\alpha}$	1.0		1.1	1.2	1.4	$\varepsilon_\alpha/\cos^2\beta_b\geqslant1.4$		
	$K_{F\alpha}$								

注：1. 经修形的 6 级精度硬齿面斜齿轮，取 $K_{H\alpha}=K_{F\alpha}=1$。

2. 表右部第 5，8 行若计算 $K_{F\alpha}>\dfrac{\varepsilon_\gamma}{\varepsilon_\alpha Y_\varepsilon}$，则取 $K_{F\alpha}=\dfrac{\varepsilon_\gamma}{\varepsilon_\alpha Y_\varepsilon}$。

3. Z_ε 见本节（11），Y_ε 见 8.4.2（6）。

4. 硬齿面和软齿面相啮合的齿轮副，齿间载荷分配系数取平均值。

5. 小齿轮和大齿轮精度等级不同时，则按精度等级较低的取值。

6. 本表也可以用于灰铸铁和球墨铸铁齿轮的计算。

（7）轮齿刚度——单对齿刚度 c' 和啮合刚度 c_γ

轮齿刚度定义为使一对或几对同时啮合的精确轮齿在 1mm 齿宽上产生 1μm 挠度所需的啮合线上的载荷。直齿轮的单对齿刚度 c' 为一对轮齿的最大刚度，斜齿的 c' 为一对轮齿在法截面内的最大刚度。啮合刚度 c_γ 为端面内轮齿总刚度的平均值。

影响轮齿刚度的主要因素有：轮齿参数、轮体结构、法截面内单位齿宽载荷、轴毂连接结构和形式、齿面粗糙度和齿面波度、齿向误差、齿轮材料的弹性模量等。

轮齿刚度的精确值可由实验测得或由弹性理论的有限元法计算确定。在无法实现时，可按下述方法之一确定。

① 一般方法　对于基本齿廓符合 GB/T 1356、单位齿宽载荷 $K_A F_t/b \geqslant 100\text{N/mm}$、轴-毂处圆周方向传力均匀（小齿轮为轴齿轮形式、大轮过盈连接或花键连接）、钢质直齿轮和螺旋角 $\beta \leqslant 45°$ 的外啮合齿轮，c' 和 c_γ 可按表 15-1-110 给出的公式计算。对于不满足上述条件的齿轮，如内啮合、非钢质材料的组合、其他形式的轴-毂连接、单位齿宽载荷 $K_A F_t/b < 100\text{N/mm}$ 的齿轮，也可近似应用。

② 简化方法　对基本齿廓符合 GB/T 1356 的钢制刚性盘状齿轮，当 $\beta \leqslant 30°$，$1.2 < \varepsilon_\alpha < 1.9$ 且 $K_A F_t/b \geqslant 100\text{N/mm}$ 时，取 $c' = 14\text{N/(mm·μm)}$、$c_\gamma = 20\text{N/(mm·μm)}$。非实心齿轮的 c'、c_γ 用轮坯结构系数 C_R 折算。其他基本齿廓的齿轮的 c'、c_γ 可用表 15-1-110 中基本齿廓系数 C_B 折算。非钢对钢配对的齿轮的 c'、c_γ 可用表 15-1-110 中 c_γ 计算式折算。

表 15-1-110　c'、c_γ 计算公式

项　目	计 算 公 式
单对齿刚度 c' /N·mm^{-1}·μm^{-1}	钢对钢齿轮　$c' = c'_{th} C_M C_R C_B \cos\beta$ 其他材料配对　$c' = c'_{st}\zeta$ c'_{st} 为钢的 c'
单对齿刚度的理论值 c'_{th}/N·mm^{-1}·μm^{-1}	$c'_{th} = \dfrac{1}{q'}$
轮齿柔度的最小值 q'/mm·μm·N^{-1}	$q' = 0.04723 + \dfrac{0.15551}{z_{n1}} + \dfrac{0.25791}{z_{n2}} - 0.00635x_1 - 0.11654\dfrac{x_1}{z_{n1}} \mp 0.00193x_2 - 0.24188\dfrac{x_2}{z_{n2}} + 0.00529x_1^2 + 0.00182x_2^2$ （式中∓的“-”用于外啮合，“+”用于内啮合） 对于内啮合齿轮，z_{n2} 应取为无限大
理论修正系数 C_M	一般取 $C_M = 0.8$
轮坯结构系数 C_R	对于实心齿轮，可取 $C_R = 1$ 对轮缘厚度 S_R 和辐板厚度 b_s 的非实心齿轮 $C_R = 1 + \dfrac{\ln(b_s/b)}{5e^{S_R/(5m_n)}}$ 若 $b_s/b < 0.2$，取 $b_s/b = 0.2$；若 $b_s/b > 1.2$，取 $b_s/b = 1.2$；若 $S_R/m_n < 1$，取 $S_R/m_n = 1$
基本齿廓系数 C_B	$C_B = [1 + 0.5(1.2 - h_{fp}/m_n)] \times [1 - 0.02(20° - \alpha_n)]$ 对基本齿廓符合 $\alpha = 20°$，$h_{ap} = m_n$，$h_{fp} = 1.2m_n$，$\rho_{fp} = 0.2$ 的齿轮，$C_B = 1$ 若小轮和大轮的齿根高不一致 $C_B = 0.5(C_{B1} + C_{B2})$，$C_{B1}$、$C_{B2}$ 分别为小、大齿轮基本齿廓系数，按上式计算
系数 ζ	$\zeta = \dfrac{E}{E_{st}}$　　$E = \dfrac{2E_1E_2}{E_1 + E_2}$ E_{st} 为钢的 E 对钢与铸铁配对：$\zeta = 0.74$ 对铸铁与铸铁配对：$\zeta = 0.59$
啮合刚度 c_γ	$c_\gamma = (0.75\varepsilon_\alpha + 0.25)c'$

注：1. 当 $K_A F_t/b < 100\text{N/mm}$ 时，$c' = c'_{th} C_M C_R C_B \cos\beta \left(\dfrac{K_A F_t/b}{100}\right)^{0.25}$。

2. 一对齿轮副中，若一个齿轮为平键连接，配对齿轮为过盈或花键连接，由表中公式计算的 c' 增大 5%；若两个齿轮都为平键连接，由公式计算的 c' 增大 10%。

3. 啮合刚度 c_γ 的计算式适用于直齿轮和螺旋角 $\beta \leqslant 30°$ 的斜齿轮。对 $\varepsilon_\alpha < 1.2$ 的直齿轮的 c_γ，需将计算值减小 10%。

4. z_{n1}、z_{n2} 为小、大（斜）齿轮的当量齿数，分别见表 15-1-23 中的 z_{v1}、z_{v2}。

（8）小轮及大轮单对齿啮合系数 Z_B、Z_D

$\varepsilon_\alpha \leqslant 2$ 时的单对齿啮合系数 Z_B 是把小齿轮节点 C 处的接触应力转化到小轮单对齿啮合区内界点 B 处的接触应力的系数；Z_D 是把大齿轮节点 C 处的接触应力转化到大轮单对齿啮合区内界点 D 处的接触应力的系数，见图 15-1-71。

单对齿啮合系数由表 15-1-111 公式计算与判定。

表 15-1-111　　Z_B、Z_D 的确定

<table>
<tr><th rowspan="2">参 数 计 算 式</th><th colspan="3">判 定 条 件</th></tr>
<tr><th colspan="2">端面重合度 $\varepsilon_\alpha<2$</th><th>$\varepsilon_\alpha>2$ 时</th></tr>
<tr><td rowspan="2">$$M_1=\frac{\tan\alpha_t'}{\sqrt{\left[\sqrt{\frac{d_{a1}^2}{d_{b1}^2}-1}-\frac{2\pi}{z_1}\right]\left[\sqrt{\frac{d_{a2}^2}{d_{b2}^2}-1}-(\varepsilon_\alpha-1)\frac{2\pi}{z_2}\right]}}$$
$$M_2=\frac{\tan\alpha_t'}{\sqrt{\left[\sqrt{\frac{d_{a2}^2}{d_{b2}^2}-1}-\frac{2\pi}{z_2}\right]\left[\sqrt{\frac{d_{a1}^2}{d_{b1}^2}-1}-(\varepsilon_\alpha-1)\frac{2\pi}{z_1}\right]}}$$</td><td>外啮合齿轮</td><td>直齿轮：
当 $M_1>1$ 时，$Z_B=M_1$；当 $M_1\leqslant1$ 时，$Z_B=1$。
当 $M_2>1$ 时，$Z_D=M_2$；当 $M_2\leqslant1$ 时，$Z_D=1$。
斜齿轮：
当纵向重合度 $\varepsilon_\beta\geqslant1.0$ 时，$Z_B=1$，$Z_D=1$。
当纵向重合度 $\varepsilon_\beta<1.0$ 时，
$Z_B=M_1-\varepsilon_\beta(M_1-1)$　当 $Z_B<1$ 时，取 $Z_B=1$。
$Z_D=M_2-\varepsilon_\beta(M_2-1)$　当 $Z_D<1$ 时，取 $Z_D=1$</td><td rowspan="2">对于 $2<\varepsilon_\alpha\leqslant3$ 的高精度齿轮副，任何端截面内的总切向力由连续啮合的两对或三对轮齿共同承担。对于这样的齿轮副，取两对齿啮合外界点计算其接触应力。可用本表中的公式计算 M_1 和 M_2，但此时用表 15-1-87 中的公式计算 σ_{H0} 时，应用总切向力来代替式中的 F_t。这样计算的接触应力偏大，因此，安全系数偏于保守</td></tr>
<tr><td>内啮合齿轮</td><td>取 $Z_B=1$，$Z_D=1$</td></tr>
</table>

(9) 节点区域系数 Z_H

节点区域系数 Z_H 是考虑节点处齿廓曲率对接触应力的影响，并将分度圆上切向力折算为节圆上法向力的系数。

$$Z_H=\sqrt{\frac{2\cos\beta_b\cos\alpha_t'}{\cos^2\alpha_t\sin\alpha_t'}}$$

式中　$\alpha_t=\arctan\left(\frac{\tan\alpha_n}{\cos\beta}\right)$

$\beta_b=\arctan(\tan\beta\cos\alpha_t)$

$\mathrm{inv}\alpha_t'=\mathrm{inv}\alpha_t+\frac{2(x_2\pm x_1)}{z_2\pm z_1}\tan\alpha_n$（“+”用于外啮合，“−”用于内啮合）

对于法面齿形角 α_n 为 20°、22.5°、25°的内、外啮合齿轮，Z_H 也可由图 15-1-75、图 15-1-76 和图 15-1-77 根据 $(x_1+x_2)/(z_1+z_2)$ 及螺旋角 β 查得。

(10) 弹性系数 Z_E

弹性系数 Z_E 是用以考虑材料弹性模量 E 和泊松比 ν 对赫兹应力的影响，其数值可按实际材料弹性模量 E 和泊松比 ν 由下式计算得出。某些常用材料组合的 Z_E 可参考表 15-1-112 查取

$$Z_E=\sqrt{\frac{1}{\pi\left(\frac{1-\nu_1^2}{E_1}+\frac{1-\nu_2^2}{E_2}\right)}}$$

(11) 重合度系数 Z_ε

重合度系数 Z_ε 用以考虑重合度对单位齿宽载荷的影响。Z_ε 可由下表所列公式计算或按图 15-1-78 查得。

(12) 螺旋角系数 Z_β

螺旋角系数 Z_β 是考虑螺旋角造成的接触线倾斜对接触应力影响的系数，$Z_\beta=\sqrt{\cos\beta}$，也可按图 15-1-79 查得。

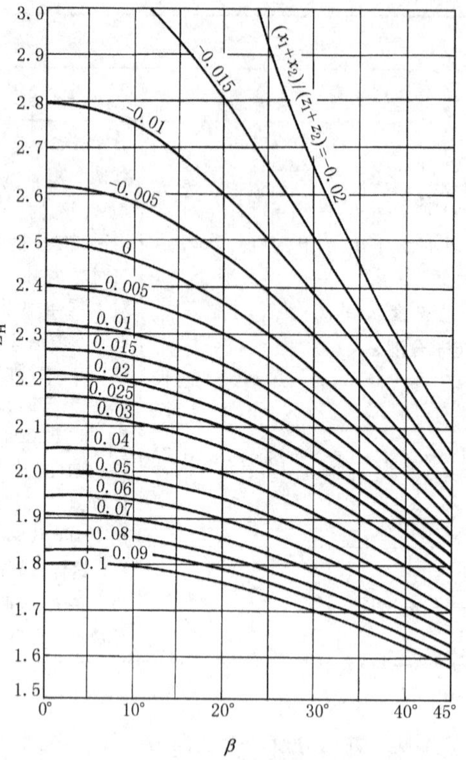

图 15-1-75　$\alpha_n=20°$时的节点区域系数 Z_H

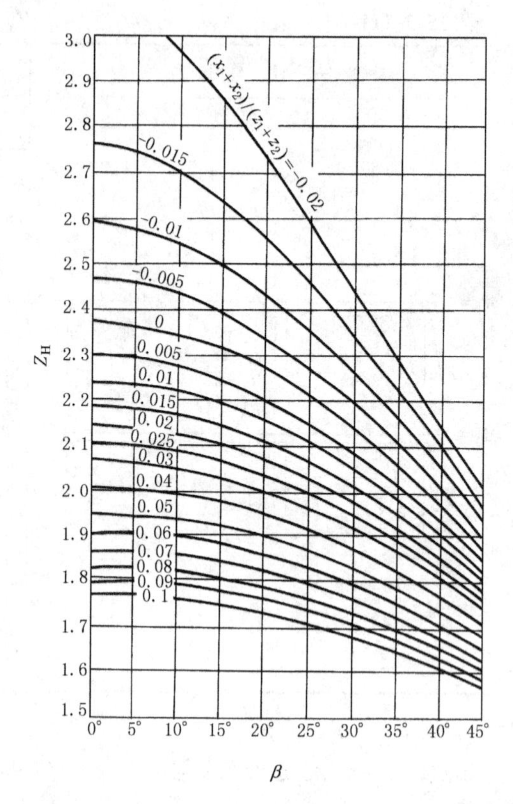

图 15-1-76　$\alpha_n=22.5°$时的节点区域系数 Z_H

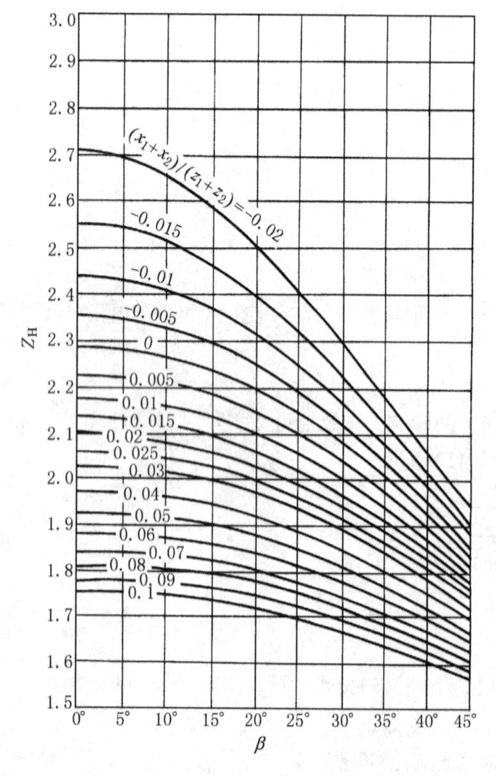

图 15-1-77　$\alpha_n=25°$时的节点区域系数 Z_H

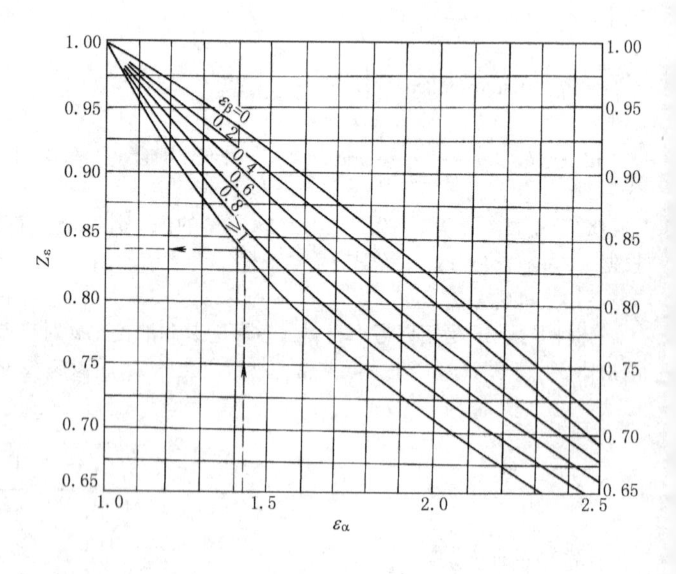

图 15-1-78　重合度系数 Z_ε

表 15-1-112　　Z_ε 计算式

直齿轮	斜齿轮
直齿轮 $Z_\varepsilon=\sqrt{\frac{4-\varepsilon_\alpha}{3}}$	当 $\varepsilon_\beta<1$ 时　$Z_\varepsilon=\sqrt{\frac{4-\varepsilon_\alpha}{3}(1-\varepsilon_\beta)+\frac{\varepsilon_\beta}{\varepsilon_\alpha}}$ 当 $\varepsilon_\beta\geqslant1$ 时　$Z_\varepsilon=\sqrt{\frac{1}{\varepsilon_\alpha}}$

表 15-1-113　　弹性系数 Z_E

齿轮 1			齿轮 2			Z_E $/\sqrt{\mathrm{N/mm^2}}$
材料	弹性模量 $E_1/\mathrm{N\cdot mm^{-2}}$	泊松比 ν_1	材料	弹性模量 $E_2/\mathrm{N\cdot mm^{-2}}$	泊松比 ν_2	
钢	206000	0.3	钢	206000	0.3	189.8
			铸钢	202000		188.9
			球墨铸铁	173000		181.4
			灰铸铁	118000~126000		162.0~165.4
铸钢	202000	0.3	铸钢	202000	0.3	188.0
			球墨铸铁	173000		180.5
			灰铸铁	118000		161.4
球墨铸铁	173000	0.3	球墨铸铁	173000	0.3	173.9
			灰铸铁	118000		156.6
灰铸铁	118000~126000	0.3	灰铸铁	118000	0.3	143.7~146.70

(13) 试验齿轮的接触疲劳极限 σ_{Hlim}

σ_{Hlim}是指某种材料的齿轮经长期持续的重复载荷作用(对大多数材料，其应力循环数为 5×10^7) 后，齿面不出现进展性点蚀时的极限应力。主要影响因素有：材料成分，力学性能，热处理及硬化层深度、硬度梯度，结构（锻、轧、铸），残余应力，材料的纯度和缺陷等。

σ_{Hlim}可由齿轮的负荷运转试验或使用经验的统计数据得出。此时需说明线速度、润滑油黏度、表面粗糙度、材料组织等变化对许用应力的影响所引起的误差。无资料时，可由图 15-1-80~图 15-1-84 查取。图中的 σ_{Hlim} 值是试验齿轮的失效概率为 1%时的轮齿接触疲劳极限。图中硬化齿轮的疲劳极限值对渗碳齿轮适用于有效硬化层深度（加工后的）$\delta\geqslant0.15m_n$，对于氮化齿轮，其有效硬化层深度 $\delta=0.4\sim0.6$mm。

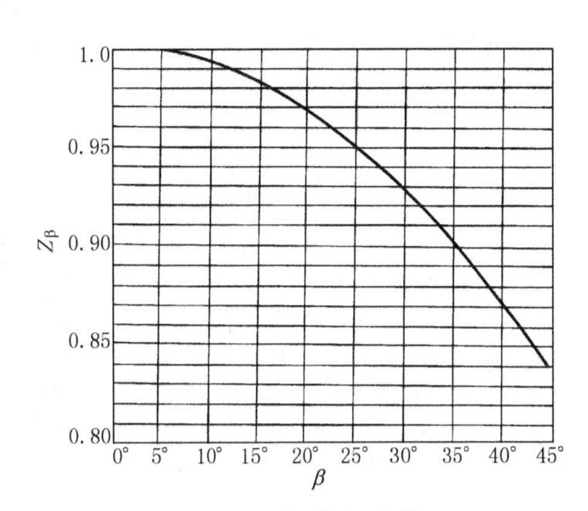

图 15-1-79　螺旋角系数 Z_β

在图中，代表材料质量等级的 ML、MQ、ME 和 MX 线所对应的材料处理要求见 GB/T 8539《齿轮材料热处理质量检验的一般规定》。

ML——表示齿轮材料质量和热处理质量达到最低要求时的疲劳极限取值线。

MQ——表示齿轮材料质量和热处理质量达到中等要求时的疲劳极限取值线。此中等要求是有经验的工业齿轮制造者以合理的生产成本能达到的。

ME——表示齿轮材料质量和热处理质量达到很高要求时的疲劳极限取值线。这种要求只有在具备高水平的制造过程可控能力时才能达到。

MX——表示对淬透性及金相组织有特殊考虑的调质合金钢的取值线。

图 15-1-80~图 15-1-84 中提供的 σ_{Hlim} 值是试验齿轮在标准的运转条件下得到的。具体的条件如下：

中心距　$a=100$mm；

螺旋角　$\beta=0°$（$Z_\beta=1$）；

模数　$m=3\sim5$mm；

齿面的微观不平度 10 点高度　$Rz=3\mu$m（$Z_R=1$）；

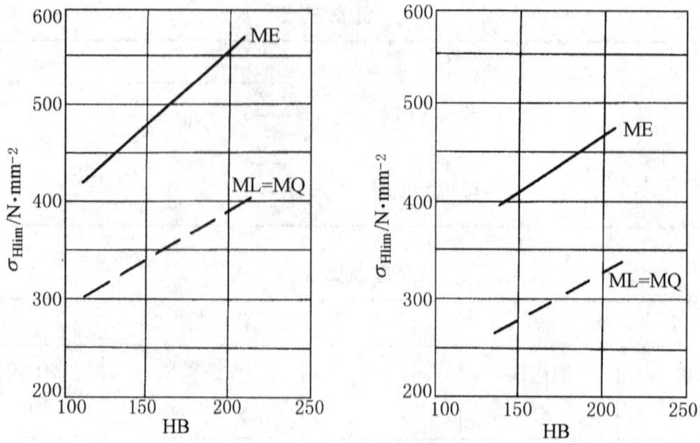

(a) 正火处理的结构钢　　(b) 铸钢

图 15-1-80　正火处理的结构钢和铸钢的 σ_{Hlim}

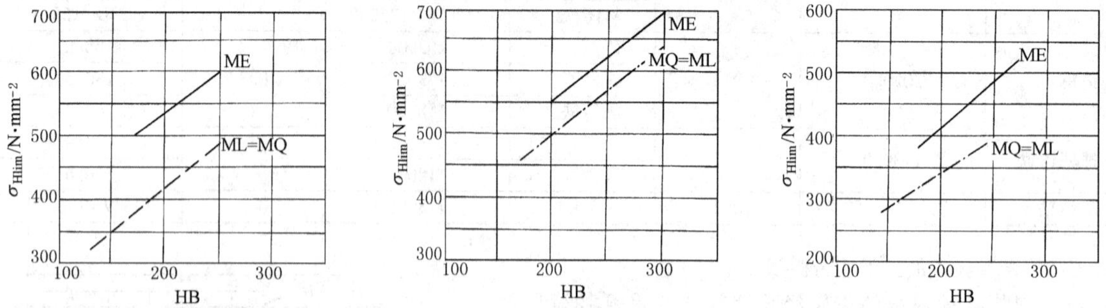

(a) 可锻铸铁　　(b) 球墨铸铁　　(c) 灰铸铁

图 15-1-81　铸铁的 σ_{Hlim}

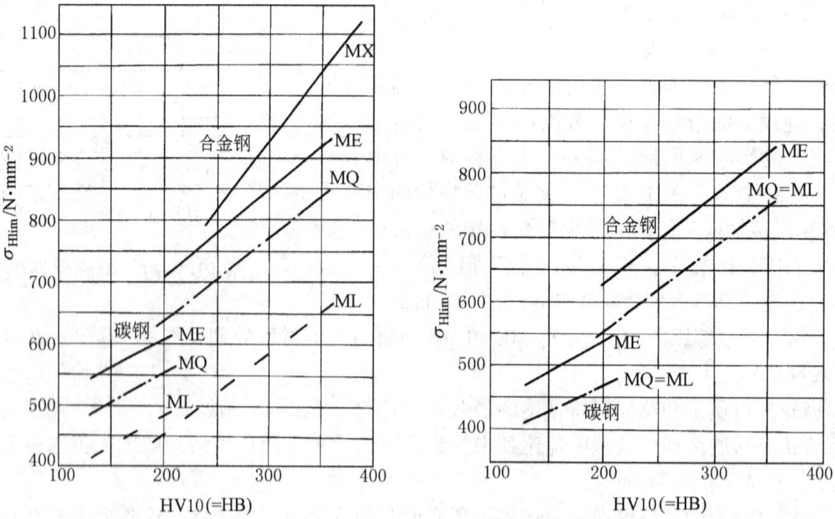

(a) 调质钢　　(b) 铸钢

图 15-1-82　调质处理的碳钢、合金钢及铸钢的 σ_{Hlim}

圆周线速度　$v=10\text{m/s}$（$Z_v=1$）；

润滑剂黏度　$\nu_{50}=100\text{mm}^2/\text{s}$（$Z_L=1$）；

相啮合齿轮的材料相同（$Z_W=1$）；

齿轮精度等级　4~6 级（ISO 1328-1：1995 或 GB/T 10095.1）；

载荷系数　$K_A=K_V=K_{H\beta}=K_{H\alpha}=1$。

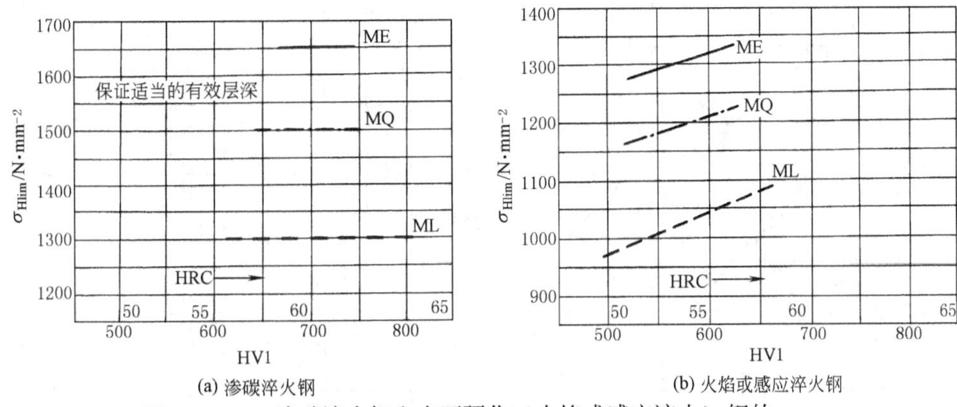

(a) 渗碳淬火钢　　(b) 火焰或感应淬火钢

图 15-1-83　渗碳淬火钢和表面硬化（火焰或感应淬火）钢的 σ_{Hlim}

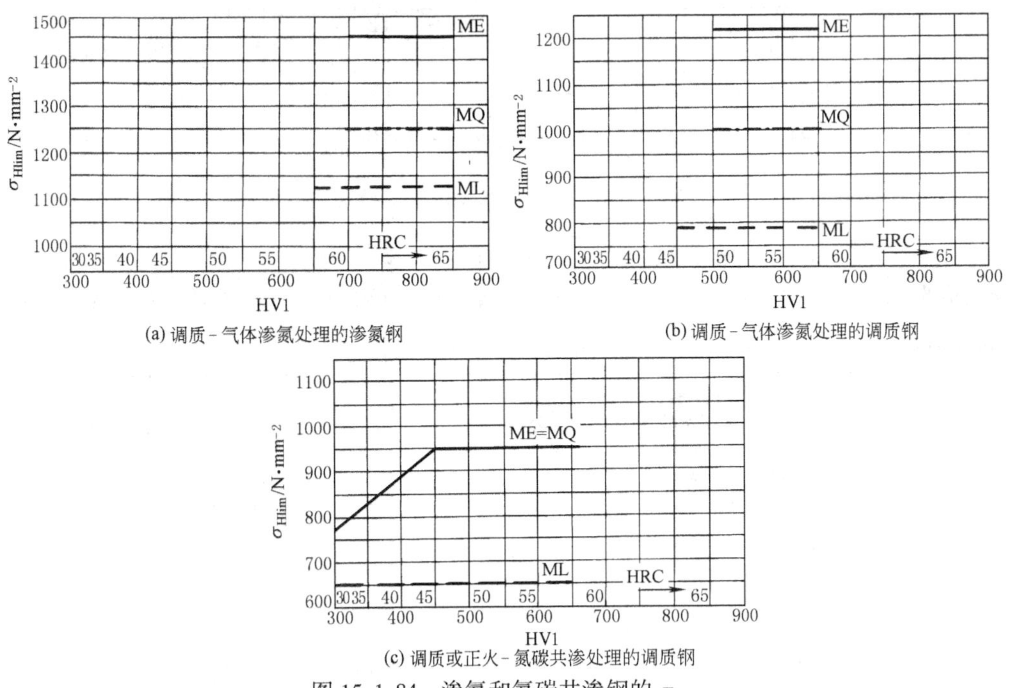

(a) 调质－气体渗氮处理的渗氮钢　　(b) 调质－气体渗氮处理的调质钢

(c) 调质或正火－氮碳共渗处理的调质钢

图 15-1-84　渗氮和氮碳共渗钢的 σ_{Hlim}

试验齿轮的失效判据如下：

对于非硬化齿轮，其大小齿轮点蚀面积占全部工作齿面的 2%，或者对单齿占 4%；

对于硬化齿轮，其大小齿轮点蚀面积占全部工作齿面的 0.5%，或者对单齿占 4%。

（14）接触强度计算的寿命系数 Z_{NT}

寿命系数 Z_{NT} 是考虑齿轮寿命小于或大于持久寿命条件循环次数 N_c 时（见图 15-1-85），其可承受的接触应力值与其相应的条件循环次数 N_c 时疲劳极限应力的比例的系数。

当齿轮在定载荷工况工作时，应力循环次数 N_L 为齿轮设计寿命期内单侧齿面的啮合次数；双向工作时，按啮合次数较多的一侧计算。当齿轮在变载荷工况下工作并有载荷图谱可用时，应按 8.4.4 的方法核算其强度安全系数；对于缺乏工作载荷图谱的非恒定载荷齿轮，可近似地按名义载荷乘以使用系数 K_A 来核算其强度。

条件循环次数 N_c 是齿轮材料 S-N（即应力-循环次数）曲线上一个特征拐点的循环次数，并取该点处的寿命系数为 1.0，相应的 S-N 曲线上的应力称为疲劳极限应力。

接触强度计算的寿命系数 Z_{NT} 应根据实际齿轮实验或经验统计数据得出 S-N 曲线求得，它与一对相啮合齿轮的材料、热处理、直径、模数、齿面粗糙度、节线速度及使用的润滑剂有关。当直接采用 S-N 曲线确定和 S-N

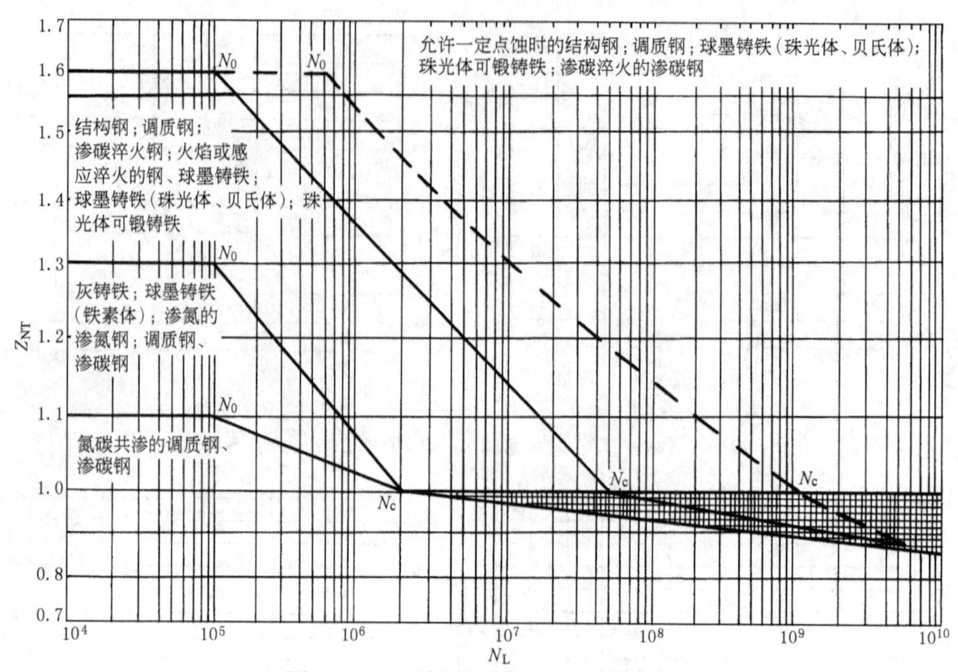

图 15-1-85　接触强度的寿命系数 Z_{NT}

曲线实验条件完全相同的齿轮寿命系数 Z_{NT}时，应将有关的影响系数 Z_R、Z_v、Z_L、Z_W、Z_x 的值均取为 1.0。

当无合适的上述实验或经验数据可用时，Z_{NT}可由表 15-1-114 的公式计算或由图 15-1-85 查取。

表 15-1-114　　　　接触强度的寿命系数 Z_{NT}

材料及热处理		静强度最大循环次数 N_0	持久寿命条件循环次数 N_c	应力循环次数 N_L	Z_{NT}计算公式
结构钢 调质钢 球墨铸铁（珠光体、贝氏体）球光体可锻铸铁；渗碳淬火的渗碳钢；感应淬火或火焰淬火的钢和球墨铸铁	允许有一定点蚀	$N_0=6\times10^5$	$N_c=10^9$	$N_L\leqslant6\times10^5$	$Z_{NT}=1.6$
				$6\times10^5<N_L\leqslant10^7$	$Z_{NT}=1.3\left(\frac{10^7}{N_L}\right)^{0.0738}$
				$10^7<N_L\leqslant10^9$	$Z_{NT}=\left(\frac{10^9}{N_L}\right)^{0.057}$
				$10^9<N_L\leqslant10^{10}$	$Z_{NT}=\left(\frac{10^9}{N_L}\right)^{0.0706}$（见注）
	不允许有点蚀	$N_0=10^5$	$N_c=5\times10^7$	$N_L\leqslant10^5$	$Z_{NT}=1.6$
				$10^5<N_L\leqslant5\times10^7$	$Z_{NT}=\left(\frac{5\times10^7}{N_L}\right)^{0.0756}$
				$5\times10^7<N_L\leqslant10^{10}$	$Z_{NT}=\left(\frac{5\times10^7}{N_L}\right)^{0.0306}$（见注）
灰铸铁、球墨铸铁（铁素体）；渗氮处理的渗氮钢、调质钢、渗碳钢			$N_c=2\times10^6$	$N_L\leqslant10^5$	$Z_{NT}=1.3$
				$10^5<N_L\leqslant2\times10^6$	$Z_{NT}=\left(\frac{2\times10^6}{N_L}\right)^{0.0875}$
				$2\times10^6<N_L\leqslant10^{10}$	$Z_{NT}=\left(\frac{2\times10^6}{N_L}\right)^{0.0191}$（见注）
氮碳共渗的调质钢、渗碳钢				$N_L\leqslant10^5$	$Z_{NT}=1.1$
				$10^5<N_L\leqslant2\times10^6$	$Z_{NT}=\left(\frac{2\times10^6}{N_L}\right)^{0.0318}$
				$2\times10^6<N_L\leqslant10^{10}$	$Z_{NT}=\left(\frac{2\times10^6}{N_L}\right)^{0.0191}$（见注）

注：当优选材料、制造工艺和润滑剂，并经生产实践验证时，这几个式子可取 $Z_{NT}=1.0$。

（15）润滑油膜影响系数 Z_L、Z_v、Z_R

齿面间的润滑油膜影响齿面承载能力。润滑区的油黏度、相啮面间的相对速度、齿面粗糙度对齿面间润滑油膜状况的影响分别以润滑剂系数 Z_L、速度系数 Z_v 和粗糙度系数 Z_R 来考虑。齿面载荷和齿面相对曲率半径对齿面间润滑油膜状况也有影响。

确定润滑油膜影响系数的理想方法是总结现场使用经验或用类比试验。当所有试验条件（尺寸、材料、润滑剂及运行条件等）与设计齿轮完全相同并由此确定其承载能力或寿命系数时，Z_L、Z_v 和 Z_R 的值均等于 1.0。当无资料时，可按下述方法之一确定。

① 一般方法　计算公式见表 15-1-115。

表 15-1-115　　**Z_L、Z_v、Z_R 计算公式**

<table>
<tr><th>有限寿命设计（$N_L<N_c$ 时）</th><th>持久强度设计（$N_L\geqslant N_c$ 时）</th><th>静强度（$N_L\leqslant N_0$ 时）</th></tr>
<tr><td rowspan="3">$Z_L=\left(\frac{N_0}{N_L}\right)\left(\frac{\lg Z_{LC}}{K_n}\right)$
$Z_v=\left(\frac{N_0}{N_L}\right)\left(\frac{\lg Z_{vC}}{K_n}\right)$
$Z_R=\left(\frac{N_0}{N_L}\right)\left(\frac{\lg Z_{RC}}{K_n}\right)$
$K_n=\lg(N_0/N_c)$
对结构钢，调质钢，球墨铸铁（珠光体、贝氏体），珠光体可锻铸铁，渗碳淬火钢，感应淬火或火焰淬火的钢、球墨铸铁
$K_n=-3.222$（允许一定点蚀）
$K_n=-2.699$（不允许点蚀）
对可锻铸铁，球墨铸铁（铁素体），渗氮处理的渗氮钢、调质钢、渗碳钢，氮碳共渗的调质钢、渗碳钢
$K_n=-1.301$
式中：
Z_{LC}，Z_{vC}，Z_{RC} 为 $N_L=N_c$ 时得到的持久强度的值（即表中按 $N_L=N_c$ 算得的 Z_L、Z_v、Z_R）
N_0、N_c 值见表 15-1-114</td>
<td>$Z_L=C_{ZL}+\frac{4(1.0-C_{ZL})}{\left(1.2+\frac{80}{\nu_{50}}\right)^2}=C_{ZL}+\frac{4(1.0-C_{ZL})}{\left(1.2+\frac{134}{\nu_{40}}\right)^2}$ ①②
当 $850\text{N/mm}^2\leqslant\sigma_{Hlim}\leqslant1200\text{N/mm}^2$ 时
$C_{ZL}=\frac{\sigma_{Hlim}}{4375}+0.6357$ ②
当 $\sigma_{Hlim}<850\text{N/mm}^2$ 时取 $C_{ZL}=0.83$
当 $\sigma_{Hlim}>1200\text{N/mm}^2$ 时取 $C_{ZL}=0.91$</td>
<td rowspan="3">$Z_L=Z_v=Z_R=1$</td></tr>
<tr><td>$Z_v=C_{Zv}+\frac{2(1.0-C_{Zv})}{\sqrt{0.8+\frac{32}{v}}}$
当 $850\text{N/mm}^2\leqslant\sigma_{Hlim}\leqslant1200\text{N/mm}^2$ 时
$C_{Zv}=0.85+\frac{\sigma_{Hlim}-850}{350}\times0.08$
当 $\sigma_{Hlim}<850\text{N/mm}^2$ 时以 850N/mm^2 代入计算
当 $\sigma_{Hlim}>1200\text{N/mm}^2$ 时以 1200N/mm^2 代入计算
v——节点线速度，m/s</td></tr>
<tr><td>$Z_R=\left(\frac{3}{Rz_{10}}\right)^{C_{zR}}$（极限条件为：$Z_R\leqslant1.15$）③
当 $850\text{N/mm}^2\leqslant\sigma_{Hlim}\leqslant1200\text{N/mm}^2$ 时
$C_{zR}=0.32-0.0002\sigma_{Hlim}$
当 $\sigma_{Hlim}<850\text{N/mm}^2$ 时，$C_{zR}=0.15$
当 $\sigma_{Hlim}>1200\text{N/mm}^2$ 时，$C_{zR}=0.08$
Z_L、Z_v、Z_R 也可由图 15-1-86～图 15-1-88 查取②</td></tr>
</table>

① ν_{50}—在 50℃时润滑油的名义运动黏度，mm^2/s（cSt）；
ν_{40}—在 40℃时润滑油的名义运动黏度，mm^2/s（cSt）。

② 公式及图 15-1-86 适用于矿物油（加或不加添加剂）。应用某些具有较小摩擦因数的合成油时，对于渗碳钢齿轮 Z_L 应乘以系数 1.1，对于调质钢齿轮应乘以系数 1.4。

③ Rz_{10}—相对（峰-谷）平均粗糙度

$$Rz_{10}=\frac{Rz_1+Rz_2}{2}\sqrt[3]{\frac{10}{\rho_{red}}}$$

Rz_1，Rz_2—小齿轮及大齿轮的齿面微观不平度 10 点高度，μm。如经事先跑合，则 Rz_1，Rz_2 应为跑合后的数值；若粗糙度以 Ra 值（Ra=CLA 值=AA 值）给出，则可近似取 $Rz\approx6Ra$。

ρ_{red}—节点处诱导曲率半径，mm；$\rho_{red}=\rho_1\rho_2(\rho_1\pm\rho_2)$。式中"+"用于外啮合，"−"用于内啮合，$\rho_1$，$\rho_2$ 分别为小轮及大轮节点处曲率半径；对于小齿轮-齿条啮合，$\rho_{red}=\rho_1$；$\rho_{1,2}=0.5d_{b1,2}\tan\alpha_t'$，式中 d_b 为基圆半径。

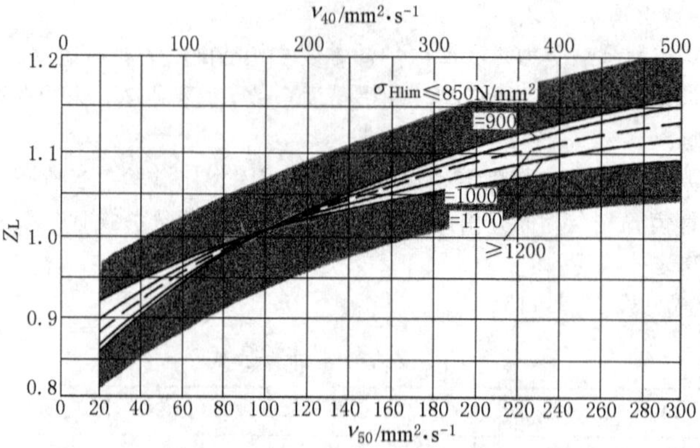

图 15-1-86　润滑剂系数 Z_L

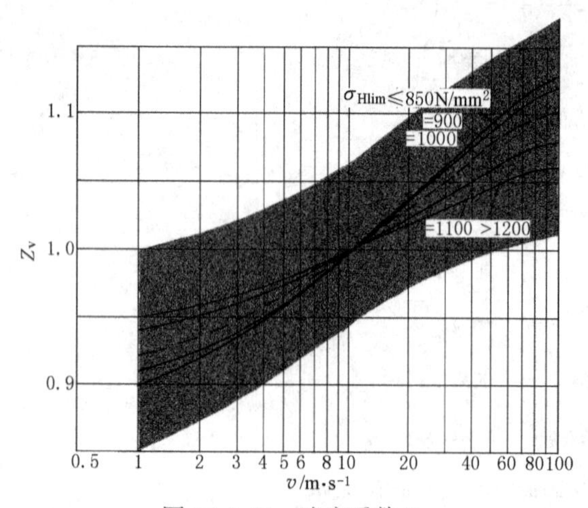

图 15-1-87　速度系数 Z_v

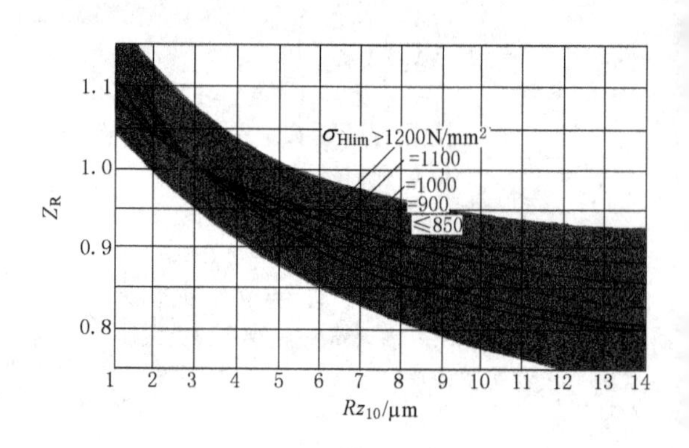

图 15-1-88　粗糙度系数 Z_R

② 简化方法　Z_L、Z_v、Z_R 的乘积在持久强度和静强度设计时由表 15-1-116 查得。对于应力循环次数 N_L 小于持久寿命条件循环次数 N_c 的有限寿命设计，（$Z_LZ_vZ_R$）值由其持久强度（$N_L \geq N_c$）和静强度（$N_L \leq N_0$）时的值参照表 15-1-116 的公式插值确定。

表 15-1-116　　简化计算的（$Z_LZ_vZ_R$）值

计算类型	加工工艺及齿面粗糙度 Rz_{10}	$(Z_LZ_vZ_R)_{N_0,N_c}$
持久强度（$N_L \geq N_c$）	Rz_{10}>4μm 经展成法滚、插或刨削加工的齿轮副	0.85
	研、磨或剃齿的齿轮副（Rz_{10}>4μm）；滚、插、研磨的齿轮与 $Rz_{10} \leq$4μm 的磨或剃齿轮啮合	0.92
	Rz_{10}<4μm 的磨削或剃的齿轮副	1.00
静强度（$N_L \leq N_0$）	各种加工方法	1.00

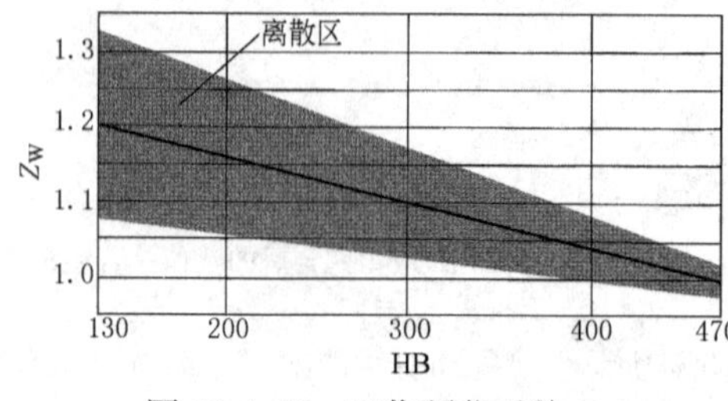

图 15-1-89　工作硬化系数 Z_W

（16）齿面工作硬化系数 Z_W

工作硬化系数 Z_W 是用以考虑经光整加工的硬齿面小齿轮在运转过程中对调质钢大齿轮齿面产生冷作硬化，从而使大齿轮的许用接触应力得以提高的系数。

Z_W 可由公式 $Z_W = 1.2 - \frac{HB - 130}{1700}$ 计算或由图 15-1-89 取得。此公式和图的使用条件为：小齿轮齿面微观不平度 10 点高度 Rz<6μm，大齿轮齿面硬度为 130～470HB。当<130HB

时，取 $Z_W=1.2$；当>470HB 时，取$Z_W=1.0$。

（17）接触强度计算的尺寸系数 Z_x

尺寸系数是考虑因尺寸增大使材料强度降低的尺寸效应因素的系数。

确定尺寸系数的理想方法是通过实验或经验总结。当用与设计齿轮完全相同的齿轮进行实验得到齿面承载能力或寿命系数时，$Z_x=1.0$。静强度（$N_L \leqslant N_0$）的 $Z_x=1.0$。

当无实验或经验数据可用时，持久强度（$N_L \geqslant N_c$）的尺寸系数 Z_x 可按表 15-1-117 所列公式计算或由图 15-1-90 查取。有限寿命（$N_0<N_L<N_c$）的尺寸系数由持久强度和静强度时的尺寸系数值参照表 15-1-115 左栏公式插值确定。

表 15-1-117　　　　接触强度计算的尺寸系数 Z_x

材　　料	Z_x	备　　注
调质钢、结构钢	$Z_x=1.0$	
短时间液体渗氮钢；气体渗氮钢	$Z_x=1.067-0.0056m_n$	$m_n<12$ 时，取 $m_n=12$ $m_n>30$ 时，取 $m_n=30$
渗碳淬火钢、感应或火焰淬火表面硬化钢	$Z_x=1.076-0.0109m_n$	$m_n<7$ 时，取 $m_n=7$ $m_n>30$ 时，取 $m_n=30$

注：m_n 是单位为 mm 的齿轮法向模数值。

（18）最小安全系数 S_{Hmin}（S_{Fmin}）

安全系数选取的原则见 8.1。如无可用资料时，最小安全系数可参考表 15-1-118 选取。

表 15-1-118　　　　最小安全系数参考值

使用要求	最小安全系数	
	S_{Fmin}	S_{Hmin}
高可靠度	2.00	1.50～1.60
较高可靠度	1.60	1.25～1.30
一般可靠度	1.25	1.00～1.10
低可靠度	1.00	0.85

注：1. 在经过使用验证或对材料强度、载荷工况及制造精度拥有较准确的数据时，可取表中 S_{Fmin} 下限值。

2. 一般齿轮传动不推荐采用低可靠度的安全系数值。

3. 采用低可靠度的接触安全系数值时，可能在点蚀前先出现齿面塑性变形。

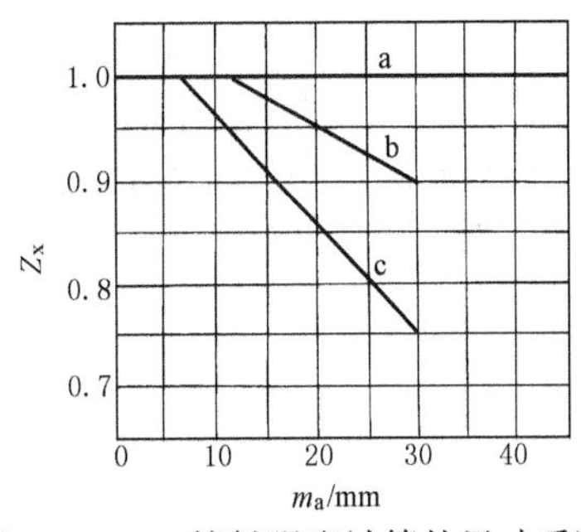

图 15-1-90　接触强度计算的尺寸系数 Z_x

a—结构钢、调质钢、静强度计算时的所有材料；b—短时间液体渗氮钢，气体渗氮钢；c—渗碳淬火钢、感应或火焰淬火表面硬化钢

8.4.2　轮齿弯曲强度核算

标准以载荷作用侧的齿廓根部的最大拉应力作为名义弯曲应力，并经相应的系数修正后作为计算齿根应力。考虑到使用条件、要求及尺寸的不同，标准将修正后的试件弯曲疲劳极限作为许用齿根应力。给出的轮齿弯曲强度计算公式适用于齿根以内轮缘厚度不小于 $3.5m_n$ 的圆柱齿轮。对于不符合此条件的薄轮缘齿轮，应作进一步应力分析、实验或根据经验数据确定其齿根应力的增大率。

（1）轮齿弯曲强度核算的公式

轮齿弯曲强度核算公式见表 15-1-119。

（2）弯曲强度计算的螺旋线载荷分布系数 $K_{F\beta}$

螺旋线载荷分布系数 $K_{F\beta}$ 是考虑沿齿宽载荷分布对齿根弯曲应力的影响。对于所有的实际应用范围，$K_{F\beta}$ 可按下式计算

表 15-1-119　　轮齿弯曲强度核算公式

强度条件	$\sigma_F \leqslant \sigma_{Fp}$ 或 $S_F \geqslant S_{Fmin}$	σ_F——齿轮的计算齿根应力,N/mm² σ_{Fp}——齿轮的许用齿根应力,N/mm² S_F——弯曲强度的计算安全系数 S_{Fmin}——弯曲强度的最小安全系数,见 8.4.1(18)
计算齿根应力	$\sigma_F=\sigma_{F0}K_AK_VK_{F\beta}K_{F\alpha}$	$K_{F\beta}$——弯曲强度计算的齿向载荷分布系数,见本节(2) $K_{F\alpha}$——弯曲强度计算的齿间载荷分配系数,见本节(3) σ_{F0}——齿根应力的基本值,N/mm²,对于大、小齿轮应分别确定
齿根应力的基本值[1][3]	方法一 $\sigma_{F0}=\dfrac{F_t}{bm_n}Y_FY_SY_\beta$ 方法二　仅适用于 $\varepsilon_\alpha<2$ 的齿轮传动 $\sigma_{F0}=\dfrac{F_t}{bm_n}Y_{Fa}Y_{Sa}Y_\varepsilon Y_\beta$	F_t——端面内分度圆上的名义切向力,N b——工作齿宽(齿根圆处)[2],mm m_n——法向模数,mm; Y_F——载荷作用于单对齿啮合区外界点时的齿形系数,见本节(4) Y_S——载荷作用于单对齿啮合区外界点时的应力修正系数,见本节(5) Y_β——螺旋角系数,见本节(7) Y_{Fa}——载荷作用于齿顶时的齿形系数,见本节(4) Y_{Sa}——载荷作用于齿顶时的应力修正系数,见本节(5) Y_ε——弯曲强度计算的重合度系数,见本节(6)
许用齿根应力	$\sigma_{FP}=\dfrac{\sigma_{FG}}{S_{Fmin}}$ $\sigma_{FG}=\sigma_{Flim}Y_{ST}Y_{NT}Y_{\delta relT}Y_{RrelT}Y_X$ 大、小齿轮的许用齿根应力要分别确定	σ_{FG}——计算齿轮的弯曲极限应力,N/mm² σ_{Flim}——试验齿轮的齿根弯曲疲劳极限,N/mm²,见本节(8) Y_{ST}——试验齿轮的应力修正系数,如用本标准所给 σ_{Flim} 值计算时,取 $Y_{ST}=2.0$ Y_{NT}——弯曲强度计算的寿命系数,见本节(9) S_{Fmin}——弯曲强度的最小安全系数,见 8.4.1(18) $Y_{\delta relT}$——相对齿根圆角敏感系数,见本节(11) Y_{RrelT}——相对齿根表面状况系数,见本节(12) Y_X——弯曲强度计算的尺寸系数,见本节(10)
计算安全系数	$S_F=\dfrac{\sigma_{FG}}{\sigma_F}=\dfrac{\sigma_{Flim}Y_{ST}Y_{NT}}{\sigma_{F0}}\times\dfrac{Y_{\delta relT}Y_{RrelT}Y_X}{K_AK_VK_{F\beta}K_{F\alpha}}$	K_A、K_V 同 8.4.1(3)、(4) $K_{F\beta}$——弯曲强度计算的齿向载荷分布系数,见本节(2) $K_{F\alpha}$——弯曲强度计算的齿间载荷分配系数,见本节(3)

① 对于计算精确度要求较高的齿轮，应优先采用方法一。在对计算结果有争议时，以方法一为准。

② 若大、小齿轮宽度不同时，最多把窄齿轮的齿宽加上一个模数作为宽齿轮的工作齿宽；对于双斜齿或人字齿轮 $b=b_B\times2$，b_B 为单个斜齿轮宽度；轮齿如有齿端修薄或鼓形修整，b 应取比实际齿宽较小的值。

③ 薄轮缘齿轮齿根应力基本值的计算见 8.4.5。

$$K_{F\beta}=(K_{H\beta})^N$$

式中　$K_{H\beta}$——接触强度计算的螺旋线载荷分布系数，见 8.4.1（5）；

N——幂指数

$$N=\frac{(b/h)^2}{1+(b/h)+(b/h)^2}$$

式中　b——齿宽，mm，对人字齿或双斜齿齿轮，用单个斜齿轮的齿宽；

h——齿高，mm。

b/h 应取大小齿轮中的小值。

图 15-1-91 给出按以上二式确定的近似解。

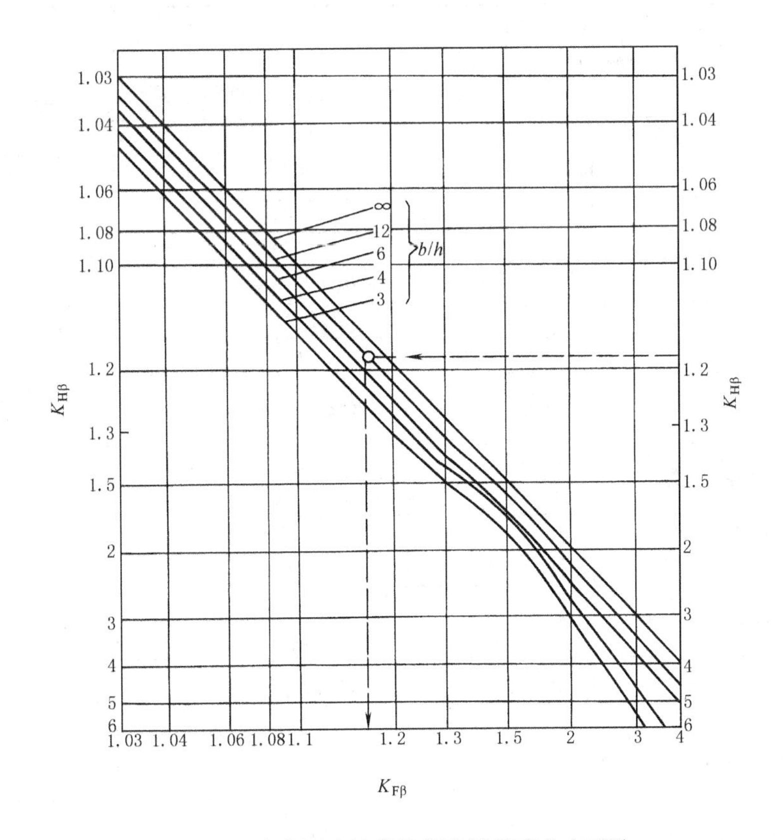

图 15-1-91　弯曲强度计算的螺旋线载荷分布系数 $K_{F\beta}$

(3) 弯曲强度计算的齿间载荷分配系数 $K_{F\alpha}$

螺旋线载荷分配系数 $K_{F\alpha}$ 的含义、影响因素、计算方法与使用表格与接触强度计算的螺旋线载荷分配系数 $K_{H\alpha}$ 完全相同，且 $K_{F\alpha}=K_{H\alpha}$。详见 8.4.1 (6)。

(4) 齿廓系数 Y_F、Y_{Fa}

齿廓系数用于考虑齿廓对名义弯曲应力的影响，以过齿廓根部左右两过渡曲线与 30°切线相切点的截面作为危险截面进行计算。

① 齿廓系数 Y_F　齿廓系数 Y_F 是考虑载荷作用于单对齿啮合区外界点时齿廓对名义弯曲应力的影响（见图 15-1-92）。

外齿轮的齿廓系数 Y_F 可由下式计算

$$Y_F=\frac{6\left(\frac{h_{Fe}}{m_n}\right)\cos\alpha_{Fen}}{\left(\frac{s_{Fn}}{m_n}\right)^2\cos\alpha_n}$$

式中　m_n——齿轮法向模数，mm；

α_n——法向分度圆压力角；

α_{Fen}，h_{Fe}，s_{Fn} 的定义见图 15-1-92。

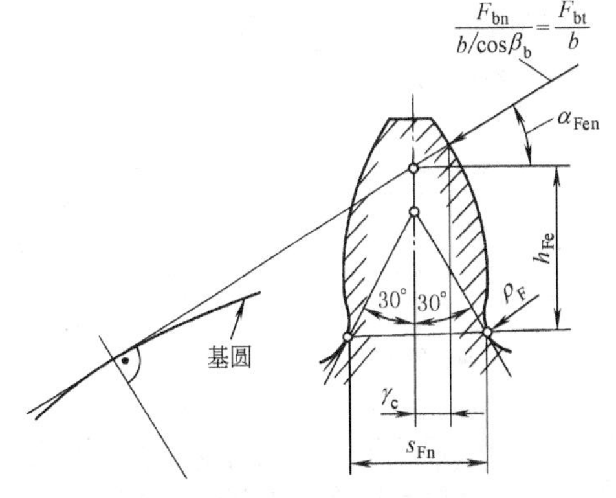

图 15-1-92　影响外齿轮齿廓系数 Y_F 的各参数

用齿条刀具加工的外齿轮，Y_F 可用表 15-1-120 中的公式计算。但此计算需满足下列条件：a. 30°切线的切点位于由刀具齿顶圆角所展成的齿根过渡曲线上；b. 刀具齿顶必须有一定大小的圆角（即 $\rho_{fP}\neq0$），刀具的基本齿廓尺寸见图 15-1-93。

表 15-1-120 外齿轮齿廓系数 Y_F 的有关公式

序号	名称	代号	计算公式	备注
1	刀尖圆心至刀齿对称线的距离	E	$\dfrac{\pi m_n}{4}-h_{fP}\tan\alpha_n+\dfrac{s_{pr}}{\cos\alpha_n}-(1-\sin\alpha_n)\dfrac{\rho_{fP}}{\cos\alpha_n}$	h_{fP}——基本齿廓齿根高 $s_{pr}=p_r-q$ 见图 15-1-93
2	辅助值	G	$\dfrac{\rho_{fP}}{m_n}-\dfrac{h_{fP}}{m_n}+x$	x——法向变位系数
3	基圆螺旋角	β_b	$\arccos[\sqrt{1-(\sin\beta\cos\alpha_n)^2}]$	
4	当量齿数	z_n	$\dfrac{z}{\cos^2\beta_b\cos\beta}\approx\dfrac{z}{\cos^3\beta}$	
5	辅助值	H	$\dfrac{2}{z_n}\left(\dfrac{\pi}{2}-\dfrac{E}{m_n}\right)-\dfrac{\pi}{3}$	
6	辅助角	θ	$(2G/z_n)\tan\theta-H$	用牛顿法解时可取初始值 $\theta=-H/(1-2G/z_n)$
7	危险截面齿厚与模数之比	$\dfrac{s_{Fn}}{m_n}$	$z_n\sin\left(\dfrac{\pi}{3}-\theta\right)+\sqrt{3}\left(\dfrac{G}{\cos\theta}-\dfrac{\rho_{fP}}{m_n}\right)$	
8	30°切点处曲率半径与模数之比	$\dfrac{\rho_F}{m_n}$	$\dfrac{\rho_{fP}}{m_n}+\dfrac{2G^2}{\cos\theta(z_n\cos^2\theta-2G)}$	
9	当量直齿轮端面重合度	$\varepsilon_{\alpha n}$	$\dfrac{\varepsilon_\alpha}{\cos^2\beta_b}$	ε_α 见表 15-1-107 中计算式
10	当量直齿轮分度圆直径	d_n	$\dfrac{d}{\cos^2\beta_b}=m_nz_n$	
11	当量直齿轮基圆直径	d_{bn}	$d_n\cos\alpha_n$	
12	当量直齿轮顶圆直径	d_{an}	d_n+d_a-d	d_a——齿顶圆直径 d——分度圆直径
13	当量直齿轮单对齿啮合区外界点直径	d_{en}	$2\sqrt{\left[\sqrt{\left(\dfrac{d_{an}}{2}\right)^2-\left(\dfrac{d_{bn}}{2}\right)^2}\mp\pi m_n\cos\alpha_n(\varepsilon_{\alpha n}-1)\right]^2+\left(\dfrac{d_{bn}}{2}\right)^2}$ 注：式中"∓"处对外啮合取"-",对内啮合取"+"	
14	当量齿轮单齿啮合外界点压力角	α_{en}	$\arccos\left(\dfrac{d_{bn}}{d_{en}}\right)$	
15	外界点处的齿厚半角	γ_e	$\dfrac{1}{z_n}\left(\dfrac{\pi}{2}+2x\tan\alpha_n\right)+\mathrm{inv}\alpha_n-\mathrm{inv}\alpha_{en}$	
16	当量齿轮单齿啮合外界点载荷作用角	α_{Fen}	$\alpha_{en}-\gamma_e$	
17	弯曲力臂与模数比	$\dfrac{h_{Fe}}{m_n}$	$\dfrac{1}{2}\left[(\cos\gamma_e-\sin\gamma_e\tan\alpha_{Fen})\dfrac{d_{en}}{m_n}-z_n\cos\left(\dfrac{\pi}{3}-\theta\right)-\dfrac{G}{\cos\theta}+\dfrac{\rho_{fP}}{m_n}\right]$	
18	齿廓系数	Y_F	$\dfrac{6\left(\dfrac{h_{Fe}}{m_n}\right)\cos\alpha_{Fen}}{\left(\dfrac{s_{Fn}}{m_n}\right)^2\cos\alpha_n}$	

注：1. 表中长度单位为 mm，角度单位为 rad。

2. 计算适用于标准或变位的直齿轮和斜齿轮。对于斜齿轮，齿廓系数按法截面确定，即按当量齿数 z_n 进行计算。大、小齿轮的 Y_F 应分别计算。

内齿轮的齿廓系数 Y_F 不仅与齿数和变位系数有关，且与插齿刀的参数有关。为了简化计算，可近似地按替代齿条计算（见图 15-1-94）。替代齿条的法向齿廓与基本齿条相似，齿高与内齿轮相同，法向载荷作用角 α_{Fen} 等于 α_n，并以脚标 2 表示内齿轮。Y_F 可用表 15-1-121 中的公式进行计算。

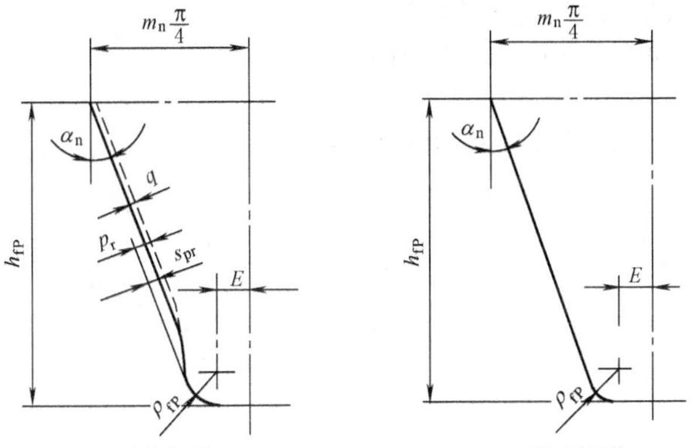

(a) 挖根型　　(b) 普通型

图 15-1-93　刀具基本齿廓尺寸

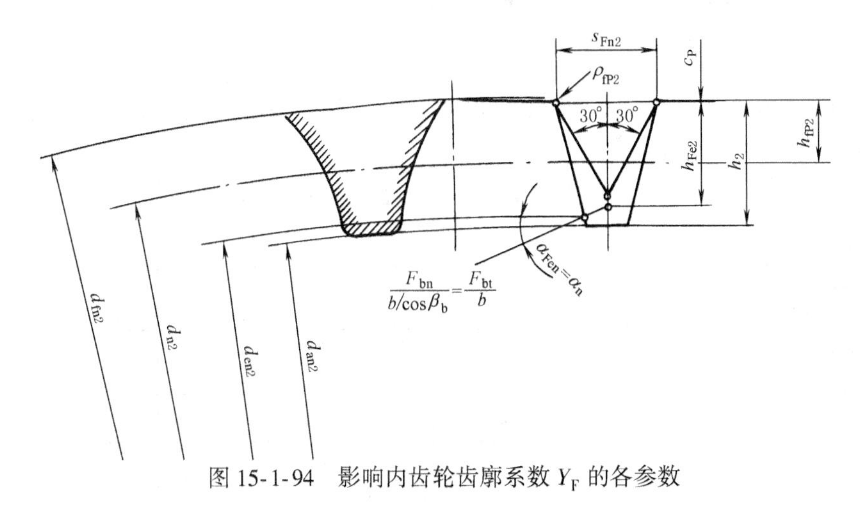

图 15-1-94　影响内齿轮齿廓系数 Y_F 的各参数

表 15-1-121　　内齿轮齿廓系数 Y_F 的有关公式（适用于 $z_2>70$）

序　号	名　　称	代　号	计　算　公　式	备　　注
1	当量内齿轮分度圆直径	d_{n2}	$\frac{d_2}{\cos^2\beta_b}=m_n z_n$	d_2——内齿轮分度圆直径
2	当量内齿轮根圆直径	d_{fn2}	$d_{n2}+d_{f2}-d_2$	d_{f2}——内齿轮根圆直径
3	当量齿轮单齿啮合区外界点直径	d_{en2}	同表 15-1-120 第 13 项公式	式中"±"、"∓"符号应采用内啮合的
4	当量内齿轮齿根高	h_{fP2}	$\frac{d_{fn2}-d_{n2}}{2}$	
5	内齿轮齿根过渡圆半径	ρ_{F2}	当 ρ_{F2} 已知时取已知值；当 ρ_{F2} 未知时取为 $0.15m_n$	
6	刀具圆角半径	ρ_{fP2}	当齿轮型插齿刀顶端 ρ_{fP2} 已知时取已知值；当 ρ_{fP2} 未知时，取 $\rho_{fP2}\approx\rho_{F2}$	
7	危险截面齿厚与模数之比	$\frac{s_{Fn2}}{m_n}$	$2\left(\frac{\pi}{4}+\frac{h_{fP2}-\rho_{fP2}}{m_n}\tan\alpha_n+\frac{\rho_{fP2}-s_{pr}}{m_n\cos\alpha_n}-\frac{\rho_{fP2}}{m_n}\cos\frac{\pi}{6}\right)$	$s_{pr}=p_r-q$，见图 15-1-93
8	弯曲力臂与模数之比	$\frac{h_{Fe2}}{m_n}$	$\frac{d_{fn2}-d_{en2}}{2}-\left[\frac{\pi}{4}-\left(\frac{d_{fn2}-d_{en2}}{2m_n}-\frac{h_{fP2}}{m_n}\right)\tan\alpha_n\right]\times$ $\tan\alpha_n-\frac{\rho_{fP2}}{m_n}\left(1-\sin\frac{\pi}{6}\right)$	
9	齿廓系数	Y_F	$\left(\frac{6h_{Fe2}}{m_n}\right)\Big/\left(\frac{s_{Fn2}}{m_n}\right)^2$	

注：表中长度单位为 mm，角度单位为 rad。

② 齿廓系数 Y_{Fa}　齿廓系数 Y_{Fa} 是考虑当载荷作用于齿顶时齿廓对名义弯曲应力的影响，用于近似计算，且 Y_{Fa} 只能与 Y_{ε} 一起使用。

外齿轮的齿廓系数 Y_{Fa} 可由下式确定（参见图 15-1-95）。

$$Y_{Fa}=\frac{6\left(\frac{h_{Fa}}{m_n}\right)\cos\alpha_{Fan}}{\left(\frac{s_{Fn}}{m_n}\right)^2\cos\alpha_n}$$

公式适用于 $\varepsilon_{\alpha n}<2$ 的标准或变位的直齿轮和斜齿轮。大、小轮的 Y_{Fa} 应分别确定。

对于斜齿轮，齿廓系数按法截面确定，即按当量齿数 z_n 确定，当量齿数 z_n 可用表 15-1-120 中公式计算。

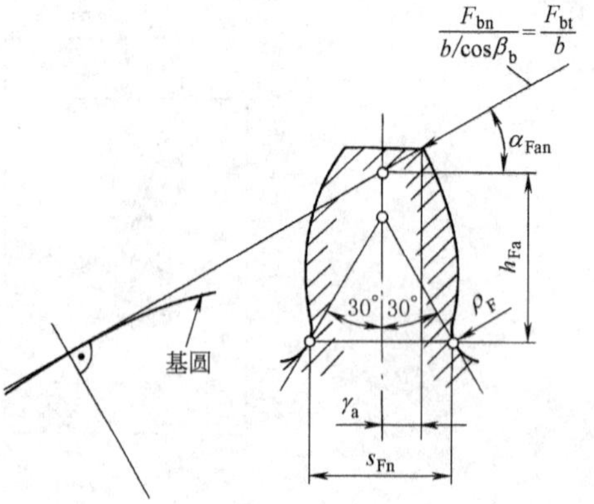

图 15-1-95　影响外齿轮齿廓系数 Y_{Fa} 的各参数

用齿条刀具加工的外齿轮的 Y_{Fa} 可按表 15-1-122 中的公式计算，或按图 15-1-97～图 15-1-101 相应查取。不同参数的齿廓所适用的图号见表 15-1-124。

图 15-1-97～图 15-1-101 的图线适用于齿顶不缩短的齿轮。对于齿顶缩短的齿轮，实际弯曲力臂比不缩短时稍小一些，因此用以上图线查取的值偏于安全。

表 15-1-122　外齿轮齿廓系数 Y_{Fa} 的有关公式

序　号	名　　称	代　号	计　算　公　式	备　　注
1	刀尖圆心至刀齿对称线的距离	E	$\frac{\pi m_n}{4}-h_{fP}\tan\alpha_n+\frac{s_{pr}}{\cos\alpha_n}-(1-\sin\alpha_n)\frac{\rho_{fP}}{\cos\alpha_n}$	h_{fP}——基本齿廓齿根高 s_{pr}——p_r-q，见图 15-1-93
2	辅助值	G	$\frac{\rho_{fP}}{m_n}-\frac{h_{fP}}{m_n}+x$	x——法向变位系数
3	基圆螺旋角	β_b	$\arccos\left[\sqrt{1-(\sin\beta\cos\alpha_n)^2}\right]$	
4	当量齿数	z_n	$\frac{z}{\cos^2\beta_b\cos\beta}$	
5	辅助值	H	$\frac{2}{z_n}\left(\frac{\pi}{2}-\frac{E}{m_n}\right)-\frac{\pi}{3}$	
6	辅助角	θ	$(2G/z_n)\tan\theta-H$	用牛顿法解时可取初始值 $\theta=-H/(1-2G/z_n)$
7	危险截面齿厚与模数之比	$\frac{s_{Fn}}{m_n}$	$z_n\sin\left(\frac{\pi}{3}-\theta\right)+\sqrt{3}\left(\frac{G}{\cos\theta}-\frac{\rho_{fP}}{m_n}\right)$	ρ_{fP}/m_n 按表 15-1-120 中 $\frac{\rho_F}{m_n}$ 式计算
8	当量齿轮齿顶压力角	α_{an}	$\arccos\left[\frac{\cos\alpha_n}{1+\frac{(d_a-d)}{m_n z_n}}\right]$	d_a——齿顶圆直径 d——齿分圆直径
9	齿顶厚半角	γ_a	$\frac{0.5\pi+2x\tan\alpha_n}{z_n}+\mathrm{inv}\alpha_n-\mathrm{inv}\alpha_{an}$	
10	当量齿轮齿顶载荷作用角	α_{Fan}	$\alpha_{an}-\gamma_a=\tan\alpha_{an}-\mathrm{inv}\alpha_n-\frac{0.5\pi+2x\tan\alpha_n}{z_n}$	
11	弯曲力臂与模数之比	$\frac{h_{Fa}}{m_n}$	$0.5z_n\left[\frac{\cos\alpha_n}{\cos\alpha_{Fan}}-\cos\left(\frac{\pi}{3}-\theta\right)\right]+0.5\left(\frac{\rho_{ip}}{m_n}-\frac{G}{\cos\theta}\right)$	
12	齿廓系数	Y_{Fa}	$\left(6\times\frac{h_{Fa}}{m_n}\cos\alpha_{Fan}\right)\Big/\left(\frac{s_{Fn}}{m_n}\right)^2\cos\alpha_n$	

注：长度单位为 mm，角度单位为 rad。

内齿轮的齿廓系数 Y_{Fa} 可近似地按替代齿条计算。此替代齿条的法向齿廓与基本齿条相似，齿高与内齿轮相同，并取法向载荷作用角 α_{Fan} 等于 α_n（参见图 15-1-96）。以脚标 2 表示内齿轮。有关计算公式见表 15-1-123（适用于 $z_2>70$）。

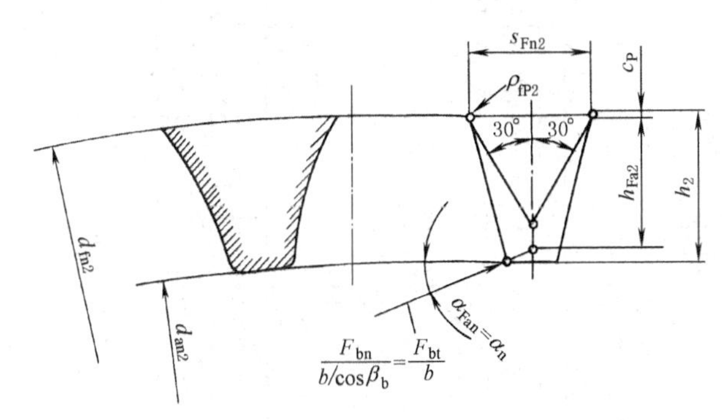

图 15-1-96　影响内齿轮齿廓系数 Y_{Fa} 的各参数

表 15-1-123　内齿轮齿廓系数 Y_{Fa} 的有关公式

序　号	名　　称	代　号	计　算　公　式	备　　注
1	当量内齿轮分圆直径	d_{n2}	$\frac{d_2}{\cos^2\beta_b}=m_n z_n$	d_2——内齿轮分圆直径
2	当量内齿轮根圆直径	d_{fn2}	$d_{n2}+d_{f2}-d_2$	d_{f2}——内齿轮根圆直径
3	当量内齿轮顶圆直径	d_{an2}	$d_{n2}+d_{a2}-d_2$	d_{a2}——内齿轮顶圆直径
4	当量内齿轮齿根高	h_{fP2}	$\frac{d_{fn2}-d_{n2}}{2}$	
5	内齿轮齿根过渡圆半径	ρ_{F2}	当 ρ_{F2} 已知时取已知值；当 ρ_{F2} 未知时取为 $0.15m_n$	
6	刀具圆角半径	ρ_{fP2}	当齿轮型插齿刀顶端 ρ_{fP2} 已知时取已知值；当 ρ_{fP2} 未知时取 $\rho_{fP2}\approx\rho_{F2}$	
7	危险截面齿厚与模数之比	$\frac{s_{Fn2}}{m_n}$	$2\left[\frac{\pi}{4}+\frac{h_{fP2}-\rho_{fP2}}{m_n}\tan\alpha_n+\frac{\rho_{fP2}-s_{pr}}{m_n\cos\alpha_n}-\frac{\rho_{fP2}}{m_n}\cos\frac{\pi}{6}\right]$	$s_{pr}=p_r-q$，见图 15-1-93
8	弯曲力臂与模数之比	$\frac{h_{Fa2}}{m_n}$	$\frac{d_{fn2}-d_{an2}}{2m_n}-\left[\frac{\pi}{4}-\left(\frac{d_{fn2}-d_{an2}}{2m_n}-\frac{h_{fP2}}{m_n}\right)\tan\alpha_n\right]\tan\alpha_n-\frac{\rho_{fP2}}{m_n}\left(1-\sin\frac{\pi}{6}\right)$	
9	齿廓系数	Y_{Fa}	$(6h_{Fa2}/m_n)/(s_{Fn2}/m_n)^2$	

注：1. 对变位齿轮，仍取标准齿高。
2. 长度单位为 mm，角度单位为 rad。

与图 15-1-97~图 15-1-101 各齿廓参数相对应的内齿轮齿廓系数 Y_{Fa} 也可由表 15-1-124 查取。

表 15-1-124　几种基本齿廓齿轮的 Y_{Fa}

基本齿廓				外齿轮	内齿轮
α_n	$\frac{h_{aP}}{m_n}$	$\frac{h_{fP}}{m_n}$	$\frac{\rho_{fP}}{m_n}$	Y_{Fa}	Y_{Fa} $\rho_F=0.15m_n, h=h_{aP}+h_{fP}$
20°	1	1.25	0.38	图 15-1-98	2.053
20°	1	1.25	0.3	图 15-1-99	2.053
22.5°	1	1.25	0.4	图 15-1-100	1.87
20°	1	1.4	0.4	图 15-1-101	（已挖根）
25°	1	1.25	0.318	图 15-1-102	1.71

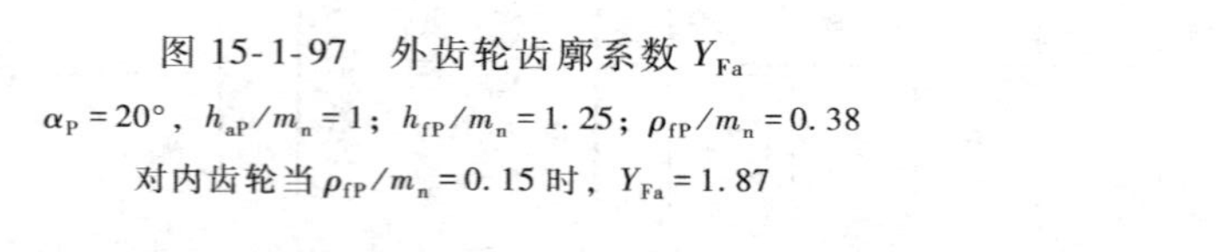

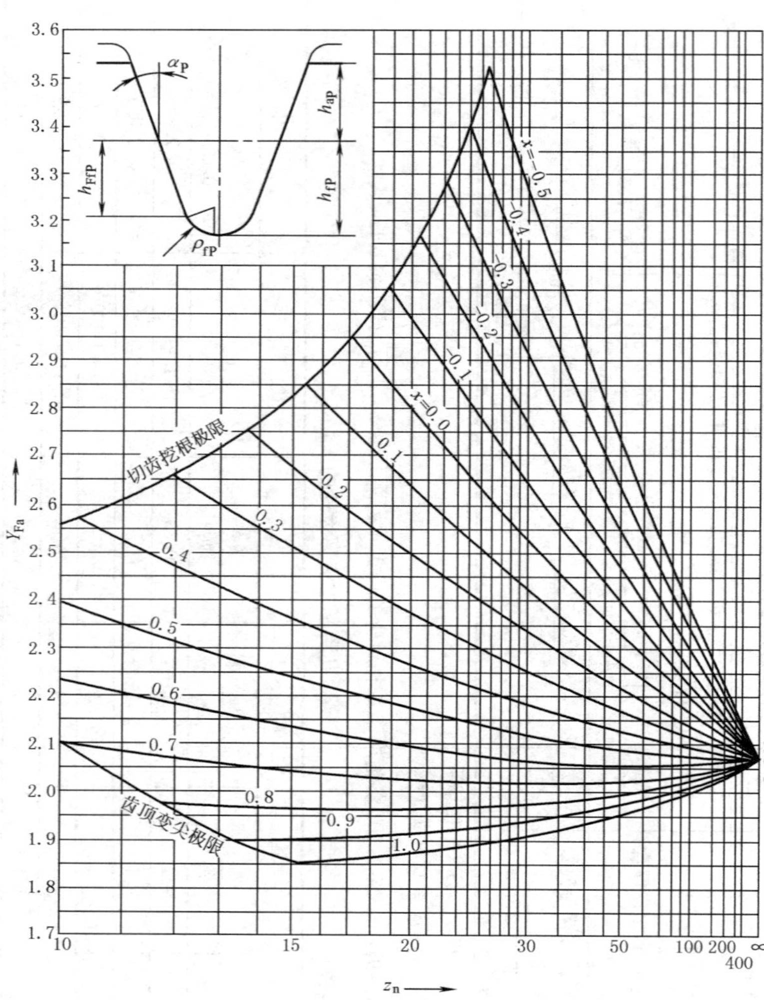

图 15-1-97 外齿轮齿廓系数 Y_{Fa}

$\alpha_P=20°$，$h_{aP}/m_n=1$；$h_{fP}/m_n=1.25$；$\rho_{fP}/m_n=0.38$

对内齿轮当 $\rho_{fP}/m_n=0.15$ 时，$Y_{Fa}=1.87$

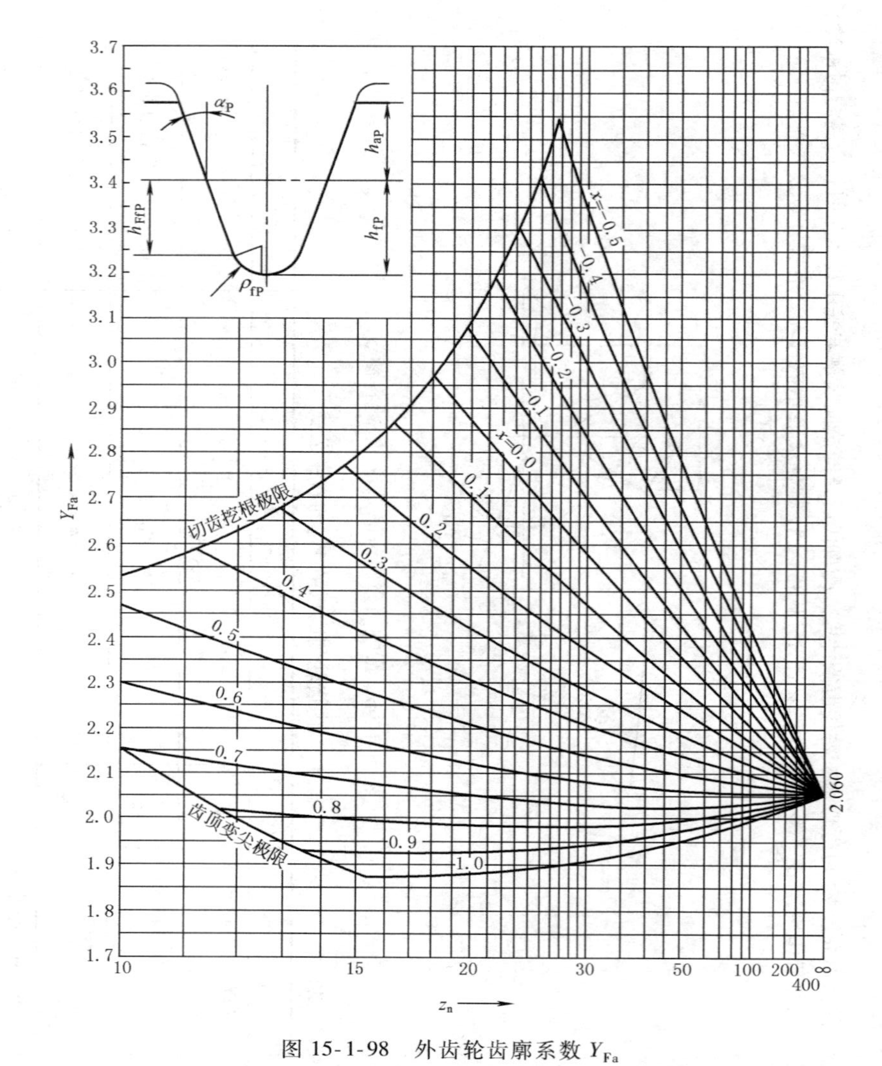

图 15-1-98 外齿轮齿廓系数 Y_{Fa}

$\alpha_P=20°$；$h_{aP}/m_n=1$；$h_{fP}/m_n=1.25$；$\rho_{fP}/m_n=0.30$

对内齿轮当 $\rho_{fP}/m_n=0.15$ 时，$Y_{Fa}=2.053$

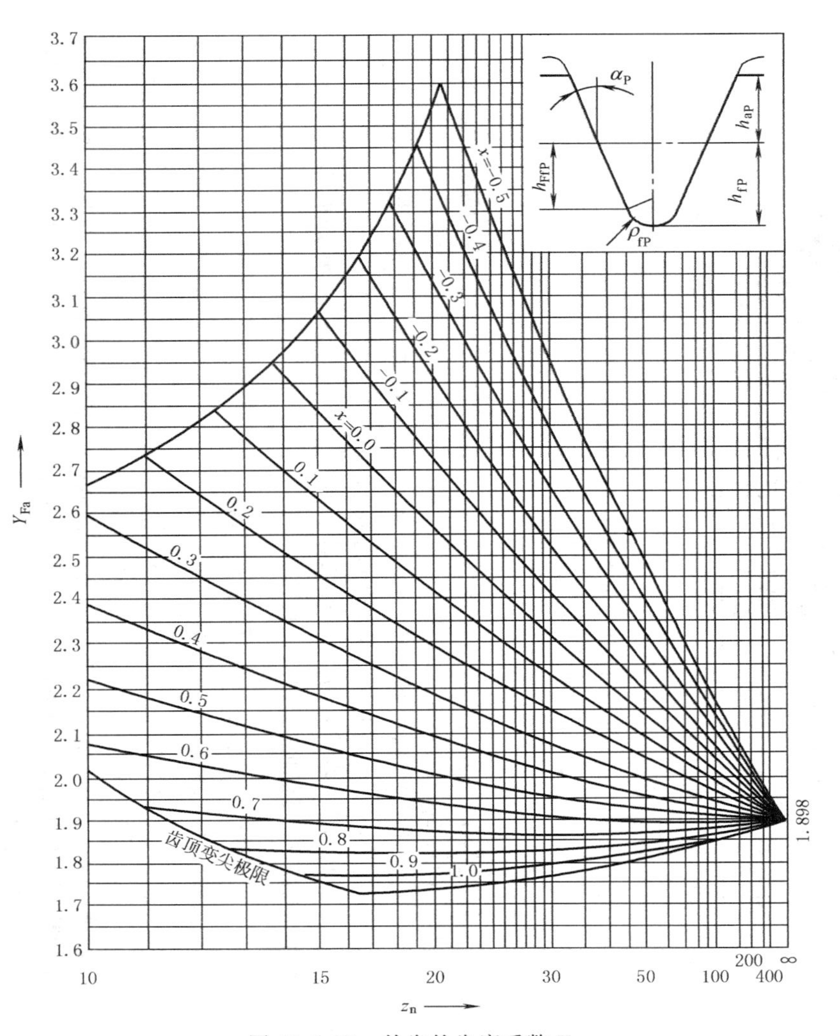

图 15-1-99　外齿轮齿廓系数 Y_{Fa}

$\alpha_P=22.5°$，$h_{aP}/m_n=1$；$h_{fP}/m_n=1.25$；$\rho_{fP}/m_n=0.40$

对内齿轮当 $\rho_{fP}/m_n=0.15$ 时，$Y_{Fa}=1.87$

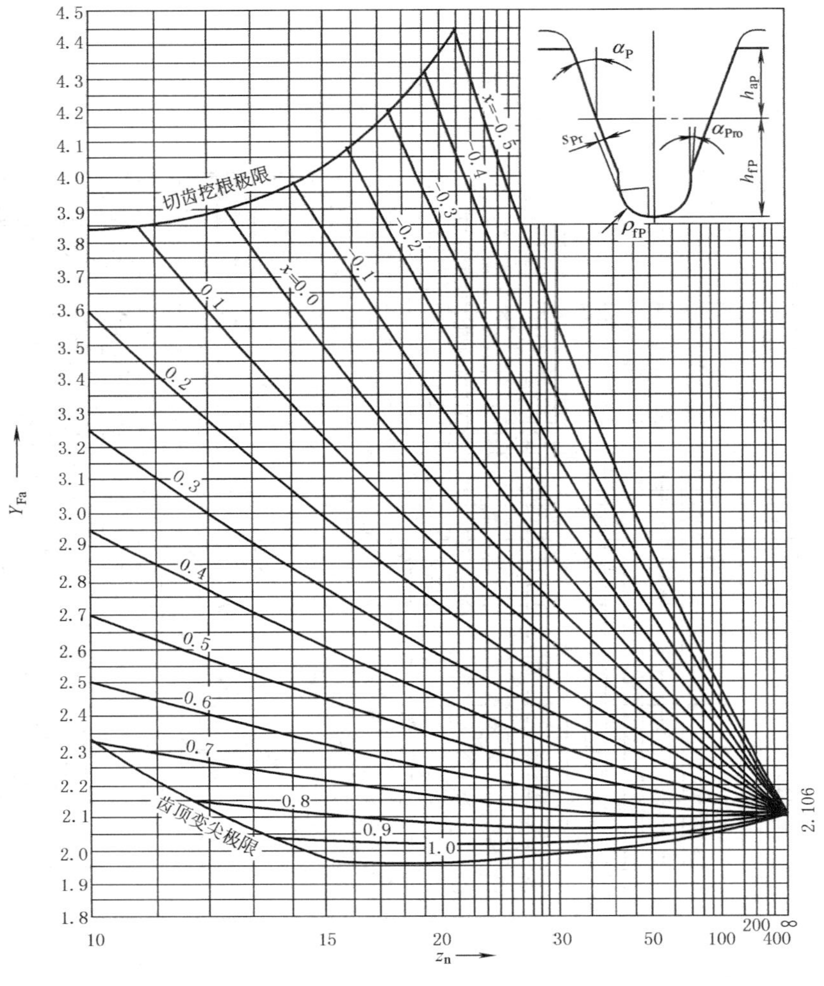

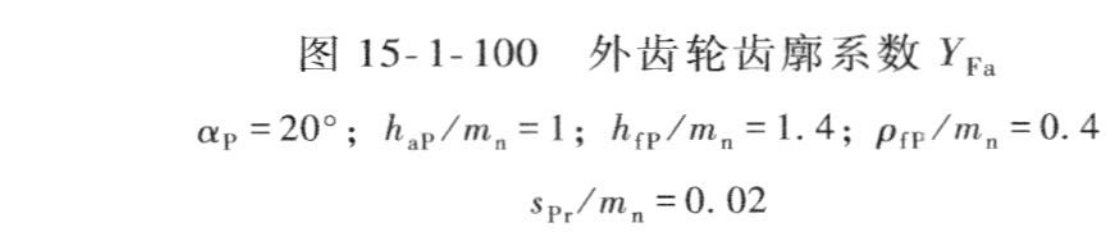

图 15-1-100　外齿轮齿廓系数 Y_{Fa}

$\alpha_P=20°$；$h_{aP}/m_n=1$；$h_{fP}/m_n=1.4$；$\rho_{fP}/m_n=0.4$

$s_{Pr}/m_n=0.02$

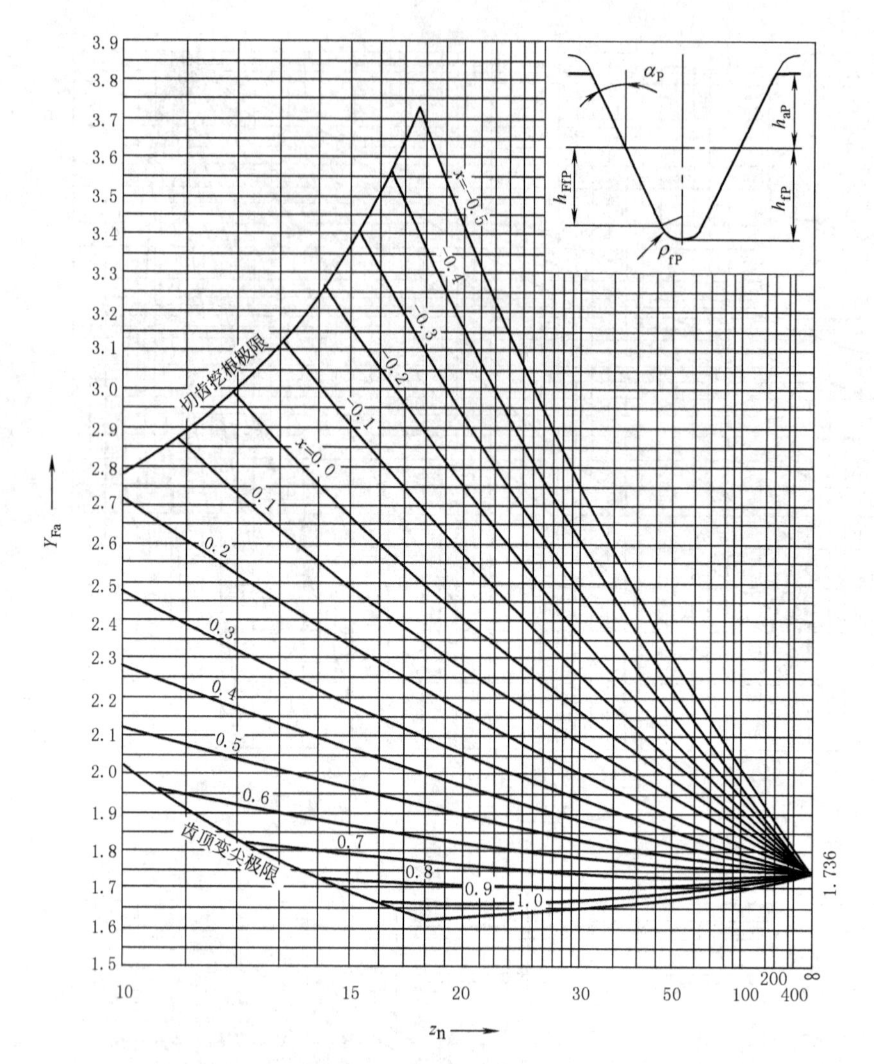

图 15-1-101　外齿轮齿廓系数 Y_{Fa}

$\alpha_P=25°$；$h_{aP}/m_n=1.0$，$h_{fP}/m_n=1.25$；$\rho_{fP}/m_n=0.318$

（5）应力修正系数 Y_S、Y_{Sa}

应力修正系数 Y_S 和 Y_{Sa} 是将名义弯曲应力换算成齿根局部应力的系数。它考虑了齿根过渡曲线处的应力集中效应，以及弯曲应力以外的其他应力对齿根应力的影响。

应力修正系数不仅取决于齿根过渡曲线的曲率，还和载荷作用点的位置有关。Y_S 用于载荷作用于单对齿啮合区外界点的计算方法（方法一），Y_{Sa} 则用于载荷作用于齿顶的计算方法（方法二）。

① 应力修正系数 Y_S　应力修正系数 Y_S 仅能与齿廓系数 Y_F 联用。对于齿廓角 α_n 为 20°的齿轮，Y_S 可按下式计算。对于其他齿廓角的齿轮，可按此式近似计算 Y_S

$$Y_S=(1.2+0.13L)q_s^{\frac{1}{1.21+2.3/L}}\quad（适用范围为 1\leqslant q_s<8）$$

式中　L——齿根危险截面处齿厚与弯曲力臂的比值

$$L=\frac{s_{Fn}}{h_{Fe}}$$

s_{Fn}——齿根危险截面齿厚。外齿轮由表 15-1-120 序号 7 的公式计算，内齿轮按表 15-1-121 序号 7 的公式计算；

h_{Fe}——弯曲力臂。外齿轮由表 15-1-120 序号 17 的公式计算，内齿轮由表 15-1-121 序号 8 的公式计算；

q_s——齿根圆角参数，其值为

$$q_s=\frac{s_{Fn}}{2\rho_F}$$

ρ_F——30°切线切点处曲率半径，外齿轮由表 15-1-102 序号 8 公式计算，内齿轮由表 15-1-121 序号 5 的公式计算。

Y_S 不宜用图解法确定。

② 应力修正系数 Y_{Sa}　应力修正系数 Y_{Sa} 仅能与齿廓系数 Y_{Fa} 联用，并且只能用于 $\varepsilon_{\alpha n}<2$ 的齿轮传动。

对于齿廓角 α_n 为 20°的齿轮，Y_{Sa} 可按下式计算。对于其他齿廓角的齿轮，可按此式近似计算 Y_{Sa}

$$Y_{Sa}=(1.2+0.13L_a)q_s^{\frac{1}{1.21+2.3/L_a}}\quad（适用范围为 1\leqslant q_s<8）$$

式中　$L_a=s_{Fn}/h_{Fa}$；

s_{Fn}——外齿轮由表 15-1-120 序号 7 的公式计算，内齿轮由表 15-1-121 序号 7 的公式计算；

h_{Fa}——外齿轮由表 15-1-122 序号 11 的公式计算，内齿轮由表 15-1-123 序号 8 的公式计算；

q_s——按本节（1）中的公式计算。

用齿条刀具加工的外齿轮，其应力修正系数 Y_{Sa} 也可按当量齿数和法向变位系数从图 15-1-102~图 15-1-106 查取。对于短齿和有齿顶倒角的齿轮来说，使用这些图中的 Y_{Sa} 值，其承载能力是偏向安全的。不同参数的齿廓所适用的图号见表 15-1-125。

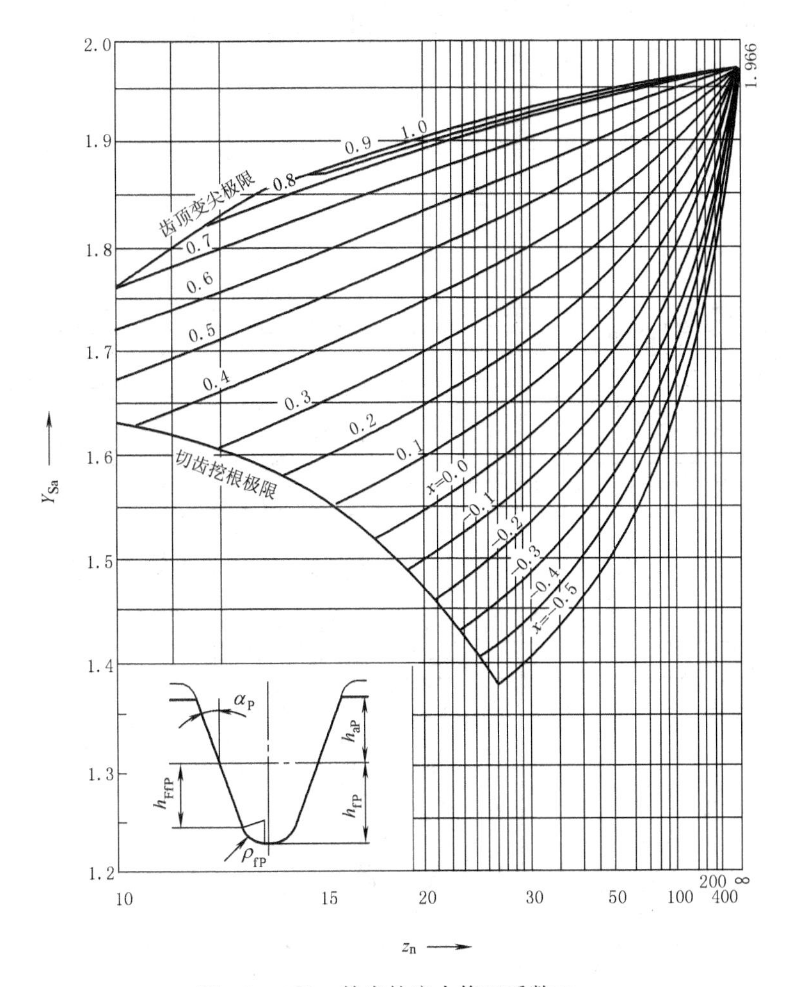

图 15-1-102　外齿轮应力修正系数 Y_{Sa}

$\alpha_p=20°$；$h_{aP}/m_n=1$；$h_{fP}/m_n=1.25$；$\rho_{fp}/m_n=0.38$

对内齿轮：当 $\rho_{fp}/m_n=0.15$ 时，$Y_{Sa}=2.65$

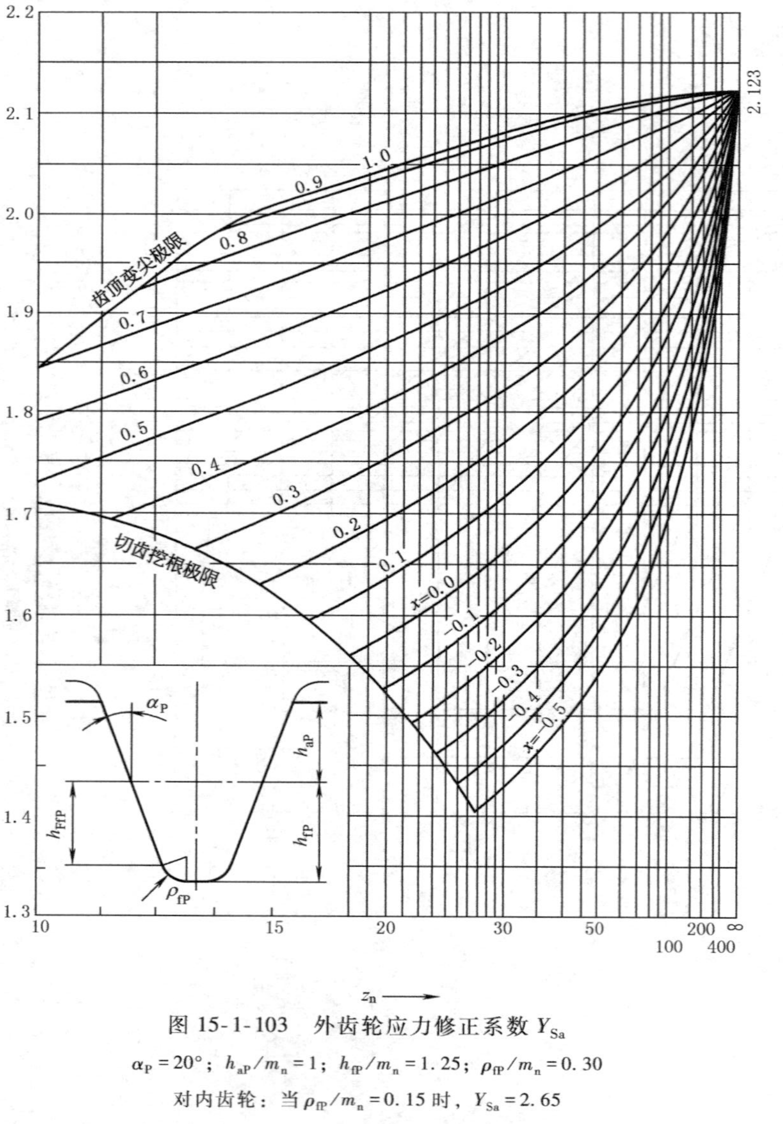

图 15-1-103　外齿轮应力修正系数 Y_{Sa}

$\alpha_P=20°$；$h_{aP}/m_n=1$；$h_{fP}/m_n=1.25$；$\rho_{fP}/m_n=0.30$

对内齿轮：当 $\rho_{fP}/m_n=0.15$ 时，$Y_{Sa}=2.65$

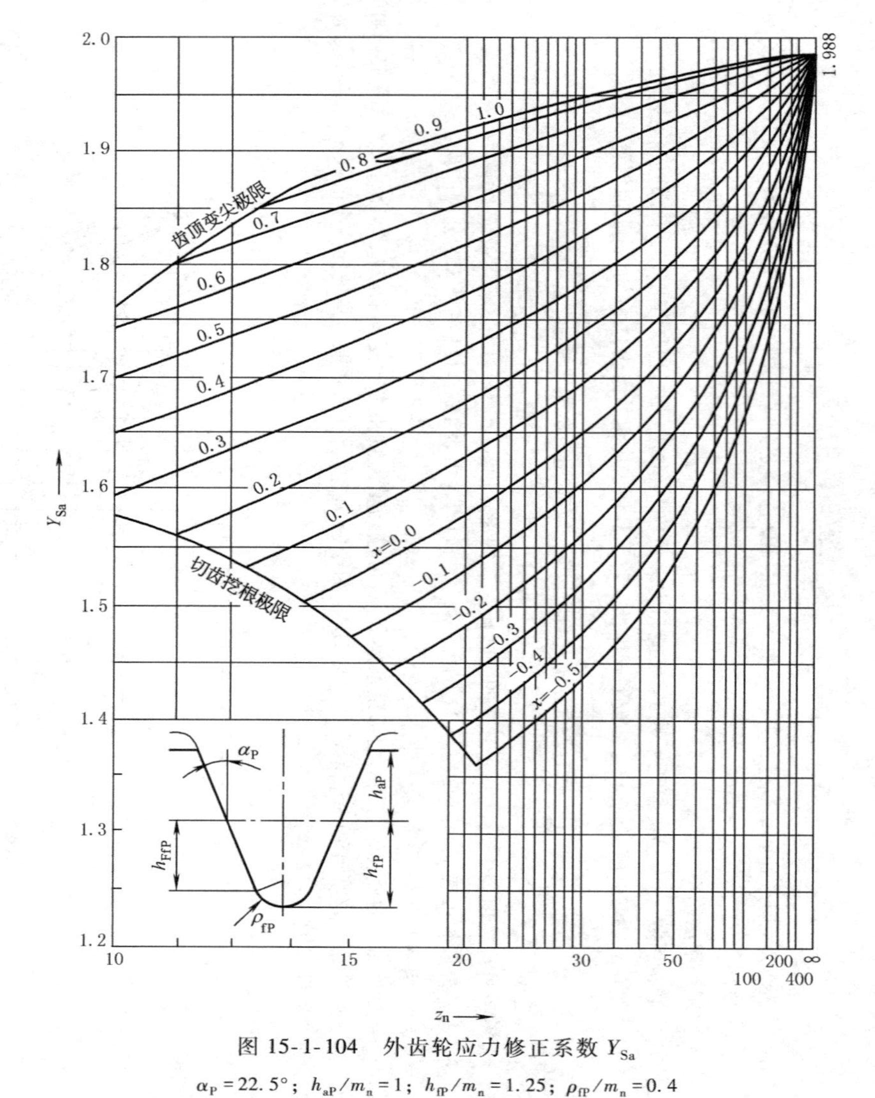

图 15-1-104　外齿轮应力修正系数 Y_{Sa}

$\alpha_P=22.5°$；$h_{aP}/m_n=1$；$h_{fP}/m_n=1.25$；$\rho_{fP}/m_n=0.4$

对内齿轮：当 $\rho_{fP}/m_n=0.15$ 时，$Y_{Sa}=2.76$

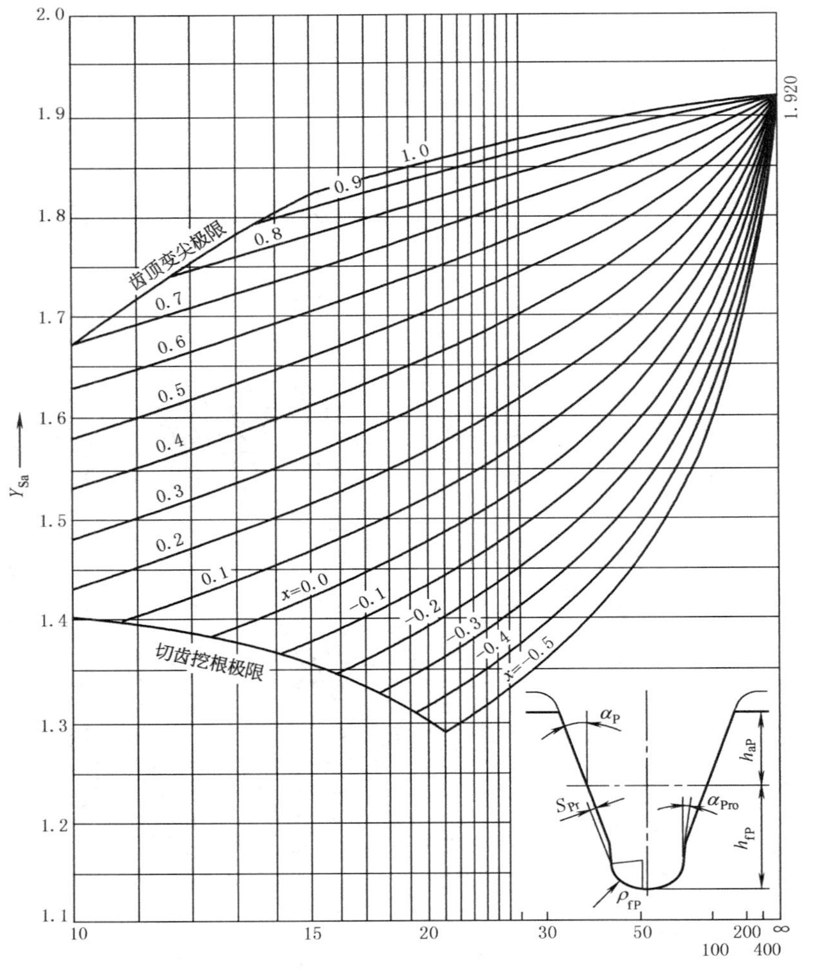

图 15-1-105　外齿轮应力修正系数 Y_{Sa}

$\alpha_P=20°$；$h_{aP}/m_n=1$；$h_{fP}/m_n=1.4$；$\rho_{fP}/m_n=0.4$；$s_{Pr}/m_n=0.02$

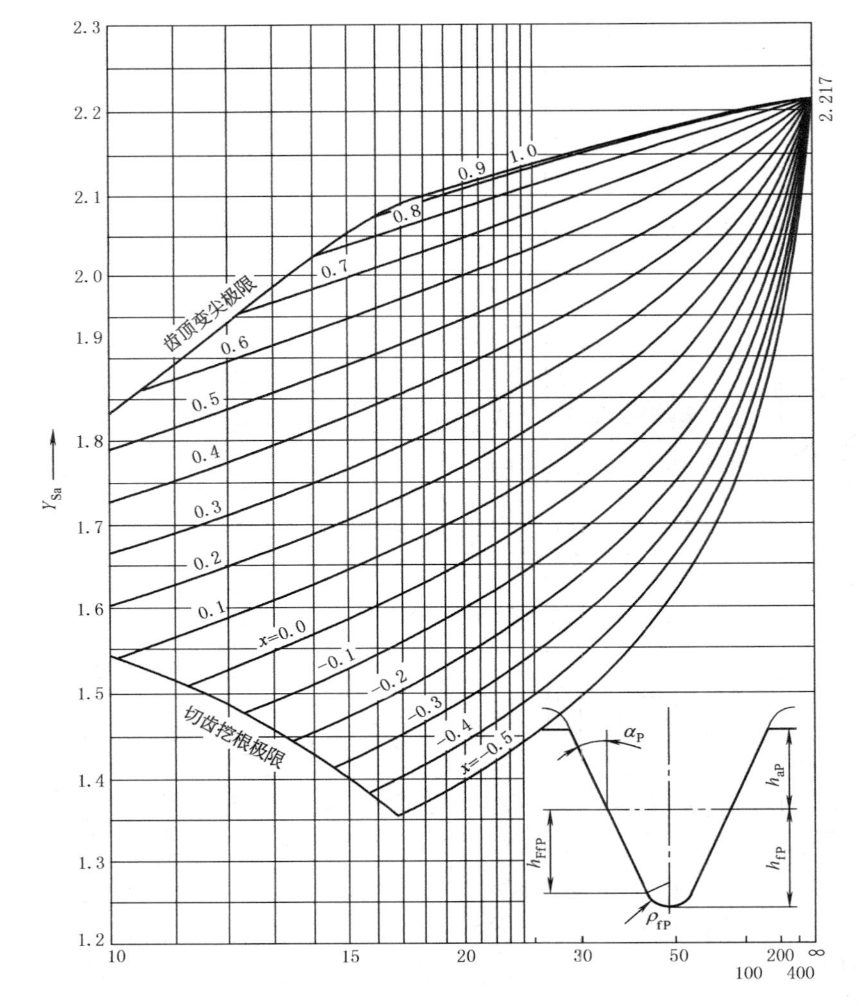

图 15-1-106　外齿轮应力修正系数 Y_{Sa}

$\alpha_P=25°$，$h_{aP}/m_n=1$；$h_{fP}/m_n=1.25$；$\rho_{fP}/m_n=0.318$

表 15-1-125　　几种基本齿廓齿轮的 Y_{Sa}

基本齿廓				外齿轮	内齿轮
α_n	$\dfrac{h_{aP}}{m_n}$	$\dfrac{h_{fP}}{m_n}$	$\dfrac{\rho_{fP}}{m_n}$	Y_{Sa}	Y_{Sa} $\rho_F=0.15m_n, h=h_{aP}+h_{fP}$
20°	1	1.25	0.38	图 15-1-102	2.65
20°	1	1.25	0.3	图 15-1-103	2.65
22.5°	1	1.25	0.4	图 15-1-104	2.76
20°	1	1.4	0.4	图 15-1-105	（已挖根）
25°	1	1.25	0.318	图 15-1-106	2.87

③ 齿根有磨削台阶齿轮的应力修正系数　靠近齿根危险截面的磨削台阶（参见图 15-1-107），将使齿根的应力集中增加很多，因此其应力集中系数要相应增加。计算时应以 Y_{Sg} 代替 Y_S，Y_{Sag} 代替 Y_{Sa}

$$Y_{Sg}=\frac{1.3Y_S}{1.3-0.6\sqrt{\dfrac{t_g}{\rho_g}}}\qquad Y_{Sag}=\frac{1.3Y_{Sa}}{1.3-0.6\sqrt{\dfrac{t_g}{\rho_g}}}$$

上述二式仅适用于 $\sqrt{t_g/\rho_g}>0$ 的情况。

当磨削台阶高于齿根 30°切线切点时，其磨削台阶的影响将比上二式计算所得的值小。

Y_{Sg} 和 Y_{Sag} 也考虑了齿根厚度的减薄。

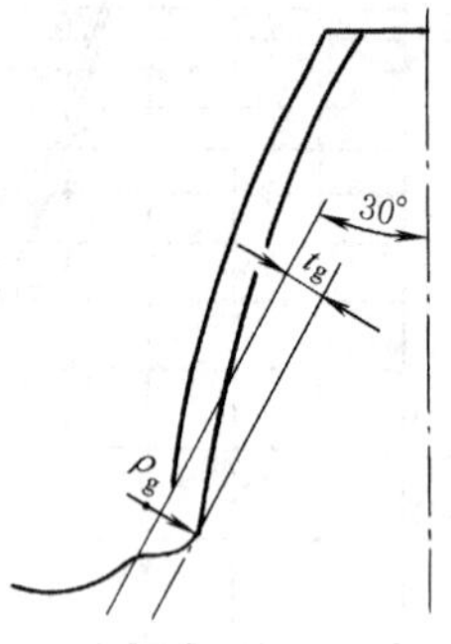

图 15-1-107　齿根磨削台阶

（6）弯曲强度计算的重合度系数 Y_ε

重合度系数 Y_ε 是将载荷由齿顶转换到单对齿啮合区外界点的系数。

Y_ε 可用下式计算

$$Y_\varepsilon=0.25+\frac{0.75}{\varepsilon_{\alpha n}}$$

式中　$\varepsilon_{\alpha n}$——当量齿轮的端面重合度，

$$\varepsilon_{\alpha n}=\frac{\varepsilon_\alpha}{\cos^2\beta_b}$$

（7）弯曲强度计算的螺旋角系数 Y_β

螺旋角系数 Y_β 是考虑螺旋角造成的接触线倾斜对齿根应力产生影响的系数。其数值可由下式计算

$$Y_\beta=1-\varepsilon_\beta\frac{\beta}{120°}\geqslant Y_{\beta\min}$$

$$Y_{\beta\min}=1-0.25\varepsilon_\beta\geqslant 0.75$$

上面式中：当 $\varepsilon_\beta>1$ 时，按 $\varepsilon_\beta=1$ 计算，当 $Y_\beta<0.75$ 时，取 $Y_\beta=0.75$；当 $\beta>30°$ 时，按 $\beta=30°$ 计值。

螺旋角系数 Y_β 也可根据 β 角和纵向重合度 ε_β 由图 15-1-108 查取。

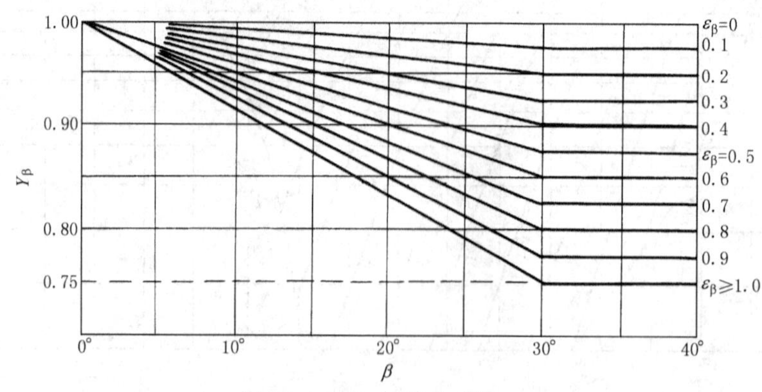

图 15-1-108　螺旋角系数 Y_β

（8）试验齿轮的弯曲疲劳极限 σ_{Flim}

σ_{Flim}是指某种材料的齿轮经长期的重复载荷作用（对大多数材料其应力循环数为 3×10^6）后，齿根保持不破坏时的极限应力。其主要影响因素有：材料成分，力学性能，热处理及硬化层深度、硬度梯度，结构（锻、轧、铸），残余应力，材料的纯度和缺陷等。

σ_{Flim}可由齿轮的负荷运转试验或使用经验的统计数据得出。此时需阐明线速度、润滑油黏度、表面粗糙度、材料组织等变化对许用应力的影响所引起的误差。

无资料时，可参考图 15-1-109～图 15-1-113 根据材料和齿面硬度查取 σ_{Flim}值。

图中的 σ_{Flim}值是试验齿轮的失效概率为 1%时的轮齿弯曲疲劳极限。对于其他失效概率的疲劳极限值，可用适当的统计分析方法得到。

图中硬化齿轮的疲劳极限值对渗碳齿轮适用于有效硬化层深度（加工后的）$\delta\geqslant0.15m_n$，对于氮化齿轮，其有效硬化层深度 $\delta=0.4\sim0.6$mm。

在 σ_{Flim}的图中，给出了代表材料质量等级的三条线，其对应的材料处理要求见 GB/T 8539。

在选取材料疲劳极限时，除了考虑上述等级对材料质量热处理质量的要求是否有把握达到外，还应注意所用材料的性能、质量的稳定性以及齿轮精度以外的制造质量同图列数值来源的试验齿轮的异同程度。这在选取 σ_{Flim}时尤为重要。要留心一些常不引人注意的影响弯曲强度的因素，如实际加工刀具圆角的控制，齿根过渡圆角表面质量及因脱碳造成的硬度下降等。有可能出现齿根磨削台阶而计算中又未计 Y_{Sg}时，在选取 σ_{Flim}时也应予以考虑。

图 15-1-109～图 15-1-113 中提供的 σ_{Flim}值是在标准运转条件下得到的。具体的条件如下：

螺旋角　$\beta=0(Y_\beta=1)$

模数　$m=3\sim5$mm$(Y_x=1)$

应力修正系数　$Y_{ST}=2$

齿根圆角参数　$q_s=2.5(Y_{\delta relT}=1)$

齿根圆角表面的微观不平度10点高度　$R_z=10\mu$m$(Y_{RrelT}=1)$

齿轮精度等级　4～7级(ISO 1328-1:1995或 GB/T 10095.1)

基本齿廓按 GB/T 1356

齿宽　$b=10\sim50$mm

载荷系数　$K_A=K_V=K_{F\beta}=K_{F\alpha}=1$

以上图中的 σ_{Flim}值适用于轮齿单向弯曲的受载状况；对于受对称双向弯曲的齿轮（如中间轮、行星轮），应将图中查得 σ_{Flim}值乘上系数 0.7；对于双向运转工作的齿轮，其 σ_{Flim}值所乘系数可稍大于 0.7。

图中，σ_{FE}为齿轮材料的弯曲疲劳强度的基本值（它是用齿轮材料制成无缺口试件，在完全弹性范围内经受脉动载荷作用时的名义弯曲疲劳极限）。$\sigma_{FE}=Y_{ST}\sigma_{Flim}$，$Y_{ST}=2.0$。

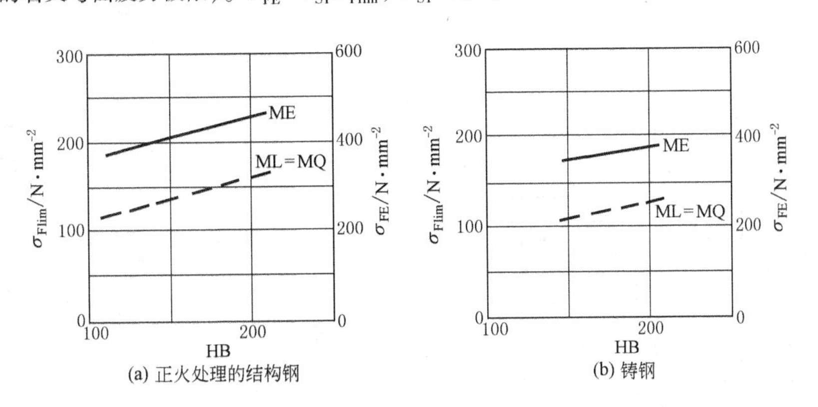

图 15-1-109　正火处理的结构钢和铸钢的 σ_{Flim}和 σ_{FE}

（9）弯曲强度的寿命系数 Y_{NT}

寿命系数 Y_{NT}是考虑齿轮寿命小于或大于持久寿命条件循环次数 N_c 时（见图 15-1-114），其可承受的弯曲应力值与相应的条件循环次数 N_c 时疲劳极限应力的比例系数。

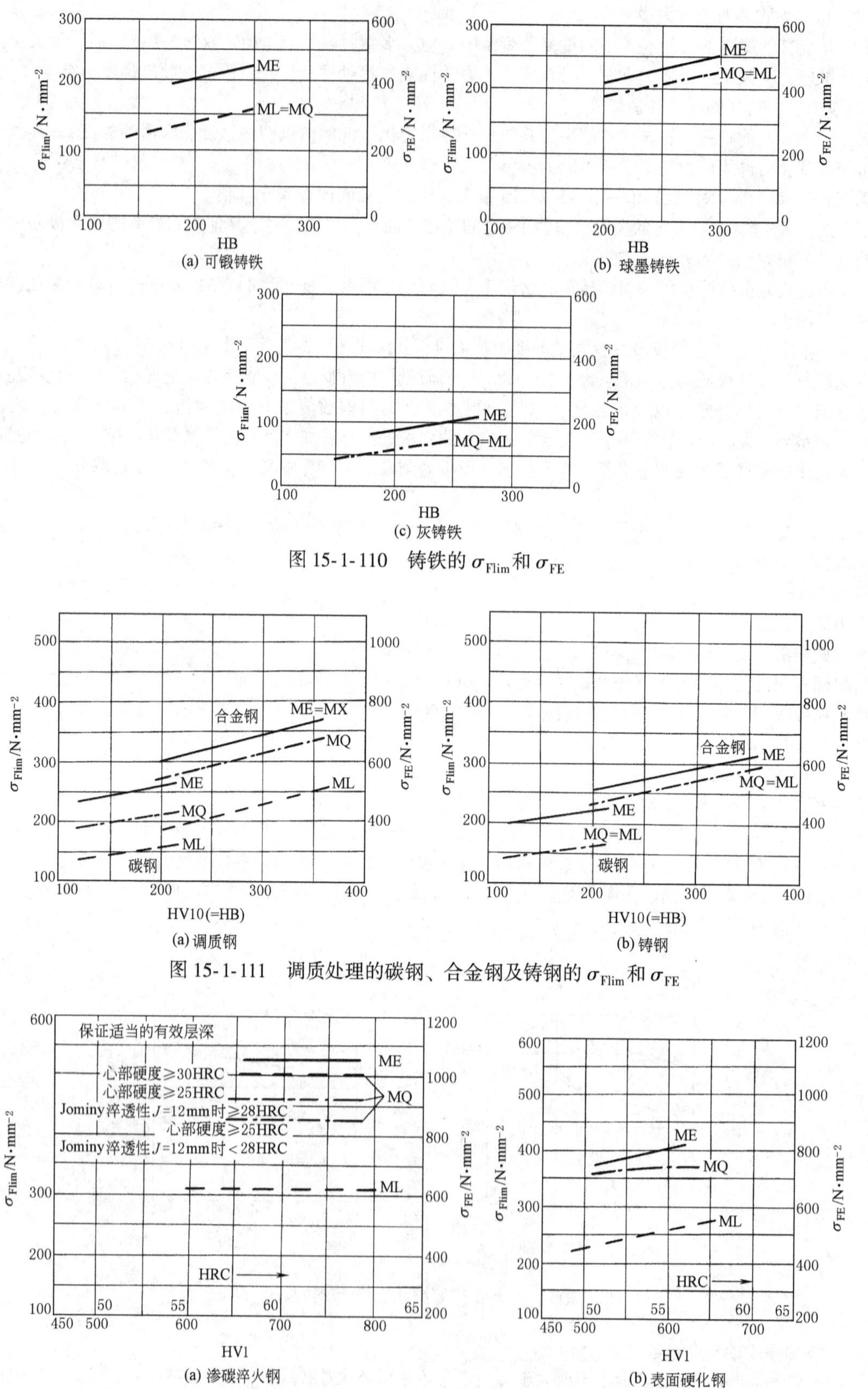

图 15-1-110 铸铁的 σ_{Flim} 和 σ_{FE}

图 15-1-111 调质处理的碳钢、合金钢及铸钢的 σ_{Flim} 和 σ_{FE}

图 15-1-112 渗碳淬火钢和表面硬化（火焰或感应淬火）钢的 σ_{Flim} 和 σ_{FE}

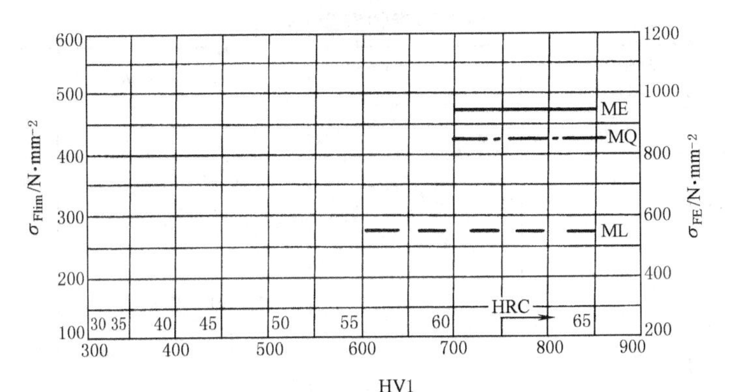

(a) 调质-气体渗氮处理的渗氮钢（不含铝）

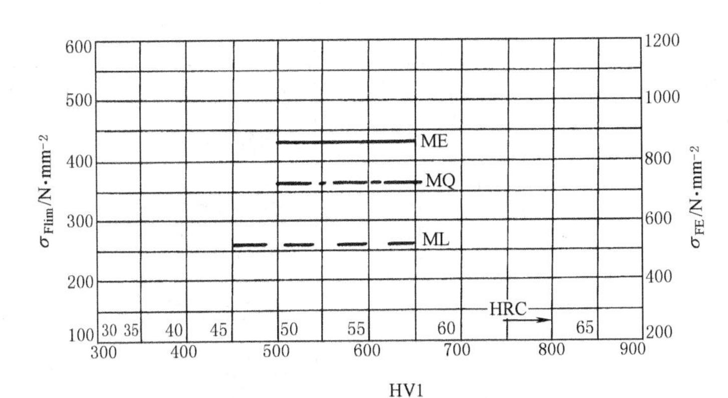

(b) 调质-气体渗氮处理的调质钢

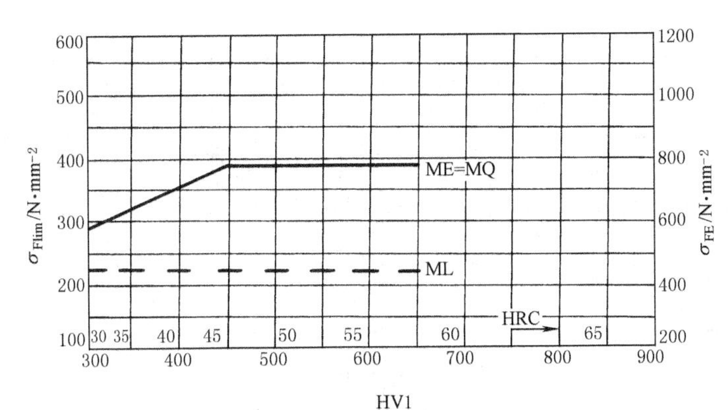

(c) 调质或正火-氮碳共渗处理的调质钢

图 15-1-113　氮化及碳氮共渗钢的 σ_{Flim} 和 σ_{FE}

当齿轮在定载荷工况工作时，应力循环次数 N_L 为齿轮设计寿命期内单侧齿面的啮合次数；双向工作时，按啮合次数较多的一面计算。当齿轮在变载荷工况下工作并有载荷图谱可用时，应按 8.4.4 所述方法核算其强度安全系数，对于无载荷图谱的非恒定载荷齿轮，可近似地按名义载荷乘以使用系数 K_A 来核算其强度。

弯曲强度寿命系数 Y_{NT} 应根据实际齿轮实验或经验统计数据得出的 S-N 曲线求得，它与材料、热处理、载荷平稳程度、轮齿尺寸及残余应力有关。当直接采用 S-N 曲线确定和 S-N 曲线实验条件完全相同的齿轮寿命系数 Y_{NT} 时，应取系数 $Y_{\delta relT}$，Y_{RrelT}，Y_X 的值为 1.0。

当无合适的上述实验或经验数据可用时，Y_{NT} 可由表 15-1-108 中的公式计算得出，也可由图 15-1-114 查取。

表 15-1-126　　弯曲强度的寿命系数 Y_{NT}

材料及热处理	静强度最大循环次数 N_0	持久寿命条件循环次数 N_c	应力循环次数 N_L	Y_{NT}计算公式
球墨铸铁（珠光体、贝氏体）；珠光体可锻铸铁；调质钢	$N_0=10^4$	$N_c=3\times10^6$	$N_L\leqslant10^4$	$Y_{NT}=2.5$
			$10^4<N_L\leqslant3\times10^6$	$Y_{NT}=\left(\frac{3\times10^6}{N_L}\right)^{0.16}$
			$3\times10^6<N_L\leqslant10^{10}$	$Y_{NT}=\left(\frac{3\times10^6}{N_L}\right)^{0.02}$（见注）
渗碳淬火的渗碳钢；火焰淬火、全齿廓感应淬火的钢、球墨铸铁			$N_L\leqslant10^3$	$Y_{NT}=2.5$
			$10^3<N_L\leqslant3\times10^6$	$Y_{NT}=\left(\frac{3\times10^6}{N_L}\right)^{0.115}$
			$3\times10^6<N_L\leqslant10^{10}$	$Y_{NT}=\left(\frac{3\times10^6}{N_L}\right)^{0.02}$（见注）
结构钢；渗氮处理的渗氮钢、调质钢、渗碳钢；灰铸铁、球墨铸铁（铁素体）	$N_0=10^3$	$N_c=3\times10^6$	$N_L\leqslant10^3$	$Y_{NT}=1.6$
			$10^3<N_L\leqslant3\times10^6$	$Y_{NT}=\left(\frac{3\times10^6}{N_L}\right)^{0.05}$
			$3\times10^6<N_L\leqslant10^{10}$	$Y_{NT}=\left(\frac{3\times10^6}{N_L}\right)^{0.02}$（见注）
氮碳共渗的调质钢、渗碳钢			$N_L\leqslant10^3$	$Y_{NT}=1.1$
			$10^3<N_L\leqslant3\times10^6$	$Y_{NT}=\left(\frac{3\times10^6}{N_L}\right)^{0.012}$
			$3\times10^6<N_L\leqslant10^{10}$	$Y_{NT}=\left(\frac{3\times10^6}{N_L}\right)^{0.02}$（见注）

注：当优选材料、制造工艺和润滑剂，并经生产实践验证时，这些计算式可取 $Y_{NT}=1.0$。

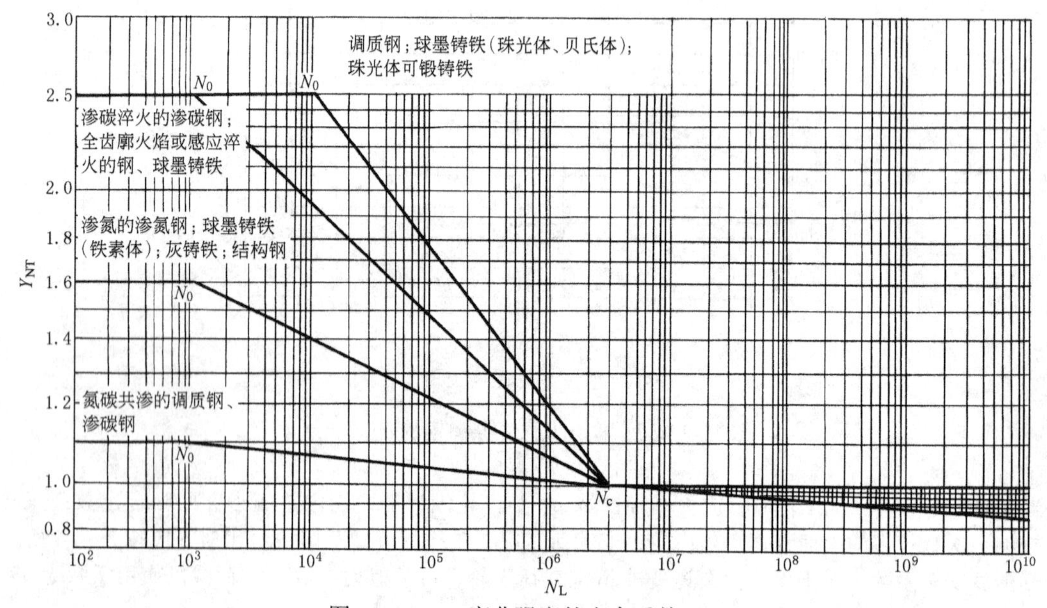

图 15-1-114　弯曲强度的寿命系数 Y_{NT}

（10）弯曲强度尺寸系数 Y_x

尺寸系数 Y_x 是考虑因尺寸增大使材料强度降低的尺寸效应因素，用于弯曲强度计算。确定尺寸系数最理想的方法是通过实验或经验总结。当用与设计齿轮完全相同尺寸、材料和工艺的齿轮进行实验得到齿面承载能力或寿命系数时，应取 Y_x 值为 1.0。静强度（$N_L\leqslant N_0$）的 $Y_x=1.0$。当无实验资料时，持久强度（$N_L\geqslant N_c$）的尺寸

系数 Y_x 可按表 15-1-127 的公式计算，也可由图 15-1-115 查取。

表 15-1-127　　弯曲强度计算的尺寸系数 Y_x

	材　　料	Y_x	备　　注
持久寿命 $N_L \geqslant N_c$	结构钢、调质钢、球墨铸铁(珠光体、贝氏体)、珠光体可锻铸铁	$1.03-0.006m_n$	当 $m_n<5$ 时，取 $m_n=5$ 当 $m_n>30$ 时，取 $m_n=30$
	渗碳淬火钢和全齿廓感应或火焰淬火钢、渗氮钢或氮碳共渗钢	$1.05-0.01m_n$	当 $m_n<5$ 时，取 $m_n=5$ 当 $m_n>25$ 时，取 $m_n=25$
	灰铸铁、球墨铸铁(铁素体)	$1.075-0.015m_n$	当 $m_n<5$ 时，取 $m_n=5$ 当 $m_n>25$ 时，取 $m_n=25$
有限寿命($N_0<N_L<N_c$)的尺寸系数		$Y_x=Y_{xc}+\dfrac{\lg\left(\dfrac{N_L}{N_c}\right)}{\lg\left(\dfrac{N_0}{N_c}\right)}\times(1-Y_{xc})$	Y_{xc}——持久寿命时的尺寸系数 N_0、N_L、N_c 见表 15-1-126
静强度($N_L \leqslant N_0$)的尺寸系数		$Y_x=1.0$	

(11) 相对齿根圆角敏感系数 $Y_{\delta relT}$

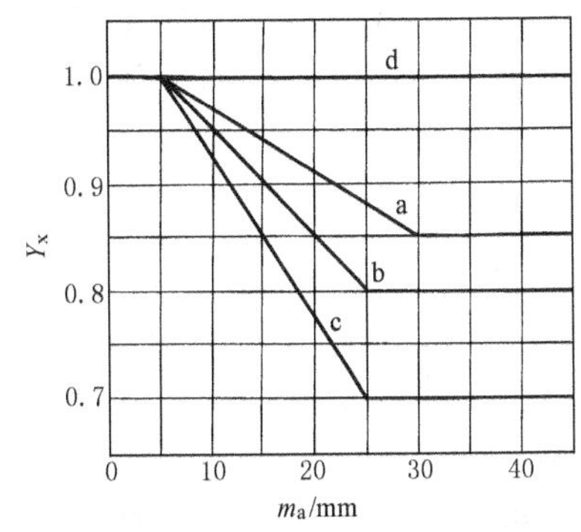

图 15-1-115　弯曲强度计算的尺寸系数 Y_x

a—结构钢、调质钢、球墨铸铁（珠光体、贝氏体）、珠光体可锻铸铁；b—渗碳淬火钢和全齿廓感应或火焰淬火钢，渗氮或氮碳共渗钢；c—灰铸铁，球墨铸铁（铁素体）；d—静强度计算时的所有材料

齿根圆角敏感系数表示在轮齿折断时，齿根处的理论应力集中超过实际应力集中的程度。

相对齿根圆角敏感系数 $Y_{\delta relT}$ 是考虑所计算齿轮的材料、几何尺寸等对齿根应力的敏感度与试验齿轮不同而引进的系数。定义为所计算齿轮的齿根圆角敏感系数与试验齿轮的齿根圆角敏感系数的比值。

在无精确分析的可用的数据时，可按下述方法分别确定 $Y_{\delta relT}$ 值。

① 持久寿命时的相对齿根圆角敏感系数 $Y_{\delta relT}$　持久寿命时的相对齿根圆角敏感系数 $Y_{\delta relT}$ 可按下式计算得出，也可由图 15-1-116 查得（当齿根圆角参数在 $1.5<q_s<4$ 的范围内时，$Y_{\delta relT}$ 可近似地取为 1，其误差不超过 5%）。

$$Y_{\delta relT}=\frac{1+\sqrt{\rho' X^*}}{1+\sqrt{\rho' X_T^*}}$$

式中　ρ'——材料滑移层厚度，mm，可由表 15-1-128 按材料查取；

X^*——齿根危险截面处的应力梯度与最大应力的比值，其值

$$X^* \approx \frac{1}{5}(1+2q_s)$$

q_s——齿根圆角参数，见本节（5）①；

X_T^*——试验齿轮齿根危险截面处的应力梯度与最大应力的比值，仍可用上式计算，式中 q_s 取为 $q_{sT}=2.5$，此式适用于 $m=5$mm，其尺寸的影响用 Y_x 来考虑。

表 15-1-128　　不同材料的滑移层厚度 ρ'

序号	材　　料		滑移层厚度 ρ'/mm
1	灰铸铁	$\sigma_b=150\text{N/mm}^2$	0.3124
2	灰铸铁、球墨铸铁(铁素体)	$\sigma_b=300\text{N/mm}^2$	0.3095
3a 3b	球墨铸铁(珠光体) 渗氮处理的渗氮钢、调质钢		0.1005
4	结构钢	$\sigma_s=300\text{N/mm}^2$	0.0833
5	结构钢	$\sigma_s=400\text{N/mm}^2$	0.0445
6	调质钢，球墨铸铁(珠光体、贝氏体)	$\sigma_s=500\text{N/mm}^2$	0.0281
7	调质钢，球墨铸铁(珠光体、贝氏体)	$\sigma_{0.2}=600\text{N/mm}^2$	0.0194
8	调质钢，球墨铸铁(珠光体、贝氏体)	$\sigma_{0.2}=800\text{N/mm}^2$	0.0064
9	调质钢，球墨铸铁(珠光体、贝氏体)	$\sigma_{0.2}=1000\text{N/mm}^2$	0.0014
10	渗碳淬火钢，火焰淬火或全齿廓感应淬火的钢和球墨铸铁		0.0030

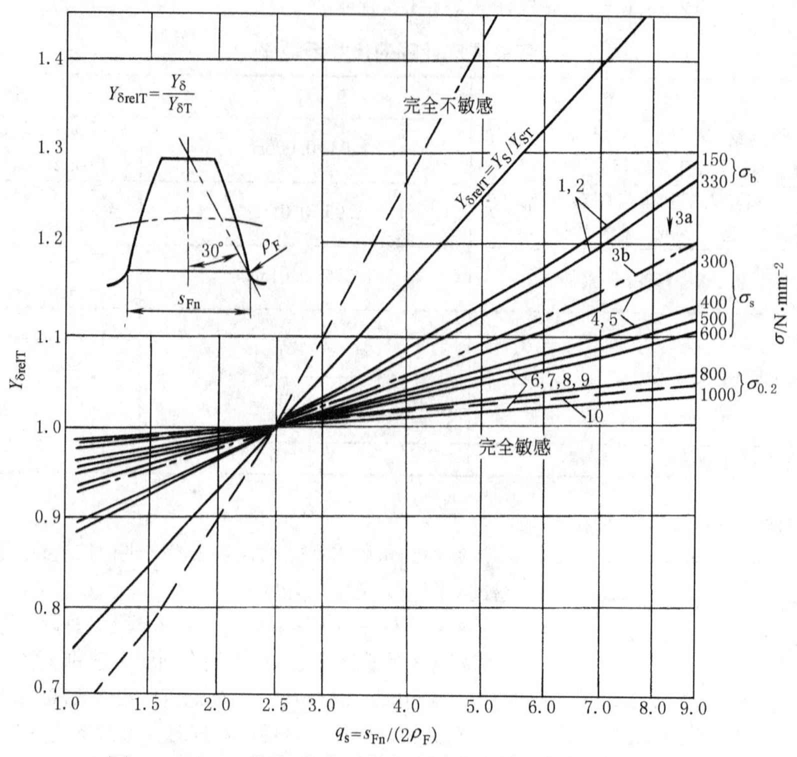

图 15-1-116　持久寿命时的相对齿根圆角敏感系数 $Y_{\delta relT}$

注：图中材料数字代号见表 15-1-128 中的序号

② 静强度的相对齿根圆角敏感系数 $Y_{\delta relT}$　静强度的 $Y_{\delta relT}$ 值可按表 15-1-129 中的相应公式计算得出（当应力修正系数在 $1.5<Y_S<3$ 的范围内时，静强度的相对敏感系数 $Y_{\delta relT}$ 近似地可取为：Y_S/Y_{ST}；但此近似数不能用于氮化的调质钢与灰铸铁）。

表 15-1-129　　静强度的相对齿根圆角敏感系数 $Y_{\delta relT}$

计算公式	备注
结构钢 $Y_{\delta relT}=\dfrac{1+0.93(Y_S-1)\sqrt[4]{\dfrac{200}{\sigma_s}}}{1+0.93\sqrt[4]{\dfrac{200}{\sigma_s}}}$	Y_S——应力修正系数，见本节(5)之① σ_s——屈服强度
调质钢、铸铁和球墨铸铁(珠光体、贝氏体) $Y_{\delta relT}=\dfrac{1+0.82(Y_S-1)\sqrt[4]{\dfrac{300}{\sigma_{0.2}}}}{1+0.82\sqrt[4]{\dfrac{300}{\sigma_{0.2}}}}$	$\sigma_{0.2}$——发生残余变形 0.2%时的条件屈服强度
渗碳淬火钢、火焰淬火和全齿廓感应淬火的钢、球墨铸铁 $Y_{\delta relT}=0.44Y_S+0.12$	表层发生裂纹的应力极限
渗氮处理的渗氮钢、调质钢 $Y_{\delta relT}=0.20Y_S+0.60$	表层发生裂纹的应力极限
灰铸铁和球墨铸铁(铁素体) $Y_{\delta relT}=1.0$	断裂极限

③ 有限寿命的齿根圆角敏感系数 $Y_{\delta relT}$　有限寿命的 $Y_{\delta relT}$ 可用线性插入法从持久寿命的 $Y_{\delta relT}$ 和静强度的 $Y_{\delta relT}$ 之间得到。

$$Y_{\delta relT}=Y_{\delta relTc}+\frac{\lg\left(\frac{N_L}{N_c}\right)}{\lg\left(\frac{N_0}{N_c}\right)}\times(Y_{\delta relT0}-Y_{\delta relTc})$$

式中，$Y_{\delta relTc}$、$Y_{\delta relT0}$分别为持久寿命和静强度的相对齿根圆角敏感系数。

（12）相对齿根表面状况系数 Y_{RrelT}

齿根表面状况系数是考虑齿廓根部的表面状况，主要是齿根圆角处的粗糙度对齿根弯曲强度的影响。

相对齿根表面状况系数 Y_{RrelT}为所计算齿轮的齿根表面状况系数与试验齿轮的齿根表面状况系数的比值。

在无精确分析的可用数据时，按下述方法分别确定。对经过强化处理（如喷丸）的齿轮，其 Y_{RrelT}值要稍大于下述方法所确定的数值。对有表面氧化或化学腐蚀的齿轮，其 Y_{RrelT}值要稍小于下述方法所确定的数值。

① 持久寿命时的相对齿根表面状况系数 Y_{RrelT}　持久寿命时的相对齿根表面状况系数 Y_{RrelT}可按表 15-1-130 中的相应公式计算得出，也可由图 15-1-117 查得。

表 15-1-130　持久寿命时的相对齿根表面状况系数 Y_{RrelT}

计算公式或取值		
材　料	$R_z<1\mu m$	$1\mu m\leqslant R_z<40\mu m$
调质钢，球墨铸铁（珠光体、贝氏体），渗碳淬火钢，火焰和全齿廓感应淬火的钢和球墨铸铁	$Y_{RrelT}=1.120$	$Y_{RrelT}=1.674-0.529(R_z+1)^{0.1}$
结构钢	$Y_{RrelT}=1.070$	$Y_{RrelT}=5.306-4.203(R_z+1)^{0.01}$
灰铸铁，球墨铸铁（铁素体），渗氮的渗氮钢、调质钢	$Y_{RrelT}=1.025$	$Y_{RrelT}=4.299-3.259(R_z+1)^{0.005}$

注：R_z 为齿根表面微观不平度 10 点高度。

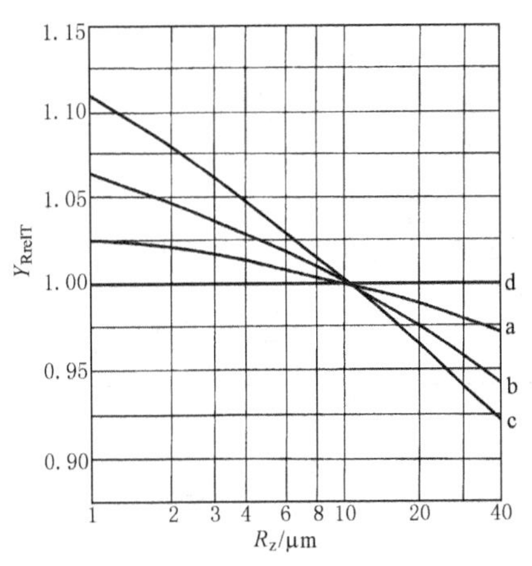

图 15-1-117　相对齿根表面状况系数 Y_{RrelT}

a—灰铸铁，铁素体球墨铸铁，渗氮处理的渗氮钢、调质钢；b—结构钢；c—调质钢，球墨铸铁（珠光体、铁素体），渗碳淬火钢，全齿廓感应或火焰淬火钢；d—静强度计算时的所有材料

② 静强度的相对齿根表面状况系数 Y_{RrelT}　静强度的相对齿根表面状况系数 Y_{RrelT}等于 1。

③ 有限寿命的相对齿根表面状况系数 Y_{RrelT}　有限寿命的 Y_{RrelT}可从持久寿命的 Y_{RrelT}和静强度的 Y_{RrelT}之间用线性插入法得到。

$$Y_{RrelT}=Y_{RrelTc}+\frac{\lg\left(\frac{N_L}{N_c}\right)}{\lg\left(\frac{N_0}{N_c}\right)}\times(Y_{RrelT0}-Y_{RrelTc})$$

式中，Y_{RrelTc}、Y_{RrelT0}分别为持久寿命和静强度的相对齿根表面状况系数。

8.4.3　齿轮静强度核算

当齿轮工作可能出现短时间、少次数（不大于表 15-1-114 和表 15-1-126 中规定的 N_0 值）的超过额定工况的大载荷，如使用大启动转矩电机，在运行中出现异常的重载荷或有重复性的中等甚至严重冲击时，应进行静强度核算。作用次数超过上述表中规定的载荷应纳入疲劳强度计算。

静强度核算的计算公式见表 15-1-131。

8.4.4 在变动载荷下工作的齿轮强度核算

在变动载荷下工作的齿轮，应通过测定和分析计算确定其整个寿命的载荷图谱，按疲劳累积假说（Miner 法则）确定当量转矩 T_{eq}，并以当量转矩 T_{eq} 代替名义转矩 T 按表 15-1-81 求出切向力 F_t，再应用 8.4.1 和 8.4.2 所述方法分别进行齿面接触强度核算和轮齿弯曲强度核算，此时取 $K_A=1$。当无载荷图谱时，则可用名义载荷近似校核齿轮的齿面强度和轮齿弯曲强度。

表 15-1-131　静强度核算公式

<table>
<tr><td rowspan="2">强度条件</td><td>齿面静强度
$\sigma_{Hst} \leqslant \sigma_{HPst}$
当大、小齿轮材料 σ_{HPst} 不同时，应取小者进行核算</td><td rowspan="2">σ_{Hst}——静强度最大齿面应力，N/mm²
σ_{HPst}——静强度许用齿面应力，N/mm²
σ_{Fst}——静强度最大齿根弯曲应力，N/mm²
σ_{FPst}——静强度许用齿根弯曲应力，N/mm²</td></tr>
<tr><td>弯曲静强度
$\sigma_{Fst} \leqslant \sigma_{FPst}$</td></tr>
<tr><td>静强度最大齿面应力 σ_{Hst}</td><td>$\sigma_{Hst}=\sqrt{K_V K_{H\beta} K_{H\alpha}} Z_H Z_E Z_\varepsilon Z_\beta \sqrt{\frac{F_{cal}}{d_1 b} \frac{u \pm 1}{u}}$</td><td>$K_V$，$K_{H\beta}$，$K_{H\alpha}$ 取值见本表注 2、3、4
Z_H，Z_E，Z_ε，Z_β 及 u，b 等代号意义及计算见 8.4.1</td></tr>
<tr><td>静强度最大齿根弯曲应力 σ_{Fst}</td><td>$\sigma_{Fst}=K_V K_{F\beta} K_{F\alpha} \frac{F_{cal}}{b m_n} Y_F Y_S Y_\beta$
或
$\sigma_{Fst}=K_V K_{F\beta} K_{F\alpha} \frac{F_{cal}}{b m_n} Y_{Fa} Y_{Sa} Y_\varepsilon Y_\beta$</td><td>$K_V$，$K_{F\beta}$，$K_{F\alpha}$ 见本表注 2、3、4
Y_F，Y_{Fa}，Y_S，Y_{Sa}，Y_ε，Y_β 见 8.4.2</td></tr>
<tr><td>静强度许用齿面接触应力 σ_{HPst}</td><td>$\sigma_{HPst}=\frac{\sigma_{Hlim} Z_{NT}}{S_{Hmin}} Z_W$</td><td>$\sigma_{Hlim}$——接触疲劳极限应力，N/mm²，见 8.4.2
Z_{NT}——静强度接触寿命系数，此时取 $N_L=N_0$，见表 15-1-114
Z_W——齿面工作硬化系数，见 8.4.1(16)
S_{Hmin}——接触强度最小安全系数</td></tr>
<tr><td>静强度许用齿根弯曲应力 σ_{FPst}</td><td>$\sigma_{FPst}=\frac{\sigma_{Flim} Y_{ST} Y_{NT}}{S_{Fmin}} Y_{\delta relT}$</td><td>$\sigma_{Flim}$——弯曲疲劳极限应力，N/mm²，见 8.4.2(8)
Y_{ST}——试验齿轮的应力修正系数，$Y_{ST}=2.0$
Y_{NT}——弯曲强度寿命系数，此时取 $N_L=N_0$，见 8.4.2(9)
$Y_{\delta relT}$——相对齿根圆角敏感系数，见 8.4.2(11)
S_{Fmin}——弯曲强度最小安全系数，见 8.4.1(18)</td></tr>
<tr><td>计算切向力</td><td>$F_{cal}=\frac{2000 T_{max}}{d}$</td><td>$F_{cal}$——计算切向载荷，N
d——齿轮分度圆直径，mm
T_{max}——最大转矩，N·m</td></tr>
</table>

注：1. 因已按最大载荷计算，取使用系数 $K_A=1$。

2. 对在启动或堵转时产生的最大载荷或低速工况，可取动载系数 $K_V=1$；其余情况 K_V 按 8.4.1（4）取值。

3. 螺旋线载荷分布系数 $K_{H\beta}$，$K_{F\beta}$ 见 8.4.1（5）和 8.4.2（2），但此时单位齿宽载荷应取 $w_m=\frac{K_V F_{cal}}{b}$。

4. 齿间载荷分配系数 $K_{H\alpha}$、$K_{F\alpha}$ 取值同 8.4.1（6）和 8.4.2（3）。

当量载荷（转矩 T_{eq}）求法如下。

图 15-1-118 是以对数坐标的某齿轮的承载能力曲线与其整个工作寿命的载荷图谱，图中 T_1、T_2、T_3、…为经整理后的实测的各级载荷，N_1、N_2、N_3、…为与 T_1、T_2、T_3、…相对应的应力循环次数。小于名义载荷 T 的 50%的载荷（如图中 T_5），认为对齿轮的疲劳损伤不起作用，故略去不计，则当量应力循环次数 N_{eq} 为

$$N_{eq}=N_1+N_2+N_3+N_4$$

$$N_i=60 n_i k h_i$$

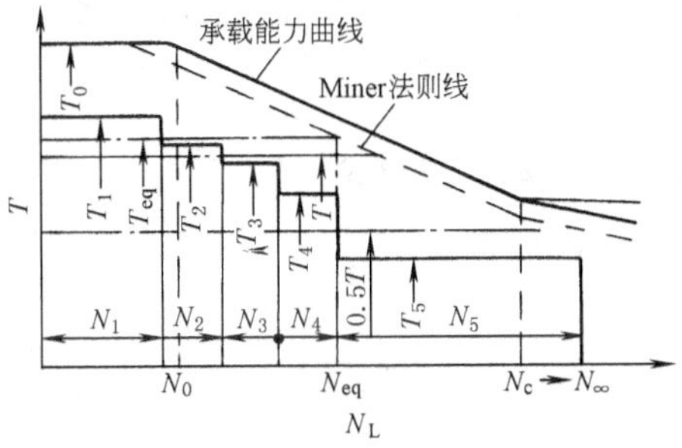

图 15-1-118　承载能力曲线与载荷图谱

式中　N_i——第 i 级载荷应力循环次数；

n_i——第 i 级载荷作用下齿轮的转速；

k——齿轮每转一周同侧齿面的接触次数；

h_i——在 i 级载荷作用下齿轮的工作小时数。

根据 Miner 法则（疲劳累积假说），此时的当量载荷为

$$T_{eq}=\left(\frac{N_1T_1^p+N_2T_2^p+N_3T_3^p+N_4T_4^p}{N_{eq}}\right)^{1/p}$$

常用齿轮材料的 p 值列于表 15-1-132。

表 15-1-132　　　　常用的齿轮材料的特性数

计算方法	齿轮材料及热处理方法	N_0	工作循环次数 N_L	p
接触强度（疲劳点蚀）	结构钢；调质钢；珠光体、贝氏体球墨铸铁；珠光体可锻铸铁；调质钢、渗碳钢经表面淬火（允许有一定量点蚀）	6×10^5	$6\times10^5<N_L\leqslant10^7$	6.77
			$10^7<N_L\leqslant10^9$	8.78
			$10^9<N_L\leqslant10^{10}$	7.08
	结构钢；调质钢；珠光体、贝氏体球墨铸铁；珠光体可锻铸铁；调质钢、渗碳钢经表面淬火（不允许出现点蚀）	10^5	$10^5<N_L\leqslant5\times10^7$	6.61
			$5\times10^7<N_L\leqslant10^{10}$	16.30
	调质钢、氮化钢经氮化，灰铸铁，铁素体球墨铸铁	10^5	$10^5<N_L\leqslant2\times10^6$	5.71
			$2\times10^6<N_L\leqslant10^{10}$	26.20
	碳氮共渗的调质钢、渗碳钢	10^5	$10^5<N_L\leqslant2\times10^6$	15.72
			$2\times10^6<N_L\leqslant10^{10}$	26.20
弯曲强度	调质钢，珠光体、贝氏体球墨铸铁，珠光体可锻铸铁	10^4	$10^4<N_L\leqslant3\times10^6$	6.23
			$3\times10^6<N_L\leqslant10^{10}$	49.91
	调质钢、渗碳钢经表面淬火	10^3	$10^3<N_L\leqslant3\times10^6$	8.74
			$3\times10^6<N_L\leqslant10^{10}$	49.91
	调质钢、氮化钢经氮化，结构钢，灰铸铁，铁素体球墨铸铁	10^3	$10^3<N_L\leqslant3\times10^6$	17.03
			$3\times10^6<N_L\leqslant10^{10}$	49.91
	调质钢、渗碳钢经碳氮共渗		$10^3<N_L\leqslant3\times10^6$	84.00
			$3\times10^6<N_L\leqslant10^{10}$	49.91

当计算 T_{eq}时，若 $N_{eq}<N_0$（材料疲劳破坏最少应力循环次数）时，取 $N_{eq}=N_0$；当 $N_{eq}>N_c$ 时，取 $N_{eq}=N_c$。

在变动载荷下工作的齿轮又缺乏载荷图谱可用时，可近似地用常规的方法即用名义载荷乘以使用系数 K_A 来确定计算载荷。当无合适的数值可用时，使用系数 K_A 可参考表 15-1-88 确定。这样，就将变动载荷工况转化为非变动载荷工况来处理，并按 8.4.1 和 8.4.2 有关公式核算齿轮强度。

8.4.5　薄轮缘齿轮齿根应力基本值

计算分析表明，当齿轮的轮缘厚度 S_R 相对地小于轮齿全齿高 h_t 时（S_R 及 h_t 见图 15-1-119），齿轮的齿根弯

曲应力将明显增大。当轮缘齿高比 $m_B=S_R/h_t\geqslant 2.0$ 时，m_B 对齿根弯曲应力没有影响。

轮缘系数 Y_B 没有考虑加工台阶、缺口、箍环、键槽等结构对齿根弯曲应力的影响。

在薄轮缘齿轮齿根应力基本值 σ_{F0} 计算时，应增加轮缘系数 Y_B，用以考虑轮缘齿高比 m_B 对齿根弯曲应力的影响。

即对表 15-1-119 中方法一计算 σ_{F0} 时，应改写成下式

$$\sigma_{F0}=\frac{F_t}{bm_n}Y_F Y_S Y_\beta Y_B$$

对表 15-1-119 中方法二计算 σ_{F0} 时，应改写成下式

$$\sigma_{F0}=\frac{F_t}{bm_n}Y_{Fa}Y_{Sa}Y_\varepsilon Y_\beta Y_B$$

式中　Y_B——轮缘系数，其他符号同前。

轮缘系数 Y_B 可按以下各式计算或由图 15-1-119 查取。

当 $m_B<1.0$ 时

$$Y_B=1.6\ln\left(\frac{2.242}{m_B}\right)$$

当 $1.0\leqslant m_B<1.56$ 时

$$Y_B=0.656\ln\left(\frac{7.161}{m_B}\right)$$

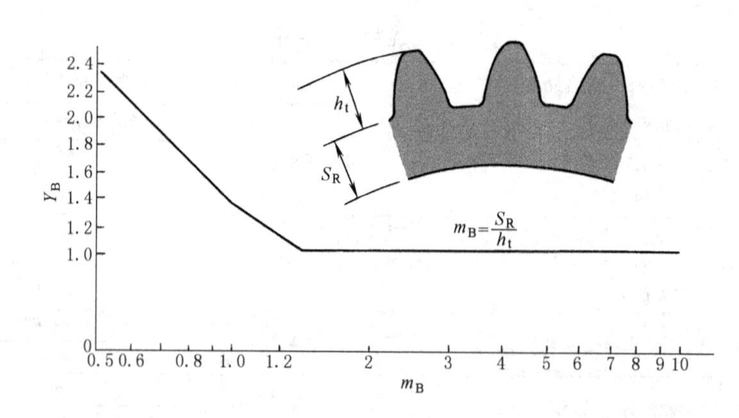

图 15-1-119　轮缘系数 Y_B

当 $m_B\geqslant 1.56$ 时

$$Y_B=1.0$$

8.5　开式齿轮传动的计算

开式齿轮传动一般只需计算其弯曲强度，计算时，仍可使用表 15-1-119 的公式，考虑到开式齿轮容易磨损而使齿厚减薄，因此，应在算得的齿根应力 σ_F 上乘以磨损系数 K_m。K_m 值可根据轮齿允许磨损的程度，按表 15-1-113 选取。

对重载、低速开式齿轮传动，除按上述方法计算弯曲强度外，还建议计算齿面接触强度，此时许用接触应力应为闭式齿轮传动的 1.05~1.1 倍。

表 15-1-133　磨损系数 K_m

已磨损齿厚占原齿厚的百分数/%	K_m	说　明
10	1.25	这个百分数是开式齿轮传动磨损报废的主要指标,可按有关机器设备维修规程要求确定
15	1.40	
20	1.60	
25	1.80	
30	2.00	

8.6 计算例题

如图 15-1-120 所示球磨机传动简图，试设计其单级圆柱齿轮减速器。已知小齿轮传递的额定功率 $P=250\text{kW}$，小齿轮的转速 $n_1=750\text{r/min}$，名义传动比 $i=3.15$，单向运转，满载工作时间 50000h。

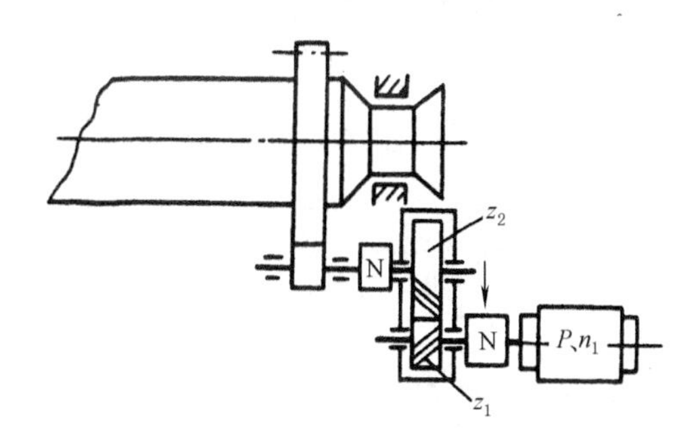

图 15-1-120 传动简图

解 （1）选择齿轮材料

小齿轮：37SiMnMoV，调质，硬度 320～340HB。

大齿轮：35SiMn，调质，硬度 280～300HB。

由图 15-1-82 和图 15-1-111 按 MQ 级质量要求取值，得 $\sigma_{\text{Hlim1}}=800\text{N/mm}^2$、$\sigma_{\text{Hlim2}}=760\text{N/mm}^2$ 和 $\sigma_{\text{Flim1}}=320\text{N/mm}^2$、$\sigma_{\text{Flim2}}=300\text{N/mm}^2$。

（2）初步确定主要参数

1）按接触强度初步确定中心距

按斜齿轮从表 15-1-82 选取 $A_a=476$，按齿轮对称布置，速度中等，冲击载荷较大，取载荷系数 $K=2.0$。按表 15-1-86，选 $\psi_d=0.8$，则 $\psi_a=0.38$，按表 15-1-84 圆整取齿宽系数 $\psi_a=0.35$。

齿数比　$u=i=3.15$

许用接触应力 σ_{Hp}：$\sigma_{\text{Hp}}\approx 0.9\sigma_{\text{Hlim}}=0.9\times760=684\text{N/mm}^2$

小齿轮传递的转矩 T_1

$$T_1=\frac{9549P}{n_1}=\frac{9549\times250}{750}=3183\text{N}\cdot\text{m}$$

中心距 a

$$a\geqslant A_a(u+1)\sqrt[3]{\frac{KT_1}{\psi_a u\sigma_{\text{Hp}}^2}}=476(3.15+1)\sqrt[3]{\frac{2\times3183}{0.35\times3.15\times684^2}}=456.5\text{mm}$$

取　$a=500\text{mm}$

2）初步确定模数、齿数、螺旋角、齿宽、变位系数等几何参数

$$m_n=(0.007\sim0.02)a=(0.007\sim0.02)\times500=3.5\sim10\text{mm}$$

取　$m_n=7\text{mm}$

由公式
$$\frac{z_1}{\cos\beta}=\frac{2a}{m_n(1+u)}=\frac{2\times500}{7\times(1+3.15)}=34.4$$

取　$z_1=34$

$z_2=iz_1=3.15\times34=107.1$

取　$z_2=107$

实际传动比
$$i_0=\frac{z_2}{z_1}=\frac{107}{34}=3.147$$

螺旋角
$$\beta=\arccos\frac{m_n(z_1+z_2)}{2a}=\arccos\frac{7\times(34+107)}{2\times500}=9°14'55''$$

齿宽 $b=\psi_a a=0.35\times500=175\text{mm}$ 取 180

小齿轮分度圆直径 $$d_1=\frac{m_n z_1}{\cos\beta}=\frac{7\times34}{\cos9°14'55''}=241.135\text{mm}$$

大齿轮分度圆直径 $$d_2=\frac{m_n z_2}{\cos\beta}=\frac{7\times107}{\cos9°14'55''}=758.865$$

采用高度变位，由图 15-1-14 查得：$x_1=0.38$ $x_2=-0.38$

齿轮精度等级为 7 级

(3) 齿面接触强度核算

1) 分度圆上名义切向力 F_t

$$F_t=\frac{2000T_1}{d_1}=\frac{2000\times3183}{241.135}=26400\text{N}$$

2) 使用系数 K_A

原动机为电动机，均匀平稳，工作机为水泥磨，有中等冲击，查表 15-1-88 $K_A=1.5$。

3) 动载系数 K_V

齿轮线速度 $$v=\frac{\pi d_1 n_1}{60\times1000}=\frac{\pi\times241.135\times750}{60\times1000}=9.5\text{m/s}$$

由表 15-1-97 公式计算传动精度系数 C

$$C=-0.5048\ln(z)-1.144\ln(m_n)+2.852\ln(f_{pt})+3.32$$

$$z=z_1=30 \qquad f_{pt}=25\mu\text{m}(\text{大轮})$$

$$C=-0.5048\ln30-1.144\ln7+2.852\ln25+3.32=8.55$$

圆整取 $C=8$ 查图 15-1-73 $K_V=1.25$

4) 螺旋线载荷分布系数 $K_{H\beta}$

由表 15-1-105，齿轮装配时对研跑合

$$K_{H\beta}=1.12+0.18\left(\frac{b}{d_1}\right)^2+0.23\times10^{-3}b=1.12+0.18\times\left(\frac{180}{241.135}\right)^2+0.23\times10^{-3}\times180=1.262$$

5) 齿间载荷分配系数 $K_{H\alpha}$

$$K_A F_t/b=1.5\times26400/180=220\text{N/mm}$$

查表 15-1-109 得：$K_{H\alpha}=1.1$

6) 节点区域系数 Z_H

$$x_\Sigma=0 \quad \beta=9°14'55'' \quad \text{查图 15-1-75} \quad Z_H=2.47$$

7) 弹性系数 Z_E

由表 15-1-113 $$Z_E=189.8\sqrt{\text{N/mm}^2}$$

8) 重合度系数 Z_ε

纵向重合度 $\varepsilon_\beta=\dfrac{b\sin\beta}{\pi m_n}=\dfrac{180\times\sin9°14'55''}{\pi\times7}=1.315$

端面重合度 $\dfrac{z_1}{1+x_{n1}}=\dfrac{34}{1+0.38}=24.64$，$\dfrac{z_2}{1-x_{n2}}=\dfrac{107}{1-0.38}=172.58$，由图 15-1-78 $\varepsilon_{\alpha1}=0.79$ $\varepsilon_{\alpha2}=0.93$

则 $$\varepsilon_\alpha=(1+x_{n1})\varepsilon_{\alpha1}+(1-x_{n2})\varepsilon_{\alpha2}=(1+0.38)\times0.79+(1-0.38)\times0.93=1.667$$

由图 15-1-78 查得 $Z_\varepsilon=0.775$

9) 螺旋角系数 Z_β

$$Z_\beta=\sqrt{\cos\beta}=\sqrt{\cos9°14'55''}=0.993$$

10) 小齿轮、大齿轮的单对齿啮合系数 Z_B、Z_D

按表 15-1-111 的判定条件，由于 $\varepsilon_\beta=1.315>1.0$，取 $Z_B=1$，$Z_D=1$。

11) 计算接触应力 σ_H

由表 15-1-87 公式可得

$$\sigma_{H1}=Z_B\sqrt{K_AK_VK_{H\beta}K_{H\alpha}}Z_HZ_EZ_\varepsilon Z_\beta\sqrt{\frac{F_t}{d_1b}\times\frac{u+1}{u}}$$

$$=1.0\times\sqrt{1.5\times1.25\times1.262\times1.1}\times2.47\times189.8\times0.775\times0.993\times\sqrt{\frac{26400}{241.135\times180}\times\frac{3.147+1}{3.147}}$$

$$=521.1\text{N/mm}^2$$

由于 $Z_D'=Z_B=1$，所以 $\sigma_{H2}=\sigma_{H1}=521.1\text{N/mm}^2$

12）寿命系数 Z_{NT}

应力循环次数　$N_{L1}=60n_1t=60\times750\times50000=2.25\times10^9$

$$N_{L2}=60n_2t=60\times\frac{750}{3.133}\times50000=7.18\times10^8$$

由表 15-1-114 公式计算

$$Z_{NT1}=\left(\frac{10^9}{N_{L1}}\right)^{0.0706}=\left(\frac{10^9}{2.25\times10^9}\right)^{0.0706}=0.944$$

$$Z_{NT2}=\left(\frac{10^9}{N_{L2}}\right)^{0.057}=\left(\frac{10^9}{0.718\times10^9}\right)^{0.057}=1.02$$

13）润滑油膜影响系数 $Z_LZ_vZ_R$

由表 15-1-116，经展成法滚、插的齿轮副 $Rz_{10}>4\mu m$、$Z_LZ_vZ_R=0.85$

14）齿面工作硬化系数 Z_W

由图 15-1-89　　$Z_{W1}=1.08$　$Z_{W2}=1.11$

15）尺寸系数 Z_x

由表 15-1-117　　$Z_X=1.0$

16）安全系数 S_H

$$S_{H1}=\frac{\sigma_{Hlim1}Z_{NT1}Z_LZ_vZ_RZ_{W1}Z_X}{\sigma_{H1}}=\frac{800\times0.944\times0.85\times1.08\times1.0}{521.1}=1.33$$

$$S_{H2}=\frac{\sigma_{Hlim2}Z_{NT2}Z_LZ_vZ_RZ_{W2}Z_X}{\sigma_{H2}}=\frac{760\times1.02\times0.85\times1.11\times1.0}{521.1}=1.40$$

S_{H1}、S_{H2}均达到表 15-1-118 规定的较高可靠度时，最小安全系数 $S_{Hmin}=1.25\sim1.30$ 的要求。齿面接触强度核算通过。

（4）轮齿弯曲强度核算

1）螺旋线载荷分布系数 $K_{F\beta}$

$$K_{F\beta}=(K_{H\beta})^N$$

$$N=\frac{(b/h)^2}{1+b/h+(b/h)^2}\quad b=180\text{mm}\quad h=2.25m_n=2.25\times7=15.75\text{mm}$$

$$N=\frac{(180/15.75)^2}{1+180/15.75+(180/15.75)^2}=0.913$$

$$K_{F\beta}=(1.262)^{0.913}=1.24$$

2）螺旋线载荷分配系数 $K_{F\alpha}$

$$K_{F\alpha}=K_{H\alpha}=1.1$$

3）齿廓系数 $Y_{F\alpha}$

当量齿数

$$z_{n1}=\frac{z_1}{\cos^3\beta}=\frac{34}{\cos^3 9°14'55''}=35.36$$

$$z_{n2}=\frac{z_2}{\cos^3\beta}=\frac{107}{\cos^3 9°14'55''}=111.28$$

由图 15-1-97　$Y_{F\alpha1}=2.17$　$Y_{F\alpha2}=2.30$

4）应力修正系数 $Y_{S\alpha}$

由图 15-1-102　$Y_{S\alpha1}=1.81$　$Y_{S\alpha2}=1.69$

5）重合度系数 Y_ε

$$Y_\varepsilon = 0.25 + \frac{0.75}{\varepsilon_{\alpha n}}$$

$$\varepsilon_{\alpha n} = \frac{\varepsilon_\alpha}{\cos^2\beta_b}$$

由表 15-1-122 知

$$\beta_b = \arccos\left[\sqrt{1-(\sin\beta\cos\alpha_n)^2}\right]$$

$$\cos\beta_b = \sqrt{1-(\sin\beta\cos\alpha_n)^2} = \sqrt{1-(\sin 9°14'55''\cos 20°)^2} = 0.9885$$

$$\varepsilon_{\alpha n} = \frac{1.667}{0.9885^2} = 1.71$$

$$Y_\varepsilon = 0.25 + \frac{0.75}{1.71} = 0.689$$

6）螺旋角系数 Y_β

由图 15-1-108　根据β、ε_β 查得　$Y_\beta = 0.92$

7）计算齿根应力 σ_F

因 $\varepsilon_\alpha = 1.667 < 2$，用表 15-1-119 中方法二。

$$\sigma_F = \frac{F_t}{bm_n} Y_{F\alpha} Y_{S\alpha} Y_\varepsilon\ Y_\beta K_A K_V K_{F\beta} K_{F\alpha}$$

$$\sigma_{F1} = \frac{26400}{180\times7}\times2.17\times1.81\times0.689\times0.92\times1.5\times1.25\times1.24\times1.1 = 133.4\text{N/mm}^2$$

$$\sigma_{F2} = \frac{26400}{180\times7}\times2.30\times1.69\times0.689\times0.92\times1.5\times1.25\times1.24\times1.1 = 132\text{N/mm}^2$$

8）试验齿轮的应力修正系数 Y_{ST}

见表 15-1-119，$Y_{ST} = 2.0$

9）寿命系数 Y_{NT}

由表 15-1-126

$$Y_{NT} = \left(\frac{3\times10^6}{N_L}\right)^{0.02}$$

$$Y_{NT1} = \left(\frac{3\times10^6}{2.25\times10^9}\right)^{0.02} = 0.876$$

$$Y_{NT2} = \left(\frac{3\times10^6}{7.18\times10^8}\right)^{0.02} = 0.896$$

10）相对齿根角敏感系数 $Y_{\delta relT}$

由 8.4.2 5)①齿根圆角参数　$q_s = \dfrac{S_{Fn}}{2\rho_F}$,用表 15-1-120 所列公式进行计算。由图 15-1-97 知：$h_{fp}/m_n = 1.25$　$\rho_{fp}/m_n = 0.38$

$$G_1 = \frac{\rho_{fp}}{m_n} - \frac{h_{fp}}{m_n} + x = 0.38 - 1.25 + 0.38 = -0.49$$

$$E = \frac{\pi m_n}{4} - h_{fp}\tan\alpha_n + \frac{S_{pr}}{\cos\alpha_n} - (1-\sin\alpha_n)\frac{\rho_{fp}}{\cos\alpha_n} = \frac{\pi\times7}{4} - 1.25\times7\times\tan20° + 0 - (1-\sin20°)\frac{0.38\times7}{\cos20°} = 0.451$$

$$H_1 = \frac{2}{z_{n1}}\left(\frac{\pi}{2} - \frac{E}{m_n}\right) - \frac{\pi}{3} = \frac{2}{35.36}\times\left(\frac{\pi}{2} - \frac{0.451}{7}\right) - \frac{\pi}{3} = -0.962$$

$$\theta_1 = -\frac{H_1}{1-\dfrac{2G}{z_{n1}}} = -\frac{(-0.962)}{1-\dfrac{2\times(-0.49)}{35.36}} = 0.936\text{rad}$$

$$\frac{S_{Fn1}}{m_n}=z_{n1}\sin\left(\frac{\pi}{3}-\theta_1\right)+\sqrt{3}\left(\frac{G}{\cos\theta_1}-\frac{\rho_{fp}}{m_n}\right)=35.36\times\sin\left(\frac{\pi}{3}-0.936\right)+\sqrt{3}\times\left[\frac{-0.49}{\cos(0.936)}-0.38\right]=1.834$$

$$S_{Fn1}=1.834\times7=12.838\text{mm}$$

$$\frac{\rho_{F1}}{m_n}=\frac{\rho_{fp}}{m_n}+\frac{2G^2}{\cos\theta_1(z_{n1}\cos^2\theta-2G)}=0.38+\frac{2\times(-0.49)^2}{\cos(0.936)\times[35.36\times\cos^2(0.936)-2\times(-0.49)]}=0.4404$$

$$\rho_{F1}=0.4404\times7=3.083\text{mm}$$

$$q_{s1}=\frac{S_{Fn1}}{2\rho_{F1}}=\frac{12.838}{2\times3.083}=2.082$$

同样计算可知：$1.5<q_{s1}(q_{s2})<4$

$$Y_{\delta relT}=1.0$$

11）相对齿根表面状况系数 Y_{RrelT}

由图 15-1-117，齿根表面微观不平度 10 点高度为 $Rz_{10}=12.5\mu m$ 时

$$Y_{RrelT}=1.0$$

12）尺寸系数 Y_x

由表 15-1-127 的公式

$$Y_x=1.03-0.006m_n=1.03-0.006\times7=0.988$$

13）弯曲强度的安全系数 S_F

$$S_F=\frac{\sigma_{Flim}Y_{ST}Y_{NT}Y_{\delta relT}Y_{RrelT}Y_x}{\sigma_F}$$

9　渐开线圆柱齿轮修形计算

齿轮传动由于受制造和安装误差、齿轮弹性变形及热变形等因素的影响，在啮合过程中不可避免地会产生冲击、振动和偏载，从而导致齿轮早期失效的概率增大。生产实践和理论研究表明，仅仅靠提高齿轮制造和安装精度来满足日益增长的对齿轮的高性能要求是远远不够的，而且会大大增加齿轮传动的制造成本。对渐开线圆柱齿轮的齿廓和齿向进行适当修形，对改善其运转性能、提高其承载能力、延长其使用寿命有着明显的效果。

9.1　齿轮的弹性变形修形

齿轮装置在传递功率时，由于受载荷的作用，各个零部件都会产生不同程度的弹性变形，其中包括轮齿、轮体、箱体、轴承等的变形。尤其与齿轮相关的弹性变形，如轮齿变形和轮体变形，会引起齿轮的齿廓和齿向的畸变，使齿轮在啮合过程中产生冲击、振动和偏载。近年来，在高参数齿轮装置中，广泛采用轮齿修形技术，减少由轮齿受载变形和制造误差引起的啮合冲击，改善了齿面的润滑状态并获得较为均匀的载荷分布，有效地提高了轮齿的啮合性能和承载能力。

齿轮修形一般包括齿廓修形和齿向修形两部分。

（1）齿廓修形

齿轮传递动力时，由于轮齿受载产生的弹性变形量以及制造误差，实际啮合点并非总是处于啮合线上，从动齿轮的运动滞后于主动齿轮，其瞬时速度差异将造成啮合干涉和冲击，从而产生振动和噪声。为减少啮合干涉和冲击，改善齿面的润滑状态，需要对齿轮进行齿廓修形。实际工作中，为了降低成本，一般将啮合齿轮的变形量都集中反映在小齿轮上，仅对小齿轮进行修形。如表

表 15-1-134　齿廓修形

<table>
<tr><th>项目</th><th>说　　明</th></tr>
<tr><td>齿廓的弹性变形修形原理</td><td>图 a 中(ⅰ)所示为一对齿轮的啮合过程。随着齿轮旋转,轮齿沿啮合线进入啮合,啮合起始点为 A,啮出点为 D,啮合线 ABCD 为齿轮的一个周期啮合。其中 AB 段和 CD 段是由两对齿轮同时啮合区域,而 BC 段为一对齿轮啮合区域,因此轮齿在啮合过程中载荷分配显得不均匀并有明显的突变现象,但由于在啮合点上受齿面接触变形、齿的剪切变形和弯曲变形的影响,使载荷变化得到缓和,实际载荷分布为图 a 中(ⅱ)中折线 AMNHIOPD。整个啮合过程中轮齿承担载荷的比例大致为:A 点为 40%;从两对齿啮合过渡到一对齿啮合的过渡点 B 为 60%;然后急剧转入一对齿啮合的 BC 段,达到 100%,最后至 D 点为 40%。由此可见,在啮合过程中轮齿的载荷分配有明显的突变现象,相应地,轮齿的弹性变形也随之改变。由于轮齿的弹性变形及制造误差,标准的渐开线齿轮在啮入时发生啮合干涉
齿廓修形就是将一对相啮轮齿上发生干涉的齿面部分适当削去一部分,即对靠近齿顶的一部分进行修形,也称为修缘,如图 a 中(ⅲ)所示。通过齿廓修形后,使轮齿载荷按图 a 中(ⅱ)中的 AHID 规律分配。这样轮齿在进入啮合点 A 处正好相接触,载荷从 M 值降为零,然后逐渐增加至 H 点达 100% 载荷。在 CD 段,载荷由 100%逐渐下降,最后到 D 点为零
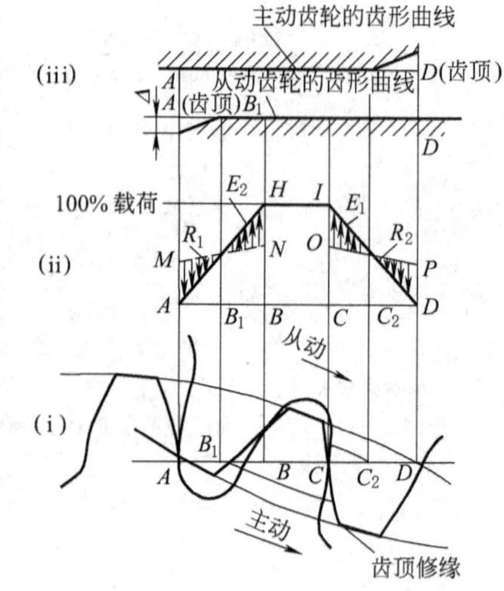

(a) 轮齿啮合过程中载荷分布和齿廓修形</td></tr>
<tr><td>齿廓弹性变形计算</td><td>轮齿由于受到载荷作用,会产生一定的弹性变形。它包括轮齿的接触变形、弯曲变形、剪切变形和齿根变形等。该变形量与轮齿所受载荷的大小以及轮齿啮合刚度等因素有关。可按式下式计算
$$\delta_a=\frac{\omega_t}{c_\gamma}$$
式中　δ_a——齿廓弹性变形量,μm;
ω_t——单位齿宽载荷,N/mm,$\omega_t=F_t/b$;
F_t——齿轮切向力,N;
b——齿轮有效宽度,mm;
c_γ——轮齿啮合刚度,N/mm · μm;对基本齿廓符合 GB/T 1356—2001,齿圈和轮辐刚性较大的外啮合齿轮,在中等载荷作用下,其轮齿啮合刚度可近似地取 $c_\gamma=20$N/mm · μm
上式计算出的变形量可作为计算齿廓修形量的一部分。在确定具体的齿廓修形量时,还要考虑齿轮精度(基节误差、齿廓误差等)的影响</td></tr>
<tr><td>齿廓弹性变形修形量的确定</td><td>齿廓弹性变形修形量主要取决于轮齿受载产生的变形量和制造误差等因素。目前,各国各公司都有自己的经验计算公式和标准。在实际应用中,还要考虑实践经验、工艺条件和实现的方便等因素。齿廓修形推荐以下三种方式
①小齿轮齿顶减薄、大齿轮齿廓不修形只进行齿顶倒圆(见图 b)。此法较简单,适用于齿轮圆周速度低于 100m/s 的情况。
②大、小齿轮齿顶均修薄(图 c),适用于 v>100m/s、功率 P>2000kW 的情况
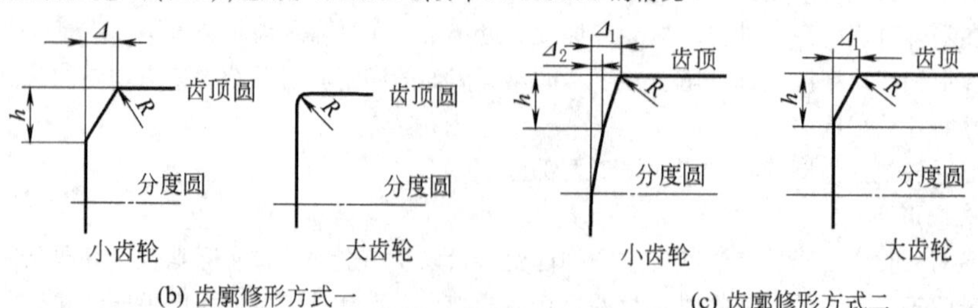

(b) 齿廓修形方式一　　(c) 齿廓修形方式二</td></tr>
</table>

续表

<table>
<tr><th>项目</th><th>说　明</th></tr>
<tr><td>齿廓弹性变形修形量的确定</td><td>③小齿轮齿顶和齿根都修形，大齿轮不修形见图 d，可用于任何情况
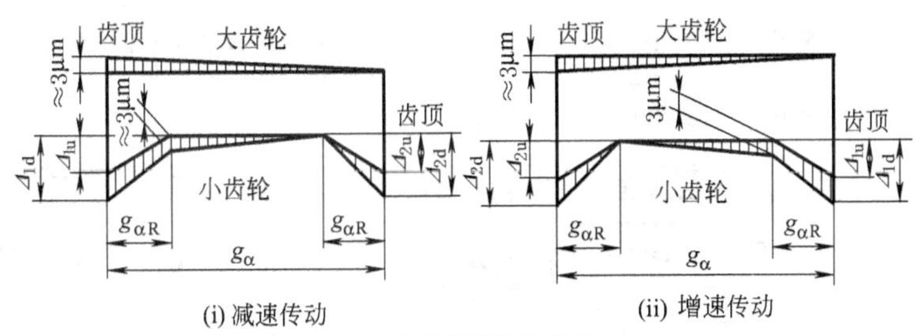

(i) 减速传动　　(ii) 增速传动
(d) 齿廓修形方式三
在图 b～图 d 中，$h=0.4m_n\pm0.05m_n$，$g_\alpha=p_{bt}\varepsilon_\alpha$，$p_{bt}$是端面基节，$g_{\alpha R}=(g_\alpha-\rho_{bt})/2$，即保留基节长度不修，当轴向重合度较大时，$g_{\alpha R}$值也可取大些
采取滚剃切齿工艺时，齿形修形量可按规定在刀具基本齿廓上确定；硬齿面齿轮的修形量可在磨齿机上通过修行机构来实现。各种方式的修形量推荐分别按表 15-1-135、表 15-1-136 和表 15-1-137 选取。对于减速传动，由于小齿轮为主动轮，在齿轮啮合过程中，小齿轮齿根先进入啮合，因此，为减小啮入冲击，小齿轮齿根修形量应大于齿顶修形量；而在增速传动中，则刚好相反</td></tr>
</table>

表 15-1-135　　方式一的齿廓修形量　　mm

m_n	1.5～2	2～5	5～10
Δ	0.010～0.015	0.015～0.025	0.025～0.040
R	0.25	0.50	0.75

表 15-1-136　　方式二的齿廓修形量　　mm

m_n	3～5	5～8	Δ_2	0.005～0.010	0.0075～0.0125
Δ_1	0.015～0.025	0.025～0.035	R	0.50	0.75

表 15-1-137　　方式三的齿廓修形量　　mm

齿 轮 类 型	Δ_{1u}	Δ_{1d}	Δ_{2u}	Δ_{2d}
直齿轮	$7.5+0.05\omega_t$	$15+0.05\omega_t$	$0.05\omega_t$	$7.5+0.05\omega_t$
斜齿轮	$5+0.04\omega_t$	$13+0.04\omega_t$	$0.04\omega_t$	$5+0.04\omega_t$

表 15-1-138　　齿向修形

<table>
<tr><th>项目</th><th>说　明</th></tr>
<tr><td>齿向的弹性变形修形原理</td><td>在高精度斜齿轮加工中，常采用配磨工艺来补偿制造和安装误差产生的螺旋线偏差，以保证在常温状态下齿轮沿齿宽方向均匀接触。但齿轮由于传递功率而使轮齿产生变形，其中包括轮体的弯曲变形、扭转变形、剪切变形及齿面接触变形等，使轮齿的螺旋线发生畸变。因此空载条件下沿齿宽方向均匀接触的状态被破坏了，造成齿轮偏向一端接触（见图 a），使载荷沿齿宽分布不均匀，出现偏载现象，降低了齿轮的承载能力，严重时将影响齿轮正常地工作
齿轮的齿向弹性变形修形就是根据轮齿受力后产生的变形，将轮齿齿面螺旋线按预定变形规律进行修整，以获得较为均匀的齿向载荷分布
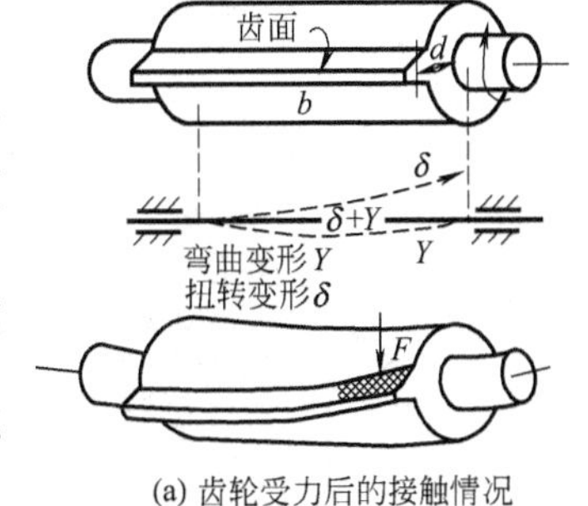

(a) 齿轮受力后的接触情况</td></tr>
</table>

续表

<table>
<tr><th>项目</th><th colspan="4">说　明</th></tr>
<tr><td rowspan="4">齿向弹性变形计算</td><td colspan="4">

齿向弹性变形计算是假定载荷沿齿宽均匀分布的条件下，计算轮齿受载后所引起的齿轮轴在齿宽范围内的最大相对变形量

齿轮在载荷作用下会发生弯曲变形、扭转变形和剪切变形等（由于剪切变形影响甚微，可忽略不计），可按材料力学方法计算

单斜齿和人字齿齿轮的弹性变形曲线见图 b。

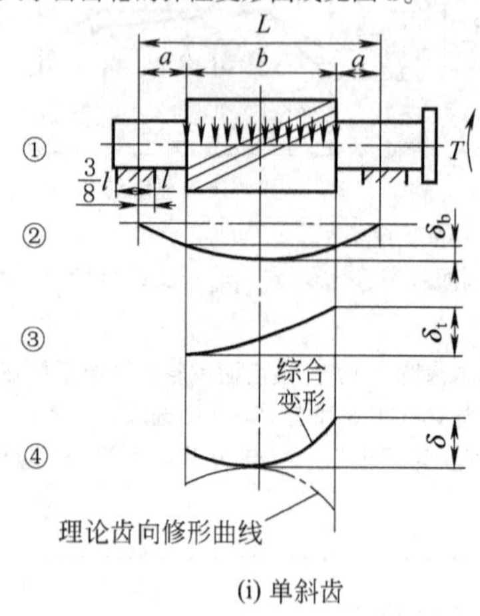

(i) 单斜齿

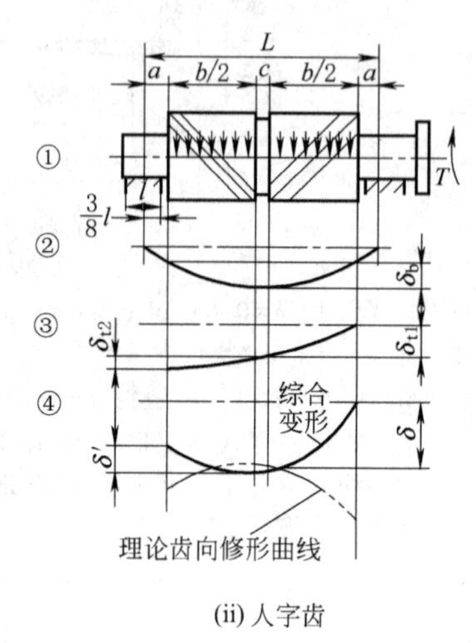

(ii) 人字齿

(b) 斜齿轮的弹性变形曲线

①—结构简图及载荷分布；②—弯曲变形；③—扭转变形；④—综合变形及理论修形曲线

</td></tr>
<tr><td rowspan="3">单斜齿齿轮的弹性变形计算</td><td>弯曲变形计算</td><td>

如图 b 中(i)对称安装的单斜齿齿轮，其齿宽范围内的最大相对弯曲变形为

$$\delta_b=\psi_d^4K_iK_r\omega_t\frac{12\eta-7}{6\pi E}$$

</td><td>

δ_b——弯曲变形量，mm
ω_t——单位齿宽载荷，N/mm
ψ_d——宽径比，$\psi_d=b/d_1$
b——齿轮有效宽度，mm
d_1——齿轮分度圆直径，mm
K_i——考虑齿轮内孔影响的系数，$K_i=[1-(d_i/d_1)^4]^{-1}$
d_i——齿轮内孔直径，mm
K_r——考虑径向力影响的系数，$K_r=1/\cos^2\alpha_t$
η——轴承跨距和齿宽的比值，$\eta=L/b$
L——轴承跨距，mm
E——齿轮材料的弹性模量，对于钢制齿轮，可取$E=2.06\times10^5$N/mm^2

</td></tr>
<tr><td>扭转变形计算</td><td>

假定载荷均匀分布，齿宽范围内的最大相对扭转变形为

$$\delta_t=4\psi_d^4K_i\frac{\omega_t}{\pi G}$$

</td><td>

δ_t——扭转变形量，mm
G——切变模量，对于钢制齿轮，一般取 $G=7.95\times10^4$N/mm^2

</td></tr>
<tr><td>综合变形</td><td>

单斜齿齿轮的综合变形为其弯曲变形与扭转变形合成后的综合变形。对于确定弹性变形修形量而言，就是要求出综合变形在齿宽范围内的最大相对值，即总变形量，其值可用下式计算

$$\delta=\delta_b+\delta_t$$

单斜齿齿轮的理论齿向修形曲线见图 b 中(i)，它和其综合变形曲线刚好形成反对称

</td><td>

δ——单斜齿齿轮的总变形量，mm

</td></tr>
</table>

续表

项目	说明			
齿向弹性变形计算	人字齿齿轮的弹性变形计算	弯曲变形计算	如图 b 中(ⅱ)对称安装的人字齿齿轮,其齿宽范围内的最大相对弯曲变形为 $\delta_b=\dfrac{\psi_d{}^4K_iK_r}{6\pi E}\omega_t[12\eta(1+2\bar{c})-24\bar{c}(1+\bar{c})-7]$ $\bar{c}=\dfrac{c}{b}$	c——退刀槽宽度,mm
		扭转变形计算	对于人字齿轮的齿向修形,要分别计算转矩输入端和自由端两半人字齿齿宽范围内的最大相对扭转变形 转矩输入端半人字齿齿宽范围内的最大相对扭转变形为 $\delta_{t1}=3\psi_d^2K_i\omega_t/(\pi G)$ 自由端的半人字齿齿宽范围内的最大相对扭转变形为 $\delta_{t2}=\psi_d^2K_i\omega_t/(\pi G)$	δ_{t1}——联轴器端半人字齿的扭转变形量,mm δ_{t2}——自由端半人字齿的扭转变形量,mm
		综合变形	对于人字齿齿轮,要分别计算转矩输入端和自由端两半人字齿齿宽范围内的综合变形,其最大相对值即为其总变形量 转矩输入端的总变形量为 $\delta=\delta_b+\delta_{t1}$ 自由端的总变形量为 $\delta'=\delta_b-\delta_{t2}$ 人字齿齿轮的理论曲线见图 b 中(ⅱ),它和其综合变形曲线在两半人字齿齿宽范围内各自形成反对称。在实际确定齿向修形量时,两半人字齿的修形量一般都取转矩输入端的总变形量作为实际的齿向修形量	δ——转矩输入端的总变形量,mm δ'——自由端的总变形量,mm
齿向弹性变形修形量的确定	齿向弹性变形修形通常只修小齿轮,有以下三种方式 ① 齿端倒坡(见图 c) ② 齿向鼓形修形(见图 d) ③ 齿向修形+两端倒坡(见图 e) 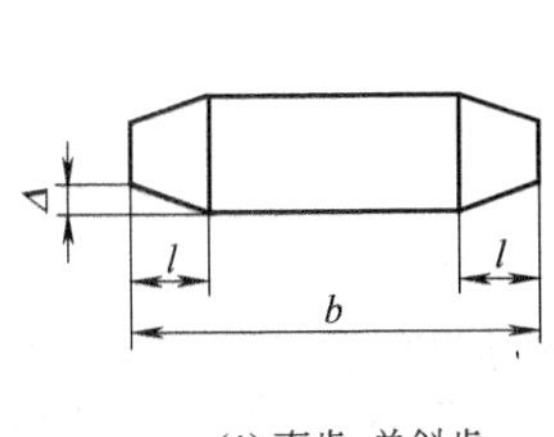 (i) 直齿、单斜齿 (ii) 人字齿 (c) 齿端倒坡 方式①、②适用于 $v<100$mm/s、热变形小的情况。方式③适用于 $v\geqslant100$mm/s 的情况 方式①、②的修形量只按弹性变形量计算,$0.013\text{mm}\leqslant\Delta\leqslant0.035\text{mm}$,$l=0.25b$;$\Delta_1=\Delta$,$\Delta_2=0.00004b$,$l_1=0.15b$,$l_2=0.1b$ 方式③的修形量,$\Delta_1\leqslant0.03$mm,按弹性变形量计算;$\Delta_2\leqslant0.02$mm,按热变形量计算			

续表

项目	说　明
齿向弹性变形修形量的确定	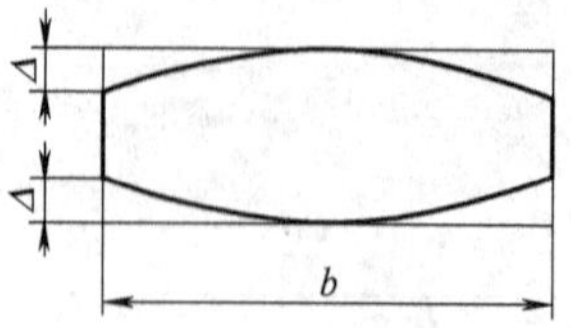 (d) 鼓形齿 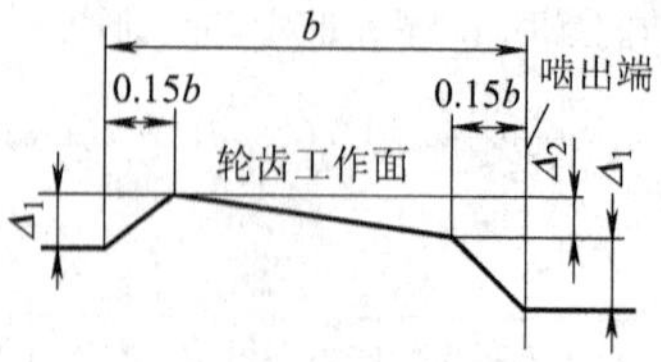　(e) 齿向修形+两端倒坡 表 15-1-139 是 $v=100\sim125$m/s 时小齿轮热变形量 Δ_2 的推荐值。表 15-1-140 是 $v\geqslant125$mm/s、功率 $P\geqslant2000$kW、模数 3~8mm、宽径比 ψ_d 大于 1 时的 Δ_1、Δ_2 的推荐值，此类齿轮一般只修小齿轮的工作面

表 15-1-139　　$u=100\sim125$m/s 的小齿轮热变形量 Δ_2　　mm

线速度 v/m·s^{-1}	齿轮分度圆直径 d_1				
	100	150	200	250	300
95	0.0023	0.0035	0.0047	0.0058	0.0070
105	0.0029	0.0043	0.0058	0.0072	0.0087
115	0.0036	0.0053	0.0071	0.0089	0.0107
125	0.0048	0.0072	0.0096	0.01211	0.0145

表 15-1-140　　$u\geqslant125$mm/s 的小齿轮的修形量 Δ_1、Δ_2　　mm

d_1	100	150	200	250	300
Δ_1	0.015~0.025				
Δ_2	0.010	0.013	0.015	0.018	0.020

（2）齿向修形

齿轮传递动力时，由于作用力的影响齿轮轴将产生弯曲、扭转等弹性变形，由于温升的影响斜齿轮螺旋角将发生改变；制造时由于齿轮材质的不均匀将导致齿轮热后变形不稳定，产生齿向误差；安装时齿轮副轴线存在平行度误差等。这些误差使轮齿载荷不能均匀地分布于整个齿宽，而是偏载于一端，从而出现局部早期点蚀或胶合，甚至造成轮齿折断，失去了增加齿宽提高承载能力的意义。因此为获得较为均匀的齿向载荷分布，必须对高速、重载的宽斜齿（直齿）齿轮进行齿向修形。

9.2　齿轮的热变形修形

渐开线圆柱齿轮传动在工作时，啮合齿面间和轴承中都会因摩擦产生热，从而引起齿轮的热变形。由于一般齿轮传动的热变形非常小，对齿轮的运行影响不大，因此可不予考虑。但是，对于高速齿轮传动，尤其是单斜齿的高速齿轮传动，由于传递的功率大、产生的热量多，热变形的影响必须适当考虑。本节所述内容主要指的是高速单斜齿的热变形修形。

（1）高速齿轮的热变形机理

高速齿轮运转时，由齿轮副、轴系、轴承、箱体等组成了一个热平衡系统。在这个系统中，由高速旋转齿轮的齿面滑动摩擦和滚动摩擦造成的齿轮啮合损失、高速齿轮轴在滑动轴承内转动引起的润滑油膜的剪切摩擦损失、轮齿对空气的搅动损失、斜齿轮轮齿进入啮合造成的高速油气混合体的流动与齿面的摩擦损失等，都将转化为大量的热能，这些热能通过传导、对流及辐射等形式分布在齿轮箱内，与润滑油的内部冷却和空气的外部冷却结合在一起，形成处于平衡状态的高速齿轮的不均匀的温度场。

在影响高速齿轮不均匀温度场的诸因素中，最主要的因素是齿轮进入啮合时造成的沿齿轮轴向高速流动的油气混合体与齿面摩擦产生的热。由于斜齿轮的啮合作用（形成泵效应），喷入齿轮齿槽中的压力油与箱体内的空气组成的油气混合体，从齿轮的啮入端被挤向啮出端，形成高速流动的油气流。这种油气流的流动速度就是斜齿轮的轴向啮合速度。对于螺旋角为 8°~15°的高速齿轮来说，其油气流的速度远大于齿轮的节圆线速度，约为节圆线速度的 3~7 倍。对于节圆线速度大于 100m/s 的单斜齿轮来说，这种油气流的速度就会达到声速的 2 倍以上。

（2）高速齿轮齿向温度分布

根据郑州机械研究所的高速齿轮测温试验得出的高速齿轮沿齿向的温度分布情况，如图 15-1-121 所示。由图可见，从啮入端到啮出端温度逐渐升高，在啮入端的大约半个齿宽范围内，温度变化缓慢，在啮出端的半个齿宽内，温度变化较大。在距啮出端面约 1/6 个齿宽处，温度基本达到最大值。对于不同的工况，齿向温度分布特征都相同，只是随着齿轮节圆线速度的增加，齿向温度分布不均匀程度增大。对于直径 200mm、螺旋角 12°、齿宽 130mm 的齿轮，在正常润滑油流量的情况下，节圆线速度为 110m/s 时，齿向温差约为 12.5℃，线速度为 120m/s、130m/s 时温差分别约为 14℃、17℃，而当线速度达到 140m/s、150m/s 时温差分别约为 27.5℃、35℃。在润滑油流量低于正常值 20%左右的情况下，齿轮整体温度升高，齿向温差增大，在 150m/s 时温差可达 41℃。

轮齿温度与节圆线速度的关系如图 15-1-122 所示。从图中可以看出，齿轮轮齿温度与节圆线速度成正比关系，温度随齿轮线速度的增加而升高。

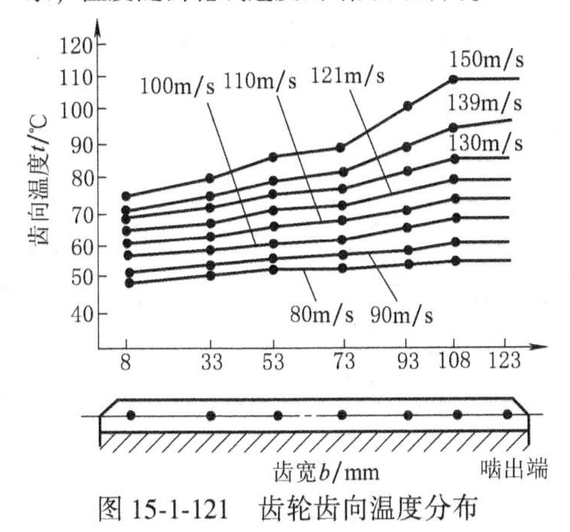

图 15-1-121　齿轮齿向温度分布

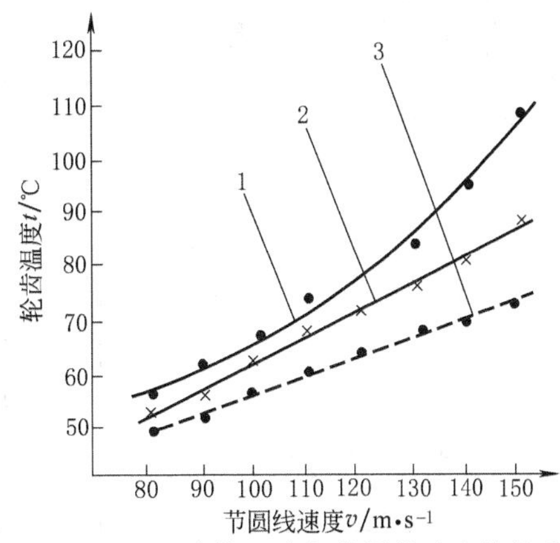

图 15-1-122　齿轮温度与节圆线速度的关系

1—啮出端温度；2—轮齿中部温度；3—啮入端温度

（3）高速齿轮的热变形修形计算

要进行高速齿轮的热变形修形计算，首先要了解其温度场的分布。此处结合测温试验，组出一个工程上能够应用的简化的近似计算方法。

要对齿轮温度场的分布进行近似计算，需先作如下假设：把高速旋转着的齿轮看成是处于稳定温度场中的匀质圆柱体，沿齿轮外圆柱面有一个均匀分布的热源，同时把齿轮的热导率看成常数，温度沿圆周方向的变化等于零。另外把齿轮沿轴向垂直于齿轮轴线切成许多个薄圆盘，在每个薄圆盘上认为温度在轴向不发生变化，即认为齿轮温度场的分布仅与齿轮的半径有关。

由工程热力学可知，满足以上假设条件的齿轮的温度分布为

$$t=t_c+(t_s-t_c)r^2/r_a^2$$

式中　t——齿轮半径 r 处的温度，℃；

t_c——齿轮轴心处的温度，℃；

t_s——齿轮外圆处的温度，℃；

r——齿轮任一点的半径，mm；

r_a——齿轮外圆半径，mm。

在前述的假设条件下，可以认为齿轮的热应力和热变形是相对于齿轮轴线对称的。由弹性理论得知，轴对称温度分布圆盘的径向热变形量的表达式为

$$u = (1+v)\frac{\xi}{r}\int_0^r tr\mathrm{d}r + (1-v)\xi\frac{r}{r_a^2}\int_0^{r_a} tr\mathrm{d}r$$

式中　u——齿轮半径 r 上的径向热变形，mm；

v——材料的泊松比；

ξ——材料的线胀系数，1/℃。

根据以上假设和上述两个公式可以推导出计算高速齿轮齿向热变形修形量的公式为

$$\Delta\delta = 0.5\xi\lambda r_1(t_{sh}+t_{ch}-t_{sl}-t_{cl})\sin\alpha_t$$

式中　$\Delta\delta$——齿向热变形修形量，mm；

r_1——分度圆半径，mm；

λ——热变形修正系数；

t_{sh}——齿向温度最高点处的外表面温度，℃；

t_{ch}——齿向温度最高点处的轴心温度，℃；

t_{sl}——齿向温度最低点处的外表面温度，℃。

t_{cl}——齿向温度最低点处的轴心温度，℃；

α_t——端面压力角，(°)。

根据试验结果与工业现场的应用经验，同时参考国内外的有关修形方面的资料，认为修正系数 λ 取 0.75 比较合适，利用上述公式计算出的热变形修形量见表 15-1-141。

表 15-1-141　　高速齿轮齿向热变形修形量 Δδ　　mm

线速度/m·s^{-1}	小齿轮直径/mm				
	100	150	200	250	300
100	0.002	0.003	0.005	0.006	0.007
110	0.003	0.005	0.007	0.008	0.010
120	0.004	0.006	0.008	0.010	0.013
130	0.005	0.007	0.009	0.012	0.015
140	0.006	0.008	0.011	0.014	0.017
150	0.007	0.010	0.013	0.017	0.020

(4) 高速齿轮热变形修形量的确定

高速齿轮的热变形主要对轮齿齿向产生影响，对齿廓影响很小。因此，热变形修形主要是对齿向修形。试验表明，对于节圆线速度低于 100m/s 的齿轮，齿向温度差异很小，可不予考虑，对于线速度高于 100m/s 的齿轮，应考虑热变形的影响。

(1) 齿廓修形量的确定

高速齿轮齿廓修形通常采用图 15-1-123 的方式。考虑到大小齿轮温度差异对基节的影响，对齿廓未修形部分的公差带加以控制，以提高齿轮的运转性能。

(2) 齿向修形量的确定

高速齿轮齿向修形量通常采用图 15-1-124 的方式。其中 Δ_2 主要是考虑热变形的影响 $\Delta_2=\Delta\delta$。修形曲线简化成一条以啮入端为起始点的斜直线。Δ_1 主要考虑弹性变形的影响，按表 15-1-138 中（2）的单斜齿综合变形公式计算，且 $0.013\text{mm}\leqslant\Delta_1\leqslant0.035\text{mm}$。

$\Delta\delta$ 可按 1.8.2.3 节公式进行计算。在实际应用中，由于式中的参数计算较困难，可参考表 15-1-141 中的数据来确定 $\Delta\delta$。

(3) 修形示例

一对增速齿轮副，最大传递功率 $P=8400\text{kW}$，$n_2/n_1=3987/10664\text{r/min}$，模数 $m_n=6\text{mm}$，螺旋角 $\beta=11°28'40''$，小齿轮分度圆直径 $d_1=244.9\text{mm}$，齿宽 $b=280\text{mm}$，单位齿宽载荷 $\omega_t=219\text{N/mm}$，节圆线速度 $v=136.7\text{m/s}$，支撑跨距 $L=640\text{mm}$。

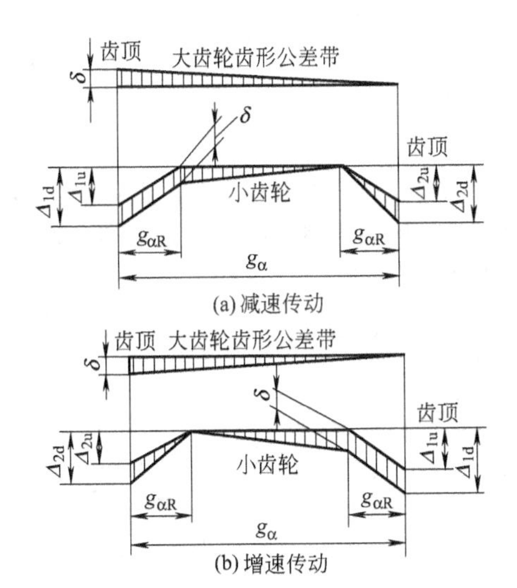

图 15-1-123 高速齿轮齿廓修形曲线

[δ=0.003mm，其余各量同表 15-1-134 中图（d）]

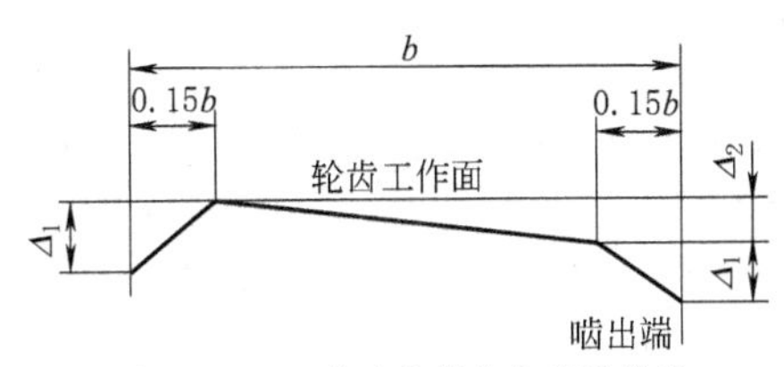

图 15-1-124 高速齿轮齿向修形曲线

齿廓修形采用图 15-1-123b 方式，因齿轮节圆线速度高于 100m/s，故齿向修形曲线应为图 15-1-124 的形式。

齿廓修形量的确定：

根据表 15-1-137，

$$\Delta_{1u}=5+0.04\omega_t=13.76\mu m$$

$$\Delta_{1d}=13+0.04\omega_t=21.76\mu m$$

$$\Delta_{2u}=0.04\omega_t=8.76\mu m$$

$$\Delta_{2d}=5+0.04\omega_t=13.76\mu m$$

齿廓修形曲线如图 15-1-125a 所示。

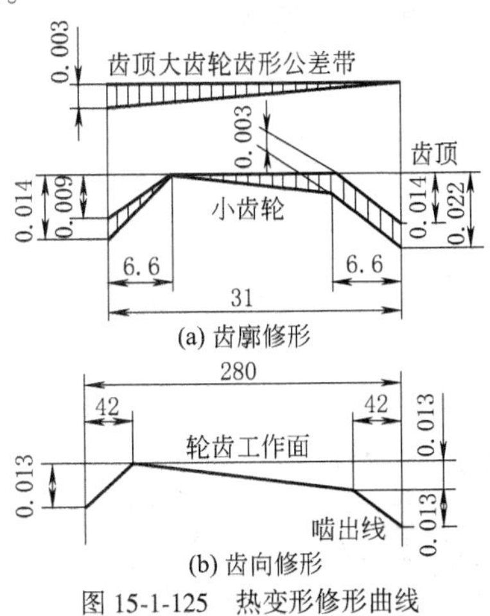

图 15-1-125 热变形修形曲线

齿向修形量的确定：

由表 15-1-138 中（2）的单斜齿综合变形公式

$$\delta_b=\psi_d^4K_iK_r\omega_t(12\eta-7)/(6\pi E)=0.002mm$$

$$\delta_t=4\psi_d^2K_i\omega_t/(\pi G)=0.0045mm$$

$$\delta=\delta_b+\delta_t=0.0065mm$$

因 δ<0.013mm，取 Δ_1=0.013mm

根据小齿轮直径和线速度查表 15-1-141，选取 Δ_2=0.013mm。

齿向修形曲线如图 15-1-125b 所示。

10 齿轮材料

齿轮材料及其热处理是影响齿轮承载能力和使用寿命的关键因素，也是影响齿轮生产质量和成本的主要环节。选择齿轮材料及其热处理时，要综合考虑轮齿的工作条件（如载荷性质和大小、工作环境等）、加工工艺、材料来源及经济性等因素，以使齿轮在满足性能要求的同时，生产成本也最低。

齿轮用材料主要有钢、铸铁、铜合金。

10.1 齿轮用钢

齿轮用各类钢材和热处理的特点及适用条件见表 15-1-142，调质及表面淬火齿轮用钢的选择见表 15-1-143，渗碳齿轮用钢的选择见表 15-1-144，渗氮齿轮用钢的选择见表 15-1-145，渗碳深度的选择见表 15-1-146，常用齿轮钢材的化学成分见表 15-1-147，常用齿轮钢材的力学性能见表 15-1-148，齿轮工作齿面硬度及其组合应用示例见表 15-1-149。

表 15-1-142　各类材料和热处理的特点及适用条件

材料	热处理	特点	适用条件
调质钢	调质或正火	1. 经调质后具有较好的强度和韧性，常在 220~300HB 的范围内使用 2. 当受刀具的限制而不能提高调质小齿轮的硬度时，为保持大小齿轮之间的硬度差，可使用正火的大齿轮，但强度较调质者差 3. 齿面的精切可在热处理后进行，以消除热处理变形，保持轮齿精度 4. 不需要专门的热处理设备和齿面精加工设备，制造成本低 5. 齿面硬度较低，易于跑合，但是不能充分发挥材料的承载能力	广泛用于对强度和精度要求不太高的一般中低速齿轮传动，以及热处理和齿面精加工比较困难的大型齿轮
	高频淬火	1. 齿面硬度高，具有较强的抗点蚀和耐磨损性能；心部具有较好的韧性，表面经硬化后产生残余压缩应力，大大提高了齿根强度；通常的齿面硬度范围是：合金钢 45~55HRC，碳素钢 40~50HRC 2. 为进一步提高心部强度，往往在高频淬火前先调质 3. 高频淬火时间短 4. 为消除热处理变形，需要磨齿，增加了加工时间和成本，但是可以获得高精度的齿轮 5. 当缺乏高频设备时，可用火焰淬火来代替，但淬火质量不易保证 6. 表面硬化层深度和硬度沿齿面不等 7. 由于急速加热和冷却，容易淬裂	广泛用于要求承载能力高、体积小的齿轮
渗碳钢	渗碳淬火	1. 齿面硬度很高，具有很强的抗点蚀和耐磨损性能；心部具有很好的韧性，表面经硬化后产生残余压缩应力，大大提高了齿根强度；一般齿面硬度范围是 56~62HRC 2. 切削性能较好 3. 热处理变形较大，热处理后应磨齿，增加了加工时间和成本，但是可以获得高精度的齿轮 4. 渗碳深度可参考表 15-1-146 选择	广泛用于要求承载能力高、耐冲击性能好、精度高、体积小的中型以下的齿轮
氮化钢	氮化	1. 可以获得很高的齿面硬度，具有较强的抗点蚀和耐磨损性能；心部具有较好的韧性，为提高心部强度，对中碳钢往往先调质 2. 由于加热温度低，所以变形很小，氮化后不需要磨齿 3. 硬化层很薄，因此承载能力不及渗碳淬火齿轮，不宜用于冲击载荷的条件下 4. 成本较高	适用于较大且较平稳的载荷下工作的齿轮，以及没有齿面精加工设备而又需要硬齿面的条件下
铸钢	正火或调质，以及高频淬火	1. 可以制造复杂形状的大型齿轮 2. 其强度低于同种牌号和热处理的调质钢 3. 容易产生铸造缺陷	用于不能锻造的大型齿轮
铸铁		1. 价钱便宜 2. 耐磨性好 3. 可以制造复杂形状的大型齿轮 4. 有较好的铸造和切削工艺性 5. 承载能力低	灰铸铁和可锻铸铁用于低速、轻载、无冲击的齿轮；球墨铸铁可用于载荷和冲击较大的齿轮

表 15-1-143　　调质及表面淬火齿轮用钢的选择

<table>
<tr><th colspan="2">齿　轮　种　类</th><th colspan="2">钢　号　选　择</th><th>备　　注</th></tr>
<tr><td colspan="2">汽车、拖拉机及机床中的不重要齿轮</td><td colspan="2" rowspan="2">45</td><td>调　　质</td></tr>
<tr><td colspan="2">中速、中载车床变速箱、钻床变速箱次要齿轮及高速、中载磨床砂轮齿轮</td><td>调质+高频淬火</td></tr>
<tr><td colspan="2">中速、中载较大截面机床齿轮</td><td colspan="2" rowspan="2">40Cr、42SiMn、35SiMn、45MnB</td><td>调　　质</td></tr>
<tr><td colspan="2">中速、中载并带一定冲击的机床变速箱齿轮及高速、重载并要求齿面硬度高的机床齿轮</td><td>调质+高频淬火</td></tr>
<tr><td rowspan="5">起重机械、运输机械、建筑机械、水泥机械、冶金机械、矿山机械、工程机械、石油机械等设备中的低速重载大齿轮</td><td rowspan="2">一般载荷不大，截面尺寸也不大，要求不太高的齿轮</td><td>Ⅰ</td><td>35、45、55</td><td rowspan="5">1. 少数直径大、载荷小、转速不高的末级传动大齿轮可采用 SiMn 钢正火
2. 根据齿轮截面尺寸大小及重要程度，分别选用各类钢材(从Ⅰ到Ⅴ，淬透性逐渐提高)
3. 根据设计，要求表面硬度大于 40HRC 者应采用调质+表面淬火</td></tr>
<tr><td>Ⅱ</td><td>40Mn、50Mn2、40Cr、35SiMn、42SiMn</td></tr>
<tr><td>截面尺寸较大，承受较大载荷，要求比较高的齿轮</td><td>Ⅲ</td><td>35CrMo、42CrMo、40CrMnMo、35CrMnSi、40CrNi、40CrNiMo、45CrNiMoV</td></tr>
<tr><td rowspan="2">截面尺寸很大、承受载荷大、并要求有足够韧性的重要齿轮</td><td>Ⅳ</td><td>35CrNi2Mo、40CrNi2Mo</td></tr>
<tr><td>Ⅴ</td><td>30CrNi3、34CrNi3Mo、37SiMn2MoV</td></tr>
</table>

表 15-1-144　　渗碳齿轮用钢的选择

<table>
<tr><th>齿　轮　种　类</th><th>选 择 钢 号</th></tr>
<tr><td>汽车变速箱、分动箱、启动机及驱动桥的各类齿轮</td><td rowspan="4">20Cr、20CrMnTi、20CrMnMo、25MnTiB、20MnVB、20CrMo</td></tr>
<tr><td>拖拉机动力传动装置中的各类齿轮</td></tr>
<tr><td>机床变速箱、龙门铣电动机及立车等机械中的高速、重载、受冲击的齿轮</td></tr>
<tr><td>起重、运输、矿山、通用、化工、机车等机械的变速箱中的小齿轮</td></tr>
<tr><td>化工、冶金、电站、铁路、宇航、海运等设备中的汽轮发电机、工业汽轮机、燃汽轮机、高速鼓风机、透平压缩机等的高速齿轮，要求长周期、安全可靠地运行</td><td rowspan="2">12Cr2Ni4、20Cr2Ni4、20CrNi3、18Cr2Ni4W、20CrNi2Mo、20Cr2Mn2Mo、17CrNiMo6</td></tr>
<tr><td>大型轧钢机减速器齿轮、人字机座轴齿轮，大型皮带运输机传动轴齿轮、锥齿轮、大型挖掘机传动箱主动齿轮，井下采煤机传动齿轮，坦克齿轮等低速重载、并受冲击载荷的传动齿轮</td></tr>
</table>

注：其中一部分可进行碳氮共渗。

表 15-1-145　　渗氮齿轮用钢的选择

齿 轮 种 类	性 能 要 求	选 择 钢 号
一般齿轮	表面耐磨	20Cr、20CrMnTi、40Cr
在冲击载荷下工作的齿轮	表面耐磨、心部韧性高	18CrNiWA、18Cr2Ni4WA、30CrNi3、35CrMo
在重载荷下工作的齿轮	表面耐磨、心部强度高	30CrMnSi、35CrMoV、25Cr2MoV、42CrMo
在重载荷及冲击下工作的齿轮	表面耐磨、心部强度高、韧性高	30CrNiMoA、40CrNiMoA、30CrNi2Mo
精密耐磨齿轮	表面高硬度、变形小	38CrMoAlA、30CrMoAl

表 15-1-146　　渗碳深度的选择　　mm

模　数	>1~1.5	>1.5~2	>2~2.75	>2.75~4	>4~6	>6~9	>9~12
渗碳深度	0.2~0.5	0.4~0.7	0.6~1.0	0.8~1.2	1.0~1.4	1.2~1.7	1.3~2.0

注：1. 本表是气体渗碳的概略值，固体渗碳和液体渗碳略小于此值。

2. 近来，对模数较大的齿轮，渗碳深度有大于表值的倾向。

表 15-1-147　　常用齿轮钢材的化学成分（质量分数）　　%

序号	钢　号	C	Si	Mn	Mo	W	Cr	Ni	V	Ti	B	Al
1	40Mn2	0.37~0.44	0.20~0.40	1.40~1.80								
2	50Mn2	0.47~0.55	0.20~0.40	1.40~1.80								
3	35SiMn	0.32~0.40	1.10~1.40	1.10~1.40								
4	42SiMn	0.39~0.45	1.10~1.40	1.10~1.40								
5	37SiMn2MoV	0.33~0.39	0.60~0.90	1.60~1.90	0.40~0.50				0.05~0.12			
6	20MnTiB	0.17~0.24	0.20~0.40	1.30~1.60						0.06~0.12	0.0005~0.0035	
7	25MnTiB	0.22~0.28	0.20~0.40	1.30~1.60						0.06~0.12	0.0005~0.0035	
8	15MnVB	0.12~0.18	0.20~0.40	1.20~1.60					0.07~0.12			
9	20MnVB	0.17~0.24	0.20~0.40	1.50~1.80					0.07~0.12		0.0005~0.0035	
10	45MnB	0.42~0.49	0.20~0.40	1.10~1.40							0.0005~0.0035	
11	30CrMnSi	0.27~0.34	0.90~1.20	0.80~1.10			0.80~1.10					
12	35CrMnSi	0.32~0.39	1.10~1.40	1.80~1.10			1.10~1.40					
13	50CrV	0.47~0.54	0.20~0.40	0.50~0.80			0.80~1.10		0.10~0.20			
14	20CrMnTi	0.17~0.24	0.20~0.40	0.80~1.10			1.00~1.30			0.06~0.12		
15	20CrMo	0.17~0.24	0.20~0.40	0.40~0.70	0.15~0.25		0.80~1.10					
16	35CrMo	0.30~0.40	0.20~0.40	0.40~0.70	0.15~0.25		0.80~1.10					
17	42CrMo	0.38~0.45	0.20~0.40	0.50~0.80	0.15~0.25		0.90~1.20					
18	20CrMnMo	0.17~0.24	0.20~0.40	0.90~1.20	0.20~0.30		1.10~1.40					
19	40CrMnMo	0.37~0.45	0.20~0.40	0.90~1.20	0.20~0.30		0.90~1.20					
20	25Cr2MoV	0.22~0.29	0.20~0.40	0.40~0.70	0.25~0.35		1.50~1.80		0.15~0.30			
21	35CrMoV	0.30~0.38	0.20~0.40	0.40~0.70	0.20~0.30		1.00~1.30		0.10~0.20			
22	38CrMoAl	0.35~0.42	0.20~0.40	0.30~0.60	0.15~0.25		1.35~1.65					0.70~1.10
23	20Cr	0.17~0.24	0.20~0.40	0.50~0.80			0.70~1.00					
24	40Cr	0.37~0.45	0.20~0.40	0.50~0.80			0.80~1.10					
25	40CrNi	0.37~0.44	0.20~0.40	0.50~0.80			0.45~0.75	1.00~1.40				
26	12CrNi2	0.10~0.17	0.20~0.40	0.30~0.60			0.60~0.90	1.50~2.00				
27	12CrNi3	0.10~0.17	0.20~0.40	0.30~0.60			0.60~0.90	2.75~3.25				
28	20CrNi3	0.17~0.24	0.20~0.40	0.30~0.60			0.60~0.90	2.75~3.25				
29	30CrNi3	0.27~0.34	0.20~0.40	0.30~0.60			0.60~0.90	2.75~3.25				
30	12Cr2Ni4	0.10~0.17	0.20~0.40	0.30~0.60			1.25~1.75	3.25~3.75				
31	20Cr2Ni4	0.17~0.24	0.20~0.40	0.30~0.60			1.25~1.75	3.25~3.75				
32	40CrNiMo	0.37~0.44	0.20~0.40	0.50~0.80	0.15~0.25		0.60~0.90	1.25~1.75				
33	45CrNiMoV	0.42~0.49	0.20~0.40	0.50~0.80	0.20~0.30		0.80~1.10	1.30~1.80	0.10~0.20			
34	30CrNi2MoV	0.27~0.43	0.20~0.40	0.30~0.60	0.15~0.25		0.60~0.90	2.00~2.50	0.15~0.30			
35	18Cr2Ni4W	0.13~0.19	0.20~0.40	0.30~0.60		0.80~1.20	1.35~1.65	4.00~4.50				

表 15-1-148　　　　　　　　　　　　常用齿轮钢材的力学性能

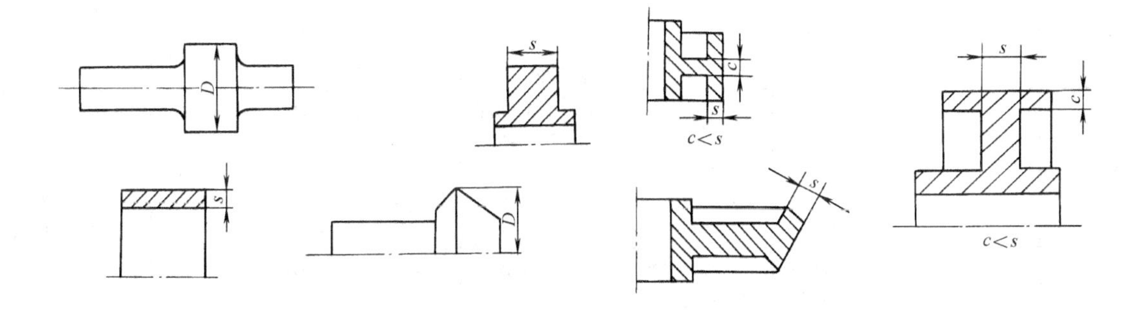

钢号	热处理状态	截面尺寸		力学性能					硬度 HBS
		直径 D/mm	壁厚 s/mm	σ_b /N·mm^{-2}	σ_s /N·mm^{-2}	δ_5 /%	ψ /%	a_k /J·cm^{-2}	
42Mn2	调质	50 100	25 50	≥794 ≥745	≥588 ≥510	≥17 ≥15.5	≥59 —	≥63.7 ≥19.6	— —
50Mn2	正火+高温回火	≤100 100~300 300~500	≤50 50~150 150~250	≥735 ≥716 ≥686	≥392 ≥373 ≥353	≥14 ≥13 ≥12	≥35 ≥33 ≥30	— — —	187~241 187~241 187~241
	调质	≤80	≤40	≥932	≥686	≥9	≥40	—	255~302
35SiMn	调质	<100 100~300 300~400 400~500	<50 50~150 150~200 200~250	≥735 ≥735 ≥686 ≥637	≥490 ≥441 ≥392 ≥373	≥15 ≥14 ≥13 ≥11	45 ≥35 ≥30 ≥28	58.8 49.0 41.1 39.2	≥222 217~269 217~225 196~255
42SiMn	调质	≤100 100~200 200~300 300~500	≤50 50~100 100~150 150~250	≥784 ≥735 ≥686 ≥637	≥510 ≥461 ≥441 ≥373	≥15 ≥14 ≥13 ≥10	≥45 ≥42 ≥40 ≥40	≥39.2 ≥29.2 ≥29.2 ≥24.5	229~286 217~269 217~255 196~255
37SiMn2MoV	调质	200~400 400~600 600~800 1270	100~200 200~300 300~400 635	≥814 ≥765 ≥716 834/878	≥637 ≥588 ≥539 677/726	≥14 ≥14 ≥12 1.90/18.0	≥40 ≥40 ≥35 45.0/40.0	≥39.2 ≥39.2 ≥34.3 28.4/22.6	241~286 241~269 229~241 241/248
20MnTiB	淬火+低、中温回火	25	12.5	≥1451 ≥1402 ≥1275	— — —	δ_{10}≥7.5 δ_{10}≥7 δ_{10}≥8	≥56 ≥53 ≥59	≥98.1 ≥98.1 ≥98.1	HRC≥47 HRC≥47 HRC≥42
20MnVB	渗碳+淬火+低温回火	≤120	≤60	1500	—	11.5	45	127.5	心 398
45MnB	调质	45	22.5	824 ≥834	598 559	14 16	60 59	103 —	表 241 表 277
30CrMnSi	调质	<100 100~200	<50 50~100	≥834 ≥706	≥588 ≥461	≥12 ≥16	≥35 ≥35	≥58.8 ≥49.0	240~292 207~229
50CrV	调质	40~100 100~250	20~50 50~125	981~1177 785~981	≥785 ≥588	≥11 ≥13	≥45 ≥50	— —	— —
20CrMnTi (18CrMnTi)	渗碳+淬火+低温回火	30 ≤80 100	15 ≤40 50	≥1079 ≥981 ≥883	≥883 ≥785 686	≥8 ≥9 ≥10	≥50 ≥50 ≥40	≥78.5 ≥78.5 ≥92.2	— 表 56~62HRC 心 240~300
20CrMo	淬火+低温回火	30	15	≥775	≥433	≥21.2	≥55	≥92.2	≥217

续表

钢号	热处理状态	截面尺寸		力学性能					硬度 HBS
		直径 D/mm	壁厚 s/mm	σ_b /N·mm^{-2}	σ_s /N·mm^{-2}	δ_5 /%	ψ /%	a_k /J·cm^{-2}	
35CrMo	调质	50~100	50~50	735~883	539~686	14~16	45~50	68.6~88.3	217~255
		100~240	50~120	686~834	>441	>15	≥45	≥49.0	207~269
		100~300	50~150	≥686	≥490	≥15	≥50	≥68.6	—
		300~500	150~250	≥637	≥441	≥15	≥35	≥39.2	207~269
		500~800	250~400	≥588	≥392	≥12	≥30	≥29.4	207~269
42CrMo	调质	40~100	20~50	883~1020	>686	≥12	≥50	49.0~68.6	—
		100~250	50~125	735~883	>539	≥14	≥55	49.0~78.5	—
		100~250	50~125	735	589	≥14	40	58.8	207~269
		250~300	125~150	637	490	≥14	35	39.2	207~269
		300~500	150~250	588	441	10	30	39.2	207~269
20CrMnMo	渗碳+淬火+低温回火	30	15	≥1079	≥785	≥7	≥40	≥39.2	表 56~62HRC 心 28~33HRC
		≤100	≤50	≥834	≥490	≥15	≥40	≥39.2	表 56~62HRC 心 28~33HRC
40CrMnMo	调质	150	75	≥778	≥758	≥14.8	≥56.4	≥83.4	288
		300	150	≥811	≥655	≥16.8	≥52.2	—	255
		400	200	≥786	≥532	≥16.8	≥43.7	≥49.0	249
		500	250	≥748	≥484	≥14.0	≥46.2	≥42.2	213
25Cr2MoV	调质	25	12.5	≥932	≥785	≥14	≥55	≥78.5	≤247
		150	75	≥834	≥735	≥15	≥50	≥58.8	269~321
		≤200	≤100	≥735	≥588	≥16	≥50	≥58.8	241~277
35CrMoV	调质	120	60	≥883	≥785	≥15	≥50	≥68.6	—
		240	120	≥834	≥686	≥12	≥45	≥58.8	—
		500	250	657	490	14	40	49.0	212~248
38CrMoAl	调质	40	20	≥941	≥785	≥18	≥58	—	—
		80	40	≥922	≥735	≥16	≥56	—	—
		100	50	≥922	≥706	≥16	≥54	—	—
		120	60	≥912	≥686	≥15	≥52	—	—
		160	80	≥765	≥588	≥14	≥45	≥58.8	241~285
20Cr	渗碳+淬火+低温回火	60	30	≥637	≥392	≥13	≥40	49.0	心部≥178
		60	30	637~931	392~686	13~20	45~55	49.0~78.5	$\frac{1}{3}$半径处>182
40Cr	调质	100~300	50~150	≥686	≥490	≥14	≥45	≥392	241~286
		300~500	150~250	≥637	≥441	≥10	≥35	≥29.4	229~269
		500~800	250~400	≥588	≥343	≥8	≥30	≥19.2	217~255
40Cr	C-N 共渗淬火,回火	<40	<20	1373~1569	1177~1373	7	25	—	43~53HRC
40CrNi	调质	100~300	50~150	≥785	≥569	≥9	≥38	≥49.0	225
40CrNi	调质	300~500	150~250	≥735	≥549	≥8	≥36	≥44.1	255
		500~700	250~350	≥686	≥530	≥8	≥35	≥44.1	255
12CrNi2	渗碳+淬火+低温回火	20	10	≥686	≥539	≥12	≥50	≥88.3	表 HRC≥58
		30	15	≥785	≥588	≥12	≥50	≥78.5	表 HRC≥58
		60	30	≥932	≥686	≥12	≥50	≥88.3	表 HRC≥58
12CrNi3	渗碳+淬火+低温回火	30	15	≥932	≥686	≥10	≥50	≥98.1	表 HRC≥58 心 225~302
		<40	<20	≥834	≥686	≥10	≥50	≥78.5	表 HRC≥58 心≥241

续表

钢号	热处理状态	截面尺寸		力学性能					硬度 HBS
		直径 D/mm	壁厚 s/mm	σ_b /N·mm^{-2}	σ_s /N·mm^{-2}	δ_5 /%	ψ /%	a_k /J·cm^{-2}	
20CrNi3	渗碳+淬火+低温回火	30 30	15 15	≥932 ≥1079	≥735 ≥883	≥11 ≥7	≥55 ≥50	≥98.1 ≥88.3	表 HRC≥58 表 HRC≥58 心 284~415
30CrNi3	调质	<100 100~300	50 50~150	≥785 ≥735	≥559 ≥539	≥16 ≥15	≥50 ≥45	≥68.6 ≥58.8	≥241 ≥241
12Cr2Ni4	渗碳+淬火+低温回火 渗碳+高温回火+淬火+低温回火	15 30	7.5 15	≥1079 ≥1177	≥834 ≥1128	≥10 ≥10	≥50 ≥55	≥88.3 ≥78.5	表 HRC≥60 表 HRC≥60 心 302~388
20Cr2Ni4	渗碳+淬火+低温回火 渗碳+淬火+低温回火	25 30	12.5 15	≥1177 ≥1177	≥1079 ≥1079	≥10 ≥9	≥45 ≥45	≥78.5 ≥78.5	表 HRC≥60 表 HRC≥60 心 305~405
40CrNiMo	调质	120 240 ≤250 ≤500	60 120 ≤125 ≤250	≥834 ≥785 686~834 588~734	≥686 ≥588 ≥490 ≥392	≥13 ≥13 ≥14 ≥18	≥50 ≥45 — —	≥78.5 ≥58.8 ≥49.0 ≥68.6	— — — —
45CrNiMoV	调质	25 60	12.5 30	≥1030 ≥1471	≥883 ≥1324	≥8 ≥7	≥30 ≥35	≥68.6 ≥39.2	— —
	退火+调质	100	50	≥1030 ≥883	≥883 ≥686	≥9 ≥10	≥40 ≥45	≥49.0 ≥58.8	321~363 260~321
30CrNi2MoV	调质	120	60	≥883	≥735	≥12	≥50	≥78.5	—
18Cr2Ni4W	渗碳+淬火+低温回火	15 30 60 60~100	7.5 15 30 30~50	≥1128 ≥1128 ≥1128 ≥1128	≥834 ≥834 ≥834 ≥834	≥11 ≥12 ≥12 ≥11	≥45 ≥50 ≥50 ≥45	≥98.1 ≥98.1 ≥98.1 ≥88.3	表 HRC≥58 心 340~387 表 HRC≥58 心 HRC35~47 表 HRC≥58 心 341~367 表 HRC≥58 心 341~367
铸钢、合金铸钢									
ZG 310-570	正火			570	310				163~197
ZG 340-640	正火			640	340				179~207
ZG 40Mn2	正火、回火 调质			588 834	392 686				≥197 269~302
ZG 35SiMn	正火、回火 调质			569 637	343 412				163~217 197~248
ZG 42SiMn	正火、回火 调质			588 637	373 441				163~217 197~248
ZG 50SiMn	正火、回火			686	441				217~255
ZG 40Cr	正火、回火 调质			628 686	343 471				≤212 228~321
ZG 35Cr1Mo	正火、回火 调质			588 686	392 539				179~241 179~241
ZG 35CrMnSi	正火、回火 调质			686 785	343 588				163~217 197~269

表 15-1-149　　齿轮工作齿面硬度及其组合的应用举例

齿面类型	齿轮种类	热处理		两轮工作齿面硬度差	工作齿面硬度组合举例		备注
		小齿轮	大齿轮		小齿轮	大齿轮	
软齿面(HB≤350)	直齿	调质	正火 调质	20~25≥$(HB)_{1min}-(HB)_{2max}$>0	240~270HB 260~290HB	180~210HB 220~250HB	用于重载中低速固定式传动装置
	斜齿及人字齿	调质	正火 正火 调质	$(HB)_{1min}-(HB)_{2max}$≥20~30	240~270HB 260~290HB 270~300HB	160~190HB 180~210HB 220~250HB	
软硬组合齿面(HB_1>350，HB_2≤350)	斜齿及人字齿	表面淬火	调质 调质	齿面硬度差很大	45~50HRC 45~50HRC	270~300HB 200~230HB	用于负荷冲击及过载都不大的重载中低速固定式传动装置
		渗碳	调质		56~62HRC	200~230HB	
硬齿面(HB>350)	直齿、斜齿及人字齿	表面淬火	表面淬火	齿面硬度大致相同	45~50HRC		用在传动尺寸受结构条件限制的情形和运输机器上的传动装置
		渗碳	渗碳		56~62HRC		

注：1. 滚刀和插齿刀所能切削的齿面硬度一般不应超过 HB=300（个别情况下允许对尺寸较小的齿轮将其硬度提高到 HB=320~350）。
2. 对重要传动的齿轮表面应采用高频淬火并沿齿沟进行。
3. 通常渗碳后的齿轮要进行磨齿。
4. 为了提高抗胶合性能建议小轮和大轮采用不同牌号的钢来制造。

10.2　齿轮用铸铁

与钢齿轮相比，铸铁齿轮具有切削性能好、耐磨性高、缺口敏感低、减振性好、噪声低及成本低的优点，故铸铁常用来制造对强度要求不高、但耐磨的齿轮。

常用齿轮铸铁性能对比见表 15-1-150，常用灰铸铁、球墨铸铁的力学性能见表 15-1-151，球墨铸铁的组织状态和力学性能见表 15-1-152，球墨铸铁齿轮的齿根弯曲疲劳强度见表 15-1-153，球墨铸铁齿轮的接触疲劳强度见表 15-1-154，石墨化退火黑心可锻铸铁和珠化体可锻铸铁的力学性能见表 15-1-155。

表 15-1-150　　常用齿轮铸铁性能对比

性能＼铸铁种类	灰铸铁	珠光体型可锻铸铁	球墨铸铁
抗拉强度 σ_b/MPa	100~350	450~700	400~1200
屈服强度 $\sigma_{0.2}$/MPa	—	270~530	250~900
伸长率 δ/%	0.3~0.8	2~6	2~18
弹性模量 E/GPa	103.5~144.8	155~178	159~172
弯曲疲劳极限 σ_{-1}/MPa	0.33~0.47①	220~260	206~343④ 145~353⑤
硬度(HBS)	150~280	150~290	121HBS~43HRC
冲击韧度 a_k/J·cm^{-2}	9.8~15.68②③ 14.7~27.44 21.56~29.4	5~20	5~150④ 14(11),12(9)⑥
齿根弯曲疲劳极限 σ_F/MPa	50~110	140~230	150~320
齿面接触疲劳极限 σ_H/MPa	300~520	380~580	430~1370
减振性(相邻振幅比值的对数)应力为 110MPa	6.0	3.30	2.2~2.5

① 弯曲疲劳比，弯曲疲劳极限与抗拉强度之比，设计时推荐使用 0.35 的疲劳比。
② 分别为珠光体灰铸铁范围：154~216，216~309，和大于 309MPa 的对应值。
③ 按 ISO R946 标准，在 ϕ20mm 试棒上测得。
④ 无缺口试样。
⑤ 有缺口试样(45°，V 形)，上贝氏体球墨铸铁。
⑥ V 形缺口(单铸试块)，球墨铸铁 QT 400-18，括号外数据分别为试验温度 23℃±5℃和−20℃±2℃时 3 个试样的平均值；括号内的数据则分别为前述 2 种试验温度下单个试样的值。

表 15-1-151　　常用灰铸铁、球墨铸铁的力学性能

材料牌号	热处理种类	截面尺寸		力学性能		硬度	
		直径 D/mm	壁厚 s/mm	σ_b/N·mm^{-2}	σ_s/N·mm^{-2}	HB	HRC
HT 250			>4.0~10 >10~20 >20~30 >30~50	270 240 220 200		175~263 164~247 157~236 150~225	
HT 300			>10~20 >20~30 >30~50	290 250 230		182~273 169~255 160~241	
HT 350			>10~20 >20~30 >30~50	340 290 260		197~298 182~273 171~257	
QT 500-7				500	320	170~230	
QT 600-3				600	370	190~270	
QT 700-2				700	420	225~305	
QT 800-2				800	480	245~335	
QT 900-2				900	600	280~360	

表 15-1-152　　球墨铸铁的组织状态和力学性能

球铁种类	热处理状态	σ_b/MPa	δ/%	HBS	a_k/J·cm^{-2}
铁素体	铸态	450~550	10~20	130~210	30~150
铁素体	退火	400~500	18~25	130~180	60~150
珠光体+铁素体	铸态或退火	500~600	7~10	170~230	20~80
珠光体	铸态	600~750	3~4	190~270	15~30
珠光体	正火	700~950	3~5	225~305	20~50
珠光体+碎块状铁素体	仍保留奥氏体化正火	600~900	4~9	207~285	30~80
贝氏体+碎块状铁素体	仍保留奥氏体化等温淬火	900~1100	2~6	32~40HRC	40~100
下贝氏体	等温淬火	≥1100	≥5	38~48HRC	30~100
回火索氏体	淬火,550~600℃回火	900~1200	1~5	32~43HRC	20~60
回火马氏体	淬火,200~250℃回火	700~800	0.5~1	50~61HRC	10~20

表 15-1-153　　球墨铸铁齿轮的齿根弯曲疲劳强度

球铁种类	硬度	$P=0.5$ 时疲劳曲线方程	失效概率 P	循环基数 N_0	疲劳极限 σ_{Flim} /MPa
珠光体	244HBS	$\sigma_F^{3.209}N=4.0733\times10^{14}$	0.50	5×10^6	292.0
			0.01	5×10^6	198.2
上贝氏体	37HRC	$\sigma_F^{5.1704}N=2.272\times10^{19}$	0.50	3×10^6	308.48
			0.01	3×10^6	289.45
下贝氏体	43.5HRC	$\sigma_F^{4.8870}N=2.0116\times10^{18}$	0.50	3×10^6	263.01
			0.01	3×10^6	236.91
下贝氏体	41.8HRC	$\sigma_F^{3.8928}N=1.7844\times10^{16}$	0.50	3×10^6	324.25
			0.01	3×10^6	307.35
钒钛下贝氏体	32.3HRC	$\sigma_F^{2.6307}N=2.5074\times10^{13}$	0.50	3×10^6	427.84
			0.01	3×10^6	407.45
合金钢(调质)	37.5HRC		0.01	3×10^6	305.0
合金铸铁(调质)	37.5HRC		0.01	3×10^6	255.0

表 15-1-154 球墨铸铁齿轮的接触疲劳强度

球铁种类	硬度	P=0.5时疲劳曲线方程	失效概率 P	循环基数 N_0	疲劳极限 σ_{Hlim} /MPa
铁素体	180HBS	$\sigma_H^{14.161}N=5.194\times10^{46}$	0.50	5×10^7	569.1
			0.01	5×10^7	536.5
珠光体+铁素体	226HBS	$\sigma_H^{8.394}N=2.242\times10^{31}$	0.50	5×10^7	657
			0.01	5×10^7	632
珠光体	253HBS	$\sigma_H^{7.941}N=3.688\times10^{30}$	0.50	5×10^7	758
			0.01	5×10^7	715
下贝氏体	41HRC	$\sigma_H^{4.5}N=1.307\times10^{21}$	0.50	10^7	1371
			0.01	10^7	1235
铁素体(软渗氮)	64HRC	$\sigma_H^{20.83}N=2.307\times10^{70}$	0.50	10^7	1100
			0.01	10^7	1060

表 15-1-155 石墨化退火黑心可锻铸铁和珠光体可锻铸铁的力学性能

类型	牌号		试样直径 /mm	抗拉强度 σ_b	屈服强度 $\sigma_{0.2}$	伸长率 δ/% ($L=3d$)	硬度 HBS
	A	B		MPa ≥			
黑心可锻铸铁	KTH300-06		12 或 15	300		6	<150
		KTH330-08		330		8	
	KTH350-10			350	200	10	
		KTH370-12		370		12	
珠光体可锻铸铁	KTZ450-06		12 或 15	450	270	6	150~200
	KTZ550-04			550	340	4	180~250
	KTZ650-02			650	430	2	210~260
	KTZ700-02			700	530	2	210~290

10.3 齿轮用铜合金

常用齿轮铜合金材料的化学成分见表 15-1-156，各种铜合金的主要特性及用途见表 15-1-157，常用齿轮铜合金的力学性能见表 15-1-158，常用齿轮铸造铜合金的物理性能见表 15-1-159。

表 15-1-156 常用齿轮铜合金材料的化学成分（质量分数）

序号	合金名称（合金牌号）	主要化学成分/%									
		Cu	Fe	Al	Pb	Sn	Si	Ni	Mn	P	Zn
1	60-1-1 铝黄铜（HAl60-1-1）	58.0~61.0	0.70~1.50	0.70~1.50	≤0.40	—	—	—	0.10~0.60	≤0.01	余量
2	66-6-3-2 铝黄铜（HAl66-6-3-2）	64.0~68.0	2.0~4.0	6.0~7.0	≤0.50	≤0.2	—	—	1.5~2.5	≤0.02	余量
3	25-6-3-3 铝黄铜（ZCuZn25Al6Fe3Mn3）	60.0~66.0	2.0~4.0	4.5~7.0	—	—	—	—	—	—	余量
4	40-2 铅黄铜（ZCuZn40Pb2）	58.0~63.0	—	0.2~0.8	0.5~2.5	—	—	—	—	—	余量
5	38-2-2 锰黄铜（ZCuZn38Mn2Pb2）	57.0~60.0	—	—	1.5~2.5	—	—	—	1.5~2.5	—	余量
6	6.5-0.1 锡青铜（QSn6.5-0.1）	余量	≤0.05	≤0.002	≤0.02	6.0~7.0	≤0.002	—	—	0.10~0.25	—

续表

序号	合金名称（合金牌号）	主要化学成分/%									
		Cu	Fe	Al	Pb	Sn	Si	Ni	Mn	P	Zn
7	7-0.2 锡青铜（QSn7-0.2）	余量	≤0.05	≤0.01	≤0.02	6.0~8.0	≤0.02	—	—	0.10~0.25	—
8	5-5-5 锡青铜（ZCuSn5Pb5Zn5）	余量	—	—	4.0~6.0	4.0~6.0	—	—	—	—	4.0~6.0
9	10-1 锡青铜（ZCuSn10P1）	余量	—	—	—	9.0~11.5	—	—	—	0.5~1.0	—
10	10-2 锡青铜（ZCuSn10Zn2）	余量	—	—	—	9.0~11.0	—	—	—	—	1.0~3.0
11	5 铝青铜（QAl5）	余量	≤0.5	4.0~6.0	≤0.03	≤0.1	≤0.1	—	≤0.5	≤0.01	≤0.5
12	7 铝青铜（QAl7）	余量	≤0.5	6.0~8.0	≤0.03	≤0.1	≤0.1	—	≤0.5	≤0.01	≤0.5
13	9-4 铝青铜（QAl9-4）	余量	2.0~4.0	8.0~10.0	≤0.01	≤0.1	≤0.1	—	≤0.5	≤0.01	≤1.0
14	10-3-1.5 铝青铜（QAl10-3-1.5）	余量	2.0~4.0	8.5~10.0	≤0.03	≤0.1	≤0.1	—	1.0~2.0	≤0.01	≤0.5
15	10-4-4 铝青铜（QAl10-4-4）	余量	3.5~5.5	9.5~11.0	≤0.02	≤0.1	≤0.1	3.5~5.5	≤0.3	≤0.01	≤0.5
16	9-2 铝青铜（ZCuAl9Mn2）	余量	—	8.0~10.0	—	—	—	—	1.5~2.5	—	—
17	10-3 铝青铜（ZCuAl10Fe3）	余量	2.0~4.0	8.5~11.0	—	—	—	—	—	—	—
18	10-3-2 铝青铜（ZCuAl10Fe3Mn2）	余量	2.0~4.0	9.0~11.0	—	—	—	—	1.0~2.0	—	—
19	8-13-3-2 铝青铜（ZCuAl8Mn13Fe3Ni2）	余量	2.5~4.0	7.0~8.5	—	—	—	1.8~2.5	11.5~14.0	—	—
20	9-4-4-2 铝青铜（ZCuAl9Fe4Ni4Mn2）	余量	4.0~5.0	8.5~10.0	—	—	—	4.0~5.0	0.8~2.5	—	—

表 15-1-157　各种铜合金的主要特性及用途

序号	合金牌号	主要特性	用途
1	HAl60-1-1	强度高，耐蚀性好	耐蚀齿轮、蜗轮
2	HAl66-6-3-2	强度高，耐磨性好，耐蚀性好	大型蜗轮
3	ZCuZn25Al6Fe3Mn3	有很高的力学性能，铸造性能良好，耐蚀性较好，有应力腐蚀开裂倾向，可以焊接	蜗轮
4	ZCuZn40Pb2	有好的铸造性能和耐磨性，切削加工性能好，耐蚀性较好，在海水中有应力腐蚀倾向	齿轮
5	ZCuZn38Mn2Pb2	有较高的力学性能和耐蚀性，耐磨性较好，切削性能较好	蜗轮
6	QSn6.5-0.1	强度高、耐磨性好，压力及切削加工性能好	精密仪器齿轮
7	QSn7-0.2	强度高，耐磨性好	蜗轮

续表

序号	合金牌号	主要特性	用途
8	ZCuSn5Pb5Zn5	耐磨性和耐蚀性好,减摩性好,能承受冲击载荷,易加工,铸造性能和气密性较好	较高载荷,中等滑动速度下工作蜗轮
9	ZCuSn10Zn2	硬度高,耐磨性极好,有较好的铸造性能和切削加工性能,在大气和淡水中有良好的耐蚀性	高载荷,耐冲击和高滑动速度(8m/s)下齿轮、蜗轮
10	ZCuSn10Zn2	耐蚀性、耐磨性和切削加工性能好,铸造性能好,铸件气密性较好	中等及较多负荷和小滑动速度的齿轮、蜗轮
11	QAl5	较高的强度和耐磨性及耐蚀性	耐蚀齿轮、蜗轮
12	QAl7	强度高,较高的耐磨性及耐蚀性	高强、耐蚀齿轮、蜗轮
13	QAl9-4	高强度,高减摩性和耐蚀性	高载荷齿轮、蜗轮
14	QAl10-3-1.5	高的强度和耐磨性,可热处理强化,高温抗氧化性,耐蚀性好	高温下使用齿轮
15	QAl10-4-4	高温(400℃)力学性能稳定,减摩性好	高温下使用齿轮
16	ZCuAl9Mn2	高的力学性能,在大气、淡水和海水中耐蚀性好,耐磨性好,铸造性能好,组织紧密,可以焊接,不易钎焊	耐蚀、耐磨齿轮、蜗轮
17	ZCuAl10Fe3	高的力学性能,在大气、淡水和海水中耐磨性和耐蚀性好,可以焊接,不易钎焊,大型铸件自700℃空冷可以防止变脆	高载荷大型齿轮、蜗轮
18	ZCuAl10Fe3Mn2	高的力学性能和耐磨性,可热处理,高温下耐蚀性和抗氧化性好,在大气、淡水和海水中耐蚀性好,可焊接,不易钎焊,大型铸件自700℃空冷可以防止变脆	高温、高载荷,耐蚀齿轮、蜗轮
19	ZCuAl8Mn13Fe3Ni2	很高的力学性能,耐蚀性好,应力腐蚀疲劳强度高,铸造性能好,合金组织紧密,气密性好,可以焊接,不易钎焊	高强、耐腐蚀重要齿轮、蜗轮
20	ZCuAl9Fe4Ni4Mn2	很高的力学性能,耐蚀性好,应力腐蚀疲劳强度高,耐磨性良好,在400℃以下具有耐热性,可热处理,焊接性能好,不易钎焊,铸造性能尚好	要求高强度、耐蚀性好及400℃以下工作重要齿轮、蜗轮

表 15-1-158　　常用齿轮铜合金的力学性能

序号	合金牌号	状态	力学性能,不低于					
			抗拉强度 σ_b/MPa	屈服强度 $\sigma_{0.2}$/MPa	伸长率/%		冲击韧度 a_k/J·cm^{-2}	HBS
					δ_5	δ_{10}		
1	HAl60-1-1	软态①	440	—	—	18	—	95
		硬态②	735	—	—	8	—	180
2	HAl66-6-3-2	软态	>35	—	—	7	—	—
		硬态	—	—	—	—	—	—
3	ZCuZn25Al6Fe3Mn3	S③	725	380	10	—	—	160
		J④	740	400	7	—	—	170
4	ZCuZn40Pb2	S	220	—	15	—	—	80
		J	280	120	20	—	—	90
5	ZCuZn38Mn2Pb2	S	245	—	10	—	—	70
		J	345	—	18	—	—	80
6	QSn6.5-0.1	软态	343~441	196~245	60~70	—	—	70~90
		硬态	686~784	578~637	7.5~1.2	—	—	160~200

续表

序号	合金牌号	状态	力学性能,不低于					
			抗拉强度 σ_b/MPa	屈服强度 $\sigma_{0.2}$/MPa	伸长率/%		冲击韧度 a_k/J·cm^{-2}	HBS
					δ_5	δ_{10}		
7	QSn7-0.2	软态	353	225	64	55	174	≥70
		硬态	—	—	—	—	—	—
8	ZCuSn5Pb5Zn5	S	200	90	13	—	—	60
		J	200	90	13	—	—	60
9	ZCuSn10P1	S	200	130	3	—	—	80
		J	310	170	2	—	—	90
10	ZCuSn10Zn2	S	240	120	12	—	—	70
		J	245	140	6	—	—	80
11	QAl5	软态	372	157	65	—	108	60
		硬态	735	529	5	—	—	200
12	QAl7	软态	461	245	70	—	147	70
		硬态	960	—	3	—	—	154
13	QAl9-4	软态	490~588	196	40	12~15	59~69	110~190
		硬态	784~980	343	5	—	—	160~200
14	QAl10-3-1.5	软态	590~610	206	9~13	8~12	59~78	130~190
		硬态	686~882	—	9~12	—	—	160~200
15	QAl10-4-4	软态	590~690	323	5~6	4~5	29~39	170~240
		硬态	880~1078	539~588	—	—	—	180~240
16	ZCuAl9Mn2	S	390	—	20	—	—	85
		J	440	—	20	—	—	95
17	ZCuAl10Fe3	S	490	180	13	—	—	100
		J	540	200	15	—	—	110
18	ZCuAl10FeMn2	S	490	—	15	—	—	110
		J	540	—	20	—	—	120
19	ZCuAl8Mn13Fe3Ni2	S	645	280	20	—	—	160
		J	670	310	18	—	—	170
20	ZCuAl9Fe4Ni4Mn2	S	630	250	16	—	—	160

①软态为退火态。②硬态为压力加工态。③S—砂型铸造。④J—金属型铸造。

表 15-1-159　　常用齿轮铸造铜合金的物理性能

序号	合金牌号	密度 /g·cm^{-3}	线膨胀系数 /10^{-6}℃$^{-1}$	热导率 /W·m^{-1}·K^{-1}	电阻率 /Ω·mm^2·m^{-1}	弹性模量 /MPa
3	ZCuZn25Al6Fe3Mn3	8.5	19.8	49.8		
4	ZCuZn40Pb2	8.5	20.1	83.7	0.068	
5	ZCuZn38Mn2Pb2	8.5		71.2	0.118	
8	ZCuSn5Pb5Zn5	8.7	19.1	102.2	0.080	89180
9	ZCuSn10P1	8.7	18.5	48.9	0.213	73892
10	ZCuSn10Zn2	8.6	18.2	55.2	0.160	89180
16	ZCuAl9Mn2		20.1	71.2	0.110	
17	ZCuAl10Fe3	7.5	18.1	49.4	0.124	109760
18	ZCuAl10Fe3Mn2	7.5	16.0	58.6	0.125	98000
19	ZCuAl8Mn13Fe3Ni2	7.4	16.7	41.8	0.174	124460
20	ZCuAl9Fe4Ni4Mn2	7.6	15.1	75.3	0.193	124460

11 圆柱齿轮结构

表 15-1-160

mm

结构形式		轴齿轮	锻造齿轮	
适用条件		$d_a<2D_1$ 或 $\delta<2.5m_t$	$d_a\leqslant200$	$d_a\leqslant500$
结构图		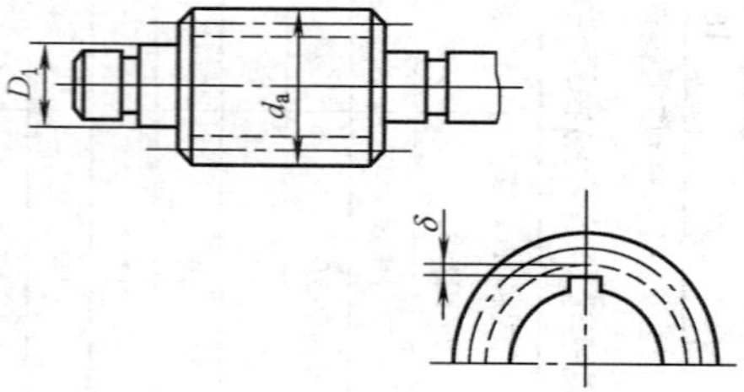	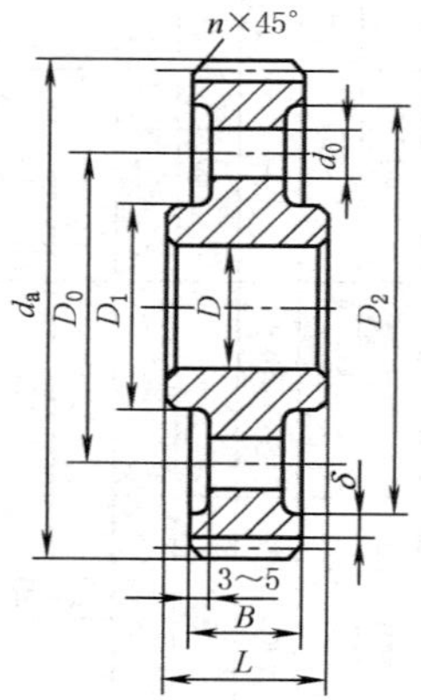	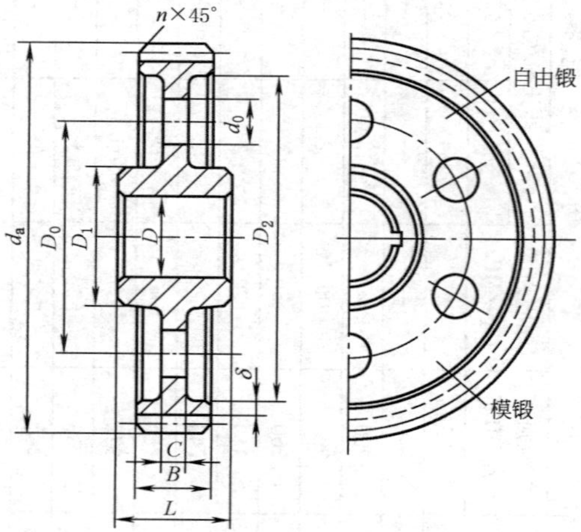
尺寸	D_1		1.6D	
	L		$(1.2\sim1.5)D, L\geqslant B$	
	δ		$2.5m_n$，但不小于 8~10	$(2.5\sim4)m_n$，但不小于 8~10
	C			0.3B(自由锻)，$(0.2\sim0.3)B$(模锻)
	D_0		$0.5(D_1+D_2)$	
	d_0		$0.25(D_2-D_1)$，当 $d_0<10$ 时不必作孔	
	n		$0.5m_n$	

结构形式		铸造齿轮		
适用条件		平腹板：$d_a \leqslant 500$， 斜腹板：$d_a \leqslant 600$	$d_a = 400 \sim 1000$ $B \leqslant 200$	$d_a > 1000, B = 200 \sim 450$（上半部） $B > 450$（下半部）
结构图		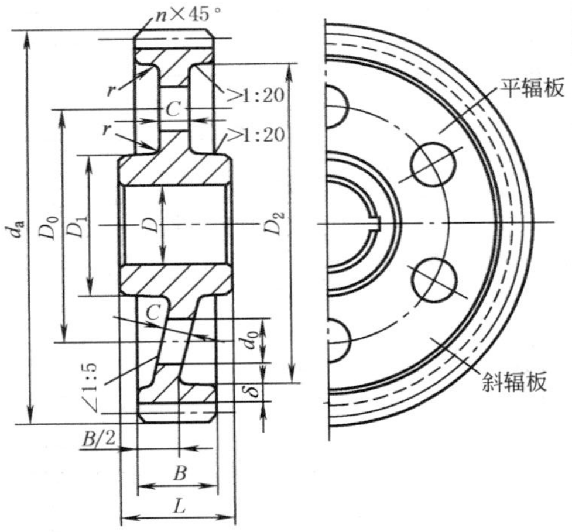	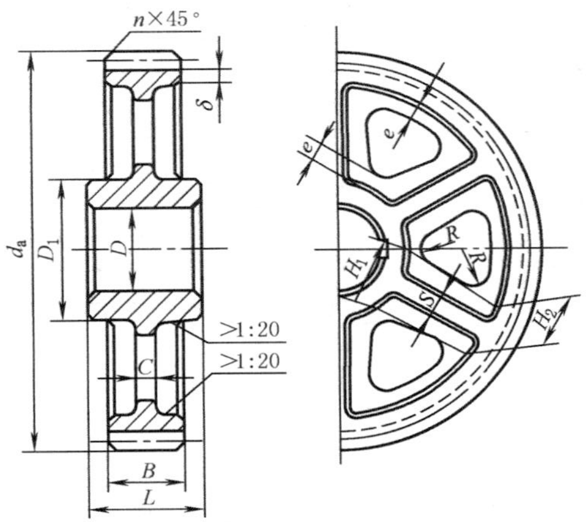	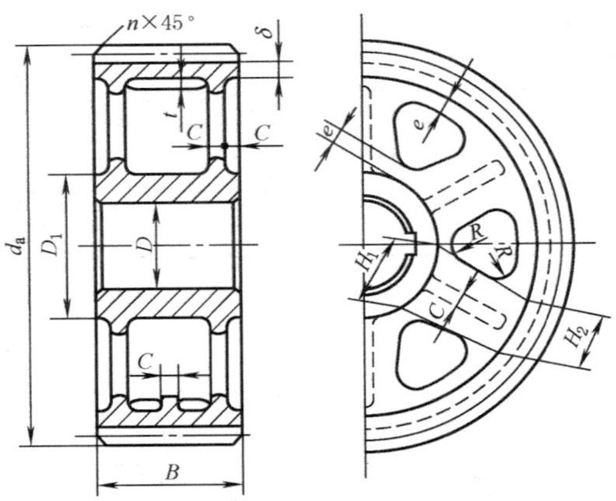
尺寸	D_1	1.6D（铸钢），1.8D（铸铁）		
	L	（1.2～1.5）D，$L \geqslant B$		
	δ	（2.5～4）m_n，但不小于 8		
	H_1		0.8D	
	H_2		0.8H_1	
	C	0.2B，但不小于 10	$H_1/5$，但不小于 10	
	S		$H_1/6$，但不小于 10	
	e		（0.8～1.0）δ	
	D_0	0.5（D_1+D_2）		
	d_0	0.25（D_2-D_1）		
	R		按靠近轮毂的部分用单圆弧连接的条件决定	
	t			0.8e
	n	0.5m_n		

续表

结构形式	镶圈齿轮	焊接齿轮	
适用条件	$d_a>600$	$d_a<1000, B<240$	$d_a>1000, B>240$
结构图	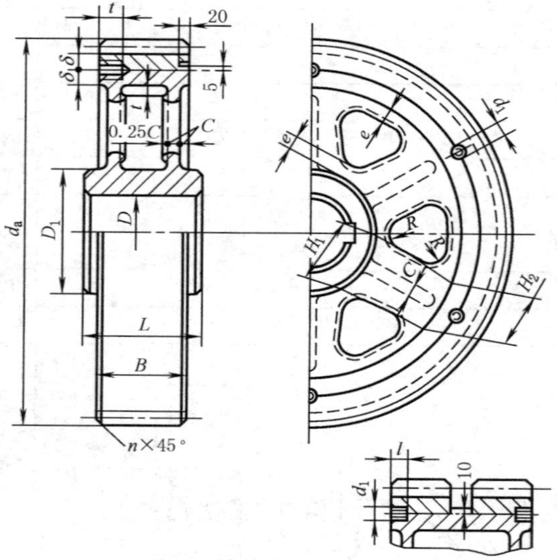	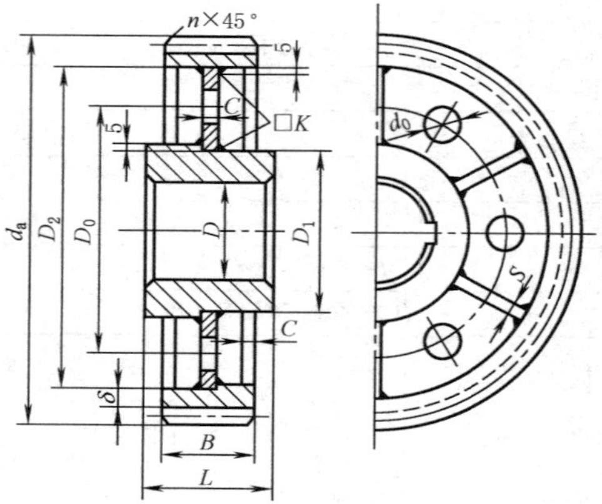	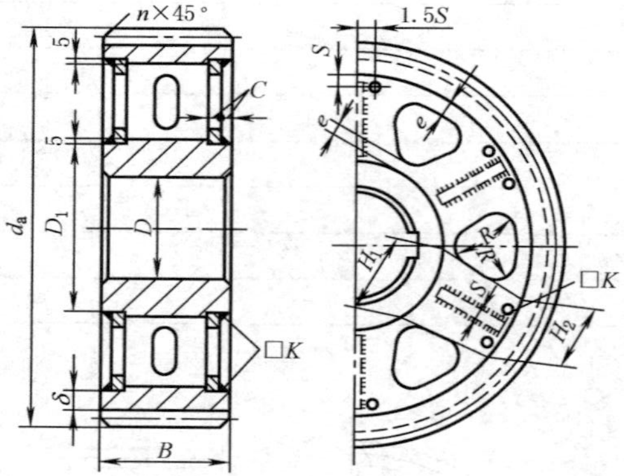
尺寸 D_1	1.6D(铸钢), 1.8D(铸铁)	1.6D	
L	$(1.2\sim1.5)D, L\geqslant B$		
δ	$4m_n$，但不小于15	$2.5m_n$，但不小于8	
H_1	0.8D		0.8D
H_2	0.8H_1		0.8H_1
C	0.15B	$(0.1\sim0.15)B$，但不小于8	
S		0.8C	
e	$(0.8\sim1.0)\delta$		0.2D
D_0		$0.5(D_1+D_2)$	
d_0		$0.25(D_2-D_1)$，当$d_2<10$时不必作孔	
R	按靠近轮毂的部分用单圆弧连接的条件决定		按靠近轮毂的部分用单圆弧连接的条件决定
t	0.8e		
n	$0.5m_n$		
d_1	$(0.05\sim0.1)D$		
l	$3d_1$		
K		0.67C	

续表

<table>
<tr><td>结构形式</td><td colspan="3">剖 分 式 齿 轮</td></tr>
<tr><td>结构图</td><td>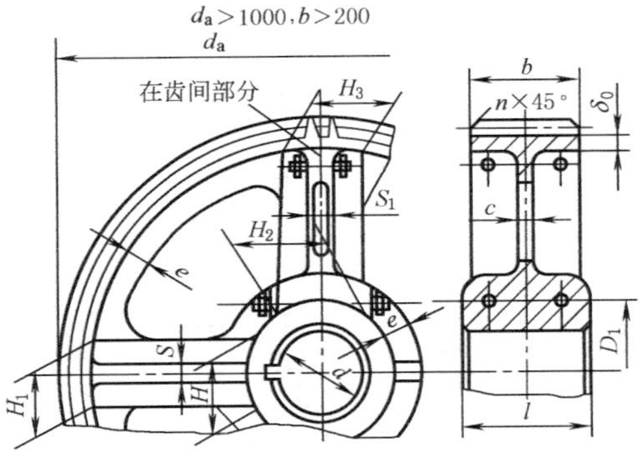$d_a>1000, b>200$
d_a
在齿间部分
H_3
H_2
S_1
e
S
H
H_1
d
b
$n\times45°$
δ_0
c
D_1
l</td><td>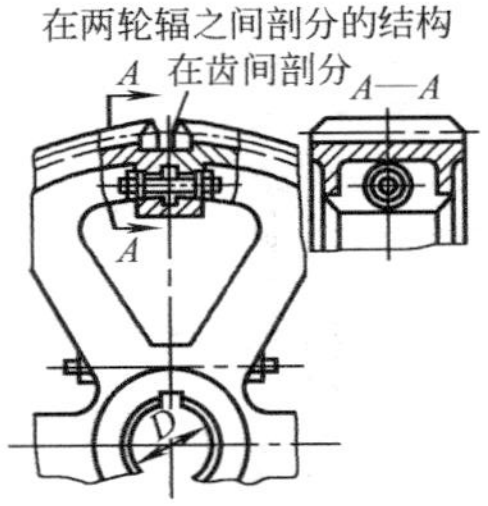在两轮辐之间剖分的结构
A 在齿间剖分
A—A
A
D</td><td>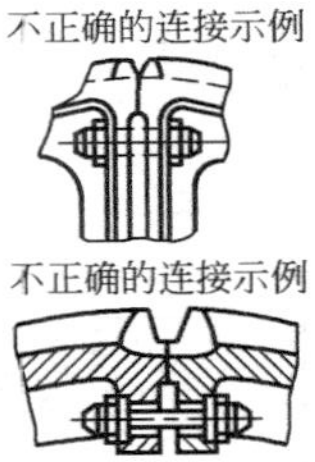不正确的连接示例
不正确的连接示例</td></tr>
<tr><td rowspan="5">说明</td><td colspan="3">1. 轮辐数和齿数应取偶数
2. 剖分轮辐的尺寸：
$D_1=1.8d$　　$1.5d>l\geqslant b$
$\delta_0=(4\sim5)m_t$　　$H=0.8d$
$H_1=0.8H$　　$H_2=(1.4\sim1.5)H$
$H_3=0.8H_2$　　$c=0.2b$
$S=0.8c$　　$S_1=0.75S$
$e=1.5\delta_0$　　$n=0.5m_n$
3. 连接螺栓直径 d_1 按下值选取：</td></tr>
<tr><td>连接螺栓位置</td><td>单排螺栓（$B<100$mm）</td><td>双排螺栓（$B>100$mm）</td></tr>
<tr><td>轮缘处</td><td colspan="2">根 据 计 算 确 定</td></tr>
<tr><td>轮毂处</td><td>$d_1=0.15D+(8\sim15)$mm</td><td>$d_1=0.12D+(8\sim15)$mm</td></tr>
<tr><td colspan="3">4. 连接螺栓应尽量靠近轮缘或轴线；在轮缘处用双头螺柱；在轮毂处若螺栓为单排、轮辐数大于 4，应采用双头螺柱；若螺栓为双排，可采用螺栓</td></tr>
</table>

注：1. 为便于装配，通常小齿轮的齿宽 B 比大齿轮宽 5～10mm。

2. 当 $L\geqslant D>100$mm 时，轮毂孔内中部可以制出一个凹槽，其直径 $D'=D+6$mm，长度 $L'=\frac{L}{2}-12$mm。

3. 镶圈式结构齿圈与铸铁轮心的配合过盈推荐按表 15-1-161 选取。

4. 用滚刀切制人字齿轮时，中间退刀槽尺寸见表 15-1-162。

表 15-1-161　　钢制齿圈与铸铁轮心配合的推荐过盈

名义直径 D		孔的偏差		轴的偏差		过盈量	
大于	到	下偏差	上偏差	上偏差	下偏差	最大值	最小值
mm		μm					
500	600	0	+80	+560	+480	560	400
600	700	0	+125	+700	+575	700	450
700	800	0	+150	+800	+650	800	500
800	1000	0	+200	+950	+750	950	550
1000	1200	0	+275	+1200	+925	1200	650
1200	1500	0	+375	+1500	+1125	1500	750
1500	1800	0	+500	+1900	+1400	1900	900
1800	2000	0	+600	+2200	+1600	2200	1000
2000	2200	0	+650	+2400	+1750	2400	1100
2200	2500	0	+700	+2600	+1900	2600	1200
2500	2800	0	+800	+2900	+2100	2900	1300
2800	3000	0	+900	+3200	+2300	3200	1400
3000	3200	0	+950	+3450	+2500	3450	1550
3200	3500	0	+1000	+3600	+2600	3600	1600
3500	3800	0	+1100	+4000	+2900	4000	1800
3800	4000	0	+1200	+4300	+3100	4300	1900

注：1. 对于用两个齿圈镶套的人字齿轮（下图），应该用于转矩方向固定的场合，并在选择轮齿倾斜方向时应注意使轴向力方向朝齿圈中部。

2. 允许传递转矩的计算见本手册第 2 卷第 6 篇。

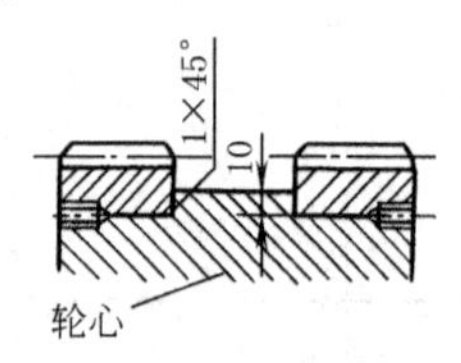

标准滚刀切制人字齿轮的中间退刀槽尺寸

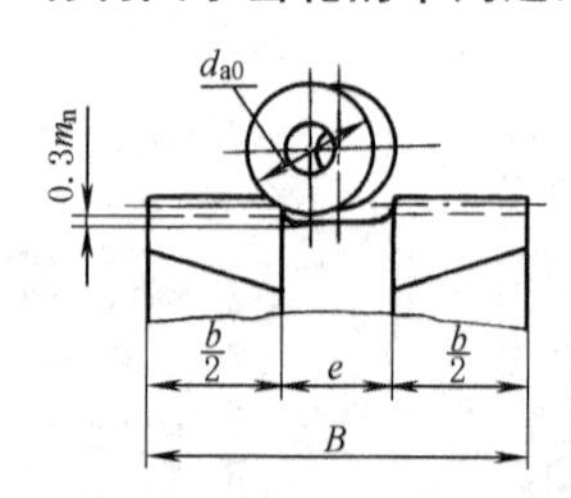

表 15-1-162　　　　mm

m_n	中间退刀槽宽 e			m_n	中间退刀槽宽 e		
	$\beta=15°\sim25°$	$\beta>25°\sim35°$	$\beta>35°\sim45°$		$\beta=15°\sim25°$	$\beta>25°\sim35°$	$\beta>35°\sim45°$
2	28	30	34	9	95	105	110
2.5	34	36	40	10	100	110	115
3	38	40	45	12	115	125	135
3.5	45	50	55	14	135	145	155
4	50	55	60	16	150	165	175
4.5	55	60	65	18	170	185	195
5	60	65	70	20	190	205	220
6	70	75	80	22	215	230	250
7	75	80	85	28	290	310	325
8	85	90	95				

注：用非标准滚刀切制人字齿轮的中间退刀槽宽 e 可按下式计算

$$e=2\sqrt{h(d_{a0}-h)\left[1-\left(\frac{m_n}{d_0}\right)^2\right]}+\frac{m_n}{d_0}\left[l_0+\frac{(h_{a0}-x)m_n+c}{\tan\alpha_n}\right]$$

式中　l_0—滚刀长度，其他代号同前。

12 圆柱齿轮零件工作图

齿轮设计工作者，根据圆柱齿轮的用途、使用要求、工作条件及其他技术要求，经过各种强度和几何尺寸的计算，选择合适材料和热处理方案，以最佳效益确定齿轮精度等级，若已知传动链末端元件传动精度，按照传动链误差的传动规律，分配各级齿轮副的传动精度来确定该设计的齿轮精度等级。常用齿轮的精度等级，其使用范围、加工方法见表 15-1-163、表 15-1-164、表 15-1-165，供选择齿轮精度等级时参考。

圆柱齿轮零件工作图（简称图样）由图形、齿轮参数表、技术要求三部分组成。

GB/T 6443—1986《渐开线圆柱齿轮图样上应注明的尺寸数据》国家标准是等效采用 ISO 1340—1976《圆柱齿轮——向制造工业提供的买方要求的资料》国际标准，具体规定如下。

表 15-1-163　　各种机器的传动所应用的精度等级

类型	精度等级	类型	精度等级	类型	精度等级	类型	精度等级
测量齿轮	2~5	汽车底盘	5~8	拖拉机	6~9	矿用绞车	8~10
透平齿轮	3~6	轻型汽车	5~8	通用减速器	6~9	起重机械	6~10
金属切削机床	3~8	载货汽车	6~9	轧钢机	5~9	农业机械	8~11
内燃机车	5~7	航空发动机	4~8				

表 15-1-164　　精度等级与加工方法的关系

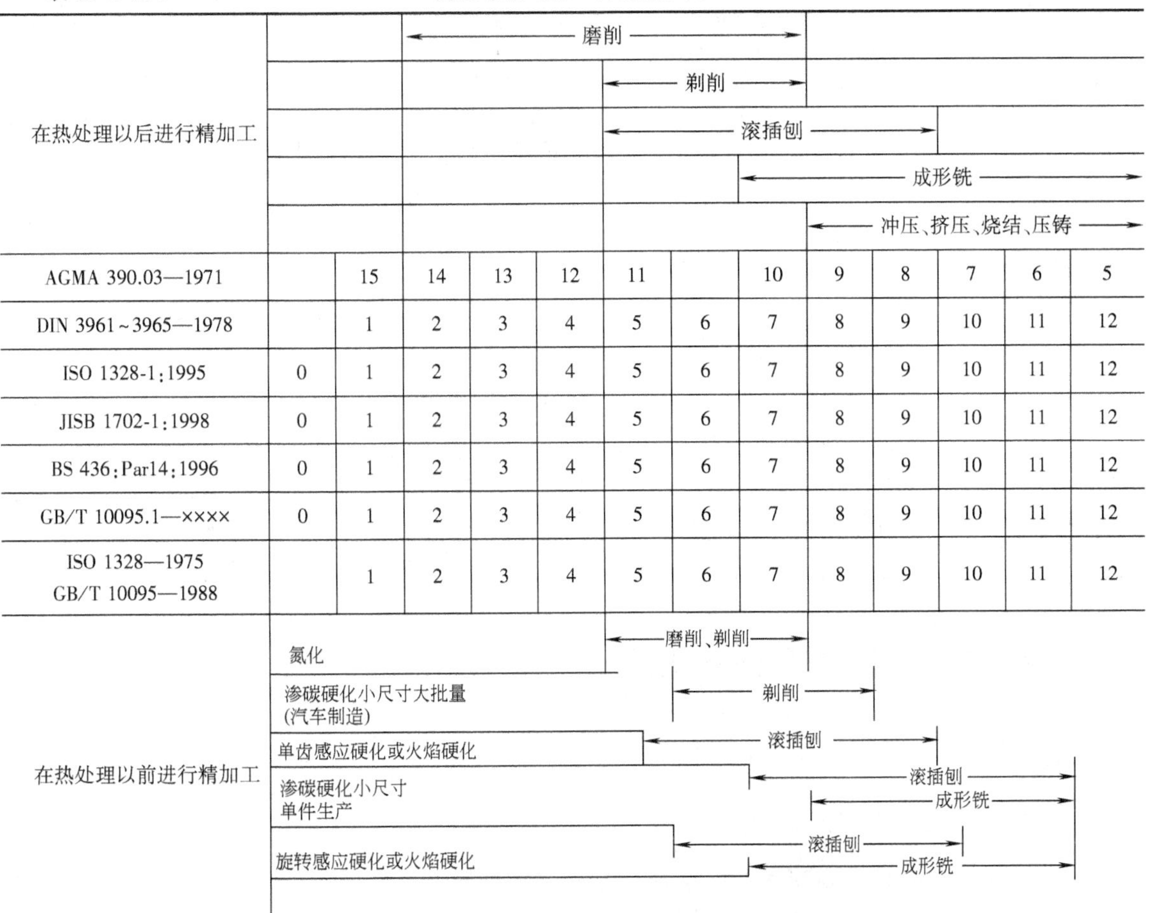

<table>
<tr><td rowspan="5">在热处理以后进行精加工</td><td colspan="2"></td><td colspan="6">← 磨削 →</td><td colspan="5"></td></tr>
<tr><td colspan="5"></td><td colspan="3">← 剃削 →</td><td colspan="5"></td></tr>
<tr><td colspan="5"></td><td colspan="5">← 滚插刨 →</td><td colspan="3"></td></tr>
<tr><td colspan="7"></td><td colspan="6">← 成形铣 →</td></tr>
<tr><td colspan="8"></td><td colspan="5">← 冲压、挤压、烧结、压铸 →</td></tr>
<tr><td>AGMA 390.03—1971</td><td></td><td>15</td><td>14</td><td>13</td><td>12</td><td>11</td><td></td><td>10</td><td>9</td><td>8</td><td>7</td><td>6</td><td>5</td></tr>
<tr><td>DIN 3961~3965—1978</td><td></td><td>1</td><td>2</td><td>3</td><td>4</td><td>5</td><td>6</td><td>7</td><td>8</td><td>9</td><td>10</td><td>11</td><td>12</td></tr>
<tr><td>ISO 1328-1:1995</td><td>0</td><td>1</td><td>2</td><td>3</td><td>4</td><td>5</td><td>6</td><td>7</td><td>8</td><td>9</td><td>10</td><td>11</td><td>12</td></tr>
<tr><td>JISB 1702-1:1998</td><td>0</td><td>1</td><td>2</td><td>3</td><td>4</td><td>5</td><td>6</td><td>7</td><td>8</td><td>9</td><td>10</td><td>11</td><td>12</td></tr>
<tr><td>BS 436:Par14:1996</td><td>0</td><td>1</td><td>2</td><td>3</td><td>4</td><td>5</td><td>6</td><td>7</td><td>8</td><td>9</td><td>10</td><td>11</td><td>12</td></tr>
<tr><td>GB/T 10095.1—××××</td><td>0</td><td>1</td><td>2</td><td>3</td><td>4</td><td>5</td><td>6</td><td>7</td><td>8</td><td>9</td><td>10</td><td>11</td><td>12</td></tr>
<tr><td>ISO 1328—1975
GB/T 10095—1988</td><td></td><td>1</td><td>2</td><td>3</td><td>4</td><td>5</td><td>6</td><td>7</td><td>8</td><td>9</td><td>10</td><td>11</td><td>12</td></tr>
<tr><td rowspan="8">在热处理以前进行精加工</td><td colspan="5">氮化</td><td colspan="3">← 磨削、剃削 →</td><td colspan="5"></td></tr>
<tr><td colspan="6">渗碳硬化小尺寸大批量
(汽车制造)</td><td colspan="3">← 剃削 →</td><td colspan="4"></td></tr>
<tr><td colspan="5">单齿感应硬化或火焰硬化</td><td colspan="5">← 滚插刨 →</td><td colspan="3"></td></tr>
<tr><td colspan="7" rowspan="2">渗碳硬化小尺寸
单件生产</td><td colspan="5">← 滚插刨 →</td><td></td></tr>
<tr><td></td><td colspan="4">← 成形铣 →</td><td></td></tr>
<tr><td colspan="6" rowspan="2">旋转感应硬化或火焰硬化</td><td colspan="4">← 滚插刨 →</td><td colspan="3"></td></tr>
<tr><td></td><td colspan="5">← 成形铣 →</td><td></td></tr>
<tr><td colspan="13"></td></tr>
</table>

表 15-1-165　　圆柱齿轮各级精度的应用范围

要素		精度等级					
		4	5	6	7	8	9
工作条件及应用范围	机床	高精度和精密的分度链末端齿轮	一般精度的分度链末端齿轮高精度和精密的分度链的中间齿轮	V级机床主传动的重要齿轮一般精度的分度链的中间齿轮油泵齿轮	Ⅳ级和Ⅲ级以上精度等级机床的进给齿轮	一般精度的机床齿轮	没有传动精度要求的手动齿轮
圆周速度/m·s^{-1}	直齿轮	>30	>15~30	>10~15	>6~10	<6	
	斜齿轮	>50	>30~50	>15~30	>8~15	<8	
工作条件及应用范围	航空船舶车辆	需要很高平稳性,低噪声的船用和航空齿轮	需要高平稳性、低噪声的船用和航空齿轮 需要很高平稳性、低噪声的机车和轿车的齿轮	用于高速传动有高平稳性、低噪声要求的机车、航空、船舶和轿车的齿轮	用于有平稳性和低噪声要求的航空、船舶和轿车的齿轮	用于中等速度较平稳传动的载货汽车和拖拉机的齿轮	用于较低速和噪声要求不高的载货汽车第一挡与倒挡拖拉机和联合收割机齿轮
圆周速度/m·s^{-1}	直齿轮	>35	>20	≤20	≤15	≤10	≤4
	斜齿轮	>70	>35	≤35	≤25	≤15	≤6
工作条件及应用范围	动力齿轮	用于很高速度的透平传动齿轮	用于高速的透平传动齿轮重型机械进给机构和高速重载齿轮	用于高速传动的齿轮,工业机器有高可靠性要求的齿轮,重型机械的功率传动齿轮,作业率很高的起重运输机械齿轮	用于高速和适度功率或大功率和适度速度条件下的齿轮 冶金、矿山、石油、林业、轻工、工程机械和小型工业齿轮箱(普通减速器)有可靠性要求的齿轮	用于中等速度、较平稳传动的齿轮 冶金、矿山、石油、林业、轻工、化工、工程机械、起重运输机械和小型工业齿轮箱(普通减速器)的齿轮	用于一般性工作和噪声要求不高的齿轮 受载低于计算载荷的传动齿轮,速度大于1m/s的开式齿轮传动和转盘的齿轮
圆周速度/m·s^{-1}	直齿轮	>70	>30	<30	<15	<10	≤4
	斜齿轮				<25	<15	≤6
工作条件及应用范围	其他	检验7~8级精度齿轮,其他的测量齿轮	检验8~9级精度齿轮的测量齿轮,印刷机械印刷辊子用的齿轮	读数装置中特别精密传动的齿轮	读数装置的传动及具有非直齿的速度传动齿轮,印刷机械传动齿轮	普通印刷机传动的齿轮	
单级传动功率		不低于0.99(包括轴承不低于0.982)			不低于0.98(包括轴承不低于0.975)	不低于0.97(包括轴承不低于0.965)	不低于0.96(包括轴承不低于0.95)

12.1　需要在工作图中标注的一般尺寸数据

① 顶圆直径及其公差
② 分度圆直径
③ 齿宽
④ 孔(轴)径及其公差
⑤ 定位面及其要求(径向和端面跳动公差应标注在分度圆附近)
⑥ 轮齿表面粗糙度(轮齿齿面粗糙度标注在齿高中部圆上或另行标注)

12.2 需要在参数表中列出的数据

① 齿廓类型
② 法向模数 m_n
③ 齿数 z
④ 齿廓齿形角 α
⑤ 齿顶高系数 h_a^*
⑥ 螺旋角 β
⑦ 螺旋方向 $R(L)$
⑧ 径向变位系数 x
⑨ 齿厚，公称值及其上、下偏差

a. 首先选用跨距［公法线长度］测量法，其 W_k 公称值及上偏差 E_{bns}、下偏差 E_{bni} 和跨测齿数 K。

b. 当齿轮结构和尺寸不允许用跨距测量法，则采用跨球（圆柱）尺寸［量柱（球）测量距］测量法，其 M_d 公称值及上偏差 E_{yns}、下偏差 E_{yni} 和球（圆柱）的尺寸［量柱（球）的直径］D_M。

c. 以上两法其客观条件都有困难时，才用不甚可靠的弦齿厚测量法，弦齿厚［法向齿厚］S_{ync} 公称值及上偏差 E_{syns}、下偏差 E_{syni} 和弦齿顶高 h_{yc}。

⑩ 配对齿轮的图号及其齿数
⑪ 齿轮精度等级

a. 当单件或少量数件圆柱齿轮生产时，选用等级 ISO 1328-1：1995。

b. 当批量生产圆柱齿轮时，选用等级 ISO 1328-1：1995 和等级 ISO 1328-2：1997。

c. 齿轮工作齿面和非工作齿面，选用同一精度等级，也可选用不同精度等级的组合。

⑫ 检验项目、代号及其允许值

a. 等级 ISO 1328-1：1995 其齿轮线速度<15m/s 时，检验项目为 $\pm f_{pt}$、F_p、F_x、F_o 四个偏差项目和相应允许值，当齿轮线速度>15m/s 时，再加检 F_{pk}。

b. 等级 ISO 1328-2：1997，检验项目为 F_i'' 和 f_i'' 二个偏差项目和相应允许值，当缺乏测量齿轮和装置，以及齿轮模数 m_n>10mm 时，可用 F_r 偏差项目和相应允许值。

c. 供需双方协商一致，具备高于被检齿轮精度等级 4 个等级的测量齿轮和装置，其 F_i'、f_i' 二个偏差项目可以代替 $\pm f_{pt}$、F_{pk}、F_p 的偏差项目。

d. 检验项目要标明相应的计值范围 L_α 和 L_β。

e. 根据齿轮产品特殊需要，供需双方协商一致，可以标明齿廓和螺旋线的形状和斜率偏差 $f_{f\alpha}$、$f_{f\beta}$、$f_{H\alpha}$、$f_{H\beta}$ 的全部或部分的数值转化为允许值。

12.3 其他

① 对于带轴的小齿轮，以及轴、孔不作为定心基准的大齿轮，在切齿前必须规定作定心检查用的表面最大径向跳动。

② 轴齿轮应用两端中心孔，由中心孔确定齿轮的基准轴线是最满意的方法，齿轮公差及（轴承）安装面的公差均相对于此轴线来规定，安装面相对于中心孔的跳动公差必须规定，是加工设备条件能制造的最小公差值，中心孔采用 B 型较大的尺寸，中心孔 60°接触角范围内应对准一直线，60°角锥面表面粗糙度至少为 Ra0.8μm。

③ 为检验轮齿的加工精度，对某些齿轮尚需指出其他一些技术参数（如基圆直径），或其他作为检验用的尺寸参数和形位公差（如齿顶圆柱面等）。

④ 当采用设计齿廓、设计螺旋线时，应在图样上详述其参数。

⑤ 给出必要的技术要求，（如材料热处理、硬度、探伤、表面硬化、齿根圆过渡，以及其他等）。

12.4 齿轮工作图示例

图样中参数表，一般放在图样右上角，参数表中列出参数项目可以根据实际情况增减，检验项目的允许值确定齿轮精度等级，图样中技术要求，一般放在图形下方空余地方。具体示例见图 15-1-126 和图 15-1-127。

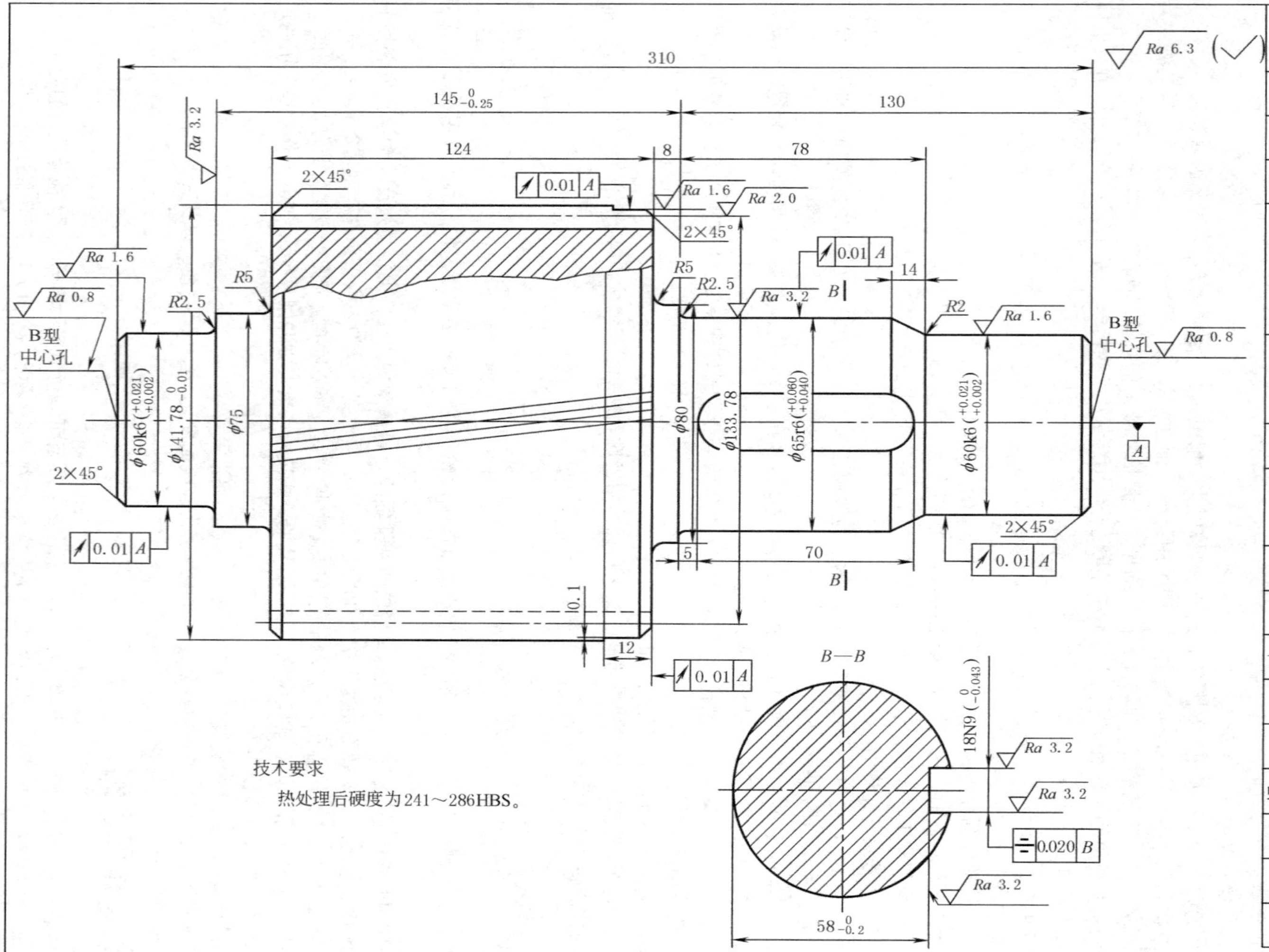

齿廓类型	渐开线		齿顶高系数	h_a^*	1
模数	m	4	螺旋角	β	9°22′
齿数	z	33	螺旋方向		左
齿形角	α	20	变位系数	x	0
齿厚	跨距（公法线长度）及上、下偏差		$W_k \frac{E_{bns}}{E_{bni}}$	$43.25^{-0.11}_{-0.22}$	
齿厚	跨测齿数		K	4	
配对齿轮	图号				
配对齿轮	齿数		z_2	115	
齿轮精度等级			8 ISO 1328-1：1995 8 ISO 1328-2：1997		

检验项目	代号	允许值/mm
单个齿距偏差	$\pm f_{pt}$	±0.020
齿距累积总偏差	F_p	0.072
齿廓计值范围	L_α	20.28
齿廓总偏差	F_α	0.030
螺旋线计值范围	L_β	116
螺旋线总偏差	F_β	0.035
径向跳动	F_γ	0.058

技术要求

热处理后硬度为241～286HBS。

图 15-1-126　轴齿轮工作图示例

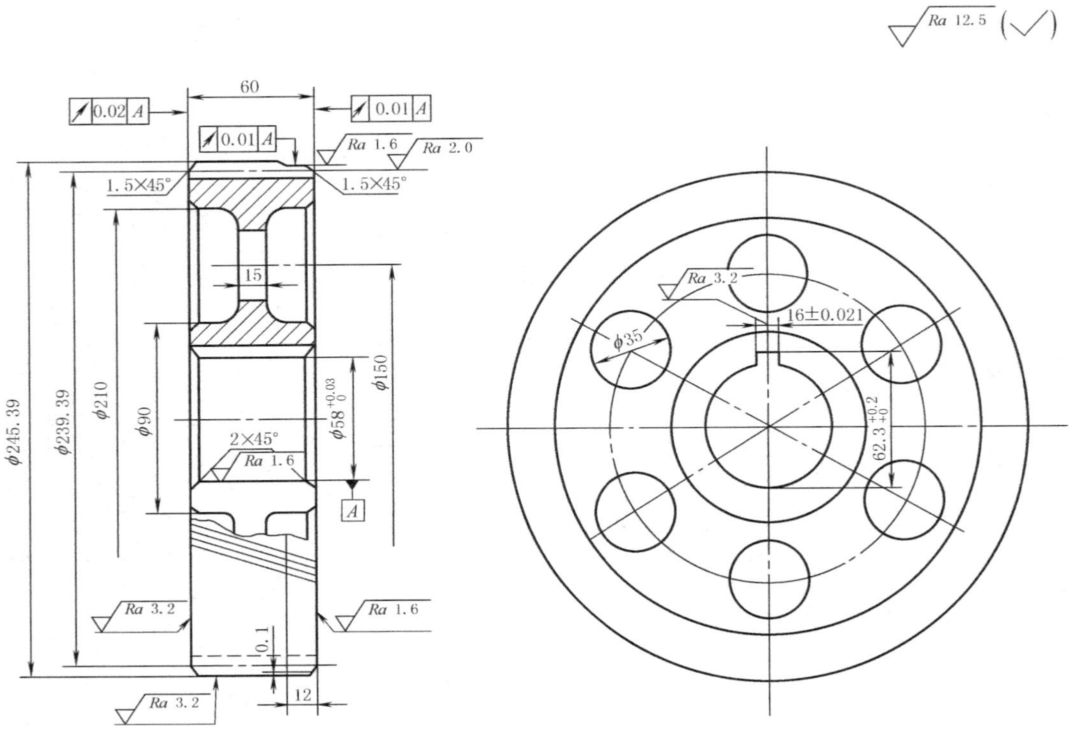

齿廓类型	渐开线		齿顶高系数	h_a^*	1
模数	m	3	螺旋角	β	8°06′34″
齿数	z	79	螺旋方向		右
齿形角	α	20°	变位系数	x	0
齿厚	跨距（公法线长度）及上、下偏差			$W_k \frac{E_{bns}}{E_{bni}}$	$87.55^{-0.13}_{-0.22}$
	跨测齿数			K	10
配对齿轮	图号				
	齿数			z_2	22
齿轮精度等级				8 ISO 1328-1：1995 8 ISO 1328-2：1997	
检 验 项 目				代号	允许值/mm
单个齿距偏差				$\pm f_{pt}$	±0.018
齿距累积总偏差				F_p	0.070
齿廓计值范围				L_α	15.11
齿廓总偏差				F_α	0.025
螺旋线计值范围				L_β	48.0
螺旋线总偏差				F_β	0.029
径向跳动				F_γ	0.056

技术要求：调质处理210～250HB。

图 15-1-127　齿轮工作图示例

13 齿轮润滑

资料显示，机器故障的34.4%源于润滑不足，19.6%源于润滑不当，换言之，约54%的机器故障是由于润滑问题所致。因此，齿轮润滑对齿轮传动具有极其重要的意义，为了保证齿轮正常运行和提高其使用寿命，必须高度关注齿轮润滑技术。

13.1 齿轮润滑总体介绍

分析表明，齿轮的磨损同润滑状态密不可分。如图15-1-128所示，在润滑状态下，齿轮的跑合时间短，正常磨损阶段长，对应于正常磨损状态（曲线1）；而在无润滑或润滑失效情况下，齿轮在运转初期即因发生剧烈磨损而失效（曲线2）。这种失效行为多见于未经跑合的新齿轮（齿轮表面大多处于边界润滑或局部干摩擦状态），主要是由于齿轮加工精度过低、表面粗糙度较高、润滑油极压抗磨性能不佳等原因所致。齿轮传动的常见破坏形式包括磨损、点蚀、胶合、折断及塑性变形等。其中前三者同润滑油直接密切相关，后二者则同润滑油间接相关。因此，就减速机而言，其在运转过程中的传动失效主要取决于润滑状态，通过合理选用齿轮润滑油可以避免或减轻传动齿轮的破坏、提高其传动寿命。我们研究发现，采用合适的跑合油或极压齿轮油进行跑合，可以有效地提高齿轮的接触精度、降低齿面粗糙度、大幅度提高齿轮的寿命，这对加工精度过低或表面粗糙度过大的齿轮同样适用。值得注意的是，由于油品选择不当，某些新型高性能润滑油在提高齿轮使用寿命方面的潜力还远未得到充分发挥，合理选择并科学使用润滑油依然是润滑工程师面对的艰巨任务。

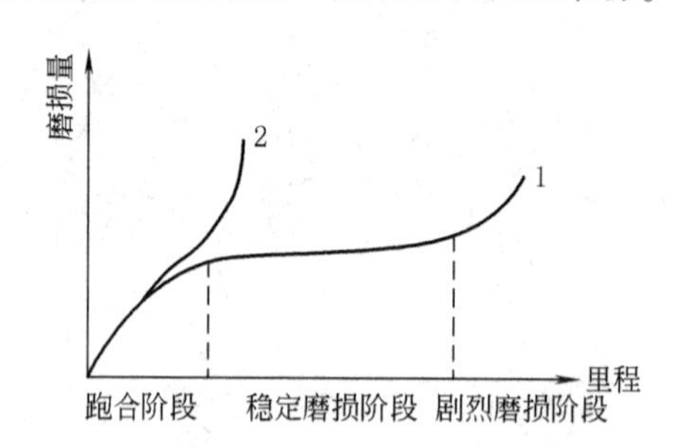

图15-1-128 油润滑状态下的齿轮磨损过程示意图

含极压抗磨添加剂的齿轮润滑油在齿轮润滑方面受到了高度重视并获得了广泛应用。其原因在于，含极压抗磨添加剂的齿轮润滑油可以在齿轮啮合面形成有效的保护膜，从而阻止啮合面直接接触，抑制或减轻齿面磨损并避免齿轮胶合。在齿轮啮合过程中，含极压抗磨添加剂的齿轮润滑油经由摩擦化学反应而在齿面接触凸峰处形成由有机和无机化合物组成的保护膜，从而改善齿面接触条件，提高齿轮的承载和抗磨能力；而齿轮齿面之间的化学反应有利于强化齿轮表面、提高齿面硬度，从而提高齿轮的承载能力和使用寿命；此外，合理复配的齿轮油还可以提高齿轮的承载和抗疲劳性能。总体而言，通过优化齿轮材料选择、优化齿轮参数、提高齿轮制造精度、降低齿面粗糙度、采用含有极压抗磨剂的齿轮油可以达到提高齿轮抗磨性能和抗胶合能力的目的，同时，采用含有极压抗磨剂的齿轮润滑油润滑时具有明显的成本优势。研究表明，采用新型润滑油添加剂完全可以避免普通齿轮在各种工况条件下的胶合，并最大限度地降低齿轮磨损，满足保护齿轮齿面和延长齿轮寿命，降低维护费用的要求。可以认为，齿轮在啮合过程中因摩擦而产生的接触区局部适当高温不仅无害，反而有利于形成保护膜。极压抗磨添加剂在齿面局部高温条件下更易同齿面金属发生摩擦化学反应，形成压缩强度高、剪切强度低的化学反应膜，从而保护了齿轮齿面，避免齿轮过度磨损和胶合。新型齿轮润滑油的抗磨承载作用及其对齿面的保护作用远非传统齿轮润滑油可比。以20世纪50~60年代的王牌齿轮润滑油——高黏度28#轧钢机油为例，该类齿轮油不含极压抗磨剂，仅能在齿轮表面经由物理吸附和化学吸附形成表面保护膜，这种物理吸附和化学吸附膜的强度较低，在齿轮运转过程中易发生破裂和脱落，从而失去对齿面金属的保护作用，导致齿轮严重磨损而失效。因此，就齿轮传动而言，合理润滑具有不可替代的重要作用，否则将严重影响齿轮的运转，甚至导致企业的生产线停止运转。在解决企业的实际润滑问题时发现，由于企业技术人员缺乏对润滑和润滑油的了解，致使大量生产设备的齿轮润滑不规范、代用、错用严重，如有的企业至今仍用28#轧钢机油或机械油代替中、重负荷齿轮油，导致相应的齿轮齿面磨损和擦伤，使齿轮使用寿命明显降低。或者采用高性能润滑油，但仍然采用传统的润滑方式，导致润滑油使用不当，降低齿轮使用寿命。

我国借鉴ISO 6743/6—1990标准制订了工业齿轮油分类国家标准GB/T 7631.7—1995。推荐使用的国产工业齿轮油列于表15-1-166。另外还有一些特殊齿轮油，如适合野外的低凝点齿轮油、无级变速齿轮油等。

表 15-1-166　　工业齿轮油分类和使用范围

传动方式	品种代号	通用名称	适用范围
闭式齿轮传动	CKB	抗氧防锈齿轮油	适用于低负荷、齿面接触应力小于500MPa的齿轮传动润滑
	CKC	中负荷工业齿轮油	适用于齿面接触应力小于1100MPa的工业齿轮传动润滑
	CKD	重负荷工业齿轮油	适用于齿面接触应力大于1100MPa的工业齿轮传动润滑
	CKE(轻负荷) CKE/P(重轻负荷)	蜗轮蜗杆油	摩擦系数低,适合蜗轮传动润滑
	CKS	合成烃齿轮油	适用于轻负荷、极高、极低温度下齿轮的润滑,其他同重负荷工业齿轮油
	CKT	合成烃极压齿轮油	适用于极高和极低温度下工作的齿轮的润滑,其他同中负荷工业齿轮油
	CKG	普通齿轮润滑脂	适用于轻负荷下运转的齿轮润滑
开式齿轮传动	CKH(沥青)	普通开式齿轮油	用于中等环境温度和轻负荷下运转的圆柱齿轮和圆锥齿轮的润滑
	CKJ	中负荷开式齿轮油	用于中等环境温度和中等负荷下运转的圆柱齿轮和圆锥齿轮的润滑
	CKL	重负荷开式齿轮润滑脂	在高温和重负荷下使用的润滑脂,用于圆柱齿轮和圆锥齿轮的润滑
	CKM	重负荷开式齿轮油	允许在极限负荷(特殊重负荷下)下使用的齿轮传动润滑油

通过借鉴美国石油学会（API）车辆齿轮油规格和美国军用车辆齿轮油规格，我国制订了车辆齿轮油分类国家标准GB/T 7631.7—1989。推荐使用的国产车辆齿轮油列于表15-1167。新的美国标准规定手动变速箱油为PG-1，重负荷双曲线齿轮油为PG-2，其中PG-2的质量优于GL-5；美国军方则将手动变速箱油和重负荷双曲线齿轮油合并归入MT-1。

表 15-1-167　　车辆齿轮油分类和使用范围[9]

品种代号	美国分类	通用名称	适用范围
CLC	GL-3	普通车辆齿轮油	适用于中等速度和负荷下比较苛刻的手动变速箱和螺旋伞齿轮的传动
CLD	GL-4	中载荷车辆齿轮油	适用于低速高转矩、高速低转矩的各种齿轮及使用条件不太苛刻的车辆用准双曲线齿轮传动
CLE	GL-5	重载荷车辆齿轮油	适用于高速冲击负荷、高速低转矩、低速高转矩的各种齿轮或苛刻的车辆用准双曲线齿轮传动

13.2　齿轮传动的润滑形式和齿轮润滑方式的选择

13.2.1　齿轮润滑形式

齿轮传动润滑形式主要包括流体润滑、混合润滑和边界润滑。我们采用Stribeck曲线来说明齿轮的润滑状态。如图 15-1-129 所示，根据油膜厚度可以将齿轮润滑划分为三个区，用油膜参数 λ 作为评定润滑有效性的标志，即 $\lambda=\frac{h}{\sigma}$，其中 $\sigma=\sqrt{\sigma_1^2+\sigma_1^2}$ 为均方根粗糙度，h 为油膜厚度。当 $\lambda>3$ 时，齿轮处于流体动压润滑状态（d 区）；当 $0.4<\lambda<3$ 时，齿轮处于混合润滑状态（c 区）；当 $\lambda<0.4$ 时，齿轮处于边界润滑状态（a 区和 b 区）。应当指出，增大负荷 P 或降低速度 v，都有可能使润滑状态由动压润滑向混合润滑或边界润滑状态转变。随着设备向小型、高速、重载方向发展，大部分齿轮传动处于混合和边界润滑状态，此时齿面凸峰相互接触甚至碰撞，很难达到弹流润滑状态。

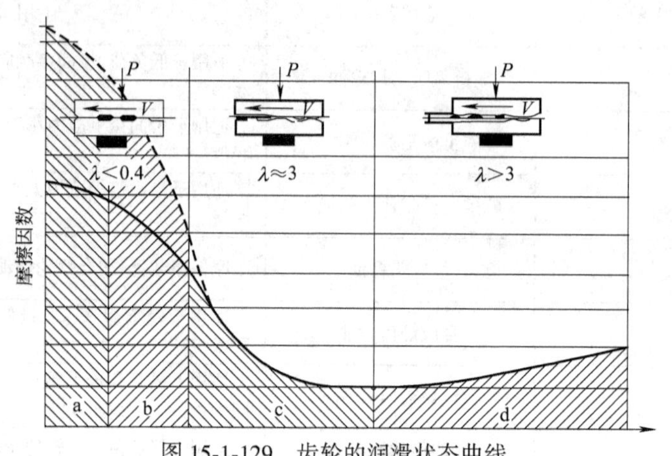

图 15-1-129　齿轮的润滑状态曲线

大多数齿轮需要采用液体润滑即齿轮油润滑，部分齿轮则采用半流体润滑、脂润滑及固体润滑。齿轮润滑选择何种润滑方式，必须根据齿轮的工作条件和传动要求来决定，以下简要介绍常用的齿轮润滑方式。

13.2.2　齿轮润滑方式

（1）油浴润滑

以齿轮箱体作为储油池，使齿轮浸入油池一定深度，利用齿轮在旋转过程中产生的离心力将油池中的油飞溅到需要润滑的部位，这就是齿轮的油浴润滑。这种润滑方式简单，适用于速度不高，独立工作的中小型齿轮箱；其关键在于必须保持适当的齿轮转速，以保证润滑油飞溅到齿轮需要润滑的部位；齿轮速度太低则达不到溅油要求，而速度太高往往导致润滑油甩离齿面并增大油耗，难以满足润滑要求。一般要求齿轮的圆周速度处于 3 ~ 15m/s 范围内；蜗轮蜗杆传动的圆周速度范围处于 3 ~10m/s 范围内。另外，应定期检查采用油浴润滑的齿轮箱的油位高度，保证正常油面高度为浸没中间轴大齿轮的一个全齿高度（特例除外），以实现充分润滑。否则，若油面过低则不能实现润滑油飞溅，若油面太高则导致搅动阻力增大、齿轮箱运行温度及油温升高、润滑油氧化变质加速。

（2）循环润滑

循环润滑采用独立的润滑系统，润滑油通过油泵输送到齿轮箱，随后循环回流至油箱，从而实现循环润滑。采用循环润滑可以在满足润滑要求的同时起到冷却和冲洗齿面的作用，适用于大型生产线和需要采用集中润滑的部件。循环润滑适用于圆周速度高、功率较大的齿轮传动。如对于圆周速度大于 12 ~15m/s 的圆柱齿轮传动及蜗杆圆周速度大于 6~10m/s 的蜗杆传动需要采用循环润滑。应该注意的是，采用循环系统润滑时必须配置性能优良的过滤装置，以避免润滑油循环过程中产生的杂质进入齿轮接触表面。

（3）油雾润滑

油雾润滑以压缩空气为动力，使润滑油成为粒径 2μm 以下的颗粒状油雾，油雾随压缩空气分散到需要润滑的部位，从而获得良好的润滑效果，采用油雾润滑可以有效地减少润滑油消耗，降低成本。与此同时，比热很小的压缩空气可带走摩擦产生的热，从而大大降低齿面的工作温度；而具有一定压力的油雾可以起到密封作用。油雾润滑常用于传动精度要求高、传动功率适中、容易泄漏的齿轮润滑，多用于冶金工业领域。

（4）油气润滑

油气润滑与油雾润滑相似，但有所区别。采用油气润滑时，首先将润滑油和压缩空气引入油气混合器，利用压缩空气将润滑油分散成油滴并附着于管壁，使润滑油呈现雾状，以压缩空气作为动力，以每小时 5~10ml 的量进行喷射，输送到齿轮的啮合部位。由于这些油有极性，尽管是极微量，也可以使边界润滑的效应大幅度提高。由于油气润滑不受润滑油黏度的限制，不存在高黏度油雾化难的问题，且无油雾、污染小、耗油量低，是一种较为经济的润滑方式。

（5）离心润滑

在齿轮底部钻若干个径向小孔，利用齿轮旋转时产生的离心力将润滑油从小孔甩出至齿轮的啮合齿面，这就是离心润滑。利用离心润滑可以使润滑油在离心力作用下起到连续的冲洗和冷却作用，并可将高黏度的润滑油引入啮合齿面，防止高速齿轮因离心力作用而引起的齿面润滑不良。该润滑方式功率损失小，并可以有效地缓冲振动；其缺点在于引入了齿底钻孔额外工序，并必须配置供油设备。故常用设备很少采用该种润滑方式。

（6）润滑脂涂抹润滑

除油润滑外，润滑脂润滑亦广泛应用于各种机械设备的齿轮润滑，如炼钢车间的转炉倾动机构的齿圈啮合的润滑，某些蜗轮蜗杆装置的润滑及低速重负荷齿轮润滑。实践证明，对高温、重载、低速、真空和容易泄漏的齿轮装置采用润滑脂润滑既可减轻磨损，又可避免漏油，从而保证润滑的可靠性。

（7）润滑脂喷射润滑

润滑脂喷射润滑是以压缩空气为动力，由机械泵将润滑脂输送至待润滑部位。润滑脂被压缩空气直接喷射到齿轮啮合部位，由于可以任意控制供油量，因此可以保证润滑的可靠性，获得较好的润滑效果。该润滑方式特别适合于冶金、矿山、水泥、化工和造纸等工业领域的大型齿轮特别是大型开式齿轮的润滑。

（8）固体润滑

固体润滑适用于负荷轻、运转平稳、要求无泄漏的圆柱齿轮减速器。常用的固体润滑剂为二硫化钼、石墨或由固体润滑剂与黏结剂等制备的黏结固体润滑涂层。此外还可以采用粉末状固体润滑剂飞扬润滑。

以上几种润滑方式各具特点，适用对象亦有所不同，应根据不同工作条件及不同齿轮类型加以选用。由于齿轮的失效与其润滑状态密切相关，为了保证齿轮的正常运转，必须正确选用齿轮用润滑剂及适宜的润滑方式。针对齿轮润滑，人们根据大量工程应用实例得到了以下主要经验：①重负荷齿轮传动需选用重负荷齿轮油；②汽车齿轮传动需选用相应的汽车齿轮油；③飞机齿轮传动需选用相应的航空齿轮油；④蜗轮蜗杆传动需选用蜗轮蜗杆润滑油；⑤同类型的齿轮在不同工况条件下应选用不同的齿轮油；⑥不同类型的齿轮在相同的工况条件下应选用不同的齿轮油。

不同齿轮传动所需齿轮油不同，高档油可以兼并低档油，而低档油则不能替代高档齿轮润滑油。应严格按标准选用齿轮润滑油，否则将引起齿轮失效，甚至影响整套设备的正常运转。

第 2 章　圆弧圆柱齿轮传动

1　概　　述

1.1　圆弧齿轮传动的基本原理

圆弧圆柱齿轮简称圆弧齿轮，因其基本齿条法向工作齿廓曲线为圆弧而得名。在国际上称为 Wildhaber-Novikov 齿轮，简称 W-N 齿轮。

圆弧齿轮分为单圆弧齿轮和双圆弧齿轮，其基本齿廓分别见表 15-2-2 图和表 15-2-3 图。单圆弧齿轮轮齿的工作齿廓曲线为一段圆弧。相啮合的一对齿轮副，一个齿轮的轮齿制成凸齿，配对的另一个齿轮的轮齿制成凹齿，凸齿的工作齿廓在节圆柱以外，凹齿的工作齿廓在节圆柱以内。为了不降低小齿轮的强度和刚度，通常把配对的小齿轮制成凸齿，大齿轮制成凹齿。

双圆弧齿轮轮齿的工作齿廓曲线为两段圆弧。在一个轮齿上，节圆柱以外的齿廓为凸圆弧（凸齿）、节圆柱以内的齿廓为凹圆弧（凹齿），凸凹圆弧之间用一段过渡圆弧连接（也可用切线连接），形成台阶，称为分阶式双圆弧齿轮。两个配对齿轮的齿廓相同。

圆弧齿轮传动分为单圆弧齿轮传动和双圆弧齿轮传动（图 15-2-1）。以端面圆弧齿廓啮合传动为例，说明圆弧齿轮和渐开线齿轮啮合传动时的本质区别。圆弧齿轮啮合时，在端面上为凸凹圆弧曲线接触，当凸圆弧和凹圆弧的半径相等时，齿面上的接触迹线为沿齿高分布的一段圆弧线，连续啮合传动，这条圆弧接触迹线由啮入端沿齿向线移动到啮出端。渐开线直齿轮啮合时，在端面上为凸凸曲线接触，齿面上的接触迹线为沿齿宽（轴向）分布的一条直线，连续啮合传动，这条接触迹线从齿根（主动轮啮入）移动到齿顶（主动轮啮出）。

(a) 单圆弧齿轮　　(b) 双圆弧齿轮

图 15-2-1　圆弧齿轮传动

圆弧齿轮沿齿高方向的线接触在工程应用中无法实现，它要求啮合凸凹齿廓圆弧半径相等且圆心在节点上，无误差加工，无误差装配和运行。为实现工程应用，圆弧齿轮齿廓设计为凸弧齿廓半径略小于凹弧齿廓半径，凸凹弧圆心分布在节线两侧（称为双偏共轭齿廓，如果凸弧圆心在节线上称为单偏共轭齿廓），这就给制造装配带来极大的方便。由于凸凹圆弧齿廓有半径差，端面圆弧齿廓啮合时，只有两齿廓圆心与节点共线，才在两齿廓内切点接触（图 15-2-2 中 K 点），并立即分离，而与它相邻的端面齿廓瞬间进入接触，又分离，如此重复实现啮合传动，根据这一特点，圆弧齿轮传动又称为圆弧点啮合齿轮传动。相啮合的两齿面经长期跑合（磨合），凸齿齿廓在接触点处的曲率半径逐渐增大，凹齿齿廓在接触点处的曲率半径逐渐减小，两工作齿面的齿廓曲率半径逐渐趋于相等，两齿廓圆心逐渐趋向节点，齿面受载变形后接触区域变大，承载能力增大；一旦凸凹齿齿廓在接触点处的曲率半径相等，齿轮副将无法传动。

在图 15-2-2 中，K 点具有双重性，它是端面两齿廓啮合时的啮合点，又是两齿面的瞬时接触点。作为啮合点，两齿廓在该点的公法线必须通过节点 P。啮合点由啮入到啮出在空间沿轴向移动，其轨迹 K_aK_b（图 15-2-3）称为啮合线。P 点也在空间沿轴向移动，其轨迹 P_aP_b（图 15-2-3）称为节线（即节点连线，不同于齿廓中的节线）。啮合线和节线都是平行于轴线的直线。作为接触点在齿面上留下的轨迹 K_bK_c 和 K_bK_c'（图 15-2-3）分别为两条螺旋线。

当相啮合的两齿轮分别以 ω_1 和 ω_2 回转时，啮合点 K 以匀速 v_0 沿啮合线 K_aK_b 移动，同时在两齿面上分别形成两条螺旋接触迹线，其螺旋参数分别为

$$K_1=\frac{v_0}{\omega_1};\ K_2=\frac{v_0}{\omega_2} \tag{15-2-1}$$

传动比

$$i_{12}=\frac{\omega_1}{\omega_2}=\frac{K_2}{K_1} \tag{15-2-2}$$

上式表明传动比与角速度成正比，与螺旋参数成反比。同一齿面的螺旋参数是不变的，所以齿面上接触迹线位置的偏移并不影响传动比。设 d_1、d_2 分别为两齿轮的节圆直径，β_1、β_2 分别为两齿轮节圆柱上的螺旋角，节圆柱上的螺旋参数分别为

$$\left.\begin{aligned}K_1&=\frac{d_1}{2}\cot\beta_1\\K_2&=\frac{d_2}{2}\cot\beta_2\end{aligned}\right\} \tag{15-2-3}$$

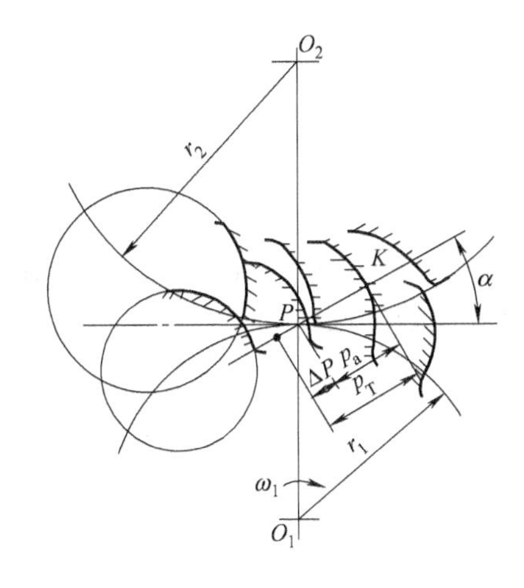

图 15-2-2　端面上两齿廓在点 K 接触

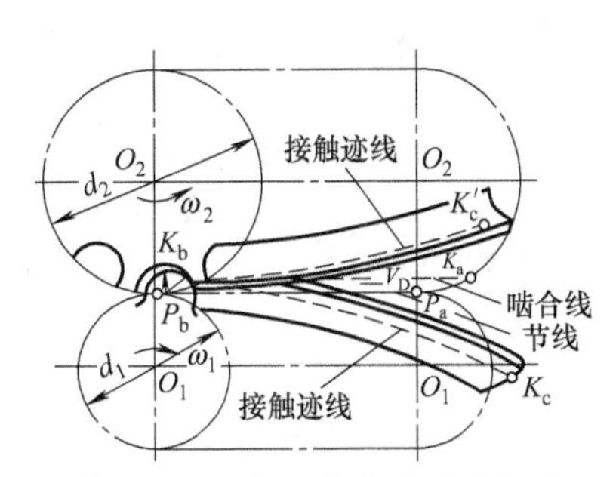

图 15-2-3　圆弧齿轮的啮合线和齿面接触迹线

$$i_{12}=\frac{\omega_1}{\omega_2}=\frac{K_2}{K_1}=\frac{d_2\cot\beta_2}{d_1\cot\beta_1} \tag{15-2-4}$$

齿轮啮合时，两齿轮的节圆线速度相等，则

$$i_{12}=\frac{\omega_1}{\omega_2}=\frac{d_2}{d_1} \tag{15-2-5}$$

比较式（15-2-4）和式（15-2-5）得出 $\beta_1=\beta_2=\beta$。

由于圆弧齿轮的啮合线平行于轴线，在啮合传动的每一瞬间，在同一轴截面（包括端面）上只能有一个啮合点，所以其端面重合度为零，圆弧齿轮必须制成斜齿轮才能啮合传动。为了保持连续啮合，必须在前一对齿脱开之前，后一对齿已进入啮合，即纵向重合度 $\varepsilon_\beta=\dfrac{b}{p_x}\geqslant 1$（图 15-2-4）。为了保证匀速传动，两齿轮的轴向齿距必须相等，即 $p_{x1}=p_{x2}=p$，而

$$\left.\begin{aligned}p_{x1}&=\pi m_{n1}/\sin\beta_1\\p_{x2}&=\pi m_{n2}/\sin\beta_2\end{aligned}\right\} \tag{15-2-6}$$

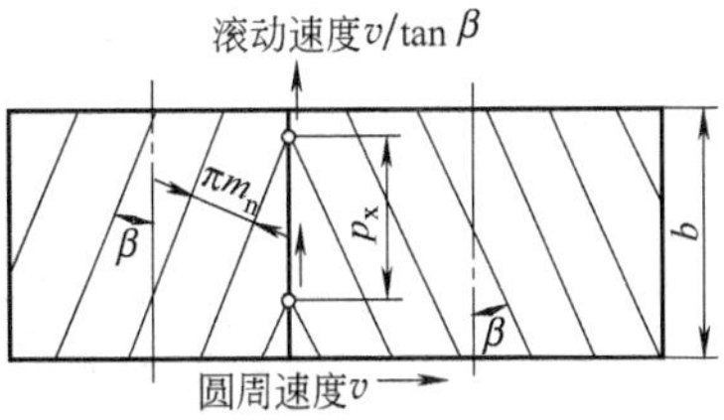

图 15-2-4　轴向齿距 p_x 和纵向重合度

由于 $\beta_1=\beta_2=\beta$，所以 $m_{n1}=m_{n2}=m_n$，即一对相啮合的齿轮的模数必须相等。

综上所述，要保证圆弧齿轮能以恒定传动比连续匀速传动，必须使一对啮合齿轮的模数相等、螺旋角相等方向相反、纵向重合度等于或大于 1。这就是圆弧齿轮连续啮合传动的三要素。

单圆弧齿轮啮合传动，当主动轮是凸齿齿廓时，顺着旋转方向看，主动轮和被动轮齿廓在节点后啮合（接触），称为节点后啮合传动，反之称为节点前啮合传动（图 15-2-5a、b），单圆弧齿轮传动只有一条啮合线。双圆弧齿轮啮合传动（图 15-2-5c），既有节点前啮合（图中 K_A 点），又有节点后啮合（图中 K_T 点），有两条啮合线，称为节点前后啮合传动或双啮合线传动。双圆弧齿轮啮合传动时，同一轮齿上的凸凹齿廓都参与啮合，在参数相同条件下，其接触点数比单圆弧齿轮增加一倍，减小了齿面接触应力。另外双圆弧齿轮轮齿根部齿厚较大，提高了抗弯强度。所以双圆弧齿轮有较高的承载能力，已得到广泛应用，正逐步取代单圆弧齿轮传动。

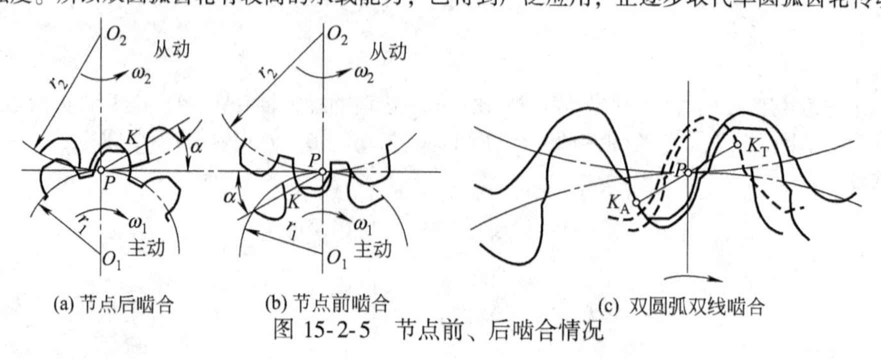

图 15-2-5　节点前、后啮合情况

1.2　圆弧齿轮传动的特点

圆弧齿轮传动不同于渐开线齿轮，除基本传动原理外，还有以下主要特点。

（1）齿面接触强度高

圆弧齿轮的齿面接触应力是一个复杂的三维问题，但接触应力的大小与垂直于瞬时接触迹线平面内的相对曲率半径 ρ 有关，ρ 越大接触应力越小。圆弧齿轮是凸凹齿廓接触，有很大的相对曲率半径（图 15-2-6b）。设 u 为一对啮合齿轮的齿数比，则圆弧齿轮的相对曲率半径为

$$\rho_H=\frac{R_{n1}R_{n2}}{R_{n1}+R_{n2}}=\frac{d_1}{2\sin\alpha_n\sin^2\beta}\times\frac{u}{u+1} \tag{15-2-7}$$

同参数渐开线齿轮的相对曲率半径为

$$\rho_j=\frac{R_{n1}R_{n2}}{R_{n1}+R_{n2}}=\frac{d_1\sin\alpha_n}{2\cos^2\beta}\times\frac{u}{u+1} \tag{15-2-8}$$

比较上两式可知，当 $\beta=10°\sim30°$ 的范围时，参数相同的圆弧齿轮与渐开线齿轮相比较，圆弧齿轮的相对曲率半径大约是渐开线齿轮的 20~200 倍，β 越小 ρ 越大。而且圆弧齿轮经跑合后沿齿高线是区域接触（图 15-2-6b），所以其齿面接触强度远远超过渐开线齿轮。

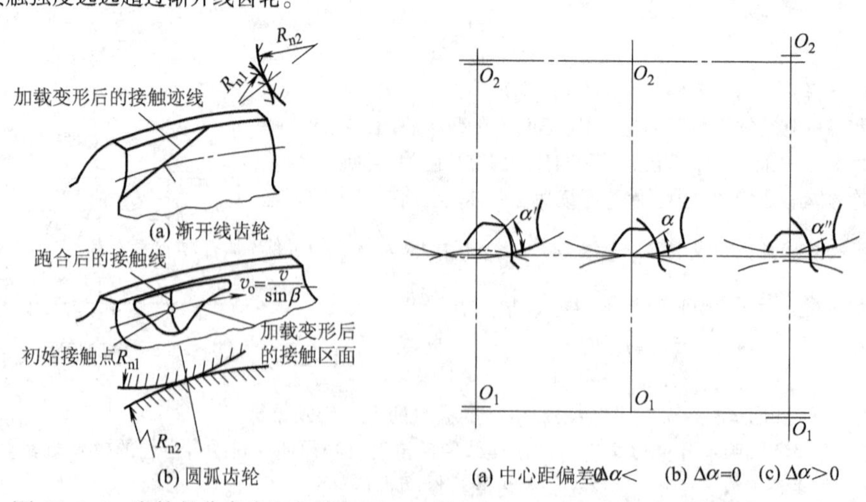

图 15-2-6　齿轮的曲率半径与接触图　　图 15-2-7　中心距误差对接触位置的影响

(2) 齿面间容易建立动压油膜

圆弧齿轮跑合后齿面光滑，啮合传动时接触点沿齿向线的滚动速度非常大（图 15-2-6b），β 越小 v_0 越大，这对建立齿面间的动压油膜极为有利。较厚的油膜可以提高抗胶合能力，提高承载能力，减少摩擦损耗，提高传动效率。

(3) 齿面接触迹位置易受中心距和切深变动量影响

圆弧齿轮初始接触（跑合前），在端面齿廓上是一个点，在齿面上是一条沿齿向的螺旋迹线（简称接触迹也称接触带）。中心距和切深的变动量会影响初始接触压力角的大小（图 15-2-7），在标准切深情况下，中心距偏小（即 $\Delta\alpha<0$）使初始接触压力角增大，形成凸齿齿顶和凹齿齿根接触，接触迹位置偏向凸齿齿顶和凹齿齿根。反之（即 $\Delta\alpha>0$）使初始接触压力角减小，形成凸齿齿根和凹齿齿顶接触，接触迹位置偏向凸齿齿根和凹齿齿顶。同样，在标准中心距的情况下，齿深切浅或切深，相当于中心距偏小或偏大对接触迹位置的影响。变动量也就是加工中的偏差，中心距偏差和切深偏差对接触迹位置的影响可以相互叠加也可抵消，加工中应严格按公差要求控制中心距和切深的偏差，尽量减小其综合影响。否则，过大的偏差都会降低齿轮的承载能力，影响传动的平稳性。

(4) 只有纵向重合度

圆弧齿轮传动中，轴向齿距偏差对啮合的影响，犹如渐开线齿轮传动中基节偏差的影响，会引起啮入和啮出冲击，增大振动，影响承载能力。加工中应注意控制齿向误差和轴向齿距偏差。

(5) 没有根切现象可以取较少的齿数

渐开线齿轮齿数很少时，基圆就会大于齿根圆，制齿时就易产生根切，削弱齿根强度，所以有最少齿数限制。圆弧齿轮没有这一问题，齿数可以取得很少，但要保证齿轮和轴的强度和刚度。

1.3 圆弧齿轮的加工工艺

目前圆弧齿轮最常用的加工方法是滚齿。滚齿工艺包括软齿面和中硬齿面滚齿以及渗碳液火硬齿面刮削（滚刮）工艺，分别采用高速钢滚刀、氮化钛涂层滚刀和钴高速钢滚刀，以及镶片式硬质合金滚刀。采用滚齿工艺还可以进行齿端修形（修薄），以减小齿端效应的影响和啮合时的冲击。单圆弧齿轮滚齿需用两把滚刀，凸齿滚刀滚切凹齿齿轮，凹齿滚刀滚切配对的凸齿齿轮。双圆弧齿轮滚齿，只需一把滚刀就可以滚切出两个配对齿轮。

圆弧齿轮还可以用指状铣刀成形加工，老式机械分度加工方法制造精度低、效率低，很少采用。如有可能采用数控加工，也是一种有效的制造工艺。

圆弧齿轮主要采用外啮合传动，很少采用内啮合传动，因为插斜齿设备较为复杂，所以目前较少采用插齿工艺。目前，李特文发表了圆弧齿轮内啮合传动啮合原理，国内已有成功插削的内齿圆弧齿轮用于行星传动。

采用成形磨齿工艺可有效地提高圆弧齿轮的齿面硬度和几何精度，进一步提高其承载能力，但因其齿形复杂，目前尚未见采用磨齿工艺。齿面精整加工工艺主要是采用蜗杆型软砂轮（PVA 砂轮）珩齿。多用于齿面渗氮的高速齿轮，降低表面粗糙度、改善齿面精度、提高传动的平稳性。

1.4 圆弧齿轮的发展与应用

正因为圆弧齿轮具有承载能力高、工艺简单、制造成本低等优点，近 60 年来在我国得到长足发展，已广泛应用于冶金、矿山、石油、化工化纤、发电设备、轻工榨糖、建材水泥、交通航运等行业的高低速齿轮传动。目前在低速应用的最大模数为 30mm，高速应用的最大功率为 7700kW。最高线速度达到117m/s，齿面载荷系数为 1.88MPa。与此同时还制订了一系列技术标准，它们是 GB/T 1840—1989 齿轮模数，GB/T 12759—1991 双圆弧齿轮基本齿廓，GB/T 13799—1992 双圆弧齿轮承载能力计算方法，GB/T 14348—2007 双圆弧齿轮滚刀，GB/T 15752—1995 基本术语，GB/T 15753—1995 齿轮精度。这表明圆弧齿轮在我国已形成独立完整的齿轮传动体系。随着渗碳淬火硬齿面双圆弧齿轮滚刮制造技术的研究成功和应用，必将促进圆弧齿轮磨齿工艺的研究和发展，进一步提高圆弧齿轮的承载能力和使用寿命。圆弧齿轮的发展与计算机技术的应用是分不开的，在郑州机械研究所已有成套的计算机辅助设计（CAD）软件，供使用者选用。

2 圆弧齿轮的模数、基本齿廓和几何尺寸计算

2.1 圆弧齿轮的模数系列

GB/T 1840—1989 标准规定了圆弧齿轮的法向模数系列（见表 15-2-1），此系列适用于单、双圆弧齿轮。

表 15-2-1 圆弧齿轮模数系列（摘自 GB/T 1840—1989） mm

第一系列	1.5	2		2.5		3		4		5		6		8		10	12	16	20	25	32	40	50
第二系列			2.25		2.75		3.5		4.5		5.5		7		9			14	18	22	28	36	45

注：优先采用第一系列。

2.2 圆弧齿轮的基本齿廓

圆弧齿轮的基本齿廓是指基本齿条（或齿条形刀具）在法平面内的齿廓。按基本齿廓标准制成的刀具（如滚刀），用同一种模数的滚刀可以加工不同齿数和不同螺旋角的齿轮。所以，实际使用的圆弧齿轮都是法面圆弧齿轮，法面圆弧齿轮传动的基本原理和端面圆弧齿轮相同，但加工方便。

2.2.1 单圆弧齿轮的滚刀齿形

JB 929—1967 规定了单圆弧齿轮滚刀法面齿形的标准。滚刀法面齿形及其参数见表 15-2-2。

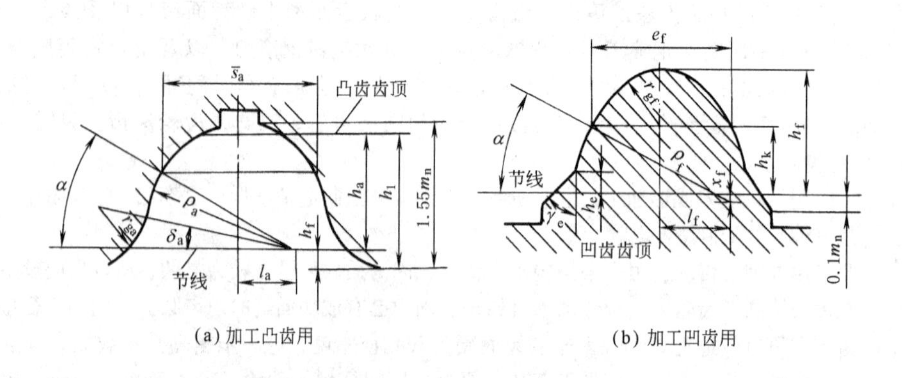

(a) 加工凸齿用　　(b) 加工凹齿用

表 15-2-2 （单）圆弧齿轮滚刀法面齿形参数（摘自 JB 929—1967）

参数名称	代　号	加工凸齿	加　工　凹　齿	
		$m_n=2\sim30$mm	$m_n=2\sim6$mm	$m_n=7\sim30$mm
压力角	α	30°	30°	30°
接触点离节线高度	h_k	$0.75m_n$	$0.75m_n$	$0.75m_n$
齿廓圆弧半径	ρ_a,ρ_f	$1.5m_n$	$1.65m_n$	$1.55m_n+0.6$
齿顶高	h_a	$1.2m_n$	0	0
齿根高	h_f	$0.3m_n$	$1.36m_n$	$1.36m_n$
全齿高	h	$1.5m_n$	$1.36m_n$	$1.36m_n$
齿廓圆心偏移量	l_a,l_f	$0.529037m_n$	$0.6289m_n$	$0.5523m_n+0.5196$

续表

参数名称	代号	加工凸齿	加工凹齿	
		$m_n=2\sim30$mm	$m_n=2\sim6$mm	$m_n=7\sim30$mm
齿廓圆心移距量	x_a,x_f	0	$0.075m_n$	$0.025m_n+0.3$
接触点处齿厚	$\bar{s}_a,\bar{s}_f$	$1.54m_n$	$1.5416m_n$	$1.5616m_n$
接触点处槽宽	e_a,e_f	$1.6016m_n$	$1.60m_n$	$1.58m_n$
接触点处侧隙	j	—	$0.06m_n$	$0.04m_n$
凹齿齿顶倒角高度	h_e	—	$0.25m_n$	$0.25m_n$
凹齿齿顶倒角	γ_e	—	30°	30°
凸齿工艺角	δ_a	8°47′34″	—	—
齿根圆弧半径	r_g	$0.6248m_n$	$0.6227m_n$	$\frac{2.935m_n+0.9}{2}-\frac{l_f^2}{2(0.165m_n+0.3)}$

注：JB 929—1967 标准已于 1994 年废止，现在没有新的单圆弧圆柱齿轮基本齿廓标准，有的工厂老产品中仍在使用 JB 929—1967 齿形，所以将其齿形和参数列出供查阅。

2.2.2 双圆弧齿轮的基本齿廓

GB/T 12759—1991 标准规定了双圆弧齿轮基本齿条在法平面内的齿廓。齿廓图形及参数见表 15-2-3，侧隙见表 15-2-4。

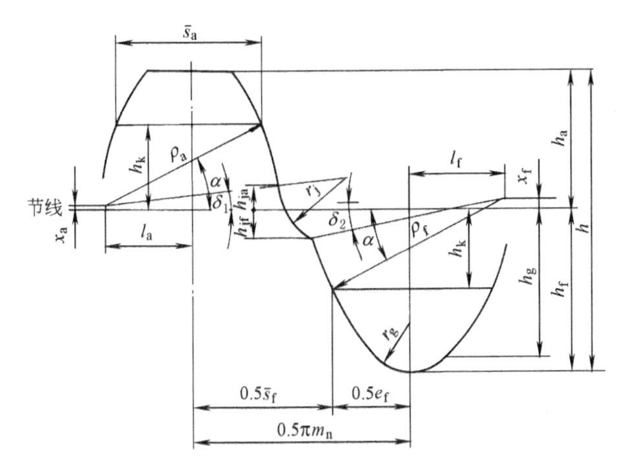

α—压力角；h—全齿高；h_a—齿顶高；h_f—齿根高；ρ_a—凸齿齿廓圆弧半径；ρ_f—凹齿齿廓圆弧半径；x_a—凸齿齿廓圆心移距量；x_f—凹齿齿廓圆心移距量；l_a—凸齿齿廓圆心偏移量；l_f—凹齿齿廓圆心偏移量；$\bar{s}_a$—凸齿接触点处弦齿厚；h_k—接触点到节线的距离；h_{ja}—过渡圆弧和凸齿圆弧的切点到节线的距离；h_{jf}—过渡圆弧和凹齿圆弧的交点到节线的距离；e_f—凹齿接触点处槽宽；$\bar{s}_f$—凹齿接触点处弦齿厚；δ_1—凸齿工艺角；δ_2—凹齿工艺角；r_j—过渡圆弧半径；r_g—齿根圆弧半径；h_g—齿根圆弧和凹齿圆弧的切点到节线的距离

表 15-2-3　　双圆弧齿轮基本齿廓参数（摘自 GB/T 12759—1991）

法向模数 m_n /mm	基本齿廓的参数									
	α	h^*	h_a^*	h_f^*	ρ_a^*	ρ_f^*	x_a^*	x_f^*	l_a^*	$\bar{s}_a^*$	h_k^*
1.5~3	24°	2	0.9	1.1	1.3	1.420	0.0163	0.0325	0.6289	1.1173	0.5450
>3~6	24°	2	0.9	1.1	1.3	1.410	0.0163	0.0285	0.6289	1.1173	0.5450
>6~10	24°	2	0.9	1.1	1.3	1.395	0.0163	0.0224	0.6289	1.1173	0.5450
>10~16	24°	2	0.9	1.1	1.3	1.380	0.0163	0.0163	0.6289	1.1173	0.5450
>16~32	24°	2	0.9	1.1	1.3	1.360	0.0163	0.0081	0.6289	1.1173	0.5450
>32~50	24°	2	0.9	1.1	1.3	1.340	0.0163	0.0000	0.6289	1.1173	0.5450

续表

法向模数 m_n /mm	基本齿廓的参数									
	l_f^*	h_{ja}^*	h_{jf}^*	e_f^*	$\bar{s}_f^*$	δ_1	δ_2	r_j^*	r_g^*	h_g^*
1.5~3	0.7086	0.16	0.20	1.1773	1.9643	6°20′52″	9°25′31″	0.5049	0.4030	0.9861
>3~6	0.6994	0.16	0.20	1.1773	1.9643	6°20′52″	9°19′30″	0.5043	0.4004	0.9883
>6~10	0.6957	0.16	0.20	1.1573	1.9843	6°20′52″	9°10′21″	0.4884	0.3710	1.0012
>10~16	0.6820	0.16	0.20	1.1573	1.9843	6°20′52″	9°0′59″	0.4877	0.3663	1.0047
>16~32	0.6638	0.16	0.20	1.1573	1.9843	6°20′52″	8°48′11″	0.4868	0.3595	1.0095
>32~50	0.6455	0.16	0.20	1.1573	1.9843	6°20′52″	8°35′01″	0.4858	0.3520	1.0145

注：表中带＊号者，是指该尺寸与法向模数 m_n 的比值，例如：$h^*=h/m_n$；$\rho_a^*=\rho_a/m_n$ 等。

表 15-2-4　侧隙

法向模数 m_n/mm	1.5~3	>3~6	>6~10	>10~16	>16~32	>32~50
侧隙 j	$0.06m_n$	$0.06m_n$	$0.04m_n$	$0.04m_n$	$0.04m_n$	$0.04m_n$

双圆弧齿轮齿廓参数计算公式：

$$h_k^*=x_a^*+\rho_a^*\sin\alpha$$

$$x_f^*=\rho_f^*\sin\alpha-h_k^*$$

$$\bar{s}_a^*=2(\rho_a^*\cos\alpha-l_a^*)$$

$$l_f^*=l_a^*-0.5j^*+(\rho_f^*-\rho_a^*)\cos\alpha$$

$$e_f^*=2(\rho_f^*\cos\alpha-l_f^*)$$

$$\bar{s}_f^*=\pi-e_f^*$$

$$\delta_1=\arcsin\left(\frac{h_{ja}^*-x_a^*}{\rho_a^*}\right)$$

$$\delta_2=\arcsin\left(\frac{h_{jf}^*+x_f^*}{\rho_f^*}\right)$$

$$r_g^*=\frac{\rho_f^{*2}-l_f^{*2}-(h_f^*+x_f^*)^2}{2(\rho_f^*-h_f^*-x_f^*)}=\frac{1}{2}\left[(\rho_f^*+h_f^*+x_f^*)-\frac{l_f^{*2}}{\rho_f^*-h_f^*-x_f^*}\right]$$

$$h_g^*=\frac{\rho_f^*(h_f^*+x_f^*-r_g^*)}{\rho_f^*-r_g^*}-x_f^*$$

$$r_j^*=\frac{1}{2}\left[\frac{\omega^2+(h_{ja}^*+h_{jf}^*)^2}{\omega\cos\delta_1-(h_{ja}^*+h_{jf}^*)\sin\delta_1}\right]$$

式中　$\omega=0.5\pi+l_a^*+l_f^*-\rho_a^*\cos\delta_1-\rho_f^*\cos\delta_2$

如果标准齿廓不能满足设计和使用要求，可以依据上述计算公式设计新的非标齿廓。需要指出的是，齿廓设计对承载能力和传动质量影响很大。标准齿廓的制订，是经过了设计计算、光弹试验、台架承载能力试验、工业使用验证、多种方案反复论证，并经历了统一齿形、JB 4021—1981 齿形，才确定了现行的基本齿廓国家标准。经 20 多年的工业使用实践，证明该基本齿廓是可靠的、经济实用的。设计非标齿廓一定要持科学的严肃认真的态度。

2.3　圆弧齿轮的几何参数和尺寸计算

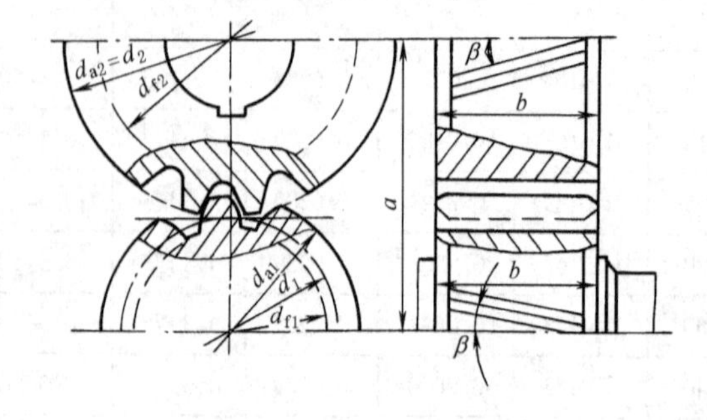

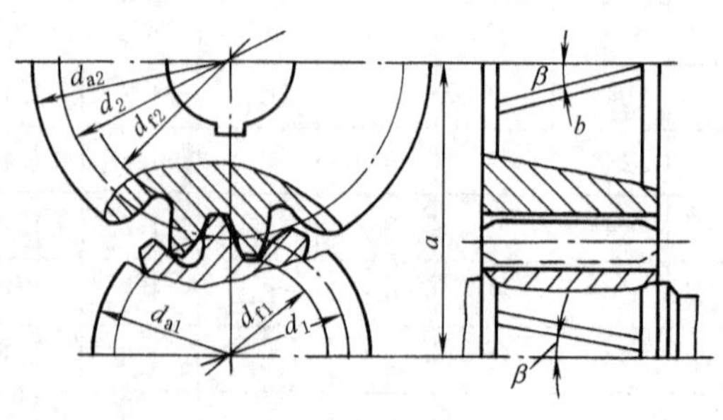

第 15 篇

表 15-2-5 圆弧齿轮几何参数和尺寸计算

参数名称	代号	计算公式 单圆弧齿轮	计算公式 双圆弧齿轮
中心距	a	$a=\frac{1}{2}(d_1+d_2)=\frac{m_n(z_1+z_2)}{2\cos\beta}$ 由强度计算或结构设计确定	
法向模数	m_n	$\frac{m_n}{a}=0.01\sim0.02$(特殊用途可达 0.04) 由弯曲强度计算或结构设计确定,取标准值(表 15-2-1)	
齿数和	z_Σ	$z_\Sigma=\frac{2a\cos\beta}{m_n}$按初选螺旋角$\beta$计算 单斜齿$\beta=10°\sim20°$;人字齿$\beta=25°\sim35°$	
齿数	z	小齿轮 $z_1=\frac{z_\Sigma}{1+i}=\frac{2a\cos\beta}{(1+i)m_n}$ 大齿轮 $z_2=iz_1$ 按给定传动比$i\geqslant1$计算,齿数取整数	
齿数比	u	$u=\frac{z_2}{z_1}$校验传动比误差	
螺旋角	β	$\cos\beta=\frac{m_n(z_1+z_2)}{2a}$准确到秒	
齿宽	b	单斜齿 $b=\varphi_a a$ $\varphi_a=0.4\sim0.8$ 人字齿 $b=\varphi_a a$ $\varphi_a=0.3\sim0.6$(单边)	
纵向重合度	ε_β	$\varepsilon_\beta=\frac{b}{p_x}=\frac{b\sin\beta}{\pi m_n}$ b——有效齿宽(扣除齿端修薄)	
同一齿上凸齿和凹齿两接触点间的轴向距离	q_{TA}		$q_{TA}=\frac{0.5(\pi m_n-j)+2(l_a+x_a\cot\alpha)}{\sin\beta}-2\left(\rho_a+\frac{x_a}{\sin\alpha}\right)\cos\alpha\sin\beta$
接触点距离系数	λ		$\lambda=\frac{q_{TA}}{p_x}$
总重合度	ε_γ	$\varepsilon_\gamma=\varepsilon_\beta$	$\varepsilon_\gamma=\varepsilon_\beta+\lambda$(当$\varepsilon_\beta\geqslant\lambda$)
分度圆直径	d	小齿轮 $d_1=\frac{2az_1}{z_1+z_2}=\frac{m_n z_1}{\cos\beta}$ 大齿轮 $d_2=\frac{2az_2}{z_1+z_2}=\frac{m_n z_2}{\cos\beta}$	
齿顶高	h_a	凸齿 $h_{a1}=1.2m_n$ 凹齿 $h_{a2}=0$	$h_a=0.9m_n$
齿根高	h_f	凸齿 $h_{f1}=0.3m_n$ 凹齿 $h_{f2}=1.36m_n$	$h_f=1.1m_n$
全齿高	h	凸齿 $h_1=h_{a1}+h_{f1}=1.5m_n$ 凹齿 $h_2=h_{f2}=1.36m_n$	$h=h_a+h_f=2m_n$
齿顶圆直径	d_a	凸齿 $d_{a1}=d_1+2h_{a1}$ 凹齿 $d_{a2}=d_2$	小齿轮 $d_{a1}=d_1+2h_a$ 大齿轮 $d_{a2}=d_2+2h_a$
齿根圆直径	d_f	凸齿 $d_{f1}=d_1-2h_{f1}$ 凹齿 $d_{f2}=d_2-2h_{f2}$	小齿轮 $d_{f1}=d_1-2h_f$ 大齿轮 $d_{f2}=d_2-2h_f$

注：齿顶高、齿根高及其所决定的径向尺寸，仅适用于 JB 929—1967、GB/T 12759—1991 及与其有相同齿高的齿廓。

第 15 篇

2.4 圆弧齿轮的主要测量尺寸计算

本节介绍的测量尺寸计算方法见表15-2-6，除公法线长度是精确计算法外，其余均是近似计算法。精确计算法可参阅参考文献［3、5］。

表 15-2-6　　圆弧齿轮主要测量尺寸计算

项目	简图	计算公式	
		单圆弧凸齿和双圆弧齿轮	单圆弧凹齿
弦齿厚(法向) $\bar{s}$		$\bar{s}_a=2\left(\rho_a+\dfrac{x_a}{\sin\alpha}\right)\cos(\alpha+\delta_a)-m_n z_v\sin\delta_a$ $\delta_a=\dfrac{2(l_a+x_a\cot\alpha)}{m_n z_v}$ 式中　α——基本齿廓的压力角； δ_a——凸齿齿廓圆弧的圆心偏角 测量齿高的计算公式 $\bar{h}_a=h_a-\left(\rho_a+\dfrac{x_a}{\sin\alpha}\right)\sin(\alpha+\delta_a)+\dfrac{m_n z_v}{2}(1-\cos\delta_a)$ $z_v=\dfrac{z}{\cos^3\beta}$	$\bar{s}_f=2\left\{\dfrac{m_n z_v}{2}\sin\left(\dfrac{\pi}{z_v}+\delta_f\right)-\left(\rho_f-\dfrac{x_f}{\sin\alpha}\right)\cos\left[\alpha-\left(\dfrac{\pi}{z_v}+\delta_f\right)\right]\right\}$ $\bar{h}_f=\dfrac{m_n z_v}{2}\left[1-\cos\left(\dfrac{\pi}{z_v}+\delta_f\right)\right]+\left(\rho_f-\dfrac{x_f}{\sin\alpha}\right)\sin\left[\alpha-\left(\dfrac{\pi}{z_v}+\delta_f\right)\right]$ $\delta_f=\dfrac{2(l_f-x_f\cot\alpha)}{m_n z_v}$ 式中　δ_f——凹齿齿廓圆弧的圆心偏角
弦齿深(法向) $\bar{h}$		$\bar{h}=h-h_g+\dfrac{1}{2}(d'_a-d_a)$ 式中　h——全齿高；　d'_a——齿顶圆直径实测值； h_g——弓高；　d_a——齿顶圆直径	
		对于单圆弧齿轮凸齿和双圆弧齿轮，弓高 h_g $h_g=\dfrac{1}{4}(z_v m_n+2h_a)\left(\dfrac{\pi}{z_v}-\dfrac{s_a}{z_v m_n+2h_a}\right)^2$ $s_a=\left(0.742-\dfrac{0.43}{z_v}\right)m_n$ （凸齿单圆弧齿轮 JB 929—1967） $s_a=\left(0.6491-\dfrac{0.61}{z_v}\right)m_n$ （双圆弧齿轮 GB/T 12759—1997） 式中　h_a——凸齿齿顶高； z_v——当量齿数； s_a——齿顶厚，随齿数减少而变窄，拟合成上述公式	对于单圆弧齿轮凹齿弓高 h_g $h_g=\dfrac{1}{z_v m_n}(\sqrt{\rho_f^2-(h_e+x_f)^2}+h_e\tan\gamma_e-l_f)^2$ 式中　ρ_f——凹齿齿廓圆弧半径； h_e——凹齿齿顶倒角高度； x_f——凹齿齿廓圆心移距量； γ_e——凹齿齿顶倒角； l_f——凹齿齿廓圆心偏移量
齿根圆斜径 L_f	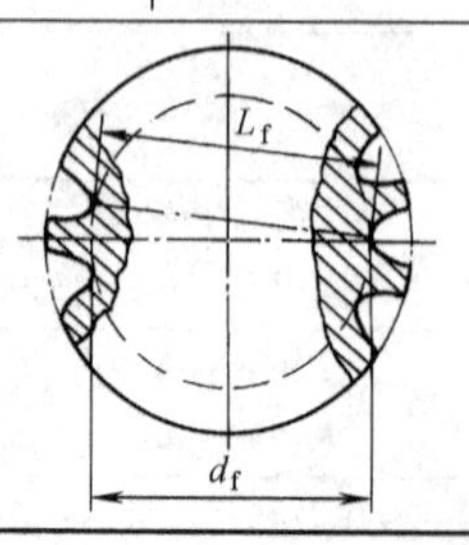	对偶数齿，测齿根圆直径 d_f　　$d_f=d-2h_f$ 对奇数齿，测齿根圆斜径 L_f　　$L_f=d_f\cos\dfrac{90°}{z}$	

第15篇

续表

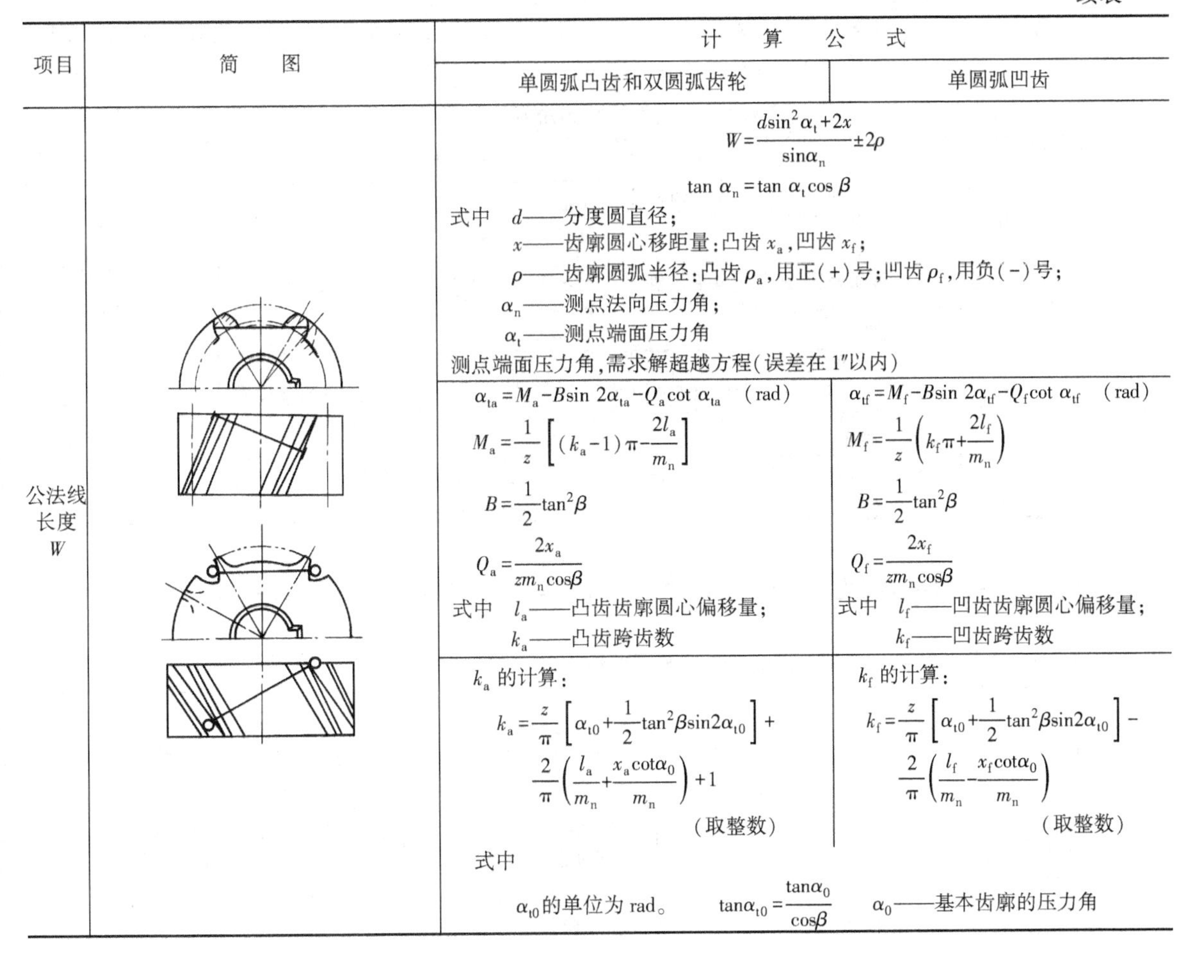

项目	简图	计算公式 单圆弧凸齿和双圆弧齿轮	单圆弧凹齿
公法线长度 W		$W=\dfrac{d\sin^2\alpha_t+2x}{\sin\alpha_n}\pm2\rho$ $\tan\alpha_n=\tan\alpha_t\cos\beta$ 式中 d——分度圆直径； x——齿廓圆心移距量：凸齿 x_a，凹齿 x_f； ρ——齿廓圆弧半径：凸齿 ρ_a，用正（+）号；凹齿 ρ_f，用负（-）号； α_n——测点法向压力角； α_t——测点端面压力角 测点端面压力角，需求解超越方程（误差在1″以内）	
		$\alpha_{ta}=M_a-B\sin2\alpha_{ta}-Q_a\cot\alpha_{ta}$ （rad） $M_a=\dfrac{1}{z}\left[(k_a-1)\pi-\dfrac{2l_a}{m_n}\right]$ $B=\dfrac{1}{2}\tan^2\beta$ $Q_a=\dfrac{2x_a}{zm_n\cos\beta}$ 式中 l_a——凸齿齿廓圆心偏移量； k_a——凸齿跨齿数	$\alpha_{tf}=M_f-B\sin2\alpha_{tf}-Q_f\cot\alpha_{tf}$ （rad） $M_f=\dfrac{1}{z}\left(k_f\pi+\dfrac{2l_f}{m_n}\right)$ $B=\dfrac{1}{2}\tan^2\beta$ $Q_f=\dfrac{2x_f}{zm_n\cos\beta}$ 式中 l_f——凹齿齿廓圆心偏移量； k_f——凹齿跨齿数
		k_a 的计算： $k_a=\dfrac{z}{\pi}\left[\alpha_{t0}+\dfrac{1}{2}\tan^2\beta\sin2\alpha_{t0}\right]+$ $\dfrac{2}{\pi}\left(\dfrac{l_a}{m_n}+\dfrac{x_a\cot\alpha_0}{m_n}\right)+1$ （取整数）	k_f 的计算： $k_f=\dfrac{z}{\pi}\left[\alpha_{t0}+\dfrac{1}{2}\tan^2\beta\sin2\alpha_{t0}\right]-$ $\dfrac{2}{\pi}\left(\dfrac{l_f}{m_n}-\dfrac{x_f\cot\alpha_0}{m_n}\right)$ （取整数）
		式中 α_{t0}的单位为rad。 $\tan\alpha_{t0}=\dfrac{\tan\alpha_0}{\cos\beta}$ α_0——基本齿廓的压力角	

3 圆弧齿轮传动的精度和检验

3.1 精度标准和精度等级的确定

GB/T 15753—1995《圆弧圆柱齿轮精度》国标是 JB 4021—1985 机标的修订版。国标对机标中规定的某些误差的名称和定义作了适当修改，并给出了齿轮副接触迹线沿齿高方向位置的精确计算式。国标中规定的公差数值是以双圆弧齿轮为主，用于单圆弧齿轮时，标准中的弦齿深和齿根圆直径极限偏差值应除以 0.75，其商和 JB 4021—1985 中的标准值一致。齿坯基准端面跳动的精度比 JB 4021—1985 提高了一级，增加了图样标注规定。

国标适用于平行轴传动的圆弧圆柱齿轮及齿轮副。齿轮的齿廓应符合 GB/T 12759—1991 的规定（也适用于符合 JB 929—1967 规定的单圆弧齿轮）。模数符合 GB/T 1840—1989 规定，法向模数范围 1.5~40mm。标准规定的分度圆直径最大至 4000mm。

国标中规定的精度等级从高到低分 4、5、6、7、8 五级。按照误差特性及其对传动性能的影响，将齿轮的各项公差分为Ⅰ、Ⅱ、Ⅲ三个公差组（见表 15-2-9）。根据使用要求的不同，三个公差组的精度允许选用不同等级，但同一公差组内的各项公差应取相同的精度等级。

圆弧齿轮的侧隙，由基本齿廓标准规定，与齿轮精度无关。单、双圆弧齿轮齿廓标准规定的侧隙相同，当模数 m_n=1.5~6mm 时，侧隙为 0.06m_n，当 m_n≥7mm 时，侧隙为 0.04m_n。切深偏差和中心距偏差都会改变侧隙大小，但同时也改变初始接触迹沿齿高方向的位置，对承载能力和轮齿强度极为不利。因此，决不允许采用改变切齿深度和中心距的方法来获得所期望的侧隙，如因使用需要，确需改变侧隙，最好是采用具有所需侧隙的滚刀进行加工（即设计非标的特殊齿形）。一般讲，圆弧齿轮传动的实际侧隙不应小于规定值的三分之二。

齿轮精度等级的确定，主要根据齿轮的用途、使用要求和工作条件，可参考表 15-2-7 选取。目前尚无成熟的工艺方法加工 4 级精度的齿轮，故齿轮精度等级选用表中不推荐 4 级精度。

表 15-2-7　　精度等级选用表

精度等级	加 工 方 法	适 用 工 况	节圆线速度/$m \cdot s^{-1}$
5 级（高精度）	采用中硬齿面调质处理，在高精度滚齿机上用 AA 级滚刀切齿，齿面硬化处理（离子渗氮等）并进行珩齿	要求传动很平稳，振动、噪声小，节线速度高及齿面载荷系数大的齿轮，例如透平齿轮	至 120
6 级（精密）	采用中硬齿面调质处理，在高精度滚齿机上用 AA 级滚刀切齿，齿面硬化处理（离子渗氮等）并进行珩齿	要求传动平稳，振动、噪声较小，节线速度较高，齿面载荷系数较大的齿轮，例如汽轮机、鼓风机、压缩机齿轮等	至 100
7 级（中等精度）	采用中硬齿面调质处理，在较精密滚齿机上用 A 级滚刀切齿。小齿轮可进行齿面硬化处理（离子碳氮共渗等），也可采用渗碳淬火硬齿面，采用硬质合金镶片滚刀加工	中等速度的重载齿轮，例如轧钢机齿轮，矿井提升机，带式输送机、球磨机、榨糖机以及起重运输机械的主传动齿轮等	至 25
8 级（低精度）	采用中硬齿面或软齿面调质处理，在普通滚齿机上用 A 级或 B 级滚刀切齿	一般用途的低速齿轮，例如抽油机齿轮、通用减速器齿轮等	至 10

3.2 齿轮、齿轮副误差及侧隙的定义和代号（摘自 GB/T 15753—1995）

表 15-2-8　　齿轮、齿轮副误差及侧隙的定义和代号（摘自 GB/T 15753—1995）

序号	名 称	代号	定 义
1	切向综合误差 切向综合公差	$\Delta F_i'$ F_i'	被测齿轮与理想精确的测量齿轮单面啮合时，在被测齿轮一转内，实际转角与公称转角之差的总幅度值，以分度圆弧长计值
2	一齿切向综合误差 一齿切向综合公差	$\Delta f_i'$ f_i'	被测齿轮与理想精确的测量齿轮单面啮合时，在被测齿轮一齿距角内，实际转角与公称转角之差的最大幅度值，以分度圆弧长计值
3	齿距累积误差 k 个齿距累积误差 齿距累积公差 k 个齿距累积公差	ΔF_p ΔF_{pk} F_p F_{pk}	在检查圆①上任意两个同侧齿面间的实际弧长与公称弧长之差的最大差值 在检查圆上，k 个齿距的实际弧长与公称弧长之差的最大差值，k 为 2 到小于 $\frac{z}{2}$ 的整数
4	齿圈径向跳动 齿圈径向跳动公差	ΔF_r F_r	在齿轮一转范围内，测头在齿槽内，于凸齿或凹齿中部双面接触，测头相对于齿轮轴线的最大变动量
5	公法线长度变动 公法线长度变动公差	ΔF_W F_W	在齿轮一周范围内，实际公法线长度最大值与最小值之差 $\Delta F_W = W_{max} - W_{min}$
6	齿距偏差 齿距极限偏差	Δf_{pt} $\pm f_{pt}$	在检查圆上，实际齿距与公称齿距之差 用相对法测量时，公称齿距是指所有实际齿距的平均值
7	齿向误差 一个轴向齿距内的齿向误差	ΔF_β Δf_β	在检查圆柱面上，在有效齿宽范围内（端部倒角部分除外），包容实际齿向线的两条最近的设计齿线之间的端面距离 在有效齿宽中，任一轴向齿距范围内，包容实际齿线的两条最近的设计齿线之间的端面距离
	齿向公差 一个轴向齿距内的齿向公差	F_β f_β	设计齿线可以是修正的圆柱螺旋线，包括齿端修薄及其他修形曲线 齿宽两端的齿向误差只允许逐渐偏向齿体内

续表

序号	名　　称	代号	定　　义
8	轴向齿距偏差 一个轴向齿距偏差 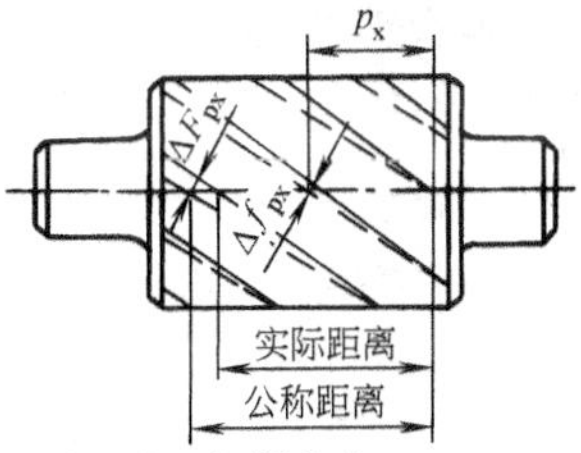 轴向齿距极限偏差 一个轴向齿距极限偏差	ΔF_{px} Δf_{px} $\pm F_{px}$ $\pm f_{px}$	在有效齿宽范围内，与齿轮基准轴线平行而大约通过凸齿或凹齿中部的一条直线上，任意两个同侧齿面间的实际距离与公称距离之差。沿齿面法线方向计值 在有效齿宽范围内，与齿轮基准轴线平行而大约通过凸齿或凹齿中部的一条直线上，任一轴向齿距内，两个同侧齿面间的实际距离与公称距离之差。沿齿面法线方向计值
9	螺旋线波度误差 螺旋线波度公差	$\Delta f_{f\beta}$ $f_{f\beta}$	在有效齿宽范围内，凸齿或凹齿中部的实际齿线波纹的最大波幅。沿齿面法线方向计值
10	弦齿深偏差 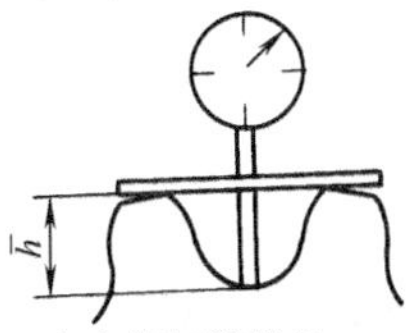 弦齿深极限偏差	ΔE_h $\pm E_h$	在齿轮一周内，实际弦齿深减去实际外圆直径偏差后与公称弦齿深之差 在法面中测量
11	齿根圆直径偏差 齿根圆直径极限偏差	ΔE_{df} $\pm E_{df}$	齿根圆直径实际尺寸和公称尺寸之差，对于奇数齿可用齿根圆斜径代替 斜径的公称尺寸 L_f 为 $L_f = d_f \cos \dfrac{90°}{z}$
12	齿厚偏差 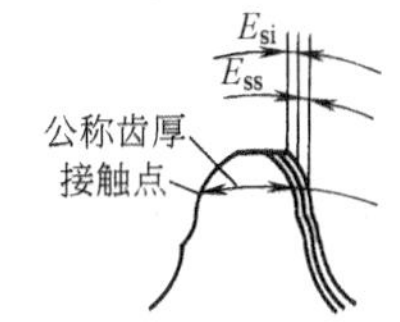 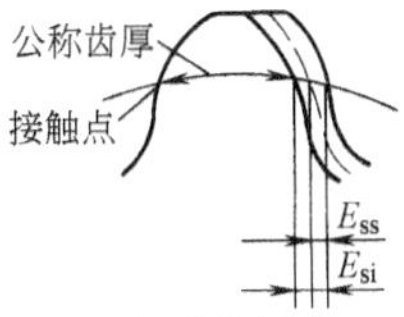 齿厚极限偏差 上偏差 下偏差 公差	ΔE_s E_{ss} E_{si} T_s	接触点所在圆柱面上，法向齿厚实际值与公称值之差
13	公法线长度偏差 公法线长度极限偏差 上偏差 下偏差 公差	ΔE_W E_{Ws} E_{Wi} T_W	在齿轮一周内，公法线实际长度值与公称值之差
14	齿轮副的切向综合误差 齿轮副的切向综合公差	$\Delta F'_{ic}$ F'_{ic}	在设计中心距下安装好的齿轮副，在啮合转动足够多的转数内，一个齿轮相对于另一个齿轮的实际转角与公称转角之差的总幅度值。以分度圆弧长计值

续表

序号	名　　称	代号	定　　义
15	齿轮副的一齿切向综合误差 齿轮副的一齿切向综合公差	$\Delta f'_{ic}$ f'_{ic}	安装好的齿轮副，在啮合转动足够多的转数内，一个齿轮相对于另一个齿轮，一个齿距的实际转角与公称转角之差的最大幅度值。以分度圆弧长计值
16	齿轮副的接触迹线 接触迹线位置偏差 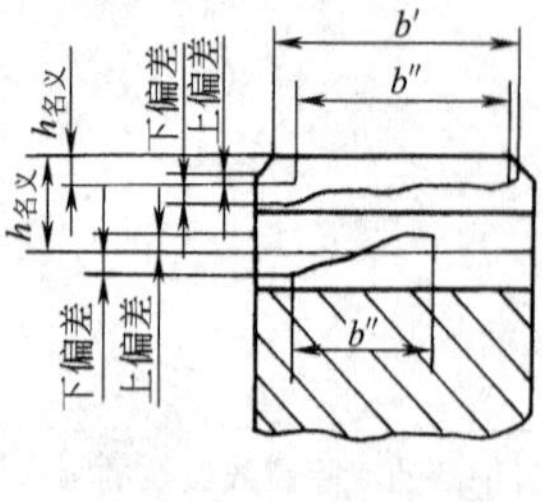 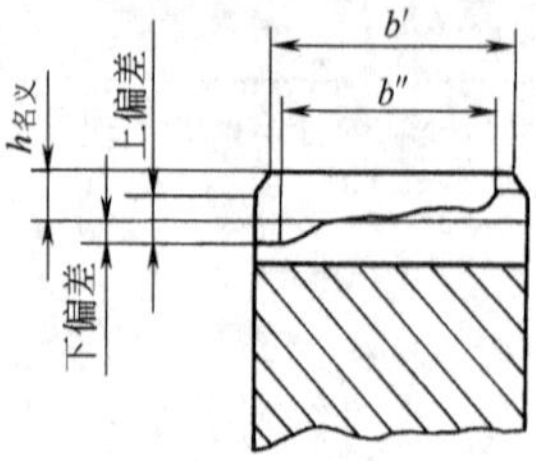 接触迹线沿齿宽分布的长度		凸凹齿面瞬时接触时，由于齿面接触弹性变形而形成的挤压痕迹 装配好的齿轮副，跑合之前，着色检验，在轻微制动下，齿面实际接触迹线偏离名义接触迹线的高度 对于双圆弧齿轮 凸齿：$h_{名义}=\left(0.355-\dfrac{1.498}{z_v+1.09}\right)m_n$ 凹齿：$h_{名义}=\left(1.445-\dfrac{1.498}{z_v-1.09}\right)m_n$ 对于单圆弧齿轮： 凸齿：$h_{名义}=\left(0.45-\dfrac{1.688}{z_v+1.5}\right)m_n$ 凹齿：$h_{名义}=\left(0.75-\dfrac{1.688}{z_v-1.5}\right)m_n$ z_v——当量齿数，$z_v=\dfrac{z}{\cos^3\beta}$ z——齿数 β——螺旋角 沿齿长方向，接触迹线的长度 b'' 与工作长度 b' 之比即 $\dfrac{b''}{b'}\times100\%$
17	齿轮副的接触斑点 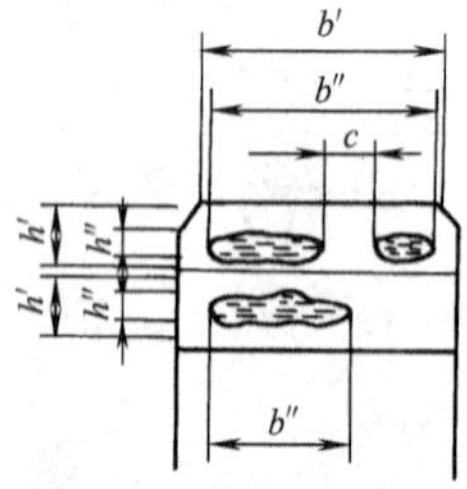 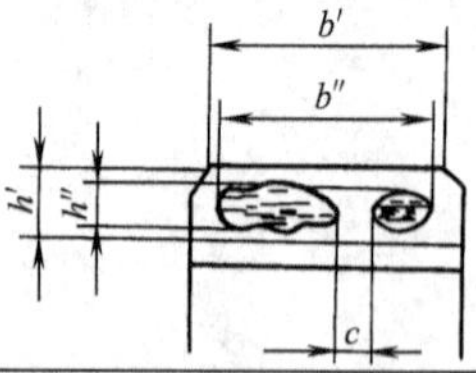		装配好的齿轮副，经空载检验，在名义接触迹线位置附近齿面上分布的接触擦亮痕迹 接触痕迹的大小在齿面展开图上用百分数计算 沿齿长方向：接触痕迹的长度 b''（扣除超过模数值的断开部分 c）与工作长度 b'②之比的百分数，即 $\dfrac{b''-c}{b'}\times100\%$ 沿齿高方向：接触痕迹的平均高度 h'' 与工作高度 h' 之比的百分数，即 $\dfrac{h''}{h'}\times100\%$
18	齿轮副的侧隙 圆周侧隙 法向侧隙 最大极限侧隙 最小极限侧隙	j_t j_n j_{tmax} j_{nmax} j_{tmin} j_{nmin}	装配好的齿轮副，当一个齿轮固定时，另一个齿轮的圆周晃动量。以接触点所在圆上的弧长计值 装配好的齿轮副，当工作齿面接触时，非工作齿面之间的最小距离
19	齿轮副的中心距偏差 齿轮副的中心距极限偏差	Δf_a $\pm f_a$	在齿轮副的齿宽中间平面内，实际中心距与公称中心距之差

续表

序号	名　称	代号	定　义
20	轴线的平行度误差 x 方向轴线的平行度误差 y 方向轴线的平行度误差 齿宽b　[H]　[V]　基准轴线　实际中心距　中点 [H]　实际中心距　轴线在[H]平面上的投影　Δf_x [V]　基准轴线　轴线在[V]平面上的投影　Δf_y x 方向轴线的平行度公差 y 方向轴线的平行度公差	 Δf_x Δf_y f_x f_y	一对齿轮的轴线，在其基准平面[H]上投影的平行度误差。在等于齿宽的长度上测量 一对齿轮的轴线，在垂直于基准平面，并且平行于基准轴线的平面[V]上投影的平行度误差。在等于齿宽的长度上测量 注：包含基准轴线，并通过由另一轴线与齿宽中间平面相交的点所形成的平面，称为基准平面。两条轴线中任何一条轴线都可以作为基准轴线

① 检查圆是指位于凸齿或凹齿中部与分度圆同心的圆。

② 工作长度 b'是指全齿长扣除小齿轮两端修薄长度。

3.3　公差分组及其检验

圆弧齿轮三个公差组的检验项目和推荐的检验组项目见表 15-2-9。

根据齿轮副的工作要求、生产批量、齿轮规格和计量条件，在公差组中，可任选一个给定精度的检验组来检验齿轮。也可按用户提出的精度和检验项目进行检验。各项目检验结果应符合标准规定。

表 15-2-9　　　　公差分组及推荐的检验组项目

公差组	公差与极限偏差项目	误差特性及其影响	推荐的检验组项目及说明
Ⅰ	F_i'、F_p(F_{pk}) F_r、F_w	以齿轮一转为周期的误差，主要影响传递运动的准确性和低频的振动、噪声	F_i' 目前尚无圆弧齿轮专用量仪 F_p(F_{pk})，推荐用 F_p，F_{pk} 仅在必要时加检 F_r 与 F_w 可用于 7.8 级齿轮，当其中有一项超差时，应按 F_p 鉴定和验收
Ⅱ	f_i'、f_{pt}、f_β、f_{px}、$f_{f\beta}$	在齿轮一周内，多次周期性重复出现的误差，影响传动的平稳性和高频的振动、噪声	f_i' 目前尚无圆弧齿轮专用量仪 推荐用f_{pt}与f_β(或f_{px})；对于 6 级及高于 6 级的齿轮加检$f_{f\beta}$ 8 级精度齿轮允许只检f_{pt}
Ⅲ	F_β、F_{px} E_{df}、E_h (E_w、E_s)	齿向误差、轴向齿距偏差，主要影响载荷沿齿向分布的均匀性 齿形的径向位置误差，影响齿高方向的接触部位和承载能力	推荐用 F_β 与 E_{df}(或 E_h)，或用 F_{px} 与 E_{df}(或 E_h)，必要时加检 E_w 或 E_s

续表

公差组	公差与极限偏差项目	误差特性及其影响	推荐的检验组项目及说明
齿轮副	F'_{ic}、f'_{ic} 接触迹线位置偏差、接触斑点及齿侧间隙	综合性误差，影响工作平稳性和承载能力	可用传动误差测量仪检查 F'_{ic} 和 f'_{ic} 跑合前检查接触迹线位置和侧隙，合格后进行跑合。跑合后检查接触斑点

注：参照 GB/T 15753—1995《圆弧圆柱齿轮精度》。

3.4 检验项目的极限偏差及公差值（摘自 GB/T 15753—1995）

圆弧齿轮部分检验项目的极限偏差及公差值与齿轮几何参数的计算式见表 15-2-10。

表 15-2-10　　极限偏差及公差计算式

精度等级	F_p		F_r		F_w		f_{pt}		F_β		E_h			E_{df}	
	$A\sqrt{L}+C$		$Am_n+B\sqrt{d}+C$ $B=0.25A$		$B\sqrt{d}+C$		$Am_n+B\sqrt{d}+C$ $B=0.25A$		$A\sqrt{b}+C$		$Am_n+B\sqrt[3]{d}+C$			$Am_n+B\sqrt[3]{d}$	
	A	C	A	C	B	C	A	C	A	C	A	B	C	A	B
4	1.0	2.5	0.56	7.1	0.34	5.4	0.25	3.15	0.63	3.15	0.72	1.44	2.16	1.44	2.88
5	1.6	4	0.90	11.2	0.54	8.7	0.40	5	0.80	4	0.9	1.8	2.7	1.8	3.6
6	2.5	6.3	1.40	18	0.87	14	0.63	8	1	5					
7	3.55	9	2.24	28	1.22	19.4	0.90	11.2	1.25	6.3	1.125	2.25	3.375	2.25	4.5
8	5	12.5	3.15	40	1.7	27	1.25	16	2	10					

注：d—齿轮分度圆直径；b—轮齿宽度；L—分度圆弧长；m_n—齿轮法向模数。

其他项目的极限偏差及公差按下列公式计算：

切向综合公差 F'_i　　$F'_i=F_p+f_\beta$

一齿切向综合公差 f'_i　　$f'_i=0.6(f_{pt}+f_\beta)$

螺旋线波度公差 $f_{f\beta}$　　$f_{f\beta}=f'_i\cos\beta$

轴向齿距极限偏差 F_{px}　　$F_{px}=F_\beta$

一个轴向齿距极限偏差 f_{px}　　$f_{px}=f_\beta$

中心距极限偏差 f_a　　$f_a=0.5(\mathrm{IT6},\mathrm{IT7},\mathrm{IT8})$

公法线长度公差 T_w　　$E_{ws}=-2\sin\alpha(-E_h)$

$E_{wi}=-2\sin\alpha(+E_h)$

$T_w=E_{ws}-E_{wi}$

齿厚公差 T_s　　$E_{ss}=-2\tan\alpha(-E_h)$

$E_{si}=-2\tan\alpha(+E_h)$

$T_s=E_{ss}-E_{si}$

齿轮副的切向综合公差 F'_{ic}　　$F'_{ic}=F'_{i1}+F'_{i2}$

当两齿轮的齿数比为不大于 3 的整数且采用选配时，F'_{ic} 可比计算值压缩 25%或更多。齿轮副的一齿切向综合公差 f'_{ic}　　$f'_{ic}=f'_{i1}+f'_{i2}$

各检验项目的极限偏差及公差值见表 15-2-11～表 15-2-21。

表 15-2-11　　齿距累积公差 F_p 及 k 个齿距累积公差 F_{pk} 值　　μm

L/mm		精度等级				
大于	到	4	5	6	7	8
—	32	8	12	20	28	40
32	50	9	14	22	32	45
50	80	10	16	25	36	50
80	160	12	20	32	45	63
160	315	18	28	45	63	90
315	630	25	40	63	90	125
630	1000	32	50	80	112	160
1000	1600	40	63	100	140	200
1600	2500	45	71	112	160	224

续表

L/mm		精 度 等 级				
大于	到	4	5	6	7	8
2500	3150	56	90	140	200	280
3150	4000	63	100	160	224	315
4000	5000	71	112	180	250	355
5000	7200	80	125	200	280	400

注：1. F_p 和 F_{pk} 按分度圆弧长 L 查表。

查 F_p 时，取 $L=\frac{1}{2}\pi d=\frac{\pi m_n z}{2\cos\beta}$

查 F_{pk} 时，取 $L=\frac{K\pi m_n}{\cos\beta}$（$k$ 为 2 到小于 $z/2$ 的整数）

2. 除特殊情况外，对于 F_{pk}，k 值规定取为小于 $z/6$ 或 $z/8$ 的最大整数。

式中 d—分度圆直径；m_n—法向模数；z—齿数；β—分度圆螺旋角。

表 15-2-12　齿圈径向跳动公差 F_r 值　μm

分度圆直径/mm		法向模数/mm	精 度 等 级				
大于	到		4	5	6	7	8
—	125	1.5~3.5	9	14	22	36	50
		>3.5~6.3	11	16	28	45	63
		>6.3~10	13	20	32	50	71
		>10~16	—	22	36	56	80
125	400	1.5~3.5	10	16	25	40	56
		>3.5~6.3	13	18	32	50	71
		>6.3~10	14	22	36	56	80
		>10~16	16	25	40	63	90
		>16~25	20	32	50	80	112
400	800	1.5~3.5	11	18	28	45	63
		>3.5~6.3	13	20	32	50	71
		>6.3~10	14	22	36	56	80
		>10~16	18	28	45	71	100
		>16~25	22	36	56	90	125
		>25~40	28	45	71	112	160
800	1600	1.5~3.5	—	—	—	—	—
		>3.5~6.3	14	22	36	56	80
		>6.3~10	16	25	40	63	90
		>10~16	18	28	45	71	100
		>16~25	22	36	56	90	125
		>25~40	28	45	71	112	160
1600	2500	1.5~3.5	—	—	—	—	—
		>3.5~6.3	—	—	—	—	—
		>6.3~10	18	28	45	71	100
		>10~16	20	32	50	80	112
		>16~25	25	40	63	100	140
		>25~40	32	50	80	125	180
2500	4000	1.5~3.5	—	—	—	—	—
		>3.5~6.3	—	—	—	—	—
		>6.3~10	—	—	—	—	—
		>10~16	22	36	56	90	125
		>16~25	25	40	63	100	140
		>25~40	32	50	80	125	180

表 15-2-13　　公法线长度变动公差 F_w 值　　μm

分度圆直径/mm		精度等级				
大于	到	4	5	6	7	8
—	125	8	12	20	28	40
125	400	10	16	25	36	50
400	800	12	20	32	45	63
800	1600	16	25	40	56	80
1600	2500	18	28	45	71	100
2500	4000	25	40	63	90	125

表 15-2-14　　齿距极限偏差 $\pm f_{pt}$　　μm

分度圆直径/mm		法向模数/mm	精度等级				
大于	到		4	5	6	7	8
—	125	1.5~3.5	4.0	6	10	14	20
		>3.5~6.3	5.0	8	13	18	25
		>6.3~10	5.5	9	14	20	28
		>10~16	—	10	16	22	32
125	400	1.5~3.5	4.5	7	11	16	22
		>3.5~6.3	5.5	9	14	20	28
		>6.3~10	6.0	10	16	22	32
		>10~16	7.0	11	18	25	36
		>16~25	9.0	14	22	32	45
400	800	1.5~3.5	5.0	8	13	18	25
		>3.5~6.3	5.5	9	14	20	28
		>6.3~10	7.0	11	18	25	36
		>10~16	8.0	13	20	28	40
		>16~25	10	16	25	36	50
		>25~40	13	20	32	45	63
800	1600	>3.5~6.3	6.0	10	16	22	32
		>6.3~10	7.0	11	18	25	36
		>10~16	8.0	13	20	28	40
		>16~25	10	16	25	36	50
		>25~40	13	20	32	45	63
1600	2500	>6.3~10	8.0	13	20	28	40
		>10~16	9.0	14	22	32	45
		>16~25	11	18	28	40	56
		>25~40	14	22	36	50	71
2500	4000	>10~16	10	16	25	36	50
		>16~25	11	18	28	40	56
		>25~40	14	22	36	50	71

表 15-2-15　　齿向公差 F_β 值（一个轴向齿距内齿向公差 f_β 值）　　μm

有效齿宽(轴向齿距)/mm		精度等级				
大于	到	4	5	6	7	8
—	40	5.5	7	9	11	18
40	100	8.0	10	12	16	25
100	160	10	12	16	20	32
160	250	12	16	19	24	38
250	400	14	18	24	28	45
400	630	17	22	28	34	55

注：一个轴向齿距内的齿向公差按轴向齿距查表。

表 15-2-16　　轴线平行度公差

x 方向轴线平行度公差 $f_x = F_\beta$	F_β 见表 15-2-15
y 方向轴线平行度公差 $f_y = \frac{1}{2}F_\beta$	

表 15-2-17　　中心距极限偏差 $\pm f_a$　　μm

第Ⅱ公差组精度等级			4	5,6	7,8
f_a			$\frac{1}{2}$IT6	$\frac{1}{2}$IT7	$\frac{1}{2}$IT8
齿轮副的中心距/mm	大于	到 120	11	17.5	27
	120	180	12.5	20	31.5
	180	250	14.5	23	36
	250	315	16	26	40.5
	315	400	18	28.5	44.5
	400	500	20	31.5	48.5
	500	630	22	35	55
	630	800	25	40	62
	800	1000	28	45	70
	1000	1250	33	52	82
	1250	1600	39	62	97
	1600	2000	46	75	115
	2000	2500	55	87	140
	2500	3150	67.5	105	165

表 15-2-18　　弦齿深极限偏差 $\pm E_h$　　μm

分度圆直径/mm		法向模数/mm	精　度　等　级		
大于	到		4	5,6	7,8
—	50	1.5～3.5	10	12	15
		>3.5～6.3	12	15	19
50	80	1.5～3.5	11	14	17
		>3.5～6.3	13	16	20
		>6.3～10	15	19	24
80	120	1.5～3.5	12	15	18
		>3.5～6.3	14	18	21
		>6.3～10	17	21	26
		>10～16	—	—	32
120	200	1.5～3.5	13	16	21
		>3.5～6.3	15	19	23
		>6.3～10	18	23	27
		>10～16	—	—	34
		>16～32	—	—	49
200	320	1.5～3.5	15	18	23
		>3.5～6.3	17	21	26
		>6.3～10	20	24	30
		>10～16	—	—	36
		>16～32	—	—	53
320	500	1.5～3.5	17	21	24
		>3.5～6.3	18	23	27
		>6.3～10	21	26	32
		>10～16	—	—	38
		>16～32	—	—	57

续表

分度圆直径/mm		法向模数/mm	精度等级		
大于	到		4	5,6	7,8
500	800	1.5~3.5	18	23	—
		>3.5~6.3	20	26	30
		>6.3~10	23	28	34
		>10~16	—	—	42
		>16~32	—	—	57
800	1250	>3.5~6.3	23	28	34
		>6.3~10	25	31	38
		>10~16	—	—	45
		>16~32	—	—	60
1250	2000	>3.5~6.3	25	31	38
		>6.3~10	27	34	42
		>10~16	—	—	49
		>16~32	—	—	68
2000	3150	>3.5~6.3	27	34	—
		>6.3~10	30	38	45
		>10~16	—	—	53
		>16~32	—	—	68
3150	4000	>3.5~6.3	30	38	—
		>6.3~10	36	45	49
		>10~16	—	—	57
		>16~32	—	—	75

注：对于单圆弧齿轮，弦齿深极限偏差取$\pm E_h/0.75$。

表 15-2-19　齿根圆直径极限偏差$\pm E_{df}$　μm

分度圆直径/mm		法向模数/mm	精度等级		
大于	到		4	5,6	7,8
—	50	1.5~3.5	15	19	23
		>3.5~6.3	19	24	30
50	80	1.5~3.5	17	21	26
		>3.5~6.3	21	26	33
		>6.3~10	27	34	42
80	120	1.5~3.5	19	24	29
		>3.5~6.3	23	28	36
		>6.3~10	29	36	45
		>10~16	—	—	57
120	200	1.5~3.5	22	27	33
		>3.5~6.3	26	32	38
		>6.3~10	32	39	49
		>10~16	—	—	60
		>16~32	—	—	90
200	320	1.5~3.5	24	30	38
		>3.5~6.3	29	36	42
		>6.3~10	34	42	53
		>10~16	—	—	64
		>16~32	—	—	94

续表

分度圆直径/mm		法向模数/mm	精度等级		
大于	到		4	5,6	7,8
320	500	1.5~3.5	27	34	42
		>3.5~6.3	32	39	50
		>6.3~10	38	48	57
		>10~16	—	—	68
		>16~32	—	—	98
500	800	1.5~3.5	32	39	—
		>3.5~6.3	36	45	53
		>6.3~10	41	51	60
		>10~16	—	—	75
		>16~32	—	—	105
800	1250	>3.5~6.3	41	51	60
		>6.3~10	46	57	68
		>10~16	—	—	83
		>16~32	—	—	113
1250	2000	>6.3~10	48	60	75
		>10~16	—	—	90
		>16~32	—	—	120
2000	3150	>6.3~10	60	75	—
		>10~16	—	—	105
		>16~32	—	—	135
3150	4000	>10~16	—	—	120
		>16~32	—	—	150

注：对于单圆弧齿轮，齿根圆直径极限偏差取$\pm E_{df}/0.75$。

表 15-2-20　接触迹线长度和位置偏差

齿轮类型及检验项目			精度等级				
			4	5	6	7	8
双圆弧齿轮	接触迹线位置偏差		$\pm 0.11m_n$	$\pm 0.15m_n$		$\pm 0.18m_n$	
	按齿长不少于工作齿长/%	第一条	95	90	90	85	80
		第二条	75	70	60	50	40
单圆弧齿轮	接触迹线位置偏差		$\pm 0.15m_n$	$\pm 0.20m_n$		$\pm 0.25m_n$	
	按齿长不少于工作齿长/%		95	90		85	

表 15-2-21　接触斑点　%

齿轮类型及检验项目			精度等级				
			4	5	6	7	8
双圆弧齿轮	按齿高不少于工作齿高		60	55	50	45	40
	按齿长不少于工作齿长	第一条	95	95	90	85	80
		第二条	90	85	80	70	60
单圆弧齿轮	按齿高不少于工作齿高		60	55	50	45	40
	按齿长不少于工作齿长		95	95	90	85	80

注：对于齿面硬度≥300HBS 的齿轮副，其接触斑点沿齿高方向应为$\geq 0.3m_n$。

3.5　齿坯公差（摘自 GB/T 15753—1995）

齿坯公差包括尺寸公差和基准面的形位公差。尺寸和形状公差见表 15-2-22。圆弧齿轮在加工、检验和装配时的径向基准面和轴向辅助基准面应尽量一致，并在齿轮零件图上标出。基准面的形位公差见表 15-2-23 和表 15-2-24。

表 15-2-22　齿坯尺寸和形状公差

齿轮精度等级①		4	5	6	7	8
孔	尺寸公差 形状公差	IT4	IT5	IT6	IT7	
轴	尺寸公差 形状公差	IT4	IT5		IT6	
顶圆直径②		IT6		IT7		

① 当三个公差组的精度等级不同时，按最高的精度等级确定公差值。
② 当顶圆不作测量齿深和齿厚的基准时，尺寸公差按 IT11 给定，但不大于 $0.1m_n$。

表 15-2-23　齿轮基准面的径向圆跳动公差　μm

分度圆直径/mm		精度等级		
大于	到	4	5,6	7,8
—	125	7	11	18
125	400	9	14	22
400	800	12	20	32
800	1600	18	28	45
1600	2500	25	40	63
2500	4000	40	63	100

表 15-2-24　齿轮基准面的端面圆跳动公差　μm

分度圆直径/mm		精度等级		
大于	到	4	5,6	7,8
—	125	2.8	7	11
125	400	3.6	9	14
400	800	5	12	20
800	1600	7	18	28
1600	2500	10	25	40
2500	4000	16	40	63

3.6　图样标注及应注明的尺寸数据

1）在齿轮工作图上应注明齿轮的精度等级和侧隙系数。当采用标准齿廓滚刀加工时，可不标注侧隙系数。

① 三个公差组的精度不同，采用标准齿廓滚刀加工：

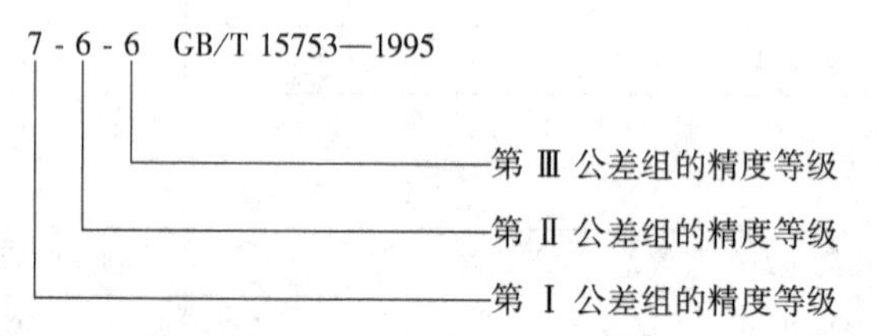

② 三个公差组的精度相同，采用标准齿廓滚刀加工：

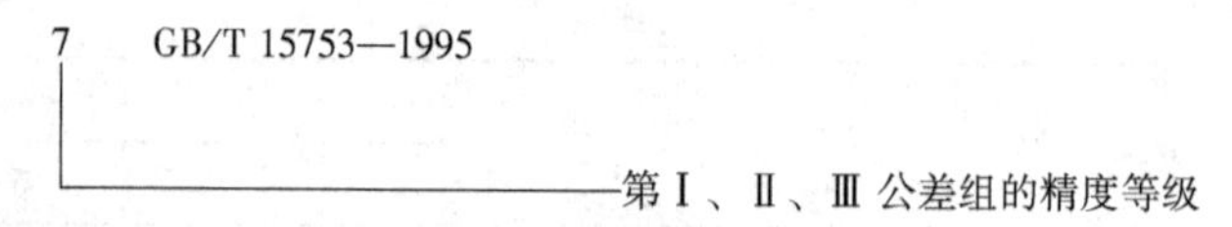

③ 三个公差组的精度相同，侧隙有特殊要求 $j_n=0.07m_n$：

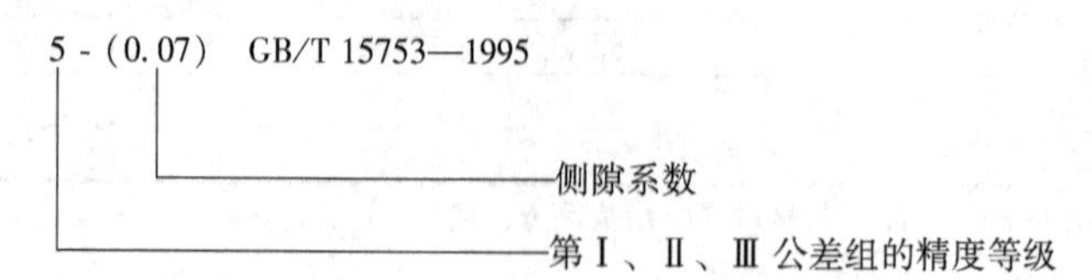

2）在图样上应标注的主要尺寸数据有：顶圆直径及其公差，分度圆直径，根圆直径及其公差，齿宽，孔（轴）径及其公差。基准面（包括端面、孔圆柱面和轴圆柱面）的形位公差。轮齿表面及基准面的粗糙度。轮齿表面粗糙度见表 15-2-25 的推荐值，其余表面（包括基准面）的粗糙度，可根据配合精度和使用要求确定。

表 15-2-25　　圆弧齿轮的齿面粗糙度

精度等级	5、6 级	7 级		8 级	
法向模数 m_n/mm	1.5~10	1.5~10	>10	1.5~10	>10
跑合前的齿面粗糙度 Ra/μm	0.8	2.5	3.2	3.2	6.3

3）在图样右上角用表格列出齿轮参数以及应检验的项目代号和公差值等（见图 15-2-8 上的表）。检验项目根据传动要求确定。常检的项目有：齿距累积公差 F_p、齿圈径向跳动公差 F_r、齿距极限偏差 $\pm f_{pt}$、齿向公差 F_β、齿根圆直径极限偏差（或弦齿深、弦齿厚、公法线平均长度极限偏差）等。除齿根圆直径极限偏差标在图样上外，弦齿深、弦齿厚和公法线平均长度极限偏差均列在表格内。接触迹线位置和接触斑点检验要求列在装配图上。

4）对齿轮材料的力学性能、热处理、锻铸件质量、动静平衡以及其他特殊要求，均以技术要求的形式，用文字或表格标注在右下角标题栏上方，或附近其他合适的地方。

圆弧齿轮的零件工作图见图 15-2-8，其中技术要求、材料及热处理、放大图和剖面图略去。

法向模数	m_n	4	齿　　廓	GB/T 12759—1991	
齿　　数	z	29	压力角	α	24°
螺旋角	β	13°15′41″	顶高系数	h_a^*	0.9
旋　　向		右	齿高系数	h^*	2
精度等级	7　GB/T 15753—1995				
检验项目公差					
Ⅰ	齿距累积公差			F_p	0.063
	齿圈径向跳动公差			F_r	0.045
Ⅱ	齿距极限偏差			$\pm f_{pt}$	±0.018
Ⅲ	齿向公差			F_β	0.02
	齿根圆直径极限偏差			$\pm E_{df}$	见图
配对齿轮	图　　号				
	齿　　数				
中心距及极限偏差					

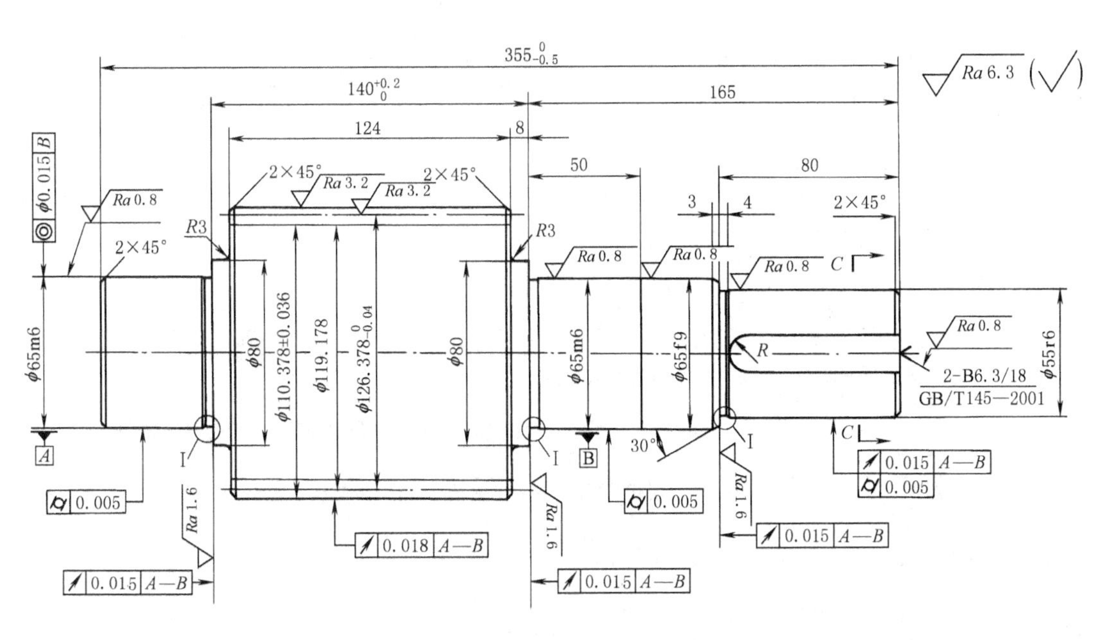

图 15-2-8　圆弧齿轮的零件工作图

4　圆弧齿轮传动的设计及强度计算

4.1　基本参数选择

圆弧齿轮传动的主要参数（z、m_n、ε_β、β、φ_d 和 φ_a 等）对传动的承载能力和工作质量有很大的影响（见表 15-2-26）。各参数之间有密切的联系，相互影响，相互制约，选择时应根据具体工作条件，并注意它们之间的基本关系：

$$d_1=\frac{z_1 m_n}{\cos\beta} \tag{15-2-9}$$

$$\varepsilon_\beta=\frac{b}{p_x}=\frac{b\sin\beta}{\pi m_n} \tag{15-2-10}$$

$$a=\frac{m_n\ (z_1+z_2)}{2\cos\beta} \tag{15-2-11}$$

$$\varphi_d=\frac{b}{d_1}=\frac{\pi\varepsilon_\beta}{z_1\tan\beta} \tag{15-2-12}$$

$$\varphi_a=\frac{b}{a}=\frac{2\pi\varepsilon_\beta}{(z_1+z_2)\ \tan\beta} \tag{15-2-13}$$

表 15-2-26　　基本参数选择

参数名称	选　择　原　则
小齿轮齿数 z_1	1. 圆弧齿轮没有根切现象，z_1 不受根切齿数限制，但 z_1 太少，不能保证轴的强度和刚度 2. 当 d、b 一定时，z_1 少则 m_n 大，不易保证应有的 ε_β 3. 在满足弯曲强度条件下，应取较大的 z_1 推荐：中低速传动　$z_1=16\sim35$ 　　　高速传动　$z_1=25\sim50$
法向模数 m_n	1. 模数按弯曲强度或结构设计确定，并取标准值 2. 一般减速器，推荐 $m_n=(0.01\sim0.02)a$，平稳连续运转取小值 3. 当 d、b 一定时，m_n 小则 ε_β 大，传动平稳，且 m_n 小，齿面滑动速度小，摩擦功小，可提高抗胶合能力 4. 在有冲击载荷且轴承对称布置时，推荐 $m_n=(0.025\sim0.04)a$
纵向重合度 ε_β	1. 纵向重合度可写成整数部分 μ_ε 和尾数 $\Delta\varepsilon$，即 $\varepsilon_\beta=\mu_\varepsilon+\Delta\varepsilon$；一般 $\mu_\varepsilon=2\sim5$，推荐 $\Delta\varepsilon=0.25\sim0.4$ 2. 中低速传动 $\mu_\varepsilon\geqslant2$，高速传动 $\mu_\varepsilon\geqslant3$ 3. 高精度齿轮、大 β 角的人字齿轮，μ_ε 取大值，可提高传动平稳性和承载能力。但必须严格控制齿距误差、齿向误差、轴线平行度误差和轴系变形量 4. $\Delta\varepsilon$ 太小，啮入冲击大，端面效应也大，易崩角 5. 增大 $\Delta\varepsilon$，端部齿根应力有所减小，但 $\Delta\varepsilon>0.4$ 以后，应力减少缓慢，不经济 6. 选 $\Delta\varepsilon$ 应考虑修端情况（见修端长度的确定）
螺旋角 β	1. 螺旋角增大，齿面瞬时接触迹宽度减小，当 ε_β 一定时，齿面接触应力增大，接触强度降低 2. 当齿轮圆周速度一定时，β 增大，齿面滚动速度减小，不利于形成油膜 3. β 增大，轴向力也增大，轴承负担加重 4. 当 b、m_n 一定时，β 增大，ε_β 也增大，传动平稳，并使弯曲强度和接触强度提高，特别对弯曲强度更有利 推荐：单斜齿 $\beta=10°\sim20°$，人字齿 $\beta=25°\sim35°$
齿宽系数 φ_a、φ_d	齿宽系数影响齿向载荷分配，应根据载荷特性、加工精度、传动结构布局和系统刚度来确定。通常推荐减速器的齿宽系数： 单斜齿　$\varphi_a=\frac{b}{a}=0.4\sim0.8$　　$\varphi_d=0.4\sim1.4$ 人字齿　$\varphi_a=\frac{b}{a}=0.3\sim0.6$（$b$ 为半侧齿宽） 对于单级传动的齿轮箱，应取较大的齿宽系数

续表

<table>
<tr><th>参数名称</th><th>选择原则</th></tr>
<tr><td>齿宽 b</td><td>齿宽可根据齿宽系数和中心距(或齿轮分度圆直径)确定。也可根据重合度和啮合特性确定。双圆弧齿轮啮合特性和齿宽的关系如下：
啮合特性与齿宽的关系
<table>
<tr><th>最少接触点数与
最少啮合齿对数</th><th>代号</th><th>齿宽 b 的选择范围</th></tr>
<tr><td>$2m$ 点接触
m 对齿啮合</td><td>ε_{2md}
ε_{mz}</td><td>$mp_x \leqslant b \leqslant (m+1)p_x - q_{TA}$</td></tr>
<tr><td>$2m$ 点接触
$(m+1)$ 对齿啮合</td><td>ε_{2md}
$\varepsilon_{(m+1)z}$</td><td>$(m+1)p_x - q_{TA} < b < mp_x + q_{TA}$</td></tr>
<tr><td>$(2m+1)$ 点接触
$(m+1)$ 对齿啮合</td><td>$\varepsilon_{(2m+1)d}$
$\varepsilon_{(m+1)z}$</td><td>$mp_x + q_{TA} \leqslant b < (m+1)p_x$</td></tr>
</table>
表中的 m 为齿宽 b 含 p_x 的整倍数值</td></tr>
</table>

设计时可先确定齿宽系数，再用式（15-2-13）来调整 z_1、β 和 ε_β。也可先确定 z_1、β 和 ε_β，再用式（15-2-13）来校核 φ_a。最好是用计算机程序进行参数优化设计。

对于常用的 ε_β 值：$\varepsilon_\beta=1.25$；$\varepsilon_\beta=2.25$；$\varepsilon_\beta=3.25$ 等，可用图 15-2-9 来选取一组合适的 φ_d、z_1 和 β 值。

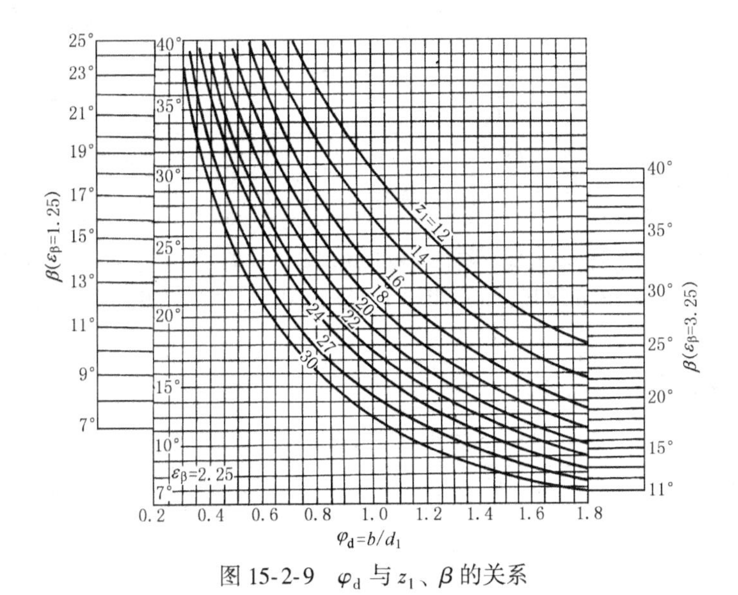

图 15-2-9　φ_d 与 z_1、β 的关系

4.2　圆弧齿轮的强度计算

圆弧齿轮和渐开线齿轮一样，在使用中其损伤的表现形式有轮齿折断、齿面点蚀、齿面胶合、齿面塑变、齿面磨损等。它还有一种特殊的损伤为齿端崩角，这是由于其啮入和啮出时齿端受集中载荷作用所致。在使用中哪一种是主要损伤形式，则与设计参数、材料热处理、加工装配质量、润滑、跑合及载荷状况有关。其中危害最大的是轮齿折断，往往会引起重大事故。轮齿折断与轮齿的抗弯强度密切相关。齿面点蚀和严重胶合，也会形成轮齿折断的疲劳源，诱发断齿，要求齿面应有足够的抗疲劳强度。

圆弧齿轮啮合受力，其弯曲应力和接触应力是一个复杂的三维问题，不能像渐开线齿轮那样简化为悬臂梁进行弯曲应力分析，以赫兹公式为基础进行接触应力分析，它必须确切计入正压力 F_n、齿向相对曲率半径 ρ 和材料的诱导弹性模量 E 的影响。经过大量的试验研究和应力测量，并经理论分析和数学归纳，得出适合圆弧齿轮强度计算的齿根应力和齿面接触应力的计算公式。又经大量的生产应用实践，制订出 GB/T 13799—1992《双圆弧圆柱齿轮承载能力计算方法》国家标准，以下着重介绍该标准。由于单、双圆弧齿轮啮合原理和受力分析是

一样的，依据标准中的计算公式，根据单圆弧齿轮的齿廓参数（JB 929—1967），拟合出单圆弧齿轮的强度计算公式和计算用图表，供设计者参考。

GB/T 13799—1992 规定的计算方法，适用于符合 GB/T 12759—1991 齿廓标准规定的双圆弧齿轮，齿轮精度符合 GB/T 15753—1995 的规定。

4.2.1 双圆弧齿轮的强度计算公式

表 15-2-27 GB/T 12759—1991 型双圆弧齿轮强度计算公式（摘自 GB/T 13799—1992）

项 目	单位	齿根弯曲强度	齿面接触强度
计算应力	MPa	$\sigma_F=\left(\frac{T_1K_AK_VK_1K_{F2}}{2\mu_\varepsilon+K_{\Delta\varepsilon}}\right)^{0.86}\times\frac{Y_EY_uY_\beta Y_FY_{End}}{z_1m_n^{2.58}}$	$\sigma_H=\left(\frac{T_1K_AK_VK_1K_{H2}}{2\mu_\varepsilon+K_{\Delta\varepsilon}}\right)^{0.73}\times\frac{Z_EZ_uZ_\beta Z_a}{z_1m_n^{2.19}}$
法向模数	mm	$m_n\geqslant\left(\frac{T_1K_AK_VK_1K_{F2}}{2\mu_\varepsilon+K_{\Delta\varepsilon}}\right)^{1/3}\times\left(\frac{Y_EY_uY_\beta Y_FY_{End}}{z_1\sigma_{FP}}\right)^{1/2.58}$	$m_n\geqslant\left(\frac{T_1K_AK_VK_1K_{H2}}{2\mu_\varepsilon+K_{\Delta\varepsilon}}\right)^{1/3}\times\left(\frac{Z_EZ_uZ_\beta Z_a}{z_1\sigma_{HP}}\right)^{1/2.19}$
小齿轮名义转矩	N·mm	$T_1=\frac{2\mu_\varepsilon+K_{\Delta\varepsilon}}{K_AK_VK_1K_{F2}}m_n{}^3\times\left(\frac{z_1\sigma_{FP}}{Y_EY_uY_\beta Y_FY_{End}}\right)^{1/0.86}$	$T_1=\frac{2\mu_\varepsilon+K_{\Delta\varepsilon}}{K_AK_VK_1K_{H2}}m_n{}^3\times\left(\frac{z_1\sigma_{HP}}{Z_EZ_uZ_\beta Z_a}\right)^{1/0.73}$
许用应力	MPa	$\sigma_{FP}=\sigma_{Flim}Y_NY_x/S_{Fmin}\geqslant\sigma_F$	$\sigma_{HP}=\sigma_{Hlim}Z_NZ_LZ_v/S_{Hmin}\geqslant\sigma_H$
安全系数		$S_F=\sigma_{Flim}Y_NY_x/\sigma_F\geqslant S_{Fmin}$	$S_H=\sigma_{Hlim}Z_NZ_LZ_v/\sigma_H\geqslant S_{Hmin}$

该公式适用于经正火、调质或渗氮处理的钢制齿轮和球墨铸铁齿轮。公式中的长度单位为 mm；力单位为 N；T_1 为小齿轮的名义转矩，对人字齿轮取其值的一半即 $T_1/2$，μ_ε 和 $K_{\Delta\varepsilon}$ 按半边齿宽取值；式中各参数的意义和确定方法见表 15-2-29。

4.2.2 单圆弧齿轮的强度计算公式

表 15-2-28 JB 929—1967 型单圆弧齿轮强度计算公式

项 目	单位	齿根弯曲强度	齿面接触强度
计算应力	MPa	凸齿 $\sigma_{F1}=\left(\frac{T_1K_AK_VK_1K_{F2}}{\mu_\varepsilon+K_{\Delta\varepsilon}}\right)^{0.79}\times\frac{Y_{E1}Y_{u1}Y_{\beta1}Y_{F1}Y_{End1}}{z_1m_n^{2.37}}$	$\sigma_H=\left(\frac{T_1K_AK_VK_1K_{H2}}{\mu_\varepsilon+K_{\Delta\varepsilon}}\right)^{0.7}\times\frac{Z_FZ_uZ_\beta Z_a}{z_1m_n^{2.1}}$
		凹齿 $\sigma_{F2}=\left(\frac{T_1K_AK_VK_1K_{F2}}{\mu_\varepsilon+K_{\Delta\varepsilon}}\right)^{0.73}\times\frac{Y_{E2}Y_{u2}Y_{\beta2}Y_{F2}Y_{End2}}{z_1m_n^{2.19}}$	
法向模数	mm	凸齿 $m_n\geqslant\left(\frac{T_1K_AK_VK_1K_{F2}}{\mu_\varepsilon+K_{\Delta\varepsilon}}\right)^{1/3}\times\left(\frac{Y_{E1}Y_{u1}Y_{\beta1}Y_{F1}Y_{End1}}{z_1\sigma_{FP1}}\right)^{1/2.37}$	$m_n\geqslant\left(\frac{T_1K_AK_VK_1K_{H2}}{\mu_\varepsilon+K_{\Delta\varepsilon}}\right)^{1/3}\times\left(\frac{Z_EZ_uZ_\beta Z_a}{z_1\sigma_{HP}}\right)^{1/2.1}$
		凹齿 $m_n\geqslant\left(\frac{T_1K_AK_VK_1K_{F2}}{\mu_\varepsilon+K_{\Delta\varepsilon}}\right)^{1/3}\times\left(\frac{Y_{E2}Y_{u2}Y_{\beta2}Y_{F2}Y_{End2}}{z_1\sigma_{FP2}}\right)^{1/2.19}$	

续表

项　目	单位	齿根弯曲强度	齿面接触强度
小轮(凸齿)名义转矩	N·mm	凸齿　$T_1=\dfrac{\mu_\varepsilon+K_{\Delta\varepsilon}}{K_A K_V K_1 K_{F2}} m_n^{\ 3}\times\left(\dfrac{z_1\sigma_{FP1}}{Y_{E1}Y_{u1}Y_{\beta1}Y_{F1}Y_{End1}}\right)^{1/0.79}$ 凹齿　$T_1=\dfrac{\mu_\varepsilon+K_{\Delta\varepsilon}}{K_A K_V K_1 K_{F2}} m_n^{\ 3}\times\left(\dfrac{z_1\sigma_{FP2}}{Y_{E2}Y_{u2}Y_{\beta2}Y_{F2}Y_{End2}}\right)^{1/0.73}$	$T_1=\dfrac{\mu_\varepsilon+K_{\Delta\varepsilon}}{K_A K_V K_1 K_{H2}} m_n^{\ 3}\times\left(\dfrac{z_1\sigma_{HP}}{Z_E Z_u Z_\beta Z_a}\right)^{1/0.7}$
许用应力	MPa	$\sigma_{FP}=\sigma_{Flim}Y_N Y_x/S_{Fmin}\geqslant\sigma_F$	$\sigma_{HP}=\sigma_{Hlim}Z_N Z_L Z_v/S_{Hmin}\geqslant\sigma_H$
安全系数		$S_F=\sigma_{Flim}Y_N Y_x/\sigma_F\geqslant S_{Fmin}$	$S_H=\sigma_{Hlim}Z_N Z_L Z_v/\sigma_H\geqslant S_{Hmin}$

公式的适用范围及说明同双圆弧齿轮。

4.2.3　强度计算公式中各参数的确定方法

表 15-2-29　　强度计算公式中各参数的确定方法

名　　称	确定依据	名　　称	确定依据
使用系数 K_A	查表 15-2-30	齿形系数 Y_F	查图 15-2-15
动载系数 K_V	查图 15-2-10	齿端系数 Y_{End}	查图 15-2-16
接触迹间载荷分配系数 K_1	查图 15-2-11	接触弧长系数 Z_a	查图 15-2-18
弯曲强度计算的接触迹内载荷分布系数 K_{F2}	查表 15-2-31	试验齿轮的弯曲疲劳极限 σ_{Flim}	查图 15-2-19
接触强度计算的接触迹内载荷分布系数 K_{H2}	查表 15-2-31	试验齿轮的接触疲劳极限 σ_{Hlim}	查图 15-2-20
重合度的整数部分 μ_ε	按表 15-2-26	尺寸系数 Y_x	查图 15-2-21
接触迹系数 $K_{\Delta\varepsilon}$	查图 15-2-12	弯曲强度计算的寿命系数 Y_N	查图 15-2-22a
弯曲强度计算的弹性系数 Y_E	查表 15-2-32	接触强度计算的寿命系数 Z_N	查图 15-2-22b
接触强度计算的弹性系数 Z_E	查表 15-2-32	润滑剂系数 Z_L	查图 15-2-23
双圆弧齿轮的齿数比系数 Y_u、Z_u	查图 15-2-13a	速度系数 Z_v	查图 15-2-24
单圆弧齿轮的齿数比系数 Z_u、Y_u	查图 15-2-13b	弯曲强度计算的最小安全系数 S_{Fmin}	
双圆弧齿轮的螺旋角系数 Y_β、Z_β	查图 15-2-14a	接触强度计算的最小安全系数 S_{Hmin}	
单圆弧齿轮的螺旋角系数 Z_β、Y_β	查图 15-2-14b		

有关双圆弧齿轮强度计算用的图表均摘自 GB/T 13799—1992 标准。有关单圆弧齿轮强度计算用的图表均引自参考文献 [1]。

(1) 小齿轮的名义转矩 T_1

$$T_1=9550\times10^3\frac{P_1}{n_1}\quad(\text{N}\cdot\text{mm})\tag{15-2-14}$$

式中　P_1——小齿轮传递的名义功率，kW；

n_1——小齿轮转速，r/min。

(2) 使用系数 K_A

使用系数是考虑由于啮合外部因素引起的动力过载影响的系数。这种过载取决于工作机和原动机的载荷特性、传动零件的质量比、联轴器类型以及运行状况。使用系数最好是通过实测或对系统的全面分析来确定。当缺乏这种资料时，可参考表 15-2-30 选取。

表 15-2-30　使用系数 K_A

原动机工作特性及其示例	工作机工作特性及其示例			
	均匀平稳 如发电机、均匀传动的带式输送机或板式输送机、螺旋输送机、通风机、轻型离心机、离心泵、离心式空调压缩机	轻微振动 如不均匀传动的带式输送机或板式输送机、起重机回转齿轮装置、工业与矿用风机、重型离心机、离心泵、离心式空气压缩机	中等振动 如轻型球磨机、提升装置、轧机、橡胶挤压机、单缸活塞泵、叶瓣式鼓风机、糖业机械	强烈振动 如挖掘机、重型球磨机、钢坯初轧机、压坯机、旋转钻机、挖泥机、破碎机、污水处理用离心泵、泥浆泵
均匀平稳 如电动机，均匀转动的蒸汽轮机，燃汽轮机	1.00	1.25	1.50	≥1.75
轻微振动 如蒸汽轮机，燃汽轮机，经常启动的大电动机	1.10	1.35	1.60	≥1.85
中等振动 如多缸内燃机	1.25	1.50	1.75	≥2.00
强烈振动 如单缸内燃机	1.50	1.75	2.00	≥2.25

注：1. 表中数值仅适用于在非共振区运转的齿轮装置。
2. 对于增速传动，根据经验建议取表值的 1.1 倍。
3. 对外部机械与齿轮装置之间有挠性连接时，通常 K_A 值可适当减小。

(3) 动载系数 K_V

动载系数是考虑轮齿接触迹在啮合过程中的冲击和由此引起齿轮副的振动而产生的内部附加动载影响的系数。其值可按齿轮的圆周速度 v 及平稳性精度查图 15-2-10。

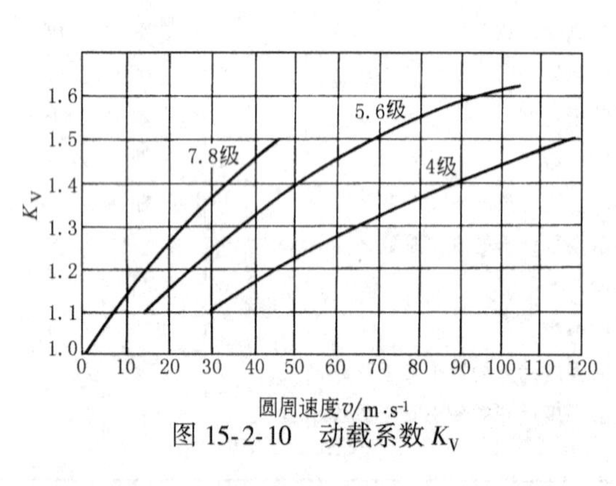

图 15-2-10　动载系数 K_V

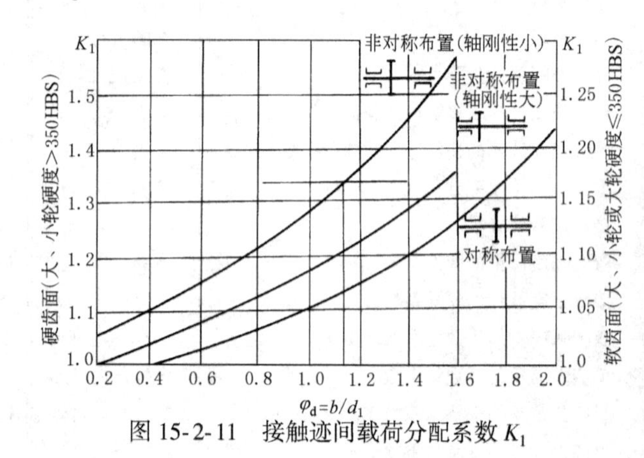

图 15-2-11　接触迹间载荷分配系数 K_1

(4) 接触迹间载荷分配系数 K_1

接触迹间载荷分配系数是考虑由齿向误差、齿距误差、轮齿和轴系受载变形等引起载荷沿齿宽方向在各接触迹之间分配不均的影响系数。K_1 值可由图 15-2-11 查取。对人字齿轮 b 是半侧齿宽。

(5) 接触迹内载荷分布系数 K_{H2}、K_{F2}

接触迹内载荷分布系数是考虑由于齿面接触迹线位置沿齿高的偏移而引起应力分布状态改变对强度的影响系数。K_{H2} 及 K_{F2} 值可按接触精度查表 15-2-31。

表 15-2-31　接触迹内载荷分布系数

精度等级		4	5	6	7	8
K_{H2}	双圆弧	1.05	1.15	1.23	1.39	1.49
	单圆弧	1.06	1.16	1.24	1.41	1.52
K_{F2}		1.05	1.08		1.10	

(6) 接触迹系数 $K_{\Delta\varepsilon}$

接触迹系数是考虑纵向重合度尾数 $\Delta\varepsilon$ 对轮齿应力的影响系数。当 $\Delta\varepsilon$ 较大时，在相应于 $\Delta\varepsilon$ 的这部分齿宽，即使在最不利的情况下，也有部分接触迹参与承担载荷，使轮齿应力有所下降。双圆弧齿轮的 $K_{\Delta\varepsilon}$ 值可按 $\Delta\varepsilon$ 由图 15-2-12a 查取，单圆弧齿轮的 $K_{\Delta\varepsilon}$ 值可由图 15-2-12b 查取。对于齿端修薄的齿轮，应根据减去齿端修薄长度后的有效齿长部分的 $\Delta\varepsilon$ 来查图（当 $20°<\beta<25°$ 时采用插值法查取）。

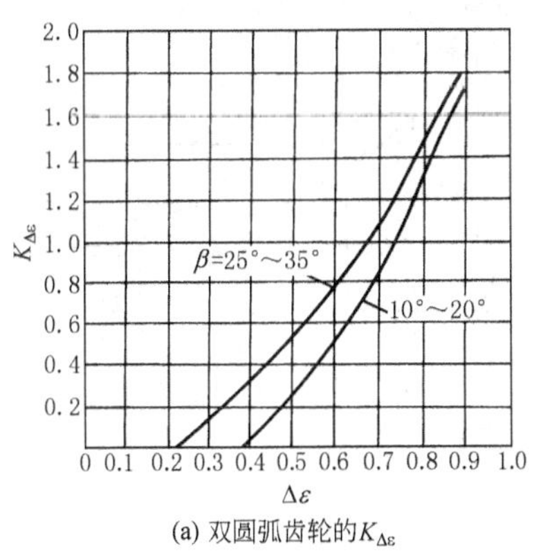

(a) 双圆弧齿轮的 $K_{\Delta\varepsilon}$

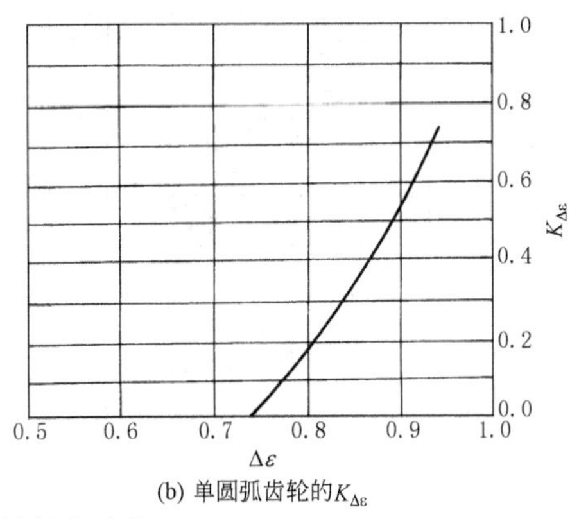

(b) 单圆弧齿轮的 $K_{\Delta\varepsilon}$

图 15-2-12　接触迹系数 $K_{\Delta\varepsilon}$

(7) 弹性系数 Y_E、Z_E

弹性系数是考虑材料的弹性模量 E 及泊松比 ν 对轮齿应力影响的系数。其值可按表 15-2-32 查取。

表 15-2-32　弹性系数 Y_E、Z_E

项目		单位	锻钢-锻钢	锻钢-铸钢	锻钢-球墨铸铁	其他材料
双圆弧齿轮	Y_E	$(\text{MPa})^{0.14}$	2.079	2.076	2.053	$0.370E^{0.14}$
	Z_E	$(\text{MPa})^{0.27}$	31.346	31.263	30.584	$1.123E^{0.27}$
单圆弧齿轮	Y_{E1}	$(\text{MPa})^{0.21}$	6.580	6.567	6.456	$0.494E^{0.21}$
	Y_{E2}	$(\text{MPa})^{0.27}$	16.748	16.703	16.341	$0.600E^{0.27}$
	Z_E	$(\text{MPa})^{0.3}$	31.436	31.343	30.589	$0.778E^{0.3}$
诱导弹性模量	E	MPa	$E=\dfrac{2}{\dfrac{1-\nu_1^2}{E_1}+\dfrac{1-\nu_2^2}{E_2}}$			

注：E_1、E_2 和 ν_1、ν_2 分别为小齿轮和大齿轮的弹性模量和泊松比。

(8) 齿数比系数 Y_u、Z_u

齿数比系数是考虑不同的齿数比具有不同的齿面相对曲率半径，从而影响轮齿应力的系数。其值可按图 15-2-13查取或按图中公式计算。

(9) 螺旋角系数 Y_β、Z_β

螺旋角系数是考虑螺旋角影响齿面相对曲率半径，从而影响轮齿应力的系数。其值可按图 15-2-14 查取或按图中公式计算。

(10) 齿形系数 Y_F

齿形系数是考虑轮齿几何形状对齿根应力影响的系数。它是用折截面法计算得来的，已考虑了齿根应力集中的影响，其值可按当量齿数 Z_v 查图 15-2-15。

(11) 齿端系数 Y_{End}

齿端系数是考虑接触迹在齿轮端部时，端面以外没有齿根来参与承担弯曲力矩，以致端部齿根应力增大的影响系数。对于未修端的齿轮，Y_{End} 值可根据 ε_β 及 β 由图 15-2-16 查取（当 β 不是图中值时用插值法查取）。

对于齿端修薄的齿轮，$Y_{End}=1$。如图 15-2-17 所示，齿端修薄量 $\Delta S=(0.01\sim0.04)m_n$（按法向齿厚计量）。高精度齿轮取较小值，低精度齿轮取较大值；大模数齿轮取较小值，小模数齿轮取较大值。

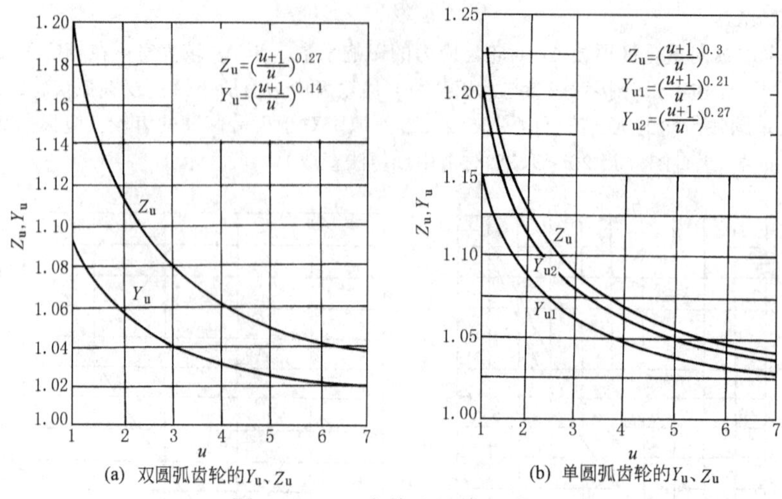

图 15-2-13　齿数比系数 Y_u、Z_u

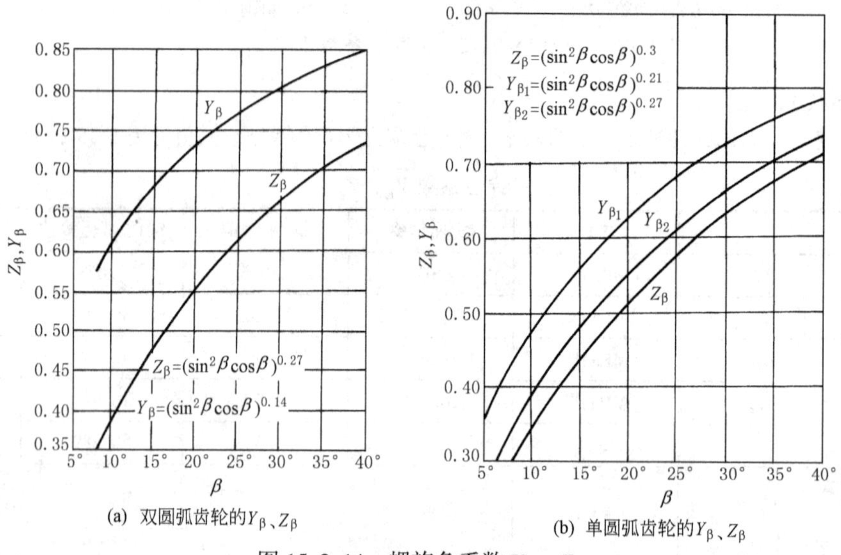

图 15-2-14　螺旋角系数 Y_β、Z_β

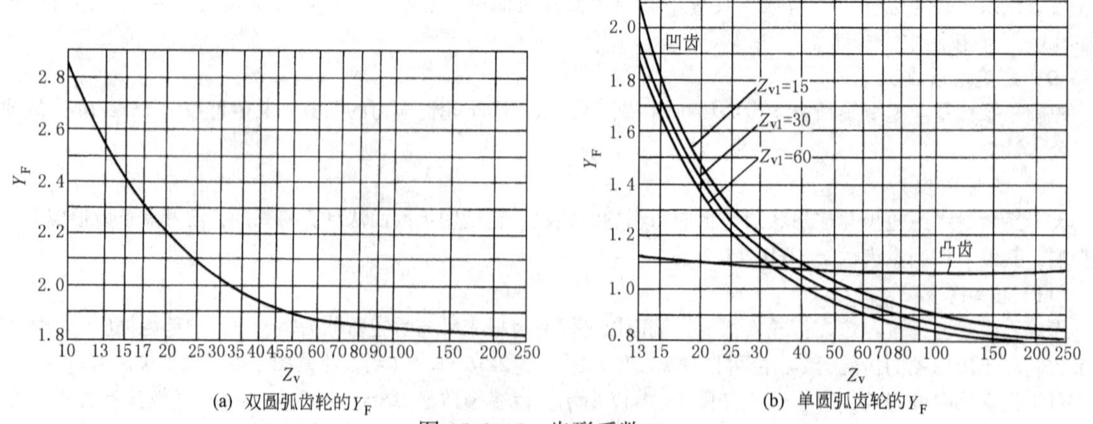

图 15-2-15　齿形系数 Y_F

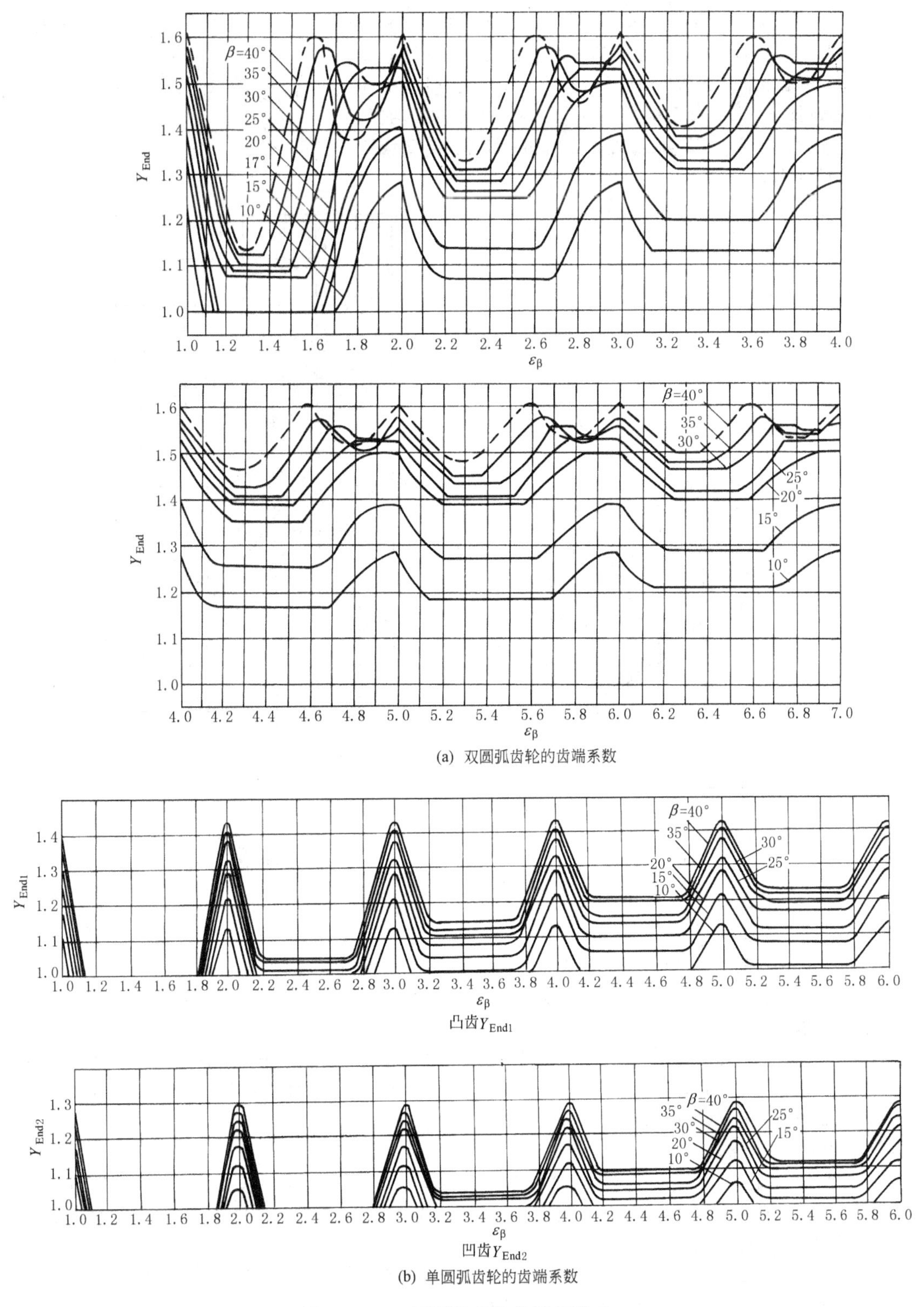

(a) 双圆弧齿轮的齿端系数

(b) 单圆弧齿轮的齿端系数

图 15-2-16　圆弧齿轮的齿端系数 Y_{End}

修端长度（按齿宽方向度量）ΔL：只修啮入端时，$\Delta L=(0.25\sim0.4)p_x$；当两端修薄时，$\Delta L=(0.13\sim0.2)p_x$，此时 $\Delta\varepsilon$ 应取较大值。

（12）接触弧长系数 Z_a

接触弧长系数是考虑齿面接触弧的有效工作长度对齿面接触应力的影响系数。单圆弧齿轮，一对齿只有一个接触弧，Z_a 值可查图 15-2-18a。双圆弧齿轮，当齿数比不等于 1 时，一个齿轮的上齿面和下齿面的接触弧长不一样，接触弧长系数应取两个齿轮的平均值，即 $Z_a=0.5(Z_{a1}+Z_{a2})$，Z_{a1} 和 Z_{a2} 值可按小齿轮和大齿轮的当量齿数 z_{v1} 和 z_{v2} 查图 15-2-18b。

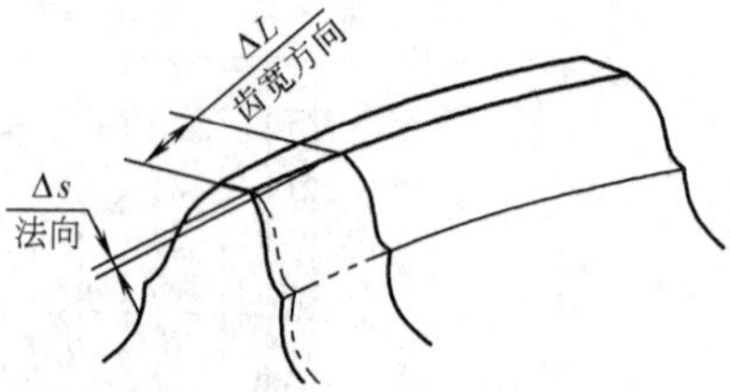

图 15-2-17　齿端修薄

(a) 单圆弧齿轮的 Z_a　　(b) 双圆弧齿轮的 Z_a

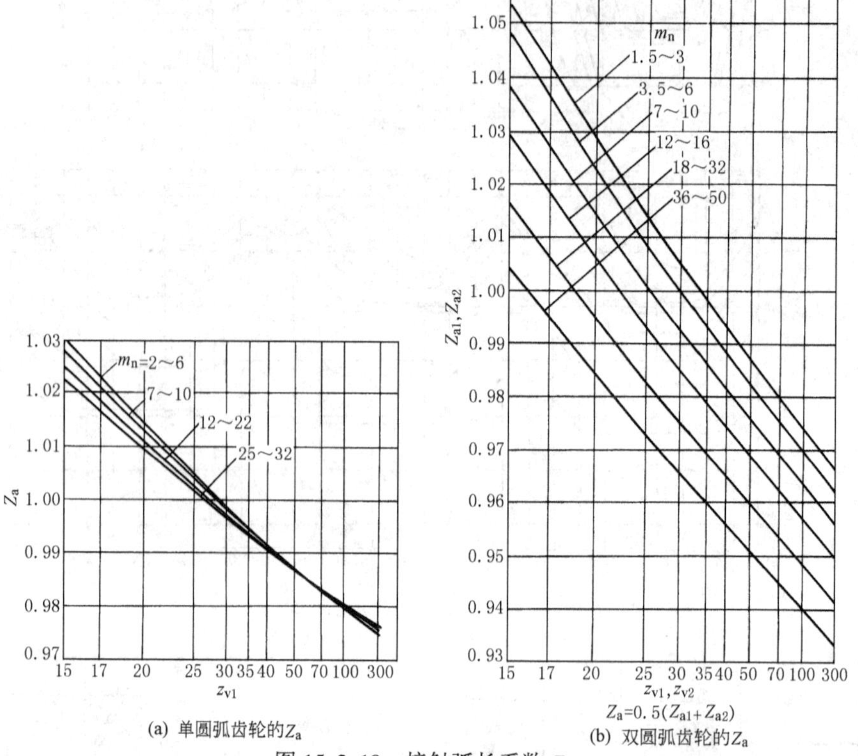

图 15-2-18　接触弧长系数 Z_a

（13）弯曲疲劳极限 σ_{Flim}

弯曲疲劳极限是指某种材料的齿轮经长期持续的重复载荷（应力循环基数 $N_0=3\times10^6$）作用后，轮齿保持不破坏时的极限应力。它可由齿轮的载荷运转试验或经验统计数据获得。当缺乏资料时，可参考图 15-2-19，根据材料和齿面硬度取值。

当材料、工艺、热处理性能良好时，可在区域图的上半部取值，否则在下半部取值，一般取中间值。对于正反向传动的齿轮或受对称双向弯曲的齿轮（如中间轮），应将图中查得的弯曲疲劳极限数值乘以 0.7。

对于渗氮钢齿轮，要求轮齿心部硬度大于等于 300HBS。

（14）接触疲劳极限 σ_{Hlim}

接触疲劳极限是指某种材料的齿轮经长期持续的重复载荷（应力循环基数 $N_0=5\times10^7$）作用后，齿面保持不破坏时的极限应力。它可由齿轮的载荷运转试验或经验统计数据获得。当缺乏资料时，可参考图 15-2-20，根据材料和齿面硬度取值。

当材料、工艺、热处理性能良好时，可在区域图的上半部取值，否则在下半部取值，一般取中间值。

对于渗氮钢齿轮，要求轮齿心部硬度大于等于 300HBS。

（15）尺寸系数 Y_x

尺寸系数是考虑实际齿轮模数大于试验齿轮模数而使材料强度降低的尺寸效应。其值可由图 15-2-21 查取。

（16）寿命系数 Y_N、Z_N

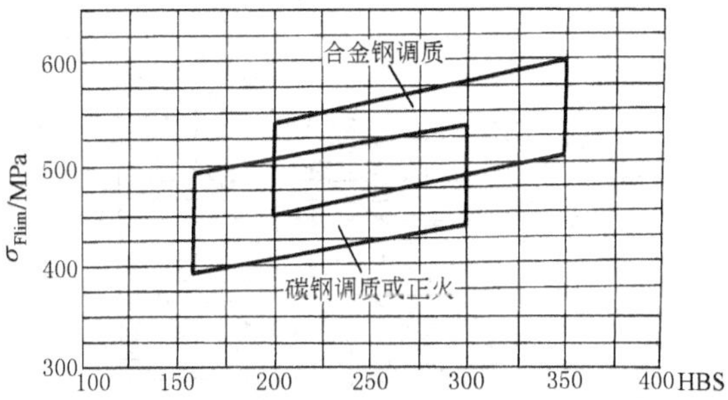

(a) 双圆弧齿轮的弯曲疲劳极限σ_{Flim}调质钢

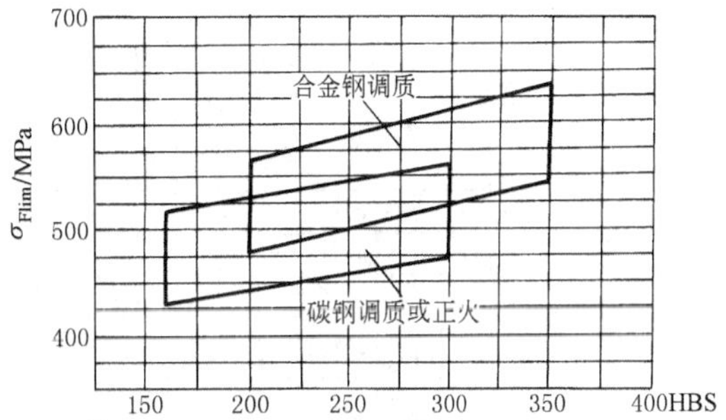

(b) 单圆弧齿轮的弯曲疲劳极限σ_{Flim}调质钢

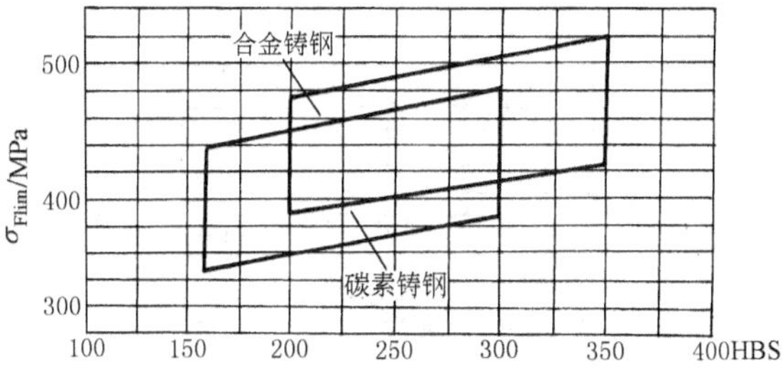

(c) 双圆弧齿轮的弯曲疲劳极限σ_{Flim}铸钢

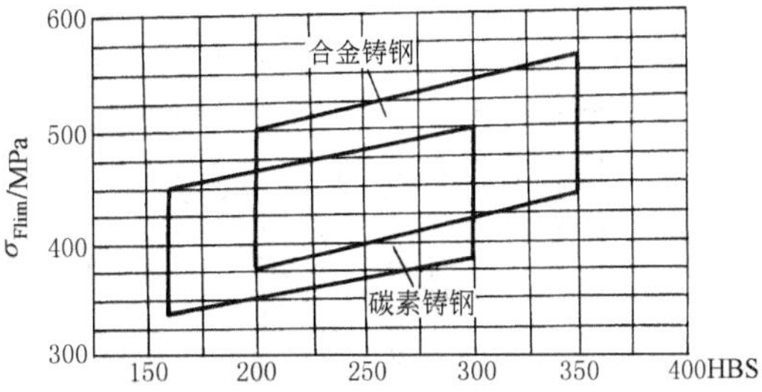

(d) 单圆弧齿轮的弯曲疲劳极限σ_{Flim}铸钢

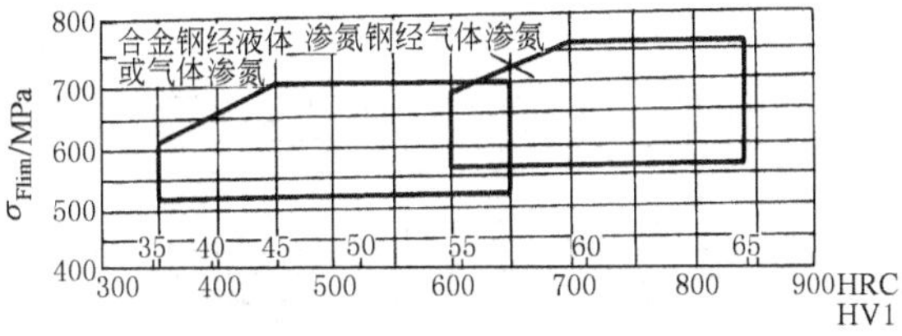

(e) 双圆弧齿轮的弯曲疲劳极限σ_{Flim}渗氮钢

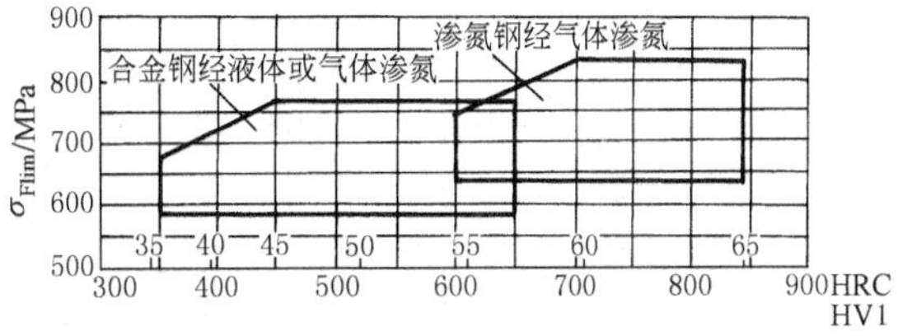

(f) 单圆弧齿轮的弯曲疲劳极限σ_{Flim}渗氮钢

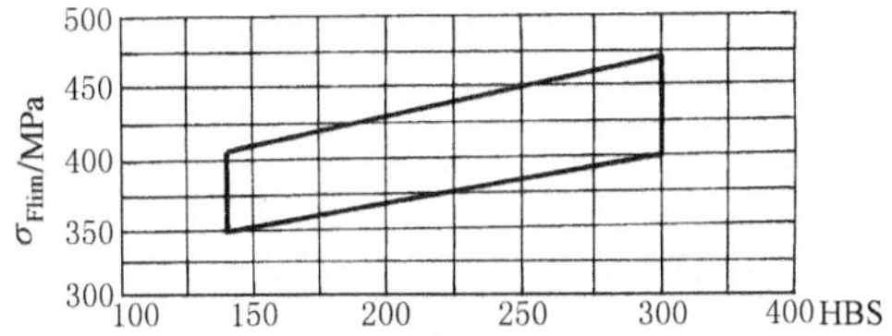

(g) 双圆弧齿轮的弯曲疲劳极限σ_{Flim}球墨铸铁

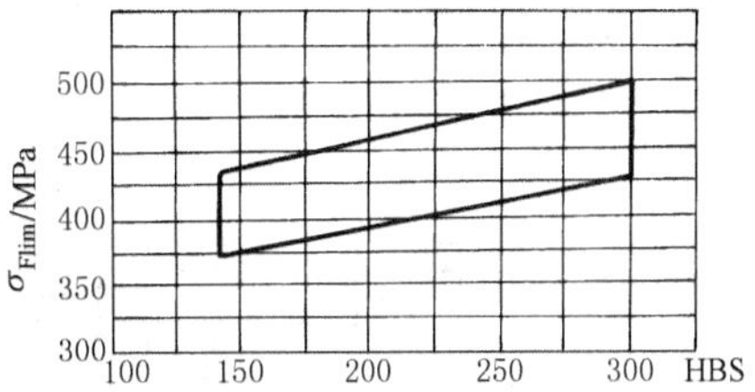

(h) 单圆弧齿轮的弯曲疲劳极限σ_{Flim}球墨铸铁

图 15-2-19　弯曲疲劳极限 σ_{Flim}

寿命系数是考虑齿轮只要求有限寿命时可以提高许用应力的系数。对于有限寿命设计，寿命系数可根据应力循环次数 N_L 查图 15-2-22。对于变载荷下工作的齿轮，在已知载荷图时，应根据当量循环次数 N_v 查图。

（17）润滑剂系数 Z_L

润滑剂系数是考虑所用的润滑油种类及黏度对齿面接触应力的影响系数。其值可按图 15-2-23 查取。

在相同工况条件下，圆弧齿轮的润滑油黏度应比渐开线齿轮高。通常低速传动多采用 220、320 和 460 工业闭式齿轮油（GB/T 5903—1995），高速传动多采用 32 号和 46 号汽轮机油（GB/T 11120—1989）。

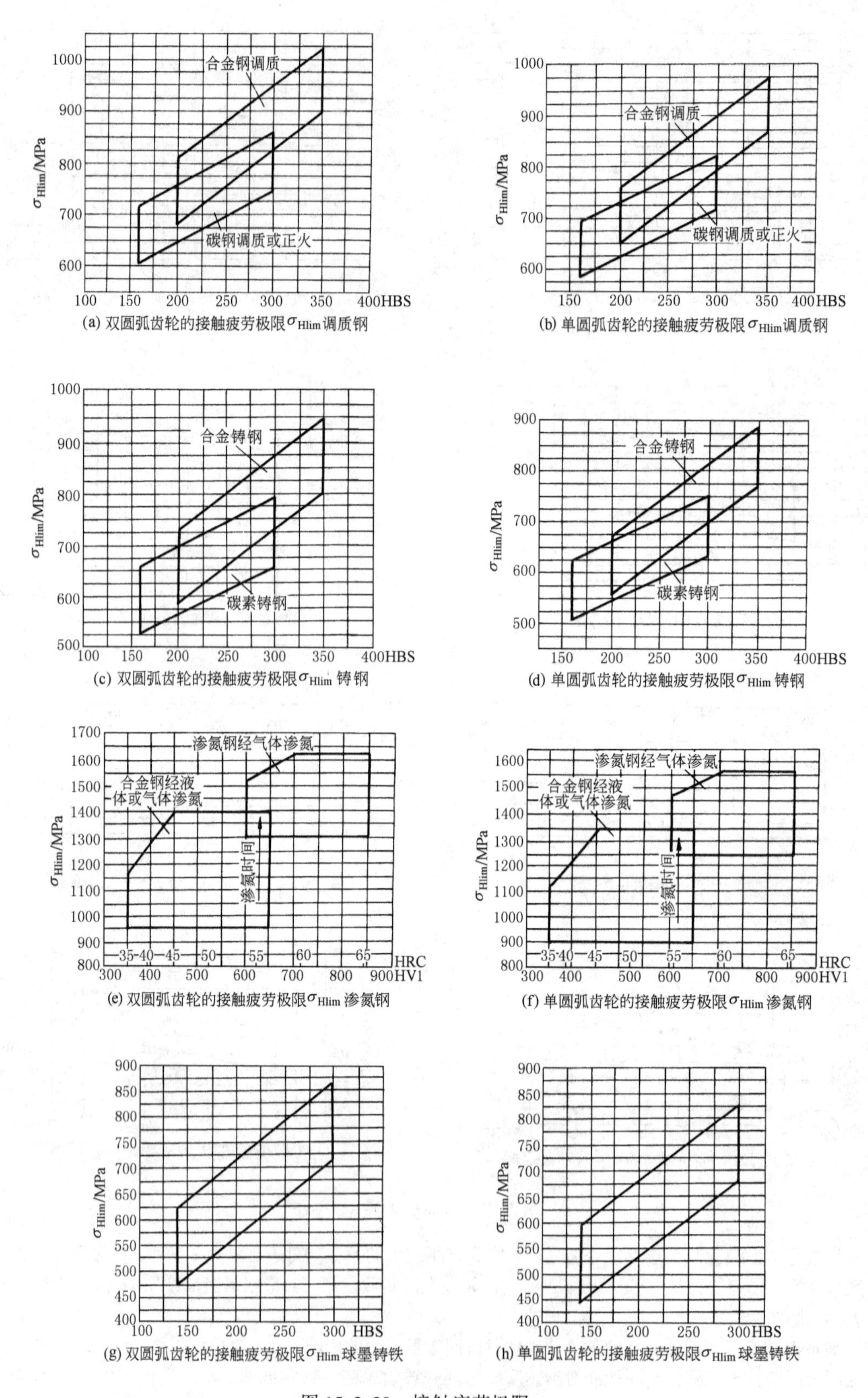

图 15-2-20　接触疲劳极限 σ_{Hlim}

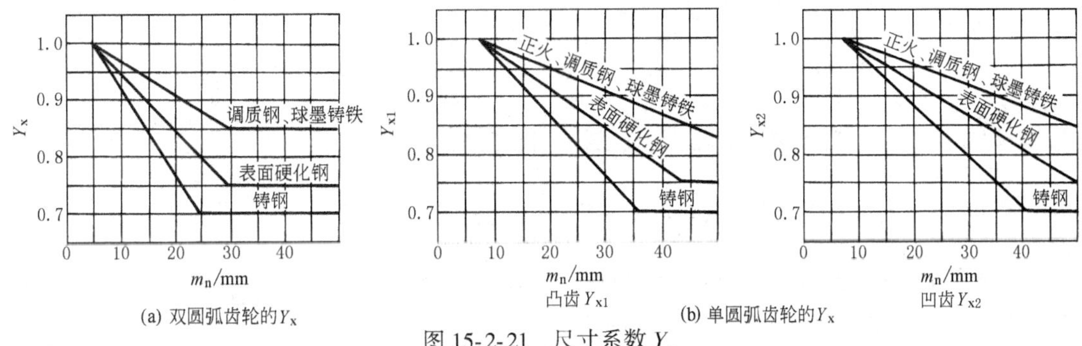

(a) 双圆弧齿轮的Y_x　　(b) 单圆弧齿轮的Y_x

图 15-2-21　尺寸系数 Y_x

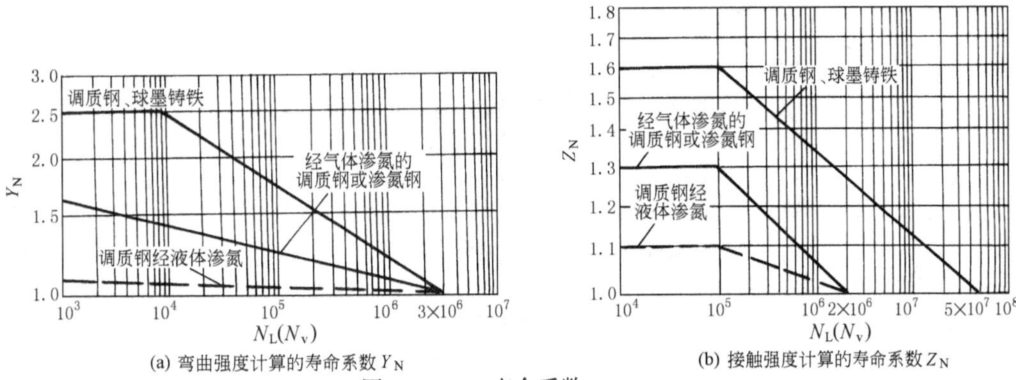

(a) 弯曲强度计算的寿命系数 Y_N　　(b) 接触强度计算的寿命系数 Z_N

图 15-2-22　寿命系数 Y_N、Z_N

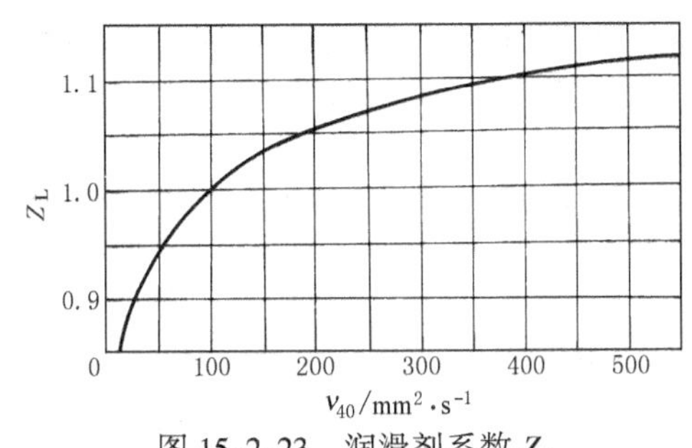

图 15-2-23　润滑剂系数 Z_L

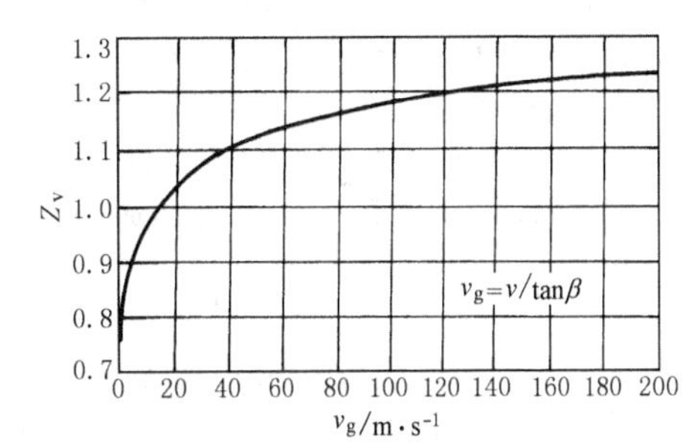

图 15-2-24　速度系数 Z_v

(18) 速度系数 Z_v

速度系数是考虑齿面间相对速度对动压油膜压力和齿面接触应力的影响系数。其值可查图 15-2-24。图中 v 为圆周线速度，v_g 为啮合点沿轴向滚动的迁移速度。

(19) 最小安全系数 S_{Fmin}、S_{Hmin}

推荐弯曲强度计算的最小安全系数 $S_{Fmin}\geqslant1.6$，接触强度计算的最小安全系数 $S_{Hmin}\geqslant1.3$。对可靠性要求高的齿轮传动或动力参数掌握不够准确或质量不够稳定的齿轮传动，可取更大的安全系数。

5　圆弧圆柱齿轮设计计算举例

5.1　设计计算依据

圆弧齿轮设计计算的依据是项目的设计任务书或使用单位提出的设计技术要求。高速齿轮传动和低速齿轮传动的要求略有不同，但综合起来应包括以下主要内容。

① 传递功率（kW）或输出转矩（N·m），或运行载荷图；

② 输入转速（r/min）、输出转速（r/min）或速比，工作时的旋向，是否正反转运行；

③ 使用寿命（h 或 a）；

④ 润滑方式和油品，润滑油温升和轴承温度限制，环境温度；

⑤ 振动和噪声要求；

⑥ 动平衡要求（高速齿轮），静平衡要求（多用于低速铸件）；

⑦ 传动系统的原动机和工作机工况；

⑧ 输入输出连接尺寸要求及受力情况，安装尺寸（包括润滑油管道尺寸）要求；

⑨ 其他要求，如高速齿轮传动输入轴配有盘车机构等。

5.2 高速双圆弧齿轮设计计算举例

例 1 某炼油厂烟汽轮机用的高速双圆弧齿轮箱设计计算。设计技术要求如下：电动机功率 $P=9000$kW，转速 $n_2=1485$r/min，鼓风机转速 $n_1=6054$r/min。当电动机启动并驱动齿轮箱和鼓风机进入额定工况时，为增速传动。以后烟汽轮机工作并驱动鼓风机、带动齿轮箱和电机（变成发电机），这时为减速传动。无论增速或减速，齿轮旋向不变，两侧齿面无规律地交替受力，轮齿承受交变载荷。外循环油泵喷油润滑，选用 ISOVG46 号汽轮机油。采用动压滑动轴承，轴承温度不高于 80℃。齿轮箱噪声不高于 92dB（A）。每天 24h 连续运行，要求持久寿命设计。要求齿轮做动平衡。有连接安装尺寸要求，装有盘车机构。

（1）齿轮设计，确定齿轮参数

1）结构设计。因传递功率较大，采用单级人字齿轮结构，齿形为 GB/T 12759—1991 标准双圆弧齿廓，齿轮精度不低于 6 级（GB/T 15753—1995）。

2）确定齿轮参数。采用郑州机械研究所编制的“双圆弧齿轮计算机辅助设计软件”进行参数优化设计、几何尺寸计算和强度校核计算，大致计算过程如下。

a. 选择材料及热处理工艺，确定极限应力。大、小齿轮材料均选用 42CrMo，锻坯，采用中硬齿面调质处理（轮齿心部硬度大于 300HBS）。齿面进行深层离子渗氮，齿面硬度不低于 650HV1。材料的极限应力查图 15-2-19e 得 $\sigma_{\mathrm{Flim}}=620$MPa；查图15-2-20e得 $\sigma_{\mathrm{Hlim}}=1150$MPa。

b. 选取最小安全系数 $S_{\min}$。由于传递功率较大，是生产线上的关键设备，要求高可靠性运行。最小安全系数值应稍大于标准推荐值。取弯曲强度计算的最小安全系数 $S_{\mathrm{Fmin}}=1.8$；接触强度计算的最小安全系数 $S_{\mathrm{Hmin}}=1.5$。

c. 齿数 z。小齿轮齿数的确定，根据表 15-2-26 高速齿轮传动，由于速比较大，小齿轮齿数 z_1 不能选得太大，如果 z_1 大，齿轮和箱体都大，不经济。根据安装尺寸要求，适当选 z_1，取 $z_1=26$。

大齿轮齿数 $z_2=z_1\dfrac{n_1}{n_2}=26\times\dfrac{6054}{1485}=105.9959$，取 $z_2=106$。

d. 纵向重合度 ε_β。根据表 15-2-26，人字齿轮结构，暂取 $\beta=30°$，$\varphi_a=0.3$。按式（15-2-13）初算单侧纵向重合度，高速齿轮传动，最好 $\varepsilon_\beta\geqslant3$。

$$\varepsilon_\beta=\varphi_a(z_1+z_2)\tan\beta/2\pi=0.3\times(26+106)\tan30°/2\pi=3.639$$

初算结果表明重合度尾数较大。因高速传动有噪声限制，应将齿端修薄。

e. 模数 m_n。按表 15-2-27 中弯曲强度计算公式初算法向模数

$$m_n\geqslant\left(\frac{T_1K_AK_VK_1K_{F2}}{2\mu_\varepsilon+K_{\Delta\varepsilon}}\right)^{1/3}\left(\frac{Y_EY_uY_\beta Y_FY_{End}}{z_1\sigma_{FP}}\right)^{1/2.58}$$

式中各参数值的确定如下。

转矩 T_1：$T_1=\dfrac{T}{2}=\dfrac{1}{2}\left(9550\times10^3\dfrac{P}{n_1}\right)=\dfrac{9550\times10^3\times9000\times26}{2\times1485\times106}=7098342$ N·mm

使用系数 K_A：查表 15-2-30，按轻微振动增速传动 $K_A=1.35\times1.1=1.485$。

动载系数 K_V：查图 15-2-10，按 6 级精度，初定速度 50m/s，得 $K_V=1.38$。

接触迹间载荷分配系数 K_1：查图 15-2-11，按硬齿面对称布置，（φ_d 按表 15-2-26 的中间值 0.9），得 $K_1=1.08$。

接触迹内载荷分布系数 K_{F2}：查表 15-2-31，6 级精度得 $K_{F2}=1.08$。

弹性系数 Y_E：查表 15-2-32，锻钢-锻钢，得 $Y_E=2.079$。

齿数比系数 Y_u：查图 15-2-13a 或按式 $\left(\frac{u+1}{u}\right)^{0.14}=Y_u$ 计算，当 $u=\frac{106}{26}=4.077$ 时，得 $Y_u=1.031$。

螺旋角系数 Y_β：查图 15-2-14a，当 $\beta=30°$时，$Y_\beta=0.81$。

齿形系数 Y_F：查图 15-2-15a，当 $Z_v=26/\cos^3 30°=40.029$ 时，$Y_{F1}=1.95$。

齿端系数 Y_{End}：因齿端修薄，$Y_{End}=1$。

重合度的整数部分值 μ_ε ：$\mu_\varepsilon=3$。

接触迹系数 $K_{\Delta\varepsilon}$：假定重合度的尾数部分 $\Delta\varepsilon$ 全部修去，$K_{\Delta\varepsilon}=0$。

许用应力 σ_{FP}：

$$\sigma_{FP}=\frac{0.7\sigma_{Flim}Y_N Y_x}{S_{Fmin}}$$

式中 0.7 为交变载荷系数。

寿命系数 Y_N：查图 15-2-22a，设计为持久寿命 $Y_N=1$。

尺寸系数 Y_x：因模数未定，暂取 $Y_x=1$。

最小安全系数 S_{Fmin}：$S_{Fmin}=1.8$。

$$\sigma_{FP}=\frac{0.7\times620\times1\times1}{1.8}=241.111\text{MPa}$$

将上列各参数值代入表 15-2-27 中弯曲强度计算的模数计算式得

$$m_n\geqslant\left(\frac{7098342\times1.485\times1.38\times1.08\times1.08}{2\times3+0}\right)^{1/3}\times\left(\frac{2.079\times1.031\times0.81\times1.95\times1}{26\times241.111}\right)^{1/2.58}$$

$$=7.656\text{mm}$$

取标准模数　$m_n=8\text{mm}$

计算中心距 a

$$a=\frac{m_n(z_1+z_2)}{2\cos\beta}=\frac{8\times(26+106)}{2\cos30°}=609.682$$

按优先数系列考虑取中心距　$a=600\text{mm}$。

计算螺旋角 β

$$\beta=\arccos\frac{m_n(z_1+z_2)}{2a}=\arccos\frac{8\times(26+106)}{2\times600}$$

$$=28.35763658°=28°21'27.49''$$

f. 齿宽 b。按初选的重合度 3.639 计算齿宽

$$b=p_x\varepsilon_\beta=\frac{\pi m_n\varepsilon_\beta}{\sin\beta}=\frac{\pi\times8\times3.639}{\sin28°21'27.49''}=192.55$$

经圆整取　$b=190\text{mm}$，为单侧齿宽。

计算重合度 ε_β：

$$\varepsilon_\beta=\frac{b}{p_x}=\frac{b\sin\beta}{\pi m_n}=\frac{190\times\sin28°21'27.49''}{8\pi}=3.59$$

取齿端修薄后的有效齿宽为 175mm，此时的有效重合度为

$$\varepsilon_\beta=\frac{175\times\sin28°21'27.49''}{8\pi}=3.307$$

齿端修薄长度为

$$\Delta L=(3.59-3.307)p_x=0.283p_x$$

符合标准推荐的只修一端（啮入端）的修薄长度要求。

g. 确定的齿轮参数。模数 $m_n=8\text{mm}$，齿数 $z_1=26$、$z_2=106$，螺旋角 $\beta=28°21'27.49''$，中心距 $a=600\text{mm}$，齿宽 $b=190$（单侧齿宽，含修薄长度），有效纵向重合度 $\varepsilon_\beta=3.307$，轴向齿距 $p_x=\frac{m_n\pi}{\sin\beta}=52.914\text{mm}$，小齿轮分度圆

直径 $d_1=\dfrac{m_n z_1}{\cos\beta}=236.364\text{mm}$，大齿轮分度圆直径 $d_2=\dfrac{m_n z_2}{\cos\beta}=963.636\text{mm}$。

计算圆周线速度 v： $v=\dfrac{\pi d_1 n_1}{60\times1000}=74.927\text{m/s}$

计算当量齿数 z_v： $z_{v1}=\dfrac{z_1}{\cos^3\beta}=38.153$，$z_{v2}=\dfrac{z_2}{\cos^3\beta}=155.546$

（2）齿轮强度校核计算

1）校核轮齿齿根弯曲疲劳强度。按表 15-2-27 中的公式计算齿根弯曲应力

$$\sigma_{F1}=\left(\frac{T_1K_AK_VK_1K_{F2}}{2\mu_\varepsilon+K_{\Delta\varepsilon}}\right)^{0.86}\frac{Y_EY_uY_\beta Y_{F1}Y_{End}}{z_1m_n^{2.58}}\quad(\text{MPa})$$

小齿轮名义转矩 T_1： $T_1=7098342\text{N}\cdot\text{mm}$。

使用系数 K_A： $K_A=1.485$。

动载系数 K_V：查图 15-2-10，按 6 级精度，$v=74.927\text{m/s}$，得 $K_V=1.52$。

接触迹间载荷分配系数 K_1：查图 15-2-11，按硬齿面对称布置，$\dfrac{b}{d_1}=0.74$（按有效齿宽 175mm 计算），得$K_1=1.06$。

接触迹内载荷分布系数 K_{F2}：$K_{F2}=1.08$。

接触迹系数 $K_{\Delta\varepsilon}$：查图 15-2-12a，按有效纵向重合度 $\varepsilon_\beta=3.307$，其中 $\mu_\varepsilon=3$，$\Delta\varepsilon=0.307$。按 $\Delta\varepsilon=0.307$ 查 25°～30°曲线，得 $K_{\Delta\varepsilon}=0.14$。

弹性系数 Y_E：$Y_E=2.079$。

齿数比系数 Y_u：$Y_u=1.031$。

螺旋角系数 Y_β：查图 15-2-14a，或按式 $(\sin^2\beta\cos\beta)^{0.14}=Y_\beta$ 计算得 $Y_\beta=0.797$。

齿形系数 Y_F：查图 15-2-15a，按当量齿数 $z_{v1}=38.153$，$z_{v2}=155.546$ 分别查，得 $Y_{F1}=1.95$，$Y_{F2}=1.82$。

齿端系数 Y_{End}：因齿端修薄，$Y_{End}=1$。

将上列各参数值代入弯曲应力计算公式得：

$$\sigma_{F1}=\left(\frac{7098342\times1.485\times1.52\times1.06\times1.08}{2\times3+0.14}\right)^{0.86}\times\frac{2.079\times1.031\times0.797\times1.95\times1}{26\times8^{2.58}}$$

$$=222.028\quad\text{MPa}$$

$$\sigma_{F2}=\sigma_{F1}\frac{Y_{F2}}{Y_{F1}}=207.226\ (\text{MPa})$$

按表 15-2-27 中公式计算安全系数 S_F： $S_F=\dfrac{0.7\sigma_{Flim}Y_NY_x}{\sigma_F}$

寿命系数 Y_N：$Y_N=1$。

尺寸系数 Y_x：查图 15-2-21a，按 $m_n=8\text{mm}$，得 $Y_x=0.97$。

将各参数值代入计算公式： $S_{F1}=\dfrac{0.7\sigma_{Flim}Y_NY_x}{\sigma_{F1}}=\dfrac{0.7\times620\times1\times0.97}{222.028}=1.896$

$$S_{F2}=\frac{0.7\sigma_{Flim}Y_NY_x}{\sigma_{F2}}=\frac{0.7\times620\times1\times0.97}{207.226}=2.032$$

S_{F1}和 S_{F2}均大于 S_{Fmin}，齿根弯曲疲劳强度校核通过。

2）校核齿面接触疲劳强度。按表 15-2-27 中的公式计算齿面接触应力：

$$\sigma_H=\left(\frac{T_1K_AK_VK_1K_{H2}}{2\mu_\varepsilon+K_{\Delta\varepsilon}}\right)^{0.73}\frac{Z_EZ_uZ_\beta Z_a}{z_1m_n^{2.19}}\quad(\text{MPa})$$

式中 T_1、K_A、K_V、K_1、μ_ε 、$K_{\Delta\varepsilon}$ 等同弯曲应力计算中的值。其余参数值如下：

接触迹内载荷分布系数 K_{H2}：查表 15-2-31，按 6 级精度得 $K_{H2}=1.23$。

弹性系数 Z_E：查表 15-2-32，锻钢-锻钢，$Z_E=31.346$。

齿数比系数 Z_u：查图 15-2-13a，或按式$\left(\dfrac{u+1}{u}\right)^{0.27}=Z_u$ 计算得 $Z_u=1.061$。

螺旋角系数 Z_β：查图 15-2-14a，或按式 $(\sin^2\beta\cos\beta)^{0.27}=Z_\beta$ 计算得 $Z_\beta=0.646$。

接触弧长系数 Z_a：查图 15-2-18a，按当量齿数 $Z_{v1}=38.153$ 和 $Z_{v2}=155.546$，得 $Z_{a1}=0.983$，$Z_{a2}=0.961$。$Z_a=\frac{1}{2}(Z_{a1}+Z_{a2})=0.972$。

将上列各参数值代入接触应力计算公式得：

$$\sigma_H=\left(\frac{7098342\times1.485\times1.52\times1.06\times1.23}{2\times3+0.14}\right)^{0.73}\times\frac{31.346\times1.061\times0.646\times0.972}{26\times8^{2.19}}$$

$$=495.733\text{MPa}$$

计算安全系数 S_H

按表 15-2-27 中公式：$S_H=\frac{\sigma_{Hlim}Z_NZ_LZ_v}{\sigma_H}$

寿命系数 Z_N：查图 15-2-22b，因持久寿命，$Z_N=1$。

润滑剂系数 Z_L：查图 15-2-23，按黏度 $\nu_{40}=46\text{mm}^2/\text{s}$，得 $Z_L=0.943$。

速度系数 Z_v：查图 15-2-24，按 $v_g=\frac{v}{\tan\beta}=138.82\text{m/s}$，得 $Z_v=1.21$。

将各参数值代入计算公式：　$S_H=\frac{1150\times1\times0.943\times1.21}{495.733}=2.647$

S_H 大于 S_{Hmin}，齿面接触疲劳强度校核通过。

5.3 低速重载双圆弧齿轮设计计算举例

例 2　某钢铁公司初轧连轧机主传动双圆弧齿轮减速器齿轮强度校核计算。该减速器电机驱动功率 $P=4000\text{kW}$，转速 248r/min，单向运转。第一级中心距 $a_1=1175\text{mm}$，速比 $i_1=1.8$。第二级中心距 $a_2=1617\text{mm}$，速比 $i_2=2.2$。采用外循环喷油润滑，油品为 220 号极压工业齿轮油。每天 24h 连续运转，设计寿命为 80000h。要求Ⅱ轴和Ⅲ轴双轴输出。有安装连接尺寸要求。原设计为软齿面渐开线齿轮，第一级模数为 26mm，第二级模数为 30mm。减速器传动简图见图 15-2-25。

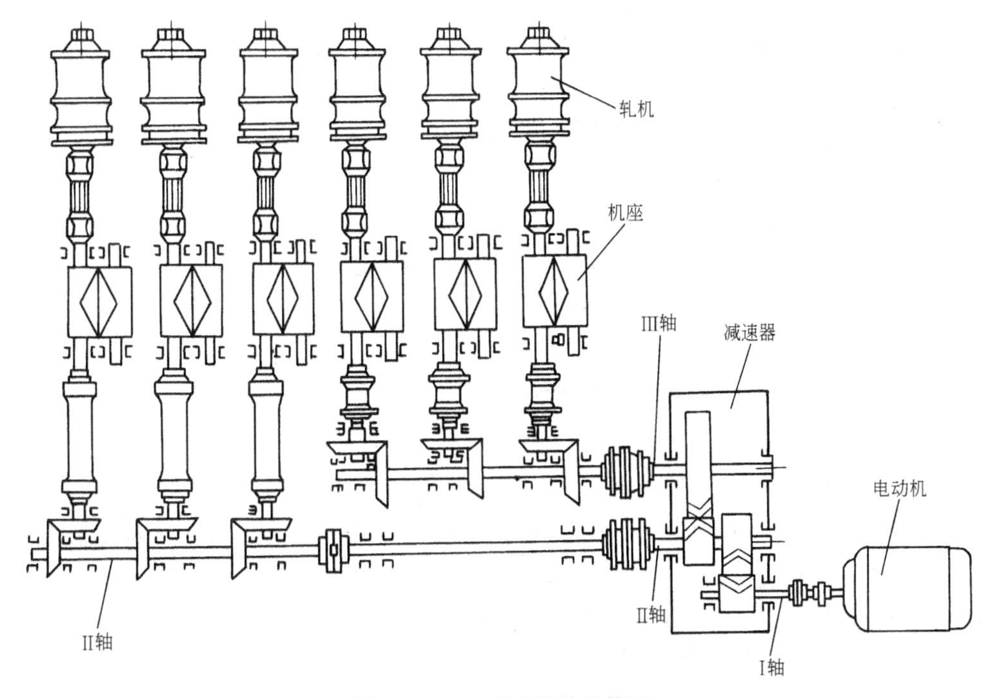

图 15-2-25　减速器传动简图

（1）齿轮设计，确定齿轮参数

减速器第一输出轴（Ⅱ轴）带动4~6架轧机，扭矩相对较小。第二输出轴（Ⅲ轴）带动1~3架轧机，传递扭矩很大。设计采用人字齿轮结构，齿形为GB/T 12759—1991标准双圆弧齿廓，齿轮精度为7级（GB/T 15753—1995），齿面硬度为软齿面。

该减速器为设备改造项目，设计时受中心距和速比限制，齿轮参数优化设计只能在模数、齿数和螺旋角三者之间优化组合。设计时进行了模数20mm、25mm和30mm的比较设计，最终第一级和第二级都选取模数20mm，较为合适。

第一级齿轮参数：$m_n=20$mm，$z_1=36$，$z_2=64$，$\beta=30°40'21''$，单侧齿宽$b=325$mm。

第二级齿轮参数：$m_n=20$mm，$z_1=43$，$z_2=95$，$\beta=31°24'47''$，单侧齿宽$b=305$mm。

仅以第二级为例进行强度校核计算。第二级齿轮的有关参数如下。

小齿轮转速n_1：$n_1=n\times\dfrac{36}{64}=248\times\dfrac{36}{64}=139.5\text{r/min}$。

小齿轮分度圆直径d_1：$d_1=\dfrac{m_n z_1}{\cos\beta}=1007.696\text{mm}$。

大齿轮分度圆直径d_2：$d_2=\dfrac{m_n z_2}{\cos\beta}=2226.305\text{mm}$。

齿数比u：$u=\dfrac{z_2}{z_1}=2.209$（要求速比2.2）。

单侧纵向重合度ε_β：$\varepsilon_\beta=\dfrac{b\sin\beta}{\pi m_n}=2.53$，其中$\mu_\varepsilon=2$，$\Delta\varepsilon=0.53$，齿端不修薄。

齿轮圆周线速度v：$v=\dfrac{\pi d_1 n_1}{60\times1000}=7.36\text{m/s}$。

齿轮当量齿数z_v：$z_{v1}=\dfrac{z_1}{\cos^3\beta}=69.177$，$z_{v2}=\dfrac{z_2}{\cos^3\beta}=152.83$。

小齿轮材料为37SiMn2MoV，锻件，进行调质处理，齿面硬度260~290HBS；大齿轮材料为ZG35CrMo，铸钢件，进行调质处理，齿面硬度220~250HBS。

小齿轮材料的弯曲疲劳极限σ_{Flim1}：查图15-2-19a，得$\sigma_{\text{Flim1}}=520\text{MPa}$。

小齿轮材料的接触疲劳极限σ_{Hlim1}：查图15-2-20a，得$\sigma_{\text{Hlim1}}=840\text{MPa}$。

大齿轮材料的弯曲疲劳极限σ_{Flim2}：查图15-2-19c，得$\sigma_{\text{Flim2}}=440\text{MPa}$。

大齿轮材料的接触疲劳极限σ_{Hlim2}：查图15-2-20c，得$\sigma_{\text{Hlim2}}=680\text{MPa}$。

最小安全系数$S_{\min}$：按标准推荐值$S_{\text{Fmin}}=1.6$，$S_{\text{Hmin}}=1.3$。

（2）齿轮强度校核计算

1）校核轮齿齿根弯曲疲劳强度

按表15-2-27中的公式计算齿根弯曲应力：

$$\sigma_{\text{F1}}=\left(\frac{T_1K_AK_VK_1K_{F2}}{2\mu_\varepsilon+K_{\Delta\varepsilon}}\right)^{0.86}\frac{Y_EY_uY_\beta Y_{F1}Y_{\text{End}}}{z_1m_n^{2.58}}\quad(\text{MPa})$$

小齿轮名义转矩T_1：

$T_1=\dfrac{T}{2}=\dfrac{1}{2}\left(9549\times10^3\dfrac{P}{n_1}\right)=136917562.7\text{N}\cdot\text{mm}$，计算中略去了第一级传动的效率损失。

使用系数K_A：查表15-2-30，中等振动，$K_A=1.5$。

动载系数K_V：查图15-2-10，按7级精度，$v=7.36\text{m/s}$，得$K_V=1.1$。

接触迹间载荷分配系数K_1：查图15-2-11，按软齿面，非对称布置（轴刚性较大），$\varphi_d=\dfrac{b}{d_1}=0.303$，得$K_1=1.01$。

接触迹内载荷分布系数K_{F2}：查表15-2-31，7级精度，$K_{F2}=1.1$。

接触迹系数$K_{\Delta\varepsilon}$：查图15-2-12a，$\Delta\varepsilon=0.53$，得$K_{\Delta\varepsilon}=0.6$。

弹性系数Y_E：查表15-2-32，锻钢-铸钢，得$Y_E=2.076$。

齿数比系数Y_u：查图15-2-13a，或按式$\left(\dfrac{u+1}{u}\right)^{0.14}=Y_u$计算得，$Y_u=1.054$。

螺旋角系数 Y_β：查图 15-2-14a，或按式 $(\sin^2\beta\cos\beta)^{0.14}=Y_\beta$ 计算，得 $Y_\beta=0.815$。

齿形系数 Y_F：查图 15-2-15a，按当量齿数 $z_{v1}=69.177$，$z_{v2}=152.83$ 得 $Y_{F1}=1.865$，$Y_{F2}=1.82$。

齿端系数 Y_{End}：查图 15-2-16a，用插值法，$\varepsilon_\beta=2.53$ 查取，$\beta=30°$时 $Y_{End}=1.35$，$\beta=35°$时 $Y_{End}=1.47$，当 $\beta=31°24'47''$时 $Y_{End}=1.384$。

将上列各参数值代入弯曲应力计算公式得：

$$\sigma_{F1}=\left(\frac{136917562.7\times1.5\times1.1\times1.01\times1.1}{2\times2+0.6}\right)^{0.86}\times\frac{2.076\times1.054\times0.815\times1.865\times1.384}{43\times20^{2.58}}$$
$$=212.152\text{MPa}$$

$$\sigma_{F2}=\sigma_{F1}\frac{Y_{F2}}{Y_{F1}}=207.033\text{MPa}$$

按表 15-2-27 中公式计算安全系数 S_F：　$S_F=\dfrac{\sigma_{Flim}Y_NY_x}{\sigma_F}$

寿命系数 Y_N：查图 15-2-22a，因循环次数大于 3×10^6，得 $Y_N=1$。

尺寸系数 Y_x：查图 15-2-21a，按 $m_n=20\text{mm}$，得 $Y_{x1}=0.91$，$Y_{x2}=0.77$。

将各参数值代入计算公式：

$$S_{F1}=\frac{\sigma_{Flim1}Y_NY_{x1}}{\sigma_{F1}}=\frac{520\times1\times0.91}{212.152}=2.23$$

$$S_{F2}=\frac{\sigma_{Flim2}Y_NY_{x2}}{\sigma_{F2}}=\frac{440\times1\times0.77}{207.033}=1.64$$

S_{F1}和 S_{F2}均大于 S_{Fmin}，齿根弯曲疲劳强度校核通过。

2）校核齿面接触疲劳强度

按表 15-2-27 中的公式计算齿面接触应力：

$$\sigma_H=\left(\frac{T_1K_AK_VK_1K_{H2}}{2\mu_\varepsilon+K_{\Delta\varepsilon}}\right)^{0.73}\frac{Z_EZ_uZ_\beta Z_a}{z_1m_n^{2.19}}\quad(\text{MPa})$$

式中 T_1、K_A、K_V、K_1、μ_ε、$K_{\Delta\varepsilon}$等同弯曲应力计算中的值，其余参数如下。

接触迹内载荷分布系数 K_{H2}：查表 15-2-31，按 7 级精度得 $K_{H2}=1.39$。

弹性系数 Z_E：查表 15-2-32，锻钢-铸钢，得 $Z_E=31.263$。

齿数比系数 Z_u：查图 15-2-13a，或按式$\left(\dfrac{u+1}{u}\right)^{0.27}=Z_u$ 计算得 $Z_u=1.106$。

螺旋角系数 Z_β：查图 15-2-14a，或按式 $(\sin^2\beta\cos\beta)=Z_\beta$ 计算得 $Z_\beta=0.674$。

接触弧长系数 Z_a：查图 15-2-18a，按当量齿数 $Z_{v1}=69.177$，$Z_{v2}=152.83$，得 $Z_{a1}=0.954$，$Z_{a2}=0.945$。$Z_a=\dfrac{1}{2}(Z_{a1}+Z_{a2})=0.9495$。

将上列各参数值代入接触应力计算公式得：

$$\sigma_H=\left(\frac{136917562.7\times1.5\times1.1\times1.01\times1.39}{2\times2+0.6}\right)^{0.73}\times\frac{31.263\times1.106\times0.674\times0.9495}{43\times20^{2.19}}$$
$$=384.005\text{MPa}$$

按表 15-2-27 中公式计算安全系数 S_H：$S_H=\dfrac{\sigma_{Hlim}Z_NZ_LZ_v}{\sigma_H}$

寿命系数 Z_N：查图 15-2-22b，因循环次数大于 5×10^7，$Z_N=1$。

润滑剂系数 Z_L：查图 15-2-23，按 $\nu_{40}=220\text{mm}^2/\text{s}$，得 $Z_L=1.06$。

速度系数 Z_v：查图 15-2-24，按 $v_g=\dfrac{v}{\tan\beta}=12.05\text{m/s}$，得 $Z_v=0.98$。

计算公式：

$$S_{H1}=\frac{\sigma_{Hlim1}Z_NZ_LZ_v}{\sigma_H}=\frac{840\times1\times1.06\times0.98}{384.005}=2.27$$

$$S_{H2}=\frac{\sigma_{Hlim2}Z_NZ_LZ_v}{\sigma_H}=\frac{680\times1\times1.06\times0.98}{384.005}=1.84$$

S_{H1}和 S_{H2}均大于 S_{Hmin}，齿面接触疲劳强度校核通过。

第 15 篇

第3章 锥齿轮传动❶

1 锥齿轮传动的基本类型、特点及应用

表 15-3-1

分类方法	基本类型		简图	主要特点	应用范围
按轴交角分	正交传动			轴交角 $\Sigma=90°$	最广
	斜交传动			轴交角 $\Sigma\neq90°$ $0°<\Sigma<180°$	一般用于 $15°\leqslant\Sigma\leqslant165°$
	共轴线传动			轴交角 $\Sigma=0°$	内啮合联轴器
				轴交角 $\Sigma=180°$	端面齿盘离合器
按节平面的齿线分	直线齿	直齿锥齿轮	径向线	1. 齿形简单,制造容易,成本较低 2. 承载能力较低 3. 噪声较大(经磨削后,噪声可大为降低) 4. 装配误差及轮齿变形易产生偏载,为减小这种影响可以制成鼓形齿 5. 轴向力较小,且方向离开锥顶	1. 多用于低速、轻载而稳定的传动,一般用于圆周速度 $v\leqslant5$m/s或转速 $n\leqslant1000$r/min 2. 对于大型齿轮传动,当用仿型法加工时,其使用周速 $v\leqslant2$m/s 3. 磨齿后可用于 $v=75$m/s 的传动

❶ 用直刃(齿条形)刀具切出的锥齿轮,其齿廓曲线不是球面渐开线,而是8字形啮合的空间曲线,但它在齿高一段十分近似于球面渐开线。

续表

分类方法	基本类型		简图	主要特点	应用范围
按节平面的齿线分	直线齿	斜齿锥齿轮	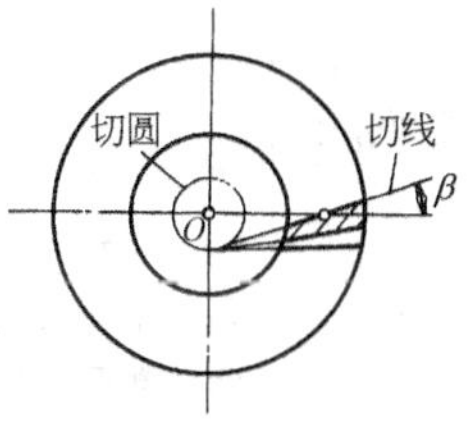 切圆 切线 β O	与直齿锥齿轮相比： 1. 承载能力较大，噪声较小 2. 轴向力大，其方向与转向有关 3. 其齿线是斜交直线，并切于一切圆	1. 多用于大型机械，模数 $m>15$mm 的传动 2. 在低速（$v<12$m/s）、重载或有冲击的传动中，由于加工条件的限制而不能采用曲线齿时，可用它代替 3. 磨齿后可用于高速传动
	曲线齿	弧齿锥齿轮	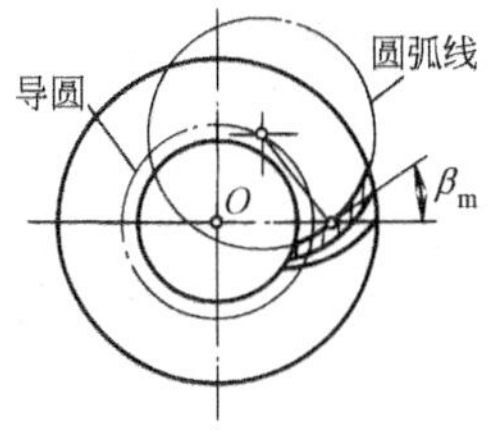 导圆 圆弧线 β_m O	1. 齿线是一段圆弧 2. 承载能力高，运转平稳，噪声小 3. 齿面呈局部接触，装配误差及轮齿变形对偏载的影响不显著 4. 轴向力大，其方向与齿轮的转向有关 5. 可以磨齿	1. 多用于大载荷、周速 $v>5$m/s 或转速 $n>1000$r/min，要求噪声小的传动 2. 磨齿后可用于高速传动（$v=40\sim100$m/s）
		零度弧齿锥齿轮	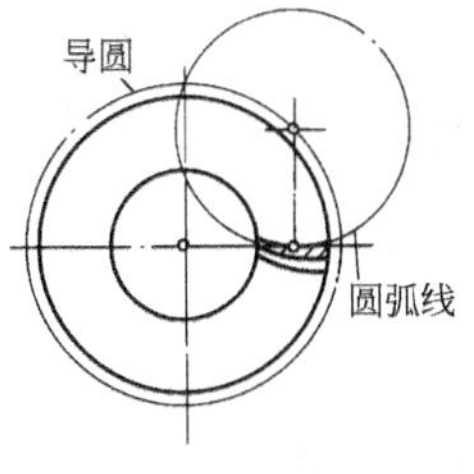 导圆 圆弧线	1. 齿线也是一段圆弧，且齿宽中点螺旋角 $\beta_m=0°$ 2. 承载能力略高于直齿锥齿轮，与鼓形直齿相近 3. 齿面呈局部接触，对偏载的敏感性界于直齿和弧齿之间 4. 轴向力的大小、方向与直齿锥齿轮相近 5. 可以磨齿	1. 用于周速 $v<5$m/s 或转速 $n<1000$r/min 的中、低速传动 2. 可在不改变支承装置的情况下，代替直齿锥齿轮传动，使传动性能得以改善 3. 磨齿后可用于高速
		摆线齿锥齿轮	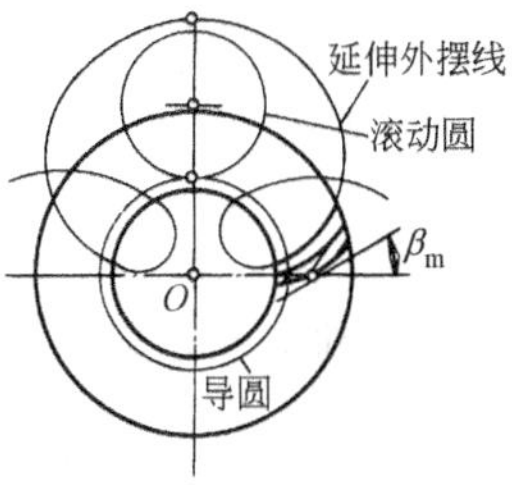 延伸外摆线 滚动圆 β_m O 导圆	1. 齿线较复杂，是延伸外摆线（或称长幅外摆线） 2. 加工时机床调整方便，计算简单 3. 传动性能与弧齿锥齿轮基本相同 4. 不能磨齿	应用范围与弧齿锥齿轮基本相同，尤其适用于单件或中小批生产
按齿高分	收缩齿	不等顶隙收缩齿	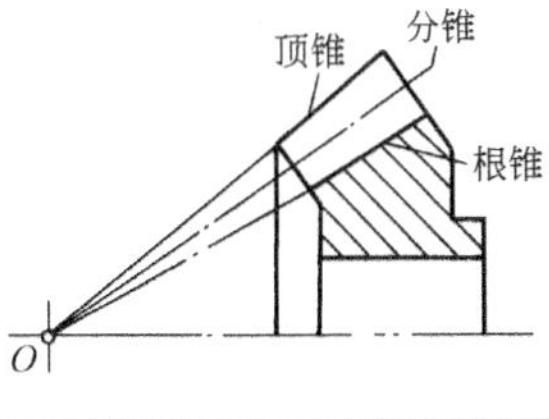 顶锥 分锥 根锥 O	1. 从轮齿的大端到小端齿高逐渐减小，且顶锥、根锥和分锥的顶点相重合 2. 齿轮副的顶隙从齿的大端到小端也是逐渐减小的，在小端容易因错位而"咬死" 3. 小端的齿根圆角半径较小，齿根强度较弱，且小端齿顶较薄	过去广泛应用于直齿锥齿轮，近来有被等顶隙收缩齿取代的趋势
		等顶隙收缩齿	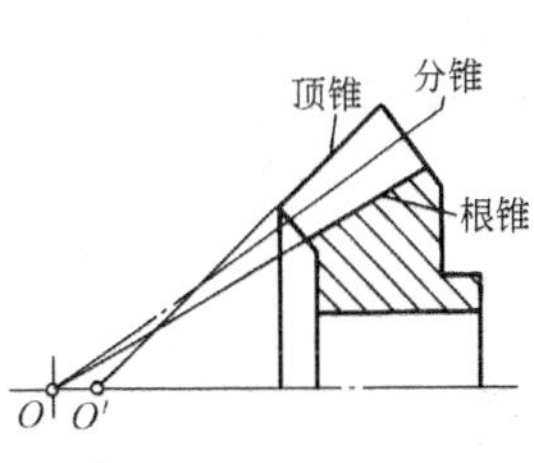 顶锥 分锥 根锥 O O′	1. 从轮齿的大端到小端齿高逐渐减小，且顶锥的顶点不与分锥和根锥的顶点相重合 2. 齿轮副的顶隙沿齿长保持与大端相等的值(一齿轮的顶锥母线与另一齿轮的根锥母线平行) 3. 可以增大小端的齿根圆角半径，减小应力集中，提高齿根强度；同时可增大刀具的刀尖圆角，提高刀具的寿命；还可减小小端齿顶过薄和因错位而"咬死"的可能性	1. 直齿锥齿轮推荐使用等顶隙收缩齿 2. 弧齿锥齿轮和较大模数的零度弧齿锥齿轮（如 $m>2.5$mm）大多采用等顶隙收缩齿

续表

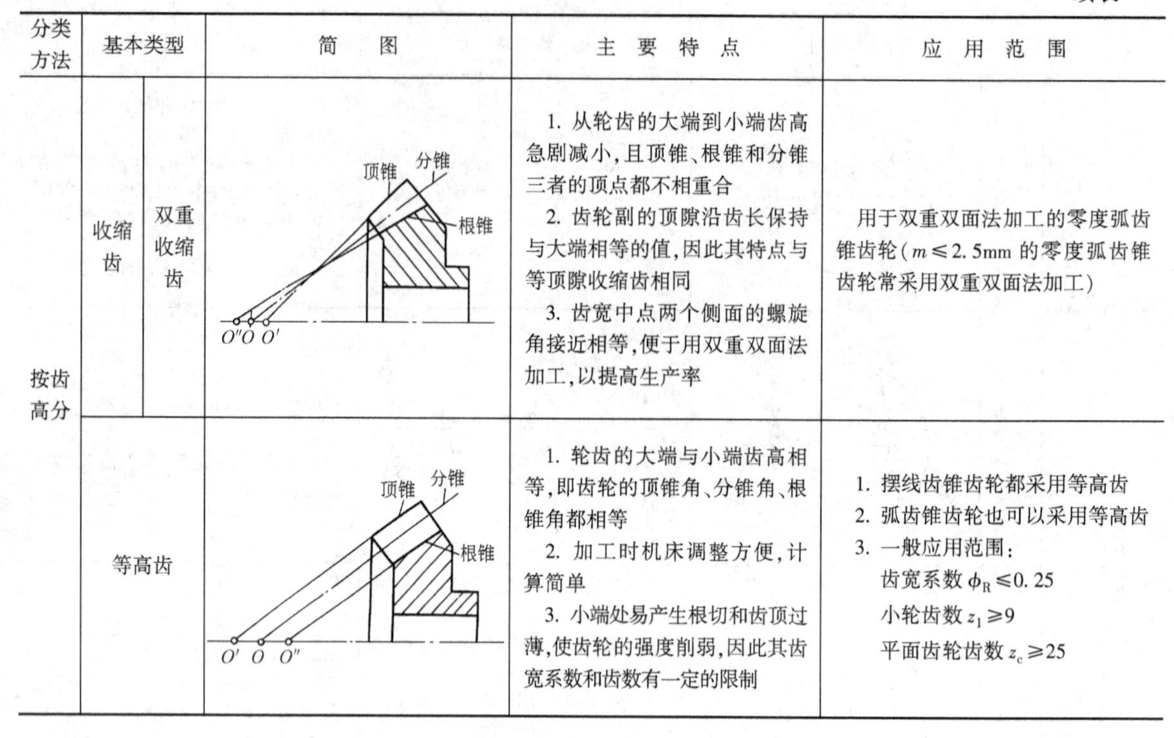

分类方法	基本类型		简图	主要特点	应用范围
按齿高分	收缩齿	双重收缩齿	顶锥 分锥 根锥 $O''O\ O'$	1. 从轮齿的大端到小端齿高急剧减小，且顶锥、根锥和分锥三者的顶点都不相重合 2. 齿轮副的顶隙沿齿长保持与大端相等的值，因此其特点与等顶隙收缩齿相同 3. 齿宽中点两个侧面的螺旋角接近相等，便于用双重双面法加工，以提高生产率	用于双重双面法加工的零度弧齿锥齿轮（$m\leqslant2.5$mm 的零度弧齿锥齿轮常采用双重双面法加工）
	等高齿		顶锥 分锥 根锥 $O'\ O\ O''$	1. 轮齿的大端与小端齿高相等，即齿轮的顶锥角、分锥角、根锥角都相等 2. 加工时机床调整方便，计算简单 3. 小端处易产生根切和齿顶过薄，使齿轮的强度削弱，因此其齿宽系数和齿数有一定的限制	1. 摆线齿锥齿轮都采用等高齿 2. 弧齿锥齿轮也可以采用等高齿 3. 一般应用范围： 齿宽系数 $\phi_R\leqslant0.25$ 小轮齿数 $z_1\geqslant9$ 平面齿轮齿数 $z_c\geqslant25$

2 锥齿轮的变位与齿形制

2.1 锥齿轮的变位

（1）径向变位

用范成法加工锥齿轮时，若刀具所构成的产形齿轮的分度面与被加工的锥齿轮的分度面相切，则加工出来的齿轮为标准齿轮；当把产形齿轮的分度面沿被加工齿轮的当量齿轮径向移开一段距离 xm 时，则加工出来的齿轮为径向变位齿轮（图 15-3-1），xm 称为变位量（m 为模数，x 称为变位系数），刀具远离被加工齿轮时 x 为正，反之 x 为负，在相互啮合的一对齿轮中，若 $x_\Sigma=x_1+x_2=0$，且 $x_2=-x_1$，则称其为高变位；若 $x_\Sigma=x_1+x_2\neq0$，则称其为角变位。径向变位可以避免根切，提高轮齿承载能力和改善传动性能。其中高变位计算简单，应用较广。锥齿轮经径向变位后，其啮合情况如图 15-3-2 所示。

（2）切向变位

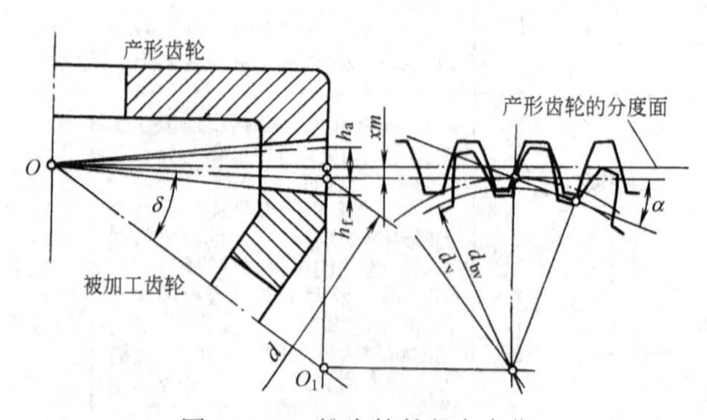

图 15-3-1　锥齿轮的径向变位

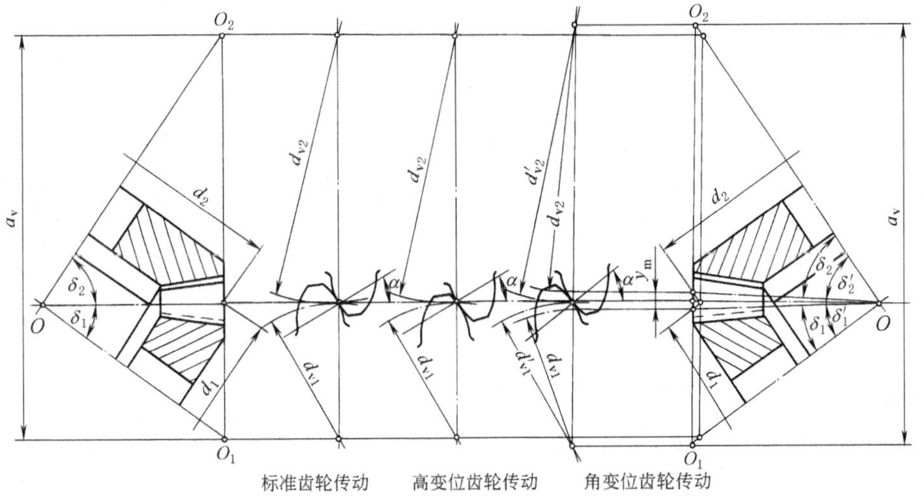

标准齿轮传动　　高变位齿轮传动　　角变位齿轮传动

图 15-3-2　标准齿轮和径向变位齿轮的啮合情况

用范成法加工锥齿轮时，当加工轮齿两侧的两刀刃在其所构成的产形齿轮的分度面上的距离为 $\pi m/2$ 时，加工出来的齿轮为标准齿轮；若改变两刀刃之间的距离，则加工出来的齿轮为切向变位齿轮，变位量用 $x_t m$ 表示（m 为模数，x_t 称为切向变位系数）。变位使齿厚增加时，x_t 为正值；反之 x_t 为负值。为均衡大小齿轮的弯曲强度，常采用 $x_{t\Sigma}=x_{t1}+x_{t2}=0$ 的切向变位，此时除齿厚有所变化外，其他参数并不变化（见图 15-3-3）。若 $x_{t\Sigma}$ 任设值则称为任设值切向变位。

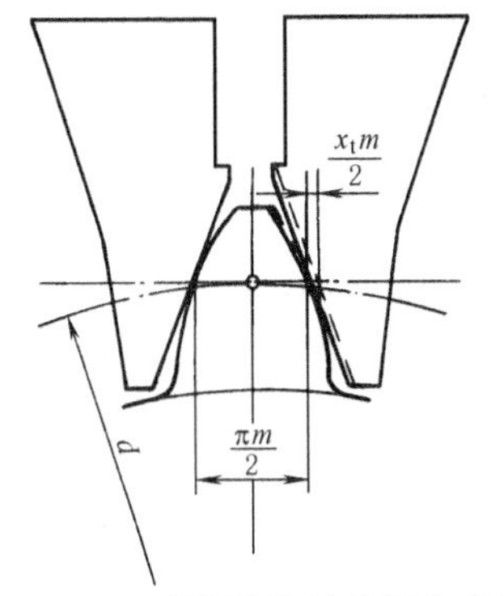

图 15-3-3　直齿锥齿轮的切向变位

（3）高-切综合变位

切向变位和高变位常常一起使用，称为高-切综合变位。它不仅可以改善传动性能、均衡大小齿轮的强度，而且还可以改善由于高变位所引起的小齿轮齿顶厚度过薄的现象。

（4）非零综合变位

一种新型锥齿轮，其综合变位之和为正或负值：$x_\Sigma+0.5x_{t\Sigma}\tan\alpha\neq0$。

2.2 锥齿轮的齿形制

锥齿轮的齿形制很多，现将我国常用的几种齿形制列于表 15-3-2。

表 15-3-2　　**锥齿轮的常用齿形制**

<table>
<tr><th colspan="2" rowspan="2">齿轮类型</th><th rowspan="2">齿形制</th><th colspan="4">基准齿形参数</th><th rowspan="2">变位方式</th><th rowspan="2">齿高</th></tr>
<tr><th>齿形角 α</th><th>齿顶高系数 h_a^*</th><th>顶隙系数 c^*</th><th>螺旋角 β</th></tr>
<tr><td rowspan="3">直线齿</td><td rowspan="3">直齿锥齿轮
斜齿锥齿轮</td><td>GB/T 12369—1990</td><td>20°</td><td>1</td><td>0.2</td><td rowspan="3">直齿锥齿轮为 0°，斜齿锥齿轮由计算确定</td><td>未规定</td><td rowspan="3">推荐用等顶隙收缩齿，也可以用不等顶隙收缩齿</td></tr>
<tr><td>格里森（Gleason）</td><td>20°
也可以使用14.5°或25°</td><td>1</td><td>$0.188+\frac{0.05}{m}$</td><td>高-切变位</td></tr>
<tr><td>埃尼姆斯（Энимс）</td><td>20°</td><td>1</td><td>0.2</td><td>高-切变位</td></tr>
<tr><td rowspan="3">曲线齿</td><td rowspan="3">弧齿锥齿轮</td><td>格里森</td><td>20°</td><td>0.85</td><td>0.188</td><td>$\beta_m=35°$</td><td>高-切变位</td><td rowspan="2">等顶隙收缩齿</td></tr>
<tr><td>埃尼姆斯</td><td>20°</td><td>0.82</td><td>0.2</td><td>$\beta_m>30°$</td><td>高-切变位</td></tr>
<tr><td>洛-卡氏（Лопато и Кабатов）</td><td>20°
轻载或精密传动可用16°</td><td>1</td><td>0.25</td><td>$\beta_m=10°\sim35°$</td><td>高-切变位</td><td>等高齿</td></tr>
</table>

续表

齿轮类型		齿形制	基准齿形参数				变位方式	齿高
			齿形角 α	齿顶高系数 h_a^*	顶隙系数 c^*	螺旋角 β		
曲线齿	零度弧齿锥齿轮	格里森	20° 对于重载可采用22.5°或25°	1	$0.188+\frac{0.05}{m}$	0°	高-切变位	一般采用等顶隙收缩齿；当 $m\leqslant2.5$ 时，常采用双重收缩齿
曲线齿	摆线齿锥齿轮	奥利康（Oerlikon）	20°、17.5°	1	0.15	β_p 由刀盘确定（见表15-3-18）	高-切变位	等高齿
曲线齿	摆线齿锥齿轮	克林根堡（Klingelnberg）	20°	1	0.20	β_p 由刀盘确定（见表15-3-18）	高-切变位	等高齿
能容纳各种齿线的锥齿轮		非零分锥综合变位	任意	$\cos\beta_m$	0.20	任意	角-切变位	任意

注：1. GB/T 12369—1990 基本齿廓的齿根圆角 $\rho_f=0.3m_{en}$，在啮合条件允许下，可取 $\rho_f=0.35m_{en}$；齿廓可修缘，齿顶最大修缘量：齿高方向 $0.6m_n$，齿厚方向 $0.02m_n$；齿形角也可采用 $\alpha_n=14.5°$ 或 25°。

2. 在一般传动中，格里森齿形制和埃尼姆斯齿形制可以互相代用。

3. 非零分锥综合变位是一种新的齿形制，其设计参数的选择较为灵活，有利于优化设计。

3 锥齿轮传动的几何计算

3.1 直线齿锥齿轮传动的几何计算

直齿锥齿轮传动的几何计算

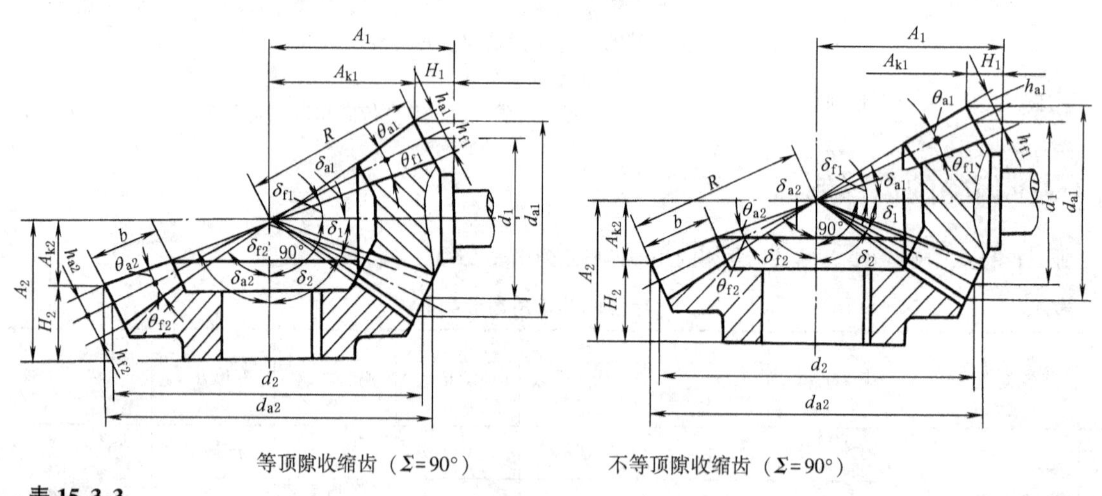

等顶隙收缩齿（$\Sigma=90°$）　　不等顶隙收缩齿（$\Sigma=90°$）

表 15-3-3

项目	计算公式及说明	
	小齿轮	大齿轮
齿形角 α	根据所选定的齿形制，按表 15-3-2 确定	
齿顶高系数 h_a^*	根据所选定的齿形制，按表 15-3-2 确定	
顶隙系数 c^*	根据所选定的齿形制，按表 15-3-2 确定	
大端端面模数 m	根据强度计算或类比法确定，并按表 15-3-5 取标准值	
齿数比 u	$u=\frac{z_2}{z_1}=\frac{n_1}{n_2}\geqslant1$ 按传动要求确定，一般 $u<6$	

续表

项目	计算公式及说明	
	小齿轮	大齿轮
齿数 z	1. 通常 $z_1=16\sim30$ 2. 不产生根切的最少齿数 $z_{\min}=\dfrac{2h_a^*}{\sin^2\alpha}\cos\delta$ 3. 选取最少齿数时可参考表 15-3-6 4. 当分度圆直径确定之后,推荐按图 15-3-5 选取 z_1	
变位系数 x,x_t	1. 对于 $u=1$:$x_1=x_2=0,x_{t1}=x_{t2}=0$ 2. 对于格里森齿制:$x_1=0.46\left(1-\dfrac{1}{u^2}\right)$,$x_2=-x_1$;$x_{t1}$按图 15-3-4 选取,$x_{t2}=-x_{t1}$ 3. 对于埃尼姆斯齿制:x_1 按表 15-3-8 选取,$x_2=-x_1$;x_{t1}按表 15-3-9 选取,$x_{t2}=-x_{t1}$	
节锥角 δ	$\tan\delta_1=\dfrac{\sin\Sigma}{u+\cos\Sigma}$	$\delta_2=\Sigma-\delta_1$
分度圆直径 d	$d_1=mz_1$	$d_2=mz_2$
锥距 R	$R=\dfrac{d_1}{2\sin\delta_1}=\dfrac{d_2}{2\sin\delta_2}$	
齿宽系数 ϕ_R	齿宽系数不宜取得过大,否则将引起小端齿顶过薄,齿根圆角半径过小,应力集中过大,故一般取$\phi_R=\dfrac{1}{4}\sim\dfrac{1}{3}$	
齿宽 b	$b=\phi_R R$,但不得大于 $10m$	
齿顶高 h_a	$h_{a1}=(h_a^*+x_1)m$	$h_{a2}=(h_a^*+x_2)m$
齿高 h	$h=(2h_a^*+c^*)m$	
齿根高 h_f	$h_{f1}=h-h_{a1}$	$h_{f2}=h-h_{a2}$
齿顶圆直径 d_a	$d_{a1}=d_1+2h_{a1}\cos\delta_1$	$d_{a2}=d_2+2h_{a2}\cos\delta_2$
齿根角 θ_f	$\tan\theta_{f1}=\dfrac{h_{f1}}{R}$	$\tan\theta_{f2}=\dfrac{h_{f2}}{R}$
齿顶角 θ_a 不等顶隙收缩齿	$\tan\theta_{a1}=\dfrac{h_{a1}}{R}$	$\tan\theta_{a2}=\dfrac{h_{a2}}{R}$
齿顶角 θ_a 等顶隙收缩齿	$\theta_{a1}=\theta_{f2}$	$\theta_{a2}=\theta_{f1}$
顶锥角 δ_a	$\delta_{a1}=\delta_1+\theta_{a1}$	$\delta_{a2}=\delta_2+\theta_{a2}$
根锥角 δ_f	$\delta_{f1}=\delta_1-\theta_{f1}$	$\delta_{f2}=\delta_2-\theta_{f2}$
安装距 A	按结构确定	
外锥高 A_k	$A_{k1}=\dfrac{d_2}{2}-h_{a1}\sin\delta_1$	$A_{k2}=\dfrac{d_1}{2}-h_{a2}\sin\delta_2$
支承端距 H	$H_1=A_1-A_{k1}$	$H_2=A_2-A_{k2}$
齿距 p	$p=\pi m$	
分度圆弧齿厚 s	$s_1=m\left(\dfrac{\pi}{2}+2x_1\tan\alpha+x_{t1}\right)$	$s_2=p-s_1$
分度圆弦齿厚 $\bar{s}$	$\bar{s}_1=\dfrac{d_1}{\cos\delta_1}\sin\Delta_1\approx s_1-\dfrac{s_1^3\cos^2\delta_1}{6d_1^2}$ 式中 $\Delta_1=\dfrac{s_1\cos\delta_1}{d_1}$ (rad)	$\bar{s}_2=\dfrac{d_2}{\cos\delta_2}\sin\Delta_2\approx s_2-\dfrac{s_2^3\cos^2\delta_2}{6d_2^2}$ 式中 $\Delta_2=\dfrac{s_2\cos\delta_2}{d_2}$ (rad)
分度圆弦齿高 $\bar{h}$	$\bar{h}_1=\dfrac{d_{a1}-d_1\cos\Delta_1}{2\cos\delta_1}\approx h_{a1}+\dfrac{s_1^2}{4d_1}\cos\delta_1$	$\bar{h}_2=\dfrac{d_{a2}-d_2\cos\Delta_2}{2\cos\delta_2}\approx h_{a2}+\dfrac{s_2^2}{4d_2}\cos\delta_2$

续表

项　　目	计 算 公 式 及 说 明	
	小　　齿　　轮	大　　齿　　轮
当量齿数 z_v	$z_{v1}=\dfrac{z_1}{\cos\delta_1}$	$z_{v2}=\dfrac{z_2}{\cos\delta_2}$
端面重合度 ε_α	$\varepsilon_\alpha=\dfrac{1}{2\pi}\left[z_{v1}(\tan\alpha_{va1}-\tan\alpha)+z_{v2}(\tan\alpha_{va2}-\tan\alpha)\right]$ 式中　$\alpha_{va1}=\arccos\dfrac{z_{v1}\cos\alpha}{z_{v1}+2h_a^*+2x_1}$，$\alpha_{va2}=\arccos\dfrac{z_{v2}\cos\alpha}{z_{v2}+2h_a^*+2x_2}$	
	ε_α 可由图 15-3-9 查出	

斜齿锥齿轮传动的几何计算

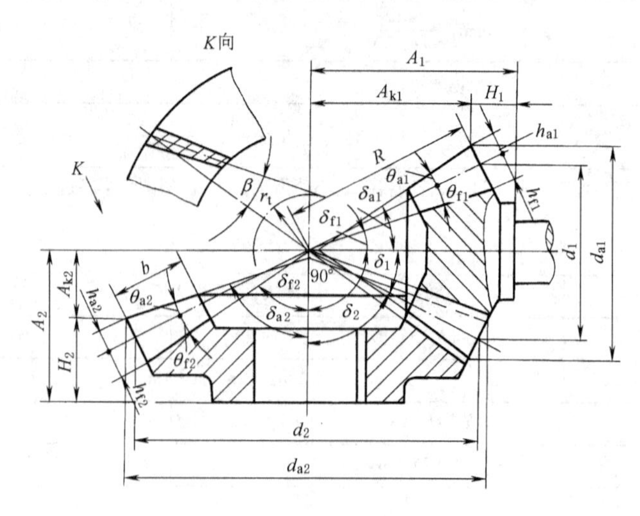

等顶隙收缩齿（$\Sigma=90°$）

表 15-3-4

项　　目	计 算 公 式 及 说 明	
	小　　齿　　轮	大　　齿　　轮
螺旋角 β	1. 最好齿线重合度 $\varepsilon_\beta\geqslant1$　$\tan\beta\geqslant\dfrac{\pi(R-b)m\varepsilon_\beta}{Rb}$ 2. 旋向的规定：从锥顶看齿轮，当齿线从小端到大端是顺时针旋转时，为右旋；反之为左旋 3. 旋向的选用：大小齿轮的旋向应相反，且其产生的轴向力应使两齿轮趋于分离，如做不到时，也应使小齿轮趋向分离（轴向力方向的确定见本章第 5 节）	
齿根角 θ_f	$\tan\theta_{f1}=\dfrac{h_{f1}}{R\cos^2\beta}$	$\tan\theta_{f2}=\dfrac{h_{f2}}{R\cos^2\beta}$
切圆半径 r_t	$r_t=R\sin\beta$	
分度圆弧齿厚 s	$s_1=\left(\dfrac{\pi}{2}+\dfrac{2x_1\tan\alpha}{\cos\beta}+x_{t1}\right)m$	$s_2=\pi m-s_1$
弦齿厚 $\bar{s}_n$	$\bar{s}_{n1}=\left(1-\dfrac{s_1\sin2\beta}{4R}\right)\left(s_1-\dfrac{s_1^3\cos^2\delta_1}{6d_1^2}\right)\cos\beta$	$\bar{s}_{n2}=\left(1-\dfrac{s_2\sin2\beta}{4R}\right)\left(s_2-\dfrac{s_2^3\cos^2\delta_2}{6d_2^2}\right)\cos\beta$
弦齿高 $\bar{h}_n$	$\bar{h}_{n1}=\left(1-\dfrac{s_1\sin2\beta}{4R}\right)\left(h_{a1}+\dfrac{s_1^2}{4d_1}\cos\delta_1\right)$	$\bar{h}_{n2}=\left(1-\dfrac{s_2\sin2\beta}{4R}\right)\left(h_{a2}+\dfrac{s_2^2}{4d_2}\cos\delta_2\right)$
当量齿数 z_v	$z_{v1}=\dfrac{z_1}{\cos\delta_1\cos^3\beta}$	$z_{v2}=\dfrac{z_2}{\cos\delta_2\cos^3\beta}$

续表

项目	计算公式及说明	
	小齿轮	大齿轮
端面重合度 ε_α	$\varepsilon_\alpha=\frac{1}{2\pi}\left[\frac{z_1}{\cos\delta_1}(\tan\alpha_{vat1}-\tan\alpha_t)+\frac{z_2}{\cos\delta_2}(\tan\alpha_{vat2}-\tan\alpha_t)\right]$ 式中 $\alpha_t=\arctan\left(\frac{\tan\alpha}{\cos\beta}\right)$ $\alpha_{vat1}=\arccos\frac{z_1\cos\alpha_t}{z_1+2(h_a^*+x_1)\cos\delta_1}$ $\alpha_{vat2}=\arccos\frac{z_2\cos\alpha_t}{z_2+2(h_a^*+x_2)\cos\delta_2}$	
	$\alpha=20°$时的 ε_α 值可由图 15-3-9 查出	

注：其他几何尺寸的计算与表 15-3-3 中同名参数的计算公式相同。

表 15-3-5　标准系列模数（GB/T 12368—1990） mm

1	1.125	1.25	1.375	1.5	1.75	2	2.25	2.5	2.75
3	3.25	3.5	3.75	4	4.5	5	5.5	6	6.5
7	8	9	10	11	12	14	16	18	20
22	25	28	30	32	36	40	45	50	

表 15-3-6　锥齿轮的最少齿数 z_{min} 和最少齿数和 $z_{\Sigma min}$

用途	直齿及小螺旋角锥齿轮		大螺旋角曲线齿锥齿轮		非零变位大螺旋角锥齿轮	
	z_{min}	$z_{\Sigma min}$	z_{min}	$z_{\Sigma min}$	z_{min}	$z_{\Sigma min}$
工业用 $\alpha=20°$ $h_a^*=\cos\beta_m$	13 ≥14	44 34	12 13~14 ≥15	45 40 34	10 11 ≥12	30 27 24
汽车，高减速比①	6~8 9~12	35~40 24~38	6~9 10~11	40 38	3~5 6~9	35 25

① 采用大齿形角、短齿高，大螺旋角，大正值变位（x_1>0.5）以消除根切。

表 15-3-7　直齿及零度弧齿锥齿轮高变位系数（格里森齿制，$\Sigma=90°$）

u	x	u	x	u	x	u	x
<1.00	0.00	1.15~1.17	0.12	1.42~1.45	0.24	2.06~2.16	0.36
1.00~1.02	0.01	1.17~1.19	0.13	1.45~1.48	0.25	2.16~2.27	0.37
1.02~1.03	0.02	1.19~1.21	0.14	1.48~1.52	0.26	2.27~2.41	0.38
1.03~1.04	0.03	1.21~1.23	0.15	1.52~1.56	0.27	2.41~2.58	0.39
1.04~1.05	0.04	1.23~1.25	0.16	1.56~1.60	0.28	2.58~2.78	0.40
1.05~1.06	0.05	1.25~1.27	0.17	1.60~1.65	0.29	2.78~3.05	0.41
1.06~1.08	0.06	1.27~1.29	0.18	1.65~1.70	0.30	3.05~3.41	0.42
1.08~1.09	0.07	1.29~1.31	0.19	1.70~1.76	0.31	3.41~3.94	0.43
1.09~1.11	0.08	1.31~1.33	0.20	1.76~1.82	0.32	3.94~4.82	0.44
1.11~1.12	0.09	1.33~1.36	0.21	1.82~1.89	0.33	4.82~6.81	0.45
1.12~1.14	0.10	1.36~1.39	0.22	1.89~1.97	0.34	>6.81	0.46
1.14~1.15	0.11	1.39~1.42	0.23	1.97~2.06	0.35		

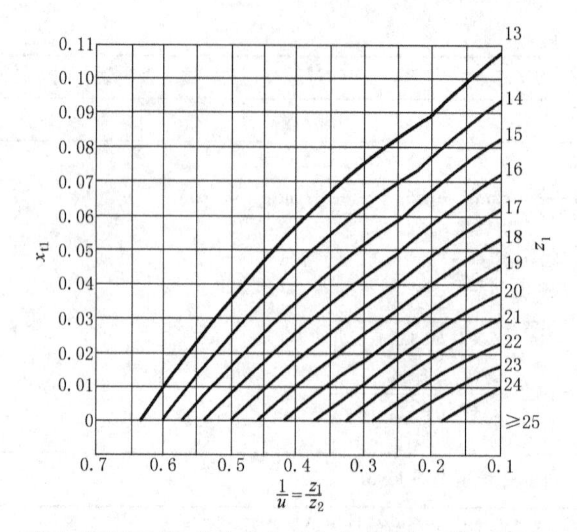

图 15-3-4　直齿及零度弧齿锥齿轮切向变位系数 x_t（格里森齿制，$\alpha=20°$）

表 15-3-8　　**直齿锥齿轮高变位系数 x_1**（埃尼姆斯齿制，$\Sigma=90°$）

齿数比 $u=\frac{z_2}{z_1}$	x_1											
	小轮齿数 z_1											
	10	11	12	13	14	15	18	20	25	30	35	40
1.02~1.05	—	—	—	—	0.05	0.04	0.04	0.04	0.03	0.03	0.02	0.02
>1.05~1.09	—	—	—	—	0.07	0.07	0.06	0.05	0.05	0.04	0.03	0.03
>1.09~1.14	—	—	—	—	0.10	0.10	0.08	0.08	0.06	0.05	0.04	0.04
>1.14~1.18	—	—	—	0.13	0.12	0.11	0.10	0.09	0.08	0.07	0.06	0.06
>1.18~1.22	—	—	—	0.15	0.14	0.14	0.13	0.12	0.10	0.09	0.08	0.07
>1.22~1.27	—	—	—	0.19	0.18	0.17	0.15	0.14	0.12	0.10	0.09	0.08
>1.27~1.32	—	—	—	0.22	0.21	0.20	0.18	0.16	0.13	0.11	0.10	0.09
>1.32~1.39	—	—	0.25	0.24	0.23	0.22	0.20	0.18	0.15	0.13	0.12	0.10
>1.39~1.46	—	—	0.29	0.27	0.26	0.25	0.22	0.21	0.17	0.15	0.13	0.12
>1.46~1.54	—	—	0.33	0.31	0.30	0.27	0.25	0.23	0.20	0.18	0.16	0.14
>1.54~1.65	—	—	0.37	0.35	0.33	0.30	0.27	0.25	0.22	0.19	0.17	0.15
>1.65~1.80	—	0.41	0.39	0.38	0.36	0.34	0.30	0.27	0.24	0.21	0.19	0.16
>1.80~1.95	—	0.44	0.42	0.40	0.38	0.36	0.33	0.30	0.26	0.22	0.20	0.19
>1.95~2.10	0.49	0.48	0.47	0.44	0.42	0.40	0.36	0.34	0.29	0.25	0.22	0.20
>2.10~2.40	0.53	0.51	0.49	0.47	0.45	0.42	0.39	0.36	0.32	0.27	0.24	0.22
>2.40~2.70	0.57	0.54	0.51	0.49	0.47	0.45	0.42	0.39	0.34	0.30	0.26	0.24
>2.70~3.00	0.59	0.55	0.52	0.51	0.49	0.47	0.43	0.40	0.35	0.31	0.27	0.25
>3.00~4.00	0.60	0.56	0.53	0.52	0.50	0.48	0.44	0.42	0.36	0.32	0.28	0.25
>4.00~6.00	0.61	0.58	0.54	0.53	0.51	0.49	0.45	0.43	0.37	0.34	0.30	0.26
>6.00	0.62	0.60	0.55	0.54	0.52	0.50	0.46	0.44	0.38	0.35	0.31	—

表 15-3-9　　**直齿锥齿轮切向变位系数 x_{t1}**（埃尼姆斯齿制，$\Sigma=90°$）

齿数比 u	小齿轮齿数 z_1	切向变位系数 x_{t1}	齿数比 u	小齿轮齿数 z_1	切向变位系数 x_{t1}
1.09~1.14	14~40	0.01	>2.1~2.4	10~14	0.06
>1.14~1.18	13~40	0.01	>2.1~2.4	15~40	0.07
>1.18~1.32	13~40	0.02	>2.4~3.0	10~40	0.07
>1.32~1.39	12~40	0.02	>3.0~4.0	10~40	0.08
>1.39~1.46	12~40	0.03	>4.0~6.0	10~14	0.09
>1.46~1.65	12~40	0.04	4.0~6.0	15~40	0.08
>1.65~1.95	11~40	0.05	6.0 以上	10~13	0.10
>1.95~2.10	10~40	0.06	6.0 以上	14~35	0.09

3.2 弧齿锥齿轮传动的几何计算

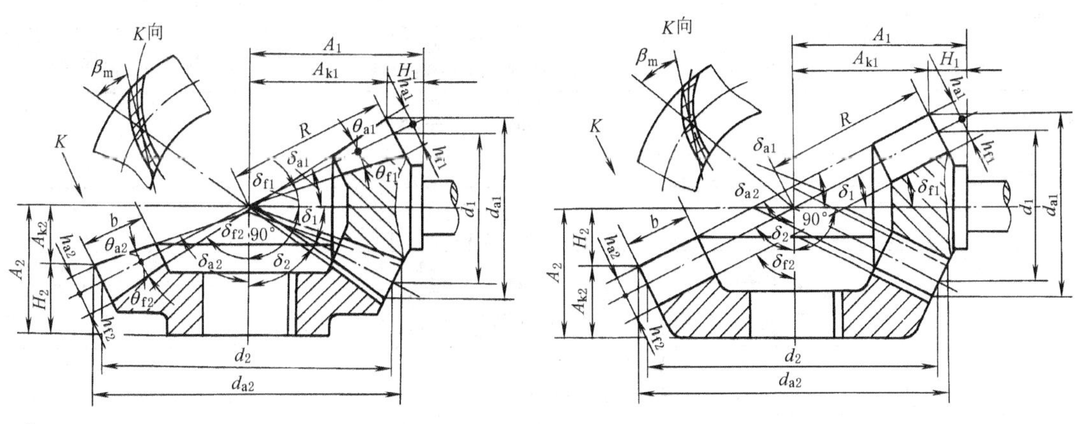

表 15-3-10

项目	计算公式及说明		
	零度弧齿锥齿轮	弧齿锥齿轮	
	等顶隙收缩齿、双重收缩齿（格里森齿制）	等顶隙收缩齿（格里森齿制、埃尼姆斯齿制）	等高齿（洛-卡氏齿制）
齿形角 α 齿顶高系数 h_a^* 顶隙系数 c^*	根据所选定的齿形制，按表 15-3-2 确定		
大端端面模数 m	$m=\frac{d_1}{z_1}=\frac{d_2}{z_2}$，根据强度计算或类比法确定，可以取非标准或非整数的数值		
齿数比 u	$u=\frac{z_2}{z_1}=\frac{n_1}{n_2}$，按传动要求确定，一般 $u=1\sim10$		
齿数 z	1. 不产生根切的最少齿数 $z_{\min}=\frac{2h_a^*}{\sin^2\alpha_m}\cos\delta\cos^3\beta_m$ 2. 选取最少齿数时可参考表 15-3-6 3. 当分度圆直径确定后，推荐按图 15-3-5 或图 15-3-6 选取 z_1		推荐的小齿轮最少齿数见表 15-3-11
变位系数 x,x_t	$x_1=0.46\left(1-\frac{1}{u^2}\right)$，$x_2=-x_1$，或按表 15-3-7 选取 x_{t1} 按图 15-3-4 选取，$x_{t2}=-x_{t1}$	格里森齿制： $x_1=0.39\left(1-\frac{1}{u^2}\right)$，$x_2=-x_1$，或按表 15-3-15 选取 x_{t1} 按图 15-3-7 选取，$x_{t2}=-x_{t1}$ 埃尼姆斯齿制： x_1 见表 15-3-16，$x_2=-x_1$ x_{t1} 见表 15-3-17，$x_{t2}=-x_{t1}$	$\beta_1>10°$ 时，$x_1=0.4\left(1-\frac{1}{u^2}\right)$，$x_2=-x_1$ $\beta_1=10°$ 时，$x_1=0.47$，$x_2=-x_1$ 用简单双面法加工，且 $u<1.5$ 时，$x_{t1}=0.18\cos\beta_t$，$x_{t2}=-x_{t1}$ 其他条件下，$x_{t1}=x_{t2}=0$
齿宽中点螺旋角 β_m	$\beta_{m1}=\beta_{m2}=0°$，两轮旋向相反（旋向的规定见右栏）	1. 等顶隙收缩齿的标准螺旋角 $\beta_m=35°$，等高齿的螺旋角 $\beta_m=10°\sim35°$，两轮齿宽中点的螺旋角数值相等，旋向相反 2. 增大螺旋角可以增加齿线重合度，提高传动平稳性，降低噪声，但轴向力也随之增大 3. 决定螺旋角大小时，至少使齿线重合度 $\varepsilon_\beta\geqslant1.25$，如果条件允许可使 $\varepsilon_\beta=1.5\sim2.0$。$\varepsilon_\beta$ 和 β_m 的关系可利用图 15-3-8 确定 4. 旋向规定：从锥顶看齿轮，当齿线从小端到大端是顺时针旋转时，为右旋；反之为左旋 5. 选定旋向时，大小齿轮的旋向应相反，其产生的轴向力应使两齿轮趋向分离，如果做不到时，也应使小齿轮趋向分离（轴向力方向的确定见本章第 5 节）	

续表

项目	计算公式及说明		
	零度弧齿锥齿轮	弧齿锥齿轮	
	等顶隙收缩齿、双重收缩齿（格里森齿制）	等顶隙收缩齿（格里森齿制、埃尼姆斯齿制）	等高齿（洛-卡氏齿制）
分锥角 δ	$\tan\delta_1=\dfrac{\sin\Sigma}{u+\cos\Sigma}, \delta_2=\Sigma-\delta_1$		
分度圆直径 d	$d_1=mz_1, d_2=mz_2$		
锥距 R	$R=\dfrac{d_1}{2\sin\delta_1}=\dfrac{d_2}{2\sin\delta_2}$		
齿宽系数 ϕ_R	$\phi_R=\dfrac{b}{R}\leqslant\dfrac{1}{4}$	$\phi_R=\dfrac{b}{R}=\dfrac{1}{3.5}\sim\dfrac{1}{3}$	$\phi_R=\dfrac{b}{R}=\dfrac{1}{4}\sim\dfrac{1}{3}$
齿宽 b	取 $b=\phi_R R$ 和 $b=10m$ 中的较小值		
齿顶高 h_a	$h_{a1}=(h_a^*+x_1)m$ $h_{a2}=(h_a^*+x_2)m$		$h_{a1}=(h_a^*+x_1)(1-\phi_R)m$ $h_{a2}=(h_a^*+x_2)(1-\phi_R)m$
齿高 h	$h=(2h_a^*+c^*)m$		$h=(2h_a^*+c^*)(1-\phi_R)m$
齿根高 h_f	$h_{f1}=h-h_{a1}$ $h_{f2}=h-h_{a2}$		$h_{f1}=h-h_{a1}$ $h_{f2}=h-h_{a2}$
齿顶圆直径 d_a	$d_{a1}=d_1+2h_{a1}\cos\delta_1, d_{a2}=d_2+2h_{a2}\cos\delta_2$		
齿根角 θ_f	$\theta_{f1}=\arctan\dfrac{h_{f1}}{R}+\Delta\theta_f$ $\theta_{f2}=\arctan\dfrac{h_{f2}}{R}+\Delta\theta_f$ 等顶隙收缩齿 $\Delta\theta_f=0$ 双重收缩齿 $\Delta\theta_f$ 见表 15-3-12	$\tan\theta_{f1}=\dfrac{h_{f1}}{R}$ $\tan\theta_{f2}=\dfrac{h_{f2}}{R}$	
齿顶角 θ_a	$\theta_{a1}=\theta_{f2}, \theta_{a2}=\theta_{f1}$		
顶锥角 δ_a	$\delta_{a1}=\delta_1+\theta_{a1}, \delta_{a2}=\delta_2+\theta_{a2}$		$\delta_{a1}=\delta_1, \delta_{a2}=\delta_2$
根锥角 δ_f	$\delta_{f1}=\delta_1-\theta_{f1}, \delta_{f2}=\delta_2-\theta_{f2}$		$\delta_{f1}=\delta_1, \delta_{f2}=\delta_2$
外锥高 A_k	$A_{k1}=R\cos\delta_1-h_{a1}\sin\delta_1, A_{k2}=R\cos\delta_2-h_{a2}\sin\delta_2$		
安装距 A	按结构确定，一般凑成整数		
支承端距 H	$H_1=A_1-A_{k1}, H_2=A_2-A_{k2}$		
弧齿厚 s	$s_1=m\left(\dfrac{\pi}{2}+\dfrac{2x_1\tan\alpha}{\cos\beta}+x_{t1}\right), s_2=\pi m-s_1$ 式中 β 为大端螺旋角，按表 15-3-13 计算		
弦齿厚 $\bar{s}_n$	根据切齿方法确定，一般由机床调整计算		
弦齿高 $\bar{h}_n$			
当量齿数 z_v	$z_{v1}=\dfrac{z_1}{\cos\delta_1}, z_{v2}=\dfrac{z_2}{\cos\delta_2}$	$z_{v1}=\dfrac{z_1}{\cos\delta_1\cos^3\beta_m}, z_{v2}=\dfrac{z_2}{\cos\delta_2\cos^3\beta_m}$	
重合度 端面重合度 ε_α	$\varepsilon_\alpha=\dfrac{1}{2\pi}[z_{v1}(\tan\alpha_{va1}-\tan\alpha)+z_{v2}(\tan\alpha_{va2}-\tan\alpha)]$ 式中 $\alpha_{va1}=\arccos\dfrac{z_{v1}\cos\alpha}{z_{v1}+2h_a^*+2x_1}$ $\alpha_{va2}=\arccos\dfrac{z_{v2}\cos\alpha}{z_{v2}+2h_a^*+2x_2}$	$\varepsilon_\alpha=\dfrac{1}{2\pi}\left[\dfrac{z_1}{\cos\delta_1}(\tan\alpha_{vat1}-\tan\alpha_t)+\dfrac{z_2}{\cos\delta_2}(\tan\alpha_{vat2}-\tan\alpha_t)\right]$ 式中 $\alpha_t=\arctan\left(\dfrac{\tan\alpha}{\cos\beta_m}\right)$ $\alpha_{vat1}=\arccos\dfrac{z_1\cos\alpha_t}{z_1+2(h_a^*+x_1)\cos\delta_1}$ $\alpha_{vat2}=\arccos\dfrac{z_2\cos\alpha_t}{z_2+2(h_a^*+x_2)\cos\delta_2}$	
	$\alpha=20°$时，ε_α 值可由图 15-3-9 查出		
重合度 齿线重合度 ε_β	$\varepsilon_\beta=0$	$\varepsilon_\beta\approx\dfrac{1}{1-0.5\phi_R}\times\dfrac{b\tan\beta_m}{\pi m}$	
		$b/R=0.3$ 时，ε_β 可由图 15-3-8 查出	
重合度 总重合度 ε_γ	$\varepsilon_\gamma=\varepsilon_\alpha$	$\varepsilon_\gamma=\sqrt{\varepsilon_\alpha^2+\varepsilon_\beta^2}$	

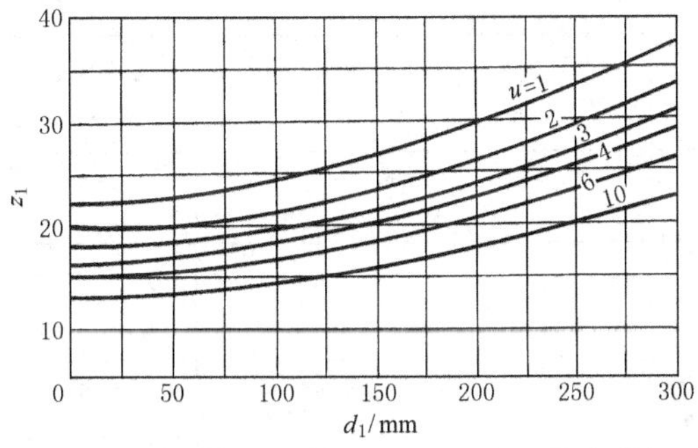

图 15-3-5　直齿及零度弧齿锥齿轮小轮齿数 z_1

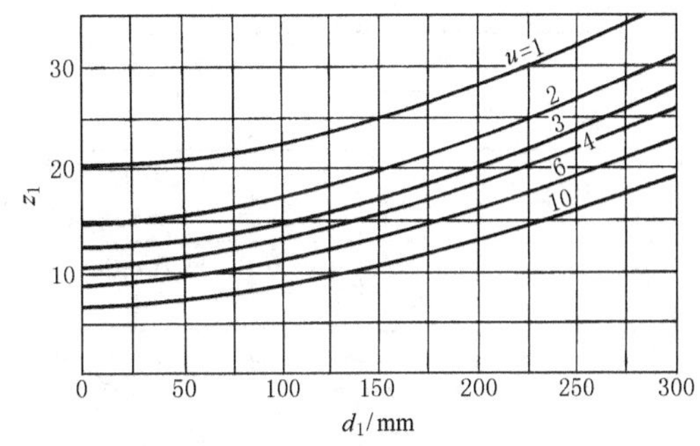

图 15-3-6　弧齿锥齿轮小轮齿数 z_1（$\beta_m=35°$）

表 15-3-11　等高齿弧齿锥齿轮小轮齿数 z_1

切齿方法	齿形角 α	中点螺旋角 β_m	传动比 i	小齿轮最少齿数				R/D_0	锥距 R /mm
				$i=1.0\sim1.5$	$i=1.5\sim2.5$	$i=2.5\sim3.5$	$i=3.5\sim10$		
单面法	20°	10°~35°	1~10	19	16	13	10	0.55~0.9	50~810
简单双面法	20°	10°~35°	1~10	23	18	14	10	0.67~1.0	60~800

表 15-3-12　双重收缩齿零度弧齿锥齿轮齿根角增量 $\Delta\theta_f$

齿形角 α	20°	22°30′	25°
平面齿轮齿数 z_p	$z_p=\dfrac{2R}{m}=\sqrt{z_1^2+z_2^2}$		
齿根角增量 $\Delta\theta_f$	$\Delta\theta_f=\dfrac{6668}{z_p}-\dfrac{1512\sqrt{d_1\sin\delta_2}}{z_p b}-\dfrac{355.6}{z_p m}$	$\Delta\theta_f=\dfrac{4868}{z_p}-\dfrac{1512\sqrt{d_1\sin\delta_2}}{z_p b}-\dfrac{355.6}{z_p m}$	$\Delta\theta_f=\dfrac{3412}{z_p}-\dfrac{1512\sqrt{d_1\sin\delta_2}}{z_p b}-\dfrac{355.6}{z_p m}$

表 15-3-13　弧齿锥齿轮螺旋角计算公式

名　称	代号	计　算　公　式
任意点螺旋角	β_x	$\sin\beta_x=\dfrac{1}{d_0}\left[R_x+\dfrac{R_m(d_0\sin\beta_m-R_m)}{R_x}\right]$
大端螺旋角	β	$\sin\beta=\dfrac{1}{d_0}\left[R+\dfrac{R_m(d_0\sin\beta_m-R_m)}{R}\right]$
小端螺旋角	β_i	$\sin\beta_i=\dfrac{1}{d_0}\left[R_i+\dfrac{R_m(d_0\sin\beta_m-R_m)}{R_i}\right]$
说　明		R_x——任意点锥距； R_m——中点锥距，$R_m=R-\dfrac{b}{2}$； R_i——小端锥距，$R_i=R-b$； d_0——铣刀盘名义直径，其值已标准化，见表 15-3-14

表 15-3-14　铣刀盘名义直径 d_0

名义直径 d_0		螺旋角 β_m/(°)	锥距 R/mm	最大齿高 /mm	最大齿宽 /mm	最大模数 /mm
英制，in	公制，mm	推　荐　值				
1/2	12.7	≤15	6~13	3.5	4	1.75
1 1/10	27.94	≤25	13~19	3.5	6.5	1.75
1 1/2	38.10	≤25	19~25	5	8	2.5
2	50.8	≤25	25~38	5	11	2.5

续表

名义直径 d_0		螺旋角 β_m/(°)	锥距 R/mm	最大齿高 /mm	最大齿宽 /mm	最大模数 /mm
英制,in	公制,mm	推荐值				
3½	88.9	0~15 >15	20~40 36~65	8.7	20	3.5
6	152.4	0~15 >15	35~70 60~100	10	30	4.5 5
9	228.6	0~15 15~25 >25	60~120 90~160 90~160	15	50	6.5 7.5 8
12	304.8	0~15 15~25 >25	90~180 140~210 140~210	20	65	9 10 11
18	457.2	0~15 15~25 >25	160~240 190~320 190~320	28	100	12 14 15
21	533.4	0~15 15~25 >25	190~280 220~370 220~370	35	115	14 16 17.5
24	609.6	0~15 15~25 >25	210~320 250~420 250~420	40	130	16 18 20
27	685.8	0~15 15~25 >25	240~360 280~480 280~480	45	150	18 20 22.5
30	762	0~15 15~25 >25	270~400 320~530 320~530	50	170	20 22 25
33	838.2	0~15 15~25 >25	290~440 350~590 350~590	55	190	22 24 27.5
36	914.4	0~15 15~25 >25	320~480 380~640 380~640	60	210	24 26 30
39	990.6	0~15 15~25 >25	340~490 400~690 400~690	65	230	26 28 32.5
42	1066.8	0~15 15~25 >25	370~560 440~740 440~740	70	250	28 30 35

注：1. 本表只适用于收缩齿弧齿锥齿轮。

2. d_0≥21in 的铣刀盘只用于大型弧齿锥齿轮加工机床。

表 15-3-15　　弧齿锥齿轮高变位系数（格里森齿制）

u	x	u	x	u	x	u	x
<1.00	0.00	1.15~1.17	0.10	1.41~1.44	0.20	1.99~2.10	0.30
1.00~1.02	0.01	1.17~1.19	0.11	1.44~1.48	0.21	2.10~2.23	0.31
1.02~1.03	0.02	1.19~1.21	0.12	1.48~1.52	0.22	2.23~2.38	0.32
1.03~1.05	0.03	1.21~1.23	0.13	1.52~1.57	0.23	2.38~2.58	0.33
1.05~1.06	0.04	1.23~1.26	0.14	1.57~1.63	0.24	2.58~2.82	0.34
1.06~1.08	0.05	1.26~1.28	0.15	1.63~1.68	0.25	2.82~3.17	0.35
1.08~1.09	0.06	1.28~1.31	0.16	1.68~1.75	0.26	3.17~3.67	0.36
1.09~1.11	0.07	1.31~1.34	0.17	1.75~1.82	0.27	3.67~4.56	0.37
1.11~1.13	0.08	1.34~1.37	0.18	1.82~1.90	0.28	4.56~7.00	0.38
1.13~1.15	0.09	1.37~1.41	0.19	1.90~1.99	0.29	>7.00	0.39

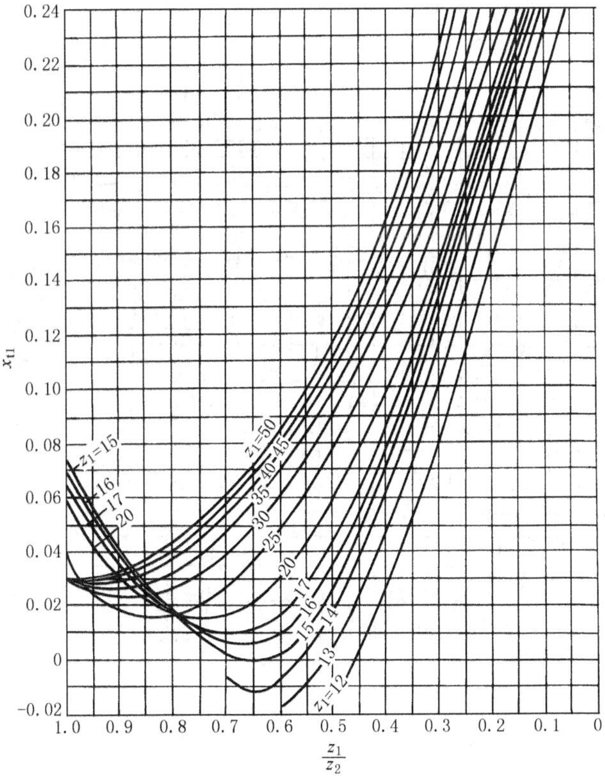

图 15-3-7　弧齿锥齿轮切向变位系数 x_t［格里森齿制 Σ（或当量 Σ）= 90°］

表 15-3-16　　**弧齿锥齿轮高变位系数 x_1**（埃尼姆斯齿制，Σ=90°，β_m = 35°）

u \ z_1	10	11	12	13	14	15	18	20	25	30	35	40
1.00～1.02	—	—	—	0	0	0	0	0	0	0	0	0
1.02～1.05	—	—	—	0.02	0.02	0.02	0.02	0.01	0.01	0.01	0.01	0.01
1.05～1.08	—	—	—	0.03	0.03	0.03	0.03	0.03	0.02	0.02	0.01	0.01
1.08～1.12	—	—	—	0.04	0.03	0.03	0.03	0.03	0.02	0.02	0.02	0.01
1.12～1.16	—	—	—	0.06	0.06	0.05	0.05	0.04	0.04	0.03	0.03	0.02
1.16～1.20	—	—	—	0.08	0.08	0.07	0.07	0.06	0.05	0.05	0.04	0.04
1.20～1.25	—	—	—	0.10	0.10	0.09	0.08	0.07	0.06	0.06	0.05	0.05
1.25～1.30	—	—	—	0.12	0.12	0.10	0.09	0.09	0.08	0.07	0.06	0.05
1.30～1.35	—	—	—	0.14	0.14	0.12	0.10	0.10	0.09	0.07	0.06	0.06
1.35～1.40	—	0.18	0.17	0.16	0.15	0.14	0.12	0.11	0.09	0.08	0.07	0.06
1.40～1.50	—	0.20	0.19	0.18	0.17	0.16	0.14	0.12	0.10	0.09	0.08	0.07
1.50～1.60	0.24	0.23	0.22	0.20	0.19	0.18	0.16	0.14	0.12	0.11	0.09	0.08
1.60～1.80	0.27	0.25	0.24	0.22	0.21	0.20	0.18	0.16	0.14	0.12	0.10	0.09
1.80～2.0	0.30	0.28	0.26	0.25	0.24	0.23	0.20	0.18	0.15	0.13	0.12	0.10
2.0～2.25	0.32	0.30	0.28	0.27	0.26	0.24	0.22	0.20	0.17	0.14	0.13	0.11
2.25～2.5	0.34	0.32	0.30	0.29	0.28	0.26	0.24	0.22	0.18	0.15	0.13	0.12
2.5～3.0	0.37	0.35	0.32	0.31	0.30	0.28	0.25	0.23	0.19	0.16	0.14	0.13
3.0～3.5	0.38	0.35	0.33	0.31	0.30	0.29	0.26	0.24	0.19	0.17	0.13	0.13
3.5～4.5	0.38	0.36	0.34	0.32	0.31	0.30	0.26	0.24	0.20	0.18	0.15	0.14
4.5～6	0.38	0.37	0.35	0.33	0.31	0.31	0.27	0.25	0.21	0.18	0.16	0.14
>6	0.38	0.37	0.35	0.33	0.32	0.31	0.28	0.26	0.22	0.19	0.17	—

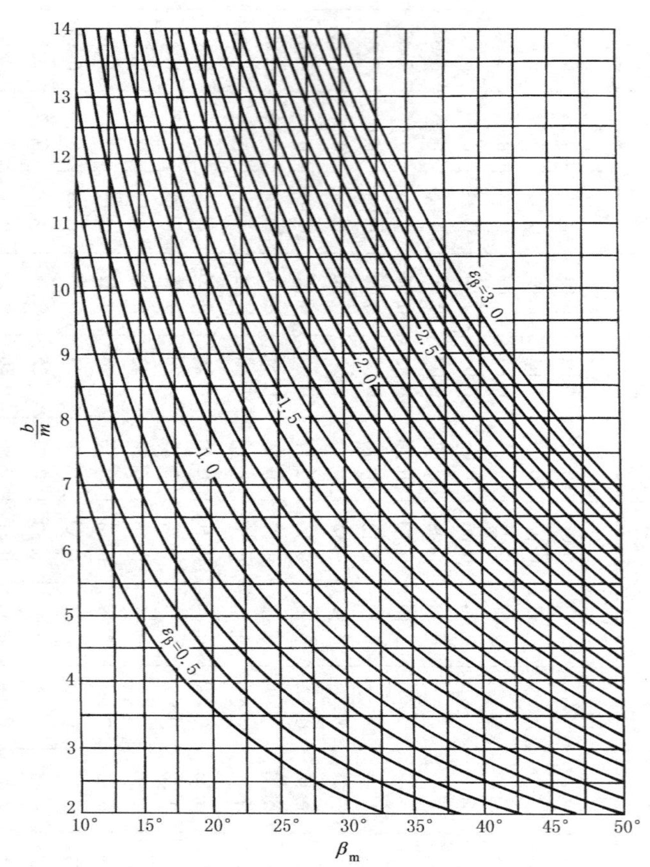

图 15-3-8 弧齿锥齿轮齿线重合度 ε_β

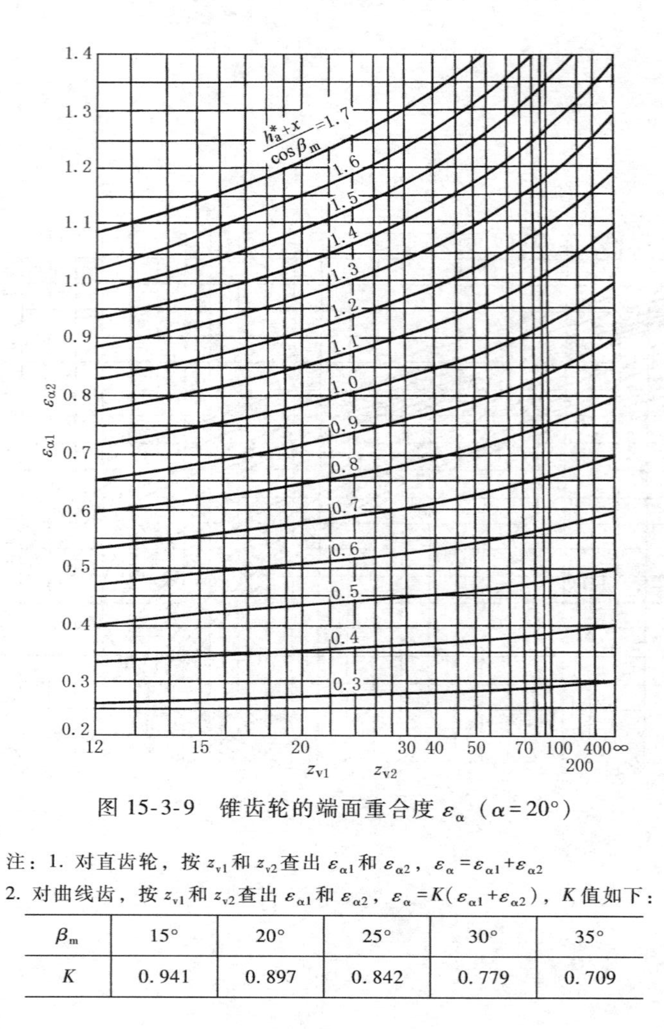

图 15-3-9 锥齿轮的端面重合度 ε_α （$\alpha=20°$）

注：1. 对直齿轮，按 z_{v1} 和 z_{v2} 查出 $\varepsilon_{\alpha1}$ 和 $\varepsilon_{\alpha2}$，$\varepsilon_\alpha=\varepsilon_{\alpha1}+\varepsilon_{\alpha2}$

2. 对曲线齿，按 z_{v1} 和 z_{v2} 查出 $\varepsilon_{\alpha1}$ 和 $\varepsilon_{\alpha2}$，$\varepsilon_\alpha=K(\varepsilon_{\alpha1}+\varepsilon_{\alpha2})$，$K$ 值如下：

β_m	15°	20°	25°	30°	35°
K	0.941	0.897	0.842	0.779	0.709

表 15-3-17　　弧齿锥齿轮切向变位系数 x_{t1}（埃尼姆斯齿制，$\Sigma=90°$，$\beta_m=35°$）

u \ z_1	10	11	12	13	14	15	18	20	25	30	35	40
1.00~1.15	—	—	—	0	0	0	0	0	0	0	0	0
1.15~1.30	—	—	—	0	0	0	0	0.02	0.02	0.02	0.02	0.02
1.30~1.45	—	0.02	0.02	0.02	0.02	0.02	0.02	0.02	0.03	0.03	0.03	0.03
1.45~1.60	—	0.02	0.02	0.02	0.03	0.03	0.03	0.03	0.03	0.03	0.03	0.03
1.60~1.75	0.04	0.04	0.04	0.04	0.04	0.04	0.05	0.05	0.05	0.05	0.05	0.05
1.75~1.90	0.05	0.05	0.05	0.05	0.06	0.06	0.06	0.06	0.06	0.06	0.06	0.06
1.90~2.05	0.06	0.06	0.07	0.07	0.07	0.07	0.07	0.07	0.07	0.07	0.07	0.07
2.05~2.25	0.08	0.08	0.08	0.08	0.08	0.08	0.08	0.08	0.08	0.08	0.08	0.08
2.25~2.50	0.10	0.10	0.10	0.10	0.10	0.10	0.10	0.10	0.10	0.10	0.10	0.10
2.50~2.75	0.12	0.12	0.12	0.12	0.12	0.11	0.11	0.11	0.11	0.11	0.11	0.11
2.75~3.00	0.14	0.13	0.13	0.13	0.13	0.12	0.12	0.12	0.12	0.12	0.12	0.12
3.0~3.5	0.17	0.16	0.16	0.15	0.15	0.15	0.14	0.14	0.14	0.14	0.14	0.13
3.5~4.0	0.18	0.18	0.18	0.18	0.17	0.17	0.17	0.16	0.16	0.16	0.16	0.15
4.0~4.5	0.21	0.20	0.20	0.20	0.20	0.19	0.19	0.19	0.18	0.18	0.18	0.18
4.5~5.0	0.22	0.22	0.21	0.21	0.21	0.20	0.20	0.20	0.19	0.19	0.19	0.19
5.0~6.0	0.24	0.24	0.23	0.23	0.23	0.22	0.22	0.21	0.20	0.20	0.20	0.20
6.0~7.0	0.25	0.25	0.24	0.24	0.24	0.23	0.23	0.22	0.22	0.21	0.21	—
7.0~8.0	0.26	0.26	0.25	0.25	0.25	0.24	0.24	0.23	0.23	0.22	0.22	—
8.0~9.0	0.27	0.27	0.26	0.26	0.26	0.25	0.25	0.24	0.24	0.23	0.23	—
9.0~10.0	0.29	0.28	0.28	0.27	0.27	0.26	0.26	0.25	0.25	0.24	0.24	—

3.3 摆线等高齿锥齿轮传动的几何计算

奥利康齿形制的几何计算

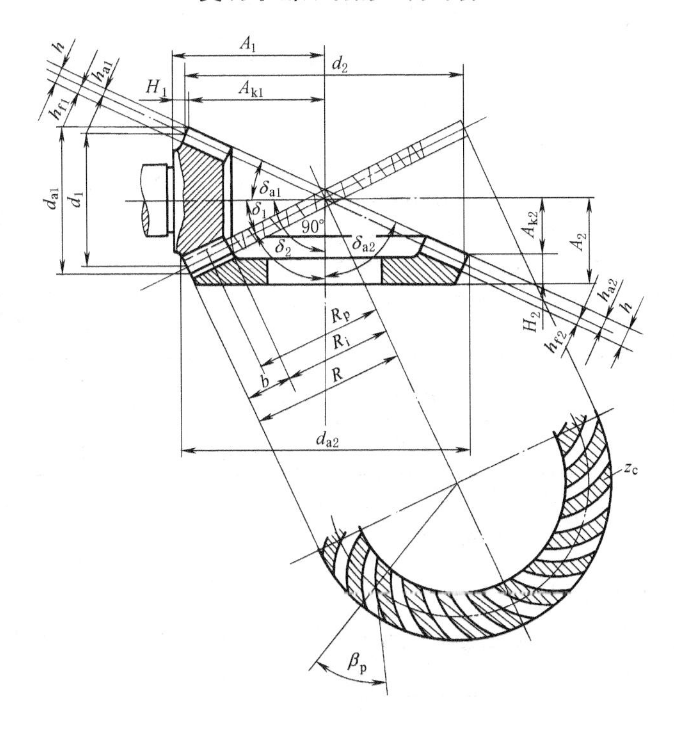

表 15-3-18

项　　目	计算公式及说明	例题(长度单位:mm)
齿形角 α	EN 刀盘:$\alpha=20°$ TC 刀盘:$\alpha=17°30'$	选 TC 刀盘,$\alpha=17°30'$
大端端面模数 m	根据强度要求或类比法确定	$m=6.35$
齿数比 u	$u=\frac{z_2}{z_1}=\frac{n_1}{n_2}$,按传动要求确定,一般 $u=1\sim10$	$u=1.35$
齿数 z	z_1 和 z_2 最好没有公因数,与刀盘的刀片组数 z_w 最好也没有公因数	$z_1=23$,$z_2=uz_1=1.35\times23=31.05$,取 $z_2=31$,则实际齿数比 $u=1.3479$
分锥角 δ	$\delta_1=\arctan\frac{z_1}{z_2}$,$\delta_2=90°-\delta_1$	$\tan\delta_1=\frac{23}{31}=0.741935$ $\delta_1=36°34'22''$ $\delta_2=53°25'38''$
分度圆直径 d	$d_1=mz_1$,$d_2=mz_2$	$d_1=6.35\times23=146.05$ $d_2=6.35\times31=196.85$
锥距 R	$R=\frac{d_1}{2\sin\delta_1}=\frac{d_2}{2\sin\delta_2}$	$R=\frac{146.05}{2\times\sin36°34'22''}=122.56$
齿宽 b	$b=\left(\frac{1}{4}\sim\frac{1}{3}\right)R$	$b=32$
假想平面齿轮齿数 z_c	$z_c=\frac{z_2}{\sin\delta_2}$	$z_c=\frac{31}{\sin53°25'28''}=38.60$
参考点锥距 R_p	$R_p=R-0.415b$	$R_p=122.56-0.415\times32$ $=109.28$
小端锥距 R_i	$R_i=R-b$	$R_i=122.56-32=90.56$
齿宽中点螺旋角 β_m	在 $\beta_m=30°\sim45°$ 范围内初选一值。一般可预选 $\beta_m=35°$	取 $\beta_m=35°$,小齿轮右旋,大齿轮左旋
初定参考点螺旋角 β_p'	$\beta_p'=0.914(\beta_m+6)°$	$\beta_p'=0.914\times(35°+6°)$ $=37.5°$
选择铣刀盘	根据 R_p 和 β_p' 按图 15-3-10 决定标准刀盘半径 r_b,并按选用的 r_b 求出相应的螺旋角 β_p'',然后由表 15-3-19 确定刀盘号和刀片组数 z_w	由图 15-3-10 确定 $r_b=70$,$\beta_p''=39.5°$,由表 15-3-19选刀盘号为 TC5-70,$z_w=5$
选择刀片型号	根据 z_c 及 β_p'' 按图 15-3-11 及表 15-3-19 确定刀片号,并查出刀片平均节点半径 r_w 的平方值 r_w^2	由图 15-3-11 查出 A 点,它介于 2 号与 3 号刀片之间。由表 15-3-19 选 3 号刀片,$r_w^2=5039.24$
参考点法向模数 m_p	$m_p=2\sqrt{\frac{R_p^2-r_w^2}{z_c^2-z_w^2}}$	$m_p=2\sqrt{\frac{109.28^2-5039.24}{38.60^2-5^2}}$ $=4.341$
参考点实际螺旋角 β_p	$\cos\beta_p=\frac{m_pz_c}{2R_p}$	$\cos\beta_p=\frac{4.341\times38.60}{2\times109.28}=0.76667$ $\beta_p=39°57'$
齿高 h	$h=2.15m_p+0.35$	$h=2.15\times4.341+0.35$ $=9.68$

续表

项　目	计算公式及说明	例题(长度单位:mm)
铣刀轴倾角 $\Delta\alpha$	应尽量使 δ_2 小于由图 15-3-12 所确定的 $\delta_{2\max}$,满足这一条件时,$\Delta\alpha=0$。若 $\delta_2>\delta_{2\max}$,应通过加大螺旋角、增加齿数、降低齿顶高(最低可达 $0.9m_p$)等方法使 $\delta_2<\delta_{2\max}$;另外也可以通过倾斜铣刀轴的方法加大 $\delta_{2\max}$,铣刀轴倾角 $\Delta\alpha$ 可为 $1°30'$ 或 $3°$,其相应的 $\delta_{2\max}$ 见图 15-3-13 或图15-3-14	由$\frac{r_b}{h}=\frac{70}{9.75}=7.18$ 和 $\beta_p=39°57'$查图 15-3-12 得 $\delta_{2\max}=79°48'>\delta_2$,$\therefore\ \Delta\alpha=0°$
高变位系数 x	$z_1\geqslant16$ 时,$x_1=0$ $z_1<16$ 时,$x_1\geqslant1-\dfrac{R_i\dfrac{z_1}{z_2}f-0.35}{m_p}$ $f=\dfrac{\sin^2(\alpha-\Delta\alpha)}{\cos^2\beta_i}$ β_i——小端螺旋角,查图 15-3-15 $x_2=-x_1$	$\because\ z_1=23>16$ $\therefore\ x_1=x_2=0$
齿顶高 h_a	$h_{a1}=(1+x_1)m_p$,$h_{a2}=(1+x_2)m_p$	$h_{a1}=4.34$,$h_{a2}=4.34$
齿根高 h_f	$h_{f1}=h-h_{a1}$,$h_{f2}=h-h_{a2}$	$h_{f1}=9.68-4.34=5.34$ $h_{f2}=5.34$
切向变位系数 x_t	$x_{t1}=\dfrac{u-1}{50}$,$u<2$ 时,$x_{t1}=0$ $x_{t2}=-x_{t1}$	$\because\ u=1.35<2$ $\therefore\ x_{t1}=x_{t2}=0$
齿顶圆直径 d_a	$d_{a1}=d_1+2h_{a1}\cos\delta_1$ $d_{a2}=d_2+2h_{a2}\cos\delta_2$	$d_{a1}=146.05+2\times4.34\cos36°34'22''=153.02$ $d_{a2}=196.85+2\times4.34\cos53°25'38''=202.02$
外锥高 A_k	$A_{k1}=R\cos\delta_1-h_{a1}\sin\delta_1$ $A_{k2}=R\cos\delta_2-h_{a2}\sin\delta_2$	$A_{k1}=95.84$ $A_{k2}=69.54$
安装距 A	按结构确定	$A_1=134$ $A_2=145$
支承端距 H	$H_1=A_1-A_{k1}$ $H_2=A_2-A_{k2}$	$H_1=38.16$ $H_2=75.46$
大端螺旋角 β	查图 15-3-16	由 $\beta_p=39°57'$,$\frac{R}{R_p}=\frac{122.56}{109.28}=1.12$ 查得 $\beta=47°54'$
弧齿厚 s	$s_1=m\left(\dfrac{\pi}{2}+\dfrac{2x_1\tan\alpha}{\cos\beta}+x_{t1}\right)$ $s_2=\pi m-s_1$	$s_1=6.35\times\frac{\pi}{2}=9.975$ $s_2=\pi\times6.35-9.975=9.975$

注：1. 瑞士 Oerlikon 工厂的埃洛德（Eloid）齿形、德国 Klingelnberg 工厂的希克洛-帕洛德（Zyklo-Polloid）齿形和意大利的Fiat工厂齿形都属于摆线齿。

2. 奥利康摆线齿锥齿轮分 N 型（普通型）和 G 型（特型）两种。本章只介绍目前广泛采用的 N 型，G 型只用于小螺旋角或小锥距（$R_p<55$）的锥齿轮。

3. TC 刀盘是旧刀盘，EN 刀盘是新刀盘。EN 刀盘的工作转速比 TC 刀盘高，因而可提高生产效率，降低齿面粗糙度数值，并有利于去毛刺。

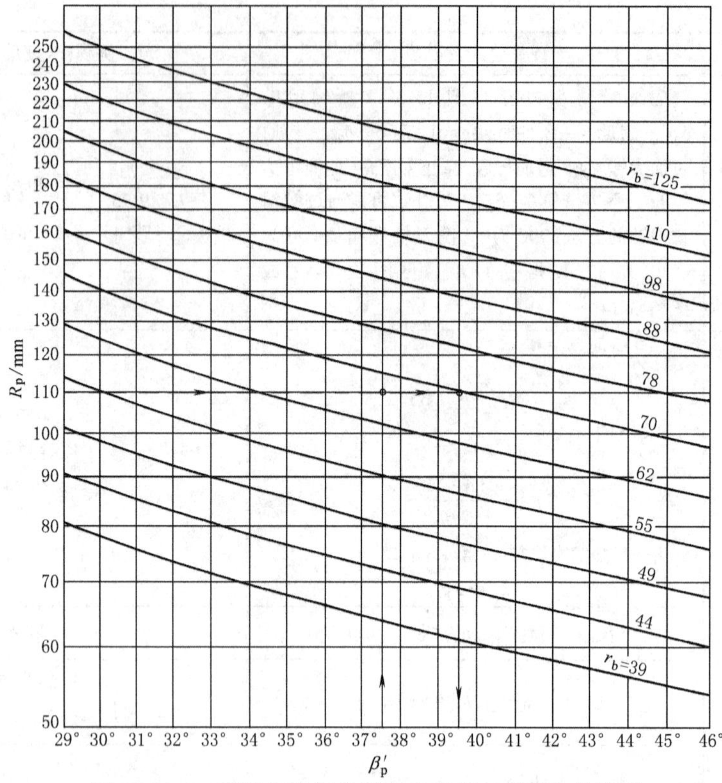

图 15-3-10 摆线齿锥齿轮铣刀盘半径与螺旋角的线图

例 当 $R_p=110$mm、$\beta_p'=37.5°$时，查得 r_b 在 62 和 70 之间（略靠近 70），选取标准刀盘半径 $r_b=70$，则对应的螺旋角 $\beta_p''=39.5°$

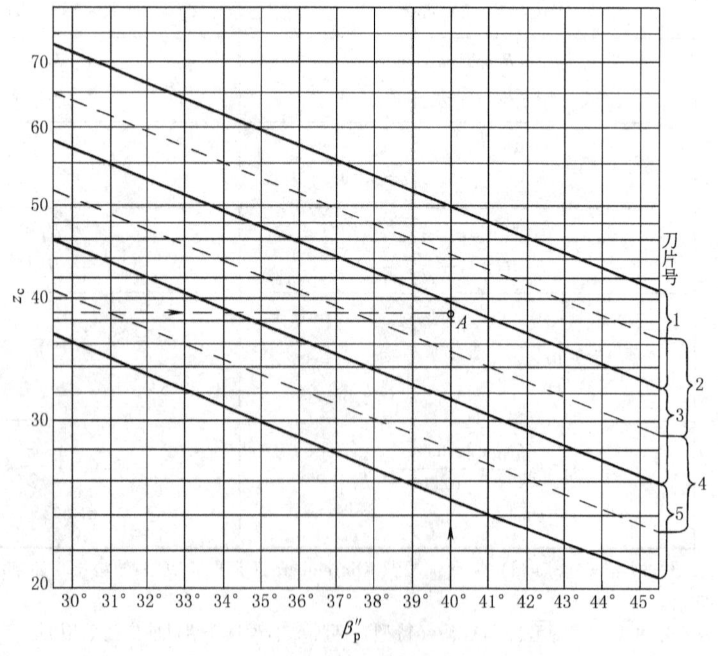

图 15-3-11 选择摆线齿锥齿轮刀片型号用的线图

例 选用 TC5-70 刀盘时，$z_c=38.6$，$\beta_p''=39.5°$，其交点 A 介于 3 号及 2 号刀片之间，由表 15-3-19 选为 3 号刀片，即刀片号为 70/3

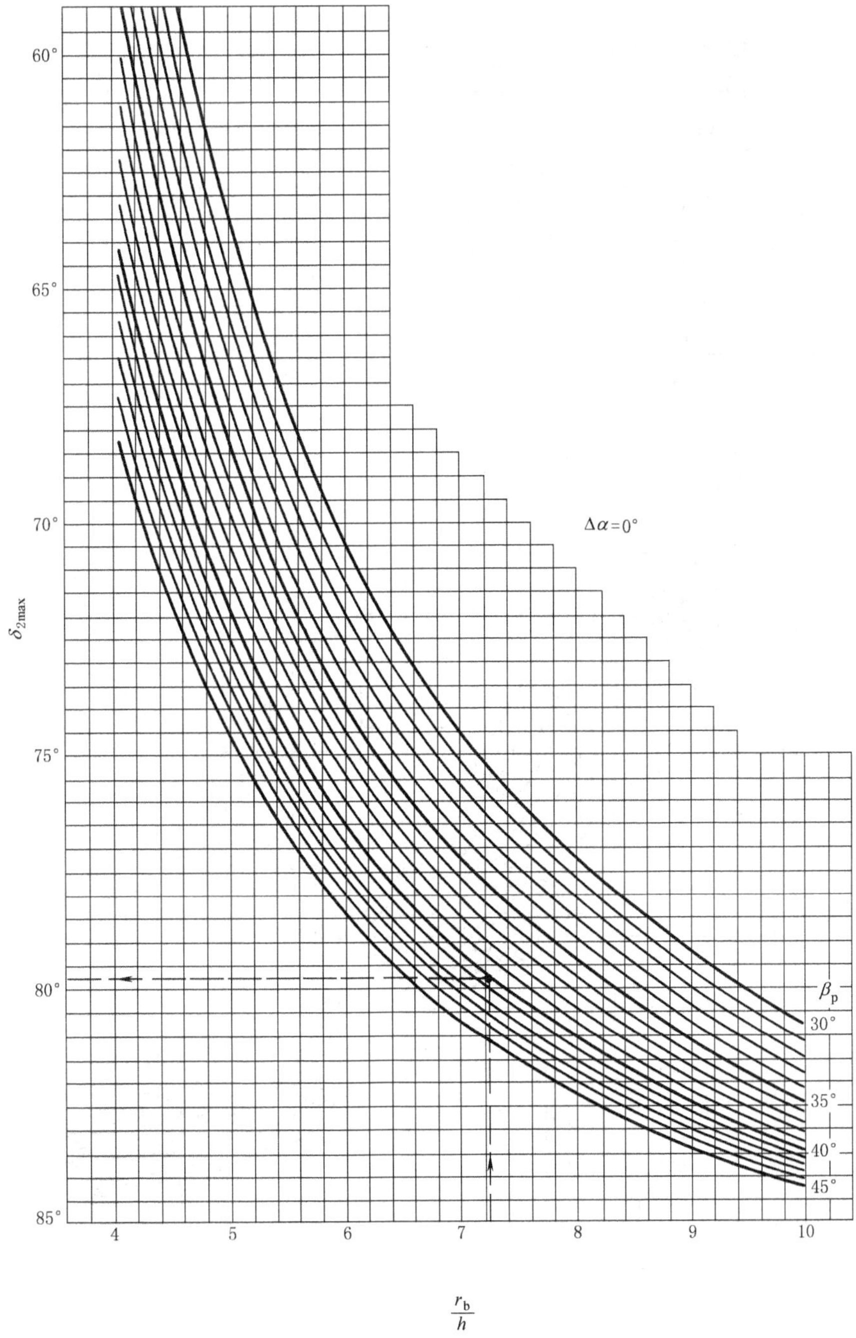

60°

65°

70°

75°

80°

85°

δ_{2max}

$\Delta\alpha=0°$

β_p

30°

35°

40°

45°

4 5 6 7 8 9 10

$\frac{r_b}{h}$

图 15-3-12 刀轴不倾斜（$\Delta\alpha=0°$）时所能加工的摆线齿锥齿轮最大分锥角 δ_{2max}

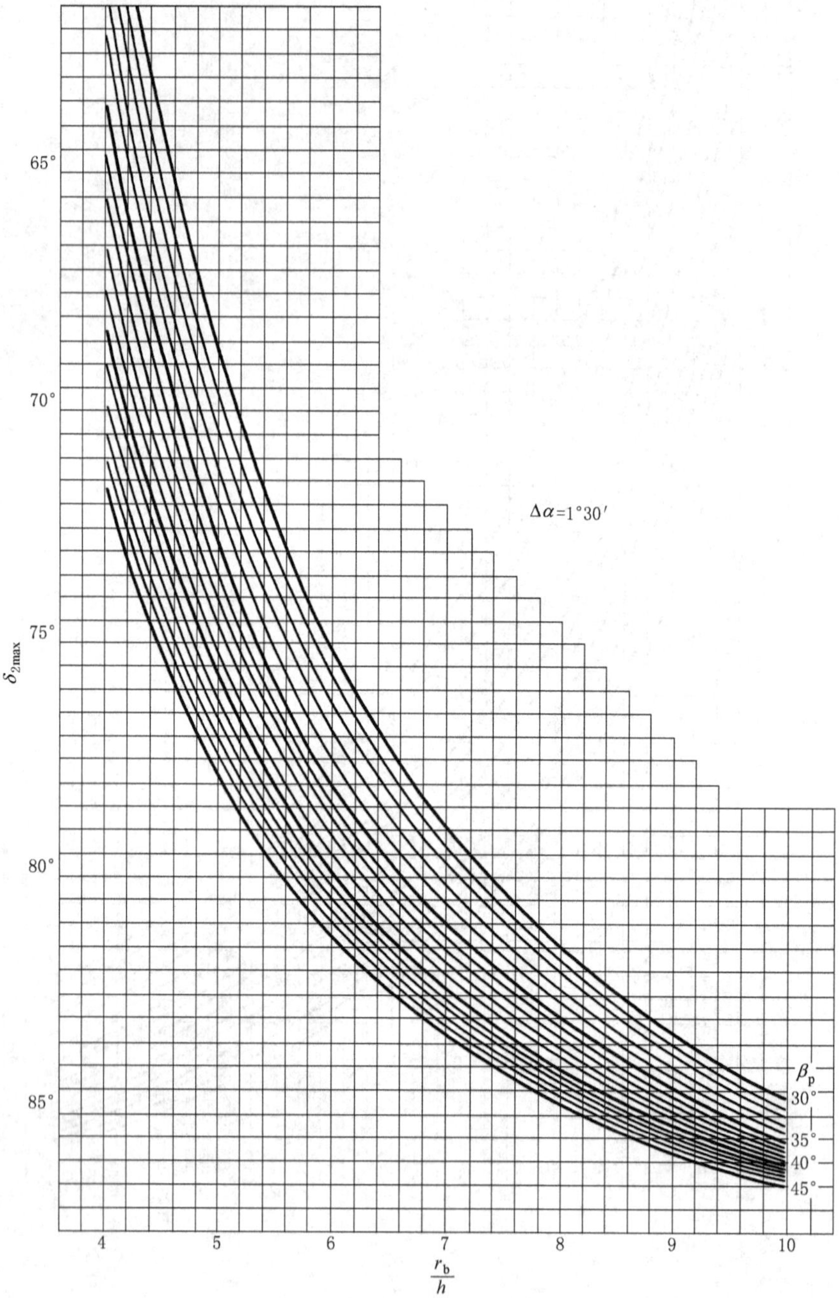

$\Delta\alpha=1°30'$

δ_{2max}

65° 70° 75° 80° 85°

4 5 6 7 8 9 10

$\frac{r_b}{h}$

β_p 30° 35° 40° 45°

图 15-3-13　刀轴倾斜角 $\Delta\alpha=1°30'$时所能加工的摆线齿锥齿轮最大分锥角 δ_{2max}

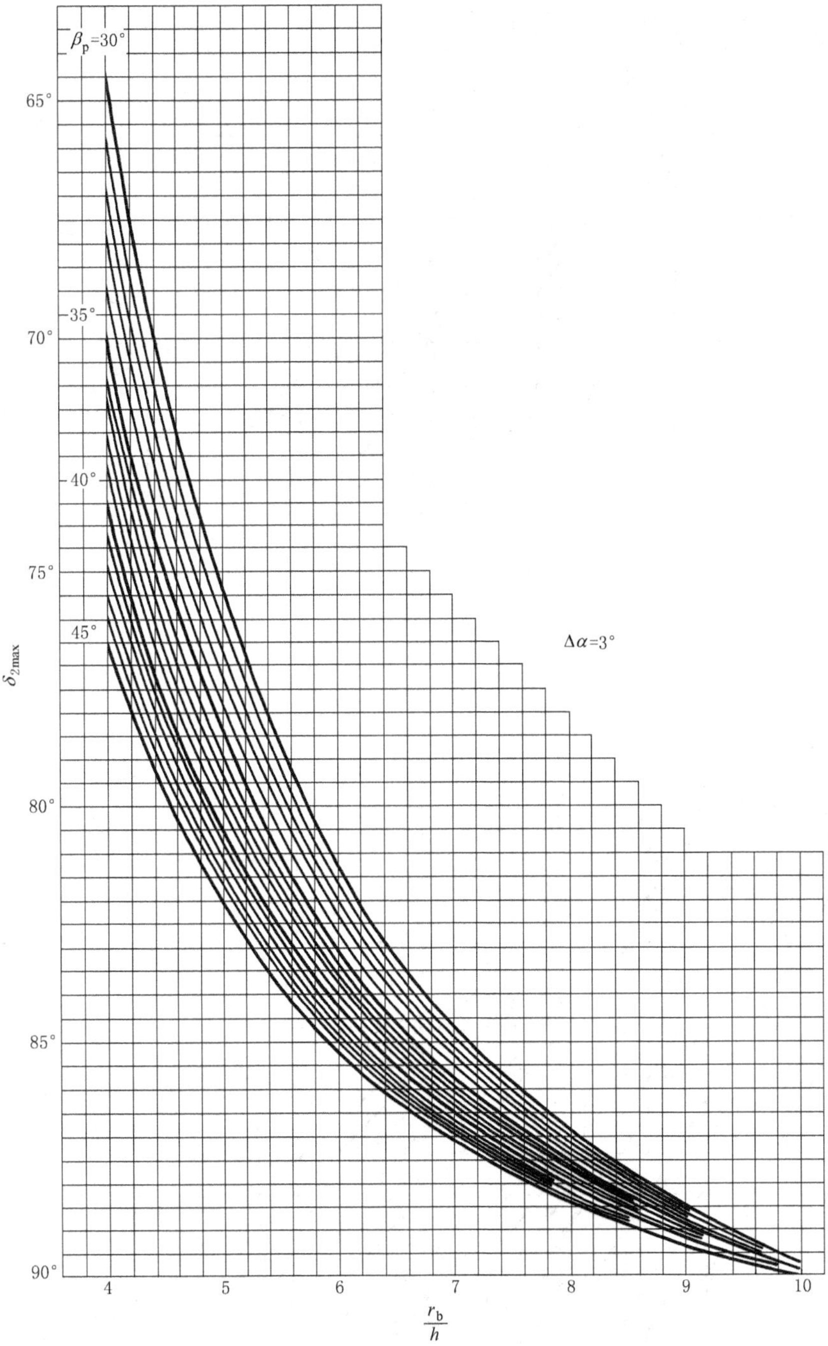

图 15-3-14　刀轴倾斜角 $\Delta\alpha=3°$时所能加工的摆线齿锥齿轮最大分锥角 δ_{2max}

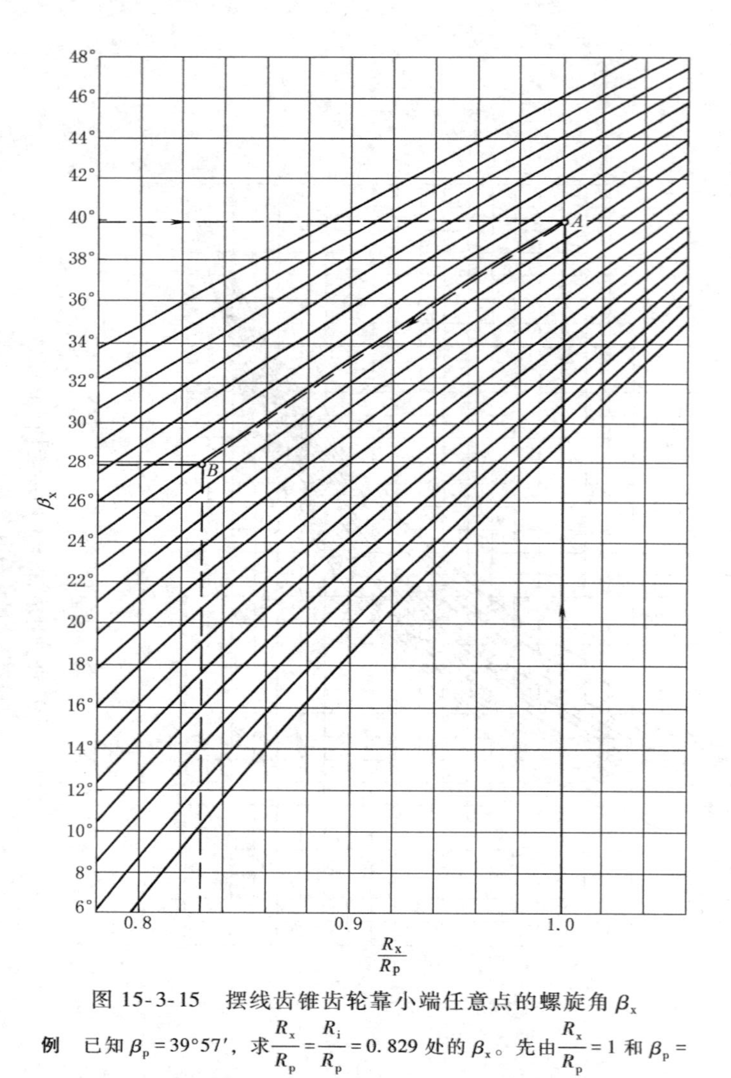

图 15-3-15　摆线齿锥齿轮靠小端任意点的螺旋角 β_x

例　已知 $\beta_p=39°57'$，求 $\frac{R_x}{R_p}=\frac{R_i}{R_p}=0.829$ 处的 β_x。先由 $\frac{R_x}{R_p}=1$ 和 $\beta_p=39°57'$ 确定 A 点，由 A 点沿图中曲线方向去和横坐标 $\frac{R_x}{R_p}=0.829$ 的垂线相交，其交点 B 的纵坐标即为 $\beta_x=27.8°$

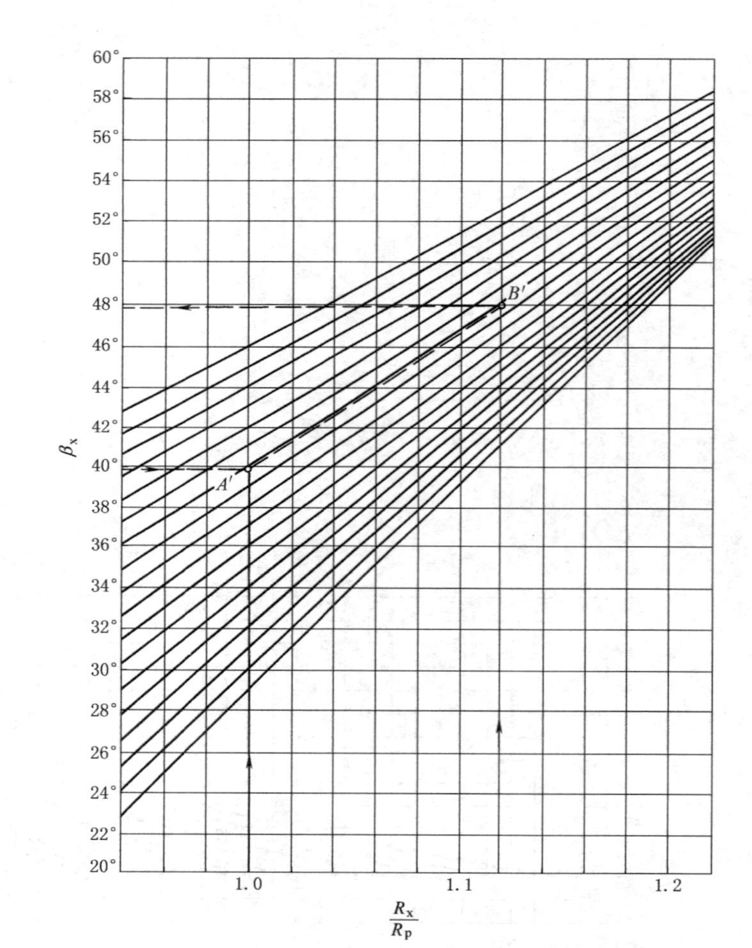

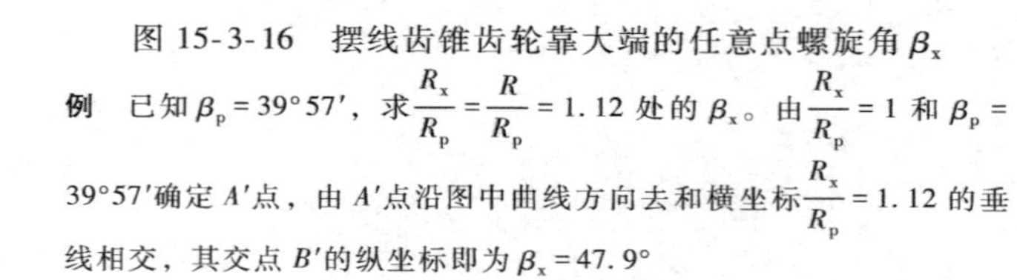

图 15-3-16　摆线齿锥齿轮靠大端的任意点螺旋角 β_x

例　已知 $\beta_p=39°57'$，求 $\frac{R_x}{R_p}=\frac{R}{R_p}=1.12$ 处的 β_x。由 $\frac{R_x}{R_p}=1$ 和 $\beta_p=39°57'$ 确定 A'点，由 A'点沿图中曲线方向去和横坐标 $\frac{R_x}{R_p}=1.12$ 的垂线相交，其交点 B'的纵坐标即为 $\beta_x=47.9°$

表 15-3-19　　**EN 型及 TC 型刀盘及刀片参数表**

刀盘号	刀片组数 z_w	刀盘半径 r_b/mm		刀片号	参考点法向模数 m_p/mm		滚动圆半径 E_{bw}/mm	刀片平均节点半径的平方 r_w^2/mm²	EN 型刀尖圆角半径 r_{kw}/mm
		名义值	使用范围		名义值	使用范围			
EN3-39 TC3-39	3	39	36.7~41.3	39/2	2.35	2.1~2.65	3.5	1533.25	0.70
				39/3	2.65	2.35~3.00	4	1537	0.75
				39/5	3.35	3.0~3.75	5	1546	0.90
EN4-44 TC4-44	4	44	41.3~46.6	44/1	2.35	2.1~2.65	4.7	1958.09	0.70
				44/3	3.00	2.65~3.35	6	1972	0.80
				44/5	3.75	3.35~4.25	7.5	1992.25	0.95
EN4-49 TC4-49	4	49	46.6~51.9	49/1	2.65	2.35~3.00	5.3	2429.09	0.75
				49/3	3.35	3.0~3.75	6.7	2445.89	0.90
				49/5	4.25	3.75~4.75	8.4	2471.56	1.05
EN4-55 TC4-55	4	55	51.9~58.3	55/1	3.00	2.65~3.35	6	3061	0.80
				55/3	3.75	3.35~4.25	7.5	3081.25	0.95
				55/5	4.75	4.25~5.3	9.5	3115.25	1.15
EN5-62 TC5-62	5	62	58.3~65.7	62/1	3.35	3.0~3.75	8.4	3914.56	0.90
				62/3	4.25	3.75~4.75	10.5	3954.25	1.05
				62/5	5.3	4.75~6.0	13.3	4020.89	1.25
EN5-70 TC5-70	5	70	65.7~74.2	70/1	3.75	3.35~4.25	9.4	4988.36	0.95
				70/3	4.75	4.25~5.3	11.8	5039.24	1.15
				70/5	6.0	5.3~6.7	14.9	5122.01	1.40
EN5-78 TC5-78	5	78	74.2~82.7	78/1	4.25	3.74~4.75	10.5	6194.25	1.05
				78/3	5.3	4.75~6.0	13.3	6260.89	1.25
				78/5	6.7	6.0~7.5	16.7	6362.89	1.50
EN5-88 TC5-88	5	88	82.7~93.2	88/1	4.75	4.25~5.3	11.8	7883.24	1.15
				88/3	6.0	5.3~6.7	14.9	7966.01	1.40
				88/5	7.5	6.7~8.5	18.7	8093.69	1.65
EN5-98 TC5-98	5	98	93.2~103.9	98/1	5.3	4.75~6.0	13.3	9780.89	1.25
				98/3	6.7	6.0~7.5	16.7	9882.89	1.50
				98/5	7.5	6.7~8.5	18.7	9953.69	1.65
EN6-110 TC6-110	6	110	103.9~116.6	110/1	6.0	5.3~6.7	17.9	12420.41	1.40
				110/3	7.5	6.7~8.5	22.5	12606.25	1.65
EN7-125 TC7-125	7	125	116.6~132.5	125/1	6.7	6.0~7.5	23.4	16172.56	1.50
				125/2	7.5	6.7~8.5	26.2	16311.44	1.65

表 15-3-20　　**克林根堡齿形制的几何计算**

项　　目	计算公式及说明	例题[①]（长度单位：mm）
轴交角 Σ	一般取 $15° \leqslant \Sigma \leqslant 165°$	$\Sigma = 90°$
齿数 z	$z_1 \geqslant z_{min}$	$z_1 = 23, z_2 = 31$
齿数比 u	z_2/z_1	$u = \dfrac{31}{23} = 1.3478$
节锥角 δ	$\delta_1 = \arctan \dfrac{\sin\Sigma}{u+\cos\Sigma} = \Sigma - \delta_2$	$\delta_1 = \arctan \dfrac{1}{u} = 36°34'$ $\delta_2 = 90° - \delta_1 = 53°26'$
齿形角 α	一般用 20° 刀头	$\alpha = 20°$
大齿轮分度圆直径 d_2	由小齿轮转矩（N·m），齿数比 u，小齿轮转数 n_1（r/min）可得出： $d_2 = 11.788 n_1^{0.07143} \left(T_1 \dfrac{u^3}{u^2+1} \right)^{0.35714}$	$d_2 = 196.85$

续表

项目		计算公式及说明	例题[①](长度单位：mm)
大端端面模数 m		$m=d_2/z_2$	$m=6.35$ 即径节 $p_d=4$
小齿轮分度圆直径 d_1		$d_1=mz_1$	$d_1=146.05$
锥距 R		$R=0.5d_2/\sin\delta_2$	$R=122.557$
齿宽 b		中、重载传动:$3.5\leqslant R/b\leqslant 5$ 重载传动:$3\leqslant R/b\leqslant 3.5$	$b=32$
中点锥距 R_m		$R_m=R-0.5b$	$R_m=106.557$
初定中点螺旋角 β'_m		β'_m 建议选择 30°～45°	初定 $\beta'_m=35°$
中点法向模数 m_{nm}		$m'_{nm}=\dfrac{R_m}{R}\cdot m\cos\beta'_m$，圆整为如下的标准化系列 m_{nm} 1,1.5,2,2.5,3,3.5,4,4.5,5,6,7,8,9,10,15,25,30	$m'_{nm}=4.523$ 圆整为:$m_{nm}=4.5$
校正螺旋角 β_m		$\beta_m=\arccos\dfrac{m_{nm}}{m'_{nm}}\cos\beta'_m$	$\beta_m=35.4051°$ $\approx 35°24'$
选择刀盘参数	r_0	由 m_{nm} 值和机床型号,查对图 15-3-17 得出刀盘半径 r_0 和刀盘模数 m_0	AMK400 机床 $r_0=100$
	m_0		$m_0=36$
	z_0	刀片组数 z_0 与刀盘大小有关 参数：小型 / 通用刀盘 r_0：25, 30 / 55, 100, 135, 170 z_0：2, 3 / 5	$z_0=5$
	γ	刀盘导程角 $\gamma=\arcsin\dfrac{m_{nm}z_0}{zr_0}$	$\gamma=6.4594°$ $\approx 6°28'$
机器距 M_d		$M_d=\sqrt{R_m^2+r_0^2-2R_mr_0\sin(\beta_m-\gamma)}\leqslant M_{dlim}$ 机床：AMK 250, AMK 400, AMK 630, AMK 852, AMK 1602 M_{dlim}：≤150, ≤250, ≤280, ≤440, ≤900 ≥250	$M_d=127.916<250$(AMK400)
安装距 A		结构形式	$A_1=134, A_2=145$
高变位系数 x_n		按等滑动率准则计算[②] $x_{n1}=2\left(1-\dfrac{1}{u^2}\right)\sqrt{\dfrac{\cos^3\beta_m}{z_1}}=-x_{n2}$	$x_{n1}=0.1380$ ≈ 0.14 $x_{n2}=-0.14$
切向变位系数 x_{tn}		$x_{tn1}=-x_{tn2}$ u：1, >1 至<6, >6 x_{tn1}：0, 0.05, 0.10	$x_{tn1}=0.05$ $x_{tn2}=-0.05$
齿高 h		$h=2.25m_{nm}$	$h=10.125$
齿顶高 h_a		$h_a=(1+x_n)m_{nm}$	$h_{a1}=5.13$ $h_{a2}=3.87$
顶圆直径 d_a		$d_a=d+2h_a\cos\delta$	$d_{a1}=154.29$ $d_{a2}=201.46$
外锥高 A_a		$A_a=R\cos\delta-h_a\sin\delta$	$A_{a1}=38.632$ $A_{a2}=75.083$
支承端距 H_a		$H_a=A-A_a$	$H_{a1}=38.632$ $H_{a2}=75.083$
法向当量齿数 z_{vn}		$z_{vn}=\dfrac{z}{\cos\delta\cos^3\beta_m}$	$z_{vn1}=52.889$ $z_{vn2}=96.080$

续表

<table>
<tr><th>项　　目</th><th colspan="7">计算公式及说明</th><th>例题①(长度单位:mm)</th></tr>
<tr><td rowspan="2">中点侧隙 j_{nm}</td><td>R</td><td>80~120</td><td>>120~200</td><td>>200~320</td><td>>320~500</td><td>>500~800</td><td>>800~1200</td><td rowspan="2">$j_{nm}=0.18$</td></tr>
<tr><td>j_{nm}</td><td>0.14</td><td>0.18</td><td>0.22</td><td>0.30</td><td>0.35</td><td>0.45</td></tr>
<tr><td rowspan="2">精加工双边留量 j_s'</td><td>m</td><td>2~3</td><td>>3~6</td><td>>6~12</td><td colspan="3">>12~15</td><td rowspan="2">$j_s'=1$</td></tr>
<tr><td>j_s'</td><td>0.4</td><td>0.7</td><td>1</td><td colspan="3">1.25</td></tr>
<tr><td>中点法向弧齿厚半角 φ_n</td><td colspan="7">$\varphi_n=\dfrac{180°}{\pi z_{vn}}\left[\dfrac{\pi}{2}+2x_n\tan\alpha+x_{tn}\right]$</td><td>$\varphi_{n1}=1.866°$
$\varphi_{n2}=0.846°$</td></tr>
<tr><td>中点法向弦齿厚 $\bar{s}_{nm}$</td><td colspan="7">$\bar{s}_{nm}=m_{nm}z_{vn}\sin\varphi_n-\dfrac{j_{nm}}{2}$</td><td>$\bar{s}_{nm1}=7.750_{-0.09}^{0}$
$\bar{s}_{nm2}=6.385_{-0.09}^{0}$</td></tr>
<tr><td>中点法向弦齿高 h_{anm}</td><td colspan="7">$h_{anm}=h_a+\dfrac{m_{nm}z_{vn}(1-\cos\varphi_n)}{2}$</td><td>$h_{anm1}=5.193$
$h_{anm2}=3.894$</td></tr>
</table>

① 为便于对照，本例题使用了表 15-3-18 中的例题。

② 本齿形制计算式非常复杂，此处采用埃尼姆斯等滑动率曲线的拟合公式，简单而取值接近。

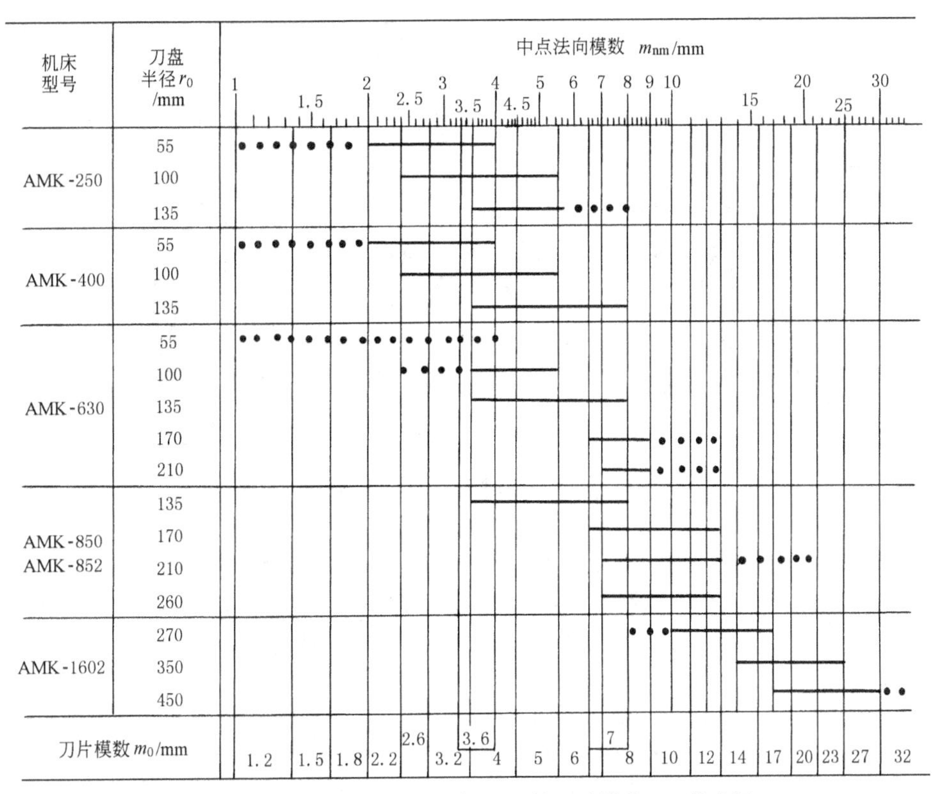

图 15-3-17　克林根堡刀盘半径 r_0 与刀片模数 m_0 的选择

注：——标准范围；……可延伸范围。

4　新型“非零”分度锥综合变位锥齿轮齿形制及其几何计算

4.1　新型锥齿轮特征及齿形制

“非零”分度锥综合变位曲线齿轮副是在分度圆锥上作径向与切向综合变位，变位系数和不为零，且轴交角不改变的曲线齿锥齿轮。其特征为：

1）在分度圆锥上进行综合变位，变位后分度圆锥与节圆锥相互分离。设两者锥角为δ和δ'，则有

$$\Delta\delta=\delta'-\delta\neq0 \tag{15-3-1}$$

2）综合变位可在端面辅助圆锥上，或其展开面（当量端面极薄的圆柱齿轮副）上表示，其变位值不为零。设综合变位系数和为x_h，则有：

$$x_h=x_\Sigma+0.5x_{t\Sigma}\cos\alpha_t\neq0 \tag{15-3-2}$$

式中　x_Σ——径向变位系数之和，$x_\Sigma=x_1+x_2$；

$x_{t\Sigma}$——切向变位系数之和，$x_{t\Sigma}=x_{t1}+x_{t2}$；

α_t——端面分度圆上的压力角。

3）变位前后的轴交角不改变。综合径向变位的主体是径向变位。径向角变位的结构特征是：节锥不变，分锥变位，变位后两锥分离。两锥分离的形式可以有共锥顶和异锥顶等三种形式，如图 15-3-18 所示（图中O_1、O_2为分锥锥顶，O'为节锥锥顶）。每种形式都可形成一副基本三角结构。以共锥顶方式为例（图 15-3-19a），设节圆半径为r'，分度圆半径为r，$\Delta r=r'-r$，则当：

$x_\Sigma>0$时，$\Delta r>0$，分锥缩小，称为“缩式”；

$x_\Sigma<0$时，$\Delta r<0$，分锥扩大，称为“扩式”。

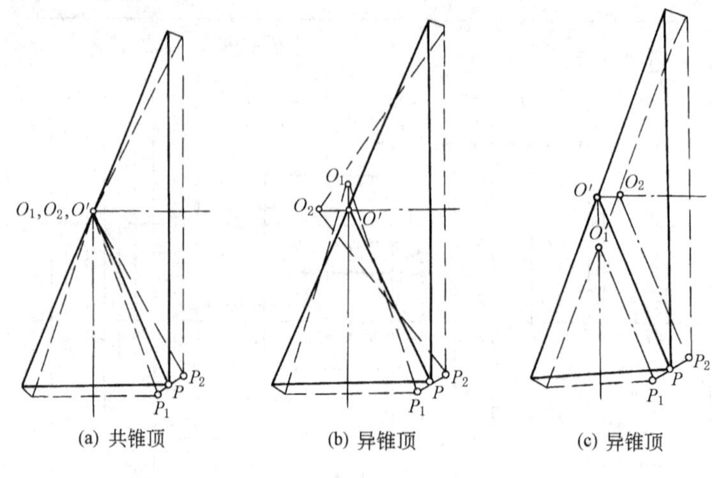

(a) 共锥顶　　(b) 异锥顶　　(c) 异锥顶

图 15-3-18　两锥分离的形式（以$x_h>0$为例）

在基本三角形结构（参看图 15-3-19）的基础上，可沿节锥母线向内截取或向外延长到某一点P，过P作与$\overline{O_{01}O_{02}}$的平行线$\overline{O_1O_2}$构成派生的三角形结构。派生三角形结构与基本三角形结构对于顶点O形成位似图形。因P是任意点，故派生的位似图形有许多种，但可以分为两类。设派生结构的锥距为R'，基本结构的锥距为R_0，$\Delta R=R'-R_0$，则

当P点远离锥顶O时，$\Delta R>0$，图形放大，称为“大式”；

当P点靠近锥顶O时，$\Delta R<0$，图形缩小，称为“小式”。

其中　当$\overline{P_0P_1}\,/\!/\,\overline{OO_1}$，$\overline{P_0P_2}\,/\!/\,\overline{OO_2}$时，$P$点图形具有分度圆等模数性质。

4）在“非零”变位的曲线齿锥齿轮副中，采用“任意值”的切向变化，即：$x_{t\Sigma}$为任意设计值。

这种任意值的切向变位，除了平衡强度外，还可以缓冲尖顶和根切现象。

切向变位就是产生冠轮的当量齿轮（B_1、B_2）即齿条刀具沿切线方向移位，其移位量$\Delta t=x_tm$，亦即在展成运动中，切出的齿轮沿齿厚方向有增量Δs（参看图 15-3-20）。切向变位系数之和有两种情况。

① $x_{t\Sigma}=0$，为普通锥齿轮的零切向变位，其正增量和负增量互相补偿，齿距p不变，当量中心距$\overline{O_1O_2}$不变。

② $x_{t\Sigma}\neq0$，为非零切向变位，它使齿距p改变，因为当量中心距也必然改变。切向的$x_{t\Sigma}$（通过齿条副的啮合关系）折算到沿中心距的径向变动总量为：

$$x'_\Sigma=\Delta\alpha'=0.5x_{t\Sigma}\cot\alpha_t \tag{15-3-3}$$

5）如径向变位与切向变位综合，沿径向的总变位系数为x_h，则有

$$x_h=x_\Sigma+x'_\Sigma=x_\Sigma+0.5x_{t\Sigma}\cot\alpha_t\neq0$$

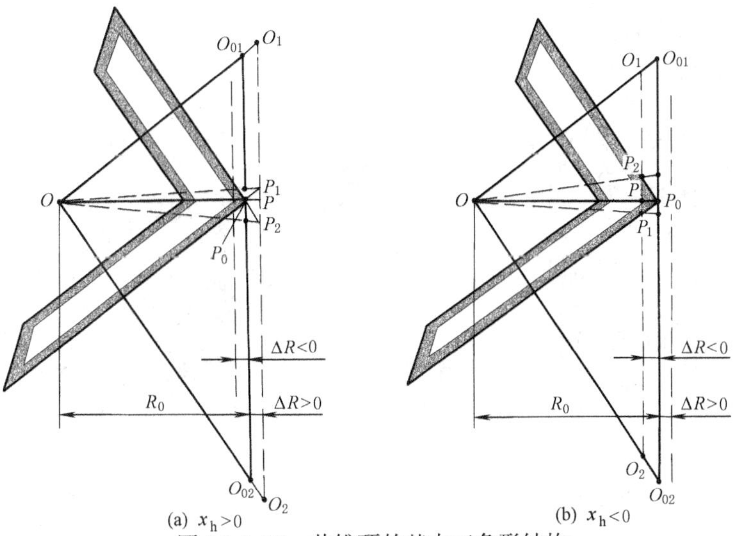

(a) $x_h>0$ (b) $x_h<0$

图 15-3-19 共锥顶的基本三角形结构

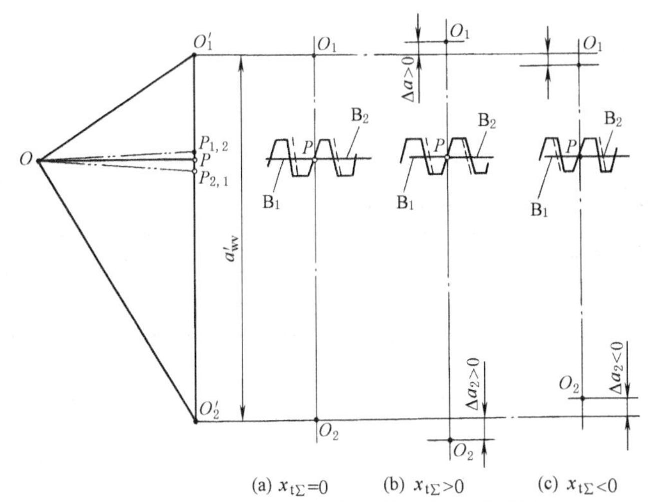

图 15-3-20 任意切向变位和的组成形式

设径向变位与切向变位综合后，沿切向分配在配对齿轮齿厚上的总变位系数为 x_s，则

$$\left.\begin{aligned} x_{s1} &= 2x_1\tan\alpha_t + x_{t1} \\ x_{s2} &= 2x_2\tan\alpha_t + x_{t2} \end{aligned}\right\} \qquad (15\text{-}3\text{-}4)$$

或沿分度圆上渐开线齿距的增量系数为

$$\Delta P = 2x_{\Sigma}\tan\alpha_t + x_{t\Sigma}$$

综合变位后，分度锥与节锥分离，分离后两锥上的压力角不相同，其压力角的渐开线函数之差为

$$\Delta\text{inv}\alpha = \frac{x_h}{z_{vm}}\tan\alpha_t \qquad (15\text{-}3\text{-}5)$$

式中 z_{vm}——锥齿轮副的平均当量齿数。

综合变位后，端面当量齿轮副的中心距变动系数为

$$y = (C_a - 1)\ z_{vm} \qquad (15\text{-}3\text{-}6)$$

式中 C_a——综合变位后与变位前的中心距之比。

综合变位后，反变位系数为

$$\sigma = x_{\Sigma} - y \qquad (15\text{-}3\text{-}7)$$

σ 值不受传统变位规律（$\sigma>0$）的限制，它可以是任意值，即

$$\sigma \geqslant 0 \text{ 或 } \sigma < 0 \qquad (15\text{-}3\text{-}8)$$

关于“非零”变位原理的详细介绍可参看参考文献［1］。

6）本齿形制有如下优点：

① 可以针对不同工况、不同失效形式，提出不同的目标函数，获得高强度（一般取 $x_h>0$）。

② 可在要求高综合强度的条件下获得长寿命与高可靠性（一般取 $x_h>0$）。

③ 可以以提高总重合度（$\varepsilon_\gamma>2$ 甚至 $\varepsilon_\gamma>3$）为目标，获得低噪声，高承载能力（一般取 $x_h<0$）。

④ 可以在无根切，强度平衡的条件下减少齿数（$z_1<5$ 甚至 $z_1=3$）（一般取 $x_h>x_{1\min}+x_{2\min}>0$）。

⑤ 适应于各种带直刃（齿条）形工具、用展成法切齿的锥齿轮加工机床所提供的各种齿线（直齿、斜齿、弧齿、摆线）和各种齿高式（收缩、等高）的锥齿轮。

7）在选取变位系数时亦可采用封闭图。图 15-3-21 为两个封闭图的例子，其坐标分别为 x_1、x_2 和 x_{t1}、x_{t2}，表示无干涉、无根切、无齿顶变尖和连续啮合（$\varepsilon_\alpha>1.1$）。

表 15-3-21 为“非零”分度锥综合变位锥齿轮的几何计算公式。

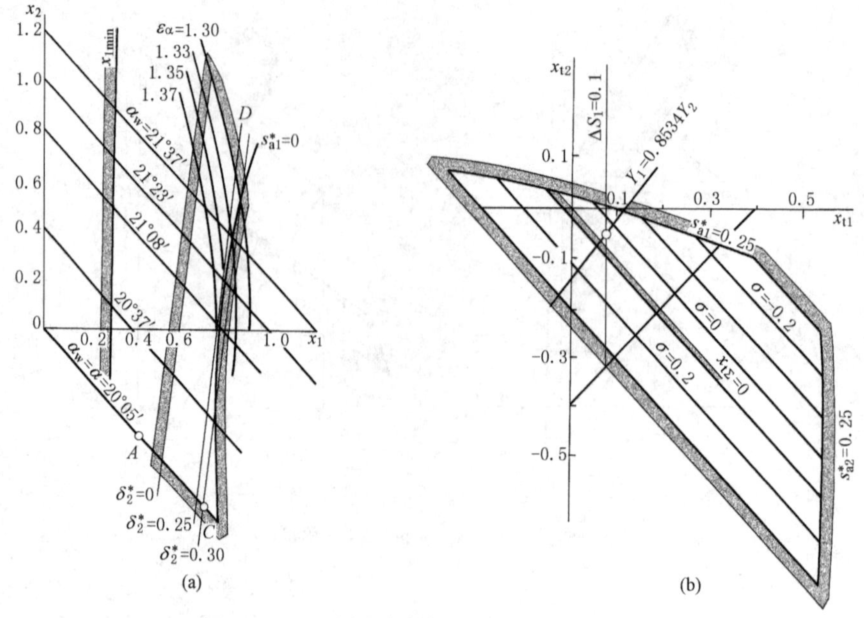

图 15-3-21 用两个封闭图优选非零变位系数

4.2 新型锥齿轮的几何计算

表 15-3-21 **"非零" 分度锥综合变位锥齿轮的几何计算公式**

项　目	代号	计算方法及说明	例题[①](长度单位:mm)
类型		适用于各种直齿、斜齿、弧齿、摆线齿锥齿轮	弧齿锥齿轮
轴交角	Σ	任意	$\Sigma=90°$
齿数比	u	z_2/z_1	$u=\frac{49}{13}=3.769$
节锥角	δ'	$\delta_1'=\arctan\left(\frac{\sin\Sigma}{u+\cos\Sigma}\right)=90°-\delta_2'$	$\delta_1'=14°52'$ $\delta_2'=75°08'$
分度圆大端端面模数	m	设传统(零传动)的分度圆模数为 m_0,则对 Δr 结构,m_0/K_a;对 ΔR 结构,m_0	$m_0=6.74$ $m=6.6683$
齿形角	α_0	任意选用	$\alpha_0=20°$
螺旋角(旋向)	β_m	任意设计	$\beta_m=5.5°$
齿顶高系数	h_a^*	任意,也可取 $h_a^*=\cos\beta_m$	$h_a^*=1$
顶隙系数	c^*	任意,一般取 0.2	$c^*=0.2$
齿宽	b	任意,对正交传动,一般为 $R/4\sim R/3$	$b=50$
刀具参数	d_0	铣刀盘公称直径,取标准系列	$d_0=12\text{in}$ $=304.8\text{mm}$
径向变位系数	x	从优化设计得出,也可从径向变位封闭图得出(参看图 15-3-21a)	取节点区双对齿啮合特性曲线: $x_1=0.8>0$ $x_2=0.3>0$
齿高变动系数	σ	σ 可为任意值:当 $\sigma>0$ 时,齿高削短;$\sigma<0$ 时,齿高加长;$\sigma=0$ 时,齿高不变	取 $\sigma=0$
平均当量齿轮齿数	z_{vm}	$z_{vm}=0.5\left(\frac{z_1}{\cos\delta_1'}+\frac{z_2}{\cos\delta_2'}\right)$	$z_{vm}=102.266$
节锥与分锥的比值	K_a	当 $\sigma=0$ 时:$K_a=\frac{x_\Sigma}{z_{vm}}+1$	$K_a=1.01076$
中点当量齿轮分度圆压力角	α_m	$\arctan\frac{\tan\alpha_0}{\cos\beta_m}$	$\alpha_m=20.085°$

第 15 篇

续表

项　目	代号	计算方法及说明	例题①(长度单位:mm)
中点当量齿轮啮合角	α'_m	$\arccos\dfrac{\cos\alpha_m}{K_a}$	$\alpha'_m=21.6913°$
切向变位系数之和	$x_{t\Sigma}$	$2z_{vm}[\mathrm{inv}\alpha'_m-\mathrm{inv}\alpha_m]-2x_\Sigma\tan\alpha_m$	$x_{t\Sigma}=0.0312$
切向变位系数	x_t	从优化设计得出,也可从切向变位封闭图得出(参看图15-3-21b)	按$\sigma=0$及补偿小齿轮尖顶得: $x_{t1}=0.2$ $x_{t2}=-0.1688$
分度圆直径	d	$d=mz$	$d_1=86.688$ $d_2=326.747$
节锥距	R'	$0.5K_ad_2/\sin\delta'_2$	$R'=170.850$
中点锥距	R_m	$R-0.5b$	$R_m=145.850$
齿全高	h	$h=(2h_a^*+c^*-\sigma)m$	$h=14.67$
分圆齿顶高	h_a	$h_a=(h_a^*+x-\sigma)m$	$h_{a1}=12$ $h_{a2}=8.669$
分圆齿根高	h_f	$h_f=h-h_a$	$h_{f1}=2.667$ $h_{f2}=6.001$
节圆齿根高	h'_f	$h_f+0.5(K_a-1)d/\cos\delta'$	$h'_{f1}=3.149$ $h'_{f2}=12.854$
节圆齿顶高	h'_a	$h'_a=h-h'_f$	$h'_{a1}=11.521$ $h'_{a2}=1.816$
节锥齿根角	θ'_f	$\theta'_f=\arctan\dfrac{h'_f}{R'}$,对等高齿,$\theta'_f=0$	$\theta'_{f1}=1.056°$ $\theta'_{f2}=4.303°$
根锥角	δ_f	$\delta'-\theta'_{f1}$对等高齿,$\delta_f=\delta$	$\delta_{f1}=13°48'$ $\delta_{f2}=70°50'$
顶锥角	δ_a	对等顶隙收缩齿,$\delta_{a1}=\delta'_1+\theta f'_2$ $\delta_{a2}=\delta'_2+\theta f'_1$	$\delta_{a1}=19°10'$ $\delta_{a2}=76°12'$
顶圆直径	d_a	$d_a=K_d+2h'_a\cos\delta$	$d_{a1}=109.89$ $d_{a2}=331.19$
冠顶距	A_a	$A_a=R'\cos\delta'-h'_a\sin\delta'$	$A_{a1}=162.176$ $A_{a2}=42.055$
安装距	A	由结构尺寸确定	$A_1=168$,$A_2=80$
大端螺旋角	β	对弧线齿: $\beta=\arcsin\left[\dfrac{R_m}{R'}\sin\beta_m+\dfrac{R'}{d_0}\left(1-\dfrac{R_m^2}{R'^2}\right)\right]$	$\beta=13°31'28''$
轮冠距	H_a	$A-A_a$	$H_{a1}=5.824$ $H_{a2}=37.945$
大端分度圆弧齿厚	s	$s=\left(\dfrac{\pi}{2}+2x\dfrac{\tan\alpha_0}{\cos\beta}+x_t\right)_m$	$s_1=15.80$ $s_2=10.85$

① 非零形制的具体设计方案可以很多，所举例题是$x_\Sigma>0$，$\sigma=0$，基本结构中的缩式（$\Delta r>0$），以节点区双对齿啮合为目标的设计。

4.3　锥齿轮“非零变位——正传动”的专利说明

1）专利设计基准——采用常规的极薄的（$b\rightarrow0$）“当量齿轮”副。

2）正传动设计——选择正传动节锥δ'与分锥δ分离为两套的设计，并具有下列性质：$\delta'>\delta$，使锥齿轮具有高强度效果。或在等载荷条件下缩小体积，即在小型化的基础上具有高强度的效果。

3）专利的保证——正传动会带来增大轴交角Σ，两者的矛盾，用专利来解决：即按速比减少两节锥角δ'来保持Σ的不改变。

4）正传动的制造——采用新工艺来实现，即在原有带滚动机构的机床上切齿。

5）应用——此专利成功地在汽车（一汽），拖拉机（一拖），大型装载机（9t）、立式铣床、汽艇、大型立磨机上应用。

6）正传动的非零变位系数和$x=x_1+x_2>0$不受传动比u的限制，可以尽量提高$x_1+x_2=x_\Sigma$值，以取得最高强度的效果而无缺陷，可以按A与B两种情况处理：

工况	A	B
u	≤1	>1
x_{Σ}	0.5+0.5=1	0.8~0.9

u	≤1	>1	
x_1	0.5	0.1	0.15
x_2	0.5	0.8	0.85
x_{Σ}	1	0.9	1

7）负传动　$x_1>0$，$x_1+x_2<0$——只用于低噪声锥齿轮副如立式铣床（可降低约 2dB 噪声）。

8）通过 A 增加重合度，B 提高制造精度如齿根部的修形，C 提高瞬时比啮合精度，都可降低噪声。

5　轮齿受力分析

5.1　作用力的计算

作用力计算公式见表 15-3-22。当已知切向力 F_{tm} 时，也可用图 15-3-22 确定轴向力 F_{x1}、F_{x2} 对正交传动（$\Sigma=90°$），可通过 $F_{r1}=F_{x2}$、$F_{r2}=F_{x1}$ 确定径向力。

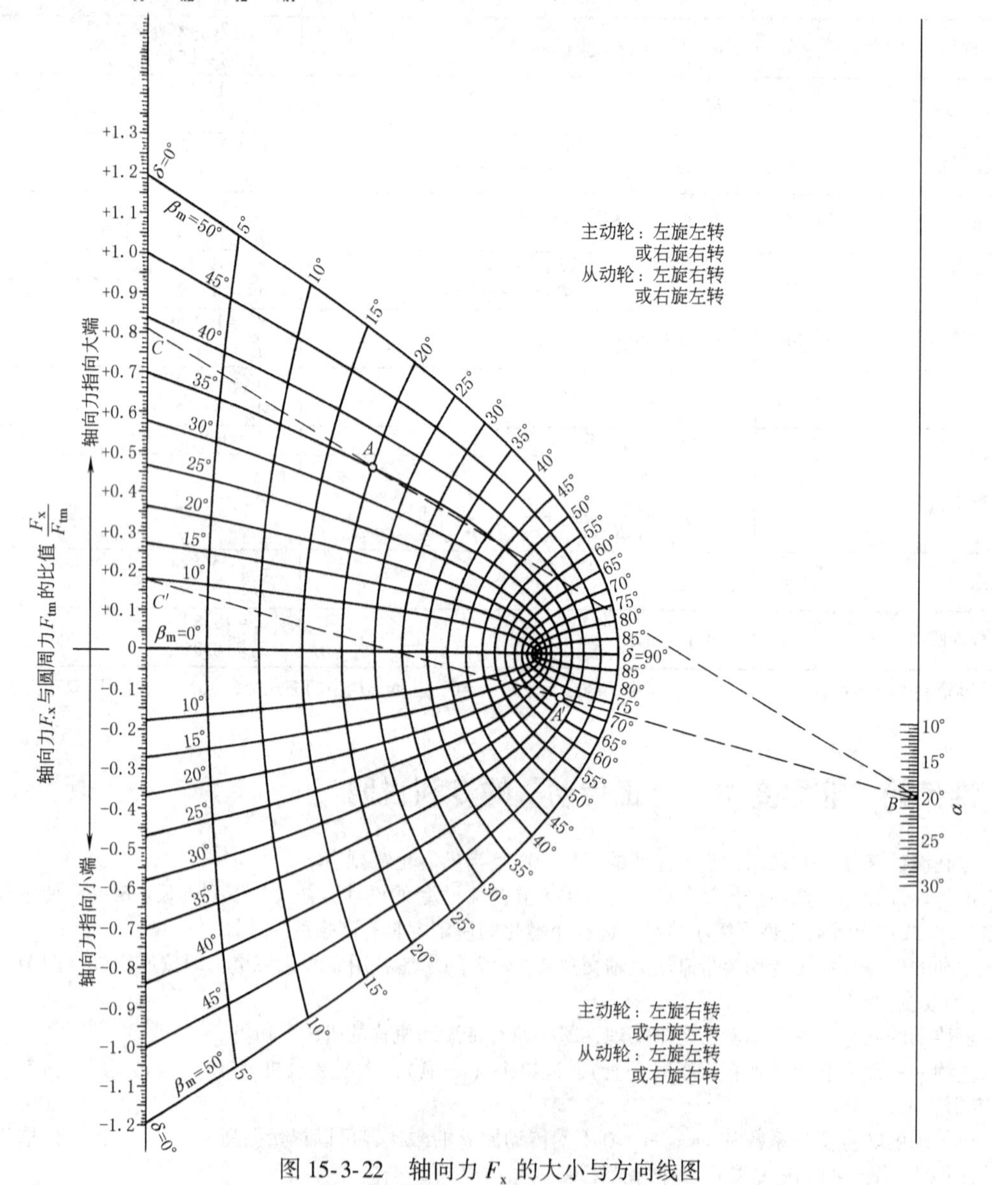

图 15-3-22　轴向力 F_x 的大小与方向线图

表 15-3-22　　作用力计算公式　　N

传动类型		直　齿	曲线齿、斜齿			
			主动轮：左旋左转 从动轮：右旋右转	主动轮：右旋右转 从动轮：左旋左转	主动轮：左旋右转 从动轮：右旋左转	主动轮：右旋左转 从动轮：左旋右转
简　图		左转或右转 右转或左转	右转 右旋 左旋 左转	左转 左旋 右旋 右转	左转 右旋 左旋 右转	右转 左旋 右旋 左转
齿宽中点处分度圆上的切向力 F_{tm}		$F_{tm}=\dfrac{2000T_1}{d_{m1}}=\dfrac{2000T_1}{d_1(1-0.5\phi_R)}=\dfrac{19\times10^6P}{n_1d_1(1-0.5\phi_R)}$				
齿宽中点处的径向力 F_r	主动轮	$F_{r1}=F_{tm}\tan\alpha\cos\delta_1$	$F_{r1}=\dfrac{F_{tm}}{\cos\beta_m}(\tan\alpha\cos\delta_1-\sin\beta_m\sin\delta_1)$		$F_{r1}=\dfrac{F_{tm}}{\cos\beta_m}(\tan\alpha\cos\delta_1+\sin\beta_m\sin\delta_1)$	
	从动轮	$F_{r2}=F_{tm}\tan\alpha\cos\delta_2$	$F_{r2}=\dfrac{F_{tm}}{\cos\beta_m}(\tan\alpha\cos\delta_2+\sin\beta_m\sin\delta_2)$		$F_{r2}=\dfrac{F_{tm}}{\cos\beta_m}(\tan\alpha\cos\delta_2-\sin\beta_m\sin\delta_2)$	
齿宽中点处的轴向力 F_x	主动轮	$F_{x1}=F_{tm}\tan\alpha\sin\delta_1$	$F_{x1}=\dfrac{F_{tm}}{\cos\beta_m}(\tan\alpha\sin\delta_1+\sin\beta_m\cos\delta_1)$		$F_{x1}=\dfrac{F_{tm}}{\cos\beta_m}(\tan\alpha\sin\delta_1-\sin\beta_m\cos\delta_1)$	
	从动轮	$F_{x2}=F_{tm}\tan\alpha\sin\delta_2$	$F_{x2}=\dfrac{F_{tm}}{\cos\beta_m}(\tan\alpha\sin\delta_2-\sin\beta_m\cos\delta_2)$		$F_{x2}=\dfrac{F_{tm}}{\cos\beta_m}(\tan\alpha\sin\delta_2+\sin\beta_m\cos\delta_2)$	
说　明		T_1——主动轮转矩，N·m d_1——主动轮大端分度圆直径，mm ϕ_R——齿宽系数			d_{m1}——主动轮齿宽中点处的直径，mm n_1——主动轮转速，r/min P——传递功率，kW	

注：1. 当 $F_r>0$ 时，表示径向力方向指向本身轴线；当 $F_r<0$ 时，则方向相反。当 $F_x>0$ 时，表示轴向力方向指向锥齿轮大端；当 $F_x<0$ 时，则方向相反。

2. 当轴交角 $\Sigma=90°$ 时，$F_{x1}=F_{r2}$；$F_{r1}=F_{x2}$（大小相等，方向相反）。

3. 转向确定准则：从锥顶看齿轮，当齿轮顺时针转动时为右转，反之为左转。

例　一对螺旋锥齿轮传动，其 $\Sigma=90°$、$\delta_1=20°$、$\delta_2=70°$、$\alpha=20°$、$\beta_m=35°$，小齿轮为主动轮，左旋左转（逆时针），大齿轮为从动轮、右旋右转（顺时针），求轴向力 F_x 及径向力 F_r 的大小与方向。

解　小齿轮的轴向力 F_{x1} 可由图 15-3-22 求得：根据主动轮的旋向和转向确定应使用图中曲线的上半部，求出 $\delta_1=20°$ 与 $\beta_m=35°$ 两曲线的交点 A。然后，由 $\alpha=20°$ 定 B 点，连接 B、A 两点并延长交 $\dfrac{F_x}{F_{tm}}$ 坐标于 C 点，得 $\dfrac{F_x}{F_{tm}}\approx+0.81$，即 $F_{x1}=+0.81F_{tm}$（"+"表示 F_{x1} 指向大端）。

亦可由表 15-3-22 公式计算求得：

$$F_{x1}=\frac{F_{tm}}{\cos35°}(\tan20°\sin20°+\sin35°\cos20°)=+0.81F_{tm}(\text{“+”表示 } F_{x1} \text{ 指向大端})$$

大齿轮的轴向力 F_{x2} 也可由图 15-3-22 求得：根据从动轮的旋向和转向确定应使用图中曲线的下半部，求出 $\delta_2=70°$ 与 $\beta_m=35°$ 两曲线的交点 A'。连接 BA' 两点并延长交 $\dfrac{F_x}{F_{tm}}$ 坐标于 C' 点，得 $\dfrac{F_x}{F_{tm}}=+0.18$，即 $F_{x2}=+0.18F_{tm}$（"+"表示 F_{x2} 指向大端）。

亦可由表 15-3-22 公式计算求得：

$$F_{x2}=\frac{F_{tm}}{\cos35°}(\tan20°\sin70°-\sin35°\cos70°)=+0.18F_{tm}\ (\text{“+”表示 } F_{x2} \text{ 指向大端})$$

小齿轮的径向力：$F_{r1}=F_{x2}=+0.18F_{tm}$（"+"表示 F_{r1} 指向本身轴线）

大齿轮的径向力：$F_{r2}=F_{x1}=+0.81F_{tm}$（"+"表示 F_{r2} 指向本身轴线）

5.2　轴向力的选择设计

表 15-3-22 中的轴向力 F_x 公式可改写成：

$$\frac{F_{x1、2}\cos\beta_m}{F_{tm}\cos\delta_{1、2}}=\tan\alpha\tan\delta_{1、2}\pm\sin\beta_m$$

其正负号由大小轮、主从动、旋向、转向、节锥角、螺旋角、齿形角七项因素所确定，其中由 2 种旋向与 2 种转向构成的 4 种组合，可合并为 2 套组合：

同向组合（左旋与左转/右旋与右转）

异向组合（左旋与右转/右旋与左转）

它们与减速/增速传动相结合，构成4套（ac、ad、bc、bd）组合（即8种组合），见表15-3-23。

表15-3-23　轴向力方向（正负号）的组合选择

a	b	c	d
减速传动	增速传动	同向组合	异向组合
小轮主动	大轮主动	+	−
大轮从动	小轮从动	−	+

轴向力选择要求：小轮 F_{x1} 方向指向大端（即 $F_{x1}>0$），大轮 F_{x2} 最好也指向大端（$F_{x2}>0$），至少从组合中选一组 F_{x2} 的绝对值较小者。对直齿和零度曲齿传动，$\because \beta_m=0$，$\therefore F_{x1}>0$，$F_{x2}>0$。对一般曲齿传动，当齿数比、大小轮、主从动、转向初定后，可从螺旋角、齿形角、旋向三者与适当的组合中去优选。例如下述四种常见工况：

（1）减速曲齿锥齿轮传动——选同向组合（ac），此时 $F_{x1}>0$，F_{x2} 带负号，如希望 $F_{x2}\geqslant 0$，则有 $\tan\alpha\tan\delta_2\geqslant\sin\beta_m$，对正交传动，选择 β_m 与 α，使 $\sin\beta_m/\tan\alpha\leqslant u$。

（2）增速曲齿锥齿轮传动——选异向组合（bd），此时 $F_{x1}>0$，F_{x2} 带负号。如希望 $F_{x2}\geqslant 0$，则有 $\tan\alpha\tan\delta_2\geqslant\sin\beta_m$，对正交传动，选择 β_m 与 α，使 $\sin\beta_m/\tan\alpha\leqslant u$。

（3）双向（正反转）曲齿锥齿轮减速传动——选双向中受载较大的转向的同向组合（ac），此时 $F_{x1}=0$，F_{x2} 带负号；当受载较小的转向传动时，变为异向组合（ad），此时 F_{x1} 带负号，可设计 $F_{x1}>0$，即 $\tan\alpha\tan\delta_1\geqslant\sin\beta_m$。对正交传动，选择 β_m 与 α，使 $\tan\alpha/\sin\beta_m\geqslant u$。

（4）双向曲齿锥齿轮增速传动——对受载较大的转向选异向组合（bd），此时的 $F_{x1}>0$；对受载较小的转向，变成同向组合（bc），此时的 F_{x1} 带负号，可设计 $F_{x1}>0$。对正交传动，设计成 $\tan\alpha/\sin\beta_m\geqslant u$。

6　锥齿轮传动的强度计算

锥齿轮传动的强度计算，包括接触强度和弯曲强度计算。

为了简化设计工作，在一般情况下，对于闭式传动，先按接触强度初步确定主要尺寸，然后进行接触强度和弯曲强度的校核；对于不重要的闭式传动，强度校核也可从略。

对于开式传动，一般只按弯曲强度进行初步计算，这时应将计算载荷乘上一个磨损系数 K_m，其值见表15-1-115，必要时也可再校核一下弯曲强度。

6.1　主要尺寸的初步确定

目前国际上锥齿轮强度计算公式有ISO和美国AGMA两个互不相容的系统。根据参考文献［3］的分析和处理，导出一套供初步设计通用的“统一公式”，如表15-3-24所示。

表15-3-24　初步计算公式

齿轮类型		接触强度	弯曲强度
正交传动	直齿及零度弧齿	$d_1=eZ_bZ_\phi\sqrt[3]{\dfrac{T_1K_AK_{H\beta}}{u\sigma_{Hlim}^2}}$ (mm)	$d_1=50\sqrt[3]{\dfrac{T_1K_AK_{F\beta}}{\sqrt{u^2+1}}\times\dfrac{Y_F}{\sigma_{Flim}}\times\sqrt[4]{z_1}}$ (mm)
	弧齿、斜齿、摆线齿		$d_1=42\sqrt[3]{\dfrac{T_1K_AK_{F\beta}}{\sqrt{u^2+1}}\times\dfrac{Y_F}{\sigma_{Flim}}\times\sqrt[4]{z_1}}$ (mm)
斜交传动		$d_1=eZ_bZ_\phi\sqrt[3]{\dfrac{T_1K_AK_{H\beta}\sin\Sigma}{u\sigma_{Hlim}^2}}$ (mm)	

注：1. 接触强度的计算公式仅适用于钢对钢的齿轮副，当配对材料不同时，应将计算所得的 d_1 值乘以下列数值：

钢对铸铁：0.90　　铸铁对铸铁：0.83

2. 对于重要传动，应将计算所得的 d_1 值增大15%左右。

3. 表中代号说明如下：d_1—小齿轮大端分度圆直径，mm；e—锥齿轮类型几何系数，见表15-3-25；Z_b—变位后强度影响系数，见表15-3-26；Z_ϕ—齿宽比系数，见表15-3-27；T_1—小齿轮转矩，N·m；K_A—使用系数，见表15-1-71；$K_{H\beta}$、$K_{F\beta}$—齿向载荷分布系数，见式（15-3-12）；σ_{Hlim}、σ_{Flim}—试验齿轮的接触、弯曲疲劳极限，见表15-3-28；Y_F—齿形系数，见式（15-3-9）；Σ—轴交角。

表 15-3-25　　锥齿轮类型几何系数 e

类型	直齿		曲齿		
	非鼓形齿	鼓形齿	10°	25°	35°
e 值	1200	1100		1000	950

表 15-3-26　　变位后强度影响系数 Z_b

变位类型	零传动 $x_1+x_2=0$	正传动 $x_1+x_2>0$		负传动 $x_1+x_2<0$	
适用范围	格里森 奥利康 克林根堡 埃尼姆斯	节点区双齿对啮合 $\delta_2>0.15$	大啮合角传动	双齿对传动 $\varepsilon_\gamma \geqslant 2.4$	三齿对传动 $\varepsilon_\gamma>3$
Z_b 值	1	0.85～0.9	0.93～0.97	0.85～0.9	0.8

表 15-3-27　　齿宽比系数 Z_ϕ

ϕ_R	$\frac{1}{3.5}$	$\frac{1}{3}$	$\frac{1}{4}$	$\frac{1}{5}$	$\frac{1}{6}$	$\frac{1}{8}$	$\frac{1}{10}$	$\frac{1}{11}$	$\frac{1}{12}$
适用范围(参考)	$\Sigma=90°$			$\Sigma\neq 90°$					
	通用	大 β 的收缩齿	小 β 或等高齿	135°	45°	30°	20°	15°	10°
Z_ϕ 值	1.683	1.629	1.735	1.834	1.926	2.088	2.229	2.294	2.355

注：如 ϕ_R 值未知，可取 $\phi_R=\frac{1}{3.5}$，即 $Z_\phi=1.683$。

表 15-3-28　　试验齿轮的疲劳极限 σ_{Hlim}、σ_{Flim}　　$N \cdot mm^{-2}$

材料	σ_{Hlim}(中段值)	σ_{Flim}(中值/下值)	材料	σ_{Hlim}(中段值)	σ_{Flim}(中值/下值)
合金钢渗碳淬火	1450～1500	300/220	中碳钢调质	550～650	220/170
感应或火焰淬火	1130～1200	320/240	球墨铸铁	500～620	220/170
氮化钢	1130～1200	400/250	灰铸铁	340～420	75/60
合金钢调质	750～850	300/220			

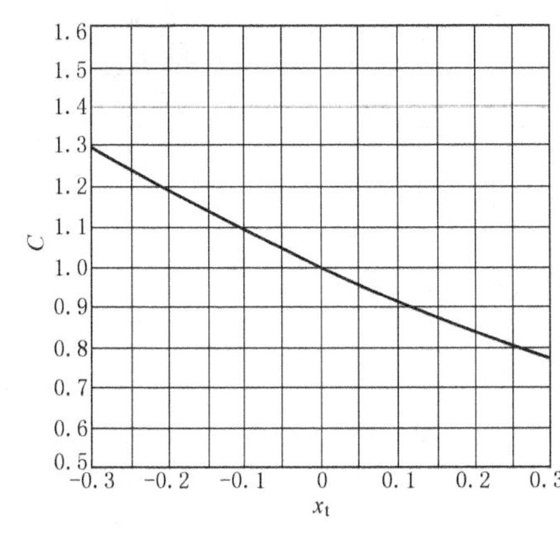

图 15-3-23　有切向变位时的修正系数 C

齿形系数 Y_F：

$$Y_F=CY_{F0} \tag{15-3-9}$$

式中　C——有切向变位时的修正系数，其值由图 15-3-23 查取；

Y_{F0}——无切向变位时的齿形系数，由图 15-3-24～图 15-3-26 查取。对斜齿，应将大端螺旋角 β 换算为中点螺旋角 β_m 查图，其换算关系为：

$$\sin\beta_m=\frac{\sin\beta}{1-0.5\phi_R}$$

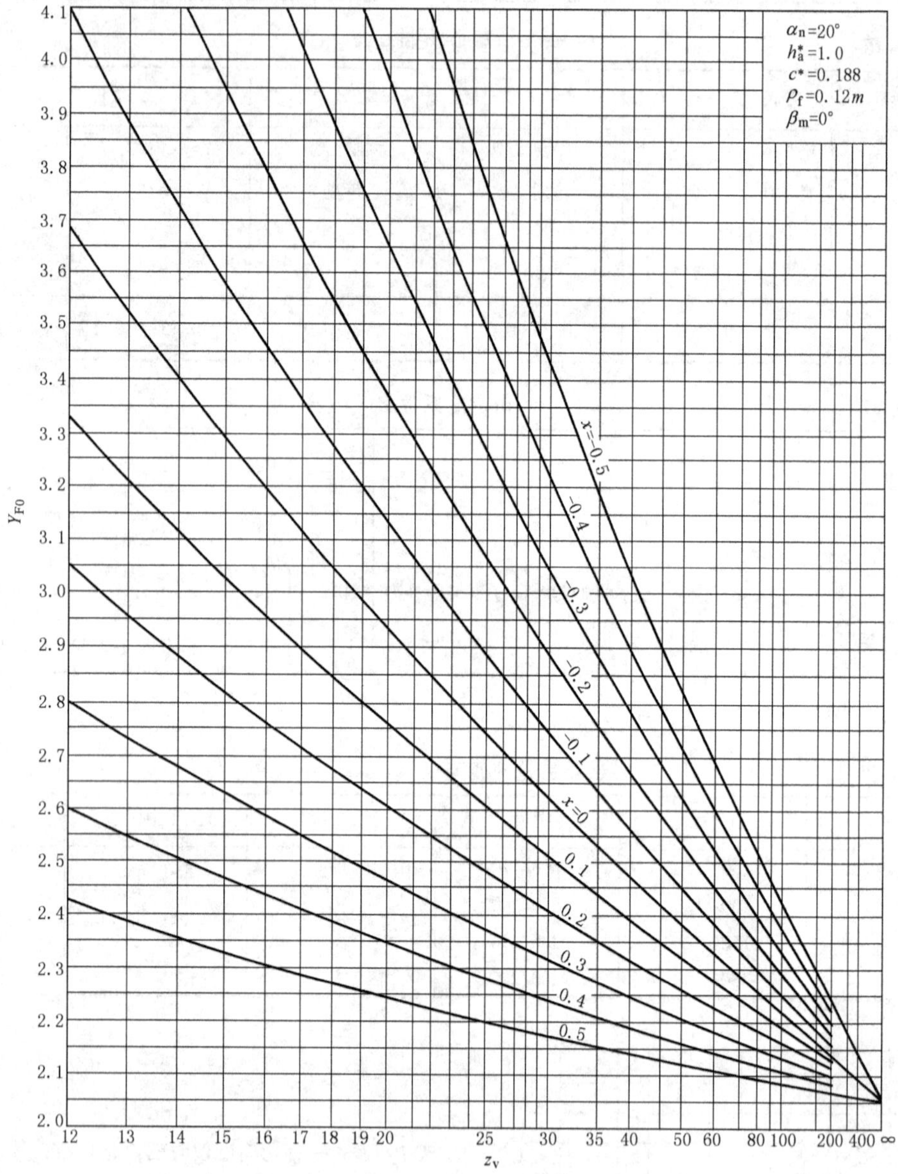

图 15-3-24　无切向变位的齿形系数 Y_{F0}（$\beta_m=0°$）

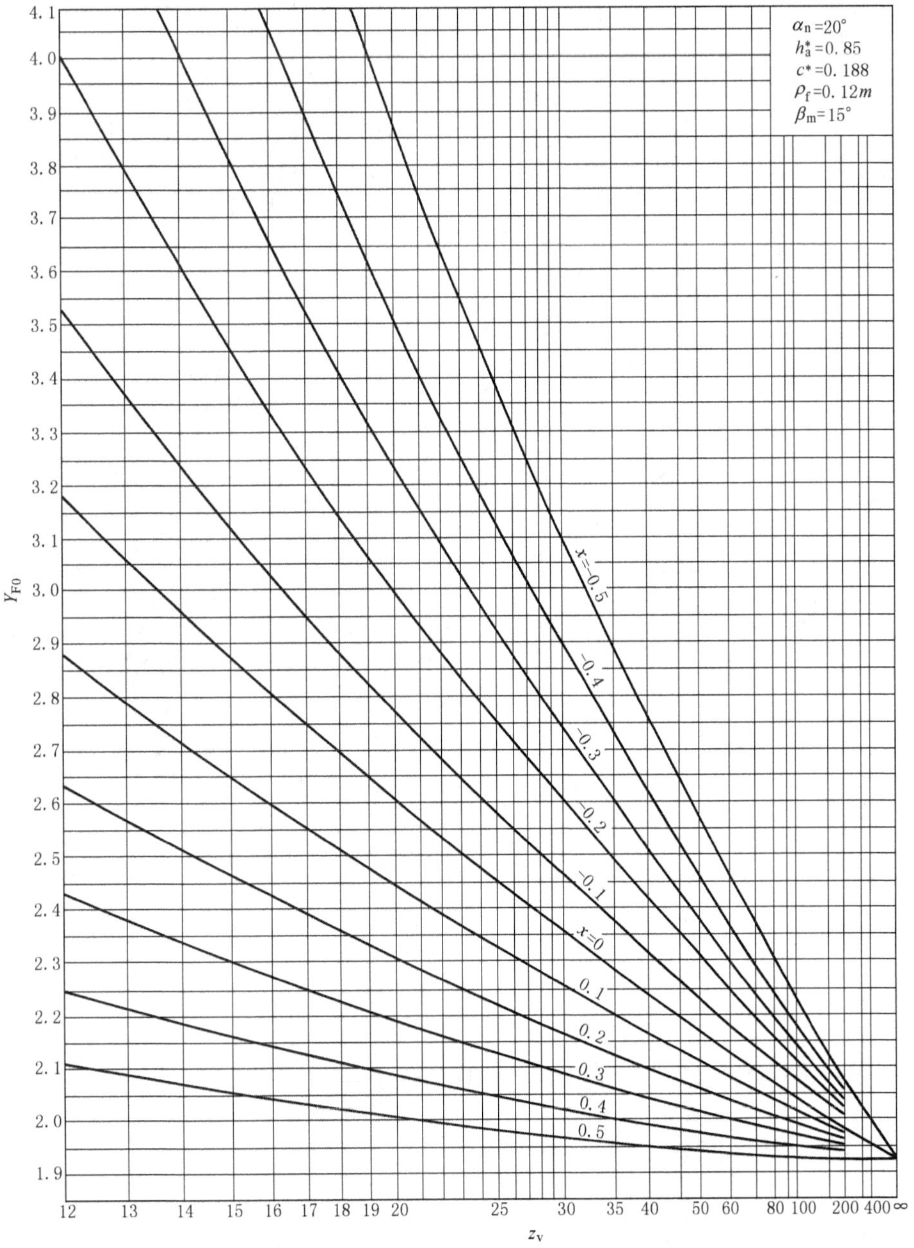

图 15-3-25　无切向变位的齿形系数 Y_{F0}（$\beta_m=15°$）

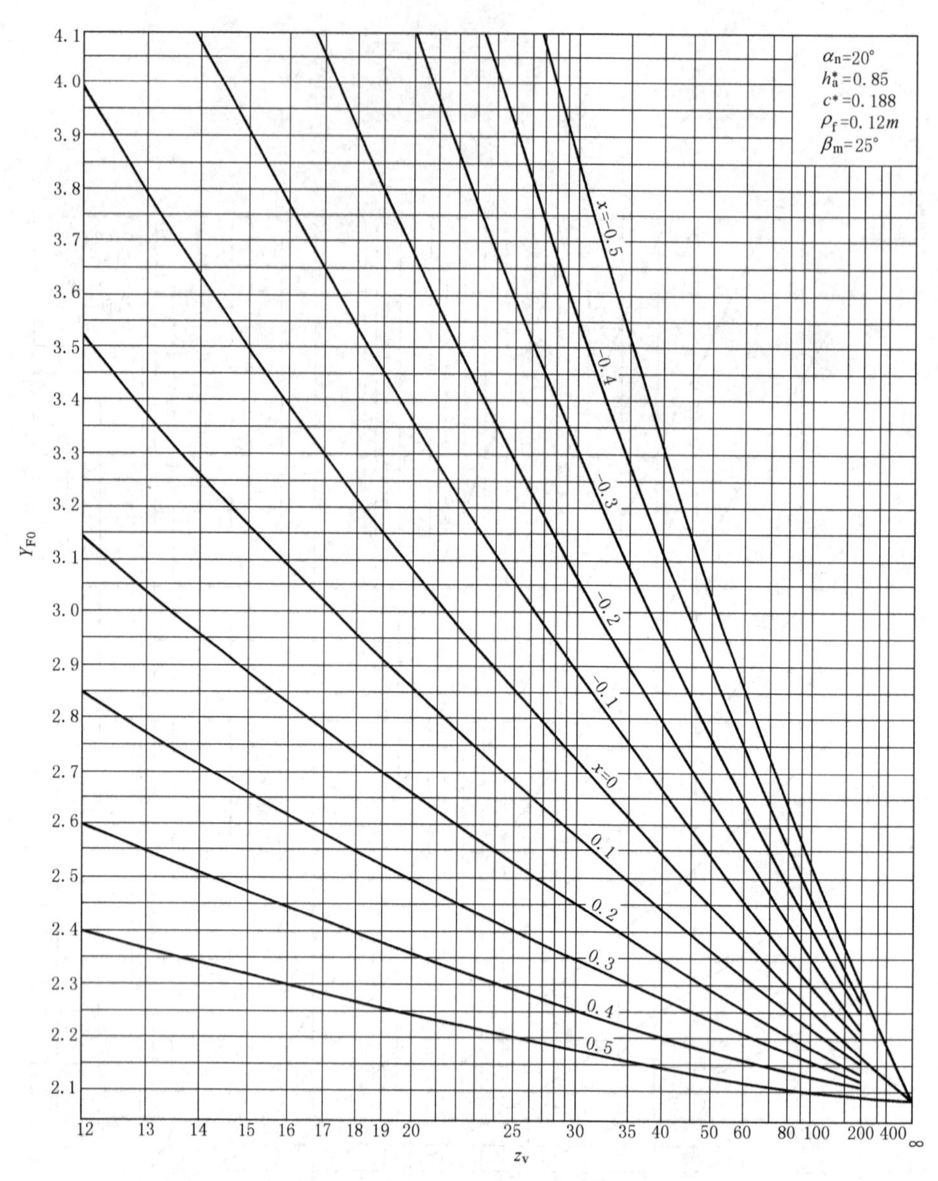

图 15-3-26 无切向变位的齿形系数 Y_{F0}（$\beta_m=35°$）

6.2 接触强度校核计算（摘自 GB/T 10062.2—2003）

（1）接触强度计算公式

表 15-3-29

项目	计算公式	
计算接触应力	斜交传动	$\sigma_H=Z_H Z_E Z_\varepsilon Z_\beta Z_K\sqrt{\dfrac{K_A K_V K_{H\beta} K_{H\alpha} F_{tm}}{d_{v1} b_{eH}}\times\dfrac{u_v+1}{u_v}}$ （N/mm²）
	正交传动	$\sigma_H=Z_H Z_E Z_\varepsilon Z_\beta Z_K\sqrt{\dfrac{K_A K_V K_{H\beta} K_{H\alpha} F_{tm}}{d_{m1} b_{eH}}\times\dfrac{\sqrt{u^2+1}}{u}}$ （N/mm²）

续表

项　目	计　　算　　公　　式
许用接触应力	$\sigma_{Hp}=\dfrac{\sigma_{Hlim}}{S_{Hmin}}Z_L Z_v Z_R Z_X$
强度条件	$\sigma_H \leqslant \sigma_{Hp}$

注：1. 许用接触应力应对大、小齿轮分别计算，取其中较小者。

2. 对有限寿命下的接触强度的计算，应考虑寿命系数 Z_N，其值参见第 15 篇第 1 章 8.4 节有关部分。

3. 式中代号说明如下：Z_H—节点区域系数，见（2）；Z_E—弹性系数，$\sqrt{N/mm^2}$，见表 15-1-95；Z_ε —接触强度计算的重合度系数，见（3）；Z_β—接触强度计算的螺旋角系数，$Z_\beta=\sqrt{\cos\beta_m}$；$Z_K$—接触强度计算的锥齿轮系数，见（4）；$K_A$—使用系数，见表 15-1-71；$K_V$—动载系数，见（5）；$K_{H\beta}$—接触强度计算的齿向载荷分布系数，见（6）；$K_{H\alpha}$—接触强度计算的齿向载荷分配系数，见（7）；$F_{tm}$—齿宽中点分度圆上的名义切向力，N，见式（15-3-11）；d_{v1}—小轮当量圆柱齿轮分度圆直径，mm，见表 15-3-31；b_{eH}—接触强度计算的有效齿宽，mm，与齿面接触区长度相当，一般取为 0.85b（b 为工作齿宽，指一对齿轮中的较小齿宽）；u_v—当量圆柱齿轮齿数比，$u_v=u\cos\delta_1/\cos\delta_2$；$\sigma_{Hlim}$—试验齿轮的接触疲劳极限，N/mm²，查图 15-1-81～图 15-1-85；S_{Hmin}—接触强度计算的最小安全系数，见表 15-1-100；Z_L—润滑剂系数，查图 15-1-87；Z_v—速度系数，用齿宽中点分度圆圆周速度查图 15-1-88；Z_R—粗糙度系数，见（8）；Z_X—接触强度计算的尺寸系数，见（9）。

4. 当采用新型非零变位锥齿轮时，建议在 σ_H 计算值上，再乘上一个变位后强度影响系数 Z_b，其取值见表 15-3-26（当采用传统的零传动设计时，$Z_b=1$，与原国标计算值一致）。

（2）节点区域系数 Z_H

由图 15-3-27 查取。

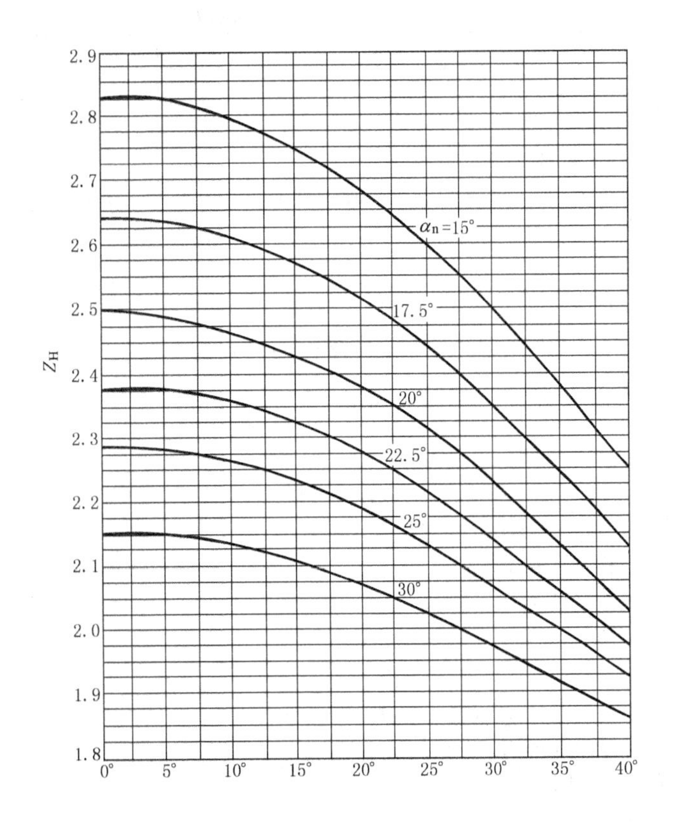

图 15-3-27　节点区域系数 Z_H

（3）接触强度计算的重合度系数 Z_ε

表 15-3-30　　**重合度系数 Z_ε**

类　型	直　齿	斜齿、弧齿	
		$\varepsilon_{v\beta}<1$	$\varepsilon_{v\beta}\geqslant 1$
Z_ε	$Z_\varepsilon=\sqrt{\dfrac{4-\varepsilon_{v\alpha}}{3}}$	$Z_\varepsilon=\sqrt{\dfrac{4-\varepsilon_{v\alpha}}{3}(1-\varepsilon_{v\beta})+\dfrac{\varepsilon_{v\beta}}{\varepsilon_{v\alpha}}}$	$Z_\varepsilon=\sqrt{\dfrac{1}{\varepsilon_{v\alpha}}}$

注：$\varepsilon_{v\alpha}$ 和 $\varepsilon_{v\beta}$ 按表 15-3-31 计算。

表 15-3-31　　**当量圆柱齿轮的重合度 $\varepsilon_{v\alpha}$、$\varepsilon_{v\beta}$**

项　目	代号	计　算　公　式	
		小　齿　轮	大　齿　轮
分度圆直径	d_v	$d_{v1}=\dfrac{R-0.5b}{R\cos\delta_1}d_1$	$d_{v2}=\dfrac{R-0.5b}{R\cos\delta_2}d_2$
中心距	a_v	$a_v=\dfrac{1}{2}(d_{v1}+d_{v2})$	
齿顶圆直径	d_{va}	$d_{va1}=d_{v1}+2(h_{a1}-0.5b\tan\theta_{a1})$	$d_{va2}=d_{v2}+2(h_{a2}-0.5b\tan\theta_{a2})$
端面齿形角	α_{vt}	$\alpha_{vt}=\arctan(\tan\alpha/\cos\beta_m)$	
基圆直径	d_{vb}	$d_{vb1}=d_{v1}\cos\alpha_{vt}$	$d_{vb2}=d_{v2}\cos\alpha_{vt}$
啮合线长度	$g_{v\alpha}$	$g_{v\alpha}=0.5(\sqrt{d_{va1}^2-d_{vb1}^2}+\sqrt{d_{va2}^2-d_{vb2}^2})-a_v\sin\alpha_{vt}$	
端面重合度	$\varepsilon_{v\alpha}$	$\varepsilon_{v\alpha}=\dfrac{g_{v\alpha}R}{\pi m(R-0.5b)\cos\alpha_{vt}}$	
纵向重合度	$\varepsilon_{v\beta}$	$\varepsilon_{v\beta}=\dfrac{0.85bR\tan\beta_m}{\pi m(R-0.5b)}$	

注：当大、小轮齿宽不等时，用较小齿宽计算。

（4）接触强度计算的锥齿轮系数 Z_K

Z_K 是考虑锥齿轮齿形与渐开线齿形的差异及轮齿刚度沿齿宽变化对齿面接触强度的影响。当齿顶和齿根修形适当时，取 $Z_K=0.85$。

（5）动载系数 K_V

$$K_V=NK+1 \tag{15-3-10}$$

式中　N——临界转数比，即小齿轮转数 n_1 与临界转数 n_{E1} 之比，

$$N=0.084\times\frac{z_1 v_{tm}}{100}\sqrt{\frac{u^2}{u^2+1}}$$

对工业及车辆传动，建议在亚临界区使用，即

$$N\leqslant 0.85$$

v_{tm}——中点圆周速度 $\pi d_{m1}n_1/60000$，m/s；

u——锥齿轮副齿数比，$z_2/z_1\geqslant 1$；

K——当 $N\leqslant 0.85$ 时，其值为

$$K=\frac{(f_{pt}-y_\alpha)c'}{K_A F_{tm}/b_{eH}}C_{v12}+C_{v3}$$

f_{pt}——齿距极限偏差，μm，通常按大轮查表 15-3-43；

y_α——跑合量，μm，其值如表 15-3-32；

c'——单对齿刚度，取 14N/(mm · μm)；

C_{v12}，C_{v3}——$N\leqslant 0.85$ 时的系数，其值如表 15-3-33；

F_{tm}——作用在锥齿轮齿宽中点端面分度圆上的名义切向力，N，按下式计算：

$$F_{tm}=\frac{2000T_{1,2}}{d_{m1,2}}\quad(\text{N}) \tag{15-3-11}$$

$T_{1,2}$——名义转矩，$T_{1,2}=9550P/n_{1,2}$，N·m；

P——名义功率，kW；

n——转速，r/min。

表 15-3-32　　跑合量 y_α

材　　料	y_α
硬齿面钢	$0.075f_{pt}<3\mu m$
调质钢	$160f_{pt}/\sigma_{Hlim}$
铸铁	$0.275f_{pt}$

注：当小、大齿轮材料不同时，y_α为两轮所确定值的算术平均值。

表 15-3-33

	$1<\varepsilon_{v\gamma}<2$	$\varepsilon_{v\gamma}>2$
C_{v12}	0.66	$0.32+0.57/(\varepsilon_{v\gamma}-0.3)$
C_{v3}	0.23	$0.096/(\varepsilon_{v\gamma}-1.56)$

注：$\varepsilon_{v\gamma}$—总重合度，$\varepsilon_{v\gamma}=\varepsilon_{v\alpha}+\varepsilon_{v\beta}$。

（6）齿向载荷分布系数 $K_{H\beta}$、$K_{F\beta}$

$$K_{H\beta}=K_{F\beta}=1.5K_{H\beta be} \tag{15-3-12}$$

表 15-3-34　　轴承系数 $K_{H\beta be}$

应　　用	两轮都是两端支承	两轮都是悬臂支承	一轮两端支承，一轮悬臂支承
工业、船舶	1.10	1.50	1.25
飞机、车辆	1	1.25	1.10

对非鼓形直齿锥齿轮，应将由式（15-3-12）求得的值适当增大。

（7）齿间载荷分配系数 $K_{H\alpha}$、$K_{F\alpha}$（DIN3991）

表 15-3-35

K_AF_{tm}/b_{eH}			≥100N/mm							<100N/mm
精度级			5 以上	6	7	8	9	10	11 以下	所有
硬齿面	直　齿	$K_{H\alpha}$	1		1.1	1.2	$1/Z_\varepsilon^2\geqslant1.2$			
		$K_{F\alpha}$					$1/Y_\varepsilon\geqslant1.2$			
	曲齿、斜齿	$K_{H\alpha}=K_{F\alpha}$	1	1.1	1.2	1.4	$\varepsilon_\alpha/\cos^2\beta_{bm}\geqslant1.4$			
软齿面	直　齿	$K_{H\alpha}$	1			1.1	1.2	$1/Z_\varepsilon^2\geqslant1.2$		
		$K_{F\alpha}$						$1/Y_\varepsilon\geqslant1.2$		
	曲齿、斜齿	$K_{H\alpha}=K_{F\alpha}$	1		1.1	1.2	1.4	$\varepsilon_\alpha/\cos^2\beta_{bm}\geqslant1.4$		

（8）粗糙度系数 Z_R

$$Z_R=\left(\frac{3}{Rz_{100}}\right)^{C_{zR}}\text{（极限条件：}Z_R\leqslant1.15\text{）}$$

式中　C_{zR}——指数；

当 $850\text{N/mm}^2\leqslant\sigma_{Hlim}\leqslant1200\text{N/mm}^2$ 时，

$$C_{zR}=0.12+\frac{1000-\sigma_{Hlim}}{5000}$$

当 $\sigma_{Hlim}<850\text{N/mm}^2$ 时，取 $C_{zR}=0.15$；

当 $\sigma_{Hlim}>1200\text{N/mm}^2$ 时，取 $C_{zR}=0.08$；

Rz_{100}——相对微观不平度十点高度（相对于 $a_v=100$mm 试验齿轮）；

$$Rz_{100}=\frac{Rz_1+Rz_2}{2}\sqrt[3]{\frac{100}{a_v}}$$

Rz_1、Rz_2——小轮、大轮的微观不平度十点高度，μm；$Rz=(4\sim5)Ra$；如齿面经过跑合，应取跑合后的数值；

a_v——当量圆柱齿轮中心距，mm，按表 15-3-31 计算。

Z_R 值也可由下图查取。

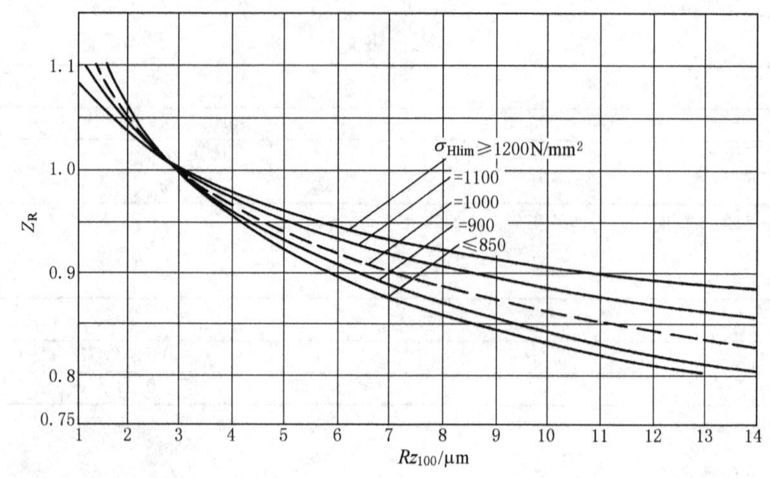

（9）接触强度计算的尺寸系数 Z_X

表 15-3-36

材　　料	计　算　公　式	极　限　值
调质钢、铸铁	$Z_X=1$	$Z_X=1$
表面硬化钢	$Z_X=1.05-0.005m_{nm}$	$0.9\leqslant Z_X\leqslant 1$
氮化钢	$Z_X=1.08-0.011m_{nm}$	$0.75\leqslant Z_X\leqslant 1$

注：m_{mn}的计算见表 15-3-37 注。

6.3 弯曲强度校核计算（摘自 GB/T 10062.3—2003）

（1）弯曲强度计算公式

表 15-3-37

项　目	计　算　公　式
计算齿根应力	$\sigma_F=\dfrac{K_AK_VK_{F\beta}K_{F\alpha}F_{tm}}{b_{eF}m_{nm}}Y_{Fa}Y_{Sa}Y_\varepsilon Y_\beta Y_K$　(N/mm²)
许用齿根应力	$\sigma_{FP}=\dfrac{\sigma_{Flim}Y_{ST}}{S_{Fmin}}Y_{\delta relT}Y_{RrelT}Y_X$　(N/mm²)
强度条件	$\sigma_F\leqslant\sigma_{FP}$

注：1. 应分别对大、小齿轮进行计算。

2. 式中代号说明如下：K_A—使用系数，见表 15-1-88；K_V—动载系数，见 6.2 节（5）；$K_{F\beta}$—弯曲强度计算的齿向载荷分布系数，见 6.2 节（6）；$K_{F\alpha}$—弯曲强度计算的齿间载荷分配系数，见 6.2 节（7）；b_{eF}—弯曲强度计算的有效齿宽，mm，$b_{eF}=b_{eH}=0.85b$；m_{nm}—齿宽中点法向模数，mm，$m_{nm}=m(R-0.5b)\cos\beta_m/R$；$Y_{Fa}$—齿形系数，见（2）；$Y_{Sa}$—应力修正系数，见（3）；$Y_\varepsilon$—弯曲强度计算的重合度系数，见（4）；$Y_\beta$—弯曲强度计算的螺旋角系数，见（5）；$Y_K$—弯曲强度计算的锥齿轮系数，取 $Y_K=1$；σ_{Flim}—试验齿轮的弯曲疲劳极限，N/mm²，查图 15-1-109~图 15-1-113；Y_{ST}—试验齿轮的应力修正系数，取 $Y_{ST}=2.0$；S_{Fmin}—弯曲强度的最小安全系数，见表 15-1-118；$Y_{\delta relT}$—相对齿根圆角敏感系数，查图 15-1-116；Y_{RrelT}—相对齿根表面状况系数，查表 15-1-130；Y_X—弯曲强度计算的尺寸系数，查图 15-1-115（横坐标用 m_{nm}）。

（2）齿形系数 Y_{Fa}

用展成法加工的齿轮的齿形系数如图 15-3-28 所示，图中 z_{vn} 为当量圆柱齿轮的齿数，按下式计算：

$$z_{vn}=\frac{z}{\cos\delta\cos^2\beta_{vb}\cos\beta_m} \tag{15-3-13}$$

$$\beta_{vb}=\arcsin(\sin\beta_m\cos\alpha_n) \tag{15-3-14}$$

(3) 应力修正系数 Y_{Sa}

由图 15-3-29 查取。

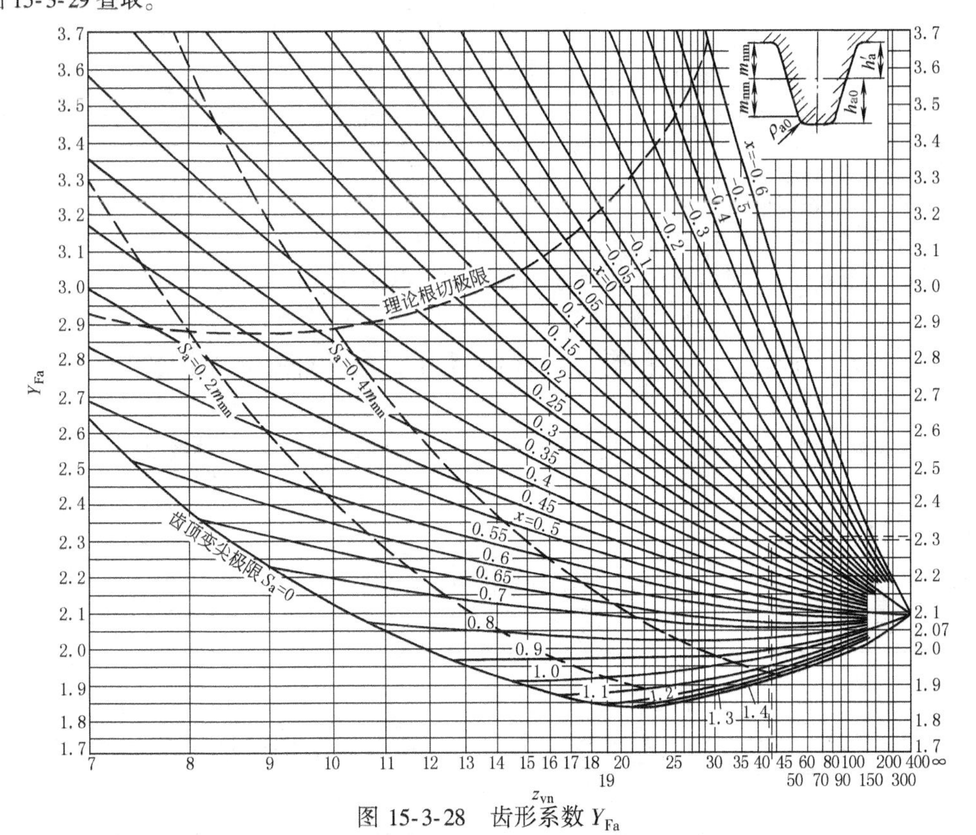

图 15-3-28 齿形系数 Y_{Fa}

$\alpha_n=20°$; $h_a/m_{nm}=1$; $h_{a0}/m_{nm}=1.25$; $\rho_{a0}/m_{nm}=0.25$; $x_t=0$

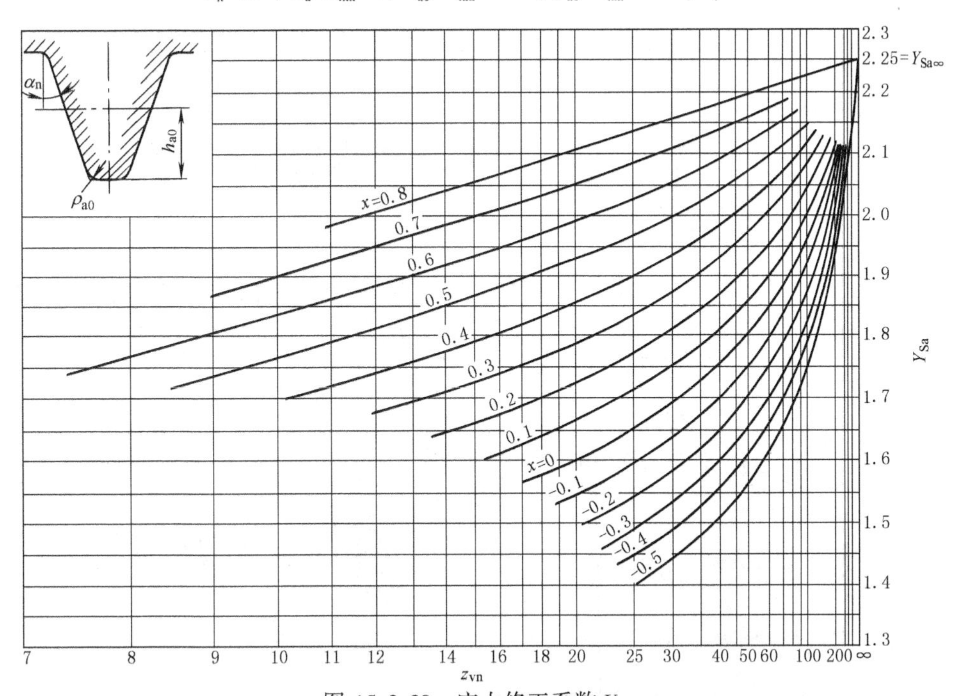

图 15-3-29 应力修正系数 Y_{Sa}

$\alpha_n=20°$; $h_a/m_{nm}=1$; $h_{a0}/m_{nm}=1.25$; $\rho_{a0}/m_{nm}=0.25$; $x_t=0$

（4）弯曲强度计算的重合度系数 Y_{ε}

$$Y_{\varepsilon}=0.25+\frac{0.75\cos^2\beta_{vb}}{\varepsilon_{v\alpha}} \tag{15-3-15}$$

式中　$\varepsilon_{v\alpha}$——按表 15-3-31 计算；

β_{vb}——按式（15-3-14）计算。

（5）弯曲强度计算的螺旋角系数 Y_{β}

$$Y_{\beta}=1-\varepsilon_{v\beta}\frac{\beta_m}{120°} \tag{15-3-16}$$

式中　β_m——齿宽中点螺旋角，（°）；

$\varepsilon_{v\beta}$——按表 15-3-31 计算。

使用式（15-3-16）时，若 $\varepsilon_{v\beta}>1$，取 $\varepsilon_{v\beta}=1$；若 $\beta_m>30°$，取 $\beta_m=30°$。

7　锥齿轮精度（摘自 GB/T 11365—1989）

本节介绍的 GB/T 11365—1989 适用于中点法向模数 $m_n\geqslant1$mm 的直齿、斜齿、曲线齿锥轮和准双曲面齿轮。

7.1　定义及代号

表 15-3-38　　齿轮、齿轮副误差及侧隙的定义和代号

名　　称	定　　义
切向综合误差 $\Delta F_i'$ 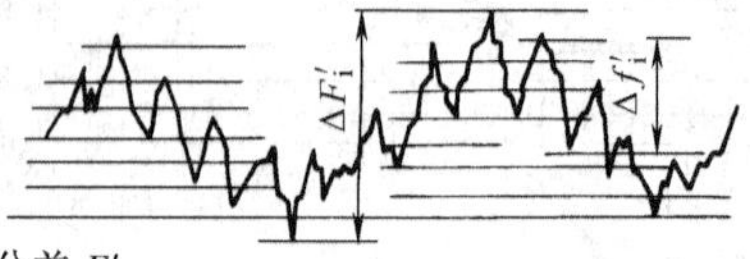 切向综合公差 F_i'	被测齿轮与理想精确的测量齿轮按规定的安装位置单面啮合时，被测齿轮一转内，实际转角与理论转角之差的总幅度值。以齿宽中点分度圆弧长计
一齿切向综合误差 $\Delta f_i'$ 一齿切向综合公差 f_i'	被测齿轮与理想精确的测量齿轮按规定的安装位置单面啮合时，被测齿轮一齿距角内，实际转角与理论转角之差的最大幅度值。以齿宽中点分度圆弧长计
轴交角综合误差 $\Delta F_{i\Sigma}''$ 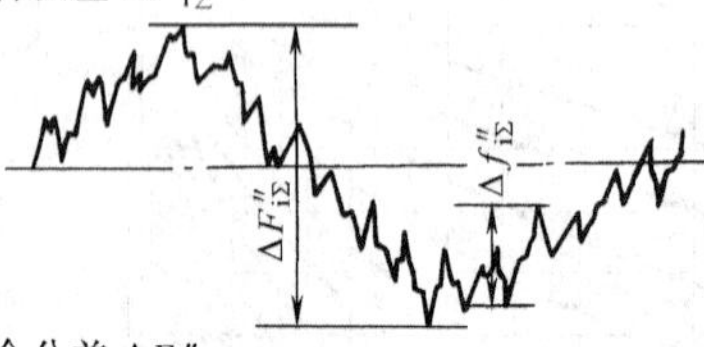 轴交角综合公差 $\Delta F_{i\Sigma}''$	被测齿轮与理想精确的测量齿轮在分锥顶点重合的条件下双面啮合时，被测齿轮一转内，齿轮副轴交角的最大变动量。以齿宽中点处线值计
一齿轴交角综合误差 $\Delta f_{i\Sigma}''$ 一齿轴交角综合公差 $f_{i\Sigma}''$	被测齿轮与理想精确的测量齿轮在分锥顶点重合的条件下双面啮合时，被测齿轮一齿距角内，齿轮副轴交角的最大变动量。以齿宽中点处线值计
周期误差 $\Delta f_{zk}'$ 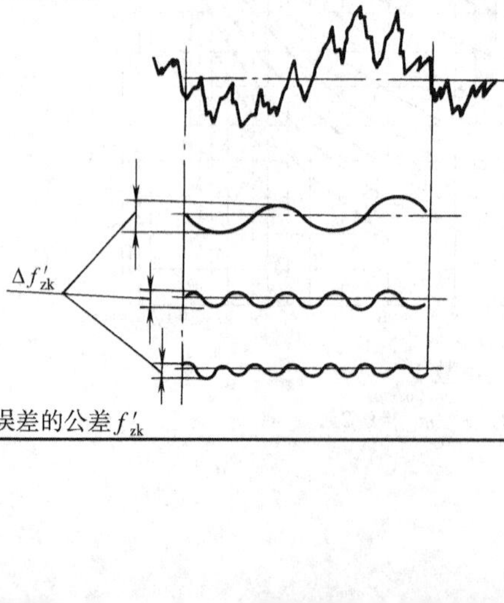 周期误差的公差 f_{zk}'	被测齿轮与理想精确的测量齿轮按规定的安装位置单面啮合时，被测齿轮一转内，二次（包括二次）以上各次谐波的总幅度值

续表

名　　称	定　　义
齿距累积误差 ΔF_p 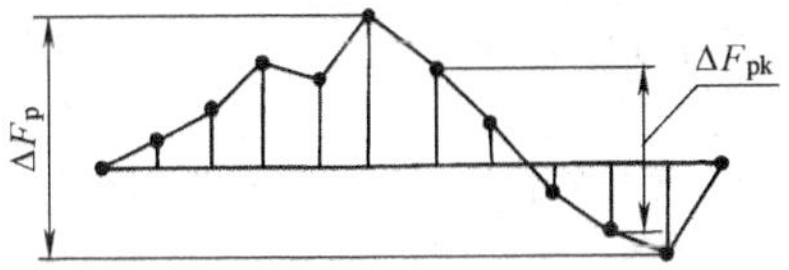 齿距累积公差 F_p	在中点分度圆[①]上，任意两个同侧齿面间的实际弧长与公称弧长之差的最大绝对值
k 个齿距累积误差 ΔF_{pk} k 个齿距累积公差 F_{pk}	在中点分度圆[①]上，k 个齿距的实际弧长与公称弧长之差的最大绝对值。k 为 2 到小于 $z/2$ 的整数
齿圈跳动 ΔF_r 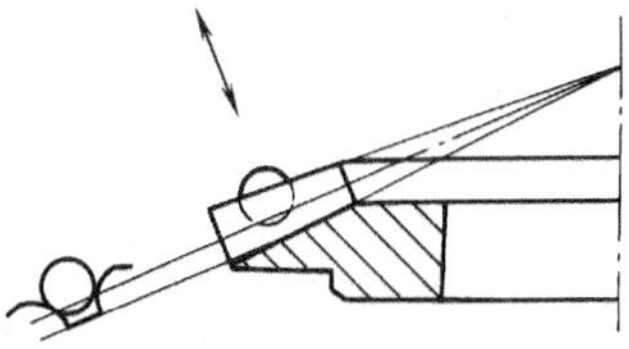 齿圈跳动公差 F_r	齿轮一转范围内，测头在齿槽内与齿面中部双面接触时，沿分锥法向相对齿轮轴线的最大变动量
齿距偏差 Δf_{pt} 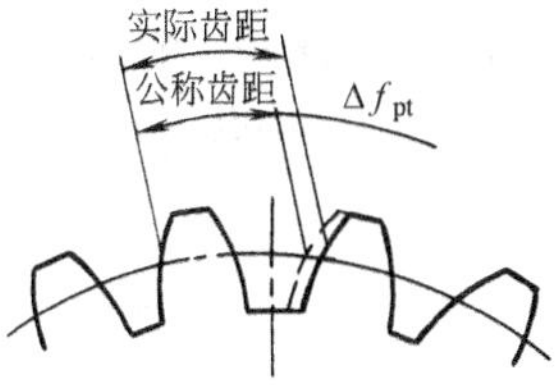 齿距极限偏差 上偏差 $+f_{pt}$ 下偏差 $-f_{pt}$	在中点分度圆[①]上，实际齿距与公称齿距之差
齿形相对误差 Δf_c 齿形相对误差的公差 f_c	齿轮绕工艺轴线旋转时，各轮齿实际齿面相对于基准实际齿面传递运动的转角之差。以齿宽中点处线值计
齿厚偏差 $\Delta E_{\bar{s}}$ 齿厚极限偏差 上偏差 $E_{\bar{s}s}$ 下偏差 $E_{\bar{s}i}$ 公　差 $T_{\bar{s}}$	齿宽中点法向弦齿厚的实际值与公称值之差
齿轮副切向综合误差 $\Delta F'_{ic}$ 齿轮副切向综合公差 F'_{ic}	齿轮副按规定的安装位置单面啮合时，在转动的整周期[②]内，一个齿轮相对另一个齿轮的实际转角与理论转角之差的总幅度值。以齿宽中点分度圆弧长计
齿轮副一齿切向综合误差 $\Delta f'_{ic}$ 齿轮副一齿切向综合公差 f'_{ic}	齿轮副按规定的安装位置单面啮合时，在一齿距角内，一个齿轮相对另一个齿轮的实际转角与理论转角之差的最大值。在整周期[②]内取值，以齿宽中点分度圆弧长计

续表

名　称	定　义
齿轮副轴交角综合误差 $\Delta F''_{i\Sigma c}$ 齿轮副轴交角综合公差 $F''_{i\Sigma c}$	齿轮副在分锥顶点重合条件下双面啮合时，在转动的整周期②内，轴交角的最大变动量。以齿宽中点处线值计
齿轮副一齿轴交角综合误差 $\Delta f''_{i\Sigma c}$ 齿轮副一齿轴交角综合公差 $f''_{i\Sigma c}$	齿轮副在分锥顶点重合条件下双面啮合时，在一齿距角内，轴交角的最大变动量。在整周期②内取值，以齿宽中点处线值计
齿轮副周期误差 $\Delta f'_{zkc}$ 齿轮副周期误差的公差 f'_{zkc}	齿轮副按规定的安装位置单面啮合时，在大轮一转范围内，二次(包括二次)以上各次谐波的总幅度值
齿轮副齿频周期误差 $\Delta f'_{zzc}$ 齿轮副齿频周期误差的公差 f'_{zzc}	齿轮副按规定的安装位置单面啮合时，以齿数为频率的谐波的总幅度值
接触斑点	安装好的齿轮副(或被测齿轮与测量齿轮)在轻微力的制动下运转后，在齿轮工作齿面上得到的接触痕迹 接触斑点包括形状、位置、大小三方面的要求 接触痕迹的大小按百分比确定： 沿齿长方向——接触痕迹长度 b''与工作长度 b'之比，即$\frac{b''}{b'}\times100\%$ 沿齿高方向——接触痕迹高度 h''与接触痕迹中部的工作齿高 h'之比，即$\frac{h''}{h'}\times100\%$
齿轮副侧隙 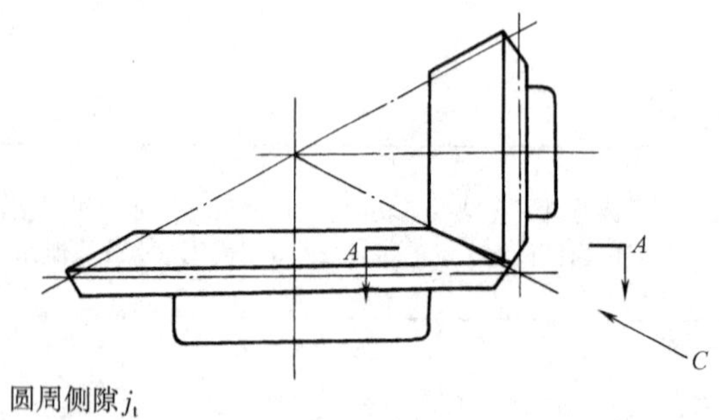 圆周侧隙 j_t 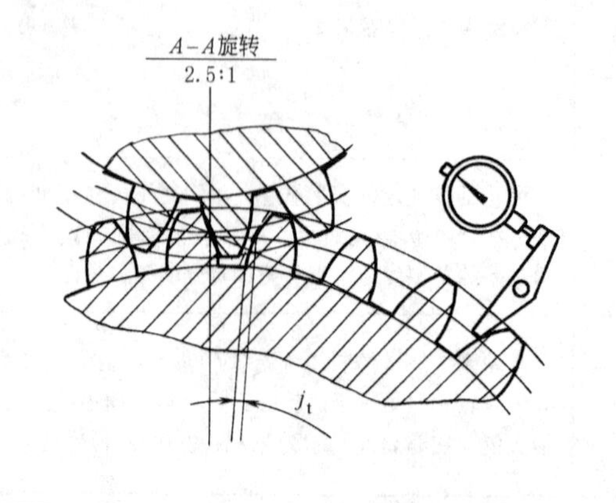 	齿轮副按规定的位置安装后，其中一个齿轮固定时，另一个齿轮从工作齿面接触到非工作齿面接触所转过的齿宽中点分度圆弧长

续表

名　　称	定　　义
法向侧隙 j_n 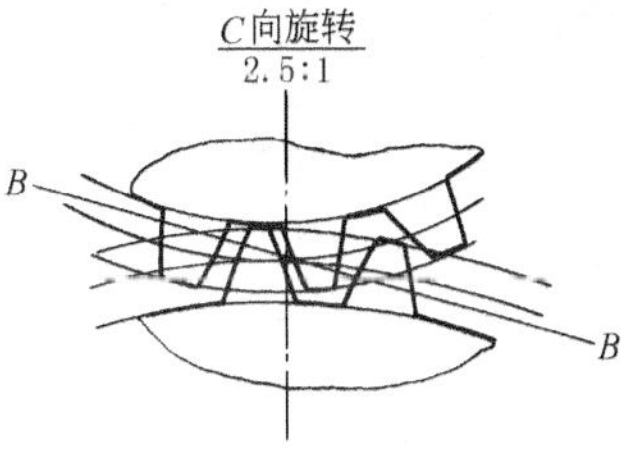 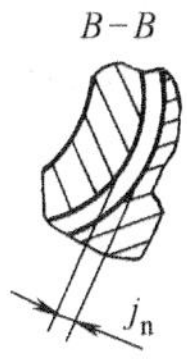	齿轮副按规定的位置安装后，工作齿面接触时，非工作齿面间的最小距离。以齿宽中点处计
最小圆周侧隙 j_{tmin} 最大圆周侧隙 j_{tmax} 最小法向侧隙 j_{nmin} 最大法向侧隙 j_{nmax}	$j_n = j_t \cos\beta\cos\alpha$
齿轮副侧隙变动量 ΔF_{vj} 齿轮副侧隙变动公差 F_{vj}	齿轮副按规定的位置安装后，在转动的整周期②内，法向侧隙的最大值与最小值之差
齿圈轴向位移 Δf_{AM} 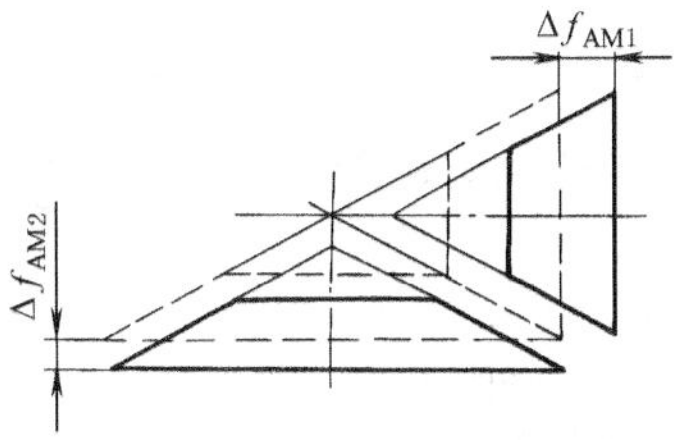 齿圈轴向位移极限偏差 上偏差 $+f_{AM}$ 下偏差 $-f_{AM}$	齿轮装配后，齿圈相对于滚动检查机上确定的最佳啮合位置的轴向位移量
齿轮副轴间距偏差 Δf_a 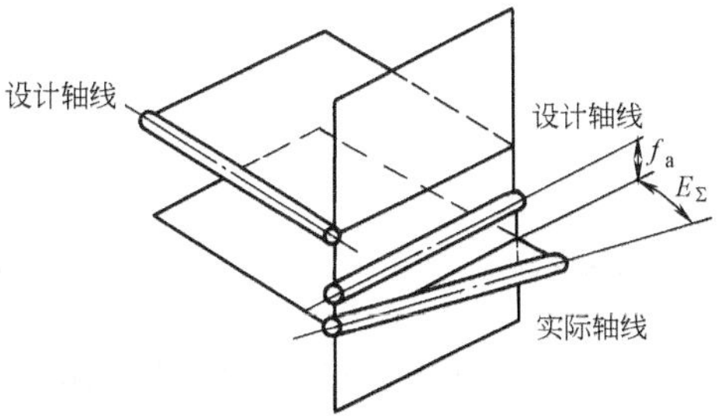 齿轮副轴间距极限偏差 上偏差 $+f_a$ 下偏差 $-f_a$	齿轮副实际轴间距与公称轴间距之差
齿轮副轴交角偏差 ΔE_Σ 齿轮副轴交角极限偏差 上偏差 $+E_\Sigma$ 下偏差 $-E_\Sigma$	齿轮副实际轴交角与公称轴交角之差。以齿宽中点处线值计

①允许在齿面中部测量。②齿轮副转动整周期按下式计算：$n_2 = \frac{z_1}{X}$，式中，n_2—大轮转数；z_1—小轮齿数；X—大小轮齿数的最大公约数。

7.2 精度等级

1）标准对齿轮及齿轮副规定 12 个精度等级。第 1 级的精度最高，第 12 级的精度最低。

2）将齿轮和齿轮副的公差项目分成三个公差组：

第Ⅰ公差组　齿轮　F_i'、$F_{i\Sigma}''$、F_p、F_{pk}、F_r

　　　　　　齿轮副　F_{ic}'、$F_{i\Sigma c}''$、F_{vj}

第Ⅱ公差组　齿轮　f_i'、$f_{i\Sigma}''$、f_{zk}'、f_{pt}、f_c

　　　　　　齿轮副　f_{ic}'、$f_{i\Sigma c}''$、f_{zkc}'、f_{zzc}'、f_{AM}

第Ⅲ公差组　齿轮　接触斑点

　　　　　　齿轮副　接触斑点 f_a

3）根据使用要求，允许各公差组选用不同的精度等级。但对齿轮副中大、小轮的同一公差组，应规定同一精度等级。

4）允许工作齿面和非工作齿面选用不同的精度等级（$F_{i\Sigma}''$、$F_{i\Sigma c}''$、$f_{i\Sigma}''$、$f_{i\Sigma c}''$、F_r、F_{vj}除外）。

7.3 齿轮的检验与公差

根据齿轮的工作要求和生产规模，在以下各公差组中，任选一个检验组评定和验收齿轮的精度等级。检验组可由订货的供需双方协商确定。

第Ⅰ公差组的检验组：

$\Delta F_i'$（用于 4~8 级精度）；

$\Delta F_{i\Sigma}''$（用于 7~12 级精度的直齿锥齿轮；用于 9~12 级精度的斜齿、曲线齿锥齿轮）；

ΔF_p 与 ΔF_{pk}（用于 4~6 级精度）；

ΔF_p（用于 7~8 级精度）；

ΔF_r（用于 7~12 级精度，其中 7~8 级用于中点分度圆直径大于 1600mm 的齿轮）。

第Ⅱ公差组的检验组：

$\Delta f_i'$（用于 4~8 级精度）；

$\Delta f_{i\Sigma}''$（用于 7~12 级精度的直齿锥齿轮；用于 9~12 级精度的斜齿，曲线齿锥齿轮）；

$\Delta f_{zk}'$（用于 4~8 级精度、齿线重合度 ε_β 大于表 15-3-39 界限值的齿轮）；

Δf_{pt} 与 Δf_c（用于 4~6 级精度）；

Δf_{pt}（用于 7~12 级精度）。

第Ⅲ公差组的检验组：

接触斑点。

7.4 齿轮副的检验与公差

1）齿轮副精度包括Ⅰ、Ⅱ、Ⅲ公差组和侧隙四方面要求。当齿轮副安装在实际装置上时，应检验安装误差项目 Δf_{AM}、Δf_a、ΔE_Σ。

2）根据齿轮副的工作要求和生产规模，在以下各公差组中，任选一个检验组评定和验收齿轮副的精度。检验组可由订货的供需双方确定。

第Ⅰ公差组的检验组：

$\Delta F_{ic}'$（用于 4~8 级精度）；

$\Delta F_{i\Sigma c}''$（用于 7~12 级精度的直齿锥齿轮副；用于 9~12 级精度的斜齿、曲线齿锥齿轮副）；

ΔF_{vj}（用于 9~12 级精度）。

第Ⅱ公差组的检验组：

$\Delta f_{ic}'$（用于 4~8 级精度）；

$\Delta f_{i\Sigma c}''$（用于 7~12 级精度的直齿锥齿轮副；用于 9~12 级精度的斜齿、曲线齿锥齿轮副）；

$\Delta f_{zkc}'$（用于 4~8 级精度、纵向重合度 ε_β 大于等于表 15-3-39 界限值的齿轮副）；

$\Delta f'_{zzc}$（用于4~8级精度、纵向重合度ε_β小于表15-3-39界限值的齿轮副）。

第Ⅲ公差组的检验组：

接触斑点。

表 15-3-39　ε_β的界限值

第Ⅲ公差组精度等级	4~5	6~7	8
纵向重合度ε_β界限值	1.35	1.55	2.0

7.5　齿轮副侧隙

1）标准规定齿轮副的最小法向侧隙种类为6种：a、b、c、d、e和h。最小法向侧隙值以a为最大，h为零（如图15-3-30所示）。最小法向侧隙种类与精度等级无关。

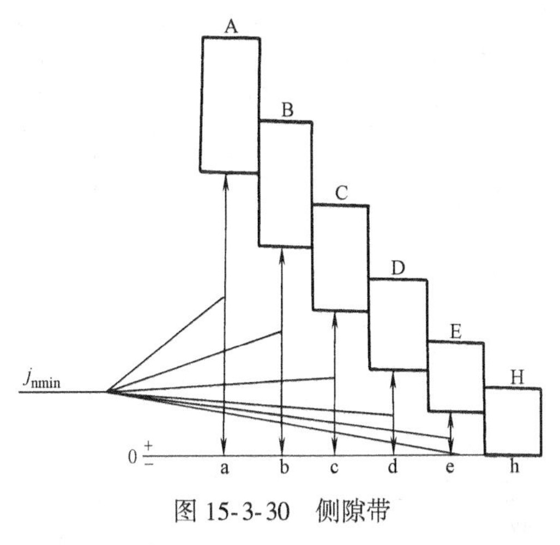

图 15-3-30　侧隙带

2）最小法向侧隙种类确定后，按表15-3-50和表15-3-55查取$E_{\bar{s}s}$和$\pm E_{\sum}$。

3）最小法向侧隙j_{nmin}按表15-3-49规定。有特殊要求时，j_{nmin}可不按表15-3-49所列数值确定。此时，用线性插值法由表15-3-50和表15-3-55计算$E_{\bar{s}s}$和$\pm E_{\sum}$。

4）最大法向侧隙j_{nmax}按$j_{nmax}=(\mid E_{\bar{s}s1}+E_{\bar{s}s2}\mid +T_{\bar{s}1}+T_{\bar{s}2}+E_{\bar{s}\Delta1}+E_{\bar{s}\Delta2})\cos\alpha_n$规定。$E_{\bar{s}\Delta}$为制造误差的补偿部分，由表15-3-52查取。

5）标准规定齿轮副的法向侧隙公差种类为5种：A、B、C、D和H，法向侧隙公差种类与精度等级有关。允许不同种类的法向侧隙公差和最小法向侧隙组合。在一般情况下，推荐法向侧隙公差种类与最小法向侧隙种类的对应关系如图15-3-30所示。

6）齿厚公差$T_{\bar{s}}$按表15-3-51规定。

7.6　图样标注

在齿轮工作图上应标注齿轮的精度等级和最小法向侧隙种类及法向侧隙公差种类的数字（字母）代号。

标注示例：

齿轮的三个公差组精度同为7级，最小法向侧隙种类为b，法向侧隙公差种类为B：

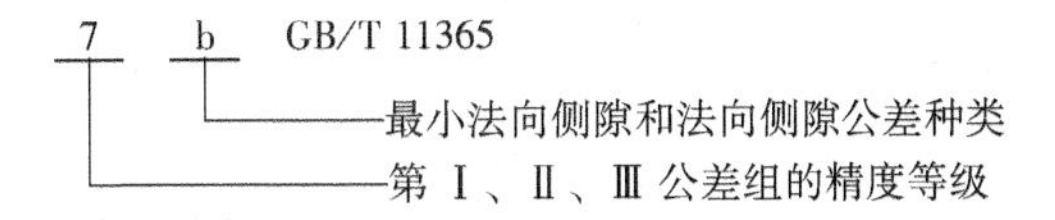

齿轮的三个公差组精度同为7级，最小法向侧隙为400μm，法向侧隙公差种类为B：

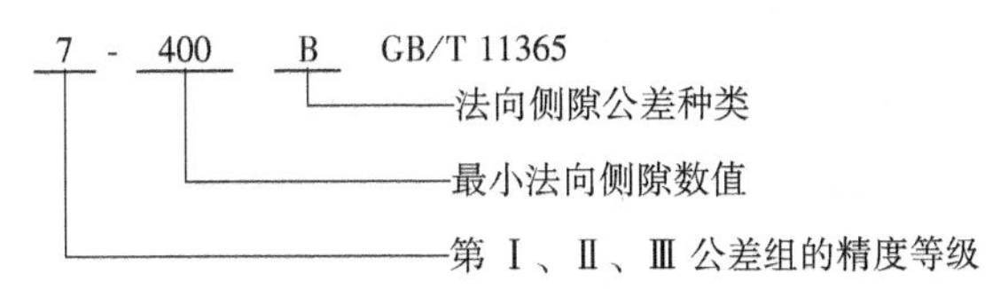

齿轮的第Ⅰ公差组精度为8级，第Ⅱ、Ⅲ公差组精度为7级，最小法向侧隙种类为c，法向侧隙公差种类为B：

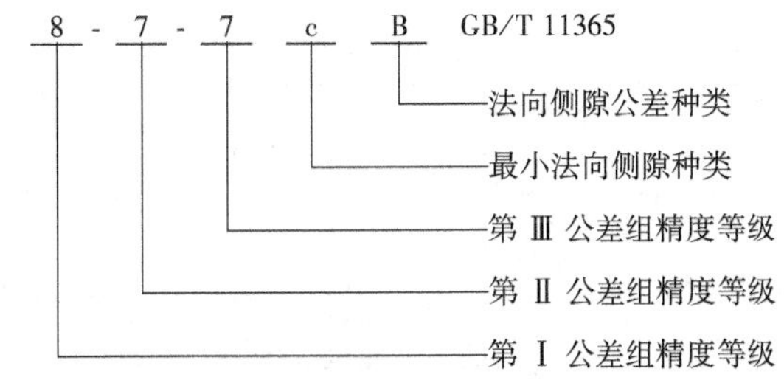

7.7 齿轮公差与极限偏差数值

表 15-3-40　　齿距累积公差 F_p 和 k 个齿距累积公差 F_{pk} 值　　μm

L/mm		精度等级								
大于	到	4	5	6	7	8	9	10	11	12
—	11.2	4.5	7	11	16	22	32	45	63	90
11.2	20	6	10	16	22	32	45	63	90	125
20	32	8	12	20	28	40	56	80	112	160
32	50	9	14	22	32	45	63	90	125	180
50	80	10	16	25	36	50	71	100	140	200
80	160	12	20	32	45	63	90	125	180	250
160	315	18	28	45	63	90	125	180	250	355
315	630	25	40	63	90	125	180	250	355	500
630	1000	32	50	80	112	160	224	315	450	630
1000	1600	40	63	100	140	200	280	400	560	800
1600	2500	45	71	112	160	224	315	450	630	900
2500	3150	56	90	140	200	280	400	560	800	1120
3150	4000	63	100	160	224	315	450	630	900	1250
4000	5000	71	112	180	250	355	500	710	1000	1400
5000	6300	80	125	200	280	400	560	800	1120	1600

注：F_p 和 F_{pk} 按中点分度圆弧长 L 查表：查 F_p 时，取 $L=\frac{1}{2}\pi\alpha=\frac{\pi m_n z}{2\cos\beta}$；查 F_{pk} 时，取 $L=\frac{k\pi m_n}{\cos\beta}$（没有特殊要求时，$k$ 值取 $z/6$ 或最接近的整齿数）。

表 15-3-41　　齿圈跳动公差 F_r 值　　μm

中点分度圆直径/mm		中点法向模数/mm	精度等级					
大于	到		7	8	9	10	11	12
—	125	≥1~3.5	36	45	56	71	90	112
		>3.5~6.3	40	50	63	80	100	125
		>6.3~10	45	56	71	90	112	140
		>10~16	50	63	80	100	120	150
125	400	≥1~3.5	50	63	80	100	125	160
		>3.5~6.3	56	71	90	112	140	180
		>6.3~10	63	80	100	125	160	200
		>10~16	71	90	112	140	180	224
		>16~25	80	100	125	160	200	250
400	800	≥1~3.5	63	80	100	125	160	200
		>3.5~6.3	71	90	112	140	180	224
		>6.3~10	80	100	125	160	200	250
		>10~16	90	112	140	180	224	280
		>16~25	100	125	160	200	250	315
		>25~40	—	140	180	224	280	360
800	1600	≥1~3.5	—	—	—	—	—	—
		>3.5~6.3	80	100	125	160	200	250
		>6.3~10	90	112	140	180	224	280
		>10~16	100	125	160	200	250	315
		>16~25	112	140	180	224	280	360
		>25~40	—	160	200	260	315	420

续表

中点分度圆直径/mm 大于	到	中点法向模数/mm	精度等级 7	8	9	10	11	12
1600	2500	≥1~3.5	—	—	—	—	—	—
		>3.5~6.5	—	—	—	—	—	—
		>6.3~10	100	125	160	200	250	315
		>10~16	112	140	180	224	280	355
		>16~25	125	160	200	250	315	400
		>25~40	—	190	240	300	380	480
		>40~55	—	220	280	340	450	560
2500	4000	≥1~3.5	—	—	—	—	—	—
		>3.5~6.3	—	—	—	—	—	—
		>6.3~10	—	—	—	—	—	—
		>10~16	125	160	200	250	315	400
		>16~25	140	180	224	280	355	450
		>25~40	—	224	280	355	450	560
		>40~55	—	240	320	400	530	630

表 15-3-42　周期误差的公差 f'_{zk} 值（齿轮副周期误差的公差 f'_{zkc} 值）　μm

中点分度圆直径/mm		中点法向模数/mm	精度等级																	
			4									5								
			齿轮在一转(齿轮副在大轮一转)内的周期数																	
大于	到		≥2~4	>4~8	>8~16	>16~32	>32~63	>63~125	>125~250	>250~500	>500	≥2~4	>4~8	>8~16	>16~32	>32~63	>63~125	>125~250	>250~500	>500
—	125	≥1~6.3	4.5	3.2	2.4	1.9	1.5	1.3	1.2	1.1	1	7.1	5	3.8	3	2.5	2.1	1.9	1.7	1.6
		>6.3~10	5.3	3.8	2.8	2.2	1.8	1.5	1.4	1.2	1.1	8.5	6	4.5	3.6	2.8	2.5	2.1	1.9	1.8
125	400	≥1~6.3	6.3	4.5	3.4	2.8	2.2	1.9	1.8	1.5	1.4	10.5	7.1	5.6	4.5	3.4	3	2.8	2.4	2.2
		>6.3~10	7.1	5	4	3	2.5	2.1	1.9	1.7	1.6	11	8	6.5	4.8	4	3.2	3	2.6	2.5
400	800	≥1~6.3	8.5	6	4.5	3.6	2.8	2.5	2.2	2	1.9	13	9.5	7.1	5.6	4.5	4	3.4	3	2.8
		>6.3~10	9	6.7	5	3.8	3	2.6	2.2	2.1	2	14	10.5	8	6	5	4.2	3.6	3.2	3
800	1600	≥1~6.3	9	6.7	5	4	3.2	2.6	2.4	2.2	2	14	10.5	8	6.3	5	4.2	3.8	3.4	3.2
		>6.3~10	11	8	6	4.8	3.8	3.2	2.8	2.6	2.5	16	15	10	7.5	6.3	5.3	4.8	4.2	4
1600	2500	≥1~6.3	10.5	7.5	5.6	4.5	3.6	3	2.6	2.5	2.2	16	11	8.5	7.1	5.6	4.8	4.2	4	3.6
		>6.3~10	12	8.5	6.5	5	4	3.6	3	2.8	2.6	19	14	10.5	8	6.7	5.6	5	4.5	4.2
2500	4000	≥1~6.3	11	8	6.3	4.8	4	3.4	3	2.8	2.6	18	13	10	7.5	6.3	5.3	4.8	4.2	4
		>6.3~10	13	9.5	7.1	5.6	4.5	3.8	3.4	3	2.8	21	15	11	9	7.1	6	5.3	5	4.5

中点分度圆直径/mm		中点法向模数/mm	精度等级													
			6									7				
			齿轮在一转(齿轮副在大轮一转)内的周期数													
大于	到		≥2~4	>4~8	>8~16	>16~32	>32~63	>63~125	>125~250	>250~500	>500	≥2~4	>4~8	>8~16	>16~32	>32~63
—	125	≥1~6.3	11	8	6	4.8	3.8	3.2	3	2.6	2.5	17	13	10	8	6
		>6.3~10	13	9.5	7.1	5.6	4.5	3.8	3.4	3	2.8	21	15	11	9	7.1
125	400	≥1~6.3	16	11	8.5	6.7	5.6	4.8	4.2	3.8	3.6	25	18	13	10	9
		>6.3~10	18	13	10	7.5	6	5.3	4.5	4.2	4	28	20	16	12	10
400	800	≥1~6.3	21	51	11	9	7.1	6	5.3	5	4.8	32	24	18	4	11
		>6.3~10	22	17	12	9.5	7.5	6.7	6	5.3	5	36	26	19	15	12
800	1600	≥1~6.3	24	17	13	10	8	7.5	7	6.3	6	36	26	20	16	13
		>6.3~10	27	20	15	12	9.5	8	7.1	6.7	6.3	42	30	22	18	15
1600	2500	≥1~6.3	26	19	4	11	9	7.5	6.7	6.3	5.6	40	30	22	17	14
		>6.3~10	30	21	16	12	10	8	7.5	1.7	6.7	45	34	26	20	16
2500	4000	≥1~6.3	28	21	16	12	10	8	7.5	6.7	6.3	45	32	25	19	16
		>6.3~10	32	22	17	14	11	9.5	8.5	7.5	7.1	53	38	28	22	18

续表

中点分度圆直径/mm		中点法向模数/mm	精度等级												
			7				8								
			齿轮在一转(齿轮副在大轮一转)内的周期数												
大于	到		>63~125	>125~250	>250~500	>500	≥2~4	>4~8	>8~16	>16~32	>32~63	>63~125	>125~250	>250~500	>500
—	125	≥1~6.3	5.3	4.5	4.2	4	25	18	13	10	8.5	7.5	6.7	6	5.6
		>6.3~10	6	5.3	5	4.5	28	21	16	12	10	8.5	7.5	7	6.7
125	400	≥1~6.3	7.5	6.7	6	5.6	36	26	19	15	12	10	9	8.5	8
		>6.3~10	8	7.5	6.7	6.3	40	30	22	17	14	12	10.5	10	8.5
400	800	≥1~6.3	10	8.5	8	7.5	45	32	25	19	16	13	12	11	10
		>6.3~10	10	9.5	8.5	8	50	36	28	21	17	15	13	12	11
800	1600	≥1~6.3	11	10	8.5	8	53	38	28	22	18	15	14	12	11
		>6.3~10	12	11	10	9.5	63	44	32	26	22	18	16	14	13
1600	2500	≥1~6.3	22	11	9.5	9	56	42	30	24	20	17	15	14	13
		>6.3~10	14	12	11	10	67	50	36	28	22	19	17	16	15
2500	4000	≥1~6.3	13	12	11	10	63	45	34	28	22	19	17	15	14
		>6.3~10	15	14	12	11	71	53	40	30	25	22	19	18	16

表 15-3-43　齿距极限偏差$\pm f_{pt}$值　μm

中点分度圆直径/mm		中点法向模数/mm	精度等级								
大于	到		4	5	6	7	8	9	10	11	12
—	125	≥1~3.5	4	6	10	14	20	28	40	56	80
		>3.5~6.3	5	8	13	18	25	36	50	71	100
		>6.3~10	5.5	9	14	20	28	40	56	80	112
		>10~16	—	11	17	24	34	48	67	100	130
125	400	≥1~3.5	4.5	7	11	16	22	32	45	63	90
		>3.5~6.3	5.5	9	14	20	28	40	56	80	112
		>6.3~10	6	10	16	22	32	45	63	90	125
		>10~16	—	11	18	25	36	50	71	100	140
		>16~25	—	—	—	32	45	63	90	125	180
400	800	≥1~3.5	5	8	13	18	25	36	50	71	100
		>3.5~6.3	5.5	9	14	20	28	40	56	80	112
		>6.3~10	7	11	18	25	36	50	71	100	140
		>10~16	—	12	20	28	40	56	80	112	160
		>16~25	—	—	—	36	50	71	100	140	200
		>25~40	—	—	—	—	63	90	125	180	250
800	1600	≥1~3.5	—	—	—	—	—	—	—	—	—
		>3.5~6.3	—	10	16	22	32	45	63	90	125
		>6.3~10	7	11	18	25	36	50	71	100	140
		>10~16	—	13	20	28	40	56	80	112	160
		>16~25	—	—	—	36	50	71	100	140	200
		>25~40	—	—	—	—	63	90	125	180	250
1600	2500	≥1~3.5	—	—	—	—	—	—	—	—	—
		>3.5~6.3	—	—	—	—	—	—	—	—	—
		>6.3~10	8	13	20	28	40	56	80	112	160
		>10~16	—	14	22	32	45	63	90	125	180
		>16~25	—	—	—	40	56	80	112	160	224
		>25~40	—	—	—	—	71	100	140	200	280
		>40~55	—	—	—	—	90	125	180	250	355
2500	4000	≥1~3.5	—	—	—	—	—	—	—	—	—
		>3.5~6.3	—	—	—	—	—	—	—	—	—
		>6.3~10	—	—	—	32	—	—	—	—	—
		>10~16	—	16	25	36	50	71	100	140	200
		>16~25	—	—	—	40	56	80	112	160	224
		>25~40	—	—	—	—	71	100	140	200	280
		>40~55	—	—	—	—	95	140	180	280	400

表 15-3-44　　齿形相对误差的公差 f_c 值　　μm

中点分度圆直径/mm		中点法向模数/mm	精度等级				
大于	到		4	5	6	7	8
—	125	≥1~3.5	3	4	5	8	10
		>3.5~6.3	4	5	6	9	13
		>6.3~10	4	6	8	11	17
		>10~16	—	7	10	15	22
125	400	≥1~3.5	4	5	7	9	13
		>3.5~6.3	4	6	8	11	15
		>6.3~10	5	7	9	13	19
		>10~16	—	8	11	17	25
		>16~25	—	—	—	22	34
400	800	≥1~3.5	5	6	9	12	18
		>3.5~6.3	5	7	10	14	20
		>6.3~10	6	8	11	16	24
		>10~16	—	9	13	20	30
		>16~25	—	—	—	25	38
		>25~40	—	—	—	—	53
800	1600	≥1~3.5	—	—	—	—	—
		>3.5~6.3	6	9	13	19	28
		>6.3~10	7	10	14	21	32
		>10~16	—	11	16	25	38
		>16~25	—	—	—	30	48
		>25~40	—	—	—	—	60
1600	2500	≥1~3.5	—	—	—	—	—
		>3.5~6.3	—	—	—	—	—
		>6.3~10	9	13	19	28	45
		>10~16	—	14	21	32	50
		>16~25	—	—	—	38	56
		>25~40	—	—	—	—	71
		>40~55	—	—	—	—	90
2500	4000	≥1~3.5	—	—	—	—	—
		>3.5~6.3	—	—	—	—	—
		>6.3~10	—	—	—	—	—
		>10~16	—	18	28	42	61
		>16~25	—	—	—	48	75
		>25~40	—	—	—	—	90
		>40~55	—	—	—	—	105

表 15-3-45　　齿轮副轴交角综合公差 $F''_{i\Sigma c}$ 值　　μm

中点分度圆直径/mm		中点法向模数/mm	精度等级					
大于	到		7	8	9	10	11	12
—	125	≥1~3.5	67	85	110	130	170	200
		>3.5~6.3	75	95	120	150	190	240
		>6.3~10	85	105	130	170	220	260
		>10~16	100	120	150	190	240	300
125	400	≥1~3.5	100	125	160	190	250	300
		>3.5~6.3	105	130	170	200	260	340
		>6.3~10	120	150	180	220	280	360
		>10~16	130	160	200	250	320	400
		>16~25	150	190	220	280	375	450

续表

中点分度圆直径/mm		中点法向模数/mm	精度等级					
大于	到		7	8	9	10	11	12
400	800	≥1~3.5	130	160	200	260	320	400
		>3.5~6.3	140	170	220	280	340	420
		>6.3~10	150	190	240	300	360	450
		>10~16	160	200	260	320	400	500
		>16~25	180	240	280	360	450	560
		>25~40	—	280	340	420	530	670
800	1600	≥1~3.5	150	180	240	280	360	450
		>3.5~6.3	160	200	250	320	400	500
		>6.3~10	180	220	280	360	450	560
		>10~16	200	250	320	400	500	600
		>16~25	—	280	340	450	560	670
		>25~40	—	320	400	500	630	800
1600	2500	≥1~3.5	—	—	—	—	—	—
		>3.5~6.3	—	—	—	—	—	—
		>6.3~10	—	—	—	—	—	—
		>10~16	—	—	—	—	—	—
		>16~25	—	—	—	—	—	—
		>25~40	—	—	—	—	—	—
		>40~55	—	—	—	—	—	—
2500	4000	≥1~3.5	—	—	—	—	—	—
		>3.5~6.3	—	—	—	—	—	—
		>6.3~10	—	—	—	—	—	—
		>10~16	—	—	—	—	—	—
		>16~25	—	—	—	—	—	—
		>25~40	—	—	—	—	—	—
		>40~55	—	—	—	—	—	—

表 15-3-46　侧隙变动公差 F_{vj} 值　μm

直径/mm		中点法向模数/mm	精度等级			
大于	到		9	10	11	12
—	125	≥1~3.5	75	90	120	150
		>3.5~6.3	80	100	130	160
		>6.3~10	90	120	150	180
		>10~16	105	130	170	200
125	400	≥1~3.5	110	140	170	200
		>3.5~6.3	120	150	180	220
		>6.3~10	130	160	200	250
		>10~16	140	170	220	280
		>16~25	160	200	250	320
400	800	≥1~3.5	140	180	220	280
		>3.5~6.3	150	190	240	300
		>6.3~10	160	200	260	320
		>10~16	180	220	280	340
		>16~25	200	250	300	380
		>25~40	240	300	380	450

续表

直径/mm		中点法向模数/mm	精度等级			
大于	到		9	10	11	12
800	1600	≥1~3.5	—	—	—	—
		>3.5~6.3	170	220	280	360
		>6.3~10	200	250	320	400
		>10~16	220	270	340	440
		>16~25	240	300	380	480
		>25~40	280	340	450	530
1600	2500	≥1~3.5	—	—	—	—
		>3.5~6.3	—	—	—	—
		>6.3~10	220	280	340	450
		>10~16	250	300	400	500
		>16~25	280	360	450	560
		>25~40	320	400	500	630
		>40~55	360	450	560	710
2500	4000	≥1~3.5	—	—	—	—
		>3.5~6.3	—	—	—	—
		>6.3~10	—	—	—	—
		>10~16	280	340	420	530
		>16~25	320	400	500	630
		>25~40	375	450	560	710
		>40~55	420	530	670	800

注：1. 取大小轮中点分度圆直径之和的一半作为查表直径。

2. 对于齿数比为整数，且不大于3的齿轮副，当采用选配时，可将侧隙变动公差 F_{vj} 值压缩25%或更多。

表 15-3-47　齿轮副一齿轴交角综合公差 $f''_{i\Sigma c}$ 值　μm

中点分度圆直径/mm		中点法向模数/mm	精度等级					
大于	到		7	8	9	10	11	12
—	125	≥1~3.5	28	40	53	67	85	100
		>3.5~6.3	36	50	60	75	95	120
		>6.3~10	40	56	71	90	110	140
		>10~16	48	67	85	105	140	170
125	400	≥1~3.5	32	45	60	75	95	120
		>3.5~6.3	40	56	67	80	105	130
		>6.3~10	45	63	80	100	125	150
		>10~16	50	71	90	120	150	190
400	800	≥1~3.5	36	50	67	80	105	130
		>3.5~6.3	40	56	75	90	120	150
		>6.3~10	50	71	85	105	140	170
		>10~16	56	80	100	130	160	200
800	1600	≥1~3.5	—	—	—	—	—	—
		>3.5~6.3	45	63	80	105	130	160
		>6.3~10	50	71	90	120	150	180
		>10~16	56	80	110	140	170	210
1600	2500	≥1~3.5	—	—	—	—	—	—
		>3.5~6.3	—	—	—	—	—	—
		>6.3~10	56	80	100	130	160	200
		>10~16	63	110	120	150	180	240
2500	4000	≥1~3.5	—	—	—	—	—	—
		>3.5~6.3	—	—	—	—	—	—
		>6.3~10	—	—	—	—	—	—
		>10~16	71	100	125	160	200	250

表 15-3-48　　齿轮副齿频周期误差的公差 f'_{zzc} 值　　μm

齿数		中点法向模数/mm	精度等级				
大于	到		4	5	6	7	8
—	16	≥1~3.5	4.5	6.7	10	15	22
		>3.5~6.3	5.6	8	12	18	28
		>6.3~10	6.7	10	14	22	32
16	32	≥1~3.5	5	7.1	10	16	24
		>3.5~6.3	5.6	8.5	13	19	28
		>6.3~10	7.1	11	16	24	34
		>10~16	—	13	19	28	42
32	63	≥1~3.5	5	7.5	11	17	24
		>3.5~6.3	6	9	14	20	30
		>6.3~10	7.1	11	17	24	36
		>10~16	—	14	20	30	45
63	125	≥1~3.5	5.3	8	12	18	25
		>3.5~6.3	6.7	10	15	22	32
		>6.3~10	8	12	18	26	38
		>10~16	—	15	22	34	48
125	250	≥1~3.5	5.6	8.5	13	19	28
		>3.5~6.3	7.1	11	16	24	34
		>6.3~10	8.5	13	19	30	42
		>10~16	—	16	24	36	53
250	500	≥1~3.5	6.3	9.5	14	21	30
		>3.5~6.3	8	12	18	28	40
		>6.3~10	9	15	22	34	48
		>10~16	—	18	28	42	60
500	—	≥1~3.5	7.1	11	16	24	34
		>3.5~6.3	9	14	21	30	45
		>6.3~10	11	14	25	38	56
		>10~16	—	21	32	48	71

注：1. 表中齿数为齿轮副中大轮齿数。

2. 表中数值用于齿线有效重合度 $\varepsilon_{\beta e}$≤0.45 的齿轮副。对 $\varepsilon_{\beta e}$>0.45 的齿轮副，按以下规定压缩表值：

$\varepsilon_{\beta e}$>0.45~0.58 时，表值乘以 0.6；$\varepsilon_{\beta e}$>0.58~0.67 时，表值乘以 0.4；

$\varepsilon_{\beta e}$>0.67 时，表值乘以 0.3。$\varepsilon_{\beta e}$为 ε_{β} 乘以齿长方向接触斑点大小百分比的平均值。

表 15-3-49　　最小法向侧隙 j_{nmin} 值　　μm

中点锥距/mm		小轮分锥角/(°)		最小法向侧隙种类					
大于	到	大于	到	h	e	d	c	b	a
—	50	—	15	0	15	22	36	58	90
		15	25	0	21	33	52	84	130
		25	—	0	25	39	62	100	160
50	100	—	15	0	21	33	52	84	130
		15	25	0	25	39	62	100	160
		25	—	0	30	46	74	120	190
100	200	—	15	0	25	39	62	100	160
		15	25	0	35	54	87	140	220
		25	—	0	40	63	100	160	250
200	400	—	15	0	30	46	74	120	190
		15	25	0	46	72	115	185	290
		25	—	0	52	81	130	210	320
400	800	—	15	0	40	63	100	160	250
		15	25	0	57	89	140	230	360
		25	—	0	70	110	175	280	440

续表

中点锥距/mm		小轮分锥角/(°)		最小法向侧隙种类					
大于	到	大于	到	h	e	d	c	b	a
800	1600	—	15	0	52	81	130	210	320
		15	25	0	80	125	200	320	500
		25	—	0	105	165	260	420	660
1600	—	—	15	0	70	110	175	280	440
		15	25	0	125	195	310	500	780
		25	—	0	175	280	440	710	1100

注：正交齿轮副按中点锥距 R 查表。非正交齿轮副按下式算出的 R' 查表：

$R'=\frac{R}{2}(\sin 2\delta_1+\sin 2\delta_2)$　式中 δ_1 和 δ_2 为小、大轮分锥角。

表 15-3-50　齿厚上偏差 $E_{\bar{s}s}$ 值　μm

	中点法向模数/mm	中点分度圆直径/mm											
		<125			>125~400			>400~800			>800~1600		
		分锥角/(°)											
		≤20	>20~45	>45	≤20	>20~45	>45	≤20	>20~45	>45	≤20	>20~45	>45
基本值	≥1~3.5	-20	-20	-22	-28	-32	-30	-36	-50	-45	—	—	—
	>3.5~6.3	-22	-22	-25	-32	-32	-30	-38	-55	-45	-75	-85	-80
	>6.3~10	-25	-25	-28	-36	-36	-34	-40	-55	-50	-80	-90	-85
	>10~16	-28	-28	-30	-36	-38	-36	-48	-60	-55	-80	-100	-85
	>16~25	—	—	—	-40	-40	-40	-50	-65	-60	-80	-100	-90

	最小法向侧隙种类	第Ⅱ公差组精度等级						
		4~6	7	8	9	10	11	12
系数	h	0.9	1.0	—	—	—	—	—
	e	1.45	1.6	—	—	—	—	—
	d	1.8	2.0	2.2	—	—	—	—
	c	2.4	2.7	3.0	3.2	—	—	—
	b	3.4	3.8	4.2	4.6	4.9	—	—
	a	5.0	5.5	6.0	6.6	7.0	7.8	9.0

注：1. 各最小法向侧隙种类和各精度等级齿轮的 $E_{\bar{s}s}$ 值，由基本值栏查出的数值乘以系数得出。

2. 当轴交角公差带相对零线不对称时，$E_{\bar{s}s}$ 值应作如下修正：增大轴交角上偏差时，$E_{\bar{s}s}$ 加上 $(E_{\Sigma s}-|E_{\Sigma}|)\tan\alpha$；减小轴交角上偏差时，$E_{\bar{s}s}$ 减去 $(|E_{\Sigma i}|-|E_{\Sigma}|)\tan\alpha$。式中：$E_{\Sigma s}$—修改后的轴交角上偏差；$E_{\Sigma i}$—修改后的轴交角下偏差；$E_{\Sigma}$—表 15-3-55 中数值。

3. 允许把小、大轮齿厚上偏差（$E_{\bar{s}s1}$，$E_{\bar{s}s2}$）之和重新分配在两个齿轮上。

表 15-3-51　齿厚公差 $T_{\bar{s}}$ 值　μm

齿圈跳动公差		法向侧隙公差种类				
大于	到	H	D	C	B	A
—	8	21	25	30	40	52
8	10	22	28	34	45	55
10	12	24	30	36	48	60
12	16	26	32	40	52	65
16	20	28	36	45	58	75
20	25	32	42	52	65	85
25	32	38	48	60	75	95
32	40	42	55	70	85	110
40	50	50	65	80	100	130
50	60	60	75	95	120	150
60	80	70	90	110	130	180
80	100	90	110	140	170	220

续表

齿圈跳动公差		法向侧隙公差种类				
大于	到	H	D	C	B	A
100	125	110	130	170	200	260
125	160	130	160	200	250	320
160	200	160	200	260	320	400
200	250	200	250	320	380	500
250	320	240	300	400	480	630
320	400	300	380	500	600	750
400	500	380	480	600	750	950
500	630	450	500	750	950	1180

表 15-3-52　最大法向侧隙（j_{nmax}）的制造误差补偿部分 $E_{\bar{s}\Delta}$ 值　μm

第Ⅱ公差组精度等级	中点法向模数/mm	中点分度圆直径/mm											
		≤125			>125~400			>400~800			>800~1000		
		分锥角/(°)											
		≤20	>20~45	>45	≤20	>20~45	>45	≤20	>20~45	>45	≤20	>20~45	>45
4~6	≥1~3.5	18	18	20	25	28	28	32	45	40	—	—	—
	>3.5~6.3	20	20	22	28	28	28	34	50	40	67	75	72
	>6.3~10	22	22	25	32	32	30	36	50	45	72	80	75
	>10~16	25	25	28	32	34	32	45	55	50	72	90	75
	>16~25	—	—	—	36	36	36	45	56	45	72	90	85
7	≥1~3.5	20	20	22	28	32	30	36	50	45	—	—	—
	>3.5~6.3	22	22	25	32	32	30	38	55	45	75	85	80
	>6.3~10	25	25	28	36	36	34	40	55	50	80	90	85
	>10~16	28	28	30	36	38	36	48	60	55	80	100	85
	>16~25	—	—	—	40	40	40	50	65	60	80	100	95
8	≥1~3.5	22	22	24	30	36	32	40	55	50	—	—	—
	>3.5~6.3	24	24	28	36	36	32	42	60	50	80	90	85
	>6.3~10	28	28	30	40	40	38	45	60	55	85	100	95
	>10~16	30	30	32	40	42	40	55	65	60	85	110	95
	>16~25	—	—	—	45	45	45	55	72	65	85	110	105
9	≥1~3.5	24	24	25	32	38	36	45	65	55	—	—	—
	≥3.5~6.3	25	25	30	38	38	36	45	65	55	90	100	95
	>6.3~10	30	30	32	45	45	40	48	65	60	95	110	100
	>10~16	32	32	36	45	45	45	48	70	65	95	120	100
	>16~25	—	—	—	48	48	48	60	75	70	95	120	115
10	≥1~3.5	25	25	28	36	42	40	48	65	60	—	—	—
	>3.5~6.3	28	28	32	42	42	40	50	70	60	95	110	105
	>6.3~10	32	32	36	48	48	45	50	70	65	105	115	110
	>10~16	36	36	40	48	50	48	60	80	70	105	130	110
	>16~25	—	—	—	50	50	50	65	85	80	105	130	125
11	≥1~3.5	30	30	32	40	45	45	50	70	65	—	—	—
	>3.5~6.3	32	32	36	45	45	45	55	80	65	110	125	115
	>6.3~10	36	36	40	50	50	50	60	80	70	115	130	125
	>10~16	40	40	45	50	55	50	70	85	80	115	145	125
	>16~25	—	—	—	60	60	60	70	95	85	115	145	140
12	≥1~3.5	32	32	35	45	50	48	60	80	70	—	—	—
	>3.5~6.3	35	35	40	50	50	48	60	90	70	120	135	130
	>6.3~10	40	40	45	60	60	55	65	90	80	130	145	135
	>10~16	45	45	48	60	60	60	75	95	90	130	160	135
	>16~25	—	—	—	65	65	65	80	105	95	130	160	150

表 15-3-53　　齿圈轴向位移极限偏差 $\pm f_{AM}$ 值　　μm

中点锥距/mm		大于	—			50			100			200			400			800			1600		
		到	50			100			200			400			800			1600			—		
分锥角/(°)		大于	—	20	45	—	20	45	—	20	45	—	20	45	—	20	45	—	20	45	—	20	45
		到	20	45	—	20	45	—	20	45	—	20	45	—	20	45	—	20	45	—	20	45	—
精度等级	中点法向模数/mm																						
4		≥1~3.5	5.6	4.8	2	19	16	6.5	42	36	15	95	80	34	210	180	75	—	—	—	—	—	—
		>3.5~6.3	3.2	2.6	1.1	10.5	9	3.6	22	19	8	50	42	18	110	95	40	—	—	—	—	—	—
		>6.3~10	—	—	—	6.7	5.6	2.4	15	13	5	32	28	12	71	60	25	160	—	—	—	—	—
5		≥1~3.5	9	7.5	3	30	25	10.5	60	50	21	130	110	48	300	250	105	—	—	—	—	—	—
		>3.5~6.3	5	4.2	1.7	16	14	6	36	50	13	80	67	28	180	160	63	—	—	—	—	—	—
		>6.3~10	—	—	—	11	9	3.8	24	20	8.5	53	45	18	110	95	40	250	—	—	—	—	—
		>10~16	—	—	—	8	7.1	3	16	14	5.6	36	30	12	75	63	26	160	140	60	—	—	—
6		≥1~3.5	14	12	5	48	40	17	105	90	38	240	200	85	530	450	190	—	—	—	—	—	—
		>3.5~6.3	8	6.7	2.8	26	22	9.5	60	50	21	130	105	45	280	240	100	—	—	—	—	—	—
		>6.3~10	—	—	—	17	15	6	38	32	13	85	71	30	180	150	63	380	—	—	—	—	—
		>10~16	—	—	—	13	11	4.5	28	24	10	60	50	21	130	110	45	280	240	100	—	—	—
7		≥1~3.5	20	17	74	67	56	24	150	130	53	340	280	120	750	630	270	—	—	—	—	—	—
		>3.5~6.3	11	9.5	4	38	32	13	80	71	30	180	150	63	400	340	140	—	—	—	—	—	—
		>6.3~10	—	—	—	24	21	8.5	53	45	19	120	100	40	250	210	90	560	—	—	—	—	—
		>10~16	—	—	—	18	16	6.7	40	34	14	85	71	30	180	160	67	400	340	140	—	—	—
		>16~25	—	—	—	—	—	—	30	26	11	67	56	22	140	120	50	300	250	105	630	530	220
8		≥1~3.5	28	24	10	95	80	34	200	180	75	480	400	170	1050	900	380	—	—	—	—	—	—
		>3.5~6.3	16	13	5.6	53	45	17	120	100	40	250	210	90	560	480	200	—	—	—	—	—	—
		>6.3~10	—	—	—	34	30	12	75	63	26	170	140	60	360	300	125	750	—	—	—	—	—
		>10~16	—	—	—	26	22	9	56	48	20	120	100	42	260	220	90	560	480	200	—	—	—
		>16~25	—	—	—	—	—	—	45	46	15	95	80	32	200	170	70	420	360	150	900	750	320
		>25~40	—	—	—	—	—	—	36	30	13	75	63	26	160	130	56	340	280	120	710	600	260
		>40~55	—	—	—	—	—	—	—	—	—	67	56	22	140	120	48	280	240	100	600	500	210
9		≥1~3.5	40	34	14	140	120	48	300	260	105	670	560	240	1500	1300	530	—	—	—	—	—	—
		>3.5~6.3	22	19	8	75	63	26	160	140	60	360	300	130	800	670	280	—	—	—	—	—	—
		>6.3~10	—	—	—	50	42	17	105	90	38	240	200	85	500	440	180	1100	—	—	—	—	—

续表

中点锥距/mm		大于	—			50			100			200			400			800			1600		
		到	50			100			200			400			800			1600			—		
分锥角/(°)		大于	—	20	45	—	20	45	—	20	45	—	20	45	—	20	45	—	20	45	—	20	45
		到	20	45	—	20	45	—	20	45	—	20	45	—	20	45	—	20	45	—	20	45	—
精度等级	9	中点法向模数/mm >10~16	—	—	—	38	30	13	80	67	28	170	150	60	380	300	130	800	670	280	—	—	—
		>16~25	—	—	—	—	—	—	63	53	22	130	110	48	280	240	100	600	500	210	1200	1050	450
		>25~40	—	—	—	—	—	—	50	42	18	105	90	38	220	190	80	480	400	170	1000	850	360
		>40~55	—	—	—	—	—	—	—	—	—	95	80	32	190	170	71	400	340	140	850	710	300
	10	≥1~3.5	56	48	20	190	160	67	420	360	150	950	800	340	2100	1700	750	—	—	—	—	—	—
		>3.5~6.3	32	26	11	105	90	38	240	190	80	500	420	180	1100	950	400	—	—	—	—	—	—
		>6.3~10	—	—	—	71	60	24	150	130	53	320	280	120	710	600	250	1500	—	—	—	—	—
		>10~16	—	—	—	50	45	18	110	95	40	240	200	85	500	440	180	1100	950	400	—	—	—
		>16~25	—	—	—	—	—	—	85	75	30	190	160	67	400	340	140	420	360	150	1700	1500	630
		>25~40	—	—	—	—	—	—	71	60	25	150	130	53	320	260	110	670	560	240	1400	1200	500
		>40~55	—	—	—	—	—	—	—	—	—	130	110	45	280	240	100	560	480	200	1200	1000	420
	11	≥1~3.5	80	67	28	280	220	95	600	500	210	1300	1100	500	3000	2500	1050	—	—	—	—	—	—
		>3.5~6.3	45	38	16	150	130	53	820	280	120	750	600	260	1600	1400	560	—	—	—	—	—	—
		>6.3~10	—	—	—	100	85	34	210	180	75	480	400	160	1000	850	360	2200	—	—	—	—	—
		>10~16	—	—	—	75	63	26	160	130	56	340	280	120	750	630	260	1600	1300	560	—	—	—
		>16~25	—	—	—	—	—	—	120	105	45	260	220	95	560	480	200	1200	1000	420	2500	2100	900
		>25~40	—	—	—	—	—	—	100	85	36	210	180	75	450	380	160	950	780	340	2000	1700	700
		>40~55	—	—	—	—	—	—	—	—	—	190	160	67	380	320	140	800	670	280	1700	1400	600
	12	≥1~3.5	110	95	40	380	320	130	850	710	300	1900	1600	670	4200	3600	1500	—	—	—	—	—	—
		>3.5~6.3	63	53	22	210	180	75	450	580	160	1000	850	360	2200	1900	800	—	—	—	—	—	—
		>6.3~10	—	—	—	140	120	48	300	250	105	670	560	240	1400	1200	600	3000	—	—	—	—	—
		>10~16	—	—	—	105	90	36	220	190	80	480	400	170	1000	850	360	2200	1900	800	—	—	—
		>16~25	—	—	—	—	—	—	170	150	60	380	300	130	800	670	280	1700	1400	600	3600	3000	1300
		>25~40	—	—	—	—	—	—	140	120	50	300	250	105	630	390	220	1300	1100	450	2800	2400	1000
		>40~55	—	—	—	—	—	—	—	—	—	260	220	90	560	450	190	1100	950	400	2400	2000	850

注：1. 表中数值用于非修形齿轮。对修形齿轮，允许采用低一级的$\pm f_{AM}$值。

2. 表中数值用于$\alpha=20°$的齿轮，对$\alpha \neq 20°$的齿轮，表中数值乘以$\sin 20°/\sin\alpha$。

表 15-3-54　　轴间距极限偏差$\pm f_a$值　　μm

中点锥距/mm		精度等级								
大于	到	4	5	6	7	8	9	10	11	12
—	50	10	10	12	18	28	36	67	105	180
50	100	12	12	15	20	30	45	75	120	200
100	200	13	15	18	25	36	55	90	150	240
200	400	15	18	25	30	45	75	120	190	300
400	800	18	25	30	36	60	90	150	250	360
800	1600	25	36	40	50	85	130	200	300	450
1600	—	32	45	56	67	100	160	280	420	630

注：表中数值用于无纵向修形的齿轮副。对纵向修形的齿轮副，允许采用低 1 级的$\pm f_a$值。

表 15-3-55　　轴交角极限偏差$\pm E_{\Sigma}$值　　μm

中点锥距/mm		小轮分锥角/(°)		最小法向侧隙种类				
大于	到	大于	到	h、e	d	c	b	a
—	50	—	15	7.5	11	18	30	45
		15	25	10	16	26	42	63
		25	—	12	19	30	50	80
50	100	—	15	10	16	26	42	63
		15	25	12	19	30	50	80
		25	—	15	22	32	60	95
100	200	—	15	12	19	30	50	80
		15	25	17	26	45	71	110
		25	—	20	32	50	80	125
200	400	—	15	15	22	32	60	95
		15	25	24	36	56	90	140
		25	—	26	40	63	100	160
400	800	—	15	20	32	50	80	125
		15	25	28	45	71	110	180
		25	—	34	56	85	140	220
800	1600	—	15	26	40	63	100	160
		15	25	40	63	100	160	250
		25	—	53	85	130	210	320
1600	—	—	15	34	66	85	140	222
		15	25	63	95	160	250	380
		25	—	85	140	220	340	530

注：1. $\pm E_{\Sigma}$的公差带位置相对于零线，可以不对称或取在一侧。
2. 表中数值用于正交齿轮副。对非正交齿轮副，取为$\pm j_{nmin}/2$。
3. 表中数值用于$\alpha=20°$的齿轮副。对$\alpha\neq20°$的齿轮副，表值应乘以$\sin20°/\sin\alpha$。

表 15-3-56　　F'_i、f'_i、$F''_{i\Sigma}$、$f''_{i\Sigma}$、F'_{ic}、f'_{ic}的计算公式

公差名称	计算式	公差名称	计算式
切向综合公差	$F'_i=F_p+1.15f_c$	一齿轴交角综合公差	$f''_{i\Sigma}=0.7f''_{i\Sigma c}$
一齿切向综合公差	$f'_i=0.8(f_{pt}+1.15f_c)$	齿轮副切向综合公差	$F'_{ic}=F'_{i1}+F'_{i2}$①
轴交角综合公差	$F''_{i\Sigma}=0.7F''_{i\Sigma c}$	齿轮副一齿切向综合公差	$f'_{ic}=f'_{i1}+f'_{i2}$

① 当两齿轮的齿数比为不大于 3 的整数，且采用选配时，可将F'_{ic}值压缩 25%或更多。

表 15-3-57　　极限偏差及公差与齿轮几何参数的关系式

精度等级	F_p		F_r				f_{pt}		f_c		f'_{zzc}			f_a	
	$F_p=B\sqrt{d}+C$ $F_{pk}=0.8B\sqrt{L}+C$		$\frac{1}{Am_n+B\sqrt{d}}+C$ $B=0.25A$		$\frac{2}{Am_n+B\sqrt{d}}+C$ $B=1.4A$		$Am_n+B\sqrt{d}+C$ $B=0.25A$		$0.84(Am_n+Bd+C)$ $B=0.0125A$		Am_nB+zC			$A\sqrt{0.3R}+C$	
	B	C	A	C	A	C	A	C	A	C	A	B	C	A	C
4	1.25	2.5	0.9	11.2	0.4	4.8	0.25	3.15	0.21	3.4	2.5	0.315	0.115	0.94	4.7
5	2	4	1.4	18	0.63	7.5	0.4	5	0.34	4.2	3.46	0.349	0.123	1.2	6
6	3.15	6	2.24	28	1	12	0.63	8	0.53	5.3	5.15	0.344	0.126	1.5	7.5
7	4.45	9	3.15	40	1.4	17	0.9	11.2	0.84	6.7	7.69	0.348	0.125	1.87	9.45
8	6.3	12.5	4	50	1.75	21	1.25	16	1.34	8.4	9.27	0.185	0.072	3	15
9	9	18	5	63	2.2	26.5	1.8	22.4	2.1	13.4	—	—	—	4.75	24
10	12.5	25	6.3	80	2.75	33	2.5	31.5	3.35	21	—	—	—	7.5	37.5
11	17.5	35.5	8	100	3.44	41.5	3.55	45	5.3	34	—	—	—	12	60
12	25	50	10	125	4.3	51.5	5	63	8.4	53	—	—	—	19	94.5

$F_{vj}=1.36F_r$　$f'_{zk}=f'_{zkc}=(K^{-0.6}+0.13)F_r$（按高 1 级的 F_r 值计算）；

$\pm f_{AM}=\frac{R\cos\delta}{8m_n}f_{pt}$；$F''_{i\Sigma c}=1.96F_r$；$f''_{i\Sigma c}=1.96f_{pt}$

注：1. 符号含义：d—中点分度圆直径；m_n—中点法向模数；z—齿数；L—中点分度圆弧长；R—中点锥距；δ—分锥角；K—齿轮在一转（齿轮副在大轮一转）内的周期数（适于f'_{zk}、f'_{zkc}）。

2. F_r 值，取表中关系式 1 和关系式 2 计算所得的较小值。

表 15-3-58　　接触斑点

精度等级	4~5	6~7	8~9	10~12
沿齿长方向/%	60~80	50~70	35~65	25~55
沿齿高方向/%	65~85	55~75	40~70	30~60

注：1. 表中数值范围用于齿面修形的齿轮。对齿面不作修形的齿轮，其接触斑点大小不小于其平均值。

2. 接触斑点的形状、位置和大小，由设计者根据齿轮的用途、载荷和轮齿刚性及齿线形状特点等条件自行规定，对齿面修形的齿轮，在齿面大端、小端和齿顶边缘处，不允许出现接触斑点。

7.8　齿坯公差

表 15-3-59　　齿坯尺寸公差

精度等级	4	5	6	7	8	9	10	11	12
轴径尺寸公差	IT4	IT5		IT6		IT7			
孔径尺寸公差	IT5	IT6		IT7		IT8			
外径尺寸极限偏差	0 −IT7	0 −IT8				0 −IT9			

注：当三个公差组精度等级不同时，公差值按最高的精度等级查取。

表 15-3-60　　齿坯顶锥母线跳动和基准端面跳动公差　　μm

跳动公差		大于	到	精度等级			
				4	5~6	7~8	9~12
顶锥母线跳动公差	外径/mm	—	30	10	15	25	50
		30	50	12	20	30	60
		50	120	15	25	40	80
		120	250	20	30	50	100
		250	500	25	40	60	120
		500	800	30	50	80	150
		800	1250	40	60	100	200
		1250	2000	50	80	120	250
		2000	3150	60	100	150	300
		3150	5000	80	120	200	400

续表

跳动公差		大于	到	精度等级			
				4	5~6	7~8	9~12
基准端面跳动公差	基准端面直径/mm	—	30	4	6	10	15
		30	50	5	8	12	20
		50	120	6	10	15	25
		120	250	8	12	20	30
		250	500	10	15	25	40
		500	800	12	20	30	50
		800	1250	15	25	40	60
		1250	2000	20	30	50	80
		2000	3150	25	40	60	100
		3150	5000	30	50	80	120

注：当三个公差组精度等级不同时，公差值按最高的精度等级查取。

表 15-3-61　　齿坯轮冠距和顶锥角极限偏差

中点法向模数/mm	轮冠距极限偏差/μm	顶锥角极限偏差/(′)
≤1.2	0 -50	+15 0
>1.2~10	0 -75	+8 0
>10	0 -100	+8 0

7.9　应用示例

已知正交弧齿锥齿轮副：齿数 $z_1=30$；齿数 $z_2=28$；中点法向模数 $m_n=2.7376$mm；中点法向压力角 $\alpha_n=20°$；中点螺旋角 $\beta=35°$；齿宽 $b=27$mm；精度等级 6-7-6C GB 11365。该齿轮副的各项公差或极限偏差见表15-3-62。

表 15-3-62　　锥齿轮精度示例　　μm

检验对象	项目名称	代号	公差或极限偏差		说明		
			大轮	小轮			
齿轮	切向综合公差	F_i'	41		$F_i'=F_p+1.15f_c$		
	齿距累积公差	F_p	32		按表 15-3-40		
	k 个齿轮累积公差	F_{pk}	25		按表 15-3-40		
	一齿切向综合公差	f_i'	19		$f_i'=0.8(f_{pt}+1.15f_c)$		
	周期误差的公差	f_{zk}'	17		≥2~4	周期数 K	齿线重合度 ε_β 大于表15-3-39界限值，按表 15-3-42 选取
			13		>4~8		
			10		>8~16		
			8		>16~32		
			6		>32~63		
			5.3		>63~125		
			4.5		>125~250		
			4.2		>250~500		
			4		>500		
	齿距极限偏差	$\pm f_{pt}$	±14		按表 15-3-43		
	齿形相对误差的公差	f_c	8		按表 15-3-44		
	齿厚上偏差	$E_{\bar{s}s}$	-59	-54	按表 15-3-50		
	齿厚公差	$T_{\bar{s}}$	52		按表 15-3-51		

续表

检验对象	项目名称	代号	公差或极限偏差		说明
			大轮	小轮	
齿轮副	齿轮副切向综合公差	F'_{ic}	82		$F'_{ic}=F'_{i1}+F'_{i2}$
	齿轮副一齿切向综合公差	f'_{ic}	38		$f'_{ic}=f'_{i1}+f'_{i2}$
	齿轮副周期误差的公差	f'_{zkc}	同 f'_{zk}		按表 15-3-42
	接触斑点	沿齿长	50%～70%		按表 15-3-58
		沿齿高	55%～75%		
	最小法向侧隙	j_{nmin}	74		按表 15-3-49
	最大法向侧隙	j_{nmax}	240		$j_{nmax}=(E_{\bar{s}s1}+E_{\bar{s}s2}+T_{\bar{s}1}+T_{\bar{s}2}+E_{\bar{s}\Delta1}+E_{\bar{s}\Delta2})\cos\alpha_n$
安装精度	齿圈轴向位移极限偏差	$\pm f_{AM}$	±24	+56	按表 15-3-53
	轴间距极限偏差	$\pm f_a$	±20		按表 15-3-54
	轴交角极限偏差	$\pm E_{\Sigma}$	±32		按表 15-3-55

7.10 齿轮的表面粗糙度

表 15-3-63

名　称	精度性质	精度等级	表面粗糙度 $Ra/\mu m$	示意图
齿侧面	工作平稳性精度	7 8 9 10	1.6 3.2 6.3 12.5	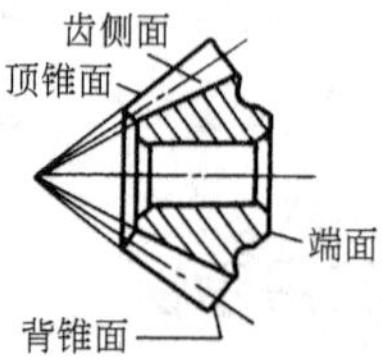 齿侧面 顶锥面 端面 背锥面
端　面	运动精度	8 9、10	3.2 6.3	
顶锥面		8 9、10	3.2 6.3	
背锥面		8 9、10	6.3 12.5	

8 结构设计

8.1 锥齿轮支承结构

表 15-3-64

支承方式		简图	特点与应用	结构参数与轴承配置	
小齿轮	大齿轮				
悬臂式	悬臂式	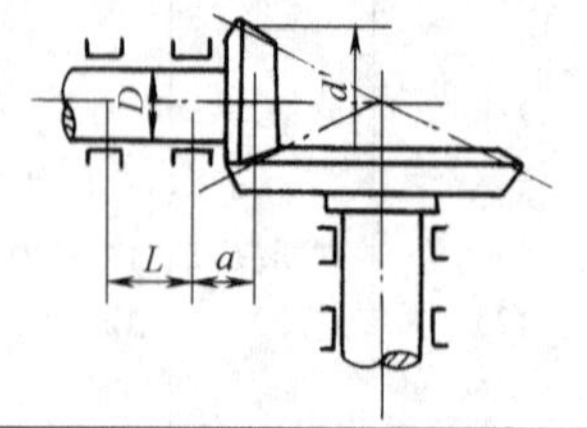 D　d'　L　a	支承刚性差，但结构简单，装拆方便。用于一般中、轻载传动	悬臂式	轴承距离 $L\geqslant2a$ 且 $L>0.7d$ 轴　径 $D>a$ 轴挠度 $y<0.025$mm 轴承应采用轴套装入机壳内(图 15-3-31)，便于调整。圆锥滚子轴承应背靠背布置，以增大轴承支反力作用点间的距离，提高轴的刚度。曲线齿和斜齿锥齿轮正反转时可能产生两个方向的轴向力，因此，需有两个方向的轴向锁紧(图 15-3-32)
悬臂式	简支式	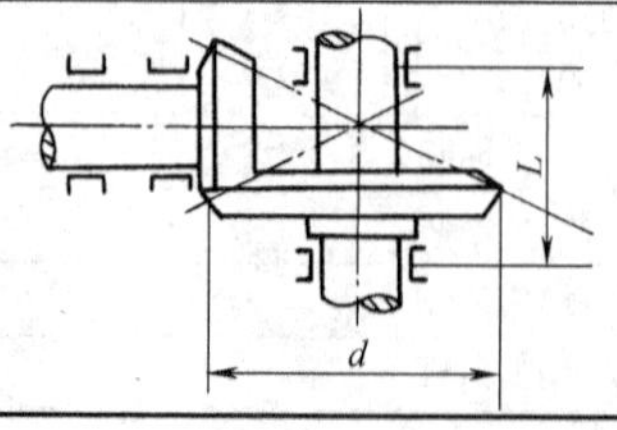 L　d	支承刚性好，结构较复杂，装拆较繁。多用于中、轻载传动，尤其是径向力 $F_{r2}>F_{r1}$(不计方向)的情况		

续表

<table>
<tr><th colspan="2">支承方式</th><th rowspan="2">简　　　图</th><th rowspan="2">特点与应用</th><th rowspan="2" colspan="2">结构参数与轴承配置</th></tr>
<tr><th>小齿轮</th><th>大齿轮</th></tr>
<tr><td>简支式</td><td>悬臂式</td><td></td><td>支承刚性好，结构较复杂，装拆较繁。多用于中、轻载传动，尤其是径向力 $F_{r1}>F_{r2}$（不计方向）的情况</td><td rowspan="2">简
支
式</td><td rowspan="2">轴承距离：$L>0.7d$ 但应紧凑
轴 挠 度：$y<0.025$mm
小齿轮一端通常采用径向轴承支承径向力，而另一端轴承支承径向力和轴向力（图 15-3-33）。轴承可直接装入机壳内或用轴套装入机壳。大齿轮宜用面对面布置的圆锥滚子轴承（图 15-3-34），以减小轴承支反力作用点间的距离，增加轴的刚度。轴承的距离应足够大，以供给调整齿轮用的空间。曲线齿和斜齿锥齿轮同样需有两个方向的轴向锁紧</td></tr>
<tr><td>简支式</td><td>简支式</td><td></td><td>支承刚性最好，结构复杂，装拆不便。用于重载和冲击大的传动</td></tr>
</table>

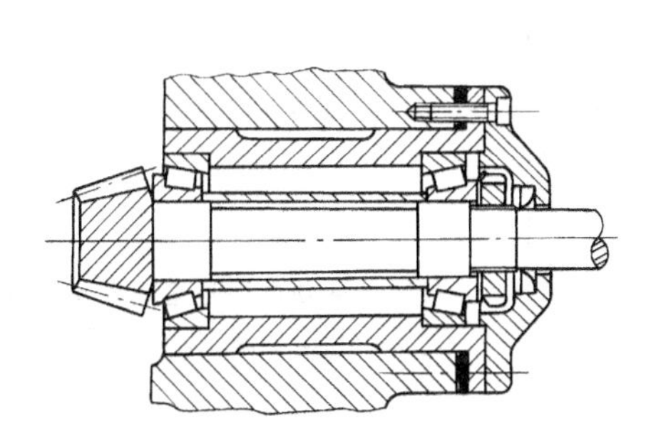

图 15-3-31

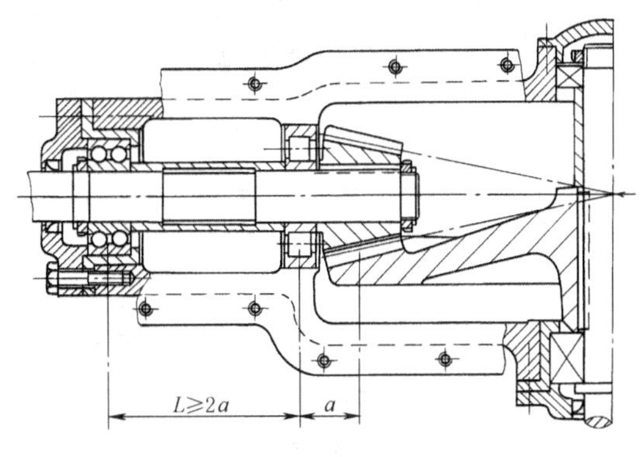

图 15-3-32

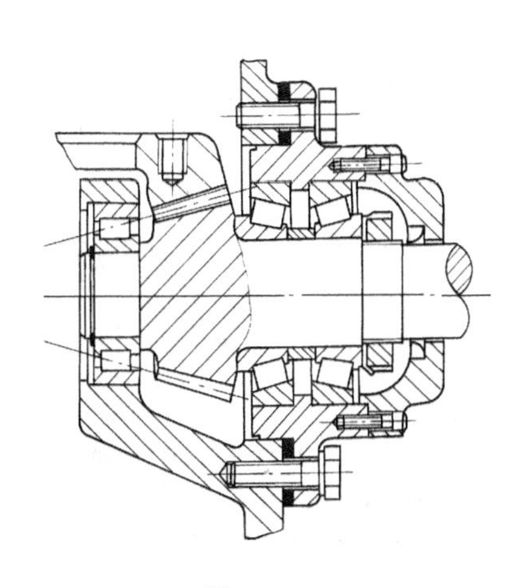

图 15-3-33

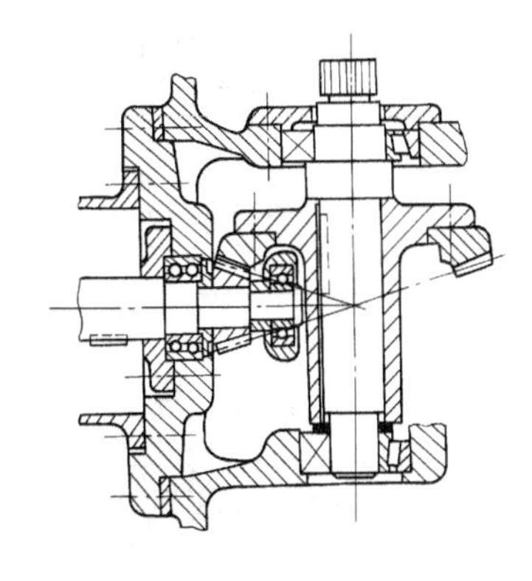

图 15-3-34

8.2 锥齿轮轮体结构

表 15-3-65

型式	结构图	说明
齿轮轴	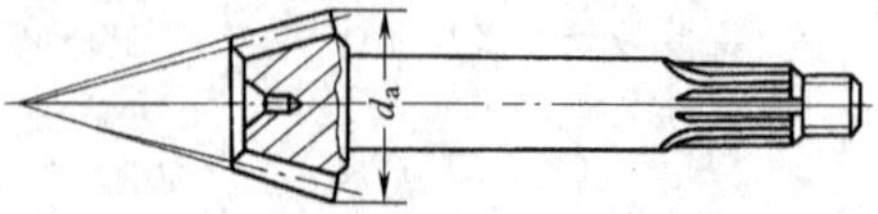	锥齿轮对安装精度和轴的刚度非常敏感，故小齿轮，尤其是悬臂式支承最好与轴作成一体 齿轮轴两端应具有中心孔或外螺纹，使切齿时能可靠地固定
	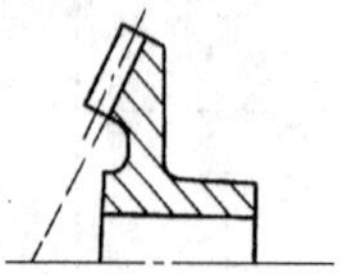	曲线齿锥齿轮的轮毂与齿根的延长线不得相交，避免切齿时相碰
整体齿轮（用于齿轮直径小于180mm）	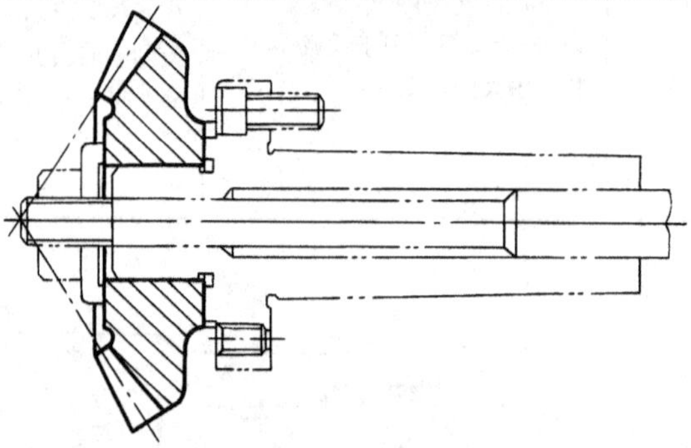	齿轮应有足够的刚性，以保证其正常地工作和切齿时的装夹，因此应尽可能不采用小的安装孔、薄的辐板，轴孔两端的环形凸台对增加刚度十分有效
	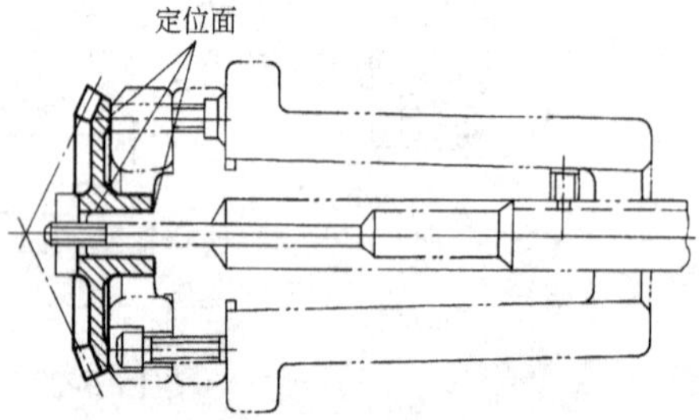 定位面	当齿轮分度圆直径是轮毂直径二倍以上时，应增设辅助支承面，以增加切齿时的刚性
组合齿轮（用于齿轮直径大于180mm）	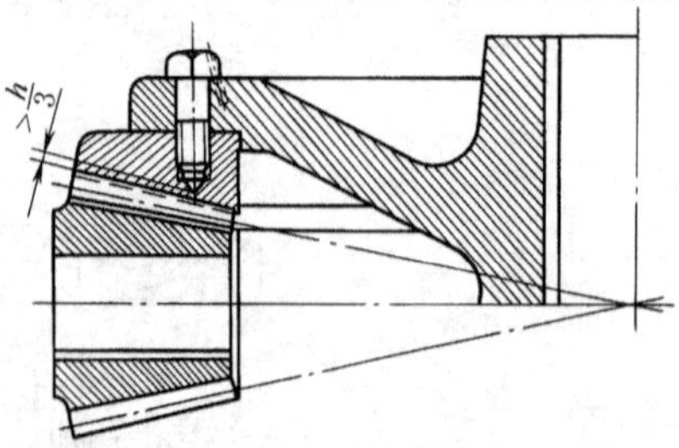 $>\frac{h}{3}$	齿圈热处理变形小 为防止螺钉松动，可用销钉锁紧（如图） 螺孔底部与齿根间最小距离不小于$\frac{h}{3}$（h为全齿高）常用于轴向力指向大端的场合
	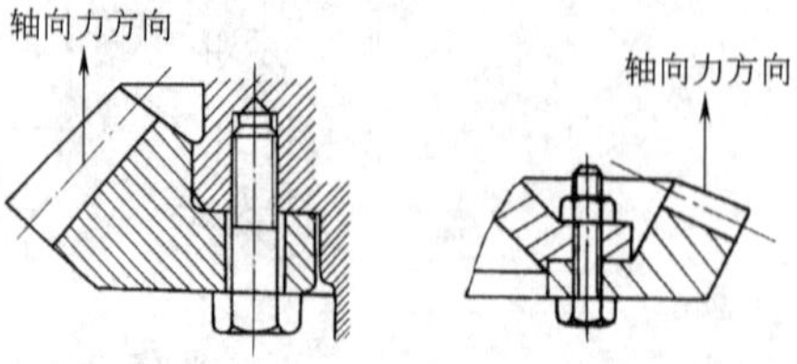 轴向力方向 轴向力方向 (a) (b)	当轴向力朝向锥顶时，为使螺钉不承受拉伸力，应按图示方向连接。图 a 常用于双支承式结构；图 b 用于悬臂式支承结构

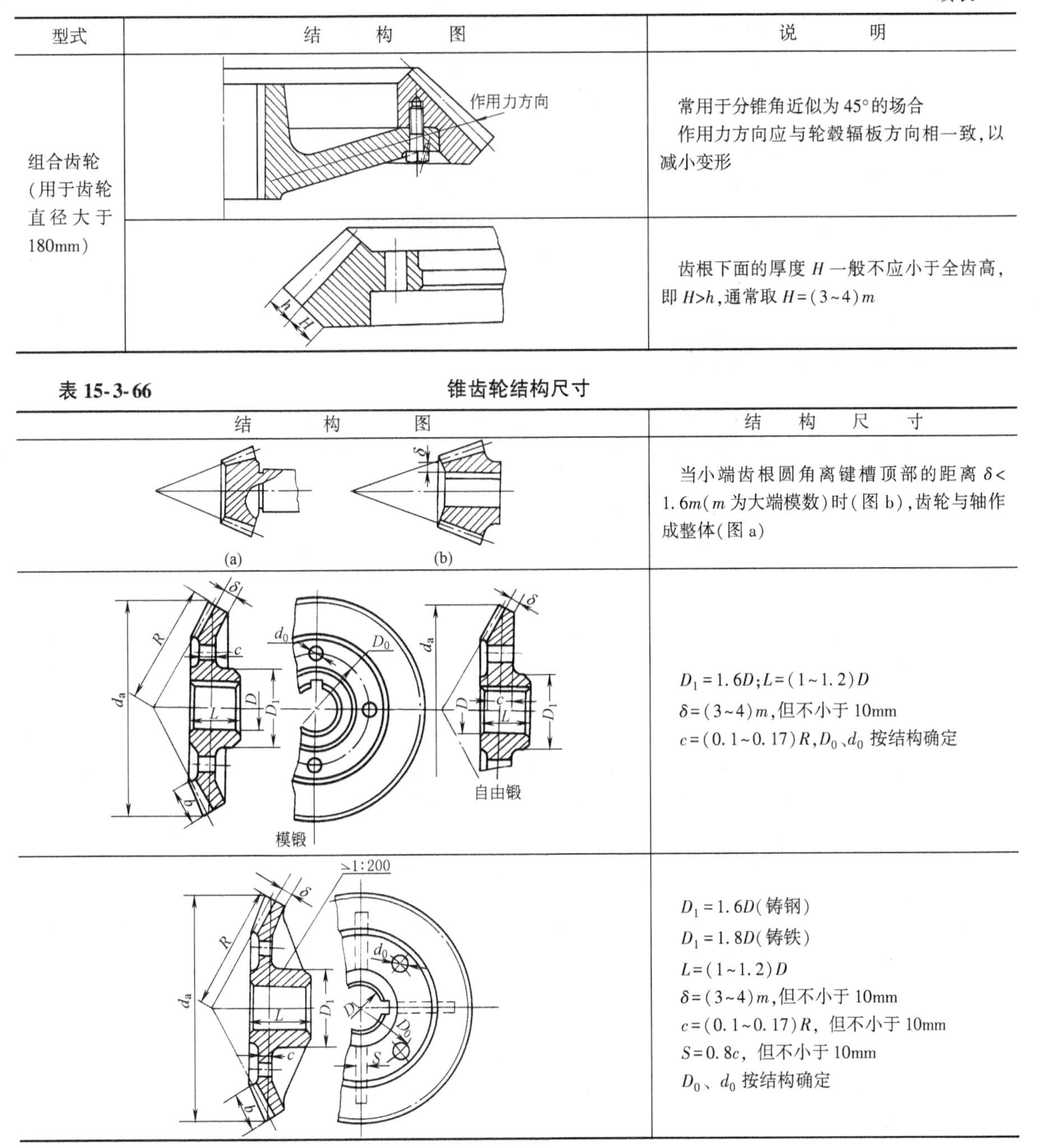

续表

型式	结构图	说明
组合齿轮（用于齿轮直径大于180mm）		常用于分锥角近似为45°的场合 作用力方向应与轮毂辐板方向相一致，以减小变形
		齿根下面的厚度 H 一般不应小于全齿高，即 $H>h$，通常取 $H=(3\sim4)m$

表 15-3-66　锥齿轮结构尺寸

结构图	结构尺寸
(a)　(b)	当小端齿根圆角离键槽顶部的距离 $\delta<1.6m$（m 为大端模数）时（图 b），齿轮与轴作成整体（图 a）
模锻　自由锻	$D_1=1.6D$；$L=(1\sim1.2)D$ $\delta=(3\sim4)m$，但不小于 10mm $c=(0.1\sim0.17)R$，D_0、d_0 按结构确定
	$D_1=1.6D$（铸钢） $D_1=1.8D$（铸铁） $L=(1\sim1.2)D$ $\delta=(3\sim4)m$，但不小于 10mm $c=(0.1\sim0.17)R$，但不小于 10mm $S=0.8c$，但不小于 10mm D_0、d_0 按结构确定

9　设计方法与产品开发设计

9.1　设计方法简述

1）随着机械产品向重载、高速、可靠、高效、低噪声和小型化方向发展，要求齿轮具有高强度、长寿命、低噪声、小体积等高传动品质。此非传统的经验方法（类比方法）所能达到的，需要用现代设计法。它是运用创造性思维和现代设计技术（优化设计，载荷谱信息反馈，有限元法，仿真法，失效诊断，可靠性设计，计算机辅助设计……），采用行之有效的新材料、新齿形、新工艺，进行设计和计算。

2）可以根据不同的条件，进行手算的或机算的优化设计，采用新材料、新齿形、新工艺。

3）按设计性质，可分为新产品设计、老产品改进设计、引进产品的国产化设计三类，其设计步骤见表15-3-67。

表 15-3-67　　一般设计步骤

有关章节	新产品设计	老产品改进设计	引进产品国产化设计
9.2	锥齿轮传动品质的分析		
1.8	选型	测绘	
6.1	初步设计	改进设计	国产化设计
3	几何计算		
5	强度校核		
8	绘图		

9.2　锥齿轮传动品质的分析

锥齿轮传动品质分析是锥齿轮设计的第一步。例如：对新产品设计，要分析用户提出的功能、外观和成本要求；对老产品改进，要分析用户反馈回来的传动品质问题。可从以下五个方面进行分析。

（1）锥齿轮的损伤分析

锥齿轮的损伤形式，有与圆柱齿轮传动共同的地方，如点蚀、片蚀、胶合、断齿、磨损和塑性变形等。另一方面，由于大小端参数不同和轴相交的特点，常有小端压溃、干涉、大端断轴，小端轮缘裂开等特殊损伤。需要根据锥齿轮的特点认真分析，以便对症下药。参考文献［7］有比较好的分析损伤的思路，可供参考。

（2）分析锥齿轮的精度

主要是超差问题，有的是切齿时产生的，有的是热处理变形引起的。前者要靠技术工人的经验；后者要找到规律性。从设计角度，要注意结构的刚性和匀称性。

（3）分析锥齿轮的结构

主要分析支承刚性（参看8.1节）和结构强度的薄弱环节。后者可参看参考文献［7］中“改善轮体薄弱部位的设计”一节。为避免轮体薄弱环节的损伤，有时可以在其他非关键零件中有意设薄弱环节或加安全、卸载装置。

对于锥齿轮副的两体结构（一个锥齿轮轴在甲部件，另一个配对锥齿轮在乙部件），在大修后将会发生微量的锥顶点分离（例如偏移距 $E=1\text{mm}$）。此时，若按相交轴传动设计，就得不到正确的啮合，必须用“微偏轴齿轮”代替锥齿轮。对此，可参考文献［7］中“微偏轴齿轮设计”一章。

（4）分析锥齿轮的齿形

例如是否有根切、齿顶变尖、过切、重切等。可参考文献［7］中“关于保证齿形完整性的质量要求”一节。

（5）分析锥齿轮传动的啮合性能

如不出现干涉，磨损低，等弯曲强度，节点区双齿对啮合，低比滑等。对此，可参考文献［7］中“关于改进齿面强度方面的质量指标”一节。

在改进传动性能的各种技术措施中，最省事、最经济的办法往往是改进设计。例如对于噪声高的齿轮，如果采用磨齿，既增加费用又费时，但如果从设计方面改用高重合度锥齿轮（见9.5节），就会在不用磨齿的情况下得到低噪声齿轮。

9.3　锥齿轮设计的选型

（1）常规设计的选型

改进设计就是在原机械结构条件下（一般不变更齿轮箱结构）对原齿轮设计进行设计参数方面的改变，以获得更好的传动品质（如增大承载能力，加快速度，延长寿命，降低噪声，对齿轮轮体结构的薄弱环节加以改进等），也可说是有条件的设计选型。

国产化设计就是在国内材料质量和工艺条件下，将引进齿轮设计加以必要的改变，使国产齿轮的传动品质，与原国家产品齿轮媲美。除了英制改公制和选择相当的国产材料等工作以外，主要是由于国产材料（含热处理规定）的性能比国外相当材料的性能差，因而使国产齿轮在同等尺寸、同等精度条件下强度降低，寿命缩短，为此要作补救措施。例如选用优质材料，提高制造精度，改进设计以提高强度。前二者措施将提高成本，后者如获成功则是物美价廉的理想措施，这措施也可看作是设计强化的选型。

下面提出一些选型设计参考资料（见表 15-3-68~表 15-3-71）。

表 15-3-68　　锥齿轮类型的选择

锥齿轮类型		直齿	斜齿	曲齿
特征	强度比	弱($d_1=100$)	中($d_1=83\sim90$)	强($d_1=80\sim83$)①
	噪声	高	中	低
	加工费用	低(刨齿)		高(铣齿)
	速度	低速	中速	高速
	轴向力	安全(离开锥顶)	选择得当,主传动可离开锥顶	

① 根据实践，曲齿中的弧齿、外摆线齿、等高齿弧线锥齿轮的强度没有多大区别。

表 15-3-69　　支承刚性的选择

支承形式	简支	一简支,一悬臂	悬臂
刚性	好	中	差

表 15-3-70　　材料和热处理后品质的选择

钢材	铬镍钢	铬钢	氮化钢	调质钢	结构钢	球铁	铸铁
σ_{Hlim}比	1.88	1.47	1.3	1	0.84	0.70	0.50
σ_{Flim}比	1.53	1.23	1.3	1	0.77	0.67	0.25
耐冲击性	很高	高		中	低		很低
耐磨性	很高	高	中	低			中
热后变形	较小	较大	小	中			
价格比	4	2	3	1	0.7	0.5	0.3
用途(推荐)	很重要的传动、重载高速传动	重要传动(带冲击)、重载传动	重要传动(平稳性)、中载传动		一般传动、轻载传动、辅助传动		不重要传动、轻载传动
用例	飞机 坦克 舰船	汽车、卡车 工程机械 内燃机车	矿山机械、冶金机械 机床、纺织 机械		农用机械、轻工机械		农用机械、食品机械

表 15-3-71　　按载荷大小选择材料

材料	低碳钢		中碳钢		球墨铸铁	灰铸铁
级别	1	2~4	5~6	7	8	9
综合强度比	5	4	3	2.3	2	1
齿面硬度	硬		中硬			
计算载荷	重载：$T_c>10000\mathrm{N\cdot m}$,$m>12$					
		中载：$T_c>500\sim10000\mathrm{N\cdot m}$,$m>3\sim12$				
			轻载：$T_c<500\mathrm{N\cdot m}$,$m<3$			

（2）改进设计的选型

推荐采用新型非零变位锥齿轮，它有下述五个优点，见表 15-3-72。

并可在现有的任何锥齿轮加工机床和刀具用单面法或双面法（要特有的切齿调整数据）展成切出新齿形，不必另做工艺装备投资，故极易推广。

1）正传动的设计模型——$x_1+x_2>0$

① 它可以增大压力角 $\Delta\alpha$，提高接触强度。

② 它可以增加齿厚 Δs，提高抗磨损能力。

③ 它可以降低滑动率 η，提高抗胶合能力。

④ 它可以增加齿根齿厚 Δs_F，提高弯曲强度。

⑤ 提高 4 种强度，提高结合强度，延长寿命。

表 15-3-72　　在相同制造精度、相同材料热处理、相同模数条件下的对比

传动性能	长寿命	高强度	低噪声	小体积	大齿数比	齿廓对照
世界各国通用	1	1	A(dB)	1	<8	零传动
本发明技术	>1.5	>1.2	A−2	<2/3	>8	正传动
专利号	8476	8571		8477		通用(零传动)　新型(正传动)　$\Delta\alpha$　Δs_F
	正传动	负传动		小型传动		

在等强度下，可减小体积；或在同体积下，可提高综合强度。

a. 用于工程机械：拖拉机、装载机、压路机。

b. 用于内燃机车。

c. 用于连续作业传动机械：煤机、冶金机械、隧道机械、探矿机。

d. 用于船舶：水翼船（V 形传动）、汽艇（舷外机）。

2）负传动的设计模型——$x_1+x_2<0$

降低 α，提高 ε_γ，增加平稳性，降低噪声。

a. 用于立式传动机床——立式铣床。

b. 用于室内相交轴传动装置。

3）小型传动的设计模型——$x_1+x_2\geqslant x_{1\min}+x_{2\min}$，$z_2+z_1\geqslant 26$

a. 用于微型传动（mini）。

b. 用于无链条自行车传动。

4）用于现有各国通用锥齿轮所不能胜任的特殊要求的传动

a. 用于少齿数传动，$z_{\min}\leqslant 4$。

b. 用于大减速比传动（一级传动代替两级传动），$z_2/z_1\geqslant 8\sim 12$。

c. 用于小轴交角传动，$\Sigma<20°$。

9.4　强化设计及实例

强化设计是指在相同材质、尺寸、精度下，通过设计的方法，达到提高强度的目的。其主要途径如下。

1）采用优质材料。

2）加大齿轮尺寸（见表 15-3-24，取较大 d_1 值）。

3）采用先进的齿形制，例如采用高变位 $x_1>0$，强化较弱的小齿轮；用正传动变位代替零传动的高变位（x_2 不必取负值，而是大幅度地加大 x_1，如 $x_1>1$）[1]。

其中第三种办法是比较可取的办法。

强化设计可有三种效果：①体积不变，增大强度；②强度不变，缩小体积；③既增大强度，又缩小体积。实例如下。

已知：有一中型轮式拖拉机中央传动的曲齿锥齿轮，传递额定转矩 $T_1=572\text{N}\cdot\text{m}$，$\beta_m=5.5°$，$u=3.77$。由多缸柴油机驱动，齿轮用 20CrMnTi 渗碳淬火，齿面硬度 58~62HRC，齿宽系数 $\phi_K\approx\dfrac{1}{4}$，小齿轮轴悬臂支承，大齿轮轴双跨支承。需作强化抗点蚀能力和延长工作寿命的设计。

设计步骤如下。

(1) 按初步设计及表 15-3-26 节点区双对齿啮合设计

$z_b\geqslant 0.85$，$K_A=1.5$，$K_\beta=1.5$，$\sigma_{\text{Hlim}}=1500\text{N/mm}^2$，$e=1100$，$\Sigma=90°$

$$d_{H1}\geqslant eZ_bZ_\phi\left[\frac{K_AK_\beta T_1\sin\Sigma}{u\ (\sigma_{\text{Hlim}})^2}\right]^{1/3}=1100\times0.85\times1.735\times\left[\frac{1.5\times1.5\times572\times\sin90°}{3.77\times1500^2}\right]^{1/3}\approx 86.688\text{mm}$$

(2) 选定齿数 z 和模数 m

最少齿数的选择，见表 15-3-74，选 $z_1=13$，则 $z_2=uz_1=49.01$，取 $z_2=49$。

$$m=\frac{d_{H1}}{z_1}=\frac{86.688}{13}=6.6683\text{mm}$$

（3）选择变位系数

本例属非零正传动，$x_h>0$。由于受壳体体积限制，采用 Δr 式中的“小式”。用 4 个独立的设计变量 x_1，x_2，x_{t1}，x_{t2} 作为优化设计的主体。目标函数可选为节点区经常存在双对齿参加啮合，实现既增大强度，又缩小体积的效果。取 $\delta_2'>0.15$（参看图 15-3-21）。

本例的螺旋角 $\beta_m=5.5°$，接近于零度曲齿锥齿轮。可借用直齿锥齿轮的封闭图（如图 15-3-21）取 $x_1=0.8$，$x_2=0.3$；$x_\Sigma=x_1+x_2=1.1>0$。

切向变位无现成的封闭图可借用，只能估算。由于 $x_1=0.8$ 使小齿轮齿顶趋于变尖，可用切向正变位使之加厚，取 $x_{t1}=0.2$。

x_{t2} 由另一条件确定，即弯曲强度平衡 $Y_1=KY_2$，或保持标准齿全高，即 $\sigma=0$。本例采用 $\sigma=0$，可得 $x_{t2}=x_{t\Sigma}-x_{t1}=0.0312-0.2=-0.1688$。

（4）按新齿形制进行几何计算

其结果见表 15-3-21。

（5）强度验算

按 6.2 节进行。可按国标 GB/T 10062—1988 公式验算。也可按美国标准 ANSI/AGMA 2003-A86 公式验算，见参考文献［7］。

齿面接触强度验算如下。

由表 15-3-29 计算接触应力

$$\sigma_H=Z_HZ_EZ_\varepsilon\ Z_\beta Z_K\times\sqrt{\frac{K_AK_VK_{H\beta}K_{H\alpha}F_{tm}}{b_{eH}\alpha_{m1}}\times\sqrt{\frac{u^2+1}{u^2}}}$$

1）节点区域系数 Z_H——查图 15-3-27 或按下式计算。

$$Z_H=\sqrt{\frac{2\cos\beta_b}{\cos^2\alpha_t\tan\alpha_{Wt}}}$$

$$\beta_b\approx\beta_{bm}\approx\arcsin[\sin\beta_m\cos\alpha_0]=\arcsin[\sin5.5°\cos20°]\approx5.1674°$$

$$\alpha_t\approx\alpha_m=20.085° \qquad \alpha_{Wt}\approx\alpha'_{Wm}=21.6913°$$

$$Z_H=\sqrt{\frac{2\cos5.1674°}{\cos^2 20.085°\tan21.6913°}}=2.383$$

2）弹性系数 Z_E，由表 15-1-113 查得，钢对钢，$Z_E=189.8\sqrt{\text{N/mm}^2}$

3）重合度系数 Z_ε，由表 15-3-30

$$Z_\varepsilon=\sqrt{\frac{(4-\varepsilon_\alpha)(1-\varepsilon_\beta)}{3}+\frac{\varepsilon_\beta}{\varepsilon_\alpha}}$$

$$m_m=\frac{R_m}{R}m=\frac{145.85}{170.85}\times6.6683=5.6925\text{mm}$$

$$\varepsilon_\beta=\frac{b_{eH}\tan\beta_m}{\pi m_m}=\frac{0.85\times50\tan5.5°}{\pi\times5.6925}=0.229<1$$

$$r_{amv1}=\frac{R_md_{a1}}{2R\cos\delta_1}=\frac{145.85\times109.89}{2\times170.85\times\cos14°52'}=48.529\text{mm}$$

$$r_{amv2}=\frac{R_md_{a2}}{2R\cos\delta_2}=\frac{145.85\times331.19}{2\times170.85\times\cos75°8'}=550.975\text{mm}$$

$$r_{bmv1}=\frac{R_md_1\cos\alpha_m}{2R\cos\delta_1}=\frac{145.85\times86.688\times\cos20.085°}{2\times170.85\times\cos14°52'}=35.955\text{mm}$$

$$r_{bmv2}=\frac{R_md_2\cos\alpha_m}{2R\cos\delta_2}=\frac{145.85\times326.747\times\cos20.085°}{2\times170.85\times\cos75°8'}=510.525\text{mm}$$

$$g_{\alpha m}=\sqrt{r_{amv1}^2-r_{bmv1}^2}+\sqrt{r_{amv2}^2-r_{bmv2}^2}-(r_{bmv1}+r_{bmv2})\tan\alpha'_m=22.4\text{mm}$$

$$p_m=\pi m_m\cos\alpha_m=\pi\times5.6925\times\cos20.085°=16.8\text{mm}$$

$$\varepsilon_\alpha=g_{\alpha m}/p_m=22.4/16.8=1.33$$

$$Z_\varepsilon=\sqrt{\frac{(4-1.33)\times(1-0.229)}{3}+\frac{0.229}{1.33}}=0.926$$

4）螺旋角系数 $Z_\beta=\sqrt{\cos\beta_m}=\sqrt{\cos5.5°}=0.998$

5）有效宽度 $b_{eH}=b_{eF}=0.85b=0.85\times50=42.5mm$

6）锥齿轮系数 $Z_K=0.85$

7）使用系数 $K_A=1.5$

8）齿宽中点分锥上的圆周力

$$d_{m1}=R_m d_1/R=74mm$$

$$F_{tm}=\frac{2000T_1}{d_{m1}}=\frac{2000\times572}{74}=15459.5N$$

9）动载系数由式（15-3-2）即 $K_V=NK+1$

$$N=0.084\times\frac{z_1 v_{tm}}{100}\sqrt{\frac{u^2}{u^2+1}}$$

$$K=\frac{K_1 b_{eH}}{K_A F_{tm}}+C_{v3}$$

$$n_1=\frac{n_e}{i}=\frac{2200}{3.3}=666.67r/min$$

$$u=3.769$$

齿宽中点分锥上的圆周速度

$$v_{tm}=\frac{\pi d_{m1}n_1}{60000}=\frac{\pi\times74\times666.7}{60000}=2.584m/s$$

$N=0.0273<0.85$，处于亚临界区。

$$K_1=147$$

$$C_{v3}=0.23$$

$$K=\frac{147\times42.5}{1.5\times15459.5}+0.23=0.499$$

$$K_V=NK+1=0.0273\times0.499+1=1.013$$

10）齿向载荷分布系数 $K_{H\beta}=1.5K_{H\beta be}=1.5\times1.1=1.65$（$K_{H\beta be}$由表 15-3-34 查得）。

11）齿间载荷分配系数 $K_{H\alpha}$。因$\frac{K_A F_{tm}}{b_{eH}}=545.6N/mm>100N/mm$，由表 15-3-35，得 $K_{H\alpha}=1.4$（8 级精度）。

12）润滑剂系数 Z_L。由图 15-1-86，40 号机械油，50℃时的平均运动黏度 $\nu_{50}=40mm^2/s$，对 $\sigma_{Hlim}=1500N/mm^2>1200$ 的淬硬钢 $Z_L\approx0.95$。

13）速度系数 Z_v。由图 15-1-87，当 $v_{tm}>2.58m/s$，$\sigma_{Hlim}>1200N/mm^2$ 时，$Z_v\approx0.97$。

14）粗糙度系数 Z_R。由本章 6.2 节（8）的图中，当 $R_{z100}\approx3.6\mu m$，$\sigma_{Hlim}>1200N/mm^2$ 时，$Z_R\approx0.98$。

15）温度系数 Z_T 取为 1。

16）尺寸系数 Z_X 取为 1。

17）最小安全系数 S_{Hmin}。当失效概率为 1%时，$S_{Hmin}=1$。

18）极限应力值 σ_{Hlim}。由图 15-1-83 20CrMrTi，齿面硬度 58~62HRC 时，按 MQ 取值，$\sigma_{Hlim}=1500N/mm^2$。

用上述数据代入

$$\begin{aligned}\sigma_H&=Z_H Z_E Z_\varepsilon Z_\beta Z_K\times\sqrt{\frac{K_A K_V K_{H\beta}K_{H\alpha}F_{tm}}{b_{eH}d_{m1}}\times\frac{\sqrt{u^2+1}}{u}}\\&=2.383\times189.8\times0.926\times0.998\times0.85\times\sqrt{\frac{1.5\times1.013\times1.65\times1.4\times15459.5}{42.5\times74}\times\frac{\sqrt{3.769^2+1}}{3.769}}\\&=1496.8N/mm^2\end{aligned}$$

许用接触应力 $\sigma_{Hp}=\frac{Z_L Z_v Z_R Z_X\sigma_{Hlim}}{Z_T S_{Hmin}}=\frac{0.95\times0.97\times0.98\times1\times1500}{1\times1}\approx1355N/mm^2<\sigma_H$，不安全。

由于 ISO 公式未考虑非零变位的影响。而实际上本例采用了“节点区至少有两对齿保持啮合”，故需按表 15-3-26 进行修正，即取变位类型影响系数 $Z_b=0.85$ 修正。

修正后 $\sigma'_H=Z_b\sigma_H=0.85\times1496.8\approx1272N/mm^2$

即 $S_H=\sigma_{HP}/\sigma_H\approx1.07>S_{Hmin}$，故安全

齿根弯曲强度验算如下（由表 15-3-37 计算）。

齿根弯曲应力

$$\sigma_{F1、2}=\frac{K_A K_V K_{F\beta} K_{F\alpha} F_{tm} Y_{Fa1、2} Y_{Sa1、2}}{b_{eF} m_{nm}} Y_\varepsilon\ Y_\beta Y_K$$

1）齿向载荷分布系数 $K_{F\beta}=K_{H\beta}=1.65$。

2）齿间载荷分配系数 $K_{F\alpha}=K_{H\alpha}=1.4$。

3）有效宽度 $b_{eF}=b_{eH}=0.856=42.5$。

4）最小安全系数 S_{Fmin}。若按国标取 1，按失效率 1%（见表 15-1-118）（而按 DIN3991 取 1.4），根据传动件重要程度在1~1.4之间选择。

5）应力修正系数 $Y_{ST}=2$。

6）锥齿轮系数 $Y_K=1$。

7）中点法向模数 $m_{nm}=m_m\cos\beta_m=5.6925\cos5.5°\approx5.666$。

8）齿廓系数 Y_{Fa}。

$z_{vn1}=\dfrac{z_1}{\cos\delta_1\cos^3\beta_m}\approx13.64$，由图 15-3-28，当 $x_1=0.8$ 时，$Y_{Fa1}=2.03$；

$z_{vn2}=\dfrac{z_2}{\cos\delta_2\cos^3\beta_m}\approx194$，由图 15-3-28，当 $x_2=0.3$ 时，$Y_{Fa2}=2.09$。

9）应力修正数 Y_{Sa}。由图 15-3-29 得，$Y_{Sa1}=2.03$，$Y_{Sa2}=2.14$。

10）重合度系数 Y_ε。由式（15-3-15）得

$$Y_\varepsilon=\frac{1}{4}+\frac{3\cos^2\beta_{bm}}{4\varepsilon_\alpha}=\frac{1}{4}+\frac{3\cos^2 5.1674°}{4\times1.34}=0.805$$

11）螺旋角系数 Y_β。由式（15-3-16）得

$$\varepsilon_\beta<1，故\ Y_\beta=1-\frac{\varepsilon_\beta\beta_m}{120}=1-\frac{0.179\times5.5°}{120}=0.99$$

12）相对齿根圆角敏感系数 $Y_{\delta relT}$。根据图 15-1-116，由 $Y_{Sa1}=2.03$，得 $Y_{\delta relT1}=1.015$；由 $Y_{Sa2}=2.14$，得 $Y_{\delta relT2}=1.020$。

13）相对齿根表面状况系数 Y_{RrelT}。由图 15-1-117，$Y_{RrelT}=1.674-0.529(R_z+1)^{0.1}=1.02$。

14）尺寸系数 Y_X。由表 15-1-127，令 $m_{nm}=5.55$，$Y_X=1.05-0.01m_{nm}=0.995$。

15）弯曲极限应力值 σ_{Flim}。由图 15-1-100~图 15-1-113，MQ 为 $\sigma_{Flim}=470N/mm^2$，ML 为 $\sigma_{Flim}=320N/mm^2$。

考虑到我国钢材的弯曲强度偏低，可靠性差，建议取平均值，$\sigma_{Flim}=400N/mm^2$。又 $K_A=1.5$，$K_\beta=1.013$，将上述有关值，分别代入表 15-3-29，可得：

小轮计算齿根应力 $\sigma_{F1}=K_A K_V K_{F\beta} K_{F\alpha} F_{tm} Y_{Fa} Y_{Sa} Y_\varepsilon Y_\beta Y_K/(b_{eF} m_{nm})$

$=1.5\times1.013\times1.65\times1.4\times15459.5\times2.03\times2.03\times0.805\times0.99\times1/(42.5\times5.666)=740N/mm^2$

大轮计算齿根应力 $\sigma_{F2}=\sigma_{F1}Y_{Fa2}Y_{Sa2}/(Y_{Fa1}Y_{Sa1})=740\times2.09\times2.14/(2.03\times2.03)=803N/mm^2$

小轮许用齿根应力 $\sigma_{Fp1}=\sigma_{Flim}Y_{ST}Y_{RrelT}Y_X Y_{\delta relT1}/S_{Fmin}=400\times2\times1.02\times0.995\times1.015/1=824N/mm^2$

大轮许用齿根应力 $\sigma_{Fp2}=\sigma_{Fp1}Y_{\delta relT2}/Y_{\delta relT1}=824\times1.02/1.015=828N/mm^2$

可见，均通过（$\sigma_F<\sigma_{Fp}$）

实际安全系数　$S_{F1}=\sigma_{Fp1}/\sigma_{F1}=1.11$

$S_{F2}=\sigma_{Fp2}/\sigma_{F2}=1.03$

9.5 柔化设计及实例

柔化是指在尺寸、材质、精度等不变的条件下，通过设计，达到传动平稳，噪声降低。其主要途径有：

1）选用吸振材料，例如复合材料、塑料，或用减振结构；

2）减少齿轮尺寸，以降低圆周速度；

3）采用大重合度。例如采用长齿高制（$h_a^*>1$）、大螺旋角（增加齿向重合度 ε_β），采用新型的负传动设计等。

对日用机械和轻载传动，可采用吸振材料，但中载以上则仍采用钢材；减少直径可降低圆周速度，但又引起

强度的降低；采用大螺旋角将引起轴向力的增大和齿形的歪曲程度，一般 β_m<40°；增大 h_a^* 将引起齿顶变尖，一般 h_a^*<1.1。

负传动（$x_1+x_2<0$）不但可以增加齿廓重合度 ε_α，而且可减少齿顶变尖程度，可将 h_a^* 提高得多些，使 h_a^*>1.1。所以以“负传动+大齿高”的方案为最佳。

实例：一立式铣床，主轴头装有一对曲齿锥齿轮，经测定属主要噪声源。整机噪声超过 84dB，要求对此锥齿轮进行改进设计，使噪声降到 83dB 以下。

已知：原设计 $z_1=z_2=29$，$\alpha_0=20°$，$\beta_m=35°$，$h_a^*=0.65$，$x_1=x_2=0$，$m=5.111$，$b=30$。

设计：采用负传动和负传动加大齿高两个方案。

表 15-3-73

参数	m	z	β_m	$x_1=x_2$	h_a^*	ε_α	ε_β	ε_γ
原方案	5.1111	29	35°	0	0.85	1.33	1.54	2.03
新方案Ⅰ	5.1111	29	35°	−0.2	1.1	1.75	1.54	2.33
新方案Ⅱ	3.64	41	38°	−0.25	1			3.05

效果：实验证明，原方案的实际总重合度即使在满载下也比理论（计算）的总重合度 ε_γ 为小，达不到“双对齿”传动。这是因为，理论计算时假设接触区是布满整个工作齿面（例如沿全齿高 zh_a^*m），而实际上不是如此。新方案Ⅰ经过实验可达到“双对齿”传动，因此传动平稳，噪声降低 2~3dB，达到柔化要求，而且由于在传动全过程中有两对齿分担载荷，承载能力也有所提高。

9.6 小型化设计及实例

小型化设计是指在模数、传动比相同的条件下，通过优化设计，得出齿数很少、尺寸最小的齿轮副来，达到体积小、结构紧凑、节约材料，减少重量，降低能耗、提高传动效率等目的。

小型化设计主要措施是减少齿数 z_1；而减少齿数少又会产生根切。为此采取下列措施。

1）选用大齿形角，例如 22.5°，25°。大齿形角将引起齿顶变尖，并需订购大齿形角的刀具，后者将增加成本。

2）选用短齿，例如取 h_a^*<0.85。短齿将大大减少齿廓的端面重合度 ε_α，此时 ε_α<1。

3）小齿轮径向正变位，如取 x_1>0.4。大 x_1 值亦引起齿顶变尖，对常用的零传动还引起大齿轮强度减弱（齿厚减薄）。

为了综合平衡各因素的利弊，Gleason 工厂的齿形制规定：一般工业传动的最少齿数为 $z_{min}=12$；高减速和车辆传动的最少齿数为 $z_{min}=6$。对超小型化设计，如采用新型的少齿数正传动设计[1,5]，经过优化，可以做到：一般工业传动的 $z_{min}=9$；高减速车辆传动的 $z_{min}=3$。

按传动比和传动功能，锥齿轮小型化设计可分为 4 类（参看表 15-3-74）：换向-小变速、中减速、高减速和超高减速，各有不同的设计要求。

（1）换向-小变速传动（$u=1\sim1.5$）的小型化设计要点

当 u 较小时，对零传动，不但 z_{min} 较大，而且不能充分利用变位（此时 $x=0\sim0.22$）来改善传动性能，此时建议采用正传动。

1）最少齿数 z_{min} 的选择。可参考表 15-3-74。

2）选择径向变位系数 x 的准则。$u=1\sim1.1$ 时。可按等比滑动准则 $\eta_1=\eta_2$ 选择；$u>1.1\sim1.5$ 时，可按等滑动系数 $U_1=U_2$ 选择。

3）保证有足够的总重合度 ε_γ。这类传动的齿廓（端面）重合度 ε_α 往往小于 1.25，要靠齿向（齿线）重合度 ε_β 来补偿 ε_γ。由于 ε_β 与 β_m 和 b 有关，因此要增大螺旋角 β_m 和稍微加大齿宽 b。

4）当 $x_1\leqslant\cos\beta_m$ 时，可不必验算“干涉”和“齿顶变尖”。

小变速实例：一高速车辆前桥分动箱内有一对小增速-转向曲线齿锥齿轮传动。体积过大，容易胶合损伤，要求作小型化和强化抗胶合能力的改进设计。

表 15-3-74　　最少齿数 z_{min}

传动类别		换向-小变速				中减速		高减速	超高减速
						减速	大减速		
齿数比 u		1~1.1	>1.1~1.2	>1.2~1.4	>1.4~1.5	>1.5~4	>4~6	>6~10	>10~13
z_{min}	零传动	17	16	15	14	13~9	8~6	6~5	—
	正传动	12	11			10~8	7~6	5	4~3

已知：$u=19/15$，$\alpha_0=20°$，$\beta_m=35°$、$h_a^*=0.85$，$b^*\approx3.6$，$m=12.2$。

设计：采用正传动设计，参考表 15-3-74 选最少齿数 z_{min}，其计算结果列于表 15-3-75 中。

效果：由表 15-3-75 可知，在分度圆端面模数 m 相同时的效果如下。

表 15-3-75　　小增速-换向传动小型化设计实例

参　　数		原　设　计	新　设　计
增速齿数比	u	$19/15\approx1.2667$	$14/11\approx1.2727$
径向变位系数之和	x_1+x_2	$0.147+(-0.147)=0$	$0.613+0.387=1>0$
径向变位系数根切界限	x_{min}	$0.140+(-0.157)=-0.017$	$0.38+0.16=0.54$
大端分度圆模数	m/mm	12.2	12.2
中点法向啮合角	α'_{nm}	20°	24°42′
小齿轮滑动比	$\eta_1=U_1$	1.11	0.90
大齿轮滑动系数	U_2	1.01	0.90
小齿轮分度圆弧齿厚	s_1/mm	20.76	27.78
大齿轮分度圆弧齿厚	s_2/mm	17.57	24.60
齿廓重合度	ε_α	1.26	1.05
中点螺旋角	β_m	35°	37°
总重合度	ε_γ	1.59	1.48

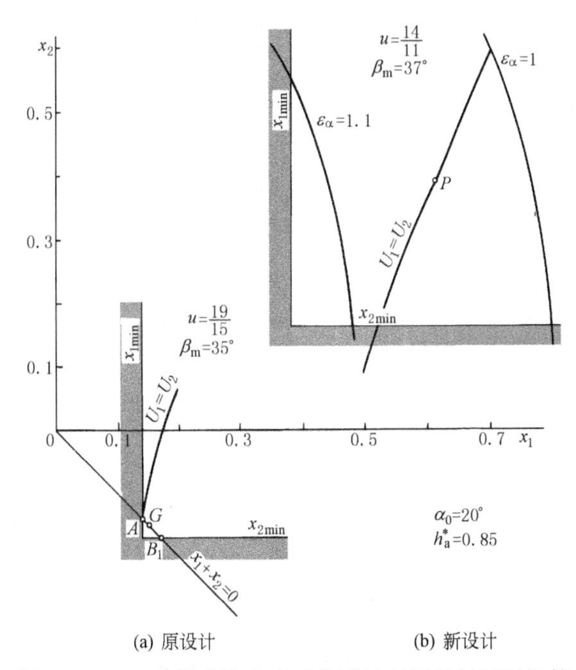

图 15-3-35　小增速传动小型化设计实例的封闭图比较

1）新、原设计都能满足等滑动系数 $U_1\approx U_2$ 的要求。

2）新、原设计接触强度比大致为：

$$\frac{\sin24°42'}{\sin20°}\approx1.221$$

新设计约提高 20%。

3）新、原设计抗磨损能力大致为：

小齿轮$\dfrac{27.78}{20.76}\approx1.338$，大齿轮$\dfrac{24.60}{17.57}\approx1.400$，新设计大致提高 30%以上。

4）新设计由于齿厚变厚，导致齿根也相应变厚，弯曲强度提高 20%以上。

5）用比滑表示，新、原设计抗胶合能力之比为：

$$\frac{1.1}{0.9}\approx1.222$$

新设计提高 20%以上。

6）由于新设计的上述 4 类抗损伤能力都能提高 20%以上，故新设计提高了综合强度，提高了可靠性。

7）由两个设计的径向变位封闭图（见图 15-3-35。为便于比较，将原设计与新设计两个封闭图的坐标重合）可知，原设计（零传动）无根切点 x_{min} 与变位系数 x 取值之间十分接近，即 x 几乎无选择余地；而新设计的 x 值有充分的优选空间，并且在新设计的封闭图（可选用区）上远离零传动的$\overline{AB_1}$线段，即在新设计齿数比 14/11 条件下，不可能进行零传动设计。由此可显出正传动对小型化的优越性。新设计与原设计的体积比 r_V 在模数与齿宽比 ϕ_R 相同的条件下为：$r_V=\left[\frac{11}{15}\right]^3\approx0.4$。

8）新设计唯一的缺点是齿廓重合度 ε_α 有所降低，可通过加大螺旋角 β_m 来补偿。实际上总重合度 1.48 与 1.59 的差别无关重要。

（2）中等减速传动（指 $u>1.5\sim6$ 的减速和增速传动）的小型化设计要点

1）最少齿数 z_{min} 的选择。见表 15-3-76。

表 15-3-76　曲线齿锥齿轮中减速传动的最少齿数 z_{min}（$\alpha_0=20°$，$\beta_m=35°$，$h_a^*=0.85$）

齿数比 u		>1.5~2	>2~2.5	>2.5~4	>4~5	>5~6
z_{min}	零传动	13~12	12~11	10~9	8~7	6
	正传动	10	9	8	7	6

2）齿数比 $u>1.5\sim4$ 的小型化设计准则。可按 $U_1\approx U_2$ 选择变位系数。为保持足够的重合度，例如总重合度 $\varepsilon_\gamma\geqslant1.1$，可提高 h_a^* 到 0.9 或加大 β_m。

3）齿数比 $u>4\sim6$ 的小型化设计准则。可按节点区双齿对啮合 $\delta_2^*\geqslant0.15$ 选择变位系数。为避免干涉，取 $x_1\leqslant h_a^*$。

中减速实例：一游艇尾舷推进器的传动箱内有一对曲齿锥齿轮传动。考虑到传动箱在水下的横截面所产生的阻力将影响前进速度，要求小型化。

已知：$\alpha_0=20°$，$\beta_m=35°$，$u=27/14\approx1.9286$

设计：由表 15-3-76，选择 $z_1=9$，$z_2=uz_1\approx17$。按 $U_1=U_2$ 选择 x_1 及 x_2，相应得出传动性质参数如表 15-3-77 所示。

表 15-3-77　中等变速传动小型化设计实例

参数		原设计	新设计
减速齿数比	u	27/14≈1.929	17/9≈1.889
径向变位系数之和	x_1+x_2	0.285+(−0.285)=0	0.596+0.304=0.9>0
径向变位系数根切界限	x_{min}	0.188+(−0.829)<0	0.495+(−0.114)>0
齿高系数	h_a^*	0.85	0.85
大端分度圆模数	m/mm	2.54	2.54
中点法向啮合角	α'_{nm}	20°	23°52′
小齿轮滑动比	$\eta_1=U_1$	0.902	0.729
大齿轮滑动系数	U_2	0.562	0.729
小齿轮分度圆弧齿厚	s_1/mm	4.633	5.330
大齿轮分度圆弧齿厚	s_2/mm	3.347	4.673
齿廓重合度	ε_α	1.238	1.042
总重合度	ε_γ	1.84	1.18

效果：由表 15-3-77 可知效果如下。

1）新设计与原设计齿轮横截面面积之比 $r_A=[d_2'/d_2]^2=(z_2'/z_2)^2=(17/27)^2\approx0.4$。新设计的体积也较原设计为小，两者之比约为 0.25。

2）新设计具有等滑动系数的传动品质（$U_1\approx U_2$，大、小齿轮副大致同期磨损）。

3）在模数相同的条件下，新设计的强度反而有所提高，抗点蚀、抗断齿、抗胶合、抗磨损的综合强度提高约 15%以上。

4）由两个设计的径向变位的两个封闭图（见图 15-3-36）可知，零传动线（$\overline{OG}$直线上的线段$\overline{AB}$）位于正传动（$u=17/9$）可用区之外，其情况与图 15-3-35 相似。

（3）高减速和超高减速传动（指 $u>6\sim10$ 的高减速比传动和 $u>10\sim13$ 的超减速比传动）的小型化设计

高减速比在常规下不可能实现零传动，因为它带来了很大的大齿轮尺寸，不但要加大箱体，而且加工也困难。如尽量缩小小齿轮的尺寸，则在同样模数的条件下，必须减少小齿轮的齿数，从而容易出现根切。如采用大的径向变位系数 x_1，又容易发生“齿顶变尖”，对于零传动，还会引起大轮变弱（因必须加大负值的 x_2）。因此零传动只能实现 $u\leqslant10$（实际上 $u=7$ 已经达到极限）；要实现 $u>10$，必须采用正传动。此时仍可用一级减速代替

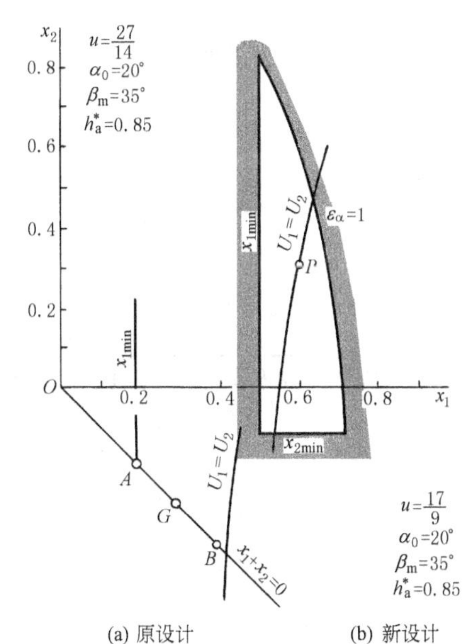

图 15-3-36　中等减速传动的小型化设计实例的封闭图比较

二级减速，减小体积，使结构紧凑。

例如，$u=7.8$ 的传动，当小齿轮载荷为 $T_1=1570\text{N}\cdot\text{m}$ 时，若采用零传动，$d_1\approx91\text{mm}$，$d_2\approx710\text{mm}$，而由于箱体尺寸的限制，只能容纳 $d_2\leqslant550\text{mm}$ 的传动。为保证总重合度 $\varepsilon_\gamma\geqslant2$，改用正传动，$\beta_m=37°30'$，$h_a^*=0.8$，$u=39/5$。变位系数的相应的无根切（$x_{min}$）、无齿顶变尖（$x_{max}$）界限分别为：$x_{min}=0.655$，$x_{max}=0.650$，故取 $x_1=0.66$。

此时可以保证“无根切”（$x_1>x_{min}$），而发生的“齿顶变尖”（$S_{a1}^*\approx0$）可用切向变位 $x_{t1}=0.2$ 去补偿，以获得 $S_{a1}^*\approx0.3$ 的理想齿形。

（超）高减速比小型化设计参数的优化综合数据如表 15-3-78。

表 15-3-78

减速比 i	>6~7	>7~9	>9~11	>11~13
小轮齿数 z_1	≥6	≥5	≥4	≥3
螺旋角 β_m	37°	37.5°~38°	38.5°~39°	39.5°~40°
齿高系数 h_a^*	0.85	0.80	0.74	0.67
径向变位系数　$x_1=x_2=0.66$				
切向变位系数　$x_{t1}=0.2$				
齿形角　$\alpha_0\geqslant20°$				
顶隙系数　$c^*\leqslant0.20$				

高减速比实例：一煤机垂直减速机构，减速比为 7.8，原设计为二级减速，要求尺寸紧凑，改为一级减速。减速箱体要求空间尺寸为 $d_2\leqslant550\text{mm}$。

已知：功率 $P=250\text{kW}$，小齿轮转速 $n_1=1490\text{r/min}$，效率 $\eta\approx0.98$，小齿轮设计转矩 $T_1\approx1570\text{N}\cdot\text{m}$；减速比 $i=8$改为 $i=7.8$，电动机带动，$K_A=1.25$（轻度冲击）；小齿轮悬臂，大齿轮双跨，刚性较好，$K_\beta=1.6\sim1.8$；齿宽比 $\phi_R=b/R=0.3\sim\dfrac{1}{3}$，$Z_\phi=1.665\sim1.629$；材料为低碳淬火钢，$\sigma_{Hlim}=1500$（铬钢）~1550（铬镍钢）$\text{N/mm}^2$，渗碳淬火后齿面硬度 58~62HRC；螺旋角 $\beta_m=36°\sim40°$，选用 37°30′；锥齿轮类型几何系数（表 15-3-25）$e=960$；刀盘参数取 $\alpha_0=20°$，$c^*=0.2$，$h_a^*\approx\cos\beta_m=0.7933\approx0.8$。

设计：用新型正传动代替常规零传动。

1）初齿设计及主要参数的确定。

① 初定小齿轮直径

$$d_1\geqslant d_{Hmin}\approx eZ_\phi Z_b\left[\frac{K_AK_\beta T_1}{u(\sigma_{Hlim})^2}\right]^{1/3}=90.9Z_b\quad(\text{mm})$$

强度系数 Z_b 与传动类型和材质有关，见表 15-3-79。

表 15-3-79

传动类型	常规零传动		新型正传动（$\varepsilon_\gamma>2$）	
材料	低碳铬钢	低碳铬镍钢	低碳铬钢	低碳铬镍钢
Z_b	1	0.95	0.82	0.78
d_1/mm	91	86	74.5	70.5
d_2/mm	709.8	670.8	581.1	549.9
设计方案	a	b	c	d

为满足 $d_2\leqslant550\text{mm}$ 的要求，采用 d 设计方案，取 $d_1=70.5\text{mm}$。

② 齿数 z。取 $z_1=5$，$z_2=uz_1=39$

③ 模数 m。

$$m=d_1/z_1=70.5/5=14.1\text{mm}$$

④ 计算节锥角 δ'。

$$\delta_2' = \arctan u = 82°42', \quad \delta_1' = 90° - \delta_2' = 7°18'$$

⑤ 齿宽 b。对重型传动，取较长齿宽，$b=(0.155\sim0.163)d_1/\cos\delta_2'=86\sim90\text{mm}$，取 $b=88\text{mm}$

⑥ 径向变位系数。$x_{t1}+x_{t2}=0.2-0.178=0.022>0$

⑦ 大端切向变位系数。$x_{t1}+x_{t2}=0.2-0.178=0.022>0$

⑧ 刀盘直径 d_0。$d_0=18\text{in}=457.2\text{mm}$

⑨ 材料。20Cr2Ni4A 或相当的 Cr、Ni 钢，58~62HRC。

⑩ 精度等级。铣齿，精度 7~8 级，热处理后配研或电火花处理。

2）齿形几何尺寸列于表 15-3-80 中。

表 15-3-80

mm

项　目	代号	小齿轮 $z_1=5$	大齿轮 $z_2=39$	项　目	代号	小齿轮 $z_1=5$	大齿轮 $z_2=39$
节锥距	R'	279.55		顶锥角	δ_a	12°02′	83°44′
齿全高	h	25.38		顶圆直径	d_a	111.34	555.14
节圆直径	d'	71.09	554.56	倒角后顶圆直径	d_a''	110	550
节圆齿顶高	h_a'	22.285	2.275	冠顶距	A_a	274.70	33.29
根锥角	δ_f	6°16′	77°58′	大端分度圆弧齿厚	s	34.33	29.00

绘出工作图，见图 15-3-43。

3）强度验算，从略。

效果：现用一二级传动和上述一级零传动在体积上进行比较。

设将一级的减速比 i 分解为两级的 i_1（圆锥齿轮减速比）$\times i_2$（圆柱齿轮减速比），$i=7.8=i_1i_2\approx3.4\times2.29412$

① 第一级锥齿轮副减速传动采用零传动，$T_1=1570\text{N}\cdot\text{m}$，$i_1=3.4$。由初步设计公式得 $d_1\geqslant d_{H1}=119.8\text{mm}$，取 $d_1=120\text{mm}$。

由表 15-3-74，当 $u=3.4$ 时，零传动的 $z_{min}=10=z_1$，故 $m=d_1/z_1=12$，$z_2=i_1z_1=34$，$d_2=mz_2=12\times34=408\text{mm}$。

节锥距 $R'\approx222\text{mm}$，齿宽 $b=\phi_R R'=65\text{mm}$。

② 第二级为圆柱齿轮副减速传动，输入转矩 $T_2=i_1T_1=5338\text{N}\cdot\text{m}$。模数 $m'\geqslant12$。按零传动，取圆柱齿轮的 $z'_{min}=17=z_1'$，则有

$d_1'=m'z_1'=12\times17=204\text{mm}$，取 205mm。$z_2'=i_2'z_1'=2.29412\times17\approx39$，$d_2'=m'z_2'=468\text{mm}$，取 470mm。齿宽 $b'=50\text{mm}$。

4）如采用一级锥齿轮零传动，当 $T_1=1570\text{N}\cdot\text{m}$，$i=7.8$，$m=14.1$ 时，

$z_1''=d''/m=86/14.1=6.1$，取 $z''_1=6$，$d''_1=mz_1''=84.6\text{mm}$；

$z_2''=iz_1''=46.8$，取 $z_2''=47$，$d_2''=mz_2''=662.7\text{mm}$。

节锥距 $R'\approx334$，齿宽 $b''=90\text{mm}$。

5）三种减速箱尺寸对比如表 15-3-81。

表 15-3-81

设计方案	二级减速传动	一级减速零传动	一级减速正传动
长/mm	777	663	550
宽/mm	120	85	71
高/mm	470	663	550
体积/m^3	0.04382	0.03736	0.02148
体积比	1	0.85	0.5

其结构对照如图 15-3-37 所示。

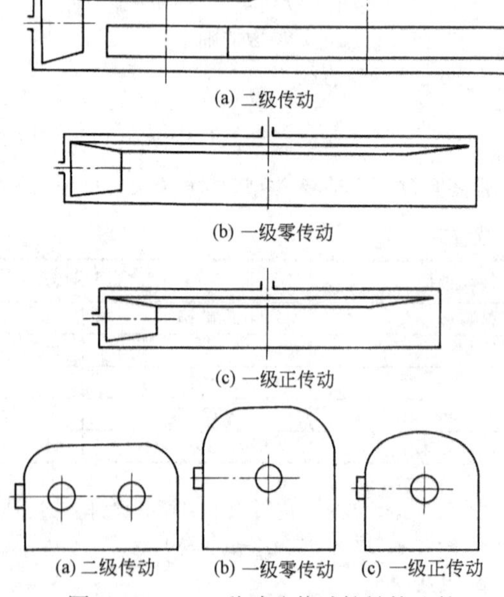

图 15-3-37　三种减速传动箱结构比较

10 工作图规定及其实例

10.1 工作图规定

工作图一般分为投影图样、数据表格、技术要求和标题栏四部分。GB/T 12371—1990《锥齿轮图样上应注明的尺寸数据》作了如下规定：

（1）需要在图样上标注的一般尺寸数据

齿顶圆直径及其公差；齿宽；顶锥角；背锥角；孔（轴）径及其公差；定位面（安装基准面）；从分锥（或节锥）顶点至定位面的距离及其公差；从齿尖至定位面的距离及其公差；从前锥端面至定位面的距离；齿面粗糙度（若需要，包括齿根表面及齿根圆角处的表面粗糙度）。

（2）需要用表格列出的数据及参数

模数（一般为大端端面模数）；齿数（对扇形齿轮应注明全齿数）；基本齿廓（符合 GB/T 12369 时仅注明法向齿形角，不符合时则应以图样表明其特性）；分度圆直径（对于高度变位锥齿轮，等于节圆直径）；分度锥角（对于高度变位锥齿轮，等于节锥角）；根锥角；锥距；螺旋角及螺旋方向；高度变位系数（径向变位系数）；切向变位系数（齿厚变位系数）；测量齿厚及其公差；测量齿高；精度等级；接触斑点的高度沿齿高方向的百分比，长度沿齿长方向的百分比；全齿高；轴交角；侧隙；配对齿轮齿数；配对齿轮图号；检查项目代号及其公差值。

（3）其他

齿轮的技术要求除在图样中以符号、公差表示及在参数表中以数值表示外，还可用文字在图右下方逐条列出；图样中的参数表一般放在图样的右上角；参数表中列出的参数项目可根据需要增减，检查项目可根据使用要求确定，但应符合 GB/T 11365 的规定。

工作图示例

工作图示例见图 15-3-38 和图 15-3-39。

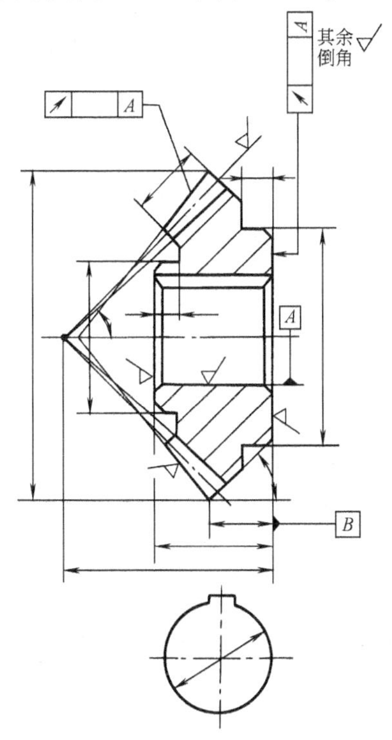

模数		m	
齿数		z	
法向齿形角		α	
分度圆直径		d	
分锥角		δ	
根锥角		δ_f	
锥距		R	
螺旋角及方向		β	
变位系数	高度	x	
	切向	x_t	
测量	齿厚	$\bar{s}$	
	齿高	$\bar{h}_a$	
精度等级			
接触斑点	齿高		
	齿长		
全齿高		h	
轴交角		Σ	
侧隙		j	
配对齿轮齿数		z_M	
配对齿轮图号			
公差组		项目代号	公差值

图 15-3-38 工作图示例（未标注具体数字）

10.2 零件图实例

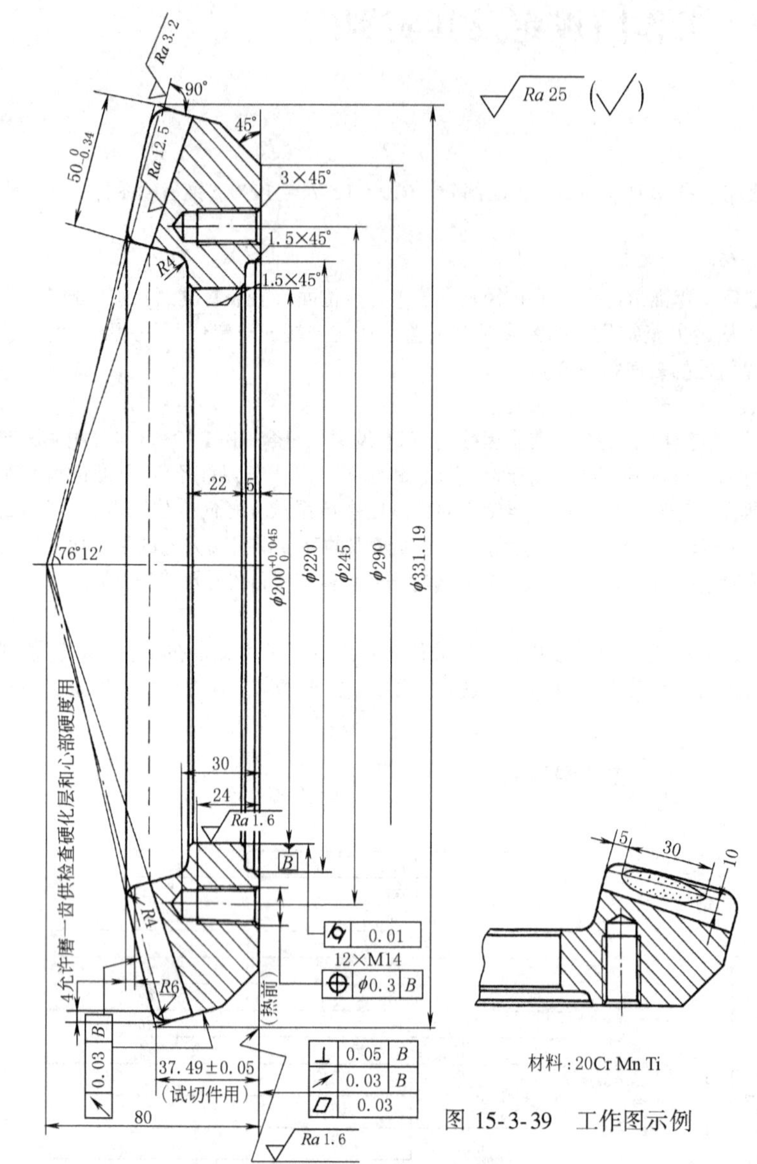

模数		m	6.6683
齿数		z	49
法向齿形角		α_n	20°
分度圆直径		d	326.75
节锥角		δ	75°08′
根锥角		δ_f	70°50′
锥距		R	170.84
螺旋角及方向		β	5°30′右
变位系数	高度	x	0.30
	切向	x_t	−0.17
测量	齿厚	$\bar{s}$	
	齿高	$\bar{h}_a$	
精度等级		8—GB 11365	
接触斑点	齿高	60%，10mm	
	齿长	60%，30mm	
全齿高		h	14.67
轴交角		Σ	90°
侧隙		j	0.25～0.4
配对齿轮齿数		z_M	13
配对齿轮图号			60.158
公差组		项目代号	公差值
齿型		非零分锥变位锥齿	

技术要求：

1. 正火 156～217HB，渗碳深 1.3～1.8 齿面 58～64HRC，心部28～38HRC。M14 孔不得淬硬。
2. 安装距 80±0.2，印痕位置如图 15-3-39，略偏齿顶。在配对机上不得有异常噪声。
3. 零件表面不得有裂纹、结疤和金属分层。
4. 试切件大端齿顶尖保留至切齿后再倒 R6 圆角。
5. 去尖角、毛刺，大端端面倒锐边。
6. 热后配对打号。

图 15-3-39 工作图示例

10.3 含锥齿轮副的装配图实例

(1) 一级传动锥齿轮副减速器装配图（见图 15-3-40）

(2) 高减速比圆锥-圆柱行星齿轮减速器及其改进（见图 15-3-41 和图 15-3-42）

图 15-3-41 所示为采煤机减速器（改进前），因零变位锥齿轮传动的传动比最大为 $u=7$，因此与圆柱齿轮组成两级传动。传动比为

$$u=\frac{33}{12}\times\frac{43}{15}=7.88$$

采用非零变位新齿形制的锥齿轮，可用一级锥齿轮传动代替两级传动，以减少体积。传动比为

$$u=39/5=7.8$$

此时，径向变位系数 $x_\Sigma=0.66+0.66=1.32>0$

切向变位系数 $x_{t\Sigma}=0.022+0=0.022>0$

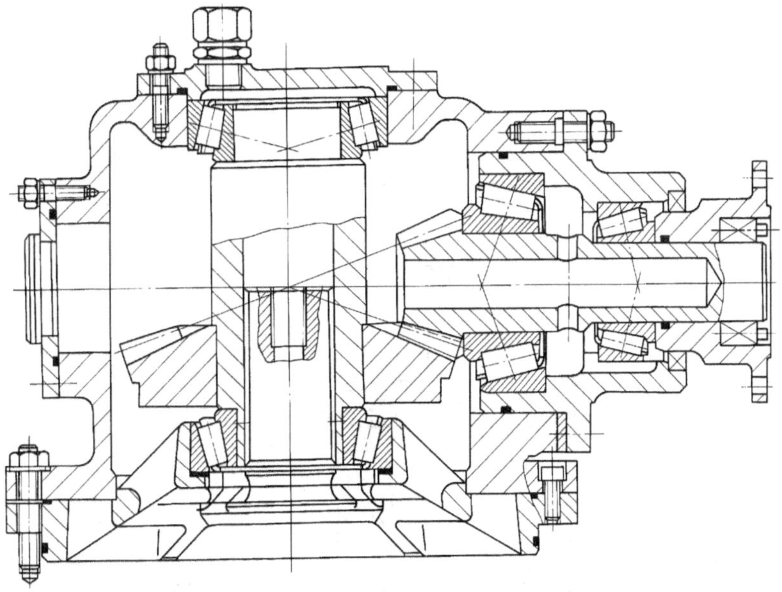

图 15-3-40　一级传动锥齿轮减速器（无键式）

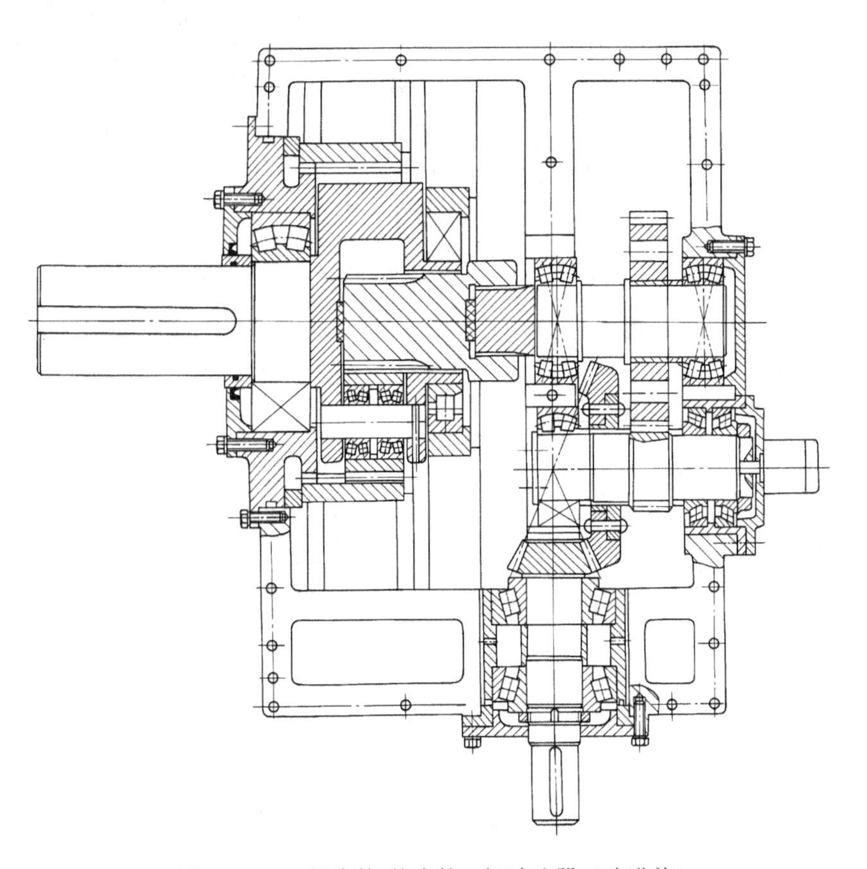

图 15-3-41　锥齿轮-柱齿轮二级减速器（改进前）

图 15-3-42 为改进后的减速器。由于减少了一级传动，而且采用了小齿数的锥齿轮，则改进前后体积比为 12.8∶1。为了加强运转的安全性，利用节省下来的空间中的一部分增加一套制动机构，与输入轴共轴线。

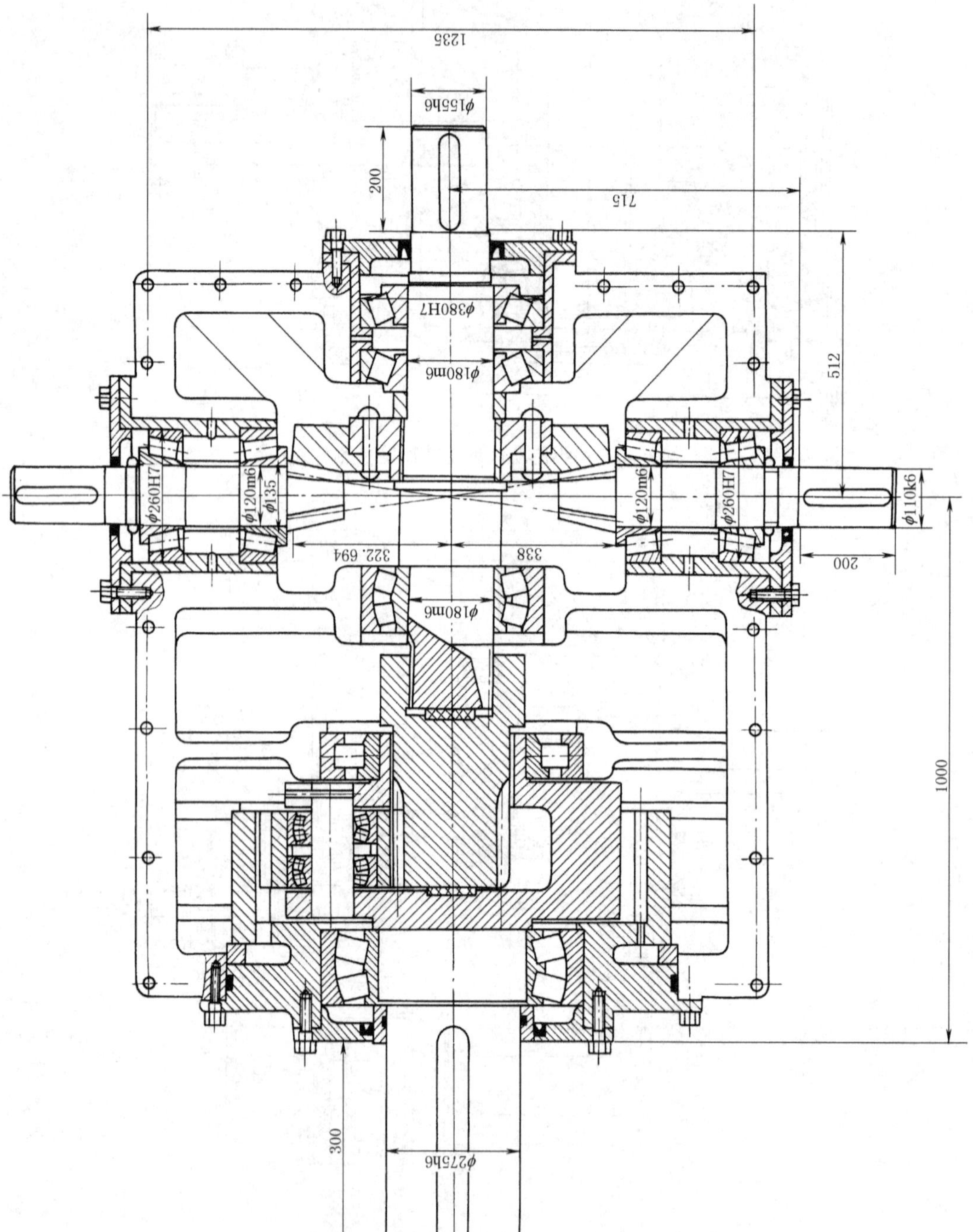

图 15-3-42 高减速比新型锥齿轮一级减速器（改进后）

(3) 二级圆锥-圆柱齿轮箱减速器装配图（见图 15-3-43）

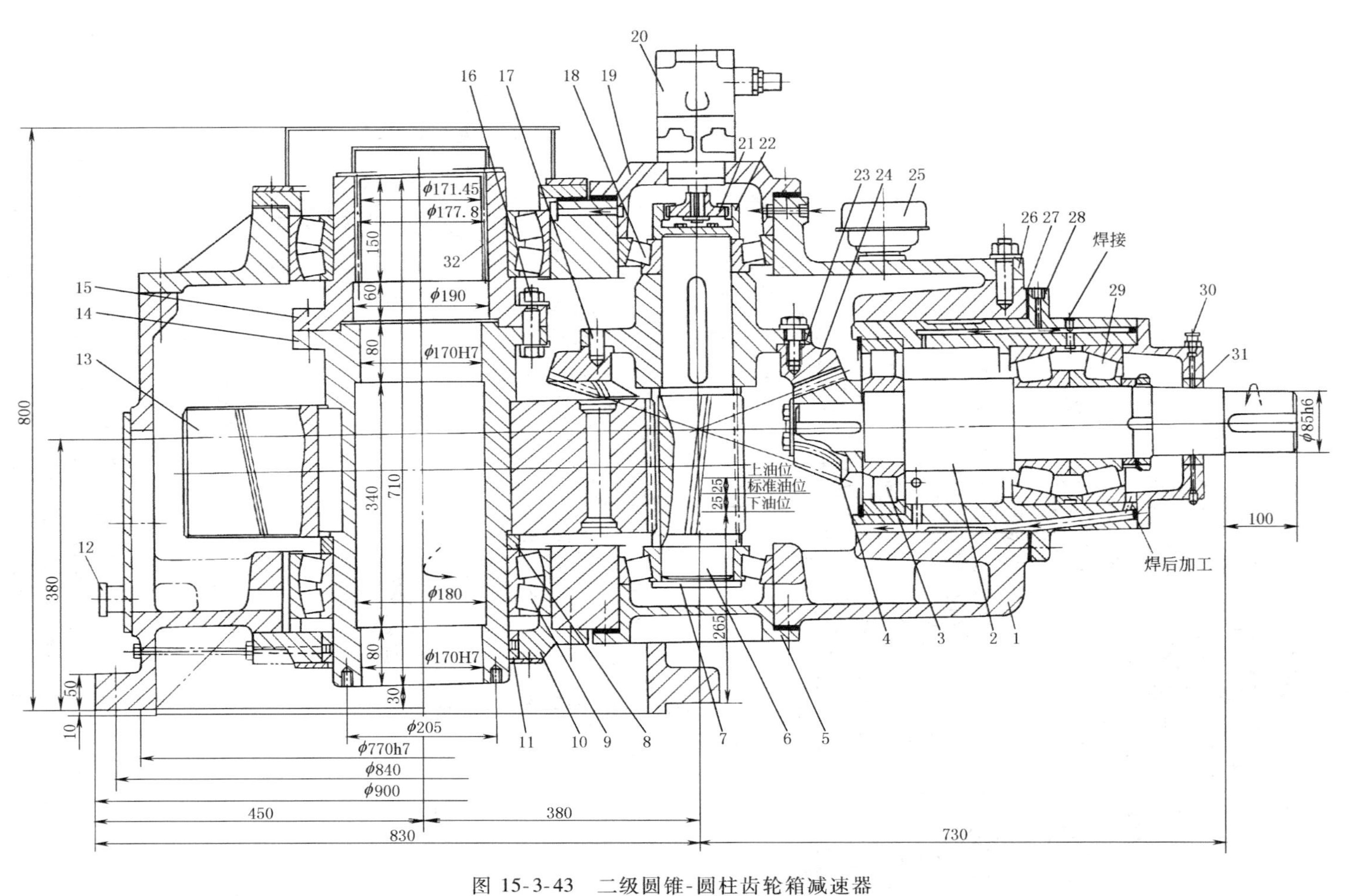

图 15-3-43　二级圆锥-圆柱齿轮箱减速器

1—齿轮箱壳体；2—输入油；3,9,18,29—轴承；4—小锥齿轮；5,10,19—端盖；6—小齿轮轴；7—端板；8—垫环；11—唇式油封；12—出油口（外接阀门）；13—大齿轮；14,15—空心轴；16—铰制螺栓及螺母；17—销钉；20—摆线油泵；21—联轴器（外齿轮）；22—联轴器内齿轮；23—大锥齿轮轮毂；24—大锥齿轮轮缘；25—通气器；26—齿轮箱上盖；27—垫片；28—轴承箱；30—油脂加油器；31—唇式油封；32—花键

（4）斜交轴二级圆锥-圆柱齿轮减速器装配图

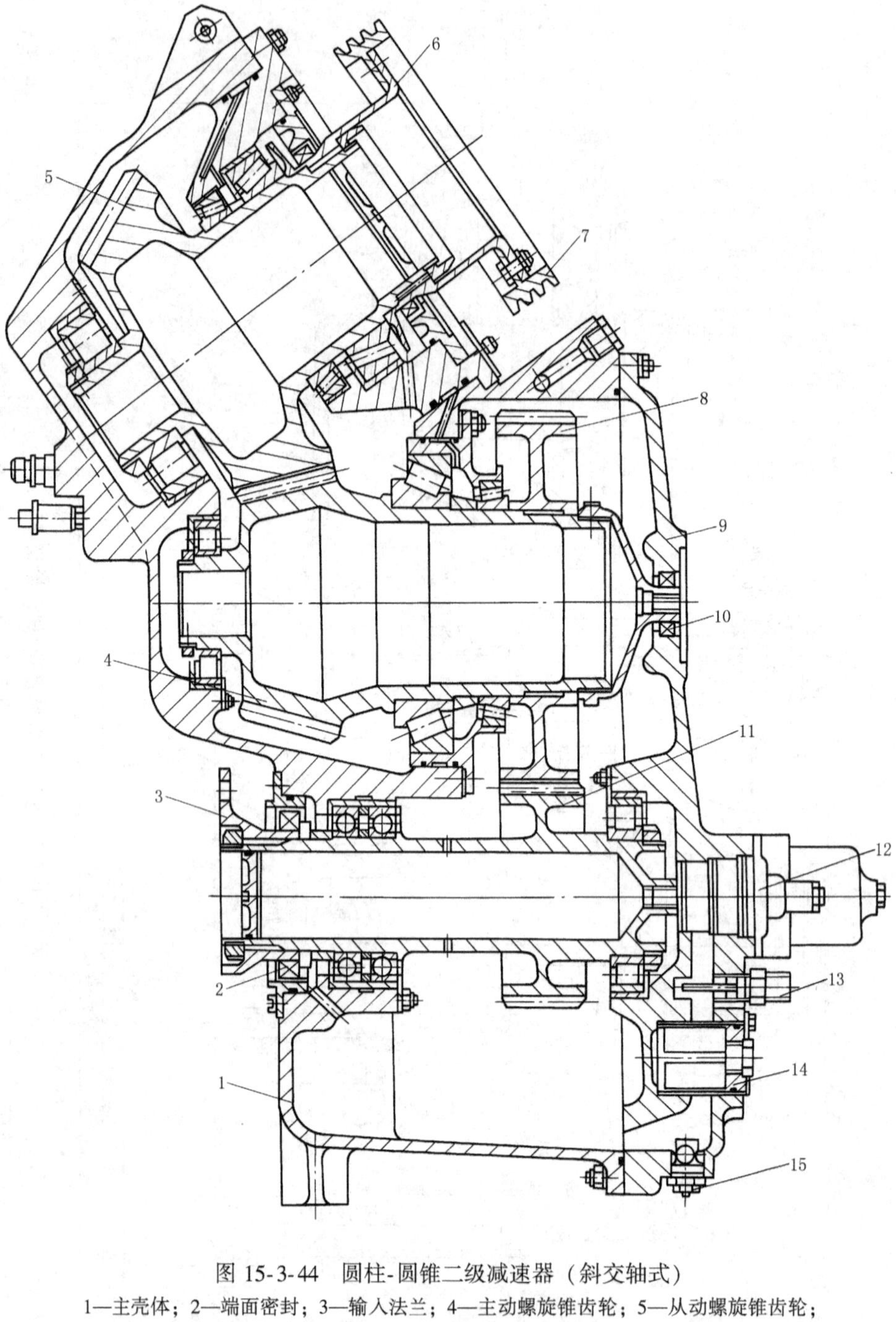

图 15-3-44　圆柱-圆锥二级减速器（斜交轴式）

1—主壳体；2—端面密封；3—输入法兰；4—主动螺旋锥齿轮；5—从动螺旋锥齿轮；6—输出法兰；7—风扇传动皮带轮；8—从动斜齿轮；9—后盖；10—密封圈；11—主动斜齿轮；12—油泵；13—温度传感器；14—滤油器；15—磁性销检测器

11 附　　录

11.1 弧齿锥齿轮切齿方法

表 15-3-82

切齿方法		加 工 特 性	加工一对锥齿轮所需的机床数	加工一对锥齿轮所需的刀盘数	优 缺 点	适用范围
单刀号单面切削法		大轮和小轮轮齿两侧表面粗切一起切出，精切单独进行，小轮按大轮配切	至少需要 1 台万能切齿机床	一把双面刀盘	接触区不太好，效率低；但可以解决机床和刀具数量不够的困难	适用于产品质量要求不太高的单件或小批生产
双面切削法	单台双面切削法	大轮的粗切和精切使用单独的粗切刀盘和精切刀盘同时切出齿槽两侧表面 小轮粗切使用一把双面粗切刀盘；小轮精切分别用一把外精切刀盘和内精切刀盘切出齿槽的两侧面	至少需要 1 台万能切齿机床	大轮 粗切一把 精切一把 小轮 粗切一把 外精切一把 内精切一把	接触区较好齿面较光洁，生产效率较前者高	适用于质量要求较高的小批或中批生产
	固定安装法	加工特性和单台双面切削法相同。但每道工序都在固定的机床上进行	大轮 粗切 1 台 精切 1 台 小轮 粗切 1 台 外精切 1 台 内精切 1 台	大轮 粗切一把 精切一把 小轮 粗切一把 外精切一把 内精切一把	接触区好，齿面光洁，生产效率也比较高。但是，需要的切齿机床和刀盘数量都比较多	适用于大批量生产
	半滚切法	加工特性和固定安装法相同。但大轮采用成形法切出，小齿轮轮齿两侧表面分别用展成法切出	和固定安装法相同	和固定安装法相同	优缺点和固定安装法相同，但大轮精切比用展成法的效率可以成倍地提高	适用于 $i>2.5$ 的大批量流水生产
	螺旋成形法	加工特性和半滚切法相同。但在大轮精切时，刀盘还具有轴向的往复运动，即每当一个刀片通过一个齿槽时，刀盘就沿其自身轴线前后往复一次，刀盘每转一转，就切出一个齿槽	和固定安装法相同	和固定安装法相同	接触区最理想，齿面光洁，生产效率高。是目前比较先进的新工艺	和半滚切法相同
双重双面法		大轮和小轮均用双面刀盘同时切出齿槽两侧表面	大轮、小轮粗精切各 1 台，共用 4 台	大轮、小轮粗切精切各 1 把，共需 4 把	生产率比固定安装法高，但接触区不易控制，质量较差	适用于大批量生产模数小于 2.5 及传动比为 1∶1 的齿轮

11.2 常见锥齿轮加工机床的加工范围

表 15-3-83

类型	加工机床型号	最 大 加 工 范 围					加工精度/级	备 注
		节圆直径 d/mm	模数 m/mm	锥距 R/mm	齿宽 b/mm	齿数比 u		
直齿锥齿 轮	Y2312	125	2.5	63	20	10	7~8	
	Y236	610	8	305	90	10	7~8	与“526”同
	Y2350	500	10	250	90	10		
	Y2380	800	20	400	160	8	8	可加工鼓形齿
	Y23160	1600	30	850	270			
	5П23	125	2.5	63		10	7~8	
	5A26	500	8	300	90	10		

续表

类型	加工机床型号	最大加工范围					加工精度/级	备注
		节圆直径 d/mm	模数 m/mm	锥距 R/mm	齿宽 b/mm	齿数比 u		
直齿锥齿轮	526	610	8	305		10	7~8	
	5284	1500	25	750	235	10		
	格利森 14 号	610	8.5	305		10	7~8	
	114 号	406	10.6	179	63	10		
	24A 号	901	20.4	457	152	10		
	710 号	216	6.35	114	36			
	15KH	210	5	105	50	7.5		
	75KH	750	20	400		7.5	7~8	可加工斜齿
	60H	600	9	305		10	7~8	可加工鼓形齿
	160K	1650	30	930	250	8		
	ZFTK500×10	500	10		71	8		
	ZStWK1200×24	200	24	600	200	8		
	K4a	1600	~30	885	300	8		
弧齿锥齿轮	Y225	500	10	180($\beta_m=0°$) 260($\beta_m=30°$)	65	10	7	
	YS2250	500	10	260 ($\beta_m=30°$)	65	10	7	
	Y2280	800	15	420	100	10	7	
	Y2212	125	2.5	65	20	10		
	Y2235	350	10	180	60	10		
	Y2080	840	15	420 ($\beta_m=30°$)	100	10	5~6	
	525	450	10	260		10	6~7	
	528C	800	15	420	100	10	6~7	
	格利森 16 号	350	10	260		10	6~7	
	28 号,26 号	600	10	420		10	6~7	
	ZFWKK460×10	350	10	260		10	6~7	
	116 号	400	12.7	230	70	任何实用值		
摆线齿锥齿轮	YJ2250	500	12	260		10	6~7	
	Spiromotic 2 号	540	13.6	280		8	6~7	

11.3 ANSI/AGMA 2005—B88 与 GB/T 11365—1989 锥齿轮精度等级对照

(1) 编制依据

美国锥齿轮（含准双曲面齿轮）精度标准源于美国齿轮制造者协会（AGMA），而中国标准则源于东欧经互会。

(2) 精度制的粗略对照

两套标准制截然不同，很难对照，但可粗略地求同存异，举例如下。

1) 级别序号相反。中国级别的序号越大，精度越低；美国则相反。

GB/T 11365 与美国 AGMA 锥齿轮精度的对比见图 15-3-45。

2) 中点分度圆（节圆）直径的分段不同，中国以范围值表示，美国以平均值表示。比较时可将中国的范围值用平均值表示，取其相近一段对照，见表 15-3-84。

表 15-3-84

d_m	AGMA	80	150	300	600
	GB	70	260		600

3) 模数分段不同，中国用有范围的法向模数 m_{nm} 表示，美国用平均端面模数 m 表示。比较时可粗略按 $m_{nm}\approx0.8m_m$，取相近值对照，见表 15-3-85。

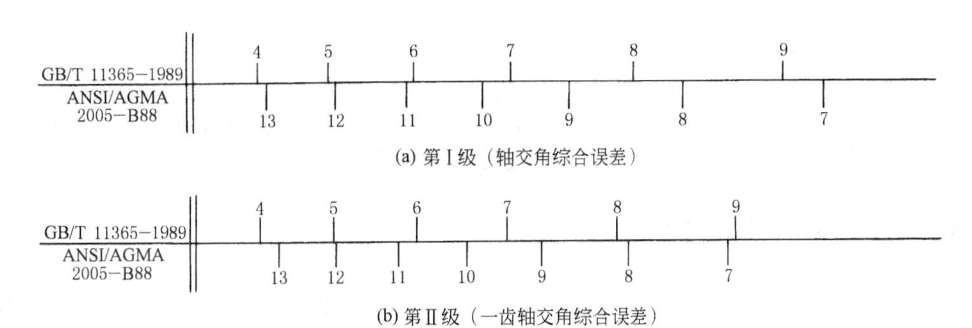

(a) 第Ⅰ级（轴交角综合误差）

(b) 第Ⅱ级（一齿轴交角综合误差）

图 15-3-45　GB 与美国 AGMA 精度级对照

表 15-3-85

AGMA	m_m	6	12.5		25
GB	m_m	5 （3.5~6.3）	8 （6.3~10）	13 （10~16）	20 （16~25）

4）许用齿距累积误差的测量依据不同，中国用半圆周 L 表示，美国用模数和直径 d_m 表示。L 折算为 $2L/\pi=d_m$。见表 15-3-86。

表 15-3-86

AGMA	d_m	150	300	600
GB	d_m	150	300	520
	平均 L	240	370	800

（3）齿距偏差值 f_{pt} 的粗略对照

将大体对应的中点直径 d_m 与大体对应的模数 m_m 的常用部分组合，组成可比的齿距偏差值 f_{pt}，按表 15-3-87 进行对比。

表 15-3-87

美国锥齿轮精度（ANSI/AGMA 2005—B88）

d_m	m_m	齿距偏差值 $\pm f_{pt}$/μm							
80	3	5	8	9	13	18	25	36	46
	6	5	8	10	15	20	28	41	56
150	6	5	8	10	17	20	28	41	56
300	12.5	8	10	13	19	25	36	51	69
600	12.5	8	10	15	20	28	38	56	74
	25	—	—	15	23	28	46	64	84
精度级		13	12	11	10	9	8	7	6

精度级		4	5	6	7	8	9	10
70	2.25	4	6	10	14	20	28	40
	5	5	8	13	18	25	36	50
260	8	6	10	16	22	32	45	63
	13	—	11	18	25	36	50	71
600	13	—	12	20	28	40	56	80
	20	—	—	—	36	50	71	100
d_m	m_m	齿距偏差值 $\pm f_{pt}$/μm						

中国锥齿轮精度（GB/T 11365—1989）

表 15-3-88

美国锥齿轮精度（ANSI/AGMA　2005—B88）

d_m	m_m	许用齿距累积误差/μm						
150	6	19	28	38	53	74	104	170
300	12.5	33	46	61	86	122	173	260
600	12.5	38	53	71	102	147	208	330
精度级		13	12	11	10	9	8	7

精度级		4	5	6	7	8	9
150	240	18	28	45	63	90	125
300	470	25	40	63	90	125	180
520	800	32	50	80	112	160	221
d_m	L	齿距累积误差 F_p/μm					

中国锥齿轮精度（GB/T 11365—1989）

（4）齿距累积误差　F_p 的粗略对照

将大体对应的中点直径 d_m（中国标准按半圆周 L 折算），与大体对应的模数 m_m 的常用部分组合。但由于中国的齿距累积公差 F_p 的标准与模数无关，而美国标准的许用齿距累积误差与模数有关，在同一 d_m 条件下，不同模数的 F_p 值可相差2~3倍。故可比性很差。只能按 d_m 常用的模数取 F_p 值，如表15-3-88所示。

11.4　锥齿轮传动的基本形式

图15-3-46所示为圆锥齿轮传动的基本形式。传动结构由两轴Ⅰ与Ⅱ及相应的小锥齿轮 z_1 与大锥齿轮 z_2 组成，也可以是由多回转轴组成的传动机构。

图a、b、c、d为正交轴传动，用得最多，其中图b为钝角传动（$\Sigma>90°$），图c为锐角传动（$\Sigma<90°$），图b与图c合称为斜交轴传动。

根据齿数比 $u=z_2/z_1$ 取值不同，分为三种机构：等速传动机构（$u=1$）；减速传动机构（$u>1$，z_1 的轴Ⅰ为主动轴）；增速传动机构（$u>1$，z_2 的轴Ⅱ为主动轴）。

1）平面啮合传动机构（图d、f）。图d所示为平面齿轮与圆锥齿轮啮合，图f所示为圆柱齿轮与平面齿轮啮合，多用于轻载传动和操纵机构。

2）内啮合传动机构（图e）。可用于行星传动。

3）变速塔式机构（图n）。

4）联轴器和离合器机构（图g、h）。图g是内啮合；图h是端面齿盘啮合。两者属于共线传动，传动时没有啮合运动，是 $\Sigma=180°$ 或 $0°$ 的一种特例。

5）变旋转方向的换向机构（图m）。当Ⅱ轴与左侧锥齿轮啮合时，经过Ⅰ轴推移到右侧锥齿轮啮合时，Ⅰ轴旋转方向即反转。

6）行星机构（图i）。Ⅲ轴为摆杆，又称摆陀式行星机构。

7）差动机构（图l）。Ⅱ轴为摆杆，如用于车辆差速器和齿轮加工机床，三轴中“两进（主动）一出（从动）”，有Ⅱ轴输出和Ⅲ轴输出两种形式。

8）分流传动机构（图j）。动力由Ⅰ轴分别传至Ⅱ轴和Ⅲ轴，即一进（主动）两出（从动）。

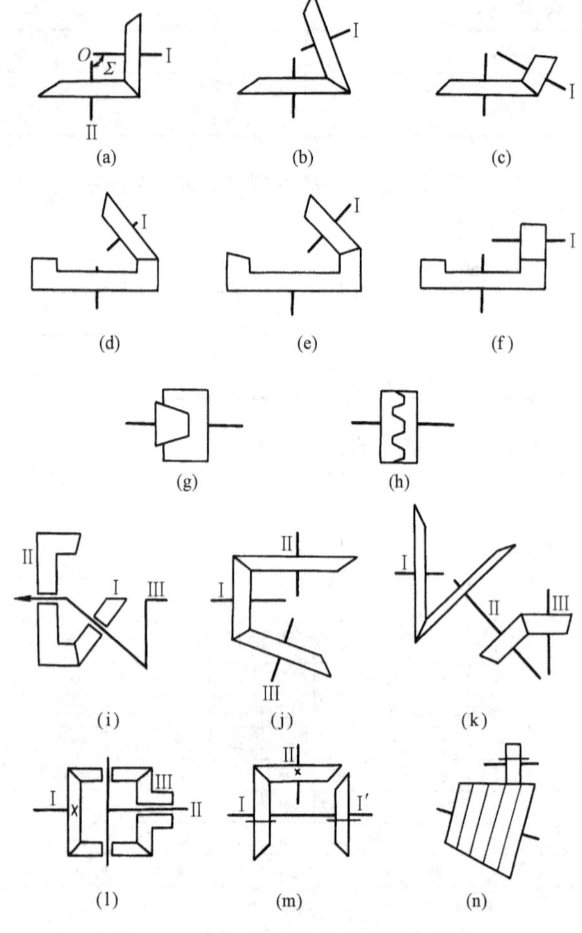

图15-3-46　锥齿轮传动的基本形式

9）万向回转轴机构（图k）。Ⅱ轴可以绕Ⅰ轴旋转到任一位置传动，在此基础上，Ⅲ轴可绕Ⅱ轴旋转到任一位置传动，故Ⅲ轴与Ⅰ轴的相对位置可调整至立体空间任何角度，如用于数控机床。

第4章 蜗杆传动

蜗杆传动用于传递空间交错的两轴之间的运动和动力。运动可以是增速或减速，最常用的是两轴交错角 $\Sigma=90°$ 的减速运动。螺旋线方向可以是右旋或左旋，一般多取右旋。蜗杆和蜗轮的螺旋线方向必须一致。

蜗杆传动的振动、冲击和噪声均很小，工作较平稳，能以单级传动获得较大的传动比，结构紧凑，可以自锁。其主要缺点是传动效率比齿轮传动低，需要贵重的减摩性有色金属。

常用蜗杆的分类、加工原理和特点见表 15-4-1。

1 常用蜗杆传动的分类及特点

表 15-4-1

传动类别	蜗杆型式		蜗杆加工情况	特点及使用范围	同时啮合齿数	承载能力比较	传动效率	体积比
圆柱蜗杆传动	普通圆柱蜗杆传动	阿基米德圆柱蜗杆(ZA 型)	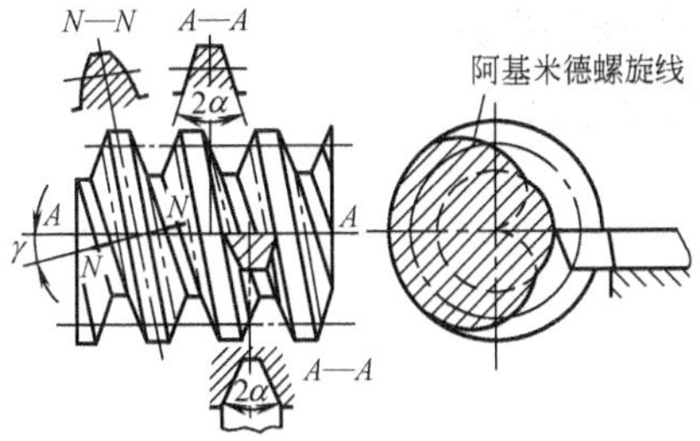 (a) $\gamma \leqslant 3°$ 时单刀切削 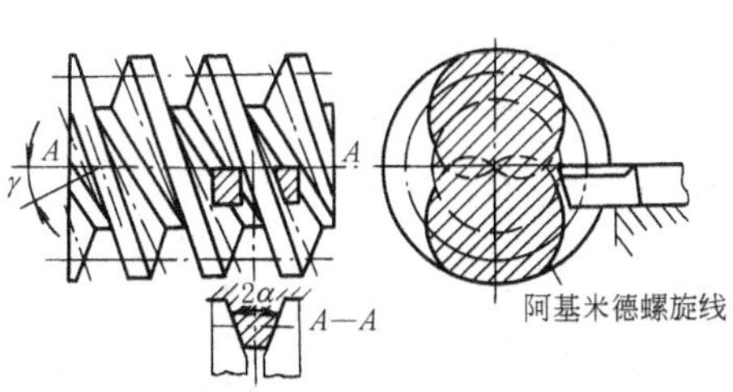 (b) $\gamma > 3°$ 时双刀切削	加工方便，应用较广泛。但导角大时加工较困难。不易磨削，传动效率较低，齿面磨损较快。因此，一般用于头数较少、载荷较小、转速较低或不太重要的传动	2 以下	1	0.5~0.8(自锁时 0.4~0.45)	1

续表

传动类别	蜗杆型式		蜗杆加工情况	特点及使用范围	同时啮合齿数	承载能力比较	传动效率	体积比
圆柱蜗杆传动	普通圆柱蜗杆传动	法向直廓圆柱蜗杆(ZN型)	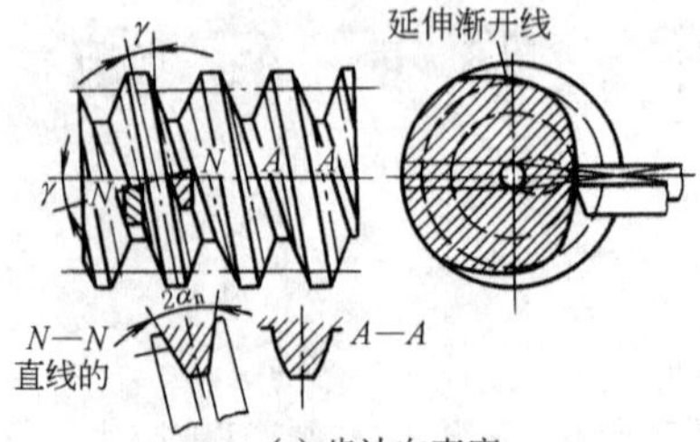 (a) 齿法向直廓 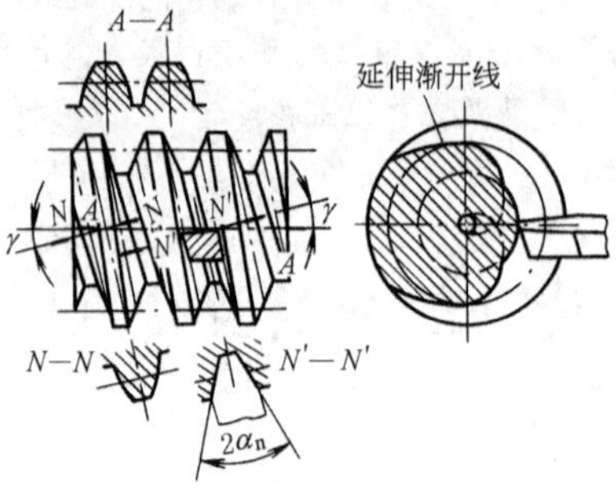 (b) 齿槽法向直廓	容易实现磨削，因此加工精度容易保证，效率较高。一般用于头数较多(3头以上)、转速较高和要求较精密的传动中，如滚齿机、磨齿机上的精密蜗杆副等	2以下	1	可达0.9	1
		渐开线圆柱蜗杆(ZI型)	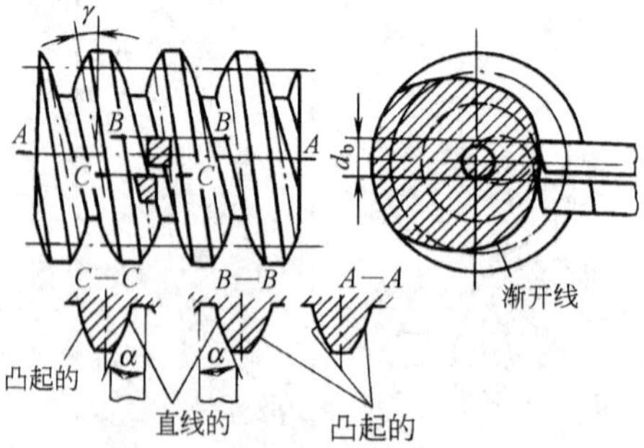	同上				
	锥面包络圆柱蜗杆(ZK型)		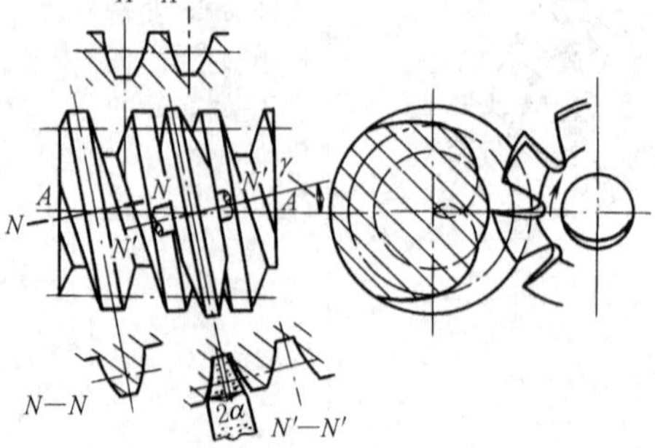	加工容易，可以磨削。因此能获得较高的精度。开始得到较广泛的应用				

续表

传动类别	蜗杆型式	蜗杆加工情况	特点及使用范围	同时啮合齿数	承载能力比较	传动效率	体积比
圆柱蜗杆传动	圆弧圆柱蜗杆(ZC 型)	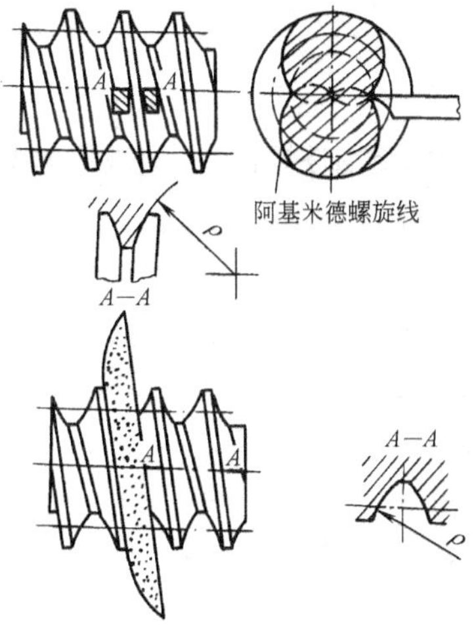 阿基米德螺旋线 A—A	可以磨削。在冶金、矿山、起重、化工、建筑等机械中得到日益广泛的应用	2~3	1.5~2	0.65~0.95	0.6~0.8
环面蜗杆传动	平面一次包络环面蜗杆(TVP 型)	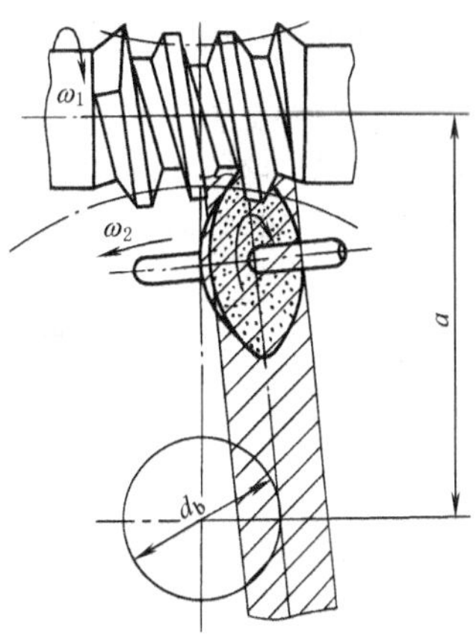	蜗杆均为平面包络环面蜗杆,可淬硬磨削,因此加工精度、效率较高,承载能力较大。在冶金、起重、化工和重型机械等行业得到日益广泛的应用 TVP 型加工不需要滚刀,TOP 型加工需要制作滚刀,但后者的承载能力更大	是 ZA 型的三倍左右	2 左右	可达 0.9 左右	0.8
	平面二次包络环面蜗杆(TOP 型)						
	直廓环面蜗杆(球面蜗杆)(TSL 型)	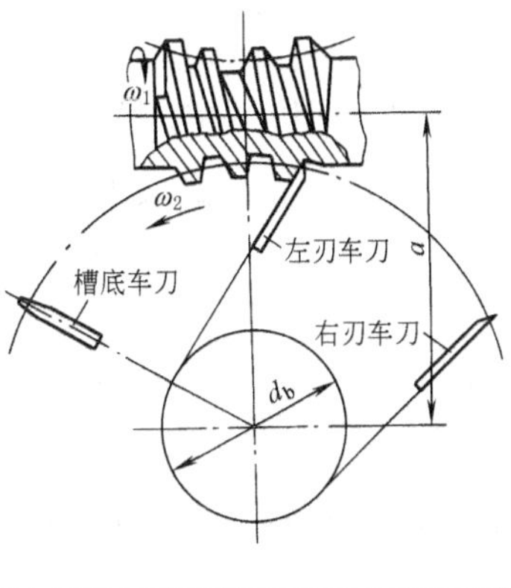 左刃车刀 槽底车刀 右刃车刀	是双包围环面蜗杆的一种;应用较广泛,但蜗杆必须人为修形,难以淬火磨削;蜗轮只能飞刀近似加工	$\frac{z_2}{10}$	1.5~4	0.85~0.95	0.5~0.6

注:ZA 型、ZN 型、ZI 型总称为普通圆柱蜗杆传动。

2　圆柱蜗杆传动

2.1　圆柱蜗杆传动主要参数的选择

普通圆柱蜗杆传动及锥面包络圆柱蜗杆传动的主要参数

基本齿廓　圆柱蜗杆的基本齿廓是指基本蜗杆在给定截面上的规定齿形。基本齿廓的尺寸参数在蜗杆的轴平面内规定见图 15-4-1。

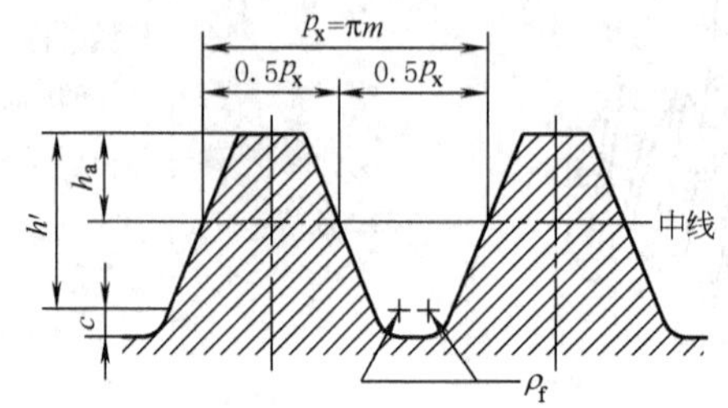

图 15-4-1　圆柱蜗杆的基本齿廓（摘自 GB/T 10087—1988）

模数 m　圆柱蜗杆传动将蜗杆的轴向模数 $m_x\left(m_x=\dfrac{p_x}{\pi}\right)$定为标准值，蜗轮的端面模数 m 与蜗杆的轴向模数相等（即 $m=m_x$），故 m 也是标准值。模数应按强度要求确定，并应按表 15-4-2 选取标准值。

中心距 a　一般圆柱蜗杆传动的减速装置的中心距 a 应按表 15-4-3 数值选取。

蜗杆分度圆直径 d_1　普通圆柱蜗杆分度圆直径 d_1 按表 15-4-4 选取标准值。

表 15-4-2　　**蜗杆模数 m 值**（摘自 GB/T 10088—1988）　　mm

1,1.25,(1.5),1.6,2,2.5,(3),3.15,(3.5),4,(4.5),5,(5.5),(6),6.3,(7),8,10,(12),12.5,(14),16,20,25,31.5,40

注：括号中数字为第 2 系列，尽量不用；其余为第 1 系列。

表 15-4-3　　**圆柱蜗杆传动中心距 a 值**（摘自 GB/T 10085—1988）　　mm

40,50,63,80,100,125,160,(180),200,(225),250,(280),315,(355),400,(450),500

注：括号中数字为第 2 系列，尽量不用；其余为第 1 系列。

表 15-4-4　　**蜗杆分度圆直径 d_1 值**（摘自 GB/T 10088—1988）　　mm

4,4.5,5,5.6,(6),6.3,7.1,(7.5),8,(8.5),9,10,11.2,12.5,14,(15),16,18,20,22.4,25,28,(30),31.5,35.5,(38),40,45,(48),50,(53),56,(60),63,(67),71,(75),80,(85),90,(95),100,(106),112,(118),125,(132),140,(144),160,(170),180,(190),200,224,250,280,(300),315,355,400

注：括号中数字为第 2 系列，尽量不用。

蜗杆分度圆柱导程角 γ

$$\tan\gamma=\frac{mz_1}{d_1}=\frac{z_1}{q},\quad q=\frac{d_1}{m}$$

式中　q——蜗杆直径系数，在旧标准中 q 曾是一个重要参数，但新标准 GB/T 10085—1988 将 d_1 标准化，因此 q 不再是重要的自变量。

作动力传动时，为提高传动效率，γ 应取得大些，但过大会使蜗杆和蜗轮滚刀的制造增加困难。因此，一般

取 $\gamma<30°$；当传动要求具有自锁性能时，应使 $\gamma \leqslant \rho'$（ρ'—当量摩擦角，参考有关资料），当采用滑动轴承时，一般取 $\gamma \leqslant 6°$，当采用滚动轴承时，一般取 $\gamma \leqslant 5°$，但这时的传动效率较低。

表 15-4-5 列出蜗杆的基本尺寸和参数供设计参考，该表适用于 ZA、ZI、ZN 和 ZK 蜗杆。

变位系数 x_2 圆柱蜗杆传动变位的主要目的是配凑中心距。此外，通过变位还可以提高承载能力和效率，消除蜗轮轮齿根切现象。根据使用要求，还可以改变接触线的位置使之有利于润滑。

蜗杆传动的变位方法与渐开线圆柱齿轮相似，即利用改变切齿时刀具与轮坯的径向位置来实现变位。在蜗杆传动的中间平面中，其啮合状况相当于齿轮齿条传动，因此蜗杆不变位，其尺寸也不改变，只是蜗轮变位，变位后蜗轮的节圆仍然与分度圆重合，而蜗杆的节圆不再与分度圆重合。图 15-4-2 为几种变位情况，a'为变位后的中心距，a 是变位前的中心距。

变位系数 x_2 过大会使蜗轮齿顶变尖，过小会使蜗轮轮齿根切。对普通圆柱蜗杆传动，一般取 $-1 \leqslant x_2 \leqslant 1$。

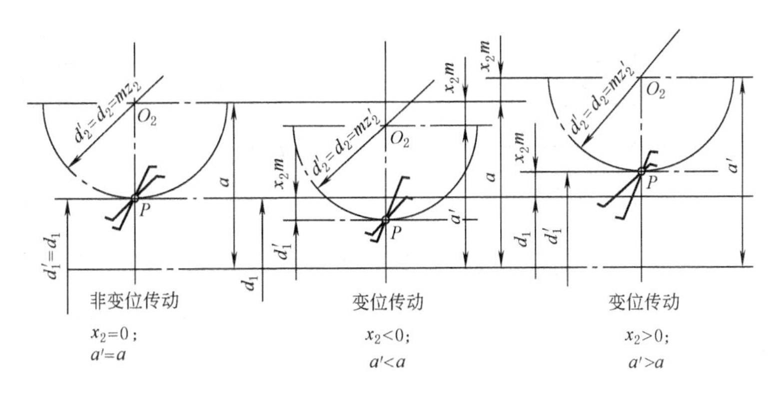

图 15-4-2 蜗杆传动的变位

圆柱蜗杆、蜗轮参数的匹配见表 15-4-6。表中所列参数的匹配关系适用于表 15-4-3 规定中心距的 ZA、ZN、ZI 和 ZK 蜗杆传动。

表 15-4-5 **蜗杆的基本尺寸和参数**（摘自 GB/T 10085—1988）

模数 m /mm	轴向齿距 p_x /mm	分度圆直径 d_1 /mm	头数 z_1	直径系数 q	齿顶圆直径 d_{a1} /mm	齿根圆直径 d_{f1} /mm	分度圆柱导程角 γ	说明
1	3.141	18	1	18.000	20	15.6	3°10′47″	自锁
1.25	3.927	20	1	16.000	22.5	17	3°34′35″	
		22.4	1	17.920	24.9	19.4	3°11′38″	自锁
1.6	5.027	20	1	12.500	23.2	16.16	4°34′26″	
			2				9°05′25″	
			4				17°44′41″	
		28	1	17.500	31.2	24.16	3°16′14″	自锁
2	6.283	(18)	1	9.000	22	13.2	6°20′25″	
			2				12°31′44″	
			4				23°57′45″	
		22.4	1	11.200	26.4	17.6	5°06′08″	
			2				10°07′29″	
			4				19°39′14″	
			6				28°10′43″	

续表

模数 m /mm	轴向齿距 p_x /mm	分度圆直径 d_1 /mm	头数 z_1	直径系数 q	齿顶圆直径 d_{a1} /mm	齿根圆直径 d_{f1} /mm	分度圆柱导程角 γ	说　明
2	6.283	(28)	1	14.000	32	23.2	4°05′08″	
			2				8°07′48″	
			4				15°56′43″	
		35.5	1	17.750	39.5	30.7	3°13′28″	自锁
2.5	7.854	(22.4)	1	8.960	27.4	16.4	6°22′06″	
			2				12°34′59″	
			4				24°03′26″	
		28	1	11.200	33	22	5°06′08″	
			2				10°07′29″	
			4				19°39′14″	
			6				28°10′43″	
		(35.5)	1	14.200	40.5	29.5	4°01′42″	
			2				8°01′02″	
			4				15°43′55″	
		45	1	18.000	50	39	3°10′47″	自锁
3.15	9.896	(28)	1	8.889	34.3	20.4	6°25′08″	
			2				12°40′49″	
			4				24°13′40″	
		35.5	1	11.270	41.8	27.9	5°04′15″	
			2				10°03′48″	
			4				19°32′29″	
			6				28°01′50″	
		(45)	1	14.286	51.3	37.4	4°00′15″	
			2				7°58′11″	
			4				15°38′32″	
		56	1	17.778	62.3	48.4	3°13′10″	自锁
4	12.566	(31.5)	1	7.875	39.5	21.9	7°14′13″	
			2				14°15′00″	
			4				26°55′40″	
		40	1	10.000	48	30.4	5°42′38″	
			2				11°18′36″	
			4				21°48′05″	
			6				30°57′50″	

续表

模数 m /mm	轴向齿距 p_x /mm	分度圆直径 d_1 /mm	头数 z_1	直径系数 q	齿顶圆直径 d_{a1} /mm	齿根圆直径 d_{f1} /mm	分度圆柱导程角 γ	说明
4	12.566	(50)	1	12.500	58	40.4	4°34′26″	
			2				9°05′25″	
			4				17°44′41″	
		71	1	17.750	79	61.4	3°13′28″	自锁
5	15.708	(40)	1	8.000	50	28	7°07′30″	
			2				14°02′10″	
			4				26°33′54″	
		50	1	10.000	60	38	5°42′38″	
			2				11°18′36″	
			4				21°48′05″	
			6				30°57′50″	
		(63)	1	12.600	73	51	4°32′16″	
			2				9°01′10″	
			4				17°36′45″	
		90	1	18.000	100	78	3°10′47″	自锁
6.3	19.792	(50)	1	7.936	62.6	34.9	7°10′53″	
			2				14°08′39″	
			4				26°44′53″	
		63	1	10.000	75.6	47.9	5°42′38″	
			2				11°18′36″	
			4				21°48′05″	
			6				30°57′50″	
		(80)	1	12.698	92.6	64.8	4°30′10″	
			2				8°57′02″	
			4				17°29′04″	
		112	1	17.778	124.6	96.9	3°13′10″	自锁
8	25.133	(63)	1	7.875	79	43.8	7°14′13″	
			2				14°15′00″	
			4				26°53′40″	
		80	1	10.000	96	60.8	5°42′38″	
			2				11°18′36″	
			4				21°48′05″	
			6				30°57′50″	
		(100)	1	12.500	116	80.8	4°34′26″	
			2				9°05′25″	

续表

模数 m /mm	轴向齿距 p_x /mm	分度圆直径 d_1 /mm	头数 z_1	直径系数 q	齿顶圆直径 d_{a1} /mm	齿根圆直径 d_{f1} /mm	分度圆柱导程角 γ	说明
8	25.133	(100)	4	12.500	116	80.8	17°44′41″	
		140	1	17.500	156	120.8	3°16′14″	自锁
10	31.416	(71)	1	7.100	91	47	8°01′02″	
			2				15°43′55″	
			4				29°23′46″	
		90	1	9.000	110	66	6°20′25″	
			2				12°31′44″	
			4				23°57′45″	
			6				33°41′24″	
		(112)	1	11.200	132	88	5°06′08″	
			2				10°07′29″	
			4				19°39′14″	
		160	1	16.000	180	136	3°34′35″	
12.5	39.270	(90)	1	7.200	115	60	7°50′26″	
			2				15°31′27″	
			4				29°03′17″	
		112	1	8.960	137	82	6°22′06″	
			2				12°34′59″	
			4				24°03′26″	
		(140)	1	11.200	165	110	5°06′29″	
			2				10°07′29″	
			4				19°39′14″	
		200	1	16.000	225	170	3°34′35″	
16	50.265	(112)	1	7.000	144	73.6	8°07′48″	
			2				15°56′43″	
			4				29°44′42″	
		140	1	8.750	172	101.6	6°31′11″	
			2				12°52′30″	
			4				24°34′02″	
		(180)	1	11.250	212	141.6	5°04′47″	
			2				10°04′50″	
			4				19°34′23″	
		250	1	15.625	283	211.6	3°39′43″	
20	62.832	(140)	1	7.000	180	92	8°07′48″	
			2				15°56′43″	

续表

模数 m /mm	轴向齿距 p_x /mm	分度圆直径 d_1 /mm	头数 z_1	直径系数 q	齿顶圆直径 d_{a1} /mm	齿根圆直径 d_{f1} /mm	分度圆柱导程角 γ	说明
20	62.832	(140)	4	7.000	180	92	29°44′42″	
		160	1	8.000	200	112	7°07′30″	
			2				14°02′10″	
			4				26°33′54″	
		(224)	1	11.200	264	176	5°06′08″	
			2				10°07′29″	
			4				19°39′14″	
		315	1	15.750	355	267	3°37′59″	
25	78.540	(180)	1	7.200	230	120	7°54′26″	
			2				15°31′27″	
			4				27°03′17″	
		200	1	8.000	250	140	7°07′30″	
			2				14°02′10″	
			4				26°33′54″	
		(280)	1	11.200	330	220	5°06′08″	
			2				10°07′29″	
			4				19°39′14″	
		400	1	16.000	450	340	3°34′35″	

注：1. 括号中的数字尽可能不采用。

2. 本表所指的自锁是导程角 γ 小于 3°30′的圆柱蜗杆。

表 15-4-6　　蜗杆、蜗轮参数的匹配（摘自 GB/T 10085—1988）

中心距 a /mm	传动比 i	模数 m /mm	蜗杆分度圆直径 d_1 /mm	蜗杆头数 z_1	蜗轮齿数 z_2	蜗轮变位系数 x_2	说明
40	4.83	2	22.4	6	29	−0.100	
	7.25	2	22.4	4	29	−0.100	
	9.5①	1.6	20	4	38	−0.250	
	—	—	—	—	—	—	
	14.5	2	22.4	2	29	−0.100	
	19①	1.6	20	2	38	−0.250	
	29	2	22.4	1	29	−0.100	
	38①	1.6	20	1	38	−0.250	
	49	1.25	20	1	49	−0.500	
	62	1	18	1	62	0.000	自锁
50	4.83	2.5	28	6	29	−0.100	
	7.25	2.5	28	4	29	−0.100	
	9.75①	2	22.4	4	39	−0.100	
	12.75	1.6	20	4	51	−0.500	
	14.5	2.5	28	2	29	−0.100	
	19.5①	2	22.4	2	39	−0.100	
	25.5	1.6	20	2	51	−0.500	
	29	2.5	28	1	29	−0.100	
	39①	2	22.4	1	39	−0.100	
	51	1.6	20	1	51	−0.500	
	62	1.25	22.4	1	62	+0.040	自锁
	—	—	—	—	—	—	
	82①	1	18	1	82	0.000	自锁

续表

中心距 a /mm	传动比 i	模数 m /mm	蜗杆分度圆直径 d_1 /mm	蜗杆头数 z_1	蜗轮齿数 z_2	蜗轮变位系数 x_2	说　明
63	4.83	3.15	35.5	6	29	−0.1349	
	7.25	3.15	35.5	4	29	−0.1349	
	9.75[①]	2.5	28	4	39	+0.100	
	12.75	2	22.4	4	51	+0.400	
	14.5	3.15	35.5	2	29	−0.1349	
	19.5[①]	2.5	28	2	39	+0.100	
	25.5	2	22.4	2	51	+0.400	
	29	3.15	35.5	1	29	−0.1349	
	39[①]	2.5	28	1	39	+0.100	
	51	2	22.4	1	51	+0.400	
	61	1.6	28	1	61	+0.125	自锁
	67	1.6	20	1	67	−0.375	
	82[①]	1.25	22.4	1	82	+0.440	自锁
80	5.17	4	40	6	31	−0.500	
	7.75	4	40	4	31	−0.500	
	9.75[①]	3.15	35.5	4	39	+0.2619	
	13.25	2.5	28	4	53	−0.100	
	15.5	4	40	2	31	−0.500	
	19.5[①]	3.15	35.5	2	39	+0.2619	
	26.5	2.5	28	2	53	−0.100	
	31	4	40	1	31	−0.500	
	39[①]	3.15	35.5	1	39	+0.2619	
	53	2.5	28	1	53	−0.100	
	62	2	35.5	1	62	+0.125	自锁
	69	2	22.4	1	69	−0.100	
	82[①]	1.6	28	1	82	+0.250	自锁
100	5.17	5	50	6	31	−0.500	
	7.75	5	50	4	31	−0.500	
	10.25[①]	4	40	4	41	−0.500	
	13.25	3.15	35.5	4	53	−0.3889	
	15.5	5	50	2	31	−0.500	
	20.5[①]	4	40	2	41	−0.500	
	26.5	3.15	35.5	2	53	−0.3889	
	31	5	50	1	31	−0.500	
	41[①]	4	40	1	41	−0.500	
	53	3.15	35.5	1	53	−0.3889	
	62	2.5	45	1	62	0.000	自锁

续表

中心距 a /mm	传动比 i	模数 m /mm	蜗杆分度圆直径 d_1 /mm	蜗杆头数 z_1	蜗轮齿数 z_2	蜗轮变位系数 x_2	说　明
100	70	2.5	28	1	70	-0.600	
	82①	2	35.5	1	82	+0.125	自锁
125	5.17	6.3	63	6	31	-0.6587	
	7.75	6.3	63	4	31	-0.6587	
	10.25①	5	50	4	41	-0.500	
	12.75	4	40	4	51	+0.750	
	15.5	6.3	63	2	31	-0.6587	
	20.5①	5	50	2	41	-0.500	
	25.5	4	40	2	51	+0.750	
	31	6.3	63	1	31	-0.6587	
	41①	5	50	1	41	-0.500	
	51	4	40	1	51	+0.750	
	62	3.15	56	1	62	-0.2063	自锁
	69	3.15	35.5	1	69	-0.4524	
	82①	2.5	45	1	82	0.000	自锁
160	5.17	8	80	6	31	-0.500	
	7.75	8	80	4	31	-0.500	
	10.25①	6.3	63	4	41	-0.1032	
	13.25	5	50	4	53	+0.500	
	15.5	8	80	2	31	-0.500	
	20.5①	6.3	63	2	41	-0.1032	
	26.5	5	50	2	53	+0.500	
	31	8	80	1	31	-0.500	
	41①	6.3	63	1	41	-0.1032	
	53	5	50	1	53	+0.500	
	62	4	71	1	62	+0.125	自锁
	70	4	40	1	70	0.000	
	83①	3.15	56	1	83	+0.4048	自锁
180	—	—	—	—	—	—	
	7.25	10	71	4	29	-0.050	

续表

中心距 a /mm	传动比 i	模数 m /mm	蜗杆分度圆直径 d_1 /mm	蜗杆头数 z_1	蜗轮齿数 z_2	蜗轮变位系数 x_2	说明
180	9.5[①]	8	63	4	38	−0.4375	
	12	6.3	63	4	48	−0.4286	
	15.25	5	50	4	61	+0.500	
	19[①]	8	63	2	38	−0.4375	
	24	6.3	63	2	48	−0.4286	
	30.5	5	50	2	61	+0.500	
	38[①]	8	63	1	38	−0.4375	
	48	6.3	63	1	48	−0.4286	
	61	5	50	1	61	+0.500	
	71	4	71	1	71	+0.625	自锁
	80[①]	4	40	1	80	0.000	
200	5.17	10	90	6	31	0.000	
	7.75	10	90	4	31	0.000	
	10.25[①]	8	80	4	41	−0.500	
	13.25	6.3	63	4	53	+0.246	
	15.5	10	90	2	31	0.000	
	20.5[①]	8	80	2	41	−0.500	
	26.5	6.3	63	2	53	+0.246	
	31	10	90	1	31	0.000	
	41[①]	8	80	1	41	−0.500	
	53	6.3	63	1	53	+0.246	
	62	5	90	1	62	0.000	自锁
	70	5	50	1	70	0.000	
	82[①]	4	71	1	82	+0.125	自锁
225	7.25	12.5	90	4	29	−0.100	
	9.5[①]	10	71	4	38	−0.050	
	11.75	8	80	4	47	−0.375	
	15.25	6.3	63	4	61	+0.2143	
	19.5[①]	10	71	2	38	−0.050	
	23.5	8	80	2	47	−0.375	
	30.5	6.3	63	2	61	+0.2143	

续表

中心距 a /mm	传动比 i	模数 m /mm	蜗杆分度圆直径 d_1 /mm	蜗杆头数 z_1	蜗轮齿数 z_2	蜗轮变位系数 x_2	说 明
225	38①	10	71	1	38	-0. 050	
	47	8	80	1	47	-0. 375	
	61	6. 3	63	1	61	+0. 2143	
	71	5	90	1	71	+0. 500	自锁
	80①	5	50	1	80	0. 000	
250	7. 75	12. 5	112	4	31	+0. 020	
	10. 25①	10	90	4	41	0. 000	
	13	8	80	4	52	+0. 250	
	15. 5	12. 5	112	2	31	+0. 020	
	20. 5①	10	90	2	41	0. 000	
	26	8	80	2	52	+0. 250	
	31	12. 5	112	1	31	+0. 020	
	41①	10	90	1	41	0. 000	
	52	8	80	1	52	+0. 250	
	61	6. 3	112	1	61	+0. 2937	
	70	6. 3	63	1	70	-0. 3175	
	81①	5	90	1	81	+0. 500	自锁
280	7. 25	16	112	4	29	-0. 500	
	9. 5①	12. 5	90	4	38	-0. 200	
	12	10	90	4	48	-0. 500	
	15. 25	8	80	4	61	-0. 500	
	19①	12. 5	90	2	38	-0. 200	
	24	10	90	2	48	-0. 500	
	30. 5	8	80	2	61	-0. 500	
	38①	12. 5	90	1	38	-0. 200	
	48	10	90	1	48	-0. 500	
	61	8	80	1	61	-0. 500	
	71	6. 2	112	1	71	+0. 0556	自锁
	80①	6. 2	63	1	80	-0. 5556	
315	7. 75	16	140	4	31	-0. 1875	

续表

中心距 a /mm	传动比 i	模数 m /mm	蜗杆分度圆直径 d_1 /mm	蜗杆头数 z_1	蜗轮齿数 z_2	蜗轮变位系数 x_2	说　明
315	10.25①	12.5	112	4	41	+0.220	
	13.25	10	90	4	53	+0.500	
	15.5	16	140	2	31	−0.1875	
	20.5①	12.5	112	2	41	+0.220	
	26.5	10	90	2	53	+0.500	
	31	16	140	1	31	−0.1875	
	41①	12.5	112	1	41	+0.220	
	53	10	90	1	53	+0.500	
	61	8	140	1	61	+0.125	
	69	8	80	1	69	−0.125	
	82①	6.3	112	1	82	+0.1111	自锁
355	7.25	20	140	4	29	−0.250	
	9.5①	16	112	4	38	−0.3125	
	12.25	12.5	112	4	49	−0.580	
	15.25	10	90	4	61	+0.500	
	19①	16	112	2	38	−0.3125	
	24.5	12.5	112	2	49	−0.580	
	30.5	10	90	2	61	+0.500	
	38①	16	112	1	38	−0.3125	
	49	12.5	112	1	49	−0.580	
	61	10	90	1	61	+0.500	
	71	8	140	1	71	+0.125	自锁
	79①	8	80	1	79	−0.125	
400	7.75	20	160	4	31	+0.500	
	10.25①	16	140	4	41	+0.125	
	13.5	12.5	112	4	54	+0.520	
	15.5	20	160	2	31	+0.500	
	20.5①	16	140	2	41	+0.125	
	27	12.5	112	2	54	+0.520	
	31	20	160	1	31	+0.050	

续表

中心距 a /mm	传动比 i	模数 m /mm	蜗杆分度圆直径 d_1 /mm	蜗杆头数 z_1	蜗轮齿数 z_2	蜗轮变位系数 x_2	说　明
400	41①	16	140	1	41	+0.125	
	54	12.5	112	1	54	+0.520	
	63	10	160	1	63	+0.500	
	71	10	90	1	71	0.000	
	82①	8	140	1	82	+0.250	自锁
450	7.25	25	180	4	29	-0.100	
	9.75①	20	140	4	39	-0.500	
	12.25	16	112	4	49	+0.125	
	15.75	12.5	112	4	63	+0.020	
	19.5①	20	140	2	39	-0.500	
	24.5	16	112	2	49	+0.125	
	31.5	12.5	112	2	63	+0.020	
	39①	20	140	1	39	-0.500	
	49	16	112	1	49	+0.125	
	63	12.5	112	1	63	+0.020	
	73	10	160	1	73	+0.500	
	81①	10	90	1	81	0.000	
500	7.75	25	200	4	31	+0.500	
	10.25①	20	160	4	41	+0.500	
	13.25	16	140	4	53	+0.375	
	15.5	25	200	2	31	+0.500	
	20.5①	20	160	2	41	+0.500	
	26.5	16	140	2	53	+0.375	
	31	25	200	1	31	+0.500	
	41①	20	160	1	41	+0.500	
	53	16	140	1	53	+0.375	
	63	12.5	200	1	63	+0.500	
	71	12.5	112	1	71	+0.020	
	83①	10	160	1	83	+0.500	

① 为基本传动比。

注：本表所指的自锁，只有在静止状态和无振动时才能保证。

圆弧圆柱蜗杆传动的主要参数

ZC_1 蜗杆的基本齿廓 蜗杆法截面齿廓为基本齿廓，圆环面砂轮包络成形，在法截面和轴截面内的尺寸参数应符合图 15-4-3 的规定。

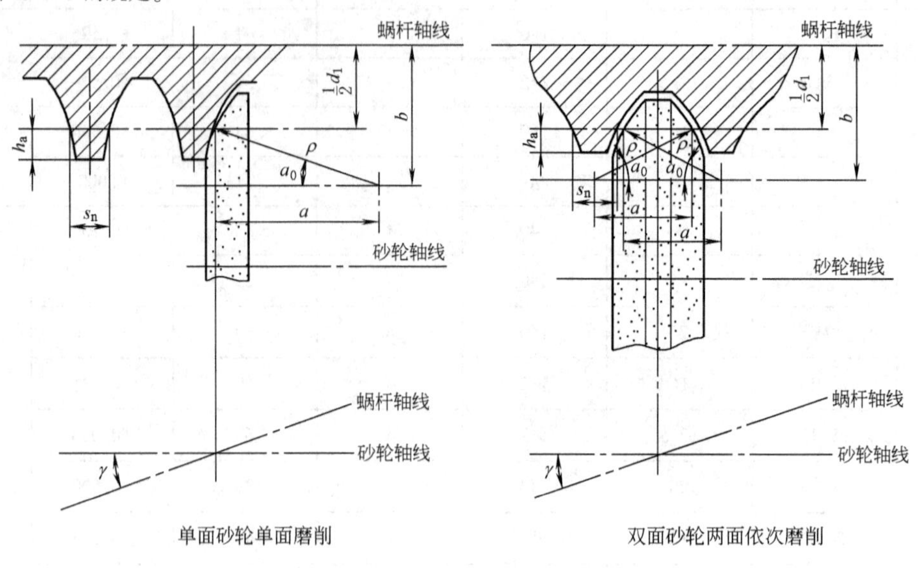

(a) 法截面齿廓及砂轮安装示意图

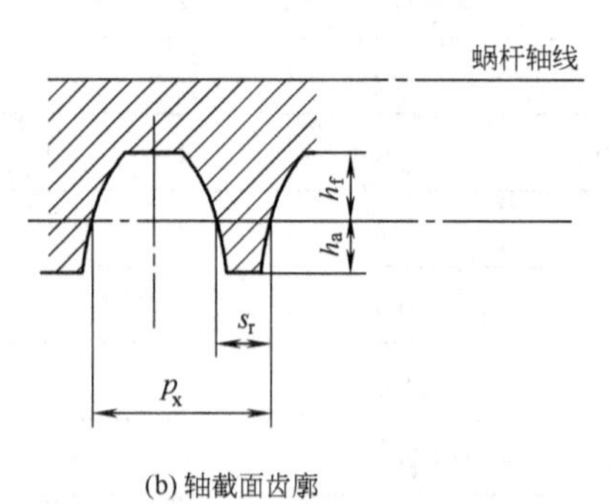

(b) 轴截面齿廓

图 15-4-3 ZC_1 蜗杆的基本齿廓

砂轮轴线与蜗杆轴线的公垂线，对单面砂轮单面磨削通过蜗杆齿廓分圆点；对双面砂轮两面依次磨削通过砂轮对称中心平面。

砂轮轴线与蜗杆轴线的轴交角等于蜗杆分度圆柱导程角 γ。砂轮轴截面产形角 $\alpha_0 = 23° \pm 0.5°$，砂轮圆弧中心坐标 $a=\rho\cos\alpha_0$，$b=\frac{1}{2}d_1+\rho\sin\alpha_0$。

砂轮轴截面圆弧半径 ρ，当 $m\leqslant 10$ 时，$\rho=(5.5\sim6.0)m$；当 $m>10$ 时，$\rho=(5\sim5.5)m$，小模数取大系数。

ZC_1 蜗杆的基本尺寸和参数见表 15-4-7。ZC_1 蜗杆蜗轮啮合参数搭配见表 15-4-8。

表 15-4-7　　ZC_1 蜗杆基本尺寸和参数（摘自 GB/T 9147—1999）

模数 m /mm	分度圆直径 d_1 /mm	头数 z_1	轴向齿距 p_x /mm	直径系数 q	齿顶圆直径 d_{a1}/mm	齿根圆直径 d_{f1}/mm	分度圆柱导程角 γ
2	26	1	6.283	13	29.6	21.824	4°23′55″
		2					8°44′46″
2.25	26.5	1	7.068	11.778	30.6	21.744	4°51′11″

续表

模数 m /mm	分度圆直径 d_1 /mm	头数 z_1	轴向齿距 p_x /mm	直径系数 q	齿顶圆直径 d_{a1}/mm	齿根圆直径 d_{f1}/mm	分度圆柱导程角 γ
2.5	26	1	7.854	10.4	30.6	20.664	5°29′32″
		2					10°53′8″
	30	3		12	34.6	24.664	14°2′11″
		1					4°45′49″
		2					9°27′44″
2.75	32.5	1	8.639	11.818	37.6	26.584	4°50′12″
3	32	1	9.425	10.667	37.6	25.504	5°21′21″
		2					10°37′11″
		3					15°42′31″
	30.4	4	9.425	10.133	36	23.904	21°32′28″
3.2	36.6	1	10.053	11.438	43	29.176	4°59′48″
		2					9°55′7″
		3					14°41′50″
3.5	39	1	10.996	11.143	46	30.880	5°7′41″
3.6	35.4	4	11.310	9.833	42	27.744	22°8′8″
		5					26°57′8″
3.8	38.4	1	11.938	10.105	46	29.584	5°39′6″
		2					11°11′43″
		3					16°32′5″
4	44	1	12.566	11	52	34.720	5°11′40″
		2					10°18′17″
		3					15°15′18″
4.4	47.2	1	13.823	10.727	56	36.992	5°19′33″
		2					10°33′40″
4.5	43.6	4	14.137	9.689	52	33.856	22°25′58″
		5					27°17′45″
4.8	46.4	1	15.080	9.667	56	35.264	5°54′21″
		2					11°41′22″
		3					17°14′29″
5	55	1	15.708	11	65	43.4	5°11′40″
5.2	54.6	1	16.336	10.5	65	42.536	5°26′25″
		2					10°47′4″
		3					15°56′43″

续表

模数 m /mm	分度圆直径 d_1 /mm	头数 z_1	轴向齿距 p_x /mm	直径系数 q	齿顶圆直径 d_{a1}/mm	齿根圆直径 d_{f1}/mm	分度圆柱导程角 γ
5.6	58.8	1	17.593	10.5	70	45.808	5°26′25″
		2					10°47′3″
5.8	49.4	4	18.221	8.517	60	31.104	25°9′23″
		5					30°24′53″
6.2	57.6	1	19.478	9.290	70	43.216	6°8′37″
		2					12°8′57″
		3					17°53′46″
6.5	67	1	20.420	10.308	80	51.920	5°32′28″
		2					10°58′50″
		3					16°13′38″
7.1	70.8	1	22.305	9.972	85	54.328	5°43′36″
		2					11°20′28″
7.3	61.8	4	22.934	8.466	75	46.488	25°17′25″
		5					30°34′0″
7.8	69.4	1	24.504	8.897	85	51.304	6°24′46″
		2					12°40′7″
		3					18°37′58″
7.9	82.2	1	24.819	10.405	98	63.872	5°29′23″
8.2	78.6	1	25.761	9.585	95	59.576	5°57′21″
		2					11°47′9″
		3					17°22′44″
9	84	1	28.274	9.333	102	63.120	6°6′56″
		2					12°5′41″
9.1	91.8	1	28.589	10.088	110	70.688	5°39′40″
9.2	80.6	3	28.902	8.761	99	59.256	18°54′10″
9.5	73	4	29.845	7.684	90	53.280	27°29′57″
		5					33°3′5″
10	82	1	31.416	8.2	102	58.8	6°57′11″
		2					13°42′25″
		3					20°5′43″
10.5	99	1	32.968	9.429	120	74.640	6°3′15″
		2					11°58′34″
		3					17°39′0″

续表

模数 m /mm	分度圆直径 d_1 /mm	头数 z_1	轴向齿距 p_x /mm	直径系数 q	齿顶圆直径 d_{a1}/mm	齿根圆直径 d_{f1}/mm	分度圆柱导程角 γ
11.5	107	1	36.128	9.304	130	80.320	6°8′4″
		2					12°7′53″
11.8	93.5	4	37.070	7.924	115	68.56	26°47′6″
		5					32°15′9″
12.5	105	1	39.270	8.4	130	76	6°47′20″
		2					13°23′33″
		3					19°39′14″
13	119	1	40.841	9.154	145	88.84	6°14′4″
		2					12°19′29″
		3					18°8′44″
14.5	127	1	45.553	8.759	156	93.36	6°30′48″
		2					12°51′46″
15	111	4	47.124	7.4	138	79.68	28°23′35″
		5					34°2′45″
16	124	1	50.266	7.75	156	86.88	7°21′9″
		2					14°28′13″
		3					21°9′41″
	165	1		10.313	197	127.88	5°32′19″
		2					10°58′32″
18	136	1	56.549	7.556	172	94.24	7°23′22″
		2					14°49′35″
		3					21°39′22″
19	141	4	59.69	7.421	175	101.56	28°19′30″
		5					33°58′14″
20	148	1	62.832	7.4	188	101.6	7°41′46″
		2					15°7′26″
		3					22°4′4″
	165	4		8.25	199	125.56	25°51′59″
		6					36°1′39″
22	160	1	69.115	7.273	204	108.96	7°49′44″
		3					22°24′58
24	172	1	75.398	7.167	220	116.32	7°56′36″

表 15-4-8　　ZC$_1$ 蜗杆蜗轮啮合参数搭配（摘自 GB/T 9147—1999）

中心距 a /mm	公称传动比 i	模数 m /mm	蜗杆分度圆直径 d_1/mm	蜗杆头数 z_1	蜗轮齿数 z_2	蜗轮变位系数 x_2	实际传动比 i_a
63	5	3.6	35.4	5	24	0.583	4.8
	6.3	3.6	35.4	4	25	0.083	6.25
	8	3	30.4	4	31	0.433	7.75
	10	3	32	3	31	0.167	10.33
	12.5	2.5	30	3	38	0.2	12.67
	16	3	32	2	31	0.167	15.5
	20	2.5	26	2	39	0.5	19.5
	25	2	26	2	49	0.5	24.5
	31.5	3	32	1	31	0.167	31
	40	2.5	26	1	39	0.5	39
	50	2	26	1	49	0.5	49
80	5	4.5	43.6	5	24	0.933	4.8
	6.3	4.5	43.6	4	25	0.433	6.25
	8	3.6	35.4	4	33	0.806	8.25
	10	3.8	38.4	3	31	0.5	10.33
	12.5	3.2	36.6	3	37	0.781	12.33
	16	3.8	38.4	2	31	0.5	15.5
	20	3	32	2	41	0.833	20.5
	25	2.5	30	2	51	0.5	25.5
	31.5	3.8	38.4	1	31	0.5	31
	40	3	32	1	41	0.833	41
	50	2.5	30	1	51	0.5	51
	63	2.25	26.5	1	59	0.167	59
100	5	5.8	49.4	5	24	0.983	4.8
	6.3	5.8	49.4	4	25	0.483	6.25
	8	4.5	43.6	4	33	0.878	8.25
	10	4.8	46.4	3	31	0.5	10.33
	12.5	4	44	3	37	1	12.33
	16	4.8	46.4	2	31	0.5	15.5
	20	3.8	38.4	2	41	0.763	20.5
	25	3.2	36.6	2	49	1.031	24.5
	31.5	4.8	46.4	1	31	0.5	31
	40	3.8	38.4	1	41	0.763	41
	50	3.2	36.6	1	50	0.531	50
	63	2.75	32.5	1	60	0.455	60

续表

中心距 a /mm	公称传动比 i	模数 m /mm	蜗杆分度圆直径 d_1/mm	蜗杆头数 z_1	蜗轮齿数 z_2	蜗轮变位系数 x_2	实际传动比 i_a
125	5	7. 3	61. 8	5	24	0. 890	4. 8
	6. 3	7. 3	61. 8	4	25	0. 390	6. 25
	8	5. 8	49. 4	4	33	0. 793	8. 25
	10	6. 2	57. 6	3	31	0. 016	10. 33
	12. 5	5. 2	54. 6	3	37	0. 288	12. 33
	16	6. 2	57. 6	2	31	0. 016	15. 5
	20	4. 8	46. 4	2	41	0. 708	20. 5
	25	4	44	2	51	0. 250	25. 5
	31. 5	6. 2	57. 6	1	30	0. 516	30
	40	4. 8	46. 4	1	41	0. 708	41
	50	4	44	1	50	0. 750	50
	63	3. 5	39	1	59	0. 643	59
140	6. 3	7. 3	61. 8	5	29	0. 445	5. 8
	8	7. 3	61. 8	4	29	0. 445	7. 25
	10	6. 5	67	3	31	0. 885	10. 33
	12. 5	6. 2	57. 6	3	35	0. 435	11. 67
	16	6. 5	67	2	31	0. 885	15. 5
	20	5. 6	58. 8	2	39	0. 250	19. 5
	25	4. 4	47. 2	2	51	0. 955	25. 5
	31. 5	6. 5	67	1	31	0. 885	31
	40	5. 6	58. 8	1	39	0. 250	39
	50	4. 4	47. 2	1	51	0. 955	51
	63	4	44	1	58	0. 5	58
160	5	9. 5	73	5	24	1	4. 8
	6. 3	9. 5	73	4	25	0. 5	6. 25
	8	7. 3	61. 8	4	34	0. 685	8. 5
	10	7. 8	69. 4	3	31	0. 564	10. 33
	12. 5	6. 5	67	3	37	0. 962	12. 33
	16	7. 8	69. 4	2	31	0. 564	15. 5
	20	6. 2	57. 6	2	41	0. 661	20. 5
	25	5. 2	54. 6	2	49	1. 019	24. 5
	31. 5	7. 8	69. 4	1	31	0. 564	31
	40	6. 2	57. 6	1	41	0. 661	41
	50	5. 2	54. 6	1	50	0. 519	50
	63	4. 4	47. 2	1	61	0. 5	61

续表

中心距 a /mm	公称传动比 i	模数 m /mm	蜗杆分度圆直径 d_1/mm	蜗杆头数 z_1	蜗轮齿数 z_2	蜗轮变位系数 x_2	实际传动比 i_a
180	6. 3	9. 5	73	5	29	0. 605	5. 8
	8	9. 5	73	4	29	0. 605	7. 25
	10	9. 2	80. 6	3	29	0. 685	9. 67
	12. 5	7. 8	69. 4	3	36	0. 628	12
	16	8. 2	78. 6	2	33	0. 659	16. 5
	20	7. 1	70. 8	2	39	0. 866	19. 5
	25	5. 6	58. 8	2	52	0. 893	26
	31. 5	8. 2	78. 6	1	33	0. 659	33
	40	7. 1	70. 8	1	40	0. 366	40
	50	5. 6	58. 8	1	52	0. 893	52
	63	5	55	1	60	0. 5	60
200	5	11. 8	93. 5	5	24	0. 987	4. 8
	6. 3	11. 8	93. 5	4	25	0. 487	6. 25
	8	9. 5	73	4	33	0. 711	8. 25
	10	10	82	3	31	0. 4	10. 33
	12. 5	8. 2	78. 6	3	38	0. 598	12. 67
	16	10	82	2	31	0. 4	15. 5
	20	7. 8	69. 4	2	41	0. 692	20. 5
	25	6. 5	67	2	51	0. 115	25. 5
	31. 5	10	82	1	31	0. 4	31
	40	7. 8	69. 4	1	41	0. 692	41
	50	6. 5	67	1	50	0. 615	50
	63	5. 6	58. 8	1	60	0. 464	60
225	6. 3	11. 8	93. 5	5	29	0. 606	5. 8
	8	11. 8	93. 5	4	29	0. 606	7. 25
	10	10. 5	99	3	32	0. 714	10. 67
	12. 5	10	82	3	36	0. 4	12
	16	10. 5	99	2	32	0. 714	16
	20	9	84	2	39	0. 833	19. 5
	25	7. 1	70. 8	2	52	0. 704	26
	31. 5	10. 5	99	1	32	0. 714	32
	40	9	84	1	40	0. 333	40
	50	7. 1	70. 8	1	52	0. 704	52
	63	6. 5	67	1	58	0. 462	58

续表

中心距 a /mm	公称传动比 i	模数 m /mm	蜗杆分度圆直径 d_1/mm	蜗杆头数 z_1	蜗轮齿数 z_2	蜗轮变位系数 x_2	实际传动比 i_a
250	5	15	111	5	24	0.967	4.8
	6.3	15	111	4	26	0.467	6.25
	8	11.8	93.5	4	33	0.724	8.25
	10	12.5	105	3	31	0.3	10.33
	12.5	10.5	99	3	37	0.595	12.33
	16	12.5	105	2	31	0.3	15.5
	20	10	82	2	41	0.4	20.5
	25	8.2	78.6	2	51	0.195	25.5
	31.5	12.5	105	1	31	0.3	31
	40	10	82	1	41	0.4	41
	50	8.2	78.6	1	50	0.695	50
	63	7.1	70.8	1	59	0.725	59
280	6.3	15	111	5	29	0.467	5.8
	8	15	111	4	29	0.467	7.25
	10	13	119	3	32	0.962	10.67
	12.5	12.5	105	3	36	0.2	12
	16	13	119	2	32	0.962	16
	20	11.5	107	2	39	0.196	19.5
	25	9	84	2	51	0.944	25.5
	31.5	13	119	1	32	0.962	32
	40	11.5	107	1	39	0.196	39
	50	9	84	1	51	0.944	51
	63	7.9	82.2	1	59	0.741	59
315	5	19	141	5	24	0.868	4.8
	6.3	19	141	4	25	0.368	6.25
	8	15	111	4	33	0.8	8.25
	10	16	124	3	31	0.3125	10.33
	12.5	13	119	3	38	0.654	12.67
	16	16	124	2	31	0.3125	15.5
	20	12.5	105	2	41	0.5	20.5
	25	10.5	99	2	49	0.786	24.5
	31.5	16	124	1	31	0.3125	31
	40	12.5	105	1	41	0.5	41
	50	10.5	99	1	50	0.286	50
	63	9.1	91.8	1	59	0.071	59

续表

中心距 a /mm	公称传动比 i	模数 m /mm	蜗杆分度圆直径 d_1/mm	蜗杆头数 z_1	蜗轮齿数 z_2	蜗轮变位系数 x_2	实际传动比 i_a
355	6.3	19	141	5	29	0.474	5.8
	8	19	141	4	29	0.474	7.25
	10	18	136	3	31	0.444	10.33
	12.5	16	124	33	35	0.8125	11.67
	16	18	136	2	31	0.444	15.5
	20	14.5	127	2	39	0.603	19.5
	25	11.5	107	2	51	0.717	25.5
	31.5	18	136	1	31	0.444	31
	40	14.5	127	1	39	0.603	39
	50	11.5	107	1	51	0.717	51
	63	10.5	99	1	58	0.095	58
400	5	20	165	6	31	0.375	5.17
	6.3	19	141	5	33	0.842	6.6
	8	19	141	4	33	0.842	8.25
	10	20	148	3	31	0.8	10.33
	12.5	18	136	3	35	0.944	11.67
	16	20	148	2	31	0.8	15.5
	20	16	124	2	41	0.625	20.5
	25	13	119	2	51	0.692	25.5
	31.5	20	148	1	31	0.8	31
	40	16	124	1	41	0.625	41
	50	13	119	1	51	0.692	51
	63	11.5	107	1	59	0.631	59
450	8	19	141	5	39	0.474	7.8
	10	19	141	4	39	0.474	9.75
	12.5	20	148	3	37	0.3	12.33
	16	16	124	3	47	0.75	15.67
	20	18	136	2	41	0.722	20.5
	25	14.5	127	2	52	0.655	26
	31.5	22	160	1	32	0.818	32
	40	18	136	1	41	0.722	41
	50	14.5	127	1	52	0.655	52
	63	13	119	1	59	0.538	59

续表

中心距 a /mm	公称传动比 i	模数 m /mm	蜗杆分度圆直径 d_1/mm	蜗杆头数 z_1	蜗轮齿数 z_2	蜗轮变位系数 x_2	实际传动比 i_a
500	6.3	20	165	6	41	0.375	6.83
	10	20	165	4	41	0.375	10.25
	12.5	22	160	3	37	0.591	12.33
	16	18	136	3	47	0.5	15.67
	20	20	148	2	41	0.8	20.5
	25	16	165	2	51	0.594	25.5
	31.5	24	172	1	33	0.75	33
	40	20	148	1	41	0.8	41
	50	16	165	1	51	0.594	51
	63	14.5	127	1	59	0.604	59

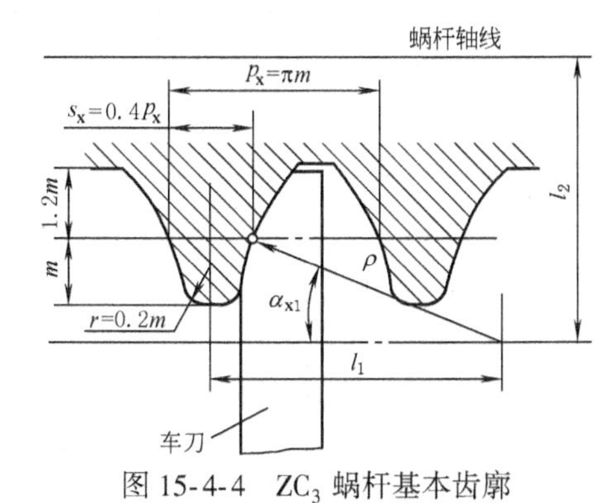

图 15-4-4　ZC_3 蜗杆基本齿廓

ZC_3 蜗杆的基本齿廓（见图 15-4-4）

齿廓曲率半径 ρ 的大小直接影响接触线形状、啮合区大小和综合曲率半径大小，从而影响到啮合性能和承载能力。推荐 ρ 值范围为：$\rho=(5\sim5.5)m$，且通常 $z_1=1\sim2$ 时 $\rho=5m$，$z_1=3$ 时 $\rho=5.3m$，$z_1=4$ 时 $\rho=5.5m$。

齿形角 α_{x1} 推荐范围为 $\alpha_{x1}=20°\sim24°$，通常取 $d_{x_1}=23°$。

圆弧中心坐标值　$l_1=\rho\cos\alpha_{x1}+\frac{1}{2}s_x$

$$l_2=\rho\sin\alpha_{x1}+\frac{1}{2}d_1$$

ZC_3 蜗杆蜗轮啮合参数搭配见表 15-4-9。

表 15-4-9　ZC_3 蜗杆蜗轮啮合参数搭配（摘自 JB/Z 149—1978 及 JB/T 7935—1999）

中心距 a /mm	传动比代号	公称传动比 i	模数 m /mm	蜗杆分度圆直径 d_1 /mm	蜗杆头数 z_1	齿廓圆弧半径 ρ/mm	变位系数 x_2	蜗轮齿数 z_2	实际传动比 i_0
80	1 2 4 7	8 10 16 31.5	3.5	44	4 3 2 1	20 19 18	1.071	31	7.75 10.33 15.5 31
	3 5 8	12.5 20 40	3	38	3 2 1	16 15	0.833	39	13 19.5 39
	6 9	25 50	2.5	32	2 1	13	0.60	50	26 50
100	1 2 4 7	8 10 16 31.5	4.5	52	4 3 2 1	25 24 23	0.944	31	7.75 10.33 15.5 31
	3 5 8	12.5 20 40	4	44	3 2 1	21 20	0.5	38	12.67 19 38
	6 9	25 50	3	38	2 1	15	1	52	26 52

续表

中心距 a /mm	传动比代号	公称传动比 i	模数 m /mm	蜗杆分度圆直径 d_1 /mm	蜗杆头数 z_1	齿廓圆弧半径 ρ/mm	变位系数 x_2	蜗轮齿数 z_2	实际传动比 i_0
125	1	8	5.5	62	4	30	0.591	33	8.25
	2	10	6	63	3	32	0.583	30	10
	4 7	16 31.5	5.5	62	2 1	28	0.591	33	16.5 33
	3	12.5	5	55	3	26	0.5	38	12.67
	5 8	20 40	4.5	52	2 1	23	1	42	21 42
	6 9	25 50	4	44	2 1	20	0.75	50	25 60
160	1	8	7	76	4	39	0.929	33	8.25
	2	10	8	80	3	42	0.5	29	9.67
	4 7	16 31.5	7	76	2 1	35	0.929	33	16.5 33
	3	12.5	6	74	3	32	1	39	13
	5 8	20 40		63	2 1	30	0.917	41	20.5 41
	6 9	25 50	5	55	2 1	25	1	51	25.5 51
200	1	8	9	90	4	50	0.722	33	8.25
	2	10	10	98	3	53	0.5	29	9.67
	4 7	16 31.5	9	90	2 1	45	0.722	33	16.5 33
	3	12.5	8	80	3	42	0.5	39	13
	5 8	20 40			2 1	40			19.5 39
	6 9	20 50	8	74	2 1	30	1.167	52	26 52
250	1 2 4 7	8 10 16 31.5	12	114	4 3 2 1	66 64 60	0.583	31	7.75 10.33 15.5 31
	3 5 8	12.5 20 40	10	98	3 2 1	53 50	0.6	39	13 19.5 39
	6 9	25 50	8	80	2 1	40	0.75	51	25.5 51

续表

中心距 a /mm	传动比代号	公称传动比 i	模数 m /mm	蜗杆分度圆直径 d_1 /mm	蜗杆头数 z_1	齿廓圆弧半径 ρ/mm	变位系数 x_2	蜗轮齿数 z_2	实际传动比 i_0
280	1 2 4 7	8 10 16 31.5	14	126	4 3 2 1	77 74 70	0.5	30	7.5 10 15 30
	3 5 8	12.5 20 40	11	112	3 2 1	58 55	0.864	39	13 19.5 39
	6 9	25 50	9	90	2 1	45	0.611	51	25.5 51
320	1 2 4 7	8 10 16 31.5	16	128	1 3 2 1	88 85 80	0.5	31	7.75 10.33 15.5 31
	3	12.5	12	132	3	64	1.167	40	13.33
	5 8	20 40		114	2 1	60	0.917	42	21 42
	6 9	25 50	10	98	2 1	50	1.1	52	26 52
360	1 2 4 7	8 10 16 31.5	18	144	4 3 2 1	99 95 90	0.5	31	7.75 10.33 15.5 31
	3	12.5	14		3	74	1.071	39	13
	5 8	20 40		126	2 1	70	0.714	41	20.5 41
	6 9	25 50	12	114	2 1	60	0.75	49	24.5 49
400	1 2 4 7	8 10 16 31.5	20	156	4 3 2 1	110 106 110	0.6	31	7.75 10.33 15.5 31
	3 5 8	12.5 20 40	16	144	3 2 1	85 80	1	39	13 19.5 39
	6 9	25 50	14	126	2 1	70	0.571	47	23.5 47
450	1 2 4 7	8 10 16 31.5	22	170	4 3 2 1	121 117 110	1.091	31	7.75 10.33 15.5 31
	3	12.5	18	168	3	95	0.833	39	13
	5 8	20 40		144	2 1	90	0.5	41	20.5 41
	6 9	25 50	14		2 1	70	1	52	26 52

续表

中心距 a /mm	传动比代号	公称传动比 i	模数 m /mm	蜗杆分度圆直径 d_1 /mm	蜗杆头数 z_1	齿廓圆弧半径 ρ/mm	变位系数 x_2	蜗轮齿数 z_2	实际传动比 i_0
500	1	8	25	180	4	138	0.7	31	7.75
	2	10			3	133			10.33
	4	16			2	125			15.5
	7	31.5			1				31
	3	12.5	20	180	3	106	1	39	13
	5	20		156	2	100	0.6	41	20.5
	8	40			1				41
	6	25	16	144	2	80	0.75	52	26
	9	50			1				52

2.2 圆柱蜗杆传动的几何尺寸计算

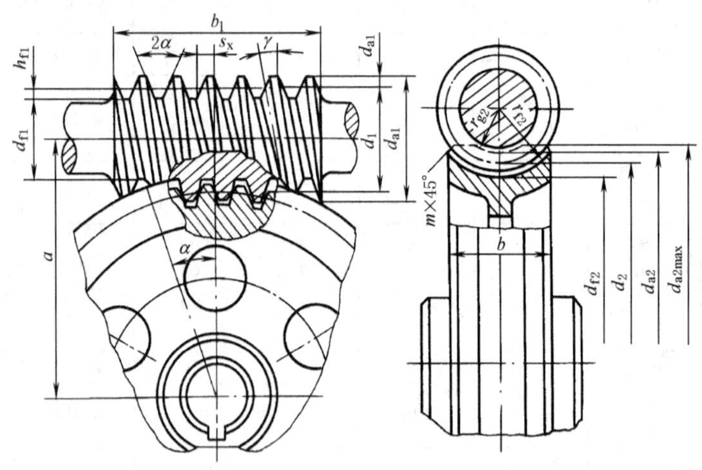

表 15-4-10 圆柱蜗杆传动的几何尺寸计算

项目	计算公式及说明	
蜗杆轴向模数(蜗轮端面模数)m	按表 15-4-12 的强度条件或用类比法确定,并应符合表 15-4-2 或表 15-4-5、表 15-4-7 数值;当按结构设计时,$m=\dfrac{2a}{q+z_2+2x_2}$	尺寸 z_1、z_2 和 q 值,推荐按表 15-4-6或表 15-4-8 或表 15-4-9 选取
传动比 i	$i=\dfrac{n_1}{n_2}=\dfrac{z_2}{z_1}$;推荐采用表 15-4-6 或表 15-4-8 或表 15-4-9 数值	
蜗杆头数 z_1	一般取 $z_1=1\sim4$	
蜗轮齿数 z_2	$z_2=iz_1$	
蜗杆直径系数(蜗杆特性系数)q	$q=\dfrac{d_1}{m}$;按表 15-4-12 的强度条件确定	
蜗轮变位系数 x_2	$x_2=\dfrac{a}{m}-\dfrac{d_1+d_2}{2m}$ 对普通圆柱蜗杆传动,一般取 $-1\leqslant x_2\leqslant1$; 对圆弧圆柱蜗杆传动,一般取 $x_2=0.5\sim1.5$,推荐取 $x_2=0.7\sim1.2$	
中心距 a	$a=(d_1+d_2+2x_2m)/2$;标准系列值见表 15-4-3	
蜗杆分度圆柱导程角 γ	$\tan\gamma=\dfrac{z_1}{q}=mz_1/d_1$	
蜗杆节圆柱导程角 γ'	$\tan\gamma'=\dfrac{z_1}{q+2x_2}$	

续表

项　　目	计算公式及说明	
蜗杆轴向齿形角 α	阿基米德圆柱蜗杆 $\alpha=20°$　$\tan\alpha_n=\tan\alpha\cos\gamma$	渐开线圆柱蜗杆，法向直廓圆柱蜗杆，锥面包络圆柱蜗杆 $\tan\alpha=\dfrac{\tan\alpha_n}{\cos\gamma}$　$\alpha_n=20°$
蜗杆(轮)法向齿形角 α_n		
顶隙 c	$c=c^*m$，一般顶隙系数 $c^*=0.2$，ZC_1 蜗杆 $c^*=0.16$	
蜗杆、蜗轮齿顶高 h_{a1}、h_{a2}	$h_{a1}=h_a^*m=\frac{1}{2}(d_{a1}-d_1)$；$h_{a2}=m(h_a^*+x_2)=\frac{1}{2}(d_{a2}-d_2)$。一般齿顶高系数 $h_a^*=1$	
蜗杆、蜗轮齿根高 h_{f1}、h_{f2}	$h_{f1}=(h_a^*+c^*)m=\frac{1}{2}(d_1-d_{f1})$；$h_{f2}=\frac{1}{2}(d_2-d_{f2})=m(h_a^*-x_2+c^*)$	
蜗杆、蜗轮分度圆直径 d_1、d_2	$d_1=q\cdot m$；$d_2=m\cdot z_2=2a-d_1-2x_2m$	
蜗杆、蜗轮节圆直径 d_1'、d_2'	$d_1'=(q+2x_2)m=d_1+2x_2m$；$d_2'=d_2$	
蜗杆、齿顶圆直径 d_{a1}、蜗轮喉圆直径 d_{a2}	$d_{a1}=(q+2)m$；$d_{a2}=(z_2+2+2x_2)m$　$d_{a1}=d_1+2h_{a1}=d_1+2h_a^*m$； $d_{a2}=d_2+2h_{a2}$	
蜗杆、蜗轮齿根圆直径 d_{f1}、d_{f2}	$d_{f1}=d_1-2h_{f1}$；$d_{f2}=d_2-2h_{f2}$	
蜗杆轴向齿距 p_x	$p_x=\pi m$	
蜗杆轴向齿厚 s_x	普通圆柱蜗杆　$s_x=0.5\pi m$；圆弧圆柱蜗杆 $s_x=0.4\pi m$	
蜗杆法向齿厚 s_n	$s_n=s_x\cos\gamma$	
蜗杆分度圆法向弦齿高 $\bar{h}_{n1}$	$\bar{h}_{n1}=m$	
蜗杆螺纹部分长度 b_1	普通圆柱蜗杆：$z_1=1,2$ 时 $b_1\geqslant(12+0.1z_2)m$ $z_1=3,4$ 时 $b_1\geqslant(13+0.1z_2)m$ ZC_1 蜗杆：$b\approx2.5m\sqrt{z_2+1}$ ZC_3 蜗杆：当 $x_2<1$，$z_1=1,2$ 时 $b\geqslant(12.5+0.1z_2)m$ 当 $x_2\geqslant1$，$z_1=1,2$ 时，$b_1\geqslant(13+0.1z_2)m$ 当 $x_2<1$，$z_1=3,4$ 时 $b_1\geqslant(13.5+0.1z_2)m$ 当 $x_2\geqslant1$，$z_1=3,4$ 时 $b_1\geqslant(14+0.1z_2)m$	
蜗轮最大外圆直径 d_{a2max}	z_1：1 / 2、3 / 4 / 圆弧圆柱蜗杆 $d_{a2max}\leqslant$：$d_{a2}+2m$ / $d_{a2}+1.5m$ / $d_{a2}+m$ / $d_{a2}+m$	
蜗轮轮缘宽度 b_2	$b_2=(0.67\sim0.75)d_{a1}$。z_1 大，取小值；z_1 小，取大值	
蜗轮咽喉母圆半径 r_{g2}	$r_{g2}=a-\frac{1}{2}d_{a2}$	
蜗轮齿根圆弧半径 r_{f2}	$r_{f2}=0.5d_{a1}+0.2m$	

2.3　圆柱蜗杆传动的受力分析

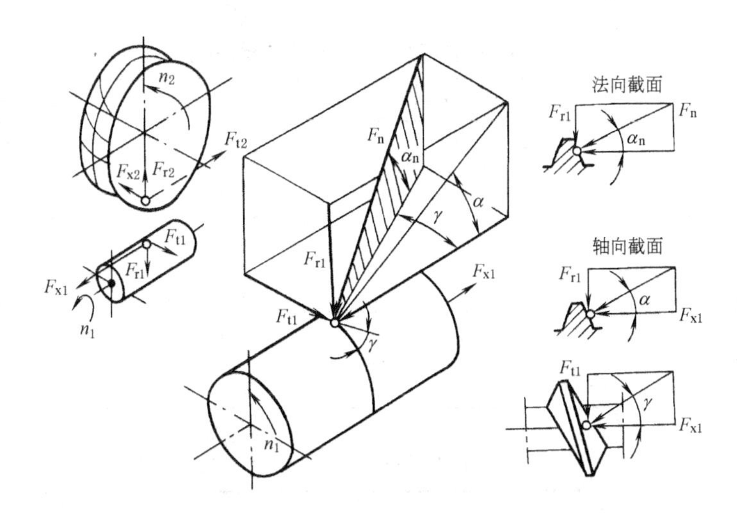

表 15-4-11　　蜗杆传动力的计算公式

项　　目	计 算 公 式	单　　位	说　　明
蜗杆圆周力 F_{t1} 蜗轮轴向力 F_{x2}	$F_{t1}=F_{x2}=\dfrac{2000T_1}{d_1}$	N	T_1 的单位为 N·m d_1 的单位为 mm
蜗杆轴向力 F_{x1} 蜗轮圆周力 F_{t2}	$F_{x1}=-F_{t2}=F_{t1}\cot\gamma$	N	
蜗杆径向力 F_{r1} 蜗轮径向力 F_{r2}	$F_{r1}=-F_{r2}=F_{x1}\tan\alpha$	N	$\alpha=20°$
法向力 F_n （$\cos\alpha_n\approx\cos\alpha$）	$F_n=\dfrac{F_{x1}}{\cos\gamma\ \cos\alpha_n}\approx\dfrac{-F_{t2}}{\cos\gamma\ \cos\alpha}$	N	
蜗杆轴传递的转矩 T_1	$T_1=9550\dfrac{P_1}{n_1}=9550\dfrac{P_2}{i\eta n_2}=\dfrac{T_2}{i\eta}$	N·m	P_1、P_2 的单位为 kW n_1、n_2 的单位为 r/min T_2 的单位为 N·m

注：1. 本表公式除 T_1 与 T_2、P_2 的关系式外，均未计入摩擦力。

2. 判断力的方向时应记住：当蜗杆为主动时，F_{t1}的方向与螺牙在啮合点的运动方向相反；F_{t2}的方向与轮齿在啮合点的运动方向相同；F_{r1}、F_{r2}的方向分别由啮合点指向轴心。如下图所示。

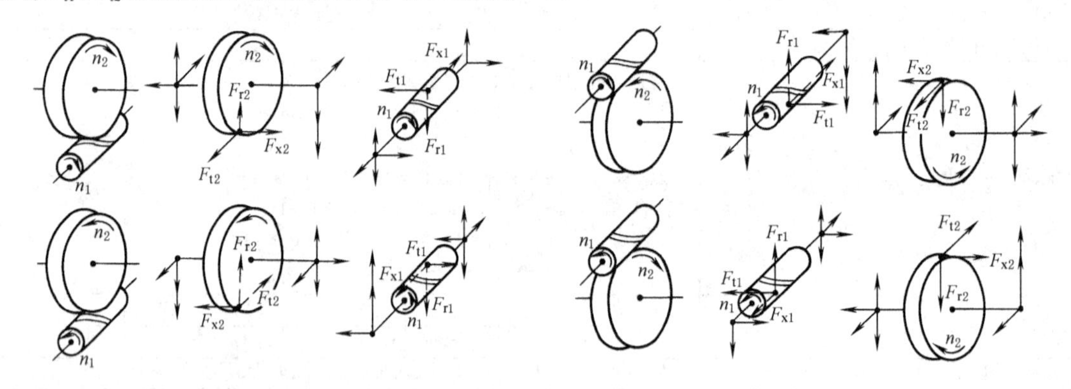

2.4　圆柱蜗杆传动强度计算和刚度验算

圆柱蜗杆传动的破坏形式，主要是蜗轮轮齿表面产生胶合、点蚀和磨损，而轮齿的弯曲折断却很少发生。因此，通常多按齿面接触强度计算。只是当 z_2>80~100 时，才进行弯曲强度核算。可是，当蜗杆作传动轴时，必须按轴的计算方法进行强度计算和刚度验算。

圆弧圆柱蜗杆传动的轮齿弯曲强度较接触强度大得更多。故一般不进行轮齿弯曲强度计算。

表 15-4-12　　圆柱蜗杆传动强度计算和刚度验算公式

项　　目	普通圆柱蜗杆传动	圆弧圆柱蜗杆传动
接触强度 设计公式	$m\sqrt[3]{q}\geqslant\sqrt[3]{\left(\dfrac{15150}{z_2\sigma_{Hp}}\right)^2KT_2}$ (mm)	$a\geqslant481\sqrt[3]{\dfrac{KK_zT_2}{\sigma_{Hp}K_{gL}}}$ (mm)
接触强度 校核公式	$\sigma_H=\dfrac{14783}{d_2}\sqrt{\dfrac{KT_2}{d_1}}\leqslant\sigma_{Hp}$ (N/mm²)	$\sigma_H=3289\sqrt{\dfrac{KK_zT_2}{a^3K_{gL}}}\leqslant\sigma_{Hp}$ (N/mm²)
弯曲强度 校核公式	$\sigma_F=\dfrac{2000T_2K}{d_2'\ d_1'\ mY_2\cos\gamma}\leqslant\sigma_{Fp}$ (N/mm²)	
刚度验算公式	$y_1\leqslant0.0025d_1$ (mm)，或 $y_1\leqslant\dfrac{\sqrt{F_{t1}^2+F_{r1}^2}\cdot L^3}{4.8E\cdot I}$ (mm)	

续表

说　明	
$m\sqrt[3]{q}$——见表 15-4-5,查得 m 和 q 的值 σ_{Hp}——许用接触应力,N/mm²,视材料取,对于锡青铜蜗轮: $\sigma_{Hp}=\sigma_{Hbp}Z_sZ_N$ σ_{Hbp}——$N=10^7$ 时蜗轮材料的许用接触应力,N/mm²,见表 15-4-13,对于其他材料的蜗轮直接查表 15-4-14 Z_s——滑动速度影响系数,由图 15-4-5 查得 Z_N——寿命系数,由图 15-4-7 查得 σ_{Fp}——许用弯曲应力,N/mm²,$\sigma_{Fp}=\sigma_{Fbp}Y_N$ σ_{Fbp}——$N=10^6$ 时蜗轮材料的许用弯曲应力,N/mm²,由表 15-4-13查得 Y_N——寿命系数,由图 15-4-7 查得 T_2——蜗轮轴传递的转矩,N·m Y_2——蜗轮齿形系数,由图 15-4-6 查得 K——载荷系数,设计计算时:$K=1.1\sim1.4$,当载荷平稳、蜗轮圆周速度 $v_2\leqslant 3$m/s 及 7 级精度以上时,取较小值,否则取较大值。校核计算时: $K=K_1K_2K_3K_4K_5K_6$	K_1——动载荷系数。当 $v_2\leqslant 3$m/s 时,$K_1=1$,$v_2>3$m/s 时,$K_1=1.1\sim1.2$ K_2——啮合质量系数,由表 15-4-15 查取 K_3——小时载荷率系数,由图 15-4-8 查得 K_4——环境温度系数,由表 15-4-16 查取 K_5——工作情况系数,由表 15-4-17 查取 K_6——风扇系数。不带风扇时,$K_6=1$,带风扇时,由图 15-4-9 查得 K_z——齿数系数,由图 15-4-10 查得 K_{gL}——几何参数系数,由图 15-4-11 查得 I——蜗杆中央部分惯性矩 $I=\dfrac{\pi d_{f1}^4}{64}$mm⁴ E——弹性模量,N/mm² L——蜗杆两端支承点距离,mm y_1——蜗杆中央部分挠度,mm

表 15-4-13　　蜗轮材料为 $N=10^7$ 时的许用接触应力 σ_{Hbp}

蜗轮材料为 $N=10^6$ 时的许用弯曲应力 σ_{Fbp}　　N·mm⁻²

蜗轮材料	铸造方法	适用的滑动速度 v_s /m·s⁻¹	力学性能		σ_{Hbp}		σ_{Fbp}	
					蜗杆齿面硬度		一侧受载	两侧受载
			σ_s	σ_b	≤350HB	>45HRC		
ZCuSn10Pb1	砂　模 金属模	≤12 ≤25	137 196	220 310	180 200	200 220	50 70	30 40
ZCuSn5Pb5Zn5	砂　模 金属模	≤10 ≤12	78	200	110 135	125 150	32 40	24 28
ZCuAl10Fe3	砂　模 金属模	≤10	196	490 540	见表 15-4-14		80 90	63 80
ZCuAl10Fe3Mn2	砂　模 金属模	≤10	—	490 540			— 100	— 90
ZCuZn38Mn2Pb2	砂　模 金属模	≤10	—	245 345			60 —	55 —
HT150	砂　模	≤2	—	150			40	25
HT200	砂　模	≤2~5	—	200			47	30
HT250	砂　模	≤2~5	—	250			55	35

表 15-4-14　　无锡青铜、黄铜及铸铁的许用接触应力 σ_{Hbp}　　$N \cdot mm^{-2}$

蜗轮材料	蜗杆材料	滑动速度 $v_s/m \cdot s^{-1}$							
		0.25	0.5	1	2	3	4	6	8
ZCuAl10Fe3、ZCuAl10Fe3Mn2	钢经淬火*	—	245	225	210	180	160	115	90
ZCuZn38Mn2Pb2	钢经淬火*	—	210	200	180	150	130	95	75
HT200、HT150(120~150HB)	渗碳钢	160	130	115	90	—	—	—	—
HT150(120~150HB)	调质或淬火钢	140	110	90	70	—	—	—	—

注：标有*的蜗杆如未经淬火，其 σ_{Hbp} 值需降低 20%。

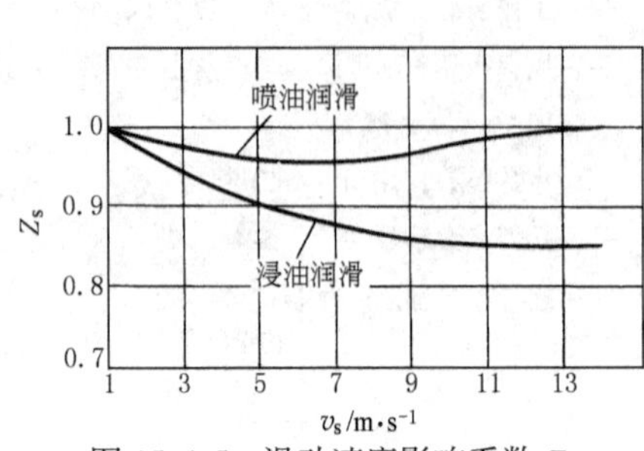

图 15-4-5　滑动速度影响系数 Z_s

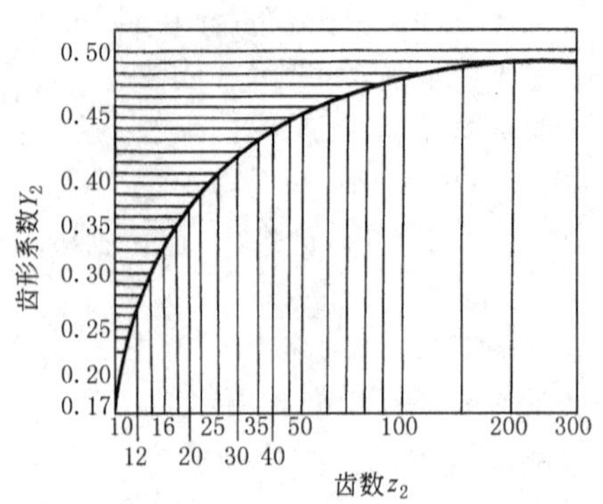

图 15-4-6　齿形系数 Y_2

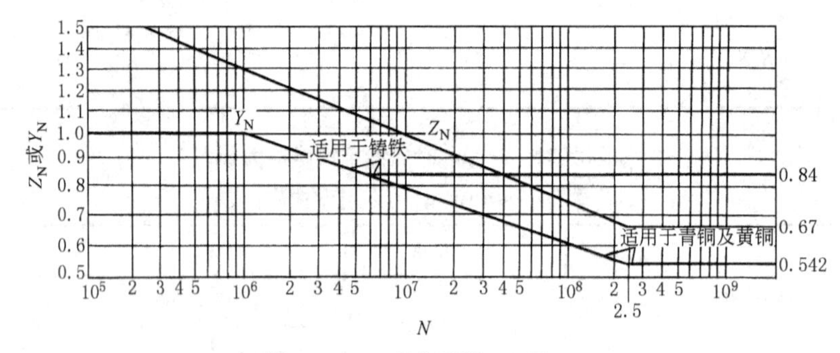

图 15-4-7　寿命系数 Z_N 及 Y_N

注：N 为应力循环次数。稳定载荷时：$N=60n_2t$

变载荷时：

接触 $N_H=60\sum n_it_i\left(\frac{T_{2i}}{T_{2max}}\right)^4$；弯曲 $N_F=60\sum n_it_i\left(\frac{T_{2i}}{T_{2max}}\right)^9$

式中　t——总的工作时间，h；

n_2——蜗轮转速，r/min；

n_i，t_i，T_{2i}——蜗轮在不同载荷下的转速（r/min）、工作时间（h）和转矩（N·m）；

T_{2max}——蜗轮传递的最大转矩，N·m。

表 15-4-15　　啮合质量系数 K_2

传动类型	精度等级	啮合情况		K_2
普通圆柱蜗杆传动	7	啮合面积符合有关规定要求，啮合部位偏于啮出口		0.95~0.99
	8	啮合面积符合有关规定要求，啮合部位偏于啮出口		1.0
	9	啮合面积不符合有关规定要求，啮合部位不偏于啮出口		1.1~1.2
圆弧圆柱蜗杆传动	7	工作前经满载荷充分跑合，啮合面积符合有关规定要求，啮合部位在蜗轮齿顶偏啮出口呈“月牙形”		1.0
	8,9	工作前经满载荷充分跑合，啮合面积不符合有关规定的要求，啮合部位不偏啮出口或不呈“月牙形”	a=63~150mm	1.1~1.2
			a≥150~500mm	1.15~1.25

表 15-4-16　　环境温度系数 K_4

蜗杆转速 /r·min^{-1}	环境温度/℃					蜗杆转速 /r·min^{-1}	环境温度/℃				
	0~25	25~30	30~35	35~40	40~45		0~25	25~30	30~35	35~40	40~45
1500	1.00	1.09	1.18	1.52	1.87	750	1.00	1.07	1.13	1.37	1.62
1000	1.00	1.08	1.16	1.46	1.78	500	1.00	1.05	1.09	1.18	1.36

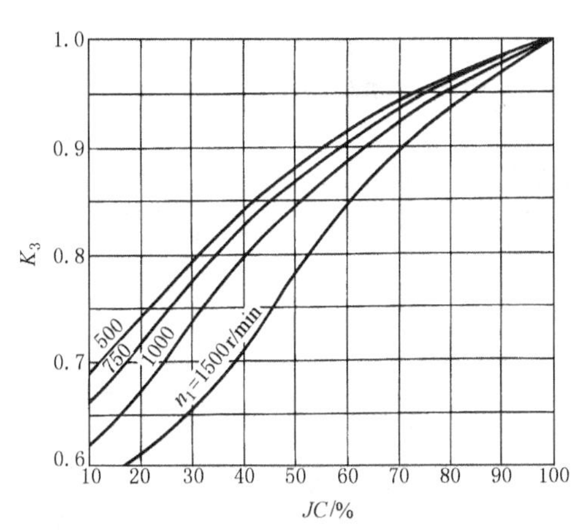

图 15-4-8　小时载荷率系数 K_3

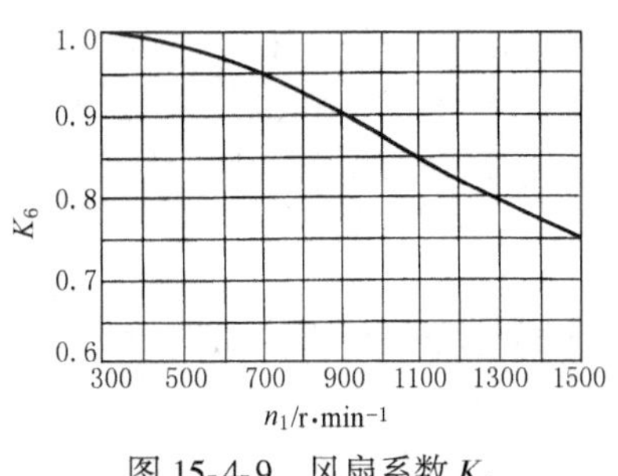

图 15-4-9　风扇系数 K_6

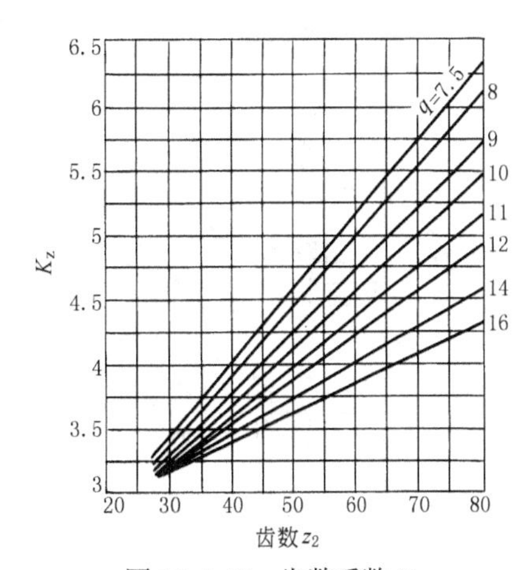

图 15-4-10　齿数系数 K_z

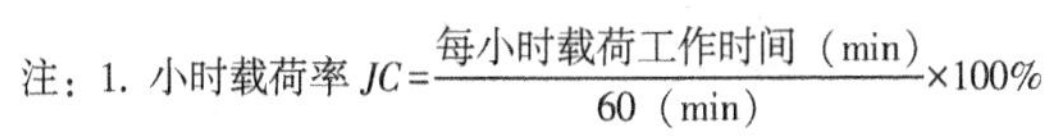

注：1. 小时载荷率 $JC=\dfrac{\text{每小时载荷工作时间 (min)}}{60\ \text{(min)}}\times100\%$

2. 小时载荷率以每小时工作最长时间计算。
3. 当 $JC<15\%$时，按 15%计算。
4. 连续工作 1h，取 $JC=100\%$。
5. 转向频繁交替时，取工作时间之和。

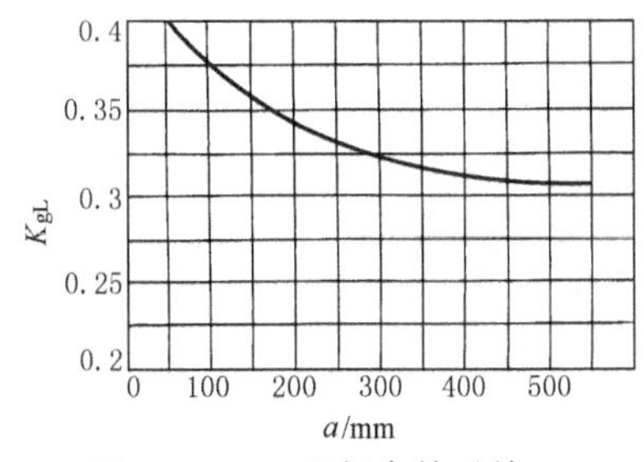

图 15-4-11　几何参数系数 K_{gL}

表 15-4-17　　工作情况系数 K_5

载荷性质	均匀、无冲击	不均匀、小冲击	不均匀、大冲击
启动次数/次·h^{-1}	<25	25~50	>50
启动载荷	小	较大	大
K_5	1.0	1.15	1.2

2.5　圆柱蜗杆传动滑动速度和传动效率计算

（1）滑动速度 v_s

是指蜗杆和蜗轮在节点处的滑动速度（见图 15-4-12）。滑动速度 v_s 可按下式求得

$$v_s=\frac{v_1}{\cos\gamma'}=\frac{d_1'\ n_1}{19100\cos\gamma'}\quad (\text{m/s})$$

当 $d_1'=d_1$ 时，

$$v_s=\frac{mn_1}{19100}\sqrt{z_1^2+q^2}\quad (\text{m/s})$$

在进行力的分析或强度计算时，v_s 的概略值可按图 15-4-13 确定。图中，普通圆柱蜗杆传动用实线，圆弧圆柱蜗杆传动用虚线。

(2) 传动效率 η

传动效率的精确计算见有关减速器散热计算部分。在进行力的分析或强度计算时，可按下式进行估算

普通圆柱蜗杆传动：$\eta=(100-3.5\sqrt{i})\%$

圆弧圆柱蜗杆传动：在相同条件下，当传动比 $i=8\sim50$ 时，圆弧圆柱蜗杆传动比普通圆柱蜗杆传动高3%~9%。

2.6 提高圆柱蜗杆传动承载能力和传动效率的方法简介

提高圆柱蜗杆传动的承载能力和传动效率的重要途径是降低共轭齿面间的摩擦因数和接触应力值。实现合理的啮合部位，采用人工油涵结构等方法，均能改善润滑条件和扩大实际接触面积，因而，就降低了摩擦因数和接触应力值。表 15-4-18 列出了常用的几种方法供参考。

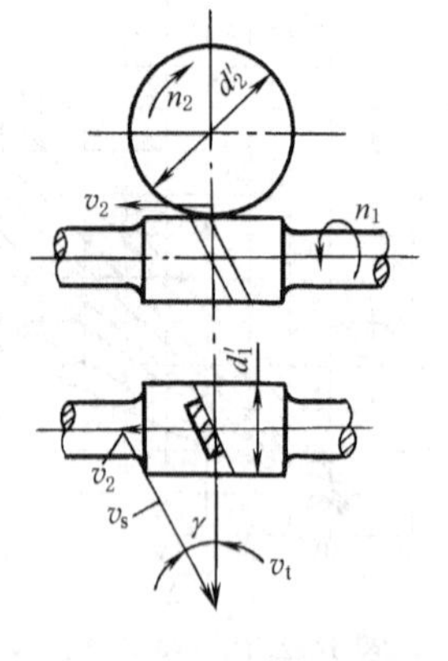

图 15-4-12　滑动速度

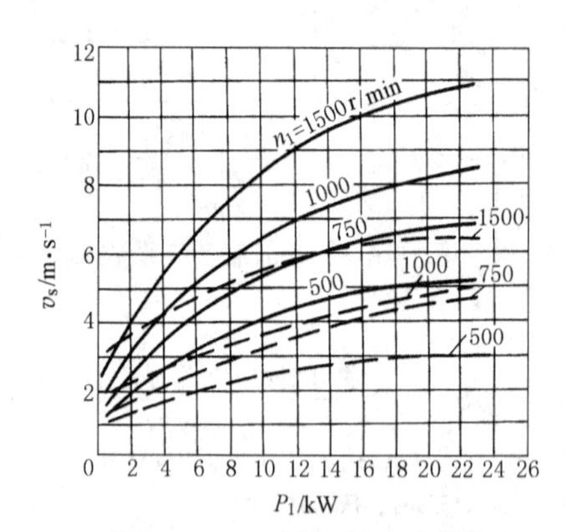

图 15-4-13　滑动速度曲线

表 15-4-18　　提高承载能力和传动效率的方法

啮出口接触	改变啮合部位
要求： 普通圆柱蜗杆传动： $\frac{接触面积}{全齿面积}=30\%\sim60\%$ 圆弧圆柱蜗杆传动： $\frac{接触面积}{全齿面积}=40\%\sim50\%$	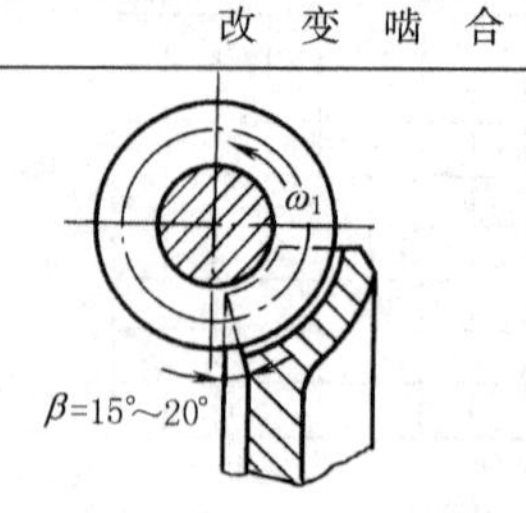 注：此图为改变啮合部位的 β 传动
消除不利的啮合部位	
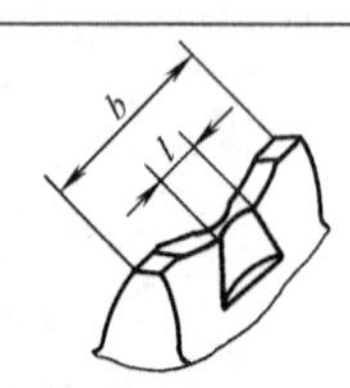 挖窝宽度：$l\leqslant\frac{b}{3}$ 挖窝深度：至齿根 挖窝位置：双向传动在正中间 　　　　　单向传动靠啮入口	轮齿挖窝蜗轮 立铣刀外径 $d_0=\frac{5}{6}\pi m\cos\alpha$ 注：当 $m>10$mm 时，挖窝时应将铣刀向两边（两相邻齿）靠一下

第 15 篇

续表

<table>
<tr><td>啮 出 口 接 触</td><td>改 变 啮 合 部 位</td></tr>
<tr><td colspan="2">制 造 人 工 油 涵</td></tr>
<tr><td>用大滚刀切削蜗轮 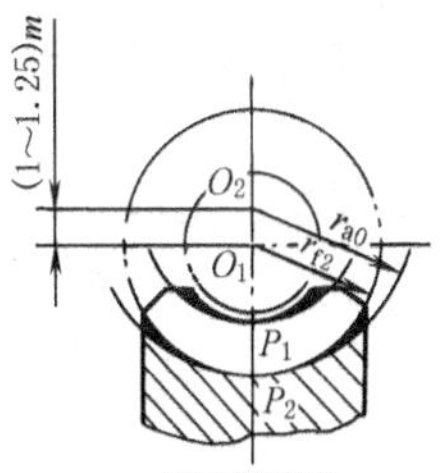
(1~1.25)m　O_2　r_{a0}　O_1　r_{f2}　P_1　P_2
加工蜗轮时,
$a_{02}=a+(r_{a0}-r_{f2})$</td><td>移动滚刀位置 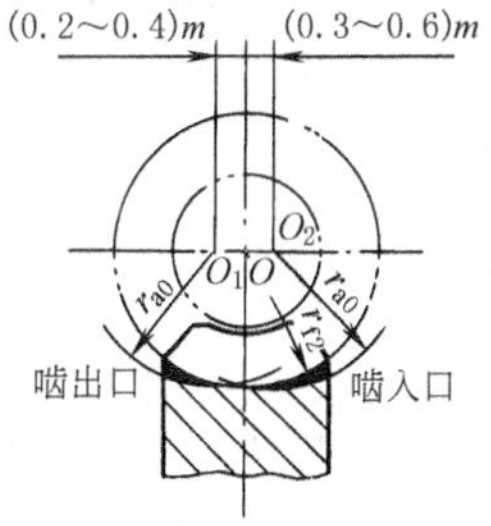
(0.2~0.4)m　(0.3~0.6)m
O_2　r_{a0}　O_1　O　r_{a0}　r_{f2}
啮出口　啮入口</td></tr>
<tr><td>搬动刀架角度加工蜗轮 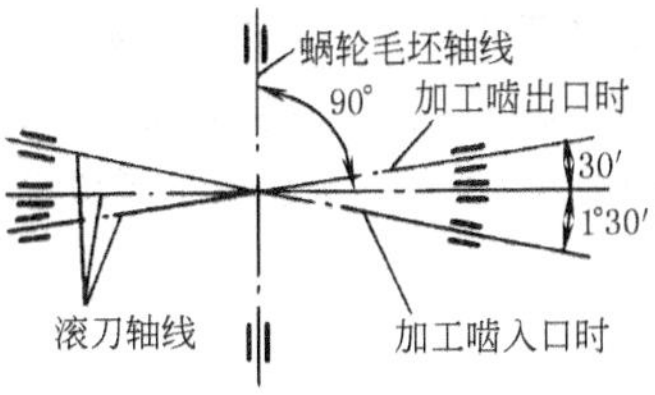
蜗轮毛坯轴线　90°　加工啮出口时　30′　1°30′
滚刀轴线　加工啮入口时</td><td>加大蜗轮顶圆圆弧半径 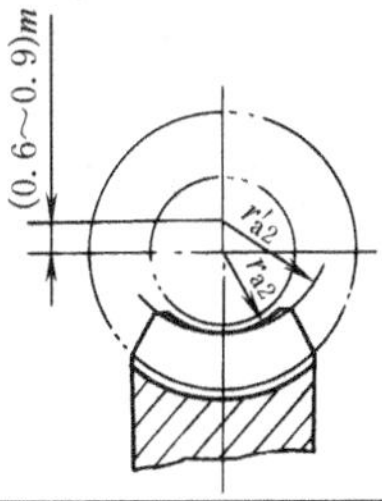
(0.6~0.9)m　r'_{a2}　r_{a2}</td></tr>
</table>

<table>
<tr><td colspan="9">圆弧圆柱蜗杆传动实现月牙形接触</td></tr>
<tr><td colspan="2" rowspan="3">减小蜗轮滚刀(或飞刀)的齿廓圆弧半径ρ_0
使$\rho_0=\rho-\Delta\rho$</td><td colspan="2" rowspan="3">减小滚刀齿形角或增大蜗杆齿形角α</td><td colspan="5">蜗杆螺旋面顶部修缘</td></tr>
<tr><td>蜗杆圆周速度/m·s^{-1}</td><td colspan="2">>10</td><td colspan="2">>6</td></tr>
<tr><td>蜗杆精度等级</td><td colspan="2">7</td><td colspan="2">8</td></tr>
<tr><td>x_2</td><td>$\Delta\rho$</td><td>m/mm</td><td>$\Delta\alpha$</td><td rowspan="8"> 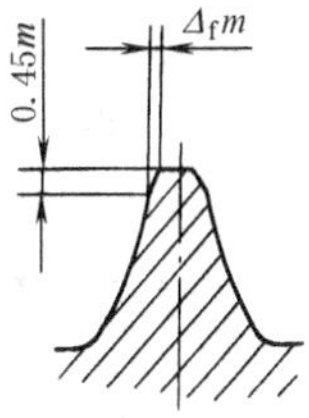0.45m　$\Delta_f m$</td><td>m/mm</td><td>Δ_f/mm</td><td>m/mm</td><td>Δ_f/mm</td></tr>
<tr><td rowspan="2">0.5~0.75</td><td rowspan="2">0.04πm_x</td><td rowspan="2">3~6</td><td rowspan="2">20′</td><td>2~2.5</td><td>0.015</td><td>2~2.75</td><td>0.02</td></tr>
<tr><td>2.75~3.5</td><td>0.012</td><td>3~3.5</td><td>0.0175</td></tr>
<tr><td rowspan="2">>0.75~1</td><td rowspan="2">0.05πm_x</td><td rowspan="2">7~12</td><td rowspan="2">30′</td><td>3.75~5</td><td>0.010</td><td>3.75~8</td><td>0.015</td></tr>
<tr><td>5.5~7</td><td>0.009</td><td>5.5~8</td><td>0.012</td></tr>
<tr><td>>1~1.5</td><td>0.06πm_x</td><td>13~25</td><td>35′</td><td>8~11</td><td>0.008</td><td>9~16</td><td>0.010</td></tr>
<tr><td colspan="2" rowspan="2">ρ——蜗杆齿廓圆弧半径</td><td colspan="2" rowspan="2">$\Delta\alpha=\alpha-\alpha_0$</td><td>12~20</td><td>0.007</td><td>18~25</td><td>0.009</td></tr>
<tr><td>22~30</td><td>0.006</td><td>28~50</td><td>0.008</td></tr>
</table>

3　环面蜗杆传动

环面蜗杆传动的蜗杆外形，是以一个凹圆弧为母线绕蜗杆轴线回转而形成的回转面，故称圆环回转面蜗杆，简称环面蜗杆。

3.1　环面蜗杆传动的分类及特点

环面蜗杆传动的类别，取决于形成螺旋齿面的母线或母面。母线为直线时，称为直廓环面蜗杆传动（TSL型）；母面为平面时，称为平面包络环面蜗杆传动。

平面包络环面蜗杆传动泛指平面一次包络环面蜗杆传动（TVP 型）和平面二次包络环面蜗杆传动（TOP 型）两种，在平面一次包络环面蜗杆传动中，又有直齿平面包络环面蜗杆传动和斜齿平面包络环面蜗杆传动之分。

直廓环面蜗杆传动（TSL 型）和平面二次包络环面蜗杆传动，都是多齿接触和双接触线接触。因此，扩大了接触面积、改善了油膜形成条件、增大了齿面间的相对曲率半径等，这就是提高传动效率和承载能力的原因所在；平面一次包络环面蜗杆传动虽是单接触线接触，但也有多齿接触等优点，所以其传动效率和承载能力也比圆柱蜗杆传动大得多。

平面包络环面蜗杆比较容易实现完全符合其啮合原理的精确加 工和淬硬磨削，尤其对于平面一次包络环面蜗杆传动的制作还较容易。

3.2 环面蜗杆传动的形成原理

直廓环面蜗杆的形成原理

在图 15-4-14 中，设空间有一轴线 $O_1—O_1$，通过该轴线的平面 P 绕 $O_1—O_1$ 以角速度 ω_1 回转。与此同时，在平面 P 上有一直线 $N—N$，它距平面 P 上一点 O_2 的垂直距离为 $d_b/2$，以角速度 ω_2 绕 O_2 回转。这样，直线 $N—N$ 在空间形成的轨迹面，就是直廓环面蜗杆的螺旋齿面。直线 $N—N$ 也就是形成该蜗杆螺旋齿面的母线。

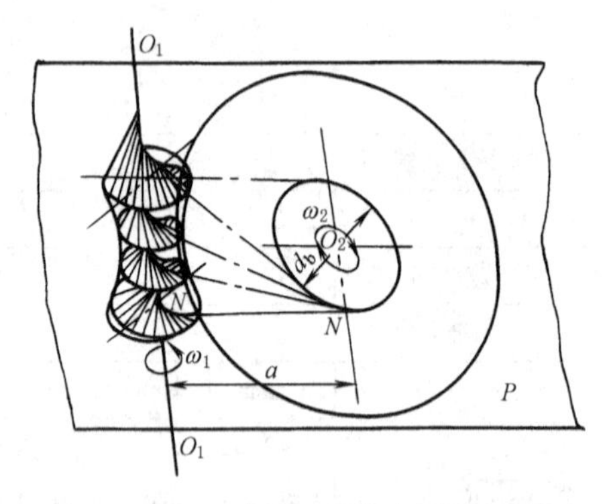

图 15-4-14　直廓环面蜗杆形成原理

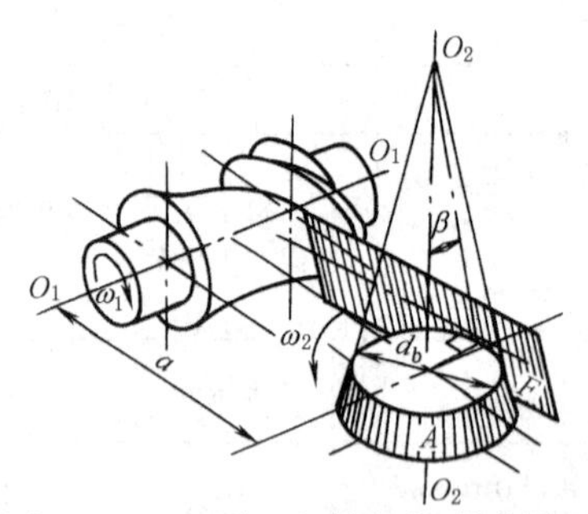

图 15-4-15　平面包络蜗杆形成原理

平面包络环面蜗杆的形成原理

如图 15-4-15 所示，设平面 F 与圆锥 A 外表面相切，并一起绕轴线 $O_2—O_2$ 以角速度 ω_2 回转。与此同时，蜗杆毛坯绕其轴线 $O_1—O_1$ 以角速度 ω_1 回转。这样，平面 F 在蜗杆毛坯上形成的轨迹面便是平面包络环面蜗杆的螺旋齿面。平面 F 就是形成该蜗杆螺旋齿面的母面。

平面包络环面蜗杆的螺旋齿面，实际上是以平面齿齿轮的齿面为母面经过共轭运动包络形成的。因此，该平面包络环面蜗杆与该平面齿齿轮组成的传动副，称作平面一次包络环面蜗杆传动。

在图 15-4-15 中，当母平面 F 与刀座轴线 $O_2—O_2$ 的夹角 $\beta=0$ 时，是直廓平面包络环面蜗杆，适于传递运动；当母平面 F 与刀座轴线 $O_2—O_2$ 的夹角 $\beta>0$ 时，是斜齿平面包络环面蜗杆，适于传递动力。

平面二次包络环面蜗杆传动，其蜗轮齿面则是由上述蜗杆的齿面为母面包络形成的，即由与该蜗杆参数、形状完全一致的滚刀展成。构成该传动副，需两次包络运动，故称平面二次包络环面蜗杆传动。

3.3 环面蜗杆传动的参数选择和几何尺寸计算

首先根据承载能力的要求确定中心距 a，再按直廓环面蜗杆传动（表 15-4-19）和平面二次包络环面蜗杆传动（表 15-4-20）分别计算几何尺寸。

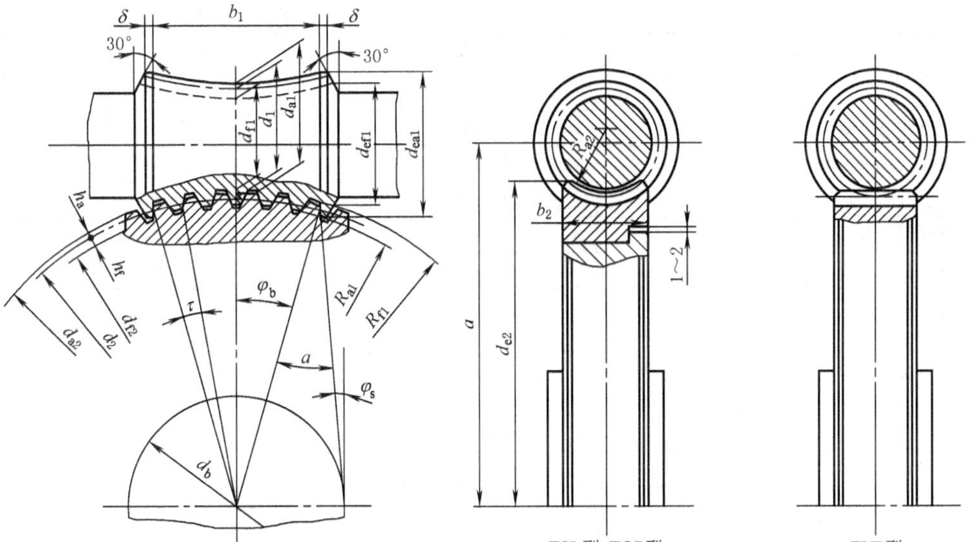

TSL型，TOP型

TVP型

表 15-4-19　　直廓环面蜗杆传动参数和几何尺寸计算

名　　称	代号/单位	计算公式和说明
中心距	a/mm	根据承载能力确定
传动比	i_{12}	根据工作要求确定
蜗杆头数	z_1	按 i_{12} 和使用要求确定
蜗轮齿数	z_2	$z_2=i_{12}z_1$
蜗杆分度圆直径	d_1/mm	$d_1\approx0.681a^{0.875}$
基圆直径	d_b/mm	$d_b\approx0.625a$
蜗轮齿宽	b_2/mm	$b_2\approx\psi_a a$（ψ_a 按 0.25、0.315 选）
蜗轮分度圆直径	d_2/mm	$d_2=2a-d_1$
蜗杆分度圆导程角	γ/(°)	$\gamma=\arctan[d_2/(i_{12}d_1)]$
齿距角	τ/(°)	$\tau=360°/z_2$
蜗杆包围蜗轮齿数	z'	$z_2<40$ 时 $z'=4$ $z_2\geqslant40$ 时 $z'=z_2/10$（4 舍 5 入）
蜗杆包围蜗轮工作半角	φ_h/(°)	$\varphi_h=0.5\tau(z'-0.45)$ $\varphi_h=0.5\tau(z'-0.50)$（用于等齿厚）
蜗杆工作长度	b_1/mm	$b_1=d_2\sin\varphi_w$
蜗轮端面模数	m_t/mm	$m_t=d_2/z_2$
径向间隙	c/mm	$c\approx0.2m_t$
齿根圆角半径	ρ_f/mm	$\rho_f=c$
齿顶倒角尺寸	c_a/mm	$c_a=0.6c$
齿顶高	h_a/mm	$h_a=0.75m_t$
全齿高	h/mm	$h=1.7m_t$
蜗杆齿顶圆直径	d_{a1}/mm	$d_{a1}=d_1+2h_a$
蜗杆齿根圆直径	d_{f1}/mm	$d_{f1}=d_{a1}-2h$
蜗轮齿顶圆直径	d_{a2}/mm	$d_{a2}=d_2+2h_a$

续表

名　　称	代号/单位	计算公式和说明
蜗轮齿根圆直径	d_{f2}/mm	$d_{f2}=d_{a2}-2h$
蜗杆齿顶圆弧半径	R_{a1}/mm	$R_{a1}=a-d_{a1}/2$
蜗杆齿根圆弧半径	R_{f1}/mm	$R_{f1}=a-d_{f1}/2$
分度圆压力角	α/(°)	$\alpha=\arcsin(d_b/d_2)$
圆周齿侧间隙	j_t/mm	由表 15-4-67 查得
圆周齿侧间隙半角	α_j/(°)	$\alpha_j=\arcsin(j_t/d_2)$
蜗杆齿厚半角	γ_1/(°)	$\gamma_1=0.225\tau-\alpha_j$ $\gamma_1=0.25\tau-\alpha_j$(用于等齿厚)
蜗轮齿厚半角	γ_2/(°)	$\gamma_2=0.275\tau$ $\gamma_2=0.25\tau$(用于等齿厚)
蜗杆轴线截面齿形半角	α_1/(°)	$\alpha_1=\alpha+\gamma_1$
蜗轮齿形角	α_2/(°)	$\alpha_2=\alpha_1-0.5\tau+\alpha_j$
蜗杆螺旋入口修形量	Δ_f/mm	$\Delta_f=(0.0003+0.000034i_{12})a$
蜗杆中间平面齿厚修形减薄量	Δs_{n1}/mm	$\Delta s_{n1}=2\Delta_f\left(0.3-\dfrac{56.7}{z_2\varphi_w}\right)^2\cos\gamma$ 等齿厚时 $\Delta s_{n1}=2\Delta_f\left(0.3-\dfrac{63}{z_2\varphi_w}\right)^2\cos\gamma$
蜗杆中间平面法向弦齿厚	$\bar{s}_{n1}$/mm	$\bar{s}_{n1}=d_2\sin\gamma_1\cos\gamma$ 中间平面有修形量时 $\bar{s}_{n1}=d_2\sin\gamma_1\cos\gamma-\Delta s_{n1}$
蜗杆法向弦齿厚测量齿高	$\bar{h}_{a1}$/mm	$\bar{h}_{a1}=h_a-0.5d_2(1-\cos\gamma_1)$
蜗轮中间平面法向弦齿厚	$\bar{s}_{n2}$/mm	$\bar{s}_{n2}=d_2\sin\gamma_2\cos\gamma$
蜗轮法向弦齿厚测量齿高	$\bar{h}_{a2}$/mm	$\bar{h}_{a2}=h_a+0.5d_2(1-\cos\gamma_2)$
蜗杆外径处肩带宽度	δ/mm	$\delta=0.5m_t$(圆整)
蜗杆螺旋入口修缘量	Δ_j/mm	$\Delta_j=0.03h$
入口修缘对应角	ψ/(°)	$\psi=\psi_w-0.6\tau$
蜗杆顶圆最大直径	d_{ea1}/mm	$d_{ea1}=2[a-(R_{a1}^2-0.25L_w^2)^{0.5}]$
蜗杆齿根圆最大直径	d_{ef1}/mm	$d_{ef1}=0.5\{(L+d_{ea1}+2a)-$ $[(L+d_{ea1}+2a)^2-2(L+d_{ea1})^2-8(a^2-R_{f1}^2)]^{0.5}\}$
蜗轮齿顶圆最大直径	d_{ea2}/mm	作图确定
蜗杆齿顶圆弧半径	R_{a2}/mm	$R_{a2}\geqslant 0.53d_{f1}$
工作起始角	φ_s/(°)	$\varphi_s=\alpha-\varphi_h$

注：1. 通常蜗杆和蜗轮的齿厚角分别为 0.45τ 和 0.55τ，当中心距 $a\leqslant 160$mm、传动比 $i_{12}>25$ 时，为防止蜗轮刀具刀顶过窄，可按等齿厚分配。

2. 表中算例按抛物线修形计算，若按其他方法修形，相关公式应作变动。

表 15-4-20　　平面二次包络环面蜗杆传动的参数和几何尺寸计算

名　　称	代号/单位	计算公式和说明
中心距	a/mm	根据承载能力确定
传动比	i_{12}	根据工作要求确定
蜗杆头数	z_1	根据 i_{12} 和工作要求确定
蜗轮齿数	z_2	$z_2=i_{12}z_1$

续表

名　称	代号/单位	计算公式和说明
蜗杆分度圆直径	d_1/mm	$d_1 \approx k_1 a$(圆整) $i_{12}>20, k_1=0.33\sim0.38$ $i_{12}>10, k_1=0.36\sim0.42$ $i_{12}\leqslant10, k_1=0.40\sim0.50$
蜗轮分度圆直径	d_2/mm	$d_2=2a-d_1$
蜗轮端面模数	m_t/mm	$m_t=d_2/z_2$
齿顶高	h_a/mm	$h_a=0.7m_t$
齿根高	h_f/mm	$h_f=0.9m_t$
全齿高	h/mm	$h=h_a+h_f$
齿顶间隙	c/mm	$c=0.2m_t$
蜗杆齿根圆直径	d_{f1}/mm	$d_{f1}=d_1-2h_f$
蜗杆齿顶圆直径	d_{a1}/mm	$d_{a1}=d_1+2h_a$
蜗杆齿根圆弧半径	R_{f1}/mm	$R_{f1}=a-0.5d_{f1}$
蜗杆齿顶圆弧半径	R_{a1}/mm	$R_{a1}=a-0.5d_{a1}$
蜗轮齿根圆直径	d_{f2}/mm	$d_{f2}=d_2-2h_f$
蜗轮齿顶圆直径	d_{a2}/mm	$d_{a2}=d_2+2h_a$
蜗杆喉部分度圆导程角	γ/(°)	$\gamma=\arctan[d_2/(d_1 i_{12})]$
齿距角	τ/(°)	$\tau=360/z_2$
主基圆直径	d_b/mm	$d_b=k_2 a$(圆整) $k_2=0.5\sim0.67$ 一般取$k_2=0.63$,小传动比可取较小值
蜗轮分度圆压力角	α/(°)	$\alpha=\arcsin(d_b/d_2)$ $(\alpha=20°\sim25°)$
蜗杆包围蜗轮齿数	z'	$z'=z_2/10$(圆整)
蜗杆包围蜗轮的工作半角	φ_h/(°)	$\varphi_h=0.5\tau(z'-0.45)$
工作起始角	φ_s/(°)	$\varphi_s=\alpha-\varphi_h$
蜗轮齿宽	b_2/mm	$b_2=(0.9\sim1.0)d_{f1}$(圆整)
蜗杆工作长度	b_1/mm	$b_1=d_2\sin\varphi_w$
蜗杆外径处肩带宽度	δ/mm	$\delta\leqslant m_t$
蜗杆最大齿顶圆直径	d_{ea1}/mm	$d_{ea1}=2[a-(R_{a1}^2-0.25b_1^2)^{0.5}]$
蜗杆最大齿根圆直径	d_{ef1}/mm	$d_{ef1}=2[a-(R_{f1}^2-0.25b_1^2)^{0.5}]$
蜗轮分度圆齿距	p_t/mm	$p_t=\pi m_t$
圆周齿侧间隙	j/mm	由表 15-4-71 查得
蜗轮分度圆齿厚	s_2/mm	$i_{12}>10$ 时,$s_2=0.55p_t$ $i_{12}\leqslant10$ 时,$s_2=p_t-s_1-j$
蜗杆分度圆弧齿厚	s_1/mm	$i_{12}>10$ 时,$s_1=p_t-s_2-j$ $i_{12}\leqslant10$ 时,$s_1=k_3 p_t$ $z_1<4$ 时,$k_3\approx0.45$ $z_1=4, k_3=0.46$ $z_1=5, k_3=0.47$ $z_1=6, k_3=0.48$ $z_1=8, k_3=0.49$

续表

<table>
<tr><th colspan="3">名　　称</th><th>代号/单位</th><th>计算公式和说明</th></tr>
<tr><td colspan="3">产形面倾角</td><td>$\beta/(°)$</td><td>$\tan\beta\approx\dfrac{\cos(\alpha+\Delta)\dfrac{d_2}{2a}\cos\alpha}{\cos(\alpha+\Delta)-\dfrac{d_2}{2a}\cos\alpha}\times\dfrac{1}{i_{12}}$
$i_{12}\geqslant30,\Delta=8°;i_{12}<30,\Delta=6°$
$i_{12}<10,\Delta=1°\sim4°$或$\Delta=i_{12}(0.1°\sim0.2°)$</td></tr>
<tr><td colspan="3">蜗杆分度圆法向齿厚</td><td>s_{n1}/mm</td><td>$s_{n1}=s_1\cos\gamma$</td></tr>
<tr><td colspan="3">蜗轮分度圆法向齿厚</td><td>s_{n2}/mm</td><td>$s_{n2}=s_2\cos\gamma$</td></tr>
<tr><td colspan="3">蜗轮齿顶圆弧半径</td><td>R_{a2}/mm</td><td>$R_{a2}=0.53d_{f1}$</td></tr>
<tr><td colspan="3">蜗杆齿厚测量齿高</td><td>$\overline{h}_{a1}$/mm</td><td>$\overline{h}_{a1}=h_a-0.5d_2\{1-\cos[\arcsin(s_1/d_2)]\}$</td></tr>
<tr><td colspan="3">蜗轮齿厚测量齿高</td><td>$\overline{h}_{a2}$/mm</td><td>$\overline{h}_{a2}=h_a+0.5d_2\{1-\cos[\arcsin(s_2/d_2)]\}$</td></tr>
<tr><td rowspan="4">蜗杆修缘值</td><td rowspan="2">入口端</td><td>修缘值</td><td>e_a/mm</td><td>$e_a=0.3\sim1$</td></tr>
<tr><td>修缘长度</td><td>E_a/mm</td><td>$E_a=(1/4\sim1)p_t$</td></tr>
<tr><td rowspan="2">出口端</td><td>修缘值</td><td>e_b/mm</td><td>$e_b=0.2\sim0.8$</td></tr>
<tr><td>修缘长度</td><td>E_b/mm</td><td>$E_b=(1/3\sim1)p_t$</td></tr>
</table>

3.4　环面蜗杆传动的修型和修缘计算

环面蜗杆的修型，是为了使传动获得较高的承载能力和传动效率。环面蜗杆啮入口或啮出口的修缘，是为了保证蜗杆螺牙能平稳地进入啮合或退出啮合。

（1）直廓环面蜗杆

直廓环面蜗杆的修型，是将“原始型”直廓环面蜗杆（如图15-4-16细实线部分所示，特点为等齿厚）的螺牙从中间向两端逐渐减薄而成（如图15-4-16实线部分所示，其特点是近似于“原始型”蜗杆磨损后的形状）。目前在工业生产中使用的直廓环面蜗杆传动一般均经修型，即“修正型”。“修正型”又有“全修型”和“对称修型”等修型形式。“全修型”的修型曲线其特征是没有拐点，极值点对应的角度值等于$1.42\varphi_w$。修型曲线按抛物线确定（即“全修型”的蜗杆螺牙的螺旋线在展开的全长上与“原始型”的偏离数值），其方程为：

$$\Delta_y=\Delta_f\left(0.3-0.7\frac{\varphi_y}{\varphi_w}\right)^2$$

式中　Δ_f——啮入口修型量，见表15-4-22；

φ_y——用来确定Δ_y的角度值。

实现“全修型”环面蜗杆传动，需要结构较复杂的专用机床，故当前应用较少。

“对称修型”是在增大中心距、成形圆直径和改变分齿挂轮的速比后，对“原始型”蜗杆进行修型而获得的。“对称修型”的修型曲线接近于“全修型”的修型曲线。因此，“对称修型”也可获得较好的啮合性能。由于实现“对称修型”为需增设新的专用机

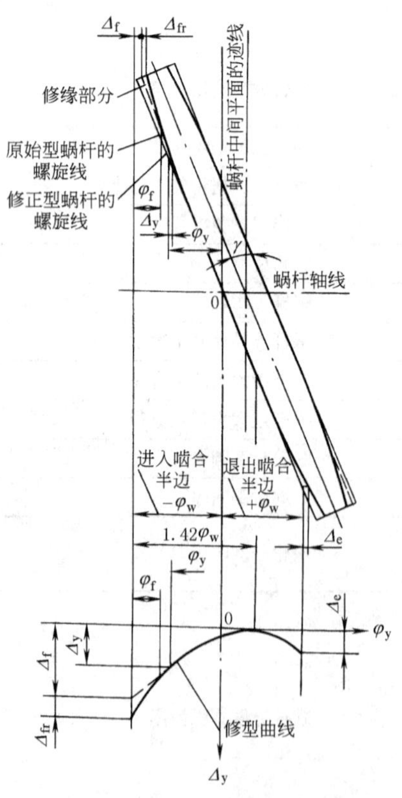

图15-4-16　直廓环面蜗杆螺牙截面展开图

床，故当前应用较广。

"对称修型"的修型计算公式见表 15-4-21。

表 15-4-21　　直廓环面蜗杆对称修型计算

项　　目	计 算 公 式 及 说 明
传动比增量系数 K_i	$K_i=\dfrac{\Delta_f\cos(0.42\varphi_w+\alpha)}{0.5d_2[\sin(0.42\varphi_w+\alpha)-\sin\varphi_0-1.42\varphi_w\cos(0.42\varphi_w+\alpha)]+\Delta_f\cos\alpha}$ 式中　$1.42\varphi_w$ 以弧度计
分齿挂轮速比 i_0	$i_0=\dfrac{i}{1-K_i}=\dfrac{z'_2}{z_1}$；$z'_2$——假想蜗轮齿数
中心距增量 Δ_a	$\Delta_a=\dfrac{K_i d_2\cos\alpha}{2[\cos(a+0.42\varphi_w)-K_i\cos\alpha]}$
修型成形圆直径 d_{b0}	$d_{b0}=d_b+2\Delta_a\sin\alpha$
修型方程 Δ_y	$\Delta_y=\left\{\dfrac{\Delta_a}{\cos\alpha}[\sin\alpha-\sin(a+\psi)]+K_i\psi\left(\Delta_a+\dfrac{d_2}{2}\right)\right\}-$ $\left\{\dfrac{\Delta_a}{\cos\alpha}[\sin\alpha-\sin(\alpha+0.42\varphi_w)]+0.42\varphi_w K_i\left(\Delta_a+\dfrac{d_2}{2}\right)\right\}$ 式中　$K_i\psi$ 和 $0.42\varphi_w K_i$ 以弧度计，$-\varphi_w\leqslant\psi\leqslant+\varphi_w$
蜗杆修缘时中心距再增加值 Δ'_a	$\Delta'_a=\dfrac{\Delta_{fr}\cos(\psi_r+\psi_0)}{\sin\psi_r}$
蜗杆修缘时的轴向偏移值 Δ_x	$\Delta_x=\dfrac{\Delta_{fr}\sin(\psi_r+\psi_0)}{\sin\psi_r}$

(2) 平面包络环面蜗杆

平面一次包络环面蜗杆传动不需修型。

平面二次包络环面蜗杆传动分典型传动和一般型传动两种传动型式，如图 15-4-17 所示，推荐采用一般型传动[1]。

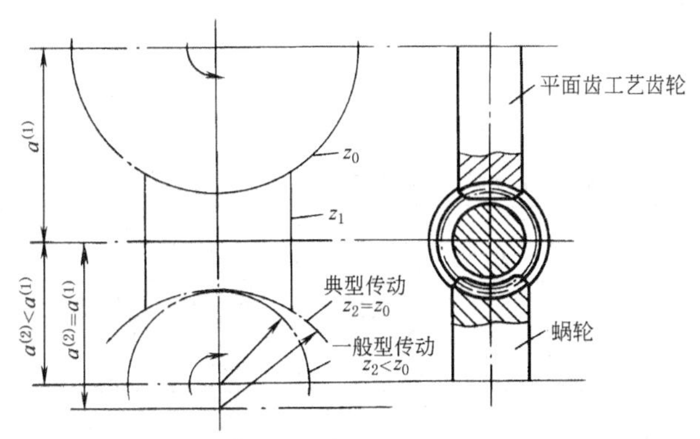

图 15-4-17　平面二次包络环面蜗杆传动类型

一般型传动除能保障有较好的传动性能外，还可方便蜗轮副的合装。

平面包络环面蜗杆的修缘值和修缘长度列于表 15-4-22 和表 15-4-23。

[1] 实现一般型传动需采取必要的工艺措施，设计时，可与首都钢铁公司机械厂联系。

表 15-4-22　　　　平面包络不面蜗杆的修缘值 Δ_{fr}　　　　mm

传动比 i	中心距 a						
	50～125	140～200	225～320	360～500	560～800	900～1250	1400～1600
5～22.4	0.2	0.25	0.3	0.4	0.55	0.7	0.85
25～40	0.25	0.3	0.4	0.55	0.7	0.85	1.0
45～63	0.3	0.4	0.55	0.7	0.85	1.0	1.2
71～90	0.4	0.55	0.7	0.85	1.0	1.2	1.4

注：蜗杆啮出口修缘值 $\Delta_{fc}=\dfrac{2}{3}\Delta_{fr}$。

表 15-4-23　　　　平面包络环面蜗杆的修缘长度

蜗杆包围蜗轮齿数 z'	3、3.5	4	5	6	7	8
啮入口修缘长度 $\Delta_{\psi r}$	$p/2$	$p/2$	$2p/3$	$2p/3$	p	p
啮出口修缘长度 $\Delta_{\psi c}$	$p/3$	$p/2$	$p/2$	$2p/3$	$3p/4$	p

注：p—蜗轮齿距，mm。

3.5　环面蜗杆传动承载能力计算

直廓环面蜗杆传动承载能力计算

已知直廓环面蜗杆传动的传动比 i_{12}、蜗杆转速 n_1 和输入功率 P_1 或输出转矩 T_2，设计标准传动时可按 JB/T 7936—2010 中的额定输入功率 P_1 和额定输出转矩 T_2（见表 15-4-24）查得中心距 a。设计非标准传动时，则可按表 15-4-24 粗选的中心距 a 值计算许用输入功率（AGMA441.04），根据蜗杆实际传递功率值，经过修正后得到中心距 a 的终值。

蜗杆的许用输入功率按下式计算

$$P_{1P}=0.75K_aK_bK_iK_vn_1/i_{12}\geqslant P_{c1}$$

式中　n_1——蜗杆转速，r/min；

K_a——中心距系数，由表 15-4-25 查得或由以下公式求得

当 50mm≤a≤125mm 时

$$K_a=1.081953\times10^{-6}a^{2.86409}$$

当 125mm<a≤1000mm 时

$$K_a=1.97707\times10^{-6}a^{2.71517}$$

K_b——齿宽和材料系数，由表 15-4-25 查得或由计算求得，当 50mm≤a≤1000mm 时

$$K_b=0.377945+5.748350\times10^{-3}a-1.3153\times10^{-5}a^2+1.37559\times10^{-8}a^3-5.253\times10^{-12}a^4$$

表 15-4-24　　　　额定输入功率 P_1 和额定输出转矩 T_2（摘自 JB/T 7936—2010）

公称传动比 i	输入转速 n_1 /r·min^{-1}	功率、转矩代号	中心距 a/mm										
			100	125	160	200	250	280	315	355	400	450	500
			额定输入功率 P_1/kW，额定输出转矩 T_2/N·m										
10	1500	P_1	11.5	20.8	35.4	65.5	111.0	145.0	190.0	248.0	329.0	431.0	526.0
		T_2	665	1220	2100	3840	6660	8670	11380	14900	19720	26450	32260
	1000	P_1	92	16.8	28.9	53.7	92.3	122.0	161.0	213.0	293.0	369.0	464.0
		T_2	790	1460	2530	4660	8190	10800	14290	18910	25080	33470	42080
	750	P_1	8.0	14.8	25.6	47.8	82.9	110.0	147.0	196.0	260.0	338.0	433.0
		T_2	910	1700	2960	5490	9740	12910	17300	23030	30500	40590	51990
	500	P_1	6.1	11.6	20.5	38.7	68.1	90.7	122.0	163.0	217.0	284.0	367.0
		T_2	1040	1970	3520	6600	11870	15800	21260	28390	37740	50550	65350
	300	P_1	4.2	8.1	14.6	28.1	50.8	68.5	93.3	126.0	169.0	223.0	289.0
		T_2	1170	2250	4140	7890	14570	19670	26770	36160	48470	65360	84880

续表

公称传动比 i	输入转速 n_1 /r·min^{-1}	功率转矩代号	中心距 a/mm										
			100	125	160	200	250	280	315	355	400	450	500
			额定输入功率 P_1/kW,额定输出转矩 T_2/N·m										
12.5	1500	P_1	10.6	19.4	33.0	58.3	99.4	130.0	171.0	223.0	293.0	384.0	475.0
		T_2	725	1330	2290	4050	7060	9210	12110	15830	20760	27830	34440
	1000	P_1	8.4	15.6	26.8	47.7	82.2	109.0	145.0	191.0	263.0	330.0	418.0
		T_2	845	1580	2740	4890	8620	11420	15190	20010	26490	35330	44800
	750	P_1	7.3	13.6	23.7	42.4	73.6	97.6	131.0	175.0	232.0	303.0	389.0
		T_2	970	1820	3210	5740	10210	13540	18170	24250	32140	42920	55170
	500	P_1	5.5	10.5	18.7	34.1	60.2	80.4	108.0	145.0	193.0	253.0	327.0
		T_2	1100	2090	3760	6870	12400	16540	22290	29830	39670	53200	68850
	300	P_1	3.7	7.2	13.1	24.6	44.5	60.2	82.2	111.0	149.0	198.0	257.0
		T_2	1200	2320	4290	8050	14920	20190	27540	37310	50100	67750	88130
14	1500	P_1	9.3	17.3	29.4	51.8	88.3	115.0	151.0	197.0	260.0	342.0	419.0
		T_2	705	1300	2250	3970	6910	9000	11810	15440	20360	27380	33560
	1000	P_1	7.4	13.9	23.9	42.5	73.2	97.0	129.0	169.0	224.0	294.0	370.0
		T_2	830	1550	2710	4810	8470	11220	14890	19580	25910	34740	43730
	750	P_1	6.4	12.2	21.1	37.8	65.6	87.0	117.0	155.0	206.0	269.0	345.0
		T_2	950	1800	3170	5650	10050	13310	17850	23780	31530	42040	53940
	500	P_1	4.9	9.4	16.8	30.5	53.8	71.7	96.5	129.0	172.0	225.0	291.0
		T_2	1080	2070	3710	6770	12220	16280	21910	29280	38960	52230	67560
	300	P_1	3.3	6.5	11.8	22.1	40.0	54.0	73.6	99.5	133.0	176.0	229.0
		T_2	1170	2280	4210	7880	14600	19720	26870	36330	48760	65880	85610
16	1500	P_1	8.1	14.8	25.2	45.6	78.0	102.0	134.0	175.0	230.0	301.0	390.0
		T_2	690	1250	2170	4130	7210	9440	12430	16230	21240	28430	36860
	1000	P_1	6.5	11.9	20.7	37.3	64.4	85.0	114.0	150.0	198.0	259.0	334.0
		T_2	815	1490	2630	4990	8790	11630	15560	20510	27020	36240	46650
	750	P_1	5.7	10.5	18.2	33.1	57.6	76.4	103.0	137.0	182.0	237.0	306.0
		T_2	940	1740	3050	5850	10400	13820	18540	24750	32840	43910	56530
	500	P_1	4.3	8.2	14.5	26.6	47.1	62.8	84.7	113.0	151.0	198.0	256.0
		T_2	1070	2020	3620	6980	12610	16850	22720	30420	40480	54360	68970
	300	P_1	2.9	5.7	10.3	19.1	34.7	46.9	64.1	86.9	117.0	155.0	201.0
		T_2	1160	2240	4130	8050	14950	20250	27660	37490	50390	68260	88870
18	1500	P_1	7.4	13.5	23.0	41.7	71.5	93.6	124.0	162.0	211.0	275.0	357.0
		T_2	705	1270	2210	4180	7340	9600	12700	16580	21620	28830	37460
	1000	P_1	6.0	10.8	18.8	34.1	58.9	77.7	104.0	138.0	181.0	237.0	306.0
		T_2	845	1510	2660	5050	8920	11760	15750	20900	27400	36760	47420
	750	P_1	5.1	9.5	16.6	30.2	52.6	69.7	93.7	125.0	166.0	217.0	280.0
		T_2	950	1760	3100	5920	10550	13980	18810	25110	33320	44640	57500
	500	P_1	3.9	7.4	13.2	24.2	42.9	57.2	77.3	104.0	138.0	181.0	234.0
		T_2	1070	2040	3660	7030	12760	17020	23000	30820	41020	55150	71380
	300	P_1	2.6	5.1	9.3	17.3	31.4	42.6	58.3	79.1	106.0	141.0	184.0
		T_2	1150	2220	4100	7970	14860	20110	27530	37360	50250	68230	88860
20	1500	P_1	6.4	11.9	20.3	35.9	61.2	79.9	105.0	137.0	180.0	237.0	292.0
		T_2	700	1300	2250	3980	6950	9070	11910	15540	20450	27510	33890
	1000	P_1	5.1	9.6	16.5	29.4	50.7	66.7	88.8	118.0	156.0	203.0	257.0
		T_2	825	1550	2700	4810	8490	11180	14880	19730	26130	34860	44120
	750	P_1	4.4	8.4	14.6	26.1	45.4	60.2	80.7	108.0	143.0	186.0	239.0
		T_2	940	1790	3160	5650	10060	13350	17900	23860	31650	42290	54320
	500	P_1	3.4	6.5	11.6	21.1	37.2	49.6	66.8	89.3	119.0	156.0	202.0
		T_2	1070	2060	3700	6760	12230	16300	21950	29350	39060	52450	67870

续表

公称传动比 i	输入转速 n_1 /r·min^{-1}	功率转矩代号	中心距 a/mm										
			100	125	160	200	250	280	315	355	400	450	500
			额定输入功率 P_1/kW,额定输出转矩 T_2/N·m										
20	300	P_1	2.3	4.5	8.1	15.2	27.5	37.2	50.8	68.7	62.3	122.0	158.0
		T_2	1140	2230	4130	7730	14380	19420	26500	35850	48150	65190	84770
22.4	1500	P_1	6.1	11.1	18.9	33.4	57.1	74.6	98.4	128.0	168.0	220.0	285.0
		T_2	730	1310	2270	4020	7040	9190	12120	15800	20700	27740	35920
	1000	P_1	4.7	8.8	15.2	27.3	47.2	62.2	82.9	110.0	145.0	190.0	245.0
		T_2	830	1540	2710	4840	8590	11320	15090	20060	26390	35350	45580
	750	P_1	4.1	7.8	13.5	24.3	42.2	56.0	75.2	100.0	133.0	174.0	224.0
		T_2	960	1800	3190	5690	10150	13470	18100	21420	32000	42780	55070
	500	P_1	3.1	6.0	10.7	19.5	34.5	46.1	62.2	83.1	111.0	145.0	188.0
		T_2	1080	2060	3720	6800	12300	16420	22170	29640	39450	52960	68580
	300	P_1	2.1	4.1	7.5	14.0	25.5	34.4	47.1	63.7	85.7	113.0	147.0
		T_2	1150	2220	4130	7740	14400	19480	26640	36050	48460	65650	85490
25	1500	P_1	5.7	10.4	17.7	31.3	53.5	70.1	92.4	121.0	158.0	206.0	268.0
		T_2	740	1340	2320	4100	4180	9400	12390	16190	21150	28270	36730
	1000	P_1	4.5	8.2	14.3	25.5	44.1	58.3	77.6	103.0	136.0	178.0	230.0
		T_2	860	1570	2770	4930	8740	11540	15360	20390	26850	36070	46590
	750	P_1	3.9	7.2	12.6	22.7	39.4	52.4	70.3	93.8	125.0	163.0	210.0
		T_2	980	1830	3230	5800	10330	13710	18410	24580	32630	43700	56290
	500	P_1	2.9	5.6	10.0	18.2	32.2	43.0	58.0	77.8	104.0	136.0	176.0
		T_2	1090	2090	3770	6900	12500	16700	22530	30180	40190	54030	69960
	300	P_1	2.0	3.8	6.9	13.0	23.7	32.1	43.8	59.5	80.0	106.0	138.0
		T_2	1160	2240	4170	7830	14580	19760	26990	36620	49250	66850	87070
28	1500	P_1	5.2	9.4	16.1	28.5	49.0	64.2	84.9	111.0	145.0	188.0	244.0
		T_2	740	1330	2310	4100	7200	9430	12490	16310	21250	28310	36760
	1000	P_1	4.1	7.5	13.0	23.2	40.3	53.2	71.1	94.1	125.0	162.0	210.0
		T_2	855	1560	2750	4920	8740	11540	15420	20400	27040	35990	46670
	750	P_1	3.5	6.6	11.5	20.6	36.0	47.7	64.2	85.7	114.0	149.0	192.0
		T_2	960	1810	3210	5780	10330	13690	18410	24590	32640	43810	56460
	500	P_1	2.6	5.0	9.0	16.5	29.3	37.1	52.9	70.9	94.4	124.0	161.0
		T_2	1060	2040	3690	6770	12310	16430	22220	29780	39660	53420	69150
	300	P_1	1.8	3.4	6.3	11.8	21.5	29.1	39.8	54.0	72.7	96.4	126.0
		T_2	1120	2190	4060	7630	14270	19330	26460	35940	48360	65810	85740
31.5	1500	P_1	4.2	7.7	13.1	25.6	44.0	57.6	76.4	99.9	130.0	169.0	218.0
		T_2	660	120	2070	4100	7220	9480	12560	16420	21400	28390	36760
	1000	P_1	3.3	6.2	10.7	20.8	36.1	47.7	63.7	84.4	121.0	145.0	188.0
		T_2	765	1420	2490	4930	8760	11580	15470	20490	29370	36130	46860
	750	P_1	2.6	5.5	9.5	18.4	32.2	42.7	57.4	76.6	102.0	133.0	172.0
		T_2	890	1660	2910	5770	10320	13680	18410	24580	32670	43880	56650
	500	P_1	2.6	4.3	7.5	14.7	26.1	34.9	47.3	63.4	84.5	111.0	144.0
		T_2	980	1860	3350	6630	12100	16170	21880	29340	39130	52740	68350
	300	P_1	1.5	2.9	5.4	10.4	19.0	25.8	35.4	48.1	64.8	86.0	112.0
		T_2	1070	2060	3800	7540	14120	19140	26330	35660	48100	65520	85500
35.5	1500	P_1	3.8	7.0	11.9	23.1	39.7	52.2	69.4	90.8	118.0	153.0	198.0
		T_2	660	1200	2070	4070	7180	9440	12530	16420	21370	28280	36610
	1000	P_1	3.0	5.6	9.7	18.7	32.5	43.1	57.7	76.4	101.0	132.0	170.0
		T_2	770	1420	2480	4850	8650	11470	15360	20340	26910	35920	46450
	750	P_1	2.6	4.9	8.6	16.6	29.0	38.5	51.8	69.2	92.0	121.0	156.0
		T_2	880	1650	2900	5700	10220	13560	18270	24390	32440	43600	56540

续表

公称传动比 i	输入转速 n_1 /r·min^{-1}	功率转矩代号	中心距 a/mm										
			100	125	160	200	250	280	315	355	400	450	500
			额定输入功率 P_1/kW,额定输出转矩 T_2/N·m										
35.5	500	P_1	2.0	3.8	6.8	13.2	23.5	31.4	42.6	57.2	76.3	100.0	130.0
		T_2	970	1840	3320	6550	11950	15980	21660	29060	38770	52300	68030
	300	P_1	1.4	2.6	4.8	9.4	17.1	23.2	31.8	43.2	58.4	77.5	101.0
		T_2	1030	2000	3690	7280	13680	18570	25490	34670	46800	63870	83660
40	1500	P_1	3.3	6.1	10.4	18.4	31.5	41.1	54.1	70.6	92.7	122.0	151.0
		T_2	640	1200	2070	3660	6410	8370	11010	14360	18870	25410	31420
	1000	P_1	2.6	4.9	8.5	15.1	26.1	34.3	45.7	60.4	79.8	105.0	133.0
		T_2	740	1420	2480	4410	7840	10310	13710	18120	23850	32300	40960
	750	P_1	2.3	4.3	7.5	13.4	23.3	30.9	41.5	55.3	73.4	95.9	123.0
		T_2	860	1640	28900	5170	9250	12270	16450	21930	29120	39020	50170
	500	P_1	1.7	3.3	5.9	10.8	19.1	25.5	34.3	45.9	61.1	80.1	104.0
		T_2	940	1820	3290	6010	10910	14550	19610	26220	34910	47040	60880
	300	P_1	1.2	2.3	4.2	7.8	14.1	19.1	26.1	35.3	47.4	62.6	81.5
		T_2	1000	1960	3630	6800	12710	17180	23450	31730	42650	58000	75460
45	1500	P_1	3.1	5.7	9.7	17.1	29.3	38.3	50.5	65.8	86.2	113.0	146.0
		T_2	650	1190	2050	3630	6370	8330	11000	14330	18750	25180	32660
	1000	P_1	2.4	4.5	7.8	13.9	24.1	31.8	42.5	56.1	74.1	97.0	126.0
		T_2	745	1380	2440	4360	7740	10230	13660	18040	23820	31980	41510
	750	P_1	2.1	4.0	6.9	12.4	21.6	28.6	38.5	51.3	68.1	89.0	115.0
		T_2	860	1610	2850	5120	9150	12140	16320	21760	28880	38740	49900
	500	P_1	1.6	3.1	5.5	10.0	17.6	23.6	31.8	42.5	56.6	74.3	96.2
		T_2	950	1810	3280	6000	10920	14570	19680	26310	35040	47220	61160
	300	P_1	1.1	2.1	3.8	7.2	13.0	17.6	24.1	32.6	43.8	57.9	75.5
		T_2	980	1910	3550	6660	12470	16880	23080	31260	42040	57230	74560
50	1500	P_1	2.9	5.3	9.0	15.9	27.3	35.8	47.2	61.7	80.6	105.0	137.0
		T_2	650	1190	2060	3630	6390	8370	11040	14430	18850	25240	32810
	1000	P_1	2.3	4.2	7.3	13.0	22.5	29.7	39.6	52.5	69.2	90.4	117.0
		T_2	750	1390	2460	4350	7750	10230	13660	18090	23840	32000	41430
	750	P_1	2.0	3.7	6.4	11.6	20.1	26.7	35.8	47.9	63.6	83.2	107.0
		T_2	850	1610	2850	5120	9150	12150	16320	21800	28940	38910	50150
	500	P_1	1.5	2.8	5.1	9.3	16.4	21.9	29.6	39.7	52.8	69.3	89.8
		T_2	940	1800	3260	5990	10900	14560	19650	26330	35070	47340	61320
	300	P_1	1.0	1.9	3.5	6.6	12.0	16.3	22.3	30.3	40.8	54.0	70.3
		T_2	970	1890	3520	6620	12400	16800	22960	31160	41930	57270	74560
56	1500	P_1	2.6	4.8	8.2	14.5	24.9	32.6	43.2	56.4	73.5	95.5	124.0
		T_2	640	1170	2040	3600	6360	8330	11030	14420	18780	25080	32540
	1000	P_1	2.1	3.8	6.6	11.8	20.5	27.0	36.1	47.8	62.9	82.3	107.0
		T_2	745	1370	2410	4300	7680	10130	13540	17940	23620	31750	41270
	750	P_1	1.8	3.3	5.8	10.5	18.3	24.2	32.6	43.5	57.7	75.7	97.6
		T_2	840	1580	2810	5060	9070	12020	16190	21610	28690	38670	49850
	500	P_1	1.4	2.6	4.6	8.4	14.9	19.8	26.8	36.0	47.9	63.0	81.6
		T_2	930	1760	3210	5890	10770	14380	19440	26070	34720	46960	60800
	300	P_1	0.9	1.7	3.2	6.0	10.9	14.7	20.2	27.4	36.9	48.9	63.8
		T_2	940	1840	3440	6470	12170	16480	22590	30670	41310	56490	73630
63	1500	P_1	—	—	—	12.9	22.2	29.2	38.7	50.6	65.9	85.3	110.0
		T_2	—	—	—	3630	6420	8420	11160	14600	19030	25300	32730
	1000	P_1	—	—	—	10.5	18.2	24.1	32.2	42.6	56.3	73.4	94.8
		T_2	—	—	—	4340	7710	10200	13660	18080	23880	32000	41370
	750	P_1	—	—	—	9.3	16.3	21.6	29.0	38.7	51.5	67.5	87.2
		T_2	—	—	—	5080	9120	12100	16290	21750	28910	38960	50320
	500	P_1	—	—	—	7.4	13.2	17.6	23.9	32.0	42.7	56.1	72.7
		T_2	—	—	—	5900	10790	14460	19520	26190	34930	47260	61240
	300	P_1	—	—	—	5.3	9.6	13.0	17.9	24.3	32.8	43.5	56.7
		T_2	—	—	—	6440	12120	16440	22560	30660	41360	56620	73900

注：1. 表内数值为工况系数 $K_A=1.0$ 时的额定承载能力。

2. 启动时或运转中的尖峰负荷允许取表内数值的 2.5 倍。

K_i——传动比系数，由表 15-4-26 查得或由以下公式求得

当 $8 \leqslant i_{12} \leqslant 16$ 时

$$K_i = 0.806 i_{12} / (i_{12} + 1.7)$$

当 $16 < i_{12} \leqslant 80$ 时

$$K_i = 0.7581 i_{12} / (i_{12} + 0.54)$$

当 $i_{12} > 80$ 时

$$K_i = 0.753$$

K_v——速率系数，由表 15-4-27 查得或由下式求得

$$K_v = 2C / (2 + 0.9838 v^{0.85})$$

v——齿面平均滑动速度（m/s）由下式求得

$$v = \pi d_1 n_1 / (6 \times 10^4 \cos\gamma_m)$$

式中，当 $v=0 \sim 0.6$m/s 时，$C=0.75$；$v=1 \sim 18$m/s 时，$C=0.8$；v 不在上述范围内时，一律取 $C=0.78$。

表 15-4-25　　中心距系数 K_a 及齿宽和材料系数 K_b

中心距 a/mm	中心距系数 K_a	齿宽和材料系数 K_b	中心距 a/mm	中心距系数 K_a	齿宽和材料系数 K_b
63	0.154085	0.691244	400	22.9647	1.31871
80	0.305373	0.760461	500	42.0909	1.35505
100	0.578616	0.834481	630	78.8334	1.39110
125	1.096350	0.916558	800	150.802	1.45010
160	1.90803	1.01386	1000	276.398	1.47620
200	3.49714	1.10314	1250	463.300	1.51100
250	6.40974	1.18738	1600	1062.80	1.55700
315	12.0050	1.26180			

表 15-4-26　　传动比系数 K_i

i_{12}	8	10	12	16	20	24	32	40	48	64	80
K_i	0.665	0.690	0.706	0.727	0.737	0.741	0.746	0.748	0.750	0.752	0.753

表 15-4-27　　速率系数 K_v

齿面平均滑动速度 v/m·s^{-1}	0.10	0.20	0.40	0.60	0.80	1.00	2	3	4	5
K_v	0.701	0.666	0.612	0.569	0.554	0.536	0.424	0.355	0.308	0.273
齿面平均滑动速度 v/m·s^{-1}	6	7	8	9	10	12	16	20	24	30
K_v	0.246	0.224	0.206	0.191	0.178	0.158	0.129	0.107	0.094	0.079

蜗杆计算功率 P_{c1}（kW）按下式计算

$$P_{c1} = K_A P_1 / (K_F K_{MP})$$

式中　P_1——蜗杆实际传递功率，kW；

K_A——使用系数，由表 15-4-28 查得；

K_F——制造精度系数，由表 15-4-29 查得；

K_{MP}——材料搭配系数，由表 15-4-30 查得。

表 15-4-28　　使用系数 K_A

每天工作小时数 /h	载荷性质			
	均匀	中等冲击	较大冲击	剧烈冲击
0.5	0.6	0.8	0.9	1.1
1.0	0.7	0.9	1.0	1.2
2.0	0.9	1.0	1.2	1.3
10.0	1.0	1.2	1.3	1.5
24.0	1.2	1.3	1.5	1.75

表 15-4-29　　制造精度系数 K_F

精度等级	6	7	8
K_F	1	0.9	0.8

表 15-4-30　　材料搭配系数 K_{MP}

蜗杆硬度	蜗轮材料	适用齿面滑动速度/m·s^{-1}	K_{MP}
≥53HRC，=32~38HRC	ZCuSn10P1 ZCuSn5Pb5Zn5	<30	1.0
	ZCuAl10Fe3	<8	0.8
	HT150	<3	0.4
≤280HB	ZCuSn10P1 ZCuSn5Pb5Zn5	<10	0.85
	ZCuAl10Fe3	<4	0.75
	HT150	<2	0.3

平面二次包络环面蜗杆传动承载能力计算

已知平面二次包络环面蜗杆传动的传动比 i_{12}、蜗杆转速 n_1，输入功率 P_1 或输出转矩 T_2，可按 GB/T 16444—1996 中的额定输入功率 P_1 和额定输出转矩 T_2（见表 15-4-31）查得中心距 a。

功率表按工作载荷平稳、每天工作 8h、每小时启动次数不大于 10 次、启动转矩为额定转矩的 2.5 倍、小时负荷率 $JC=100\%$、环境温度为 20℃时，给出额定输入功率 P_1 及额定输出转矩 T_2。当所设计传动的工作条件与上述情况不相同时，需要按以下公式计算：

机械功率和输出转矩为

$$P_1 \geqslant P_{1w} K_A K_1$$

$$T_2 \geqslant T_{2w} K_A K_1$$

热功率和输出转矩为

$$P_1 \geqslant P_{1w} K_2 K_3 K_4$$

$$T_2 \geqslant T_{2w} K_2 K_3 K_4$$

式中　P_{1w}——实际输入功率，kW；

T_{2w}——实际输出转矩，N·m；

K_A——使用系数，见表 15-4-32；

K_1——启动频率系数，见表 15-4-33；

K_2——小时负荷率系数，见表 15-4-34；

K_3——环境温度系数，见表 15-4-35；

K_4——冷却方式系数，见表 15-4-36。

传动效率可参考表 15-4-37。

表 15-4-31　　平面二次包络环面蜗杆传动功率表（摘自 GB/T 16444—2008）

公称传动比 i	输入转速 n_1/(r/min)	功率转矩	中心距/mm																	
			80	100	125	140	160	180	200	225	250	280	315	355	400	450	500	560	630	710
			额定输入功率 P_1/kW/额定输出转矩 T_2/(N·m)																	
10	1500	P_1	6.71	11.5	19.7	25.9	35.7	47.5	61.2	81.4	105	138	183	245	326	434	—	—	—	—
		T_2	384	666	1141	1516	2093	2811	3626	4870	6280	8343	11087	14795	19716	26247				
	1000	P_1	6.20	10.6	18.2	23.9	33.0	43.9	56.6	75.2	97.0	127	169	226	301	401	517	679	902	1204
		T_2	533	923	1581	2102	2901	3897	5025	6749	8703	11563	15366	20505	27305	36377	46900	61596	81825	109221
	750	P_1	5.22	8.94	15.3	20.1	27.8	36.9	47.6	63.3	81.6	107	143	190	254	337	435	572	760	1014
		T_2	591	1019	1755	2333	3220	4326	5579	7494	9664	12842	17064	22772	30399	40332	52061	68457	90957	121356
	500	P_1	4.20	7.20	12.3	16.2	22.4	29.7	38.3	50.9	65.7	86.3	115	153	204	271	350	460	611	816
		T_2	697	1202	2071	2754	3801	5107	6586	8849	11412	15167	20145	26896	35843	47615	61496	80822	107354	143373
12.5	1500	P_1	5.88	10.1	17.3	22.7	31.3	41.7	53.7	71.4	92.0	121	161	215	286	380	490	—	—	—
		T_2	417	722	1237	1645	2270	3066	3954	5311	6849	9100	12092	16137	21507	28575	36847			
	1000	P_1	5.26	9.00	15.4	20.3	28.0	37.2	48.0	63.8	82.2	108	144	192	256	340	438	576	765	1012
		T_2	558	968	1658	2204	3042	4109	5298	7117	9178	12194	16204	21624	28876	38351	49405	64971	86290	114151
	750	P_1	4.31	7.39	12.7	16.7	23.0	30.5	39.4	52.3	67.5	88.7	118	157	210	279	360	473	628	838
		T_2	604	1041	1794	2386	3293	4448	5737	7665	9884	13135	17454	23292	31081	41295	53283	70008	92950	124032
	500	P_1	3.29	5.65	9.67	12.7	17.6	23.3	30.1	40.0	51.5	67.8	90.0	120	160	213	275	361	480	640
		T_2	676	1166	2009	2672	3688	4956	6392	8589	11076	14722	19563	25819	34758	46272	59741	78424	104275	139033
14	1500	P_1	5.45	9.34	16.0	21.0	29.0	38.6	49.8	66.1	85.3	112	149	199	265	352	454	597	—	—
		T_2	430	745	1277	1688	2330	3165	4082	5483	7070	9395	12484	16660	22201	29489	38035	50015		
	1000	P_1	4.90	8.40	14.4	18.9	26.1	34.7	44.8	59.5	76.7	101	134	179	239	317	409	537	714	953
		T_2	580	1005	1723	2277	3143	4269	5506	7396	9537	12673	16840	22472	30034	39836	51397	67482	89725	119759
	750	P_1	4.00	6.85	11.7	15.4	21.3	28.3	36.5	48.5	62.6	82.3	109	146	195	259	334	438	583	777
		T_2	620	1075	1853	2464	3401	4544	5860	7917	10209	13568	18029	24060	24567	42704	55070	72217	96125	128111
	500	P_1	3.06	5.24	8.98	11.8	16.3	21.7	27.9	37.1	47.8	62.9	83.6	112	149	198	255	335	446	595
		T_2	695	1205	2078	2761	3814	5097	6572	8833	11391	15143	20122	26852	35855	47646	61362	80613	107323	143178

续表

公称传动比 i	输入转速 n_1/(r/min)	功率转矩	中心距/mm																	
			80	100	125	140	160	180	200	225	250	280	315	355	400	450	500	560	630	710
			额定输入功率 P_1/kW/额定输出转矩 T_2/(N·m)																	
16	1500	P_1	4.98	8.54	14.6	19.2	26.5	35.3	45.5	60.4	77.9	102	136	182	242	322	415	546	—	—
		T_2	446	774	1326	1763	2433	3233	4169	5663	7303	9706	12897	17211	22924	30512	39311	51720		
	1000	P_1	4.51	7.73	13.2	17.4	24.0	31.9	41.2	54.7	70.6	92.8	123	165	219	292	376	494	657	877
		T_2	606	1051	1801	2394	3305	4391	5663	7692	9920	13183	17517	23377	31118	41490	53426	70192	93353	124612
	750	P_1	3.65	6.25	10.7	14.1	19.4	25.8	33.3	44.3	57.1	75.0	99.7	133	177	236	304	400	531	709
		T_2	643	1108	1920	2553	3524	4735	6106	8114	10464	14062	18685	24935	33172	44230	56974	74966	99517	132877
	500	P_1	2.62	4.84	8.29	10.9	15.0	20.0	25.8	34.3	44.2	58.1	77.2	103	137	183	235	309	411	549
		T_2	725	1250	2154	2865	3954	5316	6855	9214	11881	15797	20991	28013	37258	49768	63910	84034	111774	149304
18	1500	P_1	4.59	7.86	13.5	17.7	24.4	32.5	41.9	55.7	71.8	94.4	125	167	223	297	383	503	—	—
		T_2	460	793	1359	1817	2508	3351	4321	5742	7405	9951	13223	17646	23509	31310	40376	53027		
	1000	P_1	3.92	6.72	11.5	15.1	20.9	27.8	35.8	47.6	61.4	80.7	107	143	191	254	327	430	571	762
		T_2	587	1017	1742	2316	3197	4296	5540	7362	9493	12757	16952	22623	30203	40165	51708	67997	90293	120496
	750	P_1	3.29	5.65	9.67	12.7	17.6	23.3	30.1	40.0	51.5	67.8	90.0	120	160	213	275	361	480	640
		T_2	646	1113	1929	2565	3540	4785	6170	8246	10633	13978	18574	24787	33368	44421	57351	75287	100104	133472
	500	P_1	2.51	4.30	7.37	9.69	13.4	17.8	22.9	30.5	39.3	51.6	68.6	91.6	122	162	209	275	366	488
		T_2	716	1235	2128	2831	3908	5254	6776	9109	11746	15620	20756	27698	36907	49007	63225	83191	110720	147626
20	1500	P_1	4.20	7.19	12.3	16.2	22.4	29.7	38.3	50.9	65.7	86.3	115	153	204	271	350	460	—	—
		T_2	462	797	1365	1815	2505	3386	4367	5835	7524	9882	13144	17541	23636	31398	40551	53296		
	1000	P_1	3.61	6.18	10.6	13.9	19.2	25.5	32.9	43.8	56.5	74.2	98.6	132	176	233	301	395	525	701
		T_2	593	1021	1761	2341	3231	4367	5632	7525	9704	12757	16952	22623	30587	40493	52311	68648	91241	121828
	750	P_1	2.98	5.11	8.75	11.5	15.9	21.1	27.2	36.2	46.6	61.3	81.5	109	145	193	248	327	434	579
		T_2	641	1106	1917	2549	3519	4783	6168	8243	10629	14052	18672	24918	33231	44231	56836	74941	99462	132693
	500	P_1	2.31	3.97	6.79	8.93	12.3	16.4	21.1	28.1	36.2	47.6	63.2	84.4	113	150	193	254	337	450
		T_2	725	1250	2154	2866	3956	5320	6860	9223	11894	15817	21018	28049	37550	49846	64135	84406	111987	149537

续表

公称传动比 i	输入转速 n_1/(r/min)	功率转矩	中心距/mm																	
			80	100	125	140	160	180	200	225	250	280	315	355	400	450	500	560	630	710
			额定输入功率 P_1/kW/额定输出转矩 T_2/(N·m)																	
22.4	1500	P_1	3.84	6.59	11.3	14.8	20.5	27.2	35.1	46.6	60.1	79.1	105	140	187	248	320	421	—	—
		T_2	496	808	1384	1841	2541	3435	4429	5919	7633	10147	13483	17993	23999	31827	41068	54030		
	1000	P_1	3.29	5.65	9.67	12.7	17.6	23.3	30.1	40.0	51.5	67.8	90.0	120	160	213	275	361	480	640
		T_2	599	1039	1780	2367	3267	4416	5695	7610	9813	13046	17336	23134	30801	41004	52939	69495	92404	123205
	750	P_1	2.75	4.70	8.06	10.6	14.6	19.4	25.1	33.3	43.0	56.5	75.0	100	134	177	229	301	400	534
		T_2	654	1134	1943	2584	3567	4851	6256	8360	10781	14334	19048	25419	34013	44927	58126	76401	101530	135543
	500	P_1	2.12	3.63	6.22	8.18	11.3	15.0	19.3	25.7	33.1	43.6	57.9	77.2	103	137	177	232	308	412
		T_2	729	1258	2155	2868	3959	5325	6867	9234	11908	15935	21174	28257	37674	50110	64740	84857	112656	150695
25	1500	P_1	3.45	5.91	10.1	13.3	18.4	24.4	31.5	41.9	54.0	71.0	94.3	126	168	223	288	378	—	—
		T_2	467	810	1387	1845	2546	3423	4414	5898	7606	10056	13363	17832	23796	31586	40793	53541		
	1000	P_1	2.94	5.04	8.64	11.4	15.7	20.8	26.9	35.7	46.0	60.5	80.4	107	143	190	245	322	428	572
		T_2	590	1023	1773	2358	3255	4376	5643	7541	9724	12856	17083	22797	30383	40368	52054	68414	90935	121530
	750	P_1	2.51	4.30	7.37	9.69	13.4	17.8	22.9	30.5	39.3	51.6	68.6	91.6	122	162	209	275	366	488
		T_2	663	1143	1971	2622	3619	4865	6274	8434	10876	14463	19218	25646	34173	45377	58542	77029	102518	136691
	500	P_1	1.88	3.23	5.53	7.27	10.0	13.3	17.2	22.8	29.5	38.7	51.5	68.7	91.6	122	157	206	274	366
		T_2	710	1225	2112	2811	3880	5187	6689	9052	14091	15716	20883	27869	37174	49512	63716	83601	111198	148535
28	1500	P_1	3.10	5.31	9.10	12.0	16.5	21.9	28.3	37.6	48.7	63.7	84.7	113	151	200	250	340	—	—
		T_2	453	786	1354	1791	2472	3324	4287	5763	7432	9940	13209	17627	23551	31193	38992	53029		
	1000	P_1	2.71	4.64	7.95	10.4	14.4	19.2	24.7	32.8	42.3	55.7	74.0	98.7	132	175	226	297	394	526
		T_2	593	1023	1764	2346	3239	4355	5616	7550	9737	13023	17306	23094	30881	40941	52872	69483	92176	123058
	750	P_1	2.27	3.90	6.68	8.78	12.1	16.1	20.8	27.6	35.6	46.8	62.2	83.0	111	147	190	249	331	442
		T_2	657	1133	1953	2589	3587	4823	6220	8364	10786	14346	19063	25439	34031	45068	58251	76340	101480	135511
	500	P_1	1.80	3.09	5.30	6.96	9.61	12.8	16.5	21.9	28.2	37.1	49.3	65.8	87.8	117	150	198	263	351
		T_2	743	1281	2196	2905	4010	5397	6959	9365	12077	16174	21492	28681	38265	50991	65372	86292	114620	152972

续表

公称传动比 i	输入转速 n_1/(r/min)	功率转矩	中心距/mm																	
			80	100	125	140	160	180	200	225	250	280	315	355	400	450	500	560	630	710
			额定输入功率 P_1/kW/额定输出转矩 T_2/(N·m)																	
31.5	1500	P_1	2.78	4.77	8.18	10.7	14.8	19.7	25.4	33.8	43.6	57.3	76.1	102	135	180	232	305	—	—
		T_2	447	770	1328	1768	2440	3282	4232	5691	7339	9763	12974	17313	23010	30681	39544	51987		
	1000	P_1	2.43	4.17	7.14	9.39	13.0	17.2	22.2	29.5	38.0	50.0	66.5	88.7	118	157	203	266	354	473
		T_2	585	1009	1740	2315	3196	4299	5543	7455	9614	12789	16994	22678	30170	40141	51902	68009	90509	120934
	750	P_1	1.80	3.09	5.30	6.96	9.61	12.8	16.5	21.9	28.2	37.1	49.3	65.8	87.8	117	150	198	263	351
		T_2	572	986	1700	2263	3123	4201	5418	7287	9397	12502	16613	22170	29578	39416	50533	66704	88602	118248
	500	P_1	1.57	2.69	4.61	6.06	8.36	11.1	14.3	19.0	24.5	32.3	42.9	57.2	76.3	101	131	172	228	305
		T_2	708	1221	2106	2787	3847	5146	6636	8932	11519	15337	20380	27196	36262	48001	62258	81744	108358	144952
35.5	1500	P_1	2.43	4.17	7.14	9.39	13.0	17.2	22.2	29.5	38.0	50.0	66.5	88.7	118	157	203	266	—	—
		T_2	431	744	1283	1697	2343	3152	4065	5468	7051	9439	12543	16738	22267	29627	38367	50195		
	1000	P_1	2.20	3.76	6.45	8.48	11.7	15.6	20.0	26.6	34.4	45.2	60.0	80.1	107	142	183	241	320	427
		T_2	584	1008	1738	2299	3174	4270	5507	7408	9553	12788	16993	22677	30287	40194	51799	68217	90578	120865
	750	P_1	1.88	3.23	5.53	7.27	10.0	13.3	17.2	22.8	29.5	38.7	51.5	68.7	91.6	122	157	206	274	366
		T_2	655	1130	1949	2595	3582	4820	6216	8363	10784	14352	19072	25451	33950	45217	58189	76349	101552	135650
	500	P_1	1.49	2.55	4.38	5.75	7.94	10.6	13.6	18.1	23.3	30.6	40.7	54.4	72.5	96.4	124	163	217	290
		T_2	738	1273	2196	2906	4011	5402	6966	9318	12016	16108	21405	28565	38094	50652	65154	85646	114019	152376
40	1500	P_1	2.27	3.90	6.68	8.78	12.1	16.1	20.8	27.6	35.6	46.8	62.2	83.0	111	147	190	249	331	—
		T_2	440	759	1310	1744	2408	3240	4178	5623	7251	9651	12825	17115	22895	30320	39189	51358	68272	
	1000	P_1	1.88	3.23	5.53	7.27	10.0	13.3	17.2	22.8	29.5	38.7	51.5	68.7	91.6	122	157	206	274	366
		T_2	547	943	1626	2165	2989	4022	5187	6980	9001	11981	15920	21246	28340	37745	48574	63734	84772	113235
	750	P_1	1.65	2.82	4.84	6.36	8.78	11.7	15.0	20.0	25.8	33.9	45.0	60.1	80.1	106	137	181	240	320
		T_2	629	1085	1872	2494	3442	4633	5975	8041	10370	13805	18345	24481	32635	43187	55817	73744	97782	130376
	500	P_1	1.22	2.08	3.57	4.69	6.48	8.61	11.1	14.8	19.0	25.0	33.2	44.3	59.2	78.6	101	133	177	236
		T_2	659	1138	1964	2617	3613	4867	6276	8452	10900	14520	19295	25748	34370	45634	58638	77217	102763	137017

续表

公称传动比 i	输入转速 n_1/(r/min)	功率转矩	中心距/mm																	
			80	100	125	140	160	180	200	225	250	280	315	355	400	450	500	560	630	710
			额定输入功率 P_1/kW/额定输出转矩 T_2/(N·m)																	
45	1500	P_1	2.04	3.49	5.99	7.87	10.9	14.4	18.6	24.7	31.9	41.9	55.7	74.4	99.2	132	170	224	297	—
		T_2	435	751	1304	1737	2397	3227	4161	5600	7222	9614	12776	17049	22734	30251	38960	51335	68065	
	1000	P_1	1.76	3.02	5.18	6.81	9.40	12.5	16.1	21.4	27.6	36.3	48.2	64.4	85.9	114	147	193	257	343
		T_2	565	975	1693	2293	3112	4.189	5401	7270	9375	12480	16584	22131	29259	39189	50533	66346	88347	117911
	750	P_1	1.57	2.69	4.61	6.06	8.36	11.1	14.3	19.0	24.5	32.3	42.9	57.2	76.3	101	131	172	228	305
		T_2	661	1140	1966	2602	3592	4837	6238	8343	10759	14237	18918	25246	33661	44558	43344	75880	100585	134555
	500	P_1	1.29	2.22	3.80	5.00	6.90	9.16	11.8	15.7	20.2	26.6	35.4	47.2	63.0	83.7	108	142	188	252
		T_2	773	1334	2303	3069	4238	5712	7364	9852	12705	17046	22651	30227	40336	53590	69148	90917	120369	161346
50	1500	P_1	1.84	3.16	5.41	7.12	9.82	13.1	16.8	22.4	28.8	37.9	50.4	87.2	89.7	119	154	202	268	—
		T_2	428	744	1275	1699	2345	3157	4072	5482	7069	9414	12510	16694	22270	29545	38234	50151	66537	
	1000	P_1	1.61	2.76	4.72	6.21	8.57	11.4	14.7	19.5	25.2	33.1	43.9	58.6	78.2	104	134	176	234	312
		T_2	560	974	1668	2223	3068	4132	5328	7173	9250	12318	16369	21844	29123	38731	49903	65544	87144	116192
	750	P_1	1.33	2.28	3.92	5.15	7.10	9.44	12.2	16.2	20.9	27.4	36.4	48.6	64.9	86.2	111	146	194	259
		T_2	611	1055	1820	2425	3347	4508	5814	7828	10095	13446	17867	23843	31813	42254	54410	71567	95095	126957
	500	P_1	1.02	1.74	2.99	3.94	5.43	7.22	9.31	12.4	16.0	21.0	27.9	37.2	49.6	65.9	85	112	149	198
		T_2	662	1143	1973	2631	3632	4895	6313	8507	10970	14622	19430	25929	34575	45937	59252	78073	103864	138021
56	1500	P_1	1.69	2.89	4.95	6.51	8.99	11.9	15.4	20.5	26.4	34.7	46.1	61.5	82.1	109	141	185	246	—
		T_2	430	747	1280	1706	2355	3172	4090	5471	7150	9523	12654	16887	22537	29921	38705	50783	67527	
	1000	P_1	1.45	2.49	4.26	5.60	7.73	10.3	13.2	17.6	22.7	29.8	39.7	52.9	70.6	93.8	121	159	211	282
		T_2	555	964	1652	2202	3039	4094	5279	7062	9228	12291	16332	21795	29070	38622	49822	65469	86880	116114
	750	P_1	1.33	2.28	3.92	5.14	7.10	9.4.4	12.2	16.2	20.9	27.4	36.4	48.6	64.9	86.2	111	146	194	259
		T_2	670	1157	1996	2661	3673	4948	6381	8595	11083	14766	19621	24184	34936	46402	59752	78593	104432	139422
	500	P_1	1.10	1.88	3.22	4.24	5.85	7.78	10.0	13.3	17.2	22.6	30.0	40.1	53.4	71.0	91.6	120	160	213
		T_2	787	1.359	2345	3106	4287	5780	7453	10118	13048	17274	22954	30631	40834	54293	70045	91762	122349	162878
63	1500	P_1	1.49	2.55	4.38	5.75	7.94	10.6	13.6	18.1	23.3	30.7	40.7	54.4	72.5	96.4	124	163	217	—
		T_2	418	727	1246	1661	2293	3090	3984	5367	6921	9221	12254	16352	21807	28996	37298	49029	65272	
	1000	P_1	1.33	2.28	3.92	5.15	7.10	9.44	12.2	16.2	20.9	27.4	36.4	48.6	64.9	86.2	111	146	194	259
		T_2	562	976	1673	2230	3078	4147	5347	7203	9289	12376	16446	21946	29282	38893	50082	65874	87531	116858
	750	P_1	1.22	2.08	3.57	4.69	6.48	8.61	11.1	14.8	19.0	25.0	33.2	44.3	59.2	78.6	101	133	177	236
		T_2	673	1162	2005	2673	3690	4972	6412	8638	11279	14845	19726	26324	35139	46654	59950	78914	105061	140082
	500	P_1	0.82	1.41	2.42	3.18	4.39	5.83	7.52	9.99	12.9	16.9	22.5	30.0	40.1	53.2	68.7	90.3	120	160
		T_2	644	1112	1921	2563	3538	4771	6153	8297	10699	14269	18961	25303	33773	44806	57861	76053	101067	134755

表 15-4-32　　使用系数 K_A

原动机	载荷性质（工作机特性）	每日工作时间/h				
		≤0.5	>0.5~1	>1~2	>2~10	>10
电动机、汽轮机、燃气轮机（启动转矩小，偶然作用）	均匀	0.6	0.7	0.9	1.0	1.2
	轻度冲击	0.8	0.9	1.0	1.2	1.3
	中等冲击	0.9	1.0	1.2	1.3	1.5
	强烈冲击	1.1	1.2	1.3	1.5	1.75
汽轮机、燃气轮机、液动机或电动机（启动转矩大，经常作用）	均匀	0.7	0.8	1.0	1.1	1.3
	轻度冲击	0.9	1.0	1.1	1.3	1.4
	中等冲击	1.0	1.1	1.3	1.4	1.6
	强烈冲击	1.1	1.3	1.4	1.6	1.9
多缸内燃机	均匀	0.8	0.9	1.1	1.3	1.4
	轻度冲击	1.0	1.1	1.3	1.4	1.5
	中等冲击	1.1	1.3	1.4	1.5	1.8
	强烈冲击	1.3	1.4	1.5	1.8	2.0
单缸内燃机	均匀	0.9	1.1	1.3	1.4	1.6
	轻度冲击	1.1	1.3	1.4	1.6	1.8
	中等冲击	1.3	1.4	1.6	1.8	2
	强烈冲击	1.4	1.6	1.8	2.0	>2.0

表 15-4-33　　启动频率系数 K_1

每小时启动次数	≤10	>10~60	>60~400
启动频率系数 K_1	1	1.1	1.2

表 15-4-34　　小时负荷率系数 K_2

小时负荷率 JC/%	100	80	60	40	≤20
小时负荷率系数 K_2	1	0.95	0.88	0.77	0.6

注：JC=[每小时负荷时间（min）/60]×100%。

表 15-4-35　　环境温度系数 K_3

环境温度/℃	0~10	>10~20	>20~30	>30~40	>40~50
环境温度系数 K_3	0.89	1	1.14	1.33	1.6

表 15-4-36　　冷却方式系数 K_4

冷却方式	中心距 a/mm	蜗杆转速 n_1/r·min^{-1}			
		1500	1000	750	500
自然冷却（无风扇）	80	1	1	1	1
	100~225	1.37	1.59	1.59	1.33
	250~710	1.57	1.85	1.89	1.78
风扇冷却	80~710	1			

表 15-4-37　　平面二次包络环面蜗杆传动效率 η（摘自 GB/T 16444—2008）　　%

公称传动比 i	输入转速 n_1 /r·min^{-1}	中心距 a/mm									
		80	100	125	140	160	180	200	225	250	280~710
10	1500	90	91	91	92	92	93	93	94	94	95
	1000	90	91	91	92	92	93	93	94	94	95
	750	89	89.5	90	91	91	92	92	93	93	94
	500	87	87.5	88	89	89	90	90	91	91	92
12.5	1500	89	90	90	91	91	92.5	92.5	93.5	93.5	94.5
	1000	89	90	90	91	91	92.5	92.5	93.5	93.5	94.5
	750	88	88.5	89	90	90	91.5	91.5	92	92	93
	500	86	86.5	87	88	88	89	89	90	90	91
14	1500	88.5	89.5	89.5	91	91	92	92	93	93	94
	1000	88.5	89.5	89.5	91	91	92	92	93	93	94
	750	87	88	88.5	89.5	89.5	91	91	91.5	91.5	92.5
	500	85	86	86.5	87.5	87.5	88	88	89	89	90
16	1500	88	89	89	90	90	91	91	92	92	93
	1000	88	89	89	90	90	91	91	92	92	93
	750	86.5	87	88	89	89	90	90	91	91	92
	500	84	84.5	85	86	86	87	87	88	88	89
18	1500	87.5	88	88	89.5	89.5	90	90	91	91	92
	1000	87	88	88	89	89	90	90	91	91	92
	750	85.5	86	87	88	88	89.5	89.5	90	90	91
	500	83	83.5	84	85	85	86	86	87	87	88
20	1500	86.5	87	87	88	88	89.5	89.5	90	90	91
	1000	86	86.5	87	88	88	89.5	89.5	90	90	91
	750	84.5	85	86	87	87	89	89	89.5	89.5	90
	500	82	82.5	83	84	84	85	85	86	86	87
22.4	1500	85.5	86	86	87	87	88.5	88.5	89	89	90
	1000	85	86	86	87	87	88.5	88.5	89	89	90
	750	83.5	84.5	84.5	85.5	85.5	87.5	87.5	88	88	89
	500	80.5	81	81	82	82	83	83	84	84	85.5
25	1500	85	86	86	87	87	88	88	88.5	88.5	89
	1000	84	85	86	87	87	88	88	88.5	88.5	89
	750	83	83.5	84	85	85	86	86	87	87	88
	500	79	79.5	80	81	81	81.5	81.5	83	81	85
28	1500	82.5	83	83.5	84	84	85	85	86	86	87.5
	1000	82	82.5	83	84	84	85	85	86	86	87.5

续表

公称传动比 i	输入转速 n_1 /r·min^{-1}	中心距 a/mm									
		80	100	125	140	160	180	200	225	250	280~710
28	750	81	81.5	82	83	83	84	84	85	85	86
	500	77	77.5	77.5	78	78	79	79	80	80	81.5
31.5	1500	80	80.5	81	82	82	83	83	84	84	85
	1000	80	80.5	81	82	82	83	83	84	84	85
	750	79	79.5	80	81	81	82	82	83	83	84
	500	75	75.5	76	76.5	76.5	77	77	78	78	79
35.5	1500	78.5	79	79.5	80	80	81	81	82	82	83.5
	1000	78.5	79	79.5	80	80	81	81	82	82	83.5
	750	77	77.5	78	79	79	80	80	81	81	82
	500	73	73.5	74	74.5	74.5	75.5	75.5	76	76	77.5
40	1500	76	76.5	77	78	78	79	79	80	80	81
	1000	76	76.5	77	78	78	79	79	80	80	81
	750	75	75.5	76	77	77	78	78	79	79	80
	500	71	71.5	72	73	73	74	74	75	75	76
45	1500	74.5	75	76	77	77	78	78	79	79	80
	1000	74.5	75	76	77	77	78	78	79	79	80
	750	73.5	74	74.5	75	75	76	76	76.5	76.5	77
	500	69.5	70	70.5	71.5	71.5	72.5	72.5	73	73	74.5
50	1500	73	74	74	75	75	76	76	77	77	78
	1000	73	74	74	75	75	76	76	77	77	78
	750	72	72.5	73	74	74	75	75	76	76	77
	500	68	68.5	69	70	70	71	71	72	72	73
56	1500	71.5	72.5	72.5	73.5	73.5	74.5	74.5	75	76	77
	1000	71.5	72.5	72.5	73.5	73.5	74.5	74.5	75	76	77
	750	70.5	71	71.5	72.5	72.5	73.5	73.5	74.5	74.5	75.5
	500	67	67.5	68	68.5	68.5	69.5	69.5	71	71	71.5
63	1500	70	71	71	72	72	73	73	74	74	75
	1000	70	71	71	72	72	73	73	74	74	75
	750	69	69.5	70	71	71	72	72	73	73	74
	500	65	65.5	66	67	67	68	68	69	69	70

4 蜗杆传动精度

4.1 圆柱蜗杆传动精度（摘自 GB/T 10089—1988）

适用范围

本节介绍的 GB/T 10089—1988 适用于轴交角 $\Sigma=90°$、模数 $m\geqslant1$mm 的圆柱蜗杆、蜗轮及传动，其蜗杆分度圆直径 $d_1\leqslant400$mm，蜗轮分度圆直径 $d_2\leqslant4000$mm，蜗杆型式可为 ZA 型、ZI 型、ZN 型、ZK 型和 ZC 型。

术语定义和代号

表 15-4-38

名　　称	定　　义
蜗杆螺旋线误差 Δf_{hL} 蜗杆螺旋线公差 f_{hL}	在蜗杆轮齿的工作齿宽范围（两端不完整齿部分应除外）内，蜗杆分度圆柱面①上，包容实际螺旋线的最近两条公称螺旋线间的法向距离
蜗杆一转螺旋线误差 Δf_h 蜗杆一转螺旋线公差 f_h	在蜗杆轮齿的一转范围内，蜗杆分度圆柱面①上，包容实际螺旋线的最近两条理论螺旋线间的法向距离
蜗杆轴向齿距偏差 Δf_{px} 蜗杆轴向齿距极限偏差　上偏差 $+f_{px}$　下偏差 $-f_{px}$	在蜗杆轴向截面上实际齿距与公称齿距之差
蜗杆轴向齿距累积误差 Δf_{pxL} 蜗杆轴向齿距累积公差 f_{pxL}	在蜗杆轴向截面上的工作齿宽范围（两端不完整齿部分应除外）内，任意两个同侧齿面间实际轴向距离与公称轴向距离之差的最大绝对值
蜗杆齿形误差 Δf_{f1} 蜗杆齿形公差 f_{f1}	在蜗杆轮齿给定截面上的齿形工作部分内，包容实际齿形且距离为最小的两条设计齿形间的法向距离 当两条设计齿形线为非等距离的曲线时，应在靠近齿体内的设计齿形线的法线上确定其两者间的法向距离

续表

名　　称	定　　义
蜗杆齿槽径向跳动 Δf_r 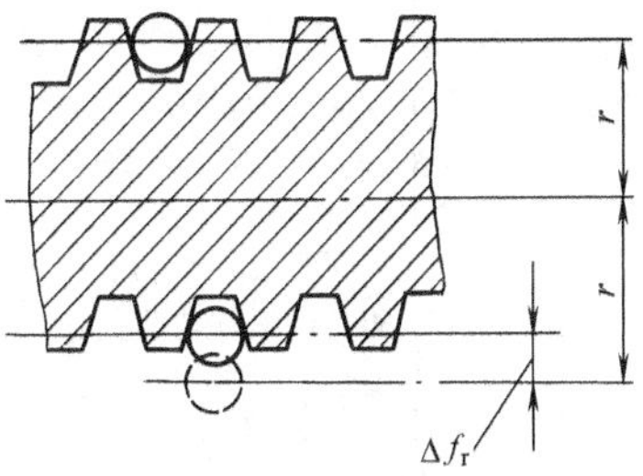 蜗杆齿槽径向跳动公差 f_r	在蜗杆任意一转范围内，测头在齿槽内与齿高中部的齿面双面接触，其测头相对于蜗杆轴线的径向最大变动量
蜗杆齿厚偏差 ΔE_{s1} 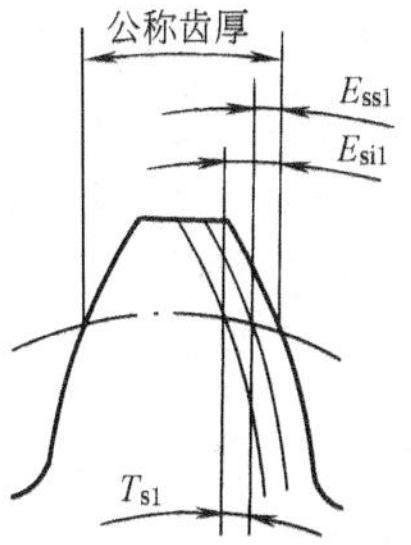 公称齿厚 蜗杆齿厚极限偏差　上偏差 E_{ss1} 蜗杆齿厚公差 T_{s1}　下偏差 E_{si1}	在蜗杆分度圆柱上，法向齿厚的实际值与公称值之差
蜗轮切向综合误差 $\Delta F_i'$ 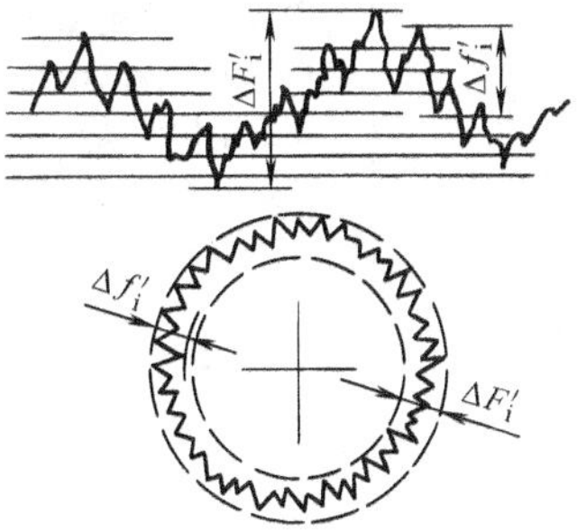 蜗轮切向综合公差 F_i'	被测蜗轮与理想精确的测量蜗杆②在公称轴线位置上单面啮合时，在被测蜗轮一转范围内实际转角与理论转角之差的总幅度值。以分度圆弧长计
蜗轮一齿切向综合误差 $\Delta f_i'$ 蜗轮一齿切向综合公差 f_i'	被测蜗轮与理想精确的测量蜗杆②在公称轴线位置上单面啮合时，在被测蜗轮一齿距角范围内实际转角与理论转角之差的最大幅度值。以分度圆弧长计
蜗轮径向综合误差 $\Delta F_i''$ 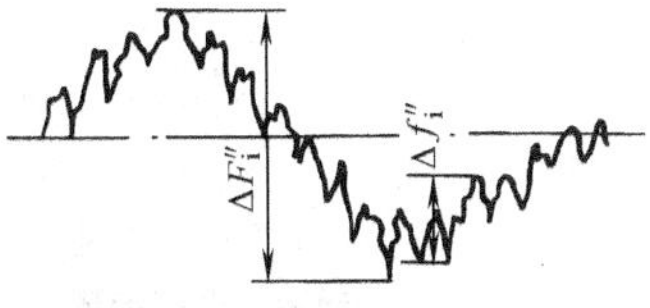 蜗轮径向综合公差 F_i''	被测蜗轮与理想精确的测量蜗杆双面啮合时，在被测蜗轮一转范围内，双啮中心距的最大变动量
蜗轮一齿径向综合误差 $\Delta f_i''$ 蜗轮一齿径向综合公差 f_i''	被测蜗轮与理想精确的测量蜗杆双面啮合时，在被测蜗轮一齿距角范围内双啮中心距的最大变动量

续表

名　称	定　义
蜗轮齿距累积误差 ΔF_p 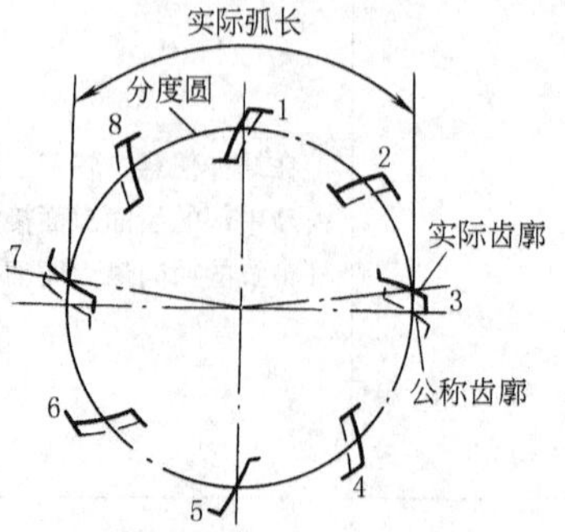 蜗轮齿距累积公差 F_p	在蜗轮分度圆上③，任意两个同侧齿面间的实际弧长与公称弧长之差的最大绝对值
蜗轮 k 个齿距累积误差 ΔF_{pk} 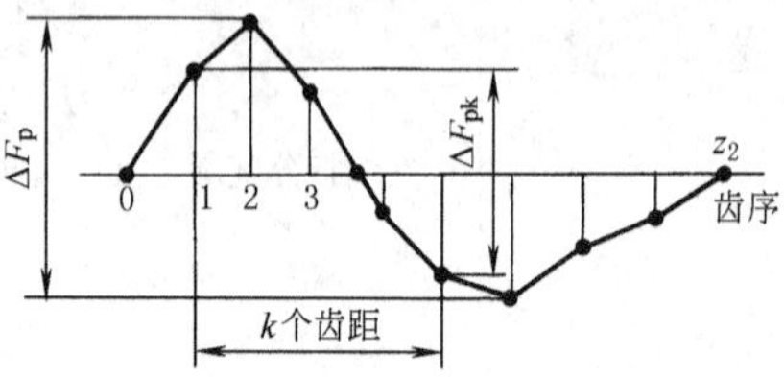 蜗轮 k 个齿距累积公差 F_{pk}	在蜗轮分度圆上③，k 个齿距内同侧齿面间的实际弧长与公称弧长之差的最大绝对值 k 为 2 到小于$\frac{1}{2}z_2$ 的整数
蜗轮齿圈径向跳动 ΔF_r 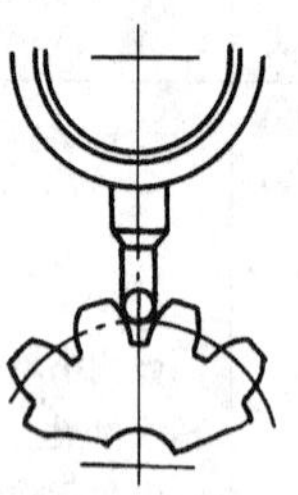 蜗轮齿圈径向跳动公差 F_r	在蜗轮一转范围内，测头在靠近中间平面的齿槽内与齿高中部的齿面双面接触，其测头相对于蜗轮轴线径向距离的最大变动量
蜗轮齿距偏差 Δf_{pt} 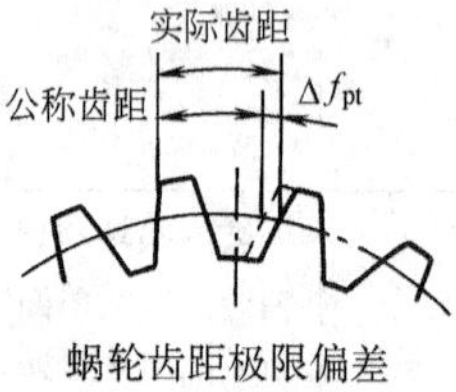 蜗轮齿距极限偏差 上偏差 $+f_{pt}$ 下偏差 $-f_{pt}$	在蜗轮分度圆上③，实际齿距与公称齿距之差 用相对法测量时，公称齿距是指所有实际齿距的平均值
蜗轮齿形误差 Δf_{f2} 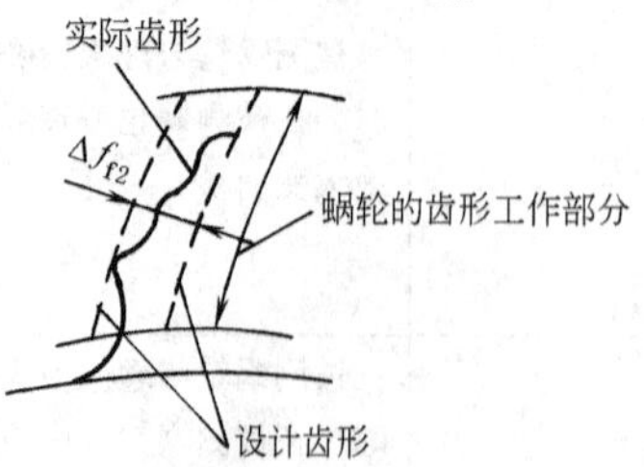 蜗轮齿形公差 f_{f2}	在蜗轮轮齿给定截面上的齿形工作部分内，包容实际齿形且距离为最小的两条设计齿形线间的法向距离 当两条设计齿形线为非等距离曲线时，应在靠近齿体内的设计齿形线的法线上确定其两者间的法向距离

续表

名　　称	定　　义
蜗轮齿厚偏差 ΔE_{s2} 公称齿厚 E_{si2} T_{s2} 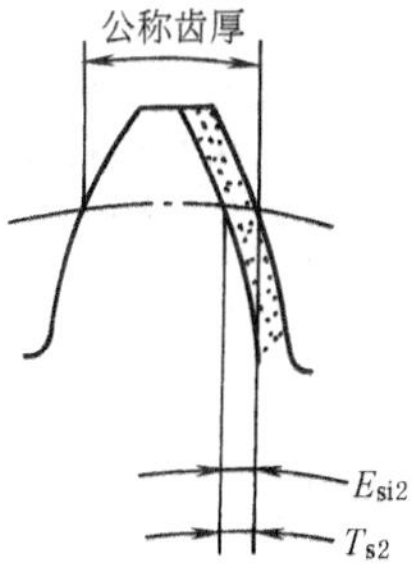 蜗轮齿厚极限偏差：上偏差 E_{ss2}；下偏差 E_{si2} 蜗轮齿厚公差 T_{s2}	在蜗轮中间平面上，分度圆齿厚的实际值与公称值之差
蜗杆副的切向综合误差 $\Delta F'_{ic}$ $\Delta f'_{ic}$　$\Delta F'_{ic}$ 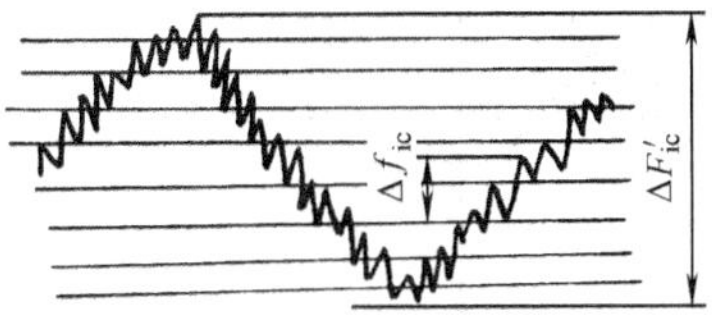 蜗杆副的切向综合公差 F'_{ic}	安装好的蜗杆副啮合转动时，在蜗轮和蜗杆相对位置变化的一个整周期内，蜗轮的实际转角与理论转角之差的总幅度值。以蜗轮分度圆弧长计
蜗杆副的一齿切向综合误差 $\Delta f'_{ic}$ 蜗杆副的一齿切向综合公差 f'_{ic}	安装好的蜗杆副啮合转动时，在蜗轮一转范围内多次重复出现的周期性转角误差的最大幅度值。以蜗轮分度圆弧长计
蜗杆副的接触斑点 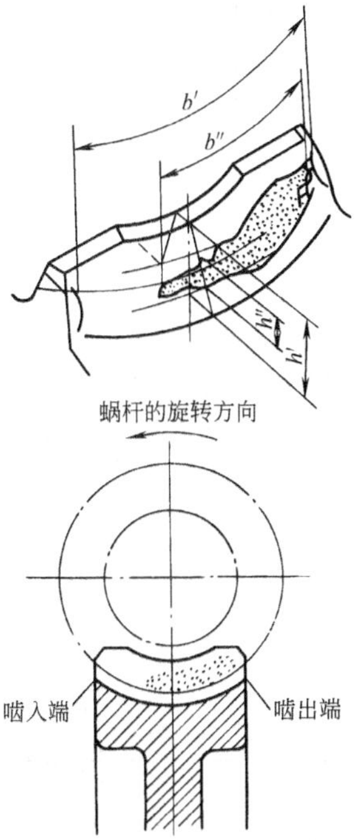 b'　b''　h''　h' 蜗杆的旋转方向 啮入端　啮出端	安装好的蜗杆副中，在轻微力的制动下，蜗杆与蜗轮啮合运转后，在蜗轮齿面上分布的接触痕迹。接触斑点以接触面积大小、形状和分布位置表示 接触面积大小按接触痕迹的百分比计算确定： 沿齿长方向——接触痕迹的长度 b''④与工作长度 b'之比的百分数 即 $b''/b'\times100\%$ 沿齿高方向——接触痕迹的平均高度 h''与工作高度 h'之比的百分数 即 $h''/h'\times100\%$ 接触形状以齿面接触痕迹总的几何形状的状态确定 接触位置以接触痕迹离齿面啮入、啮出端或齿顶、齿根的位置确定

续表

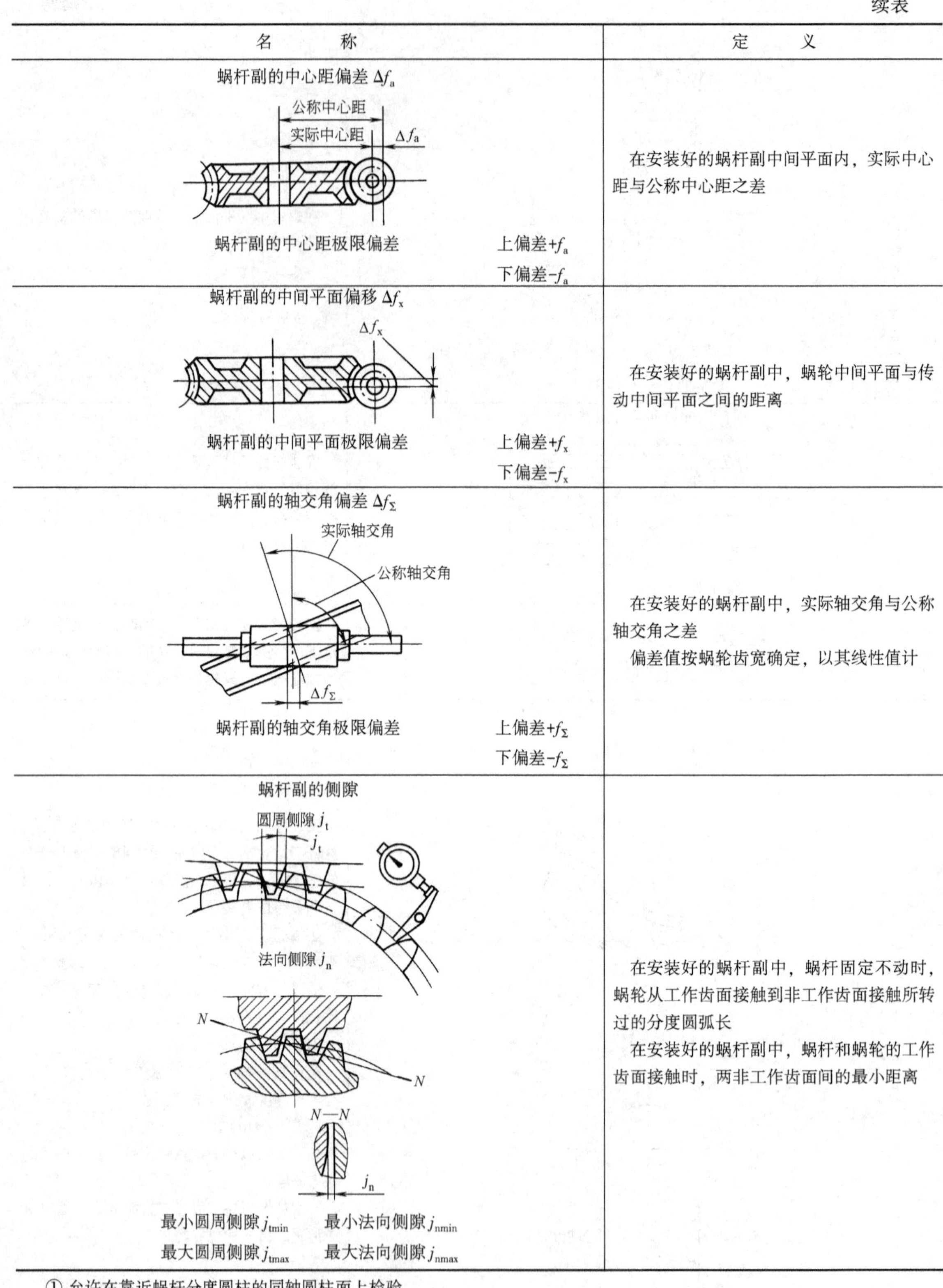

名　　称	定　　义
蜗杆副的中心距偏差 Δf_a 蜗杆副的中心距极限偏差　上偏差 $+f_a$　下偏差 $-f_a$	在安装好的蜗杆副中间平面内，实际中心距与公称中心距之差
蜗杆副的中间平面偏移 Δf_x 蜗杆副的中间平面极限偏差　上偏差 $+f_x$　下偏差 $-f_x$	在安装好的蜗杆副中，蜗轮中间平面与传动中间平面之间的距离
蜗杆副的轴交角偏差 Δf_Σ 蜗杆副的轴交角极限偏差　上偏差 $+f_\Sigma$　下偏差 $-f_\Sigma$	在安装好的蜗杆副中，实际轴交角与公称轴交角之差 偏差值按蜗轮齿宽确定，以其线性值计
蜗杆副的侧隙 最小圆周侧隙 j_{tmin}　最小法向侧隙 j_{nmin} 最大圆周侧隙 j_{tmax}　最大法向侧隙 j_{nmax}	在安装好的蜗杆副中，蜗杆固定不动时，蜗轮从工作齿面接触到非工作齿面接触所转过的分度圆弧长 在安装好的蜗杆副中，蜗杆和蜗轮的工作齿面接触时，两非工作齿面间的最小距离

① 允许在靠近蜗杆分度圆柱的同轴圆柱面上检验。
② 允许用配对蜗杆代替测量蜗杆进行检验。这时，也即为蜗杆副的误差。
③ 允许在靠近中间平面的齿高中部进行测量。
④ 在确定接触痕迹长度 b'' 时，应扣除超过模数值的断开部分。

精度等级

1）该标准对蜗杆、蜗轮和蜗杆传动规定 12 个精度等级；第 1 级的精度最高，第 12 级的精度最低。

2）按照公差的特性对传动性能的主要保证作用，将蜗杆、蜗轮和蜗杆传动的公差（或极限偏差）分成三个公差组，见表 15-4-39。

表 15-4-39 公差组

项　目	第Ⅰ公差组	第Ⅱ公差组	第Ⅲ公差组
蜗　杆		$f_h, f_{hL}, f_{px}, f_{pxL}, f_r$	f_{f1}
蜗　轮	$F_i', F_i'', F_p, F_{pk}, F_r$	f_i', f_i'', f_{pt}	f_{f2}
传　动	F_{ic}'	f_{ic}'	接触斑点，f_a, f_Σ, f_x

3）根据使用要求不同，允许各公差组选用不同的精度等级组合，但在同一公差组中，各项公差与极限偏差应保持相同的精度等级。

4）蜗杆和配对蜗轮的精度等级一般取成相同，也允许取成不相同。对有特殊要求的蜗杆传动，除 F_r，F_i''，f_i''，f_r 项目外，其蜗杆、蜗轮左右齿面的精度等级也可取成不相同。

蜗杆、蜗轮的检验与公差

1）根据蜗杆传动的工作要求和生产规模，在各公差组中（见表 15-4-40）选定一个检验组来评定和验收蜗杆、蜗轮的精度。当检验组中有两项或两项以上的误差时，应以检验组中最低的一项精度来评定蜗杆、蜗轮的精度等级。

表 15-4-40 公差组的检验组

项　目	第Ⅰ公差组的检验组	第Ⅱ公差组的检验组	第Ⅲ公差组的检验组
蜗　杆		$\Delta f_h, \Delta f_{hL}$（用于单头蜗杆）； $\Delta f_{px}, \Delta f_{hL}$（用于多头蜗杆）； $\Delta f_{px}, \Delta f_{pxL}, \Delta f_r$； $\Delta f_{px}, \Delta f_{pxL}$（用于 7~9 级）； Δf_{px}（用于 10~12 级）	Δf_{f1}
蜗　轮	$\Delta F_i'$；$\Delta F_p, \Delta F_{pk}$； ΔF_p（用于 5~12 级）； ΔF_r（用于 9~12 级）； $\Delta F_i''$（用于 7~12 级）	$\Delta f_i'$； $\Delta f_i''$（用于 7~12 级）； Δf_{pt}（用于 5~12 级）	Δf_{f2}

注：当蜗杆副的接触斑点有要求时，蜗轮的齿形误差 Δf_{f2} 可不进行检验。

2）蜗杆、蜗轮各检验项目的公差或极限偏差的数值见表 15-4-41~表 15-4-48。表中数值是以蜗杆、蜗轮的工作轴线为测量的基准轴线，当实际的测量基准不符合此条件时，应从测量结果中消除基准不同所带来的影响。当蜗杆或蜗轮的几何参数超出表列范围时，可按表 15-4-57、表 15-4-58 计算。

3）蜗轮的 F_i'、f_i' 值按下列关系式计算确定

$$F_i' = F_p + f_{f2}$$

$$f_i' = 0.6(f_{pt} + f_{f2})$$

4）当基本蜗杆齿形角 $\alpha \neq 20°$ 时，蜗杆齿槽径向跳动公差 f_r、蜗轮齿圈径向跳动公差 F_r、蜗轮径向综合公差 F_i'' 和蜗轮一齿径向综合公差 f_i'' 的公差值应为以上规定的公差值乘以 sin20°/sinα。

传动的检验与公差

1）蜗杆传动的精度主要以传动切向综合误差 $\Delta F_{ic}'$、传动一齿切向综合误差 $\Delta f_{ic}'$ 和传动接触斑点的形状、分布位置与面积大小来评定。

对5级和5级精度以下的传动，允许用蜗杆副的切向综合误差（ΔF_i）、一齿切向综合误差（$\Delta f'_i$）来代替$\Delta F'_{ic}$、$\Delta f'_{ic}$的检验，或以蜗杆、蜗轮相应公差组的检验组中最低结果来评定传动的第Ⅰ、Ⅱ公差组的精度等级。

对不可调中心距的蜗杆传动，检验接触斑点的同时，还应检验Δf_a、Δf_x和Δf_Σ。

2）蜗杆传动各检验项目的公差或极限偏差的数值见表15-4-49～表15-4-52。当蜗杆或蜗轮的几何参数超出表列范围时，可按表15-4-57和表15-4-58计算。

3）F'_{ic}、f'_{ic}按下列关系式计算确定

$$F'_{ic}=F_p+f'_{ic}$$
$$f'_{ic}=0.7(f'_i+f_h)$$

4）进行传动切向综合误差$\Delta F'_{ic}$、一齿切向综合误差$\Delta f'_{ic}$和接触斑点检验的蜗杆传动，允许相应的第Ⅰ、Ⅱ、Ⅲ公差组的蜗杆、蜗轮检验组和Δf_a、Δf_x、Δf_Σ中任意一项误差超差。

蜗杆传动的侧隙规定

1）本标准按蜗杆传动的最小法向侧隙大小，将侧隙种类分为八种：a、b、c、d、e、f、g和h。最小法向侧隙值以a为最大，h为零，其他依次减小，如图15-4-18所示。侧隙种类与精度等级无关。

2）蜗杆传动的侧隙要求，应根据工作条件和使用要求用侧隙种类的代号（字母）表示。各种侧隙的最小法向侧隙j_{nmin}值按表15-4-53的规定。当超出表列范围时，可按表15-4-59选取。

对可调中心距传动或蜗杆、蜗轮不要求互换的传动，允许传动的侧隙规范用最小侧隙j_{tmin}（或j_{nmin}）和最大侧隙j_{tmax}（或j_{nmax}）来规定，具体由设计确定。

3）传动的最小法向侧隙由蜗杆齿厚的减薄量来保证，即取蜗杆齿厚上偏差$E_{ss1}=-(j_{nmin}/\cos\alpha_n+E_{s\Delta})$，齿厚下偏差$E_{si1}=E_{ss1}-T_{s1}$，$E_{s\Delta}$为制造误差的补偿部分。最大法向侧隙由蜗杆、蜗轮齿厚公差T_{s1}、T_{s2}确定。蜗轮齿厚上偏差$E_{ss2}=0$，下偏差$E_{si2}=-T_{s2}$。对各精度等级的T_{s1}、$E_{s\Delta}$和T_{s2}值分别按表15-4-54～表15-4-56的规定。当超出表列范围时，可按表15-4-57～表15-4-59计算。

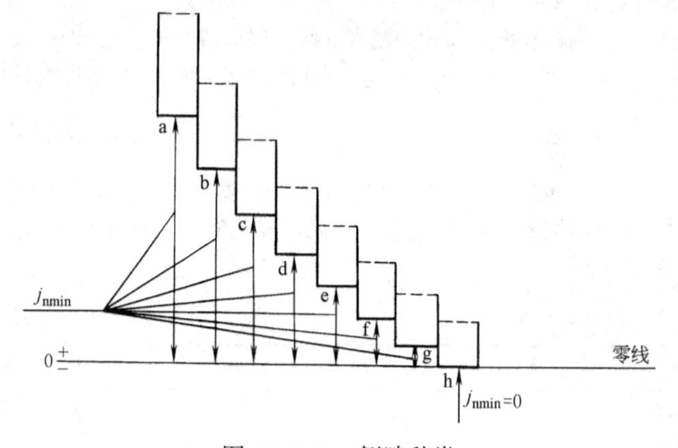

图15-4-18　侧隙种类

对可调中心距传动或不要求互换的传动，其蜗轮的齿厚公差可不作规定，蜗杆齿厚的上、下偏差由设计确定。

4）对各种侧隙种类的侧隙规范数值系蜗杆传动在20℃时的情况，未计入传动发热和传动弹性变形的影响。传动中心距的极限偏差±f_a按表15-4-50的规定。

图样标注

1）在蜗杆、蜗轮工作图上，应分别标注其精度等级、齿厚极限偏差或相应的侧隙种类代号和本标准代号，标注示例如下。

① 蜗杆的第Ⅱ、Ⅲ公差组的精度等级为5级，齿厚极限偏差为标准值，相配的侧隙种类为f，则标注为：

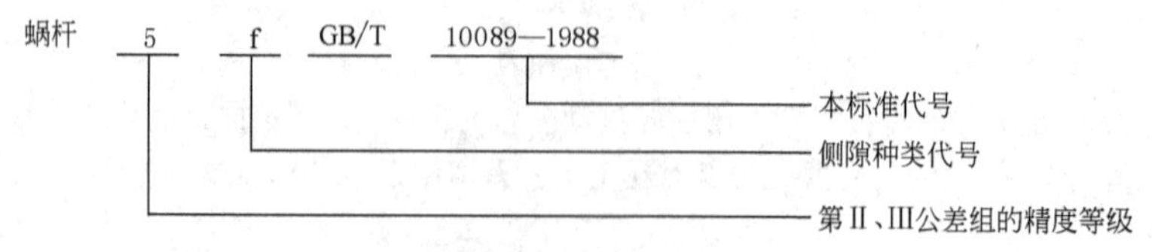

若蜗杆齿厚极限偏差为非标准值，如上偏差为−0.27，下偏差为−0.40，则标注为：

$$\text{蜗杆}\quad 5\quad \begin{pmatrix}-0.27\\-0.40\end{pmatrix}\text{GB/T 10089—1988}$$

第15篇

② 蜗轮的三个公差组的精度同为5级，齿厚极限偏差为标准值，相配的侧隙种类为f，则标注为：

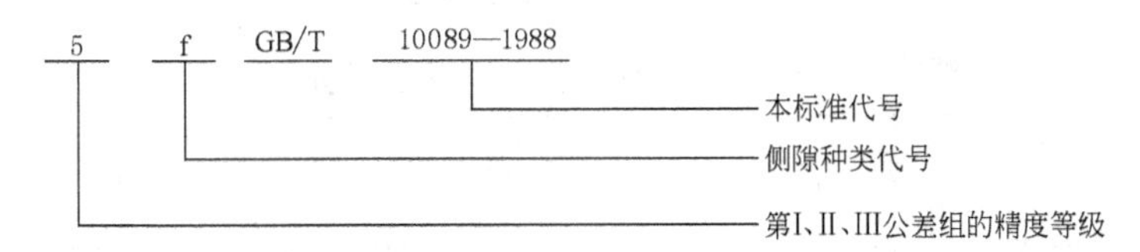

③ 蜗轮的第Ⅰ公差组的精度为5级，第Ⅱ、Ⅲ公差组的精度为6级，齿厚极限偏差为标准值，相配的侧隙种类为f，则标注为：

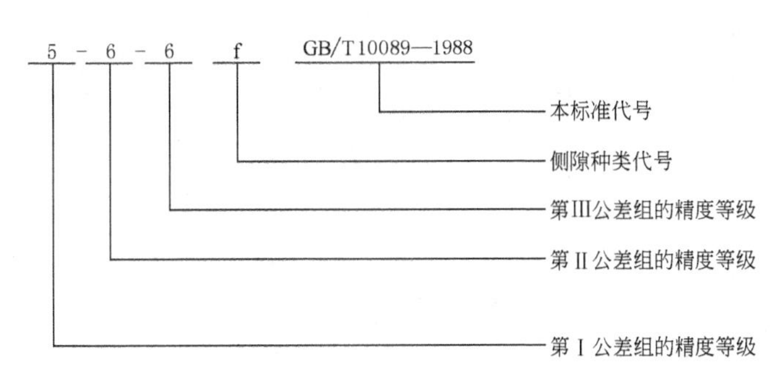

若蜗轮齿厚极限偏差为非标准值，如上偏差为+0.10，下偏差为-0.10，则标注为：

5—6—6　（±0.10）　GB/T 10089—1988

若蜗轮齿厚无公差要求，则标注为：

5—6—6　GB/T 10089—1988

2）对传动，应标注出相应的精度等级、侧隙种类代号和本标准代号，标注示例如下。

① 传动的三个公差组的精度同为5级，侧隙种类为f，则标注为：

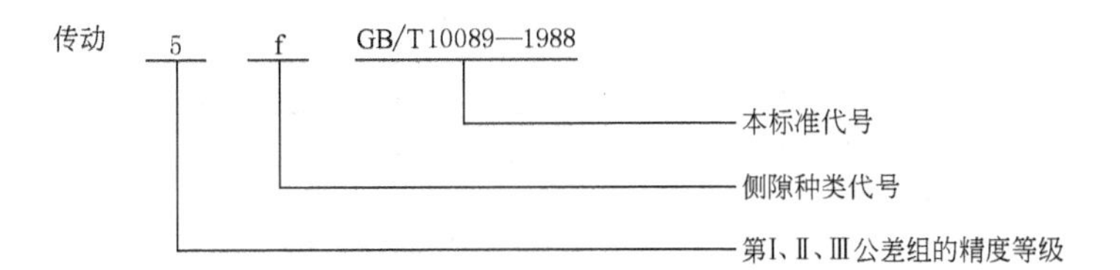

② 传动的第Ⅰ公差组的精度为5级，第Ⅱ、Ⅲ公差组的精度为6级，侧隙种类为f，则标注为：

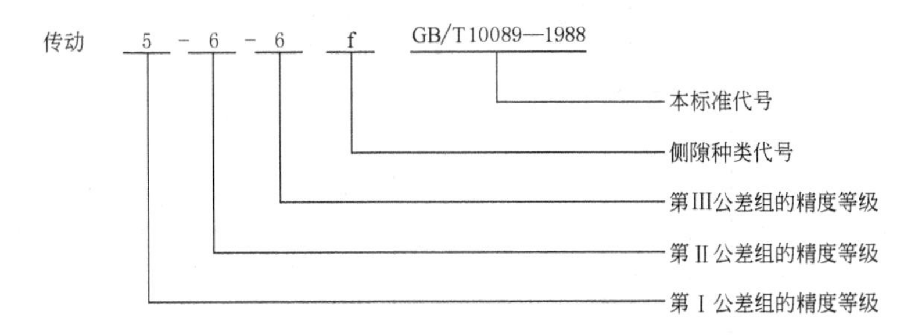

若侧隙为非标准值时，如$j_{tmin}=0.03$mm，$j_{tmax}=0.06$mm，则标注为：

$$传动\quad 5—6—6\quad \begin{pmatrix}0.03\\0.06\end{pmatrix}\quad t\quad GB/T\ 10089—1988$$

若为法向侧隙时，则标注为：

$$传动\quad 5—6—6\quad \begin{pmatrix}0.03\\0.06\end{pmatrix}\quad GB/T\ 10089—1988$$

公差或极限偏差数值

表 15-4-41　　蜗杆的公差和极限偏差 f_h、f_{hL}、f_{px}、f_{pxL}、f_{f1} 值　　μm

代　号	模数 m/mm	精度等级											
		1	2	3	4	5	6	7	8	9	10	11	12
f_h	≥1~3.5	1.0	1.7	2.8	4.5	7.1	11	14	—	—	—	—	—
	>3.5~6.3	1.3	2.0	3.4	5.6	9	14	20	—	—	—	—	—
	>6.3~10	1.7	2.8	4.5	7.1	11	18	25	—	—	—	—	—
	>10~16	2.2	3.6	5.6	9	15	24	32	—	—	—	—	—
	>16~25	—	—	—	—	—	32	45	—	—	—	—	—
f_{hL}	≥1~3.5	2	3.4	5.6	9	14	22	32	—	—	—	—	—
	>3.5~6.3	2.6	4.2	7.1	11	17	28	40	—	—	—	—	—
	>6.3~10	3.4	5.6	9	14	22	36	50	—	—	—	—	—
	>10~16	4.5	7.1	11	18	32	45	63	—	—	—	—	—
	>16~25	—	—	—	—	—	63	90	—	—	—	—	—
f_{px}	≥1~3.5	0.7	1.2	1.9	3.0	4.8	7.5	11	14	20	28	40	56
	>3.5~6.3	1.0	1.4	2.4	3.6	6.3	9	14	20	25	36	53	75
	>6.3~10	1.2	2.0	3.0	4.8	7.5	12	17	25	32	48	67	90
	>10~16	1.6	2.5	4	6.3	10	16	22	32	46	63	85	120
	>16~25	—	—	—	—	—	22	32	45	63	85	120	160
f_{pxL}	≥1~3.5	1.3	2	3.4	5.3	8.5	13	18	25	36	—	—	—
	>3.5~6.3	1.7	2.6	4	6.7	10	16	24	34	48	—	—	—
	>6.3~10	2.0	3.4	5.3	8.5	13	21	32	45	63	—	—	—
	>10~16	2.8	4.4	7.1	11	17	28	40	56	80	—	—	—
	>16~25	—	—	—	—	—	40	53	75	100	—	—	—
f_{f1}	≥1~3.5	1.1	1.8	2.8	4.5	7.1	11	16	22	32	45	60	85
	>3.5~6.3	1.6	2.4	3.6	5.6	9	14	22	32	45	60	80	120
	>6.3~10	2.0	3.0	4.8	7.5	12	19	28	40	53	75	110	150
	>10~16	2.6	4.0	6.7	11	16	25	36	53	75	100	140	200
	>16~25	—	—	—	—	—	36	53	75	100	140	190	270

注：f_{px}应为正、负值（±）。

表 15-4-42　　蜗杆齿槽径向跳动公差 f_r 值　　μm

分度圆直径 d_1/mm	模数 m/mm	精度等级											
		1	2	3	4	5	6	7	8	9	10	11	12
≤10	≥1~3.5	1.1	1.8	2.8	4.5	7.1	11	14	20	28	40	56	75
>10~18	≥1~3.5	1.1	1.8	2.8	4.5	7.1	12	15	21	29	41	58	80
>18~31.5	≥1~6.3	1.2	2.0	3.0	4.8	7.5	12	16	22	30	42	60	85
>31.5~50	≥1~10	1.2	2.0	3.2	5.0	8.0	13	17	23	32	45	63	90
>50~80	≥1~16	1.4	2.2	3.6	5.6	9.0	14	18	25	36	48	71	100
>80~125	≥1~16	1.6	2.5	4.0	6.3	10	16	20	28	40	56	80	110
>125~180	≥1~25	1.8	3.0	4.5	7.5	12	18	25	32	45	63	90	125
>180~250	≥1~25	2.2	3.4	5.3	8.5	14	22	28	40	53	75	105	150
>250~315	≥1~25	2.6	4.0	6.3	10	16	25	32	45	63	90	120	170
>315~400	≥1~25	2.8	4.5	7.5	11.5	18	28	36	53	71	100	140	200

表 15-4-43　　蜗轮齿距累积公差 F_p 及 k 个齿距累积公差 F_{pk} 值　　μm

分度圆弧长 L/mm	精度等级											
	1	2	3	4	5	6	7	8	9	10	11	12
≤11.2	1.1	1.8	2.8	4.5	7	11	16	22	32	45	63	90
>11.2~20	1.6	2.5	4.0	6	10	16	22	32	45	63	90	125
>20~32	2.0	3.2	5.0	8	12	20	28	40	56	80	112	160
>32~50	2.2	3.6	5.5	9	14	22	32	45	63	90	125	180
>50~80	2.5	4.0	6.0	10	16	25	36	50	71	100	140	200
>80~160	3.2	5.0	8.0	12	20	32	45	63	90	125	180	250
>160~315	4.5	7.0	11	18	28	45	63	90	125	180	250	355
>315~630	6.0	10	16	25	40	63	90	125	180	250	355	500
>630~1000	8.0	12	20	32	50	80	112	160	224	315	450	630
>1000~1600	10	16	25	40	63	100	140	200	280	400	560	800
>1600~2500	11	18	28	45	71	112	160	224	315	450	630	900
>2500~3150	14	22	36	56	90	140	200	280	400	560	800	1120
>3150~4000	16	25	40	63	100	160	224	315	450	630	900	1250
>4000~5000	18	28	45	71	112	180	250	355	500	710	1000	1400
>5000~6300	20	32	50	80	125	200	280	400	560	800	1120	1600

注：1. F_p 和 F_{pk} 按分度圆弧长 L 查表：

查 F_p 时，取 $L=\frac{1}{2}\pi d_2=\frac{1}{2}\pi m z_2$；

查 F_{pk} 时，取 $L=k\pi m$（k 为 2 到小于 $z_2/2$ 的整数）。

2. 除特殊情况外，对于 F_{pk}，k 值规定取为小于 $z_2/6$ 的最大整数。

表 15-4-44　　蜗轮齿圈径向跳动公差 F_r 值　　μm

分度圆直径 d_2/mm	模数 m/mm	精度等级											
		1	2	3	4	5	6	7	8	9	10	11	12
≤125	≥1~3.5	3.0	4.5	7.0	11	18	28	40	50	63	80	100	125
	>3.5~6.3	3.6	5.5	9.0	14	22	36	50	63	80	100	125	160
	>6.3~10	4.0	6.3	10	16	25	40	56	71	90	112	140	180
>125~400	≥1~3.5	3.6	5.0	8	13	20	32	45	56	71	90	112	140
	>3.5~6.3	4.0	6.3	10	16	25	40	56	71	90	112	140	180
	>6.3~10	4.5	7.0	11	18	28	45	63	80	100	125	160	200
	>10~16	5.0	8	13	20	32	50	71	90	112	140	180	224
>400~800	≥1~3.5	4.5	7.0	11	18	28	45	63	80	100	125	160	200
	>3.5~6.3	5.0	8.0	13	20	32	50	71	90	112	140	180	224
	>6.3~10	5.5	9.0	14	22	36	56	80	100	125	160	200	250
	>10~16	7.0	11	18	28	45	71	100	125	160	200	250	315
	>16~25	9.0	14	22	36	56	90	125	160	200	250	315	400
>800~1600	≥1~3.5	5.0	8.0	13	20	32	50	71	90	112	140	180	224
	>3.5~6.3	5.5	9.0	14	22	36	56	80	100	125	160	200	250
	>6.3~10	6.0	10	16	25	40	63	90	112	140	180	224	280
	>10~16	7.0	11	18	28	45	71	100	125	160	200	250	315
	>16~25	9.0	14	22	36	56	90	125	160	200	250	315	400

续表

分度圆直径 d_2/mm	模数 m/mm	精度等级											
		1	2	3	4	5	6	7	8	9	10	11	12
>1600~2500	≥1~3.5	5.5	9.0	14	22	36	56	80	100	125	160	200	250
	>3.5~6.3	6.0	10	16	25	40	63	90	112	140	180	224	280
	>6.3~10	7.0	11	18	28	45	71	100	125	160	200	250	315
	>10~16	8.0	13	20	32	50	80	112	140	180	224	280	355
	>16~25	10	16	25	40	63	100	140	180	224	280	355	450
>2500~4000	≥1~3.5	6.0	10	16	25	40	63	90	112	140	180	224	280
	>3.5~6.3	7.0	11	18	28	45	71	100	125	160	200	250	315
	>6.3~10	8.0	13	20	32	50	80	112	140	180	224	280	355
	>10~16	9.0	14	22	36	56	90	125	160	200	250	315	400
	>16~25	10	16	25	40	63	100	140	180	224	280	355	450

表 15-4-45　蜗轮径向综合公差 F_i'' 值　μm

分度圆直径 d_2/mm	模数 m/mm	精度等级											
		1	2	3	4	5	6	7	8	9	10	11	12
≤125	≥1~3.5	—	—	—	—	—	—	56	71	90	112	140	180
	>3.5~6.3	—	—	—	—	—	—	71	90	112	140	180	224
	>6.3~10	—	—	—	—	—	—	80	100	125	160	200	250
>125~400	≥1~3.5	—	—	—	—	—	—	63	80	100	125	160	200
	>3.5~6.3	—	—	—	—	—	—	80	100	125	160	200	250
	>6.3~10	—	—	—	—	—	—	90	112	140	180	224	280
	>10~16	—	—	—	—	—	—	100	125	160	200	250	315
>400~800	≥1~3.5	—	—	—	—	—	—	90	112	140	180	224	280
	>3.5~6.3	—	—	—	—	—	—	100	125	160	200	250	315
	>6.3~10	—	—	—	—	—	—	112	140	180	224	280	355
	>10~16	—	—	—	—	—	—	140	180	224	280	355	450
	>16~25	—	—	—	—	—	—	180	224	280	355	450	560
>800~1600	≥1~3.5	—	—	—	—	—	—	100	125	160	200	250	315
	>3.5~6.3	—	—	—	—	—	—	112	140	180	224	280	355
	>6.3~10	—	—	—	—	—	—	125	160	200	250	315	400
	>10~16	—	—	—	—	—	—	140	180	224	280	355	450
	>16~25	—	—	—	—	—	—	180	224	280	355	450	560
>1600~2500	≥1~3.5	—	—	—	—	—	—	112	140	180	224	280	355
	>3.5~6.3	—	—	—	—	—	—	125	160	200	250	315	400
	>6.3~10	—	—	—	—	—	—	140	180	224	280	355	450
	>10~16	—	—	—	—	—	—	160	200	250	315	400	500
	>16~25	—	—	—	—	—	—	200	250	315	400	500	630
>2500~4000	≥1~3.5	—	—	—	—	—	—	125	160	200	250	315	400
	>3.5~6.3	—	—	—	—	—	—	140	180	224	280	355	450
	>6.3~10	—	—	—	—	—	—	160	200	250	315	400	500
	>10~16	—	—	—	—	—	—	180	224	280	355	450	560
	>16~25	—	—	—	—	—	—	200	250	315	400	500	630

表 15-4-46　　蜗轮一齿径向综合公差 f_i'' 值　　μm

分度圆直径 d_2/mm	模数 m/mm	精度等级											
		1	2	3	4	5	6	7	8	9	10	11	12
≤125	≥1~3.5	—	—	—	—	—	—	20	28	36	45	56	71
	>3.5~6.3	—	—	—	—	—	—	25	36	45	56	71	90
	>6.3~10	—	—	—	—	—	—	28	40	50	63	80	100
>125~400	≥1~3.5	—	—	—	—	—	—	22	32	40	50	63	80
	>3.5~6.3	—	—	—	—	—	—	28	40	50	63	80	100
	>6.3~10	—	—	—	—	—	—	32	45	56	71	90	112
	>10~16	—	—	—	—	—	—	36	50	63	80	100	125
>400~800	≥1~3.5	—	—	—	—	—	—	25	36	45	56	71	90
	>3.5~6.3	—	—	—	—	—	—	28	40	50	63	80	100
	>6.3~10	—	—	—	—	—	—	32	45	56	71	90	112
	>10~16	—	—	—	—	—	—	40	56	71	90	112	140
	>16~25	—	—	—	—	—	—	50	71	90	112	140	180
>800~1600	≥1~3.5	—	—	—	—	—	—	28	40	50	63	80	100
	>3.5~6.3	—	—	—	—	—	—	32	45	56	71	90	112
	>6.3~10	—	—	—	—	—	—	36	50	63	80	100	125
	>10~16	—	—	—	—	—	—	40	56	71	90	112	140
	>16~25	—	—	—	—	—	—	50	71	90	112	140	180
>1600~2500	≥1~3.5	—	—	—	—	—	—	32	45	56	71	90	112
	>3.5~6.3	—	—	—	—	—	—	36	50	63	80	100	125
	>6.3~10	—	—	—	—	—	—	40	56	71	90	112	140
	>10~16	—	—	—	—	—	—	45	63	80	100	125	160
	>16~25	—	—	—	—	—	—	56	80	100	125	160	200
>2500~4000	≥1~3.5	—	—	—	—	—	—	36	50	63	80	100	125
	>3.5~6.3	—	—	—	—	—	—	40	56	71	90	112	140
	>6.3~10	—	—	—	—	—	—	45	63	80	100	125	160
	>10~16	—	—	—	—	—	—	50	71	90	112	140	180
	>16~25	—	—	—	—	—	—	56	80	100	125	160	200

表 15-4-47　　蜗轮齿距极限偏差 $\pm f_{pt}$ 值　　μm

分度圆直径 d_2/mm	模数 m/mm	精度等级											
		1	2	3	4	5	6	7	8	9	10	11	12
≤125	≥1~3.5	1.0	1.6	2.5	4.0	6	10	14	20	28	40	56	80
	>3.5~6.3	1.2	2.0	3.2	5.0	8	13	18	25	36	50	71	100
	>6.3~10	1.4	2.2	3.6	5.5	9	14	20	28	40	56	80	112
>125~400	≥1~3.5	1.1	1.8	2.8	4.5	7	11	16	22	32	45	63	90
	>3.5~6.3	1.4	2.2	3.6	5.5	9	14	20	28	40	56	80	112
	>6.3~10	1.6	2.5	4.0	6.0	10	16	22	32	45	63	90	125
	>10~16	1.8	2.8	4.5	7.0	11	18	25	36	50	71	100	140
>400~800	≥1~3.5	1.2	2.0	3.2	5.0	8	13	18	25	36	50	71	100
	>3.5~6.3	1.4	2.2	3.6	5.5	9	14	20	28	40	56	80	112
	>6.3~10	1.8	2.8	4.5	7.0	11	18	25	36	50	71	100	140
	>10~16	2.0	3.2	5.0	8.0	13	20	28	40	56	80	112	160
	>16~25	2.5	4.0	6.0	10	16	25	36	50	71	100	140	200

续表

分度圆直径 d_2/mm	模数 m/mm	精度等级											
		1	2	3	4	5	6	7	8	9	10	11	12
>800~1600	≥1~3.5	1.2	2.0	3.6	5.5	9	14	20	28	40	56	80	112
	>3.5~6.3	1.6	2.5	4.0	6.0	10	16	22	32	45	63	90	125
	>6.3~10	1.8	2.8	4.5	7.0	11	18	25	36	50	71	100	140
	>10~16	2.0	3.2	5.0	8.0	13	20	28	40	56	80	112	160
	>16~25	2.5	4.0	6.0	10	16	25	36	50	71	100	140	200
>1600~2500	≥1~3.5	1.6	2.5	4.0	6.0	10	16	22	32	45	63	90	125
	>3.5~6.3	1.8	2.8	4.5	7.0	11	18	25	36	50	71	100	140
	>6.3~10	2.0	3.2	5.0	8.0	13	20	28	40	56	80	112	160
	>10~16	2.2	3.6	5.5	9.0	14	22	32	45	63	90	125	180
	>16~25	2.8	4.5	7.0	11	18	28	40	56	80	112	160	224
>2500~4000	≥1~3.5	1.8	2.8	4.5	7.0	11	18	25	36	50	71	100	140
	>3.5~6.3	2.0	3.2	5.0	8.0	13	20	28	40	56	80	112	160
	>6.3~10	2.2	3.6	5.5	9.0	14	22	32	45	63	90	125	180
	>10~16	2.5	4.0	6.0	10	16	25	36	50	71	100	140	200
	>16~25	2.8	4.5	7.0	11	18	28	40	56	80	112	160	224

表 15-4-48　　蜗轮齿形公差 f_{f2} 值　　μm

分度圆直径 d_2/mm	模数 m/mm	精度等级											
		1	2	3	4	5	6	7	8	9	10	11	12
≤125	≥1~3.5	2.1	2.6	3.6	4.8	6	8	11	14	22	36	56	90
	>3.5~6.3	2.4	3.0	4.0	5.3	7	10	14	20	32	50	80	125
	>6.3~10	2.5	3.4	4.5	6.0	8	12	17	22	36	56	90	140
>125~400	≥1~3.5	2.4	3.0	4.0	5.3	7	9	13	18	28	45	71	112
	>3.5~6.3	2.5	3.2	4.5	6.0	8	11	16	22	36	56	90	140
	>6.3~10	2.6	3.6	5.0	6.5	9	13	19	28	45	71	112	180
	>10~16	3.0	4.0	5.5	7.5	11	16	22	32	50	80	125	200
>400~800	≥1~3.5	2.6	3.4	4.5	6.5	9	12	17	25	40	63	100	160
	>3.5~6.3	2.8	3.8	5.0	7.0	10	14	20	28	45	71	112	180
	>6.3~10	3.0	4.0	5.5	7.5	11	16	24	36	56	90	140	224
	>10~16	3.2	4.5	6.0	9.0	13	18	26	40	63	100	160	250
	>16~25	3.8	5.3	7.5	10.5	16	24	36	56	90	140	224	355
>800~1600	≥1~3.5	3.0	4.2	5.5	8.0	11	17	24	36	56	90	140	224
	>3.5~6.3	3.2	4.5	6.0	9.0	13	18	28	40	63	100	160	250
	>6.3~10	3.4	4.8	6.5	9.5	14	20	30	45	71	112	180	280
	>10~16	3.6	5.0	7.5	10.5	15	22	34	50	80	125	200	315
	>16~25	4.2	6.0	8.5	12	19	28	42	63	100	160	250	400
>1600~2500	≥1~3.5	3.8	5.3	7.5	11	16	24	36	50	80	125	200	315
	>3.5~6.3	4.0	5.5	8.0	11.5	17	25	38	56	90	140	224	355
	>6.3~10	4.0	6.0	8.5	12	18	28	40	63	100	160	250	400
	>10~16	4.2	6.5	9.0	13	20	30	45	71	112	180	280	450
	>16~25	4.8	7.0	10.5	15	22	36	53	80	125	200	315	500
>2500~4000	≥1~3.5	4.5	6.5	10	14	21	32	50	71	112	180	280	450
	>3.5~6.3	4.8	7.0	10	15	22	34	53	80	125	200	315	500
	>6.3~10	5.0	7.5	10.5	16	24	36	56	90	140	224	355	560
	>10~16	5.3	7.5	11	17	25	38	60	90	140	224	355	560
	>16~25	5.5	8.5	13	19	28	45	67	100	160	250	400	630

表 15-4-49　　传动接触斑点的要求

精度等级	接触面积的百分比/%		接　触　形　状	接　　触　　位　　置
	沿齿高不小于	沿齿长不小于		
1 和 2	75	70	接触斑点在齿高方向无断缺,不允许成带状条纹	接触斑点痕迹的分布位置趋近齿面中部,允许略偏于啮入端。在齿顶和啮入、啮出端的棱边处不允许接触
3 和 4	70	65		
5 和 6	65	60		
7 和 8	55	50	不作要求	接触斑点痕迹应偏于啮出端,但不允许在齿顶和啮入、啮出端的棱边接触
9 和 10	45	40		
11 和 12	30	30		

注：采用修形齿面的蜗杆传动，接触斑点的要求可不受本标准规定的限制。

表 15-4-50　　传动中心距极限偏差 $\pm f_a$ 值　　μm

传动中心距 a/mm	精　度　等　级											
	1	2	3	4	5	6	7	8	9	10	11	12
≤30	3	5	7	11	17		26		42		65	
>30~50	3.5	6	8	13	20		31		50		80	
>50~80	4	7	10	15	23		37		60		90	
>80~120	5	8	11	18	27		44		70		110	
>120~180	6	9	13	20	32		50		80		125	
>180~250	7	10	15	23	36		58		92		145	
>250~315	8	12	16	26	40		65		105		160	
>315~400	9	13	18	28	45		70		115		180	
>400~500	10	14	20	32	50		78		125		200	
>500~630	11	15	22	35	55		87		140		220	
>630~800	13	18	25	40	62		100		160		250	
>800~1000	15	20	28	45	70		115		180		280	
>1000~1250	17	23	33	52	82		130		210		330	
>1250~1600	20	27	39	62	97		155		250		390	
>1600~2000	24	32	46	75	115		185		300		460	
>2000~2500	29	39	55	87	140		220		350		550	

表 15-4-51　　传动轴交角极限偏差 $\pm f_\Sigma$ 值　　μm

蜗轮齿宽 p_2/mm	精　度　等　级											
	1	2	3	4	5	6	7	8	9	10	11	12
≤30	—	—	5	6	8	10	12	17	24	34	48	67
>30~50	—	—	5.6	7.1	9	11	14	19	28	38	56	75
>50~80	—	—	6.5	8	10	13	16	22	32	45	63	90
>80~120	—	—	7.5	9	12	15	19	24	36	53	71	105
>120~180	—	—	9	11	14	17	22	28	42	60	85	120
>180~250	—	—	—	13	16	20	25	32	48	67	95	135
>250	—	—	—	—	—	22	28	36	53	75	105	150

表 15-4-52　　　　传动中间平面极限偏移 $\pm f_x$ 值　　　　μm

传动中心距 *a*/mm	精度等级											
	1	2	3	4	5	6	7	8	9	10	11	12
≤30	—	—	5.6	9	14		21		34		52	
>30~50	—	—	6.5	10.5	16		25		40		64	
>50~80	—	—	8	12	18.5		30		48		72	
>80~120	—	—	9	14.5	22		36		56		88	
>120~180	—	—	10.5	16	27		40		64		100	
>180~250	—	—	12	18.5	29		47		74		120	
>250~315	—	—	13	21	32		52		85		130	
>315~400	—	—	14.5	23	36		56		92		145	
>400~500	—	—	16	26	40		63		100		160	
>500~630	—	—	18	28	44		70		112		180	
>630~800	—	—	20	32	50		80		130		200	
>800~1000	—	—	23	36	56		92		145		230	
>1000~1250	—	—	27	42	66		105		170		270	
>1250~1600	—	—	32	50	78		125		200		315	
>1600~2000	—	—	37	60	92		150		240		370	
>2000~2500	—	—	44	70	112		180		280		440	

表 15-4-53　　　　传动的最小法向侧隙 j_{nmin} 值　　　　μm

传动中心距 *a*/mm	侧隙种类							
	h	g	f	e	d	c	b	a
≤30	0	9	13	21	33	52	84	130
>30~50	0	11	16	25	39	62	100	160
>50~80	0	13	19	30	46	74	120	190
>80~120	0	15	22	35	54	87	140	220
>120~180	0	18	25	40	63	100	160	250
>180~250	0	20	29	46	72	115	185	290
>250~315	0	23	32	52	81	130	210	320
>315~400	0	25	36	57	89	140	230	360
>400~500	0	27	40	63	97	155	250	400
>500~630	0	30	44	70	110	175	280	440
>630~800	0	35	50	80	125	200	320	500
>800~1000	0	40	56	90	140	230	360	560
>1000~1250	0	46	66	105	165	260	420	660
>1250~1600	0	54	78	125	195	310	500	780
>1600~2000	0	65	92	150	230	370	600	920
>2000~2500	0	77	110	175	280	440	700	1100

注：传动的最小圆周侧隙 $j_{tmin} \approx j_{nmin}/(\cos\gamma'\cos\alpha_n)$

式中　γ'—蜗杆节圆柱导程角；α_n—蜗杆法向齿形角。

表 15-4-54　　　　蜗杆齿厚公差 T_{s1} 值　　　　μm

模数 *m*/mm	精度等级											
	1	2	3	4	5	6	7	8	9	10	11	12
≥1~3.5	12	15	20	25	30	36	45	53	67	95	130	190
>3.5~6.3	15	20	25	32	38	45	56	71	90	130	180	240
>6.3~10	20	25	30	40	48	60	71	90	110	160	220	310
>10~16	25	30	40	50	60	80	95	120	150	210	290	400
>16~25	—	—	—	—	85	110	130	160	200	280	400	550

注：1. 精度等级按蜗杆第Ⅱ公差组确定。

2. 对传动最大法向侧隙 j_{nmax} 无要求时，允许蜗杆齿厚公差 T_{s1} 增大，最大不超过两倍。

表 15-4-55　蜗杆齿厚上偏差（E_{ss1}）中的误差补偿部分 $E_{s\Delta}$ 值　μm

精度等级	模数 m /mm	传动中心距 a/mm															
		≤30	>30~50	>50~80	>80~120	>120~180	>180~250	>250~315	>315~400	>400~500	>500~630	>630~800	>800~1000	>1000~1250	>1250~1600	>1600~2000	>2000~2500
1	≥1~3.5	3.8	4.2	4.8	5.3	6.5	8.0	9.0	10	11	12	14	16	18	20	25	30
	>3.5~6.3	4.4	4.8	5.3	6.0	6.8	8.0	9.0	10	11	12	14	16	18	20	25	30
	>6.3~10	5.0	5.3	5.6	6.3	7.1	8.0	9.0	10	11	12	14	16	18	20	25	30
	>10~16	—	—	—	7.1	8.0	9.0	10	11	12	14	14	16	18	22	25	30
2	≥1~3.5	6.3	7.1	8.0	9.0	10	11	13	14	15	16	18	20	22	28	32	40
	>3.5~6.3	6.8	8.0	9.0	9.0	10	11	13	14	15	16	18	20	24	28	32	40
	>6.3~10	8	9	10	10	11	12	14	15	16	18	20	22	24	28	32	40
	>10~16	—	—	—	12	12	13	15	16	16	18	20	22	25	28	36	40
3	≥1~3.5	10	10	12	13	15	16	17	19	22	24	26	28	32	40	48	56
	>3.5~6.3	11	11	13	14	15	17	18	20	22	24	26	30	36	40	48	56
	>6.3~10	12	13	14	15	16	18	19	20	22	24	28	30	36	40	48	56
	>10~16	—	—	—	17	18	20	20	22	24	25	28	32	36	40	48	58
4	≥1~3.5	15	16	18	20	22	25	28	30	32	36	40	46	53	63	75	90
	>3.5~6.3	16	18	19	22	24	26	30	32	36	38	42	48	56	63	75	90
	>6.3~10	19	20	22	24	25	28	30	32	36	38	45	50	56	65	80	90
	>10~16	—	—	—	28	30	32	32	36	38	40	45	50	56	65	80	90
5	≥1~3.5	25	25	28	32	36	40	45	48	51	56	63	71	85	100	115	140
	>3.5~6.3	28	28	30	36	38	40	45	50	53	58	65	75	85	100	120	140
	>6.3~10	—	—	—	38	40	45	48	50	56	60	68	75	85	100	120	145
	>10~16	—	—	—	—	45	48	50	56	60	65	71	80	90	105	120	145
6	≥1~3.5	30	30	32	36	40	45	48	50	56	60	65	75	85	100	120	140
	>3.5~6.3	32	36	38	40	45	48	50	56	60	63	70	75	90	100	120	140
	>6.3~10	42	45	45	48	50	52	56	60	63	68	75	80	90	105	120	145
	>10~16	—	—	—	58	60	63	65	68	71	75	80	85	95	110	125	150
	>16~25	—	—	—	—	75	78	80	85	85	90	95	100	110	120	135	160
7	≥1~3.5	45	48	50	56	60	71	75	80	85	95	105	120	135	160	190	225
	>3.5~6.3	50	56	58	63	68	75	80	85	90	100	110	125	140	160	190	225
	>6.3~10	60	63	65	71	75	80	85	90	95	105	115	130	140	165	195	225
	>10~16	—	—	—	80	85	90	95	100	105	110	125	135	150	170	200	230
	>16~25	—	—	—	—	115	120	120	125	130	135	145	155	165	185	210	240
8	≥1~3.5	50	56	58	63	68	75	80	85	90	100	110	125	140	160	190	225
	>3.5~6.3	68	71	75	78	80	85	90	95	100	110	120	130	145	170	195	230
	>6.3~10	80	85	90	90	95	100	100	105	110	120	130	140	150	175	200	235
	>10~16	—	—	—	110	115	115	120	125	130	135	140	155	165	185	210	240
	>16~25	—	—	—	—	150	155	155	160	160	170	175	180	190	210	230	260
9	≥1~3.5	75	80	90	95	100	110	120	130	140	155	170	190	220	260	310	360
	>3.5~6.3	90	95	100	105	110	120	130	140	150	160	180	200	225	260	310	360
	>6.3~10	110	115	120	125	130	140	145	155	160	170	190	210	235	270	320	370
	>10~16	—	—	—	160	165	170	180	185	190	200	220	230	255	290	335	380
	>16~25	—	—	—	—	215	220	225	230	235	245	255	270	290	320	360	400

续表

精度等级	模数 m /mm	传动中心距 a/mm															
		≤30	>30 ~50	>50 ~80	>80 ~120	>120 ~180	>180 ~250	>250 ~315	>315 ~400	>400 ~500	>500 ~630	>630 ~800	>800 ~1000	>1000 ~1250	>1250 ~1600	>1600 ~2000	>2000 ~2500
10	≥1~3.5	100	105	110	115	120	130	140	145	155	165	185	200	230	270	310	360
	>3.5~6.3	120	125	130	135	140	145	155	160	170	180	200	210	240	280	320	370
	>6.3~10	155	160	165	170	175	180	185	190	200	205	220	240	260	290	340	380
	>10~16	—	—	—	210	215	220	225	230	235	240	260	270	290	320	360	400
	>16~25	—	—	—	—	280	285	290	295	300	305	310	320	340	370	400	440
11	≥1~3.5	140	150	160	170	180	190	200	220	240	250	280	310	350	410	480	560
	>3.5~6.3	180	185	190	200	210	220	230	250	260	280	300	330	370	420	490	570
	>6.3~10	220	230	230	240	250	260	270	280	290	310	330	350	390	440	510	590
	>10~16	—	—	—	290	300	310	310	320	340	350	370	390	430	470	530	610
	>16~25	—	—	—	—	400	410	410	420	430	440	450	470	500	540	600	670
12	≥1~3.5	190	190	200	210	220	230	240	250	270	280	310	330	370	430	490	580
	>3.5~6.3	250	250	250	260	270	280	290	300	310	320	340	370	410	460	520	600
	>6.3~10	290	300	300	310	310	320	330	340	350	360	380	400	440	480	540	620
	>10~16	—	—	—	400	400	410	410	420	430	440	450	470	500	540	600	670
	>16~25	—	—	—	—	520	530	530	540	540	550	560	580	600	640	680	750

注：精度等级按蜗杆的第Ⅱ公差组确定。

表 15-4-56　　蜗轮齿厚公差 T_{s2} 值　　μm

分度圆直径 d_2/mm	模数 m/mm	精度等级											
		1	2	3	4	5	6	7	8	9	10	11	12
≤125	≥1~3.5	30	32	36	45	56	71	90	110	130	160	190	230
	>3.5~6.3	32	36	40	48	63	85	110	130	160	190	230	290
	>6.3~10	32	36	45	50	67	90	120	140	170	210	260	320
>125~400	≥1~3.5	30	32	38	48	60	80	100	120	140	170	210	260
	>3.5~6.3	32	36	45	50	67	90	120	140	170	210	260	320
	>6.3~10	32	36	45	56	71	100	130	160	190	230	290	350
	>10~16	—	—	—	—	80	110	140	170	210	260	320	390
	>16~25	—	—	—	—	—	130	170	210	260	320	390	470
>400~800	≥1~3.5	32	36	40	48	63	85	110	130	160	190	230	290
	>3.5~6.3	32	36	45	50	67	90	120	140	170	210	260	320
	>6.3~10	32	36	45	56	71	100	130	160	190	230	290	350
	>10~16	—	—	—	—	85	120	160	190	230	290	350	430
	>16~25	—	—	—	—	—	140	190	230	290	350	430	550
>800~1600	≥1~3.5	32	36	45	50	67	90	120	140	170	210	260	320
	>3.5~6.3	32	36	45	56	71	100	130	160	190	230	290	350
	>6.3~10	32	36	48	60	80	110	140	170	210	260	320	390
	>10~16	—	—	—	—	85	120	160	190	230	290	350	430
	>16~25	—	—	—	—	—	140	190	230	290	350	430	550
>1600~2500	≥1~3.5	32	36	45	56	71	100	130	160	190	230	290	350
	>3.5~6.3	32	38	48	60	80	110	140	170	210	260	320	390
	>6.3~10	36	40	50	63	85	120	160	190	230	290	350	430
	>10~16	—	—	—	—	90	130	170	210	260	320	390	490
	>16~25	—	—	—	—	—	160	210	260	320	390	490	610
>2500~4000	≥1~3.5	32	38	48	60	80	110	140	170	210	260	320	390
	>3.5~6.3	36	40	50	63	85	120	160	190	230	290	350	430
	>6.3~10	36	45	53	67	90	130	170	210	260	320	390	490
	>10~16	—	—	—	—	100	140	190	230	290	350	430	550
	>16~25	—	—	—	—	—	160	210	260	320	390	490	610

注：1. 精度等级按蜗轮第Ⅱ公差组确定。

2. 在最小法向侧隙能保证的条件下，T_{s2}公差带允许采用对称分布。

表 15-4-57　　极限偏差和公差与蜗杆几何参数的关系式

精度等级	f_h		f_{hL}		$\pm f_{px}$		f_{pxL}		f_r		f_{f1}		T_{s1}	
	$f_h=Am+C$		$f_{hL}=Am+C$		$f_{px}=Am+C$		$f_{pxL}=Am+C$		$f_r=Ad_1+C$		$f_{f1}=Am+C$		$T_{s1}=Am+C$	
	A	C	A	C	A	C	A	C	A	C	A	C	A	C
1	0.110	0.8	0.22	1.64	0.08	0.56	0.132	1.02	0.005	1.0	0.13	0.80	1.23	8.9
2	0.180	1.32	0.364	2.62	0.12	0.92	0.212	1.63	0.007	1.52	0.21	1.33	1.5	11.1
3	0.284	2.09	0.575	4.15	0.19	1.45	0.335	2.55	0.011	2.4	0.34	2.1	1.9	13.9
4	0.45	3.3	0.91	6.56	0.3	2.28	0.53	4.03	0.018	3.8	0.53	3.3	2.4	17.3
5	0.72	5.2	1.44	10.4	0.48	3.6	0.84	6.38	0.028	6.0	0.84	5.2	3.0	21.6
6	1.14	8.2	2.28	16.5	0.76	5.7	1.33	10.1	0.044	9.5	1.33	8.2	3.8	27
7	1.6	11.5	3.2	23.1	1.08	8.2	1.88	14.3	0.063	13.4	1.88	11.8	4.7	33.8
8	—	—	—	—	1.51	11.4	2.64	20	0.088	18.8	2.64	16.3	5.9	42.2
9	—	—	—	—	2.10	16	3.8	28	0.124	26.4	3.69	22.8	7.3	52.8
10	—	—	—	—	3.0	22.4	—	—	0.172	36.9	5.2	32	10.2	73.8
11	—	—	—	—	4.2	31	—	—	0.24	52	7.24	44.8	14.4	103.4
12	—	—	—	—	5.8	44	—	—	0.34	72	10.2	63	20.1	144.7

注：m—蜗杆轴向模数，mm；d_1—蜗杆分度圆直径，mm。

表 15-4-58　　极限偏差和公差与蜗轮几何参数的关系式

精度等级	F_p(或 F_{pk})		F_r		F_i''		$\pm f_{pt}$		f_i''		f_{f2}		$\pm f_\Sigma$	
	$F_p=B\sqrt{L}+C$		$F_r=Am+B\sqrt{d_2}+C$，$B=0.25A$		$F_i''=Am+B\sqrt{d_2}+C$，$B=0.25A$		$f_{pt}=Am+B\sqrt{d_2}+C$，$B=0.25A$		$f_i''=Am+B\sqrt{d_2}+C$，$B=0.25A$		$f_{f2}=Am+B\sqrt{d_2}+C$，$B=0.0125A$		$f_\Sigma=B\sqrt{b_2}+C$	
	B	C	A	C	A	C	A	C	A	C	A	C	B	C
1	0.25	0.63	0.224	2.8	—	—	0.063	0.8	—	—	0.063	2	—	—
2	0.40	1	0.355	4.5	—	—	0.10	1.25	—	—	0.10	2.5	—	—
3	0.63	1.6	0.56	7.1	—	—	0.16	2	—	—	0.16	3.15	0.50	2.5
4	1	2.5	0.90	11.2	—	—	0.25	3.15	—	—	0.25	4	0.63	3.2
5	1.6	4	1.40	18	—	—	0.40	5	—	—	0.40	5	0.8	4
6	2.5	6.3	2.24	28	—	—	0.63	8	—	—	0.63	6.3	1	5
7	3.55	9	3.15	40	4.5	56	0.90	11.2	1.25	16	1	8	1.25	6.3
8	5	12.5	4	50	5.6	71	1.25	16	1.8	22.4	1.6	10	1.8	8
9	7.1	18	5	63	7.1	90	1.8	22.4	2.24	28	2.5	16	2.5	11.2
10	10	25	6.3	80	9.0	112	2.5	31.5	2.8	35.5	4	25	3.55	16
11	14	35.5	8	100	11.2	140	3.55	45	3.55	45	6.3	40	5	22.4
12	20	50	10	125	14.0	180	5	63	4.5	56	10	63	7.1	31.5

注：1. m—模数，mm；d_2—蜗轮分度圆直径，mm；L—蜗轮分度圆弧长，mm；b_2—蜗轮齿宽，mm。

2. $d_2\leqslant 400$mm 的 F_r、F_i'' 公差按表中所列关系式再乘以 0.8 确定。

表 15-4-59　　极限偏差或公差间的相关关系式

代号	精度等级											
	1	2	3	4	5	6	7	8	9	10	11	12
f_a	$\frac{1}{2}$IT4	$\frac{1}{2}$IT5	$\frac{1}{2}$IT6	$\frac{1}{2}$IT7	$\frac{1}{2}$IT8		$\frac{1}{2}$IT9		$\frac{1}{2}$IT10		$\frac{1}{2}$IT11	
f_x	$0.8f_a$											
j_{nmin}	h(0),g(IT5),f(IT6),e(IT7),d(IT8),c(IT9),b(IT10),a(IT11)											

续表

代号	精度等级											
	1	2	3	4	5	6	7	8	9	10	11	12
j_{nmax}	$(\lvert E_{ss1}\rvert+T_{s1}+T_{s2}\cos\gamma')\cos\alpha_n+2\sin\alpha_n\sqrt{\frac{1}{4}F_r^2+f_a^2}$											
j_t	$\approx j_n/(\cos\gamma'\cos\alpha_n)$											
E_{ss1}	$-(j_{nmin}/\cos\alpha_n+E_{s\Delta})$											
$E_{s\Delta}$	$\sqrt{f_a^2+10f_{px}^2}$											
T_{s2}	$1.3F_r+25$											

注：γ'—蜗杆节圆柱导程角；α_n—蜗杆法向齿形角；IT—标准公差，见 GB/T 1800.3—1998。

齿坯公差

蜗杆、蜗轮在加工、检验、安装时的径向、轴向基准面应尽可能一致，并应在相应的零件工作图上标注。

表 15-4-60　　蜗杆、蜗轮齿坯尺寸和形状公差

精度等级		1	2	3	4	5	6	7	8	9	10	11	12
孔	尺寸公差	IT4	IT4	IT4		IT5	IT6	IT7		IT8		IT8	
	形状公差	IT1	IT2	IT3		IT4	IT5	IT6		IT7		—	
轴	尺寸公差	IT4	IT4	IT4		IT5		IT6		IT7		IT8	
	形状公差	IT1	IT2	IT3		IT4		IT5		IT6		—	
齿顶圆直径公差		IT6		IT7			IT8			IT9		IT11	

注：1. 当三个公差组的精度等级不同时，按最高精度等级确定公差。

2. 当齿顶圆不作测量齿厚基准时，尺寸公差按 IT11 确定，但不得大于 0.1mm。

3. IT 为标准公差，见表 15-4-59 注。

表 15-4-61　　蜗杆、蜗轮齿坯基准面径向和端面圆跳动公差　　μm

基准面直径 d/mm	精度等级					
	1~2	3~4	5~6	7~8	9~10	11~12
≤31.5	1.2	2.8	4	7	10	10
>31.5~63	1.6	4	6	10	16	16
>63~125	2.2	5.5	8.5	14	22	22
>125~400	2.8	7	11	18	28	28
>400~800	3.6	9	14	22	36	36
>800~1600	5.0	12	20	32	50	50
>1600~2500	7.0	18	28	45	71	71
>2500~4000	10	25	40	63	100	100

注：1. 当三个公差组的精度等级不同时，按最高精度等级确定公差。

2. 当以齿顶圆作为测量基准时，也即为蜗杆、蜗轮的齿坯基准面。

4.2 直廓环面蜗杆、蜗轮精度（摘自 GB/T 16848—1997）

本节介绍的 GB/T 16848—1997 适用于轴交角为 90°、中心距为 80~1250mm 的动力直廓环面蜗杆传动。

定义及代号

直廓环面蜗杆、蜗轮和蜗杆副的误差及侧隙的定义和代号见表 15-4-62。

表 15-4-62　　蜗杆、蜗轮和蜗杆副的误差及侧隙的定义和代号

名　　称	代号	定　　义
蜗杆螺旋线误差 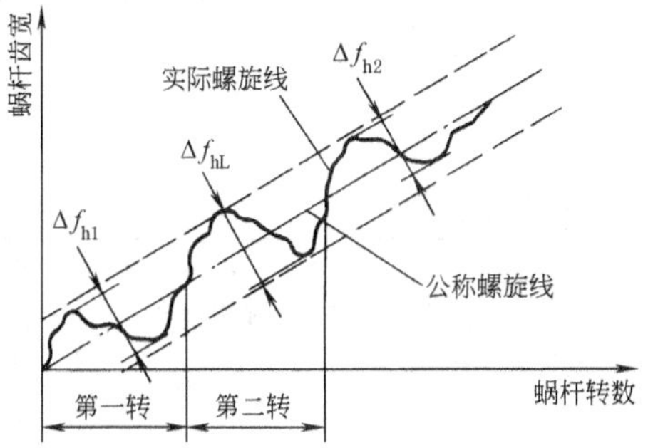 蜗杆齿宽 实际螺旋线 Δf_{h2} Δf_{hL} Δf_{h1} 公称螺旋线 第一转　第二转 蜗杆转数	Δf_{hL}	在蜗杆的工作齿宽范围内,分度圆环面上,包容实际螺旋线的与公称螺旋线保持恒定间距的最近两条螺旋线间的法向距离 多头蜗杆的螺旋线误差分别由每条螺纹线测得
蜗杆螺旋线公差	f_{hL}	
蜗杆一转螺旋线误差	Δf_h	一转范围内的蜗杆螺旋线误差
蜗杆一转螺旋线公差	f_h	
蜗杆分度误差	Δf_{zL}	在多头蜗杆的喉平面上,每个螺旋面与分度圆交点的等分性误差
蜗杆分度公差	f_{zL}	
蜗杆圆周齿距偏差 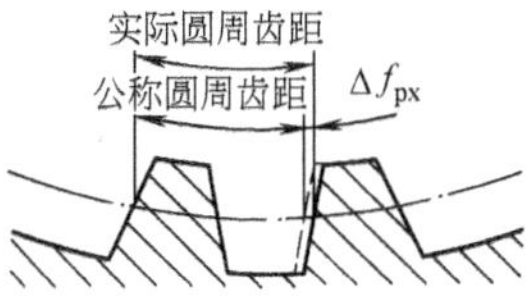 实际圆周齿距 公称圆周齿距 Δf_{px}	Δf_{px}	在轴向剖面内,蜗杆分度圆环面上,两相邻同侧齿面间的实际弧长和公称弧长之差
蜗杆圆周齿距极限偏差 上偏差 下偏差	 $+f_{px}$ $-f_{px}$	
蜗杆圆周齿距累积误差 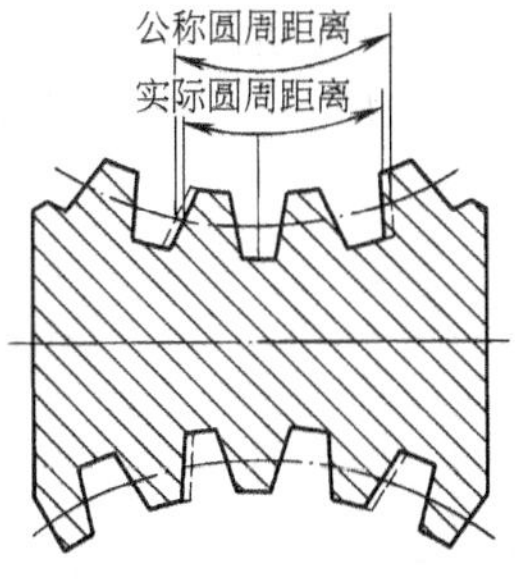 公称圆周距离 实际圆周距离	Δf_{pxL}	在轴向剖面内,蜗杆分度圆环面上,任意两个同侧齿面间(不包括修缘部分),实际弧长与公称弧长之差的最大绝对值
蜗杆圆周齿距累积公差	f_{pxL}	
蜗杆齿形误差 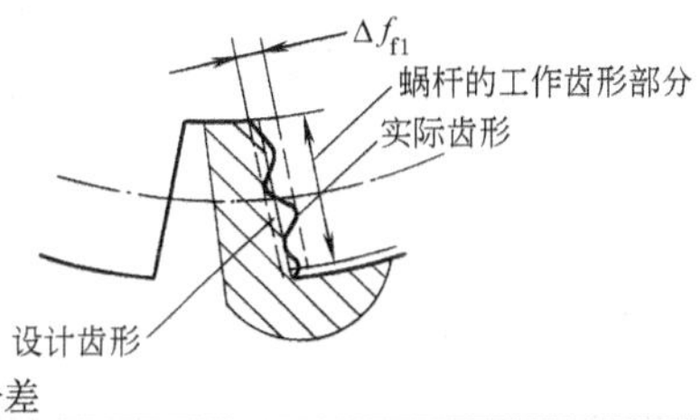 Δf_{f1} 蜗杆的工作齿形部分 实际齿形 设计齿形	Δf_{f1}	在蜗杆的轴向剖面上,工作齿宽范围内,齿形工作部分,包容实际齿形线的最近两条设计齿形线间的法向距离
蜗杆齿形公差	f_{f1}	

续表

名　　称	代号	定　　义
蜗杆齿槽的径向跳动 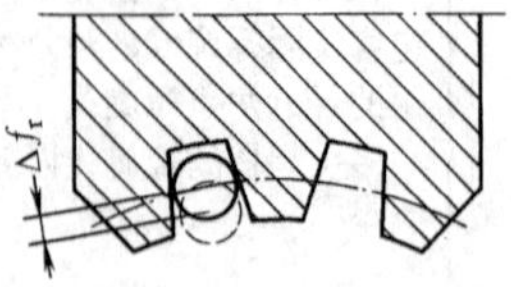 Δf_r	Δf_r	在蜗杆的轴向剖面上,一转范围内,测头在齿槽内与齿高中部齿面双面接触,其测头相对于配对蜗轮中心沿径向距离的最大变动量
蜗杆齿槽径向跳动公差	f_r	
蜗杆法向弦齿厚偏差 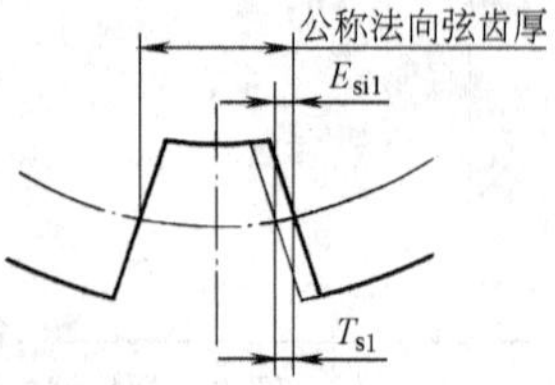 公称法向弦齿厚 E_{si1} T_{s1}	ΔE_{s1}	在蜗杆喉部的法向弦齿高处,法向弦齿厚的实际值与公称值之差
蜗杆法向弦齿厚极限偏差		
上偏差	E_{ss1}	
下偏差	E_{si1}	
蜗杆法向弦齿厚公差	T_{s1}	
蜗轮齿距累积误差 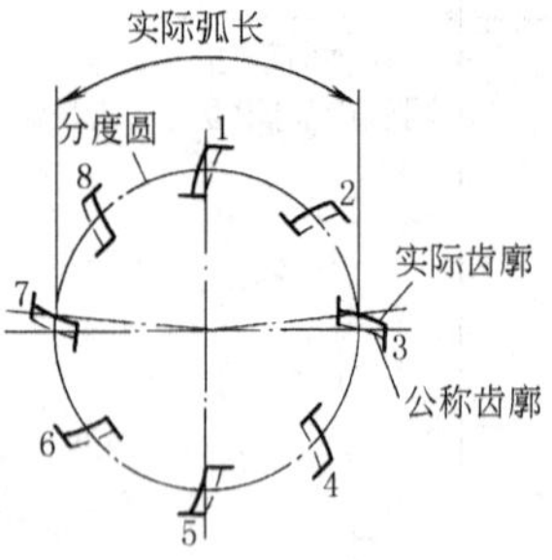 实际弧长 分度圆 1 2 3 4 5 6 7 8 实际齿廓 公称齿廓	ΔF_p	在蜗轮分度圆上,任意两个同侧齿面间的实际弧长与公称弧长之差的最大绝对值
蜗轮齿距累积公差	F_p	
蜗轮齿圈的径向跳动 	ΔF_r	在蜗轮的一转范围内,测头在靠近中间平面的齿槽内,与齿高中部的齿面双面接触,相对蜗轮轴线径向距离的最大变动量
蜗轮齿圈径向跳动公差	F_r	
蜗轮齿距偏差 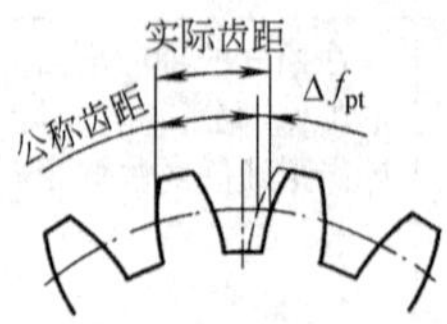 实际齿距 公称齿距 Δf_{pt}	Δf_{pt}	在蜗轮分度圆上,实际齿距与公称齿距之差 用相对法测量时,公称齿距是指所有实际齿距的平均值
蜗轮齿距极限偏差		
上偏差	$+f_{pt}$	
下偏差	$-f_{pt}$	

续表

名　　称	代号	定　　义
蜗轮齿形误差 实际齿形 Δf_{f2} 蜗轮的齿形工作部分 设计齿形	Δf_{f2}	在蜗轮中间平面上，齿形工作部分内，包容实际齿形线的最近两条设计齿形线间的法向距离
蜗轮齿形公差	f_{f2}	
蜗轮法向弦齿厚偏差 公称法向弦齿厚 E_{si2} T_{s2}	ΔE_{s2}	在蜗轮喉部的法向弦齿高处，法向弦齿厚的实际值与公称值之差
蜗轮法向弦齿厚极限偏差		
上偏差	E_{ss2}	
下偏差	E_{si2}	
蜗轮法向弦齿厚公差	T_{s2}	
蜗杆副的切向综合误差 $\Delta f'_{ic}$ $\Delta F'_{ic}$	$\Delta F'_{ic}$	安装好的蜗杆副啮合转动时，在蜗轮相对于蜗杆位置变化的一个整周期内，蜗轮的实际转角与公称转角之差的总幅度值。以蜗轮分度圆弧长计
蜗杆副的切向综合公差	F'_{ic}	
蜗杆副的一齿切向综合误差	$\Delta f'_{ic}$	安装好的蜗杆副啮合转动时，在蜗轮一转范围内多次重复出现的周期性转角误差的最大幅度值
蜗杆副的切向综合公差	f'_{ic}	以蜗轮分度圆弧长计
蜗杆副的中心距偏差 公称中心距 实际中心距 Δf_a 中间平面	Δf_a	在安装好的蜗杆副的中间平面内，实际中心距与公称中心距之差
蜗杆副的中心距极限偏差		
上偏差	$+f_a$	
下偏差	$-f_a$	

续表

名　　称	代号	定　　义
蜗杆副的接触斑点 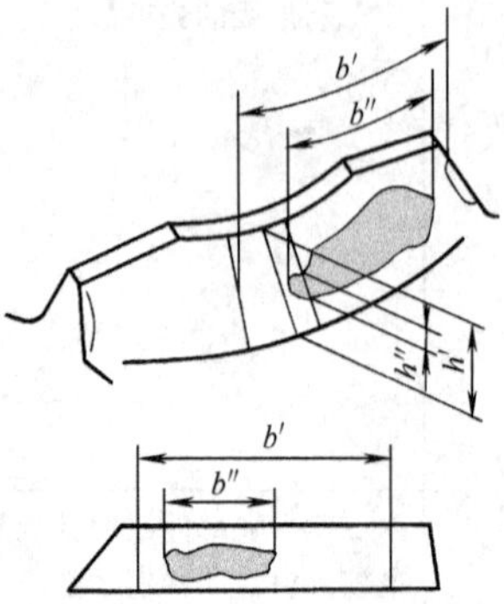		安装好的蜗杆副，在轻微制动下，转动后，蜗杆、蜗轮齿面上出现的接触痕迹 以接触面积大小、形状和分布位置表示，接触面积大小按接触痕迹的百分比计算确定： 沿齿长方向——接触痕迹的长度 b'' 与理论长度 b' 之比，即 $(b''/b')\times100\%$ 沿齿高方向——接触痕迹的平均高度 h'' 与理论高度 h' 之比，即 $(h''/h')\times100\%$ 蜗杆接触斑点的分布位置齿高方向应趋于中间，齿长方向趋于入口处，齿顶和两端部棱边处不允许接触
蜗杆副的蜗杆喉平面偏移	Δf_{x1}	在安装好的蜗杆副中，蜗杆喉平面的实际位置和公称位置之差
蜗杆副的蜗杆喉平面极限偏差 上偏差 下偏差	 $+f_{x1}$ $-f_{x1}$	
蜗杆副的蜗轮中间平面偏移	Δf_{x2}	在安装好的蜗杆副中，蜗轮中间平面的实际位置和公称位置之差
蜗杆副的蜗轮中间平面极限偏差 上偏差 下偏差	 $+f_{x2}$ $-f_{x2}$	
蜗杆副的轴交角偏差	Δf_{Σ}	在安装好的蜗杆副中，实际轴交角与公称轴交角之差 偏差值按蜗轮齿宽确定，以其线性值计
蜗杆副轴交角极限偏差 上偏差 下偏差	 $+f_{\Sigma}$ $-f_{\Sigma}$	

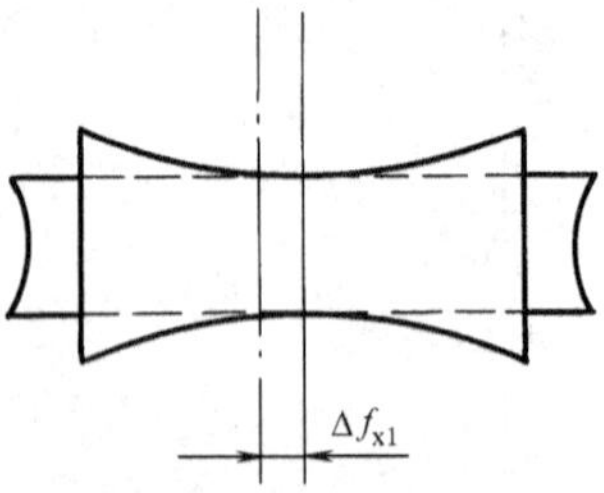

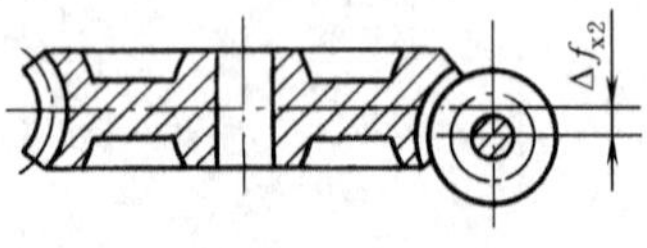

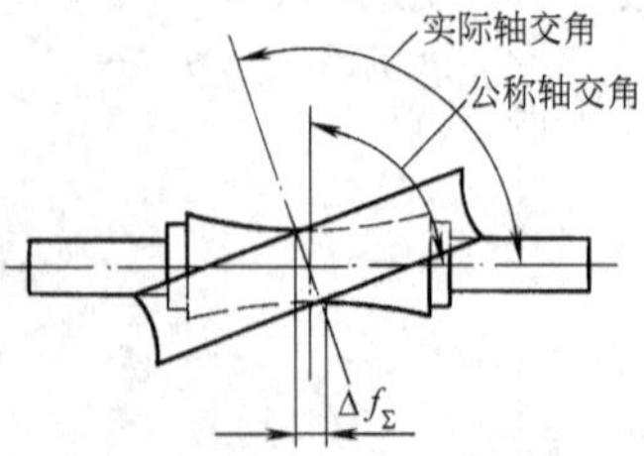

续表

名　　称	代号	定　　义
蜗杆副的圆周侧隙 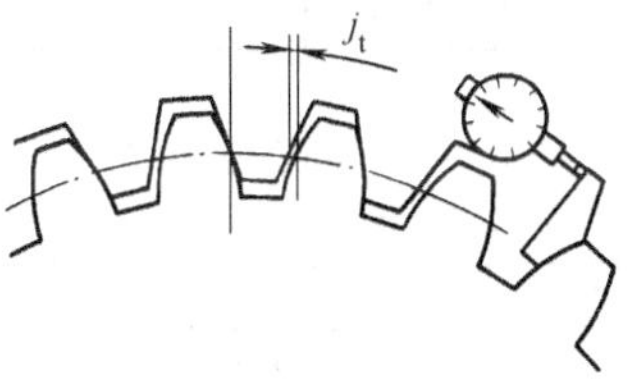	j_t	在安装好的蜗杆副中，蜗杆固定不动时，蜗轮从工作齿面接触到非工作齿面接触所转过的分度圆弧长
j_t		
最小圆周侧隙	j_{tmin}	

精 度 等 级

1）该标准对直廓环面蜗杆、蜗轮和蜗杆传动规定了6，7，8三个精度等级，6级最高，8级最低。

2）按照公差的特性对传动性能的主要保证作用，将蜗杆、蜗轮和蜗杆副的公差（或极限偏差）分为三个公差组。

第Ⅰ公差组：蜗轮 F_p，F_r；蜗杆副 $\Delta F'_{ic}$ 。

第Ⅱ公差组：蜗杆 f_h，f_{hL}，f_{px}，f_{pxL}，f_r；蜗轮 f_{pt}；蜗杆副 $\Delta f'_{ic}$。

第Ⅲ公差组：蜗杆 f_{f1}；蜗轮 f_{f2}；蜗杆副的接触斑点，f_a，f_Σ，f_{x1}，f_{x2}。

3）根据使用要求不同，允许各公差组选用不同的公差等级组合，但在同一公差组中，各项公差与极限偏差应保持相同的精度等级。

4）蜗杆和配对蜗轮的精度等级一般取成相同，也允许取成不相同。对有特殊要求的蜗杆传动，除 F_r、f_r 项目外，其蜗杆、蜗轮左右齿面的精度等级也可取成不相同。

齿 坯 要 求

1）蜗杆、蜗轮在加工、检验和安装时的径向、轴向基准面应尽可能一致，并应在相应的零件工作图上予以标注。

加工蜗杆时，刀具的主基圆半径对蜗杆精度有较大影响，因此，应对主基圆半径公差作合理的控制。主基圆半径。误差定义见表15-4-63，主基圆半径公差值见表15-4-64。

表 15-4-63　　　　主基圆半径误差定义

名　　称	代号	定　　义
主基圆半径误差 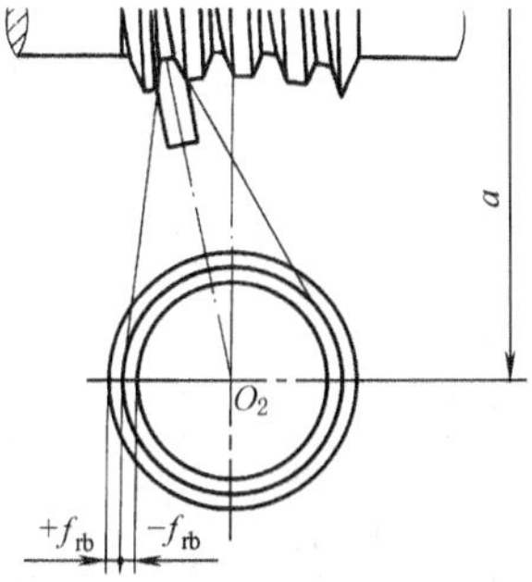	Δf_{rb}	加工蜗杆时，刀具的主基圆半径的实际值与公称值之差
a　O_2　$+f_{rb}$　$-f_{rb}$		
主基圆半径公差	$\pm f_{rb}$	

表 15-4-64　　　　**主基圆半径公差**　　　　μm

名称	代号	中心距/mm											
		80~160			>160~315			>315~630			>630~1250		
		精度等级											
		6	7	8	6	7	8	6	7	8	6	7	8
主基圆半径公差	f_{rb}	20	30	45	25	40	60	35	55	80	50	80	120

2）蜗杆、蜗轮的齿坯公差包括轴、孔的尺寸、形状和位置公差，以及基准面的跳动。各项公差值见表15-4-65。

表 15-4-65　　　　**蜗杆蜗轮齿坯公差**　　　　μm

名称	中心距/mm											
	80~160			>160~315			>315~630			>630~1250		
	精度等级											
	6	7	8	6	7	8	6	7	8	6	7	8
蜗杆喉部直径公差	h7	h8	h9	h7	h8	h9	h7	h8	h9	h7	h8	h9
蜗杆基准轴颈径向跳动公差	12	15	30	15	20	35	20	27	48	25	35	55
蜗杆两定位端面的跳动公差	12	15	20	17	20	25	22	25	30	27	30	35
蜗杆喉部径向跳动公差	15	20	25	20	25	27	27	35	45	35	45	60
蜗杆基准端面的跳动公差	15	20	30	20	30	40	30	45	60	40	60	80
蜗轮齿坯外径与轴孔的同心度公差	15	20	30	20	35	50	25	40	60	40	60	80
蜗轮喉部直径公差	h7	h8	h9	h7	h8	h9	h7	h8	h9	h7	h8	h9

蜗杆、蜗轮的检验与公差

1）根据蜗杆传动的工作要求和生产规模，在各公差组中选定一个检验组来评定和验收蜗杆、蜗轮的精度。当检验组中有两项或两项以上的误差时，应以检验组中最低的一项精度来评定蜗杆、蜗轮的精度等级。

第Ⅰ公差组的检验组：蜗轮 ΔF_p；ΔF_r。

第Ⅱ公差组的检验组：蜗杆 Δf_h，Δf_{hL}（用于单头蜗杆）；Δf_{zL}（用于多头蜗杆）；Δf_{px}，Δf_{pxL}，Δf_r；Δf_{px}，Δf_{pxL}。蜗轮 Δf_{pt}。

第Ⅲ公差组的检验组：蜗杆 Δf_{f1}；蜗轮 Δf_{f2}。

当蜗杆副的接触斑点有要求时，蜗轮的齿形误差 Δf_{f2} 可不进行检验。

2）对于各精度等级，蜗杆、蜗轮各检验项目的公差或极限偏差的数值见表 15-4-66。

表 15-4-66　　　　**蜗杆和蜗轮的公差及极限偏差**　　　　μm

名称		代号	中心距/mm											
			80~160			>160~315			>315~630			>630~1250		
			精度等级											
			6	7	8	6	7	8	6	7	8	6	7	8
蜗杆螺旋线公差		f_{hL}	34	51	68	51	68	85	68	102	119	127	153	187
蜗杆一转螺旋线公差		f_h	15	22	30	21	30	37	30	45	53	45	60	68
蜗杆分度误差	$z_2/z_1 \neq$整数	f_{z1}	20	30	40	28	40	50	40	60	70	60	80	90
	$z_2/z_1 =$整数		25	37	50	35	50	62	50	75	87	75	100	112
蜗杆圆周齿距极限偏差		f_{px}	±10	±15	±20	±14	±20	±25	±20	±30	±35	±30	±40	±45
蜗杆圆周齿距累积公差		f_{pxL}	20	30	40	30	40	50	40	60	70	75	90	110
蜗杆齿形公差		f_{f1}	14	22	32	19	28	40	25	36	53	36	53	75
蜗杆径向跳动公差		f_r	10	15	25	15	20	30	20	25	35	25	35	50
蜗杆法向弦齿厚上偏差		E_{ss1}	0	0	0	0	0	0	0	0	0	0	0	0
蜗杆法向弦齿厚下偏差	双向回转	E_{si1}	35	50	75	60	100	150	90	140	200	140	200	250
	单向回转		70	100	150	120	200	300	180	200	400	280	350	450
蜗轮齿距累积公差		F_p	67	90	125	90	135	202	135	180	247	180	270	360
蜗轮齿圈径向跳动公差		F_r	40	56	71	50	71	90	63	90	112	80	112	140
蜗轮齿距极限偏差		$\pm f_{pt}$	15	20	25	20	30	45	30	40	55	40	60	80

续表

名称	代号	中心距/mm											
		80~160			>160~315			>315~630			>630~1250		
		精度等级											
		6	7	8	6	7	8	6	7	8	6	7	8
蜗轮齿形公差	f_{f2}	14	22	32	19	28	40	25	36	53	36	53	75
蜗轮法向弦齿厚上偏差	E_{ss2}	0	0	0	0	0	0	0	0	0	0	0	0
蜗轮法向弦齿厚下偏差	E_{si2}	75	100	150	100	150	200	150	200	280	220	300	400

3）该标准规定的公差值是以蜗杆、蜗轮的工作轴线为测量的基准轴线。当实际测量基准不符合该规定时，应从测量结果中消除基准不同所带来的影响。

蜗杆副的检验与公差

蜗杆副的精度主要以 $\Delta F'_{ic}$ ，$\Delta f'_{ic}$ 以及 Δf_a，Δf_{x1}，Δf_{x2}，Δf_{Σ} 和接触斑点的形状、分布位置与面积大小来评定。蜗杆副公差及极限偏差的数值见表 15-4-67。

表 15-4-67　　蜗杆副公差及极限偏差　　μm

名称	代号	中心距/mm											
		80~160			>160~315			>315~630			>630~1250		
		精度等级											
		6	7	8	6	7	8	6	7	8	6	7	8
蜗杆副的切向综合公差	F'_{ic}	63	90	125	80	112	160	100	140	200	140	200	280
蜗杆副的一齿切向综合公差	f'_{ic}	18	27	35	27	35	45	35	55	63	67	80	100
蜗杆副的中心距极限偏移	f_a	+20	+25	+60	+30	+50	+100	+45	+75	+120	+65	+100	+150
		−10	−15	−30	−20	−30	−50	−25	−45	−75	−35	−60	−100
蜗杆副的蜗杆中间平面偏移	f_{x1}	±15	±20	±25	±25	±40	±50	±40	±60	±80	±65	±90	±120
蜗杆副的蜗轮中间平面偏移	f_{x2}	±30	±50	±75	±60	±100	±150	±100	±150	±220	±150	±200	±300
蜗杆副的轴交角极限偏差	f_{Σ}	±15	±20	±30	±20	±30	±45	±30	±45	±65	±40	±60	±80
蜗杆副的圆周侧隙	j_t	250			380			530			750		
蜗杆副的最小圆周侧隙	j_{tmin}	95			130			190			250		
蜗轮齿面接触斑点/%		在理论接触区上　按高度　不小于 85(6 级)80(7 级)70(8 级) 按宽度　不小于 80(6 级)70(7 级)60(8 级)											
蜗杆齿面接触斑点/%		在工作长度上不小于 80(6 级)70(7 级)60(8 级) 工作面入口可接触较重,两端修缘部分不应接触											

蜗杆副的侧隙规定

1）蜗杆副的侧隙分为最小圆周侧隙和圆周侧隙，侧隙种类与精度等级无关。

2）根据工作条件和使用要求选用侧隙。蜗杆副的最小圆周侧隙和圆周侧隙见表 15-4-67。

图 样 标 注

在蜗杆、蜗轮工作图上，应分别标注其精度等级、齿厚极限偏差和本标准代号，标注示例如下。

1）蜗杆的第Ⅱ、Ⅲ公差组的精度等级为 6 级，齿厚极限偏差为标准值，则标注为：

若蜗杆齿厚极限偏差为非标准值，如上偏差为：-0.27，下偏差为：-0.40，则标注为：

$$蜗杆\ 6\ \begin{pmatrix}-0.27\\-0.40\end{pmatrix}\ GB/T\ 16848—1997$$

2）蜗轮的三个公差组的精度同为6级，齿厚极限偏差为标准值，则标注为：

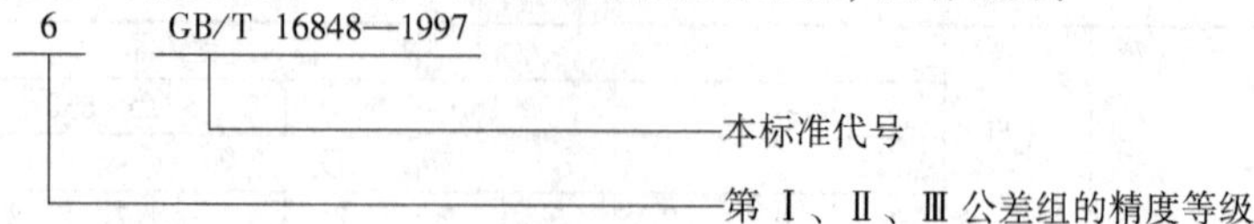

蜗轮的第Ⅰ公差组的精度为6级，第Ⅱ、Ⅲ公差组的精度为7级，齿厚极限偏差为标准值，则标注为：

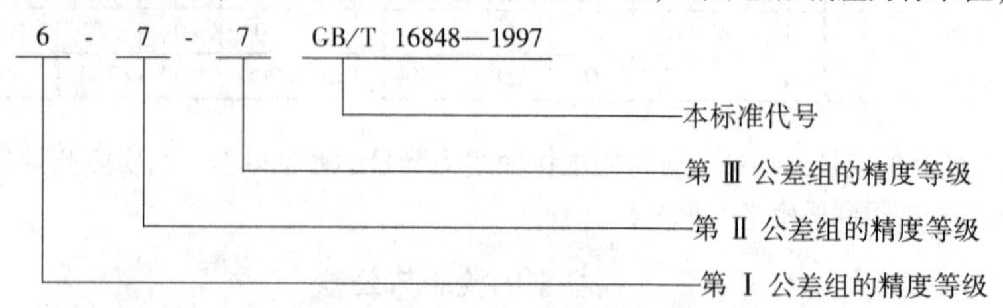

若蜗轮齿厚极限偏差为非标准值，如上偏差为：+0.10，下偏差为：-0.10，则标注为：

6-7-7 （±0.10） GB/T 16848—1997

3）对蜗杆副，应标注出相应的精度等级、侧隙、本标准代号，标注示例如下。

蜗杆副的三个公差组的精度等级同为6级，侧隙为标准侧隙，则标注为：

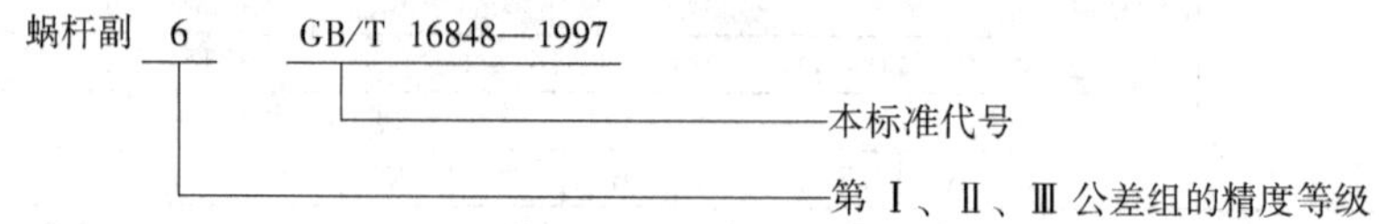

蜗杆副的第Ⅰ公差组的精度为6级，第Ⅱ、Ⅲ公差组的精度为7级，侧隙为：$j_t=0.2$mm，$j_{tmin}=0.1$mm，则标注为：

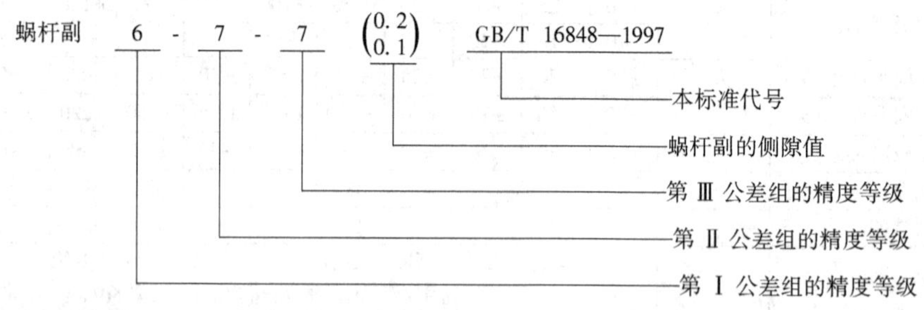

4.3 平面二次包络环面蜗杆传动精度（摘自GB/T 16445—1996）

本节介绍的GB/T 16445—1996适用于轴交角为90°、中心距为0~1250mm的平面二次包络环面蜗杆副。

蜗杆、蜗轮误差的定义及代号

蜗杆、蜗轮误差的定义及代号见表15-4-68。

表15-4-68

类别	序号	名　称	代号	定　义
蜗杆精度	1	蜗杆圆周齿距累积误差 理论弧长 实际弧长 ΔF_{p1} 平面测头 蜗杆圆周齿距累积公差	ΔF_{p1} F_{p1}	用平面测头绕蜗轮轴线作圆弧测量时，在蜗杆有效螺纹长度内（不包含修缘部分），同侧齿面实际距离与公称距离之差的最大绝对值

续表

类别	序号	名　　称	代号	定　　义
蜗杆精度	2	蜗杆圆周齿距偏差 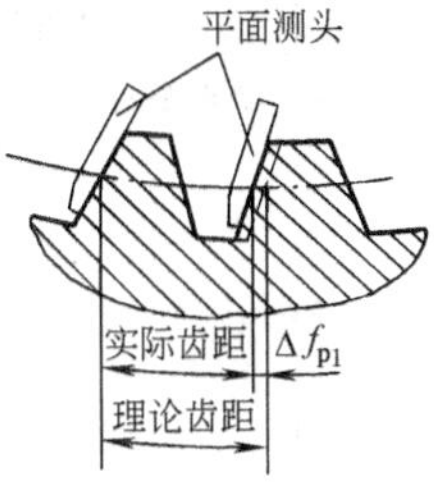 平面测头 实际齿距　Δf_{p1} 理论齿距 蜗杆圆周齿距极限偏差 上偏差 蜗杆圆周齿距极限偏差 下偏差	Δf_{p1} $+f_{p1}$ $-f_{p1}$	用平面测头绕蜗轮轴线作圆弧测量时，蜗杆相邻齿面间的实际距离与公称距离之差
	3	蜗杆分度误差 蜗杆分度公差	Δf_{z1} f_{z1}	在垂直于蜗杆轴线的平面内，蜗杆每条螺纹的等分性误差，以喉平面上计算圆的弧长表示
	4	蜗杆螺旋线误差 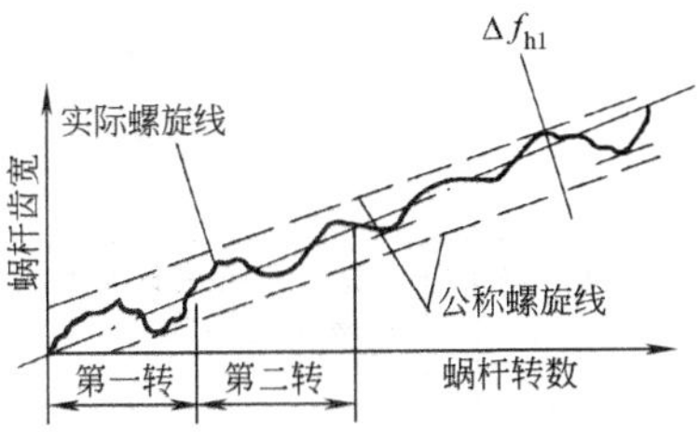 Δf_{h1} 实际螺旋线 蜗杆齿宽 公称螺旋线 第一转　第二转　蜗杆转数 蜗杆螺旋线公差	Δf_{h1} f_{h1}	在蜗杆轮齿的工作齿宽范围内（两端不完整齿部分除外），蜗杆分度圆环面上包容实际螺旋线的最近两条公称螺旋线间的法向距离
	5	蜗杆法向弦齿厚偏差 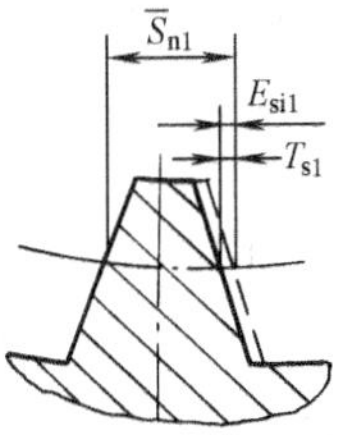 $\overline{S}_{n1}$ E_{si1} T_{s1} 蜗杆法向弦齿厚极限偏差 上偏差 蜗杆法向弦齿厚极限偏差 下偏差 螺杆齿厚公差	ΔE_{s1} E_{ss1} E_{si1} T_{s1}	螺杆喉部法向截面上实际弦齿厚与公称弦齿厚之差
	6	蜗轮齿圈径向跳动 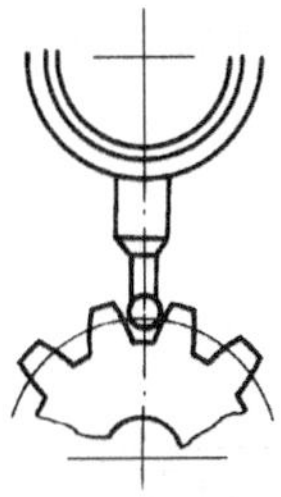 蜗轮齿圈径向跳动公差	ΔF_{r2} F_{r2}	蜗轮齿槽相对蜗轮旋转轴线距离的变动量，在蜗轮中间平面测量

续表

类别	序号	名称	代号	定义
蜗轮精度	7	蜗轮被包围齿数内齿距累积误差	ΔF_{p2}	在蜗轮计算圆上，被蜗杆包围齿数内，任意两个同名齿侧面实际弧长与公称弧长之差的最大绝对值
		蜗轮齿距累积公差	F_{p2}	
	8	蜗轮齿距偏差	Δf_{p2}	在蜗轮计算圆上，实际齿距与公称齿距之差。 用相对法测量时，公称齿距是指所有实际齿距的平均值
		蜗轮齿距极限偏差 上偏差 下偏差	$+f_{p2}$ $-f_{p2}$	
	9	蜗轮法向弦齿厚偏差	ΔE_{s2}	蜗轮喉部法向截面上实际弦齿厚与公称弦齿厚之差
		蜗轮法向弦齿厚极限偏差 上偏差 下偏差	E_{ss2} E_{si2}	
		蜗轮齿厚公差	T_{s2}	

蜗杆副误差的定义及代号

蜗杆副误差的定义及代号见表 15-4-69。

表 15-4-69

类别	序号	名称	代号	定义
蜗杆副精度	1	蜗杆副的切向综合误差	ΔF_{ic}	一对蜗杆副，在其标准位置正确啮合时，蜗轮旋转一周范围内，实际转角与理论转角之差的总幅度值，以蜗轮计算圆弧长计
		蜗杆副的切向综合公差	F_{ic}	
	2	蜗轮副的一齿切向综合误差	Δf_{ic}	安装好的蜗杆副啮合转动时，在蜗轮一转范围内多次重复出现的周期性转角误差的最大幅度值，以蜗轮计算圆弧长计
		蜗轮副的一齿切向综合公差	f_{ic}	

续表

类别	序号	名　　称	代号	定　　义
蜗杆副精度	3	蜗轮副的中心距偏差 中心距极限偏差 上偏差 中心距极限偏差 下偏差	Δf_a $+f_a$ $-f_a$	装配好的蜗杆副的实际中心距与公称中心距之差
	4	蜗杆和蜗轮的喉平面偏差 蜗杆喉平面极限偏差 上偏差 蜗杆喉平面极限偏差 下偏差 蜗轮喉平面极限偏差 上偏差 蜗轮喉平面极限偏差 下偏差	Δf_X $+f_{X1}$ $-f_{X1}$ $+f_{X2}$ $-f_{X2}$	在装配好的蜗杆副中，蜗杆和蜗轮的喉平面的实际位置与各自公称位置间的偏移量
	5	传动中蜗杆轴心线的歪斜度 轴心线歪斜度公差	Δf_Y f_Y	在装配好的蜗杆副中，蜗杆和蜗轮的轴心线相交角度之差，在蜗杆齿宽长度一半上以长度单位测量
	6	接触斑点 蜗杆齿面接触斑点 蜗轮齿面接触斑点		装配好的蜗杆副并经加载运转后，在蜗杆齿面与蜗轮齿面上分布的接触痕迹 接触斑点的大小按接触痕迹的百分比计算确定： 沿齿长方向——接触痕迹的长度与齿面理论长度之比的百分比数，即 蜗杆：$b_1''/b_1'\times100\%$ 蜗轮：$b_2''/b_2'\times100\%$ 沿齿高方向——按蜗轮接触痕迹的平均高度 h'' 与工作高度 h' 之比的百分比数，即 $h''/h'\times100\%$
	7	蜗杆副的侧隙 圆周侧隙 法向侧隙	j_t j_n	在安装好的蜗杆副中，蜗杆固定不动时，蜗轮从工作齿面接触到非工作齿面接触所转过的计算圆弧长 在安装好的蜗杆副中，蜗杆和蜗轮的工作齿面接触时，两非工作齿面间的最小距离

注：在计算蜗杆螺旋面理论长度 b_1' 时，应减去不完整部分的出口和入口及入口处的修缘长度。

精度等级

1）该标准根据使用要求对蜗杆、蜗轮和蜗杆副规定了6、7、8级三个精度等级。

2）按公差特性对传动性能的主要保证作用，将蜗杆、蜗轮和蜗杆副的公差（或极限偏差）分成三个公差组。

第Ⅰ公差组：蜗杆 F_{p1}；蜗轮 F_{r2}，F_{p2}；蜗杆副 F_i。

第Ⅱ公差组：蜗杆 f_{p1}，f_{z1}，f_{h1}；蜗轮 f_{p2}；蜗杆副 f_i。

第Ⅲ公差组：蜗杆-；蜗轮-；蜗杆副的接触斑点，f_a，f_{X1}，f_{X2}，f_Y。

3）根据使用要求不同，允许各公差组选用不同的精度等级组合，但在同一公差组中，各项公差与极限偏差应保持相同的精度等级。

4）蜗杆和配对蜗轮的精度等级一般取成相同，也允许取成不同。

齿坯要求

1）蜗杆、蜗轮在加工、检验、安装时的径向、轴向基准面应尽可能一致，并应在相应的零件工作图上予以标注。

2）蜗杆、蜗轮的齿坯公差包括尺寸、形状和位置公差，以及基准面的跳动，各项公差值，见表 15-4-72。

蜗杆、蜗轮及蜗杆副的检验

（1）蜗杆的检验

1）蜗杆的齿厚公差 T_{s1}、喉部直径公差 t_1 为每件必测的项目。

2）蜗杆圆周齿距累积误差 ΔF_{p1}、圆周齿距偏差 Δf_{p1}、分度误差 Δf_{z1}（用于多头蜗杆）和螺旋线误差 Δf_{h1} 根据用户要求进行检测。

3）蜗杆的各项公差值和极限偏差值见表 15-4-70，齿坯公差值见表 15-4-72。

（2）蜗轮的检验

1）蜗轮的齿厚公差 T_{s2}、蜗轮喉部直径公差 t_7 为每件必测项目。

2）蜗轮的齿距累积误差 ΔF_{p2}、齿距偏差 Δf_{p2} 和齿圈径向跳动 ΔF_{r2} 根据用户要求进行检测。

3）蜗轮的各项公差值和极限偏差值见表 15-4-70，齿坯公差见表 15-4-72。

（3）蜗杆副的检验

1）对蜗杆副的接触斑点和齿侧隙的检验：当减速器整机出厂时，每台必须检测。若蜗杆副为成品出厂时，允许按 10%～30%的比率进行抽检。但至少有一副对研检查（应使用 CT_1，CT_2 专用涂料）。

2）对蜗杆副的中心距偏差 Δf_a、喉平面偏差 Δf_{X1}、Δf_{X2} 和轴线歪斜度 Δf_Y、一齿切向综合误差 Δf_{ic}，当用户有特殊要求时进行检测；切向综合误差 ΔF_{ic}，只在精度为 6 级，用户又提出要求时进行检测。其公差值及极限偏差值见表 15-4-71。

蜗杆传动的侧隙规定

1）该标准根据用户使用要求将侧隙分为标准保证侧隙 j 和最小保证侧隙 j_{min}。j 为一般传动中应保证的侧隙、j_{min} 用于要求侧隙尽可能小，而又不致卡死的场合。对特殊要求，允许在设计中具体确定。

2）j 与 j_{min} 与精度无关，具体数值见表 15-4-71。

3）蜗杆副的侧隙由蜗杆法向弦齿厚减薄量来保证，即取上偏差为 $E_{ss1}=j\cos\alpha$（或 $j_{min}\cos\alpha$），公差为 T_{s1}；蜗轮法向弦齿厚的上偏差 $E_{ss2}=0$，下偏差即为公差 $E_{si2}=T_{s2}$。

蜗杆、蜗轮的公差及极限偏差

表 15-4-70　　蜗杆、蜗轮公差及极限偏差　　μm

名称			代号	中心距/mm											
				≥80～160			>160～315			>315～630			>630～1250		
				精度等级											
				6	7	8	6	7	8	6	7	8	6	7	8
蜗杆	蜗杆圆周齿距累积公差		F_{p1}	20	30	40	30	40	50	40	60	70	75	90	110
	蜗杆圆周齿距极限偏差		$\pm f_{p1}$	±10	±15	±20	±14	±20	±25	±20	±30	±35	±30	±40	±45
	蜗杆分度公差	$z_2/z_1\neq$整数	f_{z1}	10	15	20	14	20	25	20	30	35	30	40	45
		$z_2/z_1=$整数		25	37	50	35	50	62	50	75	87	75	100	112
	蜗杆螺旋线误差的公差		f_{h1}	28	40	—	36	50	—	45	63	—	63	90	—
	蜗杆法向弦齿厚公差	双向回转	T_{s1}	35	50	75	60	100	150	90	140	200	140	200	250
		单向回转		70	100	150	120	200	300	180	280	400	280	350	450
蜗轮	蜗轮齿圈径向跳动公差		F_{r2}	15	20	30	20	30	40	25	40	60	35	55	80
	蜗轮齿距累积公差		F_{p2}	15	20	25	20	30	45	30	40	55	40	60	80
	蜗轮齿距极限偏差		$\pm f_{p2}$	±13	±18	±25	±18	±25	±36	±20	±28	±40	±26	±36	±50
	蜗轮法向弦齿厚公差		T_{s2}	75	100	150	100	150	200	150	200	280	220	300	400

蜗杆副精度与公差

表 15-4-71　　蜗杆副公差及极限偏差　　μm

名　　称	代　号	中　心　距/mm											
		≥80~160			>160~315			>315~630			>630~1250		
		精　度　等　级											
		6	7	8	6	7	8	6	7	8	6	7	8
蜗杆副的切向综合公差	F_{ic}	63	90	125	80	112	160	100	140	200	140	200	280
蜗杆副的一齿切向综合公差	f_{ic}	40	63	80	60	75	110	70	100	140	100	140	200
中心距极限偏差	$+f_a$	+20	+25	+60	+30	+50	+100	+45	+75	+120	+65	+100	+150
	$-f_a$	-10	-15	-30	-20	-30	-50	-25	-45	-75	-35	-60	-100
蜗杆喉平面极限偏差	$+f_{X1}$ $-f_{X1}$	±15	±20	±25	±25	±40	±50	±40	±60	±80	±65	±90	±120
蜗轮喉平面极限偏差	$+f_{X2}$ $-f_{X2}$	±30	±50	±75	±60	±100	±150	±100	±150	±220	±150	±200	±300
轴心线歪斜度公差	f_Y	15	20	30	20	30	45	30	45	65	40	60	80
蜗杆齿面接触斑点		在工作长度上不小于 85%(6 级),80%(7 级),70%(8 级); 工作面入口可接触较重,两端修缘部分不应接触											
蜗轮齿面接触斑点		在理论接触区上按高度不小于 85%(6 级),80%(7 级),70%(8 级); 按宽度不小于 80%(6 级),70%(7 级),60%(8 级)											
圆周侧隙　最小保证侧隙	j_{min}	95			130			190			250		
圆周侧隙　标准保证侧隙	j	250			380			530			750		

图 样 标 注

在蜗杆、蜗轮工作图上，应分别标注其精度等级、侧隙代号或法向弦齿厚偏差和本标准代号。

标注示例：

1）蜗杆精度等级为 6 级，法向弦齿厚公差为标准值，侧隙取标准侧隙，则标注为

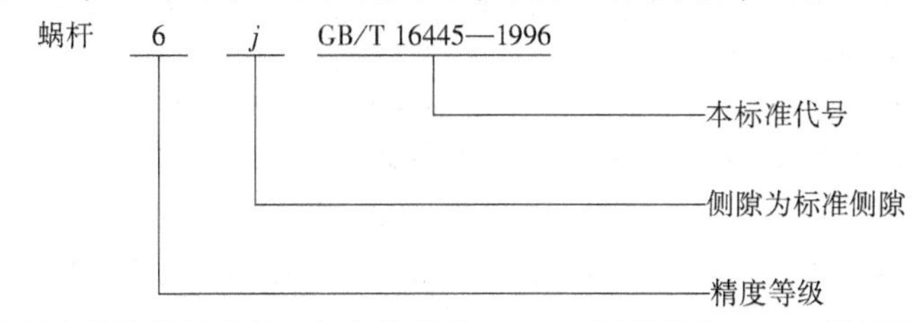

2）若蜗杆法向弦齿厚公差为非标准值，如上偏差为-0.25，下偏差为-0.4，则标注为

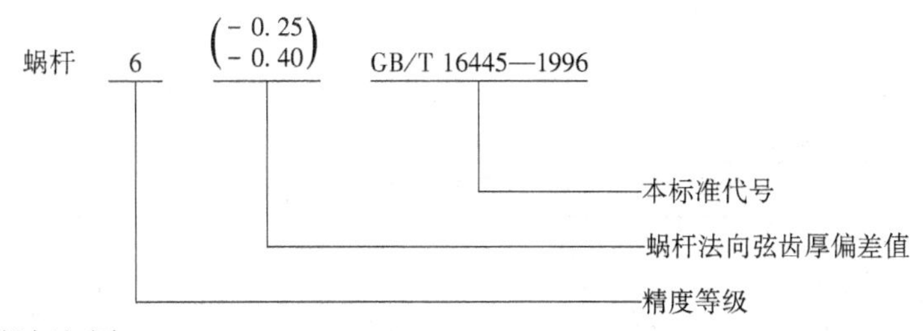

蜗轮标注方法与蜗杆相同。

3）对蜗杆副应标注出相应的精度等级、侧隙代号和本标准代号。标注示例：

① 蜗杆副三个公差组的精度同为 7 级，标准侧隙，则标注为

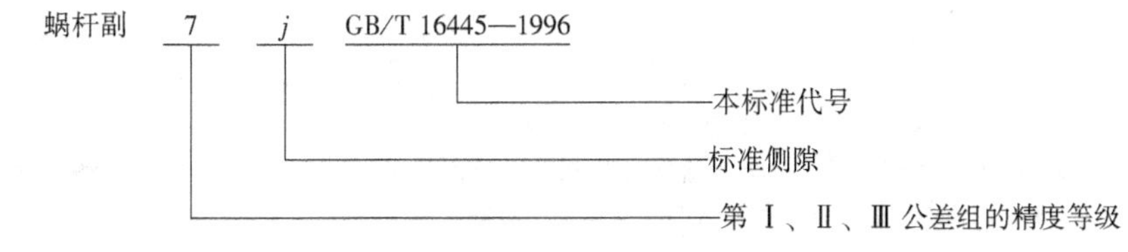

② 蜗杆副的第Ⅰ公差组为 7 级，第Ⅱ、第Ⅲ公差组的精度为 6 级，侧隙为最小保证侧隙 j_{min}，则标注为

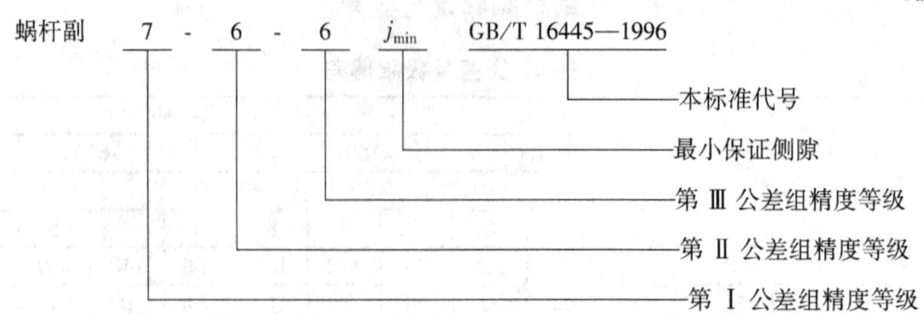

表 15-4-72　　蜗杆、蜗轮齿坯尺寸和形状公差　　μm

名　　称	代号	中心距/mm											
		≥80~160			>160~315			>315~630			>630~1250		
		精度等级											
		6	7	8	6	7	8	6	7	8	6	7	8
蜗杆喉部外圆直径公差	t_1	h7	h8	h9	h7	h8	h9	h7	h8	h9	h7	h8	h9
蜗杆喉部径向跳动公差	t_2	12	15	30	15	20	35	20	27	40	25	35	50
蜗杆两基准端面的跳动公差	t_3	12	15	20	17	20	25	22	25	30	27	30	35
蜗杆喉平面至基准端面距离公差	t_4	±50	±75	±100	±75	±100	±130	±100	±130	±180	±130	±180	±200
蜗轮基准端面的跳动公差	t_5	15	20	30	20	30	40	30	45	60	40	60	80
蜗轮齿坯外径与轴孔的不同心度公差	t_6	15	20	30	20	35	50	25	40	60	40	60	80
蜗轮喉部直径公差	t_7	h7	h8	h9	h7	h8	h9	h7	h8	h9	h7	h8	h9

4.4　德国圆柱蜗杆蜗轮精度技术简介

蜗杆蜗轮精度在国际 ISO、德国 DIN、法国 NFE 和日本 JIS 等都没有专门的标准。

德国仅在 DIN 3975《轴交角为 90°圆柱蜗杆传动的概念和参数》中对蜗杆、蜗轮及传动的误差检验项目、侧隙规范的误差定义，代号作了全面规定。设计、制造和验收时，各项公差值系按传动的用途专门拟定：对蜗轮，以圆柱齿轮公差 DIN 3962~3964 为基础；对蜗杆，以单头滚刀公差 DIN 3968 为基础。

表 15-4-73 所列的精度参考值与下列误差有关：齿廓总误差 F_{f1} 与 F_{f2}，齿距偏差 f_{px1} 与 f_{px2}，齿圈径向跳动 f_{ei} 与 F_{r2}（圆球法测量），螺旋导程误差 f_{p2}，或跨 3 个齿的齿距累积误差 F_{pk2}（在单头或双头蜗杆时）。其公差极限可以根据 DIN 3962 的 $F_{p2/8}$ 来确定。

表 15-4-73　　蜗杆传动的精度（DIN 3961 至 3964 的精度等级）的选用指示

精度等级		应用范围
蜗杆①蜗轮①与箱体②	中心距③	
4~5	6④	机床、调速器、瞄准器的分度传动机构(对此特别要限制偏摆)运转要求非常平稳,且 v_{m1}>5m/s 的传动装置
5~6	7④	升降机、回转机构,运转平稳的功率传动装置 v_{m1}>5m/s
8~9	8④	对运转平稳性没有特殊要求的工业用蜗杆传动装置 v_{m1}<10m/s
制造:蜗杆一般渗碳淬硬或表面硬化处理,磨齿,表面粗糙度 Rz 必要时抛光,蜗轮用滚刀范成并进行跑合		
10~12	10④	副传动机构,手动机构,调节机构 v_{m1}<3m/s
制造:蜗杆、车削或铣削,粗糙度 Rz,蜗轮用滚刀范成		

① 据 DIN 3961 至 3963 各种啮合误差见正文，蜗轮上的齿形误差并不十分重要，因齿面要进行跑合，齿距偏差与齿距累积误差以及齿圈径向跳动公差规定值见表 15-4-75。

② 轴线平行度按 DIN 3964 的规定。

③ 据 DIN 3964。

④ 适用于单头与双头蜗杆，多头蜗杆的中心距精度要求还要高一些。

注：德国 DIN 标准化组织明确 DIN 3961~3964 标准等效采用 ISO 1328—1：1995，ISO 1328—2：1997、ISO/TR 10064—1~ISO/TR 10064—4 的国际标准和技术报告。其检验项目的公差值也是等效。

与标准蜗杆或标准蜗轮直接配啮时检查单面切向啮合误差 F_i' 与单面切向一齿综合误差 f_i'，在蜗杆与蜗轮直接配啮时（没有标准蜗杆或标准蜗轮可供检查使用的）公差可比表 15-4-73 所列精度低 1~2 个等级。

径向一齿综合误差的检查只能在一定条件下进行，特别对多头蜗杆，因为只有在理论中心距时才能完美地传递旋转运动。

GB/T 10089—1988 与 DIN 3975 的有关误差项目代号对照见表 15-4-74。

表 15-4-74　　GB/T 10089—1988 与 DIN 3975 的有关误差项目代号对照

GB/T 10089—1988	Δf_{f1}	Δf_{f2}	Δf_{px}	Δf_{pt}	Δf_r	ΔF_r	Δf_{h1}	ΔF_p	$\Delta F_i'$	$\Delta f_i'$
DIN 3975	F_{f1}	F_{f2}	f_{px1}	f_{p2}	f_{e1}	F_{r2}	f_{pz1}	F_{p2}	F_i'	f_i'

最简单而常用的检查承载能力和运转状态的主要方法是：对于在传动装置中配啮的蜗杆和蜗轮用着色法，检查在轻载下旋转一周之后蜗轮齿面上的接触斑点，对接触斑点所希望的大小和位置见图 15-4-19 所示。

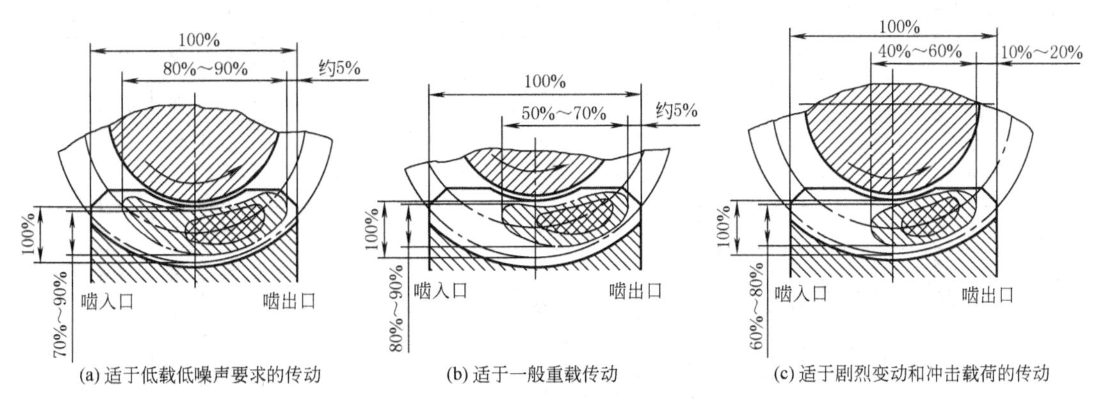

图 15-4-19　蜗杆传动轻载涂色试验下接触区的合理分布情况

此外还应注意下列几点。

1）为避免轮齿变形所致的齿顶、齿根或齿侧受载，接触斑点不应达到全齿高与全齿宽。

2）为有利于润滑油膜的形成，接触斑点应偏于齿面出口处（效率 90%，在可逆运转时，例如升降机蜗杆传动应位于中央）。偏于齿面入口处（效率 84%）的接触斑点会导致损耗功率增加胶合危险。

3）在对噪声要求高的场合，接触斑点面积要大，并应偏于齿根。

4）在重载，特别是冲击载荷下，宜使齿高和齿宽方向的接触斑点减少，并使之偏于蜗轮齿顶。

对于圆柱蜗杆可以通过刀具修正及借助调整垫圈，使蜗轮作轴向位移来把接触斑点调整到所希望的大小和位置。

侧隙：正常情况下（力流方向不变）的侧隙概略值见图 15-4-20（可通过测量转角来检查侧隙的均匀性），对于精密控制或分度机构可通过双螺距（变齿厚）蜗杆来调整侧隙。

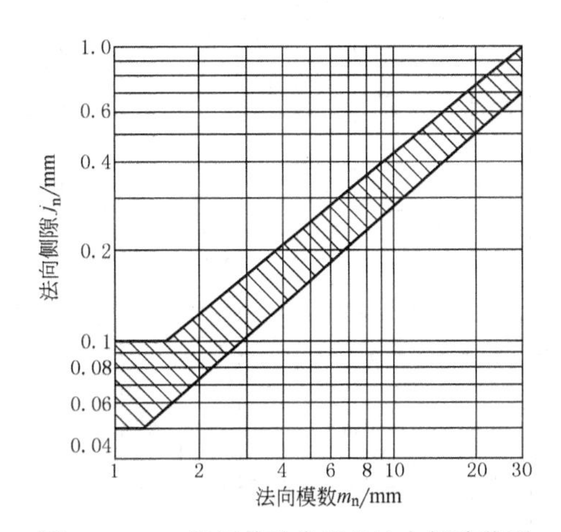

图 15-4-20　蜗杆传动常用的法向侧隙范围

表 15-4-75　德国 DIN 3962 标准中齿距偏差（单个齿距偏差）f_p，齿距累积误差（齿距累积总偏差）F_p、径向跳动 F_r 的公差值　μm

精度等级	分度圆直径/mm	>50~125					>125~280						>280~560						>560~1000						>1000~1600						>1600~2500					
		模数 m/mm																																		
	项目符号	1~2	>2~3.55	>3.55~6	>6~10	>10~16	1~2	>2~3.55	>3.55~6	>6~10	>10~16	>16~25	1~2	>2~3.55	>3.55~6	>6~10	>10~16	>16~25	1~2	>2~3.55	>3.55~6	>6~10	>10~16	>16~25	1~2	>2~3.55	>3.55~6	>6~10	>10~16	>16~25	1~2	>2~3.55	>3.55~6	>6~10	>10~16	>16~25
4	f_p	4	4	4	5	6	4	4	4.5	5.5	6	8	4.5	4.5	5	6	7	8	5	5	5.5	6	7	9	5	5	6	7	8	9	6	6	6	7	8	10
	F_p	14	14	16	16	18	16	16	18	20	20	22	18	18	20	22	22	25	20	20	22	25	25	28	20	22	25	28	28	32	22	25	25	28	32	36
	F_r	7	8	9	11	12	8	9	11	12	14	16	9	11	12	14	16	18	10	12	14	16	16	18	11	14	16	16	18	20	12	14	14	18	20	22
5	f_p	5	5	6	7	9	5.5	6	7	8	9	11	6	6	7	8	10	12	7	7	8	9	10	12	7	7	8	9	11	14	8	8	9	10	12	14
	F_p	18	20	20	22	25	20	22	25	25	28	32	25	25	28	28	32	36	28	28	32	32	36	40	32	32	36	36	40	45	32	36	36	40	45	50
	F_r	10	11	12	14	18	11	12	14	16	20	22	12	14	16	18	22	25	14	16	18	20	25	25	16	18	20	22	25	28	18	20	22	25	28	32
6	f_p	7	7	9	10	12	8	8	9	11	12	16	8	8	10	11	14	16	9	9	11	11	14	18	10	11	12	12	16	18	11	12	12	14	15	20
	F_p	25	28	28	32	32	28	32	36	36	40	40	32	36	40	40	45	45	36	40	45	45	50	56	40	45	50	50	56	56	45	50	56	56	63	63
	F_r	14	16	18	20	25	16	18	20	25	28	28	18	20	25	25	28	32	20	22	25	28	32	36	22	25	28	32	36	40	25	28	32	36	40	45
7	f_p	10	10	12	14	18	11	11	12	14	18	22	12	12	14	16	20	22	12	12	16	16	20	25	14	14	16	18	22	25	16	16	18	20	22	28
	F_p	32	36	40	45	45	40	45	45	56	56	56	45	50	56	63	63	72	50	56	63	71	71	80	56	63	71	71	80	90	63	71	71	80	90	90
	F_r	18	22	25	28	32	22	25	28	32	36	40	25	28	32	36	40	45	28	32	36	40	45	50	32	36	40	45	50	56	32	40	45	50	56	63
8	f_p	14	14	16	20	25	16	16	18	20	25	32	16	16	20	22	28	32	18	18	20	25	28	36	20	22	22	25	32	36	22	25	26	28	32	40
	F_p	50	50	56	63	63	56	63	71	71	80	80	63	71	80	80	90	90	71	80	90	90	100	110	80	90	100	100	110	110	90	100	110	110	125	125
	F_r	28	32	36	40	45	32	36	40	46	50	56	36	40	45	50	56	63	40	45	50	56	63	71	45	50	56	63	71	80	45	56	63	71	80	80
9	f_p	20	20	25	25	32	22	22	25	28	36	45	22	22	28	32	36	45	25	25	28	32	40	50	28	28	32	36	40	50	32	32	36	40	45	56
	F_p	63	71	80	90	90	80	90	90	100	110	110	90	100	110	110	125	125	100	110	125	125	140	140	110	125	140	140	160	160	125	140	140	160	180	180
	F_r	36	45	50	56	63	45	50	56	63	71	80	50	56	63	71	80	90	56	63	71	80	90	100	63	71	80	90	100	110	63	80	90	100	110	110

5 蜗杆、蜗轮的结构及材料

5.1 蜗杆、蜗轮的结构

蜗杆一般与轴制成一体（图 15-4-21），只在个别情况下 $\left(\dfrac{d_{f1}}{d}\geqslant 1.7\text{时}\right)$ 才采用蜗杆齿圈配合于轴上。车制的蜗杆，轴径 $d=d_{f1}-(2\sim4)\text{mm}$（图 15-4-21a）；铣制的蜗杆和环面蜗杆，轴径 d 可大于 d_{f1}（图 15-4-21b、c）。

蜗轮的典型结构见表 15-4-76。

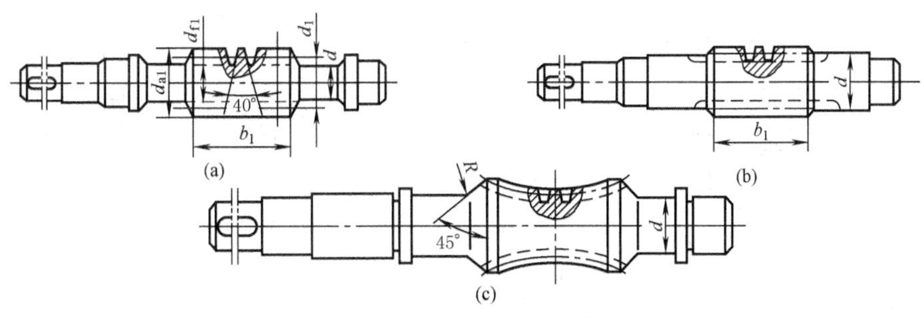

图 15-4-21 蜗杆的结构

表 15-4-76 蜗轮的几种典型结构

结构型式	图　　例	公　　式	特点及应用范围
轮箍式	1～4 3×45° e e α_0 斜度1:10 b_1 $0.8b_1$ $D_2\frac{H7}{r6}$ D_1 d (a) l_1 l R=4～5 d_0(4～6个) e f e b_1 $D_2\frac{H7}{r6}$ L_1 (b) b 10 I 切去 e f $\frac{I}{M1:1}$ 3×45° R_2 2 5～8 (c)	$e\approx2m$ $f\approx2\sim3\text{mm}$ $d_0\approx(1.2\sim1.5)m$ $l\approx3d_0\approx(0.3\sim0.4)b$ $l_1\approx l+0.5d_0$ $\alpha_0=10°$ $b_1\geqslant1.7m$ $D_1=(1.6\sim2)d$ $L_1=(1.2\sim1.8)d$ $K=e=2m$ d_0' ——由螺栓组的计算确定	青铜轮缘与铸铁轮心通常采用$\dfrac{H7}{r6}$配合，如图 a 所示 为了防止轮缘的轴向窜动，除加台肩外，还可用螺钉固定，如图 b、c 所示 轮缘和轮心的结合形式及轮心辐板的结构形式可根据具体情况选择 轴向力的方向尽量与装配时轮缘压入的方向一致

续表

结构型式	图例	公式	特点及应用范围
螺栓连接式		$e \approx 2m$ $f \approx 2 \sim 3\text{mm}$ $d_0 \approx (1.2 \sim 1.5)m$ $l \approx 3d_0 \approx (0.3 \sim 0.4)b$ $l_1 \approx l + 0.5d_0$ $\alpha_0 = 10°$ $b_1 \geqslant 1.7m$ $D_1 = (1.6 \sim 2)d$ $L_1 = (1.2 \sim 1.8)d$ $K = e = 2m$ d_0' ——由螺栓组的计算确定	以光制螺栓连接，轮缘和轮心螺栓孔要同时铰制。螺栓数量按剪切计算确定，并以轮缘受挤压校核轮缘材料，许用挤压应力 $\sigma_{pp} = 0.3\sigma_s$（$\sigma_s$——轮缘材料屈服点）
镶铸式		$D_0 \approx \frac{D_2 + D_1}{2}$ $D_3 \approx \frac{D_0}{4}$	青铜轮缘镶铸在铸铁轮心上，并在轮心上预制出凸键，以防滑动。凸键的宽度及数量视载荷大小而定；此结构适用于大批量生产
整体式			适用于直径小于100mm的青铜蜗轮和任意直径的铸铁蜗轮

5.2 蜗杆、蜗轮材料选用推荐

表 15-4-77

名称	材料牌号	使用特点	应用范围
蜗杆	20、15Cr、20Cr、20CrNi、20MnVB、20SiMnVB、20CrMnTi、20CrMnMo	渗碳淬火（56~62HRC）并磨削	用于高速重载传动
	45、40Cr、40CrNi、35SiMn、42SiMn、35CrMo、37SiMn2MoV、38SiMnMo	淬火（45~55HRC）并磨削	
	45	调质处理	用于低速轻载传动
蜗轮	ZCuSn10Pb1 ZCuSn5Pb5Zn5	抗胶合能力强，机械强度较低（$\sigma_b <$ 350N/mm^2），价格较贵	用于滑动速度较大（$v_s = 5 \sim 15\text{m/s}$）及长期连续工作处
	ZCuAl10Fe3 ZCuAl10Fe3Mn2	抗胶合能力较差，但机械强度较高（$\sigma_b >$ 300N/mm^2），与其相配的蜗杆必须经表面硬化处理，价格较廉	用于中等滑动速度（$v_s \leqslant 8\text{m/s}$）
	ZCuZn38Mn2Pb2		
	HT150 HT200	机械强度低，冲击韧性差，但加工容易，且价廉	用于低速轻载传动（$v_s < 2\text{m/s}$）

注：可以选用合适的新型材料。

6 蜗杆传动设计计算及工作图示例

6.1 圆柱蜗杆传动设计计算示例

某轧钢车间需设计一台普通圆柱蜗杆减速器。已知蜗杆轴输入功率 $P_1=10\text{kW}$，转速 $n_1=1450\text{r/min}$，传动比 $i=20$，要求使用 10 年，每年工作 300 日，每日工作 16h，每小时载荷时间 15min，每小时启动次数为 20～50 次。启动载荷较大，并有较大冲击，工作环境温度 35～40℃。

解：

1. 选择材料和加工精度

蜗杆选用 20CrMnTi，芯部调质，表面渗碳淬火，>45HRC；

蜗轮选用 ZCuSn10Pb1，金属模铸造；

加工精度 8 级。

2. 初选几何参数

选 $z_1=2$；$z_2=z_1 i=2\times20=40$

3. 计算蜗轮输出转矩 T_2

粗算传动效率 η：$\eta=(100-3.5\sqrt{i})\%=(100-3.5\sqrt{20})\%=0.843$

$$T_2=9550\frac{P_1\eta i}{n_1}=9550\frac{10\times0.843\times20}{1450}=1110\text{N}\cdot\text{m}$$

4. 确定许用接触应力 σ_{Hp}

根据表 15-4-12 当蜗轮材料为锡青铜时，$\sigma_{\text{Hp}}=\sigma_{\text{Hbp}}Z_s Z_N$

由表 15-4-13 查得 $\sigma_{\text{Hbp}}=220\text{N/mm}^2$

由图 15-4-13 查得滑动速度 $v_s=8.35\text{m/s}$

采用浸油润滑，由图 15-4-5 求得 $Z_s=0.86$

由图 15-4-7 的注中公式求得 $N=60n_2 t=60\dfrac{1450}{20}\times10\times300\times16\times\dfrac{15}{60}=5.22\times10^7$

根据 N 由图 15-4-7 查得 $Z_N=0.81$

所以
$$\sigma_{\text{Hp}}=220\times0.86\times0.81=153\ \text{N/mm}^2$$

5. 求载荷系数 K

由表 15-4-12 知：
$$K=K_1K_2K_3K_4K_5K_6$$

设 $v_2<3\text{m/s}$，按表 15-4-12 取 $K_1=1$；查表 15-4-15，8 级精度时 $K_2=1$；由于 $JC=\dfrac{15}{60}=25\%$，由图 15-4-8 得 $K_3=0.63$；由表 15-4-16 查得 $K_4=1.52$；由表 15-4-17 查得 $K_5=1.2$；由图 15-4-9 查得 $K_6=0.76$。

所以
$$K=1\times1\times0.63\times1.52\times1.2\times0.76=0.873$$

6. 计算 m 和 q 值

$$m\sqrt[3]{q}\geqslant\sqrt[3]{\left(\frac{15150}{z_2\sigma_{\text{Hp}}}\right)^2 KT_2}$$
$$\geqslant\sqrt[3]{\left(\frac{15150}{40\times153}\right)^2 0.873\times1110}=18.11\text{mm}$$

查表 15-4-5，取 $m=10$，$q=8$，

7. 主要几何尺寸计算

$$a=0.5m(q+z_2+2x_2)=0.5\times10\times(8+40+0)=240\text{mm}$$
$$d_1=d_1'=qm=8\times10=80\text{mm}$$
$$d_2=mz_2=10\times40=400\text{mm}$$

8. 蜗轮齿面接触强度校核验算

$$\sigma_{\text{H}}=\frac{14783}{400}\sqrt{\frac{0.873\times1110}{80}}=128.6\text{N/mm}^2$$

因为 $\sigma_{\text{H}}<\sigma_{\text{Hp}}$，所以接触强度够了。

9. 散热计算

从略。

10. 工作图

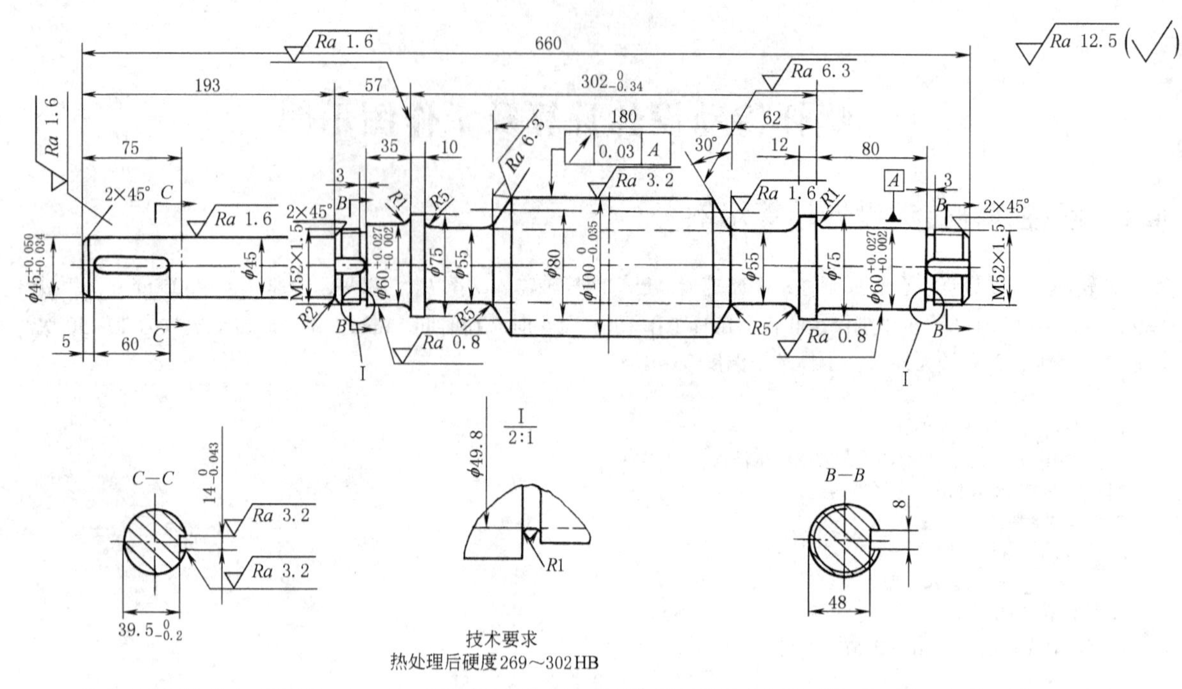

蜗杆类型	符号	ZA 型	蜗杆类型	符号	ZA 型	蜗杆类型	符号	ZA 型	蜗杆类型	符号	ZA 型
模　数	m	10	导　程	P_2	62.83	精度等级		8d GB/T 10089—1988		Δf_{px}	±0.025
齿　数	z_1	2	导程角	γ	14°02′10″	配对蜗轮	图号	图 15-4-23	Ⅱ	Δf_{pxL}	0.045
齿形角	α	20°	螺旋方向		右		齿数	40		Δf_r	0.025
齿顶高系数	h_{a1}^*	1	法向齿厚	s_1	$15.71_{-0.267}^{-0.177}$	公差组	检验项目	公差（或极限偏差）值	Ⅲ	Δf_{f1}	0.04

图 15-4-22　普通圆柱蜗杆传动蜗杆工作图

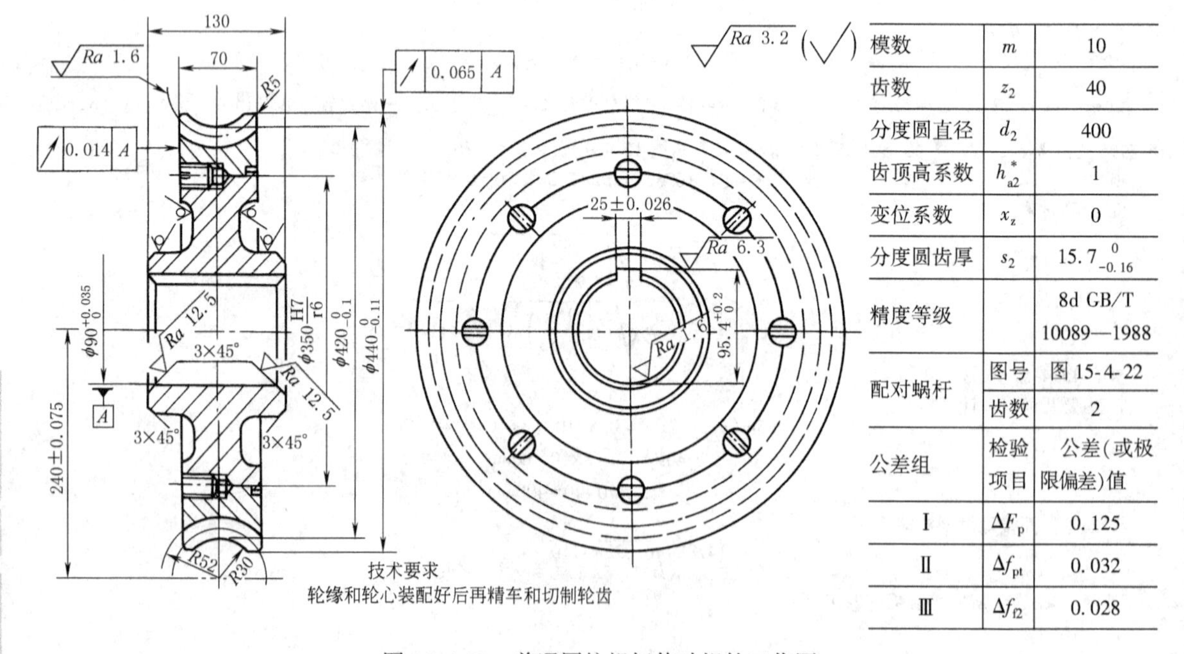

项目	符号	数值
模数	m	10
齿数	z_2	40
分度圆直径	d_2	400
齿顶高系数	h_{a2}^*	1
变位系数	x_z	0
分度圆齿厚	s_2	$15.7_{-0.16}^{0}$
精度等级		8d GB/T 10089—1988
配对蜗杆	图号	图 15-4-22
	齿数	2
公差组	检验项目	公差（或极限偏差）值
Ⅰ	ΔF_p	0.125
Ⅱ	Δf_{pt}	0.032
Ⅲ	Δf_{f2}	0.028

图 15-4-23　普通圆柱蜗杆传动蜗轮工作图

6.2 直廓环面蜗杆传动设计计算示例

已知条件：蜗杆输入功率 $P_1=7.2\text{kW}$，$n_1=1452\text{r/min}$，传动比 $i_{12}=37$，每天工作 10h，载荷均匀。

解：

1. 选择材料及加工精度

蜗杆 40Cr 调质 250~300HB；蜗轮 ZCuSn10Pb1 砂型铸造；精度 7 级。

2. 蜗杆计算功率

$$P_{c1}=K_A P_1/(K_F K_{MP})$$

由表 15-4-28 查得 $K_A=1$，由表 15-4-29 查得 $K_F=0.9$，由表 15-4-30 查得 $K_{MP}=0.8$，则 $P_{c1}=10\text{kW}$。

3. 初选中心距 a 根据 P_1、n_1、i_{12} 由表 15-4-24 按插值法估算中心距得 $a=150\text{mm}$。

4. 蜗杆许用输入功率 P_{1P}

$$P_{1P}=0.75K_a K_b K_i K_v n_1/i_{12}$$

经计算，$K_a=1.601$，$K_b=0.988$，$K_i=0.747$，$v\approx4.2$，$C=0.8$，$K_v\approx0.45$，则 $P_{1P}=15.6\text{kW}>10\text{kW}$，机械强度足够，故取中心距 $a=150\text{mm}$。

5. 选择蜗杆头数和蜗轮齿数

取 $z_1=1$，$z_2=37$。

6. 主要几何尺寸计算

按表 15-4-19 计算

$$d_1\approx0.68\times150^{0.875}=54.52\text{mm}，取 d_1=55\text{mm}$$

$$d_b\approx0.625\times150=93.75\text{mm}，取 d_b=94\text{mm}$$

$$b_2\approx0.25\times150=37.5\text{mm}，取 b_2=40\text{mm}$$

$$d_2=2\times150-55=245\text{mm}$$

$$\gamma=\arctan\frac{245}{37\times55}=6°51'54''$$

$$\tau=\frac{360°}{37}=9°43'47''$$

z' 按表15-4-19取 $z'=4$

$$\varphi_h=0.5\times9°43'47''\times(4-0.5)=17°1'37''$$

$$b_1=245\sin17°16'13''=72.74，取 b_1=74\text{mm}$$

$$m_t=245/37=6.62\text{mm}$$

$$c=0.2\times6.62=1.32\text{mm}$$

$$\rho_f=c=1.32\text{mm}$$

$$h_a=0.75\times6.62=4.965\text{mm}$$

$$h=1.7\times6.62=11.254\text{mm}$$

$$d_{a1}=55+2\times4.965=64.93\text{mm}$$

$$d_{f1}=64.93-2\times11.254=41.492\text{mm}$$

$$d_{a2}=245+2\times4.965=254.93\text{mm}$$

$$d_{f2}=254.93-2\times11.254=232.422\text{mm}$$

$$R_{a1}=150-64.93/2=117.535\text{mm}$$

$$R_{f1}=150-41.492/2=129.254\text{mm}$$

$$\alpha=\arcsin(94/245)=22°33'41''$$

j_t 由表15-4-67查得 $j_t=0.25\text{mm}$

$$\alpha_j=\arcsin(0.25/245)=3'30''$$

$$\gamma_1=0.25\times9°43'47''-3'30''=2°22'26''$$

$$\gamma_2=0.25\times9°43'47''=2°25'56''$$

$$\Delta_f=(0.0003+0.000034\times37)\times150=0.234\text{mm}$$

$$\bar{s}_{n1}=\left[245\sin2°22'26''-2\times0.234\times\left(0.3-\frac{63}{37\times17°1'37''}\right)^2\right]\times\cos6°51'54''=10.057\text{mm}$$

$$\bar{h}_{a1}=4.965-0.5\times245\times(1-\cos2°22'26'')=4.86\text{mm}$$

$$\bar{s}_{n2}=245\sin2°25'56''\cos6°51'54''=10.294\text{mm}$$

$$\bar{h}_{a2}=4.965+0.5\times245\times(1-\cos2°25'56'')=5.075\text{mm}$$

$\delta\leqslant6.62$mm，取 $\delta=5$mm

$$\varphi_s=22°33'41''-17°1'37''=5°32'4''$$

7. 工作图

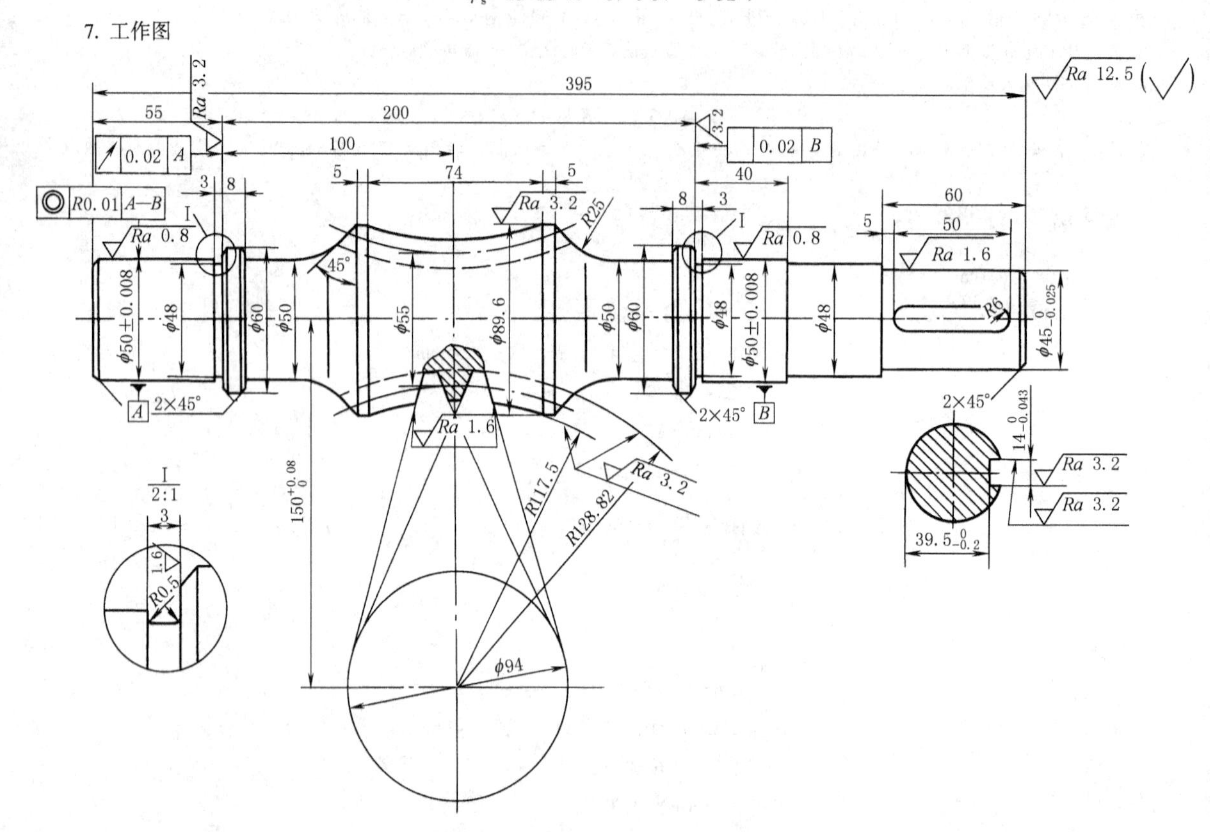

技术要求：

1. 调质硬度 250~300HB。
2. 未标注切削圆角 $R=2.5$mm。

传动类型	TSL 型蜗杆副		传动类型	TSL 型蜗杆副	
蜗杆头数	z_1	1	精度等级		7　GB/T 16848—1997
蜗轮齿数	z_2	37	配对蜗轮图号		图 15-4-26
蜗杆包围蜗轮齿数	z'	4	蜗杆圆周齿距极限偏差	$\pm f_{px}$	±0.020
轴面模数	m_x	6.62	蜗杆圆周齿距累积公差	f_{pxL}	0.040
蜗杆喉部螺旋升角	γ	6°51′54″	蜗杆齿形公差	f_{f1}	0.032
分度圆齿形角	α	22°33′41″	蜗杆螺旋线公差	f_{hL}	0.068
蜗杆工作半角	φ_w	17°1′37″	蜗杆一转螺旋线公差	f_h	0.030
蜗杆螺旋方向		右旋	蜗杆径向跳动公差	f_r	0.025

图 15-4-24　直廓环面蜗杆传动蜗杆工作图

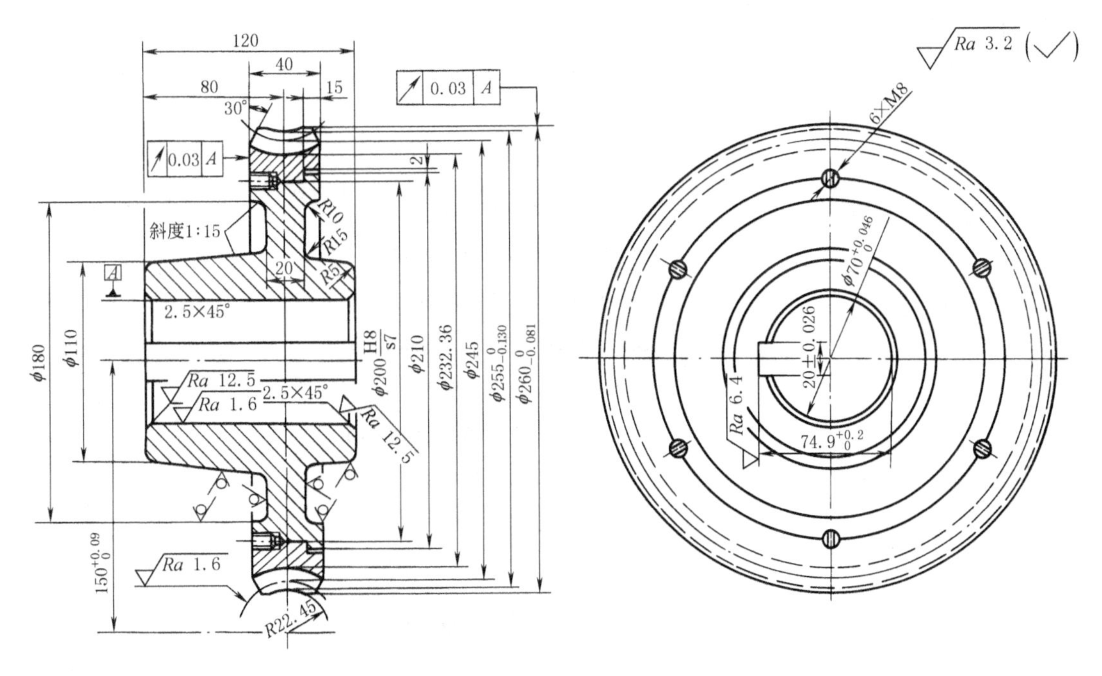

技术要求：

1. 轮缘和轮心装配好后再精车和切制轮齿。
2. 加工蜗轮时刀具中间平面极限偏移±0.025。

传动类型	TSL 型蜗轮副		传动类型	TSL 型蜗轮副	
蜗杆头数	z_1	1	蜗杆螺旋方向		右旋
蜗轮齿数	z_2	37	精度等级		7 GB/T 16848—1997
蜗杆包围蜗轮齿数	z'	4	配对蜗杆图号		图 15-4-25
蜗轮端面模数	m_t	6.62	蜗轮齿距累积公差	F_p	0.125
蜗杆喉部螺旋升角	γ	6°51′54″	蜗轮齿形公差	f_{f2}	0.032
分度圆齿形角	α	22°33′41″	蜗轮齿距极限偏移	$\pm f_{pt}$	±0.025
蜗杆工作半角	φ_w	17°1′37″	蜗轮齿圈径向跳动公差	F_r	0.071

图 15-4-25　直廓环面蜗杆传动蜗轮工作图

6.3　平面二次包络环面蜗杆传动设计计算示例

例　轮胎硫化机压下装置的减速器拟采用平面二次包络环面蜗杆传动。已知蜗杆转速 $n_1=1000\text{r/min}$，传动比 $i_{12}=63$，蜗轮输出转矩 $T_{2w}=14000\text{N}\cdot\text{m}$，每天连续工作 8h，轻度冲击，启动不频繁。

(1) 选择材料及加工精度

蜗杆 40Cr，调质 240~280HB，齿面辉光离子氮化，表面硬度 1100~1200HV。蜗轮 ZCuAl10Fe3，加工精度 7 级。

(2) 选择中心距 a

输出转矩　　$T_2\geqslant T_{2w}K_AK_1$

查表 15-4-32 得 $K_A=1.3$，查表 15-4-33 得 $K_1=1$，则 $T_2\geqslant 14000\times1.3\times1=18200\text{N}\cdot\text{m}$

验算热功率　　$T_2\geqslant T_{2w}K_2K_3K_4$

查表 15-4-34 得 $K_2=1$，查表 15-4-35 得 $K_3=1.14$，查表 15-4-36 得 $K_4=1$，则 $T_2\geqslant 14000\times1\times1.14\times1=15960\text{N}\cdot\text{m}$

查表 15-4-31，取 $a=355\text{mm}$。

(3) 基本参数的选择

$z_1=1$，$z_2=63$，$d_1=0.33\times355=117.15$，取 $d_1=110\text{mm}$

（4）几何尺寸计算

$$d_2=2\times355-110=600\text{mm}$$

$$m_t=600/63=9.524\text{mm}$$

$$h_a=0.7\times9.524=6.667\text{mm}$$

$$h_f=0.9\times9.524=8.572\text{mm}$$

$$h=6.667+8.572=15.239\text{mm}$$

$$c=0.2\times9.524=1.905\text{mm}$$

$$d_{f1}=110-2\times8.572=92.856\text{mm}$$

$$d_{a1}=110+2\times6.667=123.334\text{mm}$$

$$R_{f1}=355-0.5\times92.856=308.572\text{mm}$$

$$R_{a1}=355-0.5\times123.334=293.333\text{mm}$$

$$d_{f2}=600-2\times8.572=582.856\text{mm}$$

$$d_{a2}=600+2\times6.667=613.334\text{mm}$$

$$\gamma=\arctan\frac{600}{110\times63}=4°56'54''$$

$$\tau=360°/63=5°42'50''$$

$d_b=0.63\times355=223.65$，取 $d_b=230\text{mm}$

$$\alpha=\arcsin\frac{230}{600}=22°32'24''$$

$z'\leqslant\frac{63}{10}+0.5=6.8$，取 $z'=6$

$$\varphi_h=0.5\times5°42'50''\times(6-0.45)=15°51'23''$$

$$\varphi_s=22°32'24''-15°51'23'=6°41'1''$$

$b_2=0.9\times92.856=83.570$，取 $b_2=84\text{mm}$

$b_1=600\sin15°51'23''=163.932$，取 $b_1=160\text{mm}$

$\delta\leqslant9.524$，取 $\delta=9\text{mm}$

$$d_{ea1}=2\times[355-(293.333^2-0.25\times160^2)^{0.5}]=145.574\text{mm}$$

$$d_{ef1}=2\times[355-(308.572^2-0.25\times160^2)^{0.5}]=113.957\text{mm}$$

$$P_t=9.524\pi=29.921$$

j 查表15-4-68，得 $j=0.53\text{mm}$

$$s_2=0.55\times29.921=16.456\text{mm}$$

$$s_1=29.921-16.456-0.53=12.935\text{mm}$$

$$\beta=\arctan\frac{600\cos(22°32'24''+8°)\cos22°32'24''/(2\times355)}{63\times[\cos(22°32'24''+8°)-600\cos22°32'24''/(2\times355)]}=7°31'36''，取\ \beta=7°30'$$

$$s_{n1}=12.935\cos4°56'54''=12.887\text{mm}$$

$$s_{n2}=16.456\cos4°56'54''=16.395\text{mm}$$

$R_{a2}=0.53\times92.856=49.214$，取 $R_{a2}=50\text{mm}$

$$h_{a1}=6.667-0.5\times600\times\{1-\cos[\arcsin(12.935/600)]\}=6.597\text{mm}$$

$$h_{a2}=6.667+0.5\times600\times\{1-\cos[\arcsin(16.456/600)]\}=6.780\text{mm}$$

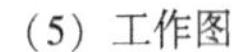

（5）工作图

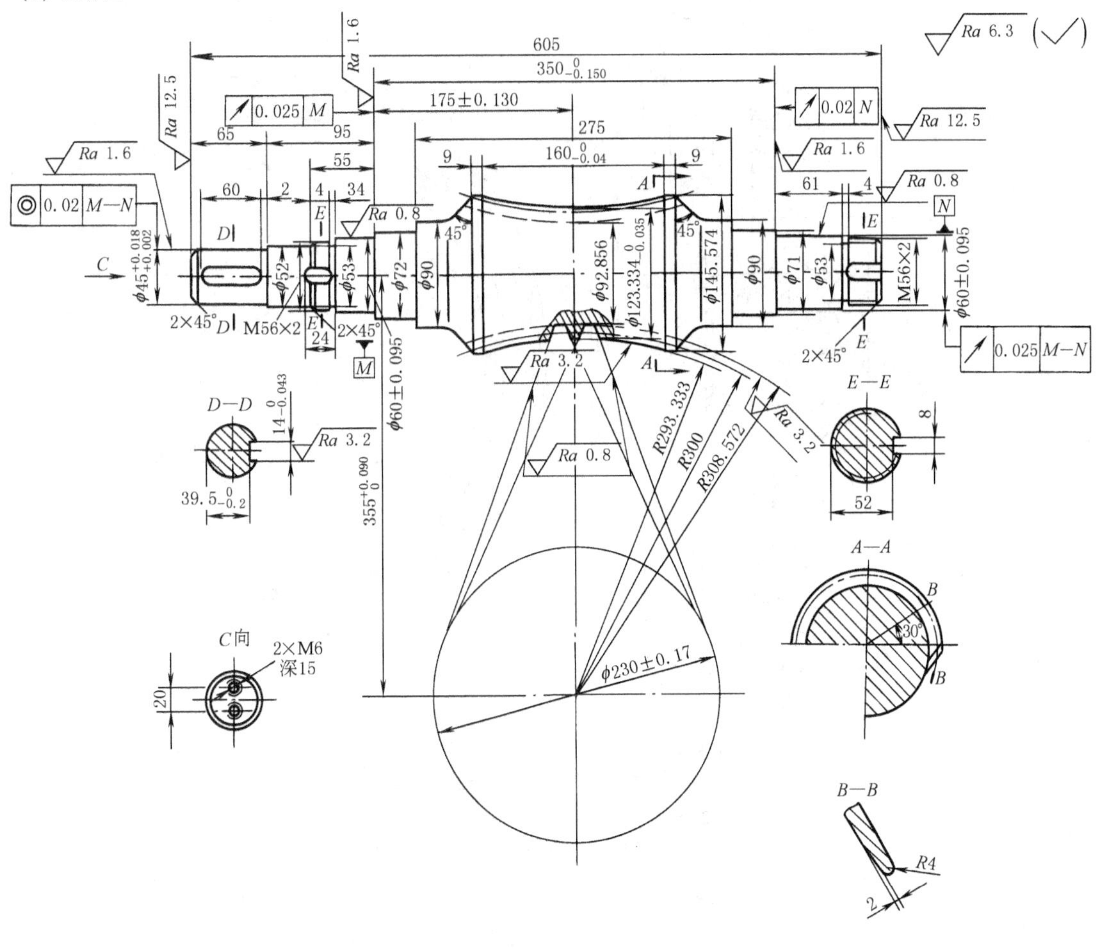

技术要求：

1. 整体调质240~280HB，齿表面淬火50~55HRC。
2. 未标注切削圆角R1.5~3。
3. 螺纹端部按A—A、B—B所示铣去尖角并修圆。

传 动 类 型		TOP型蜗杆副	传 动 类 型		TOP型蜗杆副
蜗杆头数	z_1	1	配对蜗轮图号		图15-4-27
蜗轮齿数	z_2	63	蜗杆螺牙啮入口修缘值	e_a	0.85
蜗杆包围蜗轮齿数	z'	6	蜗杆螺牙啮出口修缘值	e_b	0.57
轴向模数	m_x	9.524	蜗杆圆周齿距累积公差	F_{p1}	0.060
蜗杆喉部螺旋导程角	γ	4°56′54″	蜗杆圆周齿距极限偏差	f_{p1}	±0.030
分度圆齿形角	α	22°32′24″	蜗杆分度公差	f_{z1}	0.075
蜗杆工作半角	φ_w	15°51′23″	蜗杆螺旋线误差的公差	f_{h1}	0.063
母平面倾斜角	β	7°30′±0.08°	精度等级		7j GB/T 16445—1996
蜗杆螺旋方向		右	蜗杆法向弦齿厚公差	T_{s1}	0.140
精度等级		7	蜗杆喉部外圆直径公差	t_1	h8

图15-4-26 平面二次包络环面蜗杆传动蜗杆工作图

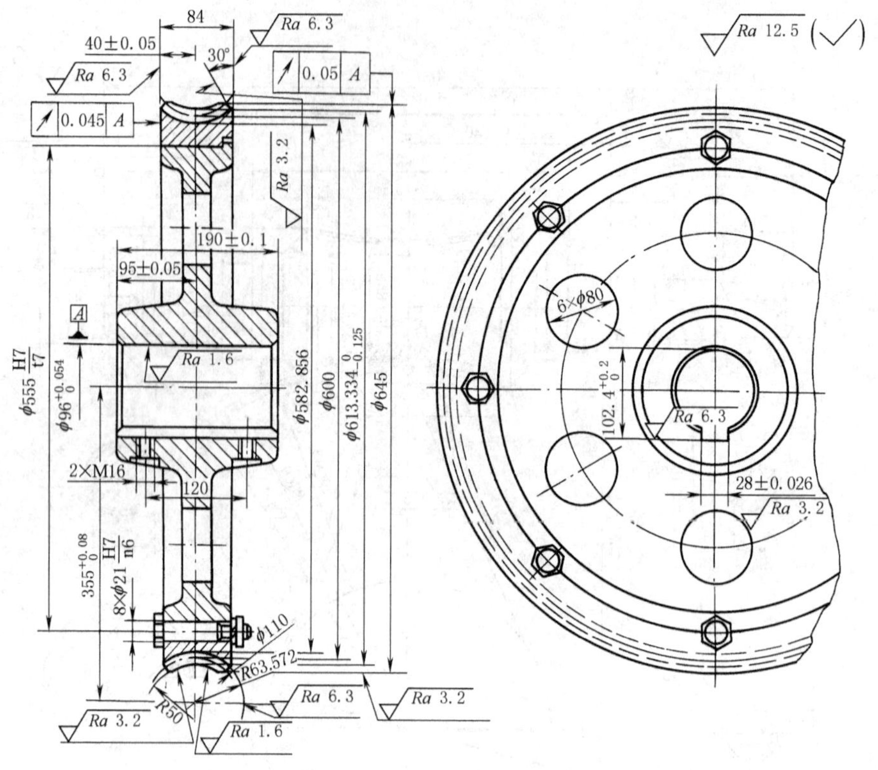

技术要求：

1. 轮缘和轮心装配好后再精车和切制轮齿。
2. 齿底刀痕的尖峰部分要铣平。
3. 加工蜗轮时刀具中间平面极限偏差±0.08。

传动类型	TOP 型蜗轮副		传动类型	TOP 型蜗轮副	
蜗杆头数	z_1	1	蜗杆螺旋方向		右
蜗轮齿数	z_2	63	精度等级		7
蜗杆包围蜗轮齿数	z'	6	配对蜗杆图号		图 15-4-26
蜗轮端面模数	m_t	9.524	蜗轮齿距累积公差	F_{p2}	0.04
蜗杆喉部螺旋升角	γ	4°56′54″	蜗轮齿圈径向跳动公差	F_{r2}	0.04
分度圆齿形角	α	22°32′24″	蜗轮齿距极限偏差	f_{p2}	±0.028
蜗杆工作半角	φ_w	15°51′23″	蜗轮法向弦齿厚公差	T_{s2}	0.200
母平面倾斜角	β	7°30′	精度等级		7j GB/T 16445—1996

图 15-4-27　平面二次包络环面蜗杆传动蜗轮工作图

第章　渐开线圆柱齿轮行星传动

1　概　　述

渐开线行星齿轮传动是一种至少有一个齿轮及其几何轴线绕着位置固定的几何轴线作回转运动的齿轮传动。这种传动多用内啮合且通常采用几个行星轮同时传递载荷，使功率分流。渐开线行星齿轮传动具有结构紧凑、体积和质量小、传动比范围大、效率高（除个别传动型式外）、运转平稳、噪声低等优点，差动齿轮传动还可用于速度的合成与分解或用于变速传动，因而被广泛应用于冶金、矿山、起重、运输、工程机械、航空、船舶、透平、机床、化工、轻工、电工机械、农业、仪表及国防工业等部门作减速、增速或变速齿轮传动装置。

渐开线行星齿轮传动与定轴线齿轮传动相比也存在不少缺点，如：结构较复杂，精度要求高，制造较困难，小规格、单台生产时制造成本较高，传动型式选用不当时效率不高，在某种情况下有可能产生自锁。由于体积小，导致散热不良，因而要求有良好的润滑，甚至需采取冷却措施。

设计人员在进行传动设计时要综合考虑行星齿轮传动的上述优缺点和限制条件，根据传动的使用条件和要求，正确、合理地选择传动方案。

2　传动型式及特点

最常见的行星齿轮传动机构是 NGW 型行星传动机构，如图 15-5-1 所示。

行星齿轮传动的型式可按两种方式划分：按齿轮啮合方式不同有 NGW、NW、NN、WW、NGWN 和 N 等类型；按基本构件的组成情况不同有 2Z-X、3Z、Z-X-V、Z-X 等类型。其中 N 类型——Z-X-V 和 Z-X 型传动称为少齿差传动。代表类型的字母的含义是：N——内啮合，W——外啮合，G——公用行星轮，Z——中心轮，X——行星架，V——输出构件。如 NGW 表示内啮合齿轮副（N），外啮合齿轮副（W）和公用行星轮（G）组成的行星齿轮传动机构。又如 2Z-X 表示其基本构件具有两个中心轮和一个行星架的行星齿轮传动机构。目前我国还有沿用前苏联按基本构件组成情况分类的习惯，前述 Z、X、V 相应的符号是 K、H、V。

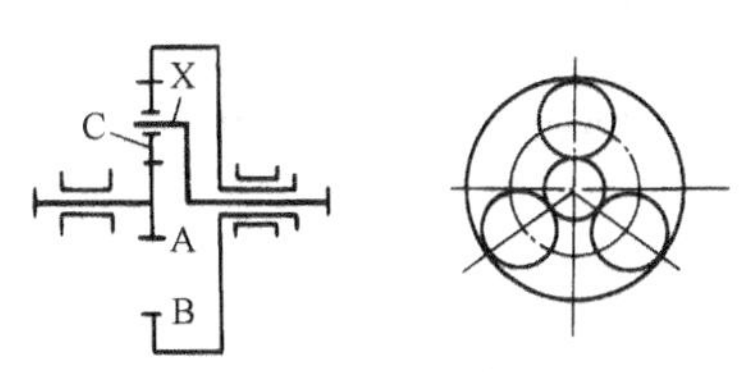

图 15-5-1　NGW（2Z-X）型行星齿轮传动

表 15-5-1 列出了常用行星齿轮传动的型式及其特点。

表 15-5-1　　常用行星齿轮传动的传动型式及特点

传动型式	简图	性能参数			特点
		传动比	效率	最大功率/kW	
NGW（2Z-X 负号机构）		$i_{AX}^{B}=2.1\sim13.7$，推荐2.8~9	0.97~0.99	不限	效率高，体积小，重量轻，结构简单，制造方便，传递功率范围大，轴向尺寸小，可用于各种工作条件。单级传动比范围较小。单级、二级和三级传动均在机械传动中广泛应用
NW（2Z-X 负号机构）		$i_{AX}^{B}=1\sim50$ 推荐 7~21			效率高，径向尺寸比 NGW 型小，传动比范围较 NGW 型大，可用于各种工作条件。但双联行星齿轮制造、安装较复杂，故 $\lvert i_{AX}^{B}\rvert\leqslant7$ 时不宜采用

续表

传动型式	简　图	性能参数			特　点
		传动比	效　率	最大功率/kW	
NN(2Z-X 正号机构)		推荐值: $i_{XE}^{B}=8\sim30$	效率较低,一般为 0.7~0.8	≤40	传动比大,效率较低,适用于短期工作传动。当行星架 X 从动时,传动比|i|大于某一值后,机构将发生自锁。常用三个行星轮
WW(2Z-X 正号机构)		$i_{XA}^{B}=1.2\sim$ 数千	$\|i_{XA}^{B}\|=1.2\sim5$ 时,效率可达 0.9~0.7,$i>5$ 以后,随|i|增加陡降	≤20	传动比范围大,但外形尺寸及重量较大,效率很低,制造困难,一般不用于动力传动。运动精度低,也不用于分度机构。当行星架 X 从动时,|i|从某一数值起会发生自锁。常用作差速器;其传动比取值为 $i_{AB}^{X}=1.8\sim3$,最佳值为 2,此时效率可达 0.9
NGWN(Ⅰ)型(3Z)		小功率传动 $i_{AE}^{B}\leqslant500$;推荐:$i_{AE}^{B}=20\sim100$	0.8~0.9 随 i_{AE}^{B} 增加而下降	短期工作≤120,长期工作≤10	结构紧凑,体积小,传动比范围大,但效率低于 NGW 型,工艺性差,适用于中小功率或短期工作。若中心轮 A 输出,当|i|大于某一数值时会发生自锁
NGWN(Ⅱ)型(3Z)		$i_{AE}^{B}=60\sim500$ 推荐: $i_{AE}^{B}=64\sim300$	0.7~0.84 随 i_{AE}^{B} 增加而下降	短期工作≤120,长期工作≤10	结构更紧凑,制造,安装比上列(Ⅰ)型传动方便。由于采用单齿圈行星轮,需角度变位才能满足同心条件。效率较低,宜用于短期工作。传动自锁情况同上

注:1. 为了表示方便起见,简图中未画出固定件,性能参数栏内除注明外,应为某一构件固定时的数值。

2. 传动型式栏内的“正号”、“负号”机构,系指当行星架固定时,主动和从动齿轮旋转方向相同时为正号机构,反之为负号机构。

3. 表中所列效率是包括啮合效率、轴承效率和润滑油搅动飞溅效率等在内的传动效率,啮合效率的计算方法可见表 15-5-2。

4. 传动比代号的说明见 3.1 中(1)传动比代号。

表 15-5-2　　行星齿轮传动的传动比及啮合效率计算公式

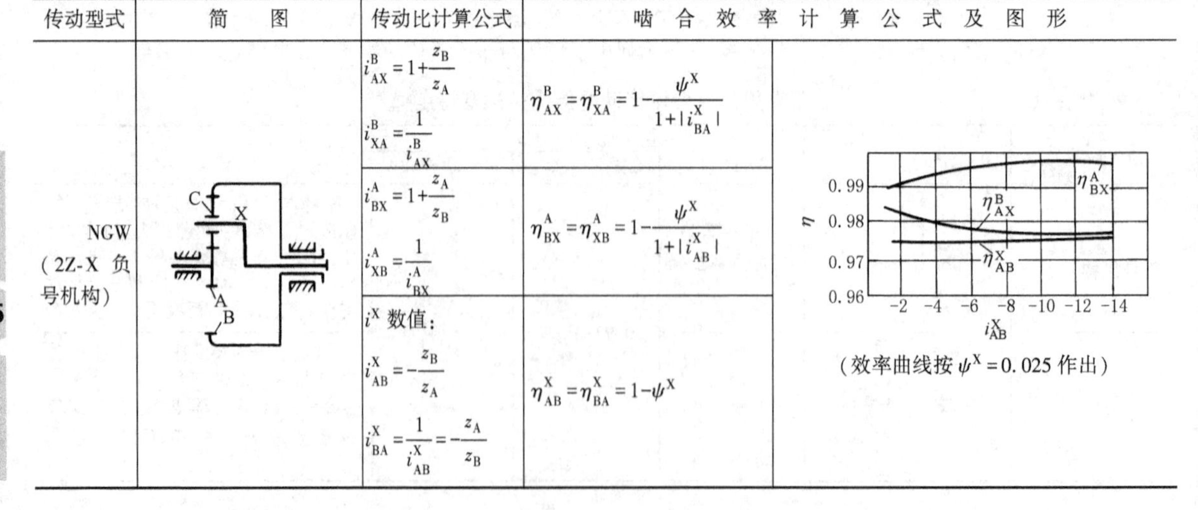

传动型式	简　图	传动比计算公式	啮合效率计算公式及图形	
NGW(2Z-X 负号机构)		$i_{AX}^{B}=1+\frac{z_B}{z_A}$ $i_{XA}^{B}=\frac{1}{i_{AX}^{B}}$	$\eta_{AX}^{B}=\eta_{XA}^{B}=1-\frac{\psi^X}{1+\|i_{BA}^{X}\|}$	(效率曲线按 $\psi^X=0.025$ 作出)
		$i_{BX}^{A}=1+\frac{z_A}{z_B}$ $i_{XB}^{A}=\frac{1}{i_{BX}^{A}}$	$\eta_{BX}^{A}=\eta_{XB}^{A}=1-\frac{\psi^X}{1+\|i_{AB}^{X}\|}$	
		i^X 数值: $i_{AB}^{X}=-\frac{z_B}{z_A}$ $i_{BA}^{X}=\frac{1}{i_{AB}^{X}}=-\frac{z_A}{z_B}$	$\eta_{AB}^{X}=\eta_{BA}^{X}=1-\psi^X$	

续表

传动型式	简图	传动比计算公式	啮合效率计算公式及图形	
NW(2Z-X 负号机构)		$i_{AX}^{B}=1+\dfrac{z_B z_C}{z_A z_D}$ $i_{XA}^{B}=\dfrac{1}{i_{AX}^{B}}$	$\eta_{AX}^{B}=\eta_{XA}^{B}=1-\dfrac{\psi^X}{1+\lvert i_{BA}^{X}\rvert}$	
		$i_{BX}^{A}=1+\dfrac{z_A z_D}{z_C z_B}$ $i_{XB}^{A}=\dfrac{1}{i_{BX}^{A}}$	$\eta_{BX}^{A}=\eta_{XB}^{A}=1-\dfrac{\psi^X}{1+\lvert i_{AB}^{X}\rvert}$	
		i^X 数值: $i_{AB}^{X}=-\dfrac{z_B z_C}{z_A z_D}$ $i_{BA}^{X}=\dfrac{1}{i_{AB}^{X}}$	$\eta_{AB}^{X}=\eta_{BA}^{X}=1-\psi^X$	
NN(2Z-X 正号机构)		$i_{XE}^{B}=\dfrac{1}{1-i_{EB}^{X}}$ $i_{EB}^{X}=\dfrac{z_D z_B}{z_E z_C}$	$\eta_{XE}^{B}=1-\dfrac{i_{EB}^{X}\psi^X}{i_{EB}^{X}-1+\psi^X}$ $=1-\dfrac{z_B z_D\psi^X}{z_B z_D-z_E z_C(1-\psi^X)}$ $\eta_{EX}^{B}=1-\dfrac{i_{EB}^{X}}{i_{EB}^{X}-1}\psi^X$ $=1-\dfrac{z_B z_D}{z_B z_D-z_E z_C}\psi^X$	行星轮数C_s=3 (曲线按齿面摩擦因数μ_z=0.12、行星轮轴承摩擦因数μ=0.006作出,见参考文献[2])
WW(2Z-X 正号机构)		$i_{XA}^{B}=\dfrac{z_A z_D}{z_A z_D-z_B z_C}$ $i_{XB}^{A}=\dfrac{z_B z_C}{z_B z_C-z_A z_D}$ $i_{AX}^{B}=1-\dfrac{z_B z_C}{z_A z_D}$ $i_{BX}^{A}=1-\dfrac{z_A z_D}{z_B z_C}$ i^X 数值: $i_{AB}^{X}=\dfrac{z_B z_C}{z_A z_D}$ $i_{BA}^{X}=\dfrac{z_A z_D}{z_B z_C}$	$i_{AB}^{X}>1$: $\eta_{XA}^{B}=\dfrac{1-\psi^X}{1+\lvert i_{XA}^{B}\rvert\psi^X}$ $\eta_{XB}^{A}=\dfrac{1-\psi^X}{1+\lvert i_{XB}^{A}\rvert\psi^X}$ $\eta_{AX}^{B}=1-\lvert i_{XA}^{B}-1\rvert\psi^X$ $\eta_{BX}^{A}=1-\lvert i_{XB}^{A}-1\rvert\psi^X$ $0<i_{AB}^{X}<1$: $\eta_{XA}^{B}=\dfrac{1}{1+\lvert i_{XA}^{B}-1\rvert\psi^X}$ $\eta_{XB}^{A}=\dfrac{1}{1+\lvert i_{XB}^{A}-1\rvert\psi^X}$ $\eta_{AX}^{B}=\dfrac{1-\lvert i_{XA}^{B}\rvert\psi^X}{1-\psi^X}$ $\eta_{BX}^{A}=\dfrac{1-\lvert i_{XB}^{A}\rvert\psi^X}{1-\psi^X}$	(效率曲线按ψ^X=0.06作出)

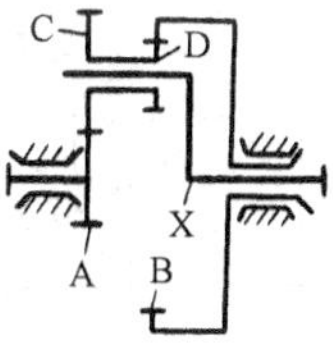

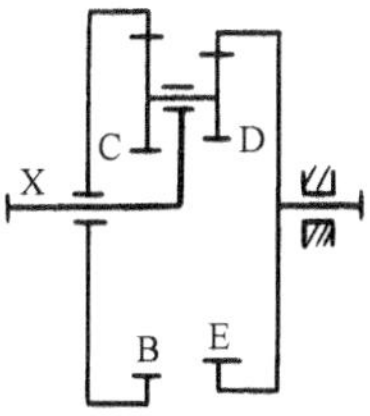

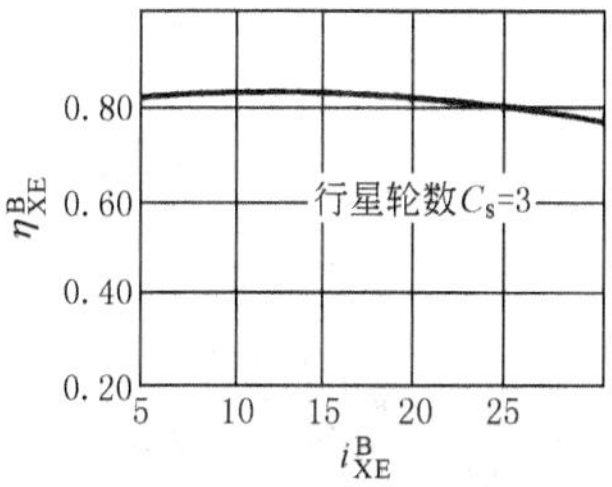

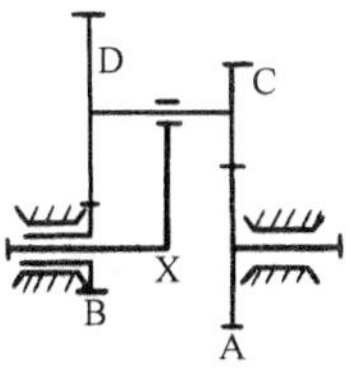

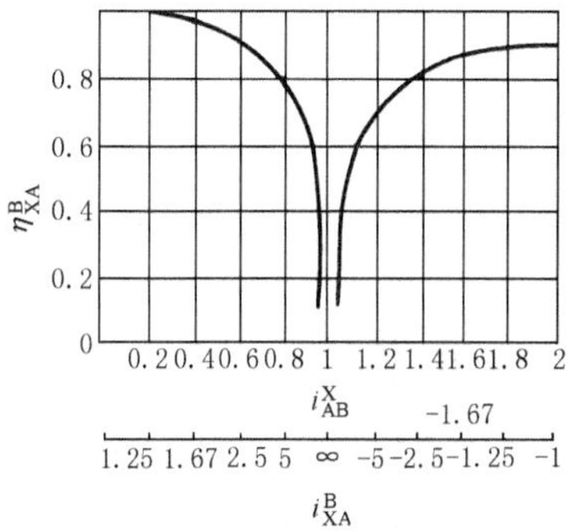

续表

传动型式	简图	传动比计算公式	啮合效率计算公式及图形
NGWN Ⅰ型（3Z型）		$i_{AE}^{B}=\dfrac{1-i_{AB}^{X}}{1-i_{EB}^{X}}$ $=\dfrac{1+\dfrac{z_B}{z_A}}{1-\dfrac{z_Bz_D}{z_Cz_E}}$ $=\dfrac{(z_A+z_B)z_Cz_E}{z_A(z_Cz_E-z_Bz_D)}$ i^X 的数值： $i_{AB}^{X}=-\dfrac{z_B}{z_A}$ $i_{EB}^{X}=\dfrac{z_Bz_D}{z_Cz_E}$	$d_B>d_E$（推荐）：$\eta_{AE}^{B}=\dfrac{0.98}{1+\left(\dfrac{i_{AE}^{B}}{1-i_{AB}^{X}}-1\right)\psi_{EB}^{X}}$ $d_B<d_E$：$\eta_{AE}^{B}=\dfrac{0.98}{1+\left\|\dfrac{i_{AE}^{B}}{1-i_{AB}^{X}}\right\|\psi_{BE}^{X}}$ （效率曲线按齿面摩擦因数 $\mu_z=0.12$ 和行星轮轴承摩擦因数 $\mu=0.006$ 作出）
NGWN Ⅱ型（3Z型）	$z_B<z_E$	$i_{AE}^{B}=\dfrac{1-i_{AB}^{X}}{1-i_{EB}^{X}}$ $i_{AB}^{X}=-\dfrac{z_B}{z_A}$ $i_{EB}^{X}=\dfrac{z_B}{z_E}$	$\eta_{AE}^{B}=\dfrac{(1+\eta_{AG}^{X}\eta_{GB}^{X}i_2)(1-i_1)}{(1+i_2)(1-\eta_{GB}^{X}\eta_{GE}^{X}i_1)}$ $\eta_{EA}^{B}=\dfrac{\eta_{AG}^{X}(\eta_{GB}^{X}\eta_{GE}^{X}-i_1)(1+i_2)}{\eta_{GB}^{X}(1-i_1)(\eta_{AG}^{X}\eta_{GE}^{X}+i_2)}$ $i_1=\dfrac{z_B}{z_G}$；$i_2=\dfrac{z_B}{z_A}$ η_{AG}^{X}、η_{GB}^{X}、η_{GE}^{X} 为转化机构中各对齿轮的啮合效率，按下式计算： $\eta^X=1-f\mu_z\left(\dfrac{1}{z_1}\pm\dfrac{1}{z_2}\right)$ 式中 z_1、z_2 分别为小齿轮和大齿轮齿数；$f=2.3$；$\mu_z=0.1$；“+”号用于外啮合，“-”号用于内啮合。忽略轴承效率。见参考文献[3]

3 传动比与效率

3.1 传动比

在行星齿轮传动中，由于行星轮的运动不是定轴线传动，不能用计算定轴传动比的方法来计算其传动比，而采用固定行星架的所谓转化机构法以及图解法、矢量法、力矩法等，其中最常用的是转化机构法。现简述如下。

（1）传动比代号

行星齿轮传动中，其传动比代号的含义如下：

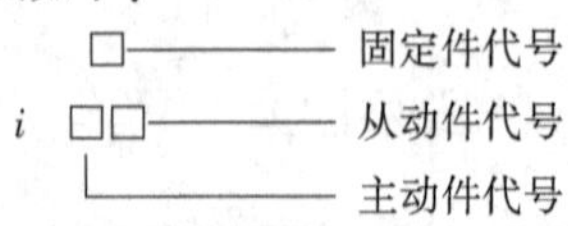

例如：i_{AX}^{B}表示当构件 B 固定时由主动构件 A 到从动构件 X 的传动比。

（2）传动比计算及其普遍方程式

采用转化机构法计算传动比的方法是：给整个行星齿轮传动机构加上一个与行星架旋转速度 n_X 相反的速度 $-n_X$，使其转化为相当于行星架固定不动的定轴线齿轮传动机构，这样就可以用计算定轴轮系的传动比公式计算转化机构的传动比。

对于所有齿轮及行星架轴线平行的行星齿轮传动，计算转化机构传动比的公式如下

$$i_{AB}^{X}=\frac{n_A-n_X}{n_B-n_X}(-1)^n\frac{\text{转化机构各级从动齿轮齿数连乘积}}{\text{转化机构各级主动齿轮齿数连乘积}} \tag{15-5-1}$$

同理，如果给整个传动机构加上一个与某构件 A 或 C 的转速 n_A 或 n_C 相反的转速时，上式可写为

$$i_{BC}^{A}=\frac{n_B-n_A}{n_C-n_A} \tag{15-5-2}$$

和

$$i_{BA}^{C}=\frac{n_B-n_C}{n_A-n_C} \tag{15-5-3}$$

上列式（15-5-1）中，指数 n 表示外啮合齿数。式（15-5-1）~式（15-5-3）中，n_A、n_B、n_C 分别代表行星齿轮传动中构件 A、B、C 的转速。

式（15-5-2）与式（15-5-3）等号左、右分别相加可得

$$i_{BC}^{A}+i_{BA}^{C}=1$$

上式移项得：

$$i_{BC}^{A}=1-i_{BA}^{C} \tag{15-5-4}$$

式（15-5-4）就是计算行星齿轮传动的普遍方程式。

式（15-5-4）中，符号 A、B、C 可以任意代表行星轮系中的三个基本构件。这个公式的规律是：等式左边 i 的上角标和下角标可以根据计算需要来标注，将其上角标与第二个下角标互换位置，则得到等号右边 i 的上角、下角标号。

在进行行星齿轮强度和轴承寿命计算时，需要计算行星轮对行星架的相对转速，其值可通过转化机构求得。例如：NGW 行星齿轮传动，行星轮轴承转速 n_C 和相对转速 n_C-n_X 可由下式求得

$$i_{AC}^{X}=\frac{n_A-n_X}{n_C-n_X}=\frac{-Z_C}{Z_A}$$

当行星齿轮传动用作差动机构时，仍可借助式（15-5-1）~式（15-5-4）计算其传动比。

例如，对于 NGW 型差动齿轮传动，当太阳轮 A 及内齿轮 B 分别以转速 n_A 和 n_B 转动时，其行星架的转速 n_X 可用下述方法求得：

参照式（15-5-2）可得

$$i_{XA}^{B}=\frac{n_X-n_B}{n_A-n_B}$$

经整理可得

$$n_X=n_A i_{XA}^{B}+n_B(1-i_{XA}^{B})=n_A i_{XA}^{B}+n_B i_{XB}^{A}=n_X^{B}+n_X^{A}$$

即

$$\left.\begin{aligned}n_X&=n_A i_{XA}^{B}+n_B i_{XB}^{A}\\ n_X&=n_X^{B}+n_X^{A}\end{aligned}\right\} \tag{15-5-5}$$

式中　n_X^{B}——当 B 轮不动时，行星架的转速；

n_X^{A}——当 A 轮不动时，行星架的转速。

由式（15-5-5）可见：NGW 型差动齿轮传动行星架的转速等于固定 A 轮时得到的转速与固定 B 轮时得到的转速的代数和。

3.2　效率

在行星齿轮传动中，其单级传动总效率 η 由以下各主要部分组成

$$\eta=\eta_m\eta_B\eta_S$$

式中　η_m——考虑齿轮啮合摩擦损失的效率（简称啮合效率）；

η_B——考虑轴承摩擦损失的效率（简称轴承效率）；

η_S——考虑润滑油搅动和飞溅液力损失的效率。

因为效率值接近于1，所以上式可以用损失系数来表达：

$$\left.\begin{aligned}\eta=1-\psi=1-(\psi_m+\psi_B+\psi_S)\\ \psi=\psi_m+\psi_B+\psi_S\end{aligned}\right\}\tag{15-5-6}$$

式中 ψ——传动损失系数；

$\psi_m=1-\eta_m$，$\psi_B=1-\eta_B$，$\psi_S=1-\eta_S$，分别为考虑啮合、轴承摩擦、润滑油搅动和飞溅损失的系数。确定各损失系数后便可由上列关系式确定相应效率值。

（1）啮合效率 η_m 及损失系数 ψ_m

啮合效率由表15-5-2中的公式计算求得。效率 η 上下角标的标记方法、意义与传动比的标法相同。

啮合效率的计算公式中，ψ^X 为行星架固定时传动机构中各齿轮副啮合损失系数之和，即

$$\psi^X=\sum\psi_i$$

而

$$\psi_i=f\mu_z\left(\frac{1}{z_1}\pm\frac{1}{z_2}\right)$$

式中 f——与两轮齿顶高系数 h_a^* 有关的系数，当 $h_a^*\leqslant m_n$ 时，取 $f=2.3$；

μ_z——齿面摩擦因数，NGW 和 NW 型传动取 $\mu_z=0.05\sim0.1$，WW 和 NGWN 型传动取 $\mu_z=0.1\sim0.12$；

z_1 和 z_2——齿轮副的齿数，内啮合时 z_2 为内齿轮齿数；式中，“+”用于外啮合，“-”用于内啮合。

对于 NGWN 型传动，$\psi_{BE}^X=\psi_{EB}^X=\psi_{BC}^X=\psi_{DE}^X$。

（2）轴承效率 η_B

滚动轴承的效率值可直接由有关设计手册中查得。必要时，也可按下式确定损失系数 ψ_B 后求得。

$$\psi_B=\frac{\sum T_{fi}n_i}{T_2n_2}\tag{15-5-7}$$

式中 T_{fi}——第 i 只轴承的摩擦力矩，N·cm；

n_i——第 i 只轴承的转速，r/min；

T_2——从动轴上的转矩，N·cm；

n_2——从动轴上的转速，r/min。

当计算行星轮轴承的损失系数值时，上式中的 n_i 为行星轮相对于行星架的转速，即 $n_C^X=n_C-n_X$。

滚动轴承的摩擦力矩可近似地按下式确定：

$$T_f=0.5Fd\mu_0\quad(\text{N}\cdot\text{cm})$$

式中 d——滚动轴承内径，cm；

μ_0——当量摩擦因数，由有关设计手册查取；

F——滚动轴承的载荷，N。

（3）搅油损失系数 ψ_S

当齿轮浸入润滑油的深度为模数值的2~3倍时，其搅油损失系数 ψ_S 可由下式确定：

$$\psi_S=2.8\frac{vb}{P}\sqrt{\nu\frac{200}{z_\Sigma}}\tag{15-5-8}$$

式中 v——齿轮圆周速度，m/s；

b——浸入润滑油的齿轮宽度，cm；

P——传递功率，kW；

ν——润滑油在工作温度下的黏度，mm^2/s；

z_Σ——齿数和。

当齿轮为喷油润滑时，ψ_S 值为按上式求得数值的0.7倍。

对于载荷周期变化的情况，若其间温度变化不大，上式中的功率 P 应取平均值，其值为

$$P_m=\frac{\sum P_it_i}{\sum t_i}\tag{15-5-9}$$

式中 P_i——在时间 t_i 内的功率值，kW；

t_i——功率变化周期的持续时间。

4 主要参数的确定

4.1 行星轮数目与传动比范围

在传递动力时，行星轮数目越多越容易发挥行星齿轮传动的优点，但行星轮数目的增加，不仅使传动机构复杂化、制造难度增加、提高成本，而且会使其载荷均衡困难，而且由于邻接条件限制又会减小传动比的范围。因而在设计行星齿轮传动时，通常采用 3 个或 4 个行星轮，特别是 3 个行星轮。行星轮数目与其对应的传动比范围见表 15-5-3。

表 15-5-3　　行星轮数目与传动比范围的关系

行星轮数目 C_s	传动比范围			
	NGW(i_{AX}^{B})	NGWN	NW(i_{AX}^{B})	WW(i_{AX}^{B})
3	2.1~13.7	$\frac{z_C}{z_D}\times\frac{m_C}{m_D}<1$ 时 $i_{AE}^{B}=-\infty\sim2.2$；$\frac{z_C}{z_D}>1$ 时 $i_{AE}^{B}=4.7\sim+\infty$（与行星轮数目无关）	1.55~21	-7.35~0.88
4	2.1~6.5		1.55~9.9	-3.40~0.77
5	2.1~4.7		1.55~7.1	-2.40~0.70
6	2.1~3.9		1.55~5.9	-1.98~0.66
8	2.1~3.2		1.55~4.8	-1.61~0.61
10	2.1~2.8		1.55~4.3	-1.44~0.59
12	2.1~2.6		1.55~4.0	-1.34~0.57

注：1. 表中数值为在良好设计条件下，单级传动比可能达到的范围。在一般设计中，传动比若接近极限值时，通常需要进行邻接条件的验算。

2. m_C 及 m_D 为 C 轮及 D 轮的模数。

4.2 齿数的确定

（1）确定齿数应满足的条件

行星齿轮传动各齿轮齿数的选择，除去应满足渐开线圆柱齿轮齿数选择的原则（见第 1 章表 15-1-3）外，还须满足表 15-5-4 所列传动比条件、同心条件、装配条件和邻接条件。

（2）配齿方法及齿数组合表

对于 NGW、NW、NN 及 NGWN 型传动，绝大多数情况下均可直接从表 15-5-5、表 15-5-6、表 15-5-8、表 15-5-11、表 15-5-12 中直接选取所需齿数组合，不必自行配齿。下列各型传动的配齿方法仅供特殊需要。WW 型传动应用较少，只列出了配齿方法。

表 15-5-4　　行星齿轮传动齿轮齿数确定的条件

条件		传动型式			
		NGW	NGWN	WW	NW
传动比条件		保证实现给定的传动比，传动比的计算公式见表 15-5-2			
同心条件	原理	为了保证正确的啮合，各对啮合齿轮之间的中心距必须相等。例如 NGW 型传动，太阳轮 A 与行星轮 C 的中心距 a_{AC} 应等于行星轮 C 与内齿轮 B 的中心距 a_{CB}，即 $a_{AC}=a_{CB}$			
	标准及高变位齿轮	$z_A+z_C=z_B-z_C$ 或 $z_B=z_A+2z_C$	$m_{tA}(z_A+z_C)=m_{tB}(z_B-z_C)=m_{tE}(z_E-z_D)$	$m_{tA}(z_A+z_C)=m_{tB}(z_B+z_D)$	$m_{tA}(z_A+z_C)=m_{tB}(z_B-z_D)$
	角变位齿轮	$\frac{z_A+z_C}{\cos\alpha'_{tAC}}=\frac{z_B-z_C}{\cos\alpha'_{tCB}}$	$m_{tA}(z_A+z_C)\frac{\cos\alpha_{tAC}}{\cos\alpha'_{tAC}}=m_{tB}(z_B-z_C)\frac{\cos\alpha_{tCB}}{\cos\alpha'_{tCB}}=m_{tE}(z_E-z_D)\frac{\cos\alpha_{tDE}}{\cos\alpha'_{tDE}}$	$m_{tA}(z_A+z_C)\frac{\cos\alpha_{tAC}}{\cos\alpha'_{tAC}}=m_{tB}(z_B+z_D)\frac{\cos\alpha_{tDB}}{\cos\alpha'_{tDB}}$	$m_{tA}(z_A+z_C)\frac{\cos\alpha_{tAC}}{\cos\alpha'_{tAC}}=m_{tB}(z_B-z_D)\frac{\cos\alpha_{tDB}}{\cos\alpha'_{tDB}}$

续表

条 件	传 动 型 式			
	NGW	NGWN	WW	NW
装配条件	保证各行星轮能均布地安装于两中心齿轮之间，并且与两个中心轮啮合良好，没有错位现象			
	为了简化计算和装配，应使太阳轮与内齿轮的齿数和等于行星轮数目 C_s 的整数倍，即 $\frac{z_A+z_B}{C_s}=n$ 或$\frac{i_{AX}^{B}z_A}{C_s}=n$	1. 通常取中心轮齿数 z_A、z_B 和 z_E 或(z_A+z_B)及 z_E 均为行星轮数目 C_s 的整数倍 此时双联行星齿轮的两个齿轮的相对位置应这样确定：C 轮和 D 轮各有一个齿槽的对称线须位于同一个轴平面（θ 平面）内，两齿槽的对称线可在行星轮轴线的同侧（图 b）或两侧（图 a）。装配情况见图 d 2. 亦可按右栏内 NW 型传动的公式计算。此时 z_B 应以 z_E 代之	若双联行星齿轮的两个齿轮的相对位置是在安装时确定的（安装时可以调整），则行星传动的齿轮齿数不受本条件限制，满足其他条件即可 若双联行星齿轮的两个齿轮的相对位置是在制造时确定的（如同一坯料切出），则必须满足以下条件 1. 当中心轮 z_A、z_B 为 C_s 的整数倍时（此时计算和装配最简单），双联行星齿轮的两个齿轮的相对位置应该使 C 轮和 D 轮各有一个齿槽的对称线位于同一个轴平面（θ 平面）内。对 NW 型传动，应位于行星轮轴线的两侧（图 a），装配情况见图 c。对 WW 型传动，应位于行星轮轴线的同侧（图 b） 2. 当一个或两个中心轮的齿数非 C_s 的整数倍时： WW 传动：$\frac{z_A+z_B}{C_s}+\left(1+\frac{z_D}{z_C}\right)\left(E_A\pm n-\frac{z_A}{C_s}\right)=n$ NW 传动：$\frac{z_A+z_B}{C_s}+\left(1-\frac{z_D}{z_C}\right)\left(E_A\pm n-\frac{z_A}{C_s}\right)=n$ 式中 E_A、n——整数 当$\frac{z_A}{C_s}$=整数时，$E_A=\frac{z_A}{C_s}$，n 从 1、2、3…中选取 当$\frac{z_A}{C_s}\neq$整数时，E_A 为稍大于$\frac{z_A}{C_s}$的整数，n 从 0、1、2、3…中选取	
	(a) (b) (c) (d)			
邻接条件	必须保证相邻两行星轮互不相碰，并留有大于 0.5 倍模数的间隙，即行星轮齿顶圆半径之和小于其中心距 L，如图所示 $2r_{aC}<L$ 或 $d_{aC}<2a\sin\frac{\pi}{C_s}$ 式中 r_{aC}、d_{aC}——行星轮齿顶圆半径和直径。当行星轮为双联齿轮时，应取其中之大值			

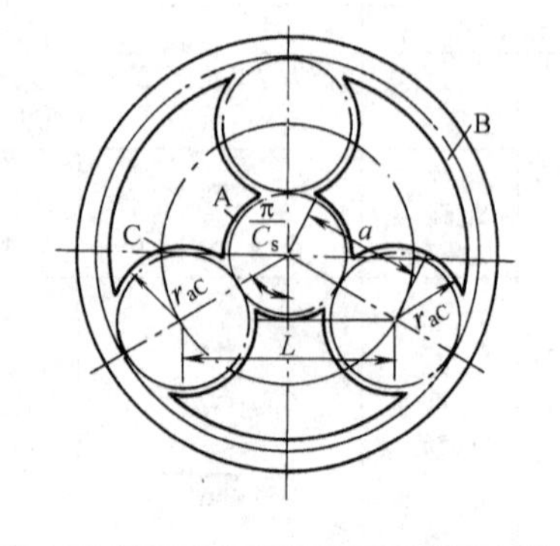

续表

<table>
<tr><td rowspan="2">条件</td><td colspan="4">传　动　型　式</td></tr>
<tr><td>NGW</td><td>NGWN</td><td>WW</td><td>NW</td></tr>
<tr><td>邻接条件</td><td>$(z_A+z_C)\sin\frac{180°}{C_s}>$
$z_C+2(h_a^*+x_C)$</td><td>$z_C>z_D$ 时
$(z_A+z_C)\sin\frac{180°}{C_s}>$
$z_C+2(h_a^*+x_C)$；
$z_C<z_D$ 时，$(z_E-z_D)\sin\frac{180°}{C_s}>$
$z_D+2(h_a^*+x_D)$</td><td>$z_C>z_D$ 时
$(z_A+z_C)\sin\frac{180°}{C_s}>$
$z_C+2(h_a^*+x_C)$；
$z_C<z_D$ 时
$(z_B-z_D)\sin\frac{180°}{C_s}>$
$z_D+2(h_a^*+x_D)$</td><td>$z_E>z_D$ 时
$(z_A+z_C)\sin\frac{180°}{C_s}>z_C+$
$2(h_a^*+x_C)$；
$z_C<z_D$ 时
$(z_B-z_D)\sin\frac{180°}{C_s}>z_D+$
$2(h_a^*+x_D)$</td></tr>
</table>

注：1. 对直齿轮，可将表中代号的下角标 t 去掉。
2. h_a^*—齿顶高系数，x_C、x_D—C 轮、D 轮变位系数，C_s—行星轮数目，α_t—端面啮合角。

1）NGW 型传动的配齿方法及齿数组合表

对于一般动力传动用行星传动，不要求十分精确的传动比，在已知要求的传动比 i_{AX}^B 的情况下，可按以下步骤选配齿数。

① 根据 i_{AX}^B，按表 15-5-3 选取行星轮数目 C_s，通常选 $C_s=3\sim4$。

② 根据齿轮强度及传动平稳性等要求确定太阳轮齿数 z_A。

③ 根据下列条件试凑 Y 值：

（a）$Y=i_{AX}^B z_A$——传动比条件；

（b）Y/C_s=整数——装配条件；

（c）Y 应为偶数——同心条件。但当采用不等啮合角的角变位传动时，Y 值也可以是奇数。

④ 计算内齿圈及行星轮齿数 z_B 和 z_C

$$z_B=Y-z_A$$

对非角变位传动

$$z_C=\frac{Y}{2}-z_A \text{ 或 } z_C=\frac{z_B-z_A}{2}$$

对角变位齿轮传动

$$z_C=\frac{z_B-z_A}{2}-\Delta z_C$$

式中，Δz_C 为行星轮齿数减少值，由角变位要求确定，可为整数，也可以为非整数，$\Delta z_C=0.5\sim2$。

表 15-5-5 为 NGW 型行星齿轮传动的常用传动比，常用行星轮数对应的齿轮齿数组合表。

2）NW 型传动配齿方法及齿数组合表

表 15-5-5　　NGW 型行星齿轮传动的齿数组合

i=2.8											
$C_s=3$				$C_s=4$				$C_s=5$			
z_A	z_C	z_B	i_{AX}^B	z_A	z_C	z_B	i_{AX}^B	z_A	z_C	z_B	i_{AX}^B
32	13	58	2.8125	33	13	59	2.7879	32	13	58	2.8125
41	16	73	2.7805	37	15	67	2.8108	39	16	71	2.8205
43	17	77	2.7907	43	17	77	2.7907	43	17	77	2.7907
47	19	85	2.8085	46	19	85	2.8085	45	19	84	2.8261
49	20	89	2.8763	53	21	95	2.7925	64	26	116	* 2.8125
58	23	104	2.7931	59	23	105	2.7797	71	29	129	2.8169
62	25	112	2.8065	67	27	121	2.8060	79	31	141	2.7848
65	26	118	* 2.8154	71	29	129	2.8169	89	36	161	2.8090
73	29	131	2.7945	79	31	141	2.7848	104	41	186	2.7885

续表

$i=2.8$											
$C_s=3$				$C_s=4$				$C_s=5$			
z_A	z_C	z_B	i_{AX}^{B}	z_A	z_C	z_B	i_{AX}^{B}	z_A	z_C	z_B	i_{AX}^{B}
75	30	135	*2.8000	81	33	147	2.8148	118	47	212	2.7966
77	31	139	2.8052	89	35	159	2.7865	121	49	219	2.8099
92	37	166	2.8043	97	39	175	2.8041	132	53	238	2.8030
118	47	212	2.7966	121	49	219	2.8099	146	59	264	2.8082
				123	49	221	2.7967	154	61	276	2.7922
				141	57	255	2.8085	161	64	289	2.7950
				153	61	275	2.7974	168	67	302	2.7976

$i=3.15$											
$C_s=3$				$C_s=4$				$C_s=5$			
z_A	z_C	z_B	i_{AX}^{B}	z_A	z_C	z_B	i_{AX}^{B}	z_A	z_C	z_B	i_{AX}^{B}
25	14	53	3.1200	23	13	49	3.1304	22	13	48	3.1818
29	16	61	3.1034	29	17	63	3.1724	29	16	61	3.1034
31	18	68	3.1935	33	19	71	3.1515	32	18	68	*3.1250
32	19	70	3.1875	37	21	79	3.1351	35	20	75	*3.1429
35	20	76	*3.1714	41	23	87	3.1220	37	20	78	*3.1081
37	21	80	3.1622	43	25	93	3.1628	41	24	89	3.1707
40	23	86	3.1500	53	31	115	3.1698	54	31	116	3.1481
44	25	94	3.1364	67	39	145	3.1642	55	32	120	3.1818
53	31	115	3.1698	71	41	153	3.1549	67	38	143	3.1343
55	32	119	3.1636	75	43	161	3.1467	79	46	171	3.1646
67	38	143	3.1343	79	45	169	3.1392	83	47	177	3.1325
70	41	152	3.1714	81	47	175	3.1605	86	49	184	3.1395
74	43	160	3.1622	85	49	183	3.1529	89	51	191	3.1461
82	47	176	3.1463	97	55	207	3.1340	92	53	198	3.1522
86	49	184	3.1395	121	69	259	3.1405	98	57	212	3.1633
97	56	209	3.1546	123	71	265	3.1545	121	59	269	3.1405

$i=3.55$											
$C_s=3$				$C_s=4$				$C_s=5$			
z_A	z_C	z_B	i_{AX}^{B}	z_A	z_C	z_B	i_{AX}^{B}	z_A	z_C	z_B	i_{AX}^{B}
22	17	56	3.5455	23	17	57	3.4785	23	17	57	3.4783
25	20	65	*3.6000	25	19	63	3.5200	24	18	61	3.5417
29	22	73	3.5172	29	23	75	3.5862	25	20	65	*3.6000
32	25	82	3.5625	33	25	83	3.5152	27	20	68	*3.35185
37	29	95	3.5675	37	29	95	3.5676	28	22	72	*3.5214
41	32	106	*3.5854	45	35	115	*3.5556	31	24	79	3.5484
45	35	116	3.5217	47	37	121	3.5745	35	27	90	*3.5714
47	37	121	3.5745	53	41	135	3.5472	37	28	93	3.5135
48	37	123	3.5625	55	43	141	3.5636	42	33	108	*3.5714
49	38	125	3.5510	61	47	155	3.5410	45	35	115	*3.5556
52	41	134	3.5769	69	53	175	3.5362	48	37	122	3.5417
56	43	142	3.5357	73	57	187	3.5616	54	41	136	3.5185
61	47	155	3.5410	77	59	195	3.5325	73	57	187	3.5616
73	56	185	3.5342	79	61	201	3.5443	76	59	194	3.5526
76	59	194	3.5526	83	65	213	3.5663	79	61	201	3.5443
86	67	220	3.5581	87	67	221	3.5402	82	63	208	3.5366

续表

i=4. 0											
C_s=3				C_s=4				C_s=5			
z_A	z_C	z_B	i_{AX}^{B}	z_A	z_C	z_B	i_{AX}^{B}	z_A	z_C	z_B	i_{AX}^{B}
20	19	58	3. 9000	22	22	66	*4.0000	18	17	52	3.8889
22	23	68	4.0909	25	27	79	4.1600	22	23	68	4.0909
23	22	67	3.9130	27	29	85	4.1481	23	22	67	3.9130
26	25	76	3.9231	29	31	91	4.1379	25	25	75	*4.0000
27	27	81	4.0000	31	33	97	4.1290	27	25	78	3.8889
29	28	85	3.9310	33	33	99	*4.0000	28	27	82	3.9286
32	31	94	3.9375	37	39	115	4.1081	29	31	91	4.1379
38	37	112	3.9474	39	41	121	4.1026	32	33	98	4.0625
44	43	130	3.9545	43	45	133	4.0930	33	32	97	3.9394
47	49	145	4.0851	45	47	139	4.0889	38	37	112	3.9474
50	49	148	3.9600	47	49	145	4.0851	39	41	121	4.1026
56	55	166	3.9643	49	49	147	4.0000	48	47	142	3.9583
59	58	175	3.9661	55	57	169	4.0727	42	40	123	3.9286
62	61	184	3.9677	57	59	175	4.0702	58	57	172	3.9655
68	67	202	3.9706	61	63	187	4.0656	63	62	187	3.9683
74	73	220	3.9730	67	69	205	4.0597	68	67	202	3.9706

i=4. 5								i=5. 0			
C_s=3				C_s=4				C_s=3			
z_A	z_C	z_B	i_{AX}^{B}	z_A	z_C	z_B	i_{AX}^{B}	z_A	z_C	z_B	i_{AX}^{B}
17	22	61	4. 5882	17	21	59	4. 4705	16	23	62	4. 8750
19	23	65	4. 4211	19	23	65	4. 4211	17	25	67	4. 9412
23	28	79	4. 4348	21	27	75	*4.5714	19	29	77	5.0526
25	32	89	4.5600	23	29	81	4.5217	20	31	82	5.1000
27	33	93	*4.4444	25	31	87	4.4800	23	34	91	4.9565
28	35	98	4.5000	26	32	90	*4.4615	28	41	110	4.9286
32	38	109	4. 4063	33	41	115	4.4818	31	47	125	5.0323
35	43	121	4.4571	35	43	121	4.4571	40	59	158	4.9500
37	45	128	4.4595	41	51	143	4. 4878	44	67	178	5.0455
41	52	145	4.5366	47	59	165	4.5106	47	70	187	4.9787
52	65	182	4.5000	49	61	171	4.4898	52	77	205	4.9615
53	67	187	4.5283	50	62	174	4.4800	55	83	221	5.0182
59	73	205	4.4746	53	67	187	4.5283	56	85	226	5.0357
61	77	215	4.5246	59	73	205	4.4746	59	88	235	4.9831
68	85	238	4.5000	61	77	215	4.5246	64	95	254	4.9688
71	88	247	4.4789	71	89	249	4.5070	65	97	259	4.9846

i=5. 0				i=5. 6				i=6. 3			
C_s=4				C_s=3				C_s=3			
z_A	z_C	z_B	i_{AX}^{B}	z_A	z_C	z_B	i_{AX}^{B}	z_A	z_C	z_B	i_{AX}^{B}
17	25	67	4. 9412	13	23	59	5. 5385	13	29	71	6. 4615
19	29	77	5. 0526	14	25	64	5. 5714	14	31	76	6. 4286
21	31	83	4. 9574	16	29	74	5. 6250	16	35	86	6. 3750
23	35	93	5. 0435	17	31	79	5. 6471	17	37	91	6. 3529
25	37	99	4. 9600	19	35	89	5. 6842	19	41	101	6. 3158
29	43	115	4. 9655	20	37	94	5. 7000	20	43	106	6. 3000
31	47	125	5. 0323	22	41	104	5. 7273	22	47	116	6. 2727
35	53	141	5. 0786	29	52	133	5. 5862	23	49	121	6. 2609
37	55	147	4. 9730	31	56	143	5. 6129	25	54	133	6. 3200

续表

$i=5.0$				$i=5.6$				$i=6.3$			
$C_s=4$				$C_s=3$				$C_s=3$			
z_A	z_C	z_B	i_{AX}^B	z_A	z_C	z_B	i_{AX}^B	z_A	z_C	z_B	i_{AX}^B
47	71	189	5.0713	40	71	182	5.5500	26	55	136	6.2308
49	73	195	4.9796	41	73	187	5.5610	28	39	146	6.2143
51	77	205	5.0196	44	79	202	5.5909	31	66	164	*6.2903
55	83	221	5.0182	46	83	212	5.6087	35	76	187	6.3429
59	89	237	5.0160	47	85	217	5.6170	37	80	197	6.3243
63	95	253	5.0159	50	91	232	5.6400	41	88	217	6.2927
65	97	259	4.9846	52	95	242	5.6538	47	100	247	6.2553

$i=7.1$				$i=8.0$				$i=9.0$			
$C_s=3$				$C_s=3$				$C_s=3$			
z_A	z_C	z_B	i_{AX}^B	z_A	z_C	z_B	i_{AX}^B	z_A	z_C	z_B	i_{AX}^B
13	32	77	6.9231	13	38	89	7.8462	14	49	112	9.0000
14	37	88	7.2857	14	43	100	8.1429	16	56	128	*9.0000
16	41	98	7.1250	16	47	110	7.8750	17	58	133	8.8236
17	43	103	7.0588	17	49	115	7.7647	19	68	155	9.1579
19	50	119	7.2632	17	52	121	8.1176	20	70	160	*9.0000
20	51	122	7.1000	20	61	142	8.1000	22	77	176	9.0000
22	56	134	*7.0909	22	65	152	7.9091	23	82	187	9.1304
23	58	139	7.0435	26	79	184	8.0769	25	89	203	9.1200
26	67	160	7.1538	28	83	194	7.9286	26	91	208	9.0000
28	71	170	7.0714	29	88	205	8.0690	28	98	224	*9.0000
29	73	175	7.0345	31	92	215	7.9355	29	101	232	9.0000
35	91	217	7.2000	32	97	226	8.0625	31	108	248	9.0000
38	97	232	7.1053	34	101	236	7.9412	32	112	256	*9.0000
41	106	253	7.1707	35	106	247	8.0571	34	119	272	9.0000
46	119	284	7.1739	40	119	278	7.9500	35	121	277	8.9143
47	121	289	7.1489	41	124	289	8.0488	37	128	293	8.9189

$i=10.0$				$i=11.2$				$i=12.5$			
$C_s=3$				$C_s=3$				$C_s=3$			
z_A	z_C	z_B	i_{AX}^B	z_A	z_C	z_B	i_{AX}^B	z_A	z_C	z_B	i_{AX}^B
13	53	119	10.1538	14	61	136	10.7143	13	71	155	12.9231
14	58	130	10.2857	16	71	158	10.8750	14	73	160	12.4286
16	65	146	10.1250	16	74	164	*11.2500	16	83	182	12.3750
17	67	151	9.8824	17	76	169	10.9412	16	86	188	*12.7500
19	77	173	10.1053	17	79	175	11.2941	17	88	193	12.3529
20	79	178	9.9000	19	86	191	11.0526	19	98	215	12.3158
22	89	200	10.0909	20	91	202	11.1000	20	106	232	*12.6000
23	91	205	9.9130	22	101	224	11.1818	22	116	254	*12.5455
25	98	221	9.8400	23	106	235	11.2174	23	118	259	12.2609
26	103	232	9.9231	26	121	268	11.3077	23	121	265	12.5217
28	113	254	10.0714	28	125	278	10.9286	25	131	287	12.4800
29	115	259	9.9310	28	128	284	*11.1429	26	135	298	12.4615
29	118	265	10.1379	29	130	289	10.9655	26	139	304	12.6923
31	122	275	9.8710	29	133	295	11.1724	28	147	323	12.5357
32	130	292	*10.1250	31	143	317	11.2258	29	152	334	*12.5172
34	144	302	*9.8824					31	163	357	12.5161

注：1. 表中齿数满足装配条件、同心条件（带“__”者除外）和邻接条件，且$\frac{z_A}{z_C}$、$\frac{z_B}{z_C}$、$\frac{z_A}{C_s}$、$\frac{z_B}{C_s}$无公因数（带“*”者除外），以提高传动平稳性。

2. 本表除带“__”者外，可直接用于非变位、高变位和等角变位传动（$\alpha'_{tAC}=\alpha'_{tCB}$）。表中各齿数组合当采用不等角角变位（$\alpha'_{tAC}>\alpha'_{tCB}$）时，应将表中$z_C$值适当减少1~2齿，以适应变位需要。

3. 带“__”者必须进行不等角角变位，以满足同心条件。

4. 当齿数少于17且不允许根切时，应进行变位。

5. 表中i为名义传动比，其所对应的不同齿数组合应根据齿轮强度条件选择；i_{AX}^B为实际传动比。

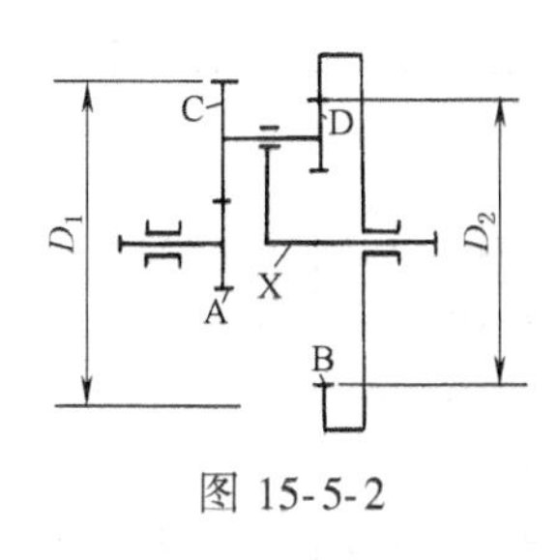

图 15-5-2

NW 型传动通常取 z_A、z_B 为行星轮数目 C_s 的整数倍。常用传动方式为 B 轮固定，A 轮主动，行星架输出。为获得较大传动比和较小外形尺寸，应选择 z_A、z_D 均小于 z_C。为使齿轮接近等强度，z_C 与 z_D 之值相差越小越好。综合考虑，一般取 $z_D = z_C -$（3~8）为宜。

在 NW 传动中，若所有齿轮的模数及齿形角相同，且 $z_A + z_C = z_B - z_D$，则由同心条件可知，其啮合角 $\alpha'_{tAC} = \alpha'_{tBD}$。为了提高齿轮承载能力，可使两啮合角稍大于 20°，以便 A、D 两轮进行正变位。选择齿数时，取 $z_A + z_C < z_B - z_D$，但 z_B 会因此增大，从而导致传动的外廓尺寸加大。

NW 型传动按下列步骤配齿。

① 根据强度、运转平稳性和避免根切等条件确定太阳轮齿数 z_A，常取 z_A 为 C_s 的倍数。

② 根据结构设计对两对齿轮副径向轮廓尺寸比值 D_1/D_2（图 15-5-2）的要求拟定 Y 值，再由传动比 i_{AX}^{B} 和 Y 值查图 15-5-3 确定系数 α，然后，按下列各式计算 i_{DB}、i_{AC}、β 值和齿数 z_D、z_B、z_C。

$$i_{DB} = \sqrt{\frac{i_{AX}^{B} - 1}{\alpha}} \qquad i_{AC} = \alpha i_{DB}$$

$$\beta = \frac{i_{AC} + 1}{i_{DB} - 1} \qquad z_D = \beta z_A$$

$$z_B = i_{DB} z_D \qquad z_C = i_{AC} z_A$$

③ 根据算出的齿数，按前述装配条件的两个限制条件对其进行调整并确定 z_D、z_B 和 z_C。为了使确定的齿数仍能满足同心条件，可以将其中一个行星轮的齿数 z_C 留在最后确定，在确定该齿数 z_C 时，要同时考虑同心条件，即对于非角变位齿轮传动：

$$z_C = z_{\Sigma AC} - z_A \text{ 或 } z_D = z_B - z_{\Sigma AC}$$

对不等啮合角的角变位传动：

$$z_C = z_{\Sigma AC} - z_A - \Delta z \text{ 或 } z_D = z_B - z_{\Sigma AC} - \Delta z$$

$$z_{\Sigma AC} = z_A + z_C$$

式中　Δz——角变位要求行星轮 C 或 D 应减少的齿数，一般取 $\Delta z = 1 \sim 2$。

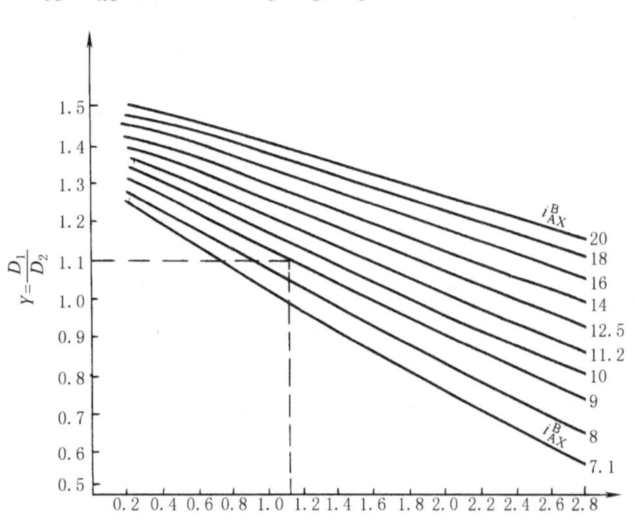

图 15-5-3　根据 $Y=\frac{D_1}{D_2}$ 和 i_{AX}^{B} 确定 $\alpha=\frac{i_{AC}}{i_{DB}}$ 的线图

④ 校核传动比，同时根据表 15-5-4 校核邻接条件。

NW 型行星齿轮传动常用传动比对应的齿轮齿数组合见表 15-5-6。

表 15-5-6　　$C_s=3$ 的 NW 型行星传动的齿数组合

i_{AX}^{B}	z_A	z_B	z_C	z_D	i_{AX}^{B}	z_A	z_B	z_C	z_D	i_{AX}^{B}	z_A	z_B	z_C	z_D	i_{AX}^{B}	z_A	z_B	z_C	z_D
7.000	21	63	28	14	7.097	15	78	34	29	7.200	21	93	42	30	7.286	21	72	33	18
7.000	12	54	24	18	•7.106	21	102	44	35	7.205	21	81	37	23	7.286	15	66	30	21
7.000	18	60	27	15	7.109	15	84	36	33	7.222	18	96	42	36	7.317	21	111	49	41
7.000	18	81	36	27	7.111	15	75	33	27	7.224	18	99	43	38	7.330	21	108	48	39
7.041	21	111	48	42	7.111	18	66	30	18	•7.248	18	96	41	35	•7.361	21	108	47	38
7.045	21	114	49	44	•7.118	15	60	26	17	7.250	18	90	40	32	7.367	21	78	36	21
7.053	21	105	46	38	•7.125	15	84	35	32	7.250	18	105	45	42	7.374	21	87	40	26
•7.055	21	87	38	26	7.143	21	96	43	32	•7.255	18	66	29	17	•7.380	15	66	29	20
•7.058	18	81	35	26	•7.154	15	75	32	26	•7.260	18	105	44	41	7.384	21	102	46	35
•7.059	21	111	47	41	7.159	18	75	34	23	•7.261	21	93	41	29	7.404	18	81	37	26
7.071	21	102	45	36	•7.190	18	60	26	14	7.283	18	87	39	30	•7.413	12	69	29	26
•7.088	12	54	23	17	7.200	15	69	31	23	7.286	18	72	33	21	7.429	15	54	25	14

续表

i_{AX}^{B}	z_A	z_B	z_C	z_D	i_{AX}^{B}	z_A	z_B	z_C	z_D	i_{AX}^{B}	z_A	z_B	z_C	z_D	i_{AX}^{B}	z_A	z_B	z_C	z_D
7.429	21	99	45	33	7.957	21	84	40	23	8.438	21	102	49	32	9.063	15	90	43	32
7.475	15	84	37	32	7.971	18	78	37	23	8.485	18	114	52	44	9.067	15	66	33	18
•7.482	21	99	44	32	•7.982	12	51	23	14	8.488	18	111	51	42	9.100	12	54	27	15
•7.500	21	78	35	20	8.000	21	105	49	35	8.500	12	63	30	21	9.120	15	87	42	30
7.500	15	90	39	36	•8.000	15	78	35	26	8.519	18	87	42	27	9.138	12	63	31	20
7.500	21	84	39	24	8.000	15	63	30	18	•8.520	18	111	50	41	9.195	18	93	46	29
7.500	18	78	36	24	8.000	18	90	42	30	8.522	18	105	49	36	•9.200	15	87	41	29
•7.514	15	90	38	35	8.028	18	69	33	18	8.543	21	99	48	30	9.211	18	108	52	38
7.538	15	75	34	26	•8.057	15	57	26	14	8.556	18	102	48	36	9.229	15	72	36	21
7.552	18	96	43	35	8.065	21	102	48	33	8.600	15	57	28	14	9.264	18	105	51	36
7.563	12	45	21	12	•8.069	18	90	41	29	•8.609	15	75	35	23	•9.282	15	66	32	17
7.567	21	93	43	29	8.088	21	90	43	26	8.610	18	102	47	35	9.293	12	78	37	29
7.576	18	93	42	33	8.125	12	57	27	18	•8.613	12	63	29	20	9.308	15	81	40	26
7.578	18	111	42	45	•8.134	21	102	47	32	8.617	15	93	43	35	9.323	18	90	45	27
•7.587	18	111	47	44	8.143	18	75	36	21	•8.622	18	87	41	26	9.330	12	60	30	18
•7.594	18	78	35	23	•8.165	15	63	29	17	8.636	15	90	42	33	•9.333	18	105	50	35
•7.609	21	84	38	23	8.171	18	108	49	41	•8.640	21	99	47	29	9.333	12	75	36	27
•7.620	18	93	41	32	8.178	18	114	51	45	8.659	15	63	31	17	•9.357	12	54	26	14
7.632	21	108	40	38	8.179	18	105	48	39	8.667	18	69	34	17	•9.400	15	72	35	20
7.667	18	60	28	14	•8.215	18	105	47	38	•8.688	15	90	41	32	•9.413	12	75	35	26
7.667	18	87	40	29	•8.216	18	69	32	17	8.708	18	75	37	20	9.422	18	99	49	32
7.686	18	66	31	17	8.229	15	69	33	21	8.724	15	84	40	29	9.450	15	78	39	24
•7.714	21	105	47	35	8.233	15	93	42	36	8.750	18	93	45	30	•9.462	18	90	44	26
•7.758	21	90	41	26	8.242	15	96	43	38	8.800	15	81	39	27	9.500	12	69	34	23
7.769	12	45	20	13	8.251	21	96	46	29	8.800	12	73	36	30	•9.529	12	60	29	17
7.777	21	99	46	32	•8.263	15	93	41	35	8.805	12	81	37	32	9.533	18	96	48	30
7.800	18	72	34	20	•8.265	12	57	26	17	8.821	18	111	52	41	•9.591	15	78	38	23
7.800	12	51	24	15	8.273	18	96	45	33	8.824	12	57	28	17	9.600	15	87	43	29
7.820	15	60	31	20	8.280	15	84	39	30	8.826	18	81	40	23	9.643	12	66	33	21
7.856	12	69	31	26	•8.292	18	75	35	20	8.835	21	93	46	26	9.644	18	96	47	29
7.857	15	90	40	35	8.313	18	81	39	24	•8.839	18	93	44	29	9.667	18	105	52	35
7.857	18	108	48	42	8.328	12	75	34	29	•8.845	12	78	35	29	9.711	15	84	42	27
7.867	18	111	49	44	•8.333	18	96	44	32	8.846	12	72	34	26	9.758	18	102	51	33
7.871	21	78	37	20	8.333	12	72	33	27	8.846	18	108	51	39	9.800	15	62	34	17
•7.878	18	108	47	41	•8.338	15	84	38	29	•8.892	15	81	38	26	•9.800	12	66	32	20
•7.888	15	87	38	32	•8.360	15	69	32	20	8.895	18	108	50	38	•9.831	15	84	41	26
7.890	15	81	37	29	8.364	12	81	36	33	8.906	12	69	33	24	9.846	18	90	46	26
•7.897	12	75	32	29	•8.383	12	81	35	32	8.933	18	102	49	35	•9.854	18	102	50	32
7.905	15	96	41	38	8.400	15	78	37	26	8.965	21	99	49	29	•9.880	15	72	37	20
7.915	18	117	50	47	8.413	12	66	31	23	8.994	18	87	43	26	•9.894	12	75	37	26
•7.936	21	96	44	29	8.414	18	90	43	29	•9.000	12	69	32	23	10.000	12	54	28	14
7.943	18	93	43	32	•8.435	18	81	38	23	9.000	18	99	48	33	10.043	15	78	40	23

续表

i_{AX}^{B}	z_A	z_B	z_C	z_D	i_{AX}^{B}	z_A	z_B	z_C	z_D	i_{AX}^{B}	z_A	z_B	z_C	z_D	i_{AX}^{B}	z_A	z_B	z_C	z_D
10.118	12	60	31	17	12.273	21	99	55	23	•14.000	12	96	52	32	16.500	15	105	62	28
10.310	12	81	40	29	12.284	15	99	53	31	•14.097	15	105	58	31	16.500	12	111	62	37
•10.512	15	99	49	34	12.333	18	102	56	28	•14.147	18	102	58	25	16.516	15	111	65	31
10.625	12	63	33	18	12.371	12	90	47	31	14.200	15	99	56	28	16.712	18	102	61	22
10.706	15	99	50	34	12.500	12	87	46	29	•14.276	15	111	61	34	16.954	15	102	61	26
•10.838	15	105	52	37	12.529	15	105	56	34	14.323	15	105	59	31	17.232	18	105	64	23
10.857	12	69	36	21	•12.610	12	81	43	25	14.373	18	102	59	25	•17.457	15	108	64	28
•10.882	12	63	32	17	12.667	18	105	58	29	14.494	15	111	62	34	•17.592	15	102	61	25
10.884	12	81	41	28	12.688	15	102	55	32	14.500	12	99	54	33	17.714	15	108	65	28
11.000	12	78	40	26	•12.786	21	99	55	22	14.600	15	102	58	29	17.864	15	102	62	25
11.027	15	105	53	37	12.867	12	93	49	32	•14.630	18	99	57	23	17.914	12	111	64	35
11.103	15	102	52	35	12.880	12	81	44	25	14.663	12	87	49	26	18.097	15	111	67	29
•11.349	18	105	55	31	•13.115	12	84	45	26	14.686	18	105	61	26	•18.179	12	111	65	35
11.400	15	102	52	34	13.248	21	102	58	23	•15.086	15	102	58	28	18.231	15	105	64	26
11.500	12	63	34	17	13.284	15	102	56	31	15.329	15	102	59	28	•18.333	15	108	65	27
11.538	18	105	56	31	13.292	18	105	59	28	15.467	18	105	62	25	•18.412	12	111	64	34
•11.552	18	102	54	29	•13.460	21	102	59	23	15.723	15	99	58	26	•18.707	15	111	67	28
11.600	15	102	53	34	13.517	15	99	55	29	15.724	15	105	61	29	18.879	12	102	61	29
11.638	12	69	37	20	13.641	18	102	58	26	15.800	15	111	64	32	•19.518	12	102	61	28
11.725	15	99	52	32	•13.650	15	102	55	31	15.849	12	111	61	38	19.821	12	102	62	28
11.747	18	102	55	29	13.672	12	90	49	29	16.029	18	102	61	23	20.367	12	111	67	32
11.880	21	102	56	25	13.688	15	105	58	32	•16.250	15	105	61	28	•20.992	12	111	67	31
•12.071	15	99	52	31	•13.805	21	102	58	22	•16.250	12	111	61	37	21.290	12	111	68	31
•12.131	18	102	55	28	13.880	12	84	46	25	•16.277	15	111	64	31	21.923	12	102	64	26
12.163	12	81	43	26	13.897	15	111	61	35	•16.312	15	99	58	25					

注：1. 本表 z_A 及 z_B 都是3的倍数，适用于 $C_s=3$ 的行星传动。个别组的 z_A、z_B 也同时是2的倍数，也可适用于 $C_s=2$ 的行星传动。

2. 带“ • ”记号者，$z_A+z_C \neq z_B-z_D$，用于角变位传动；不带“ • ”者，$z_A+z_C=z_B-z_D$，可用于高变位或非变位传动。

3. 当齿数小于17且不允许根切时，应进行变位。

4. 表中同一个 i_{AX}^{B} 而对应有几个齿数组合时，则应根据齿轮强度选择。

5. 表中齿数系按模数 $m_{tA}=m_{tB}$ 条件列出。

3）多个行星轮的NN型传动配齿方法及齿数组合表[3]

表 15-5-7　C_s 一定时按邻接条件决定的 $(i_{AX}^{B})_{max}$、$(z_C/z_A)_{max}$、$(z_B/z_C)_{min}$

行星轮数 C_s			2	3	4	5	6	7	8
NGW型 $(i_{AX}^{B})_{max}$	小轮齿数 z_{1min}	>13	不限	12.7	5.77	4.1	3.53	3.21	3
		>18		12.8	6.07	4.32	3.64	3.28	3.05
$(z_C/z_A)_{max}$		>13		5.35	1.88	1.05	0.75	0.60	0.5
		>18		5.4	2.04	1.16	0.82	0.64	0.52
$(z_B/z_C)_{min}$				2.1	2.47	2.87	3.22	3.57	3.93
对于重载的NGW型 $(i_{AX}^{B})_{max}$			—	12	4.5	3.5	3	2.8	2.6

注：表中 $(z_C/z_A)_{max}$ 可用于NW型、WW型和NN型，但以 $z_C>z_D$，$z_B>z_A$ 为前提。

行星轮数目大于1的NN型传动，其配齿方法按如下步骤进行。

① 计算各齿轮的齿数。首先应根据设计要求确定固定内齿圈的齿数 z_B，然后选取两个中心轮或两个行星轮的齿数差值 e，再由下式计算各齿轮齿数，同时要检查齿数最少的行星轮是否会发生根切，齿数最多的行星轮是否超过表15-5-7规定的邻接条件。不符合要求时，要改变 e 值重算，直至这两项通过为止。e 为≥1的整数，当传动比为负值时，e 取负值。

$$z_D=\frac{ez_B}{(z_B-e)/i_{XA}^B+e}$$

式中　i_{XA}^B——要求的传动比。

$$e=z_B-z_A=z_D-z_C \qquad z_A=z_B-e \qquad z_C=z_D-e$$

② 确定齿数。在计算出各齿轮齿数的基础上，根据满足各项条件的要求圆整齿数。其具体做法与 NW 型传动一样。对于一般的行星齿轮传动，为了配齿方便，常取各轮齿数及 e 值均为行星轮数 C_s 的倍数；而对于高速重载齿轮传动，为保证其良好的工作平稳性，各啮合齿轮的齿数间不应有公约数。因此，选配齿数时 e 值不能取 C_s 的倍数。

③ 按下式验算传动比。其值与要求的传动比差值一般不应超过 4%。

$$i_{XE}^B=\frac{z_C z_E}{z_C z_E-z_B z_D}$$

表 15-5-8 为行星轮数目 $C_s=3$（有时也可为 $C_s=2$）的 NN 型行星齿轮传动常用传动比对应的齿数组合。

表 15-5-8　　多个行星轮的 NN 型行星传动的齿数组合

i_{XE}^B	z_B	z_E	z_C	z_D	i_{XE}^B	z_B	z_E	z_C	z_D
8.00	51	48	17	14	11.00	69	66	23	20
8.00	63	60	18	15	11.20	51	48	21	18
8.26	72	69	19	16	11.31	57	54	22	19
8.50	45	42	17	14	11.40	39	36	19	16
8.50	54	51	18	15	11.50	63	60	23	20
8.68	96	93	21	18	11.50	72	69	24	21
8.75	93	90	21	18	11.73	69	66	24	21
8.80	36	33	16	13	11.81	60	57	23	20
8.84	42	39	17	14	11.88	102	99	27	24
8.90	69	66	20	17	12.00	66	63	24	21
9.00	48	45	18	15	12.00	75	72	25	22
9.10	81	78	21	18	12.00	99	96	27	24
9.30	63	60	20	17	12.25	45	42	21	18
9.50	51	48	19	16	12.31	63	60	24	21
9.50	60	57	20	17	12.50	69	66	25	22
9.70	81	78	22	19	12.50	78	75	26	23
9.75	42	39	18	15	12.60	87	84	28	25
9.80	66	63	21	18	12.67	60	57	24	21
9.86	93	90	23	20	12.80	66	63	25	22
9.96	90	87	23	20	12.92	93	90	28	25
10.00	54	51	20	17	13.00	72	69	26	23
10.00	63	60	21	18	13.00	81	78	27	24
10.23	60	57	21	18	13.10	90	87	28	25
10.30	69	66	22	19	13.24	78	75	27	24
10.50	57	54	21	18	13.30	69	66	26	23
10.50	66	63	22	19	13.50	75	72	27	24
10.73	63	60	22	19	13.60	54	51	24	21
10.80	84	81	24	21	13.65	66	63	26	23
10.95	81	78	24	21	13.75	102	99	30	17
11.00	60	57	22	19	13.80	72	69	27	24

续表

i_{XE}^{B}	z_B	z_E	z_C	z_D	i_{XE}^{B}	z_B	z_E	z_C	z_D
14.00	39	36	21	18	17.88	81	78	33	30
14.00	78	75	28	25	17.96	87	84	34	31
14.24	84	81	29	26	18.00	51	48	27	24
14.30	42	39	22	19					
14.50	81	78	29	26	18.00	102	99	36	33
					18.29	99	96	36	33
14.50	90	87	30	27	18.36	84	81	34	31
14.73	87	84	30	27	18.40	72	69	32	29
14.80	78	75	29	26	18.46	90	87	35	32
15.00	63	60	27	24					
15.00	84	81	30	27	18.60	66	63	31	28
					18.60	96	93	36	33
15.00	93	90	31	28	18.81	81	78	34	31
15.24	90	87	31	28	18.86	75	72	33	30
15.29	81	78	30	27	18.95	93	90	36	33
15.40	36	33	21	18					
15.50	87	84	31	28	19.00	60	57	30	27
					19.20	39	36	24	21
15.50	96	93	32	29	19.29	84	81	35	32
15.63	78	75	30	27	19.33	90	87	36	33
15.74	42	39	23	20	19.38	63	60	31	28
15.95	69	66	29	26					
16.00	63	60	28	25	19.44	96	93	37	34
					19.46	72	69	33	30
16.00	75	72	30	27	19.59	102	99	38	35
16.00	90	87	32	29	19.77	87	84	36	33
16.12	81	78	31	28	19.90	75	72	34	31
16.20	57	54	27	24					
16.24	96	93	33	30	19.93	99	96	38	35
					20.00	57	54	30	27
16.43	72	69	30	27	20.17	69	66	33	30
16.46	66	63	29	26	20.25	84	81	36	33
16.50	93	90	33	30	20.35	78	75	35	32
16.50	102	99	34	31					
16.62	84	81	32	29	20.58	72	69	34	31
					20.72	87	84	37	34
16.74	99	96	34	31	20.80	81	78	36	33
16.79	90	87	33	30	20.80	99	96	39	36
16.91	75	72	31	28	21.00	48	45	28	25
16.98	81	78	32	29					
17.00	54	51	27	24	21.00	66	63	33	30
					21.00	75	72	35	32
17.00	96	93	34	31	21.25	54	51	30	27
17.11	87	84	33	30	21.37	69	66	34	31
17.29	93	90	34	31	21.46	57	54	31	28
17.40	78	75	32	29					
17.50	66	63	30	27	21.67	93	90	39	36
					21.71	87	84	38	35
17.50	99	96	35	32	21.76	72	69	34	31
17.77	60	57	29	26	21.86	81	78	37	34

续表

i_{XE}^{B}	z_B	z_E	z_C	z_D	i_{XE}^{B}	z_B	z_E	z_C	z_D
22.00	36	33	24	21	26.23	96	93	44	41
22.00	63	60	33	30	26.53	90	87	43	40
22.18	90	87	39	36	26.60	60	57	35	32
22.30	84	81	38	35	26.65	81	78	41	38
22.64	93	90	40	37	26.67	99	96	45	42
22.75	87	84	39	36	26.79	66	63	37	34
22.98	81	78	38	35	26.94	93	90	44	41
23.00	72	69	36	33	26.97	69	66	38	35
23.10	102	99	42	39	27.00	39	36	27	24
23.20	90	87	40	37	27.00	84	81	42	39
23.37	75	72	37	34	27.35	48	45	31	28
23.40	84	81	39	36	27.43	75	72	40	37
23.45	63	60	34	31	27.70	78	75	41	38
23.58	99	96	42	39	27.74	90	87	44	41
23.75	78	75	38	35	27.77	99	97	46	43
23.83	87	84	40	37	28.00	45	42	30	27
24.00	39	36	26	23	28.00	81	78	42	39
24.00	69	66	36	33	28.13	93	90	45	42
24.27	90	87	41	38	28.20	102	99	47	44
24.55	84	81	40	37	28.32	84	81	43	40
24.75	57	54	33	30	28.46	63	60	37	34
24.80	51	48	31	28	28.50	60	57	36	33
24.96	87	84	41	38	28.60	69	66	39	36
25.00	48	45	30	27	28.65	87	84	44	41
25.00	63	60	35	32	28.75	72	69	40	37
25.00	78	75	39	36	28.90	54	51	34	31
25.15	96	93	43	40	28.94	75	72	41	38
25.20	66	63	36	33	29.00	42	39	29	26
25.37	81	78	40	37	29.00	90	87	45	42
25.44	69	66	37	34	29.17	78	75	42	39
25.60	99	96	45	42	29.33	51	48	33	30
25.71	72	69	38	35	29.36	93	90	46	43
25.74	84	81	41	38	29.42	81	78	43	40
25.80	93	90	43	40	29.70	84	81	44	41
26.00	42	39	28	25	29.73	96	93	47	44
26.00	75	72	39	36	30.00	48	45	32	29
26.13	87	84	42	39	30.00	87	84	45	42

注：1. 本表的传动比为 $i_{XE}^{B}=8\sim30$，其传动比计算式如下

$$i_{XE}^{B}=\frac{z_C z_E}{z_C z_E - z_B z_D}$$

2. 本表内的所有齿轮的模数均相同，且各种方案均满足下列条件

$$z_B - z_C = z_E - z_D；\ z_B - z_E = z_C - z_D = e$$

3. 本表适用于行星轮数 $C_s=3$ 的 NN 型传动（有的也适用于 $C_s=2$ 的传动），其中心轮齿数 z_B 和 z_E 均为 C_s 的倍数。

4. 本表内的齿数均满足关系式 $z_B>z_E$ 和 $z_C>z_D$。

第 15 篇

4）WW 型传动的配齿方法[3]

由于 WW 型传动只在很小的传动比范围内才有较高的效率，且具有外形尺寸和质量大、制造较困难等缺点，故一般只用于差速器及大传动比运动传递等特殊用途。为应用方便，下面对 WW 型传动的配齿方法作简单介绍。

① 传动比 $|i_{XA}^{B}|<50$ 时的配齿方法。该方法适用于 $|i_{XA}^{B}|<50$，并需满足装配等条件时使用，在给定传动比 i_{XA}^{B} 的情况下，其配齿步骤如下。

a. 确定齿数差 $e=z_A-z_B=z_D-z_C=1\sim8$。e 值也表示了 A-C 与 B-D 齿轮副径向尺寸的差值，由结构设计要求确定。

b. 确定计算常数 $K=\dfrac{z_A}{i_{XA}^{B}}-e$。为了避免 z_D 太大，通常取 $|K|\geqslant0.5$。从结构设计的观点出发，最好取 $|K|=1$，$|e|=1$。

c. 按下式计算齿数

$$z_A=(K+e)i_{XA}^{B} \qquad z_D=\frac{e}{K}(z_A-e)$$

$$z_B=z_A-e \qquad z_C=z_D-e$$

对于 $|K|=1$，$|e|=1$ 的情况，上列各式将变为

$$z_A=\pm2i_{XA}^{B}$$

$$z_D=z_B=z_A\mp1$$

$$z_C=z_D\mp1=z_A\mp2$$

式中，“±”号和“∓”号，上面的符号用于正传动比，下面的符号用于负传动比。

d. 确定齿数。齿数主要按装配条件确定，其作法与 NW 传动相同。当 $|K|=1$，$|e|=1$ 时，只要使 z_A 为 C_s 的倍数加 1（正 i_{XA}^{B}），或减 1（负 i_{XA}^{B}）即可满足。

e. 按下式验算传动比并验算邻接条件

$$i_{XA}^{B}=\frac{z_Az_D}{z_Az_D-z_Bz_C}$$

对于传动比 $|i_{XA}^{B}|<50$ 的 WW 型传动，为制造方便，让两个行星轮的齿数相等，即 $z_C=z_D$，并制成一个宽齿轮，便得到具有公共行星轮的 WW 型传动，而 z_A 与 z_B 之差仍为 1~2 个齿。这样，其传动比公式将简化为

$$i_{XA}^{B}=\frac{z_Az_D}{z_Az_D-z_Bz_C}=\frac{z_A}{z_A-z_B}$$

令 $z_A-z_B=e'$，则 $z_A=e'i_{XA}^{B}$，$z_B=z_A-e'$，$z_C=z_D$。

显然，$e'=1\sim2$，且负传动比时取负值。

因为 $e'=1$ 的 WW 型传动不能满足 $C_s\neq1$ 的装配条件，所以此种情况下，只采用一个行星轮。

$e'=2$ 的二齿差 WW 型传动，由于 z_A 与 z_B 之差为 2，当 z_A 为偶数时，满足 $C_s=2$ 的装配条件，故可采用两个行星轮。

由于 $C_s=1$ 或 2，不必验算邻接条件。

对于具有公共行星轮的 WW 型传动，因为两对齿轮副齿数 $z_{\Sigma AC}$ 与 $z_{\Sigma BD}$ 的差值为 1~2，故可用角变位满足同心条件。

② 传动比 $|i_{XA}^{B}|>50$ 时的配齿方法。当 $|i_{XA}^{B}|>50$ 时，一般不按满足非角变位传动的同心条件和装配条件，而是以满足传动比条件按下述方法进行配齿。由于这种配齿方法所得两对齿轮副的齿数和之差仅为 2 个齿，故可通过角变位来满足同心条件；在给定行星轮数目而不满足装配条件时，可以依靠双联行星轮两齿圈在加工或装配时调整相对位置来实现装配。也可以只用一个行星轮，这样就不必考虑装配条件的限制。邻接条件仍可按表15-5-7进行校验。

配齿步骤如下。

a. 根据要求的传动比 i_{XA}^{B} 的大小按表 15-5-9 选取 δ 值（$\delta=z_Az_D-z_Bz_C$）。

表 15-5-9

传动比范围	δ	传动比范围	δ
$10000>\|i_{XA}^{B}\|>2500$	1	$400>\|i_{XA}^{B}\|>100$	4~6
$2500>\|i_{XA}^{B}\|>1000$	2	$100>\|i_{XA}^{B}\|>50$	7~10
$1000>\|i_{XA}^{B}\|>400$	3		

b. 按下列公式计算齿数：

$$z_A=\sqrt{\delta i_{XA}^{B}+\left(\frac{\delta-1}{2}\right)^2}-\frac{\delta-1}{2}$$

$$z_D=z_A+\delta-1 \qquad z_C=z_A+\delta \qquad z_B=z_D-\delta$$

c. 按下式验算传动比：

$$i_{XA}^{B}=\frac{z_Az_D}{\delta}$$

d. 验算邻接条件。

5）NGWN 型传动配齿方法及齿数组合表[3,4]

NGWN 型传动由高速级 NGW 型和低速级 NN 型传动组成，其配齿问题转化为二级串联的 2Z-X 类传动来解决。除按二级传动分别配齿外，尚需考虑两级之间的传动比分配并满足共同的同心条件。常用的 $C_s=3$，且两个中心轮或行星轮之齿数差 e 为 C_s 之倍数的 NGWN 型传动配齿步骤如下。

① 根据要求的传动比 i_{AE}^{B} 的大小查表 15-5-10 选取适当的 e 和 z_B 值。当传动比为负值时，e 取负值，z_B 和 e 应为 C_s 的倍数。

表 15-5-10　　与 i_{AE}^{B} 相适应的 e 和 z_B

i_{AE}^{B}	12~35	35~50	50~70	70~100	>100
e	15~6	12~6	9~6	6~3	3
z_B	60~100	60~120	60~120	70~120	80~120

② 根据 i_{AE}^{B} 按下式分配传动比

$$i_{XE}^{B}=\frac{i_{AE}^{B}}{\dfrac{i_{AE}^{B}e}{z_B-e}+2} \qquad i_{AX}^{B}=\frac{i_{AE}^{B}}{i_{XE}^{B}}$$

③ 计算各轮齿数

$$z_A=\frac{z_B}{i_{AX}^{B}-1}$$

由上式算出的 z_A 应四舍五入取整数；为满足装配条件，z_A 为 $C_s=3$ 的倍数；若是非角变位传动，还应使 z_B 与 z_A 同时为奇数或偶数，以满足同心条件。若 z_A 不能满足这几项要求，应重选 z_B 或 e 值另行计算。

$$z_C=\frac{1}{2}(z_B-z_A)$$

$$z_E=z_B-e$$

$$z_D=z_C-e$$

④ 按下式验算传动比

$$i_{AE}^{B}=\left(\frac{z_B}{z_A}+1\right)\frac{z_Ez_C}{z_Ez_C-z_Bz_D}$$

必要时，还应根据 i_{AX}^{B} 和 z_E/z_D 的比值查表 15-5-7 验算邻接条件。

表 15-5-11 为部分传动比 i_{AE}^{B} 对应的齿轮齿数组合表。

表 15-5-11　　$C_s=3$ 的 NGWN 型行星传动的齿数组合

i_{AE}^{B}	齿数					i_{AE}^{B}	齿数				
	z_A	z_B	z_E	z_C	z_D		z_A	z_B	z_E	z_C	z_D
11.58	15	60	48	22	10	20.00*	18	90	75	36	21
11.78	21	72	60	25	13	20.24	21	78	69	28	19
12.51	21	72	60	26	14	20.25*	12	66	54	27	15
13.22*	18	60	51	21	12	20.32	21	108	90	43	25
13.45	21	84	69	31	16	20.65	18	81	69	32	20
13.48*	21	75	63	27	15	20.74	12	57	48	23	14
14.52	21	78	66	28	16	20.80*	21	99	84	39	24
15.00*	18	72	60	27	15	20.85	15	66	57	25	16
15.00	18	81	66	31	16	20.86	21	90	78	34	22
15.08*	21	87	72	33	18	21.00*	12	48	42	18	12
15.27	18	63	54	23	14	21.00*	15	75	63	30	18
15.79	15	66	54	26	14	21.00*	18	60	54	21	15
15.80	18	81	66	32	17	21.00*	18	72	63	27	18
16.40	15	60	51	22	13	21.12	21	108	90	44	26
16.43*	21	81	69	30	18	21.19	18	93	78	37	22
16.49	21	72	63	25	16	21.68	15	84	69	35	20
16.82	21	90	75	35	20	21.86	21	90	78	35	23
16.87*	18	84	69	33	18	21.90	12	69	57	28	16
16.89*	18	66	57	24	15	21.92	21	102	87	40	25
17.10*	15	69	57	27	15	22.00*	18	84	72	33	21
17.10	18	75	63	29	17	22.14*	21	111	93	45	27
17.17	15	78	63	31	16	22.15	18	93	78	38	23
17.47	12	63	51	25	13	22.23	15	66	57	26	17
17.50*	12	54	45	21	12	22.57	18	75	66	28	19
17.52	21	72	63	26	17	22.67*	12	60	51	24	15
17.55	21	84	72	31	19	22.83	21	102	87	41	26
17.61	15	60	51	23	14	22.86*	21	81	72	30	21
17.83*	21	93	78	36	21	22.91	18	105	87	43	25
17.96	18	87	72	34	19	22.94	18	63	57	22	16
18.00*	15	51	45	18	12	23.04*	15	87	72	36	21
18.11	15	78	63	32	17	23.10*	12	78	63	33	18
18.31	18	69	60	25	16	23.14*	21	93	81	36	24
18.33*	18	78	66	30	18	23.19	21	114	96	46	28
18.45	15	72	60	28	16	23.24	12	69	57	29	17
18.46	21	84	72	32	20	23.38	12	51	45	19	13
18.85	18	87	72	35	20	23.39	18	87	75	34	22
18.86*	21	75	66	27	18	23.40*	18	96	81	39	24
18.87	21	96	81	37	22	23.72	15	78	66	32	20
19.19	15	72	60	29	17	23.80*	15	57	51	21	15
19.20*	15	63	54	24	15	23.82	18	105	87	44	26
19.28	12	57	48	22	13	23.89	18	75	66	29	20
19.33*	21	105	87	42	24	24.00*	15	69	60	27	18
19.36*	15	81	66	33	18	24.00*	21	105	90	42	27
19.48	18	69	60	26	17	24.05	21	114	96	47	29
19.61	18	81	69	31	19	24.43	15	90	75	37	22
19.64*	21	87	75	33	21	24.46	21	96	84	37	25
19.71	21	96	81	38	23	24.54	18	87	75	35	25
19.98	15	54	48	19	13	24.67	12	63	54	25	16

续表

i_{AE}^{B}	齿数					i_{AE}^{B}	齿数				
	z_A	z_B	z_E	z_C	z_D		z_A	z_B	z_E	z_C	z_D
24.67	12	81	66	34	19	29.57*	21	75	69	27	21
24.67	18	99	84	40	25	29.72*	18	117	99	49	31
25.00*	12	72	60	30	18	29.76	21	114	99	47	32
25.00*	18	108	90	45	27	30.00*	15	87	75	36	24
25.14*	21	117	99	48	30	30.25*	12	78	66	33	21
25.19	21	108	93	43	28	30.27	21	90	81	35	26
25.29*	15	81	69	33	21	30.40*	15	63	57	24	18
25.40	12	51	45	20	14	30.44*	18	96	84	39	27
25.55	21	96	84	38	26	30.55*	18	84	75	33	24
25.56*	18	78	69	30	21	30.89	18	69	63	26	20
25.58	15	90	75	38	23	30.72	12	57	51	22	16
25.64	21	84	75	32	23	30.73	12	69	60	28	19
25.73	18	99	84	41	26	31.00*	18	108	93	45	30
25.91	21	72	66	25	19	31.00*	21	105	93	42	30
25.94	12	81	66	35	20	31.35	15	78	69	31	22
26.00*	18	90	78	36	24	31.36*	15	99	84	42	27
26.05	15	60	54	22	16	31.50	15	48	45	16	13
26.18	21	108	93	44	29	31.61	21	117	102	48	33
26.26	21	120	102	49	31	31.68	21	78	72	28	22
26.67*	18	66	60	24	18	31.95	18	99	87	40	28
26.82	12	75	63	31	19	32.00*	21	93	84	36	27
26.90*	21	99	87	39	27	32.11*	18	120	102	51	33
26.93	15	84	72	34	22	32.24	12	81	69	34	22
27.04*	15	93	78	39	24	32.44	21	120	105	49	34
27.07*	18	102	87	42	27	32.51	21	108	96	43	31
27.18	21	120	102	50	32	32.53	18	111	96	46	31
27.19	18	111	93	47	29	32.97	15	102	87	43	28
27.24*	21	87	78	33	24	33.00*	18	72	66	27	21
27.28	18	81	72	31	22	33.06	12	57	51	23	17
27.38	15	72	63	29	20	33.07	15	78	69	32	23
27.43*	21	111	96	45	30	33.25	15	90	78	38	26
27.50	18	93	81	37	25	33.31	18	99	87	41	29
27.53	21	72	66	26	20	33.57	21	120	105	50	35
27.60*	12	84	69	36	21	33.77	21	96	87	37	28
27.97	15	60	54	23	17	33.91	12	81	69	35	23
27.99*	12	54	48	21	15	35.00*	12	72	63	30	21
28.32	12	75	63	32	20	35.00*	18	102	90	42	30
28.34	21	102	90	40	28	35.10	15	66	60	26	20
28.43	18	105	90	43	28	35.10*	15	93	81	39	27
28.44*	18	114	96	48	30	35.20*	15	81	72	33	24
28.54	15	96	81	40	25	35.20*	18	114	99	48	33
28.59*	12	66	57	27	18	35.28	21	96	87	38	29
28.70	21	114	99	46	31	35.36*	21	111	99	45	33
28.73	18	81	72	32	23	35.40	18	75	69	28	22
28.83	18	69	63	25	19	35.71*	21	81	75	30	24
29.33*	15	75	66	30	21	35.92*	18	90	81	36	27
29.52	21	102	90	41	29	36.00*	12	84	72	36	24
29.57	18	105	90	44	29	36.00*	12	60	54	24	18

续表

i_{AE}^{B}	齿数				
	z_A	z_B	z_E	z_C	z_D
36.75	18	117	102	49	34
36.96	21	114	102	46	34
37.14*	21	99	90	39	30
37.40	15	84	75	34	25
37.46	18	75	69	29	23
37.80*	15	69	63	27	21
38.03	18	93	84	37	28
38.06	18	117	102	50	35
38.33	21	114	102	47	35
38.40*	15	51	48	18	15
38.72	21	102	93	40	31
39.56	12	75	66	32	23
39.67*	18	120	105	51	36
39.76	18	93	84	38	29
40.00*	18	78	72	30	24
40.00*	18	108	96	45	33
40.00	21	84	78	32	26
40.00*	21	117	105	48	36
40.60	15	72	66	28	22
40.60*	15	99	87	42	30
40.68	21	102	93	41	32
41.60*	15	87	78	36	27
41.70	21	120	108	49	37
41.72	12	63	57	26	20
41.84	18	111	99	46	34
41.89*	18	96	87	39	30
42.17*	12	78	69	33	24
42.43*	21	87	81	33	27
42.45	15	54	51	19	16
42.62	18	81	75	31	25
42.63	15	102	90	43	31
42.67*	21	105	96	42	33
43.16	21	120	108	50	38
43.98	15	90	81	37	28
44.33*	18	60	57	21	18
44.38	15	102	90	44	32
44.90	18	81	75	32	26
45.00*	12	48	45	18	15
45.00*	12	66	60	27	21
45.07	21	90	84	34	28
45.33*	18	114	102	48	36
45.95	18	99	90	41	32
46.00	15	54	51	20	17
46.00*	15	75	69	30	24
46.04	15	90	81	38	29
47.17	12	81	72	35	26
47.67*	18	84	78	33	27
48.22*	18	102	93	42	33
48.29	18	63	60	22	19
48.40	12	69	63	28	22
48.53*	15	93	84	39	30
48.57*	21	111	102	45	36
49.71*	21	93	87	36	30
50.00*	12	84	75	36	27
50.40*	15	57	54	21	18
50.52	18	87	81	34	28
50.55	18	105	96	43	34
51.00*	18	120	108	51	39
51.09	15	96	87	40	31
51.75	18	63	60	23	20
52.57	18	105	96	44	35
52.61	21	114	105	47	38
54.20	12	51	48	20	17
54.86*	21	117	108	48	39
55.00*	12	72	66	30	24
55.00	15	60	57	22	19
55.00*	15	81	75	33	27
55.00*	18	108	99	45	36
56.00*	15	99	90	42	33
56.00*	18	66	63	24	21
56.00*	18	90	84	36	30
57.57	21	72	69	26	23
57.57*	21	99	93	39	33
58.74	12	75	69	31	25
59.08	18	93	87	37	31
59.15	21	120	111	50	41
59.50*	12	54	51	21	18
59.65	18	111	102	47	38
60.46	21	102	96	40	34
61.28	15	84	78	35	29
61.71*	21	75	72	27	24
61.78	18	93	87	38	32
62.22*	18	114	105	48	39
64.00*	15	63	60	24	21
64.29	18	69	66	26	23
64.80*	15	87	81	36	30
64.85	18	117	108	49	40
65.00*	18	96	90	39	33
65.06	12	57	54	22	19
66.00*	12	78	72	33	27
66.00	21	78	75	28	25
66.00*	21	105	99	42	36
68.41	15	90	84	37	31
69.00*	18	72	69	27	24
69.09	21	108	102	43	37
69.75	21	78	75	29	26

续表

i_{AE}^{B}	齿数				
	z_A	z_B	z_E	z_C	z_D
69.89*	18	120	111	51	42
70.08	12	81	75	34	28
71.22	18	99	93	41	35
71.79	21	108	102	44	38
73.71	15	66	63	26	23
73.87	18	75	72	28	25
74.28*	21	81	78	30	27
74.67*	18	102	96	42	36
75.00*	21	111	105	45	39
75.40*	15	93	87	39	33
76.00*	12	60	57	24	21
78.00*	12	84	78	36	30
78.17	18	75	72	29	26
78.28	21	114	108	46	40
79.17	15	96	90	40	34
79.20*	15	69	66	27	24
81.33	18	105	99	44	38
82.24	12	63	60	25	22
83.33*	18	78	75	30	27
84.57*	21	117	111	48	42
84.89	15	72	69	28	25
88.80*	15	99	93	42	36
88.00*	21	87	84	33	30
88.04	21	120	114	49	43
88.76	18	111	105	46	40
94.50*	12	66	63	27	24
94.67	15	102	96	44	38
96.00*	15	75	72	30	27
96.00*	18	114	108	48	42
99.00*	18	84	81	33	30
101.41	12	69	66	28	25
102.23	15	78	75	31	28
102.86*	21	93	90	36	33
103.54	18	117	111	50	44
104.78	18	87	84	34	31
107.66	12	69	66	29	26
107.67*	18	120	114	51	45
107.82	15	78	75	32	29
108.31	21	96	93	37	34
109.93	18	87	84	35	32
113.16	21	96	93	38	35
114.40*	15	81	78	33	30
115.00*	12	72	69	30	27
116.00*	18	90	87	36	33
118.86*	21	99	96	39	36
121.17	15	84	81	34	31
122.23	18	93	90	37	34
122.59	12	75	72	31	28
124.70	21	102	99	40	37
127.28	15	84	81	35	32
127.82	18	93	90	38	35
129.49	12	75	72	82	29
129.91	21	102	99	41	38
134.33*	18	96	93	39	36
134.40*	15	87	84	36	33
136.00*	21	105	102	42	39
137.50*	12	78	75	33	30
141.02	18	99	96	40	37
141.71	15	90	87	37	34
142.23	21	108	105	43	40
145.76	12	81	78	34	31
147.03	18	99	96	41	38
147.81	21	108	105	44	41
148.34	15	90	87	38	35
153.31	12	81	78	35	32
154.00*	18	102	99	42	39
154.28*	21	111	108	45	42
156.00*	15	93	90	39	36
160.90	21	114	111	46	43
161.13	18	105	102	43	40
162.00*	12	84	81	36	33
163.86	15	96	93	40	37
166.85	21	114	111	47	44
167.58	18	105	102	44	41
171.01	15	96	93	41	38
173.71	21	117	114	48	45
175.00*	18	108	105	45	42
179.20*	15	99	96	42	39
180.72	21	120	117	49	46
182.58	18	111	108	46	43
187.04	21	120	117	50	47
187.60	15	102	99	43	40
189.47	18	111	108	47	44
195.27	15	102	99	44	41
197.33*	18	114	111	48	45
205.37	18	117	114	49	46
212.27	18	117	114	50	47
221.00*	18	120	117	51	48
225.00*	12	192	180	90	78

注：1. 本表适用于各齿轮端面模数相等且 $C_s=3$ 的行星齿轮传动。表中个别组的 z_A、z_B 及 z_E 也同时是2的倍数，这些齿数组合可适用于 $C_s=2$ 的行星传动。

2. 表中有“*”者适用于变位传动和非变位传动；无“*”者仅适用于角变位传动。

3. 本表全部采用 $z_C>z_D$、$z_B>z_E$ 及 $z_C>z_A$，$z_B-z_C=z_E-z_D$。

4. 当齿数少于17且不允许根切时，应进行变位。

5. 表中同一个 i_{AE}^{B} 而对应有 n 个齿数组合时，则应根据齿轮强度选择。

6）单齿圈行星轮 NGWN 型行星传动配齿方法及齿数组合表[3,4]

对于 NGWN 型行星传动，在最大齿数相同的条件下，当行星轮齿数 $z_C=z_D$ 时，不仅能获得较大的传动比，而且制造方便，减少装配误差，使各行星轮之间载荷分配均匀，传动更平稳。虽然由于角变位增大啮合角而存在轴承寿命、传动效率和接触强度降低等缺点，近年来应用仍有所增加，受到人们的欢迎。这种具有公用行星轮的单齿圈 NGWN 型传动配齿步骤如下。

① 选取行星轮个数 C_s（一般取 $C_s=3$）、z_A 和齿数差 $\Delta=z_E-z_B$（Δ 应尽量减小，其最小绝对值等于 C_s）。

② 根据要求的传动比 i_{AE}^{B} 按下式计算 z_E、z_B 和 z_C。

$$z_E=\frac{1}{2}\sqrt{(z_A-\Delta)^2+4i_{AE}^{B}z_A\Delta}-\frac{z_A-\Delta}{2}$$

$$z_B=z_E-\Delta$$

如果 $z_B<z_E$，z_E 与 z_A 之差为偶数时

$$z_C=\frac{1}{2}(z_E-z_A)-1$$

z_E 与 z_A 之差为奇数时

$$z_C=\frac{1}{2}(z_E-z_A)-0.5$$

如果 $z_B>z_E$，z_B 与 z_A 之差为偶数时

$$z_C=\frac{1}{2}(z_B-z_A)-1$$

z_B 与 z_A 之差为奇数时

$$z_C=\frac{1}{2}(z_B-z_A)-0.5$$

③ 验算装配条件。

④ 按下式验算传动比

$$i_{AE}^{B}=\left(\frac{z_B}{z_A}+1\right)\left(\frac{z_E}{z_E-z_B}\right)$$

⑤ 必要时验算邻接条件。

⑥ 为满足同心条件进行齿轮变位计算。

表 15-5-12 为 $C_s=3$ 的单齿圈行星轮 NGWN 型传动部分传动比 i_{AE}^{B} 对应的齿轮齿数组合表。

表 15-5-12　　$C_s=3$ 的单齿圈行星轮 NGWN 型传动齿数组合

i_{AE}^{B}	z_A	z_B	z_E	z_G	i_{AE}^{B}	z_A	z_B	z_E	z_G
44.213	15	36	39	11	79.200	15	51	54	19
50.399	15	39	42	13	79.200*	30	69	72	20
52.000	12	36	39	13	79.300	20	58	61	20
54.000	15	42	45	14	79.750*	24	63	66	20
59.499	12	39	42	14	80.500	16	53	56	19
64.000	15	45	48	16	81.000	21	60	63	20
67.500	12	42	45	16	81.600*	25	65	68	21
69.000*	18	51	54	17	81.882	17	55	58	20
69.440*	25	59	62	18	83.333	18	57	60	20
70.000	14	46	49	17	83.462*	26	67	70	21
71.400	15	48	51	17	84.842	19	59	62	21
72.500*	20	55	58	18	85.000	12	48	51	19
72.875	16	50	53	18	85.000*	30	72	75	22
73.500*	24	60	63	19	85.333*	27	69	72	22
73.600*	30	66	69	19	85.615	13	50	53	19
74.412	17	52	55	18	86.250*	24	66	69	22
75.400*	25	62	65	19	86.400	20	61	64	21
76.000	18	54	57	19	87.400	15	54	57	20
77.632	19	56	59	19	88.000	21	63	66	22
78.000	14	49	52	18	88.500	16	56	59	21

续表

i_{AE}^B	z_A	z_B	z_E	z_G	i_{AE}^B	z_A	z_B	z_E	z_G
89.636	22	65	68	22	114.750	16	65	68	25
89.706	17	58	61	21	114.750	24	78	81	28
89.846*	26	70	73	23	115.000	12	57	60	23
90.999	18	60	63	22	115.294	17	67	70	26
91.000*	30	75	78	23	115.310	29	85	88	29
91.304	23	67	70	23	116.000	18	69	72	26
92.368	19	62	65	22	116.200	25	80	83	28
93.000*	24	69	72	23	116.842	19	71	74	27
93.500*	28	74	77	24	117.000*	30	87	90	29
93.800	20	64	67	23	117.692	26	82	85	29
94.500	12	51	54	20	117.800	20	73	76	27
94.769	13	53	56	21	118.857	21	75	78	28
95.286	14	55	58	21	119.222	27	84	87	29
95.286	21	66	69	23	120.000	22	77	80	28
95.345*	29	76	79	24	120.786	28	86	89	30
96.000	15	57	60	22	121.217	23	79	82	29
96.462*	26	73	76	24	122.379	29	88	91	30
96.818	22	68	71	24	122.500	24	81	84	29
96.875	16	59	62	22	123.840	25	83	86	30
97.200*	30	78	81	25	124.000	30	90	93	31
97.882	17	61	64	23	124.200	15	66	69	26
98.222*	27	75	78	25	124.250	16	68	71	27
98.391	23	70	73	24	124.429	14	64	67	26
99.000	18	63	66	23	124.529	17	70	73	27
100.000	24	72	75	25	125.000	13	62	65	25
100.000*	28	77	80	25	125.000	18	72	75	28
100.211	19	65	68	24	125.231	26	85	88	30
101.500	20	67	70	25	125.632	19	74	77	28
101.640	25	74	77	25	126.000	12	60	63	25
102.857	21	69	72	25	126.400	20	76	79	29
103.308	26	76	79	26	127.286	21	78	81	29
103.600*	30	81	84	26	127.313	32	94	97	32
104.273	22	71	74	25	128.143	28	89	92	31
104.385	13	56	59	22	128.273	22	80	83	30
104.500	12	54	57	22	129.348	23	82	85	30
104.571	14	58	61	23	129.655	29	91	94	32
105.000	15	60	63	23	130.500	24	84	87	31
105.625	16	62	65	24	131.200	30	93	96	32
106.412	17	64	67	24	131.720	25	86	89	31
106.714*	28	80	83	27	133.000	26	88	91	32
107.250	24	75	78	26	134.118	17	73	76	29
107.333	18	66	69	25	134.125	16	71	74	28
108.368	19	68	71	25	134.333	18	75	78	29
108.448*	29	82	85	27	134.400	15	69	72	28
108.800	25	77	80	27	134.737	19	77	80	30
109.500	20	70	73	26	135.000	14	67	70	27
110.200*	30	84	87	28	135.300	20	79	82	30
110.385	26	79	82	27	135.714	28	92	95	33
110.714	21	72	75	26	136.000	13	65	68	27
112.000	22	74	77	27	136.000	21	81	84	31
112.000	27	81	84	28	137.138	29	94	97	33
113.384	23	76	79	27	137.500	12	63	66	26
113.643	28	83	86	28	137.739	23	85	88	32
114.286	14	61	64	24	138.600	30	96	99	34
114.400	15	63	66	25	138.750	24	87	90	32
114.462	13	59	62	24	139.840	25	89	92	33

续表

i_{AE}^{B}	z_A	z_B	z_E	z_G	i_{AE}^{B}	z_A	z_B	z_E	z_G
141.000	26	91	94	33	170.200	30	108	111	40
142.222	27	93	96	34	173.714	21	93	96	37
143.500	28	95	98	34	173.900	20	91	94	36
144.000	18	78	81	31	174.250	24	99	102	38
144.158	19	80	83	31	174.720	25	101	104	39
144.375	16	74	77	30	175.000	12	72	75	31
144.500	20	82	85	32	175.000	18	87	90	35
144.828	29	97	100	35	175.308	26	103	106	39
145.000	15	72	75	29	176.000	17	85	88	35
145.000	21	84	87	32	176.000	27	105	108	40
145.636	22	86	89	33	176.786	28	107	110	40
146.000	14	70	73	29	177.655	29	109	112	41
146.200	30	99	102	35	178.600	30	111	114	41
146.391	23	88	91	33	179.200	15	81	84	34
147.250	24	90	93	34	183.636	22	98	101	39
147.462	13	68	71	28	183.750	24	102	105	40
148.200	25	92	95	34	184.300	20	94	97	38
149.231	26	94	97	35	184.615	13	77	80	33
149.500	12	66	69	28	185.000	19	92	95	37
150.333	27	96	99	35	185.000	27	108	111	41
151.500	28	98	101	36	186.000	18	90	93	37
152.724	29	100	103	36	187.200	30	114	117	43
153.895	19	83	86	33	188.500	12	75	78	32
154.000	18	81	84	32	189.125	16	86	89	36
154.000	20	85	88	33	191.400	15	84	87	35
154.000	30	102	105	37	193.500	24	105	108	41
154.286	21	87	90	34	193.600	25	107	110	42
154.353	17	79	82	32	193.846	26	109	112	42
154.727	22	89	92	34	194.222	27	111	114	43
155.000	16	77	80	31	194.714	28	113	116	43
155.304	23	91	94	35	195.000	20	97	100	39
156.000	15	75	78	31	195.310	29	115	118	44
156.000	24	93	96	35	196.000	19	95	98	39
156.800	25	95	98	36	196.000	30	117	120	44
157.429	14	73	76	30	197.333	18	93	96	38
157.692	26	97	100	36	201.250	16	89	92	37
158.667	27	99	102	37	202.500	12	78	81	34
159.714	28	101	104	37	203.500	24	108	111	43
160.828	29	103	106	38	203.667	27	114	117	44
162.000	12	69	72	29	204.000	15	87	90	37
162.000	30	105	108	38	204.000	28	116	119	45
163.800	20	88	91	35	204.448	29	118	121	45
164.333	18	84	87	34	205.000	21	102	105	41
165.000	17	82	85	33	205.000	30	120	123	46
165.000	24	96	99	37	206.000	20	100	103	41
165.640	25	98	101	37	209.000	18	96	99	40
166.000	16	80	83	33	213.333	27	117	120	46
166.385	26	100	103	38	213.440	25	113	116	45
167.400	15	78	81	32	213.500	28	119	122	46
169.286	14	76	79	32	213.750	16	92	95	39

续表

i_{AE}^{B}	z_A	z_B	z_E	z_G	i_{AE}^{B}	z_A	z_B	z_E	z_G
213.750	24	111	114	44	255.000	26	127	130	51
214.200	30	123	126	47	256.000	25	125	128	51
215.000	22	107	110	43	257.250	24	123	126	50
216.000	21	105	108	43	258.400	15	99	102	43
217.000	12	81	84	35	259.000	18	108	111	46
217.000	15	90	93	38	263.200	30	138	141	55
217.300	20	103	106	42	263.500	12	90	93	40
221.000	14	88	91	38	264.286	14	97	100	42
221.000	18	99	102	41	265.000	27	132	135	53
223.345	29	124	127	48	265.500	20	115	118	48
223.385	26	118	121	47	266.000	26	130	133	53
223.600	30	126	129	49	267.240	25	128	131	52
223.720	25	116	119	46	267.500	16	104	107	45
224.250	24	114	117	46	268.750	24	126	129	52
225.000	23	112	115	45	272.727	22	122	125	51
226.000	22	110	113	45	273.000	15	102	105	44
226.625	16	95	98	40	273.600	30	141	144	56
228.900	20	106	109	44	275.000	28	137	140	55
230.400	15	93	96	40	276.000	27	135	138	55
232.000	12	84	87	37	278.300	20	118	121	50
233.103	29	127	130	50	278.720	25	131	134	54
233.200	30	129	132	50	280.000	12	93	96	41
233.333	18	102	105	43	280.500	24	129	132	53
234.240	25	119	122	48	281.875	16	107	110	46
235.000	14	91	94	39	284.200	30	144	147	58
235.000	24	117	120	47	285.000	29	142	145	57
236.000	23	115	118	47	286.000	18	114	117	49
238.857	21	111	114	46	286.000	28	140	143	57
239.875	16	98	101	42	287.222	27	138	141	56
240.800	20	109	112	45	288.000	15	105	108	46
243.000	30	132	135	52	288.000	21	123	126	52
243.158	19	107	110	45	290.440	25	134	137	55
243.667	27	126	129	50	291.400	20	121	123	51
244.200	15	96	99	41	292.500	24	132	135	55
245.000	25	122	125	49	294.913	23	130	133	54
246.000	18	105	108	44	295.000	30	147	150	59
246.000	24	120	123	49	295.286	14	103	106	45
247.500	12	87	90	38	296.000	29	145	148	59
249.412	17	103	106	44	296.625	16	110	113	48
250.714	21	114	117	47	297.000	12	96	99	43
253.000	20	112	115	47	297.214	28	143	146	58
253.000	30	135	138	53	298.667	27	141	144	58
253.500	16	101	104	43	300.000	18	117	120	50
254.222	27	129	132	52					

注：1. 本表的传动比为 $i_{AE}^{B}=64\sim300$，其传动比计算式为

$$i_{AE}^{B}=\left(1+\frac{z_B}{z_A}\right)\times\frac{z_E}{z_E-z_B}$$

2. 表中的中心轮 A 的齿数为 $z_A=12\sim30$（仅有一个 $z_A>30$），且大都满足下列关系式

$$z_A\leqslant z_G\ （除标有*号外）$$

$$z_B<z_E$$

3. 本表适用于行星轮数 $C_s=3$ 的单齿圈 NGWN 型传动（有的也适用于 $C_s=2$ 的传动），且满足下列安装条件

$$\frac{z_A+z_B}{C_s}=C\ （整数），\ \frac{z_A+z_E}{C_s}=C'\ （整数）$$

4. 本表中的各轮齿数关系也适合于中心轮 E 固定的单齿圈 NGWN 型传动；但应按下式换算 $i_{AB}^{E}=1-i_{AE}^{B}$ 或 $|i_{AB}^{E}|=i_{AE}^{B}-1$。

4.3 变位方式及变位系数的选择

在渐开线行星齿轮传动中，合理采用变位齿轮可以获得如下效果：获得准确的传动比、改善啮合质量和提高承载能力，在保证所需传动比前提下得到合理的中心距、在保证装配及同心等条件下使齿数的选择具有较大的灵活性。

变位齿轮有高变位和角变位，两者在渐开线行星齿轮传动中都有应用。高变位主要用于消除根切和使相啮合齿轮的滑动比及弯曲强度大致相等。角变位主要用于更灵活地选择齿数，拼凑中心距，改善啮合特性及提高承载能力。由于高变位的应用在某些情况下受到限制，因此角变位在渐开线行星齿轮传动中应用更为广泛。

常用行星齿轮传动的变位方法及变位系数可按表 15-5-13 及图 15-5-4、图 15-5-5 和图 15-5-6 确定。

表 15-5-13　　常用行星齿轮传动变位方式及变位系数的选择

传动型式	高　变　位	角　变　位
NGW	1. $i_{AX}^{B}<4$　太阳轮负变位,行星轮和内齿轮正变位。即 $-x_A=x_C=x_B$ x_A 和 x_C 按图 15-5-4 及图 15-5-5 确定,也可按本篇第 1 章的方法选择	1. 不等角变位 应用较广。通常使啮合角在下列范围: 外啮合:$\alpha'_{AC}=24°\sim26°30'$(个别甚至达 29°50′) 内啮合:$\alpha'_{CB}=17°30'\sim21°$ 此法是在 z_A 和 z_B 不变,而将 z_C 减少 1~2 齿的情况下实现的。 这样可以显著提高外啮合的承载能力。根据初选齿数,利用图 15-5-4 预计啮合角大小(初定啮合角于上述范围内);然后计算出 $x_{\Sigma AC}$、$x_{\Sigma CB}$,最后按图 15-5-5 或本篇第 1 章的方法分配变位系数
	2. $i_{AX}^{B}\geqslant4$　太阳轮正变位,行星轮和内齿轮负变位。即 $x_A=-x_C=-x_B$ x_A 和 x_C 按图 15-5-4 及图 15-5-5 确定,也可按本篇第 1 章的方法选择	2. 等角变位 各齿轮齿数关系不变,即 $z_A+z_C=z_B-z_C$ 变位系数之间的关系为: $x_B=2x_C+x_A$ 变位系数大小以齿轮不产生根切为准。总变位系数不能过大,否则影响内齿轮弯曲强度。通常取啮合角 $\alpha'_{AC}=\alpha'_{CB}=22°$ 对于直齿轮传动,当 $z_A<z_C$ 时推荐取 $x_A=x_C=0.5$
		3. 当传动比 $i_{AX}^{B}\leqslant5$ 时,推荐取 $\alpha'_{AC}=24°\sim25°$,$\alpha'_{CB}=20°$,即外啮合为角变位,内啮合为高变位。此时,$\alpha'_{CB}=\frac{1}{2}m\times(z_B-z_C)$,式中, z_C——齿数减少后的实际行星轮齿数
NW	1. 内齿轮 B 及行星轮 D 采用正变位,即 $x_D=x_B$ 2. $z_A<z_C$ 时,太阳轮 A 正变位,行星轮 C 负变位,即 $x_A=-x_C$ 3. $z_A>z_C$ 时,太阳轮 A 负变位,行星轮 C 正变位,即 $-x_A=x_C$ 4. x_A 和 x_C 按图 15-5-4 及图 15-5-5 确定,也可按本篇第 1 章的方法选择	一般情况下:　取 $\alpha_{AC}=22°\sim27°$ 和 $x_{\Sigma AC}>0$ 当 $z_C<z_D$ 时:　取 $\alpha_{DB}=17°\sim20°$ 和 $x_{\Sigma DB}\leqslant0$ 当 $z_C>z_D$ 时:　取 $\alpha_{DB}=20°$ 和 $x_{\Sigma DB}\approx0$ 用图 15-5-4 预计啮合角大小,确定各齿轮啮合副变位系数和,然后按图 15-5-5 或本篇第 1 章的方法分配变位系数
NGWN(Ⅰ)型	1. 内齿轮 E 及行星轮 D 采用正变位,即 $x_D=x_E$ 2. 当 $z_A<z_C$ 时: 如果 $z_A<17$,太阳轮 A 采用正变位,行星轮 C 与内齿轮 B 采用负变位,即 $x_A=-x_C=-x_B$ 如果 $z_A>17$,太阳轮无根切危险时,因行星轮受力较大,行星轮不宜采用负变位,故不宜采用高变位传动	1. $z_A+z_C=z_B-z_C=z_E-z_D$ 由于未变位时的中心距 $a_{AC}=a_{CB}=a_{DE}$;啮合角 $\alpha'_{AC}=\alpha'_{CB}=\alpha'_{DE}$。因此可采用非变位传动,亦可采用等角变位 2. $z_A+z_C<z_B-z_C=z_E-z_D$ 由于未变位时的中心距 $a_{AC}<a_{CB}=a_{DE}$,则当 $z_B>z_E$ 时,建议取中心距 $a'=a'_{CB}=a'_{DE}$。于是,$a'_{AC}<a$;则 A-C 传动即可实现 $x_{\Sigma AC}>0$ 的变位。根据初选齿数,利用图 15-5-4 预计啮合角大小,然后计算出各对啮合副变位系数和。最后按图 15-5-5 或本篇第 1 章的方法分配变位系数

续表

传动型式	高变位	角变位
NGWN （Ⅰ）型	3. 当$z_A>z_C$时：太阳轮A负变位，行星轮C及内齿轮B正变位即$-x_A=x_C=x_B$ 4. x_A和x_C按图15-5-4和图15-5-5确定，也可按本篇第1章的方法选择	当$z_A<z_C$时，C-B传动和D-E传动都不必变位 3. $z_A+z_C>z_B-z_C=z_E-z_D$ 由于未变位时的中心距$a_{AC}>a_{CB}=a_{DE}$，此时不可避免要使内齿轮正变位，而降低内齿轮弯曲强度（在NGWN传动中，由于内啮合副承担比外啮合副大得多的圆周力，故不宜使内齿轮正变位，仅在必要时，可取较小的变位系数），因此一般较少用于重载传动。建议中心距$a'=a_{AC}-(0.3\sim0.5)(a_{AC}-a_{CB})$。同样用图15-5-4预计啮合角大小，并确定各啮合副变位系数和，再按图15-5-5或本篇第1章的方法分配变位系数 4. $z_B-z_C<z_A+z_C<z_E-z_D$ 可使D-E传动不变位或高变位；使A-C及C-B传动实现$x_{\Sigma AC}>0$及$x_{\Sigma CB}>0$的变位
NGWN （Ⅱ）型		1[5]. 在一般情况下，内齿圈的变位系数推荐采用$x_E=+0.25$，而内齿圈E和B的顶圆直径按$d_{aE}=d_{aB}=d_E-1.4m=(z_E-1.4)m$计算；行星轮C的顶圆直径$d_{aC}$应由A-C外啮合齿轮副的几何尺寸计算确定。以避免切齿和啮合传动中的齿廓干涉。 2. C-E齿轮副啮合角的选取应使其中心轮A的变位系数为$x_A\approx0.3$。 （1）当齿数差z_E-z_A为奇数，且变位系数$x_C=x_E=+0.25$时，可使$x_A\approx0.3$。 （2）当齿数差z_E-z_A为偶数时，C-E齿轮副的啮合角α'_E根据z_E值由图15-5-6的线图选取可使$x_A\approx0.3$。 （3）若允许中心轮A有轻微根切，则可取其变位系数$x_A=0.20\sim0.25$。当齿数差z_E-z_A为奇数和变位系数$x_C=x_E=0.27\sim0.32$时，可满足上述条件。此时C-E齿轮副的啮合角$\alpha'_E=20°$，为高度变位

注：1. 表中数值均指各传动型式中齿轮模数相同。
2. 对斜齿轮传动，表中x为法向变位系数x_n，α'为端面啮合角。

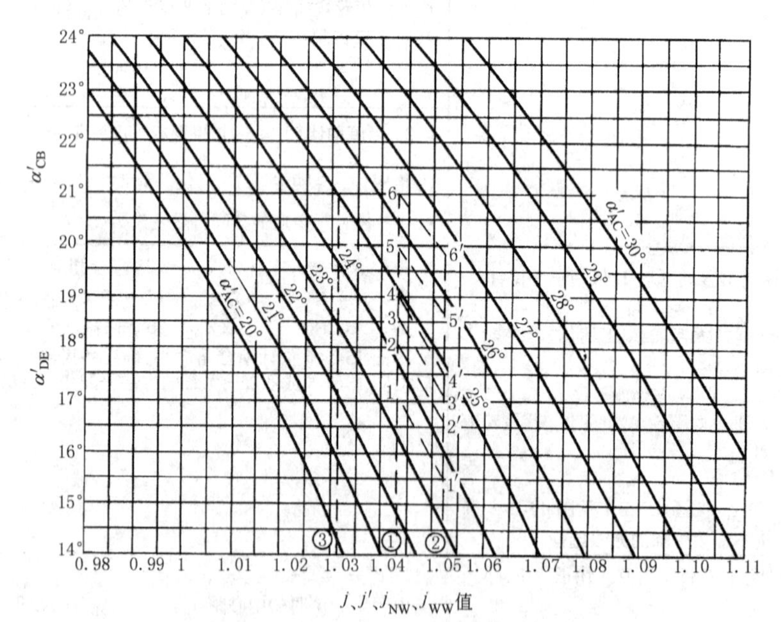

图15-5-4 变位传动的端面啮合角

$j=\dfrac{z_B-z_C}{z_A+z_C}$（用于NGW型）；$j'=\dfrac{z_E-z_D}{z_A+z_C}$（连同$j$用于NGWN型）；

$j_{NW}=\dfrac{z_B-z_D}{z_A+z_C}$（用于NW型）；$j_{WW}=\dfrac{z_B+z_D}{z_A+z_C}$（用于WW型）

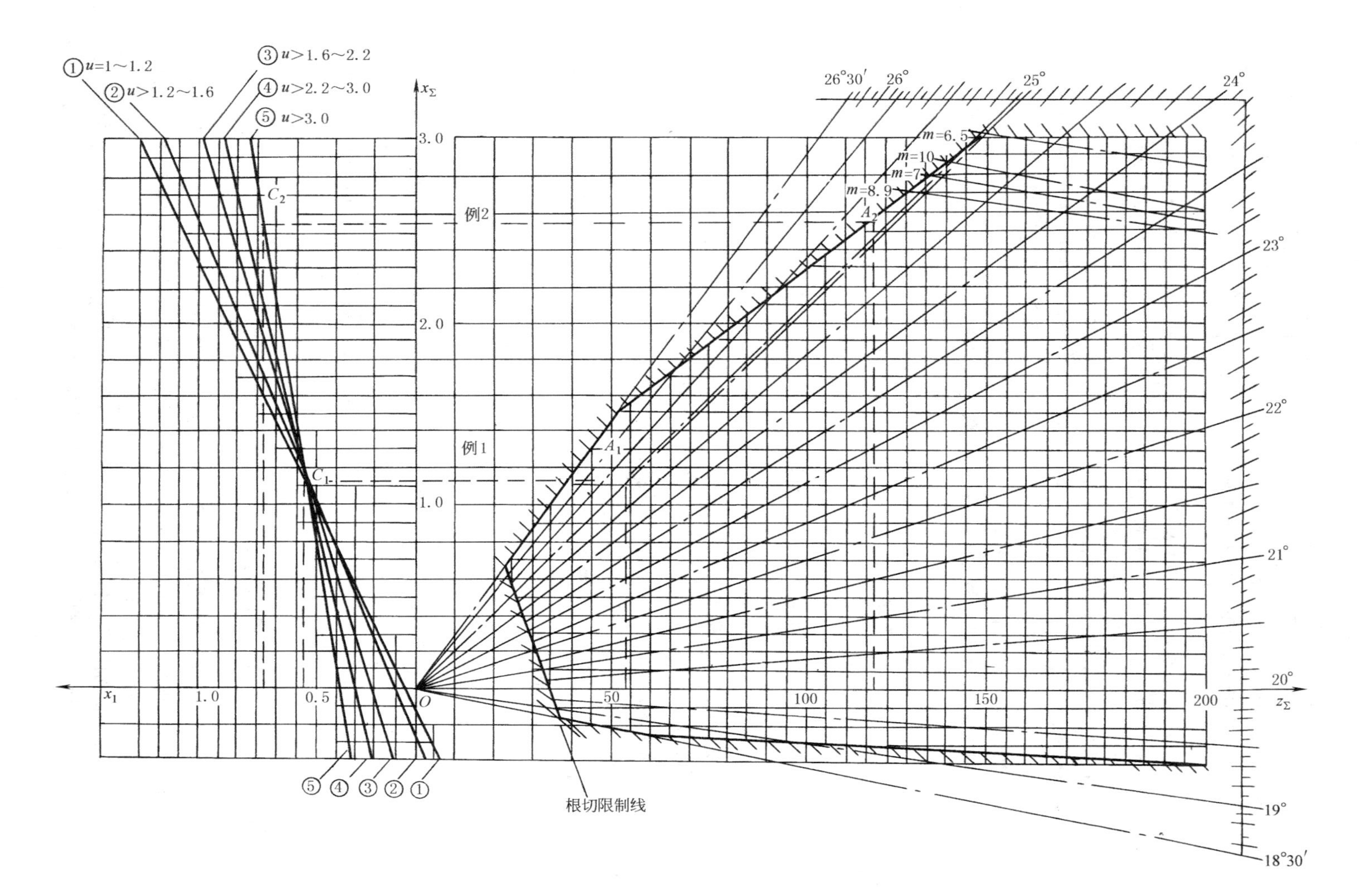

图 15-5-5　选择变位系数的线图（$\alpha=20°$，$h_a^*=1.0$，u 为齿数比，m 为模数）

图 15-5-4 应用示例

例 1 求 $j=1.043$ 的 NGW 型行星齿轮传动的啮合角 α'_{AC}、α'_{CB}。

解 在横坐标上取 $j=1.043$ 之①点，由①点向上引垂线，可在此垂线上取无数点作为 α'_{AC} 与 α'_{CB} 的组合，如 1 点（$\alpha'_{AC}=23°30'$、$\alpha'_{CB}=17°$），…，6 点（$\alpha'_{AC}=26°30'$、$\alpha'_{CB}=21°$）。从中选取比较适用的啮合角组合，如 2～5 点之间各点。

例 2 求 $j=1.043$、$j'=1.052$ 的 NGWN 型行星齿轮传动的各啮合角组合。

解 先按 j 值及 j' 值由①点和②点分别做垂线，①点的垂线上，1，2，…，6 的对应点为②点垂线上的 1′，2′，…，6′。从而得啮合角组合，如 1—1′（$\alpha'_{AC}=23°30'$、$\alpha'_{CB}=17°$、$\alpha'_{DE}=15°20'$）…6—6′（$\alpha'_{AC}=26°30'$、$\alpha'_{CB}=21°$、$\alpha'_{DE}=19°45'$）等无数个啮合角组合，从中选取比较合适的啮合角组合，如可选 $\alpha'_{AC}=26°$、$\alpha'_{CB}=20°25'$、$\alpha'_{DE}=19°$的啮合角组合。

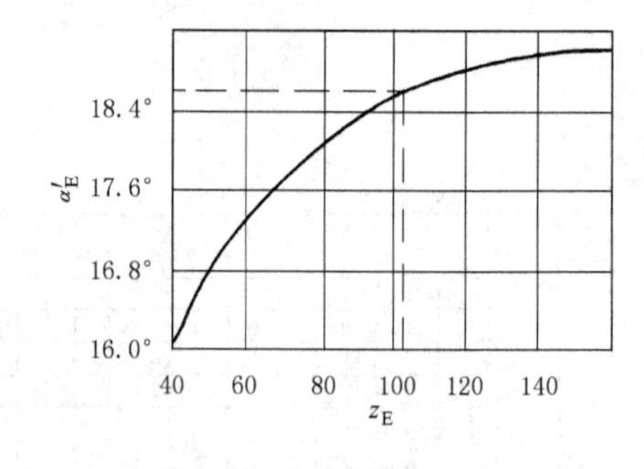

图 15-5-6 确定 NGWN（Ⅱ）型传动啮合角的线图

例 3 求 $j_{NW}=1.031$ 的 NW 型行星齿轮传动的啮合角组合。

解 按 j_{NW} 值在横坐标上找到③点，由③点向上做垂线，从垂线上无数点中选取比较合适的啮合角组合，如 $\alpha'_{AC}=24°15'$、$\alpha'_{DE}=20°$的一点。

图 15-5-5 应用示例

已知：一对齿轮，齿数 $z_1=21$，$z_2=33$，模数 $m=2.5$mm，中心距 $a'=70$mm。确定其变位系数。

解 1）根据确定的中心距 a' 求啮合角 α'。

$$\cos\alpha'=\frac{m}{2a'}(z_1+z_2)\cos\alpha=\frac{2.5}{2\times70}\times(21+33)\cos20°=0.90613$$

因此，$\alpha'=\arccos0.90613=25°01'25''$

2）图 15-5-5 中，由 O 点按 $\alpha'=25°01'25''$作射线，与 $z_\Sigma=z_1+z_2=21+33=54$ 处向上引垂线，相交于 A_1 点，A_1 点纵坐标即为所求总变位系数 x_Σ（见图中例，$x_\Sigma=1.12$）。A_1 点在线图许用区内，故可用。

x_Σ 也可根据 α'按无侧隙啮合方程式 $x_\Sigma=\dfrac{(z_2\pm z_1)(\mathrm{inv}\alpha'-\mathrm{inv}\alpha)}{2\tan\alpha}$求得。

3）根据齿数比 $u=\dfrac{z_2}{z_1}=\dfrac{33}{21}=1.57$，故应按该图左侧的斜线 2 分配变位系数，即自 A_1 点作水平线与斜线 2 交于 C_1 点：C_1 点的横坐标 $x_1=0.55$，则 $x_2=x_\Sigma-x_1=1.12-0.55=0.57$。

4.4 齿形角 α

渐开线行星齿轮传动中，为便于采用标准刀具，通常采用齿形角 $\alpha=20°$的齿轮。而在 NGW 型行星齿轮传动中，因为在各轮之间由啮合所产生的径向力相互抵消或近似抵消，所以可以采用齿形角 $\alpha>20°$的齿轮，低速重载可用 $\alpha=25°$。增大齿形角不仅可以提高齿轮副的弯曲与接触强度，还可以增加径向力，有利于载荷在各行星轮之间的均匀分布。

4.5 多级行星齿轮传动的传动比分配

多级行星齿轮传动各级传动比的分配原则是获得各级传动的等强度和最小的外形尺寸。在两级 NGW 型行星齿轮传动中，欲得到最小的传动径向尺寸，可使低速级内齿轮分度圆直径 $d_{BⅡ}$ 与高速级内齿轮分度圆直径 $d_{BⅠ}$ 之比（$d_{BⅡ}/d_{BⅠ}$）接近于 1。通常使 $d_{BⅡ}/d_{BⅠ}=1\sim1.2$。

NGW 型两级行星齿轮传动的传动比可利用图 15-5-7 进行分配（图中 i_1 和 i 分别为高速级及总的传动比）先按下式计算数值 E，而后根据总传动比 i 和算出的 E 值查线图确定高速级传动比 $i_Ⅰ$ 后，低速级传动比 $i_Ⅱ$ 由式 $i_Ⅱ=i/i_Ⅰ$ 求得。

$$E=AB^3 \qquad (15\text{-}5\text{-}10)$$

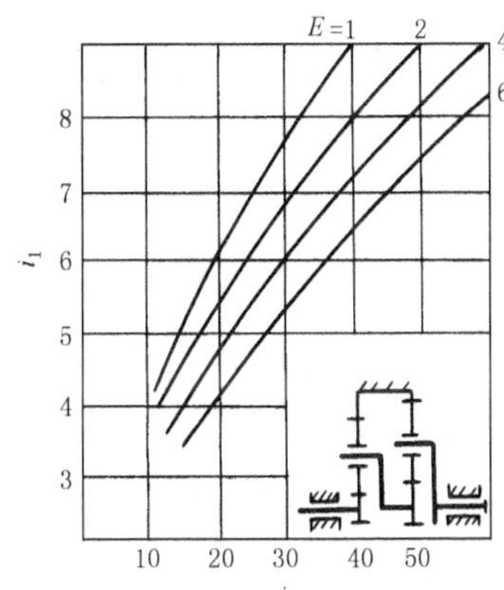

图 15-5-7　两级 NGW 型传动比分配

式中，$B=\dfrac{d_{B\,\mathrm{II}}}{d_{B\,\mathrm{I}}}$

$$A=\frac{C_{s\,\mathrm{II}}\psi_{d\,\mathrm{II}}K_{c\,\mathrm{I}}K_{V\mathrm{I}}K_{H\beta\,\mathrm{I}}Z_{N\,\mathrm{II}}^2Z_{W\,\mathrm{II}}^2\sigma_{H\lim\,\mathrm{II}}^2}{C_{s\,\mathrm{I}}\psi_{d\,\mathrm{I}}K_{c\,\mathrm{II}}K_{V\mathrm{II}}K_{H\beta\,\mathrm{II}}Z_{N\,\mathrm{I}}^2Z_{W\,\mathrm{I}}^2\sigma_{H\lim\,\mathrm{I}}^2}$$

式中和图中代号的角标Ⅰ和Ⅱ分别表示高速级和低速级；C_s 为行星轮数目；K_c 为载荷分布系数，按表 15-5-18 选取；$K_{H\beta}$为接触强度的载荷分布系数，其他代号见本篇第 1 章。K_V、$K_{H\beta}$及 Z_N^2 的比值，可用类比法进行试凑，或取三项比值的乘积$\left(\dfrac{K_{V\,\mathrm{I}}K_{H\beta\,\mathrm{I}}Z_{N\,\mathrm{II}}^2}{K_{V\,\mathrm{II}}K_{H\beta\,\mathrm{II}}Z_{N\,\mathrm{I}}^2}\right)$等于 1.8～2。齿面工作硬化系数 Z_W 按第 1 章方法确定，一般可取$Z_W=1$。如果全部采用硬度>350HB 的齿轮时，可取$\dfrac{Z_{W\,\mathrm{II}}^2}{Z_{W\,\mathrm{I}}^2}=1$。最后算得之 E 值如果大于 6，则取$E=6$。

5　行星齿轮传动齿轮强度计算

5.1　受力分析

行星齿轮传动的主要受力构件有中心轮，行星轮、行星架、行星轮轴及轴承等。为进行轴及轴承的强度计算，需分析行星齿轮传动中各构件的载荷情况。在进行受力分析时，假定各套行星轮载荷均匀，这样仅分析一套即可，其他类同。各构件在输入转矩作用下都处于平衡状态，构件间的作用力等于反作用力。图 15-5-8～图 15-5-10分别为 NGW、NW、NGWN 型直齿或人字齿轮行星传动的受力分析图。表 15-5-14～表 15-5-16 分别为与之对应的各元件受力计算公式。

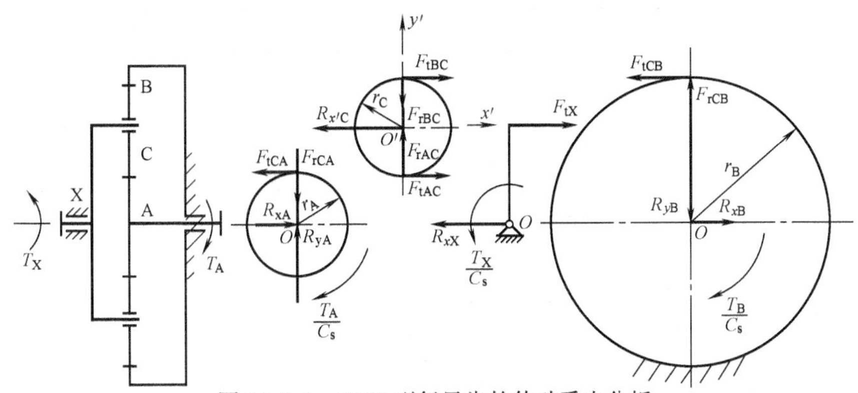

图 15-5-8　NGW 型行星齿轮传动受力分析

表 15-5-14　　NGW 型各元件受力计算公式

项　目	太阳轮 A	行星轮 C	行星架 X	内齿轮 B
切向力	$F_{tCA}=\dfrac{1000T_A}{C_s r_A}$	$F_{tAC}=F_{tCA}\approx F_{tBC}$	$F_{tX}=R_{xC}^{\ A}\approx 2F_{tAC}$	$F_{tCB}=F_{tBC}\approx F_{tCA}$
径向力	$F_{rCA}=F_{tCA}\dfrac{\tan\alpha_n}{\cos\beta}$	$F_{rAC}=F_{tCA}\dfrac{\tan\alpha_n}{\cos\beta}\approx F_{rBC}$	$R_{y'X}\approx 0$	$F_{rCB}=F_{rBC}$
单个行星轮，作用在轴上或行星轮轴上的力	$R_{xA}=F_{rCA}$ $R_{yA}=F_{rCA}$	$R_{x'C}\approx 2F_{tAC}$ $R_{y'C}\approx 0$	$R_{xX}=F_{tX}\approx 2F_{tAC}$ $R_{yX}\approx 0$	$R_{xB}=F_{tCB}$ $R_{yB}=F_{rCB}$

续表

项　　目	太阳轮 A	行星轮 C	行星架 X	内齿轮 B
各行星轮作用在轴上的总力及转矩	$\Sigma R_{xA}=0$ $\Sigma R_{yA}=0$ $T_A=\dfrac{F_{tCA}r_AC_s}{1000}$	$\Sigma R_{xC}=0$ $\Sigma R_{yC}=0$ 对行星轮轴（O'轴）的转矩 $T_{O'}=0$	$\Sigma R_{xX}=0$ $\Sigma R_{yX}=0$ $T_X=-T_Ai_{AX}^{B}$	$\Sigma R_{xB}=0$ $\Sigma R_{yB}=0$ $T_B=T_A\dfrac{z_B}{z_A}$

注：1. 表中公式适用于行星轮数目 $C_s\geqslant2$ 的直齿或人字齿轮行星传动。对 $C_s=1$ 的传动，则 $\Sigma R_{xA}=R_{xA}$，$\Sigma R_{yA}=R_{yA}$，$\Sigma R_{xC}=R_{xC}$，$\Sigma R_{xX}=R_{xX}$，$\Sigma R_{xB}=R_{xB}$，$\Sigma R_{yB}=R_{yB}$。

2. 式中 α_n 为法向压力角，β 为分度圆上的螺旋角，r_A 为太阳轮分度圆半径。

3. 转矩单位为 N · m；长度单位为 mm；力的单位为 N。

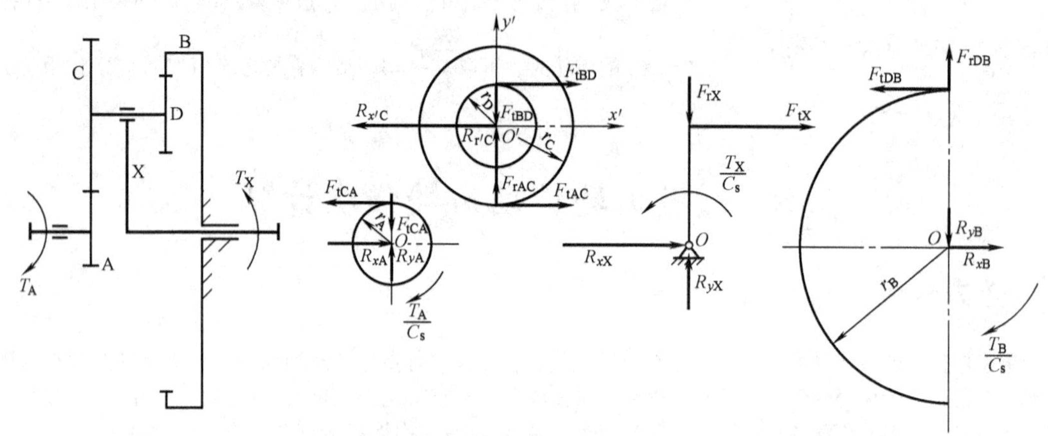

图 15-5-9　NW 型行星齿轮传动受力分析

表 15-5-15　　　　NW 型各元件受力计算公式

项　　目	太阳轮 A	行星轮 C	行星轮 D	行星架 X	内齿轮 B
切向力	$F_{tCA}=\dfrac{1000T_A}{C_sr_A}$	$F_{tAC}=F_{tCA}$	$F_{tBD}=F_{tCA}\dfrac{z_C}{z_D}$	$F_{tX}=R_{x'C}=F_{tAC}+F_{tBD}$	$F_{tDB}=F_{tBD}$
径向力	$F_{rCA}=F_{tCA}\dfrac{\tan\alpha_n}{\cos\beta}$	$F_{rAC}=F_{rCA}$	$F_{rBD}=F_{tBD}\dfrac{\tan\alpha_n}{\cos\beta}$	$F_{rX}=R_{y'C}=F_{rBD}-F_{rAC}$	$F_{rDB}=F_{rBD}$
单个行星轮作用在轴上或行星轮轴上的力	$R_{xA}=F_{tCA}$ $R_{yA}=F_{tCA}$	对行星轮轴： $R_{x'A}$　F_{tAC}　F_{tBD}　$R_{x'B}$ x'轴向A　B F_{rAC}　$R_{y'B}$ y'轴向A　D $R_{y'A}$　F_{rBD}		$R_{xX}=F_{tX}$ $R_{yX}=F_{tX}$	$R_{xB}=F_{tDB}$ $R_{yB}=F_{rDB}$
各行星轮作用在轴上的总力及转矩	$\Sigma R_x=0$ $\Sigma R_y=0$ $T_A=\dfrac{F_{tCA}r_AC_s}{1000}$	$\Sigma R_{xCD}=0$ $\Sigma R_{yCD}=0$ 对 O'轴转矩：$T_{O'}=0$		$\Sigma R_{xX}=0$ $\Sigma R_{yX}=0$ $T_X=-Ti_{AX}^{B}$	$\Sigma R_{xB}=0$ $\Sigma R_{yB}=0$ $T_B=T_A(i_{AX}^{B}-1)$

注：1. 表中公式适用于行星轮数目 $C_s\geqslant2$ 的直齿或人字齿轮行星传动。

2. 式中 α_n 为法向压力角，β 为分度圆上的螺旋角，r_A 为太阳轮分度圆半径。

3. 转矩单位为 N · m；长度单位为 mm；力的单位为 N。

当计算行星轮轴承时，轴承受载情况在中低速的条件下可按表中公式计算。而在高速时，还要考虑行星轮在公转时产生的离心力 F_{rc}，它作为径向力作用在轴承上。

$$F_{rc}=Ga\left(\frac{\pi n_X}{30}\right)^2 \quad (N) \qquad (15\text{-}5\text{-}11)$$

式中　G——行星轮质量，kg；

n_X——行星架转速，r/min；

a——齿轮传动的中心距，m。

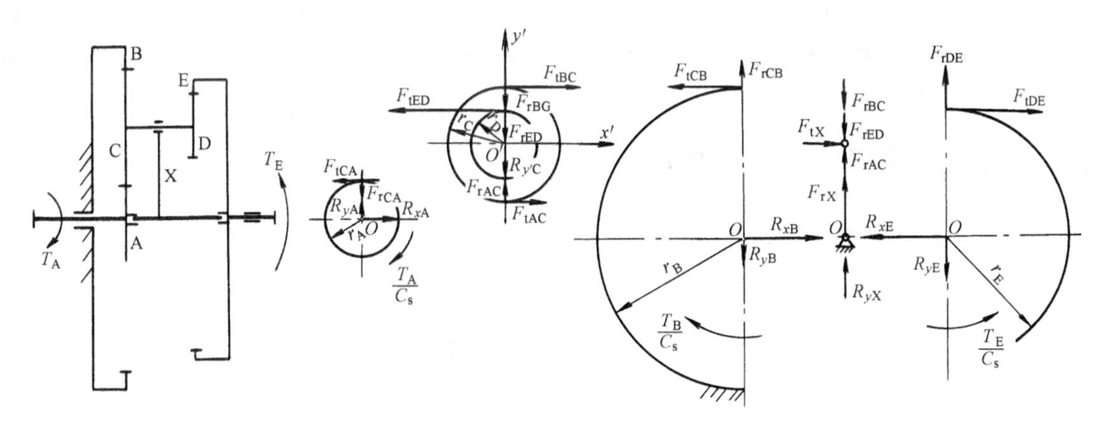

图 15-5-10　NGWN 型行星齿轮传动受力分析

表 15-5-16　　NGWN 型各元件受力计算公式

项　　目	太阳轮 A	行　星　轮		内齿轮 B	内齿轮 E	行星架 X
		C　　轮	D　　轮			
切向力	$F_{tCA}=\frac{1000T_A}{r_AC_s}$	$F_{tAC}=F_{tCA}$ $F_{tBC}=F_{tED}\mp F_{tAC}$ $=F_{tDE}\mp F_{tCA}$	$F_{tED}=F_{tBC}\pm F_{tAC}$	$F_{tCB}=F_{tBC}$	$F_{tDE}=\frac{1000T_Ai_{AE}^B}{r_EC_s}$	$F_{tX}=0$
径向力	$F_{rCA}=F_{tCA}\frac{\tan\alpha_n}{\cos\beta}$	$F_{rAC}=F_{rCA}F_{rBC}$ $=F_{tBC}\frac{\tan\alpha_n}{\cos\beta}$	$F_{rED}=F_{tED}\frac{\tan\alpha_n}{\cos\beta}$	$F_{rCB}=F_{tCB}\frac{\tan\alpha_n}{\cos\beta}$	$F_{rDE}=F_{tDE}\frac{\tan\alpha_n}{\cos\beta}$	$F_{rX}=F_{tBC}+F_{rED}-F_{rAC}$
单个行星轮作用在轴上或行星轮轴上的力	$R_{xA}=F_{tCA}$ $R_{yA}=F_{rCA}$	x'轴向 A　B：$F_{tBC}\pm F_{tA}$，$R_{x'B}$，$R_{x'A}$，F_{tED} y'轴向 A　B：$R_{y'A}$，$R_{y'B}$，$F_{rBC}-F_{rAC}$，F_{rED}		$R_{xB}=F_{tCB}$ $R_{yB}=F_{rCB}$	$R_{xE}=F_{tDE}$ $R_{yE}=F_{rDE}$	$R_{xX}=0$ $R_{yX}=F_{rX}$
各行星轮作用在轴上的总力及转矩	$\Sigma R_{xA}=0$ $\Sigma R_{yA}=0$ $T_A=\frac{F_{tCA}r_AC_s}{1000}$	$\Sigma R_{xCD}=0$ $\Sigma R_{yCD}=0$ 对行星轮轴（O'轴）转矩 $T_{O'}=0$		$\Sigma R_{xB}=0$ $\Sigma R_{yB}=0$ $T_B=T_A(i_{AE}^B-1)$	$\Sigma R_{xE}=0$ $\Sigma R_{yE}=0$ $T_E=-T_Ai_{AE}^B$	$\Sigma R_{xX}=0$ $\Sigma R_{yX}=0$ $T_X=0$

注：1. 表中公式适用于 A 轮输入、B 轮固定、E 轮输出、行星轮数目 $C_s\geqslant 2$ 的直齿或人字齿轮行星传动。NGWN（Ⅱ）型传动为行星轮齿数 $Z_C=Z_D$ 时的一种特殊情况。

2. 式中 α_n 为法向压力角，β 为分度圆上的螺旋角，各公式未计入效率的影响。

3. i_{AE}^B 应带正负号。当 $i_{AE}^B<0$ 时，n_A 与 n_E 转向相反，F_{tED}、F_{tBC}、F_{tCB}、F_{tDE} 方向与图示方向相反。式中“±”、“∓”符号，上面用于 $i_{AE}^B>0$，下面用于 $i_{AE}^B<0$。

4. 转矩单位为 N·m；长度单位为 mm；力的单位为 N。

5.2 行星齿轮传动强度计算的特点

每一种行星齿轮传动皆可分解为相互啮合的几对齿轮副，因此其齿轮强度计算可以采用本篇第 1 章计算公式。但需要考虑行星传动的结构特点（多行星轮）和运动特点（行星轮既自转又公转等）。在一般条件下，NGW 型行星齿轮传动的承载能力主要取决于外啮合，因而首先要计算外啮合的齿轮强度。NGWN 型传动往往取各齿轮模数相同，承载能力一般取决于低速级齿轮。通常由于这种传动要求有较大的传动比和较小的径向尺寸，而常常选择齿数较多，模数较小的齿轮。在这种情况下，应先进行弯曲强度计算。

5.3 小齿轮转矩 T_1 及切向力 F_t

小齿轮转矩 T_1 及切向力 F_t 按表 15-5-17 所列公式计算。

表 15-5-17

<table>
<tr><th rowspan="3">传动型式</th><th colspan="6">转　　矩 T_1</th><th rowspan="3">切向力 F_t/N</th></tr>
<tr><th colspan="2">A-C 传动</th><th rowspan="2">C-B 传动</th><th colspan="2">D-B 传动</th><th rowspan="2">D-E 传动</th></tr>
<tr><th>$z_A \leqslant z_C$</th><th>$z_A > z_C$</th><th>$z_D \leqslant z_B$</th><th>$z_D > z_B$</th></tr>
<tr><td>NGW
NW
WW</td><td>$\frac{T_A}{C_s}K_c$</td><td colspan="3">$\frac{T_A}{C_s}K_c\frac{z_C}{z_A}$</td><td>$\frac{T_A}{C_s}K_c\frac{z_C z_B}{z_A z_D}$</td><td>—</td><td rowspan="2">$F_t=\frac{2000T_1}{d_1}$</td></tr>
<tr><td>NGWN</td><td>$\frac{T_A}{C_s}K_c$</td><td>$\frac{T_A}{C_s}K_c\frac{z_C}{z_A}$</td><td>$\frac{T_A(i_{AE}^B\eta_{AE}^B-1)}{C_s}K_c\frac{z_C}{z_B}$</td><td colspan="2">—</td><td>$\frac{T_A i_{AE}^B\eta_{AE}^B}{C_s}K_c\frac{z_D}{z_E}$</td></tr>
</table>

注：1. T_1 是各传动中小齿轮所传递的转矩，N·m；d_1 是各传动中小齿轮的分度圆直径，mm；T_A 是 A 轮的转矩，N·m；效率 η_{AE}^B 见表 15-5-2；载荷不均匀系数 K_c 见表 15-5-18 或表 15-5-19。

2. 表中各传动型式的传动简图见表 15-5-1。

5.4 行星齿轮传动载荷不均匀系数

各类行星齿轮传动的载荷不均匀系数要根据其传动型式和有无浮动构件的情况，分别按表 15-5-18 或表 15-5-19确定。

表 15-5-18　　NGW、NW、WW 型行星齿轮传动载荷不均匀系数 K_c

<table>
<tr><th rowspan="3">传动情况</th><th colspan="3">Ⅰ</th><th colspan="2">Ⅱ</th><th colspan="3">Ⅲ</th></tr>
<tr><th colspan="3">传动中无浮动构件</th><th colspan="2">传动中有一个或两个基本构件浮动</th><th colspan="3">杠杆连动均载机构</th></tr>
<tr><th>普通齿轮</th><th>内齿轮制成柔性结构，且不压装在箱体内</th><th>一年内轮齿减薄超过 30μm</th><th>齿轮精度为 6 级或高于 6 级或齿轮转速低于 300r/min</th><th>齿轮精度低于 6 级或齿轮转速超过 300r/min</th><th>两行星轮连动机构</th><th>三行星轮连动机构</th><th>四行星轮连动机构</th></tr>
<tr><td>K_{cH}</td><td>图 15-5-11a、c</td><td>$1+(K_{cH图}-1)0.5$</td><td>1</td><td>1</td><td>1.1</td><td>1.05～1.1</td><td>1.1～1.15</td><td>1.1～1.15</td></tr>
<tr><td>K_{cF}</td><td>图 15-5-11b、d</td><td>$1+(K_{cF图}-1)0.7$</td><td>1</td><td>1</td><td>1.15</td><td>1.05～1.1</td><td>1.1～1.15</td><td>1.1～1.15</td></tr>
</table>

注：1. 传动情况Ⅰ及Ⅱ适用于行星轮数 $C_s=3$ 的传动；传动情况Ⅰ也适用于 $C_s=2$ 的传动。

2. K_{cH}用于接触强度计算，K_{cF}用于弯曲强度计算。

3. $K_{cH图}$及 $K_{cF图}$为由图 15-5-11 中查得的 K_{cH}及 K_{cF}值。

4. 所有查得的 K_c 值大于 2 时，取 $K_c=2$。

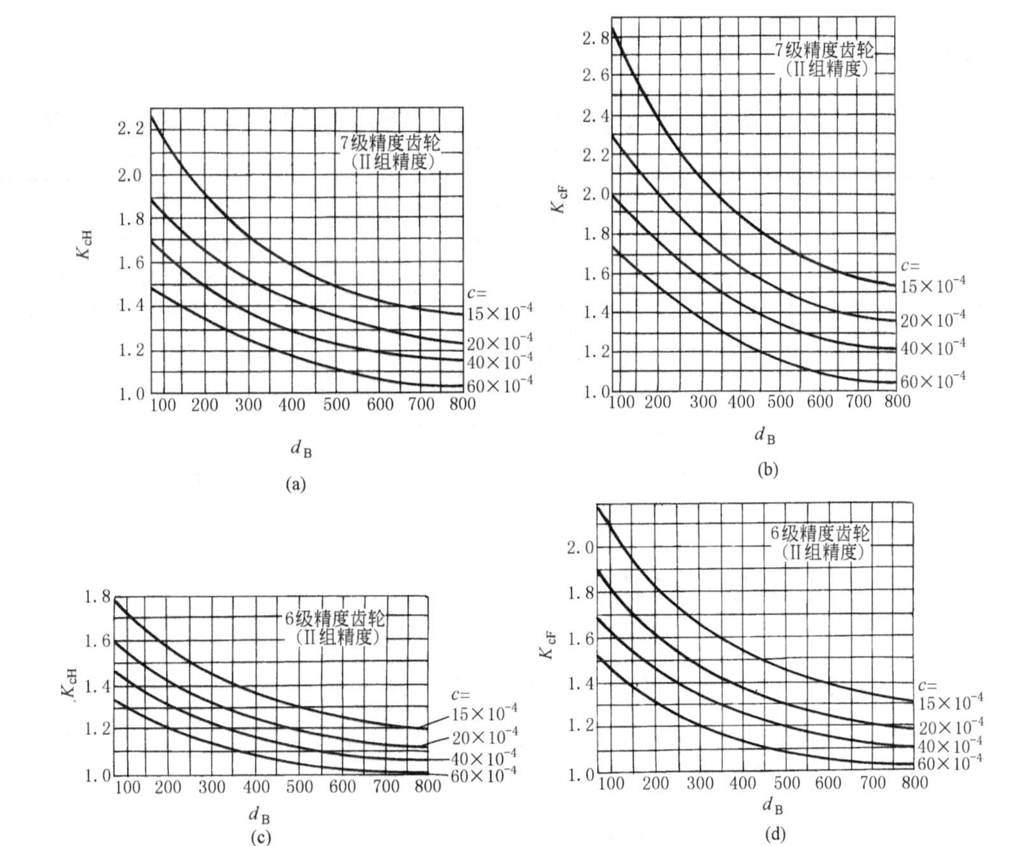

图 15-5-11　载荷不均匀系数 K_c

d_B—内齿轮分度圆直径，mm；$c=\frac{2T_A}{\psi_d d_A^3}\left(1+\frac{z_A}{z_C}\right)$ （N/mm²）

（式中 d_A—太阳轮分度圆直径，mm；T_A—太阳轮转矩，N·mm，

$\psi_d=\frac{b}{d}$—齿宽系数；z_A 和 z_C—太阳轮和行星轮齿数）

表 15-5-19　　$C_s=3$ 的 NGWN 型行星齿轮传动载荷不均匀系数 K_c

传动情况	两个基本构件浮动	E 轮浮动		B 轮浮动	
		$d_A>d_C$	$d_A<d_C$	$d_D>d_C$	$d_D<d_C$
K_{cHA}	1	$1+(K_{cFA}-1)\frac{2}{3}$			
K_{cFA}	1	2~2.5（齿轮为6级精度时取低值，8级精度时取高值，7级精度时取平均值）			
K_{cHB}	1	$1+0.5(K_{cHA}-1)\frac{z_B}{z_A\mid i_{AB}^E\mid}$	$1+(K_{cHA}-1)\frac{z_B}{z_A\mid i_{AB}^E\mid}$	1	
K_{cFB}		$1+0.5(K_{cFA}-1)\frac{z_B}{z_A\mid i_{AB}^E\mid}$	$1+(K_{cFA}-1)\frac{z_B}{z_A\mid i_{AB}^E\mid}$		
K_{cHE}	1	1		$1+(K_{cHA}-1)\frac{z_E z_C}{z_A z_D\mid i_{AE}^B\mid}$	$1+0.5(K_{cHA}-1)\frac{z_E z_C}{z_A z_D\mid i_{AE}^B\mid}$
K_{cFE}				$1+(K_{cFA}-1)\frac{z_E z_C}{z_A z_D\mid i_{AE}^B\mid}$	$1+0.5(K_{cFA}-1)\frac{z_E z_C}{z_A z_D\mid i_{AE}^B\mid}$

注：1. 除 K_{cFA} 外，若求得 K_c 值大于 2，则取 $K_c=2$。

2. K_{cH} 用于接触强度计算，K_{cF} 用于弯曲强度计算。K_{cH} 和 K_{cF} 由图 15-5-11 查取。角标 A、B、E 分别代表 A、B、E 轮。

5.5 应力循环次数

应力循环次数应根据齿轮相对于行星架的转速确定。当载荷恒定时，应力循环次数按表 15-5-20 确定。

表 15-5-20　　应力循环次数 N

项　目	计 算 公 式	说　明
太阳轮 A	$N_A=60(n_A-n_X)C_st$	t 为齿轮同侧齿面总工作时间(h)，n_A、n_B、n_E、n_C、n_X 分别代表太阳轮 A，内齿轮 B、E、行星轮 C 和行星架 X 的转速(r/min)
内齿轮 B	$N_B=60(n_B-n_X)C_st$	
内齿轮 E	$N_E=60(n_E-n_X)C_st$	
行星轮 C、D	$N_C=N_D=60(n_C-n_X)t$	

注：1. 单向或双向回转的 NGW 及 NGWN 型传动，计算齿面接触强度时，$N_C=30(n_C-n_X)\left[1+\left(\frac{z_A}{z_B}\right)^3\right]t$。

2. 对于承受交变载荷的行星传动，应将 N_A、N_B、N_C 及 N_E 各式中的 t 用 $0.5t$ 代替（但 NGW 型及 NGWN 型的 N_C 计算式中的 t 不变）。

5.6 动载系数 K_V 和速度系数 Z_V

动载系数 K_V 和速度系数 Z_V 按齿轮相对于行星架 X 的圆周速度 $v^X=\frac{\pi d_1'(n_1-n_X)}{60\times1000}$（m/s），查图 15-1-73（或按表 15-1-97、表 15-1-91 计算）和图 15-1-87（或按表 15-1-115、表 15-1-116 计算）求出。式中，d_1' 为小齿轮的节圆直径，mm；n_1 为小齿轮的转速，r/min；n_X 为行星架的转速，r/min。

5.7 齿向载荷分布系数 $K_{H\beta}$、$K_{F\beta}$

对于一般的行星齿轮传动，齿轮强度计算中的齿向载荷分布系数 $K_{H\beta}$、$K_{F\beta}$ 可用本篇第 1 章的方法确定；对于重要的行星齿轮传动，应考虑行星传动的特点，用下述方法确定。

计算弯曲强度时：

$$K_{F\beta}=1+(\theta_b-1)\mu_F \tag{15-5-12}$$

计算接触强度时：

$$K_{H\beta}=1+(\theta_b-1)\mu_H \tag{15-5-13}$$

式中 μ_F，μ_H——齿轮相对于行星架的圆周速度 v^X 及大齿轮齿面硬度 HB_2 对 $K_{F\beta}$ 及 $K_{H\beta}$ 的影响系数（图 15-5-12）；

θ_b——齿宽和行星轮数目对 $K_{F\beta}$ 和 $K_{H\beta}$ 的影响系数。对于圆柱直齿或人字齿轮行星传动，如果行星架刚性好，行星轮对称布置或者行星轮采用调位轴承，因而使太阳轮和行星轮的轴线偏斜可以忽略不计时，θ_b 值由图 15-5-13 查取。

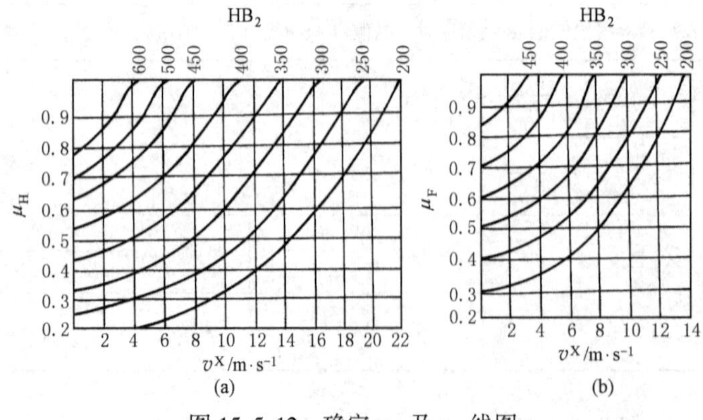

图 15-5-12　确定 μ_H 及 μ_F 线图

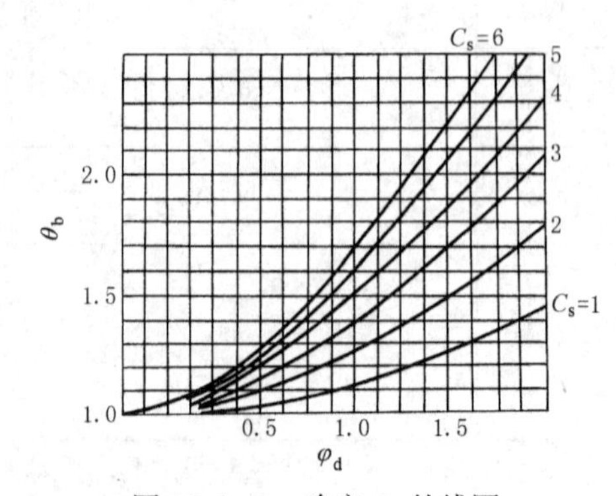

图 15-5-13　确定 θ_b 的线图

如果 NGW 型和 NW 型行星齿轮传动的内齿轮宽度与行星轮分度圆直径的比值小于或等于 1 时，可取 $K_{F\beta}=K_{H\beta}=1$。

5.8 疲劳极限值 σ_{Hlim} 和 σ_{Flim} 的选取

试验齿轮的接触疲劳极限值 σ_{Hlim} 和弯曲疲劳极限值 σ_{Flim} 按第 1 章的有关框图选取。但试验结果和工业应用情况表明，内啮合传动的接触强度往往低于计算结果，因此，在进行内啮合传动的接触强度计算时，应将选取的 σ_{Hlim} 值适当降低。建议当内齿轮齿数 z_B 与行星轮齿数 z_C 之间的关系为 $2\leqslant\dfrac{z_B}{z_C}\leqslant4$ 时，降低 8%；$z_B<2z_C$ 时，降低 16%；$z_B>4z_C$ 时，可以不降低。

对于 NGW 型传动，工作中无论是否双向运转，其行星轮齿根均承受交变载荷，故弯曲强度应按对称循环考虑。对于单向运转的传动，应将选取的 σ_{Flim} 值乘以 0.7；对于双向运转的传动，应乘以 0.7~0.9。

5.9 最小安全系数 S_{min}

行星齿轮传动齿轮强度计算的最小安全系数 S_{Hmin} 和 S_{Fmin} 可按表 15-5-21 选取。

表 15-5-21　　最小安全系数 S_{Hmin} 和 S_{Fmin}

可靠性要求	计算接触强度时的最小安全系数 S_{Hmin}	计算弯曲强度时的最小安全系数 S_{Fmin}
一般可靠度的行星传动	1.12	1.25
较高可靠度的行星传动	1.25	1.6

6 结构设计与计算

6.1 均载机构

（1）均载机构的类型和特点

行星齿轮传动通常采用几个行星轮分担载荷，因而使其具有体积和质量小、承载能力高等突出优点。

为了充分发挥行星齿轮传动的上述优点，通常采用均载机构来补偿不可避免的制造误差，以均衡各行星轮传递的载荷。

采用均载机构不仅可以均衡载荷，提高齿轮的承载能力，还可降低运转噪声，提高平稳性和可靠性，同时还可降低对齿轮的精度要求，从而降低制造成本。因此，在行星齿轮传动中，均载机构已获得广泛应用。

均载机构具有多种型式，比较常用的型式及其特点如表 15-5-22 所示。

（2）均载机构的选择

均载机构有多种型式，并各有特点，采用时应针对具体情况参考下述原则通过分析比较进行选择，即均载机构应满足下述要求。

1）它应使传动装置的结构尽可能实现空间静定，能最大限度地补偿零件的制造误差与变形，使行星轮间的载荷分配不均匀系数和沿齿宽方向的载荷分布不均匀系数减至最小。

2）所受离心力要小，以增强均载效果及工作平稳性。该离心力的大小与均载机构的旋转速度、自重和偏心距有关。

3）摩擦损失小，效率高。

4）均载构件受力要大，受力大则补偿动作灵敏，效果好。

表 15-5-22　　均载机构的型式与特点

型式		简图	载荷不均匀系数 K_c	特点
基本构件浮动的均载机构	原理	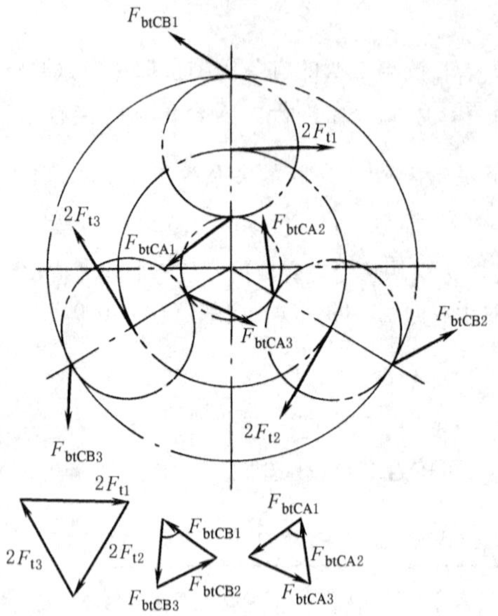		主要适用于三个行星轮的行星齿轮传动。其基本构件(太阳轮、内齿轮或行星架)没有固定的径向支承,在受力不平衡的条件下,可以径向游动(又称浮动),以使各行星轮均匀分担载荷 均载机构工作原理如左图所示。由于基本构件的浮动,使三个基本构件上所承受的三种力 $2F_t$、F_{btCA}、F_{btCB} 各自形成力的封闭等边三角形(即形成三角形的各力相等),而达到均载的目的。由于零件必定存在制造误差,其力封闭图形实际上只是近似的等边三角形,为此引入了考虑实际情况的载荷不均匀系数 K_c。基本构件浮动的最常用方法是采用双联齿轮联轴器。一般有一个基本构件浮动,即可起到均载作用,采用二个基本构件浮动时,效果更好
	太阳轮浮动	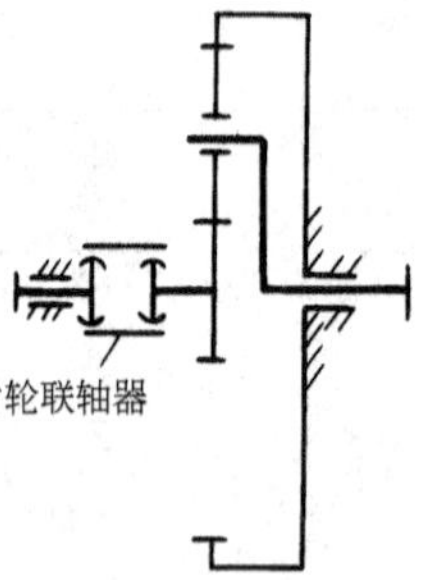 齿轮联轴器	1.1~1.15	太阳轮通过双联齿轮联轴器与高速轴连接。太阳轮重量小,惯性小,浮动灵敏,机构简单,容易制造,通用性强,广泛用于中低速工作情况。其结构见图 15-5-22 和图 15-5-23
	内齿轮浮动	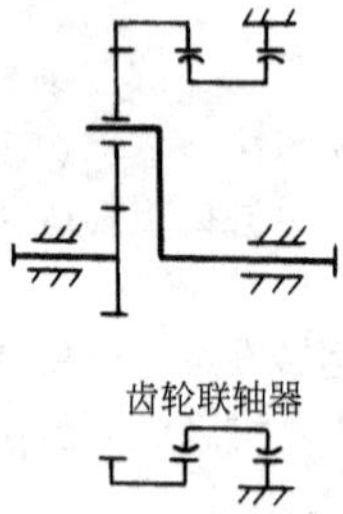 齿轮联轴器	1.1~1.2	内齿轮通过双联齿轮联轴器与机体相连接。轴向尺寸较小,但由于浮动件尺寸大,重量大,加工不方便,浮动灵敏性差。由于结构关系,NGWN 型行星齿轮传动较常用,其结构见图 15-5-28 内齿轮部分
	行星架浮动	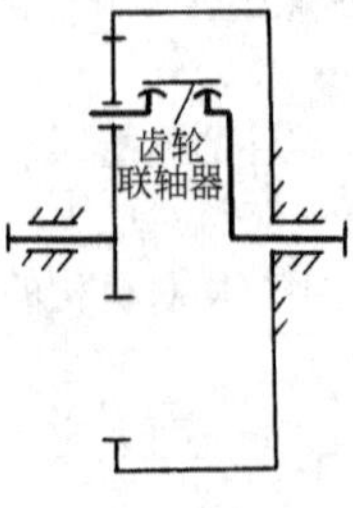 齿轮联轴器	1.15~1.2	行星架通过双联齿轮联轴器与低速轴相连接,其结构见图 15-5-26。NGW 型传动中,由于行星架受力较大(二倍圆周力),有利于浮动。行星架浮动不要支承,可简化结构,尤其利于多级行星齿轮传动(图 15-5-31)。但由于行星架自重大,速度高会产生较大离心力,影响浮动效果,所以常用于速度不高的场合

续表

型式		简图	载荷不均匀系数 K_c	特点
基本构件浮动的均载机构	太阳轮与行星架同时浮动	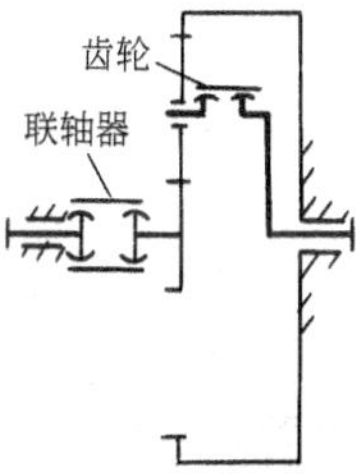	1.05~1.2	太阳轮浮动与行星架浮动组合。浮动效果比单独浮动好,常用于多级行星齿轮传动。图 15-5-36 所示三级减速器的中间级的浮动机构为太阳轮与行星架同时浮动
	太阳轮和内齿轮同时浮动	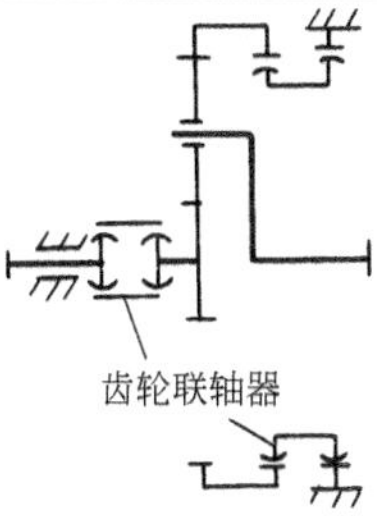	1.05~1.15	太阳轮与内齿轮浮动组合。浮动效果好,噪声小,工作可靠,常用于高速重载行星齿轮传动。其结构见图 15-5-28
	无多余约束浮动	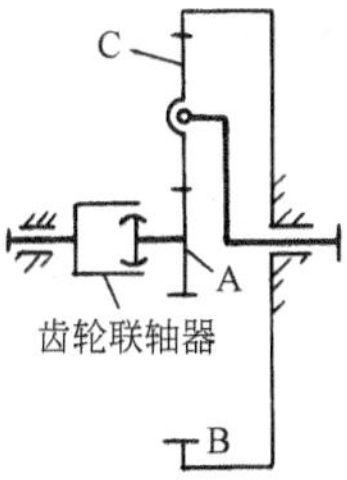		太阳轮利用单联齿轮联轴器进行浮动,而在行星轮中设置一个球面调心轴承,使机构中无多余约束。浮动效果好,结构简单,A-C 传动沿齿向载荷分布比较均匀。但由于行星轮内只能装设一个轴承,所以行星轮直径较小时,轴承尺寸较小,寿命较短,其结构见图 15-5-24
弹性件均载机构	原理	利用弹性元件的弹性变形补偿制造、安装误差,使各行星轮均匀分担载荷。但因弹性件变形程度不同,从而影响载荷均匀分配。载荷不均匀系数与弹性元件的刚度、制造误差成正比		
	齿轮本身的弹性变形	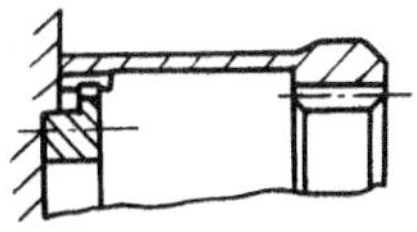 (a) 安装形式 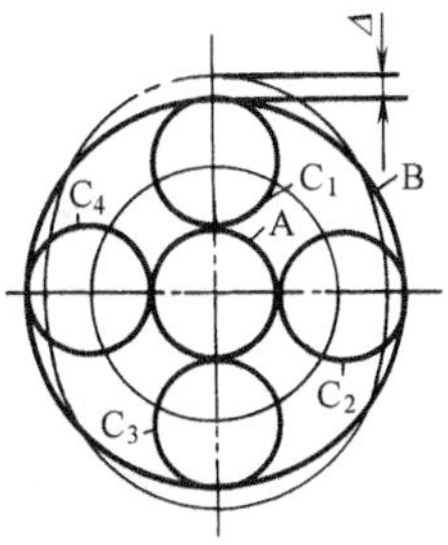 (b) 变形形式		采用薄壁内齿轮,靠齿轮薄壁的弹性变形达到均载目的。减振性能好,行星轮数目可大于 3,零件数量少,但制造精度要求高,悬臂的长度、壁厚和柔性要设计合理,否则影响均载效果,使齿向载荷集中。图 15-5-40 采用了薄壁内齿轮、细长柔性轴的太阳轮和中空轴支承的行星轮结构,以尽可能地增加各基本构件的弹性
弹性件均载机构	弹性销法	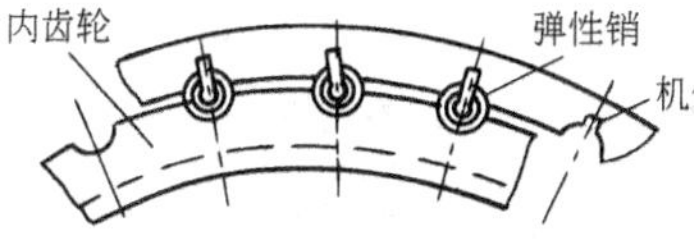		内齿轮通过弹性销与机体固定,弹性销由多层弹簧圈组成,沿齿宽方向可连装几段弹性销。这种结构径向尺寸小,有较好的缓冲减振性能

续表

型式		简图	载荷不均匀系数 K_c	特点
弹性件均载机构	弹性件支承行星轮	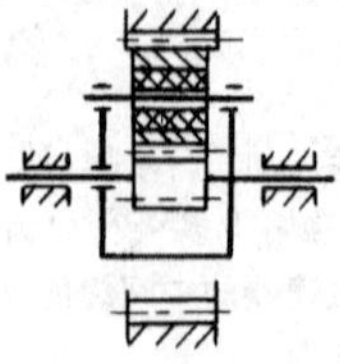 (a) 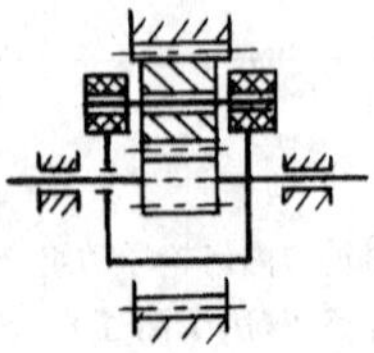 (b)		在行星轮孔与行星轮轴之间(图 a)或行星轮轴与行星架之间(图 b)安装非金属(如尼龙类)的弹性衬套。结构简单、缓冲性能好,行星轮数可大于 3。但非金属弹性衬套有老化和热膨胀等缺点,不能承受较大离心力
	柔性轴支承行星轮	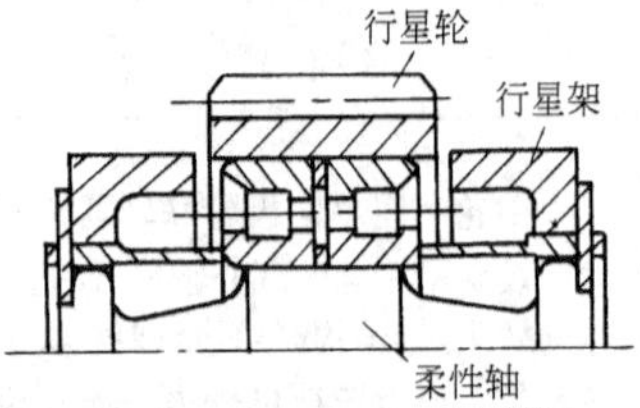 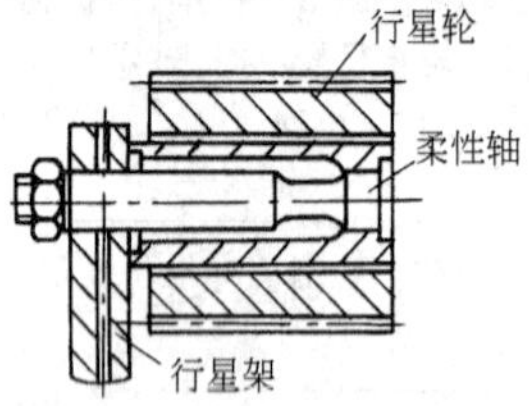 行星轮 行星架 柔性轴 行星轮 柔性轴 行星架		利用行星轮轴较大的变形来调节各行星轮之间的载荷分布,克服了非金属弹性元件存在的缺点,扩大了使用范围
行星轮自动调位均载机构	原理	借杠杆联锁机构使行星轮浮动,达到均载目的。均载效果好,但结构复杂。为了提高灵敏度,偏心轴用滚针轴承支承,使整个传动的轴承数量增多。行星轮轴承必须装在行星轮内,故对小传动比的机构,由于行星轮较小,采用该均载机构受到轴承寿命的限制。一般宜用于中低速传动		
	二行星轮联动机构	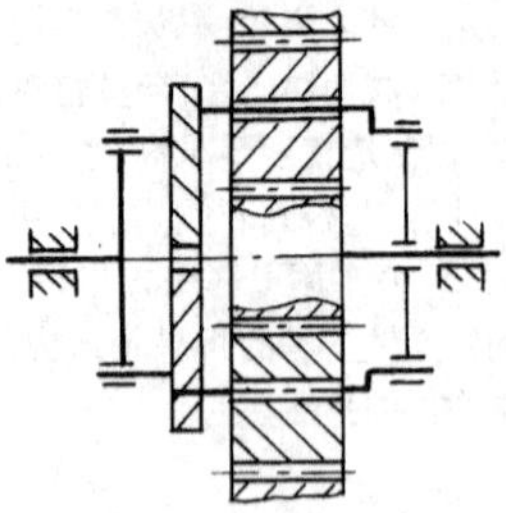 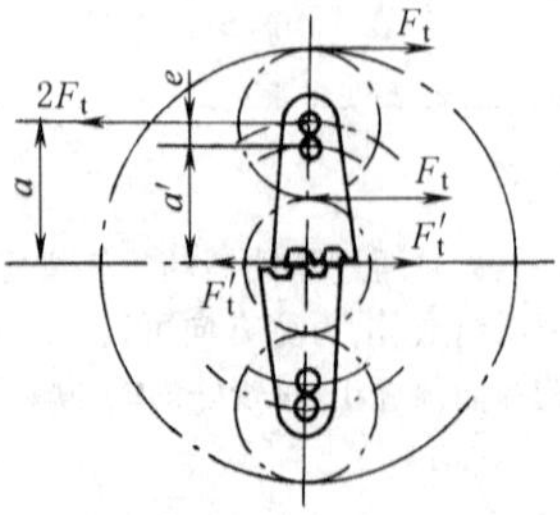 F_t $2F_t$ e a a' F_t F'_t F'_t	1.05~1.1	行星轮对称安装,在两个行星轮的偏心轴上,分别固定一对互相啮合的扇形齿轮(相当于连杆),浮动效果好,灵敏度高 当二行星轮受载均匀时,二扇形齿轮间受力相等,处于平衡状态,没有相对运动 当二个行星轮受载不均匀时,受力较大的行星轮将带动扇形齿轮绕其本身轴线转动,使该行星轮减载;另一个扇形齿轮反方向转动,使受力较小的行星轮加载,行星轮载荷便得到重新分配,直到载荷均衡为止 扇形齿轮上的圆周力 $F=2F_t\dfrac{e}{a'}$ 式中 e——偏心距,$e=\dfrac{a}{30}$; a'——杠杆回转半径(扇形齿节圆半径),$a'=a-e$; F_t——齿轮切向力; a——啮合中心距

续表

型式		简图	载荷不均匀系数 K_c	特点
杠杆联动均载机构	三行星轮联动机构	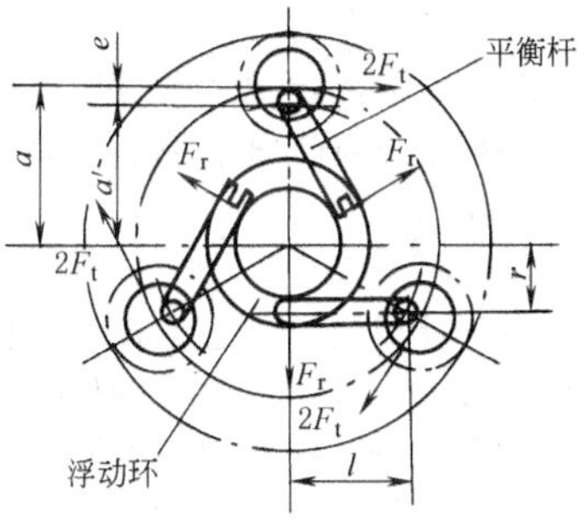 浮动环中心圆半径 $r=0.5a'$ 平衡杆长度 $l=a'\cos30°$	1.1~1.15	平衡杆的一端与行星轮的偏心轴固接，另一端与浮动环活动连接。只有当6个啮合点所受的力大小相等时，该均载机构才处于平衡状态，各构件间没有相对运动。当载荷不均匀时，作用在浮动环上的三个径向力 F_r 便不互等，三个圆周力亦不互等，浮动环产生移动和转动，直至三力平衡为止 浮动环上的力 $F_r=\dfrac{2F_te}{a'\cos30°}$ 式中　a'——偏心轴中心至浮动环中心的距离，$a'=a-e$； a——行星轮与太阳轮的中心距； e——偏心距　$e=\dfrac{a'}{20}$
	四连杆联动机构	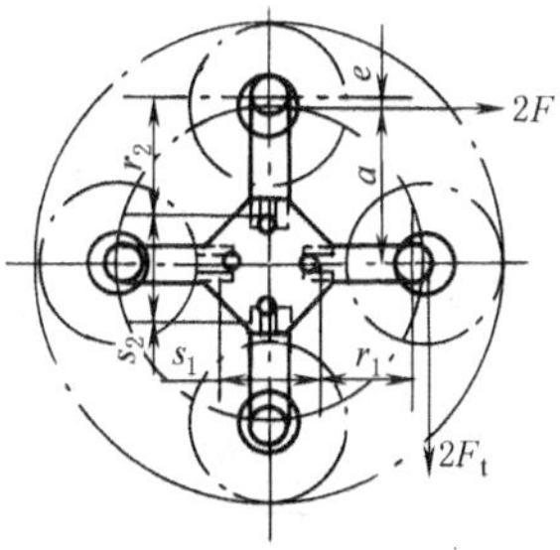 (a) 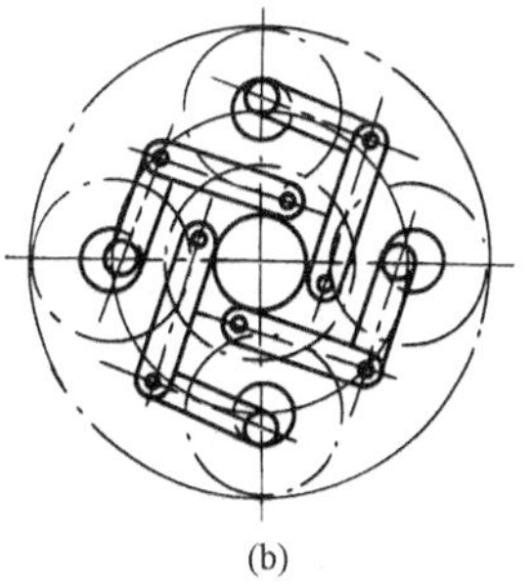 (b)	1.1~1.15	平衡原理与三行星轮联动机构相似。四个偏心轴的偏心方向对称地位于行星轮之内或外。图 a 所示平衡杆端部支承在十字浮动盘上；图 b 中连杆支承在圆形浮动环上，通过各件联动调整，以达到均载目的 设计时取 $r_1=r_2=14e$ $e=\dfrac{a}{30}\sim\dfrac{a}{20}$ 式中　a——行星轮至太阳轮的中心距； e——偏心距
	弹性油膜浮动均载	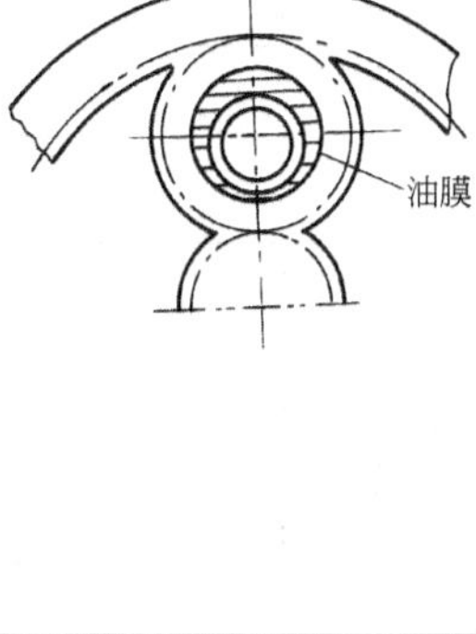 油膜	1.09~1.1（齿轮精度为5~6级时） 1.3~1.5（齿轮精度为8级）	在行星轮与心轴之间装置中间套，中间套与行星轮孔之间留有间隙，并且向其中注油。工作时，中间套与行星轮以同向同速一起运转并承受同样的载荷。间隙中充满油后形成厚油膜，其厚度比普通滑动轴承的油膜厚度大得多。借助厚油膜的弹性，使各行星轮均载。这种均载方法效果好，结构简单，安装方便，减振性能好，工作可靠 由于受到油膜厚度限制，这种均载方式只适用于传动件制造精度较高、误差较小的场合 设计时，取中间套的外径 D 等于行星轮的孔径，宽度等于行星轮的宽度，壁厚为 $s=(0.2\sim0.25)D$。行星轮孔与中间套之间的间隙为 $\delta=\dfrac{1}{2}\psi D$ 式中　ψ 为相对间隙系数，一般取 $\psi=0.0015\sim0.0045$。当速度较高，直径较小，载荷较大时取较大值，反之取较小值

5）均载构件在均载过程中的位移量应较小，亦即均载机构所补偿的等效误差数值要小。

6）应具有一定的缓冲与减振性能。

7）应有利于传动装置整体结构的布置，使结构简化，便于制造、安装和维修。尤其在多级行星齿轮传动中，合理选择均载机构对简化结构十分重要。

8）要适用于标准化、系列化产品，使之便于组织成批生产。

在设计行星传动时，不宜随意增加均载环节，以免结构复杂化和出现不合理现象。尽管均载机构可以补偿制造误差，但并非因此可以放弃必要的制造精度。因为均载是通过构件在运动过程中的位移和变形实现的，其精度过低会降低均载效果，导致噪声、振动和齿面磨损加剧，甚至造成损坏事故。

（3）均载机构浮动件的浮动量计算

分析和计算浮动件的浮动量，目的在于验证所选择的均载机构是否能满足浮动量要求，设计及结构是否合理，或根据已知的浮动量确定各零件尺寸偏差。因零件有制造误差，要求浮动构件有相应的位移，如果浮动件不能实现等量位移，正常的动力传递就会受到影响。所以，位移量就是要求浮动件应该达到的浮动量。

对于 NGW 型行星齿轮传动，为补偿各零件制造误差对浮动构件浮动量的要求见表 15-5-23，其他型式的行星齿轮传动亦可参考该表。如 NGWN 型传动中，A、C、B 轮和行星架 X 相当于 NGW 型传动，可直接使用表中公式，但需另外考虑 D、E 轮的制造误差对浮动量的要求。表中计算公式考虑了大啮合角变位齿轮的采用以及内外啮合角相差较大等因素，其计算结果较精确符合实际。

从表 15-5-23 中可知，行星轮偏心误差在最不利的情况下对浮动量影响极大，故在成批生产中可选取重量及偏心误差相近的行星轮进行分组，然后测量一组行星轮的偏心方向并做出标记，在装配时使各行星轮的偏心方向与各自的中心线（行星架中心与行星轮轴孔中心的连线）成相同的角度，使行星轮偏心误差的影响基本抵消。还有一种降低行星轮偏心误差影响的措施是：将一组行星轮一起在滚齿机上加工，并做出标记，完成全部工序以后，不必测量偏心即可均衡地装在行星架上。

表 15-5-23　　NGW 型行星齿轮传动均载机构浮动构件的浮动量要求

名称	零件制造误差	浮动太阳轮所需浮动量	浮动内齿轮所需浮动量	浮动行星架所需浮动量
零件制造误差对浮动量的要求	行星架上行星轮轴孔中心的径向（中心距）误差 f_a	$E_{Ta}=\frac{2}{3}f_a\frac{\sin\delta}{\cos\delta'}$	$E_{Na}=\frac{2}{3}f_a\frac{\sin\beta}{\cos\beta'}$	$E_{Xa}\approx 0$
	行星架上行星轮轴孔中心的切向误差 e_t	$E_{Tt}=\frac{2}{3}e_t(\cos\alpha_w+\cos\alpha_n)$	$E_{Nt}=\frac{2}{3}e_t(\cos\alpha_w+\cos\alpha_n)$	$E_{Xt}=e_t\frac{\cos\frac{\alpha_w-\alpha_n}{2}}{\sin\left(30°+\frac{\alpha_w-\alpha_n}{2}\right)+\cos\frac{\alpha_w-\alpha_n}{2}}$
	太阳轮偏心误差 e_A	$E_{TA}=e_A$	$E_{NA}=e_A$	$E_{XA}=\frac{e_A}{\sqrt{(\cos\alpha_w+\cos\alpha_n)^2\frac{\sin^2\delta}{\cos^2\delta'}}}$
	行星轮偏心误差 e_C	$E_{TC}=\frac{4}{3}e_C(\cos\alpha_w+\cos\alpha_n)$	$E_{NC}=\frac{4}{3}e_C(\cos\alpha_w+\cos\alpha_n)$	$E_{XC}=\frac{e_C}{\sqrt{(\cos\alpha_w+\cos\alpha_n)^2+\frac{\sin^2\delta}{\cos^2\delta'}}}$
	内齿轮偏心误差 e_B	$E_{TB}=e_B$	$E_{NB}=e_B$	$E_{XB}=\frac{e_B}{\sqrt{(\cos\alpha_w+\cos\alpha_n)^2+\frac{\sin^2\beta}{\cos^2\beta'}}}$
	行星架偏心误差 e_X	$E_{TX}=$ $e_X\sqrt{(\cos\alpha_w+\cos\alpha_n)^2+\frac{\sin^2\delta}{\cos^2\delta'}}$	$E_{NX}=$ $e_X\sqrt{(\cos\alpha_w+\cos\alpha_n)^2+\frac{\sin^2\beta}{\cos^2\beta'}}$	$E_{XX}=e_X$

续表

名称	零件制造误差	浮动太阳轮所需浮动量	浮动内齿轮所需浮动量	浮动行星架所需浮动量
合理装配对浮动量的要求	平方和浮动量	$E_T^2=e_A^2+e_B^2+\frac{16}{9}e_C^2(\cos\alpha_w+\cos\alpha_n)^2+e_X^2\left[(\cos\alpha_w+\cos\alpha_n)^2+\frac{\sin^2\delta}{\cos^2\delta'}\right]+\frac{4}{9}e_t^2(\cos\alpha_w+\cos\alpha_n)^2+\frac{4}{9}f_a^2\frac{\sin^2\delta}{\cos^2\delta'}$	$E_N^2=e_A^2+e_B^2+\frac{16}{9}e_C^2(\cos\alpha_w+\cos\alpha_n)^2+e_X^2\left[(\cos\alpha_w+\cos\alpha_n)^2+\frac{\sin^2\beta}{\cos^2\beta'}\right]+\frac{4}{9}e_t^2(\cos\alpha_w+\cos\alpha_n)^2+\frac{4}{9}f_a^2\frac{\sin^2\delta}{\cos^2\delta'}$	$E_X^2=\frac{e_A^2+\frac{16}{9}e_C^2(\cos\alpha_w+\cos\alpha_n)^2}{(\cos\alpha_w+\cos\alpha_n)^2+\frac{\sin^2\delta}{\cos^2\delta'}}+\frac{e_B^2}{(\cos\alpha_w+\cos\alpha_n)^2+\frac{\sin^2\beta}{\cos^2\beta'}}e_X^2+e_t^2\frac{\cos^2\frac{1}{2}(\alpha_w-\alpha_n)}{\left[\sin\left(30°+\frac{\alpha_w-\alpha_n}{2}\right)+\cos\frac{\alpha_w-\alpha_n}{2}\right]^2}$

注：1. α_w—外啮合齿轮副啮合角；α_n—内啮合齿轮副啮合角；δ—行星架上行星轮轴孔之间的中心角偏差；$\delta'=\arctan\frac{\sin\alpha_n}{\cos\alpha_w}$；$\alpha=\alpha_w-\delta'$；$\beta'=\arctan\frac{\sin\alpha_w}{\cos\alpha_n}$；$\beta=\beta'-\alpha_n$。

2. f_a 按本章 7.2 行星架的技术要求（1）中有关要求确定。

3. e_t 可按式 $e_t=a\sin\delta$ 计算。工程上常选 $\delta\leqslant2'$。由于角度偏差 δ 难于直接测量，工程上常用测量行星架上行星轮轴孔的孔距偏差 f_1 来代替。而 f_1 按 7.2 中（2）有关要求确定。f_1 与 f_a 及 δ 之间的几何关系为：$f_1=\frac{a\delta}{2}+\sqrt{3}\times f_a$（式中 δ 的单位为 rad）。

（4）浮动机构齿轮联轴器的设计与计算

1）齿轮联轴器的结构与特点

在行星齿轮传动中，广泛使用齿轮联轴器来保证浮动机构中的浮动构件在受力不平衡时产生位移，以使各行星轮之间载荷分布均匀。齿轮联轴器有单联和双联两种结构，其结构简图及特点见表 15-5-24。

表 15-5-24　齿轮联轴器的类型

名　称	简　图	特　点
单联齿轮联轴器		内齿套固定不动，浮动齿轮只能偏转一个角度，因而会引起载荷沿齿宽方向分布不均匀，为改善这种状况，需有较大的轴向尺寸，推荐 $L/b>4$ 为了减小轴向尺寸常用于无多余约束浮动机构中
双联齿轮联轴器	(a) (b)	内齿套浮动，因此浮动齿轮可以平行位移，保证了啮合齿轮的载荷沿齿宽均匀分布。如果太阳轮直径较大，可以制成如图 b 所示的结构，这样既可减小轴向尺寸，又可减小浮动件的质量

注：为便于外齿轮在内齿套中转动，通常外齿轮齿顶沿齿向做成圆弧形，或采用鼓形齿轮。

齿轮联轴器采用渐开线齿形，按其外齿轴套轮齿沿齿宽方向的截面形状区分有直齿和鼓形齿两种（见图 15-5-14）。直齿联轴器用于与内齿轮（或行星架）制成一体的浮动用齿轮联轴器，其许用倾斜角小，一般不大于 0.5°，且承载能力较低，易磨损，寿命较短。直齿联轴器的齿宽很窄，常取齿宽与齿轮节圆之比 $b_w/d'=0.01\sim0.03$。鼓形齿联轴器许用倾斜角大（可达 3°以上），承载能力和寿命都比直齿的高，因而使用越来越广泛。

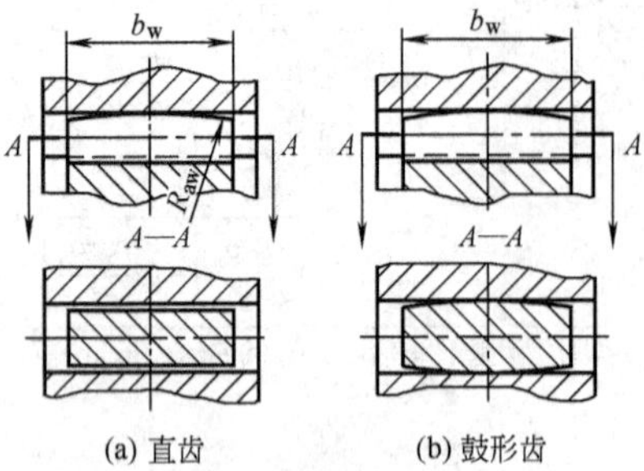

(a) 直齿　　(b) 鼓形齿

图 15-5-14　联轴器轮齿截面形状

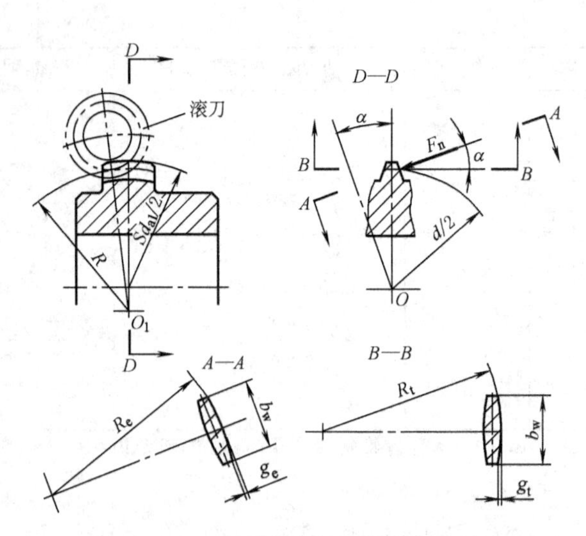

图 15-5-15　鼓形齿的几何特性参数图示

R—鼓形齿的位移圆半径；b_w—鼓形齿齿宽；

R_t—鼓形齿工作圆切向截面齿廓曲线的曲率半径；

Sd_{a1}—齿顶圆球面直径；R_e—鼓形齿法向截面齿廓曲线的曲率半径；g_t 和 g_e—鼓形齿单侧减薄量；α—压力角

但其外齿通常要用数控滚齿机或数控插齿机才能加工（鼓形齿的几个几何特性参数见图 15-5-15）。鼓形齿多用于外啮合中心轮（太阳轮）或行星架端部直径较小、承受转矩较大的齿轮联轴器。鼓形齿的齿宽较大，常取 $b_w/d'=0.2\sim0.3$。齿轮联轴器通常设计成内齿圈的齿宽 b_n 稍大于外齿轮的齿宽 b_w，常取 $b_n/b_w=1.15\sim1.25$。

齿轮联轴器内齿套外壳的壁厚 δ 按浮动构件确定。太阳轮浮动的联轴器，取 $\delta=(0.05\sim0.10)d'$。当节圆直径较小时，其系数取大值，反之取小值。内齿套浮动的联轴器，为降低外壳变形引起的载荷不均，应设计成薄壁外壳。其壁厚 δ 与其中性层半径 ρ 之间的关系为 $\delta\leqslant(0.02\sim0.04)\rho$。

为限制联轴器的浮动构件轴向自由窜动，常采用矩形截面的弹性挡圈或球面顶块作轴向定位，但均须留有合理的轴向间隙。球面顶快间隙取为 $j_o=0.5\sim1.5$mm，而挡圈的间隙按式 $j_o=d'E_{xx}/L_g$ 确定，式中，d'—联轴器的节圆直径，mm；E_{xx}—浮动构件的浮动量，mm；L_g—联轴器两端齿宽中线之间的距离，mm。

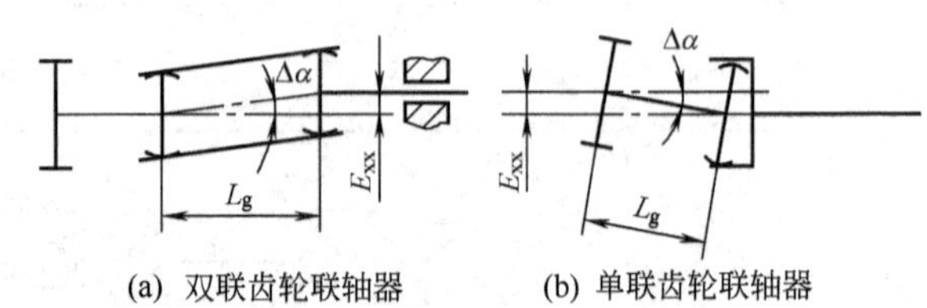

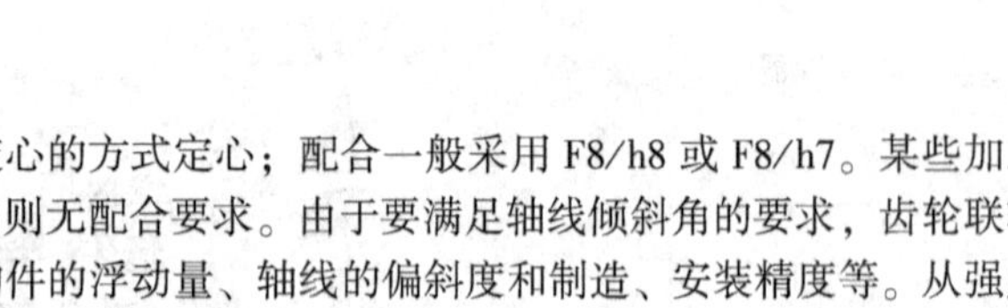

(a) 双联齿轮联轴器　　(b) 单联齿轮联轴器

图 15-5-16　倾斜角 Δα 的确定

联轴器所需倾斜角 $\Delta\alpha$ 根据被浮动构件所需浮动量 E_{xx} 确定，其计算式为：$\Delta\alpha$（弧度）$=E_{xx}/L_g$。当给定 $\Delta\alpha$ 时，也可按此式确定联轴器长度 L_g（见图 15-5-16）。联轴器许用倾斜角推荐采用 $\Delta\alpha\leqslant1°$，最大不超过 1.5°。

齿轮联轴器大多数采用内齿齿根圆和外齿齿顶圆定心的方式定心；配合一般采用 F8/h8 或 F8/h7。某些加工精度高，侧隙小的齿轮联轴器，也采用齿侧定心，径向则无配合要求。由于要满足轴线倾斜角的要求，齿轮联轴器的侧隙比一般齿轮传动要大；所需侧隙取决于浮动构件的浮动量、轴线的偏斜度和制造、安装精度等。从强度考虑，可以将所需总侧隙大部或全部分配在内齿轮上。

2）齿轮联轴器基本参数的确定

① 设计齿轮联轴器首先要依据行星传动总体结构的要求先行确定节圆（或分度圆）直径，而后根据该直径参考图 15-5-17 在其虚线左侧范围内选取一组相应的模数 m 和齿数 z。

② 根据结构要求按经验公式初定齿宽 b_w。用于内啮合中心轮浮动的齿轮联轴器，按式 $b_w=(0.01\sim0.03)d$ 确定；用于外啮合中心轮或其他构件浮动的中间零件组成的联轴器，按式 $b_w=(0.2\sim0.3)d$ 确定。

③ 在确定齿轮联轴器使用工况的条件下，按式（15-5-14）或式（15-5-15）校核其强度，如不符合要求，要改变参数重新计算，直到符合要求。

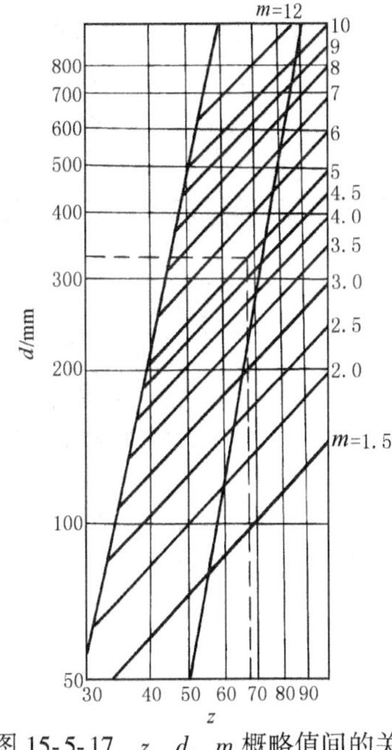

图 15-5-17 z、d、m 概略值间的关系（推荐的概略值 z、d、m 组合位于虚线画出的范围内）

3）齿轮联轴器的强度计算

齿轮联轴器的主要失效形式是磨损，极少发生断齿的情况，因此一般情况下不必计算轮齿的弯曲强度。通常对直齿联轴器计算其齿面挤压强度；对鼓形齿联轴器则计算其齿面接触强度。

① 直齿联轴器齿面的挤压应力 σ_p 应符合下式要求

$$\sigma_p=\frac{2000TK_AK_m}{dzb_whK_w}\leqslant\sigma_{pp}\quad(\mathrm{MPa})\qquad(15\text{-}5\text{-}14)$$

式中 T——传递转矩，N·m；

K_A——使用系数，见表 15-1-88；

K_m——轮齿载荷分布系数，见表 15-5-27；

d——节圆直径，mm；

z——齿数；

b_w——齿宽，mm；

h——轮齿径向接触高度，mm；

K_w——轮齿磨损寿命系数，见表 15-5-26，根据齿轮转速而定，齿轮联轴器每转一转时，轮齿有一个向前和一个向后的摩擦，而导致磨损；

σ_{pp}——许用挤压应力，MPa，见表 15-5-25。

② 鼓形齿联轴器齿面的接触应力 σ_H 应符合下式要求

$$\sigma_H=1900\frac{K_A}{K_w}\sqrt{\frac{2000T}{dzhR_e}}\leqslant\sigma_{Hp}\quad(\mathrm{MPa})\qquad(15\text{-}5\text{-}15)$$

式中 R_e——齿廓曲线鼓形圆弧半径，mm；

σ_{Hp}——许用接触应力，MPa，见表 15-5-25；

其余代号意义同上。

表 15-5-25　　许用应力 σ_{pp} 和 σ_{Hp}

材　　料	硬　　度		许用挤压应力 σ_{pp} /MPa	许用接触应力 σ_{Hp} /MPa
	HB	HRC		
钢	160～200		10.5	42
钢	230～260		14	56
钢	302～351	33～38	21	84
表面淬火钢		48～53	28	84
渗碳淬火钢		58～63	35	140

表 15-5-26　　磨损寿命系数 K_w

循环次数	1×10^4	1×10^5	1×10^6	1×10^7	1×10^8	1×10^9	1×10^{10}
K_w	4	2.8	2.0	1.4	1.0	0.7	0.5

表 15-5-27　　轮齿载荷分布系数 K_m

单位长度径向位移量/cm·cm^{-1}	齿宽/mm			
	12	25	50	100
0.001	1	1	1	1.5
0.002	1	1	1.5	2
0.004	1	1.3	2	2.5
0.008	1.5	2	2.5	3

4）齿轮联轴器的几何计算[11]

齿轮联轴器的几何计算通常在通过强度计算以后进行；计算方法与定心方式、变位与否、采用刀具及加工方法等有关。表 15-5-28 所列为变位啮合、外径定心、采用标准刀具，加工方便而适用的两种方法，可根据需要选择其一。

表 15-5-28　　齿轮联轴器的几何计算

已知条件及说明：模数 m 及齿数 z 由承载能力确定；$\alpha=20°\sim30°$，一般采用 20°；角位移 $\Delta\alpha$ 由安装及使用条件确定，在行星齿轮传动中，一般对直齿，$\Delta\alpha=0.5°$；对鼓形齿，$\Delta\alpha=1°\sim1.5°$，推荐 $\Delta\alpha=1°$

项目	代号	方法 A	方法 B
		外齿(w)齿顶高 $h_{aw}=1.0m$，内齿(n)齿根高 $h_{fn}=1.0m$，采用角变位使外齿齿厚增加，内齿齿厚减薄，内齿插齿时不必切向变位，一般取变位系数 $x_n=0.5$，而 x_w 和 x_n 须满足下列关系式 $x_n-x_w=\dfrac{J_n}{2m\sin\alpha}$	外齿(w)齿顶高 $h_{aw}=1.0m$，齿根高 $h_{fw}=1.25m$；内齿(n)齿根高 $h_{fn}=1.0m$，齿顶高 $h_{an}=0.8m$；插齿刀用标准刀具磨去 0.25m 高度的齿顶改制而成。内外齿齿厚相等，内齿插齿时不必做切向变位
		计　算　公　式	
分度圆直径	d	$d=mz$	$d=mz$
径向变位系数	x_w x_n	$x_w=x_n-\dfrac{J_n}{2m\sin\alpha}$； $x_n=x_w+\dfrac{J_n}{2\sin\alpha}$；一般取 $x_n=0.5$	$x_w=0$； $x_n=0.5$
齿顶高	h_{aw},h_{an}	$h_{aw}=1.0m$；$h_{an}=(1-x_n)m$	$h_{aw}=1.0m$；$h_{an}=0.8m$
齿根高	h_{fw},h_{fn}	$h_{fw}=(1.25-x_w)m$；$h_{fn}=1.0m$	$h_{fw}=1.25m$，$h_{fn}=1.0m$
齿顶圆球面直径	Sd_{aw}	$Sd_{aw}=(d+2h_{aw})$	$Sd_{aw}=(d+2h_{aw})$
齿顶圆直径	d_{an}	$d_{an}=d-2h_{an}$	$d_{an}=d-2h_{an}$
齿根圆直径	d_{fw},d_{fn}	$d_{fw}=d-2h_{fw}$；$d_{fn}=d+2h_{fn}$	$d_{fw}=d-2h_{fw}$；$d_{fn}=d+2h_{fn}$
齿宽	b_w,b_n	按 $b_w=(0.2\sim0.3)d$ 初定；$b_n=(1.15\sim1.25)b_w$	
位移圆半径	R	根据承载能力计算，初定 $R=(0.5\sim2.0)d$［b_w 与 R 须满足关系式：$b_w/R>1.2\phi_t\tan\Delta\alpha$；式中，$\phi_t$ 为曲率系数，见表 15-5-29］	
鼓形齿单侧减薄量	g_t,g_e	$g_t=\dfrac{b_w^2}{8R}\tan\alpha$；$g_e=g_t\cos\alpha$	
最小理论法向侧隙	J_{nmin}	$J_{nmin}=2\phi_t R\left(\dfrac{\tan^2\Delta\alpha}{\cos\alpha}+\sqrt{\cos^2\alpha-\tan^2\alpha}-\cos\alpha\right)$	
制造误差补偿量	δ_n	$\delta_n=[(F_{p1}+F_{p2})\cos\alpha+(f_{f1}+f_{f2})+(F_g+F_{\beta2})]$；式中，$F_{p2}$，$F_{p1}$ 为内、外齿齿距累积公差；f_{f2}，f_{f1} 为内、外齿齿形公差；$F_{\beta2}$ 为齿向公差（以上见 GB/T 10095—1988）；F_g 为鼓形外齿齿面鼓度对称度公差（见表 15-5-30）	
设计法向侧隙	J_n	$J_n=J_{nmin}+\delta_n$	
外齿跨测齿数	k	查本篇第 1 章表 15-1-32	
公法线长度	W_k	$W_k=(W^*+\Delta W^*)m$；查本篇第 1 章表 15-1-32 和表 15-1-34	

续表

已知条件及说明：模数 m 及齿数 z 由承载能力确定；$\alpha=20°\sim30°$，一般采用 20°；角位移 $\Delta\alpha$ 由安装及使用条件确定，在行星齿轮传动中，一般对直齿，$\Delta\alpha=0.5°$；对鼓形齿，$\Delta\alpha=1°\sim1.5°$，推荐 $\Delta\alpha=1°$			
项目	代号	方法 A	方法 B
		外齿(w)齿顶高 $h_{aw}=1.0m$，内齿(n)齿根高 $h_{fn}=1.0m$，采用角变位使外齿齿厚增加，内齿齿厚减薄，内齿插齿时不必切向变位，一般取变位系数 $x_n=0.5$，而 x_w 和 x_n 须满足下列关系式：$x_n-x_w=\dfrac{J_n}{2m\sin\alpha}$	外齿(w)齿顶高 $h_{aw}=1.0m$，齿根高 $h_{fw}=1.25m$；内齿(n)齿根高 $h_{fn}=1.0m$，齿顶高 $h_{an}=0.8m$；插齿刀用标准刀具磨去 0.25m 高度的齿顶改制而成。内外齿齿厚相等，内齿插齿时不必做切向变位
		计　算　公　式	
公法线长度偏差	E_{ws}	$E_{ws}=0$；$E_{wi}=-E_w$；查表 15-5-31	
内齿量棒直径	d_p	$d_p=(1.65\sim1.95)m$	
量棒中心所在圆的压力角	α_M	$\mathrm{inv}\alpha_M=\mathrm{inv}\alpha+\dfrac{\pi}{2z}+\dfrac{2x_n m\sin\alpha-d_p}{mz\cos\alpha}$	$\mathrm{inv}\alpha_M=\mathrm{inv}\alpha+\dfrac{\pi}{2}-\dfrac{d_p}{mz\cos\alpha}$
量棒直径校验		d_p 须满足：$\dfrac{\cos\alpha}{\cos\alpha_M}d-d_{an}<d_p<d_{fn}-\dfrac{\cos\alpha}{\cos\alpha_M}d$	
量棒距	M	偶数齿：$M=\dfrac{d\cos\alpha}{\cos\alpha_M}-d_p$；奇数齿：$M=\dfrac{d\cos\alpha}{\cos\alpha_M}\cos\dfrac{90°}{z}-d_p$	
量棒距偏差	E_{ms} E_{mi}	上偏差：偶数齿，$E_{ms}=\dfrac{E_w}{\sin\alpha_M}$；奇数齿，$E_{ms}=\dfrac{E_w}{\sin\alpha_M}\cos\dfrac{90°}{z}$ 下偏差：$E_{mi}=0$	

表 15-5-29　　$\alpha=20°$的曲率系数

齿数 z	25	30	35	40	45	50	55	60	65	70	75	80
ϕ_t	2.42	2.45	2.47	2.49	2.51	2.53	2.55	2.57	2.58	2.59	2.60	2.61
ϕ_e	2.53	2.57	2.61	2.64	2.66	2.68	2.70	2.72	2.74	2.75	2.76	2.77

表 15-5-30　　齿面鼓度对称度公差 F_g

齿轮精度等级	齿宽 b_w/mm				
	≤30	>30~50	>50~75	>75~100	>100~150
7	0.03	0.042	0.055	0.078	0.105
8	0.04	0.050	0.065	0.090	0.115

表 15-5-31　　齿轮公法线长度偏差 E_w

齿轮精度等级	分度圆直径/mm				
	≤50	>50~125	>125~200	>200~400	>400~800
6	0.034	0.040	0.045	0.050	0.055
7	0.038	0.050	0.055	0.070	0.080
8	0.048	0.070	0.080	0.090	0.115

6.2　行星轮结构

行星轮结构根据传动型式、传动比大小、轴承类型及轴承的安装形式而定。NGW 型和 NW 型传动常用的行星轮结构见表 15-5-32。

表 15-5-32　　　　　　　　　　　　　　　　行星轮结构

应保证行星轮轮缘厚度 $\delta>3m$，否则须进行强度或刚度校核 在一般情况下，行星轮齿宽与直径的比为：$\psi_d=0.5\sim0.7$，硬齿面取较小值，即 $\psi_d=0.5$ 为使行星轮内孔配合直径加工方便，切齿简单，制造精度易保证，应采用行星轮内孔无台肩结构 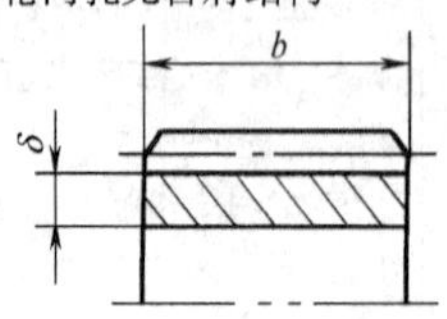	轴承装在行星轮内，弹簧挡圈装在轴承内侧，因而增大了轴承间距，减小了行星轮倾斜。但拆卸轴承比较复杂 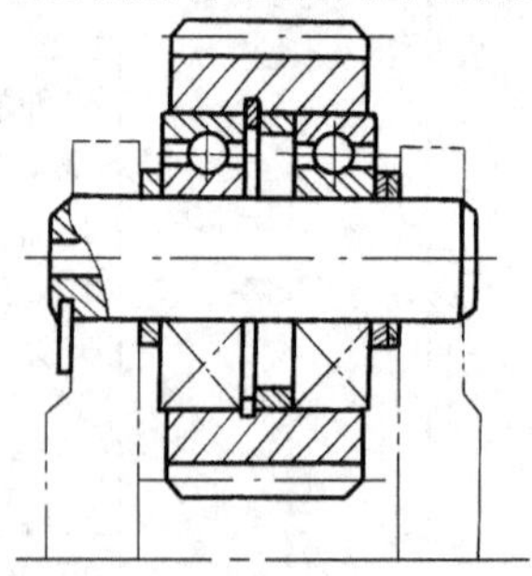
整体双联齿轮断面急剧变化处会引起应力集中，须使 $\delta\geqslant(3\sim4)m$；必要时应进行强度校核 整体双联齿轮的小齿圈不能磨齿 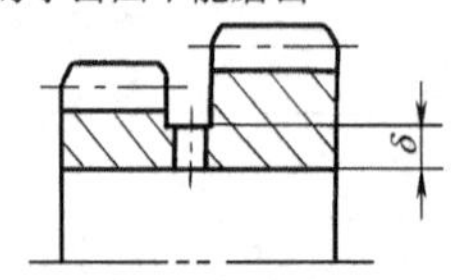	特点同上图：采用圆柱滚子轴承，用于载荷较大的场合 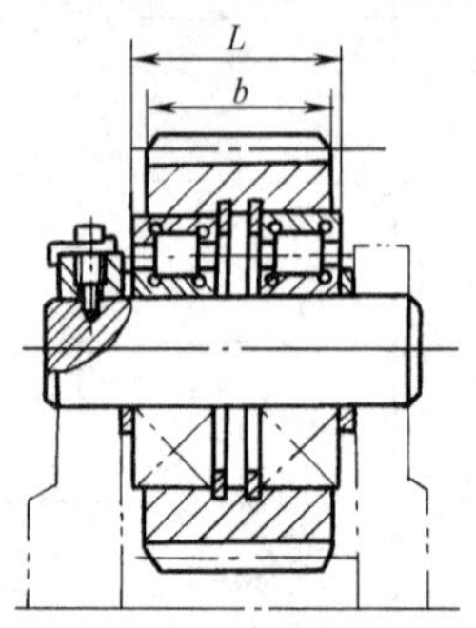
为使结构紧凑、简单和便于安装，轴承装入行星轮内，弹簧挡圈装在轴承外侧。由于轴承距离较近，当两个轴承原始径向间隙不同时，会引起较大的轴承倾斜，使齿轮载荷集中 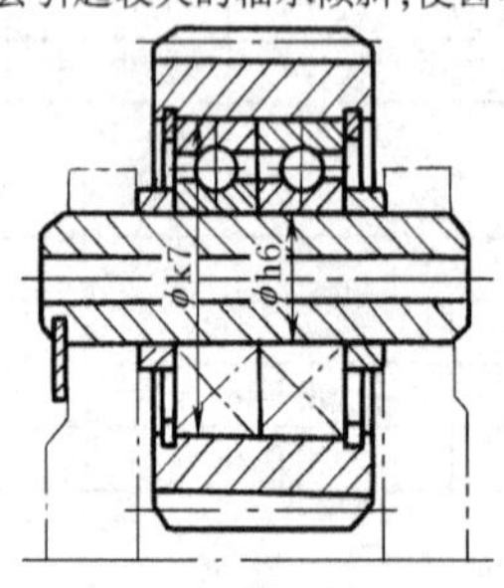	采用无多余约束浮动机构时，行星轮内设置一个球面调心轴承，可使 A-C 传动的载荷沿齿宽均匀分布 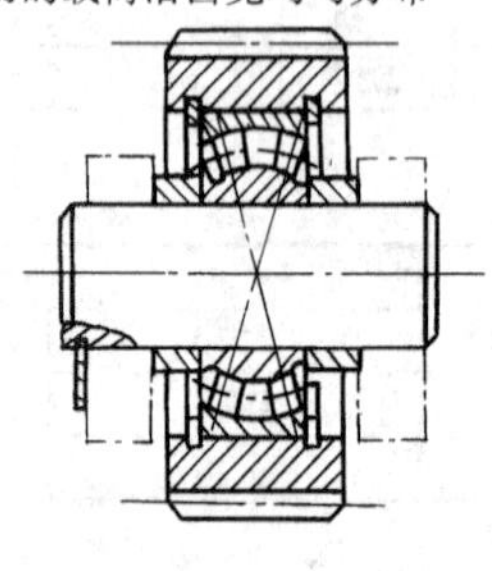
当传动比 $i_{AX}^{B}\leqslant4$ 时，行星轮直径较小，通常只能将行星轮轴承安装在行星架上，这样会使行星架的轴向尺寸加大，并需采取剖分式结构，加工和装配较复杂 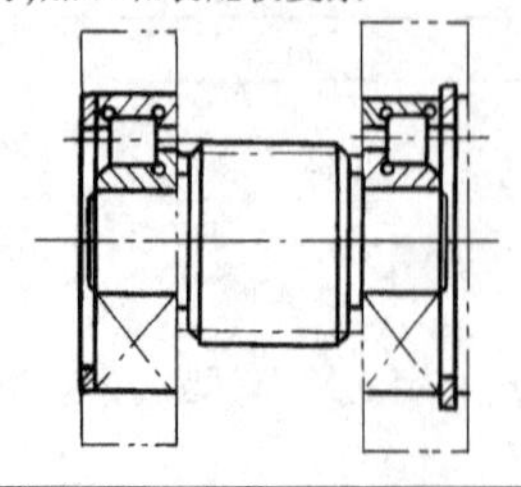	行星轮的径向尺寸受限制时，可采用滚针轴承。行星轮的轴向固定用单列向心球轴承，该轴承不承受径向载荷 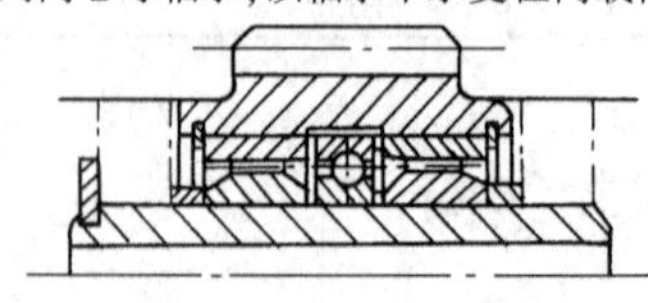

续表

当载荷较大,用单列向心球轴承承载能力不足时,可采用双列向心球面滚子轴承 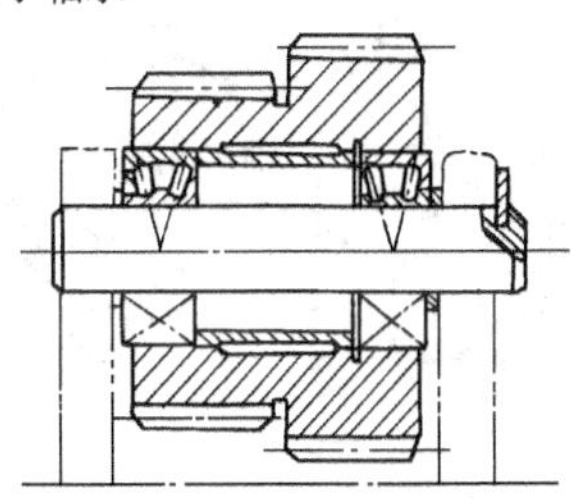	当行星轮直径较小时,为提高轴承寿命,可采用专用三列无保持架小直径滚子轴承 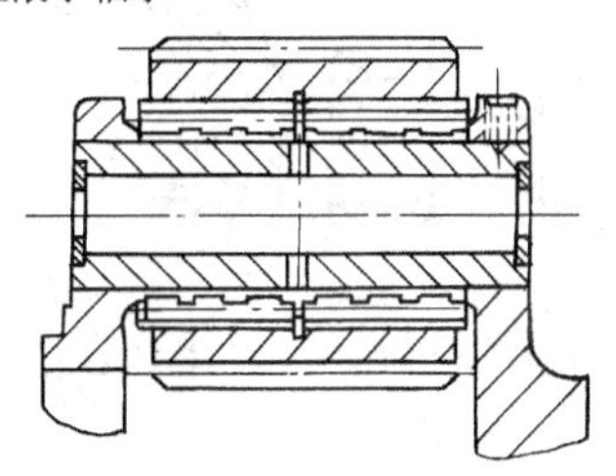
在高速重载行星齿轮传动中,常因滚动轴承极限转速和承载能力的限制而采用滑动轴承,并用压力油润滑。为使行星轮有可靠的基准孔和减磨材料层的应力不变,通常将减磨材料浇在行星轮轴表面上。当 $l/d>1$ 时,可以做成双轴承式,以提高承载能力并使载荷均匀分布。高速传动用双联齿轮结构的轴承推荐用轴瓦并安装在行星架上。轴承长度 l、轴颈直径 d 及轴承间隙 Δ 的关系可取 $l/d=1\sim2$;$\Delta/d=0.0025\sim0.02$ 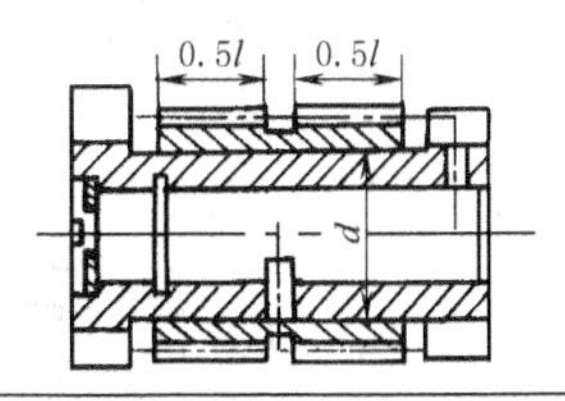 	由于双联行星轮结构会产生较大力矩,故使行星轮轴线偏斜而产生载荷集中。为了减少载荷集中,可将轴承安装在行星架上,以得到最大的轴承间距。由于行星轮轴不承受转矩,故齿轮和轴可用短键或销钉连接 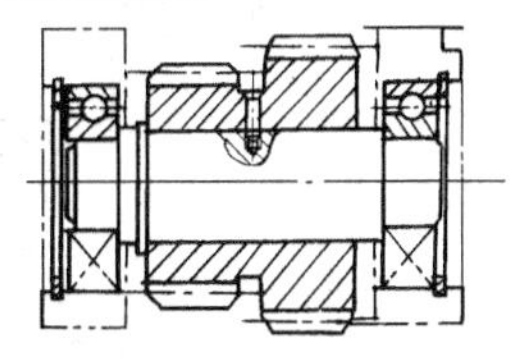
采用圆锥滚子轴承可提高承载能力。轴承轴向间隙用垫片调节;为便于拆卸,在两轴承间安设隔离环 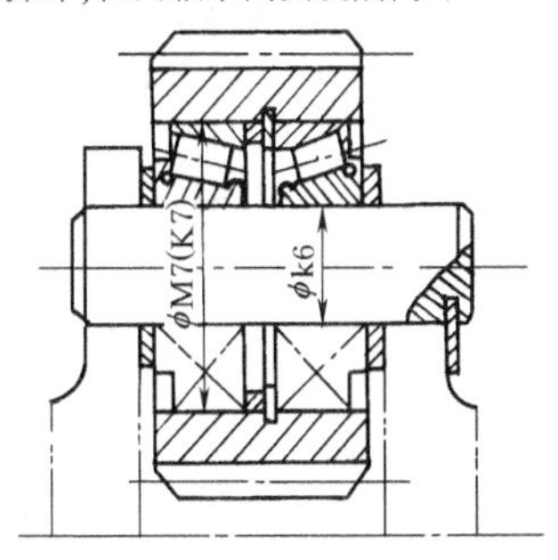 	如果双联行星轮需要磨齿时,须设计成装配式。两行星轮的精确位置用定位销定位或从工艺上来保证。大齿轮磨齿前,应牢固地固定在已加工完的小齿轮上,再进行磨齿 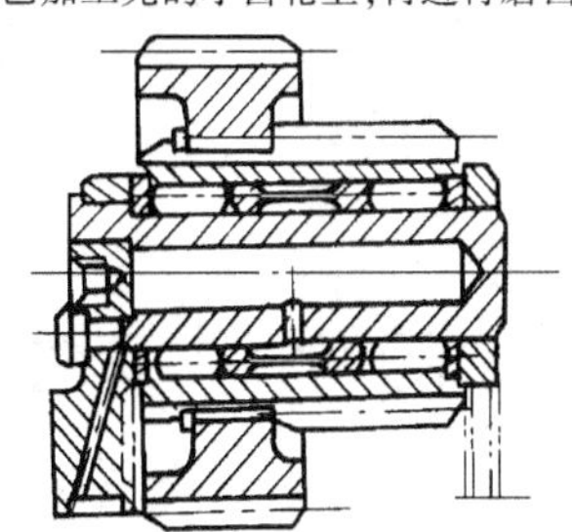

6.3 行星架结构

行星架是行星齿轮传动中结构比较复杂的一个重要零件。在最常用的 NGW 型传动中,它也是承受外力矩最大(除 NGWN 型外)的零件。行星架有双壁整体式、双壁剖分式和单壁式三种型式。其结构如图 15-5-18 所示。

当传动比较大时,例如 NGW 型单级传动,$i_{AX}^{B}\geqslant4$ 时,行星轮轴承一般安装在行星轮内,拟采用双壁整体式行星架。此类行星架刚度大,受载变形小,因而有利于行星轮所受载荷沿齿宽方向均匀分布,减少振动和噪声。

双壁整体式行星架常用铸造和焊接工艺制造。铸造行星架常选用的材料有 ZG310-570、ZG340-640、ZG35SiMn、ZG40Cr 等牌号的铸钢。其结构见图 15-5-18a~d。铸造行星架常用于批量生产中的中、小型行星减速器。其中图 a 用于多级传动的高速级,用轴承支承,其轴心线固定不动。图 b 用于具有浮动机构的场合,其内齿既可与输出轴相连(单级传动),又可通过浮动齿套与中间级太阳轮或低速级太阳轮相连(二级和多级传动)。图 c 和图 d 用于多级传动的低速级,并与低速轴相连。

焊接行星架通常用于单件生产的大型行星齿轮传动中,其结构如图 15-5-18e 和图 15-5-18f 所示。

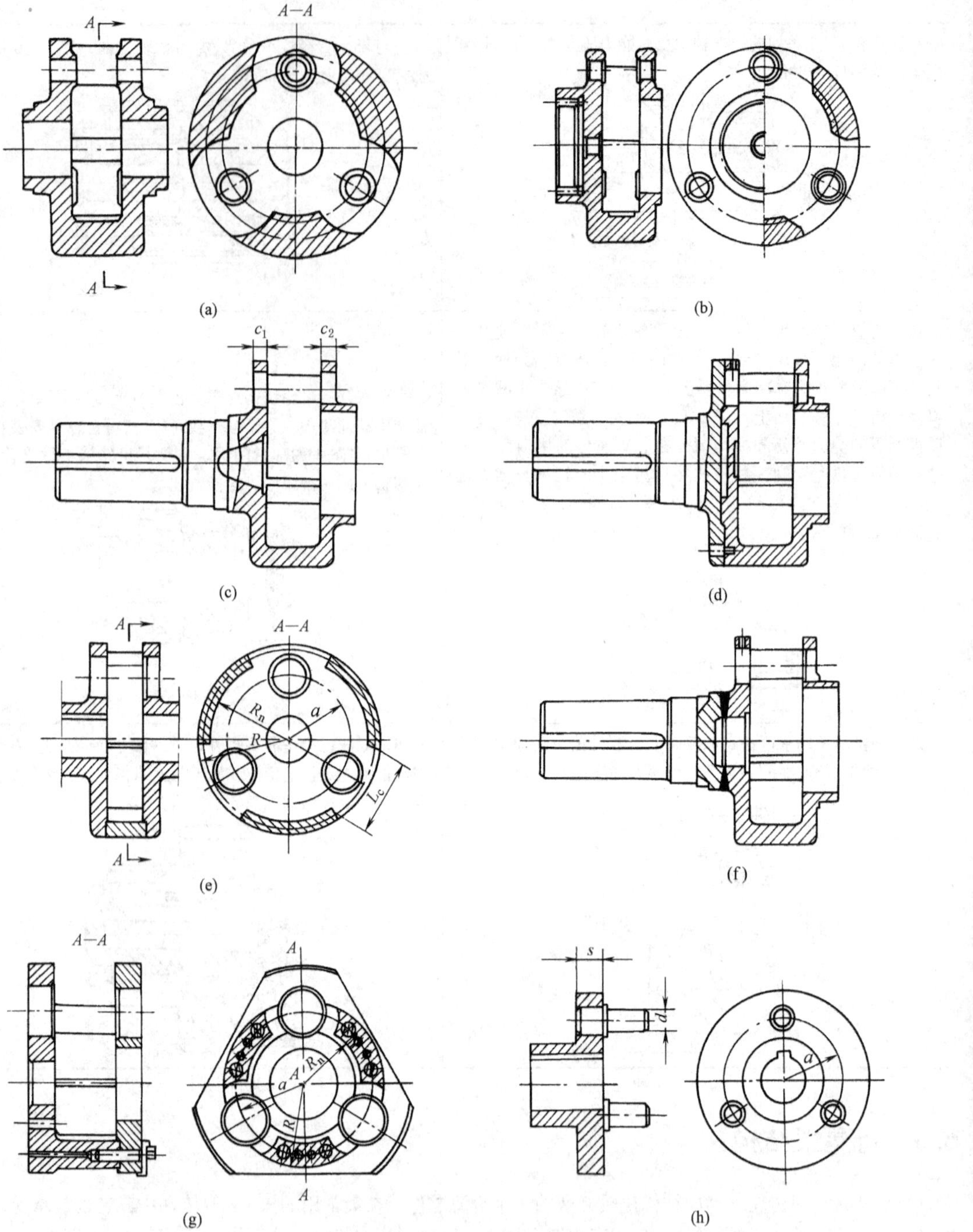

(a) (b)

(c) (d)

(e) (f)

(g) (h)

图 15-5-18　行星架结构

双壁剖分式行星架较整体式行星架结构复杂，主要用于高速行星传动和传动比较小的低速行星传动。例如传动比 $i_{AX}^{B}<4$ 的 NGW 型行星传动，其行星轮轴承要装在行星架上。为满足装配要求，必须采用如图 15-5-18g 所示具有剖分式结构的行星架。剖分式行星架一般采用铸钢或锻钢材料制造，其结构较复杂，刚性较差。

双壁整体式和双壁剖分式行星架的两个侧板通过中间连接板（梁）连接在一起。两个侧板的厚度，当不安装轴承时可按经验公式选取：$c_1=(0.25\sim0.30)a$，$c_2=(0.20\sim0.25)a$。开口长度 L_c 应比行星轮外径大 10mm 以上。连接板内圆半径 R_n 按下式确定：$R_n=(0.85\sim0.50)R$（参看图 15-5-18e 和图 15-5-18g）。

单壁式行星架结构简单，装配方便，轴向尺寸小（见图 15-5-18h），但因行星轮轴呈悬臂状态，受力情况不好，刚性差，并需校核行星轮轴与行星架孔的配合长度及过盈量，而且轴承必须安装在行星轮孔内，特别是当行星轮直径较小时比较困难，故一般只用于中小功率传动。行星架壁厚 s 推荐取值为 $s=\left(\frac{1}{3}\sim\frac{1}{4}\right)a$。其轴径 d 要按弯曲强度和刚度计算。轴和孔推荐采用 H7/u7 过盈配合并用温差法装配。配合长度，即壁厚 s 可在（1.5~2.5）d 范围内选取，并兼顾上述对壁厚的推荐取值。

6.4 机体结构

机体结构如何设计取决于制造工艺、安装使用、维修及经济性等方面的要求。按制造工艺不同来划分，有铸造机体和焊接机体。中小规格的机体在成批生产时多采用铸铁件，而单件生产或机体规格较大时多采用焊接方法制造。

按安装方式不同来划分，有卧式、立式和法兰式。按结构不同又分为整体式和剖分式。各种机体的结构如图 15-5-19 所示。其中图 a 为卧式二级整体铸铁机体，其结构简单、紧凑，常用于专用设计或专用系列设计中。图 b 为二级分段式铸铁机体，其结构较复杂，刚性差，加工工时多，常用于系列设计中，对成批和大量生产有利。图 c 为立式法兰式安装机体，成批生产时多为铸件，单件生产时多为焊接件。图 d 为卧式底座安装、轴向剖分式结构，常用在大规格、单件生产场合，可以铸造，也可以焊接。图 e 所示其齿圈即为机体，连接部分可为铸件，也可为焊接件。

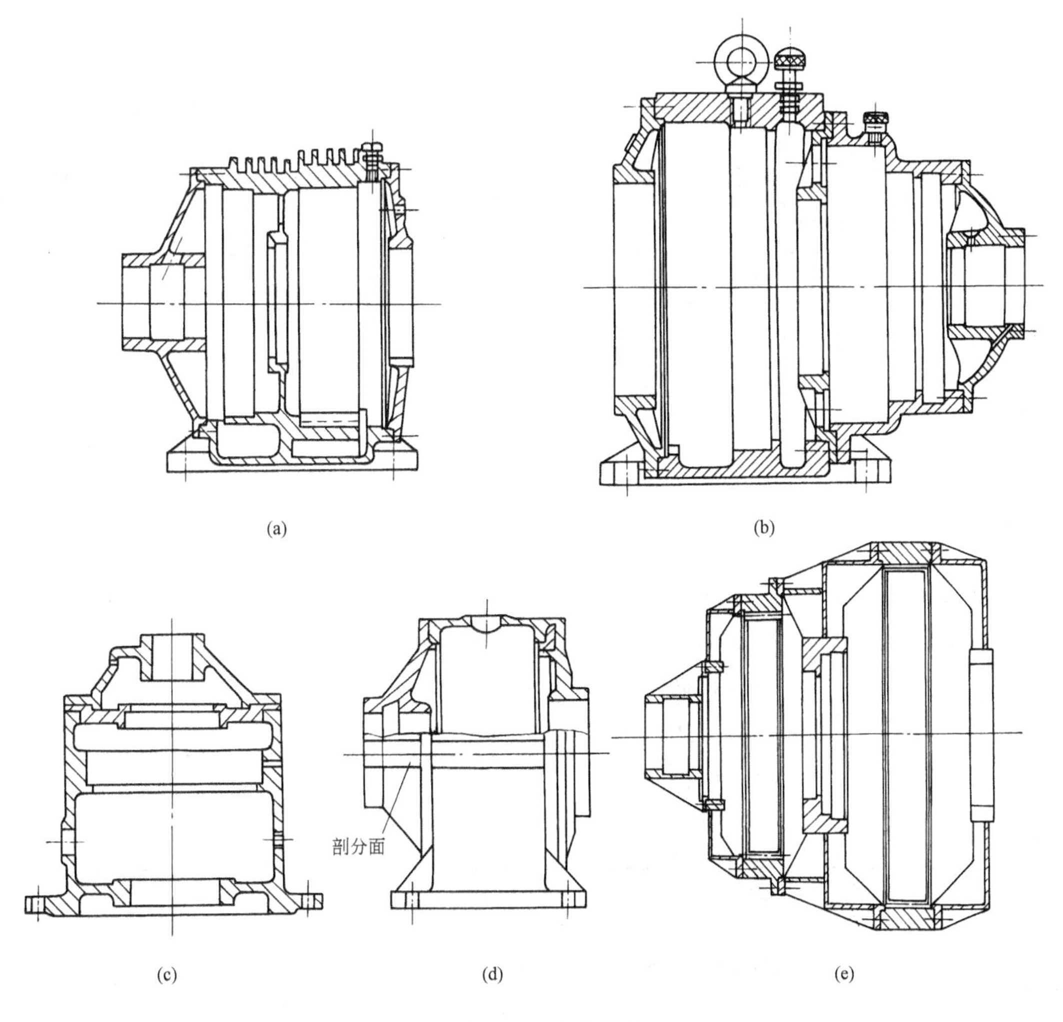

图 15-5-19　机体结构

铸铁机体各部尺寸（如图 15-5-20 所示）可按表 15-5-33 中所列的经验公式确定，其中壁厚 δ 按表 15-5-34 选定或按下式计算：

$$\delta=0.56K_tK_d\sqrt[4]{T_D}\geqslant 6\text{mm}$$

式中 K_t——机体表面形状系数，当无散热筋时取 $K_t=1$，有散热筋时取 $K_t=0.8\sim0.9$；

K_d——与内齿圈直径有关的系数，当内齿圈分度圆直径 $d_b\leqslant 650$mm 时，取 $K_d=1.8\sim2.2$，当 $d_b>650$mm 时，取 $K_d=2.2\sim2.6$；

T_D——作用于机体上的转矩，N · m。

机体表面散热筋尺寸按图 15-5-21 中所列的关系式确定。

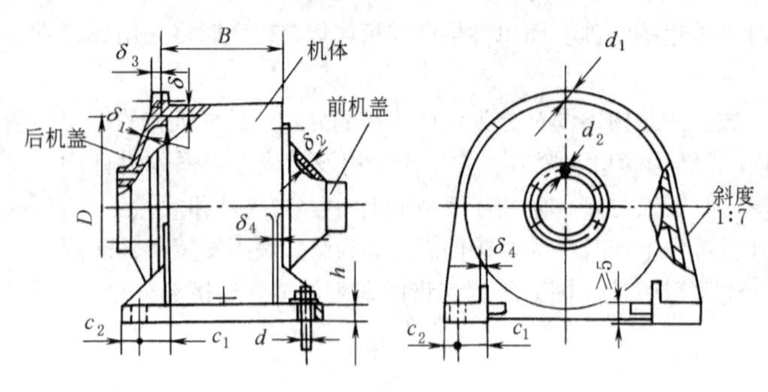

图 15-5-20　机体结构尺寸代号

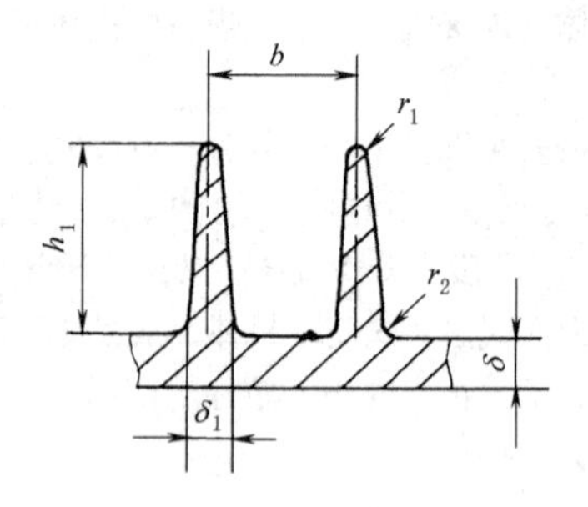

图 15-5-21　散热筋尺寸

$h_1=(2.5\sim4)\delta$；$b=2.5\delta$

$r_1=0.25\delta$；$r_2=0.5\delta$；$\delta_1=0.8\delta$

表 15-5-33　行星减（增）速器铸造机体结构尺寸　mm

名　称	代号	计　算　方　法
机体壁厚	δ	见表 15-5-34 或 δ 计算公式
前机盖壁厚	δ_2	$\delta_2=0.8\delta\geqslant 6$
后机盖壁厚	δ_1	$\delta_1=\delta$
机盖(机体)法兰凸缘厚度	δ_3	$\delta_3=1.25d_1$
加强筋厚度	δ_4	$\delta_4=\delta$
加强筋斜度		2°
机体宽度	B	$B\geqslant 4.5\times$齿轮宽度
机体内壁直径	D	按内齿轮直径及固定方式确定
机体机盖紧固螺栓直径	d_1	$d_1=(0.85-1)\delta\geqslant 8$
轴承端盖螺栓直径	d_2	$d_2=0.8d_1\geqslant 8$
地脚螺栓直径	d	$d=3.1\sqrt[4]{T_D}\geqslant 12$
机体底座凸缘厚度	h	$h=(1\sim1.5)d$
地脚螺栓孔的位置	c_1	$c_1=1.2d+(5\sim8)$
	c_2	$c_2=d+(5\sim8)$

注：1. T_D—作用于机体上的转矩 N · m。

2. 尺寸 c_1 和 c_2 要按扳手空间要求校核。

3. 本表尚未包括的其他尺寸，可参考第 17 篇第 1 章的表 17-1-5 中有关内容确定。

4. 对于焊接机体，表中的尺寸关系仅供参考。

表 15-5-34　铸造机体的壁厚

尺寸系数 K_δ	壁厚 δ/mm
≤0.6	6
>0.6~0.8	7
>0.8~1.0	8
>1.0~1.25	>8~10
>1.25~1.6	>10~13
>1.6~2.0	>13~15
>2.0~2.5	>15~17
>2.5~3.2	>17~21
>3.2~4.0	>21~25
>4.0~5.0	>25~30
>5.0~6.3	>30~35

注：1. 尺寸系数 $K_\delta=\dfrac{3D+B}{1000}$，$D$ 为机体内壁直径 mm，B 为机体宽度 mm。

2. 对有散热片的机体，表中 δ 值应降低 10%~20%。

3. 表中 δ 值适合于灰铸铁，对于其他材料可按性能适当增减。

4. 对于焊接机体，表中 δ 可作参考，一般应降低 30%左右使用。

6.5 行星齿轮减速器结构图例

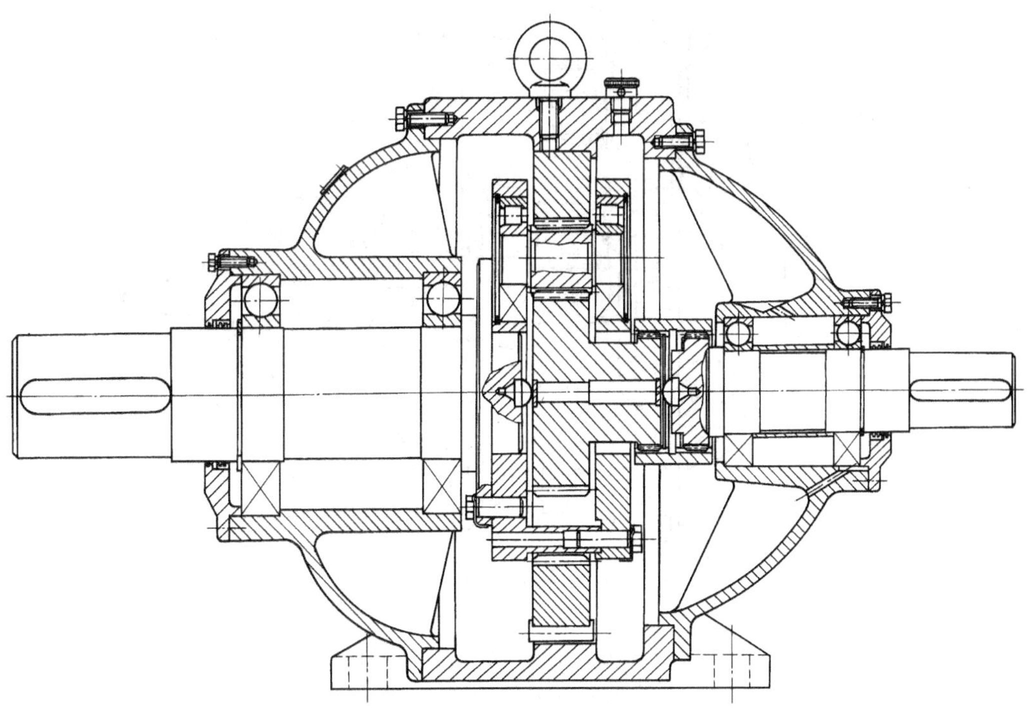

图 15-5-22　NGW 型单级行星减速器

（太阳轮浮动，$i_{AX}^{B}=2.8\sim4.5$，$z_A>z_C$）

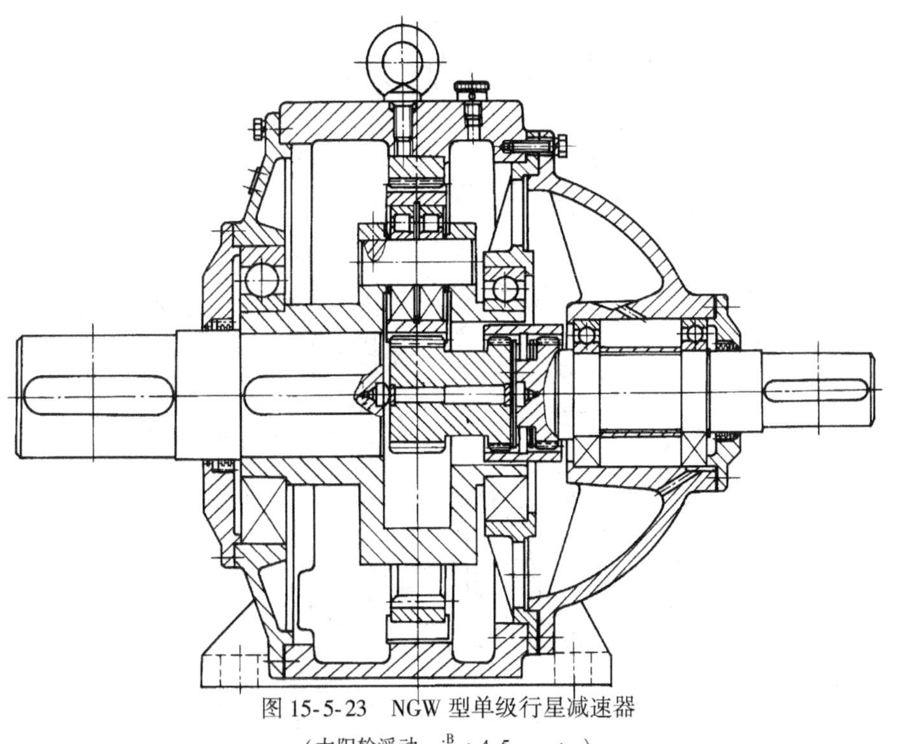

图 15-5-23　NGW 型单级行星减速器

（太阳轮浮动，$i_{AX}^{B}>4.5$，$z_A<z_C$）

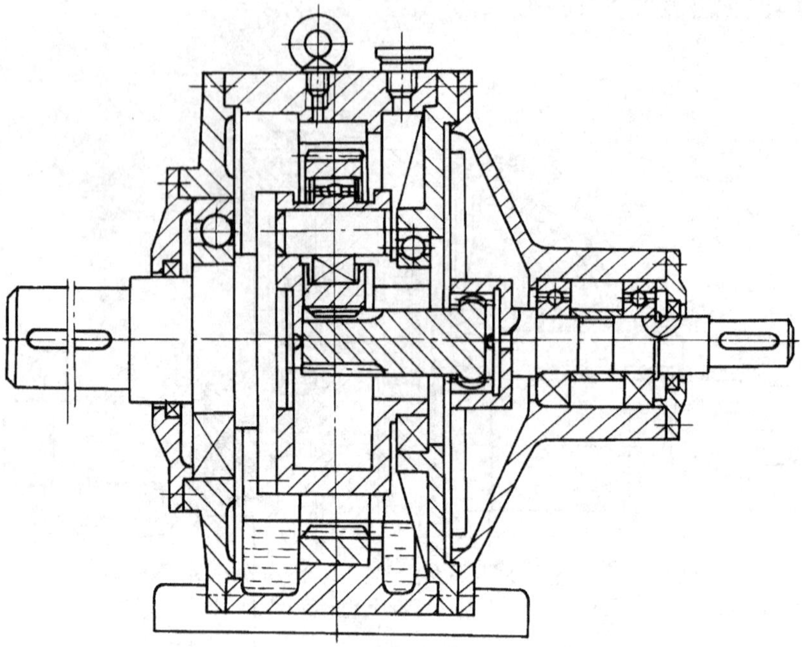

图 15-5-24　NGW 型单级行星减速器

（无多余约束的浮动 $z_A < z_C$）

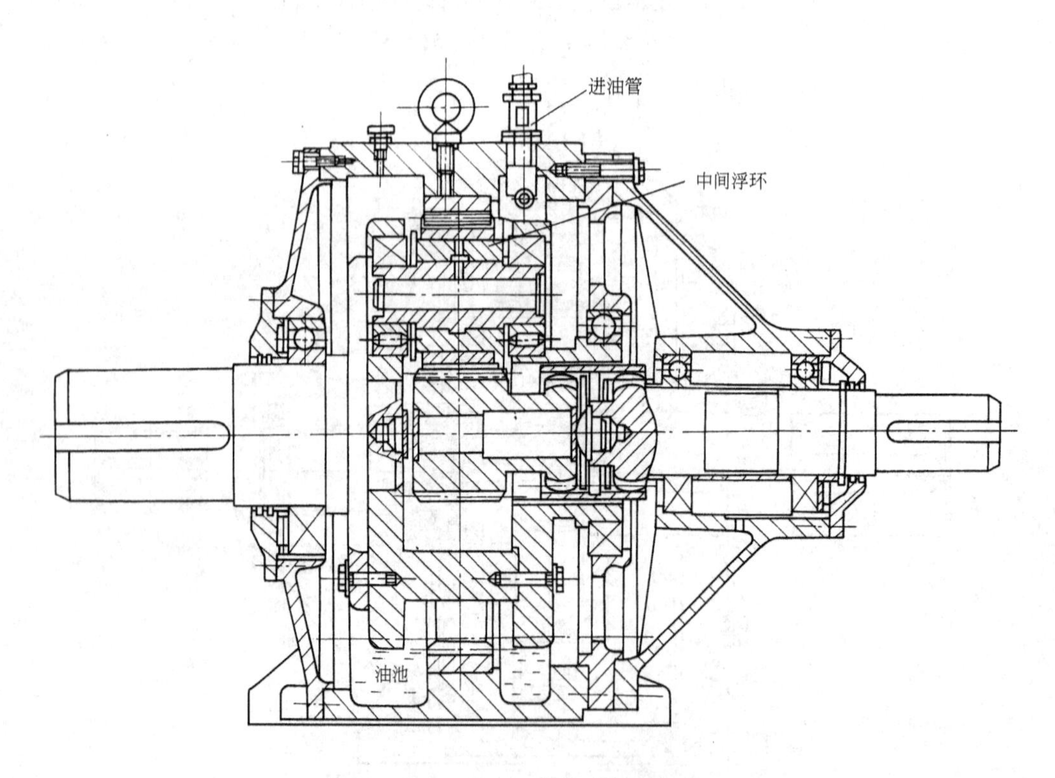

图 15-5-25　NGW 型行星齿轮减速器

（弹性油膜浮动与太阳轮浮动均载）

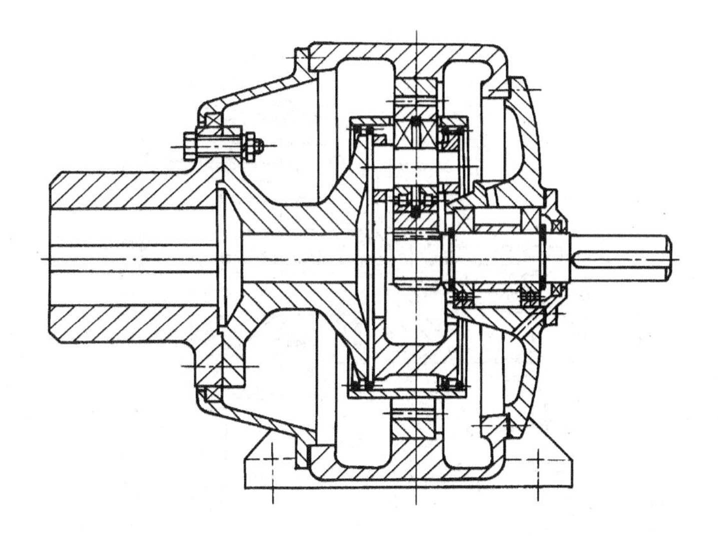

图 15-5-26　NGW 型单级行星减速器

(行星架浮动)

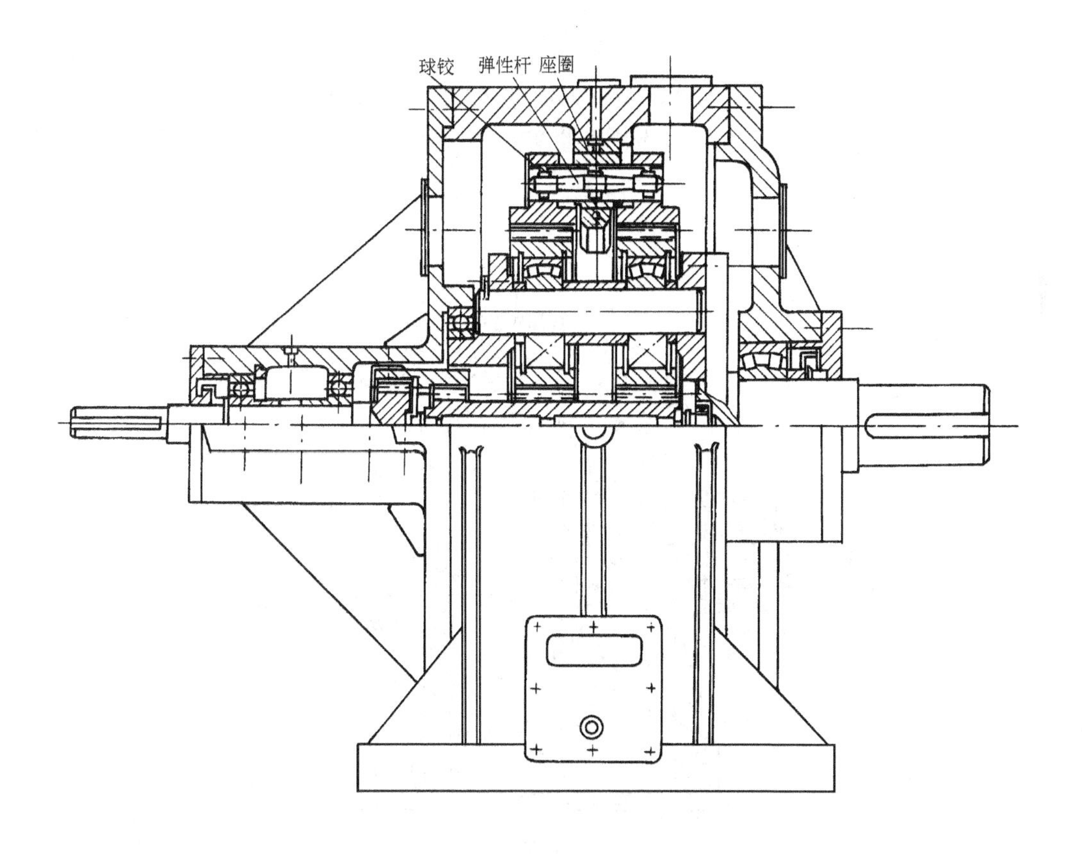

图 15-5-27　双排直齿 NGW 型大规格行星减速器

(两排内齿轮之间采用弹性杆均载，高速端的端盖为轴向剖分式)

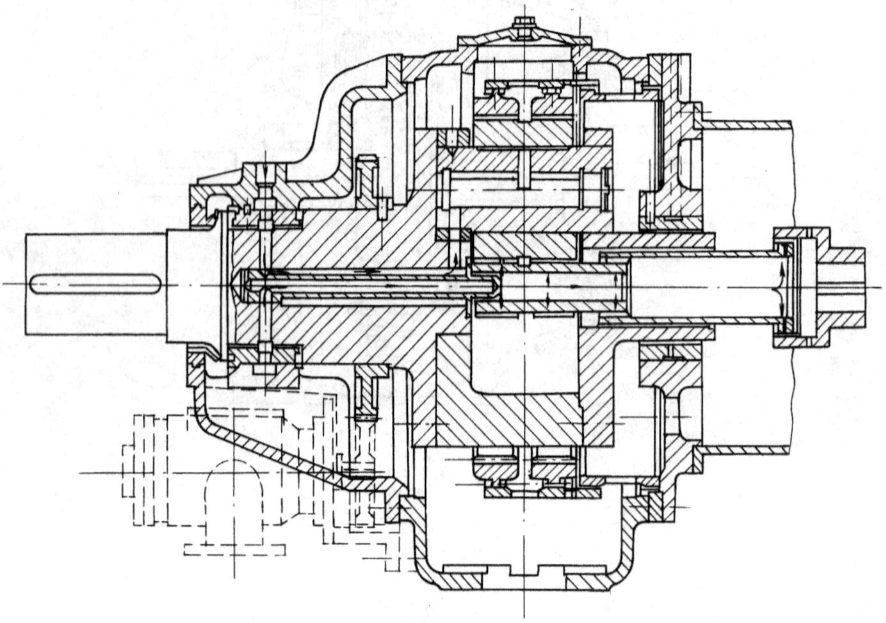

图 15-5-28　NGW 型高速行星增（减）速器
（太阳轮与内齿圈同时浮动）

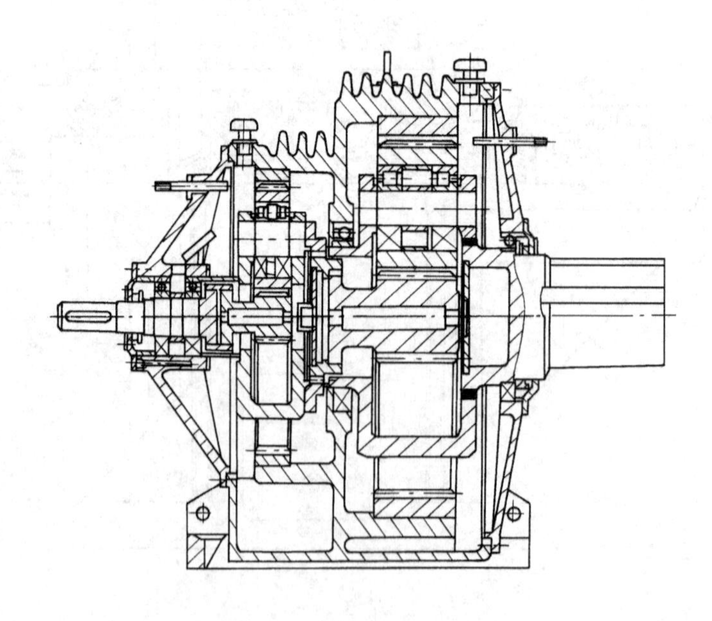

图 15-5-29　NGW 型二级行星减速器
（高速级太阳轮与行星架同时浮动，低速级太阳轮浮动）

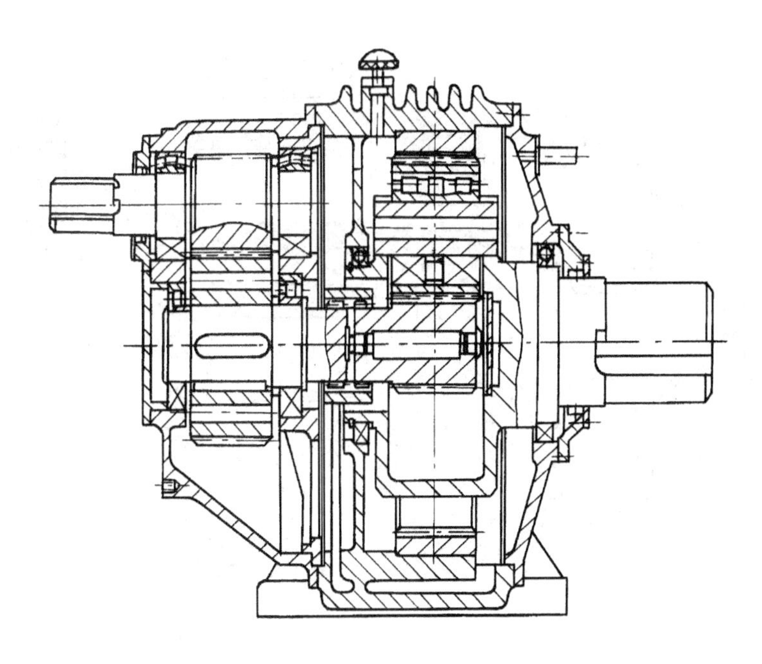

图 15-5-30　定轴齿轮传动与 NGW 型组合的行星减速器
（低速级太阳轮浮动）

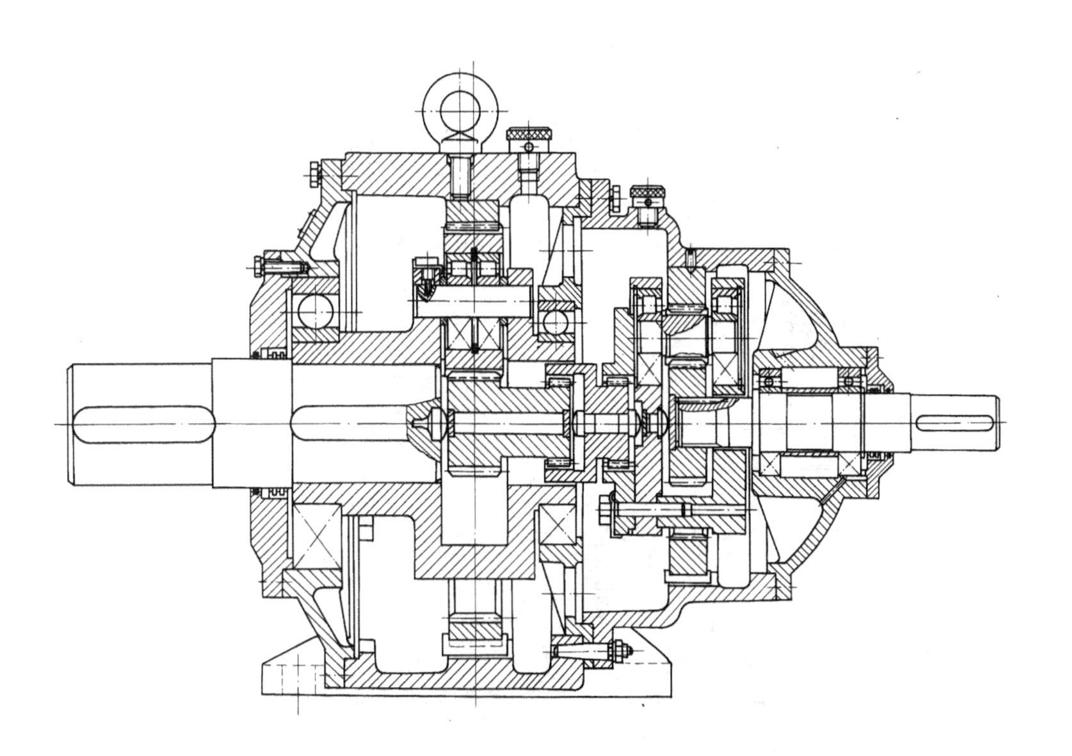

图 15-5-31　NGW 型二级行星减速器
（高速级行星架浮动，低速级太阳轮浮动）

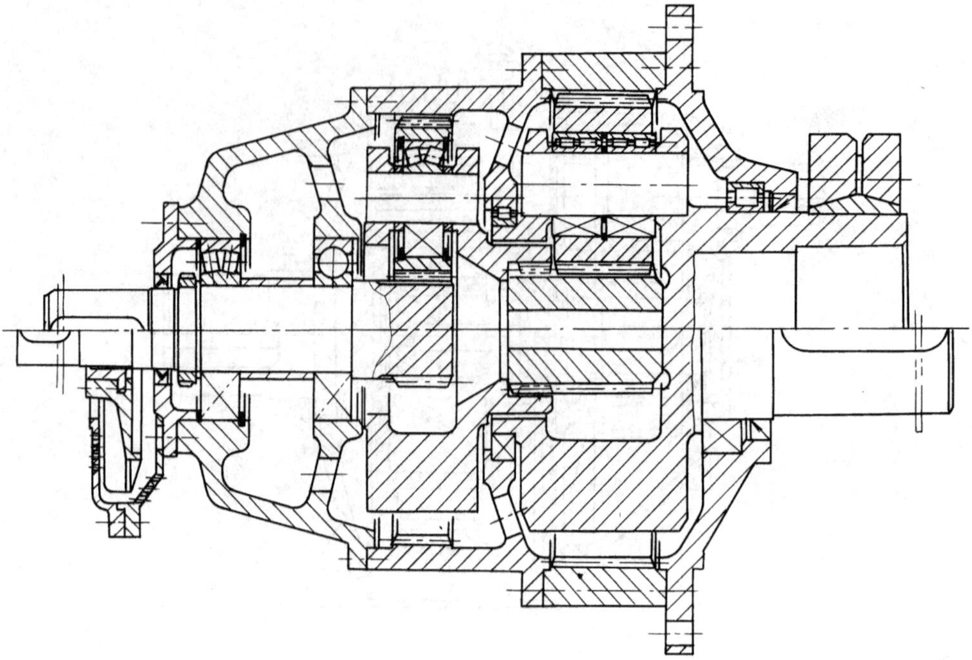

图 15-5-32　法兰式 NGW 型二级行星减速器
（高速级行星架浮动，低速级太阳轮浮动；低速轴采用平键连接或缩套无键连接）

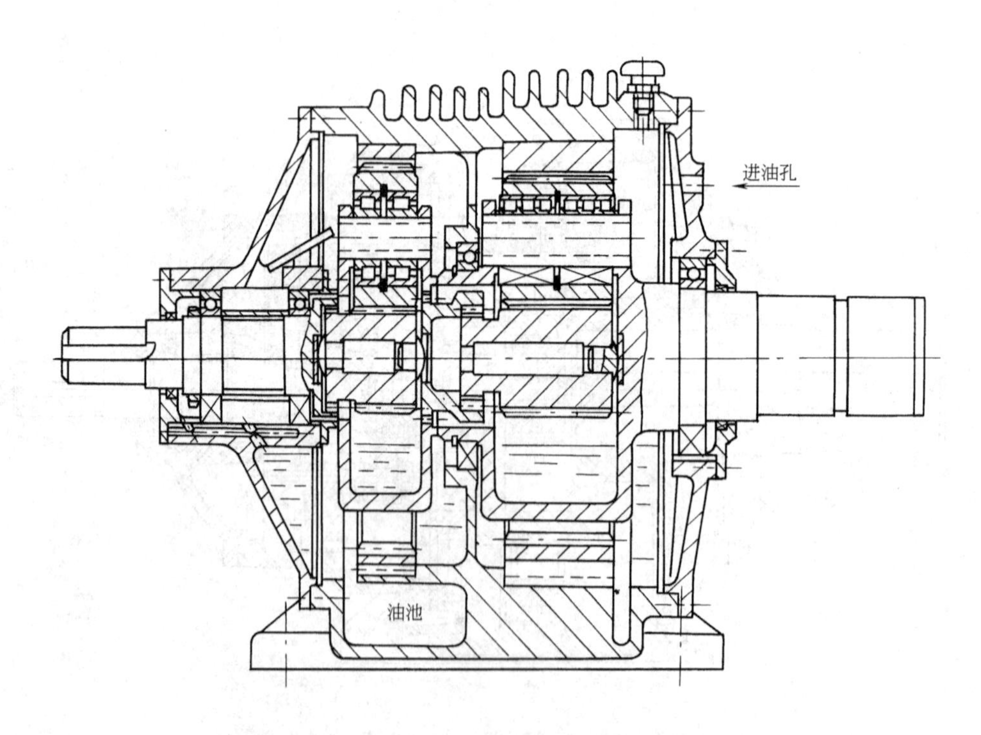

图 15-5-33　二级 NGW 型大规格行星减速器
（高速级太阳轮与行星架浮动，低速级太阳轮浮动）

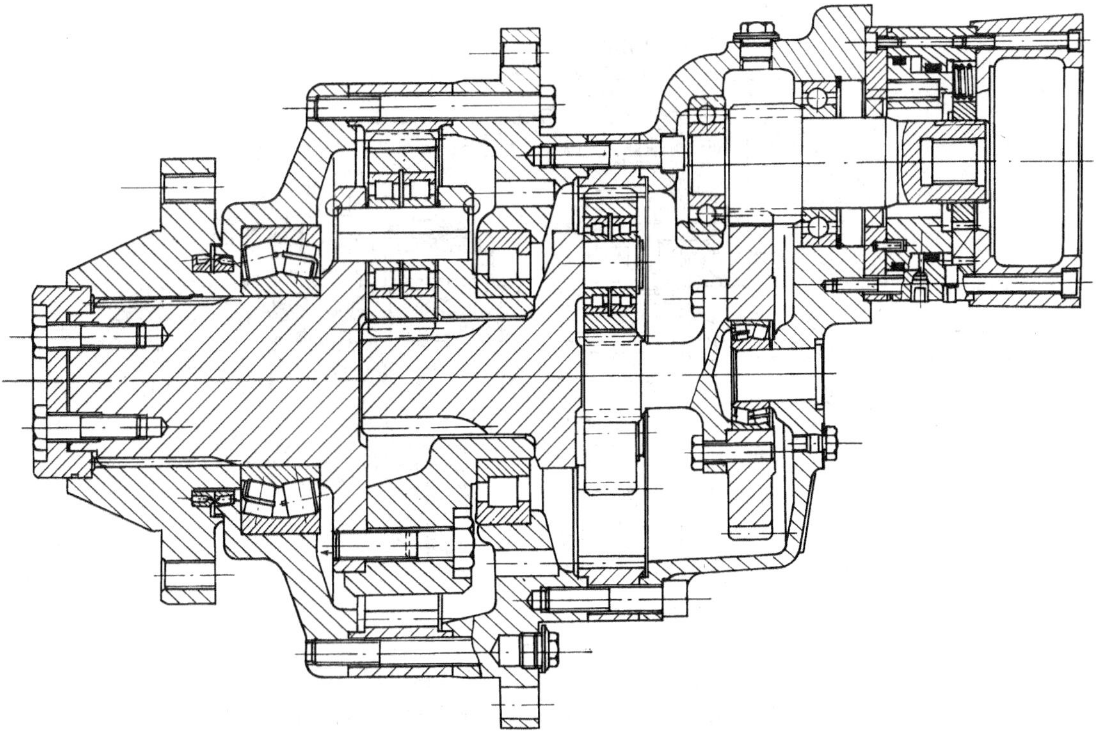

图 15-5-34　挖掘机用行走型行星减速器

（二级 NGW 型传动与一级平行轴传动组合；低速级太阳轮浮动，中间级行星架浮动；高速级带制动器）

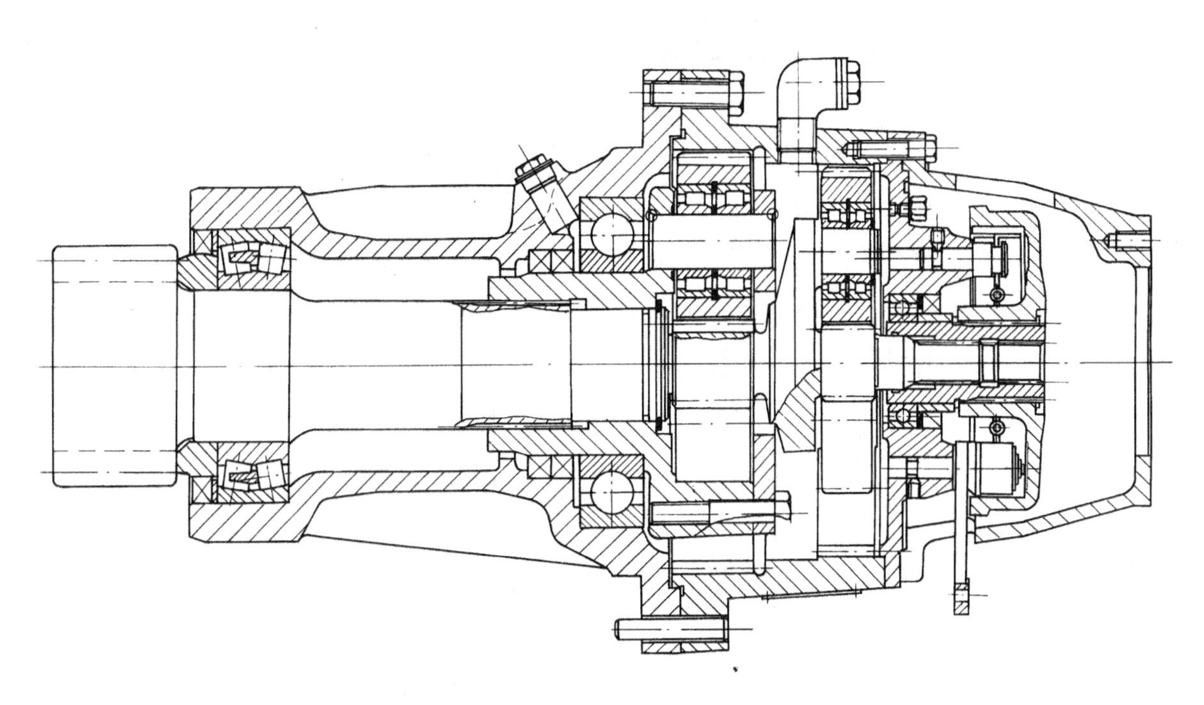

图 15-5-35　挖掘机用回转型行星减速器

（高速级行星架浮动，低速级太阳轮浮动）

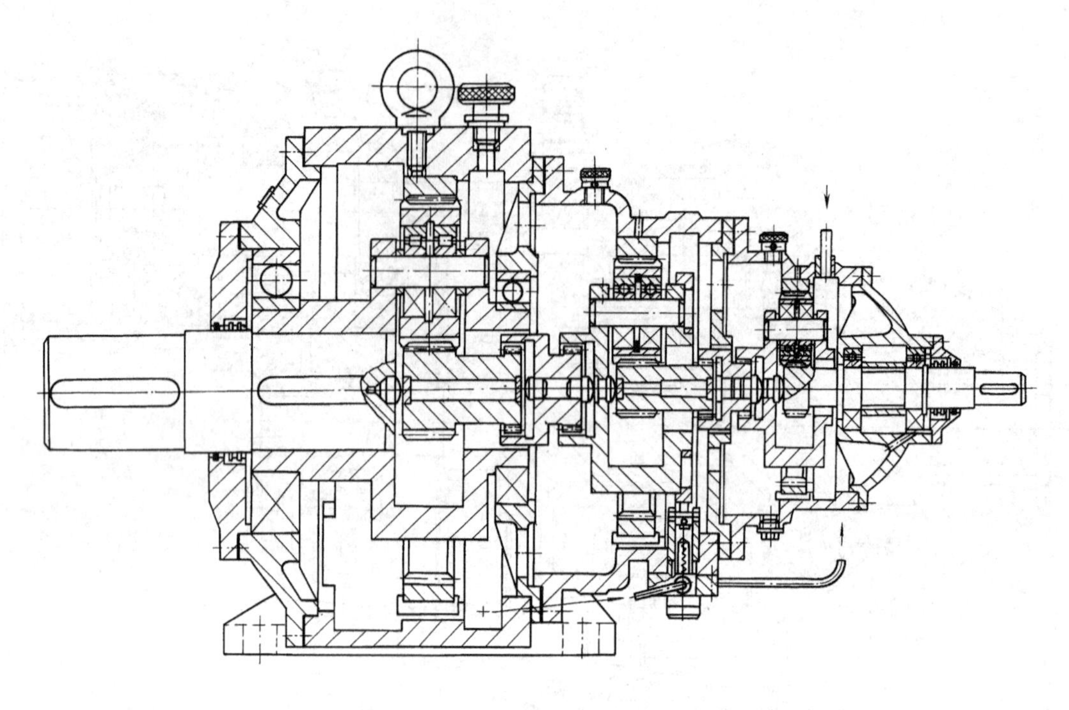

图 15-5-36　NGW 型三级行星减速器
（一级：行星架浮动；二级：太阳轮与行星架同时浮动；三级：太阳轮浮动）

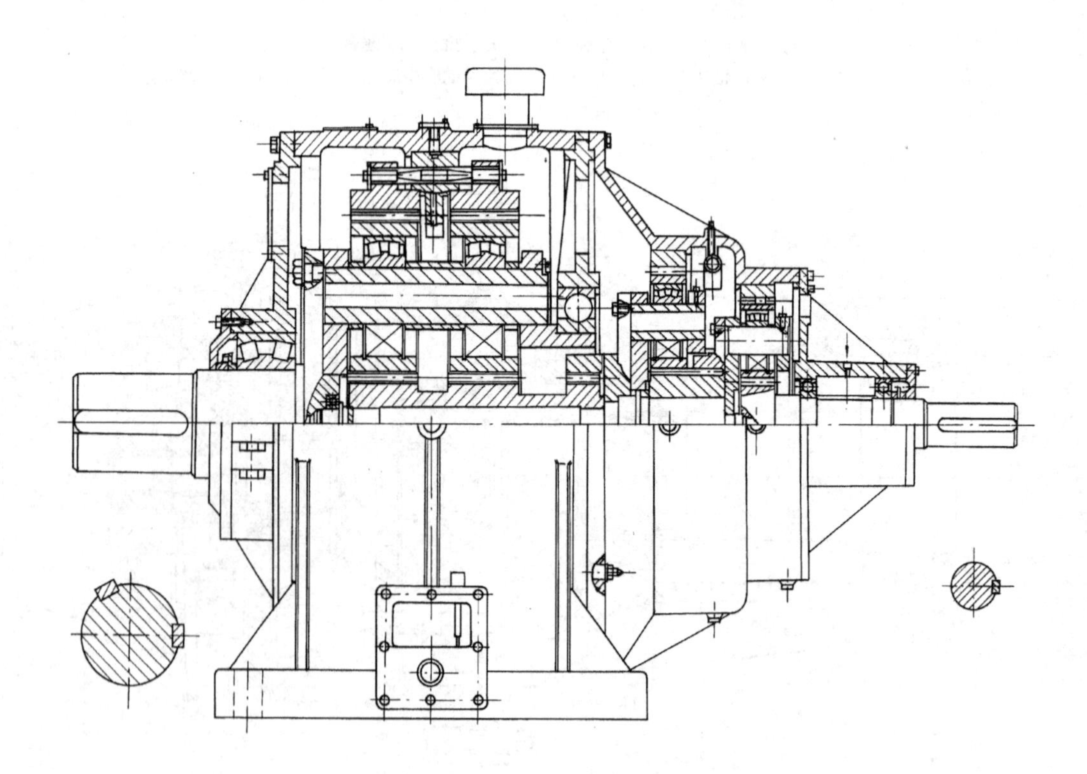

图 15-5-37　NGW 型三级大规格行星减速器
（高速级行星架浮动，中间级太阳轮与行星架同时浮动，
低速级太阳轮浮动并采用双排齿轮，两排内齿轮以弹性杆均载）

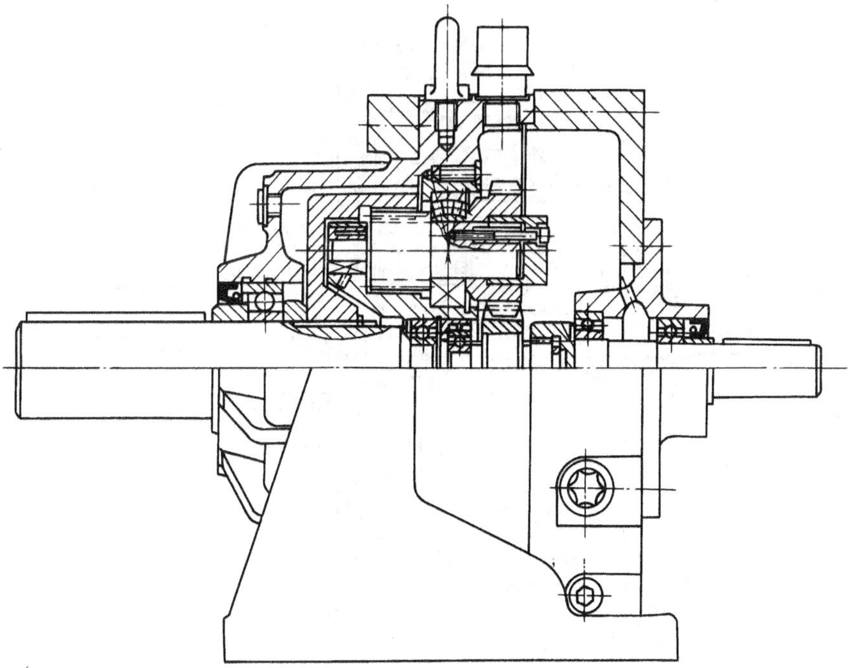

图 15-5-38　行星架固定的 NW 型准行星减速器
（传动比 $i=5\sim50$，两个行星轮与水平方向成 45°，双联行星轮采用弹性胀套连接，加工、装配方便）

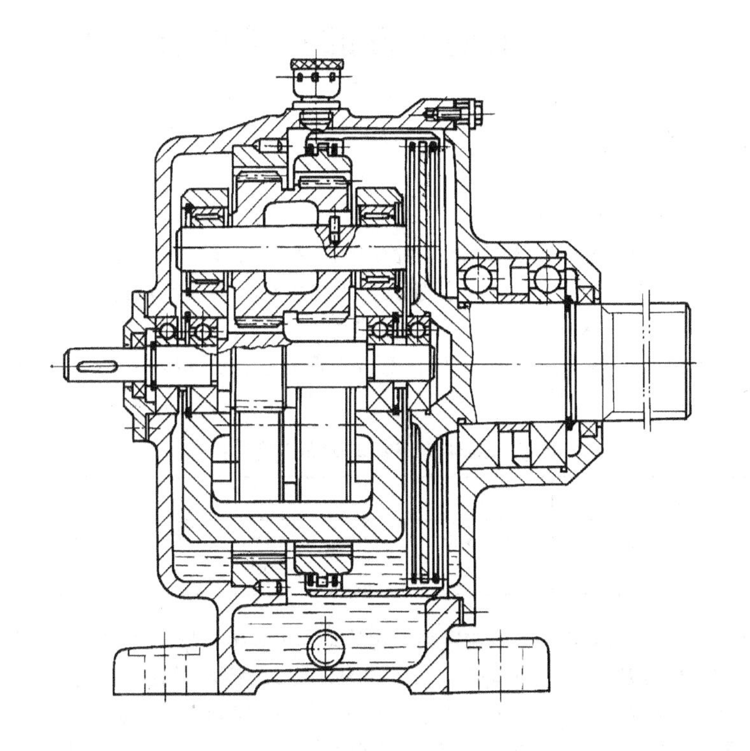

图 15-5-39　NGWN（Ⅰ）型行星减速器
（内齿轮通过浮动，双联齿轮联轴器与输出轴相连，太阳轮不浮动）

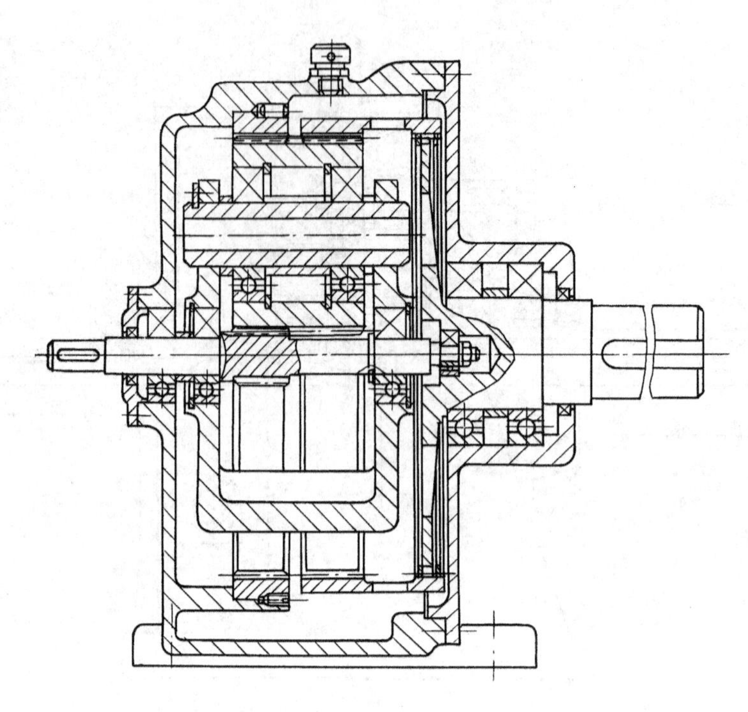

图 15-5-40 NGWN（Ⅱ）型行星减速器
（采用薄壁弹性输出内齿轮，并以齿轮联轴器与输出轴相连，太阳轮不浮动）

7 主要零件的技术要求

7.1 对齿轮的要求

1）精度等级 行星齿轮传动中，一般多采用圆柱齿轮，若有合理的均载机构，齿轮精度等级可根据其相对于行星架的圆周速度 v_X 由表 15-5-35 确定。通常与普通定轴齿轮传动的齿轮精度相当或稍高。一般情况下，齿轮精度应不低于 8-7-7 级。对于中、低速行星齿轮传动，推荐齿轮精度：太阳轮、行星轮不低于 7 级，常用 6 级；内齿轮不低于 8 级，常用 7 级；对于高速行星齿轮传动，其太阳轮和行星轮精度不低于 5 级，内齿轮精度不低于 6 级。齿轮精度的检验项目及极限偏差应符合 GB/T 10095—1988《渐开线圆柱齿轮精度》的规定。

表 15-5-35 圆柱齿轮精度等级与圆周速度的关系

精 度 等 级		5	6	7	8
圆周速度 v_X/m·s^{-1}	直齿轮	>20	≤15	≤10	≤6
	斜齿轮	>40	≤30	≤20	≤12

2）齿轮副的侧隙 齿轮啮合侧隙一般应比定轴齿轮传动稍大。推荐按表 15-5-36 的规定选取，并以此计算出齿厚或公法线平均长度的极限偏差，再圆整到 GB/T 10095—2008 所规定的偏差代号所对应的数值。

3）齿轮联轴器的齿轮精度 一般取 8 级，其侧隙应稍大于一般定轴齿轮传动。

4）对行星轮制造方面的几点要求 由表 15-5-23 可知，行星轮的偏心误差对浮动量的影响最大，因此对其齿圈径向跳动公差应严格要求。在成批生产中，应选取偏心误差相近的行星轮为一组，装配时使同组各行星轮的偏心方向对各自中心线（行星架中心与该行星轮轴孔中心的连线）呈相同角度，这样可使行星轮的偏心误差的

表 15-5-36 **最小侧隙 j_{nmin}** μm

侧隙种类	中心距/mm									
	≤80	>80~125	>125~180	>180~250	>250~315	>315~400	>400~500	>500~630	>630~800	>800~1000
a	190	220	250	290	320	360	400	440	500	560
b	120	140	160	185	210	230	250	280	320	360

注：1. 表中 a 类侧隙对应的齿轮与箱体温差为 40℃；b 类为 25℃。

2. 对于行星齿轮传动，根据经验，按不同用途推荐采用的最小侧隙为：精度不高，有浮动构件的低速传动采用 a 类；精度较高（>7 级）有浮动构件的低速传动采用 b 类。

影响降到最小。在单件生产中应严格控制齿厚，如采用具有砂轮自动修整和补偿机构的磨齿机进行磨齿，可保证砂轮与被磨齿轮的相对位置不变，即可控制各行星轮齿厚保持一致。对调质齿轮，并以滚齿作为最终加工时，应将几个行星轮安装在一个心轴上一次完成精滚齿，并作出位置标记，以便按标记装配，保证各行星轮啮合处的齿厚基本一致。对于双联行星齿轮，必须使两个齿轮中的一个齿槽互相对准，使齿槽的对称线在同一轴平面内，并按装配条件的要求，在图纸上注明装配标记。

5）齿轮材料和热处理要求　行星齿轮传动中太阳轮同时与几个行星轮啮合，载荷循环次数最多，因此在一般情况下，应选用承载能力较高的合金钢，并采用表面淬火、渗氮等热处理方法，增加其表面硬度。在 NGW 和 NGWN 传动中，行星轮 C 同时与太阳轮和内齿轮啮合，齿轮受双向弯曲载荷，所以常选用与太阳轮相同的材料和热处理。内齿轮强度一般裕量较大，可采用稍差一些的材料。齿面硬度也可低些，通常只调质处理，也可表面淬火和渗氮。

表 15-5-37 所列为行星齿轮传动中齿轮常用材料及其热处理工艺要求与性能，可参考选用。

表 15-5-37 **常用齿轮材料热处理工艺及性能**

齿轮	材料	热处理	表面硬度	芯部硬度	σ_{Hlim} /N · mm^{-2}	σ_{Flim} /N · mm^{-2}
太阳轮 行星轮	20CrMnTi $20CrNi_2MoA$	渗碳 淬火	57~61 HRC	35~40 HRC	1450	400 280
内齿圈	40Cr 42CrMo	调质	262~302 HBS	—	700	250

对于渗碳淬火的齿轮，兼顾其制造成本、齿面接触疲劳强度与齿根弯曲疲劳强度，有效硬化层深度可取为 $h_c=(0.15\sim0.20)m_n$。推荐的有效硬化层深度 h_c 与齿轮模数 m_n 的对应关系见表 15-5-38。

表 15-5-38 **太阳轮、行星轮有效硬化层深度推荐值**

模数 m_n/mm	有效硬化层深度及偏差/mm	模数 m_n/mm	有效硬化层深度及偏差/mm
2.0	$0.4^{+0.3}_{0}$	2.5	$0.5^{+0.3}_{0}$
3.0	$0.6^{+0.3}_{0}$	(3.5)	$0.7^{+0.3}_{0}$
4.0	$0.8^{+0.3}_{0}$	(4.5)	$0.85^{+0.3}_{0}$
5.0	$0.95^{+0.3}_{0}$	6.0	$1.1^{+0.3}_{0}$
(7.0)	$1.25^{+0.4}_{0}$	8.0	$1.35^{+0.4}_{0}$
10	$1.5^{+0.4}_{0}$	12	$1.7^{+0.5}_{0}$
16	$2.2^{+0.5}_{0}$	(18)	$2.5^{+0.5}_{0}$
20	$2.7^{+0.6}_{0}$	(22)	$2.9^{+0.6}_{0}$
25	$3.3^{+0.6}_{0}$		

对于表面氮化的齿轮，其轮齿芯部要有足够的硬度（强度），使其能在很高的压力作用下可靠地支撑氮化层。氮化层深度一般为 0.25~0.6mm，大模数齿轮可达 0.8~1.0mm。常用模数的氮化层深度见表 15-5-39。

表 15-5-39　　齿轮模数与渗氮层深度的关系

模数 m/mm	公称深度/mm	深度范围/mm	模数 m/mm	公称深度/mm	深度范围/mm
≤1.25	0.15	0.1~0.25	4.5~6	0.50	0.45~0.55
1.5~2.5	0.30	0.25~0.40	>6	0.60	>0.5
3~4	0.40	0.35~0.50			

7.2　行星架的技术要求

（1）中心距极限偏差 f_a

行星架上各行星轮轴孔与行星架基准轴线的中心距偏差会引起行星轮径向位移，从而影响齿轮的啮合侧隙，还会由于各中心距偏差的数值和方向不同而导致影响行星轮轴孔距相对误差并使行星架产生偏心，因而影响行星轮均载。为此，要求各中心距的偏差等值且方向相同，即各中心距之间的相对误差等于或接近于零，一般控制在0.01~0.02mm之间。中心距极限偏差 $\pm f_a$ 之值可按下式计算：

$$f_a \leqslant \pm \frac{8\sqrt[3]{a}}{1000}\quad (\text{mm})$$

（2）各行星轮轴孔的相邻孔距偏差 f_1

相邻行星轮轴孔距偏差 f_1 是对各行星轮间载荷分配均匀性影响较大的因素，必须严格控制。其值主要取决于各轴孔的分度误差，即取决于机床和工艺装备的精度。f_1 之值按下式计算：

$$f_1 \leqslant \pm(3\sim4.5)\frac{\sqrt{a}}{1000}\quad (\text{mm})$$

式中，a 为中心距，mm。括号中的数值，高速行星传动取小值，一般中低速行星传动取较大值。

各孔距偏差 f_1 间的相互差值（即相邻两孔实测弦距的相对误差）Δf_1 也应控制在 $\Delta f_1=(0.4\sim0.6)f_1$ 范围内。

（3）行星轮轴孔对行星架基准轴线的平行度公差 f'_x 和 f'_y

f'_x 和 f'_y 是控制齿轮副接触精度的公差，其值按下式计算：

$$f'_x = f_x \frac{B}{b}\quad (\mu\text{m})$$

$$f'_y = f_y \frac{B}{b}\quad (\mu\text{m})$$

式中　f_x 和 f_y——在全齿宽上，x 方向和 y 方向的轴线平行度公差，μm，按 GB/T 10095—1988 选取；

B——行星架上两壁轴孔对称线（支点距）间的距离；

b——齿轮宽度。

（4）行星架的偏心误差 e_X

行星架的偏心误差 e_X 可根据相邻行星轮轴孔距偏差求得。一般取 $e_X \leqslant \frac{1}{2}f_1$。

（5）平衡试验

为保证传动装置运转的平稳性，对中、低速行星传动的行星架应进行静平衡试验，许用不平衡力矩按表15-5-40确定。

表 15-5-40　行星架的许用不平衡力矩

行星架外圆直径/mm	<200	200~350	350~500
许用不平衡力矩/N·m	0.15	0.25	0.50

对于高速行星传动的行星架，应在其上全部零件装配完成后进行该组件的整体动平衡试验。

7.3　浮动件的轴向间隙

对于采用基本构件浮动均载机构的行星传动，其每一浮动构件的两端与相邻零件间需留有 $\delta=0.5\sim1.0$mm 的轴向间隙，否则不仅会影响浮动和均载效果，还会导致摩擦发热和产生噪声。间隙的大小通常通过控制有关零件轴向尺寸的制造偏差和装配时返修有关零件的端面来实现，并且对于小规格行星传动其轴向间隙取小值，大规格行星传动取较大值。

7.4 其他主要零件的技术要求

机体、机盖、输入轴、输出轴等零件的相互配合表面、定位面及安装轴承的表面之间的同轴度、径向跳动和端面跳动可按 GB/T 1184 形位公差现行标准中的 5~7 级精度选用相应的公差值。上述较高的精度用于高速行星传动。一般行星传动通常采用 6~7 级精度。

各零件主要配合表面的尺寸精度一般不低于 GB/T 1800~GB/T 1804 公差与配合标准中的 7 级精度，常用 H7/h6 或 H7/k6。

8 行星齿轮传动设计计算例题

例 设计一台用于带式输送机的 NGW 型行星齿轮减速器（减速器采用直齿圆柱齿轮）。高速轴通过联轴器与电机直接连接；电机功率 $P=75\text{kW}$，转速 $n_1=1000\text{r/min}$。减速器输出转速 $n_2=32\text{r/min}$。

（1）计算传动比 i

$$i=\frac{n_1}{n_2}=\frac{1000}{32}=31.25$$

根据表 15-5-3 得之知，单级传动比最大为 13.7，故该 NGW 型行星齿轮减速器须采用二级行星传动。

（2）分配传动比

先按式 15-5-10 计算出数值 E，而后利用图 15-5-7 分配传动比。

用角标Ⅰ表示高速级参数，Ⅱ表示低速级参数。设高速级与低速级齿轮材料及齿面硬度相同，即 $\sigma_{\text{Hlim I}}=\sigma_{\text{Hlim II}}$。

取行星轮个数 $C_{\text{s I}}=C_{\text{s II}}$，齿面硬化系数 $Z_{\text{W I}}=Z_{\text{W II}}$，载荷分布系数 $K_{\text{C I}}=K_{\text{C II}}$，齿宽系数比 $\frac{\psi_{\text{d I}}}{\psi_{\text{d II}}}=1.2$，直径比 $B=\frac{d_{\text{B II}}}{d_{\text{B I}}}=1.2$，$\frac{K_{\text{V I}}K_{\text{H}\beta\text{ I}}Z_{\text{N II}}^2}{K_{\text{V II}}K_{\text{H}\beta\text{ II}}Z_{\text{N I}}^2}=1.9$，$A=\frac{C_{\text{s II}}\psi_{\text{d II}}K_{\text{C I}}K_{\text{V I}}K_{\text{H}\beta\text{ I}}Z_{\text{N II}}^2Z_{\text{W II}}^2\sigma_{\text{Hlim II}}^2}{C_{\text{s I}}\psi_{\text{d I}}K_{\text{C II}}K_{\text{V II}}K_{\text{H}\beta\text{ II}}Z_{\text{N I}}^2Z_{\text{W I}}^2\sigma_{\text{Hlim I}}^2}=2.28$，$E=AB^3=3.94$。

根据 $i=31.25$，$E=3.94$ 查图 15-5-7 得 $i_{\text{I}}=6.2$，而 $i_{\text{II}}=i/i_{\text{I}}=31.25/6.2\approx5$。

（3）高速级计算

1）确定齿数

为提高设计效率，一般不必自行配齿，只需首先将分配的传动比适当调整即可直接查表确定齿数。查表 15-5-5，可知本题中只需将 $i_{\text{I}}=6.2$ 调整为 6.3，$i_{\text{II}}=5$ 不变即可。这样总传动比误差仅为 0.8%，远小于一般减速器实际传动比允许的误差 4%，完全符合要求。

查表 15-5-3，取 $C_s=3$，而后查表 15-5-5，在 $i=6.3$，$C_s=3$ 一栏中选取齿数组合：$z_A=16$，$z_C=35$，$z_B=86$，$i=6.375$。

2）按接触强度初算 A-C 传动中心距和模数

输入转矩

$$T_{\text{I}}=9550\frac{P}{n_1}=9550\frac{75}{1000}=716.25\text{N}\cdot\text{m}$$

设载荷不均匀系数 $K_C=1.15$；

在一对 A-C 传动中，小轮（太阳轮）传递的转矩为

$$T_A=\frac{T_{\text{I}}}{C_s}K_C=\frac{716.25}{3}\times1.15=274.6\text{N}\cdot\text{m}$$

齿数比 $u=\frac{z_C}{z_A}=\frac{35}{16}\approx2.19$

太阳轮和行星轮的材料选用 20CrMnTi 渗碳淬火，齿面硬度要求为：太阳轮 59~63HRC，行星轮 53~58HRC；$\sigma_{\text{Hlim}}=1500\text{MPa}$；许用接触应力 $\sigma_{\text{Hp}}=0.9\sigma_{\text{Hlim}}=1500\times0.9=1350\text{MPa}$。

取齿宽系数 $\psi_a=0.5$，载荷系数 $K=1.8$，按本篇第 1 章 8.3.1 齿面接触强度计算公式计算中心距

$$a=A_a(u+1)\sqrt[3]{\frac{KT_A}{\psi_A u\sigma_{\text{Hp}}^2}}=483(2.19+1)\sqrt[3]{\frac{1.8\times274.6}{0.5\times2.19\times1350^2}}=96.8\text{mm}$$

模数 $m=\frac{2a}{z_A+z_C}=\frac{2\times96.8}{16+35}=3.8\text{mm}$，取模数 $m=4\text{mm}$。

为提高啮合齿轮副的承载能力，将 z_C 减少 1 个齿，改为 $z_C=34$，并进行不等角变位，则 A-C 传动未变位时的中心距为

$$a_{AC}=\frac{m}{2}(z_A+z_C)=\frac{4}{2}(16+34)=100\text{mm}$$

根据系数$j=\frac{z_B-z_C}{z_A+z_C}=\frac{86-34}{16+34}=1.04$，查图 15-5-4，预取啮合角 $\alpha_{AC}=24°$则 $\alpha_{CB}\approx 18.3°$。

A-C 传动中心距变动系数为

$$y_{AC}=\frac{1}{2}(z_A+z_C)\times\left(\frac{\cos\alpha}{\cos\alpha'_{AC}}-1\right)=\frac{1}{2}\times(16+34)\times\left(\frac{\cos20°}{\cos24°}-1\right)=0.716$$

则中心距 $a'=a_{AC}+y_{AC}m=100+0.716\times4=102.86\text{mm}$

取实际中心距为：$a'=103\text{mm}$。

3）计算 *A-C* 传动的实际中心距变动系数 y_{AC}和啮合角 α'_{AC}

$$y_{AC}=\frac{a'-a_{AC}}{m}=\frac{103-100}{4}=0.75$$

$$\cos\alpha'_{AC}\frac{a_{AC}}{a}\cos\alpha=\frac{100}{103}\cos20°=0.91232293$$

∴ $$\alpha'_{AC}=24°10'18''$$

4）计算 *A-C* 传动的变位系数

$$x_{\Sigma AC}=(z_A+z_C)\frac{\text{inv}\alpha'_{AC}-\text{inv}\alpha}{2\tan\alpha}=(16+34)\times\frac{\text{inv}24°10'18''-\text{inv}20°}{2\tan20°}=0.662$$

用图 15-5-5 校核，$z_{\Sigma AC}=16+34=50$ 和 $x_{\Sigma AC}=0.662$ 均在许用区内，可用。

根据 $x_{\Sigma AC}=0.662$，实际的 $u=34/16=2.13$，在图 15-5-5 中，x_Σ 纵坐标上 0.662 处向左作水平直线与③号斜线（$u>1.6\sim2.2$）相交，其交点向下作垂直线，与 x_1 横坐标的交点即为太阳轮的变位系数 $x_A=0.42$，行星轮的变位系数为：$x_C=x_{\Sigma AC}-x_A=0.662-0.42=0.242$

5）计算 *C-B* 传动的中心距变动系数 y_{CB}和啮合角 α'_{CB}

C-B 传动未变位时的中心距为：$a_{CB}=\frac{m}{2}(z_B-z_C)=\frac{4}{2}(86-34)=104$

则 $$y_{CB}=\frac{a'-a_{CB}}{m}=\frac{103-104}{4}=-0.25$$

$$\cos\alpha'_{CB}=\frac{a_{CB}}{a'}\cos\alpha=\frac{104}{103}\cos20°=0.94881585$$

∴ $$\alpha'_{CB}=18°24'39''$$

6）计算 *C-B* 传动的变位系数

$$x_{\Sigma CB}=(z_B-z_C)\frac{\text{inv}\alpha'_{CB}-\text{inv}\alpha}{2\tan\alpha}=(86-34)\frac{\text{inv}18°24'39''-\text{inv}20°}{2\tan20°}=-0.004077$$

$$x_B=x_{\Sigma CB}+x_C=-0.004077+0.242=0.238$$

7）计算几何尺寸

按第 1 章表 15-1-25 的公式分别计算 *A*、*C*、*B* 齿轮的分度圆直径、齿顶圆直径、基圆直径、端面重合度等（略）。

8）验算 *A-C* 传动的接触强度和弯曲强度（详细计算过程从略）

强度计算公式同本篇第 1 章定轴线齿轮传动。接触强度验算按表 15-1-87 所列公式。弯曲强度验算按表 15-1-119 所列公式。

确定系数 K_V 和 Z_v 所用的圆周速度用相对于行星架的圆周速度

$$v^X=\frac{\pi m z_A n_1\left(1-\frac{1}{i_1}\right)}{1000\times60}=\frac{\pi\times4\times16\left(1-\frac{1}{6.3}\right)}{1000\times60}=2.82\text{m/s}$$

由式（15-5-12）和式（15-5-13）确定 $K_{F\beta}$和 $K_{H\beta}$。

$$K_{F\beta}=1+(\theta_b-1)\mu_F$$
$$K_{H\beta}=1+(\theta_b-1)\mu_H$$

由图 15-5-12 得 $\mu_H=0.95$，$\mu_F=1.0$

$$\psi_d=\frac{0.5a}{d_A}=\frac{0.5\times103}{mz_A}=\frac{0.5\times103}{4\times16}=0.805$$

由图 15-5-13 得 $\theta_b=1.26$

$$K_{F\beta}=1+(1.26-1)\times1=1.26$$
$$K_{H\beta}=1+(1.26-1)\times0.95=1.247$$

其他系数及参数的确定和强度计算过程同本篇第 1 章。计算结果如下（安全）：

太阳轮的接触应力 $\sigma_{HA}=1328.7MPa<\sigma_{Hp}=1350MPa$；

行星轮的接触应力 $\sigma_{HC}=1267.8MPa<\sigma_{Hp}=1350MPa$；

太阳轮的弯曲应力 $\sigma_{FA}=337MPa<\sigma_{Fp}=784MPa$；

行星轮的弯曲应力 $\sigma_{FC}=341MPa<\sigma_{Fp}=784MPa$。

由于齿轮强计算极为繁复，费时，因此在目前已有多种软件产品面世的情况下，完全可以借助计算机软件高效地完成设计计算工作。

9）根据接触强度计算结果确定内齿轮材料

根据表 15-1-87 的公式得

$$\sigma_{Hlim}\geqslant\frac{\sqrt{\frac{F_t}{d_1 b}\times\frac{u-1}{u}K_A K_V K_{H\beta}K_{H\alpha}}\times Z_H Z_E Z_\varepsilon Z_\beta}{Z_N Z_L Z_V Z_R Z_W Z_X}$$

计算结果：$\sigma_{Hlim}\geqslant 802MPa$（在计算过程中，取 $S_{Hmin}=1.0$）

根据 σ_{Hlim} 选用 40Cr 并进行氮化处理，表面硬度达 52~55HRC 即可。

10）*C-B* 的弯曲强度验算（略）

（4）低速级计算

低速级输入转矩 $T_{II}=T_I\times i_I\times\eta=716.25\times6.375\times0.98=4475N\cdot m$

传动比 $i_{II}=5$

计算过程同高速级（略）。

计算结果：齿轮材料、热处理及齿面硬度同高速级。

主要参数为：高速级 $z_A=16$，$z_C=34$，$z_B=86$，$a'=103$，$m=4$，$x_A=0.42$，$x_C=0.242$，$x_B=0.238$，$\alpha'_{AC}=24°10'18''$，$\alpha'_{CB}=18°24'39''$。

9　高速行星齿轮传动设计制造要点

高速行星齿轮传动已广泛应用于航空、船舶、发电设备、压缩机等领域。传递的功率越来越大，速度越来越高。齿轮圆周速度一般达 30~50m/s，有的已超过 100m/s，传递的功率达 54600kW。由于功率大，速度高，而且大多数是长期连续运转，因而要求具有高的技术性能。与中低速行星齿轮传动相比，高速行星齿轮传动在设计、制造方面具有如下特点。

1）在传动型式上多用 NGW 型，并采用人字齿轮，压力角为 20°或 22°30′，螺旋角为 18°~30°，法向齿顶高系数为 0.9，并采用较小的模数，以提高齿轮的接触疲劳强度和运转平稳性。

2）采用具有双联齿轮联轴器的太阳轮和内齿圈同时浮动的均载机构。为提高均载效果及运转质量，齿轮和行星架等主要零件均要求高精度，一般为 4~6 级。行星架组件要进行严格的动平衡试验。对于传动比较大的单级传动，其太阳轮直径较小，尚需对轮齿进行修形。

3）由于行星轮转速很高，滚动轴承的许用极限转速和寿命已不能满足要求，因而高速行星传动一般都采用巴氏合金滑动轴承，且其合金材料是采用离心浇注法或堆焊法将其镶嵌在行星轮心轴表面上。合金层的厚度控制在 1mm 左右为最佳。轴承间隙一般为轴承直径的 0.002~0.0025 倍，在直径小、速度高的情况下取小值，反之取大值。

4）滑动轴承的压强是影响使用寿命的一个重要因素，其实际压强不应超过许用压强 $p_p=3\sim4N/mm^2$，最大为 $4.5N/mm^2$。滑动轴承的压强 p 按下式计算

$$p=\frac{F}{ld}\quad(N/mm^2)$$

式中　l——轴承长度，mm；

d——轴承直径，mm；

F——由齿轮啮合圆周力 F_t 与其所受离心力 F_W 合成的作用于轴承上的总径向力，N。

$$F=\sqrt{(2F_t)^2+F_W^2}$$

5）在高速情况下，必须考虑行星轮受到的离心力对轴承寿命的影响。其值高达轴承总载荷的 80%~90%，

离心力 F_W 按下式计算

$$F_W = Ma'\left(\frac{\pi n_X}{30}\right)^2 \quad (N)$$

式中　M——行星轮的质量，kg；

n_X——行星架的转速，r/min；

a'——行星轮与太阳轮的中心距，m。

一般情况下，当内齿圈直径 $d_B \leqslant 500$mm 时，行星架转速 n_X 不得大于 3000r/min；当 $d_B > 500$mm 时，n_X 不得大于 1500r/min。若 n_X 超过上述规定值则采用将行星架固定，由内齿圈输出的准行星传动。

6）因为高速行星齿轮传动采用的模数较小，因而断齿为其主要失效形式。轮齿弯曲强度是限制高速行星传动的主要条件。

7）高速行星传动对润滑要求很高，必须有可靠的循环润滑系统和严格的使用与维护技术。润滑油通过太阳轮轴孔和行星轮轴孔在离心力作用下喷向啮合齿间和轴承表面。行星轮轴上导油孔的方向应沿行星架半径的方向，使流油方向与离心力方向相同，导油孔中的导油管起隔离和过滤杂质的作用，见图 15-5-41a。对于行星架固定的传动，导油孔为心轴上沿行星架半径方向的通孔，即油流可以从上下两个方向导入，见图 15-5-41c。

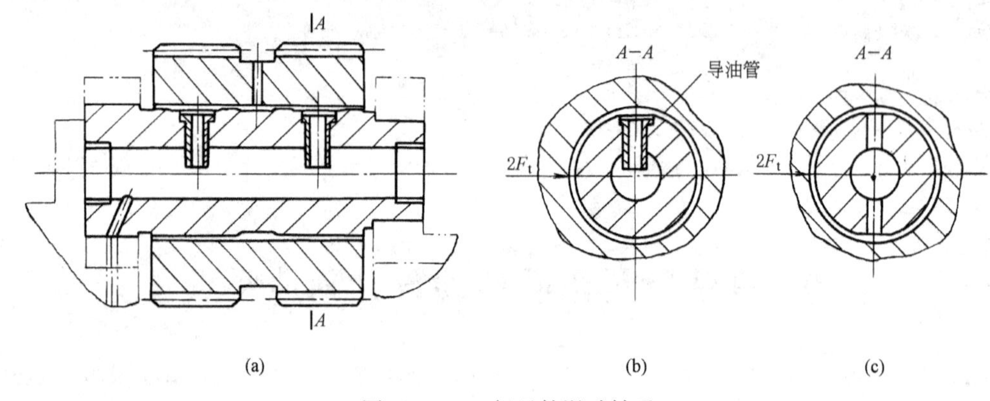

图 15-5-41　行星轮滑动轴承

第 6 章　渐开线少齿差行星齿轮传动

1　概　　述

1.1　基本类型

按渐开线少齿差行星齿轮传动（以下简称少齿差传动）的构成原理，有四种基本类型：Z-X-V 型、2Z-X 型、2Z-V 型及 Z-X 型。这四种类型国内均有应用（见表 15-6-1）。

表 15-6-1　　　　少齿差传动基本类型、传动比、行星机构的啮合效率

类　型		机构简图	固定构件	传动比	行星机构的啮合效率
Z-X-V（K-H-V）		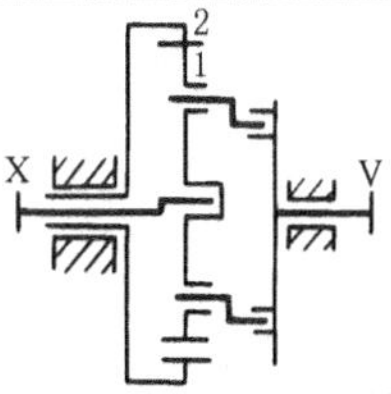	2	$i_{XV}=-\frac{z_1}{z_2-z_1}<0$ $\lvert i_{XV}\rvert$大	$\eta_e=\frac{\eta_e^X}{1-i_{XV}(1-\eta_e^X)}$
			V	$i_{X2}=\frac{z_2}{z_2-z_1}>0$ $\lvert i_{X2}\rvert$大	$\eta_e=\frac{1}{i_{X2}(1-\eta_e^X)+\eta_e^X}$
2Z-X（2K-H）	Ⅰ型	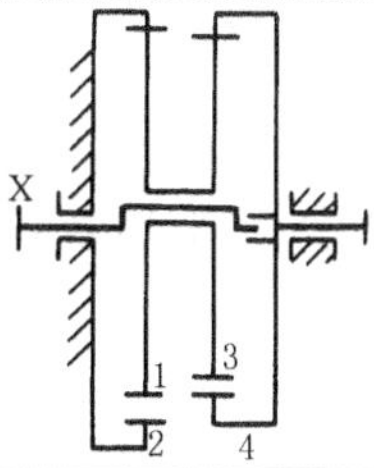	2	$i_{X4}=\frac{z_1z_4}{z_1z_4-z_2z_3}$ $\lvert i_{X4}\rvert$大	$i_{X4}<0$ 时 $\eta_e=\frac{\eta_e^X}{1-i_{X4}(1-\eta_e^X)}$ $i_{X4}>0$ 时 $\eta_e=\frac{1}{1+(i_{X4}-1)(1-\eta_e^X)}$
	Ⅱ型	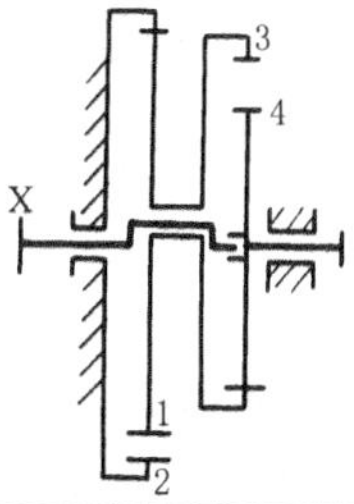	2	$i_{X4}=\frac{z_1z_4}{z_1z_4-z_2z_3}<0$ $\lvert i_{X4}\rvert$较小	$\eta_e=\frac{\eta_e^X}{1-i_{X4}(1-\eta_e^X)}$
2Z-V（2K-V）		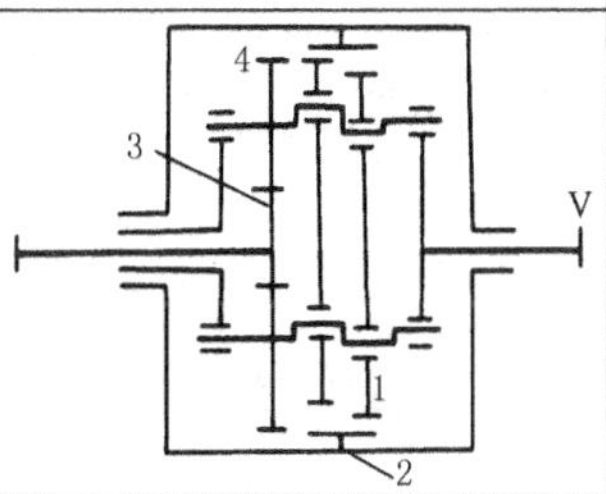	2	$i_{3V}=\frac{z_2z_4}{z_3(z_2-z_1)}+1$ i_{3V}大	$\eta_e^{[2]}=\frac{(i_1-1)[(i_2\eta_{34}+1)i_1-\eta_{12}]}{(i_1-\eta_{12})[(i_2+1)i_1-1]}$ 式中　$i_1=\frac{z_2}{z_1}, i_2=\frac{z_4}{z_3}$ η_{12}——齿轮 1 和 2 定轴传动的啮合效率； η_{34}——齿轮 3 和 4 定轴传动的啮合效率

续表

类　型	机构简图	固定构件	传动比	行星机构的啮合效率
Z-X (K-H)		机体	$i_{X1}=-\frac{z_1}{z_2-z_1}$ $\|i_{X1}\|$大	η_e[3] $=\frac{1}{1+\|(1-i)\|(1-\eta_g)}$ 式中　η_g——定轴轮系渐开线少齿差内啮合齿轮副的啮合效率，详见参考文献［3］

注：1. 传动比应带着其正负号代入 η_e 的计算式。

2. 2Z-X 型传动的 η_e^X 是两对齿轮啮合效率的乘积。

3. 表中类型栏（K-H-V）等为前苏联的分类代号，我国仍常用。

1.2　传动比

少齿差传动多用于减速，其传动比的计算式见表 15-6-1。如 $i<0$ 系指主动轴与从动轴转向相反，但通常均称其绝对值（下同）。

单级传动比：Z-X-V 型及 Z-X 型从 10~100 左右，在允许效率较低时，实例中单级传动比达几百甚至几千，传动比小于 30 时，应选用表 15-6-1 中外齿轮输出 $|i_{X4}|$ 较小的Ⅱ型传动方案；2Z-V 型前置一级外啮合圆柱齿轮传动，其传动比可在 50~300 之间方便地调整，其前级传动比取 1.5~3 为宜。

1.3　效率

减速用少齿差传动的效率 η，主要由三部分组成，即

$$\eta \approx \eta_e \eta_p \eta_b \tag{15-6-1}$$

式中　η_e——行星机构的啮合效率；

η_p——传输机构的效率；

η_b——转臂轴承的效率。

η_e 的计算式见表 15-6-1。η_e^X 的计算式见式（15-6-10）。η_p 的计算式见表 15-6-12。η_b 的计算式见表 15-6-13。

上述效率计算忽略了许多不易计算的因素，且摩擦因数也难以取得确切，故只能作为设计阶段的参考数值，而以实测值为评价依据。

传动比（绝对值）增大、传递功率减小、转速增高时，效率降低。国内目前产品的效率实测数值，当传动比在 100 以内时，$\eta \approx 0.7 \sim 0.93$，个别的达 0.95 以上。

1.4　传递功率与输出转矩

渐开线齿轮的模数可以很小，故可传递微小功率。国内已有 $m=0.2$mm 的少齿差传动装置。目前国内产品传递功率多为 0.37~18.5kW。

我国生产的三环减速器，其标准 SH 型单级传动最大中心距 1070mm，最小传动比 17，最大功率 610kW，输出转矩 469kN · m。其公称中心距为 1180mm，传动比为 15750 的超大型传动最大输出转矩达 900kN · m。

1.5　精密传动的空程误差（回差）

国内已成功地将少齿差传动用于精密机械传动，其空程误差视制造精度与装配精度而定。国内的产品能达到 3′~1.8′。

2 主要参数的确定

2.1 齿数差

内啮合齿轮副内齿轮齿数与外齿轮齿数之差 $z_d=z_2-z_1$ 称为齿数差。一般 $z_d=1\sim8$ 称为少齿差，$z_d=0$ 称为零齿差。

在内齿轮齿数不变时，齿数差越大传动比越小，效率越高。少齿差传动中，常取 $z_d=1\sim4$，动力传动宜取 $z_d\geqslant2$。零齿差用作传输机构，因加工较麻烦，现较少用。

2.2 齿数

（1）Z-X-V 型及 Z-X 型传动齿数的确定

在已知要求的传动比时，选定齿数差即可直接由传动比计算式求得 z_1，并进而求得 z_2。

（2）2Z-V 型传动齿数的确定

先将要求的总传动比合理分配为两级，而后参照 Z-X-V 型传动确定齿数的方法确定内啮合齿轮副的齿数 z_1 和 z_2。将 z_1 和 z_2 之值代入传动比计算式便可确定同步齿轮的齿数 z_3 和 z_4。

（3）2Z-X 型传动齿数的确定

1）内齿轮输出时［2Z-X（Ⅰ）型］

① 行星轮为双联齿轮　已知传动比 i_{X4}，$z_d=z_2-z_1=z_4-z_3$，$z_C=z_2-z_4=z_1-z_3\neq0$，则

$$z_2=\frac{1}{2}\left[z_d+z_C+\sqrt{(z_d+z_C)^2-4z_dz_C(1-i_{X4})}\right] \tag{15-6-2}$$

将 z_2 圆整为整数，即可求得其余各齿轮的齿数。为了应用方便，利用计算机排出了部分常用传动比对应的齿数组合表（表 15-6-2）。

② 公共行星轮　已知传动比 $30<i_{X4}<100$，行星轮两齿圈的齿数相等，即 $z_1=z_3$，且两中心轮的齿数差为 1。这就是所谓具有公共行星轮的 NN 型少齿差传动（亦称为奇异齿轮传动）。其配齿公式为

$$\left.\begin{aligned}&z_4=\pm i_{X4}\\&z_2=z_4\mp1\\&z_1=z_3\leqslant z_2-z_d\\&i_{X4}=\frac{z_4}{z_4-z_2}\end{aligned}\right\} \tag{15-6-3}$$

式中，z_d 为内齿轮与行星轮的齿数差。当采用 20°压力角的标准齿轮传动时，若最小内齿轮齿数 $z_N=40\sim80$，取 $z_d=7$；若 $z_N=80\sim100$，取 $z_d=6$。当选取的齿数差 z_d 小于前面的数值时，要通过角变位及缩短齿顶高来避免干涉。

上式中，“±”和“∓”号，上面的符号用于正传动比，下面的符号用于负传动比。

表 15-6-2　　2Z-X（Ⅰ）型（NN 型）少齿差传动的传动比与齿数组合表

齿轮齿数				传动比	错齿数	齿数差	齿轮齿数				传动比	错齿数	齿数差
z_1	z_2	z_3	z_4	i_{X4}	z_C	z_d	z_1	z_2	z_3	z_4	i_{X4}	z_C	z_d
40	41	30	31	124.000	10	1	38	40	30	32	76.000	8	2
41	42	31	32	131.200	10	1	41	43	32	34	77.444	9	2
39	40	30	31	134.333	9	1	44	46	34	36	79.200	10	2
42	43	32	33	138.600	10	1	39	41	31	33	80.438	8	2
40	41	31	32	142.222	9	1	42	44	33	35	81.667	9	2
43	44	33	34	146.200	10	1	45	47	35	37	83.250	10	2
38	39	30	31	147.250	8	1	37	39	30	32	84.571	7	2
41	42	32	33	150.333	9	1	40	42	32	34	85.000	8	2
40	42	30	32	64.000	10	2	43	45	34	36	86.000	9	2
41	43	31	33	67.650	10	2	46	48	36	38	87.400	10	2
39	41	30	32	69.333	9	2	38	40	31	33	89.571	7	2
42	44	32	34	71.400	10	2	41	43	33	35	89.688	8	2
40	42	31	33	73.333	9	2	44	46	35	37	90.444	9	2
43	45	33	35	75.250	10	2	47	49	37	39	91.650	10	2

续表

齿轮齿数				传动比	错齿数	齿数差	齿轮齿数				传动比	错齿数	齿数差
z_1	z_2	z_3	z_4	i_{X4}	z_C	z_d	z_1	z_2	z_3	z_4	i_{X4}	z_C	z_d
42	44	34	36	94.500	8	2	39	41	34	36	140.400	5	2
39	41	32	34	94.714	7	2	47	49	40	42	141.000	7	2
45	47	36	38	95.000	9	2	54	56	45	47	141.000	9	2
36	38	30	32	96.000	6	2	51	53	43	45	143.438	8	2
48	50	38	40	96.000	10	2	35	37	31	33	144.375	4	2
43	45	35	37	99.438	8	2	58	60	48	50	145.000	10	2
46	48	37	39	99.667	9	2	44	46	38	40	146.667	6	2
40	42	33	35	100.000	7	2	55	57	46	48	146.667	9	2
49	51	39	41	100.450	10	2	48	50	41	43	147.429	7	2
37	39	31	33	101.750	6	2	40	42	35	37	148.000	5	2
47	49	38	40	104.444	9	2	52	54	44	46	149.500	8	2
44	46	36	38	104.500	8	2	59	61	49	51	150.450	10	2
50	52	40	42	105.000	10	2	40	43	30	33	44.000	10	3
41	43	34	36	105.429	7	2	41	44	31	34	46.467	10	3
38	40	32	34	107.667	6	2	39	42	30	33	47.667	9	3
48	50	39	41	109.333	9	2	42	45	32	35	49.000	10	3
51	53	41	43	109.650	10	2	40	43	31	34	50.370	9	3
45	47	37	39	109.688	8	2	43	46	33	36	51.600	10	3
42	44	35	37	111.000	7	2	38	41	30	33	52.250	8	3
35	37	30	32	112.000	5	2	41	44	32	35	53.148	9	3
39	41	33	35	113.750	6	2	44	47	34	37	54.267	10	3
49	51	40	42	114.333	9	2	39	42	31	34	55.250	8	3
52	54	42	44	114.400	10	2	42	45	33	36	56.000	9	3
46	48	38	40	115.000	8	2	45	48	35	38	57.000	10	3
43	45	36	38	116.714	7	2	37	40	30	33	58.143	7	3
36	38	31	33	118.800	5	2	40	43	32	35	58.333	8	3
53	55	43	45	119.250	10	2	43	46	34	37	58.926	9	3
50	52	41	43	119.444	9	2	46	49	36	39	59.800	10	3
40	42	34	36	120.000	6	2	41	44	33	36	61.500	8	3
47	49	39	41	120.438	8	2	38	41	31	34	61.524	7	3
44	46	37	39	122.571	7	2	44	47	35	38	61.926	9	3
54	56	44	46	124.200	10	2	47	50	37	40	62.667	10	3
51	53	42	44	124.667	9	2	42	45	34	37	64.750	8	3
37	39	32	34	125.800	5	2	39	42	32	35	65.000	7	3
48	50	40	42	126.000	8	2	45	48	36	39	65.000	9	3
41	43	35	37	126.417	6	2	48	51	38	41	65.600	10	3
45	47	38	40	128.571	7	2	36	39	30	33	66.000	6	3
55	57	45	47	129.250	10	2	43	46	35	38	68.083	8	3
52	54	43	45	130.000	9	2	46	49	37	40	68.148	9	3
49	51	41	43	131.688	8	2	40	43	33	36	68.571	7	3
38	40	33	35	133.000	5	2	49	52	39	42	68.600	10	3
42	44	36	38	133.000	6	2	37	40	31	34	69.889	6	3
56	58	46	48	134.400	10	2	47	50	38	41	71.370	9	3
46	48	39	41	134.714	7	2	44	47	36	39	71.500	8	3
53	55	44	46	135.444	9	2	50	53	40	43	71.667	10	3
34	36	30	32	136.000	4	2	41	44	34	37	72.238	7	3
50	52	42	44	137.500	8	2	38	41	32	35	73.889	6	3
57	59	47	49	139.650	10	2	48	51	39	42	74.667	9	3
43	45	37	39	139.750	6	2	51	54	41	44	74.800	10	3

续表

齿轮齿数				传动比	错齿数	齿数差	齿轮齿数				传动比	错齿数	齿数差
z_1	z_2	z_3	z_4	i_{X4}	z_C	z_d	z_1	z_2	z_3	z_4	i_{X4}	z_C	z_d
45	48	37	40	75.000	8	3	60	63	50	53	106.000	10	3
42	45	35	38	76.000	7	3	41	44	36	39	106.600	5	3
35	38	30	33	77.000	5	3	57	60	48	51	107.667	9	3
39	42	33	36	78.000	6	3	50	53	43	46	109.524	7	3
52	55	42	45	78.000	10	3	61	64	51	54	109.800	10	3
49	52	40	43	78.037	9	3	46	49	40	43	109.889	6	3
46	49	38	41	78.583	8	3	54	57	46	49	110.250	8	3
43	46	36	39	79.857	7	3	37	40	33	36	111.000	4	3
53	56	43	46	81.267	10	3	58	61	49	52	111.704	9	3
50	53	41	44	81.481	9	3	42	45	37	40	112.000	5	3
36	39	31	34	81.600	5	3	62	65	52	55	113.667	10	3
40	43	34	37	82.222	6	3	51	54	44	47	114.143	7	3
47	50	39	42	82.250	8	3	55	58	47	50	114.583	8	3
44	47	37	40	83.810	7	3	47	50	41	44	114.889	6	3
54	57	44	47	84.600	10	3	59	62	50	53	115.815	9	3
51	54	42	45	85.000	9	3	38	41	34	37	117.167	4	3
48	51	40	43	86.000	8	3	43	46	38	41	117.533	5	3
37	40	32	35	86.333	5	3	63	66	53	56	117.600	10	3
41	44	35	38	86.556	6	3	52	55	45	48	118.857	7	3
45	48	38	41	87.857	7	3	56	59	48	51	119.000	8	3
55	58	45	48	88.000	10	3	48	51	42	45	120.000	6	3
52	55	43	46	88.593	9	3	60	63	51	54	120.000	9	3
49	52	41	44	89.833	8	3	33	36	30	33	121.000	3	3
42	45	36	39	91.000	6	3	64	67	54	57	121.600	10	3
38	41	33	36	91.200	5	3	44	47	39	42	123.200	5	3
56	59	46	49	91.467	10	3	39	42	35	38	123.500	4	3
46	49	39	42	92.000	7	3	57	60	49	52	123.500	8	3
53	56	44	47	92.259	9	3	53	56	46	49	123.667	7	3
34	37	30	33	93.500	4	3	61	64	52	55	124.259	9	3
50	53	42	45	93.750	8	3	49	52	43	46	125.222	6	3
57	60	47	50	95.000	10	3	65	68	55	58	125.667	10	3
43	46	37	40	95.556	6	3	58	61	50	53	128.083	8	3
54	57	45	48	96.000	9	3	34	37	31	34	128.444	3	3
39	42	34	37	96.200	5	3	54	57	47	50	128.571	7	3
47	50	40	43	96.238	7	3	62	65	53	56	128.593	9	3
51	54	43	46	97.750	8	3	45	48	40	43	129.000	5	3
58	61	48	51	98.600	10	3	66	69	56	59	129.800	10	3
35	38	31	34	99.167	4	3	40	43	36	39	130.000	4	3
55	58	46	49	99.815	9	3	50	53	44	47	130.556	6	3
44	47	38	41	100.222	6	3	59	62	51	54	132.750	8	3
48	51	41	44	100.571	7	3	63	66	54	57	133.000	9	3
40	43	35	38	101.333	5	3	55	58	48	51	133.571	7	3
52	55	44	47	101.833	8	3	67	70	57	60	134.000	10	3
59	62	49	52	102.267	10	3	46	49	41	44	134.933	5	3
56	59	47	50	103.704	9	3	51	54	45	48	136.000	6	3
36	39	32	35	105.000	4	3	35	38	32	35	136.111	3	3
45	48	39	42	105.000	6	3	41	44	37	40	136.667	4	3
49	52	42	45	105.000	7	3	64	67	55	58	137.481	9	3
53	56	45	48	106.000	8	3	60	63	52	55	137.500	8	3

续表

齿轮齿数				传动比	错齿数	齿数差
z_1	z_2	z_3	z_4	i_{X4}	z_C	z_d
68	71	58	61	138.267	10	3
56	59	49	52	138.667	7	3
47	50	42	45	141.000	5	3
52	55	46	49	141.556	6	3
65	68	56	59	142.037	9	3
61	64	53	56	142.333	8	3
69	72	59	62	142.600	10	3
42	45	38	41	143.500	4	3
57	60	50	53	143.857	7	3
36	39	33	36	144.000	3	3
66	69	57	60	146.667	9	3
70	73	60	63	147.000	10	3
48	51	43	46	147.200	5	3
53	56	47	50	147.222	6	3
62	65	54	57	147.250	8	3
58	61	51	54	149.143	7	3
43	46	39	42	150.500	4	3
40	44	30	34	34.000	10	4
41	45	31	35	35.875	10	4
39	43	30	34	36.833	9	4
42	46	32	36	37.800	10	4
40	44	31	35	38.889	9	4
43	47	33	37	39.775	10	4
38	42	30	34	40.375	8	4
41	45	32	36	41.000	9	4
44	48	34	38	41.800	10	4
39	43	31	35	42.656	8	4
42	46	33	37	43.167	9	4
45	49	35	39	43.875	10	4
37	41	30	34	44.929	7	4
40	44	32	36	45.000	8	4
43	47	34	38	45.389	9	4
46	50	36	40	46.000	10	4
41	45	33	37	47.406	8	4
38	42	31	35	47.500	7	4
44	48	35	39	47.667	9	4
47	51	37	41	48.175	10	4
42	46	34	38	49.875	8	4
45	49	36	40	50.000	9	4
39	43	32	36	50.143	7	4
48	52	38	42	50.400	10	4
36	40	30	34	51.000	6	4
46	50	37	41	52.389	9	4
43	47	35	39	52.406	8	4
49	53	39	43	52.675	10	4
40	44	33	37	52.857	7	4
37	41	31	35	53.958	6	4
47	51	38	42	54.833	9	4
44	48	36	40	55.000	8	4
50	54	40	44	55.000	10	4
41	45	34	38	55.643	7	4
38	42	32	36	57.000	6	4
48	52	39	43	57.333	9	4
51	55	41	45	57.375	10	4
45	49	37	41	57.656	8	4
42	46	35	39	58.500	7	4
35	39	30	34	59.500	5	4
52	56	42	46	59.800	10	4
49	53	40	44	59.889	9	4
39	43	33	37	60.125	6	4
46	50	38	42	60.375	8	4
43	47	36	40	61.429	7	4
53	57	43	47	62.275	10	4
50	54	41	45	62.500	9	4
36	40	31	35	63.000	5	4
47	51	39	43	63.156	8	4
40	44	34	38	63.333	6	4
44	48	37	41	64.429	7	4
54	58	44	48	64.800	10	4
51	55	42	46	65.167	9	4
48	52	40	44	66.000	8	4
37	41	32	36	66.600	5	4
41	45	35	39	66.625	6	4
55	59	45	49	67.375	10	4
45	49	38	42	67.500	7	4
52	56	43	47	67.889	9	4
49	53	41	45	68.906	8	4
42	46	36	40	70.000	6	4
56	60	46	50	70.000	10	4
38	42	33	37	70.300	5	4
46	50	39	43	70.643	7	4
53	57	44	48	70.667	9	4
50	54	42	46	71.875	8	4
34	38	30	34	72.250	4	4
57	61	47	51	72.675	10	4
43	47	37	41	73.458	6	4
54	58	45	49	73.500	9	4
47	51	40	44	73.857	7	4
39	43	34	38	74.100	5	4
51	55	43	47	74.906	8	4
58	62	48	52	75.400	10	4
55	59	46	50	76.389	9	4
35	39	31	35	76.562	4	4
44	48	38	42	77.000	6	4
48	52	41	45	77.143	7	4
40	44	35	39	78.000	5	4
52	56	44	48	78.000	8	4
59	63	49	53	78.175	10	4

续表

齿轮齿数				传动比	错齿数	齿数差	齿轮齿数				传动比	错齿数	齿数差
z_1	z_2	z_3	z_4	i_{X4}	z_C	z_d	z_1	z_2	z_3	z_4	i_{X4}	z_C	z_d
56	60	47	51	79.333	9	4	51	55	45	49	104.125	6	4
49	53	42	46	80.500	7	4	64	68	55	59	104.889	9	4
45	49	39	43	80.625	6	4	35	39	32	36	105.000	3	4
36	40	32	36	81.000	4	4	60	64	52	56	105.000	8	4
60	64	50	54	81.000	10	4	41	45	37	41	105.062	4	4
53	57	45	49	81.156	8	4	68	72	58	62	105.400	10	4
41	45	36	40	82.000	5	4	56	60	49	53	106.000	7	4
57	61	48	52	82.333	9	4	47	51	42	46	108.100	5	4
61	65	51	55	83.875	10	4	52	56	46	50	108.333	6	4
50	54	43	47	83.929	7	4	65	69	56	60	108.333	9	4
46	50	40	44	84.333	6	4	61	65	53	57	108.656	8	4
54	58	46	50	84.375	8	4	69	73	59	63	108.675	10	4
58	62	49	53	85.389	9	4	57	61	50	54	109.929	7	4
37	41	33	37	85.562	4	4	42	46	38	42	110.250	4	4
42	46	37	41	86.100	5	4	36	40	33	37	111.000	3	4
62	66	52	56	86.800	10	4	66	70	57	61	111.833	9	4
51	55	44	48	87.429	7	4	70	74	60	64	112.000	10	4
55	59	47	51	87.656	8	4	62	66	54	58	112.375	8	4
47	51	41	45	88.125	6	4	53	57	47	51	112.625	6	4
59	63	50	54	88.500	9	4	48	52	43	47	112.800	5	4
63	67	53	57	89.775	10	4	58	62	51	55	113.929	7	4
38	42	34	38	90.250	4	4	71	75	61	65	115.375	10	4
43	47	38	42	90.300	5	4	67	71	58	62	115.389	9	4
52	56	45	49	91.000	7	4	43	47	39	43	115.562	4	4
56	60	48	52	91.000	8	4	63	67	55	59	116.156	8	4
60	64	51	55	91.667	9	4	54	58	48	52	117.000	6	4
48	52	42	46	92.000	6	4	37	41	34	38	117.167	3	4
64	68	54	58	92.800	10	4	49	53	44	48	117.600	5	4
33	37	30	34	93.500	3	4	59	63	52	56	118.000	7	4
57	61	49	53	94.406	8	4	72	76	62	66	118.800	10	4
44	48	39	43	94.600	5	4	68	72	59	63	119.000	9	4
53	57	46	50	94.643	7	4	64	68	56	60	120.000	8	4
61	65	52	56	94.889	9	4	44	48	40	44	121.000	4	4
39	43	35	39	95.062	4	4	55	59	49	53	121.458	6	4
65	69	55	59	95.875	10	4	60	64	53	57	122.143	7	4
49	53	43	47	95.958	6	4	73	77	63	67	122.275	10	4
58	62	50	54	97.875	8	4	50	54	45	49	122.500	5	4
62	66	53	57	98.167	9	4	69	73	60	64	122.667	9	4
54	58	47	51	98.357	7	4	38	42	35	39	123.500	3	4
45	49	40	44	99.000	5	4	65	69	57	61	123.906	8	4
66	70	56	60	99.000	10	4	74	78	64	68	125.800	10	4
34	38	31	35	99.167	3	4	56	60	50	54	126.000	6	4
40	44	36	40	100.000	4	4	61	65	54	58	126.357	7	4
50	54	44	48	100.000	6	4	70	74	61	65	126.389	9	4
59	63	51	55	101.406	8	4	45	49	41	45	126.562	4	4
63	67	54	58	101.500	9	4	51	55	46	50	127.500	5	4
55	59	48	52	102.143	7	4	66	70	58	62	127.875	8	4
67	71	57	61	102.175	10	4	75	79	65	69	129.375	10	4
46	50	41	45	103.500	5	4	39	43	36	40	130.000	3	4

续表

齿轮齿数				传动比	错齿数	齿数差	齿轮齿数				传动比	错齿数	齿数差
z_1	z_2	z_3	z_4	i_{X4}	z_C	z_d	z_1	z_2	z_3	z_4	i_{X4}	z_C	z_d
71	75	62	66	130.167	9	4	78	82	68	72	140.400	10	4
57	61	51	55	130.625	6	4	74	78	65	69	141.833	9	4
62	66	55	59	130.643	7	4	54	58	49	53	143.100	5	4
67	71	59	63	131.906	8	4	41	45	38	42	143.500	3	4
46	50	42	46	132.250	4	4	65	69	58	62	143.929	7	4
52	56	47	51	132.600	5	4	48	52	44	48	144.000	4	4
76	80	66	70	133.000	10	4	79	83	69	73	144.175	10	4
72	76	63	67	134.000	9	4	33	37	31	35	144.375	2	4
63	67	56	60	135.000	7	4	70	74	62	66	144.375	8	4
58	62	52	56	135.333	6	4	60	64	54	58	145.000	6	4
32	36	30	34	136.000	2	4	75	79	66	70	145.833	9	4
68	72	60	64	136.000	8	4	80	84	70	74	148.000	10	4
40	44	37	41	136.667	3	4	55	59	50	54	148.500	5	4
77	81	67	71	136.675	10	4	66	70	59	63	148.500	7	4
53	57	48	52	137.800	5	4	71	75	63	67	148.656	8	4
73	77	64	68	137.889	9	4	76	80	67	71	149.889	9	4
47	51	43	47	138.062	4	4	61	65	55	59	149.958	6	4
64	68	57	61	139.429	7	4	49	53	45	49	150.062	4	4
59	63	53	57	140.125	6	4	42	46	39	43	150.500	3	4
69	73	61	65	140.156	8	4							

注：1. 齿轮代号 $z_1 \sim z_4$ 见表 15-6-1 中 2Z-X（Ⅰ）型机构简图。

2. 齿数差 $z_d = z_2 - z_1 = z_4 - z_3$，取 $z_d = 1 \sim 4$。

3. 错齿数 $z_C = z_1 - z_3$，取 $z_C = 3 \sim 10$。

4. 传动比 $i_{X4} = \dfrac{z_1 z_4}{z_1 z_4 - z_2 z_3} = \dfrac{(z_3 + z_d)(z_3 + z_C)}{z_d z_C}$。

2）外齿轮输出时［2Z-X（Ⅱ）型］

已知条件：传动比 i_{X4}，$z_d = z_2 - z_1 = z_3 - z_4$，

$$z_C = z_2 - z_3 = z_1 - z_4 \neq 0$$

则

$$z_1 = \frac{1}{2}\sqrt{(2z_d i_{X4} - z_C)^2 + 4(z_d z_C - z_d^2) i_{X4}} - z_d i_{X4} + \frac{z_C}{2} \tag{15-6-4}$$

将 z_1 圆整为整数，便可求得其余各齿轮的齿数。

3）注意事项

① 按上述式（15-6-2）和式（15-6-4）计算后如发现齿数不合适，可改变 z_d 及 z_C 重新计算。

② 当内齿轮齿数太少时，有时选不到适合的插齿刀，需重新计算。必要时应验算插齿时的径向干涉，验算式见本篇第 1 章表 15-1-17。

③ 计算时，传动比及 z_C 均应带着其正负号代入式（15-6-2）或式（15-6-4）。传动比 i_{X4}的计算式见表15-6-1。

2.3 齿形角和齿顶高系数

本书采用齿形角 $\alpha = 20°$，必要时也可用非标准齿形角。中国发明专利《ZL 89104790.5 双层齿轮组合传动》中便采用了非标准齿形角，并对提高效率取得良好效果。当齿数差为 1 时，取 $\alpha = 14° \sim 25°$；齿数差 ≥2 时，取$\alpha = 6° \sim 14°$。

在齿形角 $\alpha = 20°$时，齿顶高系数 h_a^* 取 0.6~0.8。当 h_a^* 减小时，啮合角 α'也减小，有利于提高效率。但 h_a^* 太小时，变位系数太小会发生外齿轮切齿干涉（根切）或插齿加工时的负啮合。对于前述发明专利采用非标准齿形角的情况，其齿顶高系数 h_a^* 的取值为 0.06~0.6，称之为超短齿。

加工齿轮的刀具无需专用短齿刀具，可直接采用具有正常齿顶高的标准齿轮滚刀及插齿刀。

2.4 外齿轮的变位系数

变位系数需满足啮合方程式

$$\operatorname{inv}\alpha' = \operatorname{inv}\alpha + 2\tan\alpha \frac{x_2 - x_1}{z_2 - z_1} \quad (15\text{-}6\text{-}5)$$

变位系数还需要满足几何限制条件，主要限制条件有两个：

重合度 ε_α 应符合

$$\varepsilon_\alpha = \frac{1}{2\pi}[z_1(\tan\alpha_{a1} - \tan\alpha') - z_2(\tan\alpha_{a2} - \tan\alpha')] > 1 \quad (15\text{-}6\text{-}6)$$

齿廓重叠干涉验算值 G_s 应符合

$$G_s = z_1(\operatorname{inv}\alpha_{a1} + \delta_1) - z_2(\operatorname{inv}\alpha_{a2} + \delta_2) + z_d \operatorname{inv}\alpha' > 0 \quad (15\text{-}6\text{-}7)$$

式中

$$\delta_1 = \arccos \frac{d_{a2}^2 - d_{a1}^2 - 4a'^2}{4a' d_{a1}} \quad (15\text{-}6\text{-}8)$$

$$\delta_2 = \arccos \frac{d_{a2}^2 - d_{a1}^2 - 4a'^2}{4a' d_{a2}} \quad (15\text{-}6\text{-}9)$$

式（15-6-8）和式（15-6-9）中 a'为啮合中心距，d_{a1}和 d_{a2}分别为外齿轮和内齿轮的齿顶圆直径。

按照表 15-6-3 选取外齿轮的变位系数 x_1 可保证啮合齿轮副的重合度 $\varepsilon \geqslant 1$，且其顶隙 $c_{12} = 0.25m$。表中列出了对应于 $\varepsilon = 1.05$ 和 $c_{12} = 0.25m$ 时 x_1 的上限值。表中不带“ * ”的数值表示 x_1 取值上限受到 $\varepsilon = 1.05$ 的限制，其值与插齿刀无关。带“ * ”的数值表示 x_1 上限受到顶隙 $c_{12} = 0.25m$ 的限制，其值与插齿刀有关。若实际选用的插齿刀与表 15-6-3 的注解不同，表中数值可供估算。估算方法是，插齿刀齿数 $z_0 \leqslant 25$ 或齿顶高 $h_{a0} > 1.25m$ 或变位系数 $x_0 > 0$ 时，x_1 上限值会略大于表 15-6-3 中数值，反之则小于表中之值。建议选用 x_1 时，距离其上限值留有裕量，这样，顶隙验算会很容易通过。

表 15-6-3　　外齿轮变位系数 x_1 的上限值

z_2-z_1	z_1	h_a^*			z_2-z_1	z_1	h_a^*		
		1	0.8	0.6			1	0.8	0.6
1	40	0.70*	0.15	-0.5	3	40	0.30*	0.95	0.25
	60	1.15*	0.30	-0.7		60	0.55*	1.30*	0.35
	100	1.75*	0.70	-1.0		100	0.85*	1.75*	0.60
2	40	0.45*	0.95	0	4	40	0.20*	0.90*	0.35
	60	0.75*	1.35*	0.10		60	0.40*	1.25*	0.50
	100	1.20*	1.95*	0.19		100	0.65*	1.70*	0.85

注：1. 插齿刀参数 $z_0 = 25$，$h_{a0} = 0$，$x_0 = 0$。
2. 可插值求 x_1 上限值。

2.5　啮合角与变位系数差

在齿数差与齿顶高系数确定的情况下，要满足主要限制条件，关键在于决定变位系数差与啮合角。变位系数差及对应的啮合角按表 15-6-4 选取。表中数值是按外齿轮齿数 $z_1 = 100$，变位系数 $x_1 = 0$ 时，取 $G_s = 0.1$ 计算出来的。若 $z_1 < 100$ 或 $x_1 > 0$，按表 15-6-4 选取 α'与 $x_2 - x_1$ 之值，G_s 会略大于 0.1。在 $z_1 \geqslant 30$，$x_1 \leqslant 1.5$ 的范围内，G_s 最大值不超过 0.4。

表 15-6-4　　啮合角 α'与变位系数差 x_2-x_1 的选用推荐值

z_2-z_1	$h_a^*=1$		$h_a^*=0.8$		$h_a^*=0.6$	
	x_2-x_1	$\alpha'/(^\circ)$	x_2-x_1	$\alpha'/(^\circ)$	x_2-x_1	$\alpha'/(^\circ)$
1	0.80	58.1877	0.58	54.0920	0.39	49.1563
2	0.54	44.8182	0.38	40.9630	0.22	35.6431
3	0.39	37.1760	0.26	33.6032	0.14	29.1319
4	0.29	32.1917	0.18	28.9061	0.09	25.3393
5	0.21	28.4885	0.12	25.6149	0.04	22.2339
6	0.15	25.7948	0.07	23.1101	0.00	20.0000
7	0.09	23.3792	0.02	20.8588	0.00	20.0000
8	0.05	21.7872	0.00	20.0000	0.00	20.0000

2.6 内齿轮的变位系数[10]

在确定外齿轮变位系数 x_1 和变位系数差（x_2-x_1）以后，内齿轮变位系数根据关系式 $x_2=x_1+(x_2-x_1)$ 即可求出。

2.7 主要设计参数的选择步骤

1）根据要求的传动比选择齿数差及齿数，再根据啮合角要求确定齿顶高系数。

2）根据表 15-6-3 查出外齿轮变位系数的上限值，选取 x_1 小于其上限值，即可满足重合度 $\varepsilon \geqslant 1.05$ 和顶隙 $C_{12} \geqslant 0.25m$ 的要求。

3）按照表 15-6-4 选用啮合角 α' 与变位系数差（x_2-x_1），可确保满足齿廓重叠干涉条件 $G_s \geqslant 0.1$。

4）根据 $x_2=x_1+(x_2-x_1)$ 求出内齿轮变位系数 x_2。

5）进行内齿轮副的各种几何尺寸计算并校核各项限制条件。

由于现今的各种机械设计手册大都编写了利用计算机编制的少齿差内啮合齿轮副几何参数表，其中的参数完全满足各项限制条件，可供设计人员方便地选用，所以按上述"主要设计参数的选择步骤"选择参数并计算齿轮几何尺寸，校核各项限制条件只有在特殊情况下才会应用。一般情况下可直接从现成的参数表中选取所需的参数。

2.8 齿轮几何尺寸与主要参数的选用

在设计时，可从表 15-6-5~表 15-6-8 选择齿轮几何尺寸与主要参数。其 $\varepsilon_\alpha \geqslant 1.05$，$G_s \geqslant 0.05$。其他有关说明如下。

1）表 15-6-5~表 15-6-8 各个尺寸均需乘以齿轮的模数。

2）齿轮顶圆直径按下式计算：

$$d_{a1}=d_1+2m(h_a^*+x_1)\text{，}d_{a2}=d_2-2m(h_a^*-x_2)$$

3）量柱测量距 M 的计算。直齿变位齿轮的量柱直径 d_p 与量柱中心圆压力角 α_M 的计算方法与顺序如下（上边符号用于外齿轮，下边符号用于内齿轮）：

$$\alpha_x=\arccos\frac{\pi m\cos\alpha}{d_a \mp 2h_a^* m}$$

$$\alpha_{Mx}=\tan\alpha_x-\mathrm{inv}\alpha\pm\frac{\pi}{2z}-\frac{2x\tan\alpha}{z}$$

$$d_{px}=mz\cos\alpha\left(\mp\mathrm{inv}\alpha+\frac{\pi}{2z}\mp\frac{2x\tan\alpha}{z}\pm\mathrm{inv}\alpha_{Mx}\right)$$

将 d_{px} 圆整为 d_p，按表 15-1-44 中的公式计算 α_M 和 M。

4）公法线平均长度的极限偏差 E_{Wm} 与量柱测量距平均长度的极限偏差 E_{Mm} 的计算。公法线平均长度的极限偏差参考 JB/ZQ 4074—2006，量柱测量距平均长度的极限偏差由以下各式计算：

偶数齿外齿轮　$E_{Mms}=\dfrac{E_{Wms}}{\sin\alpha_M}$，$E_{Mmi}=\dfrac{E_{Wmi}}{\sin\alpha_M}$；

奇数齿外齿轮　$E_{Mms}=\dfrac{E_{Wms}}{\sin\alpha_M}\cos\dfrac{90°}{z}$，$E_{Mmi}=\dfrac{E_{Wmi}}{\sin\alpha_M}\cos\dfrac{90°}{z}$；

偶数齿内齿轮　$E_{Mms}=\dfrac{-E_{Wmi}}{\sin\alpha_M}$，$E_{Mmi}=\dfrac{-E_{Wms}}{\sin\alpha_M}$；

奇数齿内齿轮　$E_{Mms}=\dfrac{-E_{Wmi}}{\sin\alpha_M}\cos\dfrac{90°}{z}$，$E_{Mmi}=\dfrac{-E_{Wms}}{\sin\alpha_M}\cos\dfrac{90°}{z}$。

5）在设计具有公共行星轮的 2Z-X（Ⅰ）型双内啮合少齿差传动时，可从表 15-6-9 或表 15-6-10 选取齿轮几何尺寸与主要参数。

表 15-6-5　　一齿差内齿轮副几何尺寸及参数

（$h_a^*=0.7$，$\alpha=20°$，$m=1$，$a'=0.750$，$\alpha'=51.210°$）　　mm

外齿轮					内齿轮							
齿数 z_1	变位系数 x_1	顶圆直径 d_{a1}	跨齿数 k_1	公法线长度 W_{k1}	齿数 z_2	变位系数 x_2	顶圆直径 d_{a2}	跨齿槽数 k_2	公法线长度 W_{k2}	量柱直径 d_p	量柱测量距 M	量柱中心圆压力角 α_M
29	−0.1279	30.141	3	7.698	30	0.3313	29.263	4	10.979	1.7	28.308	20.041°
30	−0.1300	31.140	4	10.664	31	0.3309	30.262	4	10.993	1.7	29.267	20.036°
31	−0.1302	32.140	4	10.678	32	0.3307	31.261	5	13.959	1.7	30.307	20.032°
32	−0.1304	33.139	4	10.691	33	0.3305	32.261	5	13.973	1.7	31.269	20.030°
33	−0.1304	34.139	4	10.705	34	0.3305	33.261	5	13.987	1.7	32.306	20.029°
34	−0.1304	35.139	4	10.719	35	0.3306	34.261	5	14.001	1.7	33.271	20.029°
35	−0.1302	36.140	4	10.734	36	0.3307	35.261	5	14.015	1.7	34.307	20.029°
36	−0.1300	37.140	4	10.748	37	0.3309	36.262	5	14.029	1.7	35.274	20.030°
37	−0.1297	38.141	4	10.762	38	0.3312	37.262	5	14.043	1.7	36.308	20.031°
38	−0.1294	39.141	4	10.776	39	0.3315	38.263	5	14.058	1.7	37.277	20.033°
39	−0.1290	40.142	5	13.743	40	0.3319	39.264	5	14.072	1.7	38.309	20.035°
40	−0.1286	41.143	5	13.757	41	0.3323	40.265	6	17.038	1.7	39.280	20.038°
41	−0.1281	42.144	5	13.771	42	0.3328	41.266	6	17.053	1.7	40.311	20.041°
42	−0.1275	43.145	5	13.786	43	0.3334	42.267	6	17.067	1.7	41.283	20.044°
43	−0.1270	44.146	5	13.800	44	0.3340	43.268	6	17.081	1.7	42.313	20.047°
44	−0.1263	45.147	5	13.814	45	0.3346	44.269	6	17.096	1.7	43.287	20.050°
45	−0.1257	46.149	5	13.829	46	0.3353	45.271	6	17.110	1.7	44.316	20.054°
46	−0.1250	47.150	5	13.843	47	0.3360	46.272	6	17.125	1.7	45.291	20.057°
47	−0.1242	48.152	5	13.858	48	0.3367	47.273	6	17.139	1.7	46.319	20.061°
48	−0.1235	49.153	6	16.825	49	0.3374	48.275	7	20.106	1.7	47.295	20.064°
49	−0.1227	50.155	6	16.839	50	0.3382	49.276	7	20.121	1.7	48.322	20.068°
50	−0.1219	51.156	6	16.854	51	0.3390	50.278	7	20.135	1.7	49.299	20.072°
51	−0.1210	52.158	6	16.868	52	0.3399	51.280	7	20.150	1.7	50.325	20.076°
52	−0.1201	53.160	6	16.883	53	0.3408	52.282	7	20.164	1.7	51.303	20.079°
53	−0.1192	54.162	6	16.897	54	0.3417	53.283	7	20.179	1.7	52.329	20.083°
54	−0.1183	55.163	6	16.912	55	0.3426	54.285	7	20.194	1.7	53.308	20.087°
55	−0.1174	56.165	6	16.927	56	0.3435	55.287	7	20.208	1.7	54.332	20.090°
56	−0.1165	57.167	7	19.894	57	0.3445	56.289	7	20.223	1.7	55.312	20.094°
57	−0.1155	58.169	7	19.908	58	0.3454	57.291	8	23.190	1.7	56.336	20.098°
58	−0.1145	59.171	7	19.923	59	0.3464	58.293	8	23.204	1.7	57.317	20.101°
59	−0.1135	60.173	7	19.938	60	0.3474	59.295	8	23.219	1.7	58.340	20.105°
60	−0.1124	61.175	7	19.952	61	0.3485	60.297	8	23.234	1.7	59.322	20.108°
61	−0.1114	62.177	7	19.967	62	0.3495	61.299	8	23.248	1.7	60.344	20.112°
62	−0.1104	63.179	7	19.982	63	0.3505	62.301	8	23.263	1.7	61.327	20.115°
63	−0.1093	64.181	7	19.996	64	0.3516	63.303	8	23.278	1.7	62.348	20.119°
64	−0.1082	65.184	7	20.011	65	0.3527	64.305	8	23.293	1.7	63.332	20.122°
65	−0.1071	66.186	8	22.978	66	0.3538	65.308	8	23.307	1.7	64.353	20.125°
66	−0.1060	67.188	8	22.993	67	0.3549	66.310	9	26.274	1.7	65.336	20.128°
67	−0.1049	68.190	8	23.008	68	0.3560	67.312	9	26.289	1.7	66.357	20.132°
68	−0.1038	69.192	8	23.022	69	0.3572	68.314	9	26.304	1.7	67.341	20.135°
69	−0.1027	70.195	8	23.037	70	0.3583	69.317	9	26.319	1.7	68.362	20.138°
70	−0.1015	71.197	8	23.052	71	0.3594	70.319	9	26.333	1.7	69.347	20.141°
71	−0.1003	72.199	8	23.067	72	0.3606	71.321	9	26.348	1.7	70.366	20.144°
72	−0.0992	73.202	8	23.082	73	0.3618	72.324	9	26.363	1.7	71.352	20.147°
73	−0.0980	74.204	8	23.096	74	0.3629	73.326	9	26.378	1.7	72.371	20.150°

续表

外齿轮					内齿轮							
齿数 z_1	变位系数 x_1	顶圆直径 d_{a1}	跨齿数 k_1	公法线长度 W_{k1}	齿数 z_2	变位系数 x_2	顶圆直径 d_{a2}	跨齿槽数 k_2	公法线长度 W_{k2}	量柱直径 d_p	量柱测量距 M	量柱中心圆压力角 α_M
74	−0.0968	75.206	9	26.063	75	0.3641	74.328	9	26.393	1.7	73.357	20.153°
75	−0.0956	76.209	9	26.078	76	0.3653	75.331	10	29.360	1.7	74.376	20.156°
76	−0.0973	77.205	9	26.091	77	0.3636	76.327	10	20.372	1.7	75.356	20.147°
77	−0.0959	78.208	9	26.106	78	0.3650	77.330	10	29.387	1.7	76.375	20.151°
78	−0.0946	79.211	9	26.121	79	0.3663	78.333	10	29.402	1.7	77.362	20.154°
79	−0.0933	80.213	9	26.136	80	0.3676	79.335	10	29.417	1.7	78.380	20.157°
80	−0.0920	81.216	9	26.151	81	0.3689	80.338	10	29.432	1.7	79.368	20.160°
81	−0.0007	82.219	9	26.166	82	0.3703	81.341	10	29.447	1.7	80.385	20.163°
82	−0.0893	83.221	9	26.180	83	0.3716	82.343	10	29.462	1.7	81.373	20.166°
83	−0.0880	84.224	10	29.148	84	0.3729	83.346	10	29.477	1.7	82.391	20.169°
84	−0.0866	85.227	10	29.162	85	0.3743	84.349	11	32.444	1.7	83.379	20.172°
85	−0.0853	86.229	10	29.177	86	0.3756	85.351	11	32.459	1.7	84.396	20.175°
86	−0.0840	87.232	10	29.192	87	0.3770	86.354	11	32.474	1.7	85.385	20.178°
87	−0.0826	88.235	10	29.207	88	0.3783	87.357	11	32.489	1.7	86.401	20.180°
88	−0.0812	89.238	10	29.222	89	0.3797	88.359	11	32.504	1.7	87.390	20.183°
89	−0.0799	90.240	10	29.237	90	0.3810	89.362	11	32.518	1.7	88.407	20.186°
90	−0.0785	91.243	10	29.252	91	0.3824	90.365	11	32.533	1.7	89.396	20.188°
91	−0.0772	92.246	10	29.267	92	0.3837	91.367	11	32.548	1.7	90.412	20.191°
92	−0.0758	93.248	11	32.234	93	0.3851	92.370	11	32.563	1.7	91.402	20.193°
93	−0.0745	94.251	11	32.249	94	0.3864	93.373	12	35.530	1.7	92.418	20.196°
94	−0.0731	95.254	11	32.264	95	0.3878	94.376	12	35.545	1.7	93.407	20.198°
95	−0.0718	96.256	11	32.279	96	0.3891	95.378	12	35.560	1.7	94.423	20.200°
96	−0.0704	97.259	11	32.294	97	0.3905	96.381	12	35.575	1.7	95.413	20.203°
97	−0.0690	98.262	11	32.309	98	0.3919	97.384	12	35.590	1.7	96.428	20.205°
98	−0.0676	99.265	11	32.324	99	0.3933	98.387	12	35.605	1.7	97.419	20.207°
99	−0.0663	100.267	11	32.339	100	0.3947	99.389	12	35.620	1.7	98.434	20.209°
100	−0.0649	101.270	11	32.354	101	0.3960	100.392	12	35.635	1.7	99.424	20.211°
101	−0.0636	102.273	12	35.321	102	0.3974	101.395	13	38.602	1.7	100.439	20.213°

表 15-6-6　　二齿差内齿轮副几何尺寸及参数

($h_a^*=0.65$，$\alpha=20°$，$m=1$，$a'=1.200$，$\alpha'=38.457°$)　　mm

外齿轮					内齿轮							
齿数 z_1	变位系数 x_1	顶圆直径 d_{a1}	跨齿数 k_1	公法线长度 W_{k1}	齿数 z_2	变位系数 x_2	顶圆直径 d_{a2}	跨齿槽数 k_2	公法线长度 W_{k2}	量柱直径 d_p	量柱测量距 M	量柱中心圆压力角 α_M
29	−0.0261	30.248	4	10.721	31	0.2709	30.242	4	10.952	1.7	29.146	19.407°
30	−0.0259	31.248	4	10.735	32	0.2711	31.242	4	10.966	1.7	30.186	19.429°
31	−0.0255	32.249	4	10.749	33	0.2715	32.243	5	13.932	1.7	31.150	19.451°
32	−0.0250	33.250	4	10.764	34	0.2720	33.244	5	13.947	1.7	32.188	19.472°
33	−0.0244	34.251	4	10.778	35	0.2726	34.245	5	13.961	1.7	33.154	19.493°
34	−0.0238	35.252	4	10.792	36	0.2733	35.247	5	13.976	1.7	34.191	19.514°
35	−0.0230	36.254	4	10.807	37	0.2740	36.248	5	13.990	1.7	35.159	19.534°
36	−0.0222	37.256	4	10.821	38	0.2748	37.250	5	14.005	1.7	36.194	19.554°
37	−0.0213	38.257	5	13.788	39	0.2758	38.252	5	14.019	1.7	37.164	19.573°
38	−0.0203	39.259	5	13.803	40	0.2767	39.253	5	14.034	1.7	38.198	19.592°

续表

外齿轮					内齿轮							
齿数 z_1	变位系数 x_1	顶圆直径 d_{a1}	跨齿数 k_1	公法线长度 W_{k1}	齿数 z_2	变位系数 x_2	顶圆直径 d_{a2}	跨齿槽数 k_2	公法线长度 W_{k2}	量柱直径 d_p	量柱测量距 M	量柱中心圆压力角 α_M
39	−0.0193	40.261	5	13.818	41	0.2777	40.255	6	17.001	1.7	39.170	19.611°
40	−0.0182	41.264	5	13.832	42	0.2788	41.258	6	17.016	1.7	40.202	19.629°
41	−0.0171	42.266	5	13.847	43	0.2799	42.260	6	17.030	1.7	41.176	19.646°
42	−0.0159	43.268	5	13.862	44	0.2811	43.262	6	17.045	1.7	42.207	19.663°
43	−0.0147	44.271	5	13.877	45	0.2823	44.265	6	17.060	1.7	43.182	19.679°
44	−0.0134	45.273	5	13.892	46	0.2836	45.267	6	17.075	1.7	44.212	19.695°
45	−0.0121	46.276	5	13.907	47	0.2849	46.270	6	17.090	1.7	45.188	19.711°
46	−0.0108	47.278	6	16.874	48	0.2862	47.272	6	17.105	1.7	46.217	19.726°
47	−0.0095	48.281	6	16.889	49	0.2875	48.275	6	17.120	1.7	47.195	19.740°
48	−0.0081	49.284	6	16.903	50	0.2889	49.278	7	20.087	1.7	48.223	19.755°
49	−0.0067	50.287	6	16.918	51	0.2903	50.281	7	20.102	1.7	49.201	19.768°
50	−0.0052	51.290	6	16.933	52	0.2918	51.284	7	20.117	1.7	50.228	19.782°
51	−0.0038	52.292	6	16.948	53	0.2932	52.286	7	20.132	1.7	51.208	19.795°
52	−0.0023	53.295	6	16.963	54	0.2947	53.289	7	20.147	1.7	52.234	19.808°
53	0	54.300	6	16.979	55	0.2970	54.294	7	20.162	1.7	53.217	19.825°
54	0	55.300	6	16.993	56	0.2970	55.294	7	20.176	1.7	54.239	19.828°
55	0.0023	56.305	7	19.961	57	0.2993	56.299	7	20.192	1.7	55.222	19.844°
56	0.0039	57.308	7	19.976	58	0.3009	57.302	7	20.207	1.7	56.247	19.855°
57	0.0055	58.311	7	19.991	59	0.3025	58.305	8	23.174	1.7	57.229	19.866°
58	0.0071	59.314	7	20.006	60	0.3041	59.308	8	23.189	1.7	58.253	19.877°
59	0.0087	60.317	7	20.021	61	0.3057	60.311	8	23.204	1.7	59.236	19.887°
60	0.0103	61.321	7	20.036	62	0.3073	61.315	8	23.220	1.7	60.260	19.898°
61	0.0119	62.324	7	20.051	63	0.3089	62.318	8	23.235	1.7	61.243	19.907°
62	0.0136	63.327	7	20.067	64	0.3106	63.321	8	23.250	1.7	62.266	19.917°
63	0.0153	64.331	8	23.034	65	0.3123	64.325	8	23.265	1.7	63.251	19.927°
64	0.0170	65.334	8	23.049	66	0.3140	65.328	8	23.280	1.7	64.273	19.936°
65	0.0187	66.337	8	23.064	67	0.3157	66.331	8	23.295	1.7	65.258	19.945°
66	0.0204	67.341	8	23.079	68	0.3174	67.335	9	26.263	1.7	66.280	19.954°
67	0.0221	68.344	8	23.094	69	0.3191	68.338	9	26.278	1.7	67.266	19.962°
68	0.0238	69.348	8	23.110	70	0.3208	69.342	9	26.293	1.7	68.287	19.970°
69	0.0255	70.351	8	23.125	71	0.3226	70.345	9	26.308	1.7	69.273	19.979°
70	0.0273	71.355	8	23.140	72	0.3243	71.349	9	26.323	1.7	70.294	19.986°
71	0.0290	72.358	8	23.155	73	0.3260	72.352	9	26.339	1.7	71.280	19.994°
72	0.0308	73.362	9	26.123	74	0.3278	73.356	9	26.354	1.7	72.301	20.002°
73	0.0325	74.365	9	26.138	75	0.3295	74.359	9	26.369	1.7	73.288	20.009°
74	0.0343	75.369	9	26.153	76	0.3313	75.363	10	29.336	1.7	74.308	20.016°
75	0.0361	76.372	9	26.168	77	0.3331	76.366	10	29.352	1.7	75.295	20.023°
76	0.0379	77.376	9	26.183	78	0.3349	77.370	10	29.367	1.7	76.315	20.030°
77	0.0397	78.379	9	26.199	79	0.3367	78.373	10	29.382	1.7	77.303	20.037°
78	0.0415	79.383	9	26.214	80	0.3385	79.377	10	29.397	1.7	78.322	20.044°
79	0.0433	80.387	9	26.229	81	0.3403	80.381	10	29.412	1.7	79.311	20.050°
80	0.0451	81.390	9	26.244	82	0.3421	81.384	10	29.428	1.7	80.329	20.056°
81	0.0469	82.394	10	29.212	83	0.3439	82.388	10	29.443	1.7	81.318	20.063°
82	0.0487	83.397	10	29.227	84	0.3458	83.392	10	29.458	1.7	82.337	20.069°
83	0.0506	84.401	10	29.242	85	0.3476	84.395	11	32.426	1.7	83.326	20.075°
84	0.0524	85.405	10	29.258	86	0.3494	85.399	11	32.441	1.7	84.344	20.080°
85	0.0542	86.408	10	29.273	87	0.3512	86.402	11	32.456	1.7	85.333	20.086°

续表

外齿轮					内齿轮							
齿数 z_1	变位系数 x_1	顶圆直径 d_{a1}	跨齿数 k_1	公法线长度 W_{k1}	齿数 z_2	变位系数 x_2	顶圆直径 d_{a2}	跨齿槽数 k_2	公法线长度 W_{k2}	量柱直径 d_p	量柱测量距 M	量柱中心圆压力角 α_M
86	0.0561	87.412	10	29.288	88	0.3531	87.406	11	32.471	1.7	86.351	20.092°
87	0.0579	88.416	10	29.303	89	0.3549	88.410	11	32.487	1.7	87.341	20.097°
88	0.0597	89.419	10	29.319	90	0.3568	89.414	11	32.502	1.7	88.359	20.102°
89	0.0616	90.423	10	29.334	91	0.3586	90.417	11	32.517	1.7	89.349	20.108°
90	0.0635	91.427	11	32.301	92	0.3605	91.421	11	32.532	1.7	90.366	20.113°
91	0.0654	92.431	11	32.317	93	0.3624	92.425	11	32.548	1.7	91.357	20.118°
92	0.0672	93.434	11	32.332	94	0.3642	93.428	12	35.515	1.7	92.373	20.123°
93	0.0691	94.438	11	32.347	95	0.3661	94.432	12	35.530	1.7	93.364	20.127°
94	0.0710	95.442	11	32.362	96	0.3680	95.436	12	35.546	1.7	94.381	20.132°
95	0.0728	96.446	11	32.378	97	0.3698	96.440	12	35.561	1.7	95.372	20.137°
96	0.0747	97.449	11	32.393	98	0.3717	97.443	12	35.576	1.7	96.388	20.141°
97	0.0766	98.453	11	32.408	99	0.3736	98.447	12	35.592	1.7	97.380	20.146°
98	0.0785	99.457	12	35.376	100	0.3755	99.451	12	35.607	1.7	98.396	20.150°
99	0.0804	100.461	12	35.391	101	0.3774	100.455	12	35.622	1.7	99.387	20.155°
100	0.0822	101.464	12	35.406	102	0.3792	101.458	12	35.637	1.7	100.403	20.159°
101	0.0842	102.468	12	35.422	103	0.3812	102.462	13	38.605	1.7	101.395	20.163°

表 15-6-7　　三齿差内齿轮副几何尺寸及参数

（$h_a^*=0.6$，$\alpha=20°$，$m=1$，$a'=1.600$，$\alpha'=28.241°$）　　mm

外齿轮					内齿轮							
齿数 z_1	变位系数 x_1	顶圆直径 d_{a1}	跨齿数 k_1	公法线长度 W_{k1}	齿数 z_2	变位系数 x_2	顶圆直径 d_{a2}	跨齿槽数 k_2	公法线长度 W_{k2}	量柱直径 d_p	量柱测量距 M	量柱中心圆压力角 α_M
29	0.0564	30.313	4	10.777	32	0.1772	31.154	4	10.902	1.7	29.988	18.386°
30	0.0560	31.312	4	10.791	33	0.1769	32.154	4	10.916	1.7	30.950	18.436°
31	0.0558	32.312	4	10.805	34	0.1767	33.153	5	13.882	1.7	31.987	18.484°
32	0.0557	33.311	4	10.819	35	0.1766	34.153	5	13.896	1.7	32.953	18.530°
33	0.0558	34.312	4	10.833	36	0.1766	35.153	5	13.910	1.7	33.988	18.574°
34	0.0559	35.312	4	10.847	37	0.1767	36.153	5	13.924	1.7	34.955	18.617°
35	0.0561	36.312	4	10.861	38	0.1769	37.154	5	13.938	1.7	35.989	18.658°
36	0.0563	37.313	5	13.827	39	0.1771	38.154	5	13.952	1.7	36.959	18.608°
37	0.0567	38.313	5	13.842	40	0.1775	39.155	5	13.966	1.7	37.991	18.736°
38	0.0571	39.314	5	13.856	41	0.1779	40.156	5	13.981	1.7	38.962	18.773°
39	0.0576	40.315	5	13.870	42	0.1784	41.157	5	13.995	1.7	39.993	18.808°
40	0.0581	41.316	5	13.885	43	0.1789	42.158	6	16.961	1.7	40.966	18.842°
41	0.0587	42.317	5	13.899	44	0.1795	43.159	6	16.976	1.7	41.996	18.875°
42	0.0593	43.319	5	13.913	45	0.1802	44.160	6	16.990	1.7	42.970	18.907°
43	0.0600	44.320	5	13.928	46	0.1809	45.162	6	17.005	1.7	43.999	18.937°
44	0.0608	45.322	5	13.942	47	0.1816	46.163	6	17.019	1.7	44.975	18.967°
45	0.0616	46.323	6	16.909	48	0.1824	47.165	6	17.034	1.7	46.003	18.995°
46	0.0624	47.325	6	16.924	49	0.1832	48.166	6	17.048	1.7	46.980	19.023°
47	0.0623	48.326	6	16.938	50	0.1840	49.168	6	17.063	1.7	48.007	19.049°
48	0.0641	49.328	6	16.953	51	0.1849	50.170	6	17.078	1.7	48.985	19.075°
49	0.0650	50.330	6	16.967	52	0.1859	51.172	7	20.044	1.7	50.011	19.100°
50	0.0660	51.332	6	16.982	53	0.1868	52.174	7	20.059	1.7	50.990	19.124°
51	0.0670	52.334	6	16.997	54	0.1878	53.176	7	20.074	1.7	52.015	19.147°
52	0.0680	53.336	6	17.012	55	0.1888	54.178	7	20.088	1.7	52.995	19.170°

续表

外齿轮					内齿轮							
齿数 z_1	变位系数 x_1	顶圆直径 d_{a1}	跨齿数 k_1	公法线长度 W_{k1}	齿数 z_2	变位系数 x_2	顶圆直径 d_{a2}	跨齿槽数 k_2	公法线长度 W_{k2}	量柱直径 d_p	量柱测量距 M	量柱中心圆压力角 α_M
53	0.0690	54.338	7	19.978	56	0.1898	55.180	7	20.103	1.7	54.020	19.192°
54	0.0701	55.340	7	19.993	57	0.1909	56.182	7	20.118	1.7	55.000	19.213°
55	0.0711	56.342	7	20.008	58	0.1920	57.184	7	20.132	1.7	56.024	19.234°
56	0.0723	57.345	7	20.023	59	0.1931	58.186	7	20.147	1.7	57.006	19.254°
57	0.0734	58.347	7	20.037	60	0.1942	59.188	7	20.162	1.7	58.029	19.273°
58	0.0745	59.349	7	20.052	61	0.1953	60.191	8	23.129	1.7	59.011	19.292°
59	0.0757	60.351	7	20.067	62	0.1965	61.193	8	23.144	1.7	60.034	19.310°
60	0.0769	61.354	7	20.082	63	0.1977	62.195	8	23.159	1.7	61.017	19.328°
61	0.0781	62.356	7	20.097	64	0.1989	63.198	8	23.173	1.7	62.039	19.345°
62	0.0793	63.359	8	23.064	65	0.2001	64.200	8	23.188	1.7	63.023	19.362°
63	0.0805	64.361	8	23.078	66	0.2013	65.203	8	23.203	1.7	64.044	19.378°
64	0.0817	65.363	8	23.093	67	0.2026	66.205	8	23.218	1.7	65.028	19.394°
65	0.0830	66.366	8	23.108	68	0.2038	67.208	8	23.233	1.7	66.049	19.409°
66	0.0843	67.369	8	23.123	69	0.2051	68.210	9	26.200	1.7	67.034	19.424°
67	0.0856	68.371	8	23.138	70	0.2064	69.213	9	26.215	1.7	68.055	19.439°
68	0.0869	69.374	8	23.153	71	0.2077	70.215	9	26.230	1.7	69.040	19.453°
69	0.0882	70.376	8	23.168	72	0.2090	71.218	9	26.244	1.7	70.060	19.467°
70	0.0895	71.379	8	23.183	73	0.2103	72.221	9	26.259	1.7	71.046	19.481°
71	0.0908	72.382	9	26.150	74	0.2116	73.223	9	26.274	1.7	72.066	19.494°
72	0.0922	73.384	9	26.165	75	0.2130	74.226	9	26.289	1.7	73.052	19.507°
73	0.0935	74.387	9	26.179	76	0.2143	75.229	9	26.304	1.7	74.071	19.519°
74	0.0949	75.390	9	26.194	77	0.2157	76.231	9	26.319	1.7	75.058	19.531°
75	0.0962	76.392	9	26.209	78	0.2171	77.234	10	29.286	1.7	76.077	19.544°
76	0.0976	77.395	9	26.224	79	0.2184	78.237	10	29.301	1.7	77.064	19.555°
77	0.0990	78.398	9	26.239	80	0.2198	79.240	10	29.316	1.7	78.083	19.567°
78	0.1004	79.401	9	26.254	81	0.2212	80.242	10	29.331	1.7	79.070	19.578°
79	0.1018	80.404	9	26.269	82	0.2226	81.245	10	29.346	1.7	80.088	19.589°
80	0.1032	81.406	10	29.236	83	0.2240	82.248	10	29.361	1.7	81.077	19.599°
81	0.1046	82.409	10	29.251	84	0.2255	83.251	10	29.376	1.7	82.094	19.610°
82	0.1061	83.412	10	29.266	85	0.2269	84.254	10	29.391	1.7	83.083	19.620°
83	0.1075	84.415	10	29.281	86	0.2283	85.257	10	29.406	1.7	84.100	19.630°
84	0.1089	85.418	10	29.296	87	0.2297	86.259	11	32.373	1.7	85.089	19.640°
85	0.1103	86.421	10	29.311	88	0.2312	87.262	11	32.388	1.7	86.106	19.649°
86	0.1118	87.424	10	29.326	89	0.2326	88.265	11	32.403	1.7	87.095	19.659°
87	0.1133	88.427	10	29.341	90	0.2341	89.268	11	32.418	1.7	88.112	19.668°
88	0.1147	89.429	10	29.356	91	0.2355	90.271	11	32.433	1.7	89.101	19.677°
89	0.1162	90.432	11	32.323	92	0.2370	91.274	11	32.448	1.7	90.118	19.685°
90	0.1177	91.435	11	32.338	93	0.2385	92.277	11	32.463	1.7	91.108	19.694°
91	0.1191	92.438	11	32.353	94	0.2399	93.280	11	32.478	1.7	92.124	19.702°
92	0.1207	93.441	11	32.368	95	0.2415	94.283	11	32.493	1.7	93.114	19.711°
93	0.1221	94.444	11	32.383	96	0.2429	95.286	12	35.460	1.7	94.130	19.719°
94	0.1236	95.447	11	32.398	97	0.2444	96.289	12	35.475	1.7	95.120	19.727°
95	0.1251	96.450	11	32.413	98	0.2459	97.292	12	35.490	1.7	96.136	19.734°
96	0.1266	97.453	11	32.429	99	0.2474	98.295	12	35.505	1.7	97.127	19.742°
97	0.1281	98.456	11	32.444	100	0.2489	99.298	12	35.520	1.7	98.142	19.750°
98	0.1296	99.459	12	35.411	101	0.2504	100.301	12	35.535	1.7	99.133	19.757°
99	0.1311	100.462	12	35.426	102	0.2519	101.304	12	35.550	1.7	100.148	19.764°
100	0.1326	101.465	12	35.441	103	0.2534	102.307	12	35.565	1.7	101.139	19.771°
101	0.1342	102.468	12	35.456	104	0.2550	103.310	12	35.580	1.7	102.154	19.778°

表 15-6-8　　四齿差内齿轮副几何尺寸及参数

（$h_a^*=0.6$，$\alpha=20°$，$m=1$，$a'=2.060$，$\alpha'=24.172°$）　　mm

外齿轮					内齿轮							
齿数 z_1	变位系数 x_1	顶圆直径 d_{a1}	跨齿数 k_1	公法线长度 W_{k1}	齿数 z_2	变位系数 x_2	顶圆直径 d_{a2}	跨齿槽数 k_2	公法线长度 W_{k2}	量柱直径 d_p	量柱测量距 M	量柱中心圆压力角 α_M
29	0.0847	30.369	4	10.797	33	0.1509	32.102	4	10.898	1.7	30.894	18.135°
30	0.0843	31.369	4	10.810	34	0.1505	33.101	5	13.864	1.7	31.930	18.192°
31	0.0840	32.368	4	10.824	35	0.1502	34.100	5	13.878	1.7	32.895	18.246°
32	0.0838	33.368	4	10.838	36	0.1500	35.100	5	13.891	1.7	33.930	18.298°
33	0.0838	34.368	4	10.852	37	0.1499	36.100	5	13.905	1.7	34.898	18.347°
34	0.0838	35.368	4	10.866	38	0.1500	37.100	5	13.919	1.7	35.931	18.395°
35	0.0839	36.368	5	13.832	39	0.1501	38.100	5	13.933	1.7	36.901	18.441°
36	0.0841	37.368	5	13.846	40	0.1503	39.101	5	13.948	1.7	37.933	18.486°
37	0.0843	38.369	5	13.860	41	0.1505	40.101	5	13.962	1.7	38.904	18.528°
38	0.0847	39.369	5	13.875	42	0.1509	41.102	5	13.976	1.7	39.935	18.569°
39	0.0851	40.370	5	13.889	43	0.1513	42.103	6	16.942	1.7	40.907	18.609°
40	0.0855	41.371	5	13.903	44	0.1517	43.103	6	16.957	1.7	41.937	18.647°
41	0.0860	42.372	5	13.918	45	0.1522	44.104	6	16.971	1.7	42.911	18.683°
42	0.0866	43.373	5	13.932	46	0.1528	45.106	6	16.985	1.7	43.940	18.718°
43	0.0872	44.374	5	13.946	47	0.1534	46.107	6	17.000	1.7	44.915	18.752°
44	0.0879	45.376	6	16.913	48	0.1540	47.108	6	17.014	1.7	45.943	18.785°
45	0.0886	46.377	6	16.928	49	0.1548	48.110	6	17.029	1.7	46.920	18.817°
46	0.0893	47.379	6	16.942	50	0.1555	49.111	6	17.043	1.7	47.947	18.847°
47	0.0901	48.380	6	16.957	51	0.1563	50.113	6	17.058	1.7	48.924	18.877°
48	0.0909	49.382	6	16.971	52	0.1571	51.114	7	20.025	1.7	49.950	18.905°
49	0.0917	50.383	6	16.986	53	0.1579	52.116	7	20.039	1.7	50.929	18.933°
50	0.0926	51.385	6	17.000	54	0.1588	53.118	7	20.054	1.7	51.954	18.960°
51	0.0935	52.387	6	17.015	55	0.1597	54.119	7	20.068	1.7	52.934	18.986°
52	0.0944	53.389	6	17.030	56	0.1606	55.121	7	20.083	1.7	53.958	19.011°
53	0.0954	54.391	7	19.996	57	0.1616	56.123	7	20.098	1.7	54.939	19.035°
54	0.0964	55.393	7	20.011	58	0.1626	57.125	7	20.112	1.7	55.963	19.058°
55	0.0974	56.395	7	20.026	59	0.1636	58.127	7	20.127	1.7	56.944	19.081°
56	0.0984	57.397	7	20.040	60	0.1646	59.129	7	20.142	1.7	57.967	19.103°
57	0.0995	58.399	7	20.055	61	0.1657	60.131	8	23.109	1.7	58.950	19.125°
58	0.1005	59.401	7	20.070	62	0.1667	61.133	8	23.123	1.7	59.972	19.145°
59	0.1016	60.403	7	20.085	63	0.1678	62.136	8	23.138	1.7	60.955	19.165°
60	0.1027	61.405	7	20.099	64	0.1689	63.138	8	23.153	1.7	61.977	19.185°
61	0.1038	62.408	7	20.114	65	0.1700	64.140	8	23.168	1.7	62.960	19.204°
62	0.1050	63.410	8	23.081	66	0.1712	65.142	8	23.182	1.7	63.982	19.223°
63	0.1062	64.412	8	23.096	67	0.1723	66.145	8	23.197	1.7	64.966	19.241°
64	0.1076	65.415	8	23.111	68	0.1735	67.147	8	23.212	1.7	65.987	19.258°
65	0.1085	66.417	8	23.126	69	0.1747	68.149	8	23.227	1.7	66.971	19.275°
66	0.1097	67.419	8	23.140	70	0.1759	69.152	9	26.194	1.7	67.992	19.292°
67	0.1109	68.422	8	23.155	71	0.1771	70.154	9	26.209	1.7	68.977	19.308°
68	0.1121	69.424	8	23.170	72	0.1783	71.157	9	26.223	1.7	69.997	19.324°
69	0.1134	70.427	8	23.185	73	0.1796	72.159	9	26.238	1.7	70.983	19.339°
70	0.1146	71.429	8	23.200	74	0.1808	73.162	9	26.253	1.7	72.002	19.354°
71	0.1159	72.432	9	26.167	75	0.1820	74.164	9	26.268	1.7	72.989	19.369°
72	0.1172	73.434	9	26.182	76	0.1833	75.167	9	26.283	1.7	74.008	19.383°
73	0.1184	74.437	9	26.197	77	0.1846	76.169	9	26.298	1.7	74.994	19.397°
74	0.1197	75.439	9	26.211	78	0.1859	77.172	9	26.313	1.7	76.013	19.410°

续表

外齿轮					内齿轮							
齿数 z_1	变位系数 x_1	顶圆直径 d_{a1}	跨齿数 k_1	公法线长度 W_{k1}	齿数 z_2	变位系数 x_2	顶圆直径 d_{a2}	跨齿槽数 k_2	公法线长度 W_{k2}	量柱直径 d_p	量柱测量距 M	量柱中心圆压力角 α_M
75	0.1210	76.442	9	26.226	79	0.1872	78.174	10	29.280	1.7	77.000	19.424°
76	0.1223	77.445	9	26.241	80	0.1885	79.177	10	29.295	1.7	78.018	19.436°
77	0.1237	78.447	9	26.256	81	0.1898	80.180	10	29.310	1.7	79.006	19.449°
78	0.1250	79.450	9	26.271	82	0.1911	81.182	10	29.324	1.7	80.024	19.461°
79	0.1263	80.453	9	26.286	83	0.1925	82.185	10	29.339	1.7	81.012	19.473°
80	0.1277	81.455	10	29.253	84	0.1938	83.188	10	29.354	1.7	82.030	19.485°
81	0.1290	82.458	10	29.268	85	0.1952	84.190	10	29.369	1.7	83.018	19.497°
82	0.1304	83.461	10	29.283	86	0.1965	85.193	10	29.384	1.7	84.035	19.508°
83	0.1317	84.463	10	29.298	87	0.1979	86.196	11	32.351	1.7	85.024	19.519°
84	0.1331	85.466	10	29.313	88	0.1993	87.199	11	32.366	1.7	86.041	19.530°
85	0.1345	86.469	10	29.328	89	0.2006	88.201	11	32.381	1.7	87.030	19.540°
86	0.1358	87.472	10	29.343	90	0.2020	89.204	11	32.396	1.7	88.047	19.551°
87	0.1372	88.474	10	29.358	91	0.2034	90.207	11	32.411	1.7	89.036	19.561°
88	0.1386	89.477	11	32.325	92	0.2048	91.210	11	32.426	1.7	90.052	19.571°
89	0.1400	90.480	11	32.340	93	0.2062	92.212	11	32.441	1.7	91.042	19.580°
90	0.1414	91.483	11	32.355	94	0.2076	93.215	11	32.456	1.7	92.058	19.590°
91	0.1429	92.486	11	32.370	95	0.2090	94.218	11	32.471	1.7	93.048	19.599°
92	0.1443	93.489	11	32.385	96	0.2104	95.221	12	35.438	1.7	94.064	19.608°
93	0.1457	94.491	11	32.400	97	0.2118	96.224	12	35.453	1.7	95.054	19.617°
94	0.1471	95.494	11	32.415	98	0.2133	97.227	12	35.468	1.7	96.070	19.626°
95	0.1485	96.497	11	32.429	99	0.2147	98.229	12	35.483	1.7	97.060	19.634°
96	0.1500	97.500	11	32.445	100	0.2162	99.232	12	35.498	1.7	98.076	19.643°
97	0.1514	98.503	12	35.412	101	0.2176	100.235	12	35.513	1.7	99.066	19.651°
98	0.1528	99.506	12	35.427	102	0.2190	101.238	12	35.528	1.7	100.082	19.659°
99	0.1543	100.509	12	35.442	103	0.2205	102.241	12	35.543	1.7	101.073	19.667°
100	0.1557	101.511	12	35.457	104	0.2219	103.244	12	35.558	1.7	102.087	19.675°
101	0.1572	102.514	12	35.472	105	0.2234	104.247	13	38.525	1.7	103.079	19.683°

表 15-6-9　2Z-X（Ⅰ）型奇异二齿差～三齿差双内啮合齿轮副几何参数表　mm

外齿轮 1					固定内齿轮 2								重合度 $\varepsilon_{\alpha1\text{-}2}$	齿廓重叠干涉验算 $G_{a1\text{-}2}$	啮合角 $\alpha'_{1\text{-}2}$
齿数 z_1	变位系数 x_1	顶圆直径 d_{a1}	跨齿数 k_1	公法线长度 W_{k1}	齿数 z_2	变位系数 x_2	顶圆直径 d_{a2}	跨齿槽数 k_2	公法线长度 W_{k2}	量柱直径 d_{p2}	量柱测量距 M_2	量柱中心圆压力角 α_{M2}			
27	0. 3956	29.291	4	10.981	29	1.6452	29.571	6	17.768		29.402	28.9663	0.990	1.873	
28	0.3956	30.291	4	10.995	30	1.6452	30.571	6	17.782		30.457	28.7584	0.994	1.872	
29	0.4955	31.491	5	14.030	31	1.7450	31.771	6	17.865		31.565	29.0055	0.980	1.874	
30	0.4955	32.491	5	14.044	32	1.7450	32.771	6	17.879		32.618	28.8100	0.985	1.874	
31	0.4955	33.491	5	14.058	33	1.7450	33.771	6	17.893		33.587	28.6235	0.989	1.873	
32	0.4955	34.491	5	14.072	34	1.7450	34.771	7	20.859	1. 7	34.636	28.4452	0.993	1.873	55. 0415
33	0.4955	35.491	5	14.086	35	1.7450	35.771	7	20.873		35.607	28.2747	0.997	1.872	
34	0.4955	36.491	5	14.100	36	1.7450	36.771	7	20.887		36.653	28.1114	1.000	1.871	
35	0.4955	37.491	5	14.114	37	1.7450	37.771	7	20.901		37.626	27.9548	1.004	1.871	
36	0.5954	38.691	6	17.148	38	1.8450	38.971	7	20.983		38.815	28.1928	0.992	1.873	
37	0.5954	39.691	6	17.162	39	1.8450	39.971	7	20.997		39.789	28.0432	0.995	1.872	
38	0.5954	40.691	6	17.176	40	1.8450	40.971	7	21.011		40.831	27.8993	0.999	1.872	

续表

外齿轮1					固定内齿轮2								重合度 $\varepsilon_{\alpha1\text{-}2}$	齿廓重叠干涉验算 $G_{a1\text{-}2}$	啮合角 $\alpha'_{1\text{-}2}$
齿数 z_1	变位系数 x_1	顶圆直径 d_{a1}	跨齿数 k_1	公法线长度 W_{k1}	齿数 z_2	变位系数 x_2	顶圆直径 d_{a2}	跨齿槽数 k_2	公法线长度 W_{k2}	量柱直径 d_{p2}	量柱测量距 M_2	量柱中心圆压力角 α_{M2}			
39	0.5954	41.691	6	17.190	41	1.8450	41.971	8	23.977		41.807	27.7608	1.002	1.871	
40	0.5954	42.691	6	17.204	42	1.8450	42.971	8	23.991		42.846	27.6274	1.005	1.871	
41	0.5954	43.691	6	17.218	43	1.8450	43.971	8	24.005		43.823	27.4988	1.008	1.870	
42	0.5954	44.691	6	17.232	44	1.8450	44.971	8	24.019		44.860	27.3747	1.011	1.870	
43	0.5954	45.691	6	17.246	45	1.8450	45.971	8	24.033		45.838	27.2548	1.014	1.869	
44	0.6953	46.891	7	20.281	46	1.9449	47.171	8	24.116		47.023	27.4787	1.003	1.871	
45	0.6953	47.891	7	20.295	47	1.9449	48.171	8	24.130		48.002	27.3628	1.006	1.871	
46	0.6953	48.891	7	20.309	48	1.9449	49.171	9	27.096		49.036	27.2506	1.008	1.870	
47	0.6953	49.891	7	20.323	49	1.9449	50.171	9	27.110		50.016	27.1419	1.011	1.870	
48	0.6953	50.891	7	20.337	50	1.9449	51.171	9	27.124		51.049	27.0367	1.014	1.869	
49	0.6953	51.891	7	20.351	51	1.9449	52.171	9	27.138		52.030	26.9347	1.016	1.869	
50	0.6953	52.891	7	20.365	52	1.9449	53.171	9	27.152		53.062	26.8357	1.018	1.869	
51	0.7953	54.091	8	23.399	53	2.0448	54.371	9	27.234		54.194	27.0455	1.009	1.870	
52	0.7953	55.091	8	23.413	54	2.0448	55.371	9	27.248		55.225	26.9491	1.011	1.870	
53	0.7953	56.091	8	23.427	55	2.0448	56.371	9	27.262		56.207	26.8554	1.014	1.869	
54	0.7953	57.091	8	23.441	56	2.0448	57.371	10	30.228		57.237	26.7643	1.016	1.869	
55	0.7953	58.091	8	23.455	57	2.0448	58.371	10	30.242		58.220	26.6758	1.018	1.869	
56	0.7953	59.091	8	23.469	58	2.0448	59.371	10	30.256		59.248	26.5896	1.020	1.868	
57	0.7953	60.091	8	23.483	59	2.0448	60.371	10	30.270		60.232	26.5057	1.022	1.868	
58	0.7953	61.091	8	23.497	60	2.0448	61.371	10	30.284		61.259	26.4241	1.024	1.868	
59	0.8951	62.290	9	26.532	61	2.1446	62.571	10	30.367		62.396	26.6195	1.016	1.869	
60	0.8951	63.290	9	26.546	62	2.1446	63.571	10	30.381	1.7	63.423	26.5395	1.018	1.869	55.0415
61	0.8951	64.290	9	26.560	63	2.1446	64.571	11	33.347		64.408	26.4614	1.020	1.868	
62	0.8951	65.290	9	26.574	64	2.1446	65.570	11	33.361		65.434	26.3853	1.022	1.868	
63	0.8951	66.290	9	26.588	65	2.1446	66.570	11	33.375		66.419	26.3110	1.023	1.868	
64	0.8951	67.290	9	26.602	66	2.1446	67.570	11	33.389		67.444	26.2385	1.025	1.868	
65	0.8951	68.290	9	26.616	67	2.1446	68.570	11	33.403		68.430	26.1677	1.027	1.867	
66	0.9950	69.490	10	29.650	68	2.2445	69.770	11	33.485		69.609	26.3511	1.019	1.868	
67	0.9950	70.490	10	29.664	69	2.2445	70.770	11	33.499		70.595	26.2814	1.021	1.868	
68	0.9950	71.490	10	29.678	70	2.2445	71.770	11	33.513		71.619	26.2133	1.023	1.868	
69	0.9950	72.490	10	29.692	71	2.2445	72.770	12	36.479		72.606	26.1467	1.024	1.868	
70	0.9950	73.490	10	29.706	72	2.2445	73.770	12	36.493		73.629	26.0816	1.026	1.867	
71	0.9950	74.490	10	29.720	73	2.2445	74.770	12	36.507		74.616	26.0180	1.028	1.867	
72	0.9950	75.490	10	29.734	74	2.2445	75.770	12	36.521		75.638	25.9557	1.029	1.867	
73	1.0949	76.690	11	32.769	75	2.3444	76.970	12	36.604		76.781	26.1281	1.022	1.868	
74	1.0949	77.690	11	32.783	76	2.3444	77.970	12	36.618		77.803	26.0666	1.024	1.868	
75	1.0949	78.690	11	32.797	77	2.3444	78.970	12	36.632		78.791	26.0064	1.025	1.867	
76	1.0949	79.690	11	32.811	78	2.3444	79.970	13	39.598		79.813	25.9474	1.027	1.867	
77	1.0949	80.690	11	32.825	79	2.3444	80.970	13	39.612		80.801	25.8896	1.028	1.867	
78	1.0949	81.690	11	32.839	80	2.3444	81.970	13	39.626		81.822	25.8329	1.030	1.867	
79	1.0949	82.690	11	32.853	81	2.3444	82.970	13	39.640		82.810	25.7774	1.031	1.866	
80	1.1949	83.890	11	32.935	82	2.4444	84.170	13	39.722		83.988	25.9399	1.025	1.868	
81	1.1949	84.890	12	35.901	83	2.4444	85.170	13	39.736		84.977	25.8849	1.026	1.867	
82	1.1949	85.890	12	35.915	84	2.4444	86.170	13	39.750		85.997	25.8310	1.028	1.867	
83	1.1949	86.890	12	35.929	85	2.4444	87.170	13	39.764		86.986	25.7781	1.029	1.867	
84	1.1949	87.890	12	35.943	86	2.4444	88.170	14	42.730		88.005	25.7262	1.030	1.867	

续表

外齿轮1					固定内齿轮2								重合度 $\varepsilon_{\alpha1\text{-}2}$	齿廓重叠干涉验算 $G_{a1\text{-}2}$	啮合角 $\alpha'_{1\text{-}2}$
齿数 z_1	变位系数 x_1	顶圆直径 d_{a1}	跨齿数 k_1	公法线长度 W_{k1}	齿数 z_2	变位系数 x_2	顶圆直径 d_{a2}	跨齿槽数 k_2	公法线长度 W_{k2}	量柱直径 d_{p2}	量柱测量距 M_2	量柱中心圆压力角 α_{M2}			
85	1.1949	88.890	12	35.957	87	2.4444	89.170	14	42.744		88.995	25.6753	1.032	1.866	
86	1.1949	89.890	12	35.971	88	2.4444	90.170	14	42.758		90.014	25.6253	1.033	1.866	
87	1.1949	90.890	12	35.985	89	2.4444	91.170	14	42.772		91.003	25.5761	1.034	1.866	
88	1.2947	92.089	13	39.020	90	2.5442	92.369	14	42.855		92.180	25.7288	1.028	1.867	
89	1.2947	93.089	13	39.034	91	2.5442	93.369	14	42.869		93.170	25.6801	1.029	1.867	
90	1.2947	94.089	13	39.048	92	2.5442	94.369	14	42.883		94.188	25.6322	1.031	1.867	
91	1.2947	95.089	13	39.062	93	2.5442	95.369	15	45.849	1.7	95.178	25.5852	1.032	1.866	55.0415
92	1.2947	96.089	13	39.076	94	2.5442	96.369	15	45.863		96.196	25.5390	1.033	1.866	
93	1.2947	97.089	13	39.090	95	2.5442	97.369	15	45.877		97.187	25.4935	1.034	1.866	
94	1.2947	98.089	13	39.104	96	2.5442	98.369	15	45.891		98.204	25.4489	1.036	1.866	
95	1.3945	99.289	13	39.186	97	2.6440	99.569	15	45.973		99.354	25.5936	1.030	1.867	
96	1.3945	100.289	14	42.152	98	2.6440	100.569	15	45.987		100.371	25.5492	1.031	1.866	
97	1.3945	101.289	14	42.166	99	2.6440	101.569	15	46.001		101.362	25.5055	1.032	1.866	
98	1.3945	102.289	14	42.180	100	2.6440	102.569	15	46.015		102.379	25.4626	1.033	1.866	

输出内齿轮3								重合度 $\varepsilon_{\alpha1\text{-}3}$	齿廓重叠干涉验算 $G_{s1\text{-}3}$	啮合角 $\alpha'_{1\text{-}3}$	共同参数			
齿数 z_3	变位系数 x_3	顶圆直径 d_{a3}	跨齿槽数 k_3	公法线长度 W_{k3}	量柱直径 d_{p3}	量柱测量距 M_3	量柱中心圆压力角 α_{M3}				中心距 a'	模数 m	压力角 α	齿顶高系数 h_a^*
30	0.5741	29.571	5	14.098		28.767	22.2895	1.251	0.033					
31	0.5741	30.571	5	14.112		29.728	22.2235	1.255	0.030					
32	0.6739	31.771	5	14.194		30.947	22.9164	1.220	0.047					
33	0.6739	32.771	5	14.208		31.910	22.8395	1.225	0.044					
34	0.6739	33.771	5	14.222		32.949	22.7667	1.230	0.041					
35	0.6739	34.771	5	14.236		33.914	22.6975	1.234	0.039					
36	0.6739	35.771	6	17.202		34.951	22.6317	1.239	0.036					
37	0.6739	36.771	6	17.216		35.918	22.5691	1.243	0.034					
38	0.6739	37.771	6	17.230		36.953	22.5094	1.247	0.032					
39	0.7739	38.971	6	17.312		38.098	23.0601	1.220	0.045					
40	0.7739	39.971	6	17.326		39.132	22.9940	1.224	0.043					
41	0.7739	40.971	6	17.340		40.103	22.9308	1.228	0.041					
42	0.7739	41.971	6	17.354		41.134	22.8702	1.232	0.038					
43	0.7739	42.971	6	17.368	1.7	42.106	22.8120	1.236	0.036	30.7423	1.64	1.0	20°	0.75
44	0.7739	43.971	7	20.335		43.137	22.7562	1.239	0.034					
45	0.7739	44.971	7	20.349		44.110	22.7026	1.243	0.033					
46	0.7739	45.971	7	20.363		45.139	22.6511	1.246	0.031					
47	0.8738	47.171	7	20.445		46.289	23.1006	1.224	0.042					
48	0.8738	48.171	7	20.459		47.317	23.0449	1.228	0.040					
49	0.8738	49.171	7	20.473		48.292	22.9912	1.231	0.038					
50	0.8738	50.171	7	20.487		49.319	22.9395	1.234	0.036					
51	0.8738	51.171	8	23.453		50.296	22.8894	1.238	0.035					
52	0.8738	52.171	8	23.467		51.322	22.8411	1.241	0.033					
53	0.8738	53.171	8	23.481		52.299	22.7944	1.244	0.031					
54	0.9737	54.371	8	23.563		53.499	23.1792	1.225	0.041					
55	0.9737	55.371	8	23.577		54.478	23.1296	1.228	0.039					
56	0.9737	56.371	8	23.591		55.502	23.0815	1.231	0.037					

续表

输出内齿轮3								重合度 $\varepsilon_{\alpha 1\text{-}3}$	齿廓重叠干涉验算 $G_{s1\text{-}3}$	啮合角 $\alpha'_{1\text{-}3}$	共同参数			
齿数 z_3	变位系数 x_3	顶圆直径 d_{a3}	跨齿槽数 k_3	公法线长度 W_{k3}	量柱直径 d_{p3}	量柱测量距 M_3	量柱中心圆压力角 α_{M3}				中心距 a'	模数 m	压力角 α	齿顶高系数 h_a^*
57	0.9737	57.371	8	23.605		56.481	23.0349	1.234	0.036					
58	0.9737	58.371	8	23.619		57.504	22.9897	1.237	0.034					
59	0.9737	59.371	9	26.586		58.484	22.9458	1.240	0.033					
60	0.9737	60.371	9	26.600		59.507	22.9033	1.242	0.032					
61	0.9737	61.371	9	26.614		60.487	22.8619	1.245	0.030					
62	1.0735	62.570	9	26.696		61.684	23.1941	1.228	0.038					
63	1.0735	63.570	9	26.710		62.665	23.1506	1.231	0.037					
64	1.0735	64.570	9	26.724		63.687	23.1083	1.234	0.036					
65	1.0735	65.570	9	26.738		64.669	23.0671	1.236	0.034					
66	1.0735	66.570	10	29.704		65.689	23.0270	1.239	0.033					
67	1.0735	67.570	10	29.718		66.672	22.9889	1.241	0.032					
68	1.0735	68.570	10	29.732		67.692	22.9500	1.244	0.031					
69	1.1734	69.770	10	29.814		68.849	23.2454	1.229	0.038					
70	1.1734	70.770	10	29.828		69.869	23.2057	1.231	0.037					
71	1.1734	71.770	10	29.842		70.852	23.1670	1.234	0.035					
72	1.1734	72.770	10	29.856		71.871	23.1293	1.236	0.034					
73	1.1734	73.770	10	29.870		72.856	23.0924	1.238	0.033					
74	1.1734	74.770	11	32.837		73.874	23.0565	1.241	0.032					
75	1.1734	75.770	11	32.851		74.859	23.0213	1.243	0.031					
76	1.2734	76.970	11	32.933		76.051	23.2873	1.230	0.037					
77	1.2734	77.970	11	32.947		77.036	23.2508	1.232	0.036					
78	1.2734	78.970	11	32.961		78.054	23.2152	1.234	0.035					
79	1.2734	79.970	11	32.975	1.7	79.039	23.1803	1.236	0.034	30.7423	1.64	1.0	20°	0.75
80	1.2734	80.970	11	32.989		80.056	23.1462	1.238	0.033					
81	1.2734	81.970	11	33.003		81.042	23.1129	1.240	0.032					
82	1.2734	82.970	12	35.969		82.059	23.0802	1.242	0.031					
83	1.3733	84.170	12	36.051		83.219	23.3221	1.230	0.037					
84	1.3733	85.170	12	36.065		84.236	23.2883	1.232	0.036					
85	1.3733	86.170	12	36.079		85.222	23.2553	1.234	0.035					
86	1.3733	87.170	12	36.093		86.239	23.2229	1.236	0.034					
87	1.3733	88.170	12	36.107		87.225	23.1912	1.238	0.033					
88	1.3733	89.170	12	36.121		88.241	23.1601	1.240	0.032					
89	1.3733	90.170	13	39.088		89.229	23.1297	1.242	0.031					
90	1.3733	91.170	13	39.102		90.244	23.0998	1.243	0.030					
91	1.4731	92.369	13	39.184		91.405	23.3195	1.232	0.036					
92	1.4731	93.369	13	39.198		92.420	23.2887	1.234	0.035					
93	1.4731	94.369	13	39.212		93.408	23.2586	1.236	0.034					
94	1.4731	95.369	13	39.226		94.423	23.2289	1.238	0.033					
95	1.4731	96.369	13	39.240		95.411	23.1998	1.240	0.032					
96	1.4731	97.369	13	39.254		96.426	23.1713	1.241	0.031					
97	1.4731	98.369	14	42.220		97.414	23.1432	1.243	0.030					
98	1.5729	99.569	14	42.302		98.602	23.3462	1.233	0.035					
99	1.5729	100.569	14	42.316		99.591	23.3174	1.235	0.034					
100	1.5729	101.569	14	42.330		100.605	23.2892	1.236	0.034					
101	1.5729	102.569	15	42.344		101.594	23.2614	1.238	0.033					

注：1. 当模数 $m\neq1$ 时，d_a、W_k、d_p、M、a' 均应乘以 m 之数值。

2. 当按本表内轮2固定、内轮3输出时，转向与输入轴相同；传动比 i 与 z_3 数值相同。

3. 若需要，也可内轮3固定，内轮2输出，此时转向与输入轴相反；传动比 i 与 z_2 数值相同。

表 15-6-10　　2Z-X（Ⅰ）型奇异三齿差～四齿差双内啮合齿轮副几何参数表　　mm

外齿轮 1					固定内齿轮 2								重合度 $\varepsilon_{\alpha 1\text{-}2}$	齿廓重叠干涉验算 $G_{a1\text{-}2}$	啮合角 $\alpha'_{1\text{-}2}$
齿数 z_1	变位系数 x_1	顶圆直径 d_{a1}	跨齿数 k_1	公法线长度 W_{k1}	齿数 z_2	变位系数 x_2	顶圆直径 d_{a2}	跨齿槽数 k_2	公法线长度 W_{k2}	量柱直径 d_{p2}	量柱测量距 M_2	量柱中心圆压力角 α_{M2}			
26	−0.1020	27.296	3	7.675	29	0.9904	28.536	5	14.368		28.425	25.4068	1.164	1.676	
27	−0.1057	28.289	3	7.686	30	0.9867	29.529	5	14.380		29.509	25.2419	1.167	1.676	
28	−0.1128	29.274	3	7.695	31	0.9797	30.514	5	14.389		30.418	25.0648	1.171	1.675	
29	−0.1197	30.261	4	10.657	32	0.9727	31.501	5	14.398		31.451	24.8968	1.175	1.675	
30	−0.1247	31.251	4	10.667	33	0.9677	32.491	6	17.361		32.407	24.7477	1.178	1.675	
31	−0.1313	32.237	4	10.677	34	0.9611	33.477	6	17.370		33.438	24.5967	1.182	1.674	
32	−0.1378	33.224	4	10.686	35	0.9546	34.464	6	17.380		34.394	24.4529	1.185	1.674	
33	−0.1442	34.212	4	10.696	36	0.9482	35.452	6	17.390		35.422	24.3158	1.188	1.674	
34	−0.1505	35.199	4	10.706	37	0.9419	36.439	6	17.400		36.380	24.1848	1.191	1.673	
35	−0.1568	36.186	4	10.715	38	0.9356	37.426	6	17.403		37.406	24.0596	1.194	1.673	
36	−0.1630	37.174	4	10.725	39	0.9294	38.414	6	17.419		38.365	23.9397	1.197	1.673	
37	−0.1676	38.165	4	10.736	40	0.9248	39.405	6	17.430		39.392	23.8334	1.199	1.673	
38	−0.1736	39.153	4	10.746	41	0.9189	40.393	6	17.440		40.353	23.7237	1.201	1.672	
39	−0.1795	40.141	5	13.708	42	0.9129	41.381	7	20.402		41.375	23.6185	1.203	1.672	
40	−0.1854	41.129	5	13.718	43	0.9070	42.369	7	20.412		42.338	23.5174	1.206	1.672	
41	−0.1912	42.118	5	13.728	44	0.9012	43.358	7	20.422		43.359	23.4202	1.208	1.672	
42	−0.1956	43.109	5	13.739	45	0.8969	44.349	7	20.433		44.325	23.3341	1.209	1.671	
43	−0.2012	44.098	5	13.749	46	0.8912	45.338	7	20.443		45.345	23.2445	1.211	1.671	
44	−0.2068	45.086	5	13.759	47	0.8856	46.326	7	20.453		46.309	23.1582	1.213	1.671	
45	−0.2124	46.075	5	13.770	48	0.8800	47.315	7	20.463		47.328	23.0750	1.215	1.671	
46	−0.2165	47.067	5	13.781	49	0.8759	48.307	7	20.474		48.296	23.0014	1.216	1.671	
47	−0.2219	48.056	5	13.791	50	0.8705	49.296	7	20.485		49.314	22.9244	1.218	1.670	
48	−0.2272	49.046	5	13.801	51	0.8652	50.286	8	23.447	1.7	50.281	22.8500	1.219	1.670	48.3271
49	−0.2325	50.035	6	16.764	52	0.8599	51.275	8	23.458		51.297	22.7782	1.221	1.670	
50	−0.2378	51.024	6	16.774	53	0.8546	52.264	8	23.468		52.265	22.7088	1.222	1.670	
51	−0.2430	52.014	6	16.785	54	0.8494	53.254	8	23.478		53.281	22.6417	1.224	1.670	
52	−0.2482	53.004	6	16.795	55	0.8442	54.244	8	23.489		54.250	22.5768	1.225	1.670	
53	−0.2520	53.996	6	16.807	56	0.8404	55.236	8	23.500		55.267	22.5197	1.226	1.669	
54	−0.2570	54.986	6	16.817	57	0.8354	56.226	8	23.511		56.237	22.4593	1.227	1.669	
55	−0.2619	55.976	6	16.828	58	0.8305	57.216	8	23.521		57.251	22.4009	1.228	1.669	
56	−0.2668	56.966	6	16.839	59	0.8256	58.206	8	23.532		58.221	22.3444	1.230	1.669	
57	−0.2716	57.957	6	16.849	60	0.8208	59.197	8	23.543		59.235	22.2897	1.231	1.669	
58	−0.2776	58.945	6	16.859	61	0.8148	60.185	9	26.505		60.204	22.2316	1.232	1.669	
59	−0.2824	59.935	7	19.822	62	0.8100	61.175	9	26.516		61.217	22.1799	1.233	1.669	
60	−0.2872	60.926	7	19.833	63	0.8053	62.166	9	26.526		62.189	22.1299	1.234	1.669	
61	−0.2918	61.916	7	19.844	64	0.8006	63.156	9	26.537		63.201	22.0814	1.235	1.668	
62	−0.2965	62.907	7	19.854	65	0.7960	64.147	9	26.548		64.174	22.0345	1.236	1.668	
63	−0.3010	63.898	7	19.865	66	0.7914	65.138	9	26.559		65.185	21.9890	1.237	1.668	
64	−0.3055	64.889	7	19.876	67	0.7869	66.129	9	26.570		66.159	21.9449	1.237	1.668	
65	−0.3099	65.880	7	19.887	68	0.7825	67.120	9	26.581		67.170	21.9022	1.238	1.668	
66	−0.3154	66.869	7	19.897	69	0.7770	68.109	9	26.591		68.142	21.8565	1.239	1.668	
67	−0.3198	67.860	7	19.908	70	0.7727	69.100	10	29.554		69.153	21.8162	1.240	1.668	
68	−0.3241	68.852	7	19.920	71	0.7684	70.092	10	29.565		70.128	21.7771	1.241	1.668	
69	−0.3293	69.841	8	22.882	72	0.7631	71.081	10	29.576		71.136	21.7353	1.241	1.668	
70	−0.3335	70.833	8	22.893	73	0.7589	72.073	10	29.587		72.112	21.6984	1.242	1.668	
71	−0.3387	71.823	8	22.904	74	0.7537	73.063	10	29.597		73.120	21.6588	1.243	1.667	

续表

外 齿 轮 1					固 定 内 齿 轮 2								重合度 $\varepsilon_{\alpha 1\text{-}2}$	齿廓重叠干涉验算 $G_{a1\text{-}2}$	啮合角 $\alpha'_{1\text{-}2}$
齿数 z_1	变位系数 x_1	顶圆直径 d_{a1}	跨齿数 k_1	公法线长度 W_{k1}	齿数 z_2	变位系数 x_2	顶圆直径 d_{a2}	跨齿槽数 k_2	公法线长度 W_{k2}	量柱直径 d_{p2}	量柱测量距 M_2	量柱中心圆压力角 α_{M2}			
72	−0.3428	72.814	8	22.915	75	0.7496	74.054	10	29.609		74.096	21.6240	1.244	1.667	
73	−0.3479	73.804	8	22.925	76	0.7446	75.044	10	29.619		75.103	21.5866	1.244	1.667	
74	−0.3519	74.796	8	22.937	77	0.7406	76.036	10	29.630		76.080	21.5538	1.245	1.667	
75	−0.3568	75.786	8	22.947	78	0.7357	77.026	10	29.641		77.088	21.5185	1.246	1.667	
76	−0.3616	76.777	8	22.958	79	0.7308	78.017	10	29.652		78.063	21.4841	1.246	1.667	
77	−0.3665	77.767	8	22.969	80	0.7259	79.007	11	32.614		79.070	21.4505	1.247	1.667	
78	−0.3703	78.759	9	25.932	81	0.7221	79.999	11	32.626		80.048	21.4212	1.247	1.667	
79	−0.3750	79.750	9	25.943	82	0.7175	80.990	11	32.637		81.055	21.3896	1.248	1.667	
80	−0.3796	80.741	9	25.954	83	0.7128	81.981	11	32.647		82.031	21.3588	1.248	1.667	
81	−0.3842	81.732	9	25.965	84	0.7083	82.972	11	32.658		83.038	21.3289	1.249	1.667	
82	−0.3887	82.723	9	25.976	85	0.7038	83.963	11	32.669		84.015	21.2997	1.250	1.667	
83	−0.3931	83.714	9	25.987	86	0.6993	84.954	11	32.680		85.022	21.2714	1.250	1.667	
84	−0.3975	84.705	9	25.998	87	0.6950	85.945	11	32.691	1.7	85.999	21.2439	1.251	1.666	48.3271
85	−0.4027	85.695	9	26.008	88	0.6898	86.935	11	32.702		87.004	21.2143	1.251	1.666	
86	−0.4070	86.686	9	26.019	89	0.6855	87.926	12	35.665		87.982	21.1881	1.252	1.666	
87	−0.4112	87.678	9	26.030	90	0.6812	88.918	12	35.676		88.988	21.1626	1.252	1.666	
88	−0.4162	88.668	10	28.993	91	0.6763	89.908	12	35.687		89.965	21.1353	1.253	1.666	
89	−0.4203	89.659	10	29.004	92	0.6721	90.899	12	35.698		90.971	21.1111	1.253	1.666	
90	−0.4252	90.650	10	29.015	93	0.6673	91.890	12	35.709		91.949	21.0852	1.254	1.666	
91	−0.4291	91.642	10	29.026	94	0.6633	92.882	12	35.720		92.955	21.0623	1.254	1.666	
92	−0.4339	92.632	10	29.037	95	0.6586	93.872	12	35.731		93.933	21.0378	1.254	1.666	
93	−0.4385	93.623	10	29.048	96	0.6539	94.863	12	35.741		94.937	21.0138	1.255	1.666	
94	−0.4431	94.614	10	29.059	97	0.6493	95.854	12	35.752		95.916	20.9905	1.255	1.666	
95	−0.4469	95.606	10	29.070	98	0.6455	96.846	12	35.764		96.922	20.9700	1.256	1.666	
96	−0.4513	96.597	10	29.081	99	0.6411	97.837	13	38.727		97.901	20.9480	1.256	1.666	
97	−0.4564	97.587	10	29.092	100	0.6361	98.827	13	38.737		98.904	20.9245	1.257	1.666	

输 出 内 齿 轮 3								重合度 $\varepsilon_{\alpha 1\text{-}3}$	齿廓重叠干涉验算 $G_{s1\text{-}3}$	啮合角 $\alpha'_{1\text{-}3}$	共 同 参 数			
齿数 z_3	变位系数 x_3	顶圆直径 d_{a3}	跨齿槽数 k_3	公法线长度 W_{k3}	量柱直径 d_{p3}	量柱测量距 M_3	量柱中心圆压力角 α_{M3}				中心距 a'	模 数 m	压力角 α	齿顶高系数 h_a^*
30	0.0408	28.536	4	10.781		27.673	16.3135	1.644	0.033					
31	0.0372	29.529	4	10.792		28.628	16.4050	1.633	0.035					
32	0.0301	30.514	4	10.801		29.652	16.4395	1.627	0.035					
33	0.0232	31.501	4	10.811		30.601	16.4737	1.622	0.035					
34	0.0181	32.491	4	10.821		31.627	16.5318	1.616	0.035					
35	0.0115	33.477	4	10.831		32.579	16.5659	1.613	0.035					
36	0.0050	34.464	5	13.792		33.600	16.5991	1.610	0.035					
37	−0.0014	35.452	5	13.802	1.7	34.554	16.6314	1.607	0.035	27.5630	2.12	1.0	20°	0.75
38	−0.0077	36.439	5	13.812		35.573	16.6628	1.604	0.035					
39	−0.0139	37.426	5	13.821		36.529	16.6932	1.602	0.035					
40	−0.0202	38.414	5	13.831		37.548	16.7226	1.600	0.035					
41	−0.0247	39.405	5	13.842		38.509	16.7688	1.597	0.035					
42	−0.0307	40.393	5	13.852		39.526	16.7972	1.596	0.035					
43	−0.0367	41.381	5	13.862		40.486	16.8248	1.594	0.035					
44	−0.0425	42.369	5	13.872		41.502	16.8514	1.593	0.035					

续表

输出内齿轮3											共同参数			
齿数 z_3	变位系数 x_3	顶圆直径 d_{a3}	跨齿槽数 k_3	公法线长度 W_{k3}	量柱直径 d_{p3}	量柱测量距 M_3	量柱中心圆压力角 α_{M3}	重合度 $\varepsilon_{\alpha 1-3}$	齿廓重叠干涉验算 G_{s1-3}	啮合角 α'_{1-3}	中心距 a'	模数 m	压力角 α	齿顶高系数 h_a^*
45	−0.0484	43.358	5	13.882	1.7	42.463	16.8772	1.592	0.035	27.5630	2.12	1.0	20°	0.75
46	−0.0527	44.349	6	16.845		43.481	16.9168	1.590	0.035					
47	−0.0548	45.338	6	16.858		44.443	16.9418	1.589	0.035					
48	−0.0640	46.326	6	16.865		45.458	16.9660	1.588	0.035					
49	−0.0696	47.315	6	16.875		46.421	16.9896	1.587	0.035					
50	−0.0737	48.307	6	16.887		47.438	17.0251	1.585	0.035					
51	−0.0793	49.296	6	16.899		48.403	17.0481	1.584	0.035					
52	−0.0844	50.286	6	16.908		49.416	17.0705	1.584	0.035					
53	−0.0897	51.275	6	16.918		50.382	17.0923	1.583	0.035					
54	−0.0950	52.264	6	16.928		51.394	17.1136	1.582	0.035					
55	−0.1002	53.254	6	16.939		52.361	17.1344	1.582	0.035					
56	−0.1054	54.244	7	19.901		53.373	17.1547	1.581	0.035					
57	−0.1092	55.236	7	19.913		54.344	17.1847	1.580	0.035					
58	−0.1141	56.226	7	19.923		55.355	17.2048	1.579	0.035					
59	−0.1191	57.216	7	19.934		56.325	17.2246	1.579	0.035					
60	−0.1239	58.206	7	19.944		57.335	17.2440	1.578	0.035					
61	−0.1288	59.197	7	19.955		58.305	17.2632	1.578	0.035					
62	−0.1348	60.185	7	19.965		59.313	17.2734	1.578	0.035					
63	−0.1396	61.175	7	19.976		60.284	17.2916	1.577	0.035					
64	−0.1443	62.166	7	19.987		61.293	17.3095	1.577	0.035					
65	−0.1490	63.156	7	19.997		62.265	17.3272	1.577	0.035					
66	−0.1536	64.147	8	22.960		63.274	17.3448	1.576	0.035					
67	−0.1582	65.138	8	22.971		64.247	17.3622	1.576	0.035					
68	−0.1627	66.129	8	22.982		65.256	17.3794	1.575	0.035					
69	−0.1671	67.120	8	22.993		66.229	17.3966	1.575	0.035					
70	−0.1726	68.109	8	23.003		67.235	17.4068	1.575	0.035					
71	−0.1769	69.100	8	23.014		68.209	17.4235	1.574	0.035					
72	−0.1812	70.092	8	23.026		69.218	17.4401	1.574	0.035					
73	−0.1865	71.081	8	23.036		70.190	17.4503	1.574	0.035					
74	−0.1907	72.073	8	23.047		71.198	17.4665	1.573	0.035					
75	−0.1959	73.063	8	23.057		72.171	17.4768	1.573	0.035					
76	−0.2000	74.054	9	26.021		73.179	17.4927	1.573	0.035					
77	−0.2050	75.044	9	26.031		74.153	17.5029	1.573	0.035					
78	−0.2090	76.036	9	26.043		75.161	17.5187	1.572	0.035					
79	−0.2139	77.026	9	26.053		76.135	17.5291	1.572	0.035					
80	−0.2188	78.017	9	26.064		77.141	17.5394	1.572	0.035					
81	−0.2236	79.007	9	26.075		78.116	17.5496	1.572	0.035					
82	−0.2275	79.999	9	26.086		79.123	17.5648	1.572	0.035					
83	−0.2321	80.990	9	26.097		80.099	17.5753	1.572	0.035					
84	−0.2367	81.981	9	26.108		81.104	17.5858	1.571	0.035					
85	−0.2413	82.972	10	29.071		82.080	17.5963	1.571	0.035					
86	−0.2458	83.963	10	29.082		83.085	17.6068	1.571	0.035					
87	−0.2503	84.954	10	29.093		84.062	17.6174	1.571	0.035					
88	−0.2546	85.945	10	29.104		85.067	17.6281	1.571	0.035					
89	−0.2598	86.935	10	29.114		86.043	17.6347	1.571	0.035					
90	−0.2641	87.926	10	29.125		87.048	17.6452	1.571	0.035					

续表

输出内齿轮3											共同参数			
齿数 z_3	变位系数 x_3	顶圆直径 d_{a3}	跨齿槽数 k_3	公法线长度 W_{k3}	量柱直径 d_{p3}	量柱测量距 M_3	量柱中心圆压力角 α_{M3}	重合度 $\varepsilon_{\alpha 1\text{-}3}$	齿廓重叠干涉验算 $G_{s1\text{-}3}$	啮合角 $\alpha'_{1\text{-}3}$	中心距 a'	模数 m	压力角 α	齿顶高系数 h_a^*
91	−0.2683	88.918	10	29.136		88.026	17.6559	1.570	0.035					
92	−0.2733	89.908	10	29.147		89.029	17.6628	1.570	0.035					
93	−0.2774	90.899	10	29.158		90.007	17.6735	1.570	0.035					
94	−0.2823	91.890	10	29.169		91.010	17.6806	1.570	0.035					
95	−0.2863	92.882	11	32.132		91.989	17.6914	1.570	0.035					
96	−0.2910	93.872	11	32.143	1.7	92.993	17.6989	1.570	0.035	27.5630	2.12	1.0	20°	0.75
97	−0.2957	94.863	11	32.154		93.970	17.7064	1.570	0.035					
98	−0.3003	95.854	11	32.165		94.973	17.7140	1.570	0.035					
99	−0.3040	96.846	11	32.176		95.954	17.7249	1.569	0.035					
100	−0.3084	97.837	11	32.187		96.957	17.7330	1.569	0.035					
101	−0.3135	98.827	11	32.198		97.934	17.7381	1.569	0.035					

注：1. 当模数 $m\neq1$ 时，d_a、W_k、d_p、M、a'均应乘以 m 之数值。
2. 当按本表内轮 2 固定，内轮 3 输出时，转向与输入轴相同；传动比 i 与 z_3 数值相同。
3. 若需要，也可内轮 3 固定，内轮 2 输出，此时转向与输入轴相反；传动比 i 与 z_2 数值相同。

3 效率计算

3.1 一对齿轮的啮合效率

根据参考文献［4］，一对齿轮的啮合效率 η_e^X 的计算式为

$$\eta_e^X = 1-\pi\mu_e\left(\frac{1}{z_1}-\frac{1}{z_2}\right)(E_1+E_2) \tag{15-6-10}$$

式中，E_1、E_2、μ_e 见表 15-6-11。

表 15-6-11　　E_1、E_2、μ_e 的数值

项目	范围	E_1	E_2
$\varepsilon_{\alpha1}$ 或 $\varepsilon_{\alpha2}$	≥0 且≤1	$0.5-\varepsilon_{\alpha1}+\varepsilon_{\alpha1}^2$	$0.5-\varepsilon_{\alpha2}+\varepsilon_{\alpha2}^2$
	>1	$\varepsilon_{\alpha1}-0.5$	$\varepsilon_{\alpha2}-0.5$
	<0	$0.5-\varepsilon_{\alpha1}$	$0.5-\varepsilon_{\alpha2}$
齿廓摩擦因数 μ_e	内齿轮插齿，外齿轮磨齿或剃齿	约 0.07～0.08	
	内齿轮插齿，外齿轮滚齿或插齿	约 0.09～0.10	

注：$\varepsilon_{\alpha1}=\frac{z_1}{2\pi}(\tan\alpha_{a1}-\tan\alpha')$；$\varepsilon_{\alpha2}=\frac{z_2}{2\pi}(\tan\alpha'-\tan\alpha_{a2})$。

3.2 传输机构（输出机构）的效率

表 15-6-12　　传输机构的效率 η_p

类型	传输机构	η_p	说明
Z-X-V 内齿轮固定（K-H-V）	销孔式	$1-\frac{4\mu_p a' z_2 r_s}{\pi R_w r_p(z_2-z_1)}$	μ_p——销套与销孔或浮动盘间摩擦因数，销套不转时，$\mu_p=0.07\sim0.1$；销套回转时，$\mu_p=0.008\sim0.01$ r_s——柱销半径，mm r_p——销套外圆半径，mm R_w——销孔中心圆半径，mm
	浮动盘式	$\left(\frac{1}{1+\frac{2\mu_p a'}{\pi R_w}}\right)^2$	

3.3 转臂轴承的效率

表 15-6-13 转臂轴承的效率 η_b

类 型	传输机构	输出构件	η_b	说 明
Z-X-V (K-H-V)	销孔式		$1-\dfrac{\mu_b d_n}{m z_d \cos\alpha}\sqrt{\left(\dfrac{r_{b1}}{r_w}\right)^2+\dfrac{2r_{b1}}{r_w}\sin\alpha'+1}$	μ_b——滚动轴承摩擦因数，单列向心球轴承或短圆柱滚子轴承 $\mu_b=0.002$ d_n——滚动轴承内径，mm $r_w=\dfrac{\pi}{4}R_w$ z_1——双联行星轮输入侧齿数 z_3——双联行星轮输出侧齿数
	浮动盘式		$1-\dfrac{\mu_b d_n}{m z_d \cos\alpha}$	
2Z-X (2K-H)		内齿轮	$1-\dfrac{\mu_b d_n}{m z_d \cos\alpha}\times\dfrac{z_1+z_3}{\lvert z_1-z_3\rvert}$	
		外齿轮	$1-\dfrac{\mu_b d_n}{m z_d \cos\alpha}$	

4 受力分析与强度计算

4.1 主要零件的受力分析

表 15-6-14

类 型	名 称	项 目	Z-X-V(K-H-V)型传动		2Z-X(2K-H)型传动
			内齿轮固定	内齿轮输出	内齿轮 4 输出
Z-X-V 或 2Z-X（K-H-V 或 2K-H）	齿轮	分度圆切向力 F_t	$\dfrac{2000T_2}{d_1}$	$\dfrac{2000T_2z_1}{d_1z_2}$	$\dfrac{2000T_2z_3}{d_3z_4}$
		节圆切向力 F_t'	$\dfrac{2000T_2\cos\alpha'}{d_1\cos\alpha}$	$\dfrac{2000T_2z_1\cos\alpha'}{d_1z_2\cos\alpha}$	$\dfrac{2000T_2z_3\cos\alpha'}{d_3z_4\cos\alpha}$
		径向力 F_r	$\dfrac{2000T_2\sin\alpha'}{d_1\cos\alpha}$	$\dfrac{2000T_2z_1\sin\alpha'}{d_1z_2\cos\alpha}$	$\dfrac{2000T_2z_3\sin\alpha'}{d_3z_4\cos\alpha}$
		法向力 F_n	$\dfrac{2000T_2}{d_1\cos\alpha}$	$\dfrac{2000T_2z_1}{d_1z_2\cos\alpha}$	$\dfrac{2000T_2z_3}{d_3z_4\cos\alpha}$
Z-X-V (K-H-V)	销孔式传输机构	各柱销作用于行星轮上合力的近似最大值 F_Σ	$\dfrac{4000T_2}{\pi R_w}$	$\dfrac{4000T_2z_1}{\pi R_wz_2}$	
		行星轮对柱销的最大作用力 Q_{max}	$\dfrac{4000T_2}{z_wR_w}$	$\dfrac{4000T_2z_1}{z_wR_wz_2}$	
		转臂轴承受力 F_R	$\sqrt{F_t'^2+(F_r+F_\Sigma)^2}$		
	浮动盘式传输机构	柱销受力 Q	$\dfrac{500T_2}{R_w}$	$\dfrac{500T_2z_1}{R_wz_2}$	
		转臂轴承受力 F_R	$\dfrac{2000T_2}{d_1\cos\alpha}$	$\dfrac{2000T_2z_1}{d_1z_2\cos\alpha}$	
2Z-X (2K-H)	内齿轮输出	转臂轴承受力 F_R			$\dfrac{2000T_2z_3}{d_3z_4\cos\alpha}$

注 1. T_2 为输出转矩。Z-X-V 型的各计算式用于单偏心（即行星轮个数为 1）时，在双偏心（即行星轮个数为 2）时，以 $0.6T_2$ 代替 T_2。

2. d_1—行星轮分度圆直径；R_w—柱销中心圆半径；z_w—柱销数目。

3. 转矩的单位为 N·m，力的单位为 N，长度单位为 mm。

4.2 主要零件的强度计算

表 15-6-15

<table>
<tr><th>名称</th><th>项目</th><th>计算公式</th><th>说明</th></tr>
<tr><td rowspan="2">齿轮</td><td rowspan="2">轮齿强度计算</td><td>渐开线少齿差内齿轮副受力后是多齿接触，实测实际接触齿数为3~9。作用于一个齿的最大载荷不超过总载荷的40%~50%；作用于齿顶的载荷仅为总载荷的25%~30%。齿轮强度计算可将其载荷除以承载能力系数 K_ε 后采用本篇第1章表15-1-119轮齿弯曲强度核算公式计算，且只需计算弯曲强度。K_ε 可以近似地由本表中线图查取（其中 z 为齿数）。
齿轮也可按下列简化公式验算其轮齿弯曲强度或确定其模数。
$\sigma_F=\dfrac{F_t K_A K_V F_{F1}}{2bm}\leqslant\sigma_{Fp}$；
$\sigma_{Fp}=\sigma_{Flim}Y_X Y_N$；
$m\geqslant\sqrt[3]{\dfrac{T_1 Y_F K_A K_V}{\psi_d z_1^2\sigma_{Fp}}}$</td><td>$\sigma_F$——外齿轮或内齿轮的齿根弯曲应力，MPa
F_t——齿轮分度圆上的圆周力，N
T_1——外齿轮传递的转矩，N·mm
b——齿宽，mm
m——模数，mm
K_A——使用系数，按表15-1-88查取
K_V——动载系数，按本表中线图查取
Y_F——齿轮的齿形系数：当其顶圆直径符合计算式 $d_{a2}=d_2-2m(h_a^※-x_2)$ 或选用表15-6-5~表15-6-8中组合齿轮参数时，可由本表中查取
σ_{Fp}——许用弯曲应力，MPa
σ_{Flim}——试验齿轮的弯曲极限应力，MPa
Y_X——与弯曲应力相关的尺寸系数，查本表线图
Y_N——与齿根弯曲应力相关的寿命系数，查本表线图
ψ_d——齿宽系数，此外取 $\psi_d=0.1\sim0.2$
z——齿数</td></tr>
<tr><td colspan="2">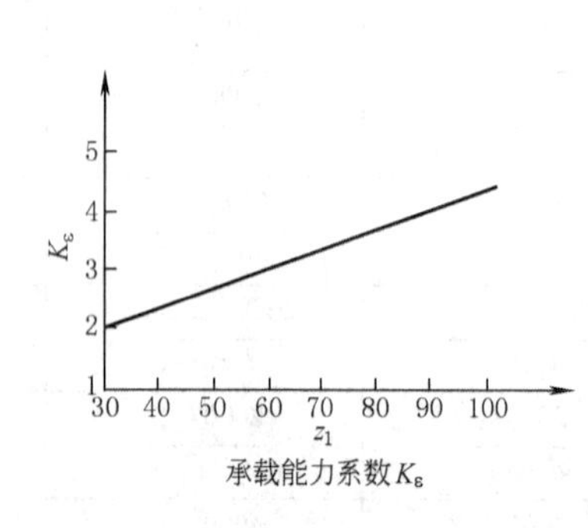

承载能力系数 K_ε
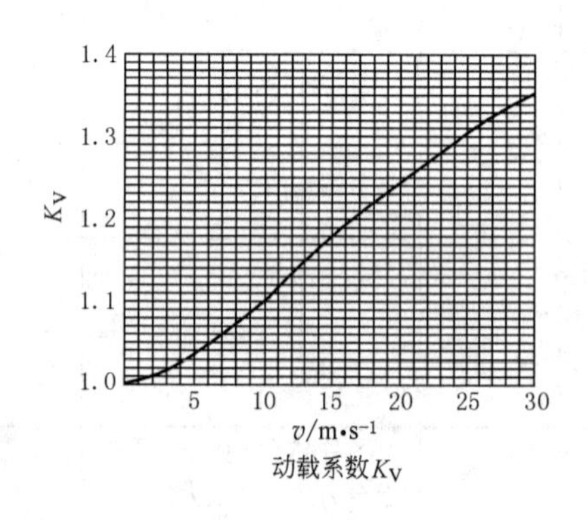

动载系数 K_V
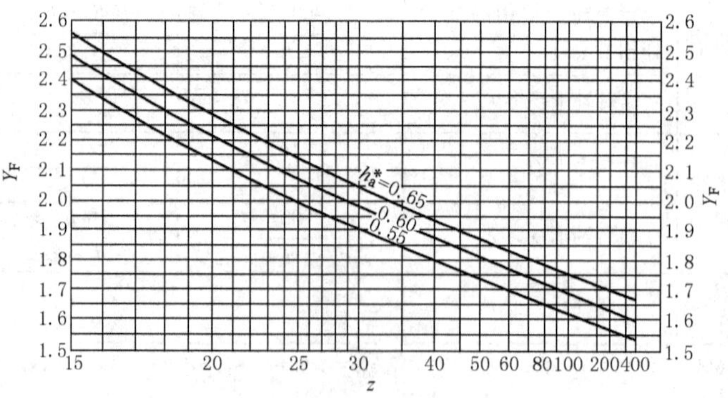

齿形系数 Y_F (h_a^*=0.55、0.6、0.65)</td></tr>
</table>

续表

名称	项目	计 算 公 式	说 明
齿轮	轮齿强度计算	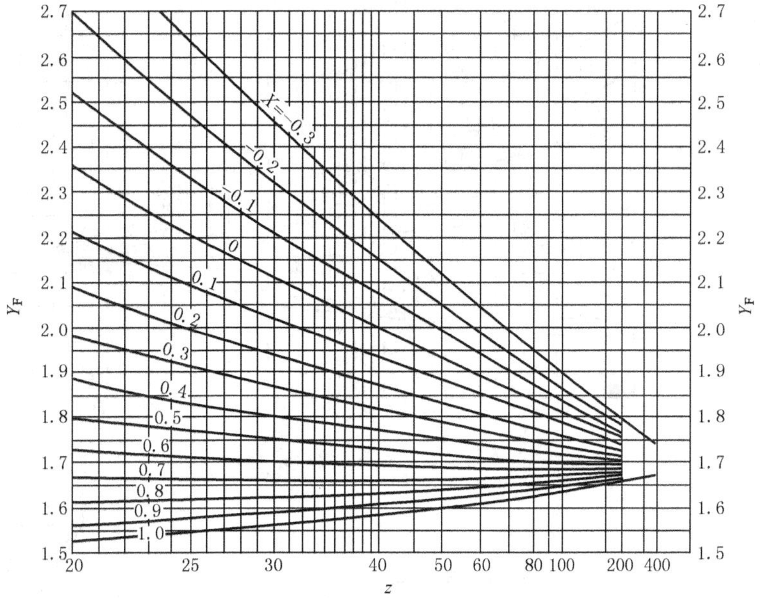 齿形系数Y_F (h_a^*=0.7) 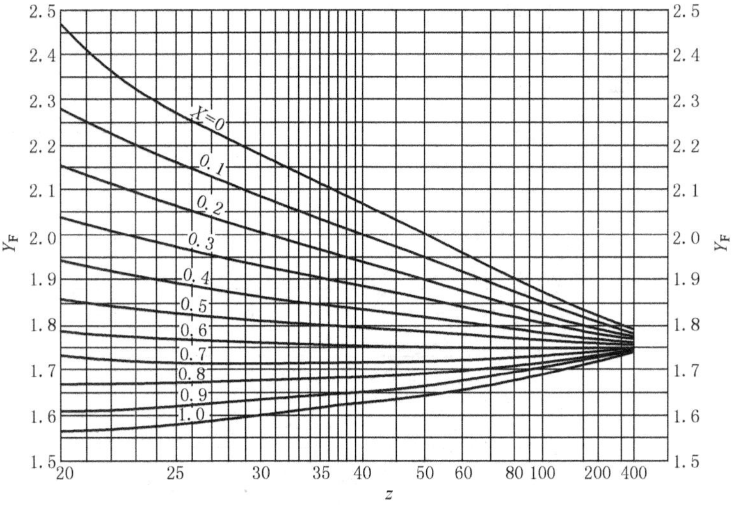 齿形系数Y_F (h_a^*=0.75)	

齿形系数Y_F (h_a^*=0.7)

齿形系数Y_F (h_a^*=0.75)

续表

名称	项目	计算公式	说明
齿轮	轮齿强度计算	齿形系数$Y_F(h_a^*=0.8)$ 内齿轮的齿形系数Y_F 尺寸系数Y_X 寿命系数Y_N	

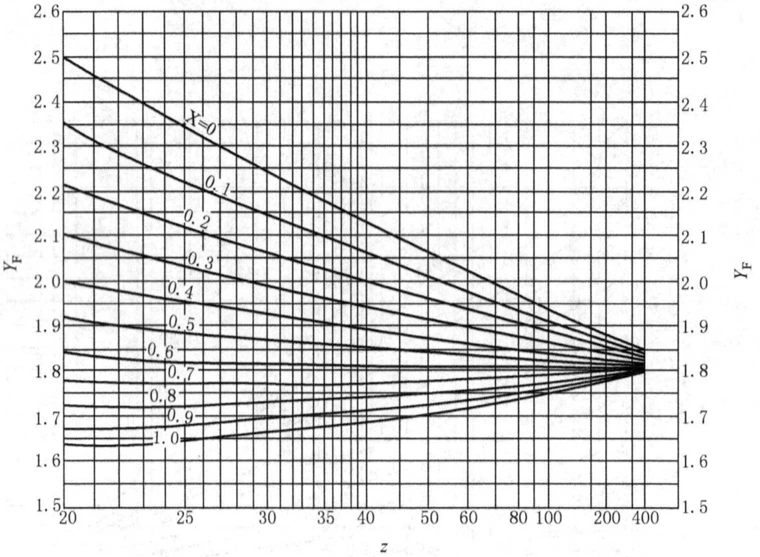

齿形系数$Y_F(h_a^*=0.8)$

内齿轮的齿形系数Y_F

h^*_a	0.55	0.60	0.65	0.70	0.75	0.80	1.0
Y_F	1.55	1.61	1.61	1.72	1.78	1.83	2.06

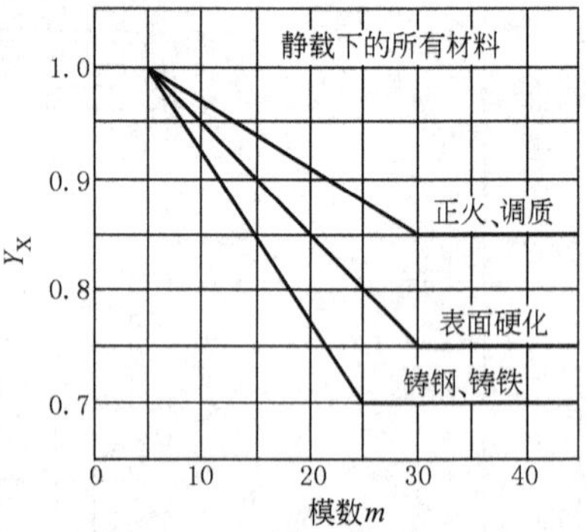

尺寸系数Y_X

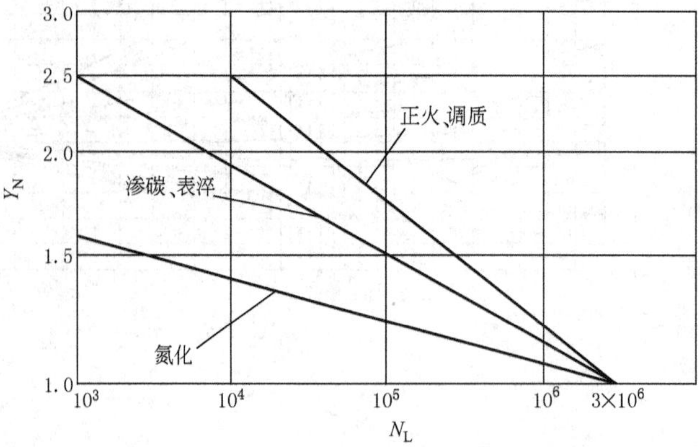

寿命系数Y_N

续表

<table>
<tr><th>名称</th><th>项目</th><th>计 算 公 式</th><th>说 明</th></tr>
<tr><td rowspan="2">销孔式传输机构</td><td>柱销弯曲强度/MPa</td><td>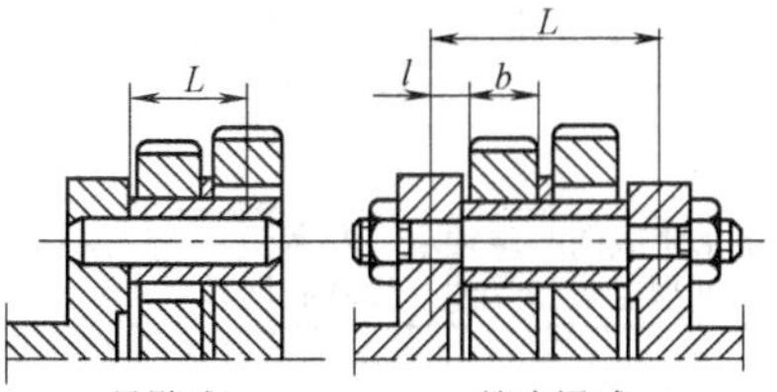

悬臂式 简支梁式
1. 悬臂式柱销
$$\sigma_{be}=\frac{K_m Q_{max} L}{0.1d_s^3}\leqslant\sigma_{bep}$$
2. 简支梁式柱销
$$\sigma_{be}=\frac{K_m Q_{max}}{0.1d_s^3}[L-(0.5b+l)]\frac{0.5b+l}{L}\leqslant\sigma_{bep}$$</td><td>K_m——制造及安装误差对柱销载荷的影响系数，$K_m=1.35\sim1.5$
Q_{max}——行星轮对柱销的最大作用力，N，见表15-6-14
L——力臂长度或距离，mm
d_s——柱销直径，mm
l——距离，mm
b——齿宽，mm
σ_{bep}——许用弯曲应力，按下表选取
<table><tr><th>钢号</th><th>表面硬度HRC</th><th>σ_{bep}/MPa</th><th>钢号</th><th>表面硬度HRC</th><th>σ_{bep}/MPa</th></tr><tr><td>20CrMnTi</td><td>56~62</td><td>150~200</td><td>45Cr</td><td>45~55</td><td>120~150</td></tr><tr><td>20CrMnMo</td><td>56~62</td><td>150~200</td><td>GCr15</td><td>60~64</td><td>150~200</td></tr></table></td></tr>
<tr><td>柱销套与销孔的接触强度/MPa</td><td>$$\sigma_H=190\sqrt{\frac{K_m Q_{max}}{b\rho}}\leqslant\sigma_{Hp}$$</td><td>ρ——计算曲率半径，mm，$\rho=\frac{r_{x1}r_{x2}}{r_{x2}-r_{x1}}$
r_{x1}——销套外圆半径，mm
r_{x2}——销孔半径，mm
Q_{max}——行星轮对柱销的最大作用力，N，见表15-6-14
b——销套与行星轮的接触宽度，mm
σ_{Hp}——许用接触应力，按下表选取
<table><tr><th>硬度</th><th><300HB</th><th>>30HRC</th></tr><tr><td>σ_{Hp}/MPa</td><td>2.5~3HB</td><td>25~30HRC</td></tr></table></td></tr>
<tr><td>浮动盘式传输机构</td><td>柱销弯曲强度/MPa</td><td>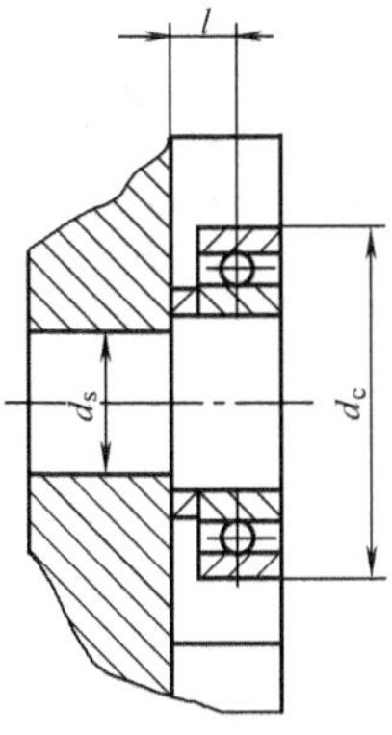

$$\sigma_{be}=\frac{5000T_2 l}{R_w d_s^3}\leqslant\sigma_{bep}$$</td><td>T_2——输出转矩，N·m
l——力臂长度，mm
R_w——柱销中心圆半径，mm
d_s——柱销直径，mm
σ_{bep}——见本表前述</td></tr>
</table>

续表

名称	项目	计算公式	说明
传输机构浮动盘式	销套与滑槽平面的接触强度/MPa	$\sigma_H = 8485\sqrt{\dfrac{T_2}{2R_w L_H d_c}} \leqslant \sigma_{Hp}$	L_H——销套或滚动轴承与滑槽的接触宽度,mm d_c——销套或滚动轴承外径,mm σ_{Hp}——同前所述
轴承	寿命计算	转臂轴承只承受径向载荷,一般选用短圆柱滚子轴承或向心球轴承。寿命计算方法按本书第 2 卷第 8 篇,计算时,轴承转速系行星齿轮相对于转臂的转速。其余轴承也应按受力进行寿命计算	

5 结构设计

少齿差行星齿轮传动有多种结构型式，可按传动类型、传输机构型式、高速轴偏心的数目、安装型式等进行分类。

5.1 按传动类型分类的结构型式

少齿差行星齿轮传动按传动类型可分为 Z-X-V 型、2Z-X 型、2Z-V 型及 Z-X 型。Z-X-V 型根据主动轮的运动规律又分为行星式和平动式，平动式的驱动齿轮没有自转运动。通常根据所需传动比 i 的大小（指绝对值，下同）来选择传动的类型。

当 $i<30$ 时宜用 Z-X-V 型或外齿轮输出的 2Z-X（Ⅱ）型；$i=30\sim100$ 时宜用 Z-X-V 或内齿轮输出的 2Z-X（Ⅰ）型；$i>100$ 时可用 2Z-X（负号机构）与 Z-X-V 型串联，当效率不重要时，可用内齿轮输出的 2Z-X（Ⅰ）型；若需 i 很大时，可用双级 Z-X-V 或 2Z-X 型串联，也可取其一与 3Z 型串联。

5.2 按传输机构类型分类的结构型式

表 15-6-16　　少齿差行星齿轮传动传输机构类型及特点

<table>
<tr><th>传动类型</th><th>传输机构类型</th><th colspan="2">特　　点</th><th>应用及说明</th><th>图　号</th></tr>
<tr><td rowspan="5">Z-X-V</td><td rowspan="4">销孔式</td><td colspan="2">机构效率高,承载能力大,结构较复杂,销孔精度要求高是产品质量的关键。制造成本高,转臂轴承载荷大</td><td rowspan="4">这是最常见的结构型式,应用较广。可用于连续运转的较大功率传动
最为常见的结构型式是动力经柱销传至低速轴输出,被驱动的外齿轮作行星运动。亦可固定柱销,动力由内齿轮输出,例如用作卷扬机、车轮,这种情况被驱动的外齿轮作平面圆周运动</td><td></td></tr>
<tr><td>悬臂式</td><td>柱销固定端与销盘为过盈配合,另一端悬臂插入驱动轮销孔中。结构较简单,但柱销受力状况不佳,磨损不均匀。采用双偏心结构时主要由一片行星轮受力</td><td>图 15-6-1
图 15-6-3
图 15-6-7</td></tr>
<tr><td>简支式</td><td>柱销受力状况大为改善,但对柱销两端支承孔的同轴度及位置度要求高,否则安装困难,且受力实际上不能改善</td><td>图 15-6-2
及
图 15-6-5</td></tr>
<tr><td>悬臂式加均载环</td><td>在悬臂式柱销的一端套上均载环,可改善柱销受力状况,使柱销的弯曲应力降低约 40%~50%</td><td>图 15-6-4</td></tr>
<tr><td>浮动盘式</td><td colspan="2">比柱销式结构简单,但浮动盘本身加工要求较高。装拆方便,使用效果好。制造成本与承载能力略低于销孔式</td><td>适用于连续运转,传递中、小功率(国外最大为 33kW)</td><td>图 15-6-9
及
图 15-6-10</td></tr>
</table>

续表

传动类型	传输机构类型	特　　点	应用及说明	图　号
2Z-X	齿轮啮合	第一对内啮合齿轮传动减速后的动力，经第二对内啮合齿轮再减速（或等速）输出。其等速输出者称为零齿差传输机构，即第二对的内、外齿轮齿数相同但有足够的侧隙以形成适当的中心距[8] 此种型式结构简单，用齿轮传力，无需加工精度要求较高的传输机构。零件少，容易制造，成本低于以上各种型式 可实现很大或极大的传动比，但传动比越大则效率也越低。通常单级 $i \leqslant 100$	当第一对与第二对齿轮构成差动减速时，通常这两对齿轮的模数及齿数差均相同。但在需要时也可以用不同的模数和齿数差（中心距必须相等） 第二对齿轮用零齿差作传输机构时，取较大的模数，且只适用于配合一齿差或二齿差 有文献建议，传动比 $i=40\sim100$ 时，用零齿差作传输机构输出；$i=5\sim30$ 时，用一齿差或二齿差 零齿差内齿轮副需要切向变位，若无专用刀具，则生产率较低，现较少用	图 15-6-13 及 图 15-6-14
2Z-V	曲柄式	结构较新，传输机构的加工工艺比销孔式改善，易于获得大传动比。因作用力波动，使转臂、转臂轴承、齿轮等零件受力情况复杂，有待深入研究。设计时应仔细分析计算	双曲柄受力情况不好，适合于传递小功率 三曲柄受力情况有改善，可用于中等功率、较大转矩传动	双曲柄见图 15-6-22 三曲柄见图 15-6-24
Z-X	曲柄式	是一种新型结构，传动效率高，加工工艺比销孔式传输机构改善。可实现大功率、大转矩传动	外齿轮输出动力，结构简单，但传动轴上存在不平衡力偶矩，主要用于重载低转速	图 15-6-25

5.3　按高速轴偏心数目分类的结构型式

表 15-6-17

种　类	特　　点	图号或表号
单偏心	只有一个驱动轮，结构简单。但须于偏心对称的方向上加平衡重，以抵消驱动轮公转时引起的惯性力，使运转平稳	图 15-6-13
双偏心	两个驱动轮于径向相错 180°安装，以实现惯性力的平衡，但出现了惯性力偶未予平衡。运转较平稳，应用较多	图 15-6-1 及 图 15-6-2
三偏心	三片驱动环板间，相邻两片可按 120°布置。中国发明专利“三环减速器”已成多系列，实测效率最高达 95.4%，是很好的应用实例 其他型式的传动，也能够采用三偏心结构	图 15-6-25

5.4　按安装型式分类的结构型式

少齿差传动可设计成卧式、立式、侧装式、仰式、轴装式及 V 带轮-轴装式等多种型式。输入端可为电动机直联，亦可带轴伸。输出端可为轴伸型，亦可为孔输出。其中输入输出端均带轴伸的卧式传动应用最广，带电动机的立式传动次之。

5.5 结构图例

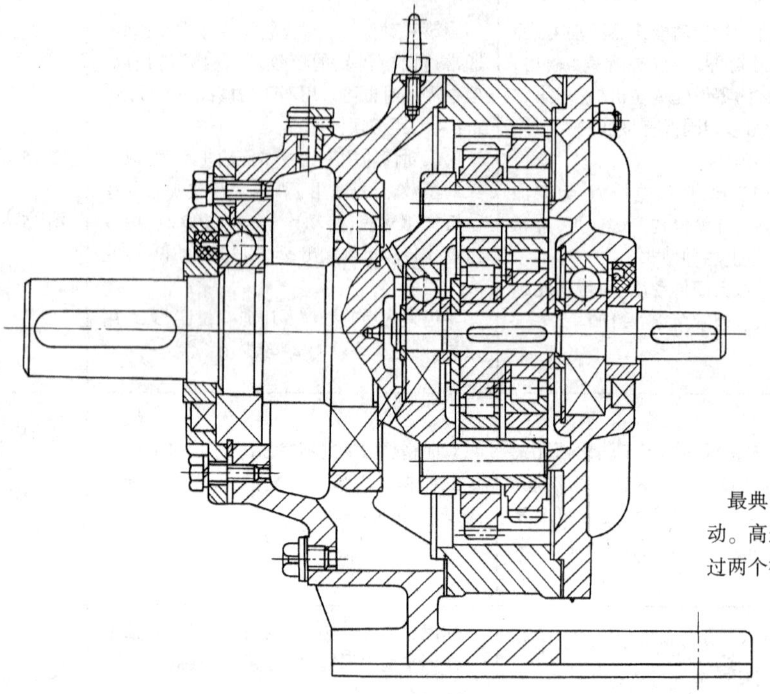

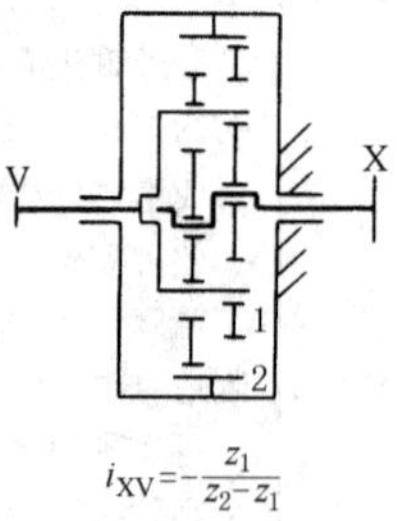

V
X
1
2
$i_{XV}=-\frac{z_1}{z_2-z_1}$

最典型的悬臂销轴式双轴伸卧式传动。高速轴为组合双偏心结构，动力通过两个行星轮经销孔式传输机构输出

图 15-6-1 销孔式 Z-X-V 型少齿差减速器[15]

X
V
1
2
$i_{XV}=-\frac{z_1}{z_2-z_1}$

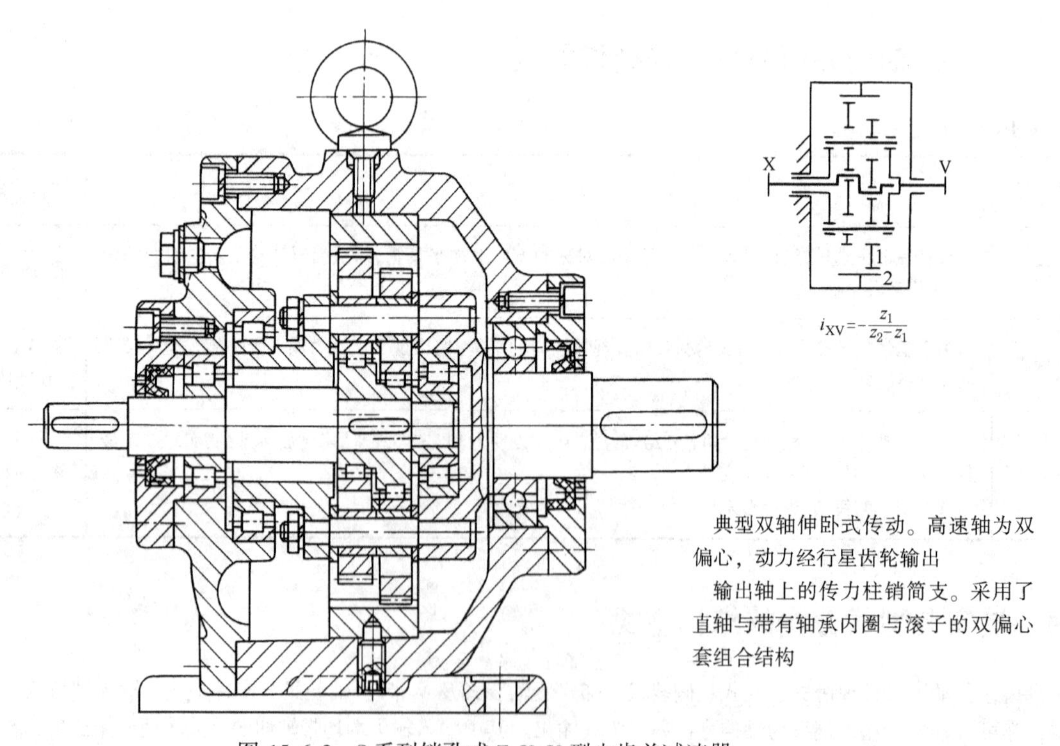

典型双轴伸卧式传动。高速轴为双偏心，动力经行星齿轮输出

输出轴上的传力柱销简支。采用了直轴与带有轴承内圈与滚子的双偏心套组合结构

图 15-6-2 S 系列销孔式 Z-X-V 型少齿差减速器

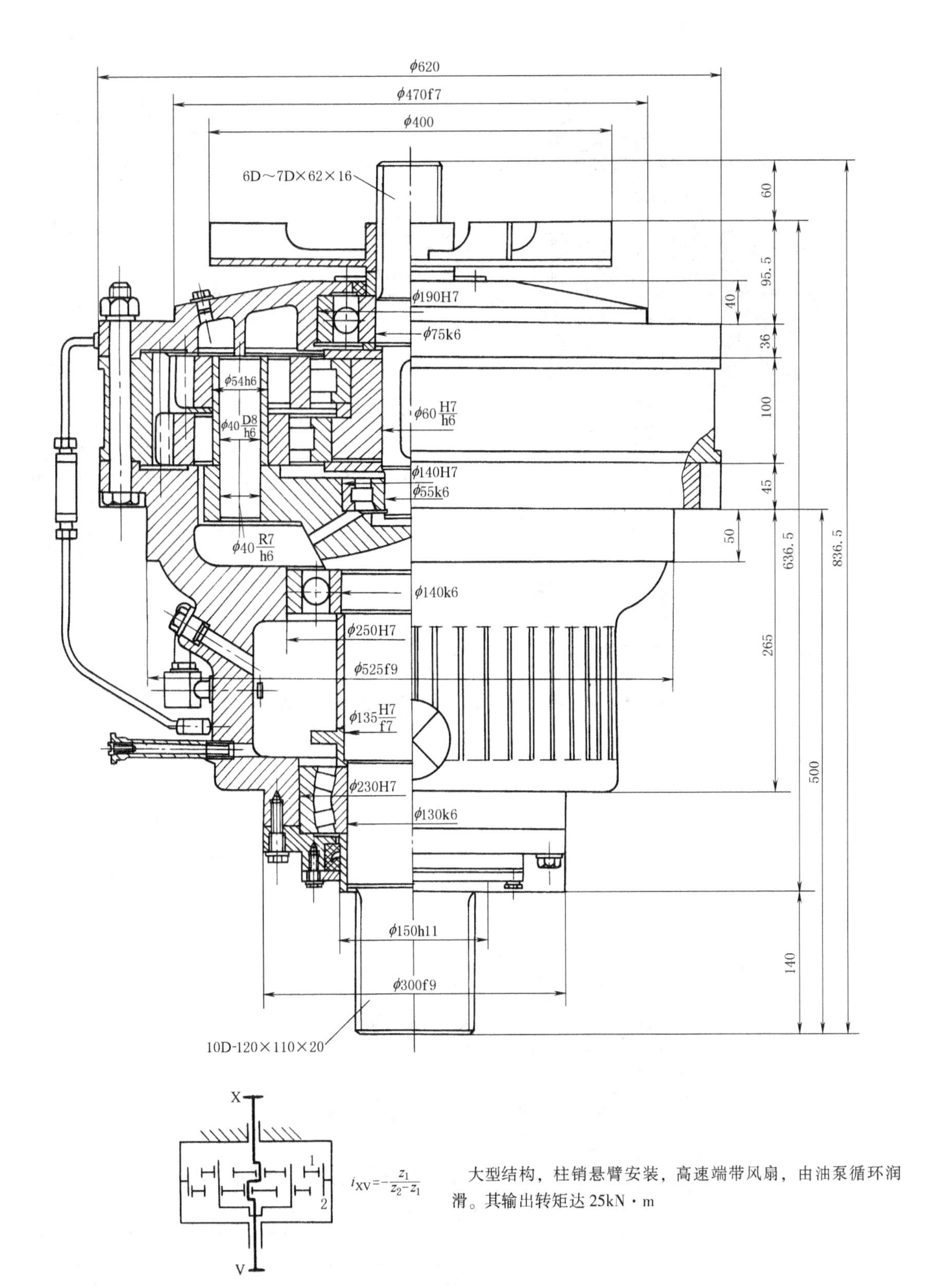

$i_{XV}=-\frac{z_1}{z_2-z_1}$

大型结构，柱销悬臂安装，高速端带风扇，由油泵循环润滑。其输出转矩达 25kN·m

图 15-6-3　立式 Z-X-V 型二齿差行星减速器

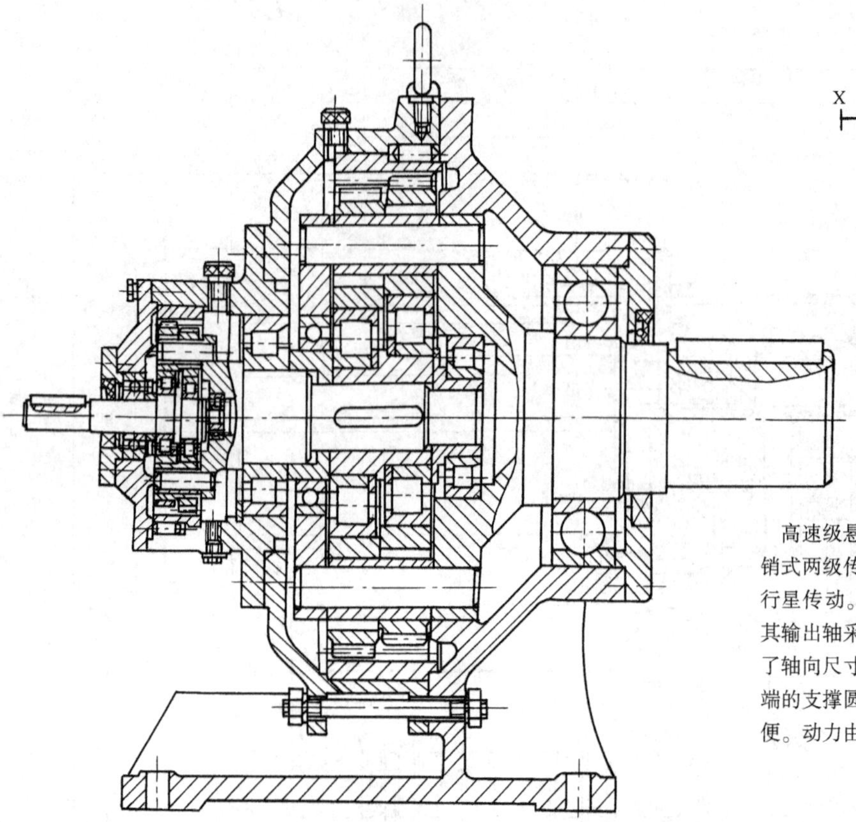

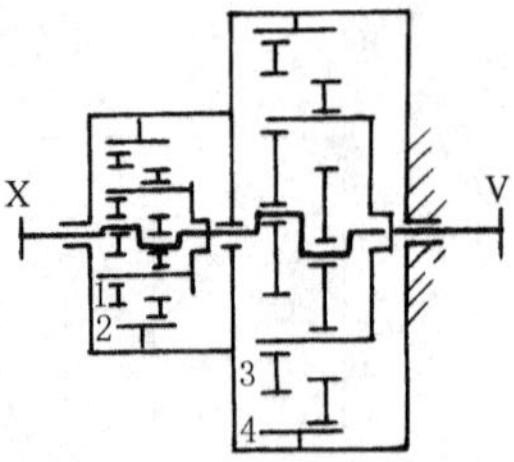

$i_{XV}=\frac{z_1}{z_2-z_1}\times\frac{z_3}{z_4-z_3}$

高速级悬臂柱销式与低速级简支柱销式两级传动串联。两级均为双偏心行星传动。低速级采用偏心套结构，其输出轴采用了一个滑动轴承，缩短了轴向尺寸。低速级柱销与位于输入端的支撑圆盘采用过盈配合，拆卸不便。动力由外齿轮输出

图 15-6-4　双级销孔式 Z-X-V 型少齿差减速器

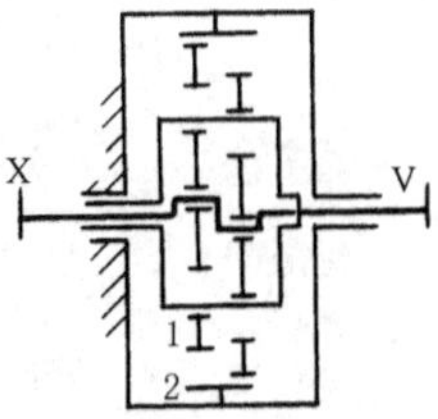

$i_{XV}=-\frac{z_1}{z_2-z_1}$

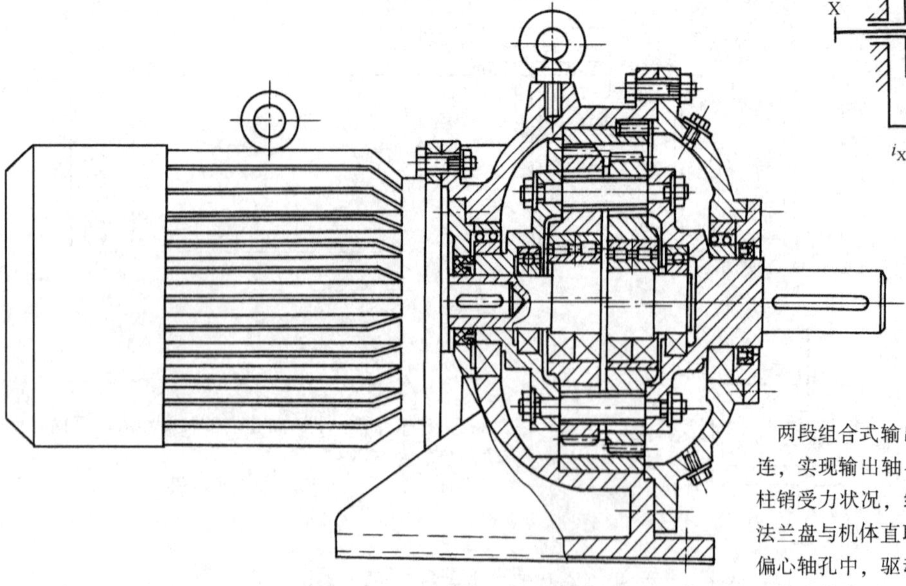

两段组合式输出轴借助一组柱销相连，实现输出轴与柱销简支，改善了柱销受力状况，缩小轴向尺寸。借助法兰盘与机体直联的电机轴伸插入双偏心轴孔中，驱动行星齿轮将动力传至输出轴

图 15-6-5　销孔式 Z-X-V 型少齿差减速器

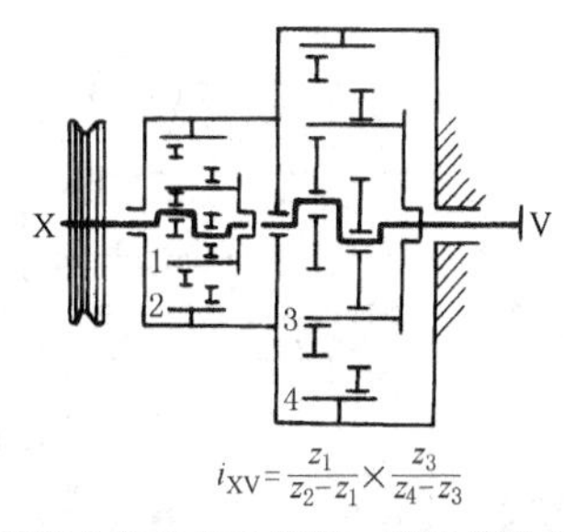

$$i_{XV}=\frac{z_1}{z_2-z_1}\times\frac{z_3}{z_4-z_3}$$

两级少齿差传动串联。高速级为悬臂柱销式结构；低速级为简支梁柱销式结构，且中空式双偏心输入轴包容中空式法兰连接输出轴。高速级输出轴与低速级中空偏心轴以花键相连接

图 15-6-6　轴装式 Z-X-V 型少齿差减速器

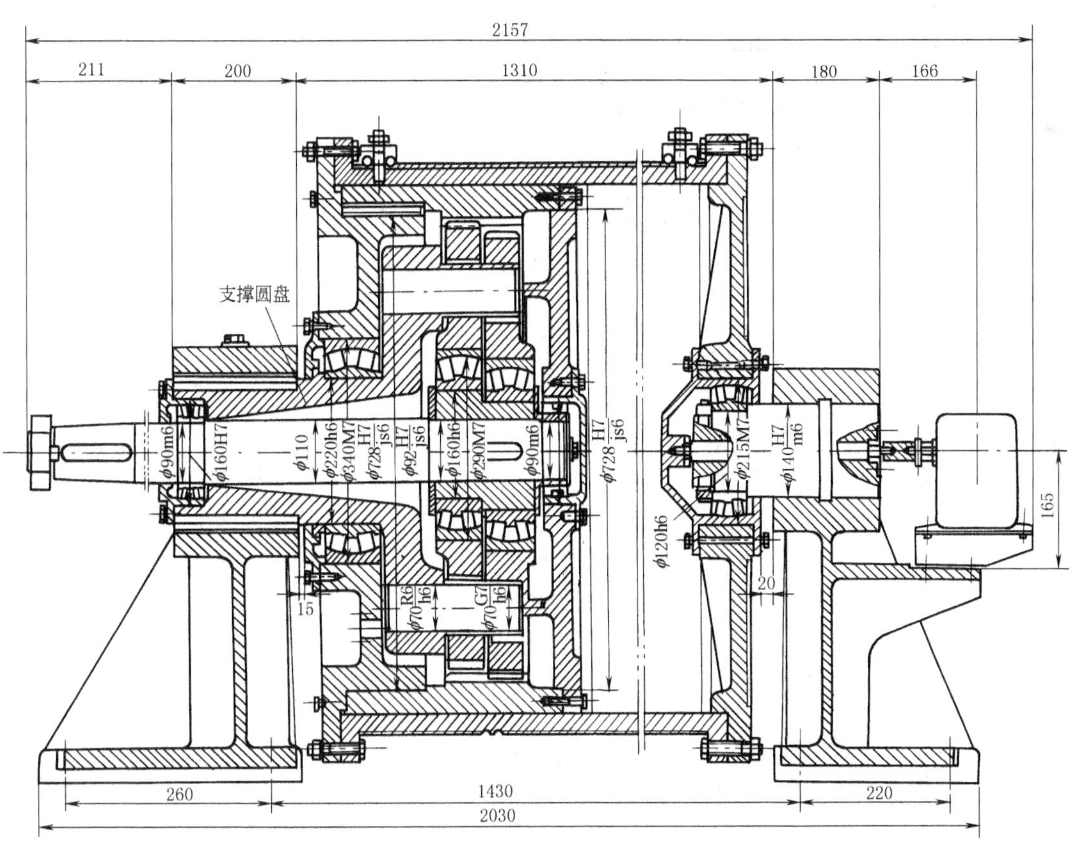

采用双偏心轴驱动两个外齿轮作平面圆周运动，动力由内齿圈输出。柱销固定于支撑圆盘上，该圆盘借助平键与机座相连。驱动电机功率 45kW。起重量达 30t

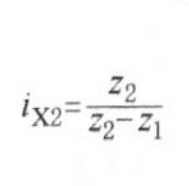

$$i_{X2}=\frac{z_2}{z_2-z_1}$$

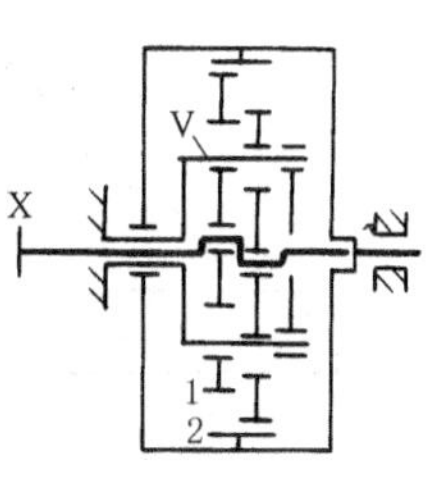

图 15-6-7　内齿轮输出的少齿差卷扬滚筒（Z-X-V 传动）

第
15
篇

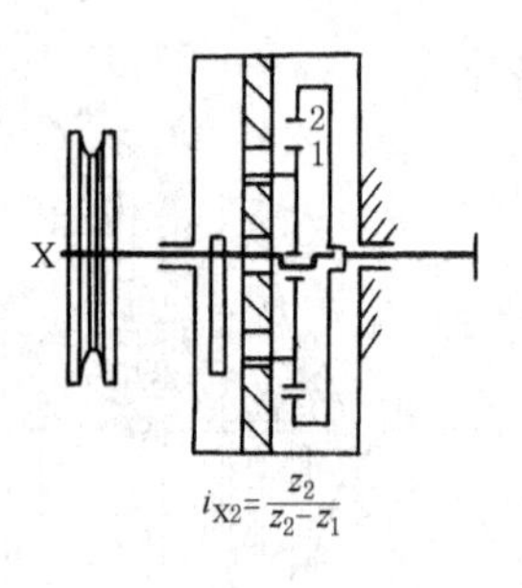

柱销悬臂安装于被驱动的外齿轮上并插入与机体固联的孔板中；驱动轮作平面运动；固定机体，内齿轮输出或固定内齿轮机体输出

图 15-6-8　V 带轮式 Z-X-V 型少齿差减速器

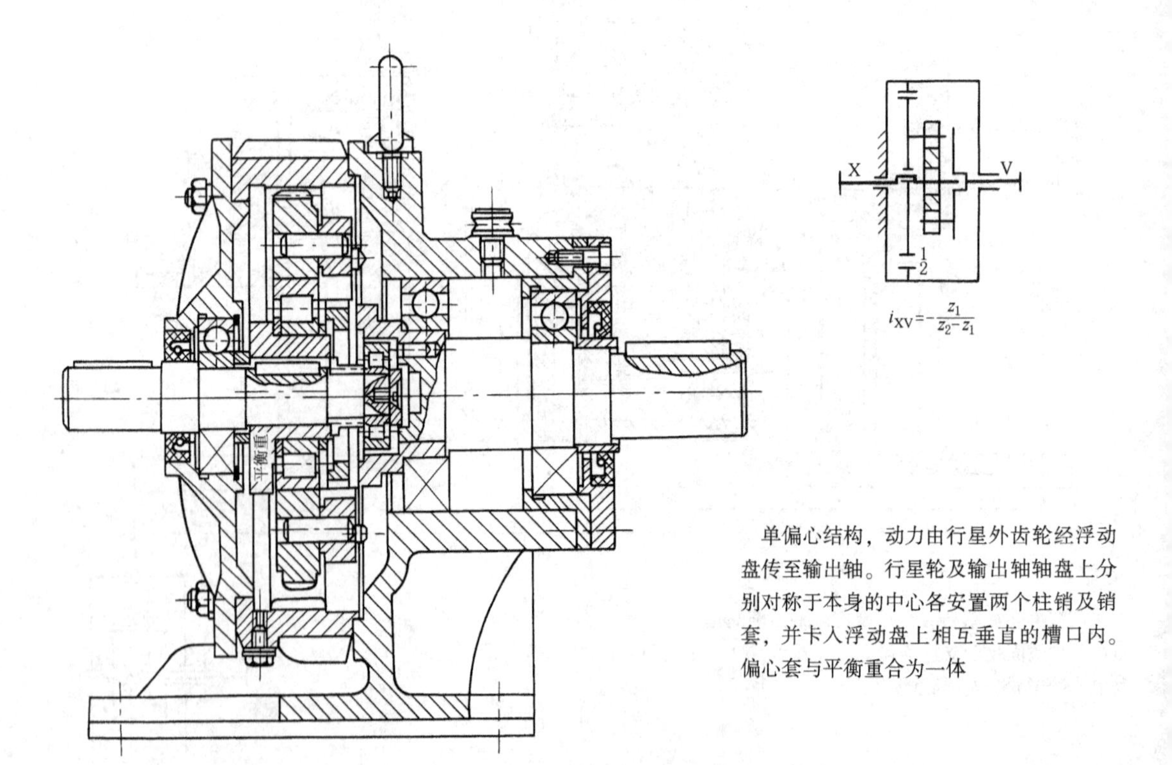

单偏心结构，动力由行星外齿轮经浮动盘传至输出轴。行星轮及输出轴轴盘上分别对称于本身的中心各安置两个柱销及销套，并卡入浮动盘上相互垂直的槽口内。偏心套与平衡重合为一体

图 15-6-9　单偏心浮动盘式少齿差减速器（Z-X-V 型）

X V 1 2

$i_{XV}=-\frac{z_1}{z_2-z_1}$

双偏心结构，采用两个行星轮和两个浮动盘，不用平衡重，实现了惯性力的平衡。动力由行星齿轮经双浮动盘传至输出轴

图 15-6-10　双偏心浮动盘式少齿差减速器（Z-X-V 型）

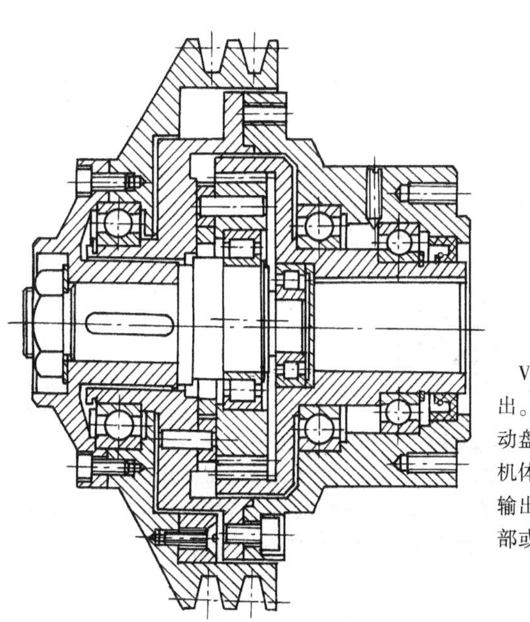

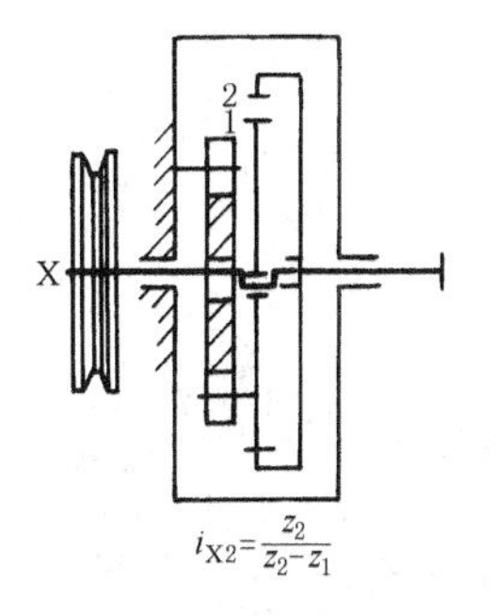

V 带轮轴装式结构，动力由内齿轮输出。置于偏心输入轴上的外齿轮借助于浮动盘平动机构作平面圆周运动。可通过在机体端部或中部固定箱体而从中空输出轴输出动力，也可将孔套入固定轴由机体端部或中部输出动力，使用极为灵活

图 15-6-11　V 带轮浮动盘式少齿差减速器（Z-X-V 型）

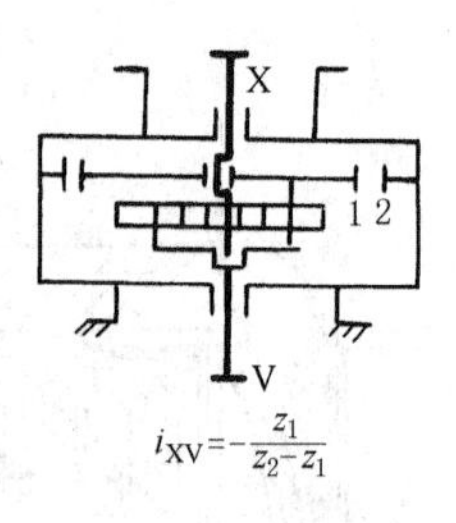

单偏心单浮动盘结构。动力由行星齿轮经浮动盘传至输出轴，立式，输入端及输出端均带连接法兰

图 15-6-12　单偏心浮动盘式立式少齿差减速器（Z-X-V 型）

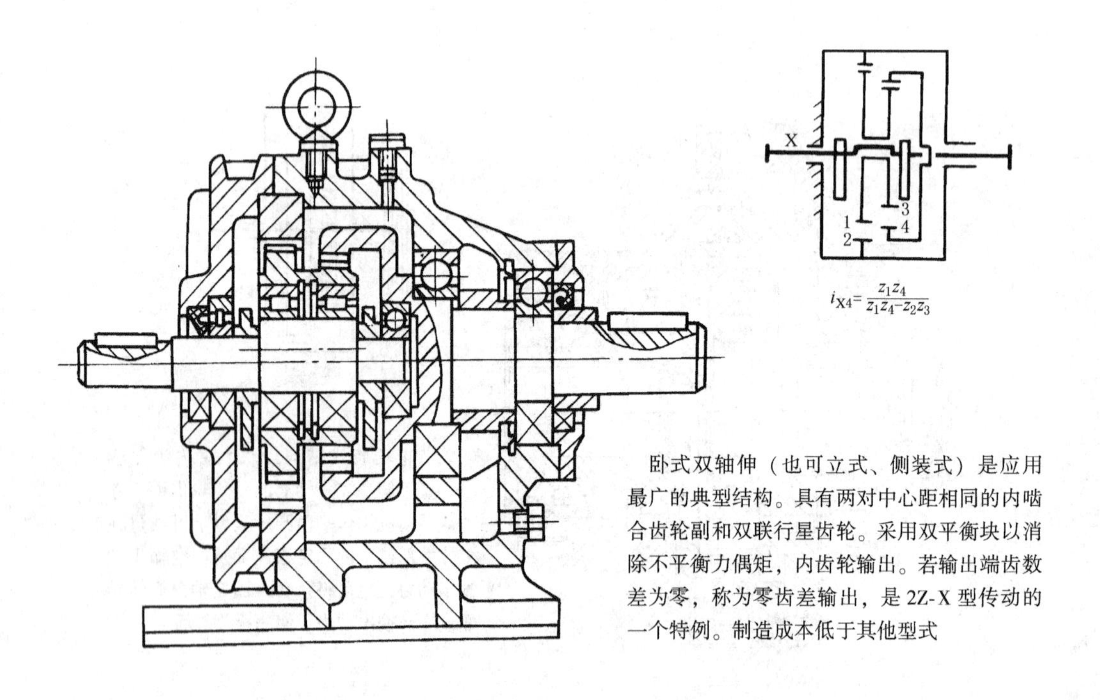

卧式双轴伸（也可立式、侧装式）是应用最广的典型结构。具有两对中心距相同的内啮合齿轮副和双联行星齿轮。采用双平衡块以消除不平衡力偶矩，内齿轮输出。若输出端齿数差为零，称为零齿差输出，是 2Z-X 型传动的一个特例。制造成本低于其他型式

图 15-6-13　SJ 系列 2Z-X（Ⅰ）型少齿差行星减速器

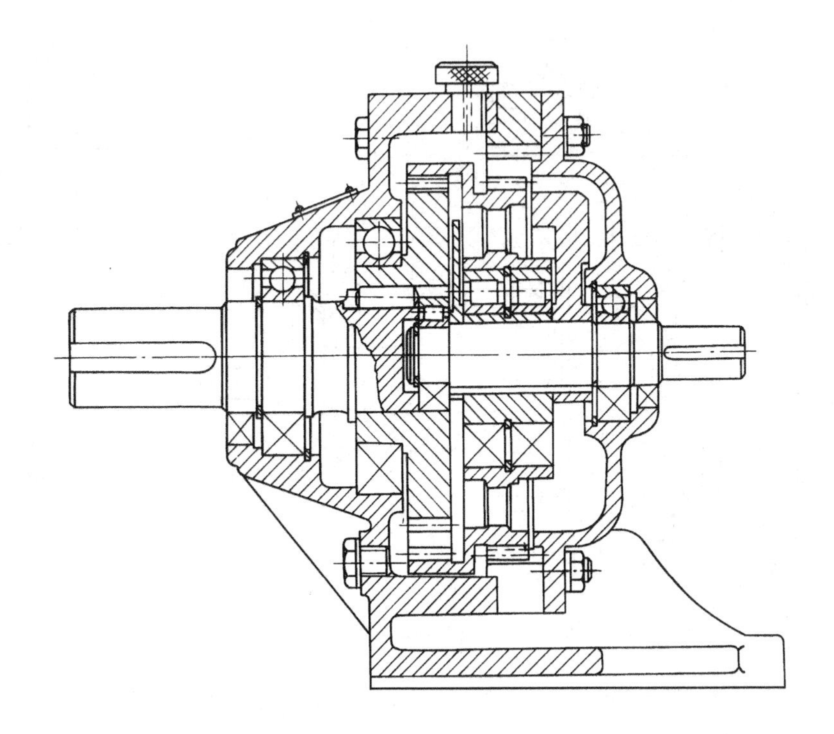

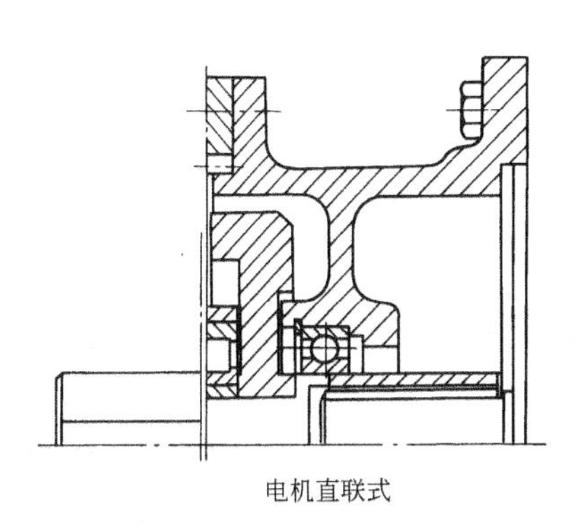

电机直联式

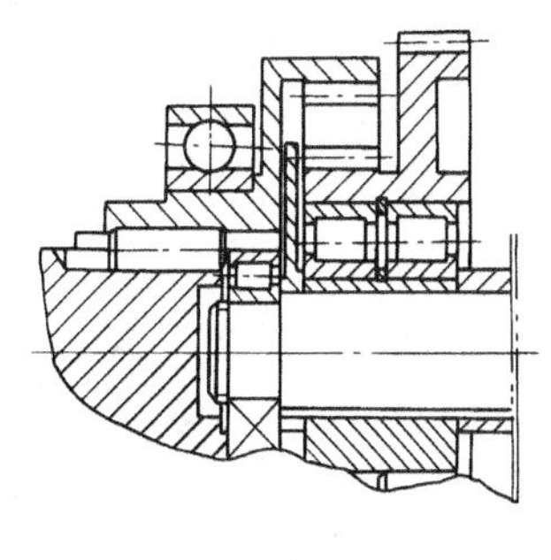

内齿轮输出

特点与图 15-6-13 所示 SJ 系列少齿差减速器相同，但采用了内外齿轮组成的双联行星齿轮。更换少量零件可变成内齿轮输出；或改为电动机直联。便于系列化生产。其外形、安装、连接尺寸与 A 型（原 X 系列）摆线针轮减速器相同，使用方便

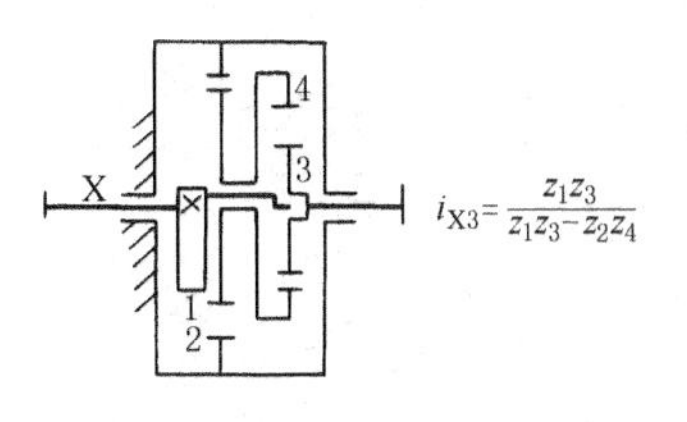

图 15-6-14　X 系列 XW18 共用机座 2Z-X 型少齿差减速器

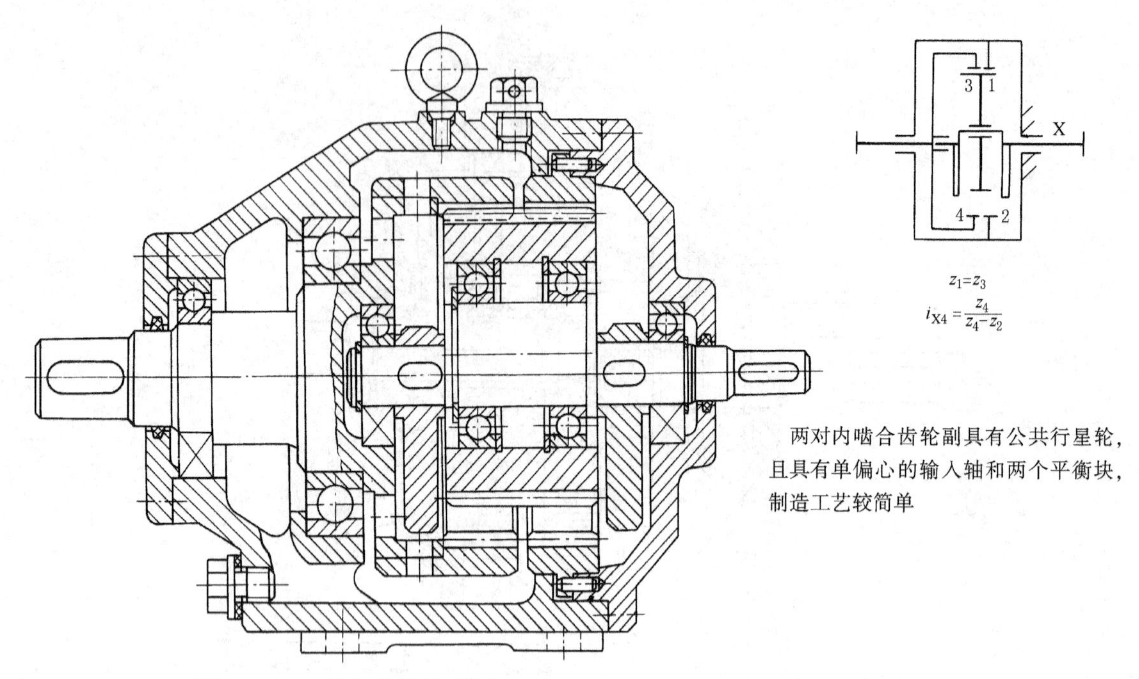

两对内啮合齿轮副具有公共行星轮，且具有单偏心的输入轴和两个平衡块，制造工艺较简单

图 15-6-15　具有公共行星轮的 NN 型［2Z-X（Ⅰ）型］少齿差减速器

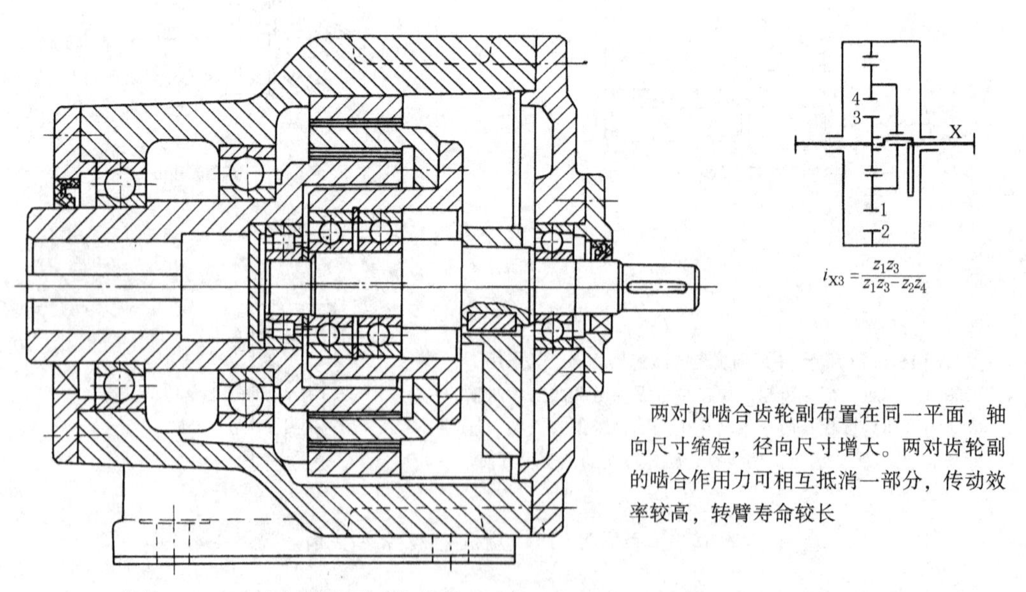

两对内啮合齿轮副布置在同一平面，轴向尺寸缩短，径向尺寸增大。两对齿轮副的啮合作用力可相互抵消一部分，传动效率较高，转臂寿命较长

图 15-6-16　具有内外同环齿轮的 NN 型［2Z-X（Ⅱ）型］少齿差减速器

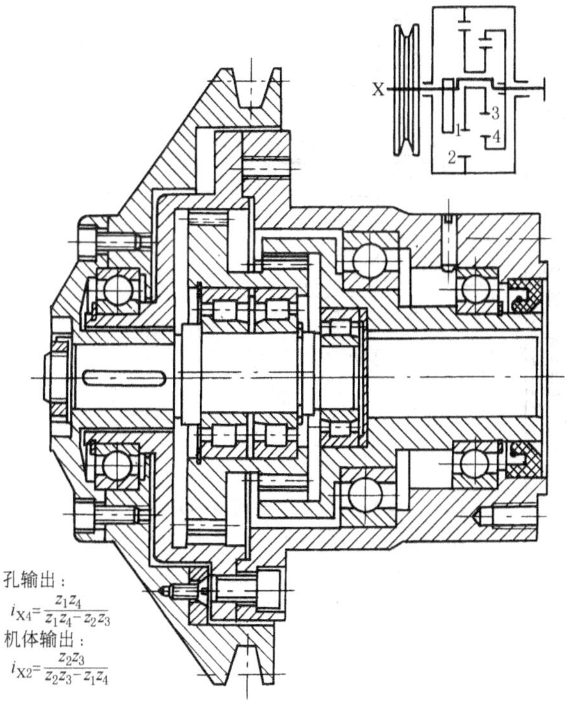

X
1
2
3
4
孔输出：
$i_{X4}=\frac{z_1z_4}{z_1z_4-z_2z_3}$
机体输出：
$i_{X2}=\frac{z_2z_3}{z_2z_3-z_1z_4}$

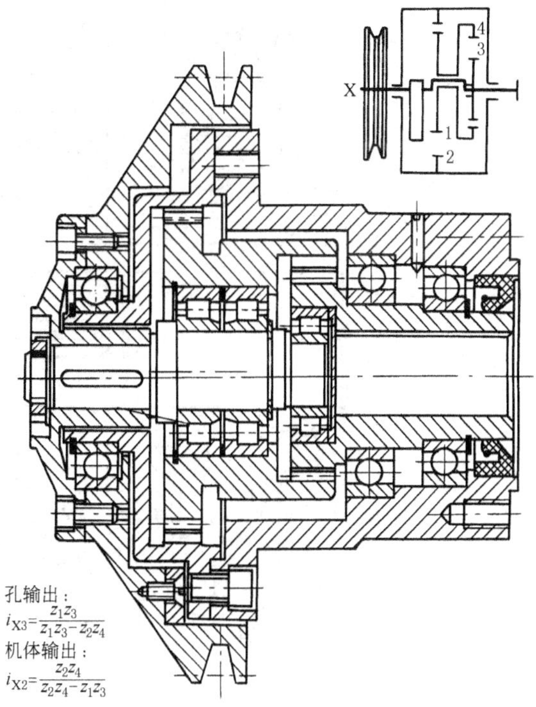

X
4
3
1
2
孔输出：
$i_{X3}=\frac{z_1z_3}{z_1z_3-z_2z_4}$
机体输出：
$i_{X2}=\frac{z_2z_4}{z_2z_4-z_1z_3}$

V带轮轴装结构。可固定机体，由轴孔输出动力；也可固定插入轴孔的轴，由机体端部或中部通过螺栓连接输出动力

加工工艺性好，制造成本较低

图 15-6-17　V带轮轴装式减速器［2Z-X（Ⅰ）型］　　图 15-6-18　V带轮轴装式减速器［2Z-X（Ⅱ）型］

30°
X
3
1
4
2
$i_{X4}=\frac{z_1z_4}{z_1z_4-z_2z_3}$

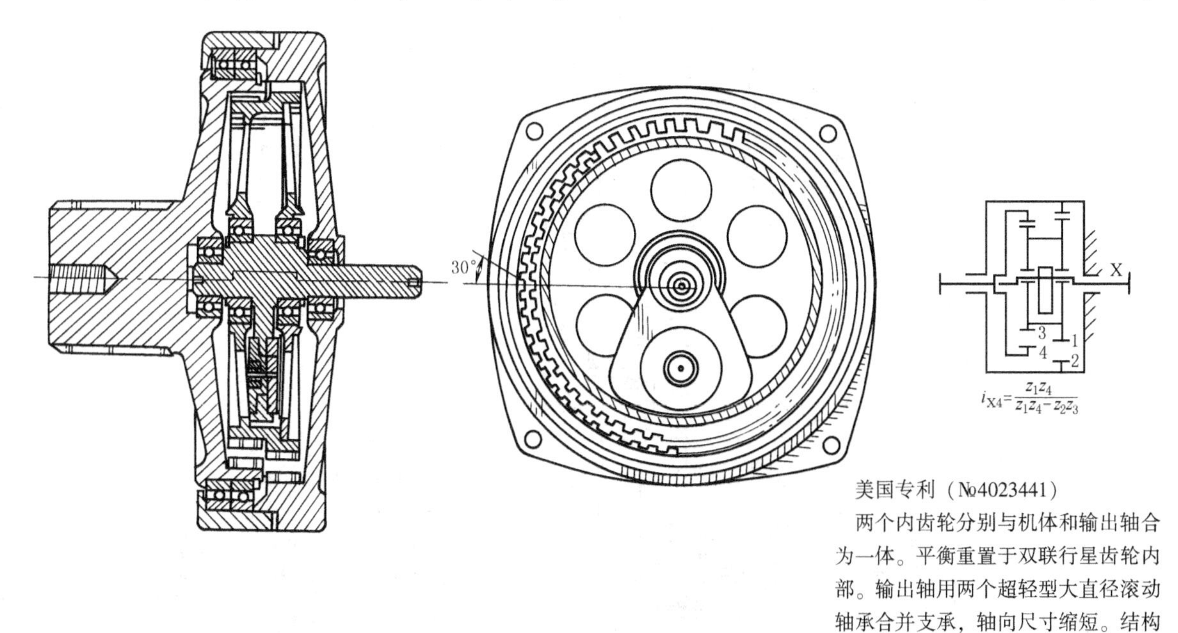

美国专利（№4023441）

两个内齿轮分别与机体和输出轴合为一体。平衡重置于双联行星齿轮内部。输出轴用两个超轻型大直径滚动轴承合并支承，轴向尺寸缩短。结构极为简单、紧凑，传动路线短，可实现高效率。两个大轴承价格很高且很难买到

图 15-6-19　轴向尺寸小的2Z-X型少齿差减速器

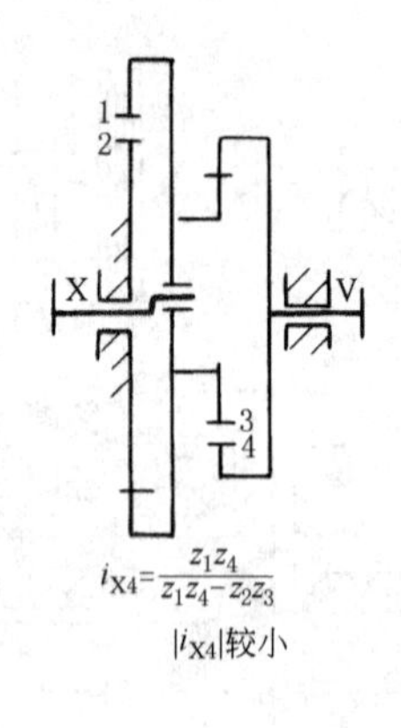

动力经V带轮输入，驱动由内外齿轮组成的双联齿轮。外齿轮2为固定件。动力经内齿圈传至空心轴输出。该减速器可实现的传动比范围不很大

图 15-6-20　V 带轮式 NN 型少齿差减速器（2Z-X 型）

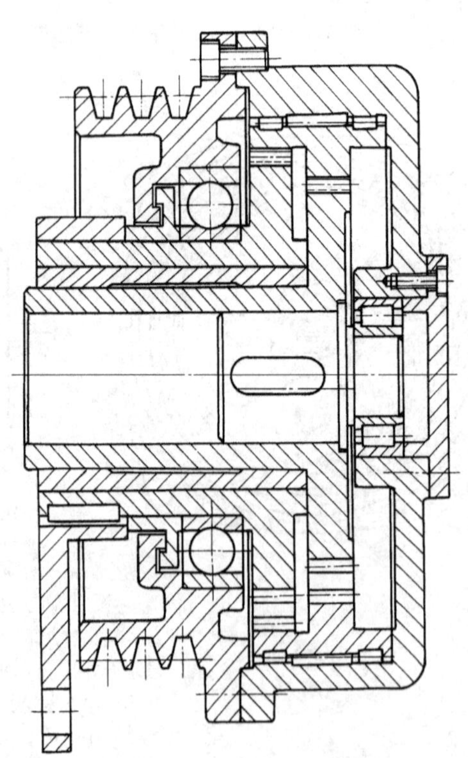

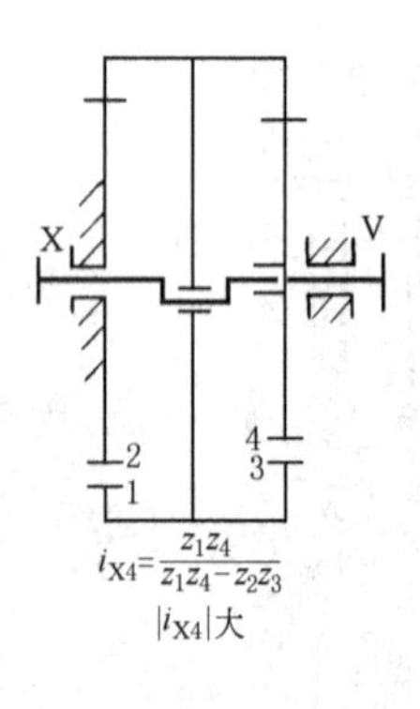

动力经V带轮输入，驱动由两个内齿圈构成的双联齿轮。外齿轮2为固定件，动力经外齿轮4输出。该减速器可方便地实现100以上的较大的传动比

图 15-6-21　V 带轮式 NN 型少齿差减速器（2Z-X 型）

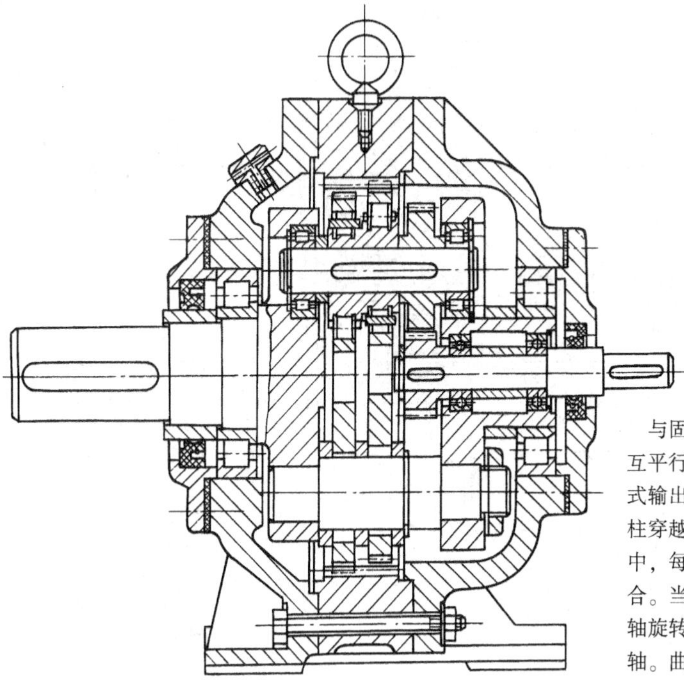

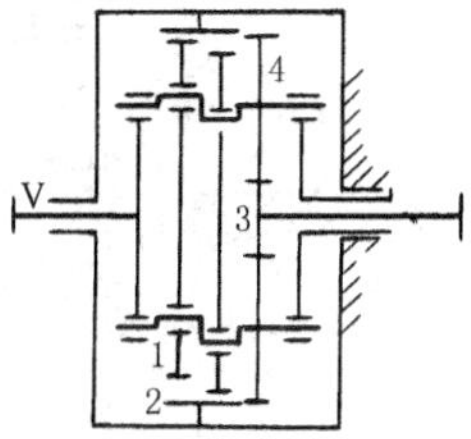

$$i_{3V}=\frac{z_4z_2}{z_3(z_2-z_1)}+1$$

与固定内齿圈相啮合的两个行星外齿轮，通过两根相互平行的双偏心曲柄轴支承在本身有双支承的组合框架式输出轴的两端圆盘上，连接两端圆盘的两根高刚性横柱穿越行星轮上的两个有足够间隙而不致妨碍运动的孔中，每根曲柄轴上有一个同步齿轮与输入轴齿轮相啮合。当高速轴输入动力后，便经同步齿轮驱动两根曲柄轴旋转，并带动行星轮转动，将动力经曲柄轴传给输出轴。曲柄轴既为驱动元件，又是动力输出元件。这种结构轴向尺寸较小，调整或增大传动比均较方便。详见法国专利 FR 2571462

图 15-6-22 曲柄式少齿差减速器（2Z-V 型）

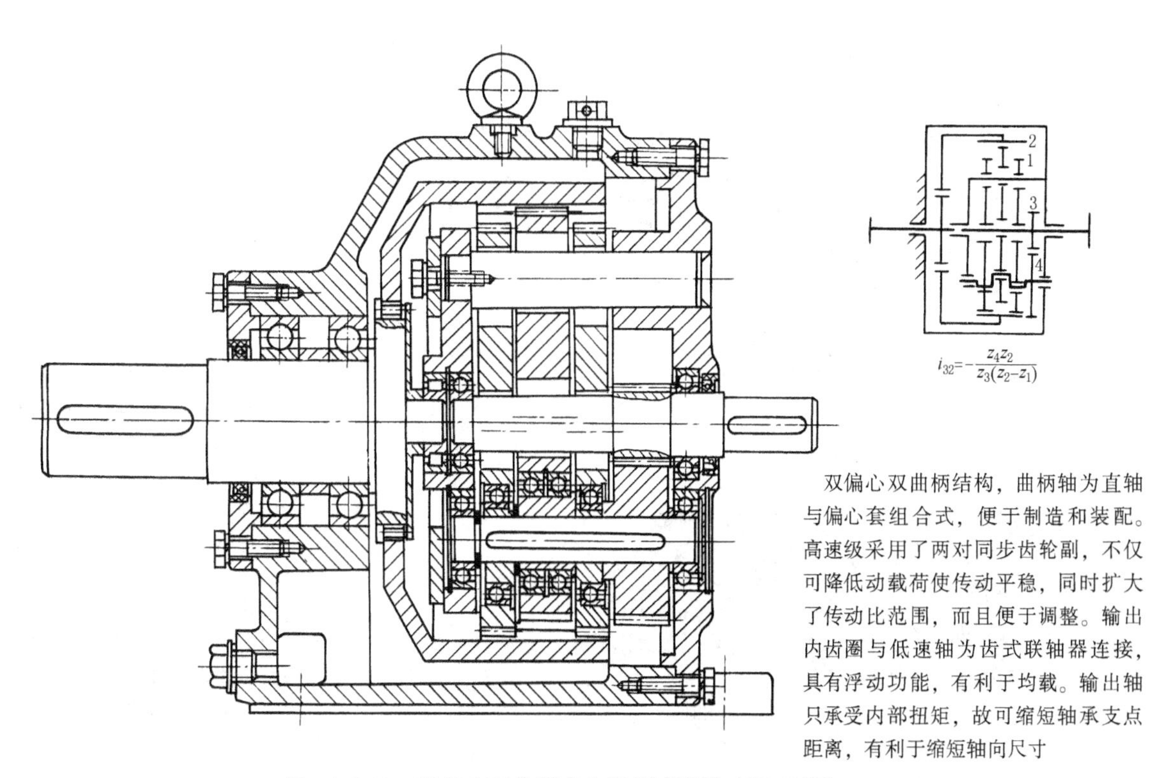

$$i_{32}=-\frac{z_4z_2}{z_3(z_2-z_1)}$$

双偏心双曲柄结构，曲柄轴为直轴与偏心套组合式，便于制造和装配。高速级采用了两对同步齿轮副，不仅可降低动载荷使传动平稳，同时扩大了传动比范围，而且便于调整。输出内齿圈与低速轴为齿式联轴器连接，具有浮动功能，有利于均载。输出轴只承受内部扭矩，故可缩短轴承支点距离，有利于缩短轴向尺寸

图 15-6-23 双偏心双曲柄式少齿差减速器（2Z-V 型）

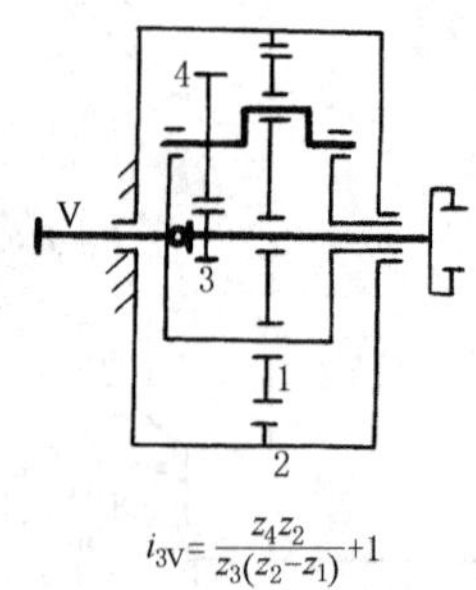

$$i_{3V}=\frac{z_4 z_2}{z_3(z_2-z_1)}+1$$

本机为前苏联20世纪80年代K103薄煤层采煤机用减速器，带有一级减速兼同步齿轮的2Z-V型少齿差传动。其特点为：(1) 驱动三个同步兼减速齿轮的中心轮为细长轴式柔性浮动中心轮，并经齿形联轴器输入动力；(2) 同步齿轮置于输出侧；(3) 少齿差部分为单偏心传动，只有一个行星轮；(4) 行星轮借助安装于其上并支撑在输出轴组合式框架上的三根曲柄轴的驱动作平面圆周运动，减速运动经曲柄轴传给输出轴。其功率37kW，传动比144，最大牵引力220kN

图 15-6-24　单偏心三曲柄少齿差减速器（2Z-V 型）

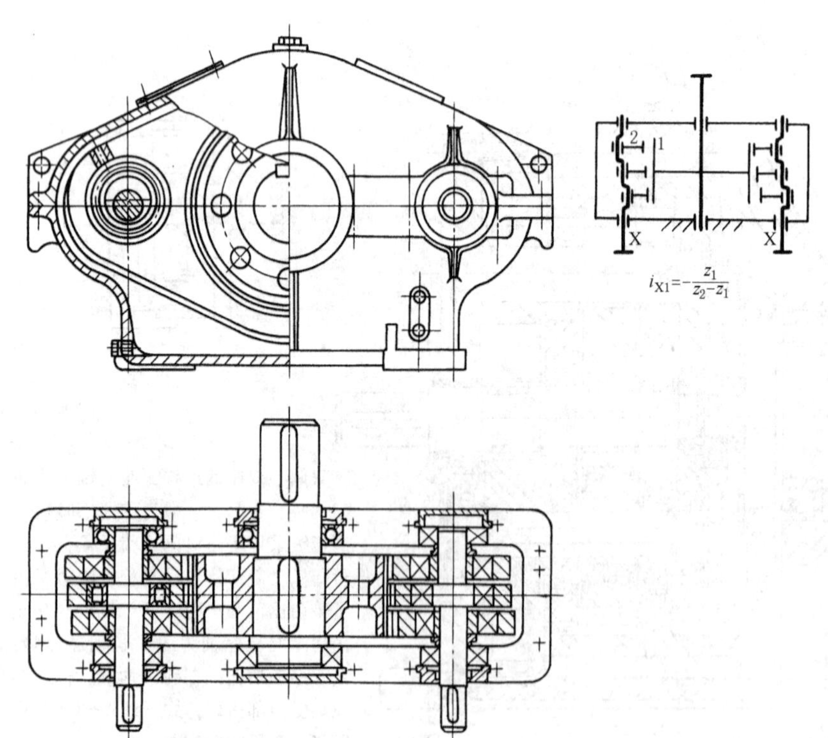

$$i_{X1}=-\frac{z_1}{z_2-z_1}$$

三片内齿轮环板间可按120°布置。两根三偏心曲柄轴置于被动轴两侧，支承并驱动与输出外齿轮啮合的三片内齿轮环板作平面运动。两根曲柄轴可一为主动、一为被动，或同时作为主动驱动。被动轴简支，箱体水平剖分，便于维修，轴向尺寸小。传动比大传动路线短，效率高，承载能力大，过载能力强。但传动轴上存在不平衡的力偶矩，因而主要用于重载、低速的情况。该减速器已发展多个派生系列，在国内冶金行业应用颇广

图 15-6-25　SH 型三环减速器（Z-X 型传动）

卧式　　　　侧装式

该结构系中国专利二次偏心包容式少齿差减速器的应用实例。通过引入二次偏心机构使 Z-X-V 型传动置入 2Z-X 型传动腹腔中，轴向尺寸大幅度压缩，动力经 Z-X-V 型传动减速后，传给 2Z-X 型传动再次减速并由内齿轮输出，可实现数以千计或万计的大传动比

该机轴向尺寸超短，效率高，重量轻，节能、节材

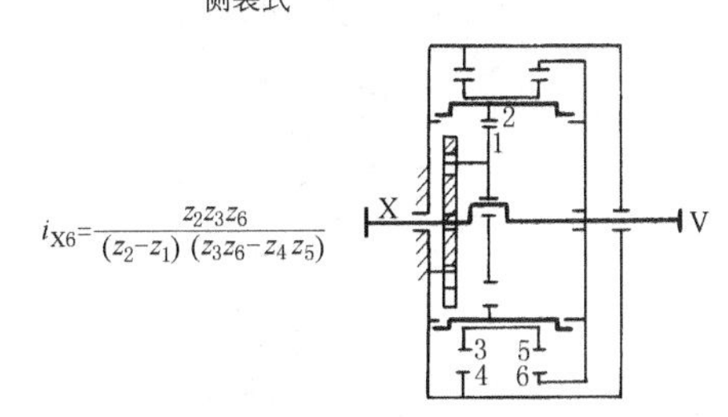

图 15-6-26　RP 型少齿差式锅炉炉排传动减速器

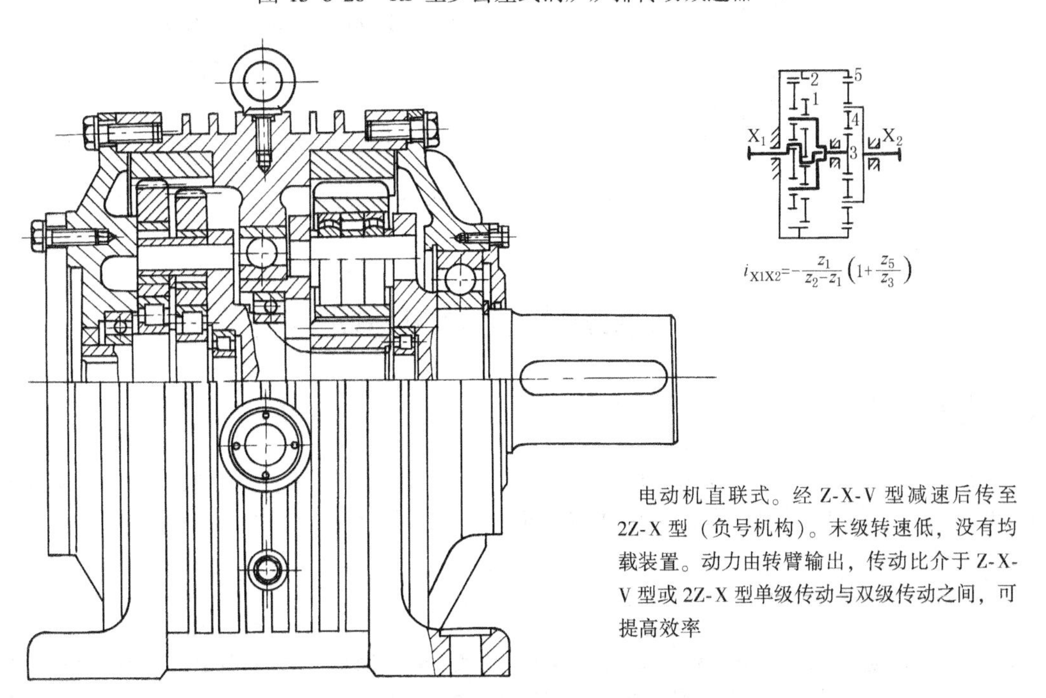

电动机直联式。经 Z-X-V 型减速后传至 2Z-X 型（负号机构）。末级转速低，没有均载装置。动力由转臂输出，传动比介于 Z-X-V 型或 2Z-X 型单级传动与双级传动之间，可提高效率

图 15-6-27　XID3-250 电动机直联两级减速器

第 15 篇

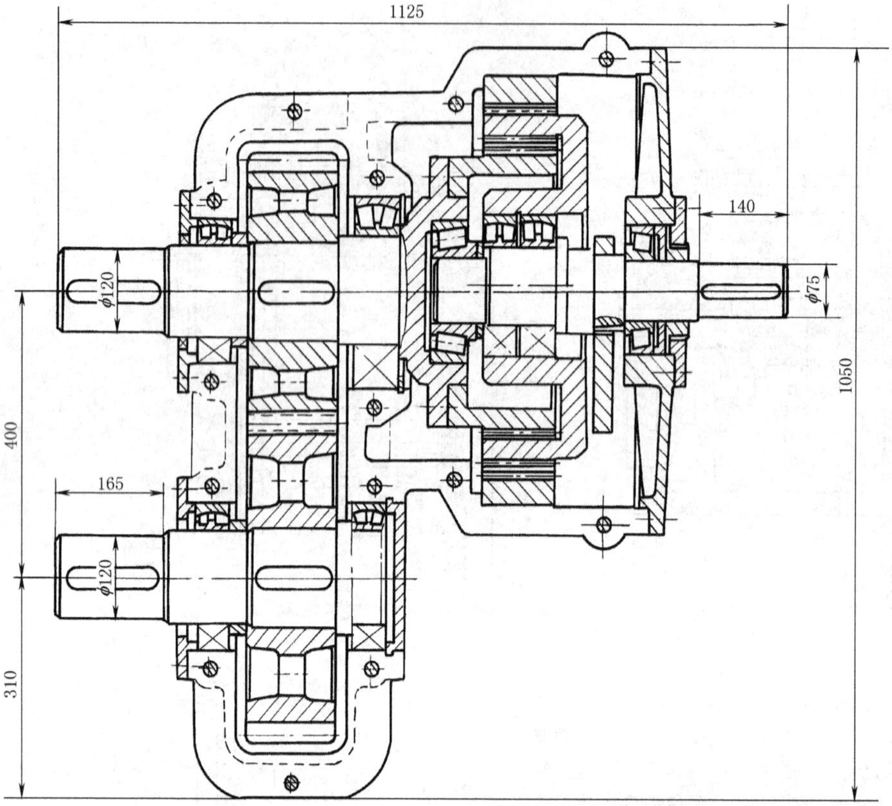

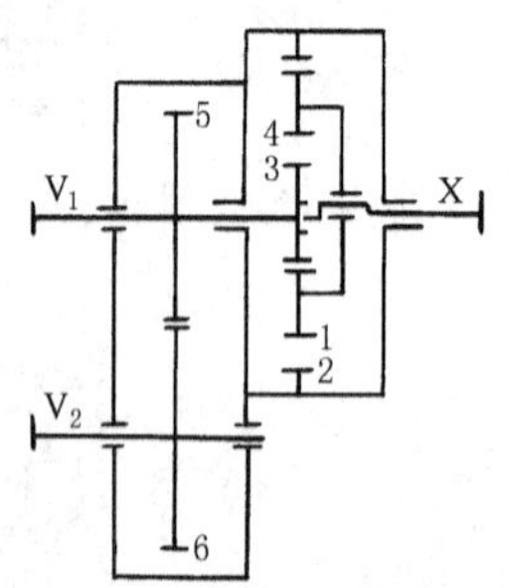

前级为同环 NN 型少齿差传动。两对内啮合齿轮副布置在同一平面内，其轴向尺寸缩短，径向尺寸增大。将一个内齿轮与机体相连，动力经 z_5 和 z_6 齿轮副由两根低速轴输出。由高速轴到两根低速轴的传动比为：

$$i_{XV1}=\frac{z_1z_3}{z_1z_3-z_2z_4}$$

$$i_{XV2}=\frac{z_1z_3z_6}{(z_1z_3-z_2z_4)z_5}$$

图 15-6-28　NN 型少齿差-平行轴传动组合减速器

6　使用性能及其示例

6.1　使用性能

设计的少齿差减速器在结构上应具有良好的使用性能，例如体积和质量小、效率高、寿命长、噪声低、输入轴与输出轴同轴线，以及有合理的连接和安装基准，容易装、拆与维修等。

6.2　设计结构工艺性

设计的少齿差减速器除了具备良好的使用性能以外，还要能够在国内一般工厂拥有的机床、设备上比较容易地制造出精度较高的零件，以及合乎性能要求的减速器。本节以图 15-6-14 为例，讨论其主要零件的加工工艺性。

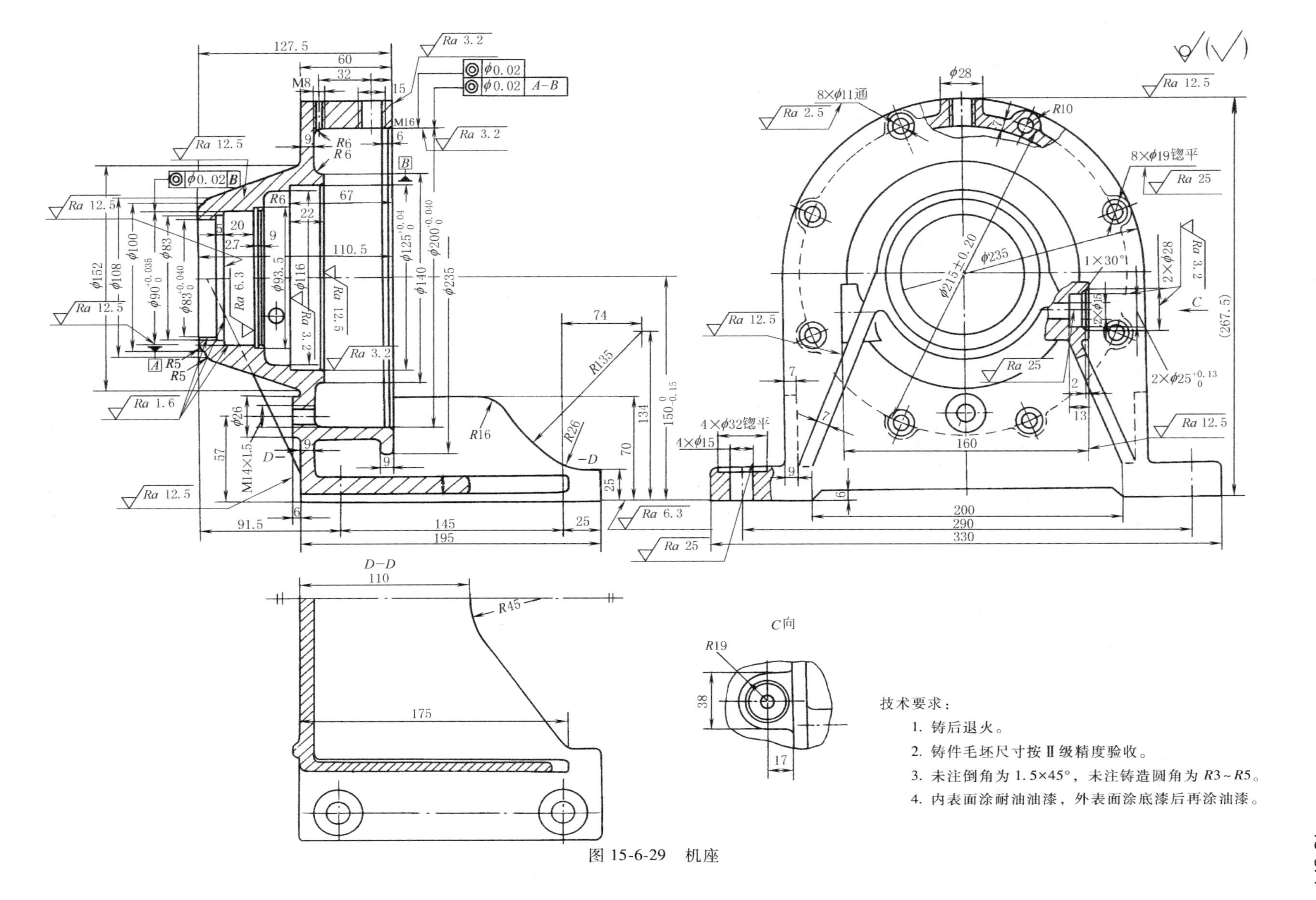

技术要求：

1. 铸后退火。
2. 铸件毛坯尺寸按Ⅱ级精度验收。
3. 未注倒角为 1.5×45°，未注铸造圆角为 $R3\sim R5$。
4. 内表面涂耐油油漆，外表面涂底漆后再涂油漆。

图 15-6-29　机座

（1）机座（图 15-6-29）

设计机座时，对要求有较高同轴度的各个孔，应尽量设计成从一端到另一端依次由大孔到小孔，以便在精镗孔工序一次装卡即能按顺序镗出各个不同直径的孔。

在需要挡轴承或是安放橡胶油封的部位，应采用孔用弹性挡圈，尽可能不设计台阶。

（2）内齿圈（图 15-6-30）

设计内齿圈时，由于其左端的止口外径（ϕ200）和右端安装大端盖的内孔（ϕ177）均需要用作定心基准，因此应将内孔设计成略小于内齿轮的顶圆直径，才便于一次装卡就能车成内孔及外圆，以保证各个直径的同轴度。

（3）内齿轮顶圆直径（图 15-6-30）

在插齿时，一般以内齿轮顶圆为定心基准。因此在设计同一个机座而传动比不同的内齿圈时，宜尽量将各内齿轮顶圆直径设计得互相接近，见表 15-6-18，这样才可以将同一机座中所有的内齿圈右端与大端盖配合的直径，设计成略小于顶圆直径的统一的整数值（图 15-6-30 中的 ϕ177），既节省加工工时，也给装配带来方便。

表 15-6-18　　　内齿轮顶圆直径及止口孔径

项　　目	代号	数　　　　值										
公称传动比	i	6	35	71	11	17	25	29	43	87	100	59
内齿轮顶圆直径	d_{a2}	177.42			178.32	177.62	178.29		178.45			179.18
止口孔径		177										

（4）内齿圈的结构（图 15-6-30 及图 15-6-31）

在内齿轮输出时，若内齿轮齿顶圆直径 $d_{a4}\leqslant$150mm，可将内齿圈与低速轴设计成一个整体，以利于提高制造精度。

而在 d_{a4}>150mm 时，因受插齿机的限制，有时需要将内齿圈与低速轴分别设计成两个零件，并采用$\frac{H7}{k6}$过渡配合，如图 15-6-31 及图 15-6-32 所示。

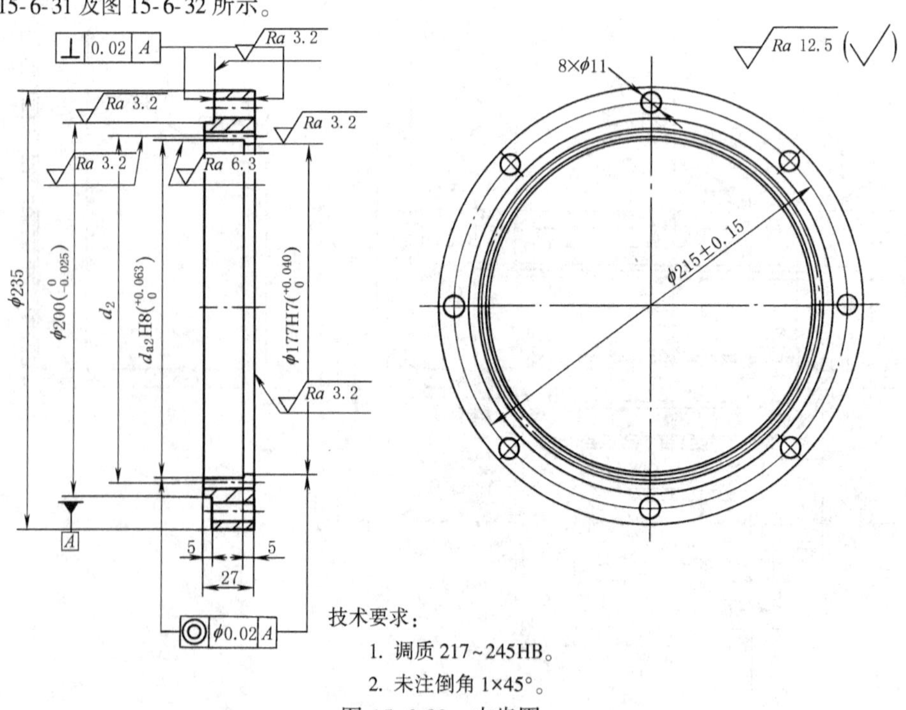

技术要求：

1. 调质 217~245HB。
2. 未注倒角 1×45°。

图 15-6-30　内齿圈

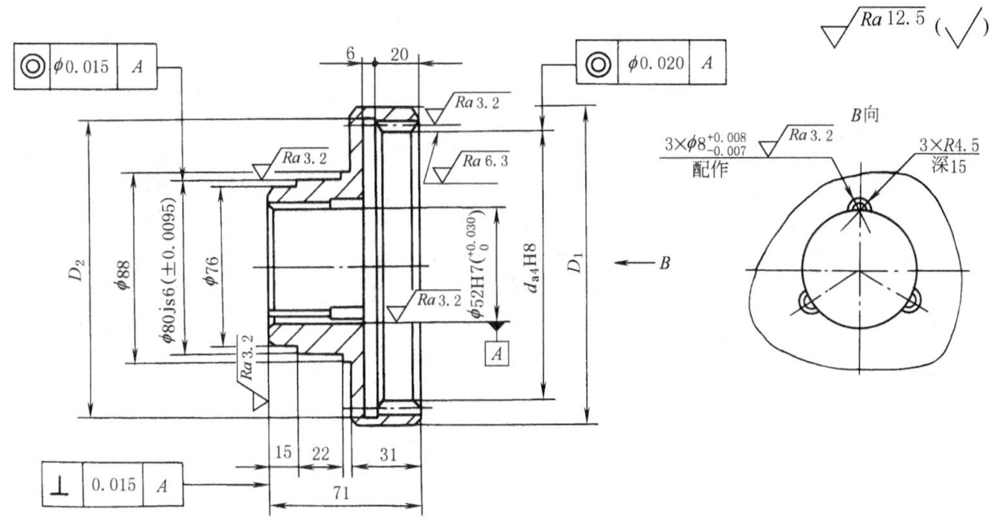

技术要求：

1. 调质 217～245HB。
2. 未注倒角 1.5×45°。
3. 3×R4.5、3×$\phi8^{+0.003}_{-0.007}$与图 15-6-24 配作。

图 15-6-31　与低速轴装成一体的内齿圈

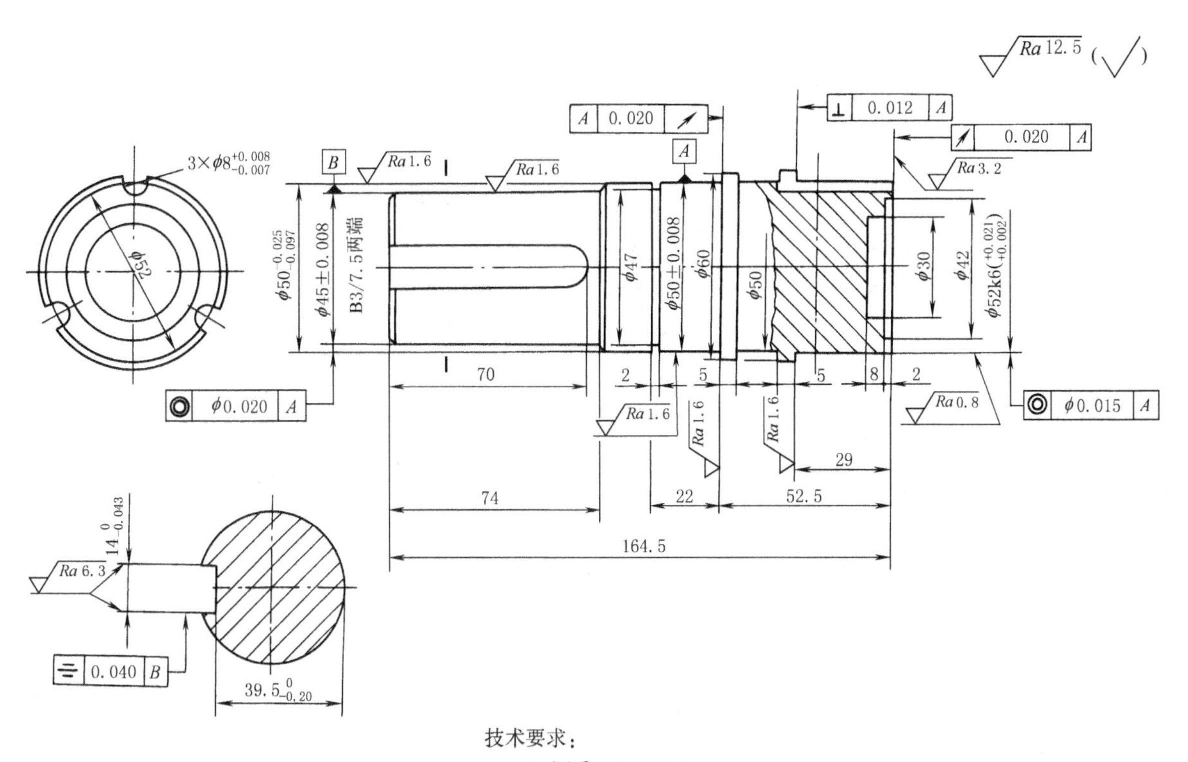

技术要求：

1. 调质 240～270HB。
2. 未注倒角 1.5×45°

图 15-6-32　与内齿圈装成一体的低速轴

（5）高速轴

为了制造方便，高速轴宜设计成直轴（图 15-6-33）与偏心套（图 15-6-34）组合，并以平键连接。

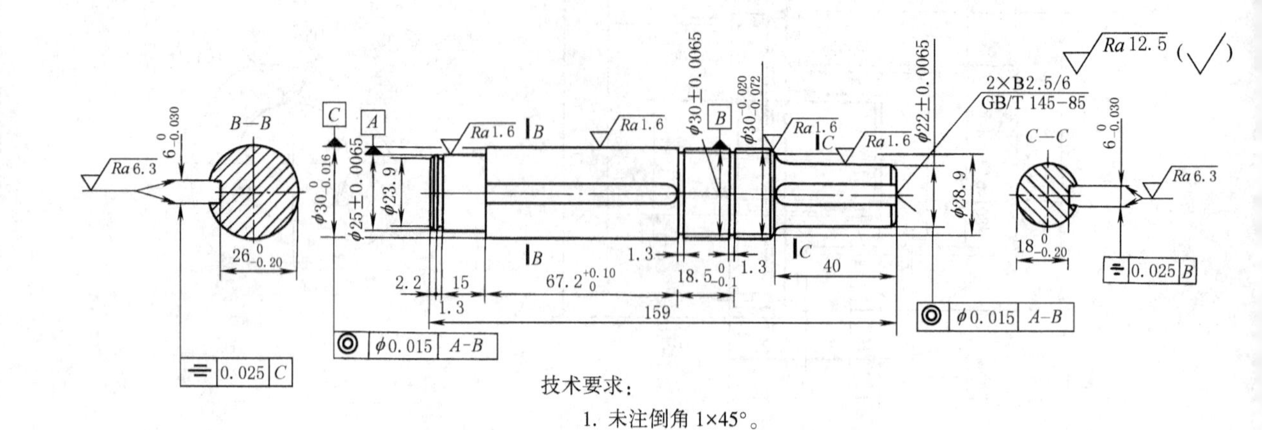

技术要求：

1. 未注倒角 1×45°。
2. 未注圆角 $R1$。
3. 调质 240~270HB。

图 15-6-33　高速轴

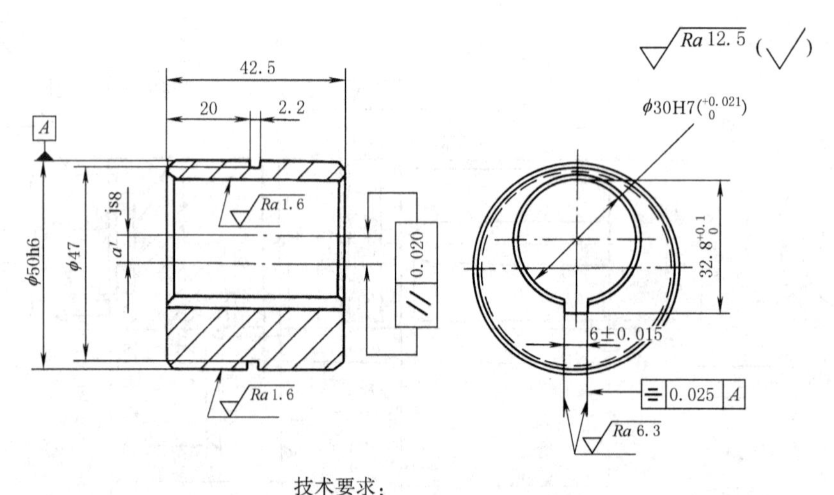

技术要求：

1. 调质 217~245HB。
2. 未注倒角 1×45°。

图 15-6-34　偏心套

（6）销孔

为了提高接触强度及耐磨性，又具有良好的工艺性，对采用销孔式传输机构的行星齿轮等分孔，在镗孔后可镶入销轴套，该轴套采用轴承钢 GCr15 或 GCr9 制作。

（7）浮动盘和行星齿轮

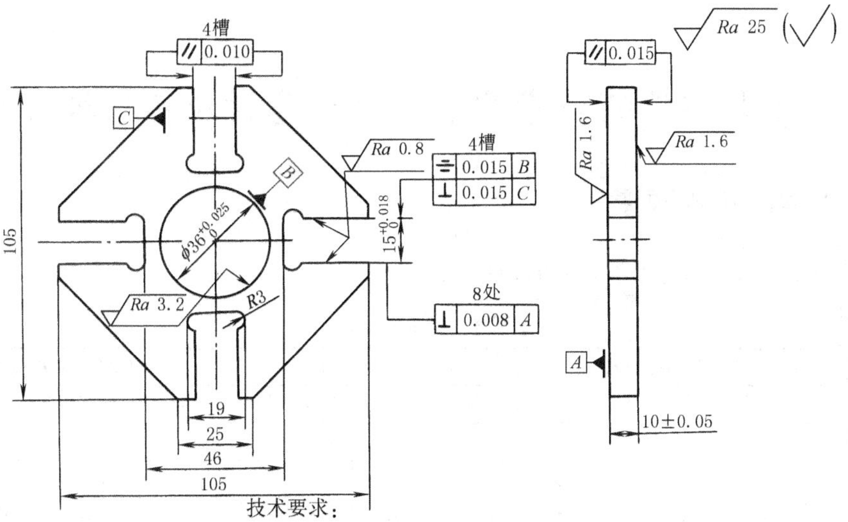

技术要求：

1. 所有尖角倒钝 $R0.1$。
2. 精加工后探伤检验不得有裂纹。
3. 淬火 60~63HRC。

图 15-6-35　浮动盘

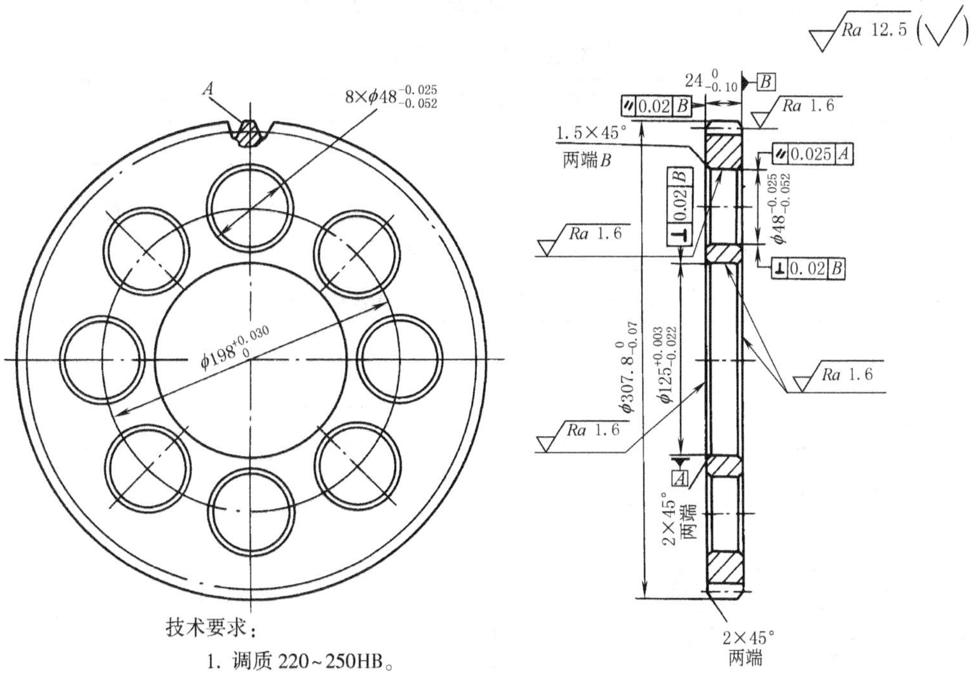

技术要求：

1. 调质 220~250HB。
2. $8\times\phi48_{-0.052}^{-0.025}$相邻孔距差不大于 0.03，孔距累积误差不大于 0.05。
3. $\phi48_{-0.052}^{-0.025}$孔中心和 A 齿中心不重合误差不大于 0.05。
4. 一组齿轮（二件）的公法线长度差不大于 0.015。

图 15-6-36　行星齿轮

7　主要零件的技术要求、材料选择及热处理方法

7.1　主要零件的技术要求

1）高速轴偏心距，即齿轮中心距的极限偏差，见表 15-6-19。

表 15-6-19　　齿轮中心距的极限偏差

标准号	GB/T 2363—1990				GB/T 10095—2008			GB/T 1801—2009				
标准名称	小模数渐开线圆柱齿轮精度制				渐开线圆柱齿轮精度			极限与配合　公差带和配合的选择				
齿轮精度等级	7~8											
中心距/mm		≤12	>12到20	>20到32	>6到10	>10到18	>18到30	≤3	>3到6	>6到10	>10到18	>18到30
偏差代号	$\pm f_a$				$\pm f_a$			js8				
偏差数值/μm		11	14	17	11	13.5	16.5	±7	±9	±11	±13	±16

注：在齿轮中心距很小且齿轮精度为 8 级时，中心距极限偏差可用 js9。

2）行星齿轮与内齿轮的精度不低于 8 级（GB/T 10095—2008）。

3）销孔的公称尺寸，除销套外径加上 2 倍偏心距尺寸以外，还应再加适量的补偿间隙 δ_M。在一般动力传动中，δ_M 的数值见表 15-6-20。在精密传动中，δ_M 的数值约为表 15-6-20 中数值的一半。

表 15-6-20　　行星齿轮销孔的补偿间隙　　mm

内齿轮分度圆直径 d_2	≤100	>100，≤220	>220，≤390	>390，≤550	>550
补偿间隙 δ_M	0.10	0.12	0.14	0.15	0.20~0.30

4）行星齿轮销孔及输出轴盘柱销孔相邻孔距差的公差 δt、孔距累积误差的公差 δt_Σ，可参照表 15-6-21 选取。此项要求对于传动的性能极为重要，如有条件，宜尽量提高制造精度，选取更小的公差值。

表 15-6-21　　销孔孔距差的公差及孔距累积误差的公差

行星轮分度圆直径/mm	≤200	>200~300	>300~500	>500~800	>800
销孔相邻孔距差的公差 δt/μm	<30	<40	<50	<60	<70
销孔孔距累积误差的公差 δt_Σ/μm	<60	<80	<100	<120	<140

5）主要零件的公差及零件间的配合见表 15-6-22。

表 15-6-22

项　目	公差或配合代号	项　目	公差或配合代号
与滚动轴承配合的轴	js6、j6、k6、m6	镶套孔径	H7、H8、G7、F7
行星轮中心轴承孔	J6、Js6、K6、M6	输出轴盘等分孔与柱销	$\frac{R7}{h6}$、$\frac{H7}{r6}$、$\frac{H7}{r5}$
行星轮等分孔	H7	与滚动轴承配合的孔	H7
销套孔与柱销	$\frac{H7}{f6}$、$\frac{H7}{f5}$、$\frac{F7}{h6}$、$\frac{G7}{h6}$	输出轴与齿轮孔(2Z-X 型)	$\frac{H7}{k6}$
销套外径	h6、h5	浮动盘槽与销套外径或滚动轴承外径	$\frac{H7}{f6}$、$\frac{H7}{f5}$、$\frac{F7}{h6}$、$\frac{G7}{h6}$
行星轮等分孔与镶套外径	$\frac{H7}{p6}$、$\frac{H7}{p5}$、$\frac{H7}{r6}$、$\frac{H7}{r5}$		

6）机座、高速轴、低速轴、行星齿轮、内齿轮、偏心套、浮动盘、销套、镶套、柱销等主要零件的同轴度、圆跳动或全跳动、位置度、垂直度、平行度、圆度等形位公差尤为重要，必须按 GB/T 1182、GB/T 1184 在图样上予以明确规定。

7.2 主要零件的常用材料及热处理方法

表 15-6-23

零件名称	材　　料	热处理	硬　　度	说　　明
齿轮	45、40Cr、40MnB、35CrMoV	调质	<270HB	通用型系列产品可用 45 或 40Cr 做内、外齿轮。内齿轮也可用 QT600-3
	45、40Cr、35CrMn、38CrMoAl	齿面淬火 氮化	50~55HRC 或 45~50HRC ≤900HV	
	20Cr、20CrMnTi	渗碳淬火	58~62HRC	
柱销 销套 浮动盘	GCr15	淬火	销套、浮动盘 58~62HRC	20CrMnMoVBA 主要用于有冲击载荷的柱销或浮动盘
	20CrMnMoVBA	渗碳淬火	柱销、浮动盘 60~64HRC	
轴	45、40Cr、40MnB	调质	≤300HB	
机座、端盖、壳体	HT200			铸后退火

第7章　销齿传动

1　销齿传动的特点及应用

销齿传动属于齿轮传动的一种特殊形式（图 15-7-1）。其中，具有圆销齿的大齿轮称之为销轮；而另一个具有一般齿轮轮齿齿形的小齿轮仍称之为齿轮。

销齿传动有外啮合、内啮合和齿条啮合三种型式，其齿轮轮齿的齿廓曲线依次分别为外摆线、周摆线和渐开线等（图 15-7-2~图 15-7-4）。使用时，一般常以齿轮作为主动，因为当以销轮作为主动时，齿轮的轮齿齿顶先进入啮合，将会降低其传动效率，故很少用销轮作为主动。

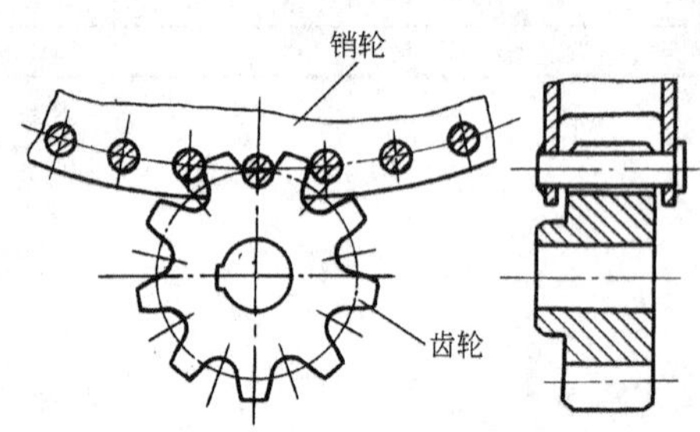

图 15-7-1　外啮合销齿传动

由于销轮的轮齿是圆销形，故与一般齿轮相比，它具有结构简单、加工容易、造价低、拆修方便等优点，故以销轮代替尺寸较大的一般渐开线齿轮时，将具有很大的经济性。特别是个别销齿破坏时，只需个别更换，不致整个销轮报废。

销齿传动适用于低速、重载的机械传动和粉尘多、润滑条件差等工作环境较恶劣的场合中。其圆周速度范围一般约为 0.05~0.50m/s，但亦有少数情况低于或高于此范围；其传动比范围一般为 $i=5\sim30$；传动效率 $\eta=0.9\sim0.93$（无润滑油时）或 $\eta=0.93\sim0.95$（有润滑油时）。

销齿传动较广泛地应用于起重运输、化工、冶金、矿山乃至游乐园等部门的一些低速而大型的机械设备中。

2　销齿传动工作原理

如图 15-7-2 所示，为外啮合销齿传动的工作原理图。设 1、2 两轮的节圆外切于节点 P。在轮 2 节圆圆周上取一点 B，使其起始位置重合于节点 P，而设想两轮各绕其中心 O_1、O_2 按图中箭头所示方向作相对纯滚动，当轮 1 转过 θ_1 角而轮 2 相应地转过 θ_2 角时，B 点则达到图中的 B'点位置。下面讨论 B 点的运动轨迹：因 B 点系属于轮 2 节圆圆周上的一点，就其绝对运动轨迹来说，即为与该圆圆周相重合的一圆弧；而就其相对于轮 1 的相对运动轨迹来说，则为一外摆线 bb'。今把 B 点视为轮 2（销轮）上直径等于零的一个销齿（称为点齿），而把外摆线 bb'作为轮 1（齿轮）上的一齿廓，那么，它们就构成了一对理论上的销齿传动，称为点齿啮合传动。如果使两轮按上述相反的方向转动，则可得到另一条与 bb'反向的外摆线 Bb'，于是 bb'与 Bb'即构成齿轮上的一个点齿啮合齿形（如图虚线所示）。显然，当点齿啮合传动时，其啮合线是与轮 2 的节圆圆周相重合的一段圆弧，此外，两圆应为定传动比传动。

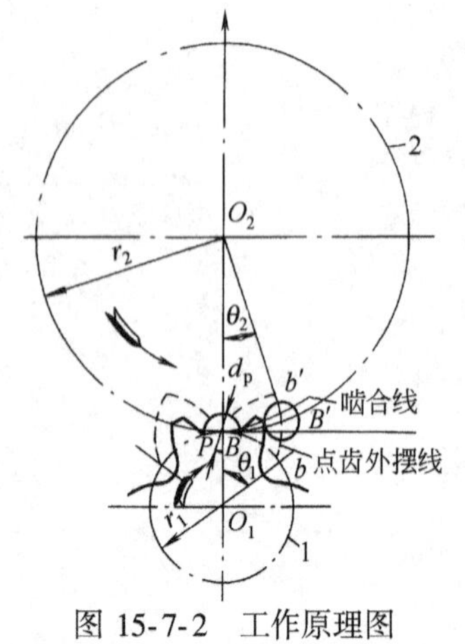

图 15-7-2　工作原理图

实际的销轮，其销齿是具有一定尺寸的，若在齿轮上某一点齿啮合齿形的齿廓曲线上取一系列的点分别作为圆心，以销齿的半径为半径，作出一圆族，然后作出此圆族的内包络线，即可得到齿轮实际齿形的齿廓（如图中实线所示），此实际齿形的齿廓曲线即为点齿啮合齿形曲线的等距外摆线。当实际的齿轮齿形与具有一定直径的销齿啮合传动时，其啮合线不再是一圆弧，而变为一蚶形（Limacon）曲线（见图 15-7-2），其参数方程为

$$\left.\begin{aligned} x&=\left(2r_2\sin\frac{\theta_2}{2}-\frac{d_p}{2}\right)\cos\frac{\theta_2}{2} \\ y&=\left(2r_2\sin\frac{\theta_2}{2}-\frac{d_p}{2}\right)\sin\frac{\theta_2}{2} \end{aligned}\right\} \tag{15-7-1}$$

式中　r_2——销轮节圆半径，mm；

d_p——销轮销齿直径，mm；

θ_2——销轮转角，rad。

如将式（15-7-1）中的 r_2 变为负值时，两圆心 O_2 与 O_1 则居于节点 P 的同一侧，即两轮节圆变成内切，得到内啮合销齿传动（如图 15-7-3 所示），此时，其点齿啮合齿廓曲线即变成周摆线（Pericyloid），齿轮的实际齿廓曲线应为此周摆线的等距周摆线。在内啮合传动时，因销轮的转动方向与外啮合者相反，故其转角 θ_2 应为负值。今以 $-r_2$ 及 $-\theta_2$ 依次代替式（15-7-1）中的 r_2 及 θ_2，即可得到内啮合销齿传动的啮合线参数方程：

$$\left.\begin{aligned} x&=\left(2r_2\sin\frac{\theta_2}{2}-\frac{d_p}{2}\right)\cos\frac{\theta_2}{2} \\ y&=-\left(2r_2\sin\frac{\theta_2}{2}-\frac{d_p}{2}\right)\sin\frac{\theta_2}{2} \end{aligned}\right\} \tag{15-7-2}$$

式中各符号意义与式（15-7-1）相同。其啮合线亦为一蚶形曲线（图 15-7-3）。

当销轮的半径 $r_2\to\infty$ 时，则演变成销齿齿条传动（图 15-7-4）。此时，齿轮的实际齿廓曲线则是一渐开线，而其啮合线则为与销齿齿条节线相重合的一段直线（图 15-7-4），其参数方程为

$$\left.\begin{aligned} x&=r_1\theta_1-\frac{d_p}{2} \\ y&=0 \end{aligned}\right\} \tag{15-7-3}$$

式中　r_1——齿轮节圆半径，mm；

d_p——销轮销齿直径，mm；

θ_1——齿轮转角，rad。

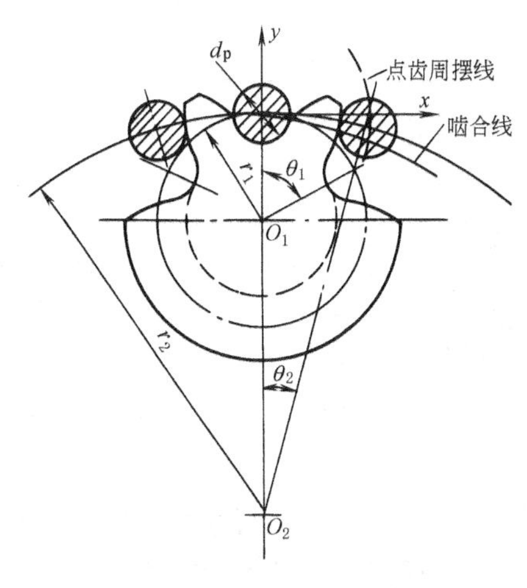

图 15-7-3　内啮合销齿传动

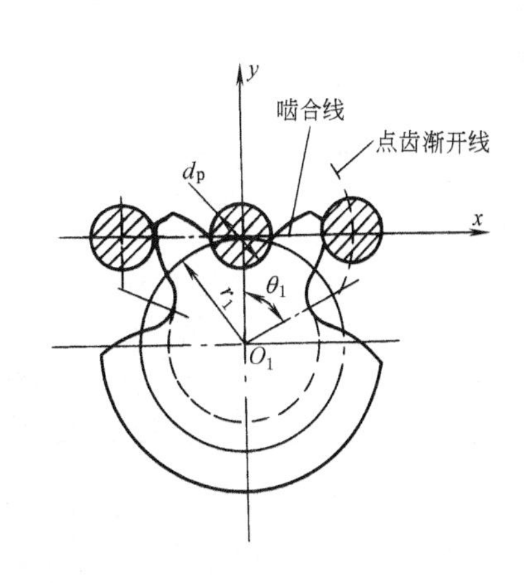

图 15-7-4　销齿齿条传动

3 销齿传动几何尺寸计算

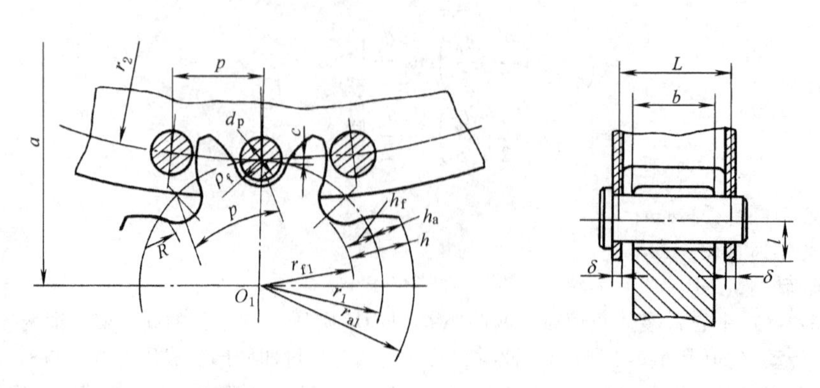

表 15-7-1

mm

项目	计算公式及说明		
	外啮合	内啮合	齿条啮合
齿轮齿数 z_1	一般取 $z_1=9\sim18$ 齿(最小齿数可用到 7 齿)		
销轮齿数 z_2	$z_2=iz_1$		按使用要求决定
传动比 i	$i=\frac{n_1}{n_2}=\frac{z_2}{z_1}\geqslant1$		
销轮销齿直径 d_p	根据表 15-7-2 强度计算决定		
齿距 p	一般值:$d_p/p=0.4\sim0.5$;推荐值:$d_p/p=0.475$		
齿轮节圆直径 d_1、半径 r_1	$d_1=\frac{p}{\pi}z_1$、$r_1=\frac{p}{2\pi}z_1$		应满足齿条速度要求:$d_1=\frac{60\times1000v}{\pi n_1}$
销轮节圆直径 d_2、半径 r_2	$d_2=\frac{p}{\pi}z_2$、$r_2=\frac{p}{2\pi}z_2$		$d_2=\infty$
齿轮齿根圆角半径 ρ_f	$\rho_f=(0.515\sim0.52)d_p$		
齿轮齿根圆角半径中心至节圆距离 c	$c=(0.04\sim0.05)d_p$		
齿轮齿顶高 h_a	按 z_1 及 $\frac{d_p}{p}$ 两值查图 15-7-5 求得;推荐值 $h_a=(0.8\sim0.9)d_p$		
齿轮齿根高 h_f	$h_f=\rho_f+c$		
齿轮全齿高 h	$h=h_a+h_f$		
齿轮齿廓过渡圆弧半径 R	$R=(0.3\sim0.4)d_p$		
齿轮齿顶圆直径 d_{a1}、半径 r_{a1}	$d_{a1}=d_1+2h_a$、$r_{a1}=r_1+h_a$		
齿轮齿根圆直径 d_{f1}、半径 r_{f1}	$d_{f1}=d_1-2h_f$、$r_{f1}=r_1-h_f$		
中心距 a	$a=r_1+r_2=\frac{z_2+z_1}{2\pi}\times p$	$a=r_2-r_1=\frac{z_2-z_1}{2\pi}\times p$	$a=\infty$
齿轮齿宽系数 φ	$\varphi=1.5\sim2.5$		
齿轮齿宽 b	$b=\varphi d_p$		
销齿计算长度(夹板间距)L	$L=(1.2\sim1.6)b$		
销齿中心至夹板边缘距离 l	$l=(1.5\sim2)d_p$		
销轮夹板厚度 δ	$\delta=(0.25\sim0.5)d_p$(当取较小值时,应按表 15-7-2 进行强度校核)		
重合度 ε	按 z_1 和 d_p/p 两值由图 15-7-5 直接查得(为了保证啮合连续性和传动平稳性,建议 ε 的许用值不小于 1.1~1.3)		

(1) 线图(图 15-7-5)的使用方法

线图分为两组:z_1、d_p/p 和 $(h_a/p)_{max}$ 为第一组;z_1、h_a/p 和 ε 为第二组。首先根据已知的 z_1 和 d_p/p 值,利用第一组线图查出 h_a/p 的最大值 $(h_a/p)_{max}$,此即为齿轮齿顶不变尖的最大许用值。然后选一小于 $(h_a/p)_{max}$ 的值作为采用的 h_a/p 值。最后根据 z_1 和 h_a/p 值利用第二组线图查出相应的 ε 值。

（2）线图使用举例

已知外啮合销齿传动，$z_1=13$ 齿，$d_p/p=0.48$。按图 a 中的 $z_1=13$ 和 $d_p/p=0.48$ 的两曲线交于 A 点，自 A 点作垂线交横坐标得 $(h_a/p)_{max}=0.475$。选取 $h_a/p=0.43$，再在横坐标 0.43 处作垂线交 $z_1=13$ 之曲线交于 B 点，最后过 B 点作水平线交纵坐标得 $\varepsilon=1.28$。

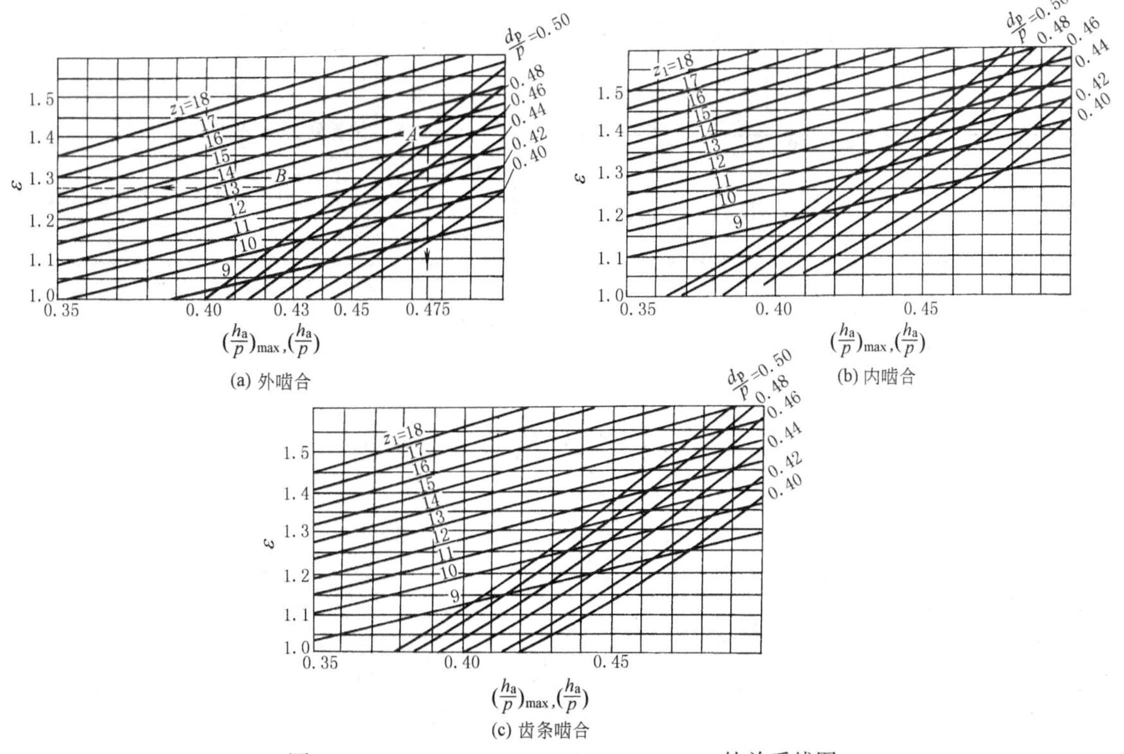

图 15-7-5　z_1、d_p/p、$(h_a/p)_{max}$、h_a/p、ε 的关系线图

4　销齿传动的强度计算

销齿传动的强度计算，应首先按表面接触强度条件（同时还保证具有一定的抗磨强度及滚压强度）计算出销轮销齿直径 d_p 的值，然后按 d_p/p 比值计算出齿距 p，最后再分别对销轮销齿和齿轮轮齿进行弯曲强度验算（若采用本章所推荐的材料，并且是按表 15-7-1 中所推荐的 d_p/p 比值范围来确定 p 值时，齿轮轮齿已有足够的弯曲强度，验算则可省略）。销轮夹板厚度 δ 可按表 15-7-2 验算其挤压应力条件。

表 15-7-2　　强度计算公式

项　目	计算公式	说　明
接触强度	设计公式 $d_p \geqslant \dfrac{310}{\sigma_{Hp}} \times \sqrt{\dfrac{F_t}{\varphi}}$ (mm) 或 $d_p \geqslant 843 \times \sqrt[3]{\dfrac{T_2(d_p/p)}{iz_1\varphi\sigma_{Hp}}}$ (mm) 验算公式 $\sigma_H=\dfrac{310}{d_p}\cdot\sqrt{\dfrac{F_t}{\varphi}} \leqslant \sigma_{Hp}$ (MPa)	d_p——销轮销齿直径，mm F_t——额定负荷下圆周力，N σ_{Hp}——许用接触应力，MPa(见表 15-7-3) φ——齿轮齿宽系数(见表 15-7-1) T_2——额定负荷下销轮转矩，N·m p——齿距，mm(见表 15-7-1) i——传动比 z_1——齿轮齿数 σ_H——计算接触应力，MPa

续表

项　　目	计算公式	说　　明
弯曲强度	齿轮轮齿验算公式 $\sigma_{F1}=\frac{16F_c}{b\cdot p}\leqslant\sigma_{F1p}$(MPa) 销轮销齿验算公式 $\sigma_{F2}=\frac{2.5F_t}{d_p^3}\left(L-\frac{b}{2}\right)\leqslant\sigma_{F2p}$(MPa)	σ_{F1}——齿轮轮齿计算弯曲应力,MPa σ_{F2}——销齿计算弯曲应力,MPa b——齿轮齿宽,mm(见表 15-7-1) σ_{F1p}——齿轮轮齿许用弯曲应力,MPa(见表 15-7-3) σ_{F2p}——销齿许用应力,MPa(见表 15-7-4) L——销齿计算长度,mm(见表 15-7-1) δ——销轮夹板厚度,mm(见表 15-7-1) σ_{prp}——许用挤压应力,对钢 Q235$\sigma_{prp}=98\sim118$MPa σ_{pr}——计算挤压应力,MPa
夹板挤压强度	验算公式 $\sigma_{pr}=\frac{F_t}{2d_p\cdot\delta}\leqslant\sigma_{prp}$(MPa)	

注：1. 接触强度计算公式的建立条件：①两轮轮齿材料均为钢，即 $E_1=E_2=2.1\times10^5$MPa；②以两轮轮齿在节点处接触时作为计算位置，此时两轮齿接触点处的曲率半径分别为：$\rho_1=1.5d_p$、$\rho_2=0.5d_p$。

2. 当两轮轮齿的材料不同时，应取其中 σ_{Hp} 较小者计算。

5　常用材料及许用应力

齿轮轮齿常用材料有 ZG340-640、45 和 40Cr；销齿常用材料有 45 和 40Cr。

为了提高齿面抗磨损性能，两轮轮齿可进行表面淬火处理，淬硬深度 2~4mm，硬度 40~50HRC。但进行强度计算时仍以表中数据为准。

表 15-7-3　　许用接触应力 σ_{Hp} 及齿轮轮齿许用弯曲应力 σ_{F1p}　　MPa

材料			齿轮轮齿、销齿许用接触应力 σ_{Hp}				齿轮轮齿弯曲应力 σ_{F1p}	
牌　号	热处理	硬　度	齿轮、销轮转速/r·min^{-1}				载　荷	
			10	25	50	100	对称循环	脉动循环
ZG340-640	正火+回火	170~228	941	921	872	774	113	176
	正火+回火	187~241	1058	1039	1009	941	132	206
45	正　火	167~217	1058	1039	1009	941	137	211
	调　质	207~255	1176	1156	1127	1058	142	216
40Cr	调　质	241~285	1411	1391	1362	1294	167	245

注：表中 σ_{F1p} 的数值在材料实际截面不超过 100mm^2 时适用，当超过时，应随材料的 σ_b 值的减小而相应地按其同样的比例减小。

表 15-7-4　　销齿许用弯曲应力 σ_{F2p}

计算公式	说　　明				
对称循环载荷 $\sigma_{F2p}=\frac{\sigma_{-1}}{K}\frac{1}{S_p}$(MPa) 脉动循环载荷 $\sigma_{F2p}=\frac{2\sigma_{-1}}{K+\eta}\frac{1}{S_p}$(MPa)	σ_{-1}——疲劳极限：$\sigma_{-1}=0.43\sigma_b$。对 45，正火，$\sigma_b=529\sim588$MPa；40Cr，调质，$\sigma_b=686\sim882$MPa S_p——许用安全系数：1.4~1.6 η——不对称循环敏感系数，碳钢 $\eta=0.2$；合金钢 $\eta=0.3$	K——销齿表面状况系数，其值如下			
		加工方法	齿面粗糙度 Ra/μm	$\sigma_b\leqslant$ 588MPa	$\sigma_b>$ 588MPa
		磨	1.6	1.10	1.15
		车	6.3	1.15	1.20
		车	25	1.25	1.35
		锻、轧	100	1.40	1.60

6　销轮轮缘的结构型式

销轮轮缘的结构型式有不可拆式、可拆式和双排可拆式等几种，现推荐于表 15-7-5。

表 15-7-5　　　　推荐的轮缘结构型式

结构型式	图　　例	特　　点
不可拆式		结构简单,连接可靠,不易松脱。但检修、更换不方便,焊接时易变形
可拆式		安装、检修、更换均方便
		但较易脱落
双排可拆式		当传动尺寸较大时,便于无心磨床加工圆柱销;当齿宽 b 较大时,可以防止齿向误差之影响

7　齿轮齿形的绘制

齿轮齿形的绘制可采用轨迹作图法或近似作图法，现依次分述于表 15-7-6 及表 15-7-7 中。除此之外，还可仿效套筒滚子链轮齿形的画法。

表 15-7-6　　　　齿轮齿形的轨迹作图法

图　　例	作　图　步　骤
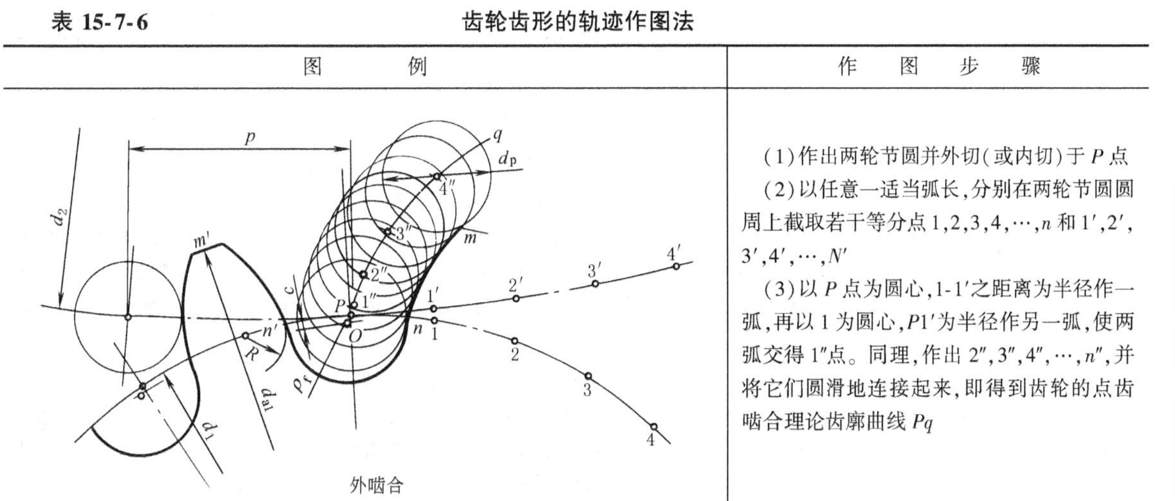 外啮合	(1)作出两轮节圆并外切(或内切)于 P 点 (2)以任意一适当弧长,分别在两轮节圆圆周上截取若干等分点 1,2,3,4,…,n 和 1′,2′,3′,4′,…,N' (3)以 P 点为圆心,1-1′之距离为半径作一弧,再以 1 为圆心,$P1'$为半径作另一弧,使两弧交得 1″点。同理,作出 2″,3″,4″,…,n'',并将它们圆滑地连接起来,即得到齿轮的点齿啮合理论齿廓曲线 Pq

续表

图例	作图步骤
内啮合 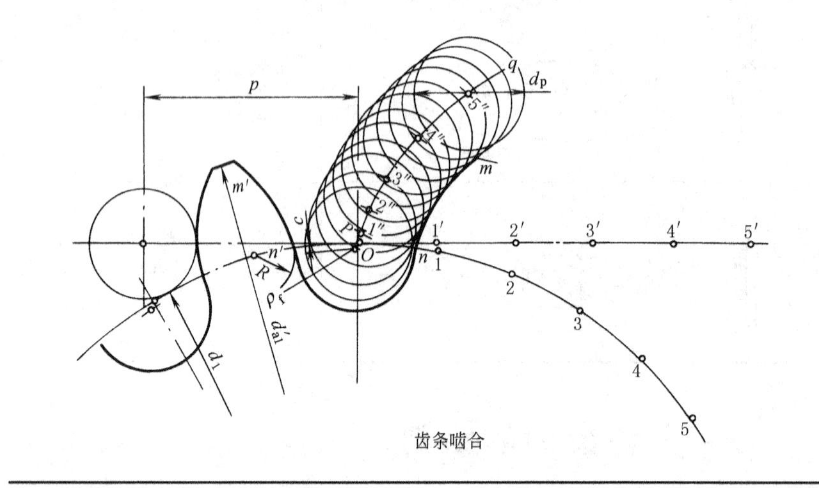 齿条啮合	(4)在 Pq 曲线上取一系列的点，并分别以各点作为圆心，以 $d_p/2$ 为半径，画出一圆族，再作该圆的内包络线 mn，此即其某齿齿顶的一侧齿廓曲线 (5)以齿轮轮心为圆心，以 $d_{a1}/2$ 为半径作出齿顶圆 (6)以点 n 为圆心，以 ρ_f 为半径画一弧，又以齿轮轮心为圆心，以 $(d_1/2-c)$ 为半径画另一弧，两弧交于 O 点，再以 O 点为圆心，以 ρ_f 为半径，作出齿根圆弧（ρ_f 的数据见表 15-7-1） (7)以 R（其数据见表 15-7-1）为半径，作出齿顶与齿根之间的过渡圆弧 (8)以上所画出的为某齿之一侧齿廓，依对称关系则可画出另一侧齿廓

表 15-7-7　　齿轮齿形的近似作图法

图例	作图步骤
	(1)以 O_1 为圆心，$d_1/2$ 为半径，作出齿轮节圆 (2)在节圆上任取一点 P，以 P 为圆心，$d_p/2$ 为半径，作出销齿外径 (3)量出 $\overline{PO}=c$，得到 O_c 点，以 O_c 为圆心，ρ_f 为半径，作出齿根圆弧（c 与 ρ_f 的数据见表 15-7-1） (4)以齿根圆弧与节圆圆周的交点 n 为心，ρ_m（齿顶部分工作齿廓曲线的平均曲率，取 $\rho_m=1.5d_p$）为半径，作弧交节圆圆周于 e 点，再以 e 点为圆心，ρ_m 为半径，从 n 点起始作圆弧，则得某齿一侧齿顶部分的工作齿廓 (5)以 R（数据见表 15-7-1）为半径，作出齿顶与齿根的过渡圆弧，再以 O_1 为圆心 $(d_1/2+h_a)$ 为半径，作出齿顶圆。至此，得到了齿轮一侧的工作齿廓。最后，利用轮齿的对称关系，则可作出另一侧的工作齿廓，于是完成一个轮齿齿廓

8　销齿传动的公差配合

表 15-7-8　　mm

项　　目	齿距 p				备　　注
	$<10\pi$	$<20\pi$	$<30\pi$	$<50\pi$	
齿轮的制造公差与配合					
齿距 p 的公差	±0.05	±0.10	±0.15	±0.20	
齿顶圆直径 d_a 的偏差	h8				h8
齿顶圆对轴孔中心的圆跳动量	≤0.10~0.15				p 小取小值;p 大取大值
齿面与轴孔轴线平行度公差	0.05~0.10				p 小取小值;p 大取大值
销轮的制造公差与配合					
销齿孔中心距(齿距)的偏差	±0.15	±0.25	±0.40	±0.55	
销齿与夹板孔的配合	$\frac{H7}{h6}$				
节圆直径 d_2 的偏差	h9~h10				d_2 小用 h10;d_2 大用 h9
节圆圆周对轴孔中心的圆跳动量	≤0.50~1.50				p 小取小值;p 大取大值

注：表中未给出安装时中心距 a 的偏差。建议将轮轴的轴承座设计成可调式的，以便调整。其公差要求可参照一般齿轮的中心距偏差。

9　销齿传动的设计计算及工作图示例

例　试设计一双向回转工作的外啮合销齿传动。已知设备传动方案如图 15-7-6 所示，电动机 1 的功率 $P_1=3\text{kW}$，转速 $n_1=1400\text{r/min}$；V 带传动 2 的传动比 $i_1=2.6$，效率 $\eta_1=0.96$；蜗轮减速器 3 的传动比 $i_2=52$，效率 $\eta_2=0.768$；销齿传动 4，其转速 $n_2=0.375\text{r/min}$，效率 $\eta_p=0.93$。

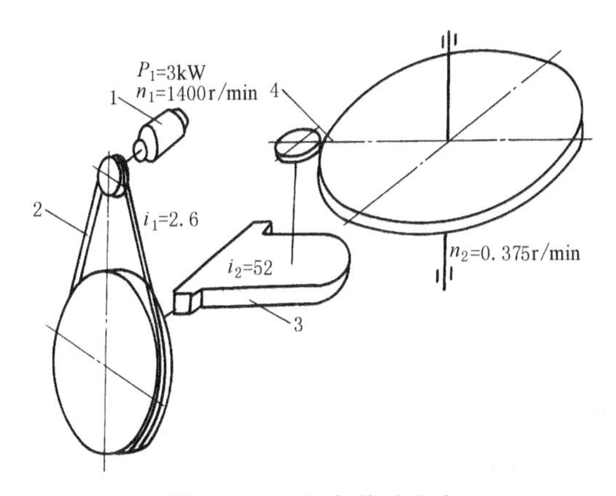

图 15-7-6　设备传动方案

（1）计算销轮轴转矩 T_2

设备总传动比　$i_z=\dfrac{n_1}{n_2}=\dfrac{1400}{0.375}\approx3733$

销齿传动比　$i=\dfrac{i_z}{i_1i_2}=\dfrac{3733}{2.6\times52}\approx27.6$

销轮功率　$P_2=P_1\eta_1\eta_2\eta_p=3\times0.96\times0.768\times0.93\approx2.6\text{kW}$

销轮轴转矩 $T_2=9550\times\dfrac{P_2}{n_2}=9550\times\dfrac{2.06}{0.375}\approx52461\text{N}\cdot\text{m}$

（2）选定材料及确定其许用应力

销齿材料采用 45 钢，经正火处理，硬度为 167~217HB，按 10r/min 查表 15-7-3 得 $\sigma_{Hp}=1058\text{MPa}$；查表 15-7-4，按对称循环载荷计算 σ_{F2p}：

$$\sigma_{F2p}=\frac{\sigma_{-1}}{K}\times\frac{1}{S_p}=\frac{0.43\times529}{1.35}\times\frac{1}{1.6}=105\text{MPa}$$

齿轮材料采用 45 钢，经调质处理，HB=207~255，按 10r/min 查表 15-7-3 得 $\sigma_{Hp}=1176\text{MPa}$；$\sigma_{F1p}=142\text{MPa}$。

（3）选定 φ、z_1、d_p/p 和确定 h_a/p、z_2 等参数按表 15-7-1 取 $\varphi=1.5$，$z_1=13$，$d_p/p=0.475$

则

销轮齿数　$z_2=iz_1=27.6\times13=358.8$，取 360 齿

第 15 篇

销齿传动实际传动比

$$i'=\frac{z_2}{z_1}=\frac{360}{13}=27.69$$

销齿实际转速 $$n_2'=\frac{27.6}{27.69}\times0.375\approx0.374\mathrm{r/min}$$

实际总传动比 $$i_z'=i_1\times i_2\times i'=2.6\times52\times27.69\approx3744$$

按 $z_1=13$、$d_p/p=0.475$ 查图 15-7-5a 得 $(h_a/p)_{max}=0.478$。为了保证齿顶不变尖而具有一定厚度，以及重合度 ε 的许用值不小于 1.1~1.3，则试取 $h_a/p=0.43$。

按 $z_1=13$、$h_a/p=0.43$ 查图 15-7-5a 得 $\varepsilon=1.28$，落在其许用范围内，故适合。

（4）按强度计算确定销齿直径 d_p

按表 15-7-2 中接触强度计算公式计算 d_p：

$$d_p\geqslant843\times\sqrt[3]{\frac{T_2(d_p/p)}{i'z_1\varphi\sigma_{Hp}^2}}=843\times\sqrt[3]{\frac{52461\times0.475}{27.69\times13\times1.5\times1058^2}}=29.12\mathrm{mm}$$

取 $d_p=30\mathrm{mm}$。

按表 15-7-2 中弯曲强度验算公式校核 d_p：

$$F_t=\frac{T_2}{r_2}=\frac{T_2}{z_2p/2\pi}=\frac{2\pi T_2}{z_2\times\dfrac{d_p}{0.475}}=\frac{2\pi\times5246\times10^3\times0.475}{360\times30}=14497\mathrm{N}$$

$b=\varphi d_p=1.5\times30=45\mathrm{mm}$

取 $L=1.6b$，则 $L=1.6\times45=72\mathrm{mm}$。代入弯曲强度验算公式得

$$\sigma_{F2}=\frac{2.5F_t}{d_p^{\ 3}}\times\left(L-\frac{b}{2}\right)=\frac{2.5\times14497}{30^3}\times\left(72-\frac{45}{2}\right)=66.44\mathrm{MPa}$$

$\sigma_{F2}\leqslant\sigma_{F2p}=66.4\mathrm{MPa}$，故销齿弯曲强度足够。

按表 15-7-2 中弯曲强度验算公式来校核齿轮轮齿弯曲强度

$$\sigma_{F1}=\frac{16F_t}{bp}=\frac{16\times14497}{45\times\dfrac{30}{0.475}}=81.61\mathrm{MPa}$$

$\sigma_{F1}\leqslant\sigma_{F1p}=142\mathrm{MPa}$，故齿轮轮齿弯曲强度足够。

（5）几何尺寸计算（参看表 15-7-1）

齿轮齿数 $z_1=13$

销轮齿数 $z_2=360$

销齿直径 $d_p=30\mathrm{mm}$

齿距 $p=\dfrac{d_p}{0.475}=\dfrac{30}{0.475}=63.16\mathrm{mm}$

齿轮节圆直径 $d_1=pz_1/\pi=63.16\times13/\pi=261.4\mathrm{mm}$

销轮节圆直径 $d_2=pz_2/\pi=63.16\times360/\pi=7237.6\mathrm{mm}$

齿轮齿根圆角半径 $\rho_f=(0.515\sim0.52)d_p=(0.515\sim0.52)\times30=15.45\sim15.6\mathrm{mm}$，取 $\rho_f=15.5\mathrm{mm}$

齿轮齿根圆角半径中心至节圆圆周距离

$$c=(0.04\sim0.05)d_p=(0.04\sim0.05)\times30=1.2\sim1.5\mathrm{mm}，取\ c=1.5\mathrm{mm}$$

齿轮齿顶高 $h_a=0.43p=0.43\times63.16=27.16\mathrm{mm}$

齿轮齿根高 $h_f=\rho_f+c=15.5+1.5=17\mathrm{mm}$

齿轮全齿高 $h=h_a+h_f=27.16+17=44.16\mathrm{mm}$

齿轮齿廓过渡圆弧半径

$$R=(0.3\sim0.4)d_p=(0.3\sim0.4)\times30=9\sim12\mathrm{mm}，取\ R=10\mathrm{mm}$$

齿轮齿顶圆直径 $d_{a1}=d_1+2h_a=261.4+2\times27.16=315.7\mathrm{mm}$

齿轮齿根圆直径　$d_{f2}=d_1-2h_f=26.14-2\times17=227.4\text{mm}$

中心距　$a=\dfrac{d_1+d_2}{2}=\dfrac{261.4+7237.6}{2}=3749.5\text{mm}$

齿轮齿宽　$b=1.5d_p=1.5\times30=45\text{mm}$

销齿计算长度　$L=1.6b=1.6\times45=72\text{mm}$

销齿中心至夹板边缘距离

$$l=(1.5\sim2)d_p=(1.5\sim2)\times30=45\sim60\text{mm},\text{取 } l=45\text{mm}$$

销轮夹板厚度　$\delta=(0.25\sim0.5)d_p=(0.25\sim0.5)\times30=7.5\sim15\text{mm}$，取 $\delta=10\text{mm}$

验算夹板挤压强度：按表 15-7-2 中验算公式验算，并取许用挤压应力 $\sigma_{prp}=98\text{MPa}$

$$\sigma_{pr}=\frac{F_t}{2d_p\delta}=\frac{14497}{2\times30\times10}=24.6\text{MPa}$$

$\sigma_{pr}\leqslant\sigma_{prp}=98\text{MPa}$，夹板挤压强度足够。

（6）绘制零件工作图（见图 15-7-7、图 15-7-8）

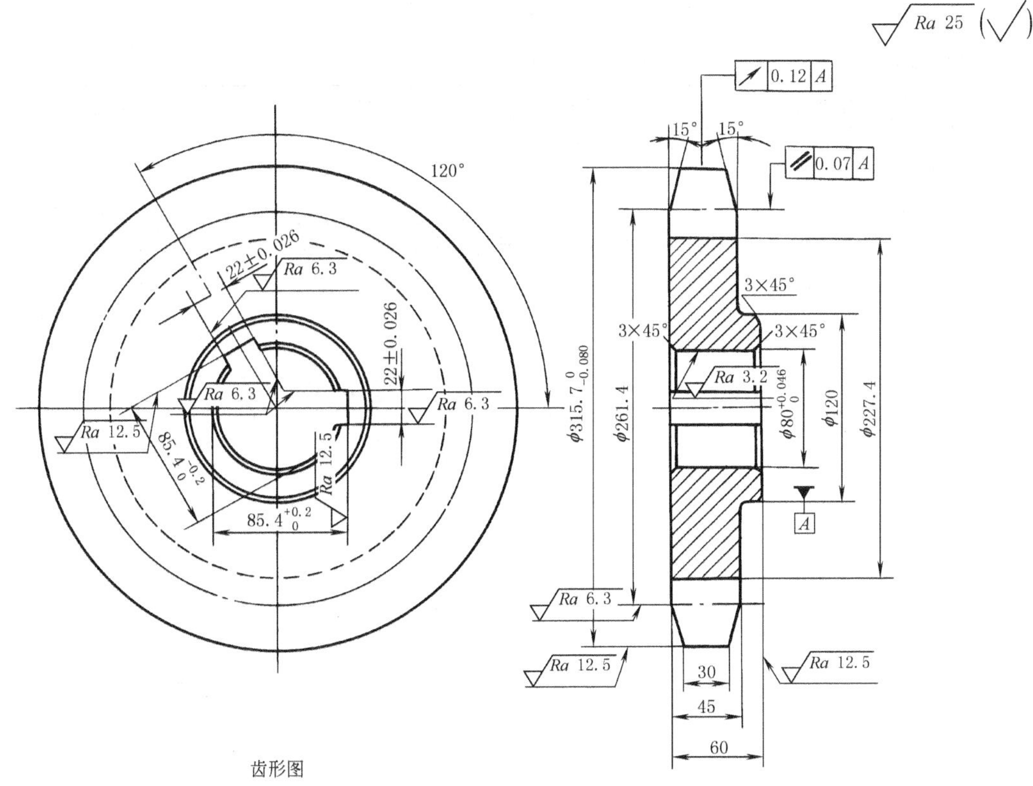

齿形图

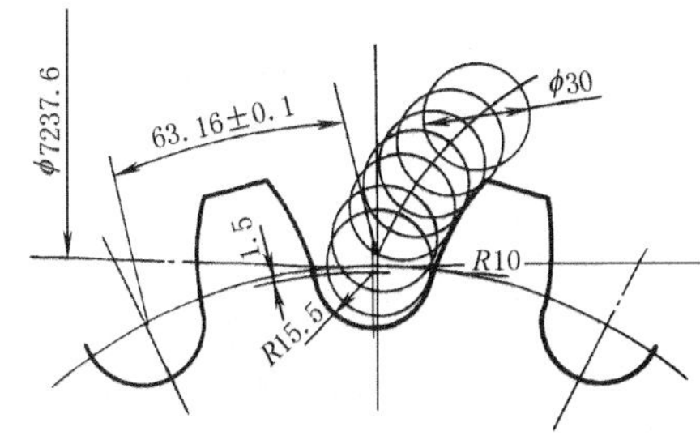

啮合型式		外啮合
齿轮齿数	z_1	13
销轮齿数	z_2	360
销齿直径	d_p	30
齿距	p	63.16
中心距	a	3749.5
传动比	i_p	27.69

图 15-7-7　齿轮工作图

注：齿面高频淬火，淬硬深度 2mm，表面硬度 50HRC。

第 15 篇

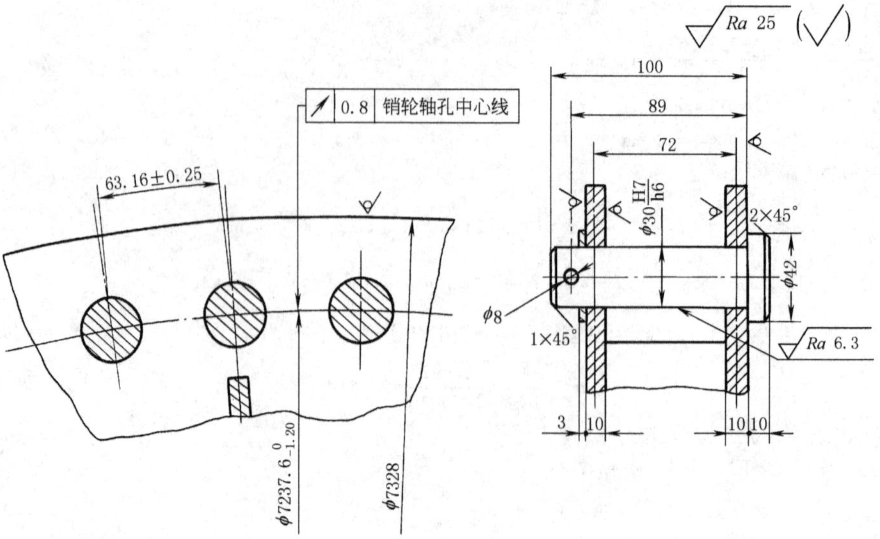

注：销齿面高频淬火，淬硬深度2mm，表面硬度40HRC。

啮合型式		外啮合	啮合型式		外啮合
齿轮齿数	z_1	13	齿距	p	63.16
销轮齿数	z_2	360	中心距	a	3749.5
销齿直径	d_p	30	传动比	i'_p	27.69

图 15-7-8　销轮工作图

第 8 章 活齿传动

1 概 述

随着原动机和工作机向着多样化方向的发展，对传动装置的性能要求也日益苛刻。为适应这一要求，除对齿轮、蜗杆蜗轮等传统的传动装置作大量的研究和改进外，人们还研究出了多种新型传动装置，如谐波传动、摆线针轮传动等。这些传动都成功地应用于许多行业的各种机械装置中。

活齿传动是一种新型传动。美、俄、英、德等国早年均有研究，有的已形成商品上市，但都以各自的结构特点命名，如偏心圆传动、滑齿传动、随动齿传动等。20 世纪 70 年代以来，中国也先后发明了多种新型传动，其中有好几种是属于活齿传动类的，也是以其某些结构特点来命名，例如滚道减速器、滚珠密切圆传动、变速轴承、推杆减速器等。中国学者经过多年研究，于 1979 年提出活齿波动传动的论述，认为活齿传动是一种有别于其他刚性啮合传动的独立传动类型。这类传动也有多种结构形式，但它们在原理上有共同特点，都是利用一组中间可动件来实现刚性啮合传动；在啮合的过程中，相邻活齿啮合点间的距离是变化的，这些啮合点沿圆周方向形成蛇腹蠕动式的切向波，实现了连续传动。这些都是独特的，因此将这种传动命名为“活齿波动传动”，简称“活齿传动”。这一命名已为本行业所采用。前面提到的几种新型传动，以及活齿针轮减速器、套筒活齿传动等，都属于活齿传动。

活齿传动与一般少齿差行星齿轮传动类似，单级传动比大；都是同轴传动，但同时啮合齿数更多，承载能力和抗冲击能力较强；由于不需要一般少齿差行星齿轮传动所必需的输出机构，使得结构比较紧凑，功率损耗小。活齿传动可广泛用于石油化工、冶金矿山、轻工制药、粮油食品、纺织印染、起重运输及工程机械等行业的机械中作减速用。需要时，也可作增速用。

中国的活齿传动技术发展比较迅速，多种活齿减速器都通过了试制试用阶段，逐步形成规模生产。但对比传统的减速器来说，应用还不普遍，标准化、系列化工作还不完善。活齿传动潜在的优良性能还没有充分开发出来，未能在国民经济中创造出较大的经济效益。因此，在行业中普及和推广活齿传动技术，正是当务之急。

本章将介绍的全滚动活齿传动，是一种新型活齿传动，其特点是改进了传力结构，基本上消除了现有活齿传动中的滑动摩擦，使活齿传动的优良特性得以进一步发挥。实验室试验和与其他同类产品的对比试验均证实其性能优良，这一新型传动现正在逐步推广之中。

2 活齿传动工作原理

活齿传动由 3 个基本构件组成：激波器（J）、活齿齿轮（H）和固齿齿轮（G）。工作时，激波器周期性地推动可作往复运动的活齿，这些活齿与固齿齿廓的啮合点形成了蛇腹蠕动式的切向波，从而与固齿齿轮形成连续的驱动关系。这种切向波形成的条件是活齿与固齿的齿数不同，它们的齿距 t 不相等，即 $t_g \neq t_h$。正是由于齿距不同，啮合时发生了“错齿运动”，这种相对运动使得活齿与固齿之间的传动成为可能。

现以作直线运动的活齿传动模型，来说明这种“错齿运动”的发生过程，从而了解活齿传动的基本原理。

作直线布置时，传动原理的机构模型如图 15-8-1 所示。此时，激波器 J 是凸轮板，活齿齿轮 H 是装有一组活齿的活齿架，固齿齿轮 G 是齿条。

设 L 为激波器的一个波长，对应于此波长内的活齿齿数为 z_h，固齿齿数为 z_g。设计时取

$$z_g = z_h \pm 1$$

式中　“+”——当H固定时，“+”表示J与G同向传动；

“−”——当H固定时，“−”表示J与G反向传动。

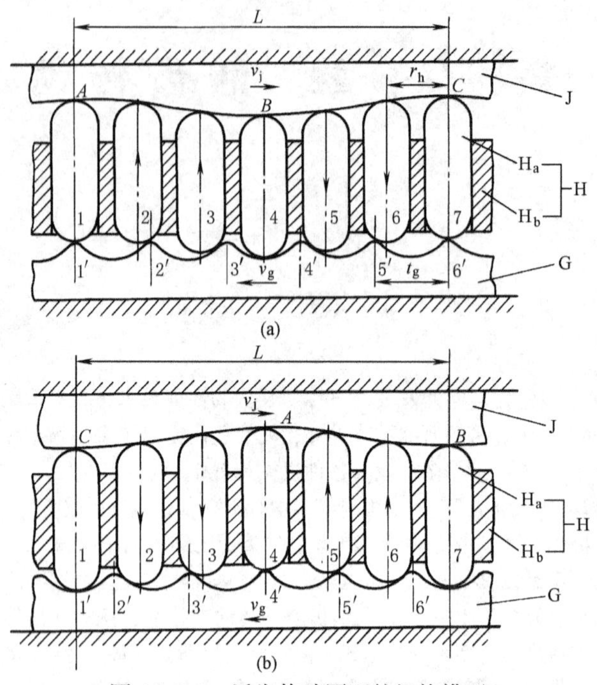

图 15-8-1　活齿传动原理的机构模型

J—激波器（凸轮板）；H—活齿齿轮（H_a—活齿；H_b—活齿架）；G—固齿齿轮（齿条）

图15-8-1所示为$z_g = z_h - 1$时的情况。当如图15-8-1a所示状态时，若活齿架H_b固定，凸轮板J若向右移动，则将逐一压下右边诸活齿，活齿的齿头推动齿条G向左移动；同时放松左边诸活齿，而正在向左移动的齿条的各个齿，分别将左边的活齿顶起，并贴近凸轮板。当凸轮板向右移动了$L/2$后，状态如图15-8-1b所示。此时，若继续向右移动凸轮板，则将压下左边诸活齿，推动齿条继续向左移动，致使右侧诸活齿被齿条驱动而复位。即当连续不断地向右移动凸轮板时，每隔半个波长$L/2$，凸轮板就交替下压左边和右边的活齿，推动齿条连续不断地向左移动，反之亦然。啮合是连续、重叠而交替进行的，所以不存在死点。

可以看出，当凸轮板移动一个波长L时，活齿与固齿之间错动一个齿，即齿条移动了一个齿距t_g，这就是错齿运动。

因此，由图15-8-1可以得出J与G之间的传动比i_{JG}为

$$i_{JG} = \frac{L}{t_g} = \frac{z_g \times t_g}{t_g} = z_g$$

同理，当齿条固定时，凸轮板移动一个波长L时，活齿与固齿之间同样错动一个齿，即活齿架移动了一个齿距t_h，因此可以得出J与H之间的传动比i_{JH}为

$$i_{JH} = \frac{L}{t_h} = \frac{z_h \times t_h}{t_h} = z_h$$

上述活齿传动的三个基本构件，任意固定其中一件，则其他两件可互为主、从动件。三件间也可形成差动传动。

3　活齿传动结构类型简介

将上述直线运动的活齿传动模型绕成圆环，就形成旋转运动的径向活齿传动。利用上述活齿传动的基本原理，采用不同的活齿结构和不同的啮合方案，形成了多种类型的活齿传动。中国现有的、具有代表性的几种活齿

传动基本结构如图 15-8-2 所示。

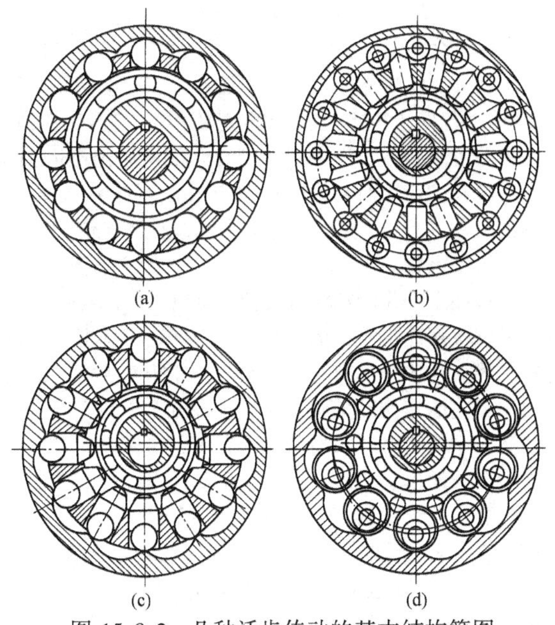

图 15-8-2　几种活齿传动的基本结构简图

（1）滚子活齿传动

图 15-8-2a 所示为滚子活齿传动。这种传动是由偏心轮通过滚动轴承驱动一组装于活齿架径向槽中的圆柱形滚子作径向运动，迫使滚子与内齿圈的齿相啮合。由于内齿圈的齿数与活齿的齿数相差一个齿，因此，滚子在啮合时产生周向错齿运动，由滚子直接推动活齿架而输出减速运动。这种传动的内齿圈齿廓应该是活齿滚子的共轭曲线。由于这种传动的活齿滚轮是在内齿圈的齿廓上滚动，内齿齿廓也被称为“滚道”，因此，这种传动也称为“滚道减速器”。为了能用通用设备加工出内齿圈齿廓，有人用多段圆弧来近似取代准确的包络曲线。这种齿廓称为“密切圆”齿廓，因此，有人就称这样的传动为“密切圆传动”。只要齿廓拟合得足够精确，传动的瞬时速比误差可以达到实用要求的水平。

滚子活齿传动具有活齿传动所共有的同轴传动结构紧凑、多齿啮合承载能力大和过载能力强的特点，但是由于活齿滚子在滚动的同时，又在径向槽内作往复运动，在滚子与径向槽的接触传力点处，将产生较大的相对滑动，引起摩擦、磨损和发热。所以这种传动只实用于小功率传动。

（2）活齿针轮传动

图 15-8-2b 所示为活齿针轮传动。为了解决活齿传动内齿齿廓曲线加工的困难，吸取摆线针轮传动的成功经验，采用针轮为内齿圈；活齿为分布于活齿盘径向孔中的圆柱形活齿销，其上端与针轮针齿相啮合的部分做成楔形的两个斜面。活齿的齿数与针齿的齿数相差一个齿。驱动部分仍然是装于输入轴上的偏心盘和转臂轴承。传动时，偏心盘通过转臂轴承驱动活齿销在活齿盘的径向孔中作径向运动，活齿销的楔形齿头与针齿相啮合，迫使活齿产生周向错齿运动，由活齿销推动活齿盘直接输出减速运动。由于活齿为一圆柱体，有人称这种传动为“销齿传动”或“推杆传动”。

活齿针轮传动结构简单、紧凑，多齿啮合承载能力大。但与针齿啮合的活齿的楔形啮合部分是一种近似齿形，影响到传动的平稳性和噪声，使得其应用受到限制。若将楔形齿头也做成包络曲线的齿面，技术上是可行的，但给加工又带来新的麻烦。同样，活齿与活齿盘之间也存在滑动摩擦，也有磨损和发热问题，但由于是以较大的圆柱面承受载荷，摩擦和磨损的问题较滚子活齿传动有所改善。

（3）T 形活齿传动

图 15-8-2c 所示为 T 形活齿传动。该传动是综合上述 a、b 两种传动的某些特点而形成的一种活齿传动。其中驱动部分和前两种传动一样；内齿圈与 a 相同，活齿架与 b 相同。

活齿由顶杆和滚子两部分组成：顶杆为圆柱状结构，装于活齿盘的径向孔中，顶部做成月牙形；滚子为一圆柱体，置于顶杆的月牙形槽中，是活齿的啮合部分。顶杆轴线与滚子的轴线相垂直，组成“T 形活齿”。正是由于这个缘故，有人称这种传动为“T 形活齿传动”。也有人从活齿是由两件组成这一角度来看，称为“组合活齿传动”。有的设计者将顶杆的两端都做成月牙形，两端都装上滚子，以减少顶杆尾部与偏心轮上轴承外环的摩擦；并且将整个活齿传动做成一个通用机芯部件，好像滚动轴承一样，供设计者选用，称为“变速轴承”。

T 形活齿传动由于滚子和内齿圈的齿廓可以形成准确的共轭关系，因此可以克服活齿针轮传动不平稳的缺点；活齿的顶杆以较大的圆柱面与活齿盘接触传力，而且滚子的滚转所产生的滑动摩擦转移到顶杆的月牙槽中，使得活齿与活齿盘之间磨损和发热的问题得以缓解。因此，T 形活齿传动的运转较为平稳，比前两种传动具有更高的承载能力。但是，T 形活齿传动由于需要加工月牙槽，尺寸链增加了三个环节，使制造难度增大，传动精度降低。顶杆与活齿盘和活齿之间仍然有往复的滑动摩擦，使得传动效率仍不理想，磨损和发热的问题依然存在。在顶杆的下部加装滚子的办法更增加了结构的复杂性和加工难度，增大了传动误差，而顶杆与转臂轴承接触处的滑动摩擦和磨损问题并不严重，加装滚子的办法只转移了滑动摩擦的位置，实际上并不能改善传动的性能，反而会造成负面的影响。由此可见，活齿传动中的滑动摩擦问题仍然是限制活齿传动应用的主要障碍。

（4）套筒活齿传动

图 15-8-2d 所示为套筒活齿传动。该传动与其他活齿传动有很大的不同，它是以尺寸较大的圆形套筒作为活齿，以隔离滚子来限定套筒活齿的角向分布而不需要活齿盘。在套有滚动轴承的偏心盘驱动下，全部套筒活齿和隔离滚子随偏心盘一起作平面运动，形成一个轮齿可以自转的“行星齿轮”。由于其轮齿是作滚摆运动的圆形，因此，与之相啮合的内齿圈的齿廓为内摆线。只有在这个内齿圈的限定下，这个由套筒活齿和隔离滚子组合成的行星齿轮才能存在。这个行星齿轮与内齿圈相啮合而产生的自转和少齿差行星齿轮传动一样，也需要一个输出机构来输出运动。该传动采用了与摆线针轮传动相同的销轴输出机构（W 机构），即将输出轴销轴盘上带套的销轴直接插入套筒活齿的内孔，内孔在销轴上滚转而传动。

套筒活齿传动的特点是：内齿齿廓是内摆线，可以用范成法加工；作为活齿的套筒，具有较好的柔性，可以补偿加工误差的影响；可以使多齿啮合的齿间有均载作用；可以缓解冲击载荷的影响；传力件之间基本上是滚动接触，传动效率较高。但是，这种传动要求套筒活齿具有较大的直径才能具有足够的柔性，才能满足输出机构的结构和强度要求。这就限制了这种传动不可能具有较大的速比，使活齿传动单级速比大、多齿啮合的优点不能发挥。另外，由于有输出机构的存在，对于传动效率、传动精度、承载能力和制造成本都有负面的影响。

套筒活齿传动从原理来看应该不属于活齿传动类型。因为它虽然也是通过一组中间可动件来实现刚性啮合传动，但工作时啮合齿距是不变的。它和摆线针轮传动、少齿差行星齿轮传动更为相近。所不同的是该传动的“行星齿轮”是由套筒和分离滚柱组成。而且这个行星齿轮只有在与之形成包络的内齿圈的包围下才能存在。因此可以认为是一种“离散结构的行星齿轮”。套筒活齿传动实质上属于少齿差行星齿轮传动的另一个理由是：和摆线针轮传动、少齿差行星齿轮传动一样，都需要一个输出机构，而活齿传动是不需要输出机构的。但由于它是在中国多种活齿传动发展的高峰时期出现的，从结构上来看，“轮齿”也是活动的，因此也被列为活齿传动。为了从多方面了解中国现有的活齿传动的情况，本章在这里也一并介绍。

4 全滚动活齿传动（ORT 传动）

从上面介绍的几种活齿传动可以看出，在一般情况下，活齿传动中至少有一个啮合件的齿廓必须是按包络原理而得出的特殊曲线。这就使得这种活齿传动在实际使用中受到限制，不易普遍推广。为了克服这一困难，有些活齿传动就是以简单的直线或圆弧齿廓来近似地取代特殊曲线的廓，使活齿传动能在实用所必需的精度范围内，实现等速共轭运动。滚珠密切圆传动以及活齿针轮传动就是属于这一类的活齿传动。当然，这种近似共轭曲线的取代，必然使传动性能受到严重影响。近年来，数控加工技术的发展，使得特殊曲线齿廓的加工不再成为困难。采用理想的包络曲线，使活齿传动的优良特性得以发挥。因此，准确包络曲线的活齿传动得到新的发展。另一方面，从上面介绍的几种活齿传动还可以看出，除套筒活齿传动以外，现有的各种活齿传动的基本结构中，在传力零件间不可避免地存在滑动摩擦，使得磨损和发热问题严重，传动效率不能提高。这个问题成为限制活齿传动优良性能得以发挥的主要障碍，也成为研究活齿传动的同行们所共同关注的问题。套筒活齿传动就是企图解决这一问题的一个实例。只不过套筒活齿传动虽然消除了滑动摩擦，但失去了活齿传动速比大、同时啮合齿数多、不需要输出机构等重要特点。它实质上回到少齿差行星齿轮传动的范畴。

本章介绍的全滚动活齿传动，就是为了消除现有活齿传动中的滑动摩擦的一种成功的尝试。在全滚动活齿传动中，既能实现等速共轭传动，又能做到全部传力零件之间基本上是处于滚动接触状态，使得全滚动活齿传动的优越性能得以充分发挥。

4.1 全滚动活齿传动的基本结构

全滚动活齿传动简称 ORT 传动（Oscillatory Roller Transmission）。如图 15-8-3 所示，它是由以下三个部件组成。

（1）激波器

由装于输入轴上的偏心轮 1，外套一个滚动轴承 2 和激波盘 3 组成。滚动轴承 2 也称为激波轴承或转臂轴承。

（2）活齿齿轮

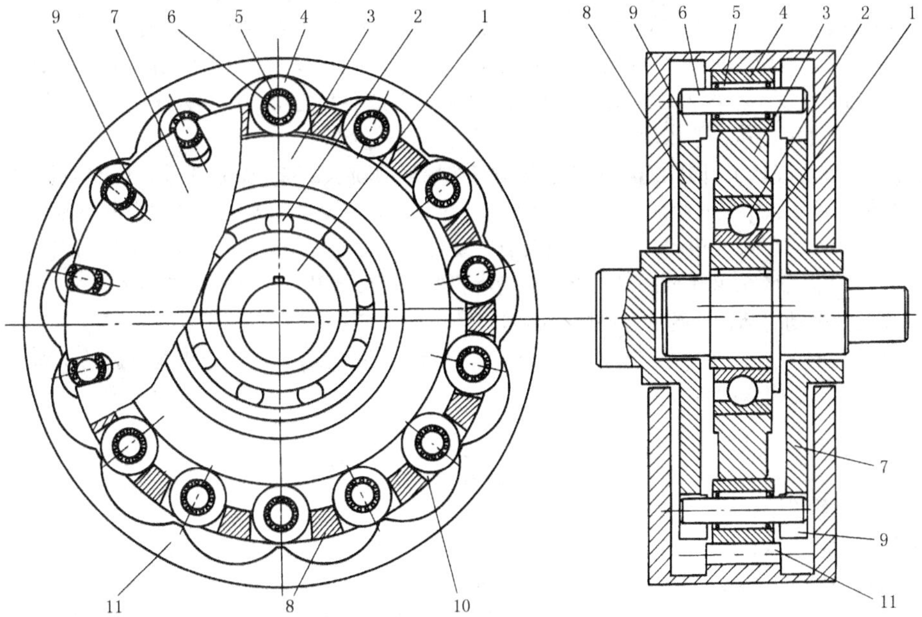

图 15-8-3　ORT 传动的基本结构简图

1—偏心轮（偏心圆盘）；2—滚动轴承；3—激波盘；4—圆套筒形滚轮；
5—滚针轴承；6—销轴；7—传力盘；8—活齿盘；9—径向销轴槽；10—滚轮槽；11—固齿齿轮

以圆套筒形滚轮 4 用滚针轴承 5 支承于销轴 6 上作为活齿；活齿架由直接与输出轴相连接的活齿盘 8 和传力盘 7 相连接而成。活齿盘 8 上开有 z_h 个均匀分布的径向销轴槽 9 和滚轮槽 10，传力盘 7 只对应地开有 z_h 个均匀分布的径向销轴槽 9。销轴槽 9 与销轴 6 为动配合，而滚轮槽 10 与滚轮 4 之间留有较大间隙。z_h 个活齿以销轴 6 的两端支承于活齿盘 8 和传力盘 7 的销轴槽 9 中，滚轮 4 随之卧入活齿槽中，组成活齿齿轮。工作时，销轴 6 在激波器的驱动下在销轴槽 9 中沿径向滚动，而滚轮 4 不与滚轮槽 10 接触。对于一般传动，可以省去滚针轴承 5 而将滚轮 4 直接套在销轴 6 上。由于在工作时滚轮 4 与销轴 6 之间只有断续的低速相对滑动，而且摩擦条件较好，对传动性能影响不大。

（3）固齿齿轮

固齿齿轮 11 是一个具有 $z_g=z_h\pm1$ 个内齿的齿圈，其齿廓曲线是圆形滚轮 4，在偏心圆激波器的驱动下作径向运动，同时又按速比 i 作等速周向运动时的包络曲线。

将以上三个部件同轴安装，就组成了 ORT 传动。基本结构简图如图 15-8-3 所示。采用这一基本结构，使活齿传动的优点得以充分发挥。首先，活齿滚轮尺寸不大，一级传动中可以安排较多的活齿，做到多齿啮合，传动比大；其次，内齿圈的齿廓采用准确的包络曲线，啮合齿之间可以实现准确的共轭啮合，保证活齿传动多齿啮合，传动平稳的特点；其三，这一方案的传力结构，可以做到全部运动件间基本上处于滚动接触状态，实现高承载能力和高效率的传动。

ORT 传动本身的试验和与多种现有传动的对比试验，均证实了这种传动的优越性，使活齿传动这一性能优良的传动装置在推广应用中处于有利地位。现在，ORT 传动已获得中国发明专利权和美国发明专利权，并且在中国的一些行业应用成功，正在逐步推广应用中。

运用 ORT 传动原理可以开发出通用的 ORT 减速器系列。这种通用的传动部件可广泛用于石油化工、冶金矿山、轻工制药、粮油食品、纺织印染、起重运输及工程机械等行业的机械中作减速用；需要时，也可作增速用。

在一些受空间尺寸限制而不能单独用减速器的机械装置，可将 ORT 传动直接设计在专用部件之中，可满足在极为紧凑的空间尺寸限制下，实现大速比、大扭矩、高效率的传动。

4.2　ORT 传动的运动学

将本章第 2 节所述的作直线运动模型的一个或若干个波长绕成圆形，使活齿和固齿均呈径向分布，则形成径向活齿传动。一般取一个波长，则形成单波径向活齿传动。此时，只要能正确设计激波器（凸轮）的轮廓曲线和活齿、固齿的齿廓曲线，就能实现上述三构件间的相对运动关系，实现瞬时速比恒定的径向活齿传动。以圆形滚轮作为活齿，以偏心圆盘为激波器，以准确包络曲线为内齿齿廓的固齿齿轮所组成的 ORT 传动，就是这种传动的典型，如图 15-8-3 所示。由于 ORT 传动中活齿的齿廓和激波器都选用圆形，因此，只要按包络原理设计固齿齿廓曲线，就可实现恒定速比的传动。

图 15-8-3 中，偏心圆盘 1 固定在输入轴上，激波盘 3 用滚动轴承 2 装于偏心圆盘 1 上，组成激波器 J。圆套筒形滚轮 4、滚针轴承 5 和销轴 6 组成活齿。活齿架由活齿盘 8 和传力盘 7 连接而成，活齿销轴 6 的两端支承在活齿架上的径向槽 9 中可沿径向滚动。一组活齿装于活齿架上组成活齿齿轮 H。固齿齿轮 G 固定在壳体上，与激波器 J 和活齿齿轮 H 同心地安装于同一轴线上。固齿齿轮的齿廓做成活齿由偏心圆激波器以 n_j 转速驱动，固齿齿轮按 $n_g=n_j/i$ 转速转动时活齿滚轮的包络曲线制作。

设激波器 J 的转速为 n_j，活齿齿轮 H 的转速为 n_h，固齿齿轮的转速为 n_g。根据相对运动原理，用转化机构法，可求得三构件之间的运动关系

$$i_{jg}^{h}=\frac{n_j-n_h}{n_g-n_h}=\frac{z_g}{z_g-z_h}=\frac{z_g}{a}=\pm z_g$$

式中　z_g——固齿齿轮齿数；

z_h——活齿齿轮齿数；

a——激波器波数，$a=z_g-z_h$，ORT 传动为单波激波器 $a=\pm1$。

上式表明活齿传动中三个基本构件的运动关系。固定不同的构件，可以得到相应的传动比计算公式。见表 15-8-1。

表 15-8-1　几种不同方式的传动比

传动方式		传动比	主从件转向	应用
活齿架固定 ($n_h=0$)	$\frac{H}{J\to G}$	$i_{jg}=\frac{z_g}{z_g-z_h}$	当 $z_g>z_h$ 时，同向 当 $z_g<z_h$ 时，反向	大减速比传动
	$\frac{H}{G\to J}$	$i_{gj}=\frac{z_g-z_h}{z_g}$	当 $z_g>z_h$ 时，同向 当 $z_g<z_h$ 时，反向	大增速比传动
固齿轮固定 ($n_g=0$)	$\frac{G}{J\to H}$	$i_{jh}=\frac{-z_h}{z_g-z_h}$	当 $z_g>z_h$ 时，反向 当 $z_g<z_h$ 时，同向	大减速比传动
	$\frac{G}{H\to J}$	$i_{hj}=\frac{z_g-z_h}{-z_h}$	当 $z_g>z_h$ 时，反向 当 $z_g<z_h$ 时，同向	大增速比传动
激波器固定 ($n_j=0$)	$\frac{J}{G\to H}$	$i_{gh}=\frac{z_h}{z_g}$	同向	速比甚小的减速或增速传动
	$\frac{J}{H\to G}$	$i_{hg}=\frac{z_g}{z_h}$	同向	速比甚小的减速或增速传动

4.3　基本参数和几何尺寸

ORT 传动有传动比、齿数、固齿分度圆直径、活齿滚轮直径、偏心量等五个基本参数。根据设计要求选定这些参数后，可按照图 15-8-4 计算出 ORT 传动的几何尺寸。

4.3.1　基本参数

（1）传动比

ORT 传动用作减速器时，最基本的传动形式是：固齿齿轮 G 固定，由激波器 J 输入，经活齿齿轮 H 输出。此时，减速器传动比的计算公式为

$$i_{jh}^{g} = \pm z_h$$

式中　“+”——表示同向传动，此时 $z_g<z_h$；

“-”——表示反向传动，此时 $z_g>z_h$。

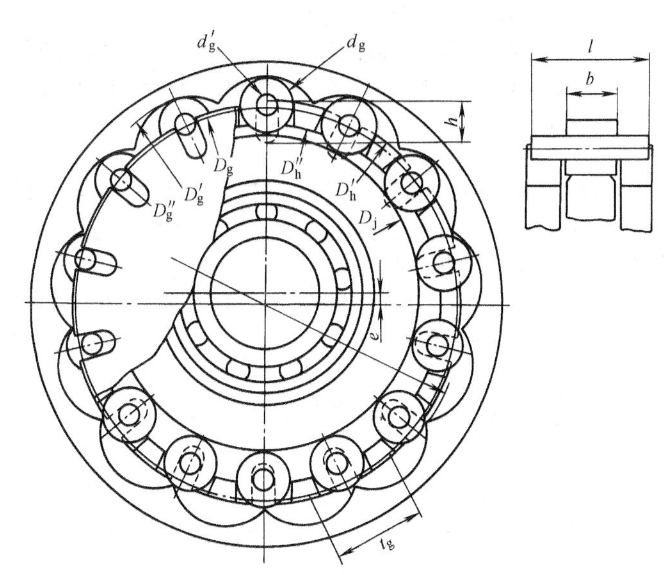

图 15-8-4　ORT 活齿传动的主要参数和几何尺寸

D_g—固齿齿轮分度圆直径；z_g—固齿齿轮齿数；i—传动比

$t_g=D_g\times\sin(180°/z_g)$；$d_g=(0.4\sim0.6)t_g$；$d_g'=(0.4\sim0.7)t_g$

$e=(0.15\sim0.24)d_g$；$R_j=D_g/2-d_g/2-e$；$D_j=2R_j$；$D_g'=D_g+d_g$

$D_g''=D_g'-4e$；$D_h'=D_g''-(0.4\sim2)$；$D_h''=2(R_j+e+0.2\sim0.5)$

$b=(1\sim1.5)d_g$；$l=2b$；$h=d_g/2+d_g'/2$

考虑到有利于减少 ORT 活齿减速器中的损耗和便于结构设计，一般按同向传动设计。

传动比是设计时给定的参数。ORT 减速器的传动比在下列范围选取：

单级传动，取 $i=6\sim45$；

双级传动，取 $i=36\sim1600$。

（2）齿数

由传动比计算公式可知：

活齿齿数 $z_h=i$

固齿齿数 $z_g=i\pm1$

同向传动时，取负号，$z_g=z_h-1$

反向传动时，取正号，$z_g=z_h+1$

（3）固齿齿轮分度圆 D_g

固齿齿轮分度圆 D_g 是决定减速器结构尺寸大小和承载能力的基本参数，其值由强度计算和结构设计确定。初步设计时，可参照现有的相近类型的减速器选定，最后由强度计算确定。另外，固齿齿轮分度圆 D_g 的选定，还要考虑标准化和系列化设计的要求。同时，还要考虑加工条件的限制。固齿齿轮分度圆 D_g 选定后，可根据固齿齿数 z_g 计算出固齿弦齿距 t_g，此参数用作选定某些参数时的依据。

固齿弦齿距由以下公式计算

$$t_g=D_g\sin\frac{180°}{z_g}$$

（4）活齿滚轮 d_g 和销轴直径 d_g'

活齿滚轮直径 d_g 是根据活齿与固齿的共轭特性和结构的可行性来选定的。一般取

$$d_g=(0.4\sim0.6)t_g$$

活齿滚轮直径太大时，易发生齿尖干涉，减少共轭齿数；太小则不利于强度和结构安排。设计时，通过齿廓曲线计算和齿廓的静态模拟图来判断和选定。

一般情况下，活齿滚轮直接用销轴支承，销轴直径 d'_g 取

$$d'_g=(0.4\sim0.7)d_g$$

当要求传动效率高而活齿滚轮直径又许可时，活齿滚轮和销轴之间可以用滑动轴承套、滚针轴承或其他滚动轴承支承；当滚轮直径很小时，也可以不用活齿滚轮而直接用销轴作为活齿与固齿啮合而传动。一般销轴应尽量选用标准滚针或滚柱。

（5）偏心距 e

偏心距 e 的大小直接影响啮入深度、压力角和受力特性。同时，偏心距 e 还是影响齿廓曲线和啮合特性的重要参数。设计时，也要通过齿廓曲线计算和齿廓的静态模拟来判断和选定。

初步选定，然后按正确啮合条件进行修正计算。

初选时，可取

$$e=(0.15\sim0.24)d_g$$

4.3.2 几何尺寸

基本参数选定后，可按图 15-8-5 计算 ORT 活齿传动各部的几何尺寸。

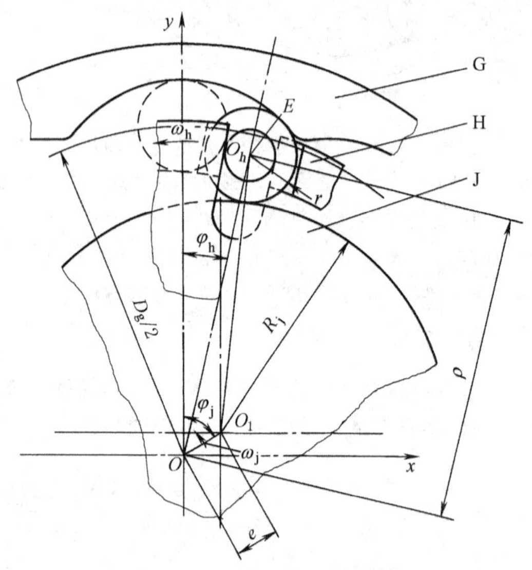

图 15-8-5　ORT 传动固齿齿廓曲线计算

（1）激波器

激波器的主要尺寸是激波盘的外径 D_j

$$D_j=2\times\left(\frac{D_g}{2}-\frac{d_g}{2}-e\right)$$

激波盘的内径由偏心轮上所选滚动轴承的外径而定。当激波盘的外径 D_j 较小而偏心轮上所选滚动轴承的外径较大时，可用该滚动轴承的外环直接作为激波盘。为了适应滚动轴承外径的标准尺寸，设计时可根据所选轴承的外径来调整参数 D_g、d_g 和 e，使其满足上述公式的要求。

（2）固齿齿轮

当基本参数选定后，固齿齿轮的尺寸如下：

固齿齿轮齿根圆直径

$$D'_g=D_g+d_g$$

固齿齿轮齿顶圆直径

$$D''_g=D'_g-4e$$

（3）活齿齿轮

活齿齿轮是由一组活齿滚轮装在活齿架中组成，活齿滚轮的径向尺寸在参数选择时已经确定，此处只要确定

活齿滚轮的轴向尺寸和活齿架的基本尺寸。

活齿滚轮的宽度

$$b=(0.6\sim1.2)d_g$$

活齿销轴长度

$$l=(1.8\sim2.2)b$$

活齿架外径

$$D'_h=D''_g-2\Delta_1$$

式中，外径间隙 $\Delta_1=0.2\sim1$，随机型增大而取较大值。活齿架内径

$$D''_h=2\times\left(\frac{D_j}{2}+e\right)+2\Delta_2$$

式中，内径间隙 $\Delta_2=0.2\sim0.5$，随机型增大而取较大值。

销轴槽深度

$$h=\frac{d_g}{2}+\frac{d'_g}{2}$$

销轴槽轴向宽度，即活齿盘和传力盘在该处的厚度

$$b'=\frac{l-b}{2}$$

4.4 ORT 传动的齿廓设计

ORT 传动的齿廓设计是在选定了上述基本参数的基础上进行的。同时，通过齿廓曲线的计算和图形绘制，也可验证参数选择是否合理。如有不当，可以反过来修正参数，直到齿廓曲线达到较为理想的状态。因此，参数选择和齿廓设计是交错进行的。

4.4.1 齿廓设计原则和啮合方案

上述径向活齿传动的一个重要问题是，正确地设计激波器凸轮曲线和活齿、固齿的齿廓曲线。设计这些曲线时应遵循以下原则。

1）作等速运动的激波器，按激波凸轮曲线的规律推动活齿作径向运动，齿廓设计必须保证按此规律运动的活齿能恒速地驱动固齿，实现恒速比传动。

2）齿廓必须有良好的工艺性，便于加工制造，便于标准化、系列化。

3）必须保证共轭齿廓的强度高，同时啮合齿数多（重叠系数大）以及滑动率小等。

研究表明，不同的激波规律所要求的齿廓也不相同。实际上，凸轮与活齿、活齿和固齿是两对高副，是四条曲线的关系，其相互啮合都应按共轭原理，用包络法求出共轭曲线。为了便于设计和简化结构，可以先将其中三条曲线选定为便于制造的简单曲线，然后用包络法设计第四条曲线。

解决这一问题可以采用以下的不同方案。

1）先将激波器和活齿齿底设定为某种简单曲线，使活齿被激波器驱动的规律为已知条件，再设定固齿齿廓为某种简单曲线（直线或圆弧），并绕固齿齿轮中心以 $n_g=n_j/i$ 等速转动，活齿齿头齿廓做成活齿与固齿相对运动时固齿齿廓的包络曲线。

2）先将激波器和活齿齿底设定为某种简单曲线，使活齿被激波器驱动的规律为已知条件，再设定活齿齿头齿廓为某种简单曲线（直线或圆弧），并绕固齿齿轮中心以 $n_h=n_j/i$ 等速转动，固齿齿廓做成活齿与固齿相对运动时活齿齿廓的包络曲线。

3）活齿齿头和固齿齿廓均选用简单曲线并按设定的速比关系相对运动，再设定活齿齿底为直线或圆弧而激波器的轮廓设计成两齿廓等速共轭运动所需的曲线。

4）活齿齿头和固齿齿廓均选用简单曲线并按设定的速比关系相对运动，再设定激波器的轮廓为圆弧而活齿齿底设计成两齿廓等速共轭运动所需的曲线。这一方案常因活齿齿底太小而无法实现。

前两种简称为“正包络”方案。目前，国内外类似的活齿传动多采用正包络方案（2）。如德国的偏心圆传动，中国的滚道减速器和活齿针轮减速器等均属于此类。

后两种简称为“反包络”方案，或包络的逆解法。这种方案在原理上是可以实现的，但在实际结构中，凸轮与活齿之间不易于实现滚动摩擦。故不宜用于大功率、高效率的传动。

在两种正包络方案中，为了使激波凸轮便于制造和减少滑动，较为理想的结构是，在偏心圆外面套一滚动轴承，组成具有滚动摩擦的偏心圆激波器。因此，在活齿齿廓和固齿齿廓之间，只要选定其中之一，另一就可用包络法求得。现有的多种活齿传动，都是按这种方案设计的。

4.4.2 ORT 传动的齿廓曲线

ORT 传动的齿廓是采用正包络方案设计的。它是用带销轴的圆柱形滚轮作为活齿，活齿的齿头和齿底就是同一圆弧；用圆盘通过滚动轴承套在偏心圆上作为激波器；固齿齿廓做成活齿滚轮按激波器驱动，固齿齿轮以 $n_h=n_j/i$ 等速转动时，活齿齿廓的包络曲线。当选定了 ORT 传动的基本参数后，可以用图 15-8-5 求得固齿齿廓曲线各点所在的坐标值。

（1）活齿滚轮中心 O_h 点的轨迹方程$\begin{pmatrix} x_{Oh} \\ y_{Oh} \end{pmatrix}$

$$x_{Oh}=\rho\sin\varphi_h$$
$$y_{Oh}=\rho\cos\varphi_h$$

上式中 ρ 为活齿滚轮的向径。

$$\rho=e\cos(\varphi_j-\varphi_h)+\sqrt{(R_j+r)^2-e^2\sin^2(\varphi_j-\varphi_h)}$$

（2）活齿滚轮中心 O_h 点轨迹的单位外法矢量

$$\boldsymbol{n}_O=\begin{pmatrix} \boldsymbol{n}_{Ox} \\ \boldsymbol{n}_{Oy} \end{pmatrix} \qquad n_{Ox}=\frac{-B}{C}$$

$$n_{Oy}=\frac{A}{C}$$

式中

$$A=F\sin\varphi_h+\rho\cos\varphi_h$$
$$B=F\cos\varphi_h-\rho\sin\varphi_h$$
$$C=\sqrt{A^2+B^2}$$

$$F=\frac{d\rho}{d\varphi_h}=-(1-i)\ e\sin(\varphi_j-\varphi_h)-\frac{(i-1)\ e^2\sin(\varphi_j-\varphi_h)\ \cos(\varphi_j-\varphi_h)}{\sqrt{(R_j+r)^2-e^2\sin^2(\varphi_j-\varphi_h)}}$$

（3）固齿轮齿廓矢量方程（$\boldsymbol{\rho}_E$）

分别计算出上述各项后，可算出单位外法矢量分量 $\boldsymbol{n}_{Ox}$、$\boldsymbol{n}_{Oy}$ 的数值，然后由下式求得固齿轮齿廓矢径矢量值

$$\boldsymbol{\rho}_E=\begin{pmatrix} \boldsymbol{x}_E \\ \boldsymbol{y}_E \end{pmatrix}=\begin{pmatrix} \boldsymbol{x}_{Oh}+\boldsymbol{n}_{Ox}r \\ \boldsymbol{y}_{Oh}+\boldsymbol{n}_{Oy}r \end{pmatrix}$$

当选定 ORT 传动的基本参数后，将上述公式的 φ_h 用 $\varphi_h=\varphi_j/i$ 代入，再以 φ_j 为变数，并选取适当步长，通过计算机，可以以足够的精度求得固齿齿廓曲线的坐标值。

4.5 ORT 传动的典型结构

图 15-8-6 为 ORT 传动设计成通用活齿减速器的典型结构。为了使内部受力均衡而使传动平稳和增大可传动的功率，该减速器设计成双排活齿传动对称布置的结构。两排激波器相错 180°，两排活齿齿轮对齐而两排固齿齿轮相错半个齿距。这样安排可以使偏心引起的惯性力得以平衡，但两排不在同一平面而产生的惯性力偶矩仍然不能消除。好在 ORT 传动与摆线针轮等少齿差传动一样，一般均用在转速不太高的场合。实际试验和应用证实，ORT 传动产品运转的平稳性完全可以满足使用要求。

图 15-8-6 所示的典型结构，激波器 J 由输入轴 1、偏心轮 3、滚动轴承 4 和激波盘 5 所组成。活齿由圆筒形滚轮 7 和销轴 6 组成。两排活齿架由左右传力盘 10、2 和活齿盘 8 三件用一组螺钉 12 连接成一个整体的双排活齿架。活齿以销轴的两端支承在活齿架的销轴槽中，形成双排活齿齿轮 H。然后，整个活齿齿轮与输出轴 14 用

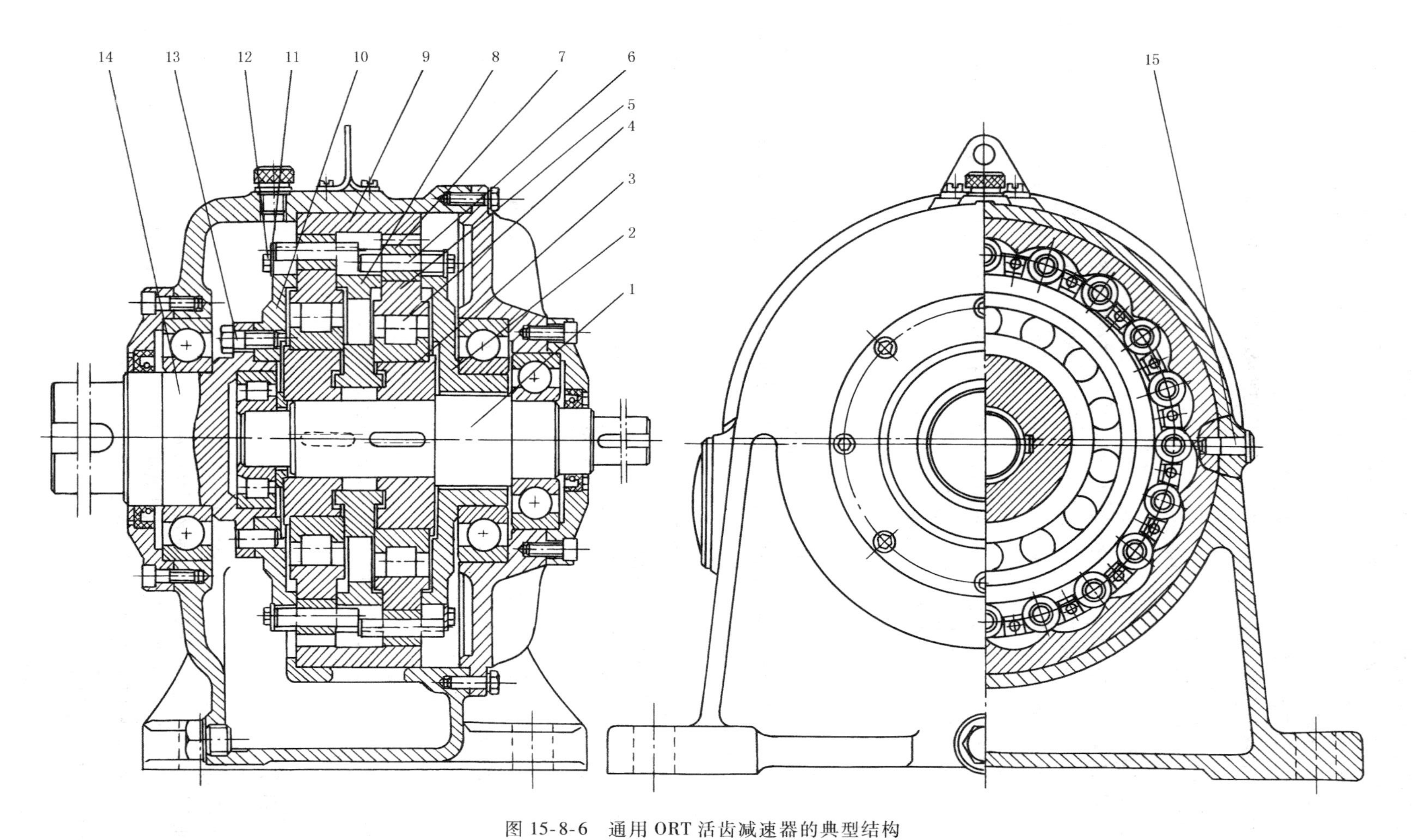

图 15-8-6　通用 ORT 活齿减速器的典型结构

1—输入轴；2,10—右、左传力盘；3—偏心轮；4—滚动轴承；5—激波盘；6—销轴；7—圆筒形滚轮（6 和 7 组成活齿）；8—活齿盘；9—固齿齿轮；11—垫圈；12,13—螺钉；14—输出轴；15—销钉

螺钉 13 或其他方式连接，并用滚动轴承支承在壳体上，成为减速器的输出转子。固齿齿轮 G 对应于活齿齿轮 H，做有两排固齿，两排固齿相错半个齿距，整个固齿齿轮 9 用销钉 15 固定在壳体上。由此，激波器 J、活齿齿轮 H 和固齿齿轮 G 三个部件同轴安装于壳体中，然后，在壳体上装上必要的附件，如油面指示器、透气塞、油堵螺丝、吊环等，这样就组成了通用 ORT 减速器。

如果将壳体做成立式的结构，就成为立式 ORT 减速器。

将两级或多级活齿传动串联成多级传动，可以得到大传动比的两级或多级活齿减速器。

4.6 ORT 传动的主要特点

（1）多齿啮合，承载能力大

突破一般刚性啮合传动大多仅少数 1~2 对齿啮合的限制，用活齿可径向伸缩的特性，避免轮齿间的相互干涉，实现了多齿啮合。同时啮合的齿数理论上可以达到 50%。因此，ORT 传动具有很高的承载能力和抗冲击过载的能力。体积和传动比相同时，比齿轮传动的承载能力大 6 倍，比蜗杆传动的承载能力大 5 倍。

（2）滚动接触，传动效率高

基本上能实现全部相互传力的零件之间，均为滚动接触，减少摩擦损耗，使得传动效率高。在常用的传动比范围（$i=6\sim40$）内，效率均在 90%以上，通常可达 92%~96%。

传动比 $i=20$，功率 $P=7\text{kW}$ 的 ORT 减速器的实测效率如下：

跑合后，效率 $\eta=0.93$；

经 500h 寿命考核后，效率 $\eta=0.96$。

（3）传动比大，结构紧凑

因为 ORT 减速器的传动比 $i=z_h$，所以单级传动即可获得大传动比，一般可达 6~40。这和一般少齿差齿轮传动、摆线针轮传动一样，比普通齿轮传动、行星齿轮传动的传动比大得多。由此，与同功率、同传动比的齿轮减速器相比，体积将缩小 2/3，比蜗杆减速器缩小 1/2。

（4）结构简单，不需要输出机构

一般少齿差行星传动和摆线针轮传动，都必须有等速输出机构。该输出机构不仅结构复杂，而且影响传动性能。使传动效率、承载能力、输出刚度和精度降低。实践证实，这个输出机构还是摆线减速器故障率很高的部件。ORT 减速器中，活齿滚轮与固齿啮合而产生的减速运动是通过活齿架直接输出的，省去了摆线减速器必不可少的输出机构，不仅简化了结构，降低成本，还改善了传动性能。

（5）输出刚度大，回差小

由于多齿同时啮合，受载情况类似花键，又由于没有输出机构，转矩由活齿架直接输出，所以有高的扭转刚度和小的回差。这对于要求精确定位的设备，如机器人、工作转台等，具有重要意义。试验证实，精度等级相同时，ORT 减速器的回差，仅为摆线减速器回差的 1/5~1/10。

（6）传动平稳，转矩波动小

由于多齿同时啮合，又没有输出机构，而且每个齿的啮合是按等速共轭原理设计和制造的。在这种情况下，传动的平稳性和转矩波动主要决定于加工精度。而多齿啮合制造误差的影响为单齿啮合的 1/3~1/5。因此，在精度等级相同时，ORT 减速器传动平稳，转矩波动小。

4.7 ORT 传动的强度估算

活齿传动的重要特点是多齿啮合，正是这个特点使得活齿传动的承载能力大。但是，这个特点也使得活齿传动的受力分析和强度计算问题变得十分复杂，目前还没有较为成熟的计算方法。

本节介绍一种简要可行的强度估算方法。经样机性能测试和寿命考核证实，这一简要强度估算方法，目前还是可行的。更为准确和完善的强度计算方法，还有待进一步研究和发展。

4.7.1 ORT 传动的工作载荷

设计一个传动装置时，首先要知道该装置所承担的：

工作转矩 T_2（N·cm）；

工作转速 n_2（r/min）。

由此可得出传动装置所传递的（载荷）功率 P_2（kW）

$$P_2=\frac{T_2 n_2}{955000}$$

然后根据此载荷功率计算所需的原动机（如电动机）功率 P_1（kW）

$$P_1=\frac{N_2}{\eta}$$

式中的 η 为传动装置的总效率。在按功率 P_1 选取原动机时，同时选定原动机的驱动转速 n_1（m/min）。由此可确定为传动装置的传动比 i

$$i=\frac{n_1}{n_2}$$

在选定原动机和确定传动比 i 后，可算出传动装置的输入轴的转矩 T_1（N·cm）。

4.7.2 激波器轴承的受力和寿命估算

（1）激波器轴承的受力

$$T_1=\frac{T_2}{i\eta}$$

激波器是活齿传动的主动部分，其动力是由偏心轮通过激波轴承传给激波盘的。其受力情况如图 15-8-7 所示。

激波盘上驱动活齿进行啮合的一侧，受有诸活齿的作用力 F_i。这些作用力的大小随着活齿啮合的位置不同，其大小是不相同的，如图 15-8-7 的虚线所示；力的作用点相对于偏心矩 e 的角向位置也在 $360°/z_h$ 的角度范围内交替变化。但从每一个活齿在激波盘驱动的整个过程的展开图来分析，可以看出：在激波盘进入驱动作用的前45°范围内，活齿滚轮与固齿的齿顶部分啮合；在激波盘退出作用驱动的后 45°范围内，活齿滚轮与固齿的齿根部分啮合。由于在固齿齿顶和齿根部分留有径向间隙，在这两个 45°范围内，啮合基本上是无效的。因此可以认为不发生作用力。

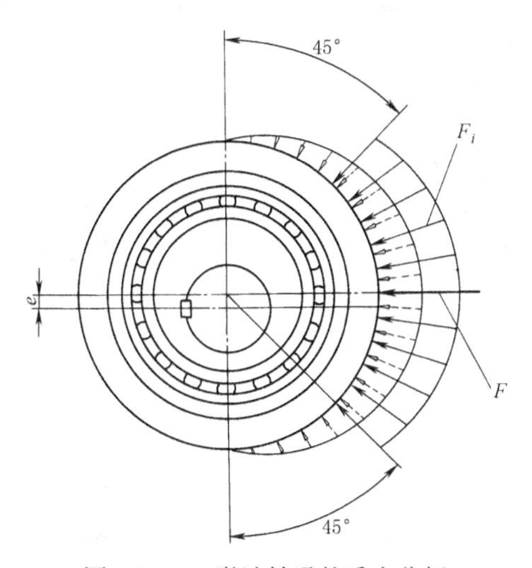

图 15-8-7　激波轴承的受力分析

在激波盘驱动部分的 90°前后 45°范围内，是活齿滚轮与固齿啮合的主要作用阶段。在这个范围内，活齿滚轮与固齿基本上在近似直线的齿腹部分啮合，作用力 F_i 的大小是相近的；其分布对于 90°点也是对称的，如图 15-8-7 的实线所示。因此，可以用一个作用于 90°点的集中力 F 来取代。

由此可求得单排激波器轴承所受之力 F（N）为

$$F=\frac{T_1}{2e}$$

式中　T_1——输入轴的转矩，N·cm；

e——偏心矩，cm。

（2）激波轴承的类型选择

激波轴承的功用是将偏心轮的径向驱动力传给激波盘，从而驱动诸活齿。工作时，激波轴承只承受径向载荷，不承受轴向载荷。因此，一般均选用主要用于承受径向载荷的轴承。

最常用的是深沟球轴承。当激波盘尺寸不大时，可以不用激波盘，以激波轴承的外圈直接驱动活齿。

当传递的载荷较大时，可选用单列短圆柱滚子轴承。同样，当激波盘尺寸不大时，也可以不用激波盘，以激波轴承的外圈直接驱动活齿。如果激波器径向尺寸不够时，还可选用无外圈圆柱滚子轴承，直接装在激波盘内。图 15-8-6 所示的 ORT 减速器的典型结构图中的激波器就采用了这种结构。采用这种结构时，激波盘的材料和内孔的尺寸精度要求，均应按轴承的要求来设计。

对于大型的低速重载活齿减速器，有时要选用双列的调心滚子轴承才能满足寿命要求。此时，激波轴承的选择往往决定于所选激波轴承的极限转速。

（3）激波轴承的寿命估算

当选定激波轴承的类型和计算出该轴承所受的力 F（N）后，可直接应用滚动轴承寿命计算的基本公式，估算激波轴承的寿命。

轴承的寿命 L_h（h）的计算公式

$$L_h = \frac{10^6}{60n}\left(\frac{C}{F}\right)^{\varepsilon}$$

式中　L_h——激波轴承的额定寿命，h；

n——激波轴承的工作转速，r/min；

ε——滚动轴承寿命指数，球轴承 $\varepsilon=3$，滚子轴承 $\varepsilon=10/3$；

C——滚动轴承的额定动载荷，N，可由手册查出；

F——激波轴承的当量动载荷。由于激波轴承只受径向载荷，故此处即激波轴承的工作载荷，N。

减速器的使用要求不同，对激波轴承所要求的额定寿命 L_h 可根据实际情况决定。

以下数据可供设计时作为参考：

间断使用的减速器　$L_h=4000\sim14000$h；

一般减速器　$L_h=12000\sim20000$h；

重要的减速器　$L_h\geqslant50000$h。

4.7.3　ORT 传动啮合件的受力和强度估算

（1）ORT 传动啮合件的受力分析

活齿传动在工作时，每一个瞬时有多个齿同时啮合，而且每一个活齿的啮合点位置也是不同的；不同的啮合位置，活齿滚轮和固齿间的压力角也是变化的。因此啮合件间的受力情况十分复杂，不便于工程计算。考虑以下实际情况而进行简化，可以在实用可行的范围内，得出啮合件的计算载荷。

1）假设活齿传动在有效啮合范围内，载荷是均匀分布的。前面分析激波盘受力情况时已提到：由于在固齿齿顶和齿根部分留有径向间隙，在这两个45°范围内，啮合基本上是无效的。因此可以认为不发生作用力。在激波盘驱动部分的90°前后45°范围内，是活齿滚轮与固齿啮合的主要作用阶段。在这个范围内，活齿滚轮与固齿基本上在近似直线的齿腹部分啮合，作用力的大小是相近的。

2）假设以分度圆半径 $D_g/2$，作为诸活齿滚轮与固齿啮合的平均半径。

活齿传动的偏心距 e 相对于活齿传动的分度圆半径 $D_g/2$ 是比较小的，一般要小一个数量级。而活齿滚轮与固齿的有效啮合点沿径向的变化量仅在一个 e 的范围内。因此，为了简化计算，以分度圆半径 $D_g/2$ 作为诸活齿滚轮与固齿啮合的平均半径，在工程上是可行的。

由此可求出活齿滚轮与固齿齿廓在啮合点的受力，单排活齿的总切向力 F_T（N）：

$$F_T = T_2/D_g$$

取有效啮合的活齿为理论啮合齿数的一半，由此得出单个活齿滚轮驱动活齿架转动的切向力 F_t（N）：

$$F_t = 2F_T/z_h$$

前已述及，活齿滚轮与固齿基本上在固齿齿廓的近似直线的齿腹部分啮合。如果按前述参数选择的方法合理地选定参数，固齿齿廓近似直线部分的压力角 α，一般在50°～55°左右，则准确的数值可以从齿廓曲线计算数值中取得。由此，如图15-8-8所示，可计算出：

活齿滚轮垂直作用于固齿齿廓的法向力 F_n（N）

$$F_n = F_t/\cos\alpha$$

活齿滚轮作用于激波盘的径向力 F_r（N）

$$F_r = F_t\times\tan\alpha$$

（2）ORT 传动啮合件的强度计算

活齿是由活齿滚轮和销轴组成。在传动时，围绕着活齿有A、B、C三个高副和一个低副D在同时接触传力。如图15-8-8所示。其中，A、B、C三个高副，可用赫兹（Hertz）公式进行接触强度计算。低副D可按滑动轴承进行表面承压强度计算。由于活齿传动的齿高很小而齿根非常肥厚，完全不必进行弯曲强度计算。

1）A副——活齿滚轮和固齿齿廓的接触强度计算

活齿滚轮和固齿齿廓在啮合的过程中，接触的情况是变化的。通常，在齿顶时活齿滚轮与凸弧曲面接触；在齿根时与凹弧曲面接触；在齿腹部分与一近似平面接触。根据大量实际设计的齿廓啮合情况来看：在整个啮合过程中，啮合点主要集中在齿顶偏上的齿腹部分，而在齿顶和齿根部分较少。另外，齿廓设计时，在齿顶和齿根部分有意留有进行间隙。因此，对于 A 副，可取活齿滚轮与固齿齿腹处接触传力作为计算点，此时的接触状态相当于圆柱与平面的接触。

由此，可用圆柱与平面相接触的应力计算公式，验算其接触强度 σ_k（N/mm^2）

$$\sigma_k = 0.418\sqrt{\frac{F_n \times E}{b \times r}} \leqslant \sigma_{kp}$$

式中 E——相接触的两件的材料的弹性系数，相接触的两件均为钢件，$E=206\times10^{-3}N/mm^2$；

b——活齿滚轮的宽度，mm；

r——活齿滚轮的半径，mm，$r=d_g/2$；

σ_{kp}——许用接触应力，N/mm^2，$\sigma_{kp}=\sigma_{0k}/S_k$；

σ_{0k}——材料的接触疲劳强度极限，N/mm^2，σ_{0k}的数值与材料及其热处理状态有关，可从表 15-8-2 选用；

S_k——安全系数。一般，$S_k=1.1\sim1.3$，随轮齿表面硬度的增高和使用场合的重要性要求而取较高数值。

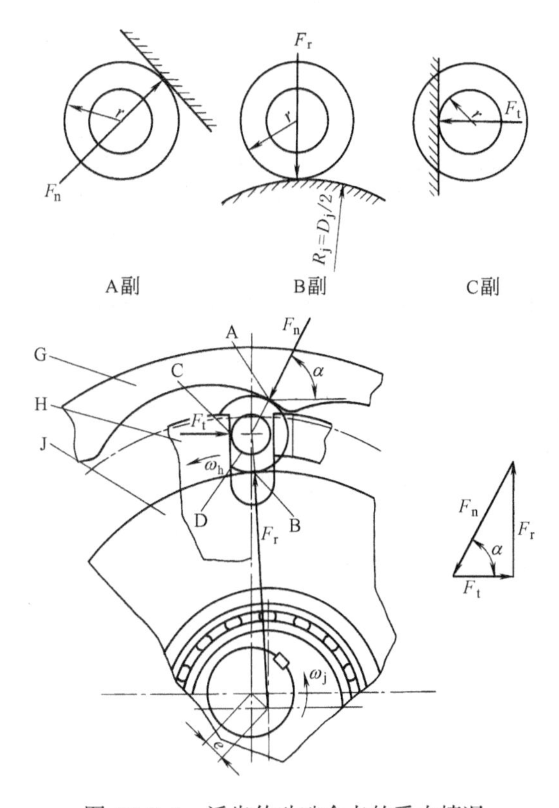

图 15-8-8 活齿传动啮合点的受力情况

表 15-8-2 **材料接触疲劳强度极限 σ_{0k}**

材料种类	热处理方法	齿面硬度	$\sigma_{0k}/N\cdot mm^{-2}$
碳素钢和合金钢	正火、调质	HB≤350	2HB+70
	整体淬火	35~38HRC	18HRC+150
	表面淬火	40~50HRC	17HRC+200
合金钢	渗碳淬火	56~65HRC	23HRC
	氮化	550~750HV	1050

2）B 副——活齿滚轮和激波盘的接触强度计算

在传动的过程中，活齿滚轮和激波盘之间是以径向力 F_r 相互作用的，其接触状态是典型的圆柱体与圆柱体相接触。

由此，可用圆柱与圆柱相接触的应力计算公式，验算其接触强度 σ_k（N/mm^2）

$$\sigma_k=0.418\sqrt{\left(\frac{F_r\times E}{b}\right)\left[\frac{2(d_g+D_j)}{D_j d_g}\right]}\leqslant\sigma_{kp}$$

式中 D_j——激波盘直径，mm；

d_g——活齿滚轮直径，mm；

其余同上。

3）C 副——活齿销轴和活齿架的接触强度计算

在传动的过程中，活齿销轴和活齿架的销轴槽之间是以切向力 F_t 相互作用的，其接触状态是典型的圆柱体与平面相接触。由此，可用圆柱与平面相接触的应力计算公式，验算其接触强度 σ_k（N/mm^2）：

$$\sigma_k=0.418\sqrt{\frac{F_t E}{b'r'}}\leqslant\sigma_{kp}$$

式中 b'——销轴和销轴槽的接触线长度，mm；

r'——销轴半径，mm，$r'=d'_g/2$；

其余同上。

4）D 副——活齿滚轮和活齿销轴的承压强度计算

活齿滚轮是通过销轴将切向力 F_t 传给活齿架的。活齿滚轮在激波盘的驱动下与固齿啮合而滚动；销轴随之在销轴槽上滚动。两者的转动方向和转速是不相同的。因此，活齿滚轮与销轴之间是在切向力 F_t 的作用下作相对转动，其状况与滑动轴承相同。但是它们之间的相对转动是低速的、断续的，只要控制接触表面的承压，使其间的油膜不破坏，就能维持其运转寿命。

由此，可用圆柱滑动轴承的承压能力计算公式，验算其接触表面的承压强度 p（N/mm^2）：

$$p=\frac{F_t}{b\times d'_g}\leqslant p_p$$

式中 b——活齿滚轮的宽度，mm；

d'_g——销轴直径，mm；

p_p——许用压强，N/mm^2，对于钢件对钢件，可取

$$p_p\leqslant(100\sim170)N/mm^2$$

对于某些大型 ORT 传动，活齿滚轮与销轴之间可以用复合轴承套、滚针轴承或其他滚动轴承。此时，可按相应的轴承计算方法进行强度验算。

第9章 点线啮合圆柱齿轮传动

1 概　　述

齿轮传动由于速比准确，传动比、传递功率和周围速度的范围很大，传动的效率高、尺寸紧凑等一系列优点，因此，它是机械产品中重要的基础零件，齿轮传动种类繁多，但是，从齿轮啮合性质来分，一般分为两大类，一类为线啮合齿轮传动，如渐开线齿轮、摆线齿轮，它们啮合时的接触线是一条直线或曲线（图 15-9-1a）。渐开线齿轮由于制造简单且有可分性等特点，因而在工业上普遍应用，在齿轮中占有主导地位。但是渐开线齿轮传动大部分的应用为凸齿廓与凸齿廓相啮合，接触应力大，承载能力较低。在50年代从苏联引进了圆弧齿轮传动技术，圆弧齿轮是一对凹凸齿廓的啮合传动，它是点啮合齿轮传动，它们啮合时的接触线是一个点，受载变形后为一个面接触（图 15-9-1b），接触应力小，承载能力大。但制造比较麻烦，需要专用滚刀，而当中心距有误差时，承载能力下降。

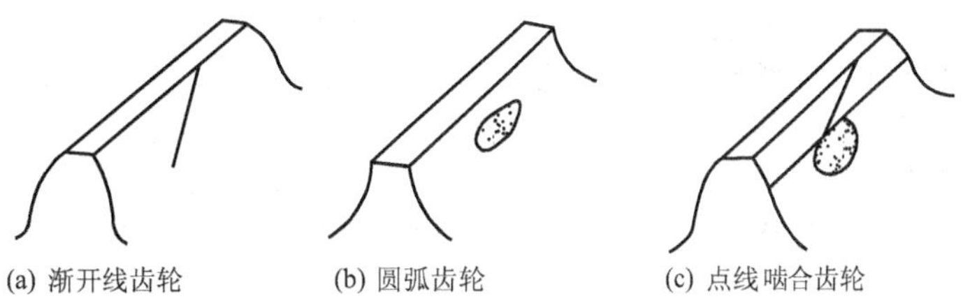

图 15-9-1　三种齿轮的接触状态

点线啮合齿轮传动的小齿轮是一个变位的渐开线短齿齿轮（斜齿），大齿轮的上齿部为渐开线的凸齿齿廓，下齿部为过渡曲线的凹齿齿廓（斜齿）。因此，在啮合传动时既有接触线为直线的线啮合，又同时存在凹凸齿廓接触的点啮合，在受载变形后就形成一个面接触。故称为点线啮合齿轮传动，如图 15-9-1c 所示。

1.1 点线啮合齿轮传动的类型

点线啮合齿轮传动可以制成三种形式。

1）单点线啮合齿轮传动　小齿轮为一个变位的渐开线短齿，大齿轮的上部为渐开线凸齿廓，下齿部为过渡曲线的凹齿廓，大小齿轮（斜齿或直齿）组成单点线啮合齿轮传动，如图 15-9-2 所示。

2）双点线啮合齿轮传动　大小齿轮齿高的一半为渐开线凸齿廓，另一半为过渡曲线的凹齿廓，大小齿轮啮合时形成双点啮合与线啮合，因此称双点线啮合齿轮（直齿或斜齿）传动，如图 15-9-3 所示。

3）少齿数点线啮合齿轮传动　这种传动的小齿轮最少齿数可以达 2~3 齿，因而其传动比可以很大，如图 15-9-4 所示。

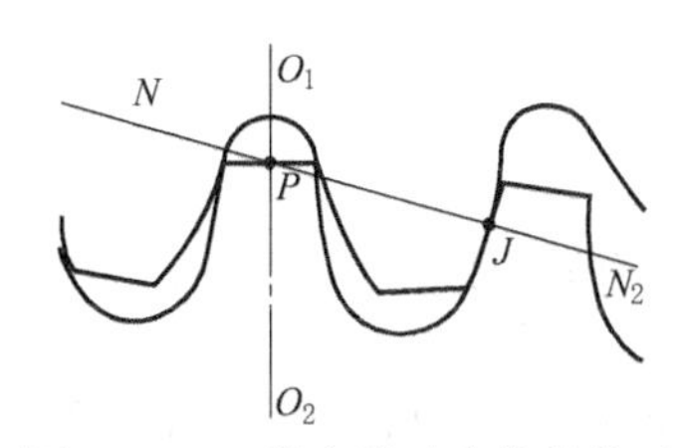

图 15-9-2　单点线啮合齿轮传动

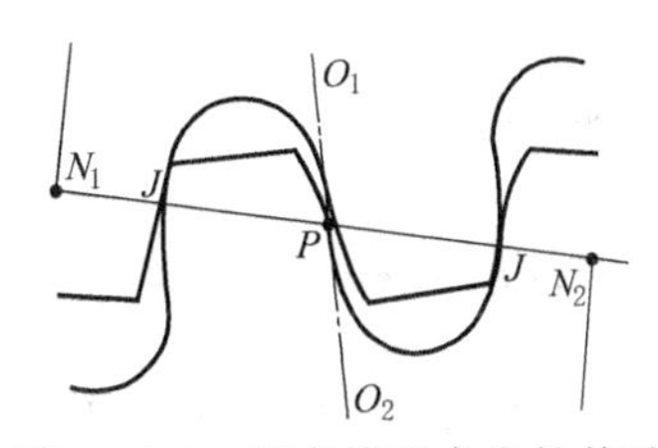

图 15-9-3　双点线啮合齿轮传动

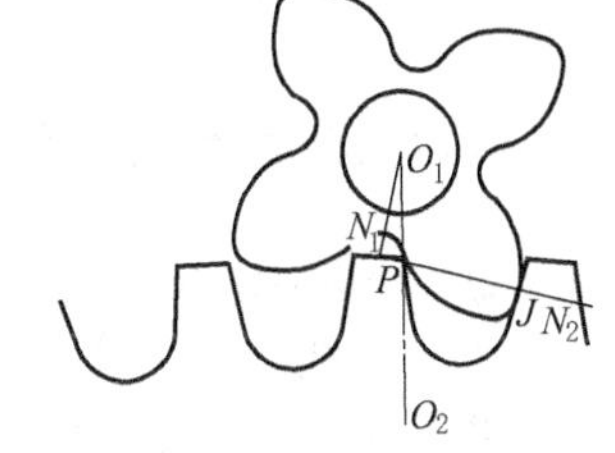

图 15-9-4　少齿数点线啮合齿轮传动

1.2 点线啮合齿轮传动的特点

1）制造简单。点线啮合齿轮可以用滚切渐开线齿轮的滚刀与渐开线齿轮一样在滚齿机上滚切而成。还可以在磨削渐开线齿轮的磨齿机上，磨削点线啮合齿轮。因此一般能加工渐开线齿轮的工厂均能制造点线啮合齿轮。不像圆弧齿轮需要专用滚刀，它的测量工具与渐开线齿轮相同。

2）具有可分性。点线啮合齿轮传动与渐开线齿轮传动一样，具有可分性，因此中心距的制造误差不会影响瞬时传动比和接触线的位置。

3）跑合性能好、磨损小。点线啮合齿轮采用了特殊的螺旋角，滚齿以后螺旋线误差基本上为零，当两齿轮孔的平行度保证的情况下，齿长方向就能达100%的接触。此外，当参数选择合适时，凹凸齿廓的贴合度很高，如图15-9-2在J点以下，凹凸齿廓全部接触，因此略加跑合就能达到全齿高的接触，形成面接触状态，如图15-9-2所示，跑合以后齿面粗糙度下降，磨损减小。

4）齿面间容易建立动压油膜。如图15-9-2所示，点线啮合齿轮在没有达到J点形成面啮合时，它像滑动轴承那样形成楔形间隙就容易形成油膜。当达到J点形成面啮合以后，在转动的过程中这个啮合面向齿长方向移动的速度很大，对建立动压油膜有利，可以提高承载能力，减少齿面磨损，提高传动效率。

5）强度高、寿命长。点线啮合齿轮既有线啮合又有点啮合，在点啮合部分是一个凹凸齿廓接触，它的综合曲率半径比渐开线齿轮的综合曲率半径大，因此，接触强度高，经过承载能试验，点线啮合齿轮传动的接触强度比渐开线齿轮传动提高1~2倍。点线啮合齿轮的小齿轮与大齿轮的齿高均比渐开线齿轮短。而且从接触迹分析可以知道渐开线齿轮的弯曲应力有两个波峰，而点线啮合齿轮弯曲应力基本上只有一个波峰，其峰值也比渐开线齿轮小，在相同参数条件下，渐开线齿轮不仅受载大，而且循环次数相当于点线啮合齿轮的2倍。因此点线啮合齿轮的弯曲应力比渐开线齿轮要小，根据试验，弯曲强度提高15%左右。齿轮的折断方式也不同，渐开线齿轮大部分为齿端倾斜断裂，圆弧齿轮为齿的中部呈月牙状断裂，而点线啮合齿轮则为全齿长断裂。在相同条件下寿命比渐开线齿轮要长。

6）噪声低。齿轮的噪声有啮合噪声与啮入冲击噪声两大部分，对于啮合噪声则与齿轮精度和综合刚度有关系。点线啮合齿轮的综合刚度比渐开线齿轮要低很多。而且点线啮合齿轮的啮合角通常在10°左右，比渐开线齿轮小很多。在传递同样圆周力下法向力就要小。冲击噪声与一对齿轮刚进入时的冲击力有关。如图15-9-2可以看出当第二对齿进入啮合时，第一对齿在J部位承受的载荷很大，而刚进入啮合时的一对齿轮承受的载荷就很小，从接触迹分析可以看到一对渐开线齿轮与一对点线啮合齿轮各位置的载荷分配比例也可看出点线啮合齿轮的载荷很小。因此当一对齿轮进入啮合时的啮入冲击就非常小。这两种因素加在一起是造成点线啮合齿轮噪声低的主要原因，根据实验与实践应用表明点线啮合齿轮传动的噪声比渐开线齿轮要低得多，甚至要低5~10dB（A）。由于受载以后齿面的贴合度增加，因此随着载荷的增加，噪声还要下降2~3dB（A），这与所有的齿轮传动都不同。

7）点线啮合齿轮小齿轮的齿数可以很少，甚至可以达到2~3齿。这是因为点线啮合齿轮的齿高比渐开线齿轮要短，小齿轮不存在齿顶变尖的问题，又可以采用正变位使其不发生根切。因此齿数可以很少。但是通常受滚齿机滚切最小齿数的影响，齿数大于8齿。而磨齿时通常受磨齿机的影响，齿数大于11齿。在相同中心距下，由于齿数可以减少，因而模数就可以增大，弯曲强度可以提高，另外传动比也可以增大。

8）材料省、切削时间短、滚刀寿命长。点线啮合齿轮的大小齿轮均为短齿，因此切齿深度比渐开线齿轮要浅。点线啮合齿轮的大齿轮其顶圆直径比分度圆直径还要小，因此大齿轮节约材料约10%左右。

9）可制成各种硬度的齿轮。点线啮合齿轮可以采用渐开线齿轮所有热处理的方法来提高强度，可以做成软齿面、中硬齿面、硬齿面齿轮，以适应不同场合的应用和不同精度的要求。

1.3 点线啮合齿轮传动的啮合特性

点线啮合齿轮通常是在普通滚齿机上用齿轮滚刀来加工或在磨齿机上用砂轮磨削而成。

（1）齿廓方程式

用齿条形刀具加工时，按照GB/T 1356—2001渐开线齿轮基准齿形及参数如图15-9-5所示（端面齿形）及瞬时滚动时φ时的位置如图15-9-6所示，得到了被加工齿轮齿廓的普遍方程式：

$$\left.\begin{aligned}x&=(r-x_1)\cos\varphi+(r\varphi-y_1)\sin\varphi\\y&=(r-x_1)\sin\varphi-(r\varphi-y_1)\cos\varphi\end{aligned}\right\}$$

φ 为齿条刀具的滚动角，其值为：

$$\varphi=\frac{\overset{\frown}{P_0N}}{r}=\frac{PN}{r}$$

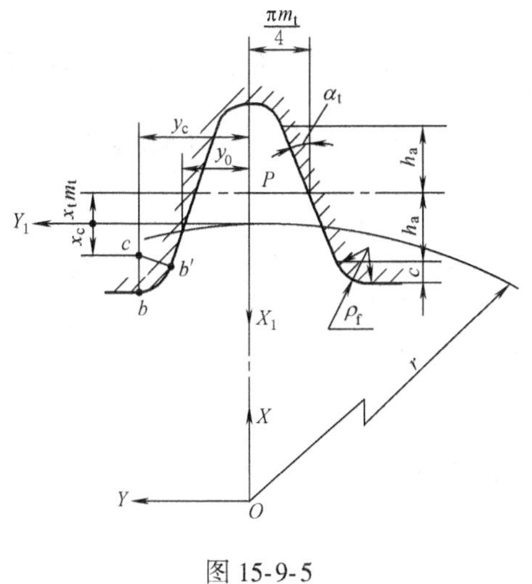

图 15-9-5

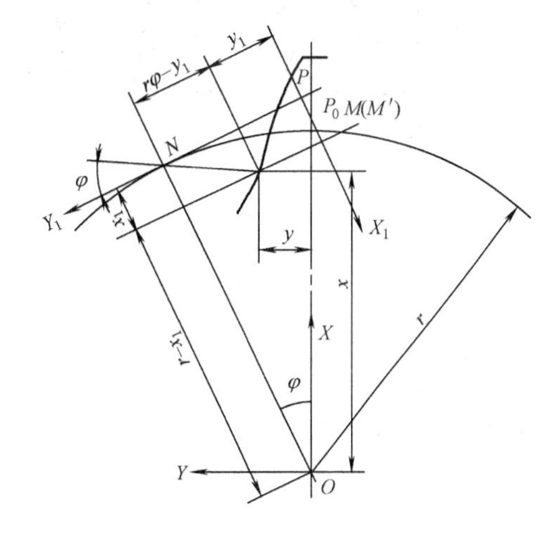

图 15-9-6

若取刀具齿廓上一系列的点（x_1，y_1）及 φ 值，就得到一系列的点（x，y），将这些点连接起来得到齿轮齿廓。

1）点线啮合齿轮中渐开线方程式：

$$\left.\begin{aligned}x&=\left[r-\frac{1}{2}(r\varphi-y_0')\sin2\alpha_t\right]\cos\varphi+(r\varphi-y_0')\cos^2\alpha_t\sin\varphi\\y&=\left[r-\frac{1}{2}(r\varphi-y_0')\sin2\alpha_t\right]\sin\varphi+(r\varphi-y_0')\cos^2\alpha_t\cos\varphi\end{aligned}\right\}$$

式中　$y_0'=\frac{m_n}{\cos\beta}(0.78539815+x_n\tan\alpha_n)$；$r=\frac{zm_n}{2\cos\beta}$；$\tan\alpha_t=\frac{\tan\alpha_n}{\cos\beta}$；

φ——滚动角。

2）点线啮合齿轮过渡曲线方程式

$$\left.\begin{aligned}x&=(r-x_1)\cos\varphi+x_1\tan\gamma\sin\varphi\\y&=(r-x_1)\sin\varphi-x_1\tan\gamma\cos\varphi\end{aligned}\right\}$$

式中　$x_1=x_c'+\cos\beta\sqrt{\left(\frac{\rho_f}{\cos\beta}\right)^2-(y_c'-y_1)^2}$；$x_c'=(0.87-x_n)m_n$；

$\tan\gamma=\frac{(x_1-x_c')(y_c'-y_1)}{\left(\frac{\rho_f}{\cos\beta}\right)^2-(y_c'-y_1)^2}$；$y_c'=1.50645159\frac{m_n}{\cos\beta}$

式中符号参见图 15-9-5、图 15-9-6。

（2）啮合特性

一对点线啮合齿轮在啮合时，其啮合过程包括两部分：一部分为两齿轮的渐开线部分相互啮合，形成线接触，在端面有重合度。另一部分为小齿轮的渐开线和大齿轮的渐开线与过渡曲线的交点 J 相互接触，形成点啮合。

1）符合齿廓啮合基本定律。点线啮合齿轮在啮合时其啮合线 N_1N_2 为两基圆的内公切线，如图 15-9-7 所示。传动时，大齿轮与小齿轮开始啮合点为 B_2，终止啮合点为 J（B_1）（大齿轮上渐开线与过渡曲线的交点）。因此

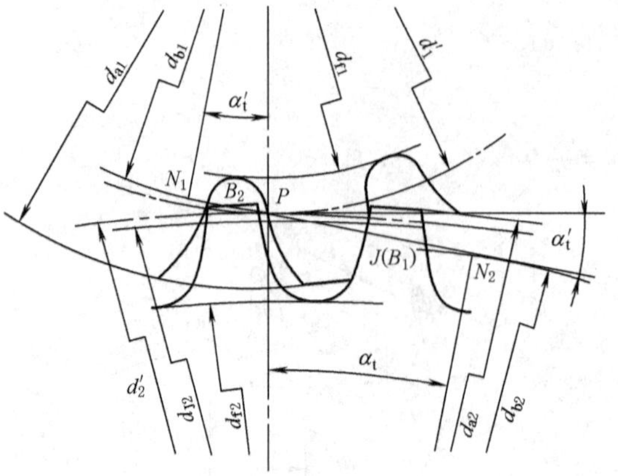

图 15-9-7

在 B_2 到 J 之间形成线啮合。在终止啮合点 J 处形成点啮合，啮合点沿轴线方向平移。其接触点的公法线均通过节点 P，因此它符合齿廓啮合基本定律。

2）具有连续传动的条件

小齿轮的渐开线齿廓与大齿轮 J 点以上部分渐开线啮合，只要满足：

$$B_2J/p_b>1$$

就具有连续传动的条件。上式中 p_b 是齿轮的基圆齿距。

点线啮合齿轮在通常情况下做成斜齿，也可以做成直齿。

3）能满足正确啮合的条件

斜齿点线啮合齿轮传动同普通渐开线斜齿轮传动相同，只要满足：

$$m_{n1}=m_{n2}=m_n；\ \alpha_{n1}=\alpha_{n2}=\alpha_n；\ \beta_1=-\beta_2$$

就能满足正确啮合的条件。

4）具有变位齿轮的特点

点线啮合齿轮传动同普通渐开线齿轮传动一样，可按无侧隙啮合方程式确定变位系数和：

$$x_{\Sigma}=\frac{z_1+z_2}{2\tan\alpha_n}(\mathrm{inv}\alpha_t'-\mathrm{inv}\alpha_t)$$

1.4 点线啮合齿轮传动的应用及发展

点线啮合齿轮已经过 20 多年的理论研究、台架试验与工业应用。目前主要应用在国内，部分产品随设备出口，而在国外应用，在国外还没有见到有关点线啮合齿轮的报道。在国内已广泛用于冶金、矿山、起重、运输、化工等行业的减速器中。某柴油机厂在柴油机（如 YC6M 系列柴油机中）的定时齿轮系列采用了点线啮合齿轮以降低噪声，目前已生产了数千台。湖北鄂州重型机械厂生产的三辊卷板机，七辊、十一辊校平机等全部采用点线啮合齿轮传动减速箱（该厂已不生产渐开线齿轮）。目前已开发出 DNK、DQJ、QDX 三个中硬齿轮系列的减速器和一个硬齿面系列减速器。其中 DQJ 系列减速器已作为部级标准系列，代号为 JB/T 11619—2013；一个硬齿面系列减速器已获得国家专利，专利号：ZL200520099260.5；QDX 已获批机械标准。减速器已经生产的模数 m_n = 1~28mm，中心距 a=48~1100mm（单级中心距），功率 P=0.14~1000kW，现在已有数千台减速器在数百个单位使用。有些减速器已使用 10 年以上，情况良好。目前，国内大部分工厂对点线啮合齿轮还认识不足，没有认识到它的优越性，因此不敢应用这种齿轮传动。随着人们对这种齿轮的逐步认识，特别是解决了硬齿面点线啮合齿轮的磨齿问题，这种齿轮将会得到更广泛的应用和发展。武汉理工大学机械设计教研室已有成套计算机辅助设计（CAD）软件，可供使用者选用。

2 点线啮合齿轮传动的几何参数和主要尺寸计算

2.1 基本齿廓和模数系列

点线啮合齿轮的基本齿廓和模数系列与普通渐开线齿轮完全相同。由于齿轮使用场合及使用要求的不同，可将表 15-9-1 中的某些参数作适当变动，以非标准齿廓来满足某些齿轮的特殊要求，例如：提高弯曲强度和接触强度可以采用大齿形角（22.5°，25°）；为了减小刚度、降低噪声、增大重合度可采用高齿（如取 $h_a^*=1.2$，$\alpha_n=17.5°$）。

2.2 单点线啮合齿轮传动的主要几何尺寸计算

表 15-9-1　　点线啮合齿轮传动尺寸计算实例

名称	代号	计算公式	计算值	
			小齿轮	大齿轮
模数	m_n	由强度计算或结构决定,并取标准值	$m_n=7\text{mm}$	
齿数	z_1,z_2	设计时选定	$z_1=13$	$z_2=52$
齿宽	b	设计时选定	100mm	
分度圆压力角	α_n	即刀具压力角,通常 $\alpha_n=20°$	$\alpha_n=20°$	
齿顶高系数	h_{an}^*	一般取 $h_{an}^*=1$	$h_{an}^*=1$	
顶隙系数	c_n^*	一般取 $c_n^*=0.25$	$c_n^*=0.25$	
圆角半径系数	ρ_{fn}^*	一般取 $\rho_{fn}^*=0.38$	$\rho_{fn}^*=0.38$	
分度圆螺旋角	β	β 按参数选择选取	$\beta=14°22'13''=14.3702777$	
实际中心距	a	根据设计要求而定	$a=225\text{mm}$(已知)	
未变位时中心距	a'	$a'=\dfrac{m_n(z_1+z_2)}{2\cos\beta}$	$a'=234.8479\text{mm}$	
端面分度圆压力角	α_t	$\alpha_t=\arctan\left(\dfrac{\tan\alpha_n}{\cos\beta}\right)$	$\alpha_t=20°35'23''=20.5925015$	
端面啮合角	$\alpha_{\omega t}$	$\alpha_{\omega t}=\arccos\left(\dfrac{a'\cos\alpha_t}{\alpha}\right)$	$\alpha_{\omega t}=12°17'29''=12.29140766$	
总变位系数	$x_{n\Sigma}$	$x_{n\Sigma}=x_{n1}+x_{n2}=\dfrac{(z_1+z_2)(\text{inv}\alpha_{wt}-\text{inv}\alpha_t)}{2\tan\alpha_n}$	$x_{n\Sigma}=-1.1578$	
变位系数分配	$x_{n1}x_{n2}$	$x_{n1}x_{n2}$	根据封闭图选	
			$x_{n1}=0.3322$	$x_{n2}=-1.49$
中心距变动系数	y_n	$y_n=\dfrac{a-a'}{m_n}$	$y_n=-1.4068$	
分度圆直径	d	$d=\dfrac{zm_n}{\cos\beta}$	$d_1=93.939$	$d_2=375.756$
基圆直径	d_b	$d_b=\dfrac{zm_n\cos\alpha_t}{\cos\beta}$	$d_{b1}=87.937\text{mm}$	$d_{b2}=351.748\text{mm}$
节圆直径	d_w	$d_w=\dfrac{d_b}{\cos\alpha_{\omega t}}$	$d_{w1}=90.00\text{mm}$	$d_{w2}=360.00\text{mm}$
小齿轮顶圆直径	d_{a1}	$d_{a1}\leqslant 2\left[a-\dfrac{d_2}{2}+(h_{an}^*+c_n^*-0.25-x_{n2})m_n\right]$	$d_{a1}=109.8\text{mm}$	
小齿轮最小变位系数	$x_{n1\min}$	$x_{n1\min}=(h_{an}^*+c_n^*+\rho_{fn}^*\sin\alpha_n-\rho_{fn}^*)-\dfrac{z_1\sin^2\alpha_t}{2\cos\beta}$	$x_{n1\min}=0.1699$	
大齿轮最小变位系数	$x_{n2\min}$	$x_{n2\min}=(h_{an}^*+c_n^*+\rho_{fn}^*\sin\alpha_n-\rho_{fn}^*)-\dfrac{z_2\sin^2\alpha_t}{2\cos\beta}$		$x_{n2\min}=-2.3203$
大齿轮顶圆直径	d_{a2}	$d_{a2}\leqslant 2\sqrt{\left(\dfrac{d_{b2}}{2}\right)^2+\left[a\sin\alpha_{\omega t}-\dfrac{m_n}{\sin\alpha_t}(x_{n1}-x_{n1\min})\right]}$		$d_{a2}=364.4\text{mm}$
齿根圆直径	d_f	$d_{f1}=2[r_1-(h_{an}^*+c_n^*-x_{n1})m_n]$ $d_{f2}=2[r_2-(h_{an}^*+c_n^*-x_{n2})m_n]$	$d_{f1}=81.09$	$d_{f2}=337.396$
小齿轮齿顶高	h_a	$h_{a1}=\dfrac{1}{2}(d_{a1}-d_1)$	$h_{a1}=7.930\text{mm}$	

续表

名称	代号	计算公式	计算值	
			小齿轮	大齿轮
小齿轮齿根高	h_f	$h_{f1}=\frac{1}{2}(d_1-d_{f1})$	$h_{f1}=6.424\text{mm}$	
全齿高	h	$h_1=\frac{1}{2}(d_{a1}-d_{f1}),h_2=\frac{1}{2}(d_{a2}-d_{f2})$	$h_1=14.355\text{mm}$	$h_2=13.502\text{mm}$
轴向重合度	ε_β	$\varepsilon_\beta=\frac{b\sin\beta}{\pi m_n}$	1.1286	
齿顶压力角	α_{at}	$\alpha_{at1}=\arccos\frac{r_{b1}}{r_{a1}}$ $\alpha_{at2}=\arccos\frac{r_{b2}}{r_{a2}}$	$\alpha_{at1}=36°47'8''$ $=36.785475$	$\alpha_{at2}=15°8'33''$ $=15.1423868$
端面重合度	ε_a	$\varepsilon_a=\frac{1}{2\pi}[z_2(\tan\alpha_{at2}-\tan\alpha_{\omega t})]+$ $z_1(\tan\alpha_{at1}-\tan\alpha_{\omega t})$	$\varepsilon_a=1.5327$	
总重合度	ε_γ	$\varepsilon_\gamma=\varepsilon_a+\varepsilon_\beta$	$\varepsilon_r=2.6612$	
小齿轮齿根滑动率	η_{1B2}	$\eta_{1B2}=\frac{r_{a2}\sin\alpha_{at2}-r_{b2}\tan\alpha_{\omega t}}{a\sin\alpha_{\omega t}-r_{a2}\sin\alpha_{at2}}\left(\frac{1+i_{12}}{i_{12}}\right)$	$\eta_{1B2}=38.03$	
大齿轮齿顶滑动率	η_{2B2} η'_{2B2}	$\eta_{2B2}=\frac{r_{a2}\sin\alpha_{at2}-r_{b2}\tan\alpha_{\omega t}}{r_{a2}\sin\alpha_{at2}}\left(\frac{1+i_{12}}{i_{12}}\right)$ $\eta'_{2B2}=\eta_{2B2}\cdot i_{12}$		$\eta_{2B2}=0.244$ $\eta'_{2B2}=0.976$
小齿轮齿顶滑动率	η_{1B1}	$\eta_{1B1}=\frac{r_{a1}\sin\alpha_{at1}-r_{b1}\tan\alpha_{\omega t}}{r_{a1}\sin\alpha_{at1}}\left(\frac{1+i_{12}}{i_{12}}\right)$	$\eta_{1B1}=0.886$	
大齿轮齿根滑动率	η_{2B1} η'_{2B1}	$\eta_{2B1}=\frac{r_{a1}\sin\alpha_{at1}-r_{b1}\tan\alpha_{\omega t}}{a\sin\alpha_{\omega t}-r_{a1}\sin\alpha_{at1}}\left(\frac{1+i_{12}}{i_{12}}\right)$ $\eta'_{2B1}=\eta_{2B1}i_{12}$		$\eta_{2B1}=1.938$ $\eta'_{2B1}=7.752$
小齿轮	公法线长度	跨齿数 k $=\frac{z_1}{\pi}\left[\frac{\sqrt{\left(1+\frac{(2x_{n1}-\Delta y)\cos\beta}{z_1}\right)^2-\cos^2\alpha_t}}{\cos\alpha_t\cos^2\beta_b}-\frac{2x_{n1}}{z_1}\tan\alpha_n-\text{inv}\alpha_t\right]+0.5$ 公法线长度 $W_{n1}=m_n\{\cos\alpha_n[\pi(k-0.5)+z_1\text{inv}\alpha_t]+2x_{n1}\sin\alpha_n\}$	$k=2.374$ 取整 $k=2$ $W_{n1}=33.983\text{mm}$	
	分度圆齿高 $\overline{h_{n1}}$	$\overline{h_{n1}}=h_{a1}+\frac{m_nz_{1v}}{2}\left[1-\cos\left(\frac{\pi}{2z_{1v}}+\frac{2x_{n1}\tan\alpha_n}{z_{1v}}\right)\right]$	$\overline{h_{n1}}=8.332\text{mm}$	
	分度圆齿厚 $\overline{S_{n1}}$	$\overline{S_{n1}}=m_nz_{1v}\sin\left(\frac{\pi}{2z_{1v}}+\frac{2x_{n1}\tan\alpha_n}{z_{1v}}\right)$	$\overline{S_{n1}}=12.654\text{mm}$	
	固定弦齿厚 $\overline{S_{c1}}$	$\overline{S_{c1}}=m_n\cos^2\alpha_n\left(\frac{\pi}{2}+2x_{n1}\tan\alpha_n\right)$	$\overline{S_{c1}}=12.204\text{mm}$	
	固定弦齿高 $\overline{h_c}$	$\overline{h_c}=\frac{d_{a1}-d_1}{2}-\overline{S_{c1}}\frac{\tan\alpha_n}{2}$	$\overline{h_c}=5.891\text{mm}$	

续表

名称	代号	计算公式	计算值	
			小齿轮	大齿轮
大齿轮	跨齿数 k	$k=\frac{z_2}{10}+0.6$	$k=5.8$ 取整 $k=6$	
	法线长度 W_{n2}	$W_{n2}=\frac{2r_{a2}\sin^2\alpha_s}{\sin\alpha}$	$W_{n2}=112.029$mm	
	J 点的半径 r_{j2}	$r_{j2}=\sqrt{r_2^2\cos^2\alpha_t+\left[\frac{m_n}{\sin\alpha_t}(x_{n2}-x_{n2\min})\right]^2}$	$r_{j2}=176.648$mm	
	J 点以上渐开线高度 h_{j2}	$h_{j2}=r_{a2}-r_{j2}$	$h_{j2}=5.551$mm	
	J 点法向齿厚 S_{jn2}	$S_{jn2}=r_{j2}\left[\frac{s_2}{r_2}-2(\mathrm{inv}\alpha_{j2}-\mathrm{inv}\alpha_t)\right]\cos\beta$	$S_{jn2}=8.69$mm	

3 点线啮合齿轮传动的参数选择及封闭图

点线啮合齿轮传动的参数选择比渐开线齿轮传动复杂，各参数之间有密切关系，又相互制约。主要的参数有：法向模数 m_n、齿数 z、端面重合度 ε_α、纵向重合度 ε_β、齿宽系数 ψ_a 或 ψ_d 以及变位系数 x_2（或 x_1）和分度圆柱螺旋角 β。其中 x_2 和 β 必须从封闭图中选取。

3.1 模数 m_n 的选择

齿轮的模数 m_n 取决于齿轮轮齿的弯曲承载能力计算。只要轮齿的弯曲强度满足，齿轮的模数取得小一点较好。对齿轮的胶合也有好处。

通常可取 $m_n=(0.01\sim0.03)a$。式中 a 为中心距。对于大中心距、载荷平稳、工作连续的传动，m_n 可取较小值；对于小中心距、载荷不稳、间断工作的传动，m_n 可取较大值。对于高速传动，为了增加传动的平稳性，m_n 可取较小值。对于轧钢机人字齿轮座等有尖峰载荷的场合，可取 $m_n=(0.025\sim0.04)a$。所取的 m_n 应取标准值。在一般情况下 $m_n=0.02a$。

3.2 齿数的选择

齿数的选择应与模数统一考虑，在中心距一定的情况下，增加齿数减小模数则增加重合度，另一方面模数减小则可减小点线啮合齿轮相对滑动，对胶合有好处。因此，在满足强度的条件下，选择齿数多些为好。点线啮合齿轮的最少齿数可取到 $z_{\min}=2\sim4$，一般为了滚齿加工方便，可取 $z_1\geqslant8$，磨齿加工随磨齿机磨削最少齿数而定，一般可取 $z_1\geqslant11$，在中心距不变的情况下，如果模数不变，小齿轮齿数减少就可以增大传动比。可以将 4 级传动改为 3 级传动或者 3 级传动改为 2 级传动。当然取较少齿数时，要考虑轴的强度。另一方面在中心距一定，传动比不变的情况下，齿数减少模数增大，则可以提高弯曲强度，提高承载能力，这对于间断工作或硬齿面齿轮传动是有利的。

3.3 重合度

点线啮合齿轮与渐开线齿轮一样，除了有端面重合度 ε_α 以外，还有轴向重合度 ε_β，通常要使轴向重度 $\varepsilon_\beta\geqslant1$，这样传动更平稳。一般要使总重合度 $\varepsilon_\gamma=\varepsilon_\alpha+\varepsilon_\beta>1.25$，最好要使 $\varepsilon_\gamma\geqslant2.25$。若要求噪声特别低时，可使 $\varepsilon_\alpha\geqslant2$。

3.4 齿宽系数

对于通用齿轮箱通常取$\psi_a=b/a$，其标准有：0.2、0.25、0.3、0.35、0.4、0.45、0.5、0.6。对于中硬齿面与硬齿面通用齿轮箱，通常可取齿宽系数$\psi_a=0.35$，0.4；对于软齿面通用齿轮箱可取$\psi_a=0.4$。若要采用$\psi_d=\frac{b}{d_1}$时，则$\psi_d=0.5(1+i)\psi_a$。

3.5 螺旋角β的选择

螺旋角β的选择比较复杂，它与大齿轮的变位系数x_2有关，必须与封闭图配合选取，在不同的β、x_2下就可以得到不同的尺寸，以至于影响到齿轮强度的大小和磨损的程度。一般来说螺旋角β大些，则可增加纵向重合度，对传动平稳性有利，但轴向力增大。通常$\beta=8°\sim30°$的范围内选取。对于多级传动，应使低速级的螺旋角β小于高速级的螺旋角β，这样就可使低速级的轴向力不至于过大。

表 15-9-2　　螺旋角β与k值

k	β	k	β	k	β
40	7°13′09″	82	55′42″	124	55′37″
41	24′02″	83	15°06′53″	125	23°07′21″
42	34′56″	84	18′04″	126	19′06″
43	45′50″	85	29′17″	127	30′52″
44	56′44″	86	40′29″	128	42′40″
45	8°07′38″	87	51′43″	129	54′28″
46	18′33″	88	16°02′57″	130	24°06′17″
47	27′28″	89	14′11″	131	18′08″
48	40′23″	90	25′27″	132	29′59″
49	51′19″	91	36′42″	133	41′52″
50	9°02′15″	92	47′59″	134	53′46″
51	13′11″	93	59′16″	135	25°05′41″
52	24′08″	94	17°10′34″	136	17′37″
53	35′05″	95	21′53″	137	29′34″
54	46′02″	96	33′12″	138	41′33″
55	57′	97	44′32″	139	53′32″
56	10°07′58″	98	55′53″	140	26°05′33″
57	18′56″	99	18°07′14″	141	17′35″
58	29′55″	100	18′36″	142	29′39″
59	40′54″	101	29′59″	143	41′44″
60	51′54″	102	41′23″	144	53′50″
61	11°02′54″	103	52′47″	145	27°05′57″
62	13′54″	104	19°04′13″	146	18′05″
63	24′55″	105	15′39″	147	30′15″
64	35′57″	106	27′05″	148	42′27″
65	46′58″	107	38′33″	149	54′39″
66	58′01″	108	50′01″	150	28°06′53″
67	12°09′03″	109	20°02′31″	151	19′09″
68	20′06″	110	13′01″	152	31′25″
69	31′10″	111	24′32″	153	43′35″
70	42′14″	112	36′04″	154	56′03″
71	53′18″	113	47′36″	155	29°08′24″
72	13°04′23″	114	59′10″	156	20′47″
73	15′29″	115	21°10′44″	157	33′11″
74	26′35″	116	22′20″	158	45′37″
75	37′41″	117	33′56″	159	58′04″
76	48′48″	118	45′33″	160	30°10′33″
77	59′56″	119	57′12″	161	23′03″
78	14°11′04″	120	22°08′51″	162	35′35″
79	22′13″	121	20′31″	163	48′09″
80	33′22″	122	32′12″		
81	44′32″	123	43′54″		

点线啮合齿轮的螺旋角β的具体选择与渐开线齿轮不同。渐开线齿轮为了使每个中心距的齿数和为常数，如ZQ减速器的β选择为8°6′34″，齿数和$z_c=99$，有些齿轮考虑强度的问题选用优化参数9°22′，有的选择整数角度如12°，13°等。但是这些角度的选择均没有考虑滚齿加工、差动挂轮的误差，造成螺旋线的误差，齿长方向接触很难达到100%。点线啮合齿轮螺旋角的选用与它们不同，在滚齿的时候，考虑差动挂轮的误差，以及考虑大小齿轮在不同的滚齿机上滚切时差动挂轮的误差。表15-9-4的螺旋角就是考虑滚齿机差动挂轮而得到的，如果按表15-9-2选取螺旋角，保证在同一台滚齿机上或者两台滚齿机差动挂轮搭配成相同的螺旋角或误差最小，在箱体平行度保证的情况下，齿长方向接触可达到100%，部分滚齿机的差动挂轮，$i_差$的计算参看表15-9-3。

表15-9-3　　差动挂轮的计算

机床型号	原差动挂轮计算公式 $i_差$	"k"值差动挂轮计算公式 i_k
Y38,Y38A	$\frac{7.95775\sin\beta}{m_n z_D}=\frac{25}{m_n}\times\frac{\sin\beta}{z_D\pi}$	$\frac{k}{40m_n z_D}$
YZ3132,YA3180,YW3180	$\frac{6\sin\beta}{m_n z_D}=\frac{1376}{73}\times\frac{\sin\beta}{m_n z_D\pi}$	$\frac{172}{73}\times\frac{k}{125m_n z_D}$
Y38-1	$\frac{6.96301\sin\beta}{m_n z_D}=\frac{175}{8}\times\frac{\sin\beta}{m_n z_D\pi}$	$\frac{7}{8}\times\frac{k}{40m_n z_D}$
Y3180	$\frac{6.9320827\sin\beta}{m_n z_D}=\frac{196}{9}\times\frac{\sin\beta}{m_n z_D\pi}$	$\frac{49}{9}\times\frac{k}{250m_n z_D}$
Y3215	$\frac{9.8145319\sin\beta}{m_n z_D}=\frac{185}{6}\times\frac{\sin\beta}{m_n z_D\pi}$	$\frac{37}{6}\times\frac{k}{200m_n z_D}$
Y3180H，YB3180H，Y3150E，YM3180H，YB3150E等	$\frac{9\sin\beta}{m_n z_D}=\frac{820}{29}\times\frac{\sin\beta}{m_n z_D\pi}$	$\frac{41}{29}\times\frac{k}{50m_n z_D}$
Y3150	$\frac{8.355615\sin\beta}{m_n z_D}=\frac{105}{4}\times\frac{\sin\beta}{m_n z_D\pi}$	$\frac{21}{4}\times\frac{k}{200m_n z_D}$
YM3120H	$\frac{7\sin\beta}{m_n z_D}=22\times\frac{\sin\beta}{m_n z_D\pi}$	$\frac{11}{500}\times\frac{k}{m_n z_D}$
YBA3132	$\frac{6\sin\beta}{12m_n z_D}=\frac{355}{226}\times\frac{\sin\beta}{m_n z_D\pi}$	$\frac{71}{226}\times\frac{k}{200m_n z_D}$
YBA3120	$\frac{3\sin\beta}{m_n z_D}=\frac{688}{73}\times\frac{\sin\beta}{m_n z_D\pi}$	$\frac{86}{73}\times\frac{k}{125m_n z_D}$

注：z_D—滚刀头数。

例：已知$m_n=6$，$\beta=14°44'32''$，$k=81$，Y38A滚齿机上加工，滚刀头数$z_D=1$，试计算Y38A差动挂轮。

解：由表15-9-3知，Y38A的$i_k=\frac{k}{40m_n z_D}=\frac{81}{40\times6\times1}=\frac{27}{80}$，然后将$\frac{27}{80}$分解成$\frac{a}{b}\times\frac{c}{d}$的挂轮数值。

若大齿轮在Y3180H上加工，试计算Y3180H差动挂轮。Y3180H的$i_k=\frac{41}{29}\times\frac{k}{50m_n z_D}=\frac{41}{29}\times\frac{81}{50\times6\times1}=\frac{41\times27}{29\times100}=\frac{1107}{2900}$，然后将$\frac{1107}{2900}$分解成$\frac{a}{b}\times\frac{c}{d}$的挂轮数值，就可保证两台机床加工出来的螺旋角$\beta$一致。

3.6　封闭图的设计

渐开线齿轮变位系数选择的封闭图，是1954年前苏联学者B. A. 加夫里连科（B. A. Гаврилеко）首先提出，后经T. П. 鲍洛托夫斯卡娅（T. П Болотовская）等人完善，解决了变位系数与许多影响因素之间的关系。但是点线啮合齿轮不能采用该封闭图，因为它所得的变位系数不在该封闭图之内，因此必须创立自己选择参数的封闭图。点线啮合齿轮大部分做成斜齿，也可以做成直齿。做成直齿时其参数选择比较简单，齿轮齿数决定后只与x_{n2}有关，是一种单因素变量。而做成斜齿轮时，参数的选择就非常复杂，它与β和x_{n2}有关。要解决这个问题，最好的办法就是采用封闭图选择，这样才能正确、直观地选择合理的参数。如果参数选择不当，甚至会产生严重干涉，以至于无法正常工作，或者齿厚太薄造成齿轮强度不足，大量计算表明封闭图与中心距a、模数m无关，而主要与齿数z_1、z_2和刀具的参数有关。当刀具参数一定时，只与一对齿轮z_1、z_2有关。不同的z_1、z_2就有不同的封闭图。

(1) 封闭图中各曲线的意义

典型的封闭图如图 15-9-8 所示，其横坐标为x_{n2}，纵坐标为β。它由如下曲线组成。

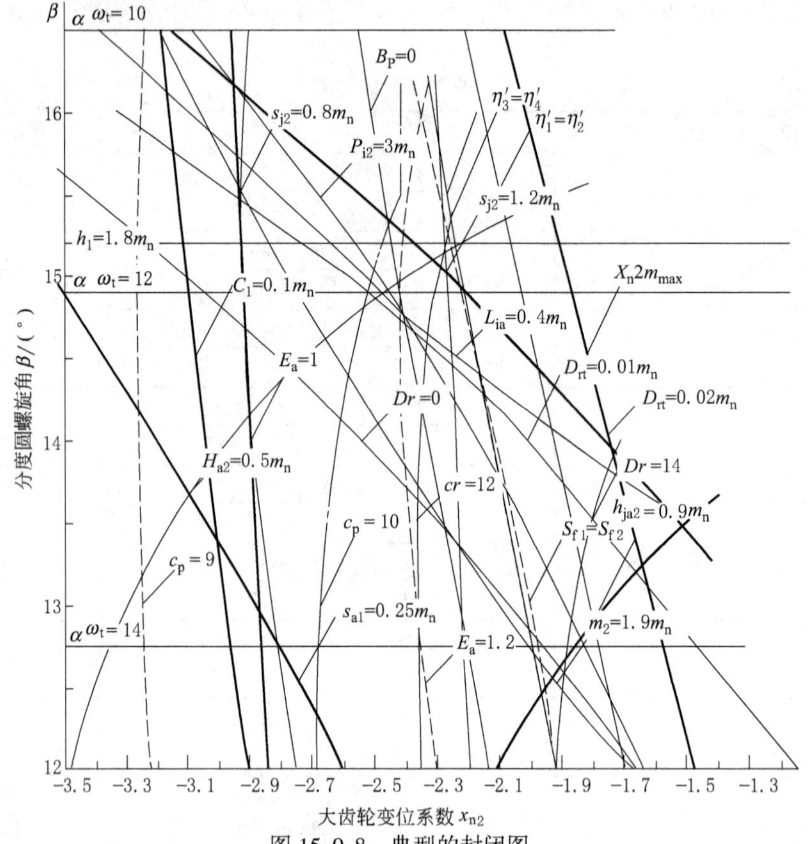

图 15-9-8　典型的封闭图

x_{n2max}——大齿轮的最大变位系数，即小齿轮根切限制曲线，

$$x_{n2max}=x_{n\Sigma}-x_{n1min}$$

x_{n1min}——小齿轮不发生根切最小变位系数。

x_{n2min}——大齿轮根切限制曲线。

s_{a1}——小齿轮齿顶厚限制曲线，$s_{a1}=0$，$0.25m_n$。

$c_1=0$，$0.1m_n$——大齿轮齿顶与小齿轮齿根间隙为 0 或 $0.1m_n$ 时的限制曲线。

s_{j2}——大齿轮上的渐开线与过渡曲线相交处J点的齿厚，$s_{j2}=0.8m_n$，$1.2m_n$。

D_{rt}——小齿轮齿顶旋动曲线与大齿轮过渡曲线的干涉量，$D_{rt}=0$，$0.01m_n$，$0.02m_n$。

$B_P=0$——大齿轮顶圆通过节点与小齿轮相啮合（称节点啮合）：

当 $r_{a1}>O_1P$　$r_{a2}<O_2P$，则为节点后啮合；

当 $r_{a1}>O_1P$　$r_{a2}>O_2P$，则为节点前后啮合；

当 $r_{a1}>O_1P$　$r_{a2}=O_2P$，节点啮合。

J_{1m}——大齿轮的J点与小齿轮啮合时的啮合弧长 $J_{1m}=0.4m_n$。

ε_α——端面重合度，$\varepsilon_\alpha=1$，1.2。

h_{ja2}——大齿轮上渐开线部分的高度，$h_{ja2}=0.5m_n$，$0.9m_n$。

α'_t——大齿轮与小齿轮啮合时的端面啮合角，$\alpha'_t=10°$，$12°$，$14°$。

h_1——小齿轮的全齿高，$h_1=1.6m_n$，$1.8m_n$，它与 x_2 无关，只与 β 有关，为水平直线。

h_2——大齿轮的全齿高 $h_2=1.6m_n$，$1.7m_n$，$1.8m_n$。

c_r——大小齿轮啮合时的综合刚度，$c_r=13$，14。

c_p——大小齿轮啮合时的单齿刚度，$c_p=10$。

$\eta_1'=\eta_2'$——大小齿轮滑动率相等曲线。

在封闭图中，随着齿数的改变，各曲线随之而变，上述曲线不一定均显示出来，但均有主要曲线，有时只有部分曲线。

(2) 参数选择的范围

① 大小齿轮不能发生根切：$x_2>x_{n2min}$、$x_2<x_{n2max}$。

② 小齿轮齿顶不发生变尖，大齿轮必须有一定的齿厚：$s_{a1}>0$ 或 $0.25m_n$，$s_{j2}\geqslant 0.8m_n$。

③ 大齿轮齿顶必须与小齿轮齿根有一定的间隙：$c_1>0$ 或 $0.1m_n$。

④ 小齿轮齿顶旋动曲线不能与大齿轮过渡曲线干涉量过大：$D_{rt}<0.01m_n$ 或 $0.02m_n$。

⑤ 大齿轮上渐开线的高度不能太高：$h_{ja2}\leqslant 0.9m_n$。

由于参数选择的范围确定，则通常有 5~6 条曲线就组成封闭图，在图中又表示了点线啮合齿轮啮合的性质，如接触弧长、重合度、刚度等。因而其选择的范围就很大，灵活性很好。

(3) 封闭图中参数对性能的影响

① β 一定时，"$-x_2$" 减小，则：ε_α 增大；s_{j2}增大；弯曲强度增大；接触强度增大；干涉量 D_{rt}增大；啮合弧长 J_{1m}增大；大齿轮上渐开线部分增大；综合刚度 c_r 增大；由节点后啮合变为节点前后啮合；啮合角 α_t'不变；小齿轮齿高 h_1 不变；大齿轮齿高 h_2 减小。

② "$-x_2$" 一定时，β 减小，则：啮合角 α_t'增大；接触强度增大；大齿轮上渐开线部分增大；综合刚度 c_r 略有增大；小齿轮齿高 h_1 增大；大齿轮齿高 h_2 增大；ε_α 基本不变；s_{j2}基本不变；弯曲强度减小；干涉量 D_{rt}减小；啮合弧长 J_{1m}减小。

4 点线啮合齿轮的疲劳强度计算

点线啮合齿轮的破坏，根据试验，点蚀破坏发生在大齿轮上渐开线部分，而小齿轮发生在渐开线的根部。最大应力仍在渐开线上，但它不在节点，在单对啮合点 C。接触疲劳强度计算仍然可以采用赫兹公式。弯曲折断仍然发生在齿根受拉侧。弯曲强度可采用渐开线齿轮的方法计算，只是系数略有改变。

4.1 轮齿疲劳强度校核计算公式

已知齿轮的尺寸、载荷、材料及使用条件，齿轮齿面接触疲劳强度和齿根弯曲疲劳强度计算公式见表 15-9-4。

表 15-9-4　齿面接触疲劳强度和齿根弯曲疲劳强度校核计算公式

项目	齿面接触疲劳强度	齿根弯曲疲劳强度
强度条件	$\sigma_H\leqslant\sigma_{HP}$ 或 $S_H\geqslant S_{Hmin}$	$\sigma_H\leqslant\sigma_{HP}$ 或 $S_F\geqslant S_{Fmin}$
计算应力/MPa	$\sigma_H=Z_EZ_\varepsilon Z_\beta Z_C\sqrt{\dfrac{2KT_1}{bd_1\cos\alpha t}}$	$\sigma_F=\dfrac{2K_1T_1}{bd_1m_nK_F}Y_{Fa}Y_{sa}Y_\varepsilon Y_\beta$
许用应力/MPa	$\sigma_{HP}=\dfrac{\sigma_{Hlim}}{S_{Hmin}}Z_{NT}Z_XZ_J$	$\sigma_{FP}=\dfrac{\sigma_{Flim}}{S_{Fmin}}Y_{ST}Y_NY_X$
安全系数	$S_H=\dfrac{\sigma_{Hlim}}{\sigma_H}Z_{NT}Z_XZ_J$	$S_F=\dfrac{\sigma_{Flim}}{\sigma_F}Y_{ST}Y_NY_X$

(1) 计算齿面接触应力系数

弹性系数 Z_E 与渐开线齿轮相同，钢对钢为 189.8。

重合度系数 Z_ε 与渐开线齿轮相同，通常做成斜齿轮时，$Z_\varepsilon=\sqrt{\dfrac{1}{\varepsilon\alpha}}$。

螺旋角系数 Z_ε，$Z_\varepsilon=\sqrt{\cos\beta}$

单对齿 C 点 Z_c　$Z_c=\sqrt{\dfrac{1}{\rho_{\Sigma cn}}}$　$\rho_{\Sigma cn}=\dfrac{\rho_{ct1}\rho_{ct2}}{(\rho_{ct1}+\rho_{ct2})\cos\beta_b}$

（2）载荷综合系数 K

$$K=K_1K_2$$

式中　K_1——由于原动机以及齿轮制造安装误差等产生的影响系数

$$K_1=K_AK_VK_\beta K_\alpha$$

K_A——使用系数与渐开线齿轮相同；

K_V——动载系数，见图 15-9-9；

K_β——齿向载荷分布系数，见图 15-9-10；

K_α——齿间载荷分配系数，见表 15-9-5；

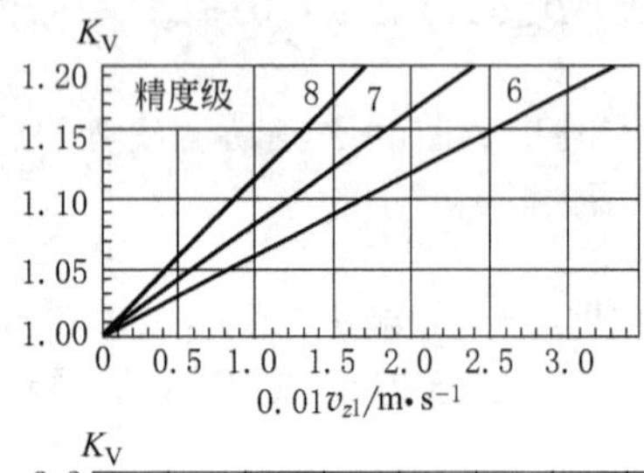

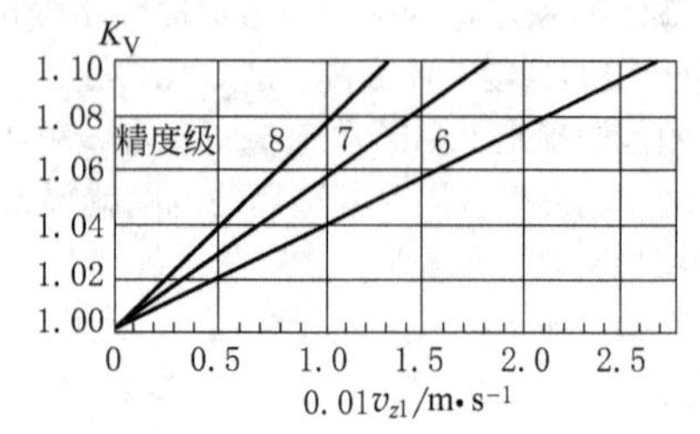

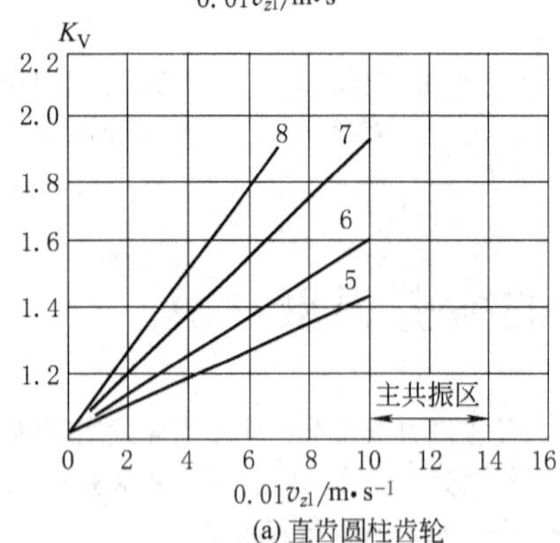

(a) 直齿圆柱齿轮

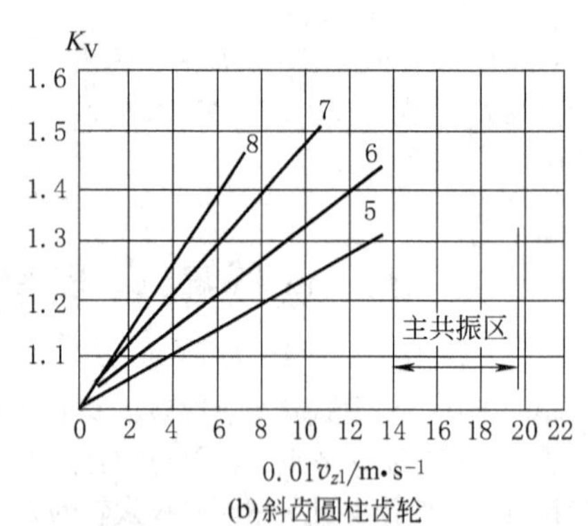

(b) 斜齿圆柱齿轮

图 15-9-9　动载系数 K_V

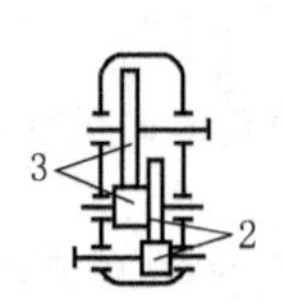

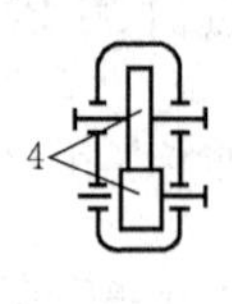

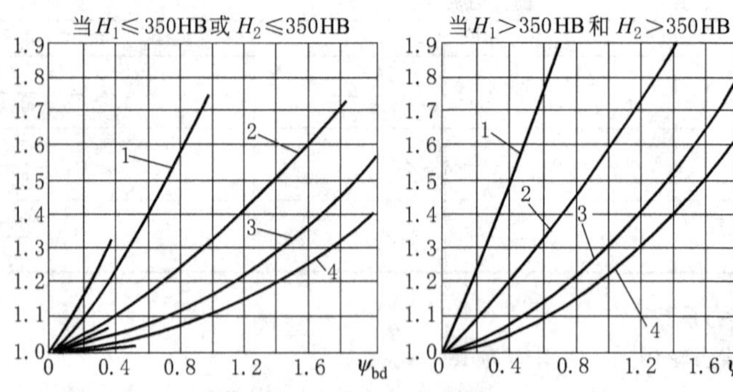

注：曲线上的数字与简图所示的传动型式标号相对应。

图 15-9-10　齿向载荷分布系数 K_β

表 15-9-5　　齿间载荷分配系数 K_α

精度精级(Ⅱ)		5	6	7	8
直齿轮	未硬化齿面	1.0	1.0	1.0	1.1
	硬化齿面	1.0	1.0	1.1	1.2
斜齿轮	未硬化齿面	1.0	1.0	1.1	1.2
	硬化齿面	1.0	1.1	1.2	1.4

K_2——由于凹凸齿廓啮合载分配而产生影响的系数

$$K_2=K_L K_c$$

K_L——凹凸齿廓接触线长度变化的系数见图 15-9-11；

K_c——单对齿 C 载荷系数，K_c——$=0.29\sim0.40$ 一对齿经过仔细磨合时可小值，否则考虑取大值。

（3）许用接触疲劳应力系数

σ_{Hlim}——试验齿轮的接触疲劳极限，与渐开线同；

Z_X——尺寸系数，与渐开线同；

Z_{NT}——接触强度寿命系数，与渐开线同；

Z_j——增强系数，间断工作，软齿面、中硬齿面 $Z_j=1.4$，连续工作，硬齿面 $Z_j=1$；

S_{Hmin}——接触强度最小安全系数，见表 15-9-6。

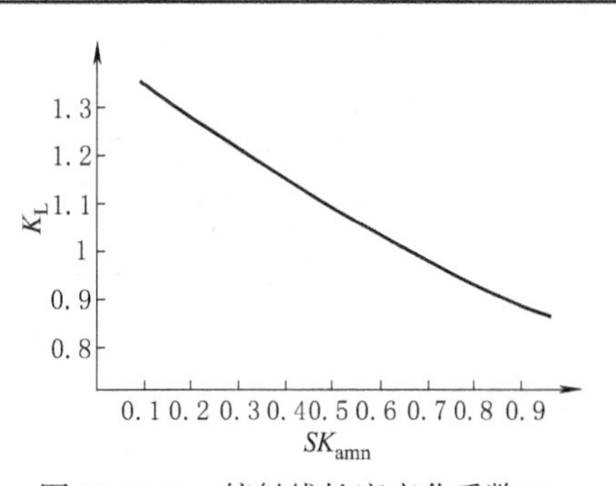

图 15-9-11　接触线长度变化系数 K_L

注：SK_{amn}是指渐开线与过渡曲线接触时，最大接触线的长度除以模数。

表 15-9-6　　最小安全系数 S_{Fmin}、S_{Hmin}参考值

使用要求	失效概率	使用场合	S_{Fmin}	S_{Hmin}
高可靠度	1/10000	特殊工作条件下要求可靠度很高的齿轮	2.2	1.55~1.65
较高可靠度	1/1000	长期连续运转和较长的维修间隔,设计寿命虽不长,但可靠性要求较高,一旦失效可能造成严重的经济损失或安全事故	1.8	1.3~1.35
一般可靠度	1/100	通用齿轮和多数工业用齿轮,对设计寿命和可靠度有一定要求	1.3	1.05~1.15
低可靠度	1/10	齿轮设计寿命不长,易于更换的重要齿轮,或者设计寿命虽不短,但可靠度要求不高	1.05	0.9

注：1. 在经过使用验证或材料强度、载荷工况及制造精度拥有较准确的数据时，可取表中 S_{Hmin} 的下限值。
2. 一般齿轮传动不推荐采用低可靠度的安全系数值。
3. 在采用可靠度 $S_{Hlim}=0.9$ 时，可能在点蚀前先出现齿面塑性变形。

（4）齿根弯曲应力系数

Y_{Fa}——力作用在齿顶时的齿形系数，与渐开线齿轮相同；

Y_{sa}——应力修正系数，与渐开线齿轮相同；

Y_s——重合度系数，与渐开线齿轮相同；

Y_β——螺旋角系数，与渐开线齿轮相同；

K_F——增强系数，小齿轮 $K_F=1$，大齿轮 $K_F=1.15$。

（5）许用弯曲疲劳应力系数

σ_{Flim}——试验齿轮的弯曲疲劳极限，与渐开线齿轮相同；

Y_{ST}——试验齿轮的应力修正系数 $Y_{ST}=2$；

Y_N——弯曲强度计算寿命系数，与渐开线齿轮相同；

Y_X——尺寸系数，与渐开线齿轮相同；

S_{Fmin}——弯曲疲劳强度计算的最小安全系数见表 15-9-6。

4.2　点线啮合齿轮强度计算举例

减速器计算实例如下。

某二级圆柱齿轮减速器，电机驱动用于带运输机传动，单向连续工作，要求工作寿命为 10 年，每年工作 300 天，单班制工作。一般可靠度要求。齿轮选用 N320 重负工业齿轮油，工作油温 50℃，验算高速级的强度。

表 15-9-7 **齿轮的设计参数**

名称	代号	单位	算例
传递功率	P	kW	400
小齿轮转速	n_1	r/min	1000
小齿轮材料			20CrNi2MoA
大齿轮材料			20CrNi2MoA
齿面硬度			小齿轮 58~62HRC
精度等级			大齿轮 58~62HRC　6 级
加工方式			磨齿加工
小齿轮渐开线齿面粗糙度		μm	0.8
大齿轮渐开线齿面粗糙度		μm	0.8
大齿轮过渡曲线粗糙度		μm	1.0
实际中心距	a	mm	225
齿数	z_1/z_2		13/52
模数	m_n	mm	7
螺旋角	β	(°)	14°22′13″
变位系数	x_{n1}/x_{n2}		0.3322/-1.49
齿轮顶圆半径	R_{a1}/R_{a2}	mm	54.9/182.2

注：其余各参数表见表 15-9-1。

表 15-9-8 **点线啮合齿轮强度计算**

名称	代号	单位	计算公式及说明	结果
扭矩	T_1	N·m	$T_1=9550\dfrac{p_1}{n_1}$	3820
名义切向载荷	F_t	N	$F_t=\dfrac{2T_1}{d_{w1}}$	848888
使用系数	K_A		按渐开线齿轮计算	1.1
动载系数	K_V		按 $0.01vZ_1$，$v=3.499$ 查图 15-9-9	1.0196
齿向载荷分布	K_β		按 $\psi_{bd}=\psi_a\dfrac{1+i}{2}$ 查图 15-9-10	1.6488
齿间载荷分布系数	K_α		6 级硬化见表 15-9-5	1.1
凹齿廓接触线长度变化系数	K_L		见图 15-9-11，$Sk_{amn}=0.6071$	1.026
单对齿 C 载荷系数	K_c			0.32
综合系数	K		$K=K_AK_VK_\beta K_\alpha K_LK_c$	0.668
接触强度计算				
弹性系数	Z_E	钢对钢		189.8
重合度系数	Z_ε		$Z_\varepsilon=\sqrt{\dfrac{1}{\varepsilon_a}}$，$\varepsilon_a=1.5327$	0.8077
螺旋角系数	Z_β		$Z_\beta=\sqrt{\cos\beta}$	0.9842
小齿轮 C 点的端面曲率半径	ρ_{ct1}	mm	$\rho_{ct1}=\sqrt{r_{a1}^2-r_{b1}^2}-p_{bt}$	11.6243
大齿轮 C 点的端面曲率半径	ρ_{ct2}	mm	$\rho_{ct2}=a\sin\alpha_{wt}-\rho_{ct1}$	36.2745
C 点法面曲率半径	$\rho_{\Sigma cn}$	mm	$\rho_{\Sigma cn}=\dfrac{\rho_{ct1}\rho_{ct2}}{(\rho_{ct1}+\rho_{ct2})\cos\beta_b}$	9.0529
节点系数	Z_c		$Z_c=\sqrt{\dfrac{1}{\rho_{\Sigma cn}}}$	0.3323
单点 C 接触应力	σ_H	MPa	$\sigma_H=Z_EZ_\varepsilon Z_\beta Z_c\sqrt{\dfrac{2KT_1}{bd_1\cos\alpha_t}}$	1208.133

续表

名称	代号	单位	计算公式及说明	结果
接触极限应力	σ_{Hlim}	MPa	按渐开线齿轮计算	$\sigma_{Hlim}=1500$ $\sigma_{Hlim}=1500$
循环次数	N		$N=60\cdot1000\cdot10\cdot300\cdot8$	144×10^7 36×10^7
寿命系数	Z_{NT}		按渐开线齿轮计算	1
最小安全系数	S_{Hmin}			1
接触强度尺寸系数	Z_x		按渐开线齿轮计算	0.997
增强系数	Z_J		连续工作	1
许用接触疲劳应力	σ_{HP}		$\sigma_{HP}=\dfrac{\sigma_{Hlim}}{S_{Hmin}}Z_{NT}Z_XZ_J$	1499.6
实际安全系数	S_H		$S_H=\dfrac{\sigma_{Hlim}}{\sigma_H}Z_{NT}Z_XZ_J$	1.241
接触强度满足要求				
弯曲强度计算				
齿形系数	Y_{Fa}		$\dfrac{6\left(\dfrac{h_{Fa}}{m_n}\right)\cos\alpha_{Fan}}{\left(\dfrac{S_{Fa}}{m_n}\right)^2\cos\alpha_n}$	$Y_{Fa1}=2.2$ $Y_{Fa2}=3.325$
应力修正系数	Y_{sa}		$Y_{sa}=(1.2+0.13L_a)q_s\dfrac{1}{\left(1.21+\dfrac{2.3}{L_a}\right)}$	$Y_{Sa1}=1.73$ $Y_{Sa2}=1.346$
重合度系数	Y_ε		$Y_\varepsilon=0.25+\dfrac{0.75}{\varepsilon_{an}}$	0.7127
螺旋角系数	Y_β		$Y_\beta=1-\varepsilon_\beta\dfrac{\beta}{120^\circ}$	0.8804
大齿轮弯曲强度提高倍数	K_F			1.15
影响系数	K_1		$K_1=K_AK_VK_\beta K_\alpha$	2.034
弯曲应力	σ_F	MPa	$\sigma_{F1}=\dfrac{2K_1T_1}{bd_1m_n}Y_{Fa1}Y_{Sa1}Y_\varepsilon Y_\beta$ $\sigma_{F2}=\dfrac{2K_1T_1}{bd_1m_nK_F}Y_{Fa2}Y_{Sa2}Y_\varepsilon Y_\beta$	564.59 577.33
弯曲极限应力	σ_{Flim}	MPa	按渐开线齿轮计算	500 500
寿命系数	Y_N			1
应力修正系数	Y_{ST}			2
尺寸系数	Y_X		按渐开线齿轮计算	0.98
弯曲疲劳安全系数	S_{Fmin}			1
许用弯曲疲劳应力	σ_{FP}	MPa	$\sigma_{FP}=\dfrac{\sigma_{Flim}}{S_{Fmin}}Y_{ST}Y_NY_X$	980 980
实际安全系数	S_F		$S_F=\dfrac{\sigma_{Flim}}{\sigma_F}Y_{ST}F_NY_X$	1.735 1.697
弯曲强度满足要求				

第10章　塑料齿轮

1　概　　述

表 15-10-1　　塑料齿轮分类、特点、比较和发展概况

	名　　称	特　　点	发 展 概 况
分类	运动型 塑料齿轮	传递载荷轻微的仪器、仪表及钟表用齿轮	我国对这类齿轮已有相当开发生产实力,如深圳多家企业生产的产品,已出口欧、美、日
	动力型 塑料齿轮	传递载荷较大的汽车(雨刮、摇窗、启动电机等)及减速器用齿轮	对高性能动力型齿轮的开发比较滞后,与发达国家相比,差距正在缩小
	热塑性塑料齿轮	主要用于功率较小的传动齿轮,模数较小,仍多为 $m \leqslant 1.5$mm	
	热固性增强塑料齿轮	主要用于模数较大,载荷较高的动力传动齿轮	
与金属齿轮比较	性能特点	与塑料齿轮相比,金属齿轮的机械强度高、刚性好、温度和湿度变化对尺寸稳定性的影响小。而塑料齿轮则有较大的线胀系数,没有玻纤增强的工程塑料,如聚甲醛其线胀系数是钢的9倍左右、尼龙7倍左右。因此,一对齿轮在高温下工作,设计人员必须对这种热膨胀情况予以充分的考虑,否则会因为在高温下轮系的顶隙或侧隙过小而发生"胶合",而在低温时又出现啮合重合度过小等问题 塑料齿轮的应用,同时也是一种满足低噪声运行要求的重要途径。这就要求有高精度、新型齿形和润滑性与柔韧性兼优的材料出现。塑料齿轮自身具有一定的自润性能,如果是采用添加有PTFE、硅油等的复合材料,齿轮即可在没有润滑条件下长期工作。这类自润性塑料齿轮更是打印机、传真机和相机等产品的最佳选择。因为这些齿轮不需要外加润滑油剂,不会对工作环境和使用者造成污染 与金属齿轮相比,塑料还可以采用色母或色粉进行着色处理,使模塑齿轮具有各种各样鲜艳美丽的色彩。在电动玩具、石英钟表等产品中装配这类五颜六色的齿轮,既显得美观大方、又方便装配操作 与金属齿轮相比,当前塑料齿轮的最大弱点在于它的弹性模量较小,其轮齿的弯曲强度、齿形和尺寸精度较低。齿轮用热塑性材料种类繁多,其发展由于缺乏有关这类齿轮强度、磨损、磨耗和使用寿命等可靠的计算方法和可靠数据而受到限制。因此,在动力传动中,设计人员提出塑料齿轮的"以塑代钢"方案备受质疑的现象时有发生。对于汽车动力传动等用塑料齿轮,通常要求按产品设计特性规范,通过对样机特性和寿命的型式试验来验证轮系的设计和材料选择的可行性	
	成型工艺	与金属齿轮相比,模塑成型工艺的固有特点大大提高了设计上的自由度,确保了齿轮制造的高效率、低成本。可以用一次模塑成型内齿轮、齿轮组件、蜗杆和蜗轮等产品。这类产品如果采用金属制造,则加工工序长、技术难度大、生产成本高。因此,如图a~f所示各种复杂塑料齿轮组件已在汽车、仪表、家用电器和钟表等产品中获得广泛应用	

续表

与金属齿轮比较	成型工艺	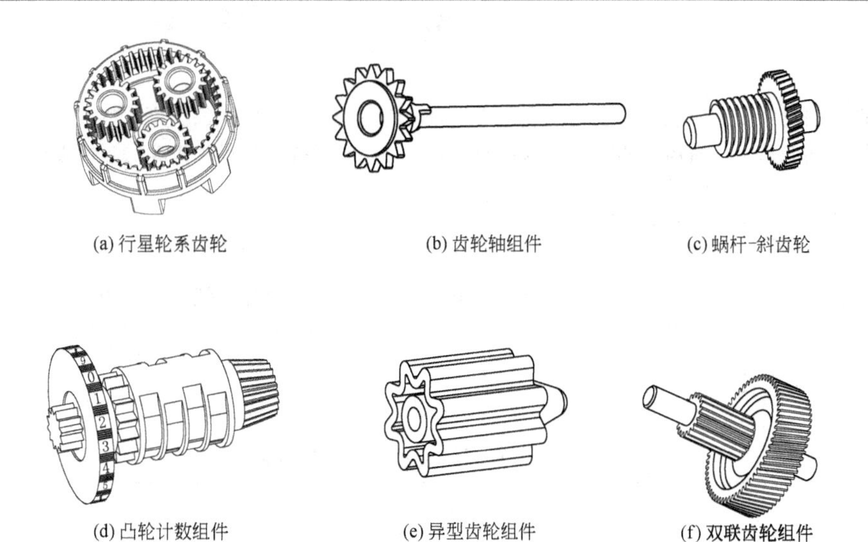 (a) 行星轮系齿轮　(b) 齿轮轴组件　(c) 蜗杆-斜齿轮 (d) 凸轮计数组件　(e) 异型齿轮组件　(f) 双联齿轮组件 模塑直齿轮型腔一般可采用 EDM 电火花线切割成型工艺加工，其原理是采用一根通电的金属丝，按事先编制的程序进行切割成型。这种线切割成型方法，除了要详尽了解齿轮渐开线和齿根的准确形状之外，再没有其他要求。此法不采用基本齿条按展成原理来确定轮齿的几何尺寸和齿根，而是通过一配对齿轮按展成原理来创成最大实体齿廓齿轮，并确定齿轮几何尺寸。这种现代制模先进工艺也大大扩展了轮系齿形设计上的自由度，设计者可以不再受基本齿条概念的约束，通过 CAD 等电算软件对齿轮轮系进行优化设计和校核
塑料齿轮设计、应用、发展概况		早在第二次世界大战前，国外就有人采用帆布填充酚醛树脂压制成多层板，经过切齿加工制成低噪声的动力传动用大齿轮。塑料齿轮是 50 年前才发展和应用起来的一种具有重量轻、惯性小、噪声低、自润滑好等特性的新型非金属齿轮 在我国，塑料齿轮起步于 20 世纪 70 年代初。模塑齿轮的开发应用大致经历了以下三个阶段：①水、电、气三表计数齿轮、各种机械或电动玩具齿轮；②洗衣机定时器、石英闹钟和全塑石英手表、相机、家用电器、文仪办公设备等齿轮；③汽车雨刮、摇窗、启动电机和电动座椅驱动器（HDM、VDM 等）中的斜齿轮、蜗轮和蜗杆等。当前我国塑料齿轮制造业主要集中在浙、粤、闽等沿海地区，塑料齿轮的产量和质量均能基本满足国内目前包括汽车工业在内的产品需求 今天，塑料齿轮已经深入到许多不同的应用领域，如家用电器、玩具、仪器仪表、钟表、文仪办公设备、结构控制设施、汽车和导弹等，成为完成机械运动和动力传递等的重要基础零件 由于塑件在成型工艺上的优势，以及可以模塑成型更大、更精密和更高强度的齿轮，从而促进塑料齿轮得以快速发展。早期塑料齿轮发展趋势一般是直径不大于 25mm，传输功率不超过 0.2kW 的直齿轮。现在可以做成许多不同类型和结构，传输动力可达 1.5kW，直径范围已达 100~150mm 的模塑齿轮。有人预测几年后，塑料齿轮成型直径可望达到 450mm，传输功率可提升到 7.5kW 以上 《塑料齿轮齿形尺寸》美国国家标准（ANSI/AGMA 1006-A97 米制单位版），为动力传动用塑料齿轮设计推出了一种新版本的基本齿条 AGMA PT。此基本齿条的最大特点是齿根采用全圆弧，可以在塑料齿轮设计的许多应用场合中优先选用。该标准还阐述了采用基本齿条展成渐开线齿廓的一般概念，包括任何以齿轮齿厚和少数几个数据，推算出圆柱直齿和斜齿齿轮尺寸的说明，并附有公式和示范计算；公式和计算采用 ISO 规定的符号和公制单位。还编写有几个附录，详细介绍了所推荐的几种试验性基本齿条参数；另外还提出了一种不用基本齿条和模数等概念来确定齿轮几何参数的新途径 为了适应我国塑料齿轮的发展和应用，我国第一本全面、实用地介绍塑料齿轮设计与制造的技术专著《塑料齿轮设计与制造》，已由化学工业出版社于 2011 年出版发行。该书实用性、可操作性强。全书系统、全面地介绍了国内外塑料齿轮设计、制造与应用的技术成果，重点阐述了塑料齿轮及其轮系的设计计算方法、常用材料特性、注塑机、制造工艺及模具设计、检测以及典型塑料齿轮装置的应用等内容

2 塑料齿轮设计

热塑性的材料特性以及塑料齿轮的成型工艺与金属齿轮有着本质上的区别，在设计塑料齿轮时，需要更加深入地了解传动轮系中塑料齿轮的特点，以及如何充分利用和发挥这类模塑齿轮的独特性能。

2.1 塑料齿轮的齿形制

塑料齿轮与金属齿轮一样，普遍采用渐开线齿形。而在钟表等计时仪器仪表中，为了提高传动效率和节能降耗的目的，仍采用圆弧齿形。

2.1.1 渐开线齿形制

表 15-10-2 渐开线圆柱直齿轮基本齿条

特点、适用范围	运动传动用(简称运动型)塑料齿轮多为小模数圆柱直齿齿轮,其齿廓采用渐开线齿形制。适应于小模数渐开线圆柱齿轮国家标准 GB/T 2363—1990,模数 m_n<1.00mm 系列。随着汽车用塑料齿轮所需承载负荷越来越大,这类齿轮模数已逐渐扩展到 $m_n\approx2.00$mm 系列;适应于渐开线圆柱齿轮国家标准 GB/T 10095—2008(与 ISO 1328:1997 等同) 我国现行的齿轮基本齿条标准见 GB/T 1356—2001《通用机械和重型机械用圆柱齿轮　标准基本齿条齿廓》[4](与 ISO 53:1998 等同) 当渐开线圆柱齿轮的基圆无穷增大时,齿轮将变成齿条,渐开线齿廓将逼近直线形齿廓,正是这一点成为统一齿轮齿廓的基础。基本齿条标准不仅要统一压力角,而且还要统一齿廓各部分的几何尺寸 为了确定渐开线类圆柱齿轮的轮齿尺寸,国标中标准基本齿条齿廓仅给出了渐开线类齿轮齿廓的几何参数。它不包括对刀具的限定,但对采用展成法加工齿轮渐开线齿廓时,可以采用与标准基本齿条相啮的基本齿条来规定切齿刀具齿廓的几何参数
标准基本齿条齿廓和相啮标准基本齿条齿廓	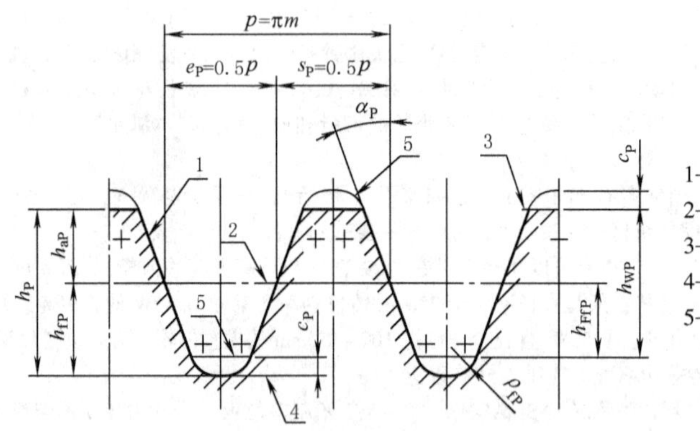 1—标准基本齿条齿廓; 2—基准线; 3—齿顶线; 4—齿根线; 5—相啮标准基本齿条齿廓
标准基本齿条齿廓	标准基本齿条齿廓是指基本齿条的法向截形,基本齿条相当于齿数 $z=\infty$、分度圆直径 $d=\infty$ 的外齿轮。上图为 GB/T 1356—2001 所定义的标准基本齿条齿廓和与之相啮的标准基本齿条齿廓
相啮标准齿条齿廓	相啮标准齿条齿廓是指齿条齿廓在基准线 $P—P$ 上对称于标准基本齿条齿廓,且相对于标准基本齿条齿廓偏移了半个齿距的齿廓

续表

	符号	定　　义	单位	符号	定　　义	单位
代号与单位	c_P	标准基本齿条轮齿与相啮标准基本齿条轮齿之间的顶隙	mm	h_P	标准基本齿条的齿高	mm
				h_{WP}	标准基本齿条和相啮标准基本齿条轮齿的有效齿高	
	e_P	标准基本齿条轮齿齿槽宽		m	模数	
	h_{aP}	标准基本齿条轮齿齿顶高		p	齿距	
	h_{fP}	标准基本齿条轮齿齿根高		s_P	标准基本齿条轮齿的齿厚	
	h_{FfP}	标准基本齿条轮齿齿根直线部分的高度		α_P	压力角(或齿形角)	(°)
				ρ_{fP}	基本齿条的齿根圆角半径	mm

标准基本齿条齿廓几何参数

1. 标准基本齿条齿廓的几何构型及其几何参数见上图和上表；
2. 标准基本齿条齿廓的齿距为 $p=\pi m$；
3. 在 $h_{aP}+h_{FfP}$ 的高度上，标准基本齿条的齿侧面齿廓为直线；
4. 在基准线 $P—P$ 上的齿厚与齿槽宽度相等，即齿距的一半；
5. 标准基本齿条的齿侧面直线齿廓与基准线的垂线之间的夹角为压力角 α_P，齿顶线平行于基准线 $P—P$，距离 $P—P$ 线之间距离为 h_{aP}；齿根线亦平行于基准线 $P—P$，距离 $P—P$ 线之间距离为 h_{fP}；
6. 标准根据不同的使用要求，推荐使用四种类型替代的基本齿条齿廓（见文献[5]中表 4），在通常情况下多使用 B、C 型

项　　目	α_P	h_{aP}	c_P	h_{fP}	ρ_{fP}
标准基本齿条齿廓的几何参数值	20°	$1m$	$0.25m$	$1.25m$	$0.38m$

当渐开线圆柱齿轮 $m\geqslant 1$mm 时，允许齿顶修缘。其修缘量的大小，由设计者确定。当齿轮 $m<1$mm 时，一般不需齿顶修缘；$h_{fP}=1.35m$

表 15-10-3　　计时仪器用渐开线圆柱直齿轮基本齿条

适用范围

计时仪器用渐开线圆柱直齿塑料齿轮，多用在石英钟表、洗衣机定时器等计时仪器仪表的传动轮系。由哈尔滨工业大学原计时仪器用渐开线齿形研究组编制的计时仪器用渐开线圆柱直齿轮标准 GB 9821.4—1988，适用于模数 $m=0.08\sim1.00$mm，齿数 $z\geqslant7$ 的计时仪器用渐开线圆柱直齿轮传动轮系设计

基本齿条齿廓

无侧隙基本齿条	有侧隙基准本齿条

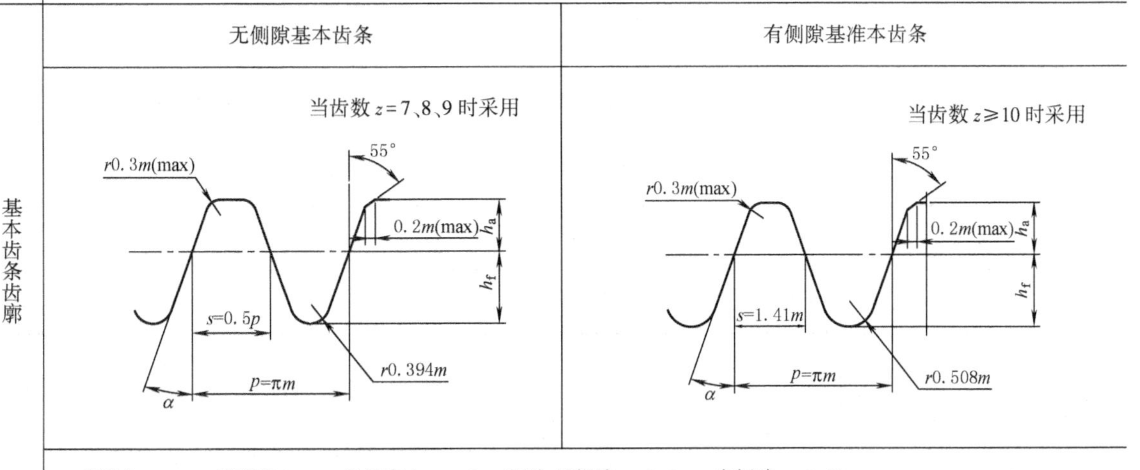

齿形角 $\alpha=20°$；齿顶高 $h_a=m$；齿根高 $h_f=1.4m$；齿厚：无侧隙 $s=0.5\pi m$，有侧隙 $s=1.41m$

计时仪器用渐开线圆柱直齿轮传动轮系的计算公式见表 15-10-4。当 $z_1+z_2<34$，模数 $m=1\text{mm}$，减速传动变位齿轮副的中心距 a'见表 15-10-5。当模数 $m=0.08\sim1\text{mm}$，小齿轮 $z_1=7$，大齿轮 $z_2\geqslant20$ 的减速渐开线变位齿轮几何参数的计算公式见表 15-10-6。有关的公差项目、精度等级、极限偏差或公差值等参见 GB 9821.3—88。

表 15-10-4　　计时仪器用渐开线圆柱直齿轮传动轮系几何尺寸计算公式

序号	名　称	代号	标准直齿轮计算公式	变位直齿轮计算公式
1	模数	m	适应 $m=0.12\sim1.0\text{mm}$	适应 $m=0.12\sim1.0\text{mm}$
2	齿数	z	适应于 $z_1\geqslant17$	适应于 $z_1=8\sim16, z_2\geqslant10$
3	变位系数	x_1	$x_1=0$	$z_1=8\sim11, \Delta=0.003, x_1=\dfrac{17-z_1}{17}+\Delta$ $z_1=12\sim16, \Delta=0.004$
		x_2	$x_2=0$	当 $z_1+z_2\geqslant34, x_2=-x_1$ 当 $z_1+z_2<34, x_2=0$
4	压力角	α	$\alpha=20°$	$\alpha=20°$
5	啮合角	α'	$\alpha'=\alpha=20°$	当 $z_1+z_2\geqslant34, \alpha=\alpha'=20°$ 当 $z_1+z_2<34$, $\text{inv}\alpha'=\dfrac{2(x_1+x_2)}{z_1+z_2}\tan\alpha+\text{inv}\alpha$
6	顶隙系数	c^*	$c^*=0.4$	$c^*=0.4$
7	顶隙	c	$c=c^*m$	当 $z_1+z_2\geqslant34, c=c^*m$ 当 $z_1+z_2<34$, $c=a'-\dfrac{(z_1+z_2)m}{2}-x_1m+0.4m$
8	法向侧隙	j_n	$j_n=0.3m$	$z_1\geqslant10, j_n=0.3m$ $z_1=8\sim9, j_n=0.15m$
9	分度圆直径	d	$d=zm$	$d_1=z_1m, d_2=z_2m$
10	节圆直径	d'	$d'=d$	当 $z_1+z_2\geqslant34$ 时, $d'=d$ 当 $z_1+z_2<34$ 时, $d'_1=d_1\dfrac{\cos\alpha}{\cos\alpha'}, d'_2=d_2$
11	顶圆直径	d_a	$d_a=(z+2)m$	$d_a=(z+2+2x)m$
12	根圆直径	d_f	$d_f=(z-2.8)m$	$d_f=(z-2.8+2x)m$
13	中心距	a, a'	$a=\dfrac{1}{2}(z_1+z_2)m$	当 $z_1+z_2\geqslant34$ 时, $a=\dfrac{1}{2}(z_1+z_2)m$ 当 $z_1+z_2<34$ 时, $a'=\dfrac{1}{2}(d'_1+d_2)$

表 15-10-5　$m=1$、$z_1+z_2<34$ 减速传动变位齿轮副中心距 a'　mm

z_2 \ z_1	8	9	10	11	12	13	14	15	16
10	9.756	10.221	10.685						
11	10.221	10.685	11.146	11.606					
12	10.685	11.146	11.606	12.064	12.521				
13	11.146	11.606	12.064	12.521	12.977	13.431			
14	11.606	12.064	12.521	12.977	13.431	13.883	14.334		
15	12.064	12.521	12.977	13.431	13.883	14.334	14.784	15.232	
16	12.521	12.977	13.431	13.883	14.334	14.784	15.232	15.679	16.125
17	12.972	13.426	13.879	14.330	14.779	15.227	15.674	16.119	15.563
18	13.474	13.927	14.380	14.830	15.280	15.728	16.174	16.620	
19	13.975	14.429	14.881	15.331	15.780	16.228	16.674		
20	14.477	14.930	15.381	15.832	16.281	16.728			
21	14.978	15.431	15.882	16.332	16.782				
22	15.480	15.932	16.383	16.833					
23	15.981	16.433	16.884						
24	16.482	16.934							
25	16.983								

表 15-10-6　$z_1=7$、$z_2\geqslant 20$ 减速渐开线变位齿轮几何参数的计算公式

序号	名　称	代号	计　算　公　式
1	模数	m	$m=0.08\sim1.0\text{mm}$
2	齿数	z	$z_1=7, z_2\geqslant 20$
3	变位齿轮	x_1	$z_1=7$ 时，$x_1=0.414$
		x_2	$z_1=20\sim26$ 时，$x_2=0$ $z_2>26$ 时，$x_2=-0.501$
4	压力角、啮合角	α,α'	见表 15-10-4
5	顶隙	c	当 $z_1+z_2>34$ 时，$c=0.577m$ 当 $z_1+z_2<34$ 时， $c=a'-\frac{m}{2}(z_1+z_2)-x_1m+0.4m$
6	侧隙（法向）	j_n	当 $z_1+z_2\geqslant 34$ 时，$j_n=0.27m$ 当 $z_1+z_2<34$ 时，$j_n=0.23m$
7	中心距	a	$z_1=7, z_2>26, a=\frac{m}{z}(z_1+z_2)$
		a'	$z_1=7, z_2=20\sim26$, $a'=\frac{m}{z}(z_1+z_2)+m[(z_2-20)\times0.0012+0.475]$
8	分度圆、节圆、顶圆、根圆直径	d、d'、d_a、d_f	见表 15-10-4

表 15-10-7　　AGMA PT 塑料齿轮基本齿条齿廓

<table>
<tr><td>适用范围</td><td>“塑料齿轮齿形尺寸”ANSI/AGMA 1106-A97（Tooth Proportions for Plastic Gears）推出的 AGMA PT（PT 为 Plastic Gearing Toothform 的缩写）为适应动力传动（简称动力型）塑料齿轮设计的基本齿条</td></tr>
<tr><td>AGMA PT
基本齿条齿廓</td><td>m 或 m_n = 1mm
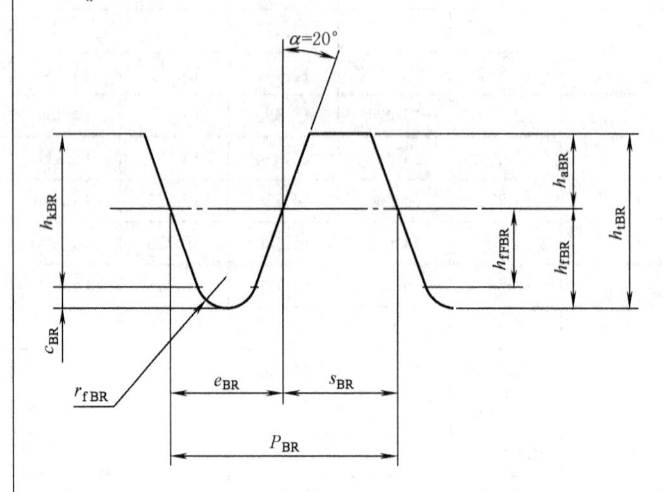

c_{BR}——顶隙
h_{fFBR}——齿根直线段齿廓高
r_{fBR}——齿根圆弧半径
e_{BR}——齿槽宽
h_{kBR}——工作齿高
s_{BR}——齿厚
h_{aBR}——齿顶高
h_{tBR}——全齿高
α——齿形角
h_{fBR}——齿根高
P_{BR}——齿距</td></tr>
<tr><td>AGMA
标准基本齿
条几何参数</td><td>图中标注出了齿廓的全部参数。这些尺寸参数的值列于下表，同时还列出 AGMA 细齿距标准和 ISO 粗齿距（多数为粗齿距）标准的规定值，以资比较。表中所有数据全部以单位模数（m = 1mm）为基准。将表中数据乘以所要设计齿轮的模数即可求得该齿轮齿形的尺寸参数。AGMA PT 基本齿条所定义的参数代号与国标有所不同，本章在介绍按 AGMA PT 基本齿条设计计算齿轮几何参数时，仍将沿用该标准所采用的参数代号不变</td></tr>
</table>

基本齿形参数	AGMA PT	ANSI/AGMA 1003-G93 细齿距	ISO 53（1974） 粗齿距	说　明
齿形角 α①	20°	20°	20°	①即直齿轮分度圆压力角或斜齿轮分度圆法向压力角 ②表中数据乘以齿轮模数之后，再加上括号内的数值 ③ ANSI/AGMA 1003-G93 标准中写明零齿根圆角半径意味着滚刀齿顶圆角为尖角。在实际处理上，将此顶角视为最小半径圆角 ④h_{fFBR} 为齿根直线段齿廓与齿根圆弧相切点至齿条节线的距离
齿距 P_{BR}	3.14159	3.14159	3.14159	
齿厚 s_{BR}	1.57080	1.57080	1.57080	
齿顶高 h_{aBR}	1.00000	1.00000	1.00000	
全齿高 h_{tBR}	2.33000	2.20000（+0.05000）②	2.25000	
齿根圆弧半径 r_{fBR}	0.43032	0.00000③	0.38000	
齿根高 h_{fBR}	1.33000	1.20000（+0.05000）②	1.25000	
工作齿高 h_{kBR}	2.00000	2.00000	2.00000	
顶隙 c_{BR}	0.33000	0.20000（+0.05000）②	0.25000	
齿根直线段齿廓高 h_{fFBR}④	1.04686	1.2000（+0.05000）③	1.05261	
齿槽宽 e_{BR}	1.57080	1.57080	1.57080	

续表

比较	比较表中三种基本齿条几何参数,最大差别是 AGMA PT 的齿根圆角半径的增大,其值相当于齿根全圆弧半径。同时也是保证齿根直线段高度 $h_{fFKB}\geqslant 1.1m$ 的最大可能圆角半径。这样便保证了 AGMA PT 与其他 AGMA 基本齿条的兼容性。有关 AGMA PT 的齿廓修形以及几种试验性基本齿条的设计计算等,还将在本章另作详细介绍
AGMA PT 基本齿条是基于塑料齿轮的右列特性而制定的	1)采取模塑成型方法制造齿轮,所要受到的实际限制与采用切削加工方法制造齿轮有所不同,每种模具都具有它自身的"非标准"属性。模具型腔由于要考虑材料的收缩率,以及塑料收缩率的异向性,其型腔几何尺寸不可能遵循一个固定的模式设计。再者,现代模具先进的型腔线切割加工方法,已与切削刀具无关(即不需按基本齿条展成方法加工),即便是二者有关联,一般都需要采用非标准的专用刀具。因此,模塑齿轮齿形尺寸无需严格遵循原切削加工齿轮的传统规范 2)热塑性材料的某些特性会影响齿轮齿形尺寸的选取。因为热塑性材料的分子结构和排列定向,不管是采取什么加工方式,都会造成材料强度对小半径凹圆角的特别敏感性。如果齿轮齿根能避免这类小圆角,则轮齿便能具备相当高的弯曲强度。而按照原 AGMA 细齿距基本齿条设计制造的齿轮,其轮齿通常会形成较小的齿根圆角 3)在某些应用场合下,由于塑料的热膨性较强,要求配对齿轮间的工作高度需要比其他标准齿形的许用值要大
渐开线齿形制的主要特点	按以上三种渐开线基本齿条设计的齿轮轮系,具有以下主要特点: 1)在传动过程中瞬时传动比为常数、稳定不变; 2)中心距变动不影响传动比; 3)两齿轮的啮合线是一条直线; 4)能与直线齿廓的齿条相啮合。 综上所述几点可以看出:渐开线齿轮不仅能够准确而平稳地传递运动,保证轮系的瞬时传动比稳定不变,而且又不受中心距变动的影响,并还能与直线齿廓的齿条相啮合。就是以上特点给齿轮齿廓的切削加工及其检测带来极大的方便,即可以采用直线型齿廓的齿条刀具,按展成原理滚切成形加工渐开线齿轮齿形。也正是这些特点,使渐开线齿形制在机械传动领域中获得长盛不衰的广泛采用

2.1.2 计时仪器用圆弧齿形制

由天津大学原圆弧齿形研究组负责编制的我国第一部计时仪器用圆弧齿轮国家标准 GB 9821.2—1988，主要适应于钟表、定时器等计时仪器仪表用圆弧齿轮（俗称修正摆线齿轮或钟表齿轮），模数范围为 $m=0.05\sim1.00$mm。国内外有关这类标准还将 $z\leqslant20$ 的圆弧齿轮简称齿轮，$z>20$ 的圆弧齿轮简称轮片。

(1) 齿形

1) 齿形类型

表 15-10-8

分　类	适 用 范 围
第一类型齿形	适用于传递力矩稳定性要求较高的增速传动轮系齿轮;也可用于传递稳定性要求不高的,轮片既可主动也可从动的双向传动轮系的计时仪器用圆弧齿形
第二类型齿形	适用于要求传动灵活的减速传动轮系齿轮

2) 齿形及代号

表 15-10-9　　计时仪器用圆弧齿轮齿形参数、系数及代号说明

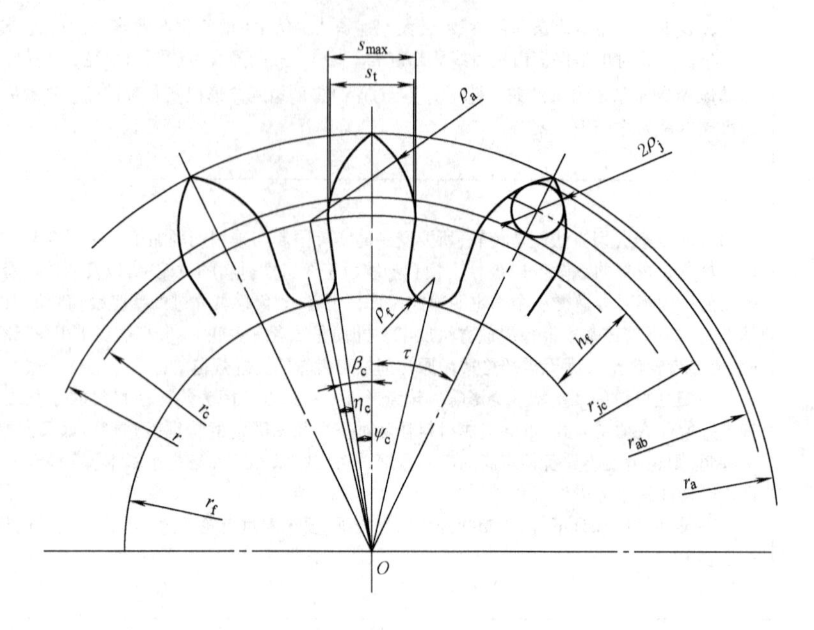

代号	说　明	代号	说　明
r_a	齿顶圆半径(无齿尖圆弧)	r_{ab}	齿顶圆半径(有齿尖圆弧)
r	分度圆半径	r_c	中心圆半径
r_f	齿根圆半径	r_{jc}	齿尖圆弧中心圆半径
ρ_a	齿顶圆弧半径	ρ_j	齿尖圆弧半径
ρ_f	齿根圆弧半径	h_f	齿根高
s_{max}	最大齿厚	s_t	端面齿厚
β_c	过齿顶圆弧中心的径向线与轮齿的平分线间的夹角	η_c	过齿根圆弧中心的径向线与齿廓径向直线的夹角
ψ_c	过齿的平分线与齿廓径向线间夹角	τ	齿距角
ρ_{a1}^*	小齿轮齿顶圆弧半径系数	ρ_{a2}^*	大齿轮齿顶圆弧半径系数
Δr_{c1}^*	小齿轮中心圆位移系数	Δr_{c2}^*	大齿轮中心圆位移系数
s_{c1}^*	小齿轮端面齿厚系数	s_{c2}^*	大齿轮端面齿厚系数
c	顶隙	h_{f2}^*	最小齿根高系数

3）计时仪器用圆弧齿轮传动几何轮系尺寸计算

计时仪器用圆弧齿轮，与计时仪器用渐开线齿轮不同，没有基本齿条和齿形变位修正的概念。

计时仪器用圆弧齿轮传动实例的几何计算，参见表 15-10-10 中的计算公式。

计时仪器用圆弧齿轮齿形参数的系数值，根据齿形类型的不同、齿数的不同而不同，参见表 15-10-11；圆弧

齿轮顶隙系数 $c^* \geqslant 0.4$。

表 15-10-10　　计时仪器用圆弧齿轮传动轮系实例几何尺寸的计算公式

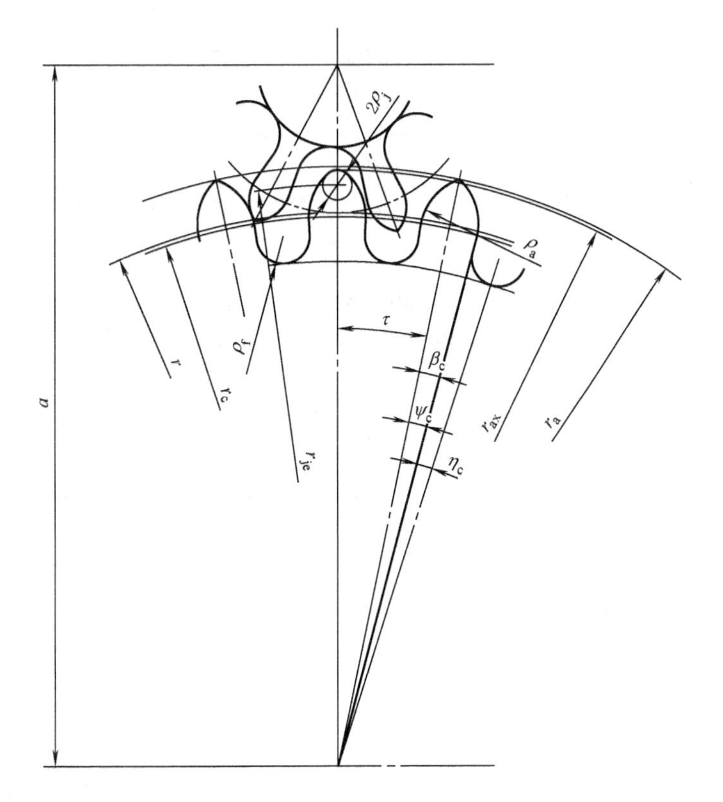

名　　称	代号及单位	计 算 公 式	算　　例 $z_1=8, m=0.2\text{mm}, z_2=30$
分度圆半径	r/mm	$r=zm/2$	$r_1=0.8, r_2=3$
中心距	a/mm	$a=(z_1+z_2)m/2$	$a=3.8$
齿数比	μ	$\mu=z_2/z_1$	$\mu=3.75$
齿距角	τ	$\tau=360/z$(度)或 $\tau=2\pi/z$(弧度)	$\tau_1=45°, \tau_2=12°$
齿距	p_t/mm	$p_t=\pi m$	$p_t=0.62832$
中心圆半径	r_c/mm	$r_c=r-\Delta r_c^* m$	$r_{c1}=0.79, r_{c2}=2.978$
齿顶圆弧半径	ρ_a/mm	$\rho_a=\rho_a^* m$	$\rho_{a1}=0.2, \rho_{a2}=0.32$
齿顶圆弧 衔接点圆半径	r_{ax}/mm	$r_{ax}=\sqrt{r_c^2-\rho_a^2}$	$r_{ax1}=0.76426, r_{ax2}=2.96076$
参数角	β_c	$\beta_c=\arccos\dfrac{r^2+r_c^2-\rho_a^2}{2rr_c}-\dfrac{s_t^*}{z}$	$\beta_{c1}=6.91436°$ $\beta_{c2}=3.124°$
顶隙	c/mm	$c=c^* m$	$c=0.08$
齿尖圆弧半径	ρ_j/mm	$\rho_j=(0.2\sim0.4)m$(本例取 0.4)	$\rho_{j1}=0, \rho_{j2}=0.08$

续表

名　称	代号及单位	计 算 公 式	算　例 $z_1=8, m=0.2\text{mm}, z_2=30$
齿顶圆半径	r_a/mm	无齿尖圆弧 $r_a=r_c\cos\beta_c+\sqrt{\rho_a^2-r_c^2\sin^2\beta_c}$ 有齿尖圆弧 $r_{ab}=r_{jc}+\rho_j$ $r_{jc}=r_c\cos\beta_c+\sqrt{(\rho_a-\rho_j)^2-r_c^2\sin^2\beta_c}$	$r_{a1}=0.9602$ $r_{ab}=3.24937$ $r'_{a2}=3.23038$
齿根圆半径	r_f/mm	大齿轮齿根圆半角 $r_{f2}=r_2-h_{f2}^* m$ 小齿轮齿根圆半角 $r_{f1}=r_1-(r_{a2}-r_2)-c$	$r_{f1}=0.47063$ $r_{f1}=2.74$
齿距角	ψ_c	$\psi_c=\arcsin\left(\dfrac{\rho_a}{r_c}\right)-\beta_c$	$\psi_{c1}=7.7505°$ $\psi_{c2}=2.9554°$
齿距角 η_c	η_c	$\eta_c=\dfrac{\pi}{z}-\psi_c$(弧度)	$\eta_{c1}=14.7495°$ $\eta_{c2}=2.9554°$
齿根圆弧半径	ρ_f/mm	$\rho_f=\dfrac{r_f\sin\eta_c}{1-\sin\eta_c}$	$\rho_{f1}=0.16075$ $\rho_{f2}=0.14895$
端面齿厚	s_t	$s_t=s_t^* m$	$s_{t1}=0.21, s_{t2}=0.314$
最大齿厚	s_{max}	$s_{max}=2(\rho_a-r_c\sin\beta_c)$	$s_{max1}=0.21, s_{max2}=0.3154$

表 15-10-11　　计时仪器用圆弧齿轮齿形参数的系数值

<table>
<tr><th>齿形类型</th><th>小齿轮齿数 z_1</th><th>ρ_{a1}^*</th><th>Δr_{c1}^*</th><th>ρ_{a2}^*</th><th>Δr_{c2}^*</th><th>s_{t1}^*</th><th>s_{t2}^*</th><th>h_{f2}^*</th></tr>
<tr><td rowspan="6">第一类型</td><td>6</td><td rowspan="6">1.00</td><td>0.01</td><td rowspan="3">1.60</td><td>0.19</td><td rowspan="4">1.05</td><td rowspan="6">1.57</td><td rowspan="6">1.30</td></tr>
<tr><td>7</td><td>0.02</td><td>0.16</td></tr>
<tr><td>8</td><td>0.05</td><td>0.11</td></tr>
<tr><td>9</td><td>0.13</td><td rowspan="3">2.00</td><td>0.28</td></tr>
<tr><td>10~11</td><td>0.15</td><td>0.23</td><td rowspan="2">1.25</td></tr>
<tr><td>≥12</td><td>0.19</td><td>0.15</td></tr>
<tr><td>第二类型</td><td>6~20</td><td>0.90</td><td>0</td><td>1.20</td><td>0.40</td><td>1.30</td><td>1.30</td><td>1.30</td></tr>
</table>

计时仪器用圆弧齿轮标准 GB/T 9821—1988 附录 A. 1 给出模数 $m=1$mm，$z_1=6\sim20$ 第一类型齿形的齠轮主要尺寸；附录 A. 2 给出模数 $m=1$mm 第二类型齿形的齠轮主要尺寸。附录 B. 1 给出了模数 $m=1$mm 第一类型齿形的部分轮片齿顶圆直径计算值；附录 B. 2 给出模数 $m=1$mm 第二类型齿形的部分轮片齿顶圆直径计算值。

(2) 计时仪器用圆弧齿轮传动的主要特点

1) 在传动中传动比保持恒定，但瞬时传动比不为常数；

2）在传动中只能是一对齿在工作，即重合度等于 1，因此，其传动的准确性不如渐开线齿轮高；

3）输出力矩变动小，传动力矩平稳，传动效率比渐开线齿轮高；

4）圆弧齿轮的最少齿数为 6，单级传动比大、轮系结构紧凑；

5）齿侧间隙较大，保证轮系传动灵活、避免卡滞现象发生。

比较以上两种不同齿形制齿轮的主要特点，由于计时仪器用圆弧齿轮的瞬时传动比有变化，传动不够准确、平稳。因此，不适宜精密和高速齿轮传动。但一些对传动比变动量要求不高的运动型低速传动机构，诸如手表、石英钟等计时用产品机芯中的走时传动轮系，由于这种圆弧齿轮具有传动效率高，传动力矩平稳，单级传动比大等优点，因此在国内外钟表等计时产品行业仍在广泛应用。

2.2 塑料齿轮的轮齿设计

运动传动型塑料齿轮轮系设计，齿轮轮齿可优先参考国标所定义的标准基本齿条进行设计。其轮齿与金属齿轮基本相同，可选用标准所规定的模数序列值、标准压力角 α（或 α_n）= 20°等参数值。动力传递型塑料齿轮轮系的齿轮轮齿可优先选用 AGMA PT 基本齿条设计。本节将重点介绍采用 AGMA PT 基本齿条设计塑料齿轮轮齿的主要特点。

2.2.1 轮齿齿根倒圆

表 15-10-12

<table>
<tr><td rowspan="5">轮齿齿根倒圆</td><td>采用全圆弧齿根</td><td colspan="2">按 AGMA PT 基本齿条设计的塑料齿轮轮齿采用全圆弧齿根;除了增强齿根的弯曲强度和提高传递载荷的能力外,还有另外一个目的:为了在模塑时促使塑胶熔体更加流畅地注入型腔齿槽内,以减少内应力的形成和使塑胶在冷却凝固过程中的散热更加均匀。这种模塑齿轮的几何形状和尺寸会更趋稳定</td></tr>
<tr><td rowspan="4">两种不同基本齿条设计齿轮齿根圆弧应力分布图</td><td>(a) AGMA细齿距齿轮(小圆弧齿根)</td><td>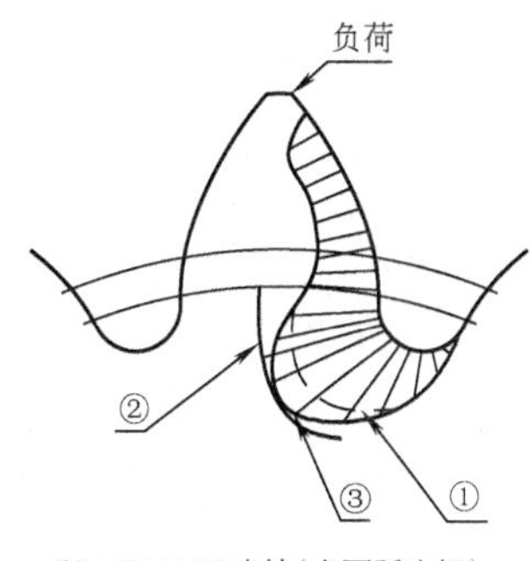

(b) AGMA PT齿轮(全圆弧齿根)</td></tr>
<tr><td colspan="2">①—Lewis;②—Dolan & Broghamer;③—Boundary Eiement Method
小齿轮主要参数;模数 1.0mm;齿数 12;齿厚 1.95mm</td></tr>
<tr><td>根据 ANSI/AGMA 1003—G93 细齿距基本齿条设计的 z=12 小齿轮,为小圆弧齿根</td><td>根据 AGMA PT 基本齿条设计的同一齿轮,为全圆弧齿根</td></tr>
<tr><td colspan="2">图中对每种齿根圆角分别示出了反映齿根处所产生的应力状况的三个应力分布图。最里面曲线内是“Lewis”的应力图,其应力值是根据 Lewis(路易斯)基本方程,不计入应力集中的影响而求得的。中间曲线内是“Dolan 和 Broghamer”的应力图,计入了应力集中的影响,AGMA 标准的齿轮强度计算通常便是对这一影响作出的估算。最外面曲线是“Boundary Eiement Method”的应力图,是采用边界元方法算得的应力。以上三种计算法,由 AGMA PT 基本齿条标准所确定的齿根圆角,其应力水平都比 AGMA 细齿距基本齿条标准所确定的齿轮齿根圆角要低</td></tr>
</table>

续表

滚切齿轮齿根过渡曲线	滚切成形的齿轮(或 EDM 用电极)齿根曲线,是由延伸渐开线所形成的齿根圆角,主要取决于滚刀齿顶两侧的圆角半径。齿顶圆角半径愈大,则齿轮齿根处延长渐开线的曲率半径也愈大,所形成的"圆角"的曲率半径也就大。当载荷施加于轮齿齿顶上时,在齿根圆角处所产生的弯矩最大。在较小的齿根圆角周围所形成的应力集中,会增大弯曲应力。齿根圆角半径越大,这种应力集中便越小,轮齿承受施加载荷的能力便越强。齿轮传动属于典型的反复载荷,齿根圆角越大的特点更加适用这类反复载荷的传递 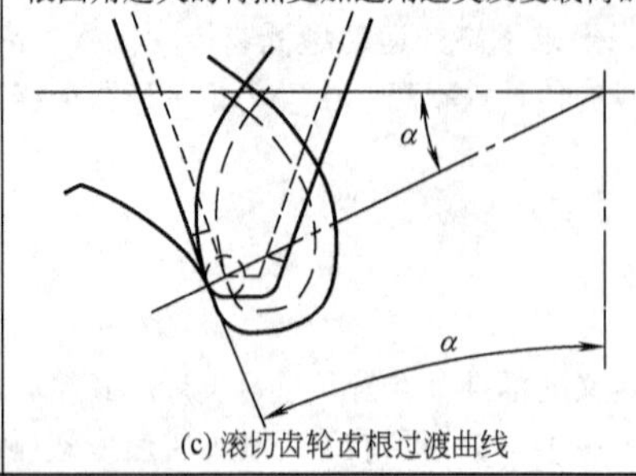 (c) 滚切齿轮齿根过渡曲线 由齿条型刀具按展成原理,所滚切成形的齿轮齿根圆角延长渐开线(在 ANSI/AGMA 1006-A97 中称"次摆线"),其曲率半径变化范围从齿根曲线底部的最小,至与渐开线齿侧衔接处的最大,如图 c 所示。当齿数较少和齿厚较小的齿轮,这一变化十分明显。所有由齿条型刀具展成滚切的齿轮齿根圆角曲线,均存在这一现象,只是大小程度不同而已。采用圆弧来替代齿根圆角延伸渐开线,对齿轮型腔制造工艺(线切割编程)或齿根圆角的检验和投影样板绘制均有好处。须注意的是这种代用圆弧,不要使齿根圆角处的材料增加至足以引起与配对齿轮齿顶发生干涉的程度。另一方面,在齿根圆角危险截面处过小的圆弧半径,会降低轮齿的弯曲强度。还可以采取两段不同半径的光顺相接圆弧,来替代齿根曲率变化较大的延伸渐开线

2.2.2 轮齿高度修正

表 15-10-13

标准渐开线齿轮采用 20°压力角、两倍模数的轮齿工作齿高。然而,对于弹性模量低、温度敏感性高的不同摩擦、磨损系数的热塑性塑料齿轮而言,要求比标准齿轮具有更大的工作齿高。这种工作齿高增大的轮齿,更能适应塑料齿轮的热膨胀、化学膨胀和吸湿膨胀等所引起的中心距变动,保证轮系在以上环境条件下工作的重合度 $\varepsilon \geqslant 1$

据 ANSI/AGMA 1006-A97 介绍,William Mckinley(威廉·麦金利)曾提出一种非标准基本齿条,这一种基本齿条已获得美国塑料齿轮业内的广泛采用,并且常用来代替 AGMA 细齿距标准基本齿条。因为这些齿形尺寸含有模塑齿轮优先选用的尺寸,并且已经为业内所公认,经过作某些变更后,在编制 AGMA PT 过程中已用作范本。这种非标准基本齿条包括有四种型别,其中第一种型号中的啮合高度,也即工作高度与其他几个 AGMA 标准相同。这种型号的应用最为广泛,所以 AGMA PT 仍选定它作为新齿形尺寸的标准基本齿条。其他三种实验性基本齿条的啮合高度均有所增大,但增大的程度又有所不同。其中,PGT-4 的齿顶高为 1.33m。设计者可根据不同的需要自行选定

AGMA PT 三种(m=1mm)实验性基本齿条齿廓	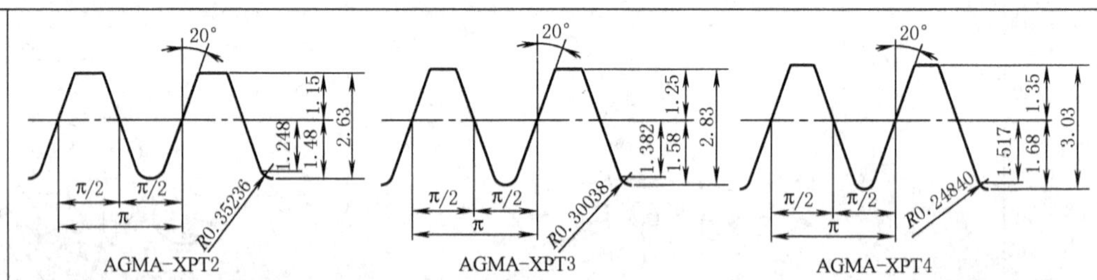 上图是 AGMA PT 所推荐的三种实验性基本齿条齿廓。它们的主要优点是轮系的重合度可能有所增大,因而对有效中心距变动的适应性较高。但对于齿数少以及增加齿厚来避免根切的齿轮,这一优点又将会受到限制。需适当注意的是全齿高不得增大到引起轮齿机械强度降低的程度,原因不仅在于轮齿过长,还在于齿根圆角半径减小将造成应力集中现象会有所加剧 AGMA PT 基本齿条的某些参数会影响轮齿的齿根圆角应力,因而影响轮齿的弯曲强度。从一方面说,AGMA PT 齿根高略大,有增大齿根处弯矩的倾向。但是,由于轮齿齿底处的齿厚较宽,会对齿根圆角半径减小所引发的应力集中现象有所减轻。两者所形成的综合效应所带来的有利因素通常会胜过上述程度轻微的有害影响。 以上 AGMA PT 三种实验性基本齿条的参数见下表。

		基本齿形参数	AGMA XPT-2	AGMA XPT-3	AGMA XPT-4
AGMA PT 三种实验性基本齿条参数	m=1mm	压力角 α	20°	20°	20°
		圆周齿距 P_{BR}	3.14159	3.14159	3.14159
		齿厚 s_{BR}	1.57080	1.57080	1.57080
		齿顶高 h_{aBR}	1.15000	1.25000	1.35000
		全齿高 h_{fBR}	2.63000	2.83000	3.03000
		齿根圆弧半径 r_{fBR}	0.35236	0.30038	0.24840
		齿根高 h_{fBR}	1.48000	1.58000	1.68000
		工作齿高 h_{kBR}	2.30000	2.50000	2.70000
		顶隙 C_{BR}	0.33000	0.33000	0.33000
		齿根直线段高 h_{fFBR}	1.24816	1.38236	1.51656
		齿槽宽 e_{BR}	1.57080	1.57080	1.57080
注意事项	不要采用由 AGMA PT 基本齿条与表中三种实验性基本齿条中任一种所设计的齿轮相啮合。而且,也不可以采用表中任两种不同实验性基本齿条所设计的齿轮相啮合,以免造成两齿轮轮齿间"干涉"				

2.2.3 轮齿齿顶修缘

表 15-10-14

AGMA PT齿顶修缘的基本齿条齿形	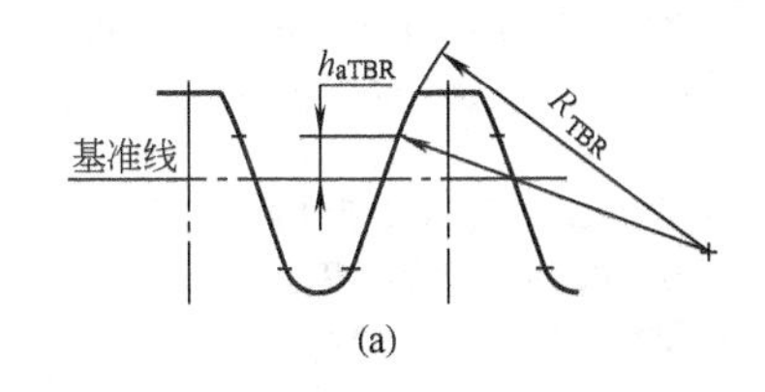 (a) R_{TBR}——齿顶修缘代用圆弧半径； h_{aTBR}——代用圆弧半径起始点的高度
	这是AGMA PT推荐的一种对塑料齿轮轮齿齿顶修缘基本齿条。这种实验性基本齿条如图a所示，即将两侧齿廓沿着连接齿顶附近切除一层呈“月牙形”材料。基本齿条齿顶附近所切除的一小段直线齿廓，由一小段圆弧齿廓($R=4m$)所代替来实现齿顶修缘。塑料齿轮齿顶修缘的主要目的，在于能缓解伴随与啮合轮齿相毗连的轮齿之间，在传递载荷发生突然变化的情况下(尤其是当齿轮经受重载荷轮齿出现弯曲变形时)，对其降低齿轮的啮合噪声是有效的。采用这种齿顶修缘措施时，须注意避免修形过量。齿廓修缘起始点过“低”或齿顶修缘过度，不但不会改善齿轮的啮合质量，反而会引起载荷冲击力增大；从而造成弯曲应力、噪声和振动的增大。此外，这种实验性基本齿条的齿顶修缘还有较多的技术难度，只有当传递重载荷和出现较大啮合噪声等特殊情况下方可考虑使用
四种 $m=1$mm 齿顶修缘试验性基本齿条	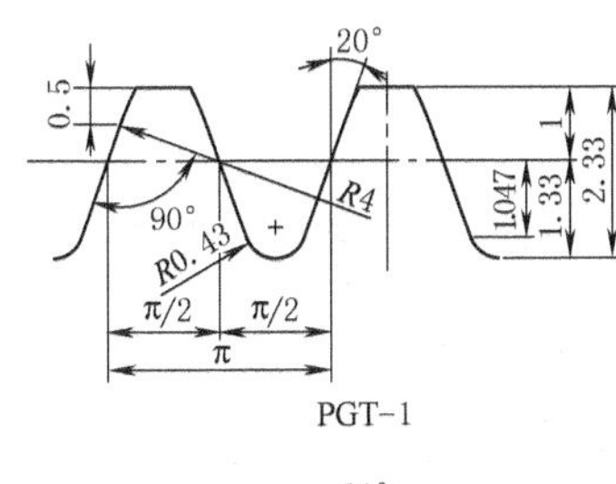 PGT-1 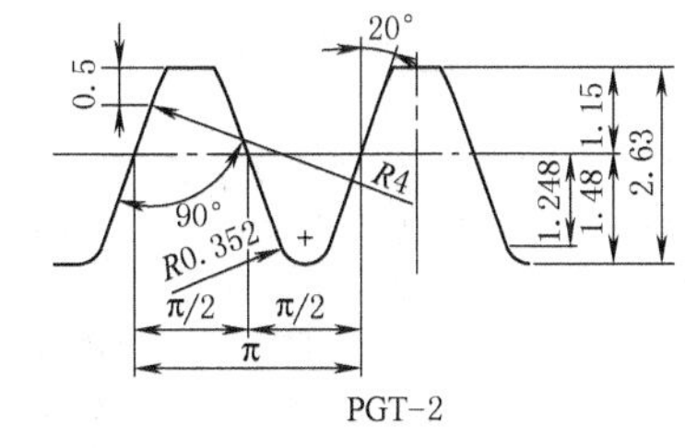 PGT-2 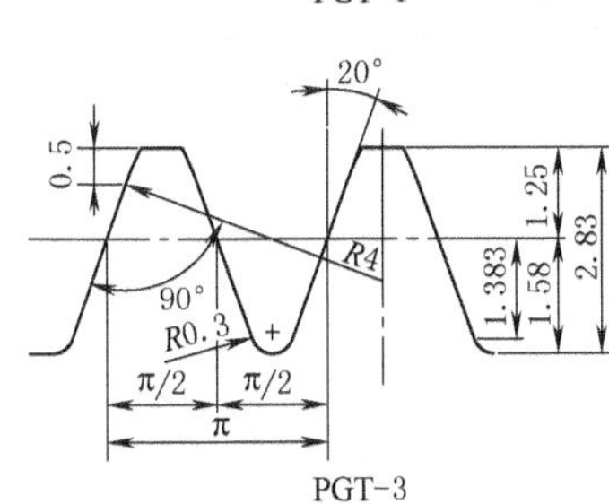 PGT-3 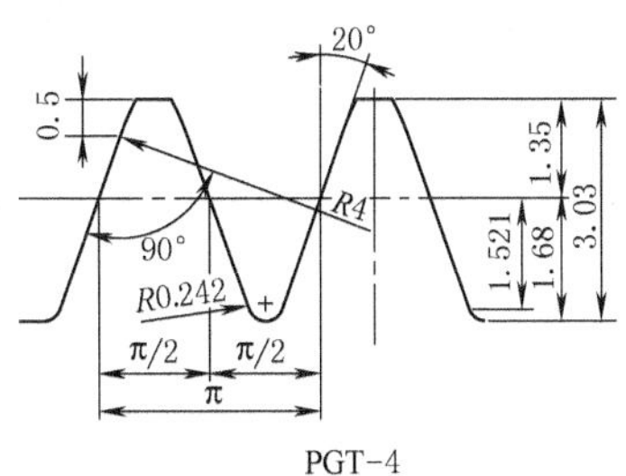 PGT-4 (b)
	当采用这类实验性基本齿条时，需要将齿顶修缘基本齿条作为塑料齿轮设计图中的组成部分提供给施工者。 ANSI/AGMA 1106-A97的附件D中列出了用于这类修形基本齿条对所切成的齿轮齿形有关几何参数的计算公式。 将齿顶高度增大与齿顶修缘的组合修形基本齿条，受到塑料齿轮制造业内的广泛重视。上图是参考文献推荐的四种不同型号的模数 $m=1$mm 的组合修形基本齿条。这类组合修形基本齿条，实质上即是AGMA PT标准型和三种试验性基本齿条与该标准所推荐的齿顶修缘基本齿条的组合。本章已将原图中英制单位转换为公制单位

2.2.4 压力角的修正

表 15-10-15

增大压力角的优缺点	ISO、AGMA 和 GB 等齿轮标准均定义 20°为标准压力角。当压力角增大,这是一个被认可为降低轮齿弯曲和接触应力的措施,总的效果是提高强度、减小磨损。由于齿顶滑移现象减轻,效率也会有所改进。对少齿数齿轮,还有另一个优点,也即减少了对增加齿厚来避免根切的需要。增大压力角的基本齿条实例可见于 AGMA201.02(已于 1995 年撤消)中的 AGMA"粗齿距齿形"的 25°压力角型。但是,也存在一些缺点:齿顶宽度和齿根圆角半径有所减小。将本类型基本齿条的压力角增大修正与增大全齿高组合使用的可能性是较小的。因为支承齿轮的轴承的载荷有所增大,受力方向也会有所变动。中心距变动所引起的侧隙变动较之压力角为 20°时要大
减小压力角	基本齿条也可以修正为减小压力角,这一修正型的一个实例已有很长一段历史。这便是现在已基本淘汰了的英制齿轮压力角为 14.5°的基本齿条。减小压力角的优、缺点,正好与上述压力角增大相反
减小压力角增大重合度	对于重合度或侧隙控制,有比承载能力更紧要的应用场合,这类小压力角基本齿条的修正可以使设计效果有所改进。在某些场合凭借减小齿形角与增大全齿高的结合,有可能挽回各种强度损失,可以理想地达到使重合度超过 2 的程度。由于使载荷分布于更多数目同时啮合的轮齿上,可以绰绰有余的抵消各个单齿所降低的强度。这种通过减小压力角来达到增大重合度,改善传动质量的做法,已在国内外汽车各种电机蜗杆-蜗轮副设计中得到广泛应用。在这类蜗杆-蜗轮传动轮系中,通常采用减薄齿厚金属蜗杆和增肥齿厚的模塑斜齿轮相组合
基本齿条修正成两个不同压力角	基本齿条还可以修正成有两个不同的压力角,例如齿轮轮齿两侧压力角如下图所示,分别为 25°、15°。有一些场合,应用这样一种特殊基本齿条具有潜在的设计优点。需要这种形式的典型情况是载荷只限于单向传动,或者如果载荷方向是变更的,这两个方向有着不同的工作要求。采取两个不同压力角的设计,选用其中一个来最大限度地满足与一组齿侧有关的设计目标,另一个用来弥补前者的不足之处。例如,将大压力角用于承载负荷的齿侧,这有助于降低接触应力;而将小压力角用于非承载齿侧,这样可以增大齿顶厚,又可增大全齿高。反之,也可选择小压力角用于承载负荷的齿侧,以提高重合度或减小工作啮合角;而将大齿形角用于非承载的齿侧,可以起到增强轮齿弯曲强度的作用
比较	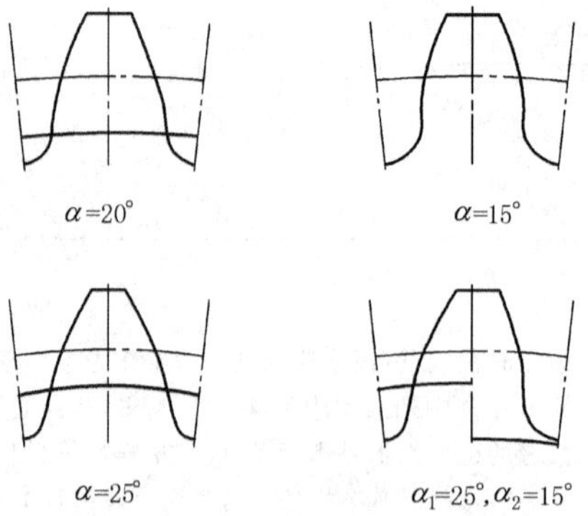 $\alpha=20°$　　$\alpha=15°$ $\alpha=25°$　　$\alpha_1=25°, \alpha_2=15°$ 四种不同压力角渐开线齿廓的比较图

2.2.5 避免齿根根切及其齿根“限缩”现象

表 15-10-16

同一种少齿数渐开线齿轮的两种齿形“限缩”效应比较	齿轮型腔齿廓 模塑齿轮齿廓 (z=10、y=0.25、r_f=0.35) (z=10、y=0.45、r_f—全圆弧) 根切“限缩”效应突显　　根切“限缩”效应消除 (a) 同一少齿数渐开线齿轮齿根“限缩”比较 当圆柱渐开线齿轮的压力角 α=20°、齿数少于 17、基本齿条变位量又不够大时，采用齿轮滚刀展成滚切加工的齿轮齿根处会出现根切。这种根切将严重削弱轮齿强度，特别是塑料齿轮应予以避免。此外，这类根切还将带来另一类模塑成型问题，当齿根圆角较小时，轮齿根切更加突显。即齿轮在模塑成型的冷却、收缩过程中，根切状态会在型腔齿槽内相对狭窄部位引发“限缩”现象，限制齿轮径向和周向的自由综合收缩。图 a 所示为两个齿数相同的 m=1mm 小齿轮齿根不同的“限缩”效应。在左图中，齿根圆角较小的小齿轮，基本齿条的变位量 y=0.25 时，其齿根的“限缩”效应仍显著。而右图所示，当齿根为全圆弧，基本齿条变位量增大为 y=0.45，则这种“限缩”现象已基本消除。在计时仪器用渐开线齿轮轮系设计中，为了提高单级齿轮副的传动比，小齿轮齿数往往为 z<10。如果仍按标准所定义的参数设计齿轮，则这种少齿数齿轮的齿根将出现严重的“限缩”效应。为了避免这种情况的发生，最好的解决方案是对少齿数齿轮的基本齿条采取足够大的正变位修正和齿根全圆弧的设计方案
非标准圆弧齿形	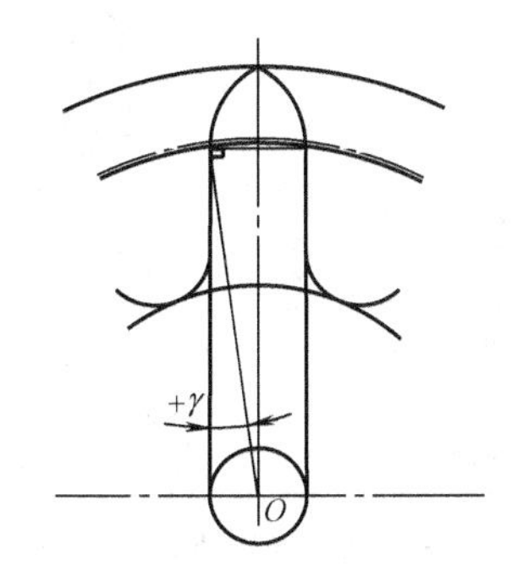 (b) 非标准圆弧齿形 计时仪器用圆弧齿轮齿形，由于分度圆齿厚要比齿根厚度大，如果塑料圆弧齿轮仍按这种标准齿形设计，就会出现以下不良情况：一是轮齿齿根处的弯曲强度最弱；二是轮齿的“限缩”效应会影响模塑齿轮的收缩和顶出脱模。为了避免以上情况出现，图 b 中推荐一种非标准计时仪器用圆弧齿轮齿形。这种圆弧齿形的主要特点是轮齿的齿根段为非径向直线，它相对标准圆弧齿形的径向直线齿根，已向轮齿体外偏转了一个+γ 角。这种非径向直线齿根的金属圆弧齿轮，最早出现在前苏联兵器工业高炮时间控制引信的延时机构中。因为高射炮弹在发射瞬间，要承受极大的瞬时加速度和冲击力，为了增强圆弧齿轮齿根强度，适应极其恶劣的工作条件，特采用了这种非标准圆弧齿轮齿形 圆弧齿轮啮合传动分析研究表明，这种非标准圆弧齿根非径向性齿轮，对其轮系的传动啮合曲线特性的影响甚小，可以忽略不计

2.2.6 大小齿轮分度圆弧齿厚的平衡

在塑料齿轮轮系设计中，两个齿轮的分度圆弧齿厚，如果仍采用金属齿轮弧齿厚的设计方式（$s_1 \approx s_2$），那么少齿数小齿轮的轮齿齿根要比大齿轮齿根瘦弱许多。这样的小齿轮承载负荷的能力将要比大齿轮低得多，小齿轮的齿根强度就成为轮系设计中的薄弱环节。为了使齿轮副的负载传输能力最佳化和保证合理的侧隙要求，小齿轮的分度圆弧齿厚应适当增大，大齿轮的弧齿厚则应适当减小。有关通过调整两齿轮分度圆弧齿厚，在保证合理啮合侧隙的前提下，达到两齿轮轮齿在齿根处的弧齿厚基本相同要求。由于小齿轮参与啮合的频率是大齿轮的 i（传动比）倍，因此，小齿轮齿根弧齿厚应大于大齿轮齿根弧齿厚，就显得更为合理。

2.3 塑料齿轮的结构设计

表 15-10-17

塑件名义壁厚的基本要求	名义壁厚	塑料齿轮的结构设计与其他塑料零件一样,有一个共同的核心问题,即塑件在冷凝过程中的收缩。"名义壁厚"是对任何好的塑件设计方案都同样重要的指标之一。它基本上决定了塑件的形状与结构。尽管对于注塑成型塑件来说,并没有一个平均壁厚之类的概念,但十分常见的塑件壁厚多控制为 3mm 左右。而名义壁厚的变化,也是很重要的,应在一定范围内。对于低收缩率材料的名义壁厚变化应小于 25%,而高收缩率材料则应小于 15%。如果需要对壁厚作更大的改变,就必须对塑件壁厚作出必要的技术处理。因为塑件壁厚变化较大时,厚壁和薄壁的冷凝快慢、收缩大小不均,这样就会导致塑件弯曲变形和尺寸超差
	塑件结构壁厚设计及其效果	必须把握好塑件名义壁厚和内角倒圆两个基本准则。下图为双联齿轮设计示例: 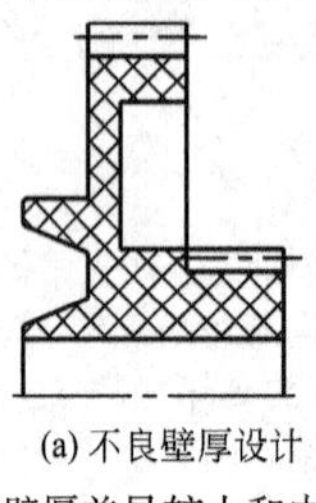 (a) 不良壁厚设计 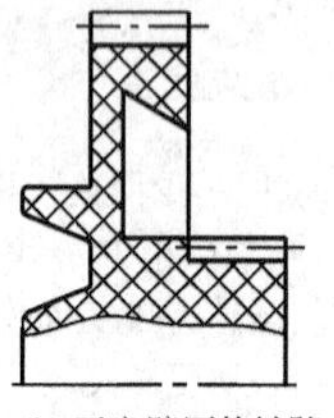 (b) 不良壁厚的缺陷 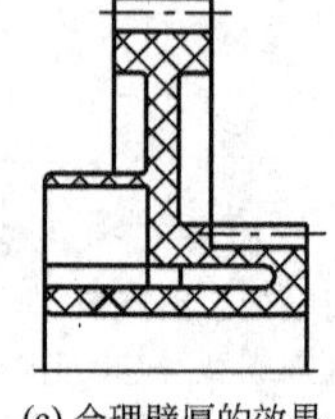 (c) 合理壁厚的效果 图 a 各部壁厚差异较大和内角处没有倒圆为不良设计;图 b 为不良设计注塑成型的塑料齿轮,出现轮缘凹陷,内孔口向内翘曲和模具制造成本较高等缺陷;图 c 为较好的设计方案。其优点是: 1)塑件各部壁厚基本一致,2)齿轮腹板的结构和位置合理,3)降低了模具的制造成本,4)基本上消除了塑件出现如图 b 所示的各种不良缺陷
两壁交汇处避免出现尖角		 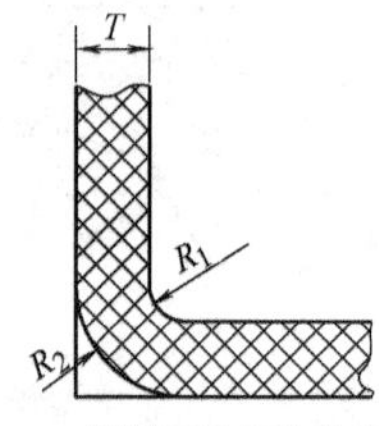 $R_1=0.5T$ $R_2=1.5T$  (d) 两壁厚交汇处尖角(差的)　(e) 两壁厚交汇处内外倒圆　(但 $R_1>0.5$mm) 当塑件的两壁交汇成一个内角时,就会出现应力集中和塑胶熔体流动不畅等现象。当将此处型腔两成型面交汇处倒圆时,即可改善塑胶熔体流动的途径,又可使塑件获得比较均匀的壁厚,还可将应力扩散至一较大的区域。通常内角倒圆半径范围为名义壁厚的 25%~75%。较大的倒圆半径虽然会减小应力集中,但会使塑件倒圆处的壁厚变大。当内角处有相对应的外角时,即可通过调整外角半径值,就可满足塑件保持一个较均匀壁厚的要求。如图 e 所示,塑件内角倒圆半径为名义壁厚的 50%,则外角倒圆半径取 150%
塑件壁上的加强筋	筋的高度、壁厚和间距	所有齿宽较厚、形状复杂的塑料齿轮,都在名义壁上设置如图 f、g、h 所示凸筋。塑料齿轮最常见的是加强筋,其目的:一是增强齿轮的刚性和提高塑件尺寸的稳定性;二是控制注入型腔塑胶熔体的流程;三是减轻齿轮的重量,节省材料 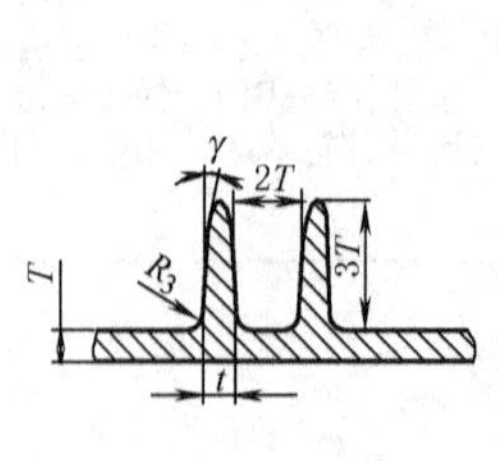 (f) 加强筋 T　t t=0.50T~ 0.75T (g) 角板 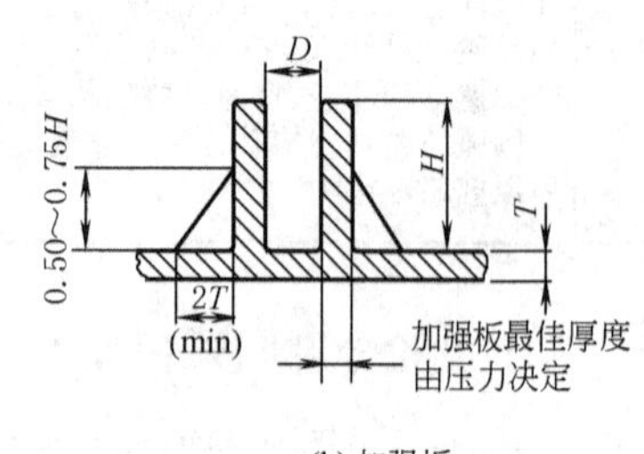 (h) 加强板 通常塑件凸筋的高度不应超过名义壁厚的 2.5~3 倍;尽管较高的凸筋会增强齿轮的刚性,但也可能造成塑胶熔体的填充和排气困难,以致很难准确成型。因此,往往采用两条矮筋代替一条高筋的设计方案。凸筋的厚度对于高收缩率材料,推荐取为名义壁厚的一半,对于低收缩率材料,则大约为 75%。凸筋的合理厚度将有助于控制凸筋与名义壁接合处的收缩,接合处应倒圆,最小倒圆半径可取壁厚的 25%。取较大的倒圆半径将会增加接合处的厚度,会在设置凸筋处的塑件外表面上出现凹陷。当需要使用多条凸筋时,筋与筋之间的距离不应小于两倍名义壁厚。凸筋间距太小,可能会造成凸筋处很难冷凝,并产生较大的残余内应力

续表

塑件壁上的加强筋	不同加强筋的实例	 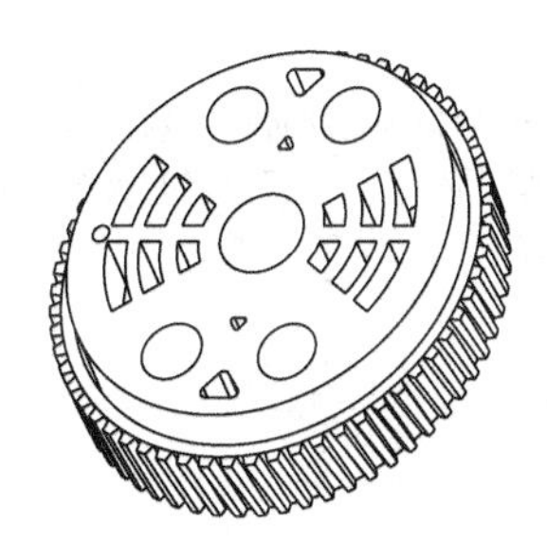 (i) 雨刮电机斜齿轮侧视图　　(j) 摇窗电机斜齿轮立体图 雨刮、摇窗等汽车电机中的塑料斜齿轮的特点是齿宽较厚,直径较大。为了提高齿轮的成型精度和机械强度,通常在齿轮腹板两端面上设置有不同形式的加强筋。如图 i 为轿车雨刮电机塑料斜齿轮驱动轴一侧端面上的轮缘与轮毂之间,设置了环状和辐射式加强筋。图 j 为摇窗电机塑料斜齿轮的沉孔和加强筋的设置,其造型美观适用,既减轻塑件重量、增强刚性,提高注塑成型精度和尺寸稳定性,还节约了制造成本。在设计环状和辐射状凸筋时,应保证这类凸筋不会影响斜齿轮的顶出与旋转脱模
齿轮的轮缘—轮毂	带轮缘—轮毂的塑料齿轮设计	(k) 与齿轮齿厚相关的腹板厚度 最简单塑料齿轮的基体结构是片状齿轮。这种只有单一名义壁的齿轮,由于没有壁厚变化,从理论上讲将不会有不均匀的收缩。这类齿轮的厚度一般不要超过 6mm,当齿轮厚度大于 4.5mm 时,设计成腹板和轮毂—轮缘式的基体结构,将有利于动力传递的要求 当设计带轮缘—轮毂的塑料齿轮时,必须对齿轮基体结构各个部位的厚度作周密考虑。轮齿的厚度和齿高已经由齿轮的强度要求所决定,困难在于确定齿轮的哪个部分应选作为名义壁,以及它的性能、作用与其他部分之间的关系。齿轮的各个部位按照塑件的基本设计准则,应满足模塑成型的工艺要求。因此,对于任何设计准则,毫无疑问也要作出一些相应的妥协和调整,尽量做到基本满足准则要求 如果将轮齿视为轮缘上的突起部分,则轮缘(或轮毂)的厚度如图 k 所示,可取齿厚 s 的 1.25～3 倍。而腹板和轮毂至少应和轮缘一样厚。由于轮缘—轮毂是设置在腹板上,为了便于塑胶熔体更好的填充和提高齿轮结构的强度,腹板的厚度应该比轮缘更厚一些。但腹板的厚度仍不应超过轮缘厚度的 1.25～3 倍。为了便于塑胶熔体的填充和减少出现应力集中,应对塑件基体结构上所有内角进行倒圆,倒圆半径为壁厚的 50%～75%
	塑料齿轮腹板设计	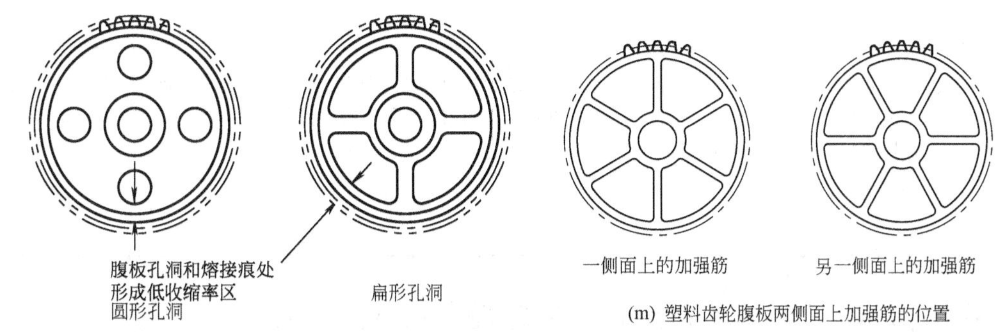 (l) 塑料齿轮腹板上应避免设置孔洞　　(m) 塑料齿轮腹板两侧面上加强筋的位置 在塑料齿轮的腹板上设计孔洞减轻塑件重量和降低成本的做法应该避免。因为在塑件孔洞周围的表面增加皱纹,并在齿圈上如图 l 所示,将产生高、低收缩区,使得齿轮齿顶圆直径偏差和圆度误差变大;这种不良的基体结构设计还削弱了齿轮的强度

第15篇

续表

齿轮的轮缘—轮毂	塑料齿轮腹板设计	与上相同的原因，在腹板上的加强筋的设置也会影响齿轮的精度。因此，除了为适应动力传动设计之需要，应尽量避免。如果必须设置，就应该在齿轮的两侧设置如图 m 所示的方位刚好对称错开的加强筋，尽量降低塑件高、低收缩区的影响
金属嵌件	带金属嵌件的塑料齿轮设计	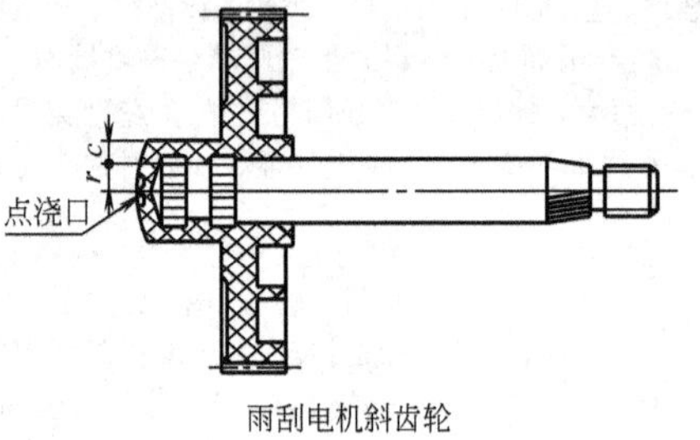 雨刮电机斜齿轮 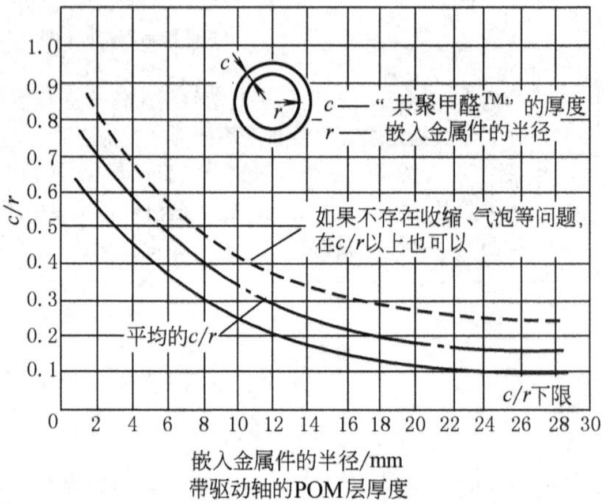 (n)带金属嵌件的塑料齿轮设计 汽车雨刮器的驱动轴，是嵌埋在塑料斜齿轮中的金属嵌件，这类金属嵌件如图 n 左图所示。在设计带金属嵌件的塑料齿轮结构时，必须注意以下两个结构性问题
	塑胶层的厚度	嵌埋有金属轴类嵌件的塑件，由于塑料的成型收缩会引起塑件包裹层产生应力，如果塑胶包裹层太薄，这种应力可能会导致制品开裂。如果在塑胶层处还有熔接痕时，更要注意这类情况的出现。塑胶层的厚度取决于金属嵌件的直径大小，可参照图 n 右图中所示关系确定
	金属轴的嵌埋段结构	为了防止在动力传输中，斜齿轮与驱动轴之间出现滑转现象，可将嵌埋段滚轧成直纹三角滚花。为了防止驱动轴相对斜齿轮产生轴向位移，在花键段中部加工有凹槽。金属嵌件的凹槽的深度不宜过大，防止嵌件凹槽处塑胶成型收缩产生应力集中，致使塑件发生破损

2.4 AGMA PT 基本齿条确定齿轮齿形尺寸的计算

采用 AGMA PT 基本齿条确定圆柱直齿齿轮齿形尺寸，只需由已确定了模数 m、齿数 z 和齿厚 s 等少数几项原始数据即可计算出来。对于斜齿轮也同样适用，但须将基本齿条的模数 m 改为斜齿轮的法向模数 m_n，基本齿条的压力角 α 改为斜齿轮的法向压力角 α_n。

表 15-10-18　　圆柱齿轮齿形尺寸的计算

	计算项目	计算公式及说明	
1. 圆柱直齿外齿轮齿形尺寸的计算	已知圆柱直齿外齿轮原始齿轮数据：模数 m、齿数 z、齿厚 s AGMA PT 基本齿条参数，见表 15-10-7		
	(1)分度圆直径(基准圆直径)d	$d=zm$	z——齿数 m——模数 s——分度圆弧齿厚 s_{BR}——基本齿条齿厚 α——基本齿条压力角(或直齿轮分度圆压力角、或斜齿轮分度圆法向压力角) h_{aBR}——基本齿条齿顶高 h_{fBR}——基本齿条齿根高
	(2)基本齿条变位量 y	$y=\dfrac{s-s_{BR}}{2\tan\alpha}$	
	(3)齿顶圆直径 d_{ae}	$d_{ae}=d+2y+2h_{aBR}$	
	(4)齿根圆直径 d_f	$d_f=d+2y-2h_{fBR}$	
	(5)基圆直径 d_b	$d_b=d\times\cos\alpha$	
	(6)构成圆直径 d_F	外齿轮构成圆是指 AGMA PT 基本齿条齿根直线与齿根全圆弧的衔接点(即相切点)，在齿轮齿廓上的共轭点所形成的几何圆 $d_F=\sqrt{d_b+\dfrac{(2y+d\sin^2\alpha-2h_{fFBR})^2}{\sin^2\alpha}}$ h_{fFBR}——基本齿条有效齿根高(衔接点至基准线的距离) 本式括号项如果等于或大于零，即为非根切齿轮	
	(7)齿顶宽度 s_{ae}	$s_{ae}=d_{ae}\left(\dfrac{s}{d}+\mathrm{inv}\alpha-\mathrm{inv}\alpha_{ae}\right)$	α_{ae}——直齿轮齿顶圆渐开线压力角 $\alpha_{ae}=\arccos\left(\dfrac{d_b}{d_{ae}}\right)$
	(8)齿根圆角	齿轮齿根圆角，取决于滚刀尺寸和齿顶构型。其确切形状可由滚刀齿顶在展成过程所构成的图形中测得，采用解析法计算十分复杂。当滚刀齿顶为两圆弧时，则这类齿根过渡曲线理论上是一条延伸渐开线的等距线。在设计上可采用一段或二段圆弧来替代齿根理论曲线	
2. 圆柱直齿内齿轮齿形尺寸的计算	(1)齿顶圆直径 d_{ai}	$d_{ai}=d-2y-2h_{aBR}$	齿顶圆直径 d_{ai} 不得小于齿轮基圆直径 d_b
	(2)齿根圆直径 d_f	$d_f=d-2y+2h_{fBR}$	
	(3)构成圆直径 d_F	内齿轮构成圆直径 d_F 取决于造型母齿轮的尺寸。确定此直径的解析计算繁杂，但对内齿轮几何参数的确定并不重要，故讨论从略	
	(4)齿顶圆的齿顶宽度 s_{ai}	$s_{ai}=d_{ai}\left(\dfrac{s}{d}-\mathrm{inv}\alpha+\mathrm{inv}\alpha_{ai}\right)$	α_{ai}——内齿轮齿顶圆渐开线压力角按下式计算， $\alpha_{ai}=\arccos\left(\dfrac{d_b}{d_{ai}}\right)$
	(5)齿根圆角形状	内齿轮齿根圆角，取决于其造型母齿轮的尺寸和齿顶构型。其确切形状可由母齿轮齿顶在展成过程所构成的图形中测得，这种齿根圆角形状也可采用单一半径的近似圆弧代替	

续表

	计算项目	计算公式及说明	
3. 圆柱斜齿外齿轮齿形尺寸的计算	已知斜齿轮原始齿轮数据：模数 m_n、齿数 z、法向齿厚 s_n、螺旋角 β		
	(1)分度圆直径(基准圆直径) d	$d=\dfrac{zm_n}{\cos\beta}$	m_n——法向模数 β——分度圆螺旋角
	(2)齿条变位量 y	$y=\dfrac{s_n-s_{BR}}{2\tan\alpha}$	s_n——分度圆法向齿厚
	(3)齿顶圆直径 d_{ae}	$d_{ae}=d+2y+2h_{aBR}$	
	(4)齿根圆直径 d_f	$d_f=d+2y-2h_{fBR}$	
	(5)分度圆端面压力角 α_t	$\alpha_t=\arctan\left(\dfrac{\tan\alpha}{\cos\beta}\right)$	
	(6)基圆直径 d_b	$d_b=d\cos\alpha_t$	
	(7)构成圆直径 d_F	$d_F=\sqrt{d_b^2+\dfrac{(2y+d\sin\alpha_t^2-2h_{fFBR})^2}{\sin\alpha_t^2}}$ 本式括号项如果等于或大于零，即为非根切齿轮	h_{fFBR}——基本齿条有效齿根高(衔接点至基准线的距离)
	(8)法向齿顶宽度 s_{nae}	$s_{nae}=s_{tae}\cos\beta_{ae}$	s_{tae}——齿顶圆端面齿顶宽度 $s_{tae}=\alpha_{ae}\dfrac{s_n}{d\cos\beta}+\mathrm{inv}\alpha_t-\mathrm{inv}\alpha_{tae}$ α_{tae}——齿顶圆端面压力角 $\alpha_{tae}=\arccos\left(\dfrac{d_b}{d_{ae}}\right)$ β_{ae}——齿顶圆螺旋角 $\beta_{ae}=\arctan\left(\dfrac{d_{ae}\tan\beta}{d}\right)$
	(9)端面齿根圆角形状	斜齿轮端面齿根圆角形状，同样取决于滚刀参数和齿顶构型。其确切形状可由滚刀基本齿条齿廓展成运动所生成的过渡曲线中测得	
4. 圆柱斜齿内齿轮齿形尺寸的计算	(1)齿顶圆直径 d_{ai}	$d_{ai}=d-2y-2h_{aBR}$	
	(2)齿根圆直径 d_f	$d_f=d-2y+2h_{fBR}$	
	(3)构成圆直径 d_F	与直齿内齿轮构成圆直径 d_F 相同，取决于造型母齿轮的尺寸。d_F 对内齿轮几何参数的确定并不重要，故讨论从略	
	(4)齿顶圆法向齿顶宽度 s_{nai}	$s_{nai}=s_{tai}\cos\beta_{ai}$ 式中　s_{tai}——内直径端面齿顶宽度按下式计算： $s_{tai}=d_{ai}\left(\dfrac{s_n}{d\cos\beta}-\mathrm{inv}\alpha_t+\mathrm{inv}\alpha_{tai}\right)$ α_{tai}——齿顶圆端面压力角按下式计算： $\alpha_{tai}=\arccos\left(\dfrac{d_b}{d_{ai}}\right)$ β_{ai}——齿顶圆螺旋角按下式计算： $\beta_{ai}=\arctan\left(\dfrac{d_{ai}\tan\beta}{d}\right)$	
	(5)齿根圆角形状	斜齿内齿轮与直齿内齿轮一样，这种齿根圆角形状也常采用单半径的近似圆弧代替	

2.4.1 AGMA PT 基本齿条确定齿轮齿顶修缘的计算

表 15-10-19

	计算项目	计算公式及说明
	采用试验性基本齿条所确定的齿轮齿顶修缘的结果，可以通过从齿顶修缘基本齿条的展成运动所构成齿廓图形中测得。对于直齿或斜齿外齿轮的齿顶修缘量也可以采用以下近似计算法求得。这种近似计算所产生的误差很小，故没有必要采用繁杂的解析法求解	
圆柱直齿外齿轮的齿顶修缘	(1)齿顶修缘起点直径 d_T	$$d_T=\sqrt{d^2+4d(h_{aTBR}+y)+\left[\frac{z(h_{aTBR}+y)}{\sin\alpha}\right]^2}$$ 式中 d——分度圆直径，$d=zm$ y——齿条变位量，$y=\frac{s-s_{BR}}{2\tan\alpha}$ h_{aTBR}——基本齿条齿顶修缘起点的齿顶高。当小直齿轮的 $d_T\geqslant d_{ae}$ 时，该齿轮齿顶修缘的条件即不复存在
	(2)齿顶修缘量 v_{Tae}(法向深度)计算	$$v_{Tae}\approx\frac{(h_{aeBR}-h_{aTBR})^2}{2R_{TBR}\cos^2\alpha}$$ 式中 R_{TBR}——基本齿条齿顶修缘半径； h_{aTBR}——基本齿条齿顶修缘起点至基准线的距离； h_{aeBR}——与齿轮齿顶圆相对应的基本齿条齿顶高， $h_{aeBR}=0.5d_b\sin\alpha(\tan\alpha_{ae}-\tan\alpha)-y$ d_b——基圆直径，$d_b=d\cos\alpha$； α_{ae}——齿顶圆压力角，$\alpha_{ae}=\arccos\left(\frac{d_b}{d_{ae}}\right)$； y——齿条变位量，同上
	(3)齿顶修缘后的齿顶宽度 s_{Tae} 的近似值计算	$s_{Tae}\approx s_{ae}-\frac{2v_{Tae}}{\cos\alpha_{ae}}$ s_{ae}——无齿顶修缘的齿顶宽度， $s_{ae}=d_{ae}\left(\frac{s}{d}+\mathrm{inv}\alpha-\mathrm{inv}\alpha_{ae}\right)$
圆柱斜齿外齿轮的齿顶修缘	(1)齿轮齿顶修缘起点直径 d_T	$$d_T=\sqrt{d^2+4d(h_{aTBR}+y)+\left[\frac{2(h_{aTBR}+y)}{\sin\alpha_t}\right]^2}$$ 式中 d——分度圆直径，$d=\frac{zm}{\cos\beta}$； y——齿条变位量，$y=\frac{s_n-s_{BR}}{2\tan\alpha}$； α_t——分度圆端面压力角，$\alpha_t=\arctan\left(\frac{\tan\alpha}{\cos\beta}\right)$； h_{aTBR}——基本齿条齿顶修缘起点的齿顶高，见表 15-10-14， 当小斜齿轮的 $d_T\geqslant d_{ae}$ 时，该斜齿轮齿顶修缘的条件已不复存在
	(2)齿顶修缘量 v_{Tae}(法向深度)计算	$$v_{Tae}\approx\frac{(h_{aeBR}-h_{aTBR})^2}{2R_{TBR}\cos^2\alpha}$$ 式中 R_{TBR}——基本齿条齿顶修缘半径； h_{aTBR}——基本齿条齿顶修缘起点至基准线的距离； h_{aeBR}——与齿轮齿顶圆相对应的基本齿条齿顶高， $h_{aeBR}=0.5d_b\sin\alpha_t(\tan\alpha_{tae}-\tan\alpha_t)-y$ d_b——基圆直径，$d_b=d\cos\alpha_1$； α_t——分度圆端面压力角，$\alpha_t=\arctan\left(\frac{\tan\alpha}{\cos\beta}\right)$； α_{tae}——齿顶圆端面压力角，$\alpha_{tae}=\arccos\left(\frac{d_b}{d_{ae}}\right)$； y——齿条变位量，$y=\frac{s_n-s_{BR}}{2\tan\alpha}$

续表

	计算项目	计算公式及说明	
圆柱斜齿外齿轮的齿顶修缘	(3)齿顶修缘后的端面齿顶宽度s_{Tae}的近似值计算	$$s_{Tae} \approx s_{ae} - \frac{2v_{Tae}}{\cos\alpha_{ae}}$$ 式中 s_{ae}——无齿顶修缘的端面齿顶宽度 $$s_{ae} = \alpha_{ae}\frac{s_n}{d\cos\beta} + \text{inv}\alpha_t - \text{inv}\alpha_{tae}$$	
	(4)齿顶修缘后的齿顶法向宽度s_{nTae}的近似值计算	无齿顶修缘的法向齿顶宽度s_{nTae}, $$s_{nTae} = s_{tae}\cos\beta_{ae}$$ 齿顶修缘后的法向齿顶宽度s_{nTae}按下式计算: $$s_{nTae} \approx s_{nae} - \frac{2v_{nTae}}{\cos\alpha_{nae}}$$	α_{nae}——齿顶圆法向压力角,按下式计算: $$\alpha_{nae} = \arctan(\tan\alpha_{tae}\cos\beta_{ae})$$ β_{ae}——齿顶圆螺旋角, $$\beta_{ae} = \arctan\left(\frac{d_{ae}\tan\beta}{d}\right)$$

2.4.2 圆柱外齿轮齿顶倒圆后的齿廓参数计算

表 15-10-20

	基于一些设计方面的原因,要使齿轮直径略不同于由设定齿厚和基本齿条所确定的数值。例如,齿顶圆的直径稍许增大一些,可显著改进齿轮啮合的重合度,而又不引起配对齿轮齿根干涉。另一方面,由于齿顶倒圆会使有效齿顶圆直径有所变小,特别是少齿数的小齿轮,由基本齿条直接导出的齿顶圆直径,为了避免根切,可能会使得相应的齿顶宽太窄,甚至齿顶变尖。大齿轮齿顶宽度不存在上述问题,即使是齿顶修缘,也没有必要计算齿顶是否变尖 同样也由于设计方面的理由,要使内齿轮的齿顶圆直径不同于基本齿条所确定的值。一个十分重要的原因是配对小齿轮的齿顶与内齿轮齿顶二者之间可能发生的干涉,特别是小齿轮和内齿轮二者的齿数差不够大时,就有可能出现这类现象。增大内齿轮齿顶圆直径,常足以消除这类干涉。对内齿轮的齿顶宽度也不需要计算		
	计算项目	计算公式及说明	
直齿外齿轮齿顶齿廓参数的计算	外齿轮 齿顶倒圆 后的齿廓 参数如图所示	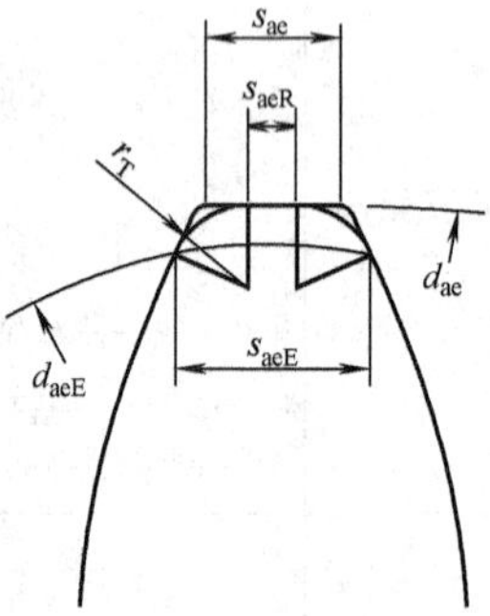 s_{ae} s_{aeR} r_T d_{ae} s_{aeE} d_{aeE}	
	(1)齿顶余齿宽度s_{aeR}	$$s_{aeR} \approx s_{ae} - 2r_T\tan[0.5(90° - \alpha_{ae})]$$ 式中 s_{ae}——齿轮齿顶宽度,$s_{ae} = d_{ae}\left(\frac{s}{d} + \text{inv}\alpha - \text{inv}\alpha_{ae}\right)$; r_T——齿顶圆角半径,由设计者根据需要确定; α_{ae}——齿顶圆渐开线压力角,$\alpha_{ae} = \arccos\left(\frac{d_b}{d_{ae}}\right)$	
	(2)有效齿顶圆直径d_{aeE}	$d_{aeE} \approx d_{ae} - 2r_T(1 - \sin\alpha_{ae})$	d_{ae}——齿顶圆直径,$d_{ae} = d + 2y + 2h_{aBR}$
	(3)有效齿顶宽度s_{aeE}	$s_{aeE} \approx s_{aeR} + 2r_T\cos\alpha_{ae}$	

续表

斜齿外齿轮齿顶齿廓参数的计算	(1)齿顶法向余齿宽 s_{naeR}	$s_{naeR} \approx s_{nae} - 2r_T \tan[0.5(90° - \alpha_{nae})]$ 式中 s_{nae}——齿轮法向齿顶宽度，$s_{nae} = s_{tae}\cos\beta_{ae}$； r_T——齿顶圆角半径，由设计者确定； α_{nae}——齿顶圆渐开线法向压力角	
	(2)有效齿顶圆直径 d_{aeE}	$d_{aeE} \approx d_{ae} - 2r_T(1 - \sin\alpha_{nae})$	d_{ae}——齿顶圆直径
	(3)有效法向齿顶宽度 s_{naeE}	$s_{naeE} \approx s_{naeR} + 2r_T\cos\alpha_{nae}$	

2.5 齿轮跨棒（球）距 *M* 值、公法线长度 W_k 的计算

2.5.1 *M* 值的计算

表 15-10-21

渐开线齿轮 *M* 值的计算示意图

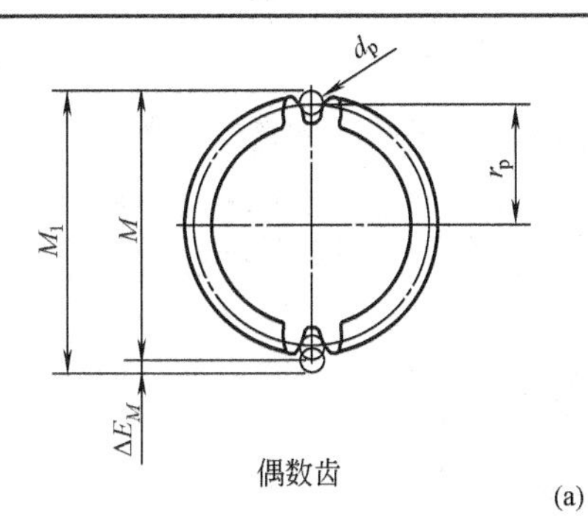

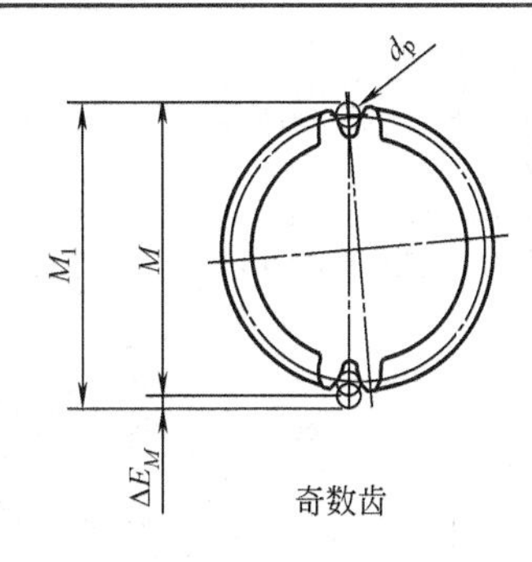

(a)

在图 a 中，令 r_p 为量柱中心到被测齿轮中心的距离，d_p 为量柱直径，通常可优先选用检测螺纹用三针作为量柱。压力角 $\alpha=20°$ 的不同模数齿轮的 *M* 值测量，可参照下表选择三针。测量 *M* 值的最佳量柱直径选择原则：要求量柱与齿轮齿槽两侧齿廓在分度圆附近相接触。但非标准压力角或变位齿轮，按下表选择的三针与被测齿轮的接触点可能偏离分度圆较远，在这种情况下需要先凭目测选择基本符合上述要求的专用量柱后，再进行 *M* 值的计算

$\alpha=20°$ 的不同模数齿轮的三针直径 d_p

m	0.1	0.15	0.2	0.25	0.3	0.4	0.5
d_p	0.201	0.291	0.402	0.433	0.572	0.724	0.866
m	0.6	0.7	0.8	1.0	1.25	1.5	
d_p	1.008	1.302	1.441	1.732	2.311	2.595	

	计 算 项 目	计 算 公 式 及 说 明	
圆柱直齿外齿轮 *M* 值	对于偶数齿	$M = D_M + d_p$	$D_M = 2r_p = d\dfrac{\cos\alpha}{\cos\alpha_M}$ $\text{inv}\alpha_M = \dfrac{d_p}{mz\cos\alpha} + \text{inv}\alpha - \dfrac{\pi}{2z} + 2x\dfrac{\tan\alpha}{z}$
	对于奇数齿	$M = D_M\cos\dfrac{\pi}{2z} + d_p$	
圆柱斜齿外齿轮 *M* 值	对于偶数齿	圆柱斜齿轮 *M* 值，应在端面上进行计算 $M = D_M + d_p$	$D_M = 2r_p = d\dfrac{\cos\alpha_t}{\cos\alpha_{Mt}} = \dfrac{m_n z}{\cos\beta}\times\dfrac{\cos\alpha_t}{\cos\alpha_{Mt}}$ $\text{inv}\alpha_{Mt} = \dfrac{d_p}{m_n z\cos\alpha_n} + \text{inv}\alpha_t - \dfrac{\pi}{2z} + 2x_n\dfrac{\tan\alpha_n}{z}$ $\tan\alpha_t = \dfrac{\tan\alpha_n}{\cos\beta}$ β——分度圆柱上的螺旋角
	对于奇数齿	$M = D_M\cos\dfrac{\pi}{2z} + d_p$	

续表

<table>
<tr><th colspan="3">计算项目</th><th colspan="2">计 算 公 式 及 说 明</th></tr>
<tr><td rowspan="3">直齿内齿轮 M 值</td><td colspan="2">对于偶数齿</td><td>直齿内齿轮 M 值计算与外齿轮类似，但末项前的运算符号易号
$M=D_M-d_p$</td><td rowspan="2">$D_M=2r_p=d\dfrac{\cos\alpha}{\cos\alpha_M}$
$\mathrm{inv}\alpha_M=\dfrac{\pi}{2z}+\mathrm{inv}\alpha-\dfrac{d_p}{mz\cos\alpha}+2x\dfrac{\tan\alpha}{z}$</td></tr>
<tr><td colspan="2">对于奇数齿</td><td>$M=D_M\cos\left(\dfrac{\pi}{2z}\right)-d_p$</td></tr>
<tr><td colspan="4">采用以上公式的 M 值计算比较费事，一些齿轮测量手册针对标准齿轮在公式中引用了相关系数，通过查表来简化计算。但是塑料齿轮的压力角，特别是齿轮型腔和 EDM 加工用的齿轮电极均为非标准压力角，因此无法引入这类系数来简化 M 值的计算</td></tr>
<tr><td>斜齿内齿轮 M 值的计算</td><td colspan="4">斜齿内齿轮 M 值计算与外齿轮类似，但末项前的运算符号易号
对于偶数齿：$M=D_M-d_p$
对于奇数齿：$M=D_M\cos\left(\dfrac{\pi}{2z}\right)-d_p$
式中 $D_M=2r_p=d\dfrac{\cos\alpha_t}{\cos\alpha_{Mt}}=\dfrac{m_n z}{\cos\beta}\dfrac{\cos\alpha_t}{\cos\alpha_{Mt}}$
$\mathrm{inv}\alpha_{Mt}=\dfrac{\pi}{2z}+\mathrm{inv}\alpha_t-\dfrac{d_p}{m_n z\cos\alpha_n}+2x_n\dfrac{\tan\alpha_n}{z}$
斜齿内齿轮 M 值测量的注意事项：
①直齿外、内齿轮和斜齿轮外齿轮，可以使用量棒或量球测量跨棒（球）距 M 值；而斜齿内齿轮只能采用量球进行跨球距 M 值测量；
②测量斜齿轮跨球距 M 值的量球直径，可先按 $d_p\approx1.69m_n$ 粗算，而后进行圆整，选择尺寸较为接近的标准钢球；
③测量斜齿内齿轮跨球距 M 值时，要求两钢球的中心应处在垂直斜齿内齿轮轴线的同一截面上；否则，测量不准确</td></tr>
<tr><td rowspan="4">蜗杆 M 值</td><td rowspan="2">阿基米德蜗杆 M 值的计算</td><td colspan="2">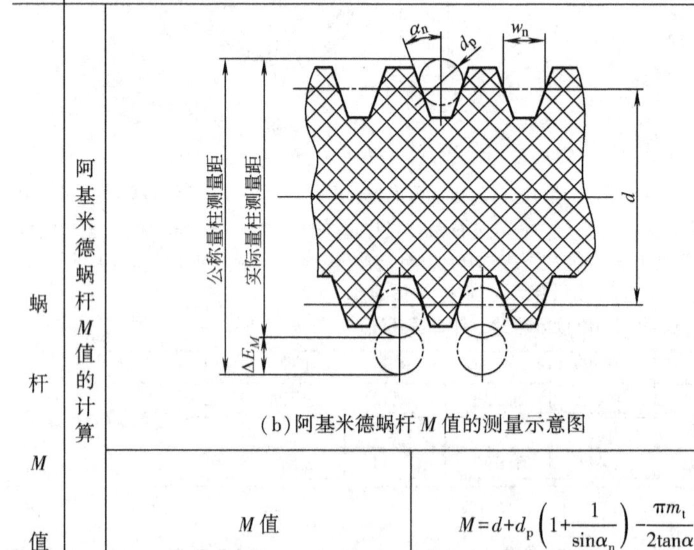

（b）阿基米德蜗杆 M 值的测量示意图</td><td rowspan="2">d——蜗杆分度圆直径
d_p——量柱直径
α_n——蜗杆法向齿形角按下式计算：
$\alpha_n=\arctan(\tan\alpha\cos\gamma)$
γ——蜗杆分度圆导程角按下式计算：
$\gamma=\arctan\left(\dfrac{zm_t}{d}\right)$
z——蜗杆头数
m_t——蜗杆轴向模数</td></tr>
<tr><td>M 值</td><td>$M=d+d_p\left(1+\dfrac{1}{\sin\alpha_n}\right)-\dfrac{\pi m_t}{2\tan\alpha}$</td></tr>
<tr><td colspan="2">齿槽法向直廓蜗杆 M 值</td><td colspan="2">齿槽法向直廓蜗杆的 M 值，如图 b 所示是在法向截面内计算的
$M=d+d_p\left(1+\dfrac{1}{\sin\alpha_n}\right)-\dfrac{w_n}{\tan\alpha_n}$
w_n——蜗杆分度圆法向齿槽宽度
$w_n=\dfrac{\pi m_n}{2}+2x_n m_n\tan\alpha_n$</td></tr>
<tr><td colspan="2">渐开线蜗杆 M 值</td><td colspan="2">渐开线蜗杆 M 值计算，与圆柱渐开线斜齿轮 M 值相同。在计算时，将蜗杆头数视为斜齿轮齿数、蜗杆导程角 γ 视为斜齿轮螺旋角 β</td></tr>
<tr><td>蜗轮 M 值</td><td colspan="4">从理论上讲，蜗轮的 M 值应采用钢球进行直接测量。但由于蜗轮 M 值的计算非常繁杂，不同类型的蜗轮 M 值的计算公式各异，均需通过多次渐近法求得所需的精确值，无法直接求解，既费时又易出错。有关蜗轮 M 值的计算，参考文献[10]作了详细介绍，本节讨论从略
在生产中普遍采用两标准蜗杆代替两钢球测量蜗轮 M 值，更接近实际使用情况。将在本章第 5 节中介绍这种测量方法</td></tr>
</table>

2.5.2 公法线长度的计算

表 15-10-22

<table>
<tr><th></th><th>计算项目</th><th colspan="2">计算公式及说明</th></tr>
<tr><td rowspan="3">圆柱直齿轮公法线长度</td><td>渐开线齿轮公法线长度检测</td><td colspan="2">圆柱直齿内、外齿轮的公法线长度计算原理见下图
(a) 外齿轮　　(b) 内齿轮</td></tr>
<tr><td>圆柱直齿轮的公法线长度 W_K</td><td>$W_K=[(K-0.5)\pi+z\times\mathrm{inv}\alpha]m\cos\alpha$</td><td rowspan="2">$K$——跨齿数，可按下式求得：
$$K=\frac{\alpha}{180}z+0.5$$
当 $\alpha=20°$ 时，$K=0.11z+0.5$
$\alpha=15°$ 时，$K=0.08z+0.5$
$\alpha=14.5°$ 时，$K=0.08z+0.5$
对以上计算所得的值经四舍五入后取其整数</td></tr>
<tr><td>变位直齿轮的公法线长度 W'_K</td><td>$W'_K=W_K+2xm\sin\alpha$
W_K 按上式计算</td></tr>
<tr><td rowspan="2">圆柱斜齿轮公法线长度</td><td>斜齿轮的法向公法线长度</td><td colspan="2">先按直齿轮公法线长度计算公式求得端面的公法线长度 W_{Kt}，而后按端、法面之间的几何关系，求得
$$W_{Kn}=W_{Kt}\cos\beta_b=m_t\cos\alpha_t[\pi(K-0.5)+z\mathrm{inv}\alpha_t]\cos\beta_b$$
式中，β_b 为基圆柱上的螺旋角
$$\mathrm{inv}\alpha_t=\tan\alpha_t-\alpha_t\ ,\ \cos\beta_b=\cos\beta\frac{\cos\alpha_n}{\cos\alpha_t}\ ,\ \tan\alpha_t=\frac{\tan\alpha_n}{\cos\beta},m_t=\frac{m_n}{\cos\beta}\ ,\ \alpha_t=\arctan\frac{\tan\alpha_n}{\cos\beta}$$
在以上各式中代入法向模数，则 W_{Kn} 可按下式计算：
$$W_{Kn}=m_n\left[\pi(K-0.5)\cos\alpha_n+z\left(\frac{\tan\alpha_n}{\cos\beta}-\arctan\frac{\tan\alpha_n}{\cos\beta}\right)\cos\alpha_n\right]$$</td></tr>
<tr><td>变位斜齿轮的端面公法线长度</td><td colspan="2">$$W'_{Kt}=m_t\cos\alpha_t[\pi(K-0.5)+z\mathrm{inv}\alpha_t]+2x_t m_t\sin\alpha_t$$
而法向公法线长度 W'_{Kn}，可利用基圆柱上螺旋角的关系计算如下：
$$W'_{Kn}=W'_{Kt}\cos\beta_b=m_n\left[\pi(K-0.5)\cos\alpha_n+z\left(\frac{\tan\alpha_n}{\cos\beta}-\arctan\frac{\tan\alpha_n}{\cos\beta}\right)\cos\alpha_n\right]+2xm_n\sin\alpha_n$$</td></tr>
<tr><td rowspan="2">内啮合直齿轮公法线长度</td><td>标准直齿内齿轮公法线长度 W_i</td><td colspan="2">与外啮合圆柱直齿轮公法线长度的计算方法基本相同，即仍按式 $W_K=[(K-0.5)\pi+z\times\mathrm{inv}\alpha]m\cos\alpha$ 计算</td></tr>
<tr><td>变位直齿内齿轮的 W_i</td><td>$W_i=W_K-2xm\sin\alpha$</td><td>仅将变位直齿轮的公法线长度 W'_K 算式末项前的运算符号易号</td></tr>
<tr><td>内啮合斜齿轮公法线长度</td><td colspan="3">与外啮合圆柱斜齿轮公法线长度的计算方法基本相同，按直齿轮公法线长度计算式 $W_K=[(K-0.5)\pi+z\mathrm{inv}\alpha]m\cos\alpha$ 求得斜齿轮端面公法线长度 W_{it}。但变位直齿内齿轮的 W_i，应将式 $W'_K=W_K+2xm\sin\alpha$ 末项前的运算符号易号，即
$$W_{it}=W_i-2xm\sin\alpha$$
由于内斜齿轮法向公法线长度不便进行直接测量，一般多在万能工具显微镜上进行端面公法线长度 W_{it} 测量</td></tr>
</table>

2.6 塑料齿轮的精度设计

表 15-10-23

概述		半个多世纪以来，塑料齿轮的精度设计与检测一直是在参照金属齿轮标准与做法。金属齿轮的精度要求、加工工艺和检测手段及其方法业已成熟并载入相关的设计手册。也就是说金属齿轮软齿面和硬齿面齿轮的加工工艺和设备，主要取决于齿轮的精度要求。不同精度齿轮采取不同的设备和工艺来加工，齿轮精度也早已制定有国际(ISO)和国家(GB)标准。然而，大批量塑料齿轮的生产只可能通过注射成型的模塑工艺来完成；由于塑件注射成型后的各向异性收缩特性、齿轮结构设计的合理性、注塑工艺参数的稳定性、注射模齿轮型腔设计制造精度等多种因素的影响，与金属齿轮相比，塑料齿轮精度偏低 塑料齿轮(或称模塑齿轮)的精度设计，长期没有一个统一的规范可循，精度等级定得过高，生产成本将会大大增加，太低又无法保证产品的性能要求。因此，目前塑料齿轮的精度要求，仍基本上处于凭设计者的经验而定的无序阶段
塑料齿轮的精度设计		根据目前国内外塑料齿轮的制造水平，将大批量生产的动力型塑料齿轮的精度等级定在国标 GB/T 10095—2008 9~12 级是经济合理的。对于要求高的国标 8 级以上(含 8 级)运动型塑料齿轮，仍采用注射成型工艺生产已相当困难，其中有些项目是很难达到的 日本理光采用"二次压缩成型"工艺注射成型大尺寸、小模数塑料齿轮的精度，可达 JGMA 116-02:1983 0 级精度(相当于国标 GB/T 10095—2008 6 级)；但相关实验表明，这种新工艺对小尺寸的小模数塑料齿轮精度与现行采用的注射工艺尚无明显改善 对于动力型传动齿轮，由于塑料齿轮自身的柔韧性，轮齿在负载运转的过程中会出现轻微的弯曲变形，对相邻齿距误差f_{pt}和径向综合偏差F''_i具有较好的包容性，还有一定的吸振降噪作用。因此，将塑料齿轮的精度相对同类金属齿轮降低 1~2 级是可行的。有关模塑齿轮的精度要求，对于传递精度要求较高的运动型模塑齿轮，应有较高的精度要求，如国标 8 级以上(含 8 级)。如果仍使用精度较低的塑料齿轮，会由于齿面的过早磨损，而造成传动轮系的传递精度的过快降低
塑料齿轮的精度标准	总体情况	早在 20 多年前，日本针对塑料齿轮制定了 JGMA 116-02:1983，但该标准仅规定了齿轮的径向综合误差F''_i和一齿径向综合误差f''_i允容值，其检测手段主要依靠齿轮双面啮合仪 虽然为美国"塑料齿轮齿形尺寸"ANSI/AGMA 1106-A97 推出的 AGMAPT 为适应动力型传动用塑料齿轮设计的基本齿条齿廓，但 AGMA PT 仍未涉及到有关塑料齿轮的精度标准 直到 2009 年，日本才正式颁布发了第一部塑料齿轮精度标准:JISB 1702-3:2008 圆柱齿轮-精度等级(第 3 部分　注塑成型齿轮的径向综合偏差的定义及允许值)。该标准是在 JIS B 1702-1:1998 圆柱齿轮-精度等级(第 1 部分:有关齿轮轮齿同侧齿面偏差的定义及精度允许值)和 JIS B 1702-2:1998 圆柱齿轮-精度等级(第 2 部分:径向综合偏差及径向跳动偏差的定义及精度允许值)的基础上，专门针对注塑成型圆柱渐开线齿轮的性能，制造方法以及特征作为考察对象所制定的日本工业标准 目前，尚无与 JIS B 1702-3 相类似的塑料齿轮其他国际标准。此标准的发布，使塑料齿轮长期无标准可循的状况有所改变。故本文对该标准主要特点及应用规则作一简要介绍
	JIS B 1702-3 的适应范围	1. 该标准精度等级 4 级为最高精度级，12 级为最低精度级，共划分有 9 个等级精度 2. 该标准使用时，表示注射模塑齿轮精度等级的 P 等级要求用 PO 表示，以示与金属齿轮精度等级相区别，以免产生混淆和误解 3. 一齿径向综合偏差的参数区间范围和径向综合偏差是一体的。一齿径向综合偏差和径向综合偏差的精度等级，既是独立的又是统一的，设有齿轮精度等级的允许值 4. 精度的评价齿轮的齿宽为有效齿度 5. 该标准为了反映塑料齿轮目前尺寸的现状，所适用的齿轮参数区间范围都要比标准 JIS B 1702-1 和 JIS B 1702-2 有所减小:基准圆直径 $d=1\sim280$mm，法向模数 $m_n=0.1\sim3.5$mm，有效齿宽 $b=0.2\sim40$mm；此外为了适应微型塑料齿轮的要求，特增加了比标准 JIS B 1702-1 和 JIS B 1702-2 更小的尺寸规格 6. 该标准一齿径向综合偏差的法向模数最大值为 3.5mm，为保持与 JIS B 1702-2 的一致性，径向综合偏差的法向模数的最大值是 4mm。另外，此标准的基准圆直径以及有效齿宽与 JIS B 17020-1 与 JIS B 1702-2 进行了区分 7. 该标准除主检项目外，有些偏差的测量被认为不是必须的。因此，这些偏差的公差尚未被列入本标准主体部分，而是被纳入附录中 在产品生产和交验中选用哪些主检项目，需经双方协商决定，非主检项目最好和主检项目检测同时进行，有时可以用来替代主检项目 未纳入标准主体部分的参考检测项目共 7 项，精度等级以 5 级齿轮为基准的各项偏差允许值按相关公式计算，并以 μm 为单位表示
	应用 JIS B 1702-3 的注意事项	1. 受检齿轮参数符合主检项目可直接选用标准表中的偏差允许值。如果齿轮参数不符合标准规格，根据齿轮的精度等级要求，可按 JIS B 1702-3 齿轮偏差允许值的计算公式直接求得 2. 受检齿轮所要求的精度等级，不同的偏差项目可指定不同的等级。另外，也可以按使用要求，对不同的齿面选择不同的精度等级 3. 如果齿形测定没有特别的规定要求，可在齿轮齿宽中央附近进行检测。齿廓偏差以及螺旋线误差，在齿轮的圆周进行大约等分，以 4 个齿轮的齿面来检测。单个齿距偏差测定，以齿轮的两齿侧面分别测定来评价。另外，受轮缘等因素的影响，由于轮齿形状的变形，最好对齿廓总偏差进行测量 4. 精度等级要求高于 5 级精度以上的齿轮，需要有精确的测量精度。应采用可以保证测量精度的精密齿轮检测仪器、测定环境以及测定所必须具备的条件等 5. 关于测定方法以及测定条件： ①所用测量仪器名称； ②被检测齿轮的装夹方式； ③测量力的大小； ④要求测量的项目； ⑤检测日期和时间； ⑥测量室内的环境温度和湿度等都要求明确记入检测记录表中 6. 关于齿轮齿廓总偏差以及螺旋线总偏差，不仅要有检测结果，还要求有检测记录曲线，以便对其啮合性能产生的不良影响有所了解 7. 在 JIS B 1702-2 中，径向综合总偏差，是根据模数和基准圆直径的几何平均值经过计算求得的

续表

塑料齿轮的精度标准

塑料齿轮的检测项目

塑料齿轮检测项目及代号如表 1 所示，根据塑料齿轮的特点，已将这些检测项目分为主检和参考两大类。一般精度的普通塑料齿轮只需选择主检项目进行检测即可保证产品质量；而精度要求较高的塑料齿轮，除主检项目外，还可以增加部分参考检测项目，至于增加哪些项目，可由供需双方协商决定

表 1　齿轮检测项目及代号

项目	偏差名称	代号	主检	参考
齿距	单个齿距偏差	f_{pt}	○	
	齿距累积偏差	F_p	○	
齿廓	齿廓总偏差	F_α	○	
	齿廓形状偏差	$f_{f\alpha}$		○
	齿廓倾斜偏差	$F_{H\alpha}$		○
螺旋线	螺旋线总偏差	F_β	○	
	螺旋线形状偏差	$f_{f\beta}$		○
	螺旋线倾斜偏差	$F_{H\beta}$		○
单齿面	切向综合偏差	F_i'		○
	一齿切向综合偏差	f_i'		○
双齿面	径向综合偏差	F_i''	○	
	一齿径向综合偏差	f_i'	○	

齿廓的计量范围

注射模塑齿轮的齿廓计量范围，要除去齿顶圆角，当法向模数 $m_n=1$mm 的齿轮齿顶倒圆半径为 $R=0.4$mm 的情况下，齿廓的计量范围是 92.2%，与法向模数 $m_n=0.25$mm 的齿轮模具型腔采用 ϕ0.2mm 钼丝进行线切割加工的模塑齿轮齿顶圆角半径 $R=0.1$mm 的效果相同。齿廓计量范围，有用长度应与特定的精度等级相适应；如果没有特别规定，齿廓检查范围 E 点开始延伸的齿廓长度相当于可用长度的 92%

有关塑料齿轮的不同齿顶倒圆半径对齿廓计量区间的影响，现通过示例渐开线圆柱直齿轮（$m_n=1$，$z=20$，$\alpha=20°$）进行计算，并将计算结果列入表 2。示例齿轮齿廓图和计量区间图参见图 a 和图 b

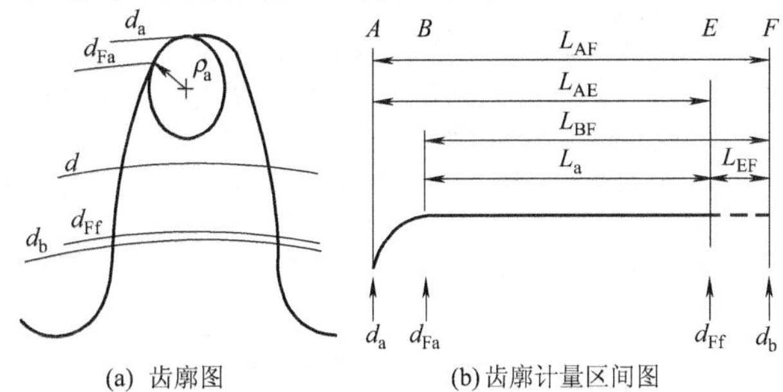

(a) 齿廓图　　(b) 齿廓计量区间图

示例齿轮齿廓及计量区间图

由于模塑齿轮成型工艺的特性要求，齿廓如图 a 所示，齿顶两侧均有倒圆，对于模数特小和齿数特少的模塑齿轮齿顶可能只有单一的齿尖圆弧。齿顶倒圆半径对齿廓计量的有效长度的影响，如图 b 所示。通过示例齿轮计算表明：当倒圆半径由 $\rho_a=0.1$mm 增大到 $\rho_a=0.5$mm 时，齿廓的计值区间 L_α 与有效长度 L_{AE} 之比率由 98.2%降低到 90%。由于小模数模塑齿轮的齿根多为单一圆弧，齿根圆弧半径是由计算确定的，一般不会对齿廓计量区间造成影响

表 2　齿轮齿顶倒圆半径与齿廓计值区间的关系

项目	代号	单位	数值				
渐开线圆柱直齿轮参数：$m_n=1$、$z=20$、$\alpha=20°$							
齿顶倒圆半径	ρ_a	mm	0.1	0.2	0.3	0.4	0.5
基圆直径	d_b	mm	18.794				
下限直径(齿根)	d_{Ff}	mm	18.812				
上限直径(齿顶)	d_{Fa}	mm	1.902	21.800	21.693	21.581	21.465
齿顶圆直径	d_a	mm	22.000				
可用长度	L_{AF}	mm	5.718				
有效长度	L_{AE}	mm	5.305				
B-F 间长度	L_{BF}	mm	5.623	5.523	5.417	5.305	5.185
E-F 间长度	L_{EF}	mm	0.413				
齿廓计值区间	L_α	mm	5.210	5.110	5.004	4.892	4.772
$L_\alpha/L_{AE}\times100$	—	%	98.2	96.3	95.3	92.2	90.0

续表

塑料齿轮的精度标准

齿廓的计量范围

在图 c 中，齿廓计值范围 L_α 的几何意义：可以直观地看到本示例齿轮齿顶倒圆与渐开线齿廓切点处的法线，即通过倒圆中心并与基圆相切（三点共线）。此两切点之间的法线长度就是齿廓计值范围，从 CAD 齿廓上可直接测得 L_α = 5.3048mm。这一结果与表 2 中所计算的数据是一致的

(c)齿廓计值范围 L_α 的几何意义

测定条件及测定方法

测定条件及测定方法纳入 JIS B 1702-3 附录 5（参考），不属于本标准主体的组成部分，只是本标准主体部分的参考内容

1. 测定条件要求

一般情况下，注射成型的塑料齿轮的精度测量，与金属齿轮不同，它受温度和湿度等环境因素的影响比较大。另外，还随存放时间的变化而变化。因此，塑料齿轮的精度测量对检测条件和方法的规定是非常必要的。检测时要将这些测定环境及测定条件，作为适用于本标准的精度检测的一部分记录下来

2. 测定、评价方法的注意事项

测定条件：通常在 JIS K 7100：1999“塑料状态调节及试验氛围”规定的标准温度 23℃，标准湿度 50%的测定环境下进行。除此之外的测定环境下进行检测的情况很多，应该注意必须在精度检查结果里注明测定室内的温度及湿度。另外，希望在被检测齿轮的状态及尺寸稳定之后再进行测定

测定方法：有必要利用测定装置来保证尺寸测定的重复精度要求。另外，为了避免齿轮受力时变形及齿面划伤，必须在较低的测定力下进行测定

对于小模数齿轮进行测量时，由于受测头挠度及测量系统刚度的影响，齿面微小凹凸形状的测量结果有可能是不准确的，这是需要注意的一点

3. 注塑成型齿轮的测定环境、产品抽样及测定时间，必须经供需双方协商确定

①测定环境　参见与测定场所环境相关的标准 JIS K 7100

②产品抽样　被检查齿轮，必须从注塑成型状态已经稳定的产品当中抽样。成型后，要求被检样件在标准状态（温度及湿度）的测定室里至少保持数小时之后再做测定。样件放置一段时间的目的是为了稳定尺寸，放置时间参见表 3

表 3　注塑成型制品的尺寸稳定所需要放置时间

成型品的壁厚 1mm 以内	3h 以上
成型品的壁厚 2～3mm 以内	5h 以上

径向综合误差检测的测定力

径向综合误差的测定方法，在 JIS B 1752：1989（直齿轮及斜齿轮的测定方法）中规定。其中，就如表 4 所示，规定了齿宽 10mm 左右的测定力的上限值。测定力与被检查齿轮的齿宽成比例。但是，JIS B 1752 在向 ISO 标准整合阶段，转移到 1999 年被废除的 TR B 0005：1999 中

表 4　注塑成型齿轮径向综合误差检测所需的测量力

径向综合误差（材料：POM，PA）			
模数/mm	$0.2 \leqslant m_n \leqslant 0.3$	$0.3 < m_n \leqslant 0.6$	$0.6 < m_n \leqslant 1.25$
测定力/N	4.2	4.8	5.4

2.7 塑料齿轮应力分析及强度计算

目前，国内外塑料齿轮的应力分析及强度计算，基本上仍沿袭金属齿轮应力分析与强度计算公式的基础上，加入一些有关塑料物性与安全系数。用来模塑齿轮的热塑性材料的品种繁多，但有关所需的材料物性数据很难查找。即使能找到材料厂商提供的物性表中的相关数据，但也会出现诸如厂商所给出的值不能用作质量要求、技术规格和强度计算的依据等限制。

当今，应用在汽车等工业中的各种电机驱动器均制定有产品特性规范，要求塑料齿轮轮系通过规范中所规定的机械强度、耐疲劳、耐久寿命、耐化学和盐雾以及老化等多项特性型式试验。其中，如极限扭矩等还要求在低温（-40℃）、中温（23℃）和高温（80℃）下试验，当载荷增加到规范值的2倍以上时仍不破裂，才可停止试验。只有轮系通过了严格的产品特性试验，方可证明所设计制造的塑料齿轮轮系的参数和材料的选用是可行的。本节仅简要介绍美国原LNP公司推荐的计算方法和英国VICTREX在试验的基础上评价齿轮强度的做法。

表 15-10-24

轮齿副在传动过程中的作用力	在轮系传动过程中,每个轮齿都是一个一端支承在轮缘上的悬臂梁。在轮系传递力的过程中,该作用力企图使悬臂梁弯曲并把它从轮缘上剪切下来。因此,齿轮材料需要具备较高的抗弯曲强度和刚性 另一个作用力为齿面压应力,是由摩擦力和点接触(或线接触)在齿面产生的压应力(赫兹接触应力) 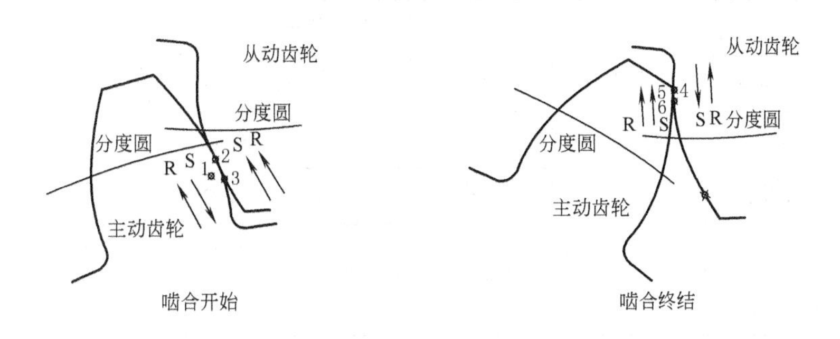 (a) 轮齿副在啮合过程中的作用力 在齿轮副传动过程中两轮齿副齿面间相互滚动,同时又相互滑移。一旦轮齿副开始啮合上,即出现初始接触载荷。齿轮的滚动作用把接触应力(是一种特殊的压应力)推进至接触点的正前方。同时,由于齿轮啮合部分的接触长度有所不同,遂发生滑移现象。这样便产生摩擦力,在接触点正后方形成拉伸应力区。图a中"R"的箭头所指为滚动方向;"S"的箭头所指为滑移方向。在两个运动方向相反的区域,合力所引起的问题最多 如左图所示,齿轮副刚好开始啮合。在驱动齿轮上点"1"处,齿轮材料由于向节点方向的滚动作用处于压缩状态;而由于背离节点的滑动运动的摩擦阻力而处于拉伸状态。这两个力的合力能够引起齿面裂纹、齿面疲劳和热积蓄;这些因素都可能引起严重的点蚀 从动齿轮上点"2"处,滚动和滑动为同一方向,朝向节点。这使点2处的材料承受压力(由滚动所致),而点"3"处的材料承受拉力(由滑动所致)。此处的受力状况没有驱动齿轮严重 如右图所示,为这对齿轮副啮合的终结状况。滚动运动仍为相同的方向,但滑动运动改变了方向。现在,从动齿轮齿根承受的载荷最高,因为点"4"同时承受压缩(由滚动)和拉伸(由滑动)载荷。驱动齿轮齿顶承受的应力较前者为轻,因为点"5"处于压应力状态,而点"6"为拉应力状态 在节点处,滑动力将改变方向,出现零滑动点(单纯滚动)。因此,可能会被误认为齿轮在此区段齿面的失效最轻。其实不然,节点区段是发生严重失效情况的首发区域之一。虽然节点处已不见复合应力,但可见较高的单位载荷。在齿轮副开始啮合或终止啮合时,前一对轮齿和后一对轮齿都会承受一定的载荷。因而,单位负载有所降低。当齿轮在节线处或略高于节点处啮合时,即出现最高的点载荷。在这一点上,一对轮齿副通常要承受全部或绝大部分载荷。这就是可能导致疲劳失效、严重热积蓄和齿面损伤的主要原因 齿轮最重要的部分是轮齿。如果无轮齿,齿轮无异就变成摩擦轮,几乎不能用来传递有序运动或动力。齿轮的承载能力,基本上是对其轮齿进行估算的。虽然齿轮的原型试验始终是被推荐的,但是比较耗费财力和时间,因此需要有一种粗略评估齿轮强度的计算方法

续表

	计 算 公 式	说 明
轮齿的弯曲应力以及强度计算	当载荷作用于节点处，标准齿轮轮齿的弯曲应力 S_b 可采用刘易斯公式计算（已将参考文献[8]中的英制计算式换算成公制）： $$S_b=\frac{F}{m\times Y}$$ 试验表明，当对轮齿在节点处施加切向载荷，而啮合的轮齿副数趋近1时，轮齿载荷为最大。如果齿轮轮系所需传输的功率为已知，则可推导出以下形式的计算公式： $$S_b=\frac{3700.61kW}{m\times f\times Y\times d\times S}$$ 另一种修正的刘易斯公式引入了节圆线速度和使用因数 $$S_b=\frac{41.01\times(1968.5+V)\times kW\times C_s}{m\times f\times y\times V}$$ 使用因数用来说明输入扭矩的类型和齿轮副工作循环的周期，其典型数值如下表所示：	F——齿轮节点处切向载荷 m——模数，mm f——齿面宽度，mm Y——载荷作用于节点处塑料齿轮刘易斯齿形因数 kW——功率，kW d——分度圆直径，mm S——转速，r/min V——节圆线速度，m/min y——齿顶刘易斯齿形因数 C_s——使用因数

使用因数 C_s

载荷类型	工作循环周期 24小时/天	8~10小时/天	间隙式-3小时/天	偶然式-0.5小时/天
稳定	1.25	1.00	0.80	0.50
轻度冲击	1.50	1.25	1.00	0.80
中度冲击	1.75	1.50	1.25	1.00
重度冲击	2.00	1.75	1.50	1.25

对于各种应力（计算）公式，都可以许用应力 S_{all} 来替代 S_b 以便求解其他变量。安全应力（也即许用应力）并不是数据表中所列的标准应力数值，而是以标准齿形的齿轮进行实际材料试验，而测得的许用应力。许用应力在其数值中已包含了材料安全系数。对任何一种材料，许用应力与许多因素有密切的关系。这些因素包括以下几项：①寿命循环次数，②工作环境，③节圆线速度，④匹配齿面的状态，⑤润滑

因为许用应力等于强度值除以材料的安全系数（$S_{all}=S/n$），可以由此推算出齿轮的安全系数。安全系数是指部件在其使用寿命期间，能适应以上各种因素，发挥其正常工效，而不发生失效的能力

安全系数可以有多种不同的定义途径，但基本上是表示所容许的因素与引起失效的因素二者的关系。安全系数可以有以下三种基本应用方式：总安全系数可用于材料性能，如强度；也可用于载荷；或者多个安全系数可以分别用于各个载荷和材料性能

后一种用法常是最有用的，因为可以研究每个载荷，然后用一个安全系数确定其绝对的最大载荷。此后，把各个最大载荷用于应力分析，使得几何尺寸及边界条件得出许用应力。将强度安全系数用于最终使用条件下的材料强度，由此可以确定许用应力极限

载荷安全系数可按惯常方式确定。但是，塑料的强度安全系数难以确定。这是因为塑料的强度不是一个常数，而是在最终使用条件下的一种强度统计分布。因此，设计人员需要了解最终使用条件，例如温度、应变速率和载荷持续时间。需要了解模塑过程，以便掌握熔接痕的位置情况、各向异性效应、残余应力和过程变量。了解材料极其重要，因为对材料在最终使用条件下的性能了解愈清楚，所确定的安全系数愈正确，塑件最终可获得最优的几何尺寸。情况愈是不清楚，未知数愈多，所需的安全系数便愈大。即便对应条件已进行了细致的了解和分析，所推荐的最小安全系数应取为2

如果不掌握预先计算好的许用应力数据，而对塑料来说，通常没有这类数据，则齿轮设计人员必须极其审慎地考虑以上提及的一切因素，以便能够确定正确的安全系数，进而计算 S_{all}。不限于是否有类似的现成经验，仍很有必要建立原型模塑件，在所要求的应用条件下对齿轮进行型式试验。目前有两种常用材料（聚甲醛POM和尼龙PA66），提供有预先计算的许用应力值（见图b）。这两种材料已广泛应用于齿轮，其许用应力也是由供货商所提供的

续表

<table>
<tr>
<td rowspan="4">轮齿的弯曲应力以及强度计算</td>
<td colspan="2">
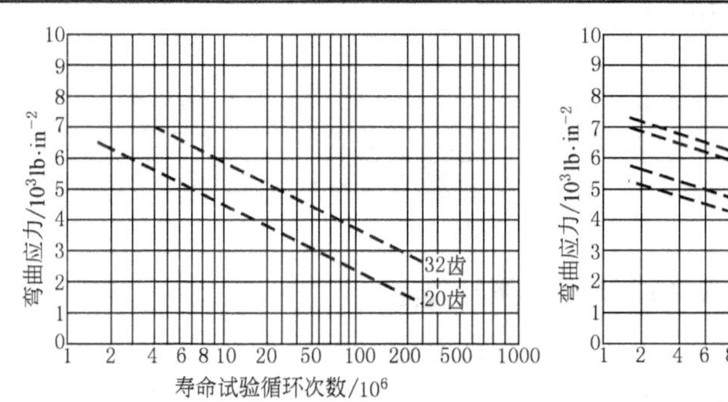

聚甲醛 POM 齿轮轮齿最大弯曲应力　　尼龙 PA66 齿轮轮齿最大弯曲应力
(b) 两种常用塑料的齿轮轮齿最大弯曲应力

至此,所考察的公式,它所研究的是力图将轮齿弯曲并把它从轮缘上剪切下来的力。这类力,由于静载荷或疲劳作用引起轮齿开裂而使齿轮失效。在研究齿轮作用时,还有另一类力,由于轮齿之间啮合并作相对运动而产生轮齿表面应力。这类应力有可能引起齿轮轮齿表面点蚀或失效。为确保具备所要求的使用寿命,齿轮设计必须确保齿面动态应力不超出材料表面疲劳极限的范围
</td>
</tr>
<tr>
<td>计　算　公　式</td>
<td>说　　明</td>
</tr>
<tr>
<td>下列公式是从两个圆柱体之间接触应力 S_H 的赫兹理论导出的,计算式中的符号和单位仍保持与参考文献[8]相同

$$S_H=\sqrt{\frac{w_t}{fD_p}\times\frac{1}{\pi\left(\frac{1-\mu_p^2}{E_p}+\frac{1-\mu_g^2}{E_g}\right)}\times\frac{1}{\frac{\cos\phi\sin\phi}{2}\times\frac{m_g}{m_g+1}}}$$
</td>
<td>w_t——传递的载荷,马力
D_p——小齿轮的节圆直径,英寸
μ——泊松比
E——弹性模量
ϕ——压力角
m——传动比(N_g/N_p)
N_p——小齿轮齿数
N_g——大齿轮齿数</td>
</tr>
<tr>
<td colspan="2">计算出齿轮的接触应力,然后与材料的表面疲劳极限比较。但是,对塑料此项数据很少能从物性表中查到。因此,再一次强调,确定这类数据的最佳途径,仍是通过对齿轮副在使用条件下进行运转试验。不过,以上计算可以使设计人员对于以下的情况有一个概念,即相对于材料的纯粹抗压强度,齿轮齿面承受的应力已达到何种程度。而材料的抗压强度可以从物性表中很便捷地获得</td>
</tr>
<tr>
<td>试验基础上的齿轮强度计算方法</td>
<td colspan="2">
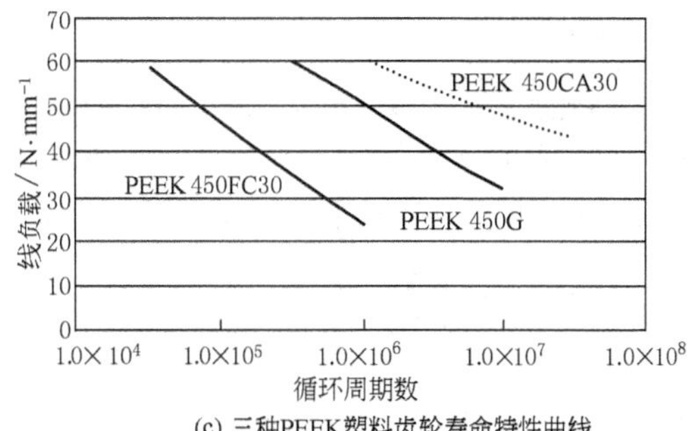

(c) 三种PEEK塑料齿轮寿命特性曲线

英国威克斯(VICTREX)在计算齿轮轮齿强度时,最关注的机械特性是最大面压和齿根弯曲强度。它们是齿轮齿形和几何尺寸计算的重要因素。在一项与德国柏林理工大学合作进行的综合研究计划中,威克斯公司对非增强型 PEEK 450G、耐磨改性型 PEEK 450FC30 和碳纤增强型 PEEK 450CA30 小齿轮的承载强度作了详细研究。如图 c 所示,是以上材料在 50% 失效概率下的寿命特性曲线,三种材料均达到很高的水平。然后将这些数值代入通用公式,就可计算出轮齿齿根和齿面实际的负载能力。由此可见,VICTREX 齿轮强度计算是建立在试验基础之上的方法
</td>
</tr>
</table>

2.8 塑料齿轮传动轮系参数设计计算

塑料齿轮传动轮系按传动方式可分圆柱直齿、斜齿齿轮平行轴轮系；蜗杆-蜗轮（或斜齿轮）、锥齿轮、圆柱直齿轮-平面齿轮以及锥蜗杆-锥蜗轮等交错轴轮系。按传动功能可分运动和动力传动型两大类。

本节仅重点讨论有关平行轴系圆柱直齿塑料齿轮传动轮系的设计步骤与计算方法，并将通过两个实例介绍这类齿轮几何尺寸的设计计算。

2.8.1 圆柱渐开线齿轮传动轮系参数设计的步骤与要点

表 15-10-25

步骤	要点
(1)了解轮系的工作任务与环境条件	首先对所设计的塑料齿轮轮系的类型和主要工作任务(传输功率的大小、传动比、转速等),工作环境及其温度范围,安装空间及其使用寿命等要求进行详细调查了解,尽可能多的收集相关数据
(2)拟定轮系初步设计方案和轮齿的主要参数	根据所收集到的数据,拟定轮系初步设计方案(齿数、模数、压力角、直齿或斜齿齿轮),选用齿轮材料的类型等
(3)轮系参数的设计计算	运动型传动轮系对强度的要求低,轮系参数设计的风险很小,对齿轮强度一般不做过多的考虑和要求。在设计时,可沿用金属仪表齿轮的设计步骤与方法,只是对个别参数作一些调整或处理(见实例一)。设计这类轮系最重要的一点,是确保相互啮合轮齿之间有足够的齿侧间隙,以防传动卡滞或卡死现象出现(有回隙要求的轮系例外)。而动力型传动轮系,由于所需传输负荷较大,因此,塑料齿轮的承载能力和失效形式也就成为其设计者所关注的首要问题。在设计时,可采用 AGMA PT 基本齿条和三种试验性基本齿条计算齿轮几何尺寸的步骤与方法(见实例二)
(4)轮系齿轮的精度级别	由于受到材料收缩率、注塑工艺、设备、模具以及热膨胀等多种因素的影响,注塑成型齿轮精度比较低,一般为国标 9~12 级或 12 级以下。滚切加工塑料齿轮精度为国标 7~8 级(或 8 级以下)
(5)避免齿根根切和齿顶变尖的验算	当小齿轮的齿数≤17 时,直齿轮的齿根可能出现根切,随着齿数的减少根切愈严重,这种齿根根切是塑料齿轮所不允许的。在设计中,一般都可以通过正变位加以避免 对于 $h_a^*=1,\alpha=20°$ 的直齿轮,避免根切的最小变位系数按下式计算: $$x_{\min}=\frac{17-z}{17}$$ 符合 AGMA PT 三种试验性基本齿条所设计的少齿数齿轮,由于齿顶高系数大于 1,避免根切需用式 $2y+d\sin^2\alpha-2h_{\mathrm{fFBR}}\geqslant 0$ 作出判断(见表 15-10-18) 设计少齿数齿轮,当选用的正变位较大时,特别是采用 AGMA PT 三种试验性基本齿条,轮齿齿顶又会出现“变尖”现象。这也是塑料齿轮所不允许的,可通过调整齿顶圆直径来避免齿顶变尖。有关以上避免齿根根切和齿顶变尖的验算,参见本章 2.4 节中相关公式
(6)调整中心距满足轮系最小侧隙要求	采用渐开线齿形制的四大优点之一,是轮系中心距变动不会对传动比和啮合质量产生影响。为了保证轮系在啮合过程中不出现“胶合”和“卡死”现象,就必须保证轮系在极端条件下的最小侧隙要求。这种最小侧隙是通过增大轮系的工作中心距来实现的,有关中心距的调整量可用下式进行计算。该式已考虑对轮系中心距所造成影响的各主要因素,式中仍沿用参考文献[7]原参数不变 $$\Delta a=\frac{F''_{i1(\max)}+F''_{i2(\max)}}{2}+a_0\left[(T-21)\left(\frac{\delta_1\times z_1}{z_1+z_2}+\frac{\delta_2\times z_2}{z_1+z_2}-\delta_{\mathrm{H}}\right)+\left(\frac{\eta_1\times z_1}{z_1+z_2}+\frac{\eta_2\times z_2}{z_1+z_2}\right)-\eta_{\mathrm{H}}\right]+\frac{r'_1+r'_2}{2}$$ 式中 Δa——要求增加的中心距,mm; $F''_{i1(\max)}$、$F''_{i2(\max)}$——齿轮 1、2 的最大总径向综合误差; a_0——轮系理论中心距,mm; T——轮系的最高工作温度,℃; δ_1,δ_2——齿轮 1、2 所选材料的线胀系数,℃$^{-1}$; δ_{H}——齿轮箱材料的线胀系数,℃$^{-1}$; z_1,z_2——齿轮 1、2 的齿数; η_1,η_2——齿轮 1、2 所选材料的吸湿膨胀,mm/mm; η_{H}——齿轮箱材料的吸湿膨胀,mm/mm; r'_1,r'_2——支承齿轮 1、2 的轴承最大允许径跳

续表

<table>
<tr><th>步　骤</th><th colspan="3">要　　点</th></tr>
<tr><td rowspan="6">(6)调整中心距满足轮系最小侧隙要求</td><td colspan="3">线胀系数通常可在材料供应商提供的物性表中查到。而吸湿所引起的膨胀一般很难查到,而且它又不等于通常物性表中的吸水率,如果轮系不是暴露在高湿度下工作,大多数塑料的吸湿膨胀量是很微小的;并且当注塑应力的逐渐释放致使塑件产生轻微收缩时,其吸湿膨胀可能被抵消
对于如尼龙类吸湿材料,吸湿膨胀也许比热膨胀更为重要。一些常用齿轮塑料的许可吸湿膨胀如下表所示。对于表中没有列出的材料,建议用聚碳酸酯的数据替代低吸湿性材料,用尼龙 PA66 的数据替代吸湿性齿轮</td></tr>
<tr><td rowspan="5">常用齿轮塑料许可吸湿量</td><td>塑 料 名 称</td><td>吸湿量/mm · mm^{-1}</td></tr>
<tr><td>聚甲醛(POM)</td><td>0.0005</td></tr>
<tr><td>尼龙 PA66</td><td>0.0025</td></tr>
<tr><td>尼龙 PA66+30%玻璃纤维</td><td>0.0015</td></tr>
<tr><td>聚碳酸酯</td><td>0.0005</td></tr>
<tr><td>(7)轮系重合度的校核</td><td colspan="3">对金属小模数齿轮传动的重合度要求一般取 $\varepsilon \geqslant 1.2$,而对塑料齿轮传动的重合度应该比金属齿轮更大一些。当圆柱直齿轮几何参数确定之后,可按下式进行轮系重合度的校核
$$\varepsilon=\frac{1}{2\pi}[z_1(\tan\alpha'_{a1}-\tan\alpha')+z_2(\tan\alpha'_{a2}-\tan\alpha')]$$
式中　α'——啮合角(即节圆压力角),对标准齿轮传动 $\alpha'=\alpha$;
α'_{a1},α'_{a2}——分别为齿轮 1、2 的有效齿顶圆处(即扣除齿顶倒圆后)的压力角,α'_{a1}、α'_{a2} 可由下式求得
$$\alpha'_{a1}=a\cos\frac{r_{b1}}{r'_{a1}};\alpha'_{a2}=a\cos\frac{r_{b2}}{r'_{a2}}$$</td></tr>
<tr><td>(8)轮系承载能力的估算</td><td colspan="3">根据所选用材料的拉伸强度和轮系所传输的功率,参照本章 2.7 节介绍的方法对齿轮的承载能力和强度进行粗略估算,本节实例从略</td></tr>
<tr><td colspan="4">(9)制定轮系参数表和绘制齿轮产品图</td></tr>
</table>

2.8.2　平行轴系圆柱齿轮传动轮系参数实例设计计算

表 15-10-26　　圆柱直齿外啮合齿轮传动轮系设计计算　　mm

<table>
<tr><td rowspan="9">实例一、某仪表运动型传动齿轮轮系</td><td colspan="2">已知条件</td><td colspan="5">传动比 $i=3.0$、中心距 $a=15$(允许在±0.5mm 范围内调整)</td></tr>
<tr><td colspan="2">初选轮系参数</td><td colspan="5">模数 $m=0.5$,齿数 $z_1=15$、$z_2=45$,压力角 $\alpha=20°$,齿顶倒圆半径 $r_{T1}=0.05$、$r_{T2}=0.1$,设计中心距 $a=15.25$</td></tr>
<tr><td colspan="2">材料选择</td><td colspan="5">小齿轮-POM(M25 或 100P)、大齿轮-POM(M90 或 500P)</td></tr>
<tr><td>齿轮几何尺寸计算</td><td colspan="6">按国标 GB 2363—90 基本齿条的要求(齿形参数及代号见表 15-10-2),先按 $x_1=0.53$,$x_2=0$,$h^*_{a1}=h^*_{a2}=1$ 外啮合角变位圆柱齿轮几何尺寸计算公式设计。但轮齿齿根按全圆弧半径设计,其轮系参数计算见下表中“常规计算”列。对该组计算数据验算表明,当中心距已增大 0.25mm,但在只计入中心距和齿轮公法线长度公差的情况下,轮系的齿侧啮合间隙仍显得过小。为此,进行多次调整后,由 $x_1=0.53$,$x_2=-0.15$,$h^*_{a1}=h^*_{a2}=1.15$ 所求得轮系参数见下表中“修正计算”列。再次验算表明两齿轮齿形参数能保证轮系在较宽广的环境温度条件下,仍能满足轮系的最小侧隙和重合度等基本要求。实例轮系齿轮的产品齿形参数见下表中轮系齿形参数</td></tr>
<tr><td rowspan="5">轮系参数设计计算</td><td>序号</td><td>参 数 名 称</td><td>代号</td><td>计 算 公 式</td><td>常 规 计 算</td><td>修 正 计 算</td></tr>
<tr><td></td><td></td><td></td><td>已知条件:
$a',z_1,z_2,m,\alpha,c^*,h^*_a$</td><td colspan="2">$a'=15.25,z_1=15,z_2=45,m=0.5,\alpha=20°,c^*=0.35,h^*_a=1$</td></tr>
<tr><td>1</td><td>分度圆直径</td><td>d</td><td>$d=mz$</td><td colspan="2">$d_1=7.5,d_2=22.5$</td></tr>
<tr><td>2</td><td>理论中心距</td><td>a</td><td>$a=\frac{d_1+d_2}{2}$</td><td colspan="2">$a=15.25$</td></tr>
<tr><td>3</td><td>中心距变动系数</td><td>y'</td><td>$y'=\frac{a'-a}{m}$</td><td colspan="2">$y'=0.5$</td></tr>
</table>

续表

		序号	参数名称	代号	计算公式	常规计算	修正计算
实例一、某仪表运动型传动齿轮轮系	轮系参数设计计算	4	啮合角	α'	$\cos\alpha'=\dfrac{a}{a'}\cos\alpha$	$\alpha'=22.4388°$	
		5	总变位系数	x_Σ	$x_\Sigma=\dfrac{(z_1+z_2)(\text{inv}\alpha'+\text{inv}\alpha)}{2\tan\alpha}$	$x_\Sigma=0.5298$	
		6	变位系数分配	x	按设计要求选择 $x_\Sigma=x_1+x_2$	$x_1=0.53$ $x_2=0$	$x_1=0.5$ $x_2=-0.15$
		7	齿高变动系数	$\Delta y'$	$\Delta y'=x_\Sigma-y'$	$\Delta y'=0.0298$	$\Delta y'=0.0298$
		8	齿顶圆直径	d_a	$d_a=d+2m(h_a^*+x-\Delta y')$	$d_{a1}=9,d_{a2}=23.47$	$d_{a1}=9.12,d_{a2}=23.47$
		9	齿根圆直径	d_f	$d_f=d+2m(h_a^*+c^*-x)$	$d_{f1}=6.68,d_{f2}=21.15$	$d_{f1}=6.5,d_{f2}=20.85$
		10	节圆直径	d_w	$d_{w1}=\dfrac{2a'z_1}{z_1+z_2},d_{w2}=\dfrac{2a'z_2}{z_1+z_2}$	$d_{w1}=7.625,d_{w2}=22.875$	
		11	基圆直径	d_b	$d_b=d\cos\alpha$	$d_{b1}=7.048,d_{b2}=21.1431$	
		12	齿距	p	$p=\pi m$	$p=1.5708$	
		13	基圆齿距	p_b	$p_b=p\cos\alpha$	$p_b=1.4761$	
		14	齿顶高	h_a	$h_a=m(h_a^*+x-\Delta y')$	$h_{a1}=0.75,h_{a2}=0.485$	$h_{a1}=0.81,h_{a2}=0.485$
		15	齿根高	h_f	$h_f=m(h_a^*+c^*-x)$	$h_{f1}=0.41,h_{f2}=0.675$	$h_{f1}=0.5,h_{f2}=0.825$
		16	全齿高	h	$h=h_a+h_f$	$h=1.16$	$h=1.31$
		17	顶隙	c	$c=c^*m$	$c=0.175$	
		18	齿顶倒圆半径	ρ_a	按设计要求选择	$\rho_{a1}=0.05,\rho_{a2}=0.1$	
		19	齿根倒圆半径	ρ_f	从图 a 中测得		$\rho_{f1}\approx0.221,\rho_{f2}\approx0.248$
	测量尺寸(仅选其中一种)	20	公法线 跨越齿数	k	$k=\dfrac{\alpha}{180}z+0.5-\dfrac{2x\tan\alpha}{\pi}$ (取整数)	$k_1=2,k_2=5$	
			公法线 长度	W	$W=m\cos\alpha[\pi(k-0.5)+z\text{inv}\alpha+2x\tan\alpha]$	$W_1=2.5,W_2=6.96$	$W_1=2.490,W_2=6.906$
		21	M 值测量 量柱直径	d_p	$d_p=(1.68-1.9)m$ (优先螺纹三针中选取)	$d_{p1}=1.00,d_{p2}=1.00$	
			M 值测量 量柱中心处压力角	α_M	$\text{inv}\alpha_M=\text{inv}\alpha+\dfrac{d_p}{d\cos\alpha}-\dfrac{\pi}{2z}+\dfrac{2x\tan\alpha}{z}$	$\alpha_{M1}=33.57005°$ $\alpha_{M2}=24.26759°$	$\alpha_{1M}=33.387°$ $\alpha_{2M}=23.5629°$
			M 值测量 量柱测量距离	M	偶数齿：$M=\dfrac{d\cos\alpha}{\cos\alpha_M}+d_p$		
					奇数齿：$M=\dfrac{d\cos\alpha}{\cos\alpha_M}\cos\left(\dfrac{90°}{z}\right)+d_p$	$M_1=9.41214$ $M_2=24.17834$	$M_1=9.3944$ $M_2=24.0523$

续表

实例一、某仪表中的运动型传动齿轮轮系

轮系齿形参数表（实例一）

小齿轮			大齿轮		
模数	m	0.5	模数	m	0.5
齿数	z_1	15	齿数	z_2	45
压力角	α	20°	压力角	α	20°
变位系数	x_1	0.5	变位系数	x_2	-0.15
分度圆直径	d_1	$\phi 7.5$	分度圆直径	d_2	$\phi 22.5$
齿顶圆直径	d_{a1}	$\phi 9.12_{-0.05}^{+0}$	齿顶圆直径	d_{a2}	$\phi 23.47_{-0.1}^{+0}$
齿根圆直径	d_{f1}	$\phi 6.5_{-0.07}^{+0}$	齿根圆直径	d_{f2}	$\phi 20.85_{-0.15}^{+0}$
跨越齿数	k_1	2	跨越齿数	k_2	5
公法线长度	W_{k1}	$2.49_{-0.025}^{+0}$	公法线长度	W_{k2}	$6.906_{-0.05}^{+0}$
齿顶倒圆半径	ρ_{a1}	R0.06	齿顶倒圆半径	ρ_{a2}	R0.1
齿根全圆弧半径	ρ_{f1}	R0.221	齿根全圆弧半径	ρ_{f2}	R0.248
配对齿轮齿数	z_2	45	配对齿轮齿数	z_1	15
中心距	a	15.25±0.025			
精度等级	9级（GB 2362—90）				

轮系齿轮名义齿廓啮合图

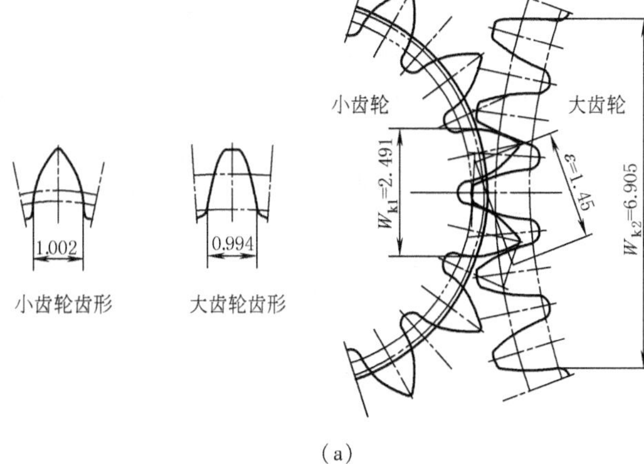

（a）

为了确保齿轮数据计算正确无误，可通过计算机CAD辅助设计软件绘制出齿轮名义齿廓（即齿轮最大实体齿廓）及其啮合图，即可检查轮系的名义啮合侧隙、重合度、齿根宽度以及公法线长度 W_k 或 M 值等。在图a中，直接测得的齿轮参数如下

小齿轮：$W_{k1}=2.491$，$s_{f1}\approx 1.002$，$\rho_{f1}\approx 0.221$

大齿轮：$W_{k2}=6.905$，$s_{f2}\approx 0.994$，$\rho_{f2}\approx 0.248$

轮系名义齿廓重合度：$\varepsilon\approx 1.45$

轮系最小侧隙：$\Delta=0.061$，节圆处法向侧隙：$\Delta_{jn}=0.107$

以上实测结果与调整后的轮系参数"修正计算"所得的数据基本一致；两齿轮的齿根厚度也基本相同

实例二、某汽车电机动力传动型齿轮轮系		
	已知条件	传动比 $i=3.5$、中心距 $a_0=a=22.5$（不调整）
	轮系初选参数	模数 $m=1$mm，齿数 $z_1=10$、$z_2=35$，弧齿厚 $s_1=1.95$、$s_2=1.195$，齿顶倒圆半径 $r_{T1}=0.06$，$r_{T2}=0.1$
	材料选择	小齿轮-POM（M25或100P）、大齿轮-POM（M90或500P）

续表

实例二、某汽车电机动力传动型齿轮轮系

齿轮几何尺寸计算

本实例采用 AGMA PT 基本齿条设计齿轮几何尺寸，有关基本齿条参数及其代号见表 15-10-7

基本齿条数据：$\alpha=20°$，$p_{BR}=\pi m=3.1416$，$h_{aBR}=1.00m=1.00$，$h_{fBR}=1.33m=1.33$，$h_{fFBR}=1.04686m=1.0469$，$s_{BR}=1.5708m=1.5708$

根据以上轮系初选参数和基本齿条数据，按 2.4 中 AGMA PT 基本齿条设计齿轮尺寸的公式进行齿轮参数计算。本实例设计中，在中心距 a_0 保持不变条件下，通过相关参数的调整，满足以下技术要求：

①根据以往经验轮系初选的分圆齿厚 $s_1=1.95$、$s_2=1.195$，校核小齿轮有无根切与齿顶是否变尖。由于小齿轮出现根切，应对齿厚进行调整；

②所调整后的齿轮齿厚 s_1、s_2，还应保证轮系能适应高低温的工作条件下、两齿轮存在制造和安装偏差等条件下，不会出现轮系齿轮轮齿胶合和卡死现象；

③如果小齿轮齿顶宽度过小，还可适当调整小齿轮齿顶圆直径加以避免，要求齿顶宽度基本满足 $s_{ea}\approx0.275m$。大小齿轮的有效齿顶圆直径还应保证轮系的重合度平均值 $\varepsilon_{AVG}\geqslant1.2$，在极端条件下不允许齿轮出现"脱啮"现象，即要求轮系最小重合度 $\varepsilon_{min}\geqslant1$；

④由于传动比较大，小齿轮齿数少，无法做到两齿轮齿根宽度相同。本实例的齿根宽度 $s_{f1}\geqslant s_{f2}$，较好地满足了大小齿轮齿根强度要求；

⑤由于实例小齿轮的齿数少，因 $d_T<d_{ae}$、齿顶修缘的条件已不复存在；又因本实例的模数较小，对大齿轮的齿顶修缘，其作用也不大，故产品图未给出齿顶修缘参数

由于对齿轮齿顶修缘存在以下技术难度：①采用 EDM 精密电火花成型加工齿轮型腔，所需电极要求采用基本齿条型的滚刀加工，这类专用滚刀的制造难度大、成本高；②采用 EDM 慢走丝线切割成型加工齿轮型腔，要求设计者根据与齿顶修缘基本齿条相啮的基本齿条，采用展成法求得型腔齿顶修缘段的共轭曲线，其计算过程复杂；③电极及型腔齿形的检测；④可能存在某些常规设计理念所不易发现的隐患，因此，对于这类齿轮的齿顶修缘，设计者应持慎重态度

轮系参数设计计算

序号	参数名称	代号	计算公式	设计计算
			已知齿轮参数： $m=1$，$a=22.5$，$z_1=10$，$z_2=35$，$\alpha=20°$	已知基本齿条参数： $\alpha=20°$，$p_{BR}=3.1416$，$h_{aBR}=1.00$， $h_{fBR}=1.33$，$h_{fFBR}=1.069$，$s_{BR}=1.5708$
1	分度圆直径	d	$d=mz$	$d_1=10$，$d_2=35$
2	中心距	a	$a=\dfrac{d_1+d_2}{2}$	$a=22.5$
3	齿厚	s	在设计过程中调整确定	$s_1=1.91$，$s_2=1.14$
4	齿条变位量	y	$y=\dfrac{s-s_{BR}}{2\tan\alpha}$	$y_1=0.466$，$y_2=-0.5918$
5	齿顶圆直径	d_{ae}	$d_{ae}=d+2(y+h_{aBR})$	$d_{ae1}=12.932$，$d_{ae2}=35.816$
6	基圆直径	d_b	$d_b=d\cos\alpha$	$d_{b1}=9.3969$，$d_{b2}=32.8892$
7	齿根圆直径	d_f	$d_f=d+2y-2h_{fBR}$	$d_{f1}=8.272$，$d_{f2}=31.1564$
8	构成圆直径	d_F	$d_F=\sqrt{d_b^2+\dfrac{(2y+d\sin^2\alpha_t-2h_{fFBR})^2}{\sin^2\alpha_t}}$	$d_{F1}=9.397$，$d_{F2}=32.977$
9	无根切判断式	B_T	$B_T=(2y+d\sin^2\alpha_t-2h_{fFBR})\geqslant0$	$B_{T1}=0.008$，$B_{T2}=0.8169$
10	齿顶修缘起点直径	d_T	$d_T=\sqrt{d^2+4d(h_{aTBR}+y)+\left[\dfrac{z(h_{aTBR}+y)}{\sin\alpha}\right]^2}$	$d_{T1}=13.059>d_{ae1}$（不能修缘） $d_{T2}=34.82<d_{ae2}$（齿顶修缘）
11	计算用参数	h_{aeBR}	$h_{aeBR}=0.5d_b\sin\alpha(\tan\alpha_{ae}-\tan\alpha)-y$	$h_{aeBR1}=0.4685$，$h_{aeBR2}=0.9699$
12	齿顶修缘半径	R_{TBR}	$R_{TBR}=4.0m_n$	$R_{TBR2}=4$
13	齿顶倒圆半径	r_T	由设计者确定	$r_{T1}=0.06$，$r_{T2}=0.1$
14	齿顶修缘量	ν_{Tae}	$\nu_{Tae}\approx\dfrac{(h_{aeBR}-h_{aTBR})^2}{2R_{TBR}\cos^2\alpha}$	$\nu_{Tae2}=0.0312$
15	无修缘齿顶宽	s_{ae}	$s_{ae}=d_{ae}\left(\dfrac{s}{d}+\mathrm{inv}\alpha-\mathrm{inv}\alpha_{ae}\right)$	$s_{ae1}=0.214$
16	修缘齿顶宽	s_{Tae}	$s_{Tae}\approx s_{ae}-\dfrac{2\nu_{Tae}}{\cos\alpha_{ae}}$	$s_{Tae2}\approx0.774$
17	顶隙	c_{BR}	$c_{BR}=a-\dfrac{d_{ae}+d_f}{2}$	$c_{BR1}=c_{BR2}=0.454$
18	齿根倒圆半径	ρ_f	从图 b 中测得	$\rho_{f1}\approx0.48635$，$\rho_{f2}\approx0.68083$

续表

实例二、某汽车电机动力传动型齿轮轮系

	序号	参数名称		代号	计算公式		设计计算
测量尺寸(仅选一种)	19	公法线	跨越齿数	k	$k=\frac{\alpha}{180}z+0.5-\frac{2x\tan\alpha}{\pi}$(取整数)		$k_1=2, k_2=3$
			长度	W	$W=m\cos\alpha[\pi(k-0.5)+z\mathrm{inv}\alpha+2x\tan\alpha]$		$W_1=4.887, W_2=7.466$
	20	M值测量	量柱直径	d_p	$d_p=(1.68-1.9)m$(优先螺纹三针中选取)		$d_{p1}=1.9, d_{p2}=1.732$
			量柱中心处压力角	α_M	$\mathrm{inv}\alpha_M=\mathrm{inv}\alpha+\frac{d_p}{d\cos\alpha}-\frac{\pi}{2z}+\frac{2x\tan\alpha}{z}$		$\alpha_{M1}=35.52674°$ $\alpha_{M2}=17.78962°$
			量柱测量距	M	偶数齿	$M=\frac{d\cos\alpha}{\cos\alpha_M}+d_p$	$M_1=13.446$
					奇数齿	$M=\frac{d\cos\alpha}{\cos\alpha_M}\cos\left(\frac{90°}{z}\right)+d_p$	$M_2=35.238$

产品轮系齿形参数表(实例二)

小齿轮参数			大齿轮参数		
模数	m	1	模数	m	1
齿数	z_1	10	齿数	z_2	35
压力角	α	20°	压力角	α	20°
基本齿条变位量	y_1	0.466	基本齿条变位量	y_2	−0.5918
分度圆直径	d_1	$\phi10$	分度圆直径	d_2	$\phi35$
齿顶圆直径	d_{a1}	$\phi12.93^{+0}_{-0.05}$	齿顶圆直径	d_{a2}	$\phi35.82^{+0}_{-0.1}$
齿根圆直径	d_{f1}	$\phi8.27^{+0}_{-0.07}$	齿根圆直径	d_{f2}	$\phi31.15^{+0}_{-0.12}$
跨越齿数	k_1	2	跨越齿数	k_2	3
公法线长度	W_1	$4.887^{+0}_{-0.03}$	公法线长度	W_2	$7.466^{+0}_{-0.05}$
齿顶倒圆半径	r_{T1}	R0.06	齿顶倒圆半径	r_{T2}	R0.1
齿根全圆弧半径	ρ_{f1}	R0.486	齿根全圆弧半径	ρ_{f2}	R0.681
配对齿轮齿数	z_2	35	配对齿轮齿数	z_1	10
中心距	a	22.5±0.035			
精度等级	9~10级(GB 2362—90)				

轮系齿轮名义齿廓啮合图

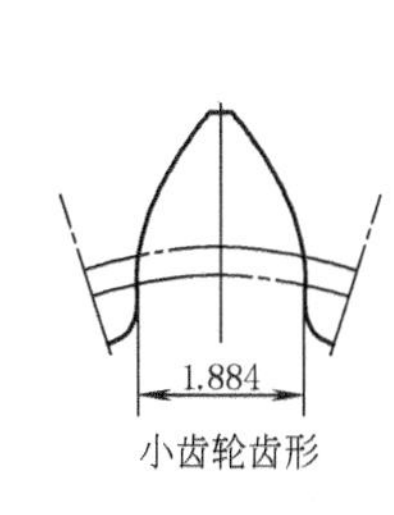

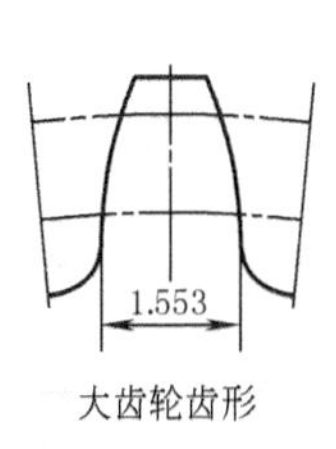

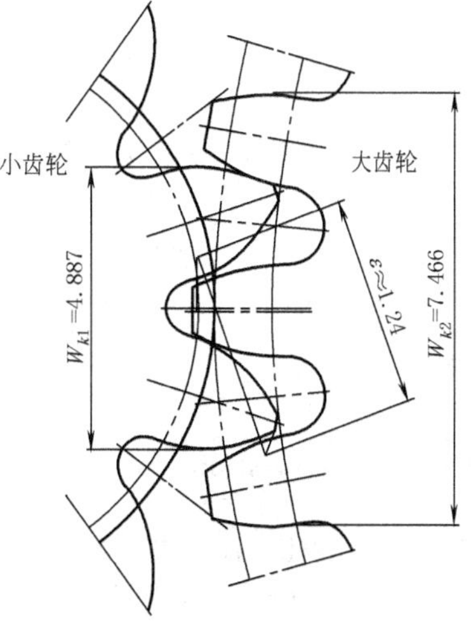

(b)

续表

实例二、某汽车电机动力传动型齿轮轮系	轮系齿轮名义齿廓啮合图	同样可通过计算机 CAD 辅助设计软件,绘制出两齿轮名义齿廓(即齿轮最大实体齿廓)及其啮合图,即可检查两齿轮轮齿的名义齿廓啮合侧隙、重合度、两齿轮齿根宽度以及 W_k、M 值等。在图 b 中,可分别测得如下参数 小齿轮:$W_{k1}=4.887$,$s_{f1}\approx1.884$,$\rho_{f1}\approx0.486$ 大齿轮:$W_{k2}=7.466$,$s_{f2}\approx1.553$,$\rho_{f2}\approx0.681$ 轮系名义齿廓重合度:$\varepsilon=1.24$ 轮系最小侧隙:$\Delta=0.092$,节圆法向侧隙:$\Delta_{jn}=0.125$ 以上实测结果与调整后的轮系参数设计计算所得的齿轮数据基本一致,说明本实例的调整设计计算是可行的

3　塑料齿轮材料

表 15-10-27

材料名称	特性和应用
聚甲醛(POM)	聚甲醛吸湿性特小,可保证齿轮长时间的尺寸稳定性和在较宽广温度范围内的抗疲劳、耐腐蚀等优良特性和自润滑性能,一直是塑料齿轮的首选工程塑料。作为一种最常用、最重要的齿轮用材料,已有 40 多年的历史
尼龙(PA6、PA66 和 PA46 等)	具有良好的坚韧性和耐用度等优点,是另一种常用的齿轮工程塑料。但尼龙具有较强的吸湿性,会引起塑件性能和尺寸发生变化。因此,尼龙齿轮不适合在精密传动领域应用
聚对苯二酰对苯二胺(PPA)	具有高热变形稳定性,可以在较高较宽的温度范围内和高湿度环境中,保持其优越的机械强度、硬度、耐疲劳性及抗蠕变性能。可以在某些 PA6、PA66 齿轮所无法承受的高温、高湿条件下,仍拥有正常工作的能力
PBT 聚酯	可模塑出表面非常光滑的齿轮,未经填充改性塑件的最高工作温度可达 150℃,玻纤增强后的产品工作温度可达 170℃。它的传动性能良好,也被经常应用于齿轮结构件中
聚碳酸酯(PC)	具有优良的抗冲击和耐候性、硬度高、收缩率小和尺寸稳定等优点。但聚碳酸酯的自润滑性能、耐化学性能和耐疲劳性能较差。这种材料无色透明,易于着色,塑件美观,在仪器仪表精密齿轮传动中,仍多有应用
液晶聚合物(LCP)	早已成功应用于注塑模数特小($m<0.2$mm)的精密塑料齿轮。这种齿轮具有尺寸稳定性好、高抗化学性和低成型收缩等特点。该材料早已用于注塑成型手表塑料齿轮
ABS 和 LDPE	通常不能满足塑料齿轮的润滑性能、耐疲劳性能、尺寸稳定性以及耐热、抗蠕变、抗化学腐蚀等性能要求。但也多用于各种低档玩具等运动型传动领域 热塑性弹性体模塑齿轮柔韧性更好,能够很好地吸收传动所产生的冲击负荷,使齿轮噪声低、运行更平稳。常用共聚酯类的热塑性弹性体模塑低动力高速传动齿轮,这种齿轮在运行时即使出现一些变形偏差,同样也能够降低运行噪声
聚苯硫醚(PPS)	具有高硬度、尺寸稳定性、耐疲劳和耐化学性能以及工作温度可达到 200℃。聚苯硫醚齿轮的应用正扩展到汽车等齿轮传动工作条件要求十分苛刻的应用领域
聚醚醚酮(PEEK 450G)	具有耐高温、高综合力学性能、耐磨损和耐化学腐蚀等特性。它是已成功应用于较大负载动力传动齿轮中的一种高性能塑料

注:1. 聚甲醛由美国 Dupont 公司于 1959 年开发,并首先实现了均聚甲醛的工业化生产。美国 Celanese 公司于 1960 年开发以三聚甲醛和环氧乙烷合成共聚甲醛技术,并于 1962 年实现了工业化生产。我国也早于 1959 年先后进行了均、共聚甲醛研制开发工作,但目前国内的生产技术和产品质量与国外知名品牌比较,仍有不小差距。

2. 尼龙(PA)由美国 Dupont 公司于 1939 年实现纤维树脂工业化生产,1950 年开始应用于注塑制品,1963 年开发应用于模塑齿轮。

3.1 聚甲醛（POM）

3.1.1 聚甲醛的物理特性、综合特性及注塑工艺（推荐）

表 15-10-28

主要物理特性		(1)较高的抗拉强度与坚韧性、突出的抗疲劳强度； (2)摩擦因数小，耐磨性好，PV 值高，并有一定的自润性； (3)耐潮湿、汽油、溶剂及对其他天然化学品有很好的抵抗力； (4)极小的吸水性能、良好的尺寸稳定性能； (5)耐冲击强度较高，但对缺口冲击敏感性也高； (6)塑件模塑成型的收缩率大
综合特性及注塑工艺	结构	部分晶体
	密度	$1.41\sim1.42g/cm^3$
	物理性能	坚硬、刚性、坚韧，在-40℃低温下仍不易开裂；高抗热性、高抗磨损性、良好的抗摩擦性能；低吸水性、无毒
	化学性能	抗弱酸、弱碱溶液、汽油、苯、酒精；但不抗强酸
	识别方法	高易燃性。燃烧时火焰呈浅蓝色，滴落离开明火仍能燃烧；当熄灭时有福尔马林气味
	料筒温度	喂料区：40~50℃(50℃)　区 1：160~180℃(180℃)　区 2：180~205℃(190℃) 区 3：185~205℃(200℃)　区 4：195~215℃(205℃)　区 5：195~215℃(205℃) 喷嘴：190~215℃(205℃) 括号内的温度建议作为基本设定值，行程利用率为 35%和 65%，模件流长与壁厚之比为 50∶1 到100∶1
	预烘干	一般不需要。若材料受潮，可在 100℃下烘干约 4h
	熔融温度	205~215℃
	料筒保温	170℃以下(短时间停机)
	模具温度	80~120℃
	注射压力	100~150MPa，对截面厚度为 3~4mm 的厚壁制品件，注射压力约为 100MPa，对薄壁制品件可升至 150MPa
	保压压力	取决于制品壁厚和模具温度。保压时间越长，零件收缩越小，保压应为 80~100MPa，模内压力可达60~70MPa。需要精密成型的齿轮，保持注射压力和保压为相同水平是很有利的(没有压力降)。在相同的循环时间条件下，延长保压时间，成型重量不再增加，这意味着保压时间已为最优。通常保压时间为总循环时间的 30%，成型重量仅为标准重量的 95%，此时收缩率为 2.3%。成型重量达到 100%时，收缩率为 1.85%。均衡的和低的收缩率有利于制品尺寸保持稳定
	背压	5~10MPa
	注射速度	中等注射速度，如果注射速度太慢或模具型腔与熔料温度太低，制品表面往往容易出现皱纹或缩孔

续表

综合特性及注塑工艺	螺杆转速	最大螺杆转速折合线速度为0.7m/s,将螺杆转速设置为能在冷却时间结束前完成塑化过程即可,螺杆扭矩要求为中等
	计量行程(最小值~最大值)	(0.5~3.5)*D*,*D*为料筒直径
	余料量	2~6mm,取决于计量行程和螺杆直径
	回收率	一般塑件可用100%的回料,精密塑件最多可加20%回料
	收缩率	约为2%(1.8%~3.0%),24h后收缩停止
	浇口系统	壁厚较均匀的小制品可用点式浇口,浇口横截面应为制品最厚截面50%~60%。当模腔内有障碍物(型芯或嵌件等)时,浇口以正对着障碍物注射为好
	机器停工时段	生产结束前5~10min关闭加热系统,设背压为零,清空料筒。当更换其他树脂时,如PA或PC,可用PE清洗料筒
	料筒设备	标准螺杆,止逆环,直通喷嘴

注：1. 以上推荐的注塑工艺，在模塑齿轮时，可根据实际情况作相应调整。

2. 我国聚甲醛生产厂家主要有云天化、大庆等。

3.1.2 几种齿轮用聚甲醛性能

表15-10-29 "云天化"四种聚甲醛标准等级的性能①

性能		测试条件	ISO测试方法	单位	牌号			
					M25	M90	M120	M270
力学性能	熔融指数	190℃ 2.16kg	1133	g/10min	2.5	9	13	27
	拉伸屈服强度	23℃	527	MPa	60	62	62	65
	屈服伸长率	23℃	527	%	14	13	11	8
	断裂伸长率	23℃	527	%	65	50	45	30
	标称断裂伸长率	23℃	527	%	40	30	25	20
	拉伸弹性模量	23℃	527	MPa	2350	2700	2800	3000
	弯曲强度	23℃	178	MPa	57	61	64	68
	弯曲模量	23℃	179	MPa	2100	2400	2500	2600
	简支梁缺口冲击强度	23℃	179/IeA	kJ/m^2	8	7	6	5
	悬臂梁缺口冲击强度	23℃	180/IA	kJ/m^2	9	7.5	7	6
	球压痕硬度	23℃ 358N 30S	2039	MPa	135	140	140	140
	洛氏硬度	23℃	2039	MPa	M82 R114	M82 R114	M82 R114	M82 R114

续表

性能		测试条件	ISO 测试方法	单位	牌号			
					M25	M90	M120	M270
热性能	热变形温度	1.8MPa	75	℃	110	115	115	120
	熔点	DSC	3146	℃	172	172	172	172
	维卡软化点	50N 10N	306 B50 306 A50	℃	150 163	150 163	150 163	150 163
	线胀系数	30~60℃	ASTM D696	$1\times10^{-5}K^{-1}$	11	11	11	11
	比热容	20℃		J/(g·K)	1.48	1.48	1.48	1.48
电性能	最高连续使用温度			℃	100	100	100	100
	体积电阻率	20℃	IEC93	Ω·cm	10^{15}	10^{15}	10^{15}	10^{15}
	表面电阻率	20℃	IEC93	Ω	10^{15}	10^{15}	10^{15}	10^{15}
	20℃时介电常数	50Hz 1kHz 1MHz	IEC250		3.9 3.9 3.9	3.9 3.9 3.9	3.9 3.9 3.9	3.9 3.9 3.9
	20℃时损耗因素	50Hz 1kHz 1MHz	IEC250	$\times10^{-4}$	20 10 85	20 10 85	20 10 85	20 10 85
	介电强度	20℃	IEC243	kV/mm	25	25	25	25
	抗电弧性	21℃ 65%RH	ASTM D495	mm	1.9	1.9	1.9	1.9
	抗漏失性	21℃ 65%RH	IEC167	$\times10^{14}\Omega$	7.5	7.5	7.5	7.5
	对比电弧径迹指数		IEC112	CTf	600	600	600	600
其他性能	密度	23℃	1183	g/cm^3	1.41	1.41	1.41	1.41
	可燃性		UL94 FMVSS		HB B50	HB B50	HB B50	HB B50
	吸水率	23℃	62	%	0.7	0.7	0.7	0.7
	水分吸收率	23℃ 50%RH	62	%	0.2	0.2	0.2	0.2
	注射收缩率	24h 4mm	流动方向 垂直方向	% %	2.9~3.1 1.9~2.2	2.8~2.9 2.1~2.4	2.7~2.9 2.1~2.3	2.5~2.7 2.0~2.2

① 表中的数值是由云天化公司生产的多组制品测得的平均值，不能看作任何一组的保证值，表中所列出的值不能用作质量要求、技术规格和强度计算的依据。由于生产和操作时有许多因素会影响产品的性能，因此建议用对产品进行测试，测得其特定值或确定是否适用于预期用途。

表 15-10-30　　DuPont Delrin 三种均聚甲醛的性能

性能		测试条件	ISO 测试方式	单位	通用级	高韧性	低磨损、磨耗
					500P	100P	500AL
力学性能	屈服点应力 -5mm/min -50mm/min	-20℃ 23℃ 23℃	527—1/2	MPa	83 — 70	83 — 71	80 — 64
	屈服点应变 -5mm/min -50mm/min	-20℃ 23℃ 23℃	527—1/2	%	14 — 16	21 — 25	7 — 10
	拉伸系数 -1mm/min -50mm/min	-20℃ 23℃ 23℃	527—1/2	MPa	3900 3200 —	3900 3000 —	3700 2900 —
	破裂点应变 -50mm/min	23℃	527—1/2	%	40	65	35
	埃佐缺口冲击试验(Izod)	-40℃ 23℃	(1993) 180/IeA	kJ/m^2	6 7	8 12	— 6
	夏比缺口冲击试验(Charpy)	-30℃ 23℃	(1993) 179/IeA	kJ/m^2	8 9	10 15	— 7
热性能	热变形温度(HDT) -0.45MPa 无退火 -1.8MPa 无退火		 75 75	 ℃ ℃	 160 95	 165 95	 166 102
	维卡软化温度(Vicat)	10N 50N	306A50 306B50	℃ ℃	174 160	174 160	174 160
	熔点		3146 Method C2	℃	178	178	178
	线胀系数		11359	$1\times10^{-4}K^{-1}$	1.2	1.2	1.2
电性能	表面电阻率		IEC93	Ω	1×10^{13}	1×10^{15}	7×10^{14}
	体积电阻率		IEC93	Ω · cm	1×10^{13}	1×10^{15}	7×10^{15}
	介电强度		IEC243	kV/mm	32	32	—
	耗散因数	100Hz 1MHz	IEC250 IEC250	10^{-4} 10^{-4}	200 50	200 —	— —
其他性能	密度		1183	g/cm^3	1.42	1.42	1.38
	吸水率 —平衡于 50%相对湿度 —沉浸 24 小时 —饱和		62	%	 0.28 0.32 1.40	 0.28 0.32 1.40	 — — —

续表

性能		测试条件	ISO 测试方式	单位	通用级	高韧性	低磨损、磨耗
					500P	100P	500AL
其他性能	熔流率		1133	g/10min	15	2.3	15
	UL阻燃性等级		UL94		HB	HB	HB
	洛氏硬度(Rockwell)		2039 (R+M)		M92 M120	M92 R120	— —
摩擦及磨耗	磨耗速度率(塑料对塑料)			$10^{-6}mm^{-3}$ (N·m)	1600	1600	22
	动态摩擦因数(塑料对塑料)				0.21~0.52	0.21~0.52	0.16
	磨耗速度率(塑料对钢料)			$10^{-6}mm^{-3}$ (N·m)	13~14	13~14	6
	动态摩擦因数(塑料对钢料)				0.32~0.41	0.32~0.41	0.18

注：不应该采用表中提供的数据建立规格限定或者单独作为设计的依据。杜邦不作担保和假设并无责任将这信息作为任何相关用途。

3.2 尼龙（PA66、PA46）

3.2.1 尼龙 PA66

尼龙是工程塑料中最大、最重要的品种，具有强大的生命力。当今，主要是通过改性来实现尼龙的高强度、高刚性，改善尼龙的吸水性，提高塑件的尺寸稳定性以及低温脆性、耐热性、耐磨性、阻燃性和阻隔性，从而适用于各种不同要求的产品用途。为了提高 PA66 的力学特性，已通过添加增强、增韧、阻燃和润滑等各种各样的改性剂，开发出多种品质优良的改性材料。其中，玻璃纤维就是最常见的添加剂，有时为了提高抗冲击性还加入合成橡胶，如 EPDM 和 SBR 等。这些材料已广泛应用于汽车、电器、通信和机械等产业。

表 15-10-31　PA66 的物理特性、综合特性及注塑工艺（推荐）

项目		内容
主要物理特性		(1)PA66在聚酰胺中有较高的熔点，是一种半晶体-晶体材料； (2)在较高温度条件下，也能保持较好的强度和刚度； (3)材质坚硬、刚性好，很好的抗磨损、抗摩擦及自润滑性能； (4)模塑成型后，仍然具有吸湿性，塑件的尺寸稳定性较差； (5)黏性较低，因此流动性很好(但不如PA6)，但其黏度对温度变化很敏感； (6)PA66具有好的抗溶性，但对酸和一些氯化剂的抵抗力较弱
综合特性及注塑工艺	结构	部分晶体
	密度	$1.14g/cm^3$
	物理性能	当含水量为2%~3%时，则非常坚韧；当干燥时较脆。具有好的颜色淀积性，无毒，与各种填充材料容易结合

续表

综合特性及注塑工艺	化学性能	具有好的抗油剂、汽油、苯、碱溶液溶剂以及氯化碳氢化合物,以及酯和酮的性能。但不抗臭氧,盐酸,硫酸和双氧水
	识别方法	可燃,离开明火后仍能继续燃烧,燃烧时起泡并有滴落,焰心为蓝色,外圈为黄色,发出燃烧角质物等气味
	料筒温度	喂料区:60~90℃(80℃) 区1:260~290℃(280℃) 区2:260~290℃(280℃) 区3:280~290℃(290℃) 区4:280~290℃(290℃) 区5:280~290℃(290℃) 喷嘴:280~290℃(290℃) 括号内的温度建议作为基本设定值,行程利用率为35%和65%,模件流长与壁厚之比,为50∶1到100∶1。喂料区和区1的温度是直接影响喂料效率,提高这些温度可使喂料更均匀
	熔融温度	270~290℃,应避免高于300℃
	料筒保温	240℃以下(短时间停机)
	模具温度	60~100℃,建议80℃
	注射压力	100~160MPa,如果是加工薄截面长流道制品(如电线扎带),则需达到180MPa
	保压压力	注射压力的50%,由于材料凝结相对较快,短的保压时间已足够,降低保压压力可减少制品内应力
	背压	2~8MPa,需要准确调节,因背压太高会造成塑化不均
	注射速度	建议采用相对较快的注射速度,模具应有良好的排气系统,否则制品上易出现焦化现象
	螺杆转速	高螺杆转速,线速度为1m/s。然而,最好将螺杆转速设置低一点,只要能在冷却时间结束前完成塑化过程即可。对螺杆的扭矩要求较低
	计量行程(最小值~最大值)	(0.5~3.5)D,D为料筒直径
	余料量	2~6mm,取决于计量行程和螺杆直径
	预烘干	在80℃温度下烘干2~4h;如果加工前材料是密封未受潮,则不用烘干。尼龙吸水性较强,应保存在防潮容器内和封闭的料斗内,当含水量超过0.25%,就会造成塑料外观不良等缺陷
	回收率	回料的加入率,可根据产品的要求确定
	收缩率	0.7%~2.0%,填充30%玻璃纤维为0.4%~0.7%;在流程方向和与流程垂直方向上的收缩率差异较大。如果塑件顶出脱模后的温度仍超过60℃,制品应该逐渐冷却。这样可降低成型后收缩,使制品具有更好的尺寸稳定性和小的内应力;建议采用蒸气法冷却,尼龙制品还可通过特殊配制的液剂来检查应力
	浇口系统	点浇口式、潜伏式,片式或直浇口都可采用。建议在主流道和分流道上设置有盲孔或凹槽冷料井。可使用热流道,由于熔料可加工温度范围较窄,热流道应提供闭环温度控制
	料筒设备	标准螺杆,特殊几何尺寸有较高塑化能力;止逆环,直通喷嘴,对注塑纤维增强材料,应采用双金属螺杆和料筒
	机器停工时段	无需用其他料清洗,在高于240℃下,熔料残留在料筒内时间可达20min,此后材料容易发生热降解

表 15-10-32　　三种 DuPont Zytel 齿轮用尼龙性能

性能		测试条件	ASTM测试方式	单位	普通型 101L NC010	33%玻纤增强 70G33L NC010	超强 ST801 NC010	说明
力学性能	拉伸强度	-40℃ 23℃ 77℃	D638	MPa	— 83 —	214 186 110	— 51.7 —	
	屈服拉伸强度		D638	MPa	83	—	50	
	断裂延长		D638	%	60	3	60	
	屈服延长		D638	%	5	—	5.5	
	泊松比				0.41	0.39	0.41	
	剪切强度		D732	MPa	—	86	—	
	弯曲模量		D790	MPa	2830	8965	1689	
	弯曲强度		D790	MPa	—	262	68	
	变形量(13.8MPa,50℃)		D621	%	—	0.8	—	
	Izod 冲击		D256	J/m	53(缺口)	117	907	
热性能	热变形温度(HDT) -0.45MPa -1.8MPa		D648	℃ ℃	210 65	260 249	216 71	
	CLTE,流动		D696	E-4/K	0.7	0.8	1.2	1. 没有特别指明时,力学性能测量温度为 23℃ 2. 表中"—"表示没有相关测试数据 3. 此资料是根据我们最新的知识并涵盖由杜邦提供且最近公布的有关商业的和试验的信息。由于使用的条件是不在杜邦的控制下,杜邦不保证、表达或默许,和不承担与任何使用此资料有关的一切责任
	熔点		D3418	℃	262	262	263	
电器性能	体积电阻率		D257	Ω·cm	1×10^{15}	1×10^{15}	7×10^{14}	
	介电强度,短时间的		D149	kV/mm	—	20.9	—	
	介电强度,逐步的		D149	kV/mm	—	17.3	—	
	介电常数	1E2Hz 1E3Hz 1E6Hz	D150		4.0 3.9 3.6	— 4.5 3.7	3.2 3.2 2.9	
	耗散因数	1E2Hz 1E3Hz 1E6Hz	D150		0.01 0.02 0.02	— 0.02 0.02	0.01 0.01 0.02	
阻燃性能	最小厚度的阻燃等级		UL 94		V-2	HB	HB	
	最小测试阻燃厚度		UL 94	mm	0.71	0.71	0.81	
	高电压弧延伸速率		UL 746A	mm/min	—	32.2	—	
	发热线着火时间		UL 746A	s	—	9	—	
其他性能	密度		D792	g/cm³	1.14	1.38	1.08	
	洛氏硬度	M 标准 R 标准	D785		79 121	101 —	— —	
	挺度磨损 CS-17 轮,1kg,1000 循环		D1044	mg	—	—	5~6	
	吸水率 —沉浸 24 小时 —饱和		D570	%	1.2 8.5	0.7 5.4	1.2 6.7	
	收缩率,3.2mm,流动方向			%	1.5	0.2	1.8	

续表

性能		测试条件	ASTM测试方式	单位	普通型 101L NC010	33%玻纤增强 70G33L NC010	超强 ST801 NC010	说明
注塑工艺	融化温度范围			℃	280~305	290~305	288~293	1. 没有特别指明时,力学性能测量温度为23℃ 2. 表中"—"表示没有相关测试数据 3. 此资料是根据最新的知识并涵盖由杜邦提供且最近公布的有关商业的和试验的信息。由于使用的条件是不在杜邦的控制下,杜邦不保证、表达或默许,和不承担与任何使用此资料有关的一切责任
	模温范围			℃	40~95	65~120	38~93	
	注塑湿度要求			%	<0.2	<0.2	<0.2	
	干燥温度			℃	—	80	—	
	干燥时间,除湿干燥机			h	—	2~4	—	

3.2.2 尼龙PA46

PA46是尼龙大家族中的一种新系列，于1935年发明于实验室中；由荷兰DSM于1990年实现工业化生产；是一种高性能尼龙材料。

表15-10-33

主要物理特性		(1)高温稳定性好,能适应在100℃以上环境下工作; (2)流动性好,注塑周期比PA6缩短30%左右; (3)高结晶度,高抗拉强度,高温下塑件力学性能的保持能力较好; (4)动态摩擦因数低,即使是在高PV值下仍表现良好; (5)抗疲劳性能好,在高温下能保持齿轮有较长的使用寿命
综合特性及注塑工艺(推荐)	结构	部分结晶(未填充)
	密度	1.18g/cm^3
	物理性能	浅黄色,良好的耐温性能,高模量、高强度、高刚性、高抗疲劳性;良好的抗蠕变、抗磨损和磨耗;良好的流动性
	化学性能	很好的抗化学和抗油性
	料筒温度	喷嘴:280~300℃(295℃)　区4:290~300℃(295℃) 区1:300~320℃(310℃)　区5:280~290℃(290℃) 区2:295~315℃(305℃)　喂料区:60~90℃(80℃) 区3:295~315℃(300℃)　以上括号内的温度为推荐温度
	烘干温度	热风干燥机为115~125℃/4~8h;除湿干燥机为80~85℃/4~6h(建议使用除湿干燥机)

续表

综合特性及注塑工艺(推荐)	熔融温度	295~300℃
	模具温度	80~120℃(建议在100℃以上)
	注射压力	80~140MPa
	保压压力	注塑压力的30%~50%
	背压	0.5~1MPa
	注射速度	尽可能快(但应防止因注射速度过快使产品焦化)
	螺杆转速	100~150r/min
	射退	2~10mm,取决于计量行程和螺杆直径,在喷嘴不流涎的前提下,应尽可能小
	回收率	精密齿轮可添加10%回料,一般用途齿轮为20%以上
	收缩率	见物性表

表 15-10-34　　三种齿轮用 DSM Stanyl PA46 性能

物性参数		测试方法	单位	TW341	TW271F6	TW241F10	说明
流变性能				干态/湿态	干态/湿态	干态/湿态	表中TW341为热稳定、润滑等级;TW241F10为50%玻纤增强,热稳定、强化等级;TW271F6为15%PTFE及30%玻纤增强、热稳定、耐摩擦磨耗改良等级 TW241F6、TW241F10已用于汽车启动电机内齿轮;TW271F6已用于模塑汽车电子节气门齿轮
	模塑收缩率(平行)	ISO 294-4	%	2	0.5	0.4	
	模塑收缩率(垂直)	ISO 294-4	%	2	13	0.9	
力学性能				干/湿	干/湿	干/湿	
	拉伸模量	ISO 527-1/-2	MPa	3300/1000	9000/6000	16000/10000	
	拉伸模量(120℃)	ISO 527-1/-2	MPa	800	5500	8200	
	拉伸模量(160℃)	ISO 527-1/-2	MPa	650	5000	7400	
	断裂应力	ISO 527-1/-2	MPa	100/55	190/110	250/160	
	断裂压力(120℃)	ISO 527-1/-2	MPa	50	100	140	
	断裂压力(160℃)	ISO 527-1/-2	MPa	40	85	120	
	断裂伸长率	ISO 527-1/-2	%	40/>50	3.7/7	2.7/5	
	断裂张力(120℃)	ISO 527-1/-2	MPa	>50		5	
	断裂张力(160℃)	ISO 527-1/-2	MPa	>50		5	
	弯曲模量	ISO 178	MPa	3000/900	8500/5700	14000/9000	
	弯曲模量(120℃)	ISO 178	MPa	800		7300	
	弯曲模量(160℃)	ISO 178	MPa	600		6500	
	无缺口简支梁冲击强度(+23℃)	ISO 179/IeU	kJ/m^2	N/N		90/100	
	无缺口简支梁冲击强度(-40℃)	ISO 179/IeU	kJ/m^2	N/N		80	
	简支梁缺口冲击强度(+23℃)	ISO 179/IeA	kJ/m^2	12/45	14/22	16/24	
	简支梁缺口冲击强度(-40℃)	ISO 179/IeA	kJ/m^2	9/12	11/11	12/12	
	Izod缺口冲击强度(23℃)	ISO 180/IA	kJ/m^2	10/40	12/19	16/24	
	Izod缺口冲击强度(-40℃)	ISO 180/IA	kJ/m^2	9/12	10/10	12/12	

续表

	物性参数	测试方法	单位	TW341	TW271F6	TW241F10	说明
热性能				干态/湿态	干态/湿态	干态/湿态	表中TW341为热稳定、润滑等级;TW241F10为50%玻纤增强，热稳定、强化等级;TW271F6为15%PTFE及30%玻纤增强、热稳定、耐摩擦磨耗改良等级 TW241F6、TW241F10已用于汽车启动电机内齿轮;TW271F6已用于模塑汽车电子节气门齿轮
	熔融温度(10℃/min)	ISO 11357-1/-3	℃	295/※	295/※	295/※	
	热变形温度(1.80MPa)	ISO 75-1/-2	℃	190/※	290/※	290/※	
	线胀系数(平行)	ISO 11359-1/-2	E-4/℃	0.85/※	0.2/※	0.2/※	
	线胀系数(垂直)	ISO 11359-1/-2	E-4/℃	1.1/※	0.8/※	0.8/※	
	1.5mm名义厚度时的燃烧性	IEC 60695-11-10	class	V-2/※	HB/※	HB/※	
	测试用试样的厚度	IEC 60695-11-10	mm	1.5/※	1.5/※	1.5/※	
	厚度为h时的燃烧性	IEC 60695-11-10	class	V-2/※	HB/※	HB/※	
	测试用试样的厚度	IEC 60695-11-10	mm	0.75/※	0.9/※	0.75/※	
	热量索引5000hrs	IEC 60216/ISO 527-1/-2	℃	152	177	177	
				干态/湿态	干态/湿态	干态/湿态	
电性能	体积电阻率	IEC 60093	Ω·m	LE13/LE7	LE12/LE7	LE12/LE8	
	介电强度	IEC 60243-1	kV/mm	25/15	30/20	30/20	
	相对漏电起痕指数	IEC 60112	—	400/400	300/300	300/300	
	颇塑性能			干态			
	吸湿性	Sim to ISO 62	%	3.7			
	密度	ISO 1183	kg/m^3	1180			

注：※表示湿态无数据。

3.3 聚醚醚酮（PEEK）

聚醚醚酮（PEEK 450G）是一种结晶性不透明淡茶灰色的芳香族超热塑性树脂，由英国威克斯（Victrex）于1978年发明，1981年工业化生产，这种材料是近二十多年来国内外业内所公认的高性能工程塑料。我国吉林大学依靠自主创新研发成功，也于1987年开始小批量生产。

目前，PEEK聚合物已在汽车电装齿轮中获得多项应用。近年来，PEEK450G又在汽车电动座椅驱动器中找到了新的应用前景，采用塑料蜗杆取代钢蜗杆实现“以塑代钢”已取得了进展。但由于这种高性能热塑性材料，国内外均未真正形成大批量生产能力。因此，材料的价格十分昂贵。另一方面这种材料的料温、模温特高，一般的注塑机难以胜任。鉴于以上两个方面的原因，也制约了这种材料的广泛应用。

3.3.1 PEEK 450G 的主要物理特性、综合特性及加工工艺（推荐）

表 15-10-35

主要物理特性		(1)高温性能。PEEK 聚合物和混合物的玻璃态转化温度通常为 143℃、熔点为 343℃。独立测试显示,聚合物的热变形温度高达 315℃,且连续工作温度高达 260℃ (2)高综合力学性能。PEEK 聚合物的机械强度高、坚韧性好、耐冲击性能强、传动噪声低等,可大幅度提高齿轮的使用寿命 (3)耐磨损性能。PEEK 聚合物具有优良的耐摩擦和耐磨损性能,其中以专门配方(添加有 PTFE)的润滑级 450FC30 和 150FC30 材料表现最佳。这些材料在较宽广的压力、速度、温度和接触面粗糙度的范围内,都表现出良好的耐磨损性能 (4)耐化学腐蚀性能。PEEK 聚合物在大多数化学环境下具有优良的耐腐蚀性能,即使在温度升高的情况下亦然。在一般环境中,唯一能够熔解这种聚合物的只有浓硫酸
综合特性及加工工艺(推荐)	结构	部分结晶高聚物
	密度	1.3g/cm^3
	物理性能	通常含水率低于 0.5%。非常坚韧,刚性好,高的耐摩擦、耐磨损性能。无毒,无卤天然阻燃,低烟,耐高温
	化学性能	化学性能稳定,耐各种有机、无机化学试剂、油剂;还耐有机、无机酸,弱碱和强碱,但不耐浓硫酸
	识别方法	难燃,离开火焰后不能继续燃烧,本色呈淡米黄色
	料筒温度	后部:350~370℃ 中部:355~380℃ 前部:365~390℃ 喷嘴:365~395℃
	烘干温度	150℃为 3 小时或 160℃为 2h(露点-40℃),确保含水率低于 0.02%(模塑齿轮建议使用除湿干燥机)
	熔融温度	370~390℃
	料筒保温	300℃(停机时间 3h 以内的料筒允许温度)
	模具温度	175~190℃
	注射压力	70~140MPa,对于填充增强牌号可能需要更高的压力
	保压压力	40~100MPa,对于狭长流道,可能需要更高保压压力
	背压	3MPa
	注射速度	建议采用相对较高的注射速度,保证充模效果
	螺杆转速	50~100r/min
	计量行程	最小值~最大值为(0.5~3.5)D(D——料筒直径)
	余料量	2~6mm,取决于计量行程和螺杆直径
	回收率	无填充牌号回收料添加不超过 30%;填充牌号回收料添加不超过 10%
	收缩率	见物性表

续表

综合特性及加工工艺(推荐)	浇口系统	适用于大部分浇口形式,但应避免细长形浇口,建议最小浇口直径或厚度为1~2mm,尽量不使用潜伏式浇口。为了节省昂贵的原材料、降低生产成本,注射模应采用热流道
	机器停工时段	开停机需用本料或专用高温清洗料清洗螺杆和料筒,停机时间不超过1h,不需要降低温度;停机时间超过1h,则需降低料筒温度到340℃以下,如果停机时间在3h以内,需要降低料筒温度到300℃以下,如果带料停机时间超过3h以上,在开机前,需要清洗料筒
	料筒设备	大部分通用螺杆均能适用,建议螺杆长径比的最小值16∶1,但应优先选用18∶1或24∶1的螺杆。压缩比2∶1至3∶1之间,止逆环必须一直安装在螺杆顶部,止逆环与螺杆之间的空隙应能使材料不受限制地流过。料筒材料需经过硬化处理,应避免使用铜或铜合金(会导致材料降解)。模具模腔和型芯材料要求采用耐热合金模具钢,在注塑成型温度下仍具有52~54HRC的硬度值

3.3.2 齿轮用PEEK聚合材料的性能

表15-10-36　　三种Victrex PEEK材料的性能

特性	状态	测试方法	单位	PEEK 450G	PEEK 450CA30	PEEK 450FC30	说明
拉伸强度	屈服,23℃ 屈服,130℃ 屈服,250℃ 断裂,23℃ 断裂,130℃ 断裂,250℃	ISO527-2/1B/50 ISO527-2/1B50	MPa MPa	100 51 13	 220 124 60	 134 82 40	表中的PEEK 450G为纯料颗粒的通用等级; PEEK 450CA30为碳纤维强化颗粒的强化等级; PEEK 450FC30为润滑等级
拉伸延伸率	断裂,23℃ 屈服,23℃	ISO527-2/1B50	%	34 5	1.8	2.2	
拉伸模量	23℃	ISO527-2/1B50	GPa	3.5	22.3	10.1	
弯曲强度	23℃ 120℃ 250℃	ISO178	MPa	163 100 13	298 260 105	186 135 36	
弯曲模量	23℃ 120℃ 250℃	ISO178	GPa	4.0 4.0 0.3	19 18 5.1	8.2 8.0 3.0	
Charpy冲击强度	2mm缺口,23℃ 0.25mm缺口,23℃	ISO179-1e	$kJ\cdot m^{-2}$	35 8.2	7.8 5.4		
拉伸强度	屈服,23℃ 断裂,23℃	ASTM D638tV ASTM D638tV	MPa MPa	97	 228	 138	
拉伸延伸率	断裂,23℃ 屈服,23℃	ASTM D638tV	%	65 5	2	2.2	

续表

特　性	状　态	测 试 方 法	单位	PEEK 450G	PEEK 450CA30	PEEK 450FC30	说　　明
拉伸模量	23℃	ASTM D638tV	GPa	3.5	22.3	10.1	
弯曲强度	23℃	ASTMD790	MPa	156	331	211	
弯曲模量	23℃	ASTMD790	GPa	4.1	19	9.5	
切变强度	23℃	ASTMD3846	MPa	53	85		
切变模量	23℃	ASTMD3846	GPa	1.3			
压缩强度	平行于流动方向,23℃ 90°于流动方向,23℃	ASTMD695	MPa	118 119	240 153	150 127	
泊松比	23℃	ASTMD638tV		0.4	0.44		
洛氏硬度	M 级	ASTMD785		99	107		
Irod 冲击强度	0. 25mm 缺口, 23℃无缺口,23℃	ASTMD256	$J \cdot m^{-2}$	94 无断裂	120 643	90 444	
颜色			n/a	原色/浅褐色/黑色	黑色	黑色	
密度	结晶态 非结晶态	ISO1183	$g \cdot cm^{-3}$	1.30 1.26	1.40	1.44	
典型结晶度		n/a		35	30	30	
成型收缩率	流动方向,3mm,170℃成型 垂直方向,3mm,170℃成型 流动方向,3mm,210℃成型 垂直方向,3mm,210℃成型 流动方向,6mm,170℃成型 垂直方向,6mm,170℃成型 流动方向,6mm,210℃成型 垂直方向,6mm,210℃成型	n/a	$mm \cdot mm^{-1}$	0.012 0.015 0.014 0.017 0.017 0.018 0.023 0.022	0.000 0.005 0.001 0.005 0.002 0.006 0.002 0.007	0.003 0.005 0.003 0.006 0.004 0.007 0.004 0.007	表中的 PEEK 450G 为纯料颗粒的通用等级； PEEK 450CA30 为碳纤维强化颗粒的强化等级； PEEK 450FC30 为润滑等级
吸水性	24h,23℃ 平衡,23℃	ISO62	%	0.50 0.50	0.06	0.06	
熔点		DSC	℃	343	343	343	
玻璃态转化温度(T_g)		DSC	℃	143	143	143	
比热容		DSC	$kJ \cdot kg^{-1} \cdot ℃^{-1}$	2.16	1.8	1.8	
线胀系数	$<T_g$ $>T_g$	ASTMD696	$\times 10^{-5}℃^{-1}$	4.7 10.8	1.5	2.2	
热变形温度	1. 8MPa	ISO75	℃	152	315	>293	
热导率		ASTMC177	$W \cdot m^{-1} \cdot ℃^{-1}$	0.25	0.92	0.78	
连续使用温度	电气 机械(没有冲击) 机械(有冲击)	UL746B	℃	260 240 180	 240 200	 240 180	

3.4 塑料齿轮材料的匹配及其改性研究

3.4.1 最常用齿轮材料的匹配

表 15-10-37

匹配类型	效果及应用
两种聚甲醛齿轮匹配	摩擦与磨损,没有聚甲醛与淬硬钢齿轮匹配时优良 尽管如此,完全由聚甲醛匹配的齿轮轮系,仍获得广泛的应用(如电器、时钟、定时器等小型精密减速和其他轻微载荷运动型机械传动轮系中)。如果一对啮合齿轮均采用 Delrin 聚甲醛模塑而成,即使采用不同等级,如 100 与 900F,或与 500CL 匹配,都不会改进耐摩擦与磨损性能
Delrin 聚甲醛与 Zytel 尼龙匹配	在许多场合下,能够显著改进耐摩擦与磨耗性能。在要求较长使用寿命场合,这一组合特别有效。并且当不允许进行初始润滑时,尤其会显示出色的优点
	凡是两个塑料齿轮匹配的场合,都必须考虑传统热塑性材料导热性差的影响。散热问题取决于传动装置的总体设计,当两种材料都是较强的隔热材料时,对这一问题需要作专门的考虑
塑料齿轮与金属齿轮匹配	如果是塑料齿轮与金属齿轮匹配,轮系的散热问题要好得多,因而可以传递较高的载荷 塑料齿轮与金属齿轮匹配的轮系运转性能较好,比塑料与塑料匹配轮系齿轮的摩擦及磨耗要轻。但只有当金属齿轮具有淬硬齿面,这种效果会更加突出 一种十分常见轮系的第一个小齿轮被当作电机驱动轴,直接嵌装入电机转子体内,由于热量可从电磁线圈和轴承直接传递至驱动轴,会使齿轮轮齿的温度升高;并可能会超过所预设的温度。因此,设计人员应该特别重视对电机的充分冷却问题 受牙形加工工艺限制,在汽车雨刮、摇窗器等电装产品中均普遍采用金属轧牙或铣牙蜗杆与塑料斜齿轮匹配,这已是一种十分典型的匹配方式,也是塑料齿轮应用最成功的范例之一

3.4.2 齿轮用材料的改性研究

在汽车工业的驱动下，随着对塑料齿轮所传输载荷的增大，降低传动噪声等要求，对材料的改性尤为重要。

表 15-10-38

齿轮工况变化	材料改性要求	齿轮工况变化	材料改性要求
当对啮合噪声的要求比传递动力更重要时	多选用未填充材料	当对传递动力的要求比啮合噪声更重要时	应首选增强性材料
改性举例	1. 当聚甲醛共聚物填充 25%的短玻纤(2mm 或更短)的填料后,它的拉伸强度在高温下增大 2 倍,硬度提升 3 倍。使用长玻纤(10mm 或者更长)填料可提高强度、抗蠕变能力、尺寸稳定性、韧性、硬度、耐磨损性等以及其他的更多性能。因为可获得需要的硬度、良好的可控热膨胀性能,在大尺寸齿轮和结构应用领域,长玻纤增强材料正成为一种具有吸引力的备选材料 2. 对未填充和分别填充碳纤维、聚四氟乙烯(PTFE)的几种常用的齿轮用材料进行改性研究,并通过原型样机型式试验结果表明:经碳纤维填充的材料的抗拉强度和弯曲弹性模量增大、工作温度提高、热膨胀系数降低;碳纤维的用量以 20%为宜。而填充 PTFE 则显著改善了塑料齿轮的耐摩擦、磨损性能;材料改性后的齿轮性能可与铸铁、铝合金和铜合金齿轮媲美。PTFE 的用量达到 10%时,材料的强度没有大的下降,但摩擦、磨损系数显著降低。参考文献[15]还对热塑性材料的改性机理进行了分析研究		

3.5 塑料齿轮的失效形式

表 15-10-39

<table>
<tr><th></th><th>节点附近断裂</th><th>齿根附近处断裂</th></tr>
<tr><td rowspan="2">失效形式</td><td colspan="2">动力传动轮系中塑料齿轮有多种多样的失效形式，其中齿轮轮齿断裂的主要失效形式有两类：一是轮齿在齿根附近处断裂；二是轮齿在节点附近处断裂</td></tr>
<tr><td>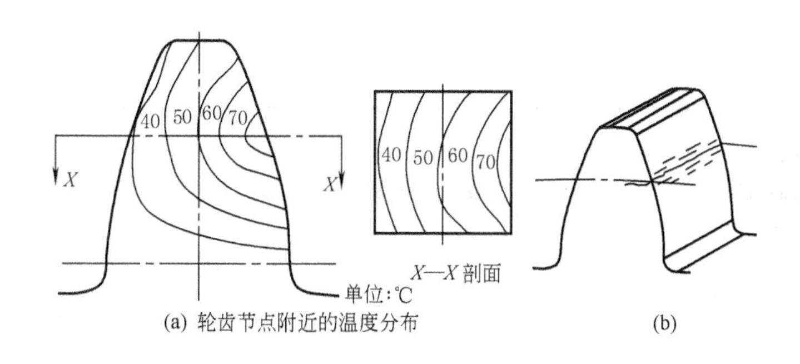
(a) 轮齿节点附近的温度分布 (b)</td><td>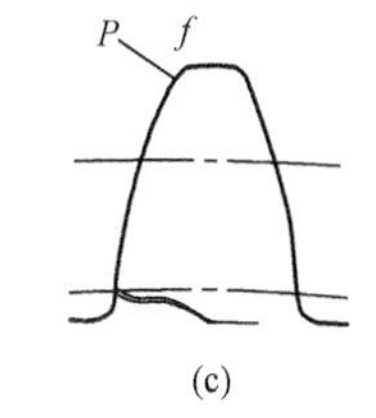
(c)</td></tr>
<tr><td>失效原因</td><td>在齿轮传动中，齿面摩擦热和材料黏弹性内耗热所引起的轮齿的温升分布情况如图 a 所示。在节点附近形成高温区，由于温度的升高，材料的拉伸强度则会明显降低。在这种情况下，危险点不是在齿根部位，而是在节点附近。随着运转次数的增加，危险点附近首先产生点蚀和裂纹，然后逐渐扩展直至节点附近的轮齿断裂
当齿轮由中速到高速传递动力时，在节点 P 到最大负荷点之间的区间内，由于材料的高温无法很快释放出去，造成齿面软化而出现点蚀。进而在齿宽中间部位沿轴向产生细小裂纹。随着传动的进行，裂纹向齿宽方向发展，直至两端面，最后引起轮齿在节线附近发生断裂。这种失效多发区因模数、齿数、负荷及其他传动条件的不同而有所差异，但基本上集中在节点附近最大负荷点上下的区域内
节点附近断裂如图 b 所示。是由于材料的抗热能力差，在啮合过程中，轮齿齿面摩擦热和齿面内部黏弹性体材料受到挤压后分子间的内耗热所引起的温升，以及机械负荷共同作用所产生的一种失效形式</td><td rowspan="2">齿根附近处折断如图 c 所示。当轮齿进入啮合起始点 f 承载时，轮齿齿根处所承受的拉伸负荷（或弯曲负荷）最大。这种拉伸负荷在某一瞬时可能会引发裂纹，并逐渐向体内延伸，直至轮齿断裂。这种失效通常发生在高负荷、低速运转的工况下和当齿轮齿根圆角太小、应力过分集中、轮齿抗弯强度不足时</td></tr>
<tr><td>降低节点处断裂失效的优化设计要点</td><td>轮齿节点附近断裂失效，主要是塑料的抗热能力差所引起的。如何抑制热的生成和将热量迅速扩散出去，是塑料齿轮轮系设计中的重要课题。日本学者通过数百对钢齿轮与滚切加工的塑料齿轮样机传动啮合试验，提出以下塑料齿轮轮齿参数的优化设计意见：
(1)齿数 z　通过选择比较多的齿数，来减小齿根处的滑动速度，降低摩擦热量的生成；
(2)模数 m　尽量选择小一些的模数值，降低齿面间的相对滑动速度，使每对轮齿的啮合时间缩短，所生成的热量也会有所减少。一般情况下，所选取的模数 m 可上靠标准模数系列推荐值；
(3)压力角 α　取标准压力角 $\alpha=20°$，为增大轮系重合度，可选较小的压力角；为增强齿根弯曲强度，可选较大的压力角；
(4)齿宽 B　根据轮齿齿根强度的需要，可适当增大；
(5)蜗杆蜗轮组合　钢蜗杆与塑料蜗轮（或斜齿轮）组合比塑料蜗杆塑料蜗轮（斜齿轮）组合的效果更佳</td></tr>
</table>

4 塑料齿轮的制造

塑料齿轮是一种既有几何尺寸精度要求，又有机械强度要求的精密塑件。特别是动力传动型塑料齿轮，十分重视对其力学性能的保证。因此，模塑齿轮不能按一般塑件对待，对其注塑机及周边设备、注射模设计制造及其注塑工艺，都与一般塑件有不同的要求。

4.1 塑料齿轮的加工工艺

表 15-10-40

滚切加工	应用场合	在小批单件或精度要求较高塑料齿轮的生产中，常采用滚切加工工艺 通过滚切加工的齿轮齿根的材料组织结构已经改变，在齿根较小的圆角处的弯曲强度会有所降低。因此，这类塑料齿轮一般多用于仪器仪表中的精密运动传动 为了节省试验成本，采用滚切加工的塑料齿轮，用作动力传动轮系的原型进行型式试验也是不合适的。因为这类齿轮轮齿的失效，并不能全面反映同类模塑齿轮的真实工况特性
	注意事项	1. 采用滚切加工的塑料齿轮的精度，比模数齿轮一般要提高1~2级 2. 采用齿宽较大的聚甲醛模塑坯件进行滚切加工的齿轮（或蜗轮），其模数不可太大，因为在坯件体内存在许多大大小小真空缩孔。这类孔洞很可能就出现在轮齿根部或附近，因此，降低了轮齿齿根的强度。如果有充分理由必须采取这种工艺，最好采用模塑留有滚切裕量的齿坯加工 3. 在滚切加工塑料齿轮时，公法线长度尺寸是较难控制的。由于尼龙或聚甲醛的质地柔韧，在切削加工中，由于刀刃摩擦会产生大量切削热，使齿部出现热膨胀。这种齿轮在加工中，其公法线长度误差的分散性较大，特别是搁置一段时间以后，公法线长度还要膨胀许多 4. 对玻纤增强齿轮加工时，其材质对滚刀刀刃的磨损更为严重，在大批量生产中应采用耐磨性能高的硬质合金滚刀滚切加工塑料齿轮
	加工实例	某厂在滚切加工一种 $m=1\text{mm}$、$z=30$ 的尼龙 PA66 渐开线齿轮生产中，采用乳化液湿切加工来降低切削热，并将公法线长度控制在超下限 0.01~0.03mm。而后将齿轮置入 60~80℃ 热水中，浸泡 1~2h 后晾干。搁置一段时间以后，塑料齿轮公法线长度基本上未出现膨胀现象
模塑成型	工艺特性及影响	塑胶在模塑成型过程中，在齿轮齿根圆角处，会形成应力集中区，这类应力会导致轮齿齿根圆角的弯曲强度降低；齿轮齿根圆角半径越小，轮齿的弯曲强度越低。现将这种情况的出现和所造成的影响，通过下图中的塑胶熔体流程路线分别描述如下 当塑胶熔体注入模腔齿槽时，熔体流程方向主要取决于流动过程中所产生的剪切应力。当绕过小凸圆角的流程或流速骤变这一类突变齿轮齿根圆角形状对模塑齿轮轮齿成形的影响过程，会在型腔齿槽表面附近造成不规则的流动现象（与湍流现象类似但不等同）如图 a 左所示。此处的熔体就地迅速凝固，后果是形成模塑齿轮齿根小圆角处，因 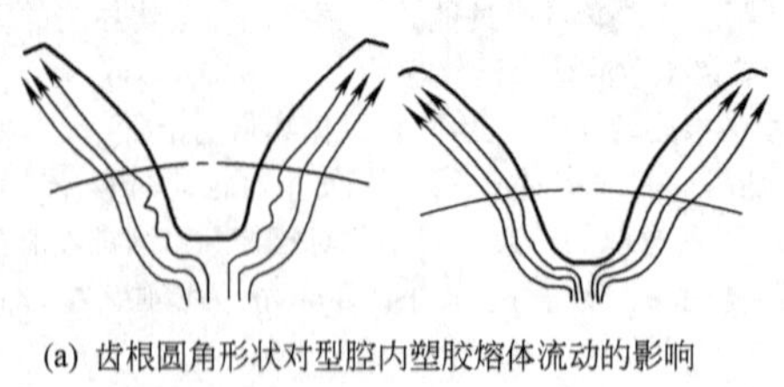 (a) 齿根圆角形状对型腔内塑胶熔体流动的影响 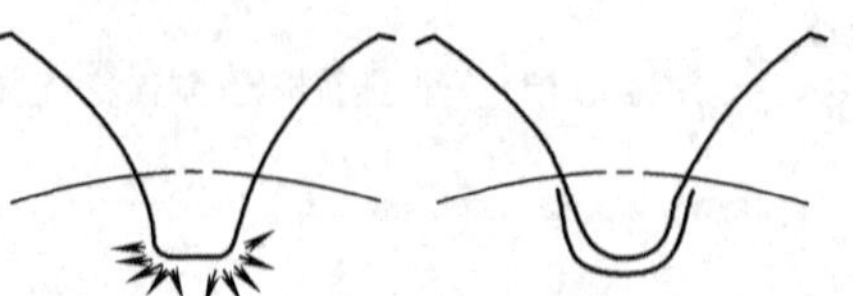 (b) 齿根圆角形状对齿轮齿根表层内塑胶纤维排列定向的影响 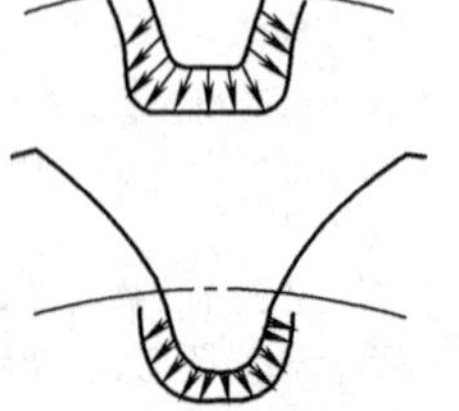 (c) 齿根圆角形状对冷却凝固时塑胶齿根圆角表层温度的影响

续表

模塑成型	工艺特性及影响	内应力过分集中而降低了轮齿弯曲强度。此后,由于时间、温度、潮湿或在化学环境下使用等影响,使得这种应力逐渐释放出来,从而造成齿轮几何尺寸和精度发生变化 对于纤维增强塑料这种类型的注塑流动需要引起注意。如果模塑齿轮的齿根为全圆弧,塑料熔体注入模腔齿槽时,塑胶熔体流程的型式呈平滑连续流动过程,型腔齿根大凸圆角表面附近材料中的纤维会顺应流程方向呈流线式排列。但是,如果熔体流过的型腔齿根是较尖的小凸圆角,则纤维将会呈小凸圆角径向排列,如图 b 左所示。这样的纤维排列状况不但不能对轮齿齿根小圆角起到增强作用,反而降低了齿轮的弯曲强度,甚至给轮齿埋伏下断裂失效隐患。再者,纤维排列定向不良,还会造成塑件收缩不均和几何尺寸不良等后果
	注意事项	1. 有利于塑胶熔体在型腔内冷却均匀的设计,对模塑尺寸稳定和低应力的塑件是十分重要的。型腔齿根小凸圆角处,对塑胶熔体的流动如同"尖角",在其型腔表面会形成一片沿导热路径很狭窄的区域,如图 c 左所示。所造成的后果是在邻近的塑胶熔体凝固时,成为过热区域。如果型腔齿根小凸圆角如同"尖角",也会出现类似的导热不良问题,从而引起此区域内的温度升高,使得上述情况进一步加剧。塑件体内冷却速率不匀所产生的收缩力,会使齿轮轮齿齿根附近形成空隙或局部应力高度集中。此外,这类不受控制、不稳定应力,会使齿轮轮齿齿廓产生不可预测的几何变形 2. 齿根圆角如果是全圆弧半径,便可降低轮齿圆角处塑胶的温差和由此产生的收缩应力,减轻齿廓变形及对轮齿弯曲强度所造成的损失

4.2 注塑机及其辅助设备

20 世纪 80 年代以前，国内用于模塑齿轮生产的注塑机具十分简陋，主要是原上海文教厂等生产的 15T、30T 柱塞式液压立式注塑机。这类注塑机，多采用一模一腔模具注射塑料齿轮，齿轮尺寸的一致性较好，但劳动强度很大。有时也采用一模二腔模具，很少采用一模四腔模具注射齿轮。到上世纪 90 年代，这类立式注塑机已被螺杆式立式注塑机所取代。与此同时，以宁波海天、广东震德等民营或合资企业生产的电脑控制的系列液压卧式注塑机占领了国内塑机的主要市场。

采用这类全液压式注塑机加工塑料齿轮，多为一模四腔。要求不高的塑料齿轮注射模可多达一模八腔、一模十六腔等。模具型腔越多生产效率越高，但齿轮的尺寸一致性愈差，对精密塑料齿轮不适合。

4.2.1 注塑机

表 15-10-41　　注塑机的类型、特点和参数

类型	特点
立式注塑机	国内已有多家民营、合资或外资立式注塑机生产厂商,主要生产双柱、四柱螺杆式立式系列注塑机。此外,还有双滑板式、角式注射和转盘式立式注塑机。由于齿轮零件一般为小型塑件,因此应以选择小型机为主。注塑带金属嵌件的汽车用齿轮(如雨刮电机斜齿轮),可选用双滑板式、转盘式注塑机,可大幅度提高生产效率
卧式注塑机	随着塑料制品多样化市场需求越来越大,注塑机设备的升级换代也越来越快。目前国内注塑机主要是全液压式,由于环保和节能的要求,以及伺服电机的成熟应用和价格的大幅度下降,近年来全电动式的精密注塑机越来越多

续表

	类　型	特　点
卧式注塑机	全液压式注塑机	在成型精密、形状复杂的制品方面有许多独特优势，它从传统的单缸充液式、多缸充液式发展到现在的两板直压式。其中以两板直压式最具代表性，但其控制技术难度大，机械加工精度高，液压技术也难掌握
	全电动式注塑机	有一系列优点，特别是在环保和节能方面具有优势。由于使用伺服电机注射控制精度较高，转速也较稳定，还可以实现多级调节。但全电动式注塑机在使用寿命上不如全液压式注塑机，而全液压式注塑机要保证精度就必须使用带闭环控制的伺服阀，而伺服阀价格昂贵，使这类注塑机的成本提升
	电动-液压式注塑机	是集液压和电驱动于一体的新型注塑机，它融合了全液压式注塑机的高性能和全电动式的节能优点，这种复合式注塑机已成为注塑机技术发展方向。由于注塑产品的成本构成中，电费占了相当大的比例；依据注塑机设备工艺的需求，注塑机油泵马达耗电占整个设备耗电量的比例高达50%~65%，因而极具节能潜力。设计与制造新一代"节能型"注塑机，就成为迫切需要关注和解决的问题。因此，这类新型注塑机给注塑行业带来了新的飞速发展的机遇
	在模塑齿轮生产中，卧式注塑机已成为的主要机型。下表中列出宁波海天、香港震雄、德国德马格（Demag）和阿博格（Arburg）比较适合模塑齿轮的注塑机。其中阿博格170U 150-30小型精密注塑机的注射控制方式有两种：注射闭环控制的标准方式和螺杆精确定位的可选方式。它是一种具有螺杆精确定位功能的小直径螺杆注塑机，采用直压式合模，比较适合特小模数齿轮和细小精密零件的模塑成型加工。此外，由于全电动式注塑机具有注射控制精度较高，转速较稳定等优点，小规格注塑机的使用寿命也不会成为问题。因此，这类全电动式注塑机也是比较适合模塑齿轮生产的机型	

	项目	单位	宁波海天 HTF60W1-1		德国 德马格	日本东芝 EC40C	德国阿博格 170U 150-30	德国 BOY XS
国内外几种小型注塑机的主要参数			A	B	Ergotech 35-80	Y	30（双泵、欧标）	XS(100-14)
	螺杆直径	mm	22	26	18	22	15/18	12
	螺杆长径比（L/D）		24	20.3	20	20	17.7/14.5	19.7
	理论容量	cm^3	38	53	23	38	10.6/15.3	4.5
	注射重量	g	35	48	20	35	9.5/14	4.2
	注射压力	MPa	266	191	280	258	220/200	312.8
	螺杆转速	r/min	0~230			420	357~430	340
	合模装置				35			
	合模力	kN	600		350	400	150	100
	开模行程	mm	270			250	200	150

续表

<table>
<tr><td rowspan="16">国内外几种小型注塑机的主要参数</td><td rowspan="2">项目</td><td rowspan="2">单位</td><td colspan="2">宁波海天
HTF60W1-1</td><td>德国
德马格</td><td>日本东芝
EC40C</td><td>德国阿博格
170U 150-30</td><td>德国 BOY
XS</td></tr>
<tr><td>A</td><td>B</td><td>Ergotech
35-80</td><td>Y</td><td>30
(双泵、欧标)</td><td>160
(205 对角线)</td></tr>
<tr><td>拉杆内距</td><td>mm</td><td colspan="2">310×310</td><td>280×280</td><td>320×320</td><td>170×170</td><td>250</td></tr>
<tr><td>最大模厚</td><td>mm</td><td colspan="2">330</td><td>—</td><td>320</td><td>350</td><td>100</td></tr>
<tr><td>最小模厚</td><td>mm</td><td colspan="2">120</td><td>180</td><td>150</td><td>150</td><td>50</td></tr>
<tr><td>顶出行程</td><td>mm</td><td colspan="2">70</td><td>100</td><td>60</td><td>75</td><td>8.4</td></tr>
<tr><td>顶出力</td><td>kN</td><td colspan="2">22</td><td>26</td><td>20</td><td>16</td><td>1</td></tr>
<tr><td>顶出杆根数</td><td>根</td><td colspan="2">1</td><td></td><td>3</td><td></td><td>30</td></tr>
<tr><td>最大油泵压力</td><td>MPa</td><td colspan="2">16</td><td></td><td></td><td>21.0</td><td>3</td></tr>
<tr><td>油泵马达</td><td>kW</td><td colspan="2">7.5</td><td>7.5</td><td></td><td>7.5</td><td rowspan="2">1.35</td></tr>
<tr><td>电热功率</td><td>kW</td><td colspan="2">4.55</td><td>5</td><td>3.9</td><td></td></tr>
<tr><td>外形尺寸
($L×W×H$)</td><td>m</td><td colspan="2">3.64×1.2×1.76</td><td>3.3×1.2×2</td><td>3.4×1.1
×1.6</td><td>2.64×1.17×1.17</td><td>1.48×0.52
×1.38</td></tr>
<tr><td>重量</td><td>t</td><td colspan="2">2.3</td><td>2.6</td><td>2.6</td><td>1.65</td><td>0.4</td></tr>
<tr><td>料斗容积</td><td>kg</td><td colspan="2">25</td><td>35</td><td></td><td>8</td><td>3</td></tr>
<tr><td>油箱容积</td><td>L</td><td colspan="2">210</td><td>140</td><td></td><td>120</td><td>28</td></tr>
<tr><td colspan="8"></td></tr>
<tr><td>精密齿轮对注塑机的要求</td><td colspan="8">塑料齿轮的尺寸小、公差要求严,属于精密注塑类型产品。因此,对其注塑机及其周边设备有较高的技术要求:
1. 机床的刚性好,锁模、射出系统选用全闭环控制,确保机械运动稳定性和重复性精度。开、合模位置精度:开≤0. 05mm,合≤0. 01mm;
2. 注塑压力、速度稳定,注射位置精度(保压终止点)≤0. 05mm,预塑位置精度≤0. 03mm,每模生产周期的误差≤2s;
3. 定、动模板平行度:锁模力为零或锁模力为最大时,平行度≤0. 03mm;由于结构原因,直压式机的模板平行度要高于曲臂式机;
4. 选用双金属螺杆、料筒,聚甲醛改性材料,应选用不锈钢双金属螺杆、料筒。料筒、螺杆的温控精度≤±3℃;
5. 小尺寸齿轮和蜗杆,应选用锁模力较小的小直径螺杆机型;缩短熔料在料筒中的停留时间,避免材料出现高温降解等问题</td></tr>
</table>

4.2.2 辅助设备配置

用来模塑精密塑件的注塑机周边辅助设备种类繁多，有模温机、干燥机和除湿干燥机、冷水机、真空中央供料系统、热流道温控计和机械手等。其中，最重要的是模温机和除湿干燥机。

表 15-10-42

<table>
<tr><td rowspan="9">模温机</td><td>分类</td><td colspan="7">分为水式普通型(室温-5～180℃)和油式高温型(室温+5～350℃)模温机两大类</td></tr>
<tr><td>功能</td><td colspan="7">模温机是专为控制模具温度而设计的，在注塑加工之前，能使模具迅速达到所需的温度并保持稳定。在塑料齿轮大量生产中，由于齿轮的尺寸精度和力学性能要求，模塑成型过程中的塑胶熔体的注射温度和模具型腔温度必须保持稳定。因此，模温机是确保模具型腔温度稳定必不可少的周边设备。此外，结晶性聚合物必须达到材料自身玻璃态转化温度，才能开始结晶。为了加快结晶的进程，还必须有足够高的模具成型温度，才能保证材料在短时间内的充分结晶。否则塑件在使用过程中，由于温度升高到玻璃态转化温度，材料又将发生二次结晶而导致齿轮尺寸的变化。根据材料的物性要求，可选择不同功能的模温机为模具型腔提供足够高的模具温度</td></tr>
<tr><td>主要技术要求</td><td colspan="7">1. 温度传感器探头应安装在型腔体内，便于对模温的优化控制；
2. 模温机与机床电脑通信，实现对模温机故障实时报警；
3. 模温机内存水量少(3L)，传热快，调节稳定；
4. 模温的温控精度要求 PID±1℃；
5. 模温机具有流量监视功能</td></tr>
<tr><td rowspan="5">几种常用齿轮材料注塑的模温要求</td><td>材料牌号</td><td>组织结构</td><td>玻璃态转化温度 T_g/℃</td><td>熔融温度(熔点温度)/℃</td><td>热变形温度/℃(1.8MPa)</td><td colspan="2">模具温度/℃</td></tr>
<tr><td>POM 100P</td><td>部分结晶</td><td>-70</td><td>(178)</td><td>95</td><td colspan="2">80～120</td></tr>
<tr><td>PA66 101LNG010</td><td>部分结晶</td><td>50</td><td>(262)</td><td>65</td><td colspan="2">60～100</td></tr>
<tr><td>PA46 TW341</td><td>部分结晶</td><td>78</td><td>295～300</td><td>190</td><td colspan="2">80～120</td></tr>
<tr><td>PEEK 450G</td><td>部分结晶</td><td>143</td><td>370～390</td><td>152</td><td colspan="2">175～190</td></tr>
<tr><td>模温机的选用</td><td colspan="7">根据上表中的前三种材料模塑成型所需模具温度要求，可选用水式模温机；而 PEEK 450G 材料应选用油式高温模温机。根据模塑成型蜗杆等的特殊需要，还可采用双温模温机</td></tr>
<tr><td rowspan="11">除湿干燥机</td><td>功能</td><td colspan="7">任何热塑性材料都有不同程度的吸湿性。其中，尼龙类材料的吸湿性较强，聚甲醛的吸湿性极小。塑料中的水分对模塑成型十分有害：一是在塑件体内要出现气体缩孔，二是在高温下材料易发生降解，降低组织结晶度和塑件的机械强度。因此，高性能塑料要求在注塑前进行除湿干燥处理。采用稳定性高的低露点干燥风(-32℃以下)，搭配适当的干燥温度才能保证最终塑料的含湿率降低到 0.02%以下。经过除湿干燥的塑料模塑成型的产品，具有最佳的物理性质及表面光泽度。某些除湿干燥机，由于其密闭循环系统上可以低至-50℃以下的低露点干燥风，能促进塑料快速释放体内水分至干燥风。经干燥除湿处理后的塑料可以有效地避免塑件浇口处出现缩水、银纹或凹坑等缺陷</td></tr>
<tr><td rowspan="10">几种齿轮材料的除湿干燥要求</td><td rowspan="2">材料牌号</td><td rowspan="2">吸水率/%
23℃(24h)</td><td colspan="2">热风干燥机</td><td colspan="2">除湿干燥机(露点-40℃)</td><td rowspan="2">除湿干燥后的含水量/%</td></tr>
<tr><td>温度/℃</td><td>时间/h</td><td>温度/℃</td><td>时间/h</td></tr>
<tr><td rowspan="2">POM 100P</td><td rowspan="2">0.28</td><td colspan="2">未受潮不干燥</td><td colspan="2">未受潮不干燥</td><td rowspan="2"><0.2</td></tr>
<tr><td>100</td><td>4</td><td></td><td></td></tr>
<tr><td rowspan="2">PA66 101LNC010</td><td rowspan="2">1.2</td><td colspan="2">未受潮不干燥</td><td colspan="2">未受潮不干燥</td><td rowspan="2"><0.2</td></tr>
<tr><td>80</td><td>2～4</td><td></td><td></td></tr>
<tr><td rowspan="2">PA46 TW341</td><td rowspan="2">3.7</td><td>115</td><td>8</td><td>80</td><td>6</td><td rowspan="2"></td></tr>
<tr><td>120</td><td>6</td><td>85</td><td>4</td></tr>
<tr><td rowspan="2">PEEK 450G</td><td rowspan="2">0.50</td><td></td><td></td><td>150</td><td>3</td><td rowspan="2"><0.02</td></tr>
<tr><td></td><td></td><td>160</td><td>2</td></tr>
</table>

4.3 齿轮注射模的设计

在塑料齿轮制造中，注射模的设计与制造是最重要的环节。齿轮注射模的结构与其他塑件一样，同样具有支撑、成型、导向、顶出、流道和温控等六大系统。由于齿轮的尺寸精度和质量要求较高，因此在型腔、浇口、排气以及冷却水道的设计上，会有较大不同。此外，对模具定、动模型腔的精定位系统也十分重要。

4.3.1 齿轮注射模设计的主要步骤

在塑料制品的现代化专业生产中，塑件设计人员与模具设计人员，在一般情况下是分属不同部门、工厂，甚至不同行业、地区和国别。制品设计人员往往只从产品性能、精度和外观等方面提出要求，而不关心或不熟悉如何才能制造出合格的塑件。当然，模具设计人员的首要任务，就是全力去满足制品的设计要求，但由于受到塑料特性和模具结构等诸多因素的限制，模具设计人员就需要与制品设计人员就塑件的形状、结构、分型面、浇口位置和大小、顶出和熔接痕的位置等充分交换意见。如果制品设计结构不符合塑料特性和注射模的结构设计要求，就应该在保证产品设计功能要求的前提下进行再设计；经制品设计方审核认可后，方可作为模具设计的依据。在确定制品的最终结构之后才能开始进行模具设计。

表 15-10-43　　塑料齿轮注射模设计的主要步骤

步　骤	设　计　内　容
1. 模具结构的设计方案	(1)确定采用二板式、三板式或侧抽芯滑块式等； (2)确定分型面； (3)确定浇口系统位置、方式，如点浇口、潜伏式以及侧浇口等； (4)精定位的设计； (5)顶出方式，如推杆、套管以及推板顶出等； (6)排气系统设置； (7)冷却水(油)道系统的设置
2. 齿轮型腔设计	(1)确定齿轮型腔外形尺寸的大小； (2)确定收缩率，根据材料厂家提供的物性表、有关参考资料及其经验式通过工艺试验确定，并记入制品图； (3)齿轮型腔结构设计
3. 模板设计	(1)型腔数量及其排列； (2)分流道的布局设计
4. 型腔零部件设计	(1)型腔装配关系的设计； (2)型腔零部件图的详细设计
5. 选用模架及其动、定模板等的详细设计	
6. 确认所选用注塑机的参数(注塑机的型号与规格等)	

以上有关塑料齿轮注射模设计已有不少资料作了详细论述，本节先对齿轮注射模与其他塑件有所不同的设计特点作一讨论，后分别就直齿轮、斜齿轮和蜗杆注射模的整体结构作简要介绍。

4.3.2 齿轮型腔结构设计

表 15-10-44　　几种齿轮型腔结构设计

圆柱直齿轮型腔结构	齿轮制品结构	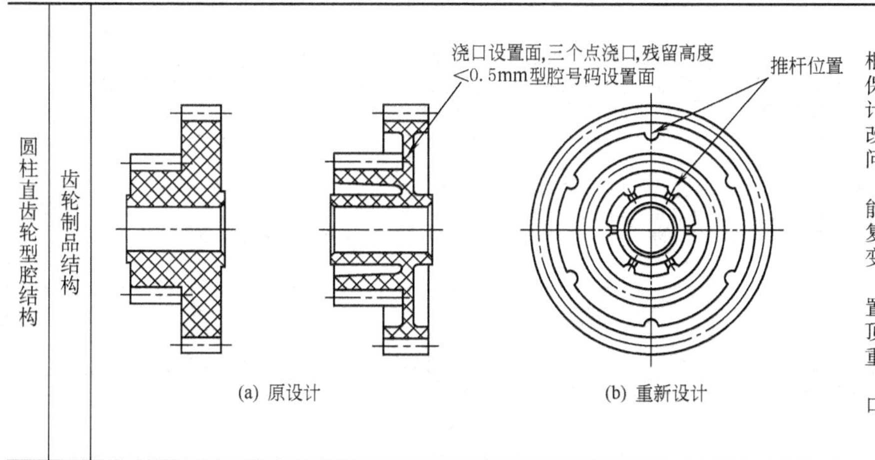 (a) 原设计　(b) 重新设计	原设计齿轮制品如图 a 所示。根据塑件模塑成型工艺需要和保证模塑成型质量要求,重新设计的制品结构,如图 b 所示。在改造设计中主要注意了以下问题 (1)将极不均匀的壁厚尽可能改均匀一些,这样虽然使形状复杂了,但防止缩坑而引起塑件变形和尺寸精度； (2)确定顶出杆的数量、位置,留出足够的顶出面积,要求顶出合力中心与齿轮轴线基本重合,保证塑件顶出顺利； (3)确定浇口位置(3 个点浇口)、浇口残留高度等； (4)确定型腔编号的设置面。

续表

<table>
<tr><td></td><td></td><td colspan="2">分体式组合型腔结构</td><td>整体型腔结构</td></tr>
<tr><td>圆柱直齿轮型腔结构</td><td>相应的模具型腔结构设计(有两种结构)</td><td colspan="2">(c)组合型腔
是一种典型的分体式组合结构。其主要优点是大小齿轮型腔齿圈,均可采用慢走丝线切割工艺成型加工。缺点是各组合件的尺寸、位置度和配合精度要求高,加工难度大,制造成本高</td><td>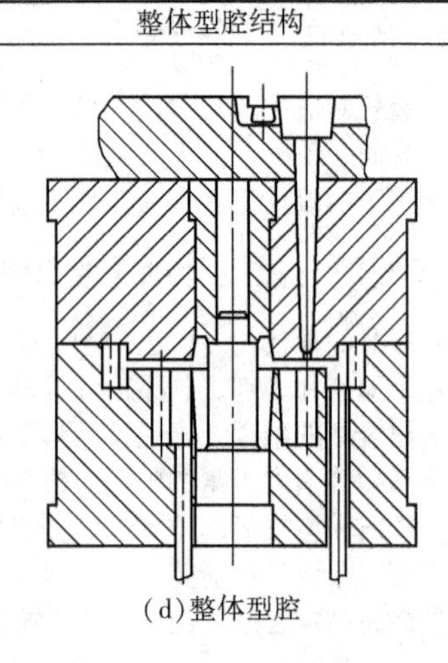
(d)整体型腔
采用EDM精密电火花成型工艺,分别加工大小齿轮型腔齿圈,即可提高齿轮型腔和模塑齿轮的精度</td></tr>
<tr><td rowspan="5">圆柱斜齿轮型腔结构</td><td>型腔结构</td><td colspan="3">(e)雨刮电机斜齿轮侧视图
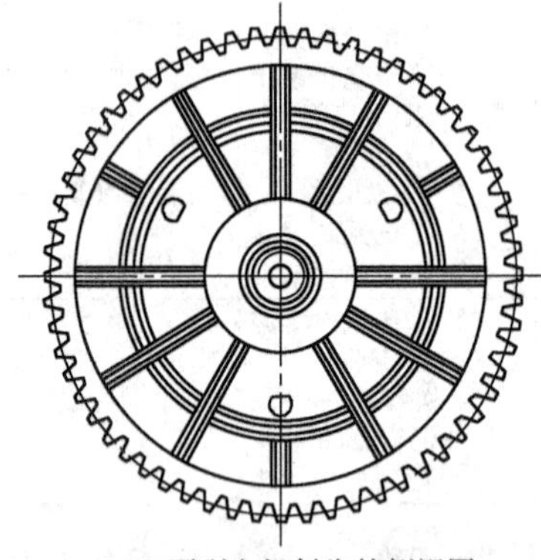
(f)雨刮电机斜齿轮侧视图
图e所示的斜齿轮型腔,是一种具有自由回转脱模功能、结构紧凑、设计新颖的结构。型腔齿圈是采用EMD精密电火花成型加工完成的。本型腔采用了套筒式推管,顶出时推管和斜齿轮塑件不旋转,由齿轮型腔自由旋转来实现斜齿轮的顶出脱模。为了实现这一目的,在型腔外套上加工有6个横孔,内装有6颗钢球,与型腔外圆上的环形沟槽构成简易“向心止推轴承”。使之在推管顶出的同时,型腔会随之灵活回转,实现斜齿轮的顺利脱模</td></tr>
<tr><td rowspan="4">模塑斜齿轮脱模方式</td><td colspan="3">模塑斜齿轮在脱模过程中,塑件要沿着型腔轮齿导程角方向作回转运动。有三种不同的方式来实现斜齿轮不受障碍的顺利脱模</td></tr>
<tr><td>强制脱模</td><td colspan="2">当斜齿轮螺旋角较小时,可考虑采用这种简易脱模方式。如图f所示雨刮器塑料斜齿轮驱动轴一侧端面上,设置了环状和辐射式加强筋,当这些加强筋两侧面的斜度稍大于螺旋角时,采用顶杆直接顶出可使模具结构大为简化。但因顶出力较大,应采用较粗顶杆或推管,以避免制品变形或顶杆弯曲</td></tr>
<tr><td>推管旋转脱模</td><td colspan="2">有以下两种方式:一是顶出制品时,推管上的导向销沿着一螺旋导槽运动(要求螺旋导槽的导程与型腔导程相同),保证在顶出制品过程中,推管与制品之间无任何相对运动。二是在推管与顶板结合处装有推力球轴承,保证推管能自由转动。当推管顶出制品时,塑件会自动的跟随推管一道沿着型腔轮齿螺旋方向顶出</td></tr>
<tr><td>齿轮型腔旋转脱模</td><td colspan="2">这是一种斜齿轮最常见的顶出方式。一般在型腔外圆和凸台端面处各设置有一组钢球起定心和止推作用,当顶杆顶出制品时,齿轮型腔将作回转运动,保证制品自由旋转脱模</td></tr>
</table>

续表

蜗杆型腔结构	整体式蜗杆型腔及其驱动机构	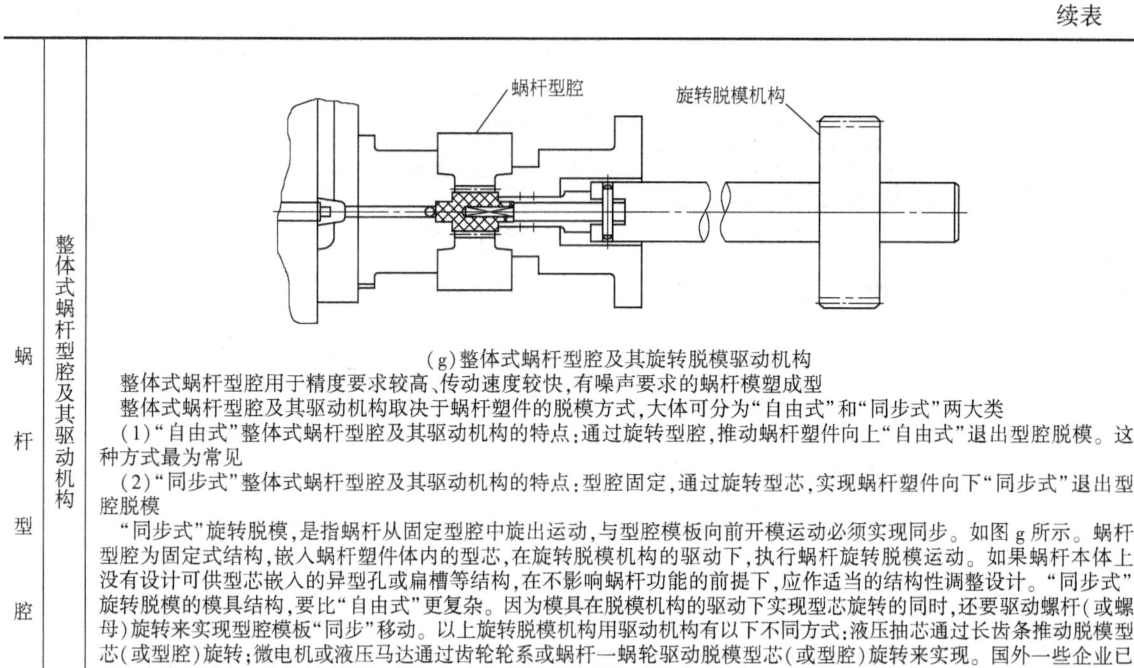 (g)整体式蜗杆型腔及其旋转脱模驱动机构 整体式蜗杆型腔用于精度要求较高、传动速度较快,有噪声要求的蜗杆模塑成型 整体式蜗杆型腔及其驱动机构取决于蜗杆塑件的脱模方式,大体可分为“自由式”和“同步式”两大类 (1)“自由式”整体式蜗杆型腔及其驱动机构的特点:通过旋转型腔,推动蜗杆塑件向上“自由式”退出型腔脱模。这种方式最为常见 (2)“同步式”整体式蜗杆型腔及其驱动机构的特点:型腔固定,通过旋转型芯,实现蜗杆塑件向下“同步式”退出型腔脱模 “同步式”旋转脱模,是指蜗杆从固定型腔中旋出运动,与型腔模板向前开模运动必须实现同步。如图 g 所示。蜗杆型腔为固定式结构,嵌入蜗杆塑件体内的型芯,在旋转脱模机构的驱动下,执行蜗杆旋转脱模运动。如果蜗杆本体上没有设计可供型芯嵌入的异型孔或扁槽等结构,在不影响蜗杆功能的前提下,应作适当的结构性调整设计。“同步式”旋转脱模的模具结构,要比“自由式”更复杂。因为模具在脱模机构的驱动下实现型芯旋转的同时,还要驱动螺杆(或螺母)旋转来实现型腔模板“同步”移动。以上旋转脱模机构用驱动机构有以下不同方式:液压抽芯通过长齿条推动脱模型芯(或型腔)旋转;微电机或液压马达通过齿轮轮系或蜗杆一蜗轮驱动脱模型芯(或型腔)旋转来实现。国外一些企业已开发有液压马达—齿轮驱动脱模型芯(或型腔)旋转脱模附件,这类专用附件已经序列化,可供模具设计人员选用
	滑块式蜗杆型腔结构	(h)双滑块蜗杆型腔结构 滑块式蜗杆型腔可分双滑块、三滑块和四滑块式等多种结构,其中以双滑块式最普遍。如图 h 所示,这种双滑块型腔是通过定模板上的斜导柱合、开模。与模具开模运动的同时,在斜导柱的推动下,双滑块型腔与模塑蜗杆分离,并通过顶杆等方式将蜗杆顶出。这种双滑块型腔只适用于导程角较小的蜗杆模塑成型,当导程角较大时,由于滑块型腔在分型面附近将产生“螺旋干涉”效应,开模时型腔螺纹牙面的“强制脱模”会在模塑蜗杆牙面上留下局部拉伤痕迹 由于 3~4 滑块式蜗杆型腔开、合模机构复杂、滑块型腔加工难度大,在应用上受到限制。但这类型腔不存在双滑块分型面处的“螺旋干涉”效应,因此在导程角较大的蜗杆注射模中仍可采用 蜗杆与带喉径的塑料蜗轮啮合,是比与斜齿轮啮合质量更好的一种传动方式。但当 POM 蜗轮喉径与外径的差值大于外径的 4%以上,模塑蜗轮就很难进行强制脱模。在这种情况下,唯一的办法是将蜗轮型腔设计成多滑块式的组合结构,每一个滑块成型几颗轮齿。这种蜗轮注射模的结构复杂、加工难度大、制造费用高,一般很少采用

4.3.3 浇口系统设置

表 15-10-45

浇口的数量和位置	单点浇口注塑	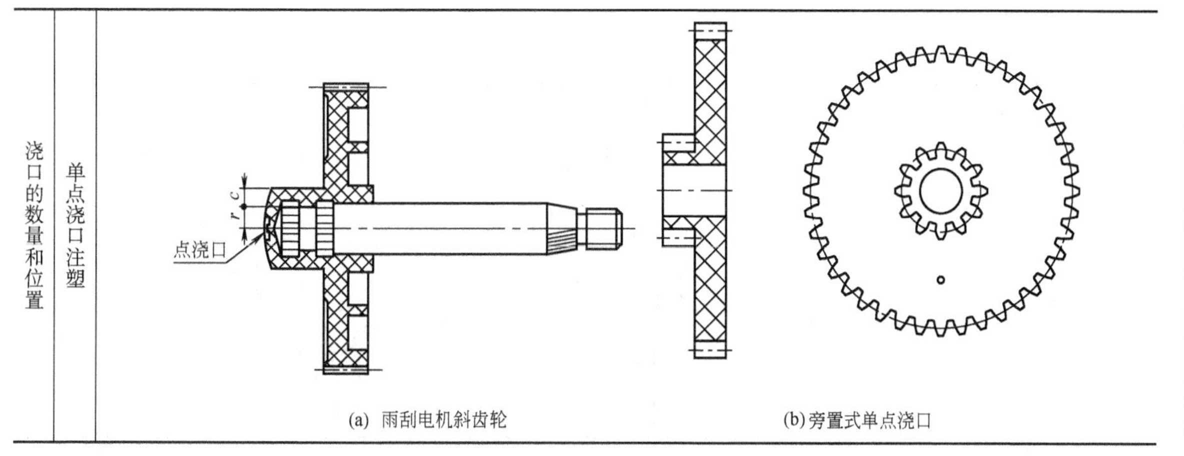 (a) 雨刮电机斜齿轮　　(b)旁置式单点浇口

第15篇

续表

浇口的数量和位置	单点浇口注塑	齿轮注射模多采用点浇口注塑,点浇口的位置对齿轮综合径向误差(简称圆度)影响较大。根据齿轮的精度要求,设置点浇口的数量和位置。 单点浇口设置在斜齿轮的中心位置,如图 a 所示的汽车雨刮器斜齿轮。这是点浇口最佳的设置方式,注塑时熔体射入型腔后,呈辐射式快速射向四周,并几乎同时填充型腔的齿圈,不易形成熔接痕,对保证齿轮齿圈圆度和轮齿强度都十分有利。图 b 为旁置式单点浇口设置,注塑时在点浇口的另一侧熔体前沿最终会汇集在某轮齿处形成熔接痕;形成一"低收缩区",此处将是齿圈径跳的最高点,影响模塑齿轮的圆度。但在模数特小的钟表、玩具类齿轮中因位置受限,仍广泛采用这种旁置式单浇口设置
	多点式浇口注塑	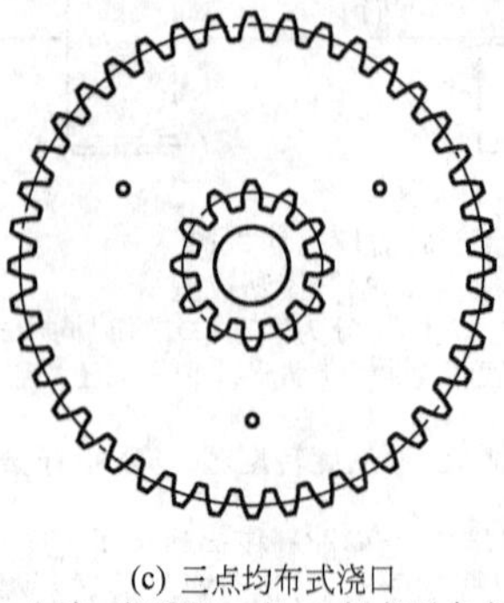 (c) 三点均布式浇口 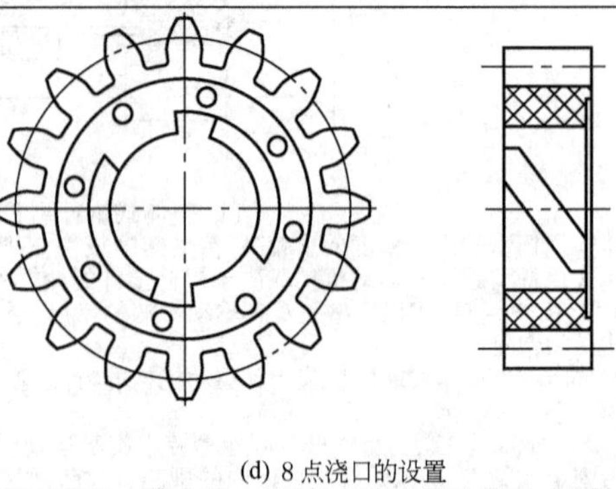　(d) 8 点浇口的设置 如果齿轮位置允许,应采用 2 点、3 点或更多点式浇口设置。其中以 3 点式浇口设置最为常见,如图 c 所示。这种浇口设置的熔体将在面浇口附近的径向中间处形成熔接痕,由于熔体到达此处的时间已大大缩短,所形成的"低收缩区"倾向也有所减小。因此,3 点浇口的模塑齿轮齿圈圆度会有明显改善。如图 d 所示,某汽车用 $m=2.25$mm,$z=16$,$B=11.5$mm齿轮,采用了 8 点式浇口设置,其齿轮圆度与中心单点浇口模塑齿轮相近
浇口的结构型式	直射式点浇口结构	潜伏式点浇口结构
	d——浇口直径为塑件厚度(0.5~0.6)倍 $D_1 \geqslant D$ (e) 直射式浇口	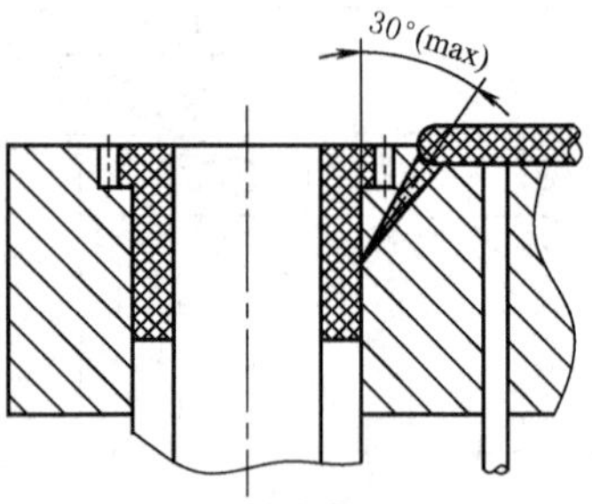 (f) 潜伏式浇口
	1. 直射式点浇口的结构如图 e 所示,应用于三板式注射模。为了获得良好的注塑填充,最小的收缩差异和最佳的机械特性,无论点浇口的数量多少,建议点浇口的直径等于或略大于齿轮基体的"名义壁厚"的 50%。但浇口的直径也不可过大,应以不影响浇口与制品的正常分离为宜 2. 对于某些管式结构齿轴,还可采用二板式注射模,所采用的潜伏式点浇口如图 f 所示。这种点浇口的直径应比直射式点浇口小,否则将影响塑件的顶出和塑件圆管表面质量 3. 还有环状、薄片、扇形、隔膜式等浇口,但在齿轮注射模中均较少应用	

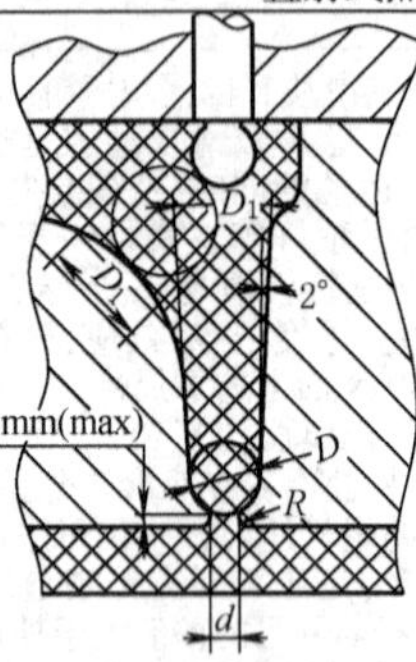

4.3.4 排气系统设置

表 15-10-46

排气槽的分布与加工	在模具型腔分型面上	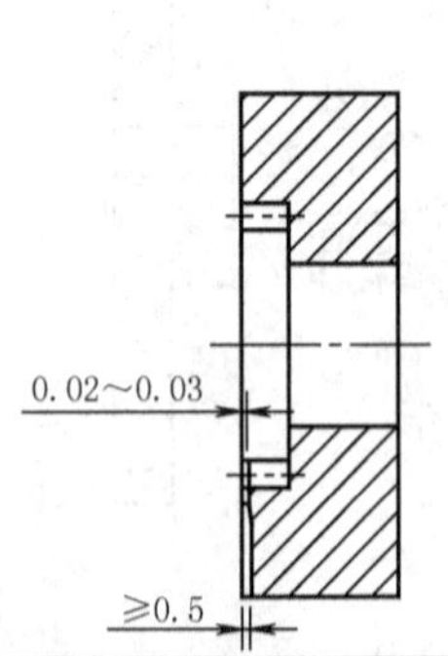 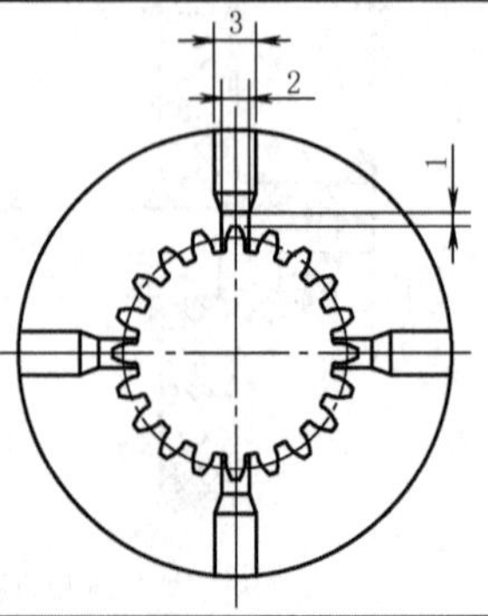

续表

排气槽的分布与加工	在模具型腔分型面上	模具型腔排气系统是设置在分型面上的。通常的做法是让型腔高出模板 0.03～0.05mm，在型腔分型面上加开排气槽。排气系统的结构如图所示，排气通道分为两段：与型腔齿圈相通段的槽深为 0.02～0.03mm、长度小于等于 1mm；另一段与模板相通的槽深大于等于 0.5mm
	在模具顶杆或推杆上	除了以上型腔分型面的排气措施外，还可在模具顶杆或推管上开设排气槽。即在顶杆或推管的上端仅保留 1mm 的完整段，以下部分进行"削边"处理，利于排气畅通
	在流道系统上	此外，流道系统加工有排气槽，也有助于减少必须从型腔分型面上的排气量。由于流道边缘的毛边并不重要，因此这类排气槽的深度可大一些(0.06～0.08mm)
对聚甲醛齿轮注射模的排水系统的设计更应特别重视	聚甲醛由于排气不良所造成烧焦现象，仅出现一个不醒目的白点，在塑料件外观上很不容易发现；而其他类型树脂排气不良，会在塑料件上形成发黑和烧焦等痕迹，易发现。为了使聚甲醛的排气不良较为醒目，可在注塑之前用一种碳氢或煤油为基的喷剂喷洒在模具型腔成型表面。如果模具排气不足，此类碳氢物会在空气受困的部位形成黑点，采用这种方法对于发现多型腔模具的排气问题特别有效 聚甲醛齿轮注射模的排气系统如果不畅，会在应该排气的地方以及发生有限度排气的模具缝隙处形成模垢的逐渐积累。这种模垢为一种白色坚硬的固体物，是在注塑过程中由瓦斯残留物变化而成的。如果模具排气系统畅通，能让这些瓦斯与空气一起排出。排气不畅还会造成模具型腔和注塑机螺杆、料筒表面腐蚀形成麻点或凹坑，这是由于型腔或螺杆、料筒长期持续裸露在由空气与瓦斯气急速压缩而产生的高温环境下所造成的。因此，齿轮型腔应采用耐腐蚀的模具钢制造，注塑机可采用不锈钢制造的螺杆和料筒 因此，聚甲醛齿轮注射模的排气系统十分重要，在模具设计制造及其初次试模时，对此应予以特别注意	

4.3.5 冷却水(油)道系统的设置

表 15-10-47

功能	模温机的冷却水(油)是通过管道输送到模具定、动模板的水(油)道内，其主要目的是要将在注塑成型过程中，由塑胶熔体带给模具的高温及时的传递出去；使模具保持一定的温度，以便控制型腔内塑胶的冷却和结晶速度，提高塑件质量和生产效率。特别是 PEEK 450G 等高性能半结晶型材料，如果模温未达到材料玻璃态转化温度，材料的结晶度不够将会严重降低齿轮(或蜗杆)的机械强度
设置的形式	齿轮型腔的环形冷却水道 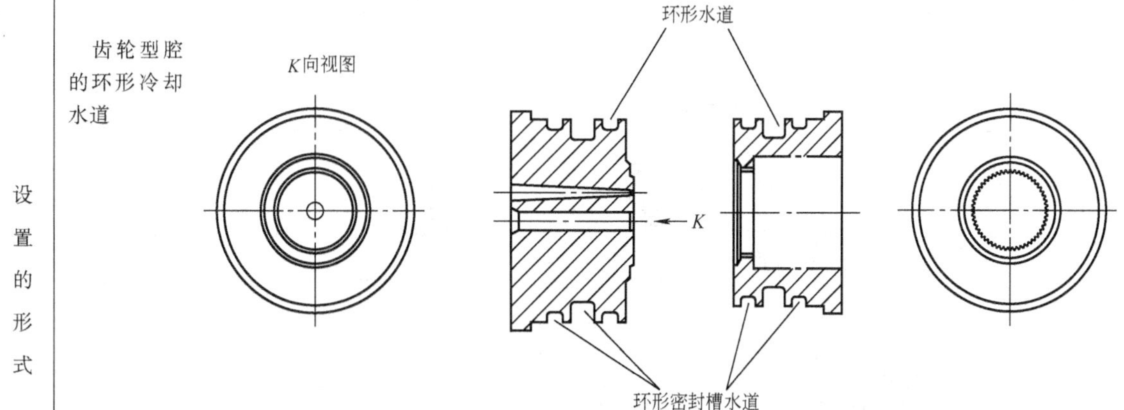 对于一模多腔齿轮注射模的冷却水(油)道系统，一般多采用纵横正交式排布。这是由于齿轮型腔的尺寸一般都比较小，型腔的温度差异不会太大。上图所示是一种齿轮型腔的环形冷却水道，结构新颖、紧凑，有利于保持型腔模温的一致性要求。特别适合于一模一腔大直径、齿宽厚度大的齿轮注射模的上下型腔的水道设计

4.3.6 精定位的设计

表 15-10-48　　　　齿轮注射模的精定位装置

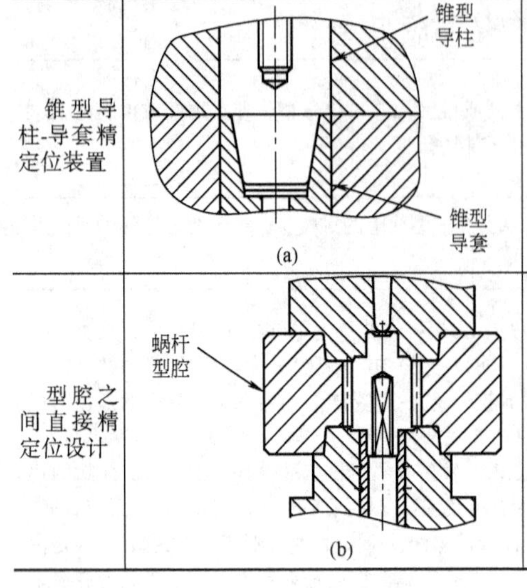

	图	说明
锥型导柱-导套精定位装置	(a)	三板一模多腔齿轮注射模多采用锥型导柱-导套精定位装置。如左图所示,锥型导柱和导套分别安装在定、动模板上。在定、动模板上设置精定位之目的是为了保证多腔定、动模型腔之间的位置度要求。为此,要求在定、动模板上先组合加工和装配好精定位导柱-导套后,再组合精加工定、动模上多腔型腔的安装孔
型腔之间直接精定位设计	(b)	一模一腔齿轮注射模,可将精定位直接设置在定、动模型腔上。图 b 即为蜗杆型腔与上、下模之间的直接精定位设计 以上两种精定位形式锥型导柱-导套精定位的优点是定位精度高,但在使用中磨损较快,造成定位精度降低。因此,直柱式导杆-导套(单边间隙 0.005mm)精定位装置,已在精密注射模中获得应用

4.3.7 圆柱塑料齿轮(直齿/斜齿)注射模结构图

表 15-10-49

双联直齿轮注射模结构图

齿轮参数和产品图

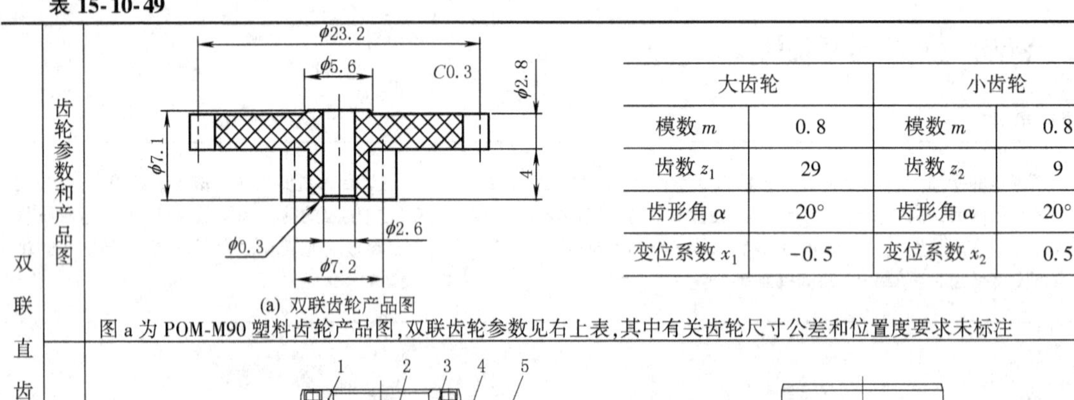

(a) 双联齿轮产品图

大齿轮		小齿轮	
模数 m	0.8	模数 m	0.8
齿数 z_1	29	齿数 z_2	9
齿形角 α	20°	齿形角 α	20°
变位系数 x_1	−0.5	变位系数 x_2	0.5

图 a 为 POM-M90 塑料齿轮产品图,双联齿轮参数见右上表,其中有关齿轮尺寸公差和位置度要求未标注

双联直齿轮一模四腔注射模结构图

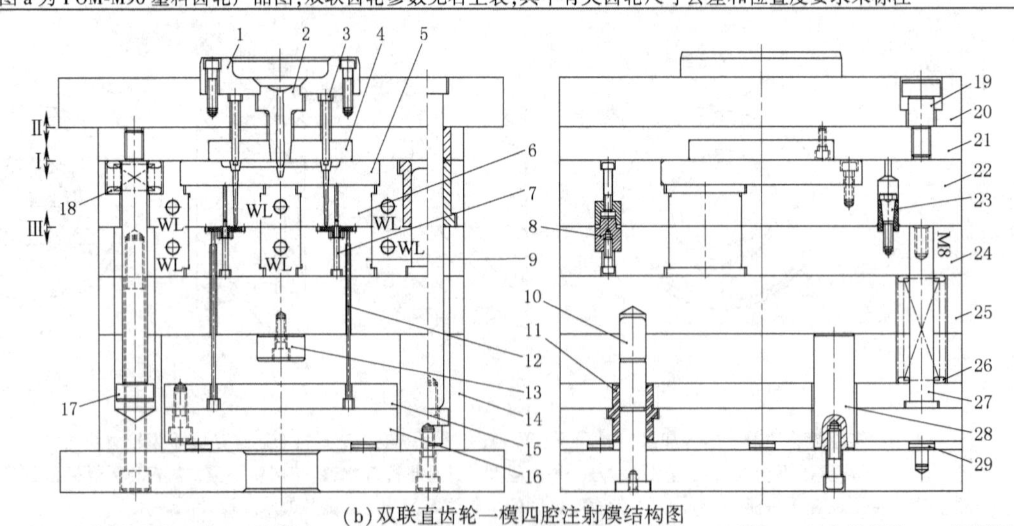

(b) 双联直齿轮一模四腔注射模结构图

1—定位圈;2—浇口套;3—拉料销;4—脱料板镶件;5—流道镶件;6—定模镶件;7—型芯;8—尼龙锁模器;9—动模镶件;10—推板导柱;11—推板导套;12—顶杆;13—限位柱;14—垫块;15—顶杆固定板;16—顶板;17—拉杆;18,26—弹簧;19—定距拉杆;20—定模座板;21—脱料板;22—定模板;23—尼龙锁模器;24—动模板;25—支承板;27—复位杆;28—支承柱;29—垃圾钉

续表

<table>
<tr>
<td>双联直齿轮注射模结构图</td>
<td>双联直齿轮一模四腔注射模结构图</td>
<td>本齿轮注射模结构如图 b 所示,为点浇口、一模四腔、三板式注射模。大小齿轮型腔为整体结构,采用锥度精定位装置、尼龙锁模器,上、下顶板导柱-导套、设置有垫板支承柱,模具结构紧凑。注射模开模过程如下:在弹簧 18 的作用下,脱料板 21 与定模板 22 首先在分型面Ⅰ处打开,拉料销 3 使浇口料头与制品脱离。随着机床继续开模运动,在尼龙锁模器 8 与定距拉杆 19 的共同作用下,脱料板 21 与定模座板 22 在分型面Ⅱ处打开,将浇口料头从拉料销 3 上拉脱。进而,在定距拉杆 17 的拖动下,将定模板与动模板在分型面Ⅲ处分离打开;再机床打杆通过顶杆 12 将齿轮从模具型腔中顶出</td>
</tr>
<tr>
<td rowspan="2">斜齿轮注射模结构图</td>
<td>齿轮参数和产品图</td>
<td>φ25.52
3
8
φ5
φ9
(c)斜齿轮产品图

斜齿轮齿形参数
<table>
<tr><td>模数</td><td>m</td><td>0.75</td></tr>
<tr><td>齿数</td><td>z</td><td>30</td></tr>
<tr><td>齿形角</td><td>α</td><td>20°</td></tr>
<tr><td>变位系数</td><td>x_n</td><td>0.156</td></tr>
<tr><td>螺旋角</td><td>β</td><td>15°</td></tr>
</table>
图 c 为 PA66(101LNC010)斜齿轮产品图,齿形参数见右上表,其中有关斜齿轮尺寸公差和位置度要求未标注</td>
</tr>
<tr>
<td>斜齿轮一模二腔注射模结构图</td>
<td>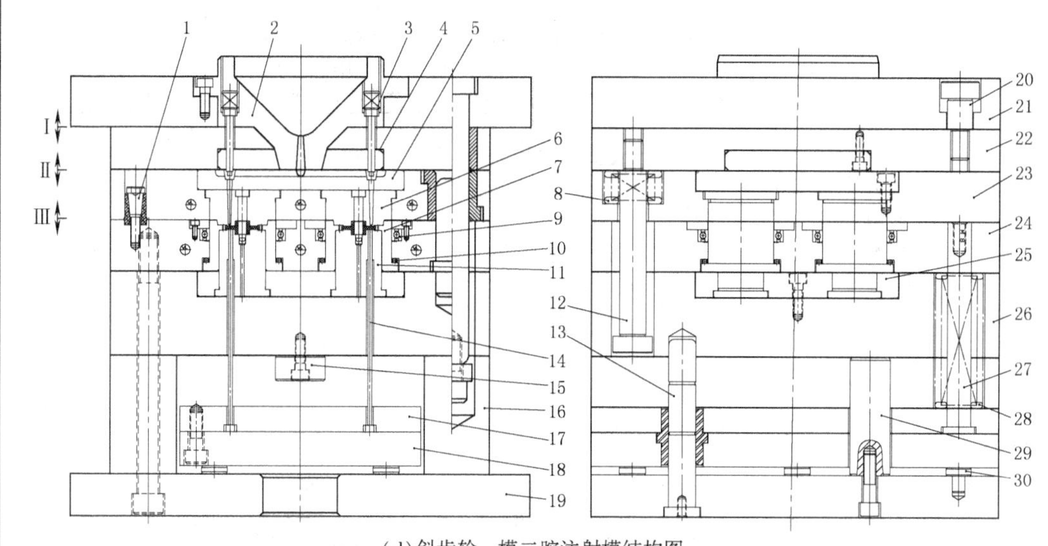

(d)斜齿轮一模二腔注射模结构图
1—尼龙锁模器;2—定位圈;3—拉料销;4—脱料板镶件;5—流道镶件;6—定模镶件;7—斜齿轮型腔;8,28—弹簧;9—轴承;10—钢珠;11—动模镶件;12—拉杆;13—推板导柱;14—顶杆;15—限位柱;16—垫块;17—顶杆固定板;18—顶板;19—动模座板;20—定距螺钉;21—定模座板;22—脱料板;23—定模板;24—动模板;25—型芯固定座;26—支承板;27—复位杆;29—支承柱;30—垃圾钉
模具结构如图 d 所示,为一模四腔三板式注射模。采用锥度精定位装置、尼龙锁模器,上、下顶板导柱-导套、设置有垫板支承柱,模具结构紧凑。在注塑开模过程中,各模板的分型顺序,也与双联直齿轮注射模基本相同。本模具的特点是斜齿轮型腔 7 安装在轴承 9 内,在型腔下端凸台与定模板凹台之间还有带保持圈的一组钢球起止推作用。斜齿轮型腔与动模镶件 11 配合孔之间要有一定间隙,保证在推杆顶出脱模过程中,齿轮型腔能灵活自如回转</td>
</tr>
</table>

4.4 齿轮型腔的设计与制造

在齿轮注射模的设计与制造中，齿轮型腔的设计与制造最为重要。在齿轮型腔的设计中，收缩率的确定又是重中之重。

4.4.1 齿轮型腔的参数设计

表 15-10-50

<table>
<tr><td rowspan="3">(1)收缩率的确定</td><td>定义及热塑性工程塑料收缩率特点</td><td colspan="2">收缩率作为模塑成型的一个专业术语是指:“塑件在塑胶熔体注射填充完成后,从开始冷却固化到室温时尺寸的减少量与模具型腔尺寸的比值”。这里首先涉及的一个问题便是热胀冷缩的现象。关于热塑性工程塑料收缩率的各向异性现象,已有很多文献进行了阐述和说明。在模塑成形过程中,材料收缩与截面区域、冷却速度、结晶(或纤维)取向,成型温度和注塑压力等多种因素有关。有关模塑成型的分析软件,可以预测这类填充的过程和状态,从而能正确设计出所要成型的塑件。但这类软件现在还无法解决各向异性收缩后的模塑齿轮渐开线齿廓的设计计算。就目前来说,在生产实践中通常的做法是假设这种收缩率为各向同性,并且是向齿轮中心轴线收缩。齿轮注射模型腔的收缩率可按以下几种情况进行确定</td></tr>
<tr><td rowspan="2">齿轮注射模型腔的收缩率确定</td><td>由经验确定</td><td>根据物性表所提供的材料径向收缩率,取其中下限。如聚甲醛的收缩率范围约为 1.8%~3.0%,由于齿轮塑件的注塑压力较大,因此型腔收缩率可取为 2%~2.2%。如果是薄片齿轮还可能取至 1.8%</td></tr>
<tr><td>由工艺试验确定</td><td>蜗杆和齿宽特大的齿轮塑件,由于材料的径向与轴向收缩率的差异较大,蜗杆或齿轮型腔的直径等尺寸由径向收缩率确定;蜗杆牙距(或导程)或斜齿轮导程,则要由轴向收缩率确定。其型腔的径向与轴向收缩率一般很难搭配合理,在这种情况下应通过工艺试验来解决。即先根据经验选择径向与轴向收缩率,制造简易型腔,按合理的齿轮注塑工艺要求模塑样件。根据检测样件的各参数的统计结果,对型腔的径向和轴向收缩率进行合理调整后正式设计型腔参数。这种工艺试验很可能要进行一次以上才能调整到位</td></tr>
<tr><td rowspan="4">(2)齿轮型腔参数的设计计算</td><td>型腔参数计算假设</td><td colspan="2">先采用一个简单的直线齿廓齿轮来简要说明这种各向同性收缩机理,即假设是塑件齿廓上任意两点之间的收缩率都是相同的。如图 a 所示,其收缩的基点即是齿轮的轴线。齿轮收缩后齿顶直径变化较大,轮齿尺寸的变化相对较小。解析计算或 CAD 作图都证明,这种直线齿廓齿轮除齿数和齿形角外,其他参数都已发生变化。假定渐开线齿轮在模具型腔中的收缩情况与上相同,则齿轮渐开线齿廓的收缩情况如图 b 所示。即齿轮上的所有尺寸是均匀收缩的,唯一没有变化的是齿轮齿数和压力角。根据上述设定以 2.7.2 中实例一的大、小齿轮为例,分别设计计算齿轮型腔参数如下表所示</td></tr>
<tr><td>材料各向同性收缩的齿轮及其型腔齿廓</td><td colspan="2"> 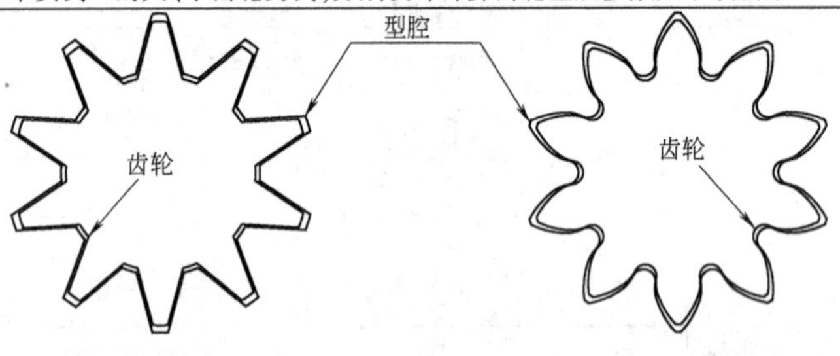型腔
齿轮
齿轮
(a) 直线齿廓齿轮　　(b) 渐开线齿廓齿轮</td></tr>
<tr><td>有关参数调整</td><td colspan="2">在型腔参数计算中,要按以下要求调整有关参数:
(1)小齿轮因子 = $1+\xi_1\%=1.022$、大齿轮因子 = $1+\xi_2\%=1.02$,ξ_1、ξ_2 为大小齿轮所选收缩率;
(2)齿轮几何参数的修正　根据经验取齿顶圆直径 = $d_a+0.3\Delta d_a$、齿根圆直径 = $d_f+0.5\Delta d_f$、公法线长度 = $W_k+0.7\Delta W_k$,Δd_a、Δd_f、ΔW_k 为齿轮齿顶圆、齿根圆、公法线长度公差值</td></tr>
<tr><td>实例:某仪表中的运动型传动齿轮轮系齿轮及其型腔齿形参数表</td><td colspan="2">见下表</td></tr>
</table>

实例:某仪表中的运动型传动齿轮轮系齿轮及其型腔齿形参数表

参数名称	代号	小齿轮		大齿轮	
		齿轮参数	型腔参数	齿轮参数	型腔参数
因子		1	1.022	1	1.02
模数	m	0.5	0.511	0.5	0.51
齿数	z	15	15	45	45
压力角	α	20°	20°	20°	20°
变位系数	x	0.5	0.4484	−0.18	−0.2322
分度圆直径	d	$\phi7.5$	$\phi7.665$	$\phi22.5$	$\phi22.95$
齿顶圆直径	d_a	$\phi9.12^{+0}_{-0.05}$	$\phi9.305\pm0.01$	$\phi23.47^{+0}_{-0.1}$	$\phi23.91\pm0.015$
齿根圆直径	d_f	$\phi6.5^{+0}_{-0.07}$	$\phi6.607\pm0.015$	$\phi20.85^{+0}_{-0.15}$	$\phi21.19\pm0.02$
跨越齿数	k	2	2	5	5
公法线长度	W_k	$2.49^{+0}_{-0.025}$	2.527 ± 0.01	$6.906^{+0}_{-0.04}$	7.016 ± 0.0125
齿顶倒圆半径	ρ_a	$R0.06$	$R0.06$	$R0.1$	$R0.1$
齿根全圆弧半径	ρ_f	$R0.221$	全圆弧半径	$R0.248$	全圆弧半径

4.4.2 齿轮型腔的加工工艺

表 15-10-51

(1)电火花成型加工工艺	适用范围	电火花精密成型加工是齿轮型腔最重要的加工工艺,可适应于直齿轮、斜齿轮、锥齿轮、蜗杆和蜗轮等型腔的成型加工。采用这种工艺加工斜齿轮、蜗杆型腔时,必须具备以下两个条件:一是选择带 C 轴的四轴联动精度电火花加工机床;二是制作经过精心设计制造的电极。下面简要介绍齿轮、蜗杆电极的设计制造的有关注意事项
	电极齿形参数设计	电极齿形参数设计是在齿轮型腔参数的基础上,综合考虑电火花机床的粗、中、精加工的放电参数和摇动量进行的。对于加工蜗杆型腔的电极,采用轴向摇动设计,可提高加工效率、降低电极损耗和型腔牙面粗糙度
	电极材料选用	一般选用紫铜制造。蜗杆型腔螺纹牙面粗糙度要求高的电极可选用铜钨或银钨合金制造
	电极齿形加工工艺	(1)齿轮、斜齿轮和蜗轮电极普遍采用专用滚刀滚切加工。由于紫铜或铜钨合金电极在滚切时对滚刀刀刃的磨耗大,可采用硬质合金滚刀。国标 6 级精度以上的电极,要求采用 AA 级精度以上的滚刀 (2)蜗杆电极可采用精密螺纹车床或螺纹磨床加工。ZA、ZN 蜗杆电极可采用车削工艺加工;ZI 蜗杆电极应采用磨削工艺加工。在电极加工时,除蜗杆牙形符合要求外,还要注意保证各段螺纹与电极夹持部及校准部的同轴度要求;保证粗、中、精三段之间的螺纹牙距累积误差要求,保证电加工时,电极各段螺纹能畅通无阻地旋入型腔 (3)锥齿轮电极可按事先通过 Pro/E 或 UG 设计好的电极 3D 模型编程,通过三轴联动高速铣加工中心,采用 TiN 涂层的硬质合金小半径球头型立铣刀进行高速铣削加工成型
(2)电火花线切割加工工艺	原理	慢走丝电火花线切割是齿轮型腔成型加工的又一重要加工工艺。任何齿廓的直齿齿轮型腔均可采用这种成型工艺加工,其原理是采用一根通电的金属丝按事先编制的程序进行切割加工成型
	示例	以某厂在北京阿奇慢走丝线切割机加工齿轮型腔为例说明如下:先由模具设计员与工艺员对产品齿形参数进行适当的调整、并根据材料和齿轮类型确定收缩率(ε),后经程序员将齿轮的主要齿形参数(m、z、α、D_a、D_f、k、W_k、ρ_a 和 ρ_f 等)输入编程系统,即可绘制出 dxf 齿轮齿廓图形;随后对切入路线、切割方向和切割次数进行设定,并将齿廓图按($1+\varepsilon$):1 的比例进行放大。随后即可将已完成的 dxf 转换为 geo 执行文件,提供给线切割机床进行型腔切割加工 另一种更直接的方式是由设计员根据修正后的齿形参数,精确绘制出($1+\varepsilon$):1 比例的 CAD 齿廓图,并将 CAD 齿廓转换为编程系统可识别的 dxf 文件提供给程序员。随后程序员对切入路线、切割方向和切割次数进行设定,并将 dxf 文件转换为机床可识别的 geo 执行文件,不再需输入型腔齿形参数。在型腔正式切割之前,操作工只需通过机床 CNC 系统根据切割丝的线径、火花间隙及其预留余量,设置其补偿量的大小。线切割加工齿轮型腔,一般分 4 次安排粗、中、精和微精切割加工。给各次切割加工的预留余量为:第 1 次为 0.05mm、第 2 次为 0.015mm、第 3 次为 0.005mm、第 4 次为微精切割加工。型腔齿廓表面粗糙度可达 $R_a \leqslant 0.4\mu m$
	应用	采用慢走丝线切割给齿轮型腔成型加工提供了一种快捷方便、高效精确的工艺,在模具制造中得到广泛的应用,也给塑料齿轮轮系设计与制造带来了更大的自由度。但这种线切割工艺,只能用来加工直齿轮型腔,并不适应斜齿轮型腔。只有当与蜗杆配对啮合的螺旋角较小的斜齿轮型腔,方可采用这种线切割工艺加工
(3)电铸成型工艺	型腔的电铸成型是所有各种加工方法中成型精度最好的一种。这是一种与电镀工艺相似的传统制模成型工艺,这种工艺需要有一件经过精心设计与加工的,齿形参数与型腔完全相同的,采用耐腐蚀不导电材料制造的母模,母模可采用有机玻璃制造。电铸之前,有机玻璃母模电铸表面要进行金属化处理,即在母模牙面上喷上一层很薄的导电金属膜。电铸时,将母模置于镀液槽中作为负极,镍板为正极,使镍离子源源不断地沉积到母模牙面上。电铸速度约为 0.03~0.06mm/h,经过大约十天以上时间,才能使镀层达到型腔所需的厚度	
	蜗杆型腔的电铸成型母模及其铸成品示意图	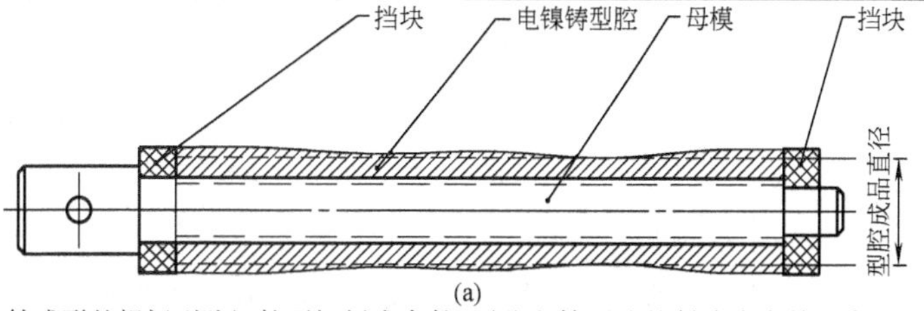 挡块　电镍铸型腔　母模　挡块　型腔成品直径 (a) 由于一次电铸成形的蜗杆型腔坯件可切割成多件,因此电铸型腔的制造成本并不高。由于电镍铸型腔表层硬度可达 42HRC 左右,并具有成型精度高以及表面粗糙度小等特点,因此在某些发达国家中,至今仍被广泛采用
	电铸蜗杆、斜齿轮型腔轮齿"沉积缝"示意图	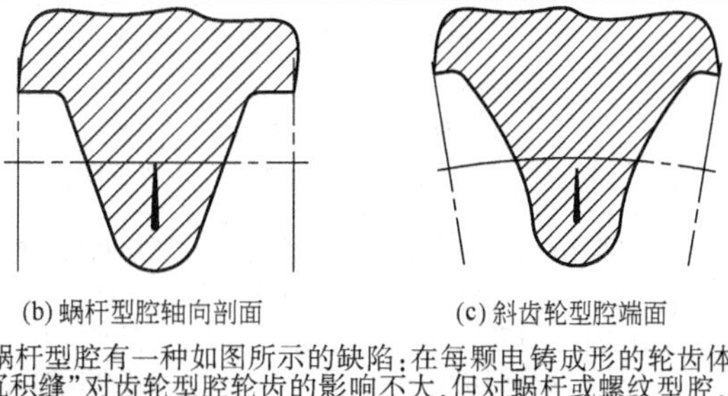 (b) 蜗杆型腔轴向剖面　(c) 斜齿轮型腔端面 电铸成形的齿轮和蜗杆型腔有一种如图所示的缺陷:在每颗电铸成形的轮齿体内沿齿向都会出现一道"沉积缝"。这种"沉积缝"对齿轮型腔轮齿的影响不大,但对蜗杆或螺纹型腔,由于"沉积缝"正好出现在型腔螺纹的不完整牙附近,将削弱不完整牙的强度,降低型腔的使用寿命。因此,对于大批量注塑生产用型腔不宜采用。有关这类"沉积缝"的形成过程本节从略

5　塑料齿轮的检测

与金属齿轮相比，塑料齿轮的检测有所不同：一是目前塑料齿轮的模数较小（多为 $m \leqslant 1.5$mm）、齿轮精度较低（多为国标 9~11 级）；二是对动力传动型塑料齿轮要求进行力学性能测试。本节只讨论塑料齿轮的几何精度的检测，有关齿轮力学性能的测试从略。

5.1　塑料齿轮光学投影检测

表 15-10-52

<table>
<tr><td>齿轮的光学投影检测</td><td colspan="3">在国内外仪器仪表齿轮行业生产中，$m \leqslant 1$mm 的小模数金属齿轮，长期广泛采用光学投影仪，通过透明齿廓样板对齿轮齿形、相邻和累积齿距误差进行投影放大比对检测。特别是在国内外手表生产厂家，光学投影检测至今仍是小模数齿轮和细小零件尺寸及误差的主要测量方法。特别是 $m \leqslant 0.2$mm 特小模数齿轮，采用齿轮检测仪器或量具，往往由于齿轮本体太小、齿间太狭窄，而无法进行直接测量；这种光学投影检测便成为最重要的检测手段。对于计时仪器用圆弧齿轮则更是不可替代的唯一可行的检测方法。这种间接检测方法的测量效率较高，检测精度只与投影样板的放大倍数有关。不过目测的主观性也较大，但能满足低精度等级齿轮的检测要求。另外，在注塑过程中，由于种种原因塑料齿轮分型面齿廓容易出现“跑边”（溢料）现象，这是齿轮啮合传动中所不允许的一种常见的模塑齿轮质量缺陷。通过光学投影检测，即可做到一目了然地及时发现和杜绝这类质量缺陷的存在。投影检测圆柱斜齿轮，必须采用具有反射投影功能的仪器，但目测的清晰度不及直齿轮的投影检测高</td></tr>
<tr><td rowspan="7">投影样板的设计与制作</td><td>(1)投影样板放大倍数选定</td><td colspan="2">根据齿轮齿廓尺寸及其精度要求和仪器投影屏幕尺寸，以及绘图设备（如瑞士 SFM500 样板铣床）可绘制图形的纵横坐标的移动范围，来确定投影样板的放大倍数。根据齿轮模数大小来选定投影样板齿形放大倍数：$m \geqslant 0.5$mm 的片齿轮可选为 10×、20×或 50×；$m < 0.5$mm 的片齿轮可选为 20×、50×或 100×。模数特小 $m \leqslant 0.1$mm、少齿数手表齿轴可选为 100×、200×。齿轴齿形放大图可画出全部轮齿；齿数较多的片齿轮只需画出其中的 5 颗轮齿齿形即可</td></tr>
<tr><td rowspan="5">(2)投影样板的制作</td><td colspan="2">根据所采用的基板材料和齿形绘制方法的不同，有以下多种可供齿轮生产与检测选用的光学投影检测样板</td></tr>
<tr><td>1)玻璃投影样板</td><td>传统的投影样板及其母板均采用厚度 2~3mm 的透明玻璃作基板，有关这类投影样板及其母板的制作工艺参见参考文献[7]。这种玻璃投影样板的精度较高，受温度的影响较小，在手表齿轮和精密零件生产中广泛使用。这种投影样板的制作工艺特别适合大批量生产和检测使用，一块母板可长期保存使用、重复制作多块投影样板</td></tr>
<tr><td>2)有机玻璃投影样板</td><td>在仪器仪表齿轮生产中，可采用有机玻璃作基板制作投影样板。可在基板上直接绘制齿形，不需制作母板。但受环境温度的影响较大，要求在恒温条件下绘制和使用</td></tr>
<tr><td>3)透明胶片投影样板</td><td>在生产中还可采用透明胶片，在 CNC 精密绘图仪上按齿轮几何参数编程，直接绘制成齿形放大图。这种胶片投影样板放大图的几何精度较高，但受环境温度的影响大。在恒温环境下，可供小批、单件齿轮及零件检测使用</td></tr>
<tr><td>4)复印机用胶片投影样板</td><td>先在计算机上将齿轮齿形按所需放大倍数，精确绘制成 CAD 图形，而后采用激光打印机直接将复印机用胶片打印成投影样板。但这种投影样板的齿形精度取决于激光打印纵横坐标的运动精度，因此，投影样板齿形的精度较低，只适合模塑齿轮为了确定收缩率在试模过程中的样件投影检测使用</td></tr>
<tr><td>(3)绘制投影样板齿形几何参数的设计计算</td><td colspan="2">采用绘图设备手工操作绘制、精密绘图仪或激光打印机制作的齿形放大图，都需要事先提供齿轮齿廓的几何参数及其精确到小数点后五位数的坐标值。通常是采用几段圆弧对渐开线齿廓进行拟合，其代用圆弧与理论渐开线之间的偏离误差应小于 0.5μm。此项计算工作均由齿轮设计者完成，先计算出绘图所需的尺寸和坐标值，后并通过计算机绘制出完整的 CAD 齿廓放大图。这种数据和 CAD 齿廓图还可直接用来线切割加工齿轮注射模型腔</td></tr>
</table>

续表

投影样板的设计与制作	(3)绘制投影样板齿形几何参数的设计计算	计时仪器用圆弧齿轮实例齿形放大图	(a) m=0.2,z_1=8仪表圆弧齿轴轮齿形50×放大图 (b) m=0.2,z_2=30圆弧片齿轮齿形50×放大图
		圆柱直齿渐开线齿轮实例一齿形放大图	(c) m=0.5,z_1=15渐开线小齿轮齿形20×放大图 (d) m=0.5,z_2=45渐开线大齿轮齿形20×放大图

5.2 小模数齿轮齿厚测量

表 15-10-53

特点	相互啮合的两齿轮轮齿之间要有一定的侧隙,才能保证轮系的正常啮合和传动。这种侧隙是通过有效地控制两齿轮的分度圆弧齿厚来满足的。在小模数渐开线齿轮的制造中,一般多是通过测量齿轮的公法线长度 W 或跨棒距 M 值来控制两齿轮的分度圆弧齿厚
齿轮公法线长度 W 的测量方法与数据处理	在齿轮生产中,通过测量公法线长度得到齿轮精度指标中所规定的公法线长度变动量 F_W 和侧隙指标中的公法线平均长度偏差 $E_{\overline{W}}$。有关齿轮的公称公法线长度以及跨齿数,标注在产品图中。齿轮的公法线长度可按 2.5.2 中公式计算;有关 F_W 和 $E_{\overline{W}}$ 值可从相关标准中查取 公法线长度 W 测量方法有直接和非直接测量法。$m \geqslant 0.5$mm 的渐开线齿轮如图 a 所示,可采用公法线长度千分尺进行直接测量,对于国标 6 级精度以上的精密齿轮可在光学测长仪上测量,对于塑料齿轮建议采用测力较小的杠杆公法线长度千分尺测量。测量时,两平行测量面接触于跨越齿数 K 之外侧异名齿廓分度圆附近,即可读取齿轮实际公法线长度 $W_{实际}$。为了得到公法线长度的最大长度 W_{max} 与最小长度 W_{min},必须对整个齿圈轮齿进行逐一测量,按下式即可求得公法线长度变动量 F_W $$F_W = W_{max} - W_{min}$$ 而公法线平均长度偏差 $E_{\overline{W}}$,可按下式求得 $$E_W = \overline{W} - W$$ 式中 $\overline{W}$——公法线长度实测平均值 W——公法线长度理论计算值 无法采用公法线千分尺直接测量内直齿轮和 $m<0.5$mm 渐开线外齿轮,可在大型工具显微镜、万能工具显微镜和光学投影仪上,通过光学目镜中的"+"刻划线相切齿廓的方法测量齿轮公法线长度 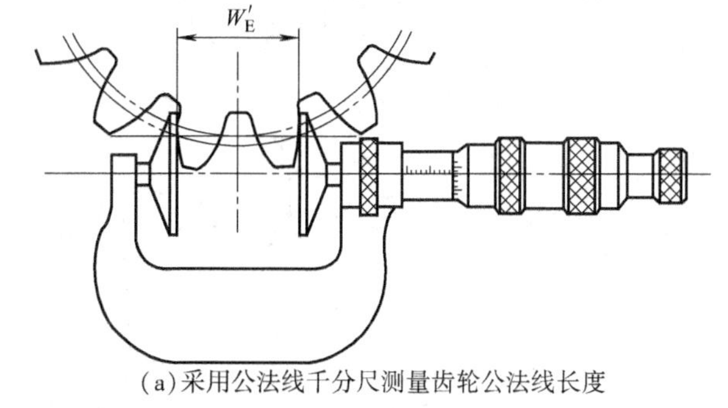 (a)采用公法线千分尺测量齿轮公法线长度

续表

齿轮跨棒距 M 值的测量方法与评定	测量跨棒距 M 值，在小模数齿轮生产中，是控制齿轮齿厚的另一种重要检测方法。特别是 $m<0.5$mm、螺旋角较大和齿宽较小的斜齿轮、蜗杆和蜗轮以及内齿轮等。测量跨棒距 M 值已成为控制这类齿轮分度圆齿厚，保证齿轮副啮合侧隙的重要测量手段。在塑料齿轮的生产，采用 M 值测量要比公法线长度检测更为普遍。外直齿、斜齿渐开线齿轮的 M 值的计算与测量，蜗杆 M 值的计算与测量如表 15-10-21 所示。 蜗轮的跨棒距 M 值由计算法求得，如图 b 所示，通过两钢球采用测长仪或千分尺进行直接测量。但在生产过程中，普遍采用两测量蜗杆代替钢球，如图 c 所示，通过测长仪或千分尺直接测量两测量蜗杆大径间的跨距，来替代钢球测量蜗轮跨棒距 M 值。测量蜗杆参数的设计应保证与蜗轮在无侧隙啮合条件下，两测量蜗杆大径之间的跨棒距 M 值按下式求得 $$M=d+d'_{\mathrm{AVG}}+d''_{\mathrm{AVG}}$$ 式中　d——蜗轮分度圆直径； d'_{AVG}——两测量蜗杆分度圆直径实际尺寸的平均值； d''_{AVG}——两测量蜗杆大径实际尺寸的平均值 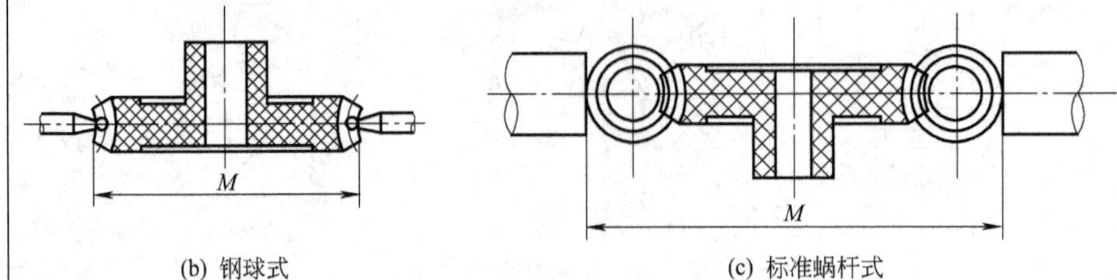 (b) 钢球式　(c) 标准蜗杆式 蜗轮跨棒距 M 值测量示意图 测量齿轮和偶数头的蜗杆 M 值时，应按模数大小和分度圆齿槽宽，选择两根直径相同的量柱，置于齿轮两个相对的齿槽中，要求量柱与两齿面在分度圆附近相接触。采用千分尺测量两量棒之间的最大跨距。测量 $m<0.5$mm 塑料齿轮和蜗杆 M 值时，建议采用杠杆千分尺，较小的稳定测力更加有利于保证测量精度。奇数头的蜗杆 M 值，采用三根量柱测量更加方便和可靠。奇数齿齿轮也可采用三根量柱测量，此时所测得的 M' 应按下式换算为两量柱计算所得的 M 值 $$M=M'\cos\left(\frac{\pi}{4z}\right)+d_{\mathrm{p}}\left[1-\cos\left(\frac{\pi}{4z}\right)\right]$$ 内齿轮的 M 值，可采用内测式千分尺测得两量柱间的跨距 为了得到最大 M 值与最小 M 值，必须对整个齿圈轮齿进行多方位测量。M 值的误差 F_M 是由实际所得的 $M_{实}$ 减去理论值 M 而得 $$F_M=M_{实}-M$$

5.3　齿轮径向综合误差与齿轮测试半径的测量

表 15-10-54

齿轮径向综合误差的测量	在渐开线齿轮生产中，普遍采用双啮仪测量齿轮径向综合误差。因为双啮仪的结构简单，操作方便，检测效率高，特别适合在生产现场检测 8、9 级以下精度的塑料齿轮径向综合误差 F''_i测量的要求 双啮综合测量比较接近被测齿轮的使用状态，能较全面地反映出齿轮的啮合质量。因此，F''_i已成为这类加工精度较低齿轮，产、需双方都能接受的齿轮交验的主要检测手段。普通双啮仪的基本工作原理如图 a 所示；左侧标准齿轮和右侧被测齿轮在弹簧的作用下，作无侧隙的啮合转动，两齿轮中心距的变化由千分表示出。被测齿轮 转动一周范围内的最大变动量即为双啮一转误差 F''_i如图 b 所示；同时也可测得齿轮的双啮一齿最大误差 f''_i 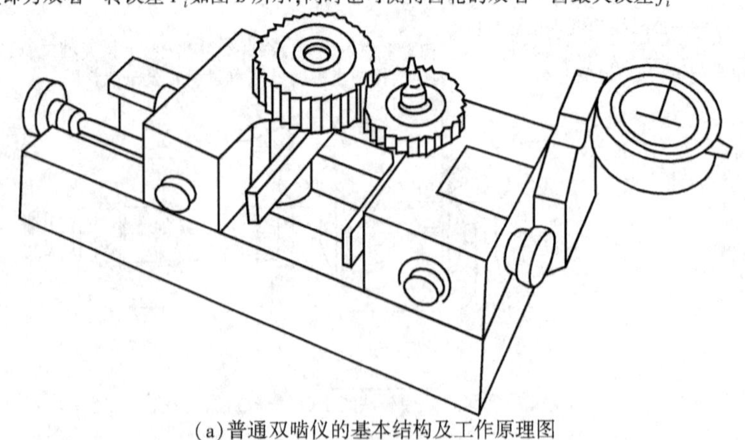 (a)普通双啮仪的基本结构及工作原理图

续表

齿轮径向综合误差的测量	在双啮仪上检测渐开线齿轮 F_i''，需配备模数和压力角与受检齿轮相同的标准齿轮，其精度等级要求比被测齿轮高出国标 2 级以上 与蜗杆配对啮合的塑料斜齿轮，也可在双啮仪上检测 F_i''，这时需要用标准蜗杆来代替标准斜齿轮，更能接近蜗杆-斜齿轮的使用状态。但要求对双啮仪进行必要的改装，以便满足标准蜗杆-斜齿轮的交错轴轮系传动的要求。如果被检测的是蜗杆，可将被测蜗杆与标准斜齿轮视为一对螺旋齿轮，实现对蜗杆进行双啮误差 F_i''的检测 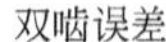 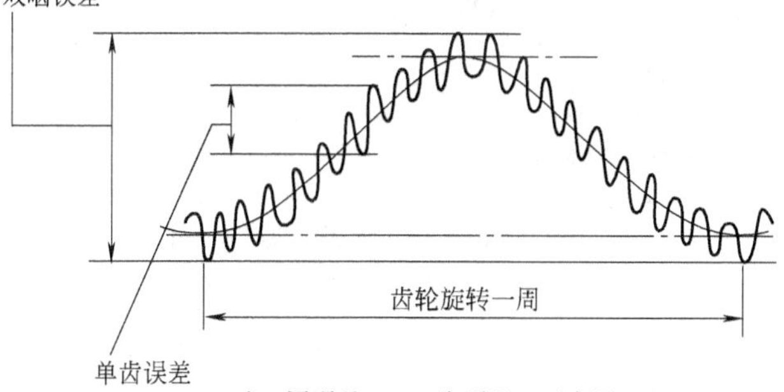 (b)双啮一周误差 F_i''、一齿误差 f_i''示意图 在双啮仪上测量齿轮、斜齿轮或蜗杆时，可采取手动或电动方式施加旋转运动，双啮误差可目测千分表或通过电测系统数显读数。后一种电测化系统具有误差显示、打印和超差报警等多种功能
小模数齿轮的测试半径的测量	小模数齿轮齿厚测量如上所述，主要是通过测量齿轮公法线长度 W 或跨棒距 M 值来控制齿轮分度圆弧齿厚。这类测量方法是一种静态测量方法，无法全面、准确地反映出齿轮的质量状况有人为因素影响较大和测量效率低等缺点。随着科学技术的发展，小模数齿轮的尺寸越来越小，工作齿宽越来越窄，小模数塑料齿轮的柔性等因素，使现有控制齿厚尺寸的测量方法已不相适应。 近年来，小模数齿轮的测试半径的测量已逐渐被人们所接受和应用。它是一种动态测量方法，能够全面、准确地反映出齿轮的质量状况，具有人为因素影响极小和测量效率高等优点。这种测量方法完全可以取代齿轮公法线长度 W 或跨棒距 M 值的测量 理论和实践表明，通过齿轮双面啮合径向综合检查，实现其齿轮测试半径的测量，是检测齿厚的最好方法。这种检测在一次操作中对齿轮的每个轮齿都进行了检测，比用其他齿厚测量方法要快捷得多
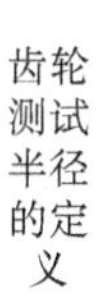 齿轮测试半径的定义	一个被测齿轮的测试半径，被定义为当测量齿轮与被测齿轮紧密啮合并旋转时，该被测齿轮的中心到测量齿轮的计量半径之间的径向距离，如图 c 所示，可按下式计算 $$TR_W = C_A - TR_M$$ 式中 TR_W——工作齿轮的测试半径； TR_M——测量齿轮的测试半径； C_A——测量齿轮与被测齿轮紧密啮合的中心距 在齿轮标准中通常包括了被测齿轮的测试半径极限。这些极限来自被测齿轮齿厚极限偏差，径向综合总公差对其测试半径的影响 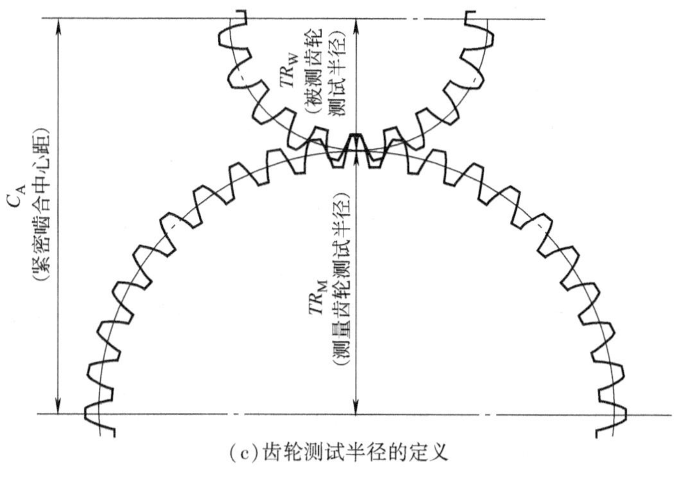 (c)齿轮测试半径的定义

续表

齿轮测试半径的定义	测试半径测量值的控制条件允许进行最终检测。测试半径测量非常方便,因为它总是与径向综合总公差检查结合在一起进行,而径向综合总公差的检测总是包括在最终检测过程中 测量齿轮测试半径 TR_M,按下式计算 $TR_M=\frac{m_n\times Z_M}{2\cos\beta}+\frac{S_{nM}-\frac{\pi\times m_n}{2}}{2\tan\alpha_n}$ 式中 m_n——法向模数,mm; Z_M——测量齿轮齿数; β——螺旋角,(°),直齿轮为0°; S_{nM}——测量齿轮法向齿厚 mm; α_n——被测齿轮的法向压力角,(°)。 从上式可看出,对于采用标准齿厚的测量齿轮,其测试半径等于节圆半径
齿轮测试半径极限值的计算	尽管测试半径被广泛使用,但没有一种被普遍接受的方法来将齿厚转化为一个同等的测试半径值。在几种已经公布的方法中,只要当齿厚与圆周齿距一半非常接近的情况下,这些计算方法所得到的结果才会相同。以下描述的方法,即使是在齿厚不等于圆周齿距的一半(这种情况在注射成型塑料齿轮中是最常见的),也可以使用 在计算测试半径极限值之前,必须进行以下一些初步计算 步骤1:计算标准中心距 C $C=\frac{m_n(Z_W+Z_M)}{2\cos\beta}$ 式中 C——标准中心距,mm; Z_W——被测齿轮齿数; Z_M——测量齿轮齿数; β——齿轮螺旋角,(°) 步骤2:计算端面压力角 α_T $\alpha_T=\tan^{-1}\left(\frac{\tan\alpha_n}{\cos\beta}\right)$ 式中 α_T——端面压力角,(°); α_n——法向压力角,(°)。 步骤3:计算被测齿轮最大齿厚时的双面啮合中心距 C_{Amax} $C_{Amax}=\frac{C\cos\alpha_T}{\cos\left\{\text{inv}^{-1}\left[\text{inv}\alpha_T-\frac{\pi m_n-S_{nWmax}-S_{nM}}{2C\cos\beta}\right]\right\}}$ 式中 S_{nWmax}——被测齿轮最大齿厚,mm; S_{nM}——测量齿轮齿厚,mm; inv——渐开线函数; inv^{-1}——渐开线反函数,(°)。 步骤4:计算被测齿轮的最小齿厚时的紧密啮合中心距 C_{Amin} $C_{Amin}=\frac{C\cos\alpha_T}{\cos\left\{\text{inv}^{-1}\left[\text{inv}\alpha_T-\frac{\pi m_n-S_{nWmin}-S_{nM}}{2C\cos\beta}\right]\right\}}$ 式中 S_{nWmin}——被测齿轮最小齿厚,mm 步骤5:计算测试半径极限 测试半径检测是被用来测量弧齿厚的方法,在检测过程中对被测齿轮的径向综合总偏差做出规定。可按以下公式计算 $TR_{Wmax}=C_{Amax}-TR_M$ $TR_{Wmin}=C_{Amin}-TR_M+\frac{TCT}{2}$ 式中 TR_{Wmax}——被测齿轮的最大测试半径; TR_{Wmin}——被测齿轮的最小测试半径; TCT——被测齿轮的径向综合总公差

续表

齿轮测试半径检测用仪器	齿轮测试半径检测用仪器是一种经过改造和升级的智能型齿轮双面啮合检查仪，如图d所示 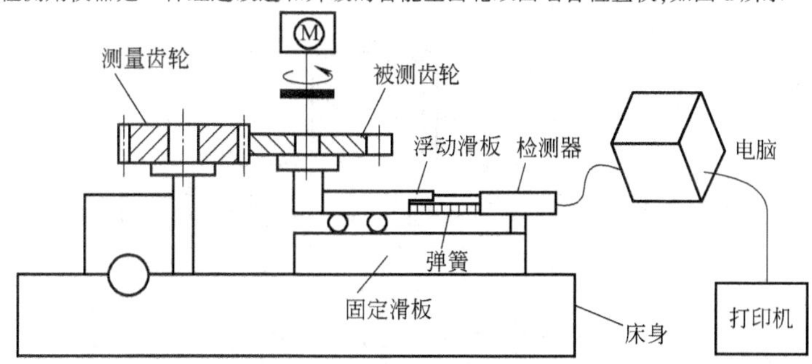 (d)齿轮双面啮合检查仪的工作原理图 被测齿轮几何形状偏差，如齿轮齿圈的偏心度、齿廓形状误差或齿距误差，这些都可以通过被测齿轮与测量齿轮之间紧密啮合时的中心距的变动量反映出来。这些变化将显示在千分表、记录仪图表或电脑上。如果只是测量径向综合误差 F_i''，被测齿轮转一圈，只需仪器显示出紧密啮合时中心距的变动量大小。 在测量测试半径时，还必须引入一种方法来找出中心距的绝对值。可以通过校准被测齿轮与测量齿轮之间的中心距，使其尺寸等于紧密啮合中心距的中间值。在这点将仪器示值调整为零，根据指定的测试半径公差，可以得到零点设置的任意一侧的极限偏差。图e是某个被测齿轮显示出的这种极限误差的记录图。被测齿轮转过一圈中，如果仪器浮动滑板的所有轨迹点都在极限内，那么被测齿轮的测试半径为合格 具有测量测试半径的齿轮径向综合误差检测仪，已有多种型号，在我国沿海地区多采用日本大阪精机生产的检测仪 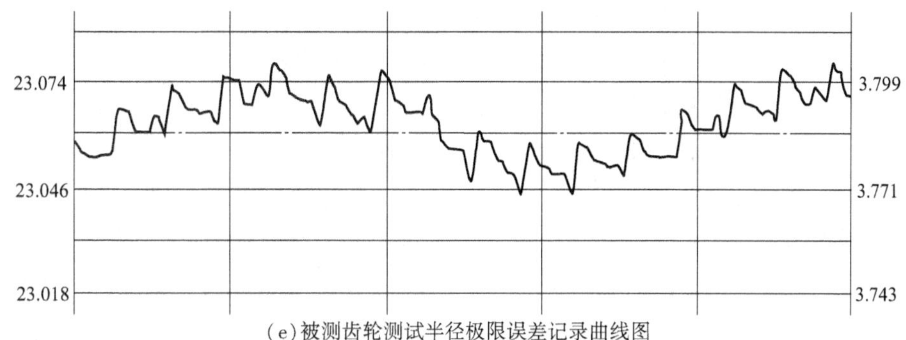 (e)被测齿轮测试半径极限误差记录曲线图 有关齿轮测试半径的检测和计算公式已经正式纳入相关的齿轮标准(参见GB 18620.2—2002、AGMA2000—A88和AGMA915-2-A05等)。一些发达国家的塑料齿轮产品图中，已经明确列出了齿轮的测试半径参数及其公差要求。由于这种检测需要具有检测测试半径的功能和与其配套的测量齿轮，目前国内绝大多数塑料齿轮生产厂家尚不具备这类测量条件，因而影响了这项检测技术的使用和推广，需要这些国内企业尽快迎头赶上，以适应新的外贸市场的需要

5.4 齿轮分析式测量

表15-10-55

特点	国内一些颇具规模的塑料齿轮生产厂家，为了生产精度较高齿轮或外贸的需要，多拥有齿轮测量中心。在这类齿轮测量中心上，对于 $m=0.5$mm以上的小模数齿轮的测量已成为常规测量，没有任何困难
分析式测量的应用	某企业生产的轿车电动座椅调角器中的塑料双联斜齿轮，因结构设计合理(小齿轮与大齿轮内的腹板连接，如图a所示)，模塑成型大、小齿轮的各项误差检测结果表明，两齿轮均已达到国标GB/T 8级精度要求。本例说明了齿轮结构设计对成型齿轮精度至关重要 双联齿轮大、小斜齿轮参数： $m_n=1$、$z=8$、$\alpha=20°$、$\beta=23°$；$m_n=0.6$、$z=40$、$\alpha=16°$、$\beta=5°55'$ 在某国产齿轮测量中心上，直接检测的试制样件，小斜齿轮的检查报告见图b中的误差记录曲线；大斜齿轮的检查报告见图c中的误差记录曲线。

续表

分析式测量的应用

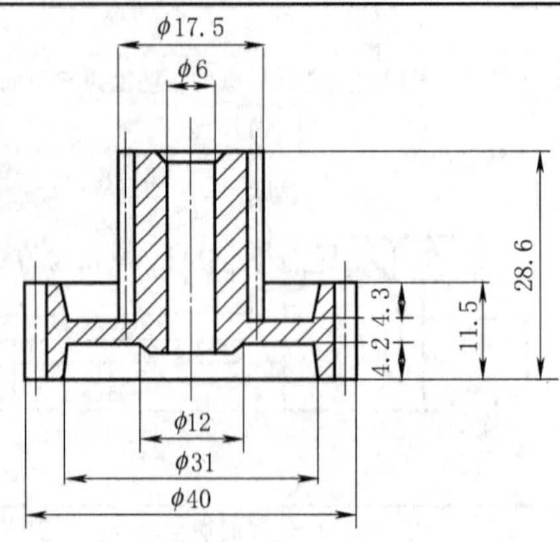

(a) 双联斜齿轮结构图

齿轮名称（编号）:右旋双联齿轮(8齿)　　测量日期:　2010-04-13，16:49

齿数	模数	压力角	螺旋角	旋向	齿宽	基圆半径	分度圆半径	空位系数	评定等级	标准
8	1	20°	23°0′0″	右	10.000	4.041	4.345	0.629	9	ISO 1328

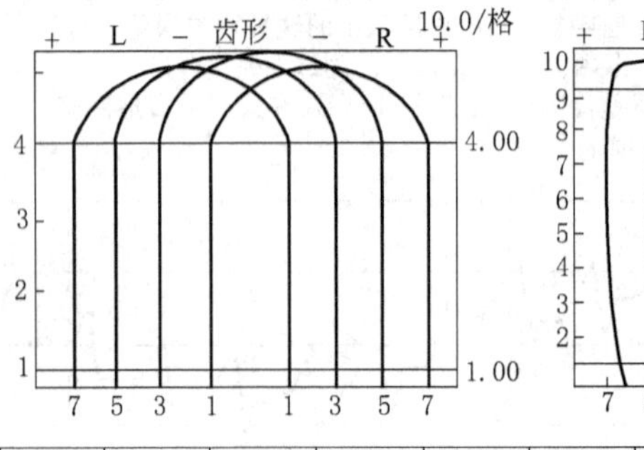

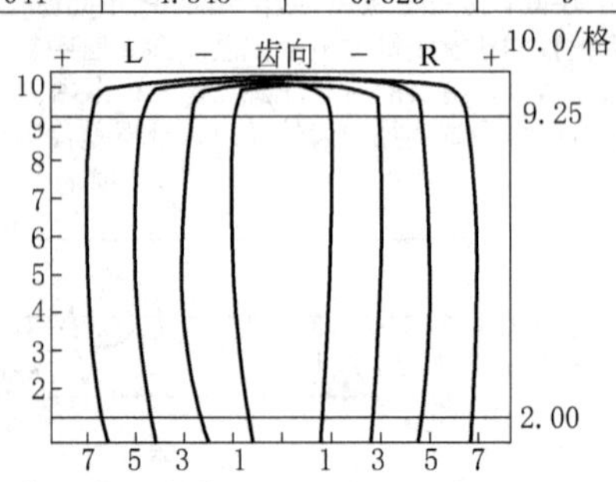

μm

	7	5	3	1	AVG	TOL	1	3	5	7	AVG	QuaL
齿形误差 F_a	9.6	8.3	7.9	9.7	8.9	18.0	6.8	10.2	8.9	9.1	8.8	8
形状误差 $f_{f\alpha}$	8.2	9.6	5.6	7.1	7.6	14.0	6.4	9.8	8.4	9.0	8.4	8
角度误差 $f_{H\alpha}$	3.1	3.3	5.0	6.5	2.8	12.0	1.9	2.0	1.4	1.2	0.5	8

μm

	7	5	3	1	AVG	TOL	1	3	5	7	AVG	QuaL
齿向误差 F_β	7.4	9.1	2.9	3.0	5.6	24.0	11.5	9.3	12.2	9.5	10.6	8
形状误差 $f_{f\beta}$	2.9	4.1	2.6	2.7	3.1	17.0	4.1	5.0	3.5	4.0	6	6
角度误差 $f_{H\beta}$	6.2	8.2	1.9	0.9	4.3	17.0	−10.1	−5.7	−10.9	−9.8	−9.4	8

(b)齿形、齿向误差记录曲线

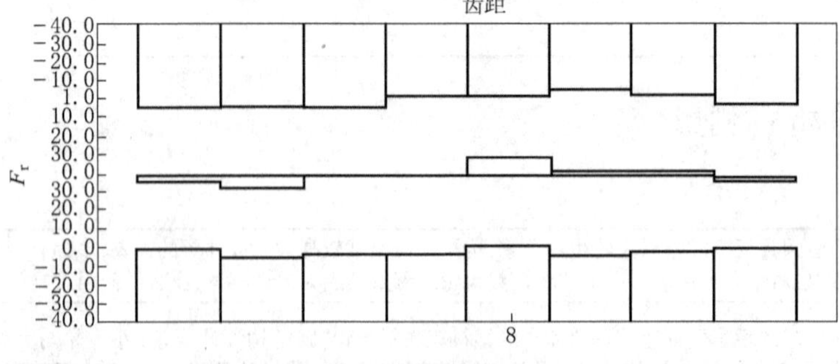

μm

	VOL	TOL	Teeth				VOL	TOL	Teeth			QuaL
F_p	11.8	45.0					7.3	45.0				6
f_{pt}	−6.7	19.0	3~4				5.5	19.0	4~5			7
f_{p3}	11.8	28.0	7~2				7.3	28.0	3~6			7
F_r	15.2											

(c) 左、右齿廓齿距误差和齿圈径向跳动误差曲线

$m_n=1$、$z=8$、$\alpha=20°$、$\beta=23°$小斜齿轮检测记录(图b、图e)

续表

分析式测量的应用

齿轮名称(编号):右旋双联齿轮(40齿)　　　　测量日期： 2010-04-13，15：37

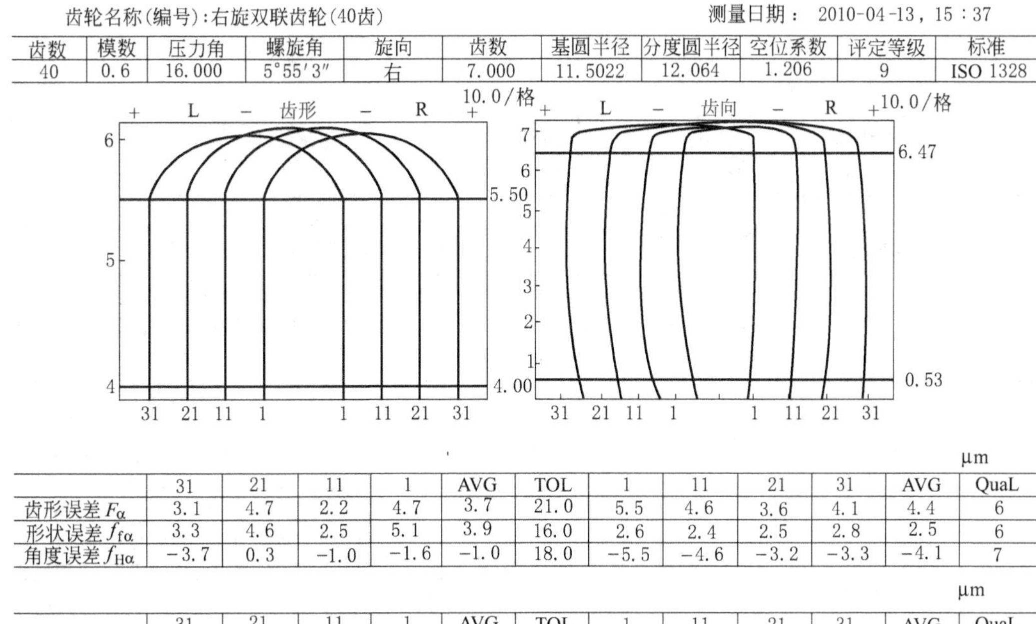

齿数	模数	压力角	螺旋角	旋向	齿数	基圆半径	分度圆半径	空位系数	评定等级	标准
40	0.6	16.000	5°55′3″	右	7.000	11.5022	12.064	1.206	9	ISO 1328

μm

	31	21	11	1	AVG	TOL	1	11	21	31	AVG	QuaL
齿形误差 F_{α}	3.1	4.7	2.2	4.7	3.7	21.0	5.5	4.6	3.6	4.1	4.4	6
形状误差 $f_{f\alpha}$	3.3	4.6	2.5	5.1	3.9	16.0	2.6	2.4	2.5	2.8	2.5	6
角度误差 $f_{H\alpha}$	−3.7	0.3	−1.0	−1.6	−1.0	18.0	−5.5	−4.6	−3.2	−3.3	−4.1	7

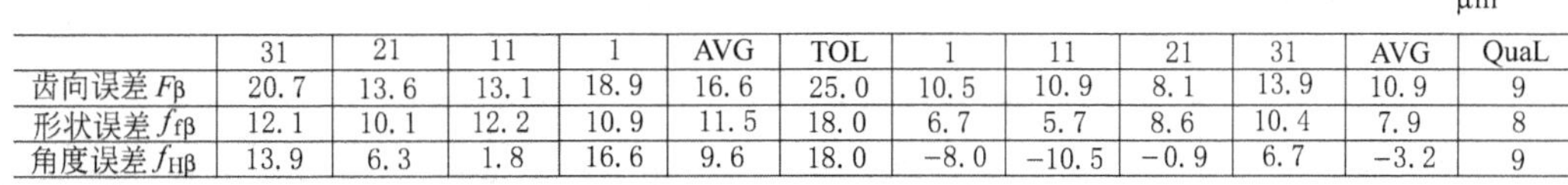

μm

	31	21	11	1	AVG	TOL	1	11	21	31	AVG	QuaL
齿向误差 F_{β}	20.7	13.6	13.1	18.9	16.6	25.0	10.5	10.9	8.1	13.9	10.9	9
形状误差 $f_{f\beta}$	12.1	10.1	12.2	10.9	11.5	18.0	6.7	5.7	8.6	10.4	7.9	8
角度误差 $f_{H\beta}$	13.9	6.3	1.8	16.6	9.6	18.0	−8.0	−10.5	−0.9	6.7	−3.2	9

(d) 齿形、齿向误差记录曲线

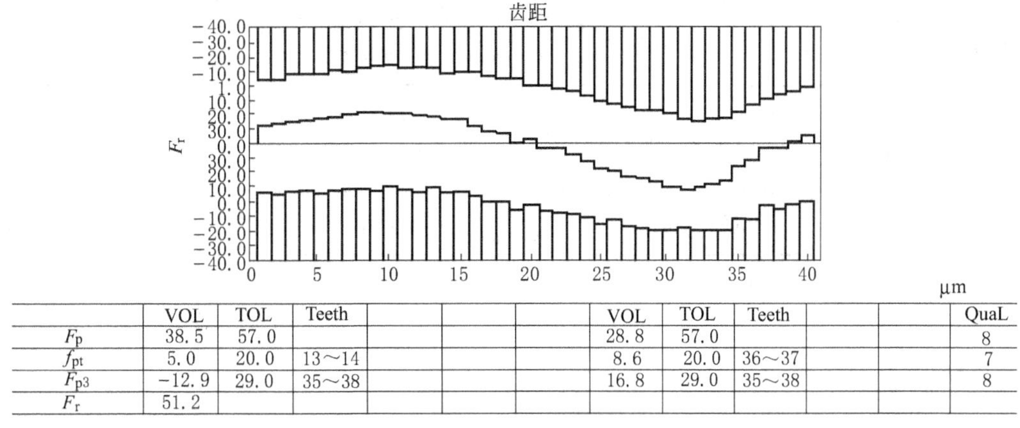

μm

	VOL	TOL	Teeth				VOL	TOL	Teeth		QuaL
F_p	38.5	57.0					28.8	57.0			8
f_{pt}	5.0	20.0	13～14				8.6	20.0	36～37		7
F_{p3}	−12.9	29.0	35～38				16.8	29.0	35～38		8
F_r	51.2										

(e)左、右齿廓齿距误差和齿圈径向跳动误差曲线

$m_n=0.6$、$z=40$、$\alpha=16°$、$\beta=5°55'$大斜齿轮检测记录(图 d、图 e)

国内外部分小模数齿轮测量仪器

国内外部分小模数齿轮径跳仪、双啮仪、齿轮检测仪及其测量中心、滚刀检查仪见表 15-10-56。其中一些双啮仪的智能化程度较高，这类双啮仪采用微机测量软件控制，除了可用来检测平行轴系的圆柱齿轮外，还配备有蜗杆-蜗轮、内齿轮和锥齿轮副等检测附件。在检测塑料齿轮径向综合误差时，要求标准齿轮和被测齿轮齿面清洁，双啮仪的活动滑板移动灵活、工作可靠和测力适中

5.5　国内外部分小模数齿轮检测用仪器

国内外部分小模数齿轮检测用仪器包括：齿轮跳动检查仪、齿轮双啮仪、齿轮测量中心等，其型号规格与特点见表 15-10-56。

表 15-10-56　　国内外部分小模数齿轮测量仪器

序号	仪器型号、名称	生产厂商	规格	特　点
1	DD150 型 齿轮跳动检查仪	上海量 刃具厂	$m=0.3\sim2$mm $d_{max}\leqslant150$mm	用于 6 级以下圆柱齿轮、锥齿轮及蜗轮径向、端面跳动检查
2	GTR-4LS 型小模数齿轮双啮仪	日本大阪精密 （OSAKA）	中心间距： 11～120mm	测量直齿轮、斜齿轮、伞齿轮、涡轮、涡杆、内齿轮。具有测量齿轮测试半径功能
3	896 型 齿轮双啮仪	德国 Carl-Mahr	$a=1\sim80$mm	可采用标准蜗杆或齿轮两种测量元件，自动记录和打印；可选配蜗轮及锥齿轮检测等附件
4	3103A 型 齿轮智能双啮仪	哈量集团	$m=0.15\sim2$mm 中心间距： 0～100mm	体积小、重量轻、功能强、操作方便、测量精度稳定；固定顶尖安装测量齿轮；平行片簧无摩擦测量导轨结构；测力可调
5	3002A 小模数 齿轮测量机	哈量集团	$m=0.3\sim6$mm $d_{max}\leqslant200$mm	用光栅、圆光栅、电子展成式；用点测头测量端面渐开线；计算机、自动记录打印齿轮 Δf_f、ΔF_β、ΔF_P、Δf_{pt}、ΔF_r 误差
6	JS、JSW 型 齿轮双啮仪	哈尔滨精 达仪器	$m=0.2\sim3$mm $a=1\sim100$mm	微机智能控制，平行片簧测量单元，无摩擦、无间隙，微测力，适合微小金属齿轮及塑料齿轮检测，除具有通用齿轮双面啮合测量仪功能外，还具备测量半径（齿厚、公法线、M 值等）误差项目的分组功能，毛刺、磕碰伤检测，识别及在线检修
7	JDl8S、JE20 型 齿轮测量中心	哈尔滨精达仪器	$m=0.2\sim5$mm $d_{max}\leqslant180$mm	采用光栅、数字控制及误差评值、测微软测头、电子展成式，自动记录和打印；适用于渐开线圆柱齿轮及刀具。采用柱形测头与三轴齿形测量技术，最小可测量 0.2 模数齿轮
8	TTi-120E CNC 齿轮测试机	日本东京技术	$m=0.2\sim4$mm $d_{max}\leqslant130$mm	采用光栅、智能化数字控制、电子展成式，自动记录和打印；适用渐开线圆柱齿轮齿形、齿向、齿距和径跳误差检测
9	891 型 齿轮测量中心	德国 Carl-Mahr	$m=0.2\sim20$mm	用长光栅、圆光栅、计算机、电子展成式，用闭环伺服驱动系统，适用渐开线圆柱齿轮 Δf_f、ΔF_β、ΔF_P、Δf_{pt}、ΔF_r 测量
10	CSS80 型小模数 齿轮双啮仪	成都量具精仪厂	$m\leqslant1$mm $d_{max}\leqslant80$mm	可测圆柱直、斜齿轮，手动操作齿轮、千分表读数

参 考 文 献

第 1 章

[1] 齿轮手册编委会. 齿轮手册. 第 2 版. 上册. 北京：机械工业出版社，2001.

[2] 徐灏主编. 机械设计手册. 第 2 版. 第 4 卷. 北京：机械工业出版社，2000.

第 2 章

[1] 成大先主编. 机械设计手册. 第五版. 第 3 卷. 北京：化学工业出版社，2008.

[2] 《机械工程手册》、《机电工程手册》编委会编. 机械工程手册. 第二版. 传动设计卷. 北京：机械工业出版社，1997.

[3] 《齿轮手册》（二版）编委会编. 齿轮手册. 第二版. 第 4 篇圆弧圆柱齿轮传动. 北京：机械工业出版社，2001.

[4] 陈谌闻主编. 圆弧齿圆柱齿轮传动. 北京：高等教育出版社，1995.

[5] 邵家辉主编. 圆弧齿轮. 第 2 版. 北京：机械工业出版社，1994.

[6] 崔巍，李国权，隋海文. 4000kW 双圆弧齿轮减速器在 18 英寸连轧机组主传动上的应用. 机械工程学报，1988（4）.

[7] 李长春，李玉民. 高速双圆弧齿轮在炼油设备 3000kW 透平鼓风机上的应用. 机械工程学报，1988（4）.

[8] 张邦栋，申明付，陆达兴. 双圆弧硬齿面齿轮刮前滚刀和硬质合金刮削滚刀研制. 机械传动，2000（1）

第 3 章

[1] 梁桂明. 非零分度锥综合变位新齿形. 齿轮，1981（2）.

[2] Gleason. The Design of Automotive Spiral Bevel & Hypoid Gears. 1972.

[3] 梁桂明. 锥齿轮强度计算式的统一. 机械制造，1988，(10).

[4] GB/T 10062—1988　锥齿轮承载能力计算方法. 北京：中国标准出版社，1990.

[5] 余梦生，吴宗泽. 机械零部件手册·第 7 章·圆锥齿轮传动. 北京：机械工业出版社，1996.

[6] 梁桂明. 齿轮技术的创新和发展形势. 中国工程科学. 2000，(3).

[7] 《机械手册》第 3 版编委会. 机修手册·第 1 卷（下册）·第 12 章圆锥齿轮传动. 北京：机械工业出版社，1993

第 4 章

[1] 机械设计手册编委会编. 机械设计手册（新版）：第 3 卷. 第 3 版. 北京：机械工业出版社，2004.

[2] 王树人，刘平娟. 圆柱蜗杆传动啮合原理. 天津：天津科学技术出版社，1982.

[3] 王树人. 圆弧圆柱蜗杆传动. 天津：天津大学出版社，1991.

[4] 蔡春源主编. 机电液设计手册：上册. 北京：机械工业出版社，1997.

[5] 董学朱. 环面蜗杆传动设计和修形. 北京：机械工业出版社，2004.

[6] 齿轮手册编委会编. 齿轮手册：上册. 北京：机械工业出版社，1990.

[7] 吴序堂. 齿轮啮合原理. 北京：机械工业出版社，1982.

[8] 沈蕴方，容尔谦，李寅年等. 空间啮合原理及 SG-71 型蜗轮副. 北京：冶金工业出版社，1983.

[9] 张光辉. 平面二次包络弧面蜗杆传动的研究与应用. 重庆大学学报，1978. 4.

[10] G. 尼曼，H. 温特尔. 机械零件（第三卷）. 北京：机械工业出版社.

第 5 章

[1] 成大先主编. 机械设计手册. 第 5 版. 第 3 卷. 北京：化学工业出版社，2008.

[2] 蔡春源主编. 新编机械设计手册. 沈阳：辽宁科学技术出版社，1993.

[3] 马从谦，陈自修，张文照，张展，将学全，吴中心编著. 渐开线行星齿轮传动设计. 北京：机械工业出版社，1987.

[4] 饶振纲编著. 行星传动机构设计. 第二版. 北京：国防工业出版社，1994.

[5] 杨廷栋，周寿华，肖忠实，申哲，刘炜基，余心德编著. 渐开线齿轮行星传动. 成都：成都科技大学出版社，1986.

[6] 《现代机械传动手册》编辑委员会编. 现代机械传动手册. 北京：机械工业出版社，1995.

[7] 国外新型减速器图册. 第一机械工业部重型机械研究所. 1970.

[8] 《行星齿轮减速器 2000 年振兴目标》研究报告，机械委西安重型机械研究所. 1987.

[9] GFA95K_2 和 GFA95K 行走型行星减速器（含制动器）产品介绍. 北京液压件三厂. 1990.

[10] GFB80E_1 和 GFB80E 回转型行星减速器（含制动器）产品介绍. 北京液压件三厂. 1990.

[11] 齿轮手册编委会. 齿轮手册：上册. 第二版. 北京：机械工业出版社，2004.

第 6 章

[1] 成大先主编. 机械设计手册. 第 5 版. 第 3 卷. 北京：化学工业出版社，2008.

[2] 刘继岩，薛景文，崔正均，孙爽，幸坤銮. 2K-V 行星传动比与啮合效率. 第五届机械传动年会论文集. 南京：中国机械工程学会机械传动分会. 1992.

[3] 应海燕，杨锡和. K-H 型三环减速器的研究. 机械传动，1992（4）.

[4] Herbert W. Muller. Die Umlaufgetriebe. Springer-Verlag，1991.

[5] 张少名主编．行星传动．西安：陕西科学技术出版社，1988.
[6] 机械工程手册编辑委员会．机械工程手册补充本（二）．北京：机械工业出版社，1988.
[7] 三环减速器产品样本．北京太富力传动机械有限公司．1999.
[8] 马从谦，陈自修，张文照，张展，蒋学全，吴中心．渐开线行星齿轮传动设计．北京：机械工业出版社，1987.
[9] 郑悦，李澜.《双层齿轮组合传动》发明专利申请公开说明书（申请号 89104790.5）.
[10] 冯晓宁，李宗浩．渐开线少齿差传动设计参数的选择．机械传动，1995（1）.
[11] 杨锡和．关于少齿差内啮合实际接触齿数及承载能力的研究．雷达与对抗．1989（4）.
[12] Ю. А. Гончаров, Р. И. Эайлетдинов. Сборник. науч. тр. че лябинск. политехн. институт. No. 244. 1980. стр. 32~37.
[13] 冯晓宁．NN 型传动的传动比计算与特点分析．机械传动，1995（2）.
[14] 成大先主编．机械设计图册．第 1 卷．北京：化学工业出版社，2000.
[15] 成大先主编．机械设计图册．第 3 卷，北京：化学工业出版社，2000.
[16] 张展主编．实用机械传动设计手册．北京：科学出版社，1994.
[17] 余铭．少齿差减速器产品设计资料．无锡市万向轴厂.
[18] 冯澄宙．渐开线少齿差行星传动．北京：人民教育出版社，1982.

第 7 章

[1] 钝齿传动．北京：三机部第四设计院，1976.
[2] 钝齿星轮传动．南京：南京化工设计院二室.

第 9 章

[1] 厉海祥等．渐开线点啮合齿轮传动．齿轮，1986（5）.
[2] 厉海祥等．渐开线点啮合齿轮的试验研究．齿轮，1990，（3）.
[3] 厉海祥．低噪声、高强度齿廓的研制——点线啮合齿轮传动．机械科学与技术，1994（增刊）.
[4] 厉海祥．用于机械立窑的点线啮合齿轮减速器．水泥技术，1995（5）.
[5] 厉海祥．ZQDX 点线啮合圆柱齿轮减速器系列的研制．中国机械工程，1996，7.
[6] Li Haixing. A New Type off Meshing Transmission in Crane or Transport Machinety-Point-Line Meshing Gear Transmission. ICMH/ICP'99.
[7] ZhangYuchuan. Analysis of Bending Strength on Point-Line Meshing Gear Transmission. ICMH/ICFP'99.
[8] 罗齐汉，厉海祥．点线啮合齿轮参数选择的封闭图．机械工程学报，2005，41（1）.
[9] 朱孝录主编．齿轮传动设计手册．北京：化学工业出版社，2005.
[10] 罗齐汉．点线啮合齿轮设计方法的研究（博士）．武汉：华中科技大学，2006.

第 10 章

[1] 欧阳志喜．塑料齿轮．2006 中国齿轮工业年鉴．北京：北京工业大学出版社，2006.
[2] 欧阳至喜，石照耀编著．塑料齿轮设计与制造．北京：化学工业出版社，2011.
[3] AMERICAN NATIONAL STANDARD ANSI/AGMA 1106-A97.
[4] 本书编写组．齿轮手册．北京：机械工业出版社，1990.
[5] 张安民主编．圆柱齿轮精度．北京：中国标准出版社，2002.
[6] 欧阳志喜编著．整体硬质合金仪表齿轮滚刀及铣刀的设计与制造．北京：国防工业出版社，1994.
[7] Raymond M. Paquet. 设计塑料直、斜齿轮的系统方法．阎晶晶译，许洪基校．Gear Technology，1989（11/12）.
[8] LNP Engineering Plastic. Inc. LNP corporation. 1996.
[9] Duracon，夺钢．塑料齿轮设计精要．日本宝理塑料株式会社.
[10] 本书编写组．小模数齿轮测量手册．北京：国防工业出版社，1972.
[11] Roesler，J，Weidig，R. Tragfahigkeigkeitsungen an PEEK-Stah1-Zahnradpaarungen，TU Berlin/Victrex，2000.
[12] 日本工业标准．JIS B 1702-3（塑料齿轮精度等级）．日本标准协会，2009.
[13] 王文义，王丕增等编．仪表齿轮．北京：机械工业出版社，1982.
[14] Martin Bichler. 注塑制品消除缺陷操作指南．宁波德马格海天塑料机械有限公司.
[15] 陈战等．塑料齿轮材料的改性研究．机械工程材料，2003，27（3）：3.
[16] 张恒编著．复合材料齿轮．北京：科学出版社，1993.
[17] ［日］N. TSUKAMOTO 等．提高塑料齿轮承载能力及延长其寿命的方法.
[18] Delrin 均聚甲醛成型指导．美国杜邦.
[19] 于华编著．注射模具设计技术及实例．北京：机械工业出版社，1998.
[20] Roderick E. Kleiss. The effect of thermal shrink and expansion on plastic gear geometry. AGMA 1993 年传动装置会议论文.